CST 北京康坦科技有限公司

城镇燃气 PE 管焊缝检测多频微波成像技术

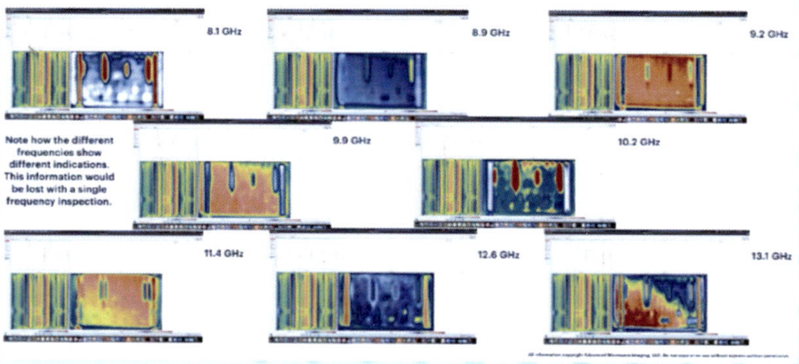

- ★ 非接触式检测，适用于热熔接头和电熔接头；
- ★ 可检测夹杂、孔洞、冷焊、过焊、裂纹、分层、承插不到位等各种缺陷；
- ★ 可沿焊缝深度方向分层成像，比单频微波技术具有更高的检测灵敏度和可靠性；
- ★ 具有 ASME、ASTM、ASNT 多项国际标准。

小接管焊缝检测场梯度成像技术

- ★ 可检测直径 16-60mm 的小径管接管焊缝的表面、近表面缺陷；
- ★ 配备专业的接管卡具可以直接在线检测，减少人为误差；
- ★ 无需打磨，无需耦合剂，无需去除表面油漆和防腐层；
- ★ 检测近表面埋藏裂纹，弥补渗透、磁粉、超声等常规技术的不足；
- ★ 埋藏缺陷检测能力：碳钢 2-3mm、不锈钢 3-5mm。
- ★ 可 500℃高温在线不停机检测焊缝表面、近表面缺陷。
- ★ 单次扫描即可完成裂纹长度和深度的精确测量，为安全评估提供可靠依据。

地址：北京市朝阳区朝阳路 67 号财满街 10 号楼 2 单元 801　网址：www.constant-ndt.com.cn
电话：010-85778110　18911495815　邮箱：sales@constant-ndt.com.cn

U0872930

中特检管网科技（嘉兴）有限公司

公司简介

中特检管网科技（嘉兴）有限公司成立于 2021 年 12 月，位于嘉兴市南湖区，依托于中国特检院油气管道智能检测机器人科创团队，在中特检验集团有限公司孵化下，积极实现科技成果转化。致力于油气管道智能检测机器人的设备研发及工程技术应用。经营范围主要包括：智能机器人的研发，机械设备销售，软件销售，工程和试验研究等。

产品介绍

DN150-DN1400 油气管道智能检测机器人

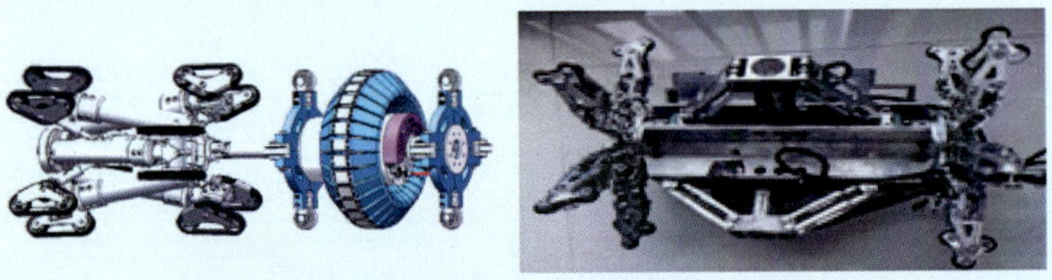

DN200-DN900 管道自爬行检测机器人

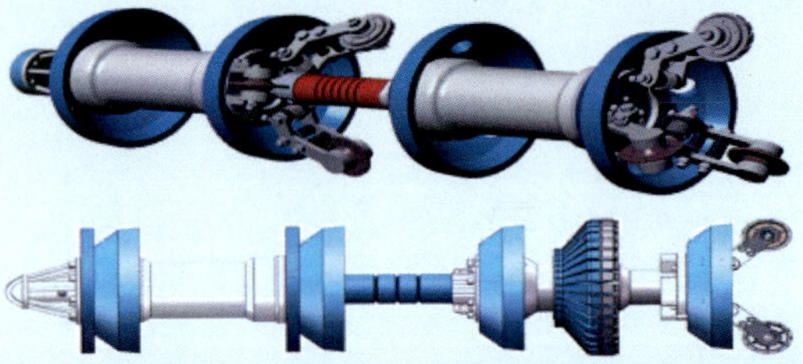

管道阴保内检测器、打孔盗油内检测器

管道中心线测绘内检测机器人

- 服务内容
  - 工程服务
    - 油器管道内检测
      - 高精度几何变形检测
      - 高清晰度三轴漏磁检测
      - IMU 管道中心线测绘检测
      - 多参数一体化内检测
      - 自爬行内检测
      - 打孔盗油专项检测
      - 涡流内检测
      - 阴保电流内检测
      - 清管服务
      - 内检测器设备性能测试与鉴定
      - 内检测牵拉测试平台搭建
    - 智能数据利用
      - 智能数据分析平台
      - 完整性评价与报告出具
      - 管道信息云图
      - 数据质量检查
    - 智能监测平台
  - 设备销售
    - 内检测器
      - 高精度几何变形检测器
      - 高清晰度三轴漏磁检测器
      - IMU 管道中心线测绘检测器
      - 多参数一体化内检测器
      - 其它专项检测器
      - 清管器
    - 定位跟踪系统及监测平台
  - 科研合作
    - 国家项目、课题、奖项联合申报
    - 关键技术委托攻关
    - 揭榜挂帅项目申请
    - 检测装置联合开发

业务简介

中国特检院油气管道智能检测机器人科创团队经十余年深入研究，针对多应用场景构建了 ϕ159-ϕ1422 全系列油气管道内检测技术研究、装备研发、装备测试体系；研发了管道几何变形、漏磁、测绘、阴保电流、打孔盗油、涡流、管道自爬行等智能检测装备；获得内检测相关省部级奖项 7 项，申请专利 47 项。经试验测试以及 3 万公里工程实际应用验证，漏磁检测器精度均超过国家标准对高清内检测器的要求，部分精度达到超高清。经专家鉴定，相关科技成果达到国际先进水平，部分达到国际领先。

地址：嘉兴市南湖区大桥镇凌公塘路 3339 号　电话：18810459855　邮箱：82471415@qq.com

压力管道等承压设备安全技术研究进展精选集（2023）

——第五届压力管道及储运设备设施安全运行检测评价学术交流会
暨第十五届压力管道安全保障关键技术研讨会

中国特种设备检验协会压力管道检验工作委员会
中国石油和石油化工设备工业协会炼油与化工设备管理专业委员会
中国腐蚀与防护学会承压设备专业委员会
中国特种设备检测研究院
编

中国石化出版社

图书在版编目（CIP）数据

压力管道等承压设备安全技术研究进展精选集：第五届压力管道及储运设备设施安全运行检测评价学术交流会暨第十五届压力管道安全保障关键技术研讨会：2023 版 / 中国特种设备检验协会压力管道检验工作委员会等编．—北京：中国石化出版社，2023.2

ISBN 978-7-5114-6961-8

Ⅰ．①压… Ⅱ．①中… Ⅲ．①压力容器安全－学术会议－文集 Ⅳ．① TH490.8-53

中国国家版本馆 CIP 数据核字（2023）第 028514 号

中国石化出版社出版发行

地址：北京市东城区安定门外大街 58 号

邮编：100011 电话：(010) 57512500

发行部电话：(010) 57512575

http: //www.sinopec-press.com

E-mail : press@sinopec.com

北京捷迅佳彩印刷有限公司印刷

全国各地新华书店经销

*

880×1230 毫米 16 开本 55.75 印张 1664 千字

2023 年 2 月第 1 版 2023 年 2 月第 1 次印刷

定价：380.00 元

《压力管道等承压设备安全技术研究进展精选集》（2023）

编 委 会

第五届压力管道及储运设备设施安全运行检测评价学术交流会暨第十五届压力管道安全保障关键技术研讨会

支持单位

（共 70 家）

中国特种设备检验协会	中国腐蚀与防护学会
中国石油和石油化工设备工业协会	压力管道检验技术联盟
特种设备科技协作平台	中国石化出版社
《化工机械》编辑部	《管道保护》编辑部
《中国特种设备安全》杂志社	中国特种设备检测研究院
中国石油大学（北京）	北京科技大学
北京工业大学	北京交通大学
武汉大学	新疆大学
华中科技大学	中国矿业大学
安徽省特种设备检测院	广东省特种设备检测研究院
河南省锅炉压力容器安全检测研究院	江苏省特种设备安全监督检验研究院
上海市特种设备监督检验技术研究院	陕西省特种设备检验检测研究院
重庆市特种设备检测研究院	福建省特种设备检验研究院
河北省特种设备监督检验研究院	天津市特种设备监督检验技术研究院
北京市特种设备检测中心	沈阳特种设备检测研究院
青岛市特种设备检验研究院	杭州市特种设备检测研究院

宁波市特种设备检验研究院	新疆维吾尔自治区特种设备检验研究院
国家管网集团（徐州）管道检验检测有限公司	中国石油集团工程材料研究院有限公司
国家管网集团北方管道有限责任公司	国家管网集团生产部
中国石油乌鲁木齐石化分公司	中国石油大庆特种设备检验中心
中石油西南油气田安全环保与技术监督研究院	中国石化上海石油化工股份有限公司
中国石化上海高桥石油化工有限公司	中海石油炼化有限责任公司
中海石油技术检测有限公司	中海壳牌石油化工有限公司
南光石油化工有限公司	中国石化股份有限公司天津分公司
合肥通用机械研究院有限公司	中国石油天然气股份有限公司长庆油田分公司
港华燃气集团	浙江浙能技术研究院有限公司
深圳市燃气集团有限公司	北京市燃气集团有限责任公司
湖北省天然气发展有限公司	中特检深燃安全技术服务（深圳）有限公司
中特检管道工程（北京）有限公司	中特检管网科技（嘉兴）有限公司
北京科海恒生科技有限公司	安格利（成都）仪器设备有限公司
天津市嘉信技术工程公司	云泰智信（北京）科技有限公司
西安管畅环保科技有限公司	沈阳派得林科技有限责任公司
武汉森福瑞科技有限公司	上海力顺实业有限公司
北京春秋阳光科技有限公司	北京康坦科技有限公司
图迈检测技术（成都）有限公司	中特检智能科技（北京）有限公司

前　言

压力管道等承压设备及油气储运设施的安全稳定运行关系到生产安全、环境安全和国家能源安全，也关系人民群众生命财产安全和经济社会稳定发展大局，责任重大。近年来陆续发生了贵州晴隆“6·10”天然气管道燃烧爆炸、湖北十堰“6·13”燃气管道泄漏爆炸、辽宁盘锦浩业化工“1·15”重大爆炸着火事故等承压设备安全事故，损失惨重，造成了恶劣的社会影响。党的十九届五中全会就统筹发展和安全、建设更高水平的平安中国提出明确要求，党的二十大报告指出“国家安全是民族复兴的根基，社会稳定是国家强盛的前提”，要“以新安全格局保障新发展格局”。习近平总书记指出“安全是发展的前提，发展是安全的保障”，李克强总理强调，对特种设备要实行全主体、全品种、全链条的严格监管。市场监管总局印发《特种设备安全与节能事业发展“十四五”规划》，要全面贯彻习近平总书记关于市场监管和安全生产重要论述，坚持总体国家安全观，坚持统筹发展和安全，强化特种设备分类的全过程监管，严格风险防控，深化隐患治理，夯实监管基础，健全责任体系，构建共治格局，有效防范系统性、区域性和行业性风险，遏制重特大事故发生，不断提高特种设备安全与节能水平，推进特种设备治理标准化、现代化、国际化，促进高质量发展，切实增强人民群众的获得感、幸福感和安全感。

近年来，新材料、高参数、高负荷承压设备及危化品装备的快速发展给安全保障及风险防控带来新的挑战，新型和高参数氢能“制储输用”相关压力容器、纯氢和掺氢压力管道、高钢级油气管道质量控制与评定、聚乙烯燃气管道检测评价等相关技术也亟待研究完善。与此同时，大数据、人工智能等新技术正在重塑设备设计、制造、使用、检验、管理的传统方式，智能制造、智慧监管、“工业互联网 +”等将成为“十四五”期间安全保障技术重点发展方向。为此，中国腐蚀与防护学会承压设备专业委员会、中国特种设备检验协会和特种设备科技协作平台联合先后举办了四届压力管道等承压设备学术研讨会，行业反响强烈。为促进行业技术交流和技术进步，研讨展望“十四五”科技发展规划，中国特种设备检验协会压力管道检验工作委员会、中国石油和石油化工设备工业协会炼油与化工设备管理专业委员会、中国腐蚀与防护学会承压设备专业委员会联合，于 2023 年 3 月 1~3 日，在成都市举办“第五届压力管道及储运设备设施安全运行检测评价学术交流会暨第十五届压力管道安全保障关键技术研讨会”。

本次会议得到广大业界同仁的大力支持，共收到会议论文 184 篇，内容涉及压力管道、压力容器等承压设备及油气储运设施运行管理、风险评估、完整性管理、腐蚀与防护、检测监测及评价、失效分析等方面的热点技术与难题。经评审，录用论文166篇，编辑成论文集，由中国石化出版社正式出版。同时，会议评选出的优秀论文，还将推荐到《中国特种设备安全》《管道保护》以及《化工机械》等杂志发表。

本届学术会议的召开和论文集的顺利出版，首先要感谢市场监管总局特种设备局、中国特种设备检测研究院、中国特种设备检验协会、中国石油和石油化工设备工业协会、中国腐蚀与防护学会、压力管道检验技术联盟、中国石油大学（北京）、北京科技大学、北京交通大学等高校，以及国家管网集团、中石化、中石油、中海油、港华燃气、深圳燃气等相关单位的大力支持。会议组委会和各支持单位做了大量宣传和精心组织工作，论文评审专家也付出了辛勤的工作，在此，一并表示衷心的感谢。同时感谢论文作者的大力配合，以及出版社编辑的辛劳工作！

限于篇幅与水平，难免取舍不当，敬请专家和广大读者批评指正！

编　者

2023年3月

目　　录

安全管理与完整性

检验检测

损伤失效与新材料

基于光学字符识别技术压力管道标准研读探究

张瀚文　司永宏　郝　博

（天津市特种设备监督检验技术研究院，天津　300192）

摘　要：压力管道是重要的输运介质的载体，其设计、材料、制造、安装、检验相关标准资料丰富多样，而相关从业者对于同一技术指标，往往在众多相关标准中都能找到相关要求，OCR技术应用在标准识别工作中，进而在众多相关标准中检索焊缝余高相关要求，得到标准的编制规律，对学习领会贯彻相关标准具有参考作用。

关键词：OCR；标准对比；余高

Pressure Pipeline Standard Study and Exploration Based on OCR Technology

Zhang Hanwen, *Si Yonghong*, *Hao Bo*

(Tianjin Equipment Inspection Technology Institute, Tianjin 300192, China)

Abstract: Pressure pipelings is an important carrier of transport media, its design, material, manufacture, installation, inspection and related standards information rich and diverse, and the relevant practitioners for the same technical indicators, often in many related standards can find the relevant requirements, the application of OCR technology in the standard recognition work, and then in many related standards to retrieve the weld reinforcement height related requirements, get the rules of standard preparation, learning to understand the implementation of relevant standards have reference.

Key words: OCR; standard contrast; weld reinforcement

0　引言

随着压力管道在社会运行与经济发展当中应用愈加广泛、深入，其设计、材料、制造、安装、检验多种相关标准指导着长输管道、公用管道、工业管道、压力管道管子、管件、阀门、法兰、补偿器、密封元件、特种元件在石油、天然气、电力、供热、工业生产工艺等领域技术工程实践工作。然而，以对余高这一技术指标要求为例，在本文标准库中就有15个主要标准对其有相关要求；因此采用OCR技术（Optical Character Recognition，光学字符识别）[1]对相关技术指标进行检索，有利于压力管道从业人员快速得知相关标准对自己关心的技术指标的要求，因此本文运用OCR软件对标准库内标准进行检索焊缝余高这一技术指标关键字，为相关从业人士研究、运用专业技术标准提供了一定思路。

肖久林等[2]提出了对技术标准的选用协调方法；魏净静[3]也指出采用不同的检测方法和标准会得到不同的检测结果，甚至出现截然相反的结论，阐述了现阶段各检测机构在使用方法标准时存在的隐患，论证了各行业标准混用的必然性和合理性，给出了正确使用各行业规范的思路；王维国等[4]在工业管道安装监督检验过程中协调各相关标准之间的关系也提出了自身的见解；李一庆等[5]分析了国际常用的新旧R6、EPRI和ASME IWB－3650压力管道评价标准方法的基础理论，进而得到合适的压力管道缺陷的评价方法。

1　标准库建立

通过网络下载、实体扫描等方法GB 50235—2010《工业金属管道工程施工规范》、GB 50236—2011《现场设备、工业管道焊接工程施工规范》、GB 50251—2015《输气管道工程设计规范》、GB

50253—2014《输油管道设计规范》、GB 50274—2010《制冷设备、空气分离设备安装工程施工及验收规范》、GB 50369—2014《油气长输管道工程施工及验收规范》、GB 50540—2009《石油天然气站内工艺管道工程施工规范》、GB 51142—2015《液化石油气供应工程设计规范》、GB 55010—2021《供热工程项目规范》、GB/T 30579—2022《承压设备损伤模式识别》、GB/T 29460—2012《含缺陷聚乙烯管道电熔接头安全评定》、GB/T 29461—2012《聚乙烯管道电熔接头超声检测》、CJJ/T 28—2014《城镇供热管网工程施工及验收规范》、CJJ/T 34—2010《城镇供热管网设计规范》、CJJ/T 33—2005《城镇燃气输配工程施工及验收规范》、CJJ/T 63—2018《聚乙烯燃气管道工程技术标准》、GB 2624.1—2006《用安装在圆形截面管道中的差压装置测量满管流体流量　第 1 部分：一般原理和要求》、GB 6479—2013《高压化肥设备用无缝钢管》、GB 9948—2013《石油裂化用无缝钢管》、GB 15558《燃气用埋地聚乙烯(PE)管道系统》、GB 27791—2020《城镇燃气调压箱》、GB 32167—2015《油气输送管道完整性管理规范》、GB/T 8163—2018《输送流体用无缝钢管》、GB/T 20801—2020《压力管道规范　工业管道》、GB/T 35013—2018《承压设备合于使用评价》、GB/T 38530—2020《城镇液化天然气(LNG)气化供气装置》、GB/T 38942—2020《压力管道规范　公用管道》、GB/T 3087—2022《低中压锅炉用无缝钢管》、GB/T 3091—2015《低压流体输送用焊接钢管》、GB/T 9711—2017《石油天然气工业　管线输送系统用钢管》、GB/T 13402—2019《大直径钢制管法兰》、GB/T 14976—2012《流体输送用不锈钢无缝钢管》、GB/T 18984—2016《低温管道用无缝钢管》、GB/T 29460—2012《含缺陷聚乙烯管道电熔接头安全评定》、GB/T 30059—2013《热交换器用耐蚀合金无缝管》、GB/T 31032—2014《钢质管道焊接及验收》、GB/T 32270—2015《压力管道规范 动力管道》、GB/T 32964—2016《液化天然气用不锈钢焊接钢管》、GB/T 33488—2017《化工用塑料焊接制承压设备检验方法》、GB/T 34275—2017《压力管道规范 长输管道》、GB/T 37910.1—2019《焊缝无损检测 射线检测验收等级　第 1 部分：钢、镍、钛及其合金》、GB/T 38343—2019《法兰接头安装技术规定》、GB/T 13927—2008《工业阀门　压力试验》、JB/T 11491—2013《撬装式燃气减压装置》、JB/T 12130—2015《烟气脱硝液氨供应系统设计规程》、NB/T 47013.1－47013.13—2015《承压设备无损检测》、NB/T 47014—2011《承压设备焊接工艺评定》、SH 3501—2011《石油化工有毒、可燃介质钢制管道工程施工及验收规范》、SY/T 5037—2018《普通流体输送管道用埋弧焊钢管》、GB/T 12771—2019《流体输送用不锈钢焊接钢》、TSG D7002—2006《压力管道元件型式试验规则》、TSG D7003—2010《压力管道定期检验规则 长输(油气)管道》、TSG D7004—2010《压力管道定期检验规则　公用管道》、TSG D7005—2018《压力管道定期检验规则　工业管道》、TSG D7006—2020《压力管道监督检验规则》、TSG Z6001—2019《特种设备作业人员考核规则》、TSG Z6002—2010《特种设备焊接操作人员考核细则》、TSG D0001—2009《压力管道安全技术监察规程》工业管道的多项标准与技术规范(后文统称标准库，表述单项标准或技术规范时只列不含年份的标准号)保存成 PDF 格式，再利用 OCR 软件进行文档识别与检索。

2　标准库内关于管道安装阶段余高的要求

利用OCR 识别软件在标准库内所有标准或技术规范范围内检索“余高”词条，对于管道安装施工在各应用领域内焊接后余高的相关检索结果如表 1 ~ 表 3 所示。

表 1　检索“余高”词条结果 1

标准名称	检索“余高”链接内容
《油气长输管道工程施工及验收规范》(GB 50369—2014)	在 10.2.4 条款中：管端螺旋焊缝或直缝余高打磨：端部 10mm 范围内余高打磨掉，并平缓过渡；用自动超声波检测时，端部不少于 150mm 范围内余高应打磨掉。
《石油天然气站内工艺管道工程施工规范》[GB 50540—2009(2012 版)]	在 7.4.1 条款中：对接焊缝表面余高应为不大于 2mm，局部不应大于 3mm，且长度不应大于 50mm。
《石油化工有毒、可燃介质钢制管道工程施工规范》(SH 3501—2011)	在 7.5.4 条款中： 当焊接接头中薄者厚度小于或等于 6mm 时，焊缝余高 Δh 应不大于 1.5mm。当焊接接头中薄者厚度大于 6mm 时，焊缝余高应不大于 2.5mm。

续表

标准名称	检索“余高”链接内容
《钢质管道焊接及验收》（GB/T 31032—2014）	在7.8.2条款中：对于全位置固定焊接，填充焊和盖面焊的焊道数目，应保证完成的焊缝横断面在整个管口上均匀一致。焊缝表面任何一点应不低于管外表面。焊缝余高应不大于2.0mm，局部不大于3.0mm。该标准其他关于余高的要求体现在无损检测方面与试验式样制备的有关要求。
《压力管道定期检验规则—工业管道》（TSG D7005—2018）	在2.4.2.1条款中：几何尺寸检验，包括管道焊缝对口错边量、咬边、焊缝余高等。
《压力管道规范　长输管道》（GB/T 34275—2017）	在6.5.3.5条款中：“管端螺旋焊缝或直缝余高打磨：端部10mm范围内余高打磨掉，并平缓过渡。 在6.5.5.2条款中：焊缝表面不应低于母材表面，焊缝余高一般不应超过2mm，余高超过应进行打磨．打磨后应与母材圆滑过渡，但不应伤及母材。
《压力管道规范　公用管道》（GB/T 38942—2020）	在6.4.2.3条款中：“管端螺旋焊缝或直缝余高打磨：端部10mm范围内余高打磨掉，并平缓过渡。
《压力管道规范　工业管道》（GB/T 20801—2020）	在6.5节中的表中，进行了表2所述要求。
《压力管道规范　动力管道》（GB/T 32270—2015）	在7.4.5.2条款中：焊缝边缘应与母材圆滑过渡，其外形尺寸应符合设计要求，对接焊缝的余高应符合表3的规定。

表2　《压力管道规范　工业管道》（GB/T 20801—2020）内余高相关要求

检查等级	I			II			III			IV			V		
缺陷类型	环向、斜接坡口和支管连接	纵向坡口	角接	环向、斜接坡口和支管连接	纵向坡口	角接	环向、斜接坡口和支管连接	纵向坡口	角接	环向、斜接坡口和支管连接	纵向坡口	角接	环向、斜接坡口和支管连接	纵向坡口	角接
根部表面凹陷	F	F	N/A	F	F	N/A	F	F	N/A	F	F	N/A	F	F	N/A
余高或根部凸出	G	G	G	G	G	G	G	G	G	G	G	G	H	H	H

表中符号说明：

A：缺陷范围：无明显缺陷；

B：未焊透累计长度：每150mm长度范围内≤15mm和10%焊缝总长度；

C：未焊透累计长度：每150mm长度范围内≤20mm和20%焊缝总长度；

D：咬边深度：≤1mm和$T/4$；

E：咬边深度：≤1.5mm和（$T/4$或1mm）；

F：根部表面凹陷深度：接头总厚，包括焊缝补强：≥T；

G：焊缝余高或内凸起的高度；

T（mm）	H（mm）
≤6	≤1.5
>6，≤13	≤3.0
>13，≤25	≤4.0
>25	≤5.0

H：焊缝余高或内凸起的高度：范围为上述G相应值的2倍；

N/A：表示对于这种类型的缺陷，本部分未规定验收准则或不要求评价。

表3 《压力管道规范　动力管道》(GB/T 32270—2015)内余高相关要求

母材金属的壁厚 S_n/mm	不同设计温度 t 下的余高/mm		
	$t>400℃$	$400℃\geq t\geq175℃$	$t<175℃$
$S_n\leq3.0$	2.0	2.5	3.0
$3.0<S_n\leq5.0$	2.0	3.0	4.0
$5.0<S_n\leq13.0$	2.0	4.0	5.0
$13.0<S_n\leq25.0$	2.5	5.0	5.0
$25.0<S_n\leq50.0$	3.0	6.0	6.0
$S_n>50.0$	4.0	取6mm或1/8倍焊缝宽度两者中大值	

3 标准库内关于管子制造阶段余高的要求

利用OCR识别软件在标准库内所有标准或技术规范范围内检索“余高”词条，对于管子制造阶段余高的相关检索结果如表4～表6所示。

表4 检索“余高”词条结果2

标准名称	检索“余高”链接内容
《低压流体输送用焊接钢管》(GB/T 3091—2015)	在5.7.1条款中：当壁厚不大于12.5mm时，超过钢管原始表面轮廓的内、外焊缝余高应不大于3.2mm；当壁厚大于12.5mm时，超过钢管原始表面轮廓的内、外焊缝余高应不大于3.5mm。焊缝余高超高部分允许修磨。
《液化天然气用不锈钢焊接钢管》(GB/T 32964—2016)	在6.8.2条款中：采用双面焊的钢管，其内外焊缝任一侧的余高应与母材齐平或有不超过2.0mm的均匀余高；采用单面焊的钢管，其外焊缝的余高应与母材圆滑过渡，其内焊缝余高应不超过15%公称壁厚，但最大应不超过2.0mm。
《石油天然气工业 管线输送系统用钢管》(GB/T 9711—2017)	在9.13.2.2条款中：应采用修磨方法将钢管每端至少各100mm管端范围内的内焊道余高去除，使得修磨后的焊缝不高出邻近钢管表面0.5mm。钢管其余部分内焊道不应高出邻近钢管表面的相应数值见表5。
《普通流体输送管道用埋弧焊钢管》(SY/T 5037—2018)	在6.1.2.2条款中：允许将钢带对头焊缝的余高去除，但去除后的焊缝表面不应低于钢带原始表面。 在6.9.3.1条款中：钢管焊缝余高应符合表6的要求，焊缝高度超过规定时允许修磨。 在6.9.3.2条款中：对于平端钢管管端，根据需要，可将距管端至少100mm长度的内焊缝磨平。对于承插钢管管端，承口内焊缝和插口外焊缝应打磨平整，且打磨长度大于承插深度。
《流体输送用不锈钢焊接钢管》(GB/T 12771—2019)	在6.10.2条款中：采用双面自动焊接方法制造的钢管，其内、外焊缝应与母材齐平或有不超过3mm的均匀余高。 在6.10.3条款中：采用单面自动焊接方法制造的钢管，其外焊缝应与母材齐平或有不超过3mm的均匀余高，其内焊缝余高应符合如下规定： a)外径小于219mm的钢管，不大于10%公称壁厚，且不大于1.5mm。 b)外径不小于219mm但不大于508mm的钢管，不大于15%公称壁厚且不大于2mm。 c)外径大于508mm的钢管，不大于20%公称壁厚且不大于3mm。

表5 《石油天然气工业 管线输送系统用钢管》(GB/T 9711—2017)内余高相关要求

规定壁厚 t/mm(in)	焊道高度[a]/mm(in)最大	
	内焊道	外焊道
≤13.0(0.512)	3.5(0.138)	3.5(0.138)
>13.0(0.512)	3.5(0.138)	4.5(0.177)

[a] 由制造商选择，高于允许值的焊道可修磨至可接收高度。

表 6 《普通流体输送管道用埋弧焊钢管》(SY/T 5037—2018) 内余高相关要求

mm

钢管公称壁厚 t	焊缝余高 h
≤13.0	≤3.5
>13.0	≤4.0

5　结论

如前文所列表 1 ~ 表 3 所述，GB/T 38942、GB 50369 分别在公用管道、油气长输管道领域内只对非无缝钢管上焊缝余高打磨范围作出了具体要求，GB 50540、SH 3501、GB/T 31032、GB/T 34278、GB/T 20801、GB/T 32270 都在各自领域内对余高的具体高度作出了要求，GB 50540、SH 3501、GB/T 31032 要求基本精神为余高普遍高度不能大于 2mm，局部不大于 3mm。GB/T 34278 则要求余高一般不能大于 2mm，对于局部区域并未放宽到 3mm。GB/T 20801 在检查等级较高的适用范围内，作出了余高高度不能大于 1.5mm 的相对于其他标准或安全技术规范更严格的规定。GB/T 32270 则根据不同的管道内介质温度与壁厚，对余高有不同的高度要求。如前文所列表 4 ~ 表 6 所述，在管子制造标准领域内，GB/T 3091 相对于 GB/T 9711 与 GB/T 5037，GB/T 32964 相对于 GB/T 12771，在余高要求方面更为严格。

本文通过梳理余高在各个技术规范与标准的不同要求，为相关从业人员检验余高是否满足要求提供了一定思路。

参考文献

[1] 杨彬彬. 数码相机、OCR 在文献检索中的应用[J]. 昆明大学学报，2005(01)：55 - 57.

[2] 肖久林，王坚. 浅谈技术基础标准的选用[J]. 机械工业标准化与质量，2009(11)：42 - 43.

[3] 魏净静. 浅议工程质量检测中的方法标准选用[J]. 中国建材科技，2020，29(02)：3 - 4.

[4] 王维国，翟永军. 不同压力管道标准的对比分析[J]. 中国特种设备安全，2012，28(01)：57 - 60.

[5] 李一庆，李树喜，胡景克，王绍华. 压力管道缺陷评价标准对比[J]. 油气储运，2013，32(06)：638 - 642.

热水锅炉集箱系统水流量分配分析与改进

韩守鹏[1]　林金峰[1]　徐洪涛[2]

(1. 上海市特种设备监督检验技术研究院，上海　200062；2. 上海理工大学，上海　200093)

摘　要：利用数值模拟方法对 DZL14－1.25/115/70－AⅡ型热水锅炉集箱系统水流量分配进行分析研究，并提出三种热水锅炉集箱系统改进方案。研究表明：集箱系统中下降管与集箱连接处形成迪恩涡，导致附近上升管中回水流量减少，整体集箱系统水流量分配不均匀；通过引入上升管流量系数 η_{Li} 和集箱系统整体均匀性系数 S，对比分析三种改进方案的优劣后得出，方案一中增大下集箱尺寸至437mm 时，水流量分配较为均匀、同时改进方案易于实现。

关键词：集箱系统；流量分配；数值模拟

Analysis and Improvement of Water Flow Distribution in Hot Water Boiler Header System

Han Shoupeng[1], *Lin Jinfeng*[1], *Xu Hongtao*[2]

(1. Shanghai Institute of Special Equipment Inspection and Technical Research, Shanghai 200063, China;
2. University of Shanghai for Science and Technology, Shanghai 200093, China)

Abstract: Analysis and research on water flow distribution of DZL14－1.25/115/70－AⅡ hot water boiler header system by numerical simulation method, and proposed three improvement schemes of hot water boiler header system. Results illustrate that, the dean vortex is formed at the connection between the downcomer and the header in the header system, which results in a decrease in the return water flow in the ascendant and the uneven distribution of water flow in the overall header system. By introducing the riser flow coefficient η_{Li} and the overall uniformity coefficient S of the header system, after comparing and analyzing the advantages and disadvantages of the three improvement schemes, it is concluded that when the size of the lower header is increased to 437mm in the first scheme, the water flow distribution is more uniform, and the improvement scheme is easy to implement.

Key words: header system; water flow distribution; numerical simulation

1　引言

热水锅炉作为我国北方冬季供暖的重要的热力设备，近几年来屡屡发生热水锅炉超温爆管事故，严重威胁了人民的生命和财产安全。如何保证热水锅炉内部水流量分配和受热均匀，保障热水锅炉安全高效地运行成为目前研究的重要内容。

魏文礼等得出上游进口段为弯管时更有利于T型管道中冷热流体的混合，减小温度梯度，进而减小波动，对安全有利[1]。陆启亮等采用直接求解由质量守恒、动量守恒和能量守恒列出的非线性方程组的方法，结合具体工程编写了超临界定压运行 T 型锅炉水动力特性计算程序[2]。罗云等基于分离式热管在一定温度水池中的应用，采用流体体积函数模型就两种不同热流边界条件对蒸发段 7 根并联支管中的流量分配特性进行了 CFD 两相仿真计算[3]。钟崴等研究热负荷分布不均匀性对并联管组流量分配不均匀性的影响，并

作者简介：韩守鹏(1992—　)，工程师，主要从事压力容器和压力管道定期检验工作。E－mail：hanshoueng@yeah.net

基金项目：上海市特种设备监督检验技术研究院青年科技项目(项目编号：2021－14)。

对其变化关系式进行了理论推导[4]。徐党旗等对影响暖风器集箱系统并联管组流量偏差因素进行了详细的计算和分析，研究结果对目前低温省煤器与暖风器联合系统优化有重要的参考价值[5]。鲁红亮等对平行流换热器中热流体分布均匀性的研究进展进行了总结[6]。Horiki 等通过对矩形集箱系统进行试验研究，发现在层流状态下前部上升管流量较大，在紊流状态下前部上升管流量较小[7]。Ahmad 等通过实验研究了不同集箱尺寸下集箱系统内流量分布情况，发现集箱尺寸越大流量分配越均匀[8]。湛含辉等发现在层流状态下截面上的峰值速度和峰值全压变化较小，涡核位于半截面中心；在湍流状态下，流动方向截面上的峰值全压显著递减，涡核位置明显"外扩"[9]。刘巍等研究了换热器中流量分配不均匀的几种评价方法，并将这几种评价方法进行了比较[10]。徐肖肖等建立了换热器两相流分配模型，该模型的优势在于无需已知分歧管流量可模拟分歧管的分配特性[11]。Shi 等分析了添加不同分流版可以有效改善流量分配均匀性[12]。Wang 通过理论分析和数值模拟对 U 型管组和 Z 型管组进行了研究，得到了管组中流量分配和压降情况[13,14]。

目前，学者们对于锅炉和换热器中流量分配的研究很多，主要集中在理论研究和实验研究，随着计算机技术的发展，数值模拟方法运用也越来越多。但是，还没有一种比较好的管路设计能够有效地保证热水锅炉流量分配均匀。本文以一台 DZL 14－1.25/115/70－AⅡ型热水锅炉为研究对象，建立了该热水锅炉管路系统的物理模型和数学模型，利用数值模拟方法，研究热水锅炉集箱系统中流场、压力场、速度场以及流量分布情况，并将模拟结果与锅炉运行参数进行对比。同时，也提出热水锅炉集箱系统的改进模型，为热水锅炉集箱系统的设计提供参考。

2 原集箱系统模型分析

2.1 物理模型

DZL14－1.25/115/70－AⅡ型热水锅炉是单锅筒水管链条炉排锅炉，该热水锅炉锅水系统包括锅筒、下降管、上升管、下集箱和中集箱，物理模型如图 1(a)所示。由于本文主要研究的是下集箱与上升管中水流量的分配，于是采用了如图 1(b)中所示的物理模型作为研究对象，不仅能够减少数值计算工作量，也能使研究更加有针对性。热水锅炉下集箱长度为 9152.5mm，内径为 305mm；下降管长度为 2000mm，内径为 253mm；上升管长度为 2000mm，内径为 56.5mm；系统共 72 根上升管，上升管之间的间隔为 90mm，其中第 24 和 25 根上升管间隔 270mm，第 1 根上升管与前下降管间隔 300mm，第 72 根上升管与后下降管间隔 390mm，上升管的分布情况如图 1(b)所示。

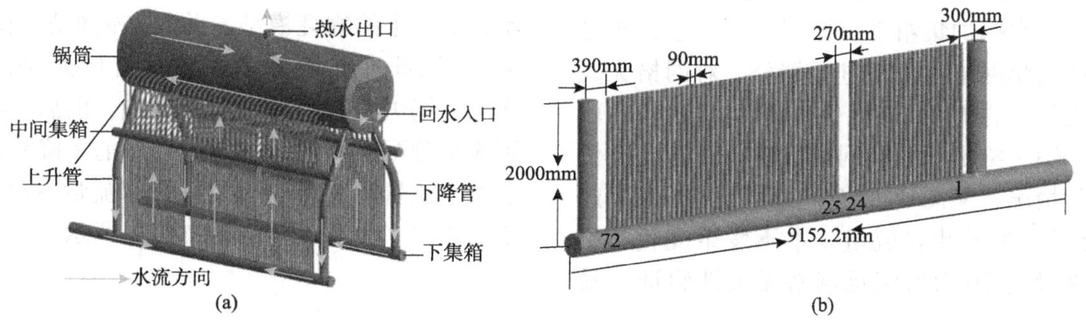

图 1 热水锅炉集箱系统物理模型

2.2 数学模型

利用数值模拟方法对热水锅炉集箱内部锅水的流动进行研究，考虑到下降管和下集箱连接处可能出现迪恩涡运动的旋流，利用 Standard $k-\varepsilon$ 湍流模型无法得到理想的计算结果，带旋流修正的 Realizable $k-\varepsilon$ 模型不仅为湍流黏性增加了一个公式，并且为耗散率增加了新的传输方程。压力速度耦合采用 SIMPLE 算法，动量方程的离散采用二阶迎风格式，其余物理量采用一阶迎风格式[15,16]，其数学方程如下：

连续性方程：

$$\frac{\partial \rho}{\partial t}+\frac{\partial(\rho u_j)}{\partial x_j}=0 \tag{1}$$

动量守恒方程：

$$\rho\frac{\partial u_i}{\partial t}+\rho u_j=-\frac{\partial p}{\partial x_j}+\mu\frac{\partial}{\partial x_j}\left(\frac{\partial u_i}{\partial x_j}+\frac{\partial u_j}{\partial x_i}\right)+S \tag{2}$$

湍流动能 k 方程：

$$\frac{\partial}{\partial t}(\rho k)+\frac{\partial}{\partial x_i}(\rho k\,u_i)=\frac{\partial}{\partial x_j}\left[\left(\mu+\frac{\mu_t}{\sigma_k}\right)\frac{\partial k}{\partial x_j}\right]-\rho\varepsilon+G_k+G_b-Y_m+S_k \quad (3)$$

湍流耗散率 ε 方程：

$$\frac{\partial}{\partial t}(\rho\varepsilon)+\frac{\partial}{\partial x_i}(\rho\varepsilon u_i)=\frac{\partial}{\partial x_i}\left[\left(\mu+\frac{\mu_t}{\sigma_\varepsilon}\right)\frac{\partial_\varepsilon}{\partial x_j}\right]-C_{2\varepsilon}\rho\frac{\varepsilon^2}{k+\sqrt{v\varepsilon}}+\rho C_1\cdot S_\varepsilon+C_{1\varepsilon}\cdot\frac{\varepsilon}{k}\cdot C_{3\varepsilon}\cdot G_b+S_\varepsilon \quad (4)$$

式中　ρ——流体密度，kg/m^3；

t——时间，s；

u——流体速度，m/s；

k——湍动能；

ε——湍动能耗散率；

μ_t—— 湍流黏度，$\mu_t=\rho C_\mu\dfrac{k^2}{\varepsilon}$；

μ——动力黏度。

方程中 G_k 是由层流速度梯度而产生的湍流动能；G_b 是由浮力而产生的湍流动能；C_1 和 $C_{2\varepsilon}$ 是常量；Y_m 是过渡扩散产生的波动；σ_k 和 σ_ε 是 k 方程和 ε 方程的湍流普朗特数，S_k 和 S_ε 为用户自己定义选项[17]。而 $C_{1\varepsilon}$ 可以通过下式来计算：

$$C_{1\varepsilon}=MAX\left[0.43,\ \frac{\eta}{\eta+5}\right],\ \eta=S\cdot\frac{k}{\varepsilon} \quad (5)$$

模型参数的设置值为：i，$j=1\sim3$，$C_1=1.44$，$C_{2\varepsilon}=1.92$，$C_{3\varepsilon}=0.09$，$\sigma_k=1.0$，$\sigma_\varepsilon=1.3$，S 为广义源项。

2.3 网格划分

利用 Gambit 软件对热水锅炉集箱系统模型进行网格划分，并对下降管与下集箱的连接处的网格做了加密处理，确保网格质量满足计算的要求。由于热水锅炉集箱系统模型较为复杂，于是采用非结构化网格对模型进行划分。对网格无关性进行验证，选择第 24 根上升管出口流量为验证对象。图 2 给出了不同网格数下上升管出口流量的变化情况，从图中可以看出，当网格数量超过 70 万后上升管出口流量基本不发生变化，说明当网格超过 70 万时满足网格无关性验证。最终，本次集箱系统计算区域采用的网格总数在 73 万～90 万左右。

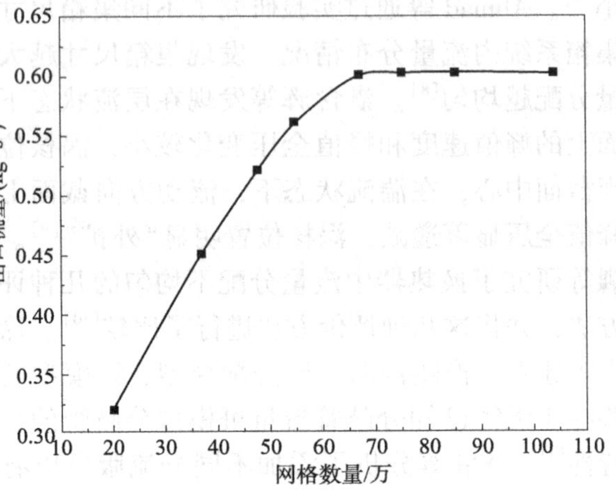

图 2　网格无关性验证

2.4 边界条件

设置热水锅炉前后下降管进口为质量流量进口，上升管出口为压力出口，集箱和上升管壁面边界条件是按照固定壁面、无滑移和无质量交换设定，对近壁面区域采用标准壁面函数[18]；集箱和上升管均不考虑热量交换。热水锅炉在额定功率下回水总流量约为 267t/h，由于本文只研究热水锅炉一半的物理模型，并假定锅炉的循环倍率为 1，因此在此条件下回水总流量为 37.1kg/s。在热水锅炉实际运行过程中得到，前后下降管受到流量分配不均匀的影响，导致前下降管流量占总回水流量的 52%，而后下降管流量占总回水流量的 48%。具体边界条件如表 1 所示。

表 1　集箱系统边界条件

边界	边界类型	流量/(kg/s)	湍流强度/%	水力直径/mm
前下降管进口	Mass flow inlet	19.3	5	0.235
后下降管进口	Mass flow inlet	17.8	5	0.235
上升管出口	Pressure－outlet	—	0	0.0565

2.5 模拟结果分析讨论

图 3 中是集箱系统横向剖面内部速度和相对压力分布云图。从图 3(a)可以看出，在下降管内和下降管与下集箱连接处水流速度较大，最大速度为 0.55m/s，最大速度出现的区域为前下降管和下集箱的连接处且靠近下集箱下部。由于前下降管比后下降管水流量大，所以前下降管和下集箱连接处水流速度更大一些。水流速度在集箱中

部、前后下降管与集箱连接处集箱上部和靠近下降管的上升管中较低。从图3(b)相对压力分布云图中可以看出，相对低压区域主要分布在下降管与集箱的拐角处，与下降管相邻的几个上升管中内部压力也比较低，局部更是形成负压区。中部上升管中压力较高、两端压力较低，形成了类似“凸”形态压力分布。

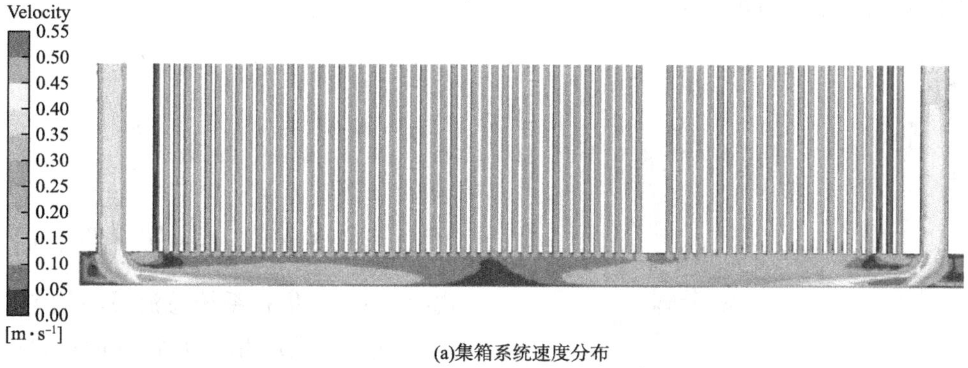

(a)集箱系统速度分布

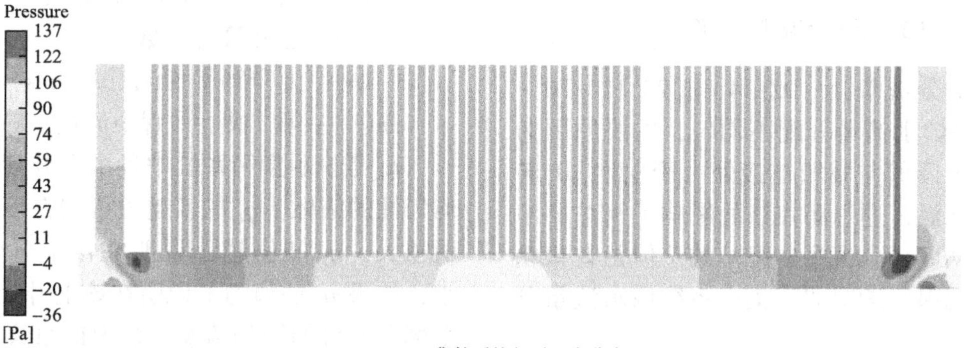

(b)集箱系统相对压力分布

图3　集箱系统速度和相对压力分布图

图4为集箱系统局部流线分布图。从图4可以看出，锅炉回水经下降管垂直进入下集箱，90°转向后沿轴向流动并渐次进入上升管。在前后下降管与集箱的连接处由于水流方向的改变，导致在该拐角处形成明显的漩涡。在拐角处回水速度较大，而漩涡中心和漩涡尾部流速较小，漩涡和水流间有明显的分界面。从图4可以看出，前后下降管与集箱的连接处形成的漩涡呈椭圆形，前下降管处的漩涡较后下降管处的漩涡体积大，前下降管处漩涡长为570mm左右、宽为180mm左右，后下降管处漩涡长为480mm左右、宽为180mm左右。此处漩涡的存在会阻碍回水进入上升管，并且挤占了回水流动的空间，从而导致靠近下降管的上升管中水流量降低。并且从图中流线方向可以看出第1、2根上升管中出现了逆流现象。结合图3(b)中的相对压力分布云图发现，漩涡处的相对压力较低。

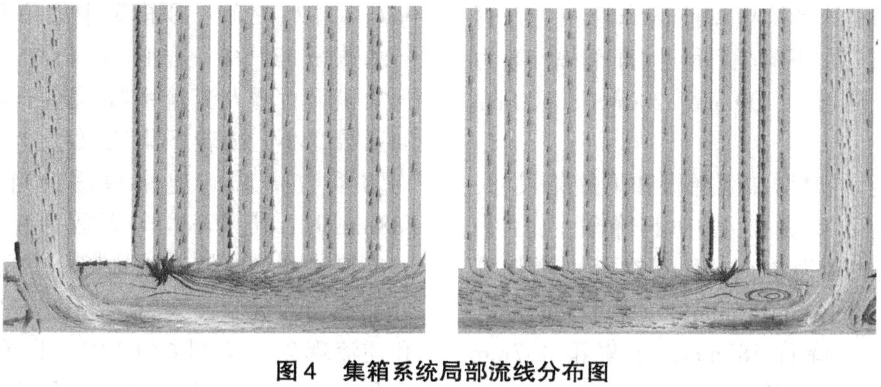

图4　集箱系统局部流线分布图

图5中给出第1、5根上升管纵向剖面流线分布情况。从图中可以看出，由于锅炉回水经过下降管90°转向后进入集箱，锅炉回水在集箱内部形成迪恩涡并且涡核对称地出现在半截面的中心

两侧。由于下降管和集箱的连接处速度最高，形成的迪恩涡扰动最大，迪恩涡涡流速较大。迪恩涡影响锅炉回水进入上升管，并导致上升管内部出现逆流。越远离下降管和集箱连接处，迪恩涡扰动和对锅炉回水进入上升管的影响就越小。

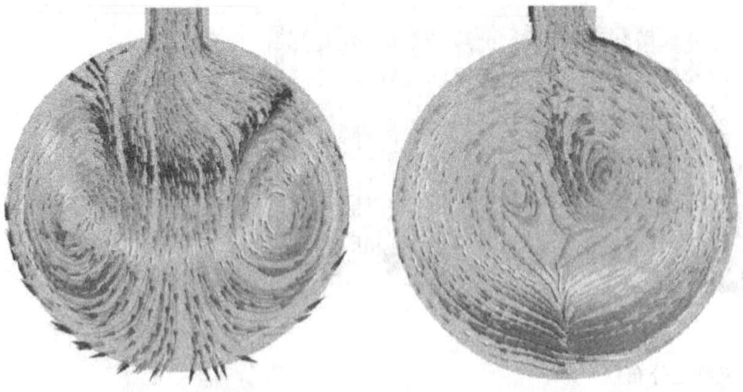

(a)第1根上升管　(b)第5根上升管

图5　上升管流线分布图

从前面的分析来看，DZL14 - 1.25/115/70 - AⅡ型热水锅炉水流量分配不均匀，主要原因为锅炉回水在下降管与集箱连接处由于发生 90°转向后形成迪恩涡，迪恩涡在该处影响了锅炉回水进入上升管从而导致流量分配不均。但是在集箱中部随着迪恩涡影响减弱，集箱系统内水流量分配均匀。

3　改进集箱系统模型

由于原热水锅炉集箱系统模型存在水流量分配不均匀的问题，容易导致上升管中发生超温烧损和爆管事故，提出以下三种热水锅炉下集箱系统的改进模型方案，并对每种改进模型进行数值模拟分析：

(1)方案一：保持下降管和上升管不变，增加下集箱尺寸，原热水锅炉集箱系统下集箱内径为 305mm，现在增加到 336mm、387mm、437mm 和 488mm；

(2)方案二：增加下降管和上升管之间的距离，原热水锅炉集箱系统模型前下降管和上升管距离为 300mm，后下降管和上升管距离为 390mm，现在分别增加 100mm、200mm、300mm 和 400mm；

(3)方案三：同时增加下降管和下集箱尺寸，原热水锅炉集箱系统模型中下降管内径为 253mm，下集箱内径为 305mm，现在分别增加到下降管 305mm、下集箱 336mm，下降管 336mm、下集箱 387mm，下降管 387mm、下集箱 437mm 和下降管 437mm、下集箱 488mm。

4　模拟结果对比分析

为了能够更加客观地阐明原热水锅炉集箱系统和改进后的集箱系统中的流量偏差，并将原集箱系统与改进后的集箱系统进行对比分析，在热水锅炉循环倍率为 1 的情况下，本文引入上升管流量系数 η_{Li} 和总流量分配不均匀系数 S[19]，其表达式如下：

$$\bar{m} = \frac{m}{n} \tag{6}$$

$$\eta_{Li} = \frac{m_i}{\bar{m}} \tag{7}$$

$$S = \sqrt{\frac{1}{n-1}\sum_{i=1}^{n}\left(\frac{m_i}{\bar{m}} - 1\right)^2} \tag{8}$$

式中　S——集箱系统总流量不均匀系数；

η_{Li}——第 i 根上升管流量系数；

m——热水锅炉回水流量，37.1kg/s；

n——上升管总个数；

$\bar{m}$——上升管平均流量，kg/s；

m_i——第 i 根上升管中流量，kg/s。

η_{Li}是表示集箱系统中各个上升管中流量分配均匀性的指标，η_{Li}的值越大说明在该上升管中流量越大，η_{Li}的值越小说明在该上升管中流量越小，如果 η_{Li}的值为 1 说明在该上升管中水流量为全部上升管的平均流量。S 为衡量集箱系统整体水流量分配均匀性系数，当 S 的值越小时说明集箱系统整体水流量分配得越均匀，当 S 值越大时说明集箱系统整体水流量分配的偏差越大。

图 6 中给出了原热水锅炉集箱模型和三种改进方案中各个上升管中流量系数和流量不均匀系数。从图中可以看出三种改进方案流量系数都较原模型更为平均，说明改进方案中水流量分配更为均匀。在原模型中第 1 和 2 根上升管中流量系数为负值，说明在这两根上升管中出现了逆流；在原模型中第 1 ~ 4 根上升管和 70 ~ 72 根上升管中流量系数较低，其余上升管流量系数保持在 0.75 ~ 1.25 之间；原模型中集箱系统总流量不均匀系数为 33.5%。从图 6(a)中可以看出，随着下集箱尺寸增大流量系数越趋于平均、流量不均匀系数变小，随着下集箱尺寸进一步增大流量不均匀系数降低的速率放缓；当下集箱内径为 488mm 时，流量不均匀系数为 6.9%；通过增大下集箱尺寸，能够有效地降低集箱系统中水流量分配不均匀现象，改善两侧上升管中水流量较低和逆流现象。从图 6(b)中可以看出，增大下降管和上升管之间的距离，流量系数也趋于均匀、流量不均匀系数变小；随着下降管与上升管之间的距离进一步增加，流量不均匀系数降低速率较

慢，说明当下降管和上升管之间达到一定距离之后，再增大距离对于提高流量分配作用不大；当下降管和上升管之间增加400mm时，流量不均匀系数为17.3%。从图6(c)中可以发现，同时增加下降管和集箱的尺寸可以使流量系数更为平均、流量不均匀系数降低。下降管和集箱尺寸增加较小时，对于提高流量分配均匀不明显；随着尺寸进一步增加，集箱系统内流量分配更为均匀；当下降管内径为437mm和集箱内径为488mm时，流量不均匀系数为6.1%。

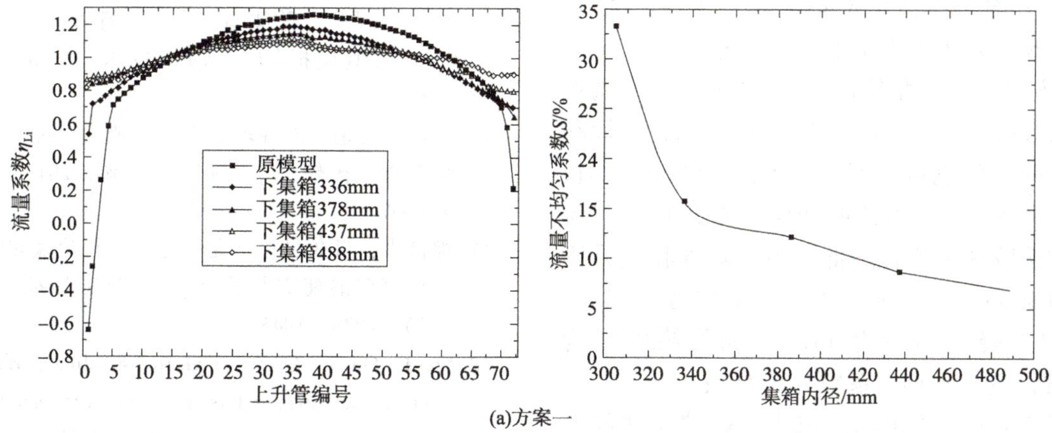

(a)方案一

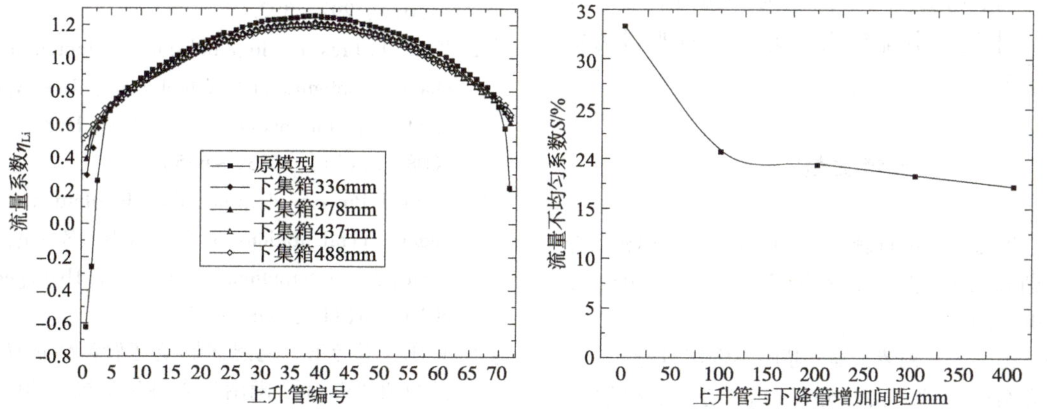

(b)方案二

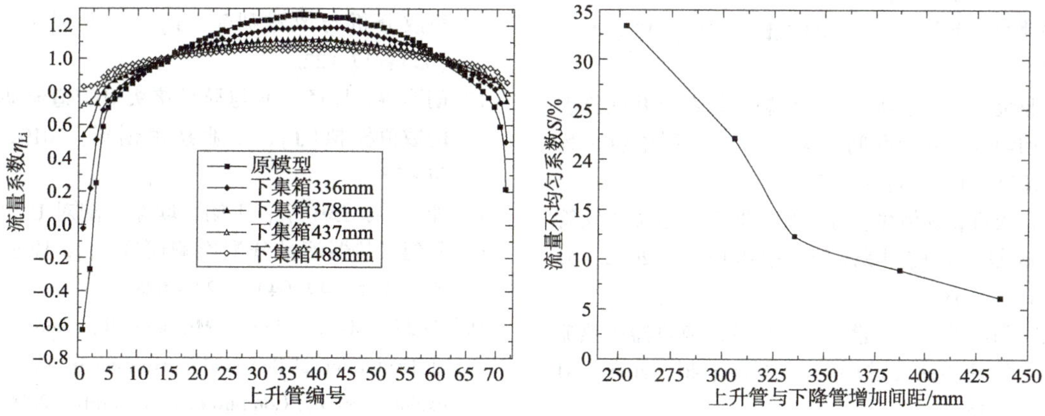

(c)方案三

图6　流量系数和集箱系统总流量不均匀系数

5　结论

通过对DZL14－1.25/115/70－AⅡ型热水锅炉集箱系统水流量分配进行研究，利用数值模拟方法分析了集箱系统内部速度、压力、流场分布、流量系数η_{Li}和流量不均匀系数S，还针对该集箱系统提出了三种改进方案，通过对比分析，得出以下结论：

(1)原热水锅炉集箱系统中在下降管与集箱连接处出现90°转向后形成迪恩涡，迪恩涡在该处影响了锅炉回水进入上升管从而导致流量分配不均，集箱系统总流量不均匀系数为33.5%；

(2)三种改进方案实施后上升管流量系数分布都较为平均，集箱系统总流量不均匀系数降低，说明改进方案中水流量分配更为均匀；

(3)方案一中下集箱内径为488mm时，流量不均匀系数降至6.9%；方案二中增大下降管和上升管之间的间隔流量不均匀系数降低的速率较小，当下降管与上升管之间间隔增加200mm时流量不均匀系数基本不再降低，当下降管和上升管之间增加400mm时，流量不均匀系数为17.3%；方案三中下降管内径为437mm和集箱内径为488mm时，流量不均匀系数为6.1%；

(4)综合考虑锅炉制造成本、锅炉尺寸和改造可行性，得到方案一中增大下集箱尺寸至437mm时，水流量分配较为均匀，同时改进方案简单易于实现。

参考文献

[1]魏文礼，洪云飞，邵世鹏，等.T型管道冷热流体混合的数值模拟研究[J].系统仿真学报，2015，27(07)：48～54.

[2]陆启亮，杨冬，沈艳荣，等.超临界定压运行T型锅炉改造方案的水动力安全分析[J].动力工程学报，2014，34(07)：501～506.

[3]罗云，王文，左巧林，等.多支管并联蒸发联箱流量分配特性分析[J].制冷学报，2019，40(06)：27～33.

[4]钟崴，谢金芳，王志新，等.锅炉集箱系统并联管组流量不均匀性与热负荷间的关系[J].中国电机工程学报，2011，31(32)：23～30.

[5]徐党旗，侯逊，姬海民，等.暖风器集箱系统并联管组流量偏差因素的研究[J].中国电力，2018，51(02)：162～168.

[6]鲁红亮，陶红歌，胡云鹏，等.平行流换热器中热流体分布均匀性的研究进展[J].制冷学报，2010，31(06)：39～45.

[7]Horiki S，Nakamura T，Osakabe M.Thin flow header to distribute feed water for compact heat exchanger[J].Experimental Thermal and Fluid Science(EXP THERM FLUID SCI)，2004，28(02)：201～207.

[8]Ahmad M，Berthoud G，Mercier P.General characteristics of two－phase flow distribution in a compact heat exchanger[J].International Journal of Heat and Mass Transfer，2009，52(1－2)：442～450.

[9]湛含辉，朱辉，陈津端，等.90°弯管内二次流(迪恩涡)的数值模拟[J].锅炉技术，2010，41(04)：1～5.

[10]刘巍，王娟，朱春玲.换热器流量分配不均匀性评价方法的比较[J].制冷与空调，2013，13(03)：93～96.

[11]徐肖肖，肖久旻，陈龙，等.平行流换热器两相流分配模型的建立与验证[J].化工学报，2018，69(05)：1938～1945.

[12]Shi J，Qu X，Qi Z，et al. Investigating performance of microchannel evaporators with different manifold structures[J].International Journal of Refrigeration，2011，34(01)：292～302.

[13]Wang J.Pressure drop and flow distribution in parallel－channel configurations of fuel cells：U－type arrangement[J].International Journal of Hydrogen Energy，2008，33(21)：6339～6350.

[14]Wang J. Pressure drop and flow distribution in parallel－channel configurations of fuel cells：Z－type arrangement[J].International Journal of Hydrogen Energy，2010，35(11)：5498～5509.

[15]钟乐，肖乃玉.迪恩涡影响弯管流体运动能量耗散的数值研究[J].湖南生态科学学报，2017，4(03)：34～40.

[16]韩守鹏，许金沙，宋友立，等.热水锅炉集箱系统事故分析与改进研究[J].工业锅炉，2019，29(05)：17～22.

[17]胡顺涛.异径三通与异径接头对管道流动特性影响的数值模拟[J].工业技术创新，2019，06(04)：74～78.

[18]曲新鹤，孙中宁，丁铭.联箱匹配对U型布置并联管组换热器流量分配影响研究[J].原子能科学技术，2015，49(04)：623～628.

[19]Habib M A，Ben－Mansour R，Said S A M，et al. Evaluation of flow maldistribution in air－cooled heat exchangers[J].Computers and Fluids，2009，38(3)：677～690.

压力管道风险点与防范措施

于　莹

（中国特种设备检测研究院，北京　100029）

摘　要：通过对压力管道事故案例的分析与总结，剖析压力管道可能的风险源，再结合典型案例，从人、机、环、管等四个方面对压力管道风险点进行阐述，进一步提出压力管道事故的防范措施，实现从源头辨识管控风险，降低事故发生的可能性。

关键词：压力管道；风险点；防范措施；分析

Risk Points of Pressure Pipeline and Its Preventive Measures

Yu Ying

(China Special Equipment Inspection& Research Institute, Beijing 100029, China)

Abstract: Through the analysis and summary of pressure pipeline accident cases, the possible risk sources of pressure pipeline are analyzed. Combined with typical cases, the risk points of pressure pipeline are described from four aspects as human, machine, environment and measurement, and its preventive measures. Further propose preventive measures for accidents are proposed to identify risks from the source, and reduce the possibility of accidents.

Key words: Pressure pipeline; risk points; preventive measures; analysis

0　引言

压力管道在生产或生活中得到广泛应用，但其属于可能引起爆燃、泄漏和中毒等危险性较大的特种设备[1]。工业发展，压力管道数量逐年增加，服役时间逐年积累，其在设计、制造、安装、使用和管理等方面的风险逐步暴露，最终造成压力管道事故[2,3]。压力管道传输的部分介质具有易燃、易爆、高毒性、高腐蚀性等特点，且常年处于高温、高压及高腐蚀性埋地的环境，发生事故会造成重大的经济损失和人员伤亡，可能进一步导致严重的环境污染。2016—2021 年，压力管道发生事故 8 起，死亡人数 15 人，主要事故类型包括泄漏、爆炸等，事故发生主要原因是设备安全缺陷和安全部件失效、违章作业或操作不和安全管理不到位等。本文结合典型压力管道事故，从人、机、环、管等四个方面对压力管道风险点进行分析与总结，进一步提出压力管道事故的防范措施，实现从源头辨识管控风险，降低事故发生的可能性。

1　压力管道风险点

1.1　人员

从人员方面分析，从业人员的违章操作或操作不当、管理人员的违章指挥是导致事故发生的主要原因。主要危险点包括：安全附件和安全联锁装置未检验、未调试、非法解列或私自变更；非法使用，如超温超压使用、擅自变更介质、计量仪器仪表未校验、维修不到位、未按要求进行日常保养等；检验人员检验不到位，未及时发现设备存在的缺陷；操作不当或应急处置不当。

近年由于公司疏于日常安全教育培训工作，导致从业及指挥人员培训不到位、对于突发事故应急处置不当引发的事故时有发生，引起业内的

作者简介：于莹，硕士研究生，主要从事特种设备事故统计与分析、事故调查处理与安全形势分析的工作。E－mail：bkyying@126.com

高度重视。如2020年，江苏某公司发生一起压力管道撕裂致人死亡事故。相关人员巡检时发现高炉烟气检测站上方管道有漏气声，搭建平台进行检修。报相关部门制定检修方案后作业，过程中“嘭”一声，冷风管道处喷出大量黄烟，造成平台被冲塌，冷风管补偿器一侧与管道相连焊缝断裂，检修人员伤亡。事故中事发公司发现冷风管道泄漏时，处置不及时，在安排检修时对潜在的安全风险认识不足，未采取有效的防范措施预防事故发生。

由于其他作业人员突然闯入作业区或在作业区内未采取保护措施引发的事故也较为明显。2020年，辽宁某公司发生一起压力管道致人死亡相关事故。相关人员在进行管道预制工作时，使用手拉葫芦调整位置过程中，U型补偿器中心发生偏移，导致其竖直管捆绑的吊带断裂，补偿器倾覆，进一步撞击在下方未佩戴保护装置的员工，导致其死亡。事故中员工未按照相关安全管理规定佩戴安全保护装置，并在作业区内休息睡觉，违反了公司相关规定及安全规范制度。

1.2　设备

从设备本体方面分析，设备安全缺陷或安全部件失效是导致事故发生的主要原因。设备主体的主要危险点包括：设计不合理，如选择不合适的元件、材质；制造、安装、修理、改造遗留缺陷(含错用材质)；安全附件、安全联锁装置失效或解列；阀门失效或结构不合理；承压件内外表面腐蚀或应力腐蚀开裂；材质老化或劣化；管道元件连接处泄漏等。

压力管道设备在使用过程中必然会出现正常的腐蚀和减薄，要求设备在制造、检验和安装过程中严格按照要求进行处理，也要求设备使用厂家按照设备参数进行控制，并及时进行检验和维护。但由于部分企业质量检验不重视，安全管理制度不完善，落实不到位导致事故时有发生。如2020年，贵州某公司发生一起压力管道爆炸致人死亡事故。事发公司站内储气管束尾段突发物理性爆炸。尾段管束解体，爆炸碎片飞散，未解体的管束在爆炸的反作用下撞击山体，相邻储气管束被掀翻，周围防爆墙倒塌。事故中的设备存在严重制造缺陷，螺旋焊管对焊焊缝质量存在严重未焊透、未熔合、偏焊、错边等，安全阀的整定压力未及时校检，导致设备长期高压运行引发爆炸。同年，内蒙古自治区发生一起压力管道撕裂致人死亡事故。事发公司汽泵前置泵出口法兰上部管道热水泄漏，维修公司人员进行堵漏后，发现仍有微小漏点漏气，进行补胶堵漏，过程中管道突然撕裂断开，大量汽水混合物喷出，造成人员伤亡。事故中的撕裂处管道焊缝壁厚较薄，焊缝根部存在咬边缺陷，焊缝内外表面存在未焊合、夹杂、微裂纹缺陷。堵漏施工作业时，外部堵漏作业注胶凝固过程中压力严重超出管壁承受力，导致管道最薄弱处管壁撕裂断开。

1.3　环境

从环境方面分析，重点是极端天气或极端事件引发的次生事故，主要危险点包括：土壤腐蚀、地基变化、大风、雷电、暴雨、泥石流、地震等。由于部分管道采取埋地方式，土壤腐蚀、地震晃动、泥石流撞击或山洪突发等都会对管道造成不同程度的破坏，由于部分介质具有易燃、易爆、高毒性、高腐蚀性等特点，加大次生事故发生的风险。如2021年，湖北省某市场发生一起压力管道爆炸致人死亡事故。调度中心接到市场天然气泄漏的消息，安排燃气公司维修人员进行抢修，现场黄色雾气大，有漏气声，味道刺鼻，关闭中压阀门，切断气源。漏气声消失，雾气散开，在区小区关闭调压器过程中发生爆炸。事故中天然气管道地处环境腐蚀性较大，钢管发生严重腐蚀并破裂，泄漏的天然气在市场下方河道内密闭空间聚集，遇商户排油管道排出的火星发生爆炸。

1.4　管理

从管理方面分析，普遍存在公司安全管理制度不完善，压力管道相关法律法规不遵循、不落实的情况，主要危险点包括：采购和使用无相关资质的设备和单位进行生产、安装和改造；租赁或使用未交付、停用或报废的设备；未办理使用登记手续；使用未经检验或检验不合格设备；未按期进行维修保养；非法封闭安全通道；聘用无证人员等。

部分公司未贯彻执行特种设备管理制度，未落实安全技术管理要求，对管道存在的安全隐患排查治理不到位，没有制定切实可行的风险管理和防控措施，是引发事故的诱因。如2019年，辽宁某公司发生一起压力管道泄漏致人死亡事故。事发公司进行液氨管道更换，结束后投入充氨，管道新焊接的一条环焊缝完全断裂，大量液氨发生泄漏，致员工中毒后死亡。事故中事发公司指派未取得《特种设备作业人员证》的焊工违规焊接压力管道，致使管道焊接缝存在严重的质量缺陷，导致液氨泄漏，发生事故。

安装单位无管道安装资质，设计要求和施工质量不符合相关法律法规和标准规范，未按有关法规履行管道安装、使用相关的登记和备案手续，引发事故造成人员伤亡。如2018年，黑龙江某小区发生一起燃气管道爆炸事故。小区天然气管道断裂导致天然气大量泄漏，气体沿排水井、排水沟等进入居民楼内，泄漏天然气达到爆炸极限，遇明火发生爆炸。事故中该段燃气管道设计单位无管道设计资质，安装单位无管道安装资质，在焊接、回填土和深埋等方面不符合相关标准和规范要求，存在严重的施工质量问题，导致管道断裂，气体泄漏，遇明火爆炸。

2　防范措施

压力管道事故的防控，主要包括三个阶段，前期安全风险管控，减低事故发生的风险性；中期应急处置到位，避免次生事故的发生，同时进行隐患排查治理；后期后评估工作，针对整改情况进行评估，把控同类事故再次发生。三个阶段不同的防控措施目的就是要斩断危险从源头(危险源)到末端(事故)的传递链条，形成风险辨识管控在前、隐患排查治理在后的“两道防线”。

2.1　安全风险管控

2.1.1　建立风险分级管控制度

建立风险数据库。将生产作业过程中存在的可能的危险源进行识别并进行分类总结，在依据相关风险评价方法进行评估，将危险因素分为不同的四个等级即重大风险，较大风险，一般风险和低风险。针对不同的风险等级，采取不同的风险管控措施。

2.1.2　加强从业人员管理

加强压力管道设计、安装、使用、检验、管理和改造相关人员的培训、管理力度，加强人员资质管理，持证作业并进行定期考核和培训；规范相关人员的行为，要求相关从业人员按照法规、设计标准及工艺要求进行设计、安装、使用、检验、管理和改造；设置考核奖惩制度，促进相关人员依法依规作业；提高作业人员安全意识及应急处置能力。

2.1.3　加强使用单位安全管理制度建设

加强使用单位安全生产主体作用，建立健全安全管理制度、设立操作规程和配备特种设备安全管理人员；加强从业人员资质管理，要求相关人员持证作业；加强专业技能培训和安全教育培训，提高作业人员专业技能和安全防范意识；加强使用单位资质管理，依法依规经营；加强设备的管理，及时办理使用登记和进行定期检验、维护保养。

2.1.4　加强设备本体质量把控

要求制造、检验和安装单位严格按照工艺要求生产、安装，确保设备本体质量合格；要求使用单位按照相关要求定期校验和维护，及时发现质量缺陷；针对管道使用环境，加强防腐蚀力度；建立腐蚀监控和管理系统，分析相关数据和及时发现隐患。

2.2　隐患排查治理

2.2.1　建立压力管道设备智慧监管平台

建立压力管道设备智慧监管平台，加强信息化建设，针对不同厂家设备进行统一监管，实现设备设计、制造、安装、检验、使用及改造的溯源；加强隐患排查，对涉事压力管道，可实现同品牌、同型号设备统一隐患排查，进行风险防控；加强法制化建设，要求相关单位与人员依据相关技术标准和技术规范作业；进一步加强相关单位内部监督管理，严格把控设备质量。

2.2.2　市场监管部、住建部加强监管力度

对设备制造过程按照相关规定进行监督检验；严格把控安装过程质量，对设备使用材料、焊接、承接及防腐进行确认和试验验证；进一步加大监管部门执法力度，取缔非法制造、安装及改造行为；加强压力管道市场的管理，严厉打击违法违规行为，确保企业依法生产经营；对事故认真调查与分析，认落实整改建议，汲取教训，加大安全隐患排查，防止同类事故再次发生。

2.2.3　建立应急预案

建立应急预案，针对使用和服务过程中的压力管道可能出现的突发事件和紧急情况，制定相关的防范措施和应急预案，及时做出响应，避免或降低事故的后果和伤亡情况；组织应急演练活动，针对预案进行实践，及时发现预案的不足或不合理之处，进行重新梳理。

2.2.4　建立安全隐患排查台账

针对事故整改建议，建立落实台账，同时结合日常检查和定期检验，建立安全隐患排查记录台账，排查到的隐患要及时进行整改，并将整改措施及落实情况及时记录；对于未如期整改的，后续要求进行定期核实，跟踪汇报。

2.3　事故后评估

事故后评估一般指针对事故调查报告中整改建议的评价。它通过对事故调查报告中整改建议

的实施过程、结果及其影响进行调查评价，排查治理安全隐患。事故隐患治理项目后评估目的：现场核查和资料核查事故调查报告中整改建议完成情况；查找可能存在的问题、缺陷及不足，提出整改意见；进一步规范事故后评估工作，做好隐患治理后期效果跟踪工作。

后评估模式进一步规范了事故整改治理项目闭环管理，做好事故整改建议后期效果跟踪工作，为科学制定隐患治理方案和投资计划提供了依据；确保整改建议严格执行并进行核实，提高了特种设备的本质安全水平，为实现安全生产奠定了基础。

3　结论

本文通过对压力管道事故案例的分析与总结，剖析压力管道可能的风险源，再结合典型案例，从人、机、环、管等四个方面对压力管道风险点进行阐述，进一步提出压力管道事故的防范措施，从前期事故风险管控、中期应急处置及后期后评估工作三个方面，提出相对应的防控措施，包括建立风险防控等级制度、加强从业人员管理、加强使用单位安全制度建设、建立智慧监管平台及隐患排查台账、加强监管力度及后评估工作等方面，实现从源头到末端的传递链条，形成风险辨识管控在前、隐患排查治理在后的安全防线，降低事故发生的可能性，同时要求针对发生事故认真调查取证，严肃处理企业和人员，汲取教训，防止同类事故发生。

参考文献

[1]汤晓英，徐宏．工业压力管道的现状与对策分析．海市机械工程学会成立50周年暨上海机械工程科技论坛，上海，2003.

[2]沈士明，赵建平．压力管道的试验与安全评定技术进展．第一届全国管道学术交流会议，秦皇岛，1999.

[3]陈学东，王冰等．我国石化企业在用压力容器与管道现状和缺陷分析及失效预防对策．第五届全国压力容器学术会议专题报告，南京，2003.

液化石油气钢瓶新老国标对比

詹志炜[1] 韩 艳[2]

（1. 江西省检验检测认证总院，南昌 330299；
2. 江西省检验检测认证总院特种设备检验检测研究院，南昌 330299）

摘 要：GB/T 5842—2022《液化石油气钢瓶》于 2022 年 10 月 1 日实施，新修订的标准，调整了壁厚的计算公式、增加了气瓶可追溯系统建设及疲劳试验的要求。为了解读新老标准的变化，本文通过对新标准的依据、材料、制造、检验及试验、标志及包装等各个环节中的变化进行分析，让行业更快速了解本标准的相关要求。

关键词：液化石油气钢瓶；热处理；爆破

Comparison of New and Old National Standards of LPG Cylinder

Zhan Zhiwei[1]**,** ***Han Yan***[2]

（1. Jiangxi General Institute of Testing and Certification, Nanchang 330299, China;
2. Special equipment inspection and Testing Institute of Jiangxi general inspection and testing certification institute, Nanchang 330299, China）

Abstract: GB/T 5842—2022《liquefied petroleum gas cylinders》will be implemented on October 1, 2022. The newly revised standard adjusts the calculation formula of wall thickness and adds the requirements for traceability system construction and fatigue test of gas cylinders. In order to make the industry better understand the changes and reasons of the newly revised standard, this paper analyzes the changes in the basis, materials, manufacturing, inspection and testing, marking and packaging of the new standard, so that the industry can understand the relevant requirements of this standard more quickly.

Key words: Liquefied petroleum gas cylinders; Heat treatment; burst

0 引言

随着我国气瓶制造及使用水平的快速提高，TSG 23—2021《气瓶安全技术规程》[1]在 2021 年颁布实施。该规程首次提出了民用燃气气瓶的概念，将液化石油气钢瓶及液化二甲醚钢瓶作为民用燃气气瓶进行管理。

GB 5842—2006《液化石油气钢瓶》[2]自颁布实施以来，已经运行了十余年。在此期间，我国的液化石油气钢瓶行业从主要满足国内需求，变成了世界上最主要的制造国，年产量占据了世界的一半以上。东南亚、北美、南美、澳洲、非洲、西亚、南亚等地区，目前主要或者大量使用我国制造的液化石油气钢瓶。而随着我国气瓶相关技术规程和规范的大量出台和调整，2006 版本的标准越来越不能适应我国目前的实际需求。为了符合 TSG 23—2021《气瓶安全技术规程》的相关要求，新修订的 GB/T 5842—2022《液化石油气钢瓶》于 2022 年 3 月 9 日颁布，并于 2022 年 10 月 1 日正式实施。

本文针对新颁布的液化石油气钢瓶国家标准，对标准进行解读，为行业执行新标准作出参考。

1 新老标准对比

1.1 标准的范围

标准的适用范围，与前面多个版本的老标准没有差异。

作者简介：詹志炜（1978— ），硕士，高级工程师，主要从事特种设备检验检测工作。

标准适用于设计、制造在正常环境温度(-40～60℃)下使用的，公称工作压力为 2.1MPa，公称容积不大于 150L，可重复盛装符合 GB/T 11174 的液化石油气的钢质焊接气瓶。规定了液化石油气钢瓶(以下简称“气瓶”)的符号和说明、型式、材料、设计、制造、试验方法和检验规则、标志、包装、涂敷、贮运和出厂文件等要求。

由于我国的自然地理条件，我国的气瓶适用温度范围为-40～60℃，与部分国外标准有少许差异，国外有的标准，其适用范围为-40～55℃。我国的气瓶温度适用范围，主要考虑了目前绝大部分地域的自然极端环境温度。

1.2　规范性引用文件

新修订的液化石油气钢瓶的国家标准，主要参照了 ISO 22991—2004《气瓶—可重复充装液化石油气钢瓶—设计和制造》[3] 的相关要求。本次修订，不再参照 ISO 4706《气瓶—可重复充装的焊接气瓶》，而是选择了与本产品符合度最高的 ISO 22991。

自 GB/T 5842—2006 实施以后，陆续制定了多个与 GB/T 5842 密切相关的标准。因此在本次新修订的标准中，增加了 GB/T 9252《气瓶压力循环试验方法》、GB/T 33209《焊接气瓶焊接工艺评定》、NB/T 47013.2《承压设备无损检测　第 2 部分射线探伤》、ISO 22991《Gas cylinders—Transportable refillable welded steel cylinders for liquefied petroleum gas (LPG)—Design and construction》、GB/T 35208《自闭式液化石油气瓶阀》。

1.3　术语和定义

随着我国钢板性能的提升，已经不需要通过降低材料性能来确保产品能通过性能试验，因此删减了“热处理保证值”的定义。由于“小容积气瓶”在 TSG 23—2021《气瓶安全技术规程》中已有规定，因此本次修订删除了该定义。

为了更好体现一瓶一码，并实现 TSG 23 中要求的气瓶可追溯系统建设，增加了气瓶编号定义，采用 12 位数字的方式，作为唯一性气瓶编号和身份代号。

1.4　气瓶的型式

随着市场需求的不断变化，出现了正牙、反牙等各种螺纹型式，为了便于监管，本次新修订的标准，增加了螺纹要求，规定螺纹型号应在钢印上体现。改型序号用来表示 YSP 系列中某一规格钢瓶的结构、阀座螺纹、瓶阀型号等发生了改变；如无改变，改型序号可不标注。

自 2006 版本实施以来，市场上出现了大量的液化石油气钢瓶规格，给客户更多选择的同时，也加大了企业生产和政府监管的难度。为了适应变化，新标准增加了部分常用型号，从原有的 6 个规格增加到了 9 个规格，具体见表 1。为了防止有的气瓶充装单位少充气，特别规定，上述表的规格产品，为目前市场上常用的规格，为防止错充导致过量充装，GB/T 5842—2022 第 5.2 条规定，“气瓶应按照表 2 的规格进行设计和制造”。

由于纯粹的液相态气瓶充气困难，因此仍然保留气相和液相共存的双态气瓶结构。

表 1　新老标准规格对比

	GB/T 5842—2006	GB/T 5842—2022
规格	YSP4.7、YSP12、YSP26.2、YSP35.5、YSP118、YSP118-Ⅱ	YSP4.7、YSP12、YSP23.5、YSP26.2、YSP28.6、YSP29.8、YSP35.5、YSP118、YSP118-Ⅱ

1.5　材料

随着电子信息技术的发展，无纸化应用越来越广泛。液化石油气钢瓶主要使用钢板制造，很多钢厂已经不再提供纸质版的材料质量证明书。为了标准的可操作性，新标准增加了电子版二维码材料质量证明书的要求。

根据 GB/T 6653—2017《焊接气瓶用钢板和钢带》和 ISO 22991 的要求，结合近年来的实际，对钢板的化学成分进行了调整，增加了材料组分的要求，具体见表 2。由于目前国内的钢材生产完全能满足要求，因此根据目前的供货钢板和钢带相应提升了要求。

根据 TSG 23—2021《气瓶安全技术规程》的要求，修改了主体材料屈强比的要求。

表 2　主体材料的化学成分对比

化学元素	C	Si	Mn	S	P	Nb	Ti	V	Nb+V	Alt
新标准要求范围	≤0.20%	≤0.35%	0.7%～1.50%	≤0.012%	≤0.025%	≤0.05%	≤0.06%	≤0.10%	≤0.12%	≥0.020%
老标准要求范围	≤0.18%	≤0.10%	0.7%～1.50%	≤0.20%	≤0.025%	S+P≤0.40%				

1.6 设计

自2009年以来，气瓶开始实施设计文件鉴定制度。新标准根据实际情况，增加了7.1.1的要求，气瓶的设计文件应通过具有型式试验资质的气瓶检验机构的设计文件鉴定。

目前，我国的液化石油气钢瓶是世界上壁厚最大，安全系数最高。本次新修订的国标，参照ISO 22991的要求，修改了壁厚计算公式。新的壁厚计算公式执行后，除了118型气瓶，其他气瓶的壁厚基本上减薄0.2mm左右。按照我国每年制造4000万只钢瓶计算，每年可以节约钢材超过4万吨，对于节能减排具有重大意义。

为了适应生产和汽车大量运输的需要，增加了护罩高度及尺寸可根据生产情况进行调整的要求。由于阀座螺纹为PZ39的螺纹，在运行过程中，会因为出液时热胀冷缩，导致螺纹匹配出现缝隙泄漏，经过大量调研及分析，在与气相PZ27.8区分的基础上，增加了PZ30.3。气瓶选用的瓶阀应符合GB/T 7512及GB/T 35208的规定，所选型号应在瓶阀型式试验证书覆盖范围内。阀座螺纹应与瓶阀螺纹相匹配，并符合GB/T 8335的规定；气瓶气相阀座应选用PZ27.8锥螺纹，容积小于12L的气瓶阀座应选用PZ19.2锥螺纹，液相瓶阀座应选用PZ30.3或PZ39.0的锥螺纹。

1.7 制造

对液化石油气钢瓶质量影响最大的两个工艺为焊接和热处理。

随着我国焊接气瓶的飞速发展，我国已经成为世界上最大的焊接气瓶制造国和使用国，为了服务我国的焊接气瓶制造和焊接，制定了专用的气瓶焊接工艺评定标准GB/T 33209。

根据TSG 23的要求，对热处理进行了细化，气瓶在全部焊接完成后，应当进行整体热处理。热处理装置应保证有效加热区温度分布的均匀性，应能够自动记录温度、时间、气瓶数量等关键参数，炉内测温点应当不少于3个，并且能够反映整个有效加热区温度场的温度变化趋势。返修瓶完成返修后应重新进行热处理。热处理工艺评定按照CJ/T 33规定执行；每一个热处理工艺评定方案，气瓶数量应不少于四只，其中两只做力学性能试验，另外两只做水压爆破试验。改变主体材料牌号或板厚规格、改变气瓶结构型式、改变热处理设备、改变热处理方式，需重新进行热处理工艺评定。相同尺寸、结构和板厚规格，采用相同焊接、相同热处理规范的气瓶，经热处理工艺评定合格后，在以后的生产过程中可不再进行评定。

1.8 试验方法和检验检测

依据TSG 23的要求，焊缝射线检测后，应按照NB/T 47013.2进行评定，射线透照底片质量或图像质量为AB级，焊缝缺陷等级不低于Ⅱ级为合格。本次修标准相对提高了要求，由老标准的Ⅲ级调整为新标准的Ⅱ级。

随着液化石油气钢瓶的大规模工业化生产，其工艺一致性达到了较高的水平，且多家企业每年的产量超过了1万只。老标准中，要求对尺寸、重量、容积等开展逐只检验，由于生产批量化、流水线，无法实现逐只检验要求。新标准将这些项目调整为批量检验项目，通过对批量的前、中、后各抽取部分产品进行检验，确保批量的产品一致性。

为了实现工业大规模生产，确保产品能够实现逐只水压和气瓶，根据瓶规及水压试验等相关标准的要求，调整了水压和气密的保压时间，从老标准的1min调整为新标准的30s。

随着制造水平飞速提升，参照ISO 22991的组批为3000只，进行了折中处理，将老标准的1002只提高为新标准的2000只。对于批量抽检的气瓶，将试验用瓶细化到每天抽取，每班抽取，确保每个班次的产品性能符合要求。

根据国外经验及实际上我国产品使用年限角度出发，新标准增加了疲劳试验。疲劳试验按GB/T 9252的规定执行。将三只疲劳试验用气瓶装到疲劳试验机上，使用水作为试验介质，循环上限压力3.2MPa，循环下限压力为0.3MPa，以不超过15次/min的频率，经过12000次疲劳后，气瓶应无泄漏。

1.9 标志、涂覆

为了避免企业无序提前生产下一个月份的气瓶，提出了新的要求。老标准规定上封头上应压印制造单位名称，而新标准则规定，上封头应内凹压制气瓶盛装介质、气瓶产权单位标志及气瓶制造年份。内凹产品单位标志，则企业只能根据订单生产。

根据瓶规及总局文件要求，对于液化石油气钢瓶的可追溯系统建设，每只气瓶的唯一性瓶号应镂刻在护罩上；每只钢瓶应在护罩的醒目位置镂刻或焊接不易脱落或损坏、能经受钢瓶定期检验高温焚烧，并能在设计使用年限内有效追溯气瓶产品质量信息的电子识读标志。生产企业应建立气瓶质量安全追溯制造信息公示网站，出厂的合格气瓶公示信息(包括产品合格证、产品批量质量证明书、监检证书、型式试验证书等)均应录入公示网站平台公示并供用户查询，无法查询的出厂气瓶应当召回。

2 颁布后的情况

2.1 颁布后的型式试验情况

根据 TSG 23—2021 及 GB/T 5842—2022 的要求，由于新标准的钢瓶，其壁厚减薄，且增加了疲劳试验的要求，因此所有持有特种设备制造许可证的生产企业，均应对所有规格的液化石油气钢瓶产品开展型式试验测试，在试验合格后，方可进行生产销售。

自 GB/T 5842—2022《液化石油气钢瓶》于 2022 年 3 月 9 日颁布以来，国内 40 余家持证企业全部开展了型式试验，累计测试的规格超过了 100 个。从测试结果来看，大部分企业按照新标准制造的其他规格的产品能够符合标准要求。

2.2 疲劳试验分析

根据 GB/T 5842—2022《液化石油气钢瓶》的要求，每个规格的产品，需要对 3 只气瓶开展疲劳试验。通过对 100 余个规格 300 多只气瓶的疲劳测试，只有 2 只气瓶出现泄漏现象。

该气瓶泄漏点发生在瓶阀座的焊缝处。通过复验，其他气瓶未发生泄漏。结合近年来我国多家气瓶制造企业出口认证的疲劳试验结果，气瓶减薄后，其疲劳性能仍然能够满足新修订的国家标准要求。

2.3 爆破试验分析

爆破试验要求每个规格爆破 1 只气瓶，通过对 100 多个规格的 100 多只气瓶开展爆破试验，其他规格的气瓶均符合标准要求，但是对于规格为 23.5L 的气瓶，有多家企业的产品出现爆破口位置在下封头的不合格情况。根据 GB/T 5842—2022《液化石油气钢瓶》9.3.4.4 条要求，气瓶爆破时不应形成碎片，爆破口不应发生在阀座角焊缝上、封头曲面部位(小容积钢瓶除外)、纵焊缝上和起始于环焊缝上(垂直于环焊缝者除外)，也不应发生在纵焊缝的熔合线处。多家企业生产的这个规格的产品均在封头曲面位置出现了爆破，爆破位置不符合标准要求。

根据 TSG 23—2021《气瓶安全技术规程》中的型式试验要求及国标相关要求，进行了产品的复验，并由企业自行开展了爆破试验，其爆破口位置仍然为下封头曲面部位。经过验证，说明多家企业的该规格产品出现问题，不是偶然事件，属于规律性问题，需要进行分析，查找原因，解决问题。

通过调研，各家企业主要制造 35.5L 的气瓶，其热处理炉主要设定为该类产品的加热长度。企业直接使用了 35.5L 的热处理工艺，导致了产品热处理时间较长，最终其爆破容积变形率较大，且爆破口下移。同时，部分产品采用的模具有一定问题。在调研发现问题后，与制造企业进行了沟通，企业重新进行了热处理。经过重新热处理后，产品通过了爆破测试。

2.4 实施展望

本次标准修订，因为涉及面广，修改较多，因此在行业引起广泛关注。特别是行业广泛关注的壁厚减薄后，气瓶是否能够通过爆破试验，新增加的疲劳试验能否通过，气瓶上封头内凹产品单位标识会否影响气瓶的强度等问题，均引起广泛讨论。

通过行业几乎所有企业的摸底试验，上述疑惑均已经通过了型式试验的验证，表面新标准的规定下，各家企业能够制造出符合标准要求的产品。

3 结论

GB/T 5842—2022《液化石油气钢瓶》自颁布以来，得到了行业的广泛关注。本文通过对标准主要变化的解读，为行业提供参考。

标准颁布后，通过全行业制造企业的 100 多个规格的型式试验验证，产品能够满足标准要求。随着标准的实施，新的液化石油气钢瓶不仅重量减轻了，而且安全性能也完全可以满足使用要求。

参考文献

[1]TSG 23—2021，气瓶安全技术规程[S].
[2]GB/T 5842—2022，液化石油气钢瓶[S].
[3]ISO 22991：2004，气瓶—可重复充装液化石油气钢瓶—设计和制造[S].

基于 AHP 城镇钢质燃气管道老化评估方法

李　童[1,2]　左冠星[1,2]　王　震[3]　宋冬寒[3]

(1. 国家市场监管重点实验室(西部复杂环境机电设备安全), 重庆　401121;
2. 重庆市特种设备检测研究院, 重庆　401121;
3. 重庆燃气集团股份有限公司, 重庆　400200)

摘　要: 针对重庆市城镇燃气管道老化改造问题, 提出了一种基于 AHP 层次分析法的老化评估体系, 该方法通过管道材质、使用年限、安全间距、阴极保护、外防腐层破损情况、管道腐蚀与泄漏情况等因素进行综合评价, 通过标度赋值、一致性检验确立出权重和分值。结合风险评估模型和老化评价体系, 确立了对应的风险等级和改造措施, 指导重庆城镇燃气管道老化更新改造的实施。

关键词: AHP; 老化评估; 城镇燃气

Aging Assessment Method of Urban Gas Pipeline Aging Based on AHP

Li Tong, *Zuo Guanxing*, *Wang Zhen*, *Song Donghan*

(1. Key Laboratory of Electromechanical Equipment Security in Western Complex, Chongqing 401121, China;
2. Environment for State Market Regulation, Chongqing 401121, China;
3. Chongqing Gas Group Co., Ltd, Chongqing 400200, China)

Abstract: According to chongqing urban gas pipeline aging problem, put forward a kind of aging evaluation system based on AHP analytic hierarchy process (AHP), the method through the pipe material, use fixed number of year, the safe distance, cathodic protection, external anticorrosion coating damage, pipeline corrosion and leakage of a comprehensive evaluation of factors such as assignment by scale, consistency test to establish the weight and score. Combined with the risk assessment model and aging evaluation system, the corresponding risk levels and renovation measures are established to guide the implementation of aging and renovation of Chongqing urban gas pipelines.

Key words: AHP; Aging assessment; urban gas

1　引言

城镇燃气管道老化更新改造是重大民生工程和发展工程, 有利于切实维护人民群众生命财产安全, 有利于维护城市安全运行, 有利于促进有效投资、扩大国内需求, 对满足人民群众美好生活需要、推动城市更新、促进城市高质量发展具有十分重要的意义。为有序开展城镇燃气管道老化评估工作, 加快城镇(含县城, 下同)燃气管道老化更新改造。本文结合重庆市埋地钢制燃气管道的特点, 通过管道材质、使用年限、安全间距、阴极保护、外防腐层破损情况、管道腐蚀与泄漏情况等进行综合评价, 形成适合重庆市埋地钢制燃气管道老化评估体系, 指导老化更新改造的实施。

2　城镇燃气埋地钢质管道老化评估体系

2.1　评估单元的划分

结合重庆市城镇燃气管道特点, 评估单元的划分遵循“同材质、同时段”的原则进行, 其中市

作者简介: 李童(1986—　), 硕士研究生, 主要研究方向为压力管道基于风险的检验、埋地管道非开挖检测技术。
E-mail: 516801935@qq.com

政燃气管道按照同一设计压力、同一材质的两个分隔阀之间管道划分为一段，在管段中原则不超过5km划分为一个评估单元，同时根据建筑物密度和重要程度、人口密度、迁改修补等实际情况也可细分为多个评估单元[1]。

2.2 评估方法

管道运行风险值等于管道失效可能性得分与失效后果得分的乘积，风险值R的计算按照风险评估模型：

$$\text{风险值}\ R = S \times C \tag{1}$$

式中，S为失效可能性评价得分；C为失效后果评价得分。由各评分项分别确定。

$$S = \sum_{i=1}^{n} Si \tag{2}$$

$$C = \sum_{i=1}^{n} Ci \tag{3}$$

其中，S失效可能性和C失效后果的各评分项因素和分值采用专家打分法，由评估专家小组确定。各评分项的权重则采用AHP层次分析法计算所得，最后计算出的风险值R的总分值，确立对应的风险等级和改造措施。

2.3 失效可能性和失效后果评价指标

依据影响埋地钢质管道老化评价因素，建立失效可能性、失效后果评价分项一级、二级指标，见表1和表2。

表1 失效可能性评价指标

评价目标	一级指标	二级指标
失效可能性评价 S	管道敷设情况 S_1	占压 S_{11}
		圈围 S_{12}
		与建构筑物或相邻管道的净距 S_{13}
	管道敷设情况 S_2	管道埋深 S_{21}
		穿跨越 S_{22}
		警示标识 S_{23}
	管道及附属设施本体情况 S_3	接口质量(焊接、熔接)S_{31}
		壁厚 S_{32}
		防腐类型 S_{33}
		使用年限 S_{34}
	管道运维情况 S_4	阴极保护 S_{41}
		保压试验 S_{42}
		泄漏抢险频次 S_{43}
		防腐层检测 S_{44}
	管道外部环境 S_5	土壤电阻率 S_{51}
		土壤PH值 S_{52}
		杂散电流 S_{53}
		地质灾害 S_{54}
		深根植被(5m)S_{55}

表2 失效后果评价指标

评价目标	一级指标	二级指标
失效后果评价 C	周边环境 C_1	管线周边存在密闭空间，燃气泄漏后容易积聚的
		管线周边存在火源、易燃易爆物的
		泄漏后无燃烧、燃爆风险的

续表

评价目标	一级指标	二级指标
失效后果评价 C	人口密度 C_2	可能的泄漏处是荒无人烟地区
		可能的泄漏处1.6km长度范围内，管道区段两侧各200m的范围内，人口数量∈[1，100)
		可能的泄漏处1.6km长度范围内，管道区段两侧各200m的范围内，人口数量∈[100，300)
		可能的泄漏处1.6km长度范围内，管道区段两侧各200m的范围内，人口数量∈[300，500)
		可能的泄漏处1.6km长度范围内，管道区段两侧各200m的范围内，人口数量≥500
	财产密度 C_3	可能的泄漏处是荒无人烟地区
		可能的泄漏处1.6km长度范围内，管道区段两侧各200m的范围内，大多为农业生产区
		可能的泄漏处1.6km长度范围内，管道区段两侧各200m的范围内，大多为住宅、宾馆、娱乐休闲地
		可能的泄漏处1.6km长度范围内，管道区段两侧各200m的范围内，大多为商业区
		可能的泄漏处1.6km长度范围内，管道区段两侧各200m的范围内，大多为仓库、码头、车站等
		可能的泄漏处1.6km长度范围内，管道区段两侧各200m的范围内，大多为工业生产、住宅区
	泄漏原因 C_4	最可能的泄漏原因是焊接质量、腐蚀穿孔
		最可能的泄漏原因是自然灾害
	抢修时间 C_5	抢修时间<1天
		抢修时间∈[1天，2天)
		抢修时间∈[2天，4天)
		抢修时间∈[4天，7天)
		抢修时间≥7天
	供应中断的影响范围和程度 C_6	不影响或者基本不影响终端用户的
		供应中断影响终端用户1万户以下的
		供应中断影响终端用户1万户以上5万户以下的
		供应中断影响终端用户5万户以上10万户以下的
		供应中断影响终端用户10万户以上的

2.4 基于AHP的指标权重分析

层次分析法(Analytic Hierarchy Process，简称AHP)作为一种实用的多方案或多目标的决策方法，被广泛运用于各种风险分析与评价，以及各种系统、模型的综合评价[2]。层次分析法的优点就是将定量和定性有机地结合在了一起，在决策过程中，先找出主要因素，然后按照其内部组织构成层次模型，再进行两两比较，通过计算得出各个因素的相对重要程度，最后进行综合分析。

2.5 构造判断矩阵

首先根据表1、表2的层次结构，应用1－9标度法，逐一对每一层次的指标进行相对重要性的定性描述，同时赋予标度值，见表3。一级指标及二级指标的比较判断矩阵见表4～表10。

表3　1－9标度法矩阵

标度	含义
1	G_i与G_j同样重要
3	G_i比G_j稍微重要
5	G_i比G_j重要
7	G_i比G_j重要得多
9	G_i比G_j重要得非常多
2，4，6，8	G_i比G_j在上述两个相邻比较等级之间的折中值
1，1/2，…，1/9	G_i比G_j，相比与上述结果相反

表4　失效可能性评价S判断矩阵标度值

S	S_1	S_2	S_3	S_4	S_5
S_1	1	5	1/6	1/7	2
S_2	1/5	1	1/7	1/8	1/3
S_3	6	7	1	1/3	4
S_4	7	8	3	1	6
S_5	1/2	3	1/4	1/6	1

表5　失效可能性评价二级指标 S_1 判断矩阵标度值

S_1	S_{11}	S_{12}	S_{13}
S_{11}	1	5	4
S_{12}	1/5	1	1/2
S_{13}	1/4	2	1

表6　失效可能性评价二级指标 S_2 判断矩阵标度值

S_2	S_{21}	S_{22}	S_{23}
S_{21}	1	4	7
S_{22}	1/4	1	3
S_{23}	1/7	1/3	1

表7　失效可能性评价二级指标 S_3 判断矩阵标度值

S_3	S_{31}	S_{32}	S_{33}	S_{34}
S_{31}	1	1	1	5
S_{32}	1	1	1	5
S_{33}	1	1	1	5
S_{34}	1/5	1/5	1/5	1

表8　失效可能性评价二级指标 S_4 判断矩阵

S_4	S_{41}	S_{42}	S_{43}	S_{44}
S_{41}	1	1/3	1/5	1/2
S_{42}	3	1	1/3	3
S_{43}	5	3	1	5
S_{44}	2	1/3	1/5	1

表9　失效可能性评价二级指标 S_5 判断矩阵标度值

S_5	S_{51}	S_{52}	S_{53}	S_{54}	S_{55}
S_{51}	1	1/3	1/5	1/7	1/4
S_{52}	3	1	1/5	1/7	1/3
S_{53}	5	5	1	1/5	3
S_{54}	1/7	7	5	1	6
S_{55}	4	3	1/3	1/6	1

表10　失效后果评价 C 判断矩阵标度值

C	C_1	C_2	C_3	C_4	C_5	C_6
C_1	1	3	4	3	6	5
C_2	1/3	1	3	1/2	4	3
C_3	1/4	1/3	1	1/3	3	1
C_4	1/3	2	3	1	5	3
C_5	1/6	1/4	1/3	1/5	1	1/3
C_6	1/5	1/3	1	1/3	3	1

表1中失效可能性 S 评分项的二级指标的权重大小是无序的，因此需要构建出各二级指标的判断矩阵，计算出后按照相应比例赋予一定的分值，而表2中失效后果评价 C 评分项的二级指标都是按照重要程度从低到高排序，且对应一级指标只能有一种情况，因此不需要构造判断矩阵计算权重再赋值，只需通过 C 的判断矩阵计算权重后，分配好 C_1，C_2，…，C_7 的分值，按照最大分值等于一级指标的分值的前提下，以递增的方式给二级指标赋值。

2.6　确定权重

计算每一个判断矩阵各因素对其准则的相对权重。确定判断矩阵对应的最大特征值 λ_{max} 的特征向量 W，经归一化后即为同一层次相应因素对于上一层次某因素相对重要性的排序权值。采用方根法计算判断矩阵的最大特征值时，需先计算判断矩阵的行向量乘积 M_i，进而确定各级指标权重 w_i，并得出一级指标及二级指标的权重向量 W[3]，以判断矩阵 S 为：

$$M_i = \prod_{j=1}^{n} S_{ij} (i = 1,2,\cdots,n) \tag{4}$$

$$w_i = \frac{\sqrt[n]{M_i}}{\sum_{i=1}^{n} \sqrt[n]{M_i}} \tag{5}$$

$$W = \begin{bmatrix} w_1 \\ w_2 \\ \cdots \\ w_n \end{bmatrix} \tag{6}$$

$$\lambda_{max,s} = \sum_{i=1}^{n} \frac{(SW)_i}{nw_i} \tag{7}$$

式中　M_i——判断矩阵 S 第 i 行中各元素的乘积；

S_{ij}——判断矩阵 S 第 i 行第 j 列元素；

n——判断矩阵 S 的阶数；

w_i——指标 Si 的权重；

W——指标 S 的权重向量；

$\lambda_{max,s}$——判断矩阵 S 对应的最大特征值；

$(SW)_i$——判断矩阵 S 与 W 乘积的第 i 个元素。

经计算得出各一、二级指标权重，见表11和表12。

表 11 S 的一、二级权重指标

一级指标 S	权重	二级指标 S_{ij}	权重	二级指标占目标层权重
S_1	0.0976	S_{11}	0.6833	0.0667
		S_{12}	0.1168	0.0114
		S_{13}	0.1998	0.0195
S_2	0.0336	S_{21}	0.7049	0.0237
		S_{22}	0.2109	0.0071
		S_{23}	0.0841	0.0028
S_3	0.2892	S_{31}	0.3125	0.0904
		S_{32}	0.3125	0.0904
		S_{33}	0.3125	0.0904
		S_{34}	0.0625	0.0181
S_4	0.5097	S_{41}	0.0810	0.0413
		S_{42}	0.2488	0.1268
		S_{43}	0.5556	0.2832
		S_{44}	0.1147	0.0585
S_5	0.0699	S_{51}	0.0392	0.0027
		S_{52}	0.0631	0.0044
		S_{53}	0.2186	0.0153
		S_{54}	0.5635	0.0394
		S_{55}	0.1155	0.0081

表 12 C 的一级指标权重

一级指标 C	权重
C_1	0.4079
C_2	0.1699
C_3	0.0823
C_4	0.2212
C_5	0.0398
C_6	0.0790

2.7 一致性检验

实际操作中，由于系统的复杂性，及人们思维的固定性和片面性常常需要对判断矩阵进行一致性检验，确保结果的合理性及科学性，计算公式为：

$$CI = \frac{\lambda_{max} - n}{n - 1} \tag{8}$$

$$CR = \frac{CI}{RI} \tag{9}$$

式中，n 为判断矩阵的阶数；λ_{max} 为判断矩阵的最大特征根。RI 为平均随机一致性指标，数值如表 13 所示。

表 13 RI 平均随机一致性指标数值矩阵

n	1	2	3	4	5	6	7	8	9	10
RI	0	0	0.58	0.9	1.12	1.24	1.32	1.41	1.45	1.49

若 $CR<0.1$ 则表示判断矩阵具有满意的一致性，否则需对判断矩阵进行调整直至 CR 的值小于0.1 为止。经计算所有的一级、二级指标判断矩阵 CR 都小于0.1，通过一致性检验，说明具有满意的一致性，即判断矩阵的构造结果具有合理性和科学性，各级指标的 CR 值见表 14。

表 14 各级指标的 CR 值

一级指标 S 的 CR 值	0.0879
二级指标 S_1 的 CR 值	0.0236
二级指标 S_2 的 CR 值	0.0311
二级指标 S_3 的 CR 值	0.0000
二级指标 S_4 的 CR 值	0.0390
二级指标 S_5 的 CR 值	0.0985
一级指标 C 的 CR 值	0.0376

3 确定评估体系分值

分别给 S 和 C 赋值100，即风险 $R=S\times C$ 的最高得分为10000分，最低得分为0分。对表11确定出 $S_{11}\sim S_{54}$ 的各二级指标占目标层的权重和表12确定出的 C 一级指标权重，分别扩大100倍，再取舍和调整为便于计算的分值，同时保证 S 和 C 的二级指标的各个分值的最大值相加后得100分，具体分值情况见表15和表16。

表15 失效可能性 S 评价分值

失效可能性评分项	总体权重	分值
占压	0.0667	0～6.7
圈围	0.0114	0～1.1
与建构筑物或相邻管道的净距	0.0195	0～2
管道埋深	0.0237	0～2.4
穿跨越	0.0071	0～0.7
警示标识	0.0028	0～0.3
接口质量(焊接、熔接)	0.0904	0～9
壁厚	0.0904	0～9
防腐类型	0.0904	0～9
使用年限	0.0181	0～1.8
阴极保护	0.0413	0～4.1
保压试验	0.1268	0～12.7
泄漏抢险频次	0.2832	0～28.3
防腐层检测	0.0585	0～5.9
土壤电阻率	0.0027	0～0.3
土壤pH值	0.0044	0～0.4
杂散电流	0.0153	0～1.5
地质灾害	0.0394	0～4
深根植被	0.0081	0～0.8

表16 失效后果 C 评价分值

失效后果评分项	权重	分值	二级指标	分值
周边环境	0.4079	40.5	泄漏后无燃烧、燃爆风险的	1
			管线周边存在火源容易引起火灾的	20
			管线周边存在密闭空间，燃气泄漏后容易积聚的	40.5
人口密度	0.1699	17	可能的泄漏处是荒无人烟地区	1
			可能的泄漏处1.6km长度范围内，管道区段两侧各200m的范围内，人口数量∈[1，100)	6
			可能的泄漏处1.6km长度范围内，管道区段两侧各200m的范围内，人口数量∈[100，300)	9
			可能的泄漏处1.6km长度范围内，管道区段两侧各200m的范围内，人口数量∈[300，500)	12
			可能的泄漏处1.6km长度范围内，管道区段两侧各200m的范围内，人口数量≥500	17
财产密度	0.0823	8.5	可能的泄漏处是荒无人烟地区	1
			可能的泄漏处1.6km长度范围内，管道区段两侧各200m的范围内，大多为农业生产区	3
			可能的泄漏处1.6km长度范围内，管道区段两侧各200m的范围内，大多为住宅、宾馆、娱乐休闲地	4
			可能的泄漏处1.6km长度范围内，管道区段两侧各200m的范围内，大多为商业区	5
			可能的泄漏处1.6km长度范围内，管道区段两侧各200m的范围内，大多为仓库、码头、车站等	6
			可能的泄漏处1.6km长度范围内，管道区段两侧各200m的范围内，大多为工业生产、住宅区	8.5

续表

失效后果评分项	权重	分值	二级指标	分值
泄漏原因	0.2212	22	最可能的泄漏原因是焊接质量、腐蚀穿孔	15
			最可能的泄漏原因是自然灾害	22
抢修时间	0.0398	4	抢修时间 <1 天	1
			抢修时间∈[1 天，2 天)	1.5
			抢修时间∈[2 天，4 天)	2
			抢修时间∈[4 天，7 天)	3
			抢修时间≥7 天	4
供应中断的影响范围和程度	0.0790	8	不影响或者基本不影响终端用户的	3
			供应中断影响终端用户 1 万户以下的	6
			供应中断影响终端用户 1 万户以上 5 万户以下的	9
			供应中断影响终端用户 5 万户以上 10 万户以下的	15
			供应中断影响终端用户 10 万户以上的	8

风险 $R=S\times C$ 的总分值范围根据《埋地钢质管道风险评估方法》(GB/T 27512—2011)，《燃气系统运行安全评价标准》(GB/T 50811—2010)，以及多家燃气公司风险识别体系的基础上设置，见表 17。

表 17　风险等级划分

管道风险等级	风险描述	总分值	措施
A	高风险	$R\in[2500, 10000]$	立即改造
B	中高风险	$R\in[1500, 2500)$	纳入年度改造计划
C	中风险	$R\in[1000, 1500)$	加强监测工作
D	中低风险	$R\in[500, 1000)$	正常的监测、运维
E	低风险	$R\in[0, 500)$	正常的监测、运维

2022 年重庆燃气集团南岸分公司对兴隆苑 0.1MPa 管线进行了更新改造，为了验证老化评估的可行性，对兴隆苑 0.1MPa 管线进行了老化评估，失效可能性和失效后果评分为 $S=40$，$C=55$，风险值 $R=40\times55=2200$，位于 B 中高风险等级，需纳入年度改造计划，与该改造工程的实际情况基本相符。

4　结论与建议

(1)基于 AHP 层次分析法确立了总风险 $R=$ 失效可能性 $S\times$ 失效后果 C 的风险评估模型，确定了 R 值和相对应的风险等级划分。

(2)失效可能性评价 S 评分项指标 S_1 隐患情况、S_2 管道敷设情况、S_3 管道及附属设施本体情况、S_4 管道运维情况、S_5 管道外部环境的权重分别为 0.0976、0.0336、0.2892、0.5097、0.0699；失效后果评价 C 的评分项指标 C_1 周边环境、C_2 人口密度、C_3 财产密度、C_4 泄漏原因、C_5 抢修时间、C_6 供应中断的影响范围和程度的权重分别为 0.4079、0.1699、0.0823、0.2212、0.0398、0.0790。

(3)通过重庆燃气集团南岸分公司兴隆苑 0.1MPa 管线改造工程，验证了老化评估体系的可行性。随着今后燃气埋地钢质管道老化改造的不断进行，在过程导向结果和反馈过程的不断优化中，各级指标、权重和分值也会不断修改完善，持续指导老化更新改造的实施。

参考文献

[1]住建部城市建设司．城市燃气管道老化评估工作指南(征求意见稿).
[2]庞梦琪．基于 AHP 的临沂市农产品冷链物流评价体系[J]．物流技术，2021，(12)：78－83.
[3]范晓飚．基于 AHP 的龙门吊船装卸货物作业安全风险分析[J/OL]．重庆交通大学学报：自然科学版，2022，41(03)：143－148.

BOG 压缩机的风险评价与维护保养

刘　哲[1]　韩荣鑫[2]　王　涛[1]　张晓兵[1]　王福运[1]　王俊强[1]

(1. 中国特种设备检测研究院，北京　100029；2. 中国石化青岛液化天然气有限责任公司，青岛　266580)

摘　要：BOG 压缩机是 LNG 接收站的关键设备，起到将 BOG 压缩回收再处理的作用。本文将 BOG 压缩机分为 6 个系统，并将每个系统进一步划分为 29 个元部件。根据 FMECA 方法计算元部件的失效概率并进行严酷度等级划分，对 BOG 压缩机进行风险评价。其中，低分险元部件 22 个，占比 75.9%，中风险元部件 6 个，占比 20.7%，高风险元部件 1 个，占比 3.4%。根据 BOG 压缩机的风险评价结果，制定针对性的维护保养策略，从而提高 BOG 压缩机系统的可靠性。

关键词：BOG 压缩机；FMECA；风险评价；维护保养

Risk Assessment and Maintenance of BOG Compressor

Liu Zhe[1], *Han Rongxin*[2], *Wang Tao*[1], *Zhang Xiaobing*[1], *Wang Fuyun*[1], *Wang Junqiang*[1]

(1. China Special Equipment Inspection and Research Institute, Beijing 100029, China;
2. Qingdao Liquefied Natural Gas Co., Ltd., SINOPEC, Qingdao 266580, China)

Abstract: BOG compressor is the key equipment of LNG terminal, which plays the role of compressing, recovering and reprocessing BOG. In this paper, BOG compressor is divided into 6 systems, and each system is further divided into 29 components. According to the FMECA method, the failure probability of components is calculated and the severity grade is divided, and the risk assessment of BOG compressor is carried out. Among them, there are 22 low risk components, accounting for 75.9%, 6 stroke components, accounting for 20.7%, and 1 high - risk component, accounting for 3.4%. According to the risk assessment results of BOG compressor, formulate targeted maintenance strategies to improve the reliability of BOG compressor system.

Key words: BOG compressor; FMECA; risk evaluation; maintenance

1　引言

液化天然气(Liquefied Natural Gas，简称 LNG)，主要成分是甲烷，被公认为地球上最干净的化石能源。LNG 储存在绝热的储罐内，由于受到外界热量的侵入、储罐进出料以及设备做功产生的热量等，使得 LNG 吸热汽化，形成 BOG(Boil Off Gas，闪蒸气)，BOG 会使设备、储罐和管线内的压力升高。为防止压力超高而造成不必要的损失，需要压缩机将 BOG 压缩回收再处理[1]。

BOG 压缩机是 LNG 接收站的关键设备，在接收站中有着重要作用[2]，立式 BOG 压缩机结构如图 1 所示。BOG 压缩机采用电动机驱动，电动机通过联轴器带动曲轴旋转，通过十字头和连杆，将曲轴的旋转转变成活塞的直线往复运动。BOG 压缩机需要进行定期维护保养，为提高维护保养的工作效率，需要对 BOG 压缩机进行风险评价，根据评价结果制定具有针对性的维护保养策略。这样不仅可以降低企业的维护成本，又能提高设备的可靠性，具有较大的社会和经济意义。

作者简介：刘哲(1981—　)，硕士，主要从事完整性管理工作。E - mail：liuzhe1981@foxmail.com

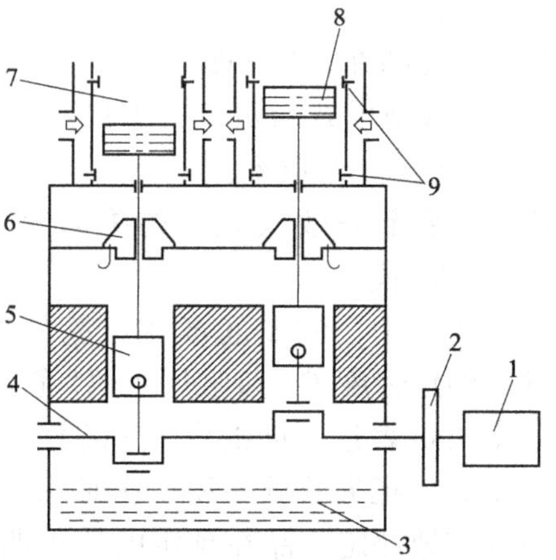

图 1　立式 BOG 压缩机简图

1—电动机；2—联轴器；3—润滑油；4—曲轴；5—十字头；6—导向轴承；7—气缸；8—活塞；9—阀门

2　风险分析

为分析 BOG 压缩机系统的可靠性，本文采用失效模式、影响及危害性（FMECA）程序进行分析。FMECA 是一种用于研究设备失效的方法，能应用于不同技术（电、机械和液压传动等）及多种技术组合而成的各种系统。同时也可有效地应用于设备的某个特殊部件、系统或整个项目[3]。FMECA 的工作流程如图 2 所示。

2.1　元部件划分和失效模式

将 BOG 压缩机划分为动力传输系统、压缩机组、控制和监测系统、润滑系统、轴封系统和仪表 6 个系统，将这 6 个系统又进一步划分为 29 个元部件，BOG 压缩机的元部件划分如表 1 所示。

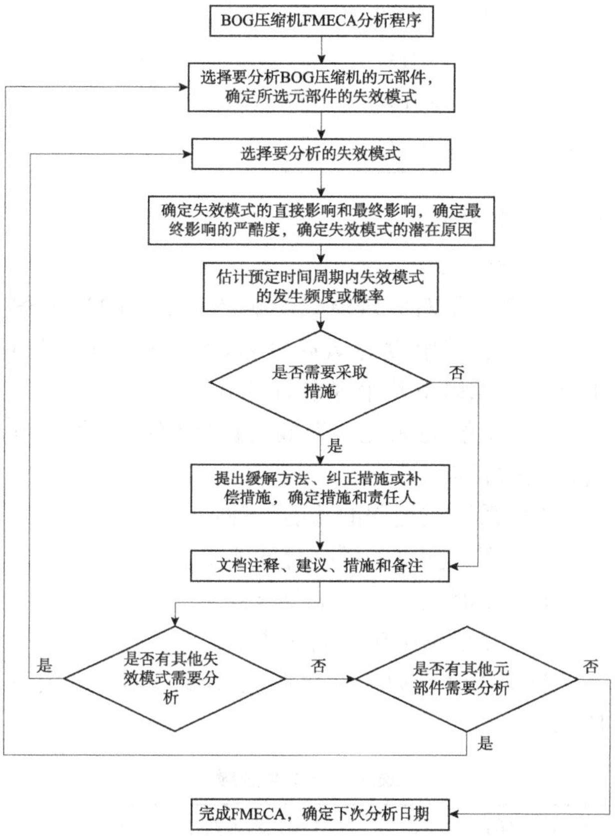

图 2　FMECA 工作流程图[3]

表 1　压缩机元部件划分

BOG 压缩机					
动力传输系统	压缩机组	控制和监测系统	润滑系统	轴封系统	仪表
联轴器	入口过滤器	布线、接线盒等	泵（电机）	泵（电机、齿轮）	仪表（通用）
曲轴	气阀	控制单元	过滤器	阀门	仪表（速度）
轴承	活塞	驱动装置	管道		仪表（温度）
十字头	气缸	监测系统	润滑油		仪表（压力）
连杆	缓冲罐	内部电源	密封		仪表（振动）
			油加热器		仪表（液位）

根据 BOG 压缩机的结构组成和工作原理，结合其运行情况，对 BOG 压缩机可能存在的失效模式进行统计，如表 2 所示。BOG 压缩机的元部件对应表 2 中的一种或多种失效模式，系统能否正常工作是由系统中某些重要单元的性能决定的。当 BOG 压缩机的某些元部件发生失效时，可能短期内并不会造成系统的停机，因此需要对元部件进行风险评价。

表 2　BOG 压缩的失效模式

序号	失效模式	序号	失效模式
1	仪表读数异常	11	服役中的次要问题
2	故障	12	噪声
3	不稳定输出	13	其他
4	外漏 - 工艺介质	14	过热
5	外漏 - 其他介质	15	参数偏差
6	不能按指令启动	16	误停机

续表

序号	失效模式	序号	失效模式
7	不能按指令停止	17	结构性缺陷
8	输出过高	18	未知的
9	内部泄露	19	振动
10	输出过低		

2.2 风险评价

2.2.1 严酷度

严酷度是对失效模式影响产品使用的严重程度的评价，严酷度分级高度依赖 FMECA 的应用情况，考虑以下几个因素后给出：

(1)系统的属性，失效对产品使用者和环境所造成的影响；

(2)系统或过程的功能特性；

(3)客户提出的所有合同要求；

(4)政府或工业安全要求；

(5)保证书中包含的要求。

针对最终影响的严酷度分级示例如表3所示。

表3　严酷度分级

等级	严酷度水平	失效模式对人员或环境的影响
Ⅳ	灾难性的	可能潜在的导致系统基本功能丧失，致使系统或环境严重损坏或人员伤害
Ⅲ	严重的	可能潜在的导致系统基本功能丧失，致使系统和环境相当大的损坏，但不严重威胁生命安全或人身伤害
Ⅱ	临界的	可能潜在的使用系统的性能、功能退化，但对系统没有明显的损伤、对人身没有明显的威胁或伤害
Ⅰ	轻微的	可能潜在使系统功能稍有退化，但对系统不会有损伤，不构成人身威胁或伤害

2.2.2 失效概率

元部件的失效概率和失效模式的失效率是相关的，元部件的失效概率可由式(1)进行计算：

$$\lambda_i = \lambda_j \times \alpha_i \times \beta_i \tag{1}$$

式中　λ_i——失效模式 i 的失效率(假定为恒定的)估计值；

λ_j——元部件 j 的失效率；

α_i——失效模式频数比，即产品发生失效模式 i 的概率；

β_i——给定失效模式 i 的失效影响条件概率。

在一些应用中，例如危害性定量分析方法，采用元部件的危害度 C_j(与常用术语“危险程度”无关，该术语可表达不同的含义)代替元部件失效率 λ_j。危害度把失效概率和工作时间结合在一起，可更真实地评定产品在预定的使用期内的风险。元部件的危害度 C_j 的计算如式(2)所示：

$$C_j = \lambda_j \times \alpha_i \times \beta_i \times t_j \tag{2}$$

式中，t_j 表示在 FMECA 整个预定时间段内用于估算概率的元部件工作时间，即部件的有效工作时间。

P_j 是在时间 t_j 内元部件 j 的失效模式 i 的发生概率，可由式(3)用计算得到的危害度来确定：

$$P_j = 1 - e - C_j \tag{3}$$

当元部件的失效率和得到的危害度很小的时候，可粗略地近似认为当发生概率小于0.2(此时，危害度等于0.223)时，危害度和失效概率很相近。在失效率或者失效频度是变化的情况下，应计算失效发生概率，而不是基于失效率恒定的假设来计算危害度。

2.2.3 示例计算

以BOG压缩机的动力传输系统为例，基于FMECA方法进行风险计算，动力传输系统中可拆分为联轴器、曲轴、轴承、十字头和连杆5个主要元部件，每个元部件分别对应多种失效模式。由于接收站内对BOG压缩机的故障统计数据较少，所以在计算过程中，λ_j、α_i 和 β_i 的取值参考数据手册(OREAD)中的数据统计数据[4]。一般规定BOG压缩的检修周期为8000h，所以在计算过程中 t_j 取8000。动力传输系统各元部件所对应的每种失效模式的失效概率如表4所示，元部件的失效概率可由各部件所对应的每种失效模式的失效概率累加得到。

表4　动力传输系统各元部件失效概率统计表

	联轴器	曲轴	轴承	十字头	连杆
仪表读数异常	—	—	—	—	—
故障	—	—	—	—	—
外漏－工艺介质	—	—	—	—	—
外漏－其他介质	—	—	0.005784	—	—

续表

	联轴器	曲轴	轴承	十字头	连杆
不稳定输出	0.072712	0.0072712	—	0.012413	—
不能按指令启动	—	—	—	—	—
内部泄漏	—	—	—	—	—
输出过低	—	—	—	—	—
噪声	—	0.006544	0.002732	0.006840	—
过热	—	0.041834	0.002907	—	—
其他	—	—	0.003059	—	—
参数偏差	—	—	—	—	—
服役中的次要问题	—	—	—	—	—
结构性缺陷	—	0.004215	0.001343	0.002684	0.003641
未知的	—	0.012517	0.003059	0.013190	0.010835
误停机	—	—	—	—	—
振动	0.000230	0.005285	0.000184	0.002071	—
总计	0.072942	0.077666	0.019068	0.037198	0.014476

根据失效概率和严酷度可以绘制动力传输系统的风险矩阵图，如图 3 所示。在风险矩阵图中，横轴为严酷度，纵轴为失效概率。严酷度等级随着横轴方向的递增顺序增大，数值Ⅳ表示严酷度最大(人员生命丧失、损害和/或任务、运行失败、受损)，纵轴表示发生的可能性，也是按递增顺序排列的。失效概率可以划分为 5 个等级[3]：

(1)等级为 1 或 E，几乎不可能，失效概率：$0 \leqslant P_j < 0.001$；

(2)等级为 2 或 D，可能性很小，失效概率：$0.001 \leqslant P_j < 0.01$；

(3)等级为 3 或 C，偶尔发生，失效概率：$0.01 \leqslant P_j < 0.1$；

(4)等级为 4 或 B，很有可能发生，失效概率：$0.1 \leqslant P_j < 0.2$；

(5)等级为 5 或 A，经常发生，失效概率：$P_j \geqslant 0.2$。

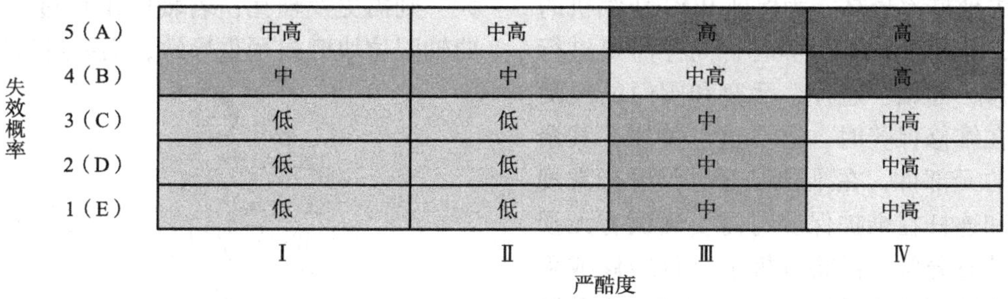

图 3 风险矩阵图

与动力传输系统计算方法相同，对 BOG 压缩机的压缩机组、控制和监测系统、润滑系统、轴封系统和仪表单元各元部件的失效概率进行计算，将 BOD 压缩机系统各单元元部件进行失效概率和严酷度分级。BOG 压缩机各单元元部件的失效概率和严酷度分级统计如表 5 所示，根据失效概率和严酷度等级划分结果对元部件进行风险等级划分。

表 5　BOG 压缩机元部件风险评价统计表

单元	元部件	失效概率等级	严酷度等级	风险等级	单元	元部件	失效概率等级	严酷度等级	风险等级
动力传输系统	联轴器	3	Ⅲ	中	润滑系统	泵(电机)	2	Ⅱ	低
	曲轴	3	Ⅲ	中		过滤器	3	Ⅱ	低
	轴承	3	Ⅰ	低		管道	2	Ⅱ	低
	十字头	3	Ⅱ	低		润滑油	4	Ⅰ	中
	连杆	3	Ⅲ	中		密封	2	Ⅱ	低
压缩机组	入口过滤器	3	Ⅱ	低		油加热器	2	Ⅰ	低
	气阀	5	Ⅲ	高	轴封系统	泵(电机、齿轮)	2	Ⅱ	低
	活塞	2	Ⅲ	中		阀门	4	Ⅱ	中
	气缸	2	Ⅱ	低	仪表	仪表(通用)	3	Ⅰ	低
	缓冲罐	2	Ⅰ	低		仪表(速度)	2	Ⅰ	低
控制和监测系统	布线、接线盒等	2	Ⅰ	低		仪表(温度)	2	Ⅰ	低
	控制单元	3	Ⅱ	低		仪表(压力)	2	Ⅰ	低
	驱动装置	2	Ⅱ	低		仪表(振动)	3	Ⅰ	低
	监测系统	3	Ⅱ	低		仪表(液位)	2	Ⅰ	低
	内部电源	2	Ⅰ	低					

如表 5 所示，参与风险评价的 BOG 元部件共 29 个，低风险 22 个，占比 75.9%，中风险 6 个，占比 20.7%，高风险 1 个，占比 3.4%。

3　维护保养

通过 FMECA 程序对 BOG 压缩机进行风险评价，可以确定元部件失效对设备产生的影响，为设备的维护保养工作提供依据。由第 2 节的风险评价结果可知，气阀的风险等级为高，在每次维护保养时，需要进行更换。润滑油虽然风险等级为中，但是失效概率最高，为保证 BOG 压缩机的工作可靠性，在每次维护保养时，同样需要进行更换。联轴器、曲轴、连杆、活塞和阀门的风险等级为中，在维修保养时，需要重点关注，其余风险等级低的元部件，在维护保养时，进行常规检查。阀门和连杆在维护保养时需要确认有无损伤或变形，若有异常，需将其拆下进行维修或更换。活塞、曲轴和联轴器是 BOG 压缩机动力传输系统中的关键部件，结合历史维修保养的故障统计，对其制定具有针对性的维护保养策略，以提高 BOG 压缩机的可靠性[5,6]。

3.1　活塞

活塞是 BOG 压缩机系统的重要部件，是将 BOG 进行加压的部件[7]。活塞在维护保养时，需对 O 形密封圈进行检查，用百分表检测活塞预紧力。活塞预紧力不符合要求时，需将活塞从气缸中吊出并拆解，检查活塞各零部件完好程度，必要时可对活塞顶进行重新加工。

3.2　曲轴

曲轴的维护保养工作则是主要关注曲轴臂的挠曲度、曲轴三个主轴瓦间隙及轴向窜量。如图 4 所示，在曲轴的 5 个位置上测量曲轴臂的挠曲度，曲轴转动一整圈时百分表的最大允许挠曲值为 0.08mm。如果挠曲度超过此限制值，需要联系厂商进行处理；若轴瓦磨损严重或间隙值过大，则需更换轴瓦；若轴向窜量过大，则可能是曲轴限位块磨损严重导致，需要进行更换。

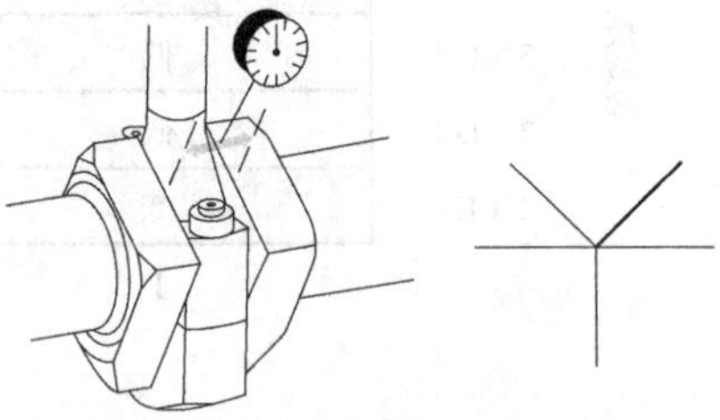

图 4　曲轴臂挠度检测示意图

3.3　联轴器

联轴器的常发问题是不对中，在维护保养时，可以使用三表法对联轴器的对中值进行检测。若联轴器不对中，可通过在电动机支脚下面加、减调整垫片进行调节，直到三表法测出的联轴器对中值合格为止。

4 总结

BOG 压缩机是 LNG 接收站的关键设备，BOG 压缩机的失效会对接收站的正常运营造成重要的影响。本文对 BOG 压缩机进行拆解，将其划分为 6 个系统共 29 个元部件。根据 FMECA 方法对 BOG 压缩机进行风险评价，对元部件进行失效概率计算和严酷度等级划分，根据失效概率等级和严酷度等级确定元部件的风险等级。由分析结果可知：BOG 元部件共 29 个，低风险 22 个，占比 75.9%，中风险 6 个，占比 20.7%，高风险 1 个，占比 3.4%。其中风险等级为高的气阀需要在每次维护保养时进行更换，虽然润滑油的风险等级为中，但润滑油的失效概率等级最高（4 级），为保证 BOG 压缩机的正常运行，在每次维护保养时同样需要更换。在维护保养时，以风险评价结果为指导，对风险等级为中的元部件制定具有针对性的维护保养策略，对风险等级为低的元部件进行常规检查。这样不仅可以提高 BOG 压缩机的可靠性和工作效率，还能降低维护成本，为企业带来较大的社会和经济效益。

参考文献

[1]郁永章，姜培正，孙嗣莹．压缩机工程手册[M]．北京：中国石化出版社，2011.

[2]王卫晓．新建大型 LNG 接收站 BOG 压缩机选型研究[J]．石油工程建设，2022，48(03)：36－41.

[3]GB/T 7826—2012，系统可靠性分析技术失效模式和影响分析(FMEA)程序[S].

[4]Participants O. OREDA Offshore Reliability Data 4th Edition[J]. 2002.

[5]徐向东，樊金良，吴格日勒图．以可靠性为中心的往复式压缩机维修方法探讨[J]．装备维修技术，2020(02)：125.

[6]吴正兴，何伟，魏光华．BOG 压缩机和 LNG 低温泵维修[M]．北京：石油工业出版社，2019.

[7]陈永周．试论往复式压缩机维修方法及技巧[J]．中国设备工程，2022，(08)：32－33.

LNG 管道裂纹缺陷产生原因分析及安全评估

张晓兵　王　涛　王俊强

(中国特种设备检测研究院，北京　100029)

摘　要：对 LNG 管道在检维修期间发现的上进液管段裂纹超标缺陷进行了裂纹形成原因推断分析，考虑了管道从建设期到维护维修过程中可能的因素，针对裂纹缺陷的成因提出了裂纹缺陷潜在的失效模式，并进行了基于一次成型裂纹的断裂与塑性失效安全评价和基于疲劳裂纹扩展失效的安全评价，对含裂纹缺陷 LNG 管道的后续运行提供了处理建议，为相似类型的管道裂纹超标缺陷的安全评价和处理提供参考。

关键词：LNG 管道；裂纹；断裂失效；疲劳失效；安全评价

Cause Analysis and Safety Assessment of LNG Pipeline Crack Defects

Zhang Xiaobing, *Wang Tao*, *Wang Junqiang*

(Chain Special Equipment Inspection and Research Institute, Beijing 100029, China)

Abstract: The reason of crack formation was deduced and analyzed for the crack exceeding the standard found in the upper liquid inlet pipe section of the LNG pipeline during the inspection and maintenance. Considering the possible factors from the construction period to the maintenance and repair process of the pipeline, the potential failure mode of the crack defect was proposed for the cause of the crack defect, and the safety assessment based on the fracture and plastic failure of the one – time forming crack and the safety assessment based on the fatigue crack propagation failure were carried out, It also provides treatment suggestions for the subsequent operation of LNG pipeline with cracks, and provides reference for the safety assessment and treatment of similar types of pipeline cracks with defects exceeding the standard.

Key words: LNG pipeline; Cack; Fracture failure; Fatigue failure; Safety evaluation

0　引言

北海 LNG 接收站在管道检维修期间发现位于 LNG 储罐罐顶的上进液管道阀门套袖和管道连接焊缝处存在 4 处超标面型裂纹缺陷，裂纹位于焊口阀门侧，通过对缺陷区域外表面焊缝和热影响区进行渗透检测，排除了外表面裂纹的可能性。考虑到管道后续运行的安全性，对管道的裂纹成因进行了推断分析，对管道进行了安全评价，并对管道的后续运行提出了处理建议。

1　管道及裂纹信息

管道为 LNG 接收站 LNG 储罐的进液管线，管道的基本信息如表 1 所示。在管线罐顶阀门套袖和管道连接焊缝处底部存在 4 处超标面型裂纹缺陷，裂纹位于焊口阀门侧，其中一处为横向裂纹(即平行于焊缝方向)，另外三处为纵向裂纹(即垂直于焊缝方向)，通过对缺陷区域外表面焊缝和热影响区进行渗透检测，排除了外表面裂纹的可能性，通过超声波斜平扫查发现裂纹位置情况如图 1 所示，裂纹尺寸如表 2 所示。

作者简介：张晓兵(1992—　)，硕士研究生，主要从事压力管道完整性管理。

表1　*DN*1000进液管基本信息

设计单位	中石化洛阳工程公司	管道规格	ϕ1016*12.7mm
管道名称	*DN*1000进液管	管道编号	301-1000-LNG—2018
设计压力	1.75MPa	工作压力	0~1.0MPa
设计温度	-196/65℃	工作温度	-163/-150℃
管道材质	A358-304/304L	工作介质	液化天然气

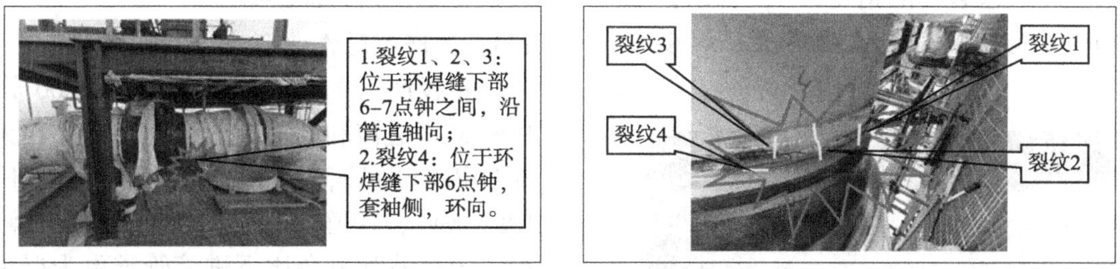

图1　缺陷位置示意图

表2　*DN*1000进液管缺陷信息

缺陷编号	缺陷名称	缺陷信息/mm		缺陷评级	备注
		长度	深度		
fl1	纵向缺陷1	5	2.9	Ⅳ	内部表面裂纹
fl2	纵向缺陷2	10	3.5	Ⅳ	内部表面裂纹
fl3	纵向缺陷3	19	3.7	Ⅳ	内部表面裂纹
fc1	环向缺陷1	15	2.0	Ⅳ	内部表面裂纹

注：此处缺陷深度由无损检测报告中的缺陷自身高度换算得到。

2　缺陷成因分析

2.1　管道施工和安装环节

在TK-02储罐和管束施工安装期间，*DN*1000管道阀门套袖和管道连接属于现场不等厚焊接，决定了该焊缝存在较高的应力集中情况[1]。管道组对、焊接工艺和焊接参数的选择都将影响到该焊缝的焊接质量，可能加剧该环焊缝的应力集中水平[2]。现场调查发现，该阀门位置无竖向支承，阀门重量(阀体和执行机构总质量约为6.2t)作用于管道上(图2)，为投产前试压和安全生产运行环节裂纹出现提供了条件。

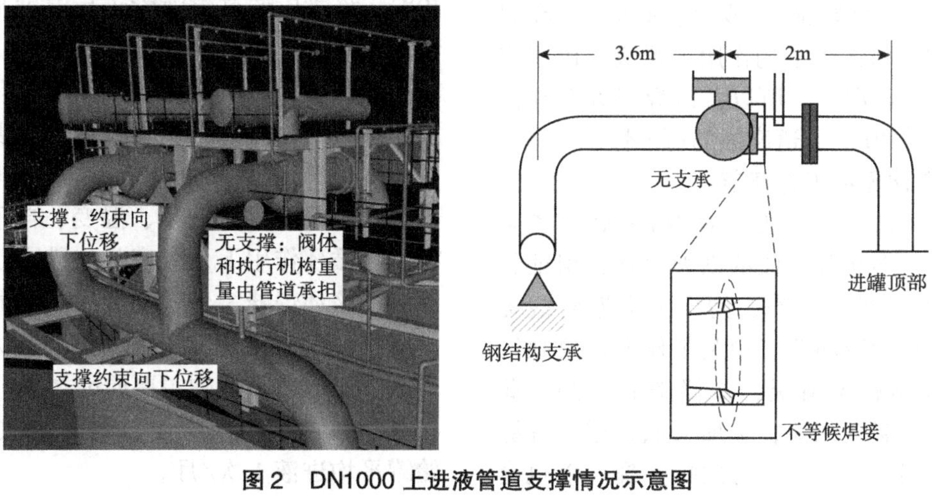

图2　DN1000上进液管道支撑情况示意图

分析管道该环焊缝建设期安装施工焊接后的射线拍片结果(图3)，可以看出：射线照片显示管道 6－7 点钟位置无缺陷存在，但是不排除刚产生的裂纹类缺陷可能较小且处于闭合状态，用射线检测很难发现的可能[3]；储罐修复期间，射线检测发现，裂纹出现在管材热影响区和母材处，推测该焊道预制时，根焊过程背面氩气保护不到位，线能量过高，背面焊缝和热影响区及母材部分烧损严重，以及可能组对时出现严重错边和未焊透导致延迟裂纹的情况[4,5]，所以，该位置超标缺陷可能为施工安装期间根部焊接不良引起。

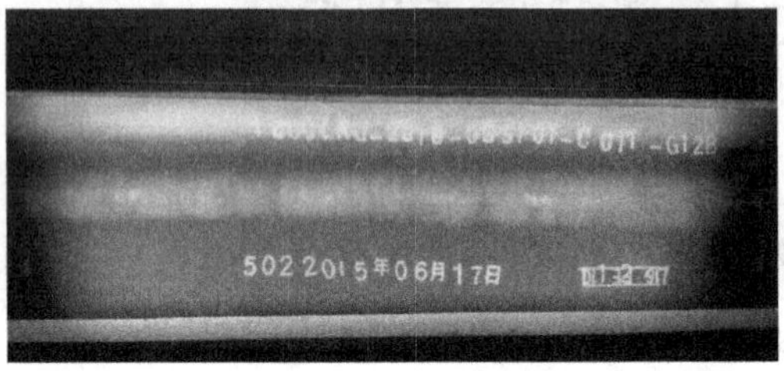

图 3　DN1000 进液管建设期施工安装焊接后底片

2.2　管道投产前试压环节

DN1000 管道在施工安装完成，无损检测合格后，会开展投产前水压试验，测试管道耐压和密封性能。水压试验压力为 1.5 倍设计压力，即 2.625MPa。水压试压后，压缩空气吹扫并做气密，气密后氮气吹扫干燥，水压试验期间，较高内压可能导致环焊缝处无损检测未发现的微小缺陷增大或扩展。由于无水压试验后的焊缝无损检测报告，无法证实环焊缝缺陷情况。

由于投产前，管道采用水作为压力试验介质，可能会残留有微量腐蚀管道元素氯离子，由于此处位置属于水平段且管内壁可能有焊缝余高，容易积液且不容易清除，焊道及管壁残留了微量氯离子，试压后在管道内密封存有空气状态下放置一段时间(可能 30 天或更长时间)，在焊接残余应力和微量氯离子的作用下形成了由于应力腐蚀产生的裂纹源[6]。所以，该焊缝处存在由氯离子引起 304/304L 管道腐蚀的可能性。

2.3　投产后首次预冷工艺环节

投产后，将通过预冷工艺对 DN1000 管道采用低温氮气进行多次分阶段的低温冷却，保证管道处于－160℃的低温状态，为该上进液管线提供低温条件。在预冷环节，相关工作人员反映管道可能存在收缩移位情况，并伴随有响声。此时，管道将承受温变载荷，会加大该管道环焊缝处的应力。低温条件下，管材的抗开裂性能也会降低，有导致出现裂纹的可能性。该裂纹可通过断裂评估，保证管道在承载条件下，受力不超过启裂韧度，管道将能安全运行。根据 LNG 接收站运行经验，该阶段形成缺陷的可能性较高，尤其是不等厚的焊接区域。由于无相关无损检测或监测等证明材料，该预冷阶段是否形成了裂纹，无法证实。本次修复过程中，相邻的罐顶 DN1000 下进液管道阀门套袖和管道连接焊缝，无损检测未发现存在超标缺陷。其他 LNG 储罐相同位置检测未发现存在超标缺陷。

2.4　生产运行作业环节

在投产后的生产运行期，DN1000 管道存在 LNG 卸料进液和非进液两个时间段。在无卸料的非进液时间段，DN1000 管道内存在不满管的 LNG 液体，管道内由于温变，会存在气液两相情况，上进液管道会比下进液管道更为严重。在卸料进液时间段，由于可能产生的水力学波动(水锤效应)，DN1000 管道会出现瞬时高压情况。现场卸料时，相关工作人员在该位置能听到管道较大的响声(持续时间约 10min)。该环焊缝位于罐顶，该位置无压力表，无法得知该环焊缝的压力波动情况。通过核查卸料口的压力监控历史记录表，最高压力波动达 0.5MPa。可能因为突然停泵、管阀等因素产生的“水锤现象”会造成对管系的疲劳损伤。可以推断：在阀门重量和压力波动载荷作用下，循环往复进液会对管道环焊缝形成低周疲劳开裂(疲劳裂纹)[7]。不过，由于该位置位于罐顶，该缺陷处本身内压较小，水锤效应会比罐侧二层平台小很多。

此外，管道内存在气液两相状态，非卸料期间管道顶部温度可能要高于管道底部，形成了环向不均匀应力状态，通过对其他罐的进液管道相同位置测量发现，管道顶部温度要比底部高 30℃，该管段通过喷液管进行温度平衡，喷液管未动作时，管道顶部温度比底部高，喷液情况下温度趋于平衡。不均匀的温变引起环向不均匀变形，且焊缝距离阀门较近，阀门刚度较大，约束了温度变形[10]。重力引起管道焊缝底部承受不均匀的弯曲载荷，在内压、温变、自重和振动载荷在反复循环作用下，有疲劳开裂的可能性[11]。

从该环焊缝 3 处轴向裂纹可判断，影响裂纹扩展的载荷主要为管道环向方向应力，疲劳可能是裂纹形成或扩展的主要原因之一[12,13]。从 2016 年投产到 2022 年 2 月，卸料总次数 60 余次，该储罐平均进液 1 次/月。

2.5　TK－02 储罐火灾事故导致管束下沉

2020 年 TK－02 储罐罐侧平台着火，引发储罐管束发生下沉，*DN*1000 管道最大下沉量达 109mm，导致管道在轴向上产生拉力，加剧了该处应力集中程度，有促进裂纹增长的可能性。

从 TK－02 储罐及附属设备设施安全适用性评价报告和过火修复期现场拆除管道保冷层时的完好状况，可以推断过火导致的高温并未传到 *DN*1000 管道，因过火受热管道变形引起的裂纹缺陷可排除。

2.6　TK－02 储罐修复环节

TK－02 储罐修复期间，对下沉的竖向管束进行了复位修复，并在 *DN*1000 管道上应力较大位置和该焊缝处安装了应变监测设备，并进行了多次射线和超声无损检测，检测结果表明裂纹缺陷尺寸未发生变化。

通过应变监测结果发现由应变监测数据换算得到的管道环向应力波动情况，最大应力变化为 10.49MPa，且应力水平降低。

由于缺陷形成并非单一原因，可能为多个环节共同作用形成，因此进行综合分析，并对成因进行优先级别排序。

(1)管道施工焊接阶段形成缺陷，在水压试验和预冷阶段缺陷张开增大，形成一次成型缺陷。

(2)管道缺陷由施工焊接形成，在水压试验和预冷阶段张开增大，在投产运行阶段继续发生疲劳扩展，为一次载荷成型＋二次疲劳扩展。

(3)管道焊缝缺陷由氯离子等引起的腐蚀开裂可能性较小。

3　专项检验

为了确认管道缺陷附近的材质情况，对管道硬度和铁素体含量进行测量。管道铁素体含量检测结果未见异常，管道硬度检测结果未见异常。

使用手持式三维扫描仪对阀门附近管道进行扫描建立三维模型，管道轮廓几何尺寸分析如图 4 所示。分析结果显示管道的圆度良好，未发生运行过程中因阀门重量导致的椭圆化变形情况。

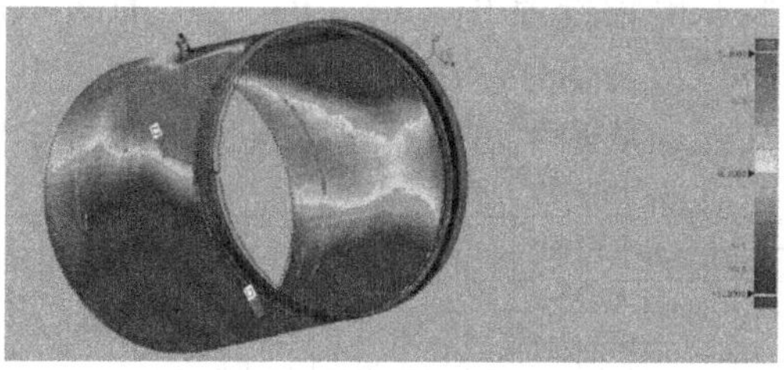

图 4　管道分析图

为了验证管道环向是否存在温度分布不均匀情况，通过对其他罐进液管道循环保冷过程中温度进行测试，发现管道循环保冷时的温度大约为 －110～－80℃，管道焊缝位置顶部温度比底部温度高 30℃左右。

4　合于使用评价

4.1　潜在失效模式及评价方法

依据缺陷成因分析结果，该 *DN*1000 进液管道 4 条裂纹的失效模式可能为：

(1)因瞬时承载力超高导致局部塑形失效或裂纹启裂断裂失效；

(2)因循环载荷裂纹疲劳扩展失效；

(3)载荷作用下裂纹形成或扩展的三种情况：①在焊接或预冷工艺环节形成的一次裂纹；②投用后生产运行环节反复循环载荷作用下形成的二次裂纹；③一次裂纹和二次裂纹两种情况的组合结果。

4.2　基于一次成型裂纹的断裂与塑性失效安全评价

4.2.1　断裂与塑性失效评价条件

取最大操作压力 1.0MPa 和 2.4MPa(即 1.3 倍设计压力和温差应力等效转化得到的内压 0.1MPa)两种压力工况进行计算，－163℃作为评价温度计算条件。

4.2.2　四处裂纹缺陷评价

对于表面裂纹，根据 GB/T 19624 中附录 D 确定拉伸荷载裂纹形状系数和弯曲荷载裂纹形状系数，然后根据裂纹形状系数分别计算一次应力强度因子和二次应力强度因子。计算出缺陷合于使用评价的断裂比和荷载比，如表 3 所示。

表 3　断裂比和载荷比计算

缺陷编号	1.0MPa			2.4MPa		
	载荷比 L_r	断裂比 K_r		载荷比 L_r	断裂比 K_r	
		短轴处	长轴处		短轴处	长轴处
fl1	0.173	0.300	0.292	0.458	0.419	0.394
fl2	0.178	0.536	0.337	0.461	0.710	0.453
fl3	0.186	0.550	0.346	0.466	0.728	0.553
fc1	0.230	0.141	0.091	0.437	0.204	0.134

将缺陷编号为 fl1、fl2、fl3、fc1 的缺陷评价点坐标值(L_r，K_r)标注于通用失效评定图上，如图 5 所示。从图中可以看出，在给定的 3 年使用周期(至 2025 年 1 月 1 日)内，在两种计算工况下(计算压力为 1MPa 和 2.4MPa)，缺陷评价点均位于失效评定曲线安全区域以内。

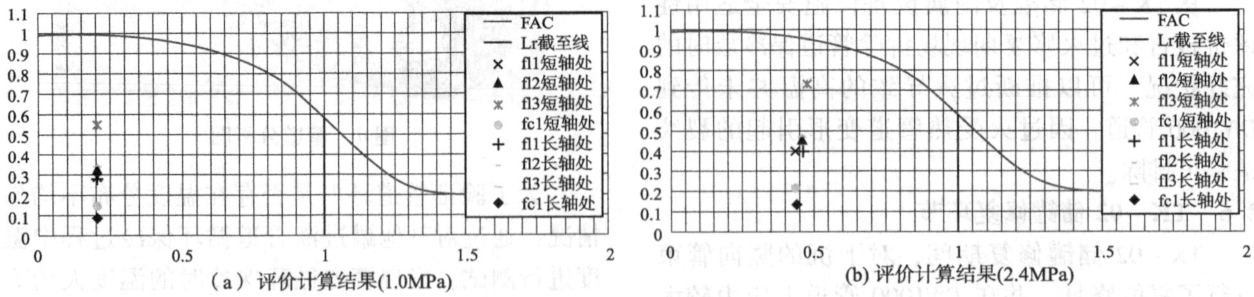

(a) 评价计算结果(1.0MPa)　　(b) 评价计算结果(2.4MPa)

图 5　缺陷评价计算结果

4.3　基于裂纹疲劳扩展失效的安全评价

4.3.1　载荷变动范围及频次

管线上载荷变动范围及频次如表 4 所示。

4.3.2　缺陷所在部位交变应力幅值

根据裂纹处应力分析以及《化工容器设计》[15] 计算内外壁温差应力分布，按照 GB/T 19624—2019[14] 中规定应力变化范围的计算方法，计算确定应力变化范围。

表 4　载荷变动范围及频次

载荷	数值 1	数值 2	事故前变动频次	预期变动频次	预期使用时间
压力	0MPa	2.4MPa、1.0MPa	62 次	25 次/年	3 年
温度	内壁 -120℃ 外壁 -90℃	内壁 -163℃ 外壁 -120℃			

4.3.3　平面缺陷扩展计算与评价

首先评价裂纹是否会扩展；其次当计算表明裂纹会发生扩展时，依据计算得到交变应力幅值、疲劳裂纹扩展公式参数进行疲劳裂纹扩展分析，确定出扩展后的裂纹可通过基于 GB/T 19624 的常规断裂力学评价所对应的评价时间点，从而得到自 2022 年 1 月起的剩余寿命。由于 2.4MPa 下的应力变化范围大于 1.0MPa 下的相应结果，所以以下仅就 2.4MPa 载荷进行分析。

编号为 fl1、fl2、fl3 和 fc1 的缺陷扩展随时间变化趋势见图 6，由图可知缺陷在给定 3 年使用周期内未发生扩展。

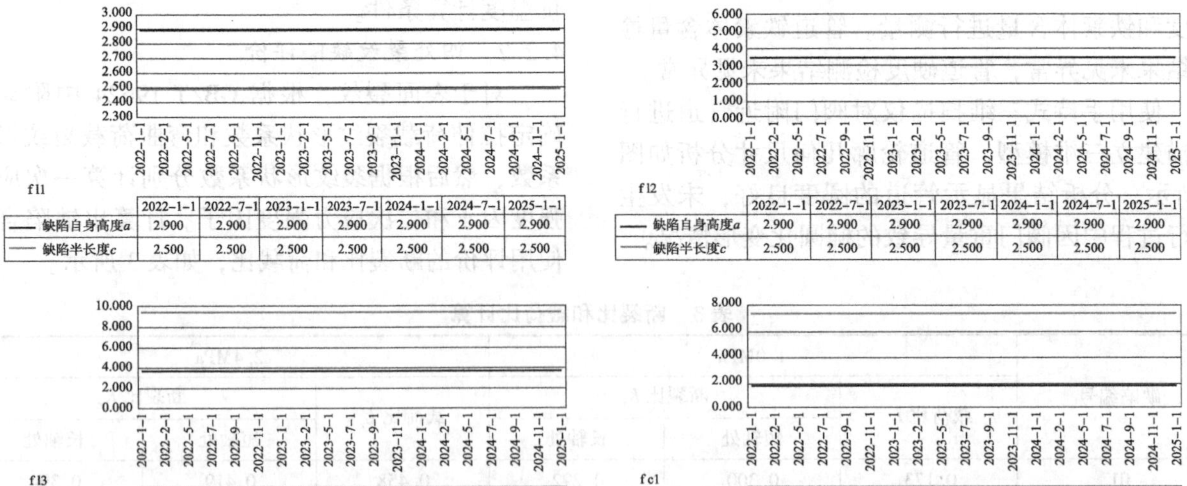

	2022-1-1	2022-7-1	2023-1-1	2023-7-1	2024-1-1	2024-7-1	2025-1-1
fl1 缺陷自身高度a	2.900	2.900	2.900	2.900	2.900	2.900	2.900
fl1 缺陷半长度c	2.500	2.500	2.500	2.500	2.500	2.500	2.500
fl2 缺陷自身高度a	2.900	2.900	2.900	2.900	2.900	2.900	2.900
fl2 缺陷半长度c	2.500	2.500	2.500	2.500	2.500	2.500	2.500
fl3 缺陷自身高度a	3.700	3.700	3.700	3.700	3.700	3.700	3.700
fl3 缺陷半长度c	9.500	9.500	9.500	9.500	9.500	9.500	9.500
fc1 缺陷自身高度a	3.700	3.700	3.700	3.700	3.700	3.700	3.700
fc1 缺陷半长度c	9.500	9.500	9.500	9.500	9.500	9.500	9.500

图 6　缺陷扩展随时间变化趋势(2.4MPa)

5　结论与建议

5.1　结论

根据裂纹断裂与塑性失效理论，对 4 处超标缺陷进行了安全评价，将缺陷编号为 fl1、fl2、fl3、fc1 的缺陷评价点坐标值(L_r，K_r)标注于通用失效评定图上，在给定的 3 年使用周期内，在两种计算工况条件下(计算压力取 1MPa 和 2.4MPa)，4 处缺陷评价点均位于失效评定曲线安全区域以内。依据 GB/T 19624—2019，满足合于使用条件。

在断裂与塑形失效评价基础上，通过对 4 处超标缺陷进行基于裂纹疲劳扩展失效的安全评价，得出缺陷扩展随时间的变化趋势图。从趋势图中可以得出，在给定的 3 年使用周期内，两种计算工况条件下(计算压力为 1MPa 和 2.4MPa)，4 处缺陷不会发生扩展。

5.2　建议

建议在该位置安装应力或应变监测系统、温度监测和振动监测系统，监测缺陷处应力状况、温度和振动变化情况，以便判断裂纹是否扩展。

加强对存在超标缺陷的管道环焊缝定期抽检频次，尤其是修复投产前的首次预冷、首次投产等生产工艺环节，必须进行焊缝缺陷无损检测，并结合监测系统分析判断管道焊缝超标缺陷安全情况，确保裂纹安全性。

参考文献

[1]仲伟秋，姜鹏宾，逯云芳. 不等厚管对接焊接缺陷的应力集中影响[J]. 低温建筑技术，2013，35(02)：71－73.

[2]覃荣维. 工艺管道施工过程中的质量控制[J]. 现代物业(上旬刊)，2013，12(04)：60－61.

[3]刘春生. 浅谈压力容器焊缝及其附近微小裂纹的检测[J]. 黑龙江科技信息，2008(30)：32.

[4]邱建. 延迟裂纹的产生机理及防止措施[J]. 科技资讯，2008(36)：78.

[5]李明祥，张兵宪，张云龙，李静，张敏. 工艺参数对 304 不锈钢焊接接头组织性能的影响[J]. 热加工工艺，2021，50(01)：53－57.

[6]张尧，王建刚. 304 不锈钢应力腐蚀行为研究[J]. 当代化工研究，2022(16)：127－129.

[7]侯杰耀. 浅析低温条件下 304 不锈钢基本力学性能[J]. 南方农机，2020，51(17)：105－107.

[8]吴圣川，李存海，张文，康国政. 金属材料疲劳裂纹扩展机制及模型的研究进展[J]. 固体力学学报，2019，40(06)：489－538.

[9]王东坡，龚宝明，吴世品，张海，冯延焉. 焊接接头与结构疲劳延寿技术研究进展综述[J]. 华东交通大学学报，2016，33(06)：1－14.

[10]陈勇，徐育烺，李勤涛，赵先锐，张梦贤，吴修娟. 304 不锈钢管道环焊缝热力耦合有限元模拟[J]. 焊管，2020，43(12)：22－27.

[11]朱姣，钟振前，于学亮，翟战江. 304 不锈钢焊接管开裂原因分析[J]. 物理测试，2021，39(05)：48－53.

[12]张高，马卫锋，罗金恒，陈志昕，冯耀荣. 17 管干式除尘器焊缝裂纹失效分析[J]. 焊管，2014，37(01)：53－57.

[13]张宏，吴锴，刘啸奔，杨悦，隋永莉，张振永. 直径 1422mm X80 管道环焊接头应变能力数值模拟方法[J]. 油气储运，2020，39(02)：162－168.

[14]GB/T 19624—2019，在用含缺陷压力容器安全评定[S].

[15]王志文，蔡仁良. 化工容器设计[M]. 北京：化学工业出版社，2005.

基于 FMECA 和 FTA 的高压外输泵可靠性分析

王福运[1]　刘培峰[2]　王　涛[1]　张晓兵[1]　刘　哲[1]　王俊强[1]

(1. 中国特种设备检测研究院，北京　100029；2. 中国石化青岛液化天然气有限责任公司，青岛　266400)

摘　要：高压外输泵作为 LNG 接收站的重要设备，其可靠性对于天然气外输工艺具有重要影响。根据高压外输泵历史数据进行 FMECA 分析，能够得到对系统危害度最大的部件；建立失效树进行 FTA 分析，能够自上而下地找到造成高压外输泵失效的直接原因，并求出最小割集。针对上述方法得到的结论，提出针对性建议，从而提高高压外输泵整体可靠性。

关键词：LNG 接收站；可靠性分析；高压外输泵；失效模式和影响性分析(FMECA)；失效树(FTA)

FMECA and FTA based reliability analysis of high-pressure pump external transmission

WANG Fuyun[1], *LIU Peifeng*[2], *WANG Tao*[1], *ZHANG Xiaobing*[1], *LIU Zhe*[1], *WANG Junqiang*[1]

(1. China Special Equipment Inspection and Research Institute, Beijing 100013, China;
2. Sinopec Qingdao LNG Co., Ltd.)

Abstract: As an important equipment of LNG receiving station, the reliability of high-pressure export pump has an important impact on the natural gas export process. FMECA analysis based on the historical data of high-pressure external transmission pumps can get the components that are most hazardous to the system; building a failure tree for FTA analysis can find the direct causes of high-pressure external transmission pump failure from top to bottom and find the minimum cut set. In response to the conclusions obtained from the above methods, targeted suggestions are made to improve the overall reliability of the in-tank pump.

Key words: reliability analysis; high-pressure pump; failure mode effects and criticality analysis (FMECA) method; failure tree (FTA) method

1　引言

全球能源结构正在因为碳中和这一重要背景而发生转变，天然气、水电等可再生能源登上能源头把交椅，随着中国大力发展清洁能源，2020 年中国 LNG 进口量超过日本，成为世界范围内最大天然气进口国[1]。大量的 LNG 进口需要更高水平、更大规模的 LNG 接收站，而高压外输泵(下文简称高压泵)是负责运输调控高压天然气的重要设备，因此对高压泵进行可靠性分析是至关重要的。

以某 LNG 接收站内高压泵为例，高压泵为立式离心潜液泵，工作温度为 -129 ~ -159℃，配置 18 级叶轮，扬程为 2365m，额定流量为 443m³/min，额定转速为 3000r/min，轴功率为 1875kW，进口压力为 0.8 ~ 1.75MPa，出口压力为 10MPa。高压泵电机带动叶轮转动将泵内压力提升至额定压力，LNG 受压力从泵口出口管线流出到下游汽化器，整个过程中的产生的气态 NG 再通过管线流入 BOG 压缩机中，进行再冷凝处理。在极度低温条件下，对高压泵的材料、部件提出了更高的要求。为提升高压泵的可靠性，对高压泵进行 FMECA(Failure, Modes, and Critical-

作者简介：王福运(1989—　)，工程师，长期从事承压类特种设备检验检测及站场设备设施完整性管理研究。E-mail：wfywfy0519@126.com ity analysis)和 FTA(Fault Tree Analysis)可靠性分析，分析高压泵的失效原因，并提出可靠性改进措施，进而提升高压泵的可靠性。

2 高压泵 FMECA 分析

FMECA 包括：失效模式分析(FMA)、失效影响分析(FEA)和失效危害分析(FCA)，它是一种系统化的可靠性分析方法。该方法是针对产品所有可能的失效，并根据对失效模式的分析，确定每种失效模式对产品工作的影响，找出单点失效，并按失效模式的严酷度及其发生概率确定其危害度。采用某 LNG 接收站高压泵失效数据，进行 FMECA 分析。

2.1 失效模式分析

失效是指设备不能完成预定任务的情况，而失效模式则是最直观的失效表现方式。统计某 LNG 接收站自 2016 年至 2018 年三年的失效数据，通过对高压泵的失效统计，得到的失效汇总如表 1 所示。

表 1 高压泵失效汇总

序号	部件名称	失效数 n	频次 α
1	轴套	10	0.3571
2	叶轮	10	0.3571
3	泵轴	2	0.0714
4	平衡盘	1	0.0357
5	轴承	5	0.1786

由表 1 可知，轴套和叶轮的失效率最高，三年期间各有 10 次失效，失效频数为 0.3571。

2.2 失效原因分析

对失效原因进行分析有助于提出高压泵改进意见，提升可靠性，是可靠性分析中的关键步骤。高压泵的失效原因有：设计、使用、运输、制造、老化以及调试的问题。通过查阅维修手册、小组讨论以及咨询专家等方法确定具体的失效原因，查明失效原因后对设备进行有针对性的维修以及应对措施。

2.3 严酷度分析

严酷度表示失效发生时对环境以及人员的危害程度，在实际应用中根据失效后果确定严酷度等级，严酷度共分成四个等级，严酷度等级内容如下表所示 2。

根据表 2 可知，某 LNG 接收站高压泵各部件的严酷度统计如下表 3 所示。

表 2 严酷度等级

等级	严酷度水平	失效模式对人员或坏境的影响
Ⅰ级	灾难的	引起人员死亡或者系统破坏
Ⅱ级	致命的	引起人员严重伤害、造成重大经济损失或者导致任务失败的系统严重毁坏
Ⅲ级	临界的	引起人员轻度伤害、一定的经济损失或导致任务延迟或降级的系统轻度损坏
Ⅳ级	轻度的	不足以导致人员伤害、造成一定的经济损失或系统损坏的失效，但它会导致非计划性维护或修理

表 3 高压泵部件严酷度等级表

序号	部件名称	严酷度等级
1	轴套	Ⅲ级
2	叶轮	Ⅲ级
3	泵轴	Ⅱ级
4	平衡盘	Ⅲ级
5	轴承	Ⅱ级

2.4 定量危害性分析

危害性分析是对失效模式的定量评价，通过失效模式频次与影响概率以及危害性分析确定此失效模式的严酷程度，定量分析过后得到的危害性是设备可靠性的重要指标，危害性分析对于设备的改进具有非常重要的意义[2]。

根据 GB/T 7826—2012《系统可靠性分析技术，失效模式和影响分析(FMEA)程序》，C_{mj}表示设备在任务工作时间中，失效模式 j 的危害度，计算公式如下：

$$C_{mj} = \lambda_i \cdot \alpha_j \cdot \beta_j \cdot t_j \tag{1}$$

$$\lambda_i = \frac{\Sigma n}{\Delta t} \tag{2}$$

式中 λ_i——设备 i 的失效率；

Δ——时间区间($t_{i示时}$，t_i)的长度；

t_j——设备在失效模式可能发生的情况下工作时间；

α——失效模式频数比，及设备发生失效模式 j 的概率；

β——失效影响条件概率。

失效影响条件概率是指产品以某一失效模式 j 发生失效而导致系统任务丧失的条件概率，是分析人员根据经验判断得到的，记为 β_j。

表4　β_i 判断条件

失效影响	β 值
实际丧失	$\beta=1$
很可能丧失	$0.1<\beta<1$
有可能丧失	$0<\beta\leqslant0.1$
无影响	$\beta=0$

C_r 表示在相应的严酷度类别下，产品在任务时间中，各种失效模式危害度的总和，计算公式如下：

$$C_r = \sum_{j=1}^{N} C_{mj} = \sum_{j=1}^{N} \lambda_i \cdot \alpha_j \cdot \beta_j \cdot t_j \quad (3)$$

2.5　FMECA 分析表

根据标准规定的FMECA分析步骤对高压泵展开失效模式分析，失效原因分析，严酷度分析以及开展定量计算，得到高压泵危害性分析结果，最终根据计算结果填写FMECA分析表。高压泵FMECA分析表如表5所示，高压泵危害性矩阵如图1所示。

表5　高压泵 FMECA 分析表

序号	零部件名称	严酷度等级	λ	α	β	C_r
1	轴套	Ⅲ级	38.052	0.3571	0.5	543.5348
2	叶轮	Ⅲ级	38.052	0.3571	1	1087.07
3	泵轴	Ⅱ级	7.610	0.0714	1	43.46832
4	平衡盘	Ⅲ级	3.805	0.0357	0.5	5.43354
5	轴承	Ⅱ级	19.026	0.1786	1	271.8435

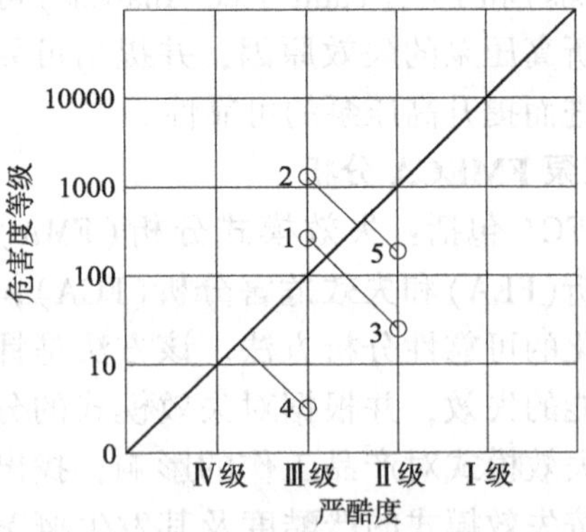

图1　危害性矩阵

3　高压泵 FTA 分析

失效树分析(Fault Tree Analysis，FTA)是用于大型复杂系统的失效分析方法，该方法常用于可靠性、稳定性评价，以及风险、安全性评估中[3]。我国自1978年开始研究FTA以来，在多个航空、航天、化工、机械等领域取得了极大的发展[4]。失效树分析法能够帮助维修人员及专家自下而上的发现系统或设备的底层失效关系，从而提升了系统可靠性，改进了设备的性能。

失效树中最顶级事件是整个系统或设备的失效，然后按层级依次将各级事件排开，最终建立失效树，失效树如图2所示，底层事件如表6所示。

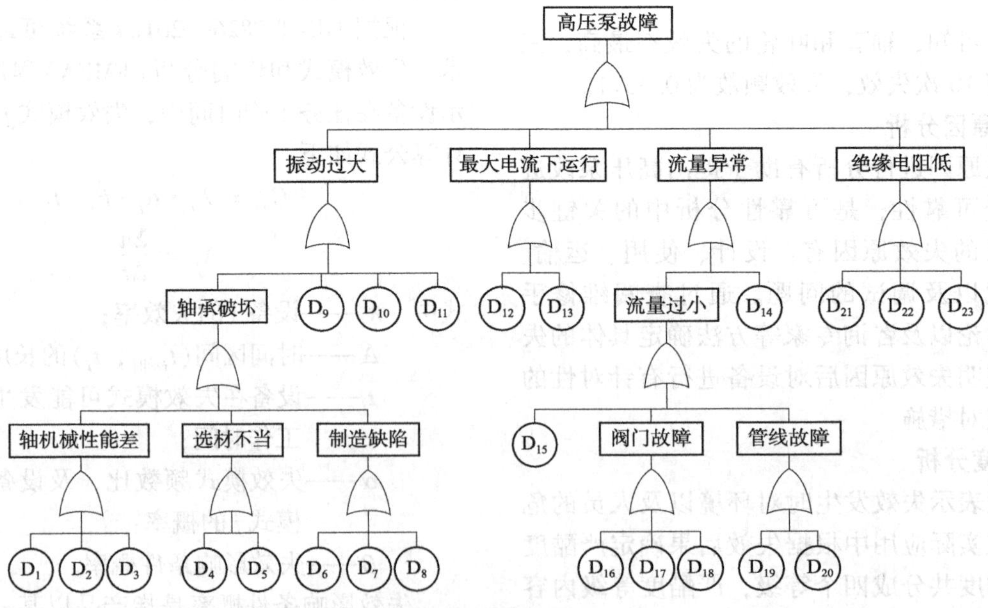

图2　高压泵失效树

表 6 底层事件及符号

序号	事件名称	序号	事件名称
D1	气蚀	D13	电力失效
D2	热处理效果差	D14	转子锁死或反转
D3	表面处理不当	D15	叶轮磨损
D4	品种不适合	D16	入口、出口管线堵塞
D5	刚度不适合	D17	入口管线压力不足
D6	存在应力集中	D18	放空管线放空压力不足
D7	存在残余应力	D19	入口阀开度不足
D8	存在初始裂纹	D20	出口阀开度不足
D9	泵轴磨损	D21	接线盒潮湿
D10	低于最小要求流量操作	D22	绝缘材料低温性能差
D11	滚动轴承损坏	D23	定子绕组绝缘差
D12	轴承磨损		

如图 2 所示为高压泵失效树，高压泵失效树能够更加直观的找出影响其可靠运行的所有因素，求出最小割集。其中最小割集为{D01}、{D02}、{D03}、{D04}、{D05}、{D06}、……、{D20}、{D21}、{D22}、{D23}，从而能够得到整个高压泵系统的脆弱环节。

其中轴承失效是高压泵最容易发生的失效，最小割集 D1 – D8 能够导致轴承发生失效，因此在日常工作情况下需要技术人员加强对于轴承状态的检测并进行定期维护。高压泵的正常运转需要满足额定压力，如果一直在欠压的工况下运转，将会使高压泵的失效率升高，其中最小割集 D15 ~ D20 能够引起高压泵的流量不足、欠压运行，因此在高压泵运行中应严格满足工作标准要求，并且定期维护，对于高压泵的流量变化维修人员应该及时进行诊断处理，以免引起多点失效并发。

4 可靠性改进措施

根据图 2 失效树可以看出，高压泵容易出现失效的一共有四种情况，分别是振动过大、最大电流下运行、流量异常、绝缘电阻低。其中最常发生失效的部位为轴承，阀门，叶轮等部件，因此根据高压泵历史维修记录，提出以下几点可靠性提高措施：

（1）制定有效的高压泵振动监测系统

高压泵的振动是导致高压泵功能失效的主要原因，因此，对于高压泵的振动监测是重中之重，现在主流的振动监测系统有本特利 3500 和艾默生 A6500，通过振动监测系统能够及时发现高压泵的振动异常，并且能够根据振动的特征谱线确定轴承或叶轮的故障原因，能够有效提升检维修人员的工作效率，实现实时故障诊断。

（2）密切关注高压泵的流量与上下游压力

高压泵的运行受上下游压力影响，如果下游输气系统因异常关闭，会导致整个高压泵管线压力上升，从而影响高压泵的流量，使流量骤降，造成低流量运行，长时间低流量运行会导致高压泵失效，因此工作人员应及时关闭高压泵或疏通下游压力，保证高压泵正常运行。

（3）定期检查叶轮与轴承的磨损情况

根据 FMECA 分析，轴承和叶轮是整个高压泵系统中危害度最高的部件，因此应该及时关注叶轮与轴承的磨损情况，定期更换，以免发生磨损后对高压泵正常运行产生危害。

5 结论

根据高压泵的历史失效数据，分别对高压泵进行了失效模式危害性分析和失效树分析，根据失效频数，失效概率以及失效率的定量计算，最终得到每个部件的危害度，其中轴承的危害度最高，为 271.8435，平衡盘的危害度最低，为 5.4335。通过失效树分析得到了造成失效的直接原因，得到了 23 个最小割集。根据上述分析结果，结合历史维修数据提出最新的可靠性改进措施，为今后的高压泵设计和制造提供参考。

参考文献

[1]完颜泽，张虎俊，王朗．全球 LNG 贸易网络特征及中国 LNG 进口现状分析[J]．中国矿业，2022，31(07)：1 – 13.

[2]Carmignani，Gionata. "An Integrated Structural Framework to Cost-based FMECA：The Priority-cost FMECA." Reliability Engineering & System Safety 94.4（2009）：861 – 71.

[3]何非，杨客．基于 FMECA 及 FTA 的喷雾造粒生产线关键设备分析及可靠性研究[J]．机械设计与制造工程，2017，46(09)：76 – 80.

[4]冯阳．失效树分析和模糊理论在柴油机失效诊断中的应用[D]．北京理工大学，2008.

某天然气管道基于内外检测合于使用评价升压实例

赵国平[1]　孙伟强[2]　姜树锋[3]

(1. 中国石油化工股份有限公司北京燕山分公司储运厂，北京　102500；2. 中国特种设备检测研究院，北京　100029；3. 中国石油化工股份有限公司北京燕山分公司机动工程部，北京　102500)

摘　要：长输天然气管道对生产有着重要意义。随着生产需求的提高，对长输天然气管道的输量也有了进一步的要求。本文以某天然气管道为例，通过内外检测对该管道运行安全状况进行合于使用评价，为管道升压后安全运行提供指导性建议。

关键词：长输天然气管道；内外检测；合于使用评价；升压

The Pressure Increasing Case of Some Natural Gas Pipeline Fitness - for - service Assessment Based on Its Internal and External Inspection

Zhao Guoping, Sun Weiqiang, Jiang Shufeng

Abstract: Long - distance natural gas pipeline is of great significance to production. With the increasing demand of production, there are further requirements on the transmission volume of long - distance natural gas pipeline. In this paper, some natural gas pipeline is taken as an example to evaluate the operation safety through the fitness - for - service assessment, and the operation safety of the pipeline is evaluated by internal and external inspection, so as to provide guiding suggestions for the safe operation of the pipeline after pressure increasing.

Key words: long - distance natural gas pipline; internal and external in spection; fitness - for - service

1　背景

管道是一种高效率、低成本和持续性强的运输方式，被广泛应用于石油和天然气工业中，在世界各国和地区的国民经济和社会发展中发挥着重要作用。近年来，我国油气管道建设蓬勃发展，截至2020年，全国油气管网规模达16.9万公里，天然气管道作为石油化工行业的生命线，里程总计10.4万公里，占比达61.54%[1]。

长输管道外检测对土壤电阻率和交/直流杂散电流干扰进行评价，对管道防腐层的缺陷进行定位，对阴极保护效果进行评估，可分析外损伤原因计算外腐蚀剩余寿命；内检测利用漏磁检测器实现的管道内检测可准确采集管道管体缺陷的里程和周向位置信息[2]。

基于生产的更高需求，某石化公司的天然气供应量无法满足现有要求，因此提出对天然气输送管道进行升压可行性评估，对无法满足升压要求的安全隐患进行整改消除。

2　合于使用评价计算方法

金属损失剩余强度评价采用剩余强度评价方法公式采用《基于风险的埋地钢制管道外损伤检验与评价》(GB/T 30582—2014)附录C均匀腐蚀一级评价计算方法

$$p_F = \frac{2\sigma_{flow} t}{D}\left[\frac{1-0.85\dfrac{d}{t}}{1-0.85\dfrac{d}{t}\cdot\dfrac{1}{M}}\right] \quad (1)$$

式中　p_F——含缺陷管道失效压力，MPa；

D——管道直径，mm；

t——管道壁厚，mm；

d——腐蚀缺陷深度，mm；

作者简介：赵国平(1971—　)，高级工程师，大学学历，工程硕士，主要从事油气储运设备管理方面工作。E-mail：zhaogp.yssh@sinopec.com

σ_{flow}——流变应力，由式(2)确定：

$$\sigma_{flow}=1.1\sigma_{ys}^{min} \quad (2)$$

σ_{ys}^{min}——材料最小屈服强度，MPa；

M——Folias 鼓胀系数，由式(3)确定：

$$\begin{cases} M=0.032\dfrac{L^2}{Dt}+3.3 & L^2/(Dt)>50 \\ M=\sqrt{1+\dfrac{2.51\,(L/2)^2}{Dt}-\dfrac{0.054\,(L/2)^4}{(Dt)^2}} & L^2/(Dt)\leqslant 50 \end{cases}$$

一级评价中，含体积型缺陷管道的失效压力 p_F 如下式(3)：

$$p_F=\frac{2\sigma_{flow}t}{D}\left[\frac{1-0.85\dfrac{d}{t}}{1-0.85\dfrac{d}{t}\cdot\dfrac{1}{M}}\right] \quad (3)$$

L——缺陷长度，mm；

管道的运行压力不得超过最大允许工作压力，最大允许工作压力为：

$$p=K\cdot p_F$$

式中 p——管道最大允许工作压力，MPa；

K——设计系数，应根据管道内介质类型，缺陷所在处的地区级别等，参照 GB 5025 取定。

外腐蚀剩余寿命预测计算公式采用《基于风险的埋地钢制管道外损伤检验与评价》(GB/T 30582—2014)附录 F.1 的壁厚法剩余寿命预测的计算方法。壁厚法是基于未来服役条件、实测壁厚、金属局部损失区域尺寸、预期腐蚀速率以及裂纹扩展速率估计计算需要的最小壁厚。适用于直管段均匀腐蚀与局部腐蚀剩余寿命预测。

预测公式见下式：

$$R_L=\frac{t_{mm}-R_t\cdot t_{min}}{C_{rate}} \quad (4)$$

式中 R_L——剩余寿命，a；

C_{rate}——预期腐蚀速率，mm/a；

t_{mm}——管道实测平均壁厚，mm；

t_{min}——管道最小要求壁厚，mm；

R_t——剩余壁厚比，由剩余强度评估可得。当直管段为均匀腐蚀时，R_t 由 RSF_a 代替，当直管段为局部腐蚀时，R_t 计算公式如式(5)：

$$R_t=\begin{cases} 0.2 & \lambda\leqslant 0.354 \\ (RSF_a-\dfrac{RSF_a}{M_t})(1-\dfrac{RSF_a}{M_t})^{-1} & 0.354\leqslant\lambda\leqslant 20 \\ 0.9 & \lambda\geqslant 20 \end{cases} \quad (5)$$

式中 M_t——傅里叶因子，$M_t=(1+0.48\lambda^2)^{0.5}$；

λ——壳体参数，$\lambda=1.285s/\sqrt{D_i t_{min}}$，如果评估环向缺陷，$c$ 替代替 s；

RSF_a——许用的剩余强度因子；

D_i——管道内径，mm；

s——实测局部金属损失轴向长度，mm；

c——实测局部金属损失环向长度，mm。

其中，预期腐蚀速率 C_{rate} 按各缺陷深度分别进行计算；t_{am} 取公称壁厚；RSF_a 取 0.9，s 为内检测数据提供的金属损失轴向长度，c 为内检测数据提供的金属损失环向长度，t_{min} 根据《输气管道工程设计规范》(GB 50251—2014)输气管道直管段钢管管壁厚度进行如下式(6)计算：

$$\delta=\frac{pD}{2\delta_s\varphi Ft} \quad (6)$$

式中 δ——直管段钢管计算壁厚，mm；

p——设计内压力，MPa；

D——钢管外直径，mm；

δ_s——钢管的最低屈服强度，MPa；

φ——焊缝系数；

F——强度设计系数；

t——温度折减系数，当温度小于 120℃时，t 值应取 1.0。

3 剩余强度评估

3.1 外检测剩余强度评价

所检管道外检测共计进行 16 处直接开挖检测，根据剩余强度按照《基于风险的埋地钢制管道外损伤检验与评价》(GB/T 30582—2014)附录 C 进行评价。

通过对测试壁厚结果统计显示，需要计算剩余强度含缺陷管段缺陷见表 1。

表 1 需要计算剩余强度的管段

序号	最小实测壁厚 t_{min}/mm	轴向金属损失长度 s/mm	环向金属损失长度 s/mm	缺陷深度 c/mm	管道规格/mm	工作压力/MPa	设计系数
1	9.99	30	5	2	ϕ530×10	1.6	0.6
2	10.11	50	40	2	ϕ530×10	1.6	0.4

对于埋地部分所发现的腐蚀缺陷，按照《基于风险的埋地钢质管道外损伤检验与评价》(GB/T 30582—2014)中的方法进行剩余强度评价，对上述缺陷进行均匀腐蚀一级评价。

《基于风险的埋地钢质管道外损伤检验与评价》(GB/T 30582—2014)中的方法进行剩余强度评估，评估结果如表2所示。

表2　剩余强度评估结果

序号	最大允许工作压力/MPa	设计压力/MPa	评定结果
1	10.23	4.0	通过
2	6.72	4.0	通过

3.2　内检测剩余强度评价

本次漏磁内检测共检出588个管体金属损失，其中管体内壁金属损失542处，管体外壁金属损失46处，最大金属损失深度达到了管道壁厚的54.3%；检出焊缝异常775处，其中环焊缝异常769处(49处较为重度，483处为中度，237处为轻度)和螺旋焊缝异常6处(0处较为重度，5处为中度，1处为轻度)。

内检测检测结果通过ERF(Estimated Repair Factor，预估维修比)曲线图确认：曲线所在位置代表的是被检测管道在最大允许操作压力3.4MPa下运行时金属损失尺寸的临界值；ERF曲线上方的点表示缺陷不可接受，需要立即维修；ERF曲线下方的点表示缺陷可接受，考虑计划维修或进行监控处理。本次评价金属损失共588个，结果见图1，汇总统计结果见图2。

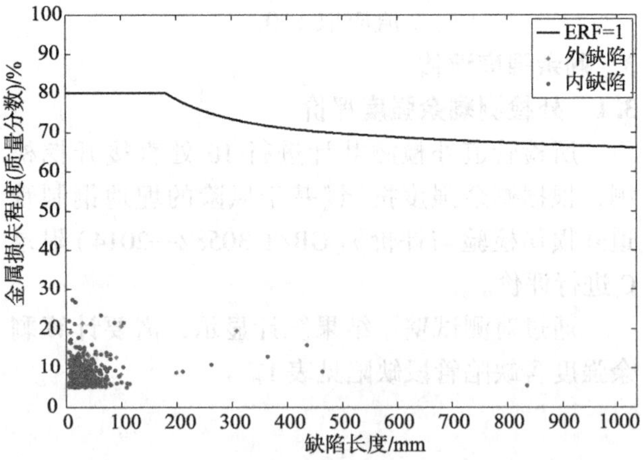

图1　ERF曲线图

压力图表述了通过金属损失评估法计算出的每个缺陷安全运行压力与设计压力、MAOP之间的关系。缺陷处的最大安全压力是依据ASME B31G方法计算得到的。图3为在金属损失缺陷下的压力图。

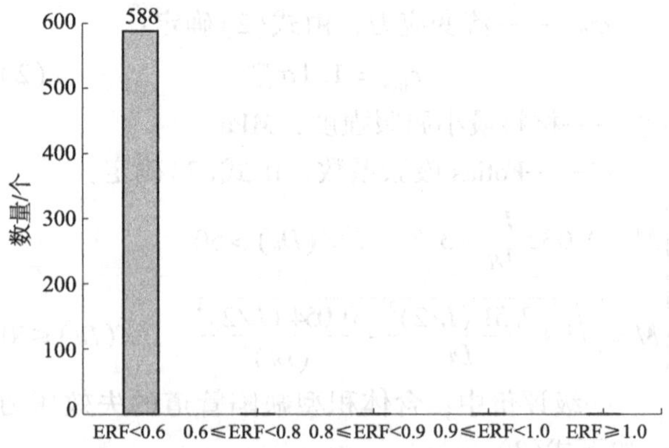

图2　不同ERF区间金属损失数量统计图

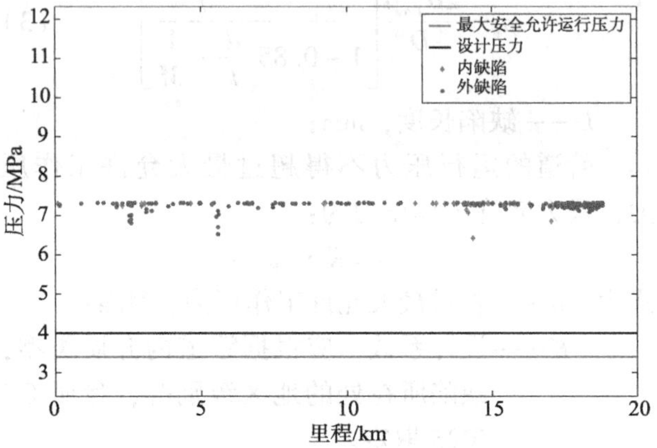

图3　压力图

4　剩余寿命预测

结合内外检测收集数据结果，依据上述评价方法，对该管道外腐蚀直接检测发现的腐蚀缺陷开展腐蚀寿命预测。评价计算所需各参数选取如下：焊缝系数取1.0、X60钢最低屈服强度取415MPa、设计系数选取0.4、管道外径取530mm、设计压力值取4MPa。按公式(6)计算最小要求壁厚。将相关数据按公式(4)进行计算，腐蚀剩余寿命计算结果见图4基于未来服役条件、实测壁厚、金属局部损失区域尺寸、预期腐蚀速率，通过单个壁厚计算得出管道金属损失最小腐蚀计算剩余寿命为12.4年。

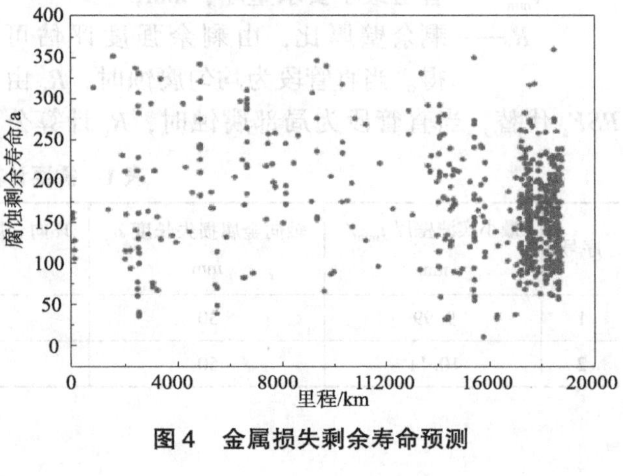

图4　金属损失剩余寿命预测

5　管道缺陷原因分析

5.1　金属损失缺陷原因分析

针对本次漏磁内检测内壁腐蚀及大面积腐蚀缺陷，原因可能如下：

(1)天然气管道中局部会有少量水等腐蚀性杂质，这些杂质容易与管道发生电化学反应，导致内腐蚀的发生；

(2)天然气介质中有些小的固体颗粒在流体的携带作用下以一定的角度碰撞管道内壁表面，使其受到冲刷腐蚀，导致内腐蚀的发生；

针对本次漏磁内检测外壁金属损失缺陷及其他常规缺陷，原因可能如下：

由于管道外防腐层的划伤、剥离或脱落等原因，以及其他防腐系统的失效，使管道暴露在腐蚀环境中发生腐蚀导致的金属损失。

5.2　焊缝缺陷原因分析

针对本次漏磁内检测检测出的环焊缝异常，原因可能如下：

(1)由于建设、改线或者换管时期技术水平限制和现场焊接施工质量控制等原因，部分管道投产运行后存在未熔合、未焊透、填充不足、过度打磨等环焊缝焊接缺陷；

(2)在管道施工建设及运营期间，由于在环焊缝位置发生腐蚀、划伤等原因产生的焊缝缺陷。

6　结语

(1)通过对内外检测数据结果进行剩余强度评估，该管道所有金属损失缺陷均能通过 GB/T 30582—2014 的评价，所有金属损失缺陷可以在运行压力≤3.4MPa 下继续安全运行至下一检测周期。

(2)通过对内外检测数据结果进行腐蚀剩余寿命预测，金属损失剩余寿命最短的为 12.4 年。

(3)鉴于管道的固有缺陷与升压运行可能带来的隐患风险，该管道应加强巡检力度，适当缩短检验周期。

参考文献

[1]陈雪锋．天然气长输管道定量风险评价方法及其应用研究[D]．北京：北京科技大学，2020.

[2]辛佳兴，陈金忠，李晓龙，王长新，张雪伟，朱宏武．油气管道内检测技术研究前沿进展[J]．石油机械，2022，50(05)：119－126.

不同类型载荷作用下含凹陷管道承载能力研究综述

王　涛[1]　王世超[2]　张晓兵[1]　窦夕冉[1]　王俊强[1]　刘　哲[1]

(1. 中国特种设备检测研究院，北京　100029；2. 中国石化青岛液化天然气有限责任公司，山东 青岛　266580)

摘　要：凹陷是油气输送管道上常见的几何变形缺陷，相比单纯凹陷，复合凹陷对管道承载能力影响较大，不同载荷作用下凹陷评价方法差异较大，结合具体工况研究特定管道凹陷的承载能力具有实际工程意义。从试验、模拟方面综述了近十年国内外含凹陷管道在内压、弯矩、轴向力、联合载荷作用下的承载能力研究现状，分析了相关评估标准及评价准则的进展，指出了存在的不足和未来重点研究方向。目前针对含裂纹凹陷受内压、单纯凹陷受弯、褶皱凹陷轴向受压已提出相应的评价准则，其中计算单纯凹陷受弯的临界压缩应变公式较成熟；管道焊缝处凹陷承压能力研究缺乏，基于深度的评估方法不适用于褶皱凹陷；联合载荷作用下含凹陷管道的剩余强度还未引起人们关注。

关键词：油气管道；凹陷；承载能力；内压；弯矩；轴向力

Review of research on bearing capacity of pipelines with dent defect under different Loads

Wang Tao[1], *Wang Shichao*[2], *Zhang Xiaobing*[1], *Dou Xiran*[1], *Wang Junqiang*[1], *Liu Zhe*[1]

(1. China Special Equipment Inspection and Research Institute, Beijing 100029, China;
2. Qingdao Liquefied Natural Gas Co., Ltd., SINOPEC, Qingdao 266580, China)

Abstract: Dent is a common geometric deformation defect in oil and gas pipelines. Compared with plain dent, compound dent has a greater impact on the pipeline bearing capacity. There are great differences in the evaluation methods of depression under different loads. It is of practical engineering significance to study the bearing capacity of specific pipeline dent under specific working conditions. This paper summarizes the research status of bearing capacity of pipelines with dent under internal pressure, bending moment, axial force and combined load in recent ten years from the aspects of test and simulation, analyses the progress of relevant evaluation criteria, and points out the shortcomings and future research directions. At present, corresponding evaluation criteria have been proposed for dent - crack under internal pressure, plain dent under bending and kinked dent under axial compression. Among them, the formula for calculating the critical compressive strain of plain dent under bending is mature; the study on the dent at pipeline weld seams is scarce, and the depth - based evaluation method is not suitable for kinked dent; the residual strength of pipelines with dent under combined loads has not attracted much attention.

Key words: oil and gas pipeline; dent; bearing capacity; bending; axial force

管道广泛应用于石油及天然气等危险化学品的输送，在施工及运行过程中经常由于挖掘活动、岩石挤压等外部载荷作用导致管道表面产生变形损伤缺陷，也称凹陷，该种缺陷引起局部应力、应变集中，管径减小并影响管道承载能力和使用寿命[1]。凹陷种类和数量众多，并非所有凹陷均对管道安全运行产生较大影响[2]，目前认为单纯凹陷(不包含其他缺陷且曲率较小的凹陷)对承压能力影响较小，用基于深度、基于应变的方法进行评估，复合凹陷及褶皱凹陷产生影响较大，对这些凹陷了解尚不全面无法进行定量评估，标准较为保守地建议更换或者仅允许很小的

作者简介：王涛(1993—　)，硕士，主要从事完整性管理工作。E - mail：15210275918@163.com

凹陷深度或应变，造成不必要的管道维护。除内压以外，管道的主要载荷还有可能为弯矩、轴向力、联合载荷等，凹陷对这些载荷作用时的管道承载能力产生较大影响，当前评估标准并未考虑除内压以外的载荷。需结合实际工况研究不同凹陷对管道承载能力的影响并提出评价准则，针对不可接受的凹陷采取修复措施，这是科学解决管道变形缺陷的主要手段之一。

近年来，Jie Cai 等[3]从试验方法、模拟影响因素等方面分析了含凹陷管道受不同载荷时的承载能力，田野等[4]分析比较了复合凹陷评估标准并总结国内外评估现状，均未详述研究进展。本文将对近年来含凹陷管道承载能力研究状况进行回顾，总结不同类型凹陷在多种载荷(内压、弯矩、轴向力以及联合载荷)作用下的试验和模拟研究成果，为未来凹陷评估标准的完善提供依据。对于内压将主要针对含划伤凹陷、含裂纹凹陷等复合凹陷及褶皱凹陷。仅针对静态载荷，循环载荷引起的疲劳未对其进行讨论。

1 含凹陷管道承压能力研究

内压是管道承受的主要载荷，含凹陷管道承压能力研究较多。对于单纯凹陷，由于凹陷处应变硬化及受内压时能顺利回弹，普遍认为其对管道的承压能力影响较小[1,5]，基于应变的方法可以对其进行合理的评估。对于复合凹陷及褶皱凹陷，尚未明确所造成的影响，评估方面较为保守。下文将分别分析含划伤凹陷、含裂纹凹陷、焊缝处凹陷、褶皱凹陷的承压能力研究现状。

1.1 含划伤凹陷

划伤通常指由外部物体造成的表面金属损伤，当由挖掘机等设备动态冲击形成凹陷时，划伤有可能伴随凹陷同时出现，裂纹也可能出现在划伤处，划伤也称沟槽、划痕等。含划伤凹陷研究从 20 世纪 80 年代开始，在试验基础上 British Gas、EPRG、Battelle 提出了预测含划伤凹陷管道爆破强度的经验或半经验公式，由于凹陷、划伤形状的复杂性、采用的极端变量及材料的简化，目前使用的标准并未采纳以上评估模型，认为应当立即替换[6]。

近 10 年来，许多学者对含划伤凹陷管道进行了水压爆破试验。Blachut 等[7]对 3 根屈曲失稳的含划伤凹陷管道进行爆破试验，管道爆破压力并未明显降低。2012—2014 年，在由 PRCI、美国 DOT、EPRG 共同进行的爆破试验项目中对不同韧性管道进行 9 次试验[6,8]，试验中的划伤凹陷由动态冲击形成，凹陷处出现两层硬化层并产生裂纹[图 1(a)]，比多数试验用局部壁厚减薄代替划伤更有实际意义，对于高韧性管，裂纹在回弹过程中变钝不穿透管壁，当凹陷深度较浅、划伤深度较深时，爆破压力不受缺陷影响，失效方式为失稳失效，而对于低韧性管，所有缺陷显著降低爆破压力，均为断裂失效[图 1(b)]，管道韧性影响着凹陷处裂纹扩展从而影响着管道失效压力。Allouti 等[9]对含划伤凹陷管道、含划伤管道、无缺陷管道进行 5 次爆破试验，发现含划伤凹陷仅略微降低管道爆破压力，而单独划伤显著降低爆破压力，凹陷处材料的应变硬化会减弱划伤对管道承压能力的影响。

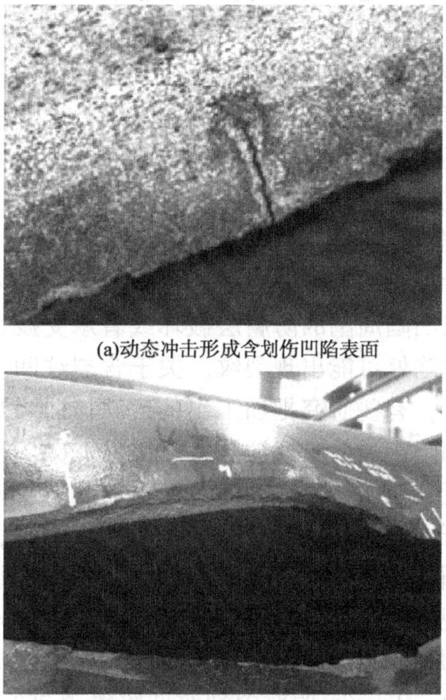

(a)动态冲击形成含划伤凹陷表面

(b)含划伤凹陷管道断裂失效

图 1 含划伤凹陷表面及管道失效

模拟方面，Allouti 等[9]认为含划伤凹陷不包含尖锐裂纹，使用经典断裂力学评估较保守，作者用缺口断裂力学中的体积法根据模拟得到的分布应力计算有效应力并进行评估，评估结果和试验结果相似，然而不论是试验还是模拟都用局部壁厚减薄代替划伤，是否能对实际含划伤凹陷采用相同方法评估还不清楚。田骁等[10-12]对含划伤凹陷试样进行拉伸试验及模拟，模拟时不考虑试样裂纹，仅从弹塑性力学角度使用拉伸强度、断裂强度等简单的失效准则预测极限载荷，和试验结果对比发现基于等效塑性应变的失效准则较合理，拟合得到爆破压力预测公式，发现划伤深度、长度和凹陷深度均减小管道爆破压力，划伤深度越大，爆破压力减小越快，随着凹陷深度增加最大应变位置会远离凹陷中心。Vilkys等[13]对某管道上发现的划伤凹陷进行模拟，认为当最大局部应力达到屈服应力时该缺陷不可接受，发现在管道运行压力下缺陷深度不能超过壁厚一半，凹陷的存在会使最大应力的位置从划伤处变为凹陷边缘，并且应力比只存在划伤时大。

由上可知，具有实际意义的含划伤凹陷试验及模拟较少，已有试验表明由于管道高韧性、凹陷处应变硬化等因素，不是所有含划伤凹陷都影响管道承压能力，相关标准并未考虑，评估结果较为保守。动态冲击产生的含划伤凹陷一般会出现裂纹，硬化层及管材韧性会影响裂纹扩展，使得含划伤凹陷对管道承压能力影响有多种可能，应从断裂力学角度考虑实际含划伤凹陷的失效并进行模拟。目前已对含划伤凹陷进行部分变量分析，还未提出针对实际划伤凹陷的评价准则，相关研究仍在进行中。

1.2　含裂纹凹陷

含裂纹凹陷是凹陷中包含裂纹的一种复合凹陷，当凹陷周围的防腐层破坏或者承受疲劳载荷时，凹陷处可能出现裂纹。关于含裂纹凹陷的研究很少，有些研究把加工出的含缺口凹陷当作含裂纹凹陷，失效方式被认为是断裂失效[14]。

近几年开始研究真实意义上的含裂纹凹陷管道承压能力，Rafi等[15]在管道上加工缺口，通过施加循环内压、循环弯矩两种方法获得裂纹，试验发现施加循环弯矩更可行(图2)，并对4根含裂纹凹陷管道进行爆破试验，发现都在裂纹处失效。Ghaednia等[16]对含裂纹凹陷管道进行21次爆破试验及相关模拟，通过施加循环弯矩获得裂纹，试验发现不是所有含裂纹凹陷都影响爆破压力，管道失效模式受裂纹处塑性变形的影响，当裂纹在凹陷形成中经历的塑性变形较大时，裂纹变钝，失效方式为失稳失效(图3)，较小时为断裂失效，模拟发现压头形状、初始内压、裂纹在凹陷中所处位置对爆破压力影响不大，凹陷深度、裂纹深度、裂纹长度产生影响较大，拟合模拟结果得到含裂纹凹陷管道的失效压力计算公式，模拟采用的失效准则为裂纹尖端任意积分点的J积分达到$1.15J_{IC}$(J_{IC}为临界J积分)时，和试验结果对比发现使用这一准则偏保守。

图2　施加循环弯矩形成裂纹

图3　含裂纹凹陷管道失稳失效

评估标准要求将含裂纹凹陷替换，试验发现一定范围内的含裂纹凹陷不影响管道爆破压力，当前标准较保守。含裂纹凹陷管道承压能力研究起步较晚，虽然已经分析了相关变量也得到含裂纹凹陷管道的临界失效压力，还有待对不同钢级、尺寸的管道以及不同形式、变量的含裂纹凹陷进行深入研究。

1.3　焊缝处凹陷、褶皱凹陷

焊缝处凹陷是一种复合凹陷，和含划伤凹陷等相比相关研究较少。早前一些试验由于不同管道的焊缝质量差异较大，试验结果并不一致，有些焊缝处凹陷严重降低爆破压力，有些不产生影响[1]。Husain等[17]对管道环焊缝及直焊缝处凹陷进行模拟，用一定范围内的剩余应力代表焊缝的存在，发现焊缝处凹陷的最大应力和单纯凹陷相同，由此认为焊缝处凹陷和单纯凹陷一样并不影响管道的承压能力，但疲劳寿命大幅度减小。当前的标准根据经验要求将焊缝处凹陷立即替换或者仅允许焊缝处存在深度为2% *OD*(*OD*为管道外径)或应变为4%的凹陷，除此之外没有提出另外的评价准则。

褶皱凹陷为曲率半径较小、形状不平滑的凹陷，又可称为尖锐凹陷、曲折凹陷，Roovers等[18]主观定义最尖锐部分的曲率半径在任何方向上小于5倍壁厚的凹陷为褶皱凹陷，并被EPRG、API 579采纳。目前普遍认为褶皱凹陷的爆破强度比相同深度的平滑凹陷低很多。Jandu等[19]对某海底管道中发现的褶皱凹陷进行有限元分析，发现深度小于7% *OD*的褶皱凹陷的等效塑性应变仍会超过极限值，适用于单纯凹陷的基于深度评估方法对褶皱凹陷并不适用。Pournara等[20]对3

根进行疲劳试验后依然完好的褶皱凹陷管道(凹陷深度为6%、12% *OD*)进行水压爆破试验，结果发现管道的爆破压力及爆破位置未受褶皱凹陷影响。评估方面，CSA Z662—2015 规定 *L*(凹陷长度)/*d*(凹陷深度)<20 且凹陷应变≥6%的褶皱凹陷不可接受，应当立即修复。含褶皱凹陷管道爆破试验缺乏，褶皱凹陷是否影响管道承压能力还不明确，褶皱凹陷的主观定义是否合理也有待研究。

2　含凹陷管道抗弯能力研究

断层、地面沉降、滑坡等地面运动使埋地管道受弯矩作用，当管道承受过大弯曲载荷时，管道发生失稳，表现为截面椭圆化、管壁出现扭结及管道丧失受更大弯矩的能力等，应当考虑含凹陷管道的受弯极限承载能力，对凹陷进行更全面的评估。

试验方面，Limam 等[21]对 20 根不同深度的小尺寸褶皱凹陷管道(*OD* 约为38mm)进行四点弯曲试验，考虑内压，结果表明褶皱凹陷显著降低管道的临界曲率，屈曲形态和完好管道不同，凹陷深度增加至一定程度后临界曲率下降趋势减缓，和完好管道一样，内压增强含凹陷管道的抗弯能力。Ghazijahani 等[28]对 7 根不同位置、不同深度的含褶皱凹陷管道进行弯曲试验，发现凹陷位置不同，屈曲失效模式不同，当凹陷位于受压侧时，对临界弯矩影响最大，深度越深，影响越大，其次是管道侧边，当凹陷位于受拉侧时，影响最小。Liu 等对 3 根不同深度的含单纯凹陷管道进行弯曲试验(图 4)，考虑内压并补偿由内压产生的轴向力，在弯曲试验之前进行压力循环模拟实际凹陷，试验发现所有凹陷均减小临界弯矩值，和 Limam 的试验结果相同，当凹陷深度达到一定程度后临界弯矩减小不明显。除此以外，Blachut、Cai 等[7,24]对含划伤凹陷管道、含裂纹凹陷管道进行了弯曲试验，发现划伤的存在并不会显著减小临界弯矩，而含裂纹凹陷管道的临界曲率比含单纯凹陷管道小。

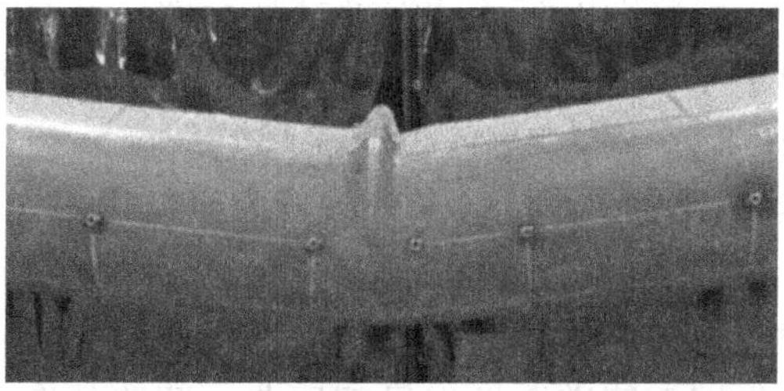

图4　含单纯凹陷凹陷管道受弯局部屈曲

模拟方面，Blachut、Limam 等[7,21]均发现有限元模拟会低估管道抗弯能力，其中 Limam 通过敏感性分析发现这种差异是由于试验过程存在小错位(如试验凹陷并不完全垂直于管道轴线等)而引起的，因此在模拟凹陷时应当尽可能还原试验中的实际凹陷。Baek 等[25]首次对大口径含单纯凹陷管道(*OD* 为 762mm)进行有限元模拟，发现深度为5% *OD* 的单纯凹陷并不会降低该管道承受弯矩的能力。Cai 等[26]针对单纯凹陷，对凹陷长度、宽度、深度、凹陷角度、*D/t* 进行参数分析，结果表明凹陷宽度产生影响不大，而长度、深度、凹陷角度越大，抗弯强度越低，且随着 *D/t* 增大，失效方式由弹性屈曲转为弹塑性失效。Liu 等[23]分析了当材料应变硬化(*Y/T*)、内压、*D/t* 不同时凹陷深度对临界压缩应变产生的影响，发现内压、*D/t* 不同会使临界压缩应变随凹陷深度变化趋势发生改变，而材料(*Y/T*)不同时，临界压缩压缩应变随凹陷深度变化趋势相似。

在试验及模拟基础上，已有不同类型的含凹陷管道抗弯能力预测公式。Bai 等[14]在完好管道极限弯矩公式基础上给出含凹陷管道的计算公式，考虑凹陷变量为凹陷角度及位置。Cai 等[26]根据试验及模拟结果拟合得到单纯凹陷位于受压侧时的极限弯矩计算公式，凹陷变量为凹陷深度、凹陷长度。Wang 等[27]基于模拟结果拟合得到凹陷深度-等效几何缺陷高度计算公式，基于该公式将凹陷深度换算为等效的管道初始几何缺陷高度，代入 CRES 完好管道临界压缩应变公式，得到含凹陷管道临界压缩应变。

$$h_{ge}/t = 0.01 \times [0.019 \times (D/t) + 1.4] \times (100 \times d_{dp}/D)[-0.023 \times (D/t) + 1.9] \tag{1}$$

式中　h_{ge}——等效几何缺陷高度；

t——管道壁厚；

D——管道外径；

d_{dp}——管道受内压时的凹陷深度。

综上所述，虽然了解了管道尺寸、管道材料、凹陷位置、凹陷尺寸、内压等众多变量对含凹陷管道抗弯能力的影响，可对于多数变量只进行了初步的讨论，还有待深入研究。含凹陷管道抗弯能力评价准则方面，Wang 提出的公式较为合理，然而这种评价思路要求由凹陷换算而来的缺陷尺寸在一定范围内时才能保证计算有效，并且公式仅限于单纯凹陷位于受压侧的情形，适用范围受限。

3　含凹陷管道承受轴向外载能力研究

地震、管内介质的温度变化、土壤和管道间的摩擦力等会使管道承受轴向力，在过大轴向压力的作用下管道会发生局部屈曲，凹陷的存在会降低管道承受轴向压力时的承载能力，相关研究情况如下。

试验方面，Ghazijahani 等[28]对10根含褶皱凹陷管道进行轴向压缩试验，试验凹陷的深度、位置、方向不同，发现凹陷深度对承载能力影响最大，凹陷越靠近试样两端，承载能力越小，该种凹陷的方向对承载能力影响不大。Zeinoddini 等[29]对3根含不同深度的单纯凹陷管道进行小尺寸轴向压缩试验，试验管道为X80高强度钢，发现随着凹陷深度增大，所有极限承载能力参数均减小，凹陷的屈曲模式为凹陷深度显著增加，单纯凹陷渐变为褶皱凹陷，并在凹陷两侧形成褶皱。Suganuma 等[30]对含深度为3%的褶皱凹陷管道(*OD* 为400mm)进行了轴向压缩试验，结果发现管道的临界压缩应变减小25%。除以上试验以外，Stanković等[31]对3根含不同深度的铝制凹陷管道进行了轴向压缩试验，发现随着凹陷深度增加，临界载荷减小不再明显，Ghazijahani 等[32]对26根壁厚非常薄的含凹陷管道进行了轴向压缩试验。

模拟方面，Zeinoddini 等[29]在试验基础上对压头尺寸、凹陷方向进行变量分析，发现对于圆形压头，压头直径越大，含凹陷管道承载能力越小，对于尖锐压头，压头的长度和宽度对承载能力的影响较大，而压头直径产生影响较小，只有较深的凹陷，其角度会对承载能力产生较大的影响。Suganuma 等[30]基于日本天然气协会发布的抗震设计指南分析含褶皱凹陷管道的抗震完整性，考虑管道轴向压缩，发现深度达10% *OD* 的褶皱凹陷不会使管道在一级地层运动时发生屈曲，该范围以内的褶皱凹陷满足抗震完整性，该结论只适用于 *OD* 为400mm 的 L290 钢管，另外还发现凹陷的残余应变对管道压缩屈曲特性影响不大。

实际上，自20世纪60年代就开始对含几何缺陷壳结构轴向受压失稳进行研究，可针对含凹陷的油气输送管道研究较少，针对大尺寸、高强度钢等符合当前管道使用趋势的压缩试验很少，模拟研究也相对匮乏，Suganuma 提出适用于特定管道轴向受压的褶皱凹陷评价准则即10%凹陷深度，还需要对不同尺寸、材料的管道及不同类型凹陷进行更多研究，满足复杂环境运行下的凹陷评估。

4　含凹陷管道承受联合载荷能力研究

关于含凹陷管道受联合载荷极限承载力研究很少。2016年，Cai 等[33]考虑弯矩、轴向力、内压，对含单纯凹陷及含裂纹凹陷管道进行有限元模拟，发现在联合载荷作用下，一定深度内的单纯凹陷对管道承弯能力影响较小，而组合凹陷产生影响较大，另外凹陷残余应力对管道剩余强度影响很小。除此以外，Blachut[7]、Limam[21]在对含凹陷管道进行弯曲试验时，均施加了内压，因此在管道端部也施加了轴向力，然而这些作者并未说明施加的轴向力对含凹陷管道剩余强度的影响，含凹陷管道联合载荷极限承载力研究还有待开展。

5　结论

本文从试验、模拟方面说明了复合凹陷、褶皱凹陷受内压及各种凹陷受弯矩、轴向力、联合载荷作用下的承载能力研究进展，将研究现状、评价准则及建议总结如下：

(1)由于管道高韧性、凹陷处应变硬化等因素，部分含划伤凹陷并不影响管道爆破压力，当前评估标准较保守。实际含划伤凹陷包含裂纹，考虑凹陷受内压回弹，凹陷中裂纹是否应当被看作尖锐裂纹还不明确，还没有提出针对实际划伤凹陷的评价准则。今后试验及模拟应当采用由动态冲击产生的含划伤凹陷才具有实际意义，对含划伤凹陷的认识、选用的失效准则对模拟结果产生影响。

(2)相关试验表明不是全部裂纹凹陷都影响管道爆破压力，当前已分析众多变量并在试验及模拟结果基础上拟合得到爆破压力计算公式。实验室中产生裂纹凹陷过程较复杂，爆破试验记录较少，有待提出更方便实现的裂纹产生方式，模拟方面还需要提出更准确的失效准则。

(3)相关标准根据经验对焊缝处凹陷及褶皱凹陷进行评估，没有提出另外的评价准则。对于焊缝处凹陷，近几年的试验记录及模拟研究较少。褶皱凹陷是否会对爆破压力产生影响还不明确，不考虑凹陷曲率的基于深度评估方法已被证明对褶皱凹陷并不适用。

(4)含凹陷管道受弯承载能力方面，已经初步了解管道及凹陷的众多变量产生的影响，并能够基于凹陷深度，利用完好管道的应变公式计算含单纯凹陷管道的临界应变，然而公式允许凹陷范围较小，考虑的管道变量范围也较小，应当进行更多变量研究或提出其他评价思路。

（5）以油气管道为背景的含凹陷管道轴向受压研究较少，目前能够对某特定管道上的褶皱凹陷进行轴向受压评价，适用范围更广的评价准则有待提出。受联合载荷承载能力研究很少，还没有试验专门研究联合载荷作用下的含凹陷管道剩余强度。

（6）国内方面，仅对含划伤凹陷管道进行模拟，没有对含复合凹陷管道进行水压爆破试验，也没有对含凹陷管道受弯矩、轴向力等载荷的承载能力进行试验研究，国内相关研究及评估工作还有待开展。

参考文献

[1] COSHAM A, HOPKINGS P. The effect of dents in pipelines – guidance in the pipeline defect assessment manual [J]. International Journal of Pressure Vessels and Piping, 2004, 81(2): 127 – 139.

[2] NORONHA JR D B, MARTINS R R, JACOB B P, et al. Procedures for the strain based assessment of pipeline dents [J]. International Journal of Pressure Vessels and Piping, 2010, 87: 254 – 265.

[3] CAI J, JIANG X L, LODEWIJKS G. Residual ultimate strength of offshore metallic pipelines with structural damage – a literature review [J]. Ships and Offshore Structures, 2017, 12(8): 1037 – 1055.

[4] 田野，朱丽霞，丁融等．含复合凹陷油气管道的安全评估现状[J]．油气田地面工程，2018，38（3）：56 – 59.

[5] ALLOUTI M, SCHMITT C, PLUVINAGE G, et al. Study of the influence of dent depth on the critical pressure of pipeline[J]. Engineering Failure Analysis, 2012, 21: 40 – 51.

[6] ZAREA M, BATISSE R, LEIS B, et al. Full scale experimental database of dent and gouge defects to improve burst and fatigue strength models of pipelines[C]. Calgary: Proceedings of the 9th International Pipeline Conference, 2012: 1 – 17.

[7] BLACHUT J, IFLEFEL I B. Collapse of pipes with plain or gouged dents by bending moment [J]. International Journal of Pressure Vessels and Piping, 2007, 84(9): 560 – 571.

[8] ZAREA M, BATISSE R, LEIS B. Experimental investigation of combined "dent and gouge" defects on vintage steel transmission pipelines[C]. Calgary: Proceedings of the 10th International Pipeline Conference, 2014: 1 – 8.

[9] ALLOUTI M, SCHMITT C, PLUVINAGE G. Assessment of a gouge and dent defect in a pipeline by a combined criterion [J]. Engineering Failure Analysis, 2014, 36: 1 – 13.

[10] TIAN X, ZHANG H. Failure pressure of medium and high strength pipelines with scratched dent defects[J]. Engineering Failure Analysis, 2017, 78: 29 – 40.

[11] TIAN X, ZHANG H. Failure criterion of buried pipelines with dent and scratch defects[J]. Engineering Failure Analysis, 2017, 80: 278 – 289.

[12] 田骁．复杂载荷作用下含凹陷 – 划痕组合缺陷管道极限内压研究[D]．北京：中国石油大学（北京），2017：1 – 133.

[13] VILKYS T, RUDZINSKAS V, PRENTKOVSKIS O, et al. Evaluation of failure pressure for gas pipelines with combined defects[J]. Metals, 2018, 8: 1 – 13.

[14] BAI Y, BAI Q. Subsea pipeline integrity and risk management[M]. Houston: Gulf Professional Publishing, 2014: 52 – 70.

[15] RAFI A, SILVA J, KENNO S, et al. Strength of line pipe with dent and crack[C]. Calgary: Proceedings of the 8th International Pipeline Conference, 2010: 1 – 7.

[16] GHAEDNIA H. Burst strength of NPS30 steel pipes with dent – crack defect[D]. Windsor: University of Windsor, 2015: 1 – 190.

[17] HUSAIN M A, ARIF A F M. Integrity assessment of interaction of dents with residual stresses of welds using probabilistic design analysis[C]. Calgary: Proceedings of the 9th International Pipeline Conference, 2012: 1 – 11.

[18] ROOVERS P, BOOD R, GALLI M, et al. EPRG methods for assessing the tolerance and resistance of pipeline to external damage[C]. Belgium: Pipeline Technology Proceedings of the Third International Pipeline Technology Conference, 2000: 405 – 425.

[19] JANDU C, TAYLOR M, NARIKOTTE S. API 579 level 3 assessment of dents using high – resolution ILI data [C]. Rotterdam: Proceedings of the ASME 2011 30th International Conference on Ocean, Offshore and Arctic Engineering, 2011: 1 – 7.

[20] POURNARA A E, PAPATHEOCHARIS T, KARAMANOS S A, et al. Mechanical behavior of dented steel pipes subjected to bending and pressure loading[J]. Journal of Offshore Mechanics and Arctic Engineering, 2019, 141: 1 – 16.

[21] LIMAM A, LEE L – H, KYRIAKIDES S. On the collapse of dented tubes under combined bending and inter-

nal pressure[J]. International Journal of Mechanical Sciences, 2012, 55: 1 - 12.

[22] GHAZIJAHANI T G, JIAO H, HOLLOWAY D. Experiments on dented steel tubes under bending[J]. Advances in Structural Engineering, 2015, 18 (11): 1807 - 1817.

[23] LIU M, ZHOU H, WANG B, et al. Strain - based design and assessment in critical areas of pipeline systems with realistic anomalies[R]. Washington D. C.: Pipeline and Hazardous Materials Safety Administration, 2017.

[24] CAI J, JIANG X L, LODEWIJKS G. Experimental investigation of residual ultimate strength of damaged metallic pipelines[J]. Journal of Offshore Mechanics and Arctic Engineering, 2019, 141: 1 - 21.

[25] BEAK J H, KIM Y P, KIM W S, et al. Load bearing capacity of API X65pipe with dent defect under internal pressure and in - plane bending[J]. Materials Science and Engineering A, 2012, 540: 70 - 82.

[26] CAI J, JIANG X L, LODEWIJKS G. Numerical investigation of residual ultimate strength of dented metallic pipes subjected to pure bending[J]. Ships and Offshore Structures, 2018, 13(5): 519 - 531.

[27] WANG B, WANG Y Y. Assessment of dents under longitudinal strain[C]. Calgary: Proceedings of the 12th International Pipeline Conference, 2018: 1 - 9.

[28] GHAZIJAHANI T G, JIAO H, HOLLOWAY D. Plastic buckling of dented steel circular tubes under axial compression an experimental study[J]. Thin - Walled Structures, 2015, 92: 48 - 54.

[29] ZEINODDINI M, EZZATI M, PARKE G. A. R. Plastic buckling, wrinkling and collapse behaviour of dented X80 steel line pipes under axial compression[J]. Journal of Loss Prevention in the Process Industries, 2015, 38: 67 - 78.

[30] SUGANUMA A, KONO J, HAYASHIGUCHI M. Compression capacity and the seismic integrity of locally deformed line pipes[C]. Calgary: Proceedings of the 12th International Pipeline Conference, 2018: 1 - 10.

[31] STANKOVIĆ M, RISTIĆ M, SIMONOVIĆ A. Buckling behaviour of dented aluminium alloy cylindrical shell subjected to uniform axial compression[J]. Faculty of Mechanical Engineering, 2017, 45: 441 - 447.

[32] GHAZIJAHANI T G, JIAO H, HOLLOWAY D. Experimental study on damaged cylindrical shells under compression[J]. Thin - Walled Structures, 2014, 80: 13 - 21.

[33] Cai J, JIANG X L, LODEWIJKS G. Residual strength of metallic pipelines subject to combined loads accounting for impact induced damage[C]. Rhodes: Proceedings of the Twenty - sixth(2016) International Ocean and Polar Engineering Conference, 2016: 335 - 341.

脆弱性模型和评价方法综述

朱汪友[1]　燕冰川[2]　卢佳伟[3]　陈　健[2]　姚登樽[3]

（1. 中国石油大学(北京)，北京　102200；2. 国家管网集团北方管道有限责任公司，河北 廊坊　065000；
3. 中国石油天然气管道科学研究院有限公司，河北 廊坊　065000）

摘　要： 脆弱性作为衡量系统状态的固有属性，近年来逐渐被越来越多的学科所接纳，并融合到自己领域的安全评价体系内。但随着各领域脆弱性研究的不断深入，脆弱性研究成果逐渐丰富但研究角度各有侧重。本文在综合国内外文献和资料的基础上，从脆弱性的概念出发，介绍了国内外典型的脆弱性概念模型，总结了脆弱性评价方法及其在各个领域的应用，对比了不同模型和方法的适用范围，确定了脆弱性研究的具体思路，为油气管道环焊缝脆弱性研究提供了指导。

关键词： 脆弱性；理论模型；评价方法；综述

Review of Vulnerability Models and Evaluation Methods

Zhu WangYou[1], *Yan BingChuan*[2], *Lu JiaWei*[3], *Chen Jian*[2], *Yao Dengzun*[3]

(1. China University of Petroleum - Beijing, Beijing 102200, China;
2. National Pipe Network Group North Pipeline Co., Ltd., Hebei Langfang 065000, China;
3. China Petroleum Pipeline Research Institute Co. Ltd., Hebei Langfang 065000, China)

Abstract: As an inherent attribute to measure the state of system security, vulnerability has been gradually accepted by more and more disciplines and integrated into their own security evaluation systems in recent years. But with the deepening of the research in various fields vulnerability, vulnerability research gradually rich but each have emphasize particularly on study Angle, this article on the basis of the comprehensive domestic and foreign literature and data, starting from the concept of vulnerability, this paper introduces the typical vulnerability concept model both at home and abroad, summarizes the vulnerability evaluation method and its application in various fields, the formation of vulnerability research concrete train of thought, This paper tries to provide guidance for the study of girth weld vulnerability of oil and gas pipeline.

Key words: vulnerability; theoretical model; evaluation method; review

1　引言

管道运输作为五大货运方式之一，是石油、天然气等能源运输物流的重要方式。基于管道在运输流体能源的不可替代性，如何对管道进行有效管理成为管道行业研究的热点问题。从近两年的数据来看，管道安全问题大多发生在环焊缝位置处，高风险焊口在管道安全事故中的较大占比暴露了油气管道焊口多方面的安全问题。如何对当前高风险的环焊缝焊口进行处置和管理成为国内行业的重要研究方向。

目前油气管道环焊缝处置和管理的有效手段之一就是开展相关的安全评价。风险评价、可靠

作者简介： 朱汪友(1978—　)，高级经济师，2015 年硕士毕业于中国人民大学工商管理专业，现主要从事长输油气管道资产完整性、安全环保和数字化建设等管理工作。E-mail：marinemjr@126.com

基金项目： 国家管网科学研究与技术开发项目“高钢级管道环焊缝失效机理研究”，WZXGL202105

性评价、适用性评价，都是管道安全评价的有效实施手段。风险评价综合考虑了失效概率和失效后果，可靠性评价关注于系统全部组件完成其功能的能力，适用性评价更关注于单一结构的评价。虽然这些方法已经成为油气管道领域常用的评估方法，但面对环焊缝安全及失效问题，仍面临许多困难。尤其是如何系统的、科学的、准确的确定影响环焊缝安全和失效的关键影响因素，已经成为业内关注的重点。

影响环焊缝安全和失效的因素很多，材料性能、载荷和缺陷是三大主要原因。这三大主要原因每方面又涉及的很多因素，例如：管材、焊材、焊接工艺、焊接施工、检测、运行等。从因素类型看，有单纯的技术因素，也有复杂的施工管理问题，有环焊缝和钢管本身固有因素，也有外部环境影响，同时各因素间又相互关联，使得环焊缝安全和失效的关键因素分析从广度和深度上都变得尤为复杂。因此迫切需要有一种新技术能够从系统角度出发，建立科学的分析方法，分析环焊缝各阶段薄弱点，系统识别风险因素和关联关系。

脆弱性作为系统的固有属性，用以描述相关系统及其组成要素易于受到影响和破坏，并缺乏抗拒干扰、恢复自身结构和功能的能力[1]。脆弱性理论最早应用于气候及环境领域，主要是通过分析系统当前结构、功能等状态参量，重点分析影响系统失效的关键因素，确定各因素之间的权重，评估系统对干扰的抵抗力，承受力[2]。作为系统短板关键因素分析的一种科学手段，越来越受到各方面研究领域的认可。采用脆弱性方法对环焊缝开展研究，有望解决环焊缝失效关键因素分析的现状。因此本文通过总结其他领域脆弱性研究的发展过程和结果，为正确认识油气管道环焊缝脆弱性概念模型及评价方法提供一些参考和讨论。

本文通过分析脆弱性研究现状为环焊缝安全和失效原因分析提供新的思路和方法。本文共分为几个部分，第一部分介绍脆弱性概念，通过总结当前各领域系统脆弱性研究成果，从共性角度提出脆弱性定义。第二部分介绍脆弱性模型，指导环焊缝脆弱性模型的构建。第三部分介绍脆弱性评价方法，根据评价方法特点和使用要求，优选出环焊缝脆弱性评价方法。第四部分对脆弱性模型和评价方法对比分析，对油气管道环焊缝脆弱性概念模型及评价方法进行探索性总结。

2　脆弱性的概念

脆弱性(vulnerability)一词起源于拉丁文，Margat 等[3]于1968年在研究地下水污染时首次在自然科学界提出了脆弱性这一概念，随着在科学界的不断发展，研究对象由单一系统到复合系统转变；研究领域由单一到多样化转变。虽然各领域看待脆弱性问题的角度有所不同，就目前研究成果而言，脆弱性可以归纳为以下定义：系统暴露在干扰之下，系统及其组成部分易于受到影响、破坏并缺乏抗拒干扰、恢复自身结构和功能的能力。一般认为，脆弱性包含三个分析维度：暴露性、敏感性和适应性。暴露性是指系统可能遭受灾害或危险等外界干扰的范围程度；敏感性是指系统在受到威胁和伤害的时候，在结构、功能和运行状态方面具有的维持能力或缓冲能力；适应性是指在扰动作用和变化威胁下系统具有的抵抗力、应对力和恢复力。

目前比较典型的脆弱性概念模型有RH模型(Risk - Hazard)，PAR模型(Pressure And Release)、HOP模型(The Hazards Of Place)、AHV模型(Airlie House Vulnerability)、VSD模型(Vulnerability Scoping Diagram)，其中RH模型、PAR模型针对自然灾害领域，HOP模型、AHV模型针对于区域性自然灾害脆弱性研究，VSD模型为广义评价模型。脆弱性评价方法主要包括综合指数法、函数模型法、图层叠置法、模糊物元法和危险度分析方法，各评价方法也有其适用范围和领域。

3　脆弱性概念模型

3.1　RH模型

“风险 - 灾害”模型(R - H模型)源于自然灾害研究的传统地理学，Burton 等[4]通过回顾1978年以来的自然灾害领域的主要成果以及研究研究对象如何应对自然界中的极端事件而提出的。RH模型认为灾害是自然因素与社会因素相互作用的结果。RH模型将极端事件的影响分为两个部分，分别为面对危险的暴露程度和特定人群的敏感度。RH模型是只探讨了社会系统和环境系统如何相互作用，进一步产生灾害的，没有脆弱性系统的明确概念，也忽略了人为因素对暴露度和特定人群敏感性的影响。但基于RH模型为不同地区的群体如何理解自然灾害和应对自然灾害的影响提供了理论基础，同时模型提出的暴露与敏感两个重要概念为脆弱性在自然科学领域的深入研究提供了基础。

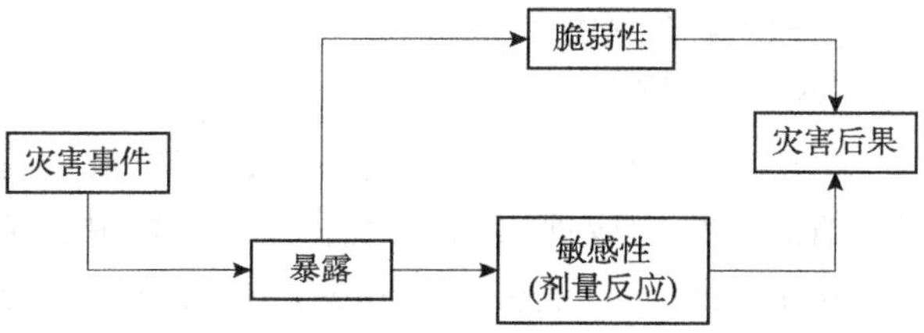

图 1　RH 模型[4]

3.2　PAR 模型

PAR 模型是关于系统如何发生灾害的概念模型(图 2)，认为灾难是产生脆弱性的过程和自然灾害事件相互作用的产物，模型以图解的形式解释了脆弱性及灾害的产生过程。PAR 模型认为脆弱性产生于潜在的根本事件中，而动态压力会将根本事件“转化”为不安全事件和活动。与 RH 模型不同，PAR 模型对脆弱性的概念是明确的，并且提出了人类社会对灾害后果的影响，体现了致灾因子与人文因素对灾害脆弱性的共同作用，但却忽略了人类社会对致灾因子反馈作用，没有将致灾因子与社会进程结合分析。

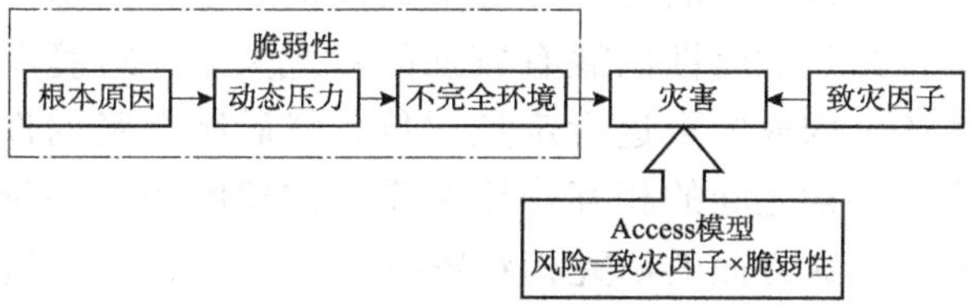

图 2　PAR 模型[5]

3.3　HOP 模型

Cutter 等[6]通过总结灾害领域脆弱性的研究，在 1996 年提出了一个新的脆弱性概念模型——区域灾害模型。HOP 模型本质上是一种风险评估模型，但提出了由于社会脆弱性和自然脆弱性的相互作用造成的区域脆弱性的概念。HOP 模型虽没有明确区域性灾害脆弱性的定义，但却表明可以用灾害暴露性以及社会的影响和反应来评估脆弱性。HOP 模型摒弃了传统上将脆弱性视为一种预先存在的状况、潜在风险的暴露或者社会对环境威胁作出的某种反应，而是将这些因素结合起来，从自然和社会耦合的层面对区域脆弱性进行分析。正如 Cutter 本人所说，HOP 模型仍处于初级阶段，它本质上是探索性的，但对理解涵盖多种因素的地方脆弱性时，提供了自然 - 社会耦合的新的思考角度。

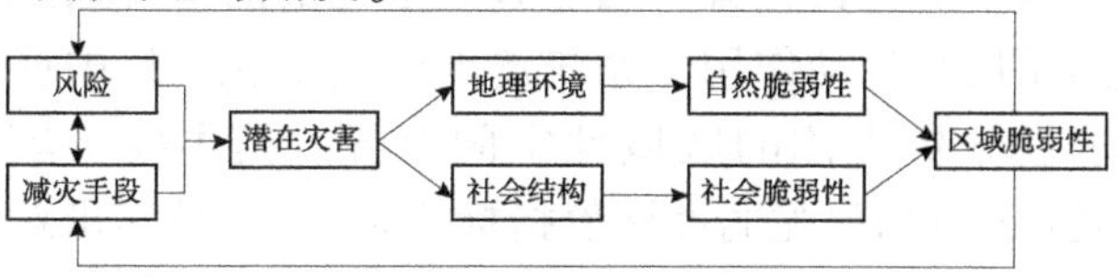

图 3　HOP 模型[6]

3.4　AHV 模型

B. L. Turner 等[7]针对于全球环境变化问题，从可持续性学科角度，提出了一个用于人类 - 环境耦合系统评估的脆弱性模型(图 4)，该模型包括人类环境耦合系统以及系统内外的影响其脆弱性变化的能力。模型主要包括以下几部分内容：(1)耦合系统干扰的多重相互作用及其扰动顺序；(2)耦合系统暴露在灾害下的方式；(3)耦合系统对干扰源的敏感性；(4)系统应对(恢复力)灾害的能力，包括作出响应(调整或适应)后系统的重组；(5)在不同时空间尺度下灾害 - 耦合系统的动力学过程。AHV 从三个尺度分析脆弱性的影响，包括地方脆弱性、区域灾害的形成以及区域外部(全球范围)对灾害的影响。该模型内部适应与调整，外部干扰驱动，以及多尺度相互作用的特点对减灾、防灾、制灾具有重要意义。

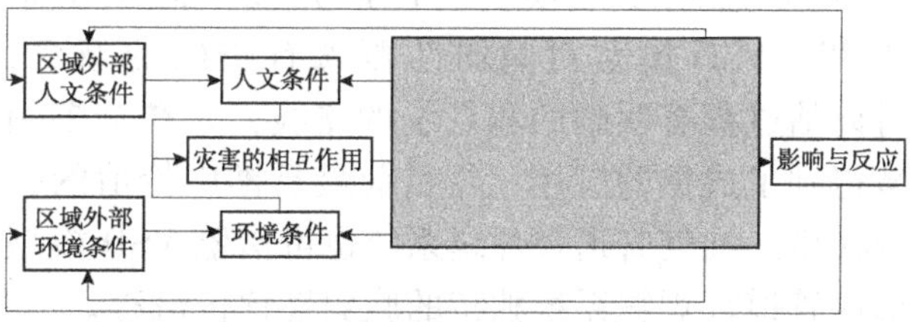

图 4　AHV 模型[7]

3.5　VSD 模型

Polsky 等[8]总结前人研究经验，提出了 VSD 评估框架(图 5)。VSD 模型提出了 8 个步骤的分析方法，包括：(1)明确研究对象范围；(2)区域背景资料的整理；(3)脆弱性驱动因子和关系；(4)构建评价模型；(5)评价指标筛选；(6)权重赋值；(7)预测脆弱性发展趋势；(8)结果应用与交流。这 8 个步骤的方法试图从总体上描述脆弱性及其所需的全部的分析活动，能够较准确的对脆弱性进行分析。

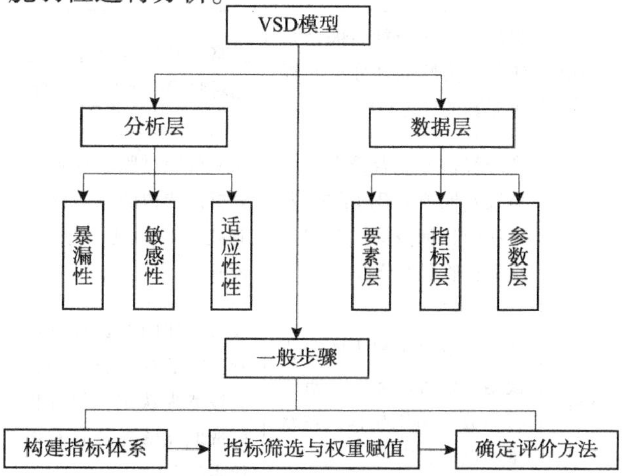

图 5　VSD 评估框架[8]

相较以上模型，VSD模型具有以下优点：(1)明确指出脆弱性三个分析维度，根据给出的暴露性、敏感性和适应性的定义与所分析问题的结合来处理数据信息，可以使指标的选取更全面，涵盖范围更广且不会重复计算，更加有利于评价指标体系的构建；(2)模型是广义概念上提出的，具有较好的兼容性，其中数据采集标准化方法也可在众多领域中有效使用。

3.6 小结

综上所述，各个领域的理论模型对脆弱性的理解大概分为三类(表1)。一类认为脆弱性是一种纯自然状况，即系统会面临的灾害类别、程度等；一类认为脆弱性是在社会过程中产生的，衡量系统对灾害的承载能力；第三类是认为脆弱性是系统外的干扰与系统本身的敏感性和适应能力的综合体现。通过表1对比可以看出，VSD模型是IPCC总结了气候脆弱性研究成果总结出来的[20]，VSD模型对脆弱性概念有明确的概念，对评估过程有明确的和系统的路线，并在众多领域得到了成熟的应用，是目前最具推广价值的一类模型。油气管道环焊缝系统也可借鉴VSD模型形成管道环焊缝系统独特的脆弱性评价流程。

表1 概念模型对比

模型	优点	缺点
RH	在一定程度上沿袭了以往的灾害分析思路，同时为灾害分析提供新的思考角度，为脆弱性理论发展奠定了基础	忽略了社会结构、制度在对暴露度和特定人群暴露程度和敏感性的影响，也没考虑人为因素对减少灾害损失的影响
PAR	提出了灾害评价的脆弱性概念，将人文因素考虑在灾害形成过程中	模型将致灾因子与社会过程分离，忽略了人类社会对致灾因子反馈作用的分析
HOP	提出了自然与社会耦合系统的，为脆弱性分析的提供了新的思考角度	忽略了系统外部条件变化对脆弱性产生的影响
AHV	全球气候变化背景下在可持续发展领域提出的模型，可在的任何空间或时间尺度进行脆弱性分析	在大范围对脆弱性进行分析，结构的精确度不能把控，模型适用性较差
VSD	在广义概念上提出的分析模型，包含具体的分析流程和数据组织架构，在众多领域得到应用	没有具体的指标筛选原则，需要对所分析问题有较清晰认识，保证指标选取能够充分且有效代表问题

4 脆弱性评价方法

4.1 综合指数法

采用指数法是一种简便的方法，首先根据脆弱性概念模型构成评价指标体系，然后利用数学统计法或主观评判法分析各指标的重要度来综合评价目标脆弱性。目前确定指标权重的方法有很多，主要采用的方法有专家打分法、主成分分析法、层次分析法以及其他统计方法。相关研究方面，何谦等[9]从暴露度、敏感性、适应能力三个方面入手选取13个指标，运用主成分分析的方法得到各指标权重得分，利用权重加和建立四川省干旱脆弱性评价模型。刘成路等[10]对评价指标体系进行相关系数矩阵计算，得到具有代表性的关键指标，并对主成分进行贡献率计算求得四川省自然灾害脆弱性指标权重，形成各脆弱性评价指标的系数矩阵，计算得出各脆弱性因子和自然灾害脆弱性综合评估结果。

4.2 函数模型法

函数模型法是一种定量的评估方法，要求评价思路与脆弱性内涵有较强的对应关系，对脆弱性各个构成要素进行定量评价，然后结合脆弱性构成要素之间的相互作用关系，构建脆弱性评价模型。这方面的研究相对较少，其中史培军[11]院士根据函数构成指标的不同，将函数模型法分为广义脆弱性函数模型法和狭义脆弱性函数模型评价法。广义脆弱性模型认为脆弱性是由区域时空脆弱性，孕灾环境的脆弱性和承灾体的脆弱性构成；狭义脆弱性模型认为脆弱性是由经济脆弱性，社会与人文脆弱性、政治脆弱性构成。郝璐等[12]将雪灾脆弱性V_S分为两方面考虑，一是雪灾区域孕灾环境敏感性(V_{SE}+E)，一是区域畜牧业承灾体对雪灾的适应性(V_{ST})，并据此构建评价指标体系，同时综合以上脆弱性指标分级结果及权重分配，构建雪灾脆弱性评价模型如下：

$$V_S = V_{SE+E}/V_{ST} \tag{1}$$

4.3 图层叠置法

图层叠置法就是基于GIS技术发展起来的一种脆弱性评价方法，其思路是将脆弱性构成要素进行图层间的叠置。可以分为两类，一类是将各种脆弱性指标进行叠置，另一类是将脆弱性按照风险来源进行叠置。图层叠置法主要的作用通过图示反映扰动作用下系统脆弱性的变化，反映脆弱性分析主体的区域性空间差异。其主要步骤是：(1)构建脆弱性评价指标体系；(2)按需求对图层划分；(3)按风险来源或指标体系进行脆弱性指数计算；(4)将综合后的指数在图层上进行叠置，得到脆弱性空间分布并进行分析。相关研究方面，雷静等[13]通过对唐山市平原区地下水环境特点进行分析，建立了地下水脆弱性评价因子体系，并利用HYDRUS模型进行数值模拟对评价因子进行打分，利用主成分分析法得到权重体系，开发了基于GIS技术的综合性地下水脆弱性模型。张泰丽等[14]以浙江省丽水市为研究区，利用主成分分析法得到该研究区的评价指标体系，开发了基于GIS技术的丽水市地下水脆弱性进行评价模型，得到该区域地下水的防护能力。

4.4 模糊物元法

模糊物元法首先是确定一个参照系统，根据研究对象的指标体系将参照系统的脆弱性设定为最高或最低，之后通过评估待研究对象与参照系统之间的相似程度来评估脆弱性[15]。该方法比较适合多层次、多指标、大系统的综合评价。模糊物元分析法在处理不相容信息时，有其独特的思想体系和灵活的应用方法，具体的步骤为：(1)确定模糊物元矩阵(2)确定各指标的模糊量值从属于标准方案最优指标对应模糊量值的隶属程度(3)构建标准模糊物元矩阵(4)确定权重体系(5)计算各特征值贴近度。相关研究方面，程发顺等[16]分析了研究区域的特征现状，从影响区域饮用水安全的角度构建了评价指标体系，结合模糊物元模型建立规则，利用熵权法对连云港市农村饮用水安全状况脆弱性进行量化评价。邹君等[17]以衡阳盆地作为研究区域，从自然脆弱性、人为脆弱性、承载脆弱性角度构建了包含12个具体指标的评价指标体系。运用模糊物元模型对衡阳盆地7个县(市)的农业水资源脆弱度进行评判，得到各区域脆弱度等级。

4.5 危险度分析法

危险度分析法是一种相对值法，通常用于生态系统领域脆弱性的分析[18]，是通过计算系统各变量现状矢量值与自然状态下各变量矢量值之间的欧氏距离进行分析的方法。应用危险度分析法的第一步是定义假设的“自然/标准”状态。对于生物多样性等自然状态具有不确定性的其他变量，危险度分析法将采用“模糊”值法。模糊值不是表示为单一的数字，而是表示为一组可能的值以及假设的分布，取值范围为合理地预期在自然/标准状态下存在的最低和最高值。为了更准确地使用该方法，E. R. Smith[19]对自然/标准状态进行了的定义。一旦建立了“自然/标准状态的定义，就可以计算出各系统现状与自然状态之间的“模糊”距离，通过欧氏距离反映系统偏离自然状态的程度(距离越大系统越脆弱)，进而对系统脆弱度进行评价。

4.6 小结

综上所述，脆弱性评价方法的适用范围及对比情况见表2。通过对比可以看出，综合指数法适用于评价指标体系完善的领域，图层叠置法适用于区域性空间差异分析，函数模型法适用于人文环境脆弱性分析，模糊物元法适用于指标不相容、无法简单合并的分析，危险度分析法多用于生态环境脆弱性评价。其中综合指数法、图层叠置法、函数模型法用法类似，都是通过构建指标体系计算系统脆弱度，得到的是脆弱性的绝对数值。而模糊物元法和危险度分析法属于半定量方法，通过对比假定模型的指标，得到脆弱性的相对数值。

表2 评价方法对比

方法	优点	缺点	适用范围
综合指数法	定量评价，原理简单，易于理解	指标选取缺少有效方法，结果难以验证	应用广泛
图层叠置法	可同时考虑多种扰动；脆弱性程度空间分布可视化	扰动合并方式简单，缺少理论支撑	区域性空间差异分析
危险度分析法	半定量评价，操作简单，易于理解	参照标准主观性强，结果误差无法估计	生态环境脆弱性评价
函数模型法	反映了各指标与脆弱性的关系	函数对应关系建立完善理论基础上，通用性差	人文环境脆弱性分析
模糊物元法	半定量评价，操作简单，易于理解	参照单元选取困难，缺乏科学依据	简单脆弱性评估

5 环焊缝脆弱性评价

通过上述分析可知，当前脆弱性理念相对完善，脆弱性模型中VSD模型更加成熟，可以作为环焊缝脆弱性分析的方向。但应综合环焊缝的体系特点，梳理影响环焊缝失效的因素，明确各因素的作用特点和作用规律，构建环焊缝脆弱性评估模型。模型中最核心的是开发影响因素敏感性分析方法，明确各个影响因素之间的关系和作用规律，确定核心影响因素。另外脆弱性评估方法各有优缺点。需要根据环焊缝因素的分析情况，合理考虑脆弱性评估方法的选择。一是根据因素特点，确定各因素是否能够定量评价，根据环焊缝的实际情况确定采用定量、半定量还是定性评估方法。二是需要确定环焊缝脆弱度衡量标准，确定环焊缝的脆弱性倾向。三是可以综合考虑各个评估方法之间的差异，取长补短，综合借鉴，形成适用于环焊缝的新型评估方法。鉴于长输油气管道环焊缝影响因素众多，市场对焊缝评价定量化的趋势，综合指数法更适合环焊缝脆弱性问题的分析，通过层次分析法对指标体系进行划分，结合与指数法中相应的指标赋值与权重计算方法，可以实现环焊缝脆弱性的定量化评估。

6 结束语

(1)目前自然科学界的脆弱性概念主要用来分析生态、环境、气象、灾害、城市系统等，作为系统科学，其研究对象也有所不同，有研究系统整体的，有研究在大系统中的一个小系统的，也有研究包含周围人类 - 自然环境的耦合系统的。环焊缝作为长输油气管道系统重要的结构与功能节点，环焊缝脆弱性分析是从单个焊缝出发，还是在局部区域内分析耦合系统的脆弱性，需要根据不同问题给出不同的分析方向。不同系统对于目前多种脆弱性分析方法的适用性问题需要进行更多的研究工作。

(2)环焊缝失效机理目前还未有成熟的理论，而评价指标体系是在对环焊缝有充分认识基础上形成的，对环焊缝失效认识越成熟，指标体系的构建就越完善，对环焊缝系统的评价就越准确，因此在对环焊缝脆弱性评价研究之前，需要进行充分的环焊缝失效试验研究，从充足的数据样本中对环焊缝指标体系进行筛选与补充。

参考文献

[1]王松华，赵玲，朱震旦．城市脆弱性的内涵及评价体系[J]．河北联合大学学报：社会科学版，2014，14(3)：5.

[2]张祥武，李巨宝，姜纪沂，等．基于 AHP 和 DRASTIC 模型的红层区地下水脆弱性评价研究—以衢江中下游流域为例[J]．防灾科技学院学报，2021，23(3)：8.

[3] BAALOUSHA H M. Vulnerability, probability and groundwater contamination risk [J]. Environmental Earth Sciences, 2017, 76(11): 383 - 384.

[4] BURTON I, WHITE G F. The Environment as Hazard [M]. 2nd Edition. New York: The Guilford Press, 1993: 10 - 15.

[5] BLAIKIE P, CANNON T, DAVIS I, et al. At Risk: Natural Hazards, People's Vulnerability and Disasters [M]. London: Psychology Press, 2004: 3 - 7.

[6] CUTTER S L. Vulnerability to environmental hazards [J]. Progress in Human Geography, 1996, 20(4): 529 - 539.

[7] TURNER B, Kasperson R E, Matson P A, et al. A framework for vulnerability analysis in sustainability science [J]. Proceedings of the National Academy of Sciences, 2003, 100(14): 8074 - 8079.

[8] POLSKY C, NEFF R, YARNAL B. Building comparable global change vulnerability assessments: The vulnerability scoping diagram [J]. Global Environmental Change, 2007, 17(3 - 4): 472 - 485.

[9]何谦，陈国建，张春叶，等．四川省干旱脆弱性的主成分分析模型评价[J]．宜宾学院学报，2021，21(06)：85 - 92.

[10]刘成路．四川省自然灾害脆弱性评估研究[D]．防灾科技学院，2021.

[11]史培军．四论灾害系统研究的理论与实践[J]．自然灾害学报，2005(6)：7.

[12]郝璐，王静爱，史培军，等．草地畜牧业雪灾脆弱性评价 - 以内蒙古牧区为例[J]．自然灾害学报，2003，12(2)：7.

[13]雷静．地下水环境脆弱性的研究[D]．清华大学，2002.

[14]张泰丽．浙江省丽水市地下水脆弱性研究[D]．中国地质科学院，2006.

[15]祝云舫，王忠郴．城市环境风险程度排序的模糊分析方法[J]．自然灾害学报，2006，15(1)：4.

[16]程发顺，方国华，黄显峰，等．基于模糊物元和熵权迭代理论的农村饮水安全评价[J]．中国农村水利水电，2014(04)：73 - 76.

[17]邹君，杨玉蓉，田亚平，等．南方丘陵区农业水资源脆弱性概念与评价[J]．自然资源学报，2007(02)：302 - 310.

[18]李鹤，张平宇，程叶青．脆弱性的概念及其评价方法[J]．地理科学进展，2008(02)：18 - 25.

[19] SMITH E R, TRAN L T. Regional vulnerability assessment for the Mid - Atlantic Region: evaluation of integration methods and assessments results [C]. North Carolina: The Regional Vulnerability Assessment, 2003: DW1393920801 - 0.

[20] FRITZSCHE K, SCHNEUDERBAUER S, BUBECK P, et al. The Vulnerability Sourcebook: Concept and guidelines for standardised vulnerability assessments [C]. Cambridge: Impact Adaptation and Vulnerability, 2014: 12 - 14.

基于 SPA－TFN 的油气管道系统脆弱性评估方法

燕冰川[1]　范潮海[2]　李政龙[2]　陈　健[1]

（1. 国家管网集团北方管道有限责任公司，河北 廊坊　065000；
2. 中国石油天然气管道科学研究院有限公司，河北 廊坊　065000）

摘　要：为量化油气管道系统安全性，从致灾体脆弱性、承灾体脆弱性和防灾体脆弱性三个方面建立油气管道系统的脆弱性指标体系，并借鉴平均值界定法量化脆弱性等级划分区间。同时，基于油气管道脆弱性指标和差异度系数取值的不确定性，建立了集对分析(Set Pair Analysis，SPA)与三角模糊数耦合的综合评价模型，弱化不确定性对评价结果的影响，并以某输气管道作为评价主体，综合确定各脆弱性指标和系统的脆弱性等级。结果表明：脆弱性评价结果与运营方的风险评价结果较为相似且贴近实际情况，验证了模型的有效性和适用性，在一定程度上丰富了油气管道安全领域的研究内容。

关键词：集对分析；脆弱性；三角模糊数；油气管道；不确定性

Vulnerability assessment method of oil and gas pipeline system based on SPA－TFN

Yan Bingchuan[1]，*Fan Chaohai*[2]，*Li Zhenglong*[2]，*Chen Jian*[1]

(1. PipeChina North Pipeline Company，Langfang，Hebei 065000，China；
2. China Petroleum Pipeline Research Institute Co. Ltd.，Langfang，Hebei 065000，China)

Abstract：In order to quantify the safety of oil and gas pipeline systems and reveal the deep mechanism of pipeline safety accidents，this article establish the vulnerability index system of oil and gas pipeline systems from three aspects：vulnerability of disaster－causing bodies，vulnerability of disaster－bearing bodies，and vulnerability of disaster－preventing bodies further objectively. In addition，mean value method was used for reference to quantify the vulnerability level division interval. At the same time，based on the uncertainty of the vulnerability index and the value of the difference coefficient，a comprehensive evaluation model coupled with Set Pair Analysis(SPA) and triangular fuzzy numbers is established to weaken the influence of uncertainty on the evaluation results. Finally，taking a gas pipeline in the mountainous area of northern Shaanxi as the main body of evaluation to comprehensively determine the vulnerability index of each vulnerability and the vulnerability level of the system. The results showed that the vulnerability assessment results was similar to the operator's risk assessment results and are close to the actual situation，which verifies the validity and applicability of the model，and enriches the research content in the field of oil and gas pipeline safety to a certain extent.

Key words：set pair analysis；vulnerability；triangular fuzzy number；oil and gas pipeline；uncertainty

0　引言

油气管道作为能源运输的大动脉，其安全状况一直是国家和社会关注的焦点。依托国务院印发的“十四五”现代综合交通运输体系发展规划，国内应加快推进东北、西北、西南等地区老旧管道隐患治理，以确保油气管道安全运行[1]。

作者简介：燕冰川(1979—　)，工学博士，长期从事长输油气管道的完整性管理工作。E－mail：bcyan@pipechina.com.cn

近年来，随着多学科交叉融合意识的增强，推动了现代科学技术的发展和激发了创新活力，新兴名词“脆弱性”在安全领域得到了广泛运用，它与系统的扰动敏感性、系统易损性、后果承受力以及灾害应对能力密切相关，是系统安全状况的综合体现[2]。赵东风等[3]以脆弱性概念为基础，结合事故发展机理建立了油气管道风险评估模型，实现了对脆弱点的风险控制。罗珊等[4]基于管道本体致灾因子、隧道本体致灾因子、人为致灾因子和环境致灾因子构建输气隧道脆弱性评估指标体系，并结合组合权重与“最短距离”划分原则，识别出输气隧道的脆弱性级别。Li 等[5]从燃气管网失效原因、系统故障导致的承灾体破坏以及对危害的响应能力三方面建立城市埋地燃气管网脆弱性指标，利用 SVM 和 ANN 进行脆弱性对比评估，验证模型的可行性和实用性。2019 年，尤荻[6]结合脆弱性形成原理，从管道管理组织、管道条件和沿线国家三方面建立基于突变理论的跨境能源管道脆弱性评价模型，衡量了跨境能源管道的脆弱性，为今后跨境能源管道的建设和管理提供决策参考。曾文等[7]考虑需求节点与水源的供需依赖关系，提出基于加权边介数的管段脆弱性评价方法，分析了供水管网的可靠性。Wang[8]基于风险评价和脆弱性分析的异同点，提出了风险－脆弱度方法，并从组件的运行状态、输送性能、网络特性 3 个角度综合评价管道重要性。然而，上述研究在建立管道脆弱性指标评价模型时忽略了指标模糊性与不确定性的问题，降低了评价结果的准确性。

近年来，有关集对分析(Set Pair Analysis，SPA)评价不确定性问题的研究，受到了国内外学者的广泛关注，其理论方法研究以及工程应用取得突破[9,10]。SPA 是中国学者赵克勤于 1989 年提出的一种处理不确定性的新数学理论和系统分析方法，是从同、异、反三个方面描述和处理随机性、模糊性等不确定性因素引起的确定不确定系统，已初步应用于系统控制、决策分析、模式识别等领域，在差异度系数取值上具有一定的模糊性。而三角模糊数(Triangular Fuzzy Number，TFN)可实现不确定的语言变量转化为确定数值，在处理模糊性取值问题上具有一定的优越性，且与差异度系数在值域上拥有一致性。对此，笔者通过集对分析与三角模糊数进行耦合，以尽可能地表征油气管道系统脆弱性指标的模糊性和不确定性，得到较为精准的油气管道系统脆弱性等级，为油气管道系统的防护措施提供理论依据。

1　油气管道系统脆弱性分析

1.1　脆弱性的概念

1974 年，“脆弱性”在期刊《Natural Hazards》上被首次提出，之后广泛延伸至地学领域、自然灾害领域、经济学等诸多领域。随着全球经济环境不断变化的趋势下，脆弱性研究在多学科、多领域得到全面发展。各学科领域的差异性，国内外学者对于“脆弱性”的基本概念尚存有争议，见表 1[11,12]。

表 1　不同领域下的脆弱性概念

类型	国内	国外
社会	社会群体、组织或国家暴露于灾害冲击下潜在的受灾因素、受伤害程度及应对能力的大小。	在多重压力下，个人、组织和社会没有能力抵御其不利影响的能力。
城市	在各种扰动因素下，城市系统所表现出的暴露－敏感性，以及缺乏应对能力而使系统向不利于可持续发展方向演变的一种状态或属性。	城市社会系统、物理环境受自然灾害的影响程度或从中恢复的能力。
生态	在外界扰动下，生态系统所呈现的不稳定性特征。	外界扰动下，生态系统的敏感性，以及生态系统对影响和变化因素的适应性评价等。
水资源	自然灾害、人类活动等因素致使水资源系统的损失程度。	系统对人类或自然的有效敏感性。
自然灾害	自然灾害影响下，承灾体抗御、应对和恢复的能力。	承载个体的内部和动力学特征，受自然、社会、经济等因素影响。

目前，相对于油气管道领域的风险评估研究，脆弱性研究处于起步阶段。油气管道风险分析综合考虑了事故的发生概率和后果的严重程度，却未能很好地揭示安全事故的全部形成过程，忽略了事故补偿机制对于安全的影响，而脆弱性分析能将三者联系起来，揭示管道安全事故的深层机理。因此，基于可持续性发展战略的要求，以促进生态效益、经济效益和社会效益的统一，笔者将油气管道系统脆弱性综合概括为以下三个方面的含义：

(1)系统的固有属性，用于描述系统存在的固有缺陷和薄弱环节，即致灾体脆弱性；

(2)系统发生事故后可能导致的后果严重程度，即承灾体脆弱性；

(3)系统自身对不利影响而显现出的抵御能力，即防灾体脆弱性。

1.2 油气管道系统脆弱性指标分析

通过油气管道系统脆弱性的含义和结合油气管道历史失效数据，确定油气管道系统的脆弱性指标，从致灾体脆弱性、承灾体脆弱性和防灾体脆弱性三个方面展开分析[13,14]。致灾体脆弱性即致使事故灾害发生的原因，根据国内外的油气管道历史失效数据，油气管道事故原因主要分为：第三方因素、腐蚀因素、操作因素和设计因素，考虑到设计因素受外界环境和时间变化等条件影响较小，可忽略；因此，在致灾体脆弱性分析中，笔者保留前三个因素作为主要指标。承灾体脆弱性即事故灾害的后果严重程度，为准确衡量事故的危险等级，进行针对性高效救援，避免资源的无效浪费，笔者从“人－机－环”三方面确定油气管道系统承灾体脆弱性指标，“人”表现在人口密度大、自我保护和防控能力差，会加剧人员伤亡程度。“机”是指事故中建筑设施、交通设施等被破坏所造成的直接或间接经济损失。“环”体现在事故造成的环境污染和社会影响程度。据此，承灾体脆弱性指标可归纳为人员伤亡、财产损失、停输损失和社会影响。防灾体脆弱性即抵御灾害事故扩大的能力，采用一系列相关措施，尽可能减少人员伤亡和经济损失，结合我国对于事故处置和预防的相关流程及要求，确定防灾体脆弱性指标主要包括公众灾害教育、应急预案、灾害行政管理机构和灾害救援组织四方面；通常情况下，抵御能力越强，防灾体脆弱性越低，油气管道系统越安全。

根据以上分析的油气管道系统脆弱性指标，以科学性原则、综合性原则、可靠性原则、可比性原则和可查性原则为基础，建立油气管道系统脆弱性指标体系，见图1。

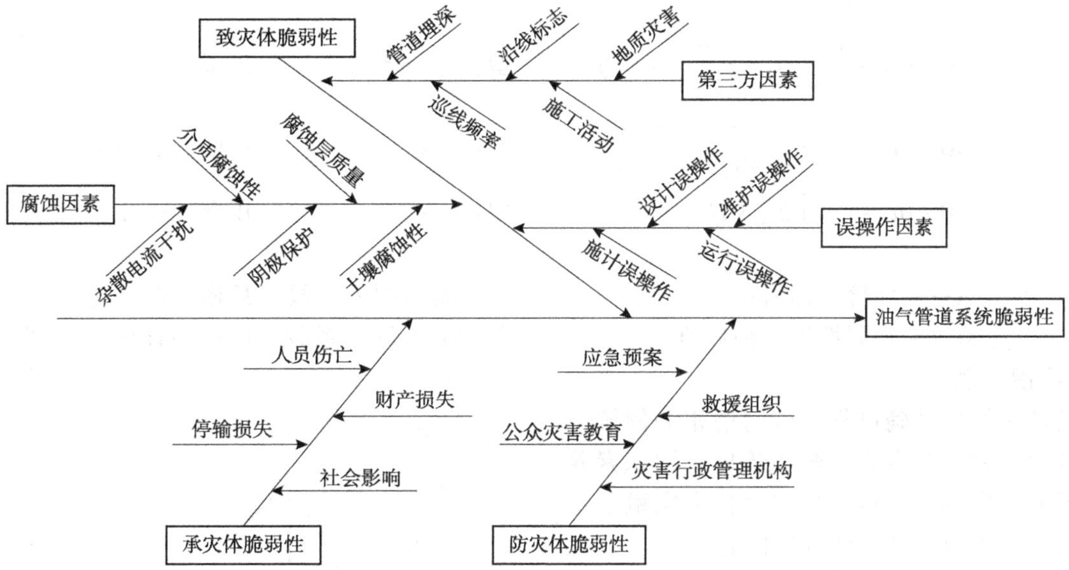

图1 油气输送管道系统的脆弱性指标体系

1.3 脆弱性等级划分

目前，关于脆弱性分级标准研究相对较少，文中采用平均值界定法对脆弱性等级进行量化[15]，将其分为低脆弱、微弱脆弱、脆弱、微强脆弱和强脆弱5个等级，量化结果见表2。

表2 油气管道系统脆弱性等级划分标准

脆弱性等级	脆弱值区间	特征
低脆弱	[0，0.2]	油气管道系统稳定，抗干扰能力强
微弱脆弱	(0.2，0.4]	油气管道系统较稳定，抗干扰能力较强
脆弱	(0.4，0.6]	油气管道系统较不稳定，抗干扰能力较差
微强脆弱	(0.6，0.8]	油气管道系统不稳定，抗干扰能力差
强脆弱	(0.8，1]	油气管道系统极不稳定，抗干扰能力极差

2 基于 PSA 的油气管道系统脆弱性评价

2.1 PSA 理论

集对分析理论的核心思想是通过同一性、差异性、对立性为准则对具有确定性与不确定性的系统进行研究，以表征两个集合间的相互关联性[16]。设集合 A 和集合 B 组成集对 $H(A,B)$，集对中共有 N 个元素，其中公共部分有 S 个元素，相互对立部分有 F 个元素，既不共有也不对立部分有 $N-S-F$ 个元素。因此，集对 H 的联系度可表示为：

$$u=\frac{S}{N}+\frac{N-S-F}{N}i+\frac{F}{N}j=a+bi+cj \tag{1}$$

式中 i——差异度系数，$i\in[-1,1]$；

j——对立度系数，$j=-1$；

a、b、c——同一度、差异度、对立度，且 $a+b+c=1$；

u——集对 H 的联系度，当其用于刻画某一数字时可称为联系数。

式(1)为标准 SPA 理论的计算公式，仅表述了同异反 3 种状态，缺乏对实际工程问题的考虑，需要进行多元化处理。笔者结合本文对油气管道系统脆弱性等级划分标准，构建脆弱性指标的五元联系数，表现形式如下：

$$u=a+b_1i_1+b_2i_2+b_3i_3+cj \tag{2}$$

考虑到各指标因其表征的特性存在差异，将其分为越小越优型指标(A 型)和越大越优型指标(B 型)，其联系度表示如下：

$$u=\begin{cases}1+0i_1+0i_2+0i_3+0j & \text{A 型：} x\leqslant s_1 \quad \text{B 型：} x\geqslant s_1\\ \dfrac{s_2-x}{s_2-s_1}+\dfrac{x-s_1}{s_2-s_1}i_1+0i_2+0i_3+0j & \text{A 型：} s_1<x\leqslant s_2 \quad \text{B 型：} s_2\leqslant x<s_1\\ 0+\dfrac{s_3-x}{s_3-s_2}i_1+\dfrac{x-s_2}{s_3-s_2}i_2+0i_3+0j & \text{A 型：} s_2<x\leqslant s_3 \quad \text{B 型：} s_3\leqslant x<s_2\\ 0+0i_1+\dfrac{s_4-x}{s_4-s_3}i_2+\dfrac{x-s_3}{s_4-s_3}i_3+0j & \text{A 型：} s_3<x\leqslant s_4 \quad \text{B 型：} s_4\leqslant x<s_3\\ 0+0i_1+0i_2+\dfrac{s_5-x}{s_5-s_4}i_3+\dfrac{x-s_4}{s_5-s_4}j & \text{A 型：} s_4<x\leqslant s_5 \quad \text{B 型：} s_5\leqslant x<s_4\\ 0+0i_1+0i_2+0i_3+1j & \text{A 型：} x>s_5 \quad \text{B 型：} x<s_5\end{cases} \tag{3}$$

式中 x——评价指标值；

s_1、s_2、s_3、s_4、s_5——脆弱性等级临界值。

2.2 评价指标值

为使评价结果准确可靠，应聘请相关领域专家进行评价。基于各专家的学识程度、知识素养等因素具有一定的差异性，应对每位专家赋予不同的权重，从而综合确定评价指标值。

$$x=\sum_{i=1}^{n}W_ix_i \tag{4}$$

式中 W_i——专家权重值，其中 $i=1,2,\cdots,n$。

2.3 集对分析与三角模糊数耦合评价模型

联系度中的差异度系数可表示系统确定性与不确定性之间的相互关系和相互影响，对于多元联系数而言，精确求解差异度系数是集对分析中最为核心的问题。由于差异度系数的取值范围在[-1, 1]之间是动态变化的，具有很大的模糊性，可以利用模糊集处理差异度系数的模糊性，动态的描述同异反之间变化的连续过程[17]。对此，笔者引入分段三角模糊数理论求解多元联系数中的差异度系数，以提高评价结果精度，如图 2 所示。

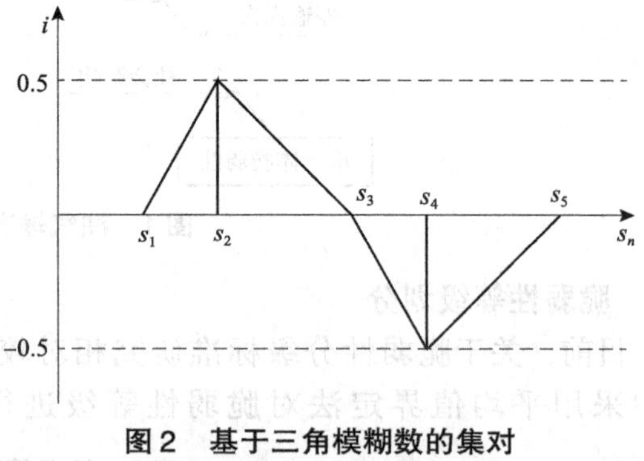

图 2 基于三角模糊数的集对差异度联系数表达示意图

设定等级界限值处 s_2、s_3、s_4 的差异度系数分别为 $i_1=-0.5$，$i_2=0$，$i_3=0.5$，按照三角模糊数的隶属度函数原理求解指标所对应的差异度系数值[18]。

$$i_1=\begin{cases}0 & \text{A 型：} x\leqslant s_1 & \text{B 型：} x\geqslant s_1\\ \dfrac{s_1-x}{2(s_1-s_2)} & \text{A 型：} s_1<x\leqslant s_2 & \text{B 型：} s_2\leqslant x<s_1\\ \dfrac{x-s_3}{2(s_2-s_3)} & \text{A 型：} s_2<x\leqslant s_3 & \text{B 型：} s_3\leqslant x<s_2\\ 0 & \text{A 型：} x>s_3 & \text{B 型：} x<s_3\end{cases} \tag{5}$$

$$i_2=\begin{cases}0 & \text{A 型：} x\leqslant s_2 & \text{B 型：} x\geqslant s_2\\ \dfrac{x-s_3}{2(s_2-s_3)} & \text{A 型：} s_2<x\leqslant s_3 & \text{B 型：} s_3\leqslant x<s_2\\ -\dfrac{s_3-x}{2(s_3-s_4)} & \text{A 型：} s_3<x\leqslant s_4 & \text{B 型：} s_4\leqslant x<s_3\\ 0 & \text{A 型：} x>s_4 & \text{B 型：} x<s_4\end{cases} \tag{6}$$

$$i_3=\begin{cases}0 & \text{A 型：} x\leqslant s_3 & \text{B 型：} x\geqslant s_3\\ -\dfrac{s_3-x}{2(s_2-s_3)} & \text{A 型：} s_3<x\leqslant s_4 & \text{B 型：} s_4\leqslant x<s_3\\ -\dfrac{x-s_5}{2(s_4-s_5)} & \text{A 型：} s_4<x\leqslant s_5 & \text{B 型：} s_5\leqslant x<s_4\\ 0 & \text{A 型：} x>s_4 & \text{B 型：} x<s_5\end{cases} \tag{7}$$

将式(5)～式(7)代入式(3)，可求得基于三角模糊数的联系数函数：

$$u_m=\begin{cases}1 & \text{A 型：} x\leqslant s_1 & \text{B 型：} x\geqslant s_1\\ \dfrac{s_2-x}{s_2-s_1}+\dfrac{(s_1-x)^2}{2\ (s_2-s_1)^2} & \text{A 型：} s_1<x\leqslant s_2 & \text{B 型：} s_2\leqslant x<s_1\\ \dfrac{(s_3-x)^2}{2\ (s_3-s_2)^2}+\dfrac{(x-s_3)(s_2-x)}{2\ (s_3-s_2)^2} & \text{A 型：} s_2<x\leqslant s_3 & \text{B 型：} s_3\leqslant x<s_2\\ \dfrac{(x-s_3)(x-s_4)}{2\ (s_4-s_3)^2}-\dfrac{(x-s_3)^2}{2\ (s_4-s_3)^2} & \text{A 型：} s_3<x\leqslant s_4 & \text{B 型：} s_4\leqslant x<s_3\\ \dfrac{s_4-x}{s_5-s_4}-\dfrac{(s_5-x)^2}{2\ (s_5-s_4)^2} & \text{A 型：} s_4<x\leqslant s_5 & \text{B 型：} s_5\leqslant x<s_4\\ -1 & \text{A 型：} x>s_5 & \text{B 型：} x<s_5\end{cases} \tag{8}$$

依据各脆弱性指标权重和三角模糊数的联系数，可得出集对分析与三角模糊数耦合模型的评价模型；鉴于研究的主要目的，将三角模糊联系数与脆弱性等级合一化，建立脆弱性数值与联系数的脆弱性评价模型，以确定脆弱性等级。

$$U_m=\sum_{i=1}^{n}W_i{}'\times u_{mi} \tag{9}$$

$$V=\frac{1}{1+316U_m} \tag{10}$$

式中　W_i'——脆弱性指标权重值，其中 $i=1, 2, \cdots, n$，一般可由层次分析法、组合赋权法等确定[19,20]；

V——脆弱性数值；

U_m——系统联系数。

3　实例评价与分析

本文以某山区输气管道为例进行分析，该管道为 ϕ1016×7mm 的埋地敷设管道，管材为 X70，管道设计压力为 10MPa，实际运行压力为 8MPa，管道敷设深度 1.2m。此外，管道使用的防腐层为 3PE 材料，并设置了相应的阴极保护设施，保护效果良好。

3.1　指标权重及评价指标值确定

基于问卷调查、实地走访等方式，采集相关领域的 5 位专家的评价信息；考虑到各专家对于其领域的认知程度存在一定的差异性，分别赋予了不同的专家权重 W(0.15，0.20，0.12，0.28，0.25)，以便综合确定脆弱性评价指标值。此外，本文基于层次分析法的基本原理[21]，采用 1－9 标度方法确定目标层和底层指标权重，得到各脆弱性指标的综合权重。综合权重计算值与脆弱性评价指标值见表 3。

表 3　综合权重计算值与评价指标值

目标层指标		底层指标因素	底层权重	综合权重	评价指标值
致灾体 0.648	第三方因素 0.28	管道埋深	0.281	0.051	0.105
		沿线标志	0.05	0.009	0.065
		地质灾害	0.435	0.079	0.820
		巡线频率	0.069	0.013	0.229
		施工活动	0.165	0.030	0.076
	腐蚀因素 0.643	土壤腐蚀性	0.102	0.042	0.382
		防腐层质量	0.073	0.030	0.166
		介质腐蚀性	0.423	0.176	0.716
		阴极保护	0.15	0.062	0.201
		杂散电流干扰	0.252	0.105	0.226
	误操作因素 0.077	设计误操作	0.058	0.003	0.043
		维护误操作	0.516	0.026	0.102
		施工误操作	0.089	0.004	0.069
		运行误操作	0.337	0.017	0.071
承灾体 0.122		人员伤亡	0.614	0.078	0.231
		财产损失	0.254	0.031	0.128
		停输损失	0.08	0.010	0.112
		社会影响	0.052	0.006	0.065
防灾体 0.23		应急预案	0.058	0.013	0.075
		救援组织	0.618	0.142	0.214
		公众灾害教育	0.21	0.048	0.085
		灾害行政管理机构	0.115	0.026	0.102

3.2　输气管道脆弱性分析

基于本文的油气管道系统脆弱性等级划分标准，采用越小越优指标类型(A 型)，运用式(8)计算各脆弱性指标的联系数，并将其代入式(9)、式(10)中计算出油气管道系统各脆弱性指标数值和综合脆弱性数值，分别确定其脆弱性等级，计算结果见表 4。

根据表 4 可以看出，大部分脆弱性指标属于低脆弱性等级，无需整改或采取相应的缓解措施，但也存在部分指标是高脆弱性等级，如地质灾害和介质腐蚀性。由于该管道处于运营过程中，不能采取设计施工阶段相应的措施来降低地质灾害导致的输气管道脆弱性，此时应根据地质灾害点的实际情况，从安全性、经济性与可行性等方面综合考虑，合理选择输气管道灾害缓解措施，如地表排水治理、改善坡体力学平衡条件、改善滑动带的岩土性质等治理措施。而针对介质腐蚀性因素，可采用源头治理和管材防腐措施，如添加缓蚀剂和加强阴极保护等。

由表 4 中的综合脆弱性等级可知该输气管道属于低脆弱性管道，无需进一步加大缓解措施投入，但针对地质灾害和介质腐蚀性应增加相应的资金投入，尽可能降低其危害性。此外，通过咨询该管道运营方了解到该输气管道属于较低风险管道，处于风险的可接受范围内，对于一些高风险因素进行了针对性治理。由此可知，脆弱性分析与风险评价对于管道的安全衡量具有一定相似之处，能较为准确地反映出管道的实际安全情况，从而采取相应的缓解措施，进一步地验证了模型的可行性。但相对于风险评价，脆弱性评价考虑了事故补偿机制对于安全的影响，得出的评价结果更为精准。对此，油气管道的脆弱性评价不仅弥补现有油气管道风险评估的局限性，而且丰富了油气管道安全领域的研究内容，未来有望进一步探索。

表 4 各脆弱性指标数值及等级划分

指标因素	指标联系数	指标脆弱性数值	指标脆弱性等级	综合脆弱性数值	综合脆弱性等级
管道埋深	1	0.003	低脆弱	0.116	低脆弱
沿线标志	1	0.003	低脆弱		
地质灾害	－0.469	0.937	强脆弱		
巡线频率	0.505	0.052	低脆弱		
施工活动	1	0.003	低脆弱		
土壤腐蚀性	0.246	0.19	低脆弱		
防腐层质量	0.690	0.018	低脆弱		
介质腐蚀性	－0.306	0.853	强脆弱		
阴极保护	0.398	0.092	低脆弱		
杂散电流干扰	0.507	0.051	低脆弱		
设计误操作	1	0.003	低脆弱		
维护误操作	1	0.003	低脆弱		
施工误操作	1	0.003	低脆弱		
运行误操作	1	0.003	低脆弱		
人员伤亡	0.503	0.053	低脆弱		
财产损失	0.069	0.402	脆弱		
停输损失	1	0.003	低脆弱		
社会影响	1	0.003	低脆弱		
应急预案	1	0.003	低脆弱		
救援组织	0.313	0.141	低脆弱		
公众灾害教育	1	0.003	低脆弱		
灾害行政管理机构	1	0.003	低脆弱		

4 结论

（1）从致灾体脆弱性、承灾体脆弱性和防灾体脆弱性三个方面建立了油气管道系统脆弱性指标体系，并结合集对分析理论实现了对油气管道系统的确定性和不确定性的综合描述，有效地识别出各指标和系统的脆弱性级别，以此进行针对性预防，丰富油气管道安全领域的研究内容。

（2）基于脆弱性指标与差异度系数取值的不确定性，建立了集对分析与三角模糊数耦合的综合评价模型，有效地描述了差异度系数的模糊性，拓展了模糊数学的应用范围，为油气管道系统脆弱性评价提供了一条新的思路和手段。

（3）本文只进行了油气管道系统脆弱性的静态分析，存在一定的局限性，未来可以利用人口流动、管道检测、气候变化等动态数据，并结合 GIS 技术实现油气管道系统脆弱性的动态分析。

参考文献

[1]周淑慧，王军，梁严．碳中和背景下中国“十四五”天然气行业发展[J]．天然气工业，2021，41(02)：171－182.

[2]王武昌，章艺，李玉星，等．基于风险理论的天然气管网脆弱性分析方法[J]．油气储运，2022，41(01)：42－47.

[3]赵东风，陈爽，赵志强，等．基于脆弱性的油气管道风险评估及其应用[J]．中国安全科学学报，2014，24(7)：57－62.

[4]罗珊，蒋宏业，姚安林，等．输气管道隧道的脆弱性评估方法研究[J]．中国安全生产科学技术，2016，12(2)：113－117.

[5]LI F，WANG WH，XU J，et al. Comparative study on vulnerability assessment for urban buried gas pipeline network based on SVM and ANN methods[J]. Process Safety & Environmental Protection: Transactions of the Institution of Chemical Engineers Part B，2019，122(Part B)：23－32.

[6]尤荻．基于突变理论的跨境能源管道脆弱性评价研究[J]．工业技术经济，2019，38(7)：30－37.

[7]曾文，李日鹏，杨之江，等．顾及供需关系的供水管网管段脆弱性评价[J]．哈尔滨工业大学学报，2022，54(02)：25－30.

[8]WANG WC，ZHANG Y，LI YX，et al. Vulnerability analysis method based on risk assessment for gas transmission capabilities of natural gas pipeline networks[J]. Reliability Engineering and System Safety，2022，218(Part

B)：108150.

[9]LI Z，JIN J L，CUI Y，et al. Dynamic evaluation of regional water resources carrying capacity based on set pair analysis and partial connection number[J]. Water Supply，2022，22(3)：2407－2423.

[10]HARISHh G，KAMAL K. A novel possibility measure to interval－valued intuitionistic fuzzy set using connection number of set pair analysis and its applications [J]. Neural Computing & Applications，2020，32 (8)：3337－3348.

[11]JANSSEN M A，SCOON M L，KE W，et al. Scholarly networks on resilience，vulnerability and adaptation within the human dimensions of global environmental change [J]. Global environmental change，2006，16 (3)：240－252.

[12]陈亚玲．油气管道周边城市脆弱性评估技术研究[D]．江苏：江苏科技大学，2018.

[13]王佳录．长输油气管道脆弱性分析[D]．北京：北京化工大学，2020.

[14]帅健，单克．基于失效数据的油气管道定量风险评价方法[J]．天然气工业，2018，38(09)：129－138.

[15]李慧民，钟兴举，田卫．基于 NCM 的旧工业建筑再生脆弱性分析[J]．安全与环境学报，2020，20(04)：1221－1228.

[16]罗颖婷，许海林，林春耀，等．基于集对分析的变压器故障案例检索方法[J]．高压电器，2021，57(01)：182－188.

[17]FACCHIBETTI G，GHISELLI R，ROBERTO. A characterization of a general class of ranking functions on triangular fuzzy numbers [J]. Fuzzy Sets and Systems，2004，146(2)：297－312.

[18]马奎．基于集对分析与三角模糊数耦合方法的隧道施工风险评估研究[D]．武汉：武汉理工大学，2016.

[19]吴奇兵，张士超，曹义威，等．基于模糊综合评价法的海上采油树安全分级[J]．石油机械，2021，49(10)：65－70.

[20] MOTAMEDI P，BARGOZIN H，POURAFSHARY P. Management of implementation of nanotechnology in upstream oil industry：an analytic hierarchy process analysis [J]. Journal of Energy Resources Technology，2018，140(5)：1－7.

[21]金经洋，金业权，苏峰，等．套管安全可靠性评价方法研究[J]．石油机械，2022，50(06)：106－113.

集输管道腐蚀防护系统综合评价方法研究与应用

范洪远　罗宇梁

（中国石油天然气股份有限公司大庆油田特种设备检验中心，黑龙江 大庆　163000）

摘　要：目前对油田集输管道防护效评价多为外防腐层评价、阴极保护有效性评价等单项评价，很少开展集输管道腐蚀防护系统综合评价。在评价外防腐层等级时，存在外防腐层非开挖评价等级与开挖评价等级相差较大的情况。针对上述问题开展大量开挖检验，依据标准总结出外防腐层等级修正方法，再采用基于层次分析法的模糊评价法，形成集输管道腐蚀防护系统综合评价法，进一步提高集输管道腐蚀防护系统综合评价等级的准确性，为全面了解集输管道腐蚀防护系统状态提供可靠依据。

关键词：集输管道；外防腐层等级修正方法；腐蚀防护系统综合评价方法

Research and Application of Comprehensive evaluation method for Corrosion protection system of Gathering pipeline

Fan Hongyuan*, *Luo Yuliang

(Special Equipment Inspection Center of Daqing Oilfield Quality Safety and Environment Protection Supervision and Evaluation Center, Daqing, Heilongjiang 163000, China)

Abstract: At present, the protection efficiency evaluation of oil field gathering pipeline is mostly single evaluation such as external anticorrosive layer evaluation and cathodic protection effectiveness evaluation, and few comprehensive evaluation of corrosion protection system of gathering pipeline is carried out. There is a big difference between the trenchless evaluation grade and the excavation evaluation grade when evaluating the grade of the outer anticorrosive layer. To carry out a large number of excavation inspection for the above problems, on the basis of standard summarizes the anticorrosive layer outside level correction method, then USES the fuzzy evaluation method based on analytic hierarchy process(ahp), the formation of pipeline corrosion protection system comprehensive evaluation method, further improve the pipeline corrosion protection system comprehensive evaluation of the accuracy of the grade, for a comprehensive understanding of pipeline corrosion protection system state to provide reliable basis.

Key words: gathering and transportation pipeline; outer anticorrosive coating grade correction method; comprehensive evaluation methods for corrosion protection systems

1　引言

随着集输管道运行年限的增加，环境干扰的增强、人为破坏(野蛮施工)增多、排流保护装置及阴极保护装置失效，引起管道外防腐层损坏、开裂，导致管道穿孔、泄露等事故逐年增多，造成严重的财产损失和环境污染。集输管道腐蚀防护系统综合评价是保障集输管道安全运行的重要手段，准确的腐蚀防护系统等级更是整个评价工作的重点。腐蚀防护系统综合评价包含外防腐层评价、阴极保护有效性评价、排流保护有效性评价、腐蚀环境调查、杂散电流干扰评价。目前对集输管道腐蚀防护系统的评价多为外防腐层评

作者简介：范洪远(1990—　)，硕士研究生，工程师，主要从事压力管道检验工作。E－mail：fanhongyuan2018@163.com

价、阴极保护有效性评价等单项评价，无法反映腐蚀防护系统整体状况，因此需要一种综合评价集输管道腐蚀防护系统方法，对保障集输管道的安全运行具有重要意义。

2　集输管道腐蚀防护系统综合评价方法

集输管道腐蚀防护系统综合评价是对腐蚀防护系统进行分级模糊评价，采用基于层次分析法的模糊综合评价法，外防腐层等级修正方法，形成的一种能准确评价集输管道腐蚀防护系统的综合性评价方法。

2.1　基于层次分析法的模糊综合评价法

集输管道腐蚀防护系统综合评价方法是参照 GB/T 19285—2014《埋地钢质管道腐蚀防护工程检验》[1]附录 L 进行的一种分级的模糊综合评价运算方法，是一种基于层次分析法的模糊综合评价方法，主要进行建立模糊集、建立单因素评价矩阵、构建判断矩阵、确定评价指标的权重、计算权重值 W、一致性检验，腐蚀防护系统模糊综合评价工作，具有科学性和准确性。

2.2　外防腐层等级修正方法

在评定集输管道外防腐层等级时，由于 PCM 检测系统是基于“线传输函数”原理和管—地回路等效电路模型的检测[2]，检测信号受周围环境影响较大，当存在较强的电/磁场时，信号会出现不同程度的干扰，甚至检测不到待检信号，影响外防腐层分级评价结果的准确性。通过 2020 年至 2021 年每年 500km 的集输管道检验、350 多个探坑开挖检验，发现存在外防腐层非开挖评价等级与开挖评价等级相差较大的情况。依据 GB/T 19285—2014《埋地钢质管道腐蚀防护工程检验》7.3.1.4 外防腐层状况分级评价应充分考虑不开挖检测与开挖检验结果，并依据开挖检验结果对不开挖检测评价结果进行修正，然后进行外防腐层状况分级评价[1]。结合大量开挖检验结果，得出如下外防腐层等级修正方法。

2.2.1　不开挖检测评价修正方法

用破损点密度(P 值)分级评价结果修正外防腐层电阻率(R_g 值)分级评价结果，原则上不可做过大修正。R_g 值评定为 1 级，破损点密度评定为 4 级时，外防腐层不开挖检测评定等级修正为 2 级。若 R_g 值评定为 4 级，破损点密度评定为 1 级时，外防腐层不开挖检测评定等级修正为 3 级。其他情况不用修正。

2.2.2　开挖检验修正方法

用开挖检验外观检查分级评价结果对修正的不开挖检测分级评价结果进行修正，但不可做过大修正，原则上下浮动一级。当两者相差 2 级时，修正的不开挖评价等级也只能上下浮动 1 级，两者相差 3 级时，修正的不开挖评价等级上下浮动 2 级。具体管道外防腐层分级评价修正结果见表 1。

表 1　外防腐层分级评价修正后等级

开挖等级	外防腐层分级评价修正后等级			
	非开挖修正等级			
	1	2	3	4
1	1	2	2	3
2	1	2	3	3
3	2	2	3	4
4	2	3	3	4

3　集输管道腐蚀防护系统综合评价方法的研究应用情况

3.1　集输管道腐蚀防护系统综合评价程序

集输管道腐蚀防护系统综合评价方法需建立模糊集、建立单因素评价矩阵、构建判断矩阵、确定评价指标的权重、计算权重值 W、一致性检验，腐蚀防护系统模糊综合评价，矩阵运算量大、难度大，对评价人员提出了较高的要求。为解决上述问题，应用 Python 编程，研发出集输管道腐蚀防护系统综合评价程序如图 1 所示，从根本上解决了运算复杂、数据多、难度大问题，操作方便、快捷。

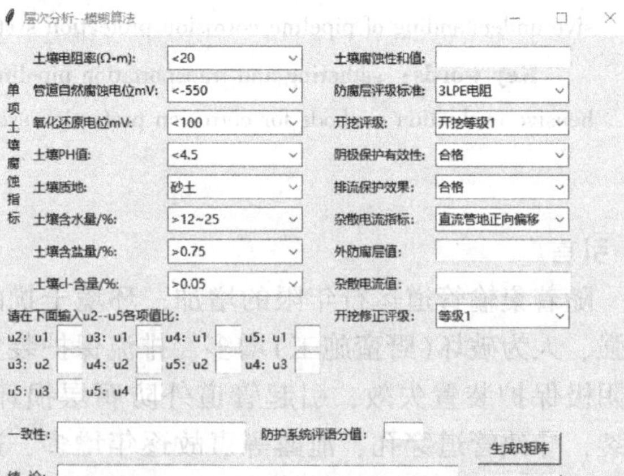

图 1　集输管道腐蚀防护系统综合评价程序

3.2 评价指标权重的确定

如何确定评价指标权重是集输管道腐蚀防护系统综合评价方法应用过程中的难点。在评价程序应用过程中发现不同的评价指标权重对集输管道腐蚀防护系统评价结果影响较大，图 2、图 3 所示不同的评价指标权重值计算出的腐蚀防护系统综合评价等级分别为 2 级、1 级，得出的检测周期分别为 3～6 年、6 年。在应用过程中根据现场检测结果和评价人员的判断，判断矩阵标度，确定的评价指标权重有所不同，得出的集输管道腐蚀防护系统评价结果不同，影响集输管道腐蚀防护系统等级。目前尚无针对外防腐层状况、阴极保护有效性、土壤腐蚀性、杂散电流干扰、排流保护有效性评价指标权重的评价标准。

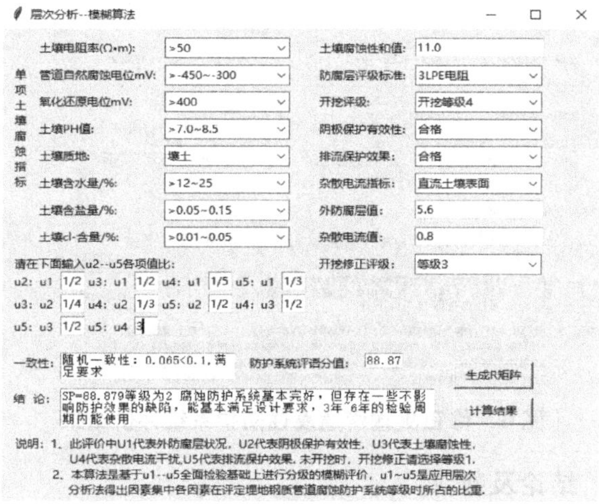

图 2

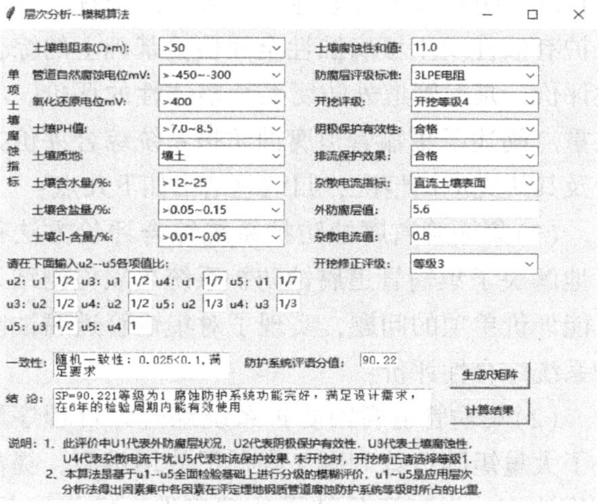

图 3

通过检测调查集输管道敷设环境，外防腐层、阴极保护有效性、土壤腐蚀性、杂散电流、排流保护等情况，结合 2020—2021 年检测数据，初步得出一套确定评价指标权重规律：集输管道腐蚀防护以外防腐层防腐为主，辅以阴极保护，土壤腐蚀性只是外防腐层类型和阴极保护类型选择的参考条件之一，由于集输管道敷设环境相对单一，各区块管道敷设环境总体差异不大，集输管道敷设环境多为野外空旷地带，整体受杂散电流干扰影响较小，受电气化线路和高压输电线影响少，对 2020 年和 2021 年两年 335 条集输管道进行杂散电流测试，受杂散电流影响均为中、弱，对仪器检出的并受杂散电流影响管段的破损点进行开挖检验，未发现受杂散电流影响所致的典型缺陷，通过查阅资料发现电气化线路周围杂散电流对管道腐蚀严重，当排流保护合格时可有效缓解杂散电流对管道腐蚀影响。综上在管道腐蚀防护系统评价指标权重比对中，外防腐层状况是首要因素，阴极保护有效性次之，土壤腐蚀性次之，杂散电流和排流保护不是主要考虑因素，若有电气化线路时，应考虑排流保护对杂散电流的影响。

根据上述结论，结合 GB/T 19285—2014《埋地钢质管道腐蚀防护工程检验》判断矩阵标度及其含义（表 3），2020 年和 2021 年两年 335 条集输管道腐蚀因素统计表的结果（图 4），对评价指标权重进行分析确定。

依据上述统计分析结果采用相对温和的标度值确定腐蚀防护系统中两因素相对权重比值分别为：$u_2/u_1=1/3\sim1/2$、$u_3/u_1=1/4\sim1/2$/、$u_4/u_1=1/7\sim1/4$、$u_5/u_1=1/9\sim1/4$、$u_3/u_2=1/4\sim1/2$、$u_4/u_2=1/4\sim1/2$、$u_5/u_2=1/5\sim1/3$、$u_4/u_3=1/4\sim1/2$、$u_5/u_3=1/4\sim1/2$（当有排流保护时 $u_5/u_3\geqslant1$）、$u_5/u_4=1/2\sim1$（当有排流保护时 $u_5/u_4\geqslant1$）。

表 3 判断矩阵标度及其含义

标度	含义
1	表示两个因素相比，具有同等重要性
3	表示两个因素相比，前者比后者稍微重要
5	表示两个因素相比，前者比后者明显重要
7	表示两个因素相比，前者比后者强烈重要
9	表示两个因素相比，前者比后者极端重要
2、4、6、8	表示上述相邻判断的中间值
倒数	因素 u_1、u_2 的重要性之比为 b_{ij}， 因素 u_1、u_2 的重要性之比为 $b_{ij}=1/b_{ji}$

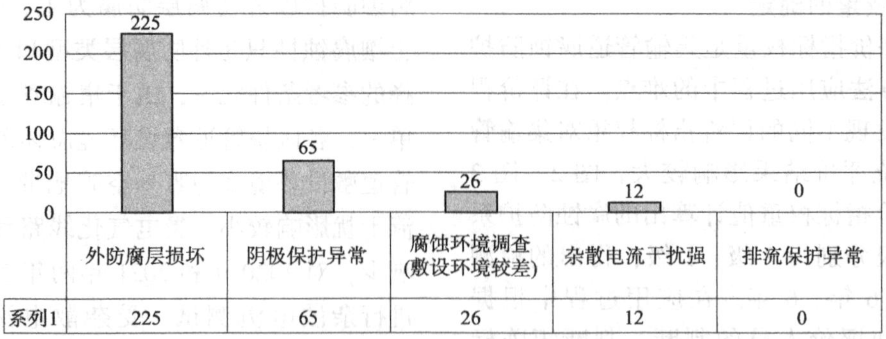

图 4　集输管道腐蚀因素统计图

3.3　外防腐层等级修正方法应用情况

某段集输管道埋设在城市郊区，管道防腐层材质为 3LPE，检测阴极保护和排流保护情况，测得管道阴极保护处于欠保护状态，排流保护效果合格，杂散电流干扰为直流干扰，现场采用地电位梯度作为检测参量，测得土壤表面电位梯度为 4mV/m，测得土壤电阻率为 25Ω·m，管道自然腐蚀电位 -475mV，氧化还原电位为 167mV，土壤 pH 值为 6.8，土壤质地为壤土，土壤含水量为 27%，土壤含盐量为 0.45%，土壤 Cl^- 含量为 0.0085%，开挖检验结果防腐层等级为 4 级，非开挖检测防腐层 R_g 值为 27kΩ·m^2，外防腐层等级为 2 级。通过上述评价权重确定规律，结合现场检测结果确定集输管道腐蚀防护系统综合评价方法的评价指标权重值。图 5、图 6 所示分别是未修正外防腐层情况下的集输管道腐蚀防护系统评价结果与修正外防腐层情况后的集输管道腐蚀防护系统评价结果。

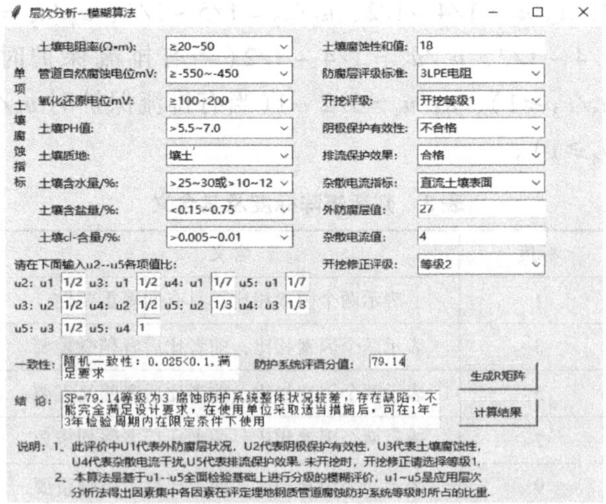

图 5　未修正集输管道腐蚀防护系统评价结果

通过对比未修正集输管道腐蚀防护系统评价结果与修正集输管道腐蚀防护系统评价结果，可以看出应用外防腐层等级修正方法后的腐蚀防护系统评语分值有所降低，进一步提高了评价结果和检测周期确定的准确性。

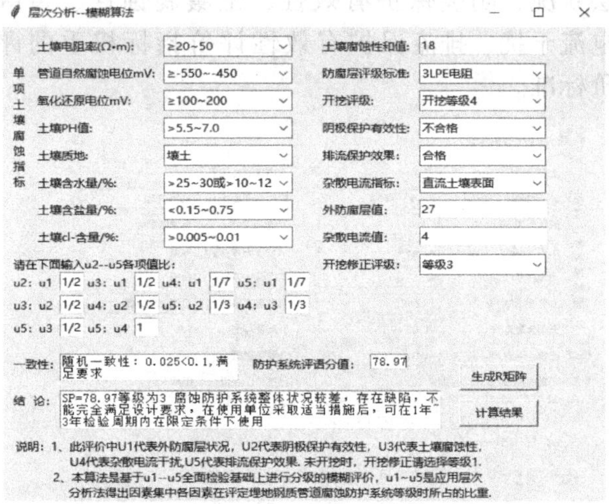

图 6　修正集输管道腐蚀防护系统评价结果

4　结论及建议

集输管道腐蚀防护系统综合评价是基于防腐层状况、阴极保护有效性、杂散电流干扰、排流保护有效性及土壤腐蚀性全面检验基础上的综合性评价，是对管道外防腐系统整体性的评价。本文重点阐述了集输管道腐蚀防护系统综合评价方法及其研究应用情况，归纳总结出如下几点：

(1)集输管道腐蚀防护系统综合评价方法很好地解决了集输管道腐蚀防护系统单项检测结果只能评价单项的问题，实现了对集输管道腐蚀防护系统综合性评价；

(2)集输管道腐蚀防护系统综合评价程序解决了大量矩阵运算问题，降低了使用难度，提高评价效率，提高评价结果的准确性，操作简单，实用性强；

(3)集输管道腐蚀防护系统综合评价方法采用基于层次分析法进行模糊综合评价方法，结合检测经验方法即外防腐层等级修正方法，在科学性的基础上，进一步提高了评价结果和检测周期确定的准确性；

(4)集输管道腐蚀防护系统综合评价程序的应用，需确定评价指标权重值，目前尚无标准给出权重值，本文给出了集输管道腐蚀防护系统综合评价指标权重值的选取范围，检测人员可根据检测结果和敷设环境选择具体数值。

参考文献

[1] GB/T 19285—2014，埋地钢质管道腐蚀防护工程检验[S].

[2]林守江．埋地钢质管道外防腐层状况检测系统－交变电流梯度法原理[J]．地下管线管理，2002(03).

油气管道失效概率不确定性研究进展

史海亮　邹国辉

(中国特种设备检测研究院，北京　100029)

摘　要：风险评价是油气管道完整性管理中的重要环节。失效概率的计算是风险评价的重要组成部分。在失效概率的计算过程中，基础数据的缺失、评价模型的选择，都会给失效概率的计算结果带来不确定性。不确定性难以消除，但可以采用一些方法降低其影响。通过总结失效概率不确定性的研究现状，指出当前研究的发展趋势，以期为今后油气管道风险评价的研究提供参考。

关键词：油气管道；风险评价；不确定性；失效概率；失效后果

Research Progress on Risk Assessment Uncertainty of Oil and Gas Pipelines

SHI Hailiang*, *ZOU Guohui

(China Special Equipment Inspection and Research Institute, Beijing 100029, China)

Abstract: Risk assessment is an important link in the integrity management of oil and gas pipelines. The calculation of failure probability is an important part of risk assessment. In the process of calculating the failure probability, the lack of basic data and the selection of evaluation model will bring uncertainty to the calculation result of the failure probability. Uncertainty is difficult to eliminate, but some methods can be used to reduce its impact. By summarizing the research status of uncertainty of failure probability, the development trend of current research is pointed out, so as to provide reference for the future research of oil and gas pipeline risk assessment.

Key words: Oil and gas pipeline; risk assessment; uncertainty; failure probability; failure consequence

1　引言

风险评价是油气管道完整性管理的重要环节，包含失效概率和失效后果两部分内容。目前，人们对失效后果的研究相对比较成熟，但仍需进一步细化，特别是失效模式预测，防护措施对后果的影响等。对失效概率的研究相对滞后，由于评价模型的选择不同、管道失效的基础数据缺失等原因，导致管道失效概率存在不确定性问题。在研究管道失效概率时，若不正确地去量化和处理此不确定性，会影响到评价结果的合理性和可靠性。尽管不确定性难以消除，但通过科学合理的方法能够有效降低不确定性因素的影响。

2　不确定性理论研究现状

2.1　不确定性分类

不确定性是量子力学的一个基本原理，它是由德国物理学家海森堡于 1927 年提出的[1]。不确定性通常可以理解为不确知性、变化性或不肯定性，在自然界和人类社会中不确定性广泛存在。

不确定性可分为三类：模型不确定性、数据不确定性、统计不确定性[2]。模型的不确定性主要是在定量求解过程中，为简化计算所做的各种假设和未知的边界条件的不确定性；数据不确定性是指由于单元失效的随机性和不同分析人员对失效状态描述的不同，造成失效数据的不确定

作者简介：史海亮(1989—　)，硕士研究生学历，主要从事压力管道检验检测及科研相关工作。E - mail：1164880836@ qq. com

性；统计不确定性来源于数据不确定性，人们一般通过对样本数据建立概率密度函数来反应变量的统计特征，而样本数据的有限性、偏差性及不唯一性造成了统计不确定性。

2.2 不确定性研究方法

根据已有文献，不确定性理论的研究方法主要包括4种方法，分别是模糊数学方法、随机数学方法、区间数学方法以及未确知数学方法[3,4,5]。研究不确定性理论的方法及其不确定性关系见图1。

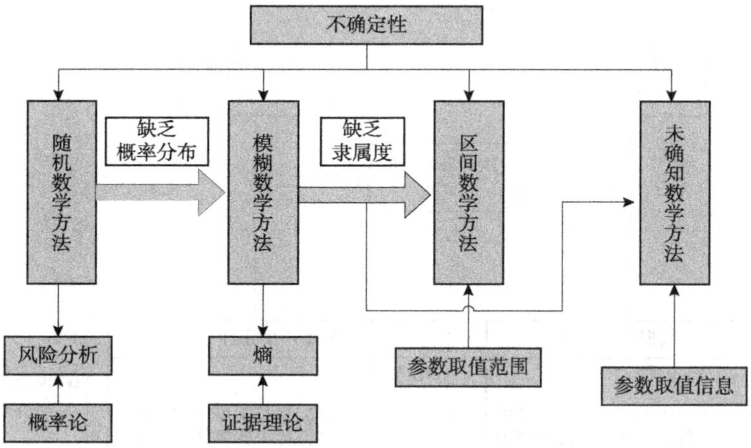

图1 不确定性理论及其逻辑关系

2.2.1 模糊数学方法

美国控制论专家扎德于1965年首次提出了模糊集的概念，创造了模糊数学理论。模糊性是指由于事物类属划分的不分明而引起的判断上的不确定性。模糊数学方法一般通过隶属度函数来处理不确定性，通过对不确定性加入隶属度，从而将不确定性的事物转化为形式上的确定性。

2.2.2 随机数学方法

在现实生活中的随机现象十分普遍，在不确定性理论的研究中，随机数学方法是处理不确定性最为常见的方法之一。概率论是随机方法的主要理论，根据已有研究，随机方法又可分为五种不同的类别，主要包括传递函数方法、数值模拟方法、置信限区间法、回归分析方法及非参数回归方法。

2.2.3 区间数学方法

在不确定性研究中，除了模糊数学方法和随机数学方法外，区间数学方法也是常用的方法之一。在信息不够充分的条件下，难以运用模糊数学方法和随机数学方法的情况下，如果变量在已知的区间内取值，则将该变量视为未知变量，这就是所谓的区间分析方法。

2.2.4 未确知数学方法

“未确知性”是由我国王光远院士在1990提出的[6]。与上面三种方法相比，未确知数学理论具有明显的特质，它的不确定性来源于主观认识上的不确定性，而非客观上存在的不确定性。未确知数学理论是继以上三种数学理论之后的一种新的不确定信息处理的方法。它是根据已有的一切有用信息，采用未确知的方法将所有信息输入到模型计算中，从而避免由于信息舍弃所产生的不确定性。

3 油气管道失效概率不确定性研究现状

任何风险都伴随着不确定性，不确定性是风险的固有属性，其贯穿于整个风险评价过程中。在油气管道风险评价中，不确定性指在估算事故概率和事故后果的过程中，因为缺少置信度，或者对所研究的风险系统的知识不完全了解，而产生的风险的固有组成部分[7]。由于不确定性的存在，使得对给定事故概率和事故后果不能做出最好的估算，或者意味着从估算和分析得出的结果不一定是最好的结果。但是，不确定性的存在并不意味着不能进行风险评价，相反，不确定性的分析是风险研究中不可缺少的一个重要环节。对于风险评价中不确定性的处理，现已成为油气管道风险评价的研究热点[8]。

3.1 国外研究现状

加拿大的学者Shahriar等[9]通过建立模糊Bow－tie模型对管道进行风险评价，并提出传统风险评价方法大多忽略了评价过程中的不确定性因素，该不确定性包括模型的不确定性和基础数据的不确定性，如图2所示。

Shahriar 等指出风险评价过程中模型的不确定性是由于假设各风险事件存在独立性、忽略风险事件的相互作用而产生的，为了减小该不确定性的影响，他们采用 Pearson 相关系数 $r \in [-1, 1]$来量化基本事件间的相关性程度，然而这种方法局限性在于只能描述两个风险事件的相关性程度，对于多个风险事件之间的逻辑关系不能够清晰表达。

基础数据的不确定性是由于缺少管道失效基础数据或者这些数据是含糊的、不精确而造成的。Shahriar 等采用的是模糊综合评价法，将专家评判与模糊集理论相结合，估算基本事件发生概率，用模糊概率来量化基本事件概率的不确定性。

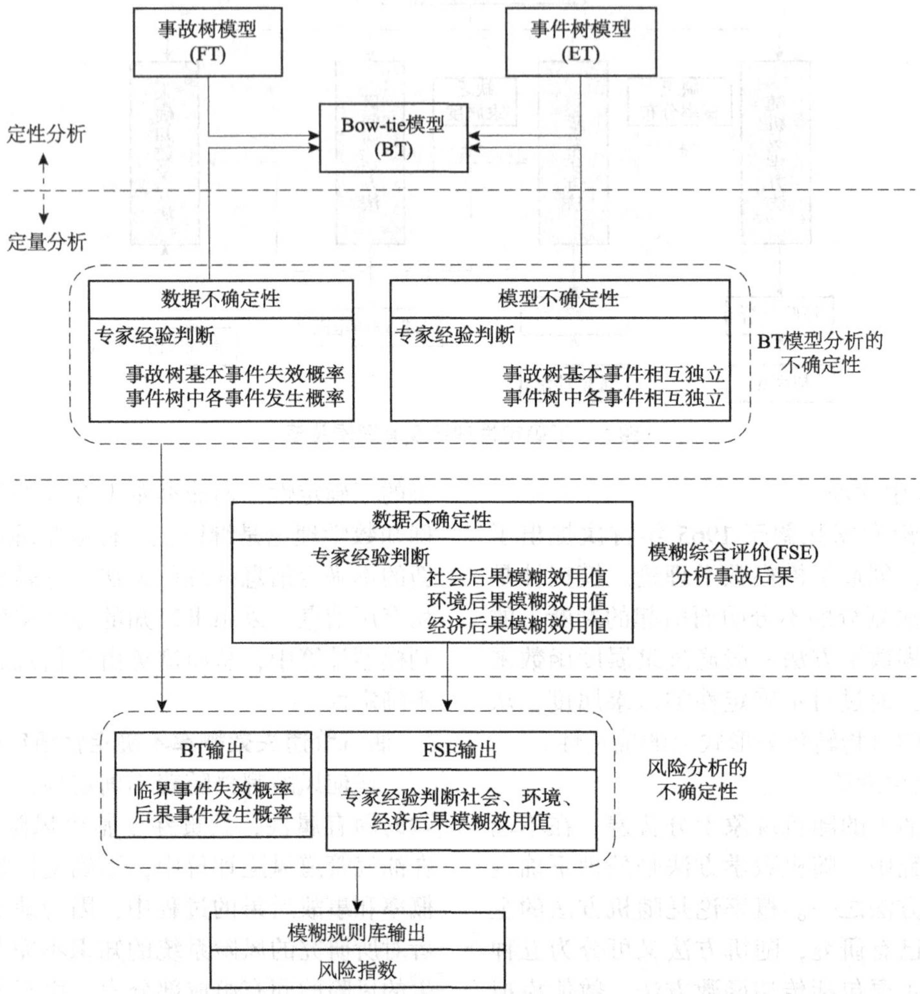

图2　Bow－tie 模型的不确定性分析框架

除此之外，M. Jabbari Gharabagh 等从石化企业对管道的检查、维护、改进和风险管理出发，提出了一种管道综合风险评价与管理的新算法，对石化管道进行定量风险评价与排序[10]。Golam Kabir 等提出了一种贝叶斯置信网络(BBN)模型，使用结构完整性、液压能力、水质、后果因素来评估金属供水总管的失效风险[11]。Sigitas Rimkevicius 等采用概率数学、确定热量的流体力学和确定概率的结构完整性分析三种分析方法，开发了一个评估管道网络系统可靠性的方法，并将其应用到了集中供热、天然气和石油供应管网中[12]。

3.2　国内研究现状

目前，国内学者主要集中在对失效概率不确定性的研究上。失效概率计算方法主要有层次分析法、故障树分析法、概率统计法、可靠性分析法等，采用这些方法时，不确定性因素始终难以避免，这就需要对一些参数进行修正。

国内的陈学冬等，分析了 API 581 标准中不考虑原始缺陷及以设计寿命为基准来计算失效概率的局限性，提出了以剩余寿命为基准来计算评价失效概率的概念与方法[13]。该方法考虑了长期超期服役与超标缺陷的影响，使得 API 581 中的方法更为合理，提高了分析结果的安全性。

彭星煜等把引起管道失效的多个基本事件作为输入变量，通过建立 BP 神经网络进行训练，来预测管道的失效概率，与故障树分析结果进行对比，基本一致[14]。

黄小美等将基于历史失效数据的方法与专家判断方法相结合，从中找出这两种方法之间的联系，得到描述其相互关系的方程式。采用历史失效数据统计方法，计算管道的平均失效概率；采用层次分析法，利用专家估计数据，求得管道失效可能性，并认为主观估计的中等可能性等于历史失效数据统计的平均失效概率，从而确定主观失效可能性和客观失效概率之间的关系式[15]。

单克等考虑到数据的不确定性，采用修正因子对统计出的基本失效概率进行修正，建立了基于修正因子的油气管道失效概率评估模型[16]。张思宏等基于贝叶斯理论的方法，将油气管道失效概率的历史统计数据信息与定量风险评价时管道的实际失效概率统计参数结合起来，采用贝叶斯理论对被评价油气管道的失效概率进行更新[17]。

赵博渊等通过识别管道的极限状态，结合 Monte Carlo 法，建立了对应的极限状态方程，从而计算出管道的失效概率[18]。但是，这种方法还要针对保护可靠性基础数据作大量细致系统的积累、分析和挖掘，才能使该模型及更多的评估方法更好地服务于工程实际。

4 结论

(1)当前国内外对油气管道风险评价的研究，主要集中在失效概率方面，对失效后果的研究仍需进一步细化，特别是失效模式预测，防护措施对后果的影响等。

(2)基于可靠性的方法是当今管道风险评价的发展趋势。失效概率的不确定性依旧是研究热点。

(3)以概率论为基础的贝叶斯方法和以模糊理论为基础的模糊数学方法是处理失效概率不确定性的两大主要方法。随着计算机技术的发展，二者必将得到广泛的应用。

参考文献

[1]祝慧娜．基于不确定性理论的河流环境风险模型及其预警指标体系：[D]．长沙：湖南大学，2012.

[2]李翠玲．系统相关失效概率模型及其不确定性分析：[D]．沈阳：东北大学，2005.

[3]梁婕．基于不确定理论的地下水溶质运移及污染风险研究：[D]．长沙：湖南大学，2009.

[4]谢更新．水环境中的不确定性理论与方法研究－以三峡水库为例：[D]．长沙：湖南大学，2004.

[5]蒋茹．基于不确定性理论与方法的城市污水处理厂优化决策研究：[D]．长沙：湖南大学，2007.

[6]王光远．未确知信息及其数学处理．哈尔滨建筑工程学院学报，1990(4)：1－9.

[7]张永春，林玉锁，孙勤芳等．有害废物生态风险评价．北京：中国环境科学出版社，2002.

[8]孙艳君，基于不确定性分析的有毒有害气体泄漏事故风险研究：[D]．南京：南京大学，2011.

[9]Shahriar A，Sadiq R，Tesfamariam S. Risk analysis for oil & gas pipelines：A sustainability assessment approach using. Journal of Loss Prevention in the Process Industries，2012(25)：505－523.

[10] M. Jabbari Gharabagh，H. Asilian，S. B. Mortasavi，etal. Comprehensive risk assessment and management of petrochemical feed and product transportation pipelines. Journal of Loss Prevention in the Process Industries. 2009(22)：533－539.

[11]G Kabir，S Tesfamariam，A Francisque，et al. Evaluating risk of water mains failure using a Bayesian belief network model. European Journal of Operational Research. 2015(240)：220－234.

[12]S Rimkevicius，A Kaliatka. Development of approach for reliability assessment of pipeline network systems. Applied Energy. 2012(94)：22－33.

[13]陈学冬，艾志斌，杨铁成等．基于风险的检测(RBI)中以剩余寿命为基准的失效概率评价方法．压力容器，2006(5)：1－5.

[14]彭星煜，刘力升，吕娜等．基于 BP 神经网络的油气长输管道失效概率预测．全面腐蚀与控制，2009(5)：12－16.

[15]黄小美，李百战，彭世尼等．燃气管道失效概率评估方法研究．石油学报，2010(4)：664－667.

[16]单克，帅健，张思宏．基于修正因子的油气管道失效概率评估．中国安全科学学报，2016(1)：87－93.

[17]张思宏．油气管道事故分类统计与失效概率评价：[D]．北京：中国石油大学(北京)，2015.

[18]赵博渊，温凯，宫敬．基于蒙特卡洛方法的天然气管道失效概率计算分析．油气管道安全，2013：88－91.

成品油长输管道完整性管理智能化进展探索

杨绪运[1] 何良恩[2] 刘益军[2]

(1. 中国特种设备检测研究院，北京 100029；2. 国家石油天然气管网集团有限公司华东分公司，上海 201103)

摘 要：完整性管理在长输油气管道得到广泛应用，提升了管道本质安全，加强了油气管道风险防控，但油气管道建设快速发展，服役管道本体安全降低，腐蚀缺陷持续扩展，周边环境日益恶化，油气管道伤亡事故仍时有发生，管道企业面临安全管理升级。本文以成品油长输管道为对象，分析数据对齐、缺陷图谱自动识别和智能监测等技术在全寿命周期完整性管理中的应用，结合大数据分析、云计算、人工智能技术的发展，探索数字驱动智慧管道完整性管理新模式，推动成品油长输管道高质量管理持续提升。

关键词：完整性管理；数据对齐；智能监测；人工智能；智慧管道

Research on Intelligent Development of Integrity Management of Long Distance Pipeline of Refined Oil

Yang Xuyun[1], *He Liangen*[2], *Liu Yijun*[2]

(1. China Special Equipment Inspection And Research Institute, Beijing 100029;
2. China Oil & Gas Pipeline Network Coproation East China Company, Shanghai 201103)

Abstract: Integrity management is widely used in long – distance oil and gas pipelines, which improves the intrinsic safety of pipelines and strengthens the risk prevention and control of oil and gas pipelines. However, with the rapid development of the construction of oil and gas pipeline, the safety of service pipelines is reduced, the corrosion defects continue to expand, the surrounding environment is getting worse and worse, and casualty accidents of oil and gas pipelines still occur from time to time. Pipeline enterprises are facing the upgrading of safety management. This paper takes the long distance pipeline of refined oil as the object, analyzes the application of data alignment, automatic defect image recognition and intelligent monitoring technology in the whole life cycle integrity management, combined with the development of big data analysis, cloud computing and artificial intelligence technology, explores a new model of integrity management of intelligent pipeline drived by digital, and promotes the continuous improvement of high – quality management of long distance pipeline of refined oil.

Key words: Integrity management; Data alignment; Intelligent monitoring; Artificial intelligence; Intelligent pipeline

1 前言

长输油气管道是国家能源输送的动脉，截止2019年底，全国长输油气管道约16.9万公里，其中原油、成品油、天然气管道里程分别为3.2万公里、3.3万公里和10.4万公里。根据国家能源局长输油气管道建设规划，如图1所示，至2025年，新建油气管道约7万公里，油气管网总规模提升至24万公里，其中，天然气、原油、成品油管道里程数分别达到16.3万公里、3.7万公里、4万公里。

作者简介：杨绪运(1979—)，男，中国石油大学(北京)工程力学专业。现在中国特种设备检测研究院从事压力管道检验评价工作。E – mail：yangxuyunyxy@126.com

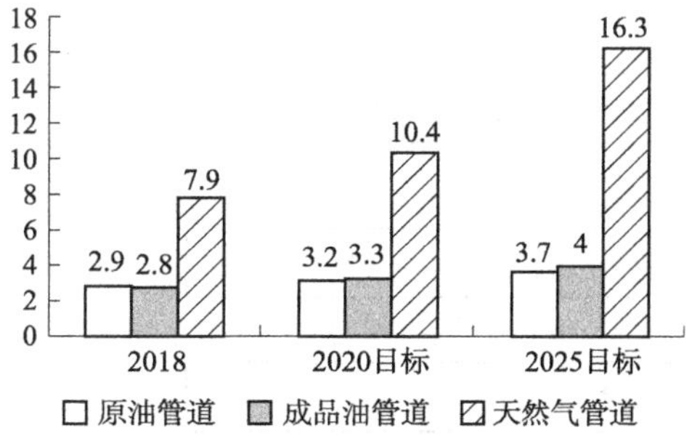

图1 全国油气管道2025年建设规划

统计分析运行维护和检验检测数据，油气管道存在的缺陷主要为制造、安装过程中产生的焊接缺陷，服役过程中因长期受到周围环境和社会活动诸多因素导致的内外腐蚀、机械损伤、变形等缺陷，以及地表沉降、滑坡等引起的变形开裂等。这些缺陷严重影响管道的安全运行，严重的缺陷常常导致穿孔、泄漏或开裂等失效事故发生，造成的人员伤亡、环境污染、经济损失等严重制约了社会、企业的发展。21世纪以来，中国油气输送管道发生的泄漏事件较多，例如，2013年青岛“11.22”原油泄漏爆炸事故，造成严重的人员伤亡和财产损失，并造成环境污染和破坏。

自国家实施管道完整性管理以来，管道本质安全得到明显提升，在管道数量不断增加的情况下，管道事故率和重大事故数量均实现下降。但管道事故仍有发生，例如某输气管线连续两年发生“7.2”“6.10”泄漏爆炸事故，每一次管道失效而导致的油气泄漏甚至人身伤亡事件，都会引发社会大众对管道影响环境、生态、气候与社区安全的疑虑，完整性管理技术需要进一步完善。

2 管道完整性管理

国外油气管道完整性管理[1,2]技术起源于20世纪70年代，API和ASME是近年来发展的以管道安全为目标的系统管理体系，油气管道风险管理技术在发达国家得到了迅速的推广应用。内容涉及到管道设计、施工、运行、监控、维修、更换、质量控制和通讯系统等全过程，并贯穿管道整个运行期，是一个动态的过程。其中，“风险评估”和“完整性评价”是整个流程中的核心和关键内容。

管道完整性管理是指服役管线系统在规定的运行条件下，在规定的服役期间内，安全经济地保证管线结构完整以实现规定输送任务的性能。包括以下内涵：①管道在物理上和功能上是完整的；②管道处于受控状态；③管道运行商已经并仍将不断采取行动防止管道事故的发生。管道完整性与管道的设计、施工、运行、维护、检修和管理的各个过程密切相关，具有整体性、全寿命、持续性特点。

长输管道的完整性管理主要包括以下六个环节：数据收集、高后果区识别、风险评价、完整性评价和效能评估。其中，数据收集、融合和深度挖掘是开展完整性管理的基础，内外检测、智能监测和预知性维修等是确保管道本质安全的关键，利用物联网、云计算、人工智能技术是实现完整性管理技术持续发展的趋势。

3 油气管道智慧化进展分析

3.1 全寿命周期数据挖掘

数据是管道完整性管理的基石，产生于设计、制造、安装、维修、改造、使用、检验、废弃等全生命周期各个阶段，数据分布范围广、层次多、分散性强、形式各异，通过对不同阶段或者同一阶段不同来源的数据进行整合分析，探索、总结数据间的关联与规律，可以充分挖掘数据价值，为全面了解管道风险，针对性制定风险管控措施提供有效依据和支持。

数据管理一般包括数据采集、数据存储与集成、数据建模、数据处理、数据交互应用，如图2所示。

（1）数据采集。以管道传感器为主要采集工具，结合监测终端、人机交互、智能终端等手段采集全寿命周期各阶段多源、异构数据信息，并通过互联网或现场总线等技术实现源数据的实时准确传输。

（2）数据存储与集成。利用分布式存储技术、元数据技术、标识技术、数据集成技术等，实现对数据的采集、清洗、转换、读取，并实现数据写入控制（即对设备通过数据进行远程操作）。

（3）数据建模。基于设备运行历史数据、实时数据及相关业务数据，采用聚类、分类、规则挖掘等数据挖掘方法及预测机制建立多类基于数据的工业过程优化特征模型。

（4）数据处理。在传统数据挖掘的基础上，结合新兴的云计算、Hadoop、专家系统等对同构数据执行高效准确地分析运算，包括大数据处理技术、通用处理算法和工业领域专用算法。

（5）数据交互应用。对经处理、分析运算后的数据，通过可视化技术，包括大数据可视化技术和3D工业场景可视化技术，企业管理和生产管理等传统工业软件与大数据技术结合，实现对

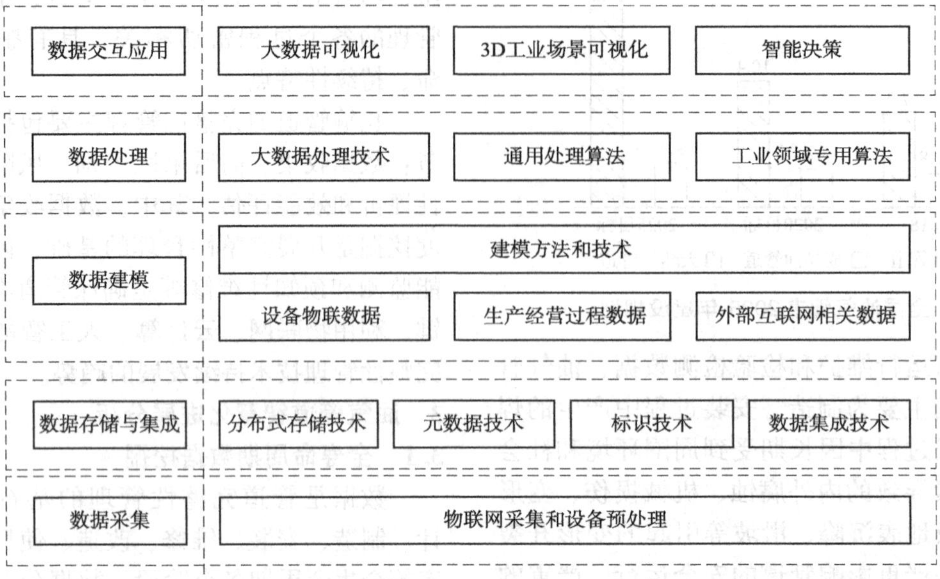

图 2 数据管理图层分布

企业行为和安全需求的预测和判断。

管道的基础设施数据和地理信息数据主要来自于管道的设计和建设阶段；运行数据主要来自于管道日常运行过程中对管道运行数据、监测数据的记录。检测数据主要来自管道的日常检测和定期检验。

数据对齐是油气管道全寿命周期数据一体化、标准化和深度应用的具体体现，管道企业多采用数据对齐的方法进行数据的整合与分析，常见的做法是将管道内检测数据与管道本体数据、管道施工数据、管道外检测数据、内检测数据以及运行维护数据进行对比分析，多采用软件算法 + 人工干预的方法对数据进行对齐处理。

数据对齐主要包括地下数据对齐和地上 - 地下数据对齐：

(1) 以管道安装施工数据和内检测数据为对象，按照逻辑顺序对管节进行分布排列，利用函数关系对图形相似度进行匹配和评估，并借用辅助修正算法与人工干预的方法将内检测数据与施工数据完整对齐。

(2) 利用内检测地面参考点，将内检测数据与地面阀室、里程桩/测试桩等地表构建筑物对齐。

(3) 利用内检测缺陷、焊缝、管节等信息，实现地上 - 地下关键数据对齐，并将无损检测、管道修复等数据对齐。

数据对齐可用于高后果区管理和三维智能交互管理，结合数据挖掘和智能分析技术，深入分析影响管道安全运行的关键因素，为管道企业针对性制定风险管控措施提供依据。

3.2 安装过程质量控制

对某成品油管道内外检测数据进行分析，管道存在的额缺陷主要为变形、褶皱、外腐蚀、防腐层破损、焊接缺陷等，图 3 为施工褶皱缺陷。各类缺陷中因安装施工质量产生的缺陷占比达到 70% 以上，为管道的运行埋下安全隐患，大大增加了运行管理、维修改造的成本，严重缩短了压力管道安全运行周期，给管道企业的运行管理带来极大的风险和压力。

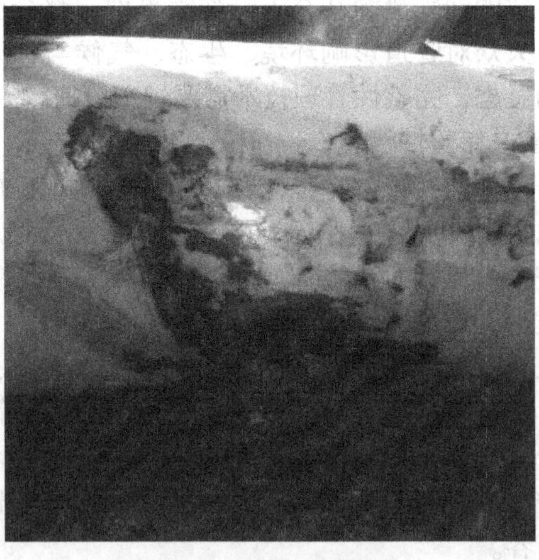

图 3 管体褶皱缺陷

外腐蚀、防腐层破损等缺陷可通过基线检测及时消除，而焊接缺陷受限于种种复杂情况难以有效消除。

近三年发生多起焊接缺陷导致的管道泄漏爆炸事故，中石油、中石化和其他大中型管道企业开展焊缝质量专项隐患排查，主要通过底片复查、现场调查和开挖复测等方式。底片复查主要是对安装过程无损检测报告和底片进行重新评定，尤其是假片、废片、漏评、错评问题；现场调查主要依据内检测数据，结合底片复查情况，对内检测焊缝异常、底片异常以及高后果区内的金口、死口、连头口等进行现场环境进行调查，确定重点排查的高风险焊口；开挖复测主要是利用相控阵、TOFD、DR 等先进的无损检测技术，结合 RT、UT 等常规无损检测技术，对高度存在焊接质量的焊口进行复测复评，并进行维修维护。通过综合治理措施，主动消减部分焊接缺陷隐患，但人力、物力投入巨大，仍无法完全消除，尤其是早期安装的成品油管道，存在底片丢失严重、焊口位置不清、安装检测抽查、内检测焊缝数据难以定量检测等问题，焊缝质量排查难度远高于天然气长输管道。因此，研究分析在建管道的综合管理措施，加强在建管道的质量管理，减少或避免施工缺陷的产生，降低运营管理风险，具有重大的社会效益和经济效益。

通过建立图像自动识别的大数据分析模型，对在役管道运行期焊缝的质量自动识别评价，是解决建设期焊缝问题的主要措施，主要包括焊缝射线底片数字化、人工复核及软件自动识别和缺陷等级评定。

焊缝底片数字化图像的缺陷特征自动提取与自动识别需要对图像基础信息进行预处理，并采用边缘检测、缺陷跟踪、图像增强、线性变换、图像形态学处理、算子融合等方法，获取图像的纹理特征，并计算处缺陷图像特征值，自动对缺陷类型的进行分类。如裂纹、未焊透、未熔合、圆形缺陷、条形缺陷等。焊缝识别与分析系统功能图如图 4 所示，缺陷识别过程如图 5 所示。

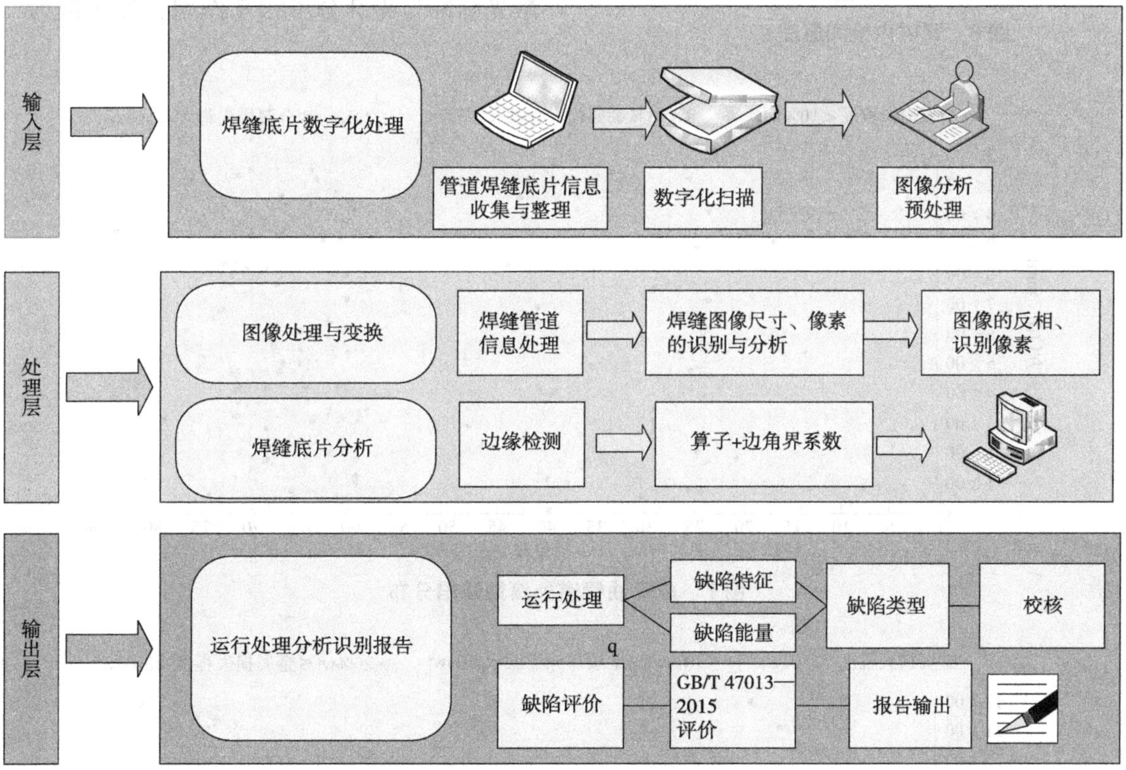

图 4　焊缝识别与分析系统功能图

3.3　在役管道内检测技术

从 60 年代开始，美国、英国、德国、加拿大等国开展了管道在线检测技术的研究，已经研制出管道内电视摄像法、漏磁法、超声法、远场涡流法、弹性波法等不同原理的管道在线检测器。目前国内外管道公司在长输管道检测中，广泛采用的主要是漏磁内检测和超声内检测，其中超声内检测又分为传统超声内检测和电磁超声内检测[3]。

管道漏磁内检测通过霍尔传感器检测出缺陷处被磁化材料表面泄漏出来的漏磁通量，检测原理如图 6 所示。

若管壁中存在缺陷，会使缺陷处的磁导率发生改变，由于缺陷处的磁导率很小，磁阻很大，会使磁通回路中的磁通发生畸变，磁感应线会改变传播方向，使一部分的磁通会背离管壁，以空

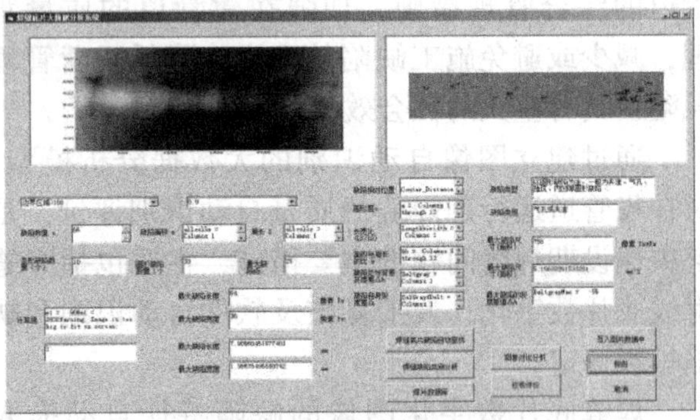

图 5　焊缝缺陷识别过程

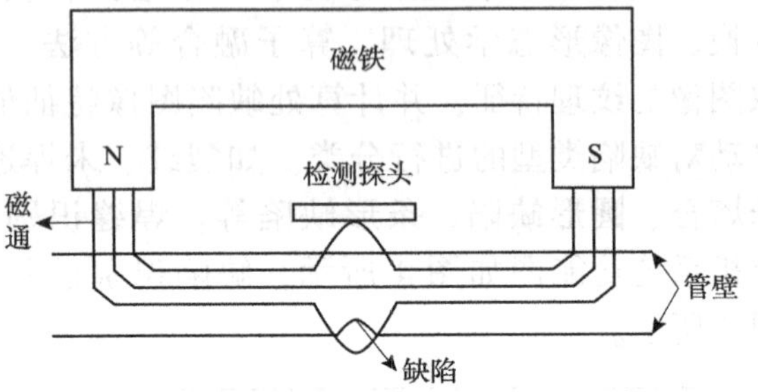

图 6　漏磁内检测原理

气为介质绕过缺陷再重新进入管壁，在管壁的表面缺陷处形成漏磁场。

对某 85.5 公里成品油管道开展漏磁内检测，共检测大于等于 2.0% 管道外径的变形缺陷 24 处，内外金属损失 349 处，焊缝异常 131 处。该段管道外壁腐蚀分布如图 7 所示，经大数据分析，管道在 15 ~ 30km 及 55 ~ 75km 外腐蚀较密集，与防腐层质量及外部干扰环境有关。

该段管道内壁腐蚀分布如图 8 所示，经大数据分析，管道在 18 ~ 25km、40 ~ 45km 以及 68 ~ 75km 内腐蚀较密集，主要受管道结构及高程影响。

结果表明，内检测技术是管体内外腐蚀缺陷和变形缺陷最有效的方法，并提供缺陷面积、程度、方位、位置等全面信息。

3.4　分布式光纤监测技术

光纤监测[4]机理是依据后向拉曼散射效应，激光脉冲与光纤分子相互作用，发生散射，其中

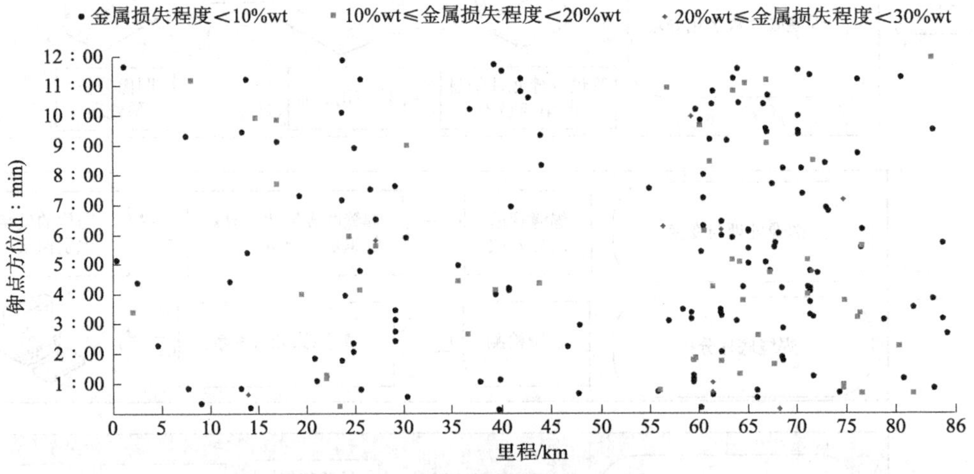

图 7　成品油管道外腐蚀缺陷分布

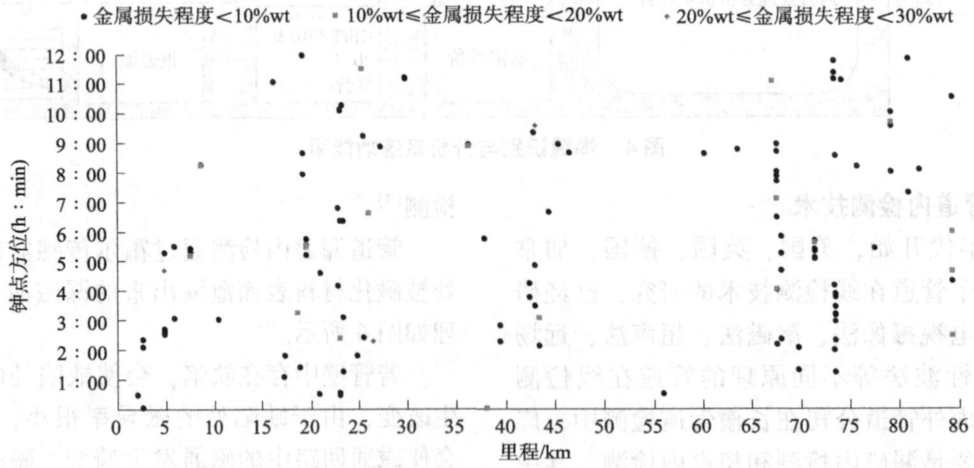

图 8　成品油管道内腐蚀缺陷分布

拉曼散射是由于光纤分子的热振动，它会产生一个比光源波长长的光，称为斯托克斯光，还产生一个比光源波长短的光，称为反斯托克斯光。光纤受外部温度的调制使光纤中的反斯托克斯光强发生变化。另外利用光时域反射(OTDR)技术可以实现光纤温度定位，因此利用后向拉曼散射效应和OTDR技术可以实现对沿光纤温度场的分布式测量。

分布式光纤结合其他传感器，可实现油气管道的泄漏、沉降、应力应变和第三方入侵等进行监测[5]，实现管道本体的实时状态检测，缩短应急响应时间，减少或避免事故的发生，分布式光纤泄漏监测如图9所示。

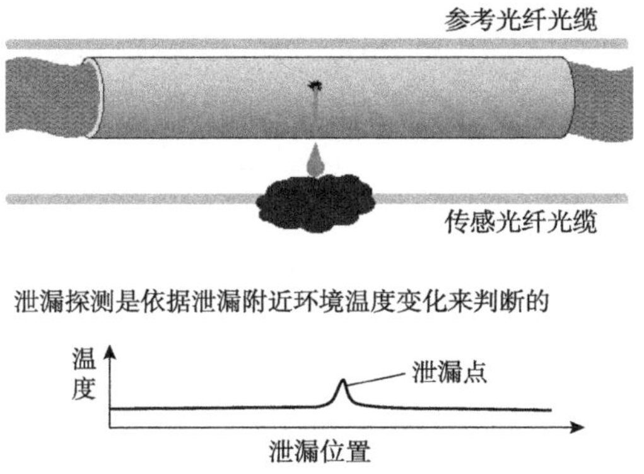

图9　分布式光纤泄漏监测

4　成品油管道完整性管理新模式探索

随着5G、大数据、云计算、人工智能等技术的日益成熟，管道企业的管理模式也在发生改变，由传统的指令式管理向主动的完整性管理转变，并逐渐向"智慧管道"发展。中俄东线是我国建成的第一条以大数据为基础的智能管道，施工现场搭建了智能工地，利用物联网和移动应用，通过现场无线局域网络，结合二维码、电子标签、视频监控、人脸识别等技术，实现了工程建设过程的资源管理、过程管理及关键工序数据采集，可以真实、准确地反映现场作业过程，并实现数据经回流，并向运营期进行全数字化移交，建设期数据传输如图10所示[6]。

成品油管道在建设期可借鉴中俄东线实现管道数字化，并结合区块链技术，实现数据质量溯源和质量管控；运行期结合无人机、AR技术、遥感卫星感知、智能监测等技术，实现管道致灾早期诊断、精准实时管控、动态风险评估和智能防护预警，由人工判断转变为智能识别，由周期性数据采集转变为实时远程传输，实现油气管道预知维修的科学决策和事故的科学预测预防。

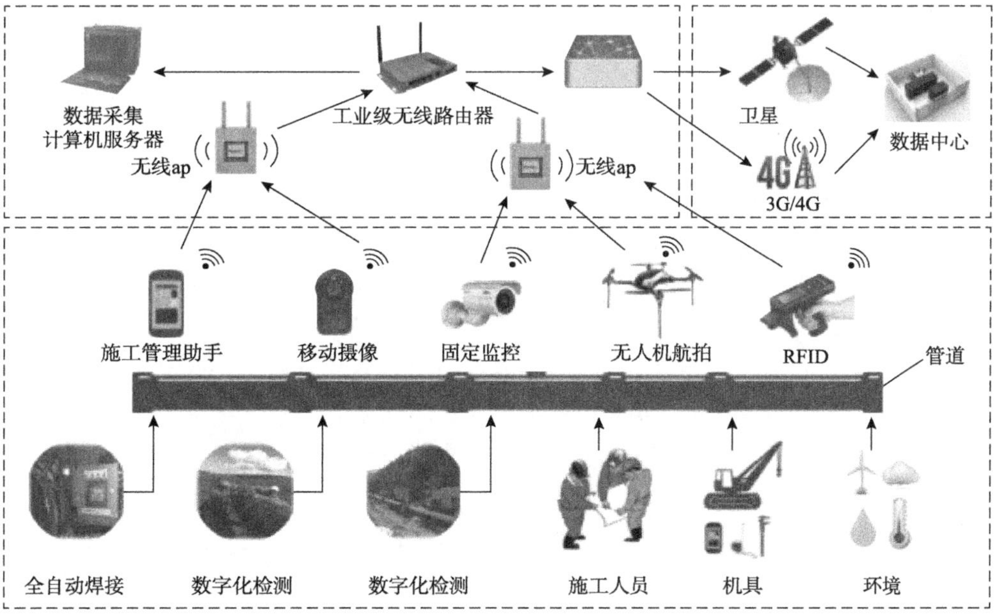

图10　建设期数据传输

5　结论

完整性管理技术实施以来，管道行业安全管理水平得到持续提升，但随着物联网、监测技术、人工智能的飞速发展，成品油管道完整性管理技术需要进一步完善。

(1) 全寿命周期开展数据管理，建立数据标准，实现数据的全面统一，加强三维空间数据对齐研究，构建成品油完整性数字管道；

(2) 全面提升建设期管理措施，加强缺陷智能识别技术的应用，动态评估安装风险，实现安装质量溯源和实时监测；

（3）深度融合智能监测和物联网技术，强化智慧监管和人工智能的结合，实现成品油管道风险动态评估和智能决策。

参考文献

[1]姚安林，刘艳华，李又绿，等．国内外油气管道完整性管理技术比对研究[J]．石油工业技术监督，2008，24(3)：5－12.

[2]赵新伟，李鹤林，罗金恒，等．油气管道完整性管理技术及其进展[J]．中国安全科学学报，2006，16(1)：129.

[3]杨理践，耿浩，高松巍．长输油气管道漏磁内检测技术[J]．仪器仪表学报，2016，37(8)：1736－1746.

[4]吴海颖，朱鸿鹄，朱宝，等．基于分布式光纤传感的地下管线监测研究综述[J]．浙江大学学报，2019，53(6)：1057－1070.

[5]TANIMOLA F，FILL D. Distributed fiber optic sensors for pipeline protection[J]. Journal of Natural Gas Science and Engineering，2009，1(4)：134－143.

[6]王巨洪，张世斌，王新，等．中俄东线智能管道数据可视化探索与实践[J]．油气储运，2020，39(2)：169－175.

多气源环状天然气管网能量计量赋值算法探讨

刘婉莹[1]　许好好[1]　李　想[1]　吕海舟[2]　吴　昀[2]

(1. 浙江浙能技术研究院有限公司，浙江 杭州 311100；2. 浙江省天然气集团有限公司，浙江 杭州 311100)

摘　要：为解决浙江省多气源环状天然气管网在线气相色谱仪损坏或未配备色谱仪的情况下，无法与下游用户进行能量计量贸易交接的问题，研究出一套天然气能量赋值算法，替代设备无法正常工作时给出合理的天然气热值。在直管段和多支路的不同管网结构类型情况下，通过拟合管段压力和管段流量之间的经验公式，建立各相连管段的流量与压差之间的关系，并建立站点气体组分与上、下游管道两端站点压差和气体组分之间的关系，从而可以实时计算得到天然气热值。根据天然气能量间接测定法，通过溯源上下游的方式，在已知相邻站点压力、流量和组分的情况下，能够推算出本站天然气发热量。选取了浙江省典型天然气站场对本赋值算法进行验证，与实际热值测量值相比，计算值偏差在0.6%以内，满足GB/T 18603 中A级计量站的赋值发热量最大允许误差的要求，能够保障贸易计量工作的顺利开展。

关键词：多气源；环状；天然气管网；能量计量；热值；赋值算法

Discussion on Energy Measurement and Assignment Algorithm of Multi – gas Source Loop Natural Gas Pipe Network

Liu Wanying[1], *Xu Haohao*[2], *Li Xiang*[3], *Lv Haizhou*[4], *Wu Yun*[5]

(1. Zhejiang Energy Technology Research Institute Co., Ltd. 311100, Hangzhou 311100, Zhejiang, China;
2. Zhejiang Natural Gas Group Co., Ltd. 311100, Hangzhou 311100, Zhejiang, China)

Abstract: In order to solve the situation that the on – line gas chromatograph of the multi – gas source looped natural gas pipeline network in Zhejiang Province is damaged or is not equipped with a chromatograph, it will leads to the inability to carry out energy metering custody transfer with downstream users. Therefore, a set of natural gas energy assignment algorithm was developed to replace the equipment to give a reasonable calorific value when the equipment fails to work normally. According to the indirect measurement method of natural gas energy, by tracing upstream and downstream, the calorific value of natural gas at the site can be calculated when the pressure, flow and composition of adjacent stations are known. A typical natural gas station in Zhejiang Province was selected to verify the researched valuation algorithm. Compared with the actual calorific value measurement value, the calculated value deviation is within 0.6%, which meets the requirements of the A – level measurement system, the smooth development of trade measurement work is guaranteed.

Key words: Multi – gas source; looped pipe network; natural gas; energy metering; calorific value; assignment algorithm

1　引言

我国2020年天然气消费量约3200 × $10^8 m^3$，同比增长4.2%，占一次能源消费总量的10%，虽然天然气消费受新冠肺炎疫情冲击受到一定程

作者简介：刘婉莹(1994—　)，工程师，2019年6月毕业于中国石油大学(北京)，硕士研究生，现就职于浙江浙能技术研究院有限公司，从事油气管道安全技术、油气管道智能化建设研究。曾参与国家重点研发计划课题——国家大型原油储备库安全风险评价。E – mail：1443901079@qq.com

度影响，但从长期趋势上仍保持快速增长态势。随着我国天然气消费规模持续增长以及进口天然气占比越来越大，能量计价与按体积计价之间的矛盾越来越突出[1]。混输的天然气热值品质不同，计量单位不统一，不仅影响我国天然气市场国际化进程，也不利于油气管道基础设施第三方准入的实施。国外早在 20 世纪 80 年代便开始提出进行天然气能量计量贸易交接[2]。政府相关部门制定的《油气管网设施公平开放监管办法》于 2019 年 5 月 24 日起施行，其中指出，油气管网设施开放后，混输的天然气热值品质不同，采用能量计量方式有利于准确计量、体现公平，减少结算纠纷[3]。因此，为适应当前我国天然气产业快速发展的需要，天然气计量采用能量计量方式势在必行。

2　基于溯源上下游的可变赋值算法

基于溯源上下游的管网天然气能量赋值算法具体溯源思路如图 1 所示，出口气体由上、下游管段气体混合而成，因而其组分取决于上、下游管段气体组分及管段流量，而上、下游管段气体组分与上、下游有效节点气体组分相同，上、下游管段流量取决于上、下游管段压差、节点用户下载量及管段结构特性，因而其赋值算法的不确定性只涉及上、下游管段，增加了赋值算法的可靠性[4]。

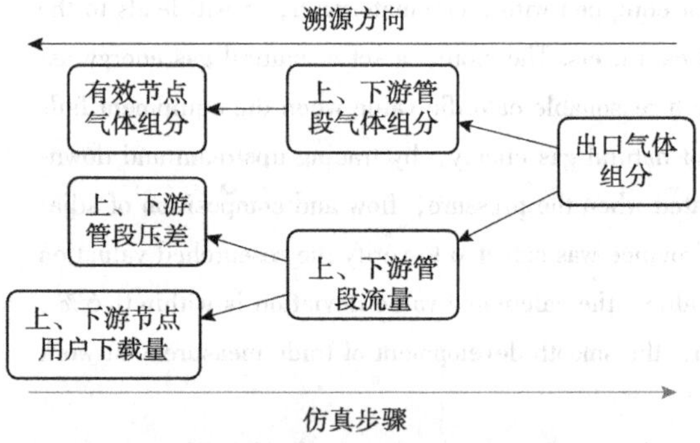

图 1　基于溯源上下游的管网天然气能量赋值算法溯源思路

2.1　赋值算法基本理论

基于局部天然气管网赋值算法的溯源思路可知，待求气体组分 C_B 与上、下游管段压差（上、下游管段节点压力 P_i）、上、下游节点用户下载量$_{Qi}$及上、下游有效节点气体组分 C_i 相关，因而可以通过建立 C_B 与 C_i、Q_i 及 P_i 之间的关联式来实时对待求气体的热值进行赋值[5]：

$$C_B = f(C_i,\ Q_i,\ P_i)，i \text{ 表示节点} \tag{1}$$

根据质量守恒定律可知：待求气体组分 C_B 与上、下游管段气体组分 C_i 及流量 q_i 存在如下关系[6]：

$$C_B = \frac{\sum_1^n C_i q_i}{Q_B} \tag{2}$$

式中，Q_B 表示待求站点的下载流量；n 表示与出口相连的管段数。

天然气管道中管道流量 q_i 与管段长为 L 的管道两端节点压力 P_1、P_2 存在如下关系[6]：

由于天然气长输管道运行压力在 4MPa 以上，因此选择高压公式进行计算。对于高压（$P > 1.2$MPa）：

$$\Delta P = P_1^2 - P_2^2 \tag{3}$$

在通过拟合管段压力和管段流量之间的经验公式建立不同节点处各相连管段的流量与压差之间的关系[7]，即：

$$q_i = f(\Delta P_i) \tag{4}$$

式中，ΔP_i 为管段 i 两节点之间压差。

结合式（2）和式（4）建立节点气体组分与上、下游管道两端节点压差和气体组分之间的关系[8]：

$$C_B = \frac{\sum_{i=1}^n c_i f(\Delta P_i)}{Q_B} \tag{5}$$

2.2　基于不同管网结构的赋值方案

在上、下游相邻管段气体组分已知且管段压差明确的前提下，通过建立节点组分与上、下游管道两端节点压差和气体组分之间拟合关系进行节点天然气发热量赋值计算[9]。由于存在上、下游相邻管段气体组分未知或管段压差不明确的情况，针对单管段及三支路管段提出节点发热量赋值算法。

2.2.1　单管段

单管段是天然气管网中最为常见，根据上、下游相邻管段气体组分及管段压差的已知数据，将发热量赋值算法分为两种情况。

当上、下游相邻管段气体组分未知或管段压差不明确，节点 B 气体组分将不能直接通过上、下游管段 $S-B$，$B-X$ 气体组分及管段压差进行赋值计算，此时将通过扩大溯源范围进行节点 B 的赋值计算，上下游分别扩大一个节点时节点 B 的赋值算法[10]。如图 2 所示，对节点 B 处气体组分的取值判断根据上、下游节点 S'及 X'的组分含量差异可分为以下两种情况：

(1)当 $C_{S'}=C_{X'}$时，直管段中气流流动单向，节点 B 气体来自上游节点 S'、或下游节点 X'，进而节点 B 气体组分可直接取上游或下游测量值。

(2)当 $C_{S'}\neq C_{X'}$时，上、下游管段 $S-B$，$B-X$ 中气体流量及流向将由管段 $S'-B$，$B-X'$压差及节点 S、X 处途泄流量根据式(4)或公式(2)和式(3)进行判断，进而节点 B 处气体组分可根据流量占比计算而得。

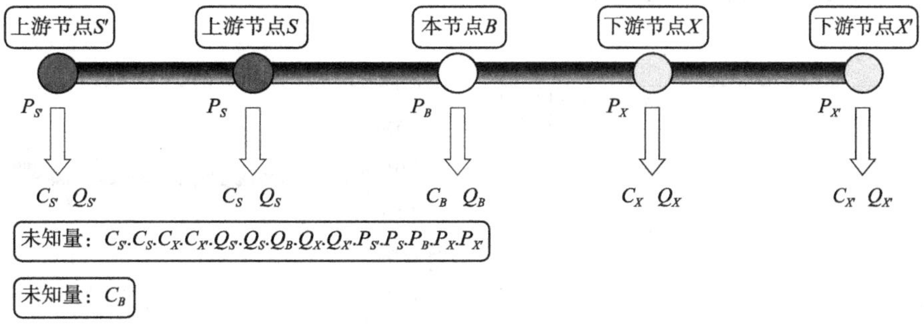

图2　单管段参数示意图

2.2.2　三支路管段

对于三支路管段节点 B 其赋值算法与直管段的区别在于需进一步判断第三相邻管段气体流量及气体组分，根据三支路管段气体组分及管段压差的已知情况，将能量赋值算法分为两种情况[11]。

(1)三支路管段气体组分已知、管段压差均明确。如图4所示，节点 B 为需要进行能量赋值计算的节点，存在三支路管段 $S-B$、$B-X1$ 和 $B-X2$，其中各个节点压力 $P_i(i=S,\ B,\ X)$及途泄流量 $Q_i(i=S,\ B,\ X)$均已知，且 $S-B$，$B-X1$ 和 $B-X2$ 管道两端存在明确压差，节点 S、$X1$ 及 $X2$ 处气体组分已知。

当三支路管段的气体组分不同时，三管段 $S-B$、$B-X1$ 和 $B-X2$ 中气体流量及流向将由管段 $S-B$，$B-X1$ 和 $B-X2$ 压差及节点 S、$X1$ 及 $X2$ 处途泄流量根据式(4)或式(2)和式(3)进行判断[12]，进而节点 B 处气体组分可由公式(5)计算而得：

$$C_B=f(C_i,\ Q_i,\ P_i)=(q_S C_S+q_{X1}C_{X1}+q_{X2}C_{X2})/Q \tag{6}$$

其中q_S、q_{X1}及q_{X2}分别表示三管段 $S-B$、$B-X1$ 和 $B-X2$ 中气体流量，计算过程中需使$q_S+q_{X1}+q_{X2}=Q_B$ 以保证质量守恒。

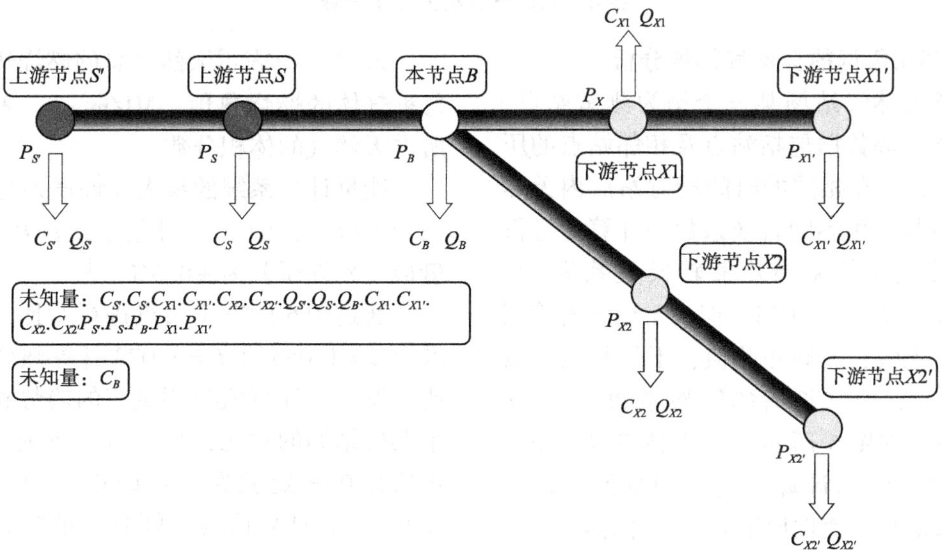

图3　三支路管段参数示意图

2.3 天然气组分分析

天然气由甲烷、乙烷、丙烷、正戊烷、异戊烷、正丁烷、异丁烷、氮气、二氧化碳和 C_{6+} 等气体组成[13]，其中甲烷含量最多。

选取某站场在某一时间段的数据，拟合天然气组分变化情况。如图 4 所示，根据式(2)计算天然气各组分体积分数，并将测量值与计算值进行对比，其中 Nnm 表示组分实际测量值，n 表示气体，m 表示站点；Nnm_ p 为组分计算值。

从图 4 中可以看出，天然气各气体组分的计算值与测量值趋势相同，并且峰值突变点所在位置的吻合度也较好。经计算，组分的赋值偏差在 0.1% 以内[14]。综上所述，通过拟合计算可以准确获得气体组分变化情况，从而能够进一步计算天然气热值。

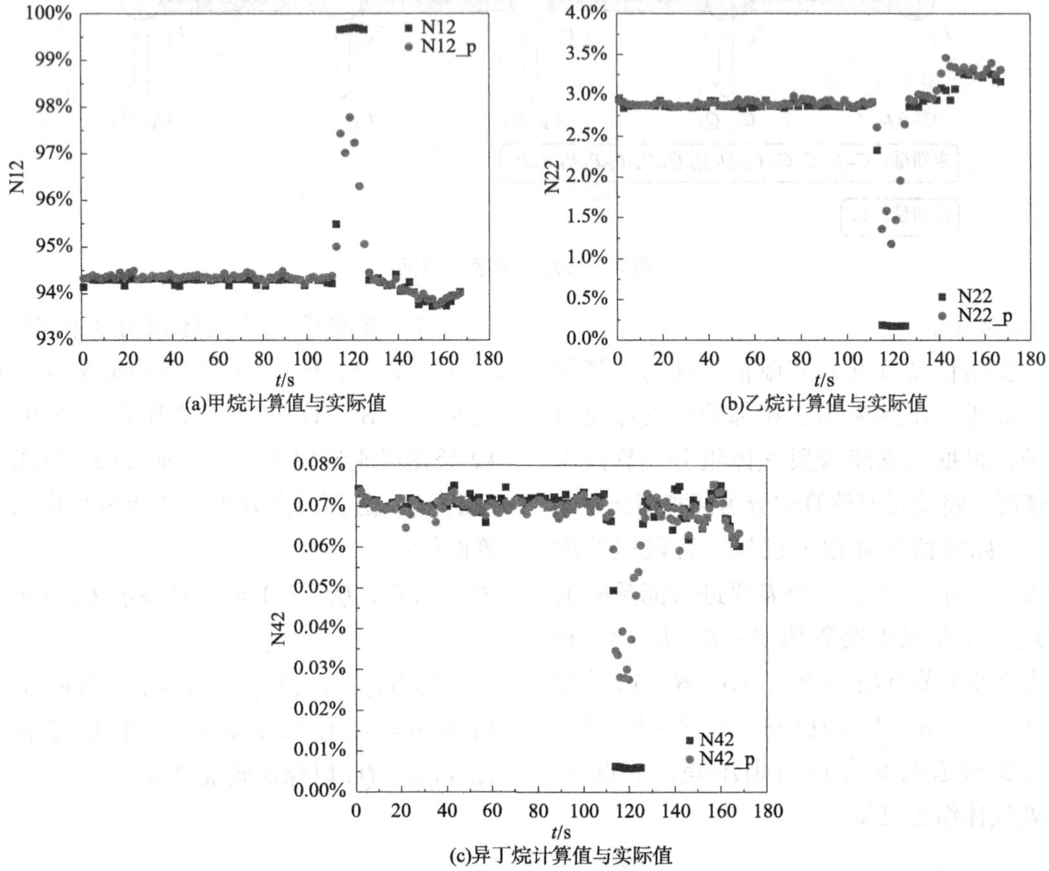

(a)甲烷计算值与实际值　(b)乙烷计算值与实际值

(c)异丁烷计算值与实际值

图 4　天然气各组分体积分数

2.4 多气源环状管网的天然气热值分析

以浙江省天然气站场某三个站为测试站点，调取的历史某一周数据包括站点及相邻站点的压力、流量和组分，在相同的时间段对站点内天然气的实际热值与采用不同转换系数的计算值进行对比分析。转换系数 k 指热值转换关系为[15]：1Btu = 1.055kJ，即 $k = 1.055$，但由于浙江省管网中的天然气为干气，需修正热值，干气修正系数为 $\gamma = 1.017$[16]，即修正后的转换系数 $k = \gamma \times 1.055 = 1.073$。如图 5 所示，采用转换参数 $k = 1.055$ 和 $k = 1.073$ 的计算热值与测量值进行对比。燃烧热值的计算值按照下列公式计算：

$$C_v = k\sum_1^i Q_{vi} \cdot n_i \qquad (2-7)$$

式中，C_v 表示天然气总的燃烧热值；Q_{vi} 表示每种气体的燃烧热值，MJ/m^3；n_i 表示每种气体所占天然气的体积分数。

能量计量系统的最大允许误差分为 A、B、C 三个等级，其中 A 级计量系统的离线/赋值发热量最大允许误差为 ±0.6%[17]。

通过图 6 的三个站点进行对比，即采用转换系数 $k = 1.055$ 和 $k = 1.073$ 计算热值与测量热值比较发现，计算值与测量值的趋势相同。经过三个典型站场的对比，当 $k = 1.055$ 时，计算值与测量值存在一定差距；当修正后的转换系数 $k = 1.073$ 时，计算值与实际测量值吻合度最佳，计算值误差在 0.23% 左右 <0.6%，满足 A 级计量

系统的误差范围[18]。又分别取了春季、夏季和冬季的某一周时间段进行计算，对于不同季节，发热赋值最大偏差均在 0.6% 以内，因此可以利用本赋值算法准确拟合出天然气热值，能够保障浙江省天然气管网在色谱仪损坏或缺失的情况下进行有效能量计量贸易交接。

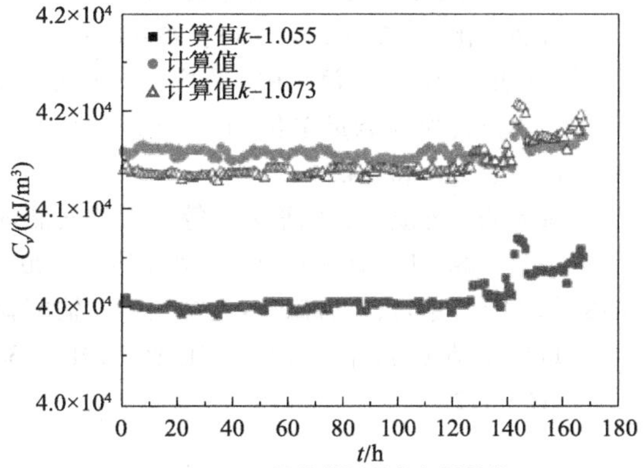

(a)A站热值测量值与计算值

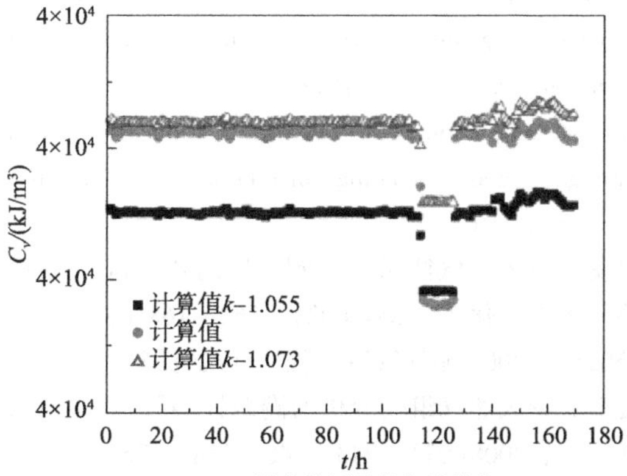

(b)B站热值测量值与计算值

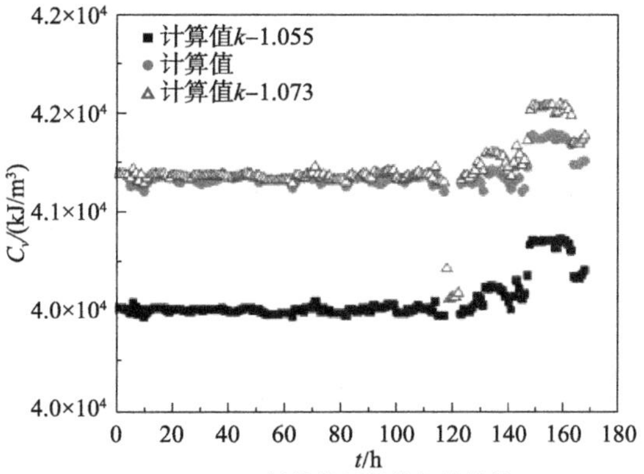

(c)C站热值测量值与计算值

图 6 各站热值测量值与计算值

3 结论

（1）拟合管段压力和管段流量之间的经验公式，建立了站点相连管段流量与压差之间的关系以及站点与相邻站点气体组分之间的关系，在多气源环状管网中，实现了对站点天然气热值的实时赋值，作为色谱仪缺失或损坏情况下的贸易交接手段。

（2）通过组分分析发现，天然气中实际各气体组分随时间的变化情况与计算值吻合度较好且误差仅在 0.2% 左右，因此通过拟合计算可以准确获得气体组分变化情况，可用于下一步进行实时计算天然气热值。

（3）通过选取浙江省 3 个典型站场进行热值计算发现，转换系数为 $k = 1.073$ 时，计算值与实际测量值吻合度最佳，误差为 $0.23\% < 0.6\%$，因此本赋值算法能够准确实时拟合出天然气高位热值，符合 A 级计量系统的误差要求。

参考文献

[1]陈赓良．天然气能量计量的技术进展[J]．石油与天然气化工，2015，44(01)：1 – 7.

[2] Caldwell B J . Fuel gas energy metering: transmission measurement committee report No. 5(revised)[J]. 1981.

[3]常宏岗，段继芹．中国天然气计量技术及展望[J]．天然气工业，2020，40(01)：110 – 118.

[4]GB/T 18603—2014，天然气计量系统技术要求[S]．中华人民共和国国家质量监督检验检疫总局 & 中国国家标准化管理委员会．

[5]王春梅．浙江省省级天然气管网能量计量的可行性[J]．煤气与热力，2018，38(06)：44 – 46.

[6]Dörr, Holger, Koturbash T, Kutcherov V. Review of impacts of gas qualities with regard to quality determination and energy metering of natural gas[J]. Measurement Science & Technology, 2018.

[7]李克，潘春锋，张宇，等．天然气发热量直接测量及赋值技术[J]．石油与天然气化工，2013，042(003)：297 – 301.

[8]陈勇，李克，王晓琴．天然气发热量测定方式比较[J]．工业计量，2020，30(05)：28－30＋45.

[9]Joohyun Lee，Suyong Kwon，Wukchul Joung，Daeho Kim. Measurement of the Calorific Value of Methane by Calorimetry Using Metal Burner[J]. International Journal of Thermophysics，2017，38(11).

[10]Review of calculation of calorific value and dew point of natural gas，and estimating uncertainties[J]. Revista ION，2016，29(2).

[11]陈赓良．对天然气能量计量溯源性的若干认识[J]．石油与天然气化工，2007(02)：162－168＋88.

[12]GB 50251—2003 输气管道工程设计规范[S].

[13]陈赓良．论天然气组成分析的溯源性[J]．石油与天然气化工，2008(03)：243－248＋258＋175.

[14]GB/T 11062—2020，天然气发热量，密度，相对密度和沃泊指数的计算方法[S].

[15]曾文平，王伟杰，王晓琴，等．天然气中 C_{6+} 组成不同定量方式对发热量计算结果的影响[J]．石油与天然气化工，2020，49(04)：95－100.

[16]DouglasE. Dodds，潘兆柏，许宪儒．天然气计量由容积单位转换为能量单位[J]．国外油田工程，1996(07)：39－40＋43.

[17]黄黎明，陈赓良，张福元，等．天然气能量计量理论与实践[M]．北京：石油工业出版社，2010.

[18]徐孝轩，李奇，荆栋．多气源天然气输配管网的能量计量方法[J]．天然气工业，2018，38(01)：116－122.

地面荷载作用下埋地燃气聚乙烯管道的力学行为分析

查四喜　安宝钰　兰惠清

（北京交通大学机械与电子控制工程学院，北京　100044）

摘　要：随着城市化进程加快，埋地燃气聚乙烯管道上方的违章建筑和压占现象时有发生。本文通过有限元方法研究了埋地燃气聚乙烯(PE)管道在地面荷载作用下的力学行为。通过不同应变率单轴拉伸试验获取 Sherwood - Frost 本构模型的参数，并模拟拉伸过程以验证参数选取的合理性。建立了地面载荷下的埋地燃气聚乙烯管道的有限元模型，分析管道在不同位置的轴向应力变化规律，并确定危险点。然后分析相关参数对管道的应力和变形的影响。最后，根据应力破坏准则，研究了管道的极限承载力与地面载荷偏移之间的关系。

关键词：聚乙烯管道；地面荷载；有限元法；力学行为；极限承载能力

Mechanical Behavior Analysis of Buried Gas Polyethylene Pipeline Under Surface Load

Zha Sixi, *An Baoyu*, *Lan Huiqing*

(School of Mechanical, Electronic and Control Engineering, Beijing Jiaotong University, Beijing 100044, China)

Abstract: With a rapid urbanization, illegal construction and occupation above the buried gas polyethylene(PE) pipelines occur frequently. Mechanical behavior of buried PE gas pipelines under surface load was investigated by using finite element method(FEM). Uniaxial tensile tests with various strain rate were carried out to obtain parameters in the Sherwood - Frost constitutive model. Then the tensile process was simulated to verify the rationality of parameter selection. Finite element models of buried PE gas pipeline under surface loads were established to analyze the distribution of axial stress at different locations and to determine hazard points. After that, the influence of relative parameters on the stress and deformation of the pipeline was also analyzed. Finally, according to the stress damage criterion, the relationship between the ultimate bearing capacity of the pipeline and the offsets of surface load was studied.

Key words: Polyethylene pipeline; Surface load; FEM; Mechanical behavior; Ultimate bearing capacity

1　引言

燃气聚乙烯(PE)管用于地下燃气管网的建设，由于与钢管相比其重量较轻，因此运输和组装更加容易。此外，燃气聚乙烯管还具有化学惰性和良好的机械性能等优点[1-3]。然而，随着城市化进程的加快，埋地燃气管道不可避免地被道路、建筑、堆积物和其他地面设施压占。过大的地面荷载会造成管道的弯曲变形甚至破裂，并可能导致气体泄漏、火灾和爆炸事故。因此，埋地燃气聚乙烯管在地面荷载下的力学性能受到广泛关注。根据荷载的作用面积，一般将表面荷载分为两种类型：一种是直接在管道上方，另一种是荷载与管道之间有一定的水平距离。然而，无论哪种类型，管道与土壤之间的相互作用对于研究地面荷载下的埋地管道的力学行为是非常重要的。目前，国内外有关于不同荷载下的埋地管道的数值模拟等的相关研究。比如，Vazouras 等利用 ABAQUS 基于壳单元模型，模拟了冲击 - 滑动

作者简介：查四喜(1994—　)，博士在读，主要研究方向为城镇燃气聚乙烯管道的安全与可靠性。E - mail：csxzha@ bjtu. edu. cn

断层位移下的管道力学响应过程[4,5]。Fang 等利用 ABAQUS 和 ANSYS 建立了高密度聚乙烯双壁波纹管的真实三维模型，并发现管道的变形与三个因素(回填压实度、污水量和流速)有关，而与污水中的沙子无关[6]。Liang 等以高密度聚乙烯管为对象，利用 ANSYS 软件构建了一个管 - 土相互作用的耦合模型，并通过新建立的模型，研究了埋深、管径和回填土对管道变形和力学特性的影响[7]。Wu 等研究了土地沉降下埋地聚乙烯管的力学行为分析，并确定了不同参数下管道的极限承载力规律[8]。Liu 等建立了严格的三维有限元模型，用于分析机械开挖下聚乙烯管的机械响应。土壤、挖掘机的轮齿和管道都是由连续体实体单元建模。利用面面接触算法来模拟挖掘机齿、管道和土壤之间的实际相互作用。在失效分析中，根据两种普遍采用的标准，即基于应力的失效标准和基于应变的标准，详细研究了 PE 管道在挖掘载荷下的失效过程[9]。Luo 等结合管道的特性，对地震引起的埋地 PE 管的滑坡效应和土地沉降进行了数值分析，并得到了力与位移之间的关系[10,11]。Wang 等讨论了 Luo 等所发表的论文 Numerical simulation of strength failure of buried PE pipe under foundation settlement，并提出了一些对于 Luo 文章中有关几何非线性、管 - 土相互作用的问题和困惑[12]。Limura 假设管土模型为弹性地基梁，得到了埋入段、非埋入段和两段接触面的应力计算公式，并将现场测量的应力与有限元计算结果进行了比较，发现具有很好的重合性[13]。Trickey 等采用三维模型研究了循环表面载荷下的埋地管道，分析了不同管道刚度和埋地深度对管道力学响应的影响，发现柔性管道的变形量随着埋藏深度的增加而减少[14]。Moghaddas 等对不同荷载下的埋地聚乙烯管道进行了试验，得到了在土壤密度、土壤加固层数、管道埋深和荷载强度 4 个不同参数影响下的直径变化率和土壤表面沉降实验目标值的变化趋势。研究发现，在不同的试验中，从第一次加载到最后一次加载的管道变形量 0.6 ~ 0.85 或 0.5 ~ 0.9 之间变化。第一次加载可以等同于一个压力施加过程。这些试验结果对表面载荷的分析具有重要意义[15~17]。

然而，以往的研究大多集中在复杂载荷和地质灾害(如土地沉降和地震)下的聚乙烯管的数值模拟，缺乏对于聚乙烯管在地面荷载下的力学行为的研究，且所采用的管道材料本构模型不能反映管道实际的力学响应。因此，有必要采用一种更为合理的本构模型，建立相关有限元模型，对不同参数下地面压占载荷下的埋地聚乙烯管的力学行为进行数值分析。

2　有限元模型建立

2.1　材料参数

聚乙烯是一种典型的黏弹性材料，具有明显的速率依赖性。在四个不同的应变速率下进行了单轴拉伸试验，试验结果如图 1 所示。对应于不同的地面压占荷载条件，所研究应变率的变化范围较广，是为了针对以下的情况，如缓慢挖掘土壤和突然在管道上方地表倾倒大量的压占物等。本文选择 Sherwood - Frost 本构模型[18]，并且忽略模型中的密度和环境因素，模型的方程为：

$$\sigma = M(\varepsilon,\dot{\varepsilon})f(\varepsilon) = (\dot{\varepsilon}/\dot{\varepsilon}_0)a\varepsilon + b\sum_{i=1}^{n}A_i\varepsilon^i \tag{1}$$

式中　n、A_i——拟合参数。

取应变率 $\dot{\varepsilon} = 0.01\mathrm{s}^{-1}$ 为参考应变率，即在 $\dot{\varepsilon} = \dot{\varepsilon}_0 = 0.01\mathrm{s}^{-1}$ 时，则式(1)可以简化为：

$$\sigma = \sum_{i=1}^{n}A_i\varepsilon^i \tag{2}$$

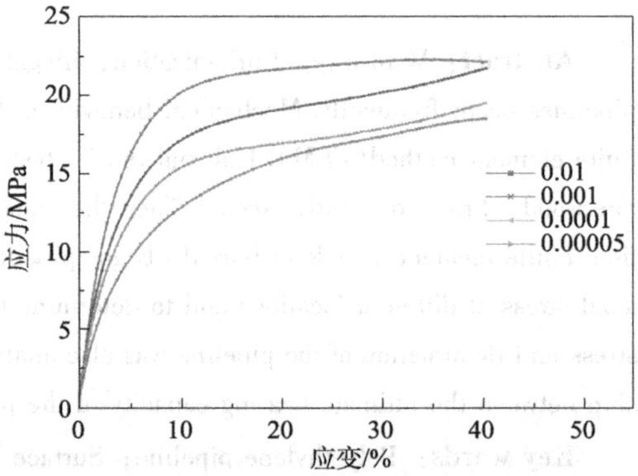

图 1　单轴拉伸曲线 VS 应变率(单位：s^{-1})

应变率有几个数量级的变化，所以不可能确定一个适合各种地面压占载荷条件的准确应变率。考虑到聚乙烯的屈服应力随应变率的下降而降低，相同数量级下的聚乙烯管材的本构模型差别不大，本文选择了一个比较保守的应变率 $5\times10^{-5}\mathrm{s}^{-1}$ 作为管材在地面压占荷载下的应变率。上述本构模型中的参数可以通过单轴拉伸试验来确定，式中参数 n 越大，拟合效果越好。但是 n 值越大，计算量也会相应地增加，综合考虑本文选取 $n=6$，求得系数 A_i 值见表 1。其中塑性应变是由该本构模型得出。最后，将屈服应力和塑性应变数据输入 ABAQUS，完成弹塑性材料模型的定义。

表 1　参数 A_i 的取值

系数	取值
A_1	302.55
A_2	-3240.72
A_3	20889.82
A_4	-74994.36
A_5	137505.78
A_6	-100118.31

2.2　几何模型

本文模拟基于以下基本假设：(1)聚乙烯材料的材料特性不随温度和时间变化，即不考虑蠕变和松弛特性，以及材料老化；(2)管道与土壤之间的相互作用是一种有限的滑动接触；(3)不考虑管道连接方式对管道机械性能的影响；(4)地面压占荷载以均匀分布荷载的形式作用于土壤的上表面。Drucker - Prager(D - P)模型是有效模拟冲击荷载作用下土体弹塑性状态的常用模型，在大变形计算中也能保持稳定性，其参数见表 2 和表 3。

拉伸试验过程首先用 Sherwood - Frost 本构模型进行有限元模拟。图 2 给出了拉伸试验和 FEM 模拟的对比结果。结果表明，模拟曲线与试验曲线吻合良好，平均误差在 10% 以内。因此，Sherwood - Frost 本构模型可以准确地模拟气体聚乙烯管道屈曲前后的弹塑性力学行为。

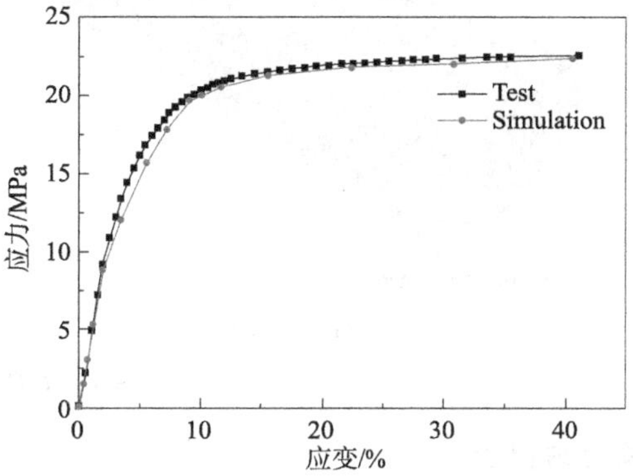

图 2　应力应变仿真结果与实验结果比较

表 2　D - P 模型土体建模参数

名称	弹性模量/MPa	泊松比	密度/(kg/m³)	摩擦角/(°)	膨胀角/(°)	流应力比
土壤	32.5	0.4	1867	36.5	0	1

表 3　D - P 硬化参数

$(\sigma_1-\sigma_3)$/kPa	ε_p
170.1	0
649.9	0.035
740.3	0.050
801.4	0.073
848.0	0.091

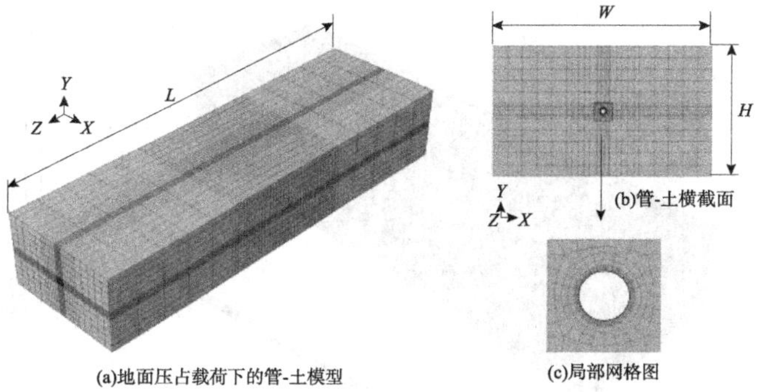

(a)地面压占载荷下的管-土模型　(b)管-土横截面　(c)局部网格图

图 3　管 - 土有限元模型

聚乙烯管 - 土模型的长×宽×高设定为 10m×3m×1.8m，管道的埋藏深度为 0.9m，布置如图 3 所示。管道的内部压力为 0.4MPa，管道直径为 *DN*110，标准径厚比为 SDR11[11]。全文采用八节点六面体单元(C3D8R)。为了获得准确的计算结果，在管道与土壤接触部分周围的网格，在压占荷载区与自由面交界处的左右两侧 0.8m 范围内，对有限元网格进行局部加密。结合工程应用的实际情况，选择面荷载的偏移量和大小作为仿真参数，参数设置见表 4。

表 4　模拟条件

荷载偏移距离/m	地面荷载/MPa				
0	0	0.5	1.0	1.5	2.0
0.2	0	0.5	1.0	1.5	2.0
0.4	0	0.5	1.0	1.5	2.0
0.6	0	0.5	1.0	1.5	2.0
0.8	0	0.5	1.0	1.5	2.0

2.3　荷载与边界条件

如图 4 所示，模型土壤上表面中间的矩形区域是地面载荷(表面荷载)的作用区域。土壤上表面的其他区域是没有任何约束的自由表面。考虑到土壤和管道实际上是无限空间体，在模型土壤的四个侧面和管道的两个端面施加对称约束，在模型土壤的下表面施加固定约束，整个模型受重力加速度影响。由于管道和土壤之间接触，存在摩擦。当表面荷载作用时，土壤会在管道周围产生一定的压缩变形。因此，需要选择管－土接触的类型。管道的外表面被选为主表面，土壤的内表面为从表面。接触设置为法向硬接触和切向有摩擦，管道和土壤之间的摩擦系数设置为0.4[19,20]。

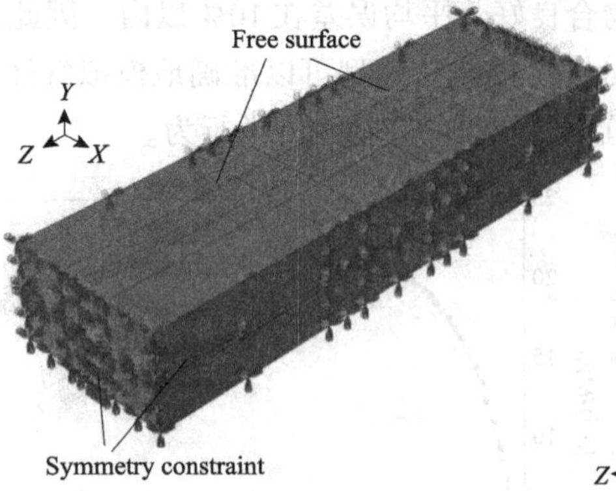

(a)等距视图

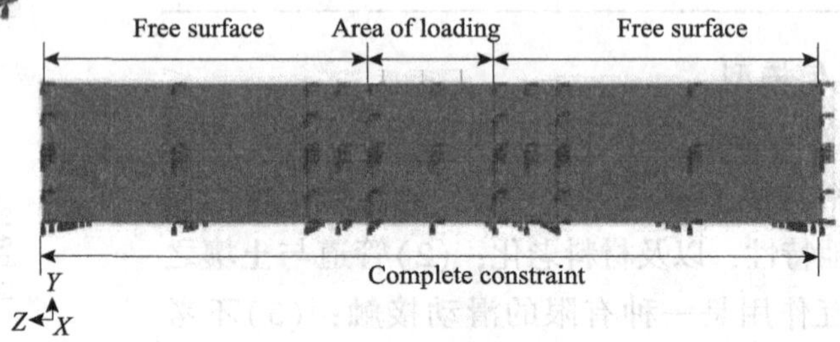

(b)右视图

图4 有限元模型的载荷和边界条件

3 结果与讨论

3.1 管道轴向应力分析

图5显示了在管道内压0.4MPa、地面载荷偏移0m和地面载荷为2MPa的情况下，沿$Y-Z$平面对称的应力云图。有四个应力集中的区域，即在管道的上部、下部、左侧和右侧。其他模拟结果也显示出，无论偏移量和地面载荷的大小，最大von Mises应力都集中在这四个区域。因此，如图6所示，定义了管道的应力主要集中在以下8个关键点，即顶部外表面(A)、顶部内表面(B)、底部内表面(C)、底部外表面(D)、左侧外表面(E)、左侧内表面(F)、右侧外表面(G)、右侧内表面(H)。

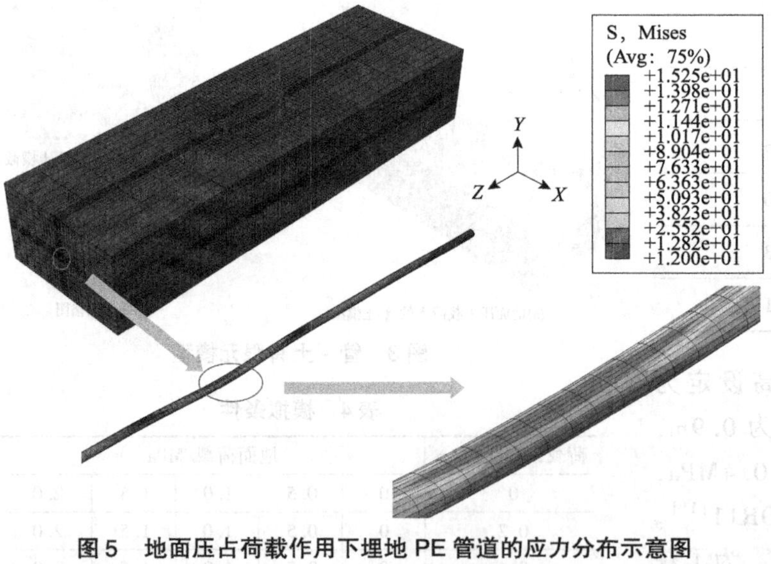

图5 地面压占荷载作用下埋地PE管道的应力分布示意图

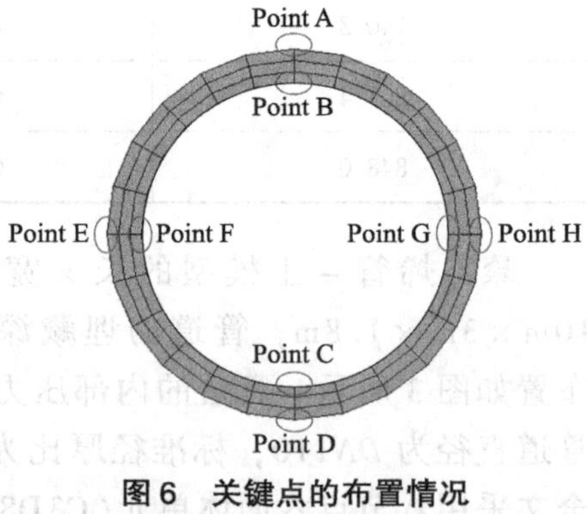

图6 关键点的布置情况

图7显示了在地面载荷2.0MPa，载荷偏移量从0m到0.8m变化的情况下，沿Z轴埋设的PE管道的8个点(A～H)的von Mises应力。可以看出，管道的应力呈现对称分布，在管道的中间有一个应力峰。由于这两个边界是载荷变化最大的地方，如果载荷突然变化，就会造成相应的应力集中。每个位置的应力峰值并不发生在边界上，而是有一定的偏差。荷载偏移越大，应力峰值减小。很明显这是由于荷载远离管道，使得土体对管道的压缩变形减小，自然应力峰值减小。而应力峰值不在边界处，与土体的类型，荷载作用的长度有关，在本文这种情况下，荷载作用中心处的应变更大。

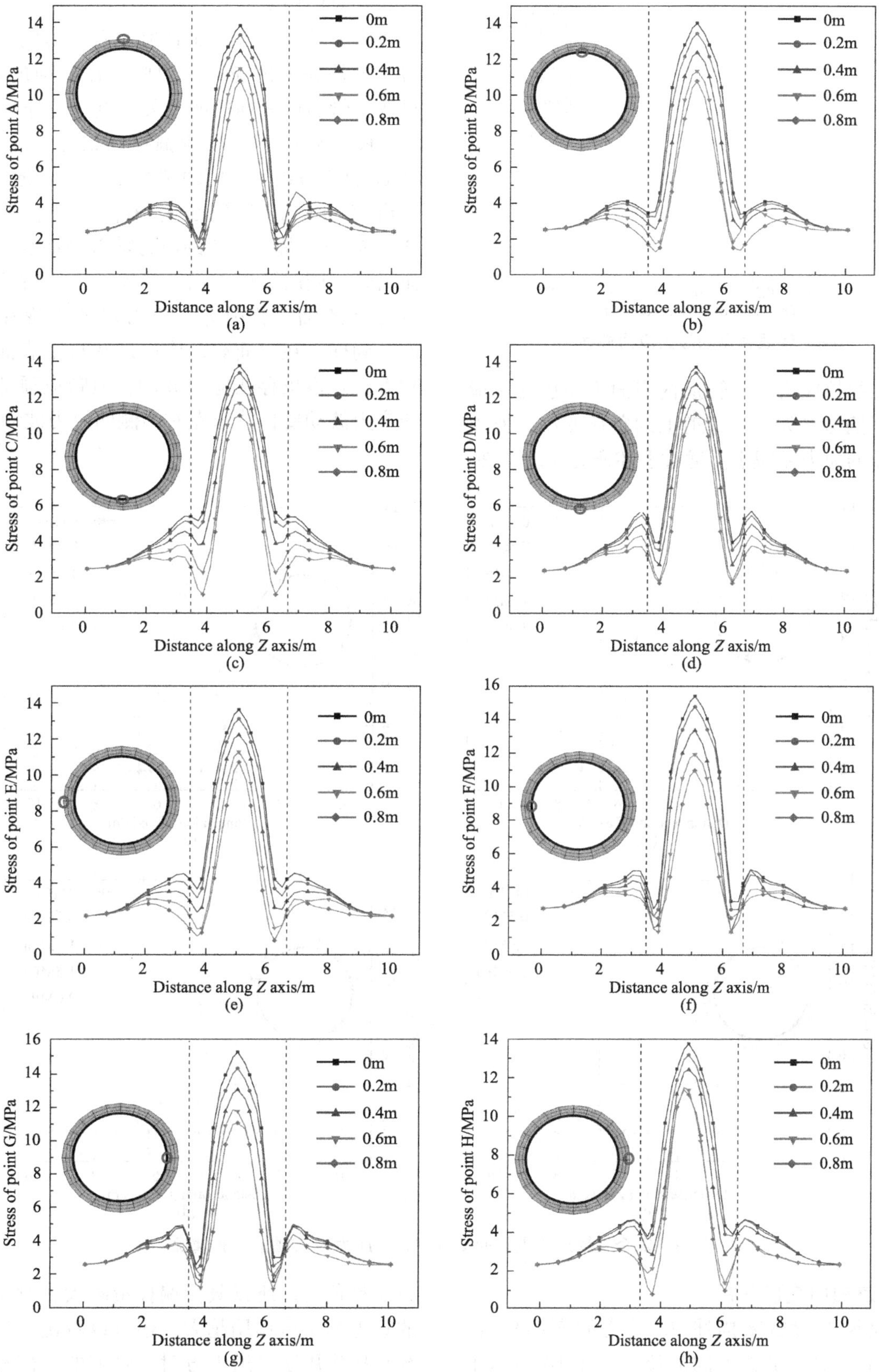

图7　沿 Z 轴八个关键点的应力分布

图 8 显示了八个点的最大应力之间的比较。管道左侧和右侧的最大应力大于管道顶部和底部的应力。换句话说，在地面载荷的作用下，管道的左侧和右侧首先达到屈服。值得注意的是，管道顶部和底部的内表面和外表面之间的最大应力差异很小。而随着载荷偏移量的增加，管道内外表面的最大应力差异越来越小，这是因为管道在地面载荷作用下，管道外表面主要承受管道弯曲

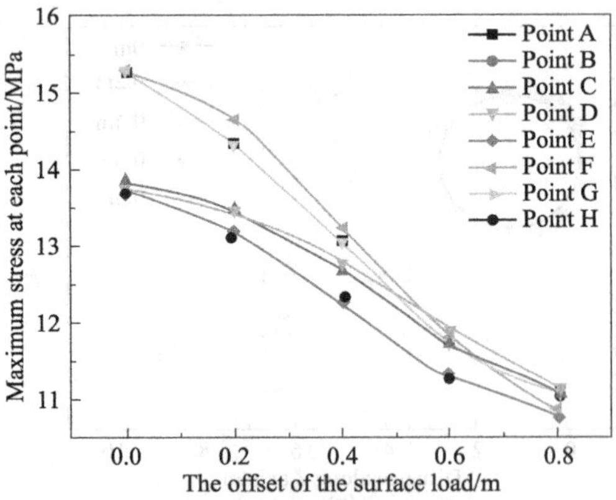

图8　管线各点的最大应力曲线

变形产生的拉应力，而管道内表面主要承受压应力。负荷偏移增大后，管道上的负荷变小，所以内外表面的应力差减小。通过上述研究发现，在地面载荷作用下，管道顶部和底部的内表面和外表面应力基本相等，而管道左右两边的内表面应力大于外表面的应力。因此，在下面的研究中，只选择管道内表面的四个关键点进行分析。

图9显示了在载荷偏移0.2m，表面载荷从0MPa到2.0MPa变化的情况下，沿埋地PE燃气管道 Z 轴的四个关键点(B、C、F、G)的von Mises应力。每个位置的应力随着表面载荷的增加而增长。同时可以看出，管道四个关键位置点的应力沿 Z 轴对称分布，应力峰值出现在管道中部。同样，在表面载荷作用区和自由表面的界面附近，管道也存在应力波动，但管道顶部和底部的应力波动要比管道左右两侧的应力波动小。

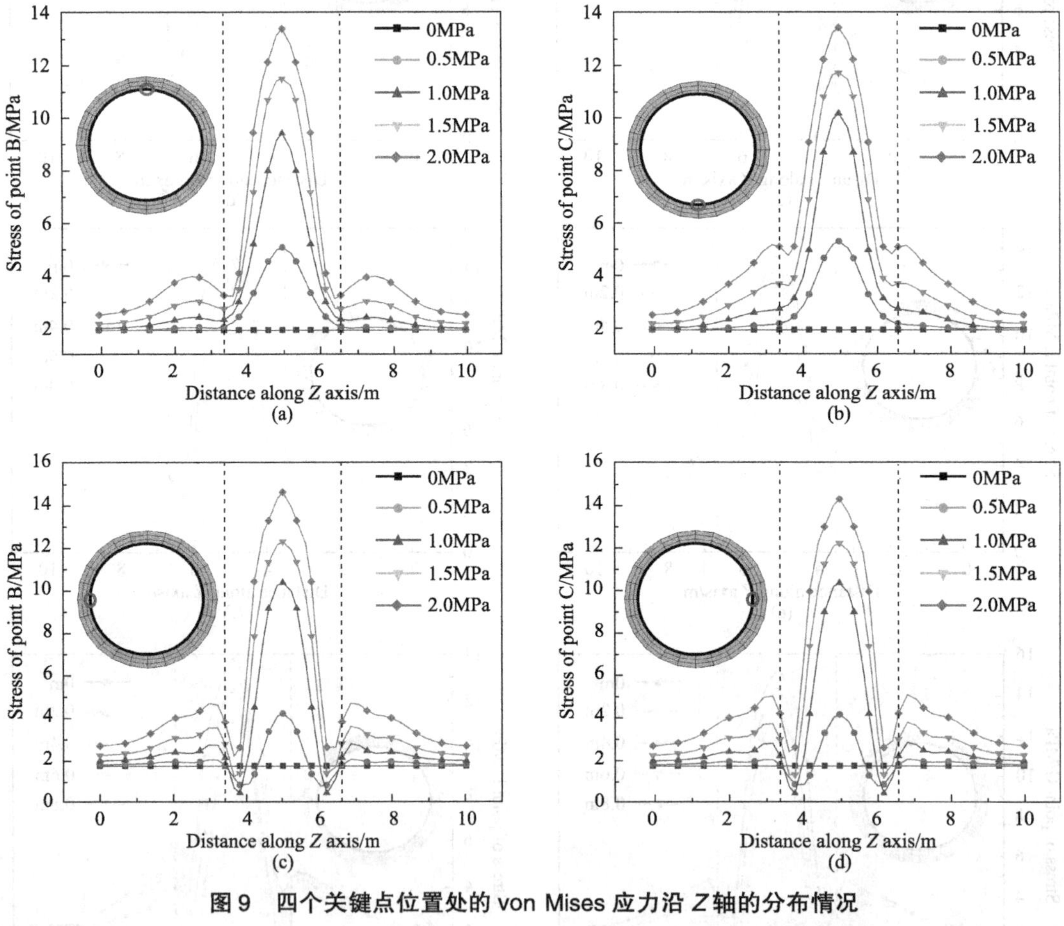

图9　四个关键点位置处的von Mises应力沿 Z 轴的分布情况

3.2　管道轴向变形分析

定义两个参数来描述PE管道的变形程度，即分别沿 X 轴和 Y 轴方向的位移。图10显示了埋在地下的PE管道沿 X 轴方向的位移在不同载荷偏移下的变化。可以看出，管道沿 X 轴方向的位移随着载荷偏移量的增加而增大。这是因为在不同载荷偏移的建模过程中，沿 X 轴方向的偏移方向是负的。所以载荷偏移量越大，对位于中心的管道的挤压作用越大。还可以看出，当表面荷载直接作用于管道上方时，管道的顶部和底部基本上没有变形。因为此时管道的变形是完全对称的，导致管道的顶部和底部在 X 轴上没有变形。特别是，在E点沿 X 轴的变形首先是负的。随着载荷偏移量的增加，变形的方向发生了变化。

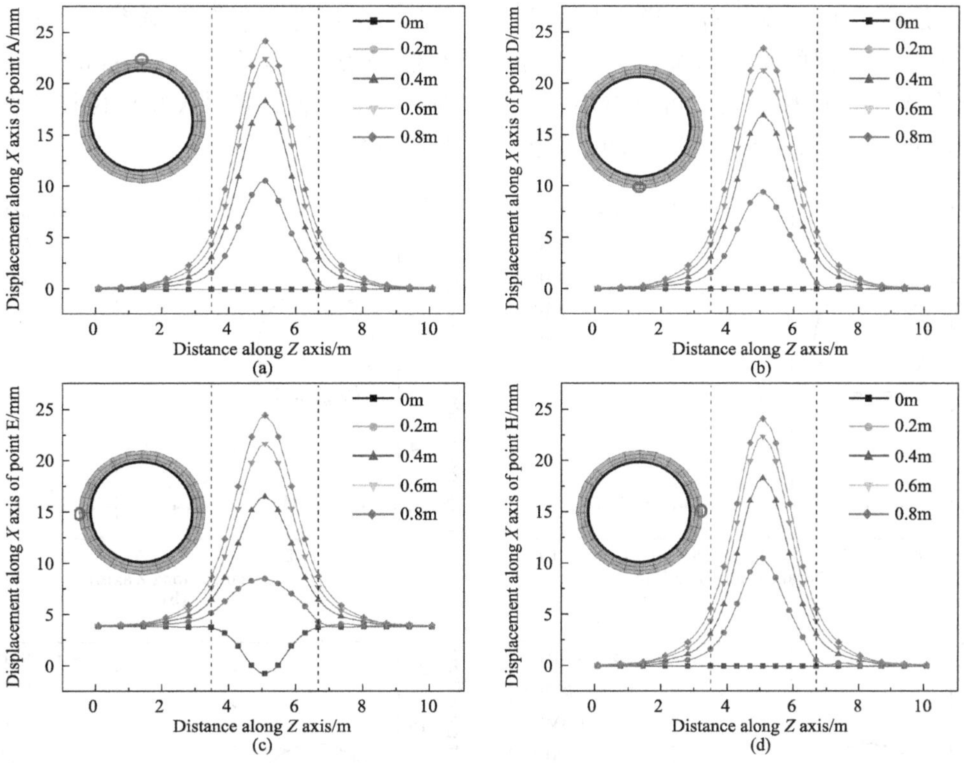

图 10　沿着 X 轴方向在每个四个关键点的位移分布

图 11 显示了在不同载荷偏移下，埋地 PE 管道沿 Y 轴的位移变化。可以看出，管道沿 Y 轴的位移为负值，同时，管道沿 Y 轴的变形规律与沿 X 轴的变形规律相反。因为随着载荷偏移量的增加，载荷与管道之间的距离变大，管道上的应力变小，所以管道沿 Y 轴的位移随着载荷偏移量的增加而变小。对比图 10 和图 11，也可以看出，管道沿 X 轴的位移在载荷边界处平稳过渡，而管道沿 Y 轴的位移则出现波动。因为模型中地面载荷的方向是沿 Y 轴，所以管道沿 X 轴的位移受地面载荷的直接影响较小，而管道沿 Y 轴的位移受影响较大。

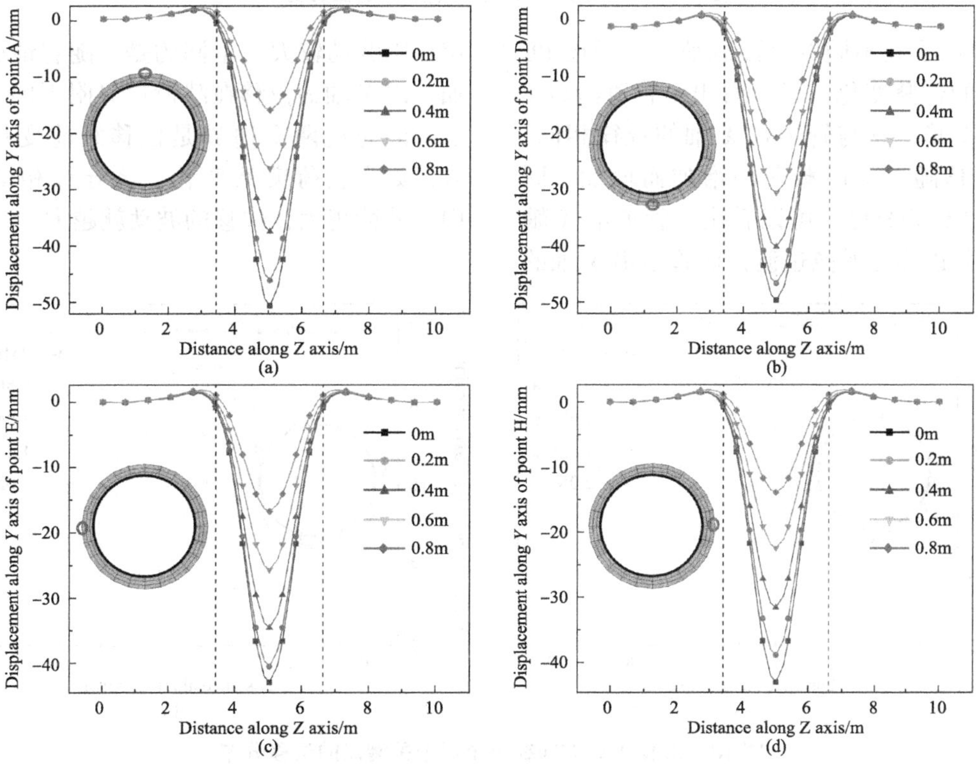

图 11　沿着 Y 轴方向在每个四个关键点的位移分布

接下来，分析了地面载荷对管道变形的影响。图 12 显示了在不同的地面载荷下，埋在地下的 PE 管道沿 X 轴的位移变化。可以看出，当没有地面荷载时，管道只受到土壤压力的影响。因此，沿管道 X 轴的位移很小。在其他荷载下，当地面荷载的偏移量为 0.4m 时，沿 X 轴的位移都是沿正 X 轴，且沿 X 轴的位移随着地面荷载的增加而增加。

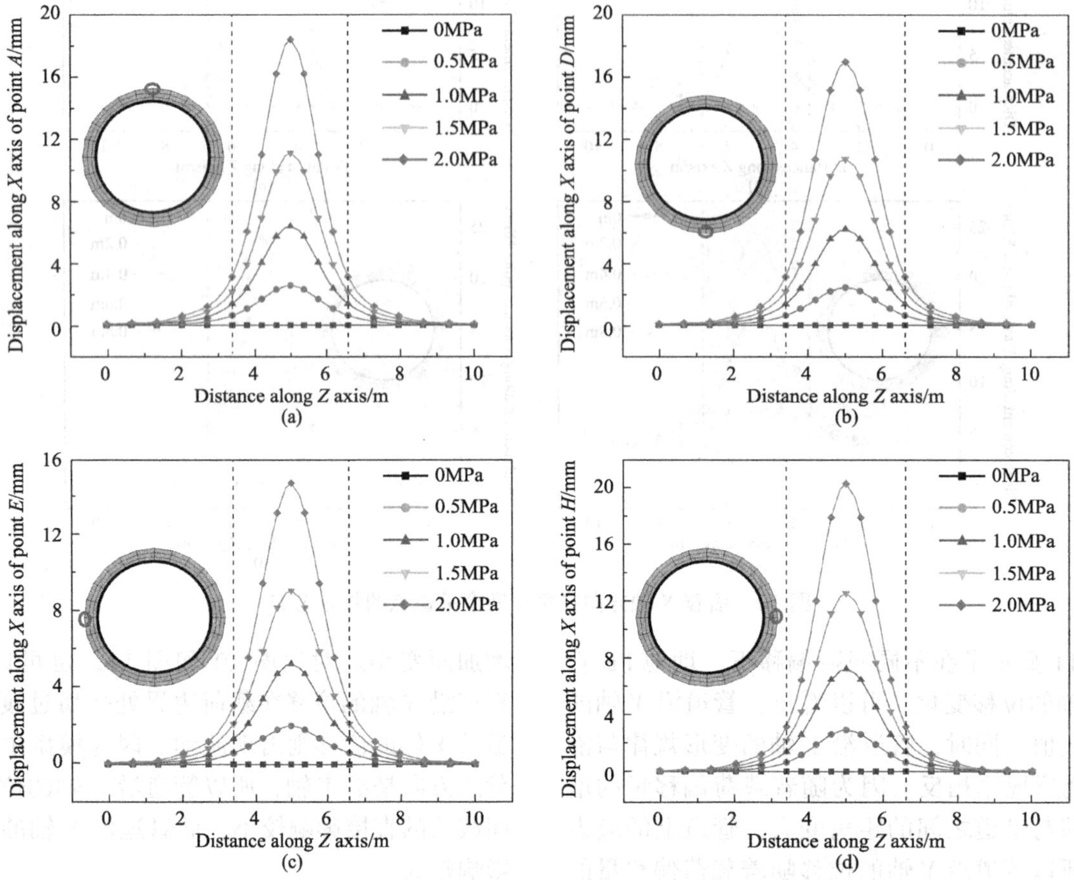

图 12 四个关键点上沿 X 轴方向的位移分布

图 13 显示了在不同的地面载荷下，埋地 PE 管道沿 Y 轴的位移变化。可以看出，管道沿着 Y 轴的负方向变形，这与管道在 X 轴的规律相同。沿 Y 轴的位移随着地面载荷的增加而增加。同样，对比图 12 和图 13，可以看出，管道沿 X 轴的位移在载荷边界处平稳过渡，而管道沿 Y 轴的位移则波动较大。不同的是，随着地面载荷的增加，沿 Y 轴的位移在载荷边界附近的波动更加明显。因为这两个边界是位移载荷变化最大的地方，如果载荷突然变化，将导致相应的应力集中。载荷越大，位移的波动就越大。

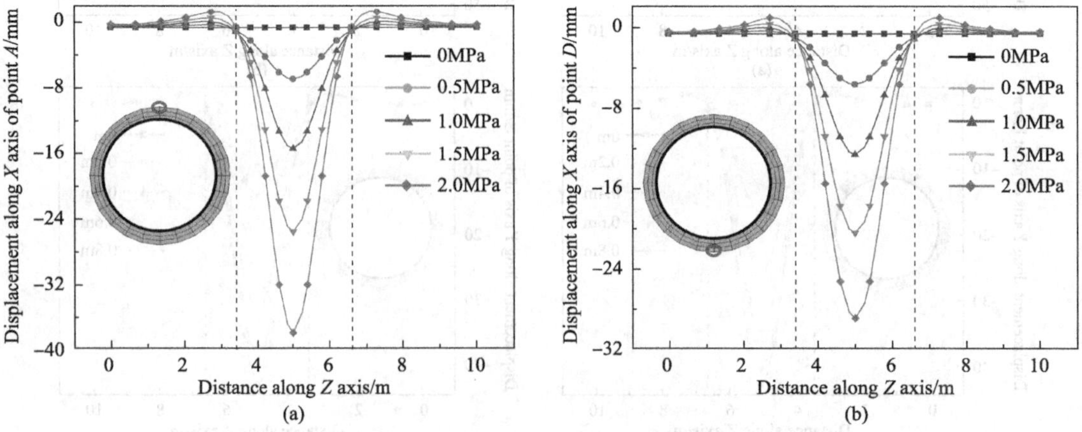

图 13 沿着 Y 轴方向在每个四个关键点的位移分布

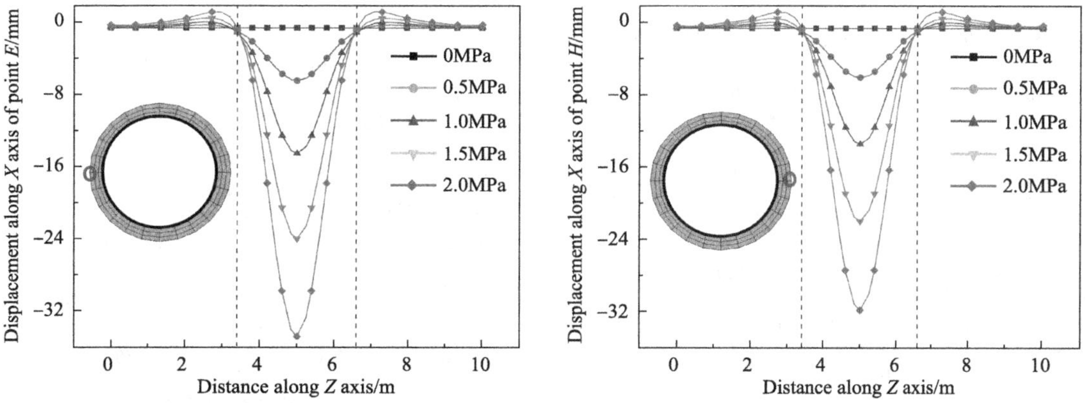

(c) (d)

图 13　沿着 Y 轴方向在每个四个关键点的位移分布(续)

3.3　管道环向应力分析

根据以上对聚乙烯管道轴向力学行为的分析，在地面荷载下，管道的最大应力和变形出现在荷载区的中部。换句话说，在荷载载荷下，PE 管道的中间部分首先屈服。图 14 显示了管道中间的横截面。

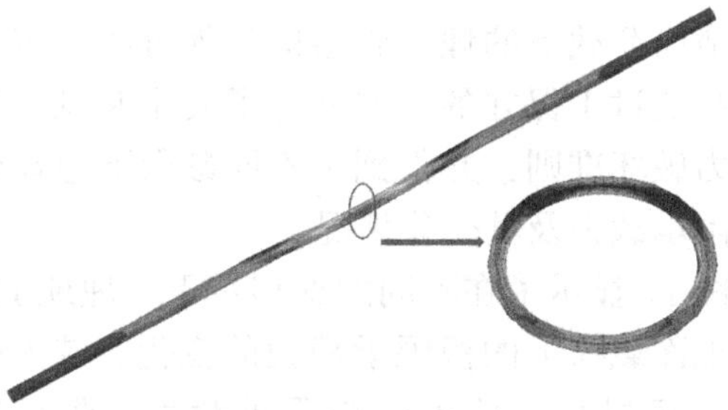

图 14　管道中间的横断面

图 15 显示了 PE 管道在不同地面载荷偏移下的环形应力。管道内外表面的应力差在应力峰值处最大。在其他区域，管道内外表面的应力基本相等，如图 15(f)所示，PE 管道的环向应力随着载荷偏移的增加而减小。还可以看出，随着表面载荷面积的变化，管道横截面的最大应力的位置也会发生变化。这是因为载荷面积变化后，管道承受载荷的位置会发生变化。

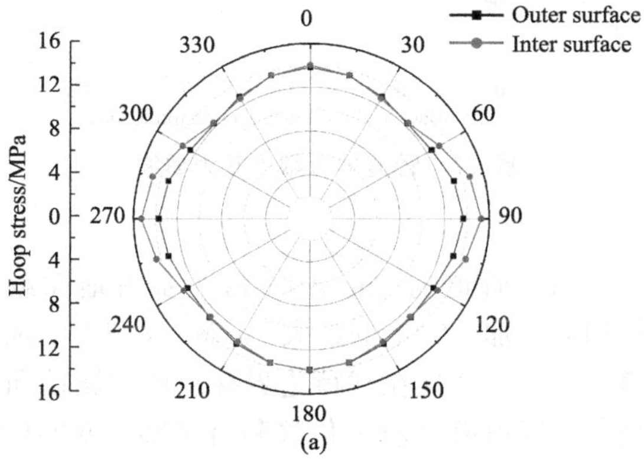

(a)

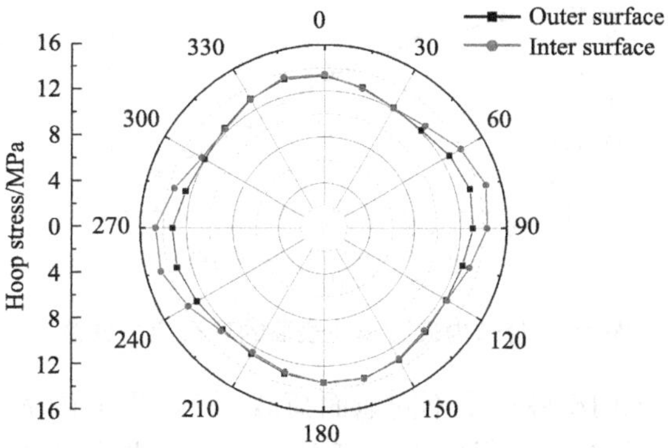

(b)

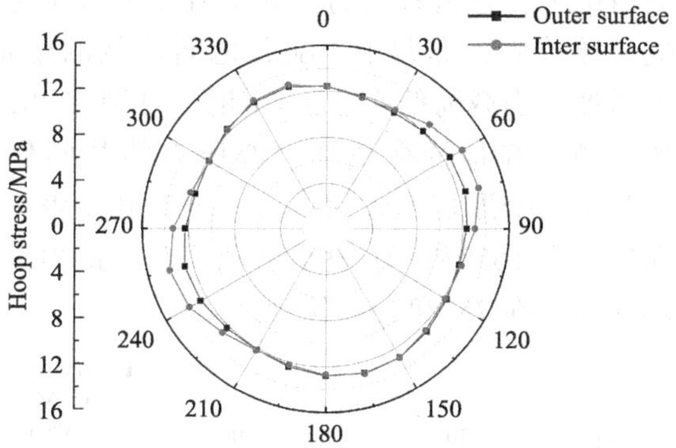

(c)

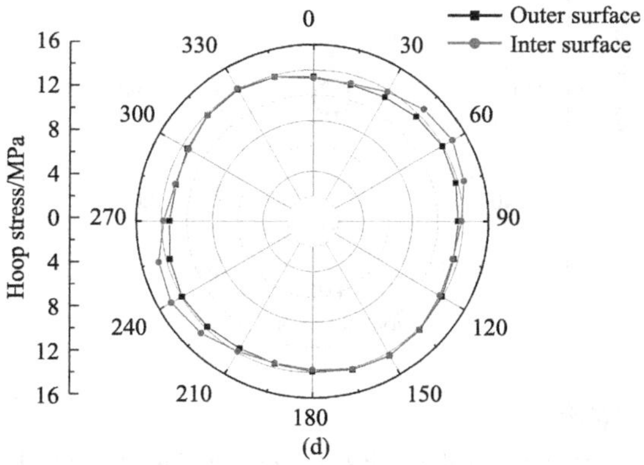

(d)

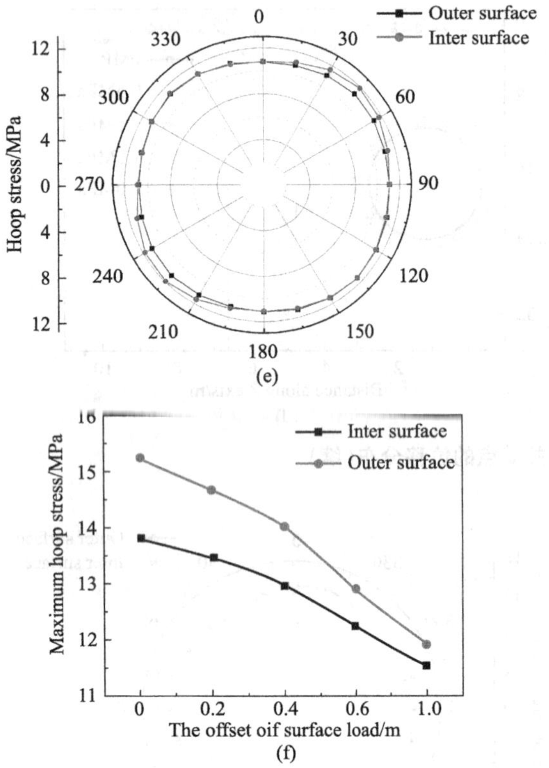

图 15　管道内表面和外表面的环形应力曲线

图 16 显示了不同地面荷载下 PE 管道内表面和外表面的环形应力。可以看出，在没有地面载荷的情况下，管道只受到土壤压力和内部压力的影响，导致应力非常小。随着地面荷载的增加，应力增加。当载荷偏移为 0.4m 时，载荷在 PE 管道的左侧。在地面荷载和内部压力的共同作用下，管道的变形是不对称的，因此管道外表面的环向应力在 165°和 345°达到峰值，而管道内表面的环向应力在 75°和 255°达到。

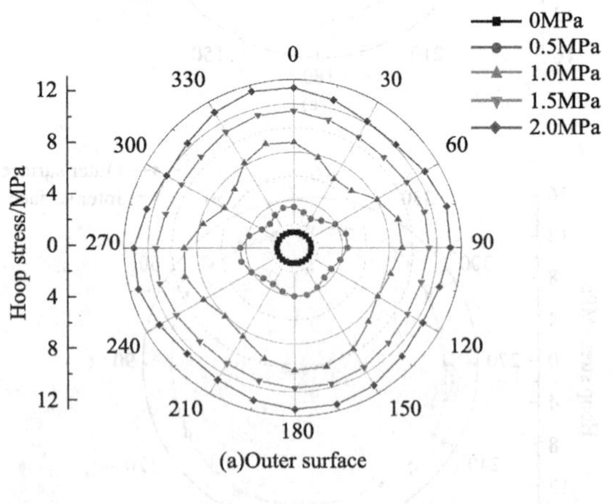

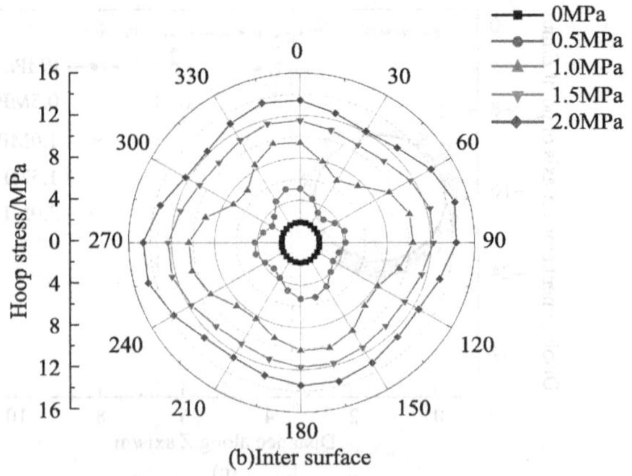

图 16　聚乙烯管道内表面和外表面的环向应力曲线

3.4　极限承载能力分析

基于应力破坏准则，在第 3.1 节和第 3.3 节中分析了地面载荷下的埋地聚乙烯燃气管道的应力特性。以无荷载偏移为例，根据应力破坏准则，地表荷载下埋地聚乙烯管道的最大 von Mises 应力为 2.0MPa，将达到屈服强度而失效。然而，埋地管道的相对变形很小，离失效很远。因此，对于地面荷载下的埋地管道的失效分析，应力失效准则是过于保守的。本文为了安全起见，选择了应力破坏准则，并得到了不同参数下埋地管道的极限承载力及其变化情况。

图 17 显示了在不同的偏移量下，埋地 PE 管道在地面载荷下的极限承载力的变化。较大的偏移量明显提高了管道的极限承载力。曲线还显示，管道的极限承载力与地面荷载的偏移量之间存在明显的指数关系 $y = 0.026 \times e^{\frac{x}{177.722}} + 2.061$。

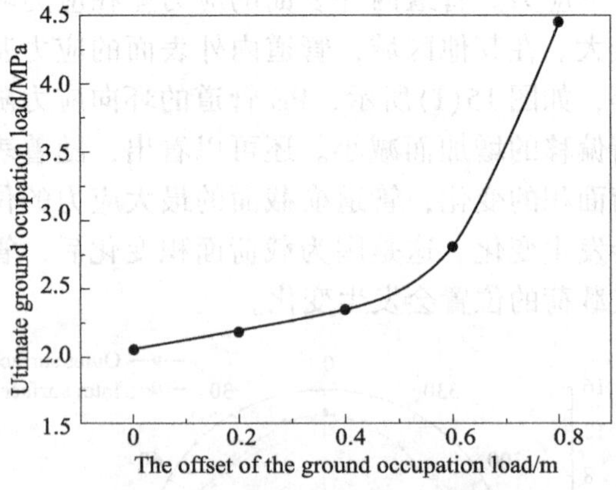

图 17　管道的极限承载力曲线

4　结论

本文采用非线性有限元方法研究了埋地 PE 燃气管道在地面载荷下的力学行为。得到了以下结论：

(1)PE 管道的 von Mises 应力随着地面载荷的增加而增加。管道的最大 von Mises 应力出现在管道的中部，并且在载荷边界存在应力波动和滞后现象。管道沿 X 轴的位移和沿 Y 轴的变形也随着地面载荷的增加而增加。因此，边界附近的地面载荷是安全评估中最重要的问题。

(2)PE 管道的 von Mises 应力随着载荷偏移的增加而降低，管道最大 von Mises 应力的区域将随着载荷偏移的变化而变化。管道沿 X 轴的位移随着载荷偏移的增加而增加，但沿 Y 轴的变形随着载荷偏移的增加而减少。

(3)发现管道的极限承载力与地面荷载的偏移之间的关系是：$y = 0.026 \times e^{\frac{x}{177.722}} + 2.061$。当荷载位置距管道中心 0.6m 以内时，管道的极限承载力不会随着荷载偏移量的增加而明显增加。当荷载位置与管道之间的偏移量超过 0.6m 时，管道的极限承载力将随着偏移量的增加而显著增加。

参考文献

[1]F Tariq，Naz N，Khan M A，et al. Failure analysis of high density polyethylene butt weld joint[J]. Journal of Failure Analysis & Prevention，2012，12(2)：168－180.

[2]Li L，Qiao L，Fan J，Zhang Y. Mechanical behavior of polyethylene pipes under strike－slip fault movements[J]. Polymers，2022，14(5)：987.

[3] Gnatowski A，Kijo－Kleczkowska A，Chyra M，et al. Numerical－experimental analysis of polyethylene pipe deformation at different load values[J]. Materials，2020，14(1)：160.

[4]Vazouras P，Karamanos S A，Da Koulas P . Finite element analysis of buried steel pipelines under strike－slip fault displacements[J]. Soil Dynamics & Earthquake Engineering，2010，30(11)：1361－1376.

[5]Vazouras P，Karamanos S A，Dakoulas P . Mechanical behavior of buried steel pipes crossing active strike－slip faults[J] . Soil Dynamics & Earthquake Engineering，2012，41：164－180.

[6]Fang H，Tan P，Du X，et al. Mechanical response of buried HDPE double－wall corrugated pipe under traffic－sewage coupling load[J]. Tunnelling and Underground Space Technology，2020，108(9)：103664.

[7]Liang L，Gou W J，Tian D L，et al. Mechanical response of buried polyethylene pipeline beneath the roadway and its influential factors[J]. Transactions on Electrical and Electronic Materials，2020，21(4)：419－426.

[8]Wu Y，You X，Zha S . Mechanical behavior analysis of buried polyethylene pipe under land subsidence[J]. Engineering Failure Analysis，2019，108：104351.

[9]Liu X，Zhang H，Xia M，et al. Mechanical response of buried polyethylene pipelines under excavation load during pavement construction[J]. Engineering Failure Analysis，2018，90：355－370.

[10]X. P. Luo，J. J. Ma，J. Y. Zheng，J. F. Shi，Finite element analysis of buried polyethylene pipe subjected to seismic landslide[J]. Journal of Pressure Vessel Technology－Transactions of the ASME，2014，3：031801.

[11] Luo X，Lu S，Shi J，et al. Numerical simulation of strength failure of buried polyethylene pipe under foundation settlement[J]. Engineering Failure Analysis，2015，48：144－152.

[12]Y. Wang，F. M. Shadab，Discussion of 'numerical simulation of strength failure of buried polyethylene pipe under foundation settlement' by Luo et al[J]. Engineering Failure Analysis，2016，70：44－47.

[13] limura S. Simplified mechanical model for evaluating stress in pipeline subject to settlement. Construction and Building Materials[J]，2004，18(6)：469－479.

[14]Trickey S A，Moore I D. Three－dimensional response of buried pipes under circular surface loading[J]. Journal of Geotechnical and Geoenvironmental Engineering，2007，133(2)：219－223.

[15]Moghaddas Tafreshi S N，Khalaj O. Laboratory tests of small－diameter HDPE pipes buried in reinforced sand under repeated－load[J]. Geotextiles and Geomembranes，2008，26(2)：145－163.

[16]Moghaddas Tafreshi S N，Tavakoli Mehrjardi G. The use of neural network to predict the behavior of small plastic pipes embedded in reinforced sand and surfacesettlement under repeated load[J]. Engineering Applications of Artificial Inteligence，2008，21(6)：883－894.

[17]Moghaddas Tafreshi S N，Khalaj O. Analysis of repeated－load laboratory tests on buried plastic pipes in sand[J]. Soil Dynamics and Earthquake Engineering，2011，31(1)：1－15.

[18]Frost CC. Constitutive modeling and simulation of energy absorbing polyurethane foam under impact loading[J]. Polymer Engineering & Science，2010，32(16)：1138－1146.

[19]费康，张建伟. abaqus 在岩土工程中的应用[M]. 北京：中国水利水电出版社，2010.

[20]徐平. 采动沉陷影响下埋地管道与土相互作用及力学响应研究[D]. 中国矿业大学，2015.

管道应力缺陷的力磁耦合数值模拟研究

张　敏[1]　郭岩宝[1]　张　政[1]　何仁碧[1,2]　王德国[1]

(1. 中国石油大学(北京)机械与储运工程学院，北京　102249；
2. 中国特种设备检测研究院，北京　100029)

摘　要：面对复杂的外界环境，服役石化管道需要确保良好的机械性能。良好的机械性能一旦破坏，管道的寿命大幅度降低，并发生安全事故。因此，管道安全检测至关重要。针对管道应力损伤问题，磁力检测方法尤为突出。利用COMSOL数值模拟平台搭建基于磁畴偏转效应的应力损伤与磁场之间的力磁耦合模型，研究不同电流、线圈匝数、应力方式及应力方向等对缺陷的磁致伸缩影响。结果表明：电流和线圈匝数对磁致伸缩有影响，电流影响较大，线圈匝数影响较小；在均匀应力和局部应力分析过程中，局部应力对管道磁致伸缩的影响较大。总之，对研究管道集中应力领域具有重要理论意义与应用价值。

关键词：管道；缺陷；应力；磁场强度；数值模拟

Numerical Simulation Research on Force - Magnetic Coupling of Pipeline Stress Defects

Zhang Min[1], *Guo Yanbao*[1], *Zhang Zheng*[1], *He Renbi*[1,2], *Wang Deguo*[1]

(1. School of Mechanical and Storage and Transportation Engineering, China University of Petroleum(Beijing), Beijing 102249, China; 2. China Special Equipment Inspection and Research Institute, Beijing 100029, China)

Abstract: In the face of the complex external environment, service pipelines need to ensure good mechanical properties during the working process. Once the good performance is destroyed, the life of the pipeline is substantially reduced and a series of safety accidents occur. Therefore, the safety inspection of pipelines is crucial. In order to solve the problem of pipe stress damage, the magnetic force detection method is particularly prominent. The magneto - magnetic coupling model between stress damage and magnetic field based on magnetic domain deflection effect was established by COMSOL numerical simulation platform to study the effects of different currents, different coil turns, different stress modes, and different stress directions on the magnetic field strength at pipeline defects. The results show that current and coil turns have an influence on magnetostriction, with current having a greater effect and the number of turns of the coil having a smaller effect. In the process of uniform stress and local stress analysis, the local stress has a more significant effect on the magnetostriction of the pipeline. In short, it has important theoretical significance and application value for the research of the concentrated stress field of pipelines.

Key words: Pipeline; Defect; Stress; Magnetic field strength; Numerical simulation

1　简介

油气资源是主要的战略能源物资。长距离运输满足了油气的生产生活需要，进而所需的管径越来越大，里程数越来越长。受外力负载、点蚀等因素造成管道表面局部应力集中，管道结构产生复杂的管道缺陷，包括：金属应力损伤缺陷、腐蚀应力损伤缺陷、裂纹等[1]。面对上述这些应力缺陷问题，漏磁检测方法无法完成。漏磁检测

作者简介：张敏(1994—　)，女，博士研究生，主要研究管道缺陷检测、数据分析及安全性评价。E - mail：1224334469@qq.com

方法是基于磁饱和状态下的管道缺陷检测，在微磁领域磁饱和状态的磁畴不发生偏转，不能产生相应的磁力能。

因此，磁力检测方法尤为突出。该检测方法是基于非磁饱和状态下应力缺陷管道检测[2,3]。在微磁领域的非磁饱和状态下，磁畴在应力作用下发生偏转，形成磁弹性能/磁塑性能等能量，产生磁场强度的感知。磁力检测是由 Doubov[4] 初次提出的金属应力集中区 – 金属微观变化 – 磁力检测技术的相关学说并获得了国际学术界的肯定。后来，Jiles、Atherton、Sablik 等[5-8] 从能量的角度出发，建立了外加应力载荷与等效磁场强度之间的数学关系。而国内重庆大学[9]、中国科学院大学、南昌航空大学[10]、天津大学[11] 等高校和研究所[12,13] 也纷纷着力研究磁力耦合。磁力耦合在弹性阶段磁记忆信号的幅值波动平稳，数学模型也得到广泛的应用。在塑性变形阶段磁力信号幅值波动较大，卸载后的残余应力对磁力信号的影响很大，目前的数学模型不够完善。因此建立磁力耦合模型的仿真数值分析模型尤为重要。

本文是在 COMSOL 软件平台建立管道的磁力耦合模型。并研究不同电流、不同线圈匝数、不同应力方式及应力方向等对管道缺陷处的磁场强度影响。为管道的应力变化提供有效的理论支撑。在管道安全管理上，提出建设性的指导意见，避免管道缺陷在维护保养过程中的过度维护，保障管道的绿色发展。

2　管道应力 – 磁场强度耦合模型

管道拉压应力变化过程中，管道应力变化分为四个阶段，分别是弹性变形阶段(0 – a 段)、塑性变形阶段(a – b 段)、硬化阶段(b – c 段)以及颈缩阶段(c – d 段)，如图 1 所示。

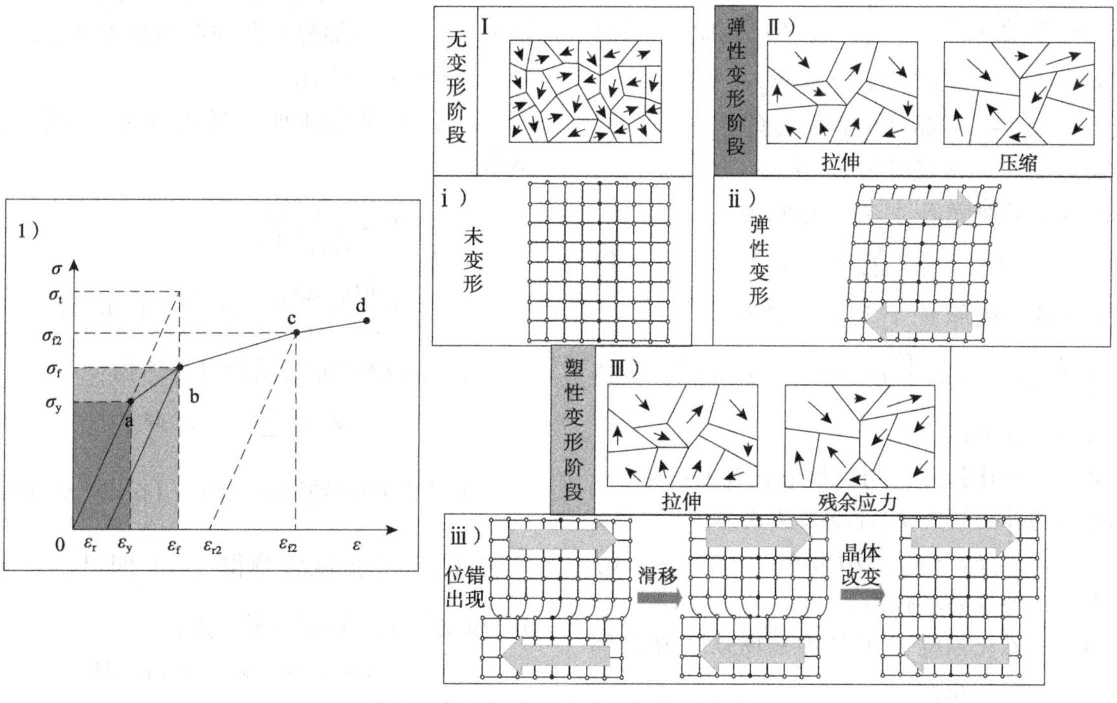

图 1　应力变形 – 磁畴 – 晶体结构图

在弹性变形阶段(0 – a 段)，管道发生磁弹性效应。受载荷应力作用，管道材料磁畴壁发生变化。在应力应变曲线上，弹性变形 ε_y 与屈服应力 σ_y 成线性，即 $\sigma_y = A\varepsilon_y$。在磁能方面，为了中和外力所做功，需要产生磁弹性能抵消应力所做的功，磁畴壁发生弯曲；外力撤去，应力所做的功消失，随之磁弹性能也消失；在微磁学层上，晶体结构发生整体滑移；当撤力后，晶体结构恢复原态。该过程是可逆过程。

在塑性变形阶段(a – b 段)，管道材料磁畴壁发生位错、孪晶、畸变。在应力应变曲线上，应力增加到管道屈服应力 σ_y 后，继续加载，应力与应变呈非线性增加，应力变为 σ_y，应变变为 ε_y，产生的塑性应变为 $\varepsilon_s = \varepsilon_f - \varepsilon_y$；在磁能方面，为了中和外力所做功，需要磁塑性能抵消应力所做的功，磁畴壁发生移动；外力撤去，应力所做的功消失，磁塑性能只恢复一部分，并保留一部分残余应力存在材料内部；在微磁学层上，晶格出现位错现象，随着外力增加，晶格滑移，晶体结构改变，最后形成晶体改变，该过程是不可逆过程，存在大量的塑性变形，管道会发生断裂，造成严重的安全和经济损失。

2.1 弹性变形阶段力磁耦合模型

根据能量守恒定律，管道力磁场总的自由能计算表达式为：

$$E = E_k + E_{ms} + E_{ex} + E_d + E_h + E_\sigma \tag{1}$$

式中　E_k——管道铁磁晶体的各向异性能；

E_{ms}——磁弹性能；

E_{ex}——电子自旋交换能；

E_d——退磁场能；

E_h——外磁场能；

E_σ——应力能。

以立方晶体为研究对象，当结构不受外载荷时，晶体结构由于磁化发生偏离产生一部分自由能，此时磁晶体的各向异性能 E_k 计算表达式为：

$$E_k = K_1(\alpha_1^2\alpha_2^2 + \alpha_2^2\alpha_3^2 + \alpha_3^2\alpha_1^2) + K_2\alpha_1^2\alpha_2^2\alpha_3^2 \tag{2}$$

式(1)的磁弹性能 E_{ms} 计算表达式为：

$$E_{ms} = B_1\sum_i e_{ii}(a_i^2 - \frac{1}{3}) + 2B_2\sum_{i\neq j} e_{ij}a_i a_j \tag{3}$$

式中　B_1、B_2——磁弹性耦合系数；

a_i、a_j——各晶轴与磁化夹角；

e_{ii}、e_{ij}——应变分量($i, j = x, y, z$)。

式(1)的交换能 E_{ex} 计算表达式为

$$E_{ex} = -2\sum_{i<j} Ai_j S_i S_j \tag{4}$$

式(1)的退磁能 E_d 计算表达式为

$$E_d = -\int_0^J H_d \mathrm{d}J = -\mu_0\int_0^M H_d \mathrm{d}M = \frac{1}{2}\mu_0 N M^2 \tag{5}$$

式中　N——退磁因子；

M——磁化强度，与材料形状有关；

式(1)的外磁场能 E_h 计算表达式为：

$$E_h = -\mu_0 M H\cos\theta \tag{6}$$

式中　H——外加磁场强度；

θ——磁化强度 M 和外加磁场强度 H 之间的夹角。

式(1)的应力能 E_σ 是由管道加工过程产生的内应力和外加负载荷产生的应力能。同样地，以三个立方晶轴为坐标系，设置应力方向(γ_1，γ_2，γ_3)，强度为 σ。其中应力张量为 $\sigma_{ij} = \sigma\gamma_i\gamma_j$，应变张量为 e_{ij}^σ。总的应变张量表达式为 $e_{ij} = e_{ij}^0 + e_{ij}^\sigma$（$e_{ij}^0$为应变张量）。进而，求取与应力方向相关的应力能 E_σ，计算表达式为

$$E_\sigma = -\sum_{i\geq j}\sigma_{ij}e_{ij} = -\frac{3}{2}\lambda_{100}\sigma(\alpha_1^2\gamma_1^2 + \alpha_2^2\gamma_2^2 + \alpha_3^2\gamma_3^2) - 3\lambda_{111}\sigma(\alpha_1\alpha_2\gamma_1\gamma_2 + \alpha_2\alpha_3\gamma_2\gamma_3 + \alpha_3\alpha_1\gamma_3\gamma_1) \tag{7}$$

式中　λ_{100}，λ_{111}——磁致伸缩系数。

但对于各向同性的磁致伸缩材料，即 $\lambda_{100} = \lambda_{111} = \lambda_s$，式(7)可化简为

$$E_\sigma = -\frac{3}{2}\lambda_s\sigma\cos\theta \tag{8}$$

式中　λ_s——饱和磁致伸缩系数。

θ——应力方向与磁化矢量方向之间的夹角，$\cos\theta = \alpha_1\gamma_1 + \alpha_2\gamma_2 + \alpha_3\gamma_3$。

磁化强度 M 变化与管道应力变化密不可分，所以自由能量 E 对 M 微分得到有效场 $H_e(\sigma, M)$ 表达式为：

$$\begin{aligned} H_e(\sigma, M) &= \frac{1}{\mu_0}\frac{\mathrm{d}E}{\mathrm{d}M} \\ &= H + \alpha M + \frac{3}{2\mu_0}\frac{\sigma\mathrm{d}\lambda}{\mathrm{d}M} \end{aligned} \tag{9}$$

由于施加外载荷不同轴，对于各向同性材料的应力计算表达式为

$$\sigma = \sigma_0(\cos^2\varphi - \upsilon\sin^2\varphi) \tag{10}$$

式中　φ——施加外载荷与磁场强度 M 的夹角，

υ——泊松比。

由于外载荷施加，有效应力场 H_σ 可以表示为：

$$\begin{aligned} H_\sigma &= \frac{3\sigma_0}{2\mu_0}(\frac{\mathrm{d}\lambda}{\mathrm{d}M})_\sigma \\ &= \frac{3\sigma_0}{2\mu_0}(\frac{\mathrm{d}\lambda}{\mathrm{d}M})_\sigma(\cos^2\varphi - \upsilon\sin^2\varphi) \end{aligned} \tag{11}$$

上式中磁致伸缩系数可表达为：

$$\lambda = \sum\gamma_i(\sigma)M^{2i} \tag{12}$$

上式经过泰勒级数展开 $\gamma_i(\sigma) = \gamma_i(0) + \sum_{n=1}^{\infty}\frac{\sigma^n}{n!}\gamma_i^n(0)$，根据试验测得 $n = 1$ 即可，只需保留 M^2 和 M^4 项，式(12)可写为：

$$\begin{aligned} \lambda &\approx \gamma_1(\sigma)M^2 + \gamma_2(\sigma)M^4 \\ &= (\gamma_1(0) + \gamma_1'(0)\sigma)M^2 \\ &\quad + (\gamma_2(0) + \gamma_2'(0)\sigma)M^4 \end{aligned} \tag{13}$$

式(11)可简化为：

$$\begin{aligned} H_\sigma = \frac{3\sigma}{2\mu_0}[&(2\gamma_1(0) + 2\gamma_1(0)\sigma)M^2 \\ &+ (4\gamma_2(0) + 4\gamma_2'(0)\sigma)M^4] \end{aligned} \tag{14}$$

进而，有效场 $H_e(\sigma, M)$ 表达式改写为

$$H_e = H + \alpha M + \frac{3\sigma}{2\mu_0}[(2\gamma_1(0) + 2\gamma_1'(0)\sigma)M^2 + (4\gamma_2(0) + 4\gamma_2'(0)\sigma)M^4] \tag{15}$$

采用 Kuruzar 实验[7]获取磁致伸缩系数数据，

$\gamma_1(0)=7\times10^{-18}A^{-2}\cdot m^2$，$\gamma'_1(0)=-1\times10^{-25}A^{-2}\cdot m^2\cdot Pa^{-1}$，$\gamma_2(0)=-3.3\times10^{-30}A^{-4}\cdot m^2$，$\gamma'_2(0)=2.1\times10^{-38}A^{-4}\cdot m^4\cdot Pa^{-1}$，并借助 matlab 软件论证常值磁化强度下有效场和应力之间变化关系。

根据图 2 可知，在磁化强度 M_0 不变时，随应力的增大应力产生的有效场逐渐增大；在应力不变时，随磁化强度的增大应力产生有效场同样逐渐增大。

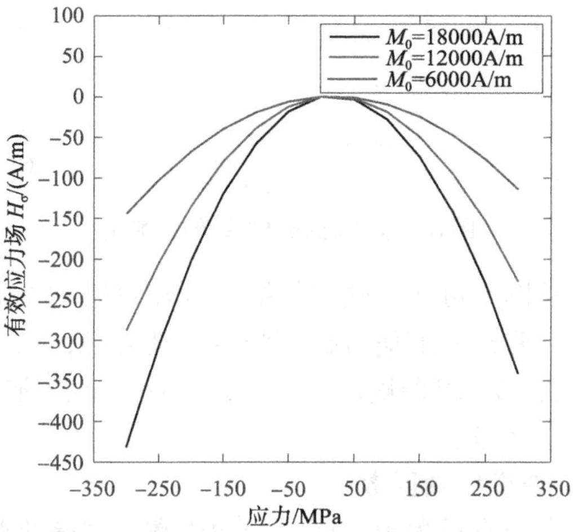

图 2　常值磁化强度下有效场和应力之间变化图

2.2　塑性变形阶段力磁耦合模型

管道塑性变形主要考虑了畴壁钉扎问题，因此，磁塑性能 $E_{\sigma p}$ 认为是克服磁畴壁运动所需的钉扎能。其计算公式为：

$$E_{\sigma p}=E_{pin}=k\int_0^M dM=\frac{b\varepsilon_r\langle\in_\pi\rangle}{2m}\int_0^M dM \tag{16}$$

式中　k——钉扎系数；

b——与材料相关。

其中，钉扎系数计算表达式为：

$$k=k_0\left[1+\frac{k_1}{k_0}\exp\left(-\frac{H_{max}}{1500}\right)\right]\left\{1-\left(\frac{M_{max}}{M_s}\right)^2\left[1-\left(\frac{H}{H_{max}}\right)^2\right]\right\} \tag{17}$$

进而，对磁场强度 M 进行微分，建立磁场强度与应力之间的关系

$$H_{\sigma p}=-\frac{1}{\mu_0}\cdot\frac{b|\sigma_r|\langle\in_\pi\rangle}{2mE} \tag{18}$$

式中　r——塑性变形应力；

E——弹性模量；

m——磁矩。

3　应力与磁场仿真平台

COMSOL 软件搭建管道缺陷仿真平台，包括缺陷管道、支承架、电流线圈等。仿真过程中，通过线圈添加直流电流形成磁场，作用到管道及管道缺陷部分上，基于力磁耦合模型完成管道缺陷应力－磁场仿真数值模拟。在缺陷口处添加一定压力负载，负载的状态分为四种状态，分为点载荷 F_1、均匀面载荷 F_2、拉载荷 F_3 及压载荷 F_4，负载的应力给值为 0MPa 到 100MPa 之间，压应力值间隔为 10MPa，并将管壁底端固定约束。

对图 3 中的 COMSOL 仿真平台结构进行参数设置，有效数值见表 1。

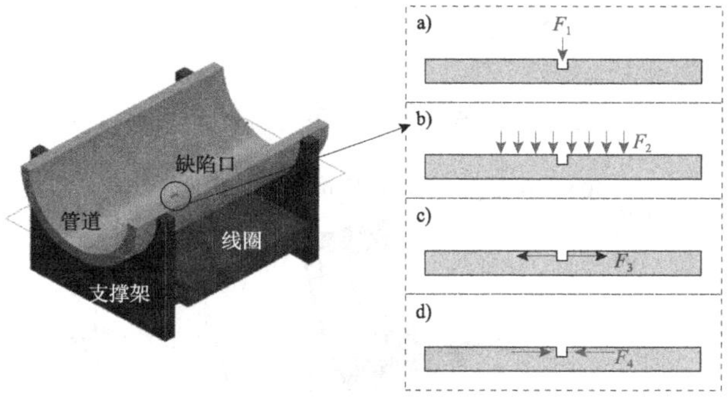

图 3　COMSOL 仿真平台

表 1　设置参数表

名称	管道	线圈	支承架	环境
材料	Steel AISI 4340	Copper	Soft Iron (Without Losses)	Air
线径/管径/mm	323.9	1	—	—
长度/mm	—	—	400	440
宽度/mm	—	—	250	300
匝数	—	N	—	—
厚度/mm	8	10	25	100
相对磁导率	1	1	5000	1
电导率/(S/m)	25.5×10^6	5.998×10^7	0.1	0.1
杨氏模量/Pa	205×10^9	—	—	—
泊松比	0.28	—	—	—

按照表 1 进行仿真平台模型参数化设置。通过有效的管道参数化设计建立应力与磁场的力磁耦合模型见图 4。在模型网格划分过程中，仿真模型进行手动划分，划分结果见图 4(a)。对缺陷以及线圈结构进行了密集型网格划分，单元尺寸

均采用四面体自由网格划分。对于支撑架、无缺陷管道部分进行了粗糙型网络划分。整体上，划分了 50000 多个四面体网格点作用于力磁模型仿真。

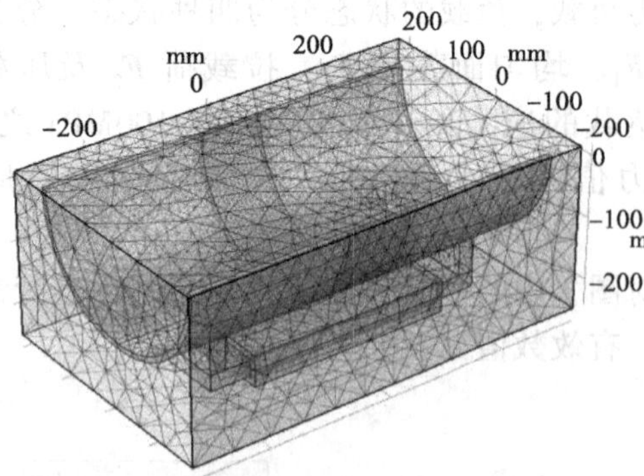

(a)网格划分模型

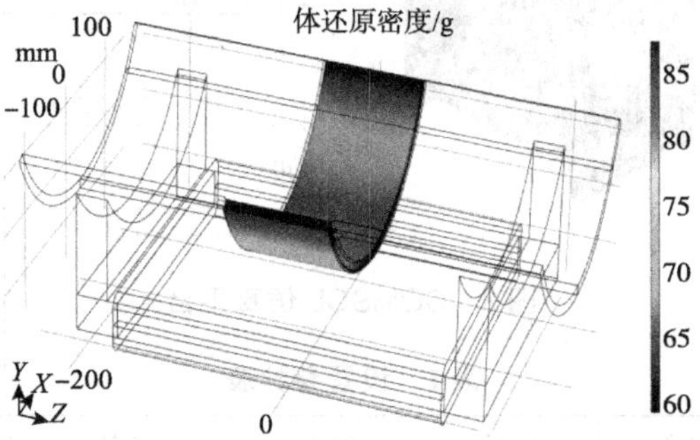

(b)磁致伸缩仿真模型

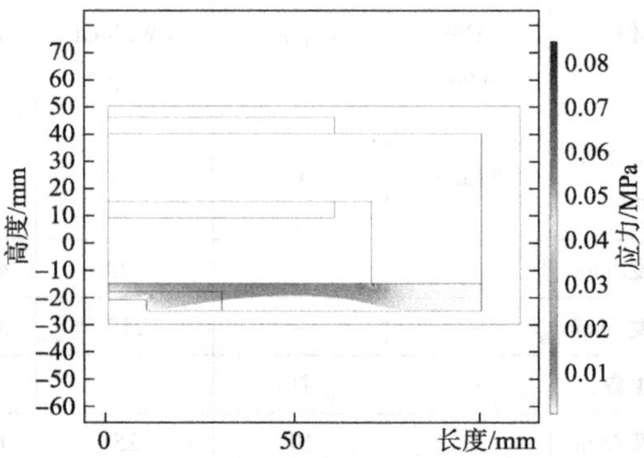

(c)应力仿真模型

图 4　管道损伤仿真模型

在 COMSOL 仿真平台中，线圈的电流、匝数等对管道的磁化能量有着或多或少的影响，通过调节直流大小来获得不同磁化强度，同时在缺陷上方加载 0 ~ 100MPa 的应力来模拟不同应力下的漏磁场信号。对模型进行加载求解，提取缺陷上方的漏磁场强度，得到的磁致伸缩云图见图 4(b)，应力损伤模型见图 4(c)。

4　仿真结果分析

4.1　改变电流

在仿真过程中，调节电流大小，电流给值为 0A 到 10A 之间，仿真电流间隔为 2A，仿真的结果见图 5，并进行结果分析。

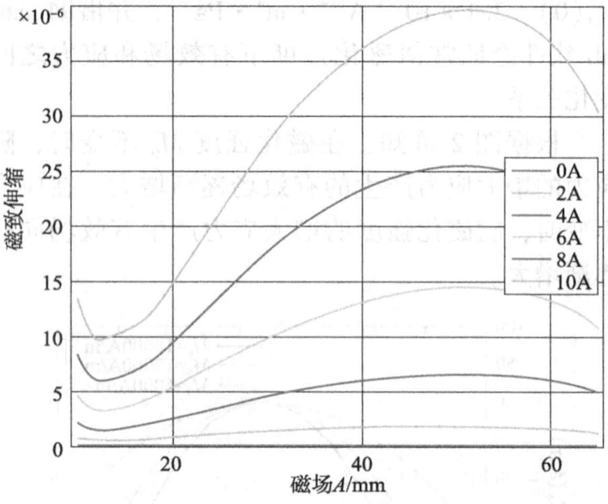

图 5　线圈电流对磁致伸缩影响

从图 5 可知，磁致伸缩信号随着激励电流的增加，磁致伸缩信号振幅强度逐渐升高，在激励电流为 10A 时振幅达到最高，为后续试验研究提供理论参考。

4.2　改变线圈匝数

在仿真过程中，调节线圈匝数，线圈匝数给值为 800 ~ 1600 之间，仿真线圈匝数间隔为 200，仿真的结果见图 6，并进行结果分析。

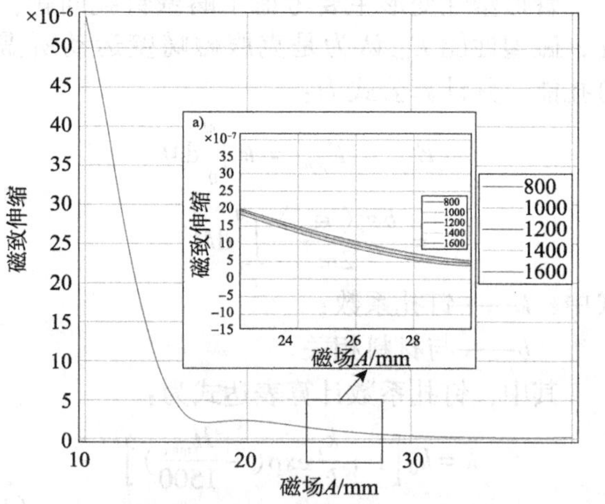

图 6　线圈匝数对磁致伸缩影响

从图 6 可知，磁致伸缩信号随着线圈匝数的增加，磁致伸缩信号振幅强度变化幅度不大，在线圈匝数为 800 时振幅达到最高，为后续试验研究提供理论参考。

4.3　改变应力大小

在仿真过程中，调节应力负载 F_1，应力负载给值为 10 ~ 100N 之间，仿真应力负载为 10N，仿真的结果见图 7，并进行结果分析。

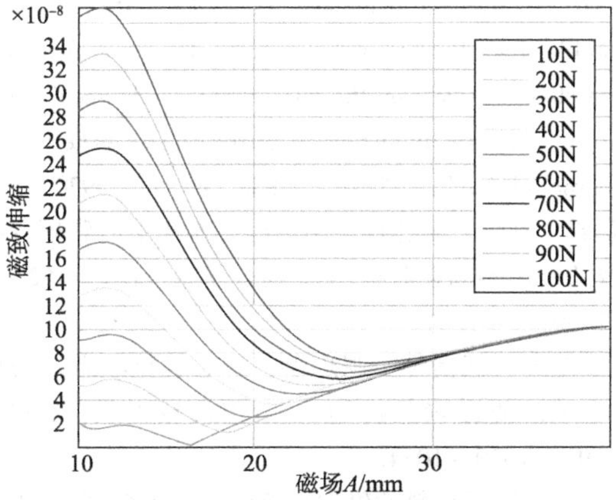

图 7　应力负载 F_1 对磁致伸缩影响

从图 7 可知，磁致伸缩信号随着应力负载 F_1 的增加，磁致伸缩信号振幅强度变化幅度会增大，在均匀应力负载 F_1 为 100N 时振幅达到最高。

4.3.1　改变均匀应力大小

在仿真过程中，调节均匀应力负载 F_2，均匀应力负载给值为 10～100MPa 之间，仿真均匀应力负载间隔为 10MPa，仿真的结果见图 8，并进行结果分析。

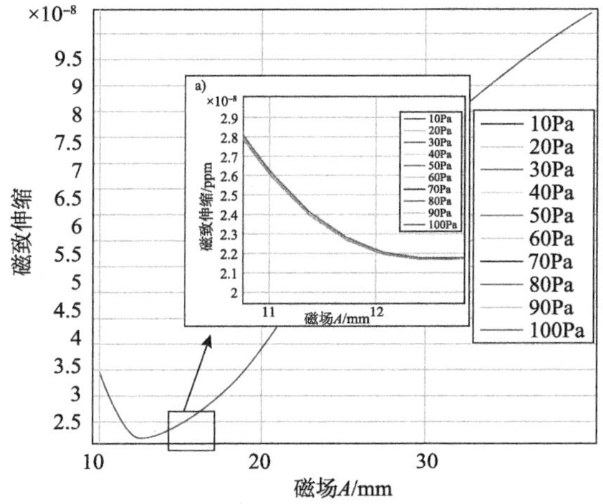

图 8　应力负载 F_2 对磁致伸缩影响

从图 8 可知，磁致伸缩信号随着均匀应力负载 F_2 的增加，磁致伸缩信号振幅强度变化幅度较小，在应力负载 F_2 为 100MPa 时振幅达到最高，并在局部图 8(a)得到验证。

4.3.2　改变拉伸应力大小

在仿真过程中，调节拉伸应力 F_3，改变拉伸应力给值为 10～100MPa 之间，仿真拉伸应力间隔为 10MPa，仿真的结果见图 9，并进行结果分析。

从图 9 可知，磁致伸缩信号随着拉伸应力 F_3 的增加，磁致伸缩信号振幅强度变化幅度较小，在拉伸应力 F_3 为 10MPa 时振幅达到最高。

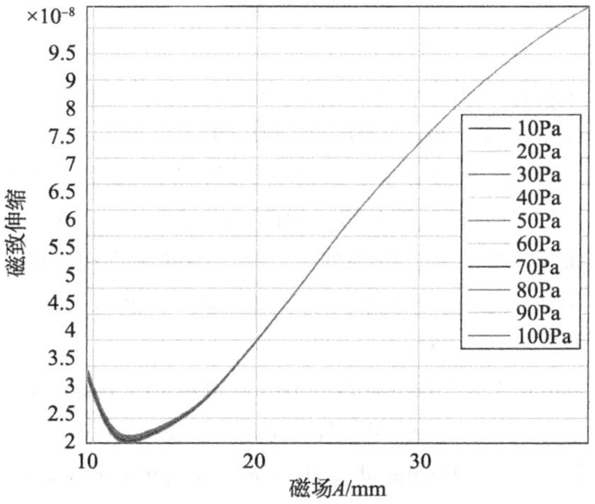

图 9　拉伸应力 F_3 对磁致伸缩影响

4.3.3　改变压缩应力大小

在仿真过程中，调节压缩应力 F_4，改变压缩应力给值为 10～100MPa 之间，仿真压缩应力间隔为 10MPa，仿真的结果见图 10，并进行结果分析。

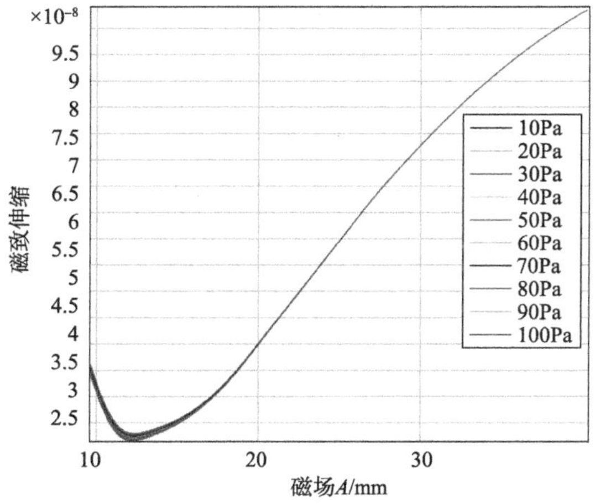

图 10　压缩应力 F_4 对磁致伸缩影响

从图 10 可知，磁致伸缩信号随着压缩应力 F4 的增加，磁致伸缩信号振幅强度变化幅度较小，在压缩应力 F_4 为 100MPa 时振幅达到最高。

5　结论

当管道发生集中应力时，易发生管道断裂，是值得关注的管道缺陷首要问题。管道应力的变化与磁致伸缩强度之间有一定的数学关系。因此，在监测管道应力变化的过程中，磁致伸缩强度可以作为参考指标来评估管道的应力变化。与此同时，建立 COMSOL 仿真平台研究分析可知，电流大小和线圈匝数会影响磁致伸缩的变化，且电流大小对管道磁致伸缩的影响较大。反之，线圈匝数影响较小。在均匀应力和局部应力研究过程中，局部应力对管道磁致伸缩的影响较大。

参考文献

[1]房剑萍．国内外油气管道事故案例分析[J]．石油和化工设备，2016，19(9)：90－93.

[2]任吉林，孙金立等．磁记忆二维检测的研究与工程应用[J]．机械工程学报，2013，49(22)：9－15.

[3]宋凯，任吉林，任尚坤等．基于磁畴聚合模型的磁记忆效应机理研究[J]．无损检测，2007，29(6)：312－314，361.

[4]Dubov A A. Diagnostics of boiler tubes with usage of metal magnetic memory[M]. Moscow：Energoatomizdat，1995.

[5]Jiles D C，Devine M K. Recent developments in modelling of the stress derivative of magnetization in ferromagnetic materials[J]. Journal of Applied Physics，1994，76(10)：7015－7017.

[6]Jiles D C. Theory of the magnetomechanical effect[J]. Journal of Applied Physics，28：1537－1546，1995.

[7]Jiles D C，Devine M K. The law of approach as a means of modelling the magnetomechanical effect[J]. Journal of Magnetism & Magnetic Materials，1995，140：1881－1882.

[8]Sablik M J，Burkhardt G L，Kwun H，et al. A model for the effect of stress on the low－frequency harmonic content of the magnetic induction in ferromagnetic materials[J]. Journal of Applied Physics，1988，63(8)：3930－3932.

[9]章鹏，刘琳，陈伟民．磁性应力监测中力磁耦合特征及关键影响因素分析[J]．物理学报，2013，62(17)：177501－177501.

[10]段振霞，任尚坤，赵珍燕，等．磁化状态对力磁耦合关系的影响分析[J]．中国机械工程，2017，28(9)：1029－1034.

[11]金宝．铁磁材料的磁记忆效应机理研究[D]．天津大学，2013.

[12]杨理践，王国庆，高松巍，刘斌，贾朱植．基于OP-WP算法力磁耦合磁记忆信号特征研究[J]．仪器仪表学报，2016.7.

[13]杨理践，王国庆，刘斌，等．油气管道塑性变形的磁记忆检测[J]．无损检测，2016，38(3)：8－10.

特种设备大数据的来源分类和应用探讨

朱利洪　张　彦

（广东省特种设备检测研究院，广东 广州　510655）

摘　要：本文从数据角度分析了特种设备大数据的来源，按不同来源特种设备大数据可以分成特种设备生产数据、经营数据、使用数据、检验检测数据、安全监督管理数据、实验室数据、行业相关数据、互联网数据等，探讨了特种设备大数据的应用，并提出了相应建议。

关键词：特种设备；大数据；数据来源；数据分类

Discussion on the Sources Classification and Application of Special Equipment Big-Data

Zhu Lihong, *Zhang yan*

(Guangdong Institute of Special Equipment Inspection & Research, Guangzhou 510060, China)

Abstract: This paper analyzes the sources of special equipment big - data from the perspective of data. According to different sources, special equipment big - data can be divided into special equipment production data, operation data, use data, inspection and testing data, safety supervision and management data, laboratory data, industry - related data, Internet data, etc.. The application of special equipment big data is discussed, and corresponding suggestions are put forward .

Key words: special equipment; big - data; source classification.

随着大数据时代来临，每时每刻都有大量新的有关特种设备设计、制造、安装、使用、检验、检测、维修、改造和安全监管的信息在产生和流动，并储存于某个地方，等待着被挖掘、分析和应用。我国是特种设备生产和使用大国，产生积累的特种设备数据量，世界各国无法比拟。特种设备是指对人身和财产安全有较大危险性的锅炉、压力容器(含气瓶)、压力管道、电梯、起重机械、客运索道、大型游乐设施、场(厂)内专用机动车辆。截至2021年年底，全国锅炉、压力容器、电梯、起重机械、客运索道、大型游乐设施、场(厂)内专用机动车辆等特种设备总量达1816.23万台，另有气瓶2.02亿只、压力管道75.75万公里(在册)；全国共有特种设备生产(含设计、制造、安装、改造、修理)和充装单位75134家，持有许可证76141张，特种设备作业人员持证1126.69万张。各级市场监管部门共设立特种设备安全监察机构5073个；全国特种设备安全监察人员共计112363人；全国共有特种设备检验检测机构4542家，持证4585个[1]。中国的互联网上正在实时产生大量难以计数的关于特种设备健康管理的信息。特有的巨量特种设备大数据，赋予了我国一个能接触并深入了解更多特种设备设计、制造、安装、使用管理、检验检测和维修改造、安全监管信息的好机会，但同时也给特种设备大数据的使用者带来了更严峻的应用挑战。下文从特种设备大数据的基本概念、来源分类和应用分别进行了探讨，以便了解特种设

作者简介：朱利洪(1968—　)，高级工程师，博士，主要从事特种设备检验、安全评价和大数据应用研究。E-mail：14366084@qq.com

备大数据的有关知识，使得特种设备各关联主体[特种设备生产(设计、制造、安装、改造、修理)、经营、使用、检验、检测和特种设备的安全监督管等单位]能正确认识、理解和利用特种设备大数据，从特种设备大数据的应用中获益，为保障特种设备安全作出贡献。

1　特种设备大数据的基本概念

特种设备大数据泛指所有与特种设备相关的极大量数字化信息的集合。特种设备大数据涵盖特种设备设计、制造、型式试验、制造监督检验、安装、安装监督检验、使用维护、定期检验、维修改造和全过程安全监管，直至最终报废的整个生命周期内所产生的多方面的数据。早期，大部分特种设备相关数据以纸质或者胶片形式存在，如特种设备的设计图纸、安装竣工验收资料、监督检验记录、使用维护记录、安全监控、故障和事故记录、定期检验记录、X射线胶片(数字成像图片)、材料金相检验图像、维修改造资料、安全监察信息等。随着特种设备安全保障技术的发展进步，设计和安装数字化、检验信息化的推广普及，数字检测设备的广泛使用，各种异构异源数字化特种设备相关数据的大量增长，特种设备大数据的形式和内涵越来越丰富、充实。特种设备安全科技正在步入特种设备大数据时代，包括特种设备档案、检验检测数据和影像、安全评价、失效分析数据、科研数据以及特种设备从业许可作业人员、检验人员、监察人员、许可生产单位和充装单位数据库等特种设备全生命周期内各类数据正以前所未有的速度产生与存储，特种设备大数据通过整合这些来源广泛的数据，集成不同层面、各种硬件设备所采集的信息，汇集成体量极大、类型复杂的数据资源库。

2　特种设备大数据的来源

特种设备大数据的来源纷繁复杂，特种设备大数据来源于不同的地区、不同的特种设备相关主体[特种设备生产(设计、制造、安装、改造、修理)、经营、检验、检测、使用和特种设备的安全监督管等单位]的不同软件应用及其他相关信息。只有实现特种设备数据的全量汇聚、统一治理、规范融合、共享应用，“小数据”才能变成“大数据”，才能释放其最大价值效应。一旦理顺了多格式、多源头、呈爆炸性增长的大数据的整合和分析，实现数据共享，使得大量数据资源通过大数据应用得以实现增值，达到保障特种设备安全的目的。特种设备大数据按来源分主要包括特种设备生产(设计、制造、安装、改造、修理)数据、特种设备经营数据、特种设备使用数据、特种设备检验检测数据、特种设备安全监督管理数据、实验室数据、行业相关数据、互联网数据等。

2.1　特种设备生产数据

特种设备的生产数据包括特种设备的设计、制造、安装、改造和修理等业务流程，数据主要为业务流程表单数据、文件资料及管理数据信息。特种设备设计、制造、安装等数据为特种设备投入使用前的原始状态数据信息。设备投入使用后，可能因使用环境介质、外部损伤、材质劣化等因素产生各类损伤后对超标缺陷或故障部件进行修理，也会因工艺改变需要进行特种设备的改造，改造和修理后的设备相关数据是对原始状态数据的局部变更，是变更后下一次损伤开始前的原始状态数据。特种设备生产数据是保障特种设备安全使用的基础数据，是保障特种设备安全的源头，是特种设备全生命周期内的静态化原始数据。

2.1.1　特种设备设计数据

特种设备设计数据是特种设备设计过程中产生的有关追溯性数据信息。锅炉、氧舱、气瓶、客运索道、大型游乐设施的设计数据来源于相应的制造单位和相应的检验机构或型式试验机构(见2.4.1)；压力容器(氧舱和气瓶除外)设计数据来源于取得压力容器设计许可单位或取得设计许可的压力容器制造单位(从事本单位压力容器设计)；压力管道设计数据主要来源于取得压力管道设计许可单位，锅炉范围内压力管道设计数据来源于锅炉设计数据；电梯、厂(场)内车辆的设计数据来源于相应的制造单位。

特种设备设计数据主要包括符合设计条件(如操作参数、使用条件、介质组分与特性、预期使用年限等)的设计文件信息，如各类设计图纸文件(如设备总装图、关键部件图，电气原理图、液压或气动系统原理图；设备布置图、管道轴测图、管道平面布置图等)、特种设备数据表、零部件(元件)材料表、设计强度计算书、安全部件和保护装置计算书、应力分析书、热力计算书、安全附件计算、风险评价报告等，以及包含热处理、检验和试验要求等内容的特种设备制造、安装(施工)、使用维护保养说明等信息。压力容器、压力管道的设计还包括设计许可相关信息，如设计、审核、审批人员、许可资质管理等信息；锅炉、气瓶、氧舱、客运索道、大型游乐设施的设计文件包括设计文件鉴定报告等相关信息。涉及特种设备产品、部件或者试制的特种设备新产品、新部件以及特种设备采用的新材料，按照安全技术规范的要求需要通过型式试验进行安全性验证的，还需包括约请型式试验等相关管理信息。

2.1.2　特种设备制造数据

特种设备制造数据主要是特种设备产品在制造过程中产生的与产品质量控制有关的追溯性数据信息，便于对制造过程中产生的质量问题进行回溯与处理，找到影响产品质量的原因，提高产品的质量，并为后续特种设备的安装、使用提供原始制造过程资料信息。特种设备制造数据来源于特种设备制造单位、型式试验机构(见2.4.2)、检验机构(见2.4.3)和安全监督管理部门(见2.5)。

来源于特种设备制造单位数据主要包括特种设备制造质量计划和符合设计文件要求的材料(如铸件、锻件、板材、管材等)、标准机电产品、标准件(管道元件、密封件、焊材、紧固件等)等采购(供应商、价格、产品检验和质量证明等)和验收检验记录；焊接件的施焊、机加工件的加工过程、热处理、部件装配过程、脱脂、表面处理、涂装(防腐)、保温等记录和检查记录；无损检测(目视检测、射线检测、磁粉检测、渗透检测、超声波检测、涡流检测等)、理化检验(化学成分分析、光谱分析、硬度测试、力学性能试验等)和试验(强度试验、泄漏性试验等)等记录；缺陷返修信息；以及制造过程中进行的设计变更(材料代用、无损检测方法、加工尺寸等)管理信息，确保原材料采购、产品制造过程和出厂资料信息的可追溯性；同时还包括了特种设备制造单位自身质量保证体系运行的相关记录信息，如质量保证体系人员、特种作业人员和检验人员、焊接工艺评定、仪器设备管理、合格供应商及委托(分包)方管理等信息。锅炉、压力容器、电梯、起重机械、客运索道、大型游乐设施以及压力管道用管子、阀门、管件、法兰、补偿器、元件组合装置、安全阀、爆破片装置、紧急切断阀、气瓶阀门等制造还包括许可相关信息。锅炉、压力容器以及压力管道用埋弧焊钢管、聚乙烯管、元件组合装置中的燃气调压装置、减温减压装置、工厂化预制管段、流量计(壳体)还应包括约请特种设备检验机构监督检验等相关管理信息。

2.1.3　特种设备安装、改造和修理数据

特种设备安装、改造和修理数据主要是特种设备安装、改造和修理过程中产生的与安装、改造和修理质量有关的追溯性数据信息，便于对安装、改造和修理过程中产生的质量问题进行回溯与处理，找到影响产品质量的原因，提高产品安装质量，并为后续特种设备使用管理提供原始安装过程资料信息。特种设备安装、改造和修理数据来源于特种设备安装、改造和修理单位、检验机构(见2.4.3)和安全监督管理部门(见2.5)。

来源于特种设备安装、改造和修理单位数据分整装特种设备和现场组装两种情况。整装特种设备的安装包括基础施工工程、安装施工、自检和调试及试运行等信息。现场组装特种设备安装、改造和修理包括安装、改造和修理方案和符合设计文件要求的材料(如铸件、锻件、板材、管材等)、标准机电产品、标准件(管道元件、密封件、焊材、紧固件等)、零部件等采购(供应商、检验项目、产品质量证明等)和验收检验记录；焊接工艺评定、焊接件的施焊、机加工件的加工过程、热处理、部件装配过程、脱脂、表面处理、涂装(防腐)、保温、吹扫和试运行等记录和检查记录；无损检测(目视检测、射线检测、磁粉检测、渗透检测、超声波检测、涡流检测等)、理化检验(化学成分分析、光谱分析、硬度测试、力学性能试验等)和试验(耐压试验、泄漏性试验等)等记录；缺陷返修信息；以及安装、改造和修理过程中进行的设计变更(材料代用、无损检测方法、加工尺寸等)管理信息和主要工艺设备的各类竣工图，确保原材料采购、产品安装过程和竣工资料信息的可追溯性；同时还包括了特种设备安装、改造、修理单位自身质量保证体系运行的相关记录信息，如质量保证体系人员、特种作业人员和检验人员、焊接工艺评定、仪器设备管理、合格供应商及委托(分包)方等管理信息。特种设备安装、改造、修理涉及特种设备许可的，还需包括相关的许可信息；锅炉、压力容器、压力管道、电梯、起重机械、客运索道、大型游乐设施的安装、改造、重大修理过程，还应包括施工前告知特种设备安全监督管理部门信息和约请特种设备检验机构监督检验等相关管理信息。

2.2　特种设备经营数据

特种设备经营数据包括特种设备销售和特种设备出租经营数据，特种设备经营数据来源于特

种设备销售单位和出租单位。

特种设备经营数据主要包括特种设备销售单位所销售特种设备的检查验收记录、销售记录信息及缺陷特种设备召回、特种设备物流等信息，进口特种设备还应有我国特种设备生产许可信息、进口商品检验记录及向进口地安全监督管理部门履行告知等信息；特种设备出租单位有安全管理人员和作业人员、出租相关信息，以及作为特种设备所有者的特种设备使用数据(见2.3)。

2.3　特种设备使用数据

特种设备使用数据是特种设备在使用过程中进行安全管理所产生的数据，是特种设备全生命周期数据中原始状态数据随着使用时间而发生变化的状态数据，是确定特种设备是否可继续安全使用的依据。特种设备使用数据来源于特种设备使用单位、检验机构(见2.4.4)、检测机构(无损检测和电梯检测，见2.4.5)、安全监督管理部门(见2.5)、实验室(见2.6)等。

来源于特种设备使用单位的数据包括特种设备运行(运行参数、运行时间、开停机等)记录、定期自行检查(如日常巡检、月度或年度检查等)和维护保养记录、定期检验和能效测试管理(相关计划、预防性措施、实施过程记录等)、腐蚀与防护管理、状态监测(如腐蚀、振动等)记录、异常情况处理、安全隐患处理(预防措施、缺陷处理方案等)、检修记录、事故应急救援及演练管理、运行故障和事故管理、备品备件管理、变更管理(工艺：操作参数、介质组分等，设备：维修、更换、报废等)、安全管理人员和作业人员管理等信息，以及特种设备定期检验约检、使用登记申请、移装管理及合于使用评价结论备案等管理信息。锅炉以及以水为介质产生蒸汽的压力容器的使用单位，还包括锅炉水(介)质、压力容器水质的处理和监测记录。移动式压力容器、气瓶充装单位还包括充装前后的检查、记录信息以及质量保证体系运行的相关记录信息，如质量保证体系人员、仪器设备管理、合格供应商及委托(分包)方等管理信息和相关的许可信息。

2.4　特种设备检验检测数据

特种设备检验检测数据是特种设备型式试验机构、检验机构和无损检测机构对特种设备产品进行型式试验、对特种设备生产(设计、制造、安装、改造、修理)进行监督检验(含设计文件鉴定)和特种设备使用进行定期检验、对特种设备进行无损检测活动过程中产生的数据进行采集、储存、处理、传输、汇总、加工生成的各种信息。特种设备检验检测数据包括特种设备设计文件鉴定、型式试验、监督检验(制造、安装、改造、重大修理)、定期检验、无损检测等数据，特种设备检验检测数据应用可为提高特种设备检验检测质量、保障特种设备安全提供依据。特种设备检验检测数据来源于特种设备型式试验机构、检验机构、无损检测机构、安全监督管理部门(见2.5)和实验室(见2.6)。

2.4.1　特种设备设计文件鉴定数据

特种设备设计文件鉴定数据是特种设备检验机构在从事锅炉、氧舱设计文件鉴定或型式试验机构在从事气瓶、客运索道、大型游乐设施设计文件鉴定过程中产生的数据。特种设备设计文件鉴定是指对特种设备设计中的安全性能是否符合国家安全技术规范有关规定的审查及必要的验证。特种设备设计文件鉴定数据主要包括对特种设备结构、安全、环保、节能、制图、技术要求等项目内容的符合性审查记录信息和设计文件鉴定结论报告信息。

2.4.2　特种设备型式试验数据

特种设备型式试验是指为验证特种设备新产品及其关键部件的安全性能是否满足基本安全技术要求而进行的检验和试验，属一次性试验。型式试验是取得制造许可的前提，试验依据是相应产品或关键部件的型式试验规则。特种设备型式试验数据是液(气)体燃烧器(锅炉)、蓄能器和简单压力容器(压力容器)、压力管道元件、大型游乐设施、起重机械、电梯、客运索道、场(厂)内机动车辆和爆破片及爆破片装置等特种设备实施型式试验过程中所产生的信息，来源于特种设备型式试验机构。

型式试验数据主要包括抽样记录、试验设备信息、检验人员信息、检验和试验过程记录、型式试验意见书及型式试验报告和结论信息。检验和试验过程记录主要包括技术资料审查、宏观检验特种设备产品或其关键部件的宏观检测(结构检验；尺寸检验；外观检验)、测厚、无损检测(目视检测、射线检测、磁粉检测、渗透检测、超声波检测、涡流检测等)、材料理化检验(如化学成分分析、光谱分析、硬度、力学性能、冲击韧性、断裂韧性、蠕变极限、金相检验、弯曲试验、耐腐蚀性能试验、疲劳试验等)、物理性能参数测试(如电阻、绝缘电阻、电流、电压、温度、力、速度、加速度、位移、水平度、扰度、静态应变、动态应变、转速、噪声等)、耐久性和可靠性试验(如密封性试验、高低温试验、耐热试验、振动试验、耐机械冲击、抗氢致开裂试验、抗硫化物应力腐蚀开裂试验、老化试验、侧翻试验、制动性能试验、安全保护装置性能试验、燃烧试验、耐压试验、泄漏性试验、爆破试验、寿命试验等)等记录信息。

2.4.3 特种设备(制造、安装、改造、重大修理)监督检验数据

特种设备监督检验是指在特种设备制造、安装、改造和重大维修过程中，在企业自检合格的基础上，对特种设备安全性能是否符合国家安全技术规范有关规定的监督验证，属一次性检验。特种设备检验机构对锅炉、压力容器以及压力管道用埋弧焊钢管、聚乙烯管、元件组合装置中的燃气调压装置、减温减压装置、工厂化预制管段、流量计(壳体)的制造过程和锅炉、压力容器、压力管道、电梯、起重机械、客运索道、大型游乐设施的安装、改造、重大修理过程实施监督检验。特种设备监督检验数据主要包括监督检验人员、监督检验方案、监督检验实施过程记录、监督检验联络单和意见书、监督检验证书或报告等信息。监督检验过程记录包括监督检验人员以资料审查、现场监督和实物检查方式实施的监督检验项目内容的结果记录以及相应的见证记录信息。

2.4.4 特种设备定期检验数据

特种设备定期检验是指对投入使用后的特种设备进行的周期性常规检验检测，检验周期和检验项目依据相关法规标准规定，目的是检验特种设备在使用过程中的安全状况。定期检验数据是特种设备使用后检验机构实施特种设备定期检验全过程中产生的人力资源管理、财务管理、设备管理及定期检验业务管理所产生的实时状态数据信息。定期检验业务管理数据包括定期检验人员、基于风险检验(RBI)分析、定期检验方案、定期检验实施过程记录、定期检验联络单和意见书、重大问题告知及定期检验报告等信息。承压类特种设备定期检验过程实施记录主要包括资料审查、宏观检验(结构检验；尺寸检验；外观检验)、壁厚测定、表面缺陷检测(渗透检测、磁粉检测等)、埋藏缺陷检测(射线检测、超声波检测、涡流检测、相控阵检测、声发射检测、导波检测等)、材料理化检验(如化学成分分析、光谱分析、硬度、力学性能、冲击韧性、断裂韧性、蠕变极限、金相检验、弯曲试验、耐腐蚀性能试验、疲劳试验等)、防腐层检验、阴极保护检测、密封紧固件检验、安全附件检验、强度校核、耐压试验、泄漏性试验、安全状况等级评定、合于使用评价(腐蚀、氢鼓泡、壳体变形、裂纹状缺陷、蠕变、分层、疲劳等)报告、检验结论和报告等信息；机电类特种设备定期检验实施记录主要包括资料审查、主要技术参数测量、作业环境和宏观检验(结构检验；尺寸检验；外观检验)、电气安全装置或功能检查、安全监控(监测)系统检查、安全保护和防护装置动作试验(轿厢上行超速保护装置试验、意外移动保护装置试验、限速器-安全钳试验、应急救援试验、上行制动工况曳引试验、破裂阀动作试验等)、性能试验(空载试验、额定载荷试验、静载荷试验、动载荷试验和有特殊要求的试验等)、整机运行试验和检查、应急救援检验(应急救援预案、人员、救援装备和急救物品、应急演练等)、检验结论和报告等信息。检验过程中发现特种设备存在严重事故隐患时，相关单位的告知信息及向负责特种设备安全监督管理的部门报告信息。

2.4.5 特种设备检测数据

特种设备检测数据是指特种设备检测机构受特种设备制造单位、安装、改造和修理单位、使用单位、检验机构和型式试验机构委托第三方开展特种设备的无损检测和电梯检测活动过程中所产生的数据。数据来源于特种设备检测无损检测机构和电梯检测机构。

特种设备无损检测数据包括渗透检测、磁粉检测、射线检测、超声波检测、涡流检测、相控阵检测、声发射检测、导波检测等记录和报告信息。电梯检测数据主要包括资料审查、主要技术参数测量、作业环境和宏观检查(结构检查；尺寸检查；外观检查)、电气安全装置或功能检查、安全监控(监测)系统检查、安全保护和防护装置动作试验(轿厢上行超速保护装置试验、意外移动保护装置试验、限速器-安全钳联动试验、应急救援试验、上行制动工况曳引试验、破裂阀动作试验等)、性能试验(空载试验、额定载荷试验、静载荷试验、动载荷试验和有特殊要求的试验等)、整机运行试验和检查、应急救援检验(应急救援预案、人员、救援装备和急救物品、应急演练等)等记录和报告信息。

2.5 特种设备安全监督管理数据

特种设备安全监督管理数据是特种设备安全监督管理部门对行政区域内特种设备安全实施监

督管理活动过程中所产生的数据。特种设备安全监督管理数据来源于特种设备安全监督管理部门、培训机构、考试机构和鉴定评审机构(见2.7)。

特种设备安全监督管理数据主要包括：特种设备生产单位(设计、制造、安装、改造、修理)和充装单位许可；检验机构、型式试验机构和检测机构核准；考试机构和鉴定评审机构的认定；特种设备相关人员(安全监察人员、检验人员、无损检测人员、焊接操作人员、作业人员等)资质许可信息；特种设备使用登记管理；特种设备生产、经营、使用单位和检验检测机构的现场安全监督抽查(日常监督抽查和专项监督抽查)；特种设备产品质量监督抽查；高耗能特种设备节能好锅炉环境保护监督；行政处罚(特种设备安全监察指令、行政强制措施决定、行政处罚决定等)；特种设备事故安全隐患管理；特种设备事故应急救援与调查处理、事故报告；特种设备采用新材料、新技术、新工艺的监督管理；缺陷特种设备召回；法规、安全技术规范和标准等记录信息。

2.6 实验室数据

实验室数据是指特种设备生产单位(设计、制造、安装、修理、改造)、使用单位、检验机构等委托第三方实验室进行特种设备的检验检测、失效分析等活动过程中所产生的数据。数据来源于取得检验检测实验室认证(CMA)的检测机构实验室，如科研机构、高等学校、检测机构(非特种设备)等。

实验室数据主要包括特种设备材料物理性能测试(热膨胀系数、热导率、比热容、电阻率和弹性模量等)、材料理化性能(如化学成分分析、光谱分析、硬度、力学性能、冲击韧性、断裂韧性、蠕变极限、金相组织分析、弯曲试验、耐腐蚀性能试验、疲劳试验等)、材料失效分析(断口分析、痕迹分析、材料热分析、材料裂解分析、应力应变测量与分析、失效复现/验证等)等记录信息。

2.7 行业相关数据

特种设备行业相关数据是指特种设备行业教育、商业及与特种设备相关的其他政务活动过程中所产生的数据。主要来源于特种设备培训机构、考试机构、鉴定评审机构、商业保险机构以及市政、交通、住建、环保、应急管理、公安等政府部门。

来源于特种设备培训机构、考试机构、鉴定评审机构的数据主要有特种设备作业人员、检验人员培训档案、考试档案、鉴定评审(申请许可资质单位的基本条件、设备、人员、体系运行、业绩等)等记录信息。商业保险机构数据主要有检验机构的特种设备检验责任保险、企业投保的特种设备财产保险等信息；市政涉及对城市供热管道和燃气管道、交通涉及移动式压力容器和交通行业起重机械、住建涉及建筑起重机械、环保涉及锅炉、应急管理涉及承压特种设备危化品、公安涉及与特种设备相关刑事案件等安全管理的相关数据。

2.8 互联网数据

特种设备互联网数据指的是互联网上与特种设备相关的各种数据。主要来源于社交互联网关于特种设备失效、安全事故或找寻特种设备的话题、互联网上购买特种设备行为、特种设备安全网站访问行为等。网络大数据是非常杂乱无章的，同一主题数据既可来自于同一网站众多不同的网络用户，也可来自大量不同的网站，而且又会包含大量音视频、图片、文本等异构性数据。与自我量化等数据相比较，网络大数据是被动存在的，随机性大，数据中蕴含的信息缺乏稳定性。由于信息噪声很高，缺乏特种设备专业规律，所以大部分数据都不会有应用价值。即使少部分可被用于挖掘分析，但也必须要了解且经过专业设计，且通常网络使用者只代表了全部人群中一小部分。

3 特种设备大数据应用

特种设备生产(设计、制造、安装、改造、修理)、经营、使用、检验检测、安全监管等业务过程中所产生的特种设备全生命周期内大数据，是特种设备从出生至报废全过程产品质量衰减过程的见证性数据。通过对特种设备大数据的分析挖掘，可提高特种设备生产质量、精准检验检测、智慧精准监管、智能安全管理等。

3.1 提高特种设备生产质量

特种设备生产(设计、制造、安装、修理、改造)的质量，可通过生产过程中的质量检验和投入使用后检验缺陷情况、使用故障、事故等数据反映出来，通过反向追溯，又可以查到影响产品质量的关键因素，从而通过数据统计分析、挖掘，可提高特种设备生产质量。例如，围绕选材、制造工艺、加工或焊接作业人员、质量检验等因素对特种设备生产过程和使用后产品质量情况(如缺陷数据)统计分析，即可从人机料法环等影响因素中分析得到影响特种设备生产质量的关键因素，从而针对性采取如改进设计、工艺、加强作业人员培训等措施，提高特种设备生产质量。

3.2 精准检验检测

特种设备检验检测是为了检出特种设备中存在的缺陷，从而保障特种设备的安全使用。通过特种设备原始设计制造和安装数据、使用数据、历史检验数据及同类设备检验检测数据分析、挖掘，依据所产生的缺陷种类、发展演化规律，可为分析确定特种设备的重点检验检测部位、选择合适的检验检测方法提供科学依据，提高了检验检测的针对性，实现精准检验检测，确保检得出、检得准、检得快，避免了检验检测盲目性、检验不足过度检验等情况发生，节约了检验检测成本，提高了特种设备检验检测能力水平，并大大降低了特种设备的安全隐患。

3.3 智慧精准监管

特种设备安全监管是对特种设备生产、经营、使用、检验检测等全生命周期活动的全过程监督管理。通过许可鉴定评审、人员考试、证后监督抽查、产品监督抽查等数据挖掘分析，可实现对认证认可人员、许可生产单位进行追溯性跟踪、能力分析，实现精准监管；依托特种设备全生命周期安全管理数据，分析事物之间关联关系、发展模式等，构建风险评估和安全预警模型，建设完善特种设备安全风险防控体系，排查分析特种设备各个环节存在的主要风险问题，及时暴露或发现安全隐患，并可通过跟踪重点行业、重点企业、重点设备，深化安全风险辨识管控与隐患排查治理，层层深入实现科学预警和风险管控，有效防范特种设备安全事故的发生，实现特种设备的智慧精准监管。

3.4 智能安全管理

特种设备使用是特种设备全生命周期中的重要环节，良好的使用管理是特种设备安全保障措施中的重中之重。实施特种设备安全状态的实时监测，充分利用全生命周期全链条大数据进行挖掘和演化规律分析，可对将来可能发生的故障、损伤或潜在危害进行预测预报，并提出有针对性的维保策略，指导维保提前实施及时精准高效的维护保养，对违章作业行为及时发布指令予以纠正，实现运行维护保养的智能化；通过构建特种设备风险分析模型和异常情况分析，对特种设备运行风险和异常情况进行智能预警、预报，避免危害在不知情或准备不足的情况下发生，从而最大程度地减轻危害所造成损失的行为；特种设备全生命周期大数据可快速实现对特种设备身份及质量安全管理等方面历史信息追溯，可为下一步开展应急处置和事故调查提供指导，结合实时特种设备事故特征参量数据采集分析，构建专家辅助决策系统，能自动生成应急预案，指导人员疏散逃生，并启动安全防护及应急处置措施，实现智能应急管理。

4 讨论与建议

特种设备大数据来源复杂，是特种设备在全生命周期内各关联主体业务的相关活动所生成的文字、符号、图表、图形、数据、影像等数字化信息的集合，数据可分为结构化、半结构化和非结构化数据，也可分为静态化数据和动态数据。目前可直接利用进行大数据分析的大数据基本上都存在于特种设备生产（设计、制造、安装、修理、改造）、经营、使用、检验检测、安全监管等相关单位的信息系统"孤岛"中；各关联主体使用的信息化系统来自不同厂商，标准不统一，不仅相关主体单位之间的数据不能共享，甚至一个单位内部不同部门的数据也可能难以实现集成共享；特种设备大数据还涉及特种设备关联主体单位的专利权、隐私权，相关人员信息数据还涉及个人隐私，目前国内涉及数据的法规尚未形成体系，缺少相关的法律法规保障，尚未能明确特种设备大数据的存储、共享范围和边界以及应用大数据需要承担的责任等。

特种设备大数据应用是特种设备安全保障的发展趋势，如何让特种设备大数据的价值充分体现，需要进一步工作开展，首先需要对特种设备大数据应用标准化开展应用研究和规划，做好顶层的宏观设计，制定特种设备大数据应用标准体系，研究相关政策、利益机制，制定相关法规制度，打破特种设备大数据各相关主体的壁垒，解决好"信息孤岛"问题。充分利用好特种设备检验机构和监察机构现有的特种设备数据资源，做好特种设备大数据的基础标准、数据共享标准、平台建设标准、安全标准和应用标准等建设，规划建设特种设备大数据互连共享平台，实现特种设备大数据有效应用，在提高特种设备的设计质量、安装维修质量、检验检测质量，强化特种设备安全、降低风险、降低社会整体特种设备生产和检验成本等方面发挥无与伦比的巨大作用。

参考文献

[1]市场监管总局关于 2021 年全国特种设备安全状况的通告，市监总局通告 2022 年第 11 号，市监总局 2022-04-18.

炼化企业生产装置区域地下管网消防水系统的隐患治理

秦学功

(中国石油乌鲁木齐石化公司设备检验检测院，新疆 乌鲁木齐 830019)

摘　要：本文结合地下管网消防水系统泄漏检测与主支干管道的更换、基于 GIS 技术的地下管网管理系统的建立、炼油厂地下管网阴极保护系统的实施工作的实践，全面总结了稳高压消防水系统运行状况和效果，为炼化企业生产装置及储存区地下管网隐患整治提出了可行性方案。

关键词：生产装置区域；地下管网；消防水系统；隐患治理

Hidden Trouble Treatment of Underground Pipe Network Fire Water System in Refinery Production Plant Area

Qin Xuegong

(Equipment Inspection and Testing Institute of PetrChina Urumqi Petrochemical Company, Xinjiang Urumqi 830019, China)

Abstract: In this paper, combined with the practice of leak detection of fire water system in underground pipe network, the replacement of main branch pipes, the establishment of underground pipe network management system based on GIS technology and the implementation of cathodic protection system in underground pipe network of refinery, the operation status and effect of stable high - pressure fire water system are comprehensively summarized, and a feasible scheme is put forward for the hidden trouble treatment of underground pipe network in production facilities and storage areas of refining and chemical enterprises.

Key words: refinery production plant area; underground pipe network; fire water system; hidden trouble treatment

1　概述

炼化企业生产装置及储存区地下管网包括能源供给、信息传输、生产控制、消防保障等系统。由于历史原因或国家或行业标准规范更新，地下管网越来越复杂，消防水系统与原料线、互供线、动力线、上下水管线、输配电网和接地网交织在一起，构成复杂的地下金属结构网络[1]，管理难度大。同时，受企业重组和人员的变化影响，装置区域表面硬化整治，再加上基础资料缺失，给消防水系统检验检测、施工检维修等工作，以及装置的新改扩建工程造成较大困难。本公司是老企业，地下条件复杂，由于超设计年限运行、腐蚀等原因，爆管、泄漏等事故时有发生，存在较大的安全隐患。

2　稳高压系统隐患治理

针对上述问题，2013 年以来，本公司对稳高压系统在内的地下管网系统进行了全面隐患治理。主要工作包括消防水系统主管和支管的泄漏检测与主支干管道的更换，特别对直达消防栓、消防炮的支管，分 3 年进行了更换。同时，支撑了基于 GIS 技术的地下管网管理系统的建立。

3　阴极保护方案的比选与实施

目前，综合研究国内外技术文献和工程实例，对于埋地钢质管道，防止其外壁腐蚀的常用

作者简介：秦学功(1967—)，高级工程师，1991 年 6 月毕业于河北轻化工学院化机专业，长期从事特种设备管理、设备防腐、设备检验、检测、监测工作。E - mail：qinxgws@ petrochina. com. cn

方法有很多种，归纳起来比较有效的有以下三种：表面涂层保护技术、改善腐蚀环境、阴极保护技术。将管道挖出完全进行防腐层大修或者重新涂装防腐层是不现实的，既要耗费大量资金又不能根本地解决问题。地下腐蚀环境无法改变，采用与防腐相结合，是目前公认的地下金属管道最经济合理的腐蚀控制措施[2]。

厂区内管网运行多年，涂层破损严重、腐蚀环境恶劣，需要很大的保护电流，所以应选择外加电流阴极保护方法，其原理见图1。

根据装置区的地质资料，为保证阴极保护电流在设计回路中能够有效畅通，设计上使用深井阳极地床辅助阳极技术为主、牺牲阳极技术为辅的阴极保护技术路线，以解决在干燥土壤环境下阴极保护电流不能有效畅通以及复杂金属网络的屏蔽问题。

采用深度为60～80m的深井阳极地床的外加电流阴极保护为主，在个别屏蔽的欠保护区域和一级防爆区辅助以镁合金牺牲阳极保护的方式进行有效补充。同时，采用高密度均压线技术保证阴极保护电位分布均匀，防止杂散电流腐蚀，扩大阴极保护范围。

根据地下管道总表面积、大型金属储罐的外罐底面积、接地设施的金属表面，设置若干恒电位仪、阳极地床、测试桩、牺牲阳极和均压线。

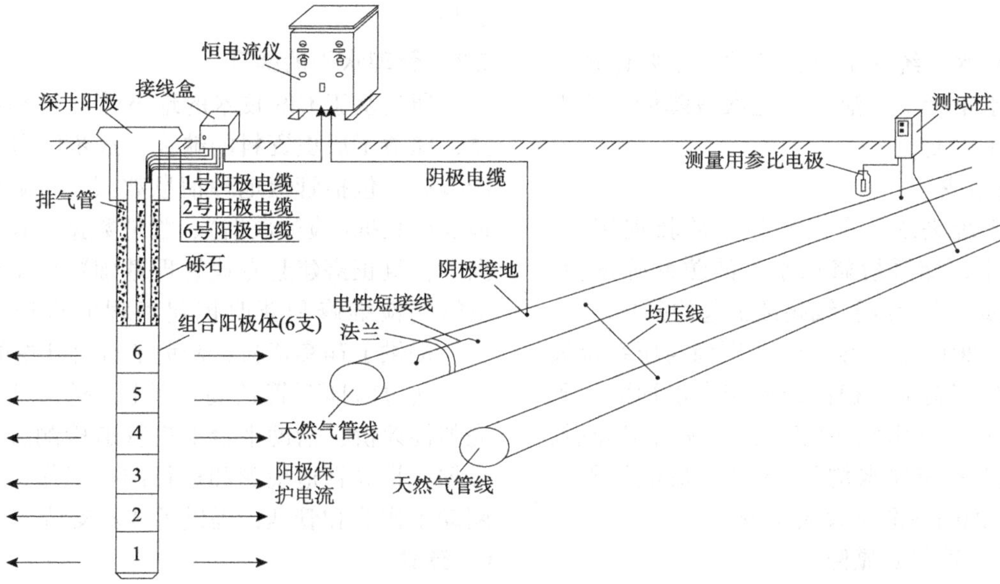

图1　炼油厂地下管网阴极保护系统原理图

4　基于GIS技术的地下管网管理系统的建立

稳高压消防水系统是石油化工企业一项非常重要的安全保障措施，消防水系统供水能力及稳定运行是预防事故及扑救火灾的物质基础和最经济有效手段[3]。为保障消防水系统压力稳定，必须有计划地对老旧地下管道进行更换，以解决系统渗漏问题。

为满足地下管网的专业管理需求，结合消防水系统泄漏检测与更换整治工作，采用管道完整性管理理念，对管道全生命周期进行管理，建立基于GIS技术的地下管网管理系统，其架构和功能设计见图2。

根据公司组织机构设置、专业管理要求和业务流程，完成管网管理系统架构设计和功能开发，包括用户及其权限设置，地下管道的基础信息、地理信息、高后果识别、风险评估、完整性评价和检验维护功能。

管道基础信息，通过追溯施工和竣工图纸，结合检测，完善管道规格、材质、外防腐蚀层类型及等级、运行及维修情况等。

管道地理信息，通过定位检测，确定管道起始位置、埋深、走向，管道外防腐蚀层老化和破损情况等。

通过检测，结合高后果识别、风险评估、完整性评价，有计划地更换部分老旧管段。

图2 地下管网完整性管理系统界面

5 效果

对于消防水系统的整治，其效果主要体现在消防水的补水量减少、泄漏开挖次数降低、管理水平提升三个方面。

5.1 补水量减少

消防水系统失水，主要来自事故救灾用水、应急演练用水、储罐检修用水、消防系统试验、检修时的跑损，以及因管线腐蚀引起的漏损。

经统计，2011年至今，炼油厂稳高压系统失水量，本项目实施前，稳高压系统失水均值达到35t/h，平均每年补水约30万t，本项目实施后，炼油厂稳高压系统失水均值15t/h，最低年平均为6.93t/h。说明渗漏量大大减少。

5.2 泄漏开挖次数明显降低

埋地管网的泄漏，多因为内外腐蚀共同作用的结果，炼油厂自阴极保护系统投用后，稳高压系统失水明显减少。同时，通过对全公司地下管网泄漏开挖统计，炼油厂在本项目实施前，平均泄漏11次/年，项目实施后，2015年仅为1次(一循环水阀井内)，2018年、2019年各3次(均发生在未设阴极保护装置区域)。在全公司约167km地下管网中，炼油厂12个区域合计约82km，而泄漏次数远远小于其他区域，该系统在炼油厂地下管网防腐过程中效果显著。

阴极保护技术的应用，使得地下管道的腐蚀得到控制，降低了管道腐蚀泄漏率，从而也降低了因为腐蚀泄漏发生事故的概率。同时间接性保护了与地下管网交互埋设的电缆网、裸铜接地网、装置基础钢筋等金属设施。降低因处理泄漏事故而发生的各类维修费、物料损失费、环境污染治理等费用，保证了炼油厂生产设备的正常运行。

5.3 管理水平的提升

通过基于GIS技术的地下管网管理系统的建立，厘清了历史资料的缺失，逐步完善了管道基础数据，包括管道地理信息数据、台账数据、管道运行数据(检测数据)、管理数据、技术档案数据等，真正搭建起专业管理基础数据平台。对地下管网检维修和新改扩建工程的接口设计和施工，提供了翔实资料，避免了盲目开挖的风险。

通过对地下管道高后果区分析、风险评估、完整性评价，借助平台推进管道检测维护工作的计划，指导管道检测和运行维护工作，为地下管网动土作业和管理，提供了技术支持。

6 建议

炼化企业的稳高压消防系统是重要的安全保障设施，应该秉承最先进的设计、最可靠的精心维护、最不愿动用的理念来运行和维护。通过对稳高压系统在内的地下管网系统隐患治理，确保了消防功能，在节水方面，也取得了一定的效益。但是，在老旧生产装置区地下管网隐患整治应该关注系统性和信息运维。

(1)本项工作只针对炼油厂2013年之前区域进行了阴极保护，相对于其他区域地下金属构件形成了腐蚀电位差，加速了腐蚀[4]，从其他区域近年来腐蚀泄漏开挖次数和建南新装置区域近两年来泄漏的次数统计，可以得到验证。对炼油厂和其他新增装置区域，应增设阴极保护系统。

(2)地下管网数据的动态维护是系统应用的关键，应扩展地下管网功能，对已建地下管网以外的其他输配电网和接地网一并纳入本系统管理，专人维护，实现日常工作和动土作业的有效管理，避免挖断地下管线、电缆事故的发生。

参考文献

[1]范洁利. 老装置消防水系统改造方案优选[J]. 石油化工安全技术，2004，20(6).
[2]汪海波，杨鑫，杨朝辉，等. 石油化工企业埋地钢管道区域性阴极保护技术[J]. 石油化工腐蚀与防护，2011(4).
[3]张静淑，刘西涛，吴向阳. 利用GIS技术提高炼化企业地下管网管理水平[J]. 甘肃科技，2015，31(21).
[4]张锐，王子瑜. 浅谈化工区稳高压消防水系统设计[J]. 广州化工，2010，38(4).

某油田集输管道超标缺陷合于使用评价案例分析

张加东[1]　李茜茜[2]　王　果[3]　万驱虎[1]　李福元[1]　岳绍秀[1]

[1. 中特检管道工程(北京)有限公司，北京　100013；2. 中国石油塔里木油田分公司，新疆　841000；
3. 中国特种设备检测研究院，北京　100029]

摘　要：以油田埋地集输管道为例，在完成全面检验工作的基础之上，依据《压力管道定期检验规则—长输(油气)管道》(TSG D7003—2010)的相关要求，开展部分超标缺陷合于使用评价工作。通过对比分析不同评价标准在压力管道超标缺陷合于使用评价过程中的区别，形成一些思考及建议，在准确掌握管道设备安全状况的同时提升检验评价工作效率。

关键词：超标缺陷；合于使用评价；压力管道；检验评价；维修维护

Case Study on the Application Evaluation of the Exceeding Standard Defect of Gathering and Transportation Pipeline in an Oil Field

Zhang Jiadong[1]，*Li Qianqian*[2]，*Wang Guo*[3]，*Wan Quhu*[1]，*Li Fuyuan*[1]，*Yue Shaoxiu*[1]

(1. Special Inspection Pipeline Engineering(Beijing) Co. Ltd，Beijing 100013，China；2. Tarim Oilfield Company，Korla 841000，China；3. Special Equipment Inspection and Research Institute，Beijing 100029，China)

Abstract：Taking the buried gathering and transportation pipeline of oil field as an example，on the basis of completing the comprehensive inspection work，according to the relevant requirements of TSG D7003—2010"Regular Inspection Rules for Pressure Pipelines - Long Distance Transportation(oil and gas) Pipeline"，the evaluation work of the adequacy of some exceeding - standard defects is carried out. By comparing and analyzing the differences of different evaluation standards in the evaluation process of the suitability of pressure pipeline defects to exceed the standard，some thoughts and suggestions are formed，so as to improve the efficiency of inspection and evaluation while accurately mastering the safety situation of pipeline equipment.

Key words：Defects over standard；Suitability for use evaluation；Pressure pipeline；Inspection and evaluation；The maintenance

0　引言

目前，油气田埋地管道的定期检验及合于使用评价主要按照《压力管道定期检验规则—长输(油气)管道》(TSG D7003—2010)的相关要求进行[1]。长输管道的定期检验包括年度检查、全面检验及合于使用评价。合于使用评价一般在全面检验之后进行，内容包括对管道进行应力分析计算，对危害管道结构完整性的缺陷进行剩余强度评估与超标缺陷安全评定，对危害管道安全的潜在危险因素进行管道剩余寿命预测、以及在一定条件下开展的材料适用性评价[2]。

现有西北某油田集气站至联合处理厂间的一条集输埋地管道，在完成全面检验、内检测及开挖验证工作的基础之上，依据《压力管道定期检

作者简介：张加东(1993—　)，本科，主要从事压力管道检验检测及完整性管理工作。E - mail：2900838521@qq. com

验规则—长输(油气)管道》(TSG D7003—2010)的相关要求，开展部分超标缺陷的合于使用评价工作。通过对比分析不同评价标准在超标缺陷合于使用评价过程中的区别，形成一些思考及建议，对后续检验评价工作提供参考。

1　评价分析流程

此次合于使用评价分析流程见图1。

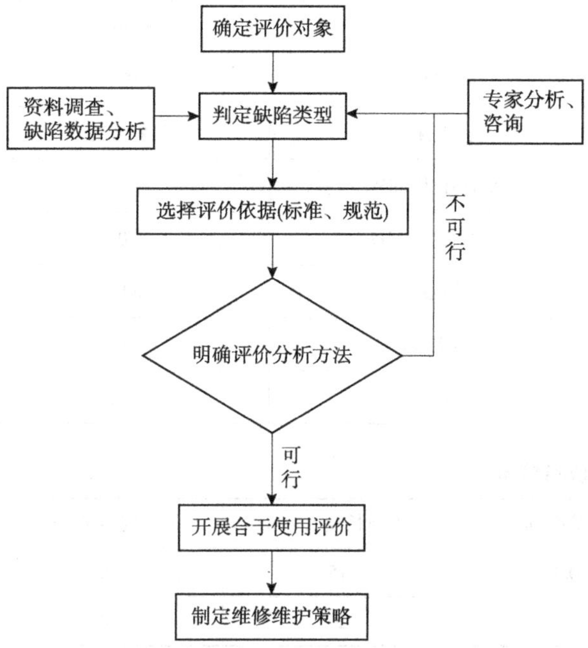

图1　评价分析流程图

1.1　确定评价对象

依据业主需要，确定评价对象。在充分考虑业主需要的同时，结合特种设备目录及油田企业相关标准，进行管道分类、分级，明确待评价管道的设备类别，为精准评价奠定基础。

1.2　判定缺陷类型

为提高此次压力管道缺陷分类的科学性与准确性，在调研了该油田2014—2020年共计7年的压力管道检验检测数据基础之上，结合《承压设备损伤模式识别》(GB/T 30579—2022)[3]等相关标准中关于损伤模式分析、管体缺陷评价及焊缝缺陷评级的要求，将缺陷分为五大类13小类，分别为：

减薄：内腐蚀、外腐蚀、机械损伤；

安全附件及仪表不符合要求：一般为未按期校验；

材质原始缺陷：分层、裂纹、其他；

焊缝缺陷：未熔合、未焊透、圆形缺陷、条形缺陷及裂纹；

其他：无法归入上述4项的缺陷。

评价人员可参考上述分类方式对待评价管道中历年检验检测发现的缺陷进行归类统计，根据业主需求筛选超标缺陷。

1.3　选择评价依据

根据缺陷分类结果确定评价依据，以目标为导向，选择对应的评价标准。将压力管道超标缺陷评价常用标准分类罗列如下：

1)《在用含缺陷压力容器安全评定》(GB/T 19624—2019)

适用于包含裂纹、未熔合、未焊透、深度大于等于1mm的咬边等平面缺陷，及包含凹坑、气孔、夹渣、深度小1mm的咬边等体积缺陷的安全评定。

2)《基于风险的埋地钢质管道外损伤检验与评价》(GB/T 30582—2014)

适用于长输、集输管道中的埋地钢制管道外腐蚀、外力破坏等危害造成的管道结构不完整的检验与评价。

3)《承压设备合于使用评价》(GB/T 35013—2018)

适用于包括腐蚀减薄(均匀减薄、局部减薄及点蚀)，氢致开裂、氢鼓包、凹陷及沟槽等缺陷的安全评价。

4)《含缺陷油气输送管道剩余强度评价方法》(SY/T 6477—2017)

适用于长输、油田集输管道中体积型缺陷、裂纹型缺陷、分层、错边、凹陷等缺陷的剩余强度评价。

1.4　明确评价分析方法

根据检验检测结果，在对缺陷类型进行准确判定的基础上，选用与之匹配的标准进行合于使用评价，分析缺陷在当前工况下是否能安全运行。

1.5　开展合于使用评价

通过原始资料调查的方式采集管道材质、压力、管径、壁厚及使用年限等基础资料，利用采集到的缺陷长度、宽度、深度、剩余壁厚、环向位置等参数进行超标缺陷的合于使用评价。

1.6　制定维修维护策略

完成目标管道中超标缺陷合于使用评价即可给出适用性评价意见，依据适用性评价结论，制定相应的维修维护策略。

缺陷维修主要分为焊接式与非焊接式。其中焊接式修复包括：堆焊、补板、带压开孔、换管、套筒和机械夹具，非焊接式包括：钢质环氧套筒、打磨和复合材料补强。

2 评价案例分析

2.1 待评价管道基本情况

管线自2011年6月投用以来，于2018年开展首轮内检测，同年12月委托检验机构开展完整性检测评价(ECDA、ICDA)，并分别在2018年、2020年分两轮对管道内检测发现的部分缺陷进行开挖验证。管线原始资料见表1。

业主依据油田Ⅰ类管道开展内检测及完整性检测评价的要求，筛选2处典型金属损失缺陷开挖验证，并委托具备相应资质的检验机构开展合于使用评价。经开挖验证的缺陷信息见表2。

上述缺陷金属损失程度接近50% wt，按照标准及业主要求，进行剩余强度评价。鉴于该管道属于油田集输管道，分别采用SY/T 6477—2017及GB/T 30582—2014中的相关要求进行，确定在正常操作条件下，待评价缺陷是否符合“合乎使用”的要求。

表1 管线资料

管道类别	集输管道
管道分级	Ⅰ类管道
投用日期	2011年6月
管道规格/mm	ϕ323.9×10
管道长度/km	21
材质	L360NS
外防腐层	3PE
阴极保护	强制电流
设计压力/MPa	12
运行压力/MPa	7.0
设计温度/℃	60
运行温度/℃	30
介质	含硫湿气

表2 开挖验证缺陷信息

编号	点钟方向	剩余壁厚/mm	附近壁厚/mm	轴向长度 S/mm	周向宽度 C/mm
1	6:30	5.07	10.0	15	10
2	6:00	4.03	10.0	20	20

2.2 依据《含缺陷油气输送管道剩余强度评价方法》(SY/T 6477—2017)的评价结果

本部分采用SY/T 6477—2017[4]中局部腐蚀缺陷一级评价方法进行剩余强度评价。

2.2.1 一级评价过程

步骤1：计算中间参量 t_c

$$t_c = t - LOSS - FCA$$

式中 FCA——未来腐蚀裕量，mm；

$LOSS$——管道均匀减薄厚度，mm。

步骤2：计算剩余壁厚比 R_t 及壳体参数 λ

$$R_t = \frac{t_{mm} - FCA}{t_c}$$

$$\lambda = \frac{1.285S}{\sqrt{D_i t_c}}$$

式中 S——体积型缺陷长度，mm；

D_i——管体内径，mm；

t_{mm}——最小测量壁厚，mm。

步骤3：检查缺陷极限尺寸，满足以下条件进行下一步，否则缺陷不能通过一级评价：

(1) $R_t \geqslant 0.20$；

(2) $t_{mm} - FCA \geqslant 2.5$mm；

(3) $L_{MSD} \geqslant 1.8\sqrt{D_i t_c}$；

式中 L_{MSD}——缺陷距离管道不连续处的距离，常见管道部连续处包括角焊缝、三通支管、法兰等部位。

步骤4：根据当前远离缺陷处的管道壁厚确定管道的最大允许工作压力 $MAWP$，该值取管道的设计压力。

步骤5：依据下述等式作图，见图2。

$$R_t = 0.2 \quad \lambda \leqslant 0.354$$

$$R_t = \left(RSF_a - \frac{RSF_a}{M_t}\right)\left(1 - \frac{RSF_a}{M_t}\right) - 10.354 < \lambda < 20$$

$$R_t = 0.9 \quad \lambda \geqslant 20$$

步骤6：将步骤2计算得到的点(λ, R_t)代入图2中，若点(λ, R_t)落在图中曲线上或者曲线上方，则该缺陷的轴向长度在设计压力下可接受；反之，则不可接受。若缺陷的轴向长度在设计压力下不可接受，则需计算 RSF(剩余强度因子)，若 $RSF \geqslant RSF_a$，则该金属局部腐蚀在步骤4中计算得到的 $MAWP$ 下仍可以接受；若 $RSF < RSF_a$，该金属局部腐蚀在 $MAWP_r$ 下可以接受。

$$RSF = \frac{R_t}{1 - \frac{1}{M_t}(1 - R_t)}$$

$$MAWP_r = MAWP\left(\frac{RSF}{RSF_a}\right)$$

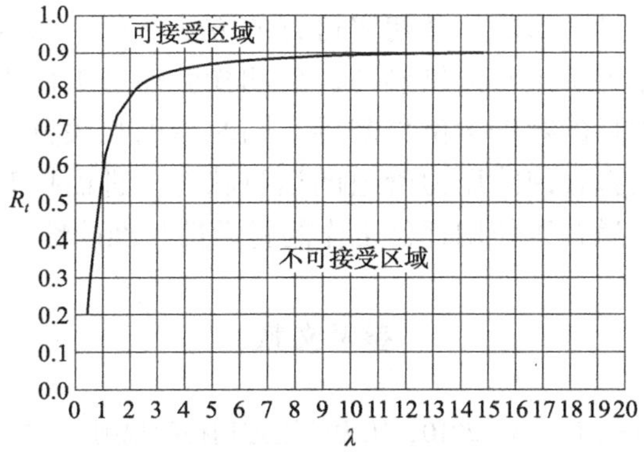

图 2　缺陷轴向长度可接受评价示意图

2.2.2　一级评价结果

抽取开挖验证点中剩余壁厚较小的验证点 2 进行剩余强度评价，经计算对比得出评价结果见表 3。

表 3　评价结果

下次检验周期/年	λ	R_t	RSF	最大允许工作压力/MPa
2	2.89	0.78	0.87	6.77

2.2.3　一级评价结论

按照 SY/T 6477—2017 标准中体积型缺陷评价方法对开挖验证的 2 处金属损失缺陷点进行适用性评价。评价结果表明，以下次检验周期为 2 年进行计算，最大允许工作压力为 6.77MPa，当前运行压力为 7MPa，缺陷点合于使用评价为不可接受。

2.3　依据《基于风险的埋地钢质管道外损伤检验与评价》(GB/T 30582—2014)的评价结果

本节参照 GB/T 30582—2014[5] 中附录 C 体积型缺陷评价的相关要求，对金属损失缺陷点进行剩余强度评价，计算缺陷处的管道失效压力、最大允许工作压力。

2.3.1　金属损失剩余强度计算过程

参照 GB/T 30582—2014 附录 C 中的方法，采用一级评价进行剩余强度评估。

一级评价中，含体积型缺陷管道的失效压力如下：

$$p_F = \frac{2\sigma_{flow} t}{D}\left[\frac{1 - 0.85\frac{d}{t}}{1 - 0.85\frac{d}{t}\cdot\frac{1}{M}}\right] \tag{1}$$

式中　p_F——含缺陷管道的失效压力，MPa；

D——管道直径，mm；

t——管道壁厚，mm；

d——腐蚀缺陷深度，mm；

σ_{flow}——流变应力，由式(2)确定：

$$\sigma_{flow} = 1.1\sigma_{ys}^{min} \tag{2}$$

式中　σ_{ys}^{min}——材料最小屈服强度，MPa；

M——Folias 鼓胀系数，由式(3)确定：

$$\begin{cases} M = 0.032\dfrac{L^2}{Dt} + 3.3 & L^2/(Dt) > 50 \\ M = \sqrt{1 + \dfrac{2.51\,(L/2)^2}{Dt} - \dfrac{0.054\,(L/2)^4}{(Dt)^2}} & L^2/(Dt) \leqslant 50 \end{cases} \tag{3}$$

式中　L——缺陷长度，mm。

管道的运行压力不得超过最大允许工作压力，最大允许工作压力为：

$$p = K \cdot p_F \tag{4}$$

式中　p——管道最大允许工作压力，MPa；

K——设计系数。

2.3.2　评价计算结果

根据本次检测的数据，对缺陷点的管道失效压力(p_F)、最大安全使用压力(p)进行评价计算，结果见表 4。

表 4　评价结果

位置	实测最小壁厚 t_{mm}/mm	轴向长度 S/mm	周向宽度 C/mm	下次检验周期/年	管道失效压力 p_F/MPa	设计系数	最大安全使用压力 p/MPa
验证点 2	4.03	20	20	0	9.67	0.72	6.86
				1	8.08	0.72	5.82
				2	6.49	0.72	4.67
				3	4.89	0.72	3.52

2.3.3 评价结论

根据金属损失缺陷的腐蚀速率进行计算，剩余强度评价计算结果显示，当前该处金属损失缺陷点的管道失效压力为9.67MPa，最大安全使用压力为6.86MPa；1年后该处金属损失缺陷点的管道失效压力为8.08MPa，最大安全使用压力为5.82MPa；2年后该处金属损失缺陷点的管道失效压力为6.49MPa，最大安全使用压力为4.67MPa；3年后该处金属损失缺陷点的管道失效压力为4.89MPa，最大安全使用压力为3.52MPa。当前管道运行为7.0MPa，已超过最大安全使用压力6.86MPa，合于使用评价结论为不可接受。

2.4 适用性评价结果

本次依据SY/T 6477—2017和GB/T 30582—2014中的合于使用评价方法，分别对2处金属损失缺陷点进行了适用性评价。评价结果均为当前运行工况下不可接受。

2.5 维修维护策略

建议对该处缺陷进行补强或更换。经过与业主协商后决定对缺陷管段进行换管处理。1、2号缺陷点剖开宏观照片见图3。

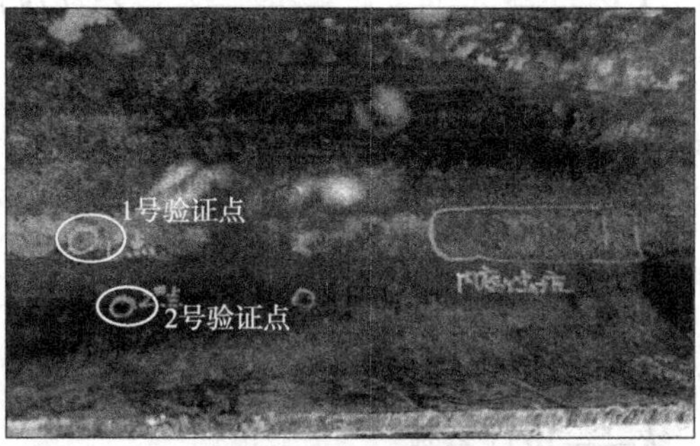

图3 缺陷形貌图

3 结束语

本文依据《压力管道定期检验规则—长输(油气)管道》(TSG D7003—2010)的相关要求，开展部分超标缺陷的合于使用评价工作。通过研究分析不同评价标准在超标缺陷合于使用评价过程中的区别，形成一套切实可行的方法流程，为合于使用评价工作提供参考。后期检验评价工作中仍需大量的数据案例作基础，同时借助相关分析软件模拟含缺陷压力管道的运行状态，进而提升压力管道合于使用评价工作的科学性与准确性。

参考文献

[1]TSG D7003—2010，压力管道定期检验规则—长输(油气)管道[S].

[2]黄维和，郑洪龙，吴忠良．管道完整性管理在中国应用10年回顾与展望[J]．天然气工业，2013，33(12)：1-5.

[3]GB/T 30579—2022，承压设备损伤模式识别[S].

[4]SY/T 6477—2017，含缺陷油气输送管道剩余强度评价方法.

[5]GB/T 30582—2014，基于风险的埋地钢质管道外损伤检验与评价[S].

城镇燃气用聚乙烯管道风险评价研究及应用

党文静[1] 王 瑜[1] 张晓明[1] 王泉生[1] 陈明明[2]

(1. 陕西省特种设备检验检测研究院，陕西 西安 710048；2. 成都洞力科技有限公司，四川 成都 610042)

摘 要：通过案例调研分析、风险因素识别、风险评价技术比对等方法，选用LSR评价法构建了城镇燃气聚乙烯管道风险评价指标体系。结合城镇燃气聚乙烯管道服役与检验现状，给出了风险评价指标的具体评价方法，最终通过风险计算确定管道风险等级。经现场验证：该评价体系能真实有效地反映城镇燃气聚乙烯管道的风险水平，为开展城镇燃气聚乙烯管道定期检验提供有力的技术支撑。

关键词：城镇燃气管道；聚乙烯管道；风险评价；安全管理

Research and Application of Risk Assessment Technology for City - gas Polyethylene(PE) Pipeline

Dang Wenjing[1], *Wang Yu*[1], *Zhang Xiaoming*[1], *Wang Quansheng*[1], *Chen Mingming*[2]

(1. Shaanxi Special Equipment Inspection and Testing Institute, Xi'an Shaanxi 710048, China;
2. Chengdu Dongli Information Tech. Co., LTD, Chengdu Sichuan 610042, China)

Abstract: A risk evaluation system for urban gas polyethylene(PE) pipelines was constructed with the LSR evaluation method by means of case research and analysis, risk factor identification, risk assessment technology comparison, etc.. The specific evaluation methods of the risk evaluation index were proposed by combining the actual situation of operation with inspection for the pipelines, and the risk level of the pipelines was determined by calculating the risk. The application shows that the evaluation system can effectively reflect the true risk level of urban gas polyethylene pipelines, and, provide some strong technical support for the regular inspection of urban gas polyethylene pipelines.

Key words: urban gas pipeline; polyethylene pipe; risk evaluation; security management

1 引言

随着我国城镇化的高速发展和人民生活水平的不断提高，环保能源天然气的需求量剧增。聚乙烯(Polyethylene, PE)管具有柔韧、耐腐蚀、可熔接等特性，其接头稳定可靠、使用寿命长、维修方便、经济性优越，已逐渐作为城镇燃气管道的主要输送媒介[1]，规模和数量与日俱增，其运行安全问题亦受到了国家及社会的广泛关注。

根据相关法律法规[2]要求，城镇燃气管道需进行定期检验，风险评价技术是有效开展管道定期检验的重要基础与技术支撑。20世纪70年代，欧美国家在特种设备安全管理方面已经关注到风险评价的重要性，并形成了比较健全的风险评价体系[3]。国内相关研究相对滞后，门智峰等学者通过建立定量加权平均法计算风险值，初步研究了特种设备风险评价管理，在风险发生概率与占比方面还需大量数据作为支撑[4]。承压类特种设备压力管道根据材质主要分为钢制管道、聚乙烯管道，其中油气钢质管道的检验、检测设备先进，相关国家标准及行业标准[5-7]建立了完备的风险评价体系并规定了完整性管理的主要内容；PE管多用于GB1－Ⅳ、GB1－Ⅴ级管道工程，其材质特殊、失效模式复杂、事故后果严重，常规的油气输送管道及埋地钢制管道风险评价方法并不适用，且受到目前技术手段与检测设备的制约，检验、检测工作难度大[8]。

作者简介：党文静(1993—)，工程师，硕士研究生，从事特种设备检验检测。E－mail：447865595@qq.com

基于此，通过调研分析大量的失效案例，研究燃气PE管道的损伤模式，建立出一套更有针对性的风险评价体系，实践证明该体系能较好的反映城镇燃气PE管道的实际风险水平，为开展城镇燃气聚乙烯管道定期检验助力。

2　风险评价体系构建

2.1　失效风险因素识别

风险评价的基础是损伤模式辨识和失效模式分析，只有了解并掌握了PE管道的损伤机理与失效模式，才能更准确地判断风险。通过事故案例调研共收集163起PE管道典型失效案例，参考国际管道研究委员会(PRCI)对欧美国家输气管道事故数据统计分析结果划定的风险因素，将收集的失效案例根据失效模式划分为与时间有关、固有、与时间无关共3种风险因素，其中包含钢塑转换接头腐蚀、老化、与制管有关的缺陷、与焊接/施工有关的缺陷、第三方破坏、误操作及服役环境共7种损伤模式，结果见表1。

表1　PE管道失效风险因素及案例调查分布

风险因素	损伤模式	数量	占比/%	
与时间有关的因素	钢塑转换接头腐蚀	6	3.68	4.91
	老化	2	1.23	
固有因素	与制管有关的缺陷	11	6.75	34.36
	与焊接/施工有关的缺陷	45	27.61	
与时间无关的因素	第三方破坏	96	58.89	60.73
	误操作	0	0	
	服役环境	3	1.84	

2.2　风险评价体系

2.2.1　风险评价指标及权重

风险评价中的关键环节是建立风险评价指标体系[9]。风险评价一般由失效可能性分析与失效后果评价构成，换句话说，风险是指发生特定的危害性事件的可能性与后果的结合。失效可能性分析是基于设备的损伤机理，判断设备失效或发生危害性事件的可能性大小，而失效后果评价是分析设备一旦发生失效事件，可能对人民生命、财产安全、环境污染[10-13]等方面造成的灾害严重程度。

根据案例调研结果可见，城镇燃气PE管道主要失效因素为与时间无关因素中的第三方破坏(58.89%)及固有因素中的与焊接/施工有关的缺陷(27.61%)，而第三方破坏是我国城镇燃气管道最主要的损伤模式[14-15]，另外，使用单位安全管理制度的完备及实施情况对管道失效概率也具有重要影响。由此，本研究结合国内外学者的研究成果和案例分析结果，综合事故树分析、专家经验法和失效案例统计分析方法，建立了城镇燃气PE管道由失效可能性与失效后果构成的风险评价体系。该体系将失效可能性分为第三方破坏、管道本体固有危害、与时间有关的危害、误操作和服役环境5项一级事件，包含26项评价指标；将失效后果分为泄漏量和人口密度2项评价指标。通过组织专家咨询、讨论，针对城燃燃气PE管道，最终形成一套由顶事件、一级事件、评价指标、评价方法及权重赋值构成的风险评价体系，详见表2。

表2　城镇燃气PE管道风险评价指标及权重

顶事件	一级事件	评价指标	评价方法	权重赋值/分
失效可能性	第三方破坏	埋深	根据管道技术资料完整性和可靠性、开挖检验或阀井检查情况评价	10
		回填质量	根据管道技术资料完整性和可靠性、管道地表沉降、开挖检验中土壤剖面及回填质量检查等情况评价	10
		地面标志	根据管道沿线警示标志是否根据设计文件、相关标准的规定设置以及标志的完好程度评价	30
		管道定位	根据管道定位仪抽样结果或专业勘探获得的管道本体位置信息与地面标志的差别程度、开挖验证情况评价	50
		应急预案及演练	根据是否建立了完善的应急预案且按期开展应急演练进行评价	20
		管道上方活动水平	根据管道两侧各5m范围内活动水平以及可能影响到管道的程度评价	50
		巡线及泄漏检查	根据巡线频率、泄漏检查频率与巡线及泄漏检查效果评价	50
		公众教育	根据管道沿线的公众教育程度及燃气管道的安全宣传情况评价	10
		政府保护态度	根据使用单位是否与政府、相关方建立了良好的协作保护机制评价	20

续表

顶事件	一级事件	评价指标	评价方法	权重赋值/分
失效可能性	管道本体固有危害	管材质量	根据管材外观颜色、随机文件的完整性、管材历史泄漏情况及开挖后管体表面质量评价	30
		焊接质量	根据管道安装时焊工资质、焊接工艺评定适用性，施焊记录、焊接接头质量检测记录完整性和真实性等记录检查情况、焊缝历史泄漏情况与开挖处焊接接头（含热熔对接、电熔连接）质量评价	90
		占压、净距情况	根据建（构）筑物与燃气管道的间距评价	10
		运行安全裕量	根据设计压力与最大正常运行压力的关系评价	10
		设计系数	根据与最小要求设计系数的关系进行评价	10
	与时间有关的危害	钢塑转换接头腐蚀	根据聚乙烯管与钢管连接处转换接头的检查情况评价	30
		老化	根据管道外壁土壤温度、污水腐蚀环境及服役年限情况评价	20
	误操作	达到 *MAOP* 的可能	根据达到 *MAOP* 可能性评价	5
		安全连锁保护装置	根据是否设置该装置及其完好情况评价	5
		规程和作业文件	根据规程和作业文件的齐全性、完善性评价	5
		员工及管理层培训	根据管理层及员工是否开展培训、员工有无上岗证、管理层是否落实安全责任制评价	5
		健康检查	根据是否有 1 年内员工体检证明评价	5
	服役环境	地形地貌	根据管道敷设环境评价	7
		管道敷设方式	根据有无特殊敷设方式评价	6
		灾害风险识别及灾害预案情况	根据使用单位是否识别、发生滑坡、泥石流、沉降等地质灾害的可能性大小、是否有相应灾害预案进行评价	6
		深根植物分布	根据管道两侧 0.75m 范围内有无深根植物评价	3
		生物侵蚀	根据是否存在白蚁、老鼠等生物侵蚀及可能性大小	3
失效后果	泄漏量		按照管道发生灾难性事故（完全断裂），天然气连续泄漏的气体体积进行评价	10
	人口密度		管道敷设部位人员活动频率高低及是否存在商业中心、学校、医院、军事设施、国家文物保护区、铁路、机场、高速公路等特殊区域进行评价	10

2.2.2 安全管理系数及扩散系数

经分析案例发现，第三方破坏虽仍是城镇燃气 PE 管道的主要损伤模式，但其总体占比逐年下降，其主要原因是近年来管道使用单位通过提高巡线频次、定期进行泄漏检查并加强员工培训等措施，管理水平不断提升。因此，在风险评价过程中，考虑到使用单位安全管理制度的完备及实施情况对管道风险的重要影响，在失效可能性分析中引入了安全管理系数的概念。安全管理系数为依据 T/CGAS 002—2017《城镇燃气经营企业安全生产标准化规范》，由使用单位进行自评或第三方单位进行评审后的最新数据除以 100 的商，得到一无量纲值即 0～1.0 作为失效可能性的修正系数。

在失效后果评价中，考虑到致密性、孔隙性等不同覆盖层可能导致的失效后果差异，引入扩散系数（无量纲，0.8～1.0）进行修正。

2.3 风险计算

风险计算见公式（1）～公式（8）。

$$R = (P_1 + P_2 + P_3 + P_4 + P_5) \times S \times C \quad (1)$$

$$P_1 = U_{11} + U_{12} + U_{13} + U_{14} + U_{15} + U_{16} + U_{17} + U_{18} + U_{19} \quad (2)$$

$$P_2 = U_{21} + U_{22} + U_{23} + U_{24} + U_{25} \quad (3)$$

$$P_3 = U_{31} + U_{32} \tag{4}$$

$$P_4 = U_{41} + U_{42} + U_{43} + U_{44} + U_{45} \tag{5}$$

$$P_5 = U_{51} + U_{52} + U_{53} + U_{54} + U_{55} \tag{6}$$

$$S = X/100 \tag{7}$$

$$C = (U_o + U_d)\mathrm{d} \tag{8}$$

式中 R——风险值，分；
P_1——第三方破坏评分，分；
P_2——管道本体固有危害评分，分；
P_3——与时间有关的危害评分，分；
P_4——误操作评分，分；
P_5——服役环境评分，分；
S——安全管理系数，无量纲；
C——失效后果评分，分；
U_{11}——埋深评分，分；
U_{12}——回填质量评分，分；
U_{13}——地面标志评分，分；
U_{14}——管道定位评分，分；
U_{15}——应急预案及演练评分，分；
U_{16}——管道上方活动水平评分，分；
U_{17}——巡线及泄漏检查评分，分；
U_{18}——公众教育评分，分；
U_{19}——政府保护态度评分，分；
U_{21}——管材质量评分，分；
U_{22}——焊接质量评分，分；
U_{23}——占压、净距情况评分，分；
U_{24}——运行安全裕量评分，分；
U_{25}——设计系数评分，分；
U_{31}——钢塑转换接头腐蚀评分，分；
U_{32}——老化评分，分；
U_{41}——达到 $MAOP$ 的可能评分，分；
U_{42}——安全连锁保护装置评分，分；
U_{43}——规程和作业文件评分，分；
U_{44}——员工及管理层培训评分，分；
U_{45}——健康检查评分，分；
U_{51}——地形地貌评分，分；
U_{52}——管道敷设方式评分，分；
U_{53}——灾害风险识别及灾害预案情况评分，分；
U_{54}——深根植物分布评分，分；
U_{55}——生物侵蚀评分，分；
X——安全管理系数，无量纲；
U_o——泄漏量评分，分；
U_d——人口密度评分，分；
d——扩散系数，无量纲。

2.4 风险等级确定

依据管道高后果区、管材、管道规格、压力等级、人口密度、服役时间、敷设方式、地形地貌等关键属性数据，采用相似性原则进行区段划分。以风险值的大小对管道的各区段风险等级进行评价，管道风险水平按各区段中的最高风险等级确定。管道区段风险值与风险等级见表 3。

表 3　管道区段风险值和风险等级

风险值 R	风险等级
$R \geqslant 6000$	低
$3500 \leqslant R < 6000$	中低
$2500 \leqslant R < 3500$	中
$1500 \leqslant R < 2500$	中高
$R < 1500$	高

3 现场应用案例

该风险评价体系应用于某市气化工程中压管道工程全面检验项目，管道材质为 PE100/80，规格为 DN250/160/110，SDR11/17.6，设计压力为 0.4MPa，管道长度为 26km，运行压力不大于 0.3MPa，输送介质为净化天然气，投用时间 2003—2018 年不等。经资料审查发现，管道技术档案资料不完整，部分管段安装竣工资料缺失，未见管材质量证明书及制造监督检验证书，未见焊工资格证、施焊记录及焊接接头质量检查记录，投用以来未进行年度检查；管道运行资料及安全管理资料较完整。该管道使用单位运行管理水平经第三方专业机构评审，评分为 80.9。

结合宏观检查与开挖验证情况，该管道共发现问题 205 项，其中第三方破坏相关问题 120 项，管道本体固有危害相关问题 47 项，与时间有关的危害 5 项，服役环境相关问题 33 项，相应一级事件占比情况见图 1。由图 1 可见，第三方破坏、管道本体固有危害的占比与建立的风险评价体系中相应项匹配度较高。依据管道高后果区、管材、管道规格、人口密度、服役时间、敷设方式、地形地貌等关键属性数据，该管道工程共划分为 77 个区段，其中 6 个区段地面警示标识大量缺失、多处存在建构筑物占压及与其他管道净距不足情况、管道两侧5m内可见小区建设及水利设施开挖抢修等高活动水平、施工项目通道处有重载通行，易发生第三方破坏，且沿线经过农贸市场、医院、学校等人口密集区，根据风险评价体系评为中高风险；其余71个区段评价为中风险，该管道工程风险等级为中高风险。经验证，依据评价指标体系所得风险评价结果与管道实际的风险水平基本吻合。

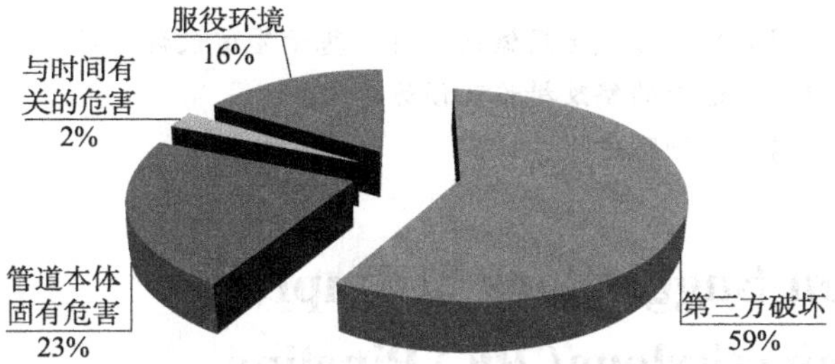

图1　某市气化工程中压管道检验问题的类别与占比

4　结论

（1）通过调研对比国内外聚乙烯管道风险评价标准、程序和指标体系，梳理了国内外风险评价体系在聚乙烯管道评价中的问题和不足，为建立适用的城镇燃气聚乙烯管道风险评价指标体系和风险评价程序提供基础。

（2）识别了城镇燃气PE管道常见损伤机理及失效模式，建立了失效事故树，通过分析第三方破坏、管道本体固有危害、与时间有关的危害、误操作、服役环境、使用单位安全管理水平等风险关键因子开展失效可能性评价；根据事故案例分析和专家讨论，通过分析泄漏量、人口密度、扩散系数等因子，开展失效后果评价；最终构建了一套城镇燃气PE管道风险评价体系。

（3）经实际应用证明，该风险评价体系能切实反应城镇燃气PE管道的真实运行风险。

参考文献

[1]殷鹰，蓝朝逊，李俊，等．埋地PE燃气管道地质沉降破坏数值分析[J]．中国安全科学学报，2019，29(10)：18－23.

[2]TSG D7004—2010，压力管道定期检验规则——公用管道[S].

[3]梁峻，陈国华．特种设备风险管理体系构建及关键问题探究[J]．中国安全科学学报，2010，20(09)：132－138.

[4]门智峰，张彦朝．特种设备的风险评估技术[J]．中国安全生产科学技术，2006，(01)：92－94.

[5]GB 32167—2015，油气输送管道完整性管理规范[S].

[6]GB/T 27512—2011，埋地钢质管道风险评估方法[S].

[7]SY/T 6621—2016，输气管道系统完整性管理规范[S].

[8]夏珺芳，唐萍，蔡刚毅，等．聚乙烯燃气管道风险评价系统的研究与应用[J]．化工设备与管道，2018，55(04)：72－76.

[9]孟晓丽，王德国，郭岩宝，等．基于模糊Petri网的燃气PE管道风险评价[J]．安全与环境工程，2016，23(04)：126－131＋137.

[10]程凌，华洁，陈正南．重大危险设备的确定及其失效后果严重度分析[J]．中国安全科学学报，2009，19(05)：129－134.

[11]王春雪，吕淑然．城市燃气管道泄漏致灾混合概率风险评估研究[J]．中国安全科学学报，2016，26(12)：146－151.

[12]Mehdi Parvini，Elmira Gharagouzlou. Gas leakage consequence modeling for buried gas pipelines[J]. Journal of Loss Prevention in the Process Industries，2015，37.

[13]王向阳，杜美萍，汪彤，等．埋地燃气管道泄漏扩散过程数值模拟[J]．中国安全科学学报，2018，28(02)：45－50.

[14]李明镐，种玉宝．燃气用埋地PE管道的风险评估[J]．石油和化工设备，2017，20(03)：69－73.

[15]靳书斌，侯磊，杨玉锋，等．基于Kent法的PE燃气管道风险评价指标体系[J]．煤气与热力，2014，34(03)：88－91.

公用聚乙烯管道焊接方式错用原因分析及整改建议

党文静[1]　党文亮[2]　张文琪[1]　王　瑜[1]

(1. 陕西省特种设备检验检测研究院，陕西 西安　710048；
2. 西安展实检测工程有限公司，陕西 西安　710018)

摘　要：针对一公用聚乙烯燃气管道定期检验过程中发现的焊接方式选用错误问题，基于管道设计、施工、验收、运行管理等环节，综合分析了问题原因，并提出了相应的整改措施及预防建议。

关键词：聚乙烯燃气管道；焊接问题；原因分析；整改措施；预防建议

Cause Analysis and Rectification Suggestions of Improper Welding Method for City Polyethylene(PE)Pipeline

Dang Wenjing[1], *Dang Wenliang*[2], *Zhang Wenqi*[1], *Wang Yu*[1]

(1. Shaanxi Special Equipment Inspection and Testing Institute, Xi'an Shaanxi 710048, China;
2. Xi'an Zhanshi Detect Project Co., LTD., Xi'an Shaanxi 710018, China)

Abstract: Aiming at a case of improper welding method during periodic inspection for city polyethylene gas pipeline, the reasons were analyzed synthetically through the design, assembly, acceptance and operation management link, meanwhile, the corresponding rectification measures and preventive suggestions were put forward in this paper.

Key words: polyethylene gas pipeline; welding problem; cause analysis; rectification measures; prevention advice

1　引言

聚乙烯(Polyethylene，以下简称 PE)管具有柔韧性佳、耐腐蚀、使用寿命长等优点[1,2]，被广泛应用于新建、改建和扩建的公用燃气管道工程中。但是，近年来 PE 管道在服役过程中事故频发，直接影响当地人民的生命和财产安全，后果严重。随着聚乙烯管生产制造工艺的逐步成熟，辅以静液压强度、断裂伸长率、氧化诱导时间等一系列出厂检验项目及制造监督检验环节，PE 管材的性能受到严格把控[3]。因此，对于管道系统而言，焊接质量是燃气聚乙烯管道安装施工质量控制的关键环节，它的的合格与否对于燃气管网能否安全、长期运行至关重要[4]，经过对陕西省内燃气公司失效案例调查统计分析，由于焊接质量原因引发事故的比例约占 30%。

本文将就某聚乙烯燃气管道全面检验过程发现的焊接方式选用错误问题，从材料、施工(焊接)、工程验收、运行管理等环节进行问题分析，提出切实可行的整改建议及预防措施。

2　情况概述

全面检验[5]属于定期检验的一种，是指按照一定的检验周期对在用管道进行的基于风险的检验。我院对某燃气使用单位所属公用燃气聚乙烯管道进行全面检验中，某管道材质为 PE100，公称外径为 250mm，作为环城主线敷设于主城区，本次是首次全面检验，运行期间未进行年度检查。

根据相关规范[5]要求，检验组对该管道进行了资料审查、宏观检查，并根据检验情况对 4 处点位进行了开挖直接检验。探坑内管材标准尺寸

作者简介：党文静(1993—　)，工程师，硕士研究生，从事特种设备检验检测。E-mail：447865595@qq.com

比 SDR(公称外径 *DN* 与公称壁厚的比值[6])为 17.6，三通、弯头等管件标志为 SDR11，管材与管件间焊接方式为热熔对接，如图 1 所示。根据 CJJ33—2005《城镇燃气输配工程施工及验收规范》中强制性条文 7.2.2 条及 CJJ 63—2018《聚乙烯燃气管道工程技术标准》中 5.1.2 条第 3 款，不同标准尺寸比(SDR 值)的聚乙烯燃气管道连接时，必须采用电熔连接。在公称外径相同的情况下，标准尺寸比不同，即公称壁厚不同，若采用热熔对接，接头处由于公称壁厚差异，在冷却过程中易产生较大的内应力，在外力作用下管道更易发生断裂失效。另外，考虑到热熔对接与电熔连接方式的原理差异，热熔对接对待焊部件的焊接相容性要求相对较严格，而电熔连接的相容性较宽，适用于不同 SDR 值管材、管件间相互连接。

图 1　管材(SDR17.6)与管件(SDR11)的热熔对接接头

3　问题分析

经查阅资料并与相关单位沟通了解，其原因涉及到多方多环节，详情如下：

(1)设计方面：设计说明中明确了该管道材料为“燃气用埋地聚乙烯(PE)管道，选用 PE100 SDR17.6 系列”及“埋地聚乙烯(PE)管件，选用 PE100 的注塑管件”，在材料表中未明确相关管件的标准尺寸比。但是，在管道连接项明确了“聚乙烯(PE)管的连接采用热熔对接连接”。

(2)建设单位(使用单位)：据悉，该工程所用材料均为甲供，建设单位采购部门虽按照设计要求购入了具有质量证明文件的合格薄壁(SDR17.6)管材，但管件均采购了 SDR11 系列。

(3)安装施工单位：根据安装竣工资料中施工技术及安全交底记录，对该 PE 管段采用热熔对接连接，且各相关方进行了签字确认；材料员、焊工等相关人员在材料进场、焊接等过程中均未提出质疑，机械式地执行了“热熔对接”要求，未按照相关标准、规范要求进行施工。

(4)监理方：相关监理人员对于安装竣工资料中所有相关项目已审核通过并已签字确认。

(5)其他：该管道未按照《压力管道安装安全质量监督检验规则》要求进行安装监督检验；管道投用后未按照 TSG D7004—2010《压力管道定期检验规则—公用管道》进行年度检查；建设单位即管道投用后的使用单位至今未取得相关特种设备作业人员资格。

综合上述情况，该问题暴露出多方(设计、安装、监理)均未履职尽责，设计单位在源头上埋下了焊接方式误用的伏笔，而安装单位、监理单位在后续环节中或机械式地执行，或根本不熟悉相关标准规范要求，对今后该管道沿线人民的生命安留下了隐患。建设方(使用单位)管理不善，尚未取得特种设备作业人员资格，特种设备相关法律法规意识淡薄。

4　整改建议

针对该问题，原则上使用单位应明确该管道全线所有涉及到管件的焊接接头位置，开挖验证、逐一排查，严格按照相关标准、规程的要求，切除相关问题接头后由持证焊工依据经评定合格的焊接工艺、采取适宜的连接方式进行焊接，并按照施工验收规范对焊接接头进行质量检验。

上述整改措施虽严格遵循标准要求，但出于现场实际情况考虑，存在下述难点：安装竣工资料未见焊点排布示意图，问题接头位置不易明确；新焊接头类似于碰死口，焊接难度大；城区内开挖事宜难协调，现实可行性低。

对于聚乙烯管道，虽有 JB/T 10662—2006《无损检测聚乙烯管道焊缝超声检测》等现行无损检测标准可作参考，但由于聚乙烯材料的特殊性，难以确定缺陷性质、位置、程度[7]，并且无法判定接头的强度等性能能否满足要求，实际工程应用价值较钢制管道小。考虑到该管道尚未因该问题导致泄漏等失效事故，依据 TSG D2002—2006《燃气用聚乙烯管道焊接技术规则》第二十七条“破坏性试验与检验主要用于焊接工艺评定及对焊接质量有争议焊口的试验”及其附件 G 聚乙烯焊接检验与试验中 G2 项热熔对接焊的破坏性试验，应按照标准 GB/T 19810—2005《聚乙烯(PE)管材和管件 热熔对接接头拉伸强度和破坏形式的测定》及 GBT 6111—2018《流体输送用热塑性塑料管道系统 耐内压性能的测定》在已抽检问题接头处制取试样并分别进行拉伸性能试验及耐压(静液压强度)试验。

若试验结果符合要求，鉴于仍存在一定的风险隐患，且未进行监督检验、年度检查等法定检验，应适当缩短检验周期，使用单位应采取提高巡线及泄漏检查频次、在焊接方式存疑处打泄漏检查孔等风险减缓措施，落实使用单位主体责任，保证管道运行安全；若试验结果不符合要求，则宜根据进行全线排查、切除整改处理。

5 结语

通过对全面检验过程中发现的焊接方式误用问题进行原因分析，提出了整改建议。但该实际情况说明在城镇燃气聚乙烯管道建设阶段质量控制的必要性与重要性，设计、安装、监理、建设等单位应切实落实应尽责任，加强责任心，层层把关，严格把控管网工程各个环节的质量关口，特别是焊接环节。

此外，通过该事件也反映出该建设单位(使用单位)应尽快完善相关管理制度并取得特种设备作业人员资格，加强管理层及员工培训及日常巡线及泄漏检查。此外，应重视相关法律法规，今后新建、改造、重大修理管道前及时申请进行监督检验，投用后按照特种设备规范相关要求开展年度检查并申请进行全面检验。

参考文献

[1]马利斌．PE 燃气管道焊接技术的探讨[J]．居舍，2019(21)：71－72.

[2]李朋．公用聚乙烯燃气管道安装过程中的常见问题分析[J]．轻工科技，2019，35(07)：112－113.

[3]铁文安，杨冬莹，孙芳莉，周春联，王兵部．聚乙烯管材热熔对接接头性能的研究[J]．工程塑料应用，2007(10)：37－39.

[4]冯艳艳，何颖，王众明．城市燃气管道中 PE 管焊接[J]．石家庄职业技术学院学报，2010，22(02)：43－45.

[5]TSG D7004—2010，压力管道定期检验规则——公用管道[S].

[6]GB 15558. 1—2015，燃气用埋地聚乙烯(PE)管道系统　第 1 部分：管材[S].

[7]杨洪波．聚乙烯(PE)管道焊接质量的检验[J]．中国特种设备安全，2009，25(03)：43－44.

HAZOP 分析技术在加油站中的应用

左延田[1,2]

（1. 上海市特种设备监督检验技术研究院，上海　200062；
2. 上海压力管道智能检测工程技术研究中心，上海　200062）

摘　要：危险与可操作性（Hazard and Operability，HAZOP）分析是一种系统的危险辨识和分析方法。通过 HAZOP 分析，能够发现装置中存在的危险，根据危险带来的后果明确系统中的主要危害。以某加油站为例，介绍了 HAZOP 分析的工艺流程，并分析了储运过程的偏差、产生的原因以及由此带来的后果，最终提出了有效的防范措施。

关键词：HAZOP 分析；工艺流程；偏差；防范措施

Application of HAZOP Analysis Technology in filling Station

Zuo Yantian[1,2]

（1. Shanghai Institute of Special Equipment Inspection and Technology Research，Shanghai 200062，China；
2. Shanghai Engineering Research Center of Pressure Pipeline Intelligent Inspection，Shanghai 200062，China）

Abstract：Hazard and Operability（HAZOP）analysis is a systematic hazard identification and analysis method. Hazards in the device can be found through HAZOP analysis，and the main hazards in the system can be identified according to the consequences of the hazards. Taking the automobile gas station as an example，this paper introduces the process of HAZOP analysis，analyzes the deviation in the storage and transportation process，the causes and consequences，and finally puts forward effective preventive measures..

Key words：Analysis；Technological Process；Deviation；Preventive Measures

1　引言

HAZOP 分析的基本过程是以引导词为引导，找出工艺状态中可能出现的偏差，针对这些偏差，找出可能原因并分析后果，并提出安全对策措施，是一种定性的安全评价方法[1]。

加油站属于石油开采炼化储运的终端[2]，按国家安全监管总局关于公布首批重点监管的危险化学品名录的通知（安监总管三〔2011〕95 号）、《上海市禁止、限制和控制危险化学品目录（第三批 第一版）的通知》（沪府办发[2016]25 号），加油站内的汽油属于重点监管的危险化学品及上海市中心城区限制、控制的危险化学品。成品油一旦发生泄漏，极易造成巨大的经济损失和环境污染，甚至还可能引起火灾、爆炸，直接威胁人身安全。

2　HAZOP 分析技术路线

2.1　相关法律法规和标准现状

国外，HAZOP 分析技术已经运用比较成熟，德国拜尔公司 1997 年制定《过程与工厂安全指导》中规定，其所属工厂必须进行 HAZOP 分析并形成安全评估报告；美国政府颁布的《高度危险化学品处理过程的安全管理》（PSM）法规中也建议采用 HAZOP 方法对石油化工装置进行危险评估。

作者简介：左延田（1980—　），研究生，高级工程师，主要从事特种设备检验检测与研究工作。电子 E – mail：zuoyt@ ssei. cn

国务院安委会早在2008年发文《国务院安委会办公室关于进一步加强危险化学品安全生产工作的指导意见》(安委办〔2008〕26号)要求"组织有条件的中央企业应用危险与可操作性分析技术(HAZOP),提高化工生产装置潜在风险辨识能力",随后安监总局于2009年发文要求[3]"有关中央企业总部要组织所属企业积极开展重点化工生产装置危险与可操作性分析(HAZOP),全面查找和及时消除安全隐患,提高装置本质安全化水平"。2010年,中国石油发布要求"推广使用HAZOP分析技术,管道、储运企业的长输管道及站场等在项目的初步设计完成后开展HAZOP分析对于在役生产装置,根据工艺设备变更、工艺安全事故、工艺安全可靠性等情况,按照3~5年一个周期开展HAZOP分析"。目前国内外的相关法规标准如表1所示。

2.2 HAZOP原理

HAZOP分析的基本元素如下:

(1)节点单元。节点单元是当前分析的主体,是站场工艺系统的一个组成部分;

(2)划分原则。HAZOP分析一般按照工艺流程进行,根据管道工艺及仪表流程图(P&ID)确认的某一个具体的流程。

表1　国内外的相关法规标准对比表

序号	标准名称	发布者	发布年份
1	《危害识别技术选择》	英国健康安全管理局(HSE)	2000年
2	《危害与可操作性分析指南》	英国化学工业协会(CIA)	1993年
3	《危害识别方法》	欧洲工艺安全协会(EPSC)	1993年
4	《危害与可操作性分析—最佳实践指南》	欧洲化学工程师协会	2000年
5	《危害评估程序指南—第三版》	美国化学工程师协会	2008年
6	《危害与可操作性分析—应用指南》	IEC 61882—2001 国际电工委员会	2001年
7	《危害与可操作性分析技术指南》	中国石油　Q/SY 1364—2011	2011年
8	《油气管道站场危险与可操作性分析指南》	中国石油　Q/SY 1420—2011	2011年
9	《危险与可操作性分析(HAZOP分析)应用指南》	质检总局　GB/T 35320—2017	2017年

(3)引导词。引导词是表述或定义与设计意图存在偏差的简单词语,用于激发想象,集中精力分析和得出观点并讨论,引导工艺过程中危险的识别。常用引导词见表2。

表2　常用引导词

引导词	含义
无(No)	设计或操作要求的指标或事件完全不发生
低,少(Less)	同标准值相比较,数值偏小
高、多(More)	同标准值相比较,数值偏大
部分(Part of)	只完成既定功能的一部分
伴随(As Well As)	在完成既定功能的同时,伴随多余事件发生
反向(Reverse)	设计意图的逻辑反面,即出现和设计要求完全相反的事或物
其他(Other Than)	出现和设计要求不相同的事或物

(4)偏差。偏差是指与功能需求的偏离,代表工艺运行偏离正常操作条件,偏差的形式通常是"引导词+工艺参数"。

HAZOP分析是由各专业人员组成的分析组以一系列会议的形式对装置工艺过程的危险和操作性问题进行分析[4]。HAZOP分析的直接对象是工艺或操作的特殊点,这些特殊点称为"分析节点",或工艺单元,或操作步骤。使用引导词的一个目的就是为了保证对所有工艺参数的偏差都进行分析,分析它们的可能原因,已有保护措施等,如果保护措施不能满足现有的安全要求。即要提出可行的建议措施,其原理如图1所示。

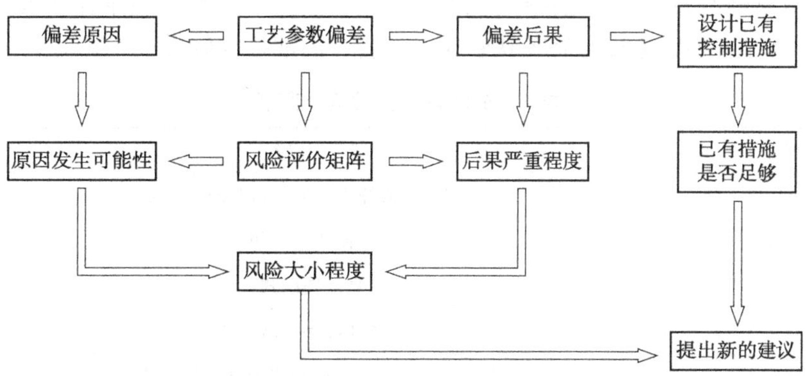

图1　HAZOP分析原理图

2.3　HAZOP实施流程

HAZOP实施流程如图2所示，其中分析准备工作主要包括[5]：

(1)确定HAZOP分析的工作范围和目标，明确工艺系统边界；

(2)完成分析小组的组建；

(3)制定整个分析工作的计划时间表；

(4)收集管道工艺及仪表流程图(P&ID)、工艺流程图(PFD)、主要设备操作与维护手册等相关资料；

(5)提出节点划分的建议等会前准备工作。

HAZOP分析阶段工作：

(1)选择关键词并确定偏差，常用的工艺参数有：流量、流速、温度、压力、液位、组分、密度、时间。HAZOP分析应重点关注“高流量、低流量、高温、低温、高压力、低压力、高液位、低液位、功能失效或失控、杂质过多等”偏差。

(2)明确分析节点的偏差后应对偏差进行分析，分析的内容包括偏差产生的原因、偏差会导致的后果、已经采取的保护措施、建议采取的措施等。

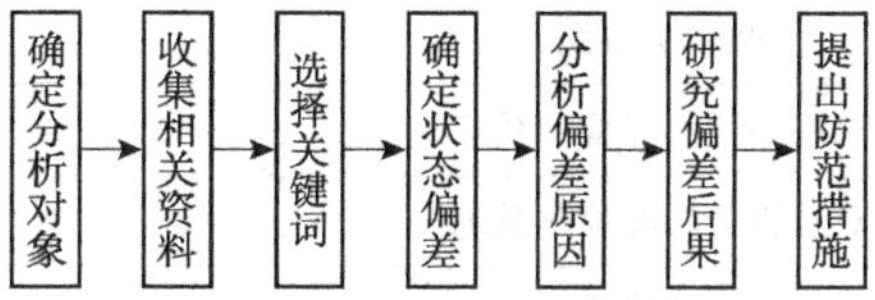

图2　HAZOP分析流程图

3　检验案例分析

3.1　准备阶段

某加油站新建加油、卸油、储油设施、站房、罩棚、隔油井、水封井、给排水系统、电气、报警和紧急切断系统及其他配套设施其流程如图3所示，主要设施包含：30m^{3}汽油双层储罐4座，30m^{3}柴油双层储罐1座，三油品六枪潜泵式加油机4台，站房和罩棚各1幢，汽油、柴油储罐总容积为135m^3(柴油容积折半计算)，按GB 50156—2021《汽车加油加气加氢站技术标准》表3.0.9加油站的等级划分，为二级加油站[6]。

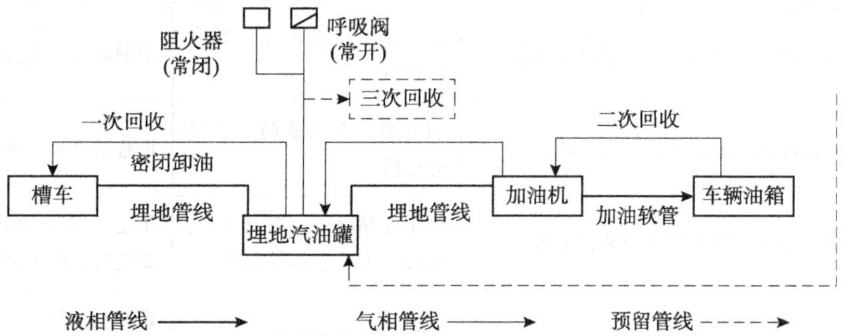

图3　汽油工艺流程图

埋地油罐拟采用内钢外玻璃纤维增强塑料双层油罐，埋地加油管道采用双层复合管道(导静电热塑性塑料管道)，埋地卸油管道、埋地卸油油气回收管道、埋地加油油气回收管道采用单层复合管道(导静电热塑性塑料管道)，通气管道、预留三次油气回收管道及地上管道采用输送流体用无缝钢管。复合管道(导静电热塑性塑料管道)采用配套的专用连接管件电熔连接。无缝钢管采用焊接及法兰组合的连接形式，埋地钢制管道(通气管、人孔井及预留三次油气回收的埋地部分)防腐等级为加强级别防腐绝缘保护层。油罐人孔井内的管道与引出井外管道的连接采用金属软管柔性连接，接合管设在油罐的顶部，其中进油接合管、出油接合管设在人孔盖上，主要设备见表4。

表4　加油站主要设备一览表

设备、设施名称	规格/内容	数量
汽油储罐(92#)	内钢外玻璃纤维增强塑料双层，$30m^3$	5座
卸油油气回收设备	平衡式，密闭	1套
加油油气回收设备	真空辅助式	1套
加油机	5～50L/min，潜泵式	4台
通气管	单层钢制，*DN*50，管口带有防雨型阻火器	7根
液位仪及其报警系统	液位探棒及带有报警功能的液位显示仪器	1套
静电接地报警仪	固定式，防爆型	1套
紧急拉断切断阀	设置在加油机的加油枪软管上	24个
卸油防溢阀	*DN*80	5个
双层油罐渗漏检测系统	防爆型，WT－LLD系列泄漏检测仪	1套
双层管道渗漏检测系统	防爆型，WT－LLD系列泄漏检测仪	1套
加油管道	双层热塑性复合管道，*DN*50	若干
卸油管道	单层热塑性复合管道，*DN*80	若干
汽油油气回收管道	单层热塑性复合管道，主管*DN*100支管*DN*50	若干
充电桩设施	汽车慢充桩3.5kW；汽车快冲桩30kW	4个

3.2　分析阶段

根据加油站的间歇生产特点，将加油站HAZOP分析对象划分为两大部分，即卸油过程和加油过程，通过对加油站的两个不同过程及主要设备进行HAZOP分析，发现了加油站存在的问题，详见表5加油站存在的问题及采取的措施。

表5　HAZOP分析结果及建议表

参数	偏差	原因	后果	保护措施
流量	流量小	①液位低；②油品泄漏；③油罐温度低，油品凝管；④加油时紧急切断阀误开启或内漏；⑤潜液泵变频器出现故障	①影响加油站正常运转；②造成火灾、爆炸、人员中毒	①设置低液位报警器；②定期对设备进行检修
流量	流量高	潜油泵调节阀故障全开	气液比增大	购买合格可靠的加油机
压力	压力低	①潜油泵故障或不工作；②安全阀起跳	①流量小或无流量；②液体倒流	定期对设备进行检修
压力	压力高	油品温度高，造成油品挥发成油蒸汽	对储油罐造成威胁，有爆炸危险	设置通气管，并检查有无阻塞
液位	液位高	①卸油错误；②液位报警装置失效	油罐油品漫溢，造成火灾、爆炸、人员中毒等危险	①定期对加油站工作人员进行培训；②设置高液位报警器
液位	液位低	①仪表失灵；②未及时进油	无法满足加油的供应量	定期对站区内仪表、工艺设施设备进行检修
泄漏	异常	①金属软管开裂或加油软管被拉断(软管连接时，车辆误启动)。加油车辆撞击加油机；②各接头部位或其他连接装置应力失效；③埋地储罐部件泄漏	造成火灾危险、中毒窒息危险	①定期巡查站场工艺设施；②设置防撞柱；③加油区设置可燃气体探测报警和高液位报警器并与潜油泵的紧急切断阀联锁关闭、停泵；④设置双层油罐及罐池

4 结束语

加油站使用单位对 HAZOP 分析报告和建议进行审核，并将风险控制建议措施落实到对应部门和日常工作中。应用实践表明，HAZOP 分析技术适用于加油站的工艺安全分析，通过 HAZOP 分析，操作人员对设计意图和操作规程的理解将更加深刻，对各种参数偏离导致风险的认识将更加全面，对确保管道的安全、高效运有积极意义，具有良好的推高应用价值。

参考文献

[1]张斌，赵东风，周乐平，付建民. HAZOP 分析技术改进研究[J]. 中国安全科学学报，2007，17(10)：5.

[2]冯文兴，贾光明，谷雨雷，等. HAZOP 分析技术在输油管道站场的应用[J]. 油气储运，2012，31(12)：3.

[3]国家安全监管总局.《国家安全监管总局关于进一步加强危险化学品企业安全生产标准化工作的指导意见》(安监总管三〔2009〕124 号)[S]，2009.

[4]刘晓龙，史少帅，刘永强. HAZOP 分析技术在输气管道站场的应用[J]. 安全. 健康和环境，2017，17(2)：4.

[5]赵宏振. 长输管道天然气站场 HAZOP 分析实践[J]. 天然气与石油，2010，28(4)：4.

[6]GB 50156—2021，中华人民共和国住房和城乡建设部. 汽车加油加气加氢站技术标准[S].

基于危险源的 LNG 灌装站安全仪表联锁分析

左延田[1,2]

(1. 上海市特种设备监督检验技术研究院，上海　200062；
2. 上海压力管道智能检测工程技术研究中心，上海　200062)

摘　要：液化天然气(LNG)作为一种清洁、高效的能源广泛应用于工业生产中，但是由于其特性，一旦发生泄漏，容易造成事故。本文以某 LNG 灌装站为例，介绍了其工艺流程，分析其生产过程可能产生的危险源，并从仪表安全联锁控制等方面提出了具体的安全保护措施，对于站场的安全运行具有深远的作用。

关键词：液化天然气；工艺流程；风险；安全联锁

Safety interlock analysis of LNG filling station based on hazard sources

Zuo Yantian[1,2]

(1. Shanghai Institute of Special Equipment Inspection and Technology Research, Shanghai 200062, China;
2. Shanghai Engineering Research Center of Pressure Pipeline Intelligent Inspection, Shanghai 200062, China)

Abstract: Liquefied natural gas (LNG) is widely used in industrial production as a clean and efficient energy. However, due to its characteristics, once it leaks, it is easy to cause accidents. Taking a LNG filling station as an example, this paper introduces its technological process, analyzes the possible hazard sources in its production process, and puts forward specific safety protection measures from the aspects of instrument safety interlock control.

Key words: LNG; Technological Process; Risk; Safety Interlock

1　引言

相关资料显示，在过程工业生产安全事故中，很多都是由于安全仪表系统(Safety Instrumented System，SIS)存在问题导致的，SIS 安全要求不合理是导致出现安全事故的重要因素[1]。安全仪表系统是能够按照一定的安全完整性等级(Safety Integrity Level，SIL)实现一个或多个安全功能(Safety Instrumented Function，SIF)的系统[2]。液化天然气(LNG)是一种清洁、高效能源，是气态天然气经压缩、冷却至临界温度以下变成的液体。LNG 相同质量下为气态天然气体积的 1/625，因而较气态的天然气存储效率更高，LNG 的主要成分是甲烷，爆炸极限浓度体积分数为 4.9% ~15.0%，LNG 灌装站主要是对钢瓶进行充装的场所，一旦发生泄漏，会迅速气化，遇到火源时将会发生爆炸[3]，因此研究 LNG 灌装站的工艺流程并对 SIS 进行分析研究，确保其安全性具有极其重要的意义。

2　工艺流程

LNG 由汽车槽车运至 LNG 灌装站，利用卸车增压器将槽车内的 LNG 卸入 LNG 储罐。储罐内 LNG 一路经 LNG 低温潜液泵输送到灌装区，一路通过储罐增压气化器加压后输送到气化工艺区，经气化器加热后，经调压计量，输送至基地

作者简介：左延田(1980—　)，男，研究生，高级工程师，主要从事特种设备检验检测与研究工作。E - mail：zuoyt@ ssei. cn

的锅炉房。

整个工艺流程包括：储存工艺、卸车工艺、增压工艺、BOG工艺、气化加温工艺、钢瓶充装工艺及调压计量工艺，见图1。

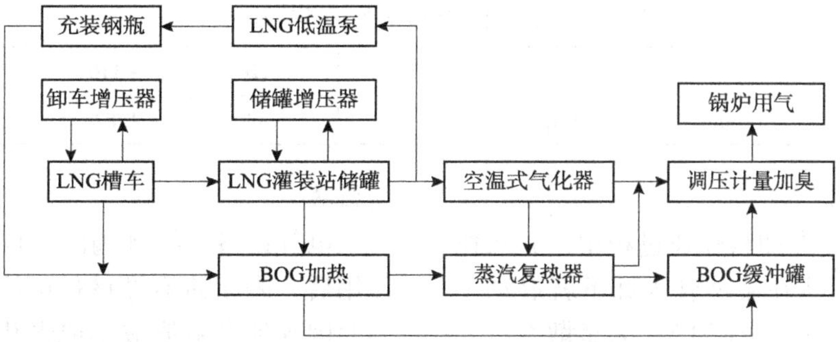

图1　LNG灌装站工艺流程

2.1　卸车工艺

低温槽车中的LNG在0.3MPa条件下，利用卸车增压器给槽车储罐增压至0.65MPa，利用压差将LNG送入LNG储罐。

2.2　增压工艺

LNG储罐最高储存压力为0.7MPa，运行时随着储罐内LNG的不断排出，压力不断降低。当低于设定压力时，升压阀开启，LNG进入储罐增压器，气化的天然气通过顶部的气相管进入罐内，储罐压力上升；当LNG储罐压力高于设定压力时，升压阀关闭，随着罐内LNG的排出，储罐压力下降。

2.3　气化加温工艺

站内设计采用空温式气化器和蒸汽式复热器相结合的串联流程，夏季采用空温式气化器，冬季采用空温式气化器气化后再通过蒸汽式复热加热的形式，间接换热补足不足热量，既可满足生产需要，又可降低能耗，减少操作费用。

2.4　BOG工艺

站内的BOG气体包括[4]：储罐的蒸发气体、槽车的蒸发气体、充装钢瓶蒸发的气体及其他。高真空缠绕低温储罐、低温槽车和钢瓶的日蒸发率一般低于0.3%，会使储罐上部气相空间的压力升高。另外，在进行卸车操作时，首先需要从储罐的顶部进液管喷洒LNG液体以对储罐进行预冷，此操作初期会产生较多的BOG气体，同样需要及时排出。为保证储罐的安全，装有降压调节阀，可根据压力自动排出BOG。自动排出的BOG气体为低温状态，因此需设置BOG加热器，经加热后进入BOG储气罐，再经调压计量后输送至基地的锅炉房。

2.5　钢瓶充装工艺

本LNG灌装站采用LNG低温潜液泵给钢瓶灌装，设2台LNG低温潜液泵，一用一备，将LNG低温钢瓶的液相进口管与LNG低温潜液泵的液相出口管道用软管连接，将LNG低温瓶的气相出口管与LNG站内的BOG管线用软管连接。打开LNG低温瓶上的液相进口阀门和气相出口阀门，关闭其他阀门，利用LNG低温潜液泵将LNG充入钢瓶。当充入的LNG重量达到相应型号的充装重量和充装率要求时，灌瓶台配备小型磅秤会立刻传回信号进而自动关闭液相和气相阀门，停止灌装。最后松开连接软管，完成灌装作业。

2.6　调压计量工艺

调压计量装置内设二组调压装置，一开一备，接受直接由储罐引出经气化器加热后的天然气(0.4～0.7MPa)和由BOG储罐内引出的天然气(0.4～0.7MPa)，经减压至0.2～0.4MPa。

3　工艺过程危险源分析

3.1　泄漏、爆炸、火灾

LNG为易燃、易爆物质，一旦在卸料、储存、气化、输送等过程中因管道连接不密封、垫片损坏或阀门泄漏等原因造成LNG泄漏，遇点火源会发生火灾事故。如处理不当，和周围空气混合形成爆炸性混合气体，再遇明火等点火源会发生破坏更大的爆炸事故。

3.1.1　设备本体缺陷

储存LNG的储罐，若设备制造有缺陷，或材质选用不当，设计错误，或在使用过程中受到腐蚀、损伤，或超量充装，均有可能造成设备损坏或爆裂[5]。如地基下沉造成储罐底部产生裂缝，设备变形、错位等，或连接储罐的管道未采取柔性保护而造成管道断裂等；低温储罐基础未采取防冻措施致使储罐基础冻结、膨胀，造成储罐损坏泄漏。

3.1.2 绝热层失效

LNG 属永久性气体。建设项目采用低温、液态输送、卸料和储存。保冷效果的好坏，对储罐的安全关系极大。如绝热保冷效果不好，罐内温度随环境升高而升高，则其饱和蒸气压迅速上升，详见表 1，有致储罐爆裂的危险。

表 1 不同温度下甲烷的饱和蒸汽压力表

温度/℃	-150	-140	-130	-120	-110	-100	-90
饱和蒸气压/MPa	0.24	0.45	0.76	1.21	1.82	2.68	3.66

3.1.3 人员操作失误

装载 LNG 的槽车在卸料作业过程中，若操作人员失误，如槽车司机在装液管未卸下就启动车辆，造成装液管被拉脱，引起 LNG 大量散发，其蒸气与空气混合，遇明火、高热等点火源，会造成严重的事故。低温 LNG 溅到人体，会使皮肤冻伤。

物料输送过程中，如果将出口管道的阀门紧急关闭，形成“闷泵”，使管道压力值与管道沿线各点原有压力叠加有可能击裂管道；或由于泵的出口压力控制不当，使管道内压力增高，致使管线发生膨胀、变形、破裂；或者管道法兰垫片受损，引起泄漏，遇点火源发生火灾、爆炸的危险。

3.1.4 静电影响

天然气在输送过程中容易产生静电，天然气管道、法兰、阀门及其他管道在天然气流动时，都能产生静电，若管道接头生锈、法兰盘连接螺栓生锈且无金属跨接，以及运行中的设备和管道没有设置静电接地设施，静电火花可导致火灾、爆炸事故。

3.1.5 安全保护装置失效

安全保护装置包括安全阀、爆破片、压力表、液位计、温度计、紧急切断装置等。如安全阀失效，会导致超压介质无法释放，导致物理性爆炸事故。

3.2 中毒

天然气的主要成分为甲烷，对人基本无毒。但若天然气大量泄漏，会使局部范围的空气中氧含量明显降低，使人窒息。当空气中甲烷达 25%~30%时，可引起头痛、头晕、乏力、注意力不集中、呼吸和心跳加速、共济失调。若不及时脱离，可致窒息死亡，LNG 对人体有麻醉作用。

3.3 触电

电气设备的非带电金属外壳，由于漏电以及配电箱、控制箱和电气开关的缺陷、绝缘不良、不按规定接地(接零)都可能导致作业人员发生触电事故。

电气设备、控制阀门、仪表的供电电缆长期使用后，表面的绝缘材料可能因腐蚀、机械磨损等原因导致电阻值减小或老化击穿，接地与接零装置也可能因缺少维护检测而变得不可靠，部分强电设备的外壳可能带电，形成触电事故的隐患。

各种电气设备的检修，尤其是配电室内的重要电力设备，若操作人员作业时未遵守操作规程，或由未经专门培训并取得电工作业资格证书的人员随意拆装、调试，更易造成人员触电事故。

3.4 雷击危害

上海属于多雷地区，若防雷设计不合理、施工不规范、接地电阻值不符合规范要求，则雷电过电压在雷电波及范围内会严重破坏建筑物及设备设施，并可能危及人身安全乃至有致命的危险，巨大的雷电流流入地下，会在雷击点及其连接的金属部分产生极高的对地电压，可能导致接触电压或跨步电压的触电事故；雷电流的热效应还能引起电气火灾及爆炸。暴雨季节若厂区排水量不足，可能引起积水，雨污水混流；冬季的低温天气可能对无保温措施的露天管线等有不利影响。

3.5 其他

若各种安全标志、信号装置有缺陷、装置内照明不符合要求，可能造成误操作、误判断而可能引发各种事故发生。

本项目 LNG 储存涉及辅助蒸汽加热系统，若蒸汽管道的隔热保护措施失效，当人体不慎接触到高温管道、阀门等表面时，则有可能造成烫伤。

LNG 平时储存在压力容器中，当环境条件为常压状态时会吸收周边环境的温度。一旦大量泄漏，接触人体的皮肤会造成冻伤。

本项目使用的各种机泵、放散管等设备在正常工作时均会产生噪声。相关设备未选用低噪声级的设备，或在设备安装时未注意减振、降噪的措施，会加大噪声的强度。装置区各类噪声相互叠加，可能使噪声级上升。作业人员在强的噪声环境中操作，会感到刺耳、不舒服，时间久了会损伤听觉，甚至会产生不同程度的耳聋。此外，噪声还能对心血管和神经系统产生一定的影响.

4 自动控制系统的设置和安全功能

自控控制系统以PLC为硬件核心，配以相应的软件，直接采集各生产现场检测工艺参数及设备运行状态等信号，根据生产运行状况对各类设备进行控制。

4.1 LNG储罐压力控制联锁

LNG储罐压力检测，超限报警：①当LNG灌装站压力检测到储罐压力达到0.63MPa时声光报警；②当LNG加气站压力检测到储罐压力高于1.0MPa时声光报警；当储罐压力高于1.1MPa时，切断储罐进液阀并开启气动放散阀。

4.2 LNG储罐液位控制联锁

LNG储罐液位检测，高液位报警器应与进液管道紧急切断阀联锁：①当储罐检测液位达到上限88%时声光报警，当储罐检测液位达到上限93%时切断下进液紧急切断阀；②当储罐检测液位达到下限10%时声光报警，当储罐检测液位达到下限5%时切断储罐出液紧急切断阀。

4.3 LNG储罐温度控制联锁

储罐区、气化区温度检测、低温报警与储罐进出液紧急切断阀联动：①罐区温度低于室外温度5℃时报警，当温度低于室外温度10℃时，切断储罐区所有紧急切断阀；②气化区温度低于环境温度10℃时报警，当温度低于环境温度20℃，切断气化区紧急切断阀。

4.4 紧急停车(ESD)系统

在工艺装置区及控制室内设置ESD按钮，在各站发生超压、火灾等紧急情况下自动关闭站内所有紧急切断阀，确保站内安全。

4.5 可燃气体检测系统联锁

在储罐区、充装台、卸车区、调压计量加臭区等工艺装置区设置可燃气体探测器，采用数字显示，实时监测现场气体浓度。当燃气泄漏浓度达到爆炸下限的20%时报警，经现场确认后切断紧急切断阀。

4.6 火灾报警系统、视频监控系统

在储罐区设置火焰探测器。要求火焰探测器探头视角为80°~90°，直流信号和开关量信号。当检测到火焰时，将报警上传至站控系统上位机，站控系统确定事故区域后进行全站报警。视频监控系统。对监控范围内的作业过程24h不间断监控识别报警。

4.7 隔音降噪措施

设备选型时应选用产生噪声级别较低的型号，并应考虑在安装时采取适当的隔声、减振、降噪措施，降低作业场所的整体噪声危害程度。作业人员在噪声危害区域内进行维修或巡检时，佩戴隔声性能良好的防噪声护耳器，并合理安排作业时间

5 结束语

安全仪表系统主要由传感器、逻辑控制器以及执行器等部分组成，在工业生产中有着十分重要的作用，因此必须合理进行应用，从而保证生产的安全性，进而使企业的利益和员工的安全得到有效的保证，本文以某LNG灌装站为例，识别了工艺工程中存在的风险源，并提出了针对性的安全仪表联锁控制，对于站场的安全运行具有深远的作用。

参考文献

[1]徐志奇，王可奇，刘丽媛．浅谈安全仪表系统(SIS系统)在煤化工项目中的应用[J]．石油化工建设，2011(1)：2.

[2]许忠仪．安全仪表系统(SIS)的SIL评估[J]．化工自动化及仪表，2009(5)：5.

[3]刘忠华．LNG加气站建造技术与静设备完整性管理研究[D]．西南石油大学，2016.

[4]魏冬宏．LNG供气站工艺设计探讨[J]．科技资讯，2006(25)：1.

[5]俞辉辉，张志胜，杨洪兵，等．HAZOP分析在输气场站扩能改造工程设计阶段的应用[C].//第四届中国管道完整性管理技术大会．2014.

简析法兰式金属软管在城镇燃气的工程应用

林海春　张双财　徐　鑫

[中特检管道工程(北京)有限公司，北京　100013]

摘　要：随着燃气的广泛应用和行业发展，燃气管道的安全隐患愈加明显，燃气爆炸事故也频频发生，因此燃气管道施工及使用管理要求显得越来越重要。法兰式金属软管作为城镇燃气管道常用设备，其施工及使用管理方面仍存在空缺。本文主要从法兰式金属软管工程应用的现状出发，对存在的问题进行研究和分析，归纳和总结城镇燃气用法兰式金属软管工程应用的建议和意见。

关键词：燃气管道；法兰式金属软管；工程应用

Analysis Engineering Application of Flanged Metal Hose For City Gas

Lin Haichun, *Zhang Shuangcai*, *Xu Xin*

(Special Inspection Pipeline Engineering(Beijing)Co., Ltd, Beijing 100013, China)

Abstract: With the wide application and industry development of gas, safety hazards of gas pipeline become more obvious, explosion accidents also occur frequent, engineering application requirements become increasingly important. Flanged metal hose as common equipment of city gas pipeline, there are still vacancies in its engineering application. This paper mainly starts from the status quo of engineering application, research and analysis on the existing problems, summarizes suggestions on engineering application of flanged metal hose for city gas.

Key words: gas pipeline; flange type metallic hose; engineering application

清洁能源天然气已经作为最佳选择普遍应用于工商业和居民生活中。目前国内燃气使用规模不断增长，燃气安全隐患点多面广，燃气爆炸事故不断发生。燃气施工及使用管理是城市安全运行管理的重要内容，直接关系到人民群众生命和财产安全。

法兰式金属软管(简称：金属软管)是广泛应用于各类管路中柔性联接的元件(图 1)，具有良好的柔软性、抗疲劳性及承压高、耐温性好、耐腐蚀、密封性强、吸收震动、重量轻等诸多优点，广泛应用于航空航天、石油化工、钢铁、电力、造纸、建筑、交通等行业中[1]。随着燃气管网的密集敷设和安装，面对地基下沉、安装应力、位置受限等诸多因素影响，金属软管的良好特性将这些难题逐一解决，使其也广泛应用于城镇燃气管道中。目前，应用于城镇中压燃气管道的金属软管，缺少相关文件和规定来规范化和标准化工程应用，使得在日常使用过程中极可能以“带病”状态下运行，最后软管破裂导致燃气泄漏，给燃气的输送带来极大的安全隐患，因此金属软管的质量直接影响到管道系统的安全使用。

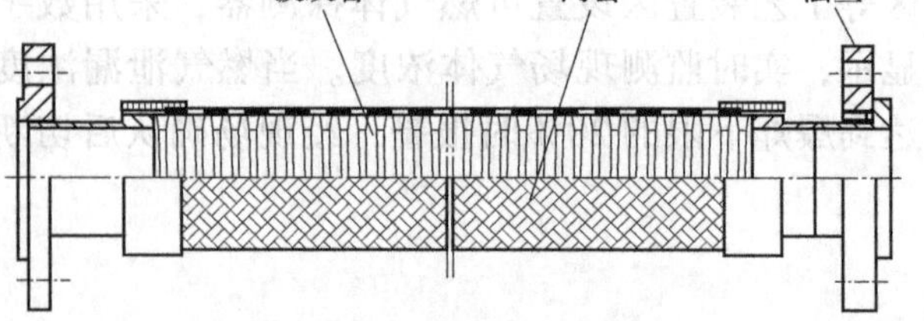

图 1　金属软管结构示意

作者简介：林海春(1990—　)，工程师，主要从事压力管道检验检测工作。

1 金属软管概述

1.1 基本定义

主要是由螺旋波纹管、钢带网套和法兰接头组成(图2)，公称尺寸范围为 *DN*4 ~ *DN*800mm，设计压力范围为0.6 – 35.0MPa，输送介质为气体、液化气体、液体等，工作温度范围为 – 196 ~ 450℃，波纹管和网套材质常为不锈钢，法兰材质因使用温度不用而不同。成型过程一般是先将波纹管、网套、压网环焊接成一个整体，再与接头进行焊接。[1]

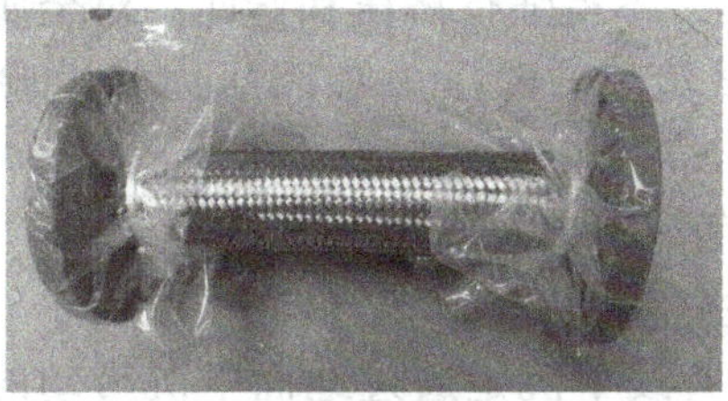

图2 法兰金属软管(实物)

金属软管承压能力高，能补偿较大的横向位移，网套允许一定程度的轴向伸长，但是焊接过程中同一部位会涉及多种材料、不同壁厚的多次焊接，对于焊接工艺和焊工技能要求高，该部位也是最薄弱环节。

1.2 基本性能要求

金属软管的基本性能要求应满足 GB/T 14525《波纹金属软管通用技术条件》，该规范从外观、尺寸、焊缝、性能等方面对金属软管作了明确要求，其检验项目、方法和类别详见表1。

依据 GB/T 14525 中产品检验的规定，产品出厂检验中本体焊缝的无损检测要求并不是强制性，而是依据买卖双方意愿来定，且本体焊缝无损检测并不是全部采用可追溯性检测方法；弯曲和爆破试验也是非强制性条款。型式试验一般只是针对首次制造和增项制造许可等情况时才会进行[2]。

表1 检验项目、方法和类别

序号	检验项目		检验方法	检验类别
1	外观		采用目视法和手感法对内外表面进行检查	出厂检验和型式试验
2	尺寸		不用软管长度规定了长度极限偏差	出厂检验和型式试验
3	焊缝		纵焊缝和环焊缝依据买卖方约定进行射线检测，其余焊缝进行渗透检测(用于中压燃气管道)	买卖方约定和型式试验
4	性能	耐压	采用水压试验或气压试验	出厂检验和型式试验
		气密	设计压力进行气密试验	出厂检验和型式试验
		弯曲	分为静态和动态，规定了最少弯曲次数和最小弯曲半径	型式试验
		爆破	软管和网套规定了最小爆破压力	型式试验

1.3 法律法规要求

(1) TSG D7002《压力管道元件型式试验规则》附件 E 1.1 条规定：压力管道用补偿器必须进行型式试验的典型产品如下：(2) 金属软管。并对型式试验项目及其内容作了明确要求。

(2)《特种设备目录》(国质检锅[2004]31号)规定：压力管道元件补偿器类别里包括金属波纹管，代码7520；《质检总局关于修订〈特种设备目录〉的公告》(2014 年第 114 号)中压力管道元件补偿器类别里无金属波纹管这一项已经删除，如表2所示。

表2 特种设备目录对比

特种设备目录(2004年旧版)				特种设备目录(2014年新版)			
代码	种类	类别	品种	代码	种类	类别	品种
7000	压力管道元件			7000	压力管道元件		
7500		补偿器		7500		补偿器	
7510			金属波纹膨胀节	7510			金属波纹膨胀节
7520			金属波纹管				

(3)《市场监管总局关于特种设备行政许可有关事项的公告》(2021 年第41 号)中附件1 特种设

备生产单位许可目录中注三规定：安全阀、紧急切断阀、压力管道元件制造许可参数级别中设备类别补偿器中品种只有金属波纹膨胀节，无金属波纹管。

依据现行2014年第114号文和2021年第41号文规定，金属软管已不属于特种设备范畴，且不需要制造许可，相对应的型式试验也不作强制要求了。

2 施工管理

2.1 安装过程

某市该地区平均海拔2000m，最高温度为34℃，最低温度为-15℃。该市燃气公司中压燃气设计压力0.4MPa，埋地管和架空管通过法兰式金属软管水平或垂直安装方式进行连接，如图3和图4所示。

图3　金属软管水平连接图

图4　金属软管垂直连接图

2.2 相关问题

2.2.1 非压力管道元件的安装质量控制

中压燃气管道属于压力管道范畴，金属软管属于该管线一部分，但金属软管仅有第三方检验报告；设计图纸对金属软管安装等环节未作明确要求，只在材料表中进行数量规定，未明确安装质量要求；压力试验过程中将金属软管串联起来进行了验收，其单体未进行单独验收。

2.2.2 安装变形量控制

引出管和调压箱立管的建设由燃气公司不同部门主管、不同施工机组施工，造成两者工期不同，两管之间预留位置便是金属软管变形量，可能因存在空间不足，安装不规范，对软管施加额外应力。

2.2.3 安装环境因素控制

管线施工完成回填后，因建筑物地基沉降会引发燃气管道的沉降，尤其是绿化带、道路、景观地基易发生沉降。施工时未考虑沉降带来的变形和应力。

2.3 总结

建议金属软管安装时应将其保持自由状态下直线安装，不得强行挤压和弯曲；对金属软管进行水压试验，试验压力参照压力管道验收规范执行。

3 使用管理

3.1 相关问题

(1)管线下沉是通过地面下沉带动的，而地下管线的运行状况难以观察、预测和判断，使得管线下沉金属软管变形量无法量化，存在一定安全隐患。[3]

(2)燃气管道定期检验中，金属软管因不属于特种设备，也未作检验检测，日常巡检中未对管线下沉进行检查。

(3)金属软管使用寿命无相关规定，使用方也未做相关验证，仅从安装方便角度出发，未考虑金属软管疲劳周期等因素。

3.2 总结

建议按照年度进行管线下沉测量，规定下沉下限值；法兰连接处不定期进行泄漏检测；参照定期检验内容对金属软件也进行检验检测，及时查缺补漏解决安全隐患；进行使用工况分析和疲劳试验，确定金属软管的使用年限。

4 结论

特种设备目录和行政许可中删除金属软管后，对于该类产品的监管和检验处于空白期，如果金属软管继续在燃气管道中使用，首先加强制造企业的质量管控，其次从行业平台出发，建立健全金属软管的行业标准，实施质量与技术验证试验，最后，规范化施工和使用管理，为城镇燃气安全运行做好保障。

参考文献

[1]齐金祥，陈四平，肖进荣，韩彬．浅谈储罐抗震金属软管及金属波纹补偿器的设计及应用[A]．//中国机械工程学会压力容器分会膨胀节专业委员会．膨胀节技术进展：第十六届全国膨胀节学术会议论文集

[C]. 中国机械工程学会压力容器分会膨胀节专业委员会：中国机械工程学会压力容器分会，2021：226－234.
[3]桂阳，李勇华. 不锈钢金属软管在燃气管道沉降中的工程应用[J]. 广东化工，2010，(10)：155－156＋166.
[2]于振毅，刘波，李建平. 金属波纹软管的检测技术和方法[J]. 管道技术与设备，2002，(02)：38－40＋42.

冷换设备全寿命管理与检维修策略

马岩军

(中国石油乌鲁木齐石化分公司炼油厂，新疆 乌鲁木齐　830019)

摘　要：冷换设备是炼油化工装置中重要的组成部分，数量多、故障率高，制约装置长周期安全运行。随着炼化装置规模不断扩大，原油性质复杂化，以及企业节能降耗、降本增效要求，对延长冷换设备使用寿命制定管理方案，自设备对标达标、日常运行管控、停运防腐处理制定管理措施，根据冷换设备发生故障率不同进行分级管理，并结合分级进行预知性检修，以减少无计划的故障抢修风险；通过对标和故障设备 RCA 分析，使新制作的备用设备及管(板)束设计适应当前工艺运行工况和腐蚀环境；通过设备检维修过程质量验收管理和备用设备制作质量管理，制定冷换设备管束运行寿命评估方法，合理储备易腐蚀冷换设备及管(板)束。通过提高制作和检修质量，降低运行和停备过程腐蚀，合理储备通用设备及管(板)束，有计划开展预知性检修，有效降低设备故障对生产运行影响，实现冷换设备全寿命期管理目标。

关键词：寿命评估；分级管理；预知性检修

Life - cycle Management and Maintenance Strategy of cold exchange Equipment

Ma Yanjun

(China National Petroleum Corporation Urumqi Petrochemical Company, Xinjiang Urumqi 830019, China)

Abstract: The cold - exchange equipment is an important part of the refinery chemical plant, which has a large number and a high failure rate and restricts the long - term safe operation of the unit. With the continuous expansion of refining and chemical plant, the complexity of crude oil, as well as enterprise energy saving, cost reduction and efficiency requirements, to extend the service life of cold exchange equipment to develop management plans, since the equipment to standard, daily operation management control, shutdown anti - corrosion treatment management measures, according to the different failure rate of the cooling equipment for grading management, and combined with the classification of predictive maintenance, through RCA analysis, the new spare equipment and tube (plate) bundle are designed to adapt to the current process operating conditions and corrosion environment Through the quality management of equipment inspection and maintenance process and the quality management of spare equipment manufacture, the evaluation method of tube bundle operation life of cold exchange equipment is established, and the reasonable reserve of easy - corrosion cold exchange equipment and tube(plate) bundle is provided. By improving the quality of manufacture and maintenance, reducing the corrosion in the process of operation and shutdown, reasonably storing the common equipment and tube(board) bundles, carrying out planned and predictive maintenance, and effectively reducing the influence of equipment failure on production and operation, to achieve the life - cycle management objectives of cooling equipment.

Key words: Life Assessment; grading management; predictive maintenance

乌鲁木齐石化公司炼油厂全厂冷换设备共计 1746 台，在 2015 年期间由于冷换设备故障泄漏造成生产装置生产波动、装置停工等问题层出不穷，给装置长周期平稳运行带来了极大的困难和

作者简介：马岩军(1966—　)高级技师，长期从事设备腐蚀与防护管理。E - mail：mayjws@ petrochina. com. cn

考验。通过对全厂冷换设备从防腐蚀角度为主导思路制定全寿命管理的措施，全厂冷换设备自2015年故障检修156台次，下降至2019年检修38台次，4年间检修率下降75.6%，年平均减少检维修29.5台次。

1 冷换设备全寿命管理的实施方案

1.1 冷换设备全面对标管理

为了降低冷换设备的泄漏率，确保冷换设备在设计的工况范围内运行，开展冷换设备的对标工作。

(1)在用的冷换设备的运行参数与设计参数进行对比，按新设计标准进行对标。

(2)冷换设备对标的范围：各项工艺设计参数与实际运行参数对比，实际设备各部位用材与标准和规范对比，冷换设备的结构形式与一般要求对比，易腐蚀部位制作(焊接)工艺与规范要求对比，设备表面采取的涂覆防腐与规范或通则对比等，以发现不达标的问题；

(3)循环水冷却器执行《循环水水质管理标准》中对循环水入出口温度、压力和流速的要求；

(4)空冷器按《中国石油天然气股份有限公司炼化装置空冷系统技术导则》进行对标；

(5)冷换设备材质按SH/T 3096《高硫原油加工装置设备和管道设计选材导则》、SH/T 3129《高酸原油加工装置设备和管道设计选材导则》进行对标；

(6)对于经过调整运行参数仍然无法达标的冷换设备，制定出防范或整改措施，同时要编制好冷换设备超标准运行的应急预案[1]。

1.2 冷换设备日常运行管理

控制工艺运行参数不超标，工艺介质腐蚀流(种类、含量)不超标，工艺防腐措施按标准要求执行，做好设备外防腐和保温，对冷换设备进行日常监测，对于不达标按1.1(6)严格执行，是保障长周期安全运行的基础，具体工作要求如下：

(1)工艺参数运行管控，包括控制工艺参数在设计指标内，不超温、不超压、不超流速、不偏流、不超液位(如：蒸汽发生器)等，投、停和应急处置严格按操作规程执行。

(2)冷换设备日常运行介质腐蚀流监测，包括：种类变化(硫、酸、氯、氮等)，含量变化；结合介质中金属含量的变化、设备测厚等手段，分析对设备腐蚀程度，相应调整工艺防腐注剂和设备监测措施。

(3)水质的管理是循环水冷却器管理的关键，严格按《循环水水质管理标准》执行，以及水质检查和泄漏确认等系统管理要求执行。

(4)将低温热或采暖水水质纳入日常监控管理，制定水质COD、浊度等控制指标，定期检验分析与不定期抽检结合，超标制定应对方案处理。

(5)定期对冷换设备出入口短节、管线弯头、空冷管箱等部位定点测厚，分析测厚数据，判断腐蚀趋势，对较为严重的部位增加监控频次。

(6)存在结盐风险的空冷器，每季度不少于一次远红外热成像监测，作为判断空冷器是否偏流和结盐程度的依据之一[2]。

1.3 冷换设备停运防腐管理

根据经验冷换设备停运，原来相对稳定的腐蚀状态，因所处的腐蚀环境发生改变，短期内发生严重的腐蚀问题，甚至造成设备报废时有发生，停用设备防腐也是冷换设备防腐的关键环节[3]，不可忽视。冷换设备停运，分为短期停运(3个月内)和长期停运(3个月以上)，制定相应防腐措施。

(1)冷换设备短期停运，如果不进行设备打开检维修，设备内环境不发生变化，原则上不增加处理措施；一旦涉及到工艺处理或暴露在大气环境中，就必须考虑腐蚀的风险[4]。

(2)冷换设备短期内配合设备检维修停运，工艺处理同时要考虑设备防腐，制定工艺处理方案时，对设备停运存在的腐蚀风险进行评价，在方案中纳入工艺防腐措施。如结盐管束的蒸汽(水)置换，短时间内造成铵盐垢下腐蚀穿孔；富含硫化氢设备蒸汽(水)置换，产生湿硫化氢应力腐蚀开裂；含硫介质设备打开后的硫化亚铁自燃；奥氏体不锈钢大气环境中连多硫酸腐蚀等。车间要考虑设备工艺介质腐蚀流类型和含量，结合设备制作材质和焊接工艺，制定相应的工艺防腐措施，如硫化亚铁钝化、碱洗钝化、氮气置换等措施。

(3)长期停运的冷换设备防腐处理，执行《停运闲置设备防护管理规定》要求。

1.4 冷换设备分级管理

根据冷换设备的不同的运行工况对冷换设备进行分级管理，树立冷换设备预知检修的理念[5]。车间以冷换设备的对标的结果为基础，从介质腐蚀程度、管束使用寿命、管束材质、历史检修状况等因素对冷换设备的整体状况进行评估分级[6]。

(1)冷换设备管理级别划分原则如下：

A级：腐蚀严重，泄漏频繁，设备泄漏后对装置有较大影响；检修周期6个月。

B级：腐蚀性较强，泄漏频次较高；检修周期12个月。

C级：腐蚀状况一般，换热效率下降，泄漏频次较少，切除后对装置影响较小；检修周期24~36个月。

D级：腐蚀和泄漏频次小于1次/4年，切除后对装置影响较小；检修周期48个月及以上。

(2)采取各种技术攻关措施来降低冷换设备的维修率，减少泄漏频繁的冷换设备数量，冷换设备评定分级后严格按照冷换设备的不同级别对其实行定期切换检修，避免故障抢修。

(3)冷换设备管理级别的划分，与设备检修状况、设备运行时间、设备防腐现状等有关，根据设备运行工况的变化，每年底前重新评定，作为制定冷换设备预知性检修计划的依据。

(4)通过工艺运行参数调整和设备防腐措施实施，长期无法实现达标的冷换设备，通过技术改造消除A级、减少B级，通过技术攻关控制C级，关键冷换设备达到D级，实现装置“四年一修”，并向“五年一修”的目标努力。

1.5 冷换设备预知性检修

出现冷换设备事故和故障状态下的紧急抢修，控制安全风险和检修质量比较困难。实现有计划的检维修是努力的目标，在每年冷换设备动态评估管理分级的基础上，结合季节(冬季装置工艺上利于空冷和水冷器检修)、生产调整(装置低负荷工况)等有利因素，制定冷换设备全年预知性检修计划，在各方面有准备的情况下实施有计划的检修，将设备管理从被动维修逐渐向主动管理过渡，从事后维修向预知性检修转变。

(1)根据最新评定的冷换设备管理分级，制定全年冷换设备预知性检修计划，考虑装置的窗口检修和关键设备的定期检修，合理安排冷换设备计划检修时间，确保计划的可执行性。

(2)与工艺技术和安全生产专业对接冷换设备在线切出停用处理方案和安全措施，落实停用工艺防腐处理的药剂和处理方法等，工艺变更不发生设备损坏。

(3)落实预知性检修计划，及时将预知性检修项目纳入正式的检修计划中，落实检修时间、方案、人员和材料等。

(4)冷换设备检修后完成RCA分析总结，对腐蚀原因和腐蚀程度进行分析，预估设备使用寿命，寿命期6个月的必须制作备用管束，评价管理分级的合理性，调整分级管理级别。

(5)根据腐蚀原因，分析防腐措施的有效性，检修方案和检修质量的可靠性，以及材质选择的合理性[7]。

(6)对冷换设备停用工艺防腐措施和检维修方案进行评价。

(7)根据检修分析总结，完善设备的检修方案、工艺防腐方案等，必要时完成材质升级论证，申报备用设备(管束)制作计划。实现冷换设备预知性检维修工作，报的准、切的出、防的全、修的好，提高预知性检维修计划执行的有效性。

如：100万吨/年加氢裂化装置新氢二级出口冷却器E-402B，规格型号：BIU500-9.04/11.3-80-6/19-2I，当压缩机备用时循环水冷却器E-402B节水低流量备用，造成管束内积垢堵塞及垢下腐蚀问题；二是因管壳压差在7.5MPa以上，对于10号碳钢 $\phi19\times2.0$ 管束，经常性发生管接头焊缝处因强度不足开裂，影响装置关键设备正常运行。对此问题解决方案：

1)通过工艺流程模拟计算设备传热面水侧污垢热阻值，当大于 $3.44\times10^{-4}m^2\cdot k/w$ 时[8]，再结合循环水进出口压差和温差值，壳程氢气进出口温差，预判在设备失效前进行预知性检修。

2)备用管束制作时，优化设计材质升级为321(已考虑材质改变和壁厚增加对换热效率的影响)，管子规格 $\phi19\times2.5$(按标准不锈钢列管一般为 $\phi19\times1.5$)，在材质和壁厚上增大受压变形的强度。

3)备用大机组循环冷却器，在备用循环水低流速小于0.9m/s期间，制定循环水侧定期反冲洗方案，减缓循环侧结垢及垢下腐蚀。

以上措施的实施，新氢二级压缩机出口冷却器E-402B，由一年二次故障抢修，降低为运行二年只发生一次计划检修。

1.6 冷换设备制作验收管理

冷换设备的制作质量的好坏关系到防腐效果和设备运行周期，冷换设备作为压力容器其制作质量保证体系，有一整套严密的法规标准对设计、制造、安装、使用、检验、修理和改造七个环节进行全方位的安全监察和监督检验，认真落实和有效执行是保证制作质量的关键。

(1)冷换设备是压力容器中比较常见的换热

设备，在制造过程中应严格执行 TSG 21《固定式压力容器安全技术监察规程》和 GB/T 151《热交换器》及相关标准的规定，还要严格执行采购技术协议要求。

(2)空冷器除了执行压力容器相关标准外，执行 NB/T 47007《空冷式热交换器》及相关标准的规定，还要严格执行采购技术协议要求。

(3)对于故障率高不能满足长周期安全运行的设备，绝不能简单地照原设计复制，要根据工艺、设备对标和故障原因分析，改进设备结构、材质选型和制作工艺等重新设计，使其更适应实际工况实现长周期运行[9]。

(4)换热器的失效大部分是由换热管与管板连接接头的泄漏所造成的。换热器制造质量的控制主要包括管板、折流板的加工，壳体的制作及换热管与管板之间的胀接和焊接。通过工艺的改进和完善，控制各个工序的过程质量指标，就完全能达到提高换热器制造质量的目的，使换热器的制造质量完全达到 GB/T 151《热交换器》标准中规定的质量要求。严格按照《换热器管束制作质量验收检查表》中检查项目，在规定停检点进行验证，对于结构复杂、材料特殊、制造难度大的关键设备，可以委托专业化公司进行全程质量监造。

1.7 冷换设备检维修质量验收管理

“该修必修，修必修好”，其中如何实现“修好”，就体现在检维修质量的把控上。冷换设备检维修程序环环相扣，上一环节修不好，就无法保证下一环节的修理质量，保证每道检修工序，达到质量要求，才能实现“修好”的目的，为此提出以下保障措施。

1.7.1 检维修程序管理

(1)换热器停用检维修工作，涉及到不同单位和不同工种，如检维修施工、水力(或化学)清洗、检验检测、防腐处理等单位和环节，程序性比较强，需要上下工序衔接，才能确保最终的修理质量；冷换设备检修实行检维修质量验收流转卡形式，由甲乙方共检和上下工序施工方互检，进行验收质量确认。

(2)根据冷换设备目视检查腐蚀状况，检验检测的结果判断其能否继续使用；设备打开后，根据历史检修堵管数量，检测腐蚀程度，设备使用周期，设备泄漏部位和腐蚀程度，以及备用设备状况等，判断是否报废。

1.7.2 设备清洗管理

(1)管束内外表面清污垢。管束表面污物不论是否为腐蚀物质，都会促进金属腐蚀或影响传热效果，清洗技术包括清洗用材料(清洗剂)及清洗工艺选择；清洗方法要根据设备结构、污垢种类、附着强度等实际状况具体而定。

(2)对于传统清洗方式无法清除的污垢，对垢物成分进行检验分析，选择合适清洗材料和清洗方式进行清垢；如清洗用材料有水、石油系溶剂、有机酸、无机酸、碱性化合物水溶液等[10]。清洗方式有机械搅拌、擦洗、加温清洗、高压喷洗、蒸汽清洗、超声波辅助清洗和电解清洗等；为了保证管束内外壁清洗效果，除了高压水冲洗外，还可以采用热水浸泡，对于硬垢还可以采取机械除垢、酸+缓蚀剂化学浸泡清洗方法，但不锈钢管束严禁采用盐酸或盐酸类的清洗剂。

(3)选择经济、安全、环保、有效的清洗方案，清洗工艺不能对设备造成损伤，制定清洗方案经专业审定。

(4)垢层清除效果的验证非常重要，对于水力清洗的奥氏体不锈钢管束硫化物垢层清理不干净，可能造成连多硫酸应力开裂问题[11]；管束清洗质量的验收，除了外观检查外，管束列管间及外壁清理质量检查是重点，对于固定管板式换热器等不易检查的部位，可采用技术手段如内窥镜检查，确保管束内外壁清洗质量合格。

1.7.3 所谓“检修”就是检查与修理

只有检得到，才能修得好；冷换设备列管电涡流检测技术，适合以壁厚损失为主小径管缺陷的检测，可大致预估管束剩余使用寿命，作为判断管束壁厚减薄堵管、更换列管或更换管束的主要依据[12]。

1.7.4 管束修理

(1)管束修理内容根据损坏部位确定，包括管板修补，管接头焊口、胀口处理及单管更换或堵管，对于焊口存在泄漏的，应仔细检查，采取烘烤加热处理，打磨清根后重新焊接+胀接，或者进行单管更换；对防冲板(或导流筒)腐蚀减薄或损坏的修复或更换。

(2)管束修理：①对轻微缺陷进行局部预热打磨清根补焊方式进行修补，并辅以胀管器胀接；②对个别泄漏管束进行单管更换或堵管补焊；③对管板大面积坑蚀或脱焊处辅以渗透方法彻底打磨脱焊处直至消除裂纹或彻底清根，将其吹扫干净并经 250～300℃预热后补焊，辅以胀管器胀接。

(3)堵管与单管更换

①没有达到管束整体更换标准的采取以单管更换为主，堵管为辅的措施；

②涡流检测或水试漏单管程不合格比例小于10%，大于5%范围内的采取单管更换修理方案；

③涡流检测或水试漏单管程不合格比例小于5%范围内的采取堵管修理方案。

(4)管束更换，水试漏或涡流检测单管程不合格比例10%以上。

(5)管束堵漏，在同一管程内，堵管数一般不超过其总数的5%。在工艺指标允许范围内，可以适当增加堵管数，原则超过5%则进行单管抽管更换，但是超过10%则作为报废更换新管束。堵头必须是专用堵头，且材质与管束材质相同。

(6)冷换设备试压工作，耐压或气密试验合格才允许投入使用。严格执行压力试验液压试验和气密试验的规定。

(7)防腐处理，试压合格的水冷器管束进行防腐处理。清洗试压合格的管束，根据原防腐管束的防腐层有无老化、脱落，确定是否再次进行防腐处理。

(8)浮头式换热器内浮头密封，影响到冷换设备能否正常投用，采取定力矩紧固，对密封面、密封垫片和紧固件确认建立记录。

1.8　备用冷换设备管理

冷换设备是炼油厂数量最多的设备，合理的备用冷换设备管束，是保证装置长周期安全运行的基础性工作，车间根据标准要求申报，机动部门结合资金费用、规格型号和寿命评估结果，综合考虑全厂制作计划，经济合理进行管束储备。

(1)制定在用冷换设备管束使用寿命评价标准，根据冷换设备使用年限、历史检修情况、最新检测结果、当前堵管数量及堵管率、防腐处理、工艺运行工况及介质的腐蚀性等，进行综合评分，评分60~80分按10%储备管束，评分40~60分按50%储备管束，评分低于40分按80%储备管束。

(2)对于通用或标准设备，不同规格和不同材质按评价标准的储备率，统一制作备用管束；对于非标或特殊设备，评价寿命一年以内的一对一制作储备。

(3)制作完成，经验收合格的管束，实行集中存储管理，根据需求领用，执行《冷换设备备用管束储备管理规定》。

2　结束语

通过冷换设备设计制造及质量验收、运行对标达标及防腐管控、分级管理及预知性检修、规范检修及备用管束制作评估等方面，开展全寿命周期管理措施，全厂共计1746台热交换设备，2015年检修156台次，下降至2019年检修38台次，4年间检修率下降75.6%，年平均减少检维修29.5台次。按全厂检修规格型号较多的浮头式BES900换热器计，检修工序费用包括：拆装盲板、拆装前后头盖和小浮头、拆装管束，管束清洗试压堵漏(试压三遍)、管束电涡流检测(按15%抽检)、管束热固化防腐(按管束内防腐计)等，单台次检修发生费用约计7.8万元，四年共计节约检维修费用至少在920万元，平均每年节约检修费不少于230万元。设备在投用期间在线切出工艺处理作业，以及进行检维修施工，存在较大安全风险；因设备故障率减少，大幅度减少检维修费支出，高风险的冷换设备检维修作业频次降低，有力保障装置安全生产。

参考文献

[1]胡建洲．列管式冷换设备管束失效原因分析及质量控制[J]．天然气与石油，2017(5)：77-81.

[2]黄晓明，黄余．炼油装置冷换设备腐蚀与防护[J]．中国新技术新产品，2014(14)：5-6.

[3]杨逢春．炼油化工装置停工备用期间的防腐保护[J]．石油化工腐蚀与防护，2014(3)：44-46.

[4]刘经平．关于延长碳钢换热管束使用寿命的探讨[J]．中国化工装备，2015(1)：35-38.

[5]刘小辉，莫广文．炼油企业冷换设备腐蚀及防护措施调查[J]．石油化工腐蚀与防护，2006(3)：1-5，25.

[6]王涛，丘学东．冷换设备关键等级分类及维修策略优化[J]．中国设备工程，2012(7)：23-25.

[7]郝景丽．冷换设备芯子腐蚀检查[J]．设备管理与维修，2017(17)：48-49.

[8]中国石油油气和新能源板块．炼油装置工艺防腐运行管理规定．第二十条 循环水系统工艺防腐管理关键点．

[9]朱文胜，盛刚，张伟等．炼油厂冷换设备防护中的协同效应研究[J]．石油机械，2007，(2)：1-4，70.

[10]洪岩．清洗配方选择及化学清洗在炼化冷换设备上的应用[J]．清洗世界，2014，(7)：29-33.

[11]徐建庆．浅析炼油厂炼油装置冷换设备的腐蚀及质量控制[J]．中国石油和化工标准与质量，2016，(13)：85-85，87.

[12]梁宗忠，樊亚军，李哲．涡流检测技术在炼化装置腐蚀检查中的应用[J]．石油化工腐蚀与防护，2021(1)：33-36，46.

融合多源数据的油气管道风险评估方法研究

袁　丰[1]　张鹏林[1,2]

（1. 武汉大学遥感信息工程学院，湖北 武汉　430079；2. 湖北珞珈实验室，湖北 武汉　430079）

摘　要：油气管道作为国家的重要基础设施，对城市生活和工业生产具有至关重要的作用。油气管道的建设发展为国民经济发展带来便利的同时，也带来了一定程度的安全隐患，因此，油气管道的安全运行和公共安全也开始受到越来越多的关注。如何客观有效进行油气管道风险评估对于管道安全运行和科学管理具有重要的意义。本文针对管道运行环境在地理空间上存在的差异性，充分考虑运行环境的自然资源、社会经济及生态环境等影响因素，结合遥感数据、地理国情数据、社会经济数据等多源数据，提出失效后果周边环境评分指标体系，对现有的失效后果评分模型进行补充和完善，综合评估分析管道风险，并通过 GIS 技术实现管道数据与风险评估结果可视化表达，为油气管道的风险预警和安全管理提供技术保障。

关键词：油气管道；多源数据；GIS；风险评估；可视化表达

Research on Oil and Gas Pipeline Risk Assessment Method Integrating Multi - source Data

Yuan Feng[1], *Penglin Zhang*[1,2]

(1. School of Remote Sensing and Information Engineering, Wuhan University, Wuhan, Hubei 430079, China;
2. Hubei Luojia Laboratory, Wuhan, Hubei, 430079, China)

Abstract: As an important national infrastructure, oil and gas pipelines play a vital role in urban life and industrial production. The construction and development of oil and gas pipelines bring convenience to the development of national economy, but also bring a certain degree of security risks. Therefore, the safe operation and public safety of oil and gas pipelines have begun to receive more and more attention. How to objectively and effectively assess the risk of oil and gas pipelines is of great significance for the safe operation and scientific management of pipelines. In view of the geographical and spatial differences of the pipeline operation environment, this paper fully considers the natural resources, social economy and ecological environment and other influencing factors of the operation environment, combined with remote sensing data, geographic national conditions data, social and economic data and other multi - source data, proposes the failure consequence peripheral environment scoring index system, complements and improves the existing failure consequence scoring model, and comprehensively evaluates and analyzes pipeline risks, The visualization of pipeline data and risk assessment results is realized through GIS technology, providing technical support for risk early warning and safety management of oil and gas pipelines.

Key words: oil and gas pipeline; multi source data; GIS; risk assessment; visual expression

1　引言

随着我国油气管道的快速建设发展，目前我国油气管道总里程达到 16.5 万公里，极大地促进了国民经济的发展。但是，近些年来，由于管道的腐蚀破损、经济建设破坏等导致的管道事故，不仅严重破坏生态环境和国民经济，而且给

作者简介：袁丰（1994—　），博士研究生，主要研究方向地理信息服务、高性能地理计算、自然资源监测。E - mail：yuan_ feng@ whu. edu. cn

人民的生命安全带来了隐患[1]。因此，客观有效的进行油气管道风险评估对灾害预警和安全管理具有重要意义[2]。油气资源作为国民经济建设的重要战略资源，其运输安全的重要性不言而喻，由于油气资源本身存在易燃、易爆性的特点，一旦泄漏极易引起发火灾或爆炸，对生态环境和人民的生命财产安全造成严重的危害[3]。近些年来，油气管道泄漏造成的事故概率逐年上升，安全形势不容乐观，越发引起人们的警醒[4]。2013 年 11 月 22 日在山东省青岛经济技术开发区，因为东黄输油管道长期处于盐雾腐蚀环境导致管道腐蚀破裂进而引发泄漏爆炸，造成人员伤亡和巨大的经济损失[5]。2014 年 6 月 30 日，在辽宁省大连市金州新区，因为企业盲目施工导致中石油新大一线输油管线爆裂进而引发原油泄漏，幸好未造成人员伤亡。2021 年 6 月 13 日，在湖北省十堰市张湾区，因为天然气管道严重锈蚀破裂造成天然气泄漏发生爆炸，因处于居民区集贸市场，人口密集，因此导致多人伤亡。通过上述发生的油气泄漏事故，我们发现油气管道的泄漏事故不仅与管道自身的缺陷有关，也与其铺设所处的环境密切相关。伴随着管道建设的快速发展，管道的铺设不可避免的要经过城镇区域，虽然在建设初期已经坚持安全设计，与企业、居民密集区等有足够的安全距离，但是后期的城市改造、城市修复等经济建设活动，也不可避免的对管道的安全运输造成威胁。所以，笔者通过近些年油气泄漏事故的总结分析，认为油气管道的风险评估不仅要考虑到管道本体缺陷，也要考虑到油气管道的铺设环境。

目前的埋地管道风险评价相关方法通过半定量评分方法对油气管道的周边人口密度和沿线环境进行评分，评价指标单一，未能充分反映管道破损泄漏对自然资源、社会经济及生态环境的影响。因此本文在管道本身风险评估的基础上，充分考虑管道运行环境的自然资源、社会经济及生态环境因素，提出失效后果周边环境评分指标体系，对现有的失效后果评分模型进行补充和完善，综合评估分析管道风险。

2　当前管道风险评价方法分析

2.1　当前在用埋地管道风险评价方法

对于埋地管道风险评价相关方法，中国特种设备检测研究院等相关研究单位结合“十一五”科技研究项目形成了 GB/T 37368《埋地钢质管道风险评估方法》国家标准。该标准中对于在用埋地钢质管道采用基本模型来进行计算其失效可能性评分，在梳理分析所有可能会导致管道失效的因素后，采用层次结构归纳组织各因素，包括第三方破坏得分 S_1、腐蚀得分 S_2、设备(装置)及操作不当得分 S_3 和本体安全质量得分 S_4 等四部分，并提供各因素缺省权重[6]。对于油气管道可以采用基本模型计算失效可能性评分 S，计算公式如下：

$$S = 100 - (0.25S_1 + 0.25S_2 + 0.25S_3 + 0.25S_4) \tag{1}$$

在用埋地钢管管道的失效可能性评分因素中，其中第三方破坏评分包括地面活动水平、埋深、地面装置及其保护措施、占压、管道施工带条件、巡线、对公众进行管道安全教育以及公众对管道的保护意识等；腐蚀评分包括大气腐蚀、内腐蚀、以及土壤腐蚀等；设备(装置)及操作的评分包括设备(装置)功能及安全质量、设备(装置)维护保养、设备(装置)操作、人员培养与考核、安全管理制度以及防错装置；管道本质安全质量评分包括设计施工控制、检测及评价、自然灾害及其防范措施以及其他评价项等[7]。在日常使用中因为管道所处的地理位置以及环境并不相同，所以通过管道区段划分，对不同区段进行风险评估，原则为管道出现如埋深环境发生变化等重要的变化时，进行分段，对每一区段进行检测来确定相关得分。

再采用失效后果评分模型根据介质的短期危害性、介质的最大泄漏量、介质的扩散性、人口密度、沿线环境、泄漏原因和供应中断对下游用户影响七个方面对埋地钢质管道失效后果进行半定量评分，得到失效后果得分，根据式 2 计算得到风险值 R，再依据风险值进行风险等级划分。

$$R = S \times C \tag{2}$$

式中　R——风险值；

S——失效可能性得分；

C——失效后果得分。

2.2　当前管道风险评价方法存在的不足

当前在用埋地钢管管道的风险评价方法综合考虑影响管道安全的所有因素，综合各种因素进行全面系统的评估，能真实反映管道风险状况。但是，其失效后果评分模型通过半定量评分方法对人口密度和沿线环境进行评分，其中人口密度与沿线环境的指标选取与计算方式较为单一，未能充分反应管道破损泄漏对自然资源、社会经济及生态环境的影响。

因此，本文在对上述研究的分析基础上，针对失效后果评分模型中人口密度与沿线环境的指标选取与计算方式单一的局限性，结合遥感数据、地理国情数据、社会经济数据等多源数据，借鉴 PSR[8] 和 DPSIR[9] 这两个常用指标选取模型思想，选取合适的周边环境评价指标，构建失效后果周边环境评分指标体系，完善补充现有的失效后果评分模型，综合计算管道泄漏对自然资源、社会经济及生态环境的影响。

3 结合多源数据的管道风险评价方法

为了能科学客观评价管道破损泄漏对周边运行环境的自然资源、社会经济及生态环境的影响，本文结合遥感数据、地理国情数据、社会经济数据等多源数据，借鉴 PSR 和 DPSIR 指标选取模型思想，这两个模型都是用于综合评估环境问题的框架，目前该框架被广泛应用于环境、经济、社会、制度等领域。本文在分析管道周边的社会、经济环境的相关因素之后，筛选出 10 个能够反映出管道沿线周边的社会、经济环境的评价指标，构建失效后果周边环境评分指标体系，如表 1 所示。

如何准确客观表征各个评价指标重要性的差异是准确评估管道周边环境需要考虑的重要问题。熵权法因为其计算过程较为简单，权重计算效率高，依据指标数据信息熵的大小进行权重分配，是常用客观定权方法之一[10]。因此，本研究从数据本身的信息熵出发，采用熵权法计算相关指标权重，来客观评价管道周边运行环境的自然资源、社会经济及生态环境。

通过失效后果周边环境评分指标体系计算，来完善补充现有的失效后果评分模型中关于人口密度和沿线环境的评估方法，综合评估分析管道风险。

表 1　失效后果周边环境评分指标体系表

指标名称	计算方法	单位
道路覆盖度	道路总长度/区域总面积	km^{-2}
城镇化率	统计数据	%
GDP 增长率	GDP 增长量/总 GDP	%
人口自然增长率	自然增长人口/总人口	%
人口密度	总人口/区域总面积	人/km^2
建筑区面积占比	建筑面积/区域总面积	%
人均可支配收入	统计数据	元
人均 GDP	总 GDP/总人口	万元/人
第二产业 GDP 占比	第二产业 GDP/总 GDP	%
第三产业 GDP 占比	第三产业 GDP/总 GDP	%

4 实验结果与分析

为了测试本文提出的结合多源数据的管道风险评价方法，本章对上述两种方法进行实验。

4.1 当前在用埋地管道风险评价实验

本文依据上述在用埋地钢管管道的失效可能性评分方法，对苏南管道进行失效可能性评分，苏南管道总长 366km，全线共有输油工艺站场 6 座，分别为南京首站、镇江分输泵站、常州分输站、江阴分输泵站、无锡分输站和苏州末站。本文选取其中南京站至江阴站的管道部分，该段共计 227 公里，

管道分布情况如图 1 所示，管道基本情况如表 2 所示。

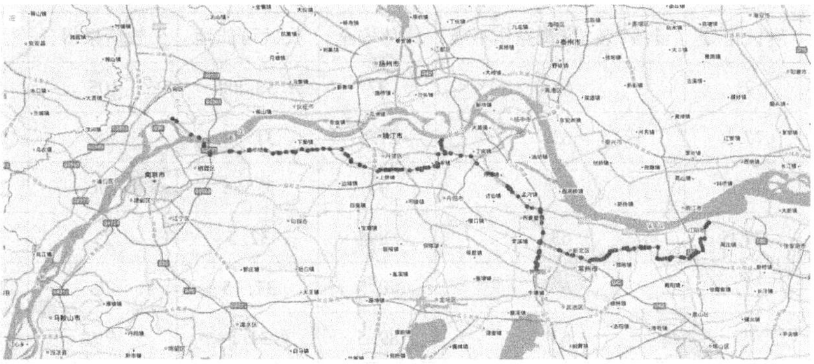

图 1　管道分布情况

表 2　管道基本情况

项目	数值	项目	数值
管道名称	苏南管道	设计压力/MPa	10
起止位置	南京—江阴	操作压力/MPa	7.2
竣工日期	2010	设计温度/℃	常温

续表

项目	数值	项目	数值
管道规格(外径 mm×壁厚 mm)	406.4×7.1/8.7	工作温度/℃	常温
防腐层材料	环氧粉末，3PE	管道材质	L415
管道级别	GA1	工作介质	成品油

依据管道区段划分原则对管道进行区段划分，本次评价以环境状况等对管道区段进行划分。按照上述划分原则，管道划分为 206 段，管道区段划分部分数据如表 3 所示。

表 3 管道区段划分部分数据表

段号	起点	终点	长度/m	性质	周围环境
1	南京罐区内	山脚下	2030	埋地	厂房、民居
2	山脚下	山脚下	570	埋地	山，树林
3	山脚下	长江四桥下	685	埋地	房屋、公路、河流
4	长江四桥下	四桥匝道边	1529	埋地	G312 道路边绿化带
5	四桥匝道边	毕升路边	1629	埋地	新盖大楼边绿化带中
6	毕升路边	科技南路边	1961	埋地	G312 路边绿化带中
7	科技南路边	锦隆花园对面	11071	埋地	房屋、河流，混凝土厂
8	锦隆花园对面	G312 路边	859	埋地	山沟树林中
9	G312 路边	庄稼地中	5257	埋地	村庄
10	庄稼地中	庄稼地中	1470	埋地	庄稼地中
…	…	…	…	…	…

采用基本模型计算南京站至江阴站管道的失效可能性评分，通过现场检测结果及管线相关资料信息手段，计算第三方破坏得分 S_1、腐蚀得分 S_2、设备(装置)及操作不当得分 S_3 和本体安全质量得分 S_4 等四部分，并根据现有的计算得出各区段失效后果的评价结果，计算风险值，划分风险等级，结果数据如表 4 所示。

表 4 管道区段风险评估部分数据表

段号	第三方破坏得分	腐蚀得分	设备(装置)及操作不当	本体安全	失效可能性	失效后果得分	风险值	绝对风险等级
1	43.5	71	63	87	33.88	105	3557.4	低
2	44.5	77.5	63	87.5	31.88	88	2805.44	低
3	39.3	77.5	63	90	32.55	88	2864.4	低
4	40.5	77.5	63	89	32.5	79	2567.5	低
5	41.7	77	63	90.5	31.95	79	2524.05	低
6	44.5	77	63	89.5	31.5	79	2488.5	低
7	34	72	63	89.5	35.38	96	3396.48	低
8	48.6	77.5	63	89.5	30.35	79	2397.65	低
9	44	77.5	63	90	31.38	96	3012.48	低
10	43.5	77.5	63	89	31.75	85	2698.75	低
…	…	…	…	…	…	…	…	…

4.2 结合多源数据的管道风险评价实验

采用结合多源数据的管道风险评价方法对表3中管道区段中位于南京市内的段号1、2的两段管道检测数据进行实验，研究区域管道信息如表5所示，管道分布信息如图2所示。收集查阅管道所在区域南京市的2020年、2019年、2018年三年年鉴统计数据，对其进行归一化处理，采用熵权法计算相关指标权重，失效后果周边环境评分指标体系及权重系数如表6所示。

在原始检测数据的基础上，根据数据比例换算，通过失效后果周边环境评分指标体系补充完善现有的失效后果评分模型，计算得出研究区域的新的失效后果评分，如表7所示。根据表格中计算得到的新的风险值和风险等级划分数据，基于GIS技术对管道的相关属性和风险评估结果专题可视化，对风险评估数据以不同颜色显示，如图3所示。

表5　结合多源数据的管道风险评价方法研究区域管道两段数据表

段号	起点	终点	长度/m	性质	周围环境
1	南京罐区内	山脚下	2030	埋地	厂房、民居
2	山脚下	山脚下	570	埋地	山，树林

图2　结合多源数据的管道风险评价方法研究区域管道分布图

表6　失效后果周边环境评分指标体系及权重系数表

指标名称	计算方法	单位	权重
道路覆盖度	道路总长度/区域总面积	km^{-2}	0.088007578
城镇化率	统计数据	%	0.082059899
GDP增长率	GDP增长量/总GDP	%	0.075036203
人口自然增长率	自然增长人口/总人口	%	0.099018083
人口密度	总人口/区域总面积	人/km^2	0.170415198
建筑区面积占比	建筑面积/区域总面积	%	0.145538448
人均可支配收入	统计数据	元	0.080351271
人均GDP	总GDP/总人口	万元/人	0.085324782
第二产业GDP占比	第二产业GDP/总GDP	%	0.091575557
第三产业GDP占比	第三产业GDP/总GDP	%	0.082672982

表7　管道区段风险评估部分数据表

段号	失效可能性得分	失效后果得分	风险值	新的失效后果得分	新的风险值
1	33.88	105	3557.4	120.44	4080.6072
2	31.88	88	2805.44	103.44	3297.6672

图 3　管道区段风险评估安全数据显示图

4.3　实验分析

通过实验结果对比发现，采用失效后果周边环境评分指标体系完善后的失效后果评分模型计算得到的失效后果得分较之前得分较高，这是因为充分考虑到管道泄漏对自然资源、社会经济及生态环境的影响，同等失效可能性得分的管道在不同的地理环境中失效后果评分应该是不一样，风险值也是不一样的。处于经济建设发达、人口密集的区域，管道泄漏造成的损害更大，所以管道的失效后果得分应该更高，风险值更高，其预警程度更高。我们的实验结果符合预期结果，与实际情况相符。

5　结论及展望

(1)本文针对管道运行环境在地理空间上存在的差异性，充分考虑运行环境的自然资源、社会经济及生态环境等影响因素，结合遥感数据、地理国情数据、社会经济数据等多源数据，提出失效后果周边环境评分指标体系，对现有的失效后果评分模型进行补充和完善，并选取苏南管道部分区域进行实验，实验结果与预期结果相符，具有一定的应用价值，可以在一定程度上为油气管道的风险预警和安全管理提供技术保障。

(2)油气输送管道运行安全受到多方面因素影响，本研究主要从铺设环境的自然资源、社会经济及生态环境因素进行评价，失效后果周边环境评分指标体系的各级指标的权重计算会直接影响评估结果，对于失效后果周边环境评分指标体系的指标和权重制定应进行多组实验工作，不断修正和完善，更真实反映管道风险状况。

参考文献

[1]段然，孙欣，李玲，周欢，蔡锋．油气运输管道环境风险评价——以重庆市某区县为例[J]．环保科技，2019，25(04)：44－48.

[2]李卓，李永树，梁磊．基于多级模糊与 GIS 的天然气管道风险评估[J]．测绘工程，2013，22(01)：78－80＋85.

[3]顾晨晨．某长输管道输油站场安全风险管控研究[D]．中国矿业大学，2021.

[4]王艮龙．浅析油气管道运输安全设计的方法及其重要性[J]．中国石油和化工标准与质量，2013，34(01)：246.

[5]张子涵．“11·22”中石化东黄输油管道泄漏爆炸特别重大事故[J]．现代班组，2020(02)：29.

[6]左延田，汤晓英，俞厚德，杨博．埋地钢质管道风险评估方法在埋地丙烯管道检验中的应用[J]．化工装备技术，2011，32(04)：34－39.

[7]GB/T 27512—2011，埋地钢质管道风险评估方法[S].

[8]李佳．基于 PSR 模型的红塔区资源环境承载力评价研究[D]．云南大学，2017.

[9]卢涛．基于变权 TOPSIS－DPSIR 模型的土地生态安全评价[D]．中国地质大学，2016.

[10]马银戌，许艺凡．基于熵值法的休闲农业发展潜力指标体系构建与赋权——以河北省为例[J]．统计与管理，2018(09)：93－96.

压力管道风险管控和隐患排查双重预防机制的建立

李文君[1]　曾维国[1]　孙文生[2]　何顺安[3]　王立涛[4]

[1. 中国特种设备检测研究院，北京　100013；2. 中特检管道工程(北京)有限公司，北京　100013；
3. 中国石油天然气股份有限公司长庆油田分公司第二采气厂，榆林　719000；
4. 中国石油天然气股份有限公司长庆油田分公司第三输油处，西安　710000]

摘　要：随着石油天然气行业的蓬勃发展，管道以其高效、经济、环保的优势成为了石油天然气主要的输送方式之一。与此同时，压力管道的安全运行与人民的生命财产安全也紧紧联系在了一起，因此加强压力管道安全运行研究显得尤为重要。但现有的安全运行研究方向杂乱分散，大多数研究重心偏移，只一味侧重于风险管控，而忽视了隐患排查的重要性。据此，文章通过对压力管道风险的识别分析，并结合 WSR 方法论提出建立风险管控与隐患排查相结合的预防机制的新思路。

关键词：压力管道；风险管控；隐患排查；预防机制

Establishment of Double Prevention Mechanism of Pressure Pipeline Risk Control and Hidden Danger Investigation

LI Wenjun[1], *Zeng Wei - guo*[1], *Sun Wensheng*[2], *He Shunan*[3], *Wang Litao*[4]

(1. China Special Equipment Inspection And Research Institute, Beijing 100013, China;
2. China Special Inspection Pipeline Engineering (Beijing) Co., Ltd, Beijing 100013, China;
3. The second gas production plant of Changqing Oilfield Company of petrochina Co. LTD, Yulin 719000, China;
4. The Third Oil Transportation Office of PetroChina Changqing Oilfield Company, Xi'an 710000, China)

Abstract: With The Rapid Development of oil And Natural Gas Industry, Pipeline Has Become One of The Main Transportation Methods of oil And Natural Gas Due To Its Advantages of High Efficiency, Economy And Environmental Protection. At The Same Time, The Safe Operation of Pressure Pipeline Is Closely Related To The Safety of People's Life And Property, So It Is Particularly Important To Strengthen The Research on The Safe Operation of Pressure Pipeline. However, The Existing Research Directions of Safe Operation Are Scattered And Disorganized. Most of The Research Focuses on Risk Management And Control, But Ignores The Importance of Hidden Danger Screening. Accordingly, Through The Identification And Analysis of Pressure Pipeline Risks, And Combined With WSR Methodology, This Paper Puts Forward A New Idea of Establishing A Prevention Mechanism Combining Risk Management And Control With Hidden Danger Screening.

Key words: Pressure Pipeline; Risk Management And Control; Hidden Danger Investigation; Prevention Mechanisms;

1　建立风险管控和隐患排查双重预防机制的必要性

自天津港“8·12”危险品仓库特别重大火灾爆炸事故发生后，相关部门意识到传统的安全监管形式和事故防范措施并不能有效遏制安全事故的发生，国务院安委办于次年印发了《关于实施遏制重特大事故工作指南构建安全风险分级管控和隐患排查治理双重预防机制的意见》，双重预防机制可归纳为“管风险”与“治隐患”两方面内容[1]，首先是以安全风险辨识和管控为基础，从

作者简介：李文君(1994—　)，硕士研究生，主要从事压力管道检测工作。E - mail：245548048@qq.com

源头上系统辨识并管控风险，把风险控制在可接受范围之内，其次是通过隐患排查治理的方法，对风险管控过程中可能出现的隐患进行排查并有效治理。风险管控和隐患排查是相辅相成的，风险管控如“被动防守”，针对所识别出的风险，建立有效的管控机制，但任何机制都不可能百分之百有效防止安全事故的发生，而隐患排查则如“主动出击”，隐患是风险管控失效的结果，也是事故发生的原因[2,3]，对假想中风险管控失效所造成的隐患一一排查，同时在排查中识别新的风险，建立新的风险管控机制，从而使双重预防机制更加完善，将管道安全风险消灭在萌芽之中。

2 压力管道风险管控措施建立

2.1 风险管控措施建立难点

风险管控措施建立的第一步就是进行风险识别，如何确保以压力管道安全运行为目的风险识别做到尽可能完善，这是风险识别的最大难题，因为不能识别的风险，本身就会成为隐患，如若在隐患排查中也未察觉到此风险，则会产生一种事故发生的可能性，它会潜伏在管道安全运行的假象之下随时爆发。因此风险管控措施建立的方法就是不断识别新的风险，并建立行之有效的管控措施。

2.2 风险管控措施建立思路

在进行风险识别之前，首先要确定风险分析的思路，目前大多数文章中没有系统的分析思路，仅仅通过结合以往类似项目的管理经验，选用检查表法、头脑风暴等方法进行风险识别[4]，虽然提出了很多切实可行的风险管控措施，但无法将其系统化、完整化，使得风险管控措施的完整建立存在很大的难度。因此引入一些系统分析理论与风险识别相结合，对风险识别的系统化、完整化建立是十分必要的。柳长森、郭建华等人基于 WSR 方法论的企业安全风险管控模式研究为系统分析理论与风险识别相结合提供了范本[5~6]。WSR 方法论是 1995 年，顾基发先生与朱志昌博士提出的“物理 - 事理 - 人理方法论”(Wuli - Shili - Renli，简称 WSR 方法论)[7~9]，虽然理论提出的时间较早，但因其分析问题的系统性与科学性，且具有东方文化特色，因此在解决复杂问题的分析中具有很大的优势。物理指安全运行过程中涉及到的物质运动机理，事理指安全运行过程涉及到的安全机制运行机理，人理指人在安全运行过程中的决策与行为机理。

2.3 压力管道风险管控措施建立

压力管道安全生产过程中，系统问题无疑都会涉及到物理、事理、人理这三个方面，因此以 WSR 方法论为基础的压力管道风险管控措施是较为系统和完整的。

2.3.1 物理风险识别与管控措施

压力管道的物理风险主与四类因素有关，即生产设备因素、生产环境因素、安全设施因素、与管道固有危险源因素，它们之间共同的特点就是此类风险存在于压力管道的全生命周期，从管线的制造安装，到管线的安全生产运行中所存在的所有风险均归于此类。因生产设备因素所产生的主要风险有管道制造安装过程中的风险、管道运行过程中的风险、管道老化所带来的风险、管道修理改造过程中的风险，因生产环境因素所产生的主要风险包含埋地管道存在的风险、穿跨越管道存在的风险、露管存在的风险等等，因安全设施因素所产生的主要风险有安全附件的非规范使用风险、安全装置的失效风险，因管道固有危险源所产生的主要风险有管道介质物性、管道运行压力、温度等风险。物理风险对应的风险管控措施也较为健全，制造安装过程中的监督检验、压力管道安全运行的指导手则、压力管道的定期检验、年度检查、安全附件的检查校验、介质物性的定期化验分析等均为有效的管控措施。

2.3.2 事理风险识别与管控措施

压力管道的事理风险主要与三个因素有关，即法律体系建设因素、安全教育培训因素、与应急管理因素。它们之间的共同特点是都属于第三方介入的安全运行机制。法律体系的建设本身会存在风险，同时法律体系的适用性、普遍性、可操作性等也会给管道的安全生产带来一定的风险，压力管道法律体系的建设对管道安全生产的重要性不言而喻，因此每一项法律法规的完成都需要数年实践的印证与数十次的修订，这也相当于一种法律法规风险管控措施。如今相当多单位的安全教育培训与应急管理流于形势，并无什么实质性的内容，因此建立切实可行的安全教育培训机制与应急管理体系是减少此类风险的重要措施。

2.3.3 人理风险识别与管控措施

压力管道的人理风险主要与管理人员因素、作业人员因素、外部人员因素有关。它们之间的共同点是都属于个人在安全运行中的决策与行为所导致的安全风险。管理人员的决策最优与否，作业人员与外部人员的行为规范与否，都会给安全运行带来风险。人理风险对应的风险管控措施也较为全面，几乎每个作业单位都会有针对不同人员的指导守则与管理规范，来将风险控制在合理范围内。

3 风险管控与隐患排查的结合思路

如今大多数的研究都将风险管控与隐患排查

作为独立的部分去分析，实则它们之间有密不可分的关系，风险管控、隐患排查、与事故发生之间的关系如图1所示。

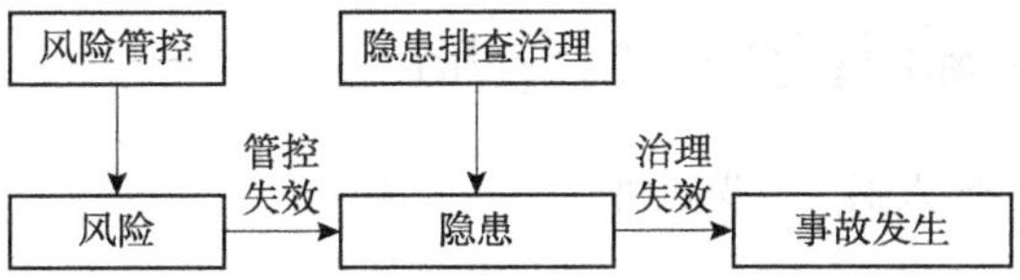

图1　风险管控、隐患排查、与事故发生之间的关系

因此将风险管控与隐患排查任何一部分单独做研究，都会使管道安全事故预防机制的闭环形成缺失，只有将风险管控与隐患排查相结合，对每一项风险管控措施，建立相对应的隐患排查机制，才能保证尽可能减少事故发生的可能性。表1为在宏观层面风险管控措施与隐患排查双重防御机制建立方案。

表1　风险管控措施与隐患排查

影响因素	存在风险	管控措施	隐患排查
生产设备	管道制造安装、运行、老化、修理改造	监督检验、定期检验、年度检查	是否有检验报告
生产环境	管线埋地、穿跨越、裸露	定期检验、年度检查	是否有检验报告
安全设施	安全附件缺失、失效	定期检验、年度检查	是否有检验报告
固有危险源	介质物性、运行压力、温度	介质物性化验	物性参数是否正常
法律体系建设	法律体系局限性、适用性、可操作性	法律体系的修订	法律体系版本是否过老、适用性较差
安全教育培训	流于形势	建立安全教育培训规范	培训规范是否按要求落实
应急组织与响应	流于形势	建立应急组织与响应规范	应急组织与响应规范是否按要求落实
管理人员因素	非最优决策	建立管理人员指导守则	是否遵守指导守则
作业人员因素	操作行为不规范	建立作业人员行为规范守则	是否遵守规范守则
外部人员因素	操作行为不规范	建立外来人员行为规范守则	是否遵守规范守则

4　结论与展望

压力管道风险管控和隐患排查双重预防机制建立，能有效降低安全事故发生的概率，但防御机制的建立不能只停留在宏观层面，而更应该向下挖掘，不同类型的压力管道所存在的风险是不相同的，所对应的风险管控体系与隐患排查机制也应该是不同的。在分析过程中应该具体问题具体对待，例如长输管道、城镇燃气管道、工业管道虽然都属于压力管道，但它们有各自的特点，长输管道多为埋地，穿跨越的地形较为复杂，所处的环境恶劣，但有较多管线处于人迹罕至的地带，而城镇燃气管道更多地处于繁华地带，工业管道则有着复杂的工况，因此它们之间风险管控的措施与隐患排查机制需要有不同的侧重点，本文只提供了一种压力管道风险管控和隐患排查双重预防机制建立思路，通过系统分析理论结合风险识别，建立风险管控措施，通过对风险管控措施失效的假设，建立隐患排查机制，从而达到压力管道的双重预防机制建立，为压力管道的安全运行保驾护航。

参考文献

[1]李孜．深圳市中压燃气管道双重预防机制研究[D]．深圳大学，2020

[2]陈世友．承压类特种设备建立双重预防机制促进安全使用管理[J]．化学工程与装备，2020(09)：173－174.

[3]张景飞，马亭亭，梁天水．油气管道高后果区双重预防系统应用研究[J]．现代电子技术，2022，45(08)：69－74.

[4]狄彦．在役管道完整性管理研究[D]．北京：中国石油大学(北京)，2016.

[5]柳长森，郭建华，金浩，陈健．基于WSR方法论的企业安全风险管控模式研究——“11·22”中石化管道泄漏爆炸事故案例分析[J]．管理评论，2017，29(01)：265－272.

[6]严复海，党星，颜文虎．风险管理发展历程和趋势综述[J]．管理现代化，2007，(2)：30－33

[7]顾基发，唐锡晋．物理—事理—人理系统方法论理论与应用[M]．上海：上海科技教育出版社，2006

[8]顾基发．物理事理人理系统方法论的实践[J]．管理学报，2011，8(3)：317－322

[9]顾基发，唐锡晋，朱正祥．物理—事理—人理系统方法论综述[J]．交通运输系统工程与信息，2007，7(6)：51－60

基于检验的长周期服役长输管道运行策略

韩 彬[1] 张 飞[2] 张志锋[2] 刘海朝[1] 祝兴辉[3] 罗燕龙[1] 孟 涛[1]

(1. 中国特种设备检测研究院，北京 100029；2. 中国石油化工股份有限公司茂名分公司，广东 茂名 525000；
3. 中特检管道工程(北京)有限公司，北京 100013)

摘 要：管道安全是影响国民经济发展的重要因素，长周期服役油气管道的安全更是各级政府和企业重点关注的对象。本文通过对华南某条服役超过40年管道进行外检测、内检测和理化性能检测，提供了一个保障长周期服役管道安全运行的方案。

关键词：内检测；外检测；理化性能；长周期服役

Operation Strategy of Long-term service for Long-distance Pipeline based on Inspection

Han Bin[1], *Zhang Fei*[2], *Zhang Zhifeng*[2], *Liu Haochao*[1], *Zhu Xinhui*[2], *Luo Yanlong*[1], *Meng Tao*[1]

(1. China special equipment inspection&research institute, Beijing 100029, China;
2. Sinopec Maoming Petrochemical Company, Guangdong Maoming 525000, China;
3. China special inspection Pipeline Engineering(Beijing)Co., Ltd, Beijing 100013, China)

Abstract: Pipeline safety is an important factor affecting the development of national economy, and the safety of oil and gas pipelines in long-term service is the focus of governments and enterprises. This paper provides a scheme to ensure the safe operation of Long-term service pipeline through external inspection, in-line inspection and physical and chemical performance tests of pipeline in service for more than 40 years in South China.

Key words: in-line inspection; external inspection; physical and chemical performance; long-term service

1 前言

随着我国经济的快速发展，对油气资源的需求量越来越大，管道作为油气资源输送的主要工具，总里程[1-2]已达到13.6×10^{4}km。新疆雅克拉气田集输管道2005年投产至2009年5月，发生腐蚀穿孔28次[3]。青岛11·22事故更是造成了巨大的经济损失和人员伤亡，如何保障管道安全，成为政府及油气管道企业关注的重要问题。特别是长周期服役的管道，更是重点关注的对象。本文通过以华南某条长周期服役管道的检测和理化性能测试数据为例，提供了一个保障长周期服役管道安全运行的方案。

2 管道概况

管线投产于1980年，管线输送介质为原油，全长5km，管道规格为529×7mm，最大运行压力1.0MPa，螺旋缝钢管，其材质为16Mn，绝缘防腐采用沥青玻璃布。

3 管道检测

3.1 管道外检测

检验单位按照TSG D7003《压力管道定期检验规则—长输(油气)管道》[4]对管道进行了外检测。全线检测发现防腐层破损点5个，阴保1处结果不合格(全线4处测试桩)。腐蚀环境调查中共进行4处土壤腐蚀性检测(2处强，1处中，1处弱)，杂散电流检测共检测4处(4处干扰弱)。

作者简介：韩彬(1986—)，硕士研究生，主要从事管道检验与评价相关工作。

对管道全线进行了高后果区识别和风险评估。

3.2 管道内检测

漏磁金属损失内检测共检出 886 个管体金属损失缺陷，其中最大金属损失深度达到了管道公称壁厚的 85.7%（已经维修）。

图 1 是管道金属损失分布平面图。

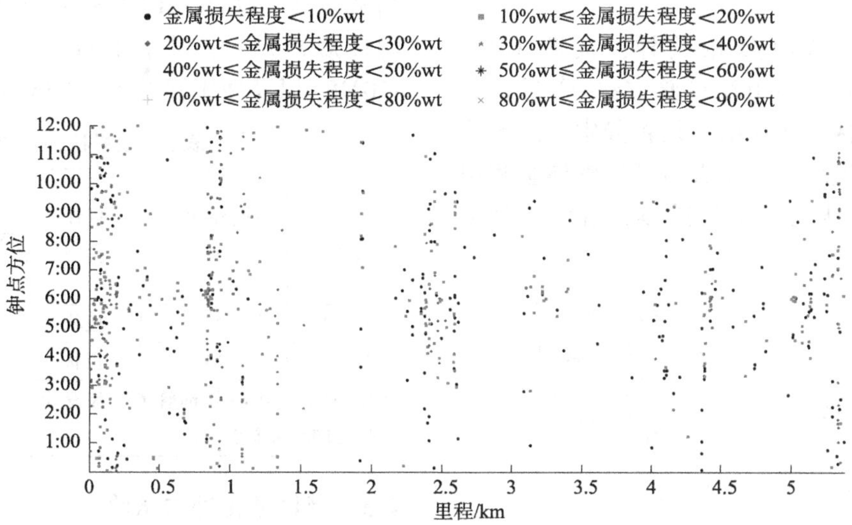

图 1　管道金属损失分布平面图

图 2 是不同程度的管道金属损失数量统计图。

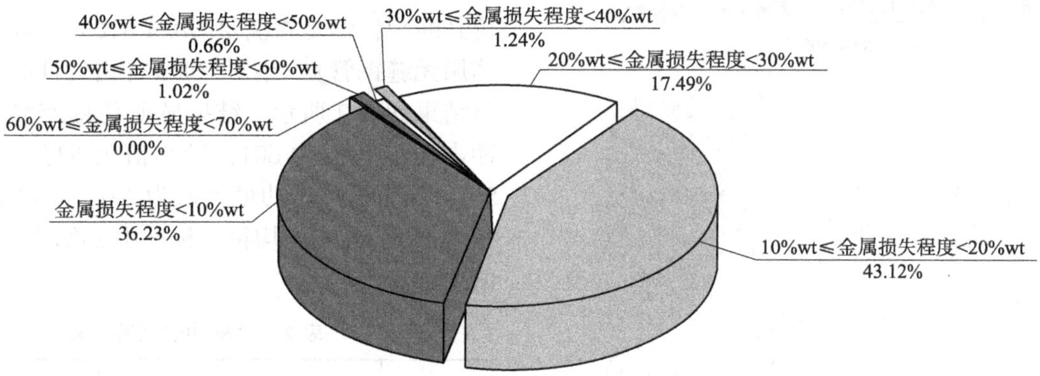

图 2　不同程度的管道金属损失数量统计图

图 3 是管道金属损失 ERF 曲线图。

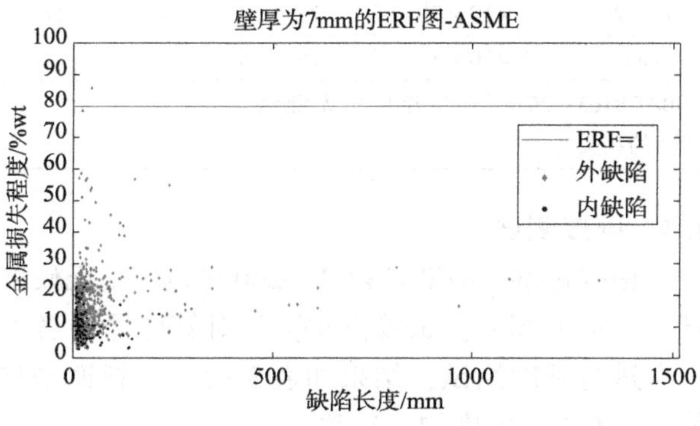

图 3　管道金属损失 ERF 曲线图

图 4 是管道金属损失压力图。

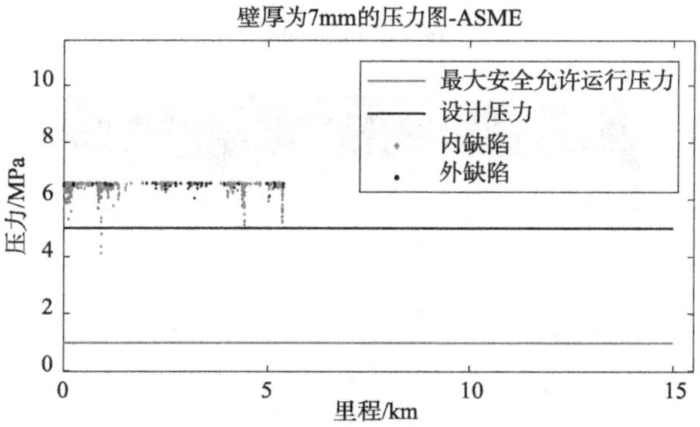

图 4　管道金属损失压力图

3.3 管道检测结论

管道外检测后进行了管道腐蚀防护系统的综合评级为 2 级，管道内检测所有金属损失点的剩余强度都大于最大操作压力。建议尽快进行第二轮内检测，全面掌握管道的腐蚀速率。通过对管道进行合于使用评价后，管道可以安全运行至下一个检验周期(3 年)。

4 管道理化性能试验

4.1 金相试验

制备管体横截面金相试样，按照 GB/T 13298—2015《金属显微组织检验方法》[5]进行试验，观察管体母材的微观组织是否异常。图 5 为管道的管体金相组织，可以看出管道管体金相组织均为铁素体 + 珠光体 + 贝氏体，组织均匀无异常。

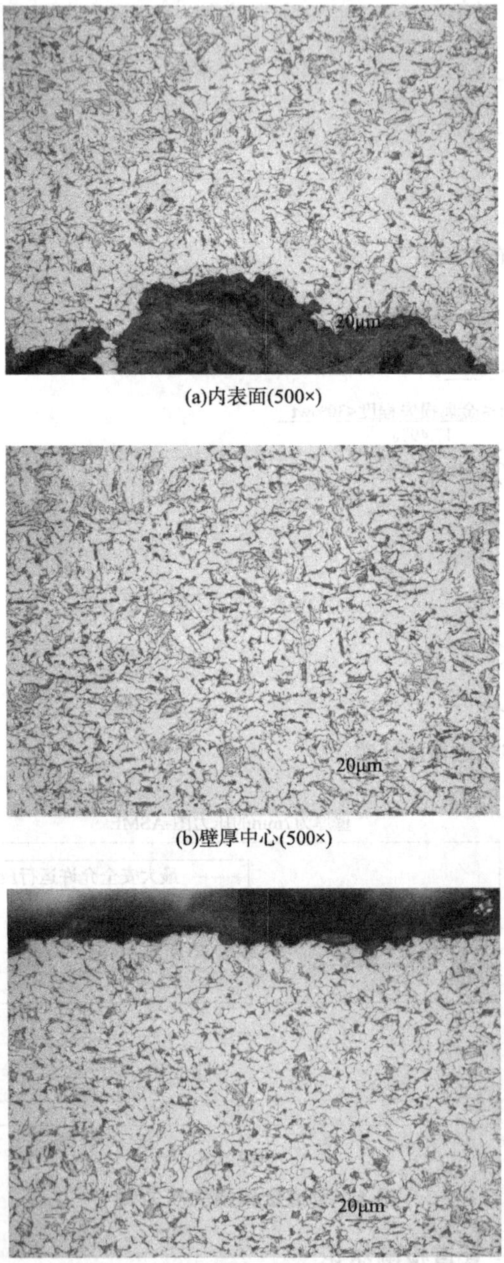

图 5 管道管体母材金相组织

4.2 管体拉伸试验

制备板状拉伸试样，按照 GB/T 228.1—2010《金属材料 拉伸试验 第 1 部分：室温试验方法》[6]进行拉伸试验，室温拉伸试验结果见表 1，测试结果均符合 GB 50253—2014《输油管道工程设计规范》[7]中对于 16Mn 抗拉强度大于等于 470MPa 以及屈服强度大于 345MPa 的要求。

表 1 试样拉伸结果

管道编号	试验温度/℃	试样类型	试验结果	
			屈服强度/MPa	抗拉强度/MPa
1# - 1	25	板状	367	566
1# - 2	25	板状	370	574
GB 50253—2014《输油管道工程设计规范》的相关要求			≥345	≥470

4.3 管体夏比冲击试验

制备标准 5 × 10 × 55mm 冲击试样，按照 GB/T 229—2007《金属材料 夏比摆锤冲击试验方法》[8]进行室温冲击功测试，每个管段测试三次，以评价其断裂韧性是否满足 GB/T 8163—2018《输送流体用无缝钢管》[9]中对 16Mn 冲击韧性的要求，试验结果如表 2 所示。结果显示室温 25℃下，管道冲击功最大值为 60J，最小值为 53J，平均值为 56J；2#管道冲击功最大值为 35J，最小值为 34J，平均值为 34.3J，均符合标准中 25℃大于等于 34J 的要求。

表 2 试样冲击试验结果

试样编号	试样尺寸/mm	试验温度/℃	冲击功 K_{V2}/J	平均值 K_{V2}/J
1# - 1	5 × 10 × 55	25	55	56
1# - 2	5 × 10 × 55	25	60	
1#3	5 × 10 × 55	25	53	
GB/T 8163—2018《输送流体用无缝钢管》的相关要求			≥34	

4.4 硬度测试

根据标准 GB/T 4340.1—2009《金属维氏硬度试验 第 1 部分：试验方法》[10]对管体母材各取三点进行硬度测试，结果如表 3 所示，管道平均值为 160.3，硬度均无异常。

表 3 硬度试验结果 %

试样编号	硬度值(HV10)			
	测点 1	测点 2	测点 3	平均值
1	159	162	160	160.3

4.5 化学成分分析

按照 GB/T 4336—2016《碳素钢和中低合金钢多元素含量的测定 火花放电原子发射光谱法》[11]（常规法）对管道的母材分别进行化学成分分析，结果如表 4 所示。对照 GB/T 8163—2018《输送流体用无缝钢管》中对 16Mn 化学成分的要求，各元素含量均符合要求。

表 4　化学成分分析结果

编号	尺寸	材质	C	Si	Mn	Cr	Mo	P	S	V	Nb	Cu	Ni
1	50×50×壁厚	16Mn	0.126	0.289	1.416	0.018	0.021	0.0184	0.0123	0.036	0.003	0.021	0.036

4.6 结论

管道理化性能均符合相关标准要求，没有发现明显的材质劣化现象。

5 结论

长输管道长周期运行阶段，在对管道按照标准要求进行相应的检测后，建议对管道的理化性能进行测试，了解管道的材质裂化情况。

本文通过以华南某条长周期服役管道的外检测、内检测和理化性能检测为例，提供了一个保障长周期服役管道安全运行的方案。

参考文献

[1]董绍华．中国油气管道完整性管理 20 年回顾与发展建议．油气储运，2020，39(3)：241－261.

[2]周利剑，李振宇．管道完整性数据技术发展现状与展望．油气储运，2016，35(7)：691－697.

[3]叶帆，高秋英．凝析气田单井集输管道内腐蚀特征及防腐技术．天然气工业，2010，30(4)：96－101.

[4]TSG D7003—2010，压力管道定期检验规则—长输（油气）管道[S].

[5]GB/T 13298—2015，金属显微组织检验方法[S].

[6]GB/T 228.1—2010，金属材料 拉伸试验　第 1 部分：室温试验方法[S].

[7]GB 50253—2014，输油管道工程设计规范[S].

[8]GB/T 229—2007，金属材料 夏比摆锤冲击试验方法[S].

[9]GB/T 8163—2018，输送流体用无缝钢管[S].

[10]GB/T 4340.1—2009，金属维氏硬度试验　第 1 部分：试验方法[S].

[11]GB/T 4336—2016，碳素钢和中低合金钢多元素含量的测定 火花放电原子发射光谱法[S].

地层错动作用下埋地聚乙烯管道的破坏特征研究

杨 洪[1] 燕集中[2] 沈利民[1,3] 周 云[1] 杨建国[3]

(1. 中国矿业大学化工学院，江苏 徐州 221116；
2. 江苏省特种设备安全监督检验研究院国家压力管道元件质量监督检验中心，江苏 南京 200000；
3. 国家煤加工与洁净化工程技术研究中心，江苏 徐州 221116)

摘 要：埋地聚乙烯燃气管道难免经过地层错动区域，这给管道的正常服役带来严重挑战。为研究管道的破坏情况，考虑管道和土体的相互作用，使用 Abaqus 有限元分析软件建立了在地层错动作用下的数值模拟计算模型，分别讨论了在地层错动深度、管道内压、管道埋深等参数影响下管道的应力变化特征。结果显示：管道最大应力和变形集中在地层错动过渡段附近，管道受地层错动深度影响较大；随着地层错动深度增加，管道最大 Mises 应力不断增加，管道发生"S"形弯曲变形加剧；内压对管道应力具有一定影响，其最大 Mises 应力随内压的增大而增大，但增幅不大；埋深对管道应力影响较小。

关键词：地层错动；埋地；聚乙烯管；数值模拟；管道破坏

The Study on the Failure Characteristics of Buried Polyethylene Pipeline Under the Action of Stratum Dislocation

Yang Hong[1], *Yan Jizhong*[2], *Shen Limin*[1,3], *Zhou Yun*[1], *Yang Jianguo*[3]

(1. School of Chemical Engineering, China University of Mining and Technology, Xuzhou 221116, Jiangsu, China;
2. National Pressure Pipeline Component Quality Supervision and Inspection Center of Jiangsu Special Equipment Safety Supervision and Inspection Institute, Nanjing 200000, Jiangsu, China;
3. National Coal Processing and Cleaning Engineering Technology Research Center, Xuzhou 221116, Jiangsu, China)

Abstract: The buried polyethylene gas pipeline inevitably passes through the stratum dislocation area, which brings serious challenges to the normal service of the pipeline. In order to study the damage of the pipeline and consider the interaction between the pipeline and the soil, the Abaqus finite element analysis software was used to establish a numerical simulation calculation model under the action of the stratum dislocation, and the characteristics of the stress changes of the pipeline under the influence of the stratum dislocation depth, the internal pressure of the pipeline, the buried depth of the pipeline and other parameters were discussed respectively. The results show that the maximum stress and deformation of the pipeline are concentrated near the transition section of stratum dislocation, and the pipeline is greatly affected by the depth of stratum dislocation. The maximum Mises stress of the pipeline increases with the increase of the dislocation depth of the stratum, and the "S" shaped bending deformation of the pipeline intensifies. The maximum Mises stress increases with the increase of internal pressure, but the increase is not large; Burial depth has little effect on pipeline stress.

Key words: stratum dislocation; buried; polyethylene pipe; numerical simulation; pipeline damage

1 引言

埋地聚乙烯管道凭借其优良的特性(如良好的耐腐蚀性、抗变形能力、使用寿命长、成本低等)现已被广泛应用于燃气输送、给排水等领域[1]。然

作者简介：杨洪(1996—)，贵州遵义人，硕士，研究方向为特种设备安全管理与失效分析。E－mail：yhong0728@163. com

而我国地域辽阔、地形复杂，是一个活动断层分布较广的国家，由于构造地震引起的地层错动不乏少数；此外，随着国家建设的大力发展，地下空间不断地被开挖，都会引起周围地层的上下位移。而埋地聚乙烯管道的铺设难免会途径这些区域，一旦发生地层错动，很可能造成管道弯曲变形，甚至出现断裂破坏，进一步造成管道泄漏引发火灾、爆炸等事故，这就不仅给管道的正常运输造成严重影响，而且对社会带来不良反响。

针对于此，国内外学者展开了地层位移对埋地管道影响的相关研究。王子等[2]使用 FLAC3D 有限差分软件对地层沉陷作用下埋地钢制管道的力学响应进行了数值模拟，并分析了沉陷区参数以及土体参数等管道受力变形的影响。冯启民等[3]考虑管道与周围土体的相互作用，将管道和土体分别简化为壳单元和弹塑性弹簧以此建立数值分析模型，分析了管土材料非线性、管道尺寸参数、断层类型等因素对管道的影响。殷鹰[4]等通过数值模拟研究了地质沉降过程中不同沉降阶段和不同沉降坡度下 PE 管的应力应变响应情况。罗利[5]等人通过数值模拟研究了地基沉陷过程中 PE 管破坏失效的变化规律，结果得出危险管段处于沉陷区与非沉陷区过渡位置，聚乙烯管最大 Mises 应力随地面沉降深度的增大而变大。O'Rourke 等[6]通过对埋地管道覆土层进行施压，造成地面永久变形，分析了压力对埋地管道的影响。Rahimi M[7]等人讨论了土层加筋作用在地表发生沉陷和隆起时对管道的影响。结果得出，对土层进行加筋后能够有效增强管道的承载能力，相比没有作加筋的土层管道能够承受的最大应力增加大约 1.1～1.25 倍。Yun mook Lim 等[8]对遭受不同永久地面变形情况下的埋地管线采用土弹簧模型进行了研究，分析了管线长度、管道敷设场地变形模式、管壁厚度以及管径大小等因素对埋地管线变形的影响。Cocchetti 等[9]基于壳模型研究了断层错动下埋地管道的响应，使用大、小位移法，排除穿越角为直角的情况下得出的研究结果相差不大。

对于地面变形对埋地管道的影响，目前取得了一定进展，但大多研究对象为钢制管道，且对地层错动下埋地聚乙烯管道的研究还不够充分。因此，本研究通过 Abaqus 有限元分析软件，考虑管土相互作用建立地层错动作用下管土非线性接触分析模型，并将模型分为上下两盘，通过固定下盘底部，在上盘底部施加竖直向上的位移载荷以实现两盘相互移动，以此模拟地层错动。最后分析了管道在地层错动深度、管道内压、管道埋深等参数影响下的力学变化特征，以期为埋地聚乙烯管道的敷设和正常运行提供理论参考。

2　数值计算模型建立

2.1　PE 管本构模型

由于聚乙烯属于黏弹性材料，其应力应变关系不再是线性关系，且有较强的率相关性[10]，因此需对管材进行拉伸试验并通过本构模型拟合获得其真实应力 - 应变曲线。本文埋地聚乙烯管材类型选取 PE80 级管材，公称壁厚 $\delta = 10$mm，公称外径 $DN = 110$mm，标准尺寸比 $SDR = 11$，PE 管本构模型选取 Suleiman[11]双曲线模型，如式(1)所示。

$$\sigma = \frac{\varepsilon}{a + b\varepsilon} \tag{1}$$

式中　σ——真实应力；

ε——真实应变；

a 和 b——与拉伸应变率相关的参数，由真实应力 - 应变曲线拟合得出。

认为地层错动过程为准静态过程，取准静态加载速率 0.6×10^{-5}/s 作为 PE 管应变率，按照规范 GB/T 8804.3—2003《热塑性塑料管材拉伸性能测定　第 3 部分：聚烯烃管道》[12]制备试样并在 UTM - 1452 型万能试验机上进行应变率为 0.6×10^{-5}/s 的拉伸试验，拉伸到工程应变 0.2 左右，由上述模型经拟合得到此应变率下 PE 管的真实应力应变曲线，如图 1 所示。管材参数及本构模型如表 1 和式(2)所示。

$$\sigma = \frac{\varepsilon}{0.000950 + 0.0585\varepsilon} \tag{2}$$

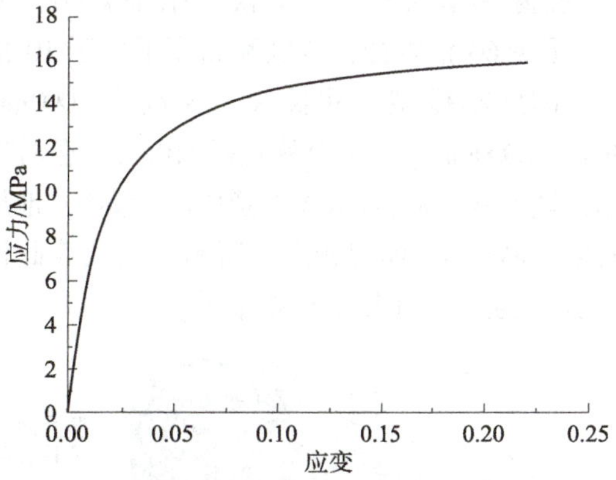

图 1　PE80 管材的真实应力 - 应变曲线

表 1　PE80 管材料参数

材料名称	泊松比	密度/(kg·m^{-3})	初始弹性模量/MPa	屈服应力 σ_y/MPa
PE80	0.45	951	1052.6	14.7

2.2　土体模型及参数

Drucker – Prager 模型是一个与压力有关的模型，用来确定材料是否发生了塑性变形屈服或失效，能够很好地描述土壤的塑性变形，现已广泛应用于岩石、混凝土、聚合物、泡沫和其他与压力有关的材料。本文错动地层土体模型选取 Drucker – Prager 模型[13]，参数如表 2、表 3 所示。

表 2　土体(D – P)模型参数

土体密度/(kg · m^{-3})	黏聚力 c/kPa	土体弹性量模 E/kPa	泊松比	摩擦角 β/(°)	流应力比 k	剪胀角 Ψ/(°)	管土摩擦系数
1867.3	29.3	20000	0.4	28.7	1	0	0.4

表 3　土体(D – P)模型的硬化参数

$\sigma_1 - \sigma_3$/kPa	ε_p
170.1	0
649.9	0.035
740.3	0.050
801.4	0.073
848.0	0.091

注：σ_1、σ_2、σ_3——X、Y、Z 三向主应力；ε_p——塑性应变。

2.3　数值模型建立

2.3.1　基本假设

为便于数值建模计算，本研究工作进行了如下假设：①排除管线中接头及附属管件影响，且 PE 管为黏弹性的各向同性材料；②管土接触为非线性有限滑移，管材发生的大变形为非线性几何变形；③土体为各向同性的连续均匀的 Drucker – Prager(D – P)材料，且土体模型的尺寸非常大，足以模拟半无限土体的长度和宽度；④认为地层错动过程为准静态过程，此过程中 PE 管应变率保持不变。

2.3.2　几何模型

为排除模型尺寸过小对模拟结果影响，模型长度取至少 60 倍管径，宽度和高度不少于 10 倍管径[14]。因此本模型尺寸长 × 宽 × 高为 7000mm × 2000mm × 2000mm；管道公称直径 110mm，公称壁厚 10mm，埋深 900mm(地表至管道中心距离)，地层错动过渡区 400mm，模型如图 2 所示。经试算此模型尺寸已经足够大，不影响分析结果。

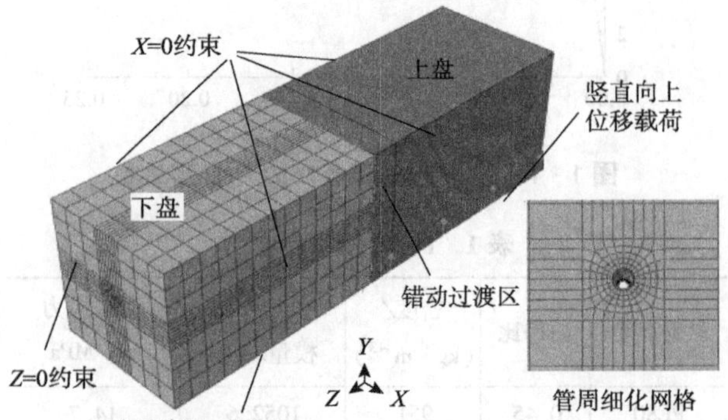

图 2　有限元分析模型

2.3.3　边界条件

本模型边界条件按以下 3 个分析步进行设置：

(1)初始分析步：设置模型边界条件，下盘底部与基岩接触固定不动，设置全约束 X、Y、$Z=0$；下盘前侧面设置 $Z=0$ 约束，上盘由于错动后侧面自由无约束；上下两盘左右两侧面设置 $X=0$ 约束；设置管 – 土面 – 面接触对，摩擦因数 0.4，硬接触；

(2)接触分析步：建立管土接触，整个模型施加 9800N 重力，管内压 0.4MPa；

(3)载荷分析步：对模型上盘底部施加竖直向上的位移载荷，模拟地层垂直相互错动。

2.3.4　网格验证

网格划分对于有限元分析过程十分重，对重点部位需进行网格细化。一般网格划分越细，收敛计算越容易，计算结果就越精确。但当网格密度达到一定程度时，再提高网格密度对于提升结果的精确性不但不明显，而且更占用计算机内存资源，时间消耗更大。因此有必要对网格进行无关性验证。以地层错动位移 100mm 为例进行验证，如图 3 所示，可知当网格单元数量大于 13752 时，最大 Mises 应力数值几乎不再变化，因此选取此时的网格尺寸进行数值模拟既可以满足精度要求，同时也可降低计算代价。本模型网格单元数量 13840 个，单元类型 C3D8R。

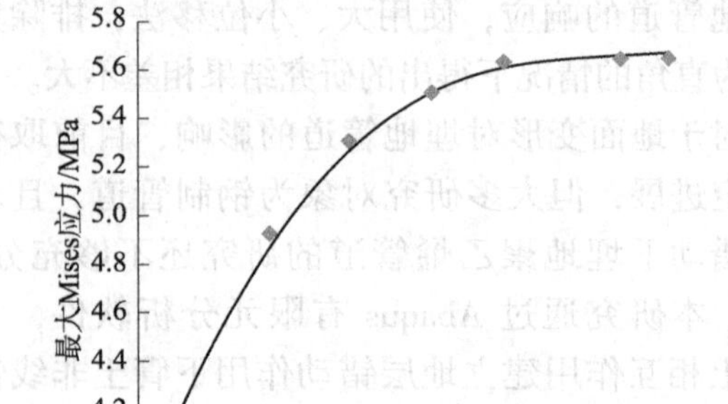

图 3　不同单元数量下管道最大 Mises 应力的变化

3　结果与讨论

3.1　数值模拟结果

如图4所示为地层错动位移400mm时管道的应力云图，从图中可以看出，管道最大Mises应力为10.23MPa，管道两端应力较小，中间段出现应力集中。结合图5管道和土体的变形图可知，在右边地层向上错动作用下，右边土体向上移动，推动右边管道整体向上产生位移，而左边管道由于模型底部固定未发生移动，最终导致管道在地层错动过渡段附近出现“S”形弯曲变形，产生应力集中。管道最大Mises应力虽未达到管道屈服应力14.7MPa，但管道若长时间处于较大应力状态下，随着时间的推移管道承载能力将发生下降最终导致失效，因此中间段管道较为危险。由此可见，地层错动作用下应重点关注管道在错动过渡段附近的应力变化情况。为分析不同参数对管道力学破坏程度的影响大小，展开以下讨论。

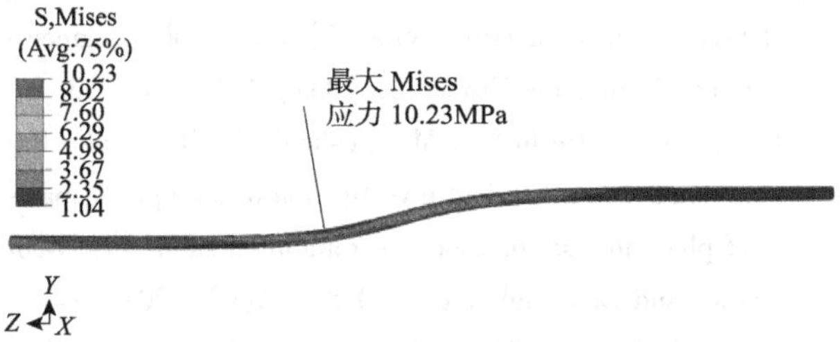

图4　管道应力云图

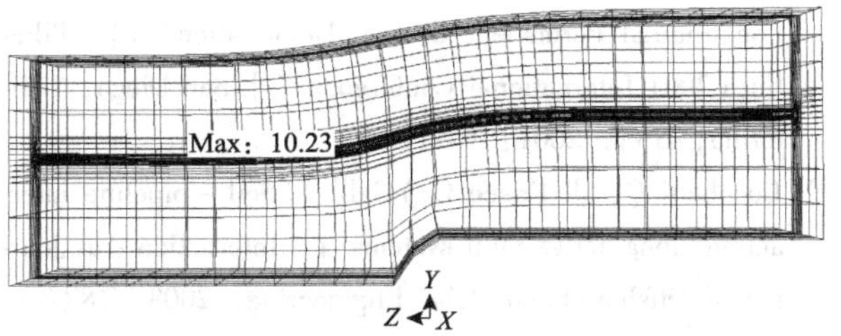

图5　管道、土体变形图

3.2　不同影响参数讨论

3.2.1　地层错动深度

地层错动作为造成管道破坏的重要载荷，其错动深度是影响管道破坏程度的最关键因素，因此很有必要讨论其对管道变形和应力的影响。为此，以管道埋深900mm，内压0.4MPa为例进行分析。如图6所示为管道最大Mises应力随地层不同错动深度的变化情况。

由图可知，管道最大Mises应力随地层错动深度的增大而增大，在错动深度为700mm时，最大Mises应力达到14.85MPa，已超过屈服应力14.7MPa，表明管道已发生屈服，故地层错动深度700mm可作为判断管道在此条件下是否屈服的一个临界值。随着地层错动深度的增加，管道的“S”形弯曲变形也在不断加剧，如图7所示。在错动深度为700mm时管道发生弯曲最严重，由于剧烈的弯曲导致管道在两个弯曲部位受到弯曲拉伸作用增强，以致弯曲处应力增加超过屈服应力，最终导致管道屈服失效。在地层向上错动的过程中，管道和地表也在上升。错动深度为700mm时管道最大上移高度为721.53mm，地表为725.89mm。由于实际地层错动事故中往往地层错动深度和管道位移难以测量，因此可将地表位移作为判断管道在此种工况下是否失效的一个参考评判依据。

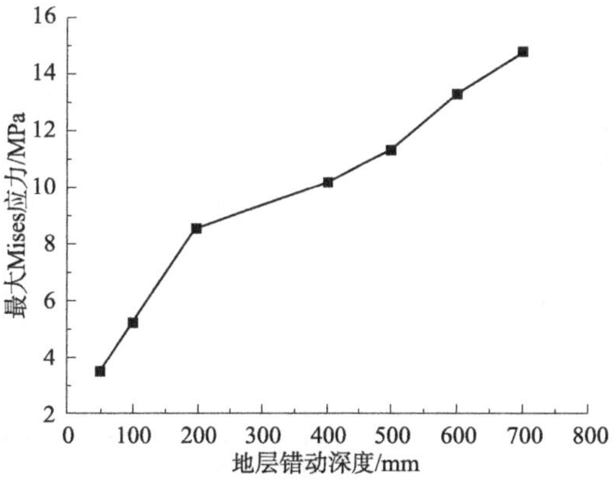

图6　管道最大Mises应力随地层错动深度的变化

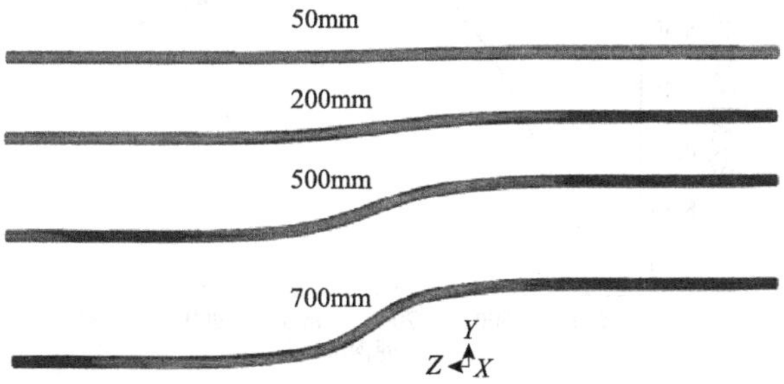

图7　不同错动深度下管道弯曲变形图

3.2.2　管道内压影响

内压不仅作为管道运输介质的一种必要动力，同时也是管道服在役过程中所必须面临的载荷类型之一，因此有必要考虑内压大小对管道应力影响。为此，以管道埋深900mm，地层错动深度200mm为例进行分析。图8所示为管道最大Mises应力随管道内压大小的变化情况。

由图可知，随管道内压从0MPa到0.8MPa增大的过程中，管道的最大Mises应力也在增加，在内压为0.8MPa时达到最大值9.14MPa。可见，内压大小对管道应力仍具有一定影响。内压对管道的作用是一个长期作用的过程，根据长期静液压试验结果，静液压越大，即内压越大，对PE管的长期使用寿命具有显著影响，因此我国相关

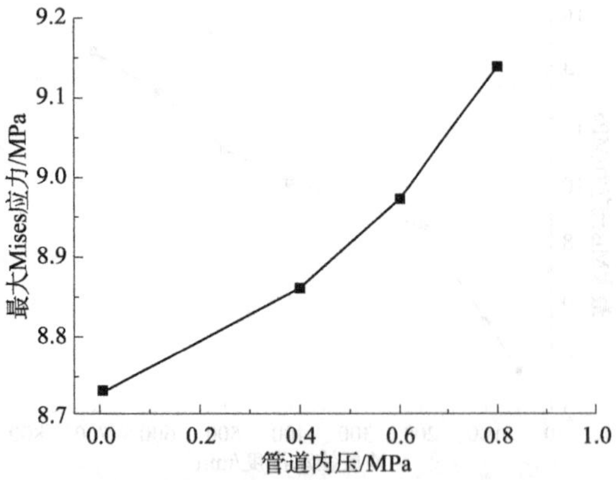

图8　管道最大 Mises 应力随内压大小的变化

标准对燃气输送用 PE 管工作内压都有严格规定，最大不超过0.7MPa。

3.2.3　管道埋深影响

埋地管道覆土载荷作为管道的受载类型之一，其填埋深度决定了管道受上覆土压力的大小，因此，有必要考虑管道埋深对管道在地层错动作用下的影响。为此，以管道内压0.4MPa，地层错动深度200mm为例进行分析。图9所示为管道最大 Mises 应力随管道埋深的变化情况。

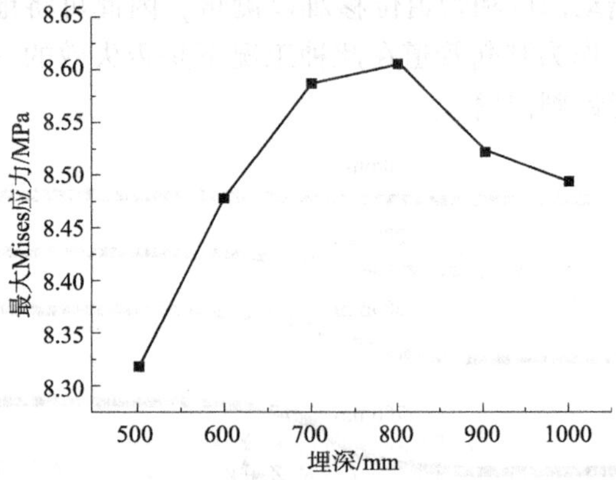

图9　管道最大 Mises 应力随埋深的变化

从图中可以看出，最大 Mises 管道应力随埋深的增大而出现先增大后减小的现象，但管道最大 Mises 应力差仅为0.3MPa，仅为管道最小 Mises 应力8.32MPa 的3.6%，故可以认为在地层错动作用下管道埋深对管道应力的影响不大。

4　结论

(1)在地层错动作用下，埋地聚乙烯管在地层错动过渡段附近发生"S"形弯曲变形和应力集中，该管段较为危险；

(2)管道应力受地层错动深度影响较大，管道最大 Mises 应力随着地层错动深度的增加而增加，管道弯曲变形加剧；

(3)内压对管道应力具有一定影响，其最大 Mises 应力随内压的增大而增大，但增幅不大；埋深对管道应力影响较小。

参考文献

[1]杨俊峰，邹骊飞，宫耀华，张徐岩．燃气埋地聚乙烯管道修补的应力研究[J]．冶金动力，2020(03)：21-25+31.

[2]王子，赵新好，丁疆强，张宇，毛建，孙明源，刘鹏．地层沉陷作用下地表及管道变形规律研究[J]．油气田地面工程，2021，40(12)：57-64.

[3]冯启民，赵林．跨越断层埋地管道屈曲分析[J]．地震工程与工程振动，2001(04)：80-87.

[4]殷鹰，蓝朝逊，李俊，毛丹，史君林．埋地 PE 燃气管道地质沉降破坏数值分析[J]．中国安全科学学报，2019，29(10)：18-23.

[5]罗利，马燕，张永军，刘一江，刘秀．地基沉降作用下埋地聚乙烯管强度失效的数值模拟[J]．建筑材料学报，2020，23(02)：473-478.

[6]O'Rourke M，Gadicherla V，Abdoun T. Centrifuge modeling of PGD response of buried pipe[J]. Earthquake Engineering and Engineering Vibration，2005，4(1)：69-73.

[7]Rahimi M，Tafreshi S N M，Leshchinsky B，et al. Experimental and numerical investigation of the uplift capacity of plate anchors in geocell-reinforced sand[J]. Geotextiles and Geomembranes，2018，46(6)：801-81.

[8] Yun Mook Lim，Moon Kyum Kim，Tae Wook Kim，etc. The Behavior Analysisof Buried Pipeline：Considering Longitudinal Permanent Ground Deformation[A]. PiPelines 2001 International Conference[C]. San Diego，California，USA，2001：1-11.

[9]Cocchetti Q，di Frisco C，) Galli A. Soil-pipeline interaction along active fault systems[J]. Internation-al Journal of Offshore) and Polar Engineering，2008，18(3)：211-219.

[10]韩鹏飞，李映春，费毕刚．高密度聚乙烯力学性能试验研究[J]．山西建筑，2021，47(01)：106-109.

[11]SULEIMAN M T，& COREE B J. Constitutive Model for High density Polyethylene Material：Systematic Approach[J]. Journal of Materials in Civil Engineering，2004，16(6)：511-515.

[12]GB/T 8804.3—2003，热塑性塑料管材拉伸性能测定第3部分：聚烯烃管材[S].

[13]廖公云，黄晓明．ABAQUS 有限元软件在道路工程中的应用[M]．南京：东南大学出版社，2008：138.

[14]王子，赵新好，丁疆强，张宇，毛建，孙明源，刘鹏．地层沉陷作用下地表及管道变形规律研究[J]．油气田地面工程，2021，40(12)：57-64.

天然气站场沉降隐患排查及治理方法

林睿南[1,2]　帅　健[2]　罗　敏[1]

[1. 中国石油西南油气田分公司输气管理处，四川 成都　610213；
2. 中国石油大学(北京)安全与海洋工程学院，北京　102249]

摘　要：许多天然气站场存在一定的沉降隐患，站场设备及管道受沉降影响而变形，严重时发生天然气泄漏。为此，开展天然气站场沉降原因分析，排查站场设备及管道沉降隐患，提出针对站场的沉降治理方法。结果表明：土壤性质和地下水是导致站场沉降的自然因素，开发地下资源、外部荷载、工程建设及施工质量是导致站场沉降的人为因素；天然气站场沉降隐患包括立式设备倾倒、阀门基墩沉降、进出站管道及管径较小管道变形等；沉降治理需首先开展应力分析与沉降观测。研究结果为地基沉降下天然气站场安全评定、沉降防治提供依据。

关键词：天然气站场；沉降；管道；设备；治理

Subsidence Hidden Danger Investigation and Treatment Method of Natural Gas Station

Lin Ruinan[1,2], *Shuai Jian*[2], *Luo Min*[1]

(1. Gas Management Office, PetroChina Southwest Oil & Gas Field Company, Chengdu, Sichuan 610213, China;
2. College of Safety and Ocean Engineering, China University of Petroleum (Beijing), Beijing 102249, China)

Abstract: Many natural gas stations have certain hidden dangers of subsidence. The station equipment and pipelines are deformed by the subsidence, and natural gas leakage occurs in serious cases. To this end, the analysis of the reasons for the subsidence of natural gas stations was carried out, the hidden dangers of station equipment and pipeline subsidence were investigated, and the subsidence treatment methods for the stations were proposed. The results show that soil properties and groundwater are the natural factors leading to the subsidence of the station, and the development of underground resources, external loads, engineering construction and construction quality are the human factors that lead to the subsidence of the station. The hidden dangers of natural gas station subsidence include vertical equipment dumping, valve foundation settlement, deformation of inlet/outlet pipeline of the station and pipelines with small diameters, etc. For subsidence treatment, stress analysis and subsidence observation should be carried out first. The research results provide the basis for the safety assessment and settlement prevention of natural gas stations under ground subsidence.

Key words: natural gas station; settlement; pipeline; equipment; treatment

1　引言

站场作为天然气输配系统的重要节点，承担着天然气增压、分输及配气等功能，其安全问题显得尤为重要[1,2]。我国天然气管道总里程已逾11万km，许多站场建于不良地质上且附近存在一定的地基沉降隐患[3-5]。天然气站场包含多种结构管道及设备，地基沉降会引起站场地上和埋地管道受到系统性应力，致使管道应力集中并产

作者简介：林睿南(1991—　)，博士，博士后研究人员，主要从事天然气储运、安全环保及站场完整性管理相关研究的研究工作。E-mail：ruinanlin@126.com

生变形，严重时甚至会引起管道损坏和天然气泄漏，造成不可估量的经济损失和社会影响(图1)。因此，开展天然气站场沉降原因及隐患排查治理具有重要的意义。

图1　天然气站场沉降隐患

国内外针对地基沉降开展了大量研究工作，但大多针对城市建筑和铁路地基沉降开展研究[6-10]。针对石油天然气领域的沉降研究集中在埋地管道的力学性能方面，Rahman 等[11]对埋地管道建立了管道垂直方向位移下的数值模型，并对不同管道参数进行了响应研究。Wu 等[12]和 Luo 等[13]针对埋地 PE 管采用拉伸实验与有限元数值模拟方法对管道不同位置应力变化规律开展研究。Orynyak 等[14]和 Kalisz 等[15]针对采矿区域沉降管道研究了埋地管道位移、应变和曲率等参数变化规律，发现地面变形会导致埋地管道产生形变及额外的纵向拉伸和压缩载荷。

压缩载荷。马小明等[16]采用 ANSYS 软件建立管土非线性接触模型，研究管径、壁厚和埋深等因素对管道应力状态的影响，刘金梅等[17]基于某直管建立的管土相互作用模型对管土沉降及悬空段进行模拟。仅有部分学者对沉降下的站场管道开展了数值模拟研究，朱军凯[18]等基于 ABAQUS 软件对集输站管道进行建模和应力分析，为站场管道失效提供一定依据。程茂[19]等采用 CAESAR Ⅱ对站场管道建立应力分析数值模型，提出部分局部二次应力较大位置对站场运行具有一定隐患。然而，目前还没有针对天然气站场沉降原因和隐患排查的文献报道，现有沉降治理方案不能有效、全面地对包含多种设备和复杂管道结构的天然气站场进行指导。

本文通过开展天然气站场沉降原因分析，对天然气站场设备及管道沉降隐患进行排查，提出一套针对天然气站场的沉降治理方法。研究结果为地基沉降下天然气站场安全评定、沉降防治提供依据。

2　天然气站场沉降原因

2.1　自然因素

尽管新构造运动、地震、火山、海平面上升等会引起地基沉降，但导致天然气站场沉降最常见的自然因素是地基土壤性质和地下水作用。

地基沉降通常与土壤性质有直接关系，特别是位于新近填海区、原来为水田或高填方不稳定区域的天然气站场，该处站场土壤为淤泥、砂质粉土和黏性土(图2)。此类土壤土质欠固结、强度低、压缩性大、渗透性差，若不在设计、施工中对土层进行加强地基处理或其他措施，容易导致土壤本身连带相连设备及管道出现大范围的沉降[20,21]。

图2　天然气站场沉降的自然因素

地下水资源的开采导致含水层骨架压缩排水和粘性土释水是近年来国内外地基沉降的原因，尽管天然气站场附近极少出现超量抽取地下水的现象，但潮汐和强降雨等因素引起地下水位的变化也是站场发生沉降的重要原因[22-24]。我国沿海地区(特别是珠三角地区)许多天然气站场所在区域位于填海区，水系发达、地下水丰富且地下水位较高，站场易受潮汐和地下水的综合影响导致回填细土下滑，引起地面不均匀沉降，导致多处设备及管道起翘和倾斜[25,26]。其次，我国西南地区站场所处区域雨季长、夏季降水多，随着雨水沿站场土壤裂隙下渗，在地下水纵向供给、地表水侧向供给和雨水下渗综合影响下，随着土体含水率增加，土体黏聚力、强度、压缩模量降低，导致站场不均匀沉降风险增大[27,28]。

2.2　人为因素

开发地下资源、外部荷载、工程建设及施工质量问题是天然气站场沉降的主要人为因素。

地下资源(煤矿、石油、天然气等)的开发利用会导致采空塌陷，虽然采空塌陷导致的沉降量和沉降速度极大，但大多引起的地上站场整体区域性沉降[29]。外部荷载是另一个地基沉降的重要因素，由于天然气站场通常有大型设备，会发生上部设备荷载作用下的固结沉降。其次，天然气站场周边地面车辆的严重超载或大面积堆载也会引起该区域地基下沉，造成入地端管道接头错位开裂[30]。

天然气站场周边工程建设及站内施工质量问题是天然气站场沉降的重要人为因素。由于部分天然气站场位于人口密集区，站场周边工程密集程度高，地下施工或道路开挖造成地块水土流失和支护结构失稳，从而引发站场地基沉降。其次，站场施工过程中的不规范，许多站场装置回填夯实阶段回填材料压实未达到设计要求，压实填土地基承载能力无法满足站内大型设备的荷载要求，从而引发设备基础的较大沉降。部分天然气站场由于施工过程不严谨(图3)，管道上方有大型石块占压导致回填载荷过重，管道下方没有进行有效支撑和相应地基处理措施，随着季节变化存在一定的非均匀沉降风险[25,26]。

图3　天然气站场沉降的人为因素

3　天然气站场沉降隐患排查

3.1　立式设备

立式设备虽然占地面积小，却是天然气站场中体积和重量最大的设备之一，且在立式设备顶部、中部和底部通常分别有连接管道，在站场发生非均匀沉降时具有较大的安全隐患(图4)。目前常见的立式设备沉降隐患主要有两种形式，一种是立式设备整体下沉，此类沉降容易引起与立式设备连接的管道发生显著变形和出现拉裂风险。另一种是立式设备出现侧倾，此时不仅连接管道有拉裂风险，设备一旦倾倒将严重威胁天然气站场的安全运行。

3.2　阀门基墩

阀门、执行机构等设备基墩由于自身重量较大，一旦发生沉降，极易引起与设备连接的地面管道变形，该类沉降广泛存在于天然气站场中(图5)。目前常见的天然气站场设备基墩沉降主要有两种形式，一种是靠近进出站管线入地端的设备基墩沉降(部分站场会在入地端附近设置一个固定基墩)，另一种是地面管道中部的设备基墩沉降。此外，在某些站场由于设计及建设施工阶段的不重视，没有在阀门等设备底部设置基墩，造成后期运营大量的额外整改工作量。由于部分站场设备基墩沉降导致地面管道产生的应力长期得不到释放，引起与设备连接处管道焊缝开裂，出现天然气泄漏等安全隐患。

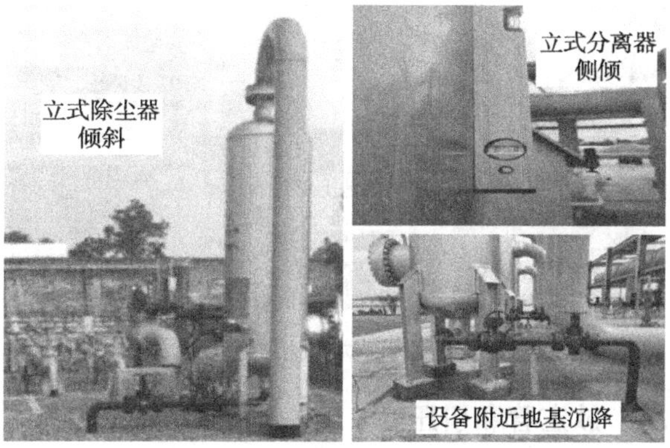

图4　天然气站场立式设备沉降

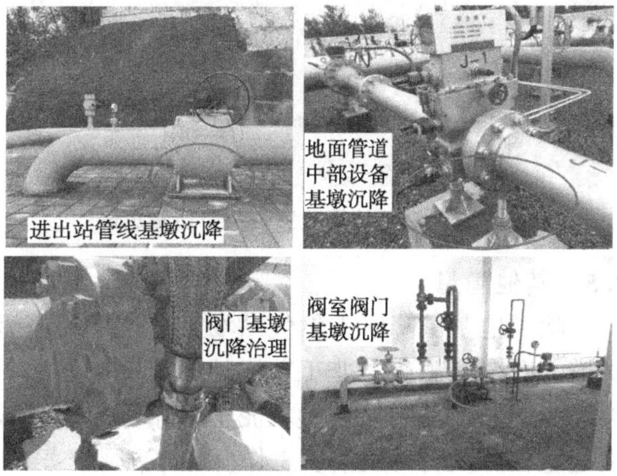

图5　天然气站场阀门基墩沉降

3.3　进出站管线

天然气站场进出站管线由于管道入地端会受地基沉降的影响而存在一定的安全隐患。进出站管线通常有两种结构：一种是进站天然气通过埋地汇管分配到地面的进出站管线结构；另一种为进站天然气直接通过Z形管道进出站的结构。地基沉降会引起站场进出站管线埋地管道受到纵向挤压，致使地上管道应力集中并产生变形，严重时甚至会引起管道损坏和天然气泄漏，对天然气站场的正常运行构成威胁(图6)。

图 6　天然气站场进出站管线沉降

3.4　放空管和引压管

放空管作为天然气站场安全设施不可缺少的组成部分，在故障维修、计划检修和事故抢险过程中起到重要作用。地基沉降会引起管径较小的放空管道发生明显变形，严重时会拉裂导致天然气泄漏，在超压泄放、紧急放空时对现场人员生命安全构成威胁。此外，管径较小的引压管同样易受地基沉降影响而明显变形和倾斜，存在一定的拉裂隐患（图 7）。

图 7　天然气站场放空管及引压管沉降

3.5　其他隐患

除了地基沉降下天然气站场工艺区的设备及管道的安全隐患外，非工艺区地面沉降、散水开裂、墙体倾斜与裂缝、堡坎泥土垮塌等隐患仍需引起重视并及时开展治理工作（图 8）。

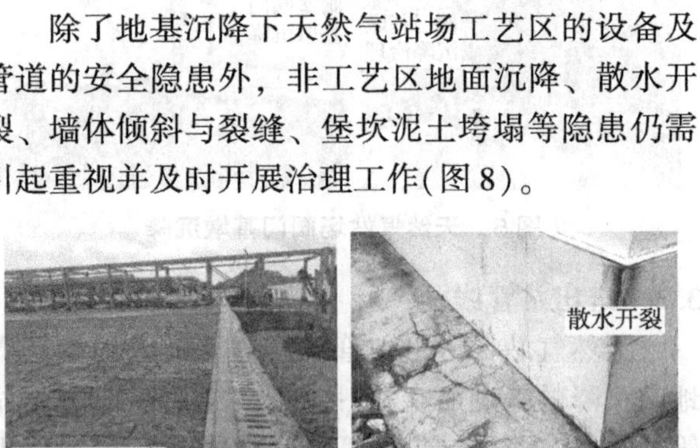

图 8　天然气站场沉降导致的其他隐患

4　天然气站场沉降治理方法

4.1　应力分析与沉降观测

基于现场工艺参数及管道布置实际情况，利用有限元软件建立天然气站场沉降力学计算模型［图 9（a）］，并通过应力计算得出设备及管道的薄弱部位，为监测点的选取提供依据。通过有限元应力计算结果，确定天然气站场沉降观测点，利用静力水准传感器、应变计、红外线测距仪等设备对管道应力应变、管道倾角及位移、地基沉降位移进行持续定期监测［图 9（b）］。通过监测数据的统计与分析，为沉降治理方案的初步确定、有限元模型验证及分析提供基础数据，确定站场开挖点和沉降治理及复位施工初步方案。

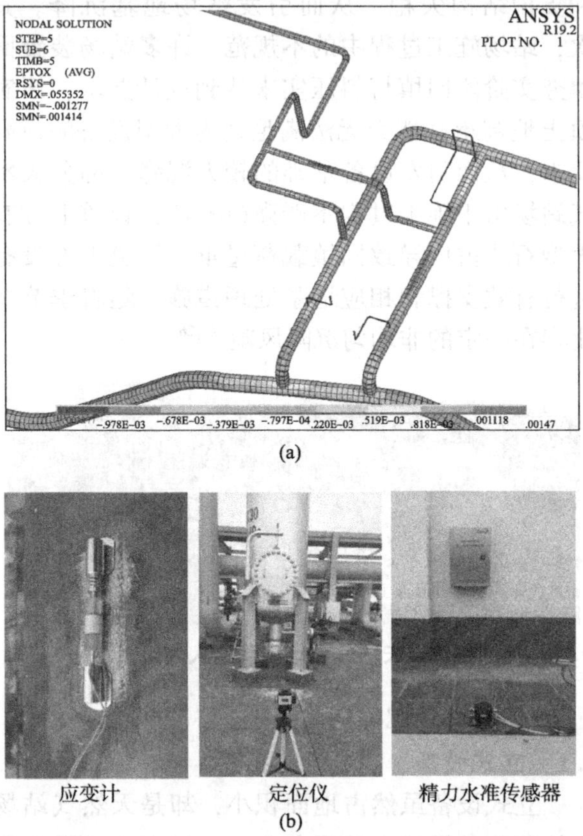

图 9　天然气站场管道应力分析与沉降监测

4.2　地下管道治理

地下管道治理通常采用开挖工艺区以释放应力的方式。基于应力分析与沉降观测结果，选取工艺装置区变形较大区域、管道应力集中部位、小管径管道入土点等薄弱部位进行开挖。通过机械开挖和清除回填物，释放地基沉降对埋地管道和入地端管道的应力，使部分倾斜设备及管道得到复位。其次，查看地下管道变形情况和是否落在桩基上，若无有效支撑需利用周边桩基承台支护或混泥土底部浇筑处理。最后，对于已经发生塑性变形且无法通过开挖方式释放应力的管道，需采用动火作业对管道进行切割更换，并对基础进行重新处理。

图10 天然气站场工艺区开挖

4.3 地上管道及设备治理

地上管道由于沉降导致的管道倾斜，需要拆分站内相互连接的设备，通过对法兰处拆卸、配对、调平管线后重新进行安装(横平竖直)。对于沉降量较大区域的管道，需要采取重新配管的方式进行调平。其次，阀门设备基墩沉降可以采用千斤顶配合钢板垫厚方式，调整设备基墩的水平标高。此外，当大型立式设备倾斜时需要停产，对立式设备矫正和对设备基础下的地基土加固，同时对与设备相连管道进行更换处理。

4.4 管道检测及回填

通过天然气站场管道及设备复位调整后，采用射线或超声波对管道缺陷进行检测，并对站内管道进行强度和严密性试验。最后，开展回填时需要采用轻型压实设备夯实每一层，同时确保沟槽内无积水，要将沟槽内的杂物(如木料，石块，砖等)清理干净方可进行下一层施工。其次，回填时需注意管中以下部位采用中粗沙回填，有条件的可采用素土回填并夯实，回填土里不能有大于5cm有机物颗粒如砖头、石块等杂物，进行管道沟槽回填时应遵循人工回填和整平。完成回填后需对工艺区关键设备及管道部位进行持续监测，加强天然气站场巡查。

5 结论

(1)水田、填海区或高填方区域的土壤性质和潮汐、强降雨引起的地下水位的变化是导致天然气站场沉降的自然因素，开发地下资源、外部荷载、工程建设及施工质量问题是导致天然气站场沉降的人为因素；

(2)天然气站场沉降隐患主要包括立式设备倾倒、阀门基墩沉降、进出站管道沉降、管径较小管道(放空管和引压管)变形等；

(3)天然气站场沉降治理需首先开展应力分析与沉降观测，对地下、地上管道及设备分别治理，完成管道检测后进行回填，对于已发生沉降的站场，需在日后对关键设备及管道进行持续监测。

参考文献

[1]国家能源局石油天然气司，国务院发展研究中心资源与环境政策研究所，自然资源部油气资源战略研究中心．中国天然气发展报告(2021)．北京：石油工业出版社，2021.

[2]帅健，董绍华．油气管道完整性管理．北京：石油工业出版社，2017.

[3]帅健．管线力学．北京：科学出版社，2010.

[4]袁宪宪．天然气输气站关键设备与管道强度分析．北京：中国石油大学，2019.

[5]高永强．软土地质工艺管道的敷设．化工设计通讯，2021，47(6)：13－16.

[6]ALBANO M，POLCARI M，BIGNAMI C，et al. An innovative procedure for monitoring the change in soil seismic response by InSAR data：Application to the Mexico City subsidence. International Journal of Applied Earth Observation and Geoinformation，2016，53：146－158.

[7]CHAUSSARD E，WDOWINSKI S，CABRAL－CANO E，et al. Land subsidence in central Mexico detected by ALOS InSAR time－series. Remote Sensing of Environment，2014，140：94－106.

[8]ZHANG Y，XUE Y Q，LI Q F. Current prominent subsidence layer and its deformation properties in Shanghai. Hydrogeology and Engineering Geology，2003，5：6－11.

[9]TIEN－BUI D，SHAHABI H，SHIRZADI A，et al. Land subsidence susceptibility mapping in south Korea using machine learning algorithms. Sensors，2018，18(8)：2464.

[10]崔书珍，周金国．季节性降雨变化对长三角高速铁路路基工后沉降影响分析．重庆交通大学学报(自然科学版)，2016，35(3)：58－60＋161.

[11]RAHMAN M A，TANIYAMA H. Analysis of a buried pipeline subjected to fault displacement：A DEM and FEM study. Soil Dynamics and Earthquake Engineering，2015，71：49－62.

[12]WU Y，YOU X，ZHA S. Mechanical behavior analysis of buried polyethylene pipe under land subsidence. Engineering Failure Analysis，2020，108：104351.

[13]LUO X，LU S，SHI J，et al. Numerical simulation of strength failure of buried polyethylene pipe under foundation settlement. Engineering Failure Analysis，2015，48：144－152.

[14]ORYNYAK I，YASKOVETS Z，MAZURYK R. Novel

numerical approach to analysis of axial stress accumulation in pipelines subjected to mine subsidence. Journal of Pipeline Systems Engineering and Practice, 2019, 10 (4): 04019026.

[15] KALISZ P. Impact of mining subsidence on natural gas pipeline failures. IOP Conference Series: Materials Science and Engineering, 2019, 471(4): 042024.

[16] 马小明,康逊. 埋地管道不均匀沉降的应力及影响因素分析. 重庆大学学报:自然科学版, 2017, 40 (8): 45 – 52.

[17] 刘金梅,祝迪,王瑞,等. 管土耦合作用下长输直埋管道沉降分析. 油气田地面工程, 2018, 37(12): 52 – 55.

[18] 朱军凯,曹兴滨,方林剑,等. 基于 ABAQUS 软件的油气站场地基沉降管道的应力分析. 腐蚀与防护, 2018, 39(11): 878 – 882, 887.

[19] 程茂,凌张伟,王敏,等. 基于地基沉降的天然气站场管道应力分析. 化工装备技术, 2018, 39(5): 41 – 44.

[20] 翟博,张晨. LNG 接收站地基沉降对管道应力的影响分析. 山东工业技术, 2019(2): 70 – 72.

[21] 翟铭先,韩培锋. 江津成品油输油管道某站场地基强夯处理研究. 山西建筑, 2016, 42(21): 65 – 67.

[22] TEATINI P, FERRONATO M, GAMBOLATI G, et al. A century of land subsidence in Ravenna, Italy. Environmental Geology, 2005, 47(6): 831 – 846.

[23] GAMBOLATI G, TEATINI P, TOMASI L, et al. Coastline regression of the Romagna region, Italy, due to natural and anthropogenic land subsidence and sea level rise. Water Resources Research, 1999, 35 (1): 163 – 184.

[24] HU R L, YUE Z Q, WANG L C, et al. Review on current status and challenging issues of land subsidence in China. Engineering Geology, 2004, 76(1/2): 65 – 77.

[25] 王普成. 珠海南水阀室管道与设备沉降复位施工. 石油工程建设, 2016, 42(4): 55 – 57 + 61.

[26] 林涛. 管道应力在线实时监测在输气站场沉降治理中的应用. 化工管理, 2020(7): 79 – 80 + 82.

[27] 马树锋. 中贵管线贵州段阀室水淹沉降受力分析与防护措施研究. 成都: 西南石油大学, 2016.

[28] 孙威,刘金波,张寒,等. 西南某炼油厂强夯法处理填土地基事故分析. 地基处理, 2019, 1(2): 23 – 28.

[29] 王与泽,李朝. 煤矿采空区输气管道站场隐患治理. 中国石油和化工标准与质量, 2021, 41(2): 147 – 150.

[30] HUANG X. Research on uneven settlement of Tianjin LNG pipeline reclamation section. IOP Conference Series: Earth and Environmental Science. IOP Publishing, 2020, 546(2): 022060.

障碍物对输氢环境下爆燃事故后果影响的研究

梅　苑　帅　健　李云涛　任　飞　任　伟

[中国石油大学(北京)，北京　102249]

摘　要：为了揭示障碍物形状对于氢气燃爆特性的影响，本文基于大涡模拟对不同障碍物形状及障碍物阻塞率条件下的氢气/空气燃爆过程进行数值研究。结果表明：障碍物对流场的剪切拉伸作用能够产生R－T不稳定性和K－H不稳定性，导致火焰表面发生起皱变形。不同形状障碍物的火焰锋面畸变存在明显差异，而障碍物阻塞率的提高能够有效抚平这种差异。障碍物形状改变了管内火焰自加速机制，障碍物Ⅰ与障碍物Ⅱ主要通过障碍物背面的涡团卷吸作用加速火焰传播，而障碍物Ⅲ则通过压差形成空隙喷射作用，加快了障碍物后方的气体燃烧速度，随着阻塞率提升获得的提速效果最佳。

关键词：氢气燃烧；障碍物；火焰结构；流场特性；爆炸特性；不稳定性；涡团规模；湍流涡

Numerical simulation of the impact of obstacles on the consequences of deflagration accident in hydrogen environment

Yuan Mei*, *Jian Shuai*, *Yuntao Li*, *Fei Ren*, *Wei Ren

(College of Safety and Ocean Engineering, China University of Petroleum (Beijing), Beijing 102249, China)

Abstract: In order to reveal the influence of obstacle shape on hydrogen combustion and explosion characteristics, the hydrogen / air combustion and explosion process under different obstacle shape and obstacle blockage rate is numerically studied based on large eddy simulation. The results show that the shear tensile effect of obstacles on the flow field can produce R－T instability and K－H instability, resulting in wrinkling and deformation of the flame surface. There are obvious differences in flame front distortion of obstacles with different shapes, and the improvement of obstacle blocking rate can effectively smooth this difference. The shape of the obstacle changes the self acceleration mechanism of the flame in the tube. Obstacle Ⅰ and obstacle Ⅱ accelerate the flame propagation mainly through the vortex entrainment on the back of the obstacle, while obstacle Ⅲ forms a gap injection through the pressure difference, which speeds up the gas combustion behind the obstacle. Obstacle Ⅲ has the best acceleration effect with the increase of the blocking rate.

Key words: Hydrogen combustion; Obstacle; Flame structure; Flow field characteristics; Explosion characteristics; Unstable; Vortex pairs scale; turbulent vortex

Fund project: National Natural Science Foundation of China (No. 51874324); National key R & D Program (No. 2016YFC0802105);

0　前言

氢气是一种高热值的环保燃料，具有广阔的发展前景[1,2]。目前，各国石油资源供应日趋紧张，氢气逐渐开始成为主要的替代能源，进入工业生产和日常生活。然而，与其他气体不同，氢在高传输压力的影响下更容易渗入管道内部，导致氢脆，引发泄漏事故[3,4]。如果发生明火，氢气爆炸会进一步造成严重的环境破坏和人员伤亡[5]。

作者简介：梅苑(1994—　)，男，在读博士生，现从事安全科学与工程专业方向的研究工作。E－mail：610537158@qq.com

氢气爆炸特性的研究对减少事故伤害具有重要意义。空间中物体类似于障碍物的作用，显著影响气体爆炸时火焰的加速效果[6-9]。因此，学者们对各种障碍物条件下的氢气燃爆过程进行了研究。余明高等[10]发现氢气浓度的增加能够有效提升阻塞率对于火焰的加速效果。温小健等[11]借助模拟手段分析了障碍物阻塞率、障碍物数量对于氢气燃烧特性的影响，结果发现随着障碍物阻塞率和数量的增加，火焰加速更快且燃烧压力峰值更大。Wang 等[12]发现障碍物和壁之间的间隙燃烧较慢，导致氢气火焰传播出现延迟，障碍物在影响快速爆炸持续时间方面发挥了积极作用。Li 等[13]通过内置障碍物氢云爆炸的实验和理论评估，发现内置障碍物的氢云爆炸火焰加速是由于火焰不稳定性和障碍物诱导湍流相互促进的结果。

然而，研究者主要集中于阻塞率、障碍物位置、障碍物数量等方面的研究，忽略了对障碍物形状进行考虑。相关研究表明障碍物形状对于气体燃爆特性的影响是不容忽视的。因此，本文建立了三维空间计算域，模拟了预混氢气在不同障碍形状及障碍物阻塞率条件下的燃烧过程，系统地研究了流场变化与火焰自加速机制之间的关系。

1　数学模型及工况

1.1　数学模型

在湍流模型的选用与确定方面，学者选取较多的主要为大涡模拟(LES)及 RANS(Reynolds averaged Navier - Stokes)模型。与 RANS 相比，LES 优化了湍流的计算方式，通过建立空间滤波函数，对湍流瞬时运动方程进行过滤分离，大尺度涡流运动通过瞬时纳维斯托斯方程直接计算出来，采用类似于平均方程的建模方法模拟方法对小尺度涡流运动进行求解。故大涡模拟在湍流燃烧方面能够计算出更为准确的结果，捕捉火焰与湍流之间的微观作用[14]。大涡模拟控制方程为[15]：

$$\frac{\partial\bar{\rho}}{\partial t}+\frac{\partial(\bar{\rho}\tilde{u}_i)}{\partial x_i}=0 \tag{1}$$

$$\frac{\partial(\bar{\rho}\tilde{u}_i)}{\partial t}+\frac{\partial(\bar{\rho}\tilde{u}_i\tilde{u}_j+\bar{p}\delta_{ij}-\tilde{\tau}_{ij}+\tau_{ij}^{SGS})}{\partial x_j}=0 \tag{2}$$

$$\frac{\partial\bar{\rho}\tilde{h}_s}{\partial t}+\frac{\partial\bar{\rho}\tilde{u}_i\tilde{h}_s}{\partial x_i}-\frac{\partial\bar{p}}{\partial t}-\tilde{u}_j\frac{\partial\bar{p}}{\partial x_i}-\frac{\partial}{\partial x_i}\left(\lambda\frac{\partial\tilde{T}}{\partial x_i}\right)=-\frac{\partial}{\partial x_j}[\bar{\rho}(\widetilde{u_ih_s}-\tilde{u}_i-\tilde{h}_s)] \tag{3}$$

式中：利用上标对公式参量进行区分。横线代表 LES 滤波的参量，而波浪线代表质量滤波参量；ρ 为密度，p 为压力，u_i、u_j 为速度分量，t 为时间，应力张量由分子黏度 μ 决定，可表示为：

$$\sigma_{ij}=\mu\left(\frac{\partial\tilde{u}_i}{\partial x_j}+\frac{\partial\tilde{u}_j}{\partial x_i}\right)-\frac{2}{3}\mu\frac{\partial\tilde{u}_k}{\partial x_k}\delta_{ij} \tag{4}$$

$$\tau_{ij}=\rho\widetilde{u_iu_j}-\rho\tilde{u}_i\tilde{u}_j \tag{5}$$

$$\bar{\rho}(\widetilde{u_ih_s}-\tilde{u}_i\tilde{h}_s)=-\frac{\mu_{SGS}c_p}{Pr_{SGS}}\frac{\partial\tilde{T}}{\partial x_j} \tag{6}$$

其中　μ_{SGS}——亚网格粘度；

Pr_{SGS}——亚网格的普朗特数；

c_p——定压比热；

T——温度。

对于预混燃烧，本文采用基于 C 方程的 Zimont 燃烧火焰面亚格子模型[16]，C 为反应进度变量，模拟过程中取 c = 0.1 为火焰锋面。

$$\frac{\partial}{\partial t}(\bar{\rho}\tilde{c})+\frac{\partial}{\partial x_j}(\bar{\rho}\tilde{u}_j\tilde{c})=\frac{\partial}{\partial t_j}\left(-\frac{\mu+\mu_t}{Sc_t}\frac{\partial\tilde{c}}{\partial x_j}\right)+S_c \tag{7}$$

式中　$u_j(j=1,2,3)$——x、y 和 z 方向的速度；

S_c——过程变量源项；

μ_t——亚格子黏性，采用动态 Smagorinsky - Lilly 模型计算；

Sc_t——湍流施密特数，取 $Sc_t=0.75$；

c——反应过程变量。

$$c=\frac{\sum_{i=1}^{n}Y_i}{\sum_{i=1}^{n}Y_{i,eq}} \tag{8}$$

式中　n——燃烧产物数；

Y_i——产物组分 i 的质量分数；

$Y_{i,eq}$——平衡产物组分 i 的质量分数。

根据式(8)的定义未燃混合气体中 $c=0$；燃

烧产物中 $c=1$；火焰面处 $0<c<1$；S_c 为过程变量方程源项。

$$\bar{S}_c = A\ (u')3/4\rho_u U_1\ 1/2\alpha^{-1/4}\ |\nabla\tilde{c}|\ l_t\ 1/4 \quad (9)$$

式中　模型常数 A = 0.52；

u'——亚格子湍流脉动速度；

ρ_u——未燃混合气体的密度；

U_1——层流燃烧速度；

α——反应物分子热传输系数；

l_t——湍流特征尺度。

1.2 模拟工况

1.2.1 数值细节

如图 1 所示，模拟工况的计算域为方形管道空间，其长度为 500mm，管道截面边长为 100m。本文共设计了三种障碍物形状：障碍物 - Ⅰ、障碍物 - Ⅱ、障碍物 - Ⅲ，阻塞率分别设置为 0.2，0.4，0.6，0.8，共计 16 组计算工况。各组模拟工况信息被汇总于表 1。点火端位于管道截面中心位置，采用电火花点火方式。障碍物厚度为 10mm，距点火端 200mm 进行放置。各工况管道中的初始反应进程变量为 0，预混氢气浓度为 30%。为了提高计算的精度，计算域的全局网格为 2mm × 2mm × 2mm 的结构化网格，障碍物附近的网格进行加密处理，加密尺寸为 1mm。管道内初始相对压力为 0MPa，初始温度为 300K。与 SIMPLEC 算法和 SIMPLE 算法相比，PISO 算法增加了一个校正步骤，可以更好地同时满足动量方程和连续性方程，并在迭代步骤中加快收敛速度。因此，本文采用 PISO 算法对压力场和速度场进行耦合。离散格式选用二阶迎风格式。在模拟过程中，对于每个守恒方程，每个时间步的计算残差小于 1×10^{-6}。

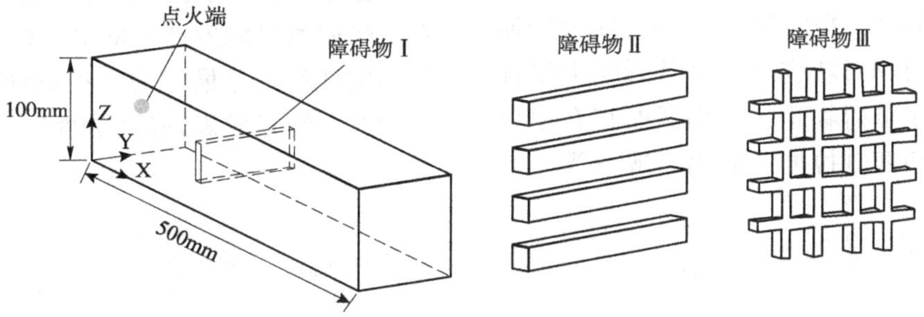

图 1　计算域物理几何模型

1.2.2 模型有效性验证

参考余明高教授的实验系统[10]，建立与实验对应的物理模型，氢气/空气在管道中充分混合，形成稳定的预混气体，且处于常温、常压状态。壁面采用绝热无滑移的边界条件，对流项采用二阶迎风格式。采用大涡模拟(LES)湍流模型对上述工况中的氢气 - 空气爆炸过程进行模拟。图 2 为实验与模拟的火焰形状对比，可以看出实验结果与数值模拟结果的火焰结构变化规律一致，且在相近的时刻出现"蘑菇云"火焰(图 1 中虚线红框所示)。图 3 为实验与模拟的火焰传播速度对比，由图可知模型计算结果与实验测试结果变化趋势基本吻合。因此可以认为大涡模拟(LES)湍流模型有效预测氢气的燃烧过程。

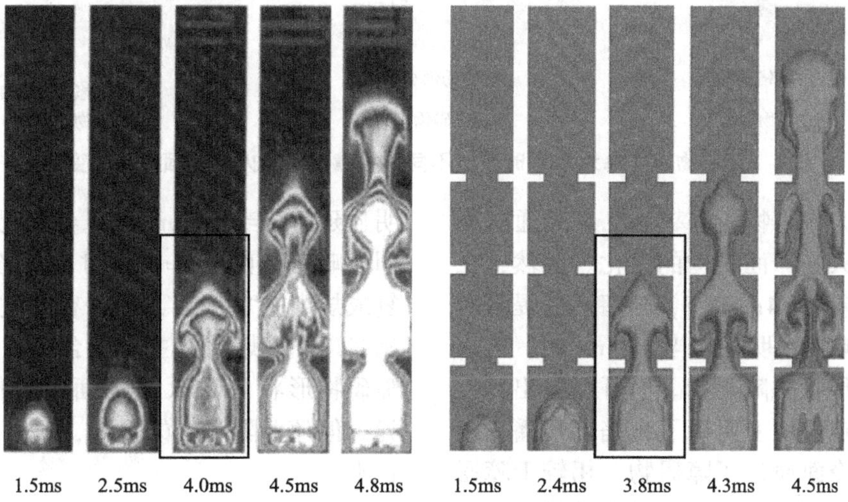

图 2　火焰形状实验与计算结果对比

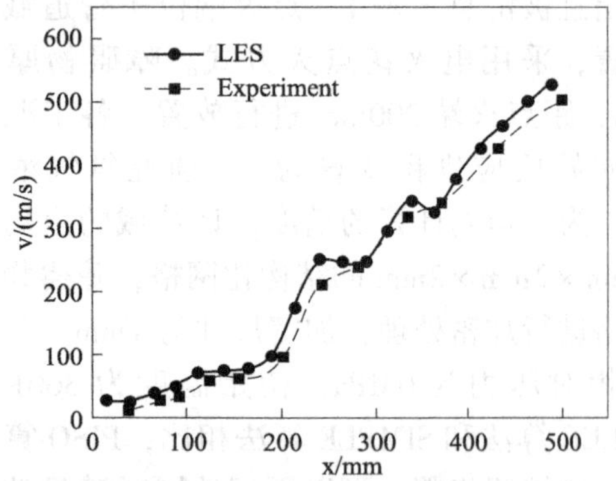

图3　火焰传播速度实验值与计算值对比

2　模拟结果与分析

2.1　障碍物影响下的火焰锋面发展

图4所示为障碍物阻塞率为0.4时通过不同形状障碍物时火焰锋面结构的变化。可以发现，在火焰通过障碍物前，各工况下火焰锋面结构发展几乎相同，由球形火焰逐渐发展为指形火焰，并不存在较大差异性。当时间 $t=5$ms，即火焰通过障碍物后，障碍物形状变化会显著影响火焰锋面结构发展。对于障碍物Ⅰ，火焰锋面在在单个障碍物作用下被向两侧拉伸，分离形成分叉型火焰，火焰表面出现轻微褶皱。由于管道末端为密闭管道，在压力波的反射作用下，两侧火焰面的拉伸效果并不与Lv实验中完全相同[17]。之后，火焰开始逐渐向障碍物Ⅰ后方中间靠拢，形成一个总体。当 $t=8$ms 时，火焰锋面发展成为规则的郁金香火焰。在障碍物Ⅱ中，障碍物空隙数量增多，空隙面积减小，火焰锋面在被拉伸成多个阵面后迅速挤压形成整体，火焰锋面褶皱程度远高于障碍物Ⅰ时。当 $t=8$ms 时，火焰锋面逐渐形成扭曲的郁金香火焰。在障碍物Ⅲ中，障碍物空隙数量进一步增加，且形状由长条形转变为孔型。火焰锋面通过孔隙空间后发生严重畸变，并维持该状态向管道末端进行传播。以上现象说明，障碍物的存在会改变火焰的传播形式，通过对流场的剪切拉伸作用，使得R-T不稳定性和K-H不稳定性作用被触发，导致火焰内部流场不规则运动，火焰表面发生起皱变形。总体来看，障碍物Ⅲ触发产生的R-T不稳定性和K-H不稳定性作用是最好的，火焰锋面在通过障碍物后始终未恢复成规则的“表面”。

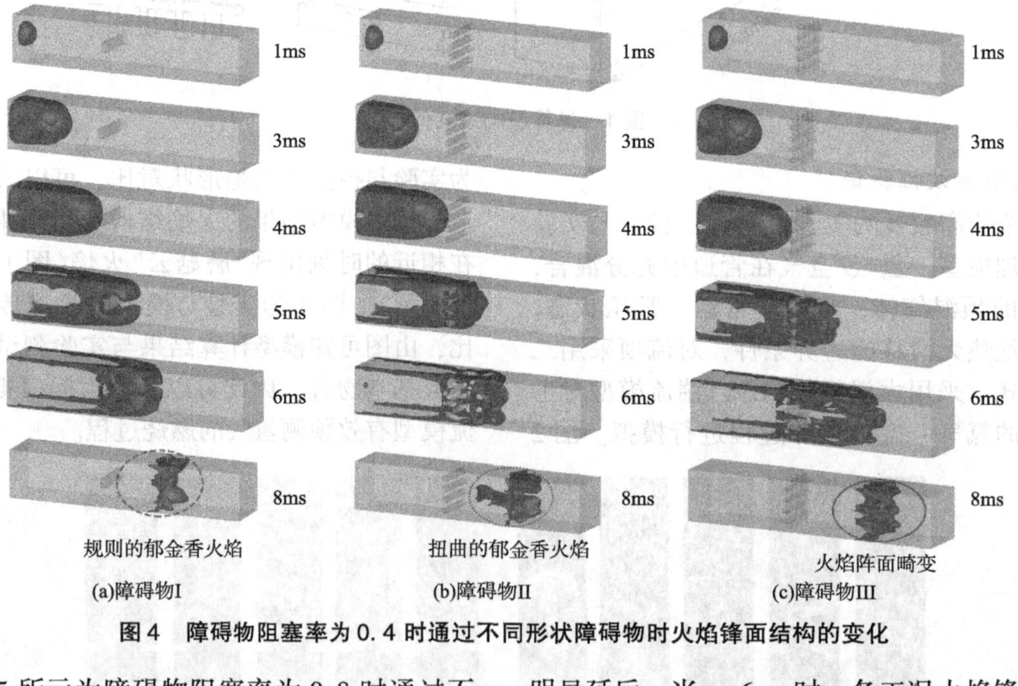

图4　障碍物阻塞率为0.4时通过不同形状障碍物时火焰锋面结构的变化

如图5所示为障碍物阻塞率为0.8时通过不同形状障碍物时火焰锋面结构的变化。显然，在点火初期(火焰传播到4ms时)，阻塞率的提升对于火焰锋面的影响并不明显。当 $t=5$ms 时，火焰锋面开始通过各形状的障碍物。但可以看出，阻塞率的增大在一定程度上阻碍了火焰的传播，仅有一小部分火焰锋面通过了障碍物，相较于障碍物阻塞率为0.4时，火焰通过障碍物的时间出现明显延后。当 $t=6$ms 时，各工况火焰锋面都出现明显畸变，直至 $t=8$ms 时，火焰锋面依旧未能恢复成规则的“表面”，说明在通过障碍物后，气体始终以湍流燃烧为主。结合图4分析可知，不同障碍物形状导致火焰锋面畸变作用存在明显差异，但随着阻塞率的提高，这种差异性会逐渐被抚平。

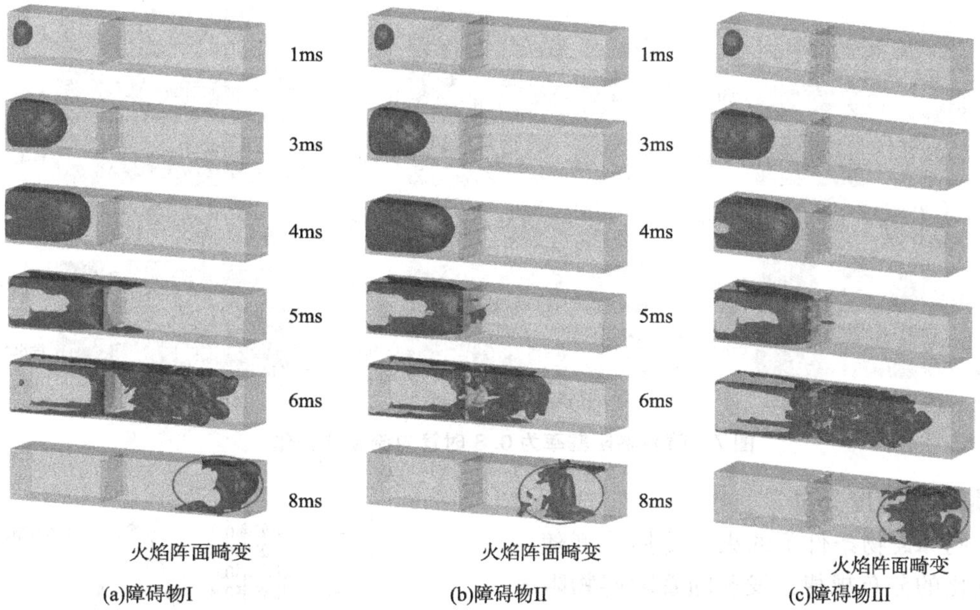

图5　障碍物阻塞率为 0.8 时通过不同形状障碍物时火焰锋面结构的变化

2.2　管内流场变化分析

图6为障碍物阻塞率 =0.4 时管内流场的变化。可以看出不同障碍物形状影响下，流场的涡团规模发展会出现明显不同。对于障碍物Ⅰ而言，即图6(a)，火焰在传播过程中，障碍物背面逐渐形成一个规则的涡对，随着火焰的靠近，涡对规模会逐渐增大，当 t =5ms 时，涡团尺寸发展至最大。当 t =6ms 时，在涡对的卷吸作用下，火焰锋面逐渐向障碍物背面拉伸靠拢，促进“郁金香”火焰形成，此时涡团破碎形成新的涡。在图6(b)中(障碍物Ⅱ)，障碍物数量增加，其背面同样在火焰传播过程中形成湍流涡，但发展规模远小于障碍物Ⅰ。当 t =5ms 时，火焰面在湍流涡的作用下与未燃气体充分混合，加速了气体的湍流燃烧。在图6(c)中(障碍物Ⅲ)，障碍物空隙数量增多，面积减小，导致通过障碍物后的气流运动较为分散，因此在障碍物背面并未形成涡团。当 t =5ms 时，火焰锋面在通过障碍物时被分裂为多束，流线分布在这之后变得更为紊乱。

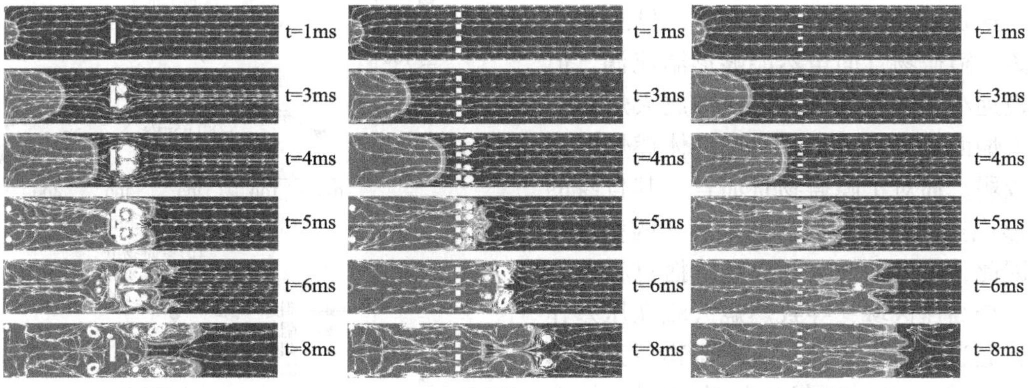

图6　障碍物阻塞率为 0.4 时管内流场的变化

如图7所示为障碍物阻塞率为 0.8 时管内流场的变化。对比图6可以发现，随着阻塞率提高，障碍物Ⅰ及障碍物Ⅱ后方的涡团发展规模会进一步提升，但规则性逐渐丧失，出现严重的失稳现象。在图7(a)中(障碍物Ⅰ)，当 t =5ms 时，障碍物空隙面积较小，火焰面紧贴管道壁面通过障碍物。另外，由于涡团规模增大，气体湍流燃烧急剧增加，火焰锋面迅速发展(t =8ms)。在图7(b)中(障碍物Ⅱ)，除障碍物背面，其后方较远距离处也形成规模不小的湍流涡，从而产生更强的卷吸效果，加快未燃气体混合。而对于障碍物Ⅲ[图7(c)]，火焰面在孔隙的分离作用下发生破碎，流线发展分布的紊乱程度更加显著，气体湍流燃烧反应进一步加快。

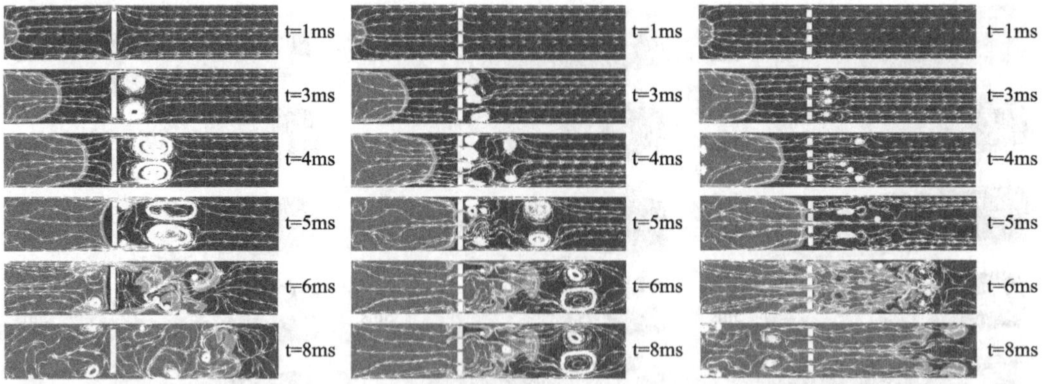

(a)障碍物Ⅰ　(b)障碍物Ⅱ　(c)障碍物Ⅲ

图7　障碍物阻塞率为 0.8 时管内流场的变化

2.3　管内火焰传播速度分布

图 8 为不同障碍物条件下的火焰传播速度随监测点位置变化的分布规律，发现随着障碍物阻塞率提高，管内的最大速度峰值会得到明显提升。但在障碍物形状影响下，障碍物阻塞率的提速效果会出现明显差异性。对于障碍物Ⅰ，当阻塞率为 0.2 时，管内的最大火焰传播速度为 92.59m/s，而当阻塞率为 0.8 时，火焰传播速度高达 416.67m/s，提升幅度为 350%。在障碍物Ⅱ中，当阻塞率为 0.2 时，管内的最大火焰传播速度为 80.65m/s，而当阻塞率为 0.8 时，火焰传播速度提升至 225.19m/s，提升幅度为 179%。在障碍物Ⅲ中，当阻塞率由 0.2 提高至 0.8 时，火焰传播由 72.47m/s 提升至 357.14m/s，提升幅度为 393%。总体来说，障碍物Ⅱ阻塞率的提速效果最差，这是因为障碍物缝隙增多，导致气流被严重分离，障碍物背面虽然能够形湍流涡，但其发展规模远小于障碍物Ⅰ，无法形成大规模未燃气体与火焰面混合的现象，对于气体燃烧的加速效果也较弱。而对于障碍物Ⅲ而言，其自身的形状导致形成空间密闭性会远高于其他两种障碍物形状。因此，障碍物前方在火焰传播过程中会提前形成一个高压区域，导致燃烧气流在压差作用下会快速通过障碍物空隙，与障碍物后方的未燃气体迅速混合，产生不俗的加速效果。结合 3.2 节中的流场分析可知，障碍物Ⅲ形成火焰的加速机制与其他两种障碍物并不相同。障碍物Ⅰ与障碍物Ⅱ主要通过障碍物背面的涡团卷吸作用加速火焰传播，而障碍物Ⅲ则通过压差形成空隙喷射，加快了障碍物后方的气体燃烧速度，随着阻塞率提升获得的提速效果最佳。

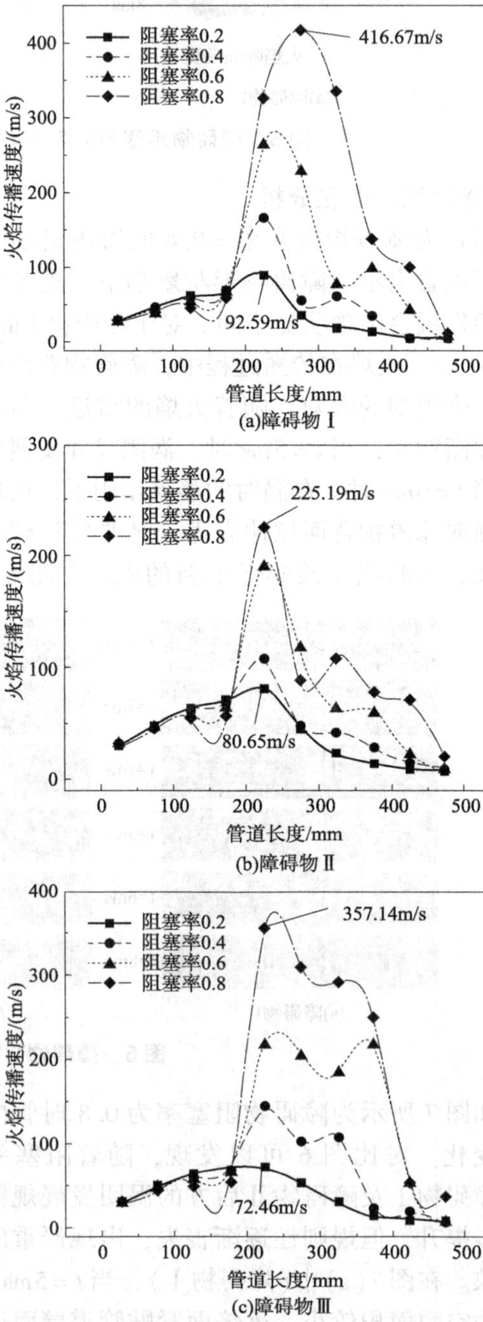

图8　泄漏后期不同风速下气云积聚效果对比

3 结论

本文基于大涡模拟针对不同障碍物条件下氢气爆炸特性展开研究，定量分析了障碍物形状及障碍物阻塞率对于火焰传播过程的影响，得到主要结论如下：

（1）障碍物通过对流场的剪切拉伸作用，使得R－T不稳定性和K－H不稳定性作用被触发，导致火焰表面发生起皱。不同障碍物形状导致火焰锋面畸变作用存在明显差异，但随着阻塞率的提高，这种差异性会逐渐降低。总体来看，障碍物Ⅲ触发产生的R－T不稳定性和K－H不稳定性作用是最好的。

（2）在障碍物Ⅰ管道中，障碍物背面的涡对卷吸作用导致“分叉”火焰形成，涡团破碎形成新的涡。在障碍物Ⅱ管道中，障碍物背面湍流涡数量增多，发展规模减小，一定程度上促进火焰面与未燃气体充分混合，加速了气体的湍流燃烧。在障碍物Ⅲ管道中，障碍物空隙数量增多，面积减小，导致管内气流运动较为分散，障碍物背面并未形成湍流涡。障碍物阻塞率能够显著提高涡团的发展规模。

（3）障碍物Ⅰ与障碍物Ⅱ主要通过障碍物背面的涡团卷吸作用加速火焰传播，而障碍物Ⅲ则通过压差形成空隙喷射作用，加快了障碍物后方的气体燃烧速度，随着阻塞率提升获得的提速效果最佳。障碍物间不同的加速机制导致管道内的加速区间也存在巨大的差异。

参考文献

[1]Tang C L, Huang Z H, Jin C, et al. Explosion characteristics of hydrogen－nitrogen－air mixtures at elevated pressures and temperatures[J]. International Journal of Hydrogen Energy, 2021, 34(1): 554－561.

[2]Crowl D A, Jo Y D. The hazards and risks of hydrogen[J]. Journal of Loss Prevention in the Process Industries, 2007, 20(2): 158－164.

[3]Cheng Z, Lin B Q, Ye Q, et al. Influence of geometry shape on gas explosion propagation laws in bend roadways[J]. Procedia Earth & Planetary Science, 2009, 1(1): 193－198.

[4]Mikami M, Matsumoto K, Yoshida Y, et al. Space－based microgravity experiments on flame spread over randomly distributed n－decane－droplet clouds: Anomalous behavior in flame spread[J]. Theoretical and Applied Mechanics[J], 2021, 38(2): 3167－3174.

[5]Wang L Q, Huang Z H, Jin C, et al. Effects of vessel height and ignition position upon explosion dynamics of hydrogen－air mixtures in vessels with low asymmetry ratios[J]. Fuel, 2021, 289: 119926.

[6]Ronaldá Chapman W, Vernoná Wheeler R. VI. The propagation of flame in mixture of methane and air. Part V. The movement of the medium in which the flame travels[J]. J Chem Soc(Resumed), 1927, 2(127): 38－46.

[7]Moen I O, Donato M, Knystautas R, et al. Flame acceleration due to turbulence produced by obstacles[J]. Combust Flame, 1980, 39(1): 21－32.

[8]Ciccarelli G, Fowler C J, Bardon M. Effect of obstacle size and spacing on the initial stage of flame acceleration in a rough tube[J]. Shock Waves, 2005, 14(3): 161－166.

[9]Maeda S, Minami S, Okamoto D, et al. Visualization of deflagration－to－detonation transitions in a channel with repeated obstacles using a hydrogen－oxygen mixture[J]. Shock Waves., 2016, 26(5): 1－14.

[10]余明高，阳旭峰，郑凯，等．障碍物对甲烷/氢气爆炸特性的影响[J]．爆炸与冲击，2018，38(1)：19－27.

[11]温小健，李敏，许幼幼，等．有障碍物半开口管道内氢气燃烧数值模拟研究[J]．火灾科学，2017，26(2)：61－67.

[12]Wang L Q, Ma H H. Explosion dynamics of hydrogen－air mixtures in a flat vessel filled with annular obstacles[J]. Fuel, 2021, 298(4): 120835.

[13]Li Y C, Bi M S, Zhou Y H, et al. Experimental and theoretical evaluation of hydrogen cloud explosion with built－in obstacles－ScienceDirect[J]. International Journal of Hydrogen Energy, 2020, 45(51): 28007－28018.

[14]Sarli V D, Benedetto A D, Russo G. Large Eddy Simulation of transient premixed flame－vortex interactions in gas explosions[J]. Chemical Engineering Science, 2012, 71: 539－551.

[15]Nogenmyr K J, Fureby C, Bai X S, et al. Large eddy simulation and laser diagnostic studies on a low swirl stratified premixed flame[J]. Combustion & Flame, 2008, 156(1): 25－36.

[16]Andrei N. Testing premixed turbulent combustion models by studying flame dynamics[J]. International Journal of Spray and Combustion Dynamics, 2009, 1(1), 39－66.

[17]Lv X, Zheng L, Zhang Y, et al. Combined effects of obstacle position and equivalence ratio on overpressure of premixed hydrogen－air explosion[J]. International Journal of Hydrogen Energy, 2016, 41(39): 17740－17749.

复杂建筑环境下天然气泄漏火灾射流火焰研究进展

孙　晁[1]　燕冰川[1]　陈　健[1]　石胜明[2]

(1. 国家管网集团北方管道有限责任公司，河北 廊坊　065000；2. 北方管道长沙输油气分公司，湖南 长沙　410006)

摘　要：天然气管道连接处失效、管道的意外撞击、施工人员操作不当等均会导致天然气泄漏，极易被引燃从而引发火灾，在复杂的建筑环境下，射流火焰的会直接引燃或因热辐射作用点燃周围易燃物引发衍生灾害，给人民生命财产安全造成巨大威胁。因此，系统研究天然气泄漏火灾射流火焰的燃烧特性，采取相应的风险预防措施，对天然气泄漏火灾的防治至关重要。为此，本文综述了国内外复杂环境下天然气泄漏射流火焰的燃烧特性，包括：火焰形态、火焰温度、火焰辐射等，对未来的天然气安全预防技术以及未来研究的重点提出了建议。

关键词：天然气泄漏火灾；火焰形态；火焰温度；火焰辐射

The Study Progress on Jet Flame of Natural Gas Leakage Fire under Complex Building Environment

Sun Chao[1], *Yan Bingchuan*[1], *Chen Jian*[1], *Shi Shengming*[2]

(1. PipeChina North Pipeline Company, Langfang, Hebei 065000, China;
2. Changsha Oil&Gas Transportation Sub - Company, Changsha, Hunan 410006, China)

Abstract: The failure of the natural gas pipeline, accidental impact of the pipeline, improper operation of the construction personnel will lead to the leakage of the natural gas pipeline, which is easy to be ignited and ignite the combustibles around the pipeline. It will cause a huge hidden danger to people's life and property safety. Therefore, it is very important to study the combustion characteristics of jet flame in natural gas leakage fire systematically. In this paper, the combustion characteristics of natural gas leakage jet flame, such as: flame shape, flame temperature, and flame radiation, in complex environments at home and abroad have been summarized. Some suggestions for natural gas safety prevention technology have been given.

Key words: The leakage fire of nature gas; Flame shape; Flame temperature; Flame radiation

0　引言

天然气属于干气的一种，以甲烷为主要成分，不含或少含杂质，热值高，并且天然气是一种洁净环保的优质能源，几乎不含硫、粉尘和其他有害物质，燃烧时产生二氧化碳少于其他化石燃料，造成温室效应较低。因此，随着城市经济的快速发展，对燃气的需求量越来越大，在天然气开发利用的飞速发展中，城市天然气输送管网越来越复杂。而城镇天然气管道往往分布在人口和建筑集中的区域，并且天然气极易燃烧和爆炸，一旦发生火灾或者爆炸便会在瞬间完成，使人们措手不及，容易失控，从而造成人民的生命财产损失。这就使得城镇天然气成为事故最频发、后果最严重的可燃易爆气体之一。掌握天然气泄漏燃烧及扩散的规律可以对泄漏事故进行准确的预测、评价和控制，从而降低天然气管输事故的发生，以及减少燃气泄漏造成的生命财产损失。对此，国内外学者开展了一系列实验以及模

作者简介：孙晁(1988—　)，硕士研究生，主要研究方向为管道风险评价及完整性管理。E - mail：sunchaosky@163. com

拟来对燃气泄漏火灾的不同方向进行探究。本文将对他们的研究成果进行归纳总结，从城镇天然气泄漏火灾时的火焰形态、火焰温度和火焰辐射这三个角度进行简单的介绍阐明。

1　火焰形态

在评估火灾危险时，预测天花板下火焰长度的变化规律很重要，天花板的热流将在火焰区域急剧增加，火焰可能在可燃天花板上蔓延，但相比于自由轴对称垂直湍流火焰，这一部分的理论研究相对较少，对此 Ding[1] 等人采用积分模型对天花板下湍流火焰径向长度进行了分析研究，将顶棚射流火焰的积分模型与火羽区域的已知结果相结合，发现当火焰尖端刚刚从羽流区域延伸出来时，混合比从天花板下的层流火焰大约 1 到理想的湍流火焰 9.6 不等，为火焰径向延伸提供了解决方案；对于热湍流羽流撞击水平平板所产生的热冲击流的温度分布的研究在早期已经完成，但是其研究主要集中在纯(弱)浮力羽流撞击驱动的热冲击流，也就是水平板远高于火焰尖端的情况。当喷嘴与顶板高度相当时，形成的热冲击流是由强浮力羽流驱动的，在这种情况下，预测火焰在板下的延伸长度是很重要的。对此 Zhang[2] 等人研究了浮力圆射流冲击水平平板时，火焰高度等于或大于平板源高度时，具有较强浮力效应的热冲击流动中火焰的扩展长度和温度分布，基于圆柱或椭圆火焰形状假说对撞击时未燃燃料的估计，提出了预测火焰延伸长度的新关联式。此外，Gao[3] 等人通过一系列实验，对不同火灾位置和高度的天花板下纵向和横向火焰蔓延形状进行了研究和物理解释。通过简单的量纲分析量化了总火焰延伸，发现在不同的火焰位置和放热速率下，水平火焰在纵向和横向上的表现不同。当火焰位于纵向中心线时，在天花板下形成的火焰形状基本为圆形。而与侧壁齐平时，则为半椭圆，随着热释放速率的增大，椭圆长轴与侧壁平面由垂直变为平行。且水平火焰扩展的大小受空气夹带过程的影响很大；Ji[4] 等人通过一系列实验，研究了两个相邻的具有不同放热率的浮力湍流射流非预混火焰的火焰形状演变，提出了火焰高度和空气夹带的物理模型。所提出的模型可以同时应用于相同及不同热释放速率的两种火灾问题，此外他们提出的火焰高度和整体吸气量计算方法较为新颖，可为研究多种不同热释放速率组合火焰的燃烧行为提供参考；在射流火焰冲击过程中，火焰扩展面积和目标表面的温度分布对确定对流具有重要意义，对此 Wang[5] 等人通过物理分析，建立了一种将 Karlovitz 拉伸因子和喷嘴出口直径与出口板间距之比耦合的新相关性，以预测垂直和水平射流火焰冲击的火焰延伸面积；Ji[6] 等人研究了来自平行于侧风排列的两个丙烷燃烧器的浮力湍流扩散火焰的相互作用行为，如图 1 所示。他们发现在给定的燃烧器间距下，火焰倾斜程度随着风速的增加而增加，导致汇合点位置逐渐减小。并且开发了一个预测侧风下火焰长度的分段函数，该函数涉及热释放率、燃烧器间距、池大小和侧风速度。温度方面由气体温度等值线得到的火焰长度 $\Delta T=250℃$ 是可靠的。随着侧风速度的增加，火焰倾斜的程度和下游区域的气体温度都在增加，导致向附近能源负荷的强烈传热。这项工作的发现对于能量负荷的优化安排具有潜在的实际应用价值，可以预测可能的威胁，并确定必要的安全距离，以防止多重火灾的破坏。

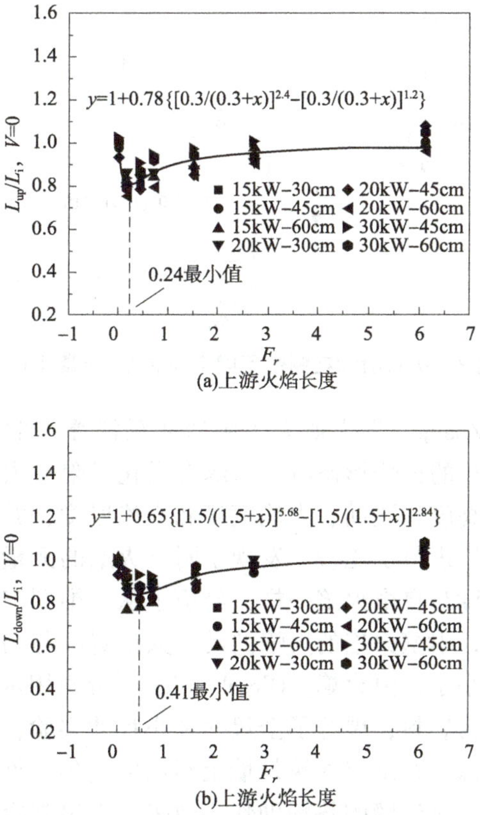

图 1　归一化非融合火焰长度之间的关系 $L_n/L_{i,v=0}$

针对附壁射流火的火焰高度问题，Tao[7] 等人研究了不同顶棚高度下浮力控制的靠墙喷射火焰的火焰长度，将独立火灾的经典火焰长度评估模型扩展到墙壁和天花板边界火灾，如图 2 所示。对实验结果进行回归分析，并与已有的相关系数进行比较。发现壁面和天花板边界射流火焰的总无量纲火焰长度可以使用一个天花板高度的函数系数与无量纲热释放率的幂函数相关联。此外，他们[8]还研究了侧壁和后壁对不同侧壁间距下不同放热率射流火焰虚拟起源的影响，浮力控制射流火焰的虚拟原点总是大于0，随着侧壁间距 L 的减小而增大，并且虚拟原点随着放热速率的增加而增大。

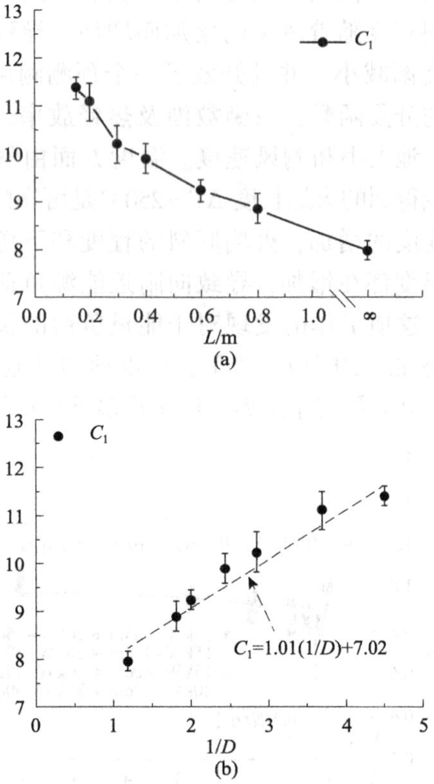

图 2　所有喷嘴在侧壁不同空间的 C_1 无量纲相关

Zhang[9]等人研究了附壁非预混浮力驱动湍流火焰的火焰形态特征，综合量化了附壁火焰的火焰高度和波动、火焰宽度和火焰厚度，并与自由火焰进行了比较。发现了附壁火焰的无量纲火焰高度与自由火焰一样，经历了从二维到三维的过渡，附壁火焰的火焰波动和火焰宽度与高度之比均小于自由火焰。Oleszkiewicz[10]分别用木垛和丙烷为燃料，展开了全尺寸和小尺寸实验，研究了外部火在高层建筑外墙上竖向的蔓延特性，和外部火对外墙的热辅助作用效果。得出判定外墙火灾最合适的方法是通过全尺寸实验，当火源的热释放速率一定时，羽流火焰的强度受窗口尺寸影响，而羽流火焰的形状则由窗口的宽度与高度之比决定。

可以发现，前人针对火焰形态的研究，多针对复杂建筑模型开展，分别建立了各种火焰形态特征模型，此类模型各有特点，又无法统一。然而，我们可以发现，多数火焰形态特征变化均与空气卷吸速率密切相关，因此可以由空气卷吸系数分析切入，深入分析空气卷吸速率变化，建立适用于多数建筑边界条件的火焰形态特征模型。

2　火焰温度

射流火焰的温度基本上是以温度三段模型为基础进行分析的，此模型在多方面进行了应用。Gao[11]等人通过缩比隧道模型实验，探讨了累积热上层对浮力驱动热流的最高天花板气体温度的影响，他们发现随着火源与最近侧壁之间距离的减小，最大超温变化不大，直到火焰与侧壁平齐，最高天花板气体温度显著升高。随后，研究人员引入了一个改进的虚点源概念，用于计算天花板下方存在热流层时的最高天花板气体温度。在实验数据和理论分析的基础上，分别对与侧壁不接触和与侧壁平齐的火灾，提出了虚拟火源位置的关联式，并通过理论分析得到虚拟原点高度是修正的无量纲放热率和火源到最近侧壁的无量纲距离的函数；这在后期也应用到了射流火焰温度分布的模型改进过程中。Zhou[12]等人在全尺寸隧道中进行了一系列不同横向火灾位置的试验和模拟，研究了横向火灾位置对射流火焰温度分布的影响，并将模拟结果与以往的足尺试验和模型试验结果进行了综合比较，他们发现侧壁的约束作用对冲击点处的温升有显著影响。该温升可通过指数函数与火灾至隧道壁的水平距离相关。然而在给定位置，壁面约束对归一化撞击天花板射流温升的影响似乎与火灾的热释放速率无关；上述研究对天然气射流火焰的研究也有重要的参考价值。前人在空气中射流火焰方面进行了一些积极的研究，但是结果缺乏对这两种情况下的冲击传热分布的适当比较，对此 Kadm[13]等人使用 CFD 软件模拟，对冲击火焰射流和冲击空气射流的换热分布进行了比较，为物理解释提供了依据。此外，还对射流进行了尺度分析，以解释各种力的作用及其对传热分布的影响。在火焰前表面燃烧后，射流速度增加，尤其是在燃烧器尖端撞击板的位置与燃烧器直径比值 $Z/d=2$ 时，火焰射流的传热分布高于空气射流。当 $Z/d=4$ 和 6 时，低雷诺数滞止区的空气射流和火焰射流努塞尔数之间有相当好的匹配；在远离滞止区的情况下，火焰射流努塞尔数始终高于空气射流的努塞尔数。火灾探测技术的发展总是建立在对火灾动力学的良好理解之上，Shi[14]等人通过全尺寸实验、理论分析、CFD 模拟建模，对大型空间火灾羽流的流动性进行了研究得到了关于各区域中心温度的基本数学方程，给出了线性羽流区和轴对称羽流区的虚拟原点位置，提出了泄漏羽流从二维线性羽流到轴对称羽流区的临界过渡高度，最后提出了泄漏羽流中心线温度的双部分预测模型。唐飞[15,16]等人通过小尺寸模型，研究了火焰的温度在竖向上的分布情况，基于羽流火焰理论，提出了虚点源的概念，并应用于温度拟合中，其结果为建立外壳内和外墙上的气体温度以及喷射火焰高度的科学建模方法奠定了基础。上述 Wang[5] 等人的射流火焰撞击实验还发现了撞击区最高温度随出口板间距的变化仍然符合连续火焰和间歇火焰中心线温度的经典关联式。

可以发现，若要建立开放空间射流火焰的温度分布模型，多基于温度分布三段模型展开。一旦涉及顶棚射流，因情况多变，又相对复杂。目前尚未建立统一的预测模型体系，需要继续开展大量实验，从中寻找普适性规律。

3 火焰辐射

陈爱平[17]通过小尺寸实验，研究了窗口羽流火焰对外墙的热辐射效果。崔嵛[18]通过一系列实验，研究了在临近壁面火条件下对外墙的热辐射行为，通过改变油盘尺寸、形状以及到外墙的距离等因素，得到了热流强度分布与火源的热释放速率及火焰高度之间的关系式。Oleszkiewicz[10]的木垛和丙烷燃烧实验还发现了当火源的热释放速率一定时，羽流火焰的强度受窗口尺寸影响，窗口越高，火焰离外墙越远，进而减弱了外部火对外墙的热辐射作用。Schefer[19]等人通过大型垂直火焰实验（图 3、图 4）发现辐射分数与火焰停留时间呈良好的线性关系，与非烟熏碳氢火焰一致，但在固定停留时间下 H_2 火焰的辐射分数几乎低两倍。结果证明这种相关性可用于预测各种氢火焰的辐射热通量，并为预测意外释放火焰的特性奠定了基础。

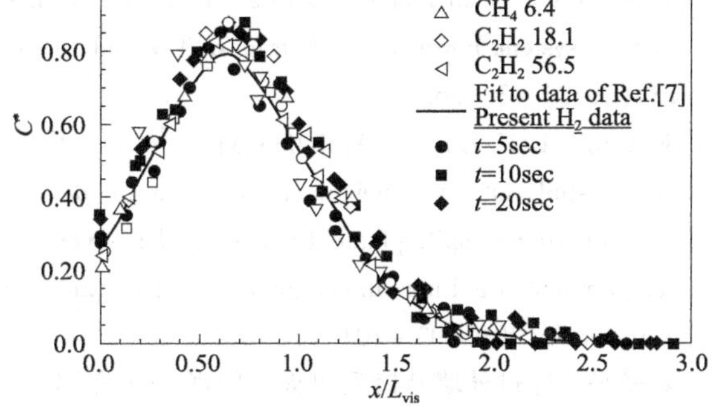

图 3　沿着湍流氢射流火焰中心线的归一化辐射热流的分布

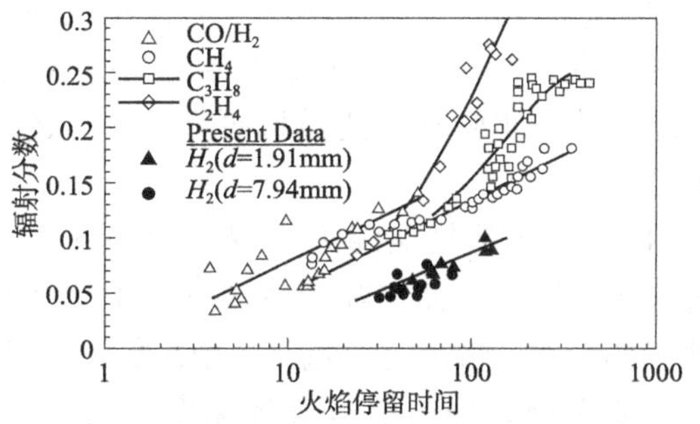

图 4　辐射分数作为火焰停留时间的函数

Wang[20] 等人采用开源 CFD 代码 FireFOAM 来研究氢和甲烷喷射火焰的辐射特性，模拟了六种欠膨胀氢气和甲烷喷射火灾。为研究地表反射率对辐射分数的影响，模拟了四种不同地表反射率的情况，预测结果表明，地表反射率对射流火的地表发射功率影响不大。辐射分量从 0.168 到 0.176 波动，接近 Ekoto 等人根据其测量结果分析得出的 0.16 的建议值。此外，它们似乎对地表反射率比地表发射功率更敏感。地表反射率的增加不会导致地表发射功率和辐射分数的线性增加。Kumar[21] 等人进行了液化石油气同轴扩散火焰实验。研究了 N_2 添加量和钝体几何形状对火焰长度、SFLF、气体温度、辐射分数和惰性添加排放水平的影响。结果发现随着 N_2 的加入，辐射分数逐渐降低。相反，随着唇板厚度的增加，辐射分数显著增加，这可能是由于诱导期缩短所致。Palacios[23] 等人进行了长度达 10.3 m 的垂直丙烷喷射火焰实验，发现了火焰的几何特征和热特性取决于燃料条件：燃气喷射火焰几乎透明，燃烧非常好，大部分热量通过对流释放；相反，在两相流喷射火焰中，燃烧较差，火焰更明亮，辐射强度明显更高。800K 等温线最能确定喷射火焰的轮廓。尽管热辐射强度随着距离火焰的距离而迅速降低，但在短距离内，其可能会非常高，为了进行风险分析，需要在该区域进行准确预测。

辐射分数模型多是基于固体辐射理论拓展而来，上述模型是以火焰形态分析为主。近年来，有部分工作以层流燃烧速度、碳烟生成速率和碳烟运动速率为基础，开展射流火焰辐射分数分析，此类分析多适用于不同燃料种类，针对复杂建筑环境的适用性还有待商榷，需要开展相关实验展开验证。

4 结论

天然气安全是天然气生产、运输、使用的重要保障，而天然气泄漏火灾是影响天然气安全的重要因素。目前，国内外学者对复杂建筑环境下天然气泄漏产生的射流火焰开展了一系列全尺寸、缩尺寸的实验和数值模拟研究，由上述研究结果可知：

(1)多数天然气泄漏火灾仅考虑一种单一气体对火焰的影响，而实际天然气管道中往往存在多种气体成分(如氮气、氢气、CO 等)，此类气体往往会影响火焰的层流燃烧速度等关键参数，进一步影响火焰形态、火焰温度和火焰辐射等参数的变化。针对复杂建筑环境，可以考虑研究掺混气体射流火焰燃烧特性，并总结其规律。

(2)建筑环境复杂多变，针对射流火焰无法形成统一的预测模型，需要根据复杂环境分别建立相应的理论预测模型。火焰形态与热释放速率之间的关系；基于三段模型和虚点源改进的火焰温度模型，利用固体辐射模型和层流燃烧速度改进的火焰辐射模型。基于上述讨论，可以发现当前研究难以采用一类分析方法建立适用于复杂建筑场景的火焰特性模型。当前研究多利用已有的空气卷吸模型、层流燃烧速度模型、固体辐射模型等已知模型进行改进，因此上述理论需要进一步完善，基于海量的复杂建筑结构下射流火焰燃烧特性分析，阐析其内在规律并构建完善的理论模型。上述分析将对天然气泄漏火灾的风险评估和防治提供强有力的支撑。

参考文献

[1] Haiwen Ding, James G. Quintiere. An integral model for turbulent flame radial lengths under a ceiling. Fire Safety Journal 52(2012)25 – 33.

[2] Xiaochun Zhang, Longhua Hu, Wei Zhu, et al. Flame extension length and temperature profile in thermal impinging flow of buoyant round jet upon a horizontal plate. Applied Thermal Engineering 73(2014)15 – 22.

[3] Zihe Gao, Jie Ji, Huaxian Wan, et al. An investigation of the detailed flame shape and flame length under the ceiling of a channel. Proceedings of the Combustion Institute 35(2015)2657 – 2664.

[4] Jie Ji, Chen Wang, Longxing Yu. Physical models of flame height and air entrainment of two adjacent buoyant turbulent jet non – premixed flames with different heat release rates. Proceedings of the Combustion Institute 38 (2021)4907 – 4916.

[5] Zhenhua Wang, Kuibin Zhou, Le Zhang, et al. Flame extension area and temperature profile of horizontal jet fire impinging on a vertical plate. Process Safety and Environmental Protection 147(2021)547 – 558.

[6] Jie Ji, Bo Li, Huaxian Wan, et al. Gas temperature rise and flame length induced by two buoyancy – controlled propane burners aligned parallel to the cross wind. International Journal of Thermal Sciences 152 (2020)106295.

[7] Changfa Tao, Yaping He, Yuan Zhuang, et al. The investigation of flame length of buoyancy – controlled gas fire bounded by wall and ceiling. Applied Thermal Engineering 127(2017)1172 – 1183.

[8] C. F. Tao, Y. Shen, R. W. Zong. Experimental study on virtual origins of buoyancy – controlled jet flames with sidewalls. Applied Thermal Engineering 106 (2016) 1088 – 1093.

[9] Xiaolei Zhang, Longhua Hu, Michael A. Delichatsios, et al. Experimental study on flame morphologic characteristics of wall attached non – premixed buoyancy driven turbulent flames. Applied Energy 254(2019)113672.

[10] Oleszkiewicz I. Fire exposure to exterior walls and flame spread on combustible cladding. Fire Technology, 1990, 26(4): 357 – 375.

[11] Z. H. Gao, J. Ji, C. G. Fan, et al. Experimental analysis of the influence of accumulated upper hot layer on the maximum ceiling gas temperature by a modified virtual source origin concept. International Journal of Heat and Mass Transfer 84(2015)262 – 270.

[12] Tiannian Zhou, Yaping He, Xiao Lin, et al. Influence of constraint effect of sidewall on maximum smoke temperature distribution under a tunnel ceiling. Applied Thermal Engineering 112(2017)932 – 941.

[13] Anil R. Kadam, Abdul Raouf Tajik, Vijaykumar Hindasageri. Heat transfer distribution of impinging flame and air jets – A comparative study. Applied Thermal Engineering 92(2016)42 – 49.

[14] C. L. Shi, M. H. Zhong, T. R. Fu, et al. An investigation on spill plume temperature of large space building fires. Journal of Loss Prevention in the Process Industries 22(2009)76 – 85.

[15] Fei Tang, Qing He, Fengzhu Mei, et al. Fire – induced temperature distribution beneath ceiling and air entrainment coefficient characteristics in a tunnel with point extraction system. International Journal of Thermal Sciences 134(2018)363 – 36.

[16] F. Tang, L. H. Hu, M. A. Delichatsios, et al. Experimental study on flame height and temperature profile of buoyant window spill plume from an under – ventilated compartment fire. International Journal of Heat and Mass Transfer 55(2012)93 – 101.

[17] 陈爱平．通过外墙开口喷出火焰问题的研究[J]．火灾科学，1998，7(3)：53 – 60.

[18] 崔嵛．竖直壁面条件下常用有机外墙保温材料的火灾行为研究[D]．合肥：中国科学技术大学，2012.

[19] R. W. Schefer, W. G. Houf, B. Bourne, et al. Spatial and radiative properties of an open – flame hydrogen plume. International Journal of Hydrogen Energy 31 (2006) 1332 – 1340.

[20] C. J. Wang, J. X. Wen, Z. B. Chen, et al. Predicting radiative characteristics of hydrogen and hydrogen methane jet fires using FireFOAM. International Journal of Hydrogen Energy 39 (2014) 20560 – 20569.

[21] P. Kumar, D. P. Mishra. Characterization of bluff – body stabilized LPG jet diffusion flame with N2 dilution. Energy Conversion and Management 49 (2008) 2698 – 2703.

[22] A. Palacios, M. Munoz, R. M, Darbra, J. Casal. Thermal radiation from vertical jet fires. Fire Safety Journal 51 (2012) 93 – 101.

针孔型内腐蚀检测与评价技术适用性分析

燕冰川　孙　晁　郑健峰　于智博

(国家管网集团北方管道有限责任公司，河北 廊坊　065000)

摘　要：针对长输油气管道面临的内腐蚀特别是点蚀和针孔问题，总结了国内外油气管道内腐蚀研究现状、主要机理，概括了长输油气管道内腐蚀控制标准和主要的防控技术。针对点蚀和针孔，分别开展了内检测器牵引试验、超声测厚检测试验、压力试验，并对试验数据进行了深入分析，从完整性评价的角度，全方位对点蚀和针孔进行了剖析。在此基础上，提出了国内管道针对内腐蚀防控的合理建议，可为油气管道完整性管理和内腐蚀管理向前发展提供决策支持和技术参考。

关键词：内腐蚀；针孔；牵引试验；压力试验

Applicability Analysis of Detection and Evaluation Technology for Pinhole Internal Corrosion

Yan Bingchuan, Sun Chao, Zheng Jianfeng, Yu Zhibo

(Pipechina Northern Pipeline Company, Langfang, Hebei　065000, China)

Abstract: In view of the internal corrosion, especially the spot corrosion and pinhole problems, the research situation and main mechanism of internal corrosion in domestic and foreign oil and gas pipelines are summarized, and the internal corrosion control standards and the main prevention and control technology are summarized. For the pitting and pinhole, the in – line inspection pull test, ultrasonic thickness measurement test and pressure test were carried out respectively, and the test data were deeply analyzed, and the pitting and pinhole were comprehensively analyzed from the perspective of integrity evaluation. On this basis, reasonable suggestions are put forward for domestic pipeline prevention and control of internal corrosion, which can provide decision support and technical reference for the forward development of oil and gas pipeline integrity management and internal corrosion management.

Key words: internal corrosion; pinhole; pull test; pressure test

1　管道内腐蚀研究现状与主要防控措施

近年来，由于内腐蚀而引发的管道失效事件逐渐显现。部分新建管道尚未正式投产，置放时间较长后，投产阶段即发生内腐蚀穿孔，老龄管道内腐蚀失效更为严重。不仅站外管道，站内工艺管道也多次发生管道内腐蚀泄漏[1]。失效分析表明，泄漏点出现在管道爬坡段和相对位置低点，尺寸很小，不易发现，属于点蚀和针孔范畴。如何发现并防控此类缺陷，风险是否能够承受，承压能力如何，是管道管理者面临和需要解决的难题。

刘贤斌等人对兰成渝内腐蚀进行分析，认为微生物在沉积水中大量繁殖，是成品油内腐蚀的主要成因。陈新华等人指出输送工艺易于形成沉积水腐蚀环境，沉积水腐蚀性较高是造成马惠线内腐蚀严重的主要原因。陈韶华[2]等人认为造成马惠宁管道腐蚀穿孔的直接原因是原油中含有一定矿化度的水，在原油输送过程中逐渐沉积在线路低洼处的管道底部，造成腐蚀穿孔。

欧洲成品油管道的内腐蚀分析认为，水是导

作者简介：燕冰川(1979—　)，工学博士，长期从事长输油气管道的完整性管理工作。E – mail：bcyan@ pipechina. com. cn

致管道发生内腐蚀的主要原因。管道内水的来源主要有两部分：试压过程中的水存留和热油冷却过程中的水析出。腐蚀对于特殊部位，如弯管附近、阀门、低洼管段、站内复杂管网，电化学腐蚀的危害要远高于正常环境，在与微生物腐蚀的综合作用下，这些特殊部位的内腐蚀速率要高于正常环境下的管道几倍甚至几十倍。

若水中同时含有 O_2 和 CO_2 时，管材的腐蚀会更严重。原油中活性硫含量越高腐蚀性越强，活性硫含量不同还会导致在不同温度范围内腐蚀速率随温度变化的敏感性不同。水中对腐蚀起促进作用的有害离子如 Cl^- 含量越高，发生局部腐蚀的概率越高。原油中的杂质较多，沉积后造成氧浓差电池有利于局部腐蚀的萌生，加速腐蚀穿孔[3]。

研究表明由于水和杂质的沉积以及微生物的活化，油管在静止状态下比有油流时腐蚀更严重。其次是输送温度，输送温度越高腐蚀性越强。如果确认管道内部腐蚀活性点主要分布在管道顶部位置，则考虑管道内部腐蚀活性点增长原因可能是由于段塞流在气液交界处形成的汽蚀造成。

目前国内针对内腐蚀控制的标准有，GB/T 23258—2009《钢制管道内腐蚀控制规范》(采标NACE SP0106—2006《Control of Internal Corrosion in Steel Pipelines and Piping Systems》)、SY/T 0087.2—2012《钢质管道及储罐腐蚀评价标准 埋地钢质管道内腐蚀直接评价》。近年来，内腐蚀直接评价技术、内腐蚀监测等已成为研究和应用的热点，但效果不理想[4~8]。

管道投产前腐蚀主要是大气腐蚀和试压水清扫不彻底造成的腐蚀。针对管道建设、施工和投产期的内腐蚀防护措施，国内标准没有明确的规定。目前欧洲针对管材大气腐蚀所采取的防护措施主要有三种，分别为封闭存放、应用气相缓蚀剂和防锈油。针对因施工原因产生的杂质问题，目前欧洲通常采用严格的建设施工标准和监管措施，用行政手段去抑制施工杂质的导入[9]。

运营期管道内腐蚀控制措施主要包括：控制腐蚀介质、加强清管频次、添加缓蚀剂、使用内涂层和耐蚀合金等，目前国内标准只针对油品本身有质量要求，尚缺乏针对腐蚀介质的控制指标。国外成品油管道运营公司为应对内腐蚀主要采取措施有投注缓蚀剂(杀菌剂)、主动杀菌设备、内涂层、油品脱水、清管等。从源头上控制油品中水含量也是降低内腐蚀有效的方法，但是对油品进行脱水处理成本较高，不易实现。

2　内检测技术对点蚀的适用性

近年来，针孔内腐蚀已成为导致管道失效的重大本体风险因素，针孔内腐蚀缺陷难于检出，缺陷探测技术指标有待明确。为了验证漏磁内检测器对点蚀的适用性，有必要开展牵引试验。本次牵引试验以近期管道上实际出现的失效案例为基础，加工了包括针孔、小尺寸点蚀($\leqslant 2A \times 2A$)、焊缝异常、补焊特征等非常规的缺陷(特征)，旨在评估现有(漏磁)内检测技术对此类缺陷的检测能力，评估常规的尺寸量化模型的适用性。由于涉及检测商的检测能力评价，因此以下部分对不同检测商采用A、B、C、D和E代称。加工的缺陷大多数位于各检测商公布的检测性能指标之外，只有A、B、C三家给出了部分尺寸范围的检测性能指标，对该部分按照SY/T 6597内检测系统的鉴定进行了评价。对于性能指标之外的缺陷仅作概要的统计分析，评估现有技术现状及改进方向。针孔内腐蚀形貌及检测边界曲线如图1所示。

通过查看检测数据，显示目前各检测公司信号通道数72～120。通道数与信号的环向分辨率相关，对于针孔、轴向沟纹等缺陷影响较大，通常来说环向通道数越多，可检测的缺陷尺寸(面积)就越小，这一点从各家报告的针孔、环向沟纹数量得到一定的验证。

由图1综合各公司点蚀、针孔的检测报告情况分析可知，检测边界线对于大部分公司，≥4mm的缺陷具有较好的检出率。对于直径小于4mm的，深度如果超过40%或者60%也有可能探测到。对于检出率各家公司最高相差10%左右，总体检出情况较为接近，应该代表了目前漏磁内检测技术的整体水平。

对于点蚀，本次试验共加工33处，直径10～20mm。检出率方面，A、B、C、D均全部检测到，检出率100%，E公司报告32处，检出率97%，可以认为五家公司对于缺陷的检出占比基本一致。深度偏差方面，偏差±10%wt以内的C公司占比最高26/33，其次是E公司19/33，A公司18/33，B、D公司12/33。报告结果显著偏低，且分散性较大。

以上牵引实验的结果表明，针对点蚀和针孔型的腐蚀缺陷，各家检测公司的检出率和检测精度存在一定的差异，应根据实际管道的内腐蚀情况选择合适的检测公司。

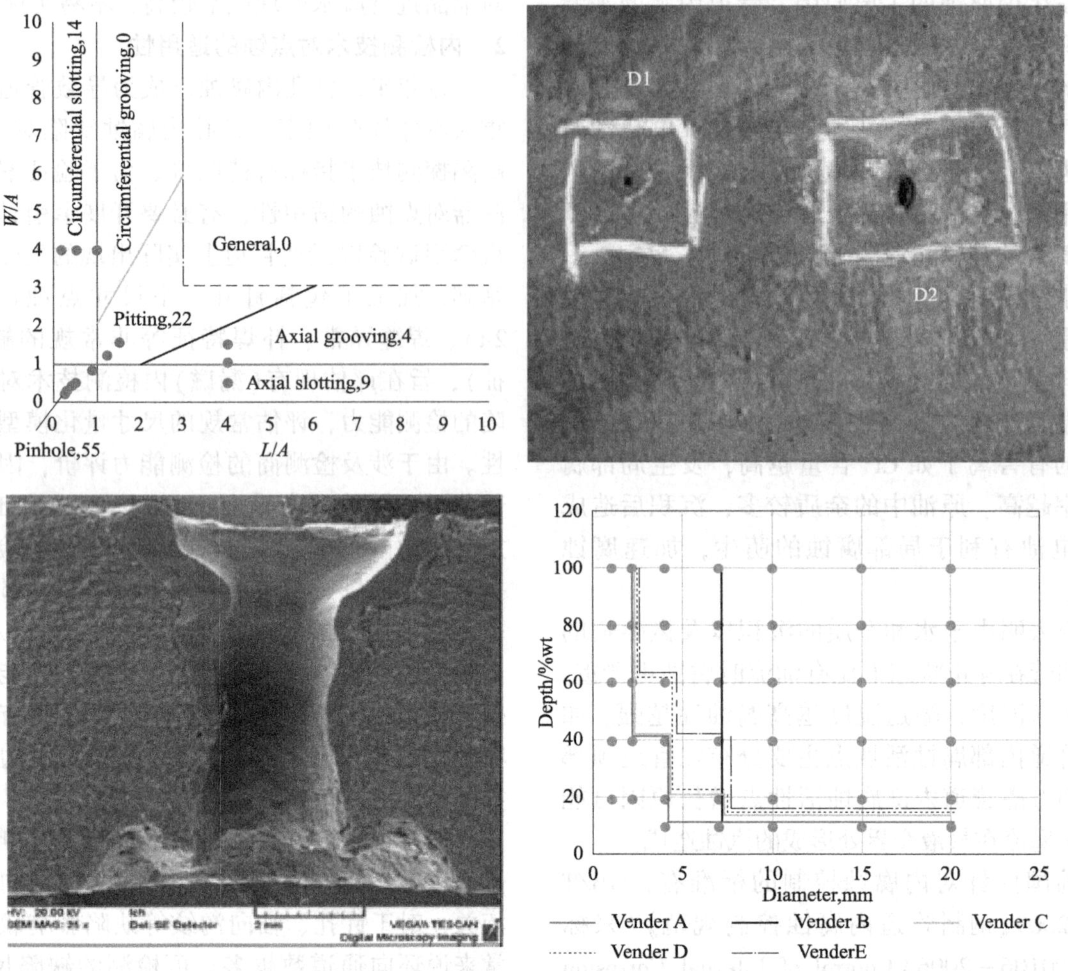

图 1　针孔内腐蚀形貌及检测边界曲线

3　外检测技术对针孔及点蚀的适用性

超声测厚仪是目前应用于内腐蚀深度检测最常用的工具，超声探头最小直径为 6mm，测量的是探头覆盖面的平均壁厚。对于尺寸较大(1cm)的点蚀，在已知存在缺陷的情况下，内腐蚀定位和检测困难，对于针孔缺陷(人造 5 处)，在已知准确位置情况下，需调整测厚仪参数才可检测出。

针对某条管道内腐蚀，截取长度 48.6cm，点蚀坑数量共 38 个。采用深度规测量每个点蚀坑的深度，并采用直尺测量点蚀坑的长度和宽度，然后采用内腐蚀开挖验证常用的超声波测厚仪，从管道外壁测量每处点蚀位置的壁厚最小值，测量结果偏小。差异大部分在 10% 以上，均值为 18.74%，如图 2 所示。

分析表明，在实际内部缺陷测量过程中，特别是对于尺寸较小缺陷，需要考虑超声测厚的技术局限性，在缺陷是否需要修复的评价参数选取中，应适当增加缺陷的深度尺寸，确保遗漏高风险针孔型缺陷。同时，对于内检测点蚀和针孔型缺陷，应探索采用技术水平探测精度更高的外检测技术，或在一个位置进行多次测量，同时，在绘制网格确定测点的时候，网格需要根据缺陷尺寸更精密，以获取更为准确的内部缺陷尺寸和形貌。

图 2　内腐蚀的超声测厚试验

4　压力试验

为了加深对点蚀或针孔内腐蚀的认知，开展了 6 次水压试验，包含 5 次人造缺陷和 1 次真实缺陷。缺陷直径为 5mm，缺陷深度情况如表 1 所示。

表1　水压试验缺陷位置及深度

试验序号	缺陷性质	位置	数量/处	深度(壁厚%)
1	人造缺陷	外部	3	60%/70%/80%
2	人造缺陷	外部	3	60%/70%/80%
3	人造缺陷	内部	3	60%/70%/80%
4	人造缺陷	外部	1	90%
5	人造缺陷	外部	3	90%
6	真实缺陷	内部	41	最深45%

典型的人造缺陷形貌和打压后开裂情况以及试验时压力曲线如图3所示。六次压力试验均打压到18MPa以上，管体发生明显屈服。

(a)典型缺陷

(b)压力试验管道在焊缝处开裂

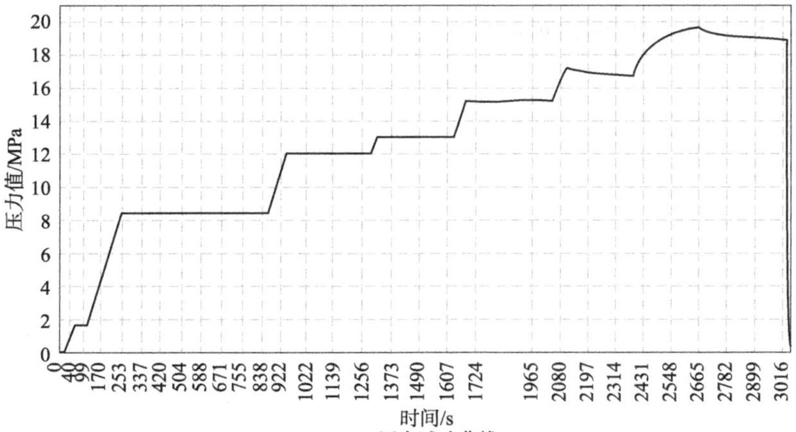

(c)压力试验曲线

图3　内腐蚀的压力试验

打压试验压力远超现有标准评定的缺陷安全压力。根据ASME B31G—2012《腐蚀管道剩余强度评价手册》的方法，结合早期ASME B31G的方法，对打压试验中所有缺陷，评定的人造缺陷最大爆破压力为12.83MPa，最大安全压力为9.22MPa，评定的真实缺陷的最大爆破压力为12.74MPa，最大安全压力为9.17MPa。发生的两次打爆均为焊接缺陷管段的焊缝，此两处焊缝均为试验场现场焊接，焊接条件较差，焊接工艺也与在役管道焊缝不同。

现有金属损失安全评价公式均来源于ASME B31G或与其类似，其公式参数来自国外公司及行业机构的真实打压试验，属于行业认可的评价方法，但主要适用于一般类型的腐蚀缺陷。此次一系列水压试验表明针孔类型的小尺寸金属损失缺陷比一般类型的金属损失缺陷承压能力强。

5　结论和建议

通过检测信号通道间隔、采样频率设置和磁化水平等研究，制定了针孔内检测最佳实践方案，首次明确了针孔内腐蚀内检测技术指标。漏磁内检测对点蚀和针孔型内腐蚀的检出率在70%左右，检测误差在10%以上，应结合牵引实验结果对不同的检测管道选择合适的内检测提供商。超声测厚外检测技术对于点蚀或针孔适用性差，检出率低且给出缺陷深度普遍低于实际尺寸，应探索采用技术水平探测精度更高的外检测技术，或在一个位置进行多次测量。同时，对内部缺陷外检测，检测网格需要根据缺陷尺寸变小更加密集，以获取更为准确的内部缺陷尺寸和形貌。针孔内腐蚀内、外检测技术指标，均依托于现有技术水平，随着传感器技术、电子信息技术以及数据分析技术的不断升级，检测技术也将随之不断精准。

针孔类型的小尺寸金属损失缺陷比一般类型的金属损失缺陷承压能力强，现有缺陷评价方法不能解决针孔缺陷的适用性评价问题。通过打压试验并不能评估并消除针孔缺陷风险。针孔缺陷主要风险在于快速发展至泄漏，由于针孔泄漏量较小，很难在短时间发现，长时间发展后更容易造成环境风险，需要进一步研究失效机理从源头防治，同时对于在役管道，需进一步提高检测技术精度，及时进行检测评价与修复工作。

参考文献

[1]张艳玲，黄贤滨，叶成龙，等. 基于多相流模拟的原油输送管道内腐蚀预测[J]. 油气储运，2016，35(1)：43－46.

[2]陈韶华，刘志刚. 马惠宁输油管道内腐蚀机理研究[J]. 油气储运，2000，19(7)：35－38.

[3]Been J，Place T D，Holm M. Evaluating Corrosion and Inhibition Under Sludge Deposits in Large Diameter Crude Oil Pipelines[C]. CORROSION 2010，paper no. 10143，Houston，TX：NACE，2010.

[4]高强，费雪松，罗鹏，等. 干气管道内腐蚀直接评价方法与应用[J]. 油气储运，2011，30(12)：913－916.

[5]罗鹏，赵霞，张一玲，等. 国外天然气管道内腐蚀直接评价案例分析[J]. 油气储运，2010，29(2)：137－140.

[6]杨雪，吴先策. 液体石油管道内腐蚀直接评价方法[J]. 管道技术与设备，2011(2)：48－50.

[7]刘刚，董绍华，付立武. Microcor内腐蚀监测在陕京输气管道中的应用[J]. 油气储运，2008，27(1)：41－43.

[8]王丽元. 含水原油管道内腐蚀寿命预测方法与试验研究[D]. 北京化工大学，2013.

[9]燕冰川，刘猛，冯庆善，刘文会，陈洪源. 长输油气管道内腐蚀研究进展[J]. 管道技术与设备，2016(6)：40－42.

长输油气管道内腐蚀全生命周期防控体系

燕冰川

（国家管网集团北方管道有限责任公司，河北 廊坊　065000）

摘　要：针对长输油气管道面临的内腐蚀问题，从输送介质、管材成分、输送工艺等方面对管道内腐蚀影响因素进行了分析。结合国内外调研情况，概括了长输油气管道投产前及运营后内腐蚀控制理念、标准和主要的防控措施，运营期防控措施包括清管、缓蚀剂、杀菌剂等。并对内腐蚀检测监测和直接评价技术现状进行了阐述，可以为油气管道完整性管理和内腐蚀管理向前发展提供决策支持和技术参考。

关键词：油气管道；内腐蚀；内腐蚀防控

Corrosion Prevention and Control Strategy in the Whole Life Cycle of Oil and Gas Transmission Pipeline

Yan Bingchuan

（Pipechina Northern Company，Hebei Langfang 065000，China）

Abstract：In view of the internal corrosion problem faced by long – distance oil and gas pipeline，the influencing factors of pipeline internal corrosion are analyzed from the aspects of transmission medium，pipe composition and transmission technology. Combined with the investigation at home and abroad，the internal corrosion control concept，standards and main prevention and control measures of long – distance oil and gas pipeline before and after operation are summarized. The prevention and control measures during operation include pigging，corrosion inhibitor，bactericide，etc. The current situation of internal corrosion detection，monitoring and direct evaluation technology is described，which can provide decision support and technical reference for the development of oil and gas pipeline integrity management and internal corrosion management.

Key words：Oil and gas pipelines；Internal corrosion；Internal corrosion prevention and control

1　引言

美国运输部统计表明，2002—2008 年间美国天然气输送管道由内腐蚀导致的事故比外腐蚀导致的事故比例要高，天然气管道的事故大多都是由内腐蚀造成的，在管道的服役后期，天然气管道的内腐蚀问题比液体管道要严重，而且一旦发生事故，都是灾难性的。

美国石油协会（API）的数据显示腐蚀原因占危险液体管道（原油和成品油管道）事故的 24%，其中内腐蚀占 57%。美国管道和危险材料安全管理局（PHMSA）统计的 1998—2008 年危险液体管道的主要事故中，从 20 世纪 80 年代开始每十年的内腐蚀相关的事故平均数逐渐升高，可能是由于管道设施随时间老化造成的。

欧洲成品油管道也存在内腐蚀问题。在管道运营的中后期，内腐蚀速率会呈现出逐步加速的趋势，在特殊管段甚至会造成腐蚀穿孔的严重后果。近年来，国内长输油气管道由于内腐蚀而引发的管道失效事件逐渐显现。部分新建管道尚未正式投产，置放时间较长后，投产试压阶段即发生内腐蚀导致的泄漏，老龄管道内腐蚀失效更为严重。不仅站外管道，站内工艺管道也多次发生

作者简介：燕冰川（1979—　），博士，高级工程师，从事长输油气管道的完整性管理工作。E – mail：11021985@qq. com

管道内腐蚀泄漏。2009年以来，仪长线长兴、岚山、仪征和石埠桥，新大线新港，马惠宁线洪德站等相继发生了由于管道内腐蚀造成的管道泄漏[1]。同时，随着检测技术的发展，特别是内检测技术的广泛应用，管道内腐蚀现象越来越为管道管理者所重视。长输油气管道的内腐蚀已经严重威胁到管道安全运行，必须开展内腐蚀防控技术研究，将已大量存在内腐蚀风险减缓到可控范围内，保证管道的安全运行。

2 管道内腐蚀原因分析

2.1 研究现状

陈韶华[2]等人在2000年对马惠宁管道内腐蚀进行研究，认为造成管道腐蚀穿孔的直接原因是原油中含有一定矿化度的水，这部分水在原油输送过程中逐渐沉积在线路低洼处的管道底部，造成腐蚀穿孔。陈新华等人在2013年针对马惠线存在的严重内腐蚀情况，通过输送工艺分析结合严重腐蚀管段腐蚀失效分析，指出输送工艺易于形成沉积水腐蚀环境，沉积水腐蚀性较高是造成内腐蚀严重的主要原因。刘贤斌等人对兰成渝内腐蚀进行分析，认为微生物在沉积水中大量繁殖，是成品油内腐蚀的主要成因；投产前的除水情况和管道建设施工阶段的内壁防腐情况也是影响管道内腐蚀的重要原因。统计表明20%～30%的管道腐蚀与微生物有关。

欧洲成品油管道的内腐蚀分析认为，水是导致管道发生内腐蚀的主要原因。管道内水的来源主要有两部分：试压过程中的水存留和热油冷却过程中的水析出。腐蚀对正常环境下的管道内表面造成的损伤并不严重，甚至可以忽略，但是对于特殊部位，如弯管附近、阀门、低洼管段、站内复杂管网，电化学腐蚀的危害要远远高于正常环境，与微生物腐蚀的综合作用下，这些特殊部位的内腐蚀速率要高于正常环境下的管道几倍甚至几十倍。

欧洲鲁尔油气公司的调查统计表明，管道内壁的微生物腐蚀多发生在站内复杂管网的特殊部位(如弯头、弯管、阀门等)和干线易积液部位(U形或V形管段底部)，并且在管道运营的中后期，微生物腐蚀也具有逐渐加速的趋势。

2.2 内腐蚀主要影响因素

管道内腐蚀主要受到输送介质、管道材料化学成分(组织结构和表面状态)和输送工艺等方面的影响。油气中水及其溶解物的影响，材料不接触电介质溶液不会发生电化学腐蚀，油气中水含量越高，水的析出几率越高，发生腐蚀的概率越高。水中溶解氧、H_2S、CO_2等阴极去极化剂含量越高腐蚀性越强。若水中同时含有O_2和CO_2时，管材的腐蚀会更严重[3]。原油中活性硫含量越高腐蚀性越强，活性硫含量不同还会导致在不同温度范围内腐蚀速率随温度变化的敏感性不同。此外水中含盐量越高电导率越高腐蚀性越强。水中对腐蚀起促进作用的有害离子如Cl^-含量越高，发生局部腐蚀的概率越高。原油中的杂质较多，沉积后造成氧浓差电池有利于局部腐蚀的萌生，加速腐蚀穿孔[4]，研究表明污泥的存在加速了管道腐蚀，污泥的化学成分和含水量对缓蚀剂的选择有重要影响[5]。沉积水中微生物的含量越高腐蚀性越强。

钢管的材质与制造因素是管道腐蚀的内因，特别是钢材的化学组分与组织结构，长输管线所用材料一般是低碳钢，如果材料中非金属组分含量高，如S、P等易发生腐蚀，加入微量镍、铜、铬可提高抗腐蚀性[6]。金属中的MnS、Al_2O_3和SiO_2等非金属夹杂，由于其结构、硬度和可塑性等与基材不一致，会影响材质表面氧化物层和腐蚀产物层的致密性。保护性膜的破裂点或不致密处，很可能成为点蚀或区块状腐蚀的腐蚀源，促进局部腐蚀的发生[2]。

对管道内腐蚀来说存在一个最优的输送流速，水分离析出的几率随着输送流速的下降而升高，油水分离在湍流的情况下很少发生。流速的下限应使杂质悬浮在管输介质中，使管道内积存的腐蚀性杂质最少；流速范围的上限，应使磨蚀、冲蚀和汽蚀为最小。应尽量避免间歇流，因为间歇流在停流期间，在管底沉积的水或沉积物(如腐蚀产物固体颗粒、泥沙、灰尘、垢等)会形成垢下腐蚀，并形成蚀坑[7]，如果避免不了应控制管输介质的流速足以冲扫掉间歇期间聚集在管内低处的水和沉积物。研究表明由于水和杂质的沉积以及微生物的活化，油管在静止状态下比有油流时腐蚀更严重[8]。其次是输送温度，输送温度越高腐蚀性越强，国产原油稠油较多，需要加热输送，介质输送温度较高，更容易受到腐蚀。如果确认管道内部腐蚀活性点主要分布在管道顶部位置，则考虑管道内部腐蚀活性点增长原因可能是由于段塞流在气液交界处形成的汽蚀造成。

管道建设施工期间，应采取必要的防腐措施防止管道内壁发生腐蚀，管道内壁一旦发生腐蚀，腐蚀产物的形成不但影响管输效率，而且腐蚀产物具有吸湿作用，促进输送介质中水的析出，从而加快内腐蚀环境的形成，促进内腐蚀。投产前的试压一般采用水压试验，目前只有针对输气管道的干燥要求，输油管道没有明确要求，如果水清除不彻底，残留在管道内壁的水会直接造成管道的内腐蚀。

3 内腐蚀主要防控措施

3.1 内腐蚀防控理念

应开展全寿命周期的内腐蚀防控，在设计阶段可以增加减少腐蚀液体聚积的设施，或者在液体聚积处配备清除装置，还可以在内腐蚀高风险位置设计监测设备。设计应减少设置法兰、盲管段、支管、接头等构成的死端。否则，应设置吹扫、收集或排放装置，定期排放所聚集的腐蚀产物，包括砂砾等。管道建设期也应考虑内腐蚀管控，包括管道最优储存方法、试压前后的最优控制措施等。

任何一种内腐蚀防控措施都不是100%有效的，需要结合检测和监测结果对内腐蚀防控策略进行调整。需要发展腐蚀预测模型，以确定再检测周期，以便提前采取最高效的腐蚀控制策略。

3.2 国内外主要内腐蚀控制标准

目前国内针对内腐蚀控制的标准有GB/T 23258—2009《钢制管道内腐蚀控制规范》和SY/T 0087.2—2012《钢质管道及储罐腐蚀评价标准 埋地钢质管道内腐蚀直接评价》。国外的标准主要有NACE SP0106—2006《Control of Internal Corrosion in Steel Pipelines and Piping Systems》、NACE SP0206—2006《Internal Corrosion Direct Assessment Methodology for Pipelines Carrying Normally Dry Nature Gas》、NACE SP0208—2008《Internal Corrosion Direct Assessment Methodology for Liquid Petroleum Pipelines》和NACE SP0110—2010《Wet Gas Internal Corrosion Direct Assessment Methodology for Pipelines》。GB/T 23258—2009介绍了内腐蚀控制设计准则、内腐蚀监测和检测的规定、内腐蚀控制主要方法如控制腐蚀介质、清管、添加缓蚀剂、采用内涂层和耐蚀合金等的概要及方法实施注意事项。给出了磨损腐蚀的流速计算参考方法，但没有给出具体的腐蚀介质控制指标、清管频次的确定方法以及缓蚀剂的具体加注工艺。SY/T 0087.2—2012《钢质管道及储罐腐蚀评价标准埋地钢质管道内腐蚀直接评价》主要介绍了内腐蚀直接评价的步骤，与NACE中的规定基本一致，但并未规定其具体的操作方法；给出了腐蚀日常维护需要测量的环境和工艺参数及测量方法参考标准，但未规定其控制指标；开挖验证点的选取步骤；采用旁通管内挂片进行腐蚀监测的步骤；管道内防腐层的评价内容；采用超声测厚进行管道内腐蚀深度和面积测量方法(截面/网格法)的步骤等。NACE SP0106—2006标准规定内容与GB/T 23258—2009基本相同，在附录中添加了天然气腐蚀成分的推荐具体控制指标和测量方法，并介绍了各种杂质对内腐蚀的影响分析。NACE SP0206—2006、NACE SP0110—2010和NACE SP0208—2008对于天然气管道、湿天然气管道和液体管道的内腐蚀直接评价技术进行了详细的介绍，并推荐了具体的计算方法和步骤。目前，各管道运营公司通常有企业标准或者技术手册具体指导内腐蚀管理，国外先进运营公司具有相对全面的可操作性强的内腐蚀防控措施，国内公司的技术手册尚存在照搬国标或行标，可操作性差的问题。

3.3 管道投产前控制措施

新建管道内腐蚀防控重在管理措施，预防为主。管道投产前腐蚀主要是大气腐蚀和试压水清扫不彻底造成的腐蚀。针对管道建设、施工和投产期的内腐蚀防护措施，国内标准没有明确的规定。目前欧洲针对管材大气腐蚀所采取的防护措施主要有三种，分别为封闭存放、应用气相缓蚀剂和防锈油。封闭存放是最常用的管材防护方式，在短期内可有效减缓大气腐蚀的速率。封闭存放辅以气相缓蚀剂是最有效防止大气腐蚀的手段，但是成本偏高。防锈油由于成本和污染等原因目前应用逐渐减少。针对因施工原因产生的杂质问题，目前欧洲通常采用严格的建设施工标准和监管措施，用行政手段去抑制施工杂质的进入。

针对试压阶段试压水的管道清扫，国内标准与国外标准有一定差距，需要修订和完善。水压试验应尽可能采用饮用水(市民用水)。饮用水通常已经过滤和处理，并且不含有微生物。建议非饮用水在使用前应该通过细滤网过滤掉固体颗粒物，宜根据水源地的水质确定所需要的处理措施。将水引入管道会产生腐蚀环境，因此应尽量减少水在管道内的存留时间，水如果存留时间较长可考虑使用除氧剂或缓蚀剂。

压力测试完成和验收后，可采用压缩空气或者氮气推进清管器反复地通球推水，直到清不出水为止。为了加快残留水的清除，在运行的清管器之间可以加注甲醇，清扫之后，需采用氮气干燥。

对于延迟投产管道管理维护，国内标准简略，仅要求投产前做试漏检查，存在安全隐患。澳大利亚标准要求延迟投产管道如未扫线，添加缓蚀剂；如扫线，氮气干燥防腐蚀。英国标准 BS PD 8010－1 要求延迟投产管道充氮气保持正压力 0.016MPa，定期进行密封性检查；管道投产结束至运行超过 6 个月，重新进行压力试验。

综上所述，针对国内新建管道内腐蚀管理，提出以下建议：

(1)目前管道建设施工期对管道内腐蚀防护措施不足，应补充完善相关标准中的管理措施。

(2)针对液体管道，为防止内腐蚀可以采取干燥措施，投产时可以采用空管投油的方式投产，在投产前应对管道内的杂质进行彻底的清扫。

(3)针对建设期管线的内腐蚀，在堆放和布管的时候，管道端口加盖管帽防止雨水等腐蚀性介质进入管道，避免造成不必要的腐蚀。

(4)在管道焊接连头前和下管前检查内部的腐蚀情况，若发现明显点蚀现象，应采取切除或者换管等措施。

3.4　在役管道的内腐蚀控制措施

运营期管道内腐蚀控制措施主要包括：控制腐蚀介质、加强清管频次、添加缓蚀剂、使用内涂层和耐蚀合金等，目前国内标准只针对油品本身有质量要求，尚缺乏针对腐蚀介质的控制指标，而且受输送工艺的影响，单纯从腐蚀性组分含量的高低不能判断油气的腐蚀强弱，需要建立结合具体输送工艺的腐蚀性评价方法和准则。国外成品油管道运营公司为应对内腐蚀主要采取措施有投注缓蚀剂(杀菌剂)、主动杀菌设备、内涂层、油品脱水、清管等。从源头上控制油品中水含量(如采用活性氧化铝等干燥剂进行脱水)也是降低内腐蚀有效的方法，但是对油品进行脱水处理成本较高，不易实现。

API 的 PPTS 对管道运营者给出了以下的内腐蚀控制建议措施：

(1)有些运营者通过采用衬里方式，在内腐蚀防控和减缓方面取得了很好的效果，但是这种方法会妨碍内检测的进行；

(2)应该密切监视原油系统的产出量/产量，尽可能保证湍流/紊流，或者在湍流不能实现的情况下应适当增加内腐蚀防控的措施；

(3)应注意监视传输介质的变化，若有必要应依据变化适当改变内腐蚀减缓措施；

(4)应该去除盲管段或者将它与现役管线隔离；

(5)应该在低流速和间歇流的管线采取内腐蚀预防、减缓和监测措施；

(6)内腐蚀可采取如清管、油品处理和安装内衬的防护和减缓措施。

表 1 给出了管道内腐蚀主要导致因素和对应减缓措施，可以看出，清管是最有效的内腐蚀防控措施，可以减缓各种原因导致的内腐蚀，而杀菌剂只能减缓细菌腐蚀，阻垢剂只能减缓固体沉积造成的内腐蚀。选用适用的缓蚀剂也有较好的缓蚀效果。

表 1　管道内腐蚀主要导致因素和对应减缓措施

影响因素	减缓措施			
	清管	缓蚀剂	杀菌剂	阻垢剂
水沉积	√	√		
CO_2	√	√		
H_2S	√	√		
细菌腐蚀	√	√	√	
临界流速	√	√		
固体沉积	√			√
钻井/完井液	√	√		

3.4.1　清管

清管是减缓管道内腐蚀的重要方法，清管不但可以部分清除管道中的沉积水和杂质，清管对减缓微生物腐蚀有非常重要的作用。但是清管器可能将沉积的液体推移到下游从而导致在新位置的腐蚀，此外腐蚀产物可以作为腐蚀阻挡层抑制腐蚀，在某些情况下留在管道上对抑制腐蚀更好。

针对清管频次，巴西石油公司通过管道实际的清管和腐蚀监测，确定了可以减缓管道内腐蚀的清管周期。清管周期的确定，可以选择 1 次/月或者 1 次/年或者其他频率，取决于生产部门和腐蚀控制部门的确定。清出液体和杂质的量可以用来制定以后的清管周期，如果清出的水和杂质的量很高应该间隔 1 周清管一次，然后按照效果调整清管周期。如果清出的量很小，可以采取每隔 1 个月或者 6 个月 1 次的清管周期。

管道内腐蚀主要由于管道内存在腐蚀性介质造成，在地形起伏较大的管段，仅靠清管并不能完全清除沉积水等腐蚀介质，而针对管道内腐蚀介质的清除技术未见报道，美国西南研究院开展了天然气管道残留水位置的检测技术研究，可以实现腐蚀介质位置的检测。

3.4.2 缓蚀剂

将少量物质加入腐蚀环境中，借助该物质在金属表面上发生的物理、化学作用，降低金属材料溶解速度的方法称为缓蚀剂防腐，所加物质即缓蚀剂。欧洲各国输油管道自 1971 年至 2007 年底的泄漏数据统计结果表明，原油管道要比成品油管道更容易遭受内腐蚀的影响，部分内腐蚀严重的管线采用了加注缓蚀剂的防护方法。

缓蚀剂的加注可以采用批量或连续加注，加注量需要考虑管线服役历史、预计含水量、流速、残留浓度和卖方的建议。连续加注适合流量充足和需要持续加注的情况，加注速度要基于管道中水的流量，水流量可以根据两次清除的水量除以时间间隔来计算。

分批量加注适合流量低或间歇流的可通球的管线。加剂量、溶剂、接触时间和加注间隔是主要的缓释效果影响因素。对于不可通球的管线，可以采用段塞的方式加注，不过其效果不如采用两个清管球加注好。

3.4.3 杀菌剂

统计表明 20% ~30% 的管道腐蚀与微生物有关。在埋地管道环境中，最具腐蚀性的细菌是产酸菌(适宜于无氧环境的兼性厌氧菌，但是也可以在有氧条件下生存)。

欧洲的管道研究机构和高校目前已经合成数种杀菌剂并实现工业应用，多个研究机构正在研发利用高频交变电磁场杀菌作用抑制细菌腐蚀的设备，并已取得初步成果。浮游细菌的测量结果显示阳性，不一定预示着有细菌腐蚀。只是意味着可能发生细菌腐蚀。因此细菌含量的测量结果不能作为采用杀菌剂的依据，应该采用腐蚀监测和测量定居型的细菌，才能决定是否需要杀菌处理。杀菌剂加剂量受以下因素影响：管线服役历史，管道中水的预计量、流速、接触时间、杀菌剂对下游的影响和卖方的建议。

仅是为了杀菌添加杀菌剂不一定会减缓腐蚀，杀菌剂局部浓缩会导致 pH 降低从而导致腐蚀。杀菌剂可以批量或者连续加注，批量加注应用更广泛。应保证杀菌剂接触到粘附在管道内壁的细菌，因此在能清管的管道中，可以采用刮板型或者钢丝刷型清管先除去蜡、固体杂质和生物膜，然后批量加注杀菌剂，杀菌剂可能会引起较大的安全环保问题。

3.4.4 净化清除二氧化碳、硫化氢和氧气

可以采用加注胺清除二氧化碳和硫化氢，可以催化燃烧去除氧气。硫化氢或者氧可以通过清洗剂清除。安装加注设备的影响因素有：设备费用、设备安装位置、合适的组分浓度衰减等。可行性受与其他化学剂的兼容性、化学泵设备是否足够满足要求和水化学的影响。

3.4.5 内防腐层和耐蚀材料

对预计腐蚀速率超过容许范围的管道，可采用内防腐层，如内涂层、非金属材料衬里、双金属复合材料，也可直接采用整体耐蚀合金材料。

在欧洲内腐蚀严重的 RRP 成品油管道约 2.3 公里的管段上发现一个内涂层的应用案例。另外，在该管段还发现一例泄放阀的应用案例，目的为排放积液。

内涂层可能会导致在焊缝位置金属裸露，或者在涂层缺陷处形成局部腐蚀环境。涂层缺陷点的位置不好检测，因此需要添加化学剂，内涂层不能用于需要清管通球的管道，因为通球会损伤内涂层。内涂层有时会用来减阻。再有一个优势是，有内涂层的管道水压试压后水分蒸发较快。测试和机器人检测装置在有内涂层的管道内运行更容易。

3.4.6 优化输送工艺

管输介质在输送期间，当其含水量可导致腐蚀时，可采用分离、脱水工艺，降低其含水量。对管道的腐蚀来说存在一个最优的输送流速，管输介质的流速应将腐蚀控制在最小范围，流速的下限应使杂质悬浮在管输介质中，使管道内积存的腐蚀性杂质为最少；流速范围的上限，应使磨蚀、冲蚀和汽蚀为最小。由于水和杂质的沉积以及微生物的活化，油管在静止状态下比有油流时腐蚀更严重。其次是输送温度，输送温度越高腐蚀性越强，特别是含蜡原油，温度高破坏了在管道内壁形成的结蜡层，使得沉积水等腐蚀介质与管壁接触，从而加快腐蚀。而且温度会影响腐蚀产物的致密性从而影响腐蚀速率。对于特定管道，可采用流场模型计算水在油中析出的临界流速，从而降低内腐蚀风险。

3.4.7 死油段和间歇流管道

盲管段内没有油流，或者有间歇流，比正常流动的位置内腐蚀风险更高。API 的 PPTS 统计表明北美地区 2009 ~2012 年的成品油内腐蚀导致的泄漏都发生在间歇流或者死管段管线上。

死油段的内腐蚀风险应该通过制定腐蚀监测和检测计划来评估和确定。如果可行应该对服役中的死油段进行清管。将闲置管道退役可以降低其内腐蚀风险，并省掉其他处理措施

3.4.8　内腐蚀检测与监测技术

图1为腐蚀管道运营商论坛对于腐蚀缺陷的分类，其中小于管道壁厚或者10mm的为针孔，是目前管道内检测的较大挑战。从内腐蚀严重管道切管分析结果来看，管道存在大量的针孔(直径小于1倍壁厚)腐蚀，如何检测并量化针孔腐蚀，是目前管道内腐蚀特别是针孔状内腐蚀主要的检测需求。针孔是目前内检测的难题，尚无特别好的检测手段。

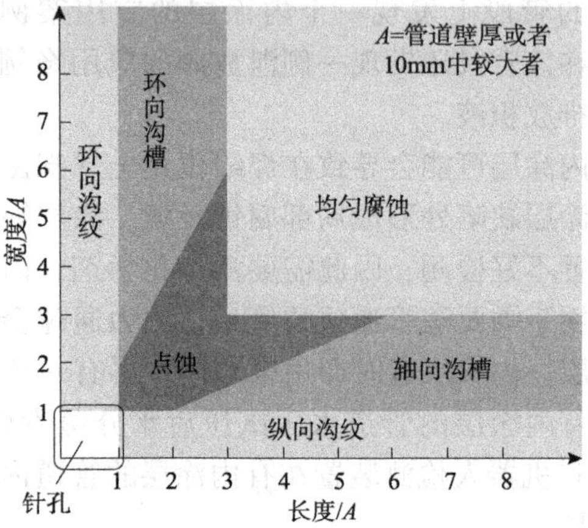

图1　内检测对腐蚀的检测能力

腐蚀监测可以实时掌握腐蚀动态，验证防腐措施的有效性，为腐蚀防治和管理措施的制定提供依据，对腐蚀控制有重要意义[9]。内腐蚀比较严重的油田和石油炼化企业大多采用管内壁挂片或者安装管道内探头的形式检测腐蚀严重区的内腐蚀状态，虽然管道内置腐蚀探头的灵敏度较高，可以反映实际腐蚀情况，但是管道内置腐蚀探头，存在安装技术复杂、安装风险高和对管道运行影响较大的缺点。

从管道外部监测管道内腐蚀的技术，具有安装方便、灵敏度较高、数据采集方便、对管道运行影响小等优点适合用于埋地长输管道，目前主要有超声测厚和场指纹法FSM[10]。腐蚀监测位置一般在管道容易积水的低点，在顶部形成水汽凝结的位置，也需要考虑在顶部位置附近安装腐蚀监测设备，化学添加剂的缓蚀效果验证监测设备需要安装在加剂的下游。

3.4.9　内腐蚀直接评价技术

内检测虽然能够发现内腐蚀，但内检测数据难以获得管道腐蚀速率同输送介质的化学因素及流体力学因素之间的定量关系，无法预测管道的剩余寿命，不能准确制定管线的检验周期[11,12]。近年来，内腐蚀直接评价技术已成为研究和应用的热点，它包括预评价、间接评价、详细检查和后期评价四个步骤，通过流体力学模拟计算可以直接给出管道的内腐蚀高风险位置，结合腐蚀模型预测腐蚀的发展趋势，预测管道的剩余寿命，从而评价管道的完整性，并制定适用于不同类型、不同介质管道的检验周期[13~16]，具有十分重要的意义。NACE也给出了内腐蚀直接评价的标准和推荐方法。正确的流场计算和腐蚀预测模型是保证内腐蚀直接评价结果准确性的重要因素[17]。

液体管道内腐蚀直接评价方法，由于流体计算和腐蚀模型的复杂性，目前应用较少。DNV GL公司开展了相关的研究，开发了内腐蚀直接评价商用软件，在内腐蚀直接评价方面取得了很好效果。科威特石油公司研究人员采用液体石油管道内腐蚀直接评价技术，评价了两种不同管道的内腐蚀情况，通过引入新的点蚀因子建立的腐蚀模型，实现了内腐蚀的准确预测。目前，国内虽然引进并制定了相关的内腐蚀直接评价标准，但该技术的具体应用仍处于研究阶段，在流场计算和腐蚀模型预测方面的技术和经验都明显不足，要实现应用(特别是在液体石油管道上应用)还需进一步研究。

4　结论与建议

目前，国外基本形成了从管道设计、建设施工、投产和运营的全寿命周期内腐蚀控制体系，在内腐蚀防治技术方面有很多成熟的经验可以借鉴。国内只对个别管道的内腐蚀开展了成因分析研究，尚未系统开展从管体内腐蚀情况、管输介质腐蚀性和管输工艺方面综合分析内腐蚀成因的方法。管道投产前和运营后的内腐蚀控制标准和防治技术研究很少。尚缺乏控制腐蚀介质、加强清管和加注缓蚀剂等切实可行的内腐蚀减缓技术具体操作策略。需要开展相关研究，建立基于内腐蚀成因综合分析的内腐蚀高风险点识别技术、内腐蚀检测监测技术和内腐蚀防治技术，为长输油气管道内腐蚀风险减缓控制提供技术支持。

参考文献

[1]张艳玲，黄贤滨，叶成龙，等．基于多相流模拟的原油输送管道内腐蚀预测[J]．油气储运，2016，35(1)：43-46.

[2]陈韶华，刘志刚．马惠宁输油管道内腐蚀机理研究[J]. 油气储运，2000，19(7)：35－38.

[3]马涛，张洪雷．浅谈油气输送管道的腐蚀机理[J]. 化学工程与装备，2009，11：121－123.

[4]Been J，Place T D，Holm M. Evaluating Corrosion and Inhibition Under Sludge Deposits in Large Diameter Crude Oil Pipelines[J]. CORROSION 2010，2010.

[5]Pickthall T W，Duncan T W，Carlysle A W. Predictive Internal Corrosion Monitoring on a Crude Oil Pipeline：A Case Study[J]. CORROSION 2005，2005.

[6]祝馨．长输管道的腐蚀与防护[J]. 石油化工腐蚀与防护，2006，23(1)：51－53.

[7]王芷芳，吕承杰．钢质管道内壁腐蚀的原因及其阴极保护[J]．石油化工腐蚀与防护，2003，20(1)：41－43.

[8]Pickthall T，Morris V，Gonzalez H. Corrosion Monitoring of a Crude Oil Pipeline A Comparison of Multiple Methods[J]. CORROSION 2007，2007.

[9] John S Smart；Thomas Pickthall，Internal Corrosion Measurement Enhances Pipeline Integrity Pipeline & Gas Journal；Oct 2004；231，10；ABI/INFORM Trade & Industry. pg. 28.

[10]段汝娇，何仁洋，杨永，等．管道非破坏腐蚀监测新技术研究进展[J]．管道技术与设备，2014，6：007.

[11]李国美，何仁洋，陈华伟，等．基于流场分析的管道内腐蚀预测及检测技术[J]．管道技术与设备，2009(5)：23－25.

[12]胡松青，石鑫，胡建春，等. 基于 BP 神经网络的输油管道内腐蚀速率预测模型[J]. 油气储运，2010，29(6)：448－450.

[13]高强，费雪松，罗鹏，等．干气管道内腐蚀直接评价方法与应用[J]．油气储运，2011，30(12)：913－916.

[14]罗鹏，赵霞，张一玲，等．国外天然气管道内腐蚀直接评价案例分析[J]．油气储运，2010，29(2)：137－140.

[15]杨雪，吴先策．液体石油管道内腐蚀直接评价方法[J]．管道技术与设备，2011(2)：48－50.

[16]郭秋月，刘磊，郭新锋．天然气管道内腐蚀直接评价方法原理与范例[J]．焊管，2011，34(3)：65－70.

[17]Lagad V V，Srinivasan S，Kane R D. Facilitating internal corrosion direct assessment using advanced flow and corrosion prediction models[J]. CORROSION 2008，2008.

PE 燃气管道的风险评估技术

陈玉宝

(广东省特种设备检测研究院，广东 广州 510060)

摘 要：PE 燃气管道广泛铺设在人口密集的城镇区域，随着服役时间的增长及管道老化等原因，极易导致管道发生燃气泄漏，从而引起火灾、爆炸、中毒等事故，直接危害人们的生命财产安全，给社会带来恶劣影响。通过对燃气管道系统进行风险识别和评估，制订行之有效的降低风险及风险应对措施、完善应急方案体系，从而降低燃气管道事故，保障城镇的用气安全和人民健康。文章首先介绍了燃气管道风险评估的必要性和发展现状，结合现行部分标准详述了风险评估的数据采集，评估管道的分段，风险发生的可能性及风险后果大小的计算方法，最后结合应用案例讨论了 PE 管道风险评估的有效性及发展展望。

关键词：PE；燃气管道；风险评估；数据采集

Risk Assessment Technology of Natural Gas PE Pipeline

Chen Yubao

(Guangdong Institute of Special Equipment Inspection and Research, Guangdong Guangzhou 510655, China)

Abstract: PE pipeline is widely laid in densely populated urban areas. With the growth of service time and the aging of the pipeline, it is easy to cause gas leakage in the pipeline, resulting in fire, explosion, poisoning and other accidents that directly endanger people's life and property safety, and bring bad impact to the society. Through the study of the risk identification and assessment of pipeline system, formulate effective risk reduction and risk response measures to improve the emergency plan system, so as to reduce gas pipeline accidents and ensure the safety of urban gas consumption and people's health. The paper firstly introduces the necessity and development status of the risk assessment of gas pipelines, and then introduces the data acquisition of risk assessment, the section of the assessment pipeline, the calculation method of possibility of risk occurrence and risk result combined with the existing standards. Finally, the effectiveness and development direction of the risk assessment of PE pipelines are discussed combined with application case.

Key words: PE; natural gas pipeline; risk assessment; data acquisition

0 引言

随着我国经济社会的快速发展，城镇燃气管道铺设的里程快速增加。据住建部统计，截至 2020 年底，全国共有燃气管道 86 万公里[1]，其中，约 65% 为 PE 管道。因此保障 PE 管道的安全运行，对于保障城镇燃气管道安全意义重大。我国最早投用的 PE 燃气管道已达 30 余年[2]，随着服役时间的增长，管道老化、施工造成的损伤，加之地基沉降、第三方外力作用，导致管道极易发生燃气泄漏火灾、爆炸、中毒等事故。燃气管道铺设在人口密集、公共设施集中的区域，形成了燃气管道事故的群发性、社会性、突发性、复杂性等特点，又给管道事故的应急救援工作带来了严峻的考验，一旦出现事故，直接危害人们的生命财产安全，给社会带来恶劣影响。最近几年，全国燃气事故频发，安全形势严峻复

作者简介：陈玉宝(1967—)，教授级高工，主要研究方向为压力管道检验检测技术。E - mail：gdchyb@ qq. com

杂，暴露出我国部分企业在燃气管道安全管理方面还存在管道建设行为不规范、运行维护不到位、检验检测不及时、完整性管理滞后等诸多问题。而风险评估就是应对和控制城市燃气系统突发事故的有效方法。对燃气系统进行风险识别、风险评估，制订行之有效的风险应对措施、完善应急方案体系[3]，从而进一步降低燃气管道事故，保障城镇的用气安全和人民健康。。

1 PE燃气管道的风险评估技术

1.1 概念

管道的风险评估是指通过辨识PE燃气管道设计、施工与运行整个系统生命周期中可能存在的危险因素、危险来源、事故类型和后果，建立相应的事故发生可能性与事故严重度的评价因素体系，进而对PE燃气管道的事故发生可能性与事故后果严重度进行计算，得出PE燃气管道系统风险等级和风险值，最后依据相应的风险可接受标准，判断其风险的可接受程度。管道风险评价是管道完整性管理的核心环节之一，是管道管理人员全面了解管道风险的重要手段。

1.2 发展现状

对于工业管道，通常将风险评估技术与检验相结合，形成了基于风险的检验技术（RBI）[4]。美国石油学会（API）率先颁布了RBI检验规范——API 580和API 581。国际上大的检验机构，如DNV、BV等公司都开发了RBI软件，用来定量计算石化装置工业管道的风险。我国也发布了相应的技术标准，《承压设备系统基于风险的检验实施导则》（GB/T 26610.1—2011，GB/T 26610.2～5—2014），合肥通用院等也开发了国内定量、半定量计算软件，并投入使用。RBI检验技术在工业管道方面已经得到了成熟应用。国家市场监管总局也核准了五家检验机构的RBI检验资格。

对于聚乙烯燃气管道，国内外的检验机构还没有发布标准和开发出成熟的计算软件，主要是PE燃气管道失效机理和失效模式与钢质管道不同。成套石化装置中的管道，其失效主要是腐蚀，而PE管道的失效主要是管道老化、第三方外力作用等。尽管PE燃气管道没有标准和成熟的计算软件进行风险计算，但是可以借鉴RBI的思想，对燃气管道进行风险分析和评估，从而，区分不同风险等级的管道，在管理和检验时采取不同的措施。因此相应的在用聚乙烯管道检验和评估标准大都采用了风险评估的技术。

2 评估标准及内容

我国早期投用的燃气聚乙烯管道随着管道老化、施工期损伤、第三方外力作用，导致管道经常发生破裂或穿孔等事故，在我国的广东等地区还出现过白蚁啃食管道造成泄漏的情况。因此，为了改善燃气聚乙烯管道的安全运行状况，有必要对管道进行全面检验，评估其在役安全状况，方便快速采取相关措施进行补救。

2.1 标准介绍

笔者在2014年开始进行在用PE管检验时，由于缺少相应的技术文件和标准，当时仅供参考的规范就是TSG D7004—2010《压力管道定期检验规则—公用管道》，该规范对PE的检验内容讲述得非常少，没有操作性。因此，我们一边制订切实可行的检验方案、一边联合相关单位申请和起草地方标准，经过两年多时间，DB44/T 2033—2017《在用聚乙烯燃气埋地管道定期检验规则》正式发布，随后，上海、山东、安徽、贵州、辽宁等地相继发布了类似的地方标准。上海地方标准《燃气聚乙烯管道定期检验技术规则》（DB31/T 1162—2019），山东地方标准《在役埋地聚乙烯燃气管道定期检验规则》（DB37/T 3702—2019），贵州省地方标准《聚乙烯（PE）公用管道定期检验规则》（DB52/T 1602—2021），辽宁省地方标准《埋地聚乙烯燃气管道定期检验规则》（DB21/T 3486—2021），安徽省地方标准《埋地聚乙烯燃气管道定期检验规则》（DB34/T 4004—2021）。2022年6月中国特种设备检验协会团体标准《在役聚乙烯燃气管道检验与评价》（T/CASEI 006—2022）正式颁布。这些标准的颁布，为PE燃气管道的检验和风险评估提供了依据和方法，有力促进了PE管道风险评估技术的发展。

这些标准，基本规定了根据全面检验结果，综合考虑管道周边的人文、社会和自然环境，以区段为单位对管道进行风险评估[5]。

2.2 数据来源及采集

风险评估前，需要确定数据来源和采集数据。需要采集的基本数据包括：管道建设期数据，有管道制造、设计、安装与竣工等原始数据；管道运行期数据，有管理制度，管道运行维护记录、故障处理记录、泄漏记录、第三方破坏记录、地质灾害记录等；管道检验与评价数据，有年度检查报告，定期检验和评估报告等；社会资源数据，有管道沿线环境、人口密度、管道供应中断的影响范围和程度等。

2.3 区段划分

由于城镇燃气管道通常呈网状铺设，因此在进行风险评估时，应首先确定评估单元。通常采用分区段方式进行评估。关于区段的划分规则，一般按照压力管道压力等级、管材制造情况结合管道安装情况和使用年限进行分段，然后再按照沿线人员密度和沿线建筑物的密度和重要程度再次进行分段。不同的标准，区段的划分可能不同。评估单位应根据管道的总体情况，科学合理划分区段，使得评估结果既有代表性又不会增加特别大工作量。

2.4 风险评估模型的建立

应根据燃气管道失效可能性和失效后果建立半定量风险评估方法，该方法以诱发管道事故的各种因素为依据，以影响因素发展成危险事故的可能性为条件，以事故后果造成的综合损伤为评价指标，对管道的各区段进行评价，以风险值的大小来对管道各区段的安全程度作出综合评价的技术。风险评估模型包括失效可能性评分模型和失效后果评分模型。

2.5 风险计算

根据风险评估模型，分别计算失效可能性得分和失效后果得分。失效可能性评分包括资料审查得分 S_1、宏观检查得分 S_2、敷设环境调查得分 S_3、管道示踪系统完整性检验得分 S_4、直接检验得分 S_5、安装及验收得分 S_6、运行参数得分 S_7、安全管理得分 S_8。应用式(1)计算失效可能性最终得分 S。

$$S = \sum_{i=1}^{8} S_i \tag{1}$$

失效后果评分模型包括介质燃烧性 C_1、介质反应性 C_2、管道压力 C_3、最大泄漏量 C_4、介质扩散性 C_5、风速 C_6、人口密度 C_7、沿线环境(财产密度) C_8、泄漏原因 C_9、抢修时间 C_{10}、供应中断影响范围 C_{11}、用户对管道所输送介质的依赖性 C_{12}。应用式(2)计算失效后果最终得分 C。

$$C = \sum_{i=1}^{12} C_i \tag{2}$$

其中，失效可能性因子 S_i 和失效后果因子 C_i 的分数，可根据 DB44/T 2033—2017《在用聚乙烯燃气埋地管道定期检验规则》附录 B 得到。

3 风险评估实践案例

2018 年我院承接广东某县燃气管道安全评估总长 26.1km，管道除未经监督检验外，还存在其他比较多的安全隐患。我院多次派出专家到现场了解情况，评估方案也是经过多次修改与评审。最后根据评估方案实施了安全评估。评估共发现问题 95 处，评定不合格管道 24 条，评定不合格管道总长度 17.65km。发现的主要问题包括，管线未进行安装监督检验；管材缺少材质质量证明书，管线无安装及竣工验收资料；未进行年度检查；缺少特种设备管理和作业人员；管道沿线部分三桩一牌缺失，与周围建(构)筑物净距不足；燃气阀井存在泄漏和塌陷、阀井被掩盖；管道走向不清晰，穿越铁路无保护措施；存在占压现场；PE 管道露天跨越使用；穿越房屋等建筑物。开挖处管体存在多处划伤；管道与其他管道间距不足；部分管线无警示带与示踪线；部分管体无材料标志；管道埋深不足；管道敷设环境有石块、砖头等。图 1 为发现的深度较大划伤，图 2 为发现的管道变形。

图 1 管体划伤深度超过 10% 壁厚

图 2 管体受热变形损伤

根据 DB44/T 2033—2017《在用聚乙烯燃气埋地管道定期检验规则》，失效可能性得分见表 1。

表 1 失效可能性得分

分类	S_1	S_2	S_3	S_4	S_5	S_6	S_7	S_8	S
得分	7	20	10	4	10	20	3	20	94

S_1 为资料审查得分，S_2 为宏观检查得分，S_3 为敷设环境得分，S_4 为管道示踪系统得分，S_5 为直接检验得分，S_6 为管道安装得分，S_7 为使用年限得分，S_8 为安全管理得分，S 为失效可能性总得分。

表2　失效后果得分

分类	C_1	C_2	C_3	C_4	C_5	C_6	C_7	C_8	C_9	C_{10}	C_{11}	C_{12}	C
得分	20	4	4	16	6	6	20	15	8	1	9	12	115

C_1 为介质燃烧性得分，C_2 为介质毒性得分，C_3 为介质压力得分，C_4 为介质泄漏量得分，C_5 为泄漏地形得分，C_6 为泄漏处风速得分，C_7 为泄漏处人口密度得分，C_8 为沿线财产密度得分，C_9 为泄漏原因得分，C_{10} 为抢修时间得分，C_{11} 为中断供应的影响得分，C_{12} 为用户对介质的依赖性得分，C 为失效后果总得分。

风险值计算

$$R = S \times C = 94 \times 115 = 10810$$

属于较高风险等级。

4　下一步展望

由于PE管道特殊的损伤和破坏机理，其风险评估的计算不同于工业成套装置的压力管道。有必要对其损伤和失效模式进行更加深入的研究，分析各项可能引起事故的可能性，对事故后果的评价更加准确和精细，使得其风险评估技术更加成熟。

参考文献

[1]2020年城乡建设统计年鉴—住房和城乡建设部网站，2021年10月11日.

[2]刘莉，崔建华. 中密度聚乙烯(PE)管道在煤气管网中的应用. 应用能源技术，2002，3：136-138.

[3]陈伟河，马法平. 基于风险检测的埋地燃气管道失效可能性分析. 天然气工业，2009，29(8)：113-116.

[4]赵刚. RBI技术在在用压力管道上的应用探讨. 科技创新与应用，2014，1(6)：262.

[5]DB44/T 2033—2017，在用聚乙烯燃气埋地管道定期检验规则[S].

不均匀沉降对门站天然气管道应力影响分析

蒋诚航　陈　涛　俞新宇　钮建良

(杭州市特种设备检测研究院，浙江 杭州　310051)

摘　要：某天然气门站管道检验中发现多处焊接接头裂纹，根据门站实际情况，本文建立了基于ABAQUS的管道有限元模型，分析了地基沉降及支座对管道系统应力分布的影响。结果表明，不均匀沉降会使管道焊接接头处最大应力显著升高，而加固支座能有效缓解局部的高应力。因此对于门站内压力管道应定期监测管道周围地基沉降情况，并对支座进行加固。

关键词：天然气门站；管道；沉降；应力分析

Impact Analysis of the Uneven Settlement on the Stress of the Pipeline in Natural Gas Gate Station

Jiang Chenghang, *Chen Tao*, *Yu Xinyu*, *Niu Jianliang*

(Institute of Hangzhou Special Equipment Inspection and Research, Zhejiang Hangzhou 310052, China)

Abstract: Several cracks in welded joint were found during pipeline inspection of a natural gas gate station. According to the actual situation of the gate station, a finite element model of the pipeline based on ABAQUS was established, and the influence of foundation settlement and support on the stress distribution of the pipeline system was analyzed. The results show that uneven settlement can significantly increase the maximum stress of the welded joint, and the reinforced support can effectively relieve the local high stress. Therefore, for the pressure pipeline in the gate station, the settlement of the foundation around the pipeline is regularly monitored, and the supports are reinforced.

Key words: natural gas gate station; pipeline; settlement; stress analysis

1　引言

城市天然气门站(简称门站)作为城市燃气输配系统的重要基础设施，是天然气长输管线的终点站和城市天然气输配系统的气源点，长输管线输送的天然气在门站经过净化、调压、计量和加臭后进入城市燃气输配管网，然后被输送、分配至最终用户。门站内通常会有部分埋地敷设的管道，由于地质等因素的影响站内基础可能会出现不均匀沉降，基础沉降对管道受力情况会产生很大影响[1,2]，在湿硫化氢环境下，甚至会造成湿硫化氢应力腐蚀开裂[3]。而门站管道承载着易燃、易爆的天然气介质，一旦出现问题发生泄露，不仅影响门站的正常运转，而且有可能发生火灾、爆炸等重大安全事故，造成人员伤亡和财产损失[4]。因此，如何在管道失效发生前进行沉降影响评估越来越引起高度重视[5,6]，通过埋地管道的沉降对应力分布影响进行研究分析可以有效预测管道的应力水平，提前采取防控措施从而预防事故发生。

针对在某天然气门站检验中发现多处裂纹的情况，本文采用了ABAQUS有限元分析软件建立了管道应力分析模型，分析了基础不均匀沉降对管道受力特性的影响，并分析了管道支墩加固对缓解管道应力水平的有效性。

2　门站基本情况

该门站接收省天然气公司杭州分输站的高压

作者简介：蒋诚航(1987—　)，高级工程师，主要从事特种设备检测检验、合于使用评价技术研究与应用。E-mail：jiangchenghang@ aliyun. com

管网天然气，经除尘、过滤、计量、加臭后，向中下游管线供气。站内管道为架空或者埋地方式敷设，管道规格有 *DN*100 ~ *DN*600 多种尺寸，管道材料牌号为 L360。站内管道分调压前和调压后，调压前设计压力 4.0MPa，调压后为 0.4MPa。

该门站所处地质环境为沙土层，地基有多处不均匀下沉，部分管道支座由于地基沉降与管道脱离，支座作用已失效。站内地表沉降及支座沉降情况如图 1、图 2 所示。

图 1　站内地表沉降情况

图 2　管道支座沉降情况

3　管道分析模型建立

根据站场管道结构，建立简化模型进行计算，采用有限元软件 ABAQUS 模拟站内某段高压天然气管线受沉降影响情况。取图 3 所示 281#焊

图 3　现场管道图

接接头所在管线建立有限元分析模型，计算参数采用表 1 所示数据，管道边界条件根据管道连接类型、支承方式等确定，管道载荷考虑压力、重力，集中载荷及地基沉降引起的位移载荷，网格划分采用 Hex 六面体单元。ABAQUS 有限元建模及网格划分结果如图 4 所示。

表 1　管道设计参数表

管道参数	数值
管道外径/mm	219/273
管道壁厚/mm	6/7
设计压力/MPa	4.0
管道材料牌号	L360
钢材弹性模量/MPa	2.06×10^5
泊松比	0.3
材料密度/(kg/m^3)	7700

4　管道应力分析

4.1　设计工况(无基础沉降)

在图 4 模型基础上加载管道自重、内压载荷(p=4.0MPa)及因阀门自重产生的集中力载荷，在管道断面施加边界约束条件进行计算，计算结果如图 5，提取 281#焊接接头截面 Mises 等效应力值，结果表明在设计工况下 281#焊接接头截面应力最小值 23.7MPa，最大值 94.1MPa。

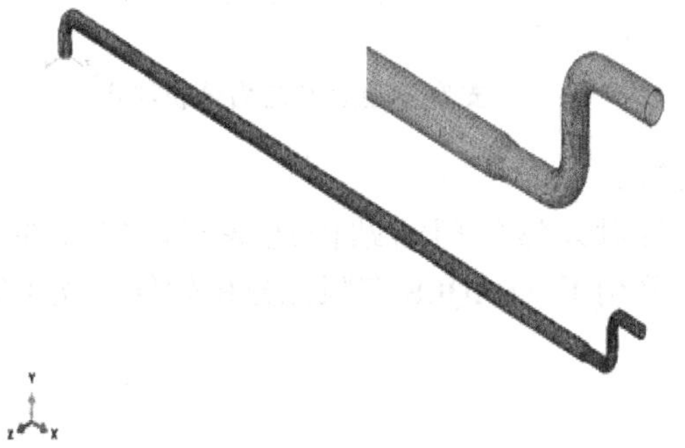

图 4　管线有限元模型

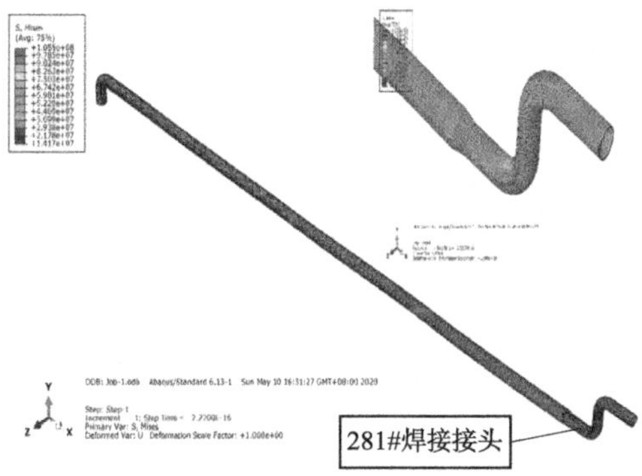

图 5　设计工况下应力分析结果

4.2 基础不均匀沉降工况

在设计工况的基础上，假设入土端部发生5cm沉降，进行有限元计算，计算结果如图6所示，提取281#焊接接头截面处Mises等效应力，最小值23.5MPa，最大值127.5MPa，应力最大值与正常设计工况相比增加了35.5%。

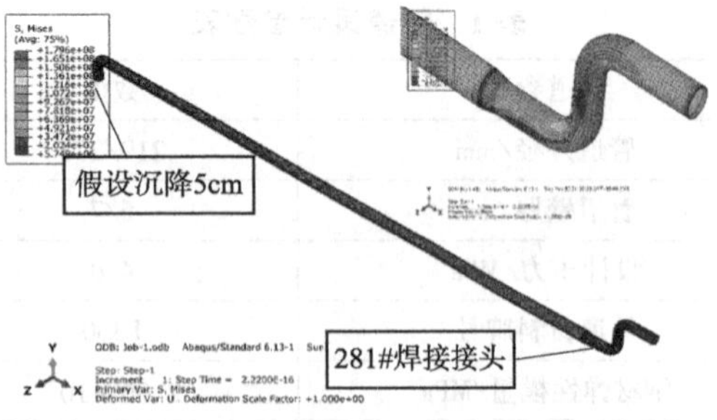

图6　沉降假设工况下应力分布

为了分析支座对应力影响，假设管线原有的3处支座加固后的有限元分析结果见图7，281#焊接接头截面处Mises等效应力最小值34.7MPa，最大值76.7MPa，与支座失效情况相比，最大值减小了39.8%。

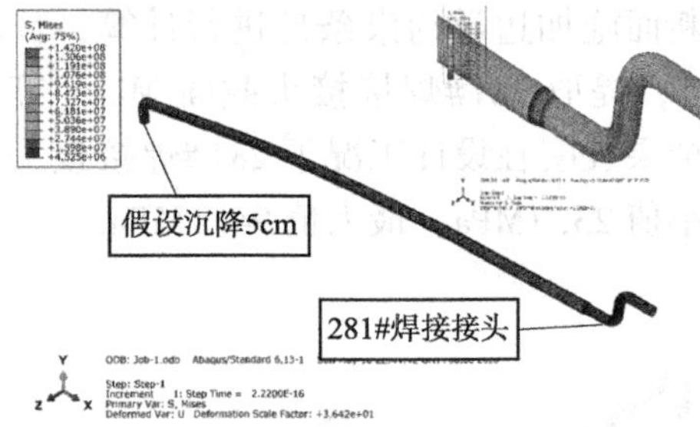

图7　支座加固后在应力分析结果

5　结论

针对天然气门站站内地基不均匀沉降的情况，采用了ABAQUS有限元分析软件建立了管道应力分析模型，分析了沉降对管道受力特性的影响，并分析了管道支墩加固对缓解管道应力水平的有效性，结论如下：

(1)通过对281#焊接接头区域管线有限元分析结果表明，在正常设计工况下，焊接接头处Mises等效应力最大值均处于较低的水平。

(2)在假设有局部沉降情况下，Mises等效应力最大值与正常设计工况相比增加了35.5%，管线应力水平会明显增大，不均匀沉降对管道上产生高应力会有显著影响。

(3)在加固原始设管线原有的3处支座后，281#焊接接头截面处Mises等效应力与支座失效时相比，最大值减小了39.8%，能有效缓解所关注焊接接头处的应力水平。

参考文献

[1]程茂，凌张伟，王敏等．基于地基沉降的天然气站场管道应力分析[J]．化工装备技术，2018(5)：41-44.

[2]张国威．基于地基沉降的输气管道应力分析与监测[D]．大庆：东北石油大学，2012.

[3]叶兴远，吴赛红，宋祥伟等．管线钢的硫化物应力腐蚀开裂研究[J]．煤气与热力，2013，33(2)：33-36.

[4]顾振荣．地基沉降对燃气管道的损害及对策[J]．山西建筑，2008，34(15)：85-86.

[5]杨志鸣，苏耀军．在役天然气管道沉降控制值的分析探讨[J]．中国市政工程，2006(4)：66-68，71.

[6]全敏．输气站场典型设备与管段应力分析研究[D]．成都：西南石油大学，2012.

城镇燃气管道数据对齐方法及应用研究

吕　达　韩　非　刘传庆

（深圳市燃气集团股份有限公司，广东 深圳　518000）

摘　要：城镇燃气管道由于改线、内检测装备检测误差等问题，会造成而多轮次内检测数据无法对齐、检测数据价值挖掘不充分等问题，通过建立针对城镇管道的数据对齐的方法、开发燃气管道数据对齐系统等手段，实现了存在改线段燃气线路的多轮次内检测数据自动对齐及改线段的自动判别；在内检测数据自动对齐基础上对提出了针对金属损失、凹陷、焊缝缺陷点的匹配方法，以获取金属损失点及凹陷的增长情况；依据缺陷匹配情况，提出燃气管线的剩余寿命预测方法；最后以某段60km的燃气管道为例，对该方法进行验证。实地验证结果表明：该方法能够快速识别和定位误检、漏检及改线段位置，能够实现非改线段99.93%的对齐，自动对齐效率在98%以上，并完成93.6%的缺陷点的自动匹配工作，证明该方法具有较高的可行性及适用性。

关键词：燃气管道；数据对齐；改线段；缺陷匹配；剩余寿命预测

Study on data alignment method and application of urban gas pipeline

Lv Da, Han Fei, Liu Chuanqing

（Shenzhen Gas Corporation Limited, ShenZhen GuanDong, 518000, China）

Abstract: Due to the problems such as line change and detection errors of internal testing equipment in urban gas pipelines, the detection data in multiple rounds cannot be aligned, and the value mining of detection data is not sufficient. By establishing data alignment methods for urban pipelines and developing data alignment systems for gas pipelines, The automatic alignment of multi – turn detection data and automatic discrimination of gas lines with line change segments are realized. Based on the automatic alignment of internal detection data, a matching method for metal loss, sag and weld defect points was proposed to obtain the growth of metal loss points and sag. According to the defect matching situation, the residual life prediction method of gas pipeline is proposed. Finally, a 68km gas pipeline is taken as an example to verify the proposed method. The field verification results show that the proposed method can quickly identify and locate the positions of false detection, missed detection, and changed line segments, achieve 99.93% alignment of non – changed line segments, and achieve the automatic alignment efficiency of more than 98%, and complete the automatic matching of 93.6% of the defect points, which proves that the proposed method has high feasibility and applicability.

Key words: gas pipeline; data alignment; encountered; defect matching; remaining life prediction

0　引言

随着管道内检测技术的不断发展，原本在长输管道中广泛应用的内检测技术及装备在城镇燃气管道的维修维护和完整性管理实施过程中也得到了快速的普及[1]。国内数字化、智能化发展进程较早的燃气公司，已经完成了多轮次的管道内

作者简介：吕达（1984—　），工程师，硕士研究生学历，主要从事城镇燃气管道和场站安全运行管理方面的工作。E – mail：lvda@ szgas. com. cn

检测工作，为管道的生产、维修决策、状态评估等提供了科学、量化的指导，促使企业由被动的运行维护转向主动的事故预防，有效保障了城镇燃气管道安全平稳的运行。

对于内检测数据对齐方法的研究方面，主要集中于长输管道的多轮次对齐上，Desjardins等[2]对两轮次的长输管道内检测结果进行比对，依据对齐结果分析不同检测单位对焊缝数量、管道特征部件及缺陷尺寸的检测能力。胡朋[3]等提出了以自动对齐和人工对齐两种方式相融合的数据对齐方法并在某段长输管道中取得良好应用效果。孙浩等[4]针对长输管道建立了以在焊缝、弯头及阀门为关键点的数据对齐方法，实现了长输管道内检测数据的全自动对齐及缺陷点活性的自动判定。但由于城镇燃气管道和长输管道的在敷设方式、运行参数及外部环境等方面的区别，造成原有的内检测数据对齐方法并不适用于城镇燃气管道，尤其是燃气管道频繁面临改线，造成现有方法无法识别并定位到改线的起始点和终止点处，从而造成错误的对齐结果[5]。

基于以上分析，提出了一种适用于城镇管道的数据对齐方法，并依据此方法开发燃气管道数据对齐系统，实现了存在改线段燃气线路的多轮次内检测数据自动对齐及改线段的自动判别。在内检测数据自动对齐基础上对提出了针对金属损失、凹陷、焊缝缺陷点的匹配方法，通过获取金属损失点及凹陷的增长情况，对管道缺陷的状态进行了分类并建立了燃气管线的剩余寿命预测方法。最后，以某段60km的燃气管道为例，对该方法进行验证，证明了该方法的科学性及适用性，为减缓燃气管道风险和管道的维修决策提供了可靠依据，有效提高了城镇燃气管道的安全运行。

1 燃气管道内检测数据影响因素

1.1 漏检、误检及检测误差

管道内检测器在检测过程中，考虑到不同检测单位的不同检测器之间检测精度、检测的起始位置不一致、检测器打滑等因素的影响，造成多轮次内检测数据中管道的特征部件出现漏检(图1)和误检(图2)的情况。此外，受限于内检测器的检测精度，导致多轮次内检测过程中同一特征点的绝对里程和相对里程都存在不一致的情况，尤其是特征点的绝对里程值，受到累计误差的影响，会存在较大的误差(图3)，这也给多轮次的数据对齐工作造成诸多影响[6]。因此，为了消除检测精度、累计误差等因素的影响，对于同一条管线的多轮次内检测，建议采用同一家检测单位的高精度内检测器[7]。

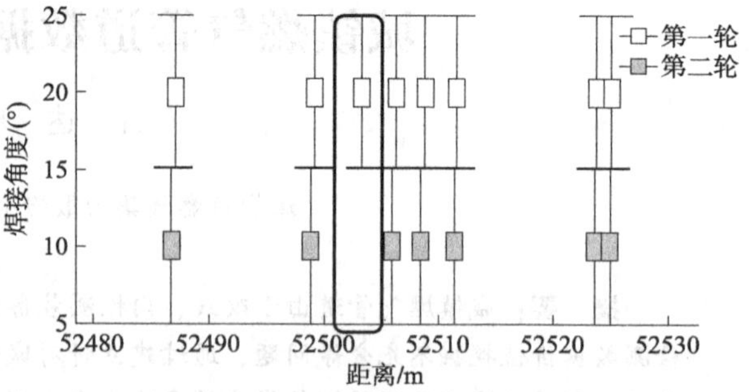

图1 内检测器特征点漏检图

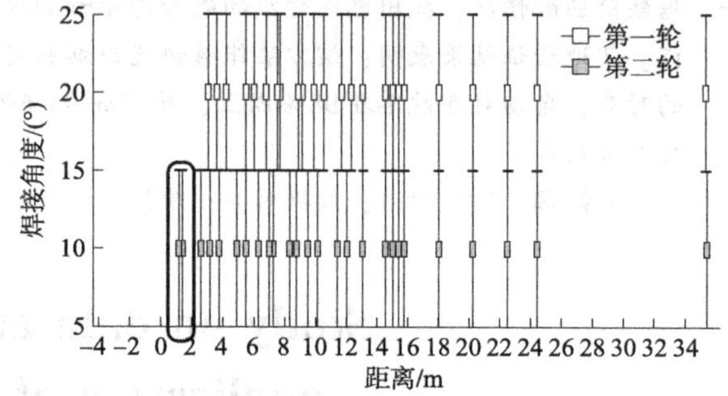

图2 内检测器特征点误检图

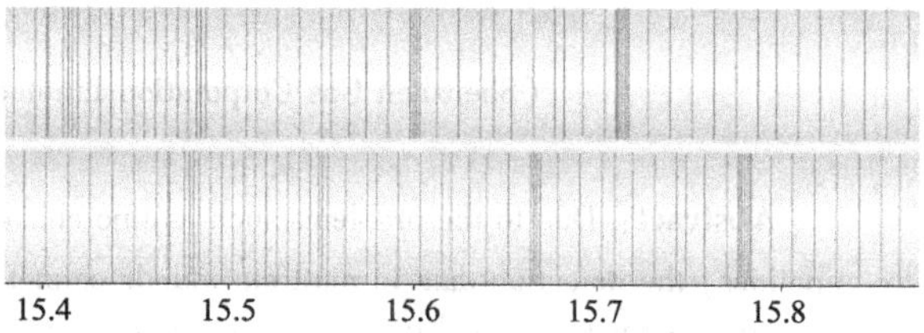

图3 内检测器检测里程误差图

1.2 管道改线

相较于漏检、误检及检测误差等情况，城镇燃气管道在内检测数据对齐过程中面临的最大难题是管道的频繁改线。与长输管道不同，燃气管道经常要因为城市的重大基础设施、构筑物的建造而面临几百米甚至数公里的改线，严重影响了整条内检测管线的对齐效率，造成改线段之后的燃气管线出现无法对齐的情况(图4)，这也是长输管线的内检测数据对齐方法无法在燃气管道上运用的最主要因素。因此，燃气管道数据对齐的核心问题是如何基于已有的多轮次内检测数据来

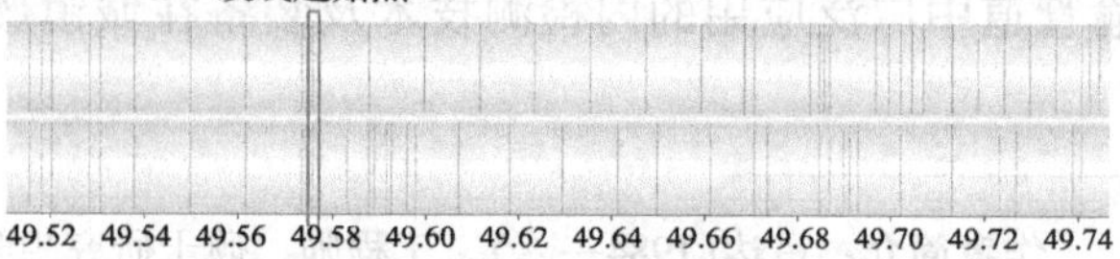

图4 燃气管线改线图

建立一套识别算法，实现对燃气管道改线段的精准识别与定位[8]。

2　燃气管道内检测数据对齐参数

内检测器检测后提供的数据包括管道本体参数(尺寸、壁厚)、焊缝参数(直焊缝、环焊缝、螺旋焊缝)、管道附件参数(三通、阀门、弯头、磁标记等)、缺陷参数(金属损失、凹陷、焊缝缺陷、制造缺陷等)，主要对齐参数如表1所示[9]。

表1　数据对齐所需主要参数表

参数类型	参数名称
管道本体参数	管径(mm)
	壁厚(mm)
	管节长度(m)
焊缝参数	环焊缝编号
	里程值(km)
管道附件参数	阀门名称
	绝对里程(km)
缺陷参数	缺陷绝对里程(km)
	前环焊缝编号
	距前环焊缝距离(m)
	钟点方向
	缺陷绝对长度(mm)
	缺陷绝对宽度(mm)
	缺陷相对深度
	表面位置(内壁/外壁)

3　燃气管道数据对齐方法

3.1　对齐模式

内检测器在检测过程中，会采集到管道特征信息(焊缝、阀门、三通)及管道缺陷的里程信息[10]，依据管道特征及缺陷的绝对里程和相对里程建立起数据自动对齐方法，该方法主要包括两种对齐模式，即绝对里程值对齐和相对里程值对齐。绝对里程值对齐时间复杂度低，在不存在改线段、内检测器打滑等情况下，累计误差达到毫米级别，结果精度较高，但是对改线段的适应性较差；相对里程对齐时间复杂度高，在存在改线段等情况下有较强的适应性。通过综合两者优点及燃气管道的实际运行情况，利用管道特征点对环焊缝进行分段，针对每一段进行环焊缝对齐，将绝对里程对齐和相对里程对齐结合，在保证精度的同时，在一定程度上减少对齐过程的耗时(表1)。

燃气管道内检测数据对齐方法步骤包括：(1) 获取燃气管线中的特征点(阀门、三通、磁标记)的绝对位置信息，将其进行对齐并锁定，从而将整条管线分割成多段对齐管线，以减小绝对里程累计误差的影响。(2)对各特征点分割后的管线进行对齐操作，设定环焊缝对齐误差 e_1，从首条里程值为0的环焊缝开始对整段管线中的环焊缝绝对里程值进行遍历，计算多轮次环焊缝的里程值误差 e_m，通过比较 e 与 e_m 的大小来判断两批次焊缝的绝对里程误差来是否满足对齐要求，若并将满足对齐要求的误差叠加到之后的环焊缝里程中，以达到消除误差的目的，直到完成整个特征点分割段的环焊缝遍历工作。(3) 若 $e_1 > e_m$，则完成了环焊缝的对齐操作，对所对齐的环焊缝进行编号。(4) 若出现 $e_1 < e_m$ 的情况，使用相对里程来对环焊缝进行对齐，通过比较绝对里程值超过 e_1 的环焊缝与前一条焊缝及后一条环焊缝的相对里程误差 e_a、e_b 来判断是否满足对齐要求。若 e_a 和 e_b 两者至少有一处小于设定相对误差 e_2 的情况，则两轮次中定绝对里程值超过 e_1 的环焊缝可以对齐，否则将该处环焊缝判定为漏检或误检。(5) 若对齐过程中出现连续3条以上环焊缝绝对里程误差和相对里程误差均超过额定误差的情况，即 $e_1 < e_m$、$e_2 < e_a$、$e_2 < e_b$ 连续3次满足的情况下，则判定首条环焊缝为改线段的起点。(6) 若判定出存在改线情况，将从特征点对齐段的最后一条环焊缝向前计算相对误差值，当满足 $e_2 > e_a$ 时，即判断两轮次内检测的环焊缝即为同一环焊缝；当出现 $e_2 < e_a$ 时，向前判断3处环焊缝的相对误差，三处相对误差各自之间的误差值 $|e| < e_3$(e_3 为额定误差)，则仍然判断出现相对误差值过大的环焊缝为同一条环焊缝，反之即为改线段的终点位置。(7) 将对齐完的环焊缝进行编号，并将改线段中的环焊缝进行标记处理。(8) 将两批次对齐后的管段进行一一对应，并对齐进行编号处理，完成燃气管线的数据自动对齐工作。具体对齐步骤流程示意图如图5所示。

3.2　缺陷匹配

对多轮次的内检测缺陷点进行匹配工作是了解缺陷增长情况、判断管道剩余寿命的重要手段[11]。缺陷点的匹配主要依赖于关键点对齐，只有在两轮次环焊缝已经对齐的基础之上，才能进行缺陷的匹配工作(图6)。匹配的缺陷类型包括金属损失、管体制造缺陷、凹陷、焊缝缺陷等。缺陷匹配完成后综合对比两轮次内检测的缺陷数量、分布情况，对缺陷点进行统计分类，并计算金属损失点的平均增长率，依据增长率的情况对

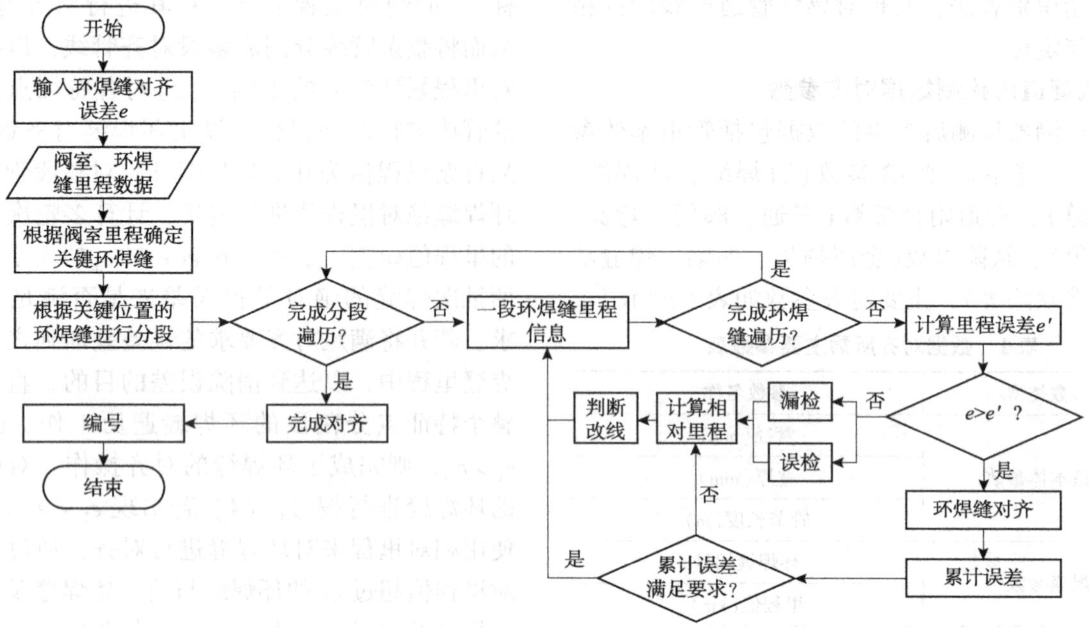

图5　对齐流程图

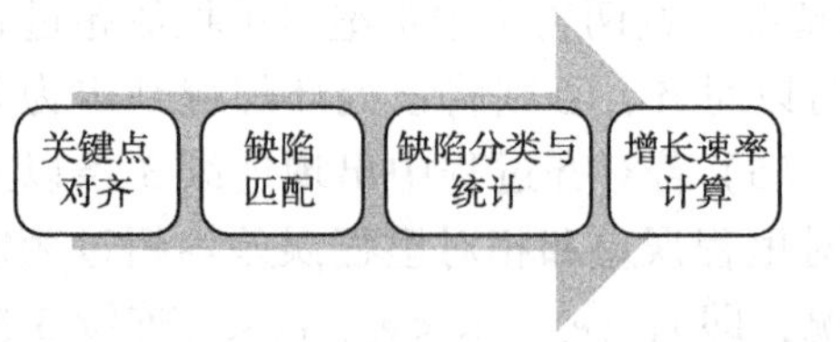

图6　缺陷匹配流程图

金属损失点进行分类，实现管道缺陷点的分级管控。

目前，由于内检测检测精度、误差以及缺陷增长的影响，导致两轮次中绝对里程值、钟点方向、缺陷的长度、深度及宽度等值存在差异的缺陷点并非不是同一缺陷点。两轮次内检测过程中同一缺陷点的绝对里程值存在相差较大的情况，因此缺陷点的匹配工作无法依赖于绝对里程值、缺陷深度、长度、宽度等数据[12]。

由于缺陷匹配工作是建立在关键点对齐的基础之上，在完成两轮次管道环焊缝的对齐工作之后，可以依据缺陷点距离上游或下游环焊缝的相对位置，并以钟点方向、缺陷点的表面信息为判断条件，以此实现两轮次多缺陷的匹配工作。由于两条环焊缝之间的距离一般在12m以内，根据缺陷点距离环焊缝的相对里程误差较小(图7)。因此，同一缺陷点的判断条件如下：(1) 两批次缺陷点是否同于同一编号的管段；(2) 两批次缺陷点距离已对齐环焊缝的相对位置误差是否在阈值范围内；(3) 两批次缺陷点钟点方向的误差是否在阈值范围内；(4) 两批次缺陷点的表面位置是否一致，即是否同时位于管道的内壁或外壁。

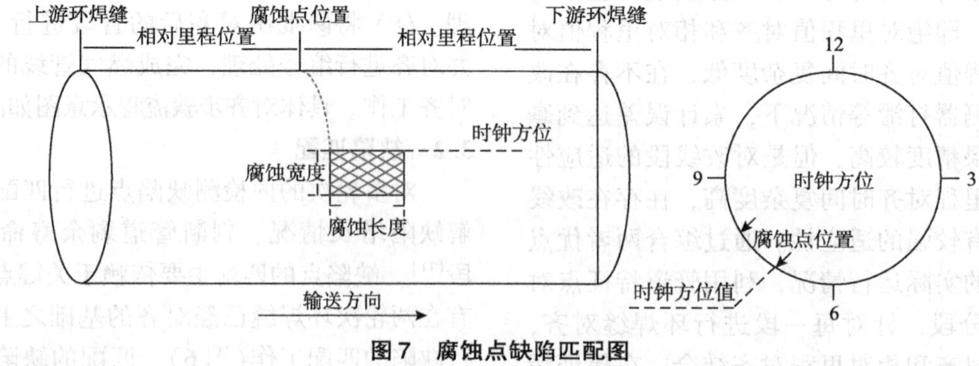

图7　腐蚀点缺陷匹配图

3.3　增长率计算

通过分析两轮次的管道内检测过程中同一缺陷点的增长情况，一方面可以为管道的防腐措施实施情况和实施效果提供依据，另一方面，能够为管道的维修维护提供决策支持。通过对缺陷点的损伤程度及增长情况的，将所有匹配完成后的缺陷点划分为活性缺陷点、非活性缺陷点、新增缺陷点及严重缺陷点。活性缺陷点即同一缺陷点的增长率高于给定的阈值；非活性缺陷点即同一缺陷点的增长率在给定的阈值之下；新增缺陷点即第一轮次未检出且在第二轮次检出的缺陷点；严重缺陷点即缺陷点的腐蚀程度已经达到壁厚的20%且为活性缺陷点。

对于缺陷点增长率的计算，主要是对比两轮次内检测缺陷数据的长度、宽度及深度的变化情况。缺陷增长率的计算方法主要包括全寿命计算方法以及半寿命计算方法[13]。半寿命缺陷增长率计算方法相对于全寿命的计算方法相对保守，对于运行时间较长的管道，可采取较为保守的半寿命计算方法。缺陷增长率计算方法的选择主要依赖于管道的运行情况及管道运行的风险可接受程度[14-15]。

全寿命缺陷增长率计算：

$$GR_c = \frac{d_2 - d_1}{T_2 - T_1} \tag{1}$$

半寿命缺陷增长率计算：

$$GR_c = \frac{2(d_2 - d_1)}{T_2 - T_1} \tag{2}$$

式中 GR_c——缺陷增长率，mm/y；

d_1——第一轮内检测的缺陷深度，mm；

d_2——第二轮内检测的缺陷深度，mm；

T_1——第一轮内检测的检测年份，如果是新增点，表示管道投产年份；

T_2——第一轮内检测的检测年份。

3.4 剩余寿命预测

通过全寿命或半寿命计算公式对各个缺陷点增长率的计算，从而获得整条燃气管道的最大增长率，为剩余寿命预测提供依据，剩余寿命预测公式如下[16]：

$$RL = C \cdot SM \cdot \frac{t}{GR} \tag{3}$$

式中 RL——剩余寿命预测年限；

C——校正系数，取0.85；

SM——安全余量，等于ASME B31G评价出来的最小的许用压力除以设计压力；

t——最小壁厚；

GR——全寿命或半寿命方法评价出的最大增长率。

4 案例分析

4.1 管段信息

本案例数据使用A城镇燃气公司某段60km管线的两轮内检测数据进行数据对齐和缺陷匹配工作，此管道于2006年投产使用，分别于2014年和2019年进行了两次管道漏磁内检测。2017年，由于市政设施施工的影响，该管线某段进行了管线的改迁，累计改线约200m，该管线具体信息如表2所示。

表2 管段详细信息

输送介质	设计压力/MPa	管径/mm	壁厚/mm	长度/km	管材等级	MAOP /MPa	设计系数	钢管类型
天然气	1.6	508	7.9/9.1/9.5/11.9	7.51	X52	3.8	0.3	环焊缝

4.2 关键点对齐

该管道两次内检测均由同一承包商中油检测公司进行，其中两轮内检测使用相同精度的内检测器。两轮内检测数据关键点参数如表3.2所示。

表3 两轮内检测关键点数据

参数	第一轮检测	第二轮检测
检测方法	漏磁检测	漏磁检测
检测时间	2014年	2019年
首个环焊缝位置和编号	里程位置：0km，编号：10	里程位置：0km，编号：10
最后一个环焊缝位置和编号	里程位置：60.601893km，编号：64240	里程位置：60.738839km，编号：64180
环焊缝总数量	6424条	6418条
阀门数量	13个	13个

从表3中可以发现，里程的初始位置均为0km，由于中间发生了管线改迁的情况，最后一个焊缝的里程位置相差136.946m。因此，无法依靠环焊缝的里程值来判断两批次同一位置的环焊缝是否为同一环焊缝。考虑到阀门的数量相同且没有位置变化的情况下，先将两批次中的13个

阀门进行对齐，将 60km 分割为 12 段，再采用自动对齐算法对每一段中的环焊缝进行对齐操作。以两批次阀室 1 与阀室 2 形成的一段 6.540km 管线为例进行对齐操作，两批次首条环焊缝绝对里程均为 0km，视为同一条环焊缝，以此向下游环焊缝推进。两批次的第二条环焊缝绝对里程值误差为 0.016m 且距离上游环焊缝的相对里程误差为 8×10^{-6}m，两者误差均在允许阈值范围内，判定两批次的第二条环焊缝为同一环焊缝，并将两条环焊缝的绝对里程误差记为 e_m，将与第二批次的第三条环焊缝的里程值进行累加，得到新的绝对里程值，以此消除累计误差，并与第一批次中的第三条环焊缝进行对比。以此类推，该段管线累计对齐管线 613 条，发现误检环焊缝 1 条，该段改线的环焊缝对齐结果如图 8 所示。直到遇到连续环焊缝无法对齐的情况，来定位出改线段具体位置，最终得到 2014 批次和 2019 批次内检测环焊缝自动对齐结果，具体对齐结果如表 4 所示。

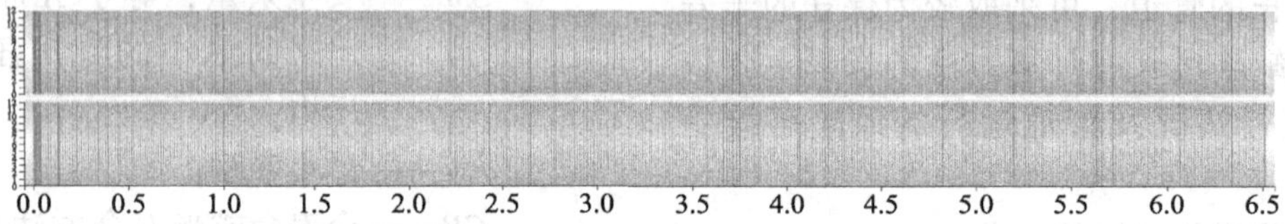

图 8　环焊缝自动对齐结果图

表 4　环焊缝对齐结果

选项	参数
2014 批次环焊缝数量	6424
2014 批次环焊缝数量	6418
自动对齐环焊缝对齐数量	6287 条
累计误差	0.452cm
自动对齐效率	98%
改线段起始焊缝编号	2019 批次第 5113 号环焊缝
改线段起始位置	49.57587km
改线段终止焊缝编号	2019 批次第 5154 号环焊缝
改线段终止位置	49.84843km

4.3　缺陷匹配

关键点对齐基础上，依据缺陷在管道的表面位置、距前环焊缝的相对距离及钟点方向，对不同批次下的缺陷点进行匹配，缺陷匹配主要是针对腐蚀缺陷，用于判断腐蚀点的增长情况，两轮内检测缺陷信息统计如表 5 所示。

表 5　两轮内检测缺陷信息统计

缺陷	第一轮检测	第二轮检测
检测精度	0.1	0.1
置信水平	0.8	0.8
腐蚀点个数	2506	4803
凹陷个数	17	21
环焊缝缺陷个数	5	26

以腐蚀缺陷为例进行两轮次缺陷的匹配工作，在缺陷匹配的过程中发现腐蚀缺陷点基本上呈现出集中分布的特点，选取对齐后环焊缝编号为 291(3.017204km)至 292(3.029152km)之间的腐蚀点进行匹配工作，具体信息如表 6 所示。

从表 6 中可以得到，两批次同一环焊缝区间内，2019 年较 2014 年新增了 5 个缺陷点，以各缺陷点距离前环焊缝编号相对里程为判断依据，可知 A1 可能对应的点为 B3、B4、B5，A2 可能对应的点为 B6、B7，A3 对应 B8，A4 对应 B9，综合钟点方向及缺陷点位于管道表面位置可以判断，A1 与 B5 匹配、A2 与 B7 匹配、A3 与 B8 匹配、A4 与 B9 匹配，而 2019 年内检测批次中的 B1、B2、B3、B4 在 2014 年内检测批次中无对应的腐蚀点，可以判断该四个点存在误检点或新增腐蚀缺陷点，在无明显依据证明 B1、B2、B3、B4 为误检点的情况下，一律按照新增腐蚀点进行判断。

根据腐蚀点匹配的情况，对匹配完成的腐蚀点计算其腐蚀增长速率，根据腐蚀增长速率的大小，对腐蚀点进行分类，经过对 60km 管线的匹配工作，累计匹配 4496 个缺陷点，总体匹配成功率达到 93.6%，部分匹配结果如表 7 所示。

4.4　增长率计算及剩余寿命预测

结合公式(3)，对 2014 批次和 2019 批次共计 4803 个腐蚀点的增长率进行了计算，得到 A 城镇燃气公司某段 60km 管线中腐蚀速率最大处为 0.58mm/y，结合剩余寿命预测公式(4)，预计该燃气管道剩余寿命为 26 年。

表 6　两轮内检测腐蚀点数据

	编号	里程/km	相对深度	长度/mm	宽度/mm	表面位置	钟点方向	前环焊缝编号	距前环焊缝距离/m	距后环焊缝距离/m
2014 年	A1	3.012694	0.05	21	46	内壁	6:18	291	8.979	2.907
	A2	3.013454	0.05	27	23	外壁	7:00	291	9.739	2.147
	A3	3.013602	0.05	42	50	外壁	6:20	291	9.887	1.999
	A4	3.01498	0.18	32	48	内壁	0:14	291	11.265	0.621
2019 年	B1	3.020647	0.07	31	19	外壁	6:17	291	3.443	8.505
	B2	3.023994	0.06	30	68	外壁	5:04	291	6.790	5.158
	B3	3.026146	0.05	44	58	外壁	5:09	291	8.942	3.006
	B4	3.026152	0.06	31	30	外壁	6:22	291	8.948	3.000
	B5	3.026220	0.05	22	49	内壁	6:08	291	9.016	2.932
	B6	3.026953	0.05	41	48	内壁	11:50	291	9.749	2.199
	B7	3.026984	0.05	27	37	外壁	6:49	291	9.780	2.168
	B8	3.027130	0.06	45	53	外壁	6:13	291	9.926	2.022
	B9	3.028532	0.21	36	58	内壁	11:54	291	11.328	0.620

表 7　腐蚀缺陷匹配结果

缺陷点 1	缺陷点 2	缺陷类型	匹配情况	匹配分析	深度增长率/%	长度增长率/%	宽度增长率/%	缺陷点分类
–	B1	腐蚀	新增腐蚀点	新增腐蚀点	–	–	–	Ⅳ
–	B2	腐蚀	新增腐蚀点	新增腐蚀点	–	–	–	Ⅳ
–	B3	腐蚀	新增腐蚀点	新增腐蚀点	–	–	–	Ⅳ
–	B4	腐蚀	新增腐蚀点	新增腐蚀点	–	–	–	Ⅳ
A1	B5	腐蚀	匹配	满足①②③	0	4.76	6.52	Ⅱ
–	B6	腐蚀	新增腐蚀点	新增腐蚀点	–	–	–	Ⅳ
A2	B7	腐蚀	匹配	满足①②③	0	0	60.87	Ⅰ
A3	B8	腐蚀	匹配	满足①②③	20	7.14	6	Ⅰ
A4	B9	腐蚀	匹配	满足①②③	16.67	12.5	20.83	Ⅲ

注：1）①表面位置完全相同；②钟点方向在误差允许的范围内；③前环焊缝编号相同，且距前环焊缝的距离在误差允许的范围内。
2）缺陷深度增长率，缺陷长度增长率和缺陷宽度增长率为相对管道壁厚的增长率。
3）缺陷点分类，缺陷点分为：Ⅰ活性缺陷点，Ⅱ非活性缺陷点，Ⅲ严重缺陷点和Ⅳ新增缺陷点。深度、长度及宽度增长率超过20%即为活性点，当腐蚀点的相对深度达到20%且该腐蚀点定义为活性点时，即为严重缺陷点。

5　结　论

(1)建立了适用于城镇燃气管道多轮次内检测数据的对齐方法，实现了多轮次内检测数据的数据对齐和缺陷匹配工作，能够依据内检测数据自动分析和定位出燃气管道改线位置，依据该方法建立了燃气管道数据对齐与缺陷匹配系统，通过实际数据，检验了该方法及系统的科学性和实用性。

(2)在数据对齐与缺陷匹配的基础之上，通过全寿命或半寿命计算公式，计算了各缺陷点在两次内检测间隔期内的增长率，并依据剩余寿命计算公式实现了燃气管道剩余寿命的预测，为管道维修决策提供依据。

(3)案例数据验证表明，该方法对齐精度较高，可以实现90%以上环焊缝数据的自动对齐工作，并依据环焊缝对缺陷点进行匹配，计算了各个缺陷点的增长速率，及时发现了管道上新增的缺陷点，并对已有的缺陷点是否为活性点进行了判断，实现了缺陷的分级分类管控。

参考文献

[1]祝明，姜晓红，李晓晖，李春晖，杨静，刘承磊．管道内外检测数据对齐方法及实例应用[J]．油气储运，2022，41(02)：153－158.

[2]DESJARDINS G，NICKLE R. Comparison of in-line in-

spection service provider magnetic flux leakage (MFL) technology and analytical performance based on multiple runs on pipeline segment [C]. Calgary: International Pipeline Conference, 2012: 89-94.
[3]胡朋，史冠男，张庆保，陈金忠，马义来，何俊．基于多轮内检测数据的对齐和比对[J]．无损检测，2022，44(06)：36-39+66.
[4]孙浩，帅健．长输管道内检测数据比对方法[J]．油气储运，2017，36(07)：775-780+794.
[5]张曼杰．基于两次内检测数据比对的海管剩余强度和剩余寿命评价[J]．涂层与防护，2022，43(08)：52-57+62.
[6]李宏霞，金耀辉，封大伟．长输管道竣工资料与内检测数据对齐在完整性管理中应用[J]．石化技术，2022，29(07)：214-216.
[7]刘海鹏，谷思昱，刘庆亮，张建坤，郝郁，武晓彩，姜垣良，万鹏．基于机器学习算法的管道内外检测数据对齐方法[J]．油气储运，2021，40(11)：1236-1241.
[8]胡朋，陈金忠，康小伟，史冠男，周汉权，马义来．长输油气管道内检测数据的比对[J]．无损检测，2021，43(07)：90-94.
[9]孙鹏，谢裕喜，张勇，吴骏，唐小华．管道内检测数据对齐方法与应用[J]．油气储运，2021，40(02)：151-156.
[10]陈翠翠．长输管道漏磁内检测数据的对比及综合应用[J]．石油和化工设备，2020，23(03)：71-74.
[11]杨贺，刘新凌，李强，梁菁嫣，于航．油气管道多轮内检测数据对齐算法研究及应用[J]．管道技术与设备，2020(01)：21-24+28.
[12]王波，吕超，明连勋，刘翼，张海宾．基于不同内检测数据的对齐与分析研究[J]．管道技术与设备，2019(05)：24-27.
[13]刘伟．管道本体数据与内检测数据的对齐方法研究[D]．西安科技大学，2018.
[14]吴翔，郭永，苟建仁，黄森，刘艳军．数据对齐在管道安全评估方面的应用研究[J]．四川化工，2022，25(04)：43-47.
[15]林现喜，李银喜，周信，张克政．大数据环境下管道内检测数据管理[J]．油气储运，2015，34(04)：349-353.
[16]周汉权，张纪波，陈金忠，马义来．基于多源异构数据融合分析的长输管道泄漏预测[J]．化工机械，2022，49(01)：9-15.

管道不等厚环焊缝适用性评价研究综述

窦玉欣[1]　王俊强[2]

[1. 中国石油大学（北京）机械与储运工程学院，北京　102249；
2. 中国特种设备检测研究院，北京　100029]

摘　要： 环焊缝是管道的薄弱点，其结构完整性决定了管道整体安全性能。不等厚对接、错边等几何结构不连续性问题更易在焊缝处形成应力集中，增加焊缝失效的风险。从不等厚环焊接头设计、安全评价方法和接头安全影响因素三方面，总结了不等厚焊接接头结构设计和适用性评价的研究进展。从评价方法、准则、影响因素等方面探讨了适用性评价的研究现状和进展，并总结得到壁厚比例的不确定性，和缺少对不等厚接头影响因素进行系统的归纳整理分析为不等厚环焊缝面临的主要问题，以期为提高不等厚环焊接头的本质安全提供理论支撑与技术支持。

关键词： 油气管道；不等厚；错边；结构设计；适用性评价；应变能力；承压能力

Review of Research on the Evaluation of the Suitability of Unequal Thickness Girth Welds for Pipelines

Dou Yuxin[1]，*Wang Junqiang*[2]

(1. China University of Petroleum (Beijing), Beijing 102249;
2. China Special Equipment Inspection and Research Institute, Beijing, 100029)

Abstract: The ring weld is the weak point of the pipeline and its structural integrity determines the overall safety performance of the pipeline. Unequal - thickness butt joints, staggered edges and other geometric structural discontinuities are more likely to form stress concentrations at the weld seam, increasing the risk of weld failure. The research progress in structural design and suitability evaluation of unequal - thickness welded joints is summarised from three aspects: unequal - thickness ring weld joint design, safety evaluation methods and joint safety influencing factors. From the evaluation methods, guidelines, impact factors and other aspects of the suitability evaluation of the current status and progress of research, and concluded that the uncertainty of the wall thickness ratio, and the lack of impact factors on unequal - thickness joints for the systematic generalization and analysis of the main problems faced by unequal - thickness ring welds, in order to improve the essential safety of unequal - thickness ring weld head to provide theoretical support and technical support.

Key words: oil and gas pipelines; unequal thickness; staggered edges; structural design; fitness for purpose evaluation; strain capacity; pressure bearing capacity

1　引言

环焊缝是管道施工和运行过程中的薄弱环节。近年来，由于地质灾害、管体移位等影响因素的存在，使管道轴向变形远远超过环焊缝应变承载能力[1]，造成了很多由环焊缝失效引发的事故。而不等壁厚管道对接作为一种典型的几何不

作者简介： 窦玉欣（1998—　），女，硕士，从事压力管道质量检测与评价技术研究工作。E - mail：28923697@qq. com

基金项目： 本项目由国家重点研发计划“国家质量基础的共性技术研究与应用（NQI）（2018YFF0215000）”项目资助。

连续性结构，在焊缝位置更易导形成应力集中，从而降低焊缝的应变承载能力，增加焊缝失效的风险。

在我国，焊缝导致管道失效的问题尤为突出，据统计，达卧线自 1986～1996 年共发生 30 次爆管事故，90% 都是由环焊缝问题导致的[2]。近些年，随着高钢级大口径管道的大量建设与投产，在管道试压和投产运行初期就发生了 30 余起管道开裂和泄漏事故，70% 以上是由环焊缝问题引起的[3]。此外，统计近 16 年油气管道环焊缝失效事故发现，超过半数的管道失效发生在不等壁厚钢管对接环焊缝上，不等厚对接引起的应力集中和焊缝质量不佳是造成失效的一个重要因素[4,5]。

目前国内外针对不壁厚管道对接坡口设计方面的研究，主要包括传统倒角式坡口和改进后的锥孔式坡口，且都已经进行了比较系统的研究，但在不等厚钢管安全评价方面的研究较少，CSA Z662、GB 50369 等相关标准也仅从管道内外壁是否对齐等方面对不等壁厚对接接头应采用的坡口形式进行要求，并规定两管道壁厚比不应大于 1.2，对不等厚焊接接头如何进行安全评定的流程和方法并没有详细说明。目前关于不等厚管道对接接头评价方面的研究，只有少量的实验与模拟，因缺乏充足的研究，只能提供对接头设计的参考借鉴，无法达到对管道严谨的安全评定，若按相关标准评价[6]则直接认定管道失效，建议更换，这又造成了不必要的维护。另外，随着管道钢等级的提升，强度增加，但延伸率和应变能力下降，高钢级管道不等厚焊缝若沿用旧设计规范，安全裕量大大缩小，将带来巨大安全风险。

基于以上分析，本文围绕不等壁厚的结构安全评定，从对接坡口设计、环焊接头的评价方法以及焊接接头安全影响因素这三方面综述国内外关于不等壁厚管道对接相关研究进展情况。

2　不等厚对接环焊缝设计研究

2.1　常用不等厚对接坡口形式

不等壁厚管道焊接接头传统常采用的是倒角式坡口，见图 1(a)。但这种处理方式会导致接头易产生应力集中、焊接时易发生根部未熔合、未焊透等焊接缺陷，造成无损检测检验的困难还会增加裂纹萌生和扩展的可能性，大大降低焊接接头的承载能力[7]。经改进后，已有相关管道运营商采用沉孔锥形坡口来过渡不等壁厚管道，如图 1(b)所示。

除上述常见的两种坡口形式外，实际工程中仍存在其他不等壁厚对接形式，见图 2。图 2(a)为两管道壁厚相差较小，没有坡口处理直接进行焊接的情况，但存在壁厚比例问题，至今还没有相关学者对该坡口进行系统分析。图 2(b)和(c)分别为两管道错边或不圆而导致的不等厚焊接。

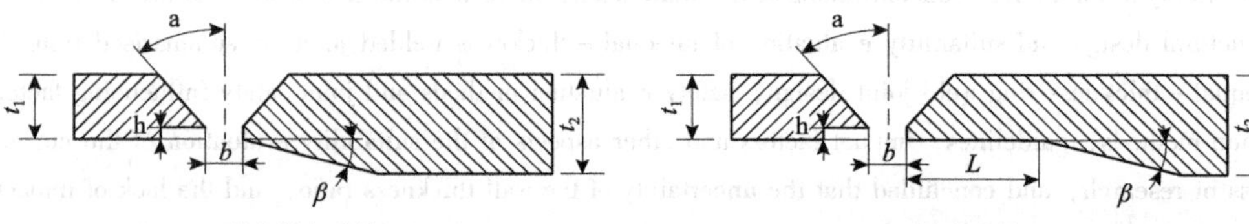

图 1　常见不等壁厚管道对接坡口形式

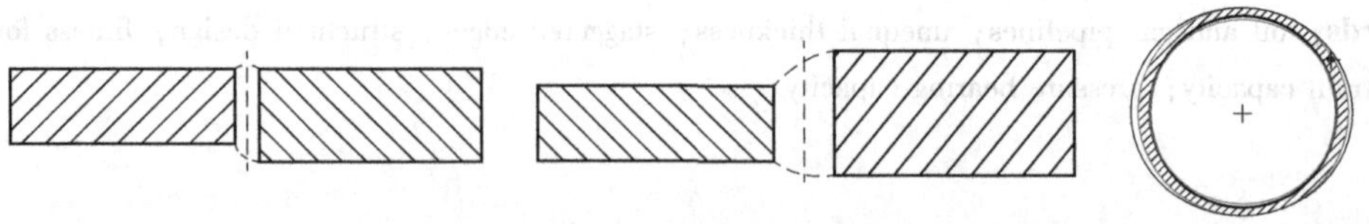

图 2　其他不等壁厚管道对接坡口形式

标准 ASME B31.4[8] 和 CSA Z662[9] 中关于不等厚对接接头采用的处理方法为倒斜角处理，见图 2(a)。各标准(GB 50251[10]、GB 50253[11]、GB 50236[12]、GB 50369[13]、ASME B31.8[14] 等)中关于不等厚管道对接坡口形式的介绍大致相同，均从内外管径是否相同的情况来选用对应的坡口形状尺寸。其中 ASME B31.8 标准规定，在对接两管段内径不同、外径相同时，坡口应符合：①当壁厚差小于 2.5mm 时，坡口可不做任何处理，在保证焊接质量的前提下进行直接焊接；

②当内壁偏差大于2.5mm时，应将较厚侧管端内部加工成斜坡口，斜坡口的加工角度最大不应大于30°，最小不应小于14°。

GB 50369[13]标准提升了不等厚焊接要求，其中，两管道壁厚差小于等于2mm时才可直接焊接，大于2mm时，采用内削边处理，内坡口锥角范围为14°~30°，目前，该要求是我国长输油气管道不等厚焊接常用处理做法。GB 50251[10]标准中规定，若两对接不等厚管道最小屈服强度相同，加工斜坡口的最小角度可不作限制。另外，GB 50253[11]还规定当两相接管道最低屈服强度不等时，较大的壁厚要小于等于1.5倍较小壁厚值，且应满足$t_2\sigma_{s2}\geqslant t_1\sigma_{s1}$。

针对传统倒角式坡口存在较大应力集中和焊缝质量不佳等问题，国外开发了一种新的壁厚过渡设计理念，通过内切削厚壁的过渡方式来减少热影响区处的应力集中，这种处理方式有助于减少氢辅助开裂的可能性，还能提高无损检测的质量和疲劳寿命，见图1(b)。目前锥孔型坡口已经成为不等壁厚管道对接常用的坡口形式，但由于坡口尺寸参数会随着壁厚比例的改变而随之发生变化，也缺少学者对其进行系统完整的归纳分析，故至今还并未有标准对锥孔形坡口进行介绍说明。

2.2 不等厚对接坡口研究进展

George[15]首次在高强度X52管和低强度B级管对接的不等壁厚部分，引入了锥度“架桥效应”的概念，对B管道采用锥度比分别为4：1、8：1和16：1进行设计。实验结果表明，低强度壁厚较大的管道因为“架桥效应”强度得到增强，此外还建议采用4：1的锥度比，指定最大锥度比为16：1，这一结论已被ASME B 31.8采用。Baek和Kim等[16,17]研究了锥角对具有内压和弯曲加载条件下管道塑性失效的影响。研究认为，当壁厚比小于1.5时，抗拉强度和抗弯承载力不受锥角的影响，但随着比值大于1.5，角度的变化对管道受拉伸载荷能力和弯矩能力的影响较大，对于所有壁厚接头组合，锥角对爆破压力没有影响。Zhu[18]开发了一种塑性失效标准和塑性失效评估图法(PCAD)，来估计在壁厚不相等情况下，高强度等级薄壁厚管道的失效位置。并建立了一个简单的标准来定义较薄壁管段是否发生塑性失效，见式(1)：

$$\frac{UTS_2}{UTS_1}>\frac{t_1}{t_2} \tag{1}$$

式中　UTS_1——高强度极限抗拉强度，MPa；

UTS_2——低强度的极限抗拉强度，MPa；

t_1——低强度等级管道壁厚，mm；

t_2——高强度等级管道壁厚，mm。

另在坡口设计改进方面，Michael等[19~21]对两种常见接头的结构完整性进行评估，发现两坡口具有相同的承压能力，但锥孔式坡口比倒角式坡口具有更低的应力集中系数、更低的应力强度因子和更高的塑性破坏极限载荷，其成果在一定程度上推进了锥孔型坡口发展，已成为不等厚管道对接的主流坡口形式。Aditya[22]等对过渡长度进行了修正，并证实修正后坡口处的应力集中相比未修正的要小。张振永[23,24]等人还给出了不同应力集中系数下X80管道锥孔长度的计算方法和推荐长度，以更好地指导高钢级大口径管道不等厚的设计。

3 不等厚对接环焊缝适用性评价研究

目前关于不等壁厚管道评价的方法大致分为三种：实验法、模拟法和工程评价法。各评价方法说明见表1。

表1　不等壁厚管道评价方法

评价方法		评价手段	评价指标	评价准则
实验法		全尺寸试验、宽板试验、小试件试验	应力、应变、强度、断裂韧性、	—
模拟法		有限元仿真	应力 σ	$\sigma\leqslant0.9\sigma_s$[25]$/\sigma_b$
				$\sigma\leqslant\sigma_f$
			应变 ε	$\varepsilon\leqslant0.5\%$[26]
				$\varepsilon\leqslant2\%$[27]
工程评价法	可靠性	可靠性评价法	目标可靠度	—
	设计标准	基于设计标准要求	设计阈值	—

注：σ_f为流变应力；σ_s为材料屈服强度；σ_b为材料拉伸强度。

3.1 实验法

实验法是评价环焊接头真实承载能力最准确的方法，全尺寸实验得到的数据是修正小尺寸标准试样测试结果、验证环焊接头数值仿真模型准确性的重要依据。目前全尺寸管道环焊接头试验主要有全尺寸和曲面宽板拉伸实验两种。日本电力中央研究所和中国石油工程研究院[28,29]等机构都采用过大口径高钢级环焊缝接头四点弯曲试验来对接头进行应变测试。Yang[30,31]等人采用宽板拉伸实验，研究焊缝区域材料的强度匹配系数、屈服强度比和软化率对焊缝应变能力的影响，以获得符合中俄东线天然气管道安全条件的适当临界强度匹配系数。李智文[32]等利用宽板拉伸试验和有限元结合的方法探讨环焊缝处存在较大错边时($e=5\sim7$mm)的力学行为以及应力分布情况，并与相关标准评价方法得到的结果进行对比，来探讨标准计算结果的保守程度。汪金旭[33]通过对比不同管径、壁厚等参数下全尺寸与小尺寸试样表观断裂韧性的差异，得到两者之间的转化系数，进而获取相对准确的高钢级管道环焊缝表观断裂韧性。目前国内外也开展了多种小尺寸试件实验，包括 DIC 方法、微型试样测试、SENT 试样测试等。当前研究成果表明[34~38]，焊缝金属沿管道轴向的力学性能在焊缝区分布较均匀，而在壁厚方向上存在一定差异。但目前开展的试验数量还相对较少，还需进一步开展实验，以证明研究结论的一般性。

3.2 仿真分析法

高昂的试验成本和复杂的工作量限制了大管道试验方法的应用。因此，数值模拟方法成为研究管道环焊接头力学行为的常用手段[39]。针对焊接接头几何结构不连续存在的问题，张宏[40]等考虑焊缝区的几何形貌，按环焊接头存在3mm 错边量，建立环焊接头应变能力数值仿真模型，分析焊缝强度匹配系数对裂纹扩展驱动力的影响，以此计算环焊接头的应变能力。刘明[41,42]等研究错边对焊接接头应力集中程度的影响，为压力管道的安全评定提供可靠的力学依据。陈晓飞[43]对不等壁厚管道进行应力应变分析，得到壁厚差，强度匹配系数等参数对焊缝应力、应变集中程度影响规律。Wang[44]研究跨接管道变壁厚对接焊缝附加载荷引起的应力集中，得到了不同跨接状态参数和不同焊缝结构参数下附加应力引起的应力集中系数。结果表明，减小壁厚比或增加锥面长度都是减小横截面积变化的措施，可以有效降低壁厚变焊缝的应力集中程度，从而提高焊接结构处焊缝的力学性能。从目前研究可以看出，有限元仿真试验成本低，可以在实物试验前预测结构材料的力学性能，因此广泛应用于高钢级管道焊接接头的应力－应变研究。

3.3 工程标准法

目前国内外已经建立了相对完整的管道安全评价体系。关于壁厚不等管道对接，各标准仅从坡口设计方面对其进行要求。由错边导致的不等厚问题，各标准中对其缺陷的评定存在差异，如 GB 35013[45]、SY/T 6477[46]、API 579[47]等标准通过计算剩余强度系数 RSF，并与允许剩余强度系数RSF_a(0.9)比较来评估缺陷管道是否需要更换。BS 7910[48]标准则规定在评估缺陷管道时需将膜应力乘以应力集中系数 K_m。

在管道设计标准中，可靠性设计法是将影响环焊接头安全状态的参数以统计分布的形式输入到极限状态方程中去，并采用目标可靠度计算方法来设计确定焊缝金属强韧性指标。帅健等[49~51]通过改变错位和断裂韧性的控制标准，研究不同焊缝强度匹配因素下环焊缝的失效概率，并根据目标可靠性和应变需求(0.5%)的要求，提出了一种工程应用临界强度匹配系数半经验预测模型。

此外，还有其他学者在评价裂纹缺陷安全的情况下研究不等厚焊接接头质量性能的影响。张宏[39]等考虑不等壁厚焊接接头真实几何形貌建立裂纹驱动力模型，研究强度匹配系数等对环焊接头的应变承载能力；Wu 等[52]分析了不等厚对接管道在裂纹尺寸与强度匹配系数等参数的作用下对裂纹驱动力的影响；Zhao 等[53,54]研究了在低强匹配条件下海底管道环焊接头错边量对裂纹驱动力的影响规律。

4 不等厚对接接头影响因素分析

环焊缝是长输管道的重要组成部分，载荷、缺陷、局部断裂韧性、强度匹配、焊缝几何结构以及残余应力等因素相互作用均可能会导致焊缝失效。分析变壁厚接头的失效原因，提高变壁厚环焊缝的焊接质量和承载能力，给焊接接头结构安全提供保障。王海涛[55]总结环焊缝失效原因，发现不等厚接头的过渡方式是造成应力集中、冲击韧性低进而导致焊缝脆性断裂失效的重要原因。帅健等[56]定量环焊缝的应变能力与焊缝几何特性及力学性能参数的关系，明确焊缝的载荷或位移是保障其安全性评价的前提，提高环焊缝的应变能力可以增强高钢级管道对于不良地质条件的适应性。陈晓飞[43]通过对由错边导致的不等厚管道施加不同内压、轴向载荷和轴向位移来对焊缝进行应力、应变分析，从而得到内压载荷、壁厚差、强度匹配系数和坡口尺寸等因素对接头安全的影响规律。

此外焊缝处几何形貌与管材强度差等也是造成焊缝失效的重要原因。吴锴[57]研究不同高低错位、断裂韧性和管道强度分布标准偏差下环焊缝强度匹配因子对管道失效概率的影响。研究表明，随着焊接金属强度匹配系数的增加，管道失效的可能性显著降低。在相同强度匹配系数下，管材失效概率随着环焊缝断裂韧性的降低而降低。杨悦[58]针对含错边缺陷 X80 管道，考虑环焊缝处真实几何形貌的强度指标对含裂纹缺陷环焊接头应变能力的影响，得出可通过限定母材的强度指标来提高管道焊接接头的应变能力。

5 结论与建议

（1）目前常用到的不等厚对接坡口有倒角型和锥孔型两种。经研究证实，锥孔型坡口与传统坡口相比能减少焊缝处应力集中，降低氢辅助开裂的风险和疲劳裂纹扩展的驱动力，提高了无损检测的可靠性和现场焊接的质量与效率，使接头具有更高的抗压应变能力和更长的疲劳寿命。除上述两种常见的坡口外，工程中还存在其他不等厚对接形式，但由于壁厚比例的问题，至今还没有学者对这方面进行系统的研究分析。

（2）不等壁厚焊接接头安全评价的方法可分为实验法、模拟法和工程评价法。大尺寸试验是获取环焊接头断裂性能最真实可靠的方法，我国已开展多次大口径、全尺寸管道和小尺寸试件的弯曲和拉伸实验，但实验数据累积较少，还需继续开展相应的研究。另外高昂的成本和繁琐的实验过程限制了实验方法的应用，数值模拟方法成为研究环焊接头安全性能常用手段。

（3）分析变壁厚焊接接头的失效原因，才能有效提高变壁厚焊接接头的焊接质量和承载能力，从而给焊接接头结构安全提供保障，由目前研究得知，焊缝处的几何形貌、强度匹配、管道内压、壁厚差等都是影响不等厚环焊接头安全性能的重要原因。后续还需对接头影响因素进行更加系统的整理分析。

参考文献

[1]张宏，吴锴，冯庆善等．高钢级管道环焊接头力学性能与适用性评价研究进展[J]．油气储运，2022，41(05)：481－497.

[2]李鹤林．油气管道运行安全与完整性管理[J]．石油科技论坛，2007，(02)：18－25.

[3]任俊杰，马卫锋，惠文颖等．高钢级管道环焊缝断裂行为研究现状及探讨[J]．石油工程建设，2019，45(01)：1－5.

[4]张振永，高琦，刘玉卿．高钢级天然气管道不等壁厚焊接坡口设计[J]．焊接技术，2020，49(10)：81－84.

[5]罗金恒，杨锋平，王珂．油气管道失效频率及失效案例分析[C]．全国失效分析学术会议，北京，2015.

[6]李志安．压力容器断裂理论与缺陷评定[M]．大连：大连理工大学出版社，1994：176－189.

[7]杨明，刘玉卿，高琦等．西四线变壁厚钢管环焊缝内坡口设计方案[J]．焊管，2021，44(03)：11－16.

[8]ASME B31.4—2019，Pipeline Transportation Systems for Liquids and Slurries.

[9]CSA Z662—2007，Oil and gas pipeline systems.

[10]GB 50251—2015，Code for Design of Gas Transmission Pipeline Engineering.

[11]GB 50253—2014，Code for Design of Gas Transmission Pipeline Engineering.

[12]GB 50236—2011，Code for Design of Gas Transmission Pipeline Engineering.

[13]GB 50369—2014，Code for Design of Gas Transmission Pipeline Engineering.

[14]ASME B31.8—2010，Gas Transmission and Distribution Piping Systems.

[15]GEORGE H H，RODABAUGH E C. Tests of Pups Support "Bridging Effect"[C]. Calgary：Pipe Line Industry，1959：IPC－90129：9p.

[16]BEAK J H，KIM Y P，KITM. "Effect of taper angle on plastic collapse of pipe joint with different wall thickness and strength"[C]. Calgary：9th International Pipeline Conference，Korea，2012.

[17]BEAK J H，KIM Y P，KITM W S. Load bearing capacity of welded joints between dissimilar pipelines with unequal wall thickness[C]. Calgary：Transactions of the Korean Society of Mechanical Engineers，Korea，2012.

[18]XIAN K Z，Brian N L. Plastic Collapse Assessment Method For Unequal Wall Transition Joints in Transmission Pipelines[C]. Calgary：Journal of Pressure Vessel Technology，America，2005.

[19] MICHAEL M. Comparative integrity evaluation of counterbore – tapered and back – beveled weld joint[C] Calgary: Proceedings of the 10th International Pipeline Conference, 2014.

[20] LOTSBERG. Stress concentration factors at welds in tubular sections and pipelines. In: OMAE, 2007.

[21] HUO X T, SHAWN K, HUSSEIN A, et al. Evaluation of back – beveled and counter bore – tapered joints in energy pipelines[C]. Calgary: Proceedings of the 8th International Pipeline Conference, 2010.

[22] ADITYA D, MING L. Minimum counter bore length and tapered angle criteria for transition welds[C]. Calgary: Proceedings of the 8th International Pipeline Conference, 2010.

[23] 张振永, 高琦, 刘玉卿. 高钢级天然气管道不等壁厚焊接坡口设计[J]. 焊接技术, 2020, 49(10): 81 – 84.

[24] 杨明, 刘玉卿, 高琦等. 西四线变壁厚钢管环焊缝内坡口设计方案[J]. 焊管, 2021, 44(03): 11 – 16.

[25] GB 50251—2015, Code for Design of Gas Transmission Pipeline Engineering.

[26] GB/T 50470—2017, Seismic technical code for oil and gas transmission pipeline engineering.

[27] ASCE – 2001, Guidelines for the Design of Buried Steel Pipe.

[28] MIURA N, KASHIMA K, MIYAZAKI K, et al. Development of flaw evaluation criteria for class 2 and 3 light water reactor piping establishment of flaw evaluation method for moderate toughness pipes: T75[R]. Kanagawa: CRIEPI, 2003

[29] AGBO S, LIN M, AMELI I, et al. Experimental evaluation of the effect of the internal pressure and flaw size on the tensile strain capacity of welded X42 vintage pipelines[J]. International Journal of Pressure Vessels and Piping, 2019, 173: 55 – 67.

[30] YANG Y, ZHANG H, WU K, et al. Strain capacity analysis of the mismatched welding joint with misalignments of D 1422mm X80 steel pipelines: An experimental and numerical investigation[J]. Journal of Pipeline Science and Engineering, 2021, 1(3): 212 – 224.

[31] WANG Y Y, LIU M, LONG X, et al. Validation and Documentation of Tensile Strain Limit Design Models for Pipelines[R]. US, 2011.

[32] 李智文, 吴明畅, 王新园等. 基于宽板拉伸的错边环焊缝应力集中试验与模拟[J]. 油气储运, 2021, 40(02) 178 – 184.

[33] 江金旭, 张宏, 顾磊等. 高钢级管道环焊缝表观断裂韧性影响因素数值模拟[J]. 油气储运, 2022, 41(03): 281 – 287.

[34] 朱勐晖. 高温环境下微小试样材料力学性能测试方法的研究[D]. 西安: 西北工业大学, 2006.

[35] NIE H L, MA W F, XUE K, et al. A novel test method for mechanical properties of characteristic zones of girth welds[J]. International Journal of Pressure Vessels and Piping, 2021, 194(Part A): 104533.

[36] WU X, SHUAI J, XU K, et al. Determination of local true stress – strain response of X80 and Q235 girth welded joints based on digital image correlation and numerical simulation[J]. International Journal of Pressure Vessels and Piping, 2020, 188: 104232.

[37] ZHANG Z L, HAUGE M, THAULOW. A notched cross weld tensile testing method for determining true stress – strain curves for weldments[J]. Engineering Fracture Mechanics, 2002, 69(3): 353 – 366.

[38] TU S W, REN X B, NYHUS B, et al. A special notched tensile specimen to determine the flow stress – strain curve of hardening materials without applying the Bridgman correction[J]. Engineering Fracture Mechanics, 2017, 179: 225 – 239.

[39] 杨明, 张振永, 高琦等. 陆上高钢级大口径天然气管道采用等内径技术探讨[J]. 油气储运, 2022, 1 – 8.

[40] 张宏, 吴锴, 刘啸奔等. 直径1422mm X80 管道环焊接头应变能力数值模拟方法[J]. 油气储运, 2020, 39(02): 162 – 168.

[41] 刘明, 雷斌隆, 徐磊. 错边对压力管道焊接接头应力集中影响的研究[J]. 管道技术与设备, 2008, (01): 36 – 37 + 40.

[42] 李根, 张腾. 几种焊接缺陷对 X70 管道环缝接头应力集中的影响[J]. 焊管, 2014, 37(06): 48 – 52.

[43] 陈晓飞. 不等壁厚管道对接环焊缝的断裂分析[D]. 北京: 中国石油大学(北京), 2020.

[44] WANG H T, WANG G Z, XUAN F Z, et al. Local mechanical properties of a dis similar metal welded joint in nuclear power systems[J]. Materials Science and Engineering: A, 2013, 568(1): 108 – 117.

[45] GB 35013—2018, Fitness – for – service assessment of pressure equipment.

[46] SY/T 6477—2017, Remaining strength evaluation for oil & gas pipeline with flaws.

[47] API – 579, Recommended practice for fitness for service.

[48] BS – 7910, Guide on methods for assessing the acceptability of flaws in metallic structures.

[49] 帅健, 张银辉. 高钢级管道环焊缝的应变集中特性研究[J]. 石油管材与仪器, 2020, 6(02): 8 – 14.

[50] WU K, ZHANG H, YANG Y, et al. Strength matching

factor of pipeline girth weld designed by reliability method[J]. Journal of Pipeline Science and Engineering, 2021, 1(3): 298-307.

[51]张振永，张文伟，张金源等. 基于可靠性设计方法的长输管道选材方案[J]. 油气储运，2014，33(11)：1202-1207.

[52]WU K, LIU X B, ZHANG H, SUI Y L, ZHANG Z Y, YANG D, et al. Fracture response of 1422mm diameter pipe with double-V groove weld joints and circumferential crack in fusion line[J]. Engineering Failure Analysis, 2020, 115: 104641.

[53]ZHAO X X, XU L Y, JING H Y, et al. A strain-controlled fracture assessment for submarine thin-walled pipes with V-groove welds and circumferential embedded cracks[J]. Thin-Walled Structures, 2019, 145: 106377.

[54]ZHAO X X, XU L Y, JING H Y, et al. A strain-based fracture assessment for offshore clad pipes with ultra-undermatched V-groove weld joints and circumferential surface cracks under large-scale plastic strain[J]. European Journal of Mechanics-A/Solids, 2019, 74: 403-416.

[55]王海涛，李仕力，陈杉等. 高钢级天然气管道环焊缝断裂问题探讨[J]. 石油管材与仪器，2020，6(02)：49-52.

[56]帅健，王旭，张银辉等. 高钢级管道环焊缝主要特征及安全性评价[J]. 油气储运，2020，39(06)：623-631.

[57]吴锴. 高钢级管道环焊缝应变能力研究[D]. 北京：中国石油大学(北京)，2021.

[58]杨悦，张宏，刘啸奔等. 焊接材料强度对高钢级管道环焊缝应变能力的影响[J]. 油气储运，2022，41(01)：48-54.

含局部减薄缺陷的 HDPE 管爆破试验研究

燕集中[1,3]　赵兴民[2]　赵建平[2]

(1. 江苏省特种设备安全监督检验研究院，江苏 南京　210036；2. 南京工业大学机械与动力工程学院，江苏 南京　211816；3. 国家压力管道元件质量检验检测中心，江苏 南京　210036)

摘　要：PE 管道已广泛应用于燃气、污水处理、核电供水管道等领域，HDPE 管在连接和使用过程中可能会产生减薄缺陷，影响其承载能力。拟采用实验手段开展含减薄 PE 管的静液压强度测试，进而研究不同缺陷尺寸焊接接头的承载能力变化。研究发现，缺陷相对深度和相对轴向长度对极限载荷削弱明显。

关键词：高密度聚乙烯管；热熔接头；局部减薄；爆破

Experimental Study on Blasting of HDPE Pipe With Local Thinning Defects

Yan Jizhong[1,3], *Zhao Xinming*[2], *Zhao Jianping*[2]

(1. Jiangsu Special Equipment Supervision and Inspection Institute, Nanjing, 210036, China;
2. School of Mechanical and Power Engineering, Nanjing University, Nanjing, 211816, China;
3. National Quality Inspection & Testing Center For Pressure Pipe Components, Nanjing, 210036, China)

Abstract: PE pipe has been widely used in gas, sewage treatment, nuclear power water supply pipeline and other fields. HDPE pipe may have thinning defects in the process of connection and in – service, which will affect its bearing capacity. The hydrostatic strength test of PE pipe with local wall thinning was carried out by means of experiment to study the bearing capacity of welded joints with different defect sizes. It is found that the relative depth and axial length of the defect weaken the limit load obviously.

Key words: HDPE; Butt fusion welding; Blasting; Local thinning defect

聚乙烯管材在运输和使用过程中，遭受第三方破坏容易对管材外表面造成局部损伤，此类缺陷严重损害 HDPE 管材承载能力。为研究不同减薄缺陷对承载能力的影响，制作了不同相对深度、相对周向角度、相对轴向长度的减薄缺陷，使用短期静液压强度的测试方法，测试试样发生破坏时的爆破压力和失效时间。

1　试样加工与密封装置

选取 HDPE100，DN100，SDR11 管材，试样长度为 500mm，在管材中间位置按照表 1 加工外表面减薄缺陷，共加工 9 个试样，分别研究减薄缺陷相对深度、相对周向角度、相对轴向长度对管材承载能力的影响。图 1 是 5 号试样的缺陷示意图，其他试样加工均与 5 号样类似，缺陷尺寸按表 1 要求，位置不改变。

表 1　管材减薄缺陷尺寸

组	序号	t/T	θ/π	$L/\sqrt{Rt}$
I	1	0.2	1/3	0.5
	2	0.4	1/3	0.5
	3	0.7	1/3	0.5

作者简介：燕集中(1981—　)，男，江苏徐州人，高级工程师，硕士研究生，主要从事承压类特种设备安全技术研究，专注于大型石化装置检验检测技术、非金属管道检测技术及管道元件产品安全性能的研究等。

基金项目：江苏省特种设备安全监督检测研究院 KJ(Y)2016017 项目资金资助。

续表

组	序号	t/T	θ/π	$L/\sqrt{Rt}$
Ⅱ	4	0.2	1/3	1.5
	5	0.2	1/2	1.5
	6	0.2	2/3	1.5
Ⅲ	7	0.4	1/2	0.5
	8	0.4	1/2	1.5
	9	0.4	1/2	3

试验过程中，密封装置选择与管件配合的夹套，将夹套封头和密封塑料垫片预先穿入管材两端，管材端面压入在封头内表面，然后将外部固定装置压紧密封圈，采用螺栓固定。同时密封装置易于安装，密封性能良好，满足试验要求。

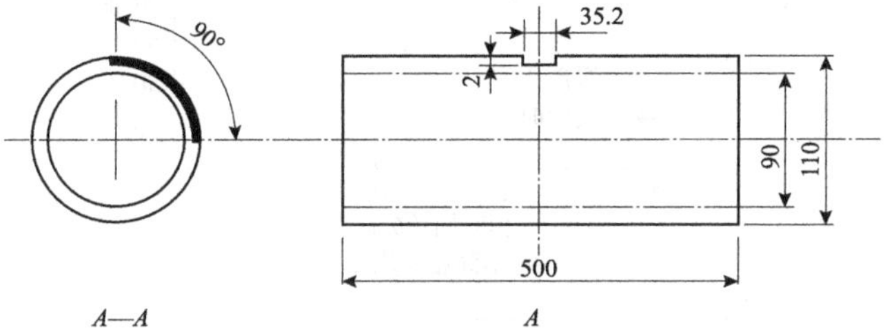

图 1　5 号试样缺陷尺寸

2　实验过程

静液压强度测试按照 ASME D1599《塑料管材和管件短期静液压强度测试方法》，将管材两端密封，密封装置连接在样品上，让样品充满测试介质，介质保持在测试时一样的温度，然后样品连接在加压设备上，并排出空气。实验前需要预处理，将样品放置在 23℃浴箱 1h，然后安装密封夹套，均匀施加压力，直到试样出现压力明显下降或试样表面漏水现象时，认定为破坏。

管材样品两端使用夹套密封，且都能承受最大测试压力。如图 2 所示，被测试样通过夹套固定试样，用来抵抗由内压产生的轴向脱离力，可以实现管材自由端良好的密封性。采用压力表及压力传感器记录加压过程的实时压力值。

图 2　内压测试试样

管材破坏均是由于内压增大，使得管材承受更大的周向应力，管材表面出现平行于轴线的楔形鼓胀。如图 3 所示，随着继续加压，管材继续体积膨胀，鼓胀增大，沿着轴向撕裂，最终鼓胀破裂。

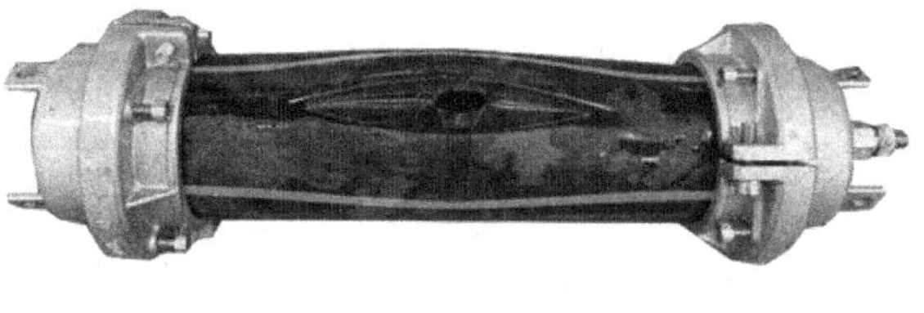

图 3　试样破坏形貌

3　试验结果与分析

对 9 个试样分别进行液压强度测试，得到压力随时间变化曲线，用于确定不同减薄缺陷 HDPE 的承载能力和失效时间。如图 4 所示，研究发现每个试样在达到最大压力之前，曲线形态略有差异，由于管材外表面加工了不同大小的减薄缺陷，压力增加过程中，管材体积膨胀不均匀，进而表现为实测压力增加不均匀。

图 4(a)是不同相对深度减薄缺陷的压力时间曲线，把所能承受压力的最大值认定为爆破压力，压力迅速降低为零时间为失效时间。随着缺陷深度增大，最大承受压力逐渐降低。随着缺陷深度增加，试样薄弱区域管材壁厚降低，所承受周向应力的受力面积和轴向应力受力面积均减小，导致极限载荷逐步下降。

图 4(b)是不同相对周角的压力时间曲线，随着缺陷周向角度的变化，最大承载压力的变化不大。由于随着缺陷周向角度扩大，轴向受力面积降低，但周向受力面积未发生明显改变，周向应力是承载能力主要影响因素，所以周向角度变化对其影响较小。

图 4(c)是周向长度变化的压力时间曲线，与 4(b)相反，随着周向长度增加，轴向受力面积不变，但周向受力面积减小，最大承载力明显降低。

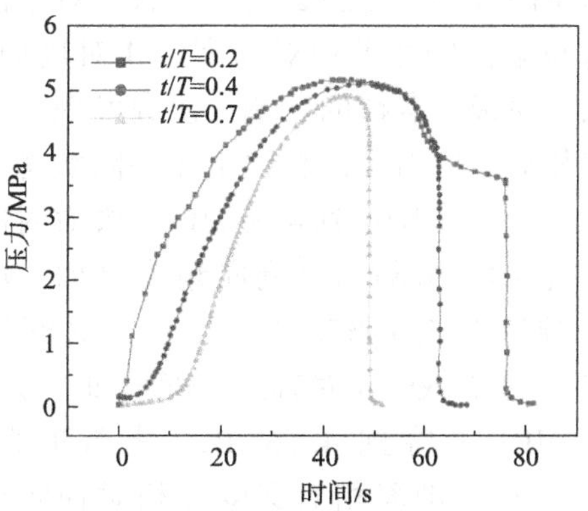

(a)不同相对深度

图 4　压力时间曲线

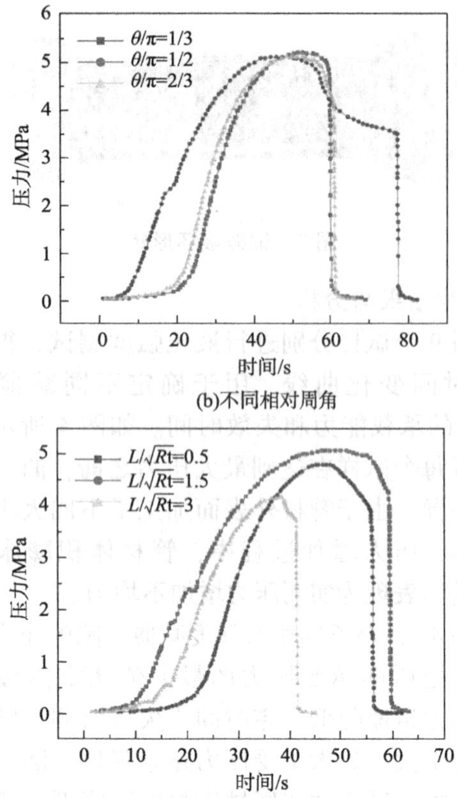

(b)不同相对周角

(c)不同相对轴向

图4　压力时间曲线(续)

图5(a)、图5(b)和图5(c)分别表示不同相对长度、相对周向角度，相对轴向长度下的含缺陷管道失效时间和爆破压力的变化，爆破压力与失效时间变化趋势类似。爆破压力为4.16～5.11MPa，失效时间维持在41～78s，相比于无缺陷，9号样失效最为明显，爆破压力下降18.59%，失效时间下降47.43%，图5(c)中失效时间缩减明显，主要由于轴向局部应力增大和缺陷面积扩大。

4　结论

基于静液压强度测试实验方法，对不同尺寸的减薄缺陷，研究了相对深度、相对周向角度，轴向长度对极限载荷的影响。研究发现，随着减薄缺陷相对深度增大，相比于无缺陷状态，爆破压力由5.11MPa降低到4.88MPa，失效时间下降38.35%；随着缺陷相对周向角度增加，爆破压力基本维持在5.06MPa左右，失效时间维持在60～75s；随着缺陷相对轴向长度增加，爆破压力从5.11MPa下降到4.16MPa，失效时间下降47.43%。表明缺陷相对深度和相对轴向长度对极限载荷削弱明显。

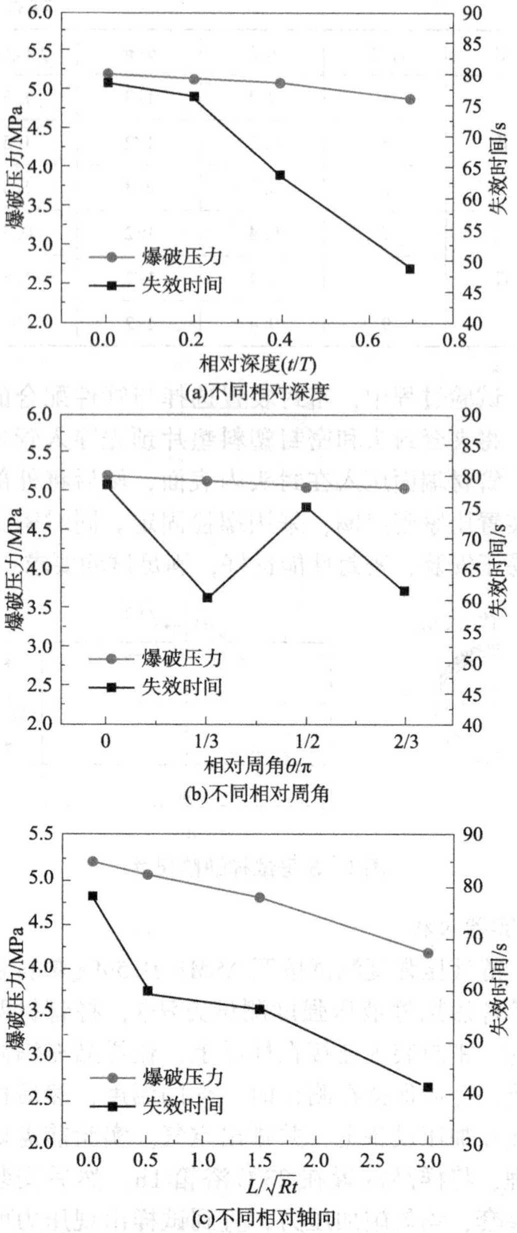

(a)不同相对深度

(b)不同相对周角

(c)不同相对轴向

图5　不同缺陷下爆破压力与失效时间

参考文献

[1]施建峰，郭伟灿，师俊，钟思嘉，郑津洋．聚乙烯及其复合管道安全检测与评价方法[J]．化工学报，2013，64(02)：756－764.

[2]ISO 21307. Plastics pipes and fittings – Butt fusion jointing procedures for polyethylene (PE) piping systems [S]. 2017.

[3]GB/T 6111—2003. 流体输送用热塑性塑料管材耐内压试验方法[S]. 2003.

[4]赵兴民．含焊接缺陷聚乙烯管热熔接头承载能力研究[D]．南京，南京工业大学．

埋地聚乙烯管道缺陷无损检测技术研究进展

燕集中[1,2]　沈利民[3]　杨　洪[3]　吴胜平[1,2]　周　云[1,2]　陈　杨[1,2]

（1. 江苏省特种设备安全监督检验研究院，江苏 南京　210036；
2. 国家压力管道元件质量检验检测中心，江苏 南京　211816；
3. 中国矿业大学，江苏 徐州　221116）

摘　要：聚乙烯管道由于具有良好的韧性、耐腐蚀性，抗震性而广泛用于埋地管道的铺设、维修和更换。本文从超声检测技术、相控阵检测技术、衍射时差检测技术、数字射线成像技术几个方面对聚乙烯管道缺陷检测技术研究进展进行了详细综述，最后对当前研究存在的问题和未来的研究方向进行了探讨。

关键词：聚乙烯；埋地管道；无损检测；焊接接头缺陷；研究进展

Research progress of nondestructive testing technology for defects of buried polyethylene pipeline

Yan Jizhong[1,2], *Shen Liming*[3], *Yang Hong*[3], *Wu Shengping*[1,2], *Zhou Yun*[1,2], *Chen Yang*[1,2]

(1. Jiangsu Special Equipment Supervision and Inspection Institute, Jiangsu Nanjing, 210036, China;
2. National Quality Inspection & Testing Center for Pressure Pipe Components, Jiangsu Nanjing, 210036, China;
3. China University of Mining and Technology, Jiangsu Xuzhou, 221116, China)

Abstract: Polyethylene pipe is widely used in laying, maintenance and replacement of buried pipelines due to its good toughness, corrosion resistance and seismic resistance. In the present paper, the research progress of polyethylene pipeline defect detection technology is reviewed in detail from the aspects of ultrasonic detection technology, phased array ultrasonic technique, Time of Flight Diffraction and X – ray digital radiography detection。Finally, the problems in current research and research directions in the future are also discussed.

Key words: polyethylene; buried pipeline; non – destructive testing; welded joints Defects; research progress

0　前言

管道承担着世界上 85% 以上的石油和近 100% 的天然气运输任务，管道输送在现代工业的快速发展中发挥不可替代的作用，并成为国民经济重要的增长点[1]。PE 管道以其良好的韧性、耐腐蚀、耐低温、耐磨损、质量轻、抗震性能好等优点，逐步成为国内外燃气行业新管铺设及旧管改造、维修、更换工程的主要选择之一[2-4]。

PE 管之间焊接方式主要有连接形式热熔焊接和电熔焊接两种方法，在其焊接制造过程中，不可避免地会产生焊接缺陷。因此，焊接接头质量的合格与否直接影响燃气管网的安全运行。燃气管道作为城市的能源输送系统一旦出现质量问题，会直接影响到居民的正常生活；此外，由于燃气的可燃性、易爆性，如果发生燃气泄漏，极易发生爆炸事故。因此，要保证管道的运行安全，就必须具备完善的检测工艺。目前，PE 管道在出厂时需进行外观、尺寸及断裂伸长率、短期静液压强度等一系列物理性能的检查，出厂质量有较高的保障。然而，现场安装、施工过程中，由于天气、设备状态、工人经验等原因，PE 管焊接接头质量参差不齐，直接影响了燃气管网

作者简介：燕集中(1981—　)，江苏徐州人，高级工程师，硕士研究生，主要从事承压类特种设备安全技术研究，专注于大型石化装置检验检测技术、非金属管道检测技术及管道元件产品安全性能的研究等。

系统的运行效果和使用寿命。因此，有必要对聚乙烯燃气管道焊接缺陷进行深入的检测研究，提升检测效率，从而提升聚乙烯燃气管道的输送安全。

本文综合阐述了聚乙烯焊接缺陷所采用的超声检测技术、相控阵检测技术、衍射时差检测技术、数字射线成像技术国内外研究进展，并对当前检测技术存在的不足和以后的研究方向进行了探讨。

1　超声波检测技术

工业上采用频率高于 10000Hz 的超声波进行无损检测工作，其工作原理见图 1。超声波的发生和接收通常是通过压电晶体材料构成的超声波探头实现[5]。超声检测最常用的是脉冲回波法，脉冲振荡器产生的脉冲电压加在超声探头上，探头发出的超声波脉冲通过耦合剂进入被检物体中传播，通常超声波在被检物体表面会产生一定的回波。当进入被检物体的超声波遇到反射体如缺陷后，部分反射能量沿原来的路径返回并经过一定时间后到达探头。探头将超声信号转变为电脉冲，经放大器放大后在示波器上进行显示。根据超声波在被检物体材料中的传播速度，可以计算得到缺陷与物体表面间的相对位置。

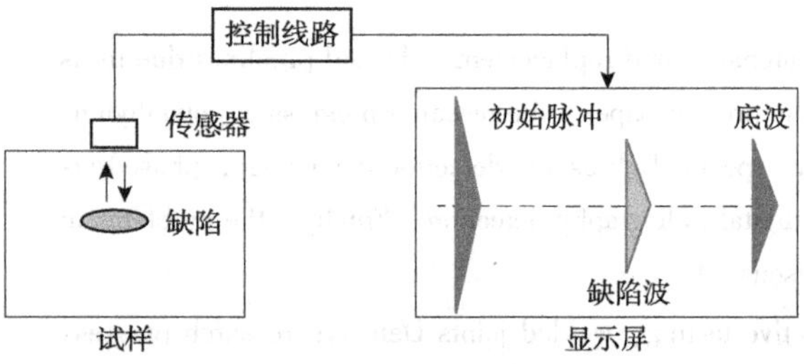

图 1　超声波检测原理图

张兴森[6]采用自制纵波斜探头，对 PE 管热熔焊缝缺陷进行了超声检测，可有效检出$\phi 1.0 \times 2.0$mm 尺寸缺陷。于润桥等[7]基于所确定的 PE 管道的声学性能，采用小波域去噪超声波检测方法，确定了超声波适用于 PE 管道热熔焊缝的焊接质量检测。郑津洋团队[8-9]提出了 PE 管道热熔对接接头耦合聚焦超声波检测方法，并设计完成了相关检测装置。装置具有检测精度高、可靠性高和操作效率高特点。徐家怡[10]研究发现振幅捕捉法和回波脉冲法对含有沙粒和油脂缺陷的试样检测结果非常精确。谢长生[11]采用空间复合成像技术方法，在降低超声检测成像噪声同时，扩大了检测区域，降低了伪像与盲区，提高了图像对比度和分辨率。刘同文等[12]指出由于超声波在PE 管中的衰减比金属材料衰减高出 10 倍，因此只能用较低频率的超声波(<4MHz)进行检测。

李俊[13]等采用与管道弧形面接触的低频率探头对不同夹杂缺陷进行超声波检测和分析后发现，超声检测方法可以定位和定量检测出 PE 管道热熔接头的各种夹杂缺项，但是在检测前必须切除管道焊缝内外翻边，否则难以检出。张琳[14]研究发现超声波对于面积型和孔洞型缺陷具有良好的检测能力，并且对于缺陷深度可以进行定量检测。黄建生[15]认为必须采用纵波探头对 PE 管热熔对接接头进行超声波检测，并且频率保持在 2MHz，这样才能确保衰减效果和分辨率。Egerton 等人[16]研究表明，超声波在 HDPE 材料中的速度和衰减特性随频率、深度、温度和方向而变化，并得出衰减和相速度分别优于4%和2%时，才能有效进行超声检测。王仕芳[17]研究发现探头特性对 PE 管缺陷检测效果影响较大，平底探头的检出效果和定量效果较好，但是弧形底面的探头综合效果最好，评价结果与实际情况相符。Premesh[18]采用柔性长纤维复合传感器，进行了 HDPE 管道的超声导波检测研究。为避免高频超声的衰减问题和低频超声盲区较大问题，超声频率最佳范围为 13 ~ 25kHz。Zheng 等人[19]认为由于没有考虑 PE 管自身黏弹性特性对于超声波的影响，因此超声波无法对于大尺寸管道进行有效检测。韩光明等[20]研究发现，对于含“未充分熔合”缺陷的 PE 管热熔接头，由于缺陷自身存在的“透声”声学特性，A 型超声波、TOFD、超声相控阵等超声波检测设备，都不具备检测含“未充分熔合”缺陷聚乙烯(PE)管道热熔熔接接头的条件。

2　超声相控阵检测技术

超声相控阵检测技术(Phased Array Ultrasonic Technique，PAUT)通过超声波声束的偏转和聚焦点位置变化，实现在同一个位置上多角度大范围扫查，克服了传统超声波检测衰减和能量损耗严重的不足。

Uchida[21]使用电超声束控制和实时 B 超图像显示技术，验证了超声声束转向预定角度和位置时，可以有效检测人工预制缺陷。郑津洋教授[22]提出采用相控阵超声检测测量电熔焊接接头特征线和电阻丝间的距离，再利用经验公式评估冷焊程度方法，其评定精度误差在 5% 之内。Frederick[23]研究发现低频超声相控阵检测技术对于核电站用 HDPE 热熔接头中未熔合、冷焊和夹渣缺陷具有较高检出率和识别率。Hagglund[24-25]研究表明，相控阵超声检测技术可以检测出外径 $\phi220\sim\phi450$mm 的管道上 $\phi1.5\sim\phi8$mm 的圆形缺陷。Hou[26]提出了一种基于超声检测图像模式识别的 PE 电熔接头缺陷识别方法，并设计对应的焊接缺陷自动识别软件。研究表明对单一和复杂缺陷识别准确率达到 100% 和 80%。郭伟灿[27]研制了聚乙烯管道电熔接头专用相控阵探头。结果显示对孔洞、熔合面缺陷和金属丝错位具有较高的分辨率和信噪比。李曼曼[28]研究发现超声波相控阵技术对于电熔接头中孔洞、较大未焊透和电阻丝错位具有良好的检测效果，但是缺陷检出率较低，应用具有局限性。

王少军[29]采用超声相控阵动态聚焦和 S 扫查成像技术研究热熔接头缺陷发现，该方法成像图谱快，判断缺陷准确，适用于工程检测。张晓宝[30]研究发现超声相控阵发现，阵元频率选择低频探头时，缺陷检测分辨率和灵敏度会相应提高。缺陷与探头的相对位置对于楔块角度影响重大，且声束聚焦深度是工件厚度的一半以上时检测效果最好。同时也发现相控阵探头和管道表面耦合程度影响缺陷检出率。侯东圣[31]针对核电站聚乙烯管道特点，提出大尺寸(深度 >40mm)PE 管道电熔接头的检测频率应不大于 2.5MHz。此外，其认为当前相控阵检测理论不足之处在于认为被检材料为线弹性、声速为常数，与超声波在黏弹性材料中的实际传播规律不一致。林师一[32]研究发现超声相控阵检测对于未熔合、夹渣、孔洞和金属丝错位具有较高的检出率和检测精度，但是对于冷焊缺陷需要结合相关标准进行参照判定。Ding[33]针对增强聚乙烯复合管道电熔焊接接头超声检测存在的难点和超声盲区问题，提出了一种基于相控阵检测技术的复合多角度线扫描图像检测方法，通过设置多线扫描通道和检测过程快速切换，实现多张 B 超图像，从而实现快速高效实时成像检测。

秦胤康[34]提出 HDPE 管道超声检测专用延迟法则，同时结合核电站 HDPE 管道热熔接头特点，利用热熔接头超声相控阵检测专用扫查方式，能够检测出 110mm 范围内 1mm 孔洞缺陷和裂纹缺陷，而且可以对 75mm 深度范围的裂纹缺陷进行定量分析。Tao[35]基于超声相控阵扫描结合 B 扫描图像技术开发了焊接全过程实时图像处理程序。该程序可以通过检测熔合区深度和特征线移动速度来评估焊接参数。施建峰[36]采用超声相控阵检测技术对深圳市若干电熔接头和热熔接头进行不停气检测后发现，热熔接头缺陷出现概率为电熔接头缺陷出现概率的 2.6 倍。胡剑峰[37]针对目前相控阵检测技术所需要的专业性高、缺陷识别过程费事费力不足，提出一种基于图像处理方法的焊接缺陷自动识别技术，研究结果显示其准确率、召回率以及运行时间方面均达到工业应用要求。李陈[38]认为当前聚乙烯燃气管道相控阵检测技术缺少统一的参考标准，开展相关工作时缺少对应标准支撑，无法判断管道的安全状况等级。

3 衍射时差检测技术

衍射时差检测技术(Time of Flight Diffraction，TOFD)技术属于一种基于目标检试件内部结构“端角”和“端点”部位采集的衍射能量进行缺陷检测的技术。可以进行缺陷的定量和定位检测，有较高的适用性。TOFD 技术的可靠性好，定量精度高，简单快捷，能对缺陷深度位置进行精确定位，对缺陷自身高度进行定量。由于缺陷衍射信号与角度无关，这种情况下角度变化不会影响到检测可靠性和精度；缺陷定量定位分析过程中不需要用到信号振幅；参数检测数据可供多人在线进行判读，提高检测结果判断的准确性[39-40]。李衍[41]指出基于入射纵波在缺陷端部产生衍射波传播时差测量的 TOFD 可靠性高，但是 TOFD 方法难以检出倾斜度和弯曲度大的缺陷，且精确度受到缺陷水平位置误差影响较大。何莎[42]讨论了平行扫查(B 扫描)和非平行扫查(D 扫描)两种方式下缺陷图谱特征，结果表明 TOFD 技术可以识别内部向表面延伸的缺陷，且缺陷检出率高，缺陷定位和定量精确。但同时也发现 TOFD 技术会在工件表面和底面附近产生盲区，会夸大良性缺陷以及人为导致的信号分析差异等。史俊伟[43]认为 TOFD 优点在于垂直缺陷检出率高、可分辨出裂纹上下尖端，适用于大厚度工件。但是对于近表面的缺陷，缺陷衍射波会淹没于直通波或底面回波中，形成盲区；对于横向缺陷检测能力差，无法检测表面缺陷和近表面缺陷。Ewert[44]研究发现使用 THz 频率的 TOFD 测量无需耦合剂和表面接触，对于带凹痕、孔洞和试样侧面孔具有良好的检测效果，且速度快。宋小春[45]讨论了缺陷几何尺寸对于 TOFD 检测信号的影响，研究表明缺陷位于工件上下表面时，探头只能接收部分基本超声信号。当缺陷位于轴偏离地面盲区时，缺陷衍射信号被底面反射信号覆盖。

Taghipour[46]基于 TOFD 方法，使用低频探头对人工预制试样上纵波转变为横波区域的缺陷进行了检测，研究结果表明可以检测到 0.5mm 的表面缺口(传统 TOFD 方法存在 2～3mm 盲区。)邓平[47]自行设计了水下 TOFD 检测设备并开展了相关实验，研究表明检测结果准确有效，可用于海洋工程水下焊接修复的工程检测要求。陈宝龙[48]对比分析了 PAUT 和 TOFD 检测手段对于人工预制缺陷的检测效果，发现两种方法均可以对缺陷进行精确定位，PUAT 检出的缺陷长度略高于 TOFD。阎长周[49]等讨论了基于 TOFD 技术缺陷深度和高度测量误差影响因素，并推导了影响因素的理论误差公式。其建议焊接接头厚度较小时(<20mm)，可采用双面 TOFD 检测。Aleshin[50]分析了 TOFD 检测技术对于 contracted defects, partially transmitting ultrasound 两种缺陷的检测效果。结果显示当使用垂直钻孔的尖端来模拟弱散射超声的缺陷时，检测灵敏度至少提高 6dB，也就是 2 倍甚至更高。Jin[51]结合光谱分析与傅里叶变换的频谱分析方法建立缺陷深度与谐波频率区间的关系，实现不同深度缺陷的定量检测方法，缺陷深度的相对定量误差在 11% 以内。

4　X 射线数字成像技术

X 射线数字成像技术(X－ray digital radiography detection)是指使用探测器阵列将穿透工件的射线转换为离散模拟信号阵列，并随即将这些信号阵列数字化，再传输至电脑，形成和显示出与系统输入端射线能量的区域变化相对应的数字化影像的技术。

Gray[52]对比分析了射线数字成像、超声检测后发现。超声检测无法检测出冷熔合。射线数字成像由于具有低能量和对焊接接头熔合区密度不敏感特点而具有良好的应用前景。伍树坤[53]和邵翔[54]在各自研究中发现当采用较低的曝光能量时，X 射线数字成像技术对于缺陷敏感度较高。并且对于气孔、夹杂等体积型缺陷识别度较高，但难以检出未熔合等面积型缺陷。同时在检测前需要对每一台射线机单独制作曝光曲线。何慧娟[55]研究发现 X 射线数字成像检测方法可以有效检测含泥沙、铁屑缺陷和低温焊缝的聚乙烯热熔接头，但是无法检测出含油污缺陷。王寿超[56]对比分析了工业 CT、X 射线数字成像和超声检测方法对于聚乙烯燃气管道缺陷检出效果。研究表明前两者对于缺陷试样比较敏感，但是不足在于不适合施工现场使用。超声波检测对于缺陷敏感度没有前两者高，但是携带方便。伍宗银[57]设计一种射线检测用的像质计，研究发现可以有效检出聚乙烯热熔焊接接头 0.1mm 宽度的未粘合缺陷。李沧[58]将常规钢管 X 射线检测方法应用于聚乙烯管道，可以有效检出焊接接头内部气孔、夹杂物、壁厚不一、电阻丝等缺陷，并且建议采用较低的曝光能量，以获得更好的对比度。刘伟[59]发现数字射线检测方法能够清洗辨认聚乙烯电熔接头中的人工预制的金属丝错位、砂石夹杂和未完全熔合缺陷，可以弥补超声相控阵方法无法识别体积型缺陷的不足。李威[60]从电压、电流和焦点尺寸选择出发，结合未熔合缺陷、伪缺陷等检测特点，综合考虑检测辅助材料选用阐述了与金属焊接接头相比，PE 管热熔接头 X 射线检测需要关注的重点问题。Weslley[61]对比分析了 DR(Digital Radiography with Digital Detector Arrays)、CTL(Coplanar Translational Laminography)和 CT(Computed Tomography)三种 X 射线图像技术对于玻璃纤维增强塑料复合管焊接接头完整性进行了评估。研究表明，由于深度信息的缺少，DR 技术虽然能检出缺陷，但是定量分析收到限制，而 CTL 和 CT 检测技术则可以进行缺陷三维信息检测。Ferreira[62]分析了 DR 和 CT 检测玻璃纤维增强聚乙烯管焊接接头缺陷后发现，DR 可能放大所检测出来的缺陷尺寸，但是 CT 则不会发生此种情况。

5　其他检测技术

随着检测技术的发展，近些年还出现了诸如红外热成像检测、微波检测等新型聚乙烯管道焊接接头缺陷检测技术。王文泉[63]采用有限元模拟结合空气加热热激励方法，验证了红外热成像检测技术的可行性，但同时也提出了热红外对于小尺寸缺陷检测效果不佳的不足。朱志彬[64]采用持续激励双面透射检测的红外热像方法对聚乙烯管接头内部孔洞进行了检测，结果表明对于内部缺陷，持续热激励红外透射检测技术具有良好的检测能力。

祝新伟[55－56]研究表明微波检测方法可有效检出焊接接头裂纹、熔接压力过大、冷焊以及未熔合缺陷。

6　总结

综合国内外现有的研究情况，常用的这几种内部缺陷的检测方法各有优劣，但随着市场对聚乙烯管焊接缺陷的检测效率和检测可靠性要求的不断提高，尤其是国家对产品质量和公共安全日益重视，对压力管道和压力容器长周期运行提出更高要求。如何更好、更快、更加直观准确可靠的检测出工件内部缺陷，成为业内不断努力的方向和研究热点。

参考文献

[1]周亚薇，张振永，田姗姗．地区等级升级后的天然气管道定量风险评价技术[J]．天然气工业，2018，38(2)：112－118.

[2]王博，李建三，李茂东，等．裂纹深度比对聚乙烯管力学性能影响的研究及损伤模[J]．塑料工业，2018，46(2)：128－132.

[3]Zahedi R K，Alimouri P，Zahedi H K，et al. Investigating peak stresses in fitting and repair patches of buried polyethylene gas pipes[J]. Frontiers of Structural and Civil Engineering，2019(4)：1－22.

[4]Reza A，Dhar A S. Axial Pullout Behavior of Buried Medium Density Polyethylene Gas Distribution Pipes[J]. International Journal of Geomechanics，2021，21(7)：04021120－1－13.

[5]燕集中．石油化工用压力管道的破坏形式及无损检测的应用[J]．石化技术，2017，24(03)：2－3.

[6]张兴森，彭应秋．PE 管热熔对接焊缝的超声波检测[J]．无损探伤，2007(02)：37－38.

[7]于润桥，徐长英，罗水云，等．PE 管超声检测试验[J]．无损检测，2008，30(2)：112－114，126.

[8]郑津洋，丁守宝，郭伟灿，等．聚乙烯管道热熔对接接头耦合聚焦超声检测方法及检测装置．CN101393170A[P].2009.

[9]郭伟灿．聚乙烯管道热熔接头超声检测技术研究及设备研制[D]．浙江大学，2014.

[10]徐家怡，王丽．聚乙烯管道焊接接头的超声波检测[J]．煤气与热力，2011，31(12)：29－31.

[11]谢长生，王胜辉，张俊，罗晓明，印军华．聚乙烯管道焊接超声波检测中的空间复合成像技术[J]．无损检测，2014，36(11)：49－53.

[12]刘同文，麦少棠，黎志雄，黄长明．聚乙烯管道接头的超声波检测[J]．科技与创新，2014(15)：18－19.

[13]李俊，王仕芳，陈超．聚乙烯管夹杂焊接缺陷的超声波检测[J]．焊接技术，2015，44(12)：82－85.

[14]张琳．超声波检测 PE 管道热熔焊接缺陷的实验研究[J]．工程塑料应用，2015，43(2)：90－94.

[15]黄建生．PE 管热熔对接焊缝的超声波检测探讨[J]．轻工标准与质量，2016(06)：33－34.

[16]Egerton JS，Lowe MJS，Huthwaite P，et al. Ultrasonic attenuation and phase velocity of high－density polyethylene pipe material[J]. The Journal of the Acoustical Society of America，2017，141(3)：1535－1545.

[17]王仕芳，李俊，李涛，陈超，高宁．PE 管焊缝缺陷超声检测效果的模糊评价[J]．中国测试，2016，42(08)：39－43.

[18]Premesh SL，Habiba L，Veena P，et al. Application of Ultrasonic Guided Waves for Inspection of High－Density Polyethylene Pipe Systems [J]. Sensors，2020，20(11)：3184.

[19]Zheng J，Zhang Y，Hou D，et al. A review of nondestructive examination technology for polyethylene pipe in nuclear power plant[J]. Frontiers of Mechanical Engineering，2018，13(4)：535－545.

[20]韩光明，蔡勤．聚乙烯管(PE)热熔接头超声波检测问题分析[J]．全面腐蚀控制，2021，35(05)：103－108.

[21]Uchida K，Nagaii S，Kashiwaya H，et al. Availability study of a phased array ultrasonic technique[J]. Nuclear engineering and design，1984，81(2)：309－314.

[22]郑津洋，郭伟灿，施建峰，丁守宝，王卉，丁良玉．聚乙烯电熔接头冷焊缺陷的超声检测方法[J]．焊接学报，2008(09)：1－4＋113.

[23]Frederick C，Porter A，Zimmerman D. High－density polyethylene piping butt－fusion joint examination using ultrasonic phased array[J]. Journal of pressure vessel technology，2010，132(5)：051501.

[24]Hagglund F，Spicer M A，Troughton M J. Detection capabilities of a phased array ultrasonic inspection system for plastic pipe butt fusion joints[C]//51st Annual Conference of British Institute of Non－Destructive Testing. 2012：1－10.

[25]Hagglund F，Spicer M，Troughton M. Development of phased array ultrasonic inspection techniques for testing welded joints in plastic(PE)pipes[C]//18th World Conference on Nondestructive Testing. 2012：2782－2791.

[26]Hou D，Guo W，Zheng J. A method of automatic defect recognition for phased array ultrasonic inspection of polythene electro－fusion joints[C]//Pressure Vessels and Piping Conference. American Society of Mechanical Engineers，2015，56987：V005T09A010.

[27]郭伟灿，施建峰，侯东圣．聚乙烯管道电熔焊接头的超声相控阵检测工艺优化[J]．无损检测，2015，37(08)：30－34.

[28]李曼曼，马旭卿，雷素敏，闫皓．聚乙烯管道电熔接头超声波检测的适用性[J]．煤气与热力，2017，37(11)：1－9.

[29]王少军，裘爱东，宋盼，任彬，黄弈昶．埋地聚乙

烯管道热熔接头的超声相控阵检测[J]. 无损检测，2017，39(05)：21－23＋69.
[30]张晓宝. 聚乙烯管道焊接接头超声相控阵检测研究[D]. 南昌航空大学，2018.
[31]侯东圣，秦胤康，郑津洋. 核电聚乙烯管电熔接头相控阵超声检测声场的数值模拟[A]. 九届全国压力容器学术会议论文集[C]. 中国机械工程学会压力容器分会、合肥通用机械研究院：中国机械工程学会压力容器分会，2017：1104－1111.
[32]林师一，林平，苏宣机，等. 聚乙烯(PE)管道焊接接头超声相控阵检测试验研究[J]. 机电技术，2018(04)：94－97.
[33]Ding N，Wang Z，Gui L，et al. Multi－Angle Phased Array Ultrasonic Line－Scan Method for Steel Reinforced Polyethylene Electro－fusion Welded Joint[C]//IOP Conference Series：Materials Science and Engineering. IOP Publishing，2019，677(2)：022049.
[34]秦胤康. 核电站高密度聚乙烯管道热熔接头的超声相控阵检测研究[D]. 浙江大学，2019.
[35]Tao Y J，Guo W C，Miao C J，et al. Study on Electrofusion Welding Process Based on Real－time Ultrasonic Phased Array Video Recording[C]//2020 IEEE Far East NDT New Technology & Application Forum(FENDT). IEEE，2020：66－70.
[36]施建峰，陶杨吉，安成名，方海清，郑津洋. 聚乙烯燃气管道超声相控阵检测工程应用案例分析[J]. 压力容器，2020，37(12)：54－62.
[37]胡剑峰，周家乐，王慧锋，张俊. 一种电熔焊接缺陷自动识别方法的研究与应用[J]. 华东理工大学学报(自然科学版)，2021：1－9.
[38]李陈. 燃气聚乙烯管道定期检验应用超声相控阵技术的建议[J]. 城市燃气，2020(02)：19－20.
[39]裴延东，杨兴斌，张佳臣，等. 超声波衍射时差法扫查面盲区对比试块[J]. 无损检测，2020，42(10)：69－71.
[40]江雁山，邓进，李喆，等. 长输管道内壁腐蚀缺陷的超声波衍射时差法检测[J]. 无损检测，2021，43(7)：57.
[41]李衍. 超声衍射时差法探伤和定量技术——焊缝超声检测最新欧洲标准介绍[J]. 无损检测，2004(1)：47－53.
[42]何莎，袁宗明，喻建胜，巩艳，刘从箐. 超声衍射时差法检测技术研究[J]. 中国测试，2009，35(3)：104－106＋128.
[43]史俊伟，刘松平. 浅谈超声衍射时差法(TOFD)检测技术[J]. 航空制造技术，2009(S1)：96－100.
[44]Ewert U，Beckmann J，von Chrzanowski L S，et al. Time of Flight Diffraction(TOFD) with THz Radiation－an Alternative to the Ultra Sound－TOFD Technique for non－metallic materials[C]//AIP Conference Proceedings. American Institute of Physics，2011，1335(1)：541－548.
[45]宋小春，王亚午，涂君. 基于超声衍射时差法的缺陷检测技术仿真分析[J]. 传感器与微系统，2015，34(5)：55－58.
[46]Taghipour M H. Study and evaluation of advanced TOFD method for inspection of polyethylene pipes but welding[J]. Journal of Physical Science and Application，2015，5(5)：349－355.
[47]邓平，陈勇，边大勇，张大伟，李健，董连杰. 水下TOFD检测设备研制与试验[J]. 无损检测，2017，39(08)：47－50.
[48]陈宝龙，李宝超. 高密度聚乙烯热熔焊缝的PAUT和TOFD检测[J]. 无损检测，2019，41(6)：60－63.
[49]阎长周，姚遥，顾军，徐万宝，李卫，李志平. 衍射时差法(TOFD)技术的测量误差分析[J]. 压力容器，2019，36(1)：10－19.
[50]Aleshin N P，Mogilner L Y，Krysko N V，et al. Studying Applicability of TOFD Technique to Inspection of Welded Joints in Polyethylene Pipes[J]. Russian Journal of Nondestructive Testing，2020，56(10)：775－783.
[51]Jin S J，Zhang B，Sun X，et al. Reduction of Layered Dead Zone in Time－of－Flight Diffraction(TOFD) for Pipeline with Spectrum Analysis Method[J]. Journal of Nondestructive Evaluation，2021，40(2)：1－9.
[52]Gray B，Murphy K A，Sadowski M M. A review of non－destructive evaluation techniques for butt－fusion welded high density polyethylene joints[A]. The NACE International northern area western conference[C]. CANM，2009：1－5.
[53]伍树坤. 燃气用聚乙烯管热熔焊对接接头的X射线检测和超声波检测应用研究[D]. 华南理工大学，2014.
[54]邵翔，张胜军，吴文栋. 射线检测在燃气用埋地聚乙烯管道焊接接头中的应用[J]. 无损检测，2018，40(02)：35－37.
[55]何慧娟. 含缺陷聚乙烯燃气管道热熔接头力学性能研究[D]. 西南石油大学，2015.
[56]王寿超. 聚乙烯燃气管道焊接缺陷检测方法试验研究[J]. 煤气与热力，2017，37(12)：30－33.
[57]伍宗银，刘伟平. PE管对接焊缝的射线检测方法的探讨[J]. 特种设备安全技术，2018(03)：53－55.
[58]李沧，孙宝财，张国强. 基于DR检测的非金属压力管道检验分析及应用[J]. 机械研究与应用，2019，32(05)：163－165.
[59]刘伟，闵宇谦，兰清生，等. 聚乙烯燃气管道电熔

对接接头的数字射线检测[J]. 工业技术创新，2019，06(05)：64－67.

[60]李威，赵晓雷，韩光明，等. 聚乙烯管材热熔熔接接头X射线检测需要注意的问题[J]. 无损探伤，2020，44(05)：46－48.

[61]S Weslley，L Ricardo，Zl Uwe，el al. X－ray Imaging Techniques for Inspection of Composite Pipelines[J]. Micron，2021(145)：103033.

[62]Ferreira C G，Lopes R T，dos Santos T M P，et al. Non－destructive inspection of laminated pipe joints in polymeric composite material reinforced by fiberglass[J]. Nuclear Instruments and Methods in Physics Research Section A：Accelerators，Spectrometers，Detectors and Associated Equipment，2020，954：161154.

[63]王文泉. 基于红外热成像技术的聚乙烯管道裂纹缺陷无损检测[J]. 无损检测，2017，39(08)：29－33＋56.

[64]朱志彬. 基于持续激励红外热像技术的聚乙烯管热熔接头缺陷检测[J]. 焊接学报，2018，39(2)：44－48.

[65]祝新伟，潘金平，谭连江，徐祥明，沈美华，李勇. 微波扫描法检测聚乙烯管道热熔接头缺陷初探[J]. 压力容器，2013，30(2)：73－76＋21.

[66]祝新伟，潘金平，谭连江. 聚乙烯管道热熔接头冷焊缺陷的微波检测和真密度测试研究[J]. 压力容器，2013，30(9)：54－59.

基于事故管道断后碰撞痕迹的轴向载荷研究

梁　妍[1]　王汉奎[1]　王俊强[1]　帅　健[2]

[1. 中国特种设备检测研究院，北京　100029；2. 中国石油大学(北京)安全与海洋工程学院，北京　102249]

摘　要：针对典型油气管道焊缝事故案例，基于管道断口特征和现场痕迹，推断管道轴向承载和环焊缝开裂失效过程，是揭示管道环焊缝失效机理的途径之一。本文以某X70管道环焊缝开裂事故为例，根据管道断口碰撞痕迹，采用有限元仿真分析方法，通过反演推算方式研究了管道开裂后的运动碰撞过程，确定了管道开裂前的轴向承载情况。结果表明：管道环焊缝位置断裂前的轴向应力范围约为590~640MPa，此时环焊缝的轴向应力已超过管道自身的屈服强度。该研究为评估事故管道轴向承载提供了一种估算方法。

关键词：高钢级管道；碰撞痕迹；轴向载荷；事故；三维扫描

Research on Axial Load Based on Traces after Fracture of Accidental Pipelines

Liang Yan[1], *Wang Hankui*[1], *Wang Junqiang*[1], *Shuai Jian*[2]

(1. China Special Equipment Inspection &Research Institute, Beijing 100029, China;
2. College of Mechanical and Transportation Engineering, China University of Petroleum(Beijing), Beijing 102249, China)

Abstract: Aiming at typical oil and gas pipeline weld accident cases, inferring the axial bearing of pipelines and the failure process of ring weld cracking based on pipeline fracture characteristics and on - site traces is one of the ways to reveal the failure mechanism of pipeline ring welds. Taking an X70 pipe ring weld cracking accident as an example, according to the collision traces of the pipeline fracture, the finite element simulation analysis method was used to study the motion collision process after the pipeline cracking by inversion and induction, and the axial bearing before the pipeline cracking was determined. The results show that the axial stress range before the fracture of the pipe ring weld is about 590MPa - 640MPa, and the axial stress of the ring weld at this time has exceeded the yield strength of the pipeline itself. The study provides an estimation method for assessing the axial load of accident pipelines.

Key words: high - grade steel pipeline; collision traces; axial load; accident; 3D scanning

1　引言

油气输送管道经常运行于苛刻的环境及敏感地带，如低温冻土、覆冰、悬空区、地震、大落差地带等[1]，恶劣的环境和管道内部介质压力的共同作用致使管道承受了很大的轴向载荷[2]。轴向载荷对管道的作用形式主要分为两种，当管道局部轴向受压且超过临界值时，埋地管道将丧失轴向稳定性，向上拱起，造成管道破坏事故；当管道局部受轴向拉力较大，在缺陷或环焊缝等容易应力集中位置发生断裂而造成管道破坏事故[3]。2015年1月26日，美国发生了一起乙烷管道断裂事故，管道和危险品安全管理局办公室(PHMSA，OPS)调查确定该管道环焊缝的失效原因为管道周围土壤载荷过大造成的管体拉伸过载[4]。2019年Wang Y Y等[5]通过水压试验分析新建管道环焊缝的失效原因，发现管道环焊缝失效前所受轴向载荷远远高于长输管道多数焊缝的承载能力。2020年，加拿大能源机构对发生的高

作者简介：梁妍(1996—　)，硕士，主要从事压力管道失效方面工作，E - mail：1562878595@ qq. com

基金项目：中国特种设备检测研究院项目“高钢级天然气管道焊接及检测评价研究”(2020 - 内02)。

强度管道的环焊缝断裂事故进行了总结，并发布了安全警告SA－2020－01[6]，其内容为：埋地管道在土体载荷的移动下会产生应变积累，导致管道纵向应变超过环焊缝区域的应变能力，致使管道在环焊缝处断裂。近十年来，国内在管道试压阶段和投产运行初期也发生了多起环焊缝开裂和泄漏事故[7-12]，此外，油气输送场站内管道及储运设施环焊缝失效事故也发生过很多起[13-14]。目前对管道环焊缝失效的研究多集中于焊接性能影响、断裂控制及设计等方面，对于失效管道环焊缝处轴向承载的评估还没有一个较为精确的计算方法[15-19]。

通过对多起管道事故的调查分析发现，当管道断裂位于弯头附近时，管道断口截面会出现缺口，初步推断，管道在断开后会发生相对运动，进而碰撞形成缺口。因此，本文针对某事故管道断后的碰撞痕迹，结合有限元模拟分析，推算了该管道在断裂前可能受到的轴向载荷范围，对该管道在受到拉伸作用后的运动过程和碰撞瞬间状态进行了详细的解释分析，给出了能使该管道断开后可能发生碰撞的轴向载荷范围。

2　某管道事故及断口特征描述

事发前事故管段运行压力约8.4MPa，泄漏点管道由西向东V字型敷设，断裂口位于两个山坡底部热煨弯头(壁厚17.5mm X70)与直管段(壁厚14.6mm X70)连接处，管道焊口处完全断开。该事故管道断裂处位于弯管和直管连接的环焊缝位置，管道断裂处有明显的缺口[图1(a)]，缺口分别在管道3点方向和9点多接近10点方向，而且缺口有一定的倾斜角度，初步判断：在管道断开后，两段管子发生相对运动，在运动过程中碰撞，产生碰撞缺口。为了获得较为精确的管道断口处的参数[20]，本文利用三维扫描仪对管道断口处进行扫描，得到管道断口三维扫描图[图1(b)]，通过对三维扫描数据进行分析得到管道断裂后碰撞缺口深度、宽度以及两缺口之间的距离等数据(表1)，根据断口截面处缺口的形貌，对断口两侧的管道进行拼接，重现管道断开后的碰撞瞬间状态(图2)。

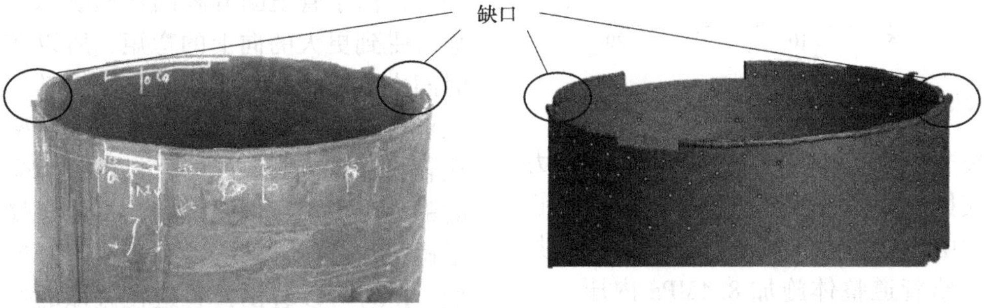

(a)事故管道直管端碰撞缺口实物图　　(b)事故管道直管端碰撞缺口三维扫描图

图1　管道碰撞缺口

表1　某事故管道断口截面三维扫描结果

	两缺口之间的距离/mm	缺口深度/mm		偏心距离/mm
		3点方向	不到10点方向	
某事故管道	972.22	18	19	147.52

图2　为三维扫描管道碰撞的拟合图

3　断裂过程仿真分析

为了进一步解释含弯头管道在断后发生碰撞的规律，本文利用ABAQUS仿真软件，通过建立含弯头管道三维模型，模拟分析了不同轴向载荷作用下管道碰撞过程及痕迹。

3.1　有限元模型建立

使用ABAQUS软件，建立该高钢级事故管道的几何模型(图3)，钢管直径为1016mm，模型弯头两侧直管长度分别为44m和28.17m、壁厚14.6mm；弯头壁厚17.5mm。失效管段钢管材质为 L485(X70)钢，参考钢材的通用性能，模型中钢管材料密度取 $7850kg \cdot m^{-3}$，弹性模量 210GPa，泊松比为 0.3，对事故管道截取适量材料进行拉伸实验，测试并换算得到事故管道真实屈服强度为 568.72MPa、抗拉强度为 696.56MPa，模型输入材料参数为管道的真实应力应变数据(图4)。管道模型采用壳单元 S4RSW。

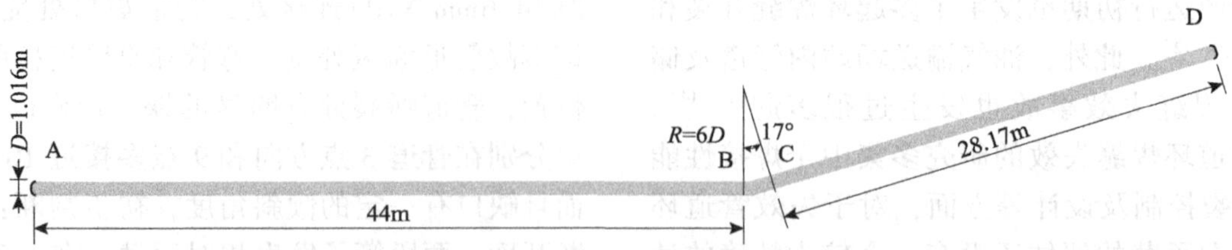

图3 几何模型图

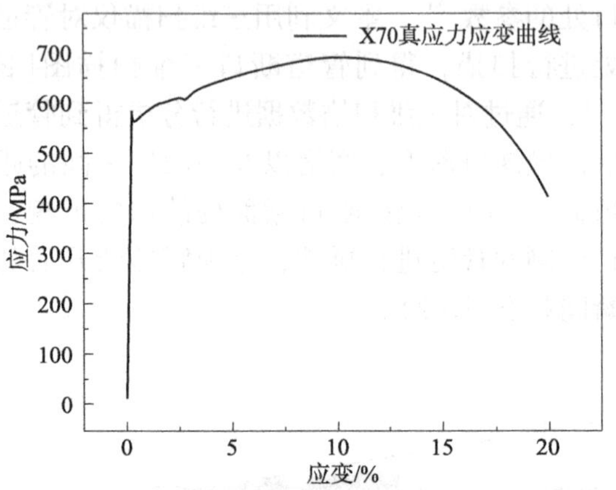

图4 模型输入材料参数应力 - 应变曲线图

管道断裂过程属于瞬间断裂，属于瞬态动力分析方法，模拟计算分为两步，第一步：油气管道在运行过程中，受到内压和轴向位移拉伸的共同作用，所以给管道整体施加 8.4MPa 内压，管子 D 端采用完全固定边界条件，在 A 端施加轴向拉伸位移，使管道发生变形，由于环焊缝宽度较小，而且环焊缝对碰撞缺口形貌影响较小，所以在 B 处使用绑定约束条件代替环焊缝；第二步：管道被拉断后的运动状态受断之前管道变形的影响，所以设置第一步计算结果为初始状态，在管道 A、D 两端采用完全固定边界条件，在焊缝位置 B 处解除绑定约束，使管道在第二步开始的时候瞬间分开，即管道发生断裂，观察比较管道断后运动状态及管道是否发生碰撞以及碰撞后的缺口形貌。优化调整假设位移量进行下一轮的计算，对比分析假设位移量对管道断后运动状态和碰撞缺口的影响

3.2 模拟结果分析

3.2.1 管道断开前在轴向位移及内压的联合作用下发生变形

管道在内压及轴向位移的联合作用下发生变形(图5)，在拉伸的过程中，管道弯头内壁产生比较大的应力，弯头以及弯头两侧发生向下弯曲变形，弯头两侧的直管长度相差较大，长管段受到的弯矩大于短管段，所以长管相对于短管发生较大的向下弯曲变形。

3.2.2 管道断开后发生碰撞

由管道运动模拟图(图6)可以看出管子在断开后断口两侧会出现了小段距离，长管位于短管上方，由于管道断开瞬间初始状态不同，长管比短管受到更大的向上的弯矩，所以在管道断开短时间内，长管相对于短管向上运动，两段管道在相对运动的过程中发生碰撞。管道碰撞瞬间能量比较大，管道断口处的材料难以承受两管道接触时的冲击力，所以在焊缝处形成碰撞缺口。由管道碰撞拟合图(图7)以及管道断开后碰撞缺口形貌(图8)可以看出，管道在碰撞的位置会出现一定的角度，所以产生的缺口有斜角。

通过对计算结果的总结分析发现：当管道环焊缝处轴向应力范围在 400 ~ 655MPa 时，管道在断开后的运动过程中会发生碰撞；对比管道断口截面三维扫描以及有限元模拟碰撞缺口形貌得到：当管道环焊缝处轴向应力范围在 590 ~ 640MPa 时，有限元模拟结果与管道碰撞痕迹较为一致，其中当管道轴向位移为 0.47m 时(图8)，管道碰撞缺口位置和大小与已有管道碰撞缺口的位置和大小最为吻合，此时管道环焊缝处轴向应力为 632.13MPa。已知该管道材料屈服强度约为 568.72MPa，抗拉强度约为 696.56MPa，由此可知，该高钢级管道在被拉断时所受的轴向载荷在材料屈服强度和抗拉强度之间。

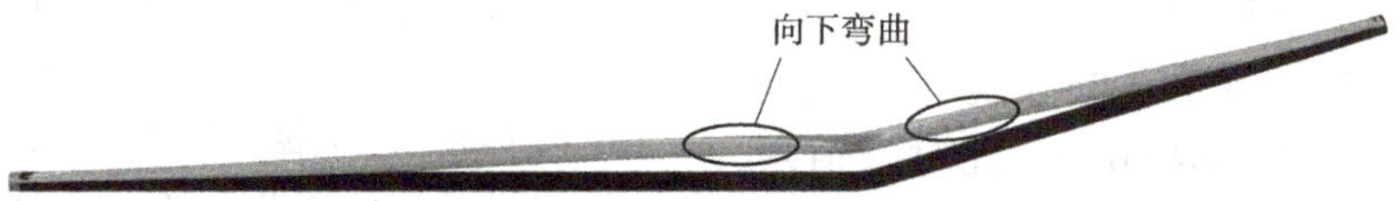

图5　内压及轴向位移作用下管道变形图(黑色管道为变形前，彩色管道为变形后)

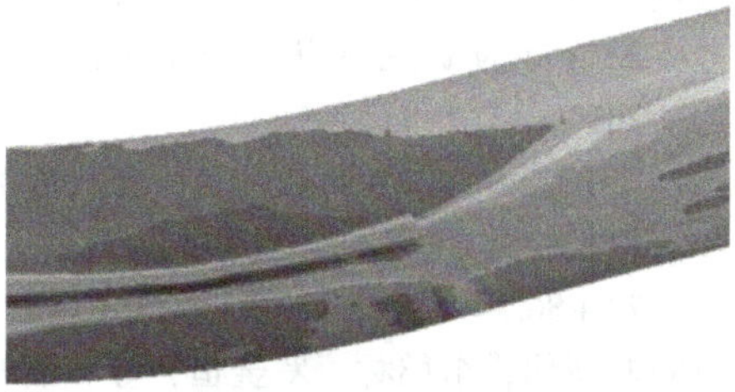

(a)管道在断裂前受力状态

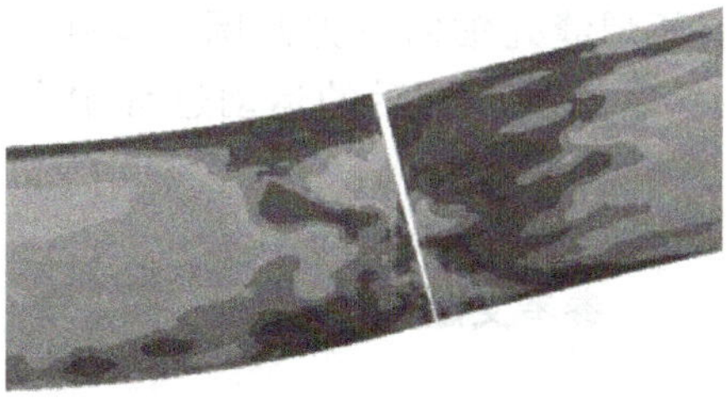

(b)管道断开后0.003125s时状态

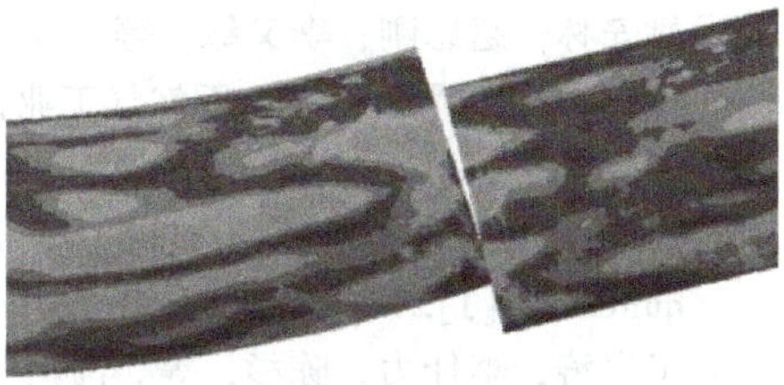

(c)管道在断开后0.034375时状态

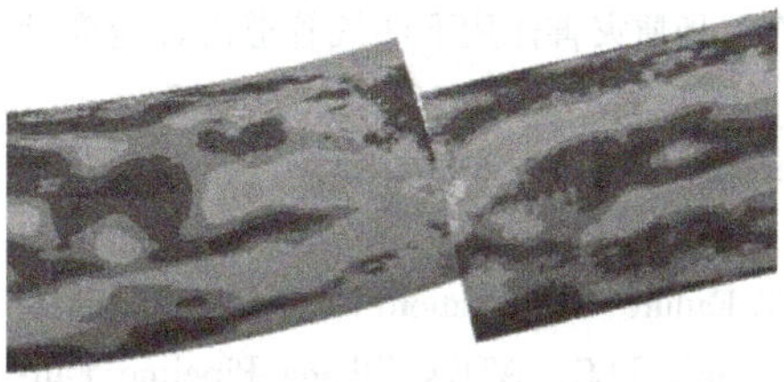

(d)管道断开后0.05s时状态

图6　管道断开后随时间变化发生相对运动(左侧均为长管，右侧均为短管)

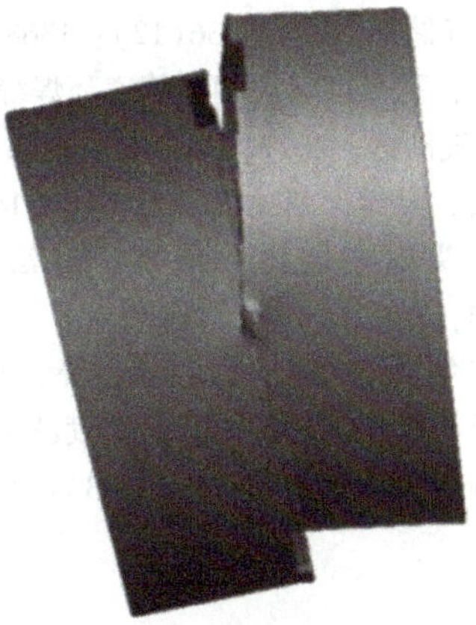

(a)管道断开后三维扫描碰撞拟合图

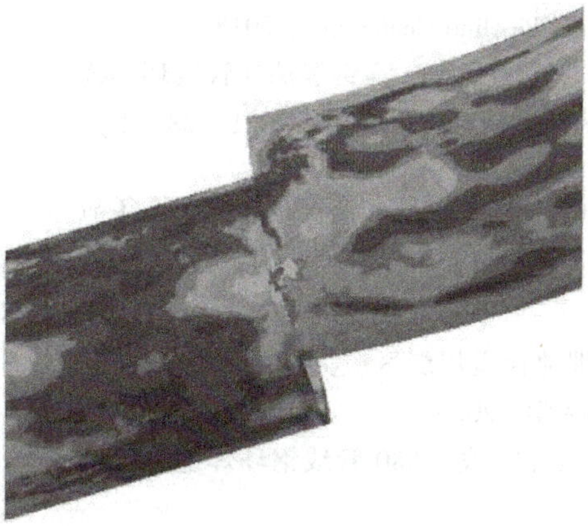

(b)管道断开后有限元模拟碰撞拟合图

图7　管道断开后碰撞拟合图(左侧直管，右侧弯管，位移0.47m)

(a)事故管道直管端碰撞缺口三维图

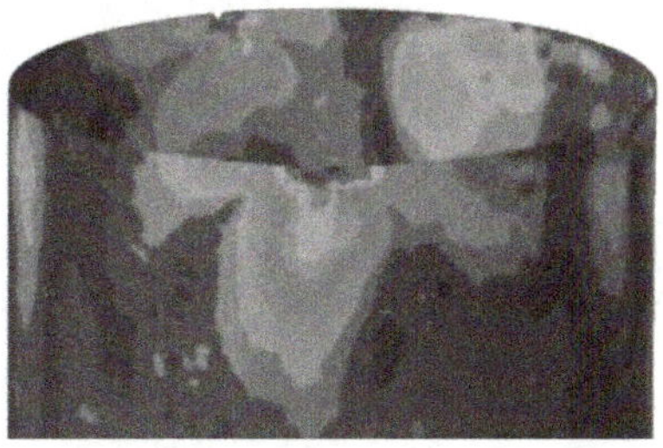

(b)管道直管段碰撞缺口有限元模拟图

图8　管道断开后碰撞缺口形貌(位移0.47m)

4　结论

本文基于某典型管道断裂事故，通过精确分析管道断口碰撞痕迹，模拟管道断裂后的碰撞过程，推断出该管道环焊缝位置断裂前可能受到的轴向载荷范围，得出主要结论：

(1)存在弯头的管道在轴向位移的作用下，

弯头内壁会产生比较大的应力。

（2）在该次事故中，管道在断裂前环焊缝处的轴向应力范围约为 590～640MPa，此时管道断裂环焊口的轴向应力已经超过了管道自身的屈服强度。

（3）当管道环焊缝处轴向应力范围在 400～655MPa 之间时，管道在断开后的运动过程中会发生碰撞。

参考文献

[1]余磊，轩福贞．X80 钢双丝螺旋焊焊接残余应力的有限元分析[J]．压力容器，2015(8)：26－34.

[2]张宏，刘啸奔．地质灾害作用下油气管道设计应变计算模型[J]．油气储运，2017，36(1)：91－97.

[3]帅健．管道及储罐强度设计[M]．北京：石油工业出版社，2016：52－66.

[4] PHMSA DOT. Failure Investigation Report － Enterprise Products Operating，LLC：ATEX Ethane Pipeline Failure，Follansbee，West Virginia，2016.

[5]WANG Y Y，RAPP S，HORSLEY D，et al. Attributes of moderns and their implications on girth weld strain capacity[J]. International Pipeline Conference，2018.

[6]王汉奎，商学欣，柳旺，等．高钢级油气管线环焊缝应变时效脆化研究[J]．压力容器，2021，38(05)：8－13.

[7]陈小伟，张对红，王旭．油气管道环焊缝面临的主要问题及应对措施[J]．油气储运，2021，40(09)：1072－1080.

[8]曹媛．沉降区埋地管道焊缝区应力分析及影响研究[D]．西安石油大学，2020.

[9]李亮，聂向晖，黄磊，等．X80 管线钢环焊缝力学性能及焊接缺陷分析[J/OL]．热加工工艺，2022(03)：150－153.

[10]陈安琦，马卫锋，任俊杰，等．高钢级管道环焊缝缺陷修复问题初探[J]．天然气与石油，2017，35(5)：12－17.

[11]任俊杰，马卫锋，惠文颖，等．高钢级管道环焊缝断裂行为研究现状及探讨[J]．石油工程建设，2019，45(1)：1－5.

[12]李亮，黄磊，聂向晖，等．含缺陷 X70 管线钢环焊缝检验及分析[J]．压力容器，2021，38(02)：66－72＋86.

[13]赵新伟，李鹤林，罗金恒，等．油气管道完整性管理技术及其进展[J]．中国安全科学学报，2006，16(1)：129－135.

[14]姚安林，赵忠刚，李又绿，等．油气管道完整性管理技术的发展趋势[J]．天然气工业，2009，29(8)：97－100.

[15]BRUCE W A. Pipeline girth weld strength matching requirements[J]. Welding Journal，2019：56－60.

[16]王海涛，李仕力，陈杉，等．高钢级天然气管道环焊缝断裂问题探讨[J]．石油管材与仪器，2020，6(02)：49－52.

[17]帅健，孔令圳．高钢级管道环焊缝应变能力评价[J]．油气储运，2017，36(12)：1368－1373.

[18]帅健，孔令圳．高钢级管道环焊缝应变能力评价[J]．油气储运，2017，36(12)：1368－1373.

[19]张宏，吴锴，刘啸奔，等．直径 1422mm X80 管道环焊接头应变能力数值模拟方法[J]．油气储运，2020，39(02)：162－168.

[20]臧春华，王海舰，高兴宇，等．基于激光线扫描三维重构的扩径管道直径及圆度测量方法[J]．机电产品开发与创新，2021，34(03)：9－81.

天然气管道腐蚀缺陷分析及剩余寿命预测研究

辛钰良

（齐齐哈尔港华燃气有限公司，黑龙江 齐齐哈尔　161000）

摘　要：近年来，随着天然气管网运行时间的增加，腐蚀成为影响天然气管道可靠性的重要因素，对腐蚀产生缺陷的管道进行剩余强度及寿命评价成为有效评估天然气管网安全性的重要途径。本文对燃气管道的腐蚀类型进行调研分析，对腐蚀缺陷和裂纹缺陷对燃气管道破坏压力的影响进行分析计算，给出了恒定腐蚀速率下的剩余寿命预测方法，给出了变化腐蚀速率下的剩余寿命预测，最后给出相应计算实例。

关键词：管道；腐蚀；寿命；预测

Analysis of Corrosion Defect of Natural Gas Pipeline and the Forecast Research of Remaining Service Life

Xin Yuliang

(Qiqihar Ganghua Gas Co., Ltd., Heilongjiang Qiqihar 161000, China)

Abstract: With the increase operation time of natural gas pipeline network in recent years, corrosion has become an important factor affecting the reliability of natural gas pipelines. Thus, the valuation about residual strength and service life of pipes with corrosion defects has become an important method to effectively estimate the safety of natural gas pipeline network. Through investigation and analysis of corrosion types of gas pipelines, this paper has analyzed and calculated the influence of corrosion defect and crack defect on the failure pressure of gas pipeline. Moreover, the residual life prediction method under constant corrosion rate has been given. On the basis of this, this paper has provided the residual life prediction under varying corrosion rate, and given the corresponding calculation example in the last.

Key words: Pipeline; Corrosion; Service life; Forecast

1　腐蚀类型

1.1　CO_2 腐蚀

目前，腐蚀是许多行业中尚未解决的难题之一。所有工业设计都必须考虑腐蚀对设备使用寿命的影响。由于腐蚀引起的几次工业灾难造成数十亿美元的损失。全世界每年有数以万计的天然气管道由于腐蚀而破裂，从而导致天然气泄漏以及环境污染[1]。由于管道腐蚀导致的天然气资源损失以及对生态系统的破坏制约着天然气管道运输行业的发展。考虑到腐蚀的后果，各路专家学者已广泛开始研究腐蚀对其所选工艺的化学影响。

为了减轻天然气管道中的局部腐蚀，有必要识别和控制这种腐蚀发生、加剧的机制和因素。通常，有两种腐蚀机制（CO_2 和 H_2S）会影响天然气管道中的局部腐蚀。二氧化碳腐蚀或硫腐蚀是天然气管道内表面上常见的腐蚀类型。这种类型的腐蚀也可能与具有腐蚀性的硫化氢（H_2S）和有机酸一起发生。CO_2 腐蚀是发生在碳钢和含水 CO_2 之间的电化学反应；在钢表面上发生 CO_2 腐蚀的机理主要分为三个步骤：①第一步是二氧化碳气体的水合；②第二步是涉及非结垢和结垢的阴极还原；③第三步是阳极氧化。阳极反应溶解了铁，而阴极反应则导致了氢气的释放。该反应导致生成 $FeCO_3$ 的水垢。这些氧化皮可能会根据其生产环境的条件而对表面具有保护性或非保护

作者简介：辛钰良（1994—　），硕士研究生，主要研究从事城市燃气管网系统的工程验收与安全运行工作。

性。CO_2 腐蚀的潜在机理是一个多步骤过程，并受包括物理、环境和冶金参数在内的许多因素的影响。

1.2 H_2S 腐蚀

1940 年，在路易斯安那州和得克萨斯州的油井中报道了第一起酸蚀事件。从那时起，全球范围内的不同油气田都开始出现酸性腐蚀问题。硫化氢腐蚀或酸性(H_2S)腐蚀是一种长期存在的腐蚀类型，发生在天然气管道的内表面。当硫化氢(H_2S)溶解在水中时，会发生这种类型的腐蚀；钢表面的酸腐蚀机理涉及两个主要过程：钢表面的阳极反应和硫化氢水溶液的阴极还原反应。酸性腐蚀机理的最终产物是 FeS 氧化皮的形成。这些标尺具有不同的形式和形态，具体取决于 H_2S 的浓度，溶液的温度和压力。由硫化铁形成的水垢类型会导致沉积物腐蚀，这是天然气管道中的一种局部腐蚀。

影响天然气管道中酸腐蚀的主要因素包括：温度、压力、硫化氢的浓度和解离度、金属表面沉积物的性质(蜡、水垢和腐蚀产物)、持续时间、钢类型、流速、氧气进入、乙酸和氯化钠以及流体(水的化学性质)馏分、pH 等。所有这些参数都会影响酸腐蚀。

1.3 点腐蚀

点腐蚀是一种电化学过程，其中阳极代表凹坑，阴极代表钝化膜的其余部分。它总是由于存在侵蚀性阴离子[例如氯离子(Cl^-)]而发生。点蚀的严重程度可根据 Cl^- 的整体浓度的对数而变化。点腐蚀是最具破坏性的局部腐蚀形式之一。

1.4 缝隙腐蚀

当对金属表面的一部分进行屏蔽时，会导致缝隙腐蚀，从而使屏蔽部分无法进入周围环境。这样的周围环境包含破坏性的腐蚀物质，通常是氯离子。电化学腐蚀是由未屏蔽表面与缝隙内部之间的偶合处形成的，暴露于与周围介质相比氧气浓度较低的环境中。

1.5 电偶腐蚀

电偶腐蚀是腐蚀的一种加速形式，当两种具有不同电化学活性的金属相互电接触时，就会发生腐蚀。被动金属驱动腐蚀对活性金属。影响此腐蚀并在其中起作用的因素主要包括几何因素、环境因素、冶金因素、电解质性质、表面状况以及可逆电极电势。

1.6 应力腐蚀

应力腐蚀开裂(SCC)是由于应力和化学侵蚀的共同作用而导致的金属失效。SCC 是一种与静态拉伸应力，环境以及某些冶金条件相结合的现象，由于高纵横比裂纹的产生和传播而导致部件失效。应力腐蚀开裂的特征是细微的裂纹，这些裂纹可能导致相关构件的失效。SCC 的两种主要类型是硫化物应力腐蚀开裂(SSC)和氯化物应力腐蚀开裂(CSC)。

1.7 晶间腐蚀

由于晶界非常活跃的性质，沿晶界的晶间腐蚀(IGC)优先切断。这是一种受微观结构影响的特殊形式腐蚀，因此，合金的晶界“区域”在电化学上不同于本体或相邻合金的微观结构。IGC 会严重削弱晶粒之间的结合力，而金属和合金的机械强度会由于 IGC 而明显受损。

1.8 微生物腐蚀

微生物腐蚀(MIC)通过腐蚀材料表面生物膜中八种微生物的存在和活性来影响腐蚀过程。例如微生物影响的、微生物腐蚀的、微生物诱导的腐蚀、生物降解和生物腐蚀。在过去的十年中，MIC 研究在天然气行业引入了分子微生物学方法，掀起了一场革命。MIC 涉及不同的极端条件，包括缺氧、缺乏光照、高盐度、酸性至非常碱性的 pH 以及 17～113℃的温度。

1.9 氢脆腐蚀

氢脆腐蚀涉及氢进入部件，会严重降低管柱的延展性和承重能力，在低于管柱屈服应力情况下导致开裂和严重的脆性破坏。氢脆以多种形式发生，但是共同的特征是施加的拉应力和氢溶解在管柱中。氢脆的例子是焊件或淬硬钢在暴露于向部件中注入氢的条件下会产生裂纹。目前，尚不完全清楚这种现象的原理，特别是氢脆检测十分困难。

2 腐蚀缺陷对破坏压力的影响

兰贝格－奥斯古德方程描述了真实的圆周应力－应变关系，并用于对缺陷进行建模。这是一个定义弹性应变分量和塑性应变分量之和的连续方程，由于其连续性，当应力等于屈服应力时，表明会产生少量的塑性应变：

$$\varepsilon = \frac{\sigma}{E} + \alpha\left(\frac{\sigma}{\sigma_{YS}}\right)\mathrm{n}-1\left(\frac{\sigma}{E}\right)\gamma = \frac{\tau - \tau_0}{\eta_p} \qquad (1)$$

式中 ε——塑性应变；

σ——应力，MPa；

E——弹性模量，MPa；

σ_{YS}——屈服强度，MPa；

n——系数，无量纲；

α——系数，无量纲。

为了模拟腐蚀缺陷，采用均匀深度的沟槽进行建模，以预测管柱破坏压力。图1为腐蚀缺陷模型示意图。

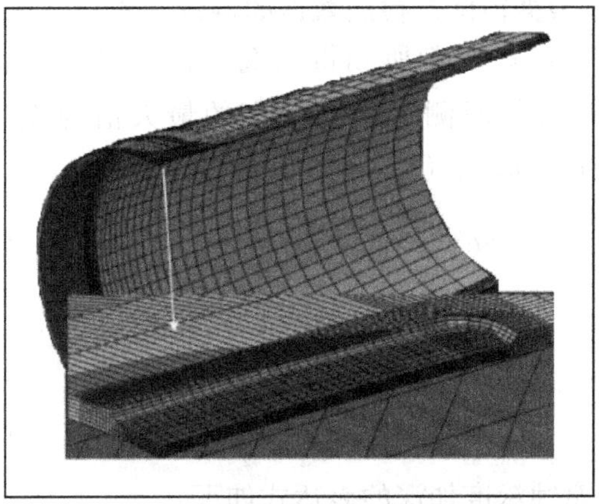

图1　腐蚀缺陷模型示意图

假设腐蚀缺陷长度均为200mm，分别研究五种不同腐蚀缺陷深度为壁厚的22%、45%、61%、66%和70%。预测不同管柱腐蚀深度下，管柱所能承受的最大压力。从图2中可以看出，当腐蚀逐渐增加时，管柱承压能力迅速下降。

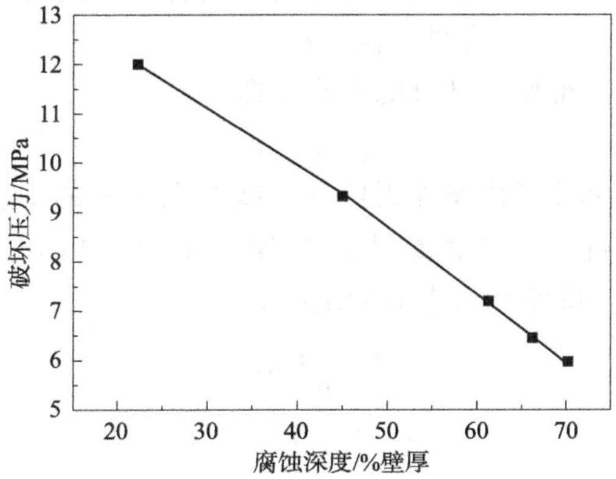

图2　腐蚀深度与破坏压力的关系

3　裂纹缺陷对破坏压力的影响

为了研究裂纹缺陷模型与破坏压力之间的关系，对于平面应变问题，塑性区尺寸方程表示如下：

$$r_P = \frac{1}{2\pi}\left(\frac{K_{IC}}{\sigma_{YS}}\right)^2 (1-2v)^2 \qquad (2)$$

式中　r_P——塑性区尺寸，mm；

K_{IC}——断裂韧性，$MPa \cdot m^{\frac{1}{2}}$；

v——泊松比，无量纲。

模拟结果显示(图3)，破坏压力随着缺陷深度的减小而增加，四个有限元半椭圆形裂纹模型缺陷深度分别为38%、47%、48%和51%的壁厚。通常，可通过塑性缺陷来预测天然气管柱的失效行为。随着裂缝缺陷深度的增大，天然气管柱的承压能力逐渐减小。

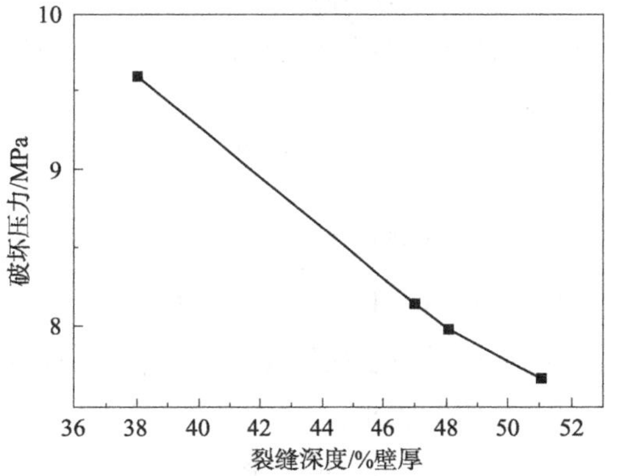

图3　裂缝深度与破坏压力的关系

4　剩余寿命预测

对腐蚀管道的剩余寿命预测是天然气行业的发展趋势，管体腐蚀减薄和满足管体安全要求的管壁剩余寿命预测是研究的重点，包括管壁腐蚀和金属的重量损失、壁厚、内部压力下的腐蚀部分、漏抗开裂能力等。事故发生时，内部压力超过所能承受的最大压力。

5　恒定腐蚀速率下的剩余寿命预测

5.1　直接计算法

根据上述预测的基本原则，通过以下表达式来计算天然气管道的剩余寿命：

$$t_{re} = \frac{h_{max} - h}{v} = \frac{d_{re} - d_{min}}{v} \qquad (3)$$

式中　t_{re}——管道剩余的寿命，a；

h_{max}——满足安全需求的腐蚀量最大值，mm；

h——现阶段天然气管道腐蚀量，mm；

v——腐蚀的速率，mm/a；

d_{min}——满足安全要求最小的剩余管柱壁厚，mm；

d_{re}——现阶段天然气管道的剩余壁厚，mm。

腐蚀量h(或剩余壁厚d_{re})可通过电子检测仪器测得，腐蚀速率v可以通过数学方法来计算求解，其最大的腐蚀量h_{max}(或最小的剩余壁厚d_{min})计算方法如下：

最大的腐蚀量h_{max}可表示如下：

$$h_{max} = h = \frac{pDd_{re}M - 2\bar{S}d_{re}^{2}M}{p - 2\bar{S}d_{re}^{2}M} \qquad (4)$$

最小的剩余壁厚是：

$$d_{min} = d_o - d_{max} \qquad (5)$$

式中　d_o——管道的原始壁厚，mm。

按下式计算每组管柱的平均相对失重率 η：

$$\eta=\frac{\text{平均损失质量}}{\text{平均始测质量}}\times 100\% \tag{6}$$

使用腐蚀速率的计算公式来计算每个管柱的平均腐蚀速率：

$$v=\bar{v}\times\frac{8.76}{\rho} \tag{7}$$

式中　v——用厚度来表示的腐蚀速率，mm/a；

ρ——金属原材料密度，g/cm^3；

$\bar{v}$——用质量表征的腐蚀速率，$g/(m^2\cdot a)$，如下表示：

$$\bar{v}=\frac{W_o-W_t}{A_o t} \tag{8}$$

式中　W_o——管柱初始质量，g；

W_t——管柱最终质量，g；

A_o——管柱表面积，m^2；

t——腐蚀反应的时间，a。

用测量得到的剩余壁厚 d_{re} 与腐蚀速率之比，可求得管柱的剩余寿命如下所示：

$$t_{re}=\frac{d_{re}-d_{min}}{v} \tag{9}$$

5.2　采用检测数据

根据天然气管道的投产时间间隔对应的最大腐蚀深度，求取平均腐蚀率。如果天然气管道运行三年，直接测量的最大腐蚀深度为 3mm，则平均腐蚀率可表示为 1mm/a，则后续天然气管柱的腐蚀速率可表示为 1mm /a，这种方式比较简便，可近似求取天然气管柱腐蚀率，但计算精度相对较差。

5.3　埋土试验

跟直接检测数据方法相似，将不同的天然气管道埋入地下，定期清洗、称重，获得测试数据。其试验结果与实际情况更接近。

5.4　灰色理论

灰色理论是将天然气管道系统看作一个灰色系统，以灰色动态模型(灰色动态模型，GM 模型)为基础，将数据进行离散，求取天然气管柱腐蚀情况。

6　变化腐蚀速率下的剩余寿命预测

如前所述，实际的腐蚀缺陷速率受外部环境因素影响较大，随时间的变化而产生较大变化。因此，天然气管道网络安全性评价应建立在腐蚀率为变量的基础上，对天然气管柱的剩余寿命进行估计。由于腐蚀缺陷会提升腐蚀速率。因此，可假设腐蚀发展的趋势为指数形式：

$$d_{re}=ae^{bt} \tag{10}$$

式中　a，b——常数；

d_{re}——剩余的壁厚，mm；

t——时间，a。

6.1　根据前两次检测数据的寿命预测

设在 t_1 时刻所测得出腐蚀深度的最大值是 h_1，t_2 时刻所测得腐蚀深度的最大值为 h_2。将 $(t_1,\ d_0-h_1)$、$(t_2,\ d_0-h_2)$ 代入可得：

$$a=\frac{d_0-h_1}{\exp\left[\frac{t_1}{t_1-t_2}\ln\left(\frac{d_0-h_1}{d_0-h_2}\right)\right]} \tag{11}$$

$$b=\frac{\ln\frac{d_0-h_1}{d_0-h_2}}{t_1-t_2} \tag{12}$$

腐蚀深度加深的表达式如下：

$$h=d_0-d_{re}=d_0-ae^{bt} \tag{13}$$

把最小剩余的壁厚 d_{min} 代入到指数式中可求得：

$$t_g=\frac{\ln\frac{d_{min}}{a}}{b} \tag{14}$$

式中　t_g——腐蚀区段的天然气管道达到使用寿命的时间，a。

局部腐蚀部分的剩余寿命为：

$$t_{re}=t_g-t_2 \tag{15}$$

如要考虑腐蚀天然气管线剩余寿命的不确定性条件，则考虑最小剩余壁厚的范围值 d_{min_1} 和 d_{min_2}，确定剩余寿命的范围为：

$$t_{remax}=\frac{\ln\frac{d_{min_2}}{a}}{b}-t_2 \tag{16}$$

$$t_{remax}=\frac{\ln\frac{d_{min_1}}{a}}{b}-t_2 \tag{17}$$

6.2　据前三次或以上检测数据预测剩余寿命

与根据前两次的检测数据剩余的寿命的预测方法相类似，若在 t_1，$t_2\cdots$，t_n 时间对腐蚀天然气管道进行 n 次腐蚀的检测，测得出腐蚀量为 h_1，h_2，…，h_n，将 $(t_1,\ d_0-h_1)$，$(t_2,\ d_0-h_2)$，…，$(t_n,\ d_0-h_n)$ 代入到指数分布的公式中，通过数学中线性回归的方法，可得到以下方程：

$$b=\frac{\sum_{i=1}^{n}(t_i-\bar{t})(\ln d_{re_i}-\overline{\ln d_{re}})}{\sum_{i=1}^{n}(t_i-\bar{t})} \tag{18}$$

$$a=\exp(\overline{\ln d_{re}}-b\bar{t}) \tag{19}$$

$$\bar{t}=\frac{1}{n}\sum_{i=1}^{n}t_i \tag{20}$$

$$\overline{\ln d_{re}}=\frac{1}{n}\sum_{i=1}^{n}\ln d_{re_i} \tag{21}$$

同理，可获得腐蚀深度的表达式为：

$$h=d_0-d_{re}=d_0-ae^{bt} \tag{22}$$

把最小剩余的壁厚 d_{min} 代入下面的指数式：

$$t_g=\frac{\ln\frac{d_{min}}{a}}{b} \tag{23}$$

该局部腐蚀部位的剩余寿命为：

$$t_{re}=t_g-t_n \tag{24}$$

7 剩余寿命预测计算实例

对某市天然气管道腐蚀数据进行统计，天然气管道运行 14 年后，得到的最小剩余壁厚为 4.5mm；这类天然气管道投入使用 18 年后的统计结果表明，最小剩余壁厚为 4.0mm；投入使用 22 年后，测得的最小剩余壁厚 3.3mm。如果满足强度要求的管柱最小壁厚为 2mm，初始壁厚为 8mm，根据剩余寿命预测模型可得：

$$\bar{t}=\frac{1}{3}\sum_{i=1}^{3}t_i=\frac{14+18+22}{3}=18.00(\mathrm{a})$$

$$\overline{\ln d_{re}}=\frac{1}{3}\sum_{i=1}^{3}\ln drei=\frac{\ln4.5+\ln4.0+\ln3.3}{3}=1.361(\mathrm{mm})$$

$$b=\frac{\sum_{i=1}^{3}(t_i-\bar{t})(\ln d_{re_i}-\overline{\ln d_{re}})}{\sum_{i=1}^{3}(t_i-\bar{t})^2}$$

$$=\frac{(14-18)(\ln4.5-1.361)+(18-18)(\ln4.0-1.361)+(22-18)(\ln3.3-1.361)}{(14-18)^2+(18-18)^2+(22-18)^2}$$

$$=-0.0387a=\exp(\overline{\ln d_{re}}-b\bar{t})=\exp\left[\left(\frac{\ln4.5+\ln4.0+\ln3.3}{3}\right)-(-0.0387)\times18\right]=7.83$$

所以

$$d_{re}=7.83e-0.0387t$$

综合可得剩余寿命为：

$$t_{re}=t_g-t_3=35.23-22=13.23(\mathrm{a})$$

8 减轻天然气管道局部腐蚀的方法

8.1 干燥法

用于输送天然气的管道需要干燥，以减少可能由于碳酸(H_2CO_3)和其他腐蚀性酸的形成而引起的腐蚀趋势[2]。有几种用于干燥管道的技术。一种常见的技术是超级干燥空气。在这种技术中，干燥的空气会推动柔软的泡沫猪，以在管道脱水后吸收残留的自由水；钢丝刷清管器也用于消除可能携带水的碎屑，然后使用柔软的泡沫猪吸收所有松动的碎屑。为了监控清洁过程，应在清除碎片之前和之后减轻泡沫猪的重量。清洁过程中使用的泡沫猪的重量将超过其初始重量。重复进行干燥和清洁后，泡沫插入物的重量将达到其初始体重。泡沫猪的颜色还可以指示清洁过程的进度；甲醇干燥技术取决于甲醇的吸湿性，以吸收天然气管道中的自由水。使用干燥的空气或天然气将甲醇驱入管道。氮气干燥也可与超干燥空气类似地使用。氮气和甲醇干燥方法都比超干燥空气贵，并且可能会造成一些污染后果。

在天然气管道投入运行之前，必须除去剩余的水，以防止形成高腐蚀性的 H_2CO_3。可以使用除湿的空气将管道干燥。首先，应使用多种方法对空气进行除湿，包括制冷、压缩和干燥。可以利用具有极强的水亲合力的液体或固体干燥剂来完成干燥。其次，将除湿的空气推入管道，直到出口处排出的空气中的水蒸气浓度达到最小值，则视为干燥完成。

当对金属表面的一部分进行屏蔽时，会导致缝隙腐蚀，从而使屏蔽部分无法进入周围环境。这样的周围环境包含破坏性的腐蚀物质，通常是氯离子。电化学腐蚀电池是由未屏蔽表面与缝隙内部之间的偶合处形成的，暴露于与周围介质相比氧气浓度较低的环境中。

8.2 缓蚀剂

缓蚀剂是一种化合物，可少量添加到介质中以防止或最大程度地减少腐蚀。腐蚀抑制剂可保护金属免于在储存或运输过程中受到腐蚀，此外还可以防止侵蚀性物质引起的腐蚀。有效的缓蚀剂应与环境兼容，价格相对便宜，并且当以小浓度添加时仍能提供所需的保护。

8.3 环境调节剂

环境调节剂主要对天然气管道周围环境中的

侵蚀性物质进行清除。环境调节剂通过清除腐蚀性物质来降低介质的腐蚀性。例如，在碱性或接近中性的溶液中，氧在阴极反应中的还原如下：

$$O_2 + 2H_2O + 4e^- \rightleftharpoons 4OH^- \quad (25)$$

在这种情况下，通过加入清除剂(例如肼)清除侵蚀性物质氧，该清除剂可根据以下反应控制腐蚀：

$$5O_2 + 2(NH_2 - NH_2) \rightleftharpoons 2H_2O + 4H^- + 4NO_2^- \quad (26)$$

8.4　界面抑制剂

界面抑制剂用于通过不同的机制减轻天然气管道中的腐蚀。界面抑制剂通过在金属和腐蚀性介质之间的界面处形成保护膜来防止腐蚀。界面抑制剂通常分为气相和液相。根据所抑制的电化学反应的类型，液体界面抑制剂可分为阳极，阴极或混合的。

阳极抑制剂通常用于中性 pH 的溶液中。这些抑制剂促进了钝化层的形成，从而阻碍了金属在阳极反应中的溶解。这些钝化抑制剂需要以足够的浓度使用，因为它们在低浓度下的存在会加速腐蚀。另一方面，阴极抑制剂会停止并干扰金属的阴极反应。阴极抑制剂含有在阴极反应中消耗的离子，该离子导致形成不溶性物质，选择性地沉淀在阴极位点。这些沉积物致密并附着在金属上。在金属表面形成的不溶性阻挡层限制了金属与腐蚀性介质的接触。因此，阴极抑制剂的效率并不取决于其浓度，比阳极抑制剂更可靠。阴极抑制剂的实例包括 Mg、Ni 和 Zn 离子。无机抑制剂与水的 OH^- 反应形成 $Mg(OH)_2$、$Ni(OH)_2$ 和 $Zn(OH)_2$，它们是不溶的氢氧化物，沉积在金属表面的阴极位置上，可防止腐蚀。其他阴极抑制剂包括钙盐、多磷酸盐、木质素和单宁。

为了使无机抑制剂有效发挥作用，它们的结构应具有将抑制剂连接到金属表面的官能团。官能团连接至主链基团，该主链基团增加了抑制剂分子保护更大表面积的能力。骨架基团可包含取代基，该取代基可增加覆盖范围并改善官能团与金属之间电子键的强度。有机抑制剂中的官能团的实例包括羧基(—COOH)，羟基(—OH)，亚氨基(—NH)，氨基(NH_2)，胺(—CNC—)，环氧(—COC—)，硝基(—NO_2)，三唑(—N = NN—)，硒基(—Se—)，硫化物(—S—)，磷(—P—)等。

8.5　涂料和内衬

防护涂层通常用于保护天然气输送管道免受腐蚀。可以在钢管表面上外部涂覆涂料。在管道的内壁上使用衬里和涂层，以防止内部腐蚀。根据温度、湿度条件和其他环境因素选择有效的涂层。防护涂料应适用、高黏合性、抗散开性且与环境相容。它们应承受典型的存储、处理和降解，并保持所需的电阻率。涂层需要表现出较高的电绝缘性，并具有强的防潮性。

涂料最早始于涂覆煤焦油搪瓷。后来，它发展为使用高效的复合涂料。某些涂料(例如聚乙烯)如今仍在使用。除腐蚀防护外，还有各种各样的管道涂料系统，它们可能还具有多种功能，例如液体环氧树脂、聚硅氧烷、熔融键合环氧树脂(FBE)、三层聚乙烯/聚丙烯、(3LPE/3LPP)、沥青等。FBE 和 3LPE/3LPP 是天然气工业中最常用的管道涂料。FBE 涂层在保护管道不受腐蚀方面非常有效。

9　结论

对燃气管道的腐蚀类型进行调研分析；腐蚀缺陷和裂纹缺陷越严重，天然气管柱破坏所需的压力越小；建立的恒定腐蚀速率下的剩余寿命预测方法和变化腐蚀速率下的剩余寿命预测可对任何区域局部天然气管道剩余寿命进行预测，保证天然气管网运输系统的高效与稳定；对减轻天然气管道局部腐蚀的方法进行研究分析。

参考文献

[1]刘宏业，杜培恩．天然气管道可靠性设计方法概述[J]．齐鲁工业大学学报，2020，34(04)：49-54.
[2]赵志峰．长输管道腐蚀防护系统安全性动态评价方法研究[D]．西安科技大学，2017.

庭院系统20年以上低压埋地钢制燃气管道的保护

王　超

（山东济华港润燃气公司，山东 济南　250000）

摘　要：庭院管道系统出地立管与埋地管道连接处无绝缘装置形成管道电位差，而庭院管道系统中老旧小区普遍存在电缆、雨污水、自来水等市政管道的老化、跑冒滴漏对燃气管道所处环境形成电磁干扰及土壤电阻率的变化，造成庭院管道更容易形成腐蚀泄漏，山东济华燃气公司通过研究20年以低压燃气管道进行分级管控方式，对中高风险管道进行改造升级，通过对满足电位提升的管道采用加装阴极保护方式辅以测漏管的办法进行信息化改造，提升老旧管道进行保护及管控水平。

关键词：20年老旧管网；阴极保护；测漏管

Protection of Low-voltage Buried Steel Gas Pipeline in Courtyard System for More Than 20 Years

Wang Chao

（Shandong Jihua Gas Co.，Ltd.，Shandong Jinan 250000，China）

Abstract：There is no insulation device at the connection between the ground riser of the courtyard pipeline system and the buried pipeline，resulting in the potential difference of the pipeline. However，the aging and leakage of cables，rainwater，sewage，tap water and other municipal pipelines are common in the old residential areas of the courtyard pipeline system，causing electromagnetic interference and changes in soil resistivity to the environment where the gas pipeline is located，causing the courtyard pipeline to be more prone to corrosion leakage，Shandong Jihua gas company has studied the hierarchical management and control method of low - pressure gas pipelines for 20 years，transformed and upgraded medium and high - risk pipelines，and improved the protection and management level of old pipelines by installing cathodic protection supplemented by leak detection tubes for pipelines that meet the potential improvement.

Key words：20 - year - old pipe network；cathodic protection；leak detection pipe

1　基本情况介绍

1.1　燃气管道、设施等基本情况

截至目前，山东济华公司燃气管网跨越济南市市中区、槐荫区、天桥区、历城区、长清区、南山区以及齐河和茌平地区，建成天然气接收门站3座，调压站24座，高中低压燃气管网4600余公里。

1.2　燃气供应情况

我公司主要目前担负着济南市90余万户天然气居民用户、3000余户工商业用户的供气任务，2020年天然气供应量突破4亿m^3。

1.3　老旧管道改造情况

当前已完成21.4km 20年以上埋地管线改造，目前公司辖区内运营20年以上中低压埋地钢制燃气管道共计73.8km，中风险3.5km、低风险管道69.5km。

1.4　庭院管的保护方法研究

老旧管网燃气企业面临突出风险有老旧管线更换投资的体量大、保护方法措施少，没有延长庭院埋地管线寿命的可靠方法等问题，埋地管线

作者简介：王超，哈工大力学工程硕士，现任山东济华港润燃气公司工程总监，从事管道保护研究10年。

泄漏测量检测发现泄漏后才进行维修或更换，此类问题出现后，因泄漏发生的过程不可控，泄漏传导的位置不易判断，导致低压管线泄漏风险大，因此开展老旧管网低压管道的阴极保护研究尤为重要，既可以提升管道使用寿命，加强管道的自身质量管理，提高20年以上庭院管埋地管道的可靠性，同时采用新型的带有测漏功能的警示标识完善老旧小区的保护及管理办法。

2 庭院管低压埋地钢制管线保护可行性试验

2.1 常态化低压管道检测及控制

2.1.1 管道防腐、电位检测

2012年起对高压、次高压、中压、低压埋地管线进行综合检测，累计检测1631km，发现疑似破损点1654处，经开挖确认消除破损点1143处，消除率99%，见表1，未消除均开挖验证非管道破损或无法开挖采用测漏管进行监测，其中低压埋地管道已累计检测654km。

表1 综合检测统计表

日期	防腐检测/km	发现疑似防腐破损点/处	防腐破损点修复/处
2013年	168.435	155	64
2014年	252.431	685	493
2015年	144	182	163
2016年	154.434	110	67
2017年	170.732	113	103
2018年	221.633	109	70
2019年	153.496	30	16
2020年	105.345	73	35
2021年	179.998	160	96
2022年	80.56	37	36
合计	1631.064	1654	1143

(1)低压管道阴极保护

2015年管网运行部开展低压管道的阴极保护研究工作，对低压管道电位异常的丽园小区、通联花园、阳光100、阳光舜城等32个小区通过电位远传监测、加装牺牲阳极等办法延缓庭院管腐蚀速率，减少燃气泄漏事故。

(2)制定20年低压埋地管线专项检测内容

2016年管网部根据常年积累综合检测的经验，采取基于物联网的数据应用，建立埋地管道综合检测体系，并申请《城镇燃气埋地管网综合检测及信息管理系统应用》专家评审，最终经山东省住建厅专家评审鉴定该项目技术达到全国领先水平。

此次专项检测内容沿用获得专家评审的检测内容包含管道外防腐层、保护电位、自然电位、土壤电阻率、杂散电流影响排查、管线占压排查、隐患排查等。

(3)低压埋地管道泄漏检测装置应用

应用新型警示桩附带地埋式可燃气泄漏监测仪及测漏管，替代原有标识装，用于巡线员的日常巡检检测使用，采用桩式或地面式两种安装方式(图1、图2)，远传实时对学校、医院、综合体、农贸市场等重点区域监测燃气管道沿线的甲烷浓度，其他日常巡视区域采用不带检测仪的集气装置通过日常巡视工作对地下管道进行检测。

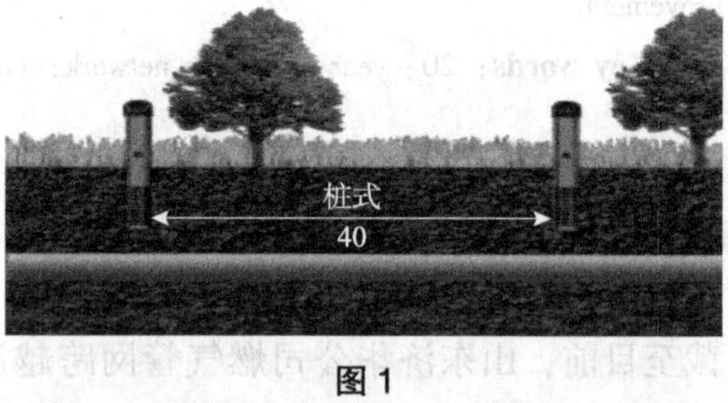

图1

图2

2.1.2 庭院管道阴极保护施工详情

见表2、表3。

表2

测试桩位置	利源花园小区1号楼		
加装阳极个数	2	是否有远传设备	否
原始电位	-0.3V	加装阳极后电位	-1.08V
施工单位	山东利科防腐工程有限公司	施工时间	2021.12.18
检测单位	山东利科防腐工程有限公司	检测时间	2022.1.5
施工评价	合格		
检测评价	通电电位在-0.85V至-1.25V之间，合格。		

施工前　施工中　施工后

表3

测试桩位置	利源花园小区5号楼		
加装阳极个数	2	是否有远传设备	否
原始电位	-0.53V	加装阳极后电位	-1.45V
施工单位	山东利科防腐工程有限公司	施工时间	2021.12.18
检测单位	山东利科防腐工程有限公司	检测时间	2022.1.5
施工评价	合格		
检测评价	通电电位在-0.85至-1.25V之间(在100mV定律内)合格		

施工前　施工中　施工后

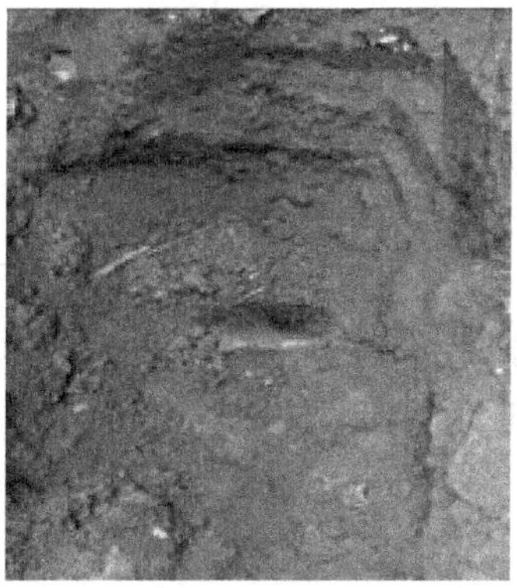

2.1.3 施工评价

本次项目在施工过程中严格执行安全施工，所选用材料质量均为国标一线产品，施工过程中严格执行埋地钢制管道阴极保护技术规范。

严格按照本次项目的施工方案进行施工，针对试片与自然的参数、参比电极的压降参数、牺牲阳极的开路电位、牺牲阳极连接管道后的电流输出都逐一测量，确保本次项目可以真实且有效的达到预期效果。

3 检测部分

3.1 检测范围及内容

3.1.1 检测范围

此次检测范围为济南市市中区二环南路利源花园小区在役埋地钢质天然气管道的阴极保护数据检测。以现在 6 处已经改造的测试桩检测点，测量通电电位、断电电位、管地电位、牺牲阳极开路电位、牺牲阳极闭路电位、牺牲阳极输出电流等。并对管道沿线的敷设环境开展调查，包括地形地貌，可能存在的交直流杂散干扰源等内容。

3.1.2 检测内容

(1)通电电位；

(2)断电电位；

(3)管地电位；

(4)牺牲阳极开路电位；

(5)牺牲阳极闭路电位。

3.2 检测依据及方法

3.2.1 检测依据

GB/T 21247—2007《埋地钢制管道阴极保护参数测试方法》

GB/T 21448—2017《埋地钢制管道阴极保护技术规范》

GB/T 50698—2011《埋地钢制管道直流干扰防护技术规范》

3.2.2 检测方法

(1)管道自然腐蚀电位

自腐蚀电位(E_{corr})是一个特定的腐蚀体系在没有外加电流的情况下测得的金属电位。

E_{corr}负值越大，腐蚀倾向越大；其正值越大，腐蚀倾向越小。

①适用性。

本方法适用于未施加阴极保护电流的管道腐蚀电位(自然电位)的测量。

②测量方法。

测量前，应确认管道是出于没有施加阴极保护的状态下。对已实施过阴极保护的管道宜在完全断电 24h 后进行。接线图见图 3。

(2)牺牲阳极的开路电位

开路电位：电流密度为零时的电极电位，也就是不带负载时工作电极和参比电极之间的电位差。开路电位可以很方便地测量并判断金属的腐蚀速率，是判断阴极保护效果的重要依据。

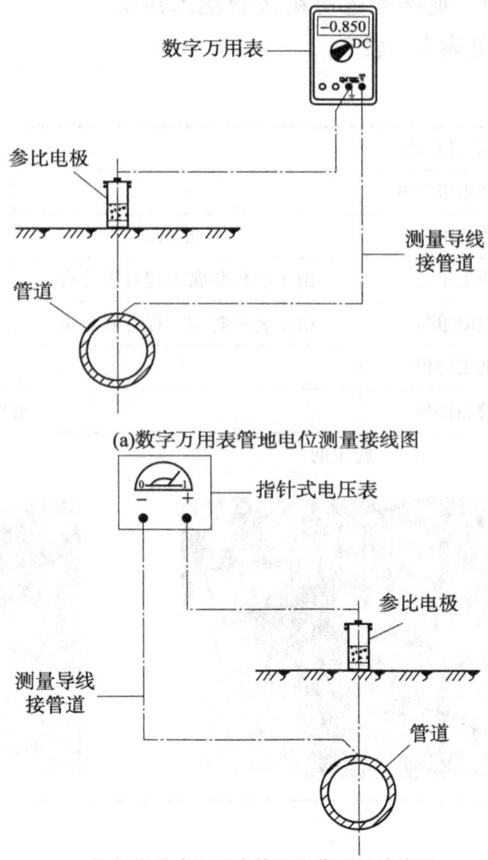

(a)数字万用表管地电位测量接线图

(b)指针式电压表管地电位测量接线图

图 3

(3)牺牲阳极的闭路电位适用性

牺牲阳极闭路电位测量应采用远参比法。远参比法主要用于在牺牲阳极埋设点附近的管段，测量管道对远方大地的电位，用于计算该点的负偏移电位值。

(4)测量方法

远参比法的测量接线图见图 4。

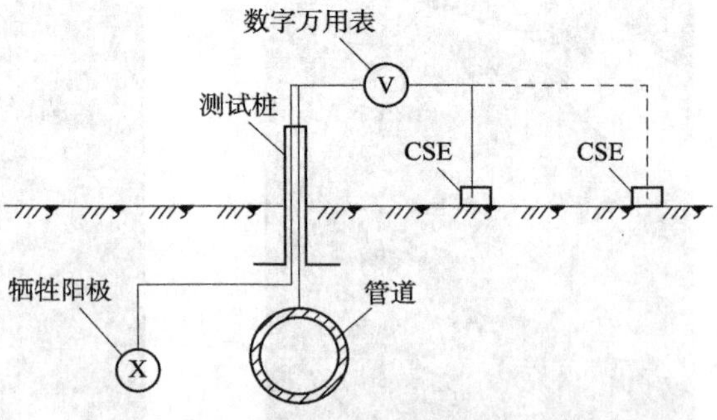

图 4　远参比法的测量接线图

将硫酸铜电极朝远离牺牲阳极的方向逐次安放在地表上，第一个安防点距管道测试点不小于 20m，以后逐次移动 5m。将数字万用表调至适宜的量程上，读取数据，作好电位值和极性记录，当相邻的两个安放点测试的管地电位相差小于 2.5mv 时，参比电极不在往远方移动，取最远处的管地电位值作为该测试点的管道对远方大地的电位值。

(5)牺牲阳极输出电流测量适用性。

本测量方法适用于测试单位无 0.1Ω 或 0.01Ω 标准电阻时，牺牲阳极(组)的输出电流也可采用直测法。

(6)测量步骤。

直测法测量接线图见图5。

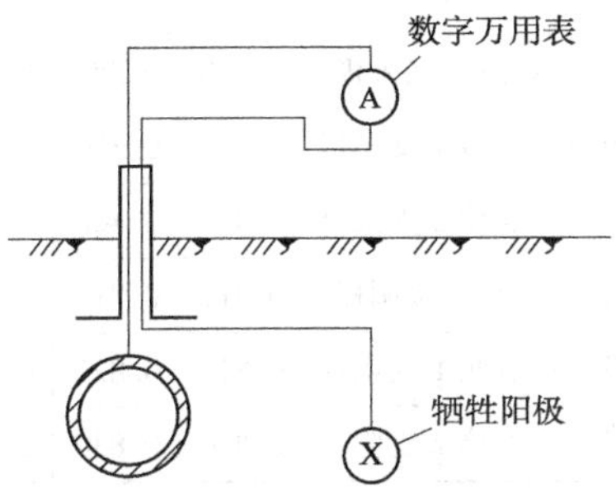

图5　直测法测量接线图

直测法应选用 4½位的数字万用表，用 DC10A 量程直接读出电流值。

3.3　检测分析及结论

3.3.1　采用规范

经过本次阴极保护的参数检测，结合 GB/T 21448—2017《埋地钢制管道阴极保护技术规范》进行分析：

3.3.2　电位参数

埋地钢质管道在阴极保护正常运行中通电电位参数值 -1.25 ~ -0.85 之间，阴极保护达标。

3.3.3　达标程度

针对在役埋地钢制管道进行阴极保护技术改造过程，所测通电电位参数比改造前电位高出 100mV 以上，阴极保护达标。

本次检测数据均正常(表4)，阳极正常有效，阴保效果良好，工程效果符合预期，质量合格安全有效，本次项目正式竣工。

表4　检测数据表

编号	地点	自然腐蚀电位/V	通电电位/V
1	1号楼	-0.30	-1.08
2	5号楼	-0.53	-1.45
3	6号楼	-0.60	-0.73
4	7号楼	-0.63	-1.06
5	8号楼	-0.62	-1.14
6	5-6号楼西侧	-0.54	-0.7

测试桩接线见图6、图7，六接线柱电子标签见图8。

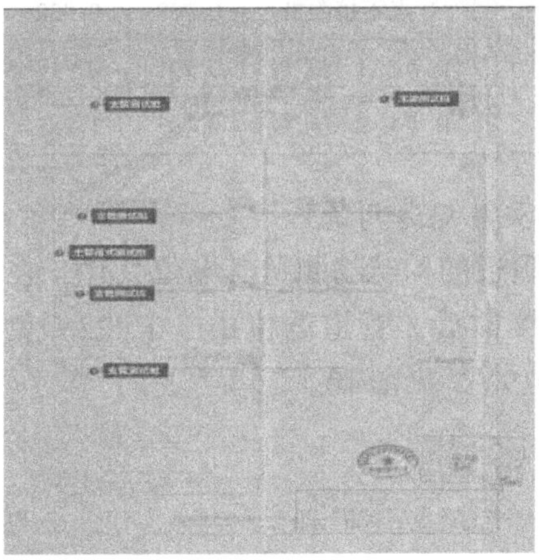

图6

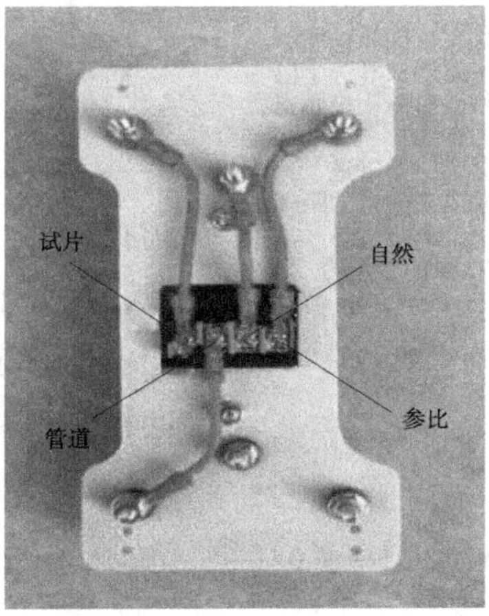

图7　测试桩接线图

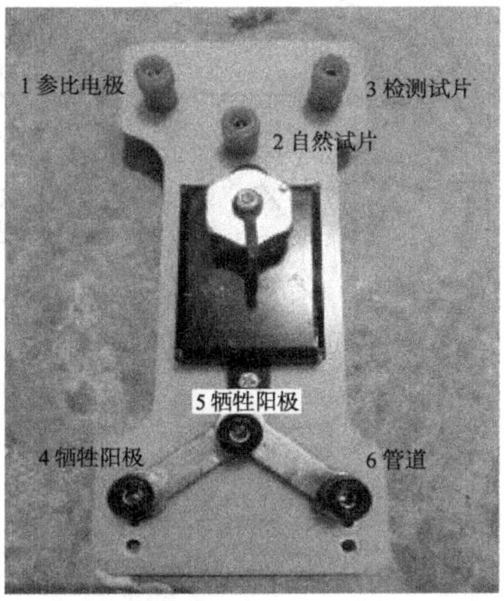

图8　六线柱电子标签

4　庭院管埋地钢制管线阴极保护最佳长度试验

4.1　第一次试验

本次工程原计划安装镁阳极两组，并各配有1个井式测试桩，安装位置分别为 A 点、D 点(见图9阴极保护安装位置示意图)，并在8号楼东北侧(管道分支的一个末段)安装一个井式测试来协助检测观察管道电位的变化。

A 点安装完成，两天后进行电位测量，A 点的管道通电电位达到 -0.961V，但是安装位置附近管道入户支线测出的电位只有 -0.4V 左右，与阳极安装之前电位相比只有 10 ~ 20mV 的负向移动，随入户支线与阳极位置距离的增大，电位变化逐渐衰减为0。

D 点安装完成，两天后进行电位测量，D 点在管道末段，D 点的通电电位达到了 -1.231V，与 D 点相距最近的入户支线电位为 -1.061V，但是下一条入户支线电位骤降为0.4V，电位负向变化只有20mV 左右，随着与阳极距离的增加，这个负向变化也逐渐衰减为 0。

4.2　第二次试验

考虑到支线与主线可能存在的差别，我们在管道的一条线上安装了 2 套阴极保护装置，分别为安装示意图中的 B 点与 C 点。两点之间距离 10m，B 点为管道的一个三通点，①②③分别为从距离三通点 1m 的距离焊接出来的管道线。我们实验过程中分别把阳极与①②③管道线连接测试各个点的电位变化，并通过拆、卸阳极的方式观察比较各个点的电位变化。见图 9。

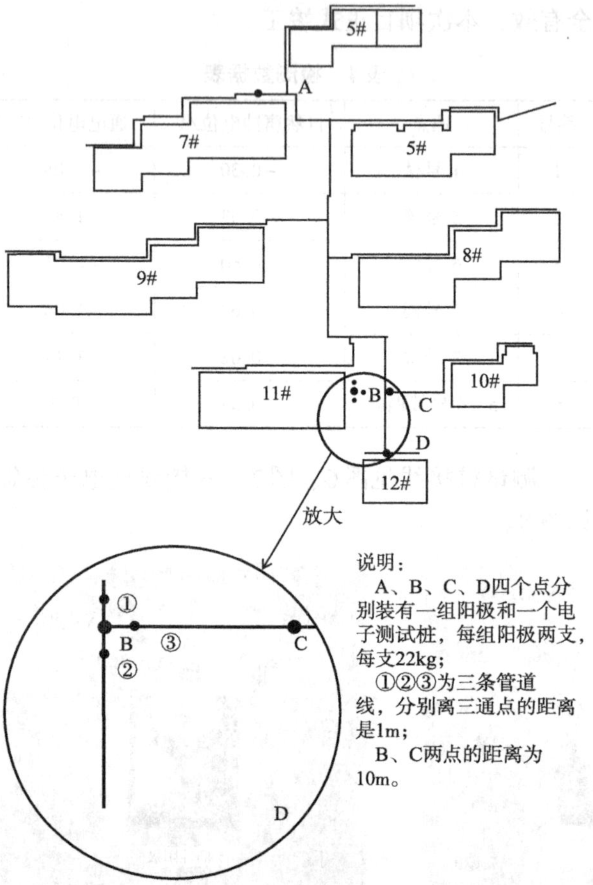

图 9

4.3　测试电位记录表

在第二次试验阶段，A 点的阳极与管道始终保持通连接状态。

A 点阳极线与管道线均保持连接时的测量数据见表 5、表 6。

表 5

序号	管道与阳极连接状态		管道电位/(－V)			
			B1	B2	B3	C
1	B 点与阳极断开	C 点不接阳极	0.388	0.388	0.388	0.392
2		C 点接 1 支阳极	0.399	0.399	0.399	0.505
3		C 点接 2 支阳极	0.406	0.406	0.406	0.795
4	B 点与阳极连接	C 点不接阳极	0.812	0.812	0.812	0.403
5		C 点接 1 支阳极	0.821	0.821	0.821	0.524
6		C 点接 2 支阳极	0.830	0.830	0.830	0.816

B1 表示用参比电极与管道线①连接测出的管道通电电位。

表 6

序号	管道与阳极连接状态		管道电位/(－V)	
			C	D
1	C 点与阳极断开	D 点不接阳极	0.394	0.441
2		D 点接 1 支阳极	0.400	0.926
3		D 点接 2 支阳极	0.403	1.223
4	C 点与阳极连接	D 点不接阳极	0.788	0.432
5		D 点接 1 支阳极	0.791	0.918
6		D 点接 2 支阳极	0.795	1.231

4.4.3　牺牲阳极与周边构筑物

选取 D 点附近的构筑物测量其电位变化，在阳极与管道连接前后，管道电位由 －0.422V 负向移动到 －0.919V，见图 10。

图 10

由此可见，管道施加阴极保护对旁边构筑物的影响很大。很可能是因为存在与其他构筑物搭接的现象。

4.5 卧龙花园二区实验概况

4.5.1 第一次试验

本次工程安装镁阳极6组，并各配有1个井式测试桩，安装位置见图15阴极保护安装位置示意图，安装位置均通过充分考虑保证科学与覆盖。

首先对1号桩进行检测，通电电位为－899 mV，断电电位－759mV，自然腐蚀电位－605 mV。对1号桩进行阳极断开操作，两分钟后，电位退极化严重，已无任何保护效果，见图11。

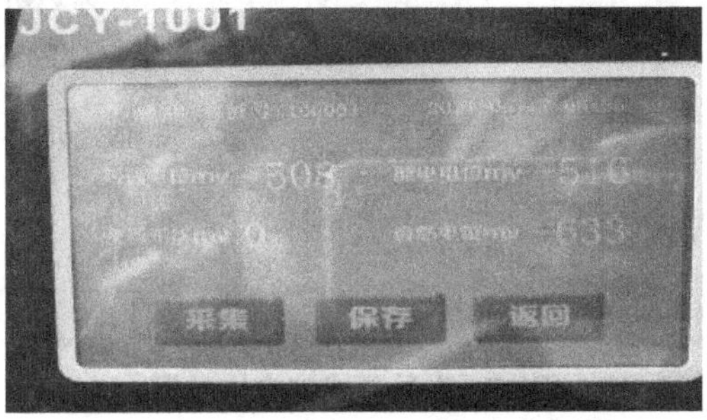

图11　1号桩断开阳极后电位数据

此时1号测试桩阳极断开，对2号测试桩进行电位检测，通电电位－1067mV，断电电位－863mV，自然腐蚀电位－763mV，见图12。

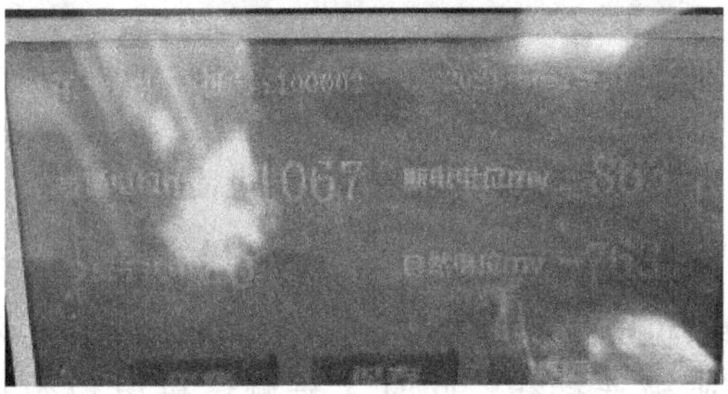

图12　1号桩断开阳极后2号桩电位数据

此时接通1号测试桩阳极，再对2号测试桩进行检测，2号测试桩数据无变化。证明1号测试桩阳极电位覆盖不到2号测试桩范围，2号测试桩安装位置合理。

同样摘下3号测试桩阳极，2号测试桩电位数据仅1mV变动，通电电位－1068mV，断电电位－864mV，自然腐蚀电位－762mV，为测试桩数据自然变化。

连接3号测试桩阳极后，用万用表测试3号测试桩附近出地管电位数据，通电电位为－590 mV，测试桩通电电位为－628mV，证明该处阳极对附近管道起到保护作用，并从出地管泄漏部分保护电流。

4.5.2 第二次试验

考虑到支线与主线可能存在的差别，我们在主管线安装了5号测试桩，主管线附近支管末端安装了4号测试桩。首先测试4号测试桩电位数据：通电电位－1139mV，断电电位－908mV，自然腐蚀电位－745mV，数据较好。5号测试桩数据：通电电位－740mV，自然腐蚀电位－450mV。摘下4号测试桩阳极连接线，5号测试桩数据无变化，见图13、图14。说明支管末端阳极保护范围无法达到主管。

图13　4号测试桩通电数据

图14　4号阳极断开后5号测试桩通电电位

具体的阴极保护安装示意图见图15。

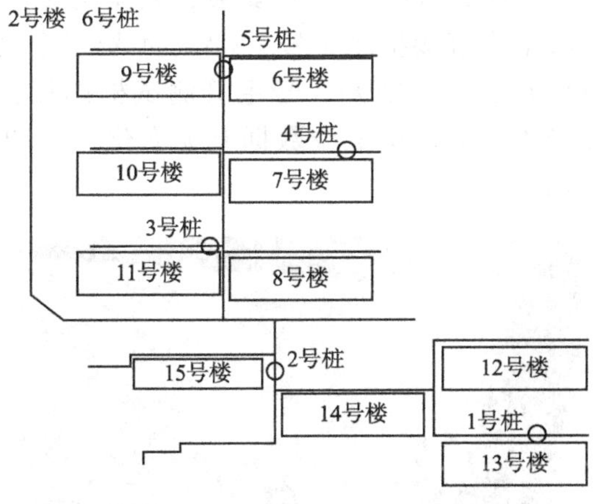

图15

在每一次试验阶段，均只有一组阳极为断开状态。

2 号测试桩通断试验的测量数据见表7。

表 7

序号	管道与阳极连接状态		管道电位/(-V)			
			1 号	2 号	3 号	3 号出地管
1	2 号与阳极连接	1 号不接阳极	0.508	1.067	0.628	
2		1 号连接阳极	0.899	1.067	0.628	
3		3 号不接阳极	0.899	1.068	0.327	
4		3 号连接阳极	0.899	1.068	0.628	0.59
5	2 号与阳极断开	3 号不接阳极	0.899	0.608	0.327	
6		3 号连接阳极	0.899	0.608	0.629	

4 号测试桩通断试验的测量数据见表 8。

表 8

序号	管道与阳极连接状态		管道电位/(-V)	
			4 号	5 号
1	4 号与阳极断开	5 号不接阳极	0.621	0.352
2		5 号连接阳极	1.139	0.74
3	4 号与阳极连接	5 号不接阳极	1.139	0.361
4		5 号连接阳极	1.139	0.74

4.6 利源花园小区实验概况

本次工程安装镁阳极 6 组，并各配有 1 个井式测试桩，安装位置见阴极保护安装位置示意图，安装位置均通过充分考虑保证科学与覆盖。

因已有阳光舜城小区及卧龙花园小区试验结果，本次利源花园小区试验仅为验证前两次试验结果，根据不同小区试验，验证效果是否相同。

本小区 3 号桩为主管安装，其余为支管安装。故本次直接检测 2 号、3 号、4 号三个测试桩电位数据，并断开 3 号主管测试桩阳极，观测 2 号 4 号测试桩电位数据有无变化，见图 16 ~图 18。

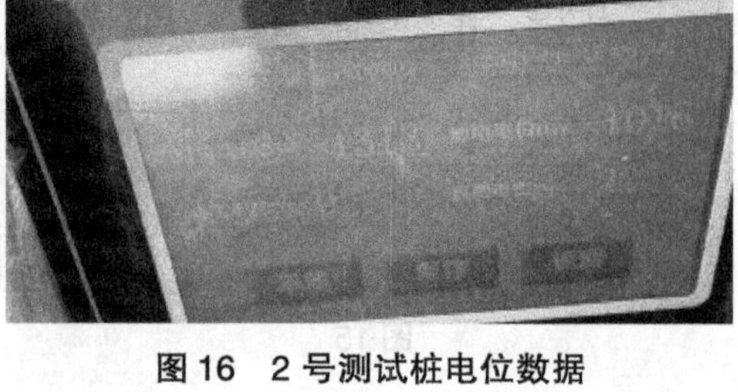

图 16　2 号测试桩电位数据

图 17　4 号测试桩电位数据

图 18　3 号主管测试桩电位数据

本小区土质较好，土壤松软且湿度大，该小区测试桩电位数据均达到 -0.85V，断开 3 号测试桩阳极连接线，此时 2 号测试桩电位数据见图 19。

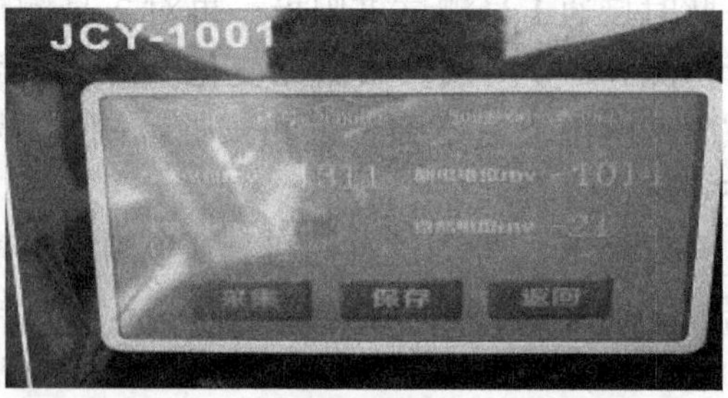

图 19

4 号测试桩电位数据见图 20。

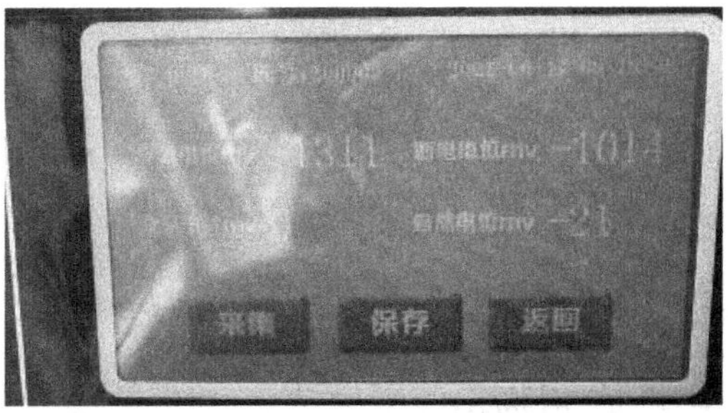

图 20

证明该小区与卧龙花园阳光舜城俩小区相同，阳极受管道走向及无绝缘影响，各组阳极之间达不到相互覆盖保护电流。

阴极保护安装位置见图 21。

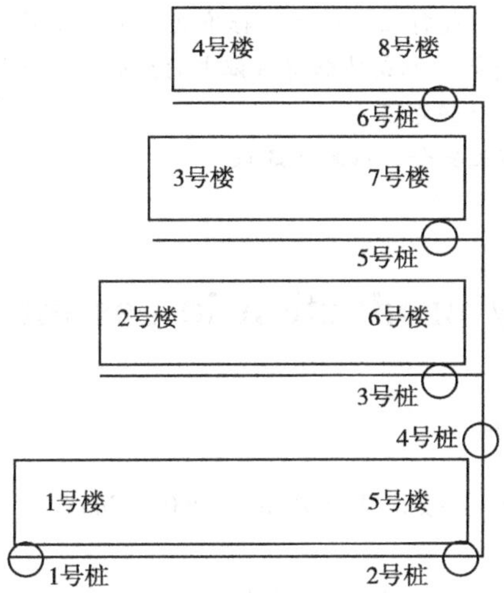

图 21

说明：本次实验，只有 3 号测试桩阳极为断开状态

3 号测试桩通断试验的测量数据见表 9。

表 9

序号	管道与阳极连接状态		管道电位/(－V)	
			2 号	4 号
1	3 号与阳极连接	2 号连接阳极	1.313	1.157
3		4 号连接阳极	1.313	1.157
4	3 号与阳极断开	2 号连接阳极	1.311	1.153
5		4 号连接阳极	1.311	1.153

5 实验结论

管道出地后或其他情况可能造成与其他构筑物的搭接，以及复杂的小区管道走向，都使阴极保护很难达到－0.85V 以上的保护效果，但极化电位仍能超过管道电位 100mV 以上，有保护效果；防腐层电阻率小，电流易泄漏是阴极保护困难的又一原因；相同数量的阳极，支线上的数据更容易发生负向移动，短距离内能达到－0.85V，在管道末段甚至超过这个－1.2V，但是很难往远处传递；管道主线上的阴极保护效果比支线阳极稍差，主要原因为分支过多，无绝缘，土质差，土壤电阻率过高。出地管道有电位，说明阴极保护电流已经通过土壤保护管道，其中一部分随出地管流出。

卧龙花园一处阳极，因为旁边恰好小区物业维修水管，有水流出，此处阳极效果很好，说明冬天做实验有点局限性，土壤干燥硬化，阳极电流流通受影响。利源花园小区土质较好，土质松软湿度高，阳极效果较卧龙花园有很大提高，通电电位断电电位均超过－1V。通过通断多处阳极实验，验证小区内主线支线阳极之间相互影响不大，证明小区管道在无绝缘情况下，需保证一定阳极数量和密度，同时覆盖测漏管的安装，可以实现阴极保护对低压埋地管道的电位保护的需求及泄漏检查的需求，否则保护范围达不到最优，阳极具体安装数量及密度、位置，需根据小区具体管线图设置，不同长度及走向，均有不同安排。就目前已安装阳极的小区试验效果来看，每组阳极之间的管线距离不宜超过 200m。

参考文献

[1] Q/SY DQ 1228—2008，油田埋地钢质管道腐蚀与防护评价方法[S].

[2] GB/T 19285—2014，埋地钢质管道腐蚀防护工程检验[S].

[3] CJJ 95—2013，城镇燃气埋地钢质管道腐蚀控制技术规程[S].

[4] GB/T 21448—2017，埋地钢质管道阴极保护技术规范[S].

[5] GB/T 50698—2011，埋地钢质管道交流干扰防护技术标准[S].

[6] GB/T 21246—2007，埋地钢质管道阴极保护参数测试方法[S].

[7] GB/T 21447—2008，钢质管道外腐蚀控制规范[S].

[8] GB 50028——2020，城镇燃气设计规范[S].

[9] SY/T 0087.1—2006，钢质管道及储罐腐蚀评价标准—埋地钢质管道[S].

[10] SY 6186—2007，石油天然气管道安全规程[S].

推行燃气行业安全生产标准化的探讨

王　睿　章　榕

(常州金坛港华燃气有限公司，江苏 常州　213200)

摘　要：创建安全生产标准化是国家和政府的要求，是社会发展的自然产物，是企业提升生命力的需要，是现代安全管理的必然趋势。在 2017 年发布《城镇燃气经营企业安全生产标准化规范(T/CG AS002—2017)》以前，城镇燃气经营企业都是参照《企业安全生产标准化》(AQ/T 9006—2010)创建的工贸行业的安全生产标准。但是燃气行业的安全生产标准化和工贸企业的终究存在一些差距，而且现在城镇燃气经营企业已经不能再创建工贸企业的安全生产标准化了，所以现在很多城镇燃气经营企业开始逐步开展燃气行业的安全生产标准化建设工作。目前，常州金坛港华燃气有限公司已经完成燃气行业安全生产标准化的创建工作，取得了安全生产标准化三级企业(城镇燃气)的证书，成为作为江苏省第一批成功取得该证书的企业，现就创建过程中的一些经验进行分享，希望可以供其他企业进行参考，少走一些弯路。

关键词：城镇燃气；安全投入；隐患排查治理；职业健康；作业安全；信息化建设

Discussion on the standardization of safety production in gas industry

Wang Rui*, *Zhang Rong

(Changzhou Jintan Hong Kong and China Gas Company Limited, Jangsu Changzhou 213200, China)

Abstract: The establishment of safety production standardization is the requirement of the state and government, the natural product of social development, the need for enterprises to enhance vitality, and the inevitable trend of modern safety management. Before the release of Standardization Specification for Safety Production of Urban Gas Operating Enterprises T/CGAS002 – 2017 in 2017, urban gas operating enterprises were all established with reference to the safety production standards of industry and trade industry in Standardization of Safety Production of Enterprises AQ/T9006 – 2010. However, there are still some gaps between the safety production standardization of the gas industry and the industrial and trade enterprises, and now the urban gas operating enterprises can no longer establish the safety production standardization of industrial and trade enterprises, so now many urban gas operating enterprises have begun to gradually carry out the safety production standardization construction of the gas industry. At present, Changzhou Jintan Ganghua Gas Co., Ltd. has completed the establishment of safety production standardization in the gas industry, and has obtained the certificate of safety production standardization level Ⅲ enterprise (urban gas), becoming the first batch of enterprises in Jiangsu Province to successfully obtain the certificate. Now, we are sharing some experience in the establishment process, hoping to provide reference for other enterprises and avoid some detours.

Key words: Urban gas; Safety input; hidden danger troubleshoting and managemet; Occupational health; Safty of operation; Construction of informatization

1　引言

安全生产标准化是一个非常高端却也很接地气的概念。它与安全生产法紧密结合，与安全生产法里面很多要求对应，能将企业主体责任落实

作者简介：王睿(1982—　)，注册安全工程师，本科学历，主要从事安全及风险管理工作。
章榕(1995—　)，本科学历，主要从事安全及风险管理工作。

到实处。安全生产标准化既是一种思想境界，也是一种管理方法。创建安全生产标准化能加强企业工程资产管理，从本质上提升安全底气，从而降低风险减少因为设备设施损坏造成的安全生产事故。从企业形象方面来看，评标成功可以提升公信力，得到政府及公众的认可。总结下来安全生产标准化是企业实现可持续发展的必然要求。而且在新《安全生产法》中也明确提出了加强安全生产标准化建设的要求，所以创建安全生产标准化已经成为一个企业必须要做且坚持要做的事情。

对城镇燃气而言，创建安全生产标准化参考的规范就是T/CG AS002《城镇燃气经营企业安全生产标准化规范》，它主要包括目标职责、法律法规及规章制度、教育培训、现场管理、风险防控及事故隐患治理、应急管理、事故事件、持续改进等方面。创建安全生产标准化并不复杂，很多城镇燃气经营企业也创建过工贸企业的安全生产标准化，很多理念和做法都是相同的，只是T/CG AS002《城镇燃气经营企业安全生产标准化规范》对燃气方面进行了更加细致化要求。下面分享一下金坛港华的创建历程。

2 创建流程

2.1 制定计划

任何一个决策都离不开公司领导的支持，而领导的信任取决于计划的可行性，为坚定领导的信念，公司安全及风险管理部制定了一系列方案，并制定了未来三年成功创建二级，五年创建一级的发展战略。受社会环境的推动，领导欣然同意，并且在全过程大力支持。

2.2 启动会

在得到领导的支持后，由安全及风险管理部牵头组织各部门负责人及公司高级管理层召开启动会，在会议上说明接下来的工作安排及各部门的任务分配。见图1。

图1 安全生产标准化三级启动会

2.3 全员培训

在启动会结束后，安全及风险管理部协同各部门负责人及基层管理人员逐个部门、逐个班组、逐个岗位开展安全生产标准化培训，力求将要求及分解的任务传达到每一位员工。由于部门、班组很多，为了不影响正常工作，这场培训持续了一个多月。见图2。

图2 安全生产标准化培训

2.4 内部对标

在培训结束了，各部门就可以开始各自的任务了，由于是分部门进行的，所以开始执行环节有先后顺序。为了加快进度，优先对管网、场站、客服等任务比较艰巨的部门进行培训。对标不仅仅是为了评级，更多是为了提升安全管理水平，所以对标最困难的是与工作实际对应。安全标准化任务分解见图3。做法也并不难，难的是要所有的操作指引、记录资料等等要随着变化，尽管不存在大的隐患，但是为了形成自己的标准化，在这一个步骤持续了三个月。

序号	一级要素	二级要素	三级要素	安全及风险管理部	总经理办公室	内审及供应链部	财务部	采购部	工程管理部	行政事务部	运行调度部	车用燃气业务部	客户服务部	市场发展部	管网抢修部
1		5.1.1 目标（10分）	安全生产目标的管理制度（制度要包含制定、分解、实施、绩效考核等任一环节内容）（明确相应环节的责任部门或责任人相应责任）	★											
2			企业总体生产经营目标	★											
3			年度安全生产目标与指标发文文件（包含生产安全、管网设施安全和用户安全内容）	★											
4			年度安全生产目标与指标分解	★											
5			年度安全生产目标实施计划及考核办法（包含基层站点和职能部门）	★	★	★	★	★	★	★	★	★	★	★	★
6			年度安全生产目标与指标进行效果评估和考核	★	★	★	★	★	★	★	★	★	★	★	★
7		5.1.2 机构和职责（30分）	燃气经营许可证复印件	★											
8			设置安全管理机构或配备专职安全管理人员发文文件	★											
9			配备注册安全工程师发文文件	★											
10			安全生产管理网络图发文文件	★											
11			安全生产委员会发文文件	★											
12			安委会会议档案（内容包含跟踪上次会议工作要求的落实情况和制定新的工作要求）	★											
13			建立安全生产和职业卫生责任制制度（责任制要内容包含每一个部门、岗位）	★											
14			对职责的适宜性进行定期评估	★	★	★	★	★	★	★	★	★	★	★	★

图3　安全生产标准化任务分解

2.5　内部评审

在完成对标之后，安全及风险管理部召集各部门负责人对照规范要求进行了内部自我评审，自评往往得分是偏高的，因为每个人都是在自己的角度开展创建安全生产标准化工作的。自评主要是为了查找体系运行过程中还存在哪些问题以便于持续改进。在这个过程也需要完整的PDCA循环，形成资料归档。

2.6　外部检查

在完成内部评审结束后，联合常州市燃气协会就邀请外部专家对金坛港华进行检查。本次检查邀请的是新奥燃气的专家，主要是对照地方标准进行检查。继续进行查缺补漏，开具整改报告，回复，如此循环。见图4。

图4　新奥燃气专家现场检查

2.7　主管部门、燃气协会及专家评审

在一切都准备结束之后，向燃气协会及市级主管部门提出评审申请对金坛港华进行全面评审，顺利通过评审，在完成隐患整改后拿到证书。见图5～图8。

图5　省专家现场检查

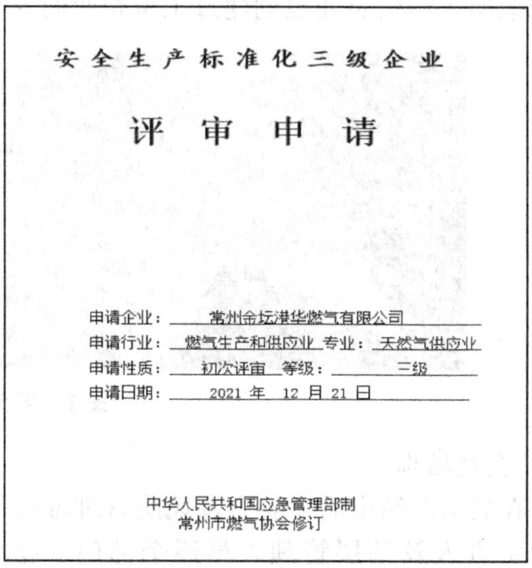

安全生产标准化三级企业

评　审　申　请

申请企业：常州金坛港华燃气有限公司

申请行业：燃气生产和供应业　专业：天然气供应业

申请性质：初次评审　等级：三级

申请日期：2021年12月21日

中华人民共和国应急管理部制

常州市燃气协会修订

图6　评审申请

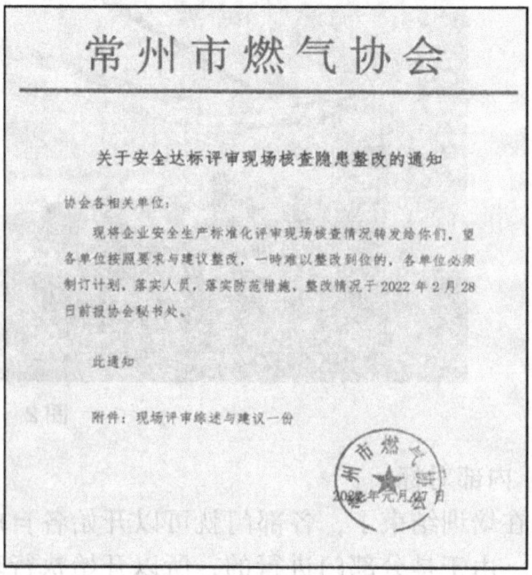

常州市燃气协会

关于安全达标评审现场核查隐患整改的通知

协会各相关单位：

现将企业安全生产标准化评审现场核查情况转发给你们，望各单位按照要求与建议整改，一時难以整改到位的，各单位必须制订计划，落实人员，落实防范措施，整改情况于2022年2月28日前报协会秘书处。

此通知

附件：现场评审综述与建议一份

2022年元月27日

图7　整改通知

图8　安全生产标准化三级企业（城镇燃气）证书

3　具体条款解读及实施行为

3.1　目标职责

一个统一的目标才能将整个公司凝聚成一个团体，对目标进行管控，首先应该有一个完善的管理制度，这个制度可以与其他制度同样管理，每年定期对制度进行检查更新。对于每年制定的目标要在确认后发给相关人员。下达执行层要根据比重进行分解，逐层分解到部门、到班组、到个人。公司应制定具体有效的措施以达成目标。在年终的时候评估安全目标的合理性和可持续发展性，并对完成情况进行考核，若目标制定不合理，在新的目标制定发出前亦需要围绕不合理的目标开展工作。目前金坛港华对员工采取周考核，对部门采取月度考核，将目标进行细致的分解，确保落实到每一个人。

机构和职责是达成目标的框架。首先燃气经营必须要是合法的，确保经营许可证在有效期内。金坛港华设置安全及风险管理部，设立1名取得注册安全工程师的安全总监，另外配备5名专职安全员，分模块、分部门管理全公司安全。完善安全生产管理制度，在制度中明确安全管理架构，架构中每一个成员对应其职责。结合环保管理成立安全环保委员会，由公司主要负责人担任主席。值得注意的是以上几点均应有公司正式的发文文件，这也是很多公司所缺少的。对于安委会会议的内容应进行归档。在制度方面，建立了全员安全生产责任制和职业及健康安全管理制度。全员安全生产责任制里面一定要包括公司所有的岗位职责，并且需要各部门负责人及公司高级管理人进行评审并签字确认。公司通过层层签订安全生产环保责任书的方式来分解及告知每一位员工，将目标及责任的落实纳入绩效考核。

近几年来国家对企业安全投入情况关注越来越多，不仅仅是标准化，其他方面都需要。企业必须要建立安全投入的管理制度，明确提取比例标准和使用范围。每年根据各部门具体业务制定安全生产费用使用计划，保留相关记录及凭证。安全生产投入的界定范围应加以注意，很多企业将员工福利及环保相关费用列入安全生产费用，这两个是不可以的，统计时会造成争议。

全员参与是必不可少的，可采取安全意见箱等形式的活动，金坛港华采取安全积分活动，鼓励所有员工提出安全建议，找出安全隐患。公司还应该险肇（未遂）事件活动记录，以便汲取教训。

安全文化建设才能维持公司的生命力。应有公司的安全生产理念及行为准则的文件。策划安全文化活动方案、制定计划、并对实施过程进行记录。这一块内容可以放在公司总体年度工作计划里，公司计划亦需要分解到部门及班组。

3.2　法律法规及规章制度

公司建立了程序文件来管理法律法规及标准规范，由归口管理部门安全及风险管理部统一进行管理。同时各部门也要建立部门级法律法规清单，公司汇总各部门清单形成公司级法律法规清单，如有更新，及时反馈。根据清单建立所有法律法规的文本资料库。每年组织全员进行法规学习并进行考核。

建立各项规章制度并在发布前征求从业人员意见并形成记录。制定后应发放给各部门并形成发放记录。发放后组织相关部门开展培训并考核。

岗位安全操作规程亦如此，先对安全生产操作规程进行汇编，然后发放，最后进行培训考核。

文件和记录也需要进行管理，标准化的所有制度及操作规程等都可以纳入体系管理中，每年统一与其他体系文件一同更新，所有的修订均在修订页注明。

3.3　教育培训

加强教育培训管理，金坛港华每年由培训管理部门进行培训需求调查，安全培训作为其中一块内容，根据调查结果制定公司年度培训计划。各部门也会根据内部需求制定部门年度培训计划。培训结束后培训进行效果评估和改进并形成记录归档。建立一人一档的培训档案，记录员工企业任职期间的所有培训。

在培训这块，要关注：各类证书的有效性，应至少每月进行检查，临近有效期或复审日期要及时安排续证及复训；三级安全教育不能忽视，应按照 72 学时要求开展培训，保证记录齐全；对于新工艺、新技术、新材料、新设备设施投入使用前要进行培训并记录存档；调岗或离岗前要进行培训；外部人员进入场站等重点场所必须要开展入场培训并进行危害告知，培训合格后方能进场作业。

3.4 现场管理

工程资产即设备设施管理是安全生产标准化的重点内容，要进行全生命周期管理。首先，采购及到货验收制度必不可少并按照要求执行；建议巡检及维护要求并按照要求进行；建立齐全的设备清单并安排专人管理；制定年度检维修计划及方案；建立一机一档的特种设备安全技术档案，保留原始技术资料；对所有设备的检查、维护、维修、保养记录均应该附在设备档案中，这样才能体现全生命周期的管理；对于设备设施的报废要严加管理，做到有制度、有方案。

加强作业安全把控，所有作业审批记录应留存，作业中要加强个人防护。对于劳动防护用品，首先要召集相关人员对所有岗位进行危害评估，然后根据结果制定劳动防护用品配备标准。按照标准的建议使用期限每年制定采购计划，提前备货，确认正常发放。对于劳动防护用品的使用要每年培训，由于人数较多，金坛港华采取公司对各部门劳保管理员进行培训，劳保管理员再对部门相关人员进行培训。劳动防护用品维护、保养、检查和发放记录应留档。公司设立维抢修班组负责应急处置，并将所有的抢修应急处置措施上墙并且每年进行培训。建立相关方信息档案，将承建商连同本公司员工一同进行管理。

职业健康这一块，金坛港华与存在职业危害的岗位员工签订合同时签订危害告知书。在公司设置职业卫生公告栏，如果存在职业病危害项目，应有申报回执单。按照《工作场所职业卫生管理规定》国家卫生健康委令〔2021〕第 5 号，城镇燃气经营企业属于职业病危害一般的企业，是不需要进行职业健康安全现状评价及职业病体检的，只需要三年做一次职业病危害因素检测。当然，对于严要求作业职业病体检的企业，相关资料应进行存档。

各场所确保警示标志齐全。

燃气场站管理：建立燃气质量检测制度，并对气质进行检测并记录，当然也可以直接联系上游直接提供气质报告；制定进站车辆管理制度；每年要对绝缘装置的绝缘电阻进行测试并形成记录归档；燃气浓度检测报警装置要定期检测并将报告存档；每年进行防雷检测；对电气设备和电工用具定期检测；各种设备运行情况进行记录存档；交接班记录、值班记录、巡检记录、装卸软管检测记录(更换记录)齐全；建立加气车辆管理制度；若存在燃气运输车辆，应有监控系统。

燃气管网管理：按 CJJ 51《城镇燃气设施运行、维护和抢修技术规程》进行运行评估；管道竣工资料健全；管网巡线制度；巡线记录档案；安全宣传单也是必不可少的；开展安全宣传活动并记录；对于存在占压埋地燃气管道的，要上报主管部门，目前金坛港华在政府及集团的支持下，已经完成所有占压管道的整改；制定燃气管网泄漏检测计划并对泄漏检测情况进行统计分析；阴极保护系统定期检测和维护记录。

信息化是目前发展的方向，更加安全可靠，在数据采集与监控系统管理里面应存有企业所有管网的分布示意图还有场站的工艺流程图。

燃气用户管理：发放燃气用户安全手册；签订供用气合同时要签订安全用气承诺书，建立完善的用户档案；建立用户安全供气制度；居民用户的室内燃气设施工程验收报告归档；对于报修电话、用户设施故障及处理方法等要进行公布；维修人员证书；燃气设施维修记录；改造后气密性试验记录；制定燃气安全宣传计划并将宣传活动记录档案；用户检查制度算是港华系统内比较完善的制度，已经很成熟且均符合标准化要求，重点要在执行环节进行把控。

3.5 风险防控及事故隐患治理

安全生产标准化是在双重预防机制提出之前就有的，双重预防机制是 ISO 45001 体系与安全生产标准化的延伸，它的要求要更加成熟。目前港华集团推行的双重预防机制就很符合标准化要求。大部分企业应该在事故隐患排查治理这一块会有所缺失，几种不同的检查方式会存在欠缺。综合检查、专业检查和日常检查应该都会有相应的检查表，季节性检查与节假日检查虽然在各项检查中有相关内容，但是会缺少相应的检查表。

做好预测预警，减少事故发生。

3.6 应急管理

金坛港华在应急管理指引中明确应急管理机构，对应的职责以及公司的应急救援队伍。每年都会组织各部门按照导致要求完善应急预案，应急预案修订后组织相关人员进行系统化的培训。制定年度应急演练计划，同时要求在开展演练前会先组织培训，对于无方案演练会在演练结束后组织参与人员进行检讨培训，保证演练方案、记录、总结齐全。完成应急预案在主管部门备案工作，每三年重新组织外部评审并重新备案。

3.7 事故事件

金坛港华自成立以来从未发生过安全生产事故。标准化要求发生事故及时报告，接受调查和处理，形成事故统计分析报告。对同行业典型事故，要引以为戒，如湖北十堰燃气爆炸事故等，开展教育培训并记录。

3.8 持续改进

绩效评定：每年进行安全生产标准化自评，并公示报告；

持续改进：开展安全标准化工作是不间断的，需要不断改进提高，让公司运行逐渐趋向于标准化。

4 总结

按照安全生产标准化的要求运行多年，明显感觉到安全管理的便捷，让金坛港华的安全管理越来越规范。对公司平稳运行有积极的推动作用。城镇燃气经营企业都应该按照《城镇燃气经营企业安全生产标准化规范》创建安全生产标准化，从公司的安全基础工作入手，逐渐制定覆盖所有部门、岗位、作业活动的安全操作规程，让每个员工都按照岗位标准进行操作，长此以往，一定可以真正达到安全生产标准化。

参考文献

[1]T/CG AS002—2017，城镇燃气经营企业安全生产标准化规范[S].

HAZOP分析在港华金坛盐穴储气库的应用

黄　强[1]　刘孝义[2]

[1. 港华投资有限公司，广东 深圳　518001；2. 港华储气(金坛)有限公司，江苏 常州　213251]

摘　要：介绍了危险与可操作性分析(HAZOP)方法，以港华金坛盐穴储气库二库(地面工程)的注采站及典型的二式井场为研究对象，选择注采站进出站系统为示例节点，应用HAZOP分析方法对设计阶段存在的危险性及操作问题进行分析，查找设计和运行中可能出现的偏差及其后果和原因，审查现有的安全保护措施的有效性，并进行风险评价，最后根据风险程度的大小提出消减风险的安全建议措施，为下一步的改进提供依据。

关键词：盐穴储气库；HAZOP分析；风险评价

Application of HAZOP Analysis in Towngas Jintan Salt Cavern Gas Storage

Huang Qiang[1]，***Liu Xiaoyi***[2]

(1. Towngas Investments Limited，Guangdong Shenzhen 518001，China；
2. Towngas Gas Storage(Jintan)Co.，Ltd，Jiangsu Changzhou 213251，China)

Abstract：Introducing the hazard and operability analysis(HAZOP) method. Taking the injection and production station and typical two type well pad of Ganghua Jintan Salt cavern Gas Storage Warehouse II(surface engineering) as the research object，the inlet and outlet system of the injection and production station is selected as the example node，and the HAZOP analysis method is used to analyze the hazards and operational problems existing in the design stage，and find out the possible deviations，consequences and causes in the design and operation，Review the effectiveness of existing safety protection measures，conduct risk assessment，and finally propose safety measures to reduce risks according to the degree of risk，so as to provide basis for further improvement.

Key words：Salt cavern gas storage；HAZOP analysis；risk evaluation

1　引言

港华金坛盐穴储气库作为国内第一个由城市燃气企业为主体，规划、投资、建设和运营管理的天然气大型地下储气项目，也是国内首个与国家管网“西气东输”“川气东送”两大输气动脉实现互联互通的城镇燃气储气库。储气库项目与传统的燃气厂站项目相比，项目规模大，工艺系统复杂，对安全性要求更高。在“注、储、采、输”工艺过程中涉及高温、高压、易燃、易爆等危害因素，可能发生因阀门、管线、设备、容器泄漏、破裂而在人员、经济、环境、声誉等方面造成严重后果。所以有必要在设计阶段开展HAZOP分析，全面查找工艺系统及管理中的危险因素，并尽可能将其消灭在项目建设的早期阶段，从而提升本质安全水平，预防重大事故发生。

2　HAZOP分析方法

HAZOP方法是英国帝国化学工业公司(ICI)为解决除草剂制造过程中的危害，于1960年代

作者简介：黄强(1993—　)，工程师，本科，主要从事燃气厂站类工程技术支援及建设管理。E－mail：huang.qiang02@towngas.com.cn

发展起来的一套以引导词为主体的危害分析方法，1974年该方法正式对外发表[1]。HAZOP分析认为专业人士组成的综合团队对问题的分析相较于个体更加具有全面性、创造性。HAZOP分析小组通常由行业专家、设计人员、业主等相关人员构成，围绕着一系列“参数+引导词”组成的偏差，在组长的引导下开展头脑风暴。对工程各参数偏差产生的原因、可能导致的后果、已采取的安全保护措施进行详细的分析，对存在的风险进行评估，并对级别较高的风险提出有针对性的风险消减措施和建议。

3 HAZOP分析应用实例

3.1 项目概况

注采集输工艺：本项目分为注气和采气两个集输工艺过程，在注气期，中石化川气东送金坛分输站、中石油西气东输金坛储气库西注采站以及宜兴高压管道来气在注采站内经过滤、计量、增压后，天然气经进出站集配气阀组输送至各井场并注入地下盐穴储存。在采气期，地下盐穴内天然气由各井场采气管线输至注采站，经过滤、加热、调压、脱水、计量后输送至中石化川气东送金坛分输站、中石油西气东输金坛储气库西注采站以及宜兴高压管道。港华金坛储气库二库项目规模见表1。HAZOP分析工作流程见图1。

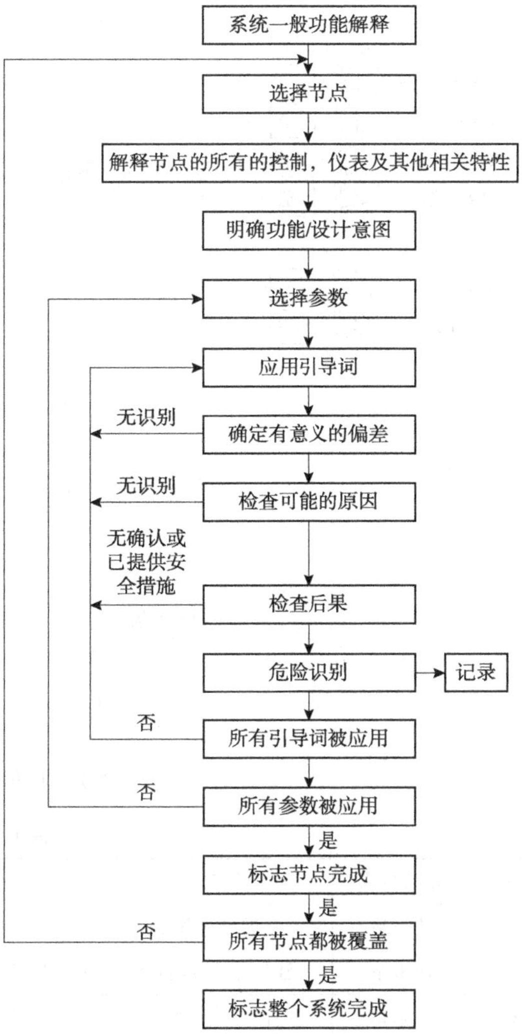

图1　HAZOP分析工作流程

表1　港华金坛储气库二库项目规模

储气库二库	建设一期	建设二期
设计规模	储气量为7×10^8 Nm^3，工作气量为4.1×10^8 Nm^3	待定
井场	2座二井式井场，3座四井式井场 共计15口井(根据地下工程实施计划，井场5的1口井纳入建设二期范围) 井场单腔最大采气量165×10^4 Nm^3/d，单腔最大注气量165×10^4 Nm^3/d	2座井场 井数需根据盐业公司后续开发方式确定 待定井场单腔最大采气量100×10^4 Nm^3/d，单腔最大注气量100×10^4 Nm^3/d
注采站	新建1座注采站，注气规模为720×10^4 Nm^3/d，采气规模为1000×10^4 Nm^3/d	

3.2 准备会议资料

本次HZAOP分析准备的设计资料有：设备设计基础资料、注采站及二井式井场工艺流程图、工艺及仪表控制流程图、因果图、爆炸危险区域划分图、消防系统工艺流程图、电气主接线图等。

3.3 分析对象及节点划分

节点的划分首先考虑该节点能代表一个完整工艺功能，依据P&ID图，按照工艺流程(图2)进行，从P&ID进入管线开始，直至设计意图的下个改变，或直至工艺条件发生重大变化，或直至下一个设备[2]。复杂度高或危险性高的系统可划分成若干较小的节点，简单的或低危险性系统可划分成若干较大的节点，以加快分析进程[3]。

本次分析将港华金坛盐穴储气库二库(地面工程)的注采站及典型的二式井场作为分析单元，共划分为19个节点，每个节点包含相应的管线、设备、工艺及仪控设施。具体划分见表2。

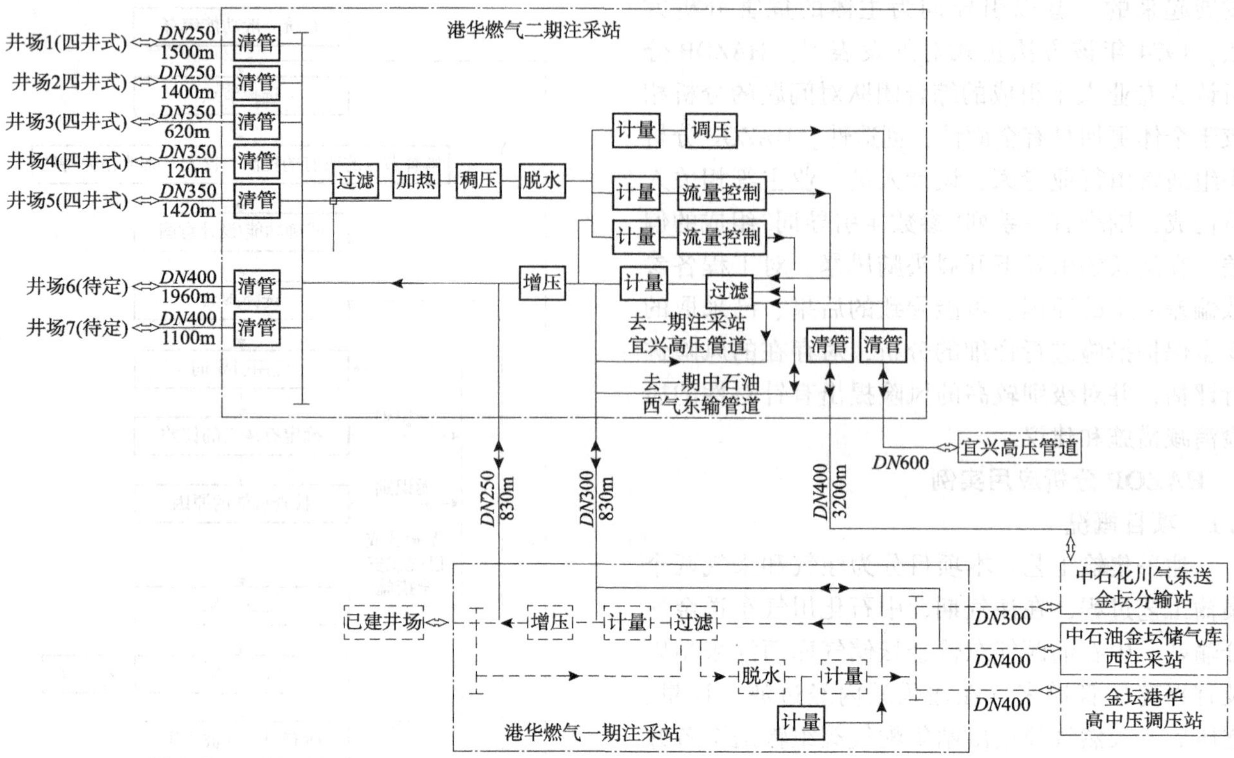

图2　储气库注采集输工艺流程图

表2　节点功能划分表

序号	站场名称	节点名称	节点功能
1	注采站	进出站系统	进出站紧急切断、清管及收球
2	注采站	注气过滤分离系统	设置注气过滤分离器去除天然气杂质
3	注采站	注气计量系统	设置超声波流量计对注气进行计量
4	注采站	压缩机及空冷器系统	设置燃驱往复式压缩机对天然气进行增压，注入地层。 设置空气冷却器对压缩后的天然气进行降温
5	注采站	集配气系统	对注进盐穴的或从盐穴采集出的天然气进行汇集分配
6	注采站	采气过滤分离系统	设置采气过滤分离器去除天然气杂质
7	注采站	采气加热系统	设置真空加热炉，加热节流降压后的天然气，避免温度过低
8	注采站	采气调压系统	设置调压撬将压力降至用气设备所需压力
9	注采站	采气脱水系统	设置三甘醇脱水装置去除盐腔内采出的天然气中的水分
10	注采站	采气计量外输系统	对采气进行计量
11	注采站	空气压缩系统	空气经压缩、冷却、过滤、干燥进入储气罐，为气动仪表、阀门提供动力
12	注采站	站内自用气系统	设置自用气撬满足站内生活用气、加热炉燃料用气、脱水装置燃料气等
13	注采站	压缩机润滑油排污系统	设置污油罐接收站内机泵的润滑油排污
14	注采站	放空系统	事故状态及维修时的放空
15	注采站	消防系统	事故状态时的消防需求
16	注采站	电力系统	正常及事故状态时的电力供应
17	注采站	全站	降低运行维护阶段的风险
18	井场	注采气系统	天然气从采气树采出，进入集输管线。注采站来气进入井场注气管线，经采气树注入地下盐腔
19	井场	排污系统	事故状态及维修时的排污

3.4 确定偏差及分析原因和后果

本次分析使用参数优先法，以一个具体参数为基准，将所有的引导词与之相组合，逐一确定偏差进行分析[4]。本项目的偏差确定情况见表3。

表3 偏差表

序号	参数	引导词	偏差
1	流量	高	流量偏高
2	流量	低	流量偏低/无流量
3	流量	相反	流向相反
4	压力	高	压力偏高
5	压力	低	压力偏低
6	温度	高	温度偏高
7	温度	低	温度偏低

续表

序号	参数	引导词	偏差
8	液位	高	液位偏高
9	液位	低	液位偏低

产生偏差的原因可能是设备故障、人为失误、不可预料的工艺状态(如组成改变)、外界干扰(如电源故障)等，原因应尽量具体，可信度高，并应在限定范围内寻找[5]。偏差导致后果的可以从人员安全、环境影响、经济损失、声誉影响等方面描述。

3.5 确定风险等级

本次分析采用风险矩阵评价法来定性表示风险等级，见表4、图5。

表4 风险矩阵图

事故发生概率等级	5	Ⅰ级风险	Ⅲ级风险	Ⅳ级风险	Ⅳ级风险	Ⅳ级风险
	4	Ⅰ级风险	Ⅱ级风险	Ⅲ级风险	Ⅳ级风险	Ⅳ级风险
	3	Ⅰ级风险	Ⅱ级风险	Ⅱ级风险	Ⅲ级风险	Ⅳ级风险
	2	Ⅰ级风险	Ⅰ级风险	Ⅱ级风险	Ⅱ级风险	Ⅲ级风险
	1	Ⅰ级风险	Ⅰ级风险	Ⅰ级风险	Ⅰ级风险	Ⅱ级风险
风险矩阵		1	2	3	4	5
		后果严重程度等级				

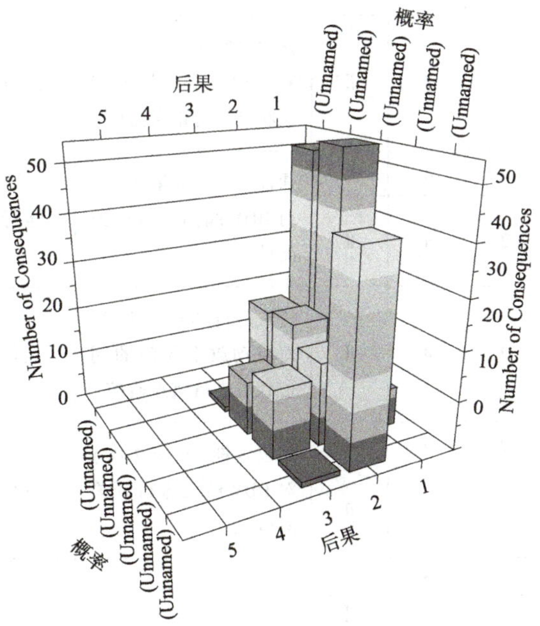

图3 储气库风险矩阵示意图

3.6 分析结果

本次分析共划分了19个节点，分析了145个偏差，识别有效原因192个，后果244个，安全措施263个，提出推荐建议22条。以节点01：注采站进出站系统为例展示部分分析结果。

该节点包括宜兴高压管道向注采站注气及反向输气流程，一库中石油管线来气注气以及反向输气流程，一库注采站来气借助金宜高压管道外输流程。流程中压力分界面设置在宜兴高压管道出站绝缘接头下端，站内所有设施均为10MPa的设计压力，以图4中电动阀门MOV0010601为分界点，阀门上端运行压力范围为4～6MPa，下端运行压力范围为5.6～8.5MPa。如在注采站向中石油以及宜兴高压管道同时采气外输过程中，中石油采气外输压力控制在8.5MPa，宜兴采气外输压力控制在6.0MPa，此工况电动阀门MOV0010601误动作，将导致中石油外输气进入宜兴高压管道。电动阀门MOV0010601作为两气源间的截断阀门需作为风险点重点分析。危险与可操作性分析工作记录表见表5。

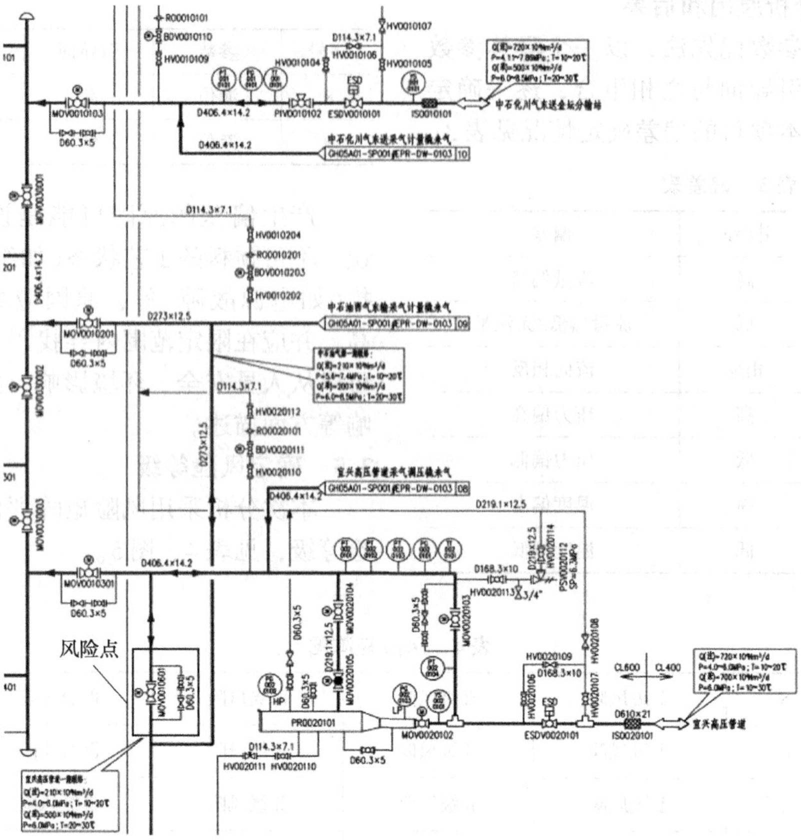

图 4　进出站节点流程图

表 5　危险与可操作性分析工作记录表

偏差		原因	后果	已有安全措施	风险矩阵			建议措施	责任方
参数	引导词				后果等级	概率等级	风险等级		
流量	偏高	宜兴高压管道进出站紧急放空阀门 BDV0020111 误开	天然气损失	压力检测、报警	2	4	Ⅱ	建议进行场站作业时，对自动放空阀门的阀位状态进行重点监控	运行
			环境污染	阀位检测、报警	2	4	Ⅱ	建议定期（每年 2 次）对 BDV 阀门进行开关测试	运行
			管道降量		2	4	Ⅱ		
流量	偏高	中石化进出站紧急放空阀门 BDV0010110 误开	天然气损失	压力检测、报警	2	4	Ⅱ	建议进行场站作业时，对自动放空阀门的阀位状态进行重点监控	运行
			环境污染						
			管道降量	阀位监测、报警	2	4	Ⅱ	建议定期（每年 2 次）对 BDV 阀门进行开关测试	运行
					2	4	Ⅱ		
流量	偏低/无流量	宜兴高压管道进出站绝缘接头 IS0020101 泄漏	天然气损失	压力检测、报警，人工关闭进出站阀门	1	3	Ⅰ	提高绝缘接头采办技术要求	设计
			环境污染		1	3	Ⅱ		
			火灾或爆炸/员工伤害		2	3	Ⅰ		
			管道停输或降量		1	3	Ⅰ		

续表

偏差		原因	后果	已有安全措施	风险矩阵			建议措施	责任方
参数	引导词				后果等级	概率等级	风险等级		
流量	偏低/无流量	管道堵塞或收球时清管器卡球	设备设施损坏	清管指示器	1	2	I	建议严格按照操作规程进行发球作业	运行
			管道停输或降量		1	2	I	建议严格执行投产前清管和干燥作业的验收合格标准	建设、监理
压力	偏高	中石油与宜兴高压管道同时采气，阀门MOV0010601误开或内漏	天然气损失/下游管道破坏	压力检测报警PT0020101、PT0020102、PT0020103，高高联锁关闭ESD阀门	1	4	I	建议采用双阀加放散	设计
			环境污染	定期维护、保养	1	4	I		
			火灾或爆炸/人员伤害	阀位检测	1	4	I		
			管道停输	安全阀PSV0020112保护	1	4	I		
压力	偏低	进站阀门误关	由于压缩机持续工作，导致管线压力低，设备设施损坏	压缩机入口压力过低连锁停压缩机	1	4	I		

4 结论

通过采用HAZOP分析方法，对港华金坛盐穴储气库二库项目(地面工程)注采站和井场装置的工艺、设备、管理、操作、维护等多方面进行了全面的检查和分析，并提出了针对性的建议措施。较为全面地识别出设计中存在的问题，促进设计人员设计更合理的工艺流程，将项目中可能存在的隐患尽可能消灭在项目实施早期阶段，节省投资。同时强化了业主相关人员的工艺安全风险认知和责任意识，有助于提升安全管理和操作水平。后续相关建议措施的有效落实将进一步提高项目的本质安全水平，为项目安全建设生产运营保驾护航。

参考文献

[1]李娜，孙文勇，宁信道．HAZOP、LOPA和SIL方法的应用分析[J]．中国安全生产科学技术，2012，8(5)：101－106.

[2]康建新，郭丽杰．在役柴油加氢装置HAZOP分析技术[J]．中国安全生产科学技术，2012，8(1)：143－148.

[3]中华人民共和国国家质量监督检验检疫总局，中国国家标准化管理委员会．危险与可操作性分析(HAZOP分析)应用指南[M]．北京：中国质检出版社，2018：4－5.

[4]中国石油天然气集团公司．危险与可操作性分析技术指南[M]．北京：石油工业出版社，2011：10－10.

[5]邵新海，李耀．HAZOP在空分装置的应用[J]．中国氯碱，2020，2(2)：43－46.

基于损伤识别模式对天然气站场管道安全使用分析

徐　露

(港华投资有限公司，广东 深圳　518000)

摘　要：天然气站场作为燃气输配的关键环节，保障好站场安全平稳运行十分重要。因此结合站场压力管道的损伤模式以及现行的一些简易的检测技术，提出对站场内压力管道的一些安全管理建议，希望能够为相应的从业人员提供一定的参考。

关键词：天然气站场；压力管道；损伤模式识别

Safety Analysis of Special Equipment in Natural Gas Yard based on Damage Recognition Mode

Xu Lu

(Ganghua Investment Co., Ltd., Guangdong Shenzhen 518000, China)

Abstract: As a key link in gas transmission and distribution, it is very important to ensure the safe and stable operation of the station. Therefore, combined with the damage mode of the pressure pipeline of the station and some simple detection technology, some safety management suggestions for the pressure pipeline in the station are proposed, hoping to provide a certain reference for the corresponding practitioners.

Key words: Gas yards; Pressure piping; Impairment pattern recognition

1　引言

天然气站场是为了向下游输送符合一定压力、流量要求的站场，其一般主要承担过滤、调压、计量、加臭等功能。天然气站场管道输送介质本身就具有易燃、易爆、高压等特点，在随着站场使用年限增加，管体腐蚀加剧。输送介质中本身含硫化氢、水、二氧化碳等杂质，也进一步加速了管道事故发生的概率，极易造成泄漏事故、非正常停车抢修，严重影响正常的安全运行。泄漏、爆炸事故亦可造成人员伤亡、环境污染，造成难以挽回的经济损失。故针对站场内的压力管道的损伤模式，提出针对性的预防措施，可以大大降低事故风险，保障设备的安全运行。

2　站场设备损伤模式分析

2.1　站场基本情况分析

2.1.1　管道系统结构

天然气站场压力管道以碳钢管道为主，有少量不锈钢管道，场站内管道分为埋地管道和架空管道。站场工艺管道系统结构复杂，弯头、三通、大小头等管道元件数量多，焊接点和静密封点多，且连接着站场内过滤器、缓冲罐、调压器等设备[1]。

2.1.2　管道介质

站场压力管道内的介质主要以甲烷为主，并含有少量的二氧化碳、硫化氢、水及一些固体杂质。介质具有易燃、易爆和有毒的特点，一旦发生事故，极易造成泄漏、中毒、火爆炸等事故。

此外管道内介质存在一定的压力，且站场管

作者简介：徐露(1996—　)，男，油气储运工程专业，助理工程师，现主要从事环境、燃气方面安全管理的研究和工作。E-mail：xu.lu02@towngas.com.cn

输天然气一般流速较大，具有一定的风险性。

2.1.3 站场环境

架空管道由支座架空在工艺区，其连接着不同的功能区块，完成工艺上过滤、调压、计量、加臭等功能。架空管线与大气直接接触，且直接暴露在太阳的照射下，架空管线一般外涂防腐涂料，具有一定的不燃、耐大气腐蚀的特性，但长期使用可能会造成防腐层的破损。工艺区内调压前后会产生一定的温降，会使空气中的水蒸气凝结到管道上，使管线长期处于潮湿的状态。埋地管道的环境因素更为复杂，土壤颗粒内充满空气、水和各种可溶盐，使得土壤具有电解质溶液的特性，而且土壤内含有各种不同的细菌会产生一定的腐蚀效果。

2.2 损伤模式分析

2.2.1 腐蚀减薄

站场压力管道腐蚀按腐蚀部位可分为两种，一种为管道内壁腐蚀，另一种为管道外壁腐蚀。而基于腐蚀环境的不同，外壁腐蚀又可分为露天管道的腐蚀和埋地钢管的腐蚀。

（1）管道内腐蚀

管道中最常见的是冲刷，是管道内高速流动的介质对管道内壁进行冲击，造成材料表面层机械剥落的过程。当介质流速超过金属的某一个临界流速，金属损失就会加快，最后造成局部减薄[4]。如果输送介质内存在一定的固体颗粒状杂质，会加速此过程。冲刷发生的地方主要在弯头、三通、异径管等流向发生明显改变的部位，以及调节阀限流板的下游。容器设备进出口管道也易发生冲刷。

此外由于站场内管输天然气存在一定的杂质，如二氧化碳、硫化氢、水等，这进一步加大了管内壁的腐蚀。水在管道内壁生成一层亲水膜，形成了原电池腐蚀的条件，产生电化学腐蚀，此外还有 CO_2、H_2S、水及其他腐蚀性化合物直接起作用，形成化学腐蚀[2]。在此类的腐蚀环境中不断冲刷，会进一步演变成冲蚀，严重影响管道的安全运行。不过由于天然气气质在上游脱硫、除湿后，其杂质含量已达到规范要求的允许值以下，且采用一定的管道内涂层技术即可大大降低管道内壁腐蚀的风险。

（2）管道外腐蚀

埋地钢制管道的外壁腐蚀原因较为复杂，其主要有土壤电化学腐蚀、杂散电流对钢管腐蚀以及细菌引起的腐蚀。

站场内架空管道，由于调压后温降，使得管内温度低于环境温度，管道表面凝结水汽。此时管道外壁极易产生苔藓等生物，且管道下方长期潮湿，如果外防腐层破损，极易造成大气腐蚀。

2.2.2 焊缝失效

站场管道系统结构复杂，焊缝较多，若因安装、维修过程中的焊接缺陷，也会造成一定的焊接风险，此外在承压管道运行中，由于未做热处理等原因，在焊缝处应力集中易产生裂纹。本文以一些现场易出现的焊接部位的问题介绍。

（1）错边

错边是管道焊接中较为常见的一种缺陷。对接焊缝常易出现错边，这是由于焊接时，由于焊接部位变形、焊接偏差等因素造成错位。TSG D7005《压力管道定期检验规则——压力管道》[3]中，如错边量超过一定的范围，则会影响管道的定期检验结果，如缩短检验周期、监控使用或者不得使用。错边仍应考虑对管道系统强度的影响。如公称壁厚 8.0mm 的管子，测得其错边量 4.0mm，这也就意味着两节管子之间连接的有效壁厚仅为 4.0mm。管道本身有一定的压力，故该有效壁厚可能难以满足压力系统的强度要求。其次，错边会造成管道结构上的不连续，更易导致应力集中，最终开裂。

（2）裂纹

站场的裂纹主要为新生裂纹，此类缺陷产生在应力集中部位，如焊接接头、弯头、变径等部位，主要是由结构的不连续性造成的。应力的来源主要包括大气温度变化产生的内应力、压力产生的周向应力，以及气流变化使设备产生的振动（交变应力）等。裂纹一旦发现应打磨消除。

（3）气孔

气孔是指在凝固过程中由于气体被捕捉而形成的空穴形不连续，它是危害最小的不连续。在现场实际中，气孔往往出现在接管的角接焊缝上，一般来说，角焊缝上的气孔不密集，且深度较浅。但如果气孔呈条状，或呈圆形缺陷，达到影响定级的标准时，则应打磨处理。

2.3 损伤风险评估

站场管道损伤模式主要为减薄、裂纹，根据其发生频率及危害程度做如表 1 所示的评估。

表 1　站场管道损伤模式危害评估表

损伤模式	失效后果	发生部位	发生频次	危害度
管道外腐蚀(埋地)	局部减薄/泄漏	1. 外防腐层破损处； 2. 土壤腐蚀性较强处； 3. 阴保未达标处； 4. 杂散电流严重处	高	大
管道外腐蚀(大气腐蚀)	局部减薄/泄漏	外防腐层破损处	少	中等
冲刷	局部减薄/泄漏	三通、弯头和大小头等流速突变处	中等	大
管道内腐蚀	局部减薄/泄漏	1. 介质流动死角处(如盲端)； 2. 液态水聚集处	少	大
错边	开裂/泄漏	对接焊缝	少	中等
裂纹	开裂/泄漏	焊缝	少	极大
气孔	泄漏	主要在角接焊缝	中等	小

3　站场压力管道安全使用措施

3.1　完善管道信息系统

(1)管道信息台账

按照 TSG 08《特种设备使用管理规则》建立站场内压力管道基本信息汇总表，其主要信息包括管道编号、管道级别、管道规格、管道设计/工作条件及下次检验日期等，此为管道台账的基本信息。管道的分段及划分应包含站场内的从始端至终端的所有管道，最好以压力、管径、介质划分，以不同的管道压力节点(如调压阀前后)和管道工艺(进过滤器前后管段)阶段进行区分，并按工业管道级别划分填写。管道划分宜明确起止节点，并做好标记，不然会出现定期检验过程中某段管排除在检验范围，造成漏检的后果。

站场仪表管座属于易发生危险的管段，可设立小接管管理台账，参照压力管道基本信息汇总表信息填写，并进行编号管理。

(2)管道单线图绘制

对于站场架空管道而言，可自行根据现场实际管道数据编制简易管道图，推荐使用轴测投影规则绘制的管道立体图。简易管道轴测图仅需展现管道的大致走向、管道元件位置、起止点、焊缝位置、支吊架形式、介质走向即可。利用简易管道图，对管段内管道元件、焊缝进行编号。因为定期检验本质是一定比例的抽检，使用单位自身做好管道编号可要求检验机构在几个检验周期内对管段整体的管道元件及焊缝全覆盖检查，亦可跟踪某一管件的检验周期的腐蚀状况。对于检验发现的，某一位置可能出现的经常性的腐蚀或其他缺陷特征，也会有一个比较直观的认识。对于站场埋地管道而言，亦可绘制简易管道图，但应增加埋深及走向的标注。

3.2　定点测厚

就站场内压力管道而言，本身需要进行一年一次的年度检验及一定检验周期的定期检验，检验周期视管道的安全状况等级决定的。年度检验可由使用单位自行检验或委托有资质的机构进行检验，年度检查主要针对管道的安全管理状况、使用情况及附件及仪表的检查，必要时才需进行壁厚及电阻值的测量。故在一般正常流程下，对腐蚀减薄的监测周期较长，安全状况等级为 1 级的 GC1、GC2 级管道最长 6 年定检一次，且因为定期检验的抽检性质，部分点位实际监测的周期更长。

大部分的针对焊缝探伤的无损检测，都需要一定的作业资质。且无损检测的“无损”本质上来说也是相对无损，是需要打磨焊缝的。且对缺陷的判别也需要一定的经验，故针对站场现场的焊缝缺陷检测，仍建议由检验机构或检测单位在定期检验中进行检查。相比于无损检测，超声测厚对于使用单位而言不仅结果更加直接，且对腐蚀减薄监测良好，设备投入少且维护简单，经简易培训即可使用测厚仪。

在对站场压力管道腐蚀减薄测厚时，应着重关注弯头、三通、异径管等易造成冲刷的地方。同时也应针对站场防腐层破损处、进出设备附近的管段及出入地面的管段进行测量。对于现场小接管也应进行测量。对测量数据应与原始设计数据分析，如出现减薄应进行强度校核，若不能满足使用的应及时更换。

值得注意的是，如使用单位自行使用测厚仪，应考虑到站场管道外防腐层的处理情况。管道外防腐层本身具有整体性，如果某一处打磨后再在原位置补漆，其防腐效果会变差。故建议使用单位在自检的测厚过程中不对管道漆面进行打磨，但这样所测得的数值就会不准确。超声测厚的原理是根据设定的超声波在介质中的传播速度，结合仪器发出超声波到接收超声波之间的时间计算出所测物体的厚度。所以穿越漆面时声速与设定的声速不一致，会造成测得数据的误差。此外，如出现管道外防腐层喷涂不均匀，或管道下方油漆堆积的现象，仍会出现所测结果偏差的情况。但作为动态监测的过程，测厚监测腐蚀状态，仍是一种比较好的方法。

4　结论

本文从天然气站场管道的结构、介质及使用环境入手，分析出站场管道容易产生腐蚀减薄及焊缝缺陷的特征。结合使用单位的日常管理，提出了健全管道信息系统和采用超声测厚的方法对场内压力管道进行自检的建议。这可以极大增强使用单位对站内管道的安全状况的掌握，及时发现消除隐患。然而，在测厚仪的使用上还有很多需要考虑探讨的内容，这需要在实践中不断完善。

参考文献

[1]张媛，顾为敏．输气站场管道完整性检测评价技术体系[J]．管道技术与设备，2016(02)：47－50＋57.

[2]黄辉，马红莲，何仁洋，陈立秋．某天然气站场管道典型管件内腐蚀原因分析[J]．理化检验(物理分册)，2015，51(09)：653－656.

[3]TSG D7005—2018，压力管道定期检验规则：工业管道[S].

[4]GB/T 30579—2022，承压设备损伤模式识别[S].

工程建设管理远程审核自动评价的应用研究

徐希军[2] 陆 琴[1] 廖 瑶[2] 陈洞杉[1]

(1. 港华燃气投资有限公司，广东 深圳 518000，2. 港华投资有限公司，广东 深圳 518000)

摘 要： 针对城镇燃气工程建设评核效率低、费用高、评核结果易受人员主观因素影响等问题，通过利用系统大数据，建立工程建设管理自动评价模型，以客观数据和具体指标推动各方工程建设管理水平提升。

关键词： 工程建设；自动评价；数据库；模型

Application and Research of Automatic Evaluation of Remote Audit of Engineering Construction Management

Xu Xijun[2], *Lu Qin*[1], *Liao Yao*[2], *Chen Jiongshan*[1]

(1. Towngas China Company Limited, Guangdong Shenzhen 51800, China;
2. Hongkong & China Gas Investment Limited, Guangdong Shenzhen 51800, China)

Abstract: In view of the problems of low efficiency, high cost, and easy subjective factors of personnel in the assessment results of urban gas engineering construction, an automatic evaluation model of engineering construction management is established through the use of systematic big data, and objective data and specific indicators are used to promote the improvement of the management level of project construction of all parties.

Key words: engineering construction; automatic evaluation; database; model

1 前言

天然气作为一种高效、清洁的能源，越来越受到政府和用户的青睐，随着我国城镇燃气行业的快速发展，燃气工程建设质量和安全运营越来越受到燃气企业与各级政府主管部门的关注和重视。城镇燃气工程建设规模小、点多面广，现场环境复杂多变，管理难度大。为保证工程建设质量和安全，及时准确记录和反馈现场施工情况，目前大多数城燃企业都建立了工程建设管理评核体系，采用定期、抽查、飞检等评核方式，但评核过程面临评核效率低、主观性强、以偏概全、评核费用高等问题。

随着数字化、网络化、智能化的深入发展，大多数城燃企业已开始利用信息化系统对工程建设过程数据进行全面、真实、及时地记录，推动企业以客观数据驱动管理，建立完善工程建设过程数据库，为进一步开展燃气工程建设管理远程审核自动评价提供了有力的数据支撑，已成为各城燃企业研究的方向和发展的趋势。

2 工程建设管理系统的建立与记录

为保证工程建设过程数据库数据的完整性、真实性、及时性，需建立工程建设数据采集系统，应至少包含以下功能模块：人员管理，设备器具管理，材料管理，图纸资料，方案记录，质量控制、进度控制、成本控制、合同管理，安全管理，组织协调等。

系统用户主要包含施工现场作业人员及各方管理人员，如施工单位项目经理、现场负责人、技术负责人、施工员、质检员、安全员、材料员、资料员、PE 焊工、电焊工、电工、用户安

作者简介： 徐希军(1984—)，男，工程师，国家注册安全工程师，硕士研究生，长期从事燃气工程技术工作。
E-mail: xu.xijun@towngas.com.cn

装工等；监理单位总监理工程师、专业监理工程师、监理员等；建设单位项目管理员、系统管理员、部门经理等管理人员也可利用工程建设数据采集系统对工程安全、质量进行实时掌握。

由于施工作业现场在户外，而施工资料整理一般在办公室进行，因此工程建设数据采集系统应包含移动端和 PC 端两种操作方式。其中施工作业现场可使用手机、平板等移动设备将现场施工情况通过文字、图像等形式进行记录。PC 端可作为图纸、竣工资料等输出和整理的入口。

基于上述需求，集团开发了一款工程现场管理系统，作为工程建设数据采集工具。该系统进行了权限划分，除进度管理、工作联系、项目日志、施工图查阅等为通用功能外，根据使用者角色，分为建设方、监理方、施工方三大类权限。建设方项目管理员可在系统中记录质量巡查、质量问题、进行综合验收记录，并可根据企业管理流程建立审批流，通过系统审批施工方、监理方在系统中制单是否符合要求。监理方可在系统中进行旁站记录、平行检验记录、质量巡查、质量问题记录、填写监理周报等。施工方可在系统中进行施工记录、工序报验、隐蔽工程验收、PE 焊口拍照、防腐补口拍照、其他工序拍照、上传 PE 焊接记录等，见图 1。

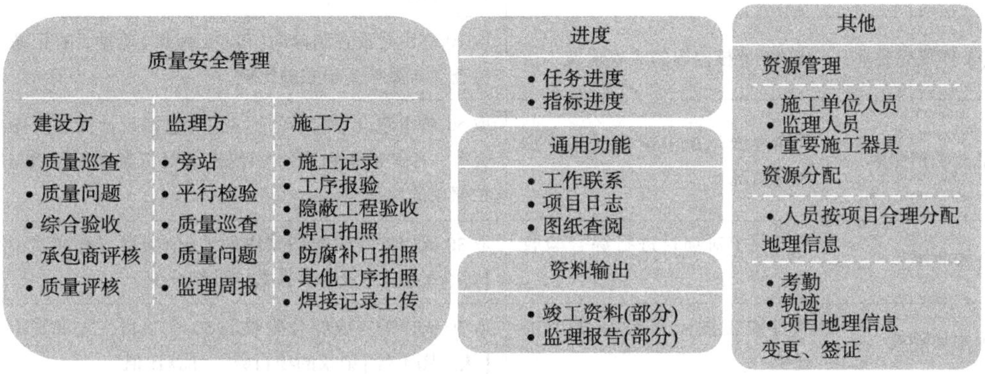

图 1　工程现场管理系统主要功能

3　工程建设管理自动评价模型

3.1　评价指标

为提升工程建设管理评核效率和客观性，集团基于工程建设管理系统中存储的海量大数据，开发了工程建设管理自动评价体系和程序，对建设方、施工方、监理方分别进行自动评核打分。

建设方评价指标主要包括项目应用率、图纸上传、计划管理、巡查记录、PEQA 评核、综合验收、单据审批等；施工方评价指标主包括人员管理、设备管理、仓库管理、施工记录、工序报验、问题整改回复、签证管理、指标进度管理等；监理方评价指标主包括施工单位管控力、人员管理、平检记录、旁站记录、巡查记录、项目预验收、单据审批等。

3.2　评价模型及权重配置

集团结合项目特点，针对上述指标建立了评核模型，见表 1 ~ 表 3。

表 1　建设方自动评价模型

序号	指标	指标说明	计算规则	权重
1	项目应用率	企业使用“TMS－工程现场移动应用”管理工程项目的比例	近 180 天，系统内有施工记录的工程项目数与创建的工程项目档案数的比值	30%
2	施工图提交率	项目施工图上传到系统内的比例	取 50 个项目，查询其中有【施工图上传】的项目数量，计算比值	6%
3	设计交底与图纸会审率	在系统内进行项目【设计交底与图纸会审】的比例	取 50 个项目，查询其中有【设计交底与图纸会审】的项目数量，计算比值	5%
4	计划管理率	使用系统进行工程项目进度管理的比例	取 50 个市政和民建项目，查询有填报任务进度或指标进度的项目数量，计算比值	4%
5	HSE 巡查率	对施工现场进行日常安全巡查，并在系统内记录的比例	取 50 个项目，查询其中由建设方制单的【HSE 巡查】的项目数量，计算比值	8%

续表

序号	指标	指标说明	计算规则	权重
6	HSE 巡查完整率	施工现场安全巡查内容的完整情况	取 30 单由建设方制单的【HSE 巡查】单据，有记录的检查项占总检查项数的比例	5%
7	质量巡查率	对施工现场进行质量巡查，并在系统内记录的比例	取 50 个市政和民建项目，查询其中由建设方制单的质量巡查单(如 PE 热熔焊接巡查/PE 电熔焊接巡查、架空管及立管安装巡查/立管安装巡查－精工行动、定向钻巡查等)的项目数量，计算比值	6%
8	质量巡查完整率	施工现场质量巡查内容的完整情况	取 50 单由建设方制单的质量巡查单据，有记录的检查项占总检查项数的比例	2%
9	PEQA 评核率	对施工单位开展 PEQA 评核的频率	近 180 天，取由建设方制单的【PEQA 评核】单据涉及的施工单位数量，除以有 PE 管焊工(启用状态)的施工单位数量，计算比值	5%
10	PEQA 评核完整率	PEQA 评核内容的完整情况	取 10 单由建设方制单的【PEQA 评核】单据，有记录的检查项占总检查项数的比例	2%
11	质量巡查拍照率	质量巡查记录中按单据要求拍照的情况	取 50 单由建设方制单的巡查单(包括设计交底及图纸会审、HSE 巡查和 PEQA 评核)，计算实际拍照项与应拍照项的比例	6%
12	综合验收率	在系统中对项目进行综合验收的比例	取 30 天以前完成吹扫试压的 50 个项目，查询其中有【综合验收】记录的项目数，计算比值	10%
13	竣工图提交率	项目竣工图上传到系统内的比例	取 30 天以前完成综合验收的 50 个项目，查询其中有【竣工图上传】记录的项目数，计算比值	6%
14	单据审批及时率	单据审批的及时情况	取 100 单施工记录，查询其中建设方在 24h 内完成审批的单据数，计算比值	5%

表 2　施工方自动评价模型

序号	指标	说明	计算规则	权重
1	人员配备齐全度	施工方管理人员配备和港华”施工管理员证”持证情况	系统内登记施工方持证项目经理、质检员、安全员(少一类减 1 分)和港华“施工管理员证”持证信息(每个施工项目部至少 3 人持有，少 1 人减 1 分)	6%
2	PE 焊工持证率	PE 焊工配备和持双证情况	系统内登记施工方 PE 焊工人员(如有则得 1 分)和持双证信息(持双证比例乘以 2)得分之和	3%
3	设备齐全率	主要设备、机具配备和校验情况	系统内登记全自动 PE 热熔焊机和 PE 电熔焊机，并在校验期内得 3 分；未登记不得分；已登记但未设置校验时间或不在校验期内得 2 分。 注：此项目前仅计算 PE 热熔和电熔焊机，但其他重要设备和机具也应在系统登记，如压力表、电焊机、机械刮刀、固定夹具、空压机、发电机、吊篮等	3%
4	仓库管理指数	施工方仓库管理情况	近半年内，【施工单位仓库管理巡查表】中检查项合格率。取不到单据得 0 分	5%
5	施工记录工序完整率	项目各工序的施工记录完整情况	取 10 个该施工单位的市政和民建项目，查询各项目施工记录的工序完整率，计算平均值。 注：此项目前仅计算市政和民建项目的开工报告、材料进场检查、管道安装、清管吹扫、强度试验、严密性试验 6 类工序，但其他类型工程和其他工序也应在系统内完整记录	20%

续表

序号	指标	说明	计算规则	权重
6	检查项拍照率	施工记录单据按单据要求拍照的情况	取该施工单位100单施工记录，计算实际拍照项与应拍照项的比例	10%
7	PE焊接拍照与焊接数据上传指数	PE焊接100%拍照与焊接数据100%上传执行情况	取该施工单位10个含PE管项目，计算实际PE焊接拍照和焊接数据上传数量与应拍照和上传数量的比例。有PE管项目但取不到值得0分	10%
8	PE电熔焊接数据合格率	电熔焊接数据各项参数的合格情况	取该施工单位100个电熔焊口记录，查询合格焊口数，计算比值。 注：满分取值与取到的总焊口数关联：总焊口数为0，该项0分；为1～10，该项满分为1；为11～20，满分为2；为21～30，满分为3；为31～40，满分为4；大于40，满分为5	5%
9	PE热熔焊接数据合格率	热熔焊接数据各项参数的合格情况	取该施工单位100个热熔焊口记录，查询合格焊口数，计算比值。 注：满分取值与取到的总焊口数关联：总焊口数为0，该项0分；为1～10，该项满分为1；为11～20，满分为2；为21～30，满分为3；为31～40，满分为4；为41～50，满分为5；51及以上，满分为6	6%
10	工序报验完整性	项目施工记录的工序报验完整情况	取10个该施工单位的市政和民建项目，查询各项目工序报验完整率，计算平均值。 注：此项目前仅计算市政和民建项目的开工报告、材料进场检查、管道安装、清管吹扫、强度试验、严密性试验6类工序报验，但其他类型工程和其他工序也应在系统内完整报验	10%
11	工序报验及时性	工序报验的及时情况	取该施工单位100单工序报验单，查询其中所含最后一个施工记录在审批完成后48h内进行工序报验的单据数，计算比值。取不到时本项得0分	3%
12	问题回复及时性	系统问题整改回复的及时情况	取该施工单位50单问题验收单，查询其中72小时内完成整改回复的单据数，计算比值。取不到时本项得0分	7%
13	追溯码准确率	在工序拍照时，扫描PE电熔管件追溯码的准确情况	取该施工单位100单PE电熔工序拍照，查询其中追溯码准确的单据数，计算比值。取不到时本项得0分	2%
14	签证一次性审通过率	填写签证记录的完整准确情况	取该施工单位20单签证记录，计算其中审批一次性通过的单数，计算比值。无签证或无审批流本项得0分。	5%
15	指标进度填报率	指标进度填报的执行情况	取该施工单位10个项目，计算其中有进行指标进度填报的项目数，计算比值。取不到项目本项得0分	5%

表3　监理方自动评价模型

序号	指标	说明	计算规则	权重
1	施工单位管控力	监理单位对施工单位现场质量安全的监督管控情况	取所有施工方自动评价得分的平均分，乘以50%，即为该监理单位本项得分 注：本项分数系统不自动出分，由人工复核计算	50%

续表

序号	指标	说明	计算规则	权重
2	监理人员持证率	监理人员持双证情况	系统内登记监理人员及持证信息，计算持双证人员比例	5%
3	平检记录齐全度	项目各工序的平行检验完整情况	取10个该监理单位监理的投资工程项目，查询各项目的平行检验完整率，计算平均值。 注：此项目前仅计算投资工程项目的材料进场检查、测量放线、沟槽开挖、管道焊接、管道下沟、沟槽回填6道工序，但其他类型工程和其他平检工序也应在系统内完整记录	10%
4	平检检查项拍照率	平行检验记录中按单据要求拍照的情况	取100单该监理单位的平行检验记录，计算实际拍照项与应拍照项的比例	4%
5	平检检查项测量率	平行检验记录中按单据要求测量并记录的情况	取100单该监理单位的平行检验记录，计算实际测量记录项与应测量记录项的比例	3%
6	旁站记录齐全度	项目各工序的旁站记录完整情况	取10个该监理单位监理的项目，查询各项目的旁站记录完整率，计算平均值。 注：此项目前仅计算清管吹扫、强度试验、严密性试验3道工序，但其他旁站工序也应在系统内完整记录，如阀门单体试验、埋地阀门安装、调压设备安装、管道连头、焊缝返修、定向钻施工等	10%
7	旁站检查项拍照率	旁站记录中按单据要求拍照的情况	取100单该监理单位的旁站记录，计算实际拍照项与应拍照项的比例	3%
8	HSE 安全巡查率	对施工现场进行日常安全巡查，并在系统内记录的比例	取50个该监理单位的项目，查询其中由该监理单位制单的【HSE 巡查】的项目数量，计算比值	3%
9	施工单位仓库检查率	开展施工单位仓库检查的情况	查询半年内该监理单位有无做【施工单位仓库管理巡查表】，有则得分，没有不得分	3%
10	项目预验收率	在系统中对项目进行预验收的比例	取已完成最终验收的该监理单位的50个项目，查询其中有【预验收】记录的项目数，计算比值	4%
11	单据审批及时率	单据审批的及时情况	取100单该监理单位审批的施工记录，查询其中在24h内完成审批的单据数，计算比值	5%

4 工程建设管理自动评价的应用与分析

4.1 自动评价模型的应用

随着集团工程建设管理系统“TMS－工程移动应用”在集团项目公司的全面应用，已初步形成工程现场记录数据库，为进一步开展工程建设管理远程审核自动评价提供了有力的数据支撑。

使用上述自动评价模型对工程建设各方进行系统自动评价，系统自动评价拟每季度开展一次，正式开始自动评价前，已完成一次摸底和一次试评。具体安排见图2。

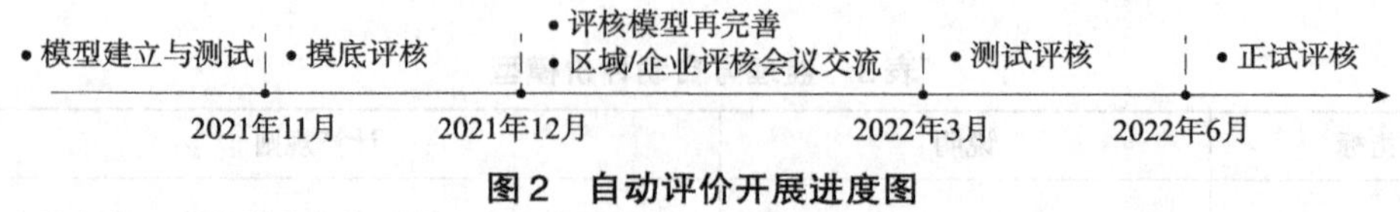

图2　自动评价开展进度图

针对三次自动评价成绩按区域进行汇总和分析，根据摸底评核和测评评核的得分情况，通过跟各区域/企业开展评核会议交流，发现各企业工程建设管理中存在的薄弱点，有针对性地开展整改，查漏补缺，正式评核成绩有了明显进步，进一步提升了工程建设现场管理水平。自动评价区域成绩见图3。

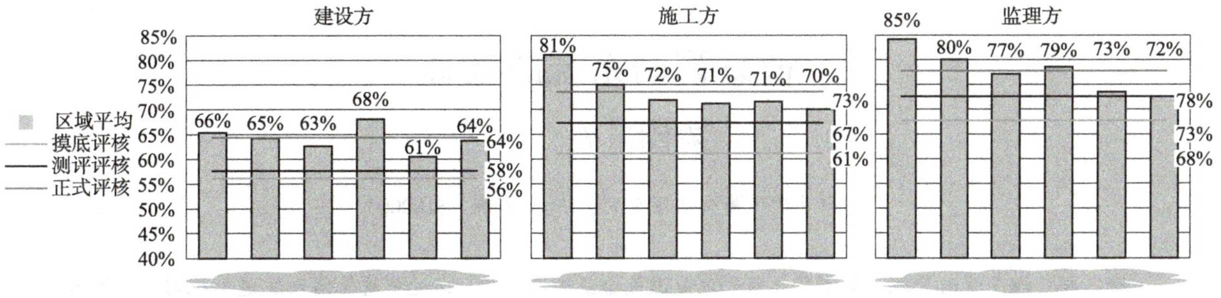

图3 自动评价区域成绩汇总

4.2 远程审核自动评价优缺点

4.2.1 远程审核自动评价的优点

(1)远程审核自动评价工作不受疫情、极端天气等重大突发事件影响。

(2)开展远程审核自动评价工作，可以减少评核人员的时间、交通、住宿等成本，降低了企业的管理成本。

(3)远程审核自动评价按照统一评核标准，系统自动打分，减少因人为主观因素造成的评核结果偏差。

4.2.2 远程审核自动评价的不足

(1)现阶段远程审核自动评价只能评价系统应用及记录的完整性，施工质量仍需要通过系统自动抽样后人工审核。

(2)自动评价模型的计算规则不一定能兼顾到所有企业的特殊要求，部分指标需要人工后期复核。

5 结论

利用工程建设管理系统大数据进行自动评价，可以提升企业项目精细化管控和承建商管理水平。

远程审核自动评价具有统一的客观的评判标准，通过系统自动打分，减少因人为主观因素造成的评核结果偏差。同时，系统评核结果具有时效性、可追溯、可验证的特点。

通过远程审核自动评价可实现工程质量常态化监督和管理，将有效促进工程建设管理水平提升及集团工程质量的监管升级。

智慧管网系统的设计

陈洞杉　陈　玉

(港华燃气投资有限公司，广东 深圳　518000)

摘　要：燃气管网管理迈向智慧管网管理是燃气企业必经之路。通过智慧管网系统建设规划、数据治理及管网模型、系统安全设计三个方面阐述了智慧管网系统的三大主要设计思路，为燃气企业从信息化向智慧化转型提供借鉴和参考。

关键词：智慧管网；规划设计；管网模型；系统安全

Design of smart pipe network system

Chen Jiongshan, *Chen Yu*

(Ganghua Investment Co. Ltd. , Guangdong Shenzhen 518000, China)

Abstract: Gas enterprises to move from gas pipe network management to smart pipe network management is essential. This paper describes the three main design ideas of smart pipe network system from three aspects of smart pipe network system construction planning, data governance and pipe network model, and system security design, providing reference for gas enterprises to transform from informatization to intelligence.

Key words: smart pipeline; design; model; system security

1　前言

近年来随着全社会信息化的高速发展，燃气领域信息化系统也经历了一波由离散型向烟囱型业务的转变，物联网、大数据、人工智能的技术成熟加快推动了燃气企业新型数字化转型的步伐，在新的信息化理念支撑下，燃气企业新的管理模式、创新服务方式越来越成为燃气企业新的利润增长点[1]。

住建部提出“加快推进基础设施数字化、网络化、智能化建设和改造。各地要加快运用新技术对城市水电气热等基础设施进行升级改造，建立基于各种传感器和物联网的智能化管理平台，对设施进行实时监测，提高市政基础设施运行效率和安全性能”。《城镇燃气工程智能化技术规范》(CJJ/T 268—2017)，首次将智慧燃气相关的数据、信息平台及通信、应用基础技术及智能应用做了详细的说明，是我国城镇智慧燃气发展的一个重要里程碑。2019 年发布的《中国城镇智慧燃气发展报告》，归纳总结了国内智慧燃气的发展成就，提出了智慧燃气的分级，初步指出了智慧燃气的发展方向，行业内关于智慧燃气的建设方向逐渐取得共识。随着政府、行业监管不断升级，对燃气管网智能化智慧化建设提出了更高的要求。近年来，燃气协会、学会、地方主管部门以及企业组织等，相继发布了如《智慧燃气建设技术标准 - 浙江》(报批稿)、《城镇燃气智能调压箱草案》、《城镇燃气系统智能化评价规范草案》等一系列燃气智慧化建设的标准和指引，意在推动燃气管网设备设施智能化升级[2-4]。

在国家“2030 年碳达峰、2060 年碳中和”的

作者简介：陈洞杉(1989—　)，男，中级工程师，研究生学历，主要从事燃气工程及运行数字化、智慧化系统研究相关工作。E - mail：chen. jiongshan@ towngas. com. cn

减碳目标和深化供给结构性改革，推动互联网、大数据、人工智能和实体经济深度融合的总体指导思想下，燃气企业数字化转型也将迎来前所未有的无限机遇和光明前景。物联网、5G、AI、云计算、区块链、数据中心等技术为智慧燃气提供有力技术支撑，推动燃气行业在提升服务体验、降低交易成本、提高能源供应安全等方面进行创新和突破。构建智慧管网系统，应从智慧管网系统建设规划、数据治理及管网模型、系统安全设计等三大方面统筹考虑。

2 智慧管网系统建设规划

2.1 方案框架设计

智慧管网系统建设应以管网资产数据化管理为核心，利用云部署、物联网、移动化、智能化、云计算等新技术，以图形化平台、物联网平台为基础能力，构建数字化设施管理系统，实现燃气场站、管网设施管理业务的移动化、数字化。并利用产生的业务、物联监测数据实现可视化大数据分析，支撑企业精细管理、实时监控、协同运行及高效决策，构建可持续发展的企业信息生态系统，全面提升企业的态势感知能力、主动防御能力、优化协同能力、预测预警能力和科学决策能力。

图形化平台基础应用 + 物联网基础平台 + N 个业务拓展应用的“1 + 1 + N”总体平台布局，实现设备数据统一接入、统一管控、业务系统互通的综合管理平台。业务支持上采用业务逻辑可配置、业务规范标准化、数据开放共享、服务开放共享等功能更灵活地为用户提供业务应用支持，各服务之间可以互相调用按需拓展出业务应用，不仅仅是业务平台，更是应用开发平台工具。技术实现上保证数据安全性、高可用性、分区容错性、数据最终一致性等技术难点。智慧管网系统平台能力见图1。

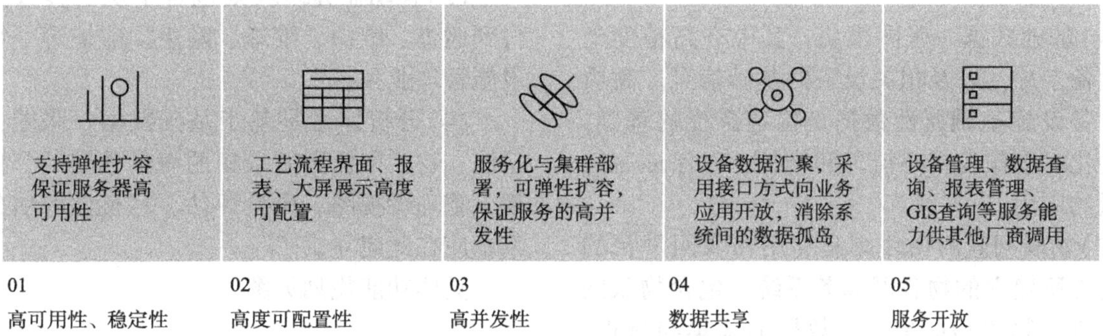

图1 智慧管网系统平台能力

2.2 业务架构与层级

根据从基础能力底座到高级智能化分析的层级不同，将业务层级划分为基础能力、业务系统、高级分析三个层次。

基础能力为地图能力底座和物联网能力底座，提供资产图形化和设备设施物联网监测的基础能力，建议尽量使用供应商标准产品，以保持不断迭代更新的能力，能够随着供应商产品的更新而不断进步。

业务系统是基于地图和物联网基础能力建立的行业化产品，燃气厂站、管网运行、维护、监测业务将在这个层级内建立和运行。此层级是深度行业化定制的业务系统，需要有燃气行业化经验的供应商利用上述的基础能力进行深度定制开发。在设计研发此系统模块时，要取得源代码并培养一定的开发能力，可以不依赖供应商进行迭代。同时基于业务系统所产生的业务数据，应建立起整套的分析体系，如隐患分析管理、风险评估、完整性评估、巡查覆盖率、第三方破坏风险评估等一系列的视图或者报表，以指导业务管理。分析体系也应具备一定的自有开发能力，以不断迭代、研究和完善。

高级分析是更具智能化的大数据研究和分析，例如仿真、应急、规划子模块。本模块需要更为细致、全面、海量的数据支持，在系统建立初期可初步建立模型，基于模型指导业务的建立和数据的收集，待业务系统建立并获得足够的数据后，可逐步建立此模块。同样此模块也应具有一定的自由开发能力，并基于研究成果不断更新迭代。具体见图2。

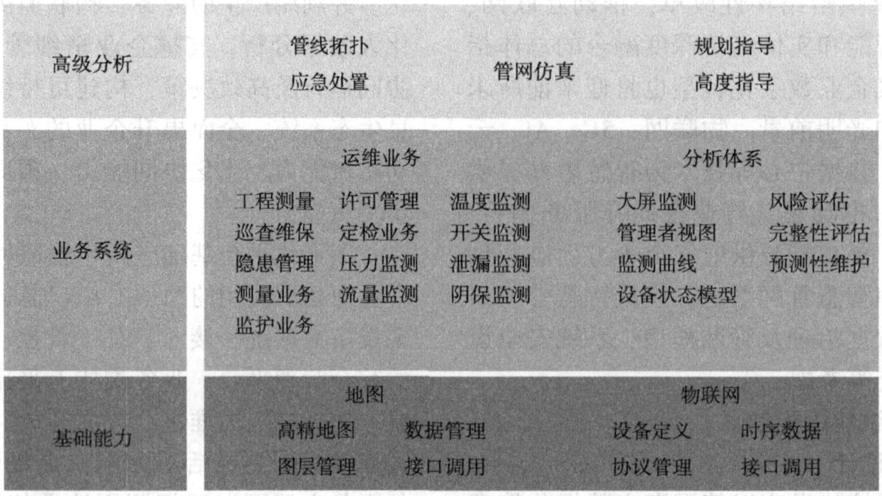

图2　智慧管网系统业务架构与层级

2.3　业务功能规划

在将业务功能进行层级划分的基础上，对业务系统及分析体系模块功能规划主要分为基础数据一张图、物联网监测、移动业务、分析体系等模块。

(1)基础数据一张图模块，其中有高精度坐标的设备卡片，以及相关设备的基础信息。高质量的设备设施基础属性数据是构建系统的基础，在初始化时应作为核心梳理和维护，以保证后续高质量的应用。

(2)物联网监测模块则是利用物联网平台的基础能力所建立的物联网业务系统，包含物联网设备管理、物模型的建立、数据的采集与呈现、提示和预警等核心功能。可定义采集如压力、温度、泄漏、视频、流量、开关量等维度的数据，利用此模块应到实现监测设备标准化定型、数据采集标准化、设备分析智能化等。

(3)移动业务模块则包含了从工程数据化交付到巡查、维护、维修、隐患、监护等一系列的设施管理业务。

(4)分析体系是基于基础数据一张图、业务系统、物联网监测所采集的海量数据的分析和呈现，管理者视图、风险评估、完整性评估分析体系都应在此建立。

具体功能规划见图3。

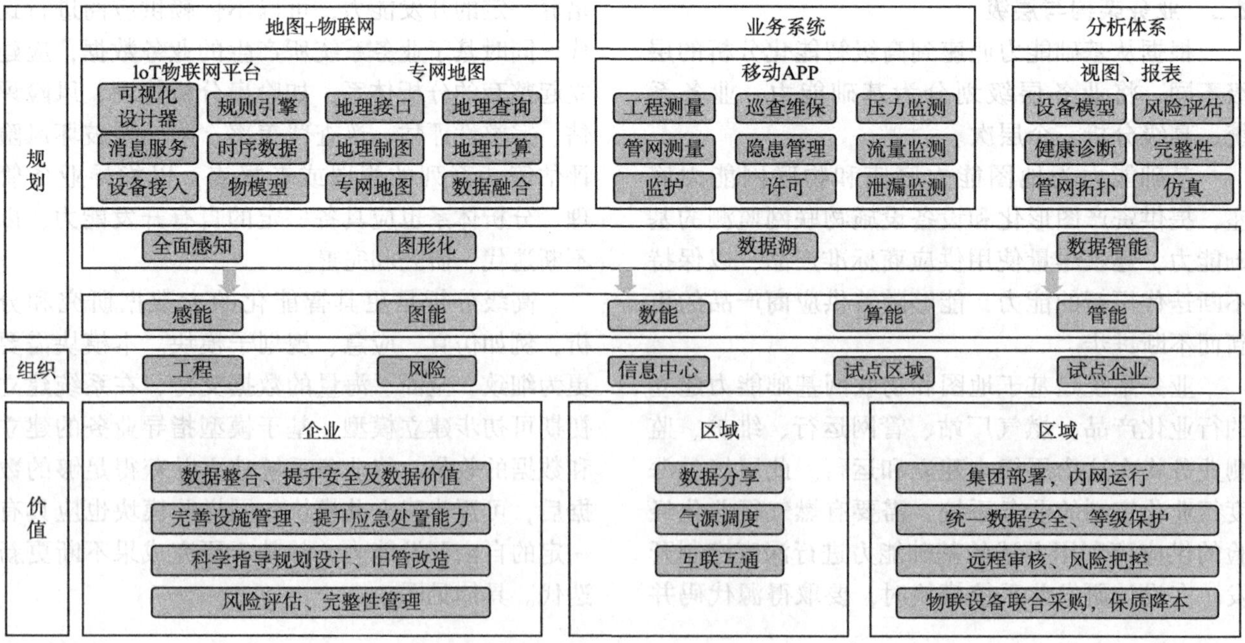

图3　智慧管网系统功能架构图

3　数据治理及管网模型

系统建设，标准先行。为支撑业务系统的运行，基础数据、标准体系、物联网标准通讯协议须先行建立。

3.1　基础数据标准

目前国内的油气管道模型主要参考美国 ESRI 公司的 APDM 管道模型和 UPDM 管道模型。APDM模型设计满足了管线管理用户 80% 的标准要素及线性参考、高后果区和风险分析等核心需求，用户可在此基础上进行扩展，有力支撑了长输管道的管理工作。UPDAM 模型是 ESRI 公司用来替代 APDM 而推出的新型管道模型，吸取了多家欧美地区管道运营公司的经验，建立了非常全面的数据结构框架，具有完备的可选数据模型和优秀的储存、查询效率，适用于油气管道企业管理油气资产，并能只能线性参考和公共设施网络两大核心领域。

基于此，各企业可根据自身需要建立适合自己的数据模型。主要由设备设施属性数据、设备设施环境数据、运行管理数据、分析评价数据构成。

3.2　资产图形化

资产图形化是数据治理的重点也是难点，亦是最为核心的价值点。将实物资产进行图形化管理，目的是将设备管理坐标化、形象化、可视化，以实现维护业务时准确定位设备设施的地理位置，以及在地图上选择图层时可准确联动设备设施资产信息。业务价值是将生产经营要素可视化：以地图数据为基础，将各类型专题数据(管线、场站等)以图层方式叠加显示在统一的时空信息平台，实现燃气业务一张图，见图4。

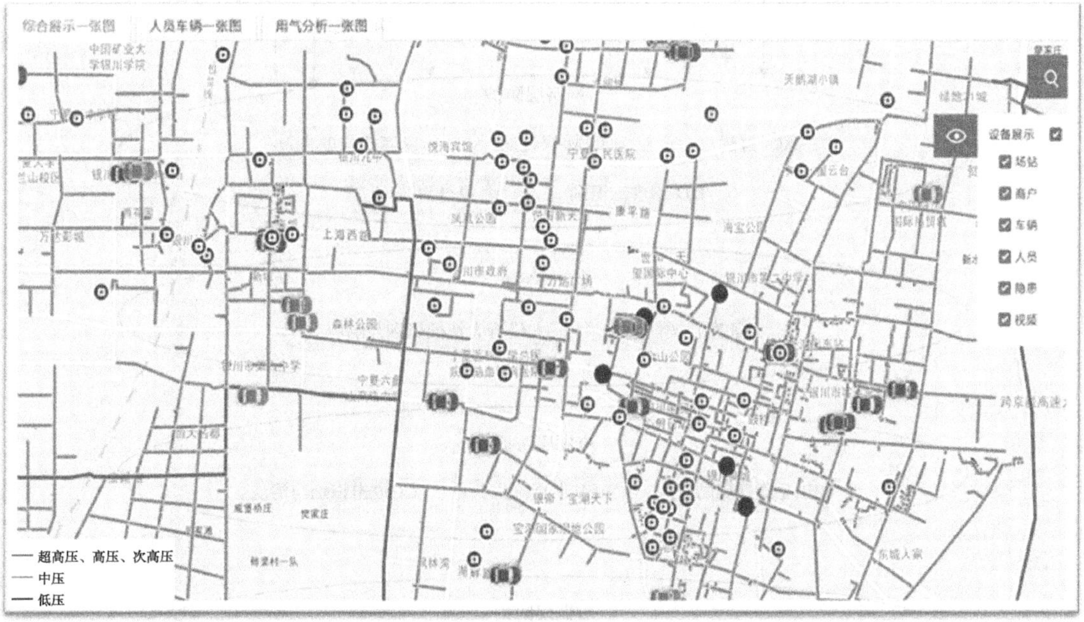

图4　智慧管网图形化平台能力

图形化平台提供资产图形化的基础能力，至少应具备以下功能：

(1) 图形化平台兼容 WGS84、CGCS2000、GCG02 坐标系统，具备地理信息系统主要功能，如 POI 检索、行政区划定位、行政区划边界查询、空间几何图形计算、路网检索、路线规划、空间查询服务、周边检索、矩形多边形检索、轨迹记录、路径规划、权限控制、打印服务、实时路况、实时人流热力等。地图精度越高越好。

(2) 可灵活发布图层，可使用 CGCS2000 坐标将企业管网、设备资产按坐标在不同图层在地图上展现。

(3) 系统支持使用点线表等导入、手工新增等方式建立管网、设备图层。新建管网设备，使用点线表等导入、手工新增等方式建立管网、设备图层。新建的图层管段或设备点应记录项目信息。

整体展现规则应可定义，例如地图放大至某级显示某些图层。

4　系统安全设计

4.1　系统运行安全

系统运行安全环境方面，结合针对互联网与办公网的攻击，围绕网络、主机、应用和数据层面实现安全防护，具体的内容见图5。

4.1.1 网络层安全防护设计

(1)实现网络层访问控制、恶意代码防护、入侵防御。

(2)在各个内网安全域边界处，部署防火墙实现域边界的网络层访问控制。

(3)在内网边界处部署流量监控设备，实现全景网络流量监控与审计，并对数据包进行解析，通过会话时间、协议类型等判断业务性能和交互响应时间。

4.1.2 主机层安全防护与设计

(1)在各个区域的核心交换处部署安全沙箱，实现主机入侵行为和未知威胁分析与预警。

(2)通过自适应安全监测系统，对主机操作系统类型、版本、进程、账号权限、反弹、漏洞威胁等进行全面地监控与预警。

4.1.3 应用层安全防护与设计

(1)在通过外部服务域部署设备实现应用层基于入侵特征识别的安全防护。

(2)通过自适应安全监测系统，对应用支撑系统的类型、版本、框架路径、访问权限、漏洞威胁等进行全面地监控与预警。

4.1.4 数据层安全防护与设计

(1)在数据资源域边界处部署数据库防护墙实现敏感信息的访问控制。

(2)在数据资源域边界处部署数据库审计设备实现数据库的操作审计。

(3)在互联网接入域部署设备，实现对敏感数据传输通道的加密。

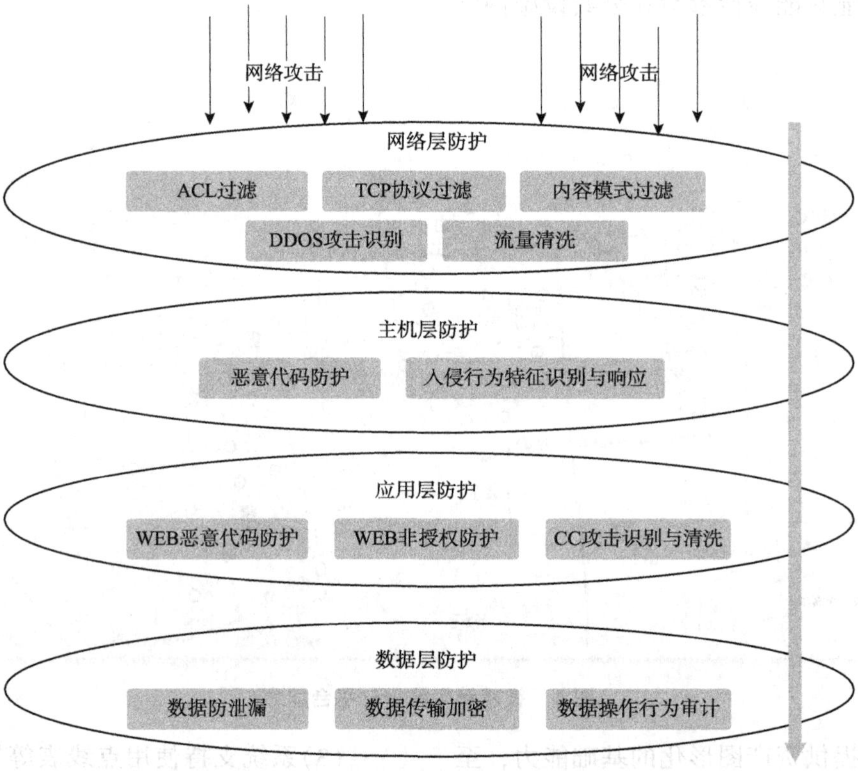

图5 数据安全与防护设计

4.2 等级保护

信息系统安全建设遵循国家安全建设要求，充分考虑已有安全软硬件环境，避免重复建设，减少投资。信息系统安全建设按照《信息系统安全等级保护基本要求》中对软硬件要求，并结合企业智慧管网系统的实际情况，充分考虑系统云平台部署的特殊性，制定详细的信息系统安全建设方案[5]。

4.2.1 物理安全方案

智慧管网系统部署的中心机房，设计应满足国家标准，实现访问控制、防盗窃防破坏、防雷击、防火、防水防潮、防静电、温度湿度控制、电力供应、电磁防护等要求。机房设置门禁系统，由专门人员负责，对进入机房的人员进行登记。

智慧管网系统核心交换机部署的中心机房应安全齐备，数据库服务器、应用服务器、通讯服务器、其他网络设备部署在数据机房，通过对设备的专门管理，实现设备的防盗窃、防破坏保护[6]。

4.2.2 网络安全方案

接口安全与网段划分，网络设备的业务处理能力具备冗余空间，满足业务高峰需求，并根据业务高峰需求的基础上合理设计网络带宽。对业务终端与服务器之间进行路由控制，办公专网访问，并对巡检系统设置子网段，在网段内分配地址段，重要网段采取网络层地址与数据链路层地址绑定措施。

4.2.3 应用安全方案

智慧管网系统在代码实现及应用中，对身份鉴别、访问控制、安全审计、剩余信息保护、通信完整性、通信保密性、软件容错、资源控制、代码安全等多方面安全措施，适用于WEB端及移动端应用。

4.2.4 数据安全方案

智慧管网系统对数据进行校验，鉴别信息和用户数据在传输过程中的完整性。对系统中敏感数据进行加密处理，数据通信时启用加密传输，避免数据泄露。其他敏感数据为燃气用户的姓名、地址、联系方式等基本信息，做MDF5加密处理。

备份与恢复，智慧管网系统的应用程序和数据库定期进行备份。备份计划见表1。

表1 智慧管网备份计划表业务架构与层级

备份对象	1. web服务器：	
	备份方式：文件全备份	备份频率：至少每月备份一次
	保留周期：至少30日	备份介质：备份服务器
	2. 数据库服务器：	
	备份方式：数据库全备	备份频率：至少每天备份一次
	保留周期：至少90日	备份介质：备份服务器

近年来随着全社会信息化的高速发展，燃气领域信息化系统也经历了一波由离散型向烟囱型业务的转变，物联网、大数据、人工智能的技术成熟加快推动了燃气企业新型数字化转型的步伐，在新的信息化理念支撑下，燃气企业新的管理模式、创新服务方式越来越成为燃气企业新的利润增长点。

当前港华燃气集团随着近年燃气用能的不断增加，在面临基础设施逐步老化，安全、运维等矛盾日益突出，存在着新的管理手段无法第一时间普及，信息资源不能及时共享等诸多原因，严重制约了集团整体安全运营的发展。在集团级信息化建设上，受制于历史因素与需求离散等现状，虽然先后建设了不同层次的信息化系统，但也逐步形成了无序、无度、无统一的信息化格局，在决策管理上虽每年投入成本不断增加，但时效性、真实度等突出问题仍然存在，急需建设一套统一的运营管理一体化平台来辅助管理，要形成标准化管控方式，并为其他项目公司、相关部门提供便捷的业务辅助功能，完善各层级管理目标的同时，提高工作效率，形成可分析、可量化的工作体系，并为企业信息化建设节约成本。

5 结论与展望

随着信息化产业革命的不断深化，燃气企业必须做好拥抱信息化的准备，从业务和信息系统安全两个方面统筹考虑，方能完成信息化转型。同时，在信息化转型的过程中，应充分利用云计算、大数据、人工智能、区块链、物联网等技术，从顶层设计开始实现系统前瞻性和长远的设计。

参考文献

[1]李光昊．城市燃气企业信息化管理系统建设策略研究[J]．石化技术，2020，27(07)：209+295.

[2]吴进，刘兢建，张海军．基于数字化城市的燃气信息化安全管理平台[J]．城市燃气，2016(10)：38-42.

[3]廖泽辉，王雨晨．城市燃气企业信息化管理系统建设探讨[J]．中国石油和化工标准与质量，2017，37(14)：66-67.

[4]陈洞杉，卢新鹏，黄中昊．管道内检测在港华燃气集团的应用与探讨[C].//2020年燃气安全交流研讨会论文集、调研报告.2020：312-314. DOI：10.26914

[5]姚利侠，付萍华，周红艳．云平台的大数据信息安全机制的几点探讨[J]．网络安全技术与应用，2022(08)：68-70.

[6]甄杰，谢宗晓，董坤祥．企业数字化转型中信息安全治理面临的挑战及对策分析[J]．中国质量与标准导报，2022(03)：28-30.

LNG 接收站储罐及附属设施火灾热辐射后果分析

田晨霞[1]　王俊强[2]　陆文龙[3]　张贵元[2]　梁　妍[2]

[1. 中国石油大学(北京)，北京　102249；2. 中国特种设备监测研究院，北京　100029；
3. 北海液化天然气有限责任公司，广西 北海　536000]

摘　要：国内 LNG 接收站规模呈现大型化趋势，站内 LNG 一旦泄漏可能发生火灾事故，对接收站储罐及附属设施造成损害，所以对接收站内储罐及附属设施火灾热辐射后果进行分析意义重大。基于国内某 LNG 接收站的事故案例，应用 FDS 软件 FLACS 对实际问题进行分析，在此基础上改变风速得到不同工况下的热辐射变化规律。结果表明：20m 直径的 LNG 池火在 2m/s 风速下，最大影响范围主要涉及 1#、2#罐所在区域，对 3#、4#罐所在区域几乎没有影响；池火对周围环境的热辐射作用在纵向上一定高度范围内较强，高度超出该范围后，热辐射作用逐渐减弱，对于 20m 直径的 LNG 池火，模拟可知该高度范围为 16～24m。

关键词：池火灾；LNG；FLACS 软件；热辐射

Fire Analysis of the Tank and Facilities in LNG Terminal

Tian Chenxia[1], *Wang Junqiang*[2], *Lu Wenlong*[3], *Zhang Guiyuan*[2], *Liang Yan*[2]

(1. China University of Petroleum, Beijing 102249, China;
2. China Special Equipment Inspection and Research Institute, Beijing 100029, China;
3. National Pipe Network Group Beihai LNG Co., Ltd., Guangxi Beihai 536000, China)

Abstract: The scale of domestic LNG terminal shows a trend of upsizing. LNG leaks can cause pool fires which will lead to damage to the LNG tanks and the ancillary facilities in the LNG terminal. Therefore, it is of great significance to analyze the consequences of thermal radiation from LNG fire. Based on a fire accident in an LNG terminal located in China, using FDS software tool FLACS to analyze the problem. On this basis, changed the wind speed to obtain the law of thermal radiation under different conditions. The results show that under the wind speed of 2m/s, the maximum impact range of the 20m - diameter LNG fire mainly involves the area where the 1# and 2# storage tanks are located, and has almost no impact on the area where the 3# and 4# storage tanks are located. The thermal radiation effect of the pool fire on the environment is strong within a certain altitude range, then weakens gradually after the altitude exceeds the range. For a 20m - diameter LNG pool fire, the simulated result indicated that the altitude range is between 16 to 24m.

Key words: pool fire; LNG; FLACS software; thermal radiation

1　引言

随着我国经济发展和“双碳”目标的推进，对 LNG 的需求越来越多，LNG 对外依存度也越来越高，最近几年我国 LNG 进口量连年保持快速增长，使得国内 LNG 接收站得到快速发展。从 2006 年我国第一个 LNG 接收站建设开始至今，十几年的时间里沿海及某些内陆港沿线建设并投产运营 LNG 接收站二十多座。由于 LNG 性质特殊，一旦泄漏，极易发生火灾或爆炸等事故[1]，并且在各种灾害中火灾事故危害重、控制难[2]。所以研究 LNG 泄漏后火灾事故的影响对国民发展具有重要意义。

作者简介：田晨霞(1997—　)，女，在读硕士。主要研究方向为 LNG 火灾后果。E - mail：565868188@qq.com

对于 LNG 泄漏并被点燃的火灾后果，许多学者进行了相关的研究分析，方法主要有实验研究、理论分析、软件模拟三种[3,4]。1960 年至今，国内外的一些研究机构针对 LNG 火灾进行了试验研究，主要集中于不同燃料、围堰尺寸等因素对 LNG 池火火焰几何结构及燃烧特性的影响，以及风速、温度等环境条件的变化对火焰热辐射传播的影响。由于大型 LNG 火灾的实验条件难以达到，且危险性较大，所以实验研究相对较少，更多偏于火灾后果的理论分析和软件模拟研究[5,6]。20 世纪 80 年代，英美德等国家的学者提出了许多池火热辐射半经验模型，如 May 和 McQueen 提出的点源模型[7]及 RajP. K. 的固体火焰模型[8]。随着计算机数值模拟技术的快速发展，近年来利用计算机数值模拟方法计算池火热辐射及其危害已成为模拟 LNG 池火更加普遍可行的手段。

目前，关于池火灾研究多集中于各类常见燃料，如汽油、柴油、乙醇等，且研究多考虑水平方向上热辐射情况，对于 LNG 大型池火灾热辐射及其对周围设施在竖直方向的危害情况研究较少。本文借鉴 LNG 泄漏继而引发的火灾事故，采用基于有限体积法的 FLACS 商业软件，模拟不同风速下 LNG 池火灾的热辐射效应，分析热辐射随时间及空间的变化规律，研究热辐射对储罐及附属设施的影响，为 LNG 接收站事故预防、应急救援、事后维修更换等提供参考。

2　罐区模型的建立

2.1　模型构建及网格划分

以某 LNG 接收站储罐区为原型建立物理模型，该 LNG 罐区内包含 4 座 LNG 储罐，皆为 16 万立方米双壁全容式储罐，储罐外罐直径约 84m，外罐穹顶高约 46m，2#罐与 1#、3#罐距离均为 44m，罐区及储罐设计施工均符合相关规范。罐区三维模型如图 1 所示，四个储罐依次编号为 1#～4#。据事故现场调研，发生火灾位置在 2#罐罐前区域，故本次模拟 LNG 池火灾位置为图 1 圈注区域。

综合考虑有效的火灾仿真区域和求解时间，设置池火灾空间范围：*XY* 平面各边界与液池中心距离不小于池直径的两倍，*Z* 方向模拟区域为液池直径的 6 倍。重点分析以火焰为中心一定范围内的热辐射状况，为获得火焰区域高精度解，核心网格区域长宽高分别设置为 60m，60m，100m。核心网格区域外设置为拉伸网格区域，拉伸至模拟区域边界。最终设置总模拟区域长宽高分别为 600m、600m、300m。使用 3 种不同大小的核心网格进行计算，据现场调研，设置仿真液池直径为 20m，核心网格大小分别为池火直径的 1/20(1m)、1/10(2m)、1/5(4m)，核心网格尺寸对结果的影响需进行验证。

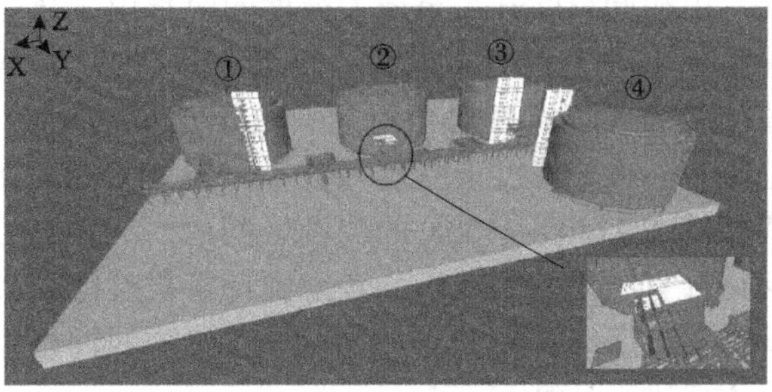

图 1　LNG 罐区三维模型

2.2　参数设置

FLACS 软件采用有限体积法在笛卡尔坐标系下求解。软件所用的标准 $k-\varepsilon$ 湍流模型能够有效模拟流体的湍流运动状态，使用涡耗散模型(Eddy Dissipation Concept Model，EDC)计算燃烧过程中湍流和化学反应的耦合结果，通过离散传递模型(Discrete Transfer Model，DTM)求解辐射传输控制方程，并结合基本守恒方程，可得到火灾热辐射，通过研究局部压力、温度、浓度等参数的变化，继而来描述火焰的发展[9]。

本文所模拟的火灾场景参数基于实际事故场景，相关参数考虑事故发生时的环境状态，设置主要参数如表 1 所示。为研究不同风速的热辐射规律，共选用 6 种典型工况，如表 2 所示。为探究池火灾对周围热辐射影响，在 1#、3#、4#罐外侧朝向池火的位置设置监测点，以监测储罐处热辐射强度变化情况，各储罐对应监测点在竖直方向间距为 4m，监测点位置如图 1 所示。

表 1　仿真主要参数

风速、风向、风稳定等级	2m/s、北风、F 级
环境温度	25℃
环境压力	1×10^5 Pa
地面粗糙度	0.005

表 2　工况设置

工况编号	风速/($m\cdot s^{-1}$)
1	0
2	2
3	4
4	6
5	8
6	10

3 结果分析

3.1 模型验证

模拟前首先进行网格独立性验证。图 2 为不同网格尺寸下，池火火焰最大温度 T_ MAX(K)。由图 2 可知，点火后短时间内火焰温度急剧升高，由初始温度升高至最大温度的时长由于核心网格大小的不同略显差异，但均在 5s 内达最大值，之后火焰温度趋于稳定，由于火焰的跃动，稳定后的火焰温度值有轻微波动，但最大温度始终保持在 2250 ~ 2500K 的温度区间内。三种核心网格计算结果差距较小，考虑到计算机性能及计算时长，后续使用核心网格大小为 2m 的网格划分方式进行计算。

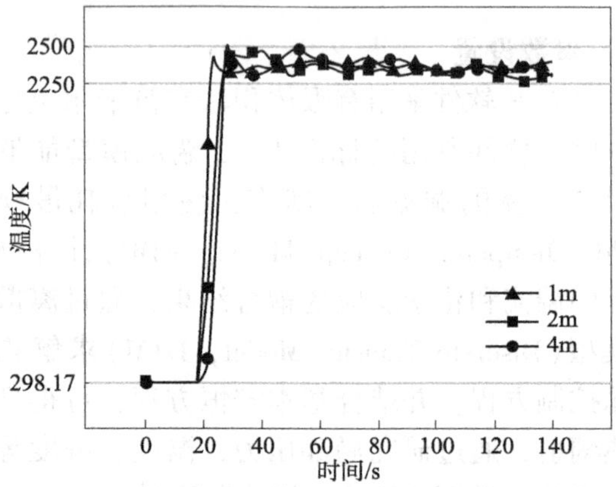

图 2　不同网格划分方式在同一工况下的最大温度

取与池火表面距离最近的监测点，该监测点处燃烧速率随时间的变化情况如图 3 所示。将所有时刻燃烧速率值进行滤波均值化处理，得到池火期间的平均燃烧速率为 0.101kg/(m^2·s)。对于陆上 LNG 池火，Gazde 公司在 Montoir 进行的 LNG 火灾实验中测得最大燃烧速率为 0.141kg/(m^2·s)[10]。该实验中 LNG 池火灾直径为 35m，风速为 3 ~ 10m/s，燃烧速率基于液位测量值计算得到。GTI 实验测得的陆上 LNG

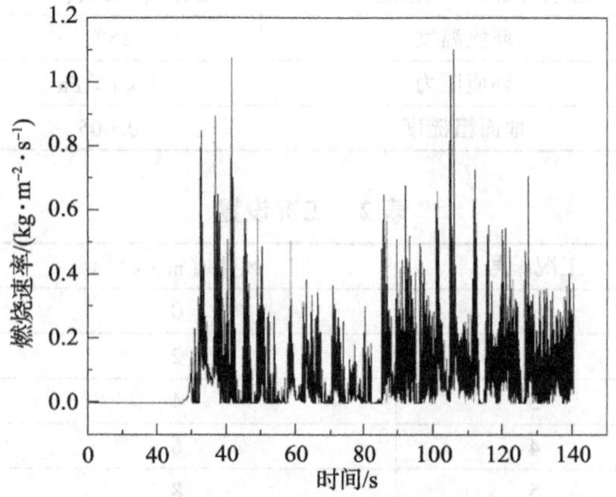

图 3　LNG 池火燃烧速率

池火最大燃烧速率值为 0.11kg/(m^2·s)[11]。对比两个实验的燃烧速率数值，可以看出模拟结果与实验结果吻合良好。

3.2 不同高度处 LNG 池火热辐射情况分析

LNG 池火燃烧为燃料汽化后的湍流扩散燃烧，燃烧时释放大量热量，将对周围环境中的设备造成损伤或破坏。为计算最大影响范围，假设计算域内没有阻塞物，使用 FLACS 软件计算输出远场热辐射值确定池火热辐射的最大影响距离。

《液化天然气(LNG)生产、储存和装运》(GB/T 20368—2021)第 5.3.1 条规定了 LNG 站内设施在热辐射作用下的位置，如表 3 所示，在不同热通量阈值内，对应设施将受到破坏。选取 Z = 1.5m(地面人员高度)、20m(罐前二层平台高度)、46m(罐顶平台)三个代表性的高度，按照表 3 的热通量阈值划分热辐射范围得到图 4。由图 4 可知，不同高度的热辐射规律具有相似性，最大影响范围(热辐射大于 4.73kW/m^2 的区域)主要涉及 1#、2#罐所在区域，对 3#、4#罐所在区域几乎没有影响。同时可以看出，Z = 20m 的平面处受影响范围最大，该平面处于二层平台作业区，事故的发生将对该区域的设施及平台结构完整性造成破坏。同时可以看出，池火对于 Z = 1.5m 及 Z = 46m 平面的影响范围略小于 Z = 20m 平面的影响范围。

表 3　热辐射作用下 LNG 站内设施位置规定

热通量阈值/(kW·m^{-2})	设施位置规定
32	不应有混凝土外壁储罐
15	不应有压力容器、工艺设施及金属外壁储罐
9	不应有集中控制室、仪表控制间、维修车间、化验室和仓库等建筑物
4.73	不应有办公楼

不同热辐射阈值在不同高度的影响范围见表 4，表内数值表示热辐射区域边界距池火中心的距离，由于大部分设施处于地面，所以就 Z = 1.5m 平面进行说明。在该平面上，以池火中心为圆心，半径为 22.7m 的范围内不应有混凝土外壁储罐，半径为 34.2m 的范围内不应有压力容器、工艺设施及金属外壁储罐，半径为 43.1m 的范围内不应有集中控制室、仪表控制间、维修车间、化验室和仓库等建筑物，半径为 58.1m 的范

围内不应有办公楼，否则对应设施将受到热辐射的破坏。

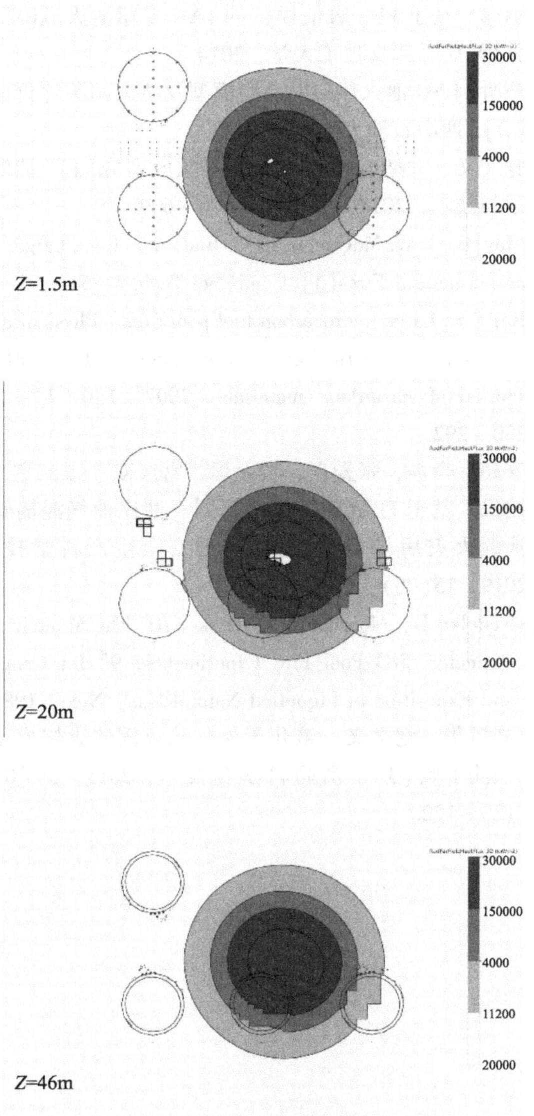

图4 不同高度池火热辐射范围

表4 热辐射影响距离

热通量阈值/(kW·m^{-2})	1.5m	20m	46m
32	22.7	25.4	20.0
15	34.2	36.8	31.5
9	43.1	45.8	40.4
4.73	58.1	60.8	55.4

3.3 不同监测点处LNG池火热辐射规律分析

模拟结果表明，LNG池火灾发生时，火焰不会到达相邻储罐，池火灾对相邻储罐处的影响主要是热辐射，所以确定LNG池火热辐射对于确定储罐间的防火安全距离以及设计消防系统十分重要。

本文重点关注储罐监测点处的热辐射情况，将不同风速下，池火燃烧达稳定状态后所有时刻的热辐射值均值化处理，得到图5。由图5可知1#罐所受热辐射作用较强，所受热辐射最大值为14.57kW/m^2，3#、4#罐所受热辐射作用较弱，受热辐射最大值分别为6.00kW/m^2、4.68kW/m^2。这是由于1#罐距离池火距离最近，3#、4#罐距离池火距离较远，LNG池火火焰热辐射随着距离的增加逐渐降低。

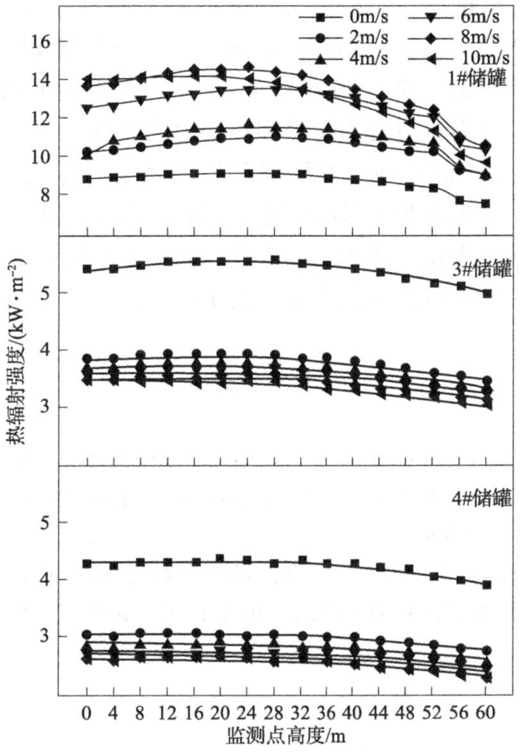

图5 不同监测点处池火热辐射

1#罐对应监测点所受热辐射作用随着风速的增大逐渐增强，而3#、4#罐对应监测点所受热辐射作用逐渐减弱。原因是池火中心位于2#罐前侧偏+X方向，随着风速的增强，火焰在2#罐表面侧向爬罐现象逐渐增强，且逐渐靠近1#罐，相反，火焰随着风速的增大越来越远离3#、4#罐。

由图5可以看出，1#罐所受热辐射强度在纵向上先增大后逐渐减小，而3#、4#罐处所受热辐射在纵向上增大不明显，但超过一定高度后，热辐射逐渐减小。表明池火对周围环境在纵向上一定高度范围内热辐射作用较强，高度超出该范围后，热辐射作用将逐渐减弱。对于20m直径的池火，模拟可知该高度范围为16~24m。

4 结论

(1)模拟得到20m直径LNG池火灾燃烧速率为0.101kg/(m^2·s)，与文献中的实验值吻合良好，证明模拟结果的可靠性。池火在 2m/s 风速下，最大影响范围主要涉及 1#、2#罐所在区域，对 3#、4#罐所在区域几乎没有影响。1#罐所受热辐射作用较强，所受热辐射最大值为 $14.57kW/m^2$，3#、4#罐所受热辐射作用较弱，受热辐射最大值分别为 $6.00kW/m^2$、$4.68kW/m^2$。

(2) 地面处，以池火中心为圆心，半径为 22.7m 的范围内不应有混凝土外壁储罐，半径为 34.2m 的范围内不应有压力容器、工艺设施及金属外壁储罐，半径为 43.1m 的范围内不应有集中控制室、仪表控制间、维修车间、化验室和仓库等建筑物，半径为 58.1m 的范围内不应有办公楼，否则对应设施将受到热辐射的破坏。

(3) LNG 池火对周围环境的热辐射作用在纵向上一定高度范围内较强，高度超出该范围后，热辐射作用逐渐减弱。对于 20m 直径的 LNG 池火，模拟可知该高度范围为 16～24m。

参考文献

[1] Raj P K. Spectrum of Fires in an LNG Facility: Assessments, Models and Considerations in Risk Evaluations [J]. 2006.

[2] 任正，王岱秋，仝滢泽，刘鹏. 双碳目标下关于 LNG 行业发展的探讨[J]. 山东化工，2022，51(09)：101－103.

[3] 贾敏. 基于 CFD 的 LNG 多池火热辐射特性研究：[D]. 西南石油大学，2018.

[4] 喻露. 基于 FDS 数值模拟的 LNG 趸船池火危险距离分析[D]. 武汉理工大学，2014.

[5] 郑昕. LNG 池火热辐射预测模型及防火间距评价研究[D]. 西南石油大学，2017.

[6] 党文义. 大型 LNG 储罐全面积火灾研究[J]. 消防科学与技术，2017，36(05)：606－609.

[7] May H. G. W. McQueen. 1973. Radiation from Large Liquefied natural Fires[J]. Comb. Sci Tech. 7：51－66.

[8] Raj P K. Large hydrocarbon fuel pool fires: Physical characteristics and thermal emission variations with height[J]. Journal of hazardous materials, 2007, 140(1－2): 280－292.

[9] 安超，李磊，张爱良，罗金恒，宫彦双，张庶鑫，付建民. 基于 FLACS CFD 的不同气油比油气混输管道泄漏火灾后果对比[J]. 中国安全生产科学技术，2019，15(06)：67－73.

[10] Nedelka D, Moorhouse J, Tucker RF. The Montoir 35m Diameter LNG Pool Fire Experiments, 9th Int. Congress and Exposition of Liquefied Natural Gas, Nice, 1989.

[11] 刘昌华，党文义. 液化天然气池火固体火焰模型及预测工具[J]. 消防科学与技术，2015，34(01)：120－122.

聚乙烯燃气管道压扁截气作业步骤及质量安全措施

廖 瑶[1] 陆 琴[2] 徐希军[1]

(1. 港华投资有限公司，广东 深圳 518000；2. 港华燃气投资有限公司，广东 深圳 518000)

摘 要：介绍了聚乙烯(PE)燃气管道压扁截气作业工具和技术，以及具体的作业步骤及质量、安全保证措施，以期指导实践，保证PE燃气管道的安全运行。

关键词：聚乙烯燃气管道；压扁器；作业步骤；质量措施；安全措施

Operation Steps and Quality Safety Measures for Flattening and Cutting off Polyethylene Gas Pipeline

Liao Yao[1], *Lu Qin*[2], *Xu Xijun*[1]

(1. Hongkong & China Gas Investment Limited, Guangdong Shenzhen 518000, China;
2. Towngas China Company Limited, Guangdong Shenzhen 518000, China)

Abstract: Introduced the operation tools and technologies for flattening and cutting off polyethylene gas pipeline, as well as the specific operation steps, quality and safety assurance measures, in order to guide the practice and ensure the safe operation of PE gas pipeline.

Key words: Polyethylene gas pipeline; Conditioner; Operation steps; Quality and Safety Measures

0 引言

随着PE管道在城镇燃气管网中的应用越来越广泛，各种PE管日常作业、维护和抢修的新技术、新设备、新工具应运而生[1]。其中压扁截气就是基于PE管道良好的韧性而设计的一种施工技术，即通过压扁器将PE管横截面压扁至管道内壁贴合紧闭状态，从而达到截断气流进行管道接驳、维护和抢修作业的目的。

1 作业工具

压扁截气主要作业工具为压扁器。一般PE管道外径越大，压扁所需的挤压力越大，所采用压扁器的挤压驱动装置也不同。常用的有机械螺杆式(图1)、千斤顶液压式(图2)和气动/电动液压式(图3)三种类型压扁器，分别适用于小口径、中等口径和大口径的PE管道。

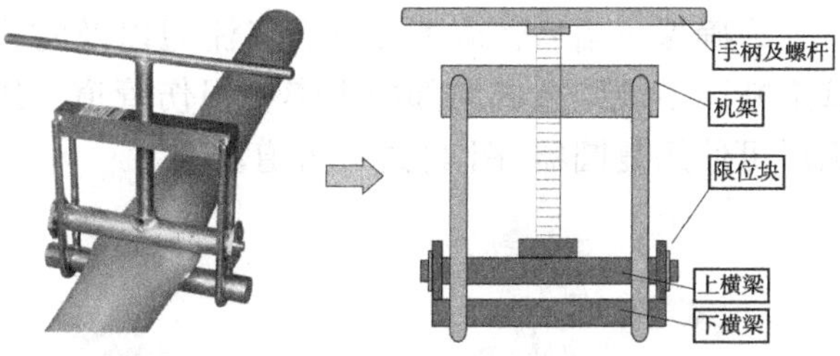

图1 机械螺杆式压扁器

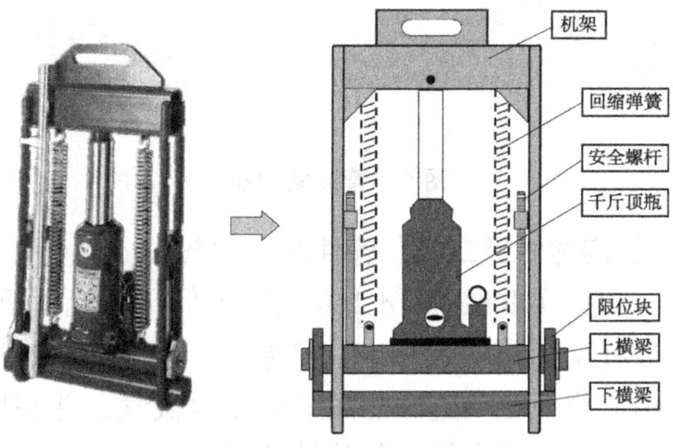

图2 千斤顶液压式压扁器

作者简介：廖瑶(1984—)，男，助理工程师，国家注册安全工程师，长期从事燃气工程技术工作。E-mail：liao.yao@towngas.com.cn

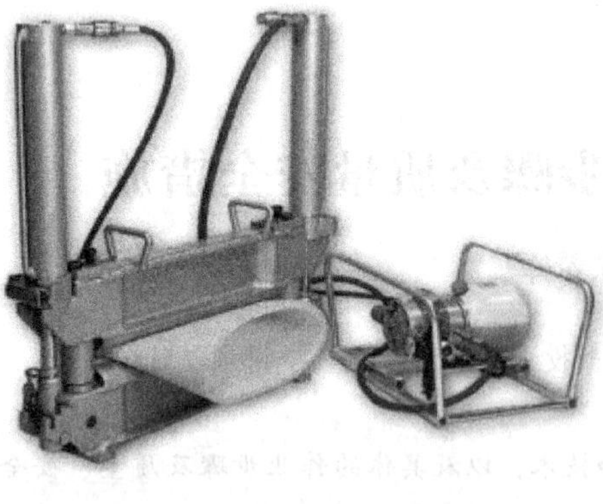

图 3　气动/电动液压式压扁器

压扁器主要包括四个功能部分：

(1)驱动及控制装置：驱动上下横梁，实施压扁操作并控制压扁和松管速度。

(2)上下横梁：直接对管道实施挤压。

(3)限位装置：有限位块和限位环两种，用来控制两个横梁的最小间距，避免管材被过度压扁。

限位装置的设计制作，根据 GB/T 15558.1《燃气用埋地聚乙烯(PE)管道系统　第 1 部分：管材》[2]“压扁最小间距为管材壁厚两倍的 80%($d_n \leqslant 250$mm)或 90%($250 < d_n \leqslant 630$mm)”规定执行。

(4)机械锁紧装置(液压式压扁器)：压扁后用来锁紧两个横梁，使横梁间距保持不变，避免任何意外导致的横梁分离。

为确保压扁后管道不影响燃气流通以及防止管道断面不规则造成局部应力集中损伤管道，压扁后可使用复圆器(图 4)进行管道复圆。

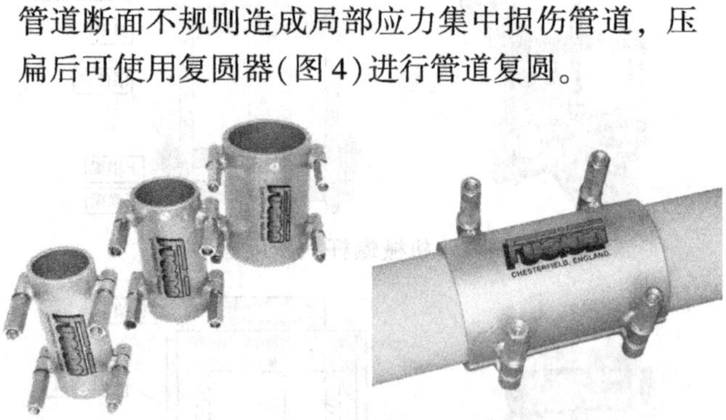

图 4　管道复圆器

2　压扁方式及工具、管件距离控制

根据实践经验，d_n160 及以下低压燃气管道，作业处两边可只采用一道压扁。d_n160 以上低压管道，作业处两边需使用双重压扁截气，并在同侧的两道压扁之间安装放散装置(图 5)。中压管道宜降低运行压力到 10kPa 以下，再按上述方法进行压扁截气。

压扁位置与管道原有接口、作业处接口、放散装置马鞍管件的边缘距离不小于管道直径的 3 倍或 300mm(取大者)。压扁截气位置之间的距离不小于管道直径的 6 倍。当作业坑长度过大受现场条件限制时，可采取双作业坑或多作业坑方式。

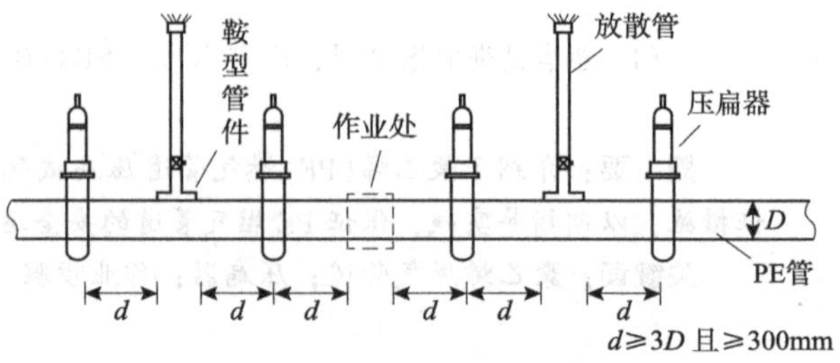

图 5　两道压扁加放散作业示意图

3　压扁截气作业步骤

3.1　作业前的准备工作

(1)根据需要压扁 PE 管道外径，配备合适规格以及足够数量的压扁器。

(2)检查压扁器框架各焊接部位牢固可靠、上下横梁无变形，与管道的接触面清洁。液压式压扁器还需检查安全螺杆清洁、无锈蚀、润滑良好，千斤顶油位和密封情况正常。

(3)清洁去除管道表面的污物，仔细检查压扁位置前后 0.5 倍管道直径范围内不宜有划痕、凹坑等外观缺陷，否则需更换压扁位置。不便更换位置时，要保证“关键区域”内不能有外观缺陷。“关键区域”是指压扁横梁正下方 3 点钟和 9 点钟位置、在轴向两侧各延伸 0.5D、在圆周上延伸 4 倍壁厚弧长的圆弧面(图 6)。

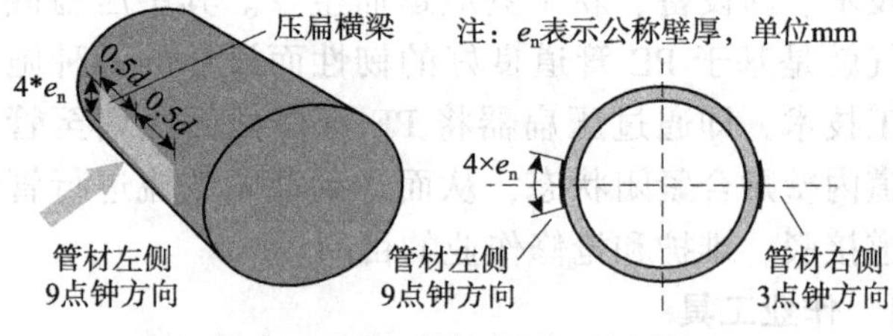

图 6　压扁“关键区域”示意图

(4)根据管道外径和标准径壁比(SDR 值：11 或 17/17.6)，正确放置限位装置，以保证 PE 管压扁到位及避免过度压扁。

(5)确认压扁位置管道下部开挖深度满足自由放置压扁器下横梁要求，放置后压扁器得到稳固的支撑，避免压扁过程中倾斜。

(6)不停气状态下的 PE 管被压扁过程中，压扁处截面积减小，燃气流速上升，干燥且携带悬浮粒子(或杂质)的气流冲刷 PE 管易产生静电，如有燃气泄漏可能引起爆燃等严重后果。因此在进行压扁作业之前要确保 PE 管有效接地，PE 管作业的接地方法[3]：用宽度不小于 200mm 的棉布或麻布材料将拟压扁 PE 管道缠绕一周后两边下垂至湿润的泥土上，并保证与泥土的接触面不小于 200mm×200mm。

3.2 管道压扁操作

(1)将压扁器安装于待压扁管道上，保证管道定位于压扁器上下横梁的中心位置(图 7)。

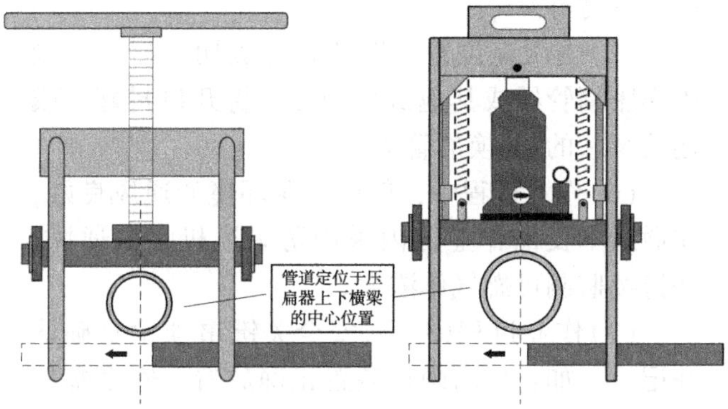

图 7　压扁器在管道上的安装示意图

(2)PE 管材的力学性能与施加载荷速度密切相关，要有足够的时间让管材吸收和释放压扁所产生的应力，因此压扁和松管都要以低速进行。温度也会影响管材的延伸率，因此在低温的时候，压扁和松管的时间需增长。根据实践经验，按以下方式压扁可有效保证管材性能。

d_n90 及以上 PE 管，当管材压扁到 1/2 管径时需暂停 1 min，压扁到 3/4 管径时暂停 1 min，当管内壁相碰时暂停 1 min。气温低于 5 ℃时，压扁速度减半，暂停时间延长 1 倍。

(3)继续压扁，直到压扁器两侧限位装置被上下横梁抵紧(图 8)。

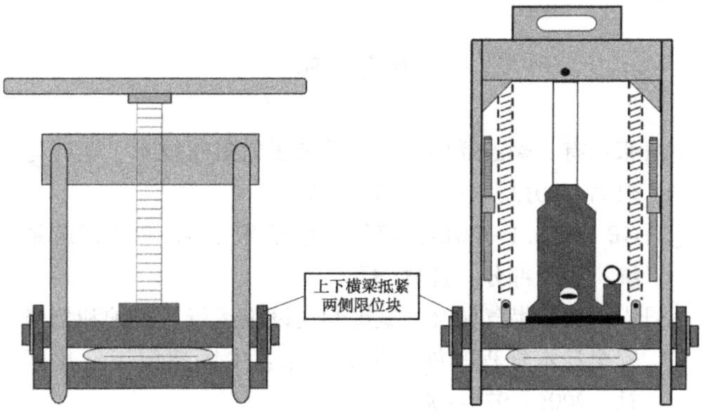

图 8　压扁器上下横梁抵紧限位块

(4)液压式压扁器在上下横梁抵紧限位装置后，拧动两侧安全螺杆直至紧紧抵住上横梁(图 9)，以防止动力来源失效压扁器松动。

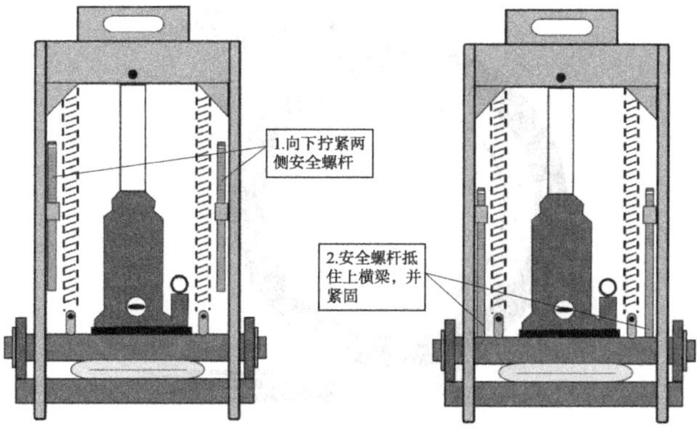

图 9　压扁器安全螺杆锁紧

3.3 松管操作

(1)液压式压扁器需先松开两侧安全螺杆。

(2)松管时缓慢操作。d_n90 及以上 PE 管，管内壁分离时需暂停 1min，在 3/4 管径时暂停 1min，在 1/2 管径时暂停 1min。气温低于 5℃时，松管速度减半，暂停时间延长 1 倍。

(3)继续松管至完全松开，从管道上移开压扁器。

(4)检查压扁位置管道，表面无坑洞、裂纹等损伤。如发现表面损伤，要做临时保护处理，尽快更换管道。在更换此段表面损伤的管道前，要加强监测管理。

3.4 管道复圆

(1)使用复圆夹具帮助管材更好地恢复其原始形状。

(2)在采用复圆夹具恢复被压扁 PE 管原状时，先检查复圆夹具内侧干净，并清理管道表面。

(3)沿垂直于压扁方向将上下瓦片安装在被压扁处(图 10)。逐渐拧紧紧固螺栓至上下瓦片对接(图 11)，保持 30min 再拆除复圆夹具。

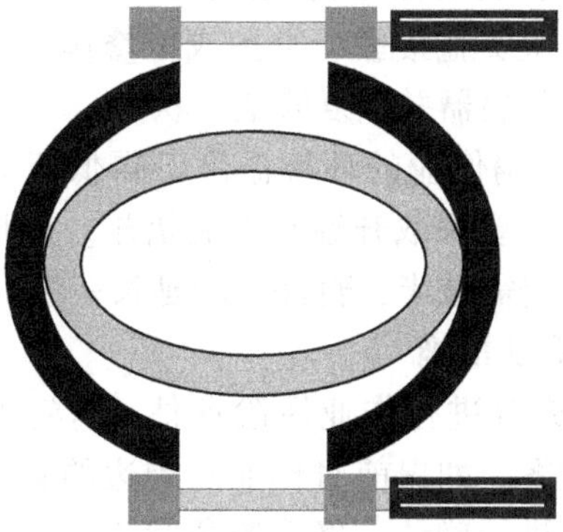

图 10　安装复圆夹具

3.5 管道标记

(1)压扁位置醒目标识“已压扁截气”，曾被压扁的位置，不能再次压扁，且不能用作接合

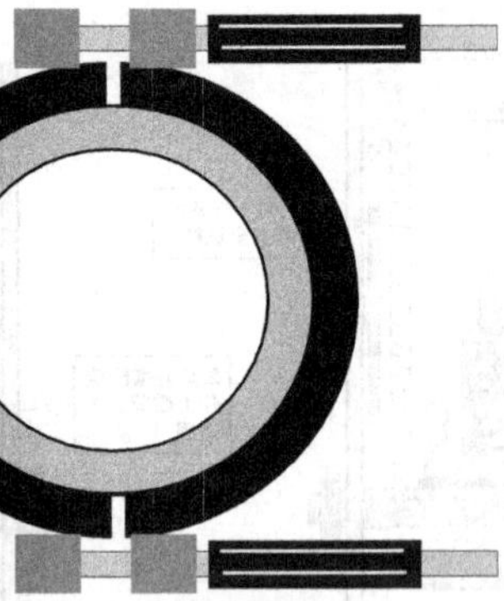

图 11　上下瓦片对接

(热熔、电熔或机械接合)。

4　质量保证措施

(1)进行压扁截气作业的人员，需受过 PE 管带气连接和压扁操作的专业培训，且责任心较强、业务素质过硬。

(2)使用正规厂家生产的压扁器，并要求厂家提供压扁器出厂检验资料。

目前国内没有压扁器生产制造的相关标准，一般参考英国天然气工业标准《天然气和人工煤气用聚乙烯管材和管件　第 7 部分：压扁截气工具及设备》(GIS－PL2－7)或美国材料与试验学会(ASTM)标准《聚乙烯(PE)管材挤压工具标准规范》(F1563－01)。

(3)压扁器存放与维护保养符合产品说明书要求，确保压扁器始终处于良好状态。

(4)受压扁的 PE 管材性能符合 GB/T 15558.1《燃气用埋地聚乙烯(PE)管道系统　第 1 部分：管材》的要求，并要求管材生产厂家提供管材压缩复原性能报告。

(5)编制专项作业方案，作业机具齐全、步骤清晰规范，严格按照方案施工。

(6)管材保持压扁状态的时长需尽可能缩短。压扁后尽快实施接驳、维护或抢修作业，作业后尽快移除压扁器并恢复管道形状。

(7)压扁作业的环境温度不得低于 0 ℃，低于 0 ℃时，要采取升温和保温措施。但压扁和松管的速度仍需减半，暂停时间延长一倍。

5　安全保证措施

(1)充分进行作业风险评估，有针对性的现场处置方案。如提前对作业点周边的管线情况及阀门位置进行确认，确保紧急状态下能快速、正确地关闭阀门。

(2)为降低风险，压扁作业前尽可能降低被压扁管道的气体压力，中压管道宜降低压力到 10kPa 以下。

(3)制定压扁作业风险告知卡，作业前对现场作业人员进行全面的安全技术交底和风险告知。

(4)进行压扁作业的人员穿戴连体式阻燃服、防护头盔、防护面罩及阻燃手套等，且作业现场使用的工器具及通讯设备要具备防爆性能，配备灭火器材等。

(5)当压扁位置下游的管道被切开后，立刻用膨胀堵管器或其他认可的方法将开口封好，或连接至新的/更换的管道。

(6)作业过程中，保持作业环境的通风良好，在通风不良的作业区内采用防爆风机强制通风，并持续监测可燃气体浓度。

(7)作业过程中，对安全关键事项检查确认并记录，如：压扁限位装置正确放置、安全螺杆锁紧等。

(8)作业过程中，仔细观察“关键区域”，发现异常立即停止压扁操作。可准备合适尺寸的拼合式修补夹具，以便在紧急情况下作临时保护处理。

6　结论

PE 管压扁截气工具(压扁器)运输方便、操作简单，作业人员经培训后能够熟练掌握，用于 PE 管道接驳、维护和抢修作业，为企业节省了大量的运营成本。但如果操作不当，又极易产生质量、安全隐患甚至引发质量、安全事故，因此 PE 管压扁截气作业的实施单位要制定完善的质量、安全保证措施，作业人员严格执行各项作业程序，方能确保作业顺利完成。

参考文献

[1]张正有．聚乙烯燃气管道带气压扁阻断技术．煤气与热力，2013，33(8)：84－86.

[2]GB 15558.1—2015，燃气用埋地聚乙烯(PE)管道系统：第 1 部分：管材[S].

[3]中国城市燃气协会．城镇燃气设施运行、维护和抢修安全技术规程实施指南．北京：中国建筑工业出版社，2006：97－100.

设备完整性管理的智能巡检技术及应用

张　良[1]　戴联双[2]　郭　磊[1]　燕冰川[1]　李保吉[1]　杨建彬[2]　王玮玮[2]　王　楠[2]

（1. 国家管网集团北方管道有限责任公司，河北 廊坊　065000；
2. 国家石油天然气管网集团有限公司，北京　100020）

摘　要：油气管网正处于数字化转型智能化发展方向，智能巡检技术在管网设备的完整性管理中得到了大量使用和验证，大幅度提高了管网设备的巡检效率和精度、降低了设备巡检总成本和生产事故率、提升整体智能化运营水平。本文基于油气管网设备完整性管理实际经验，分析针对不同应用案例场景需求建设智能巡检系统的主要内容，以及需要研制的智能巡检技术和应用特点，针对具体燃气场站对设备设施运行巡检和监控的要求，结合大数据分析和智能监测系统，提出一种油气管网设备智能巡检系统和方案。

关键词：设备完整性管理；智能巡检；巡检技术；巡检系统

Intelligent Inspection Technology and Application for Equipment Integrity Management

Zhang Liang [1], *Dai Lianshuang*[2], *Guo Lei* [1], *Yan Binchuan*[1],
Li Baoji[1], *Yang Jianbin*[2], *Wang Weiwei* [2], *Wang Nan*[2]

(1. PipeChina North Pipeline company, Hebei Langfang 065000, China;
2. China Oil & Gas Pipeline Network Corporation, Beijing 100020, China)

Abstract: The oil and gas pipeline network is developing in the direction of digital transformation and intelligent development. Intelligent inspection technology has been widely used and verified in the integrity management of pipeline network equipment, which greatly improves the inspection efficiency and accuracy of pipeline network equipment, reduces the total cost of equipment inspection and production accident rate, and improves the overall intelligent operation level. Based on the actual experience of equipment integrity management of oil and gas pipeline network, this paper analyzes the main contents of building an intelligent inspection system for different application scenarios, as well as the intelligent inspection technology and application characteristics that need to be developed. According to the requirements of specific gas stations for equipment and facilities operation inspection and monitoring, combined with big data analysis and intelligent monitoring system, this paper proposes an intelligent inspection system and scheme for oil and gas pipeline network equipment.

Key words: equipment integrity management; intelligent inspection; inspection technology; intelligent inspection system

1　引言

设备巡检是对分散布置的设备设施，按照设备的部位和内容进行粗略巡视，以观察系统的运行状态，是一种不定量的运行管理，是设备完整性[1]管理的一个重要环节之一。传统的依靠人力进行固定周期的设备巡检作业，工作量大，劳动强度高，总成本高，无法快速适应数字化和智能化设备设施的运行管理的发展趋势和需要。智能

作者简介：张良（1984—　），男，高级工程师，2007 年毕业于吉林大学信息管理与信息系统专业，现主要从事国家管网数字化建设，工业互联网 + 安全生产相关工作。E - mail：zhangliang@ pipechina. com. cn

化巡检是当前设备完整性管理发展的必然趋势，包括集成AI机器人、多传感器融合技术、机器人视觉技术、智能图像融合和识别分析技术、大数据分析技术、在线智能监测技术等于一体的智能化巡检，实现巡检的过程数字化、远程可视化、现场可再现等智能化特点。

目前，油气管网正处于数字化转型智能化发展方向，智能巡检技术在管网设备的完整性管理中得到了大量使用和验证，大幅度提高了管网设备巡检效率和精度、降低了设备巡检总成本和生产事故率、提升整体智能化运营水平。本文基于油气管网设备完整性管理实际经验，分析针对不同应用案例场景需求建设智能巡检系统的主要内容，以及需要研制的智能巡检技术和应用特点，针对燃气场站对生产设备设施运行巡检和管控的具体需求，结合大数据和智能监测系统，提出一种油气管网设备智能巡检系统和方案。

2　智能巡检的核心内容

在信息化飞速发展的今天，各行各业都在进行数字化和智能化升级改造。传统巡检系统主要依靠随身携带的巡检仪表等工具开展巡检工作，巡检工作信息化程度低，无法实现终端与云端的数据实时对接整合，已经无法满足高效巡检工作的需求。融合各种智能装备、基于先进信息技术的智能巡检系统与传统巡检系统相比，从巡检计划、记录跟踪处理、闭环管理、数据报表等方面都具有明显特征和巨大优势。

2.1　智能巡检计划

智能巡检系统不仅支持按照固定周期和规则自动制定巡检计划，而且还可以基于历史巡检记录、设备监控系统状态等实时数据，利用机器学习建模等智能化方法，有针对性的制定设备定制化巡检计划。如针对监测运行趋势健康良好的设备可以适当降低巡检频度；针对监测有故障预警趋势的设备，可适当增加巡检频度和增设巡检点等。从管理角度，可以支持管理者设置不同时间段(每日、多日、每周)的巡检计划，根据各个巡检人员管理需求灵活设置巡检计划，极大地提高了工作效率，使得巡检工作更加全局化、定制化、有针对性。

2.2　实时跟踪处理

智能巡检系统能够实时记录巡检人员的工作情况，包括路线、位置、状态和周界环境、工作量，所有巡检记录会实时储存在云端，管理人员通过终端就能随时查看巡检记录，及时了解巡检人员的出勤情况、工作状态。同时巡检人员现场可以调用当前设备的运行状态数据、历史巡检记录、维修记录，进行横向和纵向的设备巡检数据记录跟踪和预比对处理，实现基于数据的、现场的、智能化、挖掘式的深度巡检和现场故障排查，对于不能现场处理的故障问题，及时上报启动后续工作流程。由于数据集中储存在云端，可以有效避免终端数据的丢失损坏，实现大量终端数据的实时汇总和共享。

2.3　隐患闭环管理

智能巡检系统支持多种方式(文字、语音、图片、小视频)上报巡检情况，巡检人员在巡查时发现不能现场及时处理的异常情况，可以通过手持终端的智能巡检APP系统及时上报异常，中心管理人员能基于云端的大数据分析、智能监测系统、智能诊断系统，获取故障诊断建议报告，第一时间启动(或者自动启动)应急检修工作流程，生成维检修工作工单记录，安排专业人员赶往现场维修，切实保障发现的巡检问题能即时解决，并自动生产可跟踪的全流程闭环数据记录。

2.4　自动数据报表

智能巡检系统可以自动生成数据报表(日报、周报、月报)，管理人员可以直接导出使用，高效便捷，避免了人工巡检导致的大量纸质的繁琐杂乱的数据汇总整理。智能巡检系统在全环节数据支撑下，对巡检人员可以进行科学、准确考核与监控，对巡检设备分析巡检率、隐患率、维检修率等，有效地保障了企业巡检工作的有序进行和智能报表分析，为企业节省管理成本的同时增加了间接效益。通过智能监控平台和智能巡检的实施推广，有效的降低了设备的生产运行事故率，提高了管网运行效率。

3　智能巡检关键技术

为实现管网设备完整性管理的智能巡检作业要求，需要结合人工和利用无人机、机器人、传感器等智能装备。为实现智能巡检系统的核心内容，需要采用一系列关键技术和产品，主要包括视频融合技术、图像识别分析技术、大数据分析技术、在线智能监测技术等。

3.1　视频融合技术

视频融合技术指将一个或多个由视频采集设备采集的关于某场景或模型的图像序列视频与一个与之相关的虚拟场景加以融合，以生成一个新的关于此场景的虚拟场景或模型。目前管网的站场一般都建有各种维度的相互独立的监控系统，针对各路独立的监控视频，需要通过三维建模技术，建立站场实景三维模型[2]，将站场的视频实时监控画面拼接融合至三维模型，实现对站场全景的一张立体图的全景视频识别和管理，再基于视频/图像的智能识别算法和故障知识库，实现对站场内的各种设备设施不安全事件的智能识别和初步诊断。

3.2 图像识别技术

图像识别是指利用计算机对图像进行处理、分析和理解，以识别各种不同模式的目标和对象的技术，是应用深度学习算法的一种实践应用[3~5]，识别流程分为四个步骤：图像采集→图像预处理→特征提取→图像识别。管网环境中，与智能巡检相关的图形识别包括对人脸识别和以及设备运行故障识别，人脸识别主要用于设备运行周界环境进出人员的安全管控，设备故障识别主要是基于设备运行状态的图形特征库和故障知识库，基于视频实时采集的设备及周界图形，分析设备是否发生运行故障趋势以及可能的故障类型。

3.3 大数据分析技术

大数据分析是指对规模巨大的数据进行分析处理，从中提取出最有效的数据。具体到智能巡检领域，包括终端数据实时采集，数据云端存储访问，数据可视化管理，数据分析处理，数据特征提取，数据统计报表，数据相关性分析，数据质量管控等。通过云边协同的大数据分析技术[6]，能及时掌握设备健康状况和故障预警趋势，快速高效精准的完成大量设备的完整性管理和运行状态监控，支撑实现全流程全环节的智能运营、科学决策。

3.4 智能监测技术

智能监测技术就是基于大数据技术，基于机器学习[7]人工智能技术，以及自然语言处理技术，实现设备运行状态的诊断预测预警，包括设备运行状态采集、可视化建模、机器学习模型与镜像管理、模型工作流组件、计算图解析与执行引擎、特征数据可视化处理、模型参数寻优、模型输入输出标准化、故障诊断知识库等技术和功能模块，通过智能监测技术，实现设备报警趋势预判、智能诊断分析、预测性维护等，从而制定有针对性的、定制化的设备巡检工作计划，实现智能巡检。

4 智能巡检系统案例分析

管网智能巡检系统集软件、移动网络、智能手机巡检(智能巡检管理系统 APP)、GPS 及北斗定位、资源采集、GIS 等技术为一体，为管道、场站设备、调压箱、阀门等管网资源管理、巡检管理、现场监护等提供了全新的科学化管理手段，管理者可通过智能管网巡检系统平台或智能巡检管理系统 APP 随时查阅燃气管网资源、管网巡检完成情况、隐患上报及处理、现场监护等信息。

智能巡检系统主要功能包括：构建智能巡检标准模型库和故障知识库，以设备台账为基础，结合风险源、AI 机器人、智能监控系统等，管理和运行定期巡检工作，实现巡检台账管理、数据统计分析等。以移动端为主要媒介，实现巡检工作任务下发、提醒，工作路线、方法、风险等智能推送，结合后台数据统计分析对设备巡检工作进行考核分析，提高设备运行可靠度。结合巡检移动端实现人员动态定位、执行情况统计等，实现巡检工作的快速分析和展示。

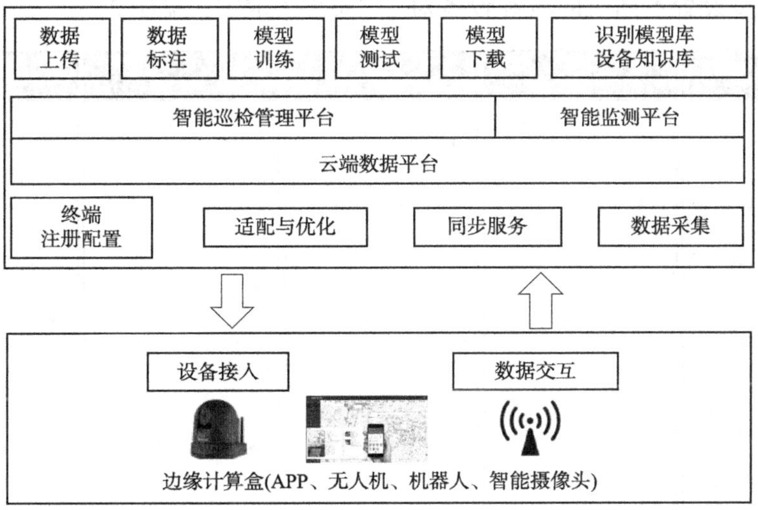

图1　智能巡检系统的功能架构

具体功能模块包括：

(1)信息配置：实现巡检基础数据配置管理，主要包含：巡检制度；巡检人员、岗位、角色；巡检的项目、设备、部位、内容，以及对应的巡检周期等。

(2)巡检计划：针对不同的巡检对象，按照巡检制度要求或模型智能分析结果制定对应的周期性的、定制化的巡检计划和目标。

(3)巡检任务：根据巡检计划，自动生成巡检任务工单，分配给相关的人员岗位，实现巡检任务自动下发到对应巡检人员的终端并提醒，在特殊情况支持快速新增制定特巡、特维任务。

(4)状态查询：实时查询巡检任务的执行状态，包括当前位置、路线[8]、任务完成进度，任务的安全风险提示，是否有巡检异常信息等。

(5)状态分析：借助视频融合和图像识别处理技术，结合实时监控系统，在线实时分析当前设备采集的视频和图形信息，及时发现设备故障趋势或危险等隐患。

(6)异常登记：实现设备巡检异常的闭环管控。巡检系统的异常登记主要包含 AI 机器人日常巡检发现的异常、在线监测系统测点异常告警，以及人员现场巡检中发现异常，记录设备异常的各种信息，主要包含异常表象、时间、程度、持续时间等。

(7)异常处置：设备运行人员可根据异常登记进行设备健康管理，如实时启动应急预案或者维检修工单，通过全过程数据记录和跟踪，直至完全处理后闭环，实现异常处理全环节的可视化、现场可重现管理。

(8)巡检台账：实现对巡检工单的作业结果信息进行台账管理，对巡检台账进行有效地查询、分析和报表输出。通过设置不同时间段和设备对象，对设备相关参数进行直观的曲线绘制，通过分析曲线与设备的标准运行参数之间的关系，了解设备运行状态的情况，为决策者提供分析设备运行情况的相关信息，及时准确的做出决策。

(9)巡检统计：实现对巡检工作成果的数据统计分析功能，通过对这些数据的统计、分析管理，发现设备劣化或发生故障的内在规律，逐步建立、完善设备寿命周期数据，以指导设备的维检修工作。能生成定期的巡检统计分析报表。

(10)巡检绩效：结合巡检任务执行情况(如针对巡检人员和巡检设备对象的到位率、完成率等)自动生产巡检 KPI(Key Performance Indication)指标，进行绩效考核，进而促进巡检人员现场工作执行效率。

将该系统应用于北方管道公司部分燃气场站进行试用测试，测试效果表明：该系统可根据设定的巡检设备和要求，对岗位所管理的管线、燃气设备、仪表自动化、工艺流程、电气系统、外电线路等进行认真细致的巡查，辅助人工实现日常设备巡检任务，大幅度的减少人工管理和执行成本，实现巡检的过程数字化、远程可视化、现场可再现等智能化特点，提升了站场的智能化水平，为智能管道数字化智能化建设提供了技术支持。

用户基于移动端的支持 RTK(Real Time Kinematic，实时动态定位)的智能巡检套件，实现与智能巡检云端中心系统链接，实时查询和管理个人巡检计划、下发的巡检任务、巡检提醒、任务状态、巡检报表等。借助终端设备的 RTK、智能识别等智能巡检功能，用户可以按需自主进行管线及设备的巡检，在终端进行设备的智能识别、基础数据采集、数据预处理、标准化等，并直接进行上传入库，大幅度节省了管线巡检和数据采集导入成本，见图 2。

图 2　智能巡检系统的前端线路巡检及数据智能采集识别

5 结论

油气管网正逐步用智能装备和智能技术替代传统的人工巡检，实现智能化的巡检任务，大幅度提高了管网设备巡检效率和精度、降低了设备巡检总成本和生产事故率、提升整体智能化运营水平。本文分析了建设油气管网智能巡检系统的主要内容和采用的关键技术，结合一个具体应用场站的巡检需求，研发了一套智能巡检的案例系统，通过实际部署应用达到了对应的功能和性能要求，提升了站场的智能化水平，为相关行业领域应用发展提供了一套参考技术路线和实现方案。

参考文献

[1]姜志爽．浅谈天然气管道完整性管理技术及应用[J]．石化技术，2016(7)：266.
[2]董红军，马云宾．输油气站场智能巡检系统设计与实现[J]．油气储运，2020(05).
[3]孟令，朱正，林世忠等．浅谈深度学习在图像识别领域的应用现状与优势[J]．电工技术，2018(16)：145－149.
[4]李超波，李洪均，徐晨．深度学习在图像识别中的应用[J]．南通大学学报(自然科学版)，2018，17(1)：1－9.
[5]王禹嫣．深度学习在图像识别中的应用与发展[J]．中国战略新兴产业，2017(48)：115－116.
[6]黄哲学，曹付元，李俊杰，陈小军．面向大数据的海云数据系统关键技术研究[J]．网络新媒体技术，2012(06).
[7]周志华．机器学习．北京：清华大学出版社，2016.
[8]赵忠刚，姚安林，赵学芬．GIS技术在油气管道安全管理中的应用[J]．管道技术与设备，2006，1(1)：15－18.

天然气管网安全预警数据集成技术研究

郭 磊[1] 戴联双[2] 王 新[1] 李保吉[1] 燕冰川[1] 杨 阳[3] 石 磊[3] 王子剑[3]

(1. 国家管网集团北方管道有限责任公司，河北 廊坊 065000；2. 国家石油天然气管网集团有限公司，北京 100020；3. 昆仑数智科技有限责任公司，北京 100010)

摘 要：本文介绍的天然气管网安全预警数据集成技术针对目前天然气管网安全预警存在的各预警系统相互独立，预警信息缺乏联动、监测跟踪效率低、预警管理不统一、历史数据难追溯等问题，研究天然气管网安全预警数据集成技术，将现有各预警数据进行整合，统一定义数据标准和接口技术规范，对数据接口及数据库进行统一设计，实现管道安全数据实时共享、预警信息智能推送等功能。

关键词：安全预警；数据集成；数据库；地理信息服务

Research on the Integration Technology of Natural Gas Pipeline Network Safety Early Warning Data

Guo Lei[1], *Dai Lianshuang*[2], *Wang Xin*[1], *Li Baoji*[1], *Yan Binchuan*[1], *Yang Yang*[2], *Shi Lei*[2], *Wang Zijian*[2]

(1. PipeChina North Pipeline company, Hebei Langfang 065000, China;
2. China Oil & Gas Pipeline Network Corporation, Beijing 100020, China;
3. Kunlun Digital Technology Co., Ltd, Beijing 100010, China)

Abstract: The safety early warning data integration technology of natural gas pipeline network introduced in this paper aims at the problems of independent early warning systems, data sharing failure, lack of linkage of early warning information, low monitoring and tracking efficiency, disunity of early warning management, and difficulty in tracing historical data. It integrates existing early warning data, and uniformly defines data standards and interface technical specifications, Uniformly design the data interface and database to realize real - time sharing of pipeline safety data, intelligent push of early warning information and other functions.

Key words: Safety warning; data integration; Database; Geographic information services

1 引言

目前天然气管网在管道线路安全预警上陆续采取管体应力应变预警、地质灾害预警、智能阴保预警、视频智能识别预警、光纤测温预警、光纤振动预警、光纤应变预警、站场视频智能识别预警、动火视频智能识别等管道安全风险技防手段[1,2]，各系统各自独立，数据无法相互共享，预警信息缺乏联动，形成了信息孤岛，涉及多家厂商、多条管线、多种监测手段，存在无统一的综合预警平台、监测跟踪效率低、预警管理不统一、历史数据难追溯等问题，不利于管道风险监测数据的充分利用。

目前天然气管网在管道线路安全预警上存在的问题如下：

(1)现在系统相互独立，数据无法共享，只能在不同系统单一的查看某一类型的预警信息[3,4]。

(2)没有自己的GIS系统，管线的地理信息

作者简介：郭磊(1984—)，男，高级工程师，2009年硕士毕业于中国科学院地理科学与资源研究所地图学与地理信息系统专业，现主要从事资产完整性管理数字化相关工作。E-mail：guolei@pipechina.com

数据不全，部分位置数据存在偏差，现运行的各个系统有各自不同的地图厂商与 GIS 服务。数据服务不统一且保密性不高。

(3)目前各系统建设架构不同，端口通信标准不统一[5]。

(4)不同类型系统采用不同的数据通信方式。

(5)不同系统对自己的数据有自己的标准和定义，各类数据的预警级别定义不同，级别展示标识不一致[6]。

(6)不同系统有自己的信息推送方式，但都无法确认接收状态。

(7)无法获取各类设备状态以及设备基本数据[6]。

(8)各个系统都有自己独立的服务器，无法做到资源的合理分布，统一管理。

(9)由于系统相互独立，无法形成智能学习体系，提高预警能力。

基于多维安防预警数据的天然气管网安全综合预警需依托用户现有技防手段，将各预警系统数据进行整合，统一定义数据标准与接口技术规范，建设集监测预警、预警处置、事件管理及系统管理等多模块于一体的管道安全综合预警平台[7~9]，实现管道风险全方位感知、数据实时共享、预警信息智能推送及预警处置闭合管理等功能。

2　接口方案设计

在管理和技术可行的条件下，实现平台与现有安全预警系统预警数据信息的集成，将报警信息导入，并与管段、地理位置进行挂接，实现报警信息的分类型年度、月度和日统计分析[10,11]。从内外网系统采集数据，数据采集技术主要包括 Restful api 和 Rabbit MQ 消息队列等技术，数据通过内外网隔离区即 DMZ 进行数据转发，管道安全综合监测系统作为客户端与 DMZ 服务器对接数据，最终应用在平台上。

数据管理模块包含管体应力应变预警、地质灾害预警、智能阴保预警、视频智能识别预警、光纤测温预警、光纤振动预警、光纤应变预警、站场视频智能识别预警、动火视频智能识别预警等子功能。预警数据管理可实现通信标准，预警信息集中，实现优化配置资源和集中管理，经清洗、转换后形成预警数据台账[12]。通过预警数据台账可使现场人员实时了解各所属单位、所属管线发生的预警事件，并及时对预警事件进行响应，也可查看监测点历史预警信息[13,14]。

天然气管网安全预警通过集成现有的管体应力应变预警、地质灾害预警、智能阴保预警、视频智能识别预警、光纤测温预警、光纤振动预警、光纤应变预警、站场视频智能识别预警、动火视频智能识别等系统预警数据，为预警安全平台系统提供实时预警监测数据。可以完成预警上报信息的多数据融合，通过监控视频的同步展现，可及时监控了解预警变化等情况信息；遇到对突发事件进行应急处理时，可通过对各子系统预警信息的分析，结合 GIS 场景实现预警快速响应方案的规划接口数据[15]，如预警地点快速定位查询，预警信息查询、预警处置、预警流程、信息数据配置等业务功能的接口，实时预警数据与结果数据均采集自现有预警系统，数据接口统一采用 Webservice 技术。预警接口设计如图 1 所示。

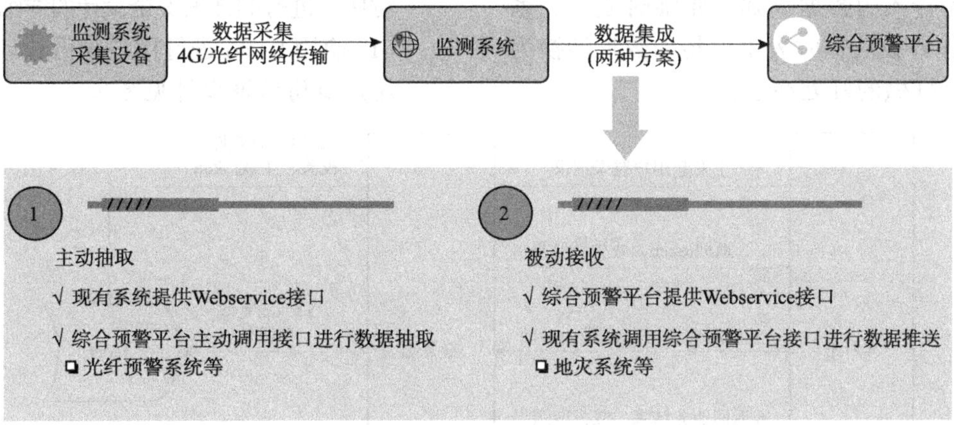

图 1　预警数据接口设计

2.1　设计原则

为确保应用平台系统的建设成功与可持续发展，在平台系统数据接口及数据设计时我们遵循如下的原则：

统一设计原则：统筹规划和统一设计系统结构，尤其是应用系统建设结构、数据模型结构、数据存储结构以及系统扩展规划等内容，均需从全局出发、从长远的角度考虑[16,17]。

先进性原则：系统构成必须采用成熟、具有国内先进水平，并符合国际发展趋势的技术、软件产品和设备。在设计过程中充分依照国际上的规范、标准，借鉴国内外目前成熟的主流网络和综合信息系统的体系结构，以保证系统具有较长的生命力和扩展能力。保证先进性的同时还要保证技术的稳定、安全性。

高可靠/高安全性原则：系统设计和数据架构设计中充分考虑系统的安全和可靠。

标准化原则：系统各项技术遵循国际标准、国家标准、行业和相关规范。

成熟性原则：系统要采用国际主流、成熟的体系架构来构建，实现跨平台的应用。

适用性原则：保护已有资源，急用先行，在满足应用需求的前提下，尽量降低建设成本。

可扩展性原则：信息系统设计要考虑到业务未来发展的需要，尽可能设计得简明，降低各功能模块耦合度，并充分考虑兼容性。系统能够支持对多种格式数据的存储。

2.2　数据接口调用设计

对于一个Web平台性的系统来说，往往需要为其他程序开放系统接口，即是以自己做的系统为平台，允许第三方的程序接入。需要和第三方的程序数据打交道，需要第三方程序通过调用Web平台接口来传递数据[18]。对于Web平台来说，开放给第三方程序的接口设计，最好不要直接将第三方传递过来的数据与系统本身的数据一起处理[19]。

将第三方传入的数据放到一张临时表里，系统通过定时任务去从临时表中将传入数据转换为系统数据。这样做的好处在于：

(1)第三方传入数据不会因为接口调用的失败或异常而扰乱系统已有的数据；

(2)对于接口调用方来说，减少了接口处理数据的复杂性，可以大大提高接口的调用成功率；同步接口里的方法，建议将添加和修改统一为一个方法，通过传入系统主键来判断：有记录则更新，无记录则添加。

当平台系统与预警子系统间要做数据同步时，可以这样设计：比如平台系统和预警子系统，当数据从预警子系统到平台系统时：

(1)平台系统通过定时任务来调用预警子系统的接口；

(2)预警子系统接受到平台系统的请求后，处理请求，但可以不做任何接口回复；

(3)平台系统调用接口后，只要接口调用不出现异常，即可认为接口调用成功。这样对于平台系统来说，接口调用后，无法收到任何回调信息，就无法确认数据是否被同步成功。

(4)预警子系统在下一定时任务启动时，将上一次接受到的数据对象返回给平台系统；

(5)平台系统通过对返回对象信息进行判断，如果有记录则更新同步状态。这样的前提是，两个系统要相互保存两个系统的数据主键。

2.3　网络安全设计

网络安全设计主要从数据加密与api接口安全两个方面考虑，数据加密https已经加密了，就不再次加密了；主要从api安全方面考虑。在代码层面，对接口进行安全设计：使用token进行用户身份认证、使用sign防止传入参数被篡改、用时间戳防止暴力请求。

对接口进行的详细安全设计的详细流程如下：

(1)使用token进行用户身份认证。

用户身份认证设计见图2。

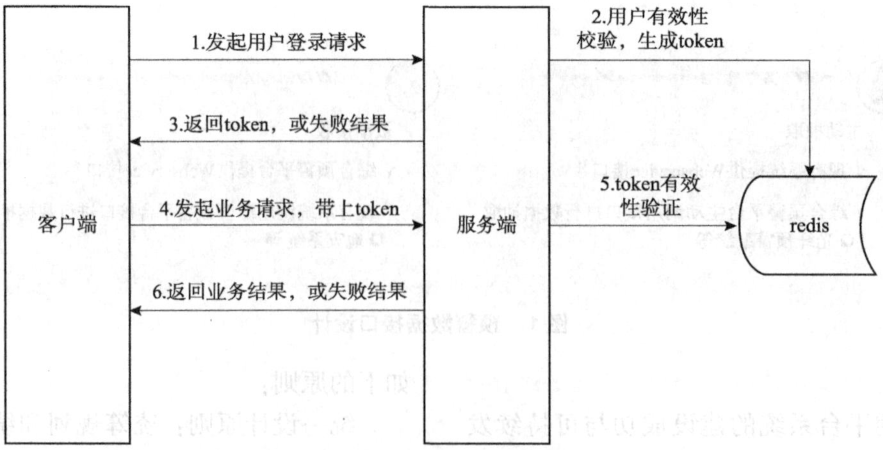

图2　用户身份认证设计

用户登录时，客户端请求接口，传入用户名和密文的密码后台服务对用户身份进行验证。若验证失败，则返回错误结果；若验证通过，则生成一个随机不重复的 token，并将其存储在 redis 中，设置一个过期时间。其中 redis 的 key 为 token，value 为验证通过后获得的用户信息。用户身份校验通过后，后台服务将生成的 token 返回客户端。客户端请求后续其他接口时，需要带上这个 token。后台服务会统一拦截接口请求，进行 token 有效性校验，并从中获取用户信息，供后续业务逻辑使用。

(2)使用 sign 防止传入参数被篡改

为了防止中间人攻击(客户端发来的请求被第三方拦截篡改)，引入参数的签名机制，见图 3。具体步骤如下：

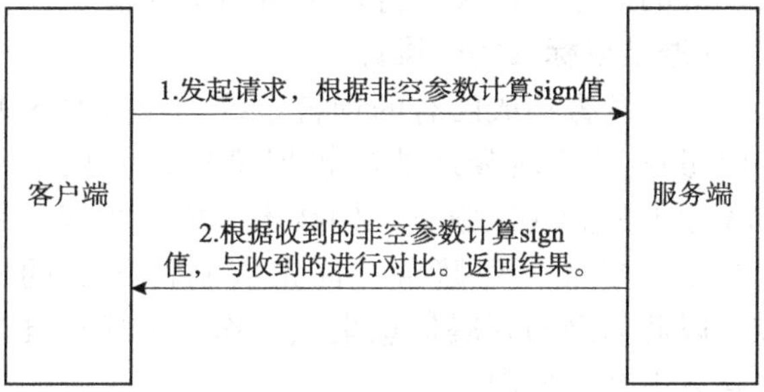

图 3　签名机制设计

客户端和服务端约定一个加密算法(或 MD5 摘要也可)，客户端发起请求时，将所有的非空参数按升序拼在一起，通过加密算法形成一个 sign，将其放在请求头中传递给后端服务。后端服务统一拦截接口请求，用接收到的非可空参数根据约定好的规则进行加密，和传入的 sign 值进行比较。若一致则予以放行，不一致则拒绝请求。由于中间人不知道加密方法，也就不能伪造一个有效的 sign，从而防止了中间人对请求参数的篡改。

(3)用时间戳防止暴力请求

sign 机制可以防止参数被篡改，但无法防 dos 攻击(第三方使用正确的参数，不停请求服务器，使之无法正常提供服务)。因此，还需要引入时间戳机制。

具体的操作为：客户端在形成 sign 值时，除了使用所有参数和 token 外，再加一个发起请求时的时间戳。而后端则需要根据当前时间和 sign 值的时间戳进行比较，差值超过一段时间则不予放行。

若要求不高，则客户端和服务端可以仅仅使用精确到秒或分钟的时间戳，据此形成 sign 值来校验有效性。这样可以使一秒或一分钟内的请求是有效的。

若要求较高，则还需要约定一个解密算法，使后端服务可以从 sign 值中解析出发起请求的时间戳。总结后的流程图见图 4。

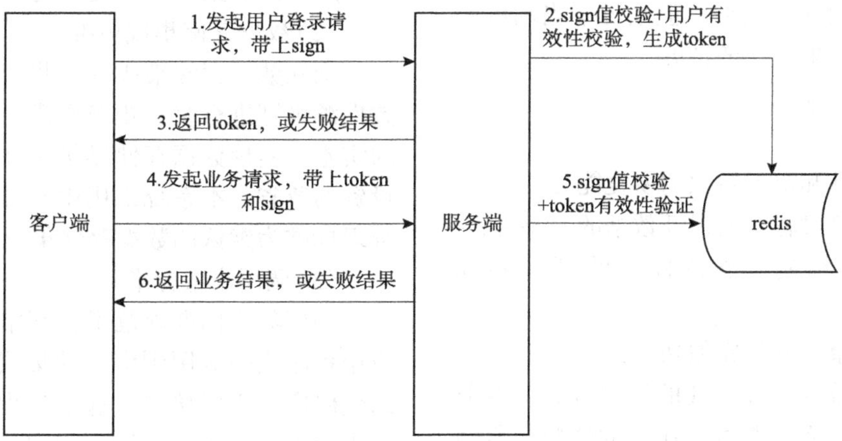

图 4　时间戳设计

3　数据库设计

通过建立主索引和分级索引实现对各类数据的检索，提高访问速度；通过数据保密级别、公司(或单位)、用户组、用户角色之间的关系，建立数据访问的安全控制系统；对于数据表物理结构将避免数据冗余和不合理的数据表设计，从而节省存储空间、提高数据检索速度；根据实际应用需要，建立数据对象的分级索引和关联关系，满足数据查询、信息检索的应用需要；从数据检索的角度，对数据库数据检索有两种方式：直接数据表数据检索和数据视图数据检索，数据视图检索数据的性能要高于直接数据表数据检索，因此，在数据库设计上，用户对数据库数据的访问采用视图方式[21]。

数据库建设是对西气东输管道安全综合预警平台数据进行采集，形成统一的实时数据采集、存储、发布及管理的系统。

系统设计主要遵循以下原则：

(1)统一标准、统一规范、统一设计、分步实施

数据库系统应在西气东输管道安全综合预警平台的统一部署和指导下，在总体技术规范的基础上，分步实施。另一方面要求统一标准，统一规范，实现生产、科研各部门之间信息共享，实现系统信息共享，实现整个系统横向之间、纵向之间、专业之间广泛的信息集成与共享。

(2)高起点、高水平，突出实用性

在设计时需要考虑到西气东输管道安全综合预警平台的实际情况和工程造价，在数据库系统建设设计上，既从总体建设思路上与其他相关项目达到高度融合，又能符合现状和实用性进行功能应用设计。

(3)注重平台统一及信息共享

系统的设计除考虑内部数据的高度共享外、同时充分考虑与其他相关系统的数据共享，提供相应的数据接口，使其他系统的相关人员享受共享性所带来的优点，将其主要重点放在保证数据的正确性与完整性上。

由于生产过程数据量大，精度要求高，并且带有时标，因此需要采用性能优良的实时数据库。实时数据库软件的选型不但立足于当前的需要，还要考虑到未来系统的扩展。

系统设计的要求如下：

(1)基本要求

高安全可靠性和资料数据的恢复能力；

在服务器切换过程中要保证数据的完整性；

支持多平台结构，支持标准的开放数据接口；

支持集群冗余，支持镜像功能；

数据的存储效率，以有效的压缩方式保存管道所有的生产过程实时数据，压缩的资料恢复时间在秒级以内；

具有和数据源的通信能力，包括各种SCADA系统、DCS系统和PLC智能设备的接口能力；

应有和信息管理MIS系统的关系型数据库的标准接口，实现实时数据库数据和关系型数据的高效连接；

足够的系统开放性、可维护性和二次开发能力。

(2)数据接口要求

API接口：提供C或C++的形式的API接口。接口应该充分考虑到访问大数据量时，对耗时很长的操作提供异步调用或服务端游标等方式简化二次开发工作量，同时提高系统运行效率；

SDK接口：通常SDK是指微软自动化对象的接口方式，用户可以在支持自动化对象容器的应用程序中方便开发程序；

OPC接口：OPC是一套完整的规范，对于实时数据的应用，要求提供OPC的DA(Data Access)和HDA(Historical Data Access)两套规范。这样可以使用标准的OPC DA和OPC HDA客户端对数据进行访问；

ODBC接口：支持ODBC通常要求支持标准SQL访问实时历史数据。需要具备SQL可以访问大部分的数据，以及支持常用的SQL语法。

4 数据集成标准统一设计

安全预警集成已有的预警系统的业务系统并同时考虑了各预警系统的扩展集成，使用基于SOA思想的企业微服务架构技术。由于集成的系统众多，接口类型繁杂，首先应制订集成的标准，以此为纲的开展信息集成工作。集成标准应包含以下几个方面：

(1)界面集成标准

用户界面集成是一个面向用户的整合，将原先各系统的界面通过界面集成标准整合到一个企业应用门户框架下来，便于用户使用。

(2)数据存储集成标准

确立数据存储集成标准将企业内的数据库和数据源级别进行统一规范管理。通过该集成标准的实施，实现数据存储维护工作的简化、服务器投资的节省。本系统采用中石油统一数据源数据管理标准为默认的数据存储集成标准。

(3)调用集成标准

调用集成标准规范了在网络环境中的跨平台应用程序之间应用到应用的集成。它涵盖了普通的代码应用程序接口、远端过程调用、面向消息的中间件、微服务调用、Web服务等各种软件技术。

(4)部署标准

部署标准将明确应用在虚拟化服务器微服务架构中的部署标准，基于管道云平台轻量级虚拟化运维环境，确保本期及今后系统可以顺畅的运行及使用。

5 结论

天然气管网安全预警各预警子系统相对独

立，数据架构、通信标准和预警级别定义不统一，尚未实现在同一平台共享预警数据，预警资源优化配置和集中管理的水平不高。本文结合智慧管道、智能管网建设要求和管道风险防控技防建设需求，依托天然气管网现有的光管体应力应变预警、地质灾害预警、智能阴保预警、视频智能识别预警、光纤测温预警、光纤振动预警、光纤应变预警、站场视频智能识别预警、动火视频智能识别等预警系统，将各预警数据进行整合，统一定义数据标准与接口技术规范，进一步加强管道风险监测预警能力，切实发挥监测数据的作用，提高风险监测效率，支撑集监测预警、预警处置，事件管理及系统管理等多模块于一体的管道安全综合预警平台建设。

参考文献

[1]黄维和，郑洪龙，王婷．我国油气管道建设运行管理技术及发展展望[J]．油气储运，2014(12)：1259－1261.

[2]SY/T 6827—2022，油气管道安全监控预警系统综合技术规范[S].

[3]张静．长输油气管道安全隐患及管理措施的探讨[J]．炼油与化工，2019(04)：47－48.

[4]徐波，李博，宋小晖，兰浩，段林杰．油气管道智能化运行解决方案的思考[J]．油气储运，2018(07)：721－727.

[5]李柏松，王学力，徐波，孙巍，王新，赵云峰．国内外油气管道运行管理现状与智能化趋势[J]．油气储运，2019(03)：241－250.

[6]崔平正，廖剑波，崔晨，王辉．油田集输管网及设备数字化管理系统设计与应用[J]．新疆石油天然气，2018(03)：71－75＋5.

[7]何伟．浅谈作业区数字化管理平台应用提升站场基础管理[A].//第32届全国天然气学术年会(2020)论文集[C]. 2020：2795－2800.

[8]周利剑，贾韶辉．管道完整性管理信息化研究进展与发展方向[J]．油气储运，2014，33(6)：571－576.

[9]李勇．油气管道安全运行管理[J]．科技创新与应用，2016(20)：111－117.

[10]蔡永军，蒋红艳，王继方，王潇潇，李莉，陈国群，等．智慧管道总体架构设计及关键技术[J]．油气储运，2019，38(2)：121－129.

[11]M. Braglia，M. Frosolini. An integrated approach to implement Project Management Information Systems within the Extended Enterprise[J]. International Journal of Project Management. 2012：95－122.

[12]郑洪龙，黄维和．油气管道及储运设施安全保障技术发展现状及展望[J]．油气储运，2017，36(1)：1－7.

[13]董红军，马云宾．输油气站场智能巡检系统设计与实现[J]．油气储运，2020(05)：570－575.

[14]蔡银森．多参量分布式光纤传感系统的研究[D]．南京：南京大学，2019：38－44.

[15]程玉峰．保障中俄东线天然气管道长期安全运行的若干技术思考[J]．油气储运，2020，39(1)：1－8.

[16]孙建宇．输气管道完整性管理简介[J]．石油库与加油站，2009，18(3)：14－17.

[17]张鹏，姜云，段永红等．新建油气管道完整性管理系统模型设计与开发[J]．天然气勘探与开发，2010，33(4)：77－82.

[18]董绍华，王联伟，费凡，等．油气管道完整性管理体系[J]．油气储运，2010，29(9)：641－647.

[19]郭磊，周利剑，白楠等．长输油气管道完整性管理信息化实践[J]．油气储运，2010，33(2)：144－147.

[20]Hassan Iqbal，Bushra Waheed，Husnain Haider，Solomon Tesfamariam，Rehan Sadiq. Mapping Safety Culture Attributes with Integrity Management Program to Achieve Assessment Goals：A Framework for Oil and Gas Pipelines Industry[J]. Journal of Safety Research. 2018.

[21]武波．实时内存数据库的设计与实现[D]．浙江大学，2005.

基于GIS和数据融合技术的数字管道系统研究

李保吉[1] 戴联双[2] 郭 磊[1] 任 武[3] 燕冰川[1] 祁明亮[4] 陈泽涛[4] 刘华兴[4]

(1. 国家管网集团北方管道有限责任公司，河北 廊坊 065000；2. 国家石油天然气管网集团有限公司，北京 100020；3. 国家管网集团科学技术研究总院分公司，河北 廊坊 065000；4. 方正国际软件(北京)有限公司，北京 100080)

摘 要：油气长输管道是保障民生需求的重要基础设施，也是国家能源战略的重要组成部分。基于GIS和大数据技术，构建数字管道系统，将不同时期、不同来源的管道数据进行统一的整合、管理，面向不同的业务场景以数据专题的方式进行综合展示应用，有效提升管道数据的潜在效益，进而保障油气管网资产安全高效运行。

关键词：数字管道；GIS；数据管理；资产完整性

Research on Digital Pipeline System Based on GIS and Data Fusion Technology

Li Baoji[1], *Dai Lianshuang*[2], *Guo Lei*[1], *Ren Wu*[3], *Yan Bingchan*[1], *Qi Mingliang*[4], *Chen Zetao*[4], *Liu Huaxing*[4]

(1. PipeChina North Pipeline company, Hebei Langfang 065000, China;
2. China Oil & Gas Pipeline Network Corporation, Beijing 100020, China;
3. PipeChina Institute of Science and Technology, Langfang 065000, China;
4. Founder International Software (Beijing) Co., Ltd, Beijing 100080, China)

Abstract: Long - distance oil and gas pipeline is an important infrastructure to ensure people's livelihood, and also an important part of the national energy strategy. Based on GIS and big data technology, a digital pipeline system is constructed to integrate and manage pipeline data from different periods and sources in a unified manner, and to comprehensively display and apply pipeline data in the way of data thematic for different business scenarios, so as to effectively improve the potential benefits of pipeline data and ensure the safe and efficient operation of oil and gas pipeline network assets.

Key words: Digital pipeline; GIS; Data management; Asset integrity

1 绪论

“数字管道”是以遥感(RS)、全球定位系统(GPS)、地理信息系统(GIS)、数据管理系统、物联网等技术为基础，以管道设计、施工和运营数据为支撑，通过将管道沿线及周边资源、环境、社会、经济等复杂信息进行整合，集成数字化信息框架，并充分利用数字技术在该框架内嵌入快速、准确、完整的信息体系，构建数字信息系统平台，在可视化条件下为管道建设与运营提供科学高效的管理与决策支持。

油气储运设备、设施原属不同的企业，设计施工及运行标准不统一、管理模式差异大，亟须建立统一的标准规范，综合运用遥感(RS)、地理信息(GIS)和大数据技术，构建数字管道系统，

作者简介：李保吉(1981—)，男，高级工程师，2007年硕士毕业于中国石油大学热能动力工程，现主要从事智慧管道建设与数字化转型工作。E - mail：libj@ pipechina. com. cn

对多来源的长输管道数据资产进行整合、处理和统一的管理，并面向高后果区、内检测、外检测、缺陷管理、管道巡检等业务场景，提供统一的管道数据服务和应用支撑能力，保障油气管网资产安全高效运行，提升长输管道整体运行效益。本文从以下几个方面进行研究：

(1)长输管道数据资源的整合、处理和统一管理

以资产完整性相关数据标准为依据，基于统一的时空基准，对不同企业，不同来源的长输管道数据资源进行整合、处理、入库，并进行统一管理。

(2)管道业务数据的空间化采集处理与集成

构建统一的数据服务接口体系，提供数字管道系统和相关业务系统的集成对接能力，实现业务系统采集数据的实时空间化处理和集成。

(3)面向各类业务场景提供统一的管道数据和应用支撑能力

通过构建统一的数字管道系统，面向高后果区、内检测、外检测、缺陷管理、管道巡检等业务场景，以数据专题图的方式，提供统一的管道数据服务和应用支撑能力。

2　总体设计

2.1　设计依据

2.1.1　统一时空基准

综合考虑相关法律法规和国家管网数据资产建设现状，满足管道空间数据资源安全、及时、高效地采集、传输和应用等需求，数字管道系统采用基于大地2000坐标基准的GCJ-02火星坐标系作为统一的时空基准进行管理和应用。

2.1.2　定位控制基准

管道数据的测量控制点定位基础有三桩、环焊缝等设施设备数据，为保障精细化管理及高精度定位的需要，三桩、环焊缝等数据必须通过精准测量获取坐标(经度、纬度、高程)，里程信息，控制点的水平、高程误差保障在厘米级。

2.1.3　线性参照系

线性定位：依据线性参照开展管线要素相对位置存储地理位置的方法，通过沿线测量值获取线段或点的空间位置，达到沿路径获取要素数据的目标。线性定位具有动态分段的特点，凭借动态分段可以对线性要素进行任意的线性获取，从而获取以线性要素存储和管理数据的地理位置，每次更改线性数据属性时无需分割线性要素，从而实现动态线性定位的目的。

线性定位的路径要素是具有已定义测量系统线性要素。该测量系统是以路径要素折点为基本结构单元，记录沿线的测量值，其测量值独立于要素类的平面坐标系。路径要素的测量值，虽然大多数应用都使用测量值表示沿线状要素增大的距离，但测量值是可以沿线要素随意增大、保持不变或减小的。

线性定位可以直观显示沿线状要素存储数据的相对位置，并确保记录的线性数据落在路径要素的空间上。利用统一的路径要素，可以实现多个度量单位的事件记录。支持具有多个不相交部分的路径要素的线性定位。线性定位对路径要素沿线测量值具有校准功能，即可利用控制点对路径沿线测量值采取内插或外推方式方法实施路径要素校准，以获取符合实际情况的测量值。

2.2　数据库设计

2.2.1　数据库总体架构

数字管道系统数据库由“数据库-数据集-数据表”三层架构组成，其中数据库为数字管道数据库，数据集为根据业务特征或者数据本体特征组合而成的数据集合，数据表为具体的数据实体存储表。具体如图1所示。

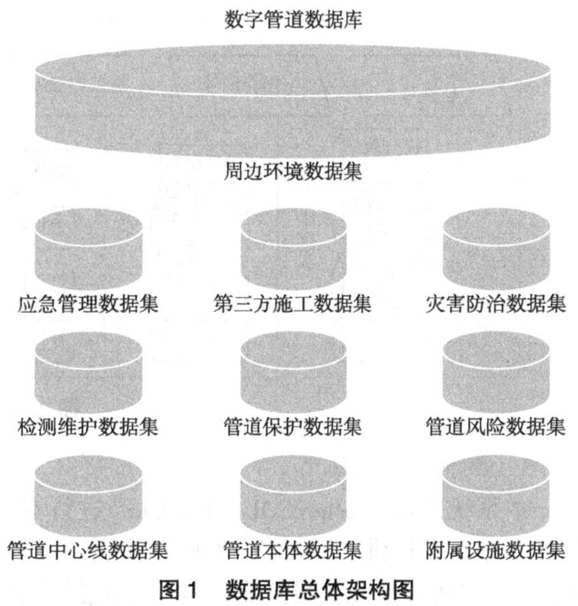

图1　数据库总体架构图

管道中心线数据集：主要由构成管道工程实体的管线、中心线控制点、站场、阀室等实体数据表构成。

管道本体数据集：主要由管线本体所涉及的钢管、弯头、法兰、三通等材料实体数据表构成。

附属设施数据集：主要由附属维护设施所涉及的线路标识等管道实体等数据表构成，如桩、

阀门、防腐设施等内容。

第三方施工数据集：主要由管道风险管理需要关注的管道附件或与管道交叉的人工建筑，基础设施等实体构成，如铁路、公路、桥梁涵洞等。

管道风险数据集：主要由管道风险评价所涉及的实体数据表构成，如高后果区、管道占压等内容。

检测维护数据集：主要由管道检测维护记录相关实体数据表构成，如凹陷、焊缝缺陷、破损点等内容。

管道保护数据集：主要由管道保护所涉及的相关实体数据表构成，如巡检设备、巡检人员、看护点等内容。

灾害防治数据集：主要由管道保护所涉及的灾害相关数据实体构成，如地质灾害易发段、防汛重点地段等内容。

应急管理数据集：主要由管道应急处置相关的实体数据表构成，如应急组织机构、应急专家、应急设备、应急预案等内容。

周边环境数据集：主要由管道风险管理关注的周边地理环境、公共设施等相关实体数据表构成，如边坡、断裂带、生态保护红线、密集居民区、医院、单位等内容。

2.2.2　数据库逻辑组织

数字管道数据库中的各类管道数据资源是以管道中心线数据为基础，结合实际管道管理业务，形成的具有一定管理层级，以某一管线实体对象为关联纽带，所形成的管道数据的总集合。管线实体对象由多个站间段组成，各类数据是以站间段为基础的关联性逻辑管理方式，通过站间段实现与横向管理机构、管理范围之间的关联；实现与管线附属设施、检测风险等实体数据之间的关联。数据库逻辑关系如图2所示。

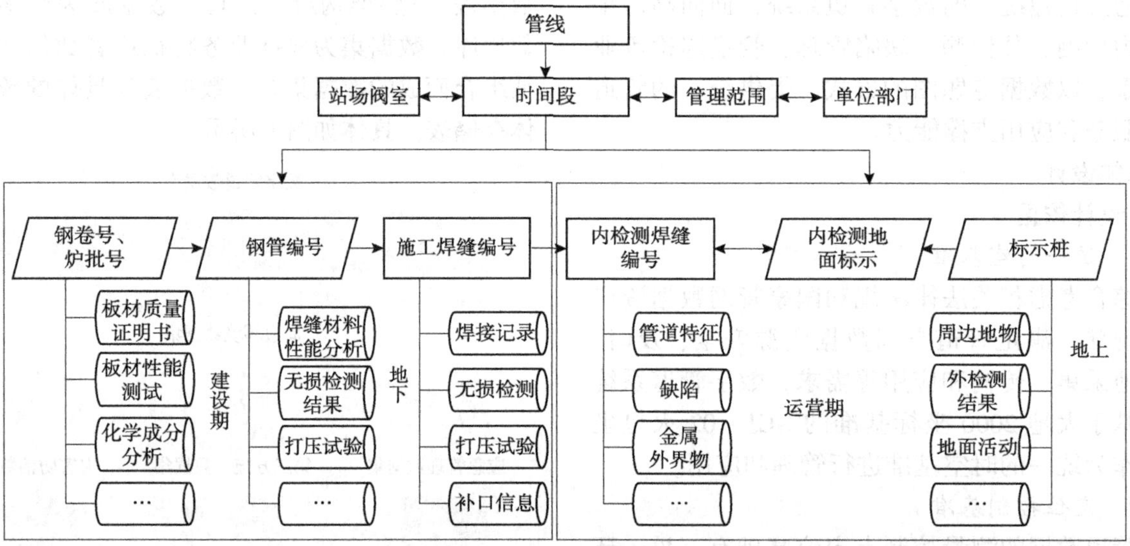

图2　数据逻辑关系图

2.2.3　数据库存储选型

本系统采用"PostgreSQL + PostGIS"进行空间数据存储，其提供空间对象(支持经纬度、高程、里程)、空间索引、空间操作函数和空间操作符。同时，PostGIS遵循OpenGIS的规范，原生支持线性定位算法。

2.3　总体架构

数字管道系统以长输管道资产数据为基础，基于相关标准规范，通过地理信息、大数据、物联网等技术，实现各类长输管道数据资源的整合、处理、更新和统一管理，并与相关业务系统对接，实现管道空间位置信息的采集、更新。

面向管道实际业务场景，以专题地图的形式，提供相关管道数据资源的可视化展示、关联查询、里程定位、全线里程图、地图打印等功能，全面满足业务应用需要，提升长输管道数据应用精准性和高效性。

系统总体框架主要由基础环境层、数据层、引擎层、应用层、接口层和用户层构成，具体如图3所示。

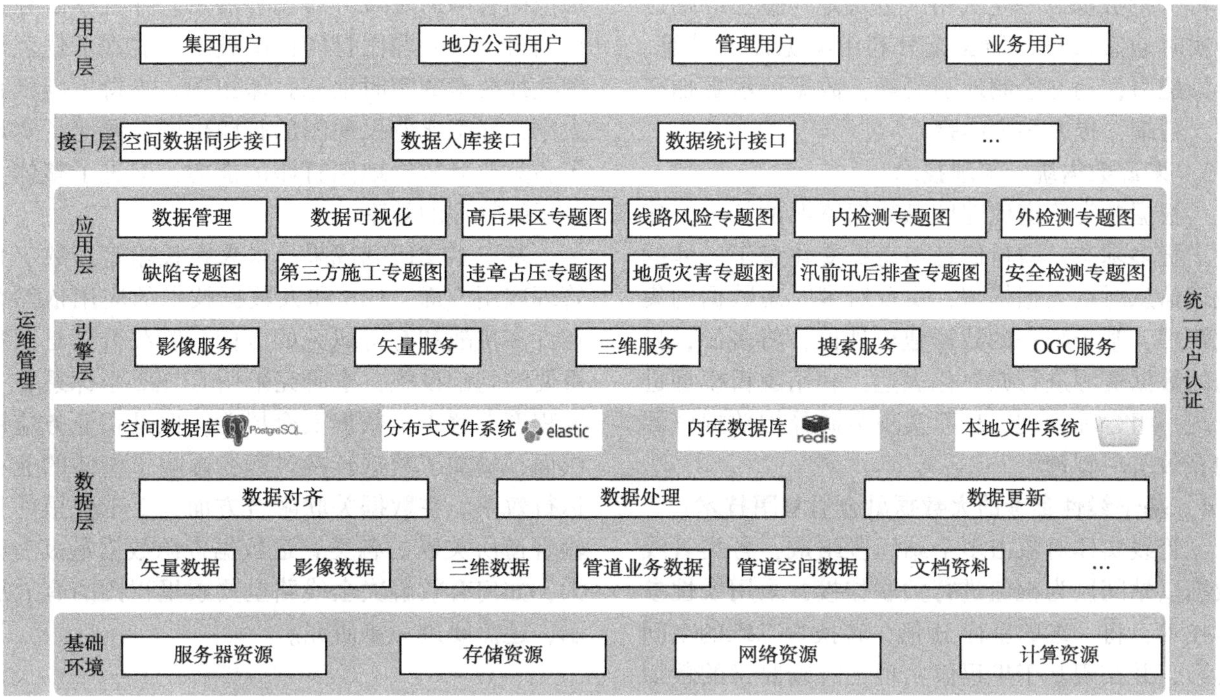

图3　系统总体架构

基础环境层：是数字管道系统运行的基础硬件环境，包括服务器、存储、网络、计算等资源。

数据层：是数字管道系统的基础，主要实现各类管道数据资源的数据处理、数据对齐、数据更新等操作，并且建立统一的管道数据资源库，实现各类数据资源的统一存储、管理和对外服务支撑。

引擎层：采用具有自主知识产权的 GIS 服务引擎，提供各类矢量数据服务、影像数据服务、三维地图服务、时空搜索服务和 OGC 标准服务等基础支撑能力，对数字管道系统应用建设提供支撑。

应用层：是数字管道系统建设的主要内容，包括数据管理、数据可视化、高后果区专题图等 12 项功能模块。

接口层：是数字管道系统提供接口与相关业务系统对接，实现管道空间位置的采集和更新功能。

用户层：是数字管道系统的使用人员，包括集团用户、各地方公司用户、系统管理用户及业务操作用户等。

2.4　技术架构

数字管道系统技术架构由存储层技术、服务端技术、交互层技术，前端技术和负载均衡等内容构成。

存储技术：为满足管网多源数据格式、类型的需求，系统采用混合存储架构，根据不同的数据格式，数据内容和数据来源，采用多种数据存储技术，并基于统一的数据中台实现对底层数据存储层的统一支持。

服务端技术：根据数字管道系统的特点，综合应用多种服务端技术，采用 B/S 架构，基于 JAVA 和 Spring Cloud 微服务架构，作为系统的后端技术框架，采用 MyBatis 作为数据持久层框架，采用多线程和 Logstash 进行数据同步。

交互层技术：采用 json 作为主要的交互层数据格式，空间数据服务遵循 OGC 的统一服务要求，采用 restful，websocket 作为交互技术要求。

前端技术：前端技术采用 vue 统一框架，利用 html、css、js、element - ui 技术作为技术支持。

负载均衡技术：采用 docker 作为容器化部署，采用 nginx 作为负载均衡应用服务器。

3　关键技术

3.1　混合存储技术

混合存储技术是综合采用关系型数据库、分布式数据库、内存数据库、文件数据库等多种存储技术，隐藏数据的存取细节，向用户提供统一的访问接口，在满足数据存储要求的情况下，最大化数据的存储效率，并最小化存储成本，实现时空数据资源的统一高效存储和一体化管理，构建统一的时空数据资源库和空间数据框架支撑。

3.2　矢量瓦片技术

矢量瓦片是一种新型的矢量数据服务技术，

它将矢量数据以一定的格式分块地传输在终端进行实时动态渲染，能够充分利用浏览器的计算、渲染能力，动态绘制地图要素，数据展示更加高效、精细，提升用户体验。

3.3 多源数据统一管理技术

根据各类管道地理信息数据资源的特点，建立了集多基态、增量信息与历史变化量于一体的地理信息时空数据模型，实现对多时态数据的集成管理，基于统一的数据建模理论，将多源，异构的数据资源进行归一化表达，利用逻辑模型进行统一组合和管理，从而实现多源异构数据资源的有效统一管理。

3.4 基于线性参考的大数据融合里程图技术

管线实体对象由多个站间段组成，各类管线数据以站间段为枢纽进行关联挂接，采用线性参考技术，将一维的里程 M 值，转换为二维的空间要素，并实现基于里程值实现任意线要素的裁切提取，并通过站间段信息与桩、三通、埋深、高程、场站等数据进行关联提取，形成线路全要素里程图。

4 结论及建议

本研究通过 GIS 和大数据技术，实现了长输管道数据资源的整合、处理与统一管理，构建了数字管道系统，实现了长输管道数据资源基于业务场景的一体化应用支撑，保障了油气管网资产安全高效运行，有效提升了提升长输管道整体运行效益。本研究提出的全线里程图技术，高效地实现了长输管线各类数据资源的基于线性参考的一体化展示以及地图与图表的有机动态关联，实现全国管网的宏观分布态势展示。并且本研究提出的自定义专题图打印出图技术，实现了任意地图叠加要素的实时动态打印出图，支持不同纸张大小，任意比例尺地图的打印出图，便捷了实现了各类业务数据地图打印的能力，促进了整体业务运行管理的效率。

基于本文研究成果，未来在长输管道数字化管理应用方面，GIS 和大数据技术的应用依然存在许多挑战和有待研究的方向。管线数据是国家重要的基础设施，本研究采用 GCJ02 坐标系在一定程度上解决了数据安全风险，但是在业务应用层面，增加了数据转换过程，影响了整体的业务运行效率。在数据关联融合方面，上千公里的长输管道所关联的各类管道数据资源数据量极为庞大，如何有效解决全线路全要素里程图的有效展示，还需要进一步研究。

参考文献

[1]万仕平，杨胜，李丹．数字管道地理空间框架的构建[J]．天然气与石油，2010，28(3)：4－6.

[2]欧新伟，李洋，徐杰，刘亮．基于 WebGIS 的数字管道信息系统的设计与应用[J]．石油化工自动化，2017，53(6)：37－40.

[3]吴良超，吴军荣，刘赟．GIS 技术在数字管道系统中的应用研究[J]．测绘与空间地理信息，2013，36(4)：57－60.

[4]李栋．数字化管道技术在我国长输管道中的应用及发展分析[J]．中国石油和化工标准与质量，2013，16：244.

奥卡姆剃刀原理在管道管理中的运用

戴联双[1] 郭 磊[2] 燕冰川[2] 李保吉[2] 贾韶辉[3] 郭 永[4] 王 敏[4] 陈 冲[4]

[1. 国家石油天然气管网集团有限公司，北京 100020；2. 国家管网集团北方管道有限责任公司，河北 廊坊 065000；3. 国家管网集团科学技术研究总院分公司，河北 廊坊 065000；4. 方正国际软件(北京)有限公司，100080]

摘 要：在数字化转型的大前提下，面对管道运营产生的庞大、复杂、多样的数据样本，如何简单有效地实现管道管理，奥卡姆剃刀原理提供了一种新的思路。资产完整性管理平台运用奥卡姆剃刀的原理将繁杂的数据和业务简单高效运用起来，使得企业管理体系文件落地和系统应用简单化但又不失其功能。

关键词：奥卡姆剃刀原理；资产完整性管理；数字化转型

Application of Occam's Razor Principle in Pipline Management

Dai Lianshuang[1], *Guo Lei*[2], *Yan Bingchan*[2], *Li Baoji*[2], *Jia Shaohu*[3], *Guo Yong*[4], *Wang Min*[4], *Chen Chong*[4]

(1. China Oil & Gas Pipeline Network Corporation, Beijing 100020, China;
2. PipeChina North Pipeline company, Hebei Langfang 065000, China;
3. PipeChina Institute of Science and Technology, Hebei Langfang 065000, China;
4. Founder International Software (Beijing) Co., Ltd, Beijing 100080, China)

Abstract: Under the premise of digital transformation, Occam's Razor provides a new way of thinking on how to achieve simple and effective pipeline management in the face of huge, complex and diverse data samples generated by pipeline operation. The asset integrity management platform uses the principle of Occam's razor to make the complex data and business simple and efficient, making the enterprise management system file used and system application simple but without losing its function.

Key words: Occam's Razor; The asset integrity management; digital transformation

1 奥卡姆剃刀原理介绍

奥卡姆剃刀原理(Occam's Razor, Ockham's Razor)又称"奥康的剃刀"，它是由14世纪逻辑学家，出生于英国奥卡姆的基督教教士威廉(William of Occam)提出的。这个原理认为"如无必要，勿增实体"，即凡事都要遵从"简单有效"的原则。威廉教士在《箴言书注》中所说，"切勿浪费较多东西去做那些用较少的东西同样可以做好的事情"。

奥卡姆剃刀原理与我国道家学派创始人老子《道德经》中的"大道至简，衍化至繁，大道至简，人生亦减"的思想很相近，就是要求我们在处理事情时，把握事情的本质，解决最根本的问题，尤其要顺应自然，遵循自然规律，不要把事情人为地复杂化，这样才能更快、更有效率地把事情处理好。

如今奥卡姆剃刀定理常用于两种或两种以上假说的取舍上：如果对于同一现象有两种或多种不同的假说，我们应该采取比较简单或可证伪的那一种，世界客观存在即是建立在客观实践之上，正所谓实践是检验真理的唯一标准。

作者简介：戴联双(1983—)，男，2019年博士毕业于天津大学材料加工工程专业，现主要从事管道完整性管理工作。E-mail：dails@pipechina.com.cn

2 奥卡姆原理在资产完整性管理线路子系统设计的应用

2.1 资产完整性管理综述

资产完整性管理(Asset Integrity Management，AIM)是一个完善的系统的管理过程，是用整体优化的方式管理资产的整个生命周期，以达到资产的可靠性、安全性、以及经济性的要求并可持续发展。资产完整性管理的目标是传递资产收益率最大化的商业需求，同时保持利益相关者价值，最小化与生产事故和损失有关的商业风险[1]。

2.2 基于风险管理的精简化管理

资产完整性管理最终目标是对管道运营的风险水平合理和有效控制，以达到企业效益最大化。因此，要实现这个目标，就需要以风险评价模型为中心进行思维扩散，明确需要哪些实体资产数据、业务资产数据，建立数据收集范围和流向，构建系统数据库表，这样也可以避免在系统建设过程中盲目构建大而全的资产数据库[2]。在线路完整性管理子系统总体模块设计上，基于国家管网集团线路风险管理所依据的标准和计算方法，确定了与风险管理相关的功能模块的构建，如图 1 所示。

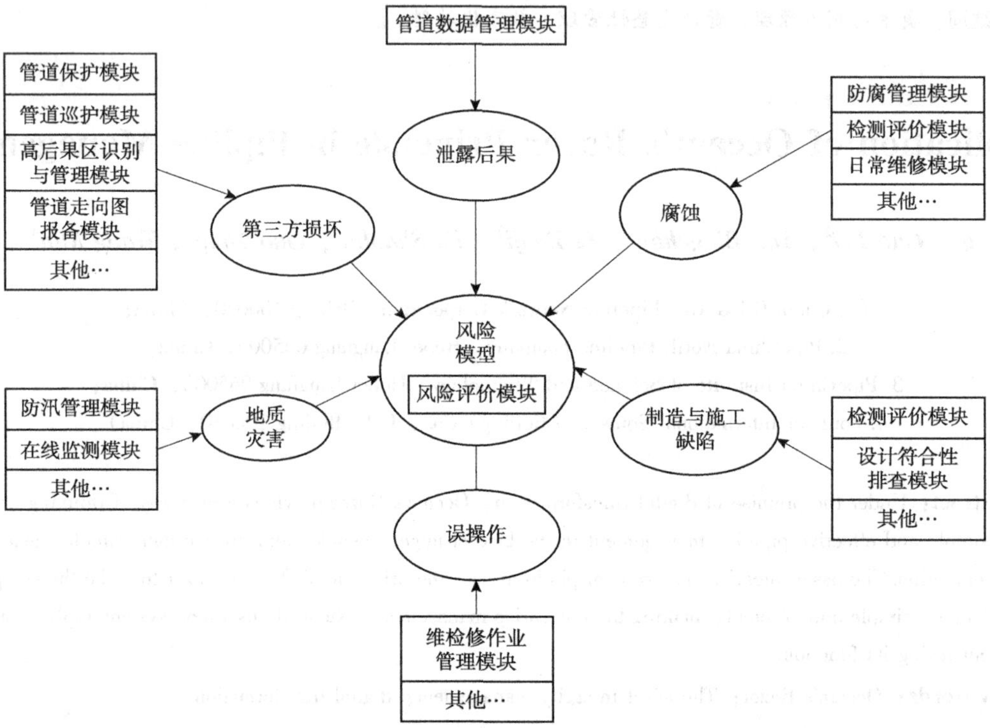

图 1　基于风险模型构建系统功能

在各业务模块详细设计中将各风险评价模型中的第三方损坏、腐蚀、误操作、制造与施工缺陷、地质灾害以及泄漏后果指标项具体化，建立表单级页面、制定总体管道基础数据和业务数据流向、服务/接口等，最终满足管道管理人员对风险的科学计算和评价，同时也规范了管道属性数据、周边环境数据以及其他日常业务数据的收集和分析，降低了信息化系统的数据维护成本。

2.3 基于应用需求的 UI 简约设计

以上介绍的是在资产完整性管理系统设计时，以结果为导向，在繁复冗杂的海量管道数据中删繁就简的典型示例。除此之外，在系统功能的界面设计上也充分应用了奥卡姆剃刀“化繁为简，把握重点”的原理，把握应用对象实际需求，以简单易用为指导思想进行 UI 设计。

以管道巡护模块设计为例，通过对该业务工作的管理对象、实施对象的分析发现，管道巡护工作主要由各所属地区公司二级单位(分公司、管理处)组织各基层站队(作业区、站场)开展实施，管理主体为管道科、站队主管管道保护岗人员，巡护主体为第三方外包单位的农民巡线工。管道科、站队管理人员多为 30 岁至 40 岁人员群体，相对文化和业务水平较高，易接受新事物。而农民巡线工基本为管道沿线属地农民，多为 50 岁以上人员群体，文化和业务水平较低，生活和工作习惯相对固化，不易接受新事物[3]。

基于以上实际需求，在巡检 APP 设计上开发两个 APP 应用版本，分别为管理版和巡线版。管理版主要面向管道科、站队管理人员使用，界面和功能设计以巡护管理监督、考核、管理为主，专业性强、功能点较多；巡线版主要面向农民巡线工使用，界面和功能设计简单明了，仅满足管道巡护打点和事件预警即可。总体界面风格如图2和图3所示。

图2　管理版

图3　巡线版

3　奥卡姆原理在数字化转型中发挥运用

3.1　数字化转型概述

“数字化转型”就是对业务(流程、场景、关系、员工)进行的重新定义，内部完成全面在线，外部适应各种变化，从前端到后端，全面实现无需人工介入的自动化和智能化，最终创造价值。

从以上可以看出，数字化转型的目标是重新定义业务而不仅仅是信息化做的线下到线上；实施数字化的目的不仅仅是降本增效，而应该关注自动化和智能化，根据环境和基础设施的变化，重新定义企业业务。

3.2　奥卡姆原理助推4.0生产运维流程在线路完整性子系统的落地

4.0生产运维流程的建立是国家管网数字化转型的关键一环，流程共包括L1到L4四个层级，涵盖了管理投产、管理生产运行方案、管理生产运行实施、管理管道保护等15个L2级业务域，对100多个L4级业务的开展工作内容、流程、输入项和输出项进行了说明，主要用于指导各项工作的落实和开展，线路完整性子系统开发的业务表单上报、审核工作流是4.0生产运维流程的信息化体现。

通过对各业务流程的梳理，结合实际管理和具体实施的需求，确定了哪些流程线下流转、哪些流程通过系统管理，以及哪些流程可以在审核过程中合并或拆分实现，将流程拆解简化。以资产完整性管理方案编制流程为例，4.0生产运维流程中规定了1个流程9个步骤，但实际对流程的分析和拆解，在实现流程信息化时，可拆分分公司方案编制和地区公司方案编制2个流程，每个流程分别设置2步和4步流程，将流程简化，便于落地[4]。具体如图4所示。

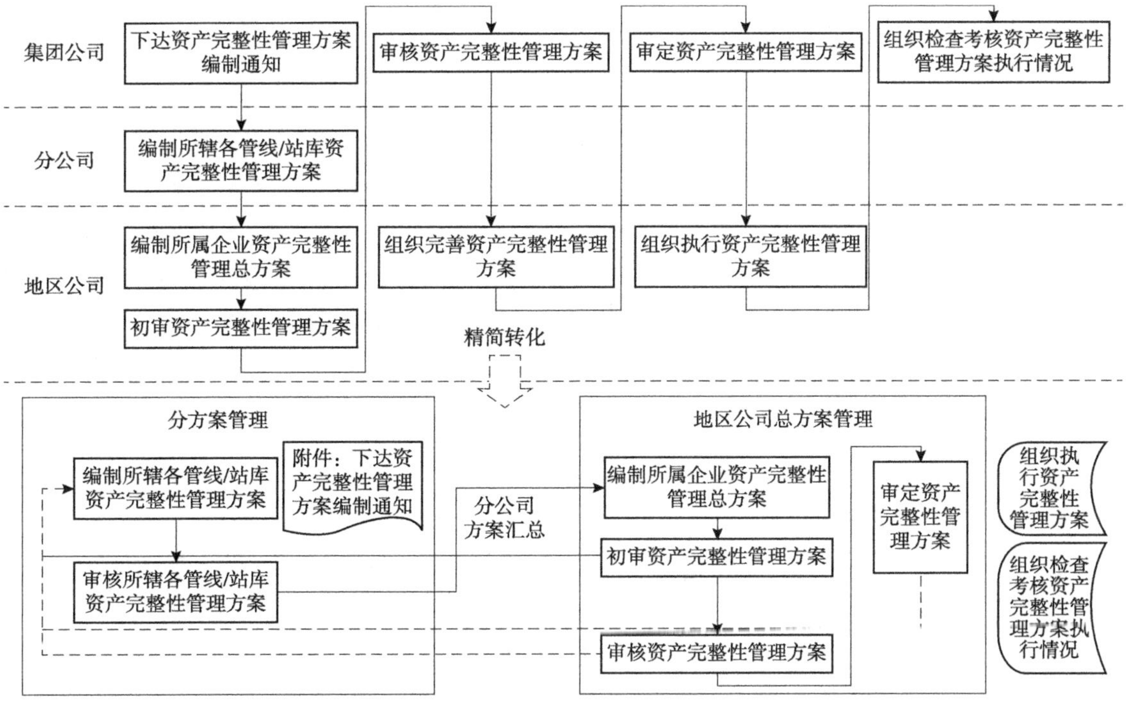

图4　4.0生产运维流程资产完整性管理方案编制的精简转换

4 小结

借助奥卡姆原理不仅为实际的管道管理工作建立清晰的工作目标，也使决策层和管理层能够分清主次工作，优先完成核心和重要的工作内容，提高工作效率。同时通过梳理企业内部的管理文件，在数字化转型过程中可有效降低各级人员的工作负担，捋顺管理思路，顺利完成转型。

通过奥卡姆原理的应用，将有效地掌握管道线路和设备设施隐患的动向，全面了解管道风险的提供重要的保障，有助于实现我国长输油气管道的动态、循环的完整性管理，对于完整性管理技术在我国管道业中的推广使用具有重要意义。

参考文献

[1]陈利琼，李云云，党美娟等．油气管道系统资产完整性的实现．油气储运，2014，33(12)：1292－1296.
[2]戴联双，于智博等．基于管道完整性管理的风险评价技术研究．工业安全与环保，2014，40(6)：54－57.
[3]杨祖佩，王维斌．长输管道资产完整性管理系统研究．油气储运，2006，25(7)：1－3.
[4]冯庆善，王学力，李保吉等．长输油气管道的完整性管理．管道技术与设备，2011，2011(6)：1－5.

压力管道DR实时数字成像检测技术的研究和应用

陈 剑

（中国石油天然气股份有限公司大庆特种设备检验中心，黑龙江 大庆 163000）

摘 要：本文介绍的压力管道DR实时数字成像检测技术，实现了压力管道检测的实时化、自动化、数字化和信息化管理，技术指标达到行业领先水平，提高了检测质量和工效，提升了检测施工的安全环保水平，为压力管道检验检测提供了的技术支撑，推广应用前景广阔。

关键词：管道；焊缝；DR；数字成像；检测工艺；校准；灵敏度

Research and Application of DR Real Time Digital Imaging Detection Technology for Pressure Pipeline

Chen Jian

（Daqing Special Equipment Inspection Center，petrochina Co.，LTD.，Daqing 163000）

Abstract：This article introduces the pressure pipeline DR real time digital imaging detection technology，has realized the pressure pipeline real time detection of the automation，digital and information management，technical indicators achieve industry leading level，improve the testing quality and efficiency，enhance the level of security environmental protection in the detection of construction and provides the technical support for pressure pipeline inspection detection，popularization and application peospect.

Key words：pipelines；weld；DR；digital imaging；detection process；calibration；the sensitivity

1 前言

压力管道检验检测工作是保障管道本质安全的有效方法和重要技术措施。根据压力管道检验检测标准，应对管道焊缝埋藏缺欠进行无损检测。目前通常采用的射线胶片照相检测方法（RT），虽然对焊缝缺欠的定性、定量准确，但还存在缺点：（1）RT检测的射线曝光量和辐射剂量大，曝光量一般大于15mA·min，透照时间长，检测作业安全风险高；（2）RT检测使用的洗片药液属于化学药剂，存在环境污染问题，不利于环保。

近年来，射线数字成像检测技术（DR）得到了推广应用，实现了焊缝无损检测的实时化、数字化成像。该技术检测质量和效率高，同RT技术相比检测曝光量大幅度降低，无需洗片等作业流程，不存在环境污染等问题，在检验检测安全环保方面得到了大幅提升和改善。

为充分发挥DR检测技术优势，提升DR检测技术能力，通过研究开发了压力管道DR检测工艺技术，并进行了推广应用，提高了管道DR检测质量和安全环保水平，为管道检验检测技术发展提供了技术支撑。

2 检测工艺原理

基于探测器数字成像技术原理，根据压力管道检测工况和管道焊缝选择DR检测透照方式，校准探测器响应灵敏度，安装DR检测成像系统，优化设置检测透照几何参数，采用探测器近距成像技术降低图像的几何变形和不清晰度，布置检

作者简介：陈剑（1976— ），男，教授级高级工程师，工学学士，主要从事检验检测技术研究和应用工作。E－mail：chj999666@126.com

测标记和像质计，优化设置检测工艺参数，校准系统成像灵敏度保证检测透照质量，启动检测工艺程序进行管道焊缝采集数字成像，图像存储到计算机中，对焊缝数字图像进行几何尺寸标定、细节增强和对比度调整，依据检测标准评定焊缝质量。

3　检测工艺

管道焊缝DR检测工艺流程见图1。

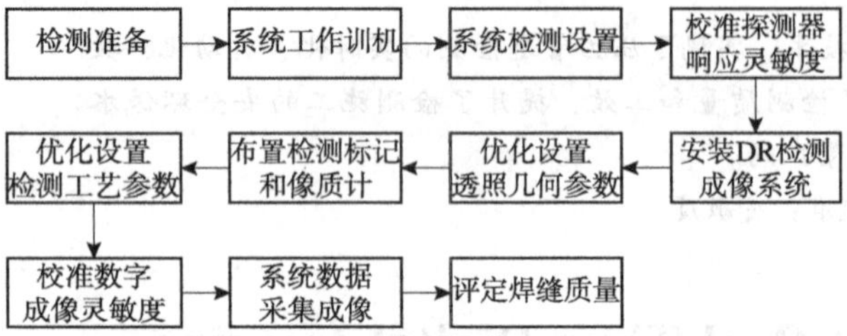

图1　压力管道焊缝DR检测工艺流程图

3.1　检测准备

检测选用的成像探测器有效像素尺寸应不大于200μm。射线源选用额定电压为300kV的高频恒压X射线机，有效焦点尺寸不宜大于3mm。准备检测用的铅字、标记带、标记尺、磁夹、像质计、记号笔等材料。

现场检测时，检测人员佩戴射线剂量计和射线剂量报警仪，由检测班组长或安全员设置检测控制区和管理区。

根据检测工况和管道焊缝选择合适的检测透照方式，由于单壁透照的灵敏度高于双壁透照，应优先选用单壁透照方式，因工件结构影响或受几何条件限制时，可采用双壁透照方式。透照时射线束中心应垂直指向透照区中心，需要时也可选用有利于发现缺陷的方向透照。一般采用单壁单影中心透照、双壁单影外透照、双壁双影外透照等方式(图2)。采用双壁单影透照，为保证检测质量射线束中心与环焊缝中心线所在垂直平面的夹角 θ 应控制在6°以内。

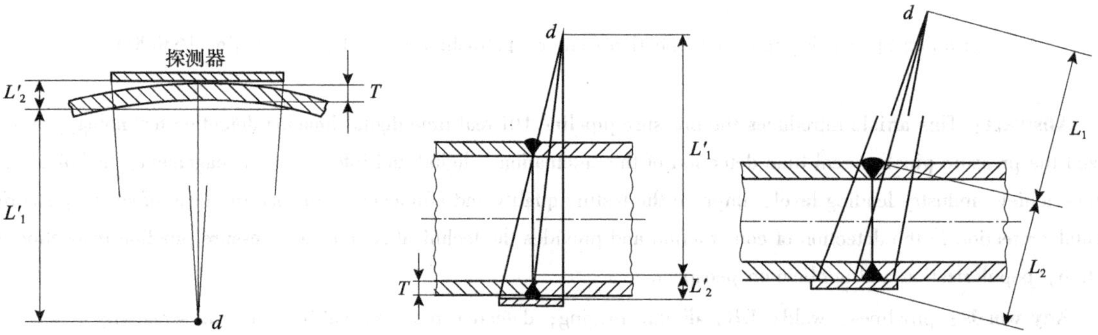

图2　DR检测透照方式

3.2　系统工作训机

根据检测工件的焊缝材质和最大透照厚度，对选用的X射线机进行工作训机，设置X射线机的最高工作电压和工作电流值，工作电压不宜超过X射线机额定电压的90%。打开X射线机的电源开关调至工作档位进行工作训机，X射线机的管电压和管电流逐渐上升至工作电压和工作电流，训机完成后将X射线机的电源开关调至安全档位关闭X射线。

3.3　系统检测设置

启动DR数字探测器和系统检测软件，检测系统网络连接成功后，在检测软件中设置检测文件名、存储路径和检测程序文件等信息。

3.4　校准探测器响应灵敏度

首先，在无工件条件下，通过检测工装将数字探测器和X射线机相对放置并固定，根据实际检测焦距设置数字探测器和X射线机之间的距离。在关闭X射线机的状态下，在检测软件中校准探测器像素和本底灰度一致性。然后，打开射线联控安全防护装置和X射线机，通过设置X射线机的工作电压和工作电流，校准探测器的辐射响应灵敏度，将探测器的灰度直方图曲线调整至灰度满量程的80% ~95%之间。见图3。

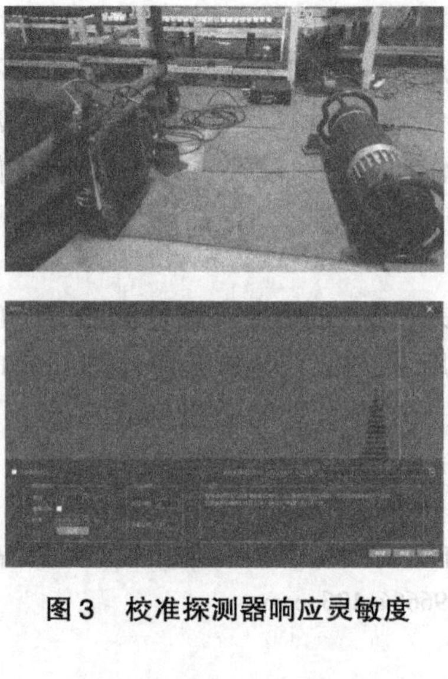

图3　校准探测器响应灵敏度

3.5 安装检测成像系统

采用单壁单影透照方式检测焊缝，将检测成像系统安装在检测工装上，成像探测器和定向X射线机相对放置在焊缝两侧，射线束中心垂直焊缝，探测器中心对准焊缝的检测起点位置。

采用双壁单影透照方式检测管道环焊缝的，先将钢质轨道固定安装在焊缝一侧的管道表面上，然后将探测器和X射线机两个驱动机构安装在轨道上，并把两个驱动机构相对放置且固定连接，再将成像探测器和定向X射线机分别安装在各自的驱动机构上，射线束中心与管道环焊缝中心线所在垂直平面的夹角θ应控制在6°以内，探测器中心对准焊缝的检测起点位置(图4)。

图4 安装DR检测成像系统

3.6 优化设置透照几何参数

射线源和探测器至管道表面的距离影响影响DR图像的几何放大倍数和不清晰度，其中：双壁双影透照的射线源至管道表面的透照距离f应满足：AB级射线数字检测技术：$f \geqslant 10d \cdot b^{2/3}$，B级射线数字检测技术：$f \geqslant 15d \cdot b^{2/3}$，$d$为有效焦点尺寸，$b$为管道表面到探测器的距离。探测器应靠近管道表面有利于提高DR成像质量。

3.7 布置检测标记和像质计

检测前应在检测工件表面布置好检测标记和像质计。

3.7.1 检测标记的布置

在铅字带上布置好工程编号、桩号、焊缝编号、焊缝规格、部位编号、日期等识别标记，将铅字带和定位铅字尺用磁夹固定在工件表面，检测标记应距离焊缝边缘至少5mm。

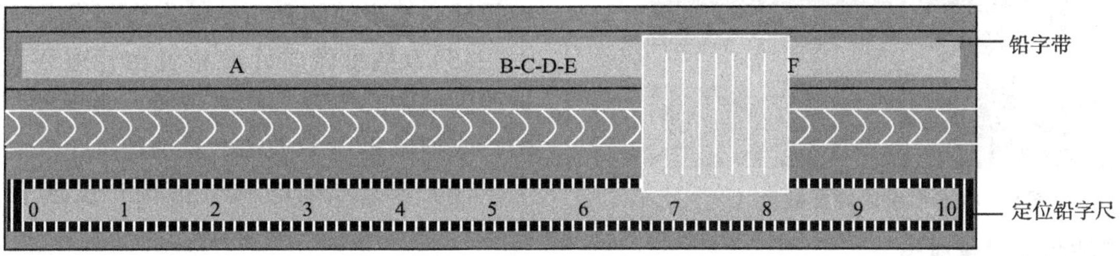

图5 检测标记布置效果图

3.7.2 线型像质计的布置

线型像质计型号的选用根据透照厚度按照表1确定。

表1 像质计型号的选用

像质计型号	10号(10~16)	6号(6~12)	1号(1~7)
透照厚度 W/mm	≤20	>20~80	>80

线型像质计灵敏度应满足表2的规定，像质计置于胶片侧时，像质计灵敏度应提高一个级别。

单壁单影透照时，线型像质计布置在工件的射线源侧。双壁单影透照时，线型像质计布置在工件的探测器侧。像质计应布置在焊缝一端被检区长度的1/4左右位置，金属丝应垂直横跨焊缝，细丝置于外侧[1]。

表2 像质计灵敏度值对照表

透照厚度 W/mm	要求达到的像质指数 Z	线直径/mm	透照厚度 W/mm	要求达到的像质指数 Z	线直径/mm
≤6	15	0.125	>20~25	10	0.400
>6~8	14	0.160	>25~32	9	0.500
>8~12	13	0.200	>32~50	8	0.630
>12~16	12	0.250	>50~80	7	0.800
>16~20	11	0.320	>80~120	6	1.000

3.7.3　双线型像质计的布置

双线型像质计应放置在工件的射线源侧，布置在板焊缝被检区长度的 1/4 左右位置的母材上，管道环焊缝有效透照区的中心位置与端点位置。双线型像质计的金属丝与探测器的行或列成 2°～5°夹角，且细丝置于外侧[1]。

3.8　优化设置检测工艺参数

根据检测焦距和透照厚度，通过 DR 曝光曲线或工艺试验设置 X 射线机的工作电压和工作电流，在 DR 检测管理软件中设置成像帧速、积分次数等工艺参数。DR 检测曝光量影响图像的灵敏度、分辨率、信噪比和灰度，通过调整管电流、帧速和积分次数等工艺参数来控制检测曝光量，增加检测曝光量可以提高 DR 成像质量。

3.9　校准优化数字成像灵敏度

通过调整设置 X 射线机工作电压和检测曝光量等工艺参数，校准系统成像灵敏度和灰度，将焊缝数字成像的灰度直方图曲线调整至灰度满量程的 20%～80%之间，见图 6。

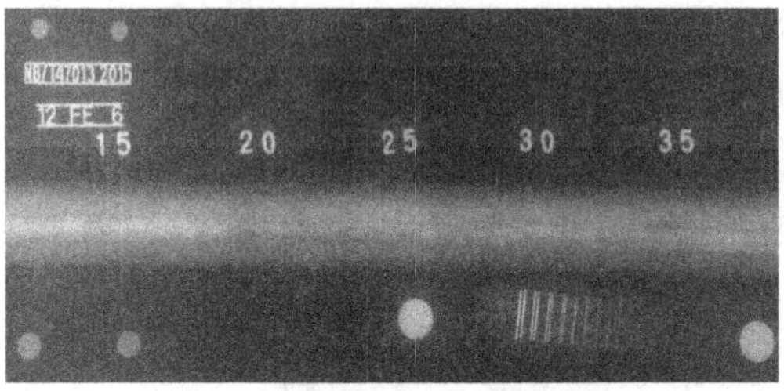

图 6　校准系统成像灵敏度

3.10　系统数据采集成像

选取焊缝检测成像区，启动检测工艺控制程序，检测成像系统进行焊缝数据采集和数字成像，见图 7，并将焊缝数字图像采用 DICONDE 格式存储到计算机中。

3.11　评定焊缝质量

启动软件焊缝质量评定模式，在静态成像状态下，测量焊缝数字图像的灵敏度、分辨率、归一化信噪比和灰度等技术指标，采用双线型像质计进行几何尺寸标定，对焊缝数字图像增强和对比度调整，依据检测标准评定焊缝质量。

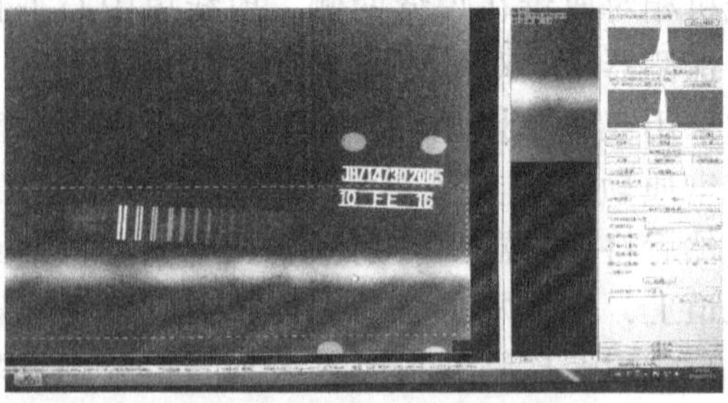

图 7　焊缝 DR 数字图像

4　质量控制

4.1　质量保证措施

(1)检测前技术负责人应编制操作指导书并进行工艺验证，经验证合格后方可采用该检测工艺。

(2)检测前校准 DR 探测器像素的灰度均匀性、系统响应灵敏度。

(3)应至少每 3 个月进行一次系统分辨率测定，系统分辨率指标宜大于等于 2.5LP/mm。

(4)采用线型像质计测定图像灵敏度，整条环焊缝应至少等间距布置 4 支线型像质计。

(5)双线型像质计应布置在管道环焊缝有效透照区域中心位置与端点位置，金属丝与探测器的行或列成 2°～5°夹角，且细丝置于外侧。

(6)图像采集的两侧搭接长度应符合标准要求。

(7)图像质量合格后进行几何尺寸标定，再评定焊缝质量。

(8)采用图像增强和对比度调整保证焊缝评定质量。

4.2　质量控制关键点

质量控制关键点的检验项目、方法、指标及频次应符合表 3 的要求。

表 3　质量控制表

序号	项目	质量控制方法	检验指标	检验时机/频次
1	探测器选用	选用面阵列探测器	(1)可接收射线能量范围应满足检测工艺要求； (2)有效像素尺寸应不大于 200μm； (3)动态范围应不小于 2000：1； (4)灰度等级应不小 16bit	每班 DR 检测前
2	射线机选用	选用高频恒压 X 射线机	额定电压：300kV，有效焦点尺寸≤3mm	每班 DR 检测前
3	透照几何参数	探测器到管道表面距离	探测器至管道表面的距离≤5cm	每道焊缝 DR 检测前

续表

序号	项目	质量控制方法	检验指标	检验时机/频次
4	透照几何参数	设置透照厚度比和透照角度	透照厚度比 K 值不大于1.1，射线束中心与环焊缝中心线所在垂直平面的夹角控制在6°以内	每道焊缝DR检测前
5	透照工艺参数	检测曝光量	图像灰度值应控制在整个灰度范围的20%～80%之间，积分次数不宜超过64	每班DR检测前
6	焊缝数据采集	检测驱动机构运动和探测器的数据采集速度相匹配	图像采集数据完整，两侧搭接区应不小于10mm	每班DR检测前
7	图像质量	测定图像技术指标	图像的灵敏度、分辨率、信噪比、灰度达到标准要求	每次焊缝DR成像
8	图像质量	存储为无压缩的图像文件格式	采用DICONDE数字成像格式存储	每次焊缝DR成像
9	检测评定	标定行图像几何尺寸	定量精度：0.1mm	每次DR图像评定

5 技术指标

(1)适用管道范围：管径 $\phi60\sim\phi1422$mm；

(2)透照厚度≤67mm；

(3)检测灵敏度达到NB/T 47013.11 AB级；

(4)检测分辨率达到NB/T 47013.11 AB级；

(5)检测工效平均提高6倍。

6 技术应用情况

目前，该技术成果已应用在各类工程项目检测施工中。以某管道焊接工程为例，该工程的管道公称通径为 *DN*900mm，焊缝厚度25mm，焊接方法为自动焊，采用DR技术检测管道焊缝质量，合格等级为Ⅱ级。管道焊缝的DR透照条件：透照方式为中心透照，DR探测器位数16位，探测器像素为100μm，检测管电压225kV，管电流2mA，焊缝曝光次数为18次，一次透照长度160mm，单帧曝光时间2s，采集帧数8帧。DR检测质量技术等级达到AB级以上。

和RT检测技术相比，对于大口径管道外透照检测工效平均提高6倍，在保证检测透照能力的前提下检测曝光量是RT检测的1/20～1/15，大幅度降低了检测施工风险，提高了检测施工安全性，图像数字化处理不存在环境污染问题，实现了安全绿色环保检测。

7 结论

该DR检测技术已应用在油气管道检验检测中，技术指标达到行业领先水平，提高了检测质量和工效，提升了检测施工的安全环保水平，为管道焊缝DR检测提供了有力的技术支撑，实现了检测的实时化、自动化、数字化和信息化管理，推广应用前景广阔。

参考文献

[1]NB/T 47013.11—2015，承压设备无损检测 第11部分：X射线数字成像检测[S].

油气管道相控阵全自动超声波检测技术应用研究

陈 剑

(中国石油天然气股份有限公司大庆特种设备检验中心，黑龙江 大庆 163000)

摘 要：本文介绍的油气管道焊缝相控阵全自动超声波检测技术(AUT)，采用相控阵超声波检测声聚焦和焊缝分区扫查原理，通过 AUT 检测工艺优化、质量控制和评定技术，实现对管道焊缝的高质量高效率检测，有效提升检测质量和工效，为管道焊缝检测提供技术支撑。

关键词：AUT；焊缝；检测工艺；校准；灵敏度；评定

Application Research of Phased Array Automatic Ultrasonic Testing Technology for Oil and Gas Pipeline

Chen Jian

(Daqing Special Equipment Inspection Center，Petrochina Co.，LTD.，Daqing 163000，China)

Abstract：This paper introduces the automatic oil and gas pipeline welding seam phased array ultrasonic testing (AUT) technology，adopted the focus of phased array ultrasonic testing and weld partition scanning principle，through the AUT detection process optimization，quality control，and evaluation technology，realize high quality high efficiency testing for pipe welds，enhance the test quality and efficiency，for pipe weld test provides technical support.

Key words：AUT；weld；detection process；calibration；sensitivity；evaluation

1 前言

相控阵全自动超声波检测技术(AUT)采用相控阵超声波检测声聚焦和焊缝分区扫查原理，将焊缝沿厚度方向分成若干个分区，采用一对相控阵探头的晶片组检测焊缝每个分区焊接缺欠，实现对管道焊缝的 A 扫描、B 扫描、TOFD 同步检测和显示，AUT 的探头在管道环向扫查一周即可完成对整条焊缝的全面检测。

AUT 技术具有检测灵敏度高、速度快、对焊缝缺欠定位和定量准确等优点，在管道工程的焊缝检测中得到了大面积推广应用，对保证焊接质量具有重要作用。为保证工程检测质量，充分发挥 AUT 检测技术优势和作用，开展了 AUT 检测施工技术研究，形成的 AUT 检测工艺优化技术和评定技术，为工程检测提供了技术支持。

2 检测原理和工艺流程

根据相控阵超声波检测声聚焦和焊缝分区扫查原理进行管道焊缝的检测设置，检测前应用脉冲反射原理测量管道超声波声速、对管道表面进行处理、画检测参考线和标识，通过 AUT 试块校准系统重复性和检测基准灵敏度，在管道焊缝的 2~3 点位安装扫查器轨道接头，在管道焊缝的 12 点位安装扫查器，进行管道表面耦合，通过焊缝分区扫查形成 AUT 扫查图，再根据 AUT 检测的 A 扫描、B 扫描和 TOFD 扫描图综合评价焊缝质量。AUT 检测工艺流程见图 1。

3 检测工艺技术

3.1 检测系统设置

3.1.1 工程上为提高声速设置精度，工程检测开工前采用和钢管同材质的材料加工 0°、70°、

作者简介：陈剑(1976—)，男，教授级高级工程师，工学学士，主要从事检验检测技术研究和应用工作。E－mail：chj999666@126.com

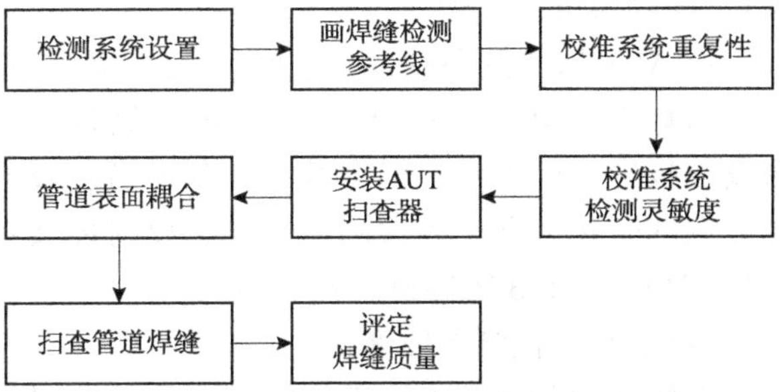

图 1　AUT 检测工艺流程图

90°等角度的声速测量试块，通过 AUT 检测系统的脉冲发射/接收通道和 5MHz 横波直探头测量钢管中不同角度的超声波横波声速值(见图 2)，通过拟合角度 - 声速曲线精确设置各检测通道的声速值，保证检测工艺参数的准确性。

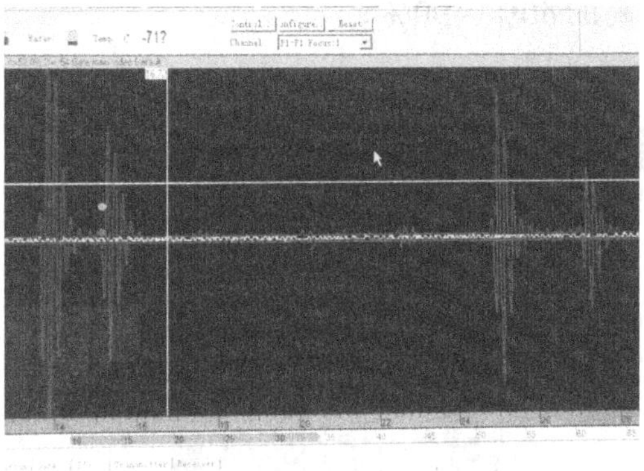

图 2　管道超声波声速测量图

3.1.2　根据焊缝的坡口形式定义焊缝检测分区，检测分区高度一般在 1 ~ 3mm，一般分为根部、钝边、热焊、填充、盖面等检测分区。

3.1.3　检测施工前根据焊缝宽度设置相控阵探头距离，根据焊缝厚度设置 TOFD 探头距离。

3.1.4　检测角度设置

检测角度的设置决定焊缝缺欠的检测灵敏度，根据工程采用的焊缝坡口类型和根部、钝边、热焊、填充、盖面等检测分区的坡口角度，设置焊缝各分区的检测角度(图 3)。对每个检测分区设置多种检测角度，将目标反射体调整到 80% 波幅的基准灵敏度，选取增益值较低的检测角度，实现低增益、高信噪比和高检测灵敏度的角度设置，保证检测灵敏度和检测质量。一般检测角度设置在 40° ~ 60°之间，检测增益值在 40 ~ 55dB 之间较合适。焊缝盖面区的检测角度一般选择 50°左右，端脚反射原理超声波反射率大，检测灵敏度高。

3.1.5　检测方式设置

AUT 检测方式分为一发一收和自发自收两种

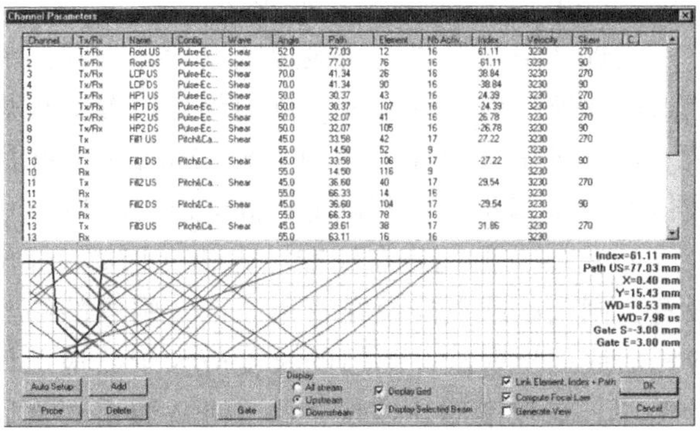

图 3　焊缝检测角度设置

方式，一般对于小坡口角度(如 5°)的焊缝分区采用一发一收检测方式，对于大坡口角度(如 45°)的焊缝分区采用自发自收检测方式。通过现场检测发现对于 CRC 焊缝坡口的钝边区，采用一发一收检测方式不仅容易产生几何反射波，同时对未焊透缺欠的检测灵敏度也不如自发自收检测方式，因此钝边区采用自发自收的检测方式。另外，对于焊缝盖面分区采用自发自收检测方式更有利于对近表面缺欠的检出。

3.1.6　超声波聚焦设置

经过现场检测发现通过调整聚焦法则中的晶片号和晶片数可以改变相控阵超声波声束的聚焦特性。研究表明调整晶片号可以改变声束的指向性，增加晶片号超声波声束向下偏移，减少晶片号超声波声束则向上偏移。调整晶片数则会改变声束的半扩散角，增加晶片数会减少声束的半扩散角，超声波能量更集中，提高对主检测分区缺欠的检测灵敏度，而降低对相邻分区缺欠检测灵敏度；减少晶片数则增加声束的半扩散角，超声波能量发散，降低对主检测分区缺欠的检测灵敏度，而提高对相邻分区缺欠的检测灵敏度。

3.1.7　检测灵敏度设置

检测灵敏度决定了缺欠检出率和检测质量。通过 AUT 软件对系统的 A 扫描、B 扫描、TOFD 扫描的通道检测灵敏度进行设置。

(1)熔合区闸门应采用熔合区的反射体设置，闸门的起点应在坡口熔合线前至少 3mm，闸门终点应超过焊接接头中心线至少 1mm。将每个 A 扫描通道的平底孔回波信号峰值调整到满屏高度的 80%。

(2)体积通道的灵敏度应通过填充区的焊缝中心线上附加反射体调节，应设置闸门。闸门的起点应在探头侧坡口熔合线前至少 1mm，闸门终点至少应覆盖探头对面坡口熔合线。扫查灵敏度应在平底孔回波信号 80% 满屏高的基础上提高

8dB ~ 14dB，但不得影响准确评定。

根焊区闸门设置应用根焊区反射体，闸门的起点应在坡口前至少 3mm，闸门终点应覆盖根焊区。扫查灵敏度应在直径为 1.5 ~ 2mm 平底孔回波信号 80% 满屏高的基础上提高 4dB ~ 14dB。

(3) TOFD 闸门应在校准对比试块上完好部位设置，闸门的起点应设在直通波前，闸门的终点应滞后底面反射波，闸门的长度应大于被检工件的壁厚。在校准对比试块上将 TOFD 通道的直通波调整到满屏高的 40% ~ 90%。

3.2 画焊缝检测参考线

在焊接之前，检测人员在坡口两侧管端表面采用专用工具画一条平行于管端的参考线，参考线与坡口中心线的距离不宜小于 40mm，工程上一般采用 100mm，这样更便于检测人员安装轨道和测量距离，参考线位置误差应为 ±0.5mm。

3.3 校准系统重复性

将 AUT 试块分别设置成平位、立位和仰位模拟管道焊缝的 0、3、6、9 点等各位置进行系统重复性校准，检查系统耦合效果和各通道主反射体波幅的变化情况，各检测通道的主反射体波幅变化应小于 ±2dB 才能进行检测施工。

3.4 校准系统检测灵敏度

在每班检测前、检测工作结束后和检测过程中每个 1h 或扫查完 5 道焊缝，应利用 AUT 试块对系统基准灵敏度进行校准(图 4)，A 扫描通道的每个主反射体的波幅应为满屏高度的 70% ~ 99%，其两侧临近反射体的波幅应比主反射体波幅低 6 ~ 24dB；体积通道应以峰值信号达到满屏高的 100% 为合格；TOFD 通道的直通波波幅达到满屏高的 40% ~ 90%。

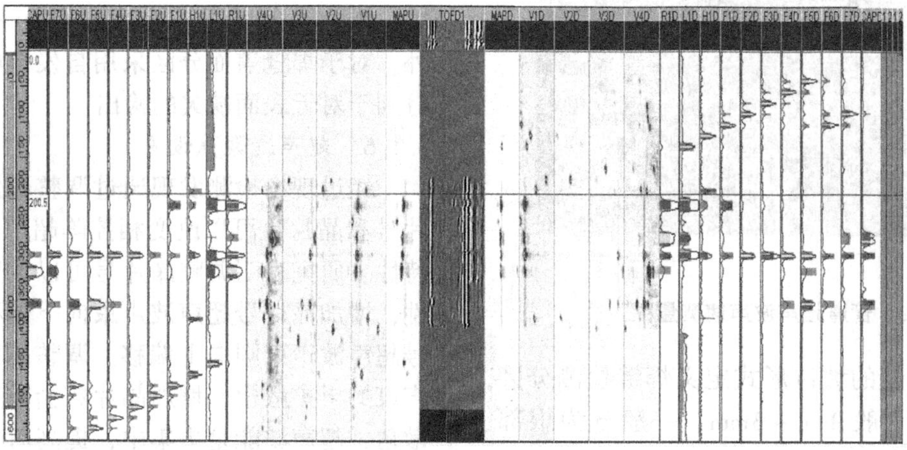

图 4 系统基准灵敏度校准图

3.5 安装 AUT 扫查器

检测人员应根据检测参考线在管道表面焊缝旁安装扫查器轨道，轨道位置距离焊缝中心 200mm，轨道接头应安装在管道焊缝的 2 ~ 3 点位置，这样有利于扫查器顺利通过轨道接头位置，减少扫查数据丢失，提高扫查质量，轨道安装位置误差应控制在 ±1mm。检测人员将扫查器安装在轨道正上方的扫查 12 点位置。

3.6 管道表面耦合

(1) 检测施工环境温度高于 0℃ 宜采用水做为检测耦合剂，当环境温度低于 0℃ 宜采用防冻液做为检测耦合剂。

(2) 管道表面耦合宜采用系统自动耦合和人工涂刷相结合的方法，系统水泵给耦合剂后，管道两侧的检测人员再用刷子将耦合剂均匀地涂刷在管道表面，可以提高检测耦合质量。

(3) 冬季现场检测可通过水泵和回收槽回收防冻液进行循环利用。

3.7 扫查管道焊缝

管道表面充分耦合后设定扫查速度启动扫查器对焊缝进行扫查，焊缝扫查速度一般设置为 50 ~ 60mm/s，扫查过程中检测人员应扶好扫查器防止扫查器脱离轨道和打滑，焊缝扫查完成后保存好焊缝扫查文件。

3.8 评定焊缝质量

根据焊缝扫查图的 A 扫描、B 扫描、TOFD 扫描等通道的扫查图谱(图 5)，结合通道回波波幅值和门位综合分析评价焊缝缺欠，依据检测标准评定焊缝质量。

4 质量控制

质量控制见表 1。

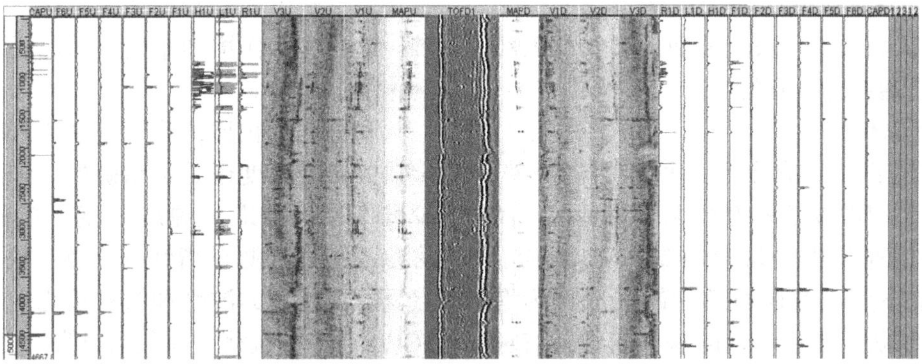

图5　管道环焊缝扫查图

表1　质量控制表

序号	项目	质量控制内容	技术指标	检验频次
1	检测系统设置	测量管道超声波横波声速	测量精度：±1m/s	检测施工前
2	检测系统设置	校准编码器	分辨率：0.01	每次检测前
3	检测系统设置	设置探头距离	精度：±0.5mm	每次检测前
4	检测参考线	参考线距离	精度：±0.5mm	每次检测前
5	校准系统重复性	每个主反射体的波幅	波幅变化：±1dB	每次检测前
6	校准系统扫查灵敏度	每个主反射体的波幅	波幅：70%～99%	每次系统校准
7	安装扫查器轨道	轨道距离	精度：±1mm	每次检测前

5　AUT评定技术

5.1　焊缝缺欠定性

AUT检测对缺欠的显示采用带状图谱(A扫描)、体积型通道图谱(B扫描)和TOFD通道图谱三种显示方式。带状图设置有时间门和波幅门，时间门是确定显示信号的位置，波幅门是确定显示信号的幅度，在带状图中根据A扫描波形出现在闸门内的不同位置来确定缺欠在焊缝中的位置。体积型通道就是采用B扫描进行检测的通道，可以显示出被检工件焊缝截面方向上的缺欠分布情况。TOFD通道除了盲区外其他位置的缺欠显示非常直观，对缺欠可以准确定量和定位。在检测评定过程中只有结合三种显示方式的通道图谱才能准确焊缝评定缺欠性质。

5.1.1　坡口未熔合

焊缝坡口未熔合缺欠位于焊缝坡口附近的热影响区和熔合区位置，一般在AUT扫查图中的A扫描通道、体积通道和TOFD通道中均有缺欠成像显示(除TOFD盲区外)，其中A扫描通道中的缺欠回波波幅较高，缺欠门位在坡口位置，同时在TOFD通道和体积通道中的缺欠成像 般为较细的线状影像特征。

5.1.2　层间未熔合

焊缝层间未熔合缺欠一般在AUT扫查图中的体积通道和TOFD通道中会有成像显示(TOFD盲区除外)，由于A扫描通道中检测波束和未熔合缺欠夹角的原因，A扫描通道中的缺欠回波波幅显示可能较低或无缺欠回波，并且缺欠的门位不固定，在TOFD通道和体积通道中一般显示为线状影像特征。

5.1.3　未焊透

焊缝未焊透缺欠位于焊缝的根部或钝边区，在扫查图A扫描通道的钝边和根部区会有缺欠回波影像，回波波幅可能较低或较高，钝边区的未焊透缺欠可能在上下游的钝边区通道对称显示。根部体积通道可能会有成像显示，这主要和根部体积通道的检测角度有关。TOFD通道可能会有成像显示，这主要取决于TOFD检测下表面盲区的大小，在TOFD通道和体积通道中的缺欠成像一般显示为线状影像特征。

5.1.4　裂纹

由于焊缝裂纹缺欠形状多样化的原因，在AUT扫查图中的成像特征不太明显。A扫描通道中可能会有缺欠回波显示，回波波幅可能较低或较高，这主要取决于A扫描的检测角度和裂纹的方向。在体积通道和TOFD通道中一般有缺欠成像显示。由于裂纹缺欠形状多样不规则的原因，体积通道的裂纹缺欠成像特征一般有一定宽度且形状不规则。TOFD 通道的缺欠成像特征一般为不规则的曲线状显示，一般近表面的裂纹缺陷在 TOFD 通道的直通波是断开的。

5.1.5　分散体积缺欠

在 AUT 扫查图中的成像特征比较明显。A 扫描通道中的缺欠回波波幅较低或无回波显示。体积通道和 TOFD 通道中一般会有缺欠成像显示(TOFD 盲区除外)，TOFD 通道的缺欠成像为有一定弧度的细线状，体积通道的缺欠成像为有一定宽度的椭圆形状。

5.1.6　密集体积缺欠

密集体积缺欠在 AUT 扫查图中有一定的成像特征。一般 A 扫描通道中的缺欠回波波幅较低或无回波显示，体积通道和 TOFD 通道中一般会有缺欠成像显示(TOFD 盲区除外)，体积通道中缺欠成像为具有一定宽度分层的点线链状图像，TOFD 通道中缺欠成像为有一定高度的点线链状图像。

5.1.7　内凹

焊缝内凹缺欠位于焊缝的根部，在扫查图 A 扫描通道的根部和钝边区一般会有缺欠回波显示，缺欠回波波幅可能较低或较高，这主要取决于根部和钝边分区的 A 扫描检测角度。根部体积通道一般无明显缺欠成像显示。TOFD 通道可能会有成像显示(TOFD 盲区除外)，这主要取决于 TOFD 下表面盲区的大小，在 TOFD 通道中一般成像为有一定弧度的凹线状影像。

5.2　焊缝缺欠定量

5.2.1　焊缝缺欠长度测定

一般采用测长法来确定缺欠的长度。测长法是根据缺欠的波高与探头移动距离来确定缺欠的尺寸。AUT 系统测量缺欠长度是通过测量指针和参考指针来完成的，若认定某个显示为缺欠，将参考指针和测量指针分别移动到缺欠的起、止点，便可从系统软件的 Delta 数据框中直接读出两标尺之间的距离，从 Accumulative 数据框中直接读出两标尺间超过评价波幅缺欠的累计长度。

5.2.2　焊缝缺欠高度测定

目前，AUT 技术采用分区法和 TOFD 法测量焊缝缺欠高度。

分区法测量焊缝缺欠的自身高度就是根据焊缝分区表，通过焊缝缺欠在 AUT 带状图中所占的分区个数和分区高度来计算缺欠的高度。分区法实用、直观、容易掌握，但是误差较大。要想减少分区法产生的误差，就得增加分区数，分区越细，测量缺欠的自身高度越准确，但系统调试困难，给检测工作增加难度，因此说分区法要根据具体情况而定。

和分区法相比，除了盲区以外 TOFD 技术测量缺欠自身高度还是很精确的。采用该技术应先校准 TOFD 通道的焊缝厚度。TOFD 校准完后，将参考指针和测量指针分别放在缺欠上下两个端点反射波相邻的波峰和波谷边缘上，就可以应用 TOFD 通道直接测得缺欠的自身高度。

根据检测标准[1]，在 TOFD 通道中能分辨出缺欠的上、下端点衍射信号的情况下，应优先选用 TOFD 技术测量缺欠的高度。当在 TOFD 通道中不能分辨出缺欠的上、下端点衍射信号的情况下，可以通过分区法结合 AUT 校准图中各通道的基准灵敏度和缺欠回波波幅值计算缺欠的高度。

5.3　焊缝缺欠定位

5.3.1　缺欠圆周位置的测定

全自动超声波检测系统的编码器记录从扫查起点到终点的距离，可以直接从 AUT 扫查图中编码器记录的位置直接读出该缺欠的焊缝圆周方向位置。

5.3.2　缺欠深度位置的测定

全自动超声波检测系统测量缺欠深度有两种方法，一种是分区法，另一种是 TOFD 测量法。由于全自动超声波检测采用分区扫查法，将焊缝沿厚度方向分成若干个分区，每个分区有一定的高度。分区法根据焊缝分区表，通过焊缝缺欠所在的分区查表得出缺欠在焊缝中的深度位置，该方法具有一定的误差。TOFD 技术除了不能测量盲区内的缺欠深度外，对其他位置的缺欠都能准确测量其深度，且测量精度相对高。

根据检测标准[1]，在工程检测中 TOFD 盲区外应优先选用 TOFD 方法测量焊缝缺欠的深度，在 TOFD 盲区的缺欠可以采用分区法计算缺欠深度。

6　工程应用

根据 AUT 检测情况分析，全自动焊接缺欠的总体特性有：

(1)缺欠性质方面，全自动焊接缺欠主要是未熔合和未焊透等面积型缺欠，体积型缺欠较少。面积型缺欠占缺欠总数的 97.7%，体积型缺欠占缺欠总数的 2.3%。面积型缺欠中的未熔合占缺欠总数的 78.2%，未焊透占缺欠总数的 19.5%。

(2)缺欠的分布特点方面，缺欠在管道焊缝周向位置上主要集中在 0 -1 点、5 -6 点、6 -7 点、11 -0 点位置，这些位置的焊缝缺欠数占缺欠总数的 55.1%。缺欠在管道焊缝深度位置上主要集中在钝边、填充等焊缝分区，这些位置的焊缝缺欠数占缺欠总数的 64.6%。

7 结论

该 AUT 检测工艺技术通过工程应用效果显著，主要技术指标达到行业领先水平，能有效提高检测质量和工效，降低检测作业强度和施工成本，符合焊缝检测技术的发展需要，工程应用前景广阔。

参考文献

[1]GB/T 50818—2013，石油天然气管道工程全自动超声波检测技术[S].

油气田集输管道ECDA组合同步检测技术的研究应用

陈　剑

(中国石油天然气股份有限公司大庆特种设备检验中心，黑龙江 大庆　163000)

摘　要：本文介绍了油气田在役埋地集输管道外腐蚀直接检测评价(ECDA)工艺优化技术，主要通过研发的双侧多点接地检测通路、多机组合多管同步检测、组合检漏、组合定位、检测信号强度探测、整体组合评价等工艺优化技术实现高质量、高效率检测施工，技术指标达到国内行业领先水平，工程应用效果显著，符合油气田埋地集输管道检验检测技术的发展需要。

关键词：集输管道；ECDA；检测；组合同步；电位梯度；评价

The Application Research of ECDA Combination Synchronous Detection Technology for Oil and Gas Field Gathering and Transportation Pipeline

Chen Jian

(Daqing Special Equipment Inspection Center，petrochina Co.，LTD.，Daqing 163000，China)

Abstract：This paper introduces the peocess optimization technology of external corrosion direct assessment(ECDA) of buried pipeline in service，combination and simultaneous detection technology for oil and gas fields buried pipeline，mainly through research and development on both side of the multipoint grounding detection channel，the multiple machine of the combined pipe sychronous detection，the combination leak detection，detection of the signal strength，assessment of the overall portfolio，and peocess optimization technology realize high quality and efficiency detecion，technical indicators reached the leading level of domestic cindustry，and the engineering application effcet is remarkable，which is in line with the development needs of the inspection and testing technology of buried gathering and transportation pipelines of oil and gas fields.

Key words：gathering and transportation pipelines；ECDA；detection；Combination synchronous；voltage gradient；assessment

1　引言

在役埋地集输管道外腐蚀直接检测评价技术(ECDA)是检测埋地管道防腐蚀系统的有效性和管道安全性的重要技术方法，对保障油田埋地集输管道的安全运行具有重要意义。油田埋地集输管道具有种类数量多、分布密集、敷设方式和敷设环境复杂多样等特点，采用常规检测工艺技术存在的问题：①检测通路信号强度低，影响检测灵敏度和检测质量。②项目分散检测，施工作业强度大、效率低。③施工作业环境复杂多样，检测工艺通用性差。④对同沟敷设的油气管道不能进行多管同步检测，检测工效低，作业强度大。⑤对管道防腐层采用分段评价的方法效率低，影响评价质量。

针对检测施工难点和问题，通过技术创新研发出了油田埋地集输管道ECDA组合同步检测工

作者简介：陈剑(1976—　)，男，教授级高级工程师，工学学士，主要从事检验检测技术研究和应用工作。E－mail：chj999666@126.com

艺技术，主要通过双侧多点接地检测通路、多机组合多管同步检测、组合检漏、组合定位、组合评价等工艺实现高质量、高效率检测，应用在大庆油田的集输管道定期检验项目施工中，成效显著，提高了检测质量和工效，降低了检测作业强度，主要技术指标达到国内行业领先水平。

2 检测工艺原理

首先埋地管道检测通路采用双侧多点接地技术提高和平衡电磁场信号强度，通过多管信号同步和远点信号接入技术进行检测通路信号的接入，采用多机组合多管同步检测技术实现埋地管道路由、外防腐层电阻率和破损点的多管同步检测，通过组合检漏技术实现对埋地管道防腐层缺陷的高灵敏度检测和精确定位，同步探测检测信号强度保证检测灵敏度，根据检测标准整体组合评价油气埋地管道防腐蚀系统的有效性。

3 检测工艺

3.1 工艺流程

油田埋地集输管道ECDA组合同步检测工艺流程见图1。

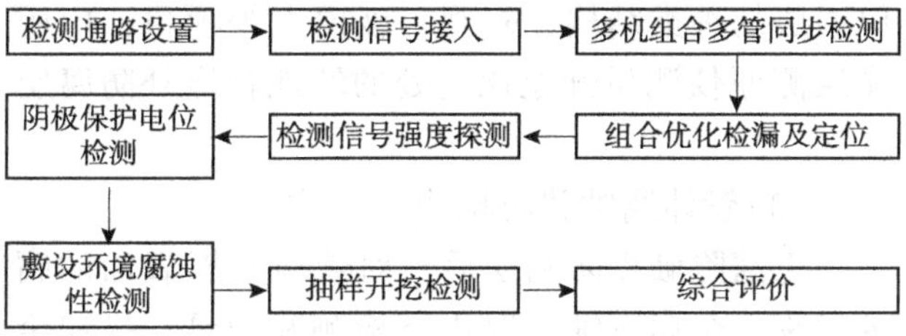

图1 油田埋地集输管道ECDA组合同步检测工艺流程图

3.2 工艺技术

3.2.1 检测通路设置

单点接地检测通路存在检测信号强度和检测灵敏度低、检测距离近等问题，影响检测质量和工效。为提高检测通路信号强度和检测灵敏度研发出了双侧多点接地检测通路工艺技术(图2、图3)，降低管地检测通路的接地电阻，以提高和平衡电磁信号强度。在目标管道两侧对称布置多个接地极，设置接地极数量、接地极和目标管道的距离、接地极的间距、接地极嵌入土层深度等工艺参数，根据埋地管道敷设环境的土质状况确定接地极数量和嵌入土层深度，一般接地极垂直距离埋地管道应在30m以上，每根接地极嵌入土壤深度应不小于1m，相邻接地极的间距在2m以上。应用该工艺检测信号强度平均提高2~3倍，检测有效距离平均延长2倍以上，同时也提高了检测灵敏度和管道定位精度。

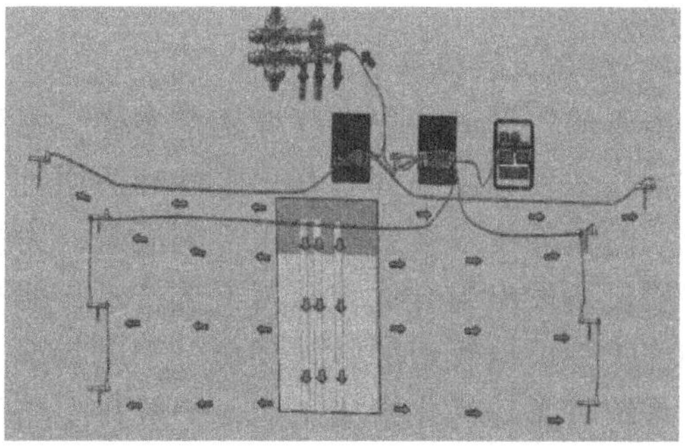

图2 双侧多点接地检测通路原理图

图3 双侧多点接地检测通路效果图

3.2.2 检测信号接入

根据管道结构和敷设环境选择信号接入点位置，对单管检测信号接入点位置一般多选择在管道的中部和管道连接的地面金属工艺装置上，既减少信号探坑的开挖，又能保证对检测信号的有效利用。对同沟敷设的埋地管道，一般利用导线和地面工艺装置结构实现同沟管道的电连通，将检测信号同步接入到多根埋地管道上，实现多管信号同步接入和同步检测的目的。

由于场源信号的强电磁场会产生检测盲区，为实现检测无盲区采用远点信号接入工艺技术。根据场源信号强度设置信号发射机和目标管道的距离，一般信号发射机和目标管道的垂直距离应达到20~30m为宜，同时在检测过程中根据检测距离动态调整信号接收增益，以保证检测信号接收灵敏度。应用该工艺技术可实现埋地管道的无盲区检测，检测完整率达到100%。

3.2.3 多机组合多管同步检测

检测设备的交流电磁信号之间存在相互干扰，通过信号选频技术对设备输出的高、低频交流电磁信号进行组合，再将混频交流电信号加到目标管道上，解决信号干扰问题，实现管道电流测绘系统、音频检漏仪、交流电位梯度检测仪等设备的同步工作，同步检测埋地管道路由、防腐层电阻率和破损点等项目，对同沟敷设的埋地管道实现多管信号同步接入和同步检测，提高了检测工效。

3.2.4　组合优化检漏及定位

由于油气管道的敷设环境复杂多样，每种检漏技术在工程应用中都有其局限性和适用性，采用单一的检漏技术会影响工程检测质量。为提高检漏质量研发出组合优化检漏工艺技术，就是在检测施工中根据管道的敷设环境、土质状况、防腐蚀系统种类等优化检漏工艺，一般在土路等非铺砌路面且无强电磁信号干扰的环境中适合采用音频检漏技术，而在铺砌路面、有电磁信号干扰的环境中适合采用交流电位梯度检测技术，对有阴极保护的埋地钢质管道则适合采用直流电位梯度检测技术。通过在检测施工中优化组合音频检漏技术、交流电位梯度、直流电位梯度等检测技术，提高了油气埋地钢质管道的防腐层漏点检测灵敏度和检出率。

在定位埋地管道的测量采样点、拐点、分支点、穿越点、跨越点等位置时，根据管道的敷设环境应用 PCM 设备的信号“峰值”和“谷值”技术组合定位管道路由特征点，先采用信号“谷值”技术快速粗探定位，再应用信号“峰值”技术精确定位，提高了埋地管道路由的探测定位效率和准确度。

采用音频检漏仪、交流电位梯度检测仪和直流电位梯度检测仪对管道防腐层破损点进行组合定位，探测出破损点后先采用音频检漏仪进行快速粗探定位，再应用电位梯度检测仪进行精确定位，应用该工艺技术可以有效提高破损点的定位效率和精度。

3.2.5　检测信号强度探测

埋地管道中的检测信号强度会随着检测距离的增加衰减变化，检测施工中应经常测定管中的信号强度以保证检测灵敏度，根据电磁感应原理通过探管仪的信号峰值技术探测埋地管道中的检测信号强度，根据探测值确定检测信号的有效性，动态调节信号强度和信号增益等工艺参数，保证高检测灵敏度和检测质量。

3.2.6　阴极保护电位检测

采用阴极保护的管道，应在检测桩位置采用铜/饱和硫酸铜参比电极测量管道的阴极保护电位，在有条件的情况下可以采用密间隔测量技术(CIPS)检测管道阴极保护的有效电位。

3.2.7　敷设环境腐蚀性检测

(1)土壤电阻率测量

应用接地电阻表采用等距法测量埋地管道的平均土壤电阻率，接地电阻表的电极不应横跨管道，测量电极之间的距离应为管道的埋深值，根据测量的电阻值计算土壤电阻率。

(2)检测杂散电流

采用地电位梯度测量杂散电流，应用饱和铜/硫酸铜电极和数字万用表测量埋地钢质管道侧的土壤电位梯度，测量和记录地电位梯度值。

3.2.8　抽样开挖检测

根据埋地管道的地面检测结果，依据检测标准对埋地管道的防腐层破损点进行抽样开挖检测，主要检测土壤腐蚀性、外防腐保温层状况、管体腐蚀状况、管地电位等项目，开挖探坑中的管道长度应符合管道安全运行的要求。

(1)土壤氧化还原电位测量

应用土壤氧化还原电位测量仪和铂电极、饱和硫酸铜电极测量开挖探坑处的土壤氧化还原电位值。铂电极和饱和硫酸铜电极均插入待测量土壤中，设备连接好铂电极和饱和硫酸铜电极达到平衡后，读取记录测量数据。

(2)管道外防腐保温层状况检测

检测人员检测开挖探坑处的埋地管道外防腐保温层的种类结构、外观、破损点等项目，应用涂层测厚仪测量开挖探坑处的埋地管道外防腐层厚度。

(3)管体腐蚀状况检测

①清除破损防腐层后，对管道金属表面的腐蚀产物、金属腐蚀状况进行检测和记录。描述金属腐蚀的部位，腐蚀产物分布、颜色、结构等。

②清除腐蚀产物后，记录腐蚀形状、位置，判断腐蚀类型，若均匀腐蚀与点蚀掺杂，可按主要腐蚀倾向予以估计。

③管体腐蚀坑深和腐蚀面积测量：采用超声波法和探针法组合测量管道的最小剩余壁厚，采用探针法测量管道的最大腐蚀坑深。当管体存在大面积腐蚀坑时，除上述测量外，需以管道最小要求壁厚为基准，测量截面的最大轴向分布长度和最大环向分布长度。

(4)管地电位测量

应用饱和铜/硫酸铜电极测量开挖探坑处管道的管地电位，将饱和铜/硫酸铜电极放置在管道上方地表的潮湿土壤上，应保证电极底部和土壤接触良好，将数字万用表调至适宜的直流电压量程上，再将万用表的正极测量导线连接管道，负极测量导线连接饱和铜/硫酸铜电极，测量并记录管地电位值。

3.2.9 综合评价

(1)管道防腐蚀系统评价

根据采集的电流值、距离值和管道信息等参数，采用组合评价技术生成防腐层质量的整体评价图和埋地管道防腐层电阻率 R_g 值，根据管道外防腐层电阻率、破损点密度值、开挖检测情况和检测标准对埋地管道防腐层质量进行整体评价和分级。

根据埋地管道的阴极保护电位、保护率、保护度等评价指标综合评价管道的阴极保护有效性。

根据埋地管道外防腐层状况、阴极保护有效性对埋地管道的防腐蚀系统进行综合评价和分级。

(2)管体安全评价

根据管体的腐蚀状况检测结果和检测标准对埋地管道的管体安全性进行评价和分级。

针对埋地管道的防腐蚀系统的有效性和管体的安全性进行综合评价，分析埋地管道腐蚀的原因，提供管道外防腐层和管体的维护建议，明确再评价的检测周期。

4 质量控制

为保证检测质量，采取的质量控制要点见表1。

表1 质量控制表

序号	项目	质量控制方法	检验指标	检验频次
1	检测通路信号强度	双侧多点接地	音频检漏仪输出电流值≥5A，管道电流测绘系统输出电流值≥2A	检测施工前
2	测量管道路由	RTK固定工作模式测量	测量精度：±2cm	检测过程中
3	检测盲区	远点信号接入	发射机垂直距离管道≥20m	每次接入检测信号
4	外防腐层破损点	组合应用音频检测和交流电位梯度检测	音频检测信号≥100，交流地电位梯度值≥30db	每处破损点
5	外防腐层电阻率	测量点距离和电流	测量点的间距≤30m，电流值≥100mA	多数测量点
6	土壤电阻率	等距法测量	电极距离等于测量点位置的管道埋深，且不横跨管道	每处测量点
7	土壤氧化还原电位	铂电极的平衡时间	时间≥1h	每处测量点
8	阴极保护电位/管地电位	饱和铜/硫酸铜电极	硫酸铜溶液浓度达到饱和	每处测量点
9	杂散电流干扰	电位梯度测量	硫酸铜电极的距离≥20m	每处测量点

5 技术指标

应用该检测工艺技术达到的技术指标：

(1)检测电流强度 5A；

(2)单次检测距离 3km；

(3)定位精度 ±2cm；

(4)检测完整率 100%；

(5)标准符合率 100%；

(6)检测评价效率平均提高2~3倍。

6 结论

通过工程应用，油气田埋地集输管道组合同步检测工艺技术具有的特点有：

(1)研发的双侧多点接地检测通路技术，提高了检测信号强度和检测灵敏度。

(2)研发的多机组合多管同步检测技术，提高了检测工效，降低了检测作业强度。

(3)研发的组合检漏工艺技术，提高了检测灵敏度和检测质量。

(4)采用的双值组合探测工艺技术，提高了埋地管道路由的检测效率和定位精度。

(5)采用的信号强度探测技术，保证了检测灵敏度和检测质量。

(6)采用组合评价技术，提高了评价质量和评价效率。

该检测工艺技术在工程检测中具有明显的技术优势，技术指标达到国内行业领先水平，提高了工程检测质量和工效，降低了检测作业强度和施工成本，对提升油田埋地集输管道检验检测技术能力发挥了技术支撑作用，推广应用前景广阔。

压力管道建设期的质量控制技术要点

李天奎　牛　帅

（青岛市特种设备检验研究院，山东 青岛　266101）

摘　要：压力管道属于特种设备，其建设和应用是介质传输的必要途径，是社会运转、发展的重要组成。目前，我国压力管道数量总体上呈现逐年增长态势，且相当数量的压力管道通过埋地和架空敷设，在使用过程中维护成本高，定期检查和定期检验覆盖面有限，如果发生破损甚至泄漏，后果不堪设想，因此如何在压力管道建设期做好质量控制至关重要。目的是通过分析压力管道建设期易发问题，梳理压力管道建设期关键程序，有针对性提出质量控制技术要点以做好关键程序的管理和把控，减少在建工程压力管道“带病”上岗，提升特种设备使用单位的安全管理效能，促进压力管道项目长期稳定运行。

关键词：压力管道；建设期；质量控制；技术要点

Technical Points of Quality Control During Pressure Pipeline Construction

Li Tiankui, *Niu Shuai*

(Qingdao Special Equipment Inspection and Research Institute, Shangdong Qingdao　266101, China)

Abstract: Pressure pipeline belong to special equipment, and their construction and application are a necessary way of medium transmission, and an important component of social operation and development. At present, the number of pressure pipelines in our country is generally increasing year by year, and a considerable number of pressure pipelines are laid underground and overhead. Maintenance costs are high during use, and the coverage of regular inspections and checkouts is limited. If damage or even leakage occurs, the consequences will be disastrous. Therefore, how to do a good job of quality control during the construction period of pressure pipelines is very important. In order to manage and control the key procedures well, improve the safety management efficiency of special equipment users, and promote long-term stable operation of pressure pipeline projects, this paper puts forward the key points of quality control technology by analyzing the prone problems and sorting out the key procedures during the construction period of the pressure pipeline.

Key words: pressure pipeline; construction period; quality control; technical points

1　引言

压力管道按照《特种设备目录》划分，包括长输管道、公用管道、工业管道，在各领域分布广泛，数量庞大，敷设方式复杂，从建设、管理、检验、监管等方面来看压力管道属于难度较大的一类。通过压力管道建设期关键程序分析，梳理元件选型、安装施工、检验试验、安全防护等环节易发问题，给出对应的压力管道质量控制技术要点，从而在建设期内达到把控压力管道质量的根部目的，降低压力管道项目运行后发生问题的概率，提升压力管道管理效能。

2　压力管道安全状况概述

根据《承压类特种设备事故案例分析》(2002—2017)统计数据，2002—2017 年统计的

作者简介：李天奎（1984—　），硕士研究生，主要从事特种设备政府委托项目服务、特种设备安全节能、特种设备相关科研工作。E-mail：litiank3760138@126.com

77起压力管道事故中，按照事故原因进行分析，设备原因31起，人为原因26起、管理原因20起，见图1。

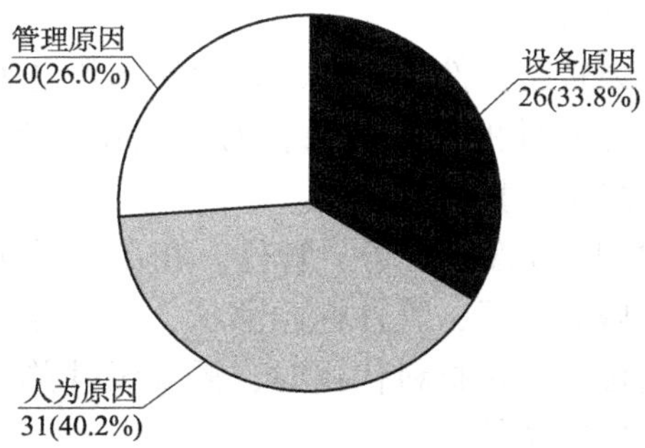

图1　压力管道事故原因类别分布

案例分析中指出，统计的77起压力管道事故中，设备原因主要包括主体材料不合格，管件、补偿器、阀门等元件质量问题和元件选型错误。人为原因主要包括违章操作、操作不当和应急处置不当。管理原因一是因为压力管道的建设环节有缺失，包括压力管道的设计、制造、安装、验收环节存在盲区；二是使用单位违规设计、采购元件、安装、不按要求检验等。

上述分析凸显了压力管道安全状况同压力管道建设期基础关节的密切联系，反映了压力管道使用单位安全管理力度、从业人员职业能力、压力管道本体缺陷以及保护装置失效均会对压力管道安全运行产生影响。因此，如何在压力管道建设期做好关键程序的管理和把控，从而为压力管道投产后安全运行打下坚实基础尤为重要，也是分析研讨的重点。

3　压力管道建设期易发问题

压力管道建设期涵盖压力管道工程的元件选型、设计、制作安装、试验检验、安全防护，结合目前在用压力管道安装监督检验发现问题以及参与特种设备监管部门组织的监督检查情况来看，压力管道建设期易发问题主要存在于材料选型、制作安装、检验试验、安全防护环节，也是决定各类项目建设投产运行后压力管道安全稳定运行的基础。

3.1　元件选型环节问题分析

压力管道材料主要指压力管道元件的选择及使用，既要考虑到压力管道原件材料需要符合相应标准规定，以及材料在使用条件下具有足够的稳定性和适应性，又要考虑到材料制作、安装、焊接特性，是日后工程施工和建设运行的基础。在压力管道工程实际建设项目中，相当一部分项目采用由建设单位负责元件采购，由施工单位根据实际工程进度进行领料和加工安装的模式，并对后续工程辅助零件和材料的采买。在压力管道元件实际采购工作中，一是因业务覆盖、专业领域等因素影响，部分建设单位未能充分考虑到材料使用要求、限制以及材料的损伤风险；二是因成本把控、采购进度等因素影响，选择了质量不合格的压力管道元件，以及未按设计要求随意更换压力管道元件，给后续安装、施工环节带来影响，甚至埋下安全隐患。

3.2　安装施工环节问题分析

在压力管道工程实际建设项目中，压力管道安装施工过程面临诸多复杂因素，一是由于施工工期紧、任务重，忽视了施工前的必要程序，没有认真筛查施工单位压力管道施工许可及有效期，未履行特种设备施工前告知程序，未在压力管道安装前申请安装监督检验。二是组织混乱，没有形成施工方案，甚至不按既定设计图纸进行施工，没有按照规定进行自检，检测仪器未经检定或校验，以及在未经自检的情况下就进行下一道工序。三是涉及的标准、技术规范众多，容易发生违规施工或施工依据偏离甚至错误的情况。四是施工条件苛刻，安装人员作业空间有限，且大部分压力管道需要架空安装或埋地敷设，长输管道还需要穿越河流、公路以及建筑物，容易出现人为降低技术标准甚至野蛮施工。五是安装人员资质及能力，特别是焊接作业人员未取得特种设备操作作业证书，证书过期，证书项目无法覆盖现场焊接作业，安装工人的流动性大，质量控制缺乏连续性。六是焊接工艺是否适合对应压力管道焊接要求，焊前管道破口加工尺寸、管口组对间隙不符合标准要求，焊接过程中焊工操作未按照焊接作业指导书进行，从而产生焊瘤、夹渣、气孔、未焊透等焊接缺陷。

3.3　检验试验环节问题分析

压力管道检验与试验决定了压力管道建设质量和压力管道安全要求的符合性。本环节既包括了对上述压力管道元件及材料材质、规格、型号、数量、外观质量、几何尺寸的检查验收，还包括对压力管道加工、制作、安装等过程进行必需的检测(目视检查、无损检测、硬度检查)和试验(压力试验和泄漏性试验)，从而证实项目建设是否满足相关标准和工程设计要求。在压力管道工程实际建设项目中，施工单位因建设进度、投产压力以及质检部门的人员素质和配置等原因，容易出现材料验收走过场，材料存放随意混放混堆，重制作安装进度，轻安装质量把控，人为缩减无损检测比例，选择性进行压力试验和泄漏性试验等情况，从而造成压力管道工程质量管理缺失，甚至埋下安全隐患，而正因前文所述压力管道大部分为埋地或架空敷设，检验与试验的不到位将给日后压力管道运行维护及隐患排查增加难以估量的难度，整个工程也将受到重大影响。

3.4 安全防护环节问题分析

压力管道安全保护装置是指在自控仪表和人工干预失效情况下起作用的机械(物理)保护装置。安全保护装置是防止事故发生或减轻事故损失的最后一道屏障，包括安全泄放装置、阻火器、火灾紧急切断阀和机械联锁装置等。在压力管道工程实际建设项目中，对于安全保护易发生的问题是未按要求安装安全泄放装置，泄放装置(安全阀)未完全打开，输送可能发生爆燃的爆炸性气体和蒸汽的管道系统未设置阻火器，运行和维修的操作失误可能导致重大事故时，没有设置机械联锁装置。

4 压力管道建设期质量控制要点

4.1 元件选型控制要点

元件选型包括压力管道元件以及安全附件的选择、采购和验收。

4.1.1 选型

为保证元件选型采购质量，一是充分考虑压力管道元件的使用条件，如对于工业管道，选型前要充分考虑到铸铁管道组成件、碳素结构钢组成件、合金钢、奥氏体不锈钢的使用条件；对于长输管道元件选型要注意区分线路用钢管和场站用钢管选型的基本要求。二是充分考虑压力管道技术条件，如选型前注意金属材料及其焊接接头的冲击韧性要求，管道用密封件选用时还应考虑设计压力、设计温度以及介质、使用寿命的要求，并且符合有关安全技术规范及其相应的密封材料标准的规定。三是充分考虑管道支撑件的使用条件，也应符合有关安全技术规范及其相应标准的规定。

4.1.2 采购

采购既关系到元件的供货质量，同时也关系到材料的供给效率，因此压力管道建设单位要采取必要的措施来保证压力管道元件采购环节，如查验供货方提供的压力管道元件以及安全附件制造单位的许可资质，建立合理的供应商库，选择优质的压力管道供货方入库，定期对库内供应商进行评价；通过签订购货合同约定元件材料交货状态、包装运输、交货时间、交货地点、验收方式以及违约条款，从流程上把控压力管道元件采购有效实施。

4.1.3 验收

压力管道元件到货后，查验实施制造监检的压力管道元件的监检证书；有型式试验要求的，查验型式试验报告(证书)。

(1)压力管道管子、管件。在压力管道元件入库前做好管子、管件标志移植，特别注意如果施工过程中存在材料代用时，需要设计单位出具的书面批准文件。

(2)压力管道用阀门。对于压力管道用阀门，查验产品合格证及安装使用说明书，对于现场安装的阀门要逐个外观检查，特别要注意阀体、阀盖、阀外表面有无气孔、砂眼、裂纹，垫片、填料要考虑适用传输的介质，丝杆、手轮、手柄无毛刺、划痕，传动机构操作灵活、指示正确，铭牌是否完好，标识是否清晰完整，备品备件是否完好，数量是否齐全。

(3)焊接材料。查验焊材的品种和型号是否符合焊接工艺规程的要求，包装是否完好，标识是否清晰；查验焊条有无破损、霉变、油污、锈蚀；焊丝有无锈蚀和折弯；焊剂是否变质；焊接材料生产厂商是否提供质量证明文件，对不同批号的焊接材料进行复检。

4.2 安装施工控制要点

压力管道安装施工是压力管道建设期的重点，涵盖准备、焊接、预热、热处理、装配和安装等环节，每个环节本身又需要独立完善的流程和质量把控，同时各个环节之间又相互关联，因此安装施工也是决定压力管道项目日后安全平稳运行的关键。

4.2.1 准备阶段

(1)施工方需取得压力管道安全监察有关法规要求的行政许可证，经业主(或其委托方)批准后开展安装施工工作。

(2)建立健全质量保证体系，具有健全的质量管理制度以及制作、安装工艺文件，工艺文件，确定项目管理组织机构，明确人员岗位和职责，合理配置设备、设施、材料，为施工奠定基础。参加管道制作或安装的人员应具备相应的能力并履行各自的职责；使用的计量器具应检定合格并在有效期内。

(3)编制项目施工组织设计和施工方案，合理安排施工程序与顺序，严格遵循合同规定的工程竣工及交付使用期限，若确定分期分批施工时，必须注意使主要项目与附属项目同时完工。

(4)组织图纸会审和设计交底，在完成压力管道安装图纸设计后，建设单位组织设计单位、施工单位、监理单位进行图纸会审和设计交底，按图施工。

4.2.2 支吊架制作安装

在安装压力管道的过程中，施工人员要根据施工场地的现有条件制作支吊架。首先确定管道的安装位置，并准确找出标高中心和水平中心，保证支吊架制作的准确性，施工人员要保证支吊架底端的稳定性，并在安装压力管道的过程中将支吊架与管道进行稳固结合。

4.2.3 焊前质量控制

(1)坡口加工，压力管道管子采用机械加工坡口时要符合焊接工艺规程要求，注意坡口尺寸，坡口表面应光滑并呈金属光泽，热切割产生的熔渣和影响焊接质量的表面层应清除干净；对于焊件坡口及内外表面，应在焊接前去除油漆、油污、锈斑、熔渣、氧化皮以及有害的其他物质。

(2)管口组对，压力管道管口组对间隙应控制在焊接工艺规程允许的范围内，不得强行组对，对接接头的组对应内壁齐平，内壁错边量应符合设计文件和对应技术规范规定。

(3)依据焊接工艺评定编制焊接作业指导书，组织焊工进行技术交底，焊工持证上岗并按照特种设备作业人员证载明的焊接覆盖范围进行焊接作业。

(4)焊接设备及辅助装备等应能保证焊接工作的正常进行和安全可靠，仪表应定期校验。

4.2.4 焊接过程质量控制

(1)应采用经评定合格的焊接工艺，由合格焊工按焊接工艺规程对焊缝(包括为组对而堆焊的焊缝金属)进行焊接。

(2)焊接时应采取合理的焊接方法和施焊顺序。除因工艺或检验要求需要分次焊接外，每条焊缝一般应一次连续焊接完成，当因故中断焊接时，应根据工艺要求采取保温缓冷或后热等措施以防止裂纹的产生。再次焊接前应检查焊层表面，确认无裂纹后，按原工艺要求继续施焊。

(3)在根部焊道和盖面焊道上不宜采用锤击消除残余应力。对焊接连接的阀门施焊时，所采用的焊接顺序、工艺以及焊后热处理，均应保证阀座的密封性能不受影响。

(4)不得在焊件表面引弧或试验电流。对于设计温度不高于 -20℃ 的管道、淬硬倾向较大的合金钢管道、不锈钢及有色金属管道，其表面均不得有电弧擦伤等缺陷。

(5)规定进行层间无损检测的焊缝，无损检测应在目视检查合格后进行，表面无损检测应在射线照相检测及超声波检测前进行，经检测的焊缝在评定合格后方可继续进行焊接。

(6)焊接完毕后，应及时将焊缝表面的熔渣及附近的飞溅物清理干净。

(7)每个焊工均应有指定的识别代号。除工程另有规定外，管道承压焊缝应标有焊工识别标记。如无法直接在管道承压件上作焊工标记，则应在管道轴测图上或用简图记录焊工识别代号，并将简图列入交工技术文件。

(8)管道(夹套管除外)焊缝的设置应避开应力集中区，且应符合相应技术规范。

(9)结构附件可采用全焊透、局部焊透和角焊缝的形式进行焊接。

4.2.5 焊后热处理

(1)应按设计文件的规定进行焊后热处理，当设计文件无规定时，焊后热处理应符合相应安全技术规范。

(2)焊后热处理工艺应在焊接工艺规程中规定，并经焊接工艺评定验证，任何焊后热处理的温度控制都应满足焊接工艺评定的要求。

(3)当管道焊缝焊后不立即进行热处理时，应控制焊接冷却速度，或采用其他措施防止对管道的有害影响。

4.2.6 装配和安装

管道装配(包括管道预制)和安装应按管道轴测图进行，可在工厂(车间)或现场分别完成。

(1)管道制作前，应按照轴测图选择确定自由管段和封闭管段，并在管道轴测图上注明焊缝位置、焊缝编号；弯管弯曲半径；预制管段的加工长度和尺寸偏差；水平管道的坡度和坡向。

(2)管道穿越墙、道路或铁路时应设套管加以保护，套管内的管段不宜有环焊缝存在。如有环焊缝，应进行100%无损检测。

(3)对于铬钼合金钢、含镍低温钢、不锈钢以及镍及镍合金、钛及钛合金材料的管道组成件，在安装完毕后应检查其材质标记。对管道焊缝进行材质复查，复查数量：每条管道(按管道编号)不应少于2道焊口。若出现1个焊口不合格，则该材质的所有焊缝均进行复查。

(4)埋地管道安装应在支承地基或基础检验

合格后进行。支承地基和基础的施工应符合设计文件和国家现行有关标准的规定。当有地下水或积水时，应采取排水措施。

(5)埋地管道应经防腐层检测和严密性试验，并按隐蔽工程验收，合格后方可回填土。

(6)长输管道下沟应符合 GB 50369 的要求，并采用专用的吊管设备。管道下沟后，应在不用外力的条件下将管道妥帖地放置在管沟内，局部悬空段应以填实。

(7)长输管道管沟回填前应确认管道已全部紧贴沟底且管沟底部密实。管道易水淹处，应先完成回填或采取压载措施。锚固墩的位置应夯实处理。

(8)长输管道穿越工程的施工应符合 GB 50424 的要求；管道跨越工程的施工应符合 GB 50460 的规定。

4.2.7 阀门安装

(1)当阀门与管道以法兰或螺纹方式连接时，阀门应在关闭状态下安装。当阀门与管道以焊接方式连接时，阀门应在开启状态下安装。坡口对接焊缝的底层应采用钨极惰性气体保护电弧焊，且应对阀门采取防变形措施。

(2)阀门不得强行组对连接或承受外加重力负荷，以防止由于附加应力而损坏阀门。

(3)阀门安装前应按介质流向确定安装方向，手轮位置应易于操作、检查和维修。

(4)安全阀应垂直安装；安全阀的出口管道应接向安全地点；当进出管道上设置切断阀时，应加铅封，且应锁定在全开启状态。

(5)压力管道试运行前，应及时调校安全阀。安全阀的调校应符合 TSG ZF001 的要求，安全阀最终调校合格后应铅封，并做好调校记录。

4.2.8 补偿装置安装

管道补偿装置的安装应符合设计文件、产品技术文件和相关标准的规定。

4.2.9 支吊架安装

(1)压力管道支吊架的安装除应符合压力管道对应的安全技术规范规定外，还应符合设计文件和产品技术文件的规定。

(2)应及时进行支吊架的固定和调整工作。支吊架位置应正确，管子和支承面接触应良好。

(3)无热位移的管道吊架其吊杆应垂直安装；有热位移的管道吊架，其吊杆应偏置安装。

(4)当设计文件无规定时，吊点应设在位移的相反方向，并按位移值的 1/2 偏位安装。两根有热位移的管道不得同时使用同一吊杆。

(5)固定支架应按设计文件的规定安装，并应在补偿装置预拉伸或预压缩前固定。没有补偿装置的冷、热管道直管段上，不得同时安置两个或两个以上的固定支架。

(6)弹簧支吊架的弹簧安装高度应按设计文件规定进行调整。弹簧支架的临时固定件应待系统安装、试压、隔热完毕后方可拆除。

(7)导向支架或滑动支架的滑动面应洁净平整，不得有歪斜和卡涩现象。不得在滑动支架底板处临时点焊定位。仪表及电气的支承件不得焊在滑动支架上。

4.2.10 静电接地

(1)设计有静电接地要求的管道，当每对法兰接头、螺纹接头或其他接头间电阻值大于 0.03Ω 时，应设导线跨接。

(2)管道系统的接地电阻值、接地位置及连接方式应符合设计文件的规定。接地引线宜采用焊接形式。

(3)设计有静电接地要求的不锈钢管或有色金属管道，导线跨接或接地引线不得与管道直接连接，应采用同材质连接板过渡。

(4)静电接地安装完毕后，应进行测试，电阻值超过规定时应进行调整。

4.3 检验试验控制要点

4.3.1 材料标记和质量证明文件的验收

4.3.2 外观检查

管道元件及材料应按设计文件和产品标准的规定核对其材质、规格、型号和数量，并逐个进行外观 质量和几何尺寸的检查验收，其结果应符合设计文件和相应产品标准的规定。

4.3.3 材质检查

注意对于铬钼合金钢、含镍低温钢、不锈钢以及镍及镍合金、钛及钛合金材料的管道组成件，在使用前应采用光谱分析或其他方法对主要合金元素含量进行检查。

4.3.4 材料保管

管道元件及材料在制作、安装过程中应妥善保管，不得混淆或损坏。不锈钢和有色金属的管道元件及材料在储存期间不得与碳钢、低合金钢接触。暂不安装的管子、阀门和管件，应封闭管口。

4.3.5 目视检查

目视检查包括材料、管道组成件、纵向焊接接头。抽样检查螺纹、螺栓连接和其他接头的组件、已安装管道，校核所有安装管道的尺寸和偏差，并且符合目视检查的严守准则。

4.3.6　焊接接头的无损检测

管道的名义厚度小于或等于30mm的对接接头，应优先采用射线检测，采用超声检测代替射线检测应经设计者和业主同意；名义厚度大于30mm的对接接头可采用超声检测代替射线检测。有色金属制压力管道对接接头应优先采用X射线检测。焊接接头的表面裂纹应优先采用表面无损检测。铁磁性材料制压力管道焊接接头的表面检测应优先采用磁粉检测。

4.3.7　焊接接头的表面无损检测

除设计文件另有规定外，现场焊接的管道及管道组成件的对接接头、支管连接接头和角接接头应进行磁粉检测或渗透检测，有延迟裂纹倾向的材料焊接接头应在焊接完成24h后进行无损检测。具有再热裂纹倾向的材料焊接接头应在焊接及热处理后各进行一次表面无损检测。

4.3.8　检测不合格

当焊接接头抽样检测或局部检测发现有不合格时，应按要求进行累进检查，不合格的焊接接头经返修后，应采用原规定的检测方法重新检查。其他局部无损检测的焊接接头位置及检查点应由检查人员确定，并经建设单位或检验机构的检验人员批准。

4.3.9　压力试验

在初次运行前以及按照上述要求完成有关的检查后，每个管道系统应进行压力试验以保证其承压强度和密封性。

(1)液压试验

a)试验流体一般应使用洁净水。当对奥氏体不锈钢管道或对连有奥氏体不锈钢组成件或容器的管道进行试验时，水中氯离子含量不得超过50mg/L。如果水对管道或工艺有不良影响并有可能损坏管道时，可使用其他合适的无毒液体。当采用可燃液体进行试验时，其闪点不得低于49℃，且应考虑到试验周围的环境。试验时流体的温度应不低于5℃。

b)如果上述规定试验压力，在试验温度下的周向应力或纵向应力(基于最小管壁厚度)会超过材料屈服强度，或在试验温度下的试验压力大于1.5倍组成件的额定值，则可将试验压力降低到试验温度下不致超过材料屈服强度或1.5倍组成件额定值的最大压力。

c)管道与容器作为一个系统时，当管道试验压力不大于容器的试验压力时，应按管道的试验压力进行试验；当管道试验压力大于容器的试验压力，且无法将管道与容器隔开，且容器的试验压力不小于77%的管道试验压力时，经业主或设计者同意，可按容器的试验压力进行试验。

(2)气压试验

a)如果采用气压试验，应对管道系统的完整性进行风险评估和危害辨识，气压试验的安全操作程序应经过审核。气压试验时，应将脆性破坏的可能性减少至最低程度，应考虑试验温度的影响。气压试验温度至少要比管道系统材料的最低允许金属温度高17℃。材料的最低允许金属温度不明时，试验温度不得低于17℃。试验系统中不得包括铸铁等脆性材料。

b)试验时应装有压力泄放装置，其设定压力不得高于1.1倍的试验压力。

c)用作试验的介质应是干燥洁净的空气、氮气或其他不易燃和无毒的气体。

d)承受内压的工业金属管道，气压试验压力应不低于1.1倍设计压力。

e)应按以下步骤进行气压试验：

①试验前应进行预试验，预试验的压力宜为0.2MPa；

②试验时，应逐级缓慢增加压力，当压力升至试验压力的50%时，应进行初始检查，如未发现异常或泄漏，继续按试验压力的10%逐级升压(每级应有足够的保压时间以平衡管道的应变)，每级稳压3min直至达到规定的试验压力。再将压力降至设计压力，应用发泡剂检查有无泄漏，保压时间应根据查漏工作需要确定。

(3)泄漏试验

泄漏试验应在压力试验合格后进行。泄漏试验时，应重点检查阀门填料函、法兰或螺纹连接处、放空阀、排气阀和排水阀等部位。除另有规定外，敏感性泄漏试验应符合相应检漏方法的试验灵敏度要求。

(4)长输管道压力试验规定

a)工艺管道系统的压力试验包括强度试验和严密性试验。埋地管道应在下沟回填后进行强度和严密性试验

b)压力试验应以洁净水或空气为试验介质，设计压力在6.4MPa以下可用空气作为试验介质。对奥氏体不锈钢管的压力试验宜采用空气或惰性气体。

c)用水作为介质进行强度试验时，升压应平

稳缓慢，分阶段进行，压力试验升压次数应符合规定。

d)用空气作为介质做强度试验时，升压应平稳缓慢，分阶段进行，升压速度应小于0.1MPa/min，气压试验方法及合格标准应符合相关规定。

e)管道系统当采用洁净水作为试压介质时，应将不适宜参与试压的仪器、仪表等隔离，强度试压完成、用真空法或爆破法将水清扫干净后，可采用空气对管道系统及仪器、仪表等一并进行严密性试验。

4.4 安全保护装置控制要点

压力管道所用的安全阀、爆破片装置、阻火器、紧急切断装置等安全保护装置均应符合相应安全技术规程和标准规定，且生产厂家必须取得相应的《特种设备制造许可证》。

4.4.1 设置条件

(1)应当设置安全阀或爆破片的情况

a)当采用安全阀不能可靠工作时，应当改用爆破片装置，或者采用爆破片与安全阀组合装置。爆破片与安全阀串联使用时，爆破片在动作中不允许产生碎片。

b)设计压力小于系统外部压力源的压力，出口可能被关断或者堵塞的管道系统。

c)出口可能被关断的容积式泵和压缩机的出口管道。

d)因冷却水或者回流终端，或者再沸器输入热量过多引起超压的蒸馏塔顶气相管道系统。

e)因不凝气积聚产生超压的容器和管道系统。

f)加热炉出口管道，如果设有切断阀或者调节阀时，该加热炉与切断阀或者调节阀之间的管道。

g)因两端切断阀关闭受环境温度、阳光辐射或者伴热影响产生热膨胀或者汽化的管道系统。

h)放热反应可能失控的反应器出口切断阀上游的管道。

i)凝汽式汽轮机的蒸汽出口管道。

j)蒸汽发生器等产汽设备的出口管道系统。

k)低沸点液体(液化气等)容器出口管道系统。

l)管程可能破裂的热交换器低压侧出口管道。

m)减压阀组的低压侧管道。

n)设计认为可能产生超压的其他管道系统。

(2)应当设置放空阻火器的情况

a)闪点低于或者等于43℃，或者物料最高工作温度高于或者等于物料闪点的储罐的直接放空管(包括带有呼吸阀的放空管道)。

b)可燃气体在线分析设备的放空总管。

c)爆炸危险场所内的内燃发动机的排气管道。

d)输送有可能产生爆燃或者爆轰的混合气体管道。

e)输送能自行分解导致爆炸，并且引起火焰蔓延的气体管道。

f)与明火设备连接的可燃气体减压后的管道(特殊情况可设置水封装置)。

g)进入火炬头前的排放气管道。

(3)应当设置紧急切断装置的情况

可燃液化气或者可燃压缩气储运和装卸设施重要的气相或者液相管道应当设置紧急切断装置。

4.4.2 选型

安全阀和爆破片装置相关压力确定应当符合GB/T 20801的要求。可燃、有毒介质的管道，应当在安全阀或者爆破片装置的排出口装设导管，将排放介质引至集中地点，进行妥善安全处理，不得直接排入大气。

(1)安全阀

安全阀的设计、制造和检验应当分别符合TSG ZF001《安全阀安全技术监察规程》等有关安全技术规范和GB/T 150的规定。

(2)爆破片装置

爆破片装置产品上应当标有永久性标志，永久性标志至少包括以下内容：

a)制造单位名称、制造许可证编号和特种设备制造许可标志。

b)爆破片的批次编号、型号、型式、规格(泄放口公称直径)、材质、适用介质、爆破温度、标定爆破压力或者设计爆破压力、泄放侧方向。

c)夹持器型号、规格、材质以及流动方向。

d)检验合格标志、监检标志。

e)制造日期。

f)爆破片产品必须附产品合格证和产品质量证明书，产品质量证明书还应当包括永久性标志内容、制造依据的标准、制造范围和爆破压力允差、检验报告(包括爆破试验报告)。

(3)阻火器

阻火器产品附产品合格证和产品质量证明书。应当设置金属铭牌，金属铭牌至少包括以下内容：

a)制造单位名称、特种设备制造许可证编号和特种设备制造许可标志。

b)型号、型式、规格。

c)产品编号。

d)阻火性能(爆炸等级、安全阻火速度等)。

e)气体流量和压力降。

f)阻火侧方向。

g)适用气体名称。

h)公称压力。

i)检验合格标志、监检标志。

j)制造日期。

(4)紧急切断阀

紧急切断阀产品必须附产品合格证和质量证明书，阀体上应当设置金属铭牌，金属铭牌至少包括以下内容：

a)制造单位名称、制造许可证编号和特种设备制造许可标志。

b)型号。

c)公称压力、公称直径。

d)产品编号。

e)适用介质、温度。

f)额定流量、关闭响应时间。

g)易熔塞熔融温度。

h)检验合格标志、监检标志。

i)制造日期。

4.4.3 安装

(1)安全阀

安全阀安装时，应当满足 TSG ZF001《安全阀安全技术监察规程》的规定，并且符合以下要求：

a)压力管道与安全阀之间的连接管和管件的通孔，其截面积不得小于安全阀的进口截面积，其接管应当短而直，安全阀入口管道的压力降小于安全阀设定压力的 3%。

b)安全阀出口管道设计需要考虑各种型式安全阀的背压限制规定，防止背压对安全阀开启性能和泄放量的影响。

c)往复式压力机排出管道上安装安全阀(爆破片装置)时，需要再紧靠压缩机处设置脉动阻尼器或者孔板，脉动阻尼器或者孔板至安全阀(爆破片装置)的直管段距离至少应当为 10 倍管道公称直径。

d)安全阀入口、出口管道和支架的设计与安装需要考虑安全阀自重、泄放反作用力、热应力、机械应力、振动应力以及其他外部载荷的作用，安装时需要将应力减少至最低的程度。

e)考虑低沸点液体(液化气等)降压闪蒸导致骤冷引起管道材料低温脆断的作用。

f)管道与安全阀(爆破片装置)之间一般不宜设置切断阀。

(2)爆破片

爆破片装置安装时，应当满足以下要求：

a)爆破片装置的入口管短而直、管径不小于爆破片的公称直径。

b)爆破片装置的出口管有足够的支撑，考虑破裂时的反作用力和振动，出口管的管径要保证管内流速不大于 0.5 倍马赫数。

c)爆破片安装在相应的夹持器上，并且按照泄放侧箭头方向安装爆破片，安装时，爆破片保持清洁完好。

d)爆破片装置单独使用时，爆破片装置的入口管需要设置全通径的切断阀，以便更换爆破片用，切断阀在全开启状态锁定或者铅封。

e)爆破片装置与安全阀串联使用时，在爆破片与安全阀之间设置压力表或者压力开关，以及放空阀、过流阀或者报警指示器。

f)安装爆破片时，采用扭矩扳手，按制造单位安装说明中的安装扭矩数据表，按对角线均匀紧固螺栓。

g)未经制造单位同意，不得在爆破片两侧加装垫片、保护膜或者涂层。

(3)阻火器

阻火器安装时，应当满足下列要求：

a)管端型放空阻火器的放空端安装防雨帽。

b)工艺物料含有颗粒或者其他会使阻火元件堵塞的物质时，在阻火器进、出口安装压力表，监控阻火器的压力降。

c)工艺物料含有水汽或者其他凝固点高于 0℃的蒸汽(如醋酸蒸汽等)，有可能发生冻结的情况，阻火器设置防冻或者解冻措施，如电伴热、蒸汽盘管或者夹套和定期蒸汽吹扫等，对于水封型阻火器，可以采用连续流动水或者加防冻剂的方法防冻。

d)阻火器不得靠近炉子和加热设备，除非阻火元件温度升高不会影响其阻火性能。

e)单项阻火器安装时，阻火侧朝向潜在点火源。

4.4.4 检验和维修

安全保护装置实行定期检验制度，安全保护装置的定期检验按照压力管道定期检验等有关安全技术规范的规定进行。进行安全阀在线检测和压力调整时，使用单位的管道安全管理人员应当到场确认。检测和调整合格的安全阀应当加铅封。检测和调整装置用压力表阻尼器。在检测和调整时，应当有可靠的安全防护措施。

(1)安全阀应当停止使用并且立即更换情况：

a)选型错误，性能不符合要求；

b)超过校验有效期或者铅封损坏；

c)阀芯和阀座密封面损坏；

d)导向零件、调节圈锈蚀严重；

e)阀芯与阀座粘死或者弹簧严重腐蚀、生锈；

f)附件不全；

g)历史记录丢失。

(2)爆破片装置应当立即更换情况：

a)超过规定使用期限；

b)标定爆破压力和工作温度不符合运行要求；

c)超过最大泄放压力而未爆破。

5　结束语

作为压力管道投产后安全运行的基础，只有拟定详细的切合实际的配套制度及管理体系，强化材料选型、制作安装、检验试验、安全防护重要环节的落实，才能从本质上减少故障事故的发生，确保压力管道工程安全运行。

参考文献

[1]季芳．石化压力管道建设工程质量探讨，辽宁化工，2020，49(6)：715－716.

[2]韩战虎．压力管道安装工程项目质量控制实施要点，工程建设与设计，2017(1)：204－206.

[3]史云峰，陈甲学，胡东方．压力管道安装质量与控制，化工管理，2015(1)：128

[4]杨荣华．压力管道常见缺陷的分析与检验，化工装备技术，2013，34(5)：29－30.

[5]孙仁山，李赵．承压类特种设备事故案例分析．北京：中国劳动社会保障出版社，2019：84－91.

[6]TSG D7006—2020，压力管道监督检验规则[S].

[7]TSG D0001—2009，压力管道安全技术监察规程－工业管道[S].

[8]GB/T 20801—2020，压力管道规范 工业管道[S].

[9]GB/T 34275—2017，压力管道规范 长输管道[S].

[10]GB/T 32270—2015，压力管道规范 动力管道[S].

埋地聚乙烯燃气管道全面检验关键点解析

丁战武

（沈阳特种设备检测研究院，辽宁 沈阳 110035）

摘 要：本文结合聚乙烯燃气管道的自身特点，按照《压力管道定期检验规则—公用管道》TSG D7004—2010 和相关地方标准等文件要求，提出了埋地聚乙烯燃气管道主要的定期检验项目，在对各个定期检验项目介绍的基础上，给出了各个定期检验项目的关键点，为在用埋地聚乙烯燃气管道的定期检验提供参考。

关键词：埋地；聚乙烯；燃气管道；全面检验；关键点

Analysis of Key Points In Comprehensive Inspection of Buried Polyethylene Gas Pipeline

Ding Zhanwu

（Shenyang Special Equipment Inspection and Research Institute，Shenyang 110035，China）

Abstract： In this paper，combined with the characteristics of polyethylene gas pipeline，according to《Periodical Inspection Regulation for City Gas Pressure Pipeline and Terminal Pressure Pipeline》TSG D7004—2010 and relevant local standard documentation requirements，such as periodic inspection of buried PE gas pipeline project，on the regular inspection items is introduced on the basis of the given points each regular inspection items of parsing，for the use of buried PE gas pipeline inspection on a regular basis to provide the reference.

Key words： Buried；Polyethylene；Gas pipeline；Comprehensive inspection；The key point

1 引言

聚乙烯 PE 管道具有耐腐蚀性、易于加工、韧性好以及使用寿命长等优点，在城镇埋地燃气管网建设中应用广泛[1]。但由于其强度差，容易引发第三方破坏等事故[2]，威胁着人民的生命及财产安全。因此，现阶段极需要对埋地聚乙烯燃气管道进行有效定期检验方法的探讨和研究，避免和减少事故的发生。

2 国内聚乙烯燃气管道法规标准

目前我国针对埋地聚乙烯燃气管道的设计、安装、验收规范主要有 GB 50028—2018《城镇燃气设计规范》、CJJ 33—2005《城镇燃气输配工程施工及验收规范》、CJJ 63—2018《聚乙烯燃气管道工程技术标准》，定期检验方面还没有针对聚乙烯燃气管道的专项检验规范，现阶段以 TSG D7004—2010《压力管道定期检验规则—公用管道》和相关地方标准为主，为配合聚乙烯燃气管道定期检验的特殊性，聚乙烯燃气管道定期检验方面的国家标准正在制定中。中国特检协会于 2022 年推出了团体标准 T/CASEI 006—2022《在役聚乙烯燃气管道检验与评价》，为埋地聚乙烯燃气管道的检验提供了一定的技术支撑。

3 埋地聚乙烯燃气管道定期检验关键点解析

埋地聚乙烯燃气管道定期检验的主要检验项目有资料审查、宏观检验、敷设环境调查、管线定位及埋深测定、泄漏检测以及开挖直接检验等。

3.1 资料审查

资料审查重点是核查压力管道的设计、安

作者简介：丁战武（1987— ），高级工程师，主要从事压力管道检验及技术研究工作。

装、改造或者重大修理资料、使用管理资料、检验检查资料等内容是否符合相关规范要求[3]。在2014年之前，由于埋地聚乙烯城镇燃气管道检验手段单一，各有关单位重视不足等客观存在的原因，导致开展监督检验及定期检验的比例很低，进而引发存档资料不全，施工不规范，安全隐患突出等问题。因此在资料审查中需结合管线实际情况以及资料中存在的问题以及风险情况有针对性地制定检验方案。

3.2 宏观检验

宏观检验重点是检查管道位置与埋深检查，主要检查周围地表发生过较大变动、管道存在沉降的情况下，管道位置与埋深是否符合设计及验收规范的要求。以及是否存在占压等重点关注的危险因素。对于穿越段主要检查管道穿越处保护工程的稳固性、河道变迁、水工保护等情况；对于跨越段主要检查管道防腐(保温)层、补偿器完好情况，吊索、支架、管子墩架的变形、腐蚀情况。

3.3 敷设环境调查

第三方破坏是管道事故主要的原因之一，对于管道敷设环境的调查极为重要。主要检查管道与其他建(构)筑物的净距以及管道上方占压变化情况；与热力管道伴行或交叉敷设时，通过实际测量或查阅数据资料得出聚乙烯燃气管道与热力管道的水平净距或垂直净距以及是否存在热媒泄漏事件，必要时，测试聚乙烯燃气管道外壁温度；检查管道周边是否存在白蚁、老鼠啃咬等生物侵害情况；检查管道上方是否存在容易对管道造成破坏的乔木等深根植物；检查管道上方是否存在第三方施工活动；不良地质条件调查，检查管道沿线是否有地面沉降、冻土、滑坡、断层、洪水等不良地质条件[4]。

3.4 聚乙烯管道定位及埋深测定

目前，在聚乙烯燃气管道定位及埋深测定方面主要使用的仪器是基于弱磁感应探测原理开发出来的燃气管道探测仪。其原理是物质都具有磁性，空间中都存在磁场，通过在地面上方使用专门仪器提取PE管道弱磁场信号，从而探测其位置与埋深[5]。目前，已开展工程应用的探测仪型号各异，但原理是一致的。检测时，检测人员双手持金属杆在运动状态下通过人体静电、大地磁场、弱磁场的相互作用下可以探测出被探测物的位置与埋深。检测设备轻便，一人即可独立完成。检测人员需要手持金属天线以张开的状态垂直管线的位置匀速前进，当靠近管线时，天线开始相互吸引，直到到达管线正上方时，天线成平行状态，当远离管道时，天线又开始由平行变为张开，检测仪器如图1所示。同时，仪器还可以测出管道的埋深及管道的管径大小。

图1 燃气管道探测仪

3.5 泄漏检测

目前常用的泄漏检测手段为沿着管线上方使用燃气泄漏检测仪进行管线泄漏检测。使用时须设置报警阈值，减少误报的可能性，一般情况下100×10^{-6}以下可不考虑[6]。

3.6 开挖坑检测验证

开挖检验是对管道本体完好情况的直接检验，也是验证仪器准确性的有效手段。例如通过开挖找出定位及埋深的检测偏差，对偏差进行修正，进而得出更准确的检测结果。

开挖点应选择在资料审查中发现影响安全的相关部位、埋深不足、出入土端以及泄漏检测仪发现异常报警信号的部位。

4 检验案例

本案例为某地埋地聚乙烯燃气管道定期检验。在检验过程中泄漏检测仪发现可疑报警信号，通过使用管道探测仪找到管道准确位置，对其进行开挖，发现存在第三方破坏泄漏情况，缺陷尺长13mm、宽10mm，如图2所示。

5 结束语

对于埋地聚乙烯燃气管道一般主要从资料审查、宏观检验、敷设环境调查、聚乙烯管道定位及埋深测定、泄漏检测、开挖检测这几个方面进行检验，具体的检验过程按照TSG D7004《压力管道定期检验规则—公用管道》和相关地方标准执行，并需要结合聚乙烯燃气管道自身的特点采用试用的方法和设备，减少因检验给企业带来的经济损失，提高检验效率。

图2　检验缺陷

参考文献

[1]辛明亮，李茂东，张术宽．聚乙烯燃气管道失效模式研究进展．中国塑料，2015，29(3)：16－19.

[2]黄辉，许伟．在役埋地 PE 管道探测技术探析．化工管理，2017，11：153－154.

[3]TSG D7004—2010，压力管道定期检验规则—公用管道[S].

[4]王宏君，陈玉宝，李蔚．聚乙烯燃气管道的全面检验．中国特种设备安全，2014，30(7)：17－21.

[5]曾岳梅，贾向炜，李英杰．埋地 PE 管道声学定位探测技术应用研究．煤气与热力，2015，(7)，31.

[6]任峰，何仁洋，孟涛等．城市燃气管网检测技术研究．管道技术与设备，2014，5：16－17，23.

弱磁检测技术在石化管道完整性保障中的应用

孙　杰　李绪丰

(广东省特种设备检测研究院，广东 佛山　528251)

摘　要：管道作为一种常见的输送物料设备，广泛应用于石油化工领域。针对管道的完整性检测目前存在诸多种无损检测技术，每种无损检测技术皆有其优劣性。弱磁检测技术是一种近年来出现的电磁检测新技术，采用弱磁检测对石化管道进行实践应用表明弱磁检测技术能够有效检出缺陷，但是国标中给出的评价程序方法一般过于复杂，采用弱磁检测对于缺陷的进一步定性定量离不开其它无损检测技术的结合。

关键词：管道；石油化工；完整性；弱磁检测；无损检测

Application of weak magnetic detection technology in integrity assurance of petrochemical pipeline

Sun Jie, *Li Xufeng*

(Institute of Guangdong Special Equipment Inspection, Guangdong Foshan 528251, China)

Abstract: As a common material conveying equipment, pipeline is widely used in the field of petrochemical industry. At present, there are many nondestructive testing technologies for pipeline integrity testing, and each nondestructive testing technology has its advantages and disadvantages. Weak magnetic detection technology is a new electromagnetic detection technology in recent years. The practical application of weak magnetic detection to petrochemical pipelines shows that weak magnetic detection technology can effectively detect defects, but the evaluation methods given in the national standard are often too complex. The further qualitative and quantitative analysis of defects by weak magnetic detection is inseparable from the combination of other nondestructive testing technologies.

Key words: Pipeline; Petrochemical industry; Integrity; Weak magnetic testing; Nondestructive testing

压力管道广泛应用于石油化工领域[1]，其一般敷设于地下或架设于管廊架或与其它压力容器、锅炉、裂解炉等大型设备相连装设。石化装置区内的压力管道不仅要承受恶劣的工况，同时随着敷设/架设周期的延长，加上受雨雪天气及介质冲刷等相关因素影响，将会加快管道发生腐蚀破损[2]。管道一旦发生破损极易造成生产安全事故，尤其在石油化工领域内，管道内部往往流通着油、气、苯、烯烃类等高温易爆介质，因此石化装置内的管道发生破损所造成的后果往往是相当严重的。因此，为了保障大型石化生产安全，有效提高生产效益，则务必对石化装置区内压力管道进行定期全面检验，积极稳妥处理好石化管道的腐蚀检测问题。

目前国内外对于压力管道本体金属腐蚀检测采用的常用技术手段有漏磁、电磁超声、超声导波、相控阵超声、数字射线、脉冲涡流等几种检测手段。上述几种检测方法中，各有优势和不足，漏磁检测对缺陷实现三维成像扫查，有效对缺陷大小进行定量，但仅限于对近表面金属本体缺陷检测[3]；超声导波检测可以实现对金属本体100%快速扫查，但是检测数据仅能给出缺陷波幅大小，无法具体给出金属减薄数值，因此数据不够直观[4]；相控阵超声检测手段可以实现对腐

作者简介：孙杰(1992—　)，广东惠州人，毕业于南昌航空大学测试与光电工程学院，硕士研究生，工程师，主要从事承压特种设备法定检验及非常规无损检测新技术应用研究工作。E－mail：1033066511@qq.com

蚀缺陷C扫描成像，也能够对缺陷严重程度进行定量分析，但是针对管道检测的探头扫查架子往往需要专门定制，手动一次扫查范围有限，且需要耦合剂，使用存在一定的不便；数字射线检测可以实现对带保温或带保冷状态下的压力管道腐蚀检测，但是如同传统射线检测一样，数字射线检测也需要单独设置辐射防护区，一般情况下仅允许夜间进行作业[5]；脉冲涡流检测是近些年逐渐开始石油化工领域内崭露头角的腐蚀检测新技术，该项技术可实现对带包覆层管道定点测厚，可实现在线不停机检测，但是脉冲涡流检测技术作为涡流检测技术分支，同样存在着“边缘效应”的限制，因此对现场检测条件要求较为苛刻[6]。弱磁检测近年来开始逐渐应用于航空航天、军工领域，相关研究显示弱磁检测除能够检测金属管道本体腐蚀缺陷以外，还能够对裂纹及预损伤进行检测，该种技术是一种针对压力管道值得进行应用研究的新式腐蚀检测手段[7]。笔者结合了弱磁检测几种实际检测案例，对弱磁检测是否适用于石化行业压力管道的完整性保障做出了应用研究。

1　弱磁检测原理与数据评价

1.1　弱磁检测技术基本原理

弱磁检测是一种不需要对金属构建进行提前磁化，仅检测试件在地磁场与外部载荷双重作用下产生的漏磁场变化的无损探伤技术[8]。具体的工作原理为：当待检试件在地磁场作用条件下，且受到了外部载荷加载，以此造成试件产生应力集中或发生断裂缺陷，那么应力集中或缺陷区域的磁畴将会重新进行组织，打破原来的取向，并在试件表面产生漏磁场[9]，漏磁信号的特征是切向分量 $H_P(x)$ 产生极值，法向分量 $H_P(y)$ 改变方向且过坐标原点，详见图1，这种特征在试件外

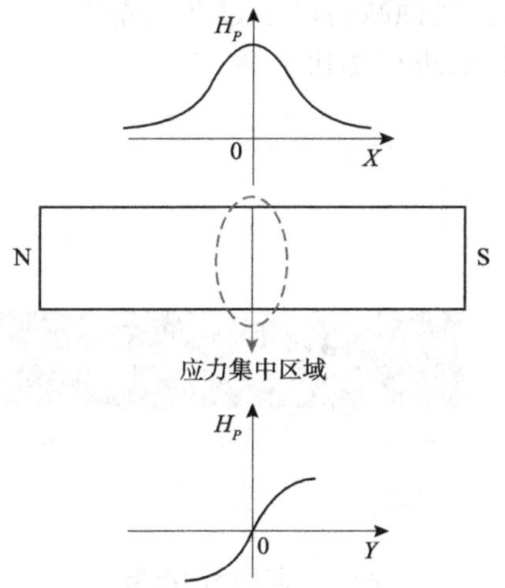

图1　应力集中存在缺陷的弱磁检测信号特征

部载荷消失后依然会保留相当长周期[10]。因此，借助这种物理特征，弱磁检测可对铁磁性构件产生的腐蚀缺陷进行初步判断及定位。

1.2　弱磁检测损伤综合评估

当前国内执行弱磁检测的技术标准重点是依据国标GB/T 35090—2018《无损检测 管道弱磁检测方法》[11]，国标中，管道损伤严重程度初步判断采用 G 表示，G 值越大即意味着损伤程度有可能越高。

$$G = \sum_{i=x,y,z} \sqrt{\sum_{j=x,y,z} \left(\frac{\Delta H_{ij}}{\Delta l_i}\right)^2} \tag{1}$$

式中　G——损伤程度初评估值；

i，j——磁感应强度在空间坐标 x、y、z 方向；

ΔH_{ij}——i 方向分布的探头与磁矢量 j 分量之间的差值；

Δl_i——代表 i 方向检测探头分布距离。

同时，为了进一步给出待检工件具体损伤情况，对于含有损伤缺陷的工件，将根据参数指标 F 进行定级判断，按式(2)进行计算，得出若 F 数值越小，则代表损伤情况越严重。

$$F = e^{-AG} \tag{2}$$

式中　A——代表修正系数；

G——即为损伤程度初评估值。

为了更加合理地获取修正系数 A，一般规定至少选取2处检测点，同时需要结合其它无损检测方法对损伤部位进行复验，确保采用其它检测方法对于损伤状况的评价结果与弱磁检测方法评价结果能够保持一致。现实检测过程中往往需要不断调整修正系数 A，保障各个检测部位的损伤等级最优化。

结合上式(1)及式(2)，给出缺陷等级，详细评定结果参见表1。

表1　工件缺陷严重等级划分

缺陷等级	F 值范围	风险评估状况	修复建议
Ⅰ	(0~0.2]	高风险	即刻修复
Ⅱ	(0.2~0.6]	中风险	近期安排修复
Ⅲ	(0.6~1.0]	低风险	定期监控

2　检测应用

2.1　带包覆层管道焊缝损伤检测

带包覆层管道弱磁检测技术应用于陕西某煤制油化工厂，待检管道具体信息详见表2。该管线投用已达15年，对管道进行网格区域划分，

共计分为 6 块扫查区域，依次记为 1# ~ 6#，焊缝编号为 B1 ~ B2，详见图 2。对带包覆层管道采取横向 + 纵向扫查方式，发现焊缝 B2 位置出现了两处明显的剧烈波动，显示出明显的应力集中信号变化。对漏磁检测异常信号位置进行拆卸保温，宏观目视检查 B2 焊缝及其相邻 200mm 部位并未出现严重腐蚀和壁厚减薄，因此采用常规超声检测对漏磁检测异常信号部位进行验证性检测，复验结果发现焊缝 B2 位置存在裂纹信号显示，最大波幅已超过判废线，根据 NB/T 47013—2015《承压设备无损检测》[12] 相关要求，裂纹为焊缝部位不允许出现缺陷，应即刻对缺陷部位进行返修处理，后经打磨消缺发现，B2 部位确定存在裂纹。

表 2　待检管道信息

管线规格/mm	材质	输送介质	设计压力/MPa	工作压力/MPa	保温厚度/mm
Φ140 × 10	20	油气	1. 6	1. 25	110

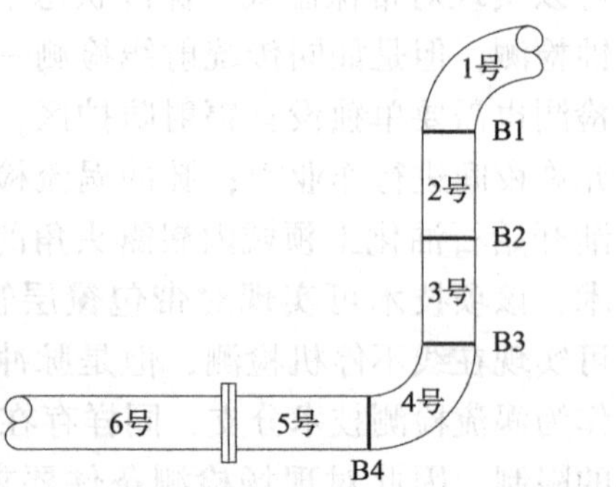

图 2　待检管道示意图

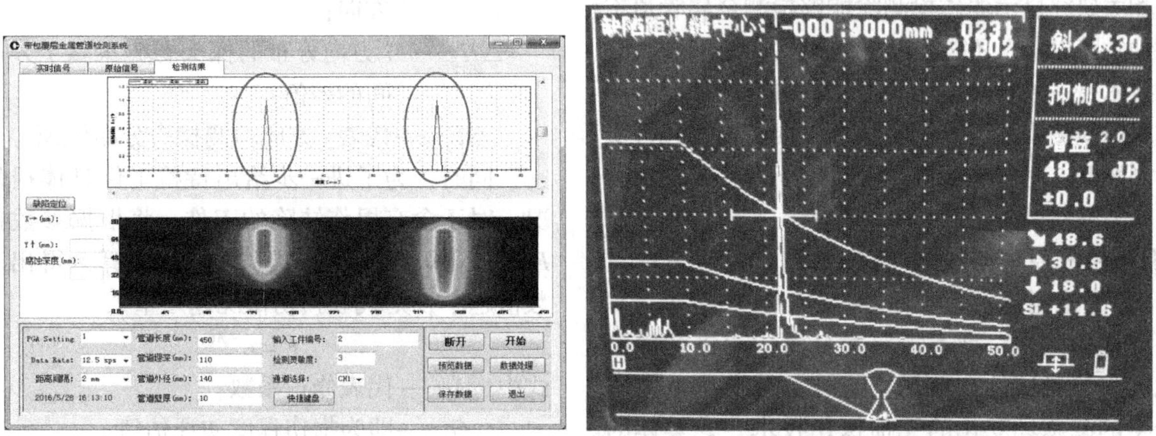

(a)弱磁检测结果　　(b)超声检测复验结果

图 3　待检管道检测结果

2. 2　带包覆层管道腐蚀检测

弱磁检测技术应用于广东某炼化基地，待检管道公称直径 Φ76mm，壁厚 4mm，输送介质为高温蒸汽，材质为 20，工作温度 220℃，管线运用至今已达 7 年，管道外保温厚度达 80mm。近期全厂进行腐蚀检测作业排除时对管线进行了超声导波腐蚀扫查，发现其存在疑似腐蚀减薄，见图 4；对超声导波检测存在异常部位进行了弱磁检测，采用周向扫查方式进行缺陷检测，结果显示超声导波检测异常部位存在明显应力集中信号变化。对导波 + 弱磁检测出现的异常部位采用高精度超声波测厚仪进行定量验证，发现异常部位的壁厚最薄部位仅剩 1. 98mm，腐蚀减薄已超过名义壁厚一半，因此建议该管道进行尽快更换。

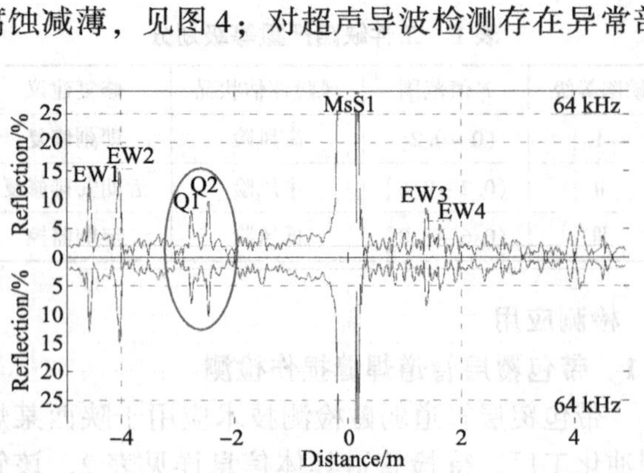

图 4　管道超声导波检测结果

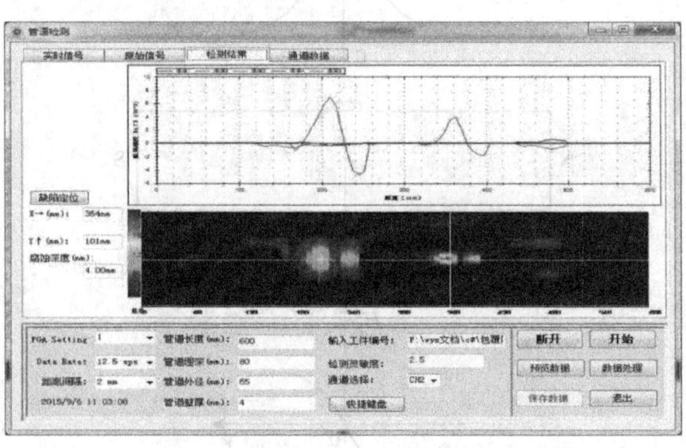

图 5　弱磁检测结果

2.3 复合金属管检测

双金属复合管道往往采用的是机械挤压 + 热浇铸 + 热轧的工艺进行制造成型，因此分层是双复合金属管道常见的制造缺陷之一。对广东某石化设备制造厂进行双金属复合管道出厂质量检测，采用弱磁检测技术对公称直径 Φ610mm，壁厚(12 + 4) mm，材质为 20 + 304L 的管件进行检测，对直管段部位进行“周向 + 轴向”的方式进行扫查，弱磁检测显示直管段本体存在两处异常信号，详见图 6。宏观检查发现管件内外表面并无异常，对弱磁信号异常部位进行超声测厚发现数据出现间断性波动，而在其它部位数据显示无异常，采用常规超声检测对弱磁检测异常部位进行复验，显示 2 处弱磁检测信号异常部位都存在母材分层。

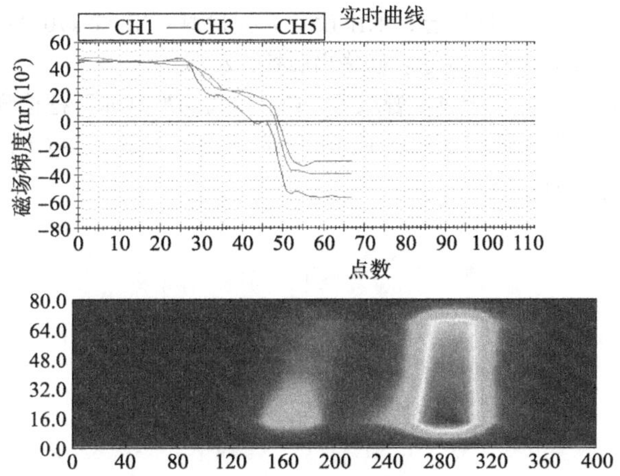

(a)第一处异常信号

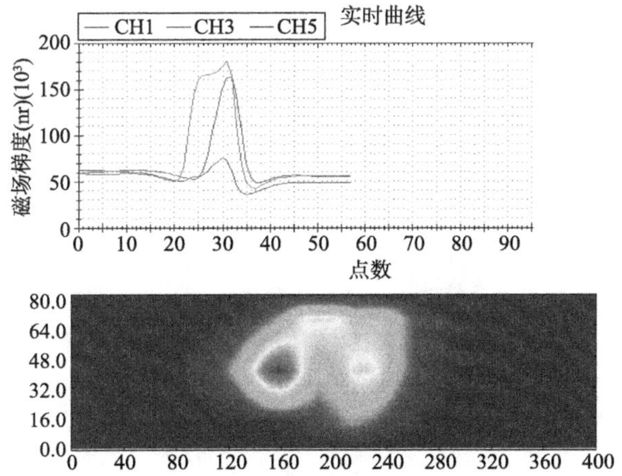

(b)第二处异常信号

图 6 复合金属管道弱磁检测结果

2.4 电站锅炉过热器氧化皮检测

对某石化厂内的热电联产电站锅炉内的高温过热器管道进行管内氧化皮检测，过热器管道规格为 $\Phi38 \times 4.5$，材质为 SA210 - A1，采用多通道专用弱磁检测设备进行扫查，弱磁检测结果显示，被检过热器管道弯头部位疑似存在过量氧化皮，经射线检测验证，确定管道弯头外拱壁存在大量氧化皮。

(a)过热器管道弱磁检测

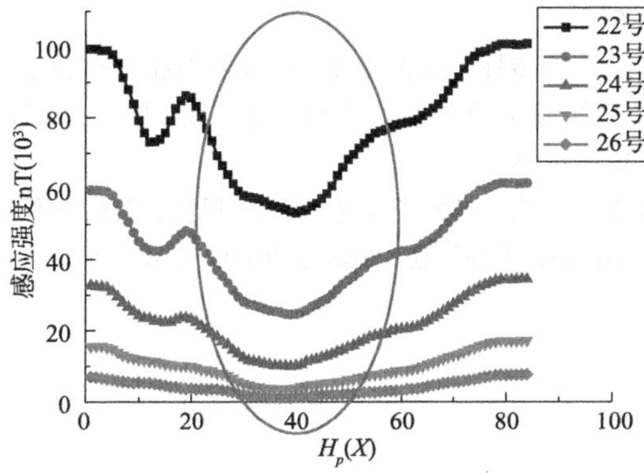

(b)弱磁检测结果

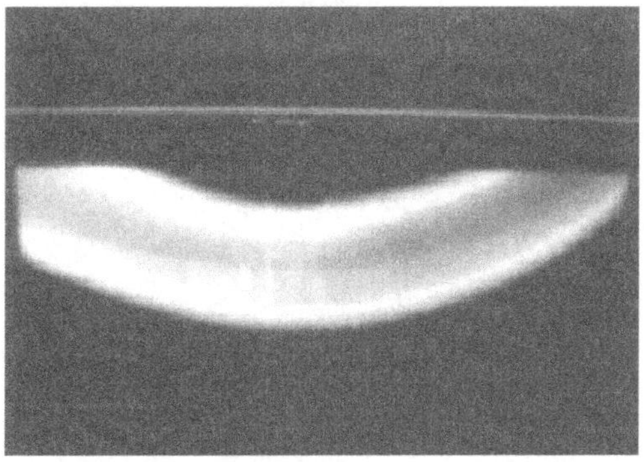

(c)射线检测结果

图 7 低温过热器氧化皮弱磁检测

3 结论

本研究采用弱磁检测技术对石化领域管道开展了检测应用，从实际的检测情况来看，弱磁检测能够对腐蚀缺陷、母材和焊缝制造缺陷，以及管道运行过程中产生的某些缺陷进行有效检测。但值得注意的是，尽管当前针对弱磁检测技术的国家标准已经实施，然而通过观察标准中给出的公式(1)及公式(2)并结合王鲜等[13]实践研究结果表明，单独采用弱磁检测技术对管道进行腐蚀等级评价，其程序通常是非常复杂的。实际的检测案例表明，弱磁技术对于被检对象自身存在的缺陷检测仅能作为一种初次扫查手段，而对于缺陷最终的定性定量还是需要通过借助其它无损检测手段来进行，尽管弱磁检测技术存在一定的局限性，但是其针对石化管道质量完整性检测仍然不失为一种快速高效地手段。

参考文献

[1]陈晨．埋地金属管道非开挖检测技术工程应用研究[D]．南昌：南昌航空大学，2016.

[2]饶晓龙．埋地金属管道被动式弱磁检测技术研究[D]．南昌：南昌航空大学，2016.

[3]杨薇，何承代，陆卫军等．卧式埋地储罐漏磁检测技术的研究与应用[J]．化工装备技术，2017，38(6)：56－58.

[4]邢飞龙，徐传标，孙浩腾等．低频导波技术在核电站消防管线腐蚀检测中的应用[J]．无损探伤，2020，44(06)：6－9.

[5]宫跃兵，陈艳，张久峰玉等．DR在制氢装置转化管中的应用[J]．无损探伤，2022，46(02)：36－40.

[6]沈功田，李建，武新军．承压设备脉冲涡流检测技术研究及应用[J]．机械工程学报，2017，53(4)：49－58.

[7]孙继伟，范彦钊，裴连军等．基于弱磁综合检测的供热管道隐患风险评价研究[J]．区域供热，2021，(3)：8－14，28.

[8]程强强，夏桂锁，于润桥等．基于微磁的连续油管在线检测技术[J]．天然气工业，2014，34(7)：109－114.

[9]任尚坤，李新蕾，任吉林等．金属磁记忆检测技术的物理机理[J]．南昌航空大学学报(自然科学版)，2008，22(2)：11－17.

[10]姚凯．基于金属磁记忆法的铁磁材料早期损伤检测与评价的实验研究[D]．北京：北京交通大学，2014.

[11]全国无损检测标准化技术委员会．无损检测管道弱磁检测方法：GB/T 35090—2018[S]．北京：中国标准出版社，2018.

[12]中华人民共和国国家能源局，全国锅炉压力容器标准化技术委员会．承压设备无损检测：NB/T 47013—2015[S]．北京：新华出版社，2015.

[13]王鲜，刘艳军，曾斌等．西二线管道腐蚀非开挖检测技术研究[J]．应用力学学报，2021，38(1)：354－360.

工业管道不停车检验技术研究

蔡 正 吴 军 郇 冬 鲁 宁

(江苏省特种设备安全监督检验研究院，江苏 南京 210036)

摘 要：工程实际中常会遇到高温高压的蒸汽管道、低温高压的氨制冷管道需定期检验，往往停车检验造成经济成本高，文中通过脉冲涡流法、TEM(瞬变电磁)法、电磁超声法和超声波(压电)法的优缺点，以及数字射线，超声相控阵在焊缝检测中的优缺点，探索出一套适用于工业管道不停车检验的技术，有助于提升工业管道的安全水平及工业管道检验质量，降低企业检验成本。

关键词：工业管道；不停车；定期检验

Study on the Inspection Technology of Industrial Pipeline Without Stopping

Cai Zheng, *Wu Jun*, *Huan Dong*, *Lu Ning*

(Special Equipment Safety Supervision Inspection Institute of Jiangsu Province, Jiangsu Nanjing 210036, China)

Abstract: In engineering practice, high temperature and high pressure steam pipelines andlow temperature and high pressure ammonia refrigeration pipelines often need to be inspectedregularly, which often leads to high economic costs. In this paper, through the advantages anddisadvantages of pulse eddy current method, TEM (transient electromagnetic) method, electromagnetic ultrasonic method and ultrasonic (piezoelectric) method, as well as theadvantages and disadvantages of digital ray and ultrasonic phased array in weld inspection, aset of technologies applicable to industrial pipeline inspection without stopping is explored, It is helpful to improve the safety level and inspection quality of industrial pipelines, andreduce the inspection cost of enterprises.

Key words: Industrial pipeline; without stopping; Periodic inspection

1 引言

随着我国经济水平及工业化程度的不断提升，工业管道在生产制造各领域的地位越来越重要。根据国家市场监管总局相关统计，截至2021年年底全国压力管道总长度达75.75万公里(在册)，因此，压力管道被形象的称为“工业动脉”，足见工业管道的重要性。

目前常规的工业管道依然采取以往“全面检验”(即停车检验)的方式对其进行检验，但停车检验意味着企业需要停止生产，造成巨量的经济损失，企业对工业管道不停车检验抱有极大需求。

2 工业管道不停车检验的重难点

(1)常温高压的管道，不停车情况虽然可以进行常规壁厚测定，由于管道内存有介质，常规射线检测无法进行，难以对管道本体100%检测，且效率不高。

(2)高温高压管道，不停车情况下难以进行壁厚测定、无损检测、材质性能分析及耐压试验。

(3)低温高压的管道，如果不停车，拆除压力管道保冷材料，压力管道容易结霜，并且凝液对射线具有一定的吸收和散射作用，难以实施常规超声壁厚测定和射线检测。

作者简介：蔡正(1991—)工程师，主要从事压力管道检验检测及科研相关工作。

3 工业管道不停车检验工作思路

工业管道不停车检验工作思路：通过技术手段实现不停输管道的壁厚检测及不停输管道焊缝检测，对于管道检验过程中发现的缺陷通过合于使用评价，量化其风险等级，判断管道是否可用，出具管道全面检验报告。

4 工业管道不停车壁厚测定检测技术

工业管道在长期运行过程中，常见的缺陷就是壁厚减薄，在 TSG D0001《压力管道安全技术监察规程—工业管道》中明确规定，壁厚测定为管道定期检验的必检验项，工业管道不停车壁厚测定是必须面对的问题。

对于管道的壁厚检测，按检测方式可分为接触式检测和非接触式检测；常规的检测方式为接触式检测，但在工程实际中常会遇到许多高温高压的蒸汽管道、低温高压的氨制冷管道，停车成本高，且许多管道关乎民生使用，要求进行非接触式检测。

现有的工业现场非破坏性厚度测量技术中，目前较理想检测方法有(PEC)脉冲涡流法、TEM(瞬变电磁)法、电磁超声法和超声波(压电)法。

4.1 PEC(脉冲涡流)测厚技术

脉冲涡流检测基于电磁场理论，当载有交变电流的检测线圈靠近金属导体时，会在导体中产生涡流，而涡流信号又会与原磁场产生感应，当被测试件的性质发生变化，比如缺陷、腐蚀等，会导致被测试件中感应涡流密度发生变化。

随着涡流磁场的衰减，检测线圈上就会感应出随时间变化的电压(瞬态感应电压)。由于脉冲涡流在导体试件内部的传播过程是逐渐衰减的，因而对不同厚度的导体试件，最终得到的检测线圈上的瞬态感应电压信号的波形是不同的，见图 1。

所以，通过测量瞬态感应电压信号，并对其波形进行分析，就可以总结出导体试件厚度与瞬态感应电压信号的关系，进而利用这种关系对导体试件厚度进行检测。

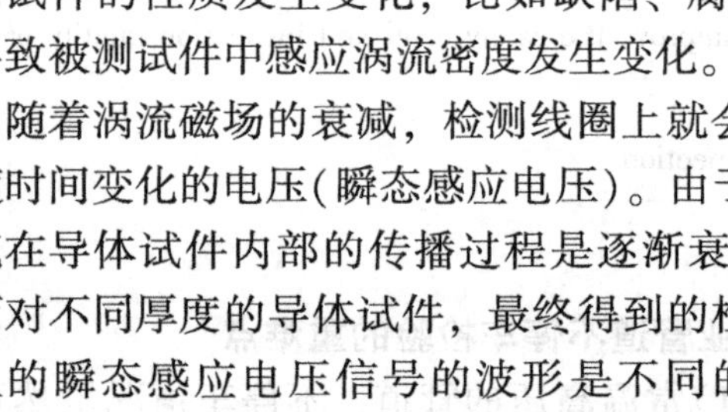

图 1 脉冲涡流作用原理示意图

脉冲涡流检测技术可以实现带包覆层管道壁厚测定，可实现高温及低温管道的在线测厚工作，可极大降低管道的检验成本及检验时间。

脉冲涡流检测技术也存在部分局限性：对于不锈钢管道，由于材料的非铁磁性导致其自身无法聚焦磁场，在实际工程中脉冲涡流检测存在困难。此外在工程实践中发现如管道周围存在电磁干扰，对数据的测量也有不定性。最后，脉冲涡流测试显示的读数为标准试样的相对壁厚值，更换管径，需重新标定。

4.2 TEM(瞬变电磁)测厚技术

瞬变电磁法起源于地球物理领域，原理与脉冲涡流检测本质相同。检测传感器置于待测厚的导体的上方，将激励线圈中通入直流电，电流在导体中产生一个恒定磁场。

在直流电关断一瞬间，金属板内的磁场随之减小，磁通量发生变化，由法拉第电磁感应定律，管壁上将产生感应电流。感应电流产生的次生磁场将在接收线圈中产生一个感应电动势，感应电动势随时间衰减。且由于管道壁厚的不同，其衰减速率也不一致。通过对接收线圈中的感应电动势进行提取和分析，可以测量管件的局部平均壁厚。

瞬变电磁法的感应磁场受管道包覆层、管道本体、管道内介质综合影响，在工程实践中应用较少。

4.3 EMAT(电磁超声)测厚技术

电磁超声(EMA)基于脉冲回波测量法，其原理为：使用静态磁场和交流线圈，使金属导体中产生交变磁场，致其表面产生涡流，涡流在磁场中受到洛伦兹力的作用，产生高频振动弹性波；与此相反，返回声压使质点振动，在磁场的作用下，产生交变电流，导致被测体的表层又出现交变的磁场，在交变磁场作用下，线圈两端的电压发生变化，通过接收装置检测电压变化，实现金属导体的无损检测。

电磁超声检测其突出优点是不需要耦合剂，可以非接触测量，特别适合高温检测及自动化检测，测量精度和稳定性受涂层、污染物，粗糙表面的影响很小。其缺点是仅可用于导电导磁材料，超声波的激发和接收效率比较低，回波信号信噪比差，仪器体积较大。

4.4 接触式高温测厚技术

传统超声波测厚仪主流采用的为压电法，超声波探头接触到被检测管道，会激发出脉冲超声波，一部分超声波被分界面反射回探头，通过测量超声波在材料中的传播时间，就可以计算出材料的厚度。

高温测厚的原理与普通超声测厚原理基本一致，影响高温测厚的主要因素为耦合剂在高温下容易蒸发，探头无法进行耦合，目前高温耦合剂、高温探头已批量生产，可满足检验需求。

5 工业管道不停车焊缝无损检测技术

随着企业对工业管道不停车检验的需求日益提高，常规无损检测技术(射线、超声、磁粉、渗透等)已无法满足现场实际需求。近年来，无损检测新技术的发展为工业管道不停车检测提供了新的手段。

5.1 X 射线数字成像检测技术

X 射线数字成像是一种通过非胶片的方式在屏幕上显示图像的方法。数字成像检测方法以数字的形式实现检测的结果，从而判断检测对象内部的情况，可以定性和定量地判断缺陷。

X 射线数字成像检测技术具有实时成像、检测速度快、检测结果可靠、检测成本低、更加环保、对人体辐射小等特点。

数字射线系统在现场应用过程中也面临着一些问题。部分化工装置压力管道走向复杂，加上伴热管线、栏杆、扶手、墙壁等的遮挡，数字射线系统很难实现对管道焊缝 100% 检测。其次，由于数字射线系统成像板的限制，数字射线技术对某些大口径管道焊缝难以实现透照及缺陷检测。此外，随着射线能量加大，数字射线系统电池消耗较快，使得检测效率降低。

5.2 相控阵超声检测技术

相控阵超声通过各阵元发出声束的有序叠加可以灵活地生成偏转及聚焦声束，不需更换探头即可完成对相关区域的高分辨率检测。超声相控阵的另一个重要用途是进行超声成像，通过电子控制的方式进行发射声束聚焦、偏转，使声束覆盖相应范围的空间区域，然后又用相控接收的方式对回波信号进行聚焦、变孔径、变迹等多种处理，就可以得到物体清晰均匀的高分辨力成像。

6 结束语

针对工业管道的检验难点及不停车的实际情况，可综合各种新检验技术，实现管道不停车测厚及焊缝无损检测，如脉冲壁厚检测 + 数字射线焊缝无损可实现，带包覆层高温管道的检验工作，但实际中，仍存在很多技术运用上的限制，比如，数字射线易受现场环境及天气等因素的影响，脉冲涡流容易受到电磁干扰等。

熟练掌握各技术的优缺点，可高质量完成工业管道不停车检验。

水下管道外腐蚀检测系统的应用及案例分析

曹伟烨　陈　潇　周云杰

(江苏省特种设备安全监督检验研究院，江苏 南京　210036)

摘　要：基于 River - ROV (Remote Operated Vehicle) 水下管道外腐蚀检测系统，对江河水下穿越管道进行外防腐层不开挖检测，通过典型检验项目的案例分析浅谈水下管道检验检测中的实际应用，为穿越河流管段的检验检测提供指导意见。

关键词：River - ROV；江河穿越管道；外防腐层检验检测

Application and Case Analysis of Underwater Crossing Pipeline Corrosion Detection System

Cao Weiye[1]，*Chen Xiao*[1]，*Zhou Yunjie*[1]

(Special Equipment Safety Supervision Inspection Institute of Jiangsu Province，Jiangsu Nanjing 210036，China)

Abstract: Based on River - ROV (Remote Operated Vehicle) underwater crossing pipeline corrosion detection system, can detect the external corrosion coating of underwater crossing pipeline, discussed the practical applications by analyzing the case of typical inspection items, to provide guidance for the inspection of underwater crossing pipeline.

Key words: River - ROV; Underwater Crossing Pipeline; Detection of External Corrosion Coating

1　前言

随着我国经济社会的不断发展，油气需求量与日俱增，输送管道的敷设长度和范围也在与日俱增，管道的安全运营越来越受到重视，而我国江河水下纵横辽阔，主要采用穿越方式实现水下管道的敷设，河水的不断冲刷和河道地质结构的变化，以及第三方破坏，会给水下埋地管道造成损伤，一旦发生事故，不仅带来巨大的经济损失，还会造成严重的环境污染[1,2]。国内现行规范 SY/T 5922—2012《天然气管道运行规范》和 GB/T 21448—2017《埋地钢质管道阴极保护技术规范》也对检验检测规范了要求：穿越管道应在每年汛期过后检验，重点检查穿越管段的稳管状态、裸露、悬空、移位及受流水冲刷、剥蚀损坏情况，以及防腐层的定期检测[3,4]，因此，江河水下穿越段管段在后期运营维护过程中，需要对水下埋地管线实施定期检验检测[5,6]，从而掌握管道的运行参数，确认其江河水下穿越段的安全运行状态。

2　River - ROV 检测系统

目前，一些常规的埋地管道外防腐层检测技术(交流电流衰减法、交流电位梯度法、直流电位梯度法、密间隔电位法、皮尔逊检测法等)已经可以对陆地区域内埋地管道的走向、埋深、外防腐层安全状况、阴保的有效性、破损点的大小及位置等进行检测[7-10]，而对于大、中型江河水下穿越，由于水面较宽、河水较深等客观原因，常规检测技术和设备尚不能满足压力管道的全面检验检测要求。

本文在调研各种检测技术和本单位已有的检验检测工作基础上，基于一种新型 River - ROV (Remote Operated Vehicle) 水下管道外腐蚀检测技

作者简介：曹伟烨(1989—　)，研究生学历，工程师，主要压力管道的全面检验及合于适用评价工作。E - mail：cwy19890203@163.com

术[11]，该项检测系统整合了管道走向定位、DCVG 电位梯度测量、CIPS 阴保电位测量、埋深测量、网络通讯、GPS 定位、数据库及检测数据分析等技术手段，其系统包括水上控制终端、水下检测装置、脐带缆及绕线装置、操控手柄等配备装置，见图 1。并结合典型的检验案例进行分析，为穿越河流管段的检验检测提供指导意见。

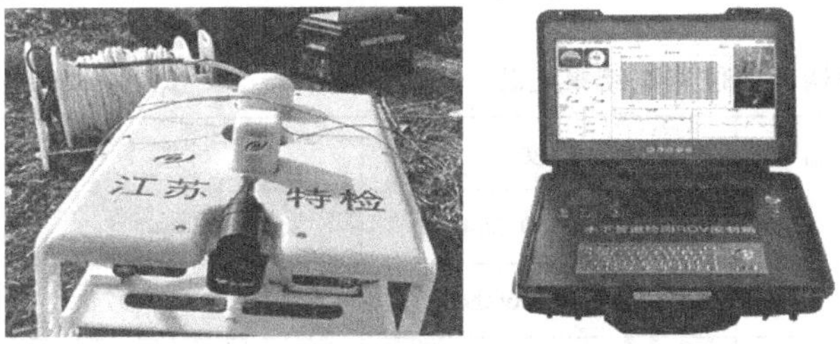

图 1　江河水下管道 River – ROV 检测系统组成

3　工程应用及案例分析

3.1　南通市某燃气公司水下穿越段管道专项检测

3.1.1　项目概述

南通市某燃气公司所属高压管道，其中一段穿越通吕运河，对水下穿越管段进行检测，确认河流穿越段运行状态，穿越管道参数见表 1。

表 1　穿越管道参数

管道名称	穿越长度	穿越方式	规格	设计压力	材质	防腐类型
通吕运河	约 122m	定向钻穿越	ϕ508 × 10. 3 mm	4. 0mPa	L360MB	三层 PE

3.1.2　检测技术

(1) 对管道的位置、埋深及走向的测量，采用峰值法定位和谷值法定位，其原理示意见图 2。

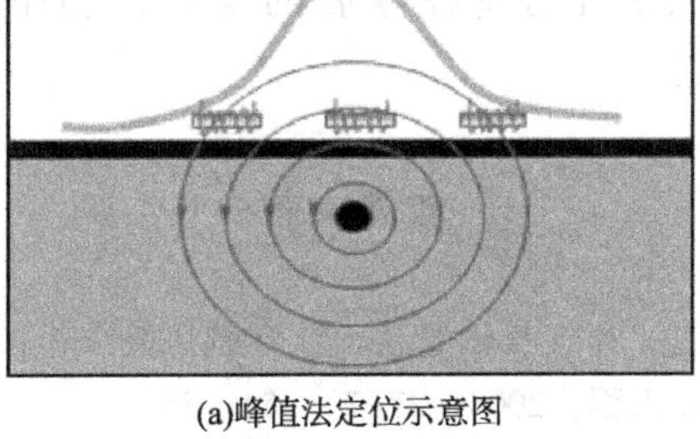

(a)峰值法定位示意图

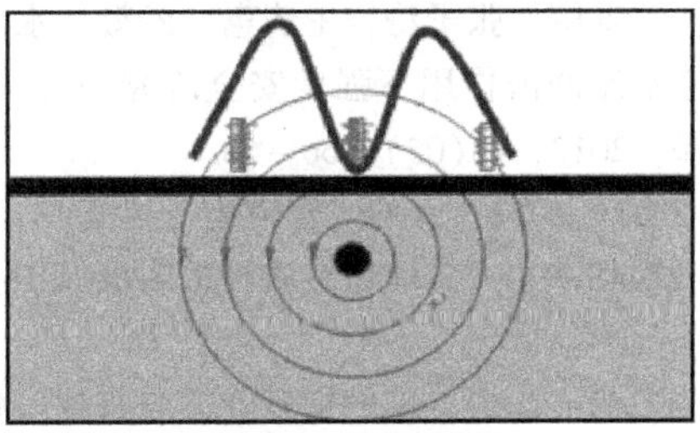

(b)谷值法定位示意图

图 2　峰值法定位示意图(a)和谷值法定位示意图(b)

(2) 管道埋深的测量是在峰值法模式下实现的，即应用两个相同的有固定间距的水平磁感应线圈，分别测出两个线圈的磁感应强度 E_t 和 E_b，如图 3 可计算出埋深数值。

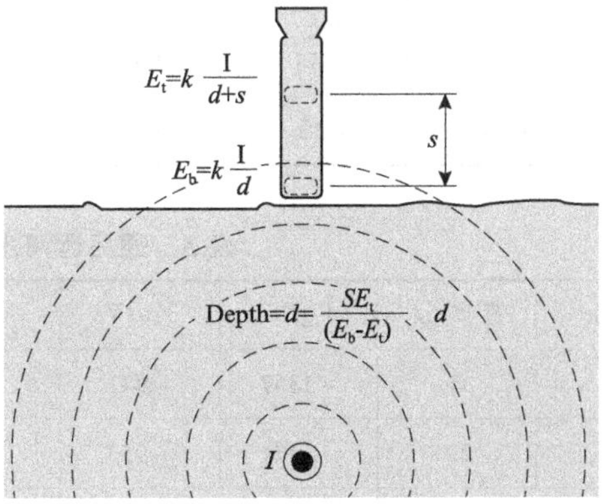

图 3　埋深测量示意图

(3) 水底管道敷设环境等检测依靠声呐 2D 成像和视频检测技术。

3.1.3　检测结果

(1) 检测现场如图 4 所示：包括管道定位(GPS)、埋深、水深及通断电位测量和现场操控示意。

图 4　River – ROV 水下管道南通大众项目检测现场

(2) 穿越段管道定位、埋深、水深及通断电位测量结果见表 2、表 3 和图 5：检测结果可见该水域检测区域内的管道最小覆土深度为 8. 32m，该区域在检测时段测得的最大水深 6. 04m，最大水深处位于检测段 64m 位置，测点序号 4。该管段的水下覆土层状况良好，阴极保护电位合格，无明显外防腐层破损点。

(3) 水下环境声呐摄像勘察成果见图 6，结果显示无明显异物存在，敷设环境良好。

表 2　通吕运河水下穿越段管道检测数据结果汇总

序号	距离/m	埋深/m	水深/m	经度	纬度	管道高程/m	水面高程/m
1	11	13.58	0.62	120.96407364	32.04464725	-13.58	0.62
2	22	12.31	1.86	120.96406609	32.04456497	-13.55	0.62
3	43	11.11	2.82	120.96408052	32.04447409	-13.30	0.62
4	64	8.32	6.04	120.96841906	32.04215870	-13.74	0.62

表 3　通吕运河水下穿越管道通断电位测试结果汇总

序号	距离/m	V_{on}/V	V_{off}/V	G_{on}	G_{off}	经度	纬度
1	11	-1357	-947	/	/	120.96407364	32.04464725
2	22	-1371	-953	/	/	120.96406609	32.04456497
3	43	-1325	-948	/	/	120.96408052	32.04447409
4	64	-1335	-951	/	/	120.96841906	32.04215870

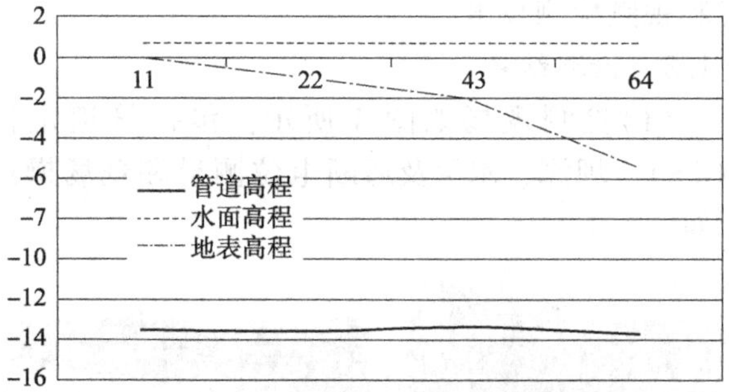

图 5　通吕运河水下穿越管道高程显示

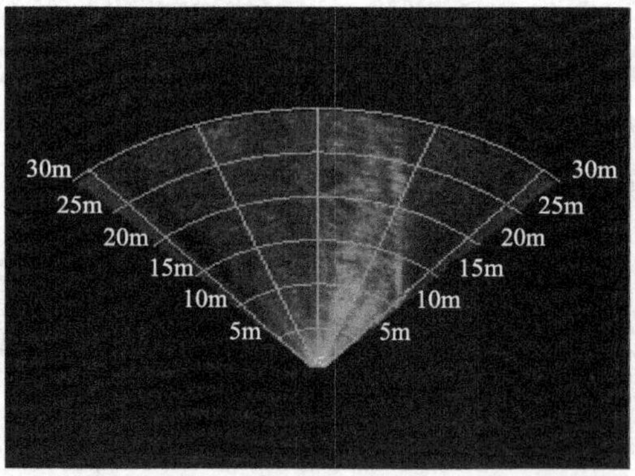

图 6　通吕运河水下穿越管道声呐成像

3.1.4　应用分析

通过案例的检测结果可以分析得出：River - ROV 系统可以有效检测出水下管道覆土深度、水深以及埋设位置 GPS 坐标等管道位置信息，以及对穿越段通断电位的采集，实现外防腐层和阴极保护状态的检测评估。但是根据现场应用来看，还有以下几点局限性：①针对一些牺牲阳极直接焊接在管道上的水下管线，还实现不了对外防腐层和阴极保护状态的有效检测评估。②对检验现场的环境要求比较高，受影响因素较多，比如水流较大的长江运河，推进器明显动力不足，容易随水流冲击，偏移检测管道。③设备及配件比较大型且复杂，操作和采集数据有时不够稳定。

4　结束语

River - ROV 检测系统融合了陆上埋地管道检测技术，能够实现对江河水下穿越埋地管道的定位及埋深测量、防腐层安全状况的不开挖检测，以及对阴保状况进行评估，填补了我国江河水下穿越管道外腐蚀检测领域的技术空白。通过对典型案例的分析，River - ROV 检测系统应用的可行性得到了验证。但是江河水下敷设环境受水流状况、天气等复杂因素影响，水下机器人的可操作性和数据采集的稳定性还有待提高，该系统需要在今后的实际检验中不断完善也改进。

参考文献

[1]王淑霞．油气长输管道河流穿越风险分析[J]．油气田地面工程，2008，27(7)：54 - 55.

[2]向敏，刁洪涛，张子涛，王清惠，杨毅．水下穿越油气管道水流冲击作用下强度安全研究[J]．工业安全与环保，2017，43(05)：66 - 68.

[3]SY/T 5922—2012，天然气管道运行规范[S].

[4]GB/T 21448—2017，埋地钢质管道阴极保护技术规范[S].

[5]GB/T 37369—2019，埋地钢质管道穿跨越段检验与评价[S].

[6]谢崇文，陈利琼，何沫．One - Pass 水下管道检测系

统在定向钻穿越管段中的优化应用[J]. 油气储运, 2021, 40(01): 66-70+77.
[7]孙博. 长距离油气管道外检测技术方法分析[J]. 炼油与化工, 2020, 31(01).
[8]许明明, 周鹏飞, 赵福兴. 城镇埋地燃气管道防腐层检测方法探讨[J]. 全面腐蚀控制, 2017, 31(05).
[9]郭勇, 尹安, 王港等. 城镇燃气埋地钢质管道外防腐层检测方法[J]. 全面腐蚀控制. 石油和化工设备, 2017, 20(05).
[10]衣红兵, 牟宗元, 王学国. 油田埋地管道防腐层检测方法[J]. 石油工程建设, 2010, 36(02).
[11]郝毅. 水下穿越管道检测新技术——水下机器人 River-ROV 外腐蚀检测[J]. 全面腐蚀控制, 2018, 32(08).

基于分布式光纤传感技术的管道泄漏检测技术研究

张冬冬[1]　霍文涛[2]

(1. 湖北省天然气发展有限公司，湖北 武汉　430100；2. 长江三峡技术经济发展有限公司，北京　100013)

摘　要：伴随着我国油气管道长度高速增长，如何对在役管道提供有力的安全保障成为了亟待解决的重要课题。鉴于光纤传感技术的应用日渐深广，进一步证实其在智慧化管道的建设事业中发挥着举足轻重的作用，也更好地解决了管道泄漏的难题。行文上通过对分布式光纤传感技术的优势及相关理论进行阐述，最后展示部分实验结果，来证实其具有广阔的应用前景。

关键词：干涉效应；分布式光纤传感；管道；泄漏检测

Application of Pipeline Leak Detection Technology Based on Distributed Optical Fiber Sensing Technology

Zhang Dongdong[1], *Huo Wentao*[2]

(1. Hubei Natural Gas Development Co., Ltd., HubeiWuhan 430100, China;
2. Yangtze Three Gorges Technology & Economy Development Co, Ltd., Beijing 100013, China)

Abstract: With the rapid growth of the length of China's oil and gas pipelines, how to provide effective safety protection for in – service pipelines has become an important issue to be resolved. In view of the increasing application of fiber optic sensing technology, it plays a pivotal role in the construction of intelligent pipelines, which can solves the problem of pipeline leakage well. The article expounds the advantages of distributed optical fiber sensing technology and related theories, then it displays some experimental results to confirm its broad application prospects Finally.

Key words: Interference Effect; Distributed Fiber Sensing; Pipeline; Leak Detection

0　前言

据数据表明，截至 2021 年底，我国长输主干管道总里程数达 11.6 万 km，全年天然气产量 2076 亿 m^3，再创历史新高。我国经济高速发展的同时带来了极大的能源需求，管道运输形式凭借着密闭、安全、高效的特点，占据着能源运输的一席之地。然而随着管线服役时间的延长，管线本体经过不断的腐蚀及破坏发生的泄漏事故不绝于耳，因此，如何对管线泄漏开展行之有效的监测成为日趋重要的研究焦点。传统的检测方式中存在灵敏度差、范围狭窄、误报众多，使用受限等问题，分布式光纤传感技术的问世，使得长距离传感测量成为可能。本文以该技术的原理为契机，通过实验理论证实其对管道泄漏的预警、检测与定位具有重要的经济价值。

1　分布式光纤传感技术优势

管道泄漏检测方法众多[1]，如智能爬机检测、红外线成像检测、负压波检测、压力梯度检测、声波检测、实时模型法演示，但是分布式光纤传感检测法是灵敏度最高的方式，能够实现无盲区全线监测。分布式光纤传感技术，顾名思义，即利用光纤作为传感单元，同时光纤承担着信息传递的作用，光纤单元在空间上是连续分布的点，通过采集方便实时获取所有分布位置上的单元信息。光纤单元作为传感器，相较于一般的

作者简介：张冬冬(1996—　)，女，助理工程师，2017 毕业于中国地质大学信息工程专业，现主要从事输气场站运行与管理研究工作。E – mail：65386785@ qq. com

独立传感器具有体积小、重量轻、绝缘、耐腐蚀、抗干扰、造价低的特点，可大大降低投入成本。而在分布式传感技术中，基于干涉原理的传感技术更优异于自己的同门基于散射原理的传感技术[2~3]，其恰巧采用正向传播形式的光信号实现传输，显示着更为卓越的准确率，更长的传输距离，实时更新迅捷等诸多闪光点，加之利用干涉仪作为传感支撑点，在静态、半动态、动态信号监测中亦彰显着独特的信号传播信噪比优越性，因此将分布式光纤传感技术应用于管线泄漏检测更能够推动管线智能化进程，在泄漏检测领域必将会得到极为广泛的应用。

2　分布式光纤传感技术理论

常用的光纤干涉仪类型为 Michelson 型光纤干涉仪、Sagnac 型光纤干涉仪以及 Mach－Zehnder 型光纤干涉仪[4]，从实用性角度考虑，基于 Mach－Zehnder 原理的光纤干涉仪更出色，在此我们仅就该类型的干涉仪进行理论上的研究作释。

2.1　Mach－Zehnder 型光纤干涉仪原理解析

图 1 所示是通用型 Mach－Zehnder 干涉仪各个结构组成。由左侧光源所散发出的光束，途径耦合器，分束作用使得单一光束变为两个相同光束分别进入设定结构完全相同的两根单模光纤内，交汇的两束光纤所汇集的光在右侧耦合器部位会发生光的干涉作用。同理，由结构对称性可得，从右侧光源发散的光束即可在左侧的耦合器部位发生干涉。现假设无扰动的情境之下，两侧光源在对面一侧形成稳定的干涉条件，干涉光所形成的条纹保持稳定不变，光电探测器收到稳定功率的双光源的光信号。但是由于光纤具有光弹效应[5]，一旦光纤所在的外部条件发生变化或者波动，或者是施加破坏性外力，此时两侧光线的光信号特征参量如相位、强度、波长、频率等将随之改变，通过获取相关参量的信号变动来对变化条件进行溯源，这即是光纤干涉仪的工作原理。

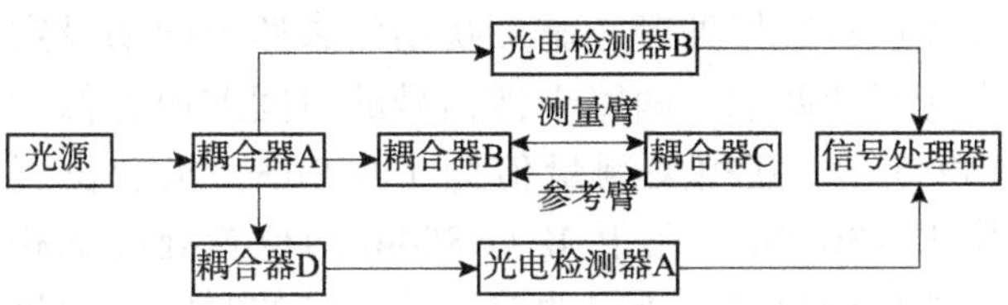

图 1　Mach－Zehnde 干涉仪结构原理图

2.2　Mach－Zehnder 型干涉仪相位调制

由光纤的光弹效应得知，在光纤所在环境被外界施加应力或条件变动的情形下，光纤作为传感单元其相位、波长、频率、波阵面尺寸等物性参数都会改变，在此我们以光信号的相位变动规律[6]来研究调制机理。在此以长度为 L 的光纤作为我们的研究对象，其由于信号波动产生的相位延迟量 ϕ，其计算式如式(1)所示。

$$\phi=\beta\cdot L=n\frac{2\pi}{\lambda_0}L \tag{1}$$

式中　β——光在光纤中的传播常数；

n——光纤纤芯折射率。

其中 λ_0 是光在真空中的波长，k_0 被称为光的真空波数。

由于研究的是变化情况，在此我们引入微分方程，对上式进行微分计算后可得到式(2)

$$\Delta\phi=\beta\cdot L\left(\frac{\Delta L}{L}\right)+L\left(\frac{\partial\beta}{\partial n}\right)\Delta n \tag{2}$$

通过式(2)进行分析，由于光纤的半径变化甚微，在变动情况下我们抓住主要变量，仅分析由光纤长度及光纤折射率的变化对其相位影响情况。$\Delta\phi_Z$ 表示沿光纤方向的相位变化，由于轴向的变化最为显著，只考虑 Z 轴方向参量变化，为更好的研究该量，引入正交应变矢量 ε_Z，则 $\Delta\phi_Z$ 的计算式如式(3)所示。

$$\Delta\phi_Z=\beta\cdot\varepsilon_Z\cdot L=-\beta(1-2\mu)\cdot P\cdot L/E \tag{3}$$

式中　μ——光纤的泊松常数；

E——光纤的弹性模量；

P——视为作用在光纤上的恒力。

接下来研究 $\Delta\phi_n$，考虑到光纤的光弹效应，可以得到式(4)。

$$\Delta\phi_n=L\cdot k_0\cdot\left\{-\frac{n^3}{2}[(p_{11}+p_{12})\varepsilon_Z+p_{12}\varepsilon_X]\right\} \tag{4}$$

式中　p_{11}、p_{12}——光弹系数；

ε_X——径向应变参量值；

β——表示光在光纤中的传播常数；

k_0——光波数。

将式(3)与(4)叠加便得到 $\Delta\phi$ 的计算式，由式中的变量可知，在光纤传递的过程中，光纤本体及发射光线无变化的情况下，相位的变化主要取决于外界所施加的外力强度及温度变化情况，且呈现正比关系，鉴于此对光纤的相位进行调制，或者过滤一些无用的信息。

2.3　Mach－Zehnder 型干涉仪定位原理

Mach－Zehnder 型干涉仪的结构一般设计为直线形式，从工作原理分析，由光源发出的光信号由一侧进入，经中间两个耦合器形成干涉后，由光电探测器将光信号转为电信号。单向性的干涉仪仅能实现单侧信号源输出，对扰动信号进行监测，却无法实现对其定位功能，而双向性环形干涉仪恰巧弥补这个缺点，环形的结构设计只需提供单一光源，却能够实现两道光波的测量，利用光波的大小诊断信号强度，利用两种分布式光波的检测时间差确定外力施加点进行准确定位[7]，图 2 为定位的原理图。

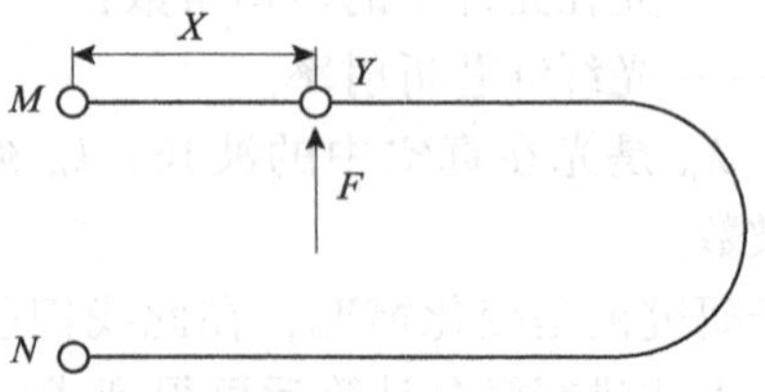

图 2　光纤干涉仪定位原理图

现以端点分别为 M、N 两点，长度为 L 的环形光纤为例，假定恒力作用点为 Y 位置处，Y 与 M 点的距离为 X，作用后的信号可分别沿着光纤环状顺时针及逆时针进行传输，直至达到耦合器部位，光信号在光纤内的传播速度与光纤的折射率有关，计算式为 $v=c/n$。该信号逆时针传输至 M 点的时间定义为 t_M，计算式为 $t_M=(X\cdot n)/c$，同理信号顺时针传输至 M 点的时间定义为 t_N，计算式为 $t_n=[(L-X)\cdot n]/c$。

由于传输路径长度的不同，导致信号在两个端点的时间上有差值 Δt，可以利用该差值 Δt 进行反向计算 X 的值来实现对干扰信号的定位作用，X 的计算式为：

$$X=\frac{L}{2}-\frac{\Delta t\cdot c}{2n} \tag{5}$$

众所周知，光的传播速度很快，即使在光纤内亦然，因此如何对时间差进行捕捉成为重点，为尽量保证的精确度常用的方法为阈值对比法以及相关运算法[8]，阈值对比法原理简单，利用设定阈值的方式来判断幅值达到阈值的触发时刻，触发时刻的差值即为时间差值，但是受外界噪声影响较大；相关运算法能够抑制噪声，测量准确度更高，因为两束光源收到的扰动带来的影响几乎完全一致，干涉信号的相关性很强，在泄漏检测上具备更好的应用效果。

3　光纤扰动信号定位试验设计

该实验是检测分布式光纤传感系统对扰动信号捕获的灵敏度以及定位的准确度，图 3 为整个系统的原理图。现采用长宽高分别为 1.2m 的木箱作为容纳箱，箱体周围采用泡沫板进行隔热，为排除外界的信号干扰特采用薄层吸音海绵对泡沫板进行全面覆盖。模拟光纤的扰动信号，特采用与铜板联合使用的偏振器[9]对三根并行光纤施加作用力，尤其需要注意的一点是光纤无论是绕行还是直行布置，均不能用力折弯，避免因折弯带来信号衰减问题从而直接影响信号检测，见图 4、图 5。

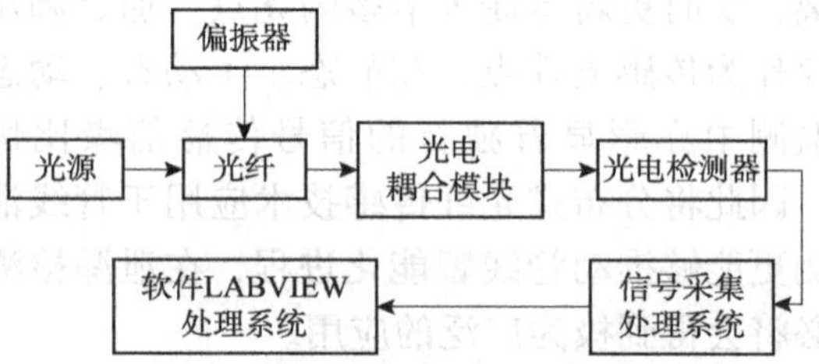

图 3　实验设计系统的结构图

图 4　简易实验图

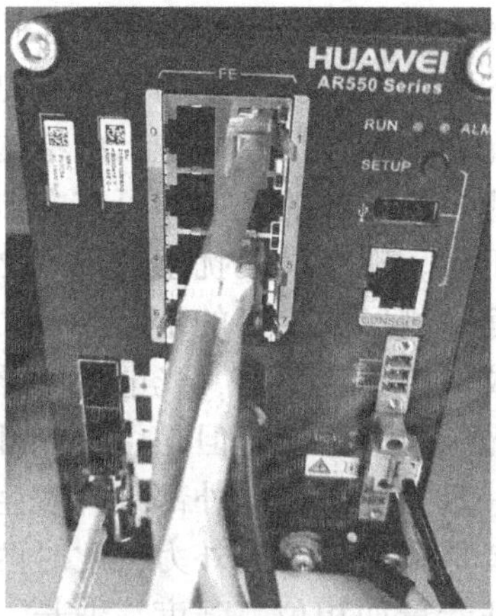

图 5　实验所用光源设备

干涉仪两臂的长度分别为 1.2km 和 26.5km，总长为 27.7km，采用 LabVIEW 软件采集检测信号并进行数据处理，施加扰动的参照点起初设定在光纤的两端，两路干涉信号的时间差值近似为 139.5μS，互相关测量值为 140.8μS，扰动位置位于 −30.5m；在距 M 点 850m 的位置处施加相同的扰动信号，所得两路干涉信号的时间差值近似为 135.1μS，互相关测量值为 136.3μS，扰动位置的推算值为 867m。因此光纤传感技术可以实现对扰动的监测以及定位，这将在管线敷设伴行光缆上[10]提供很好的理论依据，具有十分可观的工程价值和广阔的应用前景。

4 工业应用实例

省然所辖管线目前为661km，后期新增管线使用传感光纤伴随敷设的长度为109km，光纤伴随的推广使用已为公司多次发现占道挖掘、第三方施工等意外情况，据2021年管线光纤监测完整统计信息，全年发生未告知管线占道挖掘导致光纤损坏2次，通讯施工导致光纤损坏5次，因此可以在一定程度上保障预警机制的及时性、有效性，图6为2021年7月14日发生断点的图谱显示情况。

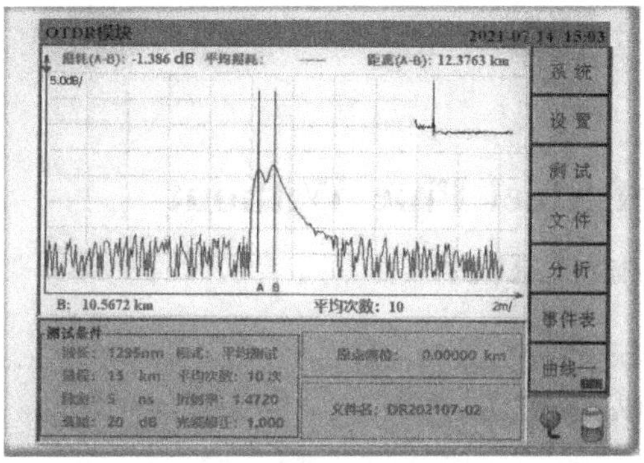

图6 实际案例色谱监测谱图形态

5 结论与展望

管线随着服役时间的延长，出现泄漏、腐蚀等情况将会持续恶化，分布式光纤传感技术可以对管线运行状况进行监测，及时发现泄漏、挖断等意外提供可靠的运行保障作用。如今的光纤传感技术在应用上还存在元件性能不稳定、抗干扰能力差，苛刻条件无法使用等问题，但是随着光纤传感器技术的日益进步，未来具备更高抗干扰性能、更高灵敏度、适用复杂苛刻环境、多重信号检测性能将成为一种发展趋势，也将为管线的智能化运行做出巨大的贡献。

参考文献

[1]田野，潘诚，陈海艳．天然气站场露天区域可燃气体泄漏检测技术研究[J]．油气田地面工程，2022，41(03)：73－77.

[2]纪健，李玉星，纪杰，张建军，耿晓茹．基于光纤传感的管道泄漏检测技术对比[J]．油气储运，2018，37(04)：368－377.

[3]Kazuo Hotate. Fiber distributed Brillouin sensing with optical correlation domain techniques[J]. Optical Fiber Technology，2013，19(6).

[4]谢礼阳．基于光纤传感的埋地天然气管道泄漏检测技术研究[D]．浙江工业大学，2019.

[5]杨洋，封皓，王宗和，沙洲，王冠群，贾志宁．光纤传感技术在管道检测中的应用与发展[J]．光电技术应用，2016，31(06)：1－9＋76.

[6]许滨华，何宁，何斌，李登华，吴帅．基于分布式光纤传感器的管道受弯变形监测试验研究[J]．仪器仪表学报，2019，40(08)：20－30.

[7]韩玲娟，王强，杨其华，范昕炜．基于分布式光纤传感的水下输气管道泄漏检测与定位分析[J]．传感技术学报，2015，28(07)：1097－1102.

[8][1]严荣松，赵自军，高文学，杨林，王艳，户英杰.城镇燃气管道泄漏检测技术现状与展望[J]．煤气与热力，2021，41(10)：27－29＋37＋46.

[9]周宁，李海涛，刘超，赵会军，马臣信，张国文．分布式光纤管道泄漏检测实验平台设计与搭建[J]．实验技术与管理，2017，34(05)：83－87.

[10]彭海斌．分布式光纤传感技术的发展与应用研究[J]．工程技术研究，2019，4(13)：14－16.

不拆包覆层钢质管道缺陷识别方法

王江达[1] 杨绪运[2] 孟 涛[2] 刘 哲[2] 何仁洋[2] 孙 涛[1] 王新华[1]

(1. 北京工业大学材料与制造学部，北京 100124；2. 中国特种设备检测研究院，北京 100013)

摘 要：本文基于谐波激励源和对称差分式磁聚焦谐波磁场检测探头搭建的实验平台，提出基于合成孔径雷达(Synthetic Aperture Radar)技术的数据处理方法。将低频正弦信号搭载高频正弦信号的谐波激励信号加载在探头上，激发谐波磁场进行管道检测，信号处理系统将数据点相量化，使其具有方向和大小，经过计算可得数据点的实部和虚部，进而可得检测过程的相位变化以表征管道的缺陷信息。通过管道缺陷检测示例可以验证此种处理方法的有效性，该算法灵敏度高，具有较高工程实用性。

关键词：缺陷检测；谐波磁场；数据处理；合成孔径雷达

Defect Identification Method of Steel Pipe Without Removing Insulation Layer

Wang Jiangda[1], *Yang Xuyun*[2], *Meng Tao*[2], *Liu Zhe*[2], *He Renyang*[2], *Sun Tao*[1], *Wang Xinhua*[1]

(1. Faculty of Materials and Manufacturing, Beijing University of Technology, Beijing 100124, China;
2. China Special Equipment Inspection and Research Institute, Beijing 100013, China)

Abstract: Based on the experimental platform built by the harmonic excitation source and the symmetrical differential magnetic focusing harmonic magnetic field detection probe, this paper proposes a data processing method based on the Synthetic Aperture Radar technology. Load the low-frequency sinusoidal signal with the harmonic excitation signal of the high-frequency sinusoidal signal on the probe, and excite the harmonic magnetic field for pipeline detection. The signal processing system quantizes the data points to make them have direction and size. The real part and the imaginary part, and then the phase change of the detection process can be obtained to characterize the defect information of the pipeline. The effectiveness of this processing method can be verified by the example of pipeline defect detection. The algorithm has high sensitivity and high engineering practicability.

Key words: defect detection; harmonic magnetic field; data processing; synthetic aperture radar

1 前言

在工业管道运输系统中经常需要在金属管道外层加装包覆层起到保温、防腐蚀和保护管道作用。然而，包覆层的存在不利于管道维护检修，停车检测会对下游设备产生严重影响，且拆除包覆层不但会增加成本，而且可能造成安全隐患。因此能够在不停车的前提下对在役带包覆层钢质管道进行缺陷检测很有必要[1]。本文基于电磁学理论提出了一种谐波磁场检测技术，以低频信号搭载高频信号的形式产生谐波信号作为激励源。低频信号具有传播距离远、穿透性强的特点，能够克服趋肤效应，穿透包覆层对管道进行检测；

作者简介：王江达(1996—)，硕士研究生，主要研究方向为谐波磁场管道检测技术、现代测控技术与信号处理算法。E-mail：17332276335@163.com

通信作者：杨绪运(1979—)，高级工程师，主要从事压力管道检验检测与安全评估、风险评估、完整性管理等方面的工作。E-mail：yangxuyunyxy@126.com

高频信号可以提供较大的功率和能量，具有灵敏度高、对小缺陷敏感的特点[2]。将激励信号接入对称差分式磁聚焦探头中产生谐波磁场作用在管道上检测缺陷，采集的数据不仅包括缺陷信息，还包括激励信号、工频信号和噪声。因此，从采集的离散的数据点中有效的提取缺陷信息剔除干扰信息需要合适的数据处理方法。常用的数据处理方法有小波分析、经验模态分解(EMD)和独立分量分析(ICA)、局部均值分解(LMD)[3]。

傅里叶变换是最早应用于数据时域频域分析的方法。小波变换继承和发展了傅里叶变换的思想，突破了短时傅里叶变换窗函数形状固定、分辨率单一的限制。但是小波变换不是自适应的，小波的基函数对小波变换结果影响很大[4~6]。EMD是一种适用于非线性、非平稳过程的自适应信号处理方法[7]，可以将复杂信号分解为一系列特征模态函数(IMF)。但由于算法本身的局限性，在应用过程中仍会带来端点效应、负频率等问题[8~10]。局部均值分解(LMD)可以自适应地将信号分解为一组乘积函数(PF)组合[11]。PF的包络线是瞬时幅度，瞬时频率可以通过用均匀调幅信号解调相位的导数来计算，该算法主要以信号的局部极值点作为构造信号函数的基础，分解过程要经过多次迭代，局部极值点易受干扰信号异常值影响，且多次迭代容易积累误差[12,13]。合成孔径雷达(SAR)是美国在20世纪50年代分析了测试雷达的识别特性提出的一种利用微波成像技术。合成孔径雷达技术利用与目标做相对运动的小孔径天线，把在不同位置接收的回波进行相干处理，从而获得较高分辨力的成像雷达[14~17]。探头检测管道的扫描过程与雷达扫描过程类似，扫描周期与激励信号的低频信号周期一致，采集的每个数据点对应一个具有方向和大小的矢量，经过推导计算可得每个数据点的实部和虚部，进而可得检测过程的相位变化表征管道的缺陷信息。这种方法将采集的离散数据点转化为具有方向和大小的矢量，利用矢量和相加的原理表征缺陷处的相位变化。

2 检测原理

麦克斯韦电磁场理论是谐波磁场聚焦检测的理论基础，通过麦克斯韦方程组，理论上可以解决所有宏观电磁场的问题，在初始值和边界条件确定的情况下，可以完全确定空间电磁场的变化。使用麦克斯韦方程组能够描述电磁场的普遍方程，其微分形式为

$$\nabla \cdot E = \frac{\rho}{\varepsilon_0} \tag{2-1}$$

$$\nabla \cdot \vec{B} = 0 \tag{2-2}$$

$$\nabla \times \vec{E} = \frac{\partial \vec{B}}{\partial t} \tag{2-3}$$

$$\nabla \times \vec{B} = \mu_0 \vec{J} + \mu_0 \varepsilon_0 \frac{\partial \vec{E}}{\partial t} \tag{2-4}$$

式中 $\vec{E}$——电场强度，V/m；

$\vec{B}$——磁感应矢量，T；

$\vec{J}$——传导电流密度，A/m^2；

ρ——自由电荷体密度，C/m^3。

公式(2-1)为高斯定理，确定了单电荷产生的电场；公式(2-2)为安培环路定律，这一公式说明了磁场没有散度，即没有像电荷一样的“磁荷”存在；公式(2-3)为法拉第电磁感应定律，它证明了变化的磁场也会激发出电场并使电场产生旋度，即产生漩涡电场；公式(2-4)为安培-麦克斯韦定律，这一定律证明不仅变化的电流可以产生磁场，变化的电场也可以产生磁场。

基于麦克斯韦电磁场理论，提出了一种谐波磁场检测技术，该技术能实现带包覆层管道的全壁厚缺陷定位识别。设计了一套完整的检测系统，可以实现在役管道不停车前提下对管道进行扫描检测。将采集到的原始信号进行处理分析，提取能够表征缺陷的信息实现管道缺陷的识别和定位。

2.1 谐波激励源

使用单频激励源进行检测时，需要提高检测频率，以满足较高的检测精度和灵敏度，但是要提高穿透性和检测距离则需要降低检测频率。针对单频激励源不能同时实现高灵敏度和远距离检测的问题，研制了一种以低频信号搭载高频信号的形式产生谐波信号的激励源。谐波是指多个正弦交信号叠加而成的周期性信号，通常由低频的载波和高频谐波组成，谐波的数学模型可表达为

$$f_i(t) = \sum_{i}^{n} A_i \sin(2\pi f_i t + \varphi_i) \tag{2-5}$$

式中 A_i——第 i 次正弦波的幅值；

f_i——第 i 次正弦波的频率；

φ_i——第 i 次正弦波的初始相位。

根据上述谐波数学模型可知，检测系统所使用的谐波模型为

$$f(t) = f_1(t) + f_2(t) \tag{2-6}$$

将此模型导入MATLAB中得到仿真信号见图1。

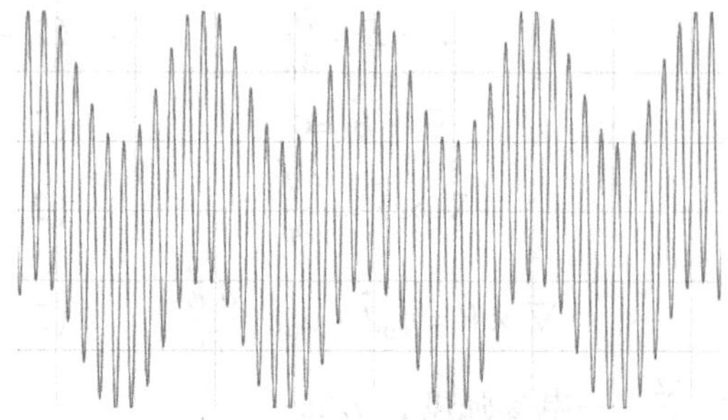

图 1　谐波激励源信号

2.2　检测原理及检测系统组成

检测过程中，将激励源产生的交变的谐波信号接入对称差分式磁聚焦探头线圈中，该探头将穿透性强灵敏度高的谐波信号通过包覆层传递到钢质管道上实现全壁厚的缺陷识别检测。当载有激励电流的线圈靠近铁磁性试件时，线圈产生的交变磁场会在管道中激发感应电流；感应电流又会产生感应磁场，根据楞次定律，感应磁场与原始磁场反向产生抵消作用，当探头经过一个缺陷时，被测物中磁场磁感线路径发生变化，磁场就会发生畸变，感应的磁场对原磁场产生的抵消也会发生变化，进而通过线圈的磁通量就会发生变化。所以通过采集磁场的数据就可以判断管道是否存在缺陷。

图 2 显示了检测系统的示意图。检测系统主要包括谐波激励源、对称差分式探头、数据采集系统、信号处理和缺陷识别系统。首先，利用研制的谐波信号发生器将激励信号加载到探头对称线圈上，在管道周围产生谐波磁场。移动检测探头即可实现管道全长检测。当探头穿过缺陷时，谐波磁场是突变的。然后，谐波磁场信号被多轴磁场传感器采集，并将磁场值转换成电压值输出。数据采集系统采集电压值，同时进行 A/D 转换。最后将数据传输到信号处理和缺陷识别系统。对收集到的数据进行处理，以实现缺陷识别。

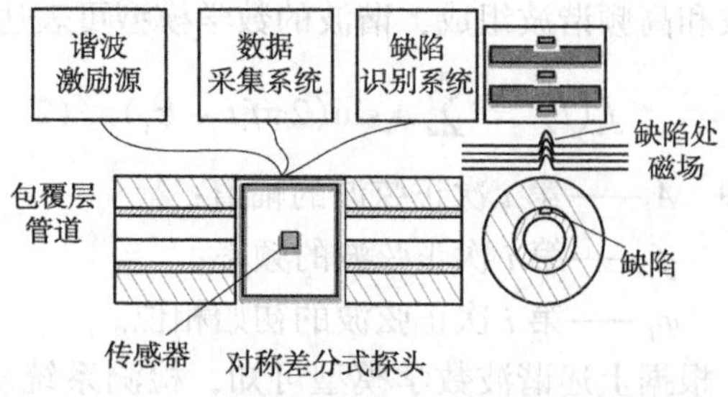

图 2　检测系统示意图

该检测系统利用谐波信号作为激励源，同时兼具强穿透力和高灵敏度。它具有穿透覆层以及管道壁达到全壁厚的能力，从而识别外壁的缺陷和内壁的腐蚀。对称式线圈能产生等大反向的磁场，在中间存在一个零磁通点，将 TMR2309 传感器置于此点能有效避免激励磁场的干扰。因此，提高了探测探头对管道目标区域的灵敏度和准确性，增强了缺陷识别能力。

2.3　对称差分式磁聚焦探头

目前大部分探头在进行管道检测过程中会把线圈产生的一次场也记录进采集系统，由于一次场的磁感应强度往往比包含缺陷信息的二次场大，所以对于缺陷信息来说一次场为干扰信号，同时为了保证探头的有效探测距离和增加检测系统的灵敏度就需要增强线圈产生的磁场强度以穿透包裹管道的超厚包覆层，使管道能够感应出较强的包含缺陷信息的二次场，这与一次场为干扰信号十分矛盾，在保证探头能产生足够的穿透磁场前提下去除一次场的干扰就成了电磁法检测管道缺陷的重中之重，通过优化探头的结构进行弱化或者去除一次场的影响是十分可行的，因此设计了以下探头方案如图 3 所示，对称差分式探头包括对称线圈、硅钢片和传感器。磁传感器采用 TMR2309 三轴磁阻（TMR）线性传感器芯片。TMR2309 传感器高度灵敏，可实现弱磁场检测。

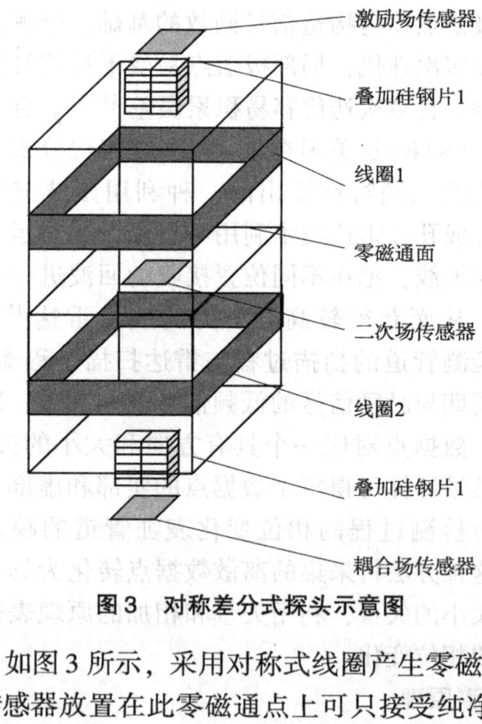

图 3　对称差分式探头示意图

如图 3 所示，采用对称式线圈产生零磁通点，将传感器放置在此零磁通点上可只接受纯净的二次场信号以排除一次场的干扰；用接近管道侧传感器采集的耦合磁场的数据减去对称侧传感器采集的只包含激励场的数据信息，以抵消一次场对二次场的掩埋；采用导磁性比空气好的叠加硅钢片结构聚焦磁场，同时为避免硅钢产生涡流污染磁场环境，采用叠加硅钢片的结构；此种探头设计方案能够实现在提高检测距离加大激励磁场能量的同时排除或削弱其对缺陷信息判断的影响，导磁性好的硅钢材料也能有效提高检测距离。

3　算法原理

合成孔径雷达(Synthetic Aperture Radar)是利用与目标作用相对运动的小孔径天线，把在不同位置接收的回波进行相干处理，从而获得较高分辨力的成像雷达。SAR 的原理如图 4 所示。

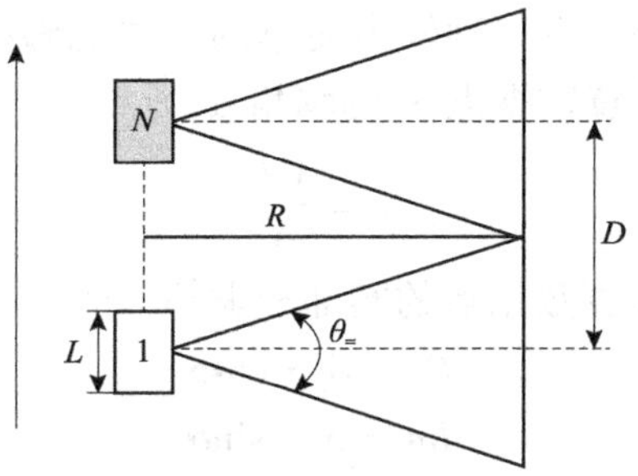

图 4　合成孔径雷达原理图

其中，天线水平长度为 L，工作时，波长为 λ，则水平波束开角 $\theta=\lambda/L$。天线的行进轨迹为直线，被测目标与行进轨迹的垂直距离为 R。天线在位置 1 时，目标进入波束；天线在位置 N 时，目标退出波束。合成孔径阵元数为 N，合成孔径长 $D=R\times\lambda/L$，合成孔径波束开角为 θsyn$\lambda/D\lambda/(R\times(\lambda/L))L/R$。

采样结束，合成孔径波束形成后处理时，对不同位置的回波信号进行相干叠加，需要计算阵元发射信号至目标、目标反射信号返回阵元的回返路程 $2R$。因此，合成孔径波束展开角为 θsyn$\lambda/2D\lambda/(2R\times(\lambda/L))L/2R$。距直线轨迹垂直距离为 R 时，合成孔径波束形成的线分辨率为 δsyn$R\times\theta$syn$R\times L/2RL/2$。

参考雷达探寻目标的原理，将管道检测数据做相似处理，对一段总长为 D 的管道进行扫描检测，设检测数据总量为 L，将整段数据分为若干个扫描周期，扫描周期内包含的数据量与谐波信号低频周期内数据量保持一致，如图 5 所示，按照两个数据点之间长度将扫描周期分段，这个长度称为管道最小单元，对原始信号处理过程如下：

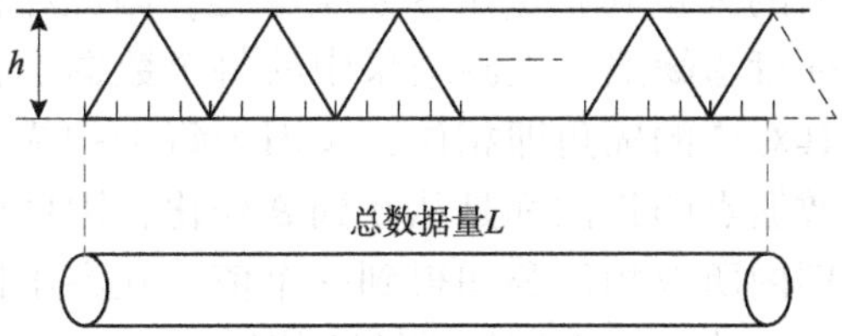

图 5　合成孔径雷达应用管道检测示意图

(1)管道总长为 D，检测过程的数据总量为 L，采集到的数据从 1 开始，那么管道被 L 个数据点分成了 $L-1$ 份，将每两个数据点之间长度称为管道最小单元设为 M。对每个管道最小单元编号用 C_i 表示，则整个管道包含份数可用 C 表示，采集的数据用 S 表示。它们之间的对应关系如图 6 所示，C_i 对应的数据点为 S_{i+1}。

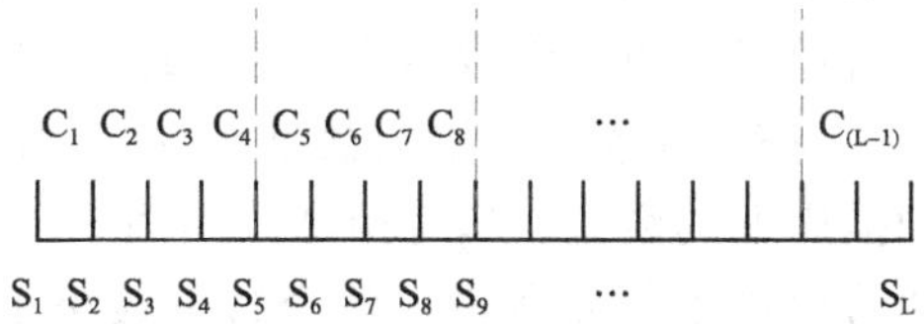

图 6　最小单元编号和数据点示意图

$$M=\frac{D}{L-1}\tag{3-1}$$

$$C=\{C_1,\ C_2,\ C_3,\ \cdots,\ C_i,\ \cdots,\ C_{L-1}\}\tag{3-2}$$

$$S=\{S_1,\ S_2,\ S_3,\ \cdots,\ S_i,\ \cdots,\ S_L\}\tag{3-3}$$

(2)计算扫描周期扫描角，如图 7 所示，检测高度为 h，每个扫描周期的辐射角 θ 固定，谐波激励信号本身具有周期性，可使扫描周期与谐波激励信号中低频信号周期一致，已知激励信号的低频频率 f_1 和数据采集设备的采样率 F_s，低频周期为 $T=\frac{1}{f_1}$，两个数据点之间即管道最小单元之间采样时间 $\Delta t=\frac{1}{F_s}$，则每个扫描周期覆盖管道长度为 d 和辐射角 θ 通过计算可求出。

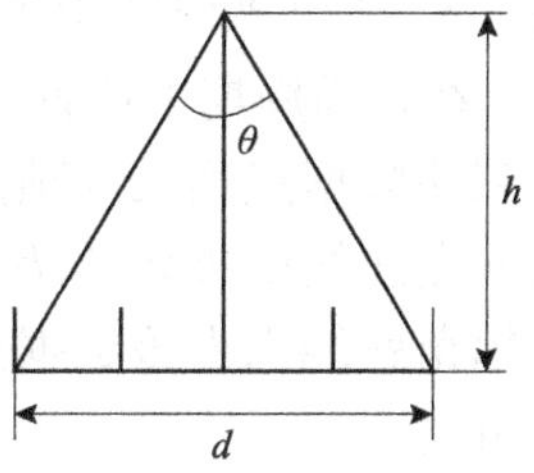

图 7　扫描周期内管道长度

$$d=2h\tan\frac{\theta}{2}\tag{3-4}$$

$$d=\frac{T}{\Delta t}\cdot M\tag{3-5}$$

由式(3-4)和式(3-5)可以确定扫描角 θ

$$\theta=2\arctan\left(\frac{F_sM}{f_12h}\right)\tag{3-6}$$

(3)计算扫描周期包含最小单元份数，用每个扫描周期内管道长度 d 除以管道最小单元长度 M 将得到每个扫描周期内包含最小管道单元的份数 N。为保证分段的连续性和方便计算扫描周期个数，对 N 取整。因为扫描周期人为确定可灵活调整，所以对 N 取整后不会产生误差。扫描周期内数据量为 len。

$$N=\frac{d}{M}=\frac{2h\tan\frac{\theta}{2}(L-1)}{D}=\frac{T}{\Delta t}=\frac{F_s}{f_1} \quad (3-7)$$

$$len=N+1 \quad (3-8)$$

（4）计算扫描周期个数，用整个检测过程包含管道最小单元的总份数 $L-1$ 除以每个扫描周期包含管道最小单元份数 N 将得到扫描周期个数 X。X 包含整数部分 X_1 和余数部分 X_2，可得 X_1 表示扫描周期的数量，X_2 表示剩下不足一个扫描周期的管道最小单元数量。整个管道最小单元编号用 C_z 表示，对应的数据用 S_z 表示。

$$X=\frac{L-1}{N}=\frac{D}{2h\tan\frac{\theta}{2}}=\frac{f_1(L-1)}{F_s} \quad (3-9)$$

$$C_z=\{C_1,\ \cdots,\ C_{X1*N+1},\ \cdots,\ C_{X1*N+X2}\} \quad (3-10)$$

$$S_z=\{S_1,\ \cdots,\ S_{X1*N+1+X2}\} \quad (3-11)$$

（5）计算数据点的辐角，扫描周期内数据点的分布情况如图 8 所示，改变了原算法中采用的辐角，以扫描周期内第 1 个数据点和顶点连线作为复平面的 +1 轴，与其垂直朝向扫描方向线为复平面的 $+j$ 轴，在此复平面中扫描周期中的每一个数据点都对应一个辐角，第 1 个数据点对应 0°第 $N+1$ 个数据点对应扫描角 θ。对于任意数据点 S_i，通过计算能确定其在扫描周期中位置，它对应最小单元编号 C_{i-1}，$i-1$ 除以 N 得到余数 X_3，表明数据点 S_i 是扫描周期中第 X_3 最小单元的末端数据点，在扫描周期中位置 $n=X_3+1$，它的辐角为顶点到该数据点连线与顶点到该扫描周期内第一个数据点连线的夹角称为 α，只要求出每个数据点的辐角就能求出该数据点的数部和虚部，进而求出相位。

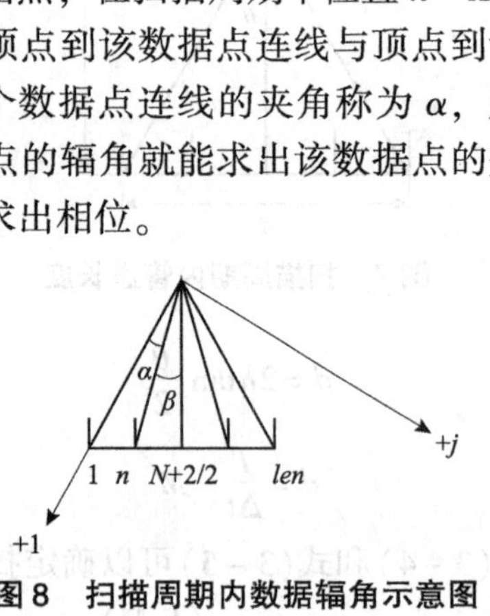

图 8 扫描周期内数据辐角示意图

由图可知，当 $n<\frac{N}{2}+1$ 时，

$$\alpha=\frac{\theta}{2}-\arctan\frac{\left(\frac{N}{2}+1-n\right)\cdot M}{h} \quad (3-12)$$

当 $n\geqslant\frac{N}{2}+1$ 时，

$$\alpha=\frac{\theta}{2}+\arctan\frac{\left(n-\frac{N}{2}-1\right)\cdot M}{h} \quad (3-13)$$

因为反三角函数具有单调性，当 $n\geqslant\frac{N}{2}+1$ 时，对式(3-13)来说反三角函数求出的角度为负数，与前方减法运算抵消。因此综上所述可用式(3-12)表征整个扫描周期内的任一个数据点的辐角。

此外还有一种较为简单的方法能够确定扫描周期内任意数据点 S_i 的辐角 α。

$$\alpha=\frac{X_3\theta}{N} \quad (3-14)$$

6）计算数据点的实部和虚部，即

$$Re_j=S_i\cdot\cos\alpha \quad (3-15)$$

$$Im_j=S_i\cdot\sin\alpha \quad (3-16)$$

通过式(3-15)和式(3-16)得到扫描周期内每个数据点的实部、虚部，将各数据相加，得到第 i 扫描周期的融合数据的实部和虚部，并求出该段数据的相位。由式(3-12)可以得到每个扫描周期内首尾数据点信息，则在第 i 扫描周期中，

$$Re_i=\sum_{(i-1)\times N+2}^{i\times N+1}S_j.\cos\alpha \quad (3-17)$$

$$Im_i=\sum_{(i-1)\times N+2}^{i\times N+1}S_j.\sin\alpha \quad (3-18)$$

$$Ph_i=\arctan\left(\frac{Im_i}{Re_i}\right) \quad (3-19)$$

同理根据式(3-12)可以得到最后余下不足扫描周期数据点信息，则此部分融合数据的实部、虚部以及相位如下所示：

$$Re_Y=\sum_{X1\times N+2}^{X1\times N+1+X2}S_j.\cos\alpha \quad (3-20)$$

$$Im_Y=\sum_{X1\times N+2}^{X1\times N+1+X2}S_j.\sin\alpha \quad (3-21)$$

$$Ph_Y=\arctan\left(\frac{Im_i}{Re_i}\right) \quad (3-22)$$

采集的信号在管道缺陷处会产生突变，反应在采集的数据中就是离散的数据点的值发生变化，相位能表征管道缺陷信息的原理如图 9 所示，以相邻两个数据点矢量和为例，当其中数据点 S_i 的值突然变大时，其矢量和的相位角 β_1 也较之前的矢量和相位角 β 发生变化，因此相位可以表征管道缺陷。检测结果中的每个数据点都能求出其对应的辐角即相位，又因为每个扫描周期内的数据点的相位都是从 0 到 θ 变化，因此将扫描周期内所有相位叠加得到一个值，观察不同扫描周期此值即可表征管道缺陷信息。

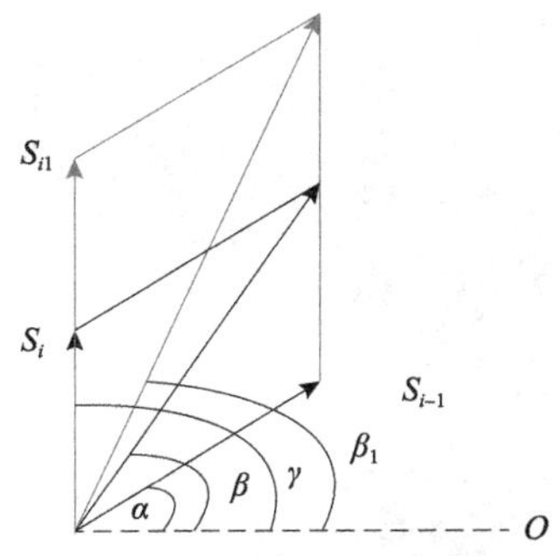

图 9　数据点矢量和相位变化示意图

4　实验验证

4.1　75mm 管道缺陷实验

为了验证合成孔径雷达(SAR)技术处理分析谐波磁场检测带包覆层钢质管道缺陷过程中采集到的原始信号的有效性，展开实验探究，采用对称差分式探头对钢质管道扫描检测。首先采用缺陷比较明显的焊缝管道进行试验，实验管道外径 75mm，全长 2500mm，包覆层厚度为 200mm，在管道中间加工一个焊缝缺陷，为真实模拟工况先对管道进行切割再焊接。然后检测沿同一轴线加工了盲孔、通孔、面缺陷和刻槽四个缺陷的管道，管道外径 75mm，壁厚 3mm，检测全长 2000mm，包覆层厚度为 200mm，见图 10。

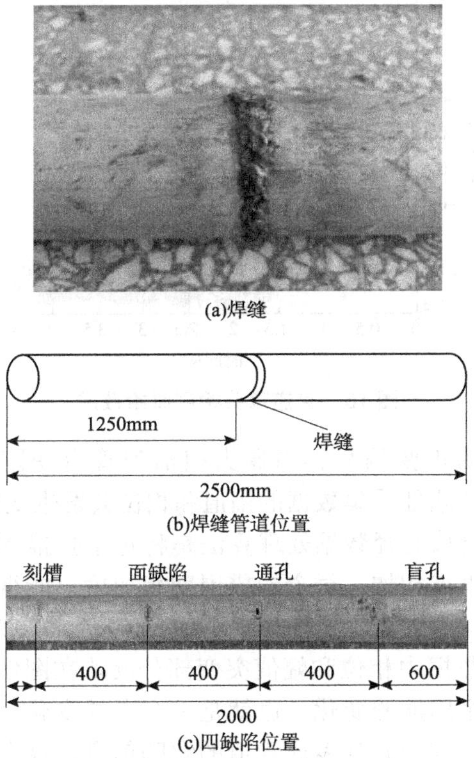

(a)焊缝

(b)焊缝管道位置

(c)四缺陷位置

图 10　缺陷位置及检测系统

根据设计的检测系统搭建测试台，对上述管道进行测试。图 11 为采集到的原始信号。测试激励源的参数为高频 500kHz、低频 24Hz、电压 15V 的谐波信号。

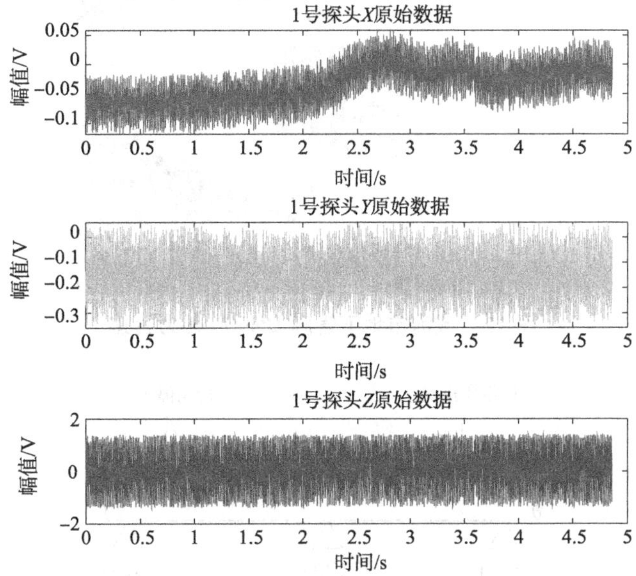

图 11　原始信号

如图 11 所示，该原始信号为对称差分式探头耦合场端传感器采集到的数据，该数据包含了缺陷信息的感应磁场，但是激励磁场、工频信号以及噪声信号都没有剔除。因此需要合适的算法处理分析，提取缺陷信息。

4.2　工程实验

为了对谐波磁场聚焦检测技术进行工程研究，将谐波磁场聚焦检测系统应用于地下管廊中的热力管道检测，前往山东省威海市智慧管廊进行检测，采集并处理检测数据，通过对比检测结果与管道损伤情况，验证检测系统的工程适用性。

威海市滨海新城建设投资股份有限公司的地下综合管廊计划建设 35.63km，目前位置累计形成廊体约 28.6km，工程检测时具体测试管廊段为松涧路段，总长约 7km，本次工程示范主要围绕“不拆包覆层的管道焊缝缺陷检测”进行，分别针对服役状态下 *DN*900 热力管道的直管、弯头等不同位置进行检测，管廊实地拍摄图片如图 12 所示。

首先，使用检测系统对全长 30m 的管道进行检测，检测段存在一个钢质支架，检测过程及管道路由如图 13 所示，考虑到热力管廊的管道均为 12m 等长钢质管道焊接而成，所以在检测过程中存在两到三条焊缝。此外，由于管道服役时间短，不存在腐蚀、泄漏等情况，在检测过程中只考虑焊缝对检测结果的影响。

图12　威海市地下管廊DN900热力管道

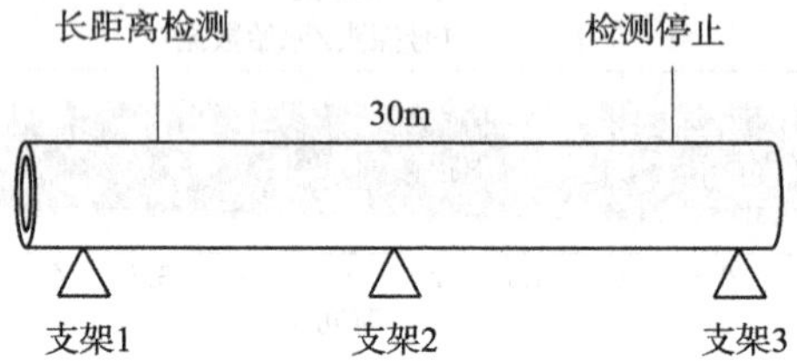

图13　管道长距离检测

管道长距离检测得到的原始数据如图14所示，在管道长距离检测的原始数据中，由于数据量较大，环境干扰较多，无法从直接原始数据中得到有效的缺陷信息。

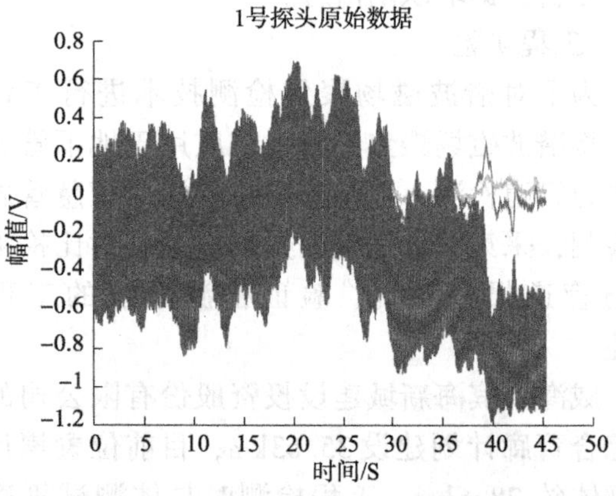

图14　管道长距离检测原始数据

使用检测系统对管道弯头进行检测，弯头是用于管道转弯处的一种管件，通常采用焊接的方式与其他管件连接。因此，在弯头处通常存在两条焊缝，管道弯头及检测段管道路由如图15所示。

管道弯头检测得到的原始数据如图16所示，在管道弯头检测的原始数据中，由于数据量较大，环境干扰较多，无法从直接原始数据中得到有效的缺陷信息。

5　实验数据处理与分析

在扫描检测管道的过程中，谐波磁场在缺陷处会产生突变，因为谐波信号是由两个不同频率的正弦信号叠加而成，因此采集到的数据也为周

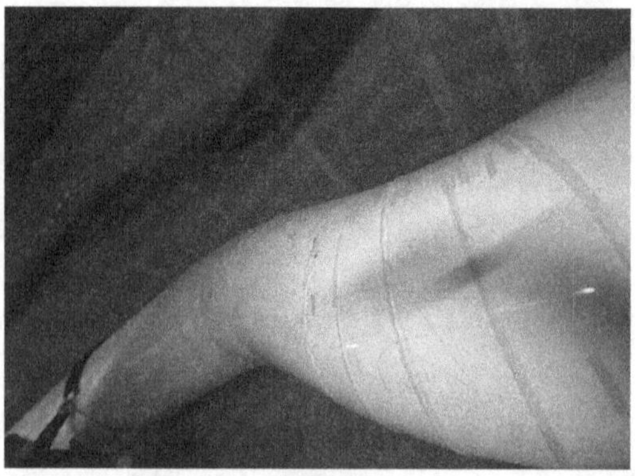

(a)管道弯头

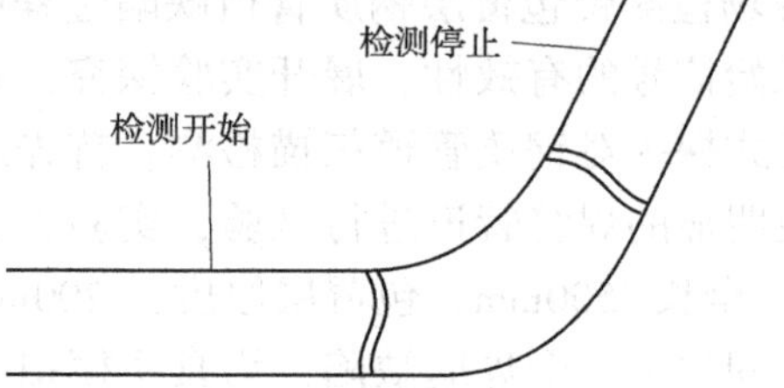

(b)弯头处路由

图15　管道弯头及弯头路由

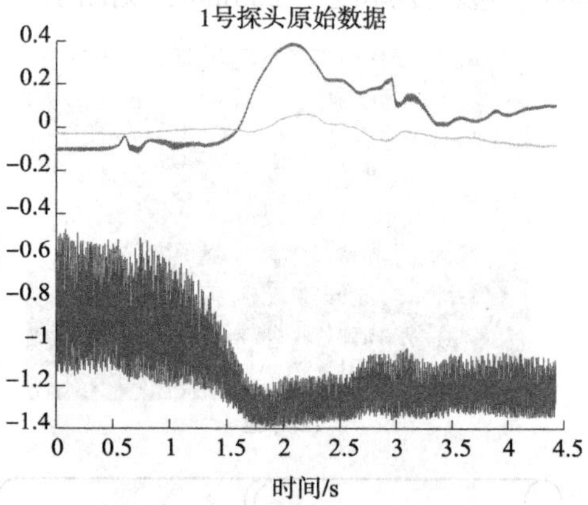

图16　管道弯头检测原始数据

期性的正弦信号，当探头扫描到管道缺陷位置时，缺陷处采集数据的幅值和相位会发生变化。

合成孔径数据处理算法是将每个扫描周期内的数据点相加，每个扫描周期相加后只能得到一个值，大大减少了图像中的数据点数。模拟信号原始数据中相位和幅值突变部分反映在图像中只有一个周期的变化，也就是一个点的变化，此种情况不利于充分表征管道的缺陷信息，存在算法分辨率固定，精度与周期内包含的数据量有关，处理方式不灵活的问题。

因此调整算法程序，借鉴短时傅里叶(STFT)算法将数据按窗分段的特点，提出了基于合成孔

径算法的两种加窗方式：一是采用逐点累加的方式，将采集的每个数据点与其之后固定数量的数据点累加，然后再求相位以表征缺陷信息，而这个固定值就是选取的窗，可以灵活选取；二是窗口分段的方式，将采集的数据点按特定数量间隔分段，将每个分段内数据相加，这个特定数量即为选取的窗。

5.1 单焊缝管道数据处理

选取对称差分式探头扫描检测管道时传感器采集的原始数据，应用合成孔径雷达算法进行处理分析，实验的参数：低频信号 24Hz，高频信号 500Hz，管道缺陷为单焊缝，数据为耦合场端传感器采集的信息。单焊缝管道原始数据应用基于合成孔径雷达的逐点累加法和窗口分段法处理后的结果如图 17 所示。

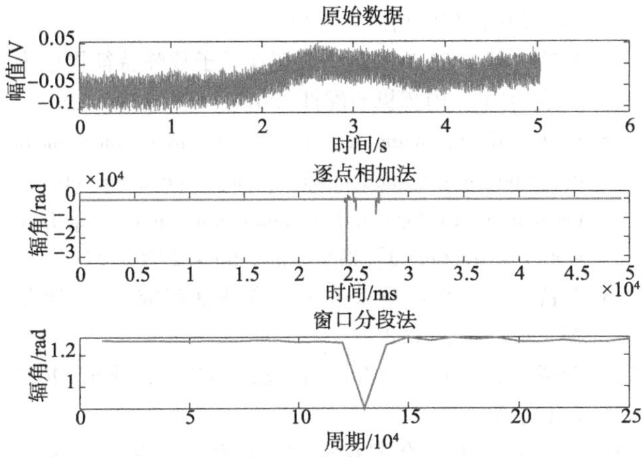

图 17 焊缝处理结果

从图 17 中可以看出，经过基于合成孔径雷达的逐点累加法和窗口分段法处理后，管道焊缝缺陷位置处数据发生突变，从图中能明显得到焊缝缺陷的位置。因此说明该种方法确实有效。

5.2 四缺陷管道数据处理

选取对称差分式探头扫描检测四缺陷管道时传感器采集的原始数据，应用合成孔径雷达算法进行处理分析，实验的参数：低频信号 24Hz，高频信号 500Hz，管道缺陷为沿同一轴线加工的盲孔、通孔、面缺陷和刻槽四个缺陷，数据为耦合场端传感器采集的信息。四缺陷管道检测数据处理后的结果如图 18 所示。

从图 18 中可以看出，经过基于合成孔径雷达的逐点累加法和窗口分段法处理后，管道缺陷位置处数据发生突变，从图中能明显得到盲孔、通孔、面缺陷和刻槽缺陷的对应的位置。因此说明该种方法确实有效。

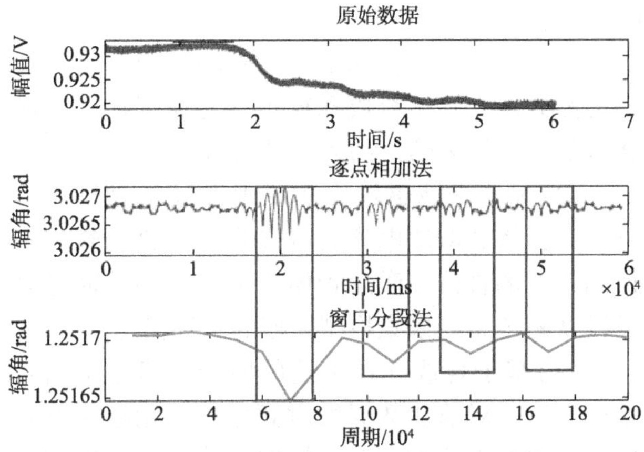

图 18 四缺陷管道检测处理结果

5.3 威海管道长距离检测数据处理

首先，对管道长距离检测结果进行处理，处理结果如图 19 所示，由图可知，处理结果中存在 4 处明显波动，已知该段管道上存在两条或三条焊缝，考虑到每条焊缝的间隔相等，信号特征相同，可知检测段的管道存在三条焊缝，另外一处波动为管道支架。

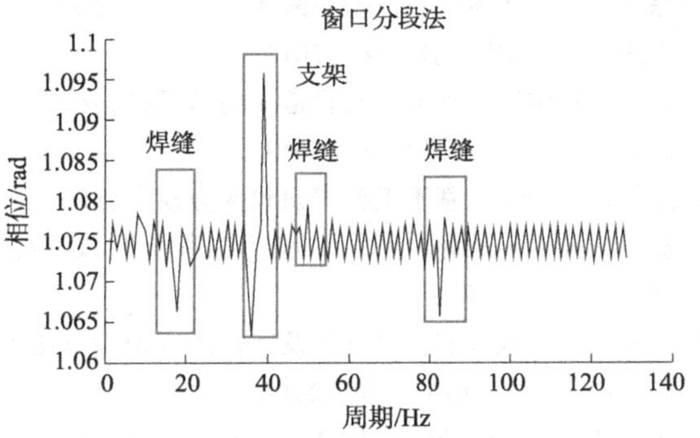

图 19 威海管廊长距离检测处理结果

5.4 威海管道弯头检测数据处理

管道弯头处检测数据的处理结果如图 20 所示，由图可知弯头两端存在两处焊缝，信号特征明显。

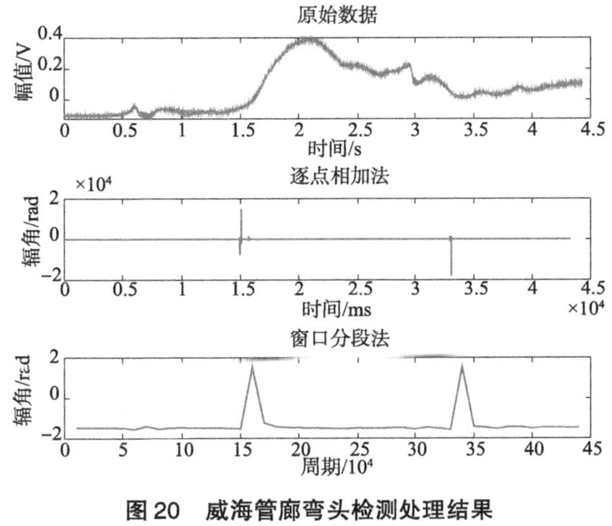

图 20 威海管廊弯头检测处理结果

6 结论

本文提出了一种基于谐波磁场检测的管道无损检测方法，基于合成孔径雷达的原理建立了能够有效表征缺陷信息的数据处理方法。

(1)基于谐波磁场检测原理设计了磁聚焦检测探头，搭载谐波电流后可以将谐波磁场聚焦到待测管道的管体，激发管体产生二次场并通过高灵敏度磁传感器采集检测区域的磁场信息。

(2)基于合成孔径雷达的原理，建立了信号处理方法，对监测数据做时频分析，能够在有效避免一次场干扰的同时，提取缺陷信息，确定缺陷位置。

(3)为了验证本文提出的检测方法和数据处理方法的有效性，搭建了实验平台进行试验，证明了谐波磁场聚焦检测系统能够在不拆除包覆层的环境中有效地检测出焊缝、面缺陷和点缺陷。

参考文献

[1]徐志远．带包覆层管道壁厚减薄脉冲涡流检测理论与方法[D]．华中科技大学，2012.

[2]党伟．带包覆层地面钢质管道损伤谐振磁场检测技术研究[D]．北京工业大学，2019.

[3]刘长良，闫萧．基于工况辨识和变分模态分解的风电机组滚动轴承故障诊断[J]．动力工程学报．2017，37(04)：273－278.

[4]施巍巍．经验模态分解方法及其在语音识别算法中的研究[D]．浙江理工大学，2014.

[5]Duan Y，Zhu S，Zheng H. Application of Wavelet Analysis in Signal Processing[J]. Advances in Computer，Signals and Systems. 2021，5(1).

[6]Olbrycht R，Więcek B，Gralewicz G，et al. Comparison of Fourier and wavelet analyses for defect detection in lock－in and pulse phase thermography[J]. Quantitative InfraRed Thermography Journal. 2012，4(2).

[7]陈法法，李冕，陈保家，等．EEMD能量熵与优化LS－SVM的滚动轴承故障诊断[J]．组合机床与自动化加工技术．2016(12)：5.

[8]郑佳宁．局域均值分解算法研究及其应用[D]．西安电子科技大学，2012.

[9]Hongyi C，Mingshun J，Lei J，et al. An ultrasonic signal processing method to improve defect depth estimation in composites based on empirical mode decomposition[J]. Measurement Science and Technology. 2021，32(11).

[10]Thomas T，Michael P A. Detection of high frequency emission using ensemble empirical mode decomposition [J]. International Journal of Energy Technology and Policy. 2021，17(5).

[11]舒悦，谢传东，何明，等．往复压缩机环状气阀振动信号的LMD故障特征提取方法研究[J]．流体机械．2019，47(11)：13－18.

[12]陈晓．基于LMD的包络分解在转子故障特征提取中的应用[J]．内燃机与配件．2019(05)：138－139.

[13]Li X，Ma J，Wang X，et al. An improved local mean decomposition method based on improved composite interpolation envelope and its application in bearing fault feature extraction[J]. ISA Transactions. 2020，97(C).

[14]马静．无人机载聚束SAR成像算法研究[D]．哈尔滨工业大学，2008.

[15]李成浩．合成孔径雷达的算法研究[J]．神州．2013(11)：28.

[16]刘志铭．干涉合成孔径雷达相位解缠算法的研究[D]．解放军信息工程大学，2004.

[17]Chernoyarov O V，Ivanov V A，Salnikova A V，et al. Intra－Period Signal Processing in a Synthetic Aperture Radar[J]. Intra－Period Signal Processing in a Synthetic Aperture Radar. 2022，30.0(1.0).

一种非开挖式的埋地管道损伤检测新技术

杨 林[1] 杨绪运[2] 孟 涛[2] 刘 哲[2] 张 魁[3] 何仁洋[2] 孙 涛[1] 王新华[1]

(1. 北京工业大学材料与制造学部，北京 100124；2. 中国特种设备检测研究院，北京 100013；
3. 河北省特种设备监督检验研究院张家口分院，河北 张家口 075000)

摘 要： 埋地管道损伤缺陷检测中存在激励磁场穿透能力差，采集信号信噪比低的问题。利用谐波激励源提供高灵敏度和高渗透率的激励磁场；设计补偿线圈组以提高激励线圈的发射磁矩及磁场强度；提出改进的惠斯通全桥形式的感应线圈结构以提高采集信号的信噪比。谐波激励方式能够改善感应电流在管体中的分布状况，提高检测深度；所提激励线圈结构产生的激励磁场约为单激励线圈结构的2.43倍；所提改进的惠斯通全桥形式的感应线圈结构能够更好拾取缺陷信息。所提探头结构具有强的激励能力和高的输出信噪比，适用于大提离场合下的小损伤缺陷目标信号的拾取。

关键词： 埋地管道检测；谐波激励源；补偿线圈；改进的惠斯通全桥

A Novel Technology For Non - excavation Type Buried Pipeline Damage Detection

Yang Lin[1], *Yang Xuyun*[2], *Meng Tao*[2], *Liu Zhe*[2], *Zhang Kui*[3], *He Renyang*[2], *Sun Tao*[1], *Wang Xinhua*[1]

(1. Faculty of Materials and Manufacturing, Beijing University of Technology, Beijing 100124, China;
2. China Special Equipment Inspection & Research Institute, Beijing 100013, China;
3. Hebei Special Equipment Supervision and Inspection Institute Zhangjiakou Branch, Beijing 100013, China)

Abstract: To solve the problems of poor penetration of excitation magnetic field and low signal - to - noise ratio of the collected signal in the detection of buried pipeline damage defects under large lift - off conditions. A harmonic excitation source is used to provide a high sensitivity and high penetration excitation magnetic field. A compensation coil set is designed to improve the emitting magnetic moment and magnetic field strength of the excitation coil. An improved Wheatstone full - bridge induction coil structure is proposed to improve the signal - to - noise ratio of the collected signal. The harmonic excitation method can improve the distribution of induced current in the tube body and increase the detection depth. The excitation magnetic field generated by the proposed excitation coil structure is about 2.43 times that of the single excitation coil structure and the proposed improved induction coil structure in the form of Wheatstone full bridge can pick up the defect information better. The proposed probe structure has strong excitation capability and high output signal - to - noise ratio, which is suitable for picking up the target signal of small damage defects in large lifting situations.

Key words: buried pipeline inspection; harmonic excitation source; compensation coil; modified Wheatstone full bridge

1 引言

管道运输方式具有建设成本低、经济效益高的优点，在实现“供方不停产、管道不停运、需方不停工”的作业模式中起着重要的桥梁作用，广泛

作者简介： 杨林(1992—)，北京工业大学在读博士研究生，主要研究方向为管道先进检测技术与安全评价技术。

用于国防工业及人民生活保障等重要的基础设施领域。输送管道通常由铁磁性碳钢组成，由于不同输送介质中的强酸性、高腐蚀性及受到高温、高压、潮湿的恶劣工作环境的影响，随着时间地推移，管体不可避免地形成腐蚀、裂纹、穿孔、点蚀等多种形式的缺陷。因管道早期损伤未能及时发现、预警、修复而造成安全事故频发，敲响了管道健康监测的警钟。如果能对管道进行有效监测，准确地把握管道的健康状况并根据一定的优选原则，对一些严重缺陷进行及时地维修，就可以大量避免事故的发生，同时也能大大延长管道的使用寿命，从长远来看，其经济效益非常可观。

常规的人工巡检方法是工作人员根据经验判定管体存在损伤风险可能性，对风险大的管段进行开挖后利用超声、导波或射线等方法进行二次检测，检测后需人工回埋管道。常规检测方法效率低，对工作人员的经验和技能水平要求高，且对管道进行回埋还会带来新的风险，不能满足现代化管道安全运营检测的需求。为此国内外学者在微波、电磁方法上对埋地管道检测做了大量研究。Sameir 等[1]利用微波探测技术，通过反射的微波信号频率和衰减特征判断管道涂层下方水的存在，在具有一定提离高度下实现了对管道的早期检测和管道腐蚀发生可能的预测，但这只是针对管道腐蚀损伤的检测。Mohammed 等[2]利用微波检测方法，提出了消除管道上方覆盖物对管道成像质量影响的新算法，实现了对管体损伤的精确成像。目前微波检测法仍处于实验室研究阶段，实际工程化应用仍有诸多难题。相比于微波检测方法，利用电磁法的带包覆层管道检测技术已有实际应用的案例。天津市特检院高鹏等[3]研究分析了带包覆层铁磁性管道脉冲涡流检测的机理模型和脉冲涡流特征的特征量并将理论算法通过软硬件设计开发形成包覆层管道脉冲涡流检测设备，实际实验结果证明衰减信号的特征量与检测试件厚度之间具有良好、稳定的对应关系。北京工业大学焦敬品等[4]提出了一种低频漏磁检测技术，研制了管内检测用低频漏磁传感器，实验结果表明检测信号幅值和谐波畸变率均可用于缺陷尺寸的定量表征，证明低频漏磁传感器对实际工况中管道的外壁损伤检测具有更佳效果。电磁检测方法受到趋肤效应的限制，只能检测有限埋深的缺陷，为了提高激励磁场的穿透深度，Tsukada 等[5]使用了极低频率的激励电流，通过分析平行于感应磁场的磁场分量，检测到 10mm 厚的板的背面点蚀。虽然可以通过降低激励电流的频率来提高激励磁场的穿透能力进而增加趋肤深度，但是这种方式以牺牲感应磁场的强度为代价，造成小缺陷的识别精度低。激励磁场聚焦、背景磁场干扰等问题限制了电磁检测法的在大提离应用场合的发展，针对上述问题的改进探头结构方法依然是主流且有效的手段。为此，广东省特检院孙杰等[6]针对有包覆层铁磁性管道壁厚减薄缺陷检测，提出了直角形和半圆形两种 U 型脉冲涡流检测探头，分别对有外部腐蚀及内部局部腐蚀的管道进行检测实验研究。宁波市特检院陈虎等[7]采用双线圈激励聚焦型探头，对带包覆层管道的直管和弯头的壁厚减薄检测，最后去除包覆层进行超声波测厚的方法验证检测效果，检测结果证明了该探头结构的可行性。Carla 等[8]研制了一种单激励线圈与上下巨磁阻传感器构成的差分涡流检测探头，利用两传感器的差分减少背景磁场的干扰，通过差分信号的峰值时间和峰值幅值有效地检测到管道壁面的腐蚀减薄。

本文提出了一种基于谐波磁场的埋地管道损伤缺陷检测新技术，利用丰富频率的正弦信号叠加并搭载高次谐波信号作为激励源具有强穿透能力，能够改善感应电流在管道本体中的分布，提高检测深度。此外，设计了一种改进的惠斯通全桥结构的感应线圈，有效地解决了大提离情况下微弱的感应磁场信号拾取困难问题，提高了对管道目标区域损伤缺陷检测的准确性。本研究其余部分内容如下：第一节介绍了谐波磁场激励方式的组成，详细分析了谐波磁场的检测原理；第二节介绍了检测探头的结构、工作原理，比较分析了两种设计形式的感应线圈结构。第三节利用有限元模型验证了谐波磁场激励方式，并对所提检测探头的可行性；第四节讨论分析了检测过程中的噪声源及谐波激励源频率的选择依据；最后对本文进行了总结及展望。

2　谐波磁场检测技术

2.1　趋肤效应

管道受到交变磁场作用时，管体内部的感应电流分布不均匀，电流集中在管体的表面部分，即感应电流集中在管道外表的薄层，靠近管体外表面的电流密度最大，管体内部的电流密度随着管壁深度的增加呈指数形式衰减，这种现象称为趋肤效应，如图 1 所示。受趋肤效应的限制，管体埋藏缺陷的检测能力有限，当感应电流密度的幅度下降到导体表面值 $1/e$ 倍(36.7%)时的深度

为有效检测深度 δ，其计算公式为

$$\delta = \sqrt{\frac{2}{\omega\gamma\mu}} \tag{1}$$

式中 ω——角频率；

γ——导体的电导率；

μ——绝对磁导率。

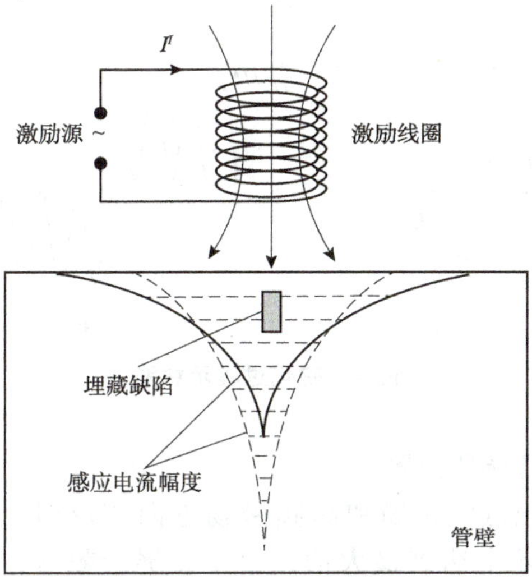

图 1 趋肤深度示意图

感应电流的分布和感应磁场的大小承载着关于管体的健康信息，通过降低激励频率以提高磁场的穿透能力的方法虽然能够提高检测深度，但这种方式牺牲了小损伤缺陷的识别精度。如图 1 中管壁中的埋藏缺陷，当管体近表面存在损伤缺陷时，缺陷所在位置深度方向上的感应电流的流动路径被切断，管体中形成回路的感应电流密度减小。根据公式(2)和公式(3)可知，高频率的激励磁场能够在管体中激发更强的感应电流密度，感应电流流动路径集中在管体的近表面，管体产生的感应磁场为感应电流流动回路的体积分。

$$J = j\omega\gamma A \tag{2}$$

$$B_{induced} = \frac{\mu}{4\pi}\iiint_v \frac{J\mathrm{d}v \times r}{|r|^3} \tag{3}$$

式中 J——感应电流密度；

A——激励磁场磁矢势；

$B_{induced}$——感应磁场磁通密度；

r——感应电流指向待求场点的方向矢量。

因此，对于相同材料的管道样品，同样深度的缺陷阻碍高频率激励磁场产生的感应电流的能力强，感应磁场的变化量大。根据检测原理，检测探头通过监测管体感应磁场的变化进而判断管体可能存在的损伤缺陷。因此，高频率的激励磁场有助于表面或近表面损伤缺陷特征的识别。

2.2 谐波激励源

单频激励源在进行管道损伤缺陷检测时，要满足高检测精度和灵敏度，就需提高激励源频率；而要实现高的渗透率和缺陷检测埋深，就需降低激励源频率。针对单频激励源无法同时实现高灵敏度和高渗透率检测的问题，开发研制了谐波电源。谐波激励源的数学表达式为

$$f(t) = A\sum_{i=1}^{n}\frac{\sin[(2i-1)\omega t)]}{2i-1} + B\sin[(2n-1)\omega t] \tag{4}$$

式中 A——基波及叠加谐波的幅值；

ω——基波的角频率；

B——搭载的高次谐波幅值；

n——谐波叠加个数。

如图 2 所示的谐波激励源信号，该谐波激励源采用的是低频基波信号与 n 个 $(2i-1)$ 次谐波信号叠加并搭载高次谐波信号调制合成的形式，丰富的低频正弦信号可以改善感应电流的在管体深度上方的分布规律，提高激励磁场的穿透力，高次谐波正弦信号可以实现高灵敏度的检测，提高损伤缺陷特征的识别精度。因此该谐波激励源形式可以同时实现高灵敏度和远距离的检测，同时可以穿透管壁对管道的内壁缺陷进行检测。

2.3 检测机理分析

激励磁场频率的选择实质是对检测精度和检

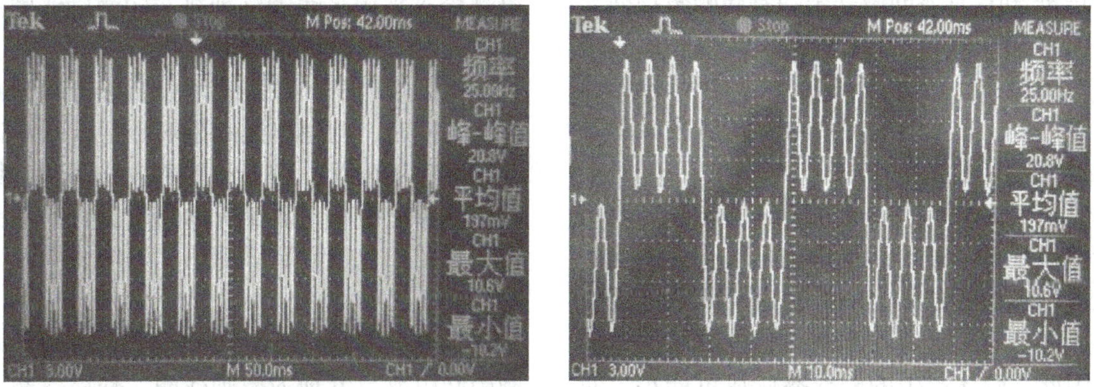

(a)谐波激励源　　(b)谐波激励源局部放大

图 2 谐波激励源信号

测深度的权衡取舍的过程。根据公式1可知，趋肤深度与管道材料的磁导率和电导率乘积的平方根成反比，而电导率是材料的固有属性有关，其大小不随外部激励磁场的改变而变化，而磁导率则不同。磁导率表示在空间或在磁芯空间中的线圈流过电流后，产生磁通的阻力或是其在磁场中导通磁力线的能力，其公式为

$$\mu = \frac{B}{H} \tag{5}$$

式中　B——磁感应强度；

H——磁场强度。

导体材料的$B-H$曲线呈非线性，即磁导率会随着施加磁场的强度变化而改变，并且存在磁滞效应和磁饱和现象，如图3所示。管道材料多为碳钢，如Q235、20钢、45钢，实际上磁滞效应对管道材料的磁导率影响微小，为了方便直观地分析，不考虑管道材料的磁滞效应，即认为管体的$B-H$曲线始终符合初始磁化曲线，取谐波磁场一个周期时的高频激励磁场分量分析。

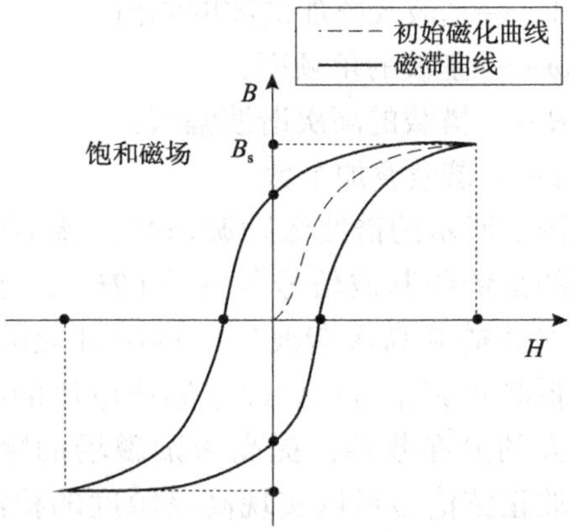

图3　B－H曲线示意图

假设此时低频磁场的磁场强度为H_0，如图4(a)中的a点所示，在一个周期的高频分量磁场的作用下，管道所受到的磁场强度变化规律为a→b→a→c→a；管体的磁导率随着高频磁场的变化而不断改变，如图4(b)中虚线所示，在高频磁场达到幅值($H_0+H_{Lwo}+H_{High}$)时，即谐波磁场幅度位于c点，管体的磁导率最小，谐波激励磁场达到最大的穿透深度。

同时，内部缺陷产生的感应磁场能够有效地穿过管壁由准确地被传感器采集是实现内缺陷外检测关键。高的磁导率会使得管道表面因屏蔽效应而形成屏蔽层，阻碍内部缺陷感应磁场的传导路径，因此，管体产生的磁导率应尽可能小，使内部缺陷产生的感应磁场能够有效地穿透管体传导至传感器位置。

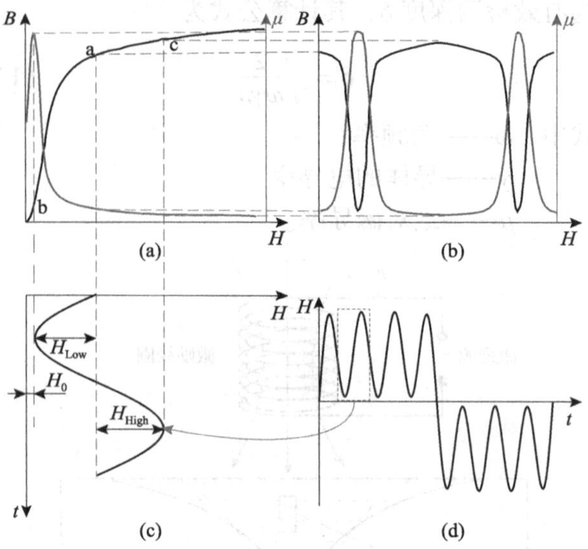

图4　磁化过程示意图

当低频磁场和高频磁场方向相反时，表层的磁导率达到最大值，由于磁屏蔽效应，内部缺陷感应磁场被阻止扩散。磁化过程如图4B曲线所示，$B-H$曲线上的表皮层磁化状态从a点到b点变化，磁导率相应增加，空气中的感应磁场随着时间的推移逐渐减弱。当低频磁场和高频磁场同向时，表层的磁导率达到最小值，促进了内部缺陷感应磁场的扩散。在$B-H$曲线上，随着管道皮层中的磁化状态从a点向c点变化，磁导率降低，空气中的感应磁场逐渐增大。因此，谐波磁场的激励方式能够促进管道内部缺陷感应磁场的传导，有利于缺陷特征信号的拾取。

3　检测探头设计

3.1　检测探头的结构

激励磁场干扰的问题在涡流检测中普遍存在，强的激励磁场限制了后级放大器的动态范围，阻碍其在大提离应用场合的发展。本文所提检测探头采用多线圈阵列排布的激励线圈设计形式，通过合理地设计线圈参数、阵列方式、电流大小等影响因子，在实现增强目标位置激励磁场强度的同时，构建出激励磁场磁通量抵消区域及零激励磁场位置，用于放置感应线圈和磁场传感器监测感应磁场。图5所示为所提检测探头的结构示意图，包括激励线圈组、感应线圈及磁场传感器。

激励线圈组由三个同心不同径的圆形励磁线圈串联组成，分别为激励线圈、补偿线圈Ⅰ和补偿线圈Ⅱ。其中，激励线圈产生检测用的主激励

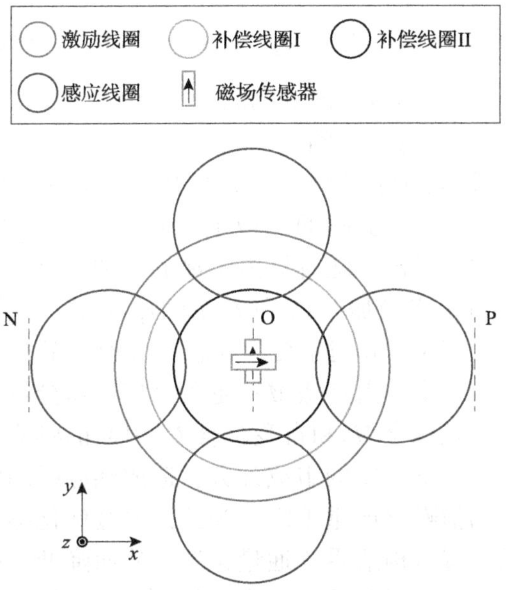

图5　检测探头示意图

磁场，其半径、匝数、电流决定着它的发射磁矩，激励磁场的辐射范围；补偿线圈Ⅰ和补偿线圈Ⅱ提供辅助激励磁场。感应线圈组由四个独立的感应线圈组成，均匀布置在激励线圈的圆周上，测量 z 轴方向上磁通密度的变化量；通过分别调整激励线圈的位置，使激励磁场在每个感应线圈所围成的面积内的磁通量矢量和接近为零，从而降低激励磁场的干扰。此外，还包括一组独立的磁场测量传感器，用于测量 x、y 轴方向上的磁场强度。

3.2　激励线圈磁场

根据毕奥－萨伐定律，分别计算得出激励线圈和补偿线圈参数与对应磁感应强度之间的关系。激励线圈组磁场计算等效模型示意图如图6所示。

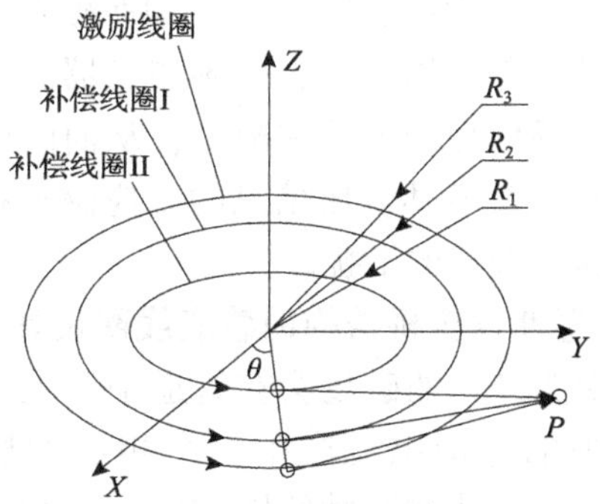

图6　激励线圈模型

设激励线圈半径为 R_1，补偿线圈Ⅰ半径为 R_2，补偿线圈Ⅱ半径为 R_3；激励电流为Ⅰ，激励线圈、补偿线圈Ⅱ和补偿线圈Ⅱ的电流流向如图6所示；设两线圈在张角为 θ 处的单位电流源坐标分别为 (x_1, y_1, z_1)、(x_2, y_2, z_2) 和 (x_3, y_3, z_3)，所求目标场点 P 的坐标为 (x, y, z)，则激励线圈组激发的磁场分布在笛卡尔坐标系中的各轴上的分量可表示为

$$
\begin{aligned}
B_x = &\frac{\mu_0 I r_1}{4\pi}\int_0^{2\pi}\frac{z\cos\theta}{[(x-x_1)^2+(y-y_1)^2+(z-z_1)^2]^{\frac{3}{2}}}d\theta \\
&+\frac{\mu_0 I r_2}{4\pi}\int_0^{2\pi}\frac{z\cos\theta}{[(x-x_2)^2+(y-y_2)^2+(z-z_2)^2]^{\frac{3}{2}}}d\theta \\
&+\frac{\mu_0 I r_3}{4\pi}\int_0^{2\pi}\frac{z\cos\theta}{[(x-x_3)^2+(y-y_3)^2+(z-z_3)^2]^{\frac{3}{2}}}d\theta
\end{aligned}
\tag{6}
$$

$$
\begin{aligned}
B_y = &\frac{\mu_0 I r_1}{4\pi}\int_0^{2\pi}\frac{z\sin\theta}{[(x-x_1)^2+(y-y_1)^2+(z-z_1)^2]^{\frac{3}{2}}}d\theta \\
&+\frac{\mu_0 I r_2}{4\pi}\int_0^{2\pi}\frac{z\sin\theta}{[(x-x_2)^2+(y-y_2)^2+(z-z_2)^2]^{\frac{3}{2}}}d\theta \\
&+\frac{\mu_0 I r_3}{4\pi}\int_0^{2\pi}\frac{z\sin\theta}{[(x-x_3)^2+(y-y_3)^2+(z-z_3)^2]^{\frac{3}{2}}}d\theta
\end{aligned}
\tag{7}
$$

$$
\begin{aligned}
B_z = &\frac{\mu_0 I r_1}{4\pi}\int_0^{2\pi}\frac{(x-x_1)\cos\theta+(y-y_1)\sin\theta}{[(x-x_1)^2+(y-y_1)^2+(z-z_1)^2]^{\frac{3}{2}}}d\theta \\
&+\frac{\mu_0 I r_2}{4\pi}\int_0^{2\pi}\frac{(x-x_2)\cos\theta+(y-y_2)\sin\theta}{[(x-x_2)^2+(y-y_2)^2+(z-z_2)^2]^{\frac{3}{2}}}d\theta \\
&+\frac{\mu_0 I r_3}{4\pi}\int_0^{2\pi}\frac{(x-x_2)\cos\theta+(y-y_2)\sin\theta}{[(x-x_3)^2+(y-y_3)^2+(z-z_3)^2]^{\frac{3}{2}}}d\theta
\end{aligned}
\tag{8}
$$

相比于单匝激励线圈的形式，这种激励线圈组的结构能够在不改变激励线圈的半径、匝数、电流的前提下，提高检测探头的发射磁矩，增强激励磁场的磁感应强度，同时使感应线圈的放置位置更加靠近探头中心，有利于损伤缺陷目标特征的拾取和定位。同时，根据公式(7)和公式(8)，在检测线圈中心平面处的激励磁场在 x、y 轴方向分量为零，用于放置磁场传感器，使传感器采集的磁场信号动态范围减小，从而降低强的激励磁场对承载管体健康信息的感应磁场提取及损伤信息提取造成的干扰。

3.3　基于惠斯通全桥结构的感应线圈设计

检测探头产生的磁场会在管道中诱发感应电流，管道中的感应电流产生一个相反的感应磁场，按照伦茨定律在激励线圈和感应线圈中产生一个额外的感应电流。感应线圈通过测量来自管道产生的感应磁场，以感应电压的形式输出，从而来评估管道的健康状态。

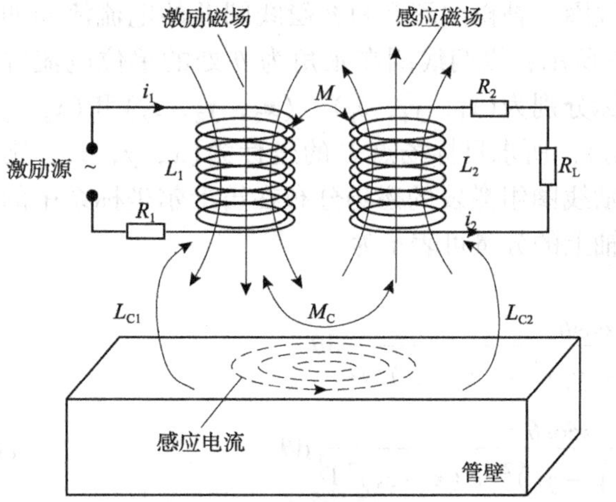

图7　检测原理示意图

如图7所示，感应线圈与激励线圈绕向相反。在有管道存在的情况下，总磁场为激励磁场加上管道产生的感应磁场的总和，只有感应磁场才包含管道的健康信息。感应线圈的电动势除了由自感 L_2、互感引起 M，还包括感应线圈通过管道进行自我耦合 L_{C2}，激励线圈和感应线圈通过管道进行的相互耦合 M_C。因此，感应线圈的总电感为 $L_T = L_2 + M + L_{C2} + M_C$，则感应线圈的输出电压为

$$v_{out} = (L_2 + M_C + L_{C2})\frac{di_2}{dt} + i_2R_2 - M\frac{di_1}{dt} \quad (9)$$

同理，当感应线圈与激励线圈绕向相同时，感应线圈的总电感为 $L_T = L_2 - M - L_{C2} - M_C$，则感应线圈的输出电压为

$$v_{out} = (L_2 - M_C - L_{C2})\frac{di_2}{dt} + i_2R_2 + M\frac{di_1}{dt} \quad (10)$$

式中　i_1——激励线圈的电流；

i_2——感应线圈的电流。

公式(9)和公式(10)中，只有由相互耦合 M_C 和自我耦合 L_{C2} 引起的感应电压包含管道信息，而其余均为噪声。随着提离距离的增加，感应线圈与管道距离增加，M_C 和 L_{C2} 减小；而感应线圈与激励线圈位置相对不变，互感 M 不变。感应线圈输出信号中，由互感 M 引起的感应电压分量极大，使相互耦合 M_C 和自我耦合 L_{C2} 引起的感应电压成为一个不重要的组成部分，造成感应线圈输出信号的信噪比严重下降。为此，通过优化感应线圈的位置以构造零磁通量位置，从而降低互感噪声，并提出了两种设计形式的感应线圈结构以提高输出信号的信噪比，增强损伤缺陷目标信号的拾取精度。

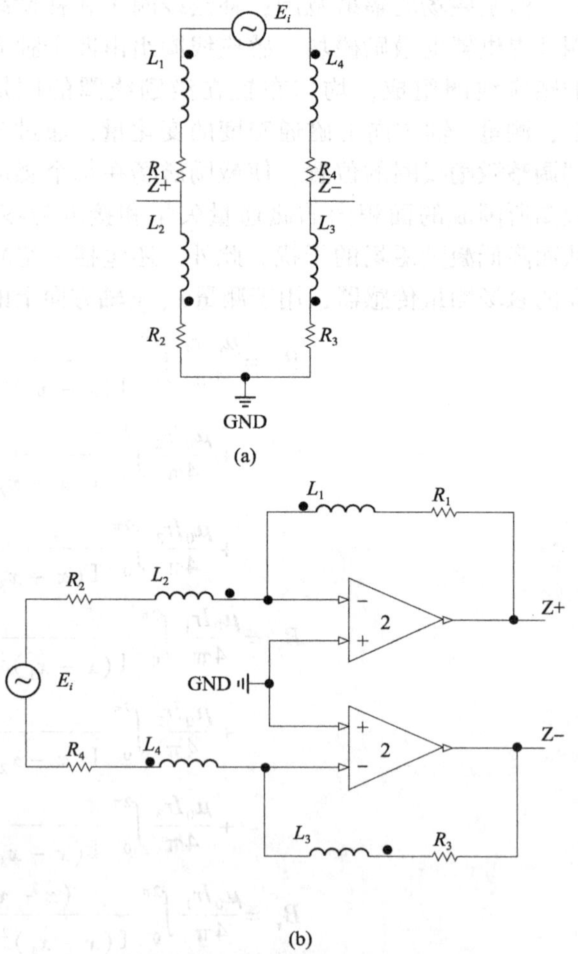

图8　两种设计形式的感应线圈结构

对于推挽式惠斯通全桥结构，假设感应线圈的总感应电压为 E_i，则感应线圈的差分输出分别为

$$v_{z+} = E_i\frac{R_2 + j\omega L_{T2}}{(R_1 + j\omega L_{T1}) + (R_2 + j\omega L_{T2})} \quad (10)$$

$$v_{z-}=E_i\frac{R_3+j\omega L_{T3}}{(R_3+j\omega L_{T3})+(R_4+j\omega L_{T4})} \quad (11)$$

对于改进的惠斯通全桥结构，假设感应线圈的总感应电压为 E_i，根据运算放大虚短和虚断规则，运算放大器的输出分别为

$$v_{z+}=E_i\frac{R_1+j\omega L_{T1}}{R_2+j\omega L_{T2}} \quad (12)$$

$$v_{z-}=E_i\frac{R_3+j\omega L_{T3}}{R_4+j\omega L_{T4}} \quad (13)$$

感应线圈 L_1、L_4 与 L_2、L_3 绕向相反，因此，在总磁场变化时，其自我耦合 L_{R2}，相互耦合 M_2 矢量方向相反。当感应磁场的由稳定状态下向增大方向变化时，经前置放大器调制后，两种设计形式的感应线圈结构的各个感应线圈总阻抗的变化分别为

$$v_{\text{coil}}=G\cdot E_i\left(\frac{(R_1+j\omega L_{T1})\uparrow}{(R_1+j\omega L_{T1})\uparrow+(R_2+j\omega L_{T2})\downarrow}-\frac{(R_3+j\omega L_{T3})\downarrow}{(R_3+j\omega L_{T3})\downarrow+(R_4+j\omega L_{T4})\uparrow}\right) \quad (14)$$

$$v_{\text{coil}}=G\cdot V_s\left(\frac{(R_1+j\omega L_{T1})\uparrow}{(R_2+j\omega L_{T2})\downarrow}-\frac{(R_3+j\omega L_{T3})\downarrow}{(R_4+j\omega L_{T4})\uparrow}\right) \quad (15)$$

式中　G——放大器增益；

E_i——感应线圈的等效感应电压；

L_{T1}、L_{T2}、L_{T3}、L_{T4}——分别为四个感应线圈的总电感；

R_1、R_2、R_3、R_4——分别为四个感应线圈的电阻。

对比公式(14)和公式(15)可知，改进的惠斯通全桥结构输出信号的信噪比更高，对微小的信号变化具有更高的灵敏度，有利于大提离情况下损伤缺陷目标特征的拾取。

4　有限元建模及仿真分析

4.1　激励磁场仿真

为了比较了单激励线圈与所提检测探头激励磁场性能，使用 COMSOL Multiphysics 有限元仿真软件的 AC/DC 模块中的磁场电流模块进行仿真研究。根据检测原理，分别设置单激励线圈的匝数为 100 匝、242 匝，其中 100 匝与所提探头结构的激励线圈匝数相同，242 匝与所提探头激励线圈的总长度相同，设置线圈激励电流幅值相位，激励电流幅值为 2A。有限元模型的收敛相对误差为 0.01%。仿真结果如图 9 所示，所提激励线圈结构产生的激励磁场强度约为 100 匝单激励线圈的 2.43 倍，但激励磁场稍弱于 242 匝单激励线圈的结构形式。这是因此，在铜线长度相同时，铜线所围成的面积越大，其磁场的发射磁矩越高。但相对于 242 匝单激励线圈的结构形式，所提的激励线圈结构能够使感应线圈的布置更接近于检测探头的中心，这更有利于改进的推挽式惠斯通全桥感应线圈结构消除自感、互感和自我耦合噪声，同时避免引入其他的环境噪声。

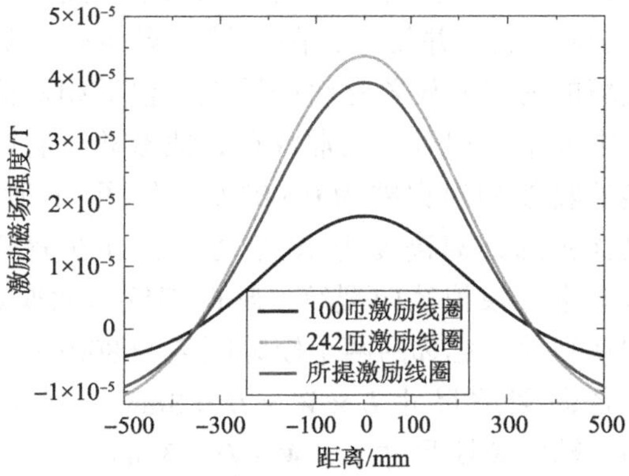

图 9　激励磁场强度仿真图

4.2　谐波激励源检测机理仿真

选取 25Hz 激励磁场、175Hz 激励磁场以及 25Hz 为基频谐波磁场进行仿真，在 COMSOL 中设置管道材料为结构钢，磁导率设置为非线性 $B-H$ 曲线，观测感应电流分布，如图 10 所示。

取材料表面深度方向 0～5mm 范围，分析三

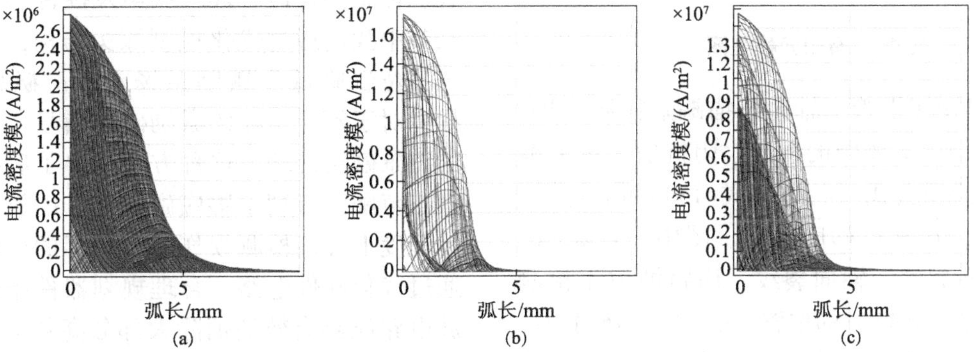

图 10　电流密度分布图，其中，(a)25Hz 激励源；(b)175Hz 激励源；(c)25Hz 基频谐波激励源

种激励形式电流密度最大时刻的分布情况。175Hz激励磁场激发的电流密度峰值最大，但随着深度增加快速衰减；25 Hz激励磁场激发的电流密度峰值最小，但衰减比175Hz激励磁场缓慢，证明低频激励磁场能够穿透力更强，这符合前面分析结果。同时，谐波磁场激发的电流密度峰值约略小于175Hz激励磁场激发的电流密度峰值，虽然牺牲了部分感应电流密度强度，但其比25Hz激励磁场衰减更缓慢：以第一小节定义计算25Hz激励磁场的趋肤深度约为3.5mm，但在4mm的埋深处，谐波激励磁场的电流密度峰值约为25Hz激励磁场的1.11倍及175Hz激励磁场的2.74倍，证明能够有效改善电流在管体壁厚度方向上的分布。

4.3　缺陷检测能力仿真

建立了管道检测的三维模型，包括检测探头、管道、空气域等。使用COMSOL Multiphysics有限元仿真软件的AC/DC模块中的磁场电流模块进行仿真研究。管道直径57mm，壁厚6mm，长度3000mm，并设定无限远域边界条件。添加对应域的材料并设置材料的属性，包括相对磁导率、电导率、相对介电常数和其他参数。有限元模型的收敛相对误差为0.005%。如图11所示，检测探头的提离高度为10倍管径，并在管道长度方向中心模拟径向裂纹、轴向裂纹、面腐蚀3个损伤缺陷，相邻的两个缺陷距离为800mm。其中，径向裂纹尺寸 $L \times W \times D = 3\text{mm} \times 35\text{mm} \times 6\text{mm}$；轴向裂纹尺寸 $L \times W \times D = 35\text{mm} \times 3\text{mm} \times 6\text{mm}$；面腐蚀尺寸 $L \times W \times D = 16.5\text{mm} \times 16.5\text{mm} \times 1\text{mm}$。

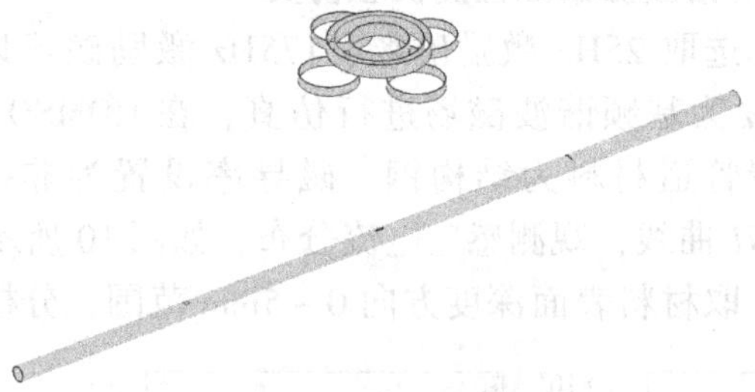

图11　有限元模型图

图12显示了沿管道轴向扫描缺陷检测结果，分别提取四个感应线圈的电压、阻抗值，由上节理论分析结果及公式(14)、公式(15)对仿真数据进行处理后，在进行梯度处理。图中，点a、c、e分别为径向裂纹、轴向裂纹、面腐蚀位于检测探头边界线N(图5)时的位置；b、d、f分别为径向裂纹、轴向裂纹、面腐蚀离开检测探头边界线P(图5)时的位置；Ⅰ、Ⅱ、Ⅲ为径向裂纹、轴向裂纹、面腐蚀位于检测探头中心线O时的位置。由仿真结果可知，推挽式惠斯通全桥结构感应线圈能够识别出管道存在三个缺陷，但无法缺陷缺陷的具体位置信息。这是由于提离距离大使得激励磁场发散并且三个缺陷的间距小的原因造成缺陷特征存在一定程度的重叠，从而引起缺陷定位不精确的问题。而改进的惠斯通全桥结构感应线圈不仅具有更高的信噪比，还能够清晰表明缺陷进入、离开探头检测范围内的位置，并清晰地表征出缺陷位于检测探头中心时位置信息。

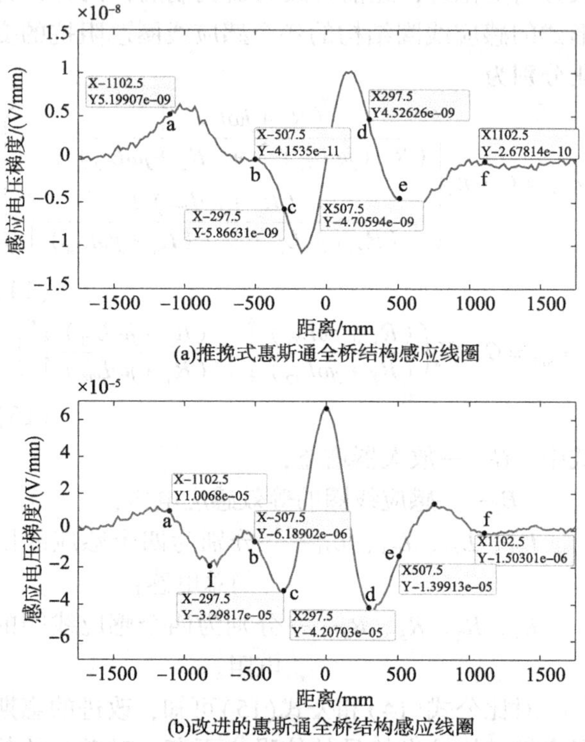

(a)推挽式惠斯通全桥结构感应线圈

(b)改进的惠斯通全桥结构感应线圈

图12　缺陷仿真结果

5　讨论

在检测过程中，由于提离距离大导致感应磁场强度微弱，使噪声干扰对检测结果的影响不可忽略。检测噪声主要有激励磁场干扰、工频干扰、传感器噪声、环境噪声及硬件噪声等。在第二节中我们通过优化检测探头结构，合理布置传感器位置降低了激励磁场对感应磁场采集的干扰，对于不能消除的激励磁场信号，可视为恒定的背景磁场处理。这种方法改善了后级放大器的动态范围，有利于感应磁场信号的放大作用，很大程度上提高检测损伤缺陷目标的分辨率。同时通过优化硬件电路、合理规划器件布局并设置滤波电路能够有效地消除大部分高频范围的噪声影响，如射频噪声、电源噪声、器件噪声等。此外，对于可见的干扰源如输送电网、高功率用电设备进行合理规避能够使检测的精度和可靠性大幅度提高。但上述方法并不能完全消除噪声干扰，仍需要针对可预期的噪声源进行针对性的处理以提高采集信号的信噪比以增强目标损伤缺陷特征的识别精度。

工频干扰普遍存在，我国用电频率为50Hz，由于工频频率与激励磁场频率相近，工频干扰混叠在感应磁场信号中难以通过硬件滤波的方式去除。对此，在数据预处理在采用多次叠加取平均值的方法以消除工频干扰。

如图13所示，检测过程中连续采集 M 个周期信号，首先将这些信号按照半周期的方式进行叠加后取平均值，最后再将叠加后的信号后半周期部分进行反向，再与前半周期部分进行叠加。通过这种多次叠加取平均值的方法可以消除工频干扰。为了更好消除干扰，激励源工作基频有一定限制，如12.5Hz、25Hz、75Hz 等。多次叠加取平均值的方法同样可以达到去除随机噪声的目的，提高输出信号的信噪比的目的。

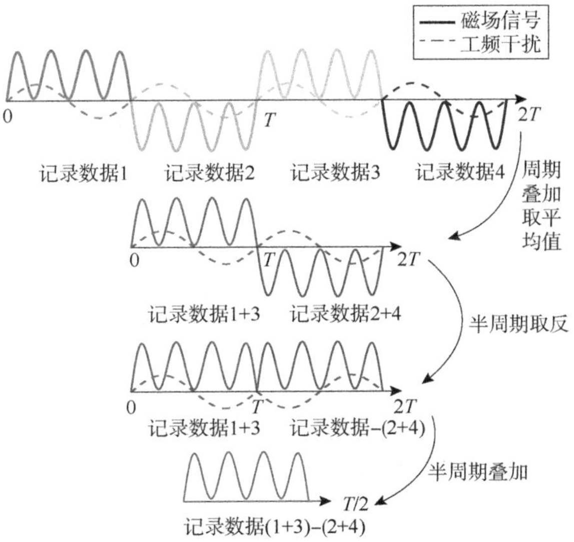

图13　叠加去工频示意图

假设传感器输出信号包括有效的感应磁场信号 $f_s(t)$ 与随机噪声信号 $N(t)$ 的，则采集的信号为

$$f(t)=f_s(t)+N(t) \tag{16}$$

以 t 时刻为叠加去噪的起始时间，在 n 个激励周期后，采集的信号为

$$f(t+nT)=f_s(t+(n-1)T)+N(t+(n-1)T) \tag{17}$$

又因为激励源为周期信号，管道的感应磁场与激励信号为同源同频信号，因此

$$f(t+nT)=f(t) \tag{18}$$

经过 M 次采集后，叠加信号为

$$\sum_{n=1}^{M} f(t+(n-1)T)=M\cdot f(t)+\sum_{n=1}^{M} N(t+(n-1)T) \tag{19}$$

其中，累加的随机噪声信号频谱密度为

$$\sum_{n=1}^{M} N(t+(n-1)T)=\sqrt{N^2(t)+N^2(t+T)+\cdots+N^2(t+(M-1)T)} \tag{20}$$

假设随机噪声信号频谱密度的均值为 $\bar{N}(t)$，则经过 M 次叠加后，总的噪声密度为

$$\sum_{n=1}^{M} N(t+(n-1)T)=\sqrt{M(\bar{N^2}(t))}=\sqrt{M}\bar{N}(t) \tag{21}$$

由此可得经过 M 次叠加后信号的整体信噪比为

$$SNR=\left(\frac{S}{N}\right)_{\text{output}}=\frac{M\cdot f(t)}{\sqrt{M}\bar{N}(t)}=\sqrt{M}\left(\frac{S}{N}\right)_{\text{input}} \tag{22}$$

经过 M 次叠加后，信噪比提高了 $\sqrt{M}$ 倍。在数据预处理时以观测的周期点前后总共取偶数个周期通过叠加取平均的方式可以同时达到去除工频干扰和提高信噪比的目的，以提高检测结果的可靠性。对于定点检测，增加 M 值有利于提高信噪比和缺陷损伤分辨率。然而，对于连续检测，过大的 M 值会使观测点处的信号包含过多的非目标周期的信息，不利于连续检测时缺陷的定位和辨别。因此，需要根据检测时探头移动速度和缺陷损伤分辨率和准确度的要求，合理设置叠加次数。

6　结论

本文提出一种非开挖式的埋地管道损伤检测新技术。激励线圈由三个同心不同径的圆形励磁线圈串联组成，结合谐波磁场检测技术以提高激励磁场的强度及穿透能力；四个独立的感应线圈均匀布置在激励线圈的零磁通量圆周上，结合改进的惠斯通全桥结构以抑制激励磁场的干扰及提高 z 方向测量的磁感应强度变化信号的信噪比；一组独立的磁场测量传感器，布置于激励线圈零磁感应强度处以测量 x、y 轴方向上的磁场强度。理论分析了谐波磁场的检测原理及改进的惠斯通全桥结构的工作原理。利用有限元分析了验证了检测探头的可能性。最后，讨论了检测过程中可能存在的噪声干扰源并提出了多次叠加取平均值的数据预处理方法以消除工频干扰及进一步提高采集信号的信噪比。

本研究为非开挖式埋地管道损伤缺陷检测提供了一种新思路。在现场应用之前，还需要进行更广泛的研究，如：①激励线圈结构、参数等需要结合谐波磁场检测技术进行进一步优化设计，以达到最优的检测效果；②研制大功率、便携式的谐波激励源及低干扰、高精度的信号采集仪器设备以解决大提离工况下激励磁场衰减严重及损伤特征信号微弱难以拾取的问题。

参考文献

[1] S. Deif, M. Daneshmand. Multiresonant chipless RFID array system for coating defect detection and corrosion prediction[J]. IEEE Trans. Ind. Electron. 67 (10) (2020) 8868 – 8877.

[2] Buhari M D, Tian G Y, Tiwari R. Microwave – based SAR technique for pipeline inspection using autofocus range – Doppler algorithm [J]. IEEE Sensors Journal, 2018, 19(5): 1777 – 1787.

[3] 高鹏，包覆层管道脉冲涡流检测技术研究．天津市，天津市特种设备监督检验技术研究院，2020 – 12 – 25.

[4] 焦敬品，常予，李光海，石福涛，何存富，吴斌．金属包覆层管道外壁损伤低频漏磁检测技术[J]．北京工业大学学报，2018，44(12)：1471 – 1477.

[5] Tsukada, K., Y oshioka, M., Kawasaki, Y., Kiwa, T. Detection ofback – side pit on a ferrous plate by magnetic flux leakage method with analyzing magnetic field vector. NDT E Int. 43, 323 – 328.

[6] 孙杰，李绪丰，付跃文．保温管道脉冲涡流检测 U 型探头的试验研究[J]．石油化工腐蚀与防护，2019，36(5)：37 – 41，51.

[7] 陈虎，赖圣，孙杰，付跃文．基于脉冲涡流技术的带包覆层管道局部缺陷检测及现场应用[J]．无损探伤，2017，41(05)：40 – 43.

[8] Carla Beatriz Fagundes do CARMO, Mateus REBELLO, Ygor SANTOS, et al. Development of a Corrosion Detection System Using Pulsed Eddy Current[C]//19th World Conference on Non – Destructive Testing. Munich, Germany: June 13 – 17, 2016: 4342 – 4349.

基于参数自优化SVM的管道泄漏多特征融合检测方法

梅 琳[1,2] 周 军[1,2] 李 童[1,2] 潘 红[1,2]

[1. 重庆市特种设备检测研究院，重庆 401121；2. 国家市场监管重点实验室（西部复杂环境机电设备安全），重庆 401121]

摘 要：针对管道在多工况环境中小样本条件下泄漏状态难以辨识问题，提出了一种基于参数自优化SVM(Support Vector Machine，SVM)的管道泄漏多特征融合辨识方法。该方法通过对不同工况条件下采集的声信号求小波包熵值、峭度值与样本熵值特征，然后将这三种单一特征进行多特征融合后可以获得包含丰富信息的多维特征向量，并将该特征向量作为SVM分类器的输入向量进行分类辨识，通过网格化搜索法对SVM进行参数寻优进一步提高泄漏辨识准确率。实验结果表明，该方法能够有效实现管道泄漏状态辨识以及其他工况状态的分类辨识，分类辨识准确率为95%。

关键词：泄漏辨识；单一特征；多特征融合；支持向量机

Leak Detection Based on Multi - feature Fusion and SVM with Self - optimizing Parameter for Pipeline

Mei Lin[1,2], *Zhou Jun*[1,2], *Li Tong*[1,2], *Pan Hong*[1,2]

(1. Chongqing Special Squipment Inspection and Research Institute, Chongqing 401121, China;
2. Key Laboratory of Electromechanical Equipment Security in Western Complex Environment for State Market Regulation, Chongqing 401121, China)

Abstract: Considering it is difficult to identify the leakage state of pipelines in complex working environment under the small samples, a leakage identification method based on suppport vector machine(SVM) with self - optimizing parameter and multi - source information fusion is proposed for pipelines. The wavelet packet entropy value, kurtosis value and sample entropy characteristic value of the detection signal are calculated in different working conditions, Then, a feature vector containing rich information features can be obtained after multi - feature fusion of the three single features, and the feature vector can be used as the input vector of SVM classifier for classification identification. The mesh search method is used to optimize the parameters of SVM to further improve the accuracy of leakage identification. The experimental results show that this method can effectively realize the identification of pipeline leakage state and other working state classification identification, and the classification identification accuracy is 95%.

Key words: leakage identification; single feature; multi - feature fusion; SVM1

1 引言

管道的健康运行状态对保障管道内介质的运输至关重要。然而在实际的管道运输环境中，管道系统长期运行会受到各种无法控制的气候、环境、自然老化等因素影响，管道泄漏时有发生，导致了资源的浪费[1]。因此，管道泄漏状态的及时检测对资源系统的保护有着重要意义。

管道泄漏检测主要分为基于非声信号与基于声信号两大类，研究者们对基于声信号的管道泄漏辨识方法做了大量研究[2-5]。泄漏信号时域、

作者简介：梅琳(1987—)，工程师，博士研究生，长期从事压力管道检验检测、燃气管道泄漏损伤识别等研究工作。E - mail：meilin@ cqtj. org

频域及时频域的特征分析方法中因各自包含不同信息而有着各自的优缺点[6~8]。文献[9]对管道泄漏信号分解后提取其特征熵值，作为支持向量机的输入向量，以完成对管道泄漏状态的辨识，该方法选取小波基缺乏自适应性。文献[10]对提取固定长度的泄漏信号作为对象并计算其时间序列的加权排列熵值，用于检测管道的泄漏，但该方法所描述的时间序列复杂度是有限的；Aziz[11]等针对单一尺度下的排列熵描述信号的时间序列复杂度有限问题，提出了多尺度排列熵分析方法，该方法可以表征不同尺度下时间序列的复杂性，具有更好的鲁棒性能。崔健等人分析泄漏声信号特性，选出其中一频段通过频率与功率谱之间的关系进行泄漏信号的辨识，而该方法只能区分简单的漏损状态，在实际中工况复杂，各种信号的频率叠加导致无法较好地表述频率与功率谱关系。

在管道的泄漏辨识研究中，数据样本量通常比较小，辨识准确率比较低，因此 SVM 能够很好地在这一背景下解决问题。为应对实际工况条件下管道泄漏状态的自适应辨识，本文提出一种基于多源信息融合的 SVM 泄漏辨识方法，对泄漏、正常、敲击和过路脚步这四类工况条件下对管道所采集的声信号进行分类辨识研究。首先对不同工况条件下采集的声信号求小波包熵值、峭度值与样本熵值特征，然后将这三种单一特征进行多源信息融合后可以获得包含丰富信息的多维特征向量，再进行归一化处理后作为 SVM 的输入向量，其中支持向量机核函数参数“RBF_ Sigma”与惩罚参数“c”通过网格化搜索法进行参数寻优，可以有效降低不同工况下的泄漏误判。

2　管道泄漏辨识实验

2.1　实验平台

本研究采用图 1 所示的实验平台分别对泄漏、敲击、正常与过路工况条件下产生的声信号进行采集，并对本文提出的算法进行验证对比分析。

图 1　实验平台

泄漏工况条件是通过控制管道阀门开关来模拟；敲击工况条件是通过硬物敲击管道来模拟；正常工况是管道在正常运行状况；过路工况条件是在管道侧边行走来模拟。

2.2　供水管道泄漏信号特征提取分析

2.2.1　基于小波包能量熵特征的泄漏辨识

对每类工况各采集 30 组数据进行小波包熵值分析，如图 2 所示。

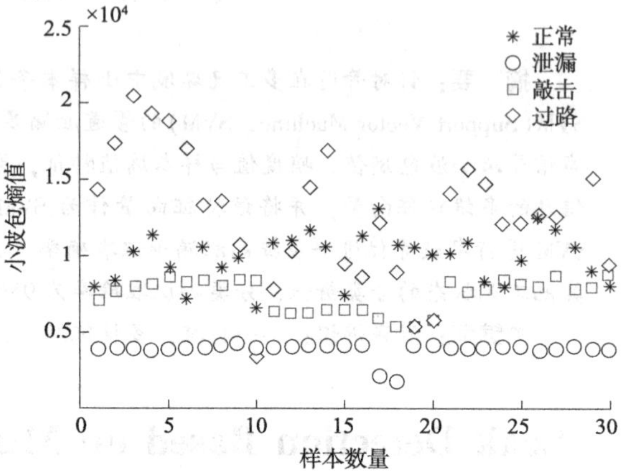

图 2　不同工况条件下的信号小波包熵值

从图 2 中可以发现，泄漏信号的小波包熵值通常低于 500，图中信号分布在泄漏信号上方的是敲击信号，其小波包熵值的范围大概在 500 ~ 1000，正常信号分布在1000 上下，其中脚步信号的小波包熵值分布较为散乱，其值大部分处于1000 以上，且大部分与正常信号的小波包熵值相搀杂。

对采集的四类工况信号随机划定为训练与测试两组，对每类工况信号各取 20 组设置为训练组，则剩余 10 组为测试组，然后将小波包熵作为特征向量进行分类辨识。其中，核函数为常用的 RBF 核函数，且核函数参数“RBF_ Sigma”设置为默认值 1，将惩罚参数“c”也设置为默认值 1，最终得到分类辨识结果如图 3 所示。

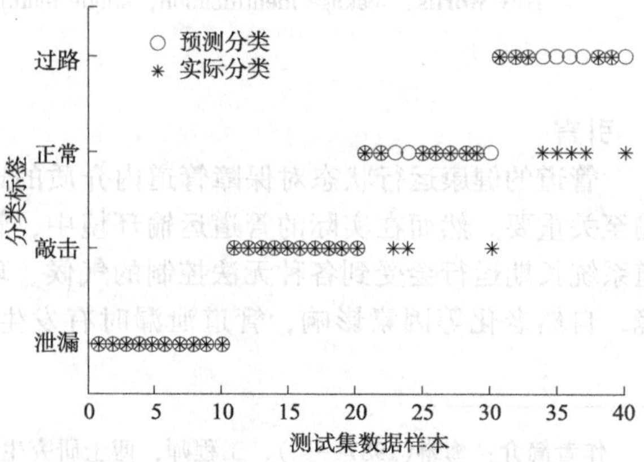

图 3　基于小波包熵特征的 SVM 分类辨识

从图 3 中显然可见，信号的小波包熵作为 SVM 的输入向量，能够有效地识别泄漏工况与敲击工况这种能量集中的信号。而部分正常工况信号被识别为敲击信号，近半的过路信号被识别为正常信号。在基于小波包熵特征的 SVM 分类辨识中，四类工况信号的总体辨识准确率为 80%。

核函数参数“RBF_ Sigma”、惩罚参数“c”的最优取值通过网格化搜索法确定，具体参数寻优搜索结果如图 4 所示。从图 4 中的数据可知，当惩罚参数 c 与 RBF_Sigma 都取 0.125 时，最终得到分类辨识结果如图 5 所示。

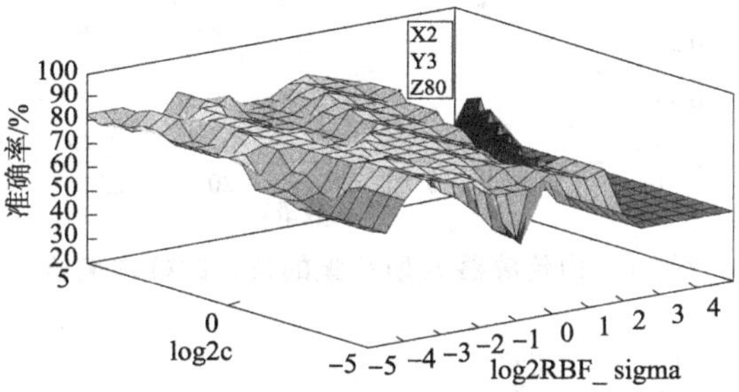

图 4　基于小波包熵特征的网格化搜索参数优化结果

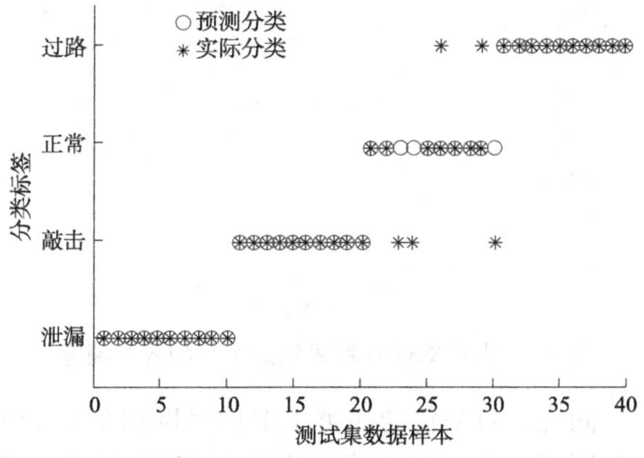

图 5　基于小波包熵特征的优化 SVM 参数的分类辨识

通过图 3 和图 5 辨识结果对比可知，利用网格化搜索参数寻优的方法可使信号辨识率有效提高。四类工况信号的总体辨识率最高为 87.5%。

2.2.2　基于峭度值特征的泄漏辨识

对四种工况环境下每种工况各采集 30 组数据进行分析，管道两端的两传感器同时采集信号，由于信号在管道的传播过程中会受到一定程度的衰减，因此两信号不会完全一样。对每个信号的分别求其峭度值如图 6 与图 7 所示。

从图 6 和图 7 中可见，两泄漏工况信号的峭度值较低，基本分布在 1.5 左右；在敲击工况下由传感器 A 采集的信号比传感器 B 采集信号的峭度值更加平稳，且传感器 B 在敲击工况条件下与

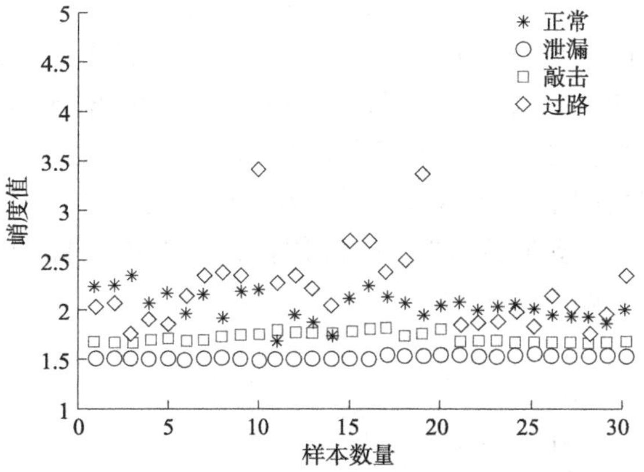

图 6　由传感器 A 所采集的信号的峭度值

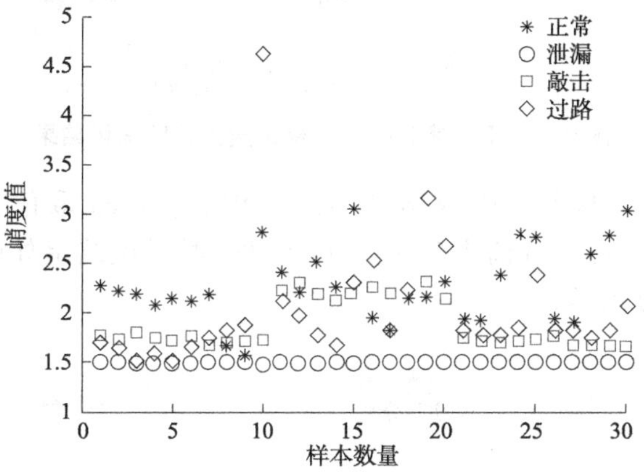

图 7　由传感器 B 所采集的信号的峭度值

在过路脚步条件下的峭度值起伏大多较为相似。正常工况下所采集的信号的峭度值大都分布在 2 左右。

对采集的四类工况信号随机划定为训练与测试两组，对每类工况信号各取 20 组设置为训练组，则剩余 10 组为测试组，然后以其峭度值作为特征向量进行 SVM 分类辨识。其中，核函数设置为常使用的 RBF 核函数，且核函数参数“RBF_ Sigma”设置为默认值 1，将参数“c”也设置为默认值 1，最终得到分类辨识结果如图 8 所示。

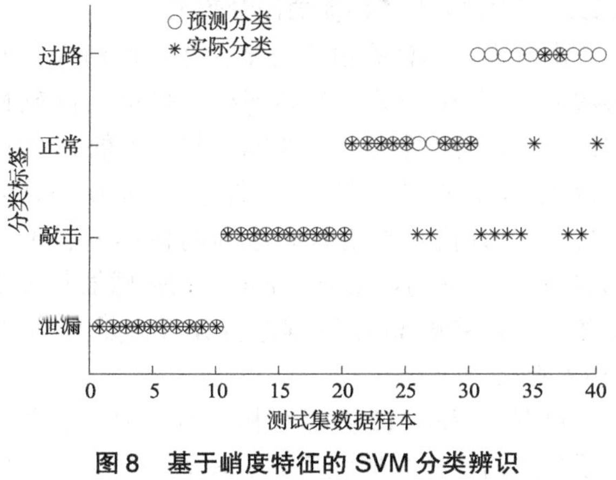

图 8　基于峭度特征的 SVM 分类辨识

从图8中辨识结果可得，峭度值特征作为特征向量可以有效辨识出包含少量瞬间冲击成分的泄漏工况信号。通过以峭度特征为SVM输入的分类辨识方法，四种工况信号总体辨识率为75%。利用网格化搜索法来寻找核函数参数“RBF_Sigma”、惩罚参数“c”的最优值，其参数寻优搜索结果如图9所示。

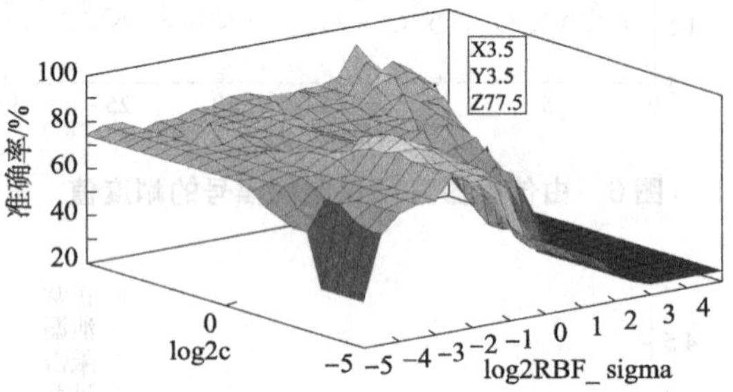

图9 基于峭度特征的网格化搜索参数优化结果

从图9中数据可得，当RBF_Sigma取值为5.66，c取值为32时，可得到分类辨识结果如图10所示。

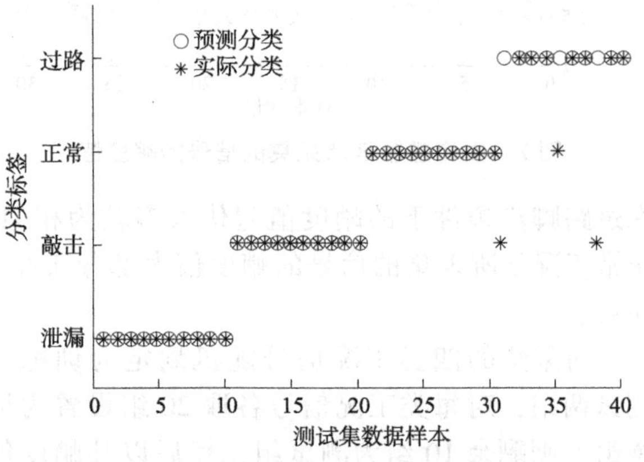

图10 基于峭度特征的优化SVM参数的分类辨识

对比图8和图10的分类辨识结果可以发现，利用网格化搜索参数寻优的方法可使信号辨识率有效提高。四种工况信号的总体辨识率为92.5%。

2.2.3 基于样本熵特征的能量辨识

由样本熵的计算过程可知，样本熵值大小与参数m、r紧密相关。为确保样本熵值的准确性需设定合适的参数值，由文献资料，参数m的值通常设为1或2，参数r通常设为0.1SD～0.25SD，SD代表原始时间序列的标准差，本文选取m为2，r为0.2SD。下面对两传感器每种工况条件下各采集30组数据进行分析，如图11与图12所示。

对图11和图12数据分析可得，两传感器对应采集的信号样本熵幅值具有较大差异，但总体变化趋势较为一致。由于泄漏工况信号无明显规律，则该工况信号的总体样本熵值较高；而敲击工况信号由于存在一定规律，因此其样本熵值总体偏低；正常工况信号由于管内背景声有一定的规律扰动，使其样本熵值分布较为集中；而过路脚步信号由于其随机性较强，相对难以区分。

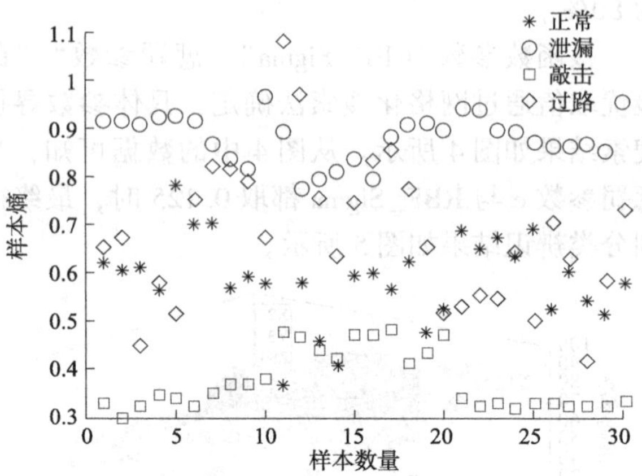

图11 由传感器A所采集的信号的样本熵值

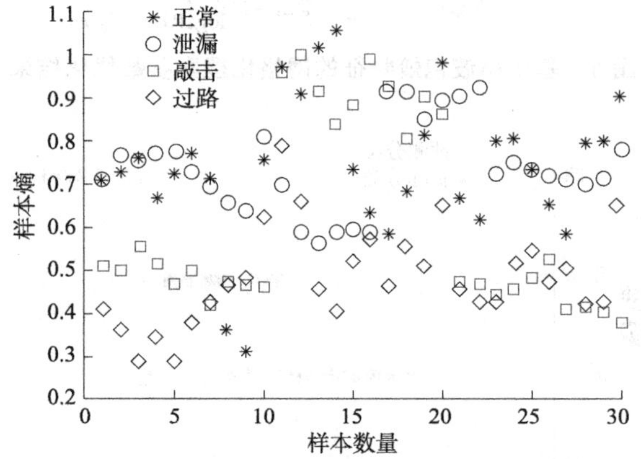

图12 由传感器B所采集的信号的样本熵值

同理，对采集的四类工况信号随机划定为训练与测试两组，对每类工况信号各取20组设置为训练组，则剩余10组为测试组，然后以其样本熵值作为特征向量输入进行分类辨识。核函数设为RBF核函数，且将惩罚参数“c”、核函数参数“RBF_Sigma”都设为默认值1，得到分类辨识结果如图13所示。

从图13中结果显然发现，样本熵特征作为SVM的输入可以有效辨识出大部分正常工况条件下的信号，而部分过路脚步条件下的信号被错误辨识为其他三种工况条件下的信号。通过以样本熵特征为SVM输入的分类辨识方法，四种工况信号的整体辨识率为92.5%。

通过网格化搜索来确定核函数参数“RBF_Sigma”、惩罚参数“c”的最优值，其参数寻优搜索结果如图14所示。

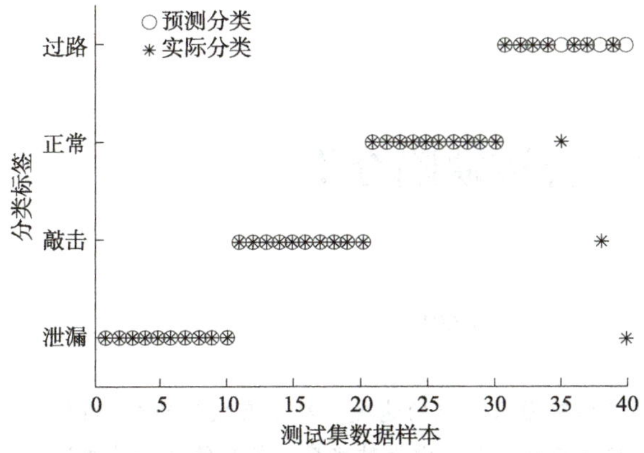

图13 基于样本熵特征的SVM分类辨识

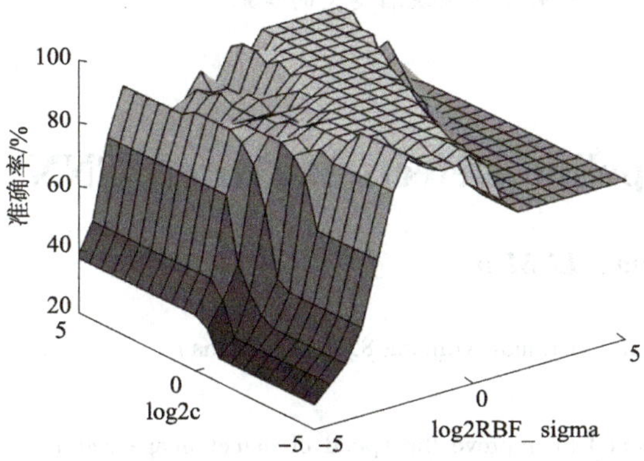

图14 基于样本熵特征的网格化搜索参数优化结果

从图14中的数据可知，当惩罚参数c与RBF_Sigma都取1时，最终得到分类辨识结果会与参数取默认值时一样。因此此时默认值作为参数取值得到的结果就是最优结果。

3 结论

管道在运行的过程中会遭受不同工况的影响而导致信号成分复杂，造成不同工况下泄漏辨识率低，针对支持向量机对小样本量具有优异的表现，通过对信号的时域、频域相关特征进行对比分析，提出一种基于参数自优化SVM的供水管道泄漏多特征融合检测方法，并得出以下结论：

(1)不同特征指标对不同工况的敏感度不同，对多个特征进行多源信息融合后可获得包含丰富信息的多维特征向量。

(2)对SVM核函数参数通过网格化的方法进行参数寻优，可以提高SVM的分类辨识性能。

(3)本文提出的多特征融合泄漏辨识方法与单个特征辨识方法相比，能够有效提高复杂工况下管道泄漏辨识率。

参考文献

[1]肖启阳，李健，孙洁娣，曾周末. 基于EWT及模糊相关分类器的管道微小泄漏检测[J]. 振动与冲击，2018，37(14)：122-129.

[2]FUCHS H V，RIEHLE R. Ten years of experience with leak detection by acoustic signal analysis[J]. Applied Acoustics，1991，33(1)：1-19.

[3]LI S Y，WEN Y，LI P，et al. Determination of acoustic speed for improving leak detection and location in gas pipelines[J]. Review of Scientific Instruments，2014，85(2)：024901-11.

[4]YANG J，WEN Y，LI P，et al. Study on an improved acoustic leak detection method for water distribution systems[J]. Urban Water Journal，2013，10(2)：71-84.

[5]YANG J，WEN Y，LI P. The genetic-algorithm-enhanced blind system identification for water distribution pipeline leak detection[J]. Measurement Science and Technology，2007，18(7)：2178-2184.

[6]文玉梅，张雪园，文静，等. 依据声信号频率分布和复杂度的供水管道泄漏辨识[J]. 仪器仪表学报，2014，35(6)：1223-1229.

[7]陈剑，汤杰. 基于POVMD和频谱自相关分析的滚动轴承微弱故障特征提取[J]. 电子测量与仪器学报，2018，32(4)：13-20.

[8]王友仁，陈伟，孙灿飞，等. 基于能量聚集度经验小波变换的齿轮箱早期微弱故障诊断[J]. 中国机械工程，2017，28(12)：1484-1490.

[9]Ni L，Jiang J C，Pan Y，et al. Leak location of pipelines based on characteristic entropy[J]. Journal of Loss Prevention in the Process Industries，2014，30(3)：24-36.

[10]Gao J F，Chen K Y，Wu P，et al. Leakage detection of pipeline based on weighted-permutation entropy[C]//2017 29th Chinese Control and Decision Conference. 2017：2820-2823.

[11]Aziz W，Arif M. Multiscale Permutation Entropy of Physiological Time Series. [C]//International Multitopic Conference，2007：1-6.

基于 CNN 的聚乙烯燃气管道缺陷分类

符前坤　王　洋　李　萌

(新疆大学机械工程学院，新疆 乌鲁木齐　830017)

摘　要：本文首先对采集到的图像进行初步筛选，提升了缺陷图像获取的速度。对于有缺陷的 PE 输气管道图像，先使用加权平均法对图像进行灰度处理，再使用自适应直方图法增强对比度，最后使用均值滤波方法去除噪声。用 CNN 对获得的图像进行训练，通过选择合适的参数，完成了分类器的设计。实验结果表明，本文采用的方法平均准确率达到 94.82%，能够实现对地下 PE 输气管道缺陷类型的识别。

关键词：管道缺陷；图像处理；图像增强；CNN 网络

Classification of Polyethylene Gas Pipeline Defects Based on CNN

Fu Qiankun, *Wang Yang*, *Li Meng*

(School of Mechanical Engineering, Xinjiang University, Urumqi Xinjiang 830017, China)

Abstract: First, the collected images are preliminarily screened to improve the speed of defect image acquisition. For the defective PE gas transmission pipeline image, first use the weighted average method to process the image, then use the adaptive histogram method to enhance the contrast, and finally use the mean filter method to remove the noise. The obtained images are trained by CNN, and the classifier is designed by selecting appropriate parameters. The experimental results show that the average accuracy rate of the method adopted in this paper is 94.82%, which can identify the defect types of underground PE gas transmission pipeline

Key words: pipeline inspection; image processing; CNN network; image enhancement

1　引言

聚乙烯(PE)管广泛用于城市天然气系统。中国大中型城市的 PE 天然气管道的利用率已达到 90%以上[1]，管道的内部检查可以保证基础设施的正常运作，并防止事故的发生。传统上图像的自动分类是使用提取的图像特征完成的，用这些提取的特征来表示原始像素值中不清晰的信息。最近几年，这种方法被卷积神经网络(CNN)所取代[2]。CNN 通常使用图像预处理技术来提高图像质量或提取缺陷区域，以便为管道缺陷的后续识别和分类做好准备[3]。常见的图像处理技术主要涉及图像去噪[4]、图像增强[5]、图像分割[6]等。Xin Li 团队提出了一种高效的 3 - D 守护算法。可以用尽可能少的点覆盖一个给定的复杂环境，不仅有利于和视觉机器人的结合，还能够提升视觉机器人识别的准确性[7]。Claudio Piciarelli 团队提出了一种基于视觉的软件方法，通过图像展开模块，图像镶嵌模块，缺陷辨识模块更加直观地显示所获取的数据帮助人工操作[8]。Chen K 团队提出了一种基于卷积神经网络的检测方法。管道检测分为视频帧异常检测和异常帧缺陷检测。利用改进的光流算法监测摄像机的运动变化，对视频进行智能分析[9]。

随着 CNN 技术的发展，目前已经提出了几种基于原始 CNN 结构的框架来提高目标检测和分类的性能，如 R - CNN(region - based CNN)，Fast R - CNN，SPP - net，SSD (Single Shot Detector)，YOLO 系列，Faster R - CNN，Mask R - CNN 等。

作者简介：符前坤(1993—　)，硕士，主要科研方向是无损检测，图像处理。现就读于新疆大学机械工程学院。E - mail:361765985@ qq. com

本文提出了一种基于卷积神经网络(CNN)的下水道缺陷分类框架，用于检测3种类型的缺陷，包括裂缝、断裂，孔洞，该框架可以自动提取缺陷的抽象特征对三种缺陷进行精确分类，通过混淆矩阵来判断模型框架的准确率。本文框架如图1所示。

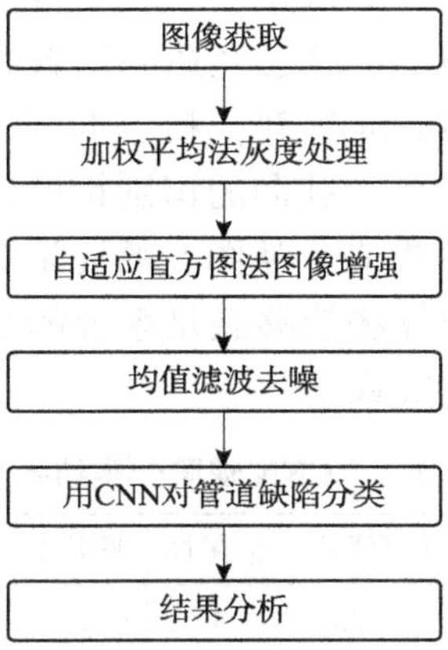

图1 论文整体框架

2 图像预处理

管道图像的预处理不仅可以消除噪声，还可以增强管道背景与缺陷之间的对比度，从而更有效地识别和分类缺陷[10]。本文中的图像预处理过程如图2所示。

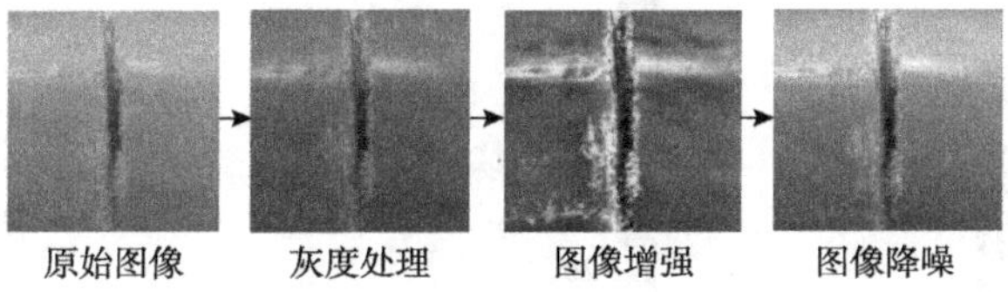

图2 图像预处理过程

2.1 缺陷图像的获取

缺陷在整个PE管道系统中是比例是很低的。因此为了提高检测效率，我们要先筛选出缺陷图片。经过对采集的PE输气管道图像进行对比分析后发现，没有缺陷的待检测图像与两个相邻图像之间的亮度分布是均匀性。如果相邻图像中的亮度有明显变化，则很可能存在缺陷。

2.2 缺陷图像灰度处理

在RGB模型中灰度是当R=G=B时，彩色表示一种灰度颜色，其中R=G=B的值叫灰度值，因此，灰度图像每个像素只需一个字节存放灰度值，灰度值的范围为0~255。灰度化相较于彩色图像所占用的内存更小，计算机运算速度更快，对图像进行灰度处理后，可以在视觉上增加对比，突出我们的目标区域[11]。本文选择加权平均法对图像进行灰度化。

2.3 管道缺陷的图像增强

图像增强是指通过某种图像处理方法对退化的某些图像特征，如边缘、轮廓、对比度等进行处理，以改善图像的视觉效果，提高图像的清晰度，或是突出图像中的某些“有用”，压缩其他“无用”信息，将图像转换为更适合人或计算机分析处理的形式[12]。本文使用自适应直方图均衡化对图像进行增强。

2.4 管道缺陷的图像滤波与去噪

在图像传输过程中，由于环境的干扰或者设备的限制，往往最终接收得到的图片带有很多噪声，图像变得很模糊等情况出现。因此我们需要各种图像处理的方法来解决此问题，提高图像质量，一些传统图像处理的方法如：图像去噪、滤波可大致分为两类：空间域包括(双边滤波、高斯滤波、均值滤波、中值滤波等)与频率域(FFT去噪、小波去噪等)它们各自有其优缺点[13]。本文使用均值滤波对缺陷图像进行降噪。

3 基于CNN的图像缺陷分类

卷积神经网络(CNN)由于其强大的特征提取能力，近年来被广泛用于计算机视觉领域，由于深度学习和卷积网络的发展和进步，基于图像的目标检测和分类能力已经大大提高[14]。本文使用了原始的CNN网络对图像进行分类。

3.1 分类模型

原始CNN网络总共有6层，4个卷积层和2个全连接层，第一次经过32个卷积核的两次卷积后，采用一次Maxpooling，第二次经过两次64个卷积核卷积后，再采用Maxpooling，最后经过2次全连接。CNN框架如图3所示。

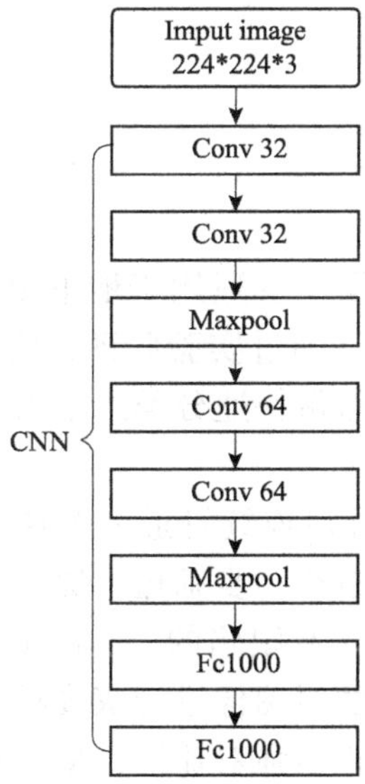

图3 CNN框架

3.2　分类结果

本项目是使用 TensorFlow API 开发的。训练、验证、测试使用的显卡是 NVIDIA 2080TI，运行内存为 32GB DDR4。每次训练跑 100 个 Epoch(如图 4 所示)，每个 Epoch 大概需要 40s 左右。本文使用混淆矩阵中的精准度(Precision)和召回率(Recall)来评估分类模型的分类效果。其定义在公式(1)和公式(2)中给出。

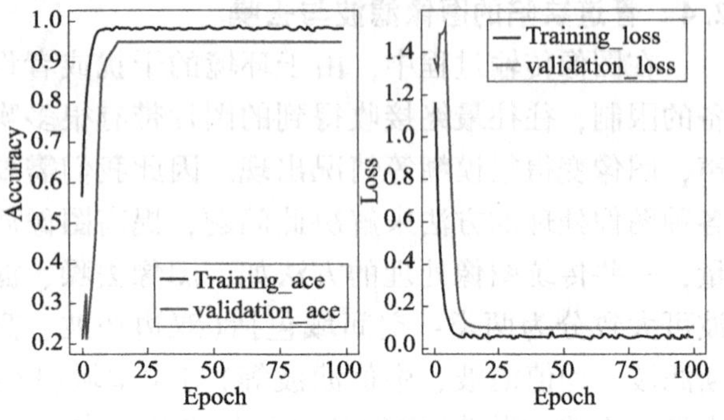

图 4　CNN 损失函数和准确率

$$\text{Precision} = \frac{TP}{(TP+FP)} \quad (1)$$

$$\text{Recall} = \frac{TP}{(TP+FN)} \quad (2)$$

式中　TP——真阳性；

FP——假阳性；

FN——假阴性。

按照不同缺陷数量的不同，随机抽取对应比例的数据再作为测试集，从表 1 可以看出，本文所用算法的识别精度已经达到了较高的水平，对于管体的裂纹和断裂，精准度平均可以达到 95.8% 和 89.7%。孔洞的识别精度较高，平均可以达到 98.1% 左右。从图 5 的混淆矩阵来看，本文提出的分类算法能够满足系统的精度要求，可以应用于工程实践。

表 1　CNN 缺陷分类结果

缺陷类型	图片数量	真阳性	假阳性	假阴性	精准度	召回率
裂纹	24	23	1	2	95.8%	92%
孔洞	56	52	1	4	98.1%	92.8%
断裂	36	35	4	0	89.7%	100%

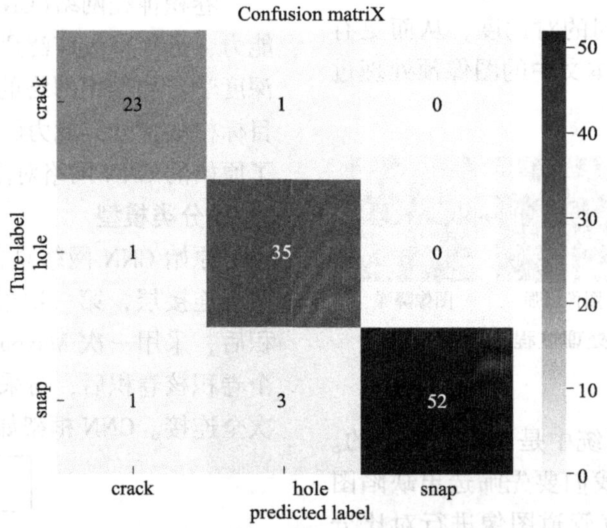

图 5　CNN 混淆矩阵

4　结论

本文提出了一套适用于地下 PE 输气管道缺陷分类的框架。通过实验验证，实现了 PE 管道内部缺陷的非接触快速分类。本次实验主要成果如下：

(1)首先针对连续管道内图像的相似性，对采集到的图像进行初步筛选，提升了缺陷图像获取的速度。对于有缺陷的 PE 输气管道图像，先使用加权平均法对图像进行灰度处理，再使用自适应直方图校正增强对比度，最后使用均值滤波方法去除噪声。结果表明，该预处理方法具有较好的滤波效果，可以在保留大量原始图像细节的同时加快计算机的处理速度。

(2)使用 CNN 对获得的缺陷图像进行训练，通过选择合适的参数，完成了分类器的设计，以对 PE 输气管道图像中的不同缺陷进行分类。通过实验获得的测试结果表明，本文采用的方法分类平均准确率为 94.82%，能够实现对地下 PE 输气管道缺陷类型的识别。

本文所使用的 CNN 网络卷积层数相对较少，未来会继续增加卷积层数，优化预处理过程，进一步提高模型的准确率。

参考文献

[1]Cong L A, Hql A, Yns A, et al. Detection algorithm of defects on polyethylene gas pipe using image recognition – ScienceDirect[J]. International Journal of Pressure Vessels and Piping, 2021.

[2]Zuo X, Dai B, Shan Y, et al. Classifying cracks at sub – class level in closed circuit television sewer inspection videos[J]. Automation in Construction, 2020, 118: 103289.

[3]Wang Y, Song X, Gong G, et al. A Multi – Scale Feature Extraction – Based Normalized Attention Neural Network for Image Denoising[J]. Electronics, 2021, 10(3): 319.

[4]Liu H, Hou L, Luo Z, et al. Image Recovery with Data Missing in the Presence of Salt – and – Pepper Noise[J]. Applied Sciences, 2019, 9(7): 1426.

[5]Liu H, Hou L, Luo Z, et al. Image Recovery with Data Missing in the Presence of Salt – and – Pepper Noise[J]. Applied Sciences, 2019, 9(7): 1426.

[6]Hosseinzadeh S, Jackson W, Zhang D, et al. A Novel Centralization Method for Pipe Image Stitching[J]. IEEE Sensors Journal, 2020, PP(99): 1 – 1.

[7]Lin, X, Iyengar, et al. On Optimizing Autonomous Pipeline Inspection[J]. IEEE Transactions on Robotics: A publication of the IEEE Robotics and Automation Society, 2012, 28(1): 223 – 233.

[8]Piciarelli C, Avola D, Pannone D, et al. A Vision – Based System for Internal Pipeline Inspection[J]. IEEE Transactions on Industrial Informatics, 2019, 15(6): 3289 – 3299.

[9]Chen K, Hu H, Chen C, et al. An Intelligent Sewer Defect Detection Method Based on Convolutional Neural Network[C] 2018 IEEE International Conference on Information and Automation (ICIA). IEEE, 2018.

[10]Zhang Y. The Design of Glass Crack Detection System Based on Image Preprocessing Technology[C] 2014 IEEE 7th Joint International Information Technology and Artificial Intelligence Conference. 0.

[11]Kana, Christopher. Color – to – Grayscale: Does the Method Matter in Image Recognition? [J]. Plos One, 2012.

[12]Zhang X, Wu H, Zhou Z. Partial Color Photo Processing Method for Components Based on Image Enhancement Technology[J]. Wireless Communications and Mobile Computing, 2021.

[13]Lei M, Liu L, Shi C, et al. A novel tunnel – lining crack recognition system based on digital image technology[J]. Tunnelling and underground space technology, 2021, 108: 103724.

[14]Wu C, Li Y, Zhao Z, et al. Research on image classification method of features ofcombinatorial convolution [J]. Journal of Ambient Intelligence and Humanized Computing, 2020, 11(7): 2913 – 2923.

基于电磁超声技术的管道壁厚检测研究

李继承　戚政武　苏宇航　杨宁祥

(广东省特种设备检测研究院珠海检测院，广东 珠海　519000)

摘　要：将电磁超声技术应用于管道壁厚检测现场时，由于探头换能效率低而导致底面反射信号弱、测量结果精度低、数据稳定性差等问题的出现。本研究采用试验验证的方法对电磁超声探头中，检测线圈的缠绕圈数和永磁铁的磁场强度进行了优化，并在外径 100mm 和 300mm 的碳钢管道上进行了壁厚检测试验。结果表明：随着检测线圈圈数和磁场强度的增大，底面反射信号的波形更加清晰，幅度更高，整个声程范围内的噪声干扰明显降低。优化后的电磁超声检测系统能够满足管道壁厚检测的技术要求。

关键词：电磁超声；管道测厚；检测线圈；偏置磁场

Research on Thickness Testing of Pipeline Based on Electromagnetic Ultrasonic

Li Jicheng, *Qi Zhengwu*, *Su Yuhang*, *Yang Ningxiang*

(Guangdong Province Special Equipment Inspection and Research Institute Zhuhai Branch, Zhuhai 519000, China)

Abstract: When electromagnetic ultrasonic technology is applied to the pipeline thickness testing, problems such as weak energy of the reflection wave from bottom surface, low measurement accuracy, and poor data stability occur due to the low conversion efficiency of the probe. In this study, the method of experimental verification was used to optimize the winding number of the detection coil and the magnetic field strength of the permanent magnet in the electromagnetic ultrasonic probe. The wall thickness testing was carried out on carbon steel pipes with outer diameter of 100 – 300mm. The results show that with the increasing of coil number and magnetic field strength, the waveform of the reflected signal from the bottom surface is clear, the amplitude is higher, and the noise interference in the whole sound path range is obviously reduced. The optimized electromagnetic ultrasonic testing system can fulfill the technical requirements of pipeline thickness measuring.

Key words: electromagnetic ultrasonic; pipeline thickness testing; testing coil; bias magnetic field

1　引言

管道系统作为气体和液体介质的主要输送装置，在石油化工、煤化工、火力发电等领域获得了广泛应用。在长期服役过程中，随着环境腐蚀、内部介质流动冲蚀的持续作用，管道壁厚逐年减薄，最终导致管道发生介质泄漏，引发严重的经济损失。为保证管道系统的安全运行，多种无损检测技术在管道安装和日常维护过程中发挥了重要作用，如：超声检测技术、基于内窥镜的目视检测技术、涡流检测技术、射线检测技术等[1~3]。

作为一种新发展起来的超声无损检测技术，电磁超声可以在检测探头与被检测材料表面不接触的情况下，实现声波的发射和接收。电磁超声

作者简介：李继承(1981—　)，博士，高级工程师，主要从事特种设备先进无损检测技术研究。E – mail：lijicheng 1981@ 163. com

基金资助：珠海市社会发展领域科技计划项目“基于电磁超声的高温压力管道健康监测技术研究”(ZH22036201210014PWC)。

在检测过程中，探头和被检测材料之间不需要借助耦合剂作为声波传输介质。同时，通过改变探头内部检测线圈和磁场的配置方式，可以在被检测材料内部激发出多种类型的超声波信号，包括采用常规压电式超声波探头很难激发出的水平偏振横波(SH 波)[4]。基于上述优点，电磁超声技术在管道壁厚检测和壁厚腐蚀减薄的长期在线监测领域具有很好的应用前景。国内学者已经开始尝试将电磁超声技术应用于管道剩余壁厚的检测，开展电磁超声探头参数优化、壁厚检测精度提升、自动化检测机构研制等研究。北京航空航天大学的徐立军等[5]采用有限元仿真和试验验证相结合的方式对电磁超声换能器的线圈匝数和线圈宽度进行优化，并对外径 200mm，壁厚分别为 5mm 和 10mm 的铝管进行壁厚检测试验，测量误差小于 0.2%。清华大学的韦远根等[6]采用柔性探头机构和管道爬行机器人开发出模块化管道检测系统，检测探头能够自适应贴合管壁，在实现管道壁厚自动化检测的基础上减小检测探头的提离距离。利用该套自动化检测装置对公称直径分别为 400mm 和 600mm 的城市燃气管道进行壁厚检测，壁厚测量误差不超过 0.1mm。哈尔滨工业大学的孙峥等[7]研发出一种电磁超声管道壁厚内检测装置，利用三通道电磁超声换能器分时工作和壁厚检测结果平均处理的方法，有效提高了管道壁厚内检测的精度和数据稳定性，在 8～35mm 壁厚范围内，绝对误差不超过 ±0.05mm。

与传统压电式超声波检测技术相比，电磁超声检测技术的局限性表现为探头的能量转换效率较低，在应用于管道检测时，由于管道表面弯曲弧度的存在，降低了电磁超声探头的有效接触面积，导致探头的能量转换效率进一步降低。对电磁超声探头关键参数进行优化是目前该领域的研究热点。本研究首先对电磁超声探头检测线圈的缠绕圈数和磁铁的磁场强度进行试验优化，之后采用优化后的检测探头对外径 100mm 和 300mm 的碳钢管道进行壁厚检测，验证电磁超声技术在管道壁厚检测应用中的可行性。

2　试验系统设计

电磁超声检测系统由信号发射模块、功率放大模块、接收放大滤波模块、结果显示模块和检测探头组成，见图 1。本研究中使用武汉中科创新的 HSF1 型电磁超声测厚仪完成信号发射、信号接收放大和结果显示，见图 2。

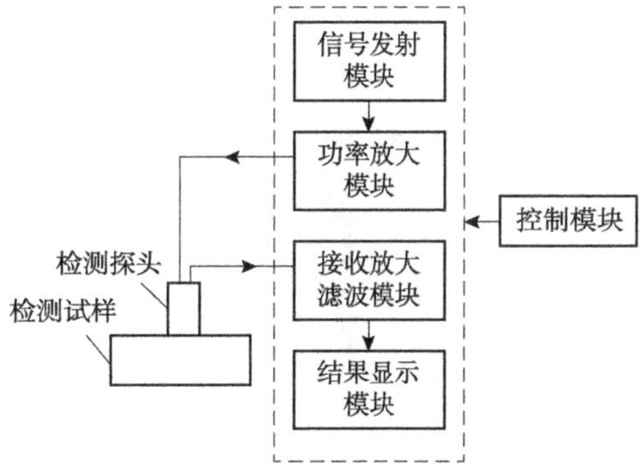

图 1　电磁超声检测系统框图

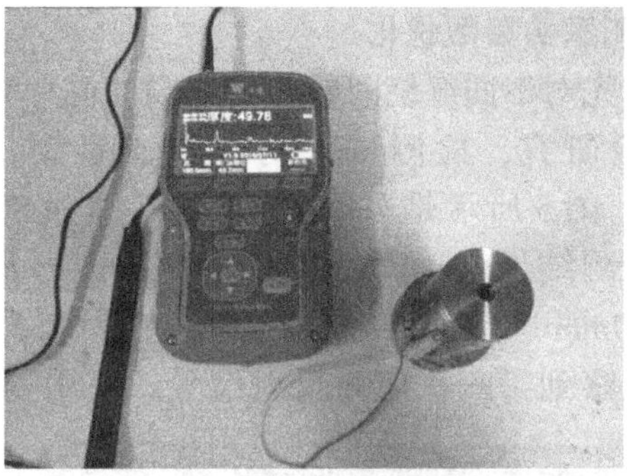

图 2　检测系统实物图

所用检测线圈为手工绕制的漆包线，发射线圈和接收线圈由同一组漆包线构成，改变漆包线的缠绕圈数，在相同的发射和接收条件下，以碳钢试块底面反射信号的幅度高低作为线圈检测能力的判断指标。图 3 所示为不同圈数的检测线圈，直径均为 0.2mm，从左到右的圈数分别为 20 圈、40 圈和 80 圈。

永磁铁使用钕铁硼材料制成，采用多个圆柱体小磁铁拼接的方式组成高度不同的大圆柱体。单个小圆柱体的直径为 40mm，高度为 10mm，分别采用 3 块和 5 块小圆柱体拼接，图 4 所示为 5 块小圆柱体拼接成的大圆柱体。使用特斯拉计对 3 块和 5 块小圆柱拼接成的永磁铁的磁感应强度进行测量，测得的磁感应强度分别为 460mT 和 520mT。

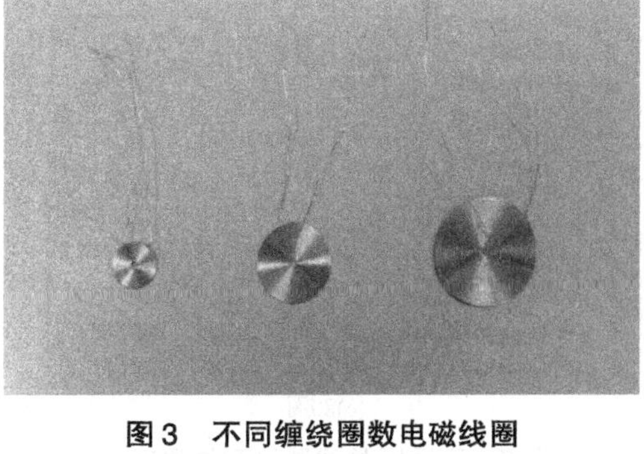

图 3　不同缠绕圈数电磁线圈

图 4　试验用永磁铁

3　检测探头参数优化

首先对不同缠绕圈数检测线圈的测厚效果进行试验研究，检测试块材质为碳素钢，厚度 30mm。图 5 所示是选用 20 圈、40 圈和 80 圈线圈的检测结果对比。观察发现，使用 20 圈线圈检测 30mm 厚碳钢试块时，在增益为 61.5 dB 时只能观察到第一次底面反射信号。使用 40 圈线圈检测 30mm 厚试块时，在增益为 54 dB 时可以明显观察到第一次和第二次底面反射信号。使用 80 圈线圈时，在增益为 48.7dB 时可以明显观察到第一次到第四次的底面反射波信号。上述结果表明，当增大检测线圈的缠绕圈数时，相当于增大了线圈的面积，发射和接收信号的能力更强，有利于实现更大厚度试块的检测。同时，当线圈圈数增大到 80 圈时，线圈的外径已经接近 30mm，与本研究中所用永磁铁的外径相当，继续增大缠绕圈数会使线圈直径超过永磁铁外径，因此本研究最终选择 80 圈缠绕圈数作为优化后的线圈参数。

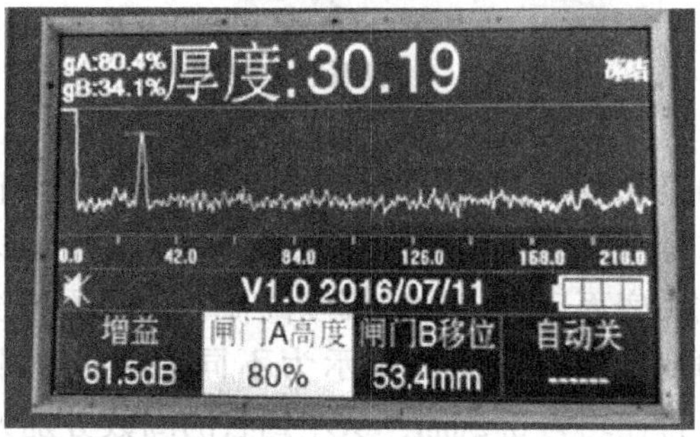

(a)20圈

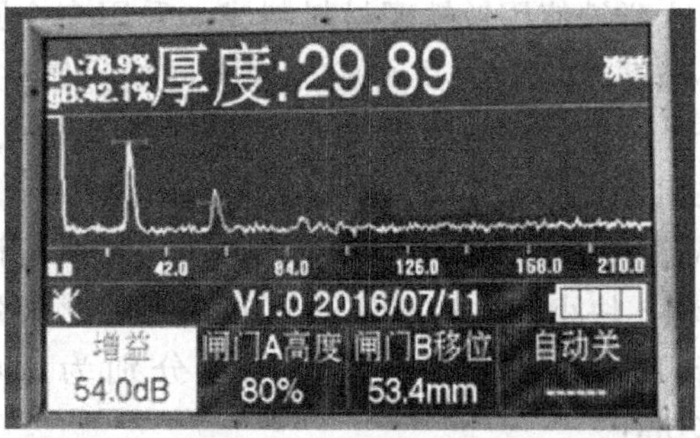

(b)40圈

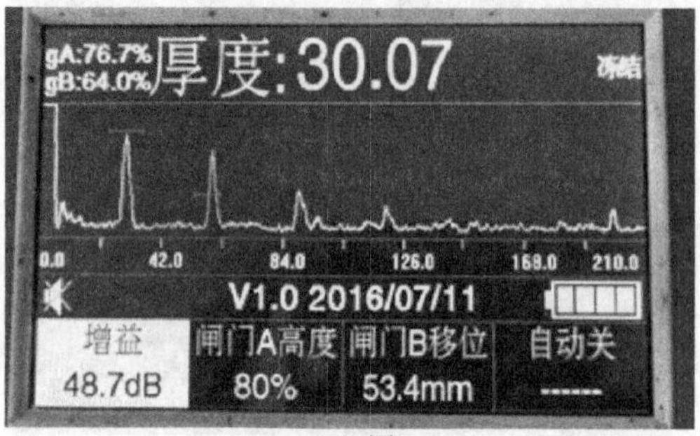

(c)80圈

图 5　不同圈数线圈检测结果对比

使用直径 0.2mm，缠绕圈数 80 圈的检测线圈进行磁场强度优化，对厚度范围在 25～80mm 的碳钢试块进行测厚试验。图 6 所示为使用 5 块小圆柱拼接永磁铁进行厚度测量的结果。观察发现，在增益设置为 50dB 的情况下，对于 25mm 厚碳钢试样，各次底面反射波的波形清晰，波幅较高，厚度测量结果准确。对于 50mm 和 80mm 厚碳钢试样的测量，在增益设置为 55dB 的情况下，试样底面 1 次和 2 次反射波的波形和幅度

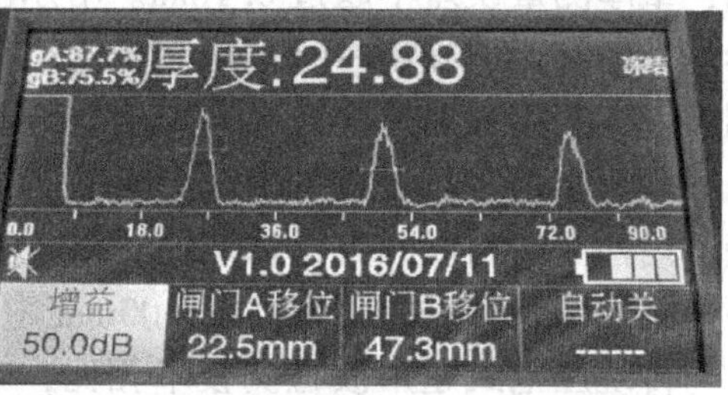

(a)

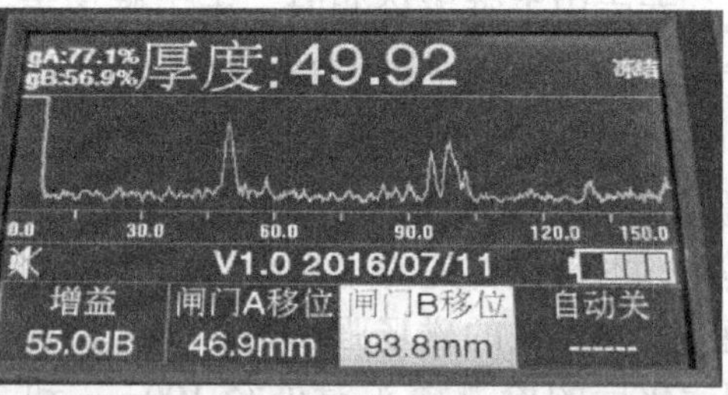

(b)

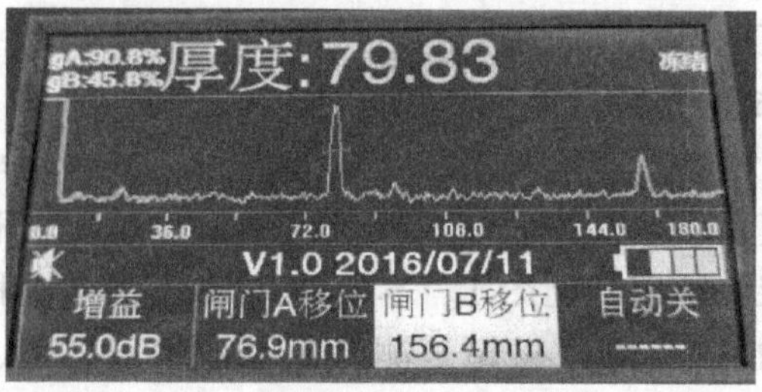

(c)

图 6　永磁铁 5 块拼接测厚结果

均满足厚度测量要求，测量结果准确。测量50mm厚试样时，在100mm位置处出现干扰杂波，该信号可能是由于永磁铁表面产生的涡流信号与永磁体内的静态偏置磁场作用产生的超声波。

图7所示为使用3块小圆柱拼接永磁铁进行厚度测量的结果。观察发现，在相同的增益条件下，3块圆柱拼接永磁铁各次底面反射波的幅度低于5块圆柱拼接永磁铁。表明更高的偏置磁场强度有利于提高探头的能量转换效率。为保证管道壁厚检测时有足够的能量克服表面曲率造成的声能损失，后续试验中选用5块圆柱拼接的永磁铁。

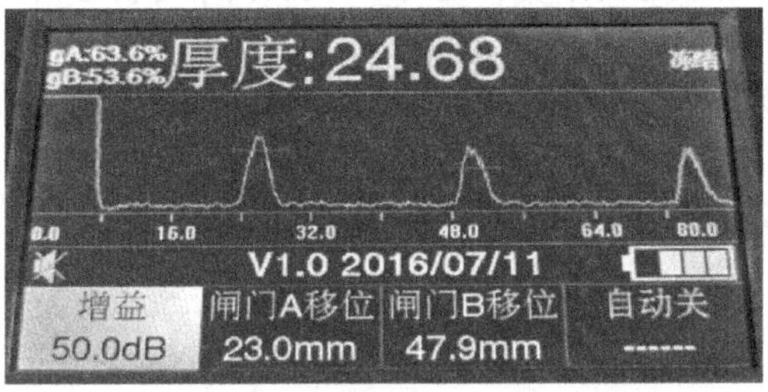

(a)

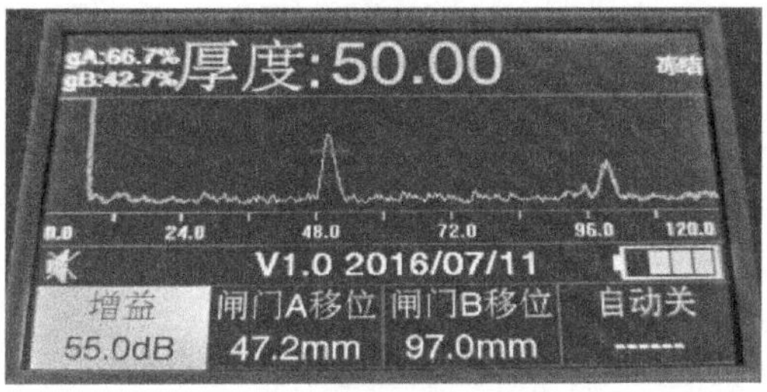

(b)

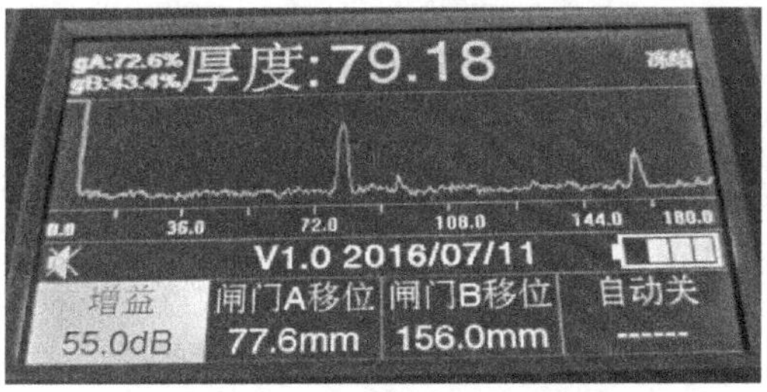

(c)

图7　永磁铁3块拼接测厚结果

4　钢管壁厚检测试验

使用优化过的检测线圈和永磁铁组成电磁超声探头，对外径100mm和300mm，壁厚10～50mm的碳钢管道进行壁厚检测试验，试验所用钢管见图8。图9所示为外径100mm、壁厚10mm钢管检测结果。观察发现，与检测平板试块相比，钢管试块底面反射波幅度较低，且杂波干扰更加严重。图9中1～4次底面反射信号清晰可见，厚度检测结果为9.93mm，与10mm的误差为0.7%。

图8　检测用钢管试件

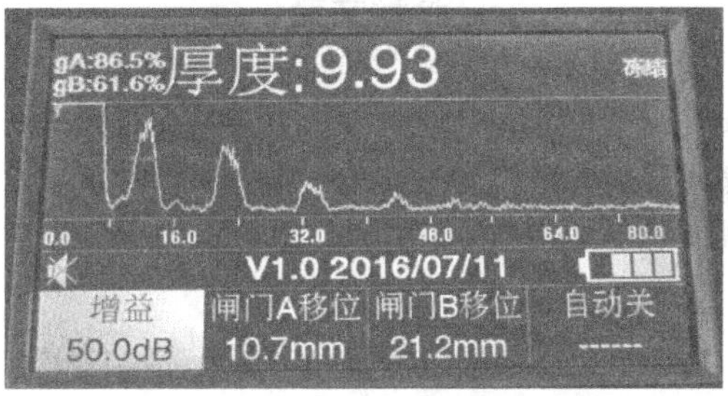

图9　外径100mm、壁厚10mm钢管检测结果

图10和图11所示分别为外径300mm、壁厚为22mm和50mm钢管的壁厚检测结果。观察发现，随着被检测钢管壁厚的增加，2次底面反射信号的幅度降低，且存在较明显的杂波干扰。对于22mm壁厚和50mm壁厚钢管，检测结果分别为21.96mm和49.88mm，测量误差为0.18%和0.24%。

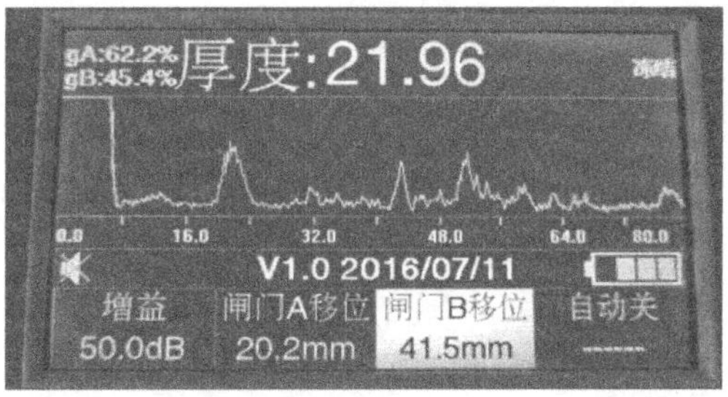

图10　外径300mm、壁厚22mm钢管检测结果

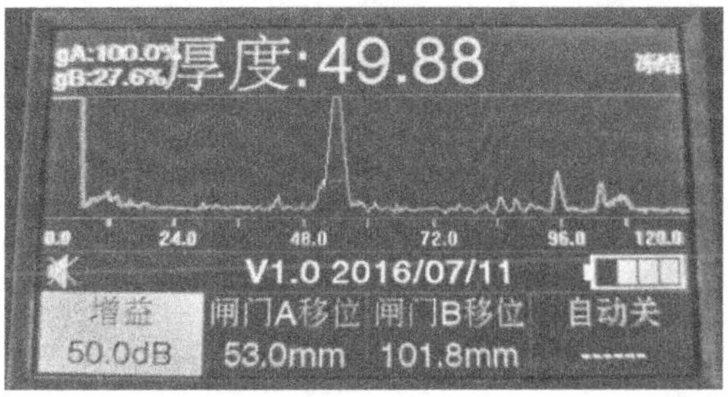

图11　外径300mm、壁厚50mm钢管检测结果

5　结论

通过优化电磁超声探头检测线圈缠绕圈数和偏置磁场强度，提升了探头能量转换效率和回波信号的信噪比。随着检测线圈圈数和磁场强度的增大，底面反射信号的波形更加清晰，幅度更高，更加有利于大厚度范围的检测。对外径100mm和300mm的碳钢管道进行了壁厚检测，壁厚测量范围在10～50mm。结果表明，检测系统可以准确测量出管道的壁厚，测量误差小于1%。本研究为电磁超声检测技术在管道现场检测中的应用提供了借鉴，在不涂抹耦合剂条件下可以实现管道壁厚的精确测量。

参考文献

[1]黄文大，汪同和，孙岳．大口径厚壁奥氏体不锈钢管道焊接接头的3D全聚焦相控阵超声检测[J]．无损检测，2022，44(1)：38－41.

[2]胡洪宣，刘鑫，谢崇文，时杨，冷吉辉．电磁涡流检测技术在天然气管道检测中的应用[J]．材料保护，2022，55(2)：183－188.

[3]张宏亮，祁正，陈秀岩，邓明远．CR及DR射线检测技术在长输管道中的应用实效对比[J]．无损检测，2013，35(10)：35－37＋44.

[4]崔雅鑫，张应红，胡芷逸，等．基于SH0导波的电磁超声换能器设计与实验研究[J]．压电与声光，2021，43(04)：443－448.

[5]徐立军，刘福禄，丁一清，李正勇，谢跃东．基于电磁超声横波的管道剩余厚度检测[J/OL]．北京航空航天大学学报：1－10[2022－08－25]．DOI：10.13700/j.bh.1001－5965.2022.0301.

[6]韦远根，韩赞东，郭大勇．城市燃气管道壁厚电磁超声在线检测系统研究[J]．仪表技术与传感器，2021(11)：73－77＋120.

[7]孙峥，李永虔，杨金旭，翟国富．管道内检测电磁超声在线测厚装置[J]．中国测试，2017，43(02)：69－72.

基于FSM的管道腐蚀监测技术实验研究

祁永刚　段汝娇　杨绪运　付志强

（中国特种设备检测研究院，北京　100029）

摘　要：FSM作为一种新型的管道在线腐蚀监测方法，具有良好的应用前景。压力管道腐蚀缺陷中以局部小腐蚀坑最为常见，这也是FSM方法中研究的重点。本文基于FSM方法对压力管道常见的圆形和矩形小腐蚀坑展开实验研究，结果表明FSM方法对于小体积型缺陷敏感，实验中监测精度为0.5mm，并可准确反应缺陷增长过程，对管道安全运行具有重要意义。

关键词：压力管道；腐蚀监测；场指纹法

Experimental Research on Pipeline Corrosion Monitoring Technology based on FSM

Qi Yonggang, Duan Rujiao, Yang Xuyun, Fu Zhiqiang

(China Special Equipment Inspection And Research Institute, Beijing, 100029, China)

Abstract: FSM, as a new on – line corrosion monitoring method, has a good application prospect. Small corrosion pits are the most common in pressure pipelines, and they are also the focus of FSM research. Based on the FSM method, this paper carries out experimental research on the common circular and rectangular small corrosion pits of pressure pipes. The results show that the FSM method is sensitive to small volume defects, can monitor small corrosion pits with a minimum depth of 0.5mm, can accurately reflect the growth process of defects, and is of great significance to the safe operation of pipes.

Key words: Pressure piping; Corrosion monitoring; Field fingerprint method

1　引言

油气输送管道是国家能源输送的大动脉，其平稳高效运行关系到国家能源安全和公共安全[1]。压力管道随着服役时间的增加，因管道腐蚀造成的事故比较多，突破监检测关键技术和瓶颈问题是实现安全运行的重要基础。

常规的管道腐蚀检测方法有：超声波测厚，射线检测，涡流检测等，这些方法属于离线式检测，数据受人工干扰较大，不能实现在线连续监测[2]。目前石化行业较多使用的在线式监测方法有：电阻探针和腐蚀挂片，但是这些方法属于侵入式，需要在管道中开孔插入探针，对管道造成一定的破坏，而且这些方法更适用于均匀腐蚀监测，对于局部腐蚀等不可识别[3-4]。

FSM(field signature method)场指纹法是一种基于欧姆定律的管道腐蚀在线监测方法[5]。相对于传统的检测技术，FSM具有很多优点：可以实现管道的全周向长期监测，具有识别管道均匀腐蚀、坑蚀、焊缝腐蚀、冲蚀的能力，温度适应范围广（-40～500℃），不存在监测部件损耗的问题，使用寿命长[6]。

国外在FSM已经有商业应用产品，目前国内一些石化企业对其进行了引进，由于价格昂贵，国内使用单位较少。在中国一些高校，已经开展了FSM相关理论研究，在缺陷识别、深度计算方面取得了一些成果[7,8]。但是小腐蚀坑的研究一直是FSM的难点，相关文献较少，本文从实验角度出发，对常见的小腐蚀坑进行了实验分析，期

作者简介：祁永刚(1983—　)，工程师，现从事压力管道检测技术研究和应用工作。E-mail：qyg_2007@163.com

望对工程应用提供参考。

2　FSM基本理论

场指纹法基本原理是：在被测管道外壁布置电极矩阵，对管道监测区域通恒定的激励电流，当管道壁厚发生腐蚀时，电极处的对应的电阻会发生变化，从而影响整个电阻网络的电场分布，通过电极矩阵的电压采集分析，可获得管道的腐蚀状况。由于受激励电流变化、温度、噪声等因素影响，电极矩阵采集到的电压值容易发生较大变化，为了消除这种绝对值误差，在监测区附近增加一块参考板，取该参考板上的电极为参考电压。由于参考板不参与管道的腐蚀，可以认为参考电压相对于管道腐蚀是不发生变化的。示意图见图1。

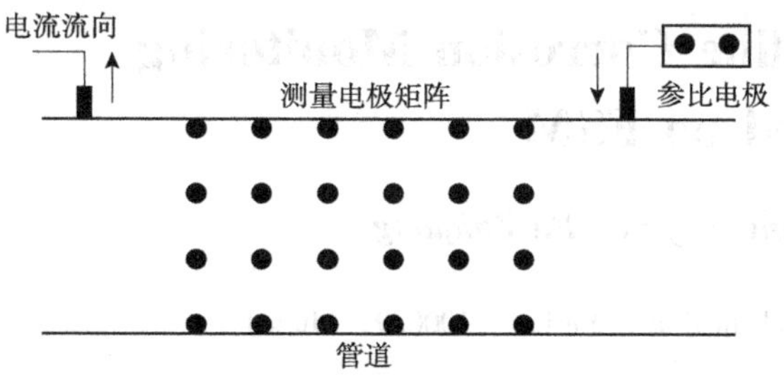

图1　FSM基本原理

任一对测量电极所代表的局部腐蚀程度可由场指纹系数(FC值)判断：

$$FC_i=\left[\frac{V_i(t_x)/V_i(t_0)}{V_{\mathrm{ref}}(t_x)/V_{\mathrm{ref}}(t_0)}-1\right]\times 1000 \qquad (1)$$

式中　$V_i(t_0)$、$V_i(t_x)$——电极对在 t_0 和 t_x 时刻的电压；

$V_{\mathrm{ref}}(t_0)$、$V_{\mathrm{ref}}(t_x)$——参比电极对在 t_0 和 t_x 时刻的电压。

由上述可知，初始测量时，FC 值为0；当 t_x 时刻测量时，如果管道存在腐蚀，则电极处的电阻、电压会增加，相应的 FC 值会发生变化。

3　实验部分

3.1　实验装置与材料

本次实验用FSM腐蚀监测设备由中国特种设备检测研究院自主研发，具备监测小腐蚀坑能力，通过部署的云服务器，可以实现将现场数据实时上传至云端，并可以开放接口，供检验单位、运营单位、监管单位等共享数据。本次实验所用FSM设备编号：CSEI22FSM003。

本次为模拟腐蚀实验，所用铣床型号：HL-850，精度可以达到0.1mm。现场采用平板模型代替管道，钢板材质为20#钢，钢板尺寸：600mm×400mm×6mm。电极阵列为：8×8，电极间距为30mm。实验装置如图2所示。

图2　FSM腐蚀监测实验装置

3.2　实验过程

在管道常见的腐蚀缺陷中，局部腐蚀较为常见，比如坑蚀、点蚀等小腐蚀坑。本次用10mm×5mm矩形和直径 ϕ15mm圆形模拟常见的腐蚀，用铣刀在钢板指定位置铣一个长方形孔或圆形孔，在操作之前采集两次数据并记录该位置对应通道的数据，每进刀一次，采集两次数据并记录。全部进刀完毕后，导出热力图及三维图。

为消除采样随机波动的影响，每次进刀后采集两次数据，看这两次数据相对于前次进刀采样的两次数据的总体趋势。可以用两次相同状态下的任意一次数据进行分析及作图，均有效。由于设备每天只能在23:00自动采样一次，因此通过手动调节设备的当前日期和时间来启动一次采样，故而每套采样数据对应一个自然日。下面的测试记录中会出现8月28日之后的日期，只为模拟采样的日期而已。

3.2.1　矩形孔实验过程

(1)在3~6通道位置铣10mm×5mm的长方形孔。在采样之初，铣床操作人员调试机床，预先在指定位置铣了一个0.5mm深的长方形孔。所以初始采样时，钢板上已经在3~6通道位置有了一个0.5mm深的方孔。

(2)每次采样间隔约5min，确保钢板冷却并与周边环境达到热平衡，以减小温度波动带来的钢板电阻率的变化。

(3)各日期对应的进刀深度见表1。

表1　进刀深度

日期	进刀深度/mm	说明
8.28—8.29	—	初始状态，已有0.5mm深度的矩形孔
8.30—8.31	1.0	在0.5mm深度上步进0.5mm

续表

日期	进刀深度/mm	说明
9.1—9.2	1.5	在 1mm 深度上步进 0.5mm
9.3—9.4	2.0	在 1.5mm 深度上步进 0.5mm
9.5—9.6	2.5	在 2.0mm 深度上步进 0.5mm
9.7—9.8	3.0	在 2.5mm 深度上步进 0.5mm
9.9—9.10	3.5	在 3.0mm 深度上步进 0.5mm

(4)矩形孔照片见图 3。

图 3　矩形孔照片

3.2.2　圆形孔实验过程

(1)在 6 ~ 6 通道位置铣直径为 ϕ15mm 的圆孔。

(2)每次采样间隔约 5min，确保钢板冷却并与周边环境达到热平衡，以减小温度波动带来的钢板电阻率的变化。

(3)各日期对应的进刀深度见表 2。

表 2　进刀深度

日期	进刀深度/mm	说明
9.11—9.12	1.0	在 9 月 10 日初始状态下进刀 1mm
9.13—9.14	1.5	在 1.0mm 深度上步进 0.5mm
9.15—9.16	2.0	在 1.5mm 深度上步进 0.5mm
9.17—9.18	3.0	在 2.0mm 深度上步进 1mm
9.19—9.20	4.0	在 3.0mm 深度上步进 1mm

(4)圆形孔照片见图 1。

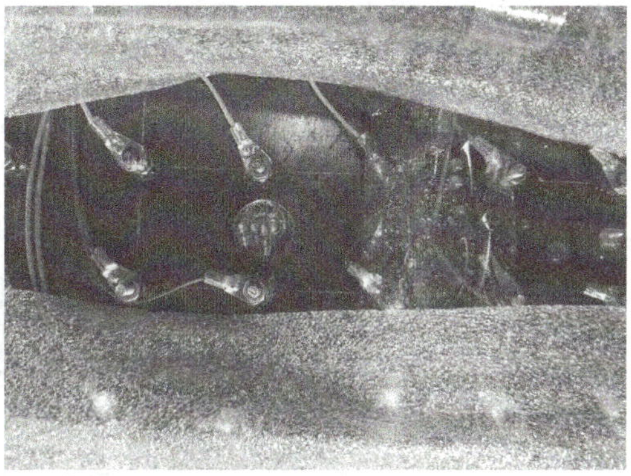

图 4　圆形孔照片

3.3　实验结果分析：

3.3.1　矩形孔实验分析

图 5 中上曲线所示数据是所测 3 ~ 6 通道电压经放大后的采样值(无量纲)，为了更好展示电压变化效果，本次用采样值表示，图 5 中下曲线为对应的 FC 值(无量纲)．

从图中可以看出，8.28—9.10 日期对应的 FC 值随着进刀深度增加而逐步增大，由于每次进

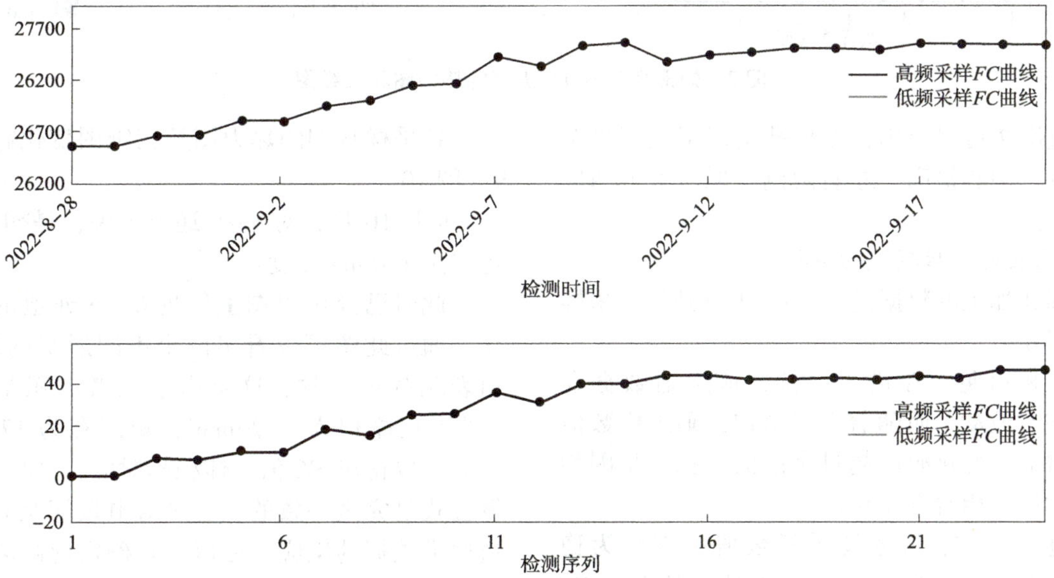

图 5　3 -6 通道电压采样值曲线和 FC 值曲线

刀测两次，所以数据呈现阶梯状；而 9.10 之后在 3 ~6 通道不再进刀，*FC* 值略有波动，基本呈现一条直线，这也验证了设备具有良好的稳定性。

值得注意的是：8 月 28 日、29 日是初始状态(此时钢板已有 0.5mm 深度的方孔，但由于 FSM 是一种相对测量技术，因此该初始孔状态不能在初始采样值中反映)，数值在 25535、26544 中波动，波动范围很小。在对矩形孔进刀 0.5mm 后，8 月 30 日和 31 日的数据则在 26637 和 26652 之间波动，显然相对于进刀之前，有了 100 左右的增加，所对应的 *FC* 值有了明显的增大，据此可以看出基于 FSM(场指纹法)原理的监测只对初始状态以后的变化有反应，完全符合“录指纹”的模型，可以得出设备监测精度为 0.5mm。

通过三维图演示，可以更为清晰地从全局角度看出这个矩形孔的加深带来的图像的演进。图 6、图 7 为各进刀时间的金属损失图，图中左侧为热力图，右侧为三维图。

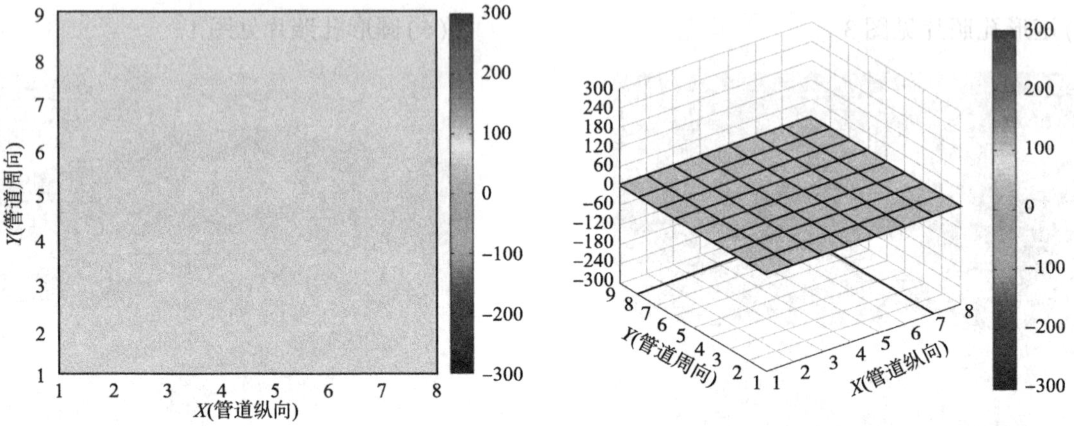

图 6　初始状态热力图和三维图

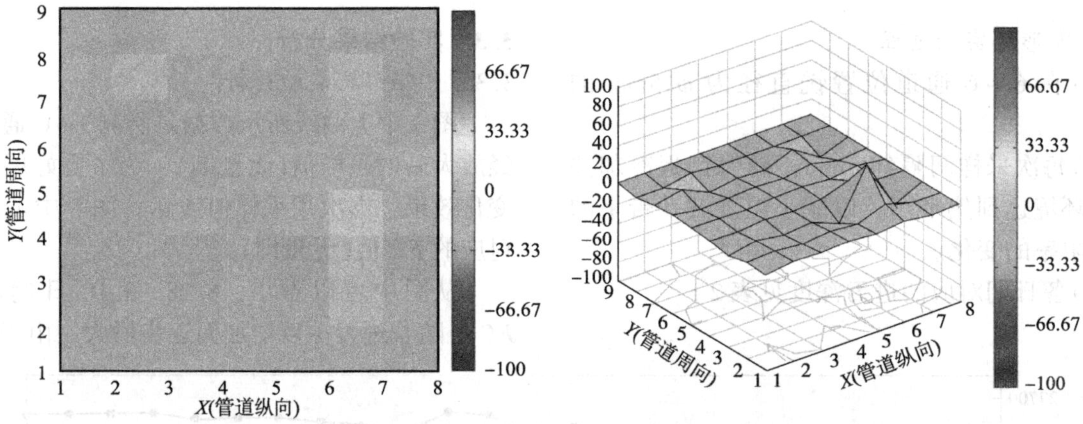

图 7　矩形孔 3.5mm 进深的热力图和三维图

通过图 7 可以得出，矩形孔呈现了墨西哥草帽的特点，中心最高，左右两侧降低，上下两侧略有升高。

3.3.2　圆孔进刀后测试的数据

对圆孔加工的数据是从 9 月 11 日开始，采样数据见图 8。

由图 8 可见，在进刀之前，该通道数据在 263XX 左右波动，而随着进刀增加，则采样数值也明显增加，变化幅度超过之前的方孔，是因为该圆孔的尺寸相对方孔较大。

在进刀之前，该通道采样数值一直较为稳定，而随着进刀的增加，采样曲线及对应的 *FC* 值开始上升。

各采样日期的热力图及三维图变化趋势见图 9、图 10。

9 月 10 日，对 6 ~6 通道来说，是初始状态：进刀至 1.0mm 深度：

此时已经可以图上体现 6 -6 通道的明显变化。通过此图可以看出两个不同形状的缺陷 *FC* 值表现基本一致，这是由于二者体积基本相同(圆形孔体积为：176mm^3，矩形孔为 175mm^3)，据此可以得出 *FC* 值与体积相对应，这与 *FC* 值计算公式是完全一致的。通过对电极间距和缺陷周边通道数据的反应，可以大致确定此缺陷的平面面积，从而进一步推算出深度。

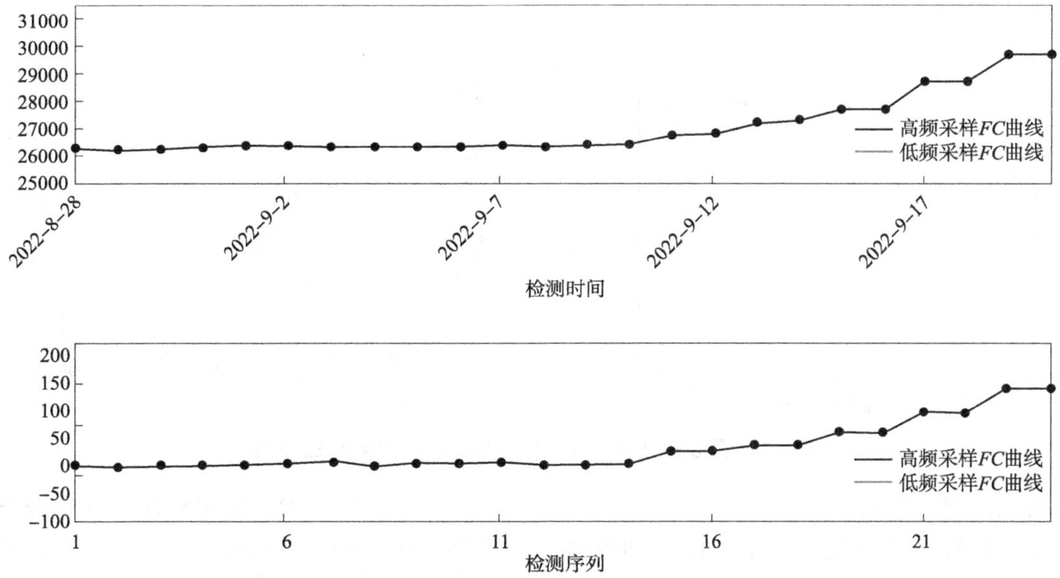

图8　6-6通道电压采样值曲线和FC值曲线

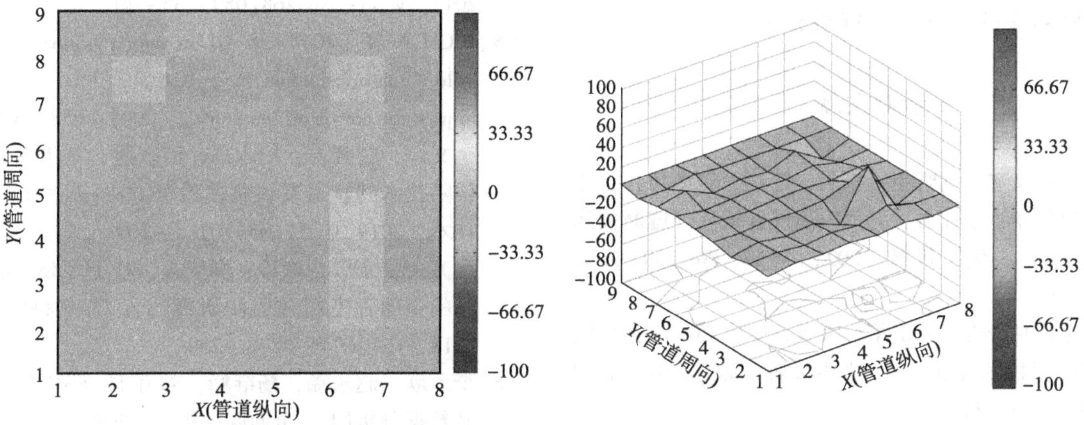

图9　圆形孔初始状态热力图和三维图

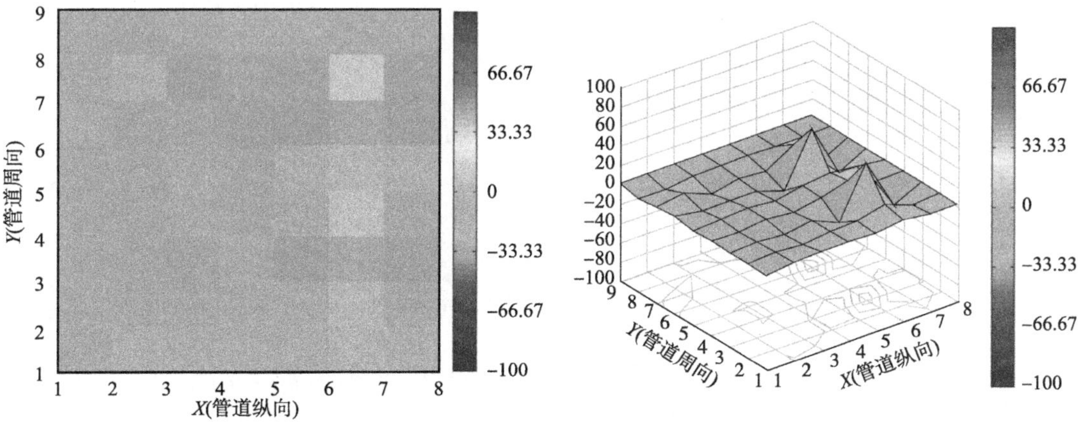

图10　圆形孔进刀至1.0mm深度的热力图和三维图

9月20日，进刀至4.0mm深度：

由演进图可看出，随着孔的加深，无论热力图还是二维图，都可以明显看出该位置颜色的加深以及高度的隆起，周边通道会发生相应的变化。

4　结论

通过对测试数据的分析可以得出结论，FSM设备可以对管道腐蚀过程进行良好的监测，并直观呈现在数据分析软件的图表上。FSM方法对于小体积型缺陷敏感，该设备监测精度为0.5mm，

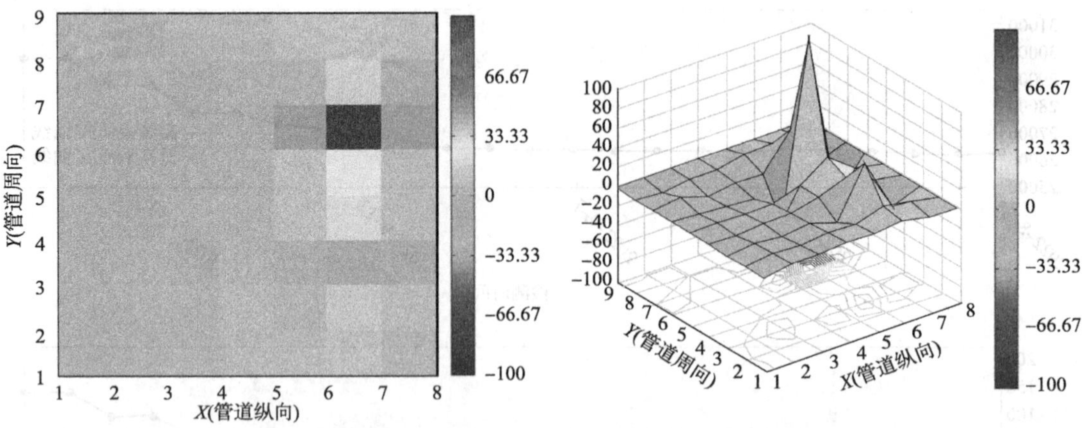

图 11　圆形孔进刀至 4.0mm 深度的热力图和三维图

可精确反应缺陷增长过程。

由于实际腐蚀形状复杂，对于深度的预测还存在一定的难度，但是可以通过周边缺陷特征进行估算平面面积，进一步推测出缺陷深度，也可以通过缺陷库的方法进行深度预测。

参考文献

[1]宋明，王汉奎，刘昕宇，李翼，徐彤，王海涛，吉建立，何仁洋，李仕力．高钢级油气管道环焊缝断裂问题研究[J]．化工机械，2022，v.49；No.290(02)：350 − 355.

[2]李宇庭，甘芳吉，万正军，宋康，廖俊必．场指纹法无损监测技术综述[J]．仪器仪表学报，2016，v.37(08)：1781 − 1791.

[3]黄辉，马红莲，李长春，段汝娇，王跃社．高含水原油集输管道内腐蚀预测及监测方法[J]．科学技术与工程，2022，v.22；No.595(18)：8050 − 8055.

[4]段汝娇，张勇，何仁洋，张中放，孙明，祁永刚，周卫军，钱昕磊，张瑶，李月霄．油气管道内腐蚀外监测系统软件设计与实现[J]．中国特种设备安全，2017，v.33；No.268(08)：35 − 40.

[5]BICH N N. (2008) 28 − Corrosion monitoring using the field signature method inspection tool(FSM − IT). Techniques for corrosion monitoring, 2008：658 − 670.

[6]李文洋，甘芳吉，周永杰，何晓明．基于多向交流电位降技术的管道裂纹腐蚀检测方法[J]．工程科学与技术，2019，v.51(05)：165 − 169.

[7]甘芳吉，余敏，徐涛，廖俊必．基于多频交流场指纹法的金属管道腐蚀监测研究[J]．工程科学与技术，2018，v.50(04)：246 − 250.

[8]李欣欣，赵永瑞，杨继峰，刘万虎．FSM 技术研究及其数据分析[J]．全面腐蚀控制，2013，v.27；No.157(04)：57 − 60.

无损检测技术在承压设备接头检测中的应用研究

吴庆伟[1] 胡世超[2] 张泽宇[2]

[1. 中国特种设备检测研究院，北京 100029；2. 中特检管道工程(北京)有限公司，北京 100013]

摘 要： 由于承压类设备输送物质的特殊性，接头部位非常容易出现松动。针对传统的接头检测方法受场地影响存在劳动强度大、检测效率低、结果可信度较低，非常容易引起泄漏或爆炸等问题，本文通过对传统的接头检测方法进行分析，并提出了一种基于无损检测技术的承压设备接头检测方案，对多种无损检测技术进行了介绍，对硬件模块进行了设计，经现场应用表明本文设计方案检测新技术检测效率高、效果好、系统误判率≤0.03%，取得良好的应用效果。

关键词： 承压设备；接头检测；NDT 技术；检测方法

Research on theApplication of Non Destructive Testing in Pressure Equipment Joint Detection

Wu Qingwei[1], *Hu Shichao*[2], *Zhang Zeyu*[2]

(1. China Special Equipment Inspection & Research Institute, Beijing 100013, China;
2. China special inspection Pipeline Engineering (Beijing) Co., Ltd, Beijing 100013, China)

Abstract: Due to the particularity of the material conveyed by the pressure – bearing equipment, the joint is very easy to be loose. In view of the problems that the traditional joint testing methods are affected by the site, such as high labor intensity, low testing efficiency, low credibility of the results, and easy to cause leakage or explosion, this paper analyzes the traditional joint testing methods. A joint testing scheme of pressure equipment based on non – destructive testing technology is proposed, a variety of non – destructive testing techniques are introduced, and the hardware module is designed. The field application shows that the design scheme detection new technology has high detection efficiency, good effect, system misjudgment rate ≤ 0.03%, and achieved good application results.

Key words: Pressure Equipment; Joint Testing; Non Destructive Testing; Test Method

1 前言

随着我国经济社会的不断发展，特种设备已经广泛应用在现实生活中，比如常见的电梯、起重机械和架空索道等，承压设备是特种设备中最重要的组成部分，承压类设备是指在某些生产领域，用于输送高温高压、低温低压或有毒有害有腐蚀性介质的特种设备，主要包括各种压力管道、压力容器和锅炉等[1]。承压设备一般所处的环境比较恶劣，加上承压类设备输送介质的特殊性，在管道接头部位是最薄弱的环境，容易发生松动和泄漏，一旦在接头部位发生问题将会引起重大安全事故，造成人员伤亡[2]。按照特种设备使用要求，在实际生产过程中需要对接头部位进行定期检测，保证特种设备接头的安全性和稳定性[3]。由于传统的接头检测手段比较落后，在实际检测过程中受到空间的限制，对某些重要接头检测比较困难，为此本文通过对承压设备接头检测要求和内容进行分析，提出了承压设备接头无损检测新技术方案，不受场地的限制，不损伤设备接头，不会影响设备的固有特性，最后对提出

作者简介： 吴庆伟(1986—)，工程师，硕士，从事压力管道安全完整性技术研究与工程应用。E – mail: 502510530@qq.com

的无损检测技术方案进行现场试验与应用，效果表明本套方案大大提高检测效率，检测结果可靠准确。

2 承压设备接头检测内容与要求

承压设备之间的连接主要是采用焊接的方式，有部分的管路接头采用法兰盘进行连接，对于压力管道而言，连接位置是整个输送系统最薄弱的环境，尤其是承压设备一般处于高温高压等恶劣环境中，焊缝及热影响区受材料、环境、腐蚀性介质等因素影响，容易出现材质劣化、材质开裂、腐蚀减薄等损伤模式，容易造成内部液体的泄漏或管道接头部位的强度降低，需要对承压设备接头部位进行定期检测[4]。承压设备接头检测内容如表1所示。

表1 检测内容与要求

检测项目	结构要求
焊缝结构	焊缝平整、表面没有尖角
接头空隙	不允许出现任何细小的缝隙
管道连接位置的锈蚀情况	保证连接位置的可靠性和稳定性
焊缝表面腐蚀情况	尽可能不要出现腐蚀
接头中间连接情况	各个部分充分接触，连接紧密

3 承压设备接头检测技术研究

3.1 传统接头检测技术概述

承压设备接头大多是在户外进行焊接或法兰连接而成，也有部分特种设备是在室内进行连接，受到工作场地的限制。传统的承压设备接头检测大多是由工人来完成，定期派工人对特种设备接头位置进行检测，主要工具是小铁锤和探伤仪，使用小锤对管道接头位置进行敲击，通过发出的声音来判断管道的连接是否紧密，管道连接位置是否有中空。

通过使用肉眼观察焊缝表面和连接件，用手触摸焊缝的表面从而判断焊缝的质量是否满足要求，使用最简单的感官对承压设备连接处进行检测，受到操作空间的限制，特种设备恶劣工况的影响，对某些承压设备接头位置处，操作人员无法到达接头处进行检测，有些接头位置比较狭窄，视线受其他设备的干扰，这就导致在实际检测过程中耗时较长、工人劳动强度比较大、检测效率比较低、检测过程容易发生危险、检测受工人经验和技术因素影响较大，存在检测不到位、漏检等问题，这就给特种设备的安全可靠运行埋下了隐患，非常容易引起爆炸事故。

3.2 无损检测技术原理

采用传统的检测方法容易造成接头部位结构的损伤，尤其是通过敲击判断接头是否可靠，由于承压设备所处的环境比较差、内部输送的物质的温度比较高，使用手触摸或观察容易对检测人员造成伤害。本文提出的无损检测方案，无损检测也就是在不损伤材料表面，不改变材料的性能情况下进行检测，主要是借助被检测对象问题表现出的声、光、电和热等物理性质进行分析，从表现出的物理性质判断被测对象的表面形态、内部的结构和运行状态，对有可能存在故障的部位和结构进行检测[5]。无损检测技术经历了三个阶段的发展，第一阶段是无损探伤阶段，第二阶段是无损检测阶段，对某些结构存在的缺陷进行检测，第三阶段是无损评价阶段，主要是对设备表面缺陷位置进行综合评价，判断缺陷的尺寸大小、位置和材料属性等。目前国内在无损检测领域主要是采用单一特征进行检测，如图1所示为采用磁粉进行探伤原理图。

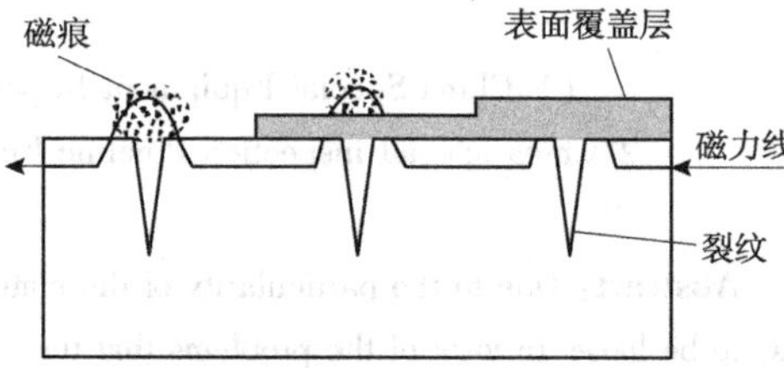

图1 磁粉表面无损检测技术原理

磁粉探伤主要是根据铁磁性材料的磁导率和缺陷处磁导率存在的不连续的变化的敏感性进行检测，由于磁力线的变化导致磁粉的集中，从而可以判断出缺陷所在的位置。采用磁粉进行探伤比超声波探伤和射线探伤的灵敏度高，结果更加可靠，主要是适用于对铁磁性材料表面进行检测，对位于较深的缺陷检测精度较低。而对于承压设备接头，有时需要对接头的内部缺陷进行检测，为此需要综合多种检测方法实现无损高精度检测。

4 承压设备无损检测总体技术方案

4.1 承压设备无损检测技术要求

承压设备是应用在某些特殊领域的重要设备，所处的环境往往比较复杂，设备的接头对于保证安全生产和操作人员的身体健康具有非常重要的作用，为此对承压设备无损检测方案提出以下要求：

(1)保证检测系统不会损伤接头表面，不会改变接头位置处的结构和材质，不会改变接头位置处结构的强度和刚度等性能；

(2)要求具有比较高的检测精度，由于承压设备接头位置内外缺陷存在差异，所以需要采用合适的无损检测技术提高检测精度。

(3)设备接头出结果的时间要求比较短。在实际进行承压设备接头进行检测时，需要根据检测目的、检测材料和要求出结果的时间，保证最终的检测结果符合规范要求。

(4)对承压设备接头位置检测结果直观显示，检测结果可以长期保存，检测效果要好。

基于以上的承压设备接头检测技术要求，采用多种无损检测手段融合，提出一种无损检测系统方案。

4.2 承压设备无损检测系统总体方案

由于承压设备接头部件连接缺陷位置、深度和厚度有不同，受检测范围和精度的要求，需要使用多种无损检测技术同时采集信号，保证检测结果的准确度，集超声波检测技术、涡流检测技术和声音检测技术为一体，具体可以采集声音音频信号、表面轮廓信号、电磁信号等多种信息进行融合。图2所示为承压设备无损检测技术系统方案。

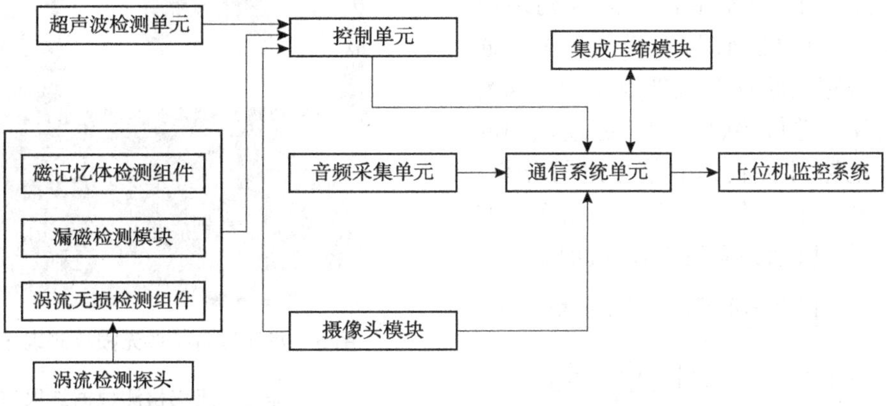

图2 无损检测总体技术方案

承压设备接头无损检测采用多种检测方式，采用超声波检测模块、涡流检测探头、漏磁检测、音频输入、摄像头数据等方式全方位采集接头位置处的物理信号，通过控制单元对采集到的物理信号转变为电信号，最后由通信系统将电信号发送到上位机监控系统可视化在线检测。一方面做到接头位置的无损检测，另一方面将多种信号全方位采集和分析，使得最终的检测结果可信度更高，结果更加准确。

4.3 功能模块系统组成

承压设备接头无损检测系统的硬件部分包括各个检测模块，包括超声波检测模块、涡流检测模块和音频采集和分析模块等。使用超声波对接头位置进行检测，可以发现接头位置缺陷的长度和深度，也即是对缺陷进行定量检测。超声波检测模块可以在1s内发射数个超声波，打到接头表面，随后接收超声波的回波信号，利用发射与回收声波的时间差和音频信号，可以测定表面缺陷位置到接收端的距离，如图3所示为超声波缺陷检测方法。

超声波缺陷大小的测定最终表现为曲线，当对接头表面进行检测时，会呈现出波高包络线，波高包络线可以直观反映出高频信号幅值的变化情况，根据波高包络线的高度和杂乱程度可以对

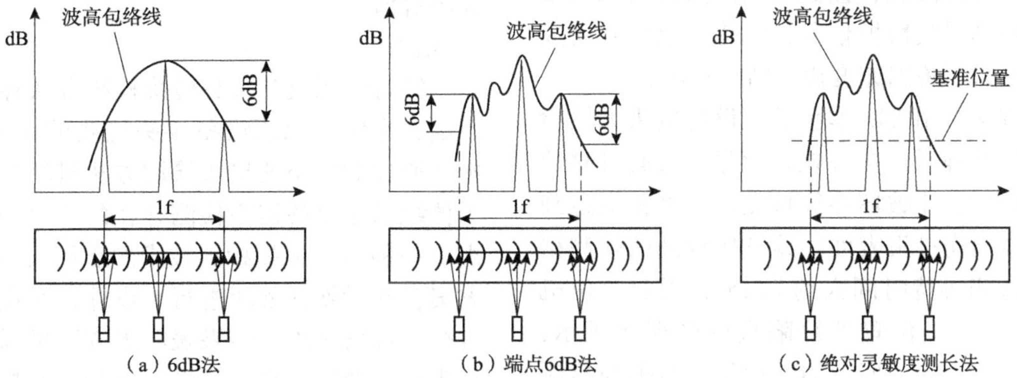

图3 超声波检测

接头表面的性能进行评估。超声波检测方法影响最终缺陷检测精度的因素是多方面的，包括仪器探头的性能、缺陷的位置和缺陷的物理性质等。

涡流检测是利用电磁感应原理，利用探头检测被检工件内部产生的涡流的变化发现缺陷的一种非接触式检测方法。涡流检测模块由多个组件组成，具体包括涡流检测探头，磁记忆体检测组件、漏磁检测模块和涡流无损检测组件几部分，其中涡流检测探头用于采集接头表面的涡流信号，利用涡流无损检测组件、漏磁检测模块等将检测到的信号进行综合分析判断。涡流无损检测主要由功率放大器、信号发生器、信号调理电路、数据采集卡和上位机 PC 端等模块组成，通过线圈通电由电磁感应原理在试件表面产生涡流信号，并且由接收端进行接收，随后通过锁相放大器、信号调理电路对接收到的信号进行分析，最后在上位机端显示无损检测结果，可以实现非接触式检测。如图 4 所示为涡流无损检测机理。

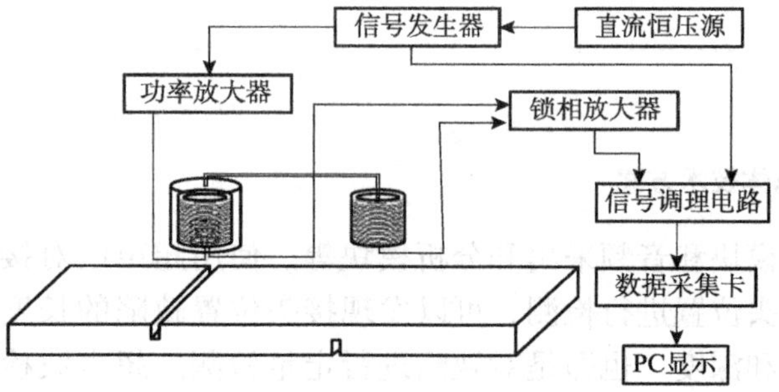

图 4　涡流无损检测原理图

5　现场应用效果

根据提出的承压设备接头无损检测系统方案将各个模块进行连接，使用超声波探伤原理对接头位置进行探伤，并结合涡流无损检测对接头表面进行检测。通过现场应用表明：采用多种检测技术结合可以对接头表面进行准确采集信号和分析，如图 5 所示为现场应用效果图。通过由工人手持检测装置靠近设备接头处，探头自动识别接头位置，自动采集数据信号，等待采集信号完成即可得出结果，检测速度快，结果稳定。

通过现场应用表明本套承压设备接头无损检测系统可以准确采集接头缺陷信号，具有可靠性高、安全稳定、非破坏性等特点，检测精度达到 0.01，不会损伤接头表面，具有比较高的检测精度，接头检测等待时间大约为 15s，通过上位机 PC 端可以对接头位置的缺陷直观可视化显示，人机交互性好。表 2 所示为无损检测数据与检测缺陷效果。

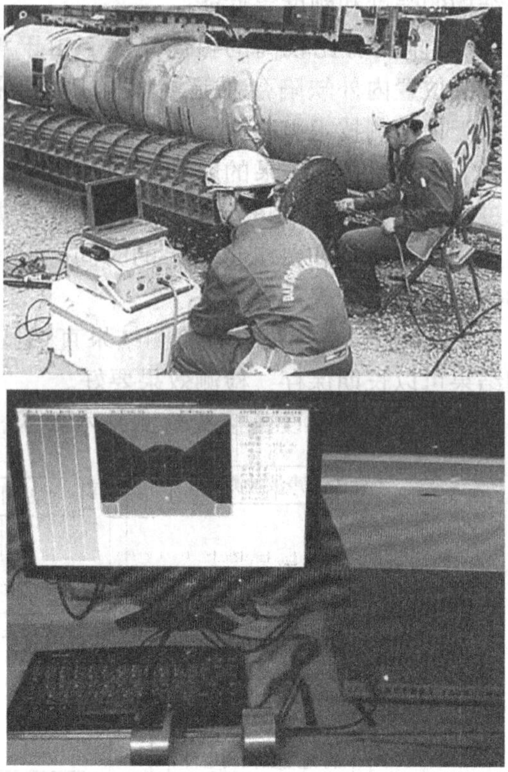

图 5　承压设备接头无损检测现场应用与效果

表 2　无损检测数据结果与缺陷

检测数据特征	特征分析
表面平整度波动较大	表面锈蚀
接头内部振动明显	接头内部空隙
接头焊缝位置振动异常	焊接不规范
内部振动特征明显	焊接位置腐蚀严重

通过以上对管道接头无损检测特征进行分析可以得出承压设备管道接头缺陷，便于及时对管道进行维修或更换，从而有效避免承压设备因缺陷引起的事故。三个月内共检测得承压设备接头缺陷 50 处并及时进行了维护，得出缺陷检出率≥99.70%，误判率＜0.30%，检测精度较高，检测成本大大降低，取得良好的应用效果和巨大的经济价值。

6　结语

针对承压设备接头传统检测方法存在的诸多不足，为保证承压设备接头检测的精度和效果，本文通过对传统的接头检测方法进行分析，指出了传统承压设备接头检测存在的不足与问题，提出了一种基于无损检测技术的承压设备接头检测方案，并对硬件模块进行了设计，对提出的方案进行了现场应用，结果表明本方法可以准确采集接头所有特征信号，不受场地和工人技术水平的限制，检测效率高、系统误判率≤0.03%，大大降低了劳动强度，降低了企业检测成本，取得良好的应用效果和经济效益，非常具有推广价值。

参考文献

[1]章燕谋．锅炉制造工艺学[M]．北京：机械工业出版社，1979.

[2]英若采．熔焊原理及金属材料焊接[M]．北京：机械工业出版社，2000.

[3]王守国．无损检测技术在承压类特种设备检验中的应用[J]．检验检疫学刊，2020.30(03)：119－120

[4]涂善东．高温结构完整性原理[M]．北京：科学出版社，2000.

[5]Yaghi A H，Hyde T H，Becker A A，*et al*，Residual stress simulation in welded sections of P91 pipes[J]. Journal of Materials Processing Technology，2005，167(2－3)：480－485.

阴极保护试片断电法检测过程试验验证

张文良　王大刚　李佳辉

(河南省锅炉压力容器安全检测研究院焦作分院，河南 焦作　454000)

摘　要：通过对埋地钢制管道应用过程分析，阴极保护在管道中处于非常重要的位置，判断阴极保护数据的是否真实有效则为重中之重。本文通过列举多种阴极保护检测方法进行分析比较，选择最经济、实用、有效的试片断电法进行数据采集、分析以证明该方法的有效性。

关键词：防腐层；阴极保护；试片断电法；极化原理；断电电位

Test and Verification of Cathodic Protection Test Piece Detection Process by Electricity Breaking Method

Zhang Wenliang, *Wang Dagang*, *Li Jiahui*

(Jiaozuo Branch of Henan Boiler and Pressure Vessel Safety Inspection Institute, Henan Jiazuo 454000, China)

Abstract: Through the analysis of the application process of buried steel pipelines, cathodic protection plays a very important role in the pipeline, and the most important thing is to judge whether the cathodic protection data is true and effective. This paper analyzes and compares several cathodic protection detection methods, and selects the most economical, practical and effective test piece power - off method for data collection and analysis to prove the effectiveness of this method.

Key words: anticorrosive coating; Cathodic protection; Test piece breaking method; Polarization principle; Off potential

1　引言

埋地钢制管道防腐蚀方法一般有防腐层防护和阴极保护两种，钢制天然气管道因其泄漏后风险等级高，往往采取防腐层+阴极保护双重保护。防腐层保护是否合格需要靠管道安装过程中的质量把控及管道运行中防腐层老化程度的监测。阴极保护是否合格完全靠管道运行时的保护电位是否符合标准要求来判断。两种保护方式相辅相成，缺一不可。通过现场管道检验经验可知很少有管道防腐层是完好无缺的，每条管道或多或少都会有防腐层破损点或者防腐层整体老化(石油煤沥青+玻璃丝布缠绕类型的防腐层)。这样阴极保护是否合格将成为燃气管道能够安全运行的最后保障。

2　阴极保护电位检测方法分类

管道检验现场测量阴极保护的方法一般为通电法、同步断路器断电法(含 CIPS 断电法)、极化探头法、试片断电法四种。通电法即将饱和硫酸铜参比电极通过万用表与管道相连接测电位，该法现阶段最为常用但因其不能有效去除 IR 降，往往仅作为管道是否存在阴极保护或者保护效果达到何种程度的定性参考。同步断路器断电法是通过同步断路器将管道与保护装置同步断开来测量管道断电电位，该法能够有效判断管道真实的极化电位但现场检验过程中能够满足检验条件的管道非常少，因为好多管道都是牺牲阳极直接与管道焊接相连或者强制电流保护与牺牲阳极保护在一条管道上同时使用，好多管道的排流装置也

作者简介：张文良(1982—　)工程师　压力管道检验，E-mail：kuanghai1314@163.com

采用牺牲阳极方式。CIPS断电法原理同同步断路器断电法但该法可以密间隔检测管道电位即管道任何位置的电位均可检测，但检测现场铜线经常会被扯断，不适合人口密集区域及土壤电阻率非常高的地区检验。极化探头法能够完美的解决IR降及杂散电流干扰等检测缺点但因其价格较高管道所属单位很少使用，现场操作、保管麻烦检验检测单位也很少使用，故市面很少遇到该检测装置。试片断电法因其设备价格低廉、使用保管方便、检测数据能够满足工程或标准要求，现今在管道所属单位及检验检测单位均在大量使用。

3 试片断电法及试验验证

试片断电法是在测试点前埋设一裸试片，其材质、埋设状态要和管道相同，试片与管道用电缆连接，这样就模拟了一个覆盖层的缺陷，由管道提供保护电流进行极化。测量时，只需断开试片和管道间的连接导线，就可测得试片断电电位从而避免了切断管道主保护电流及其它电连接的麻烦，杂散电流的影响极小可忽略不计，而且不存在断电后的极化差异和宏电池作用[1]。

通过在役管道的检验对试片断电法进行数据分析，该管道2007年投入使用，规格$\phi159 \times 6$，材质20钢，防腐层是有煤沥青+玻璃丝布缠绕，防腐层老化严重，阴极保护方式为强制电流+牺牲阳极，部分测试桩埋设有试片及长效饱和硫酸铜参比电极(以后统称参比电极)。

1、2、3号测试桩参比电极及试片均为安装阴极保护时安装在管道附近。检测之前1、2号测试桩试片均未进行极化，3号测试桩试片已进行极化。检测采用DL数据自动记录仪，采样间隔1s，循环周期1min断电时长1s，断电后100ms读取记录数据，通电后500ms读取记录数据，红色线条为通电电位，蓝色线条为断电电位，检测曲线如图1～图3。

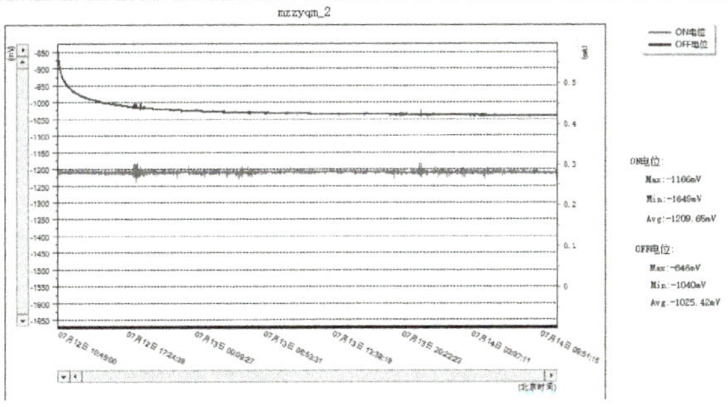

图1　1号测试桩试片极化48h检测数据(试片、参比电极埋于地下与管道同深)

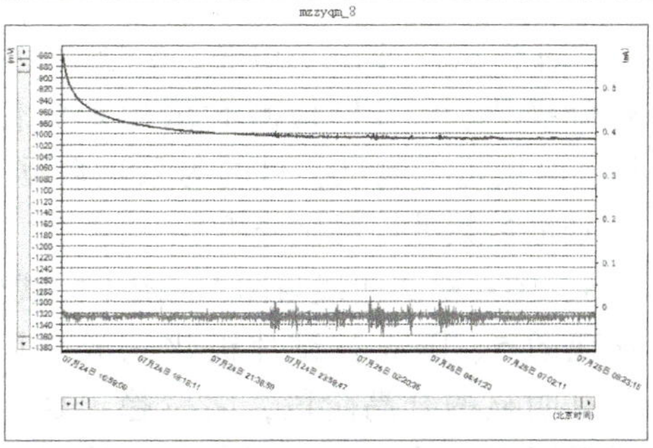

图2　2号测试桩试片极化17h检测数据(试片、参比电极埋于地下与管道同深)

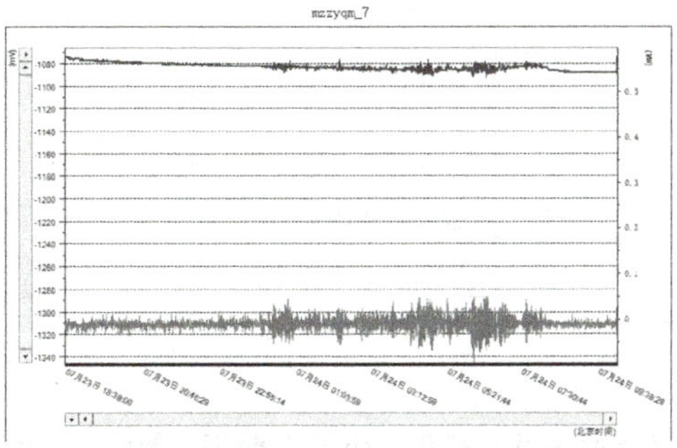

图3　3号测试桩试片极化12h检测数据(检测前试片已充分极化，试片、参比电极埋于地下与管道同深)

通过图1、2、3检测数据分析，测试桩1、2试片极化过程曲线平滑，试片极化时间都是6h左右，两组数据重复性较好且符合极化原理，证明设备仪器完好，数据采集正确。测试桩3试片检测前已充分极化，故试片极化过程不明显，符合极化原理，数据采集正确。

4号测试桩因未安装试片及参比电极，故现场采用地表开挖浅坑方式埋设试片及参比电极，埋深约10cm，试片与参比电极同坑，距离很近，测试前试片未进行极化。检测曲线如图4。

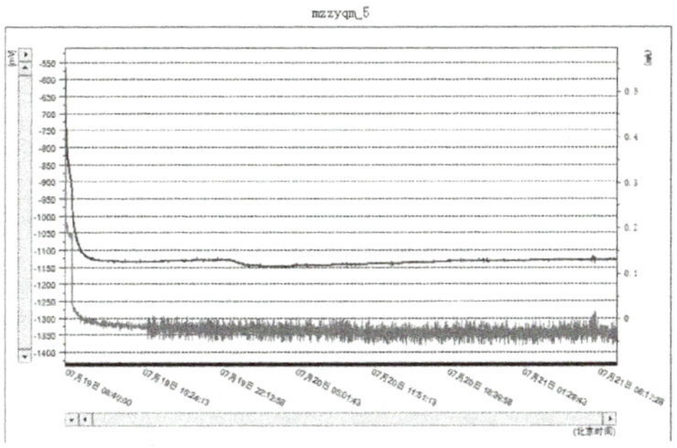

图4　4号测试桩试片极化48h检测数据(试片、参比电极均在地表)

通过图4进行数据分析，极化曲线与图1、2完全相同，因地表使用试片与地埋试片规格不同导致极化时间存在差异，地表试片2h左右已极化完成，符合极化原理，数据采集正确。

5、6 号测试桩有埋地参比电极，未安装埋地试片，故检测时将试片埋设与地表，5 号桩检测时试片已充分极化，6 号桩检测时试片未极化，利用埋地参比电极进行测试，目的为采集数据与1、2、3、4 号桩参数进行对比分析。

通过图 5、图 6 检测曲线与图 1 ~ 图 4 曲线比较分析，发现图 5、图 6 在试片极化完成之后，断电电位会有明显的升高阶段，之后趋于稳定，通电电位则无明显变化，这一现象暂不能理解，欢迎广大同仁进行分析解惑。

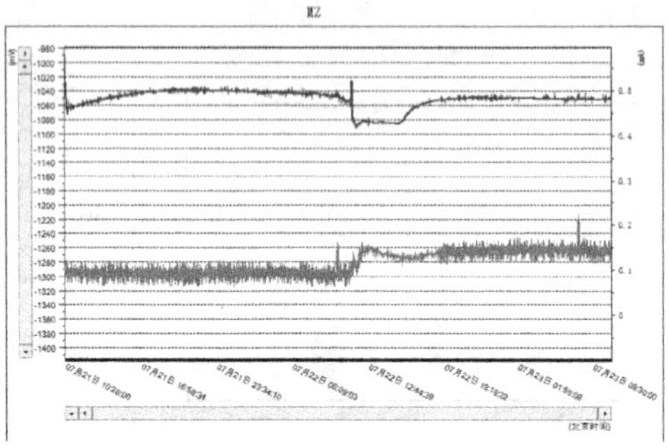

图 5　5 号测试桩试片极化 48h 检测数据(检测前试片已充分极化，试片在地表，参比电极埋于地下与管道同深)

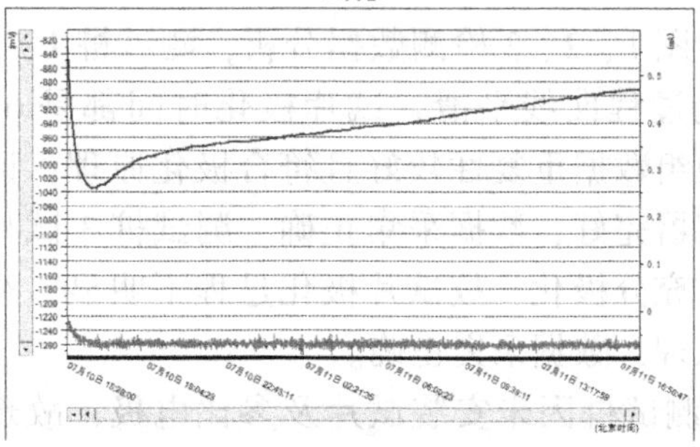

图 6　6 号测试桩试片极化 24h 检测数据(试片在地表，参比电极埋于地下与管道同深)

图 5 中间部分断电电位降低，通电位升高，断电电位降低原因为测试期间断电电位降低时段普降大雨，土壤电阻率变小，IR 降变小所致，通电电位升高为该管道防腐层老化严重，土壤电阻率变化对其保护数据影响较大。

4　结论

(1)试片断电法因其廉价、操作方便、数据准确为现阶段应用最广泛的阴极保护数据定量测试方法；

(2)试片断电法最佳的检测效果需要与管道同时安装埋设与地下；

(3)试片断电法地表检测同样有效但须注意天气及周围环境影响，需在环境稳定的情况下检测；

(4)试片(地表)与参比电极(地下)埋设深度不同时，断电电位会有明显的升高阶段，需要进一步分析研究。

参考文献

[1]胡士信 阴极保护电位测量中的 IR 降及其研究 石油规划设计 1992 (7)：50 - 57.

基于CIVA软件的低碳微合金薄板焊接接头超声检测工艺分析

马佼佼[1] 张晓明[1] 杨 波[2] 徐 冉[1] 王 宁[1] 李江涛[1] 李 嘉[1] 尹 冲[1]

(1. 陕西省特种设备检验检测研究院，陕西 西安 710048；2. 陕西西宇无损检测有限公司，陕西 西安 712100)

摘 要：利用CIVA仿真软件缺陷响应模式对低碳微合金薄板焊接接头进行超声检测工艺验证，实验采用4个超声波检测探头分别对预制的10种人工缺陷进行检测。结果表明：较大的上表面纵向刻槽缺陷反射波幅最高，检测效果最理想。通过CIVA仿真可对低碳微合金薄板焊接接头超声波检测工艺进行有效验证，仿真结果与实验结果基本一致。原因分析：本次仿真中2.5P10×12K2.5探头检测薄板时，由于晶片尺寸较大导致近场区增大，为避免菲涅尔区产生相位差干涉，采取三次波远场区对下表面刻槽进行检测，因此导致下表面刻槽反射信号较上表面低。

关键词：CIVA；焊接接头；超声检测；纵向刻槽

Analysis of Ultrasonic Testing Technology for Low - Carbon Microalloy Sheet Welded Joints Based on CIVA Software

Ma Jiaojiao[1], *Zhang Xiaoming*[1], *Yang Bo*[2], *Xu Ran*[1], *Wang Ning*[1], *Li Jiangtao*[1], *Li Jia*[1], *Yin Chong*[1]

(1. Shaanxi Institute of Special Equipment Inspection and Testing, Xi'an 710048, China;
2. Shaanxi Xiyu NDT Company, Xi'an 712100, China)

Abstract: The CIVA simulation software defect response mode was used to verify the ultrasonic testing process of the low - carbon microalloy sheet welded joints. In the experiment, 4 ultrasonic testing probes were used to detect 10 kinds of prefabricated artificial defects. The results show that the reflection amplitude of the larger longitudinal groove defect on the upper surface is the highest, and the detection effect is the best. The ultrasonic testing process of low carbon microalloy sheet welded joints can be effectively verified by CIVA simulation, and the simulation results are basically consistent with the experimental results. Cause analysis: In this simulation, when the 2.5P10×12K2.5 probe detects the thin plate, the near field area increases due to the large chip size. In order to avoid phase difference interference in Fresnel area, the far field area of the third wave is adopted to detect the groove on the lower surface, so that the reflected signal of the groove on the lower surface is lower than that on the upper surface.

Key words: CIVA; welded joint; Ultrasonic testing; Longitudinal notch

1 引言

低碳微合金薄板焊接接头在承压管材原料环节起着至关重要的作用，且对接接头部位质量要求极高，焊接工艺和检测质量直接影响后续成型产品的价值。但在工业生产中，该关键接头部位往往缺乏有效的检测手段和工艺验证，产品生产中制定的低碳微合金薄板焊接接头无损检测工艺一旦造成缺陷漏检，给企业动辄造成百万经济损失[1,2]。

采用半解析模型的CIVA仿真软件不仅可以帮助制定合理的超声波检测工艺，而且可以对之前未经充分验证的检测工艺进行缺陷响应(defects

作者简介：马佼佼(1987—)，女，陕西咸阳人，工程师，硕士，主要研究方向：承压设备及管道检验检测。
E - mail：504387058@qq.com

response)仿真，及时制止因检测工艺不合理造成的生产缺陷漏检，对挽回产品后续制造损失具有重大意义。本文应用 CIVA 软件缺陷响应模块，开展针对低碳微合金薄板焊接接头的超声检测研究。

2　几何模型建立及缺陷分布

本次实验采用 500mm × 210mm × 3.18mm 薄板 TIG 焊接接头，在焊缝处依次加工 10 个不同缺陷，加工缺陷尺寸及布置见图 1。其中：1#缺陷为 ϕ0.8mm 通孔缺陷，2#缺陷为 ϕ1.6mm 埋深 1mm 平底孔缺陷，3#缺陷为 ϕ1.6mm 埋深 2mm 平底孔缺陷，4#缺陷为 ϕ1.6mm 通孔缺陷，5#缺陷为长 12.7mm、宽 0.5mm、深 0.38mm 的上表面纵向刻槽，6#缺陷为长 12.7mm、宽 0.5mm、深 0.38mm 的下表面纵向刻槽，7#缺陷为长 12.7mm、宽 0.5mm、深 0.16mm 的上表面纵向刻槽，8#缺陷为长 12.7mm、宽 0.5mm、深 0.16mm 的下表面纵向刻槽，9#缺陷为长 6.4mm、宽 0.5mm、深 0.38mm 的上表面横向刻槽，10#缺陷为长 6.4mm、宽 0.5mm、深 0.38mm 的下表面横向刻槽，CIVA 软件几何模型缺陷布置见图 2。

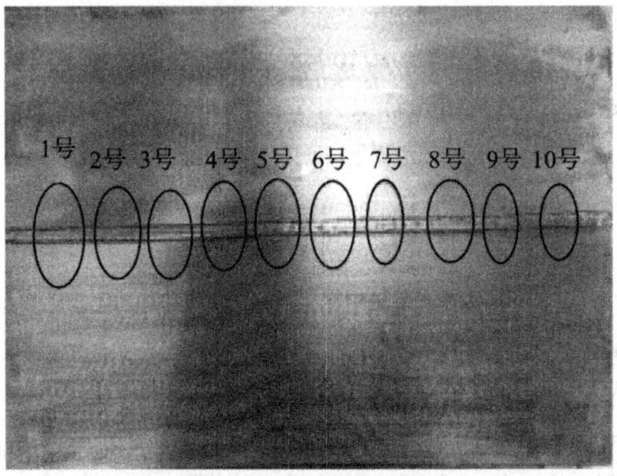

图 1　加工缺陷分布

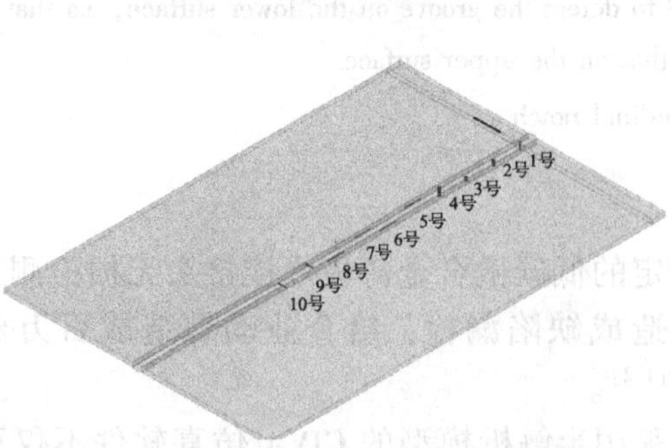

图 2　几何模型缺陷布置图

由于本次实验设置缺陷均为空心体积型缺陷及裂纹型缺陷，因此缺陷仿真采用基尔霍夫散射模型近似求解，该模型忽略了沿着缺陷表面传播的波[3~4]，将散射场近似由缺陷上每个点切平面的反射声场叠加而成[5~8]。

3　仿真参数设置

工件参数设置几何形状为对接焊缝，焊缝两侧等厚度，表面余高 1mm，钝边高度 1mm，工件厚度 3.18mm。焊缝坡口类型 I 型，材质均质各向同性，材料密度 7.85g/cm^3。

本次实验采用 2.5P9 × 9K1、5P9 × 9K1、2.5P10 × 12K2.5、双晶探头 K1 – TRL2.5 – Aust2 (10 * 18) FD10 四个探头进行探头参数设置，安排以上 4 个探头分别对焊缝中 10 个缺陷进行检测。仿真设置计算配置为横波两次反射。

设置求解区域大小和位置，优化计算时间和优化精度，设置 Ascan、Bscan、图像显示。

4　仿真结果及分析

4.1　通孔缺陷检测仿真对比

图 3 为 2.5P9 × 9K1 探头检测 1#缺陷仿真结果，五次波反射到 ϕ0.8mm 通孔下端点，K1 探头由于单次波传播声程较短，导致反射回波次数较多，检测结果并不理想。缺陷波只能通过横坐标位置深度信息获取，纵坐标波形幅值较低[9]。

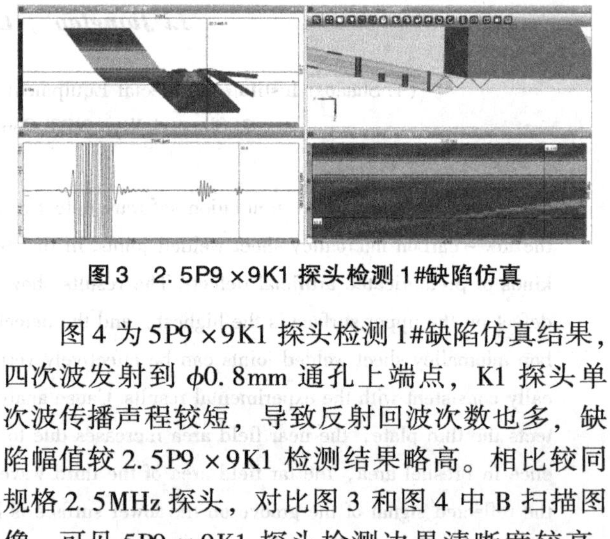

图 3　2.5P9 × 9K1 探头检测 1#缺陷仿真

图 4 为 5P9 × 9K1 探头检测 1#缺陷仿真结果，四次波发射到 ϕ0.8mm 通孔上端点，K1 探头单次波传播声程较短，导致反射回波次数也多，缺陷幅值较 2.5P9 × 9K1 检测结果略高。相比较同规格 2.5MHz 探头，对比图 3 和图 4 中 B 扫描图像，可见 5P9 × 9K1 探头检测边界清晰度较高，缺陷辨识度更好。

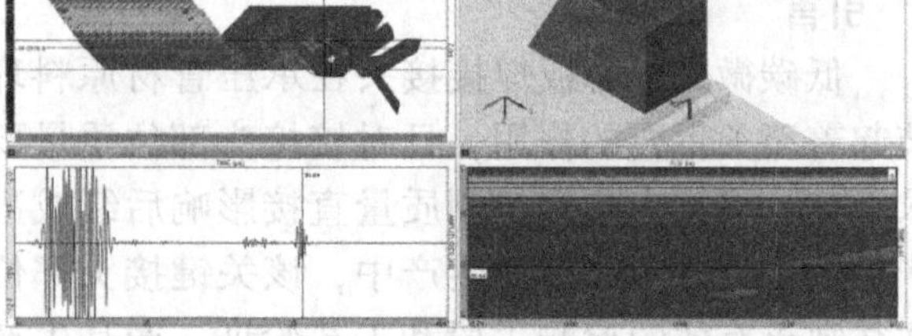

图 4　5P9 × 9K1 探头检测 1#缺陷仿真

图 5 为 2.5P10 × 12K2.5 探头检测 1#缺陷仿真结果，二次波反射到 ϕ0.8mm 通孔上端点，

K2.5 探头单次波传播声程较长，反射回波次数较少。但缺陷波仿真结果显示波幅较低，结构波幅值反而较高，因此容易造成缺陷误判。

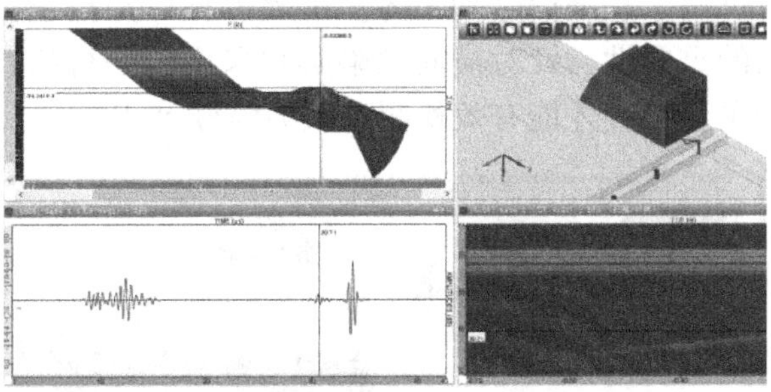

图5 2.5P10×12K2.5 探头检测 1#缺陷仿真

图 6 为 K1 - TRL2.5 - Aust2(10×18)FD10 双晶探头检测 1#缺陷仿真结果，从 A 扫描和 B 扫描图像可以看出，虽然盲区减小，但缺陷波仍然难以分辨，可能与该薄板采用的双晶探头焦距设置不当有关。

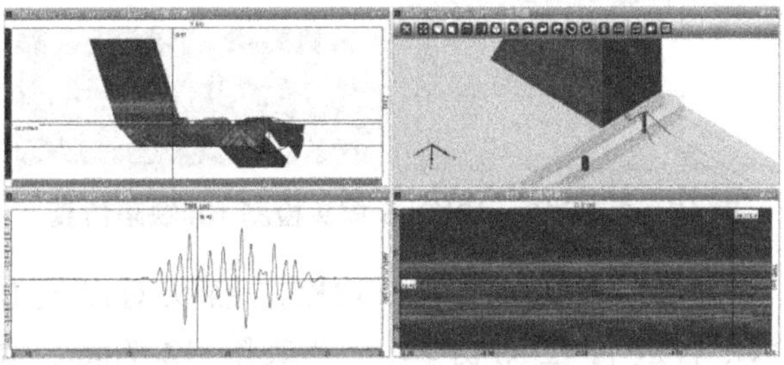

图6 K1 - TRL2.5 - Aust2(10×18)FD10 检测 1#缺陷仿真

综上，采用横波探头 2.5P9×9K1、5P9×9K1、2.5P10×12K2.5 和 K1 - TRL2.5 - Aust2(10*18)FD10 双晶探头四个探头对 ϕ0.8mm 通孔进行检测仿真，缺陷检测效果均不理想。2.5P9×9K1、5P9×9K1 探头检测总声程距离较长，波幅整体较低。双晶探头 K1 - TRL2.5 - Aust2(10×18)FD10 选用不当导致缺陷回波无法分辨。2.5P10×12K2.5 探头检测 ϕ0.8mm 通孔缺陷回波较弱，结构波幅值反而较高，因此容易造成缺陷误判。

4.2 不同类型缺陷检测仿真对比

下面以 2.5P10×12K2.5 探头为例对十个不同类型缺陷进行仿真计算，对比不同缺陷类型的波幅大小和缺陷信号的分辨能力。

图 7 为 2.5P10×12K2.5 探头检测对 2# ϕ1.6mm 埋深 1mm 平底孔缺陷仿真计算结果，可以看出平底孔上端点几乎没有反射波，加之结构底波干扰，缺陷信号几乎没有。

图 8 为 2.5P10×12K2.5 探头检测对 3# ϕ1.6mm 埋深 2mm 平底孔缺陷仿真计算结果，可以看出三次波反射到平底孔下端点与结构底波混合，缺陷信号无法分辨。

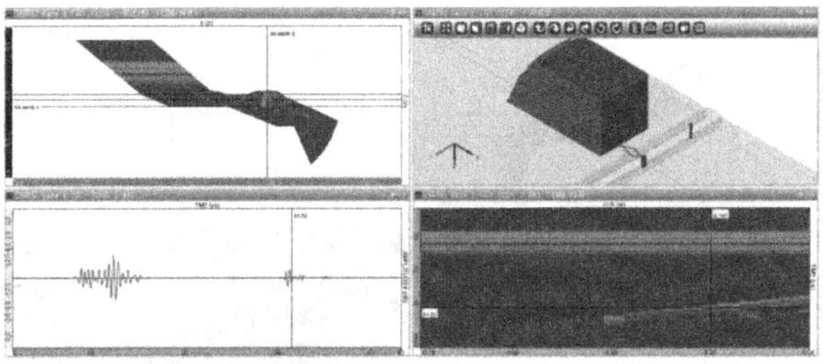

图7 2.5P10×12K2.5 探头检测 2#缺陷仿真

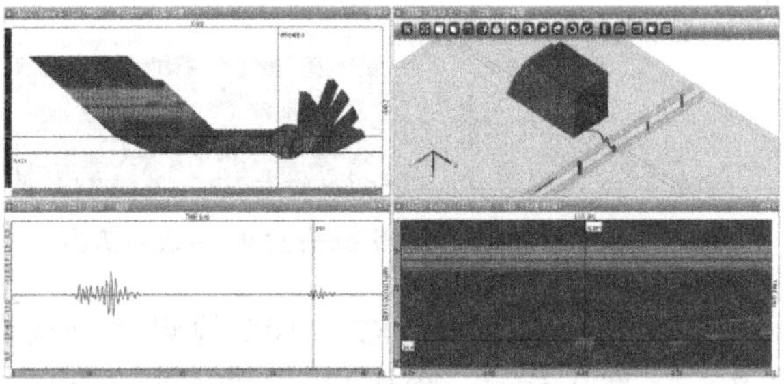

图8 2.5P10×12K2.5 探头检测 3#缺陷仿真

图 9 为 2.5P10×12K2.5 探头检测对 4# ϕ1.6mm 通孔缺陷仿真计算结果，可以看出三次波反射到通孔下端点，缺陷波幅较大，信号清晰可以分辨。

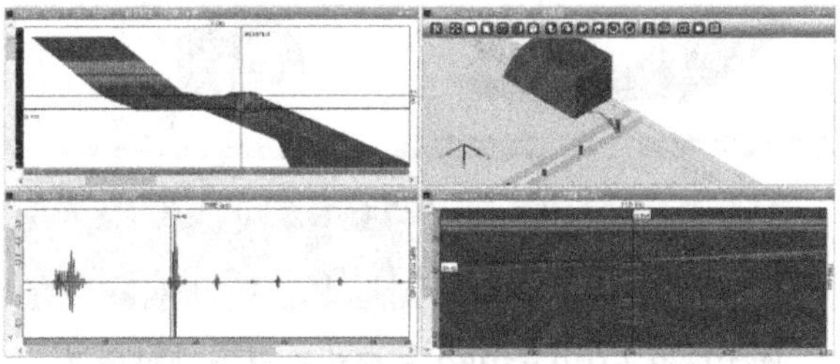

图9 2.5P10×12K2.5 探头检测 4#缺陷仿真

图 10 为 2.5P10×12K2.5 探头检测对长 12.7mm、宽 0.5mm、深 0.38mm 的上表面纵向刻槽缺陷仿真计算结果，可以看出二次波反射到刻槽缺陷表面，缺陷波幅值较大，但由于余高结构影响二次波之后有明显底波信号。A 扫描图像显示底波信号低于缺陷波信号，且由于余高壁厚比较大，缺陷波与底波声程差较大。5#缺陷分辨力较好，注意区分底波影响可以分辨缺陷波信号。

图 11 为 2.5P10×12K2.5 探头检测对长 12.7mm、宽 0.5mm、深 0.38mm 的下表面纵向刻槽缺陷仿真计算结果。由于声程较上表面缺陷更长，三次波反射信号幅值较上表面缺陷幅值较低，且与底波信号连接，导致 6#缺陷分辨力较差，缺陷几乎无法识别。

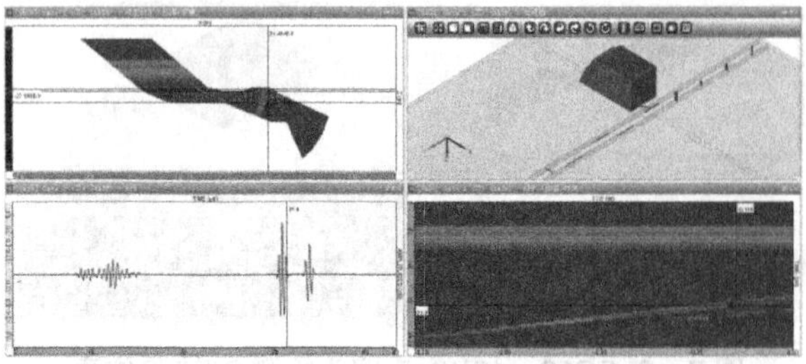

图 10　2.5P10×12K2.5 探头检测 5#缺陷仿真

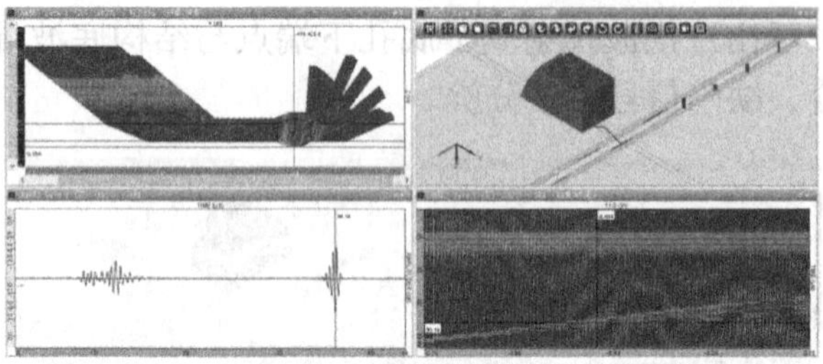

图 11　2.5P10×12K2.5 探头检测 6#缺陷仿真

图 12 为 2.5P10×12K2.5 探头检测对 7#缺陷 12.7mm、宽 0.5mm、深 0.16mm 的上表面纵向刻槽仿真计算结果。与 5#缺陷回波相似，可以看出二次波反射到刻槽缺陷表面，缺陷波幅值较大，有明显底波信号，缺陷波与底波可分辨。纵坐标幅值较 5#缺陷较低。

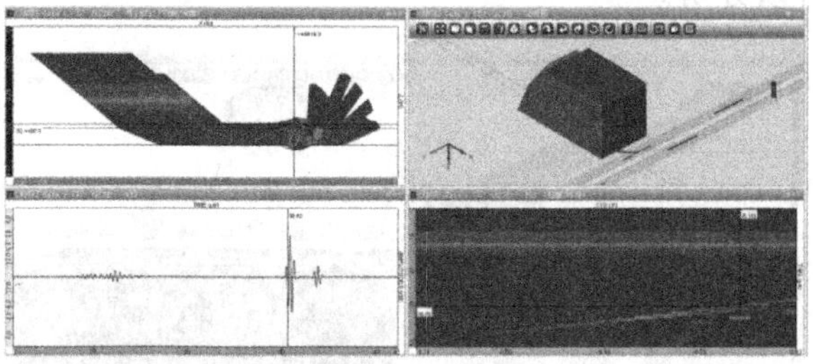

图 12　2.5P10×12K2.5 探头检测 7#缺陷仿真

图 13 为 2.5P10×12K2.5 探头检测对 8#缺陷 12.7mm、宽 0.5mm、深 0.16mm 的下表面纵向刻槽仿真计算结果。与 6#缺陷回波相似，由于声程较上表面缺陷更长，三次波反射信号幅值较上表面缺陷幅值较低，且与底波信号连接，导致 8#缺陷分辨力较差，缺陷几乎无法识别。8#缺陷纵坐标幅值较 6#缺陷较低。

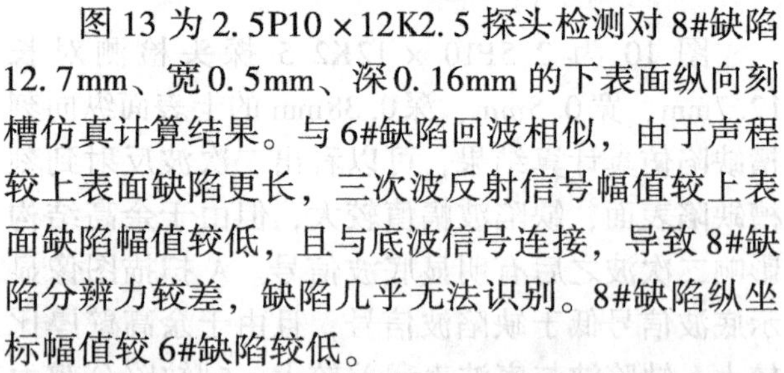

图 13　2.5P10×12K2.5 探头检测 8#缺陷仿真

图 14 和图 15 分别为 2.5P10×12K2.5 探头检测对长 6.4mm、宽 0.5mm、深 0.38mm 的上表面横向刻槽和下表面横向刻槽仿真计算[10]，下图可见两个缺陷信号均为零。由此可见探头扫查方法的重要性，针对横向缺陷必须采用斜平行扫查和平行扫查才能有效检测到缺陷信号[11-15]。

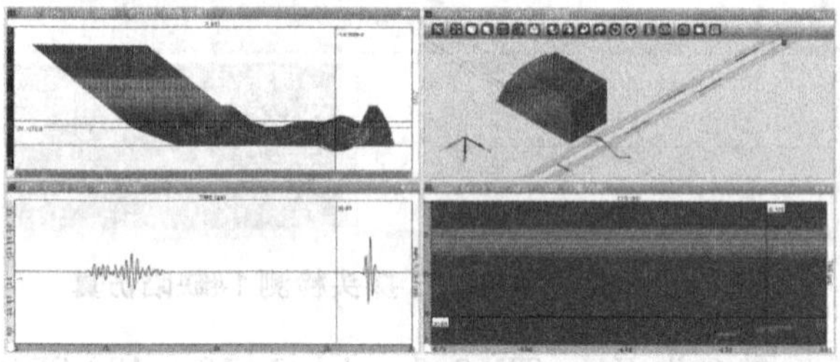

图 14　2.5P10×12K2.5 探头检测 9#缺陷仿真

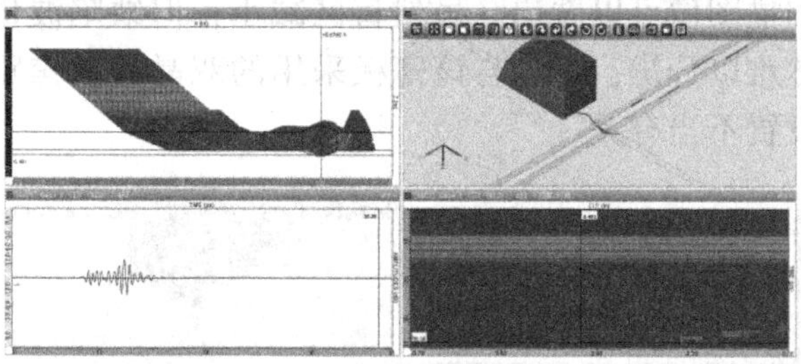

图 15　2.5P10×12K2.5 探头检测 10#缺陷仿真

综上，采用 2.5P10×12K2.5 探头对以上 10 个缺陷进行检测仿真，5#缺陷 12.7mm、宽 0.5mm、深 0.38mm 的上表面纵向刻槽反射波幅值最大，检测效果最好，但是需要根据横坐标及反射声程区别缺陷波与底波信号。4#缺陷 ϕ1.6mm 通孔下端点和 12.7mm、宽 0.5mm、深 0.38mm 的下表面纵向刻槽缺陷幅值相当，但通孔检测时，底波信号与下端点缺陷信号清晰可辨。下表面刻槽由于声程较大及余高结构，导致缺陷波与底波混连在一起，信号分辨力降低，建议采用宽频窄脉冲探头提高缺陷与底波分辨力。

原因分析：本次仿真中 2.5P10×12K2.5 探头检测薄板时，由于晶片尺寸较大导致近场区增大，为避免菲涅尔区产生相位差干涉，采取三次波远场区对下表面刻槽进行检测。由于此次仿真对下表面刻槽采取三次波检测使得超声波在介质中传播声程更长、能量衰减严重，因此导致下表面刻槽反射信号较上表面低，这也是尺寸 12.7mm、宽 0.5mm、深 0.38mm 的上表面纵向刻槽比下表面纵向刻槽缺陷反射回波高的原因。

采用 2.5P10×12K2.5 探头检测对长 6.4mm、宽 0.5mm、深 0.38mm 的上表面横向刻槽和下表面横向刻槽仿真计算，探头入射波平行于横向缺陷方向，两个缺陷回波信号均为零。

本次实验采用2.5P9×9K1、5P9×9K1、2.5P10×12K2.5和K1－TRL2.5－Aust2(10*18)FD10双晶探头四个探头及人工缺陷试块和USM36超声波检测仪进行实验验证，实验结果基本与CIVA仿真结果一致。

5 结论

(1)采用横波探头2.5P9×9K1、5P9×9K1、2.5P10×12K2.5和双晶探头K1－TRL2.5－Aust2(10*18)FD10四个探头对ϕ0.8mm通孔进行检测仿真，缺陷检测效果均不理想。

(2)采用2.5P10×12K2.5探头对设计的不同大小及类型缺陷进行检测仿真，5#上表面纵向刻槽缺陷反射波幅值最大，检测效果最理想。由于此次仿真对下表面刻槽采取三次波检测使得超声波在介质中传播声程更长、能量衰减严重，因此导致下表面刻槽反射信号较上表面低。

(3)4#缺陷ϕ1.6mm通孔下端点和6#下表面纵向刻槽缺陷幅值相当。但通孔缺陷底波信号与下端点缺陷信号清晰可辨，6#下表面刻槽缺陷由于几何结构导致缺陷波与底波混连在一起无法分辨。

(4)探头入射波平行于横向缺陷方向对长6.4mm、宽0.5mm、深0.38mm的上表面横向刻槽和下表面横向刻槽仿真，两个缺陷回波信号均为零。针对焊缝横向缺陷必须采用斜平行扫查和平行扫查才能有效检测到缺陷信号。

(5)通过CIVA仿真可对低碳微合金薄板焊接接头超声波检测工艺进行有效验证，仿真结果与实验结果基本一致。

参考文献

[1]陈守清．分析天然气输气场站压力容器主要缺陷和在线运行维修实践[J]．化工管理，2016(14)：12.

[2]张国权．焊接材料对工艺质量的影响研究[J]．南方农机，2020(14)：157－158.

[3]郭伟灿．聚乙烯管道热熔接头超声检测技术研究及设备研制[D]．浙江大学，2014.

[4]刘晓睿．超声相控阵技术检测和评价方法研究[D]．南昌航空大学，2012.

[5]程高飞．基于CIVA平台的材料中超声检测声场分布和小缺陷响应建模仿真及实验研究[D]．浙江大学，2017.

[6]樊振军．通用超声检测系统检测过程仿真技术研究[D]．中北大学，2012.

[7]罗朋．超声相控阵探伤工艺设计软件中的关键技术研究[D]．东南大学，2018.

[8]余新亮．相控阵超声成像检测技术研究及应用[D]．三峡大学，2013.

[9]吴伟，李大鹏，胡强，吴剑剑，胡笠，肖宇行，张士晶．基于CIVA的薄铝板超声相控阵检测[J]．南昌航空大学学报(自然科学版)，2014(3)：88－92.

[10]李久政．钢管漏磁探伤中的内外伤区分方法[D]．华中科技大学，2009.

[11]谢钰．基于超声波检测技术的钢焊缝内部缺陷检测方法研究[D]．南京航空航天大学，2017.

[12]梁国利．火力发电厂高压管道对接焊接接头超声检测根部缺陷的判别[J]．城市建设理论研究，2014(19)：23－24.

[13]姚红星，蔡桂喜，冯玮，丁建东．在役管道和管状工件探伤技术及应用概况[J]．无损探伤，2004(1)：6－10.

[14]刘礼良．厚壁压力容器的超声衍射时差法(TOFD)检测技术[D]．南昌航空大学，2013.

[15]刘云，卢威，尹鹏，葛亮，王玉倩．CIVA仿真软件在核电超声检测技术开发中的应用[J]．科技视界，119－121.

化工装置保温层下腐蚀原因及检测方法分析

罗梓晟[1]　田志勇[2]　张春义[2]　张国晋[2]

(1. 中海壳牌石油化工有限公司，广东 惠州　516086；2. 中国特种设备检测研究院，北京　100029)

摘　要：为避免设备热量丢失、实现节能保温、运行安全等功能，保温结构在能源消耗较大的石油化工行业中应用广泛。由于施工验收标准不高，保温材料选择不当和保温层破损等原因会使保温材料变潮，防腐层破坏，从而引起并加速容器和管道的保温层下腐蚀，保温层下腐蚀难以发现，一旦发生并导致设备泄漏，会造成巨大安全隐患和经济损失。因此，综合运用多种方法，对保温层下腐蚀状况进行检测，及时发现并消除保温层下腐蚀带来的隐患，并对各种检测方法的适用性进行评价，对化工装置安全运行具有十分重要的意义。

关键词：化工装置；保温层下腐蚀；检测技术；评价方法

Analysis of Corrosion Causes and Detection Methods under Thermal Insulation Layer of Chemical Plant

Luo Zisheng[1], *Tian Zhiyong*[2], *Zhang Chunyi*[2], *Zhang Guojin*[2]

(1. CNOOC and Shell Petrochemicals Company Limited, Huizhou 516086, China;
2. China Special Equipment Inspection & Research Institute, Beijing 100029, China)

Abstract: In order to avoid heat loss of equipment, realize energy conservation, thermal insulation, operation safety and other functions, thermal insulation structures are widely used in the petrochemical industry where energy consumption is high. Due to the low construction acceptance standard, improper selection of thermal insulation materials and damage of the thermal insulation layer, the thermal insulation materials will become damp and the anti - corrosion layer will be damaged, which will cause and accelerate the corrosion under the thermal insulation layer of vessels and pipelines. It is difficult to find the corrosion under the thermal insulation layer. Once it occurs and causes equipment leakage, it will cause huge potential safety hazards and economic losses. Therefore, it is of great significance for the safe operation of chemical plants to comprehensively use various methods to detect the corrosion under insulation, timely find and eliminate the hidden dangers caused by the corrosion under insulation, and evaluate the applicability of various detection methods.

Key words: Chemical plant; Corrosion under insulation; Detection technology and evaluation method

1　引言

在石油、化工装置中，高温或低温工况的设备外表面施加保温层，不仅能降低能耗，而且对确保工艺稳定，满足设备运行安全具有十分重要的作用[1]。装置实际运行中，保温材料会因各种原因受潮，保温效果降低并破坏防腐层，在设备金属表面形成腐蚀环境[2]，导致设备，特别是管道表面发生局部腐蚀。在热带、海洋气候等高湿度地区，设备蒸汽伴热损坏或涂层局部破损的部位，保温层下腐蚀时常发生。碳钢和低合金钢主

作者简介：罗梓晟(1991—　)，男，福建龙岩人，本科毕业于西安石油大学过程装备与控制工程专业，助理工程师，现任职于中海壳牌石油化工有限公司，主要从事压力容器、管道和常压储罐等设备的检维修工作。E - mail: luo. zisheng@ cnoocshell. com

要表现为局部腐蚀，不锈钢及双相不锈钢通常会产生点蚀和局部腐蚀[3]，水进入保温层是保温层下腐蚀发生的一个关键因素，潮湿环境或内部潮湿也可能导致保温层下腐蚀的发生[4]。保温层下腐蚀因保温层的覆盖而难以发现，局部腐蚀导致设备或管道穿孔后造成介质泄漏，如果发现不及时，形成安全隐患，往往会造成安全事故，因此检测并发现保温层下腐蚀的发生，具有十分重要的意义[5]。

目前，保温层下腐蚀检查的方法有很多，其中应用成熟，效果比较明显的方法有低频导波检测技术[6]、脉冲涡流检测技术[7]、数字射线检测技术[8]、红外检测技术[5]和超声波测厚等，其中低频导波检测可对未拆除覆盖层部位进行一定条件下的截面腐蚀减薄量检测，脉冲涡流检测技术可对不拆除绝热层的管道进行壁厚测量，数字射线检测技术可对壁厚损失量进行精确测定，红外检测技术可对绝热层的完好状况进行检测，超声波测厚可对绝热层拆除部位的壁厚进行测量。不同的检测方法使用情况不同，检测效率各异，在实际检测中可综合应用多重检测方法相互验证，来实现保温层下腐蚀状况的测定。

2 保温层下腐蚀调查及原因分析

根据多年来的腐蚀调查和检验检测发现，层下腐蚀在沿海、南方地区较为常见，装置的高湿度区域，如冷却塔的附近区域、蒸汽排出口、喷淋系统附区域，湿度大、近海地区空气氯离子含量较高，易发生腐蚀。从设计安装角度分析，连接竖直管道的管件部位、蒸汽伴热已损坏/泄漏的设备或管道保温层下腐蚀情况比较严重，防腐层破坏的部位一般都会有腐蚀发生，设备保温层变形、破损部位以及设备抗风圈上方等雨水容易进入积存的部位层下腐蚀比较容易发生。

2.1 设备保温层下腐蚀情况

碳钢保温层下腐蚀时主要表现为覆盖层下局部减薄，腐蚀损伤常形成覆盖在腐蚀部件表面的片状疏松锈皮，蒸汽伴热管道比较容易发生保温层下腐蚀泄漏，如图1所示。

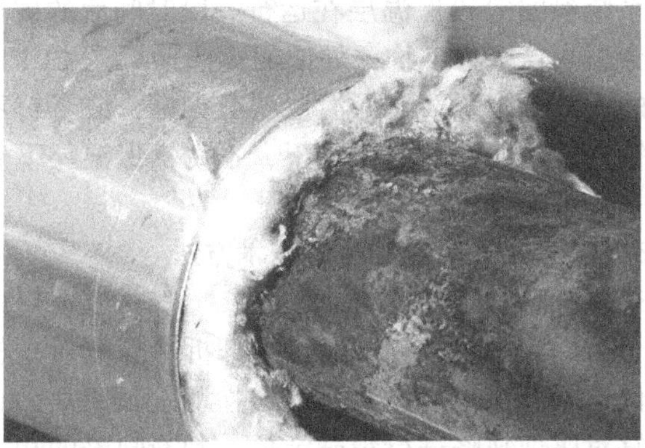

图1 保温层下腐蚀及蒸汽伴热管道泄漏

竖直管道连接的弯头部位，因结构原因导致雨水在弯头部位积存，导致管道弯头及保温层发生腐蚀和破损。设备法兰连接部位因结构原因会使渗入的雨水汇集在法兰附近，导致法兰及设备表面发生腐蚀，如图2所示。

奥氏体不锈钢及双相不锈钢会产生点蚀和局部腐蚀，而奥氏体不锈钢还可能发生氯化物应力腐蚀开裂如图3所示。

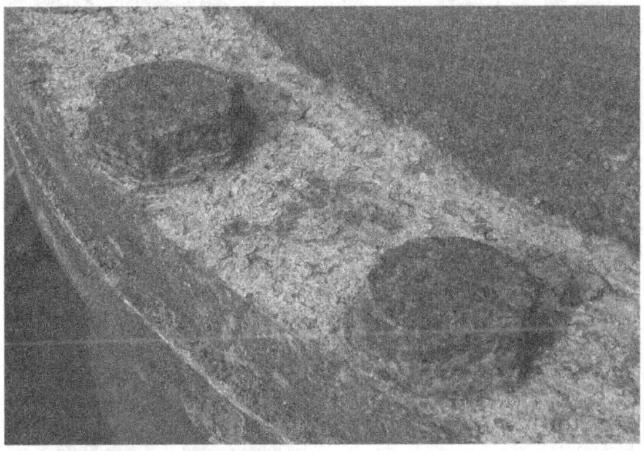

图2 弯头保温层破坏及设备法兰保温层下腐蚀

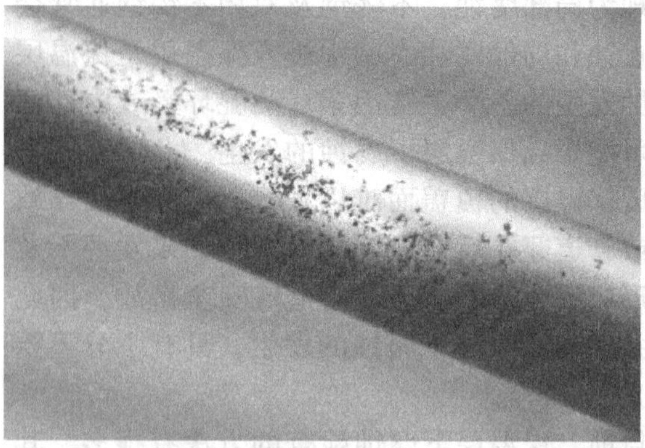

图 3 碳钢与不锈钢保温层下腐蚀对比及不锈钢保温层下点蚀

2.2 保温层下腐蚀机理分析

2.2.1 碳钢保温层下腐蚀机理分析

碳钢保温层下腐蚀的原因是和水汽接触，水和其他腐蚀性介质存在于保温层下环形空间，保温材料具有比较大的吸水性，另外保温材料带来的污染物也会加速腐蚀。另外，由于保温层设计缺陷、安装施工质量差、保温层机械损伤、维护不当等原因，都会使水汽进入保温层内部。当金属表面温度低于环境露点温度时，水汽也会凝结在金属表面。

设备的运行温度同样也会很大程度影响到腐蚀的发生：温度越高，水汽停留在碳钢表面的时间就越短；但是温度越高，越会加速腐蚀速度，并降低防护涂料的使用寿命。当温度低于 -4℃ 时，腐蚀速率很低；当温度高于 120℃ 时，表面可以有足够的热量来保持表面的干燥，也很少发生腐蚀。

2.2.2 不锈钢保温层下腐蚀分析

保温层下的不锈钢腐蚀主要是氯化物应力腐蚀开裂，其中奥氏体不锈钢最敏感。应力腐蚀开裂在卤化物环境中发生，当水汽穿过保温层到达设备表面，盐类在水汽进行蒸发的过程中浓度会变大。保温层在这个过程中起到了一个运输和留存水汽的介质作用，使得金属表面的氯盐浓度变大。当外部水汽和盐分进入一个惰性、吸水性的保温层材料时，由于不锈钢表面缺乏有效的油漆保护会使得应力腐蚀开裂的发生。

氯化物的来源来自两个方面：①内部，保温材料包括：保温层、胶黏剂、填缝剂等，设备运行一段时间后，这些材料内部包含可溶性的氯化物进行的溶解；②外部，包括雨水、海岸盐雾、系统泄漏等等保温层在运行一段时间后的破坏也会引入这些污染物，外部的这些污染是 CUI 氯盐的大部分来源。在保温层状况完好，或者对不锈钢进行防腐保护的条件下，不锈钢保温层下腐蚀一般很少发生。

3 保温层下腐蚀的检测技术方法

3.1 低频导波检测技术

低频导波检测可通过局部拆除保温对未拆除保温的管道进行检测，能够检测较长距离，且能够对腐蚀缺陷进行精确定位，判断缺陷的相对大小，具有检测效率高的优点。如图 4 所示，通过局部拆除保温，可以对不方便进行宏观检查、测厚的部位进行检查，通过数据分析，对管道的腐蚀状况、腐蚀严重的部位进行复验，从而对整根管道的腐蚀状况进行评价。

图 4 低频导波现场检测

低频导波检测同时存在一定的局限性，必须通过与被检试件相同材质及相同几何形状的对比试件，才能对被检试件的界面损失当量进行评定。另外，还必须通过其他检测手段对缺陷部位进行定量和精确定位，当腐蚀情况较为严重时，极大增加了现场检测的工作量。

3.2 脉冲涡流检测技术

脉冲涡流检测技术是一种新型的无损检测技术，是涡流检测的一种新方法[9]，可通过测厚对铁磁性材料的腐蚀状况进行评估。按照保温层厚度、保护层材料和设备壁厚选择涡流检测探头，可以对探头投影区域内的平均壁厚进行测量。如图 5 所示，按照探头大小对保温层进行分区，再分别对不同区进行脉冲涡流检测，测量值即为所检测区域的平均壁厚。

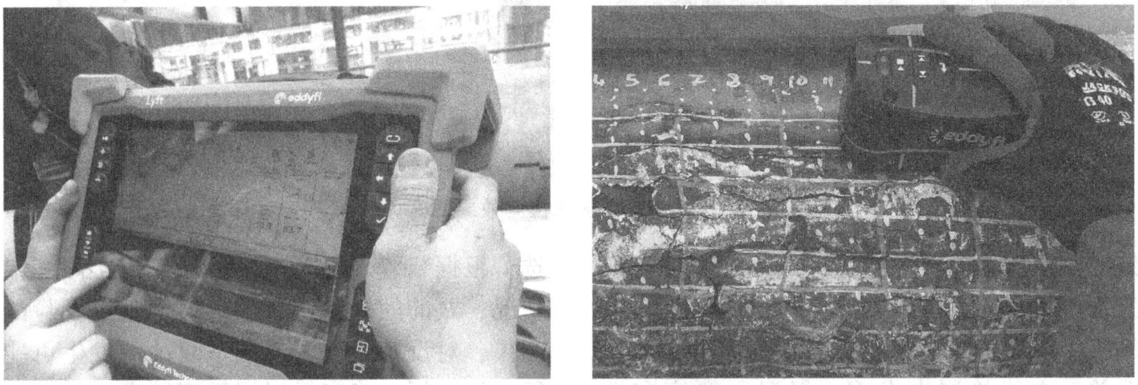

图 5　脉冲涡流管道检测现场

脉冲涡流检测优势明显，可以不拆保温层对设备进行壁厚测定，对设备的腐蚀状况进行评定，并可通过安装编码器和阵列脉冲涡流的方式，快速对设备厚度进行测量，检测的效率很高。但是同时，因为脉冲涡流检测的测厚值是探头投影面积区内的平均厚度，而脉冲涡流探头的投影面积一般较大，因此对局部腐蚀(如点蚀、坑蚀等)的检测效果一般，发现壁厚减薄后仍需要通过超声波测厚等方式对减薄区域进行精确测定和定位。

3.3 红外热成像检测技术

红外热成像检测技术是利用目标与周围环境之间温度与发射率的差异所产生的热度比不同，把红外辐射能量密度分布图显示出来[10]，从而对保温破损、保温材料积水、管道减薄热量释放严重等的部位进行辨识。红外热成像检测技术具有操作简单，检测速度快，测温面积大，测温分辨率高和非接触等特点，一次检测可发现多个异常点，保温层完好度检测和保温层下腐蚀检查重要方法。红外热成像检测现场检测如图 6 所示。

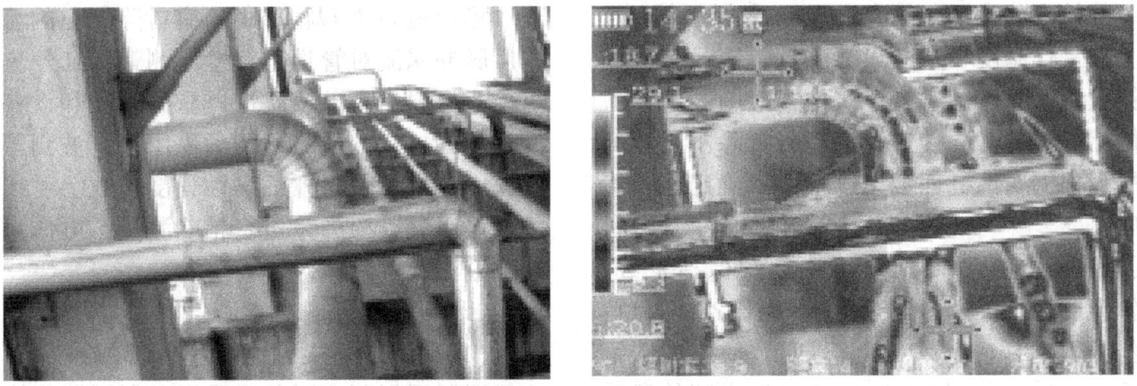

图 6　红外热成像检测效果图

红外检测的检测效率高，优点明显，但是同时不同装置的热成像原因和特点不一样，需要通过多次的验证，来提高缺陷检出率和准确性。例如某厂的 SMPO 装置红外检测中，对 14 处红外成像异常部位进行保温拆除复验，发现保温拆除部位管道防腐涂层外观良好，经过超声波测厚和 RT 检测等方法验证，均未发现明显的壁厚减薄，成像异常可能与管道保温层厚度不均匀有关，因此红外检测的有效性还需要进一步的验证。

3.4 数字射线检测技术

数字射线检测技术通过阵列数字探测器将射线转换为电信号传输至电脑形成图像，相比传统胶片射线检测技术，具有曝光时间短，包容度高的特点，更适用于在线管道检测。数字射线成像技术的检测精度较高，能在不拆保温的条件下对管道的减薄情况进行测量，还能够对被检部位的埋藏缺陷情况进行检测，能满足精确度的要求，数字射线检测现场及检测结果如图7所示。

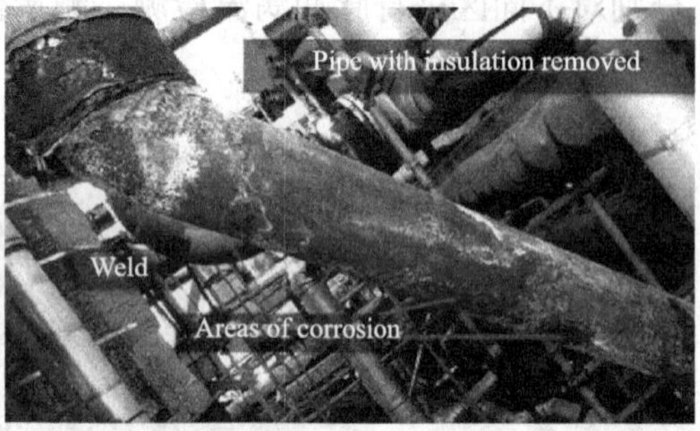

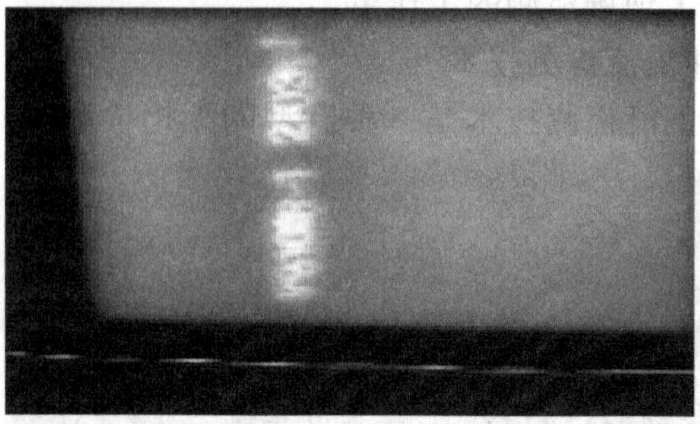

图7　数字射线检测效果图

数字射线可实现实时检测，应用范围比较广泛，但是价格比较昂贵，灵敏度相对照相法低。在隔保温层检测聚焦有偏差，清晰度不够，造成检测误差，在线检测中发现，保温层厚度和选材，介质的相态对数字射线结果影响较大。此外，对于管径和壁厚对于数字射线检测也有一定的影响，大管径和大壁厚管道采用此方法误差较大且有效性及可信度有待论证。

4 保温层下腐蚀检测方法应用分析

由于装置内使用保温的设备管线众多，拆除所有保温层进行宏观检查的工作量巨大，经济上不可行。为了最大限度节省人力物力，同时尽量客观、准确、全面地评价保温层下的腐蚀情况，需要制定经济可行的检查流程。

4.1 确定筛查范围

一般筛查的范围包括化工装置中保温使用4年以上，工作温度小于150 ℃的碳钢以及奥氏体不锈钢设备管线。同时，要对检查范围内的设备管线使用保温的必要性进行论证，拆除不必要的保温层。根据腐蚀机理考虑以下因素确定检查优先顺序：

①操作温度 –4℃ 至环境温度的保冷管线；②操作温度在50～120℃之间的保温设备、管道；③操作温度通常高于120℃，且间歇使用的碳钢管道系统；④操作温度在65～204℃之间的奥氏体不锈钢管道；⑤受湿式空冷喷溅水影响、凉水塔水汽潮湿侵蚀的部位；⑥受烟气烟囱排放酸性蒸气侵蚀的部位。

4.2 层下腐蚀风险评估

根据以上的保温层下腐蚀筛查方法，对装置内容易发生保温层下腐蚀的设备管道进行初步筛选，根据装置现场环境、涂层使用年限、保温层状况、之前的检验结果等，结合基于风险的检验结果，对设备管道保温层下腐蚀的发生可能性进行定量分析，确定保温层下腐蚀发生的可能性大小，根据可能性风险结果对保温层下腐蚀进行检验。对发生保温层下腐蚀可能性 >4 的设备管道进行检查；对发生保温层下腐蚀可能性≤3 的设备管道，首先用红外热成像进行筛查，对保温破损的部位进行检查，对保温未破损的部位进行抽查。

4.3 检测方法选择

在检测过程中，一般会根据检测部位的工况来选择检测方法。对于到塔顶的管道，裙座内管道等拆除保温难度大的管线，优先采用低频导波检测，如显示结果良好的，可不再拆除保温；对于现场可进行宏观检查但不宜拆除保温的管线可采用脉冲涡流对管道进行壁厚测量；红外热成像可检查保温层有破损腐蚀严重的管线和设备，检查发现的异常部位，可辅助采用超声波测厚，凹坑深度测量等手段评估腐蚀程度；数字射线检测技术可对壁厚损失量进行精确测量，可作为辅助检测方法。

5 结语

(1)保温层下腐蚀主要由保温层破坏水汽进入保温层后引起，因此应重视对保温层的维护和检查，对发生破损的保温层应及时修复。

(2)在保温层下腐蚀检测中，单一的检测结果往往不能准确地评价设备管道的腐蚀状况，应根据现场实际情况，综合采用多种检测方法对腐蚀情况进行检测和核验。

(3)基于风险的检验，能够综合考虑设备管道的投用年限、历史检验情况、宏观检查状况、工作温度、压力及大气环境等多重因素，并根据实际工况选择合适的检测方法，是比较合理的保温层下腐蚀检验方法。

参考文献

[1]吕晓亮，唐建群，巩建鸣等. 保温层下腐蚀与防护的研究状况[J]. 腐蚀科学与防护技术，2014，26(2)：167－172.

[2]王英波，殷振兴，胡浩等. 海洋大气环境中架空管道保温层下腐蚀的调研及防护对策[J]. 腐蚀与防护，2021，42(7)：53－56.

[3]GB/T 30579—2014，承压设备损伤模式识别[S].

[4]刘点玉，杨晓岩，常青，等. 管道保温层下腐蚀与检测[J]. 石油化工腐蚀与防护，2020，37(6)：36－40.

[5]王海，韩斌，刘少辰，等. 保温层下腐蚀与检测[J]. 腐蚀研究，2022，36(5)：132－135.

[6]李旭峰，孙杰. 在役带保温层工业管道腐蚀检测技术的应用[J]. 检测技术，2020，36(5)：43－46.

[7]傅迎光，王健，孙明璇，等. 有包覆层铁磁试件的脉冲涡流检测[J]. 无损检测，2013，27(3)：218－222.

[8]刘书宏，王胜辉，汤陈怀. 带保温层管道壁厚的数字射线检测[J]. 无损检测，2022，44(7)：72－74.

[9]王键、傅迎光，孙明璇，等. 基于脉冲涡流检测技术的铁磁性材料厚度的测量[J]. 北京交通大学学报，2012，36(6)：133－137.

[10]刘保生，刘宇翔，丁克峰. 红外成像技术在供水管道漏水检测中的应用[J]. 城市勘测，2022(4)：178－180.

杂散电流干扰管道智能电流环监测装置研发及应用

王　军[1,2]　王　涛[3]　吴　昀[3]　周　凯[3]　李　想[1,2]

(1. 浙江浙能技术研究院有限公司，浙江 杭州　311121；
2. 浙江省火力发电高效节能与污染物控制技术研究重点实验室，浙江 杭州　311121；
3. 浙江能源天然气集团有限公司，浙江 杭州　310051)

摘　要：为了实时监测管道中的杂散电流，设计了一款大口径霍尔电流环监测装置。装置硬件由大口径电流环组件、太阳能组件、锂电池组件、桩体组件和信号采集与传送模块五部分组成，软件部分可实现数据可视化展示、实时监控和数据分析等功能。进行了实验室测试和现场安装应用，结果表明：霍尔电流环可对干扰电流进行实时监测和预警，为后续管道腐蚀检测及防护工作提供了科学依据。

关键词：大口径；霍尔效应；集磁环；电流监测

Development andApplication of Intelligent Current Loop Monitoring Device for Stray Current Disturbing Pipeline

Wang Jun[1,2], *Wang Tao*[3], *Wu Yun*[3], *Zhou Kai*[3], *Li Xiang*[1,2]

(1. ZheJiang Energy R&D Institute Co., Ltd, Hangzhou 311121, China;
2. Key Laboratory of Energy Efficiency and Pollutant Control Technology for Thermal Power Generation of Zhejiang Province, Hangzhou 311121, China; 3. Zhejiang Energy Gas Group Co. Ltd, Hangzhou 310051, China.)

Abstract: In order to monitor the stray current in the pipeline in real time, a large diameter Hall current loop monitoring device was designed. The hardware of the device consisted of five parts: large diameter current loop module, solar module, lithium battery module, pile module and signal acquisition and transmission module. The software part can realize data visualization, real－time monitoring, data analysis and other functions. The results of laboratory tests and field installation and application show that Hall current loop can monitor and warn the interference current in real time, providing a scientific basis for subsequent pipeline corrosion detection and protection.

Key words: large diameter; Hall effect; magnetic collector ring; current monitoring

1　引言

高压直流输电系统主要有双极平衡运行与单级大地回路运行两种方式[1]，在系统检修或故障时为单级大地回路运行，入地电流即为工作电流，高达几千安培，对附近管道会产生很大的影响[2]。周军峰[3]的测试表明，高压直流输电系统接地极单级大地回路阳极运行时，放电达3000A，在附近的天然气管道产生极大的杂散电流干扰[4~10]。霍尔电流传感器具有测量精度高、测量范围大、响应速度快和线性度好等众多优点，既可以测量直流电流又可以测量交流电流。此外，霍尔电流环还广泛用于管道阴极保护电流的准确测量、绝缘接头失效的检测与判断、防腐层质量评估等方面[10~15]。

但目前，针对管道电流信号的采集装置无法在大口径管道上进行应用，且检测精度不高，不具备电磁抗干扰能力等[15~20]。

本研究通过对霍尔电流环进行软硬件设计首

作者简介：王军(1994—　)，硕士研究生，主要从事油气储运设施腐蚀与防护研究工作。E－mail：1943149971@qq.com

次研制出基于纳米非晶软磁材料的大口径(直径930mm)高精度霍尔电流环装置。

2　方案设计

2.1　工作原理

当管道上流动电流大小为 I 时，设真空的磁导率为 μ_0，在距离管道 r_0 的位置磁感应强度 B 的计算公式见式(1)：

$$B_0=\frac{\mu_0 I}{2\pi r_0} \tag{1}$$

如图 1 所示，集磁环开口处的气隙宽度为 L，由于集磁环一般选用铁磁材料，气隙处的磁感应强度 B 可近似为[21]式(2)：

$$B=\frac{\mu_0 I}{L} \tag{2}$$

由于磁环平均周长 $2\pi r_0$ 远大于气隙宽度 L，对比式(1)、式(2)可知，放置集磁环后气隙处的磁感应强度提高了 $\frac{2\pi r_0}{L}$ 倍，磁环对管道周围的磁场有显著的聚集作用。

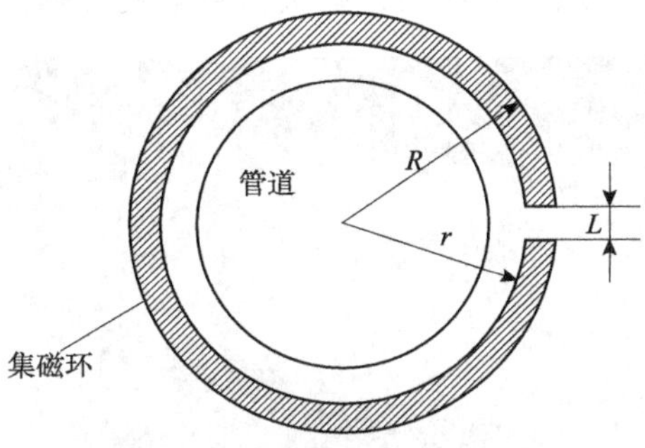

图 1　集磁环结构

霍尔电流传感器是基于霍尔效应原理研发，如式(3)所示，从霍尔元件的控制电流端通入电流 I_H，并在霍尔元件平面的法线方向上施加磁感应强度为 B 的磁场，那么在垂直于电流和磁场方向将产生一个电压 V_H，称为霍尔电压，其大小正比于电流 I_H 与磁感应强度 B 的乘积。

$$V_H=KI_H B \tag{3}$$

式中　K——霍尔系数，由霍尔元件的材料决定；

I_H——电流；

B——磁感应强度；

V_H——霍尔电压。

2.2　系统组成

为实时监测管道电流设计了一款大口径霍尔电流环监测装置，如图 2 所示，通过将电流引起的磁场变化转换成电信号，再通过分析处理和计算转换成电流数值，可以方便地在软件后台显示出来。电流环监测装置由大口径电流环组件、太阳能组件、锂电池组件、桩体组件、信号采集与传送模块五部分组成。大口径电流环组件由传感器、磁环、保护外壳、连接信号线等组成，可以监测管道上的电流信号。太阳能组件可以给锂电池组充电，延长锂电池的工作时间和寿命。锂电池组件由电芯和保护板组合而成，可以为系统提供电源。桩体组件由控制箱、桩体、水泥墩等组成。信号采集与传送模块将大口径电流环组件提供的信号处理后传送至软件平台，供技术人员监测及统计分析。

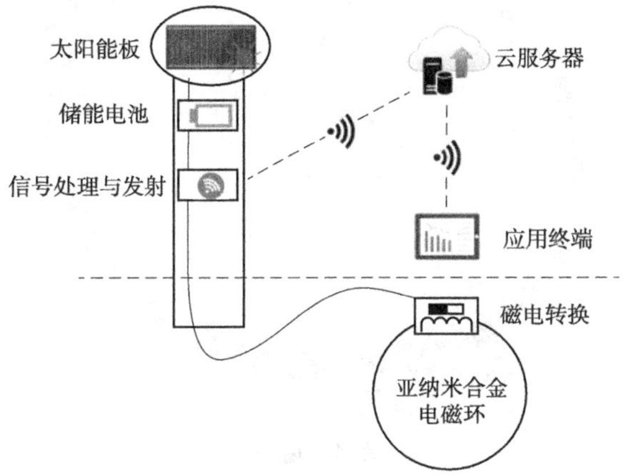

图 2　装置示意图

3　硬件及软件设计

3.1　硬件设计

3.1.1　传感器

选用可编程的传感器芯片，测量范围为 0～400A，增益编程分为 2 档。对传感器芯片编程进行防干扰设计，实现测量精度的提高。传感器焊接在信号处理板上，如图 3 所示，信号处理板可以为传感器提供电源并对信号进行滤波等处理，排除无用信号的干扰。

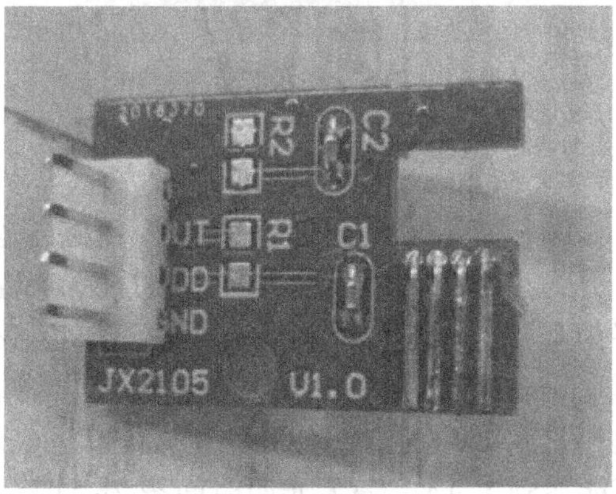

图 3　传感器芯片

3.1.2　磁环

磁环采用卡扣式安装方式，分为 2 个半圆结构，如图 4 所示，便于实际安装使用，磁环直径

930mm，经过退火处理后装入滚塑的防护套管内，如图 5 所示。在磁环的一个连接处留出空隙安装传感器，另一个连接处紧密贴合。磁环由厚度为 0.2μm 的纳米非晶缠绕在直径为 950mm 的圆形支架上，经过滴胶固封，再经过高温退火处理，使纳米非晶成晶体状，此时纳米非晶呈现软磁特性，可用于信号的测量使用，再经过切割打磨处理磁环即制作完成。

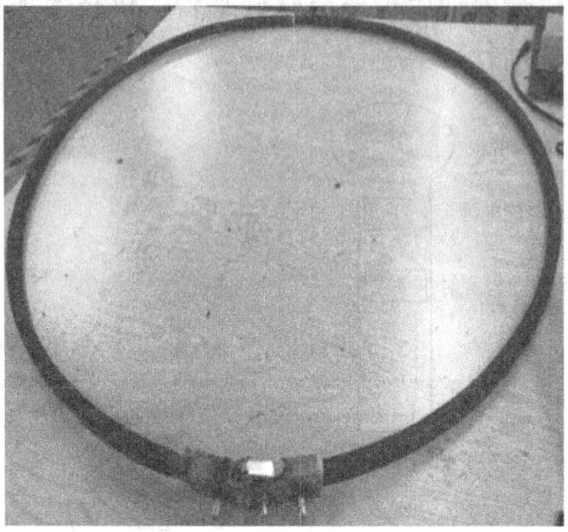

图 4　磁环

图 5　防护套管

3.1.3　太阳能电池板

如图 6 所示，太阳能电池板采用圆形多晶硅，分为三层，表层为玻璃，中间层为多晶硅，底层为基板，电池板外径为 260mm，厚度 5mm，基板底部引出正负极极片，用于焊接导线。负载电压是 4.2V，空载电压是 5V，功率是 6.5W，电流能达到 1.4A。一天光照时间按 7h 计算，可充电 9.8A·h。阴雨天也可充电，电流约为 0.5A。

3.1.4　锂电池

锂电池组为三元电芯 2600mA·h，采用 8 个

图 6　太阳能电池板

电芯并联使用，总容量是 20.8A·h，如图 7 所示，系统中最耗电的是传输模块，锂电池能满足系统连续 7 天无阳光下的用电需求。

传感器供电电压为 DC 5V，传送模块所用电压为 2.8～4.2V，需要锂电池分两路供电，对两路供电增加隔离模块，解决信号影响问题。

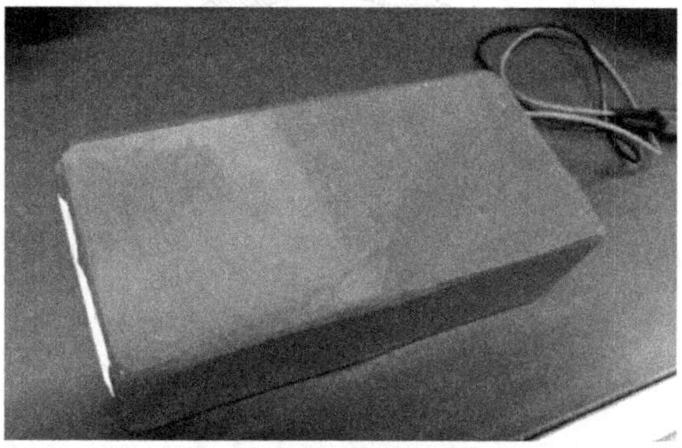

图 7　锂电池

3.1.5　传输模块

采用 Cortex™ – M4 为内核的 STM32L4 系列高性能微控制器，工作频率可达到 210DMIPS@168MHz。STM32L4 系列微控制器集成了单周期 DSP 指令和 FPU，提升了计算能力，可以进行一些复杂的计算和控制。STM32L4 系列微控制器具有 GPIO、IIC、SPI、RTC、UART 等接口，能够外接时钟、存储器、通信模块、RS485 收发器等外围电路。

发射模块工作电压是 2.8～4.2V，采用 2G 网络，功耗大约 100mA，模块顶部设计有电源线接口、天线接口、信号线接口，如图 8 所示。

3.1.6　桩体

桩体表面喷橘黄色漆，桩头用于安装固定太阳能电池板，桩体中间焊有箱体，箱体用于安装传送模块、太阳能控制器、锂电池和电源

图 8　传输模块

板等，桩体底部有 4 个 ϕ8mm 光孔，用于固定桩体。

3.2　软件设计

软件开发包括前端开发(Web 端)、后端开发(包括数据库设计、软件 API 接口开发、微服务功能开发)。数据库设计基于 PostgreSQL，实现设备信息、空间信息、监测数据信息的时空一体化管理。软件功能主要分为七个模块，包括数据可视化展示(主页)、实时监控、数据分析、报表输出、数据管理、报警管理和系统管理。

软件系统自下而上分为感知执行层、基础设施层、基础数据架构层、核心服务层、统一服务接口层和应用层等六个层次。

搭建测试平台进行系统模拟，如图 9 所示，将管道、电子负载和电流源串联起来，在管道上施加 1A、2A、3A、4A、5A、6A、7A、8A、9A、10A、20A、30A、40A、50A、60A 的电流，然后在后台软件分别记录下测得的电流值，多次测量，保证结果的重复性。如图 10 所示，结果表明大口径霍尔电流环监测装置精度高，运行良好。

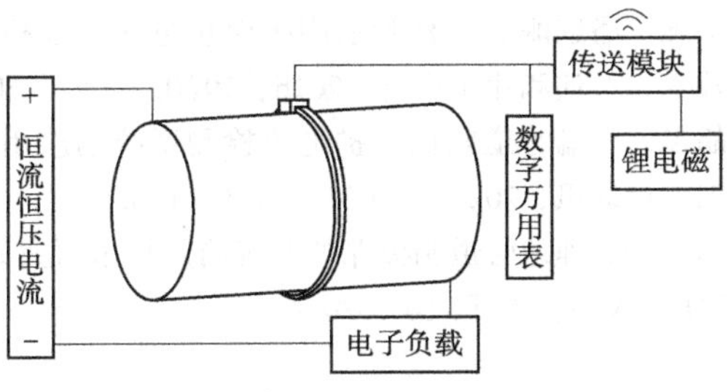

图 9　测试平台

4　现场应用效果分析

4.1　现场安装

在浙江省金华市永康市和武义县现场安装和测试 5 套智能霍尔电流环，安装位置分布如图 11 所示。采用挖掘机开挖和人工开挖相结合的方

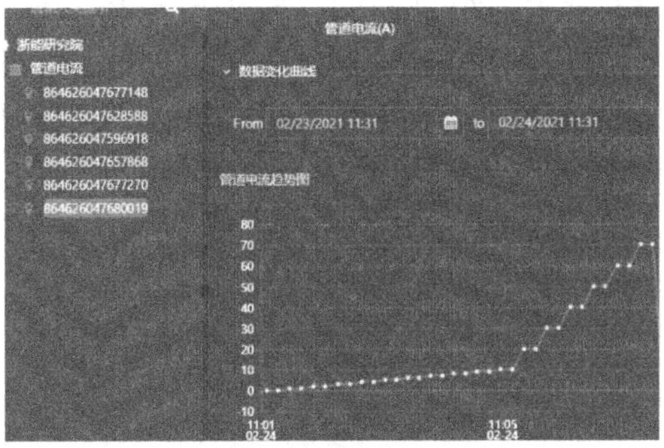

图 10　测试数据

法。边探测边挖掘，接近管道时人工小心开挖，避免伤及管线和光缆。管道挖出后进行霍尔电流环的安装。接着进行传感器的安装及测试，最后进行测试桩体的安装。

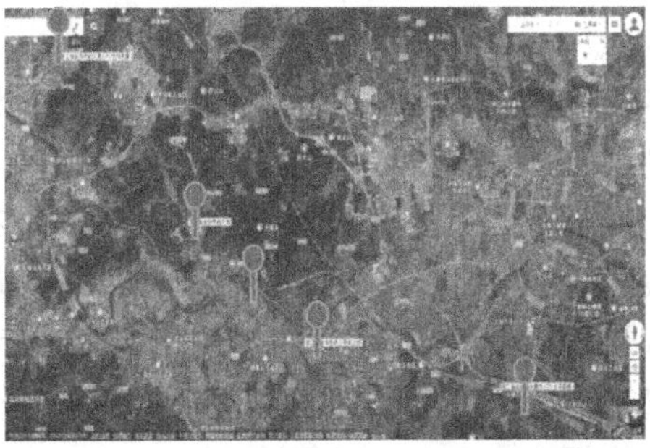

图 11　霍尔电流环安装位置分布图

4.2　现场测试

对电流环监测装置系统上电情况进行检查，包括太阳能电池板输出电压及电流、锂电池电压、传感器供电和信号输出等，如表 1 所示，系统上电正常。

表 1　上电情况测量记录表

太阳能输出电压	太阳能输出电流	锂电池电压	传感器电压	信号输出
3.9V	1.43A	3.89V	5.14V	2.0083

如图 12 所示，在霍尔电流环内穿过通电电线模拟接地极放电进行电流值的测试，测试结果

图 12　现场测试

如图13所示，结果表明，整个电流环系统运行正常，测试精度高。利用kafka流式处理机制，可对输气管道电流进行智能监测，并实现高压直流接地极放电预警。

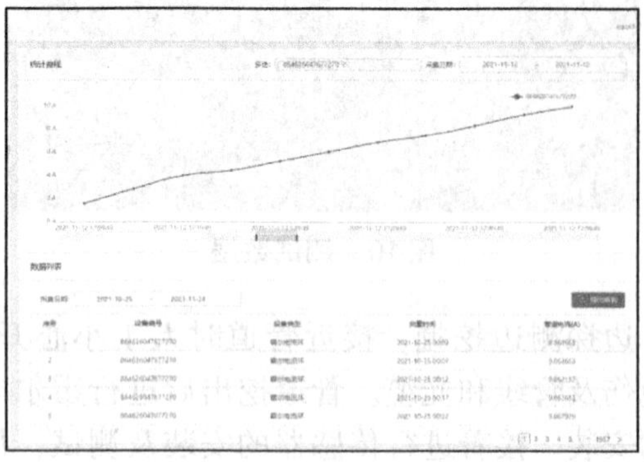

图13　后台界面

5　结论

本研究通过对霍尔电流环进行软硬件设计首次研制出基于纳米非晶软磁材料的大口径(直径930mm)高精度霍尔电流环装置，现场安装应用结果表明该霍尔电流环可对干扰电流的流向、大小进行快速监测和预警，为实现电流影响区域的分级管理和后续的管道腐蚀检测及防护工作提供了科学依据。

参考文献

[1]钱成．直流接地极入地电流对埋地金属管道的电磁影响分析：[D]．吉林：东北电力大学，2018.

[2]盛安全．川气东送输气管道杂散电流腐蚀与防护：[D]．成都：西南石油大学，2014.

[3]周军峰，谭海川，张鑫，等．直流杂散电流对天然气管道干扰影响案例分析．腐蚀与防护，2018，39(09)：713－718.

[4]沈光霁，张逸夫．管道阴极保护电流密度检测评价技术现状分析．全面腐蚀控制，2016，30(03)：48－51.

[5]石思阳，石朝东，徐海波．浅谈长输管道绝缘接头失效的检测与判断．石化技术，2019，26(07)：194＋196.

[6]沈光霁，谷英翠，薛致远，赵君，苏磊．探讨阴极保护电流密度的测试方法．全面腐蚀控制，2012，26(06)：11－14.

[7]周涵，王龙，张琨，窦瑞，梁华庆，陈长风．长输管线阴极保护电流检测系统的设计．电子设计工程，2019，27(11)：61－65.

[8]刘文会，郝晓平，滕延平，温玉芬，费雪松，孙万磊，王辛楼，丁秉军，张连军．电流法在阀室阴极保护绝缘故障排查中的应用．管道技术与设备，2020(05)：59－62.

[9]张良，何沫，张凌帆．800kV特高压直流入地电流对埋地钢管道的影响．天然气工业，2019，39(12)：134－138.

[10]刘文会，沈光霁，高强，赵君，周兴涛，叶莫西．电流环法测试管中电流技术应用．管道技术与设备，2014(04)：3－5.

[11]崔伟．管道穿越段防腐层质量和阴极保护效果评估．油气储运，2020，39(11)：1304－1309.

[12]滕延平，李斌，刘文会，刘猛，隋兆博，刘广兴，裴青．电流法在站场阴极保护绝缘故障排查中的应用．管道技术与设备，2018(03)：37－40.

[13]杨琪．埋地管道综合检测与评估技术研究及应用：[D]．北京：北京化工大学，2017.

[14]王爱玲，李文雷，王庆，张海磊，何黎．500kV高压直流输电接地系统对山区天然气管道电干扰检测及分析．腐蚀科学与防护技术，2019，31(05)：537－543.

[15]王俊杰．管道阴极保护电流内检测技术研究：[D]．北京：中国石油大学(北京)，2018.

[16]侯岩光，赵弘，香朝元．基于集磁环的阴极保护电流测量装置设计．石油化工自动化，2021，57(05)：58－62.

[17]李深旺，郭志忠，张国庆，于文斌，申岩．集磁环式光学电流互感器的自校正测量方法．电工技术学报，2016，31(09)：197－202.

[18]陶嘉楠，黄新敬，陈世利，靳世久．利用集磁环检测管道阴极保护电流方法研究．传感技术学报，2013，26(10)：1374－1378.

[19]宋飞，潘红丽．一种管道阴极保护电流在线检测新技术．石油和化工设备，2016，19(02)：57－60.

[20]胡俊．长输管道阴极保护电流检测系统的应用．化工设计通讯，2022，48(04)：116－118.

[21]陶嘉楠．埋地管道阴极保护电流测量技术研究研究：[D]．天津：天津大学，2014.

基于图像识别的聚乙烯燃气管道缺陷检测算法研究

李　聪[1,2]　孙亚楠[2]　兰惠清[1]　林　楠[3]

（1. 北京交通大学，北京　100044；2. 北汽福田汽车股份有限公司，北京　102206；
3. 中国特种设备检测研究院，北京　100029）

摘　要：针对聚乙烯(PE)燃气管道在使用过程中产生的缺陷，提出了一种基于图像识别的缺陷检测方法。首先设计 Gamma 校正算法实现图像的增强，利用双重滤波去除噪声对图像识别的干扰，对采集到的图像进行初步筛选，得到含有缺陷的图像；然后改进传统的 Soble 边缘检测算法，通过自适应阈值法实现图像的分割，利用开运算将管道的边缘连接在一起，实现缺陷轮廓的有效提取；最后提取特征向量输入到优化后的支持向量机中进行缺陷的识别。实验结果表明，本文的检测算法可以有效提高图像的可观性，通过训练好的支持向量机能够有效识别错口、变形、破裂缺陷，缺陷的平均识别率可以达到 96.3%。

关键词：图像识别；PE 燃气管道；缺陷检测；支持向量机

Detection Algorithm of Defects on Polyethylene Gas Pipe Using Image Recognition

Li Cong[1,2], *Sun Yanan*[2], *Lan Huiqing*[1], *Lin Nan*[3]

(1. Beijing Jiaotong University, Beijing 100044, China; 2. Beiqi Foton Motor Corporation Limited, Beijing 102206, China;
3. China Special Equipment Inspection and Research Institute, Beijing 100029, China)

Abstract: Aiming at the defects of polyethylene (PE) gas pipelines during use, a defect detection method based on image recognition is proposed. Firstly, the Gamma correction algorithm is designed to enhance the image, the double filtering is used to remove the interference of noise on image recognition, and the collected image is prelimi - narily screened to obtain the image with defects. Then the traditional Soble edge detection algorithm is im - proved. The image is segmented by adaptive threshold method and the edge of the pipeline is connected by open operation to extract the defect contour effectively. Finally, the feature vectors are extracted and input into an optimized support vector machine for defect identification. The experimental results show that the detection algorithm in this paper can effectively improve the observability of the image. Through the trained support vector machine, it can effectively identify the dislocation, deformation, and crack defects. The average defect recognition rate can reach 96.3%.

Key words: Image recognition; Polyethylene gas pipeline; Defect detection; Support vector machine

1　引言

在过去的几十年中，聚乙烯(PE)管道广泛用于城市燃气系统。我国大中城市 PE 燃气管道使用率达到 90% 以上[1]。PE 燃气管道均深埋于地下，由于重压、土壤下沉以及塌陷、白蚁蛀蚀等不可控因素的影响，加上使用年限的增加，这些在役的 PE 燃气管道不可避免地会逐渐出现管道结构老化、管体变形、管道内部有裂纹、管接口处发生错位等影响继续使用安全的缺陷。这些缺陷的出现很容易会导致燃气的泄漏，一旦燃气泄

作者简介：李聪(1996—　)，男，汉族，河北邢台人，在读研究生，主要研究管道内缺陷图像识别。E - mail: 20116035@ bjtu. edu. cn

通讯作者：兰惠清，北京交通大学车辆先进制造与测控技术重点实验室(教育部)。E - mail: hqlan@ bjtu. edu. cn

漏，事故后果将不堪设想。例如，2017 年，松原市输气管道发生泄漏，引发爆炸，造成巨大损失[2]。这些事故提醒我们要定期检查燃气管道的缺陷。由于阳光对 PE 材料的不利影响，PE 管道必须根据标准 ISO 44371 埋在地下。这种使用限制使检查过程更加困难[3]。有许多基于 X 射线、超声波、激光、漏磁和红外图像的非破坏性和非接触式方法来检测管道中的缺陷。这些管道检测方法设备复杂、检测成本高、缺陷不易可视化[4]。其中一些方法对钢管是实用和有效的，但对 PE 管则不然。因此，利用管道机器人检测管道缺陷已成为当前的主流方法。机器视觉方法使用配备光源和摄像头的管道机器人，可以直接对管道内部的图像进行实时采集、传输和处理[5~7]。利用图像识别技术进行无损检测，可以提高管道检测效率，同时减少人为主观因素的影响。

在缺陷识别之前，通常采用图像预处理技术来提高图像质量或提取缺陷区域，为后续管道缺陷的识别和分类做准备[8,9]。图像处理技术主要涉及图像去噪、图像增强、图像分割和形态处理[10~13]。Moselhi 等[14]首次提出利用数字图像处理技术对数字视频图像进行自动处理，实现基于图像的管道自动检测。Motamedi 等[15]对管道图像进行灰度化、滤波和形态学运算，实现城市排水管道缺陷的无损检测。Khalifa 等[16]首先对排水管道的图像进行灰度变换，得到最优阈值分割图像，然后对图像进行开运算增强。

除了图像处理技术，模式识别技术也很重要，主要用于识别和分类缺陷。从分割区域中提取所需的特征，然后分类器将这些特征作为输入进行进一步的缺陷识别。Yang 等[17]使用缺陷面积、纵横比和偏心率作为区分特征来确定缺陷的形状。Sinha 等[18]提取分割缺陷的周长、面积、圆度等几何特征，送入模糊神经网络算法进行分类。Alam 等[19]根据圆形度对缺陷进行分类识别，缺陷识别的平均准确率可达 95.3%。

管道图像的图像处理技术和模式识别算法已经比较成熟。但目前针对 PE 管道内部缺陷的检测算法较少。虽然目前大多数管道视觉检测方法都能获得管道内表面图像，但处理后的缺陷图像相对模糊，缺陷提取效果受到噪声、光照不均等现象的严重影响。在 PE 输气管道缺陷检测中，需要一种提高检测质量和识别效率的方法。

本文的目的是介绍一种新的算法来识别和分类 PE 管道中可能存在的缺陷。由于介绍的缺陷检测和诊断方法是基于图像处理和支持向量机的，因此收集了 PE 管道中常见缺陷的图像数据库。首先，对图像灰度化处理并进行初步筛选。然后，通过 Gamma 校正算法和双滤波器提高图像质量，改进传统的 Sobel 边缘检测算法，实现缺陷轮廓的有效提取。提取缺陷圆形度和缺陷长轴与短轴之比的特征，以方便分类过程。图像处理技术与支持向量机相结合，不仅可以找到缺陷在管道中的位置，还可以得到缺陷的形状和方向。发现 PE 管道内表面微小缺陷的特征将有助于预测故障时间并防止造成管道行业的巨额成本。本研究的框架如图 1 所示。

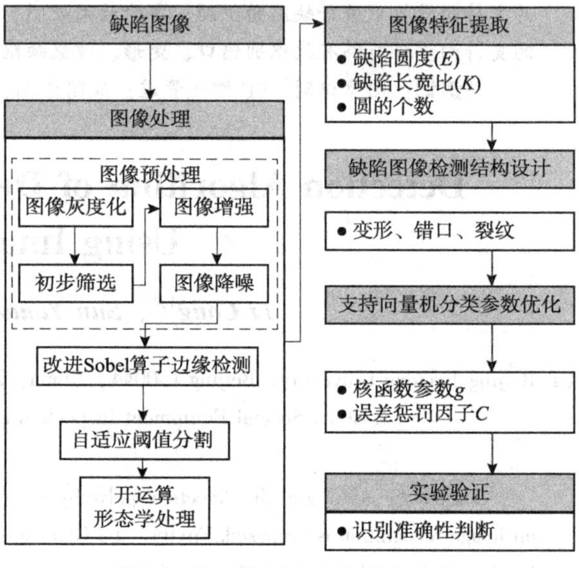

图 1　自动检测缺陷的总体方案

2　图像预处理

对管道图像进行预处理，不仅是为了能够去除噪声，还希望可以增强管道背景与缺陷之间的对比度，将图像加工成高质量的信息，尽可能突出缺陷图像的特征，以便于更有效进行缺陷检测和识别分类。图像预处理过程如图 2 所示。

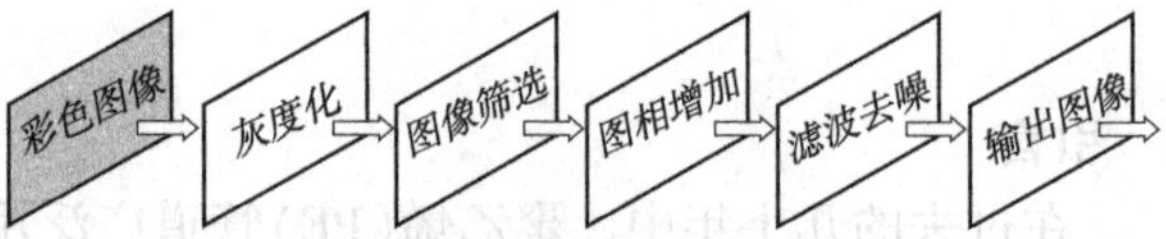

图 2　预处理流程图

2.1　管道缺陷图像灰度化

结合检测的实际情况，PE 燃气管道的结构缺陷检测可以通过管道的边缘信息和管道图像的灰度变化信息进行判别。在本文中，需要将彩色图像转换为灰度图像。综上所述，对采集到的管道内部图像进行图像灰度处理的方法有分量法、最大值法、平均法和加权平均法。通过对比，本文选择加权平均法对图像进行灰度化处理。加权平均法通过公式(1)对三个 RGB 分量进行加权，可以得到更合理的灰度图像。根据人眼对绿色的敏感性最高而对蓝色的敏感性最低的事实，得到公式为：

$$Gray(i,j)=0.299\times R(i,j)+0.578\times G(i,j)+0.114\times B(i,j) \quad (1)$$

式中 $Gray(i,j)$——坐标(i,j)处的灰度值；

$R(i,j)$，$G(i,j)$和$B(i,j)$——分别表示像素的三种颜色分量的亮度值。

以 PE 燃气管道的开缝、裂纹、变形缺陷为例，采用上述灰度方法进行图像处理，处理后的效果图如图 3 所示。从图 3 中可以看出经过加权平均法处理后的灰度图像明暗适中，管道缺陷的特征也没有被覆盖掉。因此，选择加权平均法来对图像进行灰度化处理。

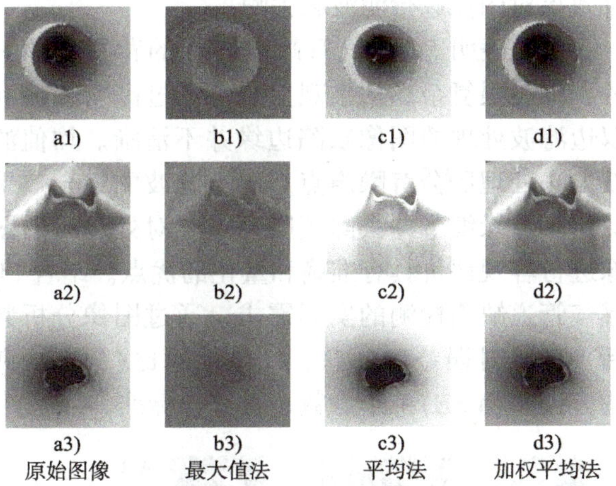

图 3 彩色图像灰度化对比效果图

2.2 管道缺陷图像的初步判断

在整个 PE 燃气管网中，缺陷的比例非常小。为了提高检测效率，首先要筛选出有缺陷的图像。通过对采集到的 PE 燃气管道图像进行对比分析，可以发现缺陷管道图像灰度分布不均匀。在连续拍摄的情况下，相邻两幅图像的灰度值分布应该处于同一水平，或者非常相似。因此，为了快速筛选出缺陷图像，只需将待检测图像的灰度分布与其相邻的两幅图像进行对比，即可判断图像是否存在缺陷。待检测图像与相邻两幅图像的比较保证了灰度分布的均匀性。如果相邻图像的灰度有明显变化，则很有可能存在缺陷。

PE 燃气管道缺陷初步筛选算法流程图如图 4 所示。首先读取数据库中任意相邻的两个管道内部图像 1 和 2，计算图像对应像素点之间的灰度差 Δ_1 和图 2。计算公式如式(2)所示。

$$\Delta=|1_a-2_a| \quad (2)$$

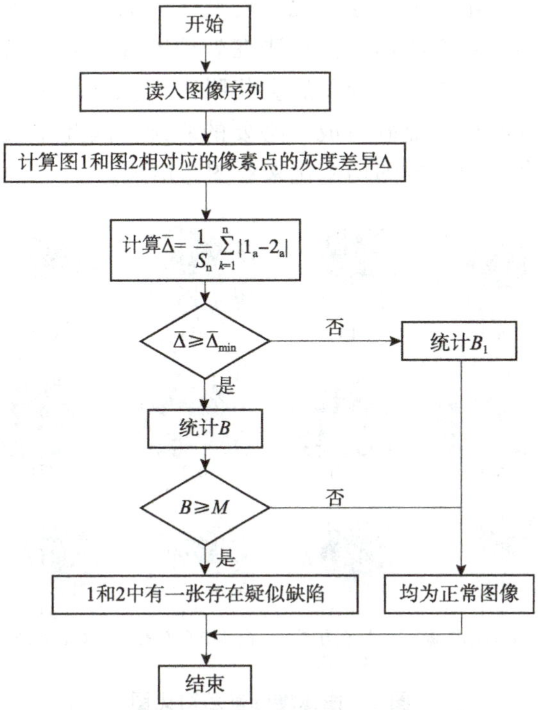

图 4 PE 燃气管道缺陷初步筛选算法流程图

某些因素会影响图像采集或传输过程。因此，相邻两幅图像对应的像素点可能存在过大的灰度差 Δ，容易导致判断错误。为了降低误检率，提高图像的筛选率，本文将两点之间的灰度差值 Δ 替换为指定大小区域内所有像素点灰度差的平均值 Δ[式(3)]。

$$\bar{\Delta}=\frac{1}{S_n}\sum_{k=1}^{n}|1_a-2_a| \quad (3)$$

采用统计方法，首先计算指定尺寸区域内异常图像与正常管道图像灰度值差的最小值 $\bar{\Delta}_{min}$。然后计算异常图像中异常部分面积最小时的像素数 M。将差值 $\bar{\Delta}_{min}$ 设置为略小于计算出的原始 $\bar{\Delta}_{min}$，可以有效降低图像丢失的概率。通过公式(3)计算两幅图像指定尺寸区域内所有像素点灰度差的平均值 $\bar{\Delta}$，并将图像中满足 $\bar{\Delta}\geq\bar{\Delta}_{min}$ 的像素点数记为 B；图像中与 $\bar{\Delta}<\bar{\Delta}_{min}$ 匹配的像素数记为 $B1$。如果 B 大于等于 M，则可以判断图像 1 和图像 2 中可能存在缺陷图像，否则，图像 1 和图像 2 都是正常图像。

2.3 管道缺陷图像增强处理

对图像进行增强处理是为了增强图像中的缺陷部分与背景部分的对比度，让管道缺陷图像更具有辨识度。经过图像增强算法处理之后图像如

图5所示，通过直观的观察图5可以得出以下结论：经过直方图均衡化的图像不但增强了背景和缺陷的对比度，还将噪声也在图中突显出来，并且与原始缺陷图像相比，均衡化后的图像亮度不均匀。直方图均衡化算法在处理图像时对像素点是不加选择的，处理后会将噪声干扰性增强，对后续的特征提取造成不必要的麻烦。因此本文将不会采用直方图均衡化来对图像增强。

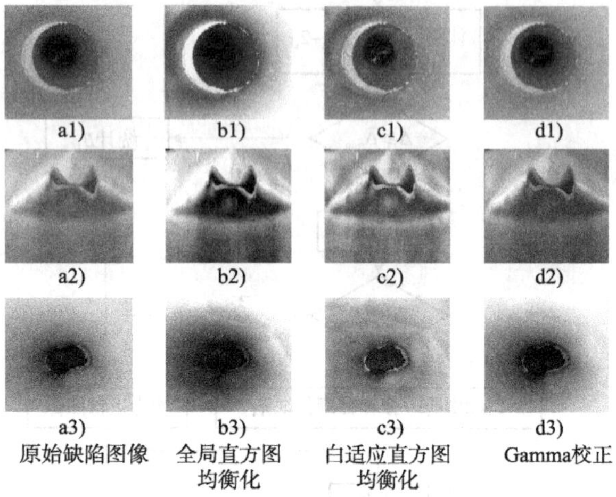

图5 图像增强前后对比图

从图5中看出经过Gamma校正后，缺陷图片没有出现失真。同时，缺陷与背景更加分明，观感更好。而且缺陷边缘更加突出，与背景差异更大，变得更为清晰，图像对比度得到了增强，相较于之前的对比度增强操作，用Gamma校正的效果更为理想，它有效减少了光照的不均，一定程度上还使图像变得更为平滑，也更有利于后续图像分割。本文通过Gamma校正增强采集到的管道内部图像的对比度。

2.4 管道缺陷图像滤波处理

在获取图像的过程中，会受到噪声的干扰，因此需要进行滤波操作。管道缺陷检测中产生图像噪声的因素有很多。在采集管道图像时，由于采集系统环境温度较高，可能会产生高斯噪声。该图像不仅具有高斯噪声，还具有椒盐噪声。有许多常见的过滤方法，但每种方法都有其优点和缺点。因此，需要选择最适合PE燃气管道的过滤方式。双边算法可以去除图像上的高斯噪声，但是在去除高斯噪声时会忽略椒盐噪声。去除椒盐噪声最好的算法是自适应中值滤波，但是去除高斯噪声的效果很差。在本文中，我们考虑通过中值滤波去除椒盐噪声，然后通过双边滤波进一步去除高斯噪声。因此，本文采用双重滤波的组合效果对图像进行滤波和去噪。

图6表明PE燃气管缺陷图像的背景是单一的，不是很复杂。从主观上看，经过高斯滤波和双边滤波处理的图像缺陷边缘并不清晰。均值滤波方法处理后会有噪声点。双重滤波的组合效果保留了边缘细节并去除了噪声点。对处理后的图像进行客观评价具有准确和量化的优点。结合PE燃气管道缺陷检测的实际需求，通过图像分析判断平均绝对误差(*MAE*)、峰值信噪比(*PSNR*)和均方误差(*MSE*)三个参数是否符合标准。

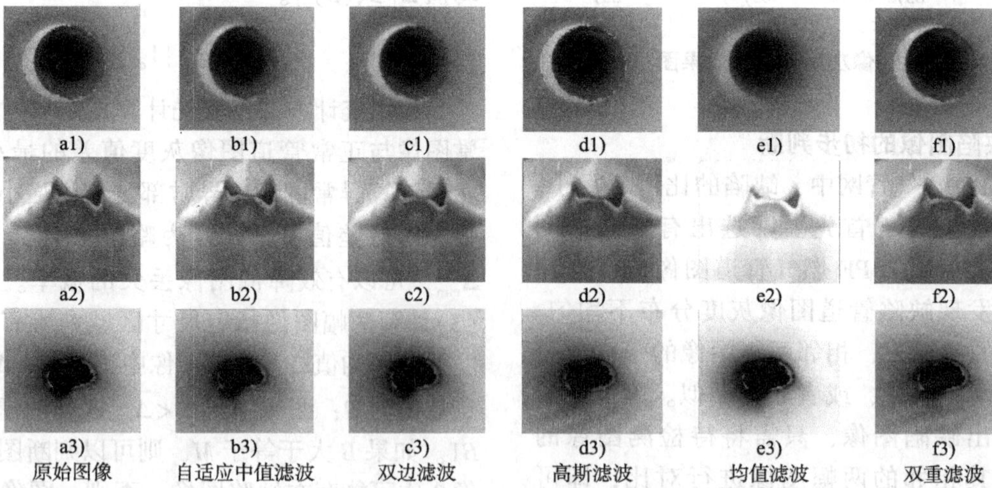

图6 不同过滤方法的对比图

以PE燃气管道内部的三个典型缺陷为例。首先，从各类管道缺陷图像数据库中随机选取60幅图像作为样本，采用不同的滤波算法进行处理。然后分别计算*PSNR*、*MSE*和*MAE*三个参数，绘制对比折线图，如图7～图9所示。最后根据各参数的标准进行分析评价。*MAE*越小，细节的保存越好。*MSE*越小，失真程度越小。*PSNR*越大，表示两幅图像之间的相似度越高。如果能同时满足这三个参数，说明过滤效果非常理想。

分析图7可以看出，*MAE*值从小到大的顺序是对偶滤波、高斯滤波、自适应中值滤波、双边滤波、均值滤波。双重滤波后图像的*MAE*值处于稳定状态。

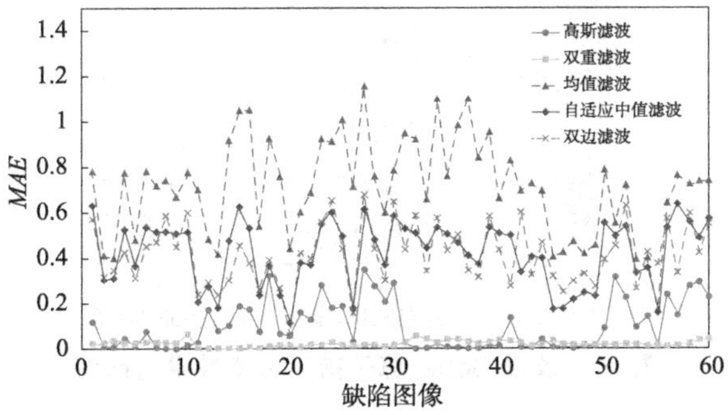

图7　各种算法的 *MAE* 性能比较

分析图8可以看出，双重滤波后的图像失真最小，高斯滤波后的图像失真仅次于双重滤波，两种滤波方法都比较稳定。

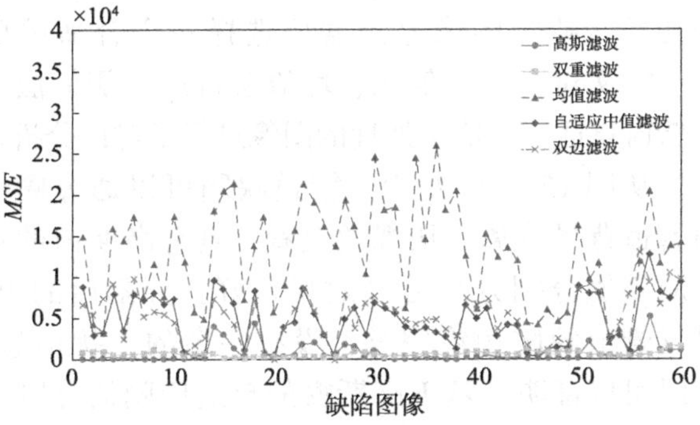

图8　各种算法的 *MSE* 性能比较

图9表明，双重滤波后的图像相似度高于其他滤波算法。图像处理后高斯滤波得到的*PSNR*值波动较大，平均滤波后的图像质量较差。

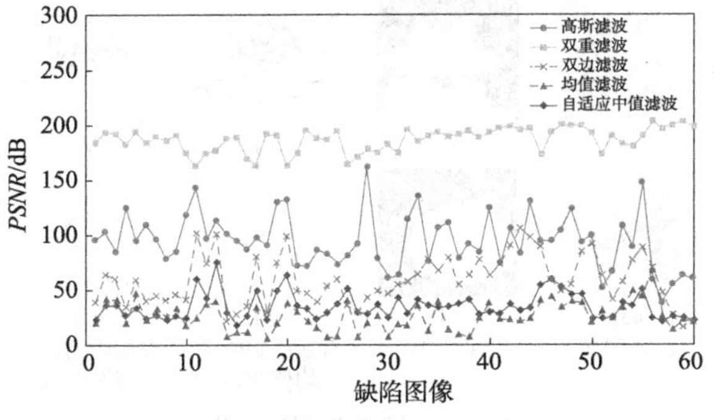

图9　各种算法的 *PSNR* 性能比较

由上述分析可知，每一种算法的滤波效果都是不同的，具体使用哪一种要结合这两种评价方式来做出决定。由管道图像上噪声产生的原因和种类可知，通过设备采集到的图像上可能会包含有椒盐噪声和高斯噪声，采用自适应中值滤波去除椒盐噪声，采用双边滤波去除高斯噪声。将两种滤波算法叠加使用，并且结合主观评价和客观评价方法分析可以得出这种双重滤波的方式不仅保留了图像的边缘细节还将冗杂的噪声剔除，因此，本文决定采用双重形式的滤波。

3　管道缺陷的边缘检测及分割处理

3.1　改进 Sobel 算子边缘检测

在对获取的图像进行初步筛选和预处理后，为了后续计算待检测图像的几何特征并用于模式识别和分类，需要提取管道缺陷的边缘。由于PE燃气管道内部是光滑的，突出的边缘是整个图像中非常重要的特征，为图像分割和缺陷分类提供了重要依据。传统的Sobel算子使用卷积模板，先对每个像素点进行加权平均处理，再进行微分处理，得到*X*方向和*Y*方向的梯度值。Sobel算法对每个像素进行计算，可以减少边缘的模糊，保持边缘完整，因此图像边缘检测效果更好。模板如图10所示。

-1	-2	-1
0	0	0
1	2	1

水平方向

-1	0	1
-2	0	2
-2	0	1

垂直方向

图10　Sobel 算子的模板

Sobel算子抑制图像噪声的原理是引入一个加权值。这种方法计算量比较小，所以处理速度提高了，节省了时间和成本。但是普通的Sobel算法只对*X*、*Y*方向敏感，只能对*X*、*Y*方向的边缘进行评价，算法难以获得理想的检测效果，定位精度也不是很高。PE输气管道内部缺陷形状不同，深度不同，导致缺陷图像灰度的局部变化不明显。同时需要实时传输，采集到的PE燃气管道内部缺陷图像存在大量干扰信息。仅依靠双向模板检测管道缺陷边缘效率低下，容易造成漏边。

本文改进了传统的Sobel算法(图11)。在图10中的两个模板的基础上，每隔45°添加一个模板，另外六个方向添加，如图12所示。该算法可以增强抗噪声能力，使边缘定位更加准确，提高边缘检测的准确性。改进后的Sobel算子全面覆盖了图像的各个方向，不仅可以更有效地检测图像的边缘，使边缘信息完整，而且提高了边缘检测的准确率，大大降低了错误边缘的概率。改进后的 Sobel 算子加上剩下的 6 个方向模板后，模板像素到中心像素的距离不同，因此对检测结果的影响也不同。从图 13 的关系可以看出，在添加剩余 6 个方向模板后，模板像素到中心像素的距离与对应的权重成反比。

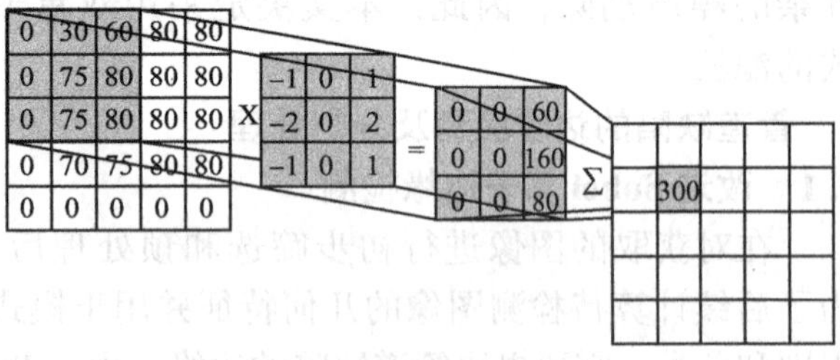

图 11　卷积过程中的一个步骤

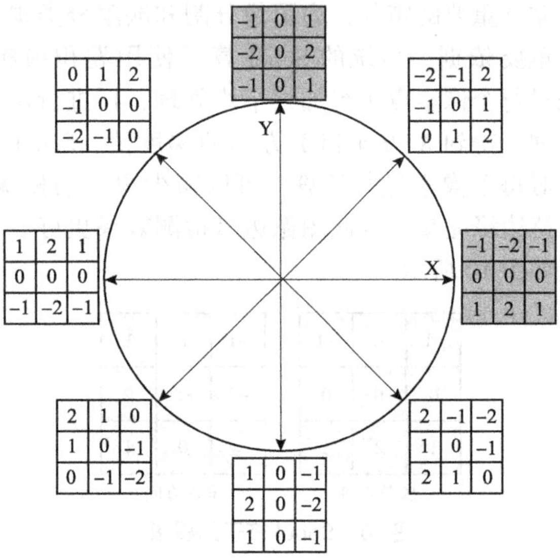

图 12　改进 Sobel 算子

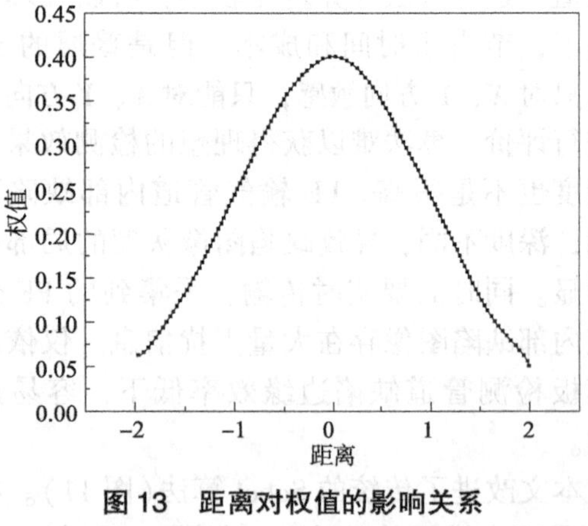

图 13　距离对权值的影响关系

针对 PE 燃气管道三种典型缺陷：变形、错口和裂纹的滤波图像，采用经典边缘检测算法和改进的 Sobel 边缘检测算法进行缺陷检测。三种缺陷的边缘检测效果如图 14 所示。

对比研究发现，改进的 Sobel 算法提取的缺陷边缘更加连续完整，能够充分展现缺陷的形状特征。有利于缺陷的精确定位和缺陷特征的提取。同时减少了对缺陷边缘判断的干扰。

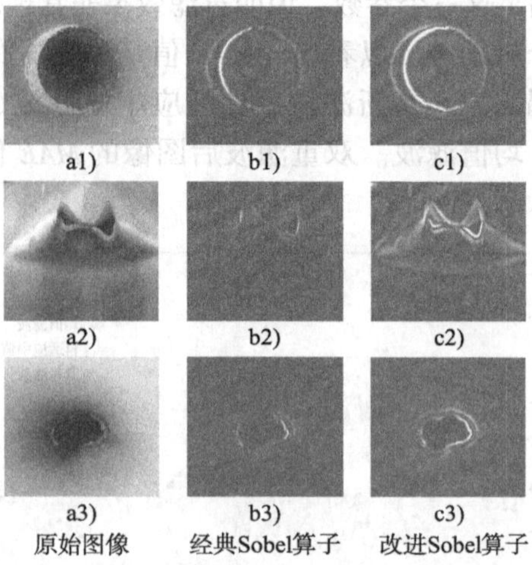

图 14　改进 Sobel 算子前后检测效果对比图

3.2　自适应阈值分割

阈值分割是一种基于区域的图像分割技术。其原理是通过设置不同的特征阈值将图像像素分为几类。缺陷图像分割需要选择一个合适的阈值。本文对全局阈值法、均值窗自适应阈值法和高斯窗自适应阈值法处理的图像进行了对比分析。

从图 15 可以发现，管道缺陷可以通过阈值与管道背景分离。从视觉上看，具有高斯窗的自适应阈值分割方法分割效果最好，分割后的 PE 燃气管道缺陷边缘完整，没有多余的干扰信息。同时可以证明，基于高斯窗的自适应阈值分割方法适用于 PE 燃气管道缺陷图像的分割。

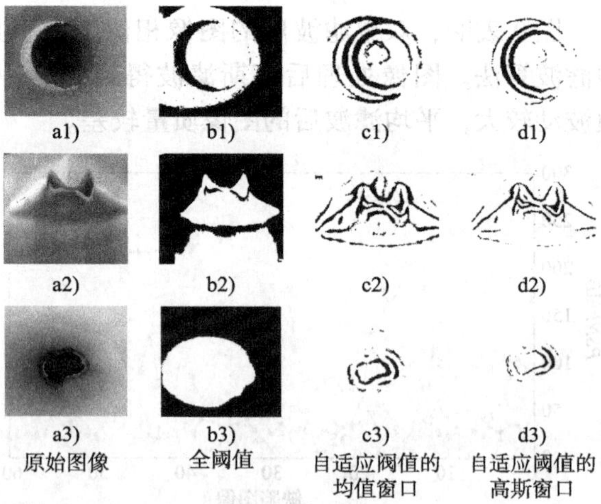

图 15　阈值分割对比图

3.3　开运算形态学处理

图像的明暗部分可以通过结构元素以各种方式重塑或变形。它可以看作是形态学运算的一个参数。基本的形态学操作包括膨胀和腐蚀[20]。Z^2 中的集合 A 和 B 被定义为分别表示由像素 $p(x,$

y)和结构元素组成的灰度图像：

$$A=\{(x,\ y)\,|\,p(x,\ y)\} \tag{4}$$

$$B=\{(x,\ y)\,|\,(x,\ y)\} \tag{5}$$

A 对 B 的膨胀，表示为$A\oplus B$，是由 B 的形状包围的 A 中所有像素的并集，定义为：

$$A\oplus B=\{a+b\,|\,a\in A\cap b\in B\} \tag{6}$$

同样，A 被 B 腐蚀，记为$A\Theta B$，去除了距离 A 边缘"距离"B 内的所有像素，并定义为：

$$A\Theta B=\{a\,|\,b+a\in A\cap b\in B\} \tag{7}$$

开运算定义为：

$$A\otimes B=(A\Theta B)\oplus B \tag{8}$$

闭运算定义为：

$$A\odot B=(A\oplus B)\Theta B \tag{9}$$

将经典的形态学处理算法与衍生的开运算和闭运算的算法进行对比分析。从图 16 可以看出，开运算的作用主要是去除与结构元素轻微相关的图像区域，同时保留大于结构元素的图像区域。闭运算以擦除暗部细节为基础，保证所有灰度值和大范围暗区的稳定性。开运算和闭运算对消除噪声有很大的影响。开运算更完整地保存了整体效果，最后通过开运算来绘制图片中缺陷的轮廓。

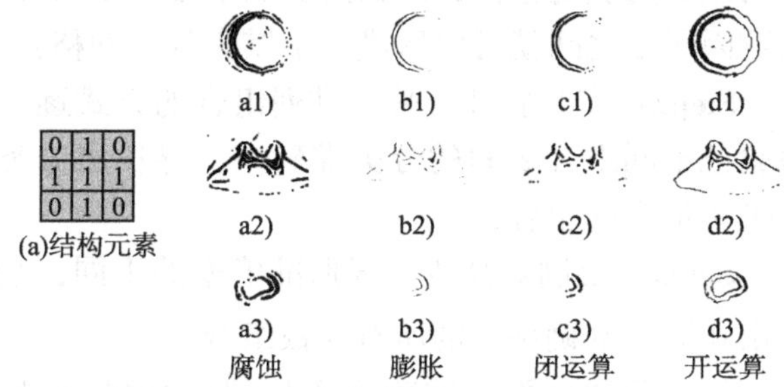

图 16 形态学操作处理对比图

4 图像缺陷识别和分类

4.1 管道图像缺陷的特征提取

为了确定管道中存在什么样的缺陷，几何特征被用作重要的参考。PE 管缺陷常用的描述特征包括缺陷面积(S)、缺陷周长(L)、缺陷圆度(E)、缺陷长短轴比(K)。

缺陷圆度(E)定义为：

$$E=\frac{4\pi S}{L^2} \tag{10}$$

缺陷长轴与短轴(K)的比值如图 17 所示。它定义为：

$$K=\frac{L_1}{L_2} \tag{11}$$

本文选取缺陷圆度(E)、缺陷长轴与短轴之比(K)和圆的个数三个特征值来描述管道缺陷，为模式识别提供了依据。统计分析得到的三个特征值组成的特征向量具有区分不同类型缺陷的能力。以错口、裂纹和变形的图像为实验样本，随机选取每种类型的 600 个样本对这些实验样本进行预处理，提取特征值进行存储。

从图 17 中可以看出裂纹缺陷的圆形度相比于其他两类缺陷来说要小，圆形度值介于 0.000 ~ 0.4301 之间，有 95% 在 0.350 以下。长短轴比值较小，很符合客观事实，常见的裂缝一般都是长度较大宽度微小，长宽比值在 0.25 以下的占 89%。裂缝缺陷在检测过程中，不会检测到圆的存在。

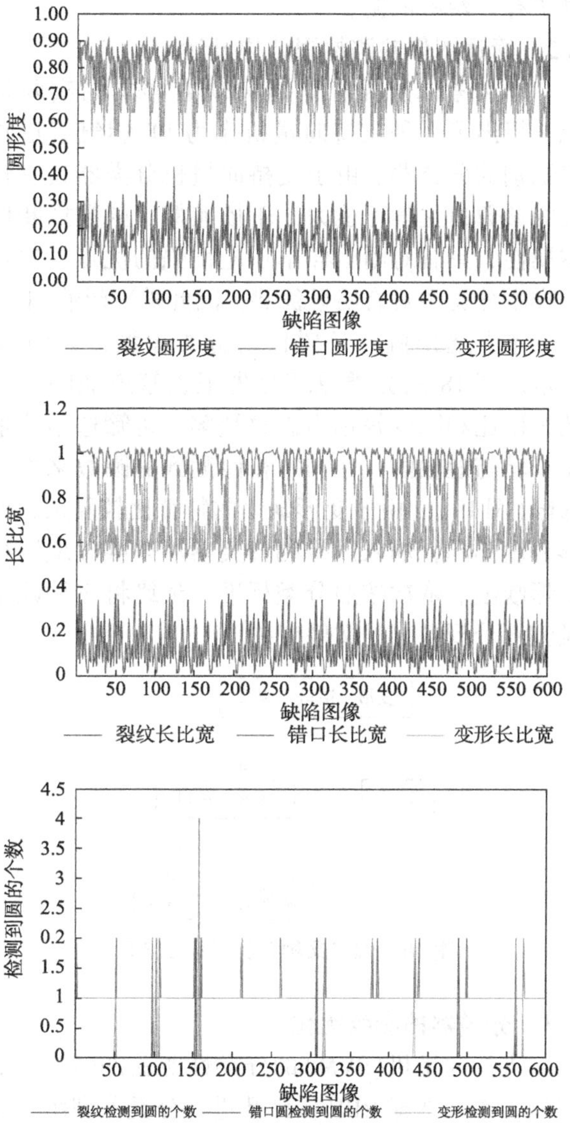

图 17 典型特征统计结果

错口缺陷的圆形度值介于 0.6601 ~ 0.9122 之间，有 96% 在 0.800 以上。长短轴的比值大部分集中在 0.900 以上，此特征与错口缺陷的情况相符合，相比于正常管道会有一些错位的情况，呈现月牙形。错口缺陷在检测过程中会检测到 1 个圆形，仅有 4.12% 的错口缺陷图像检测到 2 个圆形。

变形缺陷的圆形度值介于 0.5421 ~ 0.8871，90% 的变形缺陷集中在 0.75 左右。长短轴的比值介于 0.5084 ~ 0.9681 之间，主要取决于变形程度的大小，变形缺陷在检测的过程中一般检测不到圆的存在，图中特征量的计算结果中有检测到 4 个圆，这可能是因为采集到的图像正好位于钢塑管接头处。

以上统计结果显示，不同缺陷类型之间的几何特征相差较大，便于区分，为分类器的设计提供了有效参考依据。

4.2 管道图像缺陷检测结构设计

本文考虑所需存储量和现有样本的实际情况，提出了一种支持向量机作为 PE 燃气管道缺陷识别的分类器。由于支持向量机分类器具有较强的参数自主学习能力，不依赖概率函数推断样本属性，具有对陌生样本适应性强的优点。它在小样本分类中具有明显优势，因此被广泛使用。

本文选择偏二叉树作为分类模型，如图 18 所示。图 18 的分类原理是先根据管道缺陷区域的纵横比和圆度筛选出裂纹缺陷，再筛选错位根据长轴与短轴的比率(K)和检测到的圆数来确定缺陷(图 19)。由于变形缺陷的特征比较复杂，变形程度不同，加入圆检测分类器可以准确地选择变形缺陷。依次按照分类标准，最终将三种缺陷类型划分到各自的文件夹中。

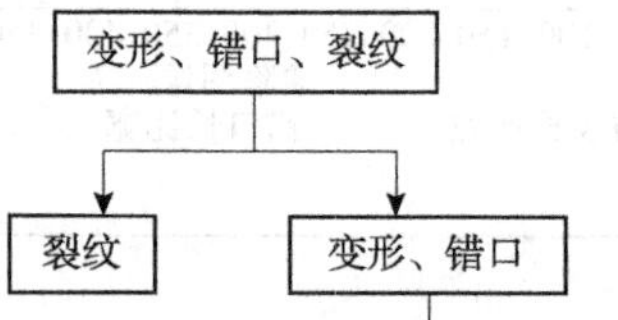

图 18 偏二叉树分类模型示意图

4.3 分类器的参数优化

支持向量机(SVM)的分类性能受许多参数的影响。本文选择 RBF 核函数进行分类器训练。影响 SVM 分类精度的参数有核函数参数 g 和误差惩罚因子 C。惩罚因子 C 的最优值需要通过调整分类结果的置信区间来获得。据研究，核函数参数 g 会直接影响最终的分类结果。如果选择的 g 太小，则分类器的分类能力不强。如果选择的 g 过大，容易造成过拟合，增加分类错误率。为了得到最优的分类器参数，本文采用网格搜索算法对

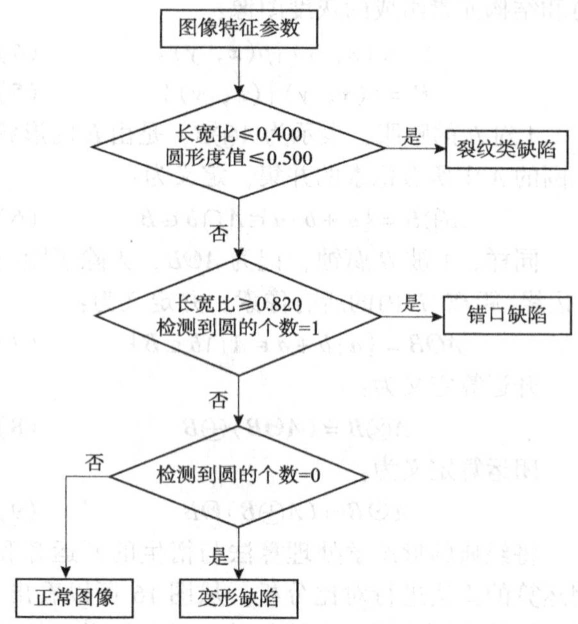

图 19 缺陷分类结构图

分类器参数进行优化。寻找最优参数的过程主要分为以下三个步骤：

Step1：设置参数的取值范围。搜索区域的大小初步设定在 2^{-10} ~ 2^{10} 之间，搜索的步长初步设定为以 2 为底的指数，那么惩罚因子 C 和 RBF 核函数因子 g 之间就可以形成一个棋盘状的网格；

Step2：交叉验证。采用排列组合的方式逐一地验证不同组合之间的分类准确率，寻找出分类准确率最高的组合；

Step3：绘制等高线。根据准确率的不同，绘制出在同一准确率上的所有参数组合。

优化后的分类器准确率等值线图如图 20 所示。如表 1 所示，完成了分类器 1 和分类器 2 的参数选择。

表 1 分类器的最优参数

分类器	最优参数 C	最优参数 g	准确率
1	0.0868	0.7311	100%
2	0.6935	0.8793	100%

4.3 试验验证

本文首先通过图像采集系统采集 PE 输气管道内部图像，并对采集的图像进行初步筛选。随机选取每种缺陷的 600 张图像作为图库，每种缺陷的 500 张图像作为每个 SVM 分类器的训练集，剩余的 100 张管道缺陷图像作为样本集验证分类效果。本文使用精确率和召回率来评价分类模型的分类效果。它的定义在式(12)和式(13)中给出。其中 TP、FP、FN 分别表示判断正确的管道

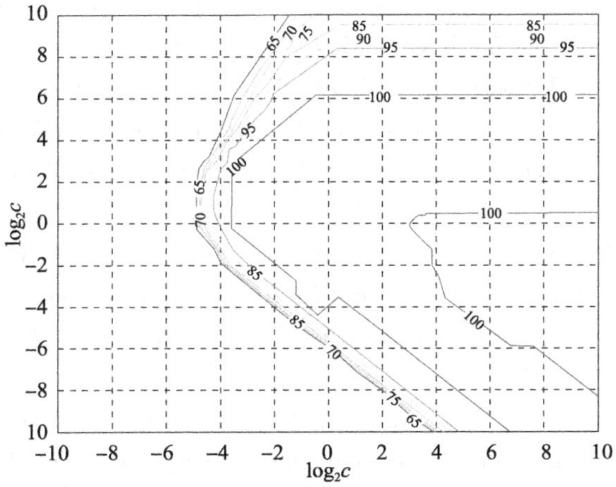

(a)分类器1

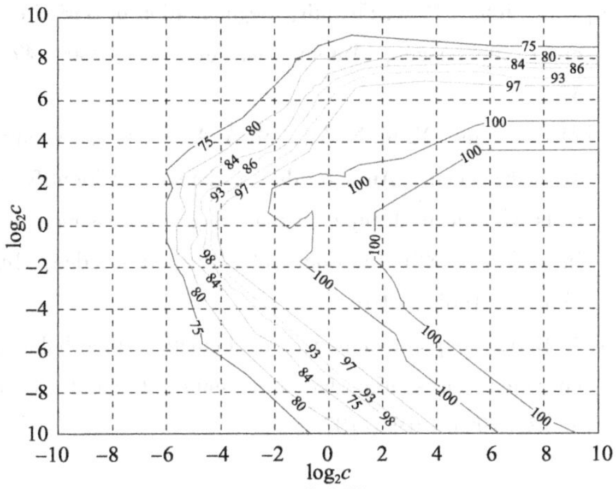

(b)分类器2

图 20　网格搜索算法参数寻优结果

缺陷图像数量、判断错误的管道缺陷图像数量和无法进行识别的管道缺陷图像数量。

$$P = \frac{TP}{TP + FP} \tag{12}$$

$$R = \frac{TP}{TP + FN} \tag{13}$$

从表 2 可以看出，本文所用算法的识别准确率达到了较高的水平，尤其是对管体变形和错口的识别率平均可以达到 97.5%。裂缝的识别准确率略低，因为裂缝的位置干扰了采集，但平均识别率仍能达到 96.3% 左右。从实验结果来看，本文的识别分类算法能够满足系统的精度要求，可以应用于工程实践。

表 2　缺陷分类结果

缺陷类型	检测图片	正确识别	错误识别	未识别	正确率	召回率	识别率
变形	100	98	2	0	98.0%	100%	
错口	100	97	2	1	97.0%	98.9%	96.3%
裂纹	100	94	4	2	94.0%	97.9%	

5　结论

本文提出了一套适用于地下 PE 燃气管道缺陷检测的算法。通过实验验证，实现了管道内部缺陷的非接触式快速检测。结果表明：

(1)根据连续管道内图片的相似度，对采集到的图像进行初步筛选，确定可疑缺陷图像，大大提高了处理速度。对于有缺陷的 PE 燃气管道图像，首先使用加权平均法对图像进行灰度化，然后使用 Gamma 校正增强对比度，最后使用双重滤波方法去除噪声。经实验验证，该预处理方法具有较好的滤波效果，可以在保留大量原始图像细节的同时加快处理速度。

(2)针对图像缺陷的边缘检测，提出了一种改进的 Sobel 算法。采用高斯窗自适应阈值分割方法对图像中的缺陷进行分割。最后，为了得到缺陷的特征参数，对图像进行形态学处理，准确地绘制出缺陷的轮廓。

(3)提取 PE 燃气管道缺陷的几何特征，选择支持向量机对缺陷类型进行分类。通过选择核函数和参数优化过程，完成分类器的设计，对 PE 燃气管道图像中的不同缺陷进行分类。通过实验得到的测试结果表明，本文所采用的方法具有较高的分类精度，可以达到区分地下 PE 燃气管道缺陷类型的目的。本文研究的缺陷识别算法可以应用在城市末端中低压 PE 燃气管道铺设及定期检测工程，利用管道内机器人，实现管道内部缺陷非接触式的迅速检测。

参考文献

[1]邓杰义，仇文辉．聚乙烯(PE)管材的应用现状及发展趋势[J]．广东化工，2017，44(13)：137－138.

[2]蓝朝逊．城镇埋地 PE 燃气管道典型失效及监测方法研究[D]．四川轻化工大学，2019.

[3]孔朝金，胡利锋，付振林，等．管道内检测技术现状和发展趋势探讨[J]．全面腐蚀控制，2019，33(08)：4－8.

[4]张艳飞，单利锋．X 射线检测技术定位管道焊缝缺陷深度的方法及应用[J]．内蒙古电力技术，2013，31(06)：65－68.

[5]J. C. P. Cheng，M. Wang，Automated detection of sewer pipe defects in closed－circuit television images using deep learning techniques，Autom. ConStruct. 95 (2018) 155－171.

[6]王鹏飞．基于机器视觉的管道巡检机器人设计与实现[D]．陕西：西京学院，2020.

[7]S. K. Sinha，P. W. Fieguth，Neuro－fuzzy network for the

classification of buried pipe defects, Autom. ConStruct. 15 (2006) 73 - 83.

[8]M. R. Halfawy, J. Hengmeechai, Automated defect detection in sewer closed circuit television images using histograms of oriented gradients and support vector machine, Autom. ConStruct. 38 (2014) 1 - 13.

[9] X. Zuo, B. Dai, Y. Shan, J. Shen, C. Hu, S. Huang, Classifying cracks at sub - class level in closed circuit television sewer inspection videos, Autom. ConStruct. 118 (2020).

[10]黄玉龙. 基于视频图像的管道裂纹缺陷检测方法研究[D]. 西安: 西安理工大学, 2018.

[11]J. Shao, D. Du, B. Chang, H. Shi, Automatic weld defect detection based on potential defect tracking in real - time radiographic image sequence, NDT E Int. 46 (2012) 14 - 21.

[12]X. Yu, X. Ye, Q. Gao, Pipeline image segmentation algorithm and heat loss calculation based on gene - regulated apoptosis mechanism, Int. J. Pres. Ves. Pip. 172 (2019) 329 - 336.

[13] O. Zahran, H. Kasban, M. El - Kordy, F. E. A. El - Samie, Automatic weld defect identification from radiographic images, NDT E Int. 57 (2013) 26 - 35.

[14] O. Moselhi, T. Shehab - Eldeen, Automated detection of surface defects in water and sewer pipes, Autom. ConStruct. 8 (1999) 581 - 588.

[15] M. Motamedi, F. Faramarzi, O. Duran, New concept for corrosion inspection of urban pipeline networks by digital image processing, IECON Proc. (Industrial Electron. Conf. (2012) 1551 - 1556.

[16]I. Khalifa, A. Elsayed Aboutabl, G. S. Abdel Aziz Barakat, A new image model for predicting cracks in sewer pipes based on time, Int. J. Comput. Appl. 87 (2014) 25 - 32.

[17] M. Der Yang, T. C. Su, Automated diagnosis of sewer pipe defects based on machine learning approaches, Expert Syst. Appl. 35 (2008) 1327 - 1337.

[18]S. K. Sinha, P. W. Fieguth, Segmentation of buried concrete pipe images, Autom. ConStruct. 15 (2006) 47 - 57.

[19]M. A. Alam, M. M. N. Ali, M. A. A. A. Syed, N. Sorif, M. A. Rahaman, An algorithm to detect and identify defects of industrial pipes using image processing, Ski, in: 2014 - 8th Int. Conf. Software, Knowledge, Inf. Manag, Appl., 2014.

[20]P. Dong, Implementation of mathematical morphological operations for spatial data processing, Comput. Geosci. 23 (1997) 103 - 107.

管道缺陷检测中超声导波技术应用研究

闫 朔[1] 刘 滨[2] 韩 烨[1] 李 健[1]

[1. 管网集团(徐州)管道检验检测有限公司，徐州 221000；
2. 国家管网集团东部原油储运有限公司，徐州 221000]

摘 要： 在管道缺陷检测方面，超声导波技术相较于传统超声检测方法具有检测距离长、覆盖范围广、无需拆除全部覆盖层或可仅对管道表面局部打磨等优点，实现检测效率的有效提高和检测成本的大大降低。然而，导波的频散现象和多模态特性使得导波回波信号复杂而难以分析，现场应用过程中设备参数调试繁杂。基于此，本研究利用 MSGW 超声波检测仪分别对具有复杂状态的 $\phi159\times3$、$\phi219\times6$ 及 $\phi630\times7$ 三种规格的管道进行实验和数据采集，并通过调试探头发射频率、设备发射功率以及设备增益参数探究其对导波信号的影响。通过研究发现，发射频率越高，信号波峰越尖锐，缺陷分辨率越高；而信号波幅与发射功率和增益大小成正相关；不同规格管道存在一个信噪比较好的参数值。

关键词： 管道；缺陷；检测；导波；磁致伸缩

Corrosion of Buried Pipeline and Its Anticorrosion

Yan Shuo[1], *Liu Bin*[2], *Han Ye*[1], *Li Jian*[1]

(1. Pipe Network Group (Xuzhou) Pipeline Inspection Co., Ltd., Xuzhou 221000, China;
2. China Sinopec Pipeline Storage and Transportation Co., Ltd., Xuzhou 221000, China)

Abstract: In terms of pipeline defect detection, compared with the traditional ultrasonic detection method, the ultrasonic guided wave technology has the advantages of long detection distance, wide coverage, no need to remove all the coating or only local polishing of the pipeline surface, which can effectively improve the detection efficiency and greatly reduce the detection cost. However, the dispersion and multi – mode characteristics of guided waves make it difficult to analyze the echo signal of guided waves because of their complexity. Based on this, the MSGW ultrasonic detector is used in this study $\phi153\times3$、$\phi219\times6$ and $\phi630\times7$, three types of pipes are used for experiment and data acquisition, and the influence on guided wave signal is explored by adjusting the probe transmission frequency, equipment transmission power and equipment gain parameters. It is found that the higher the transmission frequency, the sharper the signal peak and the higher the defect resolution; The amplitude of the signal is positively correlated with the transmission power and gain; There is a parameter value with good signal – to – noise ratio for pipes of different specifications.

Key words: pipeline; defects; testing; guided wave; magnetostriction

传统的管道超声检测技术大都采用逐点检测法，但是对于长距离管道的检测而言，不仅费时费力，而且检出缺陷具有随机性，缺乏高效、快速、大范围的超声检测方法对管道实施全面有效的安全评价。此外，针对裹有防腐层、保温隔热层以及埋地的管道，传统检测技术需要将管道外部的包裹物进行拆除、开挖以及打磨出金属光泽等工序，而超声导波只需在管道的某一处将包覆层剥离，即可实现埋地管线不开挖、长距离的检测[1]，不仅有效提高了检测效率，还可减少在打磨过程中因操作不当等而造成的管体损伤，并降低检测成本。

超声导波在管道检测应用中，常常将传感器沿外壁或端面均匀布置一周，用阵列的形式激励超声导波，并通过不同的加载方式激励不同的导波模态，导波检测原理示意图如图 1 所示。目前，常用的超声导波激励和接收方式有 3 种，包括压电式[2]、电磁式[3]和脉冲激光式[4]。应用于管道检测中沿管道轴向传播的超声导波的模态主要有纵向模态、扭转模态和弯曲模态[5]。导波的频散现象和多模态特性使得导波能以多种波结构和加载方式从而实现了长距离、全范围的管道缺陷检测。然而在现场应用中，受管道中导波的多模态特性和模态转换、导波与管道状态及管道中的不同缺陷或损伤相互作用，回波往往呈现出不同的特征，这大大增加了导波信号的分析难度。因此，缺陷信号特征的精确识别需要我们进行深入研究。

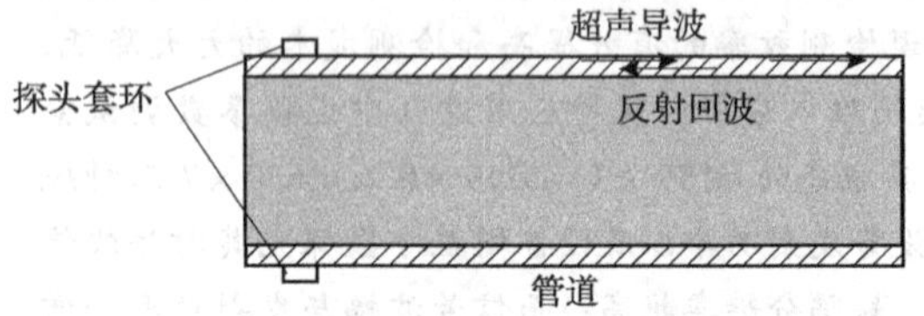

图1　超声导波检测原理示意图

基于此，本研究为探讨管道规格和状态、探头发射频率、设备发射功率以及设备增益参数对信号特征的影响，利用MSGW超声波检测仪分别对$\phi159\times3$、$\phi219\times6$及$\phi630\times7$三种不同规格的管道进行实验。MSGW超声波检测仪是基于磁致伸缩原理研发的一套电磁式通用导波检测系统，通过配置专用的管道探头，实现管道缺陷的快速扫查定位。其示意图如图2所示。

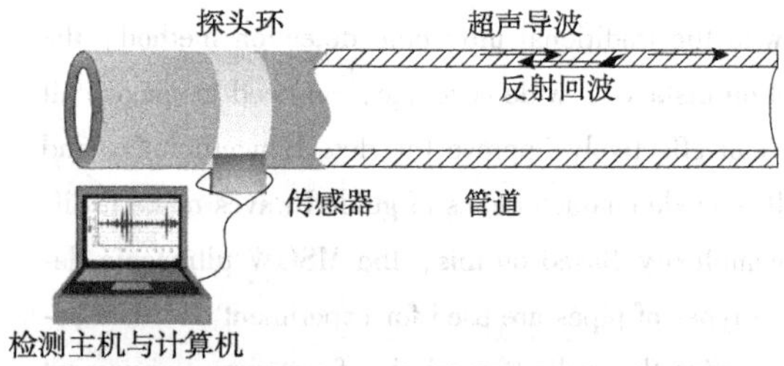

图2　MSGW管道缺陷扫查仪扫查示意图

1　实验方案

1.1　实验设备

本实验采用MSGW管道缺陷扫查仪如图3所示。

图3　MSGW管道缺陷扫查仪

1.2　实验试件

本次实验试件采用三种规格、不同缺陷特征的管道，管道情况示意图如图4~图6所示。

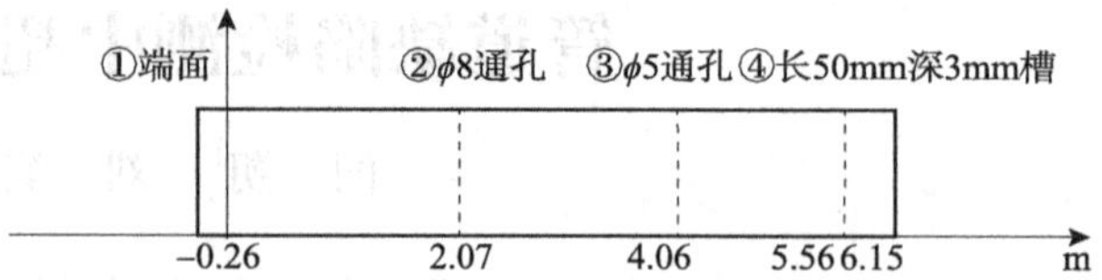

图4　$\phi159\times3$管道特征示意图

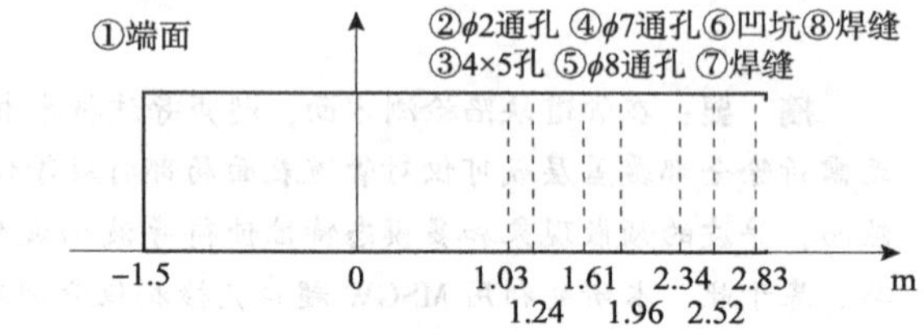

图5　$\phi219\times6$管道特征示意图

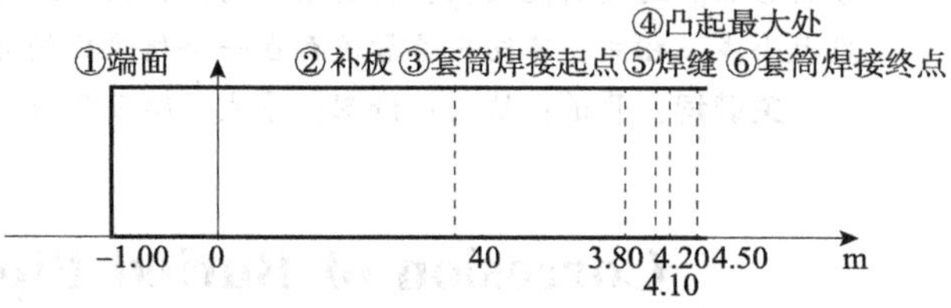

图6　$\phi630\times7$管道特征示意图

1.3　实验步骤

（1）选择合适的布置探头位置，在布置探头位置将表面防腐漆打磨去除，打磨至露出管道金属光泽。

（2）根据管径剪切相应长度的铁钴合金条带，要求条带接口处留有空隙，但是空隙长度不得超过5mm。裁剪好后用磁化器将铁钴合金条磁化。

（3）用专用耦合剂将铁钴合金条带沿管道环向粘贴在管道表面，使其与管道表面紧密接触。

（4）连接数据线和电缆线，打开仪器，对不同特征种类和分布情况、三种规格的管道进行扫查。

（5）对数据进行采集和保存。

（6）对三种规格的管道分别重复上述步骤，通过更换不同频率探头和调节设备发射功率和增益，研究管径、频率（F）、发射功率（P）以及增益（G）对导波信号特征的影响。

2　结果与讨论

2.1　频率参数（F）

图7（a）~（e）为$\phi159\times3$规格的管道、发射功率为100W和增益为60dB、发射频率分别为32kHz、64kHz、90kHz、128kHz和180kHz工况下，设备接收的信号大小和分布情况。从图中可以看出，随着发射频率的增大，特征信号的波峰

逐渐尖锐，杂波信号减少，特征信号的分辨率随之逐渐增强。在 ϕ159×3 规格的管道中，发射功率为100W 和增益为60dB 工况下，最佳发射频率为128Hz，此时的特征信号分别率最高，且杂波信号最少。然而随着频率进一步增大，缺陷信号反而不明显且难以识别。这主要是因为频率越大，波长越短，能量衰减增多，信噪比反而降低。

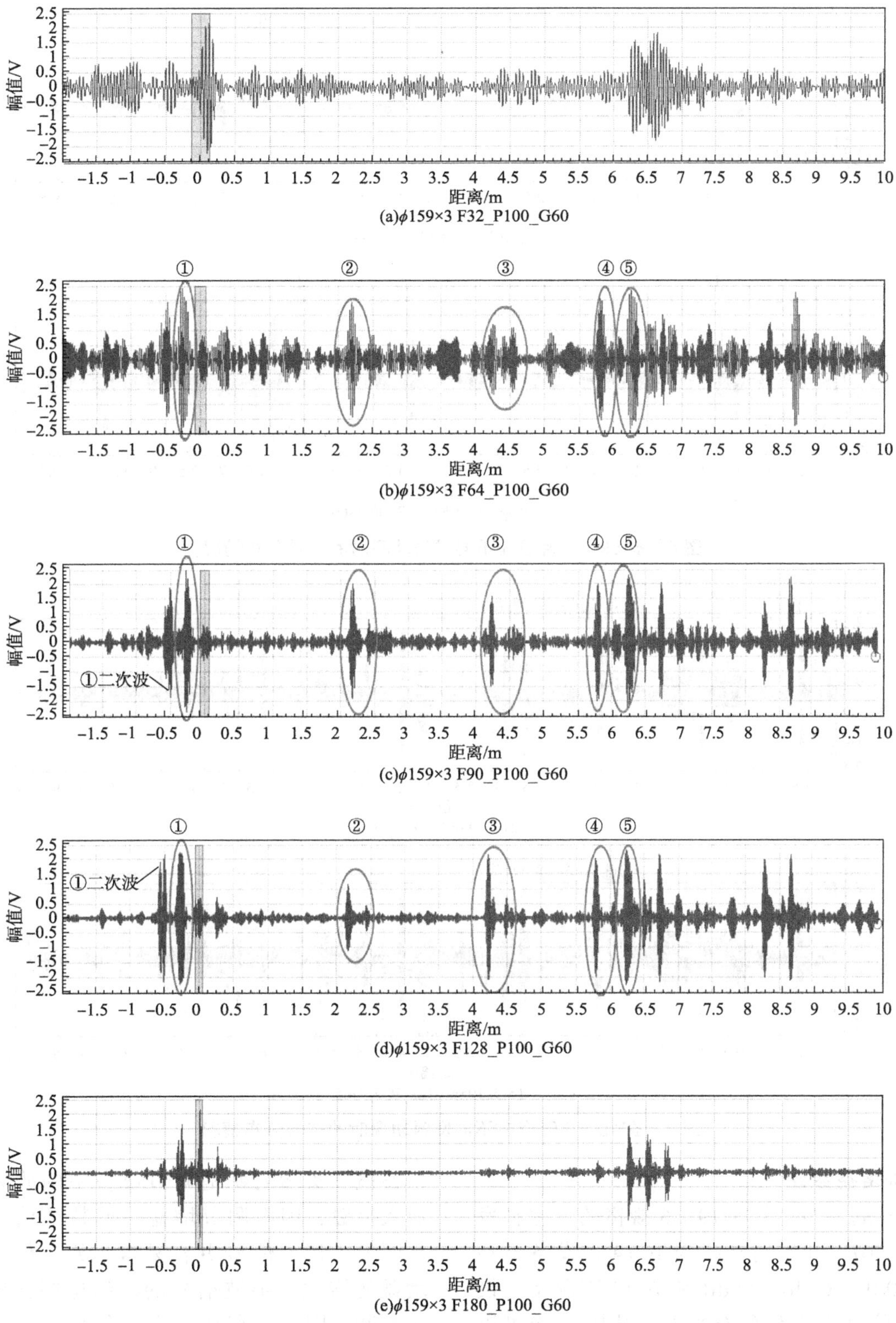

图7 ϕ159×3 管道在不同频率时的信号分布情况

2.2 设备发射功率参数

图8（a）～（b）为 ϕ159×3 规格管道在发射频率为128kHz 和增益为60dB、发射功率分别为75W、100W 工况下，设备接收的信号大小和分布情况。图9（a）～（b）为 ϕ219×6 管道、发射频率为128kHz 和增益为65dB、发射功率分

别为 50W、75W 工况下，设备接收的信号大小和分布情况。从图中均可以看出，随着设备发射功率的增大，特征信号波峰越尖锐，特征信号也就越明显，且二者之间成正相关关系。这主要是因为设备发射功率越大，激励源单位时间内转换的能量越大，在管中传播的机械波振幅越大，反射和继续传递的机械波能量也就越大。

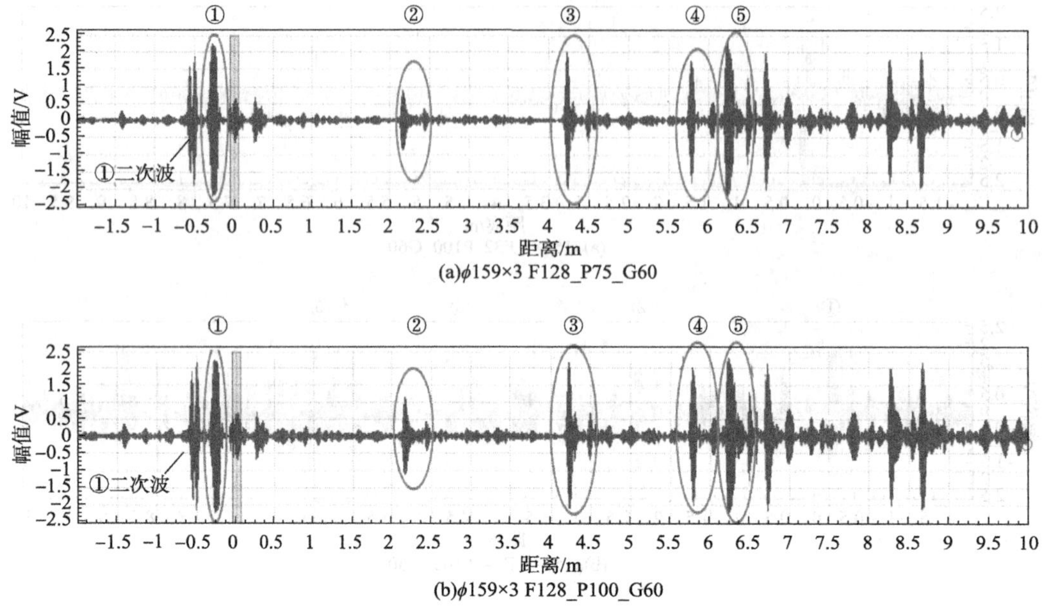

(a)ϕ159×3 F128_P75_G60

(b)ϕ159×3 F128_P100_G60

图 8 ϕ159 ×3 管道在不同发射功率时的信号分布情况

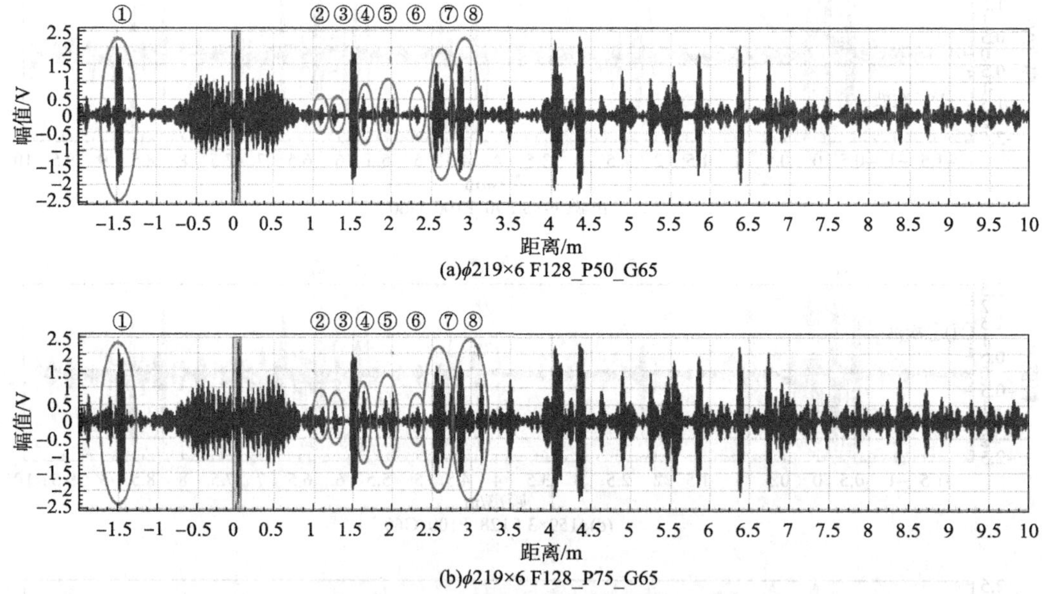

(a)ϕ219×6 F128_P50_G65

(b)ϕ219×6 F128_P75_G65

图 9 ϕ219 ×6 管道在不同发射功率时的信号分布情况

2.3 设备增益参数

图 10(a) ~ (d) 为 ϕ219 ×6 规格的管道在发射频率为 90Hz 和发射功率为 100W、设备增益分别为 50dB、60dB、65dB 和 70dB 工况下，设备接收的信号大小和分布情况。从图中均可以看出，随着设备增益值的变大，信号波峰越尖锐，特征信号和杂波信号也就越明显，且二者之间成正相关关系。这主要是因为调节设备的增益值，实际上就是调节设备中的放大器功率放大倍数，因而调节增益可使特征信号波峰更加明显，特征信号更容易被识别。但是，随着增益的增大，杂波信号的波峰也同样增大，影响判断。因此，存在一个最佳增益，满足即可识别特征信号，又不受到杂波信号的干扰，造成误判。由图 10 可知，在该工况下的最佳增益值为 60dB。

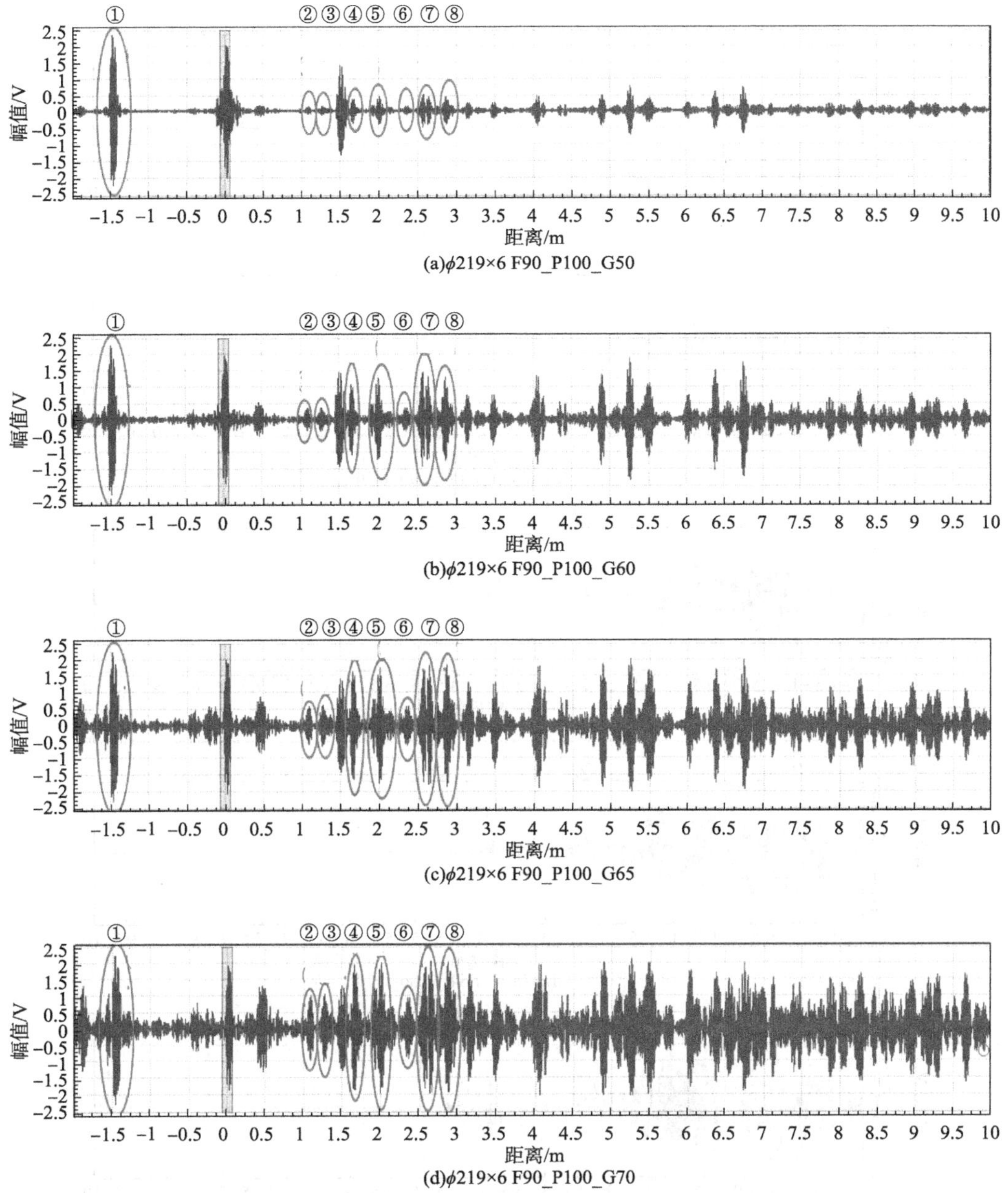

图 10 ϕ219 ×6 管道在不同设备增益时的信号分布情况

2.4 管径

通过大量实验表明，上述规律普遍适用于本研究所涉及的三种规格的管道，而且在不同规格的管道中，存在一个最佳的调试参数。

图 11(a) ~ (g) 为 ϕ630 ×7 规格的管道分别在不同发射功率和增益、发射频率工况下，设备接收的信号情况。由图可看出，对于 ϕ630 ×7 规格的管道，发射频率、发射功率和设备增益的最佳设定值为 64kHz、100W、80dB。

通过图 7 ~ 图 11 及上述分析可知三种规格的管道最佳调试参数如表 1 所示。

表 1 三种管径导波检测参数设定最佳值

序号	管道规格	频率/Hz	功率/W	增益/dB
1	ϕ159 ×3	128	75	60
2	ϕ219 ×6	90	100	60
3	ϕ630 ×7	64	100	80

3 结论

本研究对三种常见管径通过调节频率、发射功率和设备增益参数进行大量实验，并对收集的波形进行分析。研究发现，发射频率越高，缺陷波峰越尖锐，分辨率越高，但随着频率的继续增

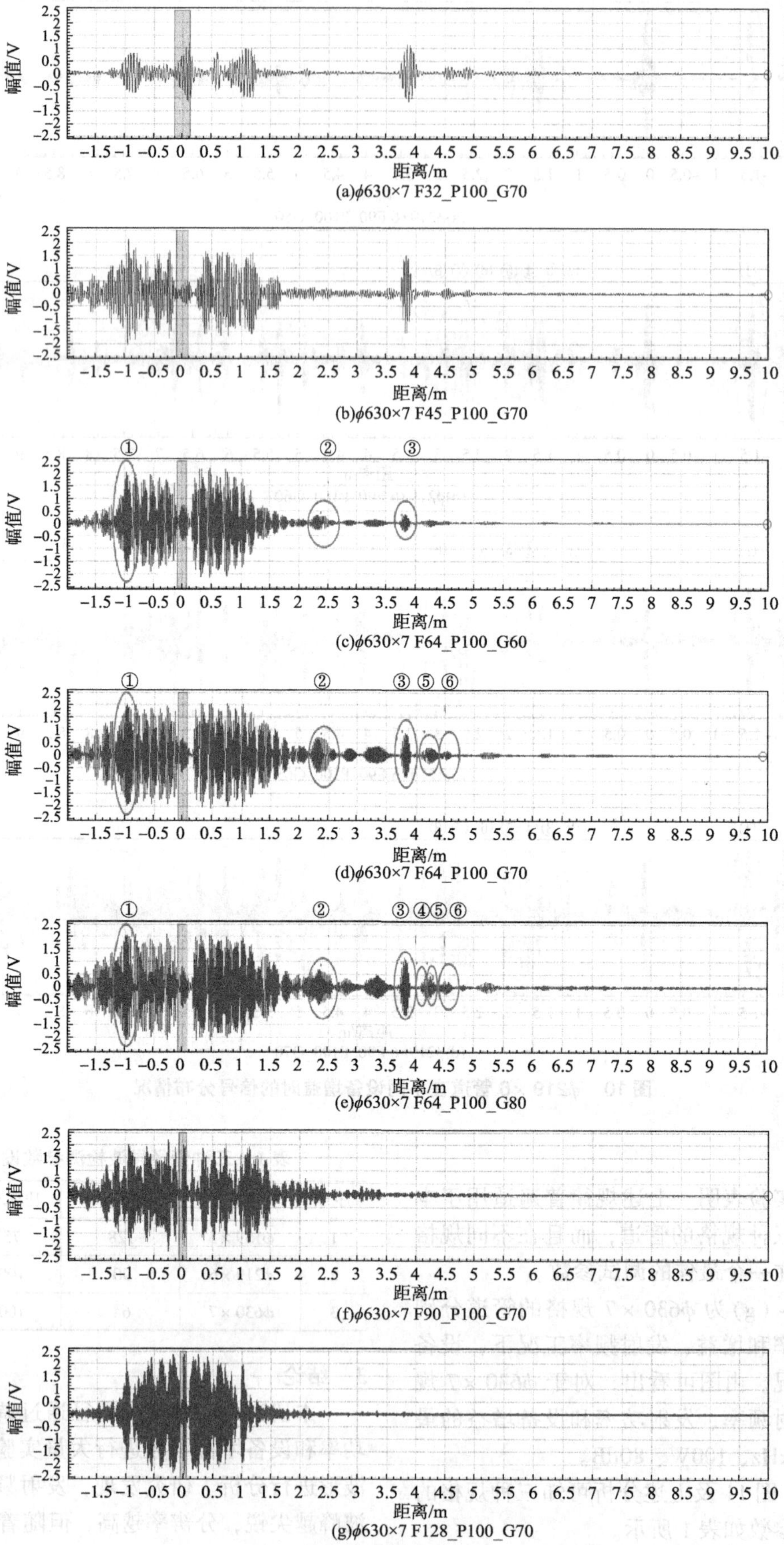

(a)ϕ630×7 F32_P100_G70

(b)ϕ630×7 F45_P100_G70

(c)ϕ630×7 F64_P100_G60

(d)ϕ630×7 F64_P100_G70

(e)ϕ630×7 F64_P100_G80

(f)ϕ630×7 F90_P100_G70

(g)ϕ630×7 F128_P100_G70

图 11　ϕ630 ×7 管道在不同参数时的信号分布情况

大，信号波峰反而减弱。此外，信号波幅与设备的发射功率和增益大小均成正相关，但是设备的发射功率和增益增大的同时，信噪比反而降低，不利于特征信号与杂波信号的识别和判断，因此每种规格的管道存在一组最佳匹配参数。

导波设备能够对缺陷进行快速筛选，快速发现缺陷，并对缺陷的严重程度进行初步的分级，但是目前导波技术还无法精确定量缺陷的尺寸。因此，在用导波技术检测管道时，还需要借助于其他无损检测手段进行精确的检测与分析判断。

参考文献

[1] Barshinger James N, Rose Joseph L. Guided wave propagation in an elastic hollow cylinder coated with a viscoelastic material[J]. IEEE Transactions on Ultrasonics Ferroelectrics & Frequency Control, 2004, 51(11): 1547-1556.

[2] 马书义，武湛君，王奕首，等. 基于导波技术的小口径管网实时检测系统[J]. 压电与声光，2014，36(1)：124-127.

[3] 龙盛蓉，钟敏宁，宋小春，等. 基于磁致伸缩效应的纵向导波产生与传播过程研究[J]. 武汉大学学报工学版，2014，47(4)：548-570.

[4] 关建飞，沈中华，许伯强，陆建，倪晓武. 板状材料中脉冲激光激发超声导波的数值分析[J]. 光电子·激光，2005(02)：231-235，239.

[5] 何存富，郑明方，吕炎，等. 超声导波检测技术的发展、应用与挑战[J]. 仪器仪表学报，2016，37(8)：1713-1735.

基于地磁和重力感知原理的压力管道轴测图自动测绘

陈建勋[1] 戚政武[1] 苏宇航[1] 陈英红[1] 杨宁祥[1] 杨新健[2]

(1. 广东省特种设备检测研究院珠海检测院，珠海 519002；2. 珠海市安粤科技有限公司，珠海 519000)

摘 要：在不便获取待检压力管道轴测图的情况下，现场测绘轴测图是压力管道检验过程中的必要手段。基于地磁场和重力场感知原理，通过解算三轴加速度传感器和三轴磁阻传感器数据可计算出管道走向的水平方位角和俯仰角，据此构建管道三维走向的拓扑数据。基于该原理，开发出面向检验现场的压力管道轴测图自动测绘仪，包括手持式硬件感知模块和包含自动测绘应用程序(APP)的手持式智能终端，两者采用无线数据通讯。该方法和仪器可实现压力管道检验过程中轴测图数据和检验数据的综合管理，使测绘过程准确高效，提高了检验过程数字化、信息化、智能水平。

关键词：压力管道；检验；单线图；测绘；仪器

Automatic Mapping of Pressure Pipeline Isometric Drawing Based onthe Principle of Geomagnetism and Gravity Perception

Chen Jianxun[1], *Qi Zhengwu*[1], *Su Yuhang*[1], *Chen Yinghong*[1], *Yang Ningxiang*[1], *Yang Xinjian*[2]

(1. Zhuhai Branch, Guangdong Institute of Special Equipment Inspection and Research, Zhuhai 519002, China; 2. ANYES Technology Co. Ltd., Zhuhai 519000, China)

Abstract: On site axonometric mapping is a necessary means in the process of pressure pipeline inspection when it is inconvenient to obtain the isometric drawing. By sensing the geomagnetic field and the gravitational field, the horizontal azimuth and pitch angles of the pipeline trend can be calculated with the data obtained from the three - axis acceleration sensor and the three - axis magneto resistive sensor, and topological data of 3D pipeline trend can be constructed. A hand - held hardware sensing module and a hand - held intelligent terminal containing the automatic mapping application (APP) were included in the instrument, and both of them communicate data through wireless mode. The method and the instrument can realize the comprehensive management of the axonometric data and the inspection data in the pressure pipeline inspection process, with which more accurate and efficient mapping process can be realized, and the digitization, informatization and intelligence level of the inspection process can be improved.

Key words: Pressure piping; Inspection; One - line chart; Mapping; instrument

轴测图(亦称单线图)是压力管道检验过程中的重要文档资料，若无法获取待检管道轴测图，则通常由检验人员用纸和笔现场手绘，再经后续CAD软件重绘后作为检验报告的重要组成部分。该绘制方法效率低下，耗费较大人力，若绘制错误也不便在线修改和完善。此外，压力管道检验过程中，轴测图中除展示出管道拓扑结构外，通常还需记录测厚位置、测厚数据、磁粉或渗透检

作者简介：陈建勋(1990—)，高级工程师，主要从事特种设备检验检测新方法研究与检测仪器开发工作。E - mail：jianxun_ chen@ 126. com

基金项目：广东省特种设备检测研究院珠海检测院科技项目(zhtj - 202202)

测位置等检验工艺参数，“纸笔记录法”存在记录位置篇幅受限、数据易被错记或漏记等不足。近年来，数字化、信息化、网络化技术已大量应用于特种设备现场检验，极大提高了效率和过程监管质量，例如电梯数字化检验系统已经得到大范围应用，压力管道由于设备结构不一、检验方案多样，相对于电梯等结构形式较为固定的机电类特种设备来说，其检验过程更为“个性化”，一定程度上限制了该类设备检验过程数字化发展进程[1,2]。

压力管道电子轴测图现场测绘是实现检验过程“无纸化”的重要技术手段。相对于设计、施工环节所用轴测图，面向特种设备现场检验的轴测图则相对更简单，无需清楚描述管道的所有细节，一般无需具备材料列表、图签栏和参数栏等信息，无需标明管道所有部位的长度，而重在展示管道构成元素、三维拓扑结构及检测工艺实施位置。目前已有部分管道轴测图专用绘制软件得到实际应用，但大部分采用 PC 机端鼠标操作方式，检验现场尚不方便[3,4]。通过专用仪器进行管道轴测图现场自动测绘有其独特的技术优势，可极大提高绘图效率，使检验人员有更多时间致力于具体检验实施过程，若可将检验工艺数据以数字化方式融合进轴测图底层数据库，则可实现检验结束后即时出具包括轴测图文件和工艺数据文件的电子记录和报告，无需线下二次整理数据。本文研究了基于地磁定位和重力感知原理的压力管道轴测图自动测绘方法，并开发出测绘仪器，应用于压力管道现场数字化检验。

1 轴测图表示方法

轴测图是一种单面投影图，在一个投影面上能同时反映出物体三个坐标面的形状，并接近于人们的视觉习惯，形象、逼真，有立体感。压力管道检验时，轴测图作为辅助图样，用来说明管道结构、走向、检验工艺实施位置等情况。以截止阀为例，其处于不同管线走向时的轴测图表示方法如图 1 所示。以 90°弯头为例，根据转弯前后管道走向，在轴测图中共有 12 种表示符号，而“垂直 T 形”三通共有 12 种表示符号。此外轴测图上还需用箭头标识出正北方向，必要时需对管道局部的水平长度和高度进行标识，并用符号对焊缝、待检管件进行编号。

2 轴测图自动测绘原理

2.1 管道水平方位角检测

地磁定位技术是一种无源自主定位导航技

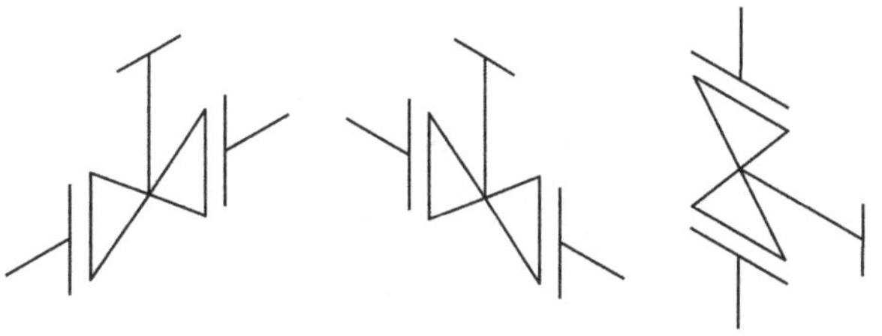

(a)前后方向 (b)左右方向 (c)上下方向

图 1 不同走向截止阀在轴测图中表示方法

术，依靠地球磁场这一天然坐标系，通过三轴磁力计测量所在位置不同方向的磁通量，并通过三轴加速度传感器测量磁力计 X 轴与 Y 轴与水平面的夹角，根据磁力计测量轴在水平方向的投影数据进行倾角补偿，可计算出水平方位角。方位角在 0 ~ 360°之间连续变化，地磁北极和地理绝对北极存在约 11°的夹角，一般定义 0°为正北方向。地磁定位技术具有测量误差不累计的特点，在汽车、航海、航空等领域已经得到广泛应用。

采用地磁定位方法获取水平方向管道轴线方位角原理如图 2 所示。将地磁方位角测量模块安装于手持式仪器内，测绘时使指向方位角的数据轴(图 2 中 Y 轴)指向管道介质走向，模块近似水平，此时 Y 轴近似位于水平方向，指示管道为水平走向，Y 轴的方位角即为管道走向方位角。图 3(a)为由南向北走向的管道水平方位角测量实例，方位角近似为 0°，俯仰角近似为 0°，图 3(b)为由西向东走向的管道水平方位角测量实例，方位角近似为 90°，俯仰角近似为 0°。

水平走向的管道俯仰角近似为零，根据流向不同，利用方位角测量模块得到的方位角数据近似如表 1 所示。

表 1 水平走向管道方位角和俯仰角查询表

角度类型	由南向北	由北向南	由西向东	由东向西
方位角/(°)	0 或 360	180	90	270

2.2 管道垂直走向检测

三轴加速度传感器可实现 90°正交关系三轴方向加速度的同步测量，该传感器在姿态识别[5,6]、自然灾害检测[7,8]、电梯运动参数检测[9]、自动扶梯制动性能检测[10]等领域已得到大量应用。三轴加速度传感器可对重力方向进行感知，根据重力加速度在 X、Y、Z 三个数据轴上的投影分量可解算出内置三轴加速度传感器的硬件模块倾斜角信息，用三轴加速度传感器可以实现双轴正负 90°或双轴 0° ~ 360°的倾角，据此判

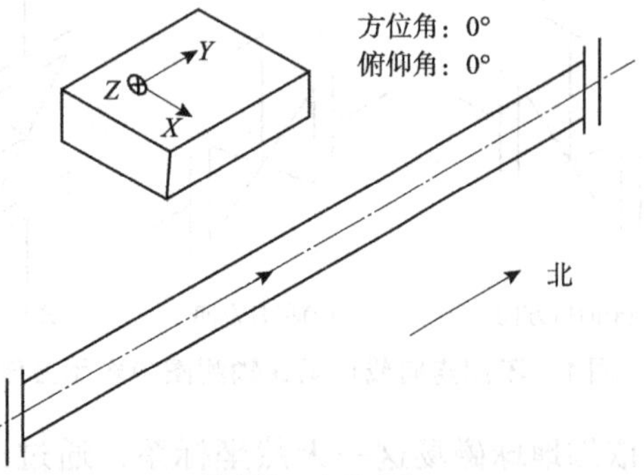

(a)管道位于南北方向

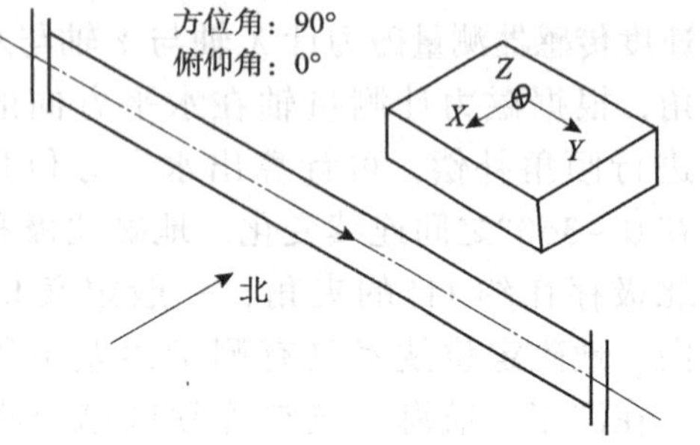

(b)管道位于东西方向

图2　地磁定位方法识别管道水平方位角原理

断物体姿态。

通过三轴加速度传感器重力感知原理可快速判断出管道垂直走向，原理如图3所示，使三轴加速度传感器的某个数据轴(图3为例，为Y轴)指向管道轴测图绘制方向，若该轴测得加速度近似1个重力加速度，即约等于$9.8m/s^2$，则表示模块俯仰角近似90°，管道为由下向上走向，若该轴测得加速度近似为$-9.8m/s^2$，则表示模块俯仰角为-90°，管道为由上向下走向。

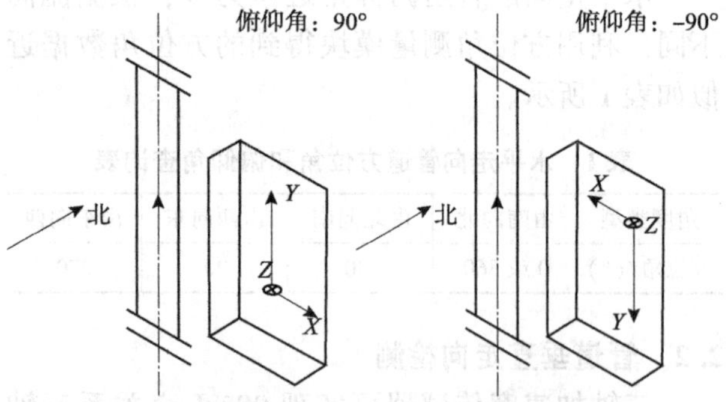

(a)由下到上　　(b)由上到下

图3　重力感知法识别管道垂直走向原理

3　提高测试结果准确性的措施

根据当前管道走向所在方位角与初始水平绘图位置方位角的角度差确定当前管道的水平转向。若不考虑测试误差，相对于初始测绘时水平指向前、后、左、右四个方向与初始水平指向的夹角分别为0°、180°、270°、90°，再考虑可能存在的管道水平135°弯头情况，最常见的方向共有8个。受测试现场干扰磁场的影响，轴测图测绘过程中地磁方位角测量模块会出现定位误差，为降低测试过程中管道转向误判率，约定判断上述八个方向的最大允许误差为±22.5°，若测试初始位置水平方位指向正北，则得到与初始水平方向呈不同夹角时的管道走向判断依据，如图4所示。

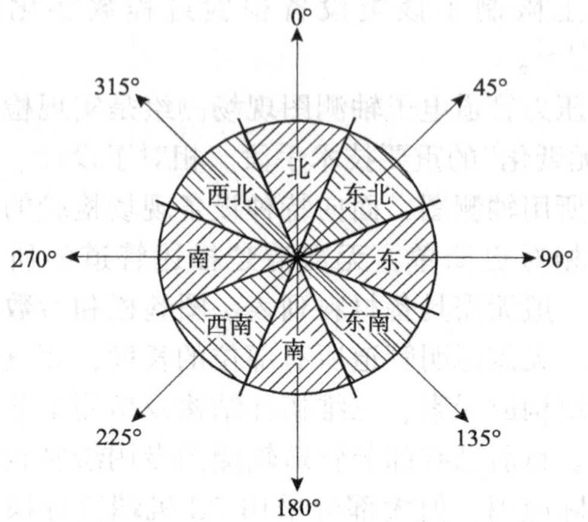

图4　管道水平走向判定依据

相对于地磁场来说，重力场方向不易受外部干扰，采用三轴加速度传感器倾斜角测量原理可快速识别管道上下走向。为提高容错率，俯仰角为90°±15°范围内为管道上行，俯仰角为-90°±15°范围内为管道下行。

4　自动测绘仪器开发

检测仪硬件架构如图5所示，所用传感器包括三轴MEMS加速度传感器、三轴MEMS磁阻传感器，两类传感器与单片机实现高速数字通信。将三轴加速度数据、三轴磁阻数据发送到单片机。单片机对数据进行打包，封装成数据帧，借助高速WIFI通信模块，根据十六进制数据传输协议以TCP/IP方式实现手持式模块与智能终端通讯。基于Android系统的APP建立检验项目的工程文件，对获取的传感器数据进行综合分析，解算出管道方位角信息，并调用绘图控件展示出管道轴测图，绘制结束后可通过通信程序对外分

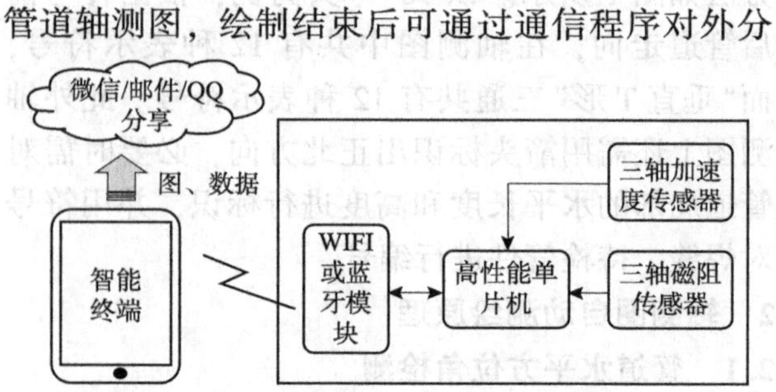

图5　自动测绘仪器硬件逻辑框架

享轴测图文件和测厚记录表等工艺数据文件，实现远程数据交互。

开发的管道轴测图自动测绘仪如图6所示。获取管道姿态时应使手持式模块的 Y 轴方向始终近似指向(允许 ±15°角度偏差)管道轴线方向，触发一次模块上控制按键则手持式模块向智能终端发送当前需绘制管件的姿态角数据，由APP计算出管件走向并自动调用图形库中对应管件的符号自动追加绘制出当前管件轴测图符号。为提高方向数据获取准确性，测绘时可使模块接触管道外壁，确保 Y 轴平行管道轴向。对于部分位置较高、周围有阻挡的管道位置，由于不便直接接触，此时可采用手握硬件模块，通过“空中模拟”的方法模拟出管道走向，以非接触方式获取管道方位角和倾斜角数据。

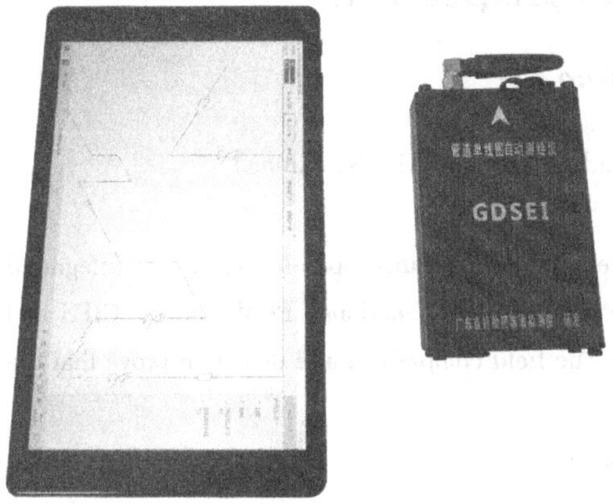

图6　压力管道轴测图自动测绘仪

5　测绘实例

用开发的管道轴测图自动测绘仪对某管道进行现场检测，得到轴测图如图7所示。根据实际需要，可采用手动触控平板电脑进行绘制或通过手持式硬件模块自动绘制两种方式进行操作。软件可对焊缝进行自动编号，可对需要进行管壁测厚的三通、弯头进行符号标识，并记录测厚部位的具体壁厚数据，可对已绘制部分管线进行管件的删减和修改，对应管道拓扑结构的底层数据将自动更新。

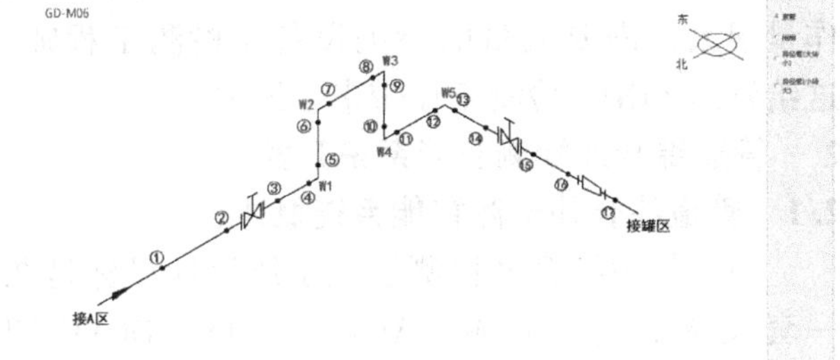

图7　轴测图测绘实例

6　结论

基于地磁定位、重力感知原理，根据磁阻传感器、加速度传感器数据解算姿态角的方式可快速获取管道走向信息，并在智能终端实现轴测图自动绘制，可通过平板触控方式在轴测图中添加测厚点部位、测厚数据和其他现场检验方法实施部位、检验结果，最终可实现测绘轴测图、记录检验过程同步进行，压力管道检验结束后即可立即导出满足检验报告出具要求的数据文档，提高了检验效率和检验过程数字化、智能化水平。

参考文献

[1]季顺满．基于移动终端的电梯检验系统设计与实现[D]．上海交通大学，2017.

[2]邱伟星．数字赋能助力电梯安全监管提“智”增效[J]．福建质量技术监督，2021(08)：26.

[3]向小勇，吴从容，张松平，叶剑文．基于AutoCAD二次开发的压力管道单线图测绘系统[J]．化工生产与技术，2014，21(06)：41－44＋11.

[4]陈鹍棠，李茂东，吴从容，等．便携式的压力管道单线图测绘装置[P]．广东：CN204101729U，2015－01－14.

[5]李玲聪，张伟，张学松．新型车载MEMS加速度计的设计及性能优化[J]．传感器与微系统，2020，39(05)：14－16＋20.

[6]段瑞彬，易斐宁，吴金明，等．基于MEMS加速度计的焊枪姿态传感器设计[J]．石油工程建设，2021，47(S2)：224－228.

[7]李成宏．面向地震监测的GNSS组合MEMS加速度计测量特性研究[D]．武汉大学，2020.

[8]王文鑫．采用MEMS加速度传感器的边坡稳定安全监测系统设计[D]．华北科技学院，2021.

[9]陈建勋，郃胜林，杨宁祥，等．基于MEMS加速度传感器的电梯运行特性检测[J]．起重运输机械，2021(20)：84－88.

[10]陈建勋，王璐，郃胜林，等．基于MEMS加速度传感器的自动扶梯制动参数检测[J]．自动化与仪表，2022，37(07)：63－67.

管道综合外检测智能系统开发与应用

汤 荣　李 然　郭 磊

[管网集团(徐州)管道检验检测有限公司，江苏 徐州 221008]

摘　要：针对现有埋地管道外检测设备的不足，研发了新型管道综合外检测智能系统，该系统同时具有 PCM、ACVG、CIPS、DCVG 四种功能，单人进行一次检测即可完成所有检测工作，现场对比检测证明，相比进口设备，该系统测量数据准确，检测效率高。

关键词：管道；外检测；综合；系统

Development and Application of Intelligent System for Pipeline Comprehensive External Inspection

Tang Rong, *Li Ran*, *Guo Lei*

(PipeChina (Xuzhou) Pipeline Inspection Co., Ltd., Xuzhou 221008, China)

Abstract: In view of the shortage of existing external detection equipment for buried pipelines, a new integrated external detection intelligent system for pipelines is developed. The system has four functions: PCM, acvg, CIPS and DCVG. It can complete all the detection work by one person at a time. The field comparison and detection prove that the system is more accurate and efficient than imported equipment.

Key words: pipeline; external detection; comprehensive; system

1　引言

管道外检测工作是管道日常管理[1,2]的主要工作之一。管道外腐蚀检测评价应按照 SY/T 0087.1《钢制管道及储罐腐蚀评价标准　第 1 部分：埋地钢质管道外腐蚀直接评价》及其他相关标准进行检验检测。由 SY/T 0087.1 可知，CIPS(密间距电位测量法)[3]、DCVG(直流电位梯度法)、PCM(交流电流衰减法)、ACVG(交流电位梯度法)这四种方法可以满足大多数管段 ECDA 检测的要求，也是当前普遍采用的测试方法。

采用上述方法检测时，存在的主要问题包括：

(1)PCM/ACVG 和 CIPS/DCVG[4-7]无法同时使用，导致对同一条管道的检测工作必须进行两遍，成本高，效率低。

(2)检测设备智能化水平较低，对检测人员技术水平要求较高。

(3)PCM/ACVG 和 CIPS/DCVG 设备及附属配件多，需要 2 组人员操作，人员数量多。

(4)在特殊地段检测数据准确性有待提高。

(5)目前使用的 PCM 和 DCVG 主要依赖进口，设备价格高昂，维修不便。

国内现有管道数量众多，每年管道外检测工作量很大，需要大量的检测设备及检测工程师，这给管道 ECDA 检测工作带来了压力。

2　管道综合外检测智能系统开发

2.1　管道综合外检测智能系统概述

新型管道综合外检测智能系统设计目标是在一套设备上实现 PCM、ACVG、CIPS、DCVG 四种功能，实现单人一次检测完成上述所有检测工作，提高检测工作的效率。

管道综合外检测智能系统构成如图 1 所示，

作者简介：汤荣(1987—　)，男，高级工程师，主要从事管道腐蚀与防护工作。E-mail：443753992@qq.com

包括综合同步接收机 1 台、PCM 同步发射机 1 台、恒电位仪同步通断器多台、复合 A 字架 1 个、复合背架 1 套、辅助探杖 1 只等。

为消除不同检测方法之间的相互干扰，要求 PCM 同步发射机交流信号和恒电位仪同步通断信号相位均以卫星时钟作为基准同步输出，综合同步接收机同样以卫星时钟作为基准，以准确获取有效原始数据。

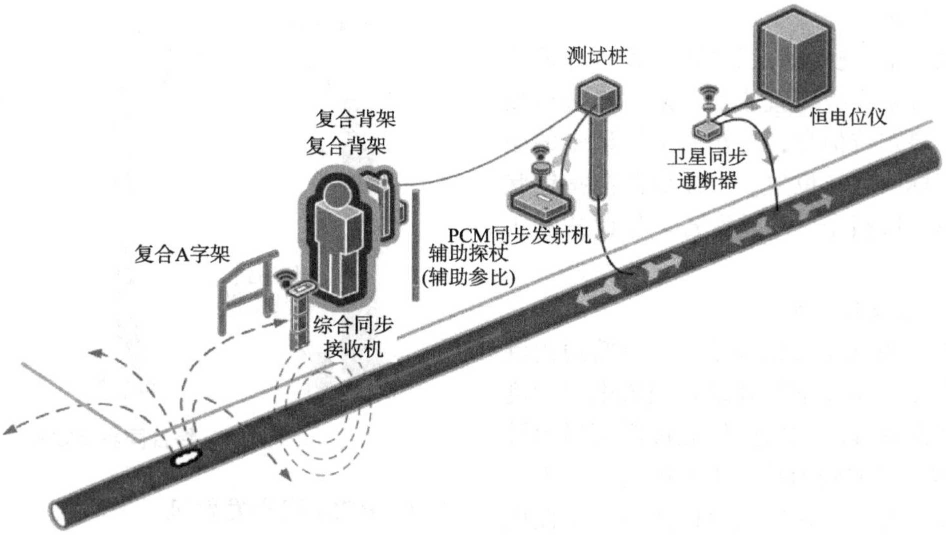

图 1　管道综合外检测智能系统

2.2　综合同步接收机

综合同步接收机是埋地管道外检测智能系统的核心检测设备，主要完成管道内混频交流电流产生的磁场信号及地表交流电位梯度信号、管地直流电位及地表直流电位梯度信号的采集处理，以及存储、通信、卫星时钟同步、卫星定位、液晶屏显示、键盘操作等。接收机总体架构如图 2 所示。

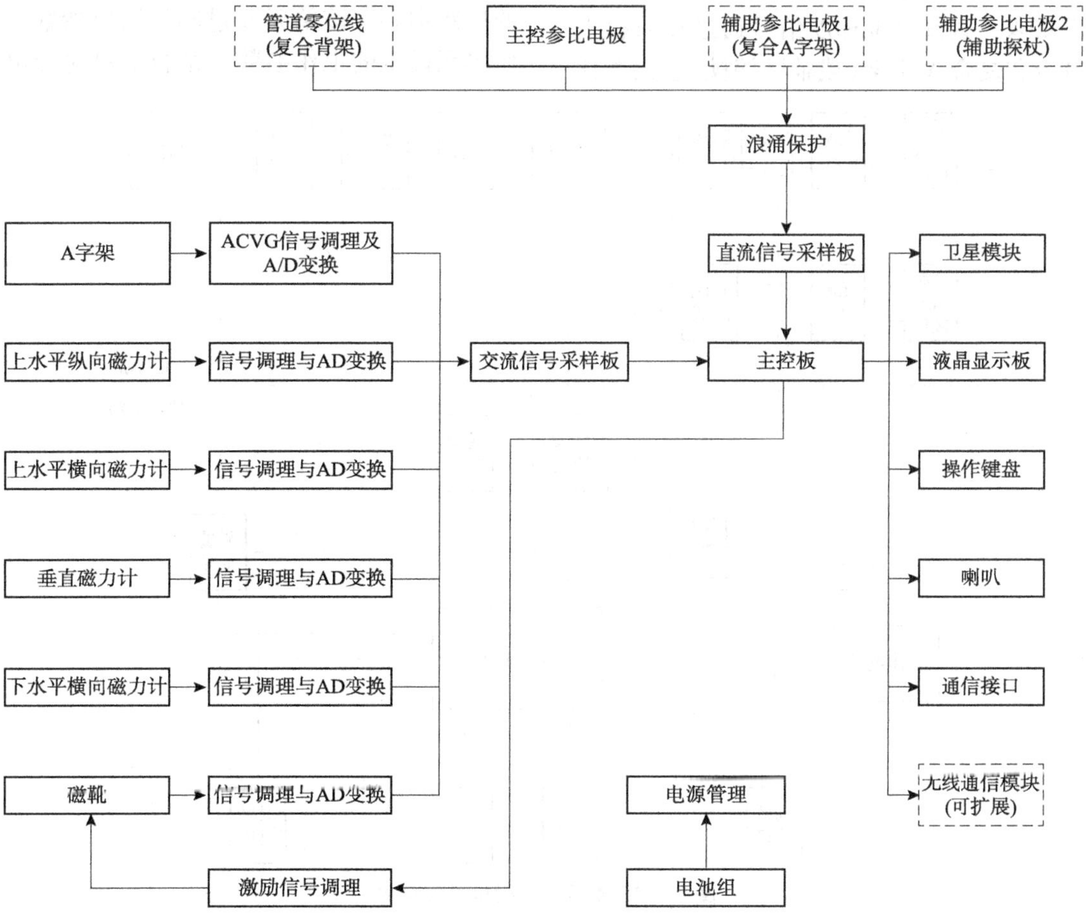

图 2　接收机总体架构

2.2.1　主控板

主控板核心主要处理交流信号采样板和直流信号采样板采集的数据，并对数据进行进一步处理。处理后的数据，通过存储器进行存储，并通过液晶显示屏显示。

主控板接收卫星模块的卫星时钟和秒脉冲信号，对交流信号采样板和直流信号采样板进行校时，接收的卫星定位信息，将作为采样记录的坐标信息，用于标明采样位置。主控板监测按键状态，根据按键对应指令，调整设备工作模式和工作参数。

2.2.2　交流信号处理单元

PCM/ACVG 交流信号处理单元负责管道内混频交流电流产生的磁场信号及地表交流电位梯度信号的采集和预处理。磁场信号通过低频磁力计(磁靴)、下水平横向磁力计、垂直磁力计、上水平横向磁力计、上水平纵向磁力计获取，交流电位梯度信号通过复合 A 字架获取。处理后的数据，通过接口传输给主控单元。

2.2.3　直流信号处理单元

CIPS/DCVG 直流信号处理单元负责管地直流电位、直流地电位梯度信号的采集和处理。管道直流电位通过复合背架上的零位线和接收机上的参比电极获取，直流电位梯度信号通过接收机上的参比电极和复合 A 字架(或辅助探杖)上的参比电极获取。处理后的数据，通过接口传输给主控单元。电位测量范围为 ± 15V(进口设备为 ±4V)，输入阻抗 >500MΩ。

综合同步接收机结构及外观如图 3 所示。

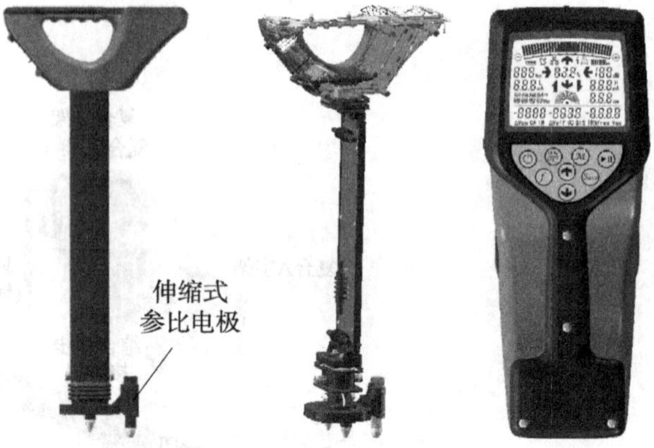

图 3　综合同步接收机

2.3　PCM 同步发射机

PCM 同步发射机是 PCM/ACVG 测量的交流信号源，输出的是 4Hz、8Hz、128Hz 等混合频率正弦波交流电，可设定不同输出频率组合，各频率交流信号输出相位均采用卫星时钟同步控制。发射机总体架如图 4 所示。

(1)主控单元：主控单元是 PCM 同步发射机的控制中心，该单元通过测量输出参数，对比操作单元设定的工作参数，结合卫星时钟单元的时

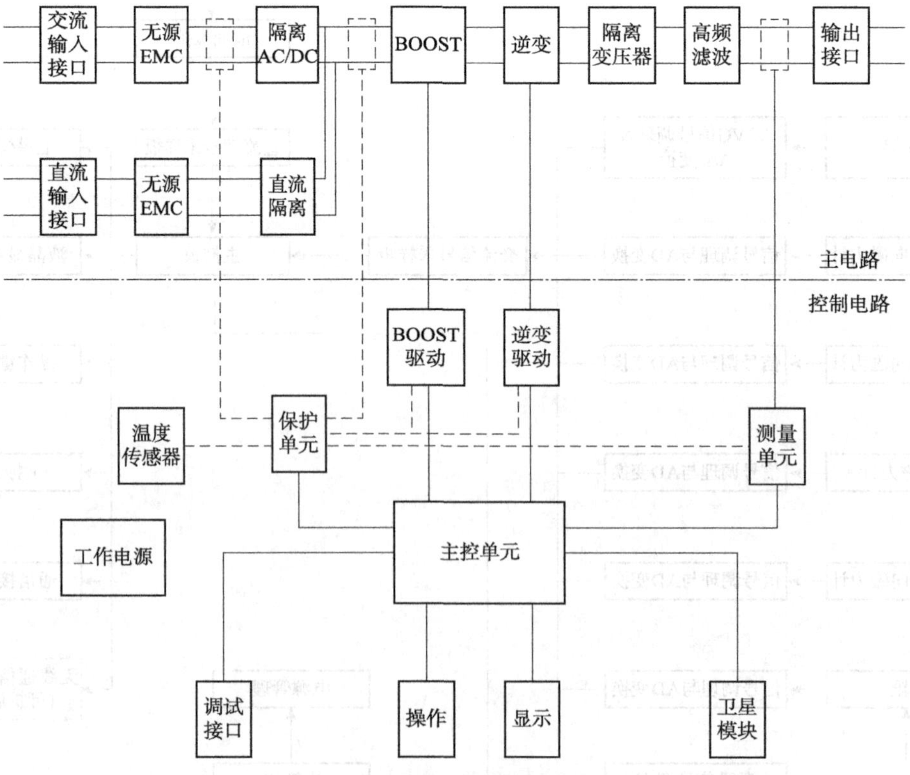

图 4　PCM 同步发射机总体架构

钟信号，实时调整功率变换单元的驱动控制信号，使发射机的输出幅值与设定值保持一致，同时保持输出相位与卫星时钟同步。

(2)驱动单元：驱动单元的主要功能是将接收的控制信号，通过隔离放大，转换为 BOOST 和逆变单元的驱动控制信号，控制功率器件的开关。

(3)逆变单元：逆变单元通过开关管，实现直流到交流的逆变。逆变单元是发射机的核心功率单元，负责根据驱动控制信号，将直流变换为所需的混频交流电流。

(4)隔离输出单元：隔离输出单元主要是隔离变压器。通过变压器，实现电压变换，同时实现输入输出的电气隔离。

(5)保护单元：检测主电路工作参数，如果超出设定的阈值，将限制或关断输出，防止电源、负载或电路在出现异常情况时引起设备损坏。

PCM 同步发射机结构及外观如图 5 所示。

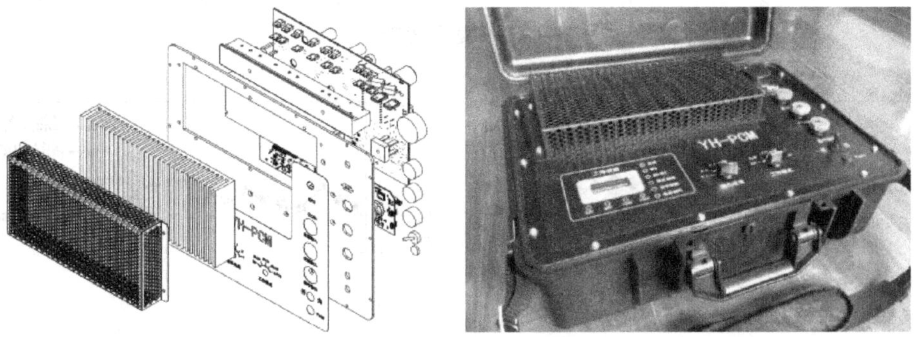

图 5　PCM 同步发射机

2.4　配件

2.4.1　复合 A 字架

A 字架主体采用铝合金管焊接而成，A 字架底部有 2 个不锈钢接地探针，用于测量交流电位梯度；在一个接地探针一侧，固定有可拆卸的伸缩式参比电极，用于与接收机上参比电极配合测量直流电位梯度。复合 A 字架结构形式如图 6 所示。

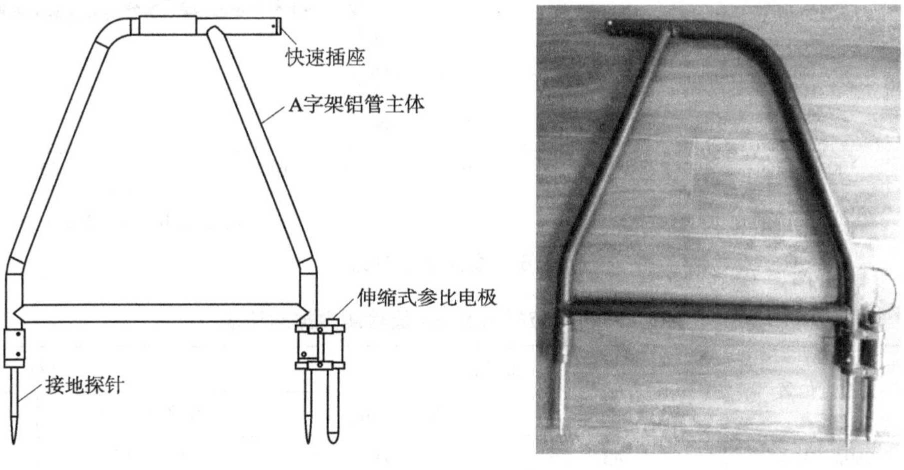

图 6　复合 A 字架

2.4.2　复合背架

复合背架包含背包金属骨架、线轴及相关接线端子，主要用于连接测试桩测试端子。主体框架和线轴架采用铝合金材料制作而成，背架下部有可拆卸的手压喷水壶。复合背架结构形式如图 7 所示。

3　埋地管道外检测智能系统现场对比检测

埋地管道综合外检测智能系统开发完成后，先后在中石化某销售大区公司 3 条成品油管道、某热电管道进行了现场检测。所有检测均采用进口设备的检测数据作为对比标准，其中 PCM/ACVG 与采用英国雷迪公司 PCM plus 对比，而 CIPS/DCVG 与采用加拿大 Cath－Tech 公司 CIPS 对比，同时采用具有卫星同步通断功能的 IHF 数控高频开关恒电位仪替代卫星同步通断器。

现场对比检测数据如图 8 和表 1 所示。

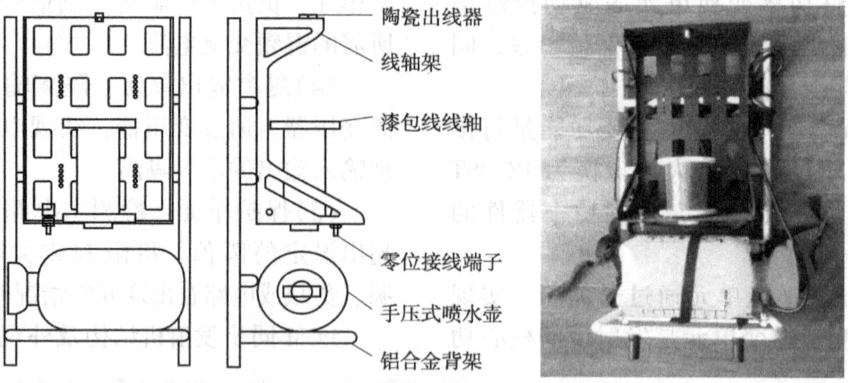

图7　复合背架

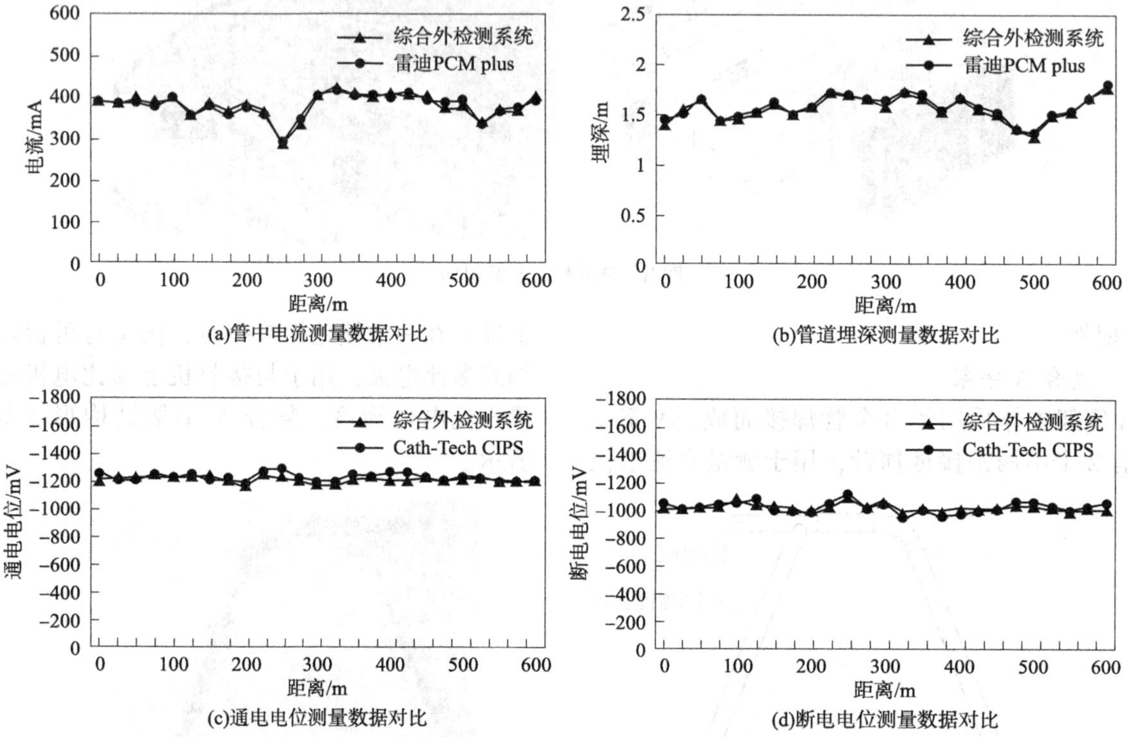

图8　检测数据对比

表1　防腐层破损点及dB值检测数据对比表

破损点编号	破损点位置	dB值		坐标	
		综合外检测系统	雷迪PCM plus	经度E/(°)	纬度N/(°)
1	780# - 354	43	41	113.91867	31.04100
2	780# - 415	44	44	113.91897	31.04064

现场测试时，新型管道综合外检测智能系统工作正常，而Cath - Tech公司CIPS经常无法正常工作。通过分析发现，是被测管道上的1～7V缓慢变化的交流干扰，导致了CIPS工作异常。CIPS测量电位峰值范围为±4V，超过范围后，测量数据将失真，例如，当通电电位为-1.2V时，而此时若交流干扰电压超过2.0V(rms)，叠加电位最负峰值将超过-4V，从而导致CIPS测量数据失真。而新型管道综合外检测智能系统测量电位峰值范围为±15V，同等条件下，只要交流干扰不超过9.7V(rms)均可准确测量。

通过对比检测可知：

(1)新型管道综合外检测智能系统同时具备了PCM、ACVG、CIPS、DCVG功能，相比进口设备在检测中需要更换设备、多次架设不同配套装置、功能之间存在相互干扰等问题，新检测系统一次测量即可完成4种检测，检测效率提高约30%；

（2）与进口设备相比，新检测系统在管道埋深、管中电流、漏点dB、通断电电位等数据的偏差平均小于2%，最大不超过5%，管道及漏点定位相同，测量精度满足管道外检测要求；

（3）当现场存在较强的交流干扰时，进口CIPS/DCVG设备测量误差较大，新检测系统抗交流干扰电压最大值可达9V（进口设备≤2V），适用范围更广；

（4）在单独进行PCM/ACVG测量时，新检测系统的综合同步接收机和PCM同步发射机与雷迪PCM plus的接收机和发射机可通用，扩大了新设备应用范围；

（5）在单独进行CIPS/DCVG测量时，新检测系统和进口设备均可与具有卫星同步通断功能的IHF恒电位仪配合使用，与传统安装卫星同步通断器相比，操作更为方便。

4 结论

国内现有主干管道超过10万km，管道保有量和服役年限逐渐增加，管道外检测工作任务逐年增多。新型埋地管道外检测智能系统在一套设备上实现PCM、ACVG、CIPS、DCVG四种功能，实现了单人一次检测完成上述所有检测工作，测量数据准确，在检测效率、所需人员、设备成本及维护等方面，相比进口检测设备均具有显著优势，可更好地满足国内管道检测的需要。

参考文献

[1]解晓飞．埋地管道腐蚀与防护检测评价系统的研究［D］．天津大学．

[2]程浩．长输天然气管道外检测综合技术研究及工程应用［D］．合肥工业大学．

[3]滕延平，张丰，赵晋云，等．杂散电流干扰下管道密间隔电位检测数据处理方法［J］．管道技术与设备，2009(04)：33－35.

[4]顾宝珊，李渡，汪兵，等．地下管道防护层缺陷检测新技术研究——密间隔电位/直流电压梯度联合检测技术［J］．石油化工腐蚀与防护，2006，21（2）：10－12.

[5]Nicholson, John Peter. Combined Close Interval Potential Surveys（CIPS）and Direct Current Voltage Gradient（DCVG）Surveys With GPS Time and Location Stamping for Improved Accuracy and Data Integrity［J］. 2015.

[6]ZHAO J Y. An application of ECDA to a buried pipeline affected by stray current interference［J］. 2014.

[7]李健，陈世利，靳世久．埋地管道防腐层的DCVG与CIPS技术组合检测［J］．管道技术与设备，2003，000(001)：38－39.

工业管道检测数据处理软件开发与应用

任　峰[1]　冯明光[2]　李长春[1]

(1. 中国特种设备检测研究院，北京　100029；2. 烟台市特种设备检验研究院，山东 烟台　265500)

摘　要：工业管道定期检验的检测数据量巨大，传统的处理方式步骤烦琐，极易出现数据输入错误、结果计算错误等问题，需要耗费大量的人力物力，因此开发一套数据处理软件，对数据进行智能化处理，简化工作流程，能极大地降低出错率，节省人工成本，提高工作效率。

关键词：工业管道检测；软件开发；数据处理；智能化

Development and application of data processing software for industrial pipeline inspection

Ren Feng[1], *Feng Mingguang*[2], *Li Changchun*[1]

(1. China Special Equipment Inspection and Research institute, Beijing, 100013;
2. Yantai Special Equipment Inspection and Research Institute, Shandong Yantai, 265500)

Abstract: The amount of inspection data for regular inspection of industrial pipelines is huge, and the traditional processing methods and steps are cumbersome, which is prone to data input errors, result calculation errors and other problems, and requires a lot of manpower and material resources. Therefore, developing a set of data processing software to intelligently process the data and simplify the workflow can greatly reduce the error rate, save labor costs, and greatly improve the work efficiency.

Key words: Industrial pipeline detection; software development; data processing; intelligence

1　引言

工业管道定期检验中管件测厚是非常重要的检测项目，管件检测数据数据量也很大，按照传统的处理方式，需要耗费大量的人力物力，由于步骤繁琐，可能出现数据输入错误、结果计算错误的问题，因此开发一套数据处理软件，对数据进行智能化处理，把原来由人工处理的过程改由计算机软件处理，能节省很多人力物力，还能避免出现一些低级错误，极大地提高工作效率。

2　软件介绍

工业管道定期检验的管件检测数据量很大，传统的数据处理方式是用手工记录检测数据，手工输入电脑，再进行计算，最后出具报告，整个过程步骤烦琐，手工记录、输入效率低，出错率高，后期的数据处理工作占据大量工作时间，为了解决这些问题，编制了数据智能处理软件，在现场检测时，将检测数据输入软件，简单操作可以完成数据计算，报告出具的功能，节省劳动时间，极大降低出错率，提高工作效率，节省劳动成本。

该软件在工业管道定期检验时，需要提前设置好报告模板，将测厚数据和管道参数输入软件界面，逐步操作得到计算结果。本软件参照国家标准的计算公式[1]，对不同级别的管件采用不同的参数进行计算，自动给出计算结果并出具报告。

双击打开软件，软件界面分为参数区，测厚区，计算区，结果区四个部分，如图 1 所示。

作者简介：任峰(1979—　)，男，硕士，从事压力管道检验及新技术开发研究工作。E - mail：105931527@qq. com

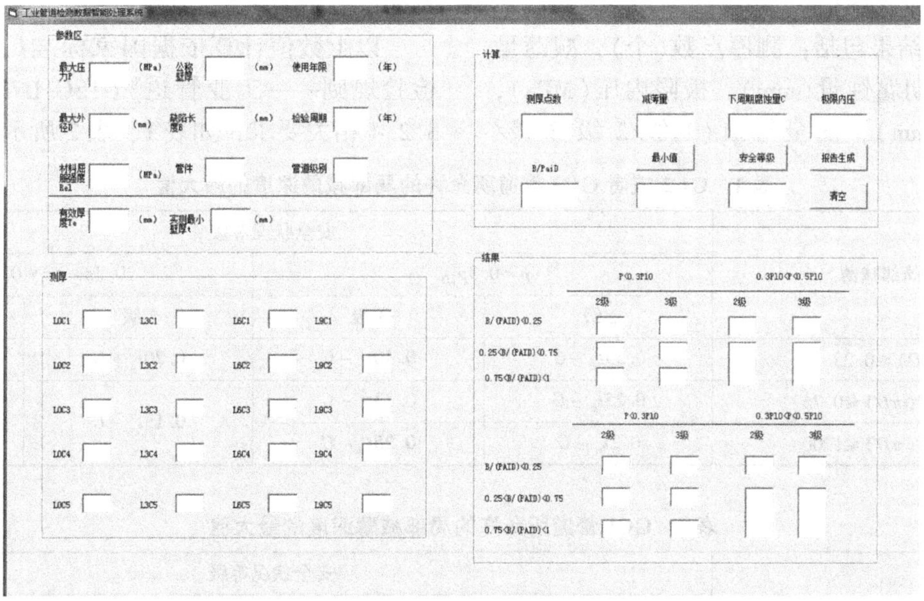

图 1　软件主界面

3　软件应用说明

3.1　参数区

在参数区输入管道基本参数，管道级别等信息，包括管件类型，最大压力(MPa)，公称壁厚(mm)，使用年限(年)，最大外径(mm)，缺陷长度(mm)，检验周期(年)，材料屈服强度(MPa)，管道级别(1 级/2 级/3 级)。示例数据如图 2 所示。

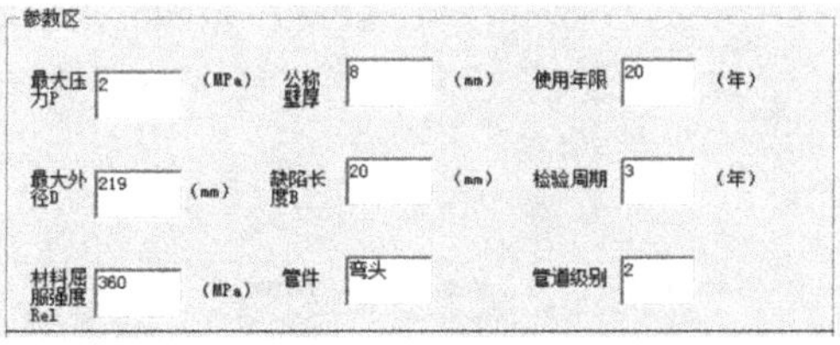

图 2　参数区

3.2　测厚区

对当前管件进行超声波壁厚检测，在测厚数据区输入检测数据，如图 3 所示。

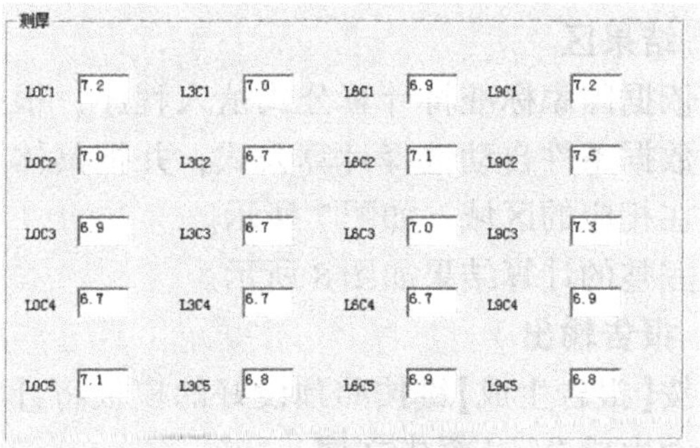

图 3　测厚区数据

管件包括弯头(弯管)，三通，大小头，以上数据以弯头为例进行输入，数据单位 mm，测试点位置以 L*x*C*y* 表示，其中 L 表示测点圈数，C 表示时钟位置，如图 4 所示。

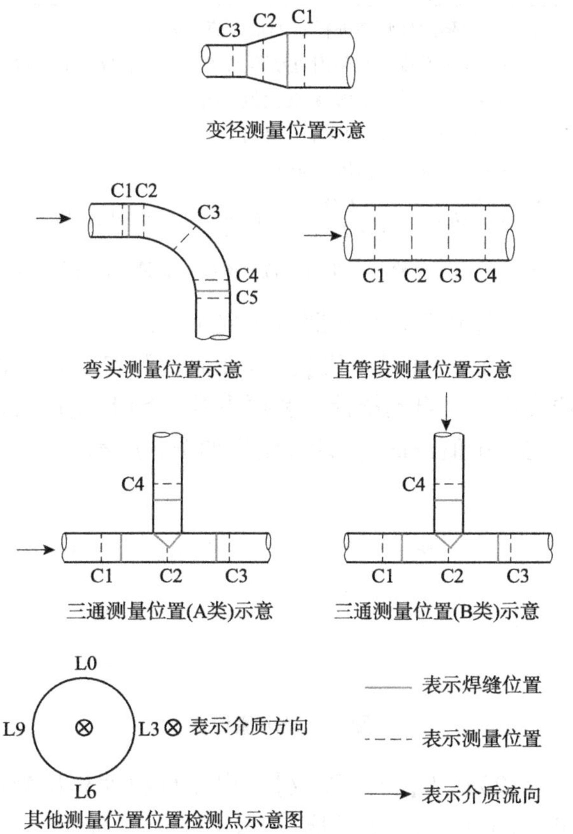

图 4　管件测厚点位置示意图

3.3　计算区

计算区是主要功能区，通过依次操作计算按钮，算出管件安全级别，并出具报告。

共包括四个按键：【最小值】，【安全等级】，

【报告生成】,【清空】。

计算统计结果包括:测厚点数(个),减薄量(mm),下周期腐蚀量(mm),极限内压(MPa),$B/(\pi D)$ 值(mm),安全等级(1 级/2 级/3 级/4 级)。

以上数值计算依据国家标准《压力管道定期检验规则——工业管道》(TSG D7005—2018)中 3.2.4 相关要求,如表 1、表 2 所示。

表 1　GC2 或者 GC3 管道所允许的局部减薄深度的最大值　　mm

壁厚局部减薄	安全状况等级			
	$p<0.3p_{L0}$		$0.3p_L<p\leq0.5p_{L0}$	
	2 级	3 级	2 级	3 级
$B/(\pi D)\leq0.25$	$0.33t_e-C$	$0.40t_e-C$	$0.20t_e-C$	$0.25t_e-C$
$0.25<B/(\pi D)\leq0.75$	$0.25t_e-C$	$0.33t_e-C$	$0.15t_e-C$	$0.20t_e-C$
$0.75<B/(\pi D)\leq1.00$	$0.2t_e-C$	$0.25t_e-C$		

表 2　GC1 管道所允许的局部减薄深度的最大值　　mm

壁厚局部减薄	安全状况等级			
	$p<0.3p_{L0}$		$0.3p_L<p\leq0.5p_{L0}$	
	2 级	3 级	2 级	3 级
$B/(\pi D)\leq0.25$	$0.30t_e-C$	$0.35t_e-C$	$0.15t_e-C$	$0.20t_e-C$
$0.25<B/(\pi D)\leq0.75$	$0.20t_e-C$	$0.30t_e-C$	$0.10t_e-C$	$0.15t_e-C$
$0.75<B/(\pi D)\leq1.00$	$0.15t_e-C$	$0.20t_e-C$		

D——缺陷附件管道外径实测最大值,mm;

t_e——有效厚度,缺陷附近壁厚的实测最小值减去下一检验周期的腐蚀量,mm;

B——缺陷环向长度实测最大值,mm;

p——管道最大工作压力,MPa;

p_{L0}——管道极限内压,MPa;

$p_{L0}=\frac{2}{\sqrt{3}}R_{eL}\times\ln\frac{D/2}{(D/2-t_e)}$,$R_{el}$——管道材料的屈服强度,MPa;

C——至下一检验周期局部减薄深度扩展量的估计值,mm。

具体计算过程按照以下顺序进行:

(1)按下【最小值】,软件通过测厚数值之间迭代比较,自动统计出测厚点数(个)和超声波测厚的最小值(mm)。计算结果如图 5 所示。

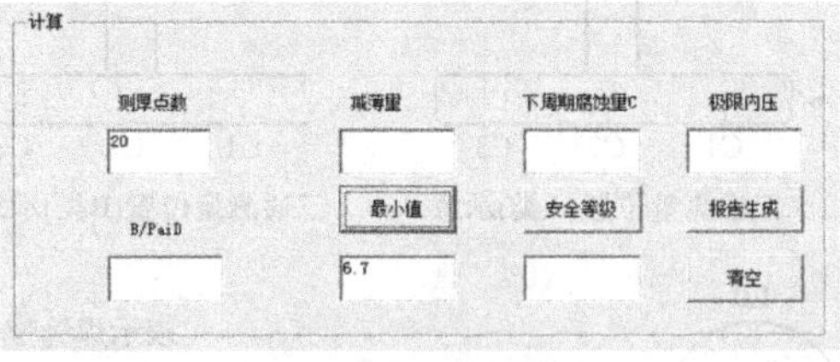

图 5　最小值计算

(2)按下【安全等级】,程序自动计算出减薄量(mm),下周期腐蚀量(mm),极限内压(MPa),$B/(\pi D)$ 值(mm),再根据这些数值依据表 1 表 2 选择相对应的计算公式计算出管件安全等级,计算过程代码采用 if ~ elseif 分支结构。计算结果如图 6 所示。

同时在结果区显示安全等级计算的具体数值,见 3.5 结果区说明。

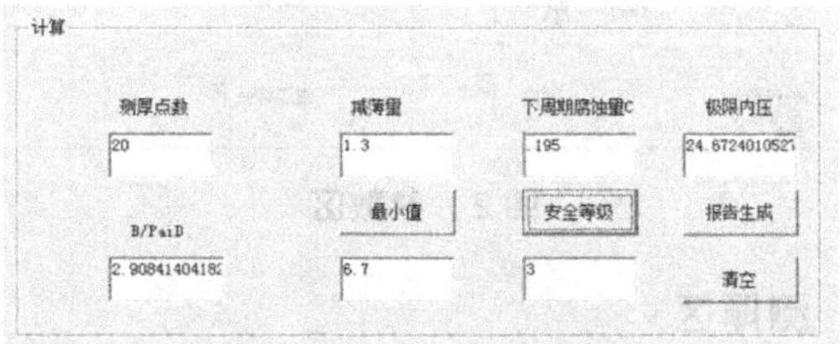

图 6　管件安全等级计算

3.4　结果区

依据国家标准将计算公式植入程序,根据输入的数据条件自动选择计算公式,并把具体数据显示在相应的区域,如图 7 所示。

完整的计算结果如图 8 所示。

3.5　报告输出

按【报告生成】键按照预设好的模板将计算结果自动生成 Word 报告文档。

按【报告生成】键会出现提示框,根据需要选择存储路径和文件名,如图 9 所示。

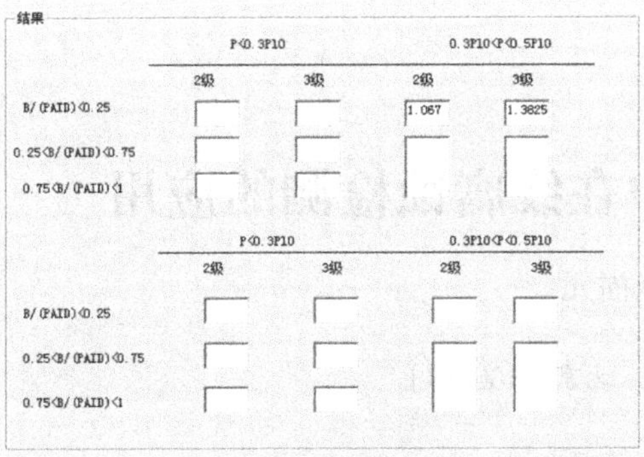

图 7　计算结果显示

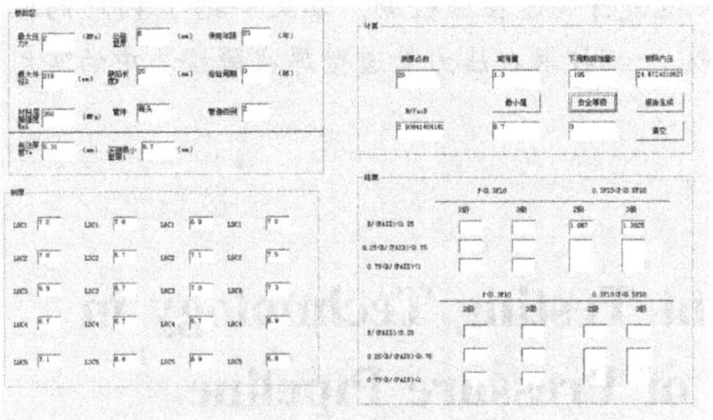

图 8　完整计算过程及结果显示

图 9　文档存储路径

输入文档存储路径，按【确定键】进行报告生成，完成后会出现提示框，如图 10 所示。

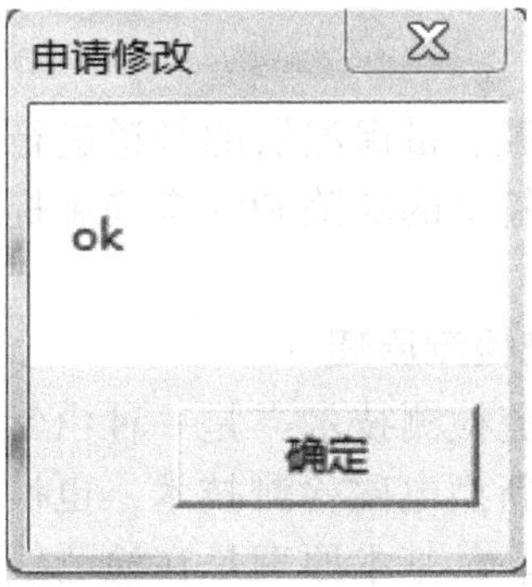

图 10　报告生成确认

最终生成报告如图 11 所示。

3.6　数据清空

按【清空键】清空测厚区之前输入的测厚数据，参数区数据不变，方便对同一条管道进行下一个管件的检测。

4　结论

该软件采用 VB 语言编写，是用于特种设备

测量仪器型号	Xxxxxx	测量仪器编号	Xxxxxxxx
测量仪器精度(mm)	±0.01mm	表面状况	Xxxxx
检验比例	≥20%	实测点数	20
壁厚（mm）	8	实测最小壁厚(mm)	6.7

测厚点部位图：
（见单线图及附页。）
检 1，弯头，规格为Φ219×8mm

测厚记录

测点编号	测点厚度	测点编号	测点厚度	测点编号	测点厚度	测点编号	测点厚度	测点编号	测点厚度
L0C1	7.2	L3C1	7.0	L6C1	6.9	L9C1	7.2	/	/
L0C2	7.0	L3C2	6.7	L6C2	7.1	L9C2	7.5	/	/
L0C3	6.9	L3C3	6.7	L6C3	7.0	L9C3	7.3	/	/
L0C4	6.7	L3C4	6.7	L6C4	6.7	L9C4	6.9	/	/
L0C5	7.1	L3C5	6.8	L6C5	6.9	L9C5	6.8	/	/
/	/	/	/	/	/	/	/	/	/
/	/	/	/	/	/	/	/	/	/

测定结果：
3 级

图 11　报告生成

检测行业中工业管道定期检验数据智能处理的软件。该软件将数据输入，计算评价，报告生成等功能集于一体，通过简单操作就能完成数据采集到出具报告的全过程，降低出错概率，通过简化工作步骤达到提高工作效率的目的。在现场应用单人即可完成，降低人工成本。该软件已经取得软件著作权[2]。

通过图 12 可以看出传统处理方式与软件处理的工作过程对比，软件处理减少了工作步骤，可以大大提高工作效率，减少出错率。

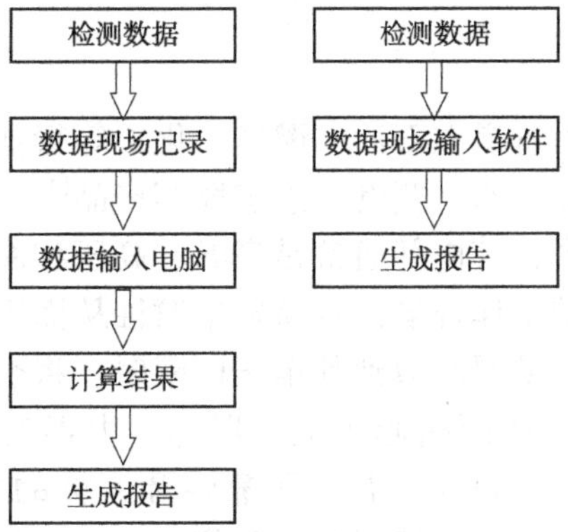

图 12　传统处理与软件处理的过程对比

参考文献

[1] TSG D7005—2018，压力管道定期检验规则——工业管道[S].

[2] 任峰．工业管道检测数据智能处理系统 V1.0．中国软件著作专利．2021SR0256968．2020－12－20.

脉冲涡流检测技术在压力管道中在线腐蚀检测的应用

邹哲雨　张加东　李福元

[中特检管道工程(北京)有限公司，北京　100013]

摘　要：压力管道是生产、生活中广泛使用的可能引起燃爆或中毒等危险性较大的特种设备，而常规的检测技术需要将设备停机、拆除保温层后进行检测，无法实施在线检测，效率低且成本高。脉冲涡流(Pulsed Eddy Current，PEC)检测技术可对不停机、高温、带保温层的管道进行快速在线检测。本文介绍了 PEC 的检测原理，检测仪器，通过两个现场的检测案例的分析，说明 PEC 检测技术在压力管道壁厚减薄检测中的实用性和可靠性。

关键词：压力管道；在线监测；脉冲涡流检测；保温层

Application of Pulsed Eddy Current Testing Technology in On – line Corrosion Detection of Pressure Pipeline

Zou Zheyu，*Zhanag Jiadong*，*Li Fuyuan*

(Special Inspection Pipeline Engineering (Beijing) Co. Ltd，Beijing 100013，China)

Abstract：The pressure pipeline is a kind of special equipment which is widely used in production and life，and it may cause explosion or poisoning，can not implement on – line detection，low efficiency and high cost. Pulsed eddy current (PEC) detection technology can be used for on – line detection of pipeline with insulation layer under high temperature and without shutdown. This paper introduces the PEC testing principle，testing instruments，through two field testing cases，shows the practicability and reliability of PEC testing technology in the application of pressure pipeline wall thickness thinning detection.

Key words：pressure pipeline；on – line monitoring；pulsed eddy current detection；insulation layer

0　引言

压力管道在石油、燃气、化工等行业多用于传输原油、水、蒸汽、液态烃等产品[1]，在运行的过程中，其内部通常是高温、高压和腐蚀性液气介质的工作环境，容易发生腐蚀从而引起壁厚减薄，当壁厚减薄到其承压极限时，将会发生介质泄露，从而引起火灾、爆炸、中毒等安全事故，威胁着设备运行的可靠性和人员的安全性，常规的检测技术需要将设备停机、拆除保温层后进行检测，效率低且成本高，而且在拆装保温层的过程中，由于空气潮湿和雨水等一系列自然因素，还会增加管道的保温层下的腐蚀风险[2]。脉冲涡流(Pulsed Eddy Current，PEC)检测技术可对不停机、高温、带保温层的管道进行在线腐蚀检测，为查找管道的缺陷和安全隐患提供了可靠的支持。

1　脉冲涡流检测原理

脉冲涡流检测技术[3]是一种由常规涡流检测演化而来的新型电磁检测技术，也被称为瞬态涡流检测技术。其基本原理是在检测线圈中通入恒定电流或电压，在一定时间内，被测构件会产生稳定的磁场，当断开电流或电压输入时，检测线圈周围会产生电磁场，该电磁场直接从线圈中耦合出的一次电磁场和构件中感应出的涡流场产生的二次电磁场两部分叠加而成，且后者中包含了构件本身的厚度或缺陷等信息，采取合适的方法

作者简介：邹哲雨(1996—　)，本科，主要从事压力管道检验检测工作。E – mail：1779705413@ qq. com

和检测元件对二次电磁场进行测量，分析测量信号，可得到被测构件有关信息[3,4]。PEC 检测技术原理见图 1。

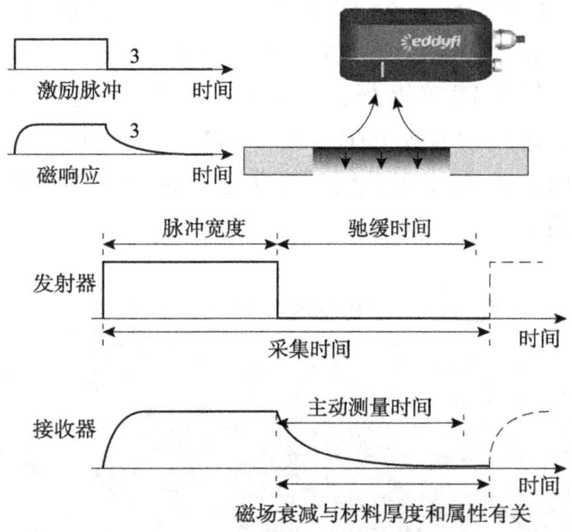

图 1　PEC 原理示意图

与传统涡流检测不同，PEC 检测采用方波或阶跃，而不是正弦波激励，接收元件拾取的电磁信号，通常称之为 PEC 信号，是以构件为中心的系统脉冲或者阶跃响应。

2　使用仪器

此次检测使用的仪器是加拿大 Eddyfi 公司的 Lyft™脉冲涡流检测仪，见图 2，能实现动态和栅格扫查模式，通过 Smart PULSE 技术实现可重复且可靠的检测结果，可检测保温层下腐蚀、鼓泡与结痂、冲刷腐蚀等，可测量最大壁厚达 100mm、最大保温层厚度可达 300mm，保护壳因材料不同可测的厚度有不锈钢达 1.5mm、铝达 1mm、镀锌钢达 1mm，检测温度范围为 -150～500℃。

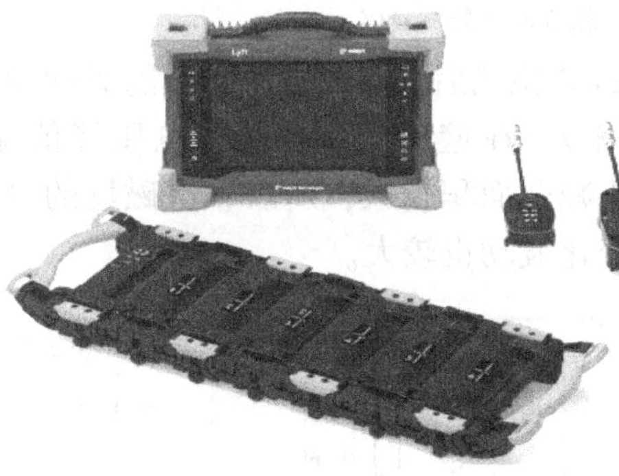

图 2　脉冲涡流 Eddyfi Lyft 检测仪

3　关于脉冲涡流在线检测的实际应用

3.1　检测流程

检测流程包括被检设备情况、仪器校准、划分网格和实施检测等四步，具体如下：

(1)通过资料审查和现场勘察的方式了解管道的材质、规格、工作温度、可能的金属损失类型等情况。特别需要注意的是保温层厚度、保护壳厚度与壁厚的信息是否与设计资料相同，如果不同，应以实际测得的数据作为仪器校准时所输入的数据。另外，还需了解管道表面是否存在大面积的锈蚀层或焊瘤、是否存在伴热管以及周围环境中是否存在较大的电磁干扰情况，以便于在实施检测时避开这些因素的影响。

(2)检测仪将会根据管道壁厚、材质、保温层厚度等信息选取合适的探头(图 3)，将探头放在直管段上进行校准，使 PEC 信号能得到有效地采集。

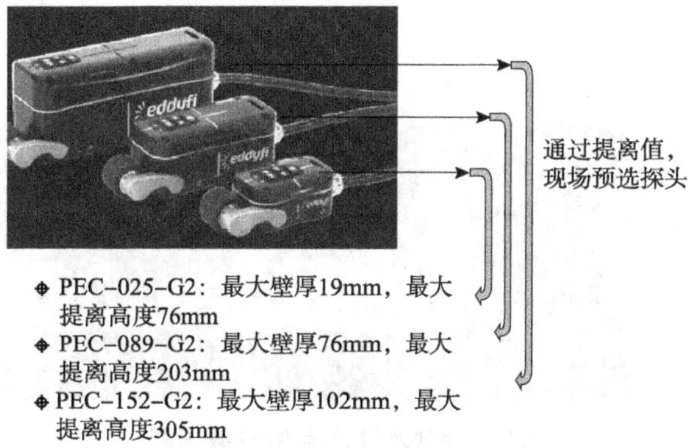

图 3　探头型号

(3)根据选取的探测区域的大小将管道进行网格划分，并对划分得到的检测区域进行编号，以便检测结果与具体检测区域相对应。

(4)按照网格划分依次对管道进行检测，当测量数据波动大时，应在波动区域重复检测 3 次，测量时应避免探头倾斜，如数据仍然波动较大，可对管道剥开保温层使用超声波测厚仪进行验证，由于超声波测厚仪探头较小，应选波动区域超声波测厚数据的平均值与脉冲涡流检测数据进行对比验证，以此判断管道是否发生壁厚减薄情况。

3.2　检测成果与案例分析

本次使用脉冲涡流检测仪对某炼油厂内 13 个装置共计 292 条管线压力管道进行检测。发现并验证其中缺陷管线 27 条，缺陷检出占比达 9.24%，产生了可观的经济与社会效益。下面介绍两个典型案例来说明 PEC 检测技术在压力管道在线腐蚀检测方面的实用性与可靠性。

案例一：加氢裂化装置 E1101BC 管程入口处除盐水注水点见图 4，管线材质为 20 钢，介质为混氢油气，操作温度为 343℃，操作压力为 2.2MPa，管径为 *DN*200，公称壁厚 8mm，实测壁厚 10mm，保温层材质为岩棉，厚度 100mm，保护壳材质为镀锌钢板，厚度 0.8mm，以实测数据为准，选用型号为 PEC－089－G2 的探头进行校准，采用 PEC 技术对此管道直管段进行检测，检测数据见图 5。

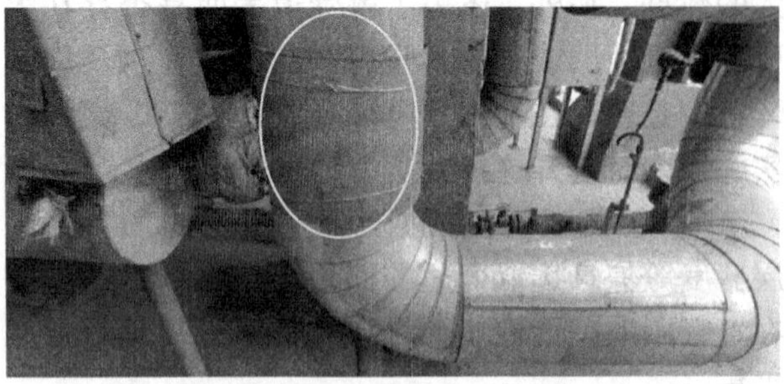

图 4　除盐水注水点现场示意图

	0.0	125.0	250.0	375.0	500.0	625.0	750.0	875.0
659.7	10.1	10.2	10.5	10.4	10.3	10.2	10.3	10.4
439.8	9.9	10.0	9.6	9.4	9.5	9.8	9.8	9.7
219.9	10.9	10.8	10.1	8.5	8.6	9.6	9.6	9.5
0.0	10.9	10.8	10.7	10.6	10.5	10.4	10.3	10.2

图 5　除盐水注水点检测数据图

通过数据可发现最小壁厚 8.5mm，附近壁厚 10.5mm，拆除保温层使用超声波测厚仪进行验证，最小壁厚 6.45mm，减薄率达 64.5%，超声波检测减薄区域平均壁厚为 8.3mm，检测误差－2.35%。

在 PEC 检测后可得出电压幅值随时间变化的曲线见图 6，由图可知壁厚减薄越大的位置，检出电压信号峰值越小，根据脉冲涡流检测原理，在信号前期，激励线圈激发的初生磁场，几乎不受缺陷深度影响，反应的是一次磁场与二次磁的叠加，而壁厚的减薄会使信号在后期形成截断效应，影响次生磁场的强弱，因此，壁厚减薄越大，检出电压信号峰值越小。

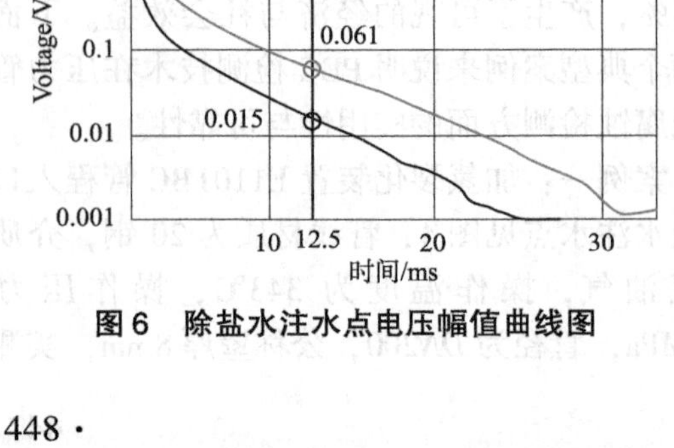

图 6　除盐水注水点电压幅值曲线图

案例二：70 万吨/年抽提装置 E2407 管程出口弯头见图 7，管线材质为 20 钢，介质为汽提气，操作温度为 130℃，操作压力为 2.0MPa，管径为 *DN*250，公称壁厚 9.5mm，实测壁厚 9.5mm，保温层材质为岩棉，厚度 120mm，保护壳材质为镀锌钢板，厚 0.8mm，以实测数据为准，选用型号为 PEC－089－G2 的探头进行校准，采用 PEC 技术对此管道弯头进行检测，检测数据见图 8。

图 7　E2407 管程出口弯头现场示意图

	0.0	181.8	363.6	545.5	727.3	909.1	1090.9	1272.7	1454.5	1636.4	1818.2
1053.4	9.1	9.4	9.3	9.3	9.2	9.3	9.2	9.3	9.1	9.3	9.4
702.3	9.3	9.2	9.5	9.2	9.4	9.2	9.1	9.1	9.3	9.3	9.1
351.1	9.2	9.5	9.3	9.2	9.5	9.2	9.1	9.5	9.3	9.3	9.4
0.0	9.2	9.3	9.4	8.3	8.2	8.0	7.5	7.8	7.8	9.2	9.1

图 8　E2407 管程出口弯头检测数据图

通过数据可发现此弯头减薄面积较大，最小壁厚 7.5mm，附近壁厚 9.1mm，拆除保温层使用超声波测厚仪进行验证，发现弯头背弧 0 点钟方向大面积减薄，最小壁厚 5.62mm，减薄率达 40.84%，超声波检测减薄区域平均壁厚为 7.2mm，检测误差－4%。

在 PEC 检测后可得出电压幅值随时间变化的曲线见图 9，在壁厚减薄位置，电压峰值减小，由于弯头减薄面积较大，所以二次磁场的电压随时间的变化波动也较大。

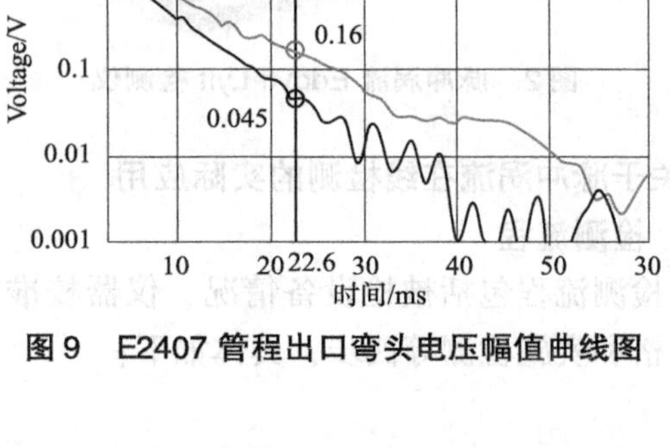

图 9　E2407 管程出口弯头电压幅值曲线图

4　结束语

(1)脉冲涡流检测技术对压力管道的在线腐蚀检测方面具有较高的实用性与可靠性。

(2)脉冲涡流检测技术可针对情况复杂(高温、带有保温层、运行中)的压力管道快速定位腐蚀减薄部位。

(3)该检测技术可大幅提高在线检测的效率，有效解决了检测人员人手不足与检测任务繁多的矛盾，有利于及时向用户反馈检测结果，及时指导用户进行管道质量控制。

(4)由于保温层的厚度、包覆是否均匀会对检测精度带来影响，仍需采用诸如超声波测厚、超声波相控阵测厚等检测方法进行验证。

参考文献

[1]沈功田，胡斌．大型承压设备不停机电磁无损检测技术及应用[J]．中国特种设备安全，2016，32(1)：6－12.

[2]郑中兴，韩志刚．穿透保温层和防腐层的脉冲涡流检测壁厚检测[J]．无损探伤，2008，32(1)：1.

[3]武新军，黄琛，丁旭，等．钢腐蚀脉冲涡流检测系统的研制与应用．无损检测，2010，32(2)：127.

[4]武新军，张卿，沈功田．脉冲涡流无损检测技术综述．仪器仪表学报，2016，37(8)：1689.

基于 FPGA 的漏磁采集系统的设计与应用

白鹏程[1] 马义来[1] 熊治坤[1*] 陈金忠[1] 张 洋[1] 薛尹力[2]

[1. 中国特种设备检测研究院，北京 100029；2. 中特检管网科技(嘉兴)有限公司，浙江 嘉兴 314051]

摘 要：管道的安全关乎国家的战略发展，对管道进行检测是减少事故发生的重要技术手段。漏磁内检测器能够准确感应出管道金属损失，三轴磁场传感器在很大程度上能够提高检测的准确度。针对管道磁场信息数据量大的特点，本文提出了一种基于 FPGA 的漏磁数据采集系统。该设计为加快采集系统的数据处理，采用的加速策略采用包括：合理分布片上内存与片下存储，降低数据读取延迟；采用多通道并行流水结构加速数据处理。FPGA 平台利用 Intel 公司的 Cyclone IV 系列芯片作为主芯片，实验结果表明在 500Hz ~ 8kHz 的采样范围内均可正常运行，能满足当前检测器在数据处理方面的性能需求。

关键词：管道检测；三轴磁场传感器；FPGA；并行处理；高采样率

Design and Application of Pipeline Detector Based on FPGA

Bai Pengcheng[1], *Ma Yilai*[1], *Xiong Zhikun*[1*], *Chen Jinzhong*[1], *Zhang Yang*[1], *Xue Yinli*[2]

(1. China Special Equipment Inspection and Research Institute, Beijing 100029, China;
2. China Special Inspection Pipe Network Technology (Jiaxing) Co. Ltd, Zhejiang Jiaxing 314052, China)

Abstract: Pipeline safety is a matter of national strategic development. Pipeline inspection is an important technical means to reduce accidents. The MFL detector can accurately sense the metal loss in the pipeline. Three axis magnetic field sensor can improve the accuracy of detection to a large extent. A magnetic flux leakage data acquisition system based on FPGA is proposed in this paper. The design speeds up the data processing of the acquisition system. The acceleration strategies adopted include: Properly distribute on – chip memory and off – chip storage to reduce data read latency. A multi – channel parallel flow structure is used to accelerate data processing. The FPGA platform uses Intel Cyclone IV series chip as the main chip. The experimental results show that the detector can still run normally under the sampling rate of 500Hz ~ 8kHz, which can meet the performance requirements of the current detector in data processing.

Key words: Pipeline inspection; Three axis magnetic field sensor; FPGA; Parallel processing; Enable high sample rate

1 引言

油气管道是石油和天然气工业中输送原油、成品油和天然气的主要途径，极大减少了运输成本。随着时间的积累，油气管道在土壤中不仅会受到不同程度的腐蚀，还会因地质变化或者重压而发生不同程度的形变，严重时还会发生泄露的情况，造成经济损失和危害环境，因此需要对有较长使用年限的管道进行检测，对存在的安全隐

作者简介：白鹏程(1994—)，硕士，助理工程师，主要从事油气管道内检测技术的研究工作。E – mail：sui_suinian@ foxmail. com

通信作者：熊治坤(1986—)，硕士，工程师，主要从事油气管道无损检测技术的研究及设备研发工作。E – mail：xiongzhikun@ 163. com

患及时进行排除。

目前对管道金属损失检测比较成熟的技术是三轴漏磁检测技术，利用传感器采集管道磁化后的磁场，根据磁场变化来判断缺陷[1]，传感器需要紧贴在管道表面，因此需要的传感器数量随着管道直径的增大而增多，需要处理的数据相应增多。当前采集系统功耗高且不能满足高效检测的要求，而 FPGA 技术具有高速并行处理数据的能力，应用在管道漏磁采集系统中具有明显优势。

2 漏磁检测原理及数据收集

漏磁检测方法是一项自动化程度较高的磁学检测技术，利用励磁源对被检工件进行局部磁化，若被检工件表面光滑，并且内部没有缺陷，磁通将全部通过被检工件，若材料表面有缺陷或组织状态变化，就会使磁导率发生变化，由于缺陷的磁导率很小，磁阻很大，使磁路中的磁通发生畸变，磁感应线流向会发生变化[2]，除了部分磁通会直接通过缺陷或材料内部来绕过缺陷，还有部分磁通会泄漏到材料表面上空，通过空气绕过缺陷再进入材料，于是就在材料表面形成了漏磁场，见图 1。利用霍尔元件等传感器可对漏磁场进行检测，对漏磁信号去噪、分析及显示，建立起漏磁场和缺陷的量化关系，达到无损检测和评价的目的[3]。

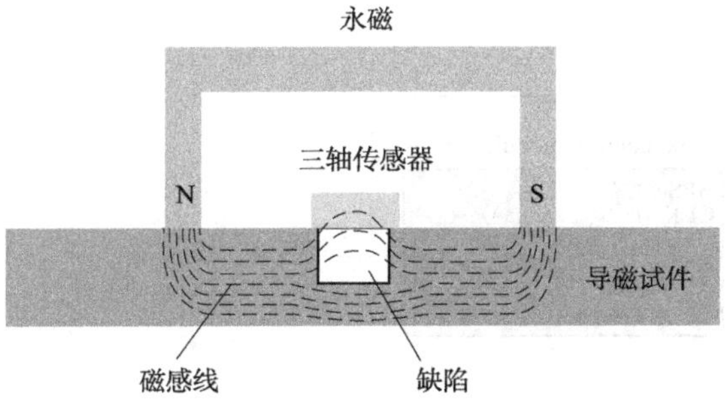

图 1 漏磁检测原理

三轴漏磁内检测器是目前应用最为广泛的检测器，其工作方式是在一个探头中分布三轴向正交霍尔传感器，分别测量轴向、径向和周向的磁通量数据，用来确定完整的三维漏磁场矢量，很大程度上提高了缺陷形状和尺寸的测量精度，见图 2，但随之而来的问题是数据量明显增加，因此需要数据采集系统的处理能力相应提高。

20 世纪 80 年代之前，漏磁内检测器分辨率较低，传感器体积较大、间距较大，同等管径下能够容纳的传感器数量少，并且由于采样频率较低，需要处理的数据相对较少，因此对采集系统

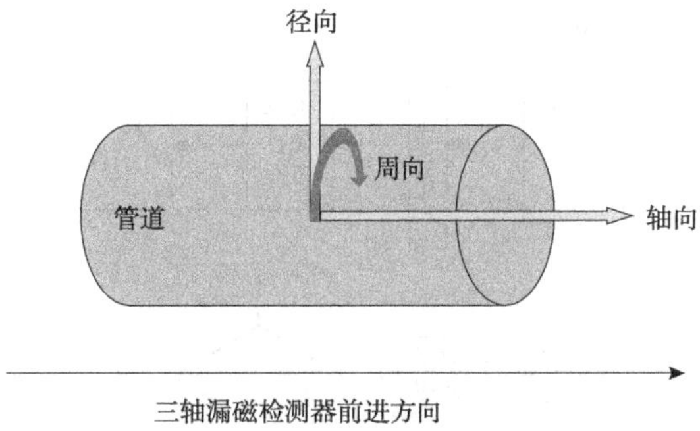

图 2 管道内三轴检测示意图

的性能要求不高。近年来，先进的霍尔传感器代替了传统的线圈传感器[4]，霍尔元件的尺寸不断减小，灵敏度越来越高，传感器间距变小，同等管径下容纳的传感器数量增多，高效的设备检测要求采样频率更高，特别是三轴漏磁传感器的大规模应用。在这种情况下，传统的数据采集系统已不能适应当前的要求，为了解决这一问题，本文寻找并设计一种具有高速处理能力并且功耗较低的方式。FPGA 具有丰富的片上硬件逻辑资源，附加灵活的线路连接特性和良好的内存带宽，以及灵活的设计和较短的开发周期等优点，广泛应用于数据快速处理领域[5]。

3 FPGA 加速器设计

FPGA 是一种集成电路芯片，可以在成片后针对不同的算法进行定制硬件加速逻辑设计，可通过对逻辑单元的配置实现多种软件算法。FPGA 的基本结构主要由查找表(Look Up Table，LUT)、触发器(Filp Flop，FF)、导线和输入输出(IN/OUT，I/O)端口组成，有的还包含计算模块(DSP)和存储模块(Block RAM，BRAM)。

3.1 加速器架构

FPGA 设计的核心是数据传输优化，优化策略主要分为计算优化和内存优化，其中计算优化包括计算并行、循环块、循环展开和流水循环等优化技术，内存优化有减小数据精度、合理利用本地存储、基于双缓冲的“乒 - 乓”数据传输机制。

采集系统基本结构如图 3 所示。多路磁场信号经过选通开关输入之后，此时还是模拟信号，经过模数(Analog Digital，AD)转换后通过 SPI 通信协议发送给 FPGA 接收模块并且片上缓存[6]，判断此时的工作状态，如果是运行模式，将数据处理、拼接后发送到 ARM 部分进行片下存储；如果在线测试模式，数据被处理后直接发送到 ARM 部分，无须片下存储。

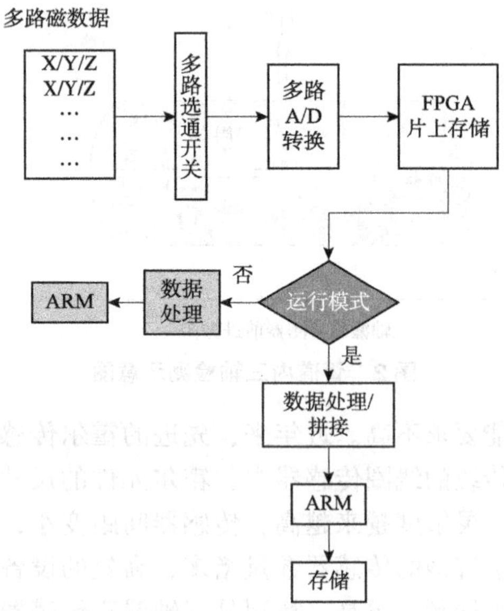

图3　加采集系统结构

3.2　漏磁数据传输

漏磁数据经过模数转换模块后，每个探头占用一个 I/O 接口，每次可以传输 20 组数据。输出信号经过增益放大器，转换器对 20 个通道的数据分时转换，转换后的数据通过总线发送到 FPGA 主控芯片。图 5 为本设计中 1 个探头传感器信号经过 I/O 输送到 FPGA 芯片，其中 RX_Group_In 为输入数字信号的漏磁数据，包括轴向、径向及周向的磁场信号；group_read_address[7:0]为地址总线，将数据送入指定的地址下临时存储。

本设计中每个漏磁传感器在一个时钟内传输 1bit 数据，为了提高在 FPGA 内部的传输效率，先将数据从 1bit 位宽数据转换成 8bit 位宽，然后将 8bit 的数据转换成 16bit 的数据在 FPGA 内部处理以及外部存储，部分转换过程如此下图所示，先输入的 8bit 数据作为高 8 位，后输入的数据作为低 8 位，拼接成 16 位后再进行采样处理和存储。

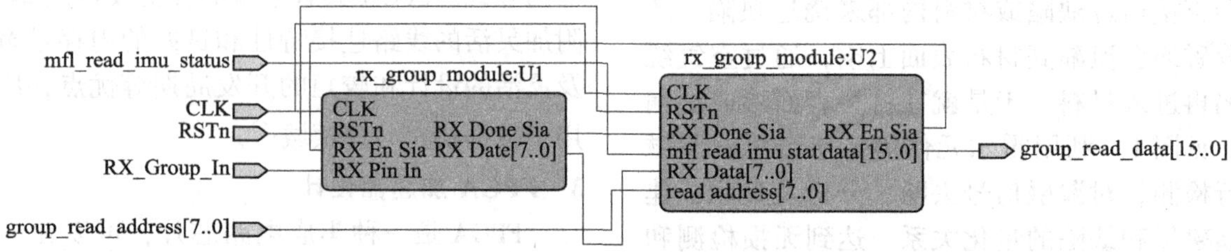

图4　数据传输

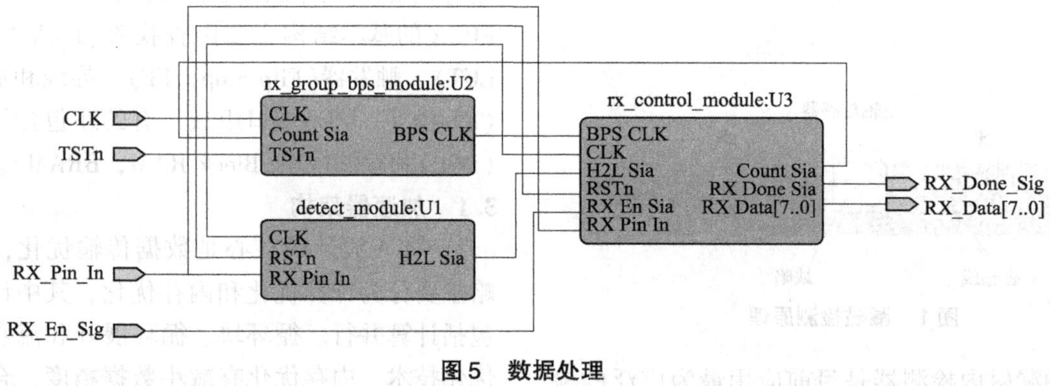

图5　数据处理

3.3　漏磁数据采样处理

在 FPGA 内部，每个漏磁传感器采集的数据都有 1 个寄存器进行存储，在存储过程可以设置对漏磁数据的采样速率，设备在管道中的运行速度、检测精度等是影响采样率设置的重要因素。在设备对管道进行内检测时，运行速度快则需要较高的采样率[7]，低采样率就会造成有用信息丢失；运行速度慢时则设置较低的采样率即可，高采样率会导致对管道信息重复采集，占用较大的存储空间。为适应不同的运行环境，采样率设计为多模式可选，最高为 8kHz，最低为 500Hz，根据实际工作需要选择合适的采样率，采样率选择通过简单修改程序实现。

部分仿真波形见图 6。

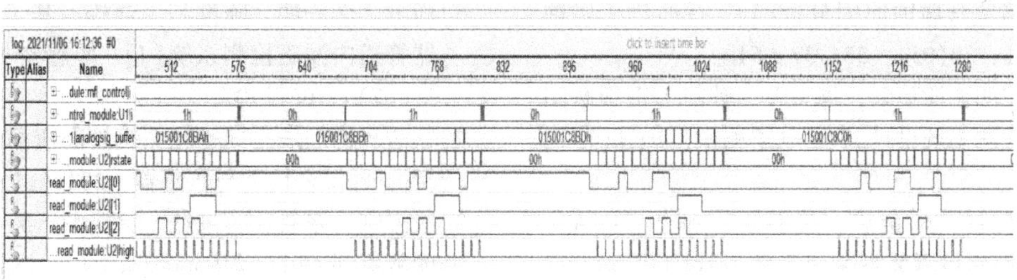

图6 仿真波形

4 硬件实现与结果分析

4.1 硬件实现

设计中用到的开发平台是 Intel 公司的携带 Cyclone IV 芯片的开发板，该开发板成本低，功耗小，有丰富的逻辑资源，将设计编译后查看资源利用情况如图 7 所示，逻辑资源占用率为 72%，输入输出引脚占用率为 78%，锁相环占用率为 25%，该设计在资源利用方面比较合理。

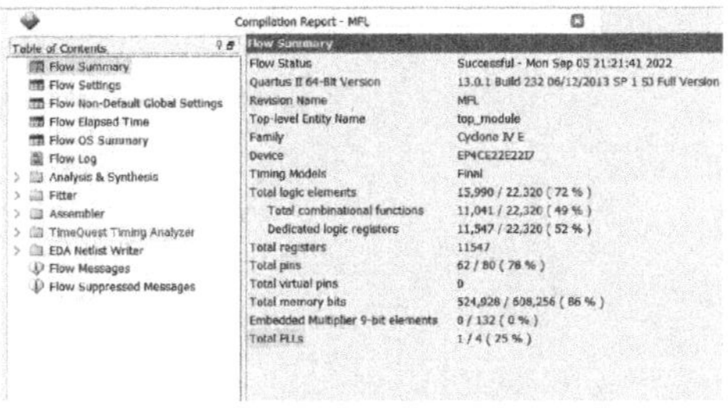

图7 资源占用统计

将工程文件编译后下载到 FPGA 开发板，借用 ARM 的存储控制[8]，运行并查看采集数据，图 8 为采集到的部分磁场数据，以十六进制数据格式进行存储，将采集到的数据通过专用分析软件处理后可以更直观地查看磁场信号。

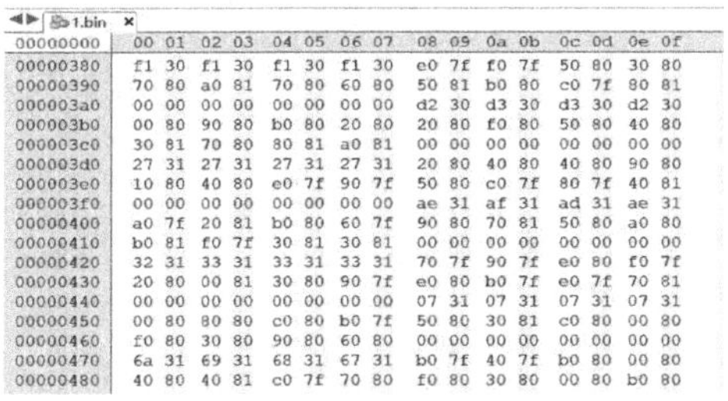

图8 采集数据存储

分析软件查看结果如图 9～图 11 所示，可以看到在磁场没有变化的情况下，径向、轴向、周向三个磁场方向的磁信号比较均匀。

图9 径向磁场数据

图10 轴向磁场数据

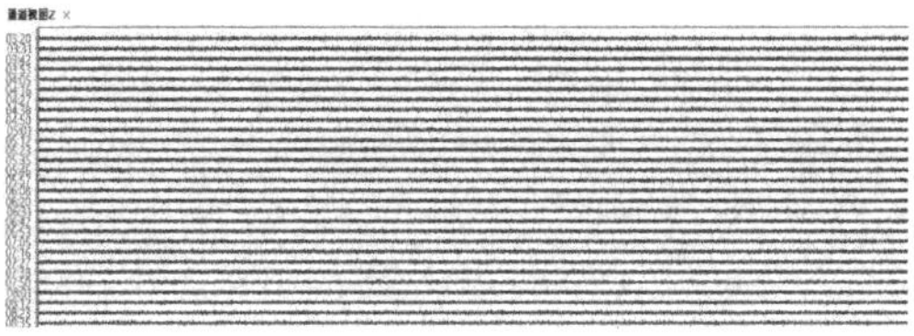

图11 周向磁场数据

4.2 性能评估

利用 FPGA 的高速处理能力，针对数据量较大的漏磁传感器设计的数据采集系统，系统工作频率为 100MHz，时钟模块和内部存储模块直接调用 IP(Intellectual Property Core)核即可实现，硬件成本低，操作性和维护性好，方便移植和升级优化，在数据快速处理方面有明显优势。

5 结语

充分利用 FPGA 多通道高速并行的处理特性，设计并实现了一种高效率的漏磁数据采集系统，采用 Verilog HDL 语言完成整体设计。通过仿真与实际测试，采样率在 500Hz～8kHz 范围内均可正常运行，数据处理速度快，系统集成程度高、重构性强，达到了预期的设计目标，具有一定的应用价值和现实意义。

参考文献

[1]马义来，何仁洋，陈金忠，李春雨．钻杆漏磁检测励磁装置 3D 磁场的仿真模拟[J]．无损检测，2016，38(09)：25－28.

[2]张华宇，李俊杰，谢凤芹，武新海．漏磁检测技术在铁氧体缺陷检测中的应用[J]．实验室研究与探索，2022，41(01)57－61.

[3]王锋，齐嵩岭，闻亚星，陈金忠，马义来．油气管道

机械损伤缺陷及其腐蚀原因分析[J]. 石油化工腐蚀与防护，2021，38(05)：33－37＋64.
[4]熊家国，周兆明，谢英豪，周文超，孙前. 钢板缺陷便携式漏磁检测系统设计[J]. 电子测试，2021(13)：34－36.
[5]马义来，何仁洋，陈金忠，李春雨. 基于 FPGA＋ARM 的管道漏磁检测数据采集系统设计[J]. 无损检测，2017，39(08)：71－74.
[6]尚林，李一博，陈世利，刘栋. 基于 FPGA 的多传感器管道内漏磁检测系统[J]. 传感器与微系统，2012，31(07)：105－107.
[7]耿浩，杨理践，项行鸿. 钢管高速漏磁信号检测与分析[J]. 仪表技术与传感器，2021(11)：88－93＋98.
[8]殷志刚，张武，蒋景红，徐建清，吴长瑞. 对接潜标的数据采集控制中心设计[J]. 网络新媒体技术，2021，10(02)：47－54.

特种设备智能化检验发展路线

王　雷　韩保生　宋　寅　马爱武　冯靖安　周利涛

（河南省锅炉压力容器安全检测研究院安阳分院，河南 安阳 455000）

摘　要：从“十四五”发展规划等政策要求、当前的特种设备检验现状等方面，论述了推动特种设备智能化检验发展的必要性和紧迫性，并提出了两条特种设备智能化检验发展的具体路线，即在当前检验规则下的发展路线和跳出当前检验规则下的发展路线。在当前检验规则下的发展路线是指在符合当前检验规范要求的前提下，实现综合智能检验和实现具体检验过程的智能化检验；跳出当前检验规则下的发展路线是集用户、监管、检验三方为一体统筹考虑，以设备智能感知自身安全状况，然后根据需求主动发出检验邀请的智慧检验模式，其依赖于传感、智能、信息等技术的发展程度和未来检验规则的改变而实现，是特种设备智能化检验发展的最终趋势。

关键词：特种设备；智能检验

The Development Route of Intelligent Inspection for Special Equipment

Wang Lei, Han Baosheng, Song Yin, Ma Aiwu, Feng Jingan, Zhou Litao

(The Boiler & Pressure Vessel Safety Inspection Institute of Henan Province, Henan Anyang 455000, China)

Abstract: This paper expounds the necessity and urgency of promoting the development of the intelligent inspection of special equipment from the policy requirements of the 14th five - year plan and the present situation of the inspection of special equipment, etc., two specific development routes of intelligent inspection of special equipment are put forward, that is, the development route under the current inspection rules and the development route out of the current inspection rules. The development route under the current inspection rules is to realize the integrated intelligent inspection and the intelligent inspection of the concrete inspection process on the premise of meeting the requirements of the current inspection specifications. Beyond the current inspection rules of the development of the line is set users, supervision, inspection as one of the three co - ordination, with the device intelligence sense of its own security situation, and then according to the demand of the intelligent test invitation, it depends on the development of sensor, intelligence, information technology and the future test rules to achieve the change, it is the final trend of the development of intelligent inspection for special equipment.

Key words: Special Equipment; intelligent inspection

1　政策引导

《中华人民共和国国民经济和社会发展第十四五个五年规划和2035年远景目标纲要》第五篇章对推进产业数字化转型发展给出了明确的指导和要求。

《市场监管总局关于进一步深化改革促进检验检测行业做优做强的指导意见》三（七）中明确要求：推动检验检测与互联网、人工智能、大数据、区块链和量子传感技术融合发展，引导行业数字化转型升级，不断提升检验检测的智能化水

作者简介：王雷（1986—　），男，硕士研究生，从事工作：承压类特种设备检验检测。E - mail：wangleidehua@126. com

平；三(八)中明确要求：鼓励检验检测机构与科研机构、计量技术机构、标准研究机构、认证认可机构等加强合作，充分发挥国家质量基础设施一体化服务效能，加强检验检测技术标准体系建设。

《特种设备安全与节能事业发展“十四五”规划》提出，智能检验系统建设工程——探索智能检验模式，推动信息技术和检验检测技术深度融合，以智能采集、传输存储、分析处理、挖掘应用为主线，建设智能检验系统，开展工程示范，培育和发展智能检验新业态，打造“互联网 + 检验检测”生态系统。

从以上政策规定来看，特种设备检验智能化发展是大势所趋，势在必行。

2　智能检验发展的目的

智能检验发展要以能够解决当下特种设备传统检验中存在的问题为目的，重在实用，使检验在效率和质量上能有质的飞跃[1]。

当前特种设备检验存在的问题有以下几方面：

(1)工作量大，人机矛盾突出。截止 2021 年底，全国特种设备数量 1816.23 万台，特种设备综合检验机构 445 个(市场监管系统内检验机构 261 个，行业检验机构和企业自检机构 184 个)，检验人员数量约 10 万余人。从数据对比来看，检验人员数量远远低于特种设备数量，个别地区人均检验量达五六百台以上，检验人员任务繁重。

(2)效率低下，质量不高。目前特种设备检验大多停留在现场、单台、停车、手动、静态、线下、分时、单向的传统检验模式，检验流程涉及报检、检验准备工作(脚手架搭设、焊缝打磨等)、检验、问题落实整改等多环节阶段，检验准备工作进度不明确、检验记录和报告出具费时费力，整体效率低下，检验质量受现场环境和检验人员心态影响，在一定程度上也会大打折扣。

(3)人身风险。在检验过程中，检验人员存在以下风险：环境密闭，窒息风险；高空跌落风险；挥发有毒有害气味，中毒风险；夏季检验，壁温较高，中暑风险(夏季是检验高峰期)；脚手架搭设，磕碰受伤风险等。在以上高危环境下进行检验作业，势必会对检验人员的人身安全造成一定威胁，同时，检验质量难以保证。

(4)检验与企业生产矛盾。企业一般停车检修时间短，需检验设备数量多，给检验工作带来很大压力。同时，有些企业对检验工作不重视，企业在检验准备工作上流于形式，也给我们的检验工作带来一定的困扰。

(5)监管、检验、用户三方联动沟通不足。检验负责发现问题，监管负责督促整改，企业负责落实整改，三方必须有效循环沟通，才能保证特种设备的规范管理和安全运行。但实际中，三方往往缺乏这种有效的沟通联动机制，未形成互信互享的联通格局，导致信息差异不同步、共享不足，在特种设备安全管理问题上势必会遗留安全隐患[2]。

以上既有检验过程的具体问题，也有特种设备整体宏观管理方面的问题。解决以上问题，特种设备检验智能化发展是出路。

3　智能化检验的发展路线

3.1　当前特种设备检验规则下的智能化检验发展

当前检验规则即各项检验规程，如《固容规》《锅规》等。在符合各项检验规程要求的前提下，特种设备检验智能化的发展分为综合智能检验发展和具体检验过程的智能发展，如图 1 所示。

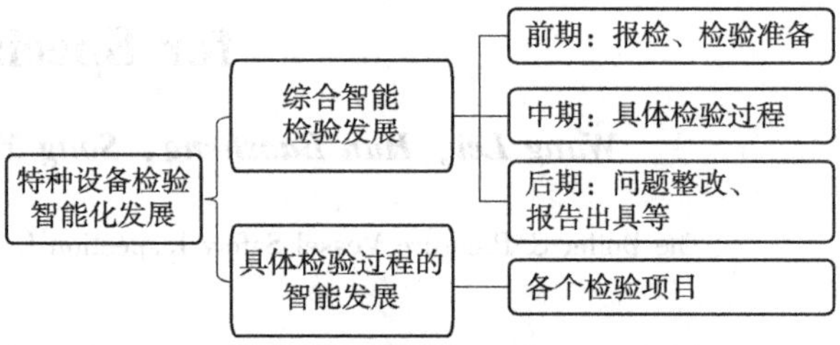

图 1　当前检验规则下的特种设备智能检验

综合智能检验发展：即统筹检验前、中、后期多环节为一体的智能化检验系统发展，如前期设备报检、检验准备工作，中期的具体检验过程，后期检验问题整改、报告出具等工作，通过综合智能检验系统，能提高各环节的沟通效率和衔接性，实时跟踪检验进度，实现检验全过程的动态管理，降低各方工作量，提升检验效率。

具体检验过程的智能发展：即提高具体检验项目的自动化、智能化水平。当前特种设备检验规则是在各项检验规程的指导下，以各个检验项目为组合开展的检验，以压力容器定期检验为例，有宏观检查、壁厚测定、无损检测等，其他不同种类的特种设备有不同的检验项目要求。所以要想实现特种设备智能化的检验，需以单个或多个具体检验项目智能化的实现为发展思路，最终实现整体设备的智能化检验[1]。比如，智能宏观检查、智能测厚、智能无损检测等。根据不同设备检验的复杂性，其实现的难易程度也不同。

检验自动化：让机器代替人参与检验，主要代替人在检验过程中的机械劳动。开发集行动功能、检验检测功能（单个或多个检验项目的集成）、信息采集功能、信息传输功能为一体的检验设备，人在外部或远程操控设备进行检验，并将检验信息和数据输出至计算机终端，检验结束后，人负责对检验数据进行评判，得出检验结果。

检验智能化：让智能机器人代替人参与检验，其同时代替人在检验过程中的机械劳动和智力劳动。智能检验是在自动化检验的基础上，智能机器人能够拥有对缺陷、故障等问题的自我识别、分析和判断能力，自动记录检验数据和输出检验结果，人只负责对检验结果进行审核。

以当前的自动化技术发展水平，检验自动化的实现并非难事，应该作为当前特种设备检验的发展重点。检验智能化在一定程度上须依赖于人工智能技术的发展而发展，其通过计算机中人工智能的运用，让计算机与人类大脑思维类似，利用机器学习和专家系统（知识基系统，以知识为基础的系统）对检验检测中遇到的问题进行预测、分析、判断、处理[3]。

3.2 跳出当前特种设备检验规则下的智能化检验发展

当前特种设备的（定期）检验规则，是从检验方主动（对设备而言）出发，对设备进行符合性验证检验活动，在检验前，对设备的安全状况未知。未来的智能检验模式应从设备自身的角度出发，让设备本身具有感知缺陷、故障、风险、预警能力，能够反向主动发出检验邀请。这种智能检验模式是对当前检验规则的改变与挑战，暂且称之为智慧检验。

智慧检验系统设想："智能监测 + 智能检验"双结合的检验模式，智能监测包括对设备管理情况监测、对设备运行工况监测（压力、温度等）和设备本体状况监测（腐蚀、应力等）等，根据监测数据智能判断、识别故障、隐患问题，综合分析设备安全状况，及时给出风险预警，从而进行选择性和针对性的检验，见图2。

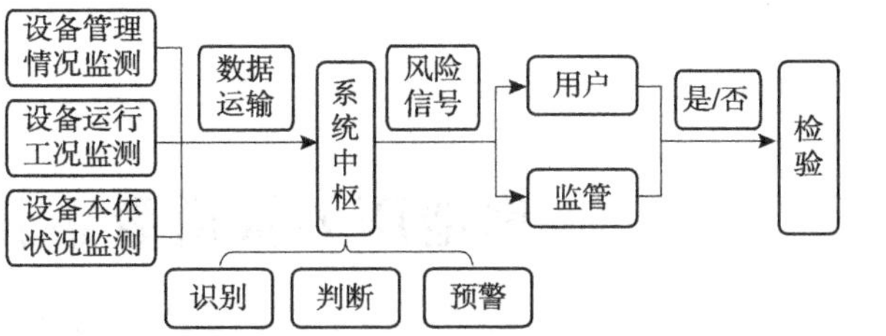

图2 智慧检验系统框架图

智慧检验是集用户、监管、检验三方面为一体统筹考虑[4]，比起当前的定期检验，更具有针对性、灵活性，不仅能够大大降低日常的检验负担，避免设备过度检验和检验不足现象，而且由于其实时在线监测，对设备也有更强的安全保障性。

智慧检验也是要依赖于技术（如传感技术、智能技术等）的发展和未来检验规则的改变而实现。

4 智能化检验发展难点

特种设备智能化检验发展的前提条件是当今5G、大数据、物联网、人工智能、机器人技术、云计算、VR/AR、传感技术等新科技技术的高速发展。没有这些新科技技术的崛起和发展，特种设备检验智能化则无从谈起。

特种设备智能化检验是将检验检测技术和新科技技术相互融合，从而提升检验检测的智能化水平。那么如何打破行业壁垒，实现跨行业间的技术碰撞交流，这是特种设备智能化检验发展的难点所在。

参考文献

[1]梁楠，朱稳，杨育伟．压力容器定期检验智能化展望[J]．化工管理，2020(20)：159－160.

[2]傅铁华，陈仙凤，张国安．互联网＋数字化转型在特种设备检验与管理中的实践及思考[J]．中国特种设备安全，2020，36(4)：5－7.

[3]徐超．人工智能在特种设备检验检测中的应用分析[J]．中国设备工程，2020(7)：172－173.

[4]向峰，郑鹏．信息化建设在提升特种设备管理中的应用[J]．中国特种设备安全，2020，36(11)：78－81.

埋地压力管道数字化检验系统的研发及实现

朱尘宇　刘清泉

(北京市燃气集团有限责任公司特种设备检验所，北京　100013)

摘　要：埋地压力管道的安全运行与人民群众的生产生活密切相关，对压力管道实行定期检验在管道安全管理中起着重要作用。埋地管道的定检工作具有周期长、过程复杂、涉及面广等特点。为保证定检工作高效开展，埋地压力管道数字化检验系统基于埋地管道的检验业务流程，结合相关法规标准和单位质量管理体系，实现了检验工作全过程的数字化质量管控，提高了工作效率与报告质量，为管网的安全运行提供了保障。

关键词：压力管道；定期检验；数字化管理；特种设备

Development and Implementation of Digital Inspection System for Buried Pressure Pipeline

Zhu Chenyu, *Liu Qingquan*

(Beijing Gas Group Specific Equipment Inspection Institute, Beijing 100013, China)

Abstract: The safe operation of buried pressure pipeline is closely related to the production and life of the people. The periodical inspection of pressure pipeline plays an important role in pipeline safety management, which has the characteristic of long cycle length, complex process and wide range of participants. To ensure the efficiency of the periodical inspection work, a digital inspection system for buried pressure pipeline is constructed. It is based on the inspection business process, combined with relevant laws and regulations and the quality management system. This system realizes the digital quality control of the whole process of inspection work, improves the work efficiency and quality, and further benefits the safe operation of pipe network.

Key words: pressure pipeline; periodical inspection; digital management; special equipment

1　引言

近年来，随着我国经济社会的发展，燃气需求量与日俱增。燃气管道作为市政工程的重要组成部分，与人民的生产生活紧密相关。因输送介质具有易燃易爆的特点，其危险性不容小觑，一旦发生意外事故，将对人民的生命财产安全造成重大影响。2021 年 6 月 13 日，湖北十堰的集贸市场发生重大燃气爆炸事故，造成 26 人死亡，138 人受伤，其中重伤 37 人，直接经济损失约 5395.41 万元。在燃气管道的安全管理中，对燃气管道实行定期检验是保证其安全运行的关键环节。

燃气管道的定期检验包含确立任务、开展实际工作、信息录入、报告出具、报告审核、签字盖章、报告的发放、存档等多个环节，周期长，涉及面广，流程复杂。在检验任务日益繁重的当下，如何兼顾工作质量与完成效率，成为了各个检验机构共同思考的问题。检验报告是定检工作成果的直接体现，除了报告内容本身的真实性、准确性与有效性之外，时效性是检验报告最为突出的特点[1]。传统的工作流程采用人工编辑文档、编制报告的方法，劳动重复率高，且易产生

作者简介：朱尘宇(1997—　)，女，硕士，助理工程师，2020 年毕业于英国帝国理工学院控制系统专业，现主要从事燃气工程相关的检验及研究工作。E - mail：zhuchenyu_ su@ outlook. com

纰漏，无法保证任务效率与信息质量。在互联网技术飞速发展的现今，将互联网+、数字信息化管理、物联网、大数据等高新技术合理有效地应用于检验工作是大势所趋，也已成为业内的聚焦热点[2]。

国家发展和改革委员会印发的《中长期油气管网规划》(〔2017〕965 号)明确提出，要加强互联网+、大数据、云计算等先进技术与油气管网的创新融合，建设"全数字化移交、全智能化运营、全生命周期管理"的智慧管道。对数据实现综合全面的管理是智慧管道的核心所在，内容涵盖数据在不同阶段的标准统一、融合互联、实时可视等方面[3]。近年来，国内管道企业也对管道完整性管理的智能化开展了积极探索。由于我国在智慧管道建设方面起步比较晚，目前的管道完整性管理系统还不能满足当前的实际应用需求，在实践上面临巨大的挑战[4]。管道的定期检验亦是如此，管道检验作为运行维护的重要组成部分，还未与智能管网实现有效衔接，对管道检验实行数字化管理也仍处于探索阶段，尚未形成成熟体系。由此可见，开展压力管道数字化检验研究工作势在必行，这也将重新塑造公众对于传统管道检验检测方法的认识，促进新型模式的诞生。

纵观各地的检验管理体系，由于各个检验机构的具体实施方式存在差异，管理理念也各有不同，目前国内尚未形成一个严格统一的检验管理系统模板，各地、各机构的管理系统呈版本多样、地方特色鲜明的特征[5]。

鉴于此，埋地压力管道数字化检验系统以埋地压力管道的检验业务流程和相关法规标准为基础，综合考虑单位的质量管理体系，以更高效地完成检验工作，为管网的安全运行提供保障。

2 系统需求分析

2.1 业务功能需求

拟构建的系统以管道检验业务为核心，以 TSG D7004《压力管道定期检验规则—公用管道》[6]等标准法规、单位质量管理体系为依据，覆盖并适用于检验工作全过程，即从任务下达到报告存档的所有业务运转流程，通过权限配置、数据管理、资源分配等手段确保检验工作有序开展，管道检验流程如图 1 所示。系统应具备信息查询、数据统计、可视化展示、辅助决策、用户管理、业务管理等基础功能，满足日常工作所需，便于管理，方便易用、人机交互性好，能够满足机构发展、业务发展的需要，适应相关法规标准的更新，具有持续升级开发的可持续性。

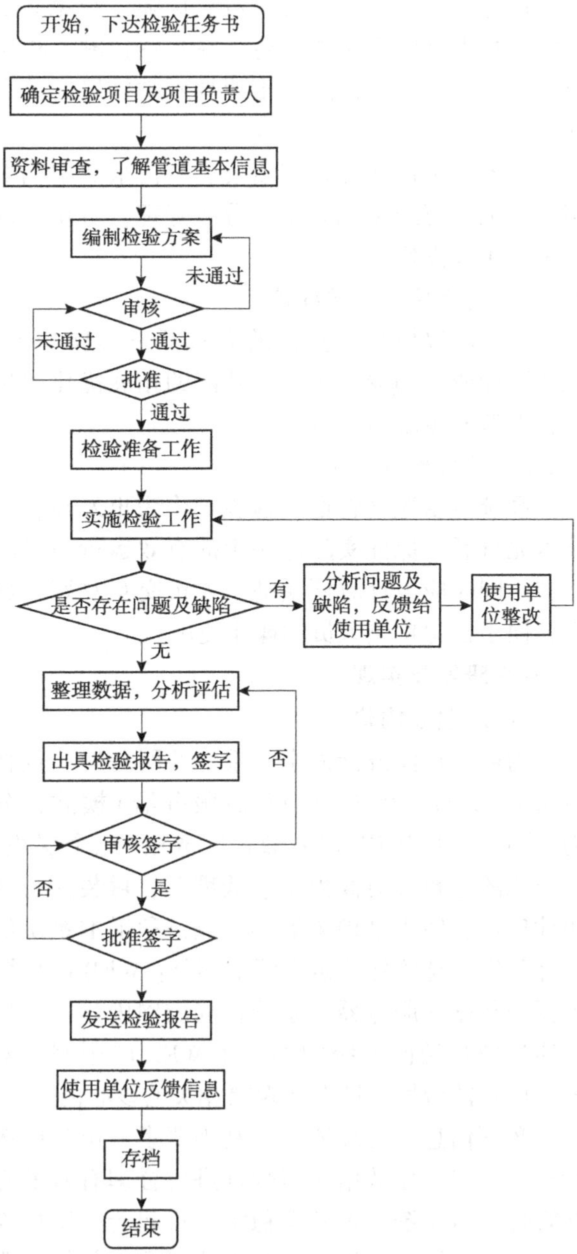

图 1 管道检验流程图

2.2 性能需求

2.2.1 合理性与规范性

系统处理生成的数据精确度、合理性、完整性等应满足标准规范要求，可被校验。数据还应符合报文标准格式，如 XML、EDIFACT、EBXML 等。数据需要保证全面性与完整性，基本涵盖定期检验项目相关规范所要求的内容。

2.2.2 适配性

系统应适用基于 web service 的应用集成建设，采用 HTTP 等标准通信协议，具备穿透防火墙的适用性，还应采用标准信息格式，如 JMS、MIME、SMIME、SOAP 等。

2.2.3　安全性

信息的安全性需要得到可靠保障，避免非法入侵及数据外泄等事故发生。在数据传输过程中以用户身份确认、信息加密等技术举措保证信息安全。

系统应根据业务管理需要、单位组织架构对用户权限实行严格的分组、分级管理，防止不同层级的越权操作。

2.2.4　灵活性与可扩展性

系统应以模块、构件的方式开发具体功能，灵活匹配业务的变化更新，功能的拓展优化等情况，降低升级改造成本。

2.2.5　实用性与可靠性

系统应以燃气管道的检验工作为出发点，在技术完善后，保证实际应用中的有效运行与可靠运转。同时应设计方便快捷、人机交互友好的界面，便于检验检测人员的操作使用。

3　系统研发及实现

3.1　系统框架构建

为迎合具体设计需求，系统的网络架构选择 Browser/Server(B/S，浏览器/服务器)模式，分为“客户层/应用服务层/数据服务层”三个层级。层级式的分布具有高内聚、低耦合、封装性与透明性良好、便于维护拓展等特点，利于本系统的设计开发。整体构架包含两个部分：WEB 应用服务器与数据库服务器。系统在局域网内运行，用户通过域名访问系统网站，在 WEB 应用服务器上完成功能应用，即业务逻辑相关的核心内容。

数据信息是管理体系的基础要素，也是内核所在，如何利用数据库对数据进行合理有效的存储管理，对系统能否安全稳定运行起着决定性作用。鉴于系统的应用环境与性能要求，数据库服务器上配置业内主流的关系数据库管理系统 MySQL，用于储存和处理关系型与结构化的数据信息。

系统以 python 为开发工具，凭借其免费、开源、面向对象、资源丰富等特点，来提高开发效率，降低成本，实现系统的可移植性、可拓展性。系统架构图如图 2 所示。

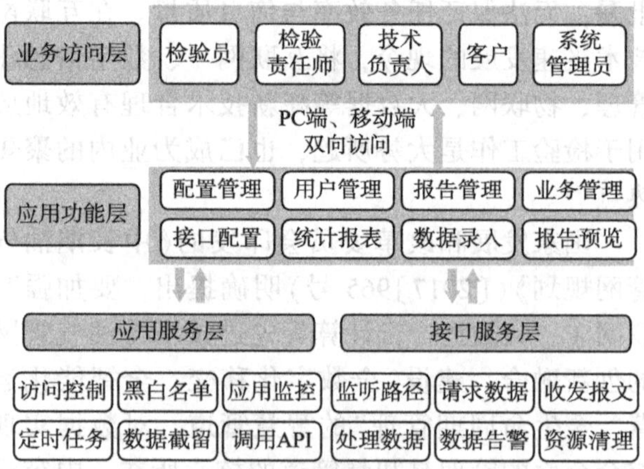

图 2　系统架构图

3.2　系统功能介绍

3.2.1　多平台可用：PC、手持移动设备，实现现场检验数字化

系统采用 B/S 架构，以网页为操控单元，故不受操作系统的约束，能够实现跨平台的运行。系统用户只需借助浏览器即可不受网络环境、地理位置、接入方式等因素的限制，通过 WEB 应用服务器用 HTTP 协议与数据服务器实现数据的交互联动。

用户在 PC(Personal Computer，个人计算机)端和手持移动设备端均可快速登录系统。这一功能的实现为检验现场数据、照片等数字文件的实时上传提供了可能。相较于纸笔记录的传统模式，数字化检验不仅提高了工作效率、简化了流程环节，更是从源头保证了数据的准确性、真实性。这一提升还完成了不同格式资料之间的信息匹配，比如照片与经纬度之间的一致性等。此外，考虑到恶劣天气条件及地理环境的影响，为提升用户的使用体验，系统还加设了语音输入功能，方便现场工作时信息的高效录入。

3.2.2　数据库技术实现信息管理

传统的管道检验信息以纸质文件为载体，在各个环节流转中容易丢失，同时存在数据质量差、利用率低、无法实时共享、成本高等缺点。除此之外，数据来源涉及 excel 表格、word 文档、图片等多种格式，数据交互性差。数据库技术即可通过信息的数字化管理解决上述问题，对业务产生的海量数据实行有效的存储与管理。

(1)以业务为导向的数据库设计

据调研，大量现有的信息系统由于初始设计不合理，在运行过程中造成了严重的数据冗余、混杂及不对称等危害。为避免此类隐患，保证平台稳定运行，系统以燃气管道的检验业务为导向，深入理解业务需求，有机结合数据与业务逻辑特点，设计了正确适配于业务的专业性数据库，最大限度保留信息的完整性。

(2)数据规范与校验

对于检验工作而言，数据的合规性与合法性

也是质量控制的重要核心。系统通过分析信息的专业特征、属性特征等，为完整性数据建立了统一的标准及数据字典，细化落实到数据采集、数据处理等各个环节，促进并完善了业务数据的整合与归拢。在此基础上，用户层与业务逻辑层会对数据实行校验，倘若录入的数据不符合规范要求，系统将不允许该数据输入，并提示用户重新校核确认信息。

(3)数据统计与分析

系统的数据服务层通过对离散数据的结构化规整，以检验对象、检测项目等多种统计主体链接相关数据，可从物理空间维度与时间维度多方位地分析特种设备的运行状态，并形成相应的台账、图表等。结果还可嵌入地图应用，呈现出直观清晰的可视化效果。比如，用户可根据需要查询某个特定行政区内或某一年份的管道检验报告。这为使用单位对设备的安全管理提供了有力的技术支撑，同时也为检验单位的任务划分、路线规划等工作创造了良好条件。

基于此功能，系统还能以设备使用单位或地区为主体，准确筛选出有效期即将到期的设备，生成统计报表，实现设备超期预警功能。

3.2.3 报告自动生成

对于检验单位而言，检验报告是工作成果的直接体现形式。目前，传统的报告出具采取人工编辑的方法，基于一个固定 Word 报告模板，检验员针对每个实际对象改动具体内容，劳动重复率高，且易产生数据纰漏，无法保证工作效率与数据准确性。另一方面，同一检测对象的数据无法联动管理，检验员如若要修改某一具体数据，需逐一改动整份报告内的相关内容，工作量大，效率低下。

基于这一状况，系统开发了报告自动生成模块，集成多个功能组件，实现大批量报告的标准化生成。编制人员只需将原始数据一一填入对应界面，系统即可通过即时动态生成解析技术实现报告生成的实时化、自动化。

系统对检验报告实行模板化的管理，针对不同的工作需求分别制作了对应的报告模板。为提升检验员的工作效率，系统按需出发，结合历史经验将固定情况和不固定情况区分开来，部分内容设置了默认选项，重点关注特殊情况，降低人为失误和工作量。模板内容、格式可以在线修改，更新后的版本可及时落实到各个相关人员，以免旧版本的误用，有利于质量管理体系的把控。报告的排版布局也能够进行灵活优化升级。比如，系统为每张现场照片生成了专属二维码，读者扫描二维码即可查看放大清晰的照片，大大提升了报告的可读性。图 3 为报告数据输入界面。

图 3 报告数据输入界面

3.2.4 可视化展示

(1)地理位置可视化

燃气管道分布范围广阔复杂，有些地点更是存在无地面标志物的问题，这都为检验工作的开展增添了难度。为了准确确定管道的位置走向，系统利用北斗精准定位技术，借助百度地图 API 应用程序接口，实现了基本地图、地理定位等信息的可视化展示。基于此，检验人员便可在地图上根据待检设备的位置分布安排检验任务，划定范围，并能更为合理地规划工作路线，节省人力与时间成本。

与此同时，系统结合 GIS(Geographic Information System，地理信息系统)，可以同步展现阀门、套管等元件的空间位置，以及设备的历史检验情况等。工作人员通过筛选动态条件，可以在地图上批量查询相关信息。此来，检验员在现场实地即可了解特定任务的管网具体分布，更为直观地掌握设备的检验状态，从空间维度、时间维度上多角度掌握管道的详细情况、运行状态，在宏观检查时也能有针对性地关注重点。比如，可以查看指定区域内的阀室分布，或特定范围内的超期未检管道数量。图 4 为某区域内管道防腐层不开挖检测结果的可视化展示(不同的评价等级以不同的颜色加以区分)。

(2)检验进度可视化

通过百度地图的定位辅助，检验任务的完成进度也可在线更新在地图界面上。这有利于检验检测人员对于未来工期的计划安排，也为项目经理实时跟进与监督任务开展情况提供了便利。检验员还可借助系统平台从宏观上、微观上掌握在检管道的现存问题隐患，实时跟进使用单位的整改进度，协助其消除设备隐患。

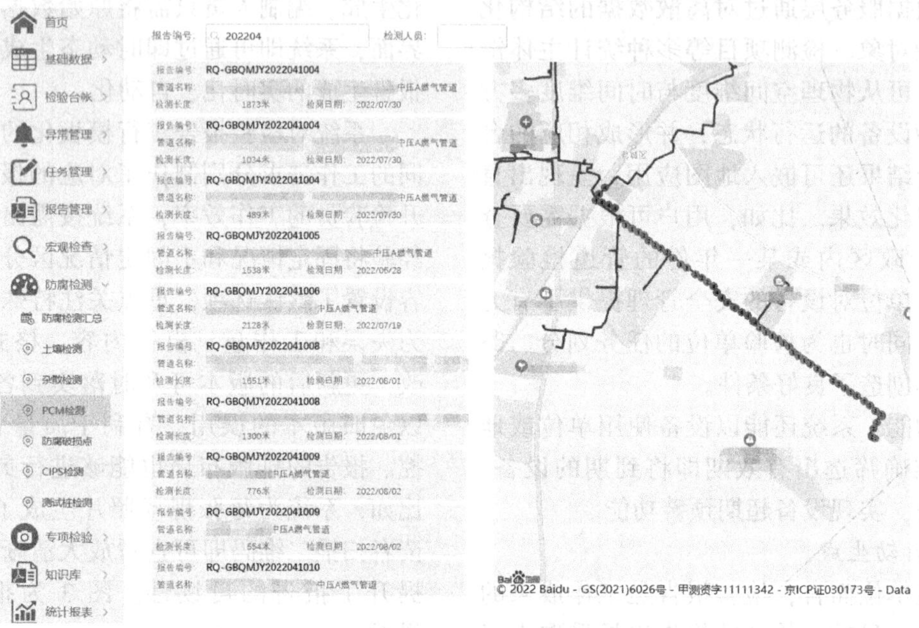

图 4　防腐层不开挖检测结果的可视化展示

3.2.5　保证安全性、机密性、规范性

系统执行科学且严格的用户权限等级制度，每个用户都拥有专属的登录名与密码口令，登录后仅可在其被授权限内进行访问操作，未经授权的非法用户将无法进入系统。权限分配采取三层管理架构，分别为用户、角色、权限。系统设置有检测员、检验员、责任师等多种角色，每个角色被授予不同的操作权限，如查询、编辑等，权限的适用范围以模块为单位，最小粒度为检测的具体项目。系统依据检验任务的划分情况，将角色赋予用户。同一位用户可同时拥有多个不同角色。用户权限等级制度不仅保证了数据的安全性与机密性，更依照业务逻辑规范了人员的职能划分，有助于检验质量的细化管理。

为进一步保证数据信息的完整与安全，系统配置有 2 个服务器，用户只能通过 web 服务器间接访问数据库服务器，无法直接操纵数据库，避免了用户误操作造成的数据篡改。

3.2.6　闭环式流程化管理

埋地压力管道数字化检验系统通过梳理业务脉络，规范并固化了业务的逻辑关系，以对人力、物力资源实现合理调配及闭环式管理。系统从检验标准法规、检验单位质量管理体系出发，细化业务各项分支环节，形成包含任务下达、资源配置、风险预评估、制定检验方案、方案审核、检验准备、检验实施、问题整改、整改情况复核、数据整理、分析评估、报告出具、审核、批准、报告打印、存档等全流程的工作程序链，以业务推进带动数据流与工作流运作，完成信息的有序传递及互联共享，人员物资的合理配置。

系统对工作流程中的每一项操作形成记录，以保证信息的可追溯性，促进检验工作的闭环式管控，将安全制度、质量管理制度的细节落实到位。图 5 为工作周报输入界面。

3.2.7　多用户协同管理

系统作为一个数字化的开放平台，多个用户

都可同时访问系统，实时查看或编辑原始记录、报告的内容。通过对不同用户分配不同的权限，多名用户可以协同编制同一份报告，节省工时，共同推进项目进程。除此之外，传统检验流程中，报告的审核与批准环节只能够在报告编制完成后方可按序进行，信息化的实现则能够让管道责任师与技术负责人在检验工作开展的过程中并行开展内容审查，不仅进一步缩短了报告出具的时间，也能够尽早发现并解决任务执行时出现的问题，以免酿成更为严重的后果。

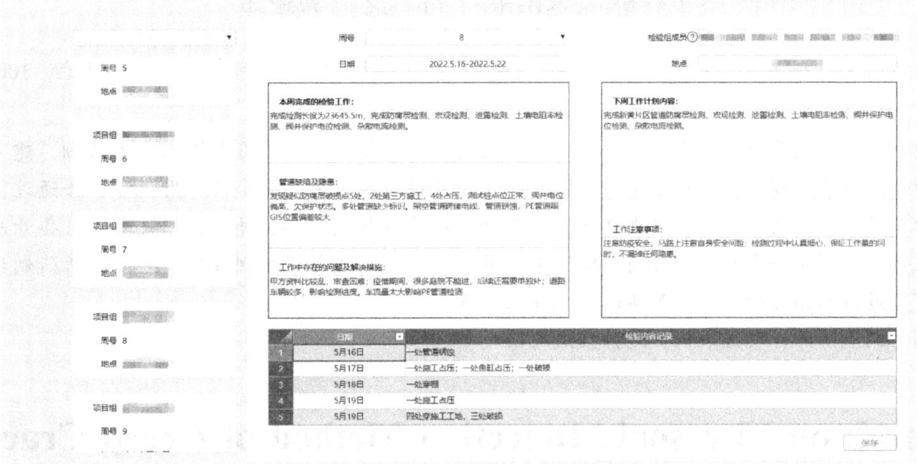

图5　工作周报输入界面

4　结论

埋地压力管道数字化检验系统实现了管道检验业务的全流程精准质量管控，具有针对性，并有效地提高了现场工作效率和报告出具效率，保证了数据的准确性和报告的时效性。通过数字化管理，检测数据、缺陷情况、现场实况等内容被完整地保存在数据库中，为管道安全状况的综合分析与评估提供了信息支撑，并为管道的全生命周期管理、完整性管理创造了有利条件。未来，系统将聚焦于燃气管道安全管理，在设备数据采集通信技术、信息的联通交互、检验结果无线输出技术等方面进一步完善相关功能，并结合大数据、智能算法等手段挖掘数据潜在价值，实现价值增殖，以更好地发挥和凸显定检工作在燃气管道安全管理中的重要作用。

参考文献

[1]张建，张宏飞，崔嘉昊．特种设备检验数字化推广应用研究[J]．中国特种设备安全，2019，35(05)：25－27.

[2]张瑞，汪军，袁庆祝．面向特种设备检验的物联网与区块链融合平台应用[J]．江苏通信，2022，38(01)：56－60.

[3]陈金忠，刘三江，周汉权，吉建立，何仁洋，康小伟．智慧管道时代的检测数据综合应用[J]．压力容器，2020，37(11)：9.

[4]吴长春，左丽丽．关于中国智慧管道发展的认识与思考[J]．油气储运，2020，39(04)：361－370.

[5]梁直晃，张宏亮．大数据技术在特种设备检验中的应用研究[J]．软件，2021，42(07)：77－79.

[6]TSG D7004—2010，压力管道定期检验规则——公用管道[S].

高温制氢炉管蠕变裂纹超声检测方法研究

王一桥[1]　宋国荣[1]　吕　炎[1]　曹逻炜[2]

(1. 北京工业大学材料与制造学部，北京　100124；2. 中国特种设备检测研究院，北京　100029)

摘　要：为了有效检测出高温制氢炉管内部产生的蠕变裂纹，以超声透射检测法为基础，建立针对炉管厚壁管道的透射波检测模型，得出了透射首波峰峰值随裂纹深度增大而减小的作用规律，并通过实验验证了检测模型的正确性。设计了一种扫查夹具并研制了相应的系统控制电路，并结合相关硬件设备开发了配套的检测控制软件，研制了一套针对炉管内壁蠕变裂纹的爬壁式多通道超声检测设备。最后对所研制设备进行实验检测，可有效检出预置缺陷，满足实际工况使用需求。

关键词：制氢炉管；蠕变裂纹；超声集成电路

Research on Ultrasonic Detection Method of Creep Cracks in High Temperature Hydrogen Furnace Tubes

Wang Yiqiao[1], *Song Guorong*[1], *Lv Yan*[1], *Cao Luowei*[2]

(1. Faculty of Materials and Manufacturing, Beijing University of Technology, Beijing 100124, China;
2. China Special Equipment Inspection&Research Institute, Beijing 100029, China)

Abstract: In order to effectively detect the creep cracks generated inside the high temperature hydrogen production furnace tube, based on the ultrasonic transmission detection method, a transmission wave detection model for the thick - walled pipe of the furnace tube was established. The law of decreasing effect is verified, and the correctness of the detection model is verified by experiments. A scanning fixture was designed and the corresponding system control circuit was developed. Combined with the relevant hardware equipment, the matching detection and control software was developed. A set of wall - climbing multi - channel ultrasonic testing equipment for creep cracks on the inner wall of the furnace tube was developed. Finally, the experimental detection of the developed equipment can effectively detect the preset defects and meet the needs of actual working conditions.

Key words: hydrogen production furnace tube; creep crack; ultrasonic integrated circuit

1　引言

在实际工业生产中，高温制氢转化炉炉管被广泛应用于石化企业裂解乙烯及制备氢气，是石化领域的关键零部件之一。HK40、HP40 离心铸造炉管是目前石化企业制氢炉装置应用最广泛的两种奥氏体耐热钢。高温炉管在服役期间，长期工作在高温高压、渗碳、氧化、氢腐蚀、温度骤升骤降等恶劣工况下。这些恶劣环境都会导致高温炉管蠕胀或蠕变开裂[1,2]。

近些年来，为了准确检测炉管缺陷并评估剩余使用寿命，国内外学者进行了大量的检测方法及实验研究。张伟等[3]利用脉冲远场涡流技术，设计相应的检测设备，在不同内径的石化管道内壁检测到了预置缺陷。汤一平等[4]设计了一种小型化的全景视觉传感器，通过软件将全景 3D 测量数据与全景颜色纹理数据的快速融合，对管道内部缺陷结构进行全景建模。超声法因其传播方向性极强及能力集中等优点，使其在厚壁管道缺

作者简介：王一桥(1998—　)，硕士研究生，主要研究方向为高温制氢炉管蠕变裂纹检测方法及设备研究。E - mail：wangyiqiao@ emails. bjut. edu. cn

陷检测研究中发挥了明显的优势。Dalton. RR等[5]首先采用透射法对HK40管道内蠕变缺陷进行检测，通过透射波能量大小判断缺陷的有无。王新慧等[6]利用自主研制的导波检测设备从管内部对炉管进行水浸式超声波检测，有效检测出了近内壁区域的裂纹信息。何存富等[7]同样对导波检测管道内壁裂纹进行了相关研究。李光辉等[8]利用128阵元的环形超声波相控阵对带有腐蚀缺陷的管道进行缺陷检测，将检测结果与实际缺陷深度进行对比，验证环形超声波相控阵的检测能力。张学聪等[9]针对炉管等厚壁管道的检测，提出并研制了一种声束窄、能量集中的新型超声导波阵列传感器。耿浩等[10]提出一种基于动生涡流的高速漏磁检测过程中管道内外壁缺陷的定位区分方法，利用涡流磁场与外磁场的耦合作用时内外壁磁场信号的变化差异特征区分缺陷位置。由于石油化工产业较为特殊的工作环境，在役管道自动化检测的需求日益增大。管道在役检测除需发展多种无损检测缺陷定位技术外，还需发展高集成度的管道爬行机器人。20世纪80年代，韩国Sungkyunwan大学开始研制天然气管道检测的MRINSPECT系列管道机器人[11]，其采用了多轴差速齿轮机构，以适应直管或弯管环境。德国学者Bernhard等[12]研制了多关节蠕虫式管道检测机器人，采用电动机驱动连接6节单元体，使机器人可以抬起或弯曲，优化了机器人通过弯管的性能。上海交通大学的颜国正、王永雄等[13,14]先后进行了轮式和履带式管道检测机器人研究，对机器人运动控制、导航及检测技术研究取得了宝贵的参考性，大连理工大学的曲明盛等[15]研制了一套重复性检测具有较高同一性、运行稳定的炉管在役检测系统，同时其具备对炉管蠕胀缺陷检测的功能，在工程应用中对新炉管和在役炉管分别进行检测并给出增益区别以此判别裂纹缺陷信息。

当前，传统的管道裂纹检测方法因受到高温制氢炉管壁厚较大及晶粒尺寸不均等自身特性的影响，难以准确检测蠕变裂纹生长程度。因此针对炉管蠕变裂纹研究一种更可靠、检测精度更高的检测方法并研制一套自动化检测设备对石油化工行业具有极大的工程价值。

本文以超声透射检测法为技术，建立了针对厚壁管道的超声纵波透射检测模型，探究轴向裂纹深度与透射首波幅值之间的关系，并通过实验验证了仿真模型的正确性。在此基础上以FPGA为控制核心，研发设计了一套多通道超声激励接收及电机驱动控制系统。借助工业管道爬行技术，设计在役检测爬管机器人及相应水浸超声夹具，辅以上位机控制软件，实现了对在役管道内壁蠕变的缺陷的定量定位检测。

2 炉管蠕变裂纹原位检测方法

2.1 仿真分析

超声脉冲透射法是利用声波在两种介质界面处发生的折射现象，将两个探头分别放置在待测试件的两端，透射波被测试件内部传播时，如遇到测试件内部的裂纹，会发生散射，进而使透射波的能量发生衰减，故可根据透射波形所携带的缺陷特征信息判断试件内部的缺陷情况。

图1所示建立基于超声纵波透射法的炉管内壁裂纹二维检测模型，为节省计算资源，取炉管1/3截面进行讨论。被测试件尺寸为外径140mm，内径109mm，材料为HP40，在模型内壁中部设置宽度为1mm的轴向缺陷，采用Comsol有限元仿真软件完成1∶1模型的建立。

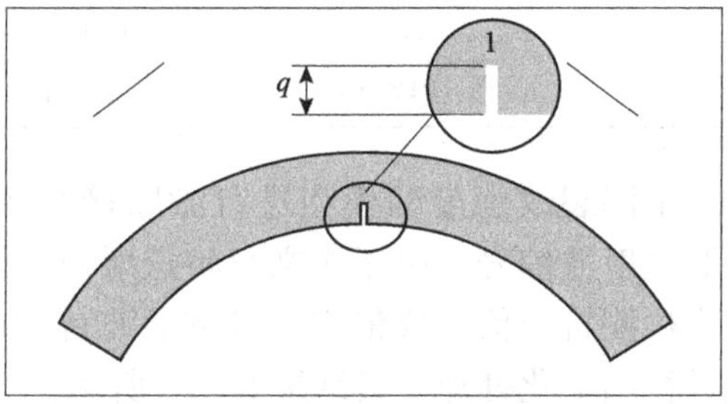

图1 炉管内壁缺陷超声透射检测模型

检测模型包含三种类型的模型区域：耦合介质、局部管道、声波完美匹配层。为避免声波与模型边界作用导致波形的反射影响最终透射波信号，将模型的四周均设为声吸收边界，设置吸收波速与水声波速相同。依据前期研究，设置管内声聚焦传播位置距内壁顶点距离为7.25mm，以此根据SNELL定律确定压电阵元布置夹角为模型中炉管的纵/横波的波速均来源于管道材料实测数据，参数如表1所示。

轴向裂纹是与蠕变裂纹最接近的模拟形式。为使仿真模型更贴近实际工况，在模型内壁底部设置宽度为1mm的轴向裂纹，通过改变其轴向深度q模拟不同时期裂纹的发展状态，具体缺陷尺寸参数设置如表2所示。

表 1　模型参数设置

类型	参数	取值	类型	参数	取值
激励脉冲参数	波形	汉宁窗正弦	耦合域参数	材料	水
	周期数	2		密度	1.00kg/m³
	幅值	±120m/s		纵波声速	1480m/s
	脉冲宽度	1μs		吸收边界	完美匹配层
	频率	1MHz	材料参数	密度	7836.06kg/m³
	采样率	200MHz		纵波波速	5917.19m/s
	时域宽度	0~70μs		横波波速	3260.143m/s

表 2　模型中声传播位置及裂纹深度设置情况

类型	编号	参数/mm
裂纹轴向深度	裂纹 1	$q=0.5$
	裂纹 2	$q=1.0$
	裂纹 3	$q=1.5$
	裂纹 4	$q=2.0$
	裂纹 5	$q=2.5$
	裂纹 6	$q=3.0$
	裂纹 7	$q=3.5$
	裂纹 8	$q=4.0$
	裂纹 9	$q=4.5$
	裂纹 10	$q=5.0$

对不同裂纹深度的模型进行激励接收仿真，并提取透射波信号。由于本文只将透射波首波幅值作为检测特征值，故依次对各透射波首波的峰峰值进行归一化处理，其结果如图 2 所示。

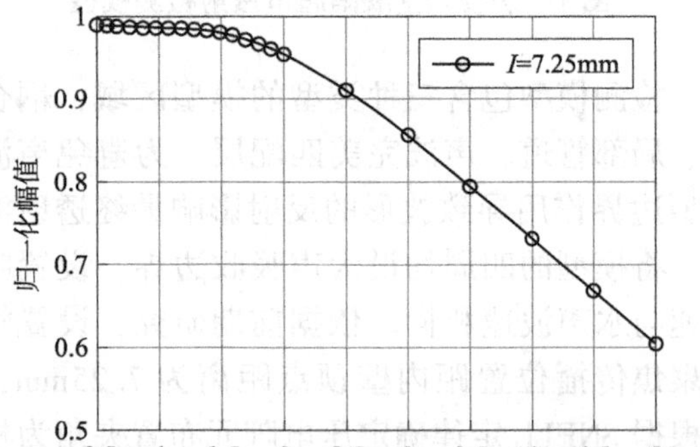

图 2　$l=7.25$mm 时裂纹深度与首波幅值关系

由图 2 可看出，透射波首波幅值随着轴向裂纹深度的增加而减小，这是由于纵波在管内传播遇到缺陷时，部分声波能量因反射而丢失所导致的。图 2 结果证明了可以通过纵波透射首波幅值的衰减来判定缺陷的有无及尺寸。同时可看出，在该聚焦深度下，该检测方法对 2mm 以下的裂纹分辨率较低，几乎无法分辨裂纹深度。但实际工况下，蠕变裂纹多产生于壁厚 1/3 处，即炉管蠕变裂纹生长初期的距内壁的距离即为 4～5mm，故该检测方法可对实际工况下初期的裂纹进行检测。

2.2　实验验证

为验证上述检测模型有效性，搭建超声纵波透射检测平台，并对内壁刻有不同深度缺陷的真实炉管进行实验检测。炉管外径为 138mm、壁厚 14.5mm、材料为 HP40，在内壁刻有宽度均为 1mm，深度分别为 1mm、2mm、3mm、4mm 的四组裂纹。基于上述检测模型，设计传感器夹具及管道辊筒搭建实验检测平台，实验通过上位机调控 C 扫实验台对样管进行扫查，实验装置由脉冲激励/接收器(Model 5800PR，Panametrics)，1MHz 线聚焦激励传感器(V314－SU－CF1.00IN－PTF，Olympus)，1MHz 平探头接收传感器(V314－SU，Olympus)，数字示波器(TDS3034，Tektronix)，和上位机(NI PXIe－1071，NATIONAL INSTRUMENTS)组成具体结构如图 3 所示。

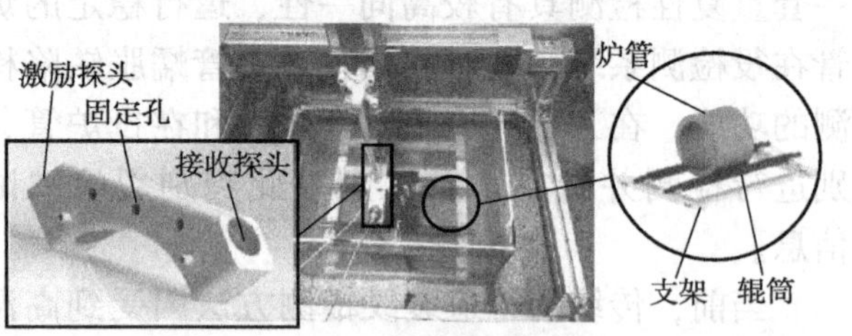

图 3　检测结构组成图

实验检测平台搭建完成后，以与仿真中相同的激励参数对 4 组炉管内壁缺陷进行检测，对各组实验透射首波峰峰值进行归一化处理并与仿真结果进行对比，其结果如图 4 所示。

由图 4 对比实验结果可得知，实验与仿真中透射首波对于裂纹深度的分辨趋势基本相同，均随着裂纹深度的增加而减小，并基本均呈线性变化。实验中激励探头采用线聚焦探头，管内传播声束能量更为集中，对裂纹有更强的灵敏度，故实验结果相比仿真而言具有更高的变化斜率。实验证明，该检测模型可有效检测炉管内壁轴向裂纹的有无及深度，验证了检测模型的有效性。

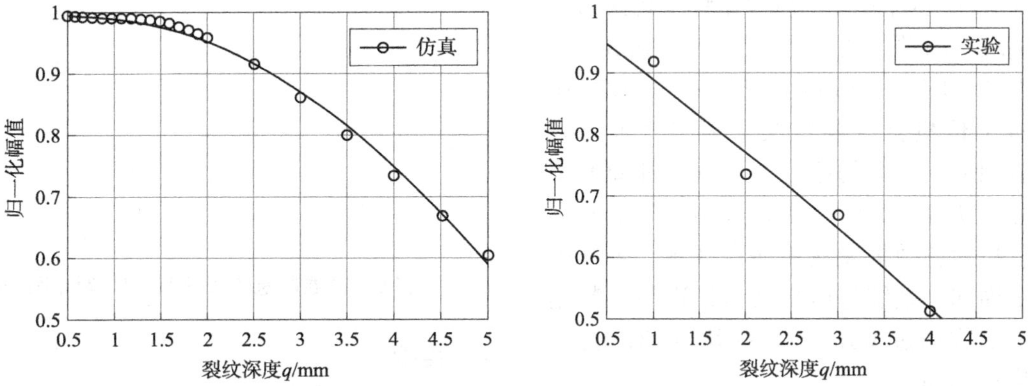

(a)仿真波形结果　　(b)实验波形结果

图4　仿真与实验中声波对裂纹分辨趋势

3　设备研制

3.1　集成电路

高温制氢炉管蠕变裂纹检测设备长时间在管道外壁上下运动，为减少缆线数量及长距离电缆产生的噪声影响，故要求集成电路成机载形式与设备共同运动。因机械结构留有的冗余空间有限，且系统需实现多通道超声传感器的独立激励接收及电机调控功能，故对电路系统具有较高的集成度。

集成电路系统由双极性方波激励模块、程控增益放大模块、高速同步采集模块、电机调控模块、无线传输模块组成，可同时激励接收三通道超声传感器及实现电机控制、信息传输等功能，集成电路实物及相应技术参数如图5所示。

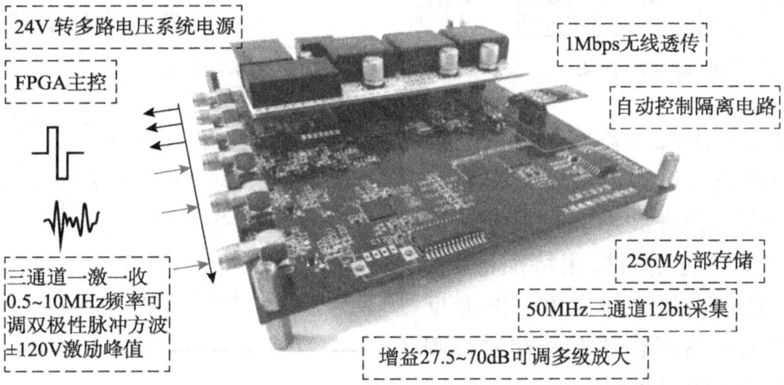

图5　超声系统控制电路

系统采用CycloneⅣ代FPGA作为主控芯片并以此为基础进行嵌入式程序设计，系统主要分为锁相环、指令识别、高频激励、电机驱动、增益调节、数据采样、多级缓存7个部分。

系统基于无线传输进行上位机指令调控，由上位机发送“帧头+数值+帧尾”的指令，经FPGA解码，识别帧头对应的控制模块，提取相应的调控数值，经帧尾判断之后，将数值发送至相应模块实现参数调节。

高频激励模块主要对激励信号的中心频率、重复激励频率进行调控变更。集成电路通过场效应管TC4428A激发出峰峰值120V左右的双极性方波，激励波形如图6所示。系统可通过调整单个激励脉冲周期数来实现1MHz、2.5MHz、5MHz的中心激励频率调节，通过将单位时间内时钟上

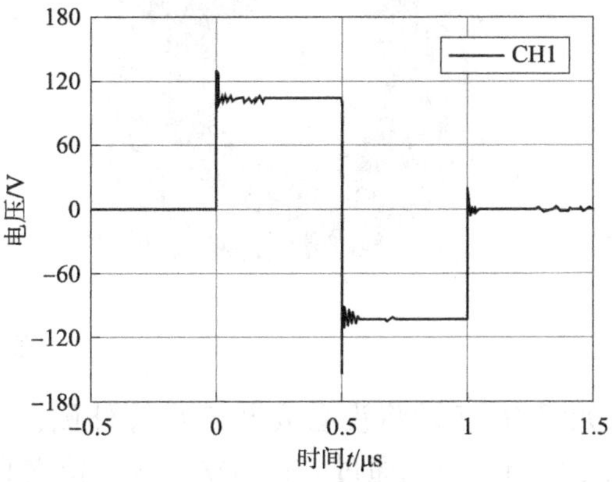

图6　激励波形

升沿分割成指定段数可调整系统的重复激励频率。

系统的增益控制主要由 FPGA 通过 SPI 通信协议向 DAC 转换芯片发送相应数据线性转换为相应电压来实现，增益可调范围为 27.5～70dB。

系统设置 20MHz、40MHz、50MHz 三种采用频率，通过上位机指令调控及采集芯片采样时序，在接收到采集指令的第七个数据时钟周期发送帧头信号，从第八个时钟周期开始不间断发送采样数据，将检测数据发送至缓存区域，采样中止后的一个周期，系统将电机及多通道检测数据以数据长链形式通过 WIFI 无线模块以 TCP 协议传输至上位机解码。

3.2　上位机操作系统

上位机操作系统主要有参数设置模块、三通达波形显示模块、数据评估模块、反馈数据保存模块组成，上位机整体设计功能设计流程如图 7 所示。

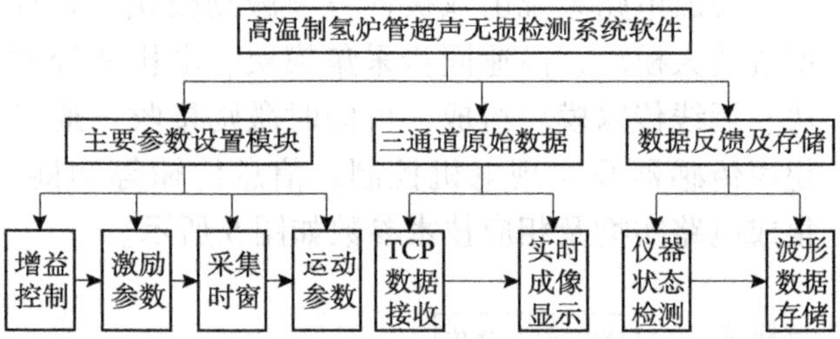

图 7　软件功能设计流程图

参数设置模块可设置系统增益控制、激励参数、采集时窗、运动距离速度等参数。波形显示模块中可显示三通道实时扫查波形，在数据评估模块中可自动提取扫查各时刻的检测特征值(首波峰峰值)，直观显示缺陷程度与位置，波形反馈存储模块可反馈当前设备运行状态及存储检测结果及波形，上位机界面如图 8 所示。

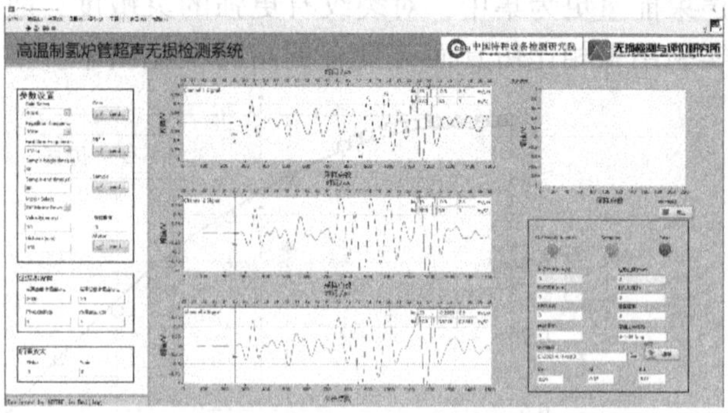

图 8　高温制氢炉管超声无损检测系统软件

4　实验

4.1　实验环境搭建

为检验本文所研制设备对蠕变裂纹的检测能力，应用所研制设备对内壁带有人工刻伤缺陷的炉管进行爬壁扫查检测实验。所用炉管材料为 HP40，规格为外径 $\phi = 140$mm、壁厚 $T = 14.5$mm、长 $L = 2000$mm。将炉管内壁沿周向等分为 6 个区域，相互间隔 60°，沿各区域内壁中心母线刻制不同几何特征的矩形缺陷，模拟不同生长状态的蠕变裂纹，其具体几何尺寸如表 3 及图 9 所示。

表 3　各位置刻伤尺寸

公称尺寸/mm		公称尺寸/mm	
位置①	L25 * W1 * D2	位置④	L50.5 * W1 * D3
	L25 * W1 * D3		L50.5 * W1 * D4
位置②	L50.5 * W1 * D2	位置⑤	L20 * W1 * D5
	L50.5 * W1 * D3	位置⑤	L20 * W1 * D4
位置③	L25 * W0.6 * D4		L20 * W1 * D3
			L20 * W1 * D2
			L20 * W1 * D1

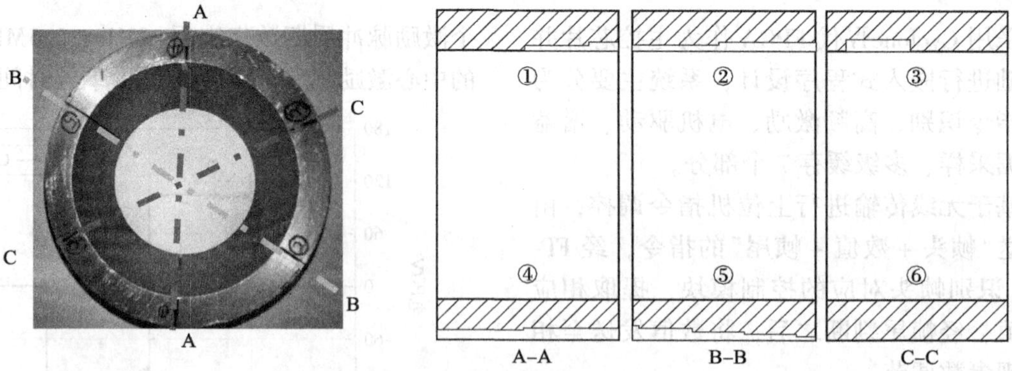

图 9　管道刻伤剖视

如图 10 所示将设备安装于炉管外侧，设备上电之后与上位机通过 wifi 建立连接，待夹具内水耦合环境稳定之后，在上位机调整检测参数开始扫查检测实验，实验检测参数如表 4 所示。

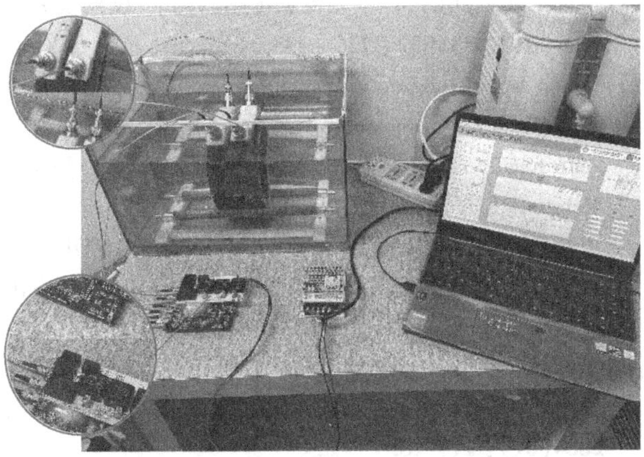

图 10 实验扫查示意及实物图

表 4 检测实验参数设置

实验参数	数值	实验参数	数值
脉冲重复频率	20Hz	中心频率	1MHz
激励波形	双极性方波	峰峰值	±150V
接收增益	40dB	聚焦距离	18mm
滤波带宽	50kHz－2MHz	采样频率	50MHz
传输速度	172.8kBps	采样时窗	30～60μs
扫查速度	5mm/s	扫查距离	600mm

3.2 实验结果

依次提取其检测范围内各位置波形的首波峰峰值作为该位置管道健康状态特征值。并按照扫查位置依次排列形成新的曲线表征该位置管道检测区域的裂纹损伤程度，由于阻抗、耦合、机械等各方面因素导致各通道在增益相同情况下无缺陷位置幅值不一样，故对各通道结果以其幅值最高点进行归一化处理。依据图 9 对管道区域的划分及裂纹的示意，本文研制的仪器对该段管道 6 个区域的检测结果如图 11 所示。

通过归一化的结果对比可得，⑥位置无缺陷段检测结果波形较为平稳，波高基本维持在同一平均值附近，其他位置拥有轴向裂纹区域波高均有不同程度降低；①和③段管道在对应存在缺陷位置波形幅值均有一个明显的骤减变化，对应有无缺陷过渡区域由于探头晶片尺寸较大波高会具有显然的变化趋势；⑤段管道为阶梯状轴向裂纹，随着裂纹深度的逐渐降低，透射波幅值逐渐增大；②和④段管道反映了透射声波对小于壁厚 1/3 裂纹的灵敏度。

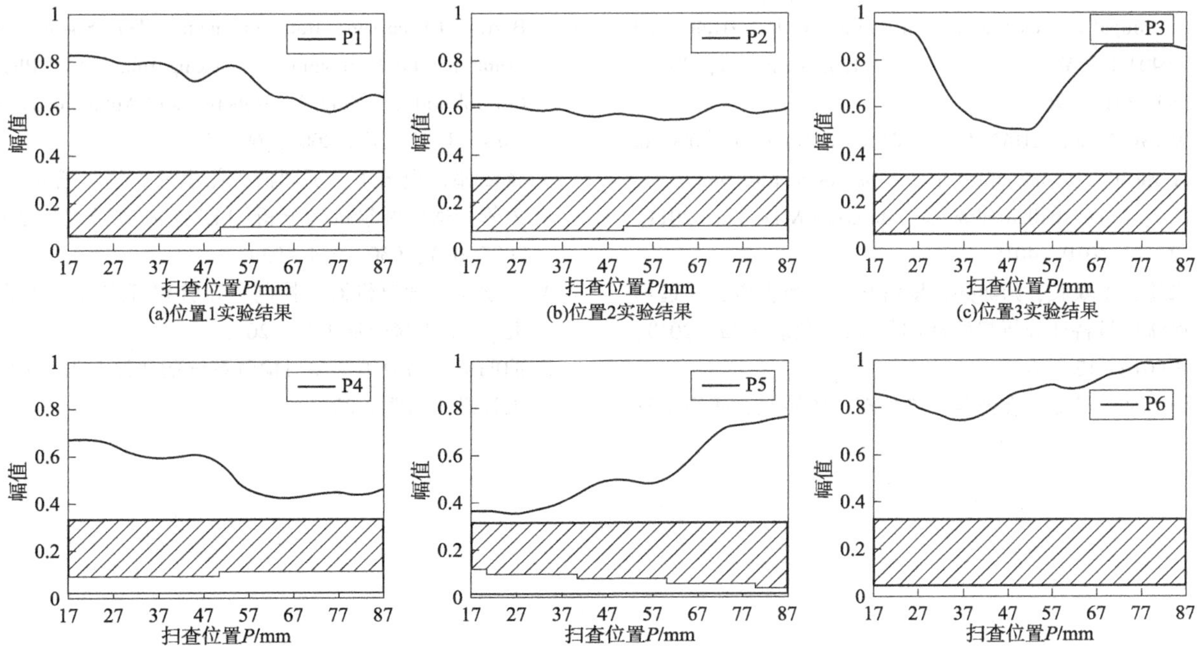

(a)位置1实验结果 (b)位置2实验结果 (c)位置3实验结果

(d)位置4实验结果 (e)位置5实验结果 (f)位置6实验结果

图 11 炉管超声扫查检测结果

综上所述可以初步得出结论为：超声纵波透射法可以用来检测炉管轴向裂纹，对于裂纹的有无具有较强的分辨力；该方法可通过透射波首波幅值的大小分辨轴向裂纹深度，其分辨力满足识别壁厚 1/3 以下深度裂纹的需求，但对于壁厚 1/5 左右裂纹目前只能分辨其有无；多次扫查结果稳定可靠，验证了超声纵波透射法检测高温制氢炉管蠕变裂纹的可行性，综上所述，本文提出的超声纵波透射法及研制的炉管超声检测设备可对轴向蠕变裂纹进行检测，其轴向分辨力约为探头晶片尺寸 1/3 即 6mm 以上；其径向深度分辨力约为壁厚 1/7 即 2mm 以上深度裂纹可检出，裂纹宽度对缺陷检出无较大影响，可检出0.6mm宽缺陷。

4 结论

(1)针对高温制氢炉管的内壁蠕变缺陷提出了水浸纵波透射检测法。运用仿真手段等比例建立声学分析模型，分析得到了纵波首波幅值与沿径向生长的轴向裂纹的相互作用规律，并结合实验验证了该模型的有效性；

(2)依据上述检测模型及实际工况检测要求，自主设计了一套集超声运动控制电路、无线上位机控制软件于一体的在役炉管蠕变裂纹检测设备，为在役检测提供了可行的在役检测技术方案；

(3)依据自主研发的设备，对内壁含有预制裂纹的炉管进行扫查，得出了本文研制的设备检测精度极限。结果表明采用的方法及研制的设备有效分辨了距内壁深2mm以上的裂纹，实现了炉管内壁生长的轴向蠕变裂纹的定量检测。

参考文献

[1]Whittaker M, Wilshire B, Brear J. Creep fracture of the centrifugally - cast super austenitic steels, HK40 and HP40[J]. Materials Science & Engineering A, 2013, 580: 391-396.

[2]WANG W Z, XUAN F Z, WANG Z D, et al. Effect of overheating temperature on the microstructure and creep behavior of HP40Nb alloy[J]. Materials & Design, 2011, 32(7): 4010-4016.

[3]张伟，李焱骏，师奕兵，罗清旺．石油管道脉冲远场涡流信号特征分析与处理[J]．仪器仪表学报，2019，40(01)：12-20.

[4]汤一平，吴挺，袁公萍，鲁少辉，杨仲元．适用于管道内形貌检测的3D全景视觉传感器[J]．仪器仪表学报，2017，38(03)：726-733.

[5]Dalton RR. Ultrasonic inspection of cast HK-40 tubes for creep fissures. [Detection of mid - wall creep fissures in centrifugally cast HK - 40 reformer furnace tubes][J]. Materials Evaluation, 1974, 32: 12.

[6]王新慧，杨剑，丁彦龙，路笃辉，王晓奇．超声导波技术在长输管道跨越段腐蚀检测中的应用[J]．中国特种设备安全，2021，37(03)：21-23.

[7]王秀彦，王智，焦敬品，吴斌，何存富．超声导波在管中传播的理论分析与试验研究[J]．机械工程学报，2004(01)：11-16.

[8]李光辉．管道超声波相控阵检测方法研究[D]．沈阳工业大学，2020.

[9]张学聪，何存富，吕炎，吴斌．窄声束阵列传感器的仿真优化与研制[J]．北京工业大学学报，2018，44(05)：679-686.

[10]耿浩，夏浩，王国庆．高速漏磁检测过程中管道内外壁缺陷定位方法研究[J]．仪器仪表学报，2022，43(04)：70-78.

[11]Jang, H., Kim, H., Lee, M., et al. Development of modularized in - pipe inspection robotic system: MRINSPECT VII [J]. Robotica, 2021, 40 (5), 1361-1384.

[12]Bernhard Klaassen, Ralf Linnemann, Dirk Spenneberg, Frank KirchneR. Biomimetic walking robot SCORPION: Control and modeling[J]. Robotics and Autonomous Systems, 41(2-3), 2002, 69-76.

[13]张云伟，颜国正，丁国清，徐小云．煤气管道机器人管径适应调整机构分析[J]．上海交通大学学报，2005(06)：950-954+959.

[14]王永雄．管道机器人控制、导航和管道检测技术研究[D]．上海交通大学，2012.

[15]曲明盛．高温炉管无损检测系统的研制与开发[D]．大连理工大学，2013.

分层对压力管道壁厚测定的影响

李林涛[1] 高 亮[2] 曾维国[1] 吴 登[1]

(1. 中国特种设备检测研究院，北京 100013；
2. 中国石油化工股份有限公司华北油气分公司，河南 郑州 450006)

摘 要：采用压电超声测厚与电磁超声测厚(EMAT)对某天然气集气站站内压力管道进行检测过程中，发现壁厚数值非正常显示，经过分析，管道壁厚方向存在非金属夹层，且夹层走向与管道的轧制方向近似平行，管道壁厚方向分层致使壁厚检测过程中壁厚数值的非正常显示，提供了对分层角度与管道表面的检测方法，为检验人员在压力管道的检验中提供一定的借鉴。

关键词：超声波测厚；电磁超声测厚；分层；壁厚非正常显示

Effect of Delamination on the Determination of Wall Thickness of Pressure Pipes

Li Lintao[1], *Gao Liang*[2], *Zeng Weiguo*[1], *Wu Deng*[1]

(1. China Special Equipment Inspection And Research Institute, Beijing 100013, China;
2. SINOPEC North China Oil & Gas Company, Henan zhengzhou 450006, China)

Abstract: In the process of testing the pressure pipeline in a natural gas gathering station by piezoelectric ultrasonic thickness measurement and electromagnetic ultrasonic thickness measurement (EMAT), it was found that the wall thickness value was abnormally displayed. The direction is approximately parallel to the rolling direction of the pipeline. The delamination in the direction of the wall thickness of the pipeline causes the abnormal display of the wall thickness value during the wall thickness detection process. It provides a detection method for the delamination angle and the surface of the pipeline. Some reference is provided in the inspection.

Key words: ultrasonic thickness measurement; electromagnetic ultrasonic thickness measurement; delamination; abnormal display of wall thickness

1 引言

站场管道一般分为架空和埋地两部分，且具有敷设密集、走向复杂、元件较多、长度较短，部分介质压力高、腐蚀性强，存在应力集中，地下金属构筑物多，有大量接地装置等特征[1]。目前，针对油气田内部天然气站场压力管道的检验主要参照TSG D7005—2018《压力管道定期检验规则—工业管道》、TSG D7003—2010《压力管道定期检验规则—长输管道》的相关要求进行。根据天然气站场内部损伤机理及损伤模式，场站管道的主要失效模式有管道内外壁腐蚀、焊接缺陷、环境开裂和机械损伤等[2]。其中内外壁腐蚀产生的失效在所有失效模式中较为常见，据统计某站场2015—2020年148次失效事件，因内外壁腐蚀产生的管体失效占142次，因此在站场管道检验中，管道的壁厚测定常作为一项重要的检验检测工作。

管道剩余壁厚测定直接反映管道当前的在役状况，目前常用的超声壁厚检测方法有超声波测厚与电磁超声测厚。因原理不同，检测过程中各因素对壁厚数值的影响各不相同。管道内部分层在检测过程中对壁厚检测产生影响的相关文献描

作者简介：李林涛(1989—)，工程师，主要从事压力管道损伤及相关检验检测。E-mail：lintao68@163.com

述较少，因此在针对于管道的壁厚检测中，分层对壁厚的准确判定产生较大影响。

2　超声波测厚影响因素概述

超声检测主要分为压电超声、电磁超声以及激光超声[3]。因激光超声方法成本较高，在检验检测现场应用较少，常见方法为压电超声与电磁超声检测。压电超声波测厚根据超声波脉冲反射原理来进行厚度测量，当探头发射的超声波脉冲通过被测物体到达材料分界面时，脉冲被反射回探头，通过精确测量超声波在材料中传播的时间来确定被测材料的厚度[4]。其测厚准确度受管道表面粗糙度过大、管道曲率半径过小、管道材质组织或晶粒粗大、探头磨损严重、管道内壁存在腐蚀坑、管道内壁存在沉积物、管道内壁存在夹杂或夹层、管道温度过高、耦合不良、声速选择错误、管道表面氧化物或覆盖层等因素的影响。

电磁超声(EMAT)原理是当通以高变电流的导线(线圈)置于工件表面时，工件表面会产生涡流磁场，涡流磁场与外磁场发生静磁场相互作用就会产生洛伦兹力。在洛伦兹力作用下工件内部会产生高频振动，这是形成超声波的动力源，由于上述过程是可逆的，因此从工件边角处或缺陷处反射回来的超声波在外磁场作用下形成涡流，涡流磁场引起导线(线圈)两端电压发生变化，这一变化信号被设备接收即可以实现缺陷检测[5]。相较于传统压电超声，电磁超声具有无须耦合剂、不直接接触被测试件、能在高温环境下检测等优势，可进一步提升检验效率和质量，具有更强的精准性和实用价值[6]。电磁超声同样存在其局限性，比如只能对铁磁性或导体金属管道进行检测，对非金属材料无法实施检测，换能效率要比传统压电换能器低等缺陷。电磁超声对于存在分层的管道检测，其影响大小未见相关文献提及。

3　壁厚测定中分层对壁厚数据的影响分析

3.1　技术参数

某集气站压缩机出口管道，该段管道为水平直管段，于2018年11月投用，输送介质为干净天然气，工作压力为1.5MPa，管道规格为ϕ273×8mm，管材为20#无缝钢管，工作温度为-14~45℃。采用压电超声测厚仪与电磁超声测厚仪对其壁厚进行检测。对壁厚异常显示区域进行取样，打磨抛光后用4%硝酸乙醇溶液金相腐蚀。

3.2　检测方法

(1)除漆剂除去表面防腐油漆，露出管材本体，采用50目和100目砂纸手工打磨，打磨区域面积20cm×20cm。

(2)分别采用超声波测厚仪(型号：DM5E)与笔式电磁超声高温腐蚀检测仪(型号：ETGmini-X1)对管道壁厚进行检测。

(3)取样后采用4%硝酸乙醇溶液金相腐蚀。

3.3　检测结果与分析

分别对图1中的1#、2#区域采用压电超声、电磁超声方法进行壁厚检测，检测结果见表1。

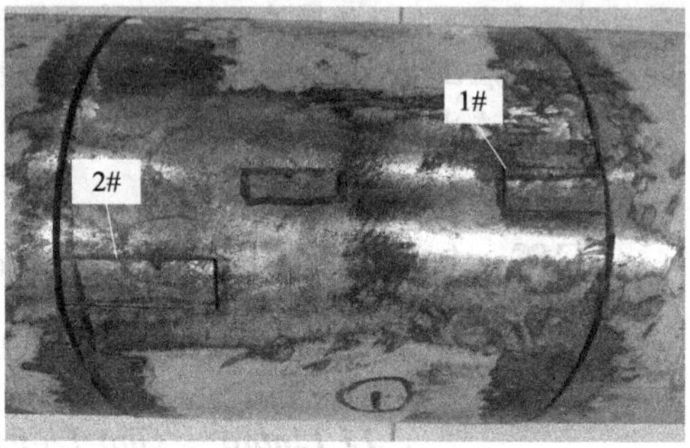

图1　测点位置示意图

表1　压电超声、电磁超声测厚结果

检测方法	1#试样区域	2#试样区域	其他区域
压电超声	3.48mm	3.50mm	7.98mm
电磁超声	4.02mm	3.99mm	8.02mm

该管道2018年11月投用，壁厚测定时间为2021年11月。管道输送介质为干净天然气，介质不含硫化氢和水，从介质成分判断，无引起酸性水等介质腐蚀的可能性，管道取样后，管道内表面未见明显腐蚀凹坑，内壁光滑。经过压电超声、电磁超声测厚管道壁厚均远小于管体其他区域壁厚。

对腐蚀前的1#试样在显微镜下进行观察，在抛光面上可看到2处比较明显的分层痕迹。为进一步观察，将2处分层区域分别编号为：位置1和位置2，见图2。在金相显微镜下对位置1和位置2进行了放大观察，典型的微观形貌分别见图3、图4。从图中可以明显看到1#试样的位置1和位置2均存在明显分层现象，分层基本平行于管道表面方向。分层最大宽度14μm。

对2#试样进行了宏微观分析。2#试样的取样位置处，存在大量的分层现象。只选择了2个典型位置进行观察，见图5。在金相显微镜下对2#试样的位置1和位置2进行了放大观察，典型的微观形貌分别见图6、图7。

从图6、图7中的形貌可以看出，管道2#试样中的分层现象比1#试样严重得多，与1#试样相似，分层走向也与管道的轧制方向近似平行，甚至存在分层交错的现象。正是这种严重的分层现象，才导致采用超声壁厚仪进行测厚时的内外壁壁厚严重小于实际壁厚且壁厚不一致的现象。

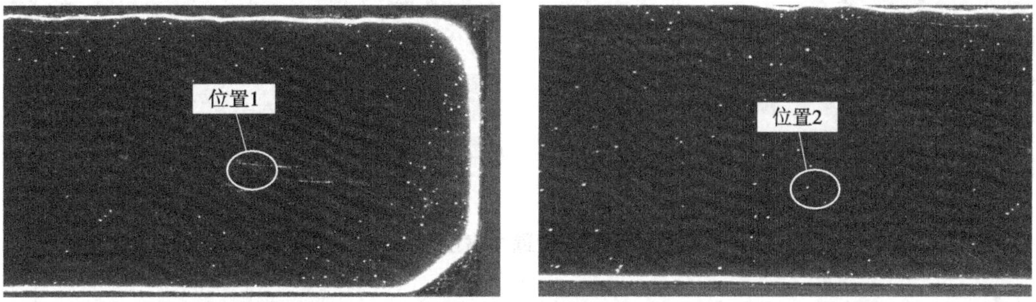

(a)1#试样位置1宏观形貌　　(b)1#试样位置2宏观形貌

图2　1#试样宏观形貌

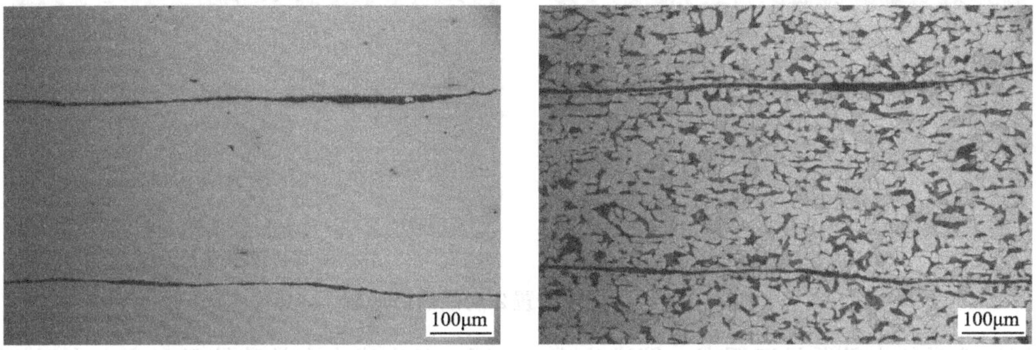

(a)1#试样位置1腐蚀前形貌　　(b)1#试样位置1腐蚀后形貌

图3　1#试样位置1腐蚀前后形貌

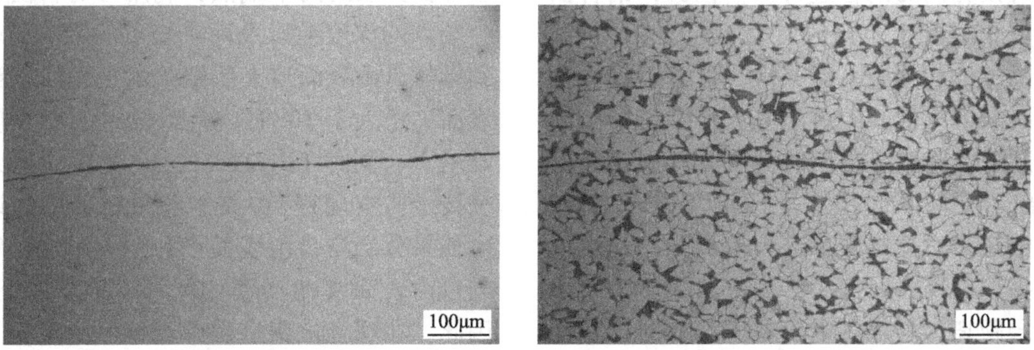

(a)1#试样位置2腐蚀前形貌　　(b)1#试样位置2腐蚀后形貌

图4　1#试样位置2腐蚀前后形貌

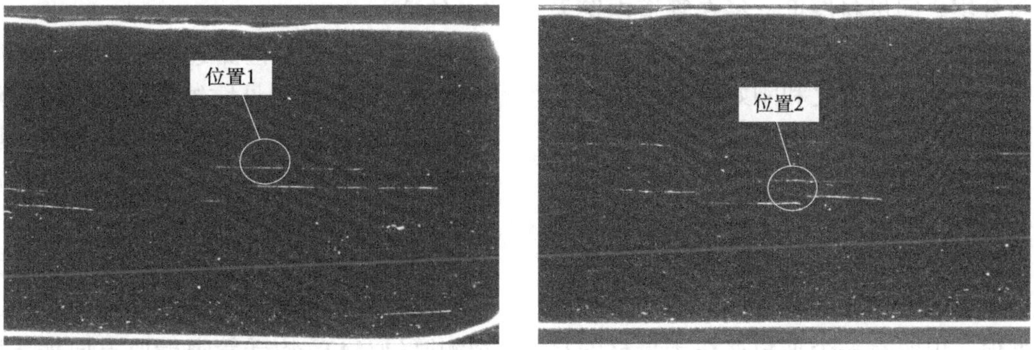

(a)2#试样位置1宏观形貌　　(b)2#试样位置2宏观形貌

图5　1#试样宏观形貌

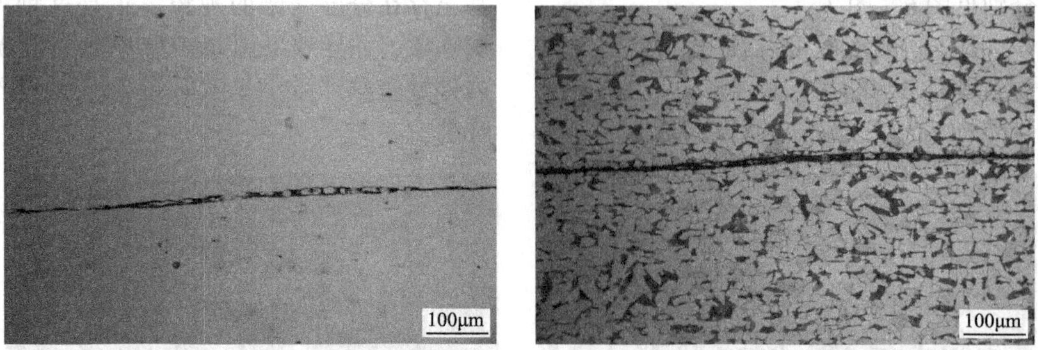

(a)2#试样位置1腐蚀前形貌　(b)2#试样位置1腐蚀后形貌

图 6　1#试样位置 1 腐蚀前后形貌

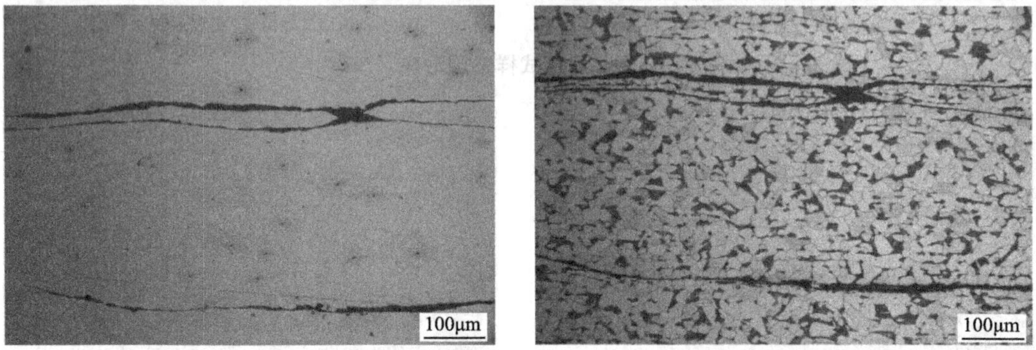

(a)2#试样位置2腐蚀前形貌　(b)2#试样位置2腐蚀后形貌

图 7　1#试样位置 2 腐蚀前后形貌

经查阅该管道的产品质量证明书，管道生产工艺为热轧，执行标准为 GB/T 9948。该标准要求对钢锭直接轧制的钢管进行低倍检验，钢管横截面酸浸低倍试片上不允许有目视可见的白点、夹杂、皮下气泡和分层。经分析，管道钢锭中存在非金属夹杂或气泡，经过热轧，延管道轴向局部分布，造成最终壁厚方向的分层，从图 2 和图 5 可以看出，夹层方向基本平行于管道内外壁。经采用压电超声对分层区域进行检测时，超声波脉冲遇到夹层后反射回探头，测量的厚度为管道表面距分层距离，当采用电磁超声测厚时，在洛伦兹力作用下管道表面与分层之间的母材会产生高频振动，但无法穿透分层，因此所测厚度均为管道表面与分层之间母材厚度，经在管道内壁采用相同方法所测壁厚为管道内壁与分层之间厚度，管道内外壁检测厚度之和刚好接近管道公称壁厚，均验证了压电超声、电磁超声不能穿透分层的问题。

对于在检验过程中遇到分层现象，除常规测厚外，可采用超声波探伤仪进行确认，如果超声波探伤仪的荧光屏上显示夹层缺陷波有着不相同的水平刻度值，说明有一个夹角存在于母材的自由表面和夹层之间，对于确定夹角大小，可以使用一条直线来有效连接母材自由表面相同距离的点，将垂直线做于本直线上，沿着垂直线的方向去寻找夹层的两个端点，利用母材自由表面上两个端点的深度差以及两个短点的距离比就可以得到母材自由表面与夹层缺陷的夹角[7]。当与母材表面夹角大于 10°时，会给设备的安全使用带来难度[8]，同时 TSG 21—2016《固定式压力容器安全技术监察规程》中关于对母材分层的评价也给出如果分层与自由表面平行，不影响定级，分层与自由表面夹角小于 10°，可定为 2 级或 3 级。因此，在现场检测过程中经壁厚测定，具有分层的可能性，还需增加其他超声检测技术，以确定分层与管道表面夹角。

4　结论

(1)管道检验检测过程中，其他检测条件均正常外，如外壁未见腐蚀等缺陷，内壁经分析产生腐蚀可能性极小，产生壁厚异常显示原因很可能为管壁存在分层，分层与母材的夹角可采用超声波探伤的方法进行确定。

(2)如果管壁内存在与管道的轧制方向近似平行的夹层，且该区域较小，压电超声、电磁超声测厚(EMAT)均受管道壁厚方向夹层影响，产生壁厚的非正常显示。

(3)虽然电磁超声测厚(EMAT)有诸多优点，但在管道内壁存在平行于管壁的夹层情况下，无法准确显示壁厚数据。需检验检测人员具有丰富的经验来判断是否存在分层现象，如何克服对于管道微观区域的分层导致壁厚数据非正常显示，还需进一步研究。

参考文献

[1]杨永，申建军，张存军，孙明．站场管道不停输综合检验．管道技术与设备，2014：20－22.
[2]杜炘洁，郭霄雄，齐昌超．基于风险的场站管道不停输检测技术及其应用．油气集输，2018：19－21.
[3]肖奇，汪刚，邵卫林，张建鹏，钟原．耐磨钢板缺陷电磁超声检测方法．无损探伤，2022，46(05)：1－4.
[4]王磊，夏立明．超声波测厚时管件夹层缺陷的判定．物理测试，2021，39(01)：47－49.
[5]张晓钦，吴海虹．钢板超声自动检测技术中PET与EMAT的对比研究．科技创新与应用，2022，12(5)：3.
[6]苗世疆，李红霞．高温电磁超声测厚在催化重整装置检验中的应用．中国石油和化工标准与质量．2021，51(07)：31－33.
[7]顾晨阳，张栋庆．压力容器中母材夹层的缺陷其危害性以及检验方法．化工管理，2014，000(003)：36－36.
[8]李岩．压力容器检验中夹层缺陷探讨．中国新技术新产品，2013(16)：2.

储罐底板声发射信号衰减特性研究

甘鹏程[1]　石秀山[1]　王　十[1]　沈永娜[1]　田高佳[2]

(1. 中国特种设备检测研究院，北京　100029；2. 中国石化海南炼油化工有限公司，海南　570000)

摘　要：声发射技术被广泛应用于大型常压储罐的检测，但是对于声发射信号在储罐底板中的传播衰减特性尚未明确。针对该问题以相同强度声发射源在不同直径的储罐底板开展仿真实验，对声发射波在储罐底板中的衰减特性进行了研究，结合 COMSOL 有限元仿真分析发现随着声发射波在储罐底板中传播距离的增加信号幅值由于边界条件的影响呈现非线性衰减，在储罐底板的后半部分传播过程中出现信号幅值增大的现象，并随着储罐底板直径的增大，信号幅值增大的幅度逐渐减小；根据实验数据通过曲线拟合得到不同储罐底板直径与极大值点距声源距离之间的经验公式，并在直径 15m 的储罐底板现场成功验证了声发射波在储罐底板中的衰减特性经验公式的正确性。

关键词：储罐底板；有限元仿真；声发射；衰减

Research on the Attenuation Characteristics of Acoustic Emission Signal of Tank Bottom Plate

Gan Pengcheng[1], *Shi Xiushan*[1], *Wang Shi*[1], *Shen Yongna*[1], *Tian Gaojia*[2]

(1. China Special Equipment Inspection and Research Institute, Beijing 100029, China;
2. Sinopec Hainan Refining & Chemical Limited Company, Hainan 570000, China)

Abstract: Acoustic emission technology is widely used in the detection of large atmospheric storage tanks, but the propagation and attenuation characteristics of acoustic emission signals in the bottom plate of storage tanks are not yet clear. In response to this problem, simulation experiments were carried out with the same intensity acoustic emission source on the bottom plates of storage tanks with different diameters. Combined with the COMSOL finite element simulation analysis, it was found that with the increases of the propagation distance of acoustic emission wave in the tank floor, the signal amplitude attenuates nonlinearly due to the influence of the boundary conditions. The signal amplitude increases during the propagation process of the second half of the tank bottom plate. And as the diameter of the tank bottom plate increases, the amplitude of the signal amplitude increases gradually decreases. According to the experimental data, the empirical formula between the diameter of different tank bottom and the distance between the maximum point and the sound source is obtained by curve fitting. The empirical formula of attenuation characteristics of acoustic emission wave in the tank bottom was successfully verified in the field of the tank bottom with a diameter of 15m.

Key words: Tank bottom plates; Finite element simulation; Acoustic emission; Attenuates

1　引言

常压储罐是石油、石化行业重要的储运设备。由于常压储罐多用于储存易燃、易爆、腐蚀性或毒性的石油产品或危险化学品，一旦发生泄漏或失效，不仅会造成环境污染，而且可能酿成重大火灾及爆炸事故，给企业带来无法挽回的经济损失和恶劣的社会影响[1-3]。

API 575—2020《现役常压和低压储罐的检验指南和方法》指出：腐蚀是钢制储罐及其辅助设备失效、破坏的主要原因。底板腐蚀泄漏引起的

作者简介：甘鹏程(1996—　)，硕士研究生，主要从事于声发射技术研究。E-mail：ganpengcheng365@163.com

储罐事故占所有事故的20%，因此，对储罐底板腐蚀的检测和评价是保障储罐安全运行的重要措施之一。

声发射(Acoustic Emission，AE)是指材料中局域源快速释放能量而产生瞬态弹性波的现象，也称为应力波发射[4]。声发射检测技术可实时接收材料损伤过程中发射的应力波，实现对设备在役使用过程中的在线检测[5~7]。目前，该技术已发展成为储罐群底板腐蚀状态的快速普查的主要方法。但是随着常压储罐底板直径不断增大，腐蚀声发射信号由于衰减，检测探头接收的信号强度也随之衰减，声发射检测范围能否覆盖整个储罐底板成为大型常压储罐声发射检测面临的主要问题。

与压力容器不同，在役储罐底板的声发射源的信号传输路径较为复杂，其衰减特性也难以通过实际测试获取。Nedzvetska 等[8]研究发现声发射信号在罐底的传播途径有三种：第一种是在介质中直接以球面波的形式传播被传感器接收；第二种是先以柱面波的形式在罐底板传播，遇到底板的焊缝发生模式转换，一部分信号再以球面波的形式传播被传感器接收；第三种是先以柱面波的形式沿罐底板传播，遇到焊缝发生模式转换部分能量传到罐壁被传感器接收。其中第一种的衰减较第二、三种小，传感器接收到的主要是沿第一种传播途径传播的声发射信号。Yu Y 等[9]利用有限元软件 COMSOL 对罐底三维建模仿真，通过数字滤波和小波变换，研究了不同方向上的声发射信号传播规律，发现在法向方向能量衰减较小，信号强度大，是主要的传播方式；切线方向能量最弱，但是频谱不变，只是信号强度随距离增加而衰减；z 轴方向能量强度比法向方向信号强度稍弱，其频率特性在传播过程中改变较大。并且在此基础上仿真研究了焊缝的影响，发现焊缝对信号频率影响很大，整体信号频率较无焊缝情况小。翟庆宏等[10]研究发现声发射波在金属构件中传播与在板件中传播规律一致，其能量、幅值随距离的增加而衰减，其衰减幅度随时间的增长而减小；传播速度只与材料的密度有关，金属构件的密度越大声发射波的传播速度也就越大；声发射波在液体内的衰减比在固体内的衰减幅度小，而且高频信号比低频信号衰减速度快。戴光，张明宇等[11]研究发现常压储罐底板腐蚀声发射信号在液体中传播具有回波性，衰减曲线会出现反弹现象。

为了获取声发射信号在储罐底板中的衰减特性，结合 COMSOL 有限元仿真分析软件以及现场试验对声发射信号在储罐底板中的衰减规律进行研究。

2 有限元仿真分析

2.1 罐底板模型

声发射是一种应力波，因此选择固体力学模块对储罐底板进行有限元仿真[12]。建立板厚为 8mm，直径分别为 800mm、1200mm、1600mm、2000mm 和 5000mm 的罐底板模型。材料选为 structural steel，密度为 7850kg/m^3，杨氏模量 $E = 200\times10^9 N/m^2$，泊松比 $\sigma = 0.3$，并对储罐底板进行网格划分。

2.2 激励设置

因为是仿真储罐底板的实际情况，因此不需要对储罐底板的边界条件进行添加，默认为自由条件。分别在直径为 800mm 和 1200mm 的储罐底板上沿直径方向取 8 个点，每点之间间隔为 100mm 和 150mm；分别在直径为 1600mm、2000mm 和 5000mm 的储罐底板沿直径方向上取 10 个点，每个点之间分别间隔为 160mm、200mm 和 500mm，如图 1 所示。储罐底板腐蚀过程中声发射信号的能量低，峰值频率分布分散，在

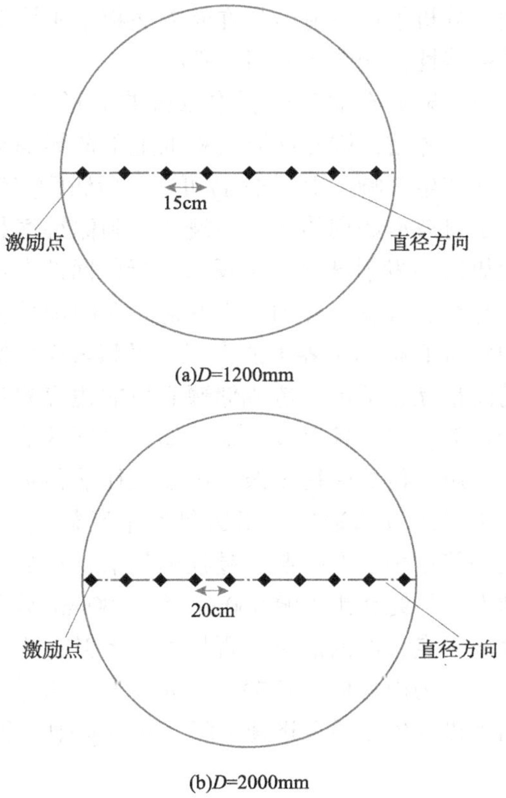

图 1　储罐底板模型示意图

60kHz以下有丰富的信号[13]，并且高频信号比低频信号衰减速度快[10]，因此选择频率为30kHz的单个正弦波对激励点施加激励，其他点均为探针接收点。

由于声发射是一种瞬态现象，因此选择瞬态求解。求解的时间设置越长，得到的波形越接近真实的波形，但考虑到计算时间，此次仿真求解时间设为20ms，采样频率设为1MHz。

2.3 仿真结果分析

图2为求解得到的不同尺寸储罐底板中声发射信号的衰减曲线。由图可知，随着传播距离的增大，声发射信号幅度先减小后增大而后继续减小，经过圆心后出现极大值。随着储罐底板直径的增加，极大值处声发射信号的幅值逐渐下降，并由高于起始位置声发射信号的幅值逐渐转变为低于起始位置声发射信号的幅值。极大值所在位置与储罐底板直径密切相关，分析发现二者关系满足式(1)，拟合曲线如图3所示。

$$X=(0.00532\pm0.00147)D^2+(0.65407\pm0.02073)D \quad (0<D\leqslant65) \tag{1}$$

式中　D——各储罐底板直径；

X——极大值点距声源的距离。

为了探索声发射信号沿储罐底板非线性衰减的原因，以直径为800mm和2000mm的储罐底板为例，分析了声发射信号在储罐底板中不同时刻的传播特性，如图4和图5所示。

声发射波在储罐底板中以板波的形式传播，板波属于体波，因此储罐底板的上下两界面对波的传播产生影响。由图4(a)可知，由激励点激发出声发射波沿四周传播，当波传播到储罐底板的左边界时声发射波会发生反射或折射回波向右传播，与初始波发生叠加；声发射波在向前传播过程中储罐底板的边界可能由于边界和表面的影响波的能量互相抵消，造成储罐底板的边界附近波的能量低；当声发射波传播到储罐底板的后半部分时，声波传播变得复杂，声波在往前传播的过程中由于声波两边的圆形边界发生反射或折射，将波的能量叠加在一起，越往前传播，边界的影响越大，最终在距声源500mm和1200mm处附近汇聚成一点，波的能量出现极大的上升；再之后以这一点为声源向左传播，因此声发射信号幅值在出现极大值之后又迅速下降。并对其他直径

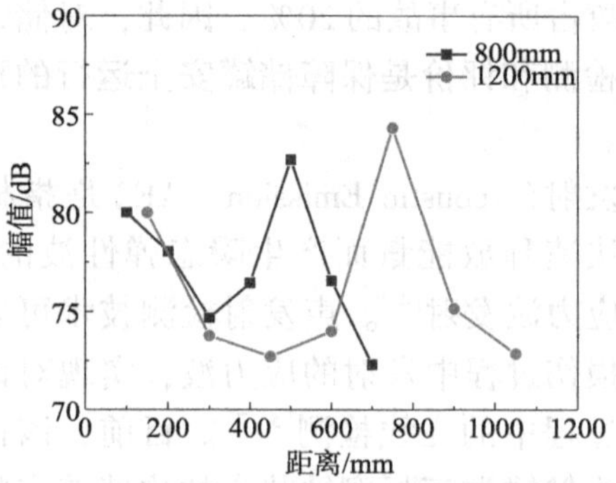

(a) D=800mm；D=1200mm

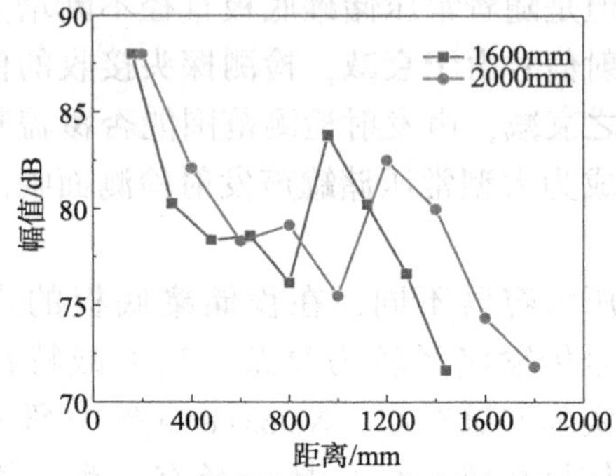

(b) D=1600mm；D=2000mm

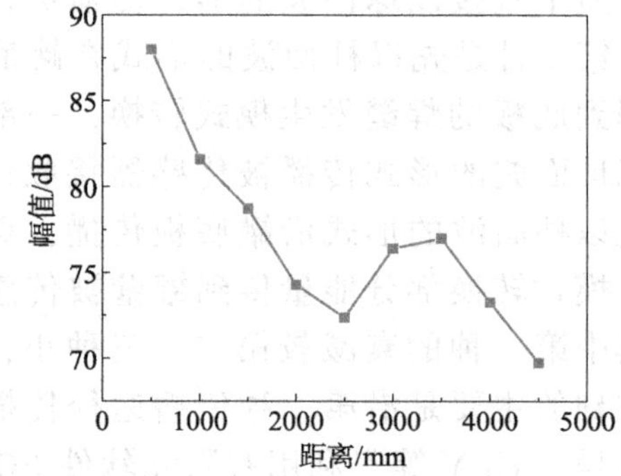

(c)D=5000mm

图2　各储罐底板声发射信号幅值随距离变化曲线

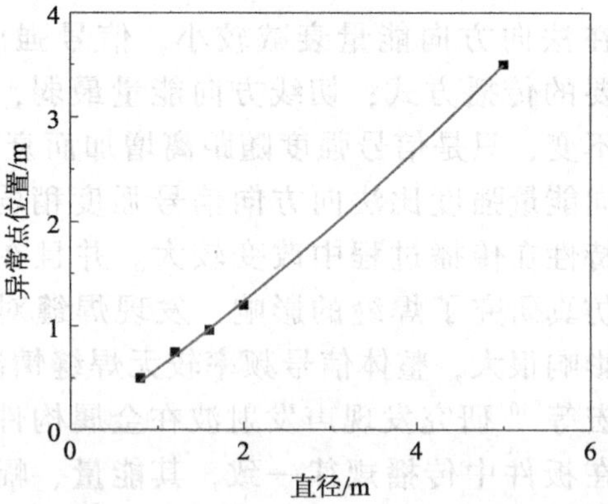

图3　储罐底板直径D与极大值位置关系曲线

的储罐底板进行实验和仿真发现声发射波传播情况与之类似，并且随着储罐底板直径的增大，极大值处的声发射信号幅值逐渐下降，边界的影响逐渐减小。

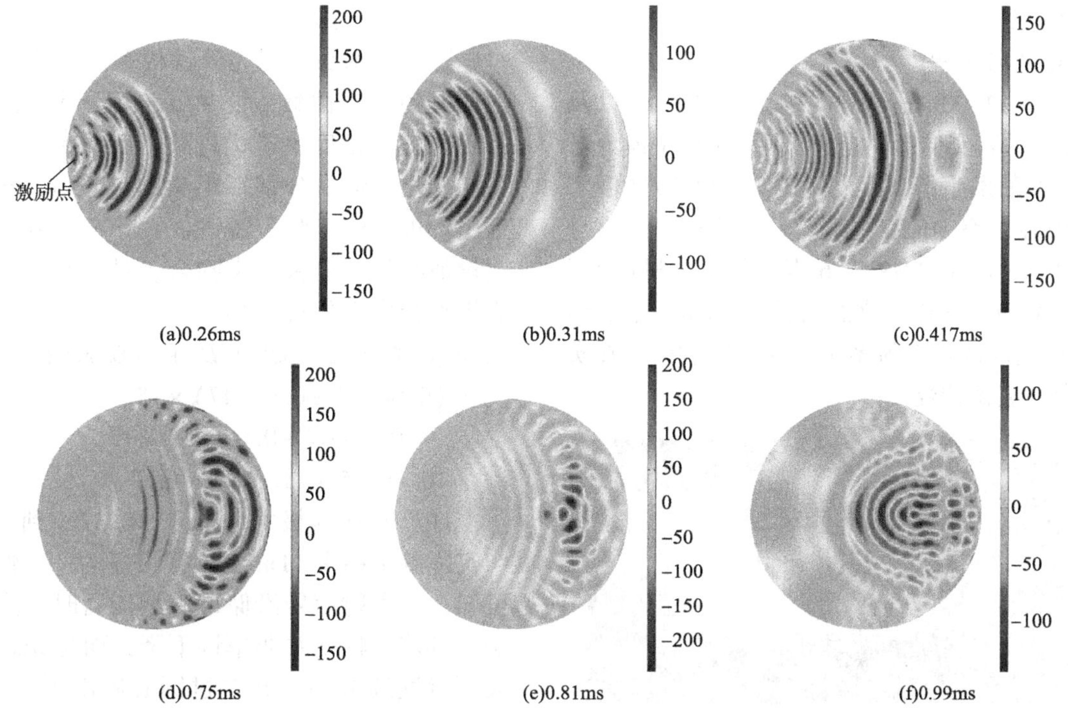

图 4　声发射波在储罐底板（$D=800$mm）上传播情况

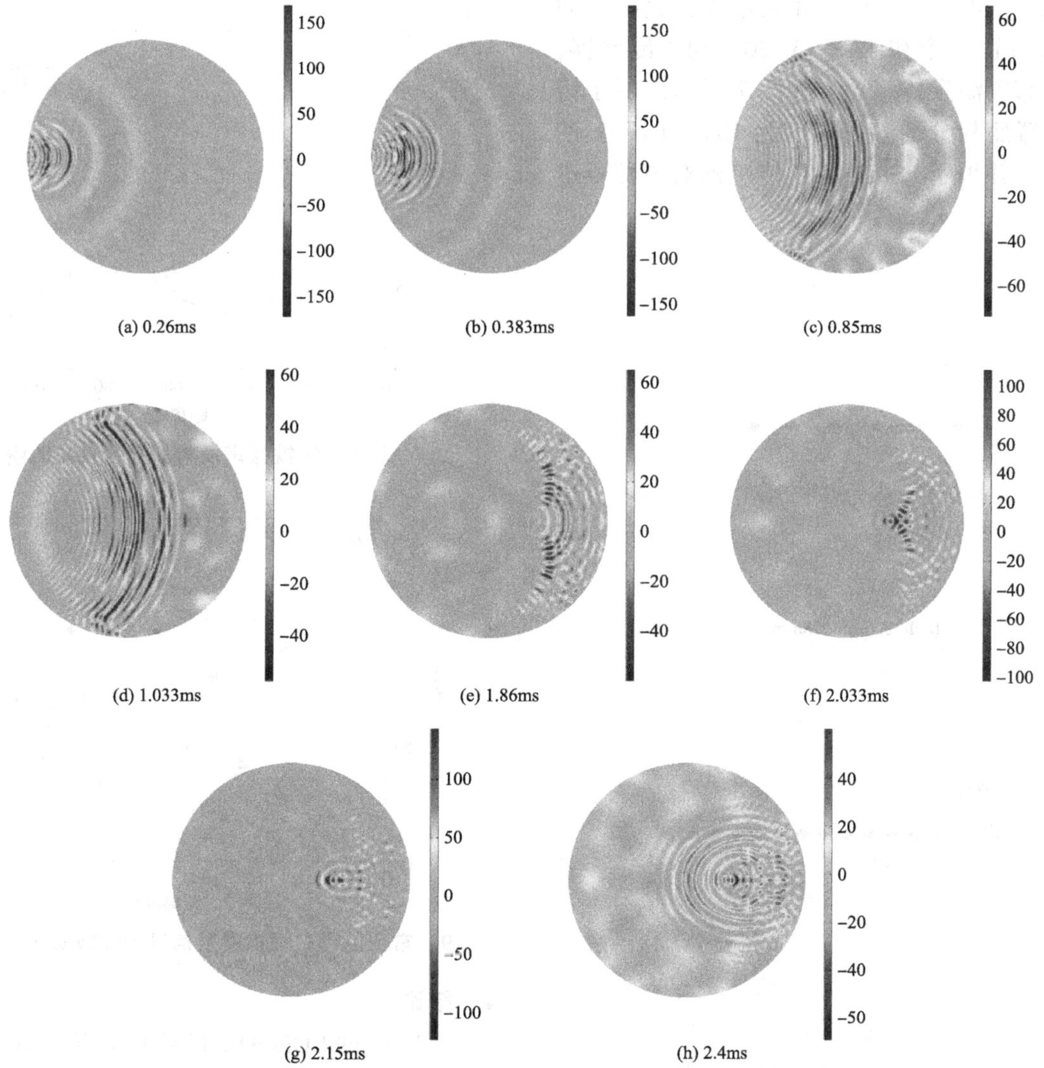

图 5　声发射波在储罐底板上（$D=2000$mm）的传播情况

3 实验研究

3.1 现场实验过程

分别以 ϕ1200mm × 8mm 的圆形铸铁板以及 ϕ15000mm 的真实储罐(如图 6 所示)的底板为对象，以声发射发生器(俄罗斯 IU)和 GT205(俄罗斯 IU，中心频率 50kHz)信号发生器发射的信号为声发射源，以及 AMSY－6 声发射仪主机(德国 vallen)和 VS30－SIC 传感器(德国 vallen，中心频率 50kHz)组成的声发射系统研究声发射信号在实际底板中的衰减特性。

图 6　ϕ15000mm 的真实储罐

试验方案如下：沿钢板和储罐底板直径方向分别均匀布置 8 个和 13 个 VS30－SIC 传感器，在激励点布置激发传感器，如图 7 所示。对于铸铁板和储罐底板分别激发幅度为 10V 和 110V 的脉冲信号，并采用 VS30－SIC 传感器对该信号进行采集。

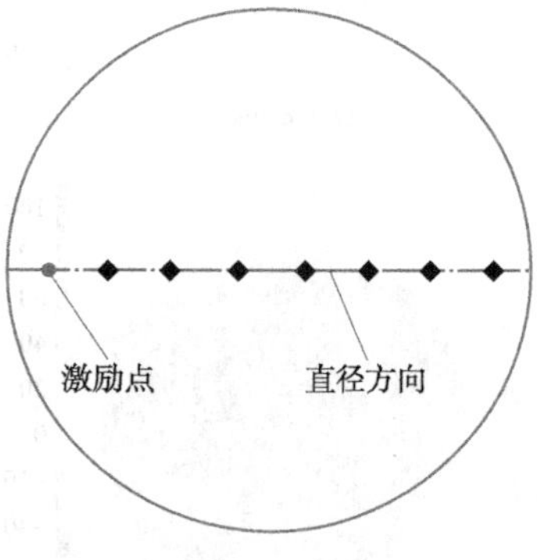

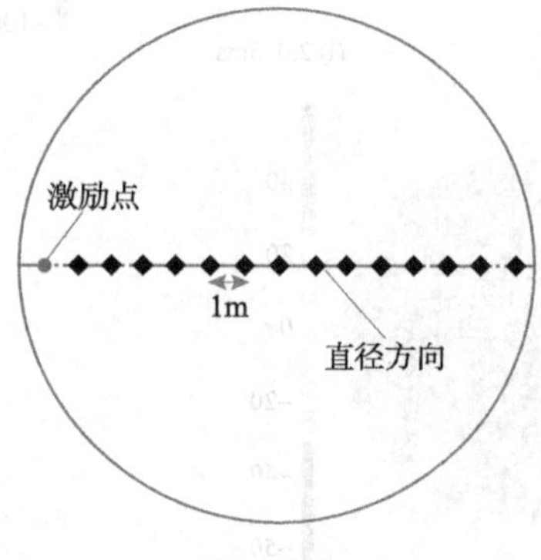

图 7　传感器布局

3.2 结果与讨论

图 8 和图 9 分别为铸铁板和储罐底板中声发射信号的衰减曲线。随着距激励点距离的增大，声发射信号幅度也是呈先减小后增大而后继续减小的变化趋势，分别在距激励点 80cm 和 11m 附近出现极大值。对于铸铁板，其声发射信号衰减测量值与仿真结果非常吻合。对于储罐底板，将底板直径代入公式(1)：

$$
\begin{aligned}
X &= (0.00532 \pm 0.00147)D^2 + (0.65407 \pm 0.02073)D \\
&= (0.00532 \pm 0.00147) \times 15^2 \\
&\quad + (0.65407 \pm 0.02073) \times 15 \\
&= 10.36635 \sim 11.64975(\mathrm{m})
\end{aligned}
$$

计算得到其极大值位于 10.37m 到 11.65m，与实际测试结果 11m 也具有很好的一致性。由此可知，声发射信号沿储罐底板传播时，受边界影响，其信号幅度并非单调下降，而是先减小后增大而后继续减小，并在过圆心后出现一极大值。其极大值所在位置由底板直径所决定，二者关系满足公式(1)。

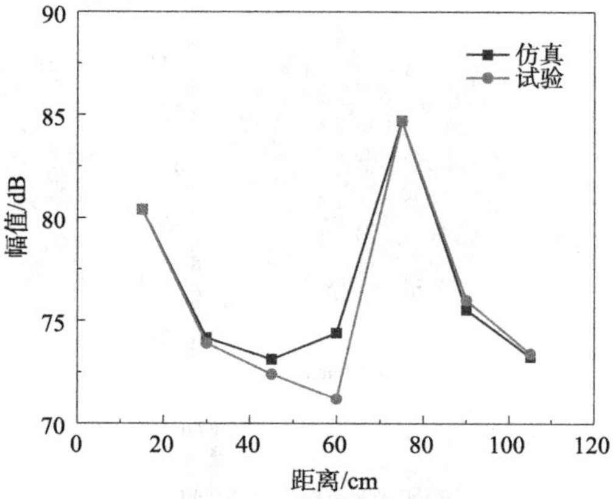

图 8　铸铁板声发射信号的衰减曲线

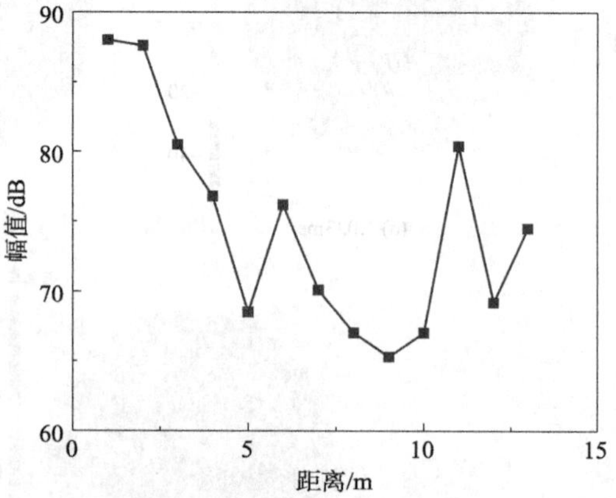

图 9　常压储罐底板声发射信号的衰减曲线(D=15m)

4 结论

(1)通过 COMSOL 有限元仿真分析和对铸铁板以及储罐底板的实验研究，发现在储罐底板中声发射信号随着传播距离的增加信号幅值并非线性衰减，而是由于圆形边界的影响在传播到储罐底板的后半部分声发射信号幅值会出现极大地上升，出现一极大值。该极大值幅度随着储罐底板直径的增大上升的幅度逐渐减小。

(2)分析不同储罐底板直径与极大值点位置的关系，拟合得到储罐底板直径与极大值点距声源距离之间的经验公式。ϕ15m 罐底板声发射衰减的测试结果验证了该公式的有效性。

参考文献

[1]赵新颖，李自力，王春涛．石油储罐火灾爆炸事故树分析[J]．油气储运，2007(01)：37－40.

[2]赵彦修，田红岩，陈彦泽，王金龙．在役常压储罐的无损检测技术[J]．无损检测，2020，42(09)：77－81.

[3]马佳良．基于蜂群算法的储罐底板腐蚀声发射评价[D]．沈阳工业大学，2014.

[4]FARRAR C R，WORDEN K. An introduction to structural health monitoring[J]. Philosophical Transactions of the Royal Society A：Mathematical，Physical and Engineering Sciences，2007，365(1851)：303－315.

[5]Sun－Ting，Tsai，Li－Min，et al. Acoustic Emission from Breaking a Bamboo Chopstick[J]. Physical Review Letters，2016，116(3)：35501－35501.

[6]张勇，周昀芸，王博，谢红霞，叶武，滕辉．基于声发射信号的铝合金点焊裂纹神经网络监测[J]．机械工程学报，2016，52(16)：1－7.

[7]蒋林林，李玲杰，苏碧煌，王志涛，张彦军．声发射技术在储罐底板腐蚀检测中的应用[J]．腐蚀与防护，2021，42(02)：56－59＋77.

[8]Nedzvetskaya O V，Budenkov G A，Sokolkin A V，et al. Calculation of the Acoustic Channel in Acoustic Emission Testing of Bottoms of Vertical Steel Tanks[J]. Russian Journal of Nondestructive Testing，2003，39(10).

[9]Yu Y. Simulation Research on Acoustic Emission Signal of Tank Corrosion[J]. Advanced Materials Research，2012，1766.

[10]翟庆宏，马长友．声发射波在金属罐中的传播特性研究[J]．炼油与化工，2012，23(02)：24－27＋58

[11]戴光，张明宇，高果柱等．常压立式储罐底板腐蚀过程声发射源特性分析及试验研究[J]．化工机械，2012，39(06)：704－708.

[12]钱新元．罐底腐蚀声发射传播仿真研究[D]．沈阳工业大学，2016.

[13]张春辉．Q235 钢均匀腐蚀声发射监测实验研究[D]．东北石油大学，2012.

基于示踪线有效性的聚乙烯埋地燃气管道安装与检验

曹福想　郭少宏　黄良发　王　娟

(广东省特种设备检测研究院佛山检测院，广东 佛山　528000)

摘　要：随着聚乙烯管在市政埋地燃气管道中应用占比越来越高，由于管道定位不准而导致的第三方施工破坏引起的燃气泄漏或爆炸事故也越来越频繁，为确保快速准确检测管位，随管敷设的示踪线的有效性就变得非常重要。本文通过梳理我国标准规范对于示踪线安装的相关规定，并对燃气管道施工中示踪线安装存在的问题进行总结，提出了燃气管道施工中加强示踪线安装质量和检验的措施。

关键词：示踪线；聚乙烯；燃气管道；安装；检验

Installation and Inspection of Polyethylene Buried Gas Pipeline Based on Tracer Line Effectiveness

Cao Fuxiang, Guo Haohong, Huang Liangfa, Wang Juan

(Guangdong Institute of Special Equipment Inspection and Research Foshan Branch, Foshan 528000, China)

Abstract: With the increasing proportion of polyethylene pipes in municipal buried gas pipelines, gas leakage or explosion accidents caused by third - party construction damage due to inaccurate pipeline positioning are becoming more and more frequent. In order to ensure rapid and accurate detection of pipe position, the effectiveness of the trace line laid along the pipe becomes very important. In this paper, by combing the relevant provisions of Chinese standards and specifications on the installation of the trace line, and summarizing the problems existing in the installation of the trace line in the gas pipeline construction, the measures to strengthen the installation quality and inspection of the trace line in the gas pipeline construction are proposed.

Key words: Tracer line; PE; Gas pipeline; Installation; Inspection

1　引言

近年来，聚乙烯管道由于施工方便、不易腐蚀、柔韧性好、工程造价相对较低、使用寿命长等优点，在城镇燃气管网建设中被广泛应用，但材质强度低是其最大的弱点，随之带来的不利后果是在许多市政建设工程作业过程中，由于聚乙烯埋地燃气管道地面标识缺失或标识定位不准确而使聚乙烯管道遭受第三方施工破坏导致的燃气泄漏或爆炸事故时有发生。这是因为此类管道为非金属材料，既不导电也不导磁的特性使得聚乙烯管道的直接精准定位探测至今没有一种成熟的办法，最直接有效的方法是借助随管敷设的金属示踪线作为发射信号的媒介进行燃气管道的探测、追踪及定位，一旦示踪线失效，该方法也随之不可用。因此对于设计使用年限为 50 年的埋地聚乙烯燃气管道，为保证随管敷设的示踪线的长期有效性，示踪线的安装质量就显得非常重要。而我国的标准规范对于示踪线的安装有什么相关规定，示踪线装置安装中存在哪些常见问题，如何在聚乙烯管道安装监检时加强示踪线安装质量的检验，是本文进行总结和探讨的重点。

2　我国标准规范对于示踪线安装的相关规定

目前聚乙烯燃气管道安装监检的依据主要有 TSG D7006—2020《压力管道监督检验规则》(以下

作者简介：曹福想，(1978—　)，男，高级工程师，工学硕士，汉族，山东济宁人，压力管道检验师，主要从事特种承压设备检验、市政燃气管道的检验与科研工作。E－mail：cfxiang@ 163. com

简称《管道监检规》)、GB/T 38942—2020《压力管道规范 公用管道》、T/CASEI 009—2022《压力管道施工监督检验实施导则—公用管道》、GB 50028—2006《城镇燃气设计规范》(2020年版)、GB 55009—2021《燃气工程项目规范》、CJJ 33—2005《城镇燃气输配工程施工及验收规范》、CJJ 63—2018《聚乙烯燃气管道工程技术标准》、TSG D2002—2006《燃气用聚乙烯管道焊接规程》等,通过梳理和比较相关标准规范对聚乙烯埋地燃气管道示踪线的相关规定,我们可以看到:

2.1 《压力管道监督检验规则》对聚乙烯埋地燃气管道施工监检的具体规定

2020年9月1日实施的《管道监检规》中对聚乙烯埋地燃气管道施工监检的相关规定较少,仅在附件C公用管道施工监督检验专项要求中的C2.4.1材料验收和C2.7焊接两个条款对聚乙烯管道施工监检有相关规定[1],但没有对随管敷设的示踪线装置的检验有明确规定。

2022年5月16日实施的团体标准T/CASEI 009—2022《压力管道施工监督检验实施导则–公用管道》亦没有在公用管道监检中对聚乙烯埋地管道的示踪线的安装和检验提出要求。

2.2 行业标准关于聚乙烯管道示踪线的相关规定

GB 50028—2006《城镇燃气设计规范》6.3.1条规定中压和低压燃气管道宜采用符合国家标准GB 15558的聚乙烯管,该规范提倡使用聚乙烯管,但并未对PE管道敷设示踪线提出要求。

最早对示踪线提出具体要求的是行业标准CJJ 63—95《聚乙烯燃气管道工程技术规程》,其在5.2.4条中规定聚乙烯燃气管道敷设时,宜随管走向埋设金属示综线,但该标准也只是规定宜而不是必须埋设示踪线,没有强制要求。CJJ 33—2005《城镇燃气输配工程施工及验收规范》第7.2.9条则明确规定聚乙烯燃气管道敷设时应在管顶同时随管道走向敷设示踪线,同时示踪线接头应有良好的导电性[2]。在该标准颁布后聚乙烯燃气管道示踪线的随管敷设要求才开始具有强制性。所以在1995年至2005年间安装的聚乙烯埋地燃气管道存在很多未敷设示踪线的燃气管道工程,也导致后期的聚乙烯管道探测定位存在较大困难。

CJJ 63—2008则对示踪线的施工和验收提出了更明确的规定,其第6.2.6条规定管道敷设时,不但要求随管走向埋设金属示踪线(带)、警示带或其他标识;还对示踪线(带)安装提出更具体要求,除了应贴管敷设和具有良好的导电性外,还增加示踪线有效的电气连接和设置信号源井的要求。其7.5.2条还对工程竣工资料中提出要求增加示踪线(带)导电性检查记录。

CJJ 63—2018对聚乙烯管道示踪线的敷设要求更具可执行性。其第4.1.3条不但规定聚乙烯燃气管道应沿管道走向设置有效的示踪、警示装置,还对地面标志的设置提出要求,其应符合现行行业标准CJJ/T 153的有关规定。在第6.1.6条款还对水平定向钻法和插入管法敷设时进行规定,当采用水平定向钻法敷设时可不敷设警示带,只是宜将示踪线牢固绑在管道上一起敷设;当采用插入管法敷设时可不敷设警示带和示踪线,但应采用地面标志等方法进行标识。6.3.4条则对示踪线的敷设和信号源井的设置提出明确规定:示踪线应敷设在聚乙烯燃气管道的正上方并应有良好的导电性和有效的电气连接;示踪线上应设置信号源井(该条标准释义:示踪线上的信号源井可以利用邻近聚乙烯管道的燃气阀井做信号源井。示踪线不但要求导电性还必须进行导通性试验,防止施工过程中被拉断)。7.5.2条还对聚乙烯燃气工程的竣工验收资料增加示踪线竣工验收检查记录[3]。

从上述行业标准的修订更新中,我们可以看出,示踪线在聚乙烯燃气管道安装工程中的重要性不断提升,但让我们感到遗憾的是,目前聚乙烯燃气管道的示踪线安装及验收尚没有具体的相关技术规范或行业标准。

3 燃气管道施工中示踪线安装存在的常见问题

在安装聚乙烯埋地燃气管道时,为保证以后能准确检测管道位置和埋深,CJJ 63—2018第6.3.4条提出了具体可行的要求,对于新装的示踪线验收不仅要进行导电性试验,还需进行导通和可探性检测,并设置足够的信号源井,只有这样才能真正有效地起到示踪作用。但在聚乙烯燃气管道安装工程中却发现示踪线安装时存在很多问题,主要常见问题有以下几个方面。

3.1 聚乙烯管道监督检验工艺中示踪线检验项目缺失

由于《管道监检规》并没有涉及示踪线的检验工艺,我们最新的质量体系文件《公用管道安装监督检验工艺》和《工业管道安装监督检验工艺》监检重点也主要侧重于聚乙烯管道的安装质量,并未涉及聚乙烯管道示踪线的检验,未对示踪线的敷设质量进行竣工资料审查和现场监督,也未进行导通可探性检测，使得该项成为一个遗漏的项目，未能体现示踪线装置完整性的重要性。

3.2 示踪线安装技术要求不统一

由于目前聚乙烯燃气管道示踪线的安装和检验没有相关的技术规范或行业标准规定，各地对示踪线的材料选择和安装技术要求均有所不同，这也导致安装的示踪线有效性存在较大差别。目前常用的示踪线包括示踪带、铜芯电缆示踪线、铜包钢示踪线等，这些示踪线的导电性、接头稳定性、抗拉性、抗老化性、经济性各不相同，示踪线接头的连接要求也各不相同。有的示踪线接头采用缠绕法连接后外用电工绝缘胶布缠紧，有的使用专用接头连接器，接头的抗拉性和防腐效果有很大区别。

3.3 示踪线信号源井设置不足

从 CJJ 63—2008 标准起规定敷设示踪线的聚乙烯管道应设置信号源井，现场检测时，通过信号源井内的示踪线端头施加电流信号，通过电磁感应技术根据示踪线中施加电流产生的电磁场来探测管道的具体位置及埋深[4]（图 1）。但标准并未规定信号源井该如何设置和设置多少，这也给实际施工时带来一定困难。实际工程设计时以设置足够的信号源井为原则，一般不超过 500m 设置一个信号源井，也可利用邻近聚乙烯管道的燃气阀井或凝水井做信号源井，若 500m 内没有阀井或其他可以检测示踪线的位置时，应单独设置示踪线信号源井。但在就需要埋地管道实际检测时，经常会发现信号源井数量设置不足，导致无法找到示踪线端头或示踪线加载电流信号传输距离不够，致使采用主动源直连法探测管位的效果不佳甚至无法采用。

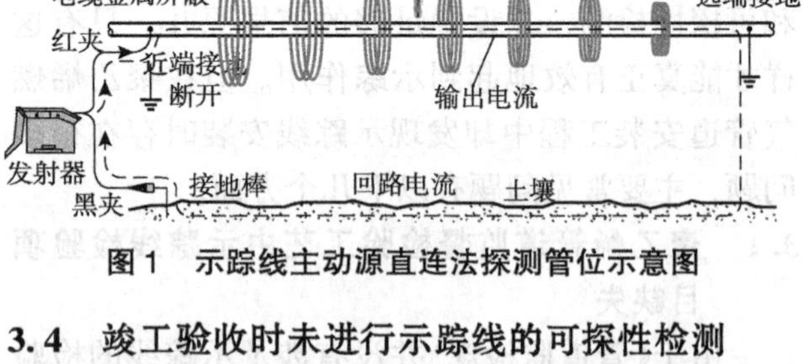

图 1　示踪线主动源直连法探测管位示意图

3.4 竣工验收时未进行示踪线的可探性检测

新装聚乙烯管道在整体耐压试验完成后，一般才会进行示踪线的竣工验收，规范要求须进行示踪线的导电性试验和导通可探性验收，但目前大部分的示踪线安装工程只进行了导电性检测，示踪线联网后并未进行可探性检测和竣工验收检查，这也导致很多示踪线在后期的检修或检验中并未能起到真正有效的示踪作用。

3.5 示踪线安装质量不良

由于在聚乙烯管道示踪线施工过程无有效的监督手段，亦不能做到实时监控。部分现场施工人员认为示踪线不重要，在施工过程中未严格按照施工要求而是随意敷设示踪线，有些示踪线接头未连接好或未做好接头处的防腐处理，有些示踪线在敷设过程中就已被拉断，或者后期被破坏拉断，导致示踪线无效[5]。聚乙烯管道检修或检验定位时才会发现，随管敷设的示踪线不具有导电性，或虽具有导电性但却不具有可探性，无法用主动源直连法探测管位。常见的示踪线安装质量问题有以下几种：

（1）工程施工不规范造成示踪线未能有效连接，示踪线本身不合格或导线存在断点，导致断点后面无电信号通过，极个别施工单位偷工减料，没有埋设示踪线或埋设不完整，导致示踪线导通性检测不合格；有些工程采用的金属示踪线过细，导电截面积不够，信号传输电阻大，信号衰减大，造成探测距离短。

（2）较长主管道上的分支管较短，分支管末端直接把示踪线剪断掩埋没有采取良好接地措施（剥掉示踪线末端绝缘层 50cm 后再掩埋），这样将使分支管示踪线和大地之间的回路电阻过大，远大于主管示踪线的回路电阻，分流的电流值就非常小，检测信号就非常弱，导致支管无法探测到[6]。

（3）有些主管道支管较多，当主管道示踪线末端未采取良好接地措施，而支管示踪线末端接地良好时，造成主管道接地电阻很大，探测时，绝大部分信号电流大都经支管流向大地，造成主管道无法探测或探测距离很短。

（4）示踪线首端和末端未引出接头，或被剪断掩埋，无法找到露地端点（用于直接加信号端点），无法施加电流信号，造成无法实施探测。

（5）示踪线接头或分支点连接未使用专用接头器，或虽用了专用接头器但接头未牢固连接，抑或接头处未做好防腐绝缘导致示踪线较短时间内腐蚀断线，导致安装的示踪线失去示踪作用。

4 燃气管道施工中加强示踪线安装质量的措施

4.1 资料审查

在 PE 埋地燃气管道施工监检中，除了常规的受检单位资质、设计文件、施工组织设计、材料、阀门、管口加工、焊接、无损检测、穿跨越工程、安全附件、耐压试验、泄漏性试验、干燥与置换等常规的资料审查和现场确认监检项目外，还需增加审查示踪线相关的设计和竣工验收文件，包括示踪线材料的选择、示踪线的敷设要求、信号源井的设置数量及位置、示踪线的导通性检测和可探性检测报告等，以便在现场检验时对上述内容进行确认和检测。

4.2　示踪线的材料选择

示踪线不仅要求要有良好的导电性能，还要有一定的抗拉强度和耐腐性。从探测理论上讲示踪线只要电阻较小，能够通过300mA电流即可，但实际工程选择时还要考虑到它具有一定的抗拉强度，否则易在管道回填或地面不均匀沉降时容易被拉断而失效。目前示踪线的材料除了常规的铜芯电缆线外，在市政燃气管线施工中已开始推广应用铜包钢示踪线，非开挖施工中部分已采用铜合钢复合示踪线，实际施工中应根据设计要求选择合适的示踪线。

4.3　示踪线信号源井的设置

从CJJ 63—2008标准就规定敷设示踪线的PE管应设置信号源井，现场检测时，通过信号源井内的示踪线探测PE管道的管位及埋深，但标准并未规定信号源井设置要求和数量。

实际上为加强信号的传递，聚乙烯管道沿线必须设置足够的信号源井，也可利用邻近聚乙烯管道的阀井或凝水井做信号源井，示踪线在井内应预留出足够至少1m的留头，以备今后探测施加信号所用。工程设计时一般不超过500m设置一个信号源井，当管线长度超过1km且中间无阀门井、引入管等设施供预留示踪线接头时，宜每公里一处引出示踪线并单独设置信号源井。若分支管长于20m，在分支管末端可设置信号源井，预计短期内会接驳的也可做示踪桩。信号源井位置应在竣工图上标出，以方便以后使用。

4.4　管道示踪线有效性检查

PE管道敷设完成后，在回填之前应对示踪线有效性进行专项竣工验收，主要包含外观检查、接头紧密性检查、导通性试验和可探性检测等项目。外观要求示踪线外防腐层无破损、无打结；接头结合严密，无松脱、无金属线裸露等情况；导通性试验则通过检测电流或电阻确定，无断路、无电流/电阻值异常为合格；管道安装工程完成后，还应使用管道探测仪对敷设示踪线进行可探性检验，若在检验中发现示踪性能存在问题，应立即进行修复或重新敷设直至合格。

5　结束语

聚乙烯埋地燃气管网的快速准确检测，减少管道被第三方施工破坏事故的发生的基础是确保随管敷设的示踪线的有效性。只有在管道安装阶段加强示踪线的科学、规范施工和有效性的检验，才能从源头上保证示踪线的安装敷设质量和后期的长期可探性，降低后期的维护成本，减少燃气事故的发生，这对于保证聚乙烯燃气管道安装质量和促进燃气管网的安全运行具有重要意义。

参考文献

[1]TSG D7006—2020，压力管道监督检验规则[S].
[2]CJJ 33—2005，城镇燃气输配工程施工及验收规范[S].
[3]CJJ 63—2018，聚乙烯燃气管道工程技术规程[S].
[4]闵宇谦，汤文斌，肖忠群．浅析在役埋地PE管道各种定位技术与设备的优劣[J]．特种设备安全技术，2019，(4)：25－27.
[5]宋福乐．试论城镇PE燃气管道示踪线的施工与应用[J]．河南科技，2013，(6)：63.
[6]曹震峰．燃气PE管道示踪线方法及其探测技术[J]．勘察科学技术．2010，(4)：61－64.

脉冲涡流检测中提离高度变化对检测结果影响的研究

蔡广明[1]　邹哲雨[2]　朱永亮[2]

[1. 中国特种设备检测研究院，北京　100029；2. 中特检管道工程(北京)有限公司，北京　100013]

摘　要：随着科学技术的发展，利用脉冲涡流检测技术进行腐蚀检测在石油化工领域得到广泛应用。由于使用脉冲涡流可无须去除待检设备的覆盖(保温)层进行检测，在实际检测过程中，覆盖(保温)层厚度并非理想中的均匀整齐，提离高度的变化，难免对检测数据的准确性造成影响。本文通过选取不同提离高度对设备进行校准，在不同保护层、不同提离高度情况下，对不同壁厚进行检测，探讨现场检测过程中如何选取参考点进行校准。

关键词：脉冲涡流；提离高度；覆盖(保温)层；保护层；校准

Study on the Influence of Lift off Height Change on the Testing Results in Pulsed Eddy Current Testing

Cai Guangming[1], *Zou Zheyu*[2], *Zhu Yongliang*[2]

(1. China Special Equipment Inspection & Research Institute, Beijing 100029, China;
2. Special Inspection Pipeline Engineering (Beijing) Co. Ltd, Beijing 100013, China)

Abstract: With the development of science and technology, the use of pulsed eddy current testing technology for corrosion detection has been widely used in the petrochemical field. Because it is unnecessary to remove the insulation layer of the equipment to be tested by using pulsed eddy current for testing, the insulation layer is not ideal uniform and orderly in the actual testing process. The change of lift off height will inevitably affect the accuracy of testing data. This paper calibrates the equipment by selecting different lift off heights, and detects different wall thicknesses under different protective layers and lift off heights. It discusses how to select reference points for calibration during on-site inspection.

Key words: Pulsed eddy current; Lift off height; Insulation layer; Protective layer; calibration

0　引言

目前，利用脉冲涡流(PEC)检测技术进行腐蚀检测在石油化工领域得到广泛应用。脉冲涡流检测技术可对压力管道、容器等设备在高温、不停机、带保温层的情况下进行的快速电磁无损检测方法[1]。以脉冲电流激励代替传统正弦电流激励，在导体外产生脉冲磁场，使导体内感应出脉冲涡流，通过检测此脉冲涡流电磁场的衰减过程，来评估管道壁厚的腐蚀程度。

电磁场接近导体工件附近时会在导体工件内产生电涡流。当改变磁场与导体工件的距离时，电涡流的大小也会随之改变，种现象叫作提离效应。在涡流检测的过程中，提离效应对检测信号有着非常大的影响[2]。由于使用脉冲涡流可无须去除待检设备的保温层进行检测，而在实际检测中，覆盖(保温)层并非理想中的均匀整齐，尤其是老旧设备的上、下部的覆盖(保温)层厚度相差较大，导致提离高度随之变化，难免对检测数据的准确性造成影响[3]。因此，在检测前如何选取参考点对设备进行校准尤为重要。本文通过选取不同提离高度对检测仪器进行校准，在不同保护层、不同提离高度情况下，对不同壁厚进行检

作者简介：蔡广明(1984—　)，高工，压力管道检验检测。E-mail：caiguangming1984@126.com

测，探讨现场检测过程中如何选取参考点进行校准。

1　实验介绍

1.1　实验准备

1.1.1　试板参数

公称壁厚：6.35mm；尺寸：305mm×864mm，见图1。

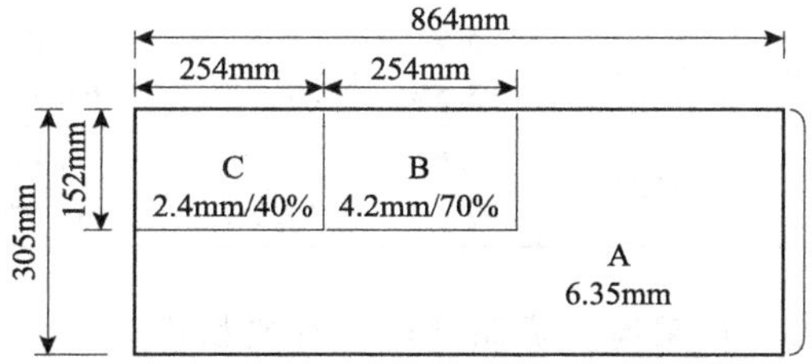

图1　试块示意图

1.1.2　试块中采样点壁厚

采样点A为试块原始壁厚，采样点B、采样点C代表不同程度的壁厚减薄缺陷。

A：6.35mm，占公称壁厚100%；

B：4.45mm，占公称壁厚70%；

C：2.55mm，占公称壁厚40%。

1.1.3　提离高度

实验中分别以11.8mm、24.5mm、37.8mm、50.5mm为提离高度模拟不同厚度的覆盖(保温)层进行测试。

1.1.4　保护层

模拟实际检测中常遇见的无覆盖层和铝皮、镀锌钢板作为保护层的覆盖(保温)层，其中：铝皮厚0.45mm；镀锌钢板厚0.5mm。

1.2　实验仪器

实验中所使用的脉冲涡流检测仪器为产自加拿大的Eddyfi Lyft，仪器设备相关参数见表1。

表1　设备相关参数

主机	Eddyfi Lyft	探头	PEC-025-G2
初始足迹 FP_0	35mm	扫描方式	Grid

1.3　实验方法

为满足试验目的，在采样点A处进行校准，分别在无外保护层、铝皮及镀锌钢板的保护层条件下，进行几组实验来对采样点A、B、C进行壁厚检测，实验采用以下方法：

(1)使用低提离高度校准，逐渐增加提离高度，检测采样点A、B、C的壁厚；

(2)使用高提离高度校准，逐渐减少提离高度，检测采样点A、B、C的壁厚；

(3)使用中等提离高度校准，测试增加及减少提离高度，检测采样点A、B、C的壁厚。

2　在无保护层的条件下测试结果与分析

2.1　测试结果

2.1.1　使用低提离高度进行标定校准

使用提离高度11.8mm校准，检测足迹42.7mm，逐渐增加提离高度。检测数据见表2，(注：表中 ◸ 为信号失真警告信息，下同。)

表2　采样点A、B、C的壁厚检测数据

提离高度/mm		A 6.35mm 100%	B 4.45mm 70%	C 2.55mm 40%
11.8	—	6.39 100.6%	4.45 70.1%	2.25 35.5%
24.5	+108%	6.05 95.3%	4.28 67.4%	2.31 36.3%
37.8	+220%	5.58 88%	3.91 61.6%	2.50 39.3%
50.5	+328%	5.55 87.4%	4.13 65%	3.09 48.7%

2.1.2　使用高提离高度进行标定校准

使用提离高度50.5mm校准，检测足迹67.8mm，逐渐减少提离高度。检测数据见表3，(注：表中 ◹ 为信号饱和警告信息，下同。)

表3 采样点A、B、C的壁厚检测数据

提离高度/mm		A 6.35mm 100%	B 4.45mm 70%	C 2.55mm 40%
50.5	—	6.33 99.6%	4.82 76.3%	3.07 48.3%
37.8	-25%	6.66 104.9%	4.70 74.2%	2.66 41.9%
24.5	-52%	7.33 115.4%	4.88 77.1%	2.83 44.6%
11.8	-77%	7.62 120%	5.38 84.7%	2.94 46.3%

2.1.3　使用中间值提离高度进行标定校准

使用提离高度24.5mm校准，检测足迹50.9mm，增加/减少提离高度。检测数据见表3。

表4 采样点 A、B、C 的壁厚检测数据

提离高度/mm		A 6.35mm 100%	B 4.45mm 70%	C 2.55mm 40%
24.5	—	6.49 102.2%	4.49 70.7%	2.4 37.8%
50.5	+106%	4.91 77.3%	4.2 66.1%	3.1 48.8%
37.8	+54%	5.81 91.5%	4.2 66.1%	2.6 40.9%
11.8	-52%	6.62 104.2%	4.75 74.8%	2.4 37.8%

2.2 数据分析

2.2.1 使用低提离高度进行标定校准

使用低提离高度对仪器设备进行标定校准，检测时随着提离高度的增加，数据偏差变大。

(1)当提离高度提高 100% 时，数据偏差在 5% 内。

(2)当提离高度提高 200% 时，数据偏差在 10% 左右。

(3)当提高至 300% 时，则检测数据已不可靠。

2.2.2 使用高提离高度进行标定校准

使用高提离高度对仪器设备进行标定校准，检测时随着提离高度的减少，数据偏差变大。

(1)当提离高度减少 25% 时，数据偏差在 5% 内。

(2)当提离高度减少 50% 时，数据偏差在 10% 左右。

(3)当减少 70% 时，则检测数据已不可靠。

2.2.3 使用中间值提离高度进行标定校准

使用中间提离高度对仪器设备进行标定校准，检测时提离高度的变化量较小，数据偏差较小。

(1)当提离高度增加 100% 时，则检测数据已不可靠。

(2)当提离高度增加 50% 时，数据偏差在 5% 内。

(3)当提离高度减少 50% 时，数据偏差在 5% 左右。

3 用 0.45mm 铝皮作保护层条件下实验结果与分析

3.1 测试结果

3.1.1 使用低提离高度进行标定校准

使用提离高度 11.8mm 校准，检测足迹 43mm，逐渐增加提离高度。检测数据见表 5。

表5 采样点 A、B、C 的壁厚检测数据

提离高度/mm		A 6.35mm 100%	B 4.45mm 70%	C 2.55mm 40%
11.8	—	6.37 100.3%	4.26 67.1%	2.44 38.4%
24.5	+108%	6.07 95.6%	4.21 66.3%	3.53 55.6%
37.8	+220%	5.94 93.5%	4.30 67.7%	4.10 64.6%
50.5	+328%	5.69 89.6%	4.90 77.2%	4.45 70.1%

3.1.2 使用高提离高度进行标定校准

使用提离高度 50.5mm 校准，检测足迹 68.1mm，逐渐减少提离高度。检测数据见表 6。

表6 采样点 A、B、C 的壁厚检测数据

提离高度/mm		A 6.35mm 100%	B 4.45mm 70%	C 2.55mm 40%
50.5	—	6.41 100.9%	4.85 76.3%	4.38 68.9%
37.8	-25%	6.56 103.3%	4.75 74.8%	4.23 66.6%
24.5	-52%	7.01 110.4%	4.90 77.2%	3.91 61.6%
11.8	-77%	7.41 116.7%	5.01 78.9%	3.17 49.9%

3.1.3 使用中间值提离高度进行标定校准

使用提离高度 24.5mm 校准，检测足迹 51.2mm，增加/减少提离高度。检测数据见表 7。

表7 采样点 A、B、C 的壁厚检测数据

提离高度/mm		A 6.35mm 100%	B 4.45mm 70%	C 2.55mm 40%
24.5	—	6.37 100.3%	4.37 68.8%	2.94 46.3%
50.5	+106%	5.63 88.7%	4.29 67.5%	3.93 61.9%
37.8	+54%	5.90 93.0%	4.15 65.3%	3.42 53.9%
11.8	-52%	6.50 104.7%	4.62 72.7%	2.33 36.7%

3.2 数据分析

在使用铝保护层的条件下，采样点 C 数据与实际差别较大。

3.2.1 使用低提离高度进行标定校准

使用低提离高度对仪器设备进行标定校准，检测时随着提离高度的增加，数据偏差变大。

(1)当提离高度提高100%时，数据偏差在5%内。

(2)当提离高度提高200%时，数据偏差在10%左右。

(3)当提高至300%时，则检测数据已不可靠。

3.2.2 当使用高提离高度进行标定校准

使用高提离高度对仪器设备进行标定校准，检测时随着提离高度的减少，数据偏差变大。

(1)当提离高度减少25%时，数据偏差在5%内。

(2)当提离高度减少50%时，数据偏差在10%左右。

(3)当提离高度减少70%时，则检测数据已不可靠。

3.2.3 使用中间值提离高度进行标定校准

使用中间提离高度对仪器设备进行标定校准，检测时提离高度的变化量较小，数据偏差较小。

(1)当提离高度增加100%时，数据偏差大于10%。

(2)当提离高度增加50%时，数据偏差在5%左右。

(3)当提离高度减少50%时，数据偏差在5%内。

4 在镀锌钢板0.5mm保护层实验结果与分析

4.1 测试结果

4.1.1 使用低提离高度进行标定校准

使用提离高度11.8mm校准，检测足迹69mm，逐渐增加提离高度。检测数据见表8。

表8 采样点A、B、C的壁厚检测数据

提离高度/mm		A 6.35mm 100%	B 4.45mm 70%	C 2.55mm 40%
11.8	—	6.35 100%	4.57 72.0%	3.67 57.8%
24.5	+108%	6.25 98.4%	4.70 74.0%	3.35 52.8%
37.8	+220%	5.67 89.3%	4.44 69.9%	4.16 65.5%
50.5	+328%	6.29 99.0%	5.01 79.1%	3.89 61.3%

4.1.2 使用中间值提离高度进行标定校准

使用提离高度24.5mm校准，检测足迹77.3mm，增加/减少提离高度。检测数据见表9，表中Bad为无数据输出。

表9 采样点A、B、C的壁厚检测数据

提离高度/mm		A 6.35mm 100%	B 4.45mm 70%	C 2.55mm 40%
24.5	—	6.23 98.1%	4.29 67.6%	3.1 48.8%
50.5	+106%	1.24 19.5%	Bad	Bad
37.8	+54%	5.8 91.3%	4.30 67.0%	2.83 44.6%
11.8	-52%	5.9 92.9%	4.51 71.0%	2.82 44.4%

4.2 数据分析

在使用镀锌钢板保护层的条件下，缺陷C数据偏大：

4.2.1 使用低提离高度进行标定校准

使用低提离高度进行标定校准时，采样点C数据不稳定。检测时提离高度的增大，数据偏差变大。

(1)当提离高度提高100%时，数据偏差在5%内。

(2)当提离高度提高200%时，数据偏差在10%左右。

(3)当提高至300%时，则检测数据已不可靠。

4.2.2 使用中间值提离高度进行标定校准

使用中间提离高度对仪器设备进行标定校准，检测时提离高度的变化量较小，数据偏差较小。

(1)当提离高度增加100%时，无有效数据，超过探头限制。

(2)当提离高度增加50%时，无有效数据输出，超过探头限制。

(3)当提离高度减少50%时，数据偏差在5%左右。

由于铁皮对检测信号衰减影响较大，随着提离值的继续增加，超出探头限制，仪器设备无数据输出，无法进行检测，需更换大功率探头。

5 结论

从数据总体趋势来看，在某一提离高度进行

仪器标定校准后，当检测的提离高度增加，检测信号变弱，壁厚数据值会变小；当提离高度减少，检测信号增强，壁厚数据值会变大。

实际检测发现，设备的覆盖(保温层)厚度不均，尤其是老旧管线等设备，如图2所示，管道底部覆盖(保温)层下沉，与管体出现镂空。为了避免提离高度过大增加或减少，应在检测前合理选择中间提离高度的参考点进行仪器标定校准，减小提离高度的变化，从而缩小检测数据的变化范围，保证检测数据的精度。

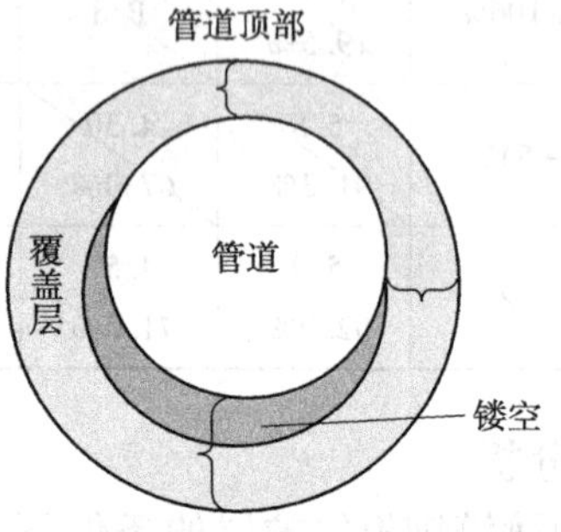

图2　管道底部覆盖(保温)层下沉

另外，实验数据中不难发现铝皮保护层对脉冲涡流检测结果几乎无影响，而镀锌钢板保护层对检测结果影响较大。因此，当镀锌钢板为保护层的情况下，如图3所示，检测时尽量避免选择铁皮重叠的位置做参考点进行校准或检测。

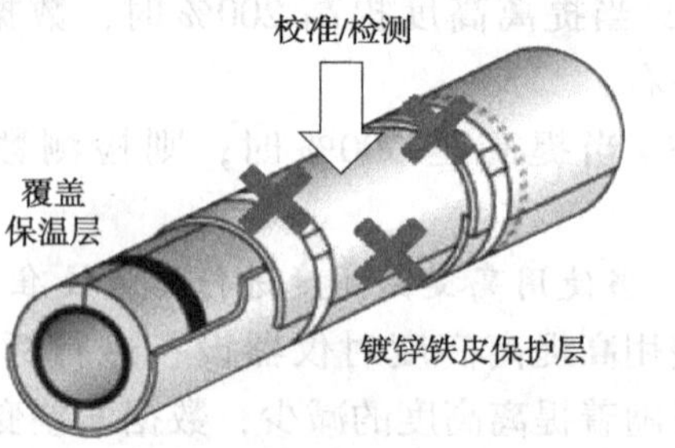

图3　镀锌钢板覆盖层检测位置选取

参考文献

[1]郑中兴，韩志刚．穿透保温层和防腐层的脉冲涡流检测壁厚检测[J]．无损探伤，2008.

[2]周德强，田贵云，等．脉冲涡流无损检测技术的研究进展．无损检测，2011.

[3]武新军，黄琛，丁旭，等．钢腐蚀脉冲涡流检测系统的研制与应用．无损检测，2010.

内检测技术在油气管道中的应用分析

王 优 石 亮 谷淼波

[中特检深燃安全技术服务(深圳)有限公司，广东 深圳 518049]

摘 要：油气管道是目前能源运输中安全、可靠的方式之一。但由于环境因素的影响，以及制造过程中的不确定因素，引起管道的局部缺陷、腐蚀、损伤等问题，这些情况都会导致管道事故的发生，给油气管道的安全稳定运行埋下隐患。本文介绍了目前管道内检测技术的方法和原理，分析了目前内检测新技术的优势与特点，在此基础上，重点分析了超声检测、涡流检测以及射线检测技术的应用情况。油气管道内检测技术能够准确地确定管道内部的缺陷信息，并且对检测数据进行准确的记录与后处理分析。根据内检测数据的分析结果可以实现对油气管道科学合理的维护，确保油气管道安全稳定运行。

关键词：油气管道；内检测技术；应用分析

ApplicationAnalysis of Internal Detection Technology in Oil and Gas Pipelines

Wang You, *Shi Liang*, *Gu Miaobo*

(China Special Inspection shenran Safety Technical Service(Shenzhen) Co., Ltd, Shenzhen, Guangdong 518049, China)

Abstract: The oil and gas pipelines are one of the safe and reliable ways of energy transportation. However, due to the influence of environmental factors and uncertain factors in the manufacturing process, local defects, corrosion, damage and other problems of the pipeline are caused. These situations will lead to the occurrence of pipeline accidents and lay hidden dangers for the safe and stable operation of oil and gas pipelines. This paper introduces the methods and principles of the current pipeline internal testing technology, analyzes the advantages and characteristics of the current internal testing technology, and on this basis, focuses on analyzing the application of ultrasonic testing, eddy current testing and radiographic testing technologies. The oil and gas pipeline inspection technology can accurately determine the defect information inside the pipeline, and accurately record and post - process the inspection data. According to the analysis results of the internal inspection data, scientific and reasonable maintenance of oil and gas pipelines can be realized to ensure the safe and stable operation of oil and gas pipelines.

Key words: oil and gas pipeline; internal detection technology; application analysis

1 引言

目前，油气管道大多处在复杂多变的环境中运行，受到环境影响油气管道经常出现腐蚀、变形等情况。外部因素会导致管道泄漏、失稳等情况的出现，如果不能及时发现，势必会引起管道事故的发生。因此，对运行的油气管道内部情况要及时监测与维护，保证油气管道的安全稳定运行[1]。

2 油气管道内检测现状

近十几年，国内油气管道内检测技术取得了快速发展，但国内现有的油气管道内检测在实际工程检测中，由于管道内检测设备和技术的低速性能，有时候不得不对管网进行减压、减量输送，以满足检测的要求，由此造成的油气输送减

作者简介：王优(1992—)，本科，主要从事压力管道检验检测工作。E - mail：351062074@ qq. com

量的损失是管道检测费用的好几倍，无形增加了管道内检测的成本。目前国内针对油气管道内检测做了大量的工作，提出了多种内检测新技术和手段，其中部分新技术已被应用，大大降低了内检测成本，也提高了检测效率，取得了良好的效果。实现了对油气管道不同位置内侧与外侧的检测，解决了传统管道内检测技术的缺点与不足[2]。

油气管道的内检测需要将检测装置放入管道内部，通过流质形成的压差运输检测器在管道内部运动，随着管道内部的物质运动产生相应的运动。内检测技术的优点可以使检测器对管道内部进行扫描处理，通过后处理的数据分析，获得管道内部的整体情况，准确获得油气管道内部的缺陷、变形、腐蚀等数据信息。

3　油气管道内检测常规检测技术

目前所采用的油气管道内检测技术多数应用超声波与漏磁原理完成检测。超声波检测原理是利用检测设备对管道的壁厚进行测量，通过管道壁厚的变化情况分析管道泄露情况或是确定危险点的位置；而漏磁技术主要分析管道磁化后的磁场力分布情况，当存在管道缺陷时，磁场力与磁阻会发生变化。由于油气管道的管径存在差异，在进行管道内检测时，需要结合大多数的管线内径标准，对检测器进行合理的选择，以此来提高管道检测的准确性。检测器需要针对不同的内径管道进行检测，获得管道内部的准确数据，保证检测数据的准确性是油气管道检测的主要原则[3]。

4　油气管道内检测新技术原理和应用

4.1　轴向应变检测技术

轴向应变检测技术主要利用磁性材料作为压力探针，结合多种传感器与漏磁技术，通过多种检测技术的组合监控油气管道内部的轴向应变。此外，结合力学测试元件获得管道内部的几何数据，结合不同传感器元件获得的数据，建立不同数据之间的关系，分析管道内部的实际情况。

4.2　电磁涡流技术

电磁涡流技术是一种利用电极获得管道内部弯曲情况的磁力计，通过磁力阵列获得管道内部缺陷的尺寸大小情况。将交流电通入电感器形成交变磁场，在导体附近交变磁场的磁通量会发生改变，形成涡流。涡流产生反向磁场，无论是导体中的电流还是涡流密度都会收到管道中的缺陷影响，进而获得管道内部的缺陷情况。

电磁涡流检测技术是基于在检测环境中的电流效应原理形成的涡流分布，通过磁场的变化获得管道缺陷的方法。如果在油气管道壁面上存在缺陷，电磁场会出现异常变化的状态，磁场中的磁感线会发生异常的弯曲，同时影响到输出电压信号的变化。在检测过程中获取电压信号的变化，对电压信号进行分析与后处理，进而判断出管道内部缺陷的位置与具体信息。涡流检测技术的精度较高，对管道内部表面的缺陷检灵敏度较强，所以得到了广泛的应用。但是涡流检测技术同样存在一定的缺点，由于涡流检测主要以电磁场的变化规律来获取数据信息，而电磁场很容易受到外界电信号的影响与干扰，在一定程度上会影响涡流检测的精度。

4.3　超声波检测技术

超声检测技术是一种非接触式、非破坏性的检测方式，在管道检测到中应用较为广泛，接触式检测往往会造成管道壁面的破损，因此，超声检测技术在管道内检测中具有明显的优势。利用在导波结构中超声波的传播具有频散特点开发出超声波检测技术。导波在不同介质中的传播速度与频率不同，利用这一特点检测油气管道内部的结构状态。当检测管道内部出现变形时，导波曲线会发生改变，通过对导波曲线的后处理与分析可以判断出油气管道的缺陷类型与缺陷的具体位置信息。

超声检测技术利用超声波探头发出和接收信号，通过信号的获取与分析处理，得到油气管道内部的裂纹、缺陷以及壁厚变化等信息。同时，超声检测也能够对管道内部的腐蚀情况进行反映，此外，超声检测技术能够获得管道内部不同方向的裂纹，可以直接测试管道内壁的缺陷发展情况。超声波在介质中不断反射、转换，能够全面对管道内部缺陷进行检测，而且超声在介质中的传播速度较高，检测效率也明显提高。

4.4　射线检测技术

相比于超声检测与涡流检测技术，射线检测的应用领域更加广泛，具有的科技含量更高。针对不同的管道类型选取合适的检测装置，利用检测装置发出的射线能够精准地定位油气管道内部的缺陷位置以及腐蚀情况。在后处理中对数据进行分析比较，能够更进一步获得腐蚀位置与腐蚀程度的具体情况，通过对缺陷位置的壁厚情况进行准确的描述。射线检测能够完成任何材质的油气管道的检测工作，并且射线的辐射范围较广，检测精度较高，能够准确地检测和识别管道内部多种类型的缺陷信息，气孔、焊缝、腐蚀、疏松以及夹渣等缺陷问题。

此外，射线检测是一种非接触式的检测方法，应用方便效率高，不会对管道的壁面产生任何影响，能够大大降低检测的工作量。射线检测方法的应用一般在油气管道一端放置射线源在，为了接收方便和直观在另一端放置接收成像屏。一般射线检测与其他检测方法同时使用能够达到更好的检测效果，对管道的壁厚、不同位置的腐蚀与缺陷情况进行高精度的检测，射线检测是一种相对安全、稳定、可靠的检测技术。

5 油气管道内检测新技术优势

区别于传统的油气管道内检测技术，新技术最明显的特点就是能够针对不同内径的油气管道进行全面的检测，因为新技术的检测器可以灵活设定直径，内检测新技术的应用可以有效地提高检测结果的准确性与可靠性[4]。并且新技术还具有强大的数据处理系统，在获得管道检测数据后，应用相应的软件可以对管道内部的监测数据进行详细的分析获得图像信息，为后续的维修操作提供指导数据。传统的油气管道检测技术可以获得浅埋管道的内部测试数据，但对于深埋管道很难得到检测数据，应用管道内检测新技术可以解决深埋管道内部检测困难的问题，获得管道内部缺陷信息。

6 结语

针对油气管道开展内检测技术应用的过程中，需要根据不同的管道类型与特点选取不同的内检测手段。目前油气管道内检测的水平还需要进一步发展与提高，这样才能提高监测数据的精度与可靠性。油气管道内检测是管道系统运行与管理过程中重要的组成部分，通过内检测技术的应用可以有效地降低由于管道事故造成的经济损失。并且，及时的检测能够对缺陷位置进行及时的维修，同样可以大大降低管道的运维费用，增加油气管道的使用年限。

参考文献

[1]王鹏聪．基于内外检测数据的输气管道完整性评价技术研究[D]．西安石油大学，2021.

[2]王鹏聪．我国长输管道内外检测技术应用研究现状[J]．化工技术与开发，2020，49(11)：46－49.

[3]李明，杨文，牛彻，杜威，杨静．成品油管道基于内检测的适用性评价与维修决策[J]．装备环境工程，2021，18(04)：43－49.

[4]邱光友，王雪．油气管道内检测技术研究进展[J]．石油化工自动化，2020，56(1)：1－5.

PE燃气管道数字智能化推动优化合规管理

邢亚生　周纪龙

(河南省锅炉压力容器安全检测研究院，河南 郑州 450016)

摘　要：随着人民生活水平的逐步提高，以及大气污染防治、煤改气等国家政策的要求，聚乙烯材料(PE)管道以其自身优势在中低压燃气管道中大量应用，但因管理政策、使用经验、检验手段等多方面原因，PE燃气管道目前存在底数不清、管理不合规等多种问题。本文从新技术、新管理理念等推广应用的角度加以阐述，建议尝试建立数字化、智能化监管系统、多种手段工具并用的方式，综合推动、优化PE燃气管道全环节的合规化管理。

关键词：PE燃气管道；数字化智能化；大数据；管理合规化

Establish a Digitalize and Intelligent Supervision System of Polyethylene(PE) Gas Pipe to Promote and Optimize the Compliance Management

Xing Yasheng, *Zhou Jilong*

(The Boiler & Pressure Vessel Safety Inspection Institute of Henan Province, Henan Zhengzhou 450016, China)

Abstract: With the people's living standards continue to improve, and the Policy requirements for air pollution prevention and conversion of coal to gas, Polyethylene (PE) pipes are widely used in medium and low pressure gas pipelines, but with its own advantages, as the reasons of management policy、use experience and inspection means, there also exist many problems, such as the actual number of Polyethylene (PE) pipes is undefined, and the management is non – compliance. we discussed the application of new technique, new management concept, suggested to establish a digital and intelligent supervision system to promote the Polyethylene (PE) pipes optimized and compliance Managed.

Key words: polyethylene (PE) pipe; digitalize and intelligent; big data; compliance management

1　PE燃气管道现状

1.1　应用情况

聚乙烯材料(PE)管道以其质量轻、优良的耐腐蚀性、耐化学性、耐低温性、耐应力开裂性、可挠性、可溶熔焊接，易于运输和安装，同时具有良好的抗地震性能等特点，对于中低压燃气管道是极其适用的材料。自20世纪60年代英国燃气公司首次使用，国内于1982年开始在上海试用并监控测试各项性能，结果令人满意后在国内推广应用，目前在中压公用燃气管道铺设中大量采用。相关部门相继制定、颁布了一系列PE燃气管道标准，指导并规范PE管道的使用及管理。

近几年，随着人民生活水平的逐步提高，以及大气污染防治、煤改气等国家政策的要求，PE燃气管道数量急剧增加，而质检总局办公厅关于压力管道气瓶安全监察工作有关问题的通知(质检办特〔2015〕675号)要求："长输(油气)管道和公用管道使用登记已列入行政许可改革范围，总局和各地质监部门暂停办理长输(油气)管道、公用管道的使用登记。"作为公用管道中重要组成部

作者简介：邢亚生(1977—　)，男，工程师，主要从事承压类特种设备检验检测工作。

分的 PE 燃气管道的注册登记工作现处于暂停状态，造成监管部门和检验机构对于 PE 燃气管道的底数不明、数据不清。

1.2 使用单位环节的问题

企业自身管理投入不足，管理人员自身素养及流动性较大，造成资料丢失、施工、运行管理不到位等多环节问题出现。国内大部分中小 PE 燃气管道的使用单位对于自有管道信息管理大多处于纸质化管理阶段，偏重显示使用单位关注的少量信息，检验信息不明，且无 GPS 等定位信息。上述情况造成 PE 燃气管道在使用管理、检验检测、安全监管等多环节出现错误和纰漏，错检漏检情况时有发生。

1.3 失效基础数据统计缺失

各燃气管道使用单位在实际安装、运维、抢修等过程中，发现了大量影响安全的设备本体及管理环节因素，由于缺乏有效的问题收集汇总途径，以及对这些问题进行大数据统计分析环节的缺失，致使 PE 管道失效模式和机理仍停留在管材本体质量、施工质量、第三方破坏、地质沉降、深根植物及蚁类侵害等框架性表面方面，对使用、监管、检验等环节缺乏有效的基础数据的支撑。

2 面临的困境

以上问题的存在，使得 PE 燃气管道在安全管理的各个环节均出现不同程度的困境：

2.1 监管部门——设备基础数据的缺失导致监管不到位

PE 燃气管道的大量增加，激化了原有人机矛盾的老问题，同时缺失当地公用燃气管道基础数据和出现重大问题的概率性监管指导，使大多数地区的 PE 燃气管道的监管不能有效到位。

2.2 检验环节——以点代面的检验理念，缺乏有效的检验手段

目前国内尚未形成一套较为完善且合理的检验方法体系，已经发布并实施的 TSG D7004—2010《压力管道定期检验规则——公用管道》仅为原则性要求，各地检验机构在此基础上细化的检验方法均在不断探索，但有效性缺少数据支撑。

检验技术手段以及现有检测设备能力有限，如管线埋深、定位设备，PE 管道无损检测设备及评定标准，在线老化监控等手段的不足，使 PE 管道检验工作难度较大；直接开挖检查 0.3 处/km 比例不足 1%，焊口检查比例不足 0.5%，检验有效性较低；对使用单位的安全管理缺少明确的检查项目和方法等。

以点代面的检验理念，检验手段的有限性，给检验人员和检验机构带来较大的风险。

2.3 使用单位——无可预见性维护保养，坏哪里修哪里

基于公用管道完整性管理的管道安全管理理念未能在所有燃气管道使用单位中得以普及，使得大多数燃气管道使用单位管理碎片化，各个环节管理、数据相互割裂，安全管理的能力和水平受人员自身素养影响较大，在一些中小型企业中尤为突出，往往是哪里出问题修哪里，缺乏有效的预见性和规划性。

3 数字化、智能化等手段推动合规安全管理

TSG D7004—2010《压力管道定期检验规则——公用管道》第二章第十八条规定：有条件的使用单位应当将年度检查及其检查结论录入管道地理信息系统（GIS）、管道完整性管理信息系统（PIMS）。

3.1 地理位置信息系统（Geographic Information System，GIS）

是以地理空间数据为基础，采用地理模型分析方法，适时地提供多种空间的和动态的地理信息，对各种地理空间信息进行收集、存储、分析和可视化表达，是一种为地理研究和地理决策服务的计算机技术系统。对于 PE 燃气管道来说，卫星定位信息、埋深、周边环境信息等是其关注的重点，也是作为安全管理、数字化、智能化工具应用的基本数据基础。

3.2 管道完整性管理（Pipeline Integrity Management）

管道使用单位面对不断变化的因素，对油气管道运行中面临的风险因素进行识别和评价，通过监测、检测、检验等各种方式，获取与专业管理相结合的管道完整性的信息，制定相应的风险控制对策，不断改善识别到的不利影响因素，从而将管道运行的风险水平控制在合理的、可接受的范围内，最终达到持续改进、减少和预防管道事故发生、经济合理地保证管道安全运行的目的。2015 年 10 月 13 日，GB 32167《油气输送管道完整性管理规范》发布，代表着国内管道完整性管理进行一个新时期。但该标准仅适用于遵循 GB 50251 或 GB 50253 设计、用于输送油气介质的陆上钢质管道，对于在用 PE 燃气管道尚未出台适用的相应标准。但在实际工作中，PE 燃气管道的使用单位可参照 GB 32167 的内容要求，

加强管道完整性管理的理念及应用，通过数据采集、高后果区识别、风险评价、完整性评价、维护维修管理、效能评价等手段，进一步提升管理水平，对风险进行有效控制。

3.3 人工智能、在线监测等技术的应用

基于视觉智能分析确定风险区域等级，危险行为判别、警示。通过无人机巡线或固定区域定点摄像头采用人工智能视觉算法，对巡查区域内的人员流量、风险区域人员危险行为、非监控施工、重大地理变化如塌陷、滑坡等异常危险状况或行为进行判别、警示，并根据问题出现的概率作为修改风险区域的基础数据之一。

智能燃气泄漏检测及在线监测补充完善燃气管网运行的智能化。目前通过激光检测燃气泄漏技术较为成熟，效率高、覆盖面积大，在日常巡查的同时，可结合在高风险区、关键节点等位置建设泄露在线监测，作为燃气管网运行的组成部分。

结合企业自检、检验机构定期检验等工作，确定可能出现问题的重点部位、典型部位，加装应力检测等传感器，监控并搜集管道运行过程中的应力变化等数据，数据累积后建立应力变化等因素对管材老化、劣化建立数据模型。

4 检验环节的优化

法定的监督检验和定期检验是一种符合性验证行为，在对受检设备是否符合相关法规、规程、标准要求的同时，也是对使用单位合规化运转行为的督促。因此，在PE燃气管道定期检验时，在基础设备资料检查的同时，还应加强安全运行管理方面相关技术资料的审查，改变检验机构重现场轻管理、以点带面检验的传统观念。检验机构还应对检验中发现的问题、数据进行积累、汇总分析，指导并改进检验时的工作重点和方法，比如通过对在用管道截管进行理化分析实验，不断累积数据，指导在用管道理化分析的必要性、管段选择、时机选择等实际操作问题。

资料审查内容的调整：

(1)基础性资料：包括安全管理资料和技术档案资料，同时应增加检查是否建立GIS地理位置信息系统，管道卫星定位信息及埋深数据抽查，并在巡线检查时核实；

(2)运行状况资料：审查日常运行维护、维修改造等记录的同时，还应增加检查应急管理处置、地质状况、敷设环境检查等方面的记录，以及使用单位是否对这些数据统计分析，并持续改进日常管理；

(3)完整性管理体系建立及运行情况。评价PE燃气管道的使用单位是否以完整性管理的理念开展日常管理工作，并对可能出现的风险点进行的预防改进措施是否落实等。

根据燃气管道的实际状况，并结合使用单位安全管理的优劣，对现场检验项目的选择及比例的优化。

(1)抽查管道定位、埋深实际数据与使用单位提供数据的一致性；

(2)适当扩大或缩小开挖检验的比例；根据使用单位的检修记录等部分选取开挖点的具体位置，验证记录的真实性；

(3)利用大数据分析，对管道使用单位的实际管理状况数据、管道本体检验检测数据、铺设环境变化等数据进行汇总、统计分析，整理出所检验PE燃气管道本体和运行管理中发生问题统计，有针对性对使用单位下一步的使用管理给出指导；同时，对所有历史检验中发现的问题建立数据模型，分析普遍存在的问题以及对安全运行的风险影响，对下一步的检验方案调整、监管重点提供支撑，即把数据利用起来。

(4)环境因素，了解使用过程中环境的变化，特别是与设计时环境因素变化较大的方面进行重点检查。

风险评估变化。在现有的评估内容中加大安全管理方面的项目和权重，督促企业加大安全管理方面的重视程度和投入，以实现合规化运营。

定检周期的确定。在现有确定定检周期原则的基础上，增加考虑风险因素，管理因素等内容，根据使用单位的管理现状和存在的管理风险，适当增加或缩短检验周期。

5 其他辅助手段

5.1 保险杠杆工具

国家相关法律法规推荐各特种设备使用单位购买特种设备类的保险产品，但针对PE燃气管道方面的保险产品种类较少，各保险公司产品类型多集中在单一的财产险方面，而针对第三方破坏、安全管理方面导致出现问题时没有相对应的险种。据了解，国内各大保险公司目前正对管道保险研发整体保险解决方案，如果对通过对PE燃气管道使用单位加强保险购买的要求，在降低管道使用单位发生问题后损失及影响的同时，可通过保险内容控制、保险费率年度调整等市场化手段督促使用单位进一步提高合规化管理。

5.2 企业信用

通过大数据建立监管体系，对特种设备使用单位在使用管理中出现的恶意违规违法行为进行打分评价，并纳入到企业征信体系管理，对出现问题较多的使用单位，可降低信用等级，增加特种设备使用单位的违法违规成本，促使重视特种设备管理、增加特种设备安全管理投入。

5.3 纳入城市大安全体系，各部门数据共享，协同共治

特种设备的安全使用涉及人民财产的方方面面，特别是 PE 燃气管道更是与普通老百姓息息相关，作为一个城市的基础建设之一，其安全合规运行是各个政府职能部门关注的重点，但各职能部门关注的重点各有侧重，且信息不能共享。基于大数据为基础的动态监管系统建设，除了对 PE 燃气管道的基本信息、运行状况的数据采集，还应将各个职能部门的相关数据收集汇总，打破信息孤岛，建立起各部门协同共治的局面，使其成为数字化智慧城市基础设施的重要组成部分。

综上所述，在新技术、新管理理念等应用的基础上，应尝试建立数字化、智能化监管系统，对 PE 燃气管道从安装建设、运行管理、事故处理、检验检测等环节进行全流程数据采集，打通数据壁垒，并对各个使用单位、各个环节出现的问题进行收集整理分析，利用大数据分析能力，给出问题出现的概率和后果风险的研判，为使用单位的安全决策、管理部门的监督管理重点以及检验机构检验检测提供数据支撑和更精准的指导，同时在政策层面上可考虑利用其他辅助手段和杠杆工具，综合推动、优化 PE 燃气管道全环节的合规化管理。

参考文献

[1]孙逊．聚烯烃管道[M]．化学工业出版社，2002.
[2]朱荣全，阮艳灵，秦立臣，秦亚辉．PE 燃气管道力学失效模式分析．化学工程与装备，2017(03).
[3]李长缨．城镇燃气聚乙烯管应用中相关问题研究．煤气与热力，2008，28(2).
[4]GB 15558.1—2015，燃气用埋地聚乙烯(PE)管道系统　第 1 部分：管材[S].
[5]TSG D7004—2010，压力管道定期检验规则—公用管道[S].
[6]GB 32167—2015，油气输送管道完整性管理规范[S].
[7]杜友田，陈峰，徐文立，等．计算机科学技术——人工智能—基于视觉的人的运动识别综述[J]．中国学术期刊文摘，2007，13(12)：1.

外漏磁在长输管道腐蚀验证中的应用

李福元　张加东　邹哲雨　韩　卓

[中特检管道工程(北京)有限公司，北京　100013]

摘　要：随着石油天然气及石油化工工业的发展，管道在运行过程中通常收到来自内外环境的联合影响，由于外部环境、输送介质、管内积液、压力波动等原因，极易发生管壁腐蚀而直接影响管道的使用寿命。如何了解管道的腐蚀状况，有目的地对管道进行检测，漏磁检测作为管道内外检测方法可以有效地对管道进行检测，尤其是埋地管道开挖后，采用管道外漏磁检测方法效果较好。漏磁检测技术对管道进行在线无损检测，对管道特征识别的检测，可提供缺陷面积、程度、方位、位置等全面信息。本文介绍了漏磁的检测原理，检测仪器，通过现场的检测案例的分析，说明漏磁检测技术在长输管道腐蚀检测中的实用性和可靠性。

关键词：长输管道；漏磁检测；腐蚀验证；外壁检测

Application of External Magnetic Leakage in Corrosion Verification of Long Distance Pipeline

Li Fuyuan*, *Zhang Jiadong*, *Zou Zheyu*, *Han Zhuo

(Special Inspection Pipeline Engineering (Beijing) Co. Ltd, Beijing 100013, China)

Abstract: With the development of petroleum and natural gas industry and petrochemical industry, the pipeline usually receives the combined influence from the internal and external environment during its operation, the pipe wall is easy to be corroded, which directly affects the service life of the pipeline. How to know the corrosion condition of pipeline, to test the pipeline purposefully, magnetic flux leakage test as an internal and external test method can effectively test the pipeline, especially after the buried pipeline is excavated, the effect of magnetic flux leakage testing method is better. Magnetic flux leakage (MFL) technology can provide comprehensive information such as defect area, degree, orientation and position by on - line non - destructive testing and pipeline feature recognition.

Key words: long distance pipeline; magnetic flux leakage testing; corrosion verification; external wall detection

0　引言

长输管道作为能源运输的主要载体之一，承担着世界上绝大多数的能源运输任务。在实际的运输过程中，运输的介质可能会含有实际的运输过程中，运输的介质中可能会含有 CO_2、H_2S、Cl^- 以及一些具有腐蚀性的微生物、还原菌等，从宏观角度分析，虽然上述物质对长输管道质量的影响[1]是微乎其微的，但是在长时间的作用与影响下，长输管道管壁出现腐蚀缺陷的可能性较大，所以，针对长输管道腐蚀缺陷进行有效的检测，成为管道运行、维护、安全评价的科学依据。漏磁检测作为管道本体检测的一种方法，其检测数据可靠性高，缺陷检出率高、性价比高的检测技术。

1　漏磁检测原理

利用一定的励磁方法对被检工件进行磁化，若被检工件表面光滑，内部没有缺陷，磁通将全部通过被测工件；若工件存在缺陷，会导致缺陷处及其附近区域磁导率降低，磁阻增加，从而使缺陷附近的磁场发生畸变，一部分磁力线泄漏出

作者简介：李福元(1995—　)，本科，主要从事压力管道检验检测工作。E - mail：2321093964@qq.com

试样的内、外表面，形成漏磁场[2]。通过一定方式检测漏磁场的变化发现工件的缺陷，对其分析处理从而达到无损检测和评价的目的。漏磁检测技术原理见图1。

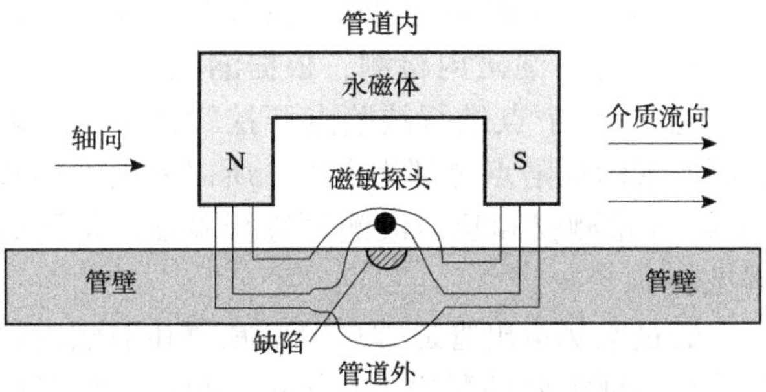

图1 漏磁检测技术原理示意图

2 使用仪器

本次检测使用的仪器是漏磁检测设备为英国Silverwing公司生产的PIPESCAN漏磁检测仪，由漏磁主机和探头两部分组成，管道部目前所有的探头型号为PS300(见图2)。适用于管道外径为48～2400mm(管道部现有探头能够检测外径为150～2400mm)，壁厚为6～19mm(壁厚15～19mm时，检测的精度低)，非铁磁性涂层厚度小于6mm的钢质管道中体积型缺陷检测[3,4]。

图2 漏磁 Pipescan 检测仪

3 漏磁检测的实际应用

3.1 检测流程

管道漏磁外检测流程见图3，一般程序包括被检工件原始资料调查、仪器校准、现场实施检测、缺陷验证四步，具体如下：

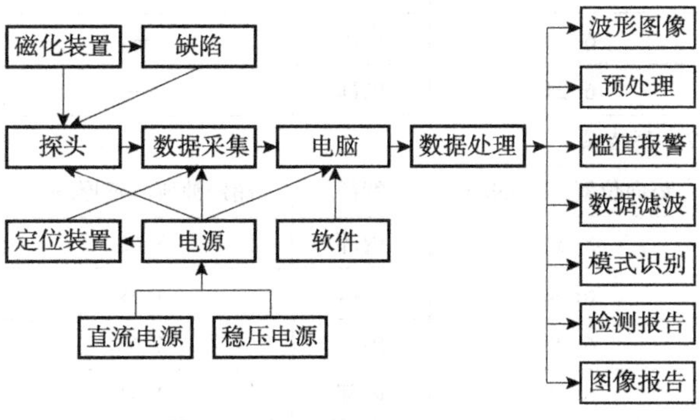

图3 管道漏磁外检测流程图

(1)根据收集、审查被检管道的原始资料的材质、规格、工作温度、可能的金属损失类型等情况。对于在用管道检测，需要将管道外保温拆除，并达到进入检测的要求。管道表面应无液体、厚的铁锈或污垢等固体残留物以及可能影响检测的其他障碍物。根据灵敏度的要求，管道表面可以有不大于6mm非金属涂层。根据检测任务和经过讨论确定的检测方案，准备好携带的仪器、设备、配件等材料。

(2)检测仪将会根据管道壁厚采用对比试样管对仪器进行校准，校准的目的主要是为了确定仪器报警的阈值。应选用与被检管道几何尺寸相同，电磁特性相近的材料，按照被检对象的检测要求制作对比试样管。被检对象的曲率半径大于150mm时，可根据检测设备的功能，采用平板对比试件或相同曲率结构的对比试件。

按照受检管道的实际情况以及业主要求的检测精度，选择对比试样管上的不同尺寸的人工缺陷进行仪器校准，以确定仪器的门槛值。对于有涂层的受检管道，校准时应考虑涂层对门槛值的影响，可通过提高提离值、在对比试样表面施加涂层或者采用塑料垫片的方法消除涂层厚度的影响。

(3)根据资料调查和仪器校准的情况，连接好主机与探头连线，连接时应注意主机报警灯与探头通道位置的对应关系，以0.3～0.5m/s的速度匀速向一个方向推动/拉动探头，对于有缺陷的位置进行标记，标记的轴向长度应在覆盖报警区域的基础上向两端各加50mm。标记的宽度应根据主机上出现报警灯的位置，推算出缺陷处于探头的左侧还是右侧来确定。

(4)对于检测发现的报警位置，可采用来回推动/拉动探头的方法确认，若两个方向均报警，可视为真实缺陷，否则为误报警，如数据仍然波动较大，使用超声波测厚仪进行验证，以此判断管道是否发生壁厚减薄情况。

3.2 检测成果与案例分析

本次使用漏磁Pipescan检测仪对某输油长输管道进行缺陷定位检测。针对输油长输管道腐蚀穿孔的位置进行上下游开挖32处、检测长度221.8m，其中漏磁检测发现其中漏磁检测296.68m^2，缺陷1059处。下面介绍两个典型案例来说明漏磁外检测检测技术在长输管道在线腐蚀检测方面的实用性与可靠性。

案例一：长输管道在腐蚀穿孔位置上下游进行开挖18m，见图4，管线材质为X52钢，介质为原油，操作温度为0～50℃，操作压力为

2.2MPa，管径为 *DN*400，公称壁厚 8mm，将探头放置于管道表面，采用黄色塑料片，调整霍尔元件的提离值，运用漏磁技术对此管道进行检测，检测管道缺陷见图 5。

图 4　检测管道现场示意图

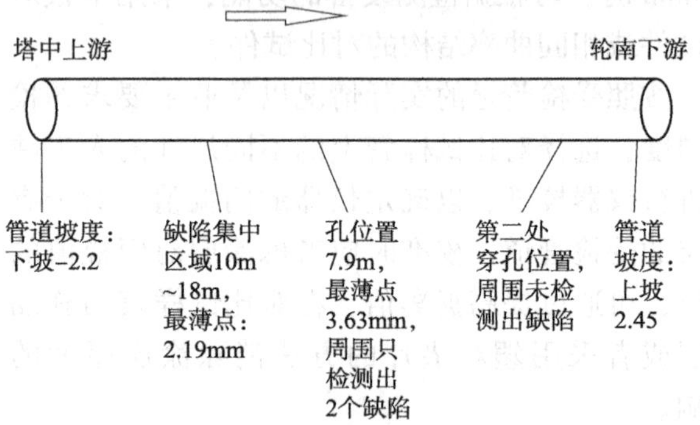

图 5　检测管道缺陷图

对管道漏磁检测结果进行了超声测厚验证，按照介质流向方位，在管道 6 点钟进行漏磁缺陷标记，并用超声波测厚仪在 6 点钟进行缺陷验证，发现壁厚减薄点 24 处，管道最薄点 2.19mm。

案例二：某输油长输管道在 2021 年 7 月 7 日对管道进行了漏磁内检测，根据漏磁检测报告，甲方选取 10 个点进行缺陷点开挖验证，由于内检测发现的缺陷点全部为点蚀，所以采用外漏磁 Pipescan 检测仪和超声波测厚进行验证。检测数据见表 1。

通过案例得出管道常规壁厚减薄和漏磁内检测缺陷验证需要外漏磁进行定位、超声波测厚的方式进行验证。一般情况下，漏磁主机的门槛值越低，检测精度越高。当门槛值选低了，管道表面涂层等因素造成的干扰会导致误报警；门槛值选高了可能造成缺陷漏检。因此，必定有一个恰当的门槛值，在消除所有干扰信号的同时，保证仪器具有最高的缺陷检测精度。采用这个门槛值进行检测，理论上仪器的检测精度是最高的。

门槛值选取方法：

(1)有标准试样管的情况下[5]

按照标准操作顺序，在标准管上进行系统门

表 1　外漏磁 Pipescan 检测数据与超声波测厚数据表

漏磁内检测结果							
序号	缺陷类型	深度/%t	长度/mm	宽度/mm	环向位置(h：min)	特征	—
1	金属损失	28.4	7	26	5:50	内部	—
2	金属损失	37.2	12	60	6:38	内部	—
3	金属损失	50.2	9	77	6:23	内部	—
4	金属损失	65.6	9	62	6:49	内部	—
5	金属损失	26.9	14	26	5:57	内部	—
6	金属损失	26.1	91	34	5:54	内部	—
7	金属损失	36	14	51	5:55	内部	—
8	金属损失	64.9	9	85	6:36	内部	—
9	金属损失	66.9	9	85	6:34	内部	—
10	金属损失	45.7	9	60	6:21	内部	—
漏磁外检测＋超声波实测结果							
序号	缺陷类型	深度/%t	长度/mm	宽度/mm	环向位置(h：min)	特征	超声波所测壁厚/mm
1	金属损失	19.3	7	26	5:50	内部	5.65
2	金属损失	34.4	12	60	6:38	内部	4.59
3	金属损失	47.4	9	77	6:23	内部	3.68
4	金属损失	65.6	9	62	6:49	内部	2.41
5	金属损失	20.1	14	26	5:57	内部	5.59
6	金属损失	29.1	91	34	5:54	内部	4.96
7	金属损失	27.6	14	51	5:55	内部	5.07

续表

漏磁外检测+超声波实测结果							
序号	缺陷类型	深度/%t	长度/mm	宽度/mm	环向位置(h: min)	特征	超声波所测壁厚/mm
8	金属损失	57.8	9	85	6:36	内部	2.95
9	金属损失	59	9	85	6:34	内部	2.87
10	金属损失	63.7	9	60	6:21	内部	2.54

槛值的调节。以20%的管壁缺陷标定为例。

①把调整好的扫描探头放置到标定管道的一段没有缺陷的区域，设置主机门槛值使设备能检测到标准管上的最小缺陷。报警门槛值设置的越低，设备的灵敏度越高。

②扫描标定管道上的预制缺陷，并记录缺陷触发警报的相应通道。扫描器的运行速度应该在450mm/s左右。向上调整设备的门槛值(减低设备的灵敏度)直到刚好能检测出20%板厚的缺陷。

③提高5个门槛值，使得20%壁厚的缺陷不能被扫查出来。而后降低门槛值直到20%的缺陷始终能被检测到。这时标定好的主机能检测到减薄量大于板厚20%以上的缺陷。

(2)无标准试样管的情况下

在现场检测时，可以选取受检管道的某一管段，调整好仪器的其他参数，从最低的门槛值开始进行检测，如果出现报警则进行超声波测厚等定量检测等方法进行验证，如果未发现缺陷说明为误报警，则逐渐提高门槛值，直到仪器不出现误报警为止，以此时的门槛值作为检测报警门槛值。

4 结束语

(1)漏磁检测作为管道外检测方法可以有效地对管道进行检测，特别是长输管道开挖后或地面场站管道，采用管道外漏磁检测方法效果较好。

(2)外漏磁Pipescan检测仪可通过调节检测器直径，在不同管径的管道中安全高效进行检测。

(3)使用管道内外漏磁检测系统，能在非开挖或开挖状况下，对长输管道进行检测，实现对管道的缺陷、管壁变化、管壁材质变化、缺陷内外分辨、管道特征的识别，通过漏磁内检测提供的管道金属损失，结合漏磁外检测定位缺陷的位置，再进行超声波测厚，可广泛用于原油、成品油、天然气等长输管道的检测，变管道的盲目被动维修为预知性主动维修。

(4)外漏磁Pipescan扫描头上的磁铁磁力相当强，当手或手指在扫描头和铁磁材料之间时，容易受到严重伤害。通过手柄来提起和控制扫描头。拆卸工具和铁磁材料也会受到很强的吸附力，当这些物体移向磁体时，也可能会造成伤害。但坚持按照操作和使用手册操作可以避免发生此类危险。

(5)现场检测时外漏磁Pipescan检测仪也受到管道特征的影响，其缺陷方位有一定的误差。其次漏磁不适于检测表面有涂层或覆盖层的管道，因此，在进行漏磁检测时要做好管道原始资料调查、校准好仪器、选择对应的探头进行检测，还需要超声波测厚、电磁超声进行缺陷验证。

参考文献

[1]梁暖. 基于漏磁检测的长输管道腐蚀缺陷识别. 化工管理，2022，30(1)：6-10.
[2]齐洪洋，杨志军，林楠. 漏磁检测技术的研究进展. 化工机械，2021，15(2)：12.
[3]GDZY-10. 钢制管道漏磁外壁爬行检测作业指导书.
[4]PIPESCAN. 管道漏磁检测系统操作手册.
[5]雒新宇. 在用工业管道腐蚀的漏磁外检测技术研究[D]. 河北大学，2014.

压力管道小径管角焊缝超声相控阵检测

贾建伟[1]　张双财[2]　崔　闯[1]

[1. 中国特种设备检测研究院，北京　100029；2. 中特检管道工程(北京)有限公司，北京　100013]

摘　要：小径管是场站运行中容易生成缺陷和发生泄漏的部件和位置。小径管安放式焊缝一般采用射线法进行检测，但是射线检测存在辐射风险，检测区域需要隔离且检测工期较长并不适于场站内小径管的大范围应用。通过人工缺陷试块进行小径管安放式焊缝相控阵超声波检测工艺分析及检测能力验证研究。通过在场站内小径管角焊缝的检测，验证了检测工艺的可行性和准确性。

关键词：安放式角焊缝；超声相控阵；小径管

Ultrasonic Phased Array Inspection of the Small - diameter Pipe Fillet Welds

Jia Jianwei[1]，*Zhang Shuangcai*[2]，*Cui Chuang*[1]

(1. Special Equipment Inspection and Research Institute，Beijing 100029，China;
2. China Special Inspection Pipeline Engineering (Beijing) Co. Ltd，Beijing，100013，China)

Abstract: Small - diameter pipes are components and locations that are prone to defects and leaks in the operation of the station. The small - diameter pipe placement weld is generally detected by RT，but there is a radiation risk in ray inspection，the detection area needs to be isolated and the inspection period is long and is not suitable for a wide range of applications of small diameter pipes in the field station. The ultrasonic phased array detection process analysis and detection ability verification study of the small - diameter pipe placement weld are carried out by the manual defect test block. Through the detection of the angular weld of the small diameter pipe in the field station，the feasibility and accuracy of the detection process are verified.

Key words: placement fillet welds; Ultrasonic phased array; the small - diameter pipe

1　引言

小径薄壁管座角焊缝因母管与支管管径、壁厚差异大，在焊接过程中易产生典型焊缝缺陷。管座在长期服役过程 中，由于角焊缝特殊结构，受力形式多样，易造成局部应力集中，并逐步开裂，产生疲劳裂纹等高危缺陷，将严重影响管座设备的安全。为此对小径薄壁管座角焊缝进行有效地无损检测，对设备安全运行具有重要意义[1]。

目前，通常采用渗透、磁粉等表面检测方法对管道角焊缝进行表面、近表面检测，无法检测焊缝内部缺陷。射线检测受角焊缝特殊结构，壁厚差异较大，易造成布片困难以及检测灵敏度低等问题，容易造成缺陷漏检，极少数可采用特殊工艺进行射线检测，但对裂纹、未熔合等面状缺陷的灵敏度较低。常规超声受壁厚和曲率等影响，存在缺陷信号识别难、缺陷定性及定位难、焊缝是否完全覆盖等问题[2,3]。

超声相控阵检测作为目前超声检测的先进技术，其检测效率，缺陷检出率、定性及定量精度等都比常规超声具有明显优势，尤其适合于复杂结构和盲区位置的检测，同时受操作人员技术水平影响较小。因此，为了提高管座角焊缝缺陷检测可靠性和检出率，有必要对管座角焊缝的相控

作者简介：贾建伟(1983—　)，高级工程师，主要从事压力管道检验与评价。E - mail：marijuana1983@163. com

阵检测工艺进行研究，形成成熟完善的检测工艺。

2　超声相控阵检测原理及系统

相控阵超声检测，是根据设定的延迟法则激发相控阵阵列探头各独立压电晶片(阵元)，合成声束并实现声束的移动、偏转和聚焦等功能，再按一定的延迟法则对接收到的超声信号进行处理并以图像的方式显示被检对象内部状态的超声检测方法[4]。

扇形扫描的原理还是从改变延迟法则的角度出发，通过改变延迟时间使声束在任意的角度范围内偏转，声束聚焦成扇形波阵面角度范围根据工件来选择，一般要覆盖整个检测区域，扇形扫查可实现对某一固定的聚焦深度在选择的角度范围内移动，同时，扇形扫查可对非阵元垂直覆盖区域的进行扫查，对特殊形状的待检工件检测有利。通过控制换能器中各个阵元相位，可得到容易控制的合成波束，从而实现动态聚焦和检测成像等功能，同时能够提高分别率、信噪比和检测灵敏度。换能器由多个相互独立阵元构成，根据惠更斯-菲涅耳原理可知，当对各个阵元施加相同频率的脉冲激励信号时，发出的声波在空间中会形成一个稳定的声场，按照设计好的聚焦法则对换能器进行激发，将会形成具有聚焦特性的声场，改变聚焦法则可实现不同位置的聚焦，实现扫查功能。接收传感器遵循同样的聚焦法则，由于换能器中超声波按照一定延迟时间发射，在换能器接收信号时对信号进行一定时间补偿，使接收信号达到相位一致。由于换能器发出一系列相干波，接收波也是一系列相干波，相位相同的相干波叠加可增加波幅，从而实现聚焦作用。对非相干波，频率不同或者相位不同，波束合成都会使波幅降低，甚至消失。

为了使声束在待检测工件内干涉加强，超声相控阵探头的每个阵元晶片的激发顺序严格按照由计算机设定按聚焦法则加强的干涉波束与常规超声探头产生的超声波束类似，区别在于超声相控阵探头发射和接收声波的方式和晶片数量不同，超声相控阵的声束合成有特定的聚焦法则[5,6]。

2.1　声束的聚焦

如图1所示，同时激励探头两端阵元，然后同时按照一 定的延迟时间对沿中心方向依次激励下一个阵元，直到中心阵元被激励，这样就在楔块或者工件里形成聚焦波阵面。以中心阵元为基准参考点，声束不发生偏转的条件下，可得到各阵元的延迟时间。

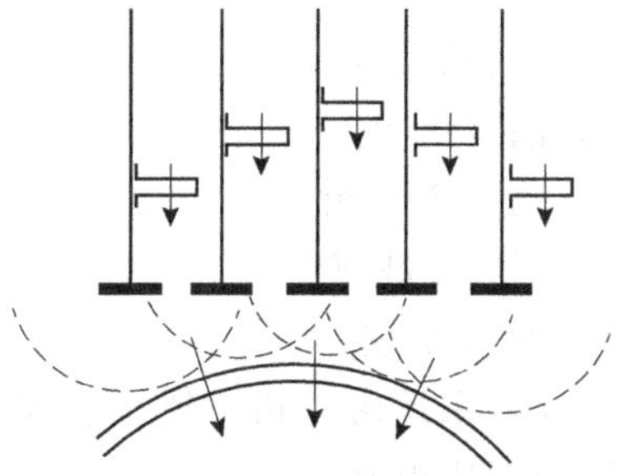

图1　声速聚焦控制

当选择的阵元个数 N 是奇数时，各阵元相对参考点的延迟时间：

$$\tau_n = \frac{F}{c}\left[1 - \sqrt{1 + \left(\frac{nd}{F}\right)^2}\right] \tag{1}$$

当选择的阵元个数 N 是偶数时，各阵元相对参考点的延迟时间：

$$\tau_n = \frac{F}{c}\left[1 - \sqrt{1 + \left(\frac{(n+1)d}{F}\right)^2}\right] \tag{2}$$

式中　F——焦距；

n——第 n 个阵元；

c——声波传播速度；

d——探头相邻阵元间距；

N——阵元个数。

2.2　声束的偏转

如图2所示，超声相控阵声束偏转的延时法则是在探头上加装了斜楔块的情况下，对探头的阵元激励方式是从左到右或从右到左依次激励，形成一定偏转角度的波阵面以中心探头为基准参考点，则有各阵元的延迟时间：

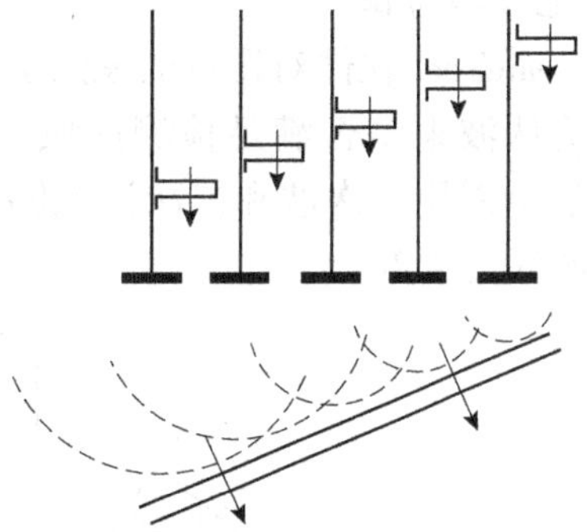

图2　声速偏转控制

当选择的阵元个数 N 是奇数时，各阵元相对参考点的延迟时间：

$$\tau_c = \frac{nd\sin\theta}{c} \tag{3}$$

当选择的阵元个数 N 是偶数时，各阵元相对参考点的延迟时间：

$$\tau_c = \frac{(n+0.5)d\sin\theta}{c} \tag{4}$$

式中　d——阵元间距；

θ——偏转角度；

n——第 n 个阵元；

c——声波传波速度；

N——阵元个数。

相控阵检测系统由主机，探头，楔块，编码器，扫查架及试块组成。

检测仪器选用中科 HS PA30－E 超声波相控阵检测仪，探头选用小径管专用 16 晶片、自聚焦线阵探头（7.5L16－0.5×10－A16），并配备与检测工件曲率相对应的楔块 SA16－60S（39），配套选用可拆卸式链式小径管专用扫查架和编码器。

3 检测工艺和检测主要流程

通过筛选油气场站主要小接管规格，确定采用如表 1 所示的安放式角焊缝为研究对象，并在模拟试块中设置相应的缺陷。

表 1　试样尺寸信息

序号	小径管管径/mm	壁厚/mm
1	25	3

3.1 检测工艺制定

3.1.1　聚焦法则

主要包括：激发晶片数，扇扫角度范围，声速，聚焦深度，声程范围，步进偏移等。

3.1.2　被检工件参数设置

焊缝结构形式，焊缝宽度，余高，坡口角度、热影响区宽度等焊缝实际参数值。

3.1.3　工艺参数验证

采用 BeamTool 软件对设定的聚焦法则参数进行验证，确认波束是否满足检测区域的全覆盖，仿真结果显示采用一次波和二次波能够实现声束对检测区域的全覆盖。

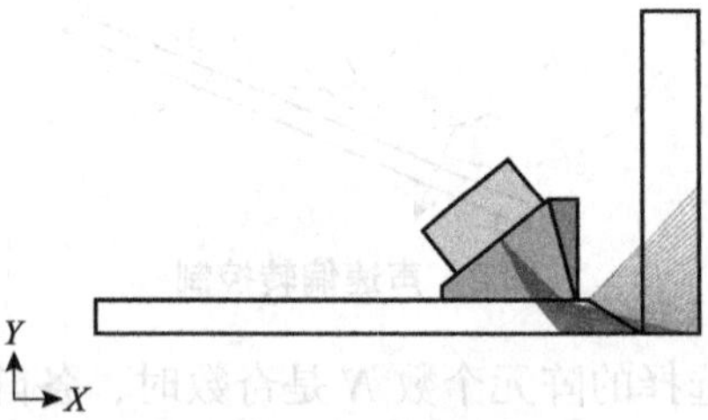

图 3　声束覆盖仿真

3.2 检测主要流程

3.2.1　延迟校准

采用横孔进行延迟校准，校准方法为：采用 PGS－1 试块深度为 8mm 的 $\phi2$ 横通孔校准，将闸门的深度设置为 5～12mm。将探头附加楔块放置在 PGS－1 试块上前后移动探头，完成校准。

3.2.2　灵敏度校准

灵敏度校准采用 $R50$ 半圆弧进行校准，使得仪器对扇扫描中不同角度波束在同一声程处的回波都达到波高 80%。

3.2.3　TCG 曲线制作

TCG 曲线在 PGS－1 试块上进行测试完成，选择不同深度的横孔，通过闸门自动锁定每个角度的最大发射回波，并采集该回波信号，通过系统增益补偿让每个角度的声束回波达到相同的幅值，最后选择点，绘制完成 TCG 曲线。

3.2.4　扫查灵敏度确定

在评定灵敏线基础上增加 6dB 作为扫查灵敏度。

3.2.5　步进设置

检测前将系统设置为根据扫查步进采集信号，扫查步进设置为 1.0mm；扇扫描角度步进设置为 1°。

4 工艺验证

采用该工艺设置在模拟试块上进行工艺验证，模拟试块尺寸：主管为 $\phi57\times5$mm，小接管为 $\phi25\times3$mm，模拟试块在焊缝根部制作 $\phi2\times10$mm 横孔，见图 4。

图 4　模拟试块

对采集数据进行分析，得出检验结果见图 5，由图 5 可见，小径管角焊缝根部的横孔缺陷清晰可见，验证了小径管安放式角焊缝超声相控阵工艺的检测能力。

5 现场检测

对某输气站场的小径管焊缝检测，发现一条焊缝存在缺陷。对缺陷图像数据进行分析可知，其中一条为可记录缺陷，见图 6，缺陷位于焊缝坡口处，且信噪比较好；另外 1 条为超标缺陷，

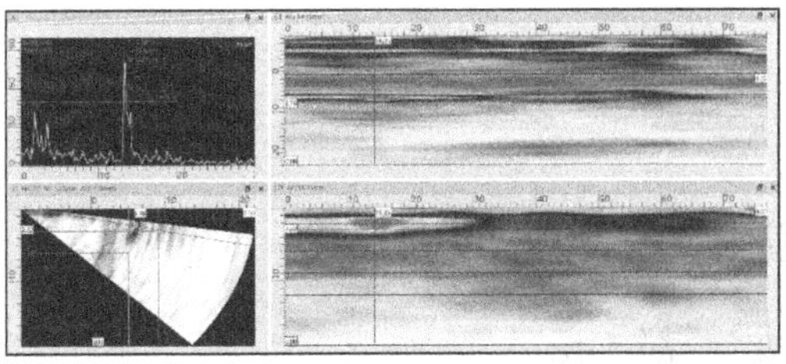

图5 φ25×3mm 接管角焊缝校测图像

见图7，缺陷位于焊缝根部，由于现场不具备复核条件，并未对超标缺陷进行 RT 复核。

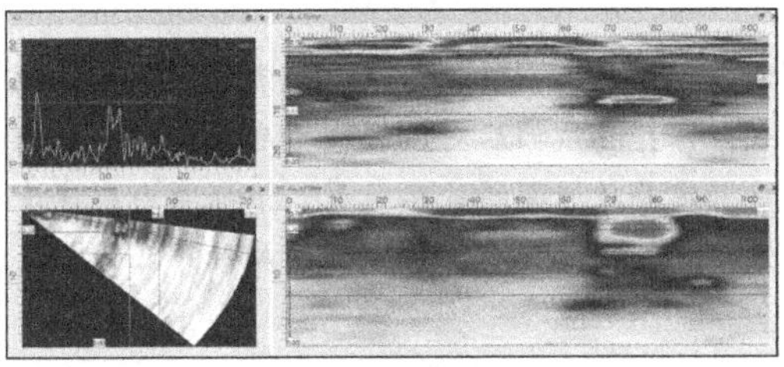

图6 缺陷扫查结果

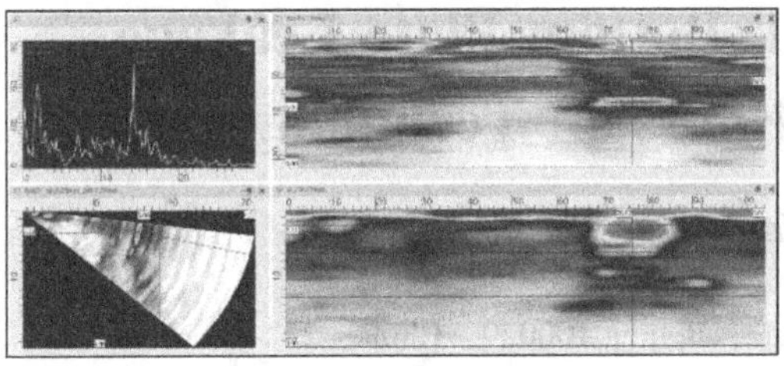

图7 缺陷扫查结果

6 结论

针对输气场站内常用的安放式角焊缝检测存在的难点，提出了超声相控阵检测工艺。通过 BeamTool 仿真模拟声束的覆盖范围，并加工了模拟样管进行工艺验证。同时，对场站内的小接管进行检测，结果表明：相控阵检测技术对此类结构具有良好的检测效果，验证了工艺的有效性，可为此类结构的相控阵检测提供经验。

参考文献

[1]吴志波，刘勇，陈小明等．集箱小径管管座角焊缝超声相控阵检测研究．中国新技术新产品，2020(9)：10－13.

[2]许志升，袁焕源．插入式管座角焊缝相控阵超声检测技术研究．吉林电力．2017.45(3)：39－41.

[3]毛良彦，罗为民，刘建屏．仪表管座角焊缝的超声波探伤方法研究．华北电力技术，2013(I)：35－38.

[4]NB/T 4701315—2021，承压设备无损检测 第15部分：相控阵超声检测[S].

[5]吴家喜，张子健，张小龙等．承压设备插入式接管角焊缝超声相控阵检测工艺．无损检测，2020(43－49).

[6]邓江敏．电站锅炉T型接管角接接头相控阵检测技术研究：[学位论文]．南昌：南昌航空大学测试与光电工程学院，2012.

储罐底板泄漏声发射检测方法及应用

王　十[1,2]　邢　述[1,2]　王彦龙[3]　都　亮[1,2]

[1. 中国特种设备检测研究院，北京　100029；
2. 国家市场监管技术创新中心(油气管道与储存设备安全)，北京　100029
3. 中国石化海南炼油化工有限公司，海南 洋浦　578101]

摘　要：某石化公司储罐基础检漏孔有油污流出，初步判断原因为底板泄漏。为快速确定泄漏位置，对罐底板进行声发射检测，利用时差定位分析对初步确定泄漏大致范围；在清罐后对该区域罐底板母材部位进行漏磁检测，对焊缝部位进行真空试漏、磁粉等无损检测，最终确定导致泄漏的缺陷位置。根据罐内腐蚀情况并结合沉降检测结果，分析泄漏原因为基础刚性倾斜条件下储罐底板在沉积水作用下发生腐蚀穿孔，并提出维护和后续使用建议。

关键词：常压储罐；泄漏检测；声发射；漏磁；腐蚀

Applications of Atmospheric Tank Bottom Plate Leakage Detection Based on Acoustic Emission Technology

Wang Shi[1,2], *Xing Shu*[1,2], *Wang Yanlong*[3], *Du Liang*[1,2]

(1. China Special Equipment Inspection and Research Institute, Beijing 100029, China; 2. Technology Innovation Center of Oil and Gas Pipeline and Storage Equipment Safety for State Market Regulation, Beijing 100029, China; 3. SINOPEC Hainan Petrochemical Co., Ltd., Hainan 578101, China)

Abstract: There is greasy dirt flowing out of the leak detection hole of the tank foundation in a petrochemical company, and it is suspected that the bottom plate has leaked. For the purpose of quickly determining the leakage area, firstly, acoustic emission detection is carried out and the initial location of the leakage area is realized by time difference location. After the replacement of the medium, magnetic leak detection was carried out on the bottom plate of the tank, and other non-destructive tests such as vacuum leak testing and magnetic powder inspection are carried out on the weld parts to finally find out the defects causing the leak. According to the corrosion situation in the tank and combined with the results of the settlement detection, the causes of leaks are analyzed meanwhile maintenance and operation recommendations are made.

Key words: atmospheric storage tank; leak detection; acoustic emission; MFL; corrosion

1　引言

常压储罐以其结构简单、施工方便、成本低等优点，被广泛应用于危化品、化工原料储存等。近年来，随着国内石油化工企业的迅速发展，钢制圆筒形常压储罐建设规模越来越大。随着储罐服役周期的增加，储罐底板泄漏、罐体变形等情况屡见不鲜，为安全生产埋下较大隐患[1]。作为钢制圆筒形储罐的主要失效形式，底板泄漏问题越来越多引起设备管理人员和检验人员的重视。储罐底板发生介质泄漏说明底板有穿透性缺陷，母材穿孔或焊缝裂纹[2]。API RP575中表明腐蚀是导致钢质储罐损坏的主要原因[3]，

作者简介：王十(1989—　)，男，中国特种设备检测研究院、工程师、本科。现主要从事常压储罐检验检测、风险评估、完整性评价、合于使用评价等专业方向的研究工作。E-mail：wangshi@csei.org.cn

因此储罐的泄漏检测尤为重要。目前针对泄漏检测通常是通过开罐检验方式进行，在停工清空罐内介质后采用罐底板整体漏磁检测、真空试漏检测等方法确定泄漏位置。此种检验方式检测工作量大，检测范围没有针对性。而采用声发射在线检测技术可以在不停工、不倒罐的情况下快速对底板泄漏区域进行定位分析，不仅能较为准确确定泄漏源的位置和数量，还能大大降低后续开罐检测工作量。我国从 1973 年开始研究声发射检测技术，目前常压储罐的声发射检测技术已经得到了广泛的应用[4]。

本案例针对某石化企业一发生泄漏的钢制圆筒形常压储罐，通过声发射在线检测给出了泄漏怀疑区域，开罐后对该区域底板母材部位进行漏磁检测，对焊缝位置进行真空试漏检测，验证声发射在线检测对泄漏缺陷定位的有效性和准确性。最后分析储罐产生穿孔缺陷的原因并对缺陷维修和储罐维护提出建议，对储罐重新投入使用后的安全运行具有重要意义。

2 基于声发射技术的储罐底板泄漏检测方法

声发射(Acoustic Emission)是来自于材料内部突然释放应变能形成的一种弹性应力波的物理现象，由于材料腐蚀产生的穿孔或穿透性裂纹，且静压力介质向外泄漏，通过泄漏孔向外泄漏过程的湍流、摩擦、碰撞即为声波的现象，也为广义的声发射现象[5]。当底板存在泄漏时，介质流过泄漏孔时会发生湍流噪声，当介质夹带颗粒状杂质时，会使信号更丰富。若泄漏通道暂时受到碎渣阻塞时，“水击”效应也会产生噪声[7]。若罐底板腐蚀较为严重或存在腐蚀薄弱区时，腐蚀过程会断续地产生声发射信号。用仪器探测、记录、分析声发射信号和利用声发射信号推断声发射源的技术称为声发射技术。底板腐蚀或泄漏的声发射信号通过安装在壁板上的传感器进行采集后传递到声发射仪中，经过软件分析过滤处理，即对泄漏或腐蚀区进行定位[6]。现有无损检测技术中，声发射检测可在不影响常压储罐使用状态下，在线对储罐的底板腐蚀状况进行评定，因此通过声发射检测捕捉这种声发射信号来确定相应的泄漏区域。开罐后，再对该区域进行底板漏磁检测确定具体位置及其母材剩余厚度，该技术是目前为止储罐底板腐蚀、泄漏检测最为有效、快速的检测手段[7]。沈功田等利用声发射技术开展了储罐底板腐蚀在线检测及评价技术研究[8]，张君娇等基于泄漏声发射特征信号研究，给出了充有一定压力气体或液体的可密闭设备声发射泄漏检测和结果评价的一般标准作法[9]。基于声发射技术进行泄漏检测的流程如图 1 所示。

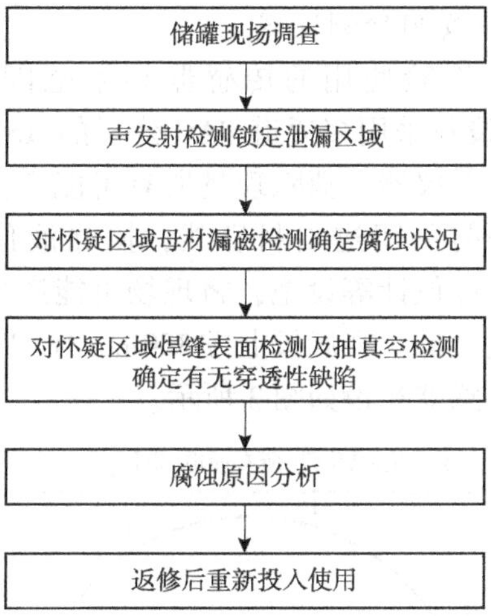

图 1 基于声发射技术的泄漏检测流程图

2 基于声发射技术的泄漏检测技术应用

2.1 泄漏储罐概况

某石化公司 T－1002 储罐在 2021 年初罐基础检漏孔发现 1 处漏油现象，现场照片如图 2 所示。

图 2 罐基础检漏孔滴油泄漏

该罐容积为3000m³，投用时间为1994年7月。该罐的基本信息如表1所示。通过查阅储罐基础设计、竣工图，罐基础垫层有隔绝屏蔽功能，排除基础下方土壤返渗液体导致检漏孔观测有液体流出；同时经对泄漏介质进行化学成分分析，确定其成分与罐内盛装的介质相同，并经液位监控与泄漏量的监测，可明确基础检漏孔的油污就是底板泄漏所致。由于无法确定罐基础是否存在不均沉降，因此无法判断底板泄漏部位是否为靠近该检漏孔的区域。该罐直径18m，底板面积达255m²，开罐后查找泄漏点的难度非常大。拟定先采用声发射检测对泄漏区域进行初步定位，待开罐后再对该区域进行底板漏磁检测、真空试漏及表面无损检测等方式确定具体泄漏位置。

表1　T-1002主要技术参数

底板公称壁厚/mm	8（中幅板）/10（边缘板）	储罐最高液位/mm	10980
主体材质	45钢	制造规范	GBJ 128—1990《立式圆筒形钢制焊接油罐施工及验收规范》
罐壁高度/mm	12820	投入运行日期	1994年7月
工作介质	汽油	内径/mm	18000

2.2　声发射检测与信号分析

2.2.1　声发射检测过程

本次检验使用的传感器频率范围是20～80kHz，设备采用多通道PAC公司的μSAMOS多通道声发射仪器。消除现场所有可能产生的噪声源，检测前关闭进出料管线，摘除液位联锁装置、雷达液位计等设施，将现场可能产生噪声的影响降到最低。在底板上方300mm处均布8个传感器，传感器布设如图3所示。

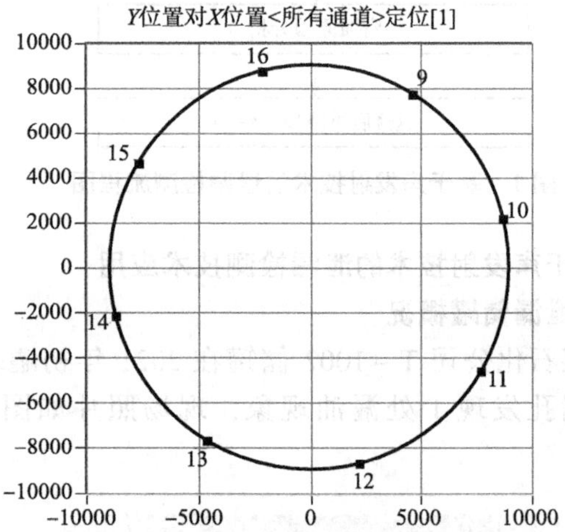

图3　传感器布设图

将传感器与声发射仪用电缆线连接，并对每个通道进行灵敏度测试，现场检测如图4所示。储罐内介质的静压力将提高泄漏孔产生声发射信号的强度，基于声波到达时间差的定位计算方法，不同传感器探测到泄漏产生的同一个声发射信号时的达到时间不同，通过已知声波传播的速度和达到时间差，即可采用平面定位计算出泄漏声源所在的位置[10]。

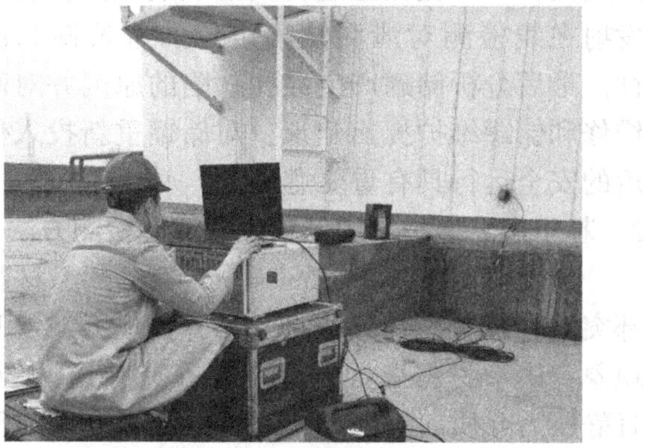

图4　现场检测照片

2.2.2　声发射检测数据分析

为准确定位腐蚀区域，对储罐底板在液位压力下进行声发射信号的采集，直至获取有效的声发射信号。9.5m液位时声发射检测平面定位图和通道撞击关联图如图5所示，由图中可以看出，在靠近南侧人孔的区域形成了有效的声发射定位源区，且该源区附近14、15号通道撞击数呈现较高水平，初步分析该源区位置为介质泄漏重点怀疑区域。

2.3　开罐对比验证

经开罐清洗后，对声发射检测重点怀疑部位底板母材进行漏磁检测，经检测，在源区Z处发现一处最大当量深度约为59%的腐蚀凹坑，并对坑蚀进行高频导波复验，缺陷形貌如图6所示。为比对声发射检测准确性，对罐底板障碍处除外进行漏磁检测扩检，未发现底板母材存在当量腐蚀深度≥40%的缺陷，漏磁扫查图如图7所示。

对声发射源区内的底板母材漏磁检测虽然未发现贯穿性缺陷，为进一步确定漏点，需对该位

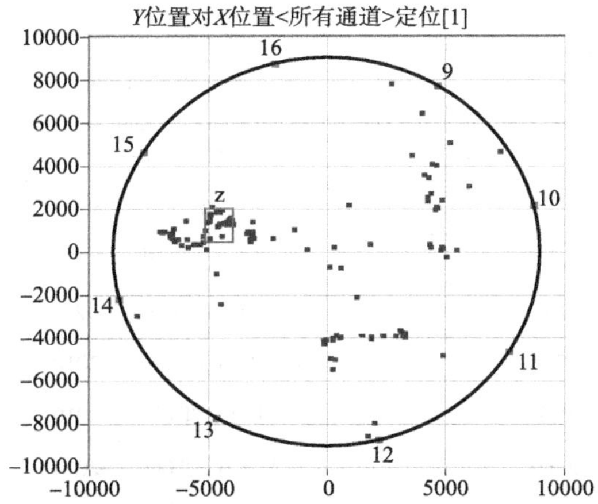

(a)事件定位图

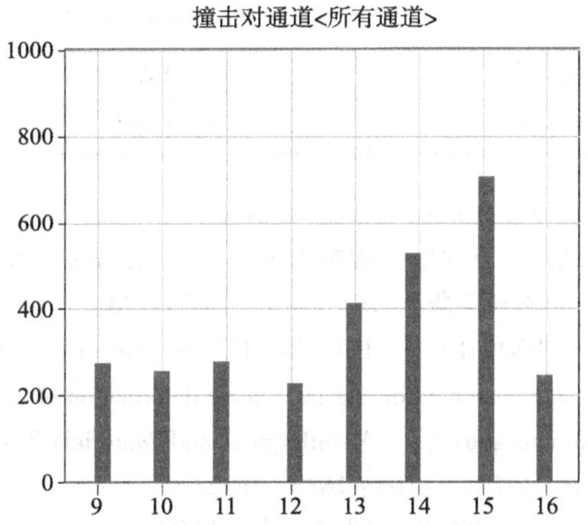

(b)各通道撞击图

图5 平面定位图与通道撞击图

图6 源区 Z 处罐底上表面腐蚀缺陷

置焊缝处进行检测，利用真空试漏方法进行泄漏检测[11]。通过将被检区刷涂肥皂水，在真空箱形成的负压作用下，若存在穿透性缺陷，将会在被检处表面产生大量气泡。经真空试漏检测发现在声发射源区 Z 有一处 ϕ7mm 的穿孔，在真空箱的负压情况下出现大量气泡，缺陷如图 8 所示。

3 腐蚀原因分析

(1)基础刚性沉降引起沉积水聚集。根据

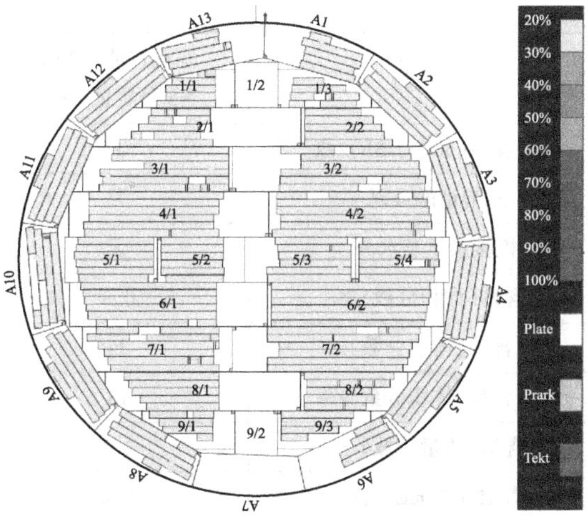

图7 罐底漏磁扫查图

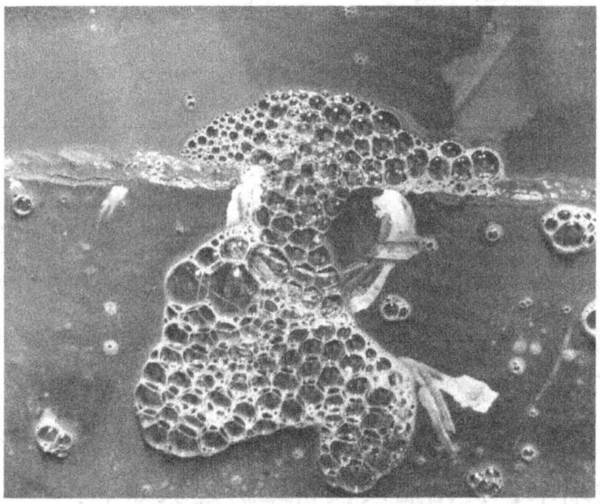

图8 焊缝处腐蚀穿孔缺陷

SY/T 6620 附录 B 罐底沉降评定的要求[12]，对该罐圆周上的沉降量进行评定，拟合的罐底沉降最佳三角函数曲线标方值为 0.99272，大于 0.9，认为基础无局部沉降，认为基础无局部沉降，储罐为整体倾斜。

(2)沉积水环境下腐蚀穿孔。由于烷基化油介质中含有少量水分且比重较大，导致西南侧罐底长期存有沉积水。经对底水进行取样分析，分析结果如表 2 所示，含大量的微生物、氯化物、硫化物、氧、酸类物质等，在形成较强的电解质溶液时，易产生电化学腐蚀和微生物腐蚀，导致底板西南区域内腐蚀缺陷较多且集中。电化学腐蚀具有点蚀和溃疡腐蚀的特点，而微生物腐蚀的主要典型特征就是孔蚀[13]，与罐内底板母材、焊缝发现的腐蚀缺陷相符。罐底上表面涂层多处破损、失效且底板介质侧存在以上损伤机理，最终造成储罐罐底发生腐蚀穿孔，腐蚀穿孔部位在西南区域内的底板对接焊缝上。

表 2　介质成分分析

测试项目	车用汽油(VIA) 95 号质量指标	测试结果	测试方法/标准
铜片腐蚀(50℃，3h)/级	1	la	GB/T 5096—2017
水溶性酸或碱	无	无	GB/T 259—1988
机械杂质及水分	无	无	目测
苯含量(体积分数)/%	0.8	0.4	SH/T 0713—2002
芳烃含量(体积分数)/%	35	27.5	NB/SH/T 0741—2010
烯烃含量(体积分数)/%	18	9.2	NB/SH/T 0741—2010
氧含量(质量分数)/%	2.7	2.60	NB/SH/T 0663—2014
氯含量/(mg/kg)	0.2	0.8	SH/T 1757—2006
磷含量/(mg/L)	—	<0.20	SH/T 0020—1990 (2006)
硅含量/(mg/kg)	—	未检出(检出限 0.1)	GB/T 33647—2017
外观及颜色	—	清澈透明	目测
气味	—	无异常 无刺激性气味	感官测试

4　结论与建议

本次声发射泄漏检测案例表明，使用声发射定位后再用开罐检测确定缺陷的泄漏检测方法极大减少了后续开罐检测的工作量，较传统检验方式可节约 1 - 2 天时间，大大提高了检维修人员的工作效率，缩短了企业的停产周期。基于本次检验结果，提出后续设备维护建议如下：

(1)建议常压储罐运营单位按标准要求定期对储罐进行有效的检验和维护，防止发生类似泄漏事故，以免造成不可挽回的损失。

(2)罐底修补完成后，建议对罐底表面使用不导静电的涂料进行整体防腐处理；

(3)根据该罐倾斜情况重新设置切水管方位，定期切水；

(4)监控储罐的沉降与倾斜情况是否加剧，加强现场巡检。

参考文献

[1]毕海胜，李自力，程远鹏，等. 常压储罐底板腐蚀速率与声发射活度的相关性探讨[J]. 无损检测，2015，36(6)：573.

[2]赵彦修，闫河，李晓林. 油罐底板渗漏的声发射检测[J]. 无损检测，2012，34(12)：61 - 64.

[3]API RP 575 - 2014，Inspection practices for atmospheric and low - pressure storage tanks[S].

[4]李光海. 声发射检验技术进展[J]. 南昌航空大学学报(自然科学版)，2001，15(2)：39 - 43.

[5]CARPENTER S H，HIGGINS F P. Sources of acoustic emission generated during the plastic deformation of 7075 aluminum alloy [J]. Metallurgical and Materials Transactions，1977，8(10)：1629 - 1632.

[6]李光海，沈功田，闫河. 常压储罐声发射检测技术[J]. 无损检测，2010，32(04)：256 - 259 + 285.

[7]赵彦修，邢述，王十，等. 漏磁检测技术及其在大型储罐检测中的应用[C]. //江苏省机械工程学会等. 2013 远东无损检测新技术论坛论文集. 2013：191 - 195.

[8]沈功田. 金属压力容器和常压储罐声发射检测及安全评价技术与应用[J]. 中国特种设备安全，2016，32(7)：1 - 5.

[9]GB/T 33643 - 2017，无损检测声发射泄漏检测方法[S].

[10]JB/T 10764—2007，无损检测常压金属储罐声发射检测及评价方法[S].

[11]杨金林，刘丽川，何旺，等. 立式常压储罐底板检测技术及实施路线建议[J]. 无损检测，2013，35(3)：15 - 19.

[12]SY/T 6620—2014，油罐的检验、修理、改建及翻建[S].

[13]GB/T 30579—2014，承压设备损伤模式识别[S].

大型原油储罐安全附件常见问题

王　十[1]　田高佳[2]

（1. 中国特种设备检测研究院，北京　100029；2. 中国石化海南炼油化工有限公司，海南 洋浦　578101）

摘　要：大型外浮顶储罐的安全附件是储罐中十分重要的部件，储罐运营单位及检验单位往往更多关注储罐本体而忽视安全附件损坏、失效带来的安全隐患。通过调研多家储罐运营单位的大型外浮顶储罐检验、维修记录，发现许多储罐是由于中央排水管、浮舱密封等附件损坏、失效导致无法按正常检修周期实施检验而提前停车。本文列举了多个外浮顶安全附件的常见问题，便于企业加强对安全附件的自查和维护保养，以免影响储罐的长周期运行。

关键词：外浮顶；储罐；安全附件；常见问题

Large External Floating Roof Storage Tank Safety Accessories Common Problems

Wang Shi[1]，*Tian Gaojia*[2]

（1. China Special Equipment Inspection and Research Institute，Beijing 100029，China；
2. Sinopec Hainan refining and Chemical Co.，Ltd，Hainan Yangpu 578101，China）

Abstract：Large external floating roof storage tank safety accessories are very important parts of the tank. Tank operators and inspection units are often more concerned about the tank body and ignore the potential safety hazards caused by the damage and failure of safety accessories By investigating the inspection and maintenance records of large－scale external floating roof tanks of several tank operators，it is found that many storage tanks can not be inspected according to the normal maintenance cycle due to the damage and failure of accessories such as central drain pipe and floating cabin seal. This paper lists a number of common problems with external floating roof safety accessories，which facilitates strengthening self－inspection and maintenance of safety accessories for enterprises，so as not to affect the long－term operation of storage tanks.

Key words：External floating roof；storage tank；safety accessories；common problems

1　概况

随着国内石油化工行业的迅猛发展，危险化学品的安全存储越来越受到重视，大型常压储罐作为危化品储存的主要设备，储罐的数量和规模也日趋增加。为了满足不断扩大的需求，我国储备库及大型仓储企业的储罐也逐渐向大型化发展，目前广泛投用的大型储罐以十万立方米规格的浮顶储罐最广[1]。10 万方大型储罐的主要结构形式为浮顶罐，浮顶储罐的结构主要有单盘式和双盘式两种形式，浮盘可以有效隔绝原油和大气的接触，在存储、收发油的过程中紧贴原油表面，能够最大程度地减少储罐中的气相空间，降低发生闪爆、油气外溢着火等的风险[2]。为保障外浮顶储罐的安全使用，安装了大量的安全附件，包括呼吸阀、自动通气阀、浮顶排水管系统、导向及限位管、紧急排水装置、挂蜡装置、雷达液位计、阻火器、温度计和浮顶密封装置等。外浮顶结构及部分

作者简介：王十（1989—　），男，本科，项目工程师，现主要从事常压储罐检验检测、风险评估、完整性评价、合于使用评价等专业方向的研究工作。E－mail：wangshi@ csei. org. cn

安全附件如图 1 所示。在日常巡检或月检年检时应对安全附件的状况进行检查，及时消除安全隐患是对储罐的安全运行起着重要的作用和意义。

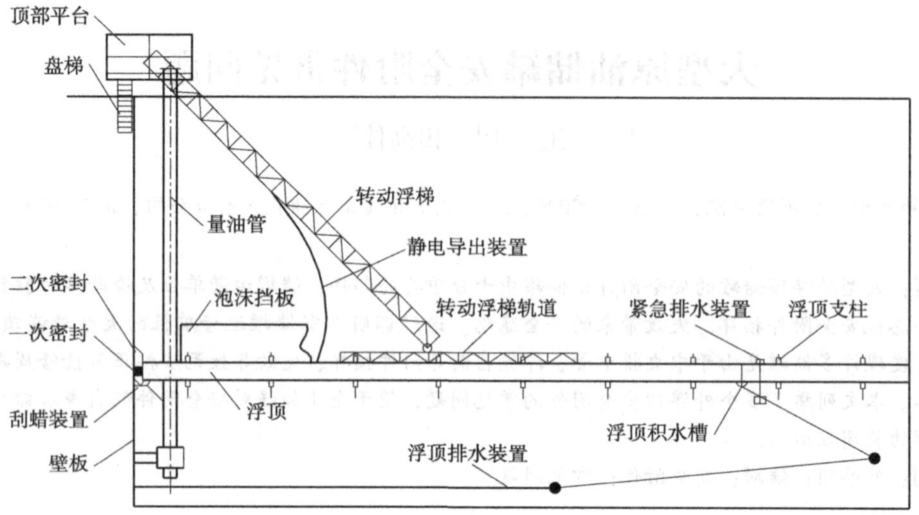

图 1　安全附件结构示意图

2　安全附件结构形式及检查重点

2.1　呼吸阀

呼吸阀是自动控制储罐内外气压的安全附件，维持储罐内外的压力平衡，也可有效降低油品的蒸发损失。呼吸阀的主体结构包括阀体、阀杆、阀座、阀盘[3]，对于双盘式储罐安装在泡沫堰板和罐壁之间，单盘式安装在单层浮盘上。呼吸阀一般与阻火器配套使用，呼吸阀与阻火器相连，阻火器与浮顶相连且需要做电位跨接处理。对呼吸阀应进行定期巡检、测试和维护，保障呼吸阀功能和结构完好，没有堵塞、冰冻、漏油等问题。当呼吸阀失效或通气量不足时，若发油速率过快会导致罐内负压而产生抽瘪失稳。

2.2　自动通气阀

浮顶上应设有合适的通气孔，以防止浮顶或密封件的受力过大，储罐在支撑状态时，浮顶下方油气应能通过通气阀完全排出。储罐在充装或卸料过程时，通气孔应能补偿罐内外的压差，根据充装量来确定通气阀的数量及尺寸。自动通气阀的基本结构包括两部分：阀体组合体、阀罩与支柱组合体，两部分之间应电位连接[4]。当罐内处于清空，支柱支撑时，通气阀应能自动开启，当储罐处于在油静止时，通气阀应处于自动关闭状态并有效密封防止油气排出。阀盖顶杆应时刻保持能上下活动灵活无卡阻的状态。

2.3　浮顶排水管系统

中央排水系统是储罐的关键附件，若中央排水管失效，则可能造成暴雨天气下浮顶积水，导致浮盘沉盘等事故发生。浮顶排水管系统主要组成部分为：过滤罩、集水坑、单向阀、连接管、截断阀，如图 2 所示[5]。中央排水管的排水系统又分为刚性回转接头系统、枢轴式系统、分轨式系统及全柔性系统。枢轴式排水系统的设计寿命一般为 10 年，而全柔性排水系统的设计寿命一般为 20 年，进口与国产的寿命也不完全相同，所以应根据不同形式、使用频率对排水管定期进行检查及更换。排水管主要检查有无明显的腐蚀减薄现象，储罐集水坑是否存在锈蚀严重，泥土、杂物等堵塞现象，应定期清理堵塞杂物。

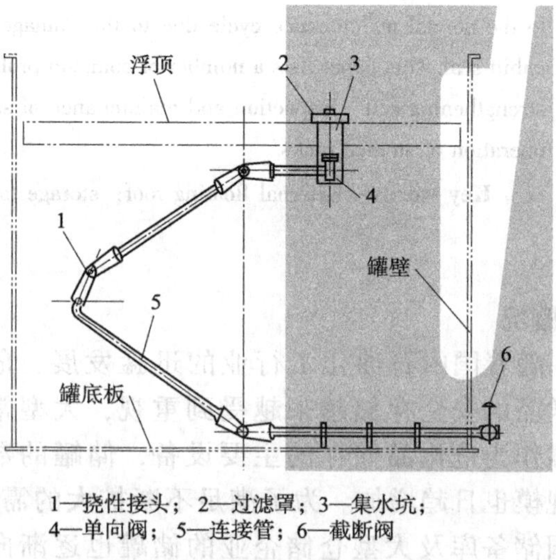

1—挠性接头；2—过滤罩；3—集水坑；
4—单向阀；5—连接管；6—截断阀

图 2　浮顶排水系统结构示意图

2.4　导向及限位管

浮顶上应设置能保持其居于中心位置并防止转动的导向及限位装置，且导向装置应采用滚动摩擦装置并有限位的功能。应定期检查导向装置是否有卡阻，导向管表面是否有磨损，如有磨损极可能为浮盘失稳变形，或因储罐基础沉降不均匀导致的导向管垂直度超标。

2.5 紧急排水装置

紧急排水装置是在中央排水管失效或雨量过大在浮盘上方存在大量积水时将多余的积水直接排入罐内，使浮顶免遭沉没或破坏(失稳或强度破坏)[6]。主要检查紧急排水装置各部件功能和结构是否完好，过滤罩是否堵塞，水封失效导致罐内介质是否有倒流现象。

2.6 刮蜡装置

对罐壁上可能产生凝油的油罐应装设刮蜡装置，刮蜡装置可采用机械刮蜡且不得与罐内任何附件相碰。刮蜡装置由刮蜡板和加力机构组成，刮蜡板应为不锈钢金属薄片，加力机构为连杆机构，由于配重装置使刮蜡板对罐壁产生压紧力并跟随刮蜡板随浮盘起落[7]。主要检查刮蜡装置是否有变形、或配重掉落。

3 安全附件常见问题

3.1 呼吸阀堵塞

SY/T 6620—2014《油罐的检验、修理、改建及翻建》规定：呼吸阀应每季度至少检查一次，冬季应每月检查一次，确保灵活好用，按产品说明书要求进行校验”的相关要求[8]。呼吸阀长时间不清理存在锈渣易造成堵塞如图3所示，容易影响呼吸阀的正常功能。

图3 呼吸阀内锈渣

3.2 自动通气阀等电位连接损坏

GB 15599—2009《石油与石油设施雷电安全规范》规定，金属储罐的阻火器、呼吸阀、人孔、量油孔、自动通气阀等金属附件应做等电位连接[9]。SY/T 0511《石油储罐附件》中规定带盖板钢制孔类附件，孔上盖板与罐体筒节之间应有电气连通。一些跨接线断裂、损坏并未及时修理，等电位连接损坏案例如图4所示。

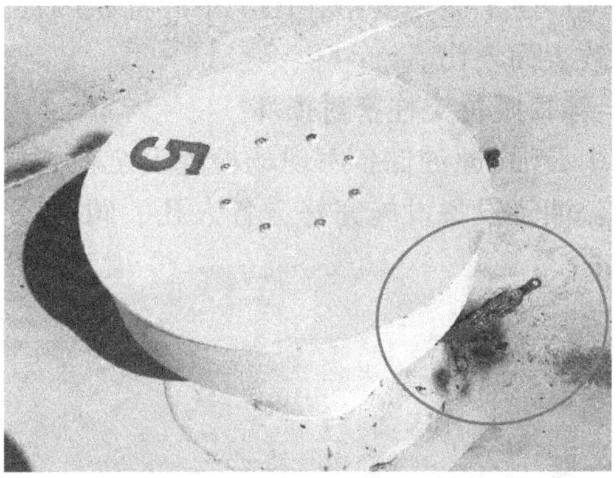

图4 等电位连接导线断裂

3.3 浮顶排水管系统集水坑阻塞

SY/T 5921—2017规定“浮顶集水坑内无杂物，浮球(碟)单向阀无卡阻，并及时清理集水坑内杂物[10]。罐顶集水坑内浮球处于卡涩状态如图5所示。罐顶集水坑内存在油污、杂物如图6所示。

图5 单向阀卡阻

图6 集水坑存在油污、杂物

3.4 浮顶导向及限位管问题

中石油《原油储备库现场安全检查规范》及《油库接地指南》中规定：第四条(二)1(2)k“检查浮顶导向柱活动顺畅无卡阻”，图中导向柱表面发生刮擦，产生深度超过1mm的划痕，说明浮盘可能产生了失稳变形，图 7 中导向柱因浮盘失稳导致表面划伤。

3.5　浮顶限位支柱密封损坏

中石油《原油储备库现场检查安全检查规范》规定：油罐设备设施完好，各人孔、阀门及管路密封可靠”的相关要求。也不符合 SHS 01012—2004《常压立式圆筒形钢制焊接储罐维护检修规程》表 9“浮顶罐附件主要检查维护的主要内容”的要求。浮顶支柱密封保护套开裂失效、脱落现象如图 8 所示。

图 7　导向柱因浮盘失稳导致划伤

图 8　浮顶支柱密封损坏

3.6　其他储罐安全附件常见问题

3.6.1　基础沉降观测点问题

SY/T 5921—2017《立式圆筒形钢制焊接油罐操作维护修理规范》要求沿罐基础环向均匀布设永久性沉降观测点，有环墙时间距不宜大于 10m[10]。大量储罐基础沉降观测点存在布设间距不均，形状各异，非永久性以及设置数量不足等问题，如图 9 所示。在沉降观测点自身存在变形及种种问题的情况下，对沉降检测结果的合理性提出了质疑、值得商榷。

3.6.2　基础检漏孔堵塞

SY/T 6620—2014 规定检查环墙的检漏孔，部分储罐检漏孔由于长期未进行清理，造成局部堵塞如图 10 所示。

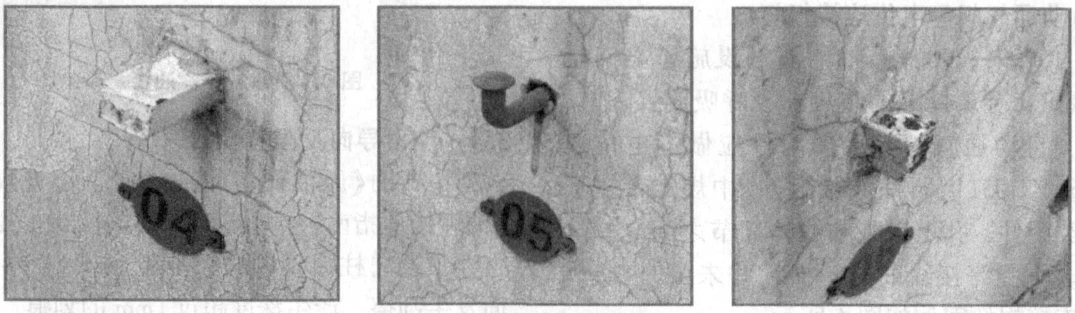

图 9　不同样式的沉降观测点

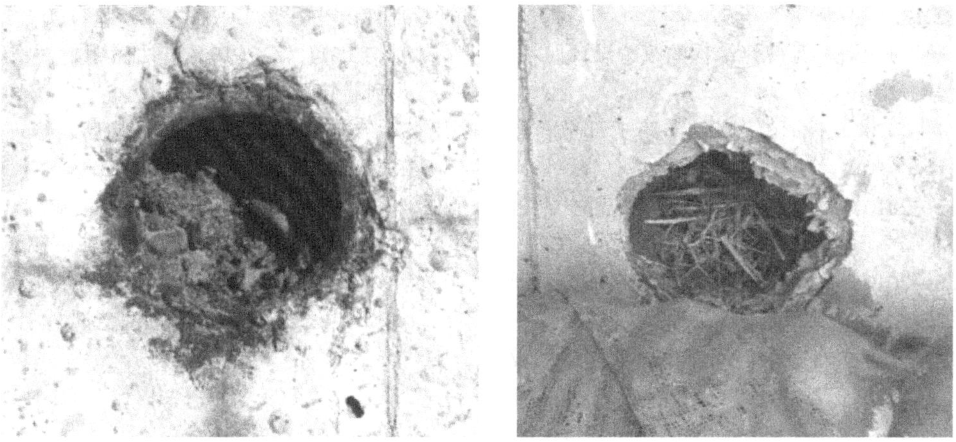

图 10　基础检漏孔堵塞

3.6.3　二次密封导电片问题

中石油《原油储备库现场安全检查规范》及《油库接地指南》中规定：二次密封不应采用包覆式的导电片，因为罐体密封在变形后会使包覆式导电片变形，导电效果不佳。改造后的导电片应能与罐壁贴紧且无缝隙产生，更好地保持与罐壁间接触良好。改造前后对比图如图 11 所示。

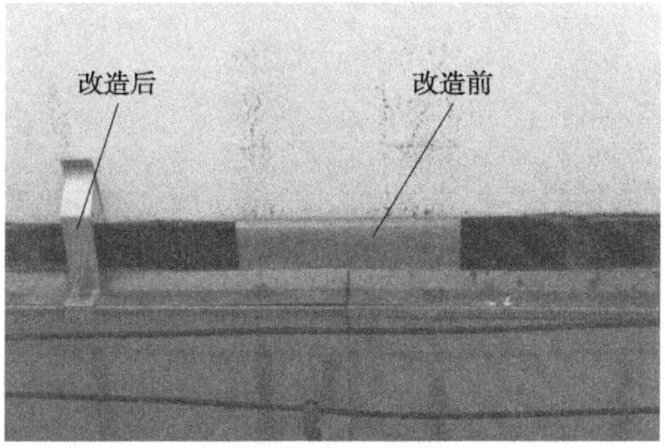

图 11　改造前后的二次密封导电片

3.6.4　消防软管变形

消防软管变形，不符合 GB/T 14525—2010 波纹金属软管通用技术条件《储罐抗震用金属软管和波纹补偿器》5.3.5“网套的表面应平整光滑且网花均匀，不允许折叠和扭曲”的要求[11]，如图 12 所示。

图 12　消防软管扭曲变形

3.6.5　测温仪表问题

储罐温度计超出校验日期，不符合 SY/T 5921—2017《立式圆筒形钢制焊接油罐操作维护修理规程》第 4.4.4.8 条规定，液位及温度检测仪表等附件应完好。图 13 中温度计校验有效期为 2020 年 4 月，照片拍摄日期为 2020 年 9 月，说明温度仪表已超出校验日期。

图 13　温度计超出校验日期使用

4　结语

储罐运营单位及检验单位对于大型外浮顶储罐更多关注本体的腐蚀，容易忽视安全附件损坏和失效带来的安全隐患。安全附件是保证储罐安全运行的前提，应加强日常检查和维护。日常检查应有相应的记录，发现问题应及时处理，在月检、季检、年检应对安全附件有不同的检查侧重点。检查人员要了解安全附件的结构形式，清楚标准条款对安全附件的要求，才能更好地采取有效的防范措施，确保安全附件处于安全的工作状态，为储罐安全运行提供坚实的保障。

参考文献

[1]刘佩铭．10 万立方米浮顶储罐设计的研究[D]．大连

理工大学，2013.
[2]常岳松，5 万立方米外浮顶复盘结构的改造设计[D]. 东北石油大学，2015.
[3]SY/T 0511.7—2010，石油储罐附件 第 1 部分：呼吸阀[S].
[4]SY/T 0511.7—2010，石油储罐附件 第 3 部分：自动通气阀[S].
[5]SY/T 0511.6—2010，石油储罐附件 第 6 部分：浮顶排水管系统[S].
[6]赵鹏，陈宝峰. 8 万立方米单盘外浮顶原油储罐的设计[J]. 中国化工装备，2015，17(02)：18－22.
[7]SY/T 0511.7—2010，石油储罐附件 第 7 部分：重锤式刮蜡装置[S].
[8]SY/T 6620—2014，油罐的检验、修理、改建及翻建[S].
[9]GB 15599—2009，石油与石油设施雷电安全规范[S].
[10]SY/T 5921—2017，立式圆筒形钢制焊接油罐操作维护修理规范[S].
[11]GB/T 14525—2010，波纹金属软管通用技术条件[S].

基于 IMU 坐标数据的管道弯曲应变计算研究

谢　冬[1]　帅　健[1]　任　飞[2]

[1. 中国石油大学(北京)人工智能学院，北京　102249；2. 中国石油大学(北京)安全与海洋工程学院，北京　102249]

摘　要：基于惯性测绘的内检测技术是一种准确识别管道弯曲变形及检测弯曲应变的有效方法，分析利用密集 IMU 坐标计算弯曲应变存在一定偏差的原因，提出了基于采样的密集管道中心线坐标数据的预处理办法；优化了管道中心线曲率求解方法，并结合实际数据的计算结果进行分析，进一步验证了方法的可行。

关键词：惯性测绘单元；弯曲应变；五点光滑；完整性管理

Research on Calculation of Pipe Bending Strain Based on IMU Coordinate Data

Xie Dong, *Shuai Jian*, *Ren Fei*

(1. College of Artificial Intelligence, China University of Petroleum (Beijing), Beijing 102249;
2. College of Safety and Ocean Engineering, China University of Petroleum (Beijing), Beijing 102249)

Abstract: The internal detection technology based on inertial mapping is an effective method to accurately identify the bending deformation of the pipeline and detect the bending strain. The reason for the deviation of the calculation of the bending strain by using the dense IMU coordinates is analyzed, and a prediction method based on the sampling of the dense pipeline centerline coordinate data is proposed. The method for solving the curvature of the center line of the pipeline is optimized, and the calculation results of the actual data are analyzed, which further verifies the feasibility of the method.

Key words: IMU; bending strain; five - point smoothing; integrity management

长输油气管道的运输距离长，服役环境复杂，经过地震带、滑坡区等地质不稳定区域。受多种因素的同时影响，长输管道容易发生管道拉伸、压缩、剪切、扭转及弯曲变形等情况，情况严重时会造成管道的直接破裂，引发安全事故[1-3]。

史建峰[4]数据管理技术的发展核心，为保证油气管道的安全运行，需不断加入新技术、引入新方法，使完整性数据完备、准确，以保证管道安全、长久运营。基于惯性测绘单元(IMU)的管道内检测技术是一种精确描绘管道三维坐标与走向、准确识别管道弯曲变形的有效方法[5-8]，其利用三轴加速度计和三轴陀螺仪数据进行姿态、速度更新，进而推算出内检测器在管道中的位置坐标，即管道中心线坐标。

霍晓彤[9]等针对不同精度的管道中心线坐标数据，提出了五点光滑法和三次 B 样条插值法计算管道弯曲应变。实践过程中，上述两种方法在 IMU 高频采集数据的计算中均产生了一定的偏差，造成了较多的误识点。本文研究基于高频 IMU 采集数据的弯曲应变计算过程，分析结果产生偏差的原因，减少误识点数量，这对长输油气管道的完整性管理具有重要意义。

1　惯性测绘单元系统组成及数据处理

惯性测绘单元由三轴陀螺仪和三轴加速度计组成，与内检测器固连，在管道内部以一定频率采集三轴角速度和三轴加速度，解算三轴角速度可以获得内检测器每一时刻相对于参考坐标系的姿态，解算三轴加速度可以获得内检测器相对于参考坐标系的平移速度，最终求解出每一时刻内检测器的位置，从而实现了对管道中心线的定位。

由此得到的坐标定位信息为经纬度坐标，即大地坐标，考虑到管道弯曲应变计算，需将大地坐标投影至空间直角坐标系。霍晓彤等[9]利用高斯－克吕格投影[10]的方法，将一定经差范围内的大地坐标投影至平面直角坐标系。在投影的平面直角坐标系中，利用 X 轴和 Y 轴叉乘构造出第三个轴线，三个轴线两两正交，从而构造出一个符合右手系三维空间直角坐标系。根据高程的定义，构造出的第三个轴即高程轴。投影原理如下所示：

$$x = X + \frac{N}{2\rho 2}\sin B\cos B\, l2 + \frac{N}{24\rho 4}\sin B\cos 3B(5 - t2 + 9\eta 2 + 4\eta 4)l4 + \frac{N}{720\rho 6}\sin B\cos 5B(61 - 58t2 + t4)l6$$

$$y = \frac{N}{\rho}\cos Bl + \frac{N}{6\rho 3}\cos 3B(1 - t2 + \eta 2)l3 + \frac{N}{120\rho 5}\cos 5B(5 - 18t2 + t4 + 14\eta 2 - 58\eta 2t2)l5$$

$$z = H$$

其中：

$\eta = e'\cos B$，e'为参考椭球体第二偏心率；

$t = \tan B$，B 为大地纬度；

$l = \frac{L - L_0}{\rho}$，L_0 为当前分带的中央子午线，L 为大地经度，ρ 为角度转换系数；

$X = \int_0^B M\mathrm{d}B$，$X$ 为自赤道其的子午线弧长，M 为子午圈曲率半径；

$M = a(1 - e2)(1 - e2\sin 2B) - \frac{3}{2}$，$e$ 为参考椭球体第一偏心率；

H 为大地高程。

2　管道弯曲应变计算

利用高频 IMU 采集坐标数据进行管道弯曲应变计算的结果往往偏大，经分析，IMU 采集的坐标数据存在一定范围内的波动，导致管线在局部上出现“折点”，根据平均曲率的定义，采集点越密集，“折点”对计算结果的影响越大，故出现了在高频采集数中计算结果偏大的情况。霍晓彤等利用环焊缝作为采样依据获取采样坐标进行计算，在一定程度上抑制了坐标波动带来的影响，却不可避免地丢失了管道局部构型的精度。本文借鉴采样的思想，设计了如图 1 所示的包含环焊缝坐标数据的采样过程，上端以环焊缝为采样依据得到的采样点，在此基础上，通调节采样间隔，对环焊缝坐标数据进一步加密，以达到坐标波动影响与丢失管道局部构型精度之间的平衡。

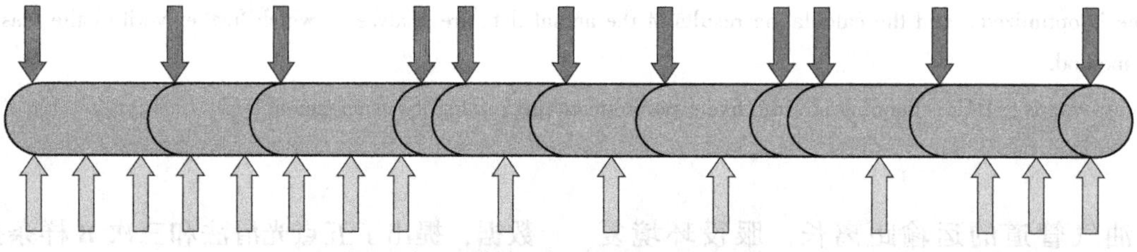

图 1　包含环焊缝坐标数据的采样过程示意图

管道在某点的弯曲应变与该点的曲率存在如下关系，由此可知，在给定管道公称直径的前提下，求得管道的曲率，即可求得管道的弯曲应变。求解空间曲线某点的曲率较为复杂，如图 2 所示，若考虑将管道在某点的弯曲应变分解至水平平面和竖直平面中的两个分量，则曲率可以对应地分解水平平面和竖直平面中的两个曲率分量，至此三维空间问题则可以降维至水平平面和垂直平面两个二维平面问题。若在二维平面内，对于给定的 n 个数据点(xi, yi)，$0 < = i < n$，每连续五个点之间进行光滑处理，建立三次多项式，利用最小二乘的思想最小化误差，从而获取数据的最优拟合结果。

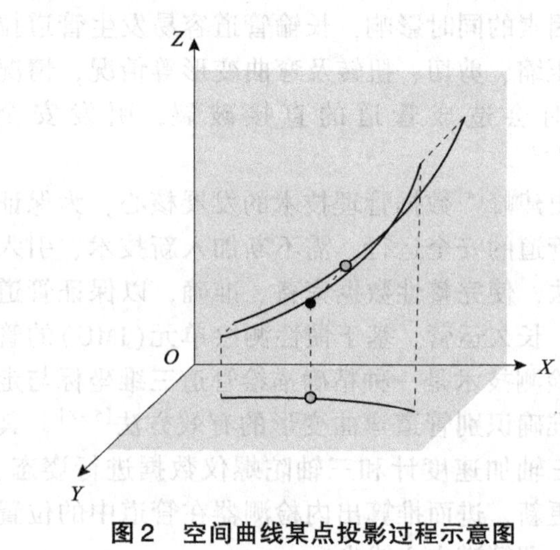

图 2　空间曲线某点投影过程示意图

3 实例应用

基于上述管道中心线坐标数据的处理流程及管道弯曲应变的计算原理，结合实际一条管线的一次 IMU 检测数据，选取其中一段直管段，其三维走势图如图 3 所示，计算弯曲应变并分析其结果。

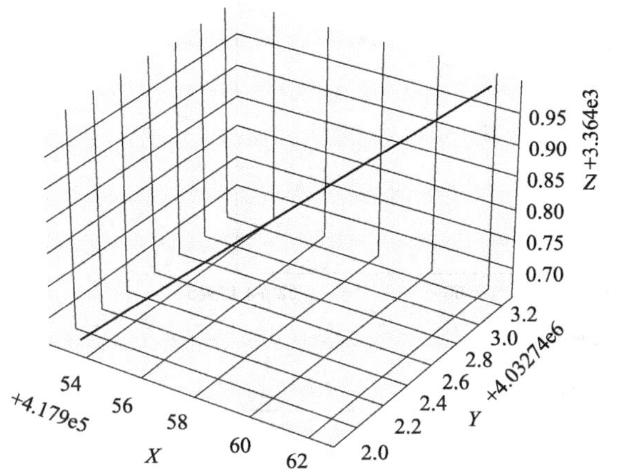

(a)主视方向

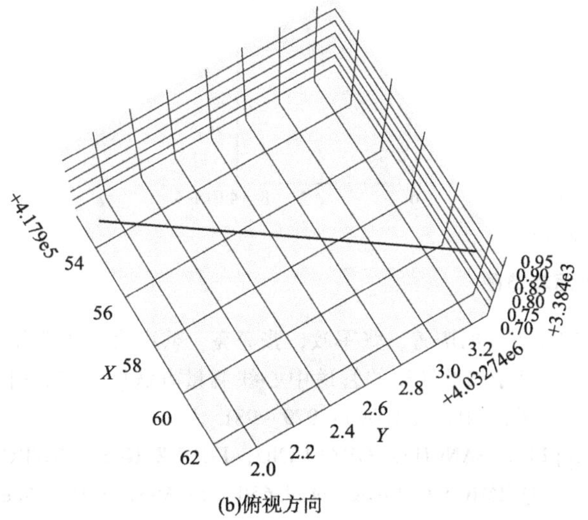

(b)俯视方向

图 3　直管段管道中心线三维走势图

3.1 管道弯曲应变的计算

基于上述直管段的密集采集 IMU 数据，优选采样间隔，进行了包含环焊缝特征点的采样操作，结合五点光滑法计算关键点的弯曲应变，前 15 处的弯曲应变值如表 1 所示。由图 4 中数据处理前后的弯曲应变结果对比可以看出，处理之后的弯曲应变值更符合管道的实际构型，故该数据处理放方法在 IMU 高频数据采集点的计算中具有一定的可行性。

表 1　前 15 处环焊缝弯曲应变计算结果对比表

编号	处理前应变值/%	处理后应变值/%
1	2. 531388	0. 185003
2	6. 390594	0. 097381
3	21. 12654	0. 006358
4	37. 21443	0. 199369
5	23. 26001	0. 042812
6	11. 16042	0. 108921
7	20. 27432	0. 236112
8	24. 95521	0. 275032
9	11. 13862	0. 292908
10	14. 86608	0. 100051
11	11. 85141	0. 432667
12	1. 384136	0. 417661
13	19. 37919	0. 171717
14	3. 256294	0. 001629
15	15. 86251	0. 267565

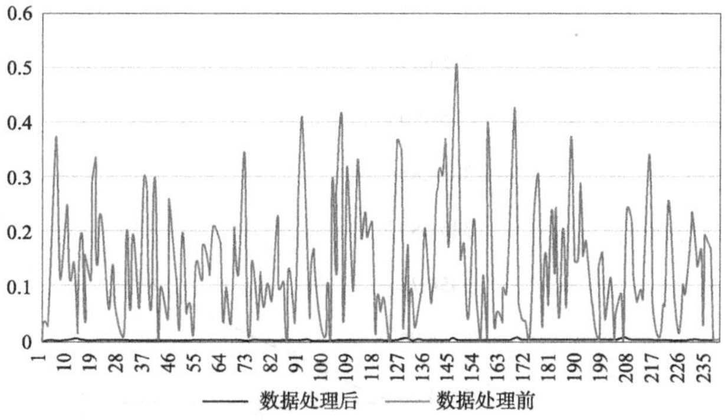

图 4　数据处理前后弯曲应变计算结果对比

3.2 大应变点的结果分析

表 2　大弯曲应变环焊缝点局部计算结果对比表

编号	处理前应变值/%	处理后应变值/%
36	31. 55268	0. 053134
37	2. 303536	0. 071737
38	5. 545839	0. 234111
39	3. 640785	0. 189619
40	9. 953092	0. 098166
41	8. 512972	0. 128158
42	17. 58357	0. 125798
43	33. 90308	0. 198888
44	42. 65924	0. 274784
45	28. 93937	0. 512351
46	5. 545	0. 078544
47	3. 566822	0. 226351
48	3. 704011	0. 293997
49	0. 208029	0. 11848
50	3. 256807	0. 086214
51	23. 32585	0. 242989
52	30. 70264	0. 289266

统计分析弯曲应变计算结果，在编号为 45 处的弯曲应变超 0.5%，将此焊缝前后一定距离内的管线进行水平方向与垂直方向投影，如图 5 所示，在红色辅助直线的对比下可以看出，选取段在水平走向上未发生弯曲变形，主要的弯曲变形发生在高程上，与实际直管段相符，同时也验证了计算结果的准确性。

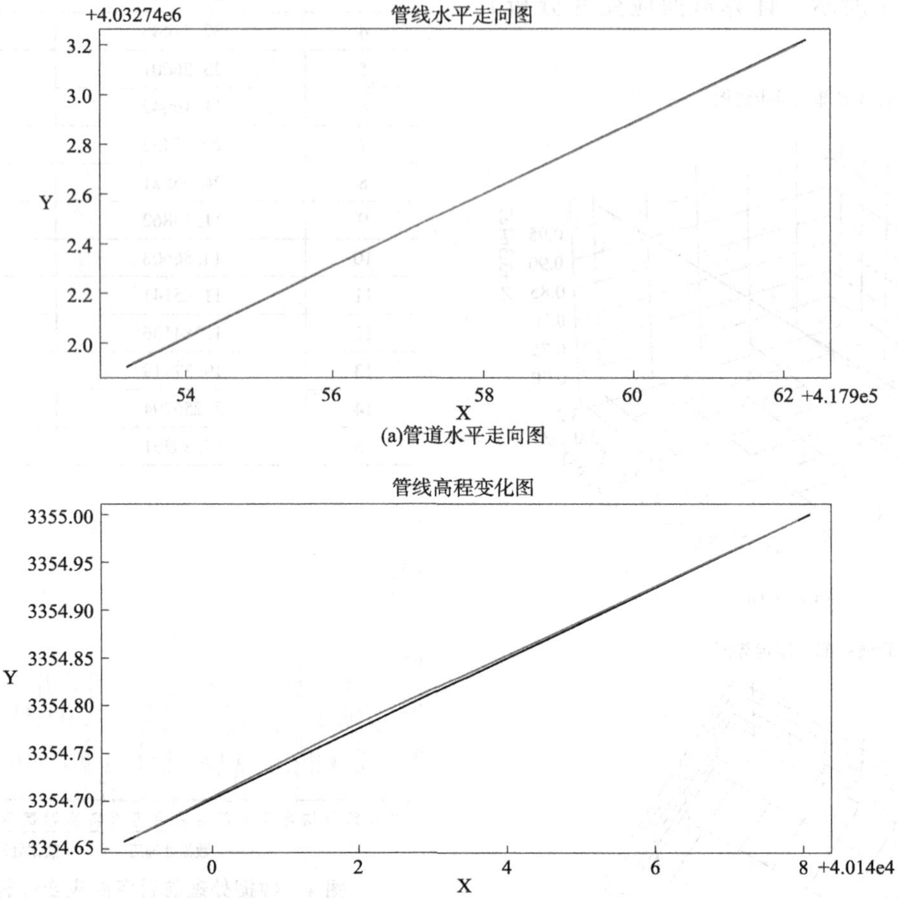

(a)管道水平走向图

(b)管道高程变化图

图 5　管道二维平面趋势图

4　结论

(1)本文分析了高频 IMU 数据计算弯曲应变产生较大偏差的原因，并提出了基于采样的密集管道中心线坐标数据的预处理办法。

(2)分析弯曲应变的物理意义，优化了基于五点光滑方法的空间曲率的求解办法。

(3)通过对实际一段管道中心线坐标数据的计算结果分析，进一步验证了该方法的可行，为直管段的大弯曲应变点的精确定位提供理论依据。

参考文献

[1] CZYZ J., WAINSELBOIN S. E. Monitoring pipeline movement and its effect on pipe integrity using inertial/caliper in - line inspection[C]. Rio de Janeiro: Rio Pipeline Conference and Exhibition, 2003: IBP 575_ 03.

[2]李睿，冯庆善，张军政，张海亮，韩小明，刘成海. 基于惯性导航的管道中心线测量方法[J]. 油气储运，2013，32(09)：979 - 981.

[3] LUIS SANCHEZ GRACIANO, PEMEX GAS, PETROQUIMICA BASICA, et al. 650 - km Mexican Gas Pipeline Inspected, Recertified Within Eight Months[J]. Pipeline & Gas Journal, 2005, 232(8): 44, 46 - 47.

[4]史建峰，王晓霖，帅健. 管道完整性数据管理技术的研究进展与发展对策[J]. 焊管，2016，39(04)：13 - 16 + 26. DOI: 10.19291/j.cnki.1001 - 3938.2016.04.004.

[5]李苏. 油气管道监测技术发展现状[J]. 油气储运，2014，33(2)：129 - 134. DOI: 10.6047/j.issn.1000 - 8241.2014.02.003.

[6]鲍庆军，帅健. 油气管道内检测技术研究进展[J]. 当代化工，2017，46(2)：298 - 301. DOI: 10.3969/j.issn.1671 - 0460.2017.02.031.

[7]李睿，冯庆善，张军政，张海亮，韩小明，刘成海.

基于惯性导航的管道中心线测量方法[J]. 油气储运, 2013, 32(09): 979-981.
[8]赵晓明, 李睿, 陈朋超, 冯文兴, 富宽, 郑健峰, 刘阳. 中俄东线天然气管道弯曲变形识别与评价[J]. 油气储运, 2020, 39(07): 763-768.
[9]霍晓彤, 王宇, 刘点玉, 樊岳, 葛艾天, 肖华平, 帅健. 基于中心线坐标的管道弯曲应变计算研究[J]. 中国安全生产科学技术, 2021, 17(S1): 15-20.
[10]刘健, 刘高峰. 高斯-克吕格投影下的坐标变换算法研究[J]. 计算机仿真, 2005(10): 126-128+131.

管道漏磁内检测中典型环焊缝缺陷特征的识别分析与应用

张青斌　李志宏　程　浩

(安徽省特种设备检测院，安徽 合肥　230051)

摘　要：针对管道漏磁内检测技术无法识别环焊缝缺陷的问题。从原理和结构方面解释了相关原因。根据典型焊缝缺陷的结构特点及漏磁信号采集机理特征研究提出了典型焊缝缺陷的类型识别方法。运用仿真与现场应用验证了方法的可行性，消除了管道的重大安全隐患。为后期的漏磁内检测环焊缝缺陷量化与评价研究工作提供研究基础并积累经验。

关键词：漏磁；内检测；环焊缝；缺陷；识别

Identification, Analysis and Application of Typical Girth Weld Defect Features in Pipeline MFL Internal Inspection

Zhang Qingbin, *Li Zhihong*, *Cheng Hao*

(Anhui Special Equipment Inspection Institute, Anhui Hefei 230051, China)

Abstract: In view of the problem that pipeline magnetic flux leakage internal inspection technology can not identify girth weld defects. The related reasons are explained from the aspects of principle and structure. According to the structural characteristics of typical weld defects and the characteristics of magnetic flux leakage signal acquisition mechanism, the type identification method of typical weld defects is put forward. The feasibility of the method is verified by simulation and field application, and the major potential safety hazards of pipelines are eliminated. It provides research basis and accumulates experience for the later research work of quantification and evaluation of girth weld defects in magnetic flux leakage internal inspection.

Key words: MFL; internal detection; girth weld; defects; identify

1　引言

管道运输作为连接石油天然气生产与市场用户的首选通道，在石油天然气工业发展中，发挥着越来越重要的作用，堪称国家能源命脉。油气压力管道在运行中面临由于土壤、杂散电流、防腐层缺陷、内部介质环境等引起的腐蚀问题、材质问题、外力作用造成的延时裂纹和应力损伤、自然灾害及第三方破坏等因素造成的失效事故时有发生。由于其输送介质具有的易燃、易爆、高污染等特性，发生事故后造成的后果非常严重[1]。近些年管道失效事故频繁发生，国家承受了损失，但也吸取了教训。在全国范围内推进推广管道内检测应用。开展管道检测可以使管道安全生产管理变被动为主动，变事故后处理为提前预控，可持续改进管道系统的安全性、减少和预防管道事故发生，经济合理地保证管道系统的安全运行。

管道漏磁内检测依据漏磁检测原理对长输油气管道缺陷等质量问题进行在线检测。完成管道缺陷、管壁变化、管壁材质变化、缺陷内外分辨、管道特征(管箍、补疤、弯头、焊缝、三通等)的识别检测，可提供缺陷面积、程度、方位、

作者简介：张青斌(1981—　)，博士研究生，工程师，主要从事管道内检测装备技术研发与应用。E-mail：zhangqingbin2020@qq.com

基金项目：安徽省市场监督管理局科技计划项目(2020MK032)

位置等全面信息[2]。在管道完全没有泄漏的情况下为管道的维护、安全运行和管理提供科学依据。管道漏磁内检测是在管道正常运行状态下，借助管道内输送介质的压力推动检测器在管道内行走，从而对管道缺陷、危害等问题进行全面在线检测，是国际公认的一种检测管道缺陷及质量问题最方便、有效的技术手段，在保障管道安全运行方面发挥了非常重要的作用[3,4]。

管线在建设和使用过程中，焊缝区由于内部组织的特殊性、承受载荷的复杂性、焊接技术水平及质量管理等原因往往成为管道的薄弱区，经常会产生各种缺陷，如补焊、焊接裂纹、未焊透、夹渣、气孔和焊缝外观缺欠等。这些缺陷减少了焊缝截面积，降低承载能力，产生应力集中，引起裂纹，降低疲劳强度，易引起焊件破裂导致脆断进而影响到管道安全运行，甚至成为重大危害事故的根源。2017 年和 2018 年贵州晴隆连续 2 次由于环焊缝失效导致的爆炸事故，造成了巨大社会影响[5]。此后，各大管道企业在全国范围内开展了环焊缝的隐患排查治理工作。由于埋地管道的埋地特殊性，排查焊缝要进行巨量的开挖工作。工作效率低下且耗费的财力物力巨大。目前漏磁内检测已经被广泛应用于管道本体缺陷检测，但管道环焊缝处存在余高，焊缝缺陷信号可能叠加在焊缝正常信号曲线中，使得焊缝处的缺陷很难被识别。有些较严重的焊缝缺陷即使在检测数据中体现，但由于数据量较大且缺少评判依据，可能被忽视。

2　检测原理及存在的问题

管道漏磁内检测是以漏磁为原理在管道内部进行的检测。通过检测器本体安装的两组极性相对的永磁铁组将管壁进行饱和磁化后，应用布局在磁极中间的三轴磁场传感器检测管壁表面的不同方向的磁场分量信号，获得相应检测数据。管道漏磁内检测原理见图 1。三轴磁场传感器分量中轴向分量对壁厚变化最敏感，本文以轴向分量信号进行举例分析。

管线中的环焊缝在安装现场焊接时一般是单面焊双面成形，焊接完成后在管道内外部形成具有一定高度的焊缝。焊缝高度一般为 2 ~ 3mm。由于焊缝余高的存在，导致漏磁内检测器探头在通过焊缝时会随着焊缝形成起伏，脱离管壁表面，见图 2。同时，管壁等效厚度也随即增加。导致探头在焊缝处的磁场信号存在波动。如果焊缝中存在缺陷，可能被淹没在正常信号波动之中。即使能够发现存在信号异常，也可能无法判断缺陷类型及进行缺陷定量。正常的环焊缝漏磁信号见图 3，存在缺陷的环焊缝漏磁信号见图 4。

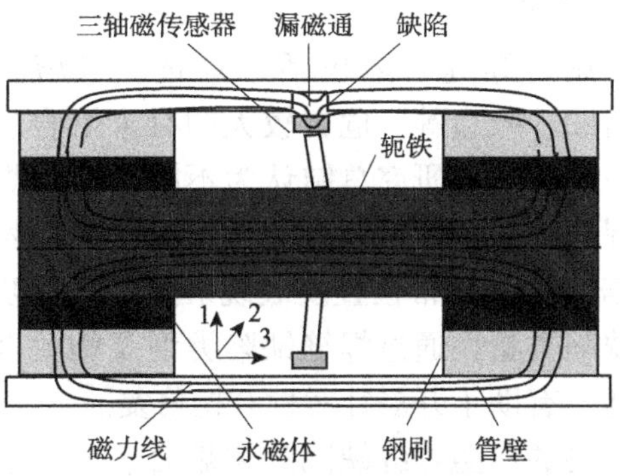

1—径向分量；2—周向分量；3—轴向分量

图 1　管道漏磁内检测原理

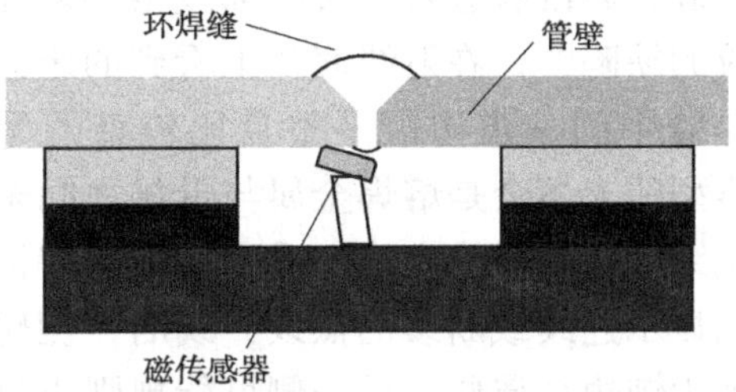

图 2　漏磁检测器通过焊缝时探头状态示意图

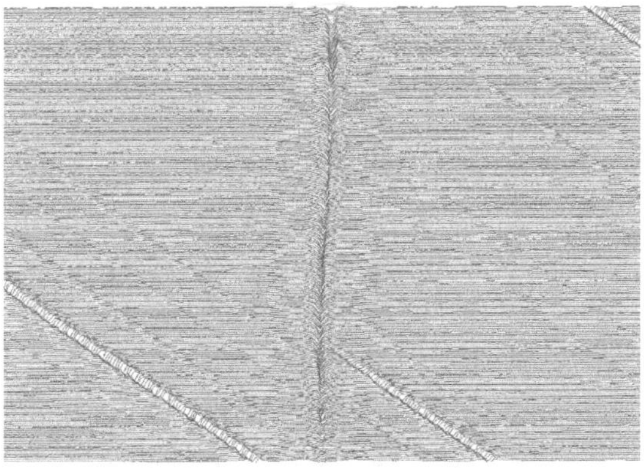

图 3　正常的环焊缝漏磁信号

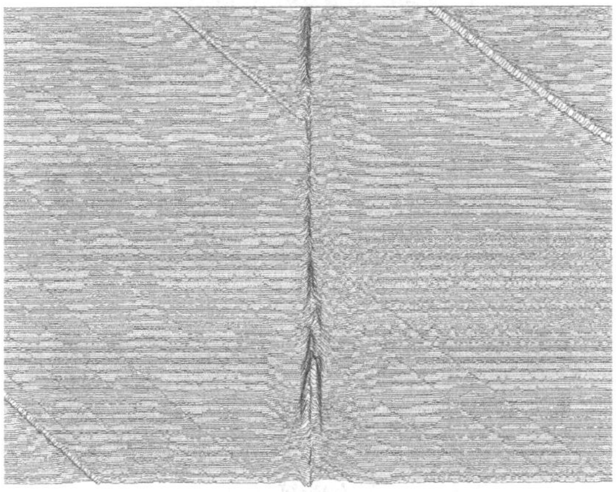

图 4　存在缺陷的环焊缝漏磁信号

3 理论分析

常见的焊缝缺陷包括未焊透、未熔合、裂纹、内凹、咬边等。危害较大的有未熔合、未焊透、裂纹。通过研究总结认为不同类型的焊缝缺陷在焊缝中的位置不同，在漏磁内检测信号中可以根据其信号异常位置及表现形式进行初步判断焊缝缺陷类型，通过焊缝缺陷类型及相关因素进行筛选，有助于开展针对性开挖修复。

主要的典型焊缝缺陷如未熔合、未焊透、裂纹见图5。其对应的射线底片结果见图6。典型的未焊透由于母材根部钝边金属未熔化或未完全熔化，焊缝金属没有进入接头根部或根部未完全熔透形成的缺陷[6]。在射线底片上看到的影像特征是在焊缝中间一道边沿平整且比较直的黑色线条。典型的未熔合是熔焊金属与母材之间未能完全熔化结合。在射线底片上看到的影像特征在焊缝一侧显示连续或断续的黑线，线的一侧轮廓整齐规则为钝边金属侧，另一侧可能规则也可能不规则，且宽度不一。典型的裂纹在焊接过程中操作不当或焊接后出现的开口极小的不连续，并具有一定深度。在射线底片上看到的影像特征是轮廓分明的黑线或黑丝。

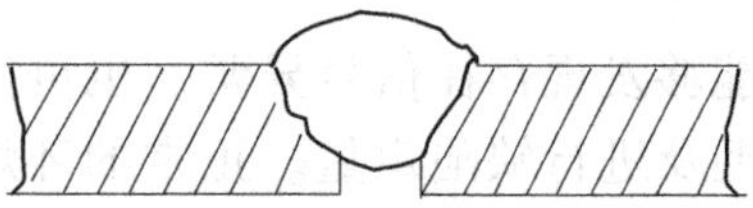

(a)未焊透

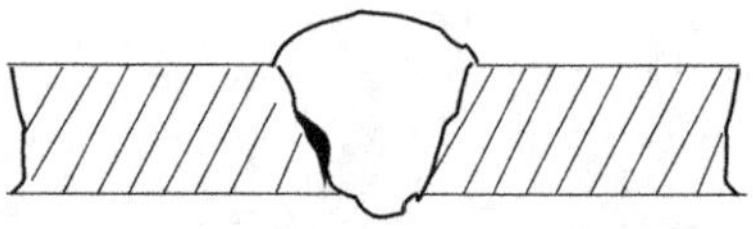

(b)未熔合

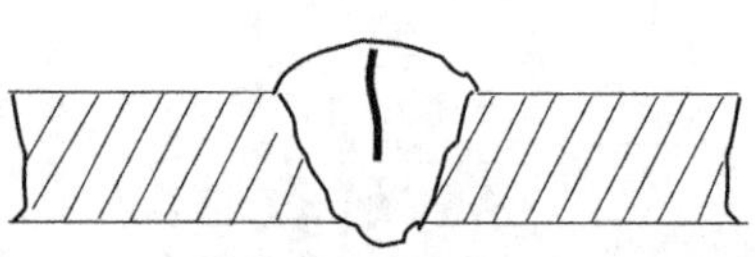

(c)裂纹

图5　典型焊缝缺陷

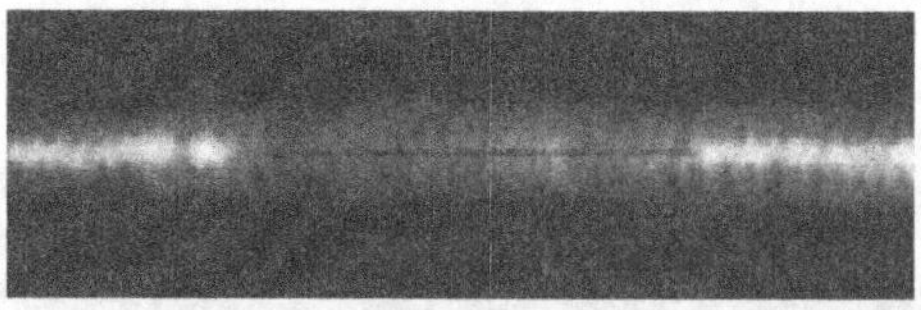

(a)未焊透

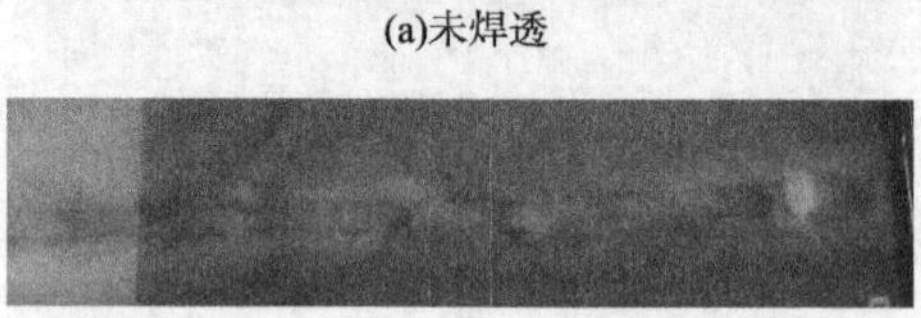

(b)未熔合

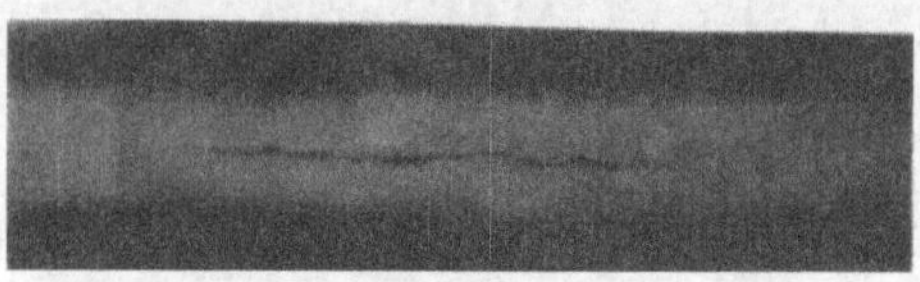

(c)裂纹

图6　典型焊缝缺陷射线底片

具有一定深度的焊缝缺陷在管道漏磁内检测信号中一般会有明显的异常。行业内一般将其划为焊缝异常，并简单根据信号中的幅值高度划分严重等级。这种方式可能将危害性较低的内凹等缺陷与危害性较大的缺陷混为一谈，造成开挖资源浪费或遗漏重大危害缺陷。

管道漏磁内检测设备采集的每通道探头信号是按时间或里程进行等间隔采样并存储的。在焊缝的正常信号区域范围内，不同典型焊缝缺陷类型出现的位置不同，在通过分析软件回放中可以根据其位置和相邻所有通道的形式进行分析判断。例如，未焊透缺陷一般出现在焊缝信号区域的中间位置，且其有异常反应的所有通道位置表现整齐，可根据这一特点判断其为未焊透缺陷。根据管道漏磁内检测信号的实际特征结合部分焊缝缺陷的形成机理，可尝试进行危害性较大的焊缝缺陷的类型识别。

4 仿真验证

为了验证理论分析的可行性，首先应用有限元模拟方法进行焊缝缺陷的仿真分析。模型磁化结构按照 DN700mm 漏磁内检测器参数设计。选取了未焊透、裂纹两种缺陷类型，每种缺陷类型设计了不同深度。建立的三维仿真模型见图7。经过加载、网格划分后提取的磁场的轴向分量见图8。未焊透的信号轴向长度较长，裂纹的轴向

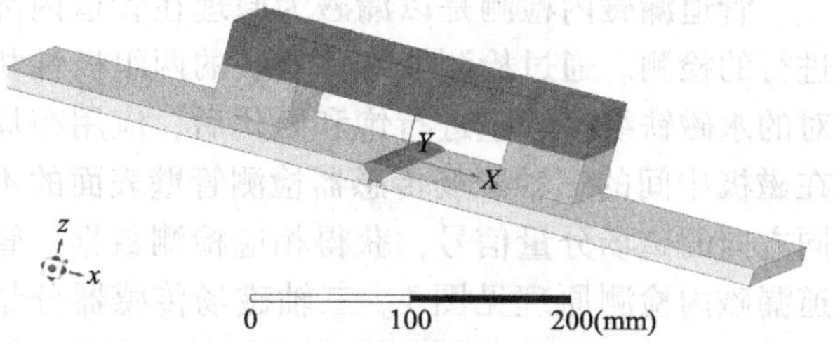

(a)未焊透

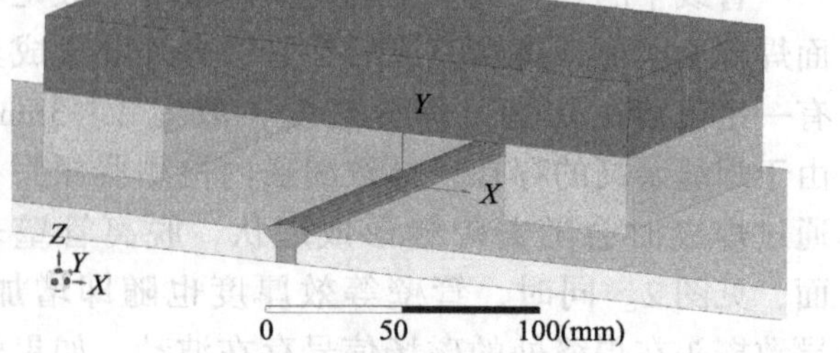

(b)裂纹

图7　三维仿真模型

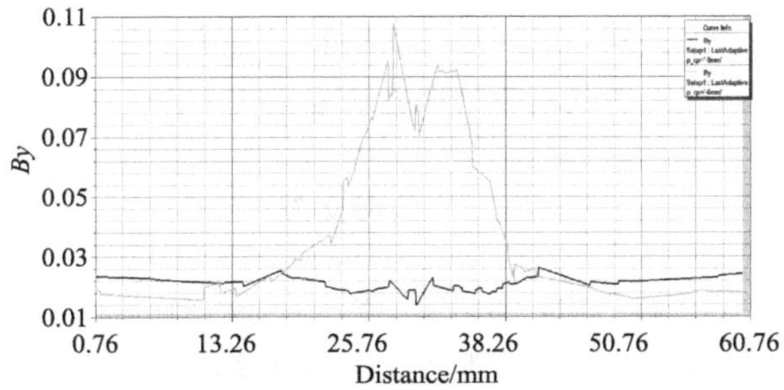

(a)未焊透

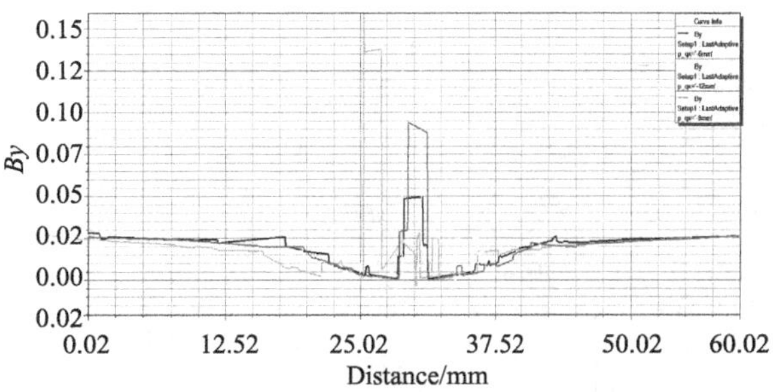

(b)裂纹

图8　焊缝缺陷轴向分量

长度较小，且都是叠加在焊缝信号之中。信号中体现的缺陷长度、位置与模型实际缺陷长度、位置基本一致。验证了前期理论分析方法的可行性。

5　现场应用

某段*DN*700mm的天然气管道完成漏磁内检测后，经过数据分析发现存在多处焊缝异常。应用前述方法进行分析判断，挑选3处较典型的信号特征进行开挖验证，详细信息见表1。对应的漏磁内检测数据截图见图9、图10、图11。选取的3处焊缝异常特征长度在10mm左右，位置为焊缝中心，符合未焊透特征。同时，这3处焊缝异常均位于1m左右短管的上下游焊缝上。长输管道施工中短管一般用于两段管道施工后的连头作业中。由于各方面施工因素的限制，连头焊缝多数情况下可能存在强力组对，属于应力集中区，风险隐患较其他位置焊缝较大。从而连头处的焊缝验收标准也相对严格。本段数据中未发现疑似裂纹、未熔合等其他特征。

表1　焊缝缺陷信息

序号	位置/m	长度/mm	宽度/mm	异常等级	周向位置
1	42211.4	10	430	中度	5：37
2	44710.3	11	450	重度	3：22
3	48081.1	12	340	中度	2：00

注：长度为沿管道轴向尺寸，宽度为沿管道环向尺寸。

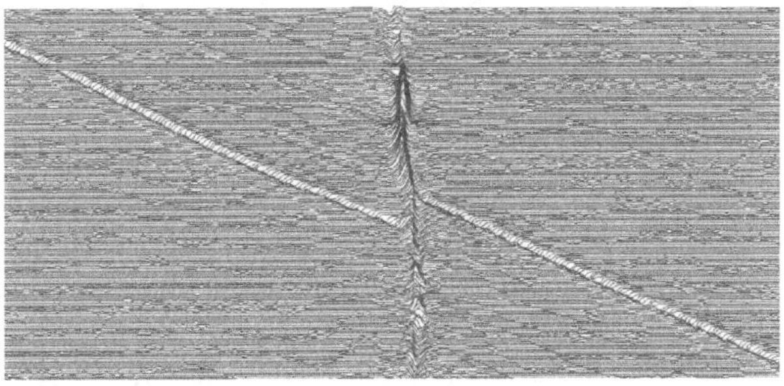

图9　42211.4m

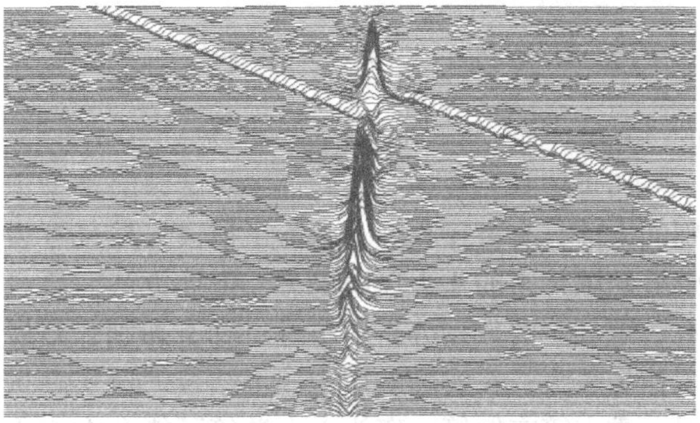

图10　44710.3m

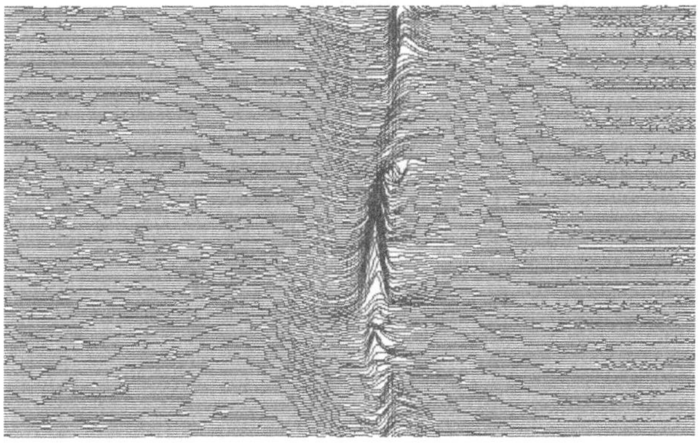

图11　48081.1m

3处特征开挖后，全部进行射线检测结果见表2。从射线检测结果可见，3处焊缝异常全部判断准确，焊缝缺陷类型识别方法有效。管道运营方及时对这3处焊缝缺陷进行了修复。其中，44710.3m进行了换管修复。换管后获取的焊缝内部照片见图12，内部直观显示为严重的根部未焊透。

表2　射线检测结果

序号	位置/m	缺陷性质	评定等级	结果
1	42211.4	未焊透	Ⅳ	不合格
2	44710.3	未焊透	Ⅳ	不合格
3	48081.1	未焊透	Ⅳ	不合格

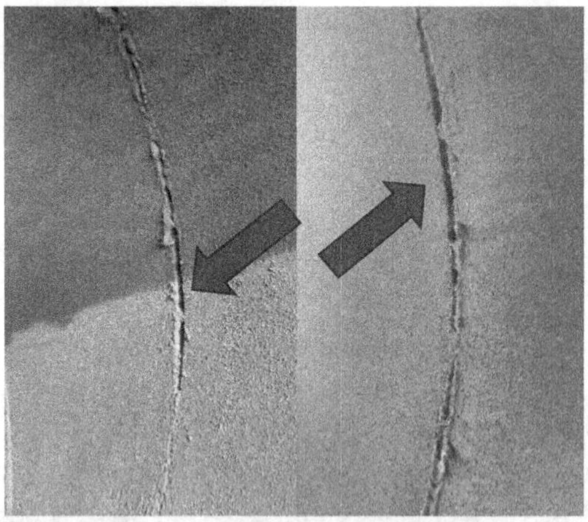

图12　44710.3m焊缝内部照片

6　结论

通过仿真及现场应用验证了焊缝缺陷类型识别的方法具有可操作性。消除了该段天然气管道焊缝缺陷带来的重大风险隐患。但此方法需要具有一定经验的数据分析人员进行筛查甄别，开展工作量较大。在实际应用中，可结合管道实际情况，重点筛查短管、弯头上下游等可能存在应力集中的重点位置。

所述方法只是针对较典型的焊缝缺陷进行了类型识别，下一步还将进行其他焊缝缺陷的识别研究工作及最终的焊缝缺陷量化工作。

参考文献

[1]王婷，杨辉，冯庆善，等．油气管道环焊缝缺陷内检测技术现状与展望[J]．油气储运，2015，34(7)：694－698.

[2]杨理践，耿浩，高松巍．长输油气管道漏磁内检测技术[J]．仪器仪表学报，2016，37(8)：1736－1746.

[3]辛佳兴，陈金忠，李晓龙等．油气管道内检测技术研究前沿进展[J]．石油机械，2022，50(05)：119－126.

[4]王富祥，冯庆善，王学力，等．三轴漏磁内检测信号分析与应用[J]．油气储运，2010，29(11)：815－817.

[5]杨锋平，程飞，张鸿博等．油气管道环焊缝失效案例与全尺寸试验分析[J]．石油管材与仪器，2022，8(04)：80－84.

[6]SY/T 4109—2020，石油天然气钢质管道无损检测[S].

聚乙烯燃气管道电容接头超声相控阵检测技术研究

姚立东

（安徽省特种设备检测院，安徽 合肥 230051）

摘 要：聚乙烯燃气管道电容接头一直是聚乙烯燃气管道的主要失效方式之一，为了提高聚乙烯燃气管道电熔接头超声相控阵检测效率和缺陷识别准确度，本文采用一种基于阈值小波去噪和图像平滑算法相结合的方式对检测图像进行处理，用以更清晰和准确地识别检测缺陷，提升检测效率和检测准确度，试验结果表明，通过本研究算法对检测图像进行处理后，检测图像缺陷呈现更加直观，缺陷特征值易于提取，为聚乙烯燃气管道的检测和评价提供新思路，具有良好的应用前景。

关键词：电熔接头；超声相控阵；小波阈值；平滑处理；检测评价

Research on Ultrasonic Phased Array Detection and Defect Identification Technology of Polyethylene Gas Pipeline Capacitor Joint

Yao Lidong

(Anhui Special Equipment Inspection Institute, Hefei 230051, China)

Abstract: Capacitive joint of polyethylene gas pipeline has always been one of the main failure modes of polyethylene gas pipeline. In order to improve the ultrasonic phased array detection efficiency and defect recognition accuracy of polyethylene gas pipeline electric fusion joint, this paper uses a combination of threshold wavelet denoising and image smoothing algorithm to process the detection image, so as to identify the detection defects more clearly and accurately, improve the detection efficiency and detection accuracy, The test results show that after the detection image is processed by this algorithm, the defects in the detection image are more intuitive, and the defect feature values are easy to extract, which provides a new idea for the detection and evaluation of polyethylene gas pipelines, and has a good application prospect.

Key words: electrofusion joint; ultrasonic phased array; wavelet threshold; mean value processing; Detection and evaluation

1 引言

聚乙烯管道是城镇燃气的主要输送方式之一，普遍应用于压力小于等于 0.4MPa 调压装置前天然气的输送，聚乙烯燃气管道的连接方式主要有热熔连接和电熔连接两种方式，而电熔接头尝尝因切割不平整、表面处理不干净、加热时间过长或过短等原因，使得聚乙烯燃气管道在焊接中产缺陷，这些缺陷的产生会使管道的整体强度变低，在经过长时间运行后，因地质沉降、第三方破坏、管道升压降压的交变载荷等因素的作用下，就使得存在缺陷处的电熔接头容易发生失效，造成管道中的天然气泄漏，严重时甚至会燃烧或爆炸，带来严重的后果。目前，聚乙烯电熔接头的主要检测手段有观察法、射线检测法和超

作者简介：姚立东(1988—)高级工程师，硕士研究生，主要从事压力管道检测技术研究。E - mail：yaolidong888@126. com

声相控阵检测法[1,2]，观察法主要通过观察聚乙烯管件电熔接头的观察孔是否存在异常来判断接头质量，这种方法优点是速度快，检测直接，缺点是内部质量无法观测到，容易造成漏检。射线检测法是利用 X 射线透照聚乙烯电熔接头，通过观察内部电阻丝分布情况来判断是否存在缺陷，射线检测法的优点是检测结果精度较高，不容易造成漏检，缺点是检测效率低，射线检测需设置透照隔离区，在城镇市政道路或小区人流密度较大，操作存在一定的难度，对比上述方法，采用超声相控阵检测法无须设置隔离区，检测效率高，并且具有实时成像功能，检测精度高等优点，是现阶段聚乙烯燃气管道电熔接头检测的首选方法[3]。

超声相控阵是应用超声波检测的原理，采用独立的压电晶片组成的阵列探头发射和接收超声波，各个阵列单元按照一定的延迟法则发射和接收，来实现声束的聚焦和偏转，使不同相位的声波可以同时到达指定的聚焦点进行叠加，从而达到提高检测灵敏度的目的，然而，在实际检测过程中，尝尝因现场复杂的工况、人为操作、缺陷大小形状、探头与管道耦合等多种干扰因素的存在，使得超声相控阵检测图像带有噪声，给缺陷的识别带来较大的干扰，研究采用一种基于小波阈值去噪和图像平滑算法相结合的方式对检测图像进行处理，处理后能提高缺陷的识别能力，突出检测图像缺陷的特征值，提高检测精度，其检测和图像处理流程如图 1 所示。

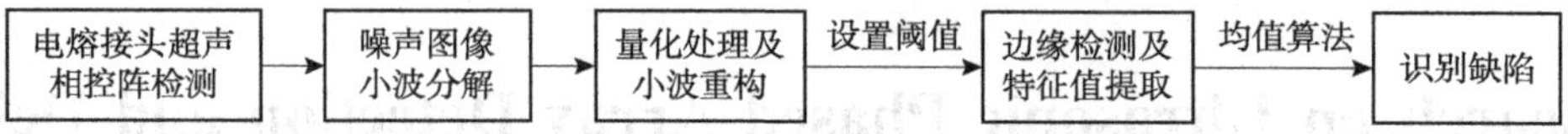

图 1　电熔接头超声相控检测图像处理流程

2　检测图像小波去噪

检测图像多分辨分析可以在不同分辨级上对原始检测图像信号进行分解，分解后检测图像信号可称之为平滑信号和细节信号。其中，平滑信号是较低能量层级的分解信号，平滑信号是一种能够反映检测图像轮廓和检测图像邻域变化趋势的信号；细节信号是较高能量层级的分解信号，细节信号可对检测图像的细节特征进行清晰呈现。通过这样的分解方式，可以将不同频率的混合信号分解为不同频带的子信号，因而能够有效处理信号的分析与重构、信号和噪声的分离以及特征提取等问题[4]。

为提高图像质量，去除干扰缺陷判读的无用信息，本文采用一种基于多尺度小波变换的图像噪声去除算法对检测图像进行处理，首先对聚乙烯燃气管道电熔接头检测图像进行小波分解处理，从而得到不同频率的检测图像信息，因此，可设一正交函数$\varphi_{j,k}(k)$。

$$\varphi_{j,k}(k)=2^{j}\varphi(2^{j}t-k),\quad j,\ k\in z \tag{1}$$

可利用小波函数构建图像算法正交规范基，可设函数$f(t)\in L2(R)$，此函数可进一步展开小波级数：

$$f(t)=\sum d_{j,k}\varphi_{j,k} \tag{2}$$

式中

$$d_{j,k}=\langle f,\ \varphi_{j,k}\rangle \tag{3}$$

为函数$f(t)$小波分解系数，从上述公式推导可得出小波能量系数为：

$$f_j(t)=\sum d_{j,k}\varphi_{j,k}(t) \tag{4}$$

j表示信号函数$f(t)$在第j级小波函数的能量分量，也可表示为第j级的小波函数空间，通过不同层级的小波分解系数，对小波信号进行分解，得到不同层级的空间和能量，再根据噪声信号所在的层级设置合适的小波阈值，阈值选取方法主要有软阈值法和硬阈值法，软阈值容易造成图像失真，边界模糊等现象，但本身处理后图像较为平滑，硬阈值法容易造成视觉失真的现象，但本身对于图像边缘特征保留较为完整，本研究采用半软阈值法来克服软阈值法和硬阈值法的缺点，根据检测图像信息和分解级数来选定阈值，阈值过小噪声去除不完全，阈值过大则容易滤掉图像中有用信息，半软阈值法可根据检测图像信息自适应设置阈值，进而对检测信号图像进行处理，由于超声相控阵信号的噪声主要集中在低频段，因此在处理上可以一个尺度函数进行平移伸缩，在通过平移伸缩后形成的一个固定空间序列对图像信号进行处理，这种对分辨率的处理方法可以去除检测图像信号的噪声。

Mallat 算法是一种应用在多分辨率小波分解情况下的重构算法[5,6]，其基本思路是应用两个已知的序列平滑序列$\{a_{j,k}\}$和细节序列$\{d_{j,k}\}$利用其在空间分量上分级，和同级尺度函数的平移正交原理，再结合滤波器级联的方法可以实现多尺度小波的分解和重构，平滑序列和细节序列每分解一次，序列层级就会低一次，但平滑序列和细节序列的数据总量始终保持不变，这就保证了数据重构不会出现相位偏移和数据错乱的情况出现，在实际应用过程中，通常采用无限的信号来模拟有限的检测信号，因此，在这一过程应考虑边界处理问题，本研究采用周期扩展的方法来设置边界，用以降低边界上产生的变换衰减和不连续的问题，其应用公式为：

$$f(n)=\begin{cases}f(n+N) & -\frac{M}{2}+1\leqslant n<0\\ f(n) & 0\leqslant n<N\\ f(n-N) & N\leqslant n\leqslant N+\frac{M}{2}-1\end{cases} \tag{5}$$

3 平滑处理

由于超声相控阵声波信号在聚乙烯管道检测底面的不平整等因素的干扰下，使得声波信号的反射强度不同，形成散射声波，这种散射容易造成检测信号不可避免地带有相干斑噪声，这种噪声对于成像质量和边缘检测工作都有很大的影响，由于聚乙烯材料结构较为粗糙，底面的不平整，使得漫反射的回拨没有规律性，甚至可以将缺陷信号掩盖，多尺度小波阈值处理方法不能够尽除相干斑噪声，本研究为了能尽可能去除相干斑的干扰，采用平滑滤波的处理方法对检测图像进行空间域滤波处理，平滑滤波也称作平滑滤波，是通过计算像素点邻域平平滑或者采用加权平均的方式计算，去除图像变化较大的高频噪声，留下变化较小的平缓数据，其采用的主要方法为邻域平均法[7]。因此，可设当前对待处理的当前像素点(x, y)，选择一个模板，该平滑模板为：

$$\frac{1}{9}\begin{bmatrix}1&1&1\\1&1&1\\1&1&1\end{bmatrix} \tag{6}$$

该模板由其近邻的若干像素组成，求模板中所有像素的平滑，再把该平滑赋予当前像素点(x, y)，作为处理后图像在该点上的灰度$g(x, y)$，利用式(6)模板与检测信号图像做卷积运算，即$g(x, y)=\sum f(x,y)/m$，m为该模板中包含当前像素在内的像素总个数。采用平滑滤波处理应注意在检测工程现场存在其他周期性干扰时，采用平滑滤波算法可能会造成检测图像的不连续，到时缺陷信号丢失，此时应采用中值滤波算法或高斯算法处理周期性噪声信号。

4 检测结果和分析

研究采用超声相控阵直探头对聚乙烯燃气管道电熔接头进行扫描，管道材质为PE100，规格为d_n110－SDR11，电熔接头加工缺陷分别为：孔洞缺陷、未熔合缺陷、电阻丝移位、组合式缺陷。

超声相控阵检测检测电熔接头可以实现实时成像检测，灵敏度较高，对于检测结果进行保存，保存后的检测图像经过本研究的处理方法进行去噪处理，典型的聚乙烯管道电熔接头超声相控阵检测信号图像和处理后图像如图2所示。

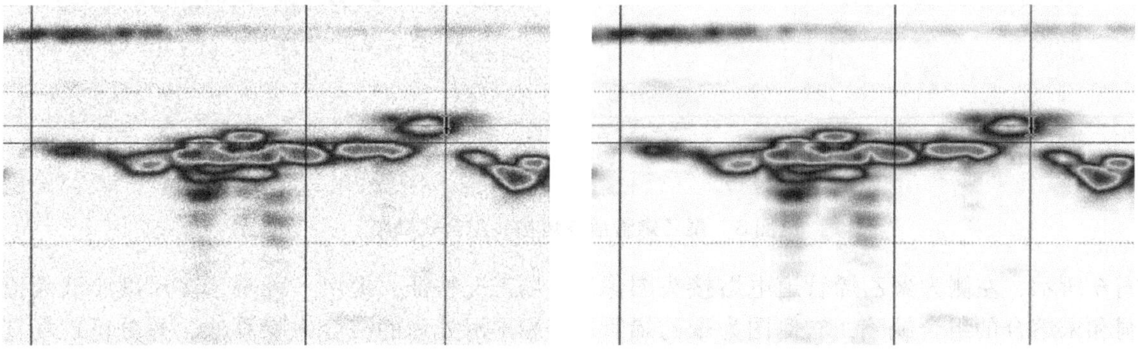

图2 聚乙烯管道电熔接头超声相控阵检测信号图像和处理后图像

由图2可以看出，检测图像中含有较为明显的噪声信号，经多尺度小波处理和平滑处理后缺陷清晰呈现，聚乙烯管道电熔接头常见的缺陷主要有：孔洞、未熔合、电阻丝移位等缺陷，孔洞主要是由于聚乙烯管道焊接过程热量不足或者焊接时间过短产生，电阻丝加热聚乙烯管道产生小气孔，孔洞缺陷一般存在于电阻丝上方，形态规则，较为圆滑，未熔合缺陷多是由于聚乙烯管的承插面有灰尘或者焊接时间、能量不足，导致其无法融合，在安装和使用过程中，收到内外应力作用，使得焊接接头整体强度降低，电阻丝移位一般是由于管道加热时间错长，或者加热能量过大，导致过融合，电阻丝在持续高温下发生的扭曲变形，形成错落不均的分布状态，电阻丝分布不均其图谱显示为颜色深浅不一，并伴有错乱分布，图3、图4、图5分别为聚乙烯管道电熔接头超声相控阵检测的孔洞缺陷、未熔合缺陷和电阻丝移位。

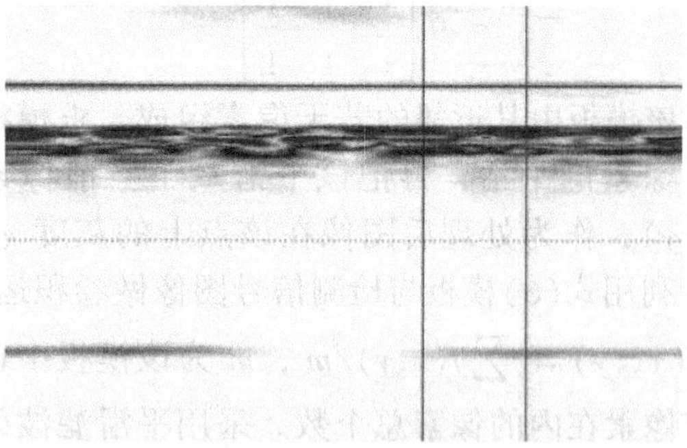

图 3　聚乙烯管道电熔接头孔洞缺陷

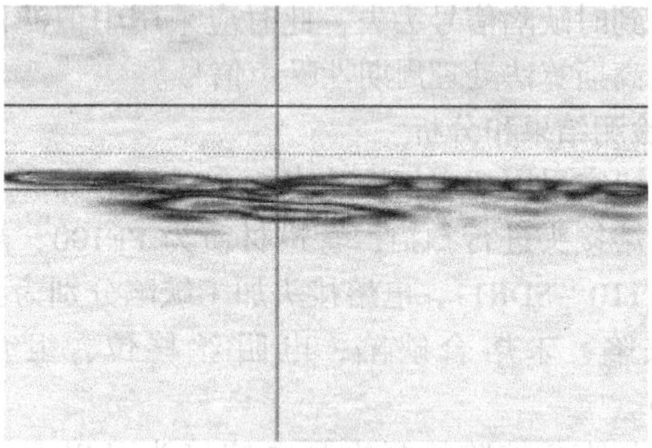

图 4　聚乙烯管道电熔接头未熔合缺陷

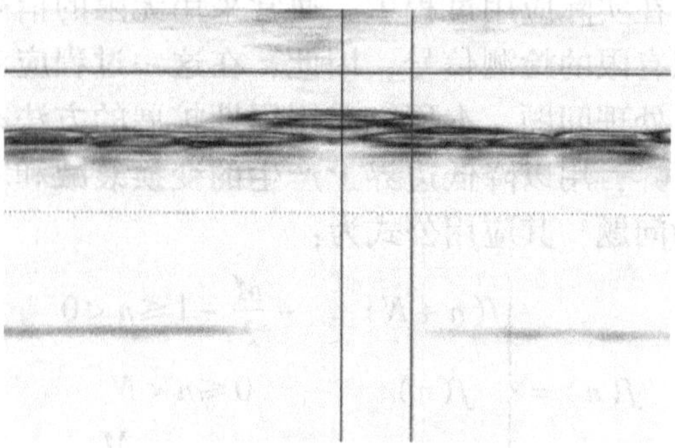

图 5　聚乙烯管道电熔接头电阻丝移位

由图 3、图 4、图 5 可以看出，孔洞缺陷特征主要是缺陷较为圆滑，缺陷所形成图像基本位于同一深度位置，呈现平直圆滑过渡，缺陷主要位于电阻丝附近，导致电阻丝特征却分不明显。未熔合缺陷的电熔接头，其图像特征会在未熔合位置形成明显的不规则未熔合区域，颜色较浅，电阻丝发生轻微扭曲现象。电阻丝移位缺陷主要特征是电阻丝明显不处于同一深度，或处于同一深度，电阻丝间距发生改变，导致与邻近电阻丝一端过近而与另一端间距过远，除上述缺陷外，聚乙烯燃气管道电熔接头还可能出现多种缺陷组合的形式，如图 6 所示。

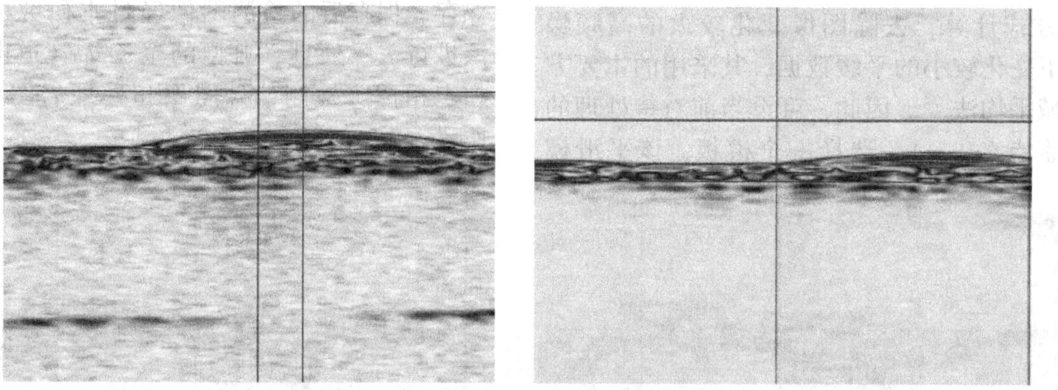

图 6　聚乙烯管道电熔接头组合式缺陷

图 6 所示，左侧为聚乙烯管道电熔接头图像为孔洞和未熔合的组合缺陷，右侧图为聚乙烯管道电熔接头孔洞、未熔合和电阻丝移位的组合缺陷，其图像特征具备各自缺陷的特征，同时，还会出现缺陷融合现象，在边缘处，部分缺陷特征还会被掩盖，这种组合式缺陷多是连接处有异物，并且在焊接过程中存在受力现象而形成的，缺陷图谱在处理后仍显较为复杂的特征，因此，在识别缺陷时，一般应根据各自缺陷特征来识别聚乙烯管道电熔接头缺陷综合判别。

5　结论

（1）结合聚乙烯管道电熔接头检测信号及现场工况特征，提出一种基于多尺度小波阈值去噪和平滑处理的综合去噪算法，并分析现场复杂工况下去噪算法的注意事项，试验结果表明，本研究算法可有效去除检测噪声，最大程度地保留了原始信号的有用信息。

（2）给出了聚乙烯管道电熔接头不同缺陷检测信号图像，并分析孔洞、未熔合、电阻丝移位等常见缺陷的形成原因，和各自的检测信号图像的特征标识，同时本研究还分析了聚乙烯管道组合式缺陷的图像和识别方法，为后续聚乙烯燃气管道电熔接头的检测缺陷自动识别和评价提供新的研究思路，具有较高的推广价值。

参考文献

[1]Smith, C, Boer, P, Corley L. The use of TOFD for enhancement of HDPE pipe fusion inspection[C]//Proceedings of the 17th International Conference on Nuclear Engineering, July, 2009: 225 – 232.

[2]Frederick C, Porter A, Zimmerman D. High – density polyethylene piping butt – fusion joint examination using ultrasonic phased array [J]. Journal of Pressure Vessel Technology, 2010, 132 (5): 051501.

[3]Munns I, Georgiou G. Ultrasonic and radiographic NDT of butt fusion welded polyethylene pipes[C]//Plastic Pipes IX HeriotWatt University, 1999: 41(5): 291 – 303.

[4]伏喜斌. 聚乙烯管道电熔焊接及超声相控阵检测技术[J]. 焊接, 2012(7): 49 – 51.

[5]王卉, 郑津洋, 郭伟灿, 等. 聚乙烯管道电熔焊接接头的 超声检测[J]. 压力容器, 2007, 24(5): 45 – 49.

[6]郑津洋, 郭伟灿, 施建峰. 聚乙烯电熔接头冷焊缺陷的超声 检测方法[J]. 焊接学报, 2008, 29(9): 1 – 4.

[7]李玉鑑. 自适应K – 平滑聚类算法[J]. 计算机研究与发展, 2007, 44(z2): 100 – 104.

长输油气管道外检测技术及应用

张富胜[1] 薛安雪[1] 朱 正[1] 袁龙春[2] 尚 博[2] 王书增[2]

(1. 江苏省特种设备安全监督检验研究院徐州分院，江苏 徐州 221000；
2. 国家管网检验检测有限公司，江苏 徐州 221000)

摘 要：介绍了近年来国内长输油气管道外检测法规标准，分析了管道常用外检测方法，如交流电位梯度法(ACVG)、Pearson 交流电流法、直流电位梯度法(DCVG)、密间隔电位测试法(CIPS)等，介绍了发展趋势，提出各种检验方法的特点。使用多种检验方法进行了实际验证。

关键词：长输油气管道；外检测技术；应用

Long – distanceOil and Gas Pipeline External Detection Technology and Application

Zhang Fusheng[1], *Xue Anxue*[1], *Zhu Zheng*[1], *Yuan Longchun*[2], *Shang Bo*[2], *Wang Shuzeng*[2]

(1. Xuzhou Branch, Special Equipment Safety Supervision Inspection Institute of Jiangsu Province, Xuzhou 221000, China; 2. State Pipe Network Inspection and Testing Co., Xuzhou 221000, China)

Abstract: The domestic long – distance oil and gas pipeline external detection regulations and standards are introduced in recent years, and the commonly used external detection methods of pipelines, such as AC potential gradient method (ACVG), Pearson AC current method, direct current gradient method (DCVG), dense interval potential test method (CIPS), etc., introduce the development trend, and put forward the characteristics of various test methods. Actual verification was carried out using a variety of test methods.

Key words: Long – distance oil and gas pipelines; external detection technology; apply

1 长输油气管道常用外检测方法

根据美国、前苏联对长输管道失效分析，管道外腐蚀原因导致的失效占据比例 59%[1]，因此，开展埋地管道外腐蚀层的检验检测很有必要，为确保长输油气管道安全可靠运行，提高管理水平，对输送油气介质管道的外腐蚀检测技术的研究十分重要。

埋地管道多是按照各种外防腐蚀层与阴极保护组成的防护体系，腐蚀层与阴极保护互补，实际应用在我国已有 40 年的历史[2]。埋地管道运行后，防腐蚀层的防腐综合性能下降，经常出现老化、剥离、脱落、磨损等缺陷，金属管道外表面可能接触空气、土壤等介质影响安全性能，及时发现防腐层的缺陷，对损坏的防腐层及时检测、维护，尤其重要。综上所述，埋地油气管道的可行外检测方法和工艺应该按照检测外防腐蚀层和管道阴极保护装置进行安排的[3]。

目前，上文提到的埋地管道外检测常用的有交流电位梯度法(ACVG)、Pearson(皮尔逊)交流电流法、直流电位梯度法(DCVG)、密间隔电位测试法(CIPS)等，主要是围绕外防腐层进行，从实际应用情况，根据现场条件、检测仪器设备适用范围、埋深、可能的缺陷情况、检测速度、人员水平等，选择相应方法，如交流电位梯度法

作者简介：张富胜(1963—)，男，硕士，正高级工程师，长期从事锅炉压力容器压力管道检验和安全监察工作。E – mail：534617197@ qq. com

(ACVG)检测速度快、精确定位、抗干扰差，直流电位梯度法(DCVG)可检测防腐层缺陷点、适用于复杂环境、检测速度慢等，一般是选择一种或几种组合，如提高检出率[4]。

2 长输油气管道外检测的实施意义

2.1 长输油气管道的定期检验现状

近年来，长输油气管道遍布全国，管道的安全运行问题越来越受到广泛的关注，2013 年 11 月青岛输油管道事故及2006 年1 月四川仁寿县中石油天然气管道事故的发生，造成人员伤亡和严重经济损失，对正常生产和生活秩序产生很大影响[5]。因此，原国家质检总局与国家发改委等部门多次发文，要求全面开展长输油气管道的安全检验检测工作，全国的长输油气管道检验工作有很大发展，在检测手段与技术方面进步飞速，但在相关法规、技术规范和检测仪器设备等方面有待完善。1996 年7 月1 日施行的原劳动部《压力管道安全管理与监察规定》[6]将压力管道分为工业管道、公用管道、长输管道，明确工业管道、公用管道检验单位应具备一定条件，并取得相应的检验资格，但对长输管道未做要求；2005 年3 月1 日施行的原国家质检总局《特种设备检验检测机构核准规则》[7]中明确了长输油气管道的检验分监督检验(DJ1)和定期检验(DD1)，规定了基本条件。

2016 年11 月原国家质检总局、国务院国资委、国家能源局联合发文《关于规范和推进油气输送管道法定检验的通知》(国质检特联[2016]560 号)，该文要求管道定期检验机构应当按照《特种设备检验检测机构核准规则》取得长输管道定期检验资质；从事管道漏磁内检测的检验机构还应当按照《特种设备无损检测机构核准规则》[8]取得漏磁检测(MFL)资质；该文要求管道企业应提前1 个月向经核准的特种设备检验检测机构申请检验，特种设备检验检测机构应按照 TSG D7003《压力管道定期检验规则——长输(油气)管道》[9]和其他相关标准的要求进行检验；对于检验资质，该文提出：本通知印发前，各管道企业按照国家标准和行业标准已完成检验的管道，在检验合格有效期满后，应按照现行法规要求开展管道定期检验；因此 2017 年以后，长输油气管道的定期检验只能由经过国家质检总局核准的定期检验机构实施，明确了法定定期检验的检验机构资质问题。

2.2 长输油气管道的外检测的依据

按照上文中原国家质检总局等三部文件(国质检特联[2016]560 号)，长输管道的定期检测执行 TSG D7003《压力管道定期检验规则——长输(油气)管道》和其他相关标准，检验检测方法主要分外检测、内检测及安全评估等[9]。现行的外检测标准主要有文献[9]、GB/T 19285—2014《埋地钢质管道腐蚀防护工程检验》[10]等。由于国内油气管道的检验检测工作起步较晚，所采用的检测手段大多数是沿用国外的，现行的 TSG D7003—2010《压力管道定期检验规则——长输(油气)管道》[9]中只是对外、内检测的项目提了要求，但并未对采用何种检测方法做出规定。现在外检测方法常用的有交流电位梯度法(ACVG)、Pearson 交流电流法、直流电位梯度法(DCVG)、密间隔电位测试法(CIPS)等。内检测不好开展，或不具备条件、设备等情况下，采取了选择一种外检测方法 + 安全评估的方法，长输油气管道外检测方法有很大的应用空间。

3 长输油气管道外检测发展趋势

近年来，长输油气管道外检测方法发展很快，主要是提高检测效率和准确性，主要是综合外检测法的尝试。

综合外检测法；中石化检测公司等单位从 2016 年开始与加拿大 PureHM 公司合作，引进其管道综合外检测技术，使用 Spectrum XLI 仪器，经初步现场测试，与传统技术对比，该技术基本能够具备将管道埋深、ACVG、DCVG 等检测数据相结合，快速采集多项检测数据、并通过 GPS 坐标关联所有数据，比较传统技术具有其明显优势。此方法融合国内外相关标准和综合评价方法，改变传统的检测方式，提高检测效率和检测数据的可信度[12]。由于国外公司对数据输出、分析系统没有放开，实行技术经济壁垒，限制这项技术的应用和改进，需要适用国情的技术，加大国产化和应用改进力度。现在国内检验检测单位正致力于与国内检测设备厂家的合作，开发适合国内情况的检测新的综合外检测系统。

4 长输油气管道外检测技术应用实例

我们对 ϕ711 输油管道进行外检测，采用常用的交流电位梯度法(ACVG) + PCM 与密间隔电位测试法(CIPS)组合检测，用综合外检测法验证，共发现防腐层异常点 268 处，对异常和复杂情况分析研究，关键部位开挖验证，优化符合实际的检测程序、工艺及检测数据，综合分析和评价系综合分析判定，6 点为严重缺陷，开挖验证，均为 10mm × 10mm ~ 30mm × 300mm，深 1.5 ~

2.5mm的腐蚀坑或划伤，见图1，进行修复处理。

图1 输油管道防腐层划伤实例

5 结语

综上所述，外检测技术由于使用方便的优点，在不适应内检测的管道中，仍得到广泛应用。现行的长输油气管道检验标准规范在检验方法选择、适用范围、安全状况评定、缺陷处理及与完整性管理配合等方面，需要改进完善。

参考文献

[1]王善珂．前苏联干线输气管道事故原因及频率分析．油气储运，1994(06)：57-61.

[2]于培林等，油气管道外检测技术的综合应用．全面腐蚀控制，2008(02)：5-8.

[3]杨筱蘅．油气管道安全工程．北京：中国石化出版社，2005.

[4]王亮等．天然气长输管道外腐蚀检测技术研究．能源研究与管理，2017(3)：12-13.

[5]张志霞等．基于知识元的突发灾害事故动态情景模型．油气储运，2019(04)：28-31.

[6]劳动部．压力管道安全管理与监察规定．国家质检总局，1996

[7]国家质检总局．特种设备检验检测机构核准规则．国家质检总局，2005.

[8]国家质检总局．特种设备无损检测机构核准规则．国家质检总局，2005.

[9]TSG D7003—2010，压力管道定期检验规则——长输(油气)管道[S].

[10]国家质检总局．GB/T 12985—2014，埋地钢质管道腐蚀防护工程检验[S].

[11]林荣芳等．ACVG与CIPS技术在埋地管道方法评价中的组合应用．腐蚀与防护．2010(6)：475-477.

[12]梁会军．Spectrum XLI综合外检测数据在管道外检测中的应用．管道技术与设备．2017(6)：27-31.

管道未焊透缺陷的无损定量方法应用研究

陈 涛 李伟忠 刘延雷 金斌戈 蒋诚航

[杭州市特种设备检测研究院(杭州市特种设备应急处置中心)，浙江 杭州 310051]

摘 要：针对金属压力管道焊接接头中的未焊透缺陷定量检测技术的工程应用问题，选择了数字射线成像技术和相控阵超声技术对碳钢和不锈钢两种材质焊接试件中的预制未焊透缺陷进行检测，通过对两种方法的检测结果进行对比，分析了两种方法在金属管道未焊透缺陷定量检测应用的可行性。结果表明，数字射线成像技术和超声相控阵技术可以满足金属管道未焊透缺陷特征尺寸定量检测的工程需要，在实际应用中检验人员应综合两种技术的优缺点和应用特点综合选择检测方法。

关键词：压力管道；未焊透；定量检测；数字射线；相控阵超声

Application of Nondestructive Quantitative Method for Incomplete Welding Defects in Pipeline

Chen Tao, *Li Weizhong*, *Liu Yanlei*, *Jin Binge*, *Jiang Chenghang*

(Hangzhou Special Equipment Inspection and Research Institute, Zhejiang Hangzhou 310051, China)

Abstract: Aiming at the engineering application of the quantitative detection technology of incomplete welding defects in the welded joints of carbon steel and stainless steel pressure pipelines, digital radiography technology and phased array ultrasonic technology are selected to detect the prefabricated incomplete welding defects in the welding specimens. The detection results of the methods are compared, and the feasibility of the two methods in the quantitative detection of incomplete welding defects of metal pipes is analyzed. The results show that digital radiography technology and ultrasonic phased array technology can meet the engineering needs of quantitative detection of the feature size of incomplete welding defects in metal pipes. In practical applications, inspectors should combine the advantages, disadvantages and application characteristics of the two technologies to comprehensively select detection methods.

Key words: pressure pipeline; incomplete welding defects; quantitative detection; digital radiography; phased array ultrasonic technology

1 引言

作为八大类特种设备之一，压力管道是一种重要的流体储运输送设备，广泛用于各重要工业和民生领域。近年来管道事故频发，造成重大人员伤亡和财产损失，因此管道安全受到社会各界关注[1~6]。

压力管道一般以焊接的方法进行现场组装，受到各种因素影响，导致出现各种缺陷。国家市场监督管理总局和中国国家标准化管理委员会发布了两部合于使用评价和安全评定相关的国家推荐性标准[7,8]，根据缺陷的类型和特征参数并以一定的流程对焊接接头进行评价，评价通过可以允许带缺陷运行。未焊透缺陷是管道中最常见的焊接缺陷之一，在进行合于使用评价时，缺陷特征参数定量的准确度直接影响了评价结论的准确性[9]。

近年来数字射线和相控阵超声技术开始应用在压力管道焊接缺陷检测中[10~13]，本文针对管

作者简介：陈涛(1986—)，高级工程师，工学博士，主要研究方向为特种设备检验及无损检测技术。E-mail: chentao_ zju@163. com

道未焊透缺陷的无损定量问题开展应用研究，为压力管道的合于使用评价和安全评定提供技术基础和数据支撑。

2　定量检测方法及原理

数字射线技术和相控阵超声技术，其技术的根源仍是射线技术和超声技术，因此继承了上述两种技术的优势，并在一定程度上提升了短板，使其在精确定量方面具备能力。在压力管道的未焊透缺陷检测中，以小径管的缺陷定量难度最大，本次将两种技术同时应用于小径管未焊透缺陷检测中，以研究其工程应用可行性。

2.1　数字射线技术

数字射线技术用成像板代替传统射线技术的胶片从而获得数字化图像，其检测系统通常由射线机、成像板、控制器及操作软件等组成，现场布置如图 1 所示。

图 1　数字射线检测系统的现场布置

在缺陷自身高度定量方面，数字射线技术在相同射线曝光条件下，用缺陷处成像灰度相对于母材部位的灰度差来计算缺陷自身高度值(对于未焊透缺陷来说为深度值)[14]。数字射线成像的对比度反映了该方法对透射金属厚度差的分辨能力，用$\Delta T/T$(ΔT为可分辨的厚度差，T为透照厚度)表示。在工程上通常认为图像亮度L与射线强度I呈线性关系：

$$L = KI \tag{1}$$

式(1)中的K为常数。成像对比度可表示为：

$$\frac{\Delta I}{I} = \frac{\mu \Delta T}{1+n} \tag{2}$$

由式(1)和式(2)可以推导出由一小厚度差ΔT引起的亮度对比度：

$$\frac{\Delta L}{L} = \frac{\mu \Delta T}{1+n} \tag{3}$$

式(3)中μ为透照工件材料的线衰减系数。

因此可以在检测中选择合适的曝光参数，可以对缺陷及母材同时成像，通过以上原理进行推算进而判断缺陷的自身高度值(或未焊透深度)。

2.2　相控阵超声技术

与数字射线技术不同的是，相控阵超声技术在检测时需要用探头(楔块)与被检测工件表面直接接触的方式进行检测，对被检工件的温度和表面粗糙度有一定要求，如图 2 所示。相控阵超声技术对缺陷自身高度的定量精度较高，检测便捷，缺陷信号的可读性较传统超声技术有所增强，但在缺陷定性方面不如射线技术直观[15,16]。

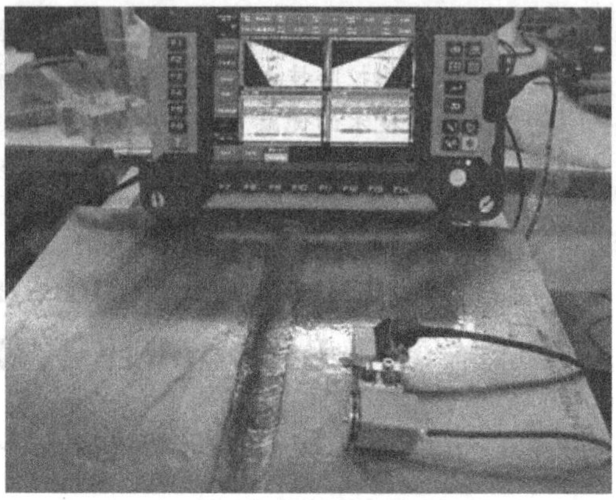

图 2　相控阵超声检测系统布置

3　焊接试件的检测及结果分析

3.1　试件规格

为便于进行测试和对比分析，分别加工了碳钢和不锈钢两种材质的焊接试件，每个焊接试件上的 3 条环焊缝均含有不同尺寸规格的未焊透缺陷。焊接试件所用管材规格为$\phi 219 \times 7$mm，如表 1 所示。

表 1　焊接试件参数表

材质	焊接接头编号	缺陷参数/mm		
		宽度	深度	长度
20	1	3.0	1.4	整圈
	2	3.0	2.8	整圈
	3	3.0	4.2	整圈
S30408	1	3.0	1.4	整圈
	2	3.0	2.8	整圈
	3	3.0	4.2	整圈

3.2　数字射线检测结果

采用数字射线技术对两种材质的焊接试件进行了检测，其成像结果如图 3 和图 4 所示。

通过后处理软件获取母材及缺陷处灰度值，换算得出未焊透缺陷的尺寸如表 2 所示。

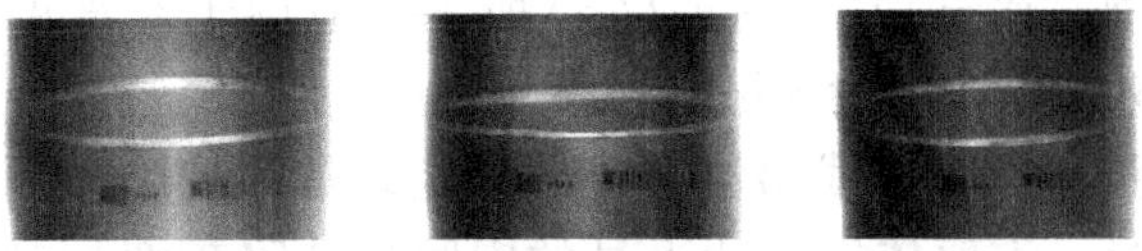

(a)1号焊接接头　(b)2号焊接接头　(c)3号焊接接头

图3　碳钢试件数字射线成像结果

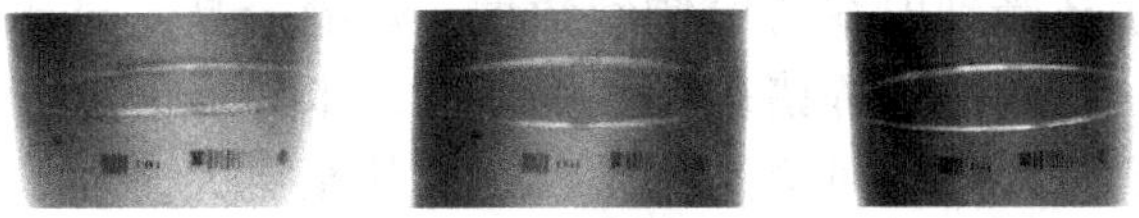

(a)1号焊接接头　(b)2号焊接接头　(c)3号焊接接头

图4　不锈钢试件数字射线成像结果

表2　数字射线检测结果

材质	焊接接头编号	检测结果/mm		
		最大宽度	最大深度	长度
20	1	3.0	0.8	整圈
	2	3.0	1.5	整圈
	3	3.0	3.0	整圈
S30408	1	3.0	0.7	整圈
	2	3.0	1.6	整圈
	3	3.0	3.2	整圈

3.3　相控阵超声检测结果

使用超声相控阵检测仪对焊接试件进行检测时，为提高检测精度与分辨力，在满足穿透能力的基础上选择了激发孔径小的高频探头，其参数如表3所示。

表3 相控阵探头及楔块参数

探头	型号	10L16－0.5＊10
	频率	10MHz
	阵元间距	0.5mm
	阵元间隙	0.09mm
	晶片数量	16
	激发孔径	7.91mm
楔块	楔块角度	39°
	折射角	57.6°
	楔块声速	2330m/s

检测工艺方面，采用扇扫横波斜入射纵向垂直扫查，由于声束在管道外表面聚焦，采用三次波对焊接试件的焊缝进行检测。为避免偏转角过大导致声束变形从而影响灵敏度和分辨力，选择的扫查角度为40°～60°。扫查结果如图5和图6所示，缺陷的定量结果如表4所示。

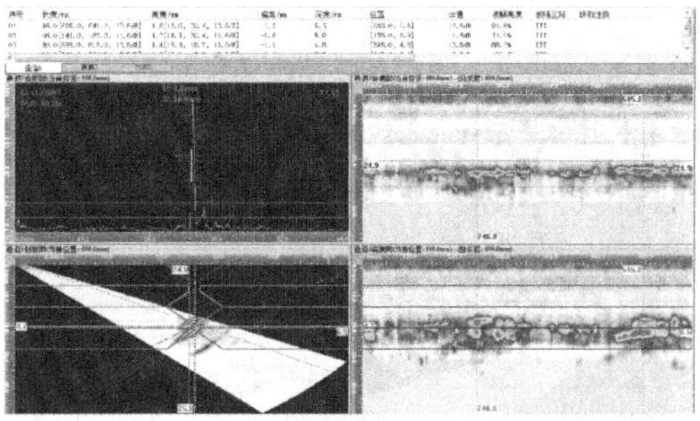

(a)1号焊接接头

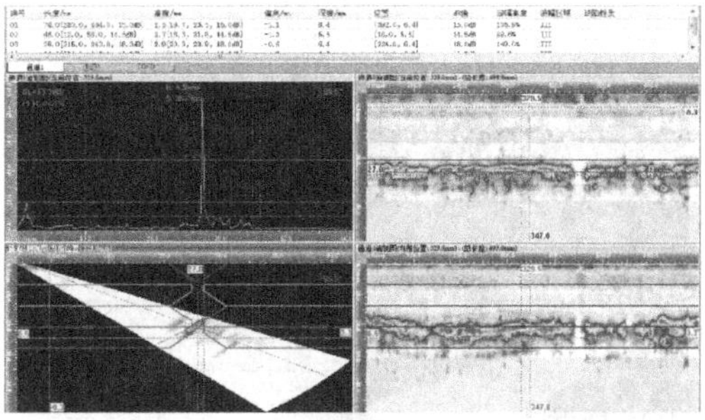

(b)2号焊接接头

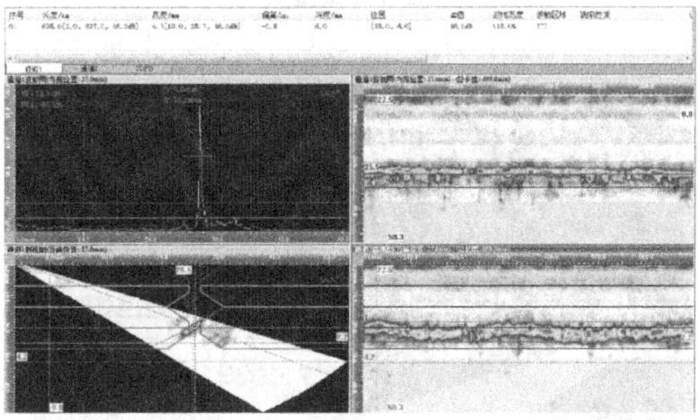

(c)3号焊接接头

图5　碳钢焊接试件相控阵超声扫查结果

表4 相控阵超声检测结果

材质	焊接接头编号	检测结果/mm		
		最大宽度	最大深度	长度
20	1	3.0	1.8	整圈
	2	3.0	2.9	整圈
	3	3.0	4.3	整圈
S30408	1	3.0	2.0	整圈
	2	3.0	3.1	整圈
	3	3.0	3.9	整圈

由表4可见，相控阵超声在确定未焊透缺陷的深度方面较为准确，目前相控阵的检测仪器主要关注埋藏缺陷的自身高度、长度、深度、幅值等参数，对于未焊透缺陷宽度和轴向位置的确定则需要在C扫图中凭借经验进行测量。不锈钢材料由于晶粒组织结构不同，超声波的穿透能力有较大的衰减，但从检测结果来看，对于常见金属管道的壁厚范围，其穿透效果和检测精度是可以

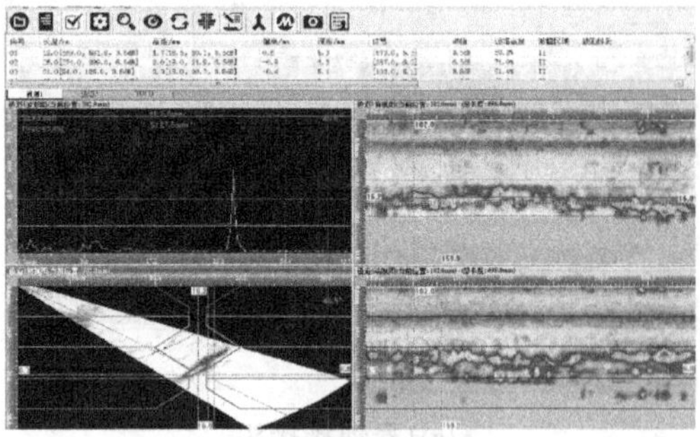

(a)1号焊接接头

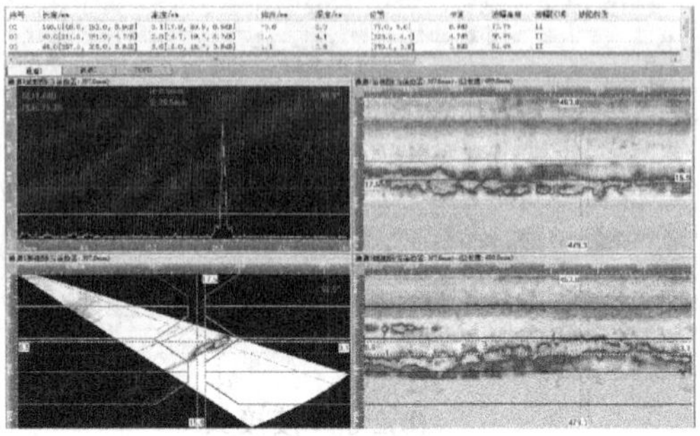

(b)2号焊接接头

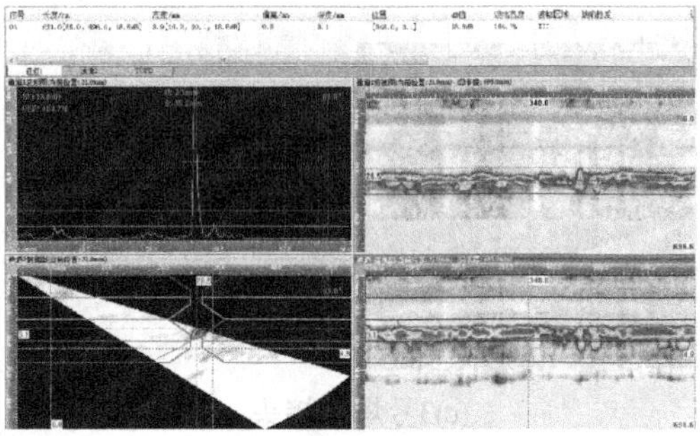

(c)3号焊接接头

图 6　不锈钢焊接试件相控阵超声扫查结果

接受的，如在工程中遇到特殊情况如厚壁管的检测，则需要根据实际情况调整相控阵检测的工艺。

3.4　误差影响因素分析

每一种无损检测方法受其检测原理的限制，其定量精度都会受到各种影响因素的制约。在工业无损检测工程应用中，追求绝对的准确意义不大，而应努力寻求一种能够被简便地应用于工程实践，并获得可接受精度的检测方法和工艺。在此通过两种无损检测方法的对比，对影响其精度的因素进行探讨。

首先用传统胶片成像射线检测方法，通过对比试块的方式对缺陷进行定量，文献[17]中可以使用的射线对比试块有两种，其中Ⅰ型对比试块为小径管环焊缝专用对比试块，该对比试块需要根据被检测管道的规格来定制，并且只能确定未焊透缺陷是否超过允许的未焊透缺陷深度，理论上无法确定深度的具体值；Ⅱ型对比试块为通用槽型对比试块，如图 7(a)所示，适用于对深度 1.5mm 以下的管焊缝焊接缺陷进行粗略定量。传统胶片成像射线检测技术在评定未焊透缺陷的深度时，需要依靠评片人员的肉眼将缺陷灰度与对比试块中各槽灰度进行对比，如图 7(b)所示，从而估读出缺陷的深度值，并且此时估读出的深度值还受到射线透照倾斜角度、焊缝余高、对比试块摆放位置等诸多因素的影响，未焊透深度值的定量误差有时会达到 1~2mm 甚至更大。在日常的检验中，这种定量是不准确的，其结果如直接用于安全评价，安全风险较高。

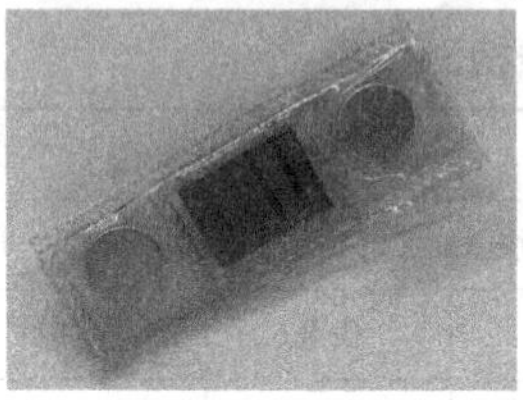

(a)通用槽型对比试块

(b)射线底片成像

图 7　管焊缝Ⅱ型对比试块及其射线成像

与传统射线检测技术相比，数字射线检测技术的主要优点有：能够快速获得高质量的射线图片；安全性高，辐射剂量小；可以在现场进行快速有效的分析，并且在获得射线数字成像检测图像后，可以对数字图像做各种灰度变换处理[18,19]。可以使用控制曝光量，通过对比绝对黑度的方法，对缺陷深度进行精确定量。在相同透照条件下，各模拟缺陷处绝对灰度值、相对灰度值与模拟缺陷深度值基本呈线性关系，缺陷中心部位灰度与周围母材灰度相对值与环形缺陷深度成正比，因此在日常检测中，可以通过测量环形缺陷中心部位灰度与周围母材灰度，定量反推环形缺陷深度。实际检测时，可以通过未焊透部位与母材部位的灰度差推算未焊透深度，对于复杂焊缝结构(包括焊缝内外余高)，应使用含余高的厚度作为母材厚度推算未焊透深度。

相控阵超声技术在进行薄壁管道的检测时，一般要利用三次波进行检测，虽然可以达到一定聚焦效果，但是由于经过两次反射，有凹面反射也有凸面反射，使得声场发生了改变，从而导致检测不准。另外，相控阵超声使用 -6dB 法进行缺陷定量，缺陷的取向、性质、表面状况、形状都会影响缺陷回波波幅的高度，从而影响 -6dB 法的精度。在对裂纹、未熔合、未焊透等缺陷进行定量检测时，由于缺陷端部窄且尖，衍射波信号较强，可尝试采用端点衍射法进行缺陷深度测量，该法不受缺陷回波波幅影响，测量缺陷自身高度准确性高于相对灵敏度法，但对检测人员技能和经验有较高要求。

4　结束语

使用了两种无损检测方法对含有预制未焊透缺陷的管道焊接试件进行了检测，并对缺陷的深度、宽度进行了定量，通过检测数据对比分析，并综合考虑两种方法的工程应用特点，得出以下结论：

(1)数字射线技术和相控阵超声技术在金属管道未焊透缺陷特征尺寸的定量检测方面对于缺陷宽度和深度定量的准确度均可以满足在用含缺陷压力管道焊接接头安全评价的工程需要。

(2)数字射线技术在判定缺陷性质方面较有优势，其检测方式为非接触式，可在不拆除外保温层的情况下对高温或深冷管道进行在线检测，可用于压力管道的不停车检验，但其穿透能力会受到管道内部高密度液体介质(如有机热载体)的影响；相控阵超声技术的检测方式为接触式，在检测时其探头需要与管道表面直接接触，常温条件下其检测精度不受内部介质的影响，对于高温在线运行的管道，需要拆除外保温层并且配备高温探头，并应考虑温度对波速的影响。

(3)在工程实际中，检验检测人员应根据现场情况，综合考虑两种无损检测方法的优势和短板，合理选择无损检测方法以获得可信的检测结果。

参考文献

[1]丁战武，丁春辉，胡熙玉等．氨制冷管道的数字射线检测．无损检测，2016，38(11)：83－85.

[2]熊亮，孙玉江．保温层下管道腐蚀监测系统及应用研究．中国安全生产科学技术，2019，15(11)：102－106.

[3]王飞，蒋诚航，许根富等．内压、弯矩组合载荷作用下未焊透管道的安全评价方法研究．中国安全生产科学技术，2016，12(12)：42－47.

[4]刘延雷，陈涛，杨志军等．可变径管道漏磁检测有限元仿真与实验研究．中国安全生产科学技术，2016，12(12)：42－47.

[5]王武，陈涛，杨帅等．T型结构压力管道流固耦合模拟与试验验证．中国安全生产科学技术，2017，13(10)：5－11.

[6]陈俊杰，黄松岭，赵伟．油气管道缺陷漏磁检测数据压缩算法研究[J]．电测与仪表，2014，51(15)：100－104.

[7]GB/T 35013—2018，承压设备合于使用评价．

[8]GB/T 19624—2019，在用含缺陷压力容器安全评定．

[9]陈钢，左尚志，陶雪荣等．承压设备的风险评估技术及其在我国的应用和发展趋势．中国安全生产科学技术，2005，1(1)：31－35.

[10]倪培君，王俊涛，闫敏，等．数字射线检测技术理论研究进展．机械工程学报，2017，53(12)：13－18.

[11]张子健，吴家喜，张小龙等．压力管道对接焊缝典型缺陷的相控阵 CIVA 仿真与检测．无损检测，2019，41(3)：45－51.

[12]李衍．核设备小径管环焊缝超声相控阵检测．无损探伤，2020，44(5)：1－5.

[13]刘明星．电站金属材料超声相控阵检测缺陷长度定量研究．热加工工艺，2020，49(11)：147－149，152.

[14]杨玲，富阳．未焊透数字射线定量检测研究．锅炉制造，2015，(6)：43－46.

[15]杨秋萍，林刚，乐洪甜，等．搅拌摩擦焊焊缝未焊透缺陷的超声相控阵检测．中国特种设备安全，2020，36(7)：42－46.

[16]丁宇立，王俊元，李素军．液压支架对接焊缝缺陷全聚焦相控阵三维成像研究．煤矿机械，2022，43(1)：158－160.

[17]NB/T 47013.2—2015，承压设备无损检测 第2部分：射线检测[S].

[18]黄文大，郭伟灿，强天鹏，等．胶片射线检测与数字射线检测的焊接缺陷检出能力比较．无损检测，2015，37(9)：30－34.

[19]肖辉．焊接缺陷射线 DR 图像自动检测与识别系统研究：[D]．南昌：南昌航空大学，2017.

基于数值模拟下的城镇燃气管道泄漏规律及在管道检验中的应用

梁腾飞　耿亚鸽　黄　强

(河南省锅炉压力容器安全检测研究院洛阳分院，河南 洛阳　471000)

摘　要：随着人民生活水平提高我国燃气管道铺设里程近年来呈指数型增长，近年来燃气管道安全事故频发，给人民生命财产产生了极大威胁，燃气管道检验可以有效防止安全事故发生。本文通过数值模拟的方法，结合管道检验中实际情况模拟出不同温度和不同土质环境下中压燃气管道泄漏情况。以期为燃气管道宏观检验提供相应的理论支撑。

关键词：中压管道；数值模拟；泄漏；管道检验；多孔介质

Leakage rule of urban gas pipeline based on numerical simulation and its application in pipeline inspection

Liang Tengfei, *Geng Yage*, *Huang Qiang*

(The Boiler & Pressure Vessel Safety Inspection Institute Of Henan Province, Branch Of Luoyang, Luoyang 471000, China)

Abstract: With the improvement of people's living standards, the mileage of gas pipeline laying in China has increased exponentially in recent years. In recent years, gas pipeline safety accidents have occurred frequently, posing a great threat to people's lives and property. Gas pipeline inspection can effectively prevent safety accidents. In this paper, the leakage of medium pressure gas pipeline under different temperature and soil environment is simulated by numerical simulation method combined with the actual situation in pipeline inspection. It is expected to provide corresponding theoretical support for the macro inspection of gas pipeline.

Key words: Medium pressure pipeline; Numerical simulation; leak; Pipeline inspection; porous medium

1　引言

目前，关于瓦斯等气体在多孔介质中流动规律国内外学者做了大量研究。辽宁工程技术大学章梦涛教授在世界上首次提出了应用渗流力学的相关理论借助于数值模拟的方法对采空区的瓦斯进行了模拟，洞悉了采空区瓦斯流场流动的规律，为后人研究其他多孔介质问题都提供了重要的理论指导。[1]河南理工大学王兵建教授，采用 Fluent 软件对煤仓中瓦斯进行数值模拟分析。该研究有利于深入认识圆筒煤仓仓下瓦斯积聚原因和分布规律，为选煤厂及时制订安全防范措施提供理论依据，同时为类似瓦斯在多孔介质运移规律研究提供借鉴[2]。哈尔滨理工大学陈喆对城镇燃气管道泄漏扩散规律进行了数值模拟，得出了不同孔隙率不同温度等情况下的燃气扩散速度[3]。目前数值模拟与燃气管道检验结合相关研究较少，本文运用数值摸你的方法，探索不同地质条件，不同季节下天然气泄漏规律，制定合理检验方案和后续维护改造措施，减少甚至杜绝燃气事故发生。

2　物理模型建立及网格划分

根据管道行业相关标准和定期检验数据，城

作者简介：梁腾飞(1992—　)，硕士研究生，主要从事压力管道检验工作。

镇中压地埋燃气管道埋深大概在 1.2m。本文数值模拟和研究，拟选用燃气管道规格为 110mm，埋地土壤为 4m×10m×5m 立方体，燃气管道泄漏点为燃气管道中心，坐标为(2.5，2.0，3.5)，漏点为简化为直径 8mm 圆孔。燃气管道简化物理模型如图 1 所示，物理模型网格划分如图 2 所示。

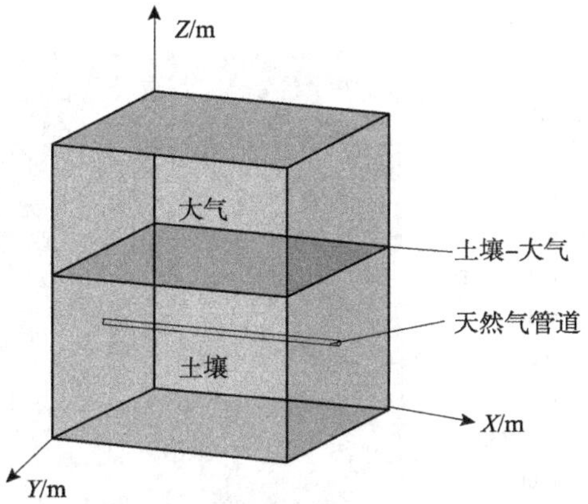

图 1　燃气管道简化物理模型

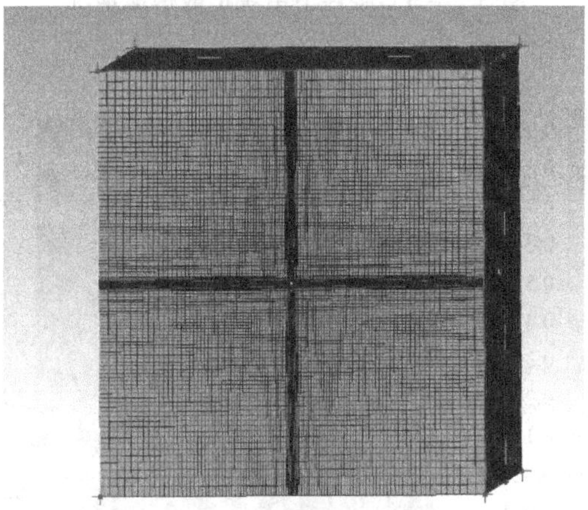

图 2　物理模型网格划分图

3　数值模拟数学模型建立

为了简化天然气运移模型的建立和求解，本文做了一些基本的如下假设：

(1)模型中土壤是以多孔介质的形式存在的，土壤由于自身重力等因素影响不同深度会存在不均匀性，为了研究方便本文将不同深度土壤看作同性介质。

(2)假设土壤内气体流动是规律无旋的，可以把气体看作不可压缩的理想的牛顿流体，并且作平面稳定的流动，流动时温度保持恒定。

(3)忽略土壤内部与外界的热量交换，把土壤看作是等温面。

4　土壤内部运动方程

客观存在的物体都要受守恒定律的约束，同样流体的流动要受到质量守恒定律、能量守恒和动量守恒三大定律的约束约束，土壤内部渗流也属于该范畴。把复杂的土壤环境用理想化的物理模型给予简化。

4.1　理想混合气体的状态方程

把管道内气体和泄漏在土壤内的天然气看作理想气体，气体分子之间无相互作用力[4]，其状态方程为：

$$pV_1=\frac{m}{M}RT \tag{1}$$

式中　p——绝对压力，Pa；

V_1——混合气体的体积，m^3；

m——混合气体的质量，kg；

M——混合气体的摩尔质量，kg/mol；

R——普适气体常数，$R=8.31$J/(mol·kg)。

4.2　质量守恒方程

在流场中任取一块封闭的空间，称该空间为控制体。质量守恒定律表述为：单位时间内流体流入的质量与流出之差，等于同一时间间隔内控制体内部流体质量的增量[5-7]。质量守恒定律可以表示为：

$$\frac{\partial\rho}{\partial t}+\frac{\partial(\rho u)}{\partial x}+\frac{\partial(\rho v)}{\partial y}+\frac{\partial(\rho w)}{\partial z}=0 \tag{2}$$

引入矢量散度符号 $diva=\frac{\partial a_x}{\partial x}+\frac{\partial a_y}{\partial y}+\frac{\partial a_z}{\partial z}$，上式可以简化为：

$$\frac{\partial\rho}{\partial t}+div(\rho U)=0 \tag{3}$$

式中　ρ——流场密度，kg/m^3；

t——时间，s；

u——速度矢量；

u，v，w——流速在，x，y，z 方向上的速度分量。

通常将上述公式称为瞬态三维可压缩流体的质量守恒方程。

如果流体处于稳态，则密度 ρ 不随时间变化，可变为：

$$\frac{\partial(\rho u)}{\partial x}+\frac{\partial(\rho v)}{\partial y}+\frac{\partial(\rho w)}{\partial z}=0 \tag{4}$$

如果流体不可压缩，则密度 ρ 为常数，可变为：

$$\frac{\partial(u)}{\partial x}+\frac{\partial(v)}{\partial y}+\frac{\partial(w)}{\partial z} \tag{5}$$

4.3　动量守恒方程

气体流场还需要符合动量守恒定律，物理意义可表示为：单位时间内任何控制体中流体动量增加量就是合外力产生的动量[8]。用微分形式可以表示为：

$$
\begin{cases}
\dfrac{\partial \rho u}{\partial t}+\dfrac{\partial(\rho uu)}{\partial x}+\dfrac{\partial(\rho uv)}{\partial y}+\dfrac{\partial(\rho uw)}{\partial z}=\dfrac{\partial}{\partial x}\left(\mu\dfrac{\partial u}{\partial x}\right)\\
\quad+\dfrac{\partial}{\partial y}\left(\mu\dfrac{\partial u}{\partial y}\right)+\dfrac{\partial}{\partial z}\left(\mu\dfrac{\partial u}{\partial z}\right)-\dfrac{\partial p}{\partial x}+F_x\\
\dfrac{\partial \rho v}{\partial t}+\dfrac{\partial(\rho vu)}{\partial x}+\dfrac{\partial(\rho vv)}{\partial y}+\dfrac{\partial(\rho vw)}{\partial z}=\dfrac{\partial}{\partial x}\left(\mu\dfrac{\partial v}{\partial x}\right)\\
\quad+\dfrac{\partial}{\partial y}\left(\mu\dfrac{\partial v}{\partial y}\right)+\dfrac{\partial}{\partial z}\left(\mu\dfrac{\partial v}{\partial z}\right)-\dfrac{\partial p}{\partial x}+F_y\\
\dfrac{\partial \rho w}{\partial t}+\dfrac{\partial(\rho wu)}{\partial x}+\dfrac{\partial(\rho wv)}{\partial y}+\dfrac{\partial(\rho ww)}{\partial z}=\dfrac{\partial}{\partial x}\left(\mu\dfrac{\partial w}{\partial x}\right)\\
\quad+\dfrac{\partial}{\partial y}\left(\mu\dfrac{\partial w}{\partial y}\right)+\dfrac{\partial}{\partial z}\left(\mu\dfrac{\partial w}{\partial z}\right)-\dfrac{\partial p}{\partial x}+F_z
\end{cases}
\tag{6}
$$

式中　F_x，F_y，F_z——单位质量流体的质量力在 x、y、z 方向上的分量；

p——流体静压力，Pa。

5　边界条件设定

边界条件设定如表 1 和表 2 所示。

表 1　数值模拟条件设定

Model(计算模型)	Define(模型确定)
Solve(求解器)	Segregated(非耦合求解)
Viscous Model(湍流模型)	K - epsilon(K - e 模型)
Specious Model(组分方程)	Methane(瓦斯)
Energy(能量方程)	ON(开)

表 2　不同土壤边界条件设置

土壤类别	平均颗粒直径/mm	孔隙率	黏性阻力系数	惯性阻力系数
砂壤土	0.07	0.53	4.54E + 11	1.58E + 05
黏土	0.01	0.3	2.72E + 13	9.07E + 06
粉质沙土	0.50	0.25	2.16E + 10	3.36E + 05

(1)本模型将大气区域的四周及顶面设置为自由出流，将土壤和大气耦合处设为边界面，土壤区域设为多孔设介质，泄漏孔置为压力入口，假设在泄漏过程管道的燃气压力不发生改变，泄漏孔设置压力值即为管道燃气压力，大气区域的四周及顶面设置为自由出流，且入口气体甲烷的质量分数设置为 1[9~12]。

(2)天然气泄漏孔处压力等同于天然气管道压力，环境温度分为春秋、夏季、季，温度分别为 15℃、35℃、－5℃。

(3)土壤条件根据某地市情况大致可以分为砂石土壤、硬化路面、普通黏土三种类型；硬化路面等同于墙体，孔隙率几乎等于 1，对天然气几乎完全隔离，本次模拟暂不考虑[13~16]。

6　天然气泄漏数值模拟与分析

6.1　不同温度条件下燃气管道泄漏模拟

结合河南省西部历年来平均气温，分别取－5℃、15℃、35℃代表冬季、春秋季和冬季的气温，冬季、春秋和夏季中压燃气管道泄漏情况模拟计算结果如图 3 ~ 图 5 所示。

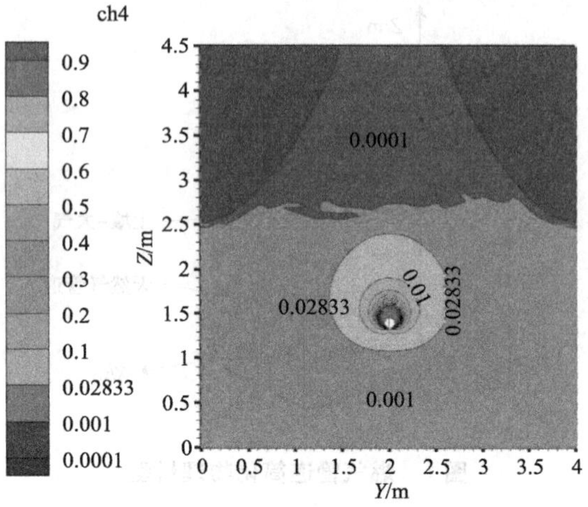

图 3　－5℃条件下甲烷扩散模拟情况

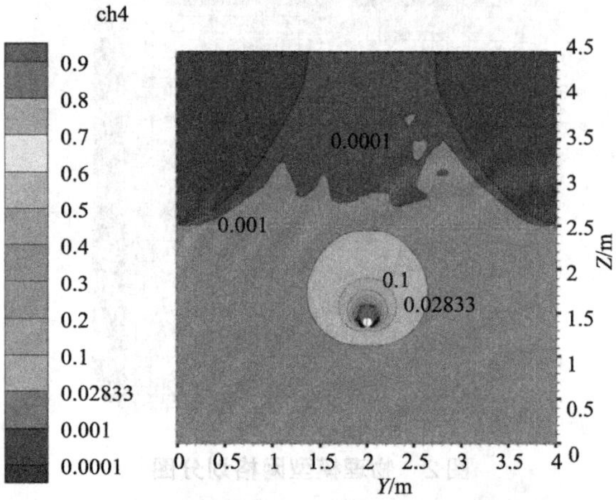

图 4　15℃条件下甲烷扩散模拟情况

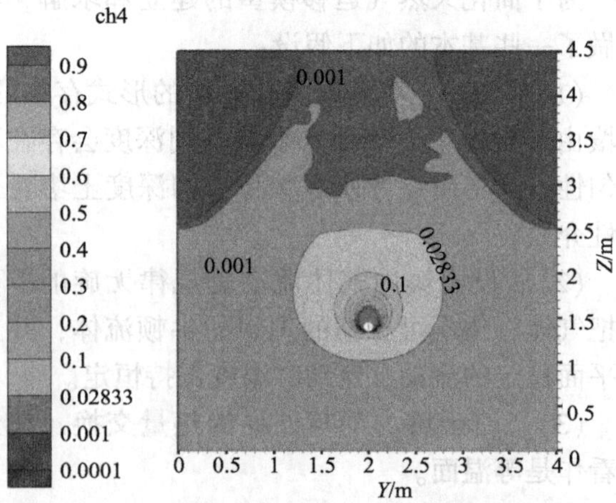

图 5　35℃条件下甲烷扩散模拟情况

由上述模拟结果可以看出：

(1)以管道泄漏点为中心，燃气摩尔质量分数随距漏点距离增加而减小，其中管道泄漏口处燃气浓度最大。

(2)在同一泄漏条件下，当环境温度为 -5℃时爆炸极限在图中可以看出距离泄漏中心大概0.6米处，且随温度不断增加范围也不断增加。

6.2　不同孔隙率土壤条件下燃气管道泄漏模拟

结合管道开挖经验，分别取分别用砂壤土、黏土、粉质沙土来模拟代替某地市内管道掩埋土质情况，砂壤土、黏土和沙质土环境下中压燃气管道泄漏情况模拟计算结果如图6～图8所示。

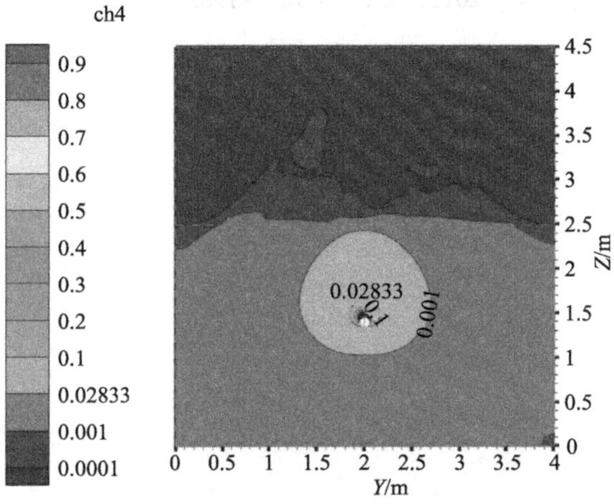

图6　砂壤土环境下甲烷扩散模拟情况

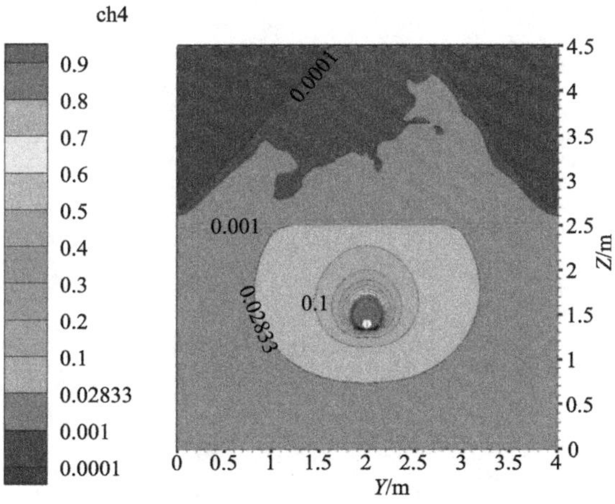

图7　黏土环境下甲烷扩散模拟情况

由上述模拟结果可以看出：

(1)以管道泄漏点为中心，燃气摩尔质量分数随距漏点距离增加而减小，其中管道泄漏口处燃气浓度最大。

(2)在同一泄漏条件下，当土壤为沙壤土环境，爆炸极限在图中可以看出距离泄漏中心大概0.6m处，当土壤为黏土环境，爆炸极限在图中可以看出距离泄漏中心大概1.2m处，且该范围随孔隙率减小而增大，当土壤为粉质沙土环境

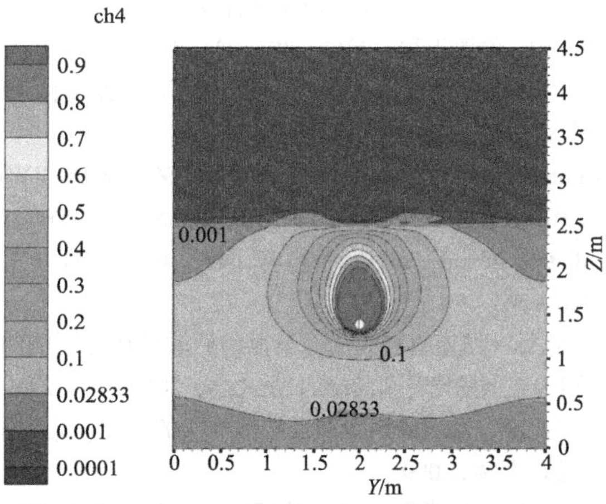

图8　粉质沙土环境下甲烷扩散模拟情况

时，爆炸范围超过2m。

7　管道泄漏数值模拟在管道检验中的应用分析

(1)几种常见土壤环境下，砂壤土对天然气泄漏阻隔效果最好，在燃气安装监检时应要求施工单位严格按规范执行。

(2)在燃气管道检验时应根据土壤情况不同划定安全范围，对占压燃气管道情况要根据土壤情况确定安全距离，及时告知占压方和燃气管道管理方。

(3)当城镇中压燃气管道泄漏时，燃气扩散范围随着温度升高而增大。在35℃温度条件下，燃气爆炸极限浓度范围可达0.8m，在燃气管道夏季燃气扩散范围较广，发生泄漏危害范围较广，燃气管道巡线维护应着重考虑季节温度因素。

(4)在燃气管道宏观检验时，应特别注意燃气管道周围其他并行管道，测量与燃气管道并行间距，并注意检测并行管道阀井天然气浓度，防止因燃气泄漏扩散至并行管道阀井引起爆炸事故。

参考文献

[1]章梦涛，宋维源，潘一山．煤层注水预防冲击地压的研究[J]．中国安全科学学报，2003，13(10)：6-9.

[2]王兵建，张亚伟，席国军，等．圆筒煤仓仓下部分瓦斯分布规律研究[J]．选煤技术，2015，42(1)：1-4.

[3]任喆．基于FLUENT的埋地天然气管道泄漏数值模拟[D]．哈尔滨：哈尔滨理工大学，2016：27-39.

[4]掘进巷道过采空区在实际中的探索[J]．科技经济市场，2015，19(6)：207-207.

[5]朱建芳，蔡卫．基于移动坐标的采空自然发火模型研究[J]．煤炭学报，2009，45(8)：1095-1099.

[6]刘同铁．基于矿区水文地质条件及含水层分布特征分析[J]．价值工程，2011，30(12)：239－239.

[7]赵勇．原煤可选性的影响因素与分类方法[J]．科技风，2015，19(4)：179－179.

[8] Imberger J, Patterson J C. A DYNAMIC RESERVOIR SIMULATION MODEL - DYRESM：5 [J] . Transport Models/inland & Coastal Waters，1981，41（1）：310－361.

[9]罗宗林．城市直埋燃气管道泄漏扩散对环境影响的研究[D]．哈尔滨：哈尔滨工业大学，2021：23－24.

[10]唐保金．燃气管道泄漏及扩散规律的研究[D]．山东建筑大学．2009

[11]李朝阳，马贵阳．架空及埋地天然气管道泄漏扩散数值研究[J]．中国安全生产科学技术．2011，7(7)：66－69.

[12]熊兆洪，李振林，宫敬，等．埋地管道小泄漏模型及数值求解[J]．石油学报，2012，33(3)：493－498.

[13]柳广弟，赵忠英．天然气在岩石中扩散系数的新认识[J]．石油勘探与开发．2012，39(5)：559－565

[14]刘晓赫．埋地管道泄漏天然气在土壤中的扩散规律研究[D]，2017.

[15]王向阳，杜美萍，汪彤，等．埋地燃气管道泄漏扩散过程数值模拟[J]．中国安全科学学报，2018(02)：45－50.

[16]刘欣．可燃气泄漏扩散的CFD研究[J]．计算机与应用化学，2012，29(2)：185－190.

埋地钢质油气管道杂散电流腐蚀研究

房伟峰

（河南省锅炉压力容器安全检测研究院，河南 郑州 450016）

摘 要：为解决杂散电流对埋地钢质油气管道腐蚀破坏，介绍了埋地钢质油气管道中杂散电流干扰的产生机理、类别、腐蚀行为、评价标准和危害后果。对埋地钢质油气管道杂散电流干扰研究前景进行分析探讨。为承压类特种设备检验检测技术人员更好地开展埋地钢质油气管道杂散电流评价及相关领域研究提供了参考，对实际工作具有重要意义。

关键词：埋地钢质管道；杂散电流；腐蚀

Studyon Stray Current Corrosion of Buried Steel Oil and Gas Pipeline

Fang Weifeng

（The Boiler and Pressure Vessel Safety Inspection Institute of Henan Province，Henan Zhengzhou 450016，China）

Abstract：In order to solve the corrosion damage of buried steel oil and gas pipeline caused by stray current，the generation mechanism，types，corrosion behavior，evaluation criteria and harm consequences of stray current interference in buried steel oil and gas pipeline are introduced. The research prospect of stray current interference in buried steel oil and gas pipeline is analyzed and discussed. It provides a reference for inspection and testing technicians of special pressure equipment to carry out stray current evaluation of buried steel oil and gas pipelines and research in related fields，and has important significance for practical work.

Key words：buried steel pipe；Stray current；corrosion

1 引言

近年来，随着我国能源战略结构不断调整，“双碳”目标的提出，从东向西、由南向北敷设大量钢质油气管道，如西气东输、中俄油气管道、中缅油气管道等。同时，城镇化率不断提升，城镇燃气管道里程大幅增加。埋地钢质油气管道的防腐通常由管道自身外防腐层和外加于管道上阴极保护系统来实现，阴极保护电位是评价阴极保护系统好坏的重要指标。我国管道系统、供电系统、铁路系统及城市轨道交通系统的高速发展，基本形成了网状结构。由于地理空间限制及经济性考虑，管道系统与上述系统不可避免存在交叉、并行，特别是并行段管道可与上述系统形成公共廊道，可能会影响埋地钢质油气管道阴保电位，使保护电位波动，偏离正常保护值，造成不可预见腐蚀，严重威胁管道安全运行。据报道：北京市地铁开通多年后，隧道内水管发生严重腐蚀穿孔[1]；上海地铁二号线投入运行几年后，附近钢制燃气管道在 1km 内穿孔超过 50 处[1,2]。杂散电流干扰腐蚀是电化学腐蚀的一种，具有局部腐蚀集中的特征，局部腐蚀相对于全面腐蚀危险性较大。杂散电流会在管道系统内流动，在防腐层破损处极大概率会形成电势差，电势差必然导致形成腐蚀电池。杂散电流在管道防腐层破损处流进管道聚集大量负电荷，即形成了电池的阴极区，发生化学反应为得电子的还原反应；相反，杂散电流在管道防腐层破损处流出管道聚集大量正电荷，即形成了电池的阳极区，发生化学反应

作者简介：房伟峰，（1986— ），工程师，主要从事压力管道检验工作。E－mail：631325871@qq.com

为失去电子的氧化反应。这种腐蚀反应会不断重复进行，随着反应时间的推移，最终可能会导致埋地管道发生腐蚀穿孔，发生油气泄漏事故。因此开展埋地钢质油气管道杂散电流干扰腐蚀研究对管道安全运行具有重要意义。

2　杂散电流干扰产生机理及类别

通常，工业生产中电流都是按照规定的回路经供电设施从供电端流向使用端。相反，未遵循规定的电流回路路径流动的电流就称之杂散电流。电流流动的前提是必须形成回路路径，电流在规定的回路中流动也就是电子的流动，这种流动的电子因回路中绝缘性等原因会有一部分从回路中流出，通过水和土壤导入大地这个巨大的导体，这部分未按规定的路径流动的电流即称之为杂散电流。自然环境中存在着大量金属物体，由于金属物体具有优良的导电性，杂散电流极易从金属物体当中的流进并流出，这种情况下金属物体中电子得失的位置就会产生化学腐蚀。大地中的杂散电流，主要包括三种形态，分别为交流电流、直流电流和大地中的地电流，这三种形态各具有不同的行为特点。但是对于埋地钢质管道具有明显腐蚀效应的是交流杂散电流干扰和直流杂散电流干扰。一般情况下，相对于土壤的自然腐蚀而言，由于杂散电流流动是外界存在源源不断的电子供给，造成的腐蚀反应进程快、程度剧烈。当埋地钢质管道中杂散电流弱势时，腐蚀电池两极电位差相对较小；当钢质管道中存在杂散电流时，通过测量管道中的管道电位差可以达到几伏甚至更高，通过的电流最高能达到100A[3]，因此埋地钢质管道由于有杂散电流的作用下，管道壁厚设计较薄时，在管道投产数月后管线就可能发生电化学腐蚀反应导致腐蚀穿孔，这种杂散电流的影响距离甚至可达几十公里。

2.1　直流杂散电流

直流电气化铁路、架空有轨电车线路、高压输电系统、电解装置、地铁、直流操作设备等都是产生直流杂散电流的来源。其中直流电气化铁路，地铁、高压直流输电系统是产生直流杂散电流的主要来源。根据直流杂散电流干扰源的特性，可将直流杂散电流分为：静态杂散电流、动态杂散电流。静态杂散电流大小及方向保持不变，与时间无关。动态杂散电流为采用直流输电系统的电流通过土壤流入到埋地钢质管道中，大小及方向随时间变化，如火车供电系统、地铁列车铁轨、采矿作业等。直流杂散电流的干扰十分复杂，有地域性。在某一区域内，有杂散电流干扰时，在这个范围内的所有埋地金属物体都会受到影响，这种影响具有传递性，被干扰的金属往往会成为另外一个埋地金属物的干扰源。例如在强制电流阴极保护系统的阳极地床的管道附近，容易产生直流杂散电流，对其他金属物体产生影响。直流杂散电流的电位分布受许多因素影响。因此对于处在杂散电流干扰下埋地钢质管道，杂散电流造成的腐蚀远比其他腐蚀严重。例如，由电气化铁路引起的直流杂散电流会随时间的变化而变化，因为它与外部环境因素相关，主要有铁轨上车辆的位置、轨道回流的大小、变电站的数量及位置、周围土壤情况等因素的影响，这就造成了管道上直流杂散电流干扰在时间以及位置分布上存在巨大的差异，因此管道阴极保护电位处于变化之中，难以准确测量，直流杂散电流的监测较为困难。

2.2　交流杂散电流

交流杂散电流的主要来源有交流电气化铁路、高压输变电系统。交流电流通过耦合方式，对附近埋地钢质管道或其他金属物体产生影响。埋地钢质油气管道上杂散电流产生主要分为电感耦合（感性耦合）以及电阻耦合（阻性耦合）。根据干扰源的特性可分为：瞬间干扰、间歇干扰、持续干扰[4]。①瞬间干扰：高压电线脱落时，对地产生的电压可达几千伏，干扰时间1s以下，称为瞬间干扰。此电压不仅对人身安全和设备产生威胁，还可能击穿管道外防腐层，引起管壁击穿事件。②间歇干扰：主要发生在电气化铁路附近，随着电气化铁路电流载荷的变化而变化，干扰电压变化范围广，作用时间具有间歇性。③持续干扰：高压输变线路通过耦合对附近管道产生交流电压，交流电压大小与高压电流大小有关，而与交流电压大小关系不大。因高压输电系统是不停歇输送，因此输变线路中持续存在着电流流动，埋地管道就杂散电流干扰可能持续存在。近年来，随着高压输电线路不断发展，发生瞬态高压短路事故的概率较低，另外两种间歇干扰和持续干扰是管道杂散电流干扰的主要来源。因此钢质管道在施工过程中必须设计防护措施减少高压输电线路及电气化轨道交通的杂散电流干扰。

3　杂散电流腐蚀原理

在杂散电流流出处的钢质管道部位将发生剧烈的电化学腐蚀，即杂散电流干扰腐蚀。金属是优良的导体，金属的电阻率远小于土壤的电阻率，所以当金属物体埋设于土壤中时，金属相当于提供了一个低电阻流通通道，这样利于电流的流通，因此土壤中的杂散电流更倾向于在金属中流通[5]。在土壤中的杂散电流流进埋地金属管道的地方其管地电位为比较负，聚集较多负电荷，比较负的电位的原因是发生了阴极极化，对管道具有了保护作用；而在杂散电流流出的部位的管地电位为比较正，聚集较多正电荷，其原因是电子都聚集到了杂散电流流入的部位，此处缺少电子而显得电位比较正，而电子的来源正是此处的管道金属与土壤电解质的反应产生的，金属失去电子由金属单质成为了金属离子，随着反应的不断进行，此时埋地管道就被不断腐蚀。所以总结埋地管道的杂散电流腐蚀，在杂散电流流进管道金属的区域，金属的电位比较低，此处土壤的电极电位比较高，那么就是说土壤是阳极金属是阴极，该区域的金属就成为了腐蚀电池的阴极区，在阴极区上发生的是得到电子的还原反应。在杂散电流流出埋地金属管道的位置区域，金属的电位比较高，而该区域附近的土壤的电位较低，这就形成了电位高的金属为阳极而土壤阴极，该区域的金属就成为了阳极区，发生的是失去电子的氧化反应。阳极区一般发生吸氧腐蚀，即在腐蚀过程中溶解于水膜中的氧气在阴极上得到电子被还原生成 OH^- 的腐蚀。它常常是在中性、碱性或弱酸性的介质中发生的。

管道的电化学腐蚀反应如下[6]：

(1)析氢腐蚀

阳极反应：$2Fe \longrightarrow 2Fe^{2+} + 4e^-$

阴极反应：$4H^+ + 4e^- \longrightarrow 2H_2\uparrow$ （无氧酸性环境）

$4H_2O + 4e^- \longrightarrow 4OH^- + 2H_2\uparrow$ （无氧中性、碱性环境）

(2)吸氧腐蚀

阳极反应：$2Fe \longrightarrow 2Fe^{2+} + 4e^-$

阴极反应：$O_2 + 4H^+ + 4e^- \longrightarrow 2H_2O$ （有氧酸性环境）

$O_2 + 2H_2O + 4e^- \longrightarrow 4OH^-$ （有氧中性、碱性环境）

4 杂散电流评价标准

GB/T 19285—2014《埋地钢质管道腐蚀防护工程检验》中对如何判定管道中杂散电流干扰做出如下规定[7]：

4.1 交流干扰测试评价

埋地钢质管道的交流干扰，可采用管道交流干扰电压和交流电流密度进行测试。当管道上任意一点上的交流干扰电压都小于4V时，可不采取交流干扰防护措施；高于此值时应采用交流密度进行评估。干扰程度可分为：弱（交流电流密度 $<30A/m^2$）；中（交流电流密度 $\geq 30\sim100A/m^2$）；强（交流电流密度 $>100A/m^2$）。当交流干扰程度判定为“强”时，应采取交流干扰防护措施；判定为“中”时，宜采取交流干扰防护措施；当交流干扰程度判定为“弱”时，可不采取交流干扰防护措施。

4.2 直流干扰测试评价

埋地钢质管道的直流干扰，一般应采用未施加阴极保护时管道上任意点的管地电位较自然腐蚀电位的偏移量来进行测量和评价，当难以测试时，可采用管道附近土壤表面电位梯度来进行测量和评价。当电位偏移 $\geq 20mV$ 或土壤表面电位梯度 $>0.5mV/m$ 时，确认为直流干扰。直流干扰程度分为：弱（管地电位正向偏移 $<20mV$ 且土壤表面电位梯度 $<0.5mV/m$）；中（管地电位正向偏移 $\geq 20\sim<200mV$ 且土壤表面电位梯度 $\geq 0.5\sim<5.0mV/m$）；强（管地电位正向偏移 $\geq 200mV$ 且土壤表面电位梯度 $\geq 5.0mV/m$）。当管道任意点上的管地电位较自然腐蚀电位正向偏移 $\geq 100mV$ 或管道附近土壤表面电位梯度 $>2.5mV/m$ 时，应采取直流排流保护或者其他防护措施。

5 总结及研究展望

埋地钢质油气管道受敷设环境影响，不可避免要受到杂散电流干扰腐蚀。根据干扰源机理埋地管道损失模式为电化学腐蚀，基本以局部腐蚀为主。相较全面腐蚀而言，局部腐蚀具有隐蔽性不易发现，危害后果严重，对管道安全运行存在巨大隐患。当前，杂散电流对埋地钢质管道的干扰问题已经受到了广泛关注，研究杂散电流的干扰对保障能源输送安全有重要的社会意义。结合目前研究现状，杂散电流需研究方向如下：

(1)现行埋地管道杂散电流干扰评价标准体系主要为交流干扰评价与防护，缺少针对特定直流干扰评价标准体系。

(2)新型杂散电流干扰源如风电场、光伏场对埋地钢质管道腐蚀行为研究。

(3)埋地钢质管道存在交流和直流叠加干扰时，确保阴极保护系统正常运行时如何采取兼容性、可靠性排流措施。

参考文献

[1]刘争，李威力，钟周全．地铁杂散电流的危害及检测实例[J]．全面腐蚀控制，2016，30(9)：56－58.

[2]刘杰，杜艳霞，覃慧敏等．地铁杂散电流对埋地管道的干扰规律[J]．腐蚀与防护，2019，40(1)：43－47.

[3]王平，石秀山，何仁洋等．杂散电流测绘仪在埋地钢质管道杂散电流检测中的应用[J]．管道技术与设备．2006.

[4]胡春伟．埋地管道材料在土壤中的交流腐蚀行为研究[D]．大庆：大庆石油学院，2003.

[5]肖述辉．杂散电流对长输管道腐蚀影响的研究[D]．西安：西安石油大学，2014.

[6]曹阿林，朱庆军，侯保荣等．油气管道的杂散电流腐蚀与防护[J]．煤气与热力，2009，03：6－9.

[7]GB/T 19285—2014，埋地钢质管道腐蚀防护工程检验[S].

浅谈 IPD 管理在管道内检测设备研发中的应用

张 洋 马义来 熊治坤 陈金忠 白鹏程

（中国特种设备检测研究院，北京 100029）

摘 要：管道内检测面对日益加剧的市场竞争环境，以及团队成长过程中暴露的研发管理问题，需要通过高效的产品开发流程建设，提高产品开发能力和效率。集成产品开发是一种领先的、成熟的产品开发的管理思想和管理模式。介绍了管道内检测技术面临的问题，集成产品开发的发展历程和核心思想，将集成开发管理引入管道内检测设备研发过程中，对提高管道内检测新技术研发管理水平将是一种有意义的探索。

关键词：管道内检测；IPD；研发管理

Discussion on the Application of IPD Management in the Research and Development of Pipeline Inspection Equipment

Zhang Yang, *Ma Yilai*, *Xiong Zhikun*, *Chen Jinzhong*, *Bai Pengcheng*

(China Special Equipment Inspection and research institute, Beijing 100029, China)

Abstract: In the face of the increasingly fierce market competition environment and the R&D management problems exposed in the process of team growth, internal inspection needs to improve product development ability and efficiency through efficient product development process construction. Integrated product development is a leading and mature management idea and mode of product development. This paper introduces the problems faced by in – pipeline inspection technology, the development history and core ideas of integrated product development, and introduces integrated development management into the research and development of in – pipeline inspection equipment, which will be a meaningful exploration to improve the management level of new in – pipeline inspection technology.

Key words: In – pipeline inspection; IPD; Research and Development Management

1 引言

管道内检测技术的通过内检测技术检测识别各类管道缺陷是国内外广泛认可的做法，该技术可以有效地将输油气管道的失效频率控制在稳定范围内。目前，管道内检测技术主要有漏磁检测、超声测厚检测、超声裂纹检测、几何检测、中心线检测（Inertial Measurement Unit，IMU）等[1]。然而，近年来不断出现的在役管道环焊缝缺陷和管体针孔缺陷的检测需求对传统内检测技术提出新的挑战。对于这些非常规缺陷，即使能够检测到异常信号，但能否有效检出还取决于判定基准的可靠性。无论是环焊缝缺陷，还是针孔腐蚀缺陷，均是当前管道内检测面临的技术挑战。这对于内检测新技术应用，是难得的发展机遇，但是研发管理能力的不足却严重制约了自主创新能力的发挥。

2 IPD 核心思想及框架

集成产品开发（Integrated Product Development，简称 IPD），是一套产品开发的模式、理念与方法。IPD 强调，以市场需求为开发的驱动力，将产品开发作为一项投资来管理。IPD 的目标是实现产品开发的准、快、低；准：开发满足细分市场客户需求的产品，按市场需求进行创新；快：向市场快速提供成功的产品，缩短开发周期；低：实现低成本的产品开发以及产品的低成本设计[2]。

作者简介：张洋（1989— ），硕士研究生，主要从事管道内检测相关工作。E – mail：534693613@ qq. com

2.1 IPD 的核心思想

IPD 是企业层面的一套产品开发管理的思想和方法，强调以市场需求作为产品开发的驱动力，将产品开发作为一项投资来管理，其核心体现为业务价值创造。主要分为如下几个方面[3~7]：

2.1.1 产品开发是投资行为

产品开发对于企业来讲不仅是投资行为，而且是最重要的投资，它决定了企业未来的生存和发展。对于一家企业来讲，资源肯定是有限的，必须慎重、科学决策投资的必要性和预期收益，才能使企业能够符合市场的要求，取得生存和发展的机会。为了降低投资风险，IPD 强调对新产品开发进行分阶段投资，加强阶段决策，减少投资失误及失误损失。

2.1.2 基于市场的创新

企业的任何策略，都是为了能够盈利，所以新产品开发必须要满足市场当前或未来的需求。IPD 强调基于市场的创新，把产品定义、市场需求作为产品开发的第一阶段，着重于一开始就做正确的事。

2.1.3 跨部门协同

跨部门协同强调打破部门墙，这里强调的“协同”有别于普通意义上的“协作”、“协助”，而是全部项目成员都为产品的市场成功这一个结果负责。大家都是项目的负责人，都为项目的交付负责，而不是简单“配合”或“协助”其他人完成某项工作。

2.1.4 结构化的并行开发流程

结构化是将开发流程进行分层、分阶段，再对各阶段的步骤、活动进行规范。项目开发过程中可按项目特点对流程进行“定制”或“裁剪”，保证对不同项目的开发流程具有相对的确定性和稳定性。并行工程是缩短产品上市周期的重要手段。它通过严密的计划、合理的接口设计，把串行的后续活动提前进行。不仅是产品设计活动的并行进行，更重要的是必须包括其他跨职能部门的活动。这是缩短新产品上市周期的关键。

2.1.5 基于平台的异步开发模式和重用策略

产品平台是一系列产品所需技术要素的集合，可与产品异步开发并共享模块、零部件、子系统等，极大地缩短产品开发周期，并且对产品质量的稳定性有着至关重要的作用。

2.1.6 技术开发与产品开发分离

技术开发具有很大的不确定性，如果将技术开发和产品开发结合到一起进行，会严重影响到项目的成功率。IPD 强调先做技术储备、技术攻关，再启动项目的开发。这样做能降低技术风险，保证产品开发的成功率和开发周期，又可以很好地控制产品质量。

2.1.7 职业化人才梯队建设

研发团队建设需要建立技术人才的发展晋升机制，避免专业技术人才都挤向管理岗位的发展通道。IPD 模式下还需要一批新型的人才，如：系统工程师、产品经理等。针对不同类型的人才，需要分别建立相应的培养机制来进行培养。IPD 的实施是一项系统工程，上述七个方面的核心思想也是相辅相成、紧密联系的。在实施的过程中也要全面深刻领会 IPD 的核心思想，才能达到预期的效果。

2.2 IPD 框架

IPD 框架是 IPD 的精髓，IPD 框架由市场管理、流程重组与产品重组三大模块构成可进一步细分为客户需求分析、投资组合分析、衡量标准、跨部门团队、结构化流程、项目和管道管理、异步开发、共用基础模块等八个子模块。其逻辑结构如图 1 所示。

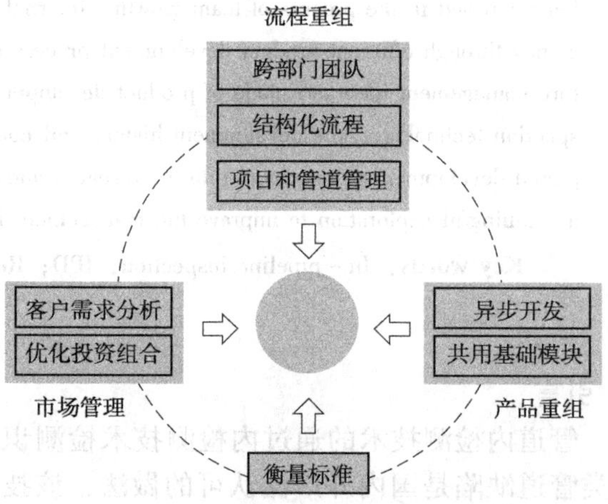

图 1　IPD 框架

3　集成产品开发在内检测新产品开发流程优化中的应用

管道内检测是目前在役管道应用最成熟、检测效果最好、性价比最高、最易于推广应用的检测技术。但是，每种管道内检测技术都有相应的适用范围和局限性。基于检测的目的和目标选择合适的内检测技术和设备，并使检测设备的能力和性能与检测的目的和目标相适应。要以关键核心技术和设备的自主研发为突破口，聚焦高端通用科学仪器设备和专业重大科学仪器设备的应用开发、工程化开发及产业化开发，有效提升管道内检测技术水平与装备能力。通过以下几个方向优化内检测设备研发的产品开发流程可以有效提高研发效率。

3.1 融合内外部需求，重构结构化的开发流程

管道内检测所面临的研发环境是：行业国内外的研发实力差距巨大。尽管国内检测设备研发在近些年有了快速的发展，但与国际大公司相比仍有很大的差距。面对国际大公司的技术垄断，国内内检测设备研发必须走出一条自己的路，力争在较短的时间内、用较少的投入、获得更大的技术进步。针对以上分析，内检测设备研发应以市场为导向、以产品为目标的研发定位，打造基于市场需求的研发模式。在当前的行业形式下，设备研发分阶段采取不同的研发策略，分别是跟随、超越与领先。在跟随与超越阶段，主要采用应用研究与集成创新，将主要的人力、物力集中在应用研究与产品开发，通过这种资源整合与技术集成的研发定位与策略，用较少的时间、人力、财力投入，快速缩小与国际大公司的技术差距；同时在部分重点领域利用国家政策和横向科研合作，投入有限资源开展原始创新，以求打基础、积蓄力量在不久的将来有一个飞跃和质变。

3.2 强化产品立项前的市场和需求管理工作

每一项新技术应用于管道内检测设备研发前，通常会有数个月到数年的时间，这一阶段的主要工作是了解用户的需求，做好型号主管部门和主机承制方的投标、竞标工作。为强化需求收集、分析、分类、分发的全过程管理，成立专门的项目论证团队，明确工作职责、资源和计划，使用标准化的需求收集工具和分析方法，确保用户隐含和潜在需求的充分理解和挖掘，避免后续产品开发过程中频繁的需求变更造成更大损失。在客户需求的基础上，进一步整合企业内部管理需求、外部法规和标准约束等，形成对产品需求完整、准确的正式描述，作为后续设计和开发工作的输入。

3.3 构建跨部门的产品开发团队

管道内检测设备的研发是典型的多学科聚集的产品，因此在设备研发的过程中有效研发必定是一个跨部门的综合性活动，需要各个职能部门的密切配合。基于 IPD 的理念与管道内检测设备研发的特点，构建跨部门的研发团队。跨部门项目团队根据所设定的开发目标，把与开发活动相关的各职能部门有机地组织起来，避免了传统的职能型组织职责频繁转移、信息层层衰减的弊端，团队代表多方决策均衡、多领域知识经验集成，团队成员对产品的成功负责，各环节沟通更充分，协作更紧密，能够有效地提高产品开发效率。

3.4 落实财务管控要求，加强预算和成本控制

明确产品开发团队核心组中财务经理的角色、职责和活动，规范产品开发各阶段从财务策划、目标成本制定到财务控制和评估的活动和产出要求。财务经理深度参与产品开发的各项活动，包括：参与产品研制方案设计，从成本维度给出多方案选择的建议；参与系统设计的指标分配，通过目标成本衔接技术指标与财务指标；参与详细设计过程物料选择、外协外包选择等过程的成本控制。

3.5 强调关键指标的绩效考核体系

设计再精密的系统如果离开人的执行都是空谈，采用关键绩效指标法，引导管理者把主要精力集中于能对绩效产生最大驱动力的经营行为上。不仅强调了绩效的结果，同时关注驱动绩效的主要行为。具体到“技术创新”这个关键绩效领域，可以分解出如下的关键绩效指标，包括专业认证数量、产学研体系建立数量、产品研发能力指数等。指标继续向下分解，以“产品研发能力指数”这个企业关键绩效指标为例，分解到流程的话可以有类似于下面的关键绩效指标，比如新产品的成长性等。这些关键绩效指标可能将由不同的部门共同承担，以提高协作性。

4 结语

从管道内检测设备研发面临的问题引入，介绍了集成产品开发方法对内检测设备研发的积极意义，集成产品开发方法能够帮助内检测厂商在满足客户个性化需求的同时，做到有的放矢避免在设备研发中走弯路，实现从传统项目定制开发到追求市场和财务成功的产品开发转变，相较于传统的项目开发方式，产品开发周期大大缩短，人力资源投入明显减少，成本和风险得到有效控制，研发效率显著提高。

参考文献

[1]吴志平，玄文博，戴联双，李妍，常景龙，王富祥．管道内检测技术与管理的发展现状及提升策略[J]．油气储运，2020(011)：1219－1227.

[2]李闫岩，许玲．IPD 模式工程项目全寿命周期特有风险因素分析[J]．辽宁经济，2018，18(08)：54－55.
[3]李镇蛟．浅谈项目管理中的 IPD 模式[J]．信息系统工程，2018，(08)：75.
[4]王芳芳．基于 IPD 的 SY 公司手机摄像模组类产品项目管理研究[D]．浙江工业大学，2017.
[5]朱家朋．S 公司新产品开发管理体系改进研究[D]．南京邮电大学，2021.
[6]汪文君．A 军工企业基于 IPD 构建价格管理模式的探索[J]．财务与会计，2021，(18)：37－40.
[7]陈鹏．基于 IPD 的 SR 公司产品开发管理体系研究[D]．山东大学，2021.

油气管道阴极保护电流检测的信号放大系统设计与实现

熊治坤　马义来　白鹏程　陈金忠　张　洋

（中国特种设备检测研究院，北京　100029）

摘　要：为了实现油气管道内检测设备实时采集与存储管道阴极保护电流数据的功能，研究了如何实现微弱信号的采集与放大。由于被采集信号十分微弱常达到微伏级，容易引入噪声，设计了信号滤波等预处理方法。针对单个运放芯片无法实现信号的高增益需求，提出了一种信号两级放大的方法，并进行了仿真与验证。该信号放大系统便于集成在油气管道内检测设备中，为阴极保护电流检测提供了一种新手段。相对于阴极保护电流外检方式，内检测方法可以一次性检测整条管道而且耗时更短，缺陷定位更加准确，检测效率更高，检测成本更低。

关键词：信号放大；油气管道；阴极保护；内检测；Multisim

Design and implementation of a signal amplification system for cathodic protection current detection in oil and gas pipelines

Xiong Zhikun, Ma Yilai, Bai Pengcheng, Chen Jinzhong, Zhang Yang

(China Special Equipment Inspection and Research Institute, Beijing 100029, China)

Abstract: In order to realize the function of real – time acquisition and storage of cathodic protection current data in oil and gas pipeline in – line inspection equipment, it studied how to realize the acquisition and amplification of weak signals. Since the acquired signal is very weak and often reaches the micro – voltage level, it is easy to introduce noise, and pre – processing methods such as signal filtering are designed. A two – stage signal amplification method is proposed, simulated and verified because a single op – amp chip that cannot achieve the high gain requirements of the signal. The signal amplification system is easy to be integrated in the oil and gas pipeline in – line inspection equipment, and provides a new means for cathodic protection current detection. Compared with the external cathodic protection current detection method, the – in – line inspection method can detect the whole pipeline at one time and it takes less time, more accurate defect location, higher detection efficiency and lower detection cost.

Key words: signal amplification; oil and gas pipelines; cathode protection; in – line inspection; multisim

1　引言

随着我国经济飞速发展，油气管道总里程也在不断增长。大部分油气管道是埋地管道，而埋地管道由于各种原因容易发生腐蚀，从而引起管道破损和油气泄露。这种情况容易造成环境污染，也容易造成巨大的经济损失，更严重时会造成人员伤亡[1]。因此埋地管道运行安全意义重大。随着国内外对埋地管道腐蚀机理的研究以及防腐技术应用，目前埋地管道多采用外层包防腐层和管道接入阴极保护装置。管道阴极保护装置施工方便、成本低廉，因此已在我国埋地管道普遍应用[2]。但是处于阴极保护状态的埋地管道某个点腐蚀、电流泄露时，会导致阴极保护电流发生异常，那么如何准确定位该异常点值得研究。有研究采用测试桩以及智能测试桩[3,4]，可以将异常点定位在测试桩附近，但是定位精度还是不

作者简介：熊治坤(1986—　)，男，硕士，工程师，2012 年毕业于北京航空航天大学信息与通信工程专业，主要从事油气管道无损检测技术的研究及检验检测设备的研发工作。E – mail：xiongzhikun@ 163. com

够准确，造成开挖验证困难，同时对于穿越河流、公路等地方不方便安装测试桩。也有研究采用采用内检测技术，如漏磁检测[5,6]，该技术可以非常准确定位到腐蚀较大的点。但是埋地管道防腐层刚开始破损裸露管壁时，埋地管道尚未形成腐蚀坑时，则该技术无法检测该位置。针对以上问题，提出了一种用于油气管道阴极保护电流检测的内检测方法。该方法的难点在于获取的差分信号十分微弱，达到微伏级，因此如何放大该信号是研究的重点。

2　硬件系统设计

2.1　阴保电流检测原理

阴极保护电流内检测系统总体设计如图1所示。

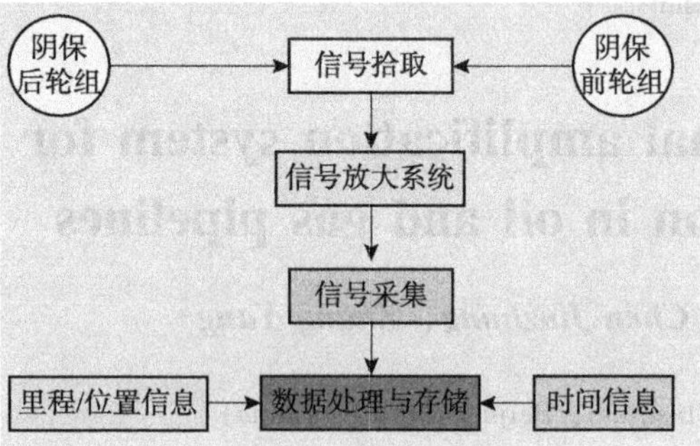

图1　阴极保护内检测系统框图

阴保轮分为阴保前轮组(至少2个)和阴保后轮组(至少2个)，前轮组和后轮组间距根据设备长短情况进行安装和确定，假定前后两组轮轮子间距为L，当油气管道进行阴极保护措施时，则管道上存在导通电流，假定保护电流为i，则内检测系统前后两组阴保轮接触油气管道内壁时，内检测系统获取到管道上的电位差为$\triangle U$。对于同一种管道，其电阻率基本不变，假定为ρ，则管道长度为L的电阻基本不变，假定为R，则：

$$R=\rho\times L\div S \tag{1}$$

其中S为管道横截面积，若管道外径为D_1，内径为D_2，则横截面面积为：

$$S=\pi\times(D_1-D_2)^2\div4 \tag{2}$$

我们根据系统测量的$\triangle U$，通过欧姆定律，我们计算出管道的通过电流I：

$$I=\triangle U\div R \tag{3}$$

油气管道阴保电流为i，当系统检测的电流I与i有偏差时，根据偏差的大小，可以分析阴保电流异常情况，再结合检测系统记录的时间、位置等信息，可以非常准确地定位异常点。定位误差最大为L，也即异常点必然在两组阴保轮之间的位置。通过测量分析I曲线趋势变化，可以更加进一步精确定位阴保电流异常点位置。该内检测系统在管道中运行一遍时，所有的异常点都可以检测出来。

2.2　硬件系统整体架构

系统以信号放大为核心功能进行了设计，如图2所示。由于获取的差分信号十分微弱，达到微伏级，因此单个运放芯片无法达到信号增益需求。经过研究，成功设计了分级放大电路。为了保证信号的干净，系统加入如信号预处理滤波[7]。信号完成放大后，并对信号进行了调制，使得信号输出电压范围在0～5V之间，便于后续信号采样和存储。后文对信号放大、信号调制等电路详细说明。

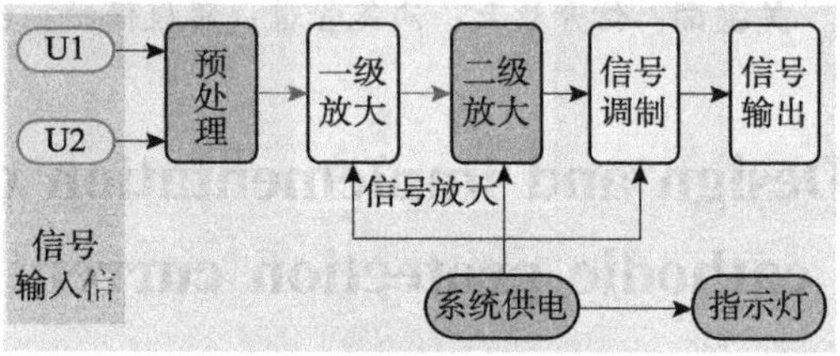

图2　硬件系统架构设计

2.3　信号放大电路设计

微伏级信号要达到伏特级，需要经过10000倍放大。单个运放芯片无法满足相关需求，因此采用了分级放大的方法进行了设计。一级放大电路选用了Analog Devices的AD620芯片[8]，二级放大电路选用AD623芯片。两种芯片来自同一家，抗噪能力强，支持轨到轨输出。一二级放大电路增益设计分别为100、99.04，则两级放大后总增益为9904。实际应用中，放大电路的增益可以根据需求进行调整增益电阻R2和R6。详细电路设计如图3所示。

2.4　信号调制电路设计

信号放大电路输出信号电压范围在-5～5V之间，为了便于内检测设计中的单极性ADC进行数据采样，需要将信号电压调制到0～5V之间。本文选用了Analog Devices的AD4841-2芯片，详细调制电路设计如图4所示。根据理想运放电路模型，可以得到如下等式：

$$V_o\times\frac{R_4}{R_4+R_5}=\left(V_i\times\frac{R_8}{R_{18}+R_{14}}-2.5\right)\times\frac{R_{16}}{R_{16}+R_{12}}+2.5 \tag{4}$$

根据等式(4)，带入图4中各个电阻的数值，则得到：

$$V_o=0.4\times V_i+2.5 \tag{5}$$

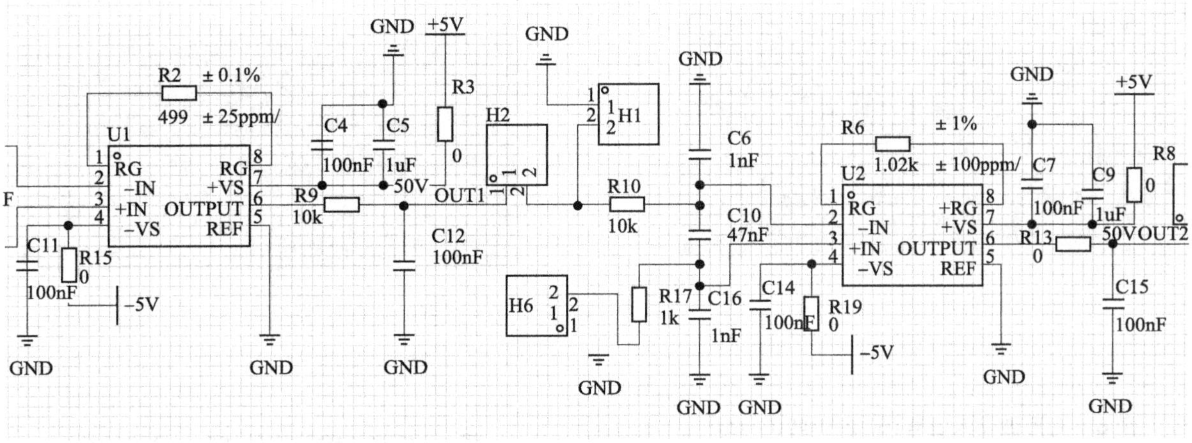

图 3 信号放大电路设计

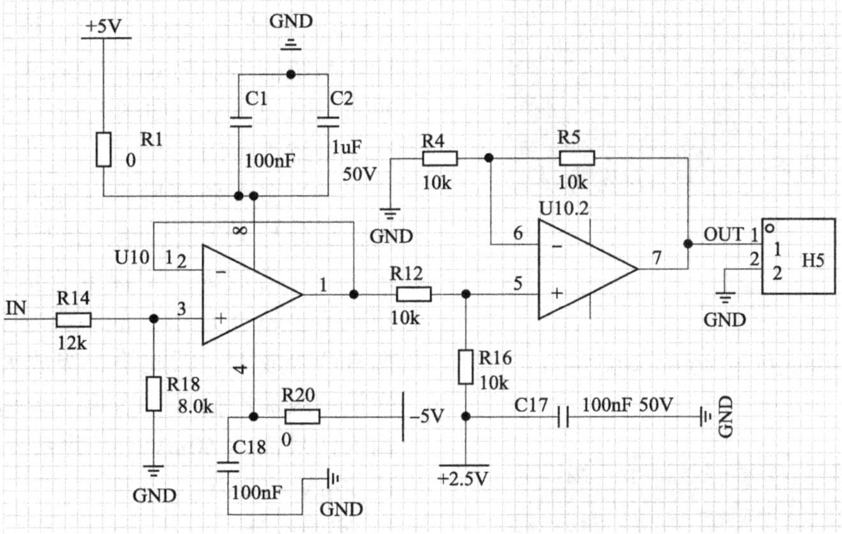

图 4 信号调制电路设计

当输入信号 V_i 在区间[-5, +5]时，则输出信号 V_o 在区间[0.5, 4.5]，满足输出在区间[0, 5]。为了防止误差过大，导致 ADC 采样错误，故设计信号输出区间为[0.5, 4.5]。根据项目实际需要，输出区间可以进一步缩放。

3 电路系统仿真

电路采用 NI Multisim 14.0 搭建并进行仿真，本文从以下几个方面进行仿真分析。

3.1 系统输入失调电压影响

由于运放芯片的固有属性，系统总是存在输入失调电压。因此当输入都为零时，见图 5，放大电路输出(Chanal_A)为 118mV，调制电路输出(Chanel_B)为 2.532V。通过进一步仿真与计算得出，系统的输入失调电压小于 8μV。系统的输入失调电压对输出有一定的影响，但是对输出电压引入的偏置电压是固定的，对输入信号的趋势变化无影响，因此放大电路的失调电压总体影响可以忽略。

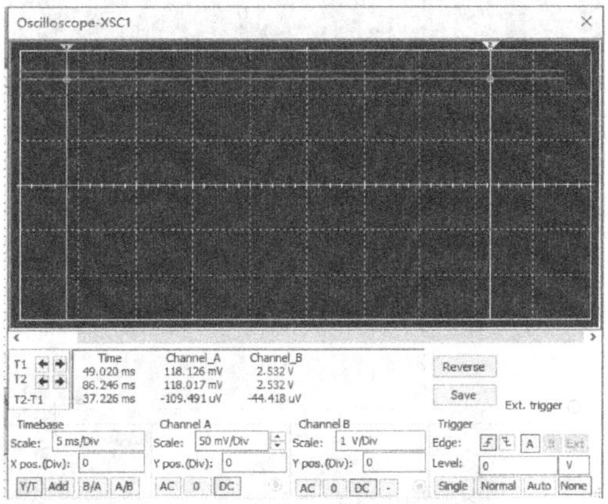

图 5 输入失调电压对输出影响

3.2 矩形输入信号放大仿真

设置输入信号为矩形波信号，偏置电压为 0。通过改变输入信号的频率和幅值，观察输出波形。经过仿真得到如图 6 ~ 图 9 相关波形和参数所示。

根据图 6 中 Chanal_A 幅值计算该系统的增

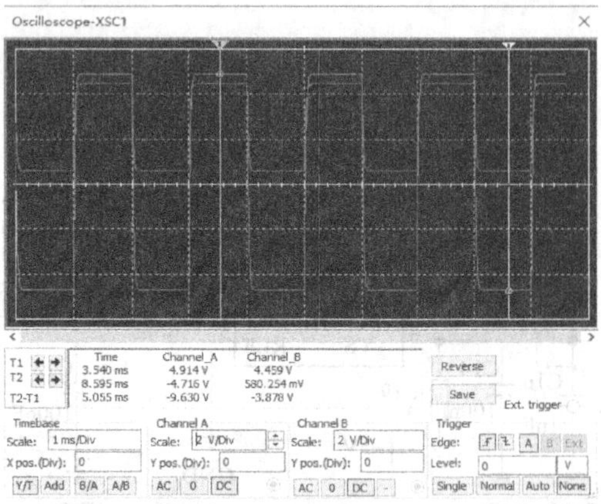

图 6　矩形波输入信号(500uV@500Hz)

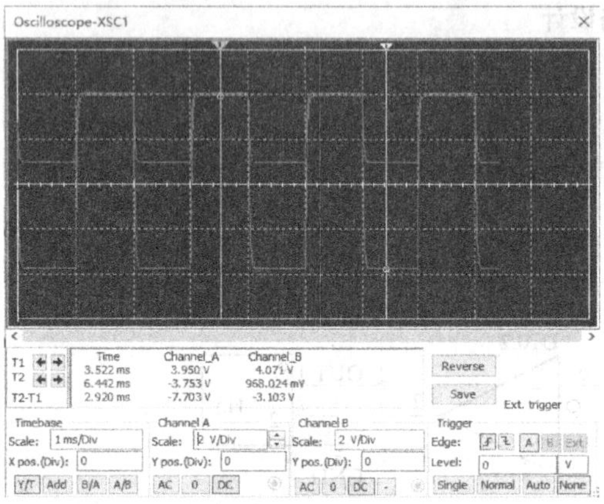

图 7　矩形波输入信号(400uV@500Hz)

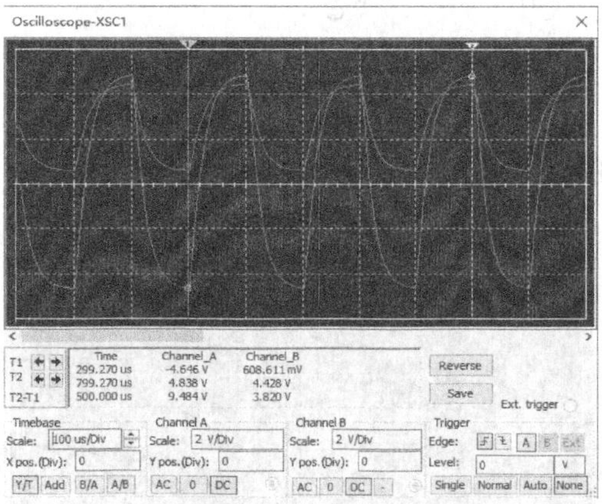

图 8　矩形波输入信号(500uV@5000Hz)

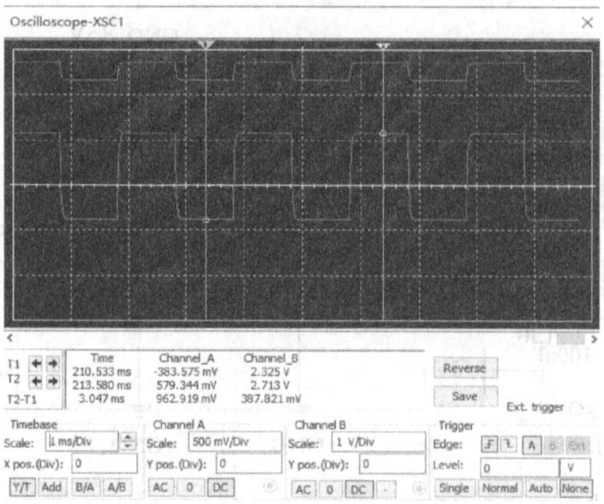

图 9　矩形波输入信号(50uV@5000Hz)

益为 Gain = 9630 与系统理论增益 9904 相差 2.8%。如图 7、图 9 所示，根据 Chanal_A 幅值计算系统的增益为 Gain = 9629。与系统理论增益 9904 相差 2.8%。如图 8 所示，显示波形已经失真，系统不可用。

经过多次仿真验证，输入信号频率 1kHz 以内输出信号无失真，输入信号 50 ~ 500μV 时，系统可以正常放大。阴保电流信号属于低频信号，频率不会超过 1kHz，故不会发生信号失真。系统拥有两级放大，因此第二级放大饱和时，可以采样第一级输出信号。当第一级输出饱和时，此时输入信号需达 50mV。因此系统输入信号范围可达 50μV ~ 50mV。

4　实验验证

4.1　实验验证平台设计

为了验证本系统的功能与性能，模拟真实环境搭建了如图 10 所示的实验平台。实验平台包括如下内容：1—半管管道；2—阴保轮；3—数字电源；4—电流源；5—信号放大板卡；6—信号采集板卡；7—测试电脑；8—内检测机芯。管道采用了碳钢半管。实验验证尽可能模拟真实环境，保证了实验数据与真实环境中保持一致。

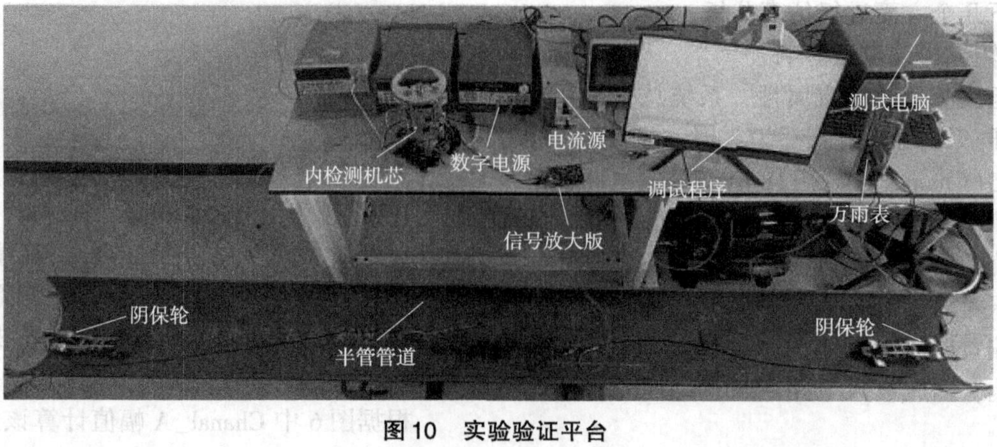

图 10　实验验证平台

4.2 实验数据分析

通过电流源给管道提供导通电流，模拟管道阴极保护电流。阴保轮接入差分信号，通过设计实现的信号放大板卡放大并调制信号，提供给信号采集板卡。电流源改变供给电流模拟管道中阴保电流的变化，则电流变对应的信号放大板卡输出信号如图 11 所示。

从图 11 中可以得出，电流与放大输出信号线性正相关，说明管道电阻稳定，信号放大板卡增益稳定。从图中数据表可以看出，信号输出范围在 0.5 ~4.5V 之间，与前文所述的电路设计理论数据相符合。

阴保电流/A	输出信号/V
−3.5	0.588
−3	0.851
−2.5	1.125
−2	1.395
−1.5	1.668
−1	1.939
−0.5	2.206
0	2.472
0.5	2.736
1	3.007
1.5	3.282
2	3.549
2.5	3.818
3	4.091
3.5	4.371

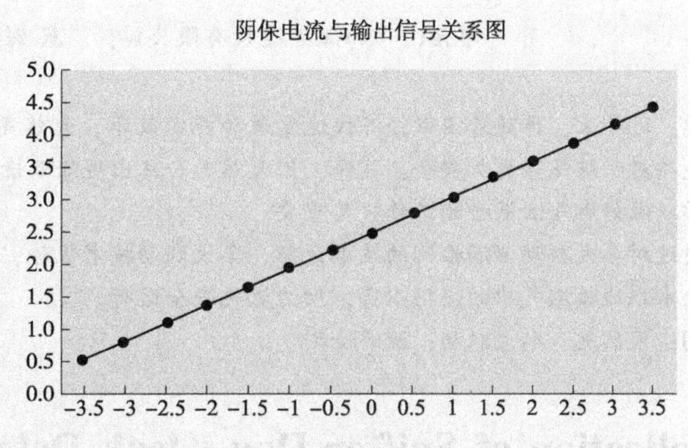

图 11　阴保电流与输出信号关系图

5　结论

通过研究阴极保护电流检测，提出了一种基于管道内检测的阴极保护电流方法。针对该方法中技术难点——如何实现微弱信号的采集与放大，提出了分级放大的方案。该方案解决了单个运放芯片增益不足的问题，同时设计了输入预处理，信号调制输出等。通过系统仿真、实验验证，证明了该系统方案的可行性、可靠性、可用性。

该系统易于集成在内检测设备中，增加内检测设备的检测功能、提高设备的检测效率，为阴极保护电流检测手段提供了新的方法。

该系统尚有如下不足：当管道同一圆周位置上发生两个及以上异常点，系统会判断为一个异常点，因为系统无法判定圆周位置上异常点的钟点方位。

参考文献

[1]张彦坤．阴极保护技术在钢制埋地管道及储罐上的应用[J]. 世界有色金属 . 2021 (19)：155 – 157.

[2]李红文．长输管道阴极保护电位异常波动及处理[J]. 化工管理，2020，10：114 – 115.

[3]杨涛，崔伟，方卫林，等．阴极保护电位智能采集系统应用现状与展望[J]. 油气储运，2021，40(2)：146 – 150.

[4]张蔚然，刘晶晶，李欣涛，等．阴极保护智能测试桩在油气管道的市场应用前景[J]. 全面腐蚀控制，2022，36(08)：21 – 24.

[5]马义来，陈金忠，邵卫林，等．多功能管道内检测器测试平台研制[J]. 管道技术与设备 . 2020 (01)：54 – 57

[6]沈佳园，熊治坤，张响，等．小口径漏磁内检测磁化装置的设计与运动分析[J]. 无损检测 . 2022 (03)：27 – 31

[7]熊治坤，陈金忠，马义来，等．基于STM32 的管道变形检测数据采集系统的研究与实现[J]. 中国特种设备安全 . 2022(08)：7 – 10

[8]马义来，陈金忠，周汉权，等．基于微机械惯导的管道多功能内检测系统研发[J]. 石油机械 . 2021(04)：133 – 136.

车犬联动泄漏检测技术在城镇燃气中的应用

阮　斌　熊浩升　徐亚亮

(卓裕(广东)工程建设有限公司，广东 深圳　518000)

摘　要：近年来，伴随着国家经济快速发展和能源改革，天然气作为一种新兴环保能源得以飞速增长，虽然天然气相对于煤气等更加安全、环保，但天然气一旦出现泄漏情况，依旧会发生燃烧、爆炸等非常严重的事故，所以做好燃气泄漏检测工作极其重要。

本文通过对车犬联动泄漏检测的技术介绍、车犬联动技术优势、应用案例分析等，向大家阐述车犬联动泄漏检测技术在城镇燃气中的应用心得，助力燃气安全运行。

关键词：天然气；车犬联动；泄漏检测

Application of Sniffer Dog – leak Detection Car Combined Use in Gas Leakage Detection

Ruan Bin*, *Xiong Haosheng*, *Xu Yaliang

(Towngas, Shenzhen 518000, China)

Abstract: In recent years, with the rapid development of national economy and energy reform, natural gas, as a new environmental energy, has been growing rapidly. Although natural gas is safer and more environmentally friendly than coal gas, once natural gas leaks, it will still cause serious accidents such as combustion and explosion. Therefore, it is extremely important to do a good job of gas leakage detection.

Through the introduction of the technology of car dog linkage leak detection, the advantages of car dog linkage technology, and the analysis of application cases, this paper describes the experience of the application of car dog linkage leak detection technology in urban gas to help the safe operation of gas.

Key words: natural gas; sniffer dog leak detection car combined use; leak detection

1　背景

近年来，城镇燃气泄漏事故频发，给人民的生命财产和社会经济带了严重的损失，同时也对社会的安全稳定造成了较大的负面影响，因此国家将城镇燃气的安全保障工作提升至新的高度，政府监管力度增强，这给城燃企业管网的安全运行带来前所未有的挑战。

目前，国内大部分企业依然采用的是传统人工巡检法(检测人员手持检漏仪)定期对管网资产进行泄漏检测工作，虽然伴随科技水平的进步，手持设备精度可达 PPM 级(百万分之一)，但依然受现场环境、人员素质(技能、经验、惯性思维)等因素的影响，不易于及时、准确地发现漏点，且检测效率较低。

港华集团一直以来把“为客户提供安全可靠的燃气”作为使命，在燃气生产、管网建设、运行管理等方面不断开拓、创新。2019 年集团工程部，借助香港中华煤气经验，在国内赛先研发燃气嗅探犬，并取得专利(专利号：ZL 2019 2 0642306.5)，同时积极引进目前国际上最先进的 ABBAbility™高精准燃气泄漏检测系统。2020 年安全生产月，抽选集团内约 500km 的管网，首

作者简介：阮斌(1986—　)，助理工程师，本科，从事燃气工程建设与运行管理工作。E – mail：ruan. bin@ towngas. com. cn

次采用高精度检测车+燃气嗅探犬(车犬联动)组合的形式进行泄漏检测，现场效果极佳，得到各项目公司的一致认可，于是自2021年起，港华集团全面推行车犬联动泄漏检测服务。

2　技术线路

2.1　定义

车犬联动(快速泄漏检测)是指使用目前最先进的激光检测车对目标检测区域进行快速的泄漏初检，利用燃气嗅探犬对初检发现的疑似泄漏区域进行精准定位。

2.2　技术介绍

2.2.1　ABB Ability™高精准燃气泄漏检测车

检测车系统采用国际最先进的第四代激光分析(LGR-ICOS™)技术(图1)，结合北斗精准定位及国内安全云存储为燃气企业提供超高精准(PPb级)燃气泄漏快速检测。如图2所示，系统将ABB LGR甲烷/乙烷分析仪、北斗精准定位模块、风速仪相结合依托北斗精准服务网和严谨的大数据算法将检测到泄漏的地理位置坐标(北斗精准定位)、气体浓度(CH_4、C_2H_6)同风速仪测得的数据相结合，用以判断气体性质(天然气/沼气)、浓度及泄漏逸出点最可能的范围，见图3～图5。

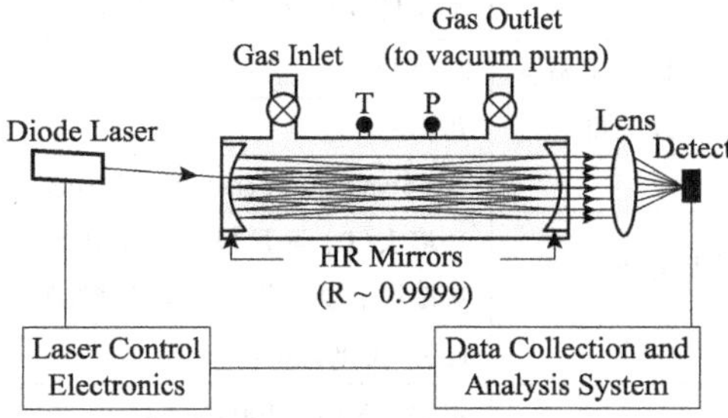

图1　第四代激光分析技术

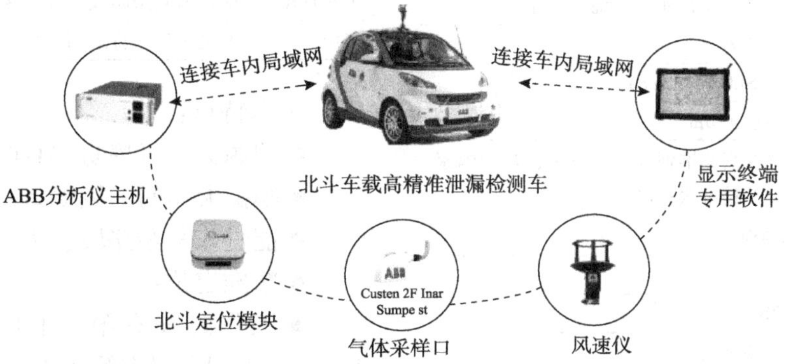

图2　主要组件相结合

图3　检测结果可视化展示

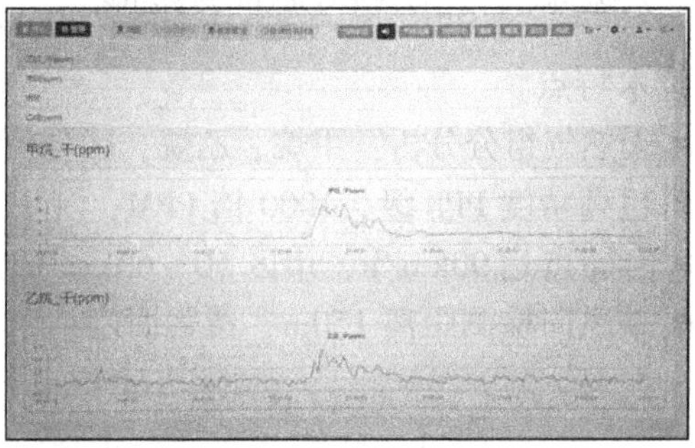

图4　实时甲、乙烷浓度分析曲线

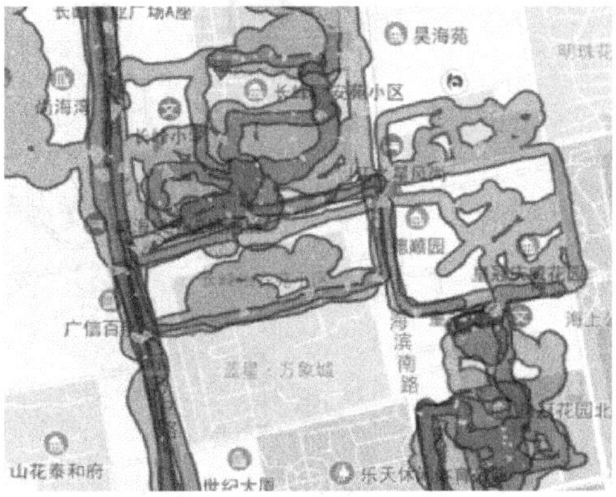

图5　不同时间段多组历史数据分析

检测车系统主要技术参数见表1。

表1　检测车系统主要技术参数

ABB Ability™	参数描述
测量技术	4th generation OA－ICOS technology 第4代离轴积分腔输出光谱技术
光腔设计	光学空腔提供1～100km的有效路径长度，增加的动态范围。光谱吸收技术实现高速反应及分析功能。
车内设备工作环境温度	5～50℃
最大检测行驶速度	90km/h
主机尺寸	长68cm×宽48cm×高17.8cm
采样介质及分析	环境大气。测量报告大气中甲烷及乙烷浓度，实时甲烷＆乙烷检测
检测精度	1ppb(0.001ppm)
检测浓度范围	甲烷：0.01～10000ppm 乙烷：0.01～100ppm
精度误差值	甲烷：＜1ppb　乙烷：＜5ppb
检测频率	＞2Hz
泵流量	25 SLPM(L/min)
检测最大覆盖范围	周边150m
定位功能	北斗高精准惯导定位技术，基于国家北斗精准服务网
稳态时操作功率	200W
电池最大供电时间	30min
开机预热时间	60s
标定期限	无须标定
操作界面	中文
服务器及数据存储	国内本地化带有加密功能

技术特点

■ 天然气组分分析：甲烷、乙烷，区分沼气；

■ 超高精度PPb级，1000倍PPM；

■ 时速可达90km/h，市区50～60km/h；

■ 单风向检测距离150m，覆盖面广；

■ 主动巡查，提供大数据报告；

■ 提供疑似区域范围，再经人工判定。

2.2.2　燃气嗅探犬

燃气嗅探犬是利用犬灵敏的嗅觉，捕捉天然气中添加的具有刺激气味的四氢噻吩(THT)气味，从而判定是否存在燃气泄漏并定位泄漏位置的专业工作犬，燃气嗅探犬训导时间通常不少于6个月。其血统和个体优秀，具有可核查身份证明资料，能够在－40～40℃环境温度范围内正常工作。

燃气嗅探犬技术参数见表2。

表2　燃气嗅探犬主要技术参数

嗅探犬	参数描述
嗅源	四氢噻吩(THT)，区分沼气
灵敏度	嗅闻灵敏度高，不受惯性思维影响
工作环境	能进入复杂路段、偏远区域，如草丛、灌木丛等
定位	准确定位，直达四氢噻吩逸散点

技术特点：

■ 嗅源为四氢噻吩(THT)，区分沼气；

■ 嗅探犬嗅闻灵敏度高，不受惯性思维影响；

■ 能进入复杂路段、偏远区域；

■ 精准定位；

■ 工作时长有限，工作20min需休息5～10min，可配合巡查管线3～5km/d；

■ 动物特性影响。需要休息，也可能会休“病假”。

2.2.3　车犬组合优势

车犬组合技术(见图6)互补，扬长避短，具备以下优势：

(1)精度高：双PPb级(检查设备PPb，嗅探

图6　车犬组合示意图

犬经训练及实践嗅觉与 PPb 相当)，较传统手持 PPM 级设备高出 1000 倍；

(2)准确度高：双重原理 相互验证，有效排除沼气(甲乙烷同测、THT)；

(3)辐射面广：检测设备覆盖范围最高达 150m，嗅探犬覆盖范围 15 ~ 20m，可有效覆盖管线及周边附属设施；

(4)效率高：检测设备最高可达 90km/h，可快速检测出疑似区域范围，嗅探犬可快速排查出疑似区域内的溢散点位置，其效率相当于人工测漏 10 倍以上；

(5)定位准：检测设备提示区域，嗅探犬主动搜寻区域中(THT)浓度最高位置。

3　车犬联动效果分析

2020 年 6 月 ~2022 年 6 月港华集团利用车犬联动泄漏检测技术，为集团内约 52 家项目公司，共计 7000km 老旧管线及附属设施进行了泄漏检测服务。

3.1　适用场景

(1)燃气管网日常定期泄漏测量；

(2)管线隐患排查含老旧管网排查、应急抢险、点火通气前、恢复供气前、天然气置换保障等；

(3)恶劣天气或灾后快速巡查；

(4)新建管网无法保压，漏点排查；

(5)大型(重要)活动保障含宣传/演练/重要会议/体育比赛或其他大型活动等；

3.2　应用场景展示(部分)

3.2.1　西安全运会保障

见图 7。

图 7　2021 年 8 月，西安全运会保障工作组中，多了一对特殊组合“车犬联动”，它为奥体中心、火炬沿线、全运会村、重点酒店及饭店等场所提供“燃气安保工作”，成为“明星选手”备受关注，并得到当地政府和企业的高度赞扬

3.2.2　乌镇互联网大会保障

见图 8。

图 8　因每年 9 月在乌镇需要举办全球性质的互联网峰会，政府特别注重其安全保障工作，车犬联动突显其优势，已连续三年“受邀”为乌镇内燃气安全运行提供“护卫”工作

3.2.3 管线定期检漏

见图9。

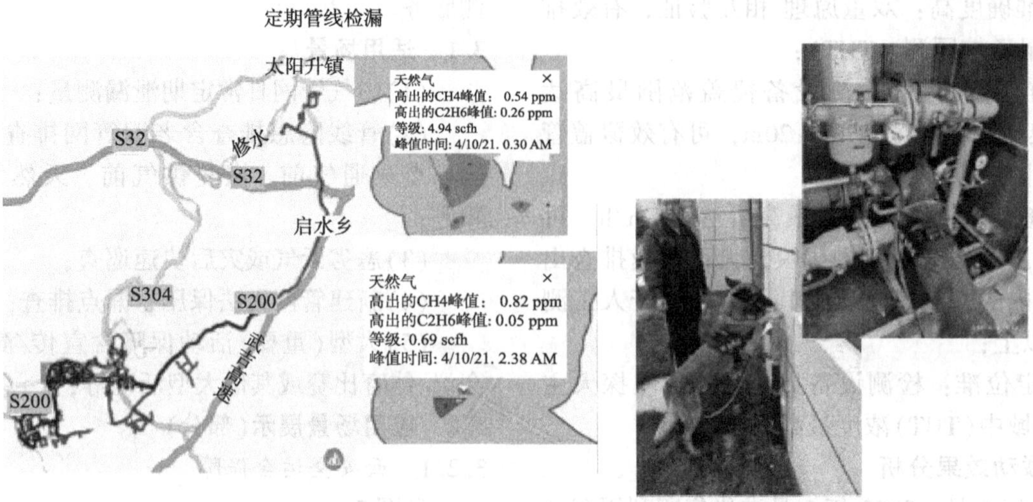

图9 车犬联动组合走进多家城燃企业，协助其完成管网资产的“年度检查工作”

3.2.4 整改前摸排

见图10。

图10 车犬联动组合，作为隐患排查的“小能手”，为企业合理分配安全投入资源提供方向，有效“狙击”风险

3.2.5 置换保障

见图11。

图11 因将瓦斯气转换成天然气，其成分、湿度、压力等多方面因素发生变化，车犬联动组合为丰城港华置换后所有资产进行“健康体检”，有效消除隐患，确保了1万多居民用户的平稳供气

3.2.6 灾后巡查

见图12。

图12 2021年7月河南遇见百年不遇的暴雨，造成当地燃气公司多处管道及设施被损毁，为了保证灾后燃气安全供应工作，车犬联动组合驰援新密港华对其所有管网进行安全隐患排查

3.2.7 冬供保障

见图13。

图13 每年的冬天，车犬联动组合，都会走入我们的北方城市，为冬天里提供的那束“蓝光”贡献自己的力量

3.3 应用效果分析

3.3.1 资产集约化

集团通过资产统一采购，项目公司共享服务的方式，不仅避免了资产的重复投资，而且节省了大量的维护成本。

3.3.2 标准的检测服务报告

见图14。

标准的服务报告内容包含检测日程安排、检测轨迹、风险信息点明细、统计分析、总结建议等，相当于为企业提供了一份详细的管网资产“体检报告”。

3.3.3 详细的风险信息点统计

见图15。

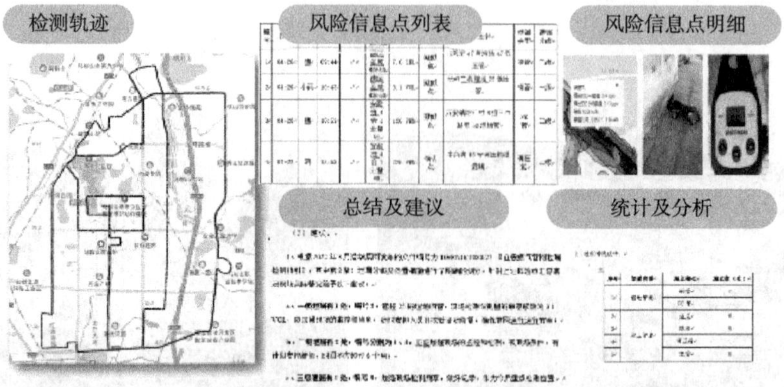

图 14　服务报告主要内容展示

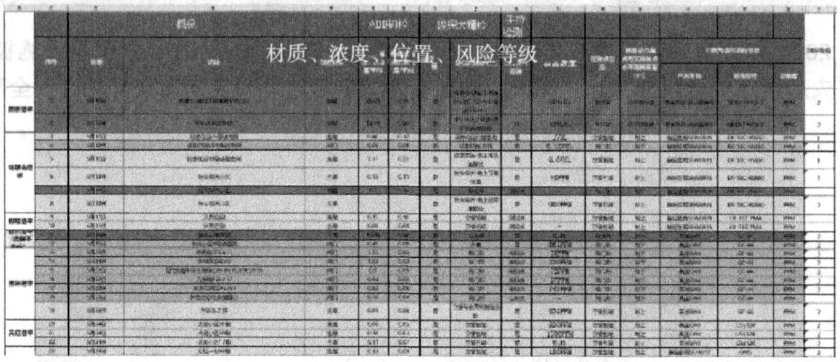

图 15　风险信息点统计

风险信息点统计包含管道材质、浓度、位置描述、风险等级等多项数据，便于后期对数据进行分析、决策。

3.3.4　不同角度数据分析

见图 16 ~ 图 18。

A	B	C	D	E	F	G	H	I	J
年份	类别	地下管			立管	表格	阀门	调压箱/柜	合计
		钢管	PE管	球墨铸铁管					
2020年	年犬联动	4	0	0	13	0	12	2	44
2021年	单犬限务	113	1	0	0	0	2	12	171
	年犬联动	118	65	8	185	8	43	33	457
								总计:	G72

类别	数量	颜色区分
地下管	317	
立管	263	
表格	10	
阀门	92	
调压箱	46	
总计:	774	

1级	157
2级	403
3级	156
共计	728

图 16　不同泄漏类型及风险等级分析

长度	PE管	钢管	铸铁管	合计
公里数	263	321	107	691
风险信息点	36	93	8	137
百公里比例	0.13	0.28	0.07	0.19

图 17　不同材质百公里泄漏率分析(部分数据)

年限	10年以下	10-20年	20年以上	合计
公里数	170.95	419.31	176.28	766.54
占比	0.22	0.55	0.23	1

图 18　检测管线年限占比(部分数据分析)

通过对检测数据不同角度的统计、分类，可以为管理层提供不同的数据分析结果，助力燃气安全管理工作。

4　总结及展望

4.1　总结

车犬联动是目前国内最先进的泄漏检测技术，它具有精度高、速度快、辐射面广等特点，是城燃企业在泄漏检测方面不可多得的好帮手，它的应用，可以为企业带来以下好处：

(1)可作为企业泄漏检测的补充手段，更易于查找出较隐蔽的泄漏点，及时消除安全隐患，保障运行安全。

(2)可发现传统检测手段无法发现的微漏点，便于企业防患未然，并能合理分配资源。

(3)减少企业燃气泄漏量，缩小供销差。

(4)减少碳排放量。

(5)提升企业安全供气形象。

4.2　展望

(1)实现车犬联动泄漏检测系统与生产运行综合管理平台相融合，达到检测、分析、上报、派单、处置全流程管理。

(2)车犬联动泄漏检测与碳排放量课题研究。通过收集车犬联动泄漏检测相关数据，建立有关模型，实现减少碳排放量的自动计算。

参考文献

[1]TG－ENG－T080－22，港华集团在役燃气管网泄漏检测指引[S]. 出版地：深圳，2022

[2]TG/ENG/T070/19，港华集团燃气嗅探犬应用指引[S]. 出版地：深圳，2019

[3]李野，陈玉，杨梅，孟昭楠，陈鹏，苏日提，李茂东，王金峰，王友鹏. 一种燃气嗅探犬训导设施：ZL2019 2 0642306.5[P]. 2020－03－13.

红外热成像技术在燃气场站隐患排查上的应用

吕士聪

(苏州港华燃气有限公司，苏州　215000)

摘　要：随着国家和企业对于安全生产的重视，以及红外热成像技术的不断发展，未来将应用到社会的更多行业和更多领域。燃气场站作为红外热成像技术涉猎较少且对安全要求较高的领域，需要采用红外热成像手段检测设备运行情况，以保障设备设施平稳运行，故此，保障燃气企业的供气以及居民、工商业等的用气安全。苏州港华燃气有限公司作为苏州地区率先使用红外热成像技术检测设备设施安全的企业，将会依据实践使用情况向更多同行业及不用行业的公司进行推广。

关键词：安全；红外热成像技术；燃气场站

1　红外热成像技术介绍

1.1　红外热成像原理

众所周知，任何物体都具有温度，无论是较高的温度还是相对较低的温度，但是温度无法一直降低，会存在一个限值，这个限值就叫绝对温度。绝对温度是指 $-273℃$ 的温度，如果物体的表面超过绝对温度，会辐射出电磁波，而随着温度发生变化，电磁波的辐射强度与波长的分布特性也会随着改变，波长介于 $0.75\mu m$ 到 $1000\mu m$ 间的电磁波称为红外线，在这个波段内仅靠人类视觉是看不见的，必须通过特定的检测手段或者检测仪器。运用光电技术检测物体热辐射的红外线特定波段信号，并将该信号转换成为可供人类视觉分辨的图像和图形，并可以进一步计算出温度值。红外热成像工作原理见图 1。

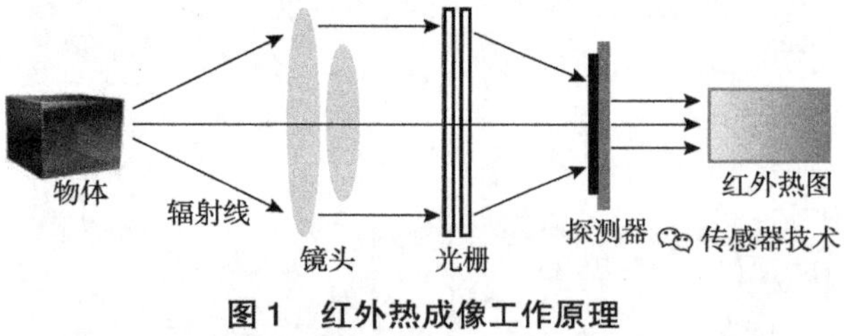

图 1　红外热成像工作原理

1.2　红外热成像检测仪

根据物体能够发射红外线的这一特性，各个国家很早就开始研究红外热成像的仪器，当然都是以欧美等发达国家为主，最早的时候主要用于军事领域上，后来才慢慢转变到工业、民用等领域扩展，经过几十年间的不断发展与创新，红外热成像仪已经从一个笨重的机器发展成为轻便的可携带的检测仪器，正因如此，这也为红外热成像技术的多领域应用打造了良好的基础。

红外热成像仪(图 2)是一种利用红外热成像的技术，通过对被检测物体的红外辐射探测，并加以信号处理、光电转换等手段，将被测物体温度的分布图像转换成可视图像的设备。操作人员通过屏幕上显示的图像色彩和热点追踪显示功能来初步判断发热情况和故障部位，同时严格分析，从而在确认问题上体现了高效率、高准确率。

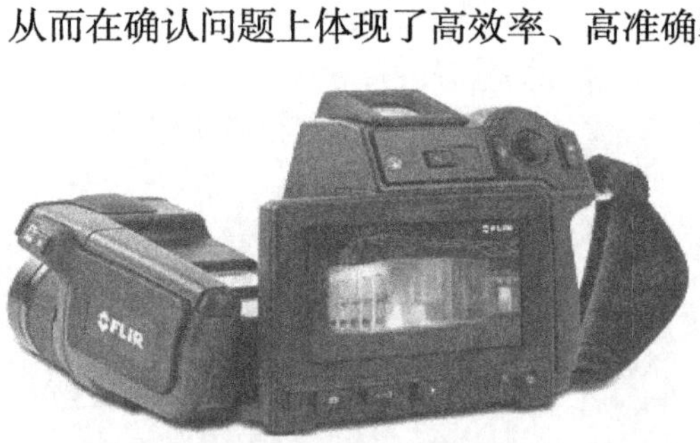

图 2　红外热成像仪

1.3　红外热成像的应用和特点

经过世界各国科技人员的努力，研究出各式各样的红外热成像检测仪，我国虽然起步较晚，但是近些年发展速度较快，并将此技术越来越多应用在生产社会的各个方面。热成像技术在诞生之初主要应用于军事领域，在 20 世纪 60 年代逐渐在工业和民用领域推广使用，目前主要应用于医疗、消防、化工、安保等领域。

作者简介：吕士聪(1991—　)，本科、工程师，主要从事燃气技术与安全管理工作。E－mail：282291248@ qq. com

红外热成像检测技术具有非接触、大面积、检测直观快速的优点，在工业领域使用可以对管道、承压设备、电气设备等进行检测，通过热成像检测可以非常容易发现热点区域，从而采取措施以消除潜在的安全隐患并减少能量损耗。

既如此，那能否将红外热成像技术应用到燃气场站，进而利用温差去检测设备设施的安全状况呢？

2 燃气场站设备设施检测

2.1 当前现状

以我们的企业苏州港华燃气有限公司为例，苏州港华燃气场站中的设备设施众多，更有较多非常重要的设备设施，一旦出现隐患，发生事故，将会造成非常严重的后果。简单列举下，就可以发现，其中CNG加气站有调压计量橇、脱水装置、顺序控制盘、储气井、压缩机、加气机等；LNG加气站中有LNG储罐、泵池、汽化器、LNG加气机等；LNG气化站有发电机、消防泵房、锅炉房、储罐、汽化器、调压计量撬、加臭装置、卸车台等，另外在汽化站布置了许多的低温管道，这些管道使用保温层包裹，这样在汽化生产及卸车过程中可以最大可能减少热量损失，利用率就会被提高。除此之外，配电房也是场站中的一个重要场所。

从国家形势上看，近些年安全生产事故发生的次数及频率较高，国家对于安全生产越来越重视，政府检查力度越来越大，检查范围及检查要求也越来越严格。对于企业，固然经济利益的追求是重要的，但是安全运行基础，没了安全，经济大厦瞬间崩塌，而对于员工个人来说，设备设施的安全更是重中之重，因为他们是每天或者时刻都要接触的，而且关乎于生命安全。

当前，场站的设备检查以人员的日常检查、定期检查为主，表面的隐患可以被发现整改。但是比较隐蔽专业的就无从而知了，一旦发现存在安全隐患或者发生安全事故，将会造成人员及财产损失。

除此之外，像压缩机、脱水装置这些设备，长期处在高温高热的工作状态下，发生隐患的概率是比较高的。我们的员工没有合适检测手段，而光靠视觉是不可靠的。

对于配电系统，那就更需要专业电力人员来检测，凭借员工自身是难以检查的，员工只能检测简单地闻味道、看有没有烧焦等简易方法，但是仅仅这样是远远不够的。

低温管道则并没有什么很好检测方式，只有靠员工发现或者已经出现泄漏再去处理，或者使用燃气检漏仪去检测有无泄漏，通常这样只是被动地发现，难以去主动的预防，而现在的趋势是预防为主，能够将安全隐患主动扼杀在摇篮里才是现在的追求。

2.2 实际应用案例

苏州港华率先在2017年就开始使用红外热成像检测仪进行设备设施检测了，主要检测设施为低温管道、配电系统、压缩机、脱水装置。其实不难看出，主要是高温和低温部位，那么为什么要选取这些呢，首先并不是场站所有的设施都适用于红外热成像技术，一是没有必要将所有设备检测，我们的员工能自身发现并解决隐患的相对简单的设备就没有必要去使用红外热成像技术去检测，而且增加成本。二是这些地方都是容易发生隐患及危险的地方，管道泄漏、线路的老化短路、压缩机和脱水装置的高温，都是容易发生危险的地方，并且产生的后果影响很大，而这些也是场站的主要设备。

2.2.1 应用可行性

压缩机和脱水装置毋庸置疑，属于振动强，高运转并且极容易在某些部位发生异常高温，而异常高温不加处理的话，长时间放任不管的话就会发生危险。而红外热成像技术能够很好地应用在这些设备设施的检测上，在其正常运行时，通过红外热成像仪检测，在热像图上看到不同温度的分布图，从而分析可能出现异常温度的部位，再采取相应的处理措施，从而很好地检测隐患。

那么低温管道保温性是否完好有没有什么理论依据吗？因为低温管道里的LNG是非常低的温度，在汽化生产过程中需要保温层的完好有效，防止热流失，因为保温层的老旧、缺陷造成的漏热，与正常部位存在明显的差异，其形成的温度场截然不同，红外热成像仪能直观地显示与分辨出来，为保温效果的检测提供了理论及实践依据。

而对于配电系统，所有可以直接看到的电气设备，红外热成像检测仪能够发现所有连接点的热隐患，对于那些由于屏蔽而无法直接看到的部分，则可以根据热传导到外面的部件的情况，来发现其热隐患，这种情况对于传统的方法来说，除了解体检查和清洁接头外，没有其他的办法。红外热成像仪还可以用来探测电气设备的不良接触以及过热的机械部件，以免引起短路和火灾，美国的保险公司统计数据表明，在所有电设备隐患中的25%以上是引发火灾的主要原因，都是由于插头接触不良引发的。所以红外热成像仪对于配电系统存在的隐患，其检测效果是非常好的。

2.2.2　应用实例

这是之前某红外热成像检测公司对苏州港华燃气场站内的压缩机、低温管道、配电系统的检测报告(图3～图5)，我们能够很清晰明了地看出该设备该区域不同部位的温度显示。如果出现异常的话，也会有参考建议，所以这样就能够很好地发现设备设施的隐患，并且进行针对性的处理整改。

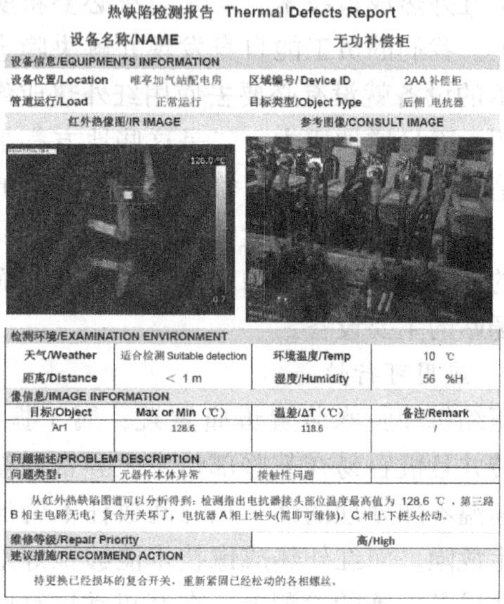
热缺陷检测报告 Thermal Defects Report

设备名称/NAME　　无功补偿柜

设备信息/EQUIPMENTS INFORMATION

设备位置/Location	唯亭加气站配电房	区域编号/Device ID	2AA 补偿柜
管道运行/Load	正常运行	目标类型/Object Type	后侧 电抗器

红外热像图/IR IMAGE　　参考图像/CONSULT IMAGE

检测环境/EXAMINATION ENVIRONMENT

天气/Weather	适合检测 Suitable detection	环境温度/Temp	10 ℃
距离/Distance	＜ 1 m	湿度/Humidity	56 %H

像信息/IMAGE INFORMATION

目标/Object	Max or Min（℃）	温差/ΔT（℃）	备注/Remark
Ar1	128.6	118.6	/

问题描述/PROBLEM DESCRIPTION

问题类型：元器件本体异常　接触性问题

从红外热缺陷图谱可以分析得到：检测指出电抗器接头部位温度最高值为 128.6 ℃，第三路B相主电路无电，复合开关坏了，电抗器A相上桩头(需即可维修)，C相上下桩头松动。

维修等级/Repair Priority　高/High

建议措施/RECOMMEND ACTION

待更换已经损坏的复合开关，重新紧固已经松动的各相螺丝。

图3　压缩机红外热成像检测报告

热缺陷检测报告 Thermal Defects Report

设备名称/NAME　　管道 保温层

设备信息/EQUIPMENTS INFORMATION

设备位置/Location	LNG 罐区	区域编号/Device ID	WW-S1 区域
管道运行/Load	正常运行	目标类型/Object Type	管道 保温层

红外热像图/IR IMAGE　　参考图像/CONSULT IMAGE

检测环境/EXAMINATION ENVIRONMENT

天气/Weather	适合检测 Suitable detection	环境温度/Temp	2 ℃
距离/Distance	＜ 1 m	湿度/Humidity	56 %H

像信息/IMAGE INFORMATION

目标/Object	Max or Min（℃）	温差/ΔT（℃）	备注/Remark
Ar1	-2.5	-4.5	/

问题描述/PROBLEM DESCRIPTION

问题类型：

从红外热缺陷图谱可以分析得到：检测指出管道保温层及保温联接部位等温度分布正常，没有异常热扩散缺陷，温度最低值为 -2.5 ℃，温升值也符合 GB 关于管道保温相关标准。

维修等级/Repair Priority　低/Low

建议措施/RECOMMEND ACTION

持续正常巡检记录，为后续检查积累历史图谱数据。

图4　低温管道红外热成像检测报告

2.2.3　建设性建议

其实从以上的实例可以明显看出，红外热成像技术应用在燃气场站上是可行的，也是有必要

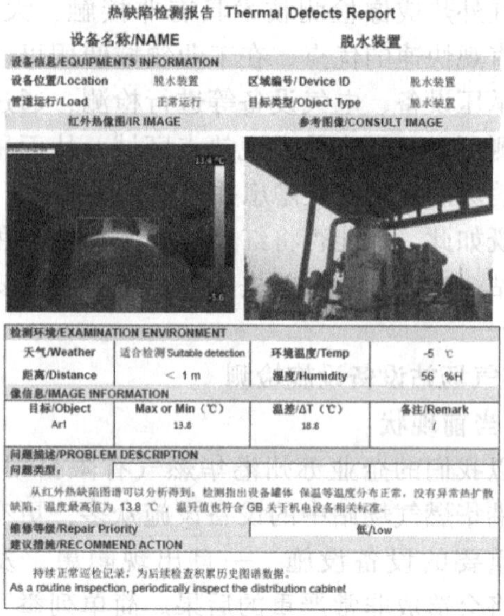
热缺陷检测报告 Thermal Defects Report

设备名称/NAME　　脱水装置

设备信息/EQUIPMENTS INFORMATION

设备位置/Location	脱水装置	区域编号/Device ID	脱水装置
管道运行/Load	正常运行	目标类型/Object Type	脱水装置

红外热像图/IR IMAGE　　参考图像/CONSULT IMAGE

检测环境/EXAMINATION ENVIRONMENT

天气/Weather	适合检测 Suitable detection	环境温度/Temp	-5 ℃
距离/Distance	＜ 1 m	湿度/Humidity	56 %H

像信息/IMAGE INFORMATION

目标/Object	Max or Min（℃）	温差/ΔT（℃）	备注/Remark
Ar1	13.8	18.8	/

问题描述/PROBLEM DESCRIPTION

问题类型：

从红外热缺陷图谱可以分析得到：检测指出设备罐体 保温等温度分布正常，没有异常热扩散缺陷，温度最高值为 13.8 ℃，温升值也符合 GB 关于机电设备相关标准。

维修等级/Repair Priority　低/Low

建议措施/RECOMMEND ACTION

持续正常巡检记录，为后续检查积累历史图谱数据。

As a routine inspection, periodically inspect the distribution cabinet

图5　配电系统红外热成像检测报告

的，但是它处在一个什么样的地位，或者说对于红外热成像技术，什么样的检测频率才合适呢？

(1)红外热成像的成本不高，因为技术的发展，红外热成像检测仪的方便携带性，同时随着分析技术的成熟，我们燃气场站6个站的频率定为每年一次，并出具相关报告。如果可以将此项检测工作变成一项经常性的行为就更有益处，就如同场站每周泄漏检测，员工每周手持检测仪器对场站各项设备全方位检测一遍，确保无泄漏。不妨大胆想一下，如果能够买一台仪器，让员工去培训学会图形颜色的分析判断，这样可以提高检测频率，更容易提前发现隐患，起到预防为主的作用，确保场站的安全平稳运行。当然如果能将此变为现实的话，前期需要成本的投入，分析检测报告这方面也有欠缺，但是最重要的是能够通过此手段发现问题，如对于报告有特殊需要的话，也可以结合每年一次请专业机构检测，这样能够达到各方面的要求。

(2)红外热成像技术能够代替其他吗？对于我们所检测的设备设施来说，红外热成像技术起到的作用最大是预防性，我们能够及时发现设备设施的隐患，但是这些设备隐患有些我们可以自行解决，有些必须请专业人员来处理。例如，压缩机、脱水装置检测出来有问题，咨询厂家后需要更换零部件，那这就需要厂家专业人士前来维修；如果配电系统检测出来有线路问题，那还是需要请专门电力公司人员来进行处理，毕竟带电设备必须要具备过硬的技术；如果检测出来保温层有问题，还是需要专业人员前来重新包裹或局部处理。

(3)综上所述，红外热成像技术应用在场站上可作为一种辅助安全手段，因为其检测方便性、成本较低、最重要的是可以起到预防性，能够做到事前发现。所以燃气场站上的安全管理需要员工的日常检查、定期检查，需要设备售后厂家的定期维护维保，需要专业人员的专业检查，也需要红外热成像技术的预防检测特性。这些所有的技术和手段配合在一起，相辅相成，才能最好最大限度地保障燃气场站的安全平稳运行。

3 总结

现在国家对于安全生产越来越重视，同时安全事故也越来越频发，燃气场站作为一个生产设备众多的场所，安全是第一要务，红外热成像检测作为事前预防的技术手段，经过苏州港华燃气场站的实际应用数年后，并且确实发现一些很注意的安全隐患，为场站安全平稳运行是做出重要贡献的，同时由于成本较低、检测的方便性，我们六个燃气场站一天内即可完成，故此，已经成为苏州港华燃气场站的定期检查检测设备的常规手段了，而伴随着科学技术的发展与提高，红外热成像技术也必将不断精进，未来将在燃气场站上得到越来越广泛、越来越深入的应用。

参考文献

[1]戴景民，汪子君．红外热成像无损检测技术及其应用[J]．自动化技术与应用，2007，26(1)：2
[2]刘新业，常大定，欧阳伦多．红外热成像在电气设备维护中的应用[J]．红外与激光工程，2002，31(3)：220－224.
[3]余曼丽，潘伟，朱若寒．红外成像监测技术在工程中的应用与发展．国外建材科技，2007，28(3).

基于某公司天然气储备库项目进行钢管焊缝射线照相底片数字化实践

刘　欣　卢新鹏

(港华投资有限公司，广东 深圳　518023)

摘　要：焊缝射线底片是检测焊缝质量的重要文件，通过对焊缝底片进行数字化，为后续建立图像自动识别的大数据分析模型及焊缝底片数字化管理系统提供底层数据，依据港华集团《钢质管道焊缝射线照相底片数字化指引》，对某公司天然气储备库项目进行钢管焊缝工业底片进行数字化扫描工作。

关键词：焊缝底片；数字化；扫描

Digital Practice of Radiographic Negatives of Steel Pipe Welds Based on a Company's Natural Gas Storage Project

Liu Xin，*Lu Xinpeng*

(Towngas Member of the Hong Kong and China Gas Group，Guangdong Shenzhen 518023，China)

Abstract：X – ray film is an important document for detecting weld quality. By digitizing the weld film，it can provide bottom – level data for the subsequent establishment of big data analysis model of automatic image recognition and digital management system of weld film. According to the Digitization Guide of Steel Pipeline Weld Photograph Film of Hong Kong and China Group，a company's natural gas storage project was digitally scanned for industrial weld film of steel pipe.

Key words：Weld film；digital；scanning

管道焊缝质量好坏直接影响到管道的运行安全。近年来国内相继出现多起与管道焊缝有关的泄漏，断裂和爆炸事故，造成了重大经济损失和消极影响。因此需要借助有效的技术方法和手段，排查管道焊缝存在的质量安全风险。通过对焊缝底片进行数字化，为后续建立图像自动识别的大数据分析模型及焊缝底片数字化管理系统提供数据支撑，解决了建设期和维护期焊缝底片长期保存的问题，实现了对在役管道焊缝底片进行数字化和信息化管理。

1　底片数字化执行标准范围

(1)GB/T 26141.1《无损检测 射线照相底片数字化系统的质量鉴定　第 1 部分：定义、像质参数的定量测量、标准参考底片和定性控制》及 GB/T 26141.2《无损检测射线照相底片数字化系统的质量鉴定　第 2 部分：最低要求》

(2)GB/T 28266《承压设备无损检测 射线胶片数字化系统的鉴定方法》

(3)DA/T 22《归档文件整理规则》

(4)DA/T 28《建设项目档案管理规范》

(5)DA/T 42《企业档案工作规范》

(6)TG/ENG/T081/22《钢质管道焊缝射线照相底片数字化指引》第四条 技术要求

(7)ASME BPVC Section V 2021 射线照相底

作者简介：刘欣(1987—　)，女，中级工程师，2015 年硕士毕业于中国石油大学(北京)化学工程与技术专业，现主要从事管道完整性管理和管道检测方向的研究工作。E – mail：liu. xin06@ towngas. com. cn

片数字扫描要求指引。强制性附录六 用于射线照相底片数字图像的采集、显示、解释和存储

(8)GBT 30821—2014 无损检测 数字图像处理与通信

(9)港华集团发布的指引 TG/ENG/T081/22《钢质管道焊缝射线照相底片数字化指引》

2 底片数字化服务质量目标

2.1 质量目标

射线照相底片数字化满足 GB/T 26141.1、GB/T 26141.2 标准 DS 级要求。数字化图像中所能分辨的最细像质计丝应与底片一致，并满足底片评定的要求。交付的底片数字化影像符合 GB/T 30821 标准中规定的 DICONDE(.dcm)格式和 tiff 两种格式要求。

2.2 数字化自抽检比例目标

数字化底片要按照投标文件响应的每天录入抽检比例 20% 进行抽检，并形成抽检记录。

2.3 项目验收目标

完成成果进行抽查，抽查结果合格率必须达到 98% 或以上。以科学的管理及行之有效的质量保证体系，确保全过程的科学性、准确性。质量目标如下：

(1)底片扫描合格率：>99%；

(2)底片保管完整率：100%；

(3)底片扫描员自检率：100%；

(4)底片管理人员日抽查率：>10%。

3 射线照相底片数字化前整理与问题记录

在进行底片数字化前，先对某公司天然气储备库项目进行底片整理，底片包含多种管径规格，共 2186 道焊缝道口，5129 张物理底片。按照港华集团数字化指引要求，对底片进行作业前检查，登记底片质量问题和做好底片清洁，最后再进行底片数字化扫描工作。

3.1 底片质量问题记录

底片质量问题：使用目视法检验每张射线底片上受检区内的异物和伪影(例如划痕或水渍)。记录无法清除的杂物和观察到的伪像。

通过本次整理发现底片存在很多质量问题，例如：底片标记错误并人工修改痕迹、底片划痕，污渍等，影响底片质量，做好底片质量问题记录与统计工作。

3.2 评片报告信息问题记录

在底片整理过程中，发现评片报告错误问题，比如：评片报告编号与实际底片编号不符，及时做好记录及统计工作。

4 底片数字化工作

参考并执行美国 ASME BPVC Section V 2021 射线照相底片数字扫描要求指引。强制性附录六 用于射线照相底片数字图像的采集、显示、解释和存储。

按照 GB/T 26141—2010(等同于 ISO 14096)要求，射线照相底片数字化系统达到 DS 级(增强技术 - 信噪比和空间分辨率没有明显降低的数字化转换)，实现了底片的数字化归档(数字存储)[1]。通过规范射线照相数字化技术和过程管理从而具备射线照相底片内详细信息的数字化和存储的能力，取代需要维护和物理保存或存储条件不达标及过期的射线照相底片。

4.1 制定底片数字化书面规程要求

书面规程包含以下参数要求。

4.1.1 数字化系统描述

(1)数字化系统的制造商和型号：制造商：上海中晶科技有限公司，型号 MII - 5000LC。

(2)显示器可用区域的物理尺寸：21.3in。

(3)扫描装置的胶片尺寸：宽度：63.5mm ~ 355mm，长度：20mm ~ 5000mm。

(4)胶片扫描系统的光点尺寸：42μm/600dpi。

(5)显示器由于垂直和水平分辨率的限制性而规定图像显示的像素的大小：2M 灰阶 DICOM 显示。

(6)显示器显示的亮度：2000cd/m2 Typ。

(7)数据存储的媒体/介质：移动硬盘/U 盘。

图 1 射线照相底片数字化扫描仪

采用射线照相底片数字化扫描仪是由上海中晶科技有限公司研发生产的最新一代全国产化射线底片扫描仪 MII - 5000LC，符合 GB/T 26141—2010（ISO 14096）DS 级要求，于 2021 年 8 月 6 日通过了 BAM(德国联邦材料研究与测试研究所）DS 级测试鉴定。

MII－5000LC 采用线阵 HDR CCD 逐行扫描及 515nm 聚光技术光源系统，光电转换效率高，灵敏度高，影像噪声低，效果类似激光扫描成像，具有高灵敏度，高动态密度范围(0.5D～4.5D)，低影像噪声(image noise)，维护成本低等高性价比优势。每次扫描利用先进的影像感光发明专利进行校准，确保底片数字化影像品质稳定可靠。独特的光机设计和遮光设计确保了高精度 DS 级数字化扫描。

先进的影像处理技术及 16bit 灰阶数字分辨力：确保细微缺陷不遗漏。

MII－5000LC 采用 AL 智能色阶扫描技术，采集影像时加载 AL 处理参数与算法，根据底片灰度分布，自动分析，优化窗宽窗位算法，明暗对比更好，影像更清晰，更容易发现缺陷。

对比图见图 2，上图为 AL 智能色阶处理影像，下图为未作 AL 智能色阶处理。

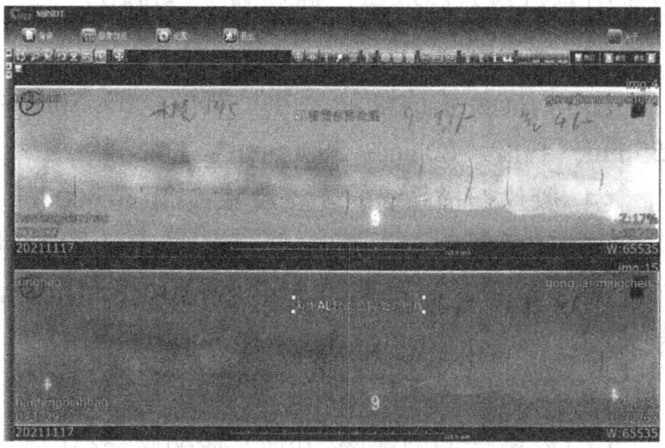

图 2　对比图

4.1.2　数字化技术要求

(1)使用的数字化扫描仪光点尺寸：42μm。

(2)储存影像格式：Diconde 影像格式，符合 GBT 30821—2014《无损检测 数字图像处理与通信》。

(3)数字化图像采集验证方法：适用美国 ASME 参考底片验证。

(4)图像处理操作：线阵逐行扫描。

(5)系统验证的周期：每周。

(6)所使用的空间分辨率：42μm。

(7)密度对比灵敏度：DCS≤0.02。

(8)使用的动态范围：0.5～4.5D。

(9)系统的空间线性度：<0.5%。

4.1.3　底片数字化人员要求

(1)二级和三级人员。二级和三级人员经过专门培训和实践经验，包括数字图像处理的应用和结果的解释和系统性能的认可，培训和经历形成记录文件[2]。

(2)Ⅱ级和Ⅲ级人员有 40h 的培训和 1 个月的数字图像处理技术的实践经验。

(3)其他人员。从事二级或三级要求以外的具有有限资格的人员，每个人在执行操作上都应有专门的培训和实践经验。

5　底片数字化品质控制

射线照相底片数字化前验证，使用德国 BAM I see 分析软件及美国 ASME 参考底片，扫描参考底片，对扫描影像进行评定。

5.1　空间分辨率评定

聚会线对应由 3 组相同的聚会线对组成，每组不少于 6 个聚会线对(6 条亮线和 6 条暗线)。目标/靶应具有不少于每毫米 20 线对(lp/mm)的最大分辨率和不大于 1lp/mm 的最小分辨率。3 个线对组方向为垂直、水平方向，最后一组应与前两组成 45 度角。最大分辨率应朝向胶片的角落。参考标记指示应不少于 1、2、3、4、5、6、7、8、9、10、15 和 20lp/mm 水平的空间分辨率。空间分辨率目标/靶位于所需胶片尺寸的每个角落。

平行线对应由在参考胶片垂直方向上的平行线对组成。它应具有至少 20lp/mm 的最大分辨率和不小于 0.5lp/mm 的最小分辨率。它有 0.5、1、2、3、4、5、6、7、8、9、10、15 和 20lp/mm 的不同分辨率和相对应的参考标记，它应位于参考底片的中间附近。

在观察所有较亮的线条与较暗的线条分开的地方，对每个取向在每个位置上的空间分辨率应记录为最高指示空间频率(由参考线测定)，系统分辨率应报告为从被评估的所有的分辨率图像中获得的最差空间分辨率。

5.1.1　对比灵敏度评定

对比灵敏度目标/靶：由在一个黑度较低的 1.6in×1.6in(40mm×40mm)方块中的大约 0.4in×0.4in(10mm×10mm)的方块组成，这些阶梯块的两个系列与在一个大约 1.95 的本底密度上的一个大约 2.0 的光学密度一块使用。光密度变化为 0.05。第二块系列在大约 3.4 背景密度上的大约 3.5 光密度，光密度变化为 0.10。相对密度变化比绝对密度更重要。这些图像应位于底片的边缘和中心附近，以便测试整个扫描路径上的对比灵敏度。

使用对比灵敏度图像和数字化密度阶梯刻度的图像来评定。每个密度阶梯的可检测性(观察到的密度变化应是系统识别 0.02 密度差异的能力)、每个密度阶梯的可检测性和阶梯之间的密度差异予以评定。

5.1.2 动态范围评定

阶梯密度目标/靶：由一系列 0.4in × 0.4in (10mm × 10mm) 的阶梯组成，这些阶梯排列成一排，密度范围从 0.5 到 4.5，光密度阶梯不超过 0.5。在密度条上的四个位置(大约 1.0、2.0、3.0 和 4.0 的光密度)，有 0.02 的光密度变化，这也应用于测试对比灵敏度。这些阶梯密度目标/靶位于底片边缘附近和中心附近，以便测试整个扫描路径上的动态范围。

使用对比灵敏度图像和数字化密度阶梯刻度的图像来评定。每个密度阶梯的可检测性(观察到的密度变化应是系统识别 0.02 密度差异的能力)、每个密度阶梯的可检测性和阶梯质检的密度差异予以评定。

5.1.3 空间线性评定

测量刻度目标/靶：位于水平和垂直维度。测量刻度目标/靶应为英制和/或公制单位。

评定方法：数字化系统调在能在参考底片上读出英寸的刻度。然后该测量工具用来测量在垂直方向和水平方向的刻度。实际尺寸除以测量尺寸得出水平和垂直方向上误差的百分比。

5.2 验证频率

系统性能在开始射线照相底片数字化前进行初步验证，在每个数字化作业班次结束或连续 12h 结束时进行，二者以较少者为准，或在怀疑功能失常时的任何时间进行。

5.3 底片数字化影像验收标准

首次验收的射线照相底片的数字图像可用作后续数字化影像质量检查的基准。

6 数字化成果交付

射线照相底片数字化影像和相关信息表一并交付。底片数字化影像格式为 DICONDE 格式。

6.1 交付原则

(1)在底片数字化全过程中保证原始底片的完整性。

(2)交付底片扫描形成的数字图像文件、Excel 表格文件形式的胶片底片数字化信息表以及数字化工作总结报告。

(3)保证胶片底片数字化信息表数据格式的一致性。

(4)提交射线照相底片数字化项目报告，包含以下内容：

①空间分辨率：42μm；

②对比敏感度：DCS≤0.02；

③动态范围：0.5 ~ 4.5D(具备 4.0 密度范围)；

④空间线性：<0.5%；

⑤系统验证的频率：每天；

⑥从原组件到射线照相底片到数字图像显示的可追溯性：射线照相评片报告数字化；

⑦原始射线照相底片的状况：数字化前登记物理底片异常情况；

⑧执行数字成像过程的人员。

(5)交付相关信息表

①填写《胶片底片评片信息表》。

a. 因每一份检测报告内的焊道编号不是按顺序排列的，所以评片信息表内的焊缝统一编码起、止编号取自检测报告内第一个和最后一个编号。

b. 检查确认输入项目的基本信息及底片拍摄条件、检测要求。

c. 将扫描确认后的异常底片情况备注在信息表内最后一列，以便客户追踪查找问题项。

②填写《胶片底片数字化信息表》。

a. 对所扫描的底片和编辑的信息，记录相关负责人及扫描日期。

b. 数字化底片特殊情况，比如编号错误、底片划痕、底片缺失、人为修改编号等，会在备注栏体现。

③填写《工业底片交接清单确认表》。

④填写《工业底片数字化工作总结》：按要求详细总结数字化工作，将细节问题简化汇报。

7 建立焊缝底片数据库并入库

由于原始底片的保存条件受时间和环境的影响较大，其调阅也存在一定的问题，为实现焊缝底片原始信息的保存，并且能够进行快速、准确地调取查看，进行了射线底片的数字化扫描实现底片数字化永久保存。

建立焊缝底片数据库。包括索引表设计，索引表数据录入，索引表数据入库，按照已有焊缝编号，对各个焊缝底片进行编码，最后将射线底片扫描结果入库[3]。

8 结论

(1)焊缝射线照相底片数字化是实现燃气管道数字化、信息化以及智能化管理的基础。

(2)有了底片数字化影像样本，为后续开发基于图像自动识别的焊缝底片大数据分析模型提供基础条件，对运营期管道焊缝底片进行缺陷识别及复评有着重要意义。

(3)完善了管道基础数据库以及数据准确性，提升了管道日常管理水平及事故事件时的应急效率。

(4)实现了对历史焊缝底片数据信息的深度挖掘，发现部分焊片存在未熔合缺陷，并结合地理位置、缺陷严重情况等因素，找出了需要重点关注的焊缝隐患。

(5)降低管道焊缝风险水平，避免重大管道事故发生，保障管道安全运行，经济和社会效益显著。

参考文献

[1] GB/T 26141.2—2010/ISO 14096-2：2005 无损检测 射线照相底片数字化系统的质量鉴定　第2部分：最低要求[S].

[2] GB/T 3323.1—2019 焊缝无损检测 射线检测：第1部分：X和伽玛射线的胶片技术[S].

[3] 刘新凌，李强，于航，梁强．长输管道焊缝底片数字化、识别及复评技术研究与实践[J]，管道保护，2019(04)

钢质管道焊缝射线照相底片数字化管理研究

刘 欣 卢新鹏

（港华投资有限公司，广东 深圳 518023）

摘 要：由于射线底片评片结果直观，缺陷性质显示较为清晰，所以长期以来都是以射线底片作为石油天然气钢制管道检测的主要手段。通常情况下，评片工作有时效性，而在人工评片过程中往往对缺陷类型界定比较困难，同时现场作业中也没办法将底片快速分享给其他评片员进行多方评片。在进行底片运输储存过程中又往往受到存储环境影响，底片易发生受潮以及发霉情况，即便是没有以上会影响底片质量的情况，长时间保存底片也会失真，开展复评工作无法保证底片信息的有效性，意义不大。在现场作业中，有时候由于拍片位置较为恶劣，人员无法轻易进行底片拍摄，同口片情况较为严重，对管道行业管理有比较大的隐患。为了解决底片有效保存的问题，可行的办法是进行底片数字化管理。采用数字化扫描仪，利用光学成像、机械运动、电子转换技术，将射线底片的明暗细节进行图像化的转换，形成数字影像录入数据库，将底片管理水平提升到一个高的水平，节省底片存储成本，提高评片效率。

关键词：钢制管道；焊缝射线检测；底片数字化；存储管理

Research on Digital Management of Radiographic Film of Steel Pipeline Welds

Liu Xin, *Lu Xinpeng*

(Towngas Member of the Hong Kong and China Gas Group, Guangdong Shenzhen 518023, China)

Abstract: X – ray film has long been used as the main means of oil and gas steel pipeline inspection because of its intuitive evaluation results and clear display of defects. Usually, film evaluation is time – effective, but it is difficult to define the types of defects in the process of manual film evaluation. At the same time, there is no way to quickly share the film with other film reviewers for multi – party film evaluation in field work. In the process of transportation and storage of negatives, they are often affected by the storage environment, and the negatives are prone to damp and mildew. Even without the above – mentioned conditions that will affect the quality of negatives, the negatives will be distorted if they are stored for a long time, so it is of little significance to carry out re – evaluation work to ensure the validity of the negatives. In the field operation, sometimes, due to the bad shooting position, people can't easily shoot the negative film, and the situation of the same film is serious, which has a big hidden danger to the management of the pipeline industry. To solve the problem of effective preservation of negatives, the feasible way is to carry out digital management of negatives. Using digital scanner, using optical imaging, mechanical movement and electronic conversion technology, the light and dark details of X – ray film are converted into images, and the digital image is entered into the database, so that the film management level can be raised to a high level, the film storage cost can be saved, and the film evaluation efficiency can be improved.

Key words: Steel pipeline; Radiographic inspection of weld; Film digitization; Storage management

作者简介：刘欣（1987— ），女，中级工程师，2015 年硕士毕业于中国石油大学（北京）化学工程与技术专业，现主要从事管道完整性管理和管道检测方向的研究工作。E – mail：liu. xin06@ towngas. com. cn

作为需要长期保存和管理的重要档案资料，工业射线底片对存储环境要求相对苛刻，就其材料物质化学成分而言，对温度、湿度、和静电等诸多因素偏敏感。传统的物理存储会因为这些因素使底片产生粘连、药膜脱落及氧化等情况，从而造成无法弥补之损失[1]。而在实现底片数字化以后，这些问题迎刃而解，原来由于需要而专门设立的档案室、档案柜被一台计算机和移动硬盘所代替，不仅大大节省了物理空间，而且没有了对环境的苛刻要求。

底片扫描成数字化影像，采用数字化影像管理工作站软件系统，实现项目、焊道编号等资料的建档、扫描、存储、查询、备份、报告及打印等功能。底片数字化方便了检索。从大量底片中找出所需要的底片工作量也是比较大的。实现数字化后，将数字化底片进行科学的分类管理，只需将查询特征输入计算机，数据库会立即进行后台搜索匹配，使得查询工作变得既快捷又准确，既节省了人力、物力，又降低了成本。

数字底片允许很方便进行快速复制、传输，不再受时间和空间上的限制，借助网络平台，使评片专家们无须亲临现场就可进行评片，使远程评片成为可能，借助网络交流功能实现网上专家会诊。底片数字化，可以对影像放大，可迅速地查看缺陷特征，让缺陷量测更精准，更精准定性，定量，使评片人员从传统的观片灯下解脱出来，不再受观片灯的强光伤害而感到视觉疲劳，数字化评片全部在电脑上完成，评片的准确性也更高。可提供多种图像处理效果明暗，对比度调整，提高图像的显示效果，更容易找到缺陷，不遗漏缺陷。

1　底片数字化标准及技术要求

1.1　底片数字化国家标准

目前对于射线照相底片数字化系统的质量鉴定主要参考国家标准 GB/T 26141.1—2010 和 GB/T 26141.2—2010《无损检测 射线照相底片数字化系统的质量鉴定》[2]，该标准等同于欧洲标准：EN 14096《无损检测 射线照相底片数字化系统的质量鉴定》。工业底片数字化影像处理与通信标准执行 GB/T 30821—2014《无损检测数字图像处理与通信》，该标准等同于美标：ASTM E 2339－08《无损检测数字图像处理与通信》。

1.2　底片数字化系统要求

按照国家相关标准规范工业底片数字化影像质量，工业底片数字化系统质量级别应达到国标 GB/T 26141—2010 DS 级(最高级)。如表 1 所示，国标中要求射线照相底片数字化系统分成 3 个级别。DS 级别是一种信噪比和空间分辨力没有明显降低的数字化转换技术，主要应用于底片的数字化归档(数字存储)。DB 级别允许数字化转换后图像质量有一些降低，主要应用于对底片进行数字化分析，射线底片原件必须归档。DA 级别允许图像质量有某些降低，并且也允许空间分辨力有进一步的减少，主要应用于对底片进行数字化分析，射线底片原件必须归档。

表 1　射线照相底片数字化系统质量级别[3]

参数	DS 级	DB 级	DA 级
密度范围 D_r	0.5～4.5D	0.5D～4.0D	0.5D～3.5D
以位表述的数字分辨力	≥12bit	≥10bit	≥10bit
在 D_r 内密度对比灵敏度 ΔD_{CS}	≤0.02	≤0.02	≤0.02

D_r 是可扫描物理底片最小光学密度和最大光学密度的范围，它可由数字化设备测量得到。它依赖于数字化仪的构造，这个密度范围可被分成几个工作范围(不同的光照能量和/或不同的探测器积分时间)。数字分辨力是指数字化仪中用于光密度数字化的模/数转换部分所提供的位数(N 位数字分辨力对应着 2N 的数字值)，位数越高，灰阶细节层次越丰富，对裂纹和细小不连续的缺陷越不容易遗漏。△DCS 是数字化底片的密度对比灵敏度，由所用的数字化设备决定，它主要由数字化设备的数字噪声决定(光探测器的量子噪声)[2]。

1.3　底片数字化系统的参数要求

(1)光学密度范围(黑度)：0.5D～4.5D

(2)数字分辨力≥16bit

(3)在 Dr 内密度对比灵敏度 ΔD_{CS}≤0.02

以上规定了射线数字化系统的最小密度范围为 0.5D～4.5D。在这个密度范围内，数字化系统应提供密度对比灵敏度 ΔD_{CS} ≤ 0.02 的 ΔD_{CS}[4]。

1.4　底片数字化影像分辨率要求

工业底片数字化影像最小分辨率应达到 30μm(100～200keV 以上拍片)。由于工业 X 射线底片系统固有的不清晰度与射线能量有关，针对不同的射线能量，数字影像像素尺寸(最小分辨率)应满足 DS 级别要求。

表 2　底片数字系统的最小空间分辨率[3]

射线能量	级别 DS		级别 DB		级别 DA	
KeV	像素/μm	MTF20% L_p/mm	像素/μm	MTF20% L_p/mm	像素/μm	MTF20% L_p/mm
≤100	15	16.7	50	5	70	3.6
>100～200	30	8.3	70	3.6	85	3
>200～450 Se－75，Yb－169	60	4.2	85	3	100	2.5
Ir－192	100	2.5	125	2	150	1.7
Co－60，>1MeV	200	1.25	250	1	250	1

1.5　底片数字化原始影像格式要求

工业底片数字化设备输出影像要求为 DICONDE(.dcm)不可修改影像格式[5]。该项格式要求执行 GB/T 30821—2014《无损检测数字图像处理与通信》国家标准等同于美标：ASTM E 2339－08《无损检测数字图像处理与通信》。有些设备输出为 DFI 格式，非标准 DICONDE 影像格式，通过软件转换成 DICONDE 影像格式。存在影像被修改(缺陷被处理)，再转成标准的 DICONDE 影像格式的风险。DICONDE 影像应带有焊道编号、黑度、空间分辨精度等信息。黑度信息可为后续 AI 人工智能软件做不合格底片筛查和重片筛查提供依据，像素距离信息可为后续 AI 人工智能自动评片对缺陷做定量提供依据。

2　底片数字化系统

2.1　底片数字化系统原理

底片数字化是将胶片上焊接缺陷的物理信息转化为数字信息的过程，扫描得到缺陷的数字信息能否真实反映原始物理信息，是底片扫描的核心问题。传统钢制管道焊缝射线检测是 X 射线胶片成像技术。如图 1 所示，X 光照射到胶片的乳剂层，乳剂层内的卤化银晶体发生化学反应，胶片中卤化银(AgX)还原为银(Ag)，残留在胶片上，形成由金属银颗粒组成的黑色影像。乳剂层接受到的光量愈多，就有更多的卤化银晶状体被还原成银，胶片成像越黑。反之，乳剂层接受到的光量愈少，胶片成像越白，由此得到不同的影像[6]，见图 2。

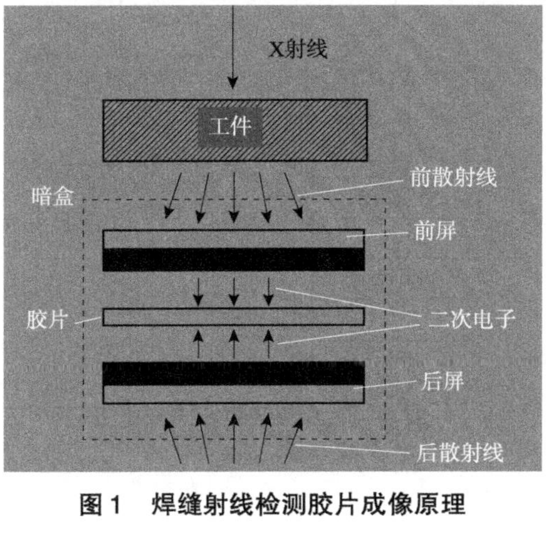

图 1　焊缝射线检测胶片成像原理

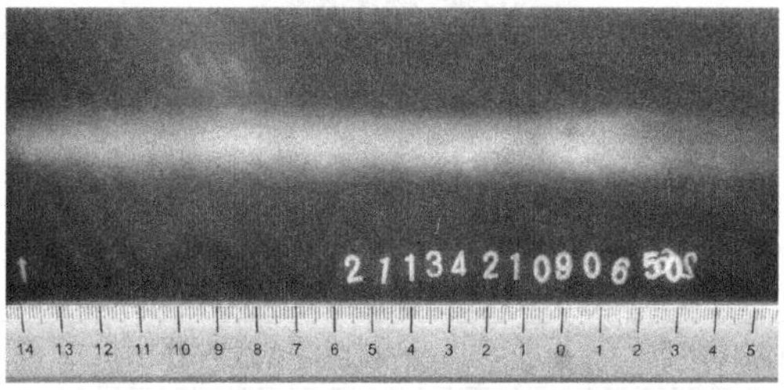

图 2　传统射线胶片影像(借助观片灯显示)

而底片数字化是将物理胶片影像转换成数字影像的过程，完成这个过程的设备称为底片扫描仪。底片扫描仪主要由光学部分、机械传动部分和转换电路三部分组成。底片扫描仪的核心部分是完成光电转换的光电转换部件(图像传感器)，大多数底片扫描仪采用的光电转换部分是 CCD、CMOS、PMT 等感光器件。底片扫描仪工作时，首先由光源将光线照在欲扫描的底片上，产生表示图像特征的透射光。光学系统采集这些光线，将其聚焦在感光器件上，由感光器件将光信号转换为电信号，然后由电路部分对这些信号进行模拟信号到数字信号的转换及处理，并将对应的数字信号输送给计算机。机械传动机构在控制电路的控制下带动装有光学系统和 CCD 等感光器件的扫描头与底片进行相对运动，将底片全部扫描一遍，一幅完整的图像就输入到计算机中去，形成与物理胶片对应的数字图像[1]，见图 3。

2.2　底片数字化系统选择

底片数字化系统采用中晶 MII5000LC 扫描仪，见图 4，MII5000LC 扫描仪是一款工业级高清线阵 CCD 扫描仪，符合 EN14096 标准/GB/T26141－2010 DS 级别要求。该扫描仪扫描的图

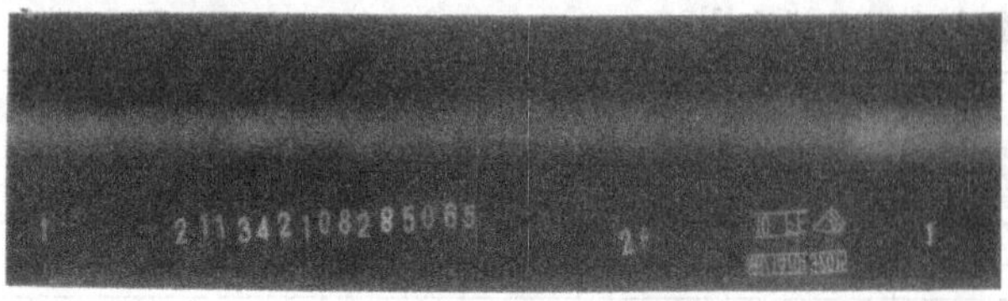

图3　底片数字化影像

片符合 ASTM 国际规范和 GB/T 30821—2014 的 DICONDE 影像储存格式，可确保影像的真实性，该扫描仪的性能如表3 所示。

图4　MII5000LC 扫描仪

表3　MII5000LC 扫描仪性能

图像传感器	工业高清线阵 CCD
分辨率	1200dpi，符合 EN14096 标准/GB/T 26141—2010DS 级
色彩深度	16bit(65536 阶)
扫描范围	最大 14in ×200in(355.6mm ×5000mm)
动态密度	0.5D ~ 4.5D，符合 EN14096 标准/GB/T 26141—2010DS 级
适用底片类型	底片宽度兼容：60 ~355mm 底片长度兼容：30 ~5000mm

参考德国联邦材料研究所(BAM)对该款扫描仪的测评报告。表4 所示该扫描仪黑度可以分为三个工作范围，分别是 0.37 ~3.5*D*、0.37 ~4.0*D* 及 0.37 ~4.5*D*，分别对应的质量级别是 DA、DB 及 DS 级。该款扫描仪黑度最大可达 5.5*D*，分辨率可以达到 1200dpi(最小像素尺寸 21.2μm)，图像位深 16bit，满足 DS 级别要求，见图5。

表4　MII5000LC 的黑度工作范围

Selected MII - 5000lc density range	Density range DR	Working range	Achieved quality class(ISO 14096 -2)
3.5*D*	0.37 < *D* < 4.5	0.37 < *D* < 3.5	DA
4.0*D*	0.37 < *D* < 5.0	0.37 < *D* < 4.0	DB
4.5*D*	0.37 < *D* < 5.5	0.37 < *D* < 4.5	DS

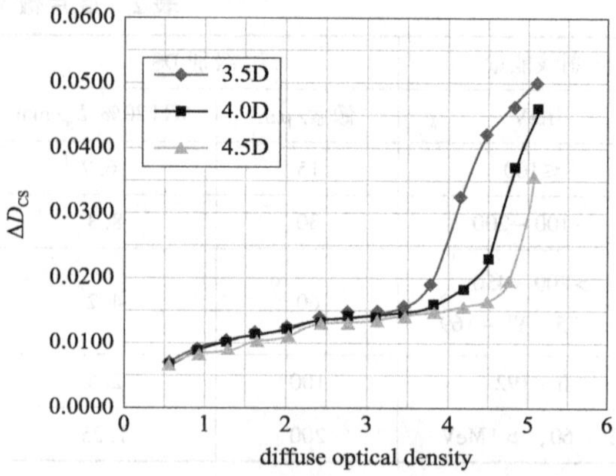

图5　MII5000LC 扫描仪密度对比灵敏度(ΔD_{CS})与工作范围(D_r)的关系

3　底片数字化工艺控制

3.1　底片数字化工艺流程

底片数字化是将物理底片转换为数字影像的过程，为了保证底片数字化的质量要求达标，制定底片数字化工艺流程。主要包含底片筛选、底片分类、参数设置、底片扫描、图像保存命名、图像质量检查等几个步骤，底片数字化完整流程如图6 所示。

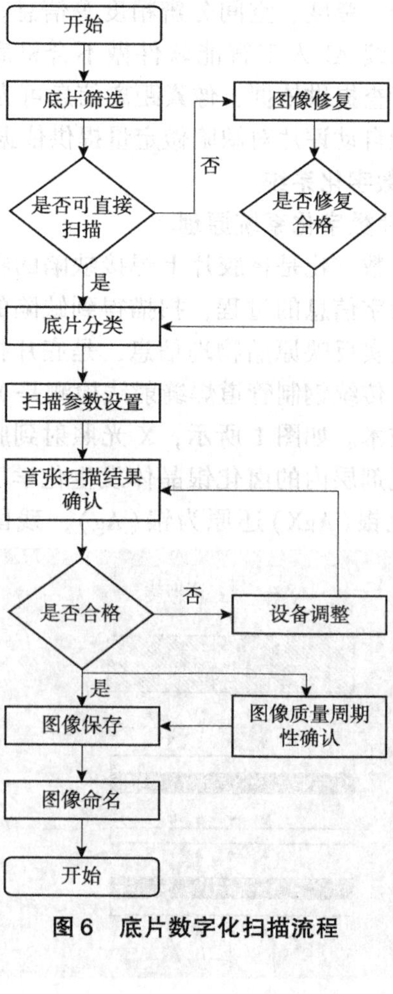

图6　底片数字化扫描流程

(1)底片筛选。底片的原始质量会影响扫描效果，在底片扫描前需对所有底片进行筛选。筛选类型主要有污渍、破损、褶皱底片及因长期保存变质变色底片，伪缺陷对真实缺陷有覆盖的底片也需要挑选出来，见图7。挑选完成后对有问题底片进行修复，如果可修复则进行后续扫描，不可修复进行另行记录保存。

(a)底片污染

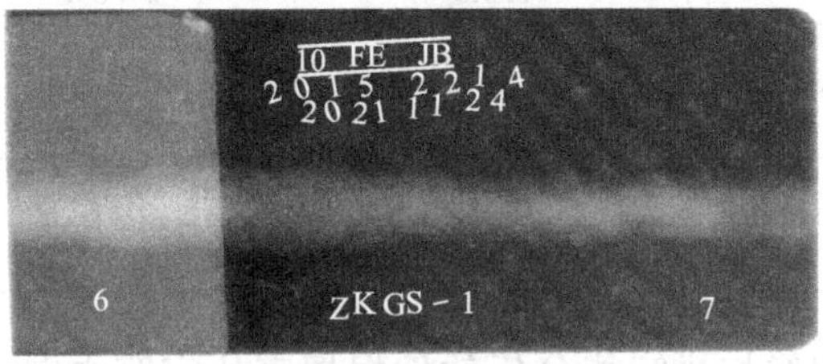

(b)底片划痕与伪缺陷

图7 物理底片扫描质量问题

(2)底片分类。为提升扫描效率，按照焊缝形式、底片宽度尺寸及黑度大小对底片进行分类，同类底片进行集中扫描。钢制管道焊接焊缝形式主要包括对接环焊缝、小径管焊缝(垂直透照与倾斜透照)。典型底片宽度尺寸为80mm，长度不限。普通底片黑度采用3.5*D*或者4.0*D*扫描工作范围即可，大黑度底片需采用4.5*D*扫描工作范围。

(3)参数设置。钢制管道焊缝射线底片数字化质量要求需达到DS级别。因此采用以下扫描参数进行扫描。

①扫描参数选取原则：兼顾图像质量和扫描速度；

②图像分辨率选择大于等于600dpi($1in^2$ 图像上有600个像素)；

③像素尺寸大于等于42.33μm，射线能量200keV上均满足DS级别要求；

④DS级工作范围黑度为4.0*D*；

⑤图像位数选取16bit。

扫描过程中物理底片黑度不一致，不能采用一组固定参数扫描所有底片，需要根据底片黑度对扫描参数进行对应设置，设置范围为3.5D至4.5D。

(1)底片扫描。底片扫描可以选择单通道扫描和多通道扫描。宽度尺寸在120mm以下的底片，均可采用多通道扫描方式进行扫描，120mm以上底片采用单通道扫描。对于同一尺寸底片，也可以选择自动馈片方式，进行集中扫描。在扫描过程中，保证扫描质量的情况下，尽可能选择效率最高的扫描方式。扫描中，应保持扫描仪无晃动，胶片送进器对胶片无卡折。扫描时，每张底片保持同一个方向，正面朝内，顶端朝下，见图8。表5为常规扫描参数不同扫描方式的效率对比。

(2)图像保存。扫描后的数字化胶片可存储为标准的DICOM(DICONDE)格式，此格式符合国家标准GB/T 30821—2014《无损检测 数字图像处理与通信》中对于无损检测领域数字图像的通用格式要求，也可根据使用需求，导出为多种常用图像格式(tiff/jpg/png等)。表6为不同扫描参数下，保存为不同数据格式的底片内存大小。若底片在正常黑度范围内，扫描参数推荐使用分辨率600dpi、黑度3.5D，图像位深16bit。图像存储选择DCM、TIFF双格式保存。

(a)多通道扫描

(b)自动馈片扫描

图8 底片扫描方式

表 5　底片数字化扫描效率对比

底片尺寸	图像位数	分辨率	像素间距	黑度工作范围	单通道扫描时间（每张）	三通道扫描时间（每张）
宽度≤120mm 长度 360mm	16bit	300dpi	84.66μm	3.5D	90s	30s
	16bit	300dpi	84.66μm	4.0D	144s	48s
	16bit	600dpi	42.33μm	3.5D	135s	45s
	16bit	600dpi	42.33μm	4.0D	220s	73s

表 6　底片数字化图像格式内存大小

图像保存格式	扫描参数			
	图像位深 16bit			
	分辨度 300dpi 黑度 3.5D	分辨度 600dpi 黑度 3.5D	分辨度 300dpi 黑度 4.0D	分辨度 600dpi 黑度 4.0D
DCM（专用格式）	6.3M	25.0M	6.3M	24.0M
JPG（通用格式）有损	1.0M	3.9M	0.9M	3.6M
TIFF（通用格式）	1.6M	7.2M	1.6M	6.4M
PNG（通用格式）	2.3M	9.6M	2.3M	9.5M
BMP（通用格式）	8.9M	35.7M	9.0M	35.7M

开发图像扫描智能分析软件，可实现胶片数字化及智能存储管理。如图 9 所示，利用 OCR 智能字符识别技术实现自动识别图像编号，并按焊缝编号和片位号的二级命名方式自动命名保存，人工再辅助添加项目名称、标段编号等信息。同时图像扫描智能分析软件根据底片字符方向，也可以实现图像自动摆正功能。如图 10 所示，底片扫描后进行图像自动摆正批量操作，保证数字底片图像方向一致，方便查阅。

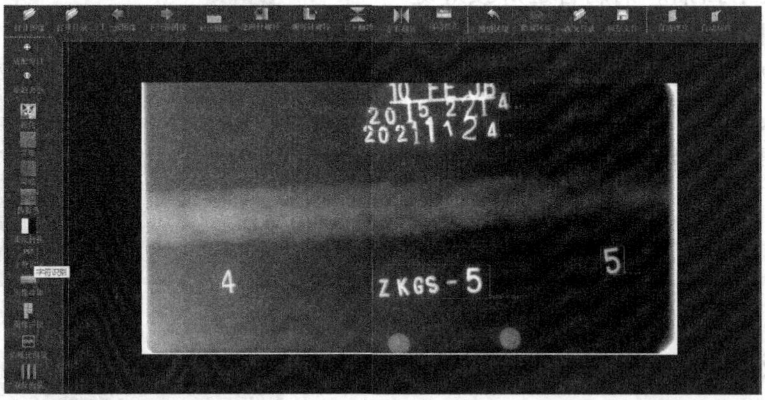

(a)图像字符智能识别功能

(b)焊缝编号及片位号的智能识别

图 9　图像智能命名

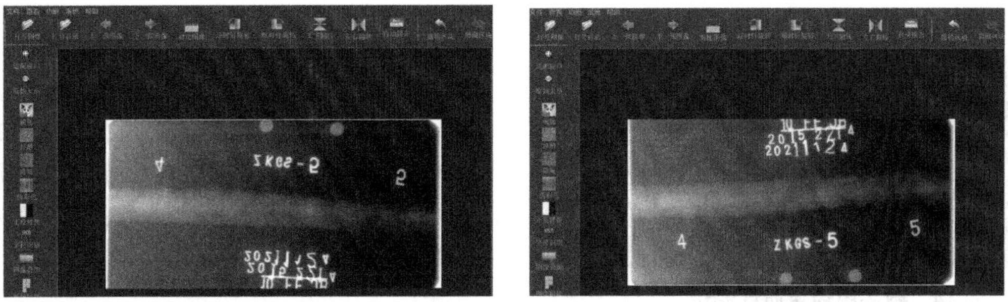

(a)图像摆正前　　(b)图像摆正后

图 10　图像自动摆正

3.2　底片数字化质量检查

扫描工作完成后，对扫描结果进行检查，以保证扫描质量符合相关标准要求，并且可以为后续底片数字存储智能评定奠定基础。质量检查工具采用自研图像智能分析软件、Sante DICOM Viewer Free 图像软件和 ImageJ 图像软件。检查对象为所有数字扫描底片。检查参考文件为物理底片评片报告与检测原始记录。检查内容主要包含以下四个方面。

(1)图像格式与命名。检查项包含图像格式是否为 DICONDE 格式，文件夹命名方式、底片命名方式是否满足要求，物理底片是否全部扫描。数字化图像为标准 DICONDE 格式，且 DICONDE 格式信息内容符合要求，除 DICONDE 格式外，至少有一种 tiff、bmp、jpg 的通用图像格式保存。数字化底片文件命名规范应按照“项目名称 - 标段(区域) - 焊口统一编码”的 3 级目录存放底片扫描形成的数字化图像文件。返修片、割口片、开挖复拍片数字图像命名与原始胶片标记一致。要求检测记录中的焊口数量、底片张数与数字化图像中焊口数量和底片张数一致。

(2)图像信息检查。图像信息检查主要包括图像尺寸、像素尺寸、图像位数、图像分辨率、像素间距及图像大小等。图像尺寸主要检查数字图像尺寸是否与物理图像尺寸一致，是否少扫、漏扫。像素尺寸、图像分辨率、像素间距主要检查分辨率是否达到 600dpi 及以上，满足图像扫描要求。

(3)图像质量检查。图像质量检查内容包含图像中的标记是否全部扫描到，标记在数字图像中是否清晰。如图 11 所示，扫描图像存在底片像质计信息不完整的情况，无法判断像质计编号信息。这可能是由于扫描造成的，也可能是由于原始底片标记信息不完整，需要通过与原始物理底片对比确定原因。此扫描结果无法通过数字图像直接判断底片质量是否合格。

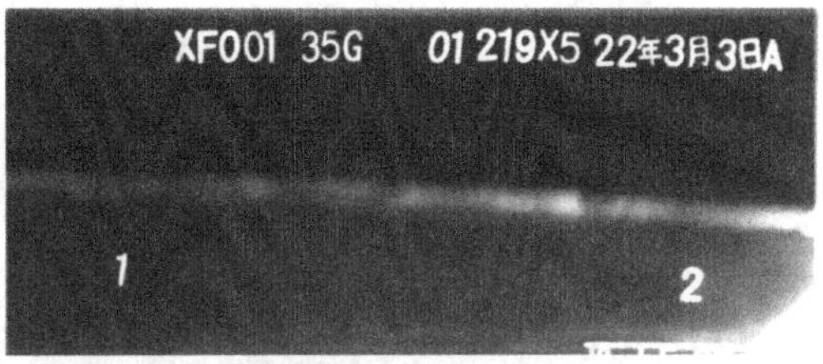

图 11　数字图像底片像质计标记信息不全

要求数字化图像无几何空间畸变。如图 12 所示，图像的下侧和右侧存在几何空间畸变，这主要是由扫描方式决定的，使用 CMOS 相机作为采集单元的扫描仪会有这种情况发生。

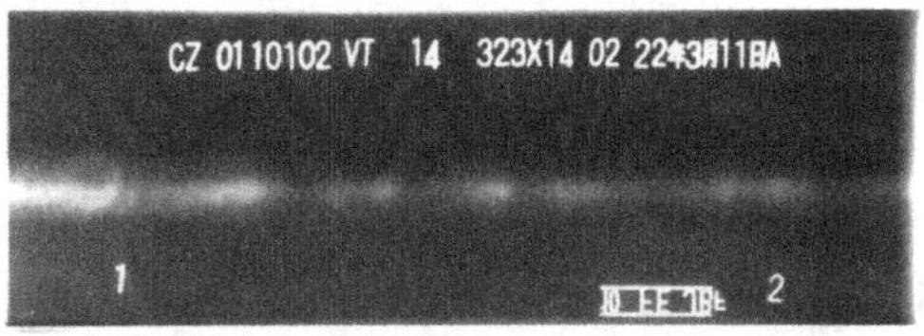

图 12　底片数字图像存在几何空间畸变

要求数字图像焊接接头部位无高亮、卡顿、过黑等系统或人为因素造成的数据缺失，如图 13 所示，底片数字图像搭接部位有高亮区，这是扫描过程中边缘散射造成。

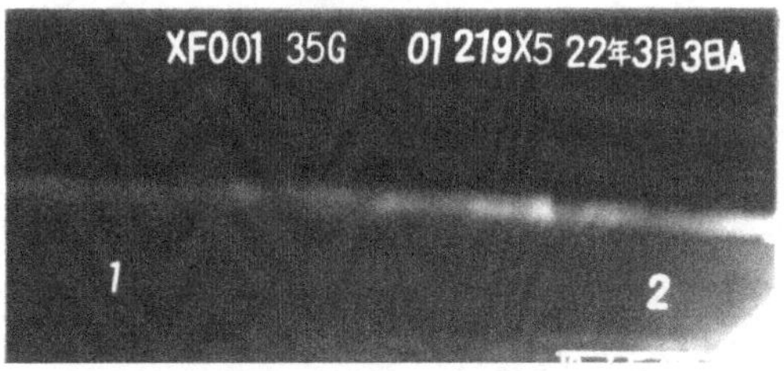

图 13　底片数字图像搭接部位有高亮区

(4)图像信息还原性检查。要求数字化图像中所识别的像质计最细金属丝与实物底片在观片灯下人眼可识别的像质计丝号基本一致。如图 14 所示。在扫描后的数字图像中可以看到的像质计最细金属丝编号为与物理底片观察一致，并符合标准要求。

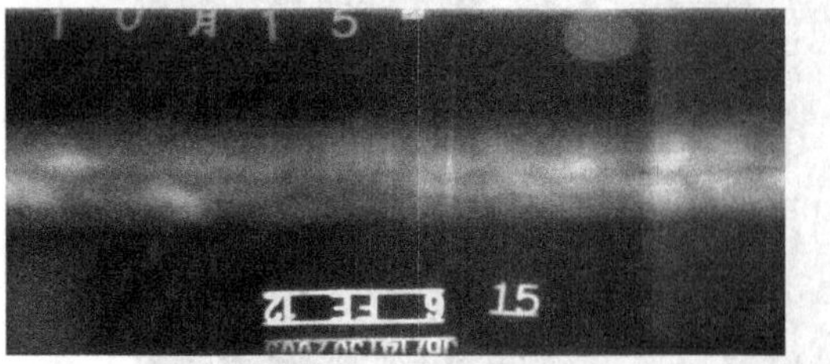

图14　数字图像像质计影像

要求物理底片中缺陷影像真实反映在数字化图像中。对扫描后的底片进行缺陷信息一致性检查，由一名RT Ⅱ级人员初检，一名RT Ⅲ级人员复检，并与检测报告核对。如图15所示，物理底片与数字底片缺陷信息一致，并确认数字底片无新增伪像，满足扫描质量要求。

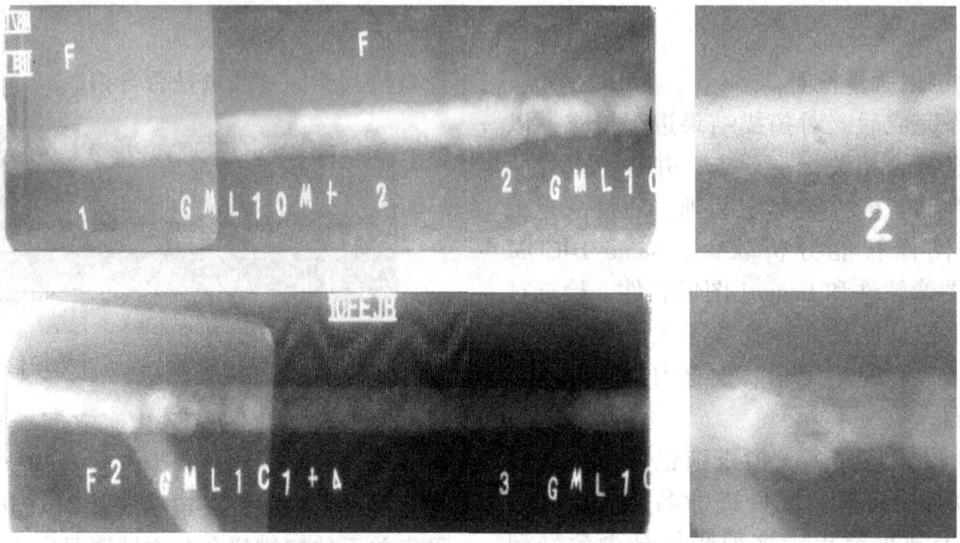

图15　数字底片中圆形缺陷与条形缺陷还原性检查

参考文献

[1]郑春. 工业金属管道射线检测胶片数字化管理[J]. 工程技术，2019，41(z1)：84－86.

[2]GB/T 26141.1—2010，无损检测 射线照相底片数字化系统的质量鉴定. 第1部分：定义、像质参数的定量测量、标准参考底片和定性控制[S].

[3]GB/T 26141.1—2010，无损检测 射线照相底片数字化系统的质量鉴定　第2部分：最低要求[S].

[4]GB/T 28266—2012，承压设备无损检测 射线胶片数字化系统的鉴定方法[S].

[5]GB/T 30821—2014，无损检测 数字图像处理与通信[S].

[6]张宏亮. 多角度剖析数字射线影像与胶片影像评定的差异[J]. 无损检测，2018(4).

基于 TOFD 与 PAUT 的新建大型油气储罐焊缝检测应用研究

曹 扬 尚 博 王 蒙

［管网集团(徐州)管道检验检测有限公司，江苏 徐州 221000］

摘 要：随着国家油气资源运输基础设施的数字化进程不断完善，数字化油气储罐正在建设中，储罐焊缝无损检测数据是打造数字化储罐的重要组成部分。传统的焊缝无损检测技术，检测效率较低，焊缝图谱成像保存较为复杂，检测连续性不佳，已经不能满足数字化储罐及数字化站场建设的需求。首次提出 TOFD + PAUT 的检测方法应用于新建大型油气储罐焊缝检测。通过实际工程应用证明 TOFD + PAUT 检测方法具有良好的可靠性，并与传统射线检测方法相比，TOFD + PAUT 检测方法有效节约工时 60% 以上，对超标缺陷检出率有较大提高，能够为未来储罐焊缝检测提供技术参考。

关键词：新建储罐；焊缝检测；TOFD；PAUT

Research on the Application of TOFD and PAUT Based Weld Inspection for Newly－built Large Oil and Gas Storage Tanks

Cao Yang，*Shang Bo*，*Wang Meng*

（Pipe Network Group（Xuzhou）Pipeline Inspection and Testing Co.，Ltd，Jiangsu Xuzhou 221000，China）

Abstract：With the continuous improvement of the digitalization process of national oil and gas resources transportation infrastructure，digital oil and gas storage tanks are under construction. The non－destructive testing data of tank welds is an important part of building digital storage tanks. The traditional nondestructive testing technology for welds has low detection efficiency，complex image preservation of weld maps，and poor detection continuity，which can no longer meet the requirements of digital storage tank and digital station construction. The TOFD + PAUT inspection method is proposed for the first time to be applied to the weld inspection of newly－built large oil and gas storage tanks. Through practical engineering application，it is proved that TOFD + PAUT inspection method has good reliability. Compared with traditional radiographic inspection method，TOFD + PAUT inspection method can effectively save more than 60% of working hours，greatly improve the detection rate of defects beyond the standard，and can provide technical reference for future tank weld inspection.

Key words：new storage tank；weld inspection；TOFD；PAUT

1 引言

随着国家油气资源运输基础设施的数字化进程不断完善，数字化油气储罐与数字化站场的建设正在进行，储罐焊缝无损检测数据作为焊缝质量指标及运行期重要的监测指标，是打造数字化储罐、数字化站场的重要部分。传统的焊缝无损检测技术，如射线和超声等，检测效率较低，焊缝图谱成像保存较为复杂，检测连续性不佳，已经不能满足数字化储罐及数字化站场建设的需求。TOFD 与 PAUT 是两种新型无损检测技术，已经应用于多领域的焊缝无损检测。于鹏祖[1]等研究了压力容器焊缝 TOFD 检测的关键影响因素；程康[2]等将 TOFD 超声成像检测技术应用于压力容器检验中；李立凡[3]研究了超声 TOFD 检测技

作者简介：曹扬(1996—)，助理工程师，主要从事管道与储罐完整性专业方向的研究工作。E－mail：839228729@qq.com

术的钢轨焊缝缺陷检测能力，提出钢轨焊缝内检测超声 TOFD 检测方案；吴海丽[4]等将超声 TOFD 检测技术应用于桥梁焊缝检测；刘建平[5]等将超声 TOFD 检测技术应用于港口起重机械对接焊缝检测；赵仑[6]等运用相控阵检测技术检测在役风机螺栓孔；徐万宝[7]等将超声相控阵检测技术应用于钢结构建筑工程检测；徐火力[8]等对比了超声相控阵检测与射线检测在小径管对接焊缝检测应用；盛凌[9]等研究了石油天然气管道对接环焊缝相控阵检测质量控制；陈鉴锋[10]研究了基于超声相控阵的动力电池模组汇流排焊接缺陷检测。TOFD 与 PAUT 技术较传统检测技术检测效率更高、检测结果更直观，以及检测数据更容易实现数字化存储。目前，国内尚且没有将 TOFD 及 PAUT 技术应用于新建大型油气储罐焊缝检测的工程案例，在此首次提出用 TOFD 和 PAUT 技术对新建大型油气储罐焊缝进行检测。

2 检测原理

2.1 超声 TOFD 检测原理

超声 TOFD 检测技术属于超声无损检测的一种，该技术利用分布于焊缝两侧的发射探头和接收探头共两个广角超声探头完成对较大范围内缺陷的定位与定量工作。超声 TOFD 检测的工作原理为发射探头发射的超声波一部分会沿着近表面传播至接收探头，这部分声波称为直通波；一部分声波进入待测工件中遇到缺陷后，在缺陷的上下两端分别发生衍射现象产生衍射波，而后衍射波信号被接收探头接收，称为缺陷衍射波；还有一部分超声波会到达被检试样的下底面，经过反射后到达接收探头，称为底面反射波。超声 TOFD 检测设备及其接收探头接收到的信号如图 1 所示(缺陷以长裂纹为例)。

与反射法超声检测技术相同，超声 TOFD 检测技术也是利用各信号波形之间出波时间的差值以及声波传播的几何关系完成缺陷的定位工作。但在缺陷定量方面，反射法超声检测需要通过缺陷反射波信号的强度与已知尺寸的反射体反射波信号的强度进行对比完成缺陷的定量工作，或是通过缺陷波强度的变化确定缺陷的边缘进而完成对缺陷的定量工作，而超声 TOFD 检测技术是通过读取直通波信号出现时间、缺陷上端点衍射波信号出现时间、缺陷下端点衍射波信号出现时间并通过这些信号出现的时间之间的差值和超声波在工件中的传播的几何关系以及传播速度，计算出缺陷的埋藏深度、以及尺寸。

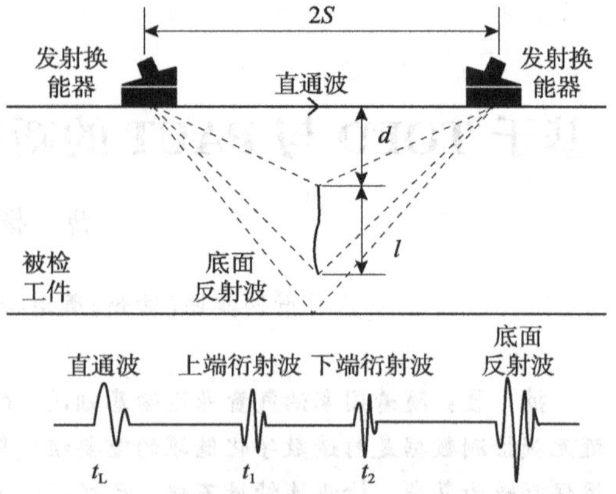

图 1 超声 TOFD 检测技术原理

2.2 超声 PAUT 检测原理

超声相控阵技术是将声束通过电子元件控制，从而实现更有效的检测及成像技术。

在相控阵中，如图 2.2 所示，超声相控阵换能器包括一组小型压电元件，这些元件可以独立地进行控制，且可以对信号进行独立的接收。假如所有元件的控制信号是一样的，那么驱动电脉冲将会同步，并且抵达各压电工件的用时相同(假设脉冲间无延时)。相控阵中的每个元件都可以视作一个点波源并发射出球面波(图 2.2 中的虚线为球面波)。这些球面波相互叠加，形成行波脉冲。在这种情况下，除非常接近相控阵的区域外，在其他区域内换能器阵列产生的声束与整个阵列大小相同的单源换能器产生的声束相似。然而，通过改变阵列中不同阵元之间驱动脉冲信号的相对延时(称为延时法则)，就可以使得相控阵通过电子元件在不改变阵元运用状态的情况下声束朝不同方向偏转[11]，如图 3(a)所示。通过非线性延时法则，还可以使上述相控阵产生声束聚焦，如图 3(b)所示。通过电子器件对声束特性进行灵活控制，相控阵可以加速超声波的信号采集。每个换能器的相对延时同时可以用来改变相控阵接收信号的特性。

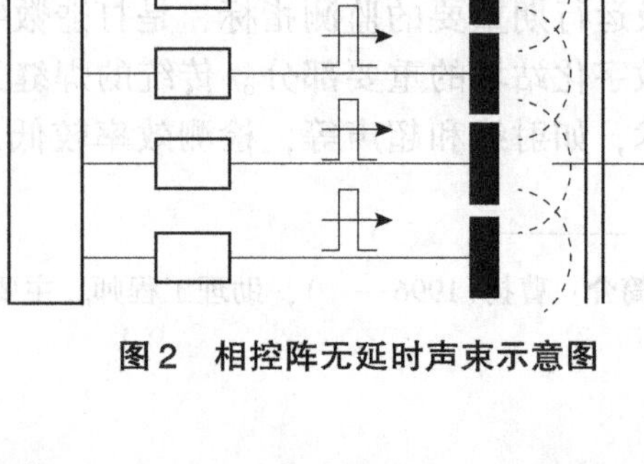

图 2 相控阵无延时声束示意图

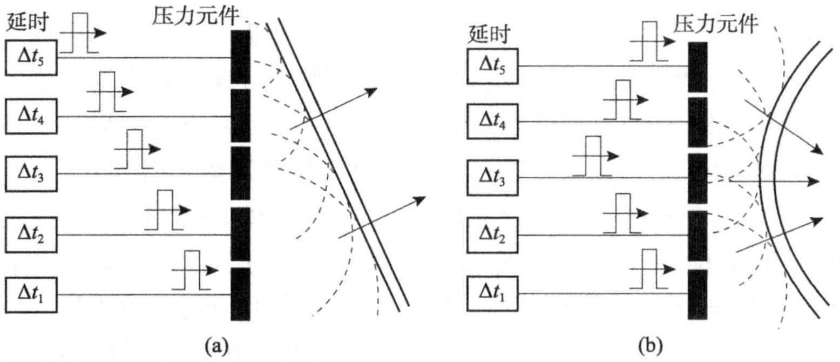

图 3　延时使声束产生偏转与聚焦

3　基于 TOFD 与 PAUT 技术的储罐焊缝检测工艺

新建大型油气储罐焊缝无损检测的主要检测内容为罐体的纵焊缝和环焊缝。由于大型储罐的曲率半径足够大，所以储罐焊缝可以近似看作为平板对接焊缝，对于储罐环焊缝存在焊缝两侧不等壁厚问题，即环焊缝一侧存在减薄斜面。同时，TOFD 检测存在检测盲区。总结上述内容进行基于 TOFD 与 PAUT 技术的储罐焊缝检测工艺设计，并以磁粉检测作为补充检测方式，即提出 TOFD + PAUT 的储罐焊缝检测方案。

磁粉检测工艺选择湿法、非荧光、连续法、磁轭法进行检测。

3.1　纵缝检测工艺

纵缝采用 TOFD 和 PAUT 同步检测的方式。因内表面已磨平，为减少焊缝余高对相控阵超声波反射造成影响缺陷识别和判读等的不利因素，故检测面选择在外表面。

3.2　环缝检测工艺

环缝采用 TOFD 和 PAUT 分开检测的方式：

(1) 依据 NB/T 47013.15—2021 附录 A.2 条“在允许的情况下应优先选择平齐的表面作为扫查面”，故 TOFD 检测扫描面选择为储罐内表面。

(2) 环焊缝外表面存在减薄斜面，如图 4 所示，减薄斜面的角度约 14°。相控阵超声波采用一次反射波法检测时，无法实现超声波对检测区域的全覆盖。此外，储罐内侧表面已经磨平，可近似视为内表面为平面，当 PAUT 在外侧扫查时，检测区域的全覆盖更容易实现，更容易避免焊缝余高等几何回波显示，有利于识别内表面附近的缺陷。同时，在外表面扫查时附加 TOFD 检测通道，TOFD 检测通道仅仅作为辅助定性和缺陷高度测量用。故环焊缝 PAUT 检测面选择外表面，并增加 TOFD 检测通道。

(3) 基于目前多数 PAUT 检测设备无法同时实现不等壁厚的建模和 K 形坡口的建模，PAUT 在环焊缝外表面检测时，需根据设备的性能来决定是分两次还是一次以完成单面双侧检测、从而实现对焊缝区域的全覆盖，即：当 PAUT 设备只能实现 K 形坡口建模时，无法实现不等壁厚的建模时，需要按照焊缝两侧壁厚的参数分别设置 PAUT，并分两次扫查，以完成一次单面双侧检测；若检测覆盖满足标准要求，并可通过 PAUT 的软件功能可实现不等壁厚 K 型坡口的建模时，也可进行一次扫查完成单面双侧的检测。

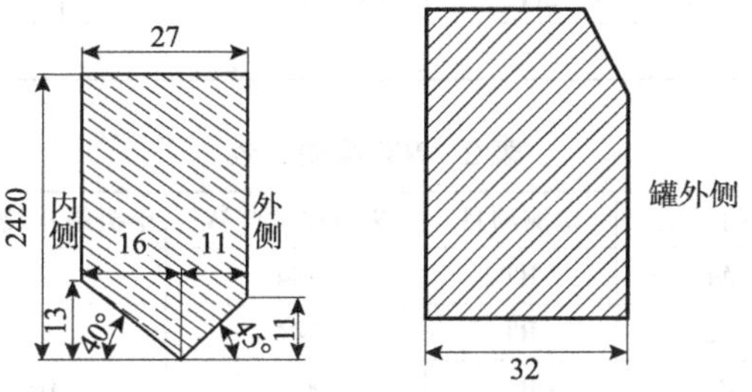

图 4　不等壁厚焊缝示意图

3.3　模拟试块对比检测试验

将上述 TOFD + PAUT 的储罐焊缝检测方案与射线检测进行对比试验，试验采用 SyncSacn 的 TOFD + PAUT 一体机和磁轭式探伤机，模拟试块为定制的 27/27mm 对接焊缝模拟试块 A 和 27/32 对接焊缝模拟试块 B，均设计制造各类缺陷 15 个。分别对试块 A、B 进行 TOFD + PAUT 检测和射线检测，试验结果如下：

(1) 模拟试块 A(T = 27/27mm)，缺陷检出情况如下：

RT 检测出各类缺陷共 15 个，检出率 100%，其中有 1 处缺陷不清晰；

TOFD 检测出缺陷 11 个，MT 补充检测出缺陷 6 个，PAUT 补充检测出缺陷 15 个，合计检出缺陷 15 个，综合检出率 100%。

(2) 模拟试块 B(T = 27/32mm)，缺陷检出情况如下：

RT 检测出各类缺陷共 15 个，检出率 100%，其中有 1 处缺陷不清晰；

TOFD 检测出缺陷 11 个，MT 补充检测出缺陷 6 个，PAUT 补充检测出缺陷 15 个，合计检出缺陷 15 个，综合检出率 100%。

综合上述对比试验结果，TOFD + PAUT 组合缺陷检出率与 RT 检测缺陷检出率一致，所以 TOFD + PAUT 检测方法具有缺陷检出可靠性。

4　工程应用案例分析

对某新建原油储罐工程中共有 7 台 5 万方储罐(T01 – T07)的 A1、A2 纵焊缝和其中一台储罐(T5)的 B1 环焊缝进行 TOFD + PAUT 检测方法工程实际应用。其中两纵一横焊缝中第一圈立缝靠近底板 400mm 以下部位焊缝和 T 字焊缝采用 RT 检测，两纵一横其余部位用 TOFD + PAUT 方法进行检测，扫查面和底面表面检测采用 MT 检测方法。工程实际应用结果如下所示。

4.1　检测工效统计对比

对 TOFD + PAUT 检测方法与 RT 检测方法工效指标进行统计，如表 1 和表 2 所示。

从表 1 和表 2 中可以看出，相同检测工作量下，相较于传统无损检测射线检测方法，TOFD + PAUT 检测方法所需要的作业时间更少，累计节约时间约 60% 以上，且作业现场无污染无辐射，可以与现场其他施工工序同步进行，进而有助于压缩新建储罐项目工期。

表 1　TOFD + PAUT 检测工效

检测部位	检测项目	焊缝长度/m	检测时间/min	一圈焊缝数量	一圈焊缝检测时间/min	罐数量	累计时间/min	累计时间/h	单机组检测天数
A1	TOFD + PAUT	1.44	10	16	160	7	1120	19	3
A2	TOFD + PAUT	1.44	10	16	160	7	1120	19	3
B1	PAUT	11.7	25	16	400	1	400	7	1
B2	TOFD	11.7	25	16	400	1	400	7	1
两纵一横	MT	1019.52	—	—	—	—	—	—	4
总计	—	—	—	—	—	—	—	—	12

表 2　RT 检测工效

检测部位	检测项目	累计底片张数	单机组检测天数
A1	RT	784	9
A2	RT	784	9
B1	RT	816	10
总计	—	2384	28

4.2　缺陷检测对比

(1)对 TOFD + PAUT 检测检测与 RT 检测下 T01 – T07 储罐的 A1、A2 焊缝及 T05 储罐的 B1 焊缝的圆形缺陷、条形缺陷和未熔合缺陷进行统计，其中圆形缺陷主要统计 0.5mm 以上缺陷，结果分别如表 3、表 4 和表 5 所示。

表 3　圆形缺陷统计表

检测方法	T05 B1	T01 A1	T01 A2	T02 A1	T02 A2	T03 A1	T03 A2	T04 A1	T04 A2	T05 A1	T05 A2	T06 A1	T06 A2	T07 A1	T07 A2
RT	739	8	4	9	2	3	8	4	3	1	—	5	7	3	2
TOFD	739	5	1	0	0	2	4	4	2	1	—	2	0	2	0
PAUT	0	6	2	0	0	3	5	4	2	0	—	2	0	1	2
TOFD PAUT	739	6	2	0	0	3	5	4	2	1	—	2	0	2	2

表 4　条形缺陷统计表

检测方法	T05 B1	T01 A1	T01 A2	T02 A1	T02 A2	T03 A1	T03 A2	T04 A1	T04 A2	T05 A1	T05 A2	T06 A1	T06 A2	T07 A1	T07 A2
RT	23	4	—	—	2	1	2	—	1	4	—	—	—	1	—
TOFD	20	4	—	—	2	0	2	—	1	2	—	—	—	1	—
PAUT	14	4	—	—	0	1	2	—	0	2	—	—	—	1	—
TOFD PAUT	20	4	—	—	2	1	2	—	1	2	—	—	—	1	—

表5　未熔合缺陷统计表

检测方法	T05 B1	T01 A1	T01 A2	T02 A1	T02 A2	T03 A1	T03 A2	T04 A1	T04 A2	T05 A1	T05 A2	T06 A1	T06 A2	T07 A1	T07 A2
RT	—	1	—	1	—	1	—	—	—	—	2	—	—	1	1
TOFD	—	1	—	1	—	1	—	—	—	—	1	—	—	1	1
PAUT	—	1	—	1	—	1	—	—	—	—	1	—	—	1	1
TOFD PAUT	—	1	—	1	—	1	—	—	—	—	1	—	—	1	1

此工程案例中检测数据以射线检测数据为参考，基于射线检测所发现的缺陷，对TOFD + PAUT检测缺陷情况进行对比分析，从表3、表4和表5中可以看出，TOFD + PAUT检测方法对圆形缺陷、条形缺陷和未熔合缺陷检出率与RT检测方法缺陷检出率基本一致，这可能是由于TOFD和PAUT检测方法对于微小型缺陷的评价标准不同，从而部分微小型缺陷未进行计数统计。同时，这也证明了TOFD + PAUT检测方法对各类缺陷检出具有较高可靠性。

(2)分别对TOFD + PAUT检测下储罐焊缝Ⅲ级缺陷与RT检测下储罐焊缝的Ⅲ和Ⅳ级缺陷数量进行统计，统计结果如表6所示。

表6　超标缺陷统计表

检测方法	T01 A1	T01 A2	T02 A1	T02 A2	T03 A1	T03 A2	T04 A1	T04 A2	T05 A1	T05 A2	T06 A1	T06 A2	T07 A1	T07 A2	T05 B1	累计
RT	2	0	1	2	1	0	0	1	0	2	0	0	1	1	3	14
TOFD PAUT	21	5	14	12	13	8	13	4	5	2	12	0	0	1	2	112

从表6中T01 ~ T07储罐焊缝缺陷数据可以看出，TOFD + PAUT检测发现III级缺陷累计112处；射线检测Ⅲ级和Ⅳ级缺陷累计14处。TOFD + PAUT检测方法对于超标缺陷的检出率要远大于RT检测方法的缺陷检出率，这可能是由于TOFD和PAUT检测方法对Ⅲ及以上缺陷的评价标准与RT检测评价标准存在偏差，但从整体而言，TOFD + PAUT检测方法对超标缺陷的检出率较RT检测方法有一定的提高。

其中，TOFD + PAUT检测方法发现缺陷主要为埋藏缺陷超标。相较于TOFD + PAUT检测方法，RT检测方法漏检位置分布多为X型坡口根部、K形坡口根部及临近焊道或内表面熔合线处，焊缝示意图中的D4、D6、D7、D8位置如图5所示。

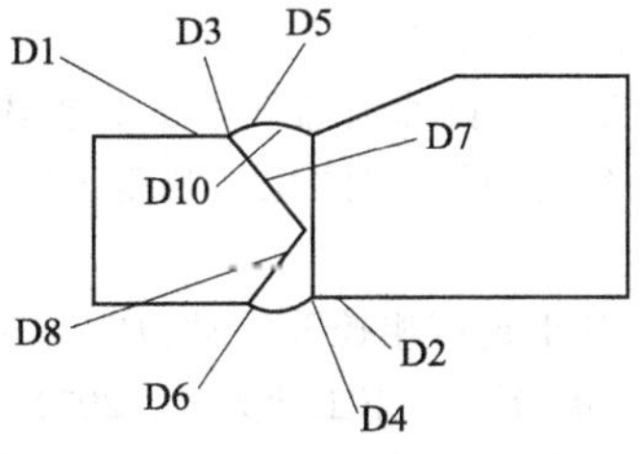

图5　不等壁厚焊缝示意图

(3)典型RT未检出缺陷图谱对比。选取T05储罐B1环焊缝中的某处表面开口缺陷W的TOFD和PAUT图谱与RT图谱对比分析。其中S扫图谱见图6，B扫图谱见图7，TOFD图谱见图8，S + B + TOFD图谱见图9，RT图谱见图10，现场渗透检测照片见11。

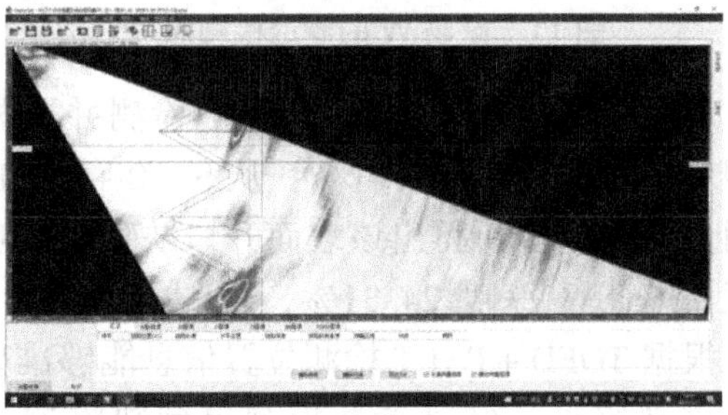

图6　缺陷W的S扫图谱

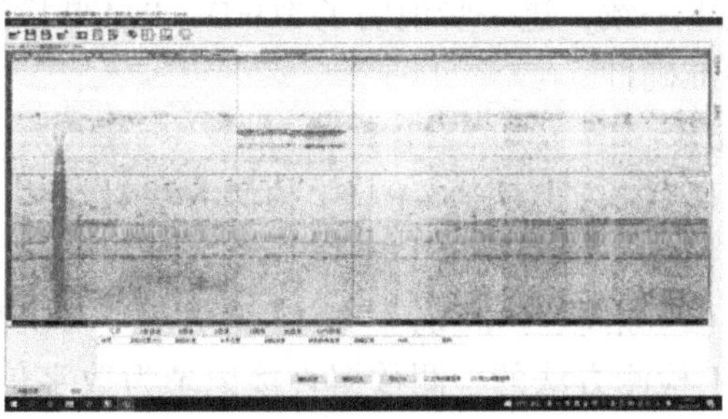

图7　缺陷W的B扫图谱

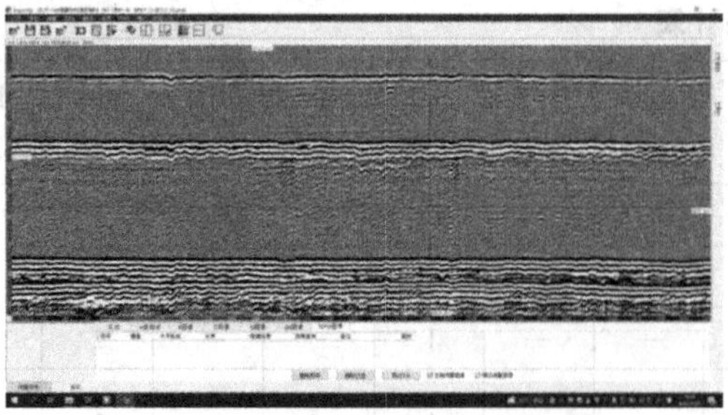

图8　缺陷W的TOFD图谱

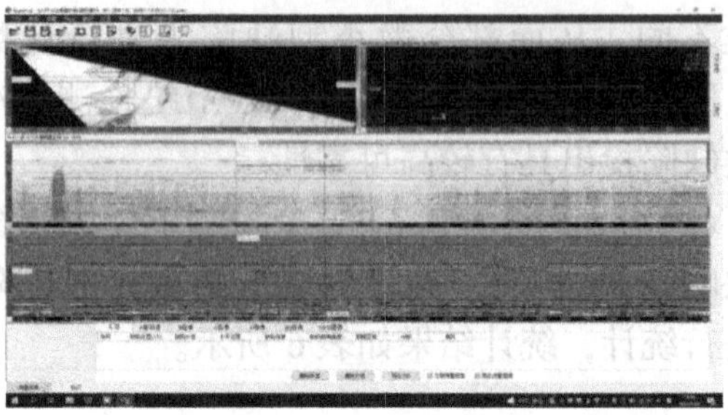

图9　缺陷W的S+B+TOFD图谱

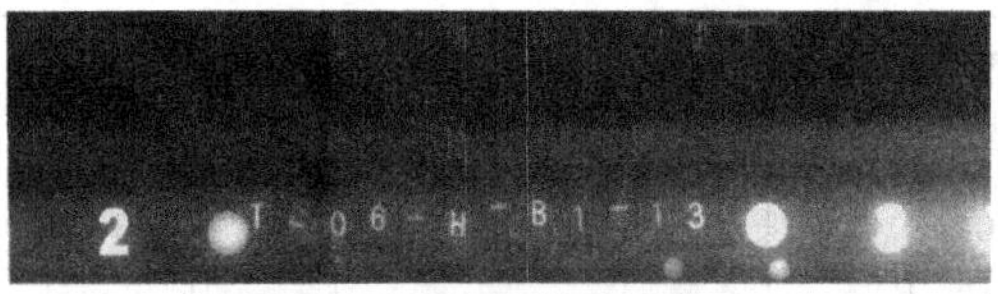

图10　缺陷W的RT图谱

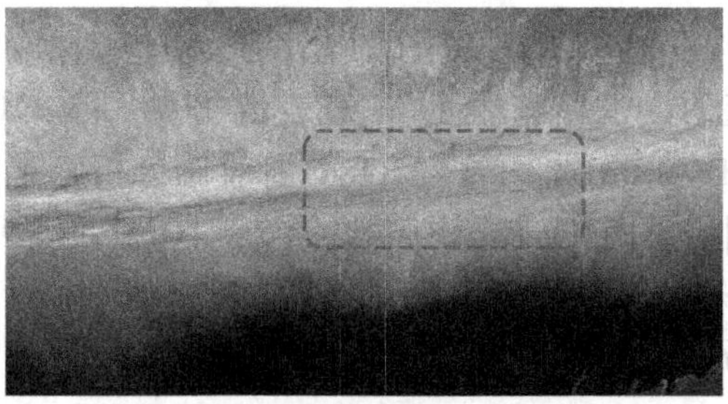

图11　缺陷W的渗透检测照片

从上述图谱中可以看出，RT检测并未检测到相对应的表面开口缺陷W，从S+B+TOFD检测图谱中可以分析得出该表面开口缺陷的信息为长度256mm，深度24.31%，位置为528－782处。根据TOFD+PAUT检测位置信息能够准确定位到该缺陷处，经过渗透检测得到缺陷准确信息，与TOFD+PAUT检测数据进行对比，两者数据基本一致，进一步说明了TOFD+PAUT检测方法的准确性。

5　结论

研究基于TOFD+PAUT检测方法对新建大型油气储罐焊缝检测的工程应用：

(1)相较于传统射线检测方法，TOFD+PAUT检测方法的检测数据直接记录为数字信号，便于实现数字化储罐建设。

(2)相较于传统射线检测方法，TOFD+PAUT检测方法能够有效累计节约工时约60%以上，且作业现场无污染无辐射。

(3)对于圆形、条形和未熔合缺陷，基于传统射线检出缺陷对TOFD+PAUT进行分析，TOFD+PAUT缺陷检出率不低于传统射线检测，充分证明了TOFD+PAUT检测方法的可靠性；对于超标缺陷，TOFD+PAUT检测方法较传统检测方法对超标缺陷检出率有较大提高。

(4)通过现场缺陷定位检测，TOFD+PAUT检测方法得到的缺陷信息与缺陷实际信息基本一致，说明TOFD+PAUT检测方法检测结果具有较好的准确性。

(5)首次将TOFD+PAUT检测技术应用于储罐焊缝检测，取得了良好的检测成果，为后续新建大型油气储罐焊缝检测提供技术参考。

参考文献

[1]于鹏祖，赵志强，刘袆，张鹏林．压力容器焊缝TOFD检测的关键影响因素研究[J]．机械研究与用，2022，35(04)：206－210.

[2]程康，李海明，徐海亮．TOFD超声成像检测技术在压力容器检验中的应用[J]．新型工业化，2022，12(06)：158－161.

[3]李立凡．基于超声TOFD检测技术的钢轨焊缝缺陷检测能力研究[D]．中国铁道科学研究院，2022.

[4]吴海丽．超声TOFD法在桥梁焊缝检测中的应用[J]．交通世界，2022(12)：42－43.

[5]刘建平，冯建国，刘渊．港口起重机械对接焊缝衍射时差法超声检测工艺[J]．物理测试，2022，40(02)：26－30.

[6]赵仑，蔡晖，王志强，郝蛟蛟，王博，王鹏，秦承鹏，王博涵．2种在役风机螺栓孔相控阵超声检测方法[J/OL]．热力发电：1－6[2022－09－29].

[7]徐万宝，杨昊，张炜豪，陈煜翔．相控阵超声检测技术在钢结构建筑工程检测中的应用研究[J]．安徽建筑，2022，29(09)：164－166.

[8]徐火力，杨天雪，石祥，龚凌诸．小径管对接焊缝超声相控阵检测与射线检测对比[J]．化学工程与装备，2022(08)：268－271.

[9]盛凌，韩文震．石油天然气管道对接环焊缝相控阵检测质量控制[J]．中国化工装备，2022，24(05)：19－25.

[10]陈鉴锋．基于超声相控阵的动力电池模组汇流排焊接缺陷检测[D]．广东工业大学，2022.

[11]王悦民，李衍，陈和坤．超声相控阵检测技术与应用[M]．1．北京：国防工业出版社，2014.

脉冲涡流检测技术在工业管道检测中的应用

刘海朝[1] 胡圣忠[2] 梁海明[2] 曹水亮[1] 陈国旋[1] 韩 彬[1] 孟 涛[1]

[1. 中国特种设备检测研究院，北京 100029；2. 中科(广东)炼化有限公司，湛江 524076]

摘 要：压力管道腐蚀减薄对工业生产造成重大安全隐患，而传统的无损检测方法不能有效地对带覆盖层的工业管道进行在线检测，本文从对脉冲涡流检测技术的发展的最新发展综述出发，通过分析几种传统无损检测技术和几种无损检测新技术的特点，确定采用脉冲涡流检测技术对一批带保温层蒸汽管道进行腐蚀检测的方法，在腐蚀位置再利用电磁超声检测和其他无损检测方法进行缺陷验证，从而可以准确检测出带保温层蒸汽管道的腐蚀情况。

关键词：压力管道；腐蚀；脉冲涡流；缺陷验证

Engineering Application of New Portable X－ray Stress Tester in Long Distance Pipeline Inspection

Liu Haichao[1], *Hu Zhongsheng*[2], *Liang Haiming*[2], *Cao Shuiliang*[1], *Chen Guoxuan*[1], *Han Bin*[1], *Meng Tao*[1]

(1. China Special Equipment Inspection and Research Institute, Beijing 100029, China;
2. Zhongke (Guangdong) Refinery&Petrochemical Company Limited, Guangdong Zhanjiang, 524076, China)

Abstract: The corrosion thinning of pressure pipeline has caused significant potential safety hazards to industrial production, while the traditional nondestructive testing methods can not effectively carry out online testing of industrial pipelines with coatings. This paper starts from the latest development of pulsed eddy current testing technology, and analyzes the characteristics of several traditional nondestructive testing technologies and several new nondestructive testing technologies, The pulsed eddy current testing technology was adopted to detect the corrosion of a batch of steam pipes with thermal insulation layer, and electromagnetic ultrasonic testing and other nondestructive testing methods were used to verify the defects at the corrosion location, so that the corrosion of steam pipes with thermal insulation layer could be accurately detected.

Key words: Pressure piping; Corrosion; Pulsed eddy current; Defect verification

1 引言

具有保温层/保冷层的管道被广泛应用于石油、化工和燃气等能源行业，由于管道输送具有腐蚀性介质造成大面积内壁减薄或者产生腐蚀缺陷[1]。目前，在检测此类腐蚀减薄时需拆除包覆层，此过程需要设备停机，这不仅耗时，而且浪费 人力、物力、财力，因此需要一种无损检测技术解决当前存在问题。近年来，脉冲涡流作为新兴且非接触的无损检测技术，对不拆除包覆层下评估管道局部减薄和测厚方面受到广泛关注。脉冲涡流检测技术采用一定占空比的方波激励通入激励线圈，因为方波中含有丰富的频率成分[2]，检出信号中包含更多厚度和缺陷信息，其检测范围广、能力强、速度快。所以脉冲涡流检测技术已逐渐成为评估包覆层下管道壁厚和缺陷检测的重要的无损检测技术之一。

近几年，国内外脉冲涡流领域的研究学者在测厚信号评估和缺陷量化方面做了大量的研究工

作者简介：刘海朝(1988—)，硕士研究生，从事的工作为压力管道检测检验。E－mail：liu. haichao@ foxmail. com

作。陆登等[3]利用铁磁性材料晚期信号斜率来评估厚度，通过研究表明对铁磁性材料厚度检测，壁厚误差控制比较小。王健等[5]研究表明铁磁性材料试件越小，测量的相对误差越大；试件较小时提离高度越大、试件的厚度越大，产生的相对误差也越大，相对于提离高度，试件厚度对测量结果有更大的影响。李力等[6]采用脉冲峰值和到零时间特征来评估绝缘层下管道壁厚，研究表明PEC差动探头具有检出绝缘层下管道壁厚减薄能力。吴月东等[8]提出了基于相对磁通量计算的信号处理方法消除提离效应。王志春等[9]从时域和频域提取检出电压信号特征量，针对不同电导率层，给出了较适合的特征量。李喜文等[10]通过ANSYS Maxwel有限元软件建立测厚模型，研究表明金属板越薄、激励电压峰值越大、激励电压脉冲上升下降沿时间越短则差分感应电压峰值越大。综上所述，脉冲涡流测厚方面提出峰值、到峰时间、晚期信号衰减斜率和提离交叉点等特征量，通过研究这些特征值信息能够有效检测出管道的壁厚信息，进而检测出被检对象的腐蚀情况。

本文采取脉冲涡流检测技术对某石化厂区内一批带保温层蒸汽管道进行腐蚀检测，在确定腐蚀情况位置再采用电磁超声检测和其他无损检测方法进行验证，从而可以准确检测出带保温层蒸汽管道的腐蚀情况。

2　脉冲涡流理论基础

2.1　脉冲涡流测厚原理

PECT工作原理如图1所示，根据法拉第电磁 感应定律和电涡流效应等理论。当激励线圈通入激励方波时，激励线圈周围产生初生磁场，初生磁场 接近铁磁性试件，试件表面产生感应电流(涡流)，涡流快速衰减过程中又产生次生磁场。当被测试件的 特性发生变化，比如磁导率、电导

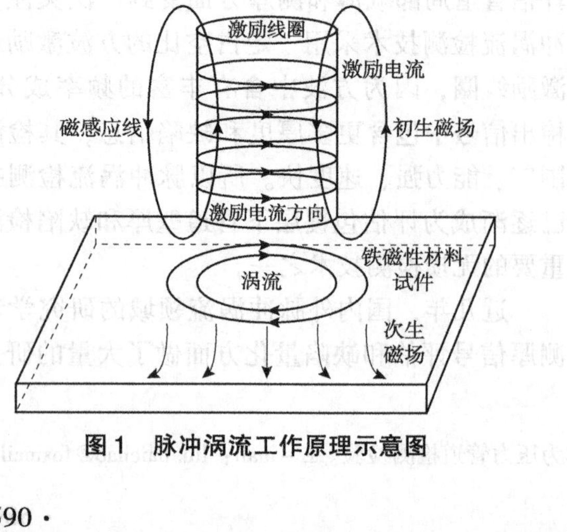

图1　脉冲涡流工作原理示意图

率、缺陷等，会导 致被测试件中涡流密度发生变化。检出线圈拾取涡 流变化转化为感应电压信号，最后对感应电压信号 特性分析以评估试件厚度[13,14]。

在探头加载瞬间关断电流，激励线圈会激励出快速衰减的脉冲磁场，脉冲磁场就会在管道中产生脉冲涡流。涡流会产生二次磁场，如果管道上有缺陷，则会影响加载管道上脉冲涡流状况，继而影响接收传感器上的感应电压。感应电压中含有被测试件的电导率、磁导率及形状尺寸等综合信息。脉冲涡流技术可以通过解析电信号，判断试件的壁厚、缺陷等信息。

随着导体内部急剧的电磁转变，PEC存在于瞬态涡流的解析内部，有3个阶段：

脉冲发射阶段，在探头发射磁场渗入和稳定在试件的厚度方向；

截至阶段，当磁场发射突然停止，诱发涡流进入试件；

接收阶段，磁探头测量进入材料厚度的涡流的衰减。

图2～图5为脉冲涡流信号激励过程。

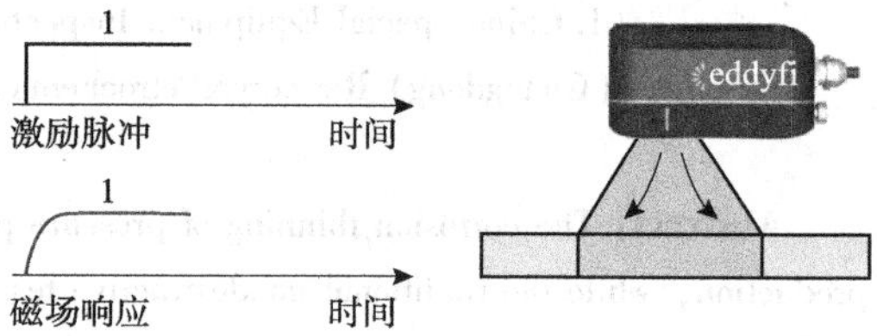

图2　发射阶段

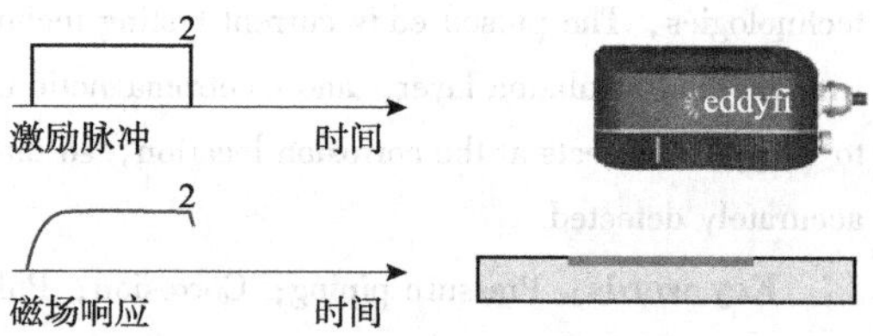

图3　截至阶段

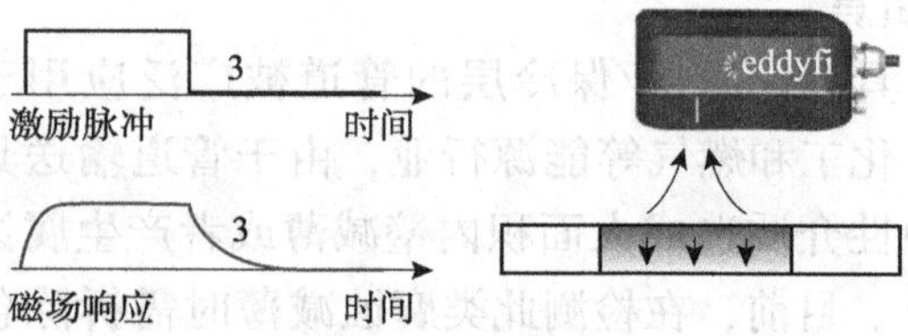

图4　接收阶段

2.2　趋肤效应

变化磁场中导体截面的感应电流密度不相等，电流将趋向试件表面集中，该现象称为趋肤效应。在导体试件中，随着与导体试件表面距离的增加，涡流从试件表面向内部运动，涡流密度

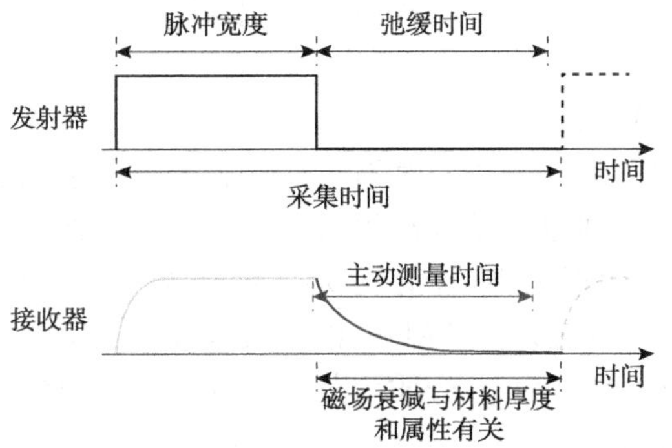

图5　脉冲涡流信号激励过程

呈指数规律逐渐衰减，涡流场衰减公式如下：

$$J_x = J_o e^{-x\sqrt{\pi f \mu \sigma}} = J_o e^{-x/\delta}$$

式中　J_x——距离试件表面 x 处的涡流密度，A/m^2；

J_o——试件表面的涡流密度，A/m^2；

f——激励线圈电流的频率，Hz；

μ——试件的磁导率，H/m；

σ——试件的电导率，S/m；

δ——趋肤深度，m。

当涡流密度值衰减到表面数值的 $1/e$ 时，将该位置的深度称为标准渗透深度，也称作趋肤深度，公式如下：

$$\delta = \frac{1}{\sqrt{\pi f \mu \sigma}}$$

3　脉冲涡流与其他无损检测方法的组合应用探讨

3.1　常见无损检测方法的优缺点对比

目前，在工业管道检测中常见的无损检测技术有超声导波、超声波测厚、磁粉探伤、放射检测及渗透检测等部分，检测方法的优缺点对比见表1。

表1　常用检测方法的优缺点对比

项目	优点	缺点
常规测厚	检测精准，操作方便，方便携带	覆盖面积小，容易漏检，效率低
磁粉检测	可确定被检测对象表面缺陷的形状、大小与位置，检测效率高	难以定位较深的缺陷
渗透检测	设备简单，携带方便，检测成本低	只能检测表面开口缺陷
射线检测	检测直观，灵敏度高	辐射危害大
超声检测	设备简单，携带方便，检测成本低，穿透能力较大	不易检查形状复杂的工件，要求被检查表面有一定的光洁度，并需有耦合剂充填满探头和被检查表面之间的空隙，以保证充分的声耦合； 对有些粗晶粒的铸件和焊缝，因易产生杂乱反射波而较难应用
电磁超声检测	不需要耦合； 广泛应用于高温、高压管道的测量	换能效率要比传统压电换能器低
导波	检测效率较高操作，使用较方便，检测点只要选取得当，长距离检测的距离就大大增加	如果管道有多重缺陷，将产生叠加效应；检测主要以回波信号为准，焊缝的不均匀度严重影响导波检测的准确程度
TOFD检测技术	检测方法简单快捷，探头只需沿焊缝两侧移动即可，不需做锯齿扫查，检测效率高	在外表面和内表面附近存在盲区； 存在夸大缺陷的可能性，实际检测中缺陷高度方向误差较小，长度方向误差较大(6dB法测长)
超声相控阵检测	可实现在役成像检测，包括实现A/B/C/D/S扫描，便于缺陷判读	探头尺寸较大，容易受现场检测条件限制
漏磁检测	检测效率相对高，能检测出探头移动区域内管道的内外部缺陷，可对缺陷进行快速定位； 对检测条件要求相 对较低在表面光滑的情况下不去除涂层就可检测	无法实现定量检测，不能获知缺陷大小信息，只获得缺陷位置信息；在焊缝、 管道表面毛刺等异常凸 起部位易产生伪信号。
脉冲涡流检测	实现了在线、在役不停机检测	对管道的面积型腐蚀检测效果明显，但是对局部腐蚀则比较困难，比如点腐蚀、凹坑等缺陷

分析可知，超声导波、超声波测厚、磁粉探伤、放射检测及渗透检测这几种方法检测工业管道缺陷均存在技术局限性，采用脉冲涡流检测技术检测带覆盖层工业管道缺陷更具优势。该技术覆盖面广、检测效率高、不受焊缝及被测物件表面状态影响，与超声波测厚仪协同检测，其应用效果更优于其他检测技术。

然而，与其他检测技术对比，脉冲涡流检测技术对小直径大深度的点状、锥坑状腐蚀检测精度方面存在一定的技术局限性，管道局部腐蚀是管道失效最常见的失效模式，所以脉冲涡流检测技术可以作为管道腐蚀快速排查的一种手段，与其他检测手段相互补充，组合应用多种检测手段可得到准确检测结果，在现场应用中也是在使用脉冲涡流检测方法的同时，搭配一种其他的无损检测方法进行检测。

3.2 脉冲涡流与其他无损检测方法的组合应用探讨

常用的检测技术中，作为腐蚀的快速检测手段，在进行低频导波和脉冲涡流检测之后，经常需要其他检测技术的快速定位和验证，因此如图 6 所示，现场检测中往往进行两种或者两种以上的无损检测方法进行搭配使用。

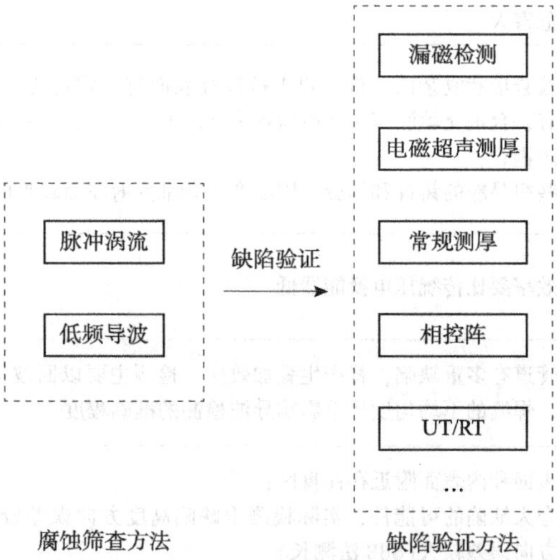

图 6　腐蚀筛查检测技术的组合应用

在腐蚀筛查检测技术的组合应用中，根据被检测对象的工况条件，可选择脉冲涡流技术或者低频导波检测技术进行快速的腐蚀筛查，进一步对缺陷进行验证的检测手段有楼次检测、相控阵、电磁超声、UT、RT、常规测厚、或者其他无损检测手段等等。其中漏磁检测可以进行缺陷定位，相控阵可以实现快速的成像扫查，常规 RT/UT 检测可以实现埋藏缺陷的检测，各种检测方法均有一定的优缺点和局限性，如表 1 中所示。

4　应用案例

2022 年 3 月份对某石化厂某装置蒸汽系统 68 条蒸汽管线进行了脉冲涡流和电磁超声的组合检测方法。管道基本情况为，管道公称直径为 *DN*100 ~ *DN*600，壁厚 5.49 ~ 17.48mm，工作温度为 200 ~ 450℃，介质为蒸汽，管道材质为 20#、15CrMoG。

技术路线为，首先对带保温层的管道进行脉冲涡流检测，再对发现缺陷处管道进行验证，验证方法采用电磁超声检测和其他无损检测方法，检测方法如图 7 所示。检验现场见图 8。

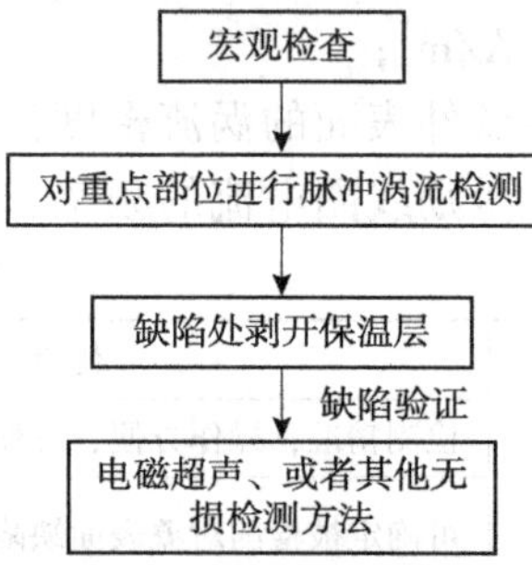

图 7　案例中检验方法

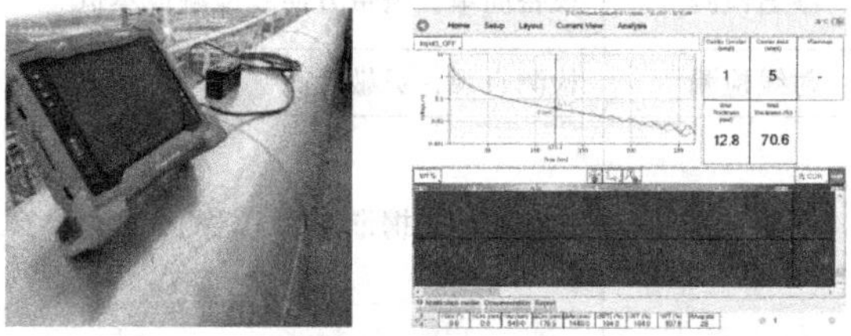

图 8　检验现场

经过利用脉冲涡流检测发现，腐蚀减薄程度 (10% ~ 20%) 的管道数量为 31 条，腐蚀减薄程度 (20% ~ 30%) 的管道数量为 14 条，腐蚀减薄程度 (≥30%) 的管道数量为 3 条，检测发现腐蚀减薄程度 (≥10%) 的管道数量共 48 条，其中腐蚀最严重的管道实测最小壁厚为 5.80mm (原始壁厚为 9.27mm)，见表 2。

表 2　脉冲涡流检测结果

序号	腐蚀程度汇总	管道数量
1	腐蚀减薄程度(10% ~20%)	31 条
2	腐蚀减薄程度(20% ~30%)	14 条
3	腐蚀减薄程度(≥30%)	3 条

检测发现腐蚀减薄程度(≥10%)的管道数量共 48 条，其中腐蚀最严重的管道实测最小壁厚为 5.80mm (原始壁厚为 9.27mm)

经过对缺陷处管道进行拆开保温层，进行电磁超声检测验证发现，腐蚀减薄程度（10% ~20%）的管道数量为23条，腐蚀减薄程度（20% ~30%）的管道数量为16条，腐蚀减薄程度（≥30%）的管道数量为9条，其中腐蚀最严重的管道实测最小壁厚为5.54mm（原始壁厚为9.27mm），见表3。

表3 电磁超声检测验证结果

序号	腐蚀程度汇总	管道数量
1	腐蚀减薄程度(10% ~20%)	23条
2	腐蚀减薄程度(20% ~30%)	16条
3	腐蚀减薄程度(≥30%)	9条
腐蚀最严重的管道实测最小壁厚为5.54mm(原始壁厚为9.27mm)		

通过对比脉冲涡流检测结果和电磁超声检测验证结果，可以发现电磁超声检测情况比脉冲涡流检测结果要严重一些，但是验证检测结果与脉冲涡流检测结果大体一致，两者不为矛盾。之所以发生这种情况是因为，脉冲涡流检测结果反映的为探头覆盖区域内的管道平均壁厚，而电磁超声测厚结果则反映的是缺陷处较小区域内的局部壁厚，因此要比脉冲涡流检测结果严重一些。

5 结论

从对脉冲涡流检测技术的发展的最新发展综述出发，本文通过分析几种传统无损检测技术和几种无损检测新技术的特点，确定采用采取脉冲涡流检测技术对一批带保温层蒸汽管道进行腐蚀检测的方法，在腐蚀位置再利用电磁超声检测和其他无损检测方法进行缺陷验证，从而可以准确检测出带保温层蒸汽管道的腐蚀情况。

参考文献

[1]陆登．脉冲涡流技术在CFB锅炉检测中的应用[J]．石油化工腐蚀与防护，2020，37(1)：3.

[2]王海涛，孙海龙，崔利东，等．脉冲涡流阵列缺陷成像检测技术[J]．无损检测，2010，32(8)：560－563.

[3]李恒，孙明，冉文燊，等．站场集输汇管在线检测方法研究及应用[J]．化学工程与装备，2018(11)：4.

[4]李明娥，刿亮．压力容器不拆保温，不开罐检验方法对比[J]．甘肃科技，2021，37(20)：37－39.

[5]王健，傅迎光，孙明璇，等．基于脉冲涡流检测技术的铁磁性材料厚度的测量[J]．北京交通大学学报，2012，36(6)：133－136.

[6]李力，胡博，李峻嵩，等．大尺寸脉冲涡流检测热力管道腐蚀缺陷[J]．煤气与热力，2022(042－005).

[7]FAN M B，CAO B H，TIAN G Y，et al. Thickness measurement using liftoff point of intersection in pulsed eddy current responses for elimination of lift－off effect[J]. Sensors & Actuators A Physical，2016，251：66－74.

[8]吴月东，黄琛，熊波，等．脉冲涡流测厚中的传感器提离效应补偿方法[J]．舰船电子工程，2015，35(3)：123－125.

[9]王志春，王玉玺．脉冲涡流多层厚度检测与时频特征量提取[J]．传感器与微系统，2018，37(1)：19－21.

[10]李喜文，钱慧芳，王戈．脉冲涡流多层厚度检测与时频特征量提取[J]．电子测量技术，2018，41(22)：32－35.

[11]燕芳，丁东阳．基于ANSOFT的脉冲涡流测厚系统仿真[J]．计算机产品与流通，2017(9)：240－240.

[12]赵桐，彭斌．基于脉冲涡流的金属薄板厚度检测研究[J]．仪器仪表与传感器，2020(1)：117－121.

[13]武新军，黄琛，丁旭，等．钢腐蚀脉冲涡流检测系统[J]．无损检测，2010，32(2)：127－130.

[14]欧阳顺．不锈钢管道脉冲涡流检测传感器特性分析[J]．设备管理与维修，2022(14)：3.

城镇 PE 燃气管道定位与埋深检测方法实例探究

李智航　周德敏

(中国特种设备检测研究院，北京　100029)

摘　要：随着城镇 PE 燃气管道的应用越来越广泛，PE 燃气管道发生的大大小小的事故也日益趋增，完善 PE 燃气管道检验项目迫在眉睫，其中 PE 燃气管道定位与埋深检测又是一直以来的难点和痛点问题，本文回顾了几种常用的 PE 燃气管道定位与埋深检测方法，结合工程实例分析了其各自存在优缺点，并为后续 PE 燃气管道定位与埋深检测提供了建议。

关键词：PE 燃气管道；定位；埋深

CaseStudy on Position and Buried Depth Detection Method of Urban PE Gas Pipeline

Li Zhihang, *Zhou Demin*

(China Special Equipment Inspection And Research Institute, Beijing 100029, China)

Abstract: As the town of PE gas pipeline application more and more widely, PE gas pipeline accidents are also increasingly increase, improve the PE gas pipeline inspection items is imminent, the PE gas pipeline positioning and depth detection is the difficulty and pain points have been problems, this paper reviewed several kinds of commonly used PE gas pipeline positioning and depth detection method, Combined with engineering examples, the advantages and disadvantages of each are analyzed, and suggestions are provided for the subsequent positioning and buried depth detection of PE gas pipeline.

Key words: PE gas pipeline; Positioning; Buried depth

1　引言

PE 燃气管道即聚乙烯燃气管道，为塑料管道的一种，自 20 世纪 90 年代以来已在发达国家的各个领域中得到广泛的应用，特别是燃气用聚乙烯管道，已成为管道领域最引人注目的成就，以丹麦、美国为例，其聚乙烯燃气管道的普及率已达到 90% 以上，法国更是从 1998 年之后所有新敷设的中、低压燃气管道均使用聚乙烯管道，我国自 20 世纪 80 年代在上海煤气公司人工煤气管道首次试用聚乙烯管道以来到如今中、低压燃气管道普遍用聚乙烯管道替代金属管道也已经经过近 40 年的发展与应用，聚乙烯燃气管道不仅成为国标 GB 50028—2006《城镇燃气设计规范》中、低压燃气管网的首选管材，也成为衡量城市经济发展和燃气行业技术水平的标志之一[1]。

2　常用 PE 燃气管道定位与埋深检测方法介绍

2.1　管道标识(GIS 电子地图)+直接开挖探坑检测

该方法为最简单直接的检测方法，只需燃气公司提供较为准确的管道走向，直接开挖验证即可。在港华燃气公司一次定期检验中应用该方法对 233 公里 PE 燃气管道成功选取 71 处位置进行开挖检验，前提是该公司提供了较为准确管道走向图，并且有管道走向 GIS 电子地图手机端版本，为检验工作提供较大便利。其 GIS 电子地图如图 1 所示。

作者简介：李智航(1993—　)，硕士研究生学历，主要从事压力管道检验检测及科研相关工作。E - mail: 472799116@ qq. com

图 1　GIS 电子地图

该方法虽然最为简单直接，但挖坑费时费力，还可能涉及居民土地纠纷等不可能大量挖坑，一般按照 TSG D7004 标准 0.3 处/km 执行。

2.2　探管仪定位法

该方法要求管道敷设有连续且通断性良好的示踪线，类似于金属管道的检验方法，其基本原理也是基于电磁场理论基础，通过给示踪线加一定强度的交变电流信号在示踪线周围形成电磁场，再由接收机探测电磁场的中心位置确定示踪线位置，从而确定管道的走向与埋深。按照示踪线施加电信号的方法也分为直连法和感应法两种，直连法信噪比高，探测结果较为准确但需要裸露点给示踪线施加信号，感应法虽不需裸露点施加信号但其信号较弱且容易受到干扰，实际检验过程中多使用直连法进行检测[2][3]。

2.3　固定信标定位法

该方法要求管道敷设时同时配备电子标识系统(EMS Electronic Marking System)，该系统的核心是射频识别技术(RFID Radio Frequency Identification)，其基本原理是射频信号通过空间耦合(交变磁场或电磁场)实现无接触信息传递以及传递信息的接收，优点是速度快，抗干扰能力强，传递距离长，应用于管道系统时配合全球定位系统的使用，可在管道沿线以及一些重要的地段放置电子识别器，快速准确识别读取管道信息，其本质是一套信息交互系统，放置电子识别器时需要将管道信息写入。缺点是一次性投入成本较高，且管道周围环境信息发生变化时需要动态维护管理数据[4,5]。

2.4　探地雷达定位法

该方法为一种非破坏性地球物理勘探方法，其基本原理是使用高频电磁波探测地下介质分布，不同介质间电性差异反射回不同的电磁波，通过特定的信号处理形成地下剖面扫描图像，从而判读管道走向与埋深。

2.5　多频声波探测法

该方法也叫做声学管道定位法，顾名思义其采用的是声波定位的原理，利用不同介质产生不同振荡波信号从而定位目标。检测时具体操作如下：发射器发射一个特定频率声波信号(290Hz、470Hz、580Hz、690Hz)，该信号以管道内气体为介质传播。气体的振动带动了燃气 PE 管壁的振动，并通过土壤把信号传递到地面，由声呐接收机在地面上来接收该信号。接收到的信号距离越近，信号越强。一般我们需要在同一个剖面的几个位置的信号值强弱对比，来甄别管道正上方的位置。同时，测另一个参考点，通过信号差异结合特殊算法，计算出管道深度。该方法目前主要缺点为工作距离较短，超过 1.5km 后信号较弱需再次移动信号施加点。

3　不同检测方法优缺点比较

不同检测方法优缺点比较见表 1。

表 1　不同检测方法优缺点比较

	管道标识 + 直接开挖探坑	探管仪定位	固定信标定位	探地雷达	多频声波探测
优点	简单、直观	技术成熟可靠	定位精度高，信号强度好	技术简单便捷	操作便捷，识别准确度较高
缺点	费时费力、可能涉及土地纠纷	需敷设示踪线且示踪线通断性良好	前期投入高，数据需维护	准确度低	使用距离短，需不断移动信号施加点

4　工程检测实例

港华燃气公司一次定期检验中，使用多频声波探测法检测 3 处 PE 燃气管道走向与埋深，同后期直接开挖探坑后检测数据对比见表 2。检测现场见图 2、图 3，检测结果见图 4、图 5、图 6。

表 2　检测数据对比

埋深/m	多频声波探测	直接开挖探坑	备注（验证环境描述）
第一处	1	0.88	测试环境为乡村田地里，穿过一条省道，周边较开阔，干扰环境较少，地下无其他管道
第二处	0.74	0.78	
第三处	0.67	0.70	

图 2　检测现场

图 3　检测现场

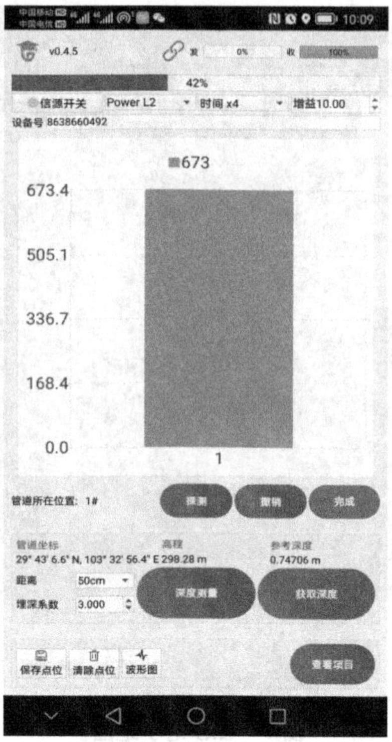

图 4　检测结果

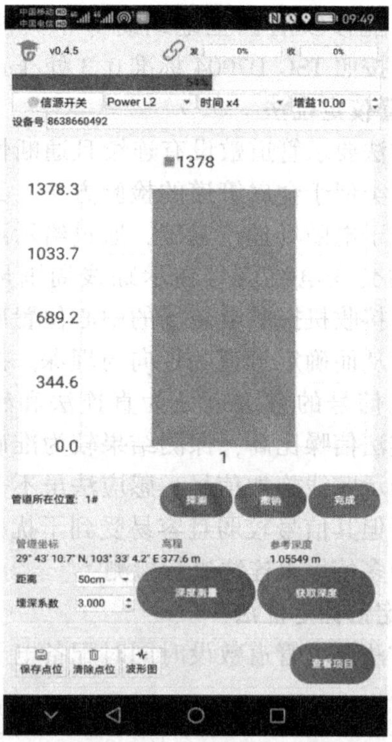

图 5　检测结果

通过数据对比发现 3 处埋深数值相差不大，均在可接受范围之内，但需要说明的是本次测试环境较简单，环境影响变量较单一，且无其他管道干扰，城镇中复杂环境下检测结果需进一步验证。

5　总结

相较于金属燃气管道，目前 PE 燃气管道可检测项目较少，且准确检测管道走向和埋深较为困难，使用不同方法完善 PE 管道检测项目对于管道安全平稳运行，保护人民生命财产安全具有重大意义，通过对不同检测方法的介绍以及实际检测过程验证给出以下建议：

(1)PE 燃气管道有示踪线且通断性良好时，

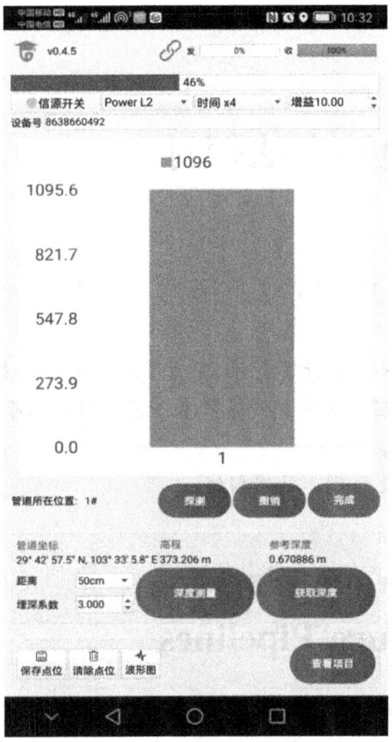

图6　检测结果

优先使用探管仪定位法检测管道走向与埋深。

(2) PE燃气管道无示踪线或示踪线不完整时，可使用多频声波定位法。

(3) PE燃气管道敷设在城镇等管线复杂，干扰信号较多的地区时，建设阶段即可考虑使用固定信标定位法。

参考文献

[1]郑重．浅谈PE燃气管道市政燃气工程中的应用．门窗，2013，09(81)：191+194.

[2]曾岳梅，贾向炜，李英杰．埋地PE管道定位探测技术综述．测绘通报，2016(S1)：4.

[3]曹震峰．燃气PE管道示踪线方法及其探测技术．勘察科学技术，2010(4)：4.

[4]高祥凯．基于RFID的埋地PE管道电子标识系统研究：[D]．北京：北京工业大学电子科学与技术，2019.

[5]冯仰敏，嵇启春．基于射频识别的地下管线电子标识系统．金卡工程，2006(7)：41-44.

液化天然气压力管道在线检验方法探讨

梁　涛　陈国旋

(中国特种设备检测研究院，北京　100029)

摘　要：阐述了目前我国LNG接收站中压力管道检验检测现状，分析了LNG压力管道主要损伤机理，提出了基于RBI的检验策略，结合红外热成像、脉冲涡流、瞬变电磁、数字射线等技术手段，对带保冷层的LNG压力管道实施在线检测工作，达到安全性和经济性的双重目的。

关键词：LNG接收站；在线检验；红外热成像；脉冲涡流；瞬变电磁；数字射线

Inspection Method Discussion on Working Liquefied Natural Gas Pressure Pipelines

Liang Tao, Chen Guoxuan

(China Special Equipment Inspection and Research Institute, Beijing 100029, China)

Abstract: The present status of inspection and testing of pressure pipeline in LNG receiving station is described. The main damage mechanism of LNG pressure pipelines are analyzed. An inspection strategy based on RBI is proposed, which combines infrared thermal imaging, pulsed eddy current, transient electromagnetic, digital ray and other technical measures to carry out inspection on working LNG pressure pipelines with cooling layer, so as to achieve the dual purpose of safety and economy.

Key words: LNG receiving station; Online inspection; Infrared thermal imaging; Pulsed eddy current; Transient electromagnetic; Digital radiography

1　引言

随着全球环保问题的愈发严峻，在国家降碳大战略的背景下，液化天然气(LNG)在我国能源框架下的地位也越来越重要。

一般情况下，LNG压力管道会由保冷层覆盖。如果按照传统检验方法，需要隔离置换排除LNG介质、拆除保冷层后，才能实施现场检验工作[1]。然而，由于生产运行和民生影响因素，按照法检要求，LNG接收站中大部分压力管道均无法做到停车进行外部定期检验。鉴于此，本文针对目前国内液化天然气(LNG)压力管道在线检验、检测方法进行综述与分析。

2　液化天然气(LNG)压力管道检验方式

2.1　停车检验

LNG压力管道停车期间，可以按照相关法规标准要求，进行常规项目检验。具体检验项目内容与方法，应严格按照TSG D7005—2018《压力管道定期检验规则 - 工业管道》[2]中的标准要求实施。其中，宏观检验和测厚项目为一般内容，其余无损检测项目视现场具体情况而定。若管道为首次检验时，则必须进行表面埋藏缺陷检测。

2.2　在线检验

通常情况下，按照相关法律标准，压力管道的定期检验应该在停车情况下进行。然而由于LNG接收站的特殊性，一旦停车不运行，将会对城市居民生活造成较大面积的影响。由于常压下LNG沸点温度为 -162℃，一旦拆除了保冷层，管道外部也会迅速发生结冰或结霜现象，从而导致常规测厚和一些无损检测工作无法正常进行。

因此，目前LNG压力管道实施在线检验工

作者简介：梁涛(1994—　)，硕士研究生，任职于中国特种设备检测研究院，E-mail：jwsherlock@163.com

作，一般采用基于风险的检验方式。

3 液化天然气(LNG)压力管道检测方法分析

3.1 人为直接检测

传统的人为性直接检测，应通过目视的方式对LNG压力管道进行外部结构检查，特别是针对保冷层的检查。若发现保冷层有破损现象，外表面需进行渗透检测(PT)抽查。

3.2 红外热成像宏观检查

通过红外热成像仪器，对LNG压力管道进行外部宏观检查，尤其针对焊缝、法兰等位置易出现泄漏的部位，找到温度异常位置，来分析是否存在LNG泄漏的情况[3]。

3.3 脉冲涡流手段检测

脉冲涡流属于涡流检测的一个分支，基本原理是通过在探头处加载瞬间关断电流，激励出快速衰减的脉冲磁场，从而在被检件表面上产生涡流。在被检件上表面产生的涡流又会自上而下的向下表面扩撒，在该扩散过程中，又会有与激励磁场方向相反的二次磁场产生，在终端探头的接收传感器中，会输出这个感应电压。通过感应电压，可以获得被测件的厚度、尺寸等特性信息[4]。

此外，由于脉冲涡流的激励磁场能量较强，穿透性能较好。对于包覆保冷层的LNG压力管道而言，可真正实现LNG场站在不停车拆除保冷层的情况下，对压力管道进行在线检测。

3.4 瞬变电磁手段检测

基于瞬变电磁原理的检测仪器，可以实施对LNG压力管道的不拆保冷层在线测厚项目。其基本原理为：通过接地或非接地线源向地面发送预脉冲磁场，并使用线圈或接地电极观察二次涡流磁场或电场。二次涡流场激励接收线圈中测得的电动势即瞬态响应[5]。由于LNG管道本身及防腐层材料与周边地理环境的电磁特性存在显著差异，且在归一化脉冲瞬态响应曲线上有明显的时间可分性，在限定的瞬态响应范围内，通过反演模拟来得出瞬态时间常数，从而获得被测管件的壁厚情况[6]。

然而通过该瞬变电磁方法测量所得到的壁厚值，是被检件某一区域内的平均壁厚，无法确定是外减薄还是内减薄。因此，对于一些面积较小的管体腐蚀或点蚀情况，该检测方法存在一定的局限性。

3.5 电磁超声手段检测

如今在许多领域，利用电磁超声仪器对压力管道进行测厚也愈发频繁。其基本原理是通过电磁场的相互作用，在被检件表面产生超声波，从而达到测厚目的。

在LNG场站内，由于LNG自身物理特性，一旦拆除保冷层，管体表面会迅速结冰，导致探头与被检件无法进行有效耦合，通过常规超声手段无法达到测厚目的。

较常规超声测厚相比，电磁超声最大的一个优点便是仪器可以与被检件进行非接触式测量不需要耦合剂，且无需对管体表面或防锈层进行去除或打磨处理。即便表面冷冻结霜，只需简单通过人为手段，擦拭管体表面后，便能进行测量[7]。

3.6 数字射线(DR)拍片检测

数字射线(DR)检测系统一般主要由以下几部分组成：射线机、数字探测器阵列、计算机、电源线等。

数字射线(DR)技术原理是通过X射线或者γ射线穿透被检件，由于射线存在衰减特性，在不同厚度区域处投射出来的射线强度相较于入射强度有一定程度的衰减。穿透了被检件后的射线，由数字探测器接收并将其转换为数字信号。转换后的数字信号将被传输到计算机中进行程序处理，从而形成数字图像[8]。

传统的胶片射线检测，需通过暗室处理，宽容度较小，长时间存储较为困难，且不利于进行数字化存档工作等。数字射线(DR)在克服以上缺点的同时，还可自动测得被检件的壁厚、腐蚀坑以及管径等参数，且精度和检测效率都较高。在对带保冷层的管道进行数字射线(DR)检测时，由于其较强的穿透能力，可以不用拆除保冷层，也能对LNG压力管道进行有效的在线检测，并能够很好地反应出管体内部缺陷信息，示例如图1所示。

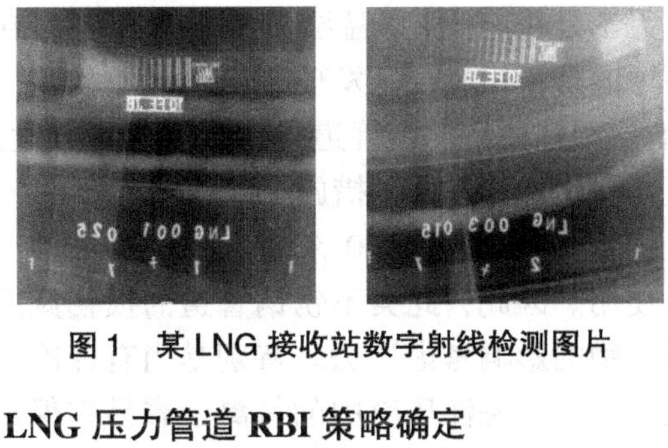

图1 某LNG接收站数字射线检测图片

4 LNG压力管道RBI策略确定

沿海某LNG接收站共计注册压力管道662条，单元总数为796。结合该662条压力管道的相关工艺参数及运行数据，进行风险评估计算，得到各单元的失效可能性(POF)量化指标、失效后果(COF)量化指标。然后建立以失效后果(COF)为横轴、失效可能性(POF)为纵轴的坐标系，交点即为管道单元的风险等级。然后再通过管道单元风险等级和损伤机理，来制定相应的检验策略。

4.1 LNG接收站风险源分析

在LNG接收站中的压力管道内，主要流体介质为液化天然气。常压下，LNG温度为-163℃，其主要成分由甲烷组成，含有少量的乙烷、丙烷及其他组分，LNG自身无腐蚀性，其危害特性可见表1[9]。

表1　LNG接收站介质类型及危害特性

介质类型	危害特性
LNG	低温冻伤危害性、爆炸火灾危险性、窒息危险性
BOG	爆炸火灾危险性、窒息危险性
NG	爆炸火灾危险性、窒息危险性
液氮	低温冻伤危险性、窒息危险性
氮气	窒息危险性
干粉	窒息危险性
空气	—

4.2 损伤机理分析

针对不同介质类型，对整个LNG接收站内压力管道的工况进行理论分析后可知，站内承压设备的损伤模式有以下三种：腐蚀减薄、环境开裂、机械损伤[10]。其主要损伤机理可见表2。

表2　损伤机理表

损伤模式	损伤机理
腐蚀减薄	大气腐蚀(无保冷层)、大气腐蚀(有保冷层)
环境开裂	氯化物应力腐蚀开裂
机械损伤	爆炸火灾危险性、窒息危险性
液氮	冲刷、振动疲劳、热冲击

在大气环境中运行的碳钢、低合金钢压力管道，无论是否有保冷/温层包覆，都可能存在大气腐蚀的现象。当现场发现LNG管道有跑冷、保冷/温层损坏的情况，管道使用单位应特别注意，并进行一定的修复处理措施

LNG接收站中，300系列不锈钢管道被广泛投入使用。因此，此类不锈钢管道的损伤则应该将氯化物的影响考虑进去。特别是当有保冷层损坏或破损后，海洋环境中的氯离子容易在保冷层处聚集，容易导致应力腐蚀开裂。冲刷易在弯头、三通处发生；与压缩机或泵进出口相连的管道，易发生振动疲劳；当装置在开停车期间时，由于温差较大，则易导致热冲击[9]。

4.3 RBI检验策略制定

对LNG管道而言，损伤机理并不能通过检验检测工作而改变，但日常的检验检测活动能加强对管道的预警能力。对发现的已有缺陷管道，采取相应的降险措施，从而达到降低管道风险水平的目的。

针对带保冷层的LNG压力管道，建议采取用脉冲涡流或者瞬变电磁技术手段，来对管道进行测厚项目。焊缝情况，可通过数字射线(DR)技术手段对其进行拍片处理，从而进行焊缝缺陷检查。

除常规宏观检查和安全附件检查外，还应采用红外热成像设备，对易产生泄漏的位置进行重点检查。若发现有温度异常情况，则应该分析是否存在LNG泄漏或跑冷情况。

5　结论与建议

综上所述，本文阐述了目前我国针对LNG接收站中压力管道的检验检测现状，分析了传统常规检验和RBI在线检验，并研究了LNG接收站中压力管道主要损伤机理。

提出对带保冷层的LNG压力管道实施在线检测时，可以基于RBI的分析结果，制定相应的检验策略。并通过红外热成像、脉冲涡流、瞬变电磁、数字射线(DR)相结合的技术手段对LNG压力管道实施在线检测工作，将管道风险水平降低在企业可接受程度之内。通过科学合理地运用RBI手段，不仅能延长压力管道的检验周期，还能为企业降低检修费用，达到经济性和安全性的双重目的。

参考文献

[1]贾劲松，王秀林，王夕友．LNG接收站装置风险评估技术研究．中国石油和化工标准与质量，2022，42(10)：1-3.

[2]国家质量监督检验检疫总局．压力管道定期检验规则—工业管道：TSG D7005—2018[S]．北京：中国质检出版社，2018.

[3]张奇．基于红外热成像技术的泄漏检测研究[D]．大连：大连理工大学，2016.

[4]沈功田，张万岭．特种设备无损检测技术综述[J]．无损检测，2006，28(1)：34-39.

[5]秦敬芳，赵盈国，黄焕东等．基于RBI的LNG接收站压力管道检验方法及应用[J]．油气田地面工程，2019(A01)：81-84.

[6]黄海军，邵冬冬，何通东等．瞬变电磁法在隔保冷层

压力管道壁厚检测中的应用[J]. 特种设备安全技术，2019(3)：23 – 25.

[7]贺永利，段志祥，陈辉等. 液化天然气接收站承压设备检验现状及法规标准探讨. 化工装备技术，2021，42(05)：5 – 8.

[8]巩德兴，姚力，陈晓辉等. X 射线数字成像在压力管道检测中的应用[J]. 无损检测，2017 (11)：33 – 36.

[9]梁建活，李志峰，李运泉等. 基于风险的检验(RBI)在 LNG 接收站承压特种设备中的应用[J]. 石油和化工设备，2018，21(8)：75 – 79.

[10]蔡景明，生建文，蒋平等. LNG 接收站低温管道检验方法研究[J]. 管道技术与设备，2020，(5)：5 – 8.

基于事故树分析法的油田压力管道失效因素分析

张　旭　邹红伟　李长亮

（中国石油天然气股份有限公司大庆特种设备检验中心，黑龙江 大庆　163000）

摘　要：油田压力管道由于各种原因会产生缺陷，使在役的压力管道存在一定的安全风险。一旦管道失效，将会发生爆炸或泄漏事故，严重影响人员生命、国家财产和自然环境的安全。本文通过运用事故树分析法的逻辑思维和原理，建立了以压力管道失效为顶上事件的事故树，通过对运算、化简得到的最小割集和最小径集的分析，检验人员能够充分获得在开展管道检验过程中的重点检验方向，也使检验员在思想上认识到管道检验的重要性。

关键词：压力管道；安全风险；事故树；顶上事件

Failure Factors Analysis of Oil Field Pressure Pipeline Based on Fault Tree Analysis

Zhang Xu, *Zou Hong - Wei*, *Li Chang - Liang*

（PetroChina Daqing Special Equipment Inspection Center, Daqing 163000, China）

Abstract: The oil field pressure pipeline will have defects due to various reasons, which makes the pressure pipeline in service have certain safety risks. Once the pipeline fails, explosion or leakage accidents will occur, seriously affecting the safety of people's lives, national property and natural environment. By using the logical thinking and principle of the fault tree analysis method, this paper establishes the fault tree with the pressure pipeline failure as the top event. Through the analysis of the minimum cut set and the minimum diameter set obtained by the operation and simplification, the inspector can fully obtains the key inspection direction in the process of pipeline inspection, and also makes the inspector realize the importance of pipeline inspection

Key words: Penstock; Safety risk; Fault tree; Top event

1　引言

压力管道作为一种可以长距离输送液体和气体介质的运输方式，广泛应用于油气生产的各个环节中。油田在役的压力管道中，绝大部分输送着石油、天然气、轻烃等有爆炸危险性的介质，都直接关乎于油田安全生产和人员生命健康，一旦发生泄漏或者穿透等管道失效故障，定然造成油田财产的重大损失，并且危害现场员工的生命安全。近几年，我国时有燃气管道爆炸造成人员伤亡和重大的财产损失，所以，油田必须能够保证在役压力管道运行的可靠、安全和稳定，并能够通过对压力管道失效风险作出分析和预测，有的放矢地预防压力管道失效的发生。本文基于事故树分析法的原理，通过确定压力管道失效故障树各层级事件模型，对压力管道失效进行定量和定性分析，以研究压力管道失效可能性的分布，有助于对油田在役压力管道的风险识别、控制与消除，不断提升油田在役压力管道的管理工作。

2　事故树分析法概述

2.1　简介

事故树分析方法（Fault Tree Analysis，简称

作者简介：张旭（1984—　），工程师，大学本科学历，主要从事压力管道检验工作，研究方向为 HSE 管理体系风险识别与评价。E - mail：zhangxu0459@ cnpc. com. cn

FTA）又称故障树分析，因其编制出的分析图形像一棵倒立的树，各种事故都能找到与之相关的原因事件，因此，人们称之为事故树分析法。[1] 根据“事故致因理论”，发生的任何一起安全事故，都有能够导致事故发生的“不安全的行为”或“不安全的状态”。压力管道在运行中失效，便是上述所谓的“不安全的状态”，是发生安全生产事故的充分条件。故障树分析是安全系统工程以及可靠度工程的领域的重要分析方法，非常适合于了解系统失效的原因。[2] 事故树分析方法将事故或事件设定为事故树的根，称之为“顶上事件”。而将各种导致顶上事件发生的安全因素设定为原因事件，作为事故树的各级分枝，各分枝由逻辑符号进行连接，便形成了树状的事故树模型。事故树分析法来分析事故发生，可以更加直观地分析出各事件与顶上事件的因果关系，还能定性和定量地进行分析。事故树分析法不仅仅能够针对事故开展分析，还可以将顶上事件定义为某种行为、某种状态，运用这种事故树分析法的思维来进行相应的分析工作。因此，在油田开展在役压力管道检验工作时，可以运用事故树分析法的理论和思维，以天然气管道失效后造成爆炸事故为例，通过前期对输气管道失效因素的分析，开展有针对性的检验，提高缺陷的检出率。

2.2 分析程序

事故树分析法的一般流程见图1。

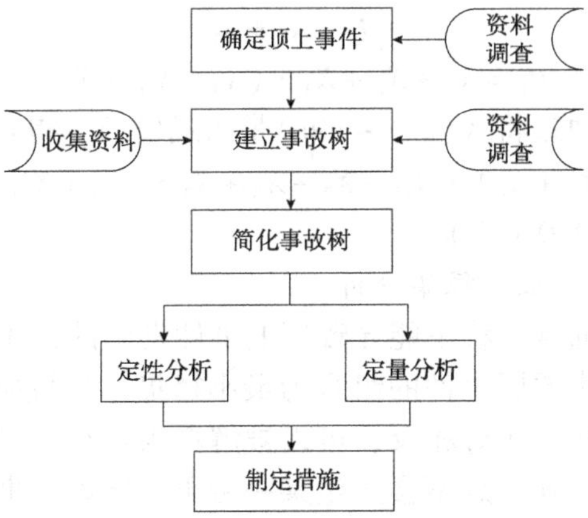

图1 事故树分析法的程序图

运用事故树分析法来分析压力管道失效因素时，分析程序需要修改，因为，检验人员需要通过事故树分析法来确定油田压力管道失效的原因，具体程序见图2。

如图2所示，首先确定顶上事件，即压力管道失效；然后，要通过查阅资料对管道失效的原因逐级进行分析，形成原因事件，并确定各原因事件对产生顶上事件的逻辑关系；事故树编制完成后，应该对事故树进行合理的简化，可以使事故树更加明了，有利于定性和定量分析工作的开展；最终，可以对开展压力管道检验工作提出指导性的意见。现阶段，我国缺少公开资料说明压力管道失效发生概率，无法准确做出定量分析。

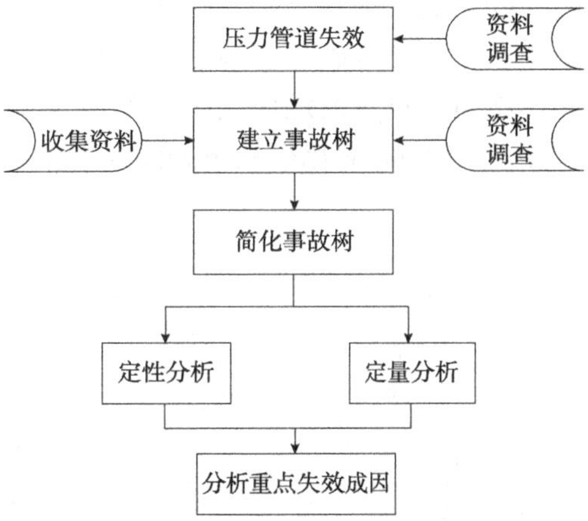

图2 压力管道失效的事故树分析法程序图

2.3 事故树分析法的优点

（1）事故树分析法的逻辑性强。利用事故树图可以对能导致顶上事件的各种因素及其逻辑关系作出全面、简明和形象的描述。FTA法不仅需要考虑和识别出产生顶上事件的各种因素，还需要分析人员理解并明确各种因素之间互相作用的关系，通常来讲，这种关系包括：与、或、非三种基本逻辑关系。

（2）事故树分析法层次分明。用事故树来描述事故的因果关系，各事件、条件和逻辑关系可以清晰地显示在事故树图上，层次分明。较其他方法可以直观地理清导致顶上事件发生的原因事件之间的关系。

（3）事故树分析法既能定性分析，又能进行定量分析。利用定性分析，可以较全面地查明系统内固有的或潜在的危险因素，为技术改进和管理措施提供依据。通过定量分析，则可以查明各原因事件对顶上事件发生的影响程度，因而可以为检验人员提供检测指导性的意见。

3 压力管道失效因素分析

3.1 建立事故树

以油田油气生产作为分析目标，将“压力管道失效”确立为顶上事件后，通过相关规范和资料的查阅，分析能够产生压力管道失效的各种因素，国内外对燃气管道失效因素分类比较一致，主要集中在：第三方破坏、腐蚀、材料与施工缺陷、操作不当、自然及地质灾害、其他及未知原因等方面。[3] 编制并简化事故树如图3所示。

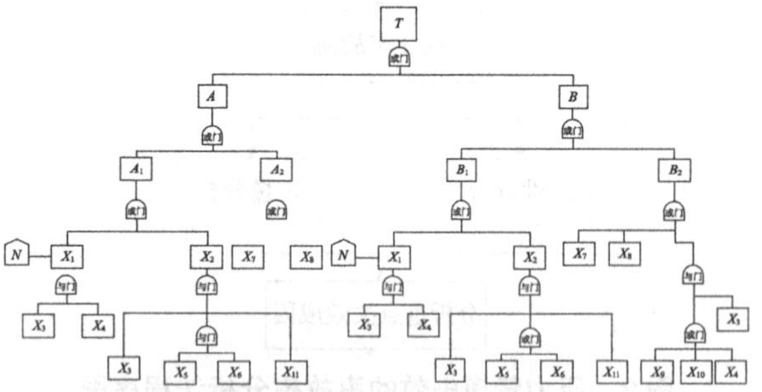

图3 压力管道失效事故树简化图

通过分析压力管道失效的影响因素，将各类因素分为顶上事件为：T；中间事件为：A、B、A1、A2、B1、B2；基本事件：X1～X11；N为正常事件。各符号代表的事件见表1。

表1 事故树符号代表的事件名称表

符号	事件名称	符号	事件名称
T	顶上事件—压力管道失效	X_4	介质冲刷
A	管道穿孔	X_5	保温层缺陷
B	管道破裂	X_6	外防腐层缺陷
A_1	腐蚀穿孔	X_7	第三方破坏
A_2	机械伤害穿孔	X_8	自然灾害
B_1	腐蚀破裂	X_9	机械疲劳
B_2	机械伤害破裂	X_{10}	人员误操作
X_1	内腐蚀	X_{11}	环境影响
X_2	外腐蚀	N	正常事件—温度
X_3	管材缺陷	——	——

由图3和表3可以看出，压力管道在运行过程中由于各种模式的损伤而发生失效，无论是管道穿孔还是破裂，最主要的原因来自腐蚀和机械伤害，所以，油田在管道运行过程中必须依靠各种手段来阻止管道的腐蚀和受到的机械伤害。

3.2 定性分析

事故树定性分析的主要任务就是通过求取最小割集和径集，从而发现系统导致“顶上事件”发生的全部可能原因。[4] 检验人员可以通过前期资料审查过程中的分析，识别出管道运行系统的薄弱环节，以压力管道失效为顶上事件发生的因素为基础，依据承压设备损伤模式的机理，找到管道失效发生的大概率部位，为预防管道失效的发生提供有效依据。

3.2.1 最小割集分析

导致“顶上事件”发生最少的基本原因事件组合称为最小割集，它表示该系统发生某些故障或差错时，就会发生某种事故，事故树中最小割集越多，系统的安全性越差。

根据上述图3，进行布尔代数化简，求出最小割集，确定各基本事件的结构重要度排序，基本事件的结构重要度越大，它对顶上事件的影响程度就越大。[5] 其最小割集如下：

$$T = A + B \tag{1a}$$

$$A = A_1 + A_2 \tag{2a}$$

$$B = B_1 + B_2 \tag{3a}$$

$$A_1 = X_1 + X_2 \tag{4a}$$

$$X_1 = X_3X_4N \tag{5a}$$

$$X_2 = X_3 \cdot (X_5 + X_6) \cdot X_{11} \tag{6a}$$

$$A_2 = X_7 + X_8 \tag{7a}$$

$$B_1 = X_1 + X_2 \tag{8a}$$

$$B_2 = X_7 + X_8 + X_3 \cdot (X_9 + X_{10} + X_4) \tag{9a}$$

通过将式(2a)～(9a)带入式(1a)，得：

$$T = X_3X_4N + X_3 \cdot (X_5 + X_6) \cdot X_{11} + X_7 + X_8 + X_3X_4N + X_3 \cdot (X_5 + X_6) \cdot X_{11} + X_7 + X_8 + X_3 \cdot (X_9 + X_{10} + X_4)$$
$$= 2X_3X_4N + 2X_3 \cdot (X_5 + X_6) \cdot X_{11} + 2X_7 + 2X_8 + X_5 \cdot (X_9 + X_{1}0 + X_4)$$

该事故树的最小割集为：

$$C_1 = \{X_3X_4N\}$$

$$C_2 = \{X_3 \cdot (X_5 + X_6) \cdot X_{11}\}$$

$$C_3 = \{X_7\}$$

$$C_4 = \{X_8\}$$

$$C_5 = \{X_3 \cdot (X_9 + X_{10} + X_4)\}$$

这就是说，当$C_1 \sim C_5$中的任何一个事件组合发生，压力管道便会失效，进而可能产生爆炸、泄漏事故。检验员通过获得的最小割集的推倒，就能发现C_1、C_2的系数为2，管道在运行中更可能因腐蚀而产生穿孔或开裂；而第三方破坏和自然灾害也有很大的可能造成对管道失效。

3.2.2 最小径集分析

通常，称不能导致顶上事件发生的最少数量的基本原因事件的组合为最小径集，其与最小割集的概念正好相反，可以被解释为：在不发生差错时，就一定不会产生某一后果。所以，事故树中最小径集越多，系统表现为越安全。在本示例事故树中，求最小割集为：

$$T' = A' \cdot B' \tag{1b}$$

$$A' = {}_1' \cdot A_2' \tag{2b}$$

$$B' = B_1' \cdot B_2' \tag{3b}$$

$$A_1' = X_1' \cdot X_2' \tag{4b}$$

$$X_1' = X_3' + X_4' + N' \tag{5b}$$

$$X_1' = X_3' + X_5'X_6' + X_{11}' \tag{6b}$$

$$A_2' = X_7'X_8' \tag{7b}$$

$$B_1' = X_1'X_2' \tag{8b}$$

$$B_2' = X_7'X_8'(X_3' + X_9'X_{10}'X_4') \tag{9b}$$

其中 T' 表示不发生顶上事件，A'、B' 等都表示为不发生的事件，将式(2b)～(9b)带入式(1b)，N 是必然发生的事件，所以 N' 为非 N，值为0。各事件发生的表示法为1或0，所以事件多次幂可以看作为1次幂，故得：

$$\begin{aligned} T' &= A'B' = A_1' \cdot A_2'B_1' \cdot B_2' \\ &= X_3' + 3X_3'X_5'X_6' + 3X_3'X_{11}' + 2X_3'X_5'X_6'X_{11}' + 8X_3' + 5X_3'X_4'X_5'X_6' + 5X_3'X_4'X_{11}' + 10X_3'X_4'X_5'X_6'X_{11}' + 13X_3'X_4'X_5'X_6' \\ &\quad X_9'X_{10}' + 10X_3'X_4'X_9'X_{10}'X_{11}' + 6X_3'X_4'X_5'X_6'X_9'X_{10}'X_{11}' + 3X_3'X_4'X_9'X_{10}' + X_4'X_5'X_6'X_9'X_{10}' + X_4'X_9'X_{10}'X_{11}' \end{aligned}$$

式中求出(X_3')、(X_3'，X_5'，X_6')、(X_3'，X'_{11})等14个最小径集，即为原事故树的最小径集。它表示每个最小径集中的各基本事件都不发生，则顶上事件就不会发生。由最小径集可以看出，材质缺陷在管道失效事件中起到很重要的作用，一旦管材存在缺陷，管道发生失效后果发生的概率就会大增。

3.3 检验指导意见

通过最小割集和最小径集的运算和分析，检验人员可以发现，在开展检验过程中，就需要根据管道材质、介质详细调查，根据腐蚀的机理，对重点管道及管道组成件进行查看和测量，找到减薄部位，进行校核。还应观察管道所处的环境情况，辨别出容易发生机械伤害和易受到自然灾害冲击的部位，有利于检验人员发现管道失效的隐患，具体指导意见如下：

(1)以管道材质和介质类型为基础，依据各类型腐蚀机理，确定易腐蚀的管道本体或管道组成件；

(2)有绝热层的管道，应注意查看绝热层的完好程度，是否有雨水渗入或滴入的空隙；

(3)了解管道所在场所工程施工和工程机械设备使用情况，重点关注可能发生机械损伤的部位；

(4)重点查看管道邻近区域的设备或构件是否存在振动载荷，如存在，关注连接处的焊缝，必要时应用磁粉、渗透等无损检测手段等。

4 结束语

(1)采用事故树分析法来分析油田压力管道失效的因素，直观地看出各因素对产生管道失效做出的影响，以及各因素之间互相作用关系。

(2)利用最小割集进行分析，存在五种事件组合，一旦五种事件中至少一种事件发生，那么管道失效就会发生。并且，第三方破坏和人员误操作，因为只有一件基本事件发生就会产生严重后果，这将最有可能直接产生管道失效，所以在检验过程中必选在宏观检验中，重点关注易发生机械损伤的部位进行查验。

(3)利用最小径集进行分析，其中有一个最小径集为(X'_3，X'_4，X'_5，X'_6，X'_9，X'_{10}，X'_{11})，径集中含有7个基本事件，也就是说需要这7个基本事件同时不发生，才能保证管道不会失效。在油田压力管道运行过程中，这一不发生管道失效的条件很难达成，这就提醒检验人员，必须严格安装检验规程，技术规范，提高个人的综合技术能力，才能通过检验工作来查找管道缺陷，确保在管道失效前及时发现问题。

综上，运用事故树分析法可以更加清晰地找到管道失效的各个因素，并能够通过分析，使检验员更好地在现场开展检验工作，为油田安全生产，保障国家能源安全提供有力的技术服务。

参考文献

[1]张小浩．基于事故树分析法的企业安全生产风险管理研究[D]．安徽：安徽财经大学．2020：12.

[2]白杨，白春动．压力管道失效风险定量分析[J]．自动化应用．2022(2)：157－159.

[3]吴玉杰，李军，李程．国内外燃气管道失效率及失效原因对比与归纳[J]．煤气与热力．2019(2)：B01－B05.

[4]郝彩霞，许彦，龚声武．事故树分析法在LPG储罐火灾爆炸事故中的应用[J]．中国安全生产科学技术．2012(1)：154－159.

[5]顾文婷，李超，毕中毅．基于事故树分析法的长输管道泄漏因素分析[J]．石油工业技术监督．2010(4)：19－24.

动力管道现场金相检测技术研究

刘红星　魏明业

(河北省特种设备监督检验研究院唐山分院，河北 唐山　063000)

摘　要： 目前动力管道的现场金相检验只能对表面进行检测，检验实践表明这样检测的结果有时候过于保守，不能反映管道在厚度方向的金相组织变化。本文以在用动力管道的现场金相检测为分析对象，提出不同条件下现场金相检测的方法和具体的实施过程，用最小的代价得到最真实准确的分析结果。

关键词： 金相检测；动力管道；分析；金相组织；结果评定

Study on Field Metallographic Inspection Technology of Power Pipeline

Liu Hongxing, *Wei Mingye*

(Tangshan Branch of Hebei Institute of special equipment supervision and inspection, Tangshan, Hebei 063000, China)

Abstract: At present, the field metallographic examination of power pipeline can only detect the surface, and the inspection practice shows that the result is sometimes too conservative to reflect the change of metallographic structure of pipeline in the thickness direction. Based on the field metallographic examination of the power pipeline in use, this paper puts forward the method of field metallographic examination under different conditions and the concrete implementation process, and obtains the most true and accurate analysis results with the least cost.

Key words: Metallographic examination, power piping, analysis, metallographic structure, evaluation of results

1　引言

在动力管道的检验中，现场金相检测一个不可或缺的检测手段，通过金相检测可以检测出管道材料的老化程度、材质劣化程度。由于是在用管道检验，在检验过程中尽可能不采取破坏性的检测方，对金相检测也是要求也是如此。目前现场金相检测一般都是采用外表面抽查的方式进行，对于薄壁管其检测结果的代表性相对较高，但对厚壁管采用这种检测方法只能保守地评估管道的材料的状况。大量的实践表明，外表面金相检测已达到更换或需要安全评定要求的管道，更换后作断面金相发现，其内部金相组织有时候还远没有达到更换或作安全评定的标准。因此有必要对现场金相检测技术进行进一步的研究，便于对管道金相组织的真实情况有准确的判断，要保证管道安全也要避免造成浪费。

2　现场金相检验打磨深度的探讨

根据 DL/T 884—2019《火电厂金相检验与评定技术导则》的规定，现场金相的打磨深度应去除检验部位的氧化皮、锈垢、脱碳层等，打磨深度应保证剩余厚度不小于最小需要壁厚。上述要求只能保证现场金相检验的基本要求，只能用表面的检测结果代表整个壁厚方向上的金相状况，对于经过金相检测结果表明符合相关规程要求的，这样检验是可以接受的，尤其是对于外表面受热的管道。对于通过金相检测已经不符合相关规程的要求或接近于不符合要求的状况，常规打磨深度显然有可能造成误判，直接判废过于保守，容易造成浪费。遇到上述情况应在原来打磨深度的基础上继续加深打磨深度，加深的深度应

作者简介： 刘红星(1967—　)，男，正高级工程师，学士，主要从事特种设备检验及相关技术研究。

逐步加深即每加深固定的深度做一次金相检测。根据实践经验最深不应超过额定壁厚的一半，应为做到壁厚的一半基本可以确定该部位整体个壁厚方向上的金相组织状况。对于金相组织符合相关规程的，打磨深度不超过一半的管道很容易通过补焊的方法填平金相检测打磨部位且不影响正常的安全使用。通过对比壁厚方向上不同深度的部位金相组织的状况，可以评估整个壁厚金相组织的状况，其检测结果更具有代表性、更准确。结合逐层检测的硬度值，可以为管道剩余寿命评估提供可靠的依据。对于具体的打磨深度增加梯度值应根据具体材料和上一层金相检测的结果确定，在本文不在做具体的介绍。

3 现场金相检验检测部位的选取

现场金相检测由于受到现场条件的限制只能对管道外表面和近外表面位置进行金相检测。对于管道内表面和整个壁厚方向上的金相组织状况只能用外表面和近外表面的金相检测结果代替。检验的实践表明，上述方法的检验结果过于保守，容易造成浪费或误判。对在用管道的检测的基本原则就是尽可能不做破坏性实验，不要通过检测反而增加风险点。在不做破坏性实验的前提下，很难确定管道在整个壁厚方向上的实际金相组织状况。对于符合相关规程的检测结果，可以用上述判定结果作为整个检测部位的判断结果。对不符合相关规程的或接近的情况，可以通过逐层加深打磨深度逐层做金相的方法确定管道的整个厚度方向上的金相组织状况。对金相检测部位选择根据 DL/T 884—2019《火电厂金相检验与评定技术导则》的规定，应选取温度较高、应力较大、部件损伤程度严重或容易出现缺陷的部位。上述规定太过笼统，只规定了现场金相部位选择的基本原则，具体实践过程中不太好实施。下面针对动力管道我做一下具体的分析。对于动力管道的弯头、三通异径管等管件的金相检测，要选取安装时做过热处理部位和没有做过热处理的部位，若两个位置金相没有问题，可判读该管件金相组织没有问题。在检验实践中，在安装过程中由于焊后热处理工艺控制不当不可能造成该部位金相组织出现异常，通过对该位置进行金相检测可排除上述隐患。通过对非热处理位置进行金相检测，可以确定该弯头的实际金相组织状况。对于管道的直段也要按照上述原则执行。对动力管道的金相检测一定要同时包含弯头和直段，根据检测结果综合判断该管道的实际金相在组织状况。根据检测实践表明，直段的金相组织通常要好于弯头等管件的金相组织。

4 现场金相检测覆膜或现场拍照

现场金相检验的灰尘浓度不宜过大，振动不应影响现场拍照的质量否则应采用复型法。现场复型时侵蚀时，侵蚀程度应略深。现场条件允许应用现场显微镜观察被测部位，确定前处理成功后即可进行复型。复型时应保证复型材料与试样之间的气泡全部挤出，使复型材料与试件贴合足够紧密。为了保证复型材料与试件的贴合度，可采用有机玻璃片按压复型材料表面。待复型材料完全干燥后，才能见复型材料与试件剥离，注意在复型材料干燥过程中宜采用自然风干。当侵蚀合格后，可采用现场照相的方法记录检验结果，便于后续分析和下结论。对于现场照相目前没有标准对其做出具体的规定，在本文对于使用现场照方法取样相应满足下列条件：

(1)现场显微镜的放大倍数应能覆盖分析的要求；

(2)应具备分辨率足够高的专用金相拍照设备，拍照设备用软件禁止使用图像美化功能，拍摄照片应与实际情况相符；

(3)提前做好分析方案，便于拍摄足够数量且具有代表性的照片；

(4)现场拍摄的照片应为黑白照片；

(5)现场拍摄的照片应与被测部位一一对应；

(6)拍照是在现场显微镜观察侵蚀等前处理合格的基础上进行的；

(7)现场拍摄的照片应能有确定倍数的标尺。

5 结论

(1)分析了打磨深度对现场金相检测结果的影响，提出了逐层加深打磨深度逐层金相的检测方法。

(2)提出了分级分类采用不用金相检测的手段的思想。

(3)提供了动力管道金相部位选择的具体要求。

(4)提出了现场金相检测，现场拍照的具体要求。

参考文献

[1] DL/T 438—2016，火力发电厂金属技术监督规程[M].

[2] DL/T 884—2019，火电厂金相检验与评定技术导则[M].

[3]DL/T 773—2016，火电厂用 12Cr1MoVG 钢球化评级标准[M].

[4]刘爽，杨东旭，高明德．铁素体型耐热钢受热面管金相现场检测方法研究[J]．内蒙古石油化工，2018，44(07)：18－21.

[5]吴薛冬．现场金相检验在承压类特种设备检验中的作用分析[J]．装备维修技术，2020(02)：104. DOI：10. 16648/j. cnki. 1005－2917. 2020. 02. 094.

[6]陈小芹，李育宏，李亮．金相复型法对锅炉安全的现场检测[J]．锅炉技术，2006(01)：55－58.

[7]现场金相复型技术浅析[J]．肖冬飞，王瑄，韦中悬，刘芝花．理化检验(物理分册)，2021(01).

[8]特种设备现场金相检验中常见异常组织及原因分析[J]．李国政，王振江，张爱庆．中国特种设备安全，2020(11).

腐蚀缺陷对储罐接管阴极保护效果影响的数值模拟究

魏　来

（中海石油技术检测有限公司，天津　300452）

摘　要： 储罐接管由于常年处于储罐内部的腐蚀环境，容易腐蚀形成缺陷点，腐蚀缺陷点具有深度大、腐蚀传播快且不易检测的特点，对接管泄露等事故具有很大的潜在风险。本文主要用数值模拟的方法研究了储罐接管 Q235 钢表面腐蚀缺陷对阴极保护产生的屏蔽效果。通过测试极化曲线得到模拟所需要的电流密度等边界条件。用 ABAQUSCAE 有限元软件模拟接管表面不同腐蚀缺陷处的局部电流密度和电位变化。结果表明：接管腐蚀缺陷内阴极保护效果和腐蚀缺陷部位的形状大小深度有关联。在缺陷部位的阴极保护电位和电流分布不均匀，使得接管上有腐蚀缺陷的部位不能得到完全有效的保护。阴极腐蚀电流在腐蚀缺陷处被部分屏蔽，尤其是在缺陷底部。随着缺陷深度的增加和缺陷宽度减小，缺陷底部阴极保护电位变正、电流密度增加，阴极保护在缺陷处屏蔽增强，阴极保护效果变差。更负的阴极保护电位有助于提高接管腐蚀缺陷部位的保护效果。所得结果可以为储罐接管的阴极保护效果评价提供参考。

关键词： 储罐接管；腐蚀缺陷；阴极防护；数值模拟；剩余寿命

Numerical Simulation of Cathodic Protection for Connection Pipe of Storage Tank With Corrosion Defects

Wei Lai

（CNOOC Technical Inspection Co. Ltd，Tianjin 300452，China）

Abstract： The connection pipe is always serviced in the corrosive environment of storage tank，which is easy to corrode and form defect points. The corrosion defect points exhibit the characteristics of large depth，fast propagation and difficult to detect，which has great potential risk for pipeline leakage and other accidents. In this paper，numerical simulation of ABAQUS CAE is used to study the shielding effect of the internal corrosion defects on the surface of Q235 connection pipe steel. The current density and other boundary conditions are obtained by measuring the polarization curve. The local current density and local potential at the defect of the connection pipe are simulated after modeling，setting the defect point and meshing. The results show that the effect of cathodic protection is related to the shape，size and depth of the defects. The potential and current distribution of the cathodic protection at the defective parts are not uniform，which makes the parts with corrosion defects on the connecting pipe cannot be fully and effectively protected. The cathodic corrosion current is partially shielded at the corrosion defects，especially at the bottom of the defects. With the increase of defect depth and the decrease of defect width，the cathodic protection potential of the notch becomes positive，the current density at the bottom of the defect increases，and the shielding of the defect by cathodic protection becomes stronger and stronger. A more negative cathodic protection potential is helpful to improve the protection effect of defective parts. The results can provide a reference for the evaluation of the cathodic protection effect of the connection pipe of storage tank.

Key words： Connection pipe of storage tank；Corrosion defect；Cathodic protection；Numerical simulation；Residual life

---

作者简介： 魏来（1990—　），工程师，大学本科，主要从事检验检测行业，多年来一直致力于储罐风险评估、检验检测、隐患治理方向的研究。

石油储罐是石油开采、储运、加工过程中极其重要的基础设施，它的正常运转影响着整个石油石化系统的稳定运行。然而，在储罐服役过程中，由于长期接触到原油以及其他腐蚀介质，导致其产生各种形式的腐蚀现象，大大缩短了储罐的服役寿命，情况严重时还会发生造成罐壁穿孔，引发原油泄漏，以致发生重大火灾或爆炸事故，影响整个生产过程的正常运行。

接管是储罐内部重要组成部分，接管由于直接接触原油采出液等腐蚀介质，接管会出现程度不同的局部腐蚀，如图1所示。储罐接管发生腐蚀穿孔，出现泄漏直接影响生产安全运行。因此，开展对储罐接管的防腐技术的研究，不仅能为储罐的安全防腐设计提供科学依据，而且对于减少由腐蚀造的经济损失及环境污染也具有重要意义。

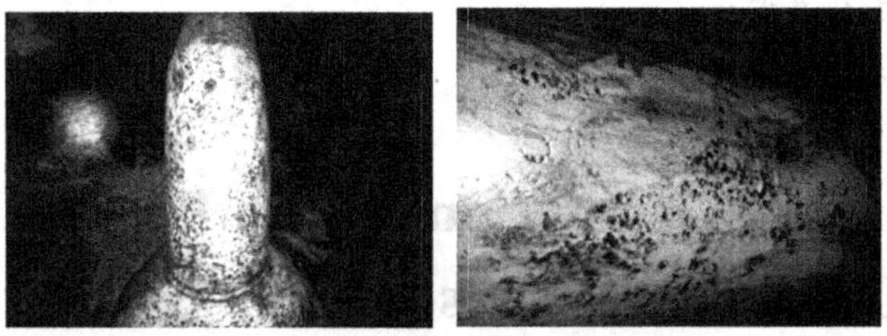

图1　储罐接管表面局部腐蚀

阴极保护是阻止储罐腐蚀的有效办法，国内大型储罐普遍采用了区域阴极保护技术。近年来，数值模拟方法已在储罐阴极保护方面得到了较好应用，应用ANSYS有限元、BEASYCP边界元、Fluent等数值方法都已成功用于储罐底板阴极保护系统的优化设计[1-2]，可获取整个阴极保护体系的电位分布规律，实现阴极保护设计参数和方案最优化。由于储罐接管阴极保护电位检测难度大，导致储罐接管阴极保护效果评价困难。目前的研究还没有涉及储罐接管阴极保护的模拟。有限元法在常规管道阴极保护电位分布的研究中使用越来越广。方江敏[3]运用ANSYS有限元软件对埋地钢质管道进行了电位分析，分析了影响阴极保护电位分布的因素。孙吉星等[4]利用有限元法对不同年限防腐涂层管道的阴极保护效果进行了数值模拟。上述研究都得到了非常有益的结果，但关于腐蚀缺陷影响管道阴极保护效果的研究甚少。季廷伟等[5]采用Comsol软件有限元模拟方法研究海水介质中X80管线钢腐蚀缺陷处的阴极保护的有效性，为模拟腐蚀缺陷阴极保护效果提供了一种有效的方法。但这些研究均没有涉及储罐接管腐蚀缺陷对阴极保护效果的影响，也并没有考虑不同阴极电位的影响，更没有涉及用ABAQUSCAE有限元软件进行阴极保护效果模拟的相关研究。因此，掌握腐蚀缺陷储罐接管阴极保护电流密度及电位分布，对确定合适的阴极保护类型尤为重要，对于增加储罐的安全系数具有着重要的意义。

本文利用ABAQUSCAE有限元软件进行储罐接管建模，并模拟腐蚀缺陷部位，对接管进行网格划分，基于电化学腐蚀的实验，通过测试接管在含原油采出液中的腐蚀曲线，拟合获得接管建模所需要的边界条件等。研究局部电位、电流密度和腐蚀缺陷尺寸的关系，分析腐蚀缺陷对储罐接管阴极保护的效果的影响，实现对储罐接管的腐蚀防护的有效指导。

1　实验

1.1　实验材料

测试材料为Q235钢，该钢为低碳钢，屈服极限在235MPa左右。碳含量$<0.22\%$，由于含碳适中，综合性能较好，强度、塑性和焊接等性能得到较好配合，用途比较广泛。

1.2　腐蚀电化学测试

测量极化曲线可以获得研究金属上发生腐蚀过程的动力学信息，如腐蚀电位、腐蚀电流密度、腐蚀速率等。腐蚀测试时，采用三电极电解池，对电极为铂电极，参比电极为饱和甘汞电极，工作电极为Q235钢。使用电化学试样之前，应该把试样裁成适合实验使用的大小，接下来应该将试样打磨光亮，选择600#、800#、1000#、1200#水磨砂纸将试样打磨平整，而后在抛光机上涂抹少量研磨膏，将水龙头打开至滴落状，把试样抛光，表面至镜面程度，打磨与抛光均可以在同一机器上进行，将打磨好的试样用无水乙醇清洗，并用吸水棉擦净，用吹风机将试样吹干。测试介质为含原油采出液$+3\%$ NaCl溶液，作为模拟储罐腐蚀介质。进行极化测试前先使开路电位达到稳定状态，用时约1h。测量动电位极化曲线，扫描范围定在$-0.6\sim0.8$V，扫描速率为0.5mV/s。利用Cview软件对极化曲线测试结果进行拟合分析，计算腐蚀动力学参数。

2　数值模拟

2.1　储罐接管建模

采用ABAQUSCAE软件进行储罐接管建模，该数值有限元方法能够有效地模拟接管管壁上任意形状的缺陷部位，可以获得缺陷点位内部更加精确的电位和电流分布。

研究选择接管表面最具有代表性的腐蚀缺陷点——半椭球形。利用 CATIA 制作出接管模型，设置缺陷点的宽度与深度如表 1 所示，在这两个区间内选择缺陷部位数值，选择基本相同的长宽的值，简化有限元模拟。

最后对于模型的整体，令接管的长度 0.1m，半径 0.01m，对于每个缺陷部位的位置间隔设置成 0.02m，在接管的模型上打出四个缺陷点位（图 2）。

表 1　接管腐蚀缺陷部位的设定

	缺陷点 1	缺陷点 2	缺陷点 3	缺陷点 4
深度/mm	10	10	10	6
宽度/mm	4	1	0.5	0.5

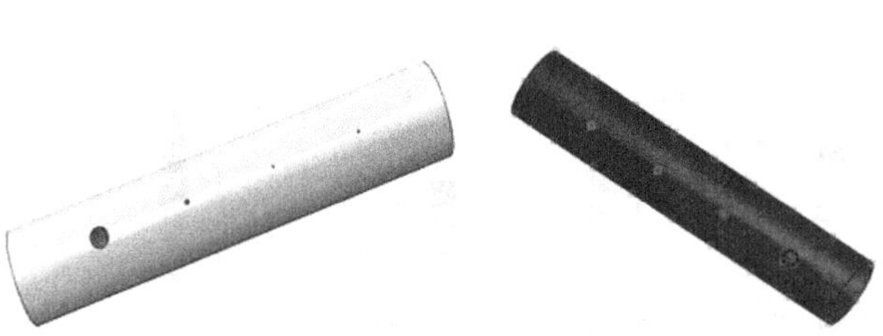

图 2　CATIA 绘制的接管模型

2.2　网格划分

在 ABAQUSCAE 中进行有限元仿真，首先导入用 CATIA 绘制的模型，进行网格划分。采用最简单的单元形状 Tet 形状，单元类型设置为 DC3D4E，利用 Mesh 功能可以将网格总共划分出 201289 个小的单元，网格最大的尺寸是 0.04m，把网格的最大生长率设定为 1.05。得到图 3 所示含腐蚀缺陷接管网格划分。

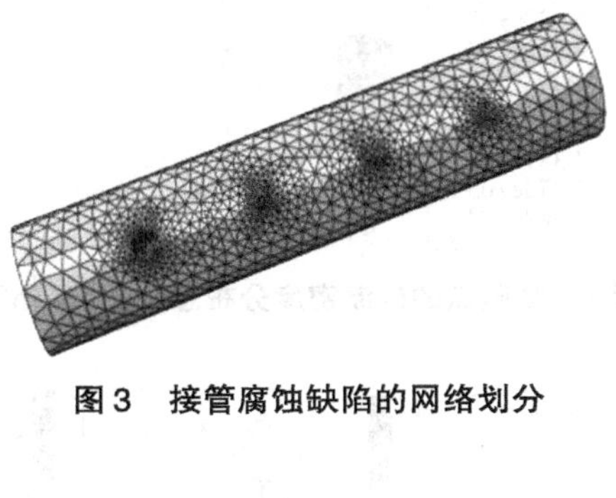

图 3　接管腐蚀缺陷的网络划分

2.3　边界条件设定

模拟时，考虑 -1.1V 和 -3V 两种不同电位下阴极保护效果。考虑到接管在储罐中的实际情况，在管道表面施加 20℃ 的初始温度，将含缺陷点半圆柱体表面看作阴极，施加 -1.1V 或者 -3V 的电势边界条件，给接管外表面施加 10A 电流，模拟此时缺陷部位电压分布情况图（EPOT）与电流密度情况图（ECD）。

3　结果与讨论

3.1　腐蚀动力学参数确定

Q235 钢的动电位极化曲线如图 4 所示。在含原油采出液 +3% NaCl 溶液中，Q235 钢电化学阳极和阴极反应分别是阳极的金属溶解反应与阴极吸氧腐蚀反应：

阳极反应：$Fe \rightarrow Fe^{2-} + 2e$　　(1)

阴极反应：$O_2 + 2H_2O + 4e = 4OH^-$　　(2)

Q235 钢在海水中处于活性溶解状态。实验所需要的边界条件中，腐蚀电流密度（A/m^2）和 Tafel 斜率以及腐蚀电位（V）可以根据 Cview 软件的拟合部分直接导出，但是平衡电位（V）以及交换电流密度（A/m^2）无法直接拟合得出，需要进一步计算。对于平衡电位，根据能斯特方程，对于任意电池反应：

$$aA + bB = cC + dD \tag{3}$$

$$E = E^{\ominus} - \frac{RT}{nF} ln \frac{[C]^c [D] d}{[A] a [B] b} \tag{4}$$

$E^{\ominus}$ 为标准电极电势；R 为气体常数，$R = 8.314J/(K \cdot mol)$；T：温度；n：电极反应中电子转移数；F：法拉第常数 96500J/（V · mol）。其中 E（标准）为标准电极电势，即为本实验中推出的腐蚀电位，R 为 8.314J/（K · mol）的气体常数，T 是温度。该实验在室温下，即 298K 下进行的，n 是在实验中转移的电子的数量。

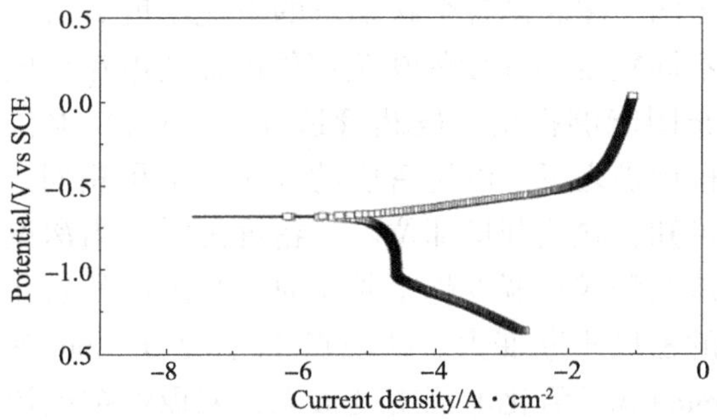

图 4　Q235 钢的极化曲线

根据式（1）、（2）得出转移电子数为 4mol，F 为法拉第常数，F96485C/mol，将数据代入式（4），求出来阴极和阳极的平衡电位。交换电流密度是对于同一个反应来说的。一个电极反应得失电子的能力可以通过交换电流密度来体现，即可以反映一个电极反应进行的难易程度，可以确定数值模拟边界条件相关的电化学参数：

对于 $Fe \rightarrow Fe^{2+} + 2e$ 反应，交换电流密度 $4.186 \times 10^{-4} A/m^2$，平衡电位 -0.4272V，Tafel

斜率0.065V/dec。

对于 $Fe + O_2 + 2H_2O + 2e \rightarrow Fe^{2+} + 4OH^-$，腐蚀电流密度 3.075×10^{-2} A/m²，腐蚀电位 -0.67V。对于 $O_2 + 2H_2O + 4e = 4OH^-$，交换电流密度 6.389×10^{-5} A/m²，平衡电位 0.4138V，Tafel 斜率 -0.24V/dec。将上述计算获得的腐蚀动力学参数，带入模拟软件边界条件。

3.2　在 -1.1V 下含腐蚀缺陷接管阴极保护效果

图 5 是含腐蚀缺陷接管缺陷点总的电压分布图，图 6 是各个缺陷点的电压分布图。由于此时设定 -1.1V的阴极保护电位，选择的参比电极为甘汞电极，储罐接管是处于阴极保护下的。由图可知，接管表面腐蚀缺陷部位的外电位变负，但缺陷内部的电位有升高的趋势，缺陷点最底部电位(-1.03V)较接管表面电位正(-1.1V)。在缺陷部位的阴极保护电位分布不均匀，这一点使得接管上有腐蚀缺陷的部位不能得到完全有效的保护。当缺陷深度增加，或缺陷宽度减小时，缺陷底部电位变正的趋势愈发明显，阴极保护效果变差。

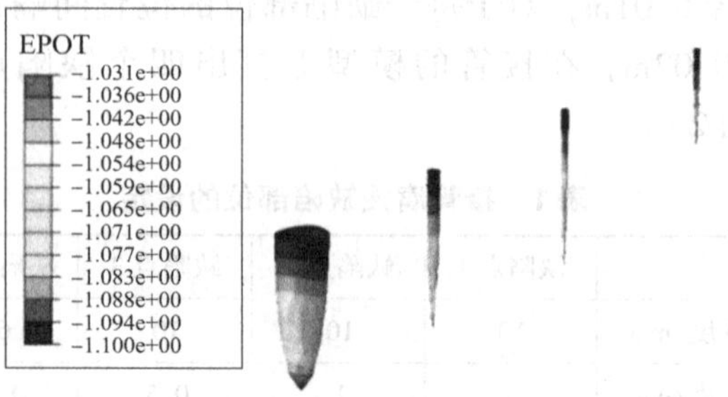

图 5　缺陷点的电压分布总云图(V)

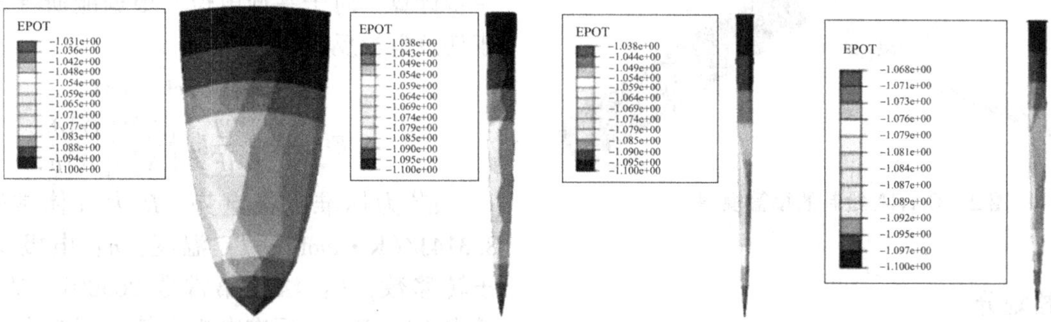

(a)缺陷点1　(b)缺陷点2　(c)缺陷点3　(d)缺陷41

图 6 各缺陷点内部电压分布云图(V)

图 7 是含腐蚀缺陷接管缺陷点电流密度分布总云图，图 8 是各个缺陷点的电流密度分布。观察不同宽度与深度的缺陷部位的氧化电流密度的分布图能够得出，虽然管道处于 -1.1V 电位的阴极保护之下，电流密度的分布也不尽相同。由图可知，缺陷开口部位电流密度是零，当深度不断地变深或者宽度越来越小时，缺陷内的氧化电流的密度不断变大。缺陷点 3(直是 0.5mm 深度 10mm)底部氧化电流密度最大，阴极保护电流不易进入缺陷底部，阴极保护效果最差。

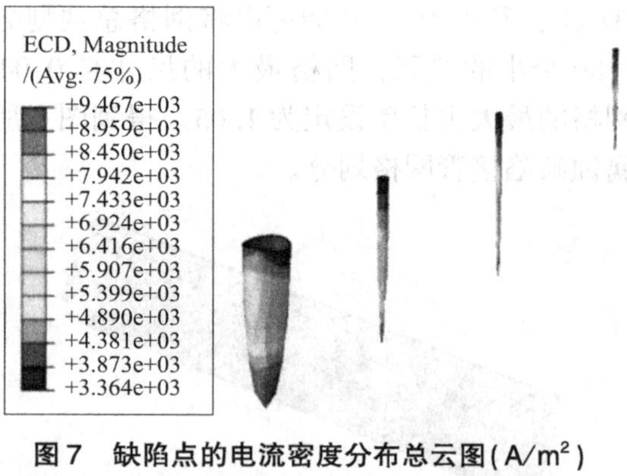

图 7　缺陷点的电流密度分布总云图(A/m²)

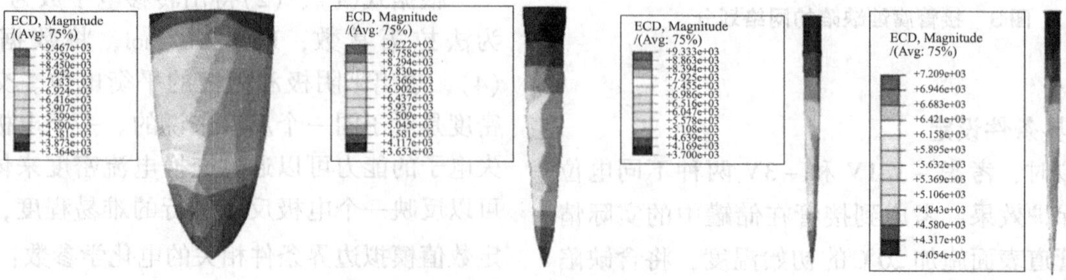

(a)缺陷点1　(b)缺陷点2　(c)缺陷点3　(d)缺陷点4

图 8　各缺陷点的电流密度分布(A/m²)

3.3 在 -3.0V 下含腐蚀缺陷接管阴极保护效果

图 9 是在 -3V 的条件下含腐蚀缺陷接管缺陷点总的电压分布图。在 -3.0V 的阴极保护电位下，接管各腐蚀缺陷部位外电位较 -1.1V 时更负。随深度增加，或随宽度减小时，缺陷底部电位正移的趋势明显。与 -1.1V 条件下相比，接管在 -3.0V 阴极电位下，缺陷部位底部的电位降低(-1.1V 时缺陷底部电位：-1.03V；-3.0V 时缺陷底部电位：-2.93V)。因此，约定接管更负的阴极保护电位，可以降低接管腐蚀缺陷底部阴极电位值，有助于提高缺陷底部的阴极保护效果。

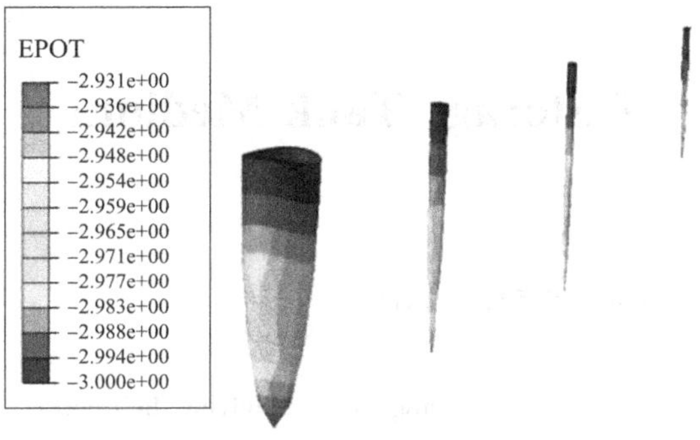

图 9 各缺陷点内部电压分布云图(V)

图 10 是管道处于 -3.0V 电位的阴极保护之下含腐蚀缺陷接管缺陷点电流密度分布总云图。

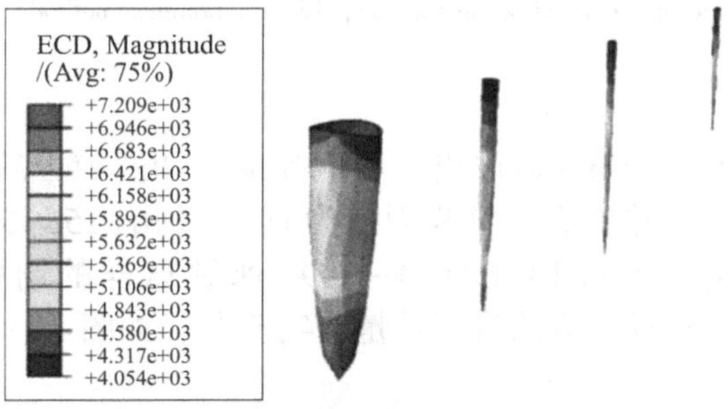

图 10 各缺陷点的电流密度分布(A/m^2)

与在 -1.1V 的阴极保护电位相比，在 -3.0V 条件下，各缺陷底部电流密度值有所减小(-1.1V 时缺陷底部电流密度：$9.467\times10^3 A/m^2$； -3.0V 时缺陷底部电流密度：$7.209\times103 A/m^2$)，说明更负的阴极保护电位有助于降低腐蚀缺陷底部的电流密度，进而提高缺陷部位的阴极保护效果。观察含腐蚀缺陷管道在 -1.1V 以及 -3V 阴极保护条件下的缺陷部位电压分布与电流密度分布图可知，二者主要的区别只是在保护电位和电流密度数值上有所不同，结论其实是一致的。

对数值模拟接管腐蚀缺陷部位的阴极保护效果进行研究发现，阴极保护不能完全做到对管道腐蚀缺陷的有效的防护。当缺陷部位变窄或变深，达到一定程度时，缺陷部位的底部几乎完全没有阴极保护的效果。除此之外，缺陷部位底部的腐蚀会越来越深纵向发展，长此以往会造成严重的腐蚀，导致管道被腐蚀穿孔，具有极大的隐患，影响到储罐接管的正常运作，必须引起重视，提早预防。

4 结论

(1)本文使用 ABAQUS CAE 有限元模拟软件，研究储罐接管腐蚀缺陷处的阴极保护效果。得出了以下结论：测试 Q235 钢在储罐腐蚀介质中动电位极化曲线，可以拟合确定出计算机建模分析所需要的关键腐蚀动力学参数。

(2)储罐接管腐蚀缺陷部位内阴极保护效果和缺陷部位的形状大小深度有关联。缺陷部位的阴极保护电位和电流密度分布不均匀，使得接管上有腐蚀缺陷的部位不能得到完全有效的保护。当腐蚀缺陷部位宽度减小，或腐蚀缺陷深度变深时，缺陷部位阴极保护电位变正，缺陷底部电流密度增加，缺陷屏蔽阴极保护的能力增强，阴极保护的效果变差。

(3)阴极保护不能完全做到对储罐接管腐蚀缺陷部位的有效防护。不同阴极保护电位条件下，腐蚀缺陷部位电压分布与电流密度分布规律相同。更负的阴极保护电位降低了各缺陷底部的电流密度值，有助于提高缺陷部位的阴极保护效果。

参考文献

[1]梁华，崔斌荣，梁凡，等．储罐阴极保护数值模拟技术研究进展[J]．全面腐蚀控制，2018，32(1)：9-12.

[2]寇杰，张新策，崔淦，等．储罐底板阴极保护电位分布研究进展[J]．中国腐蚀与防护学报，2017，37(4)：305-314.

[3]方江敏，彭泽标，柯甜甜．埋地钢质管道阴极保护电位的有限元分析[J]．石油化工设备技术，2016，37(4)：41-44.

[4]孙吉星，王庆璋，金曦．海底管道外防腐层破损阴极保护数值模拟[J]．全面腐蚀控制，2016，30(11)：7-9.

[5]季廷伟，王树立，陈磊．海底管道腐蚀缺陷处阴极保护数值模拟[J]．油气储运，2019，38(1)：108-114.

原油成品油对储罐常用材料腐蚀机理研究

魏　来

(中海石油技术检测有限公司，天津　300452)

摘　要：Q235 和 Q345 是常用的两种储罐用钢，研究其在介质中的腐蚀行为和腐蚀规律对正确设计和维护储罐运行具有重要意义。本研究采用重量法和电化学法，测试 Q235 和 Q345 两种储罐材质用钢在成品油田介质和原油介质中的腐蚀行为，分析不同因素影响储罐材质的腐蚀规律，确定了储罐介质腐蚀机理。

关键词：储罐；腐蚀机理；腐蚀介质；重量法；电化学法

Research on Corrosion Mechanism of Storage Tank Medium

Wei Lai

(CNOOC Technology Testing Co. Ltd，Tianjin 300452，China)

Abstract：Q235 and Q345 (formerly Q345) are two commonly used steels for storage tanks. Studying their corrosion behavior and corrosion laws in the medium is of great significance for the correct design and maintenance of storage tank operation. In this study，gravimetric and electrochemical methods were used to test the corrosion behavior of Q235 and Q345 steels used for storage tanks in finished oilfield media and crude oil media，to analyze the corrosion laws of different factors affecting storage tank materials，and to determine the corrosion mechanism.

Key words：storage tank；Corrosion Mechanism；Corrosive medium；gravimetric method；Electrochemical method

1　引言

大型常压储罐是石油石化行业中的重要设备[1]，Q235 和 Q345 是常用的两种储罐用钢，原油储罐及成品油储罐常因其储存介质具有酸、碱、盐等特性，从而导致储罐被腐蚀[2,3]。因此，研究其在介质中的腐蚀行为和腐蚀规律对正确设计和维护储罐运行具有十分重要的意义[4,5]。本研究将采用重量法和电化学法，测试 Q235 和 Q345 两种储罐材质用钢在成品油田介质和原油介质中的腐蚀行为，分析不同因素影响储罐材质的腐蚀规律，确定腐蚀机理。

2　在成品油介质中腐蚀机理研究

实验选用汽油和柴油共四种介质。汽油选择 92#、95#和 98#三种，柴油选择 0#一种。材质选用储罐常用的 Q235 和 Q345。

2.1　重量法实验

将标准腐蚀试样打磨，使用超声波清洗器清洗 10 ~ 15min 后取出，丙酮除油，冲洗晾干后测量尺寸并称重。实验周期为 60d，每隔 15d 取样称重。按照 JB/T 6074—1992 腐蚀试样的制备、清洗和评定方法进行重量法实验[6]，如图 1。

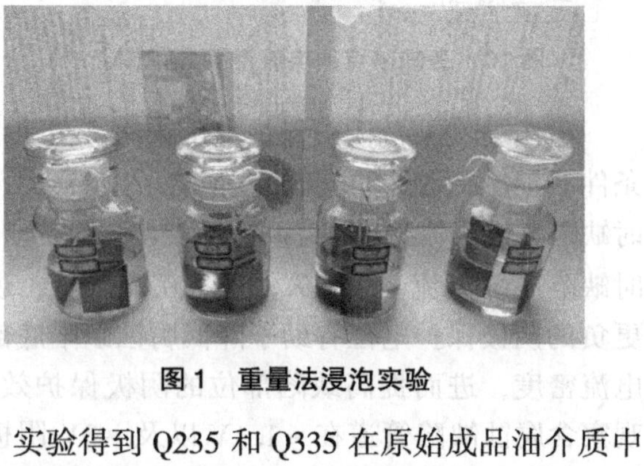

图 1　重量法浸泡实验

实验得到 Q235 和 Q335 在原始成品油介质中不同浸泡时间腐蚀速率，见表 1 和表 2。

作者简介：魏来(1990—　)，工程师，大学本科，主要从事检验检测行业，多年来一直致力于储罐风险评估、检验检测、隐患治理方向的研究。

表1 Q235钢不同浸泡时间腐蚀速率表

	Q235					
	实验前重量/g	实验后重量/g	15d腐蚀速率/(μm/a)	30d腐蚀速率/(μm/a)	45d腐蚀速率/(μm/a)	60d腐蚀速率/(μm/a)
0#柴油	19.3945	–	0	0.009	0.01	0.015
92#汽油	19.3343	–	0	0.012	0.025	0.036
95#汽油	19.5212	19.5195	0.0113	0.013	0.023	0.029
98#汽油	19.4278	–	0	0.007	0.009	0.013

表2 Q345钢不同浸泡时间腐蚀速率表

	Q345					
	实验前重量/g	实验后重量/g	15d腐蚀速率/(μm/a)	30d腐蚀速率/(μm/a)	45d腐蚀速率/(μm/a)	60d腐蚀速率/(μm/a)
0#柴油	23.7371	–	0	0.006	0.008	0.011
92#汽油	23.6497	–	0	0.009	0.017	0.026
95#汽油	23.8265	23.8259	0.0051	0.010	0.015	0.018
98#汽油	23.7710	–	0	0.004	0.007	0.009

从表中可以看出，Q235和Q345两种储罐常用钢材在四种介质中浸泡15天后，只有在95#汽油中有腐蚀失重，别的介质中没有明显的腐蚀发生。随着浸泡时间的增加，在浸泡60d后两种储罐钢在92#汽油中的腐蚀速率最高，其次为95#、0#柴油和98#汽油。

整理数据后得到Q235和Q335在介质中不同浸泡60d后腐蚀速率柱状图2。

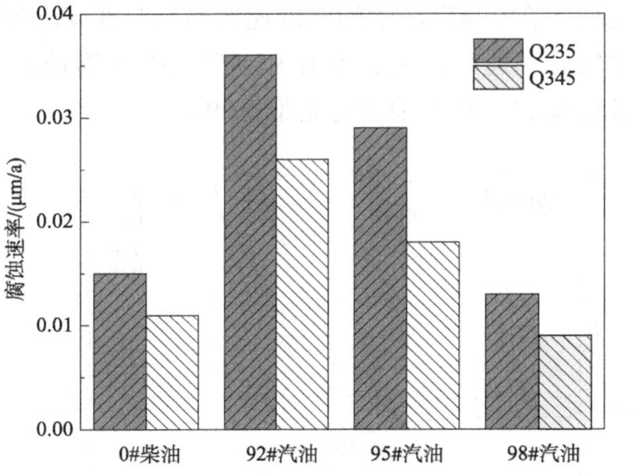

图2 Q235和Q345在四种介质中浸泡60d后腐蚀速率

从图中可以看出，对于材质来说，在4种介质中，Q235腐蚀速率略高于Q345。

2.2 电化学法实验

电化学测试采用三电极系统，参比电极为饱和甘汞电极，辅助电极为铂电极，工作电极为所测试的试样，实验在恒温水浴锅中进行。首先去除工作电极表面的氧化膜。然后，测试试样在溶液中的开路电位，至少1h。开路电位稳定时，测量电化学阻抗谱，其正弦波幅值为10mV，扫描频率设定为0.01Hz～10kHz。最后测量极化曲线，扫描范围为-0.5V～0.5V(相对于开路电位)。所有实验均连续测量三组以确定其稳定性与准确性。

实验时，分别在是否含水、不同成品油、不同材质、是否含氧、不同温度以及不同Cl^-、H^+、S^{2-}浓度条件下进行电化学腐蚀测试，研究Q235和Q345在不同条件下的腐蚀状况。电化学测试装置及过程见图3。

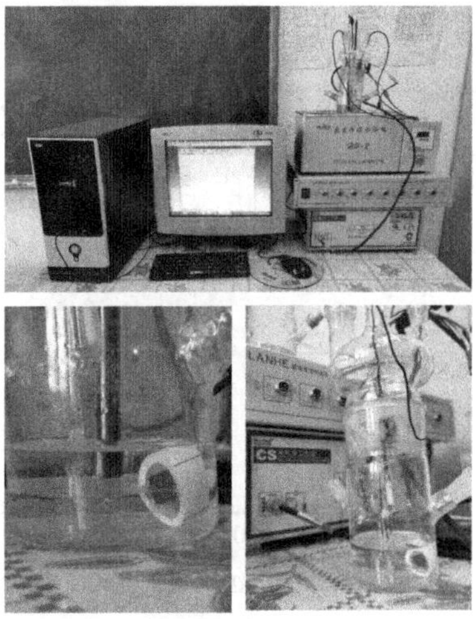

图3 电化学测试装置及过程

(1)是否含水

图4分别是Q235和Q345在含水和不含水的情况下得到的极化曲线和电化学阻抗谱图。

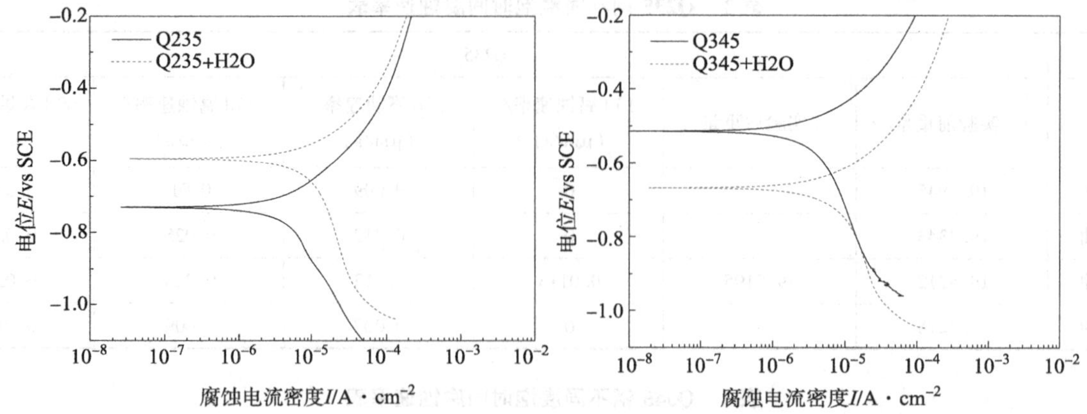

(a)极化曲线图

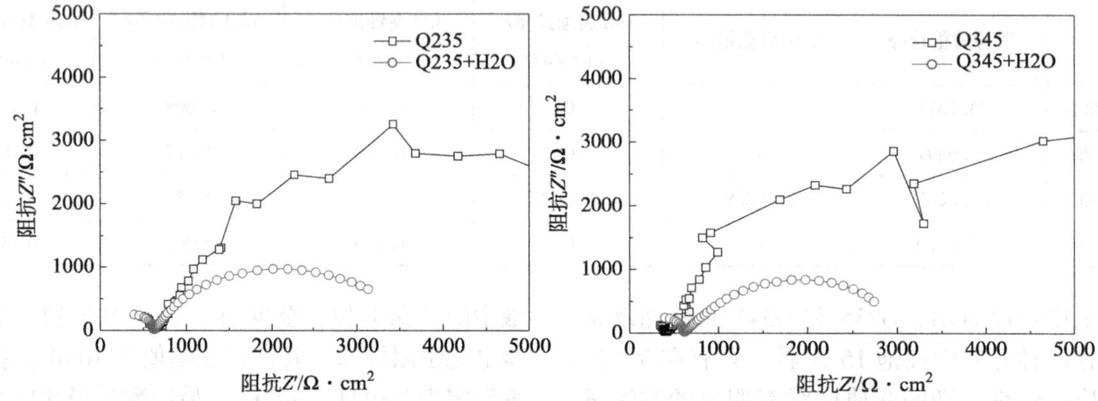

(b)化学阻抗谱图

图 4 Q235 和 Q345 在含水和不含水条件下的极化曲线和电化学阻抗谱图

自腐蚀电位越正，自腐蚀倾向越小，材料耐蚀性越高。自腐蚀电流密度越大，腐蚀速率越大。因此，由图可得，当在 Q235 和 Q345 之中加入水的时候，会使腐蚀速度加快。因此含水会加快两种储罐钢的腐蚀。

(2)不同成品油

图 5 是 Q235 和 Q345 分别在不同的成品油腐蚀介质中得到的极化曲线和电化学阻抗谱图。由图可知，Q235 和 Q345 在这几种成品油中的腐蚀速率，在 92#汽油中的腐蚀速率最快，在 95#汽油中的腐蚀速率次之，而在 98#汽油中的腐蚀速率是最慢的，其耐蚀性也是最好的。

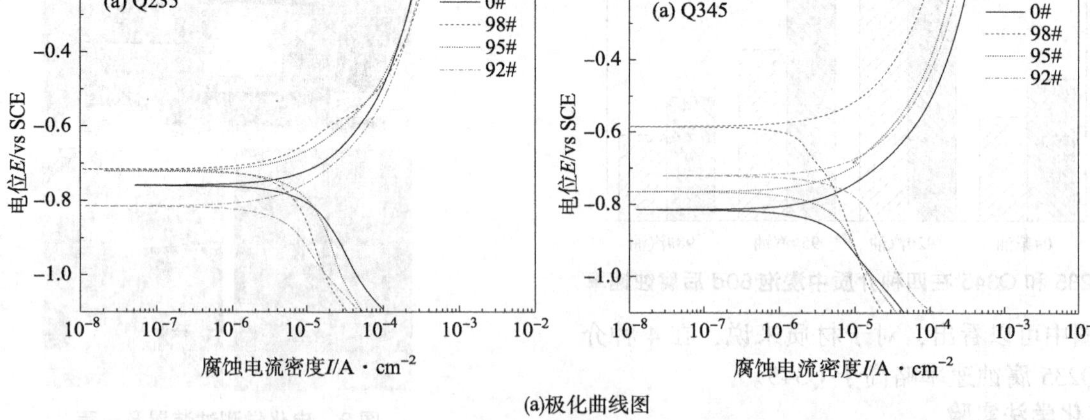

(a)极化曲线图

图 5 Q235 和 Q345 在不同成品油介质中的极化曲线和电化学阻抗谱图

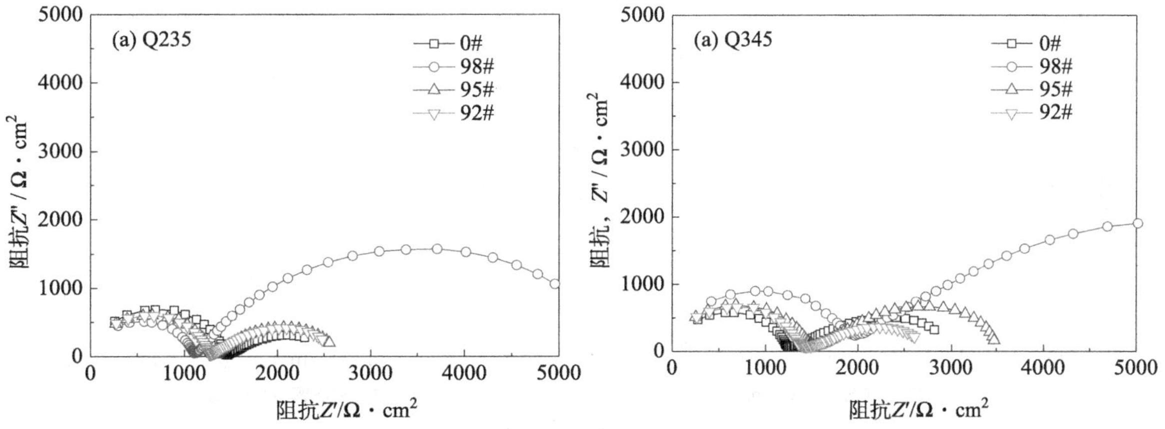

(b)化学阻抗谱图

图 5 Q235 和 Q345 在不同成品油介质中的极化曲线和电化学阻抗谱图(续)

(3)不同材质

图 6 是 Q235 和 Q345 在柴油和汽油中极化曲线和电化学阻抗谱图。通过拟合后，可知 Q235 的自腐蚀电流密度要高于 Q345。因此，在柴油和汽油中，腐蚀速率 Q235 > Q345。

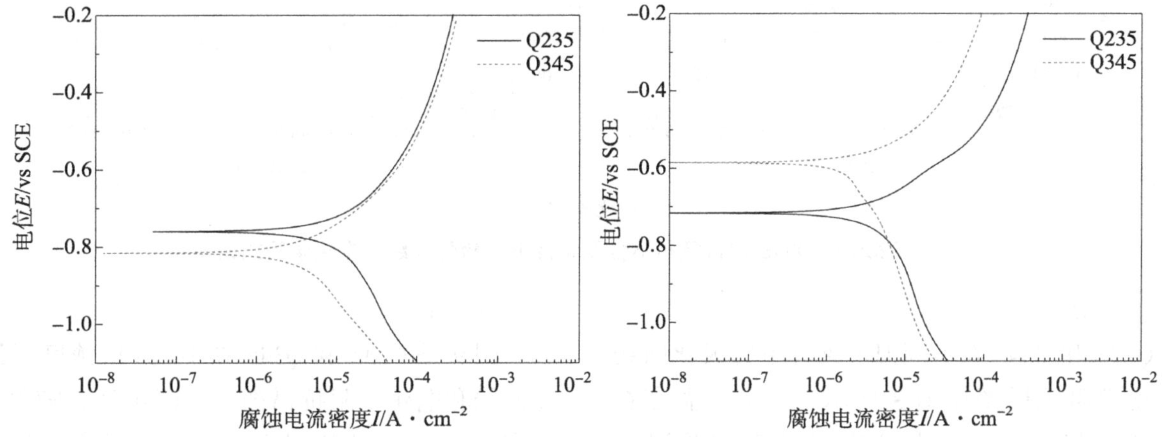

(a)极化曲线图

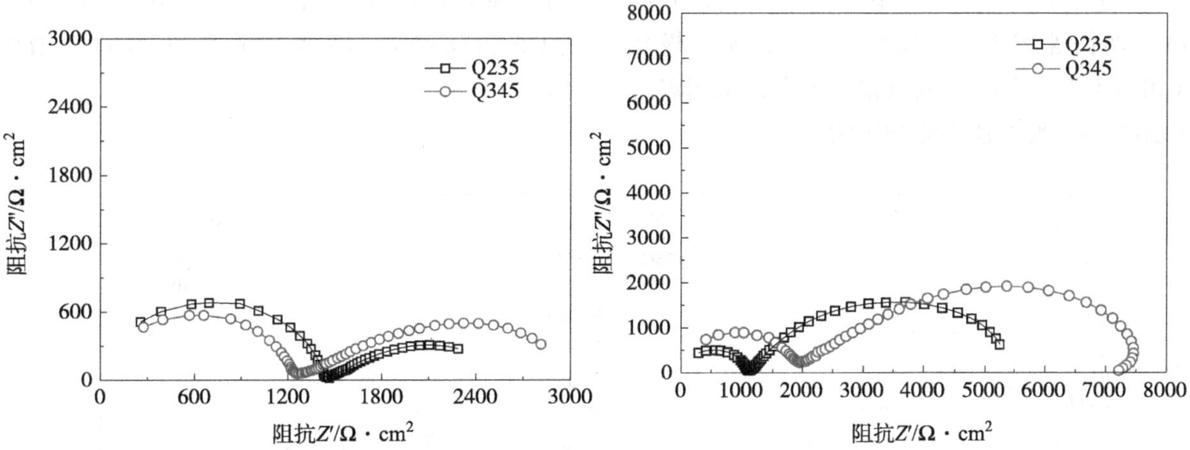

(b)化学阻抗谱图

图 6 Q235 和 Q345 在柴油和汽油中极化曲线和电化学阻抗谱图

(4)含氧

Q235 和 Q345 在含氧和不含氧条件下的极化曲线和电化学阻抗谱图见图 7。通氧气后，Q235 和 Q345 钢自腐蚀电流密度均增加，腐蚀速率增加。通氧后，氧含量对 Q235 钢影响大于 Q345。

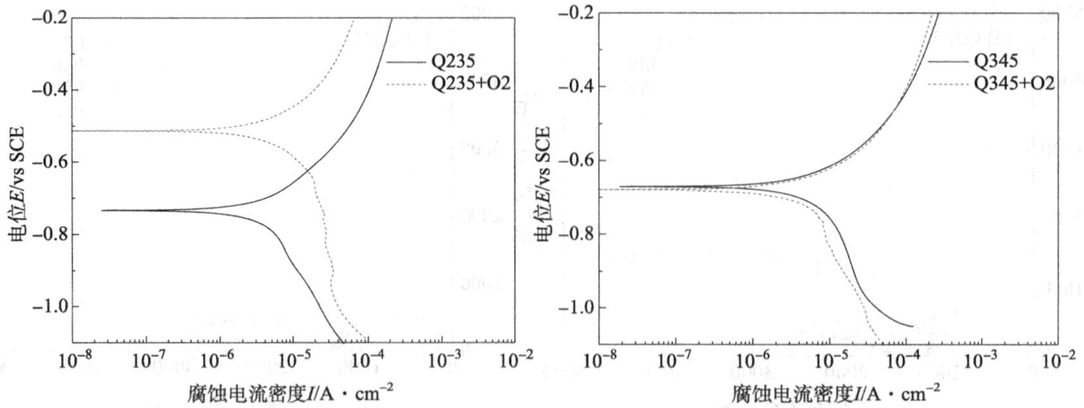

(a)极化曲线图

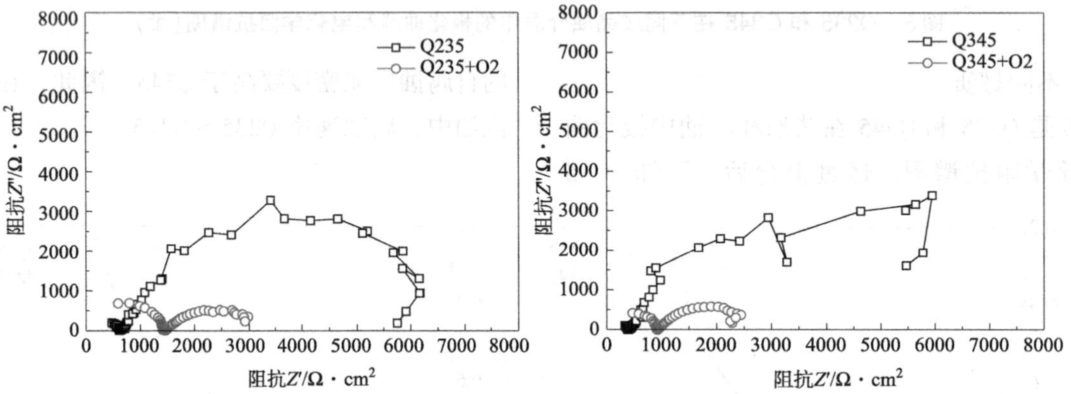

(b)化学阻抗谱图

图 7　Q235 和 Q345 在含氧和不含氧条件下的极化曲线和电化学阻抗谱图

(5)温度

Q235 和 Q345 在不同温度条件下的极化曲线和电化学阻抗谱图如图 8 所示。当实验温度在 15℃的时候，自腐蚀电流密度高于实验温度 20℃、25℃、30℃，说明温度升高，Q235 和 Q345 的腐蚀速率下降。20℃以上时，腐蚀极化曲线相差不大，自腐蚀电流相差不大，说明温度高于 20℃时，腐蚀速率影响不大。

(6)Cl^-

图 9 是 Q235 和 Q345 在不同 Cl^- 浓度下的极化曲线和电化学阻抗谱图。由图可知，随着 Cl^- 浓度的增加，自腐蚀电流密度也在升高，两种钢的腐蚀倾向增加，腐蚀速率逐渐增大。因此，Q235 和 Q345 的腐蚀速率随着 Cl^- 浓度的增加而增加。

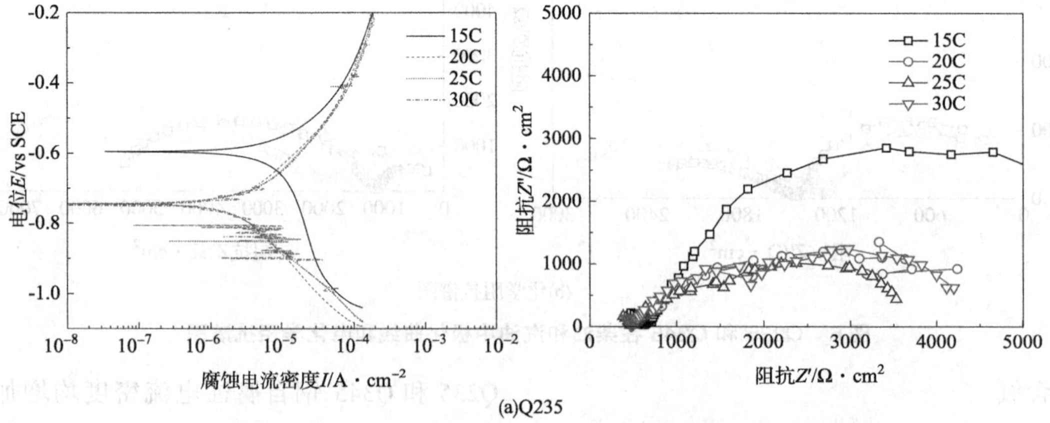

(a)Q235

图 8　Q235 和 Q345 在不同温度条件下的极化曲线和电化学阻抗谱图

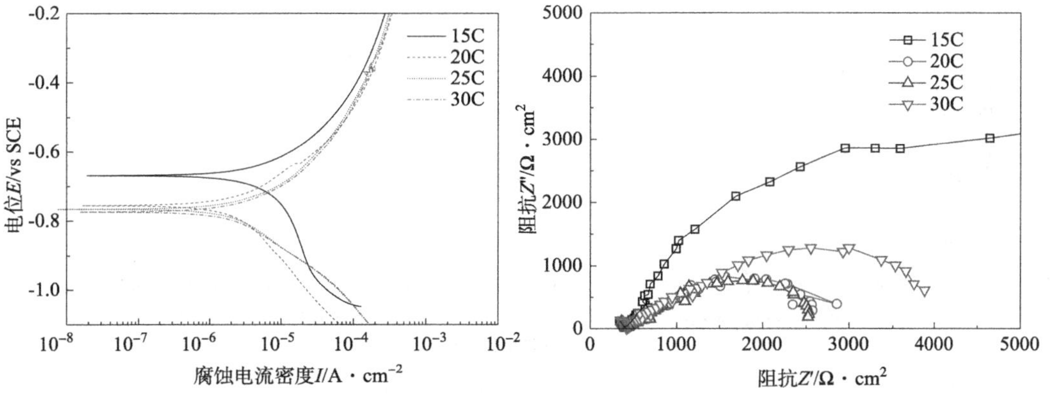

(b)Q345

图 8　Q235 和 Q345 在不同温度条件下的极化曲线和电化学阻抗谱图(续)

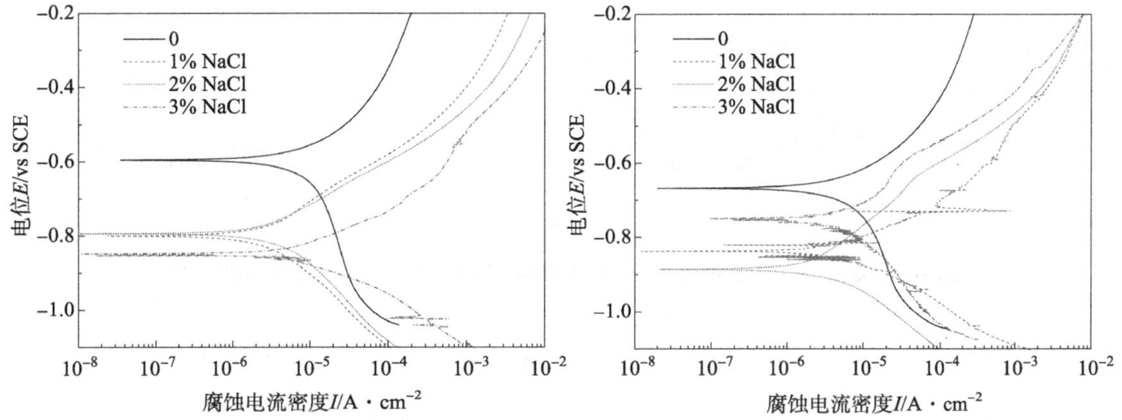

(a)极化曲线图

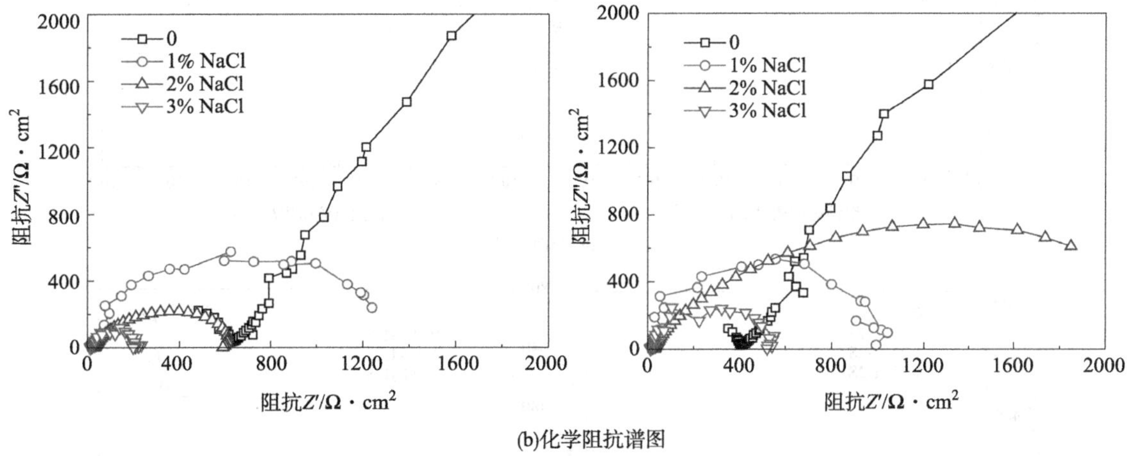

(b)化学阻抗谱图

图 9　Q235 和 Q345 在不同 Cl^- 浓度条件下的极化曲线和电化学阻抗谱图

(7) H^+

Q235 和 Q345 在不同 H^+ 浓度条件下的极化曲线和电化学阻抗谱图如图 10 所示。从拟合结果可以看出，H^+ 浓度升高，腐蚀速率增加，H^+ 浓度变化对 Q345 影响较大。

(8) S^{2-}

Q235 和 Q345 在不同 S^{2-} 浓度条件下的极化曲线和电化学阻抗谱图如图 11 所示。从拟合结果可以看出，S^{2-} 浓度升高，腐蚀速率增加，但增加 S^{2-} 离子浓度对两种钢影响不大。

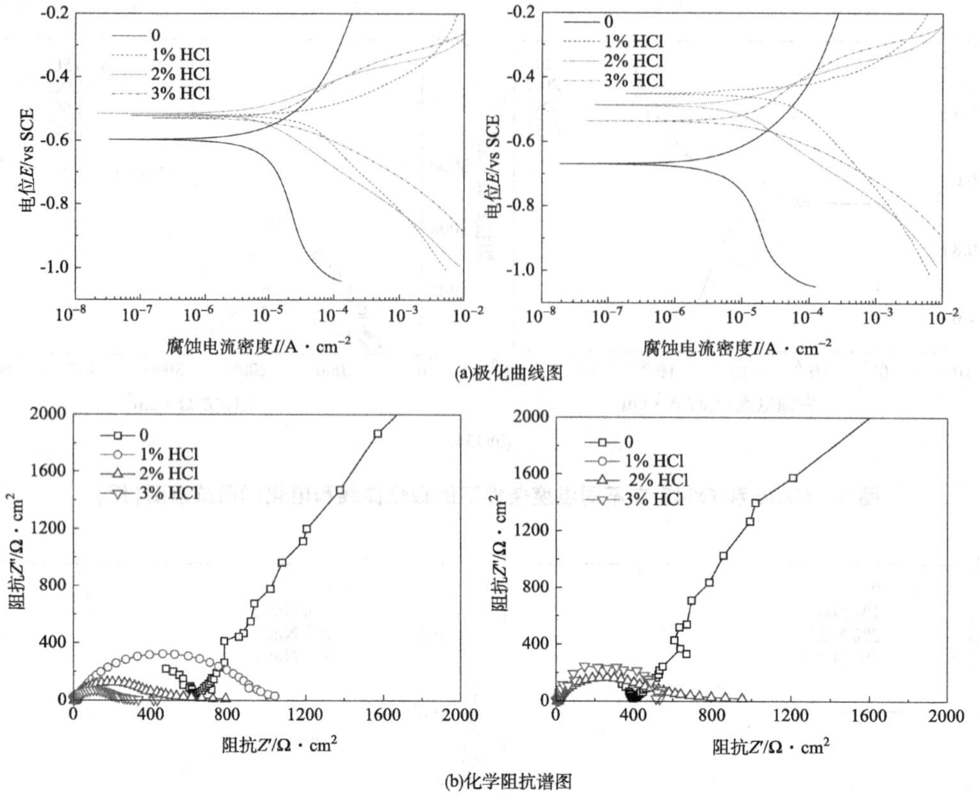

图 10　Q235 和 Q345 在不同 H^+ 浓度条件下的极化曲线和电化学阻抗谱图

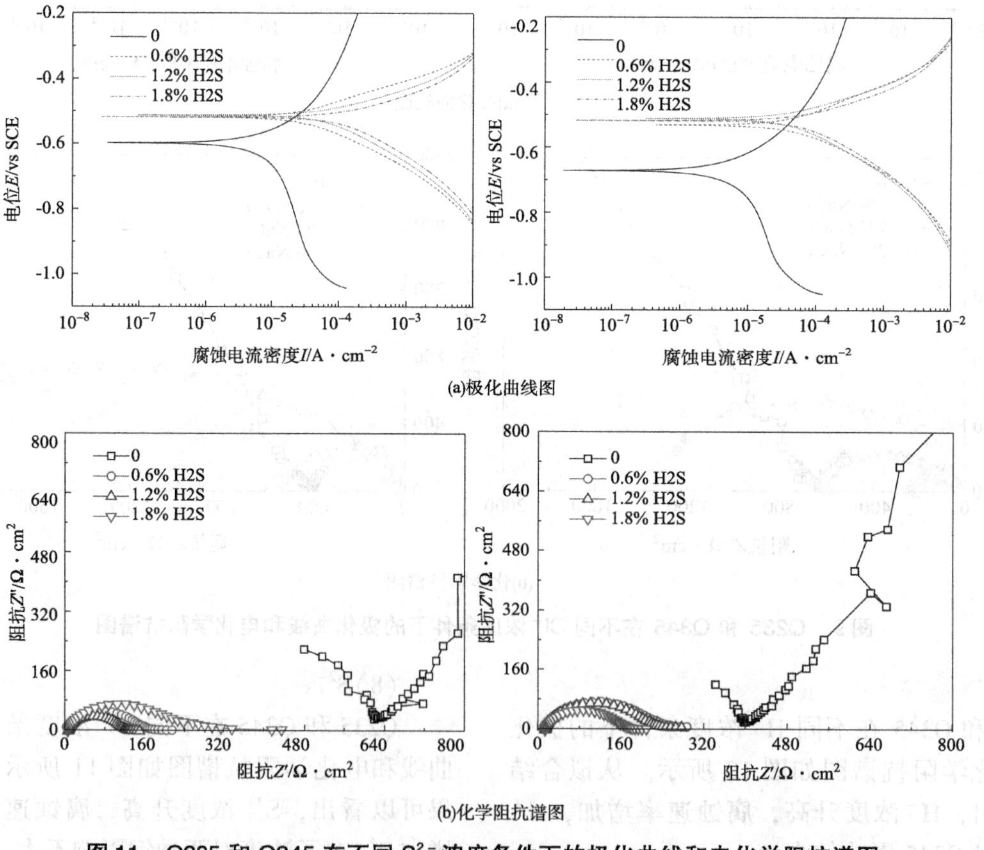

图 11　Q235 和 Q345 在不同 S^{2-} 浓度条件下的极化曲线和电化学阻抗谱图

实验所得不同因素对两种钢的腐蚀速率影响见图 12。可知，对两种钢腐蚀影响因素大小为：含 H_2O、O_2、Cl^-、H^+、S^{2-}、T。

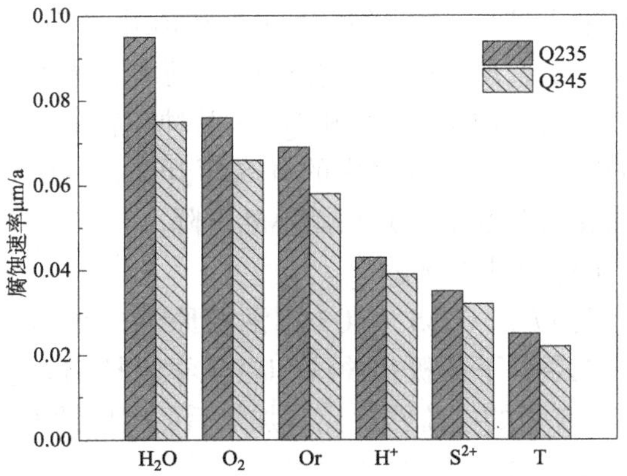

图 12　不同因素对两种钢腐蚀速率的影响

3　在含原油采出液中腐蚀机理

由于储罐盛装不同原油介质，不同原油介质的腐蚀性差距巨大，需要研究特定原油介质对储罐材料的腐蚀机理和腐蚀速率。图 13 为中海油提供的原油介质，实验时以此原油介质为研究对象。

图 13　原油介质

3.1　重量法实验

方法同 1.1，试验一定时间（每隔 15d）后将试样取出，见图 14。

对试样清洗称重并计算平均腐蚀速率的结果如表 3 所示。

图 14　重量法浸泡实验

表 3　Q235 和 Q345 钢不同原油浸泡时间腐蚀速率表

	15d 腐蚀速率/（mm/a）	30d 腐蚀速率/（mm/a）	45d 腐蚀速率/（mm/a）	60d 腐蚀速率/（mm/a）	腐蚀程度
Q235	0.005	0.009	0.015	0.020	低
Q345	0.003	0.007	0.010	0.013	低

从表和图中可以看出，随着浸泡腐蚀时间的增加，Q235 和 Q345 两种钢在原油介质中的腐蚀速率均随着时间的增加而增加。在所有浸泡周期内，Q235 钢的浸泡腐蚀速率较 Q345 钢高。

3.2　电化学法实验

方法同 1.2，实验时，考虑不同材质、不同含水、不同含氧、不同温度、不同 Cl^-、H^+、S^{2-}、HCO^{3-}、氮化合物浓度、是否含 SRB 以及咪唑啉型缓蚀剂条件下的腐蚀，分别进行电化学腐蚀测试。

（1）不同材质的耐腐蚀性能

Q235 和 Q345 两种试样在含原油采出液中测得的极化曲线与阻抗谱曲线见图 15。

由图可以看出，Q235 钢在原油采出液中的腐蚀电流密度高于 Q345，这说明 Q345 试样在含

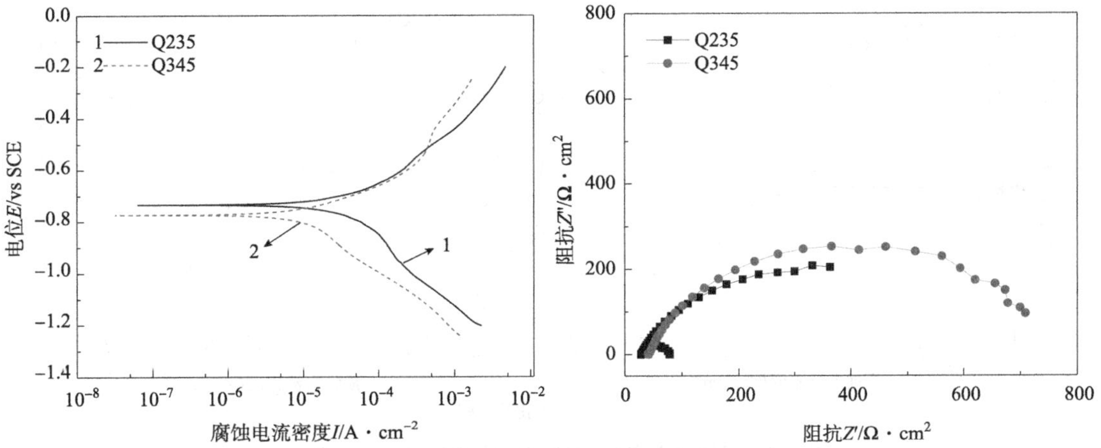

图 15　不同材质的极化曲线和电化学阻抗谱

原油采出液中耐蚀性稍好。Q235 和 Q345 两种试样的电化学阻抗谱均只存在单一容抗弧。容抗弧半径越大，反应出溶液的反应阻力大。Q345 试样在含原油采出液测得的容抗弧大于 Q235，这说明了在相同条件下，Q345 试样在含原油采出液中腐蚀阻力高，耐蚀性好。电化学阻抗谱的测试结果与极化曲线相一致。

(2)含水率

图 16 为 Q235 和 Q345 在四种不同含水率的原油采出液中电化学极化曲线和电化学阻抗谱。可以看出，两种钢的自腐蚀电流随着含水率的升高而升高，说明 Q235 和 Q345 两种钢在原油介质中的腐蚀倾向随含水率的升高而升高，两种钢的耐蚀性随含水率的升高而不断下降。

(3)原油含氧量

图 17 是 Q235 和 Q345 钢在原油采出液中不同含氧条件下的极化曲线和电化学阻抗谱。Q235 和 Q345 钢的电流密度比其加氧后的自腐蚀电流密

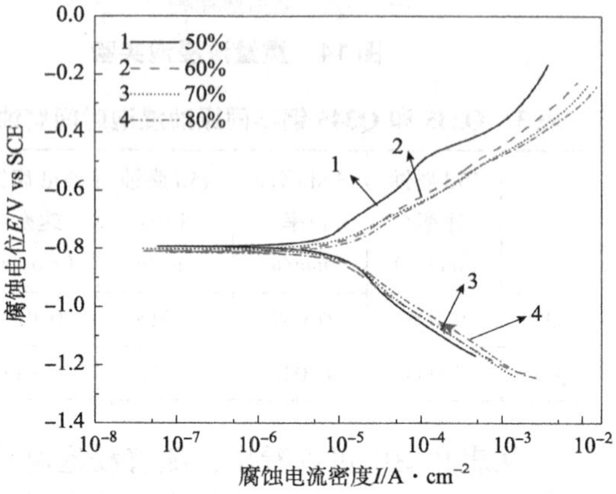

(a)极化曲线图

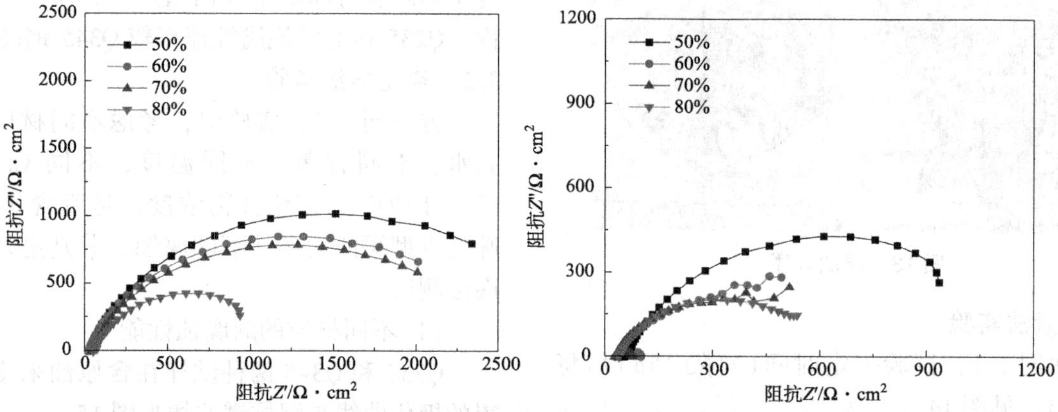

(b)化学阻抗谱图

图 16　不同含水率时的极化曲线和电化学阻抗谱

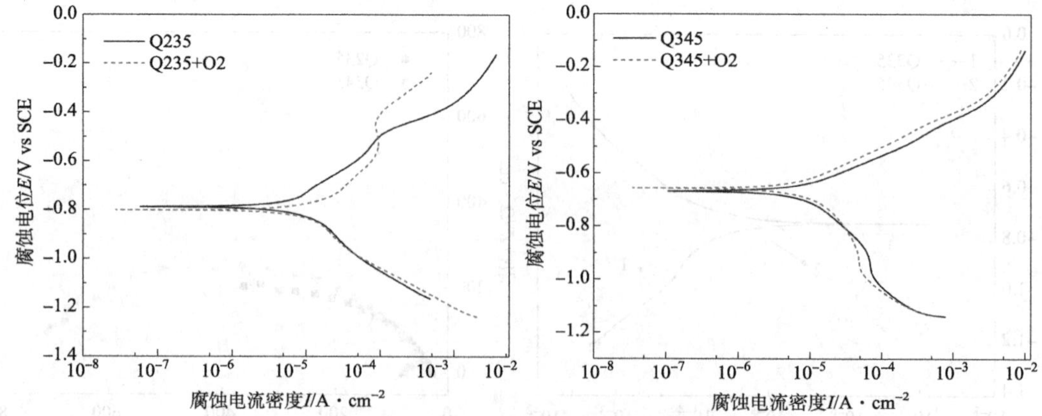

(a)极化曲线图

图 17　不同含氧条件时的极化曲线和电化学阻抗谱

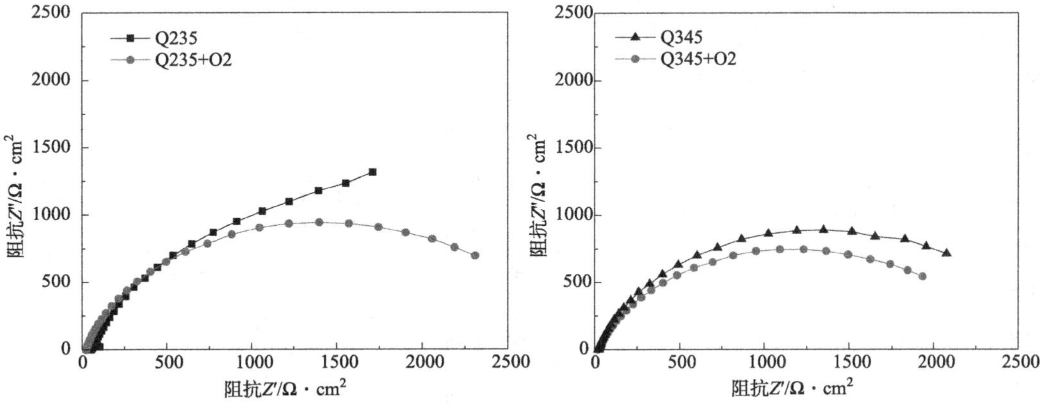

(b)化学阻抗谱图

图 17　不同含氧条件时的极化曲线和电化学阻抗谱(续)

度稍有降低，表明增加氧含量加剧了两种钢的腐蚀，加氧后两种钢的耐腐蚀性降低，对 Q235 钢的影响要大于 Q345 钢。

(4)不同温度

Q235 和 Q345 试样在不同温度原油采出液中的极化曲线和电化学阻抗谱曲线见图 18。可以看出随温度的增高，两种钢在四种不同温度条件下的采出液测得的自腐蚀电流均不断升高，证明材料的耐蚀性随着温度的升高不断降低。当温度升高至 80℃时其腐蚀电流最大，证明两种钢在温度为 80℃时耐蚀性最差(原油运输储存过程中最高温度即为 80℃)。

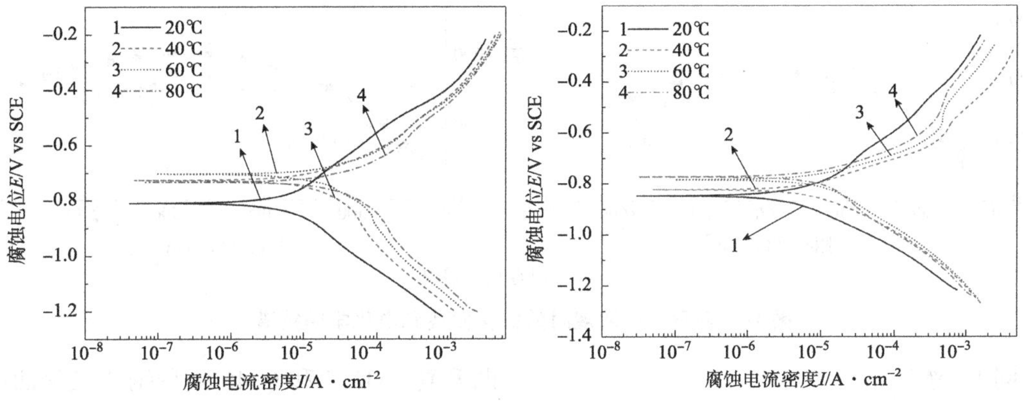

(a)极化曲线图

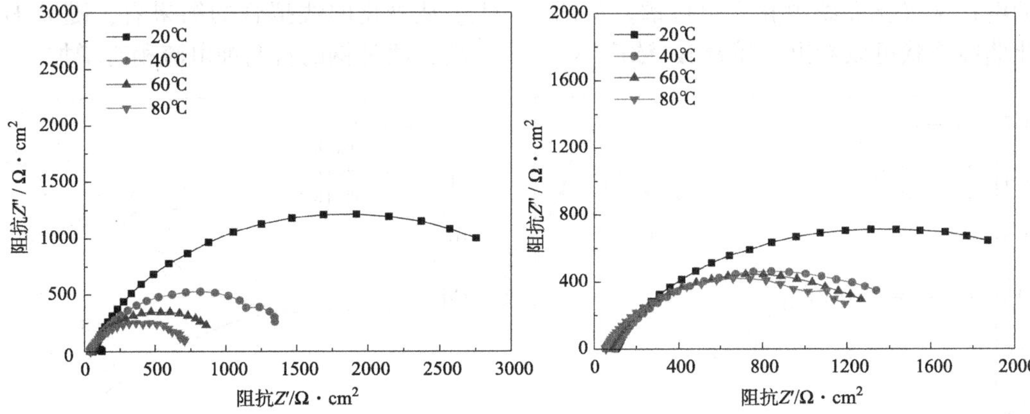

(b)化学阻抗谱图

图 18　不同温度时的极化曲线和电化学阻抗谱

(5)不同 Cl^- 浓度

Q235 和 Q345 试样在不同 Cl^- 浓度的原油采出液中的极化曲线和电化学阻抗谱曲线见图 19。可以看出，自腐蚀电流随 Cl^- 浓度的升高而不断上升。说明 Q235 和 Q345 耐蚀性均随溶液中 Cl^- 含量的提高不断下降。从图中还可以看出，在 Cl^- 浓度为 3% 时，Q235 的极化曲线有较大偏移，腐蚀电流急剧增加，说明 Cl^- 浓度对 Q235 的影响作用要大于 Q345。

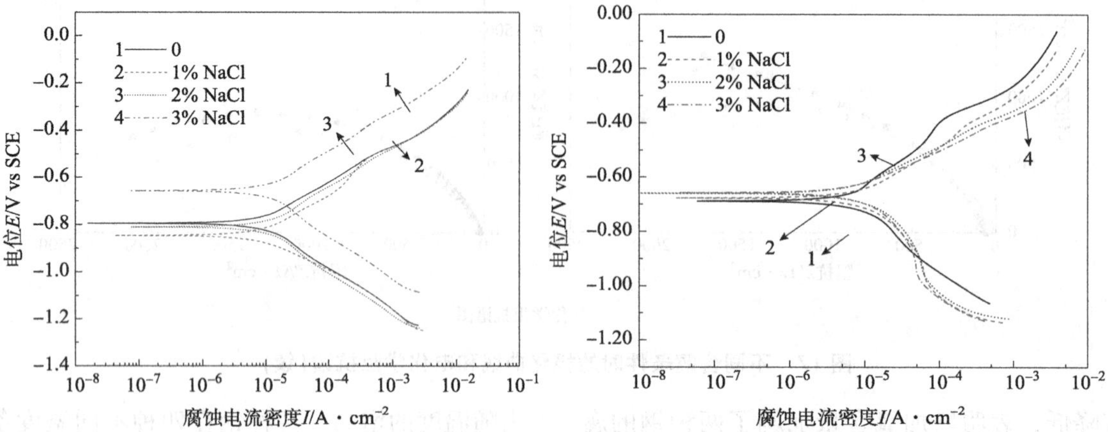

(a)极化曲线图

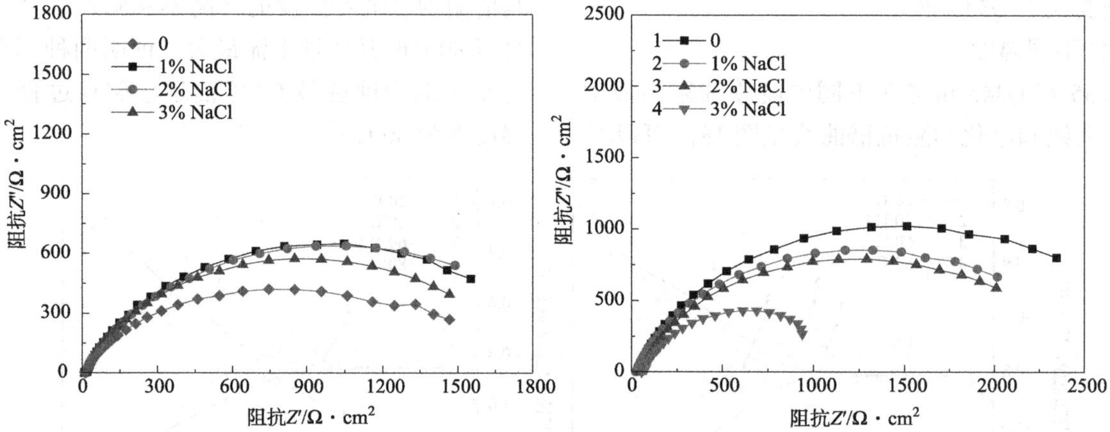

(b)化学阻抗谱图

图 19　不同 Cl^- 浓度时的极化曲线和电化学阻抗谱

(6)不同 H^+ 浓度

图 20 为 Q235 和 Q345 在不同 H^+ 浓度的原油采出液中的电化学极化曲线电化学阻抗谱。从两种钢的极化曲线形状可以看出，随着 H^+ 浓度不断升高，Q235 和 Q345 两种钢的极化曲线相差不大，说明 H + 浓度的变化对两种钢腐蚀的影响不大。从极化曲线拟合的结果看，随着 H^+ 浓度的升高，两种钢的自腐蚀电流稍有增加。

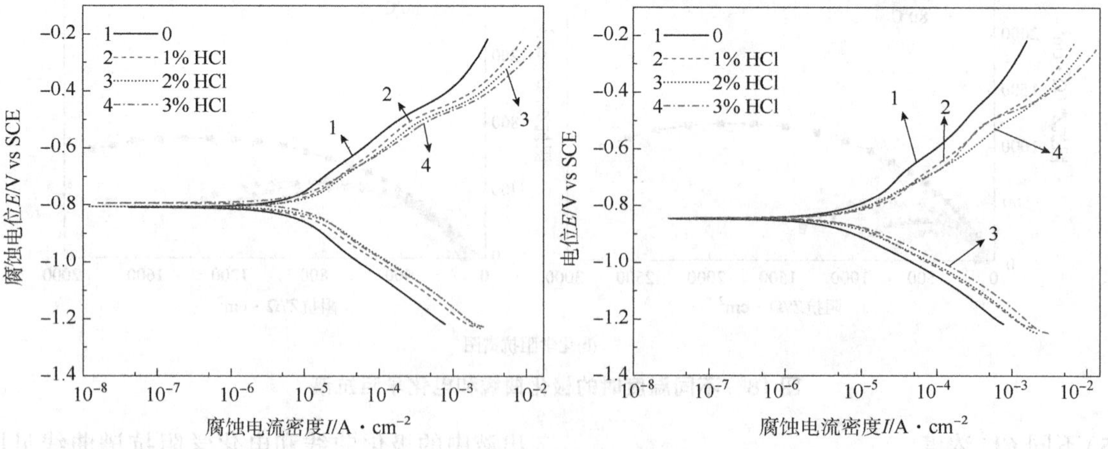

(a)极化曲线图

图 20　不同 HCl 浓度时的极化曲线和电化学阻抗谱

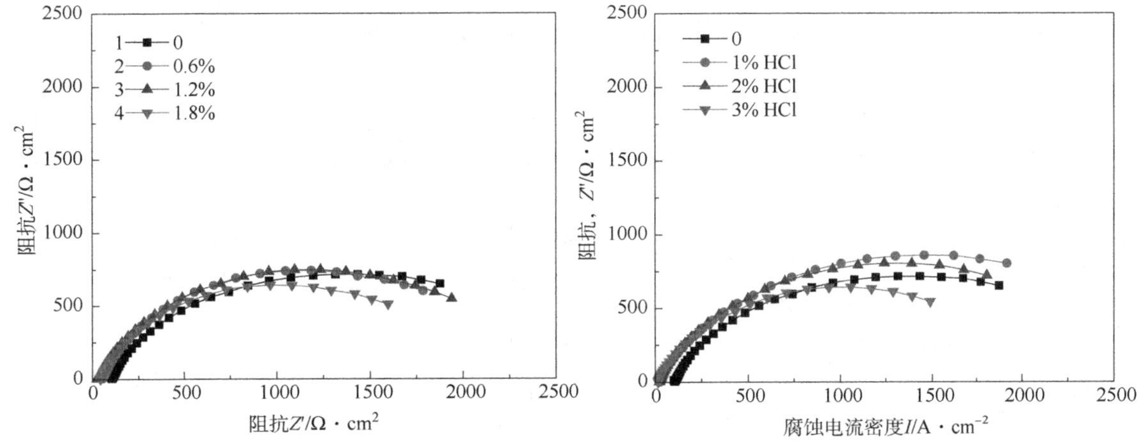

(b)化学阻抗谱图

图 20　不同 HCl 浓度时的极化曲线和电化学阻抗谱(续)

(7)不同 S^{2-} 浓度

图 21 为 Q235 和 Q345 在不同 S^{2-} 浓度时的原始采出液极化曲线和电化学阻抗谱。S^{2-} 浓度升高，两种钢的极化曲线均发生较大的偏移，说明 S^{2-} 浓度对两种钢的腐蚀有较大影响。随着 S^{2-} 浓度升高，两种钢的自腐蚀电流密度增加。

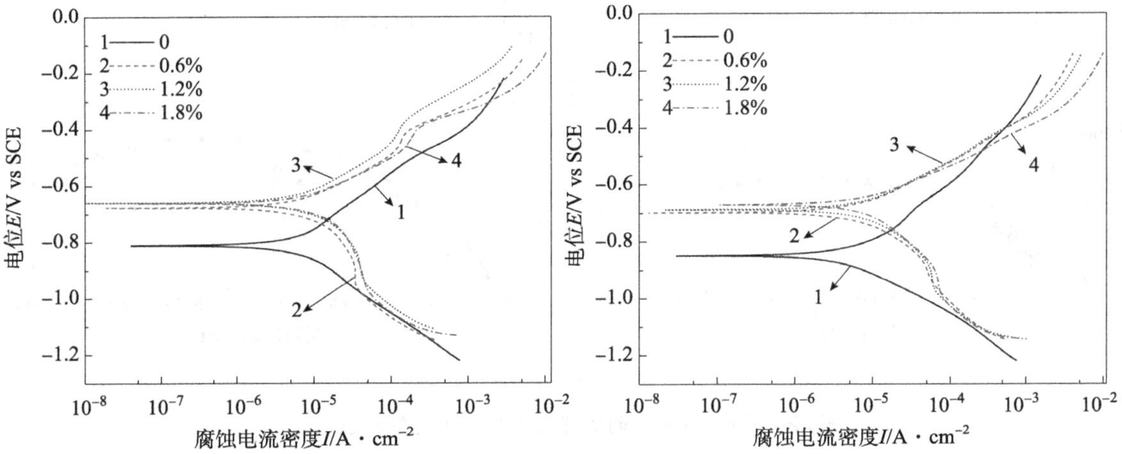

(a)极化曲线图

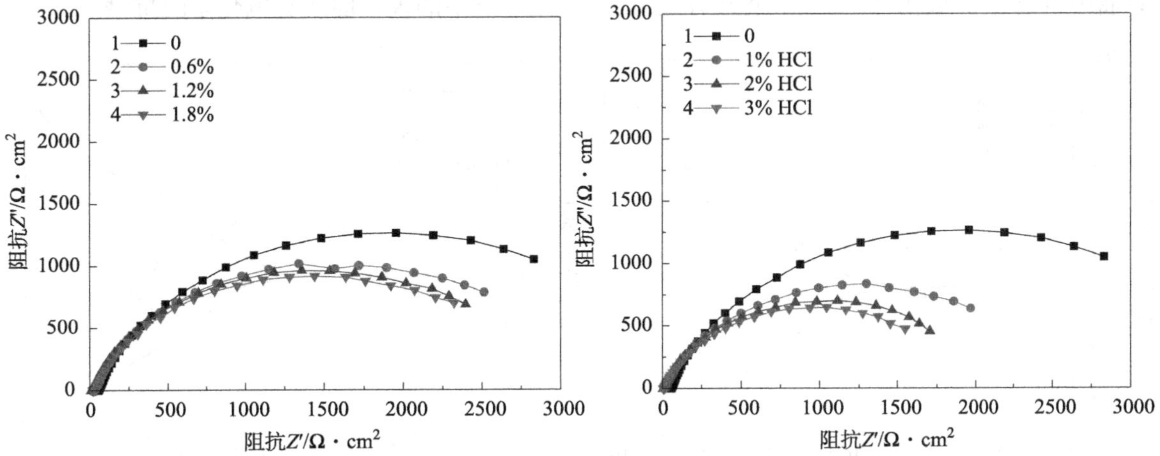

(b)化学阻抗谱图

图 21　不同 S2－浓度时的极化曲线和电化学阻抗谱

(8)不同 HCO^{3-} 浓度

图 22 为 Q235 和 Q345 两种钢在不同浓度 HCO^{3-} 的原始采出液中的极化曲线和电化学阻抗谱。随 HCO^{3-} 浓度升高，Q235 和 Q345 两种钢在

原油采出液中自腐蚀电流密度均不断增加，说明其耐蚀性随 HCO^{3-} 浓度增加不断降低。当 HCO^{3-} 浓度为 1mol/L 时，其自腐蚀电流最大。HCO^{3-} 浓度对 Q235 钢的影响要远大于 Q345 钢。

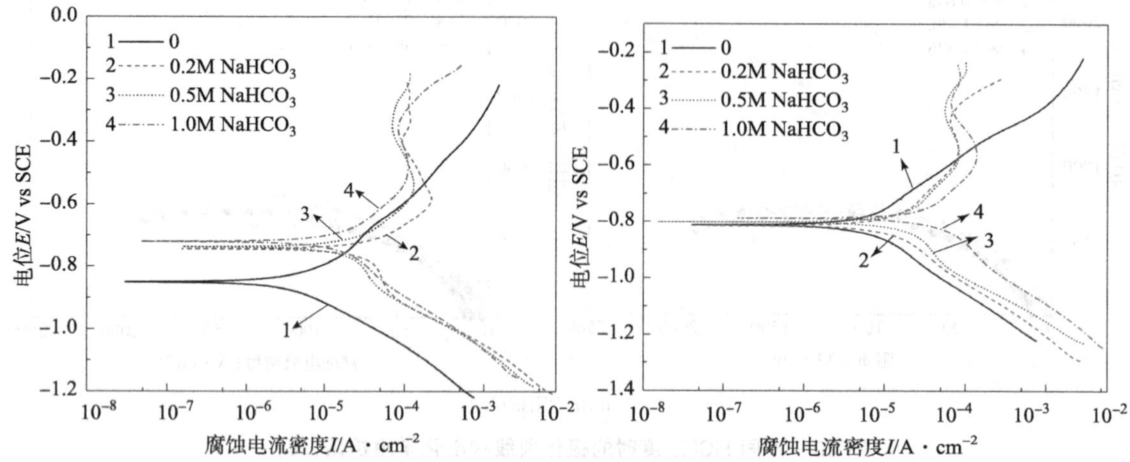

(a)极化曲线图

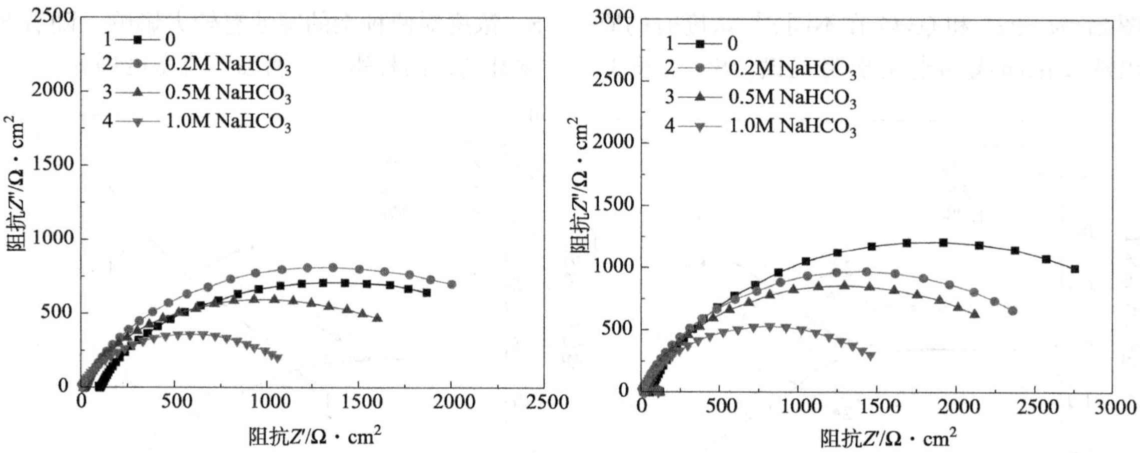

(b)化学阻抗谱图

图 22 不同 HCO^{3-} 时的极化曲线和电化学阻抗谱

(9)氮化合物(吡啶)浓度影响

原油中氮含量一般为千分之几至万分之几。图 23 为 Q235 和 Q345 两种钢在不同浓度吡啶原油介质中的极化曲线和电化学阻抗谱。

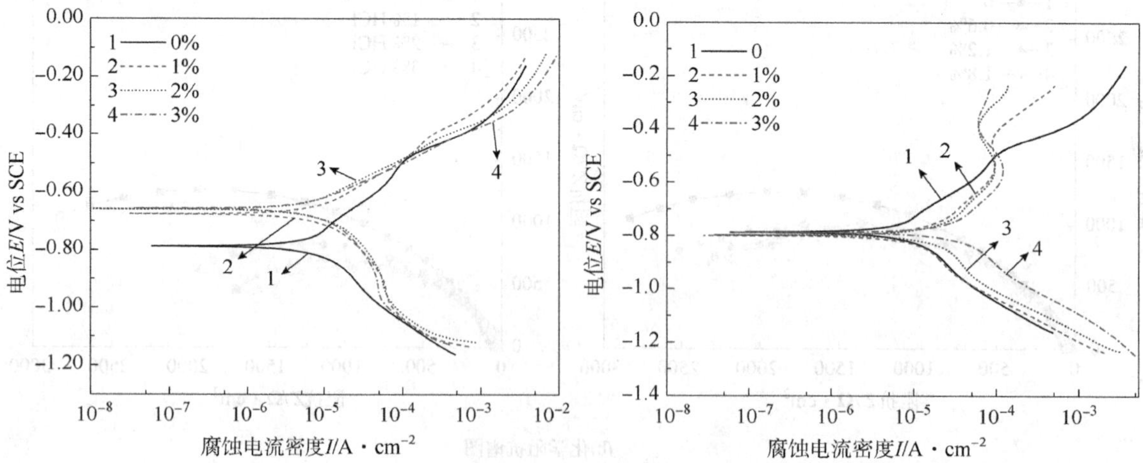

(a)极化曲线图

图 23 不同环烷酸浓度时的极化曲线和电化学阻抗谱

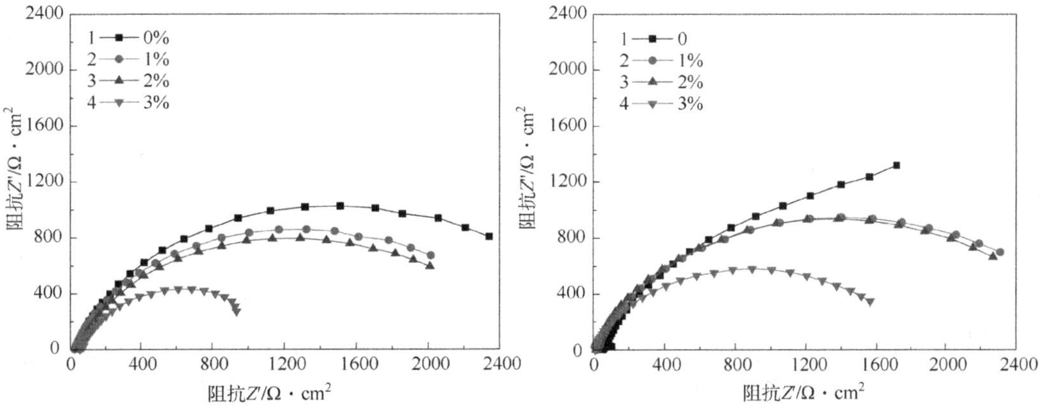

(b)化学阻抗谱图

图 23 不同环烷酸浓度时的极化曲线和电化学阻抗谱(续)

随吡啶浓度升高，Q235 和 Q345 两种钢在原油采出液中自腐蚀电流密度均增加，说明吡啶浓度的升高加剧了两种钢的腐蚀，吡啶浓度增加程度大，对腐蚀影响大。

(10)硫酸盐还原菌(SRB)影响

图 24 为 Q235 和 Q345 两种钢在含 SRB 原油介质中的极化曲线和电化学阻抗谱。

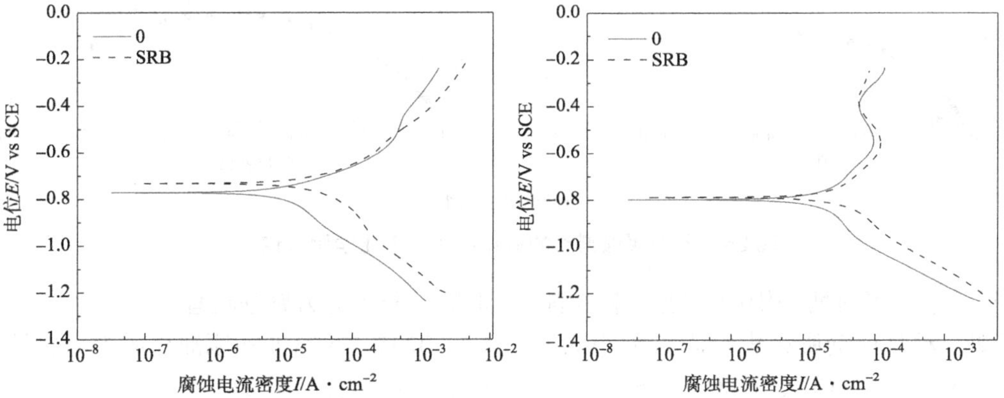

(a)极化曲线图

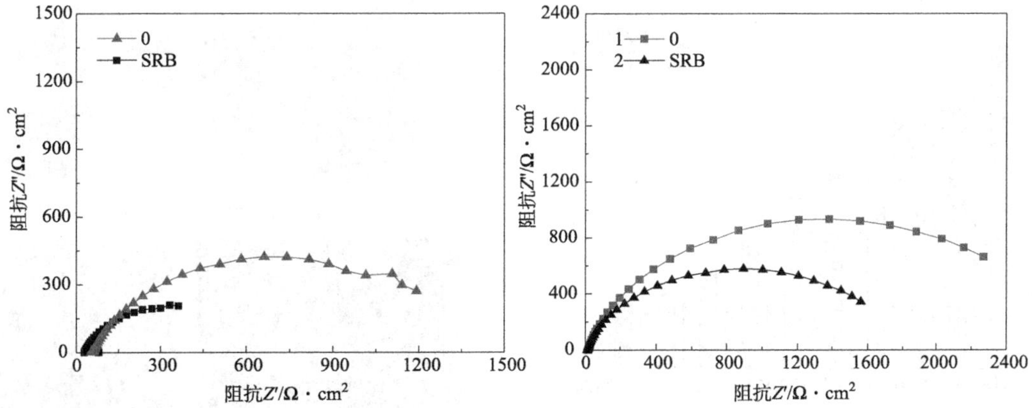

(b)化学阻抗谱图

图 24 SRB 存在时的极化曲线和电化学阻抗谱

加入 SRB 后，Q235 和 Q345 两种钢在原油采出液中自腐蚀电流密度均增加，SRB 的存在无形中加剧了两种钢的腐蚀。SRB 加入对 Q235 的影响要大于 Q345 钢。

(11)缓蚀剂

图 25 为 Q235 和 Q345 两种钢在含咪唑啉型缓蚀剂原油介质中的极化曲线和电化学阻抗谱。加入缓蚀剂后，Q235 和 Q345 两种钢在原油采出液中自腐蚀电流密度均降低，缓蚀剂的加入无形中降低了两种钢的腐蚀。

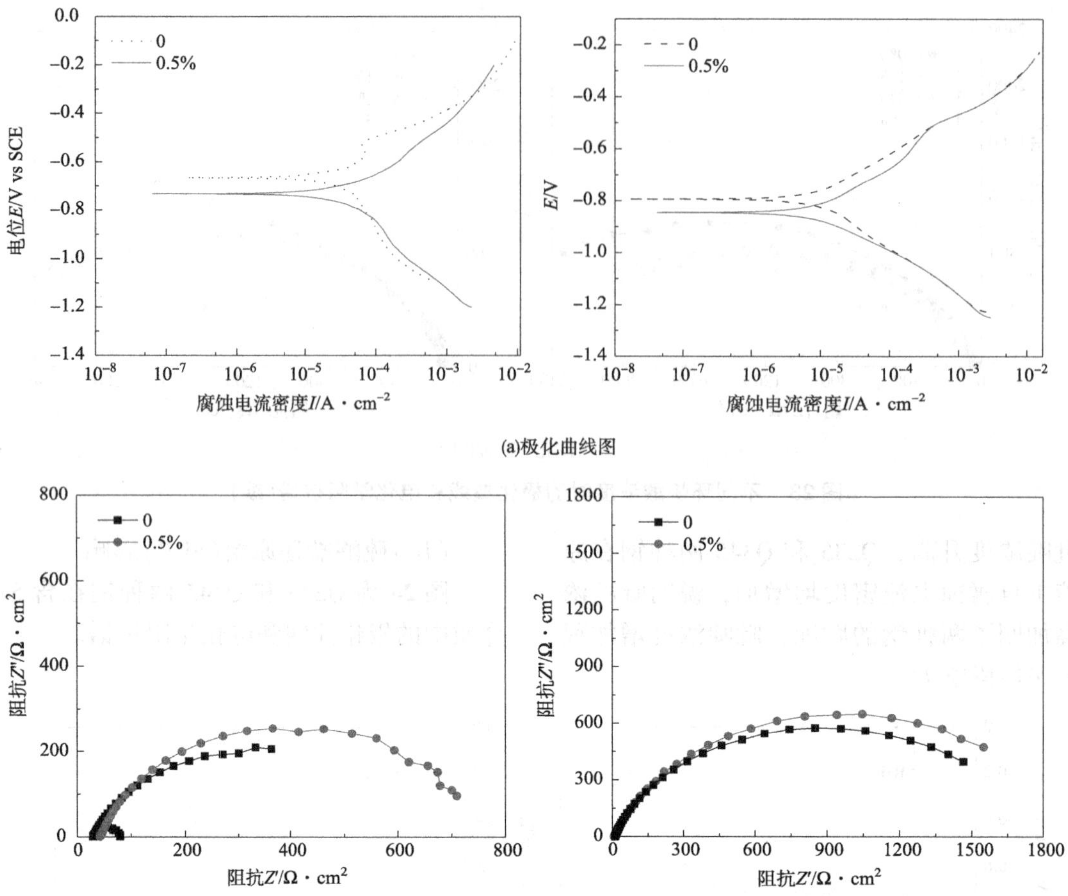

(a)极化曲线图

(b)化学阻抗谱图

图 25　添加缓蚀剂时的极化曲线和电化学阻抗谱

实验所得不同因素对两种钢的腐蚀速率影响见图 26。可知，对两种钢腐蚀影响因素大小为：含 H_2O、O_2、SRB、T、Cl^-、HCO^{3-}、S^{2-}、吡啶、H^+、缓蚀剂。

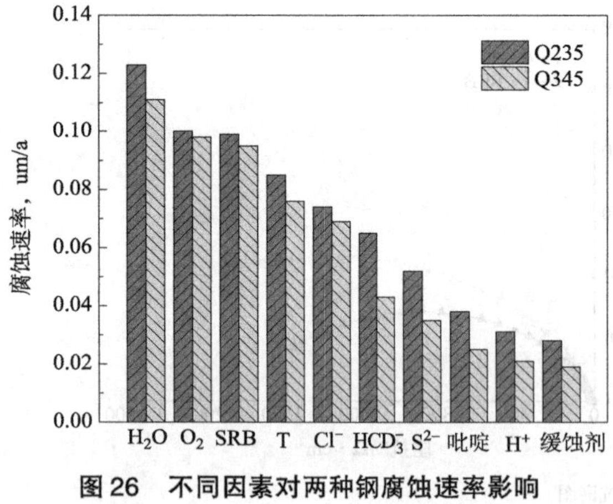

图 26　不同因素对两种钢腐蚀速率影响

4　应力腐蚀机理

4.1　浸泡腐蚀实验

实验选用 Q235 钢作为研究对象。对其进行加工，使其处于应力状态。选成品油（92#汽油）和原油为介质。在两种介质中浸泡 30 天后，取出，观察试样表面宏观腐蚀形貌和微观应力腐蚀形貌，分析应力腐蚀机理。

Q235 在 92#油和原油介质中力腐蚀后试样表面及微观形貌见图 27。

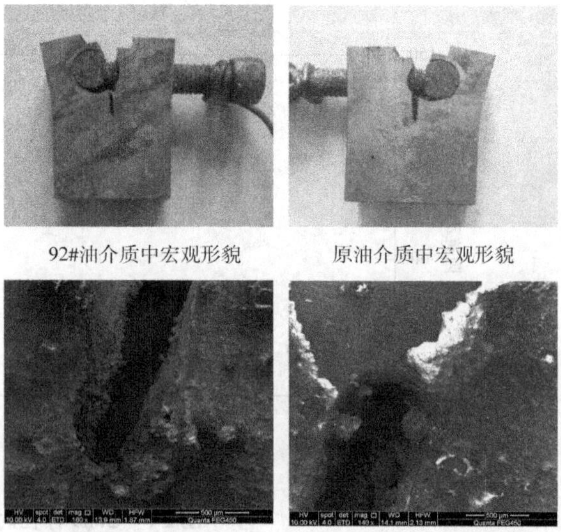

92#油介质中宏观形貌　原油介质中宏观形貌

92#油中裂纹尖端形貌　原油中裂纹尖端形貌

图 27　高温高压应力腐蚀试样表面形貌

由图可见，在预裂纹尖端出现明显的腐蚀产物聚集，Q235 和 Q345 钢的应力腐蚀破裂为典型的脆性断裂，在断口处一般比较粗糙且有肉眼可

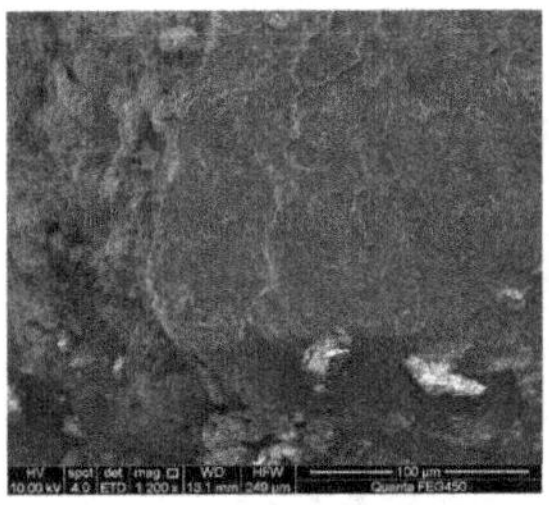

92#油中裂纹断面形貌

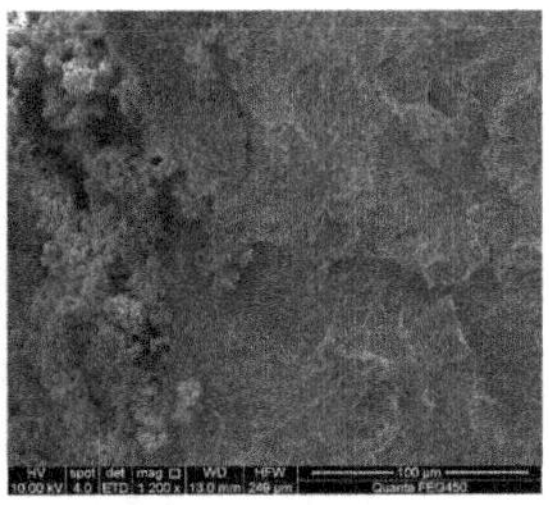

原油中裂纹断面形貌

图 27　高温高压应力腐蚀试样表面形貌(续)

见条痕，微观断口有少量蜂窝状形貌出现，腐蚀介质存在时，除了蜂窝状形态，还有部分黑色腐蚀产物形成。腐蚀促使了裂纹源的形成，拉应力和腐蚀联合作用下，裂纹穿过晶粒迅速扩展，最后材料发生脆性断裂。

4.2　电化学测试

测试选用 Q235 和 Q345 钢作为研究对象。成品油(0#柴油、92#汽油、95#汽油和 98#汽油)和原油为介质。考虑不同应力影响，对钢材施加不同的应力，分别为 0MPa、150MPa、300MPa、450MP 等作对比。

(1)成品油介质

不同应力条件下，Q235 和 Q345 钢在不同成品油介质中的动电位极化曲线图见图 28。随应力增加，两种钢的腐蚀电位相差不大，说明腐蚀倾向基本相同。随应力增加，两种钢自腐蚀电流密度升高幅度明显，高应力时(应力高于 300MPa)，这种增幅更为明显。说明应力增加，腐蚀速率增加。

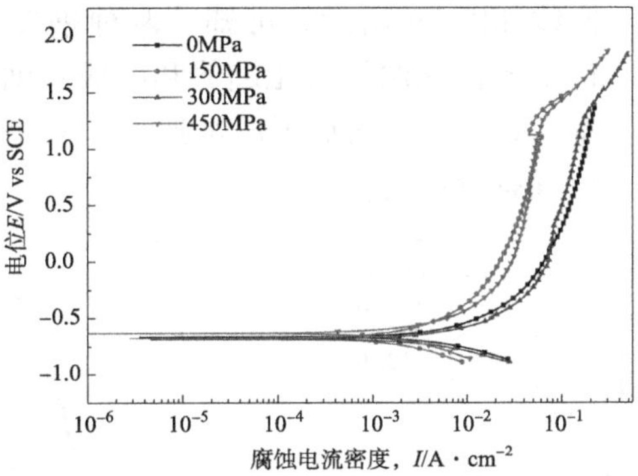

(a)Q235，0#柴油

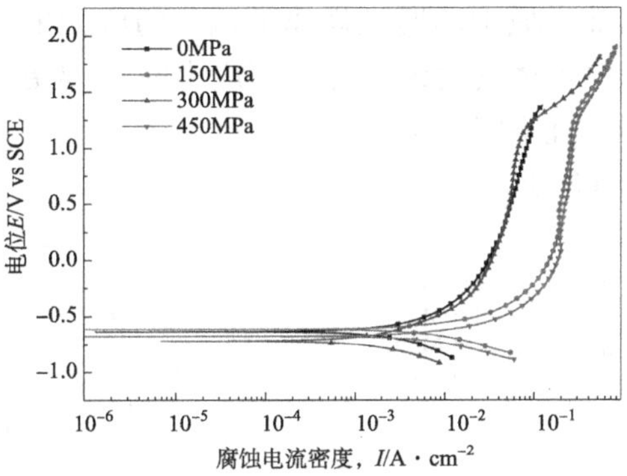

(b)Q345，0#柴油

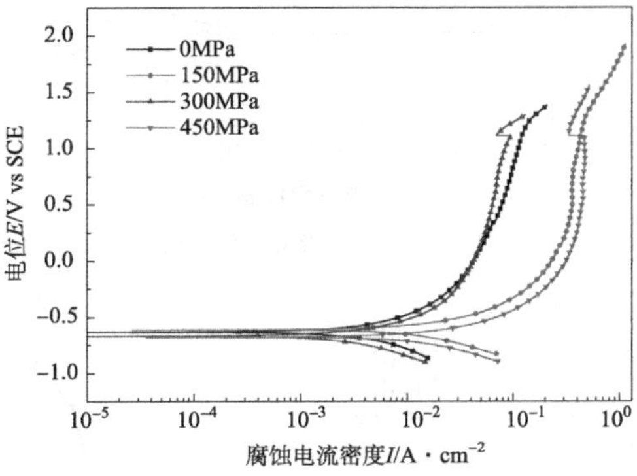

(c)Q235，92#汽油

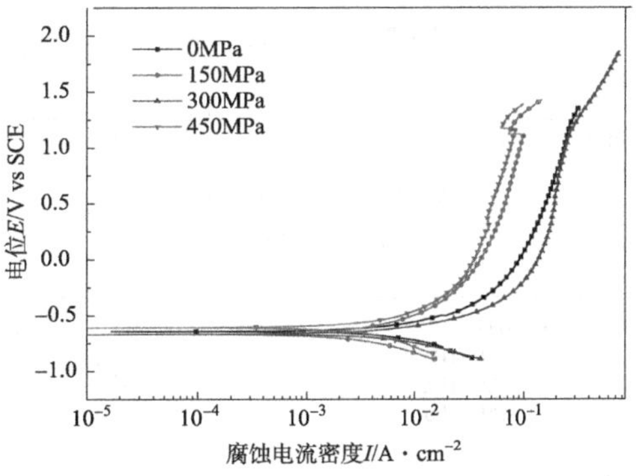

(d)Q345，92#汽油

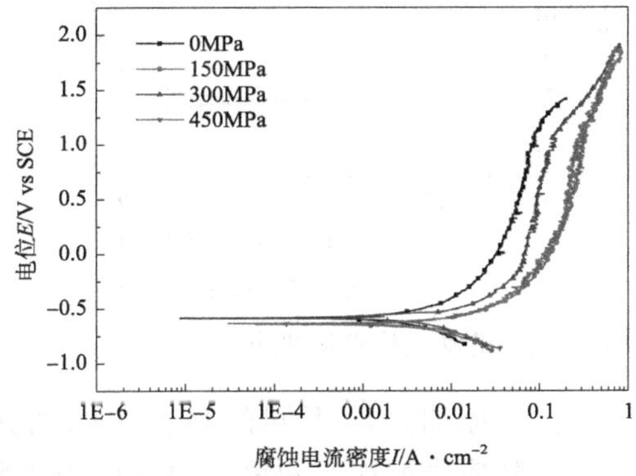

(e)Q235，95#汽油

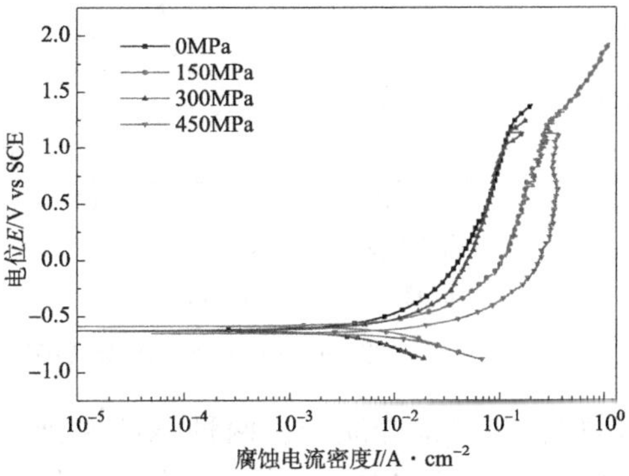

(f)Q345，95#汽油

图 28　Q235 和 Q345 在不同成品油介质中的动电位极化曲线

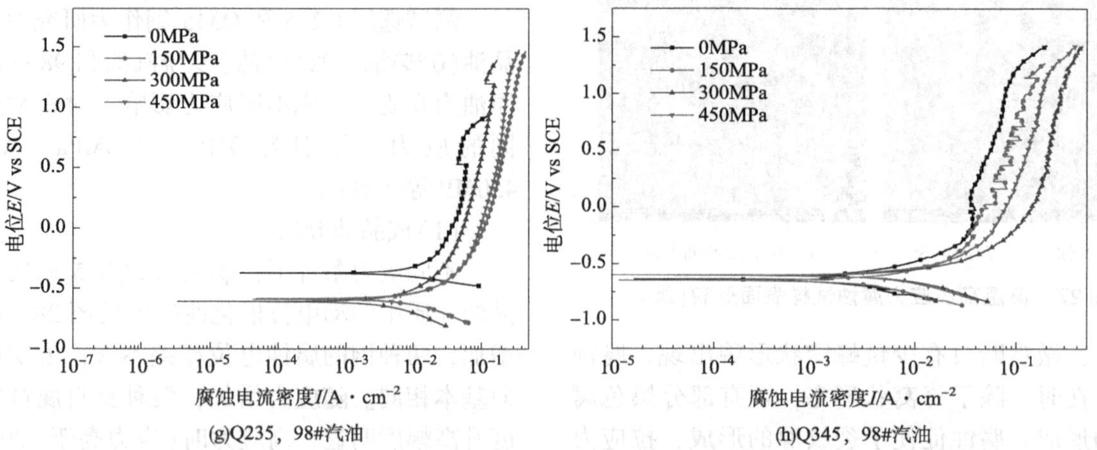

(g)Q235，98#汽油　　(h)Q345，98#汽油

图 28　Q235 和 Q345 在不同成品油介质中的动电位极化曲线(续)

因此，在应力存在条件下，Q235 和 Q345 钢在不同成品油介质中的腐蚀规律类似，随应力的增加，腐蚀电流密度逐渐增加，高应力时增幅更为明显，耐蚀性下降。

(2)原油介质

Q235 和 Q345 钢在原油介质中的动电位极化曲线如图 29 所示。可知，两种钢在不同应力条件下各极化曲线变化趋势和在成品油中的规律基本一致，应力增加了腐蚀速率，只是极化曲线的位置有所不同。

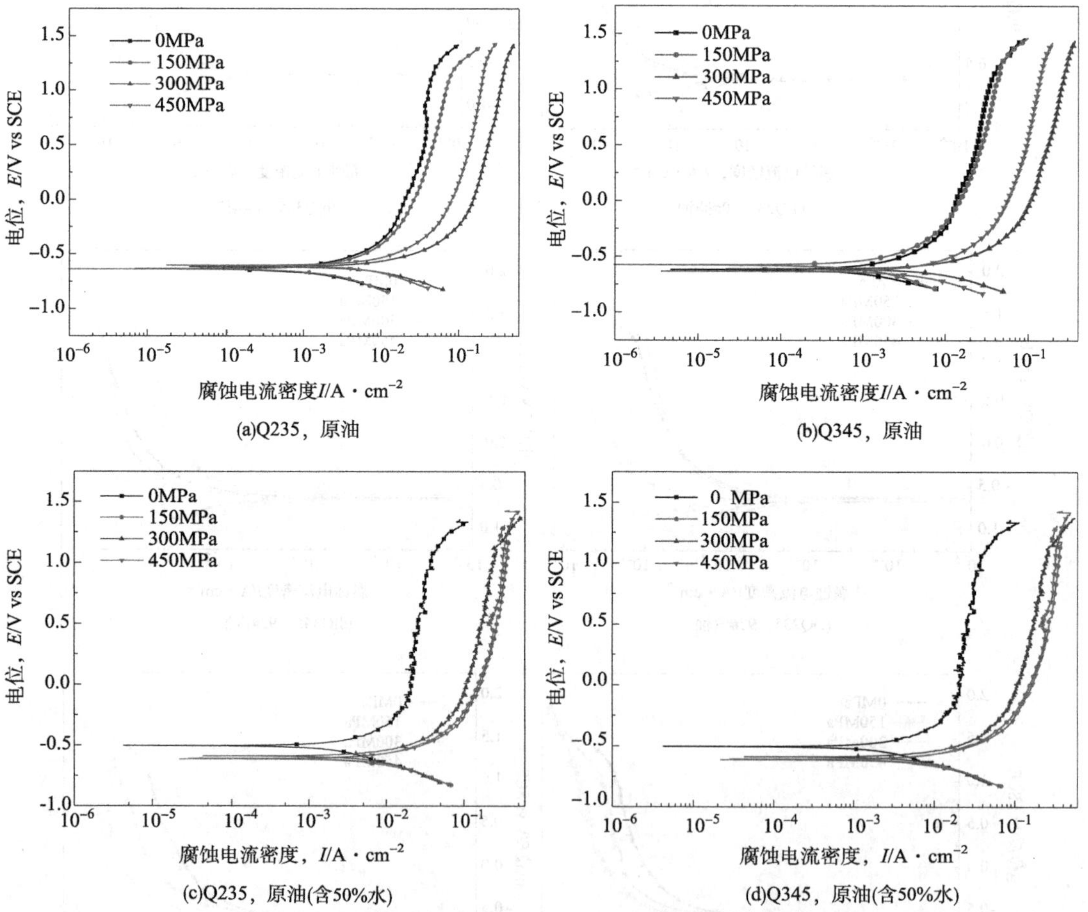

(a)Q235，原油　　(b)Q345，原油

(c)Q235，原油(含50%水)　　(d)Q345，原油(含50%水)

图 29　Q235 和 Q345 钢在原油介质中的动电位极化曲线

随应力增加，在原油介质中，两种钢的腐蚀电位相差不大，腐蚀倾向基本相同。随应力增大，两种钢的腐蚀电流密度逐渐增加，耐蚀性下降。与原油介质不同的是，在原油介质中加水后，随应力增加，两钢的腐蚀电位下降，说明腐蚀倾向降低。与无应力条件相比，一旦施加应

力，两种钢的腐蚀电流密度急剧增加，应力恶化了腐蚀性，加剧了腐蚀，说明应力对于两种钢在含水原油介质中腐蚀较为敏感。

5 结论

本文通过采用重量法和电化学法，测试Q235和Q345两种储罐常用材质在成品油田介质和原油介质中的腐蚀行为，分析不同因素影响储罐材质的腐蚀规律的相关实验以及应力腐蚀实验后，得出以下结论：

(1)Q235和Q345在92#汽油中的腐蚀速率最快，在95#汽油中的腐蚀速率次之，在98#汽油中的腐蚀速率最慢。

(2)在原油、柴油和汽油中，Q235材料的腐蚀速率 > Q345材料的腐蚀速率。

(3)成品油介质中，含水量、含氧量、温度以及介质中 Cl^-、H^+、S^{2-} 浓度的升高会加快Q235和Q345的腐蚀速率，各因素对选用材料腐蚀速率的影响大小依次为：含 H_2O、O_2、Cl^-、H^+、S^{2-}、T。

(4)原油介质中，含水量、含氧量、温度、Cl^-、H^+、S^{2-}、HCO^{3-}、氮化合物浓度的升高会加快Q235和Q345的腐蚀速率；含有SRB同样会加快腐蚀速率；缓蚀剂会减慢腐蚀速率。各因素对选用材料腐蚀速率的影响大小依次为：含 H_2O、O_2、SRB、T、Cl^-、HCO^{3-}、S^{2-}、氮化合物、H^+、缓蚀剂。

(5)Q235和Q345在成品油和原油介质中，腐蚀速率随应力的增加而增加。

参考文献

[1]金泽淏，武新军. 大型储罐变板厚漏磁检测有限元仿真分析[J]. 化工自动化及仪表，2021，48(03)：232-237+242.

[2]吕烁. 原油储罐腐蚀与防腐蚀技术探讨[J]. 云南化工，2021，48(06)：84-85+92.

[3]胡海兰. 储罐腐蚀分析与防腐[J]. 化工安全与环境，2022，35(06)：7-11.

[4]孙广跃. 石油管道和储罐的腐蚀及其防护技术[J]. 中国石油和化工标准与质量，2021，41(10)：186-187.

[5]周斯雅，郑鑫，任挺，李涛，彭银华. 液硫储罐腐蚀原因及应对措施探讨[J]. 设备管理与维修，2022(05)：47-50.

[6]毕凤琴，徐岩，朱峰，梁柱，张旭昀，王勇. XS-1型缓蚀剂对2Cr13钢和N80钢缓蚀性能的影响[J]. 化工机械，2019，46(06)：646-650.

输油管道腐蚀因素分析及腐蚀防护优化措施

王　峰　李长春

(中国特种设备检测研究院，北京　100029)

摘　要：本文重点对输油管道腐蚀原因与腐蚀防护措施进行了分析，针对目前输油管道面临的腐蚀问题，化学腐蚀、微生物腐蚀以及电化学腐蚀是主要引起输油管道腐蚀发生的原因，同时，施工过程中的人为因素也在一定程度上引起输油管道腐蚀。针对输油管道腐蚀问题，管道表面涂层处理是应用最为广泛防腐技术，此外，防腐电镀以及外加阴极保护由于成本高、工艺复杂等原因应用较少，并且，在防腐施工过程中对防腐质量的合理控制，能够最大限度地提升防腐措施的有效性。

关键词：输油管道；腐蚀因素；腐蚀防护；优化措施

Analysis of Corrosion Factors of Oil Pipeline and Optimization Measures of Corrosion Protection

Wang Feng*, *Li Changchun

(China Special Equipment Inspection and Research Institute, Beijing 100029, China)

Abstract: This paper focuses on the analysis of the corrosion causes and corrosion protection measures of the oil pipeline. In view of the corrosion problems faced by the oil pipeline at present, chemical corrosion, microbial corrosion and electrochemical corrosion are the main causes of the oil pipeline corrosion. At the same time, human factors in the construction process also cause the oil pipeline corrosion to a certain extent. In view of the corrosion problem of oil pipelines, the surface coating treatment of pipelines is the most widely used anti – corrosion technology. In addition, anti – corrosion electroplating and external cathodic protection are rarely used due to high cost and complex process. Moreover, the reasonable control of anti – corrosion quality during the anti – corrosion construction can maximize the effectiveness of anti – corrosion measures.

Key words: Petroleum pipeline; Corrosion factors; Corrosion protection; Optimization measures

1　引言

采用管道输送石油、天然气等化石能源具有效率高、成本低等优点，是目前应用最为广泛的能源输送方式。但对于埋地金属输油管道的腐蚀破坏一直是输油管道面临的急需解决的问题。埋地金属管道的敷设环境复杂多变，容易受到土壤酸碱性、地下水以及内部输送介质的影响，进而引起管道腐蚀的发生。金属管道长期遭受腐蚀会导致管壁变薄，最终形成穿孔泄露，影响输油管道的正常运行，并造成巨大的经济损失和能源浪费。严重的石油泄漏还会对生态环境造成严重的影响，同时，后续管道的维修与恢复也会带来更多的人力与物力资源消耗(图 1)。为了有效解决埋地输油管道腐蚀问题，避免由于腐蚀泄漏引起的各类事故发生，要有针对性地分析埋地输油管道腐蚀原因，提出合理的解决办法与策略，为输油管道的安全运行与腐蚀防护提供有效保证。

作者简介：王峰(1988—　)，工程师，主要从事压力管道腐蚀研究与检验工作。E – mail：ht4s@ 163. com

图1　输油管道泄漏

2　输油管道腐蚀原因分析

2.1　化学腐蚀

对于大多数埋地输油管道腐蚀问题，主要原因是在土壤中形成化学腐蚀。管道金属材料在土壤中与空气或非电解质溶液接触后，会发生一系列化学反应，形成化学腐蚀。化学腐蚀在发生反应后会形成多种化合物，但并不发生电化学腐蚀反应。当金属管道长时间接触空气时，空气中的酸性或碱性气态物质会在金属管道表面形成酸性或者碱性的化合物，在干燥或者常温的环境中，形成的化合物不会与金属管道发生化学反应，但是在潮湿或是高温的环境中便会引起化学反应，金属管道往往被腐蚀或是被氧化，在一定环境条件下还会引起金属管道的脱碳问题[1]。此外，对于输油管道本身输送的有品种往往含有硫化物等不同种类的化学成分。这些化学物质在长时间与管道内壁接触时，会引起与管道之间的化学反应，进而造成管道腐蚀的发生，见图2。

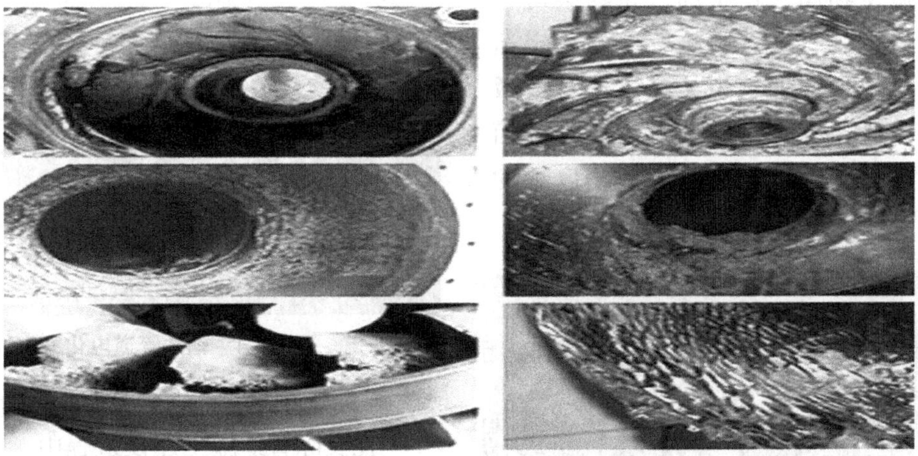

图2　输油管道电化学腐蚀案例

对于某些土壤腐蚀性比较强的埋地输油管道，很容易与土壤中的化学物质发生化学反应形成化学腐蚀。例如在沼泽土、盐碱土、草甸土为主的区域，或是低洼区域面积较大的区域，这些区域土壤的腐蚀性较强，埋地管道的腐蚀速度较快，根据GB/T 21447—2008《钢质管道外腐蚀控制规范》，并且参照“国家材料环境腐蚀试验站网材料土壤腐蚀试验规程”，可以根据碳钢平均腐蚀速率和孔蚀速度两项指标确定不同区域土壤的腐蚀性等级，见表1、表2。化学腐蚀是引起埋地输油管道腐蚀中较为常见的原因之一，因此，要重点关注其成因并增加治理力度与防范措施。

表1　按碳钢腐蚀程度评价土壤腐蚀性

腐蚀性等级	极弱	较弱	弱	中	弱
平均腐蚀率/(g/dm² · a)	<1	1 - 3	3 - 5	5 - 7	>7
孔蚀速度/(mm/a)	<0.1	0.1 - 0.3	0.3 - 0.5	0.5 - 0.9	>0.9

表2　按土壤电阻率评价土壤腐蚀性

腐蚀性等级	严重五级	较严重四级	中三级	较轻二级	轻微一级
土壤电阻率/(Ω · m)	<10	10 - 20	20 - 50	50 - 100	>100

2.2　微生物腐蚀

微生物腐蚀也是造成埋地输油管道腐蚀泄漏的原因之一，管道中或是土壤中的微生物在与金属管道长时间接触时，同样会引起管道壁厚的变薄，最终形成穿孔泄漏，见图3。微生物腐蚀往往出现在管道外部，根据研究发现，由于微生物的存在引起金属管道的腐蚀发生，在管道外部腐蚀中占比可达30%以上。一般对于埋地管道而言，土壤中的微生物势必会对金属管道产生影响，给管道外壁面造成严重的破坏，进而对管道形成微生物腐蚀破坏的影响。尽管，微生物腐蚀一般发生在管道外壁面，对金属管道外壁面造成严重的影响，但是微生物腐蚀往往会形成严重的点蚀[2]，长时间点蚀的发生会造成管道穿孔泄露。此外，微生物腐蚀产生的沉积物会对管道形成二次腐蚀危害，严重影响管道的稳定运行。因此，对于埋地输油管道，要根据管道敷设环境的实际条件，有针对性地对管道外壁面进行特殊处理，最大限度地防止微生物腐蚀的发生。

图3　微生物腐蚀

2.3　电化学腐蚀

空气或土壤中的酸碱性物质溶于水形成酸碱性溶液，该溶液接触到管道后便会与金属管道形成电化学反应，进而导致电化学腐蚀的产生，见图4。由于埋地管道输送距离较长，在实际的建设过程中往往要经过环境复杂、特殊的区域，例如河流、湖泊、沼泽以及湿地等区域，这些区域相对比较潮湿，空气与土壤中的酸碱性物质会与水蒸气接触融合，并在金属管道表面形成酸碱性的电解质溶液，并长时间与埋地管道形成不同程度的接触，这种情况的发生会造成管道出现一系列的电化学反应。金属管道壁面在发生电化学腐蚀之后会形成氧化物附着在管道表面，金属生成物质地松弛、多孔，更容易吸附周围环境中的水蒸气形成电解质溶液，进而加快了管道电化学腐蚀的发生，对管道造成严重的影响。

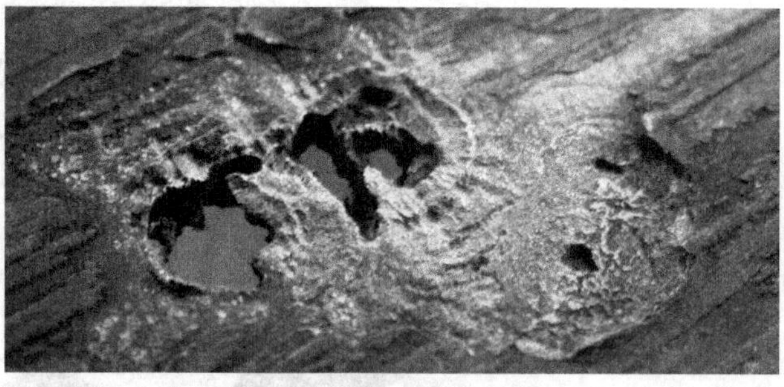

图4　输油管道电化学腐蚀

2.4　人为因素引起的管道腐蚀问题

在实际管道施工建设过程中，一些认为因素同样会造成管道腐蚀的发生。首先由于施工过程的不规范会导致防腐层的破坏，在管道运输、存放过程中造成的防腐层损坏，施工焊接处未进行防腐处理，敷设土壤颗粒直径不合格等等，这些因素都会导致管道的防腐措施未能达标，或是导致防腐层被人为的破坏，严重影响管道的防腐效果。其次，对于管道施工作业的情况，由于操作不规范往往会导致管道防腐层的二次损坏，在施工焊接过程中焊口不合格、焊口存在杂质，或是防腐层的恢复不到位、回填土粒径不合格、未及时回填等原因导致一些应急抢修施工后没能够将防腐层恢复，导致防腐层失效。最后，管道受到外力作用也会导致防腐层的损坏，例如管道附近农耕地耕种、管道周围施工作业等情况，也会对防腐层产生影响，如果不能够很好地恢复，防腐层失去防腐作用便会引起管道的腐蚀的发生。

针对需要修复的管道防腐层材料，要综合考虑防腐失效原因、修复材料与防腐层匹配性，不同的外防腐层需要采用不同的修复方式，具体见表3。

表3　管道防腐

原防腐层类型	局部修复防腐层的选择方案			大修防腐层的选择方案
	缺陷直径≤30mm	缺陷直径＞30mm	补口修复	
石油沥青 煤焦油瓷漆	石油沥青、煤焦油瓷漆、冷缠胶带、黏弹体＋外防护带	冷缠胶带 黏弹体＋外防护带	黏弹体＋外防护带 冷缠胶带	无溶剂液体环氧、无溶剂聚氨酯、冷缠胶带
溶解环氧 液态环氧	无溶剂液态环氧	无溶剂液态环氧	无溶剂液态环氧、无溶剂聚氨酯	
三层聚乙烯 二层聚乙烯 聚乙烯夹克	热熔胶＋补伤片、压敏胶＋补伤片、黏弹体＋外防护带	黏弹体＋外防护带、压敏胶热收缩带＋、冷缠胶带	黏弹体＋外防护带、无溶剂液态环氧＋外防护带、压敏胶执收缩带	
聚乙烯胶带 沥青防腐胶带	聚乙烯胶带、沥青防腐胶带	聚乙烯胶带、沥青防腐胶带	聚乙烯胶带、沥青防腐胶带	聚乙烯胶带、沥青防腐胶带
玻璃钢防腐管	树脂＋玻璃布	树脂＋玻璃布	树脂＋玻璃布	树脂＋玻璃布
聚氨酯泡沫	现场发泡	预制泡沫管壳	现场发泡	预制泡沫管壳

3　石油管道腐蚀的防护优化措施

3.1　管道表面涂层处理

针对输油管道防腐保护处理，目前应用较为广泛、防腐效果较为明显的技术手段之一是涂层防腐技术。针对涂层防腐技术的应用，要根据管道实际的敷设环境与运行参数特点，对管道内外涂层材料进行科学合理的选择。特别是对内外涂层材料的选择要充分考虑管道的运行条件和基本要求，并且全面评估土壤环境。例如，聚烯烃、环氧树脂等类型的涂层防腐材料，自身的温度的适应性较高，而且化学性能比较稳定，并且在物理性能以及介电性能方面具有明显优势，因此，可以作为防腐材料应用的场合较多[3]。此外，在对防腐涂层材料进行涂覆工艺时，要尽可能地保证防腐涂层工艺手段的科学性、合理性，因为，涂覆工艺手段对后期的防腐效果会产生很大的影响。在防腐涂层涂覆过程中，要保证管道处在要求的温度范围内，管道涂覆面要进行除灰处理等工作，通过这种方式实现管道表面防腐涂层的处理才能具有很好的防腐作用。

涂层外防腐技术也是较为常见的管道表面涂层处理(图5)，这种方法不仅整体防腐效果非常良好，而且成本相对比较低，在石油管道防腐处理中的应用较为广泛。涂层外防腐技术主要是在石油管道管壁外侧添加一层防腐保护膜，使得管道与土壤或空气中的反应物隔离开，尽可能避免反应物质与管道之间发生接触，以此来实现对腐蚀问题的有效规避。

图5　输油管道涂层外防腐技术

3.2　防腐电镀

对管道进行防腐电镀处理主要是利用管道表面电镀层与管道之间电势差不同的原理，避免管道金属材料受到腐蚀，进而对管道形成有效的保护。自由移动的电荷会从高电位处向低电位处移动，因此，电位相对较低的区域容易发生氧化反应，需要对电位较低的区域进行氧化保护处理。当埋地管道进行电镀层处理后，如果管道自身受到酸碱性腐蚀影响时，电镀层将发生更为严重的腐蚀，电镀层与管道之间形成高低电位不同的电势回路。这种方式能够从根本上减弱由于土壤酸碱性给管道带来的腐蚀影响[4]。但是对埋地输油管道采用防腐电镀处理的工序比较复杂，施工比较繁琐，而且对管道进行防腐电镀的成本较高，因此，防腐电镀作为埋地管道防腐方法的应用并不广泛。

对于电化学腐蚀问题，阴极防腐技术在一定程度上也是利用电位差不同的原理实现对管道腐蚀防护的，阴极防腐技术对电化学腐蚀能够获得较好的防腐效果。针对土壤中电解质的整体分布规律，以及土壤中经常出现腐蚀性过强的氢氧化物等问题，很容易造成金属管道发生电化学腐蚀，严重影响管道运行。可以根据管道外部环境的实际情况，在管道外侧增设电流发生装置，对电解质中的阴极和阳极进行变换，通过这种方法来对金属管道形成有效的保护，避免受到电化学腐蚀问题的影响。

3.3　防腐质量的合理控制

对于地面上的输油管道，在防腐处理时一般会采用涂敷防腐层、镀锌等方式完成管道的防腐工作。而对于埋地输油管道，一般采用涂敷沥青等涂层的方式进行防腐处理，这样可以达到较好的防腐效果。在对输油管道进行防腐处理时，一定要避免对周围的生态环境造成影响，在开展防腐施工之前要有针对性地进行科学优化与合理分析，要提前做好一系列的准备工作，尽可能地对周围环境产生最小的影响的前提下，确保防腐施工的顺利进行。例如，采用环氧沥青作为防腐涂层材料，这种材料在施工过程中涂敷工艺较为简单，施工过程比较简单，而且不会对周边生态环境造成严重破坏和污染影响。此外，对于防腐工艺较为复杂的防腐措施要在施工前提前做好准备工作与修复预案，例如电镀层防腐施工等方法，前期要做好喷砂以及除锈等方面的准备工作，这样最大限度地保护防腐层，避免造成二次损坏，使得防腐层的抗腐蚀性得到有效提升。

4　结语

随着我国工业化进程的快速发展，社会发展对能源的需求量不断增加，特别是石油、天然气等化石能源的需求量大幅度增加。管道输送是一种效率高、成本低、应用最为广泛的能源运输方式，但是由于管道所处环境复杂多变，受到各种环境因素的影响，引起的管道腐蚀问题比较严重。因此，要针对管道实际的运行环境，选取合理的防腐技术方法，采取有针对性的对策，实现对输油管道腐蚀问题的有效防护。这样能够实现由于管道腐蚀引起的不同类型事故的有效规避，同时，还可以推动我国输油管道行业的稳定、可持续发展。

参考文献

[1]王品贤，蔡亮，李建国，等．中美管道交流干扰腐蚀防护标准差异分析[J]．石油和化工设备，2020，23(2)：65－67.

[2]史坤．石油管道的应力腐蚀与防护[J]．石化技术，2019，26(10)：238＋243.

[3]方艳，梁晶，张云，李梦茨．油气管道腐蚀防护系统技术研究与展望[J]．油气田地面工程，2019，38(5)：1－5.

[4]廖敏夫，张晓莉，邢小羽，等．特高压直流接地极入地电流对金属管道腐蚀研究现状与发展趋势[J]．高压电器，2018，54(7)：44－52.

锅炉过热器管爆裂原因分析

林金峰

（上海市特种设备监督检验技术研究院，上海 200062）

摘 要：某锅炉过热器管在运行11年后发生爆裂。通过对爆管断口宏观和金相分析、化学成分分析、力学性能测试、扫描电镜和能谱分析，分析了爆裂原因。结果表明：15CrMo钢在长期的高温服役过程中，管子表面产生了氧化皮和沉积物，导致局部管壁温度升高，珠光体组织严重球化并伴有蠕变孔洞，力学性能严重下降；迎火面所处的温度要高于背火面，材质劣化更为严重，当出现短时过热时迎火面发生爆裂。

关键词：过热器管；爆裂；过热；球化

Analysis on Bursting Reasons of the Super – heater Tube

Lin Jinfeng

（Shanghai Institute of Special Equipment Inspection and Technical Research，Shanghai 200062，China）

Abstract：A super – heater tube of boiler burst after operating for 11 years. The bursting reasons of the tube were analyzed by fracture macroscopic and metallographic analysis，chemical composition analysis，mechanical property testing，scanning electron microscope（SEM）and EDS analysis. The results indicate that 15CrMo steel was in operation under the high temperature condition for a long time，the oxide scale and deposition was generated on the wall which caused the temperature of local tube wall rose，perarlite spheroidization and creep voids. The temperature of the fire face is higher than the back fire face which caused the super – heater tube aged seriously，and finally，caused the bursting of the super – heater tube.

Key words：Psuper – heater tube；burst；over heat；spheroidization

1 引言

过热器是锅炉机组的重要高温部件，过热器的稳定可靠对整个机组的安全运行有着十分重要的意义。随着服役时间的延长，过热器管的爆管问题屡见不鲜，在锅炉爆管事故中占比越来越高，是企业安全生产的重点关注对象[1~4]。

某企业已投用11年的蒸汽锅炉过热器管发生爆裂。该过热器管的设计温度450℃，设计压力4.5MPa，管子的材质为15CrMo，规格为$\phi 32 \times 3$mm。管外介质为高温烟气，管内为蒸汽。对发生爆裂的过热器管进行断口宏观和金相分析、化学成分分析、扫描电镜和能谱分析等，旨在查找其爆裂原因，以避免类似事故再发生。

2 理化检验

2.1 宏观形貌

过热器管爆管的宏观形貌见图1，爆口处位于过热管的迎火面，爆裂长度约150mm，宽度约70mm。迎火面外壁存在较厚的氧化层已经剥落，剥落后的外表面呈蓝黑色，且可以清晰看到变形

作者简介：林金峰（1986— ），高级工程师，主要从事承压设备的检验检测、安全评价和失效分析。E – mail：linjinfeng521@126.com

条带。爆裂区的内壁氧化层为红褐色的铁氧化物。爆管位置出现明显减薄，最小壁厚 0.5mm。从剪切的痕迹和方向可判断爆管从管内壁起爆。远离爆口处的管子背火面内壁存在 0.5mm 厚的氧化层，而爆裂区内壁的氧化层由于在爆裂时发生剥离，管内壁较为光滑。

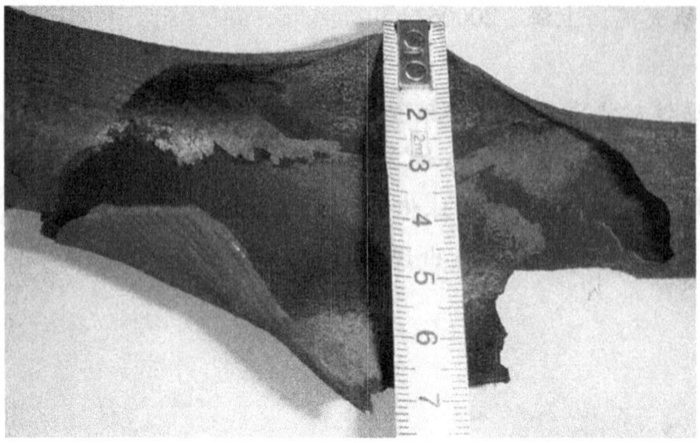

图 1　爆管实物图

2.2　金相分析

为分析过热器管的爆裂原因，按图 2 取样进行组织和性能分析。试样 1－1 取自爆口处，试样 1－2 和 1－3 取自管子轴向爆口处，试样 1－4 取自远离爆口处的管子本体。

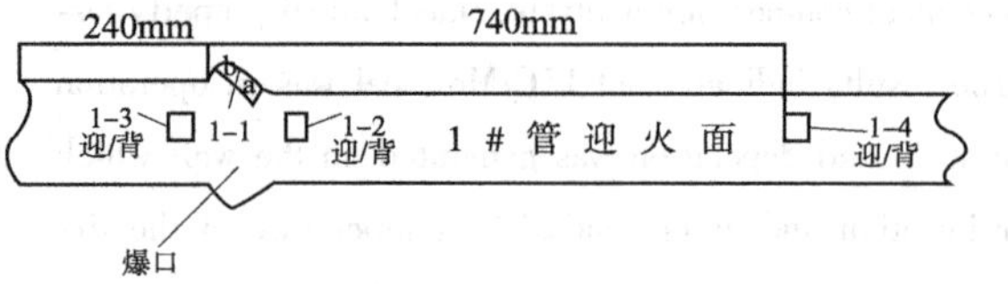

图 2　取样位置示意图

15CrMo 钢过热器管的供货状态为正火＋回火，金相组织为铁素体＋珠光体组织。当长期高温运行时，珠光体中渗碳体将由最初的层片状逐渐转变为球状，随着晶界碳化物数量增加，珠光体球化加剧，强度下降，当发生完全球化时，珠光体区域形态特征消失，只留有少量粒状碳化物，晶界碳化物聚集。参考 DL/T 787—2001《火电厂用 15CrMo 钢珠光体球化评级标准》[5]，对珠光体组织进行球化评级。图 3 为爆口处的金相组织，珠光体区域形态逐渐模糊，珠光体接近完全球化。图 4 为迎火面 1－3 试样的金相组织，内壁的沉积物和氧化层厚约 1mm 珠光体区域形态特征消失，珠光体完全球化，球化级别达到 5 级。图 5 为背火面 1－3 试样的金相组织，内壁沉积物厚约 1mm，珠光体区域基本可以识别，珠光体约中度球化，背火面的金相组织球化程度要好于迎火面。图 6 为远离爆口位置的 1－4 迎火面试样金相组织，珠光体接近完全球化。可见，爆口位置和远离爆口位置都发生了严重的珠光体球化。

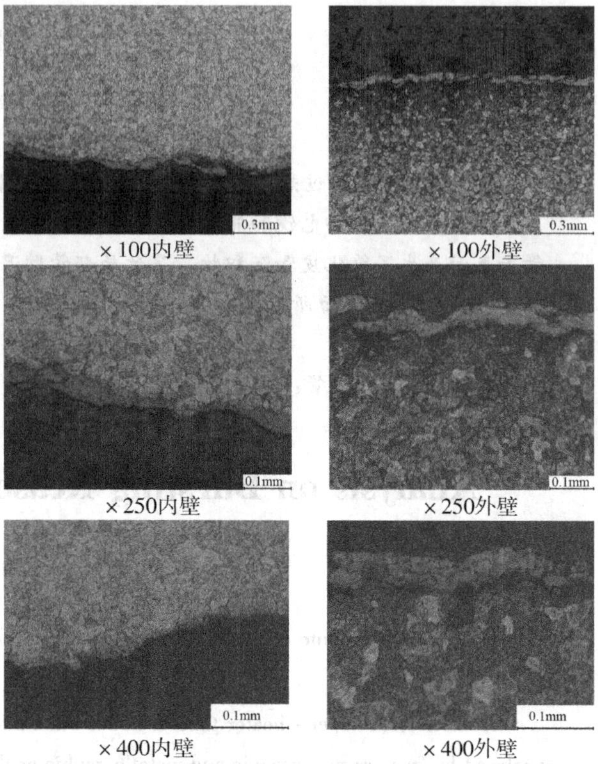

图 3　爆口处 1－1 试样的金相组织

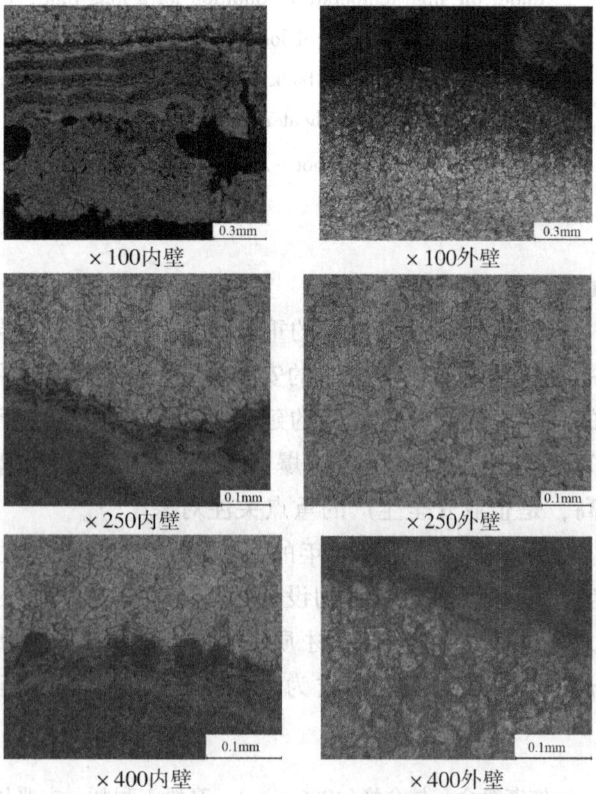

图 4　1－3 迎火面的金相组织

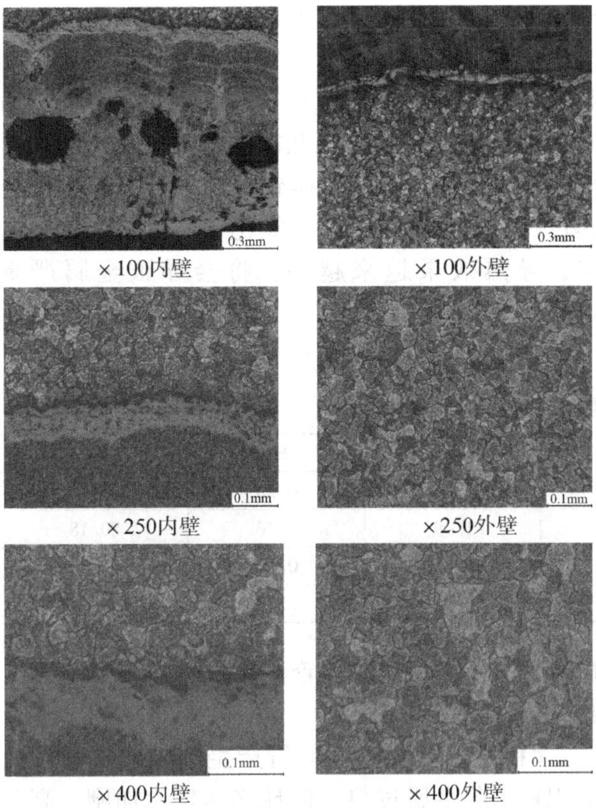

图5 1-3背火面的金相组织

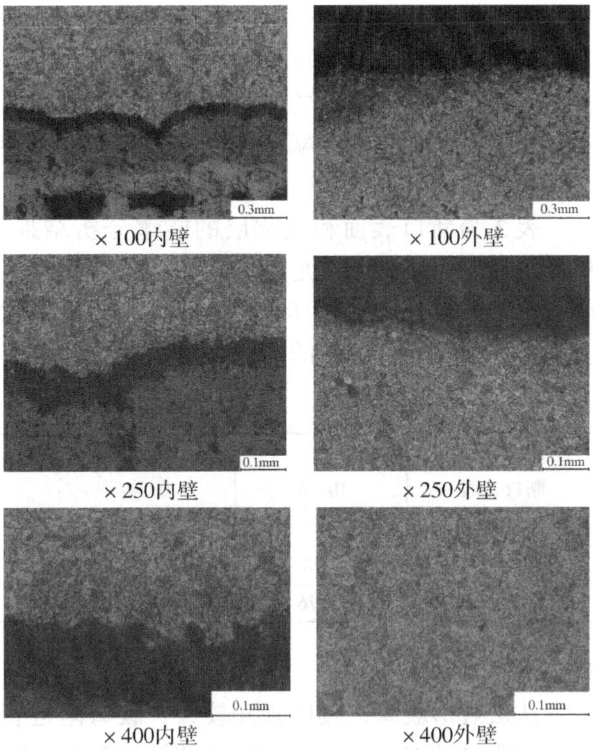

图6 1-4迎火面的金相组织

2.3 成分和性能分析

对管子取样化学分析，分析结果见表1。15CrMo 材料化学成分与原钢管标准 YB 529 进行对照，发现碳含量偏高，其他符合技术要求。力学性能测试的取样位置见图2，取样沿着爆口起裂的轴线作为迎火面，而与此对应的面作为背火面，试样为标准的管材试样。测试结果表明，背火面的力学性能符合技术要求，而迎火面的力学性能相对背火面严重下降，结果见表2。背火面性能优于迎火面，这与珠光体球化程度有关，与金相分析结果一致。

表1 过热器管化学成分分析结果(质量分数) %

化学成分	C	Mn	Si	Cr	Mo	S	P
管子	0.20	0.51	0.26	0.94	0.50	0.018	0.024
YB529	0.12~0.18	0.40~0.70	0.17~0.37	0.80~1.10	0.40~0.55	≤0.040	≤0.040

表2 拉伸性能测试结果

试样编号	位置	屈服强度/MPa	抗拉强度/MPa
1-1	迎火面	263.5	523.2
1-2	迎火面	337.8	500.8
平均值	迎火面	300.6	512
1-3	背火面	448.4	610.8
1-4	背火面	446.6	592.4
平均值	背火面	447.5	601.6
技术标准		≥295	440~640

2.4 扫描电镜和能谱分析

为进一步分析过热器管的爆裂原因，通过扫描电镜观察断口形貌。图7为爆管位置断口的扫描电镜形貌，断口上存在很厚的氧化层，经反复挤压后显得非常平整。而裂纹扩展区较为粗糙，

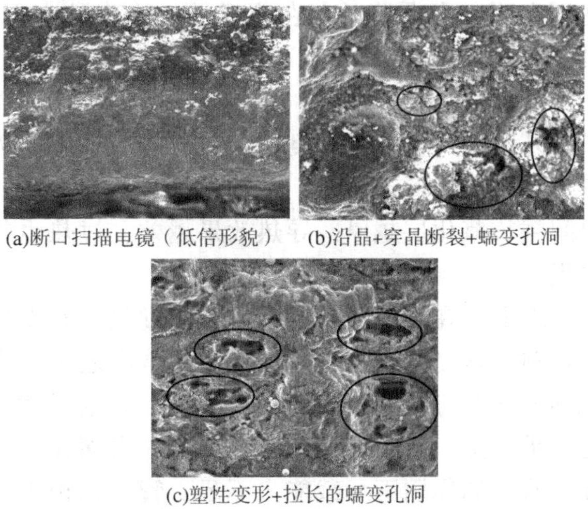

(a)断口扫描电镜（低倍形貌） (b)沿晶+穿晶断裂+蠕变孔洞

(c)塑性变形+拉长的蠕变孔洞

图7 断口的扫描电镜形貌

断口表面为氧化物所覆盖。断口呈沿晶 + 穿晶断裂模式，在高倍放大下可见拉长的蠕变孔洞。蠕变孔洞是长期高温形成的，与金相组织的变化一致。断裂模式和拉长的蠕变孔洞，说明爆管时存在明显的塑性变形。

表 3 为断口表面和氧化层的能谱分析结果。从分析结果可知，无论是断口表面还是氧化层区域，主要成分都是铁和其合金的氧化物，是氧化腐蚀的产物，氧化层中的氧含量沿厚度方向略有变化，氧化层外表面氧含量最高，靠近基体的内侧氧化层氧含量最低。这是因为外表面的氧化物是 Fe_2O_3，而内层是 Fe_3O_4[6-7]。由于过热器管的氧化层和内壁的碳酸钙和硅酸盐等沉积物的热传导系数非常低，远低于碳钢，会导致管子出现金属过热，当长期运行后，氧化层和沉积物越来越厚，导热效果越来越差，将会导致金属严重过热[8]。

表 3　能谱分析结果(质量分数)　%

化学成分	O	Si	Mo	Cr	Mn	Fe
断口表面	10.44	0.24	—	—	0.58	88.74
氧化层(内侧)	8.93	0.34	—	1.09	0.46	89.18
氧化层(中间)	9.78	0.55	—	1.83	0.60	87.24
氧化层(外侧)	11.76	0.71	0.97	2.20	2.20	84.01

3　分析与讨论

从宏观形貌看，破口张开较大，破口附近管子出现明显的爆口，且没有明显的轴向裂纹，破口处壁厚减薄至 0.5mm，这些是短时超温爆管的宏观特征。而从氧化层厚度分析，具有长期过热后的特征。

从微观组织上看，无论是爆口附近还是远离爆口的位置，整个管子都出现了严重的珠光体球化，球化等级接近或达到完全球化，破口处没有出现贝氏体或马氏体组织，说明温度没有超过 A_{c1} 线，这是长期过热的特征。

断口扫描电镜显示，断口上存在明显的蠕变孔洞和塑性变形的特征，断裂模式为沿晶 + 穿晶模式。蠕变孔洞是长期过热后形成的，与金相组织的变化一致，说明过热器管在爆裂前经历了长时间的过热。而断口上的塑性变形特征和拉长的孔洞表明，在爆管时存在明显的、快速的变形，具有短时过热的特征。

能谱分析结果表明，长期处于高温环境，管子内外表面产生一定厚度的氧化层和沉积物，因其导热系数远低于管子，会导致管子过热，运行时间越长氧化层越厚，导热效果越差，过热也越严重。

综上，在长期的高温服役下，过热器管发生了过热，珠光体球化逐渐加剧，甚至在迎火面出现蠕变孔洞等长期过热的微观特征，导致承载能力严重下降。当出现短时超温时，迎火面在高温高压蒸汽的作用下承载能力不足，管子以很大的变形速度发生径向膨胀、爆裂，故爆管后的宏观形貌又有短期过热的爆管特征。

4　结论

(1)过热器管长期运行产生的氧化层和内壁沉积物引起金属过热，使珠光体球化加剧、高温强度下降，甚至出现蠕变孔洞；

(2)管子迎火面的温度高于背火面，使得迎火面材质劣化更为严重，当出现短时高温过热时，管子迎火面因承载能力不足而优先快速爆裂。

参考文献

[1]卢书媛，王卫忠，俞璐．锅炉过热器管爆裂原因分析[J]．理化检验 - 物理分册，2016，52(11)：807 - 810.

[2]毛允静，邓枝生，董毅，谢立．锅炉过热器管爆裂事故分析[J]．物理测试．1995(02).

[3]赵鑫，李俊，王温银．锅炉过热器管爆裂失效分析[J]．热处理，2012，27(1)：4.

[4]潘红涛．12Cr1MoV 钢高温过热器管爆裂分析[J]．理化检验 - 物理分册，2014(11)：3.

[5]DL/T 787—2001，火电厂用 15CrMo 钢珠光体球化评级标准[S].

[6]林金峰．锅炉二次过热器管失效原因分析[C].//2018 全国特种设备安全与节能学术会议，昆明，2018.

[7]袁超，胡正飞，吴细毛．热电厂 15CrMo 钢管高温蒸汽氧化腐蚀机理研究[J]．材料热处理学报，2012，33(S1)：90 - 95.

[8]梁秀兰，有移亮，张峥．12Cr1MoV 锅炉过热器管长期过热开裂原因分析[J]．机械工程学报，2014，50(8)：6.

高原液化石油气管道的腐蚀现状与防护

曾　瑜[1]　陈司达[1]　加永边巴[2]

（1. 重庆市特种设备检测研究院，重庆　401121；2. 昌都市市场监管局，昌都　854000）

摘　要：昌都市主要的燃料源为由液化石油气站供应的液化石油气，其站内管道发生腐蚀失效将产生严重事故后果。文中针对高原环境的特点对在用液化石油管道腐蚀现状进行调查，对架空管道和埋地管道分别进行了腐蚀原因分析。从隔绝阳光直射、做好涂层防护、增加管道阴极保护系统等方面提出防护措施，以期为保持液化石油气管道的使用性能，保障周边居民的生命财产安全提供参考价值。

关键词：高原；管道；腐蚀现状；防护措施

Corrosion Status and Its Anticorrosion of Plateau Liquefied Petroleum Pipeline

Zeng Yu[1], *Chen Sida*[1], *JIayong Bianba*[2]

(1. Chongqing Special Equipment Inspection and Research Institute, Chongqing 401121, China;
2. Changdu Administration for Market Regulation, Changdu 854000, China)

Abstract: The main fuel source of Changdu is liquefied petroleum gas supplied by liquefied petroleum gas stations. The corrosion failure of the liquefied petroleum gas pipeline in the station will cause serious accident consequences. According to the characteristics of plateau environment, the corrosion status of in – service liquefied petroleum pipeline is investigated, and the corrosion causes of overhead pipeline and buried pipeline are analyzed respectively. Protective measures are proposed from the aspects of isolation from direct sunlight, good coating protection and installation of pipeline cathodic protection system, so as to provide reference value for maintaining the service performance of LPG pipelines and ensuring the life and property safety of surrounding residents.

Key words: plateau; pipeline; corrosion status; anticorrosion

1　引言

昌都市由于位置特殊且地质条件较为复杂，市内无天然气供应管道，居民家用燃料及出租车等公共车辆燃料均采用运输方便、使用灵活、可独立分散供应的液化石油气。液化石油气站成为保障城市能源供应的重要一环，而站内的压力管道起着承载储配站各功能区之间介质流转的重要作用，其安全更是连续生产的重要保证。因此，结合昌都市高原特殊环境，对站内管道的腐蚀与防护进行研究工作对保护企业及居民的财产及生命安全有着非常重大的意义。

2　大气高原大气环境特点

昌都市地处横断山脉和三江流域，位于西藏东部，辖区内液化气站分布于海拔 3300m 至 3800m 之间。地区的环境特点是：大气压低、年平均气温低、昼夜温差大、太阳辐射强。查询相关资料表明：海拔升高 100m 气温平均下降 0.65℃；气压平均下降约 0.93kPa；湿度按指数规律下降；年最大气温日变化在 25℃左右；日照时间长，年日照时数 2500 ~ 3600h；辐射量高，年总量在 5000 ~ 6000MJ/m²；太阳光谱组成与低海拔地区不同，紫外光能量占太阳总辐射的 20% ~ 25%，明显较低海拔地区高，对有机涂料

作者简介：曾瑜(1987—　)，硕士研究生，主要从事压力管道检验检测工作。E – mail：425591904@qq.com

和塑料破坏作用十分突出[1]。

3 液化石油气管道腐蚀原理及管道腐蚀现状

液化石油气管道的腐蚀主要指其在大气、土壤中，在周围介质的共同作用下发生破坏而遭到腐蚀。按照腐蚀机理来分可以分为化学腐蚀、电化学腐蚀和生物化学腐蚀。按照腐蚀的部位分为内腐蚀和外腐蚀。其中内腐蚀是金属管道内壁由于介质的作用而发生的腐蚀，主要有水腐蚀与介质腐蚀，受到外界条件影响较小。外腐蚀主要表现为大气腐蚀、土壤腐蚀与杂散电流腐蚀，受到外界条件影响较大[2]。液化石油气站内管道敷设方式包含架空及埋地两种。架空管道主要受到大气腐蚀的影响，埋地管道则主要受到土壤腐蚀和杂散电流腐蚀的影响。

3.1 管道腐蚀状况及原因分析

通过现场检测和问卷调查，对昌都市内多家液化石油气站进行数据采集和资料收集工作。

3.1.1 架空管道的腐蚀状况及原因

通过现场检测发现室外架空管道外表面存在大量防腐层破损脱落，脱落处管体表面产生明显腐蚀凹坑。而室内架空管道防腐层较为良好，未见明显破损。经过分析原因主要分为以下几点：

(1)高海拔地区日照时间长，昌都市区年日照时数约为 2270h，而且太阳光中紫外线能量明显高于平原地区，导致油漆中的树脂成分加速老化、降解，从而使漆料失去黏附粒子的能力，致使粒子孤立，成粉状脱漏，发生粉化，随着涂层一层层脱粉减薄，最终导致防腐层破坏，露出管道本体，产生大气腐蚀；

(2)高海拔地区温差大，经现场测量，11 月时，在阳光直射下，停止运行的管道表面温度达 42℃，而环境温度只有 12℃，而使用单位在选择防锈漆时未考虑其面临的极端工作环境，采购普通涂料进行反复涂抹，管道本体和防腐层的热胀冷缩现象导致防腐层破损和脱落；

(3)高原气象条件复杂，气候瞬息万变，在晴、雨、风、雪的多重因素交替影响下，防腐层发生龟裂并逐渐脱落。

相对而言，位于室内的管道由于未受到阳光直射，温差变化小，不直接接触复杂的气象，管道防腐层外观良好，管道本体未发生外腐蚀。

3.1.2 埋地管道的腐蚀状况及原因

市区内液化气站内多设有车用 LPG 充装台，泵房至充装台管道采用埋地敷设。现场开挖检验发现，埋地液化石油气管道均采用石油沥青进行防腐。经现场电火花检测，存在大量破损点。对防腐层进行清除后发现管道表面存在大量腐蚀凹坑。埋地管道所处的环境复杂，其腐蚀影响因素各异。通过总结，从以下三方面进行分析：

(1)防腐层失效，沥青的主要成分是沥青质、油质和脂质。作为防腐材料，它的失效形式主要是老化。早期的资料介绍，沥青防腐层在腐蚀性较强的地区，使用寿命为 9～14 年[3]。沥青防腐层的破坏主要是指防腐层的大面积老化。沥青材料随着使用时间的推移，各项性能指标都会发生变化。而沥青防腐层的最大弱点，在于它的表面强度不高，容易发生局部破损。昌都市区内液化石油气管道投入使用年限均已超过 10 年，通过防腐层检测发现，防腐层存在减薄严重、厚度不均匀、与管壁粘合力低等问题。防腐层的失效导致了管道本体与土壤直接接触，产生严重的电化学腐蚀；

(2)土壤腐蚀，土壤是具有固、液、气三相的毛细管多孔性的胶质体，土壤的空隙被空气和水充满，水中含有一定量的盐使土壤具有离子导电性；站内管道由于防腐层老化失效，管道与防腐层间发生剥离，产生微观破损，破损处形成地下水和雨水进入通道，水的浸入加速了防腐层的剥离过程并逐渐形成空隙，昌都地区土质疏松且气候较为干燥，侵入的水被蒸发，形成干湿交替现象，导致了空隙内盐类物质的聚集，进一步导致了土壤物理化学性质的不均匀性和金属材质的电化学不均匀性，构成了埋地管道的电化学腐蚀条件从而会产生严重的土壤腐蚀；

(3)杂散电流腐蚀，杂散电流是在地下流动的防护系统设计之外的对金属管道产生腐蚀破坏作用的电流，埋地液化石油气管道与 LPG 充装台电缆相邻敷设，产生交流杂散电流，其腐蚀量较小，但集中腐蚀性强。

4 液化石油气管道腐蚀防护措施

4.1 架空管道腐蚀防护措施

(1)搭建遮阳棚，为有效隔离阳光直射，降低高原复杂气象对露天管道的影响，在室外架空管道上方搭建遮阳棚，在搭建遮阳棚时应注意防止形成气体聚集结构并预留安全阀排气口。

(2)刷隔热胶，石化企业广泛采用的隔热胶，可降低设备因日光曝晒而造成的表面温度的升高，已证实在相同工况下，刷隔热胶比刷一般防锈漆可使表面温度降低 10℃左右[4]。

4.2 埋地管道腐蚀防护措施

(1)做好管道涂层的防护。经过多年使用，现有防腐层已经基本失效，站内埋地管道长度较短，应在条件具备时对埋地管道进行整体开挖，采用综合性能较好的复合涂层如二层聚乙烯与三层聚乙烯等对管道防腐层进行总体修复。开挖时应根据现场实际检测情况，对重度腐蚀的管段进行更换。

(2)对埋地管道段设置阴极保护。阴极保护是指通过外加电流将电解质中的管道金属表面极化成为阴极，从而避免金属被腐蚀。阴极保护主要分为牺牲阳极法和外加电流法。牺牲阳极法是将负电位技术和被保护金属直接相连，在电解质溶液中构成原电池，负电位金属为阳极，输出时被损耗，被保护金属为阴极，输出时避免被腐蚀。牺牲阳极法的防腐效果好且投资少，在液化石油气、输油输气管道防腐保护中应用广泛。外加电流法指以地床为阳极，管道为阴极，接通电流后将管道极化，当管道对地的电位为最小保护电位时，则得到阴极保护。地床作为阳极和直流电源的正极直接相连，从而形成导电体，主要使用的为高硅铁、石墨与碳钢等。在管道上安装阴极保护系统后对杂散电流具有抑制作用，可降低杂散电流对管道的干扰影响。

5　结束语

目前，国内对高原复杂条件下使用的管道已开展了部分研究，但研究重点在冻土下敷设的埋地管道[5]，缺乏对民生和工业管道的安全技术探讨。而随着社会发展，对能源的需求日益增加，液化石油气站的普及率稳步上升，其防腐与防护工作不仅影响使用寿命与节能减耗，更关系到周边群众的民生与生命财产安全，其重要性不容忽视。为了保障高原液化石油气管道的安全，从高原特殊环境的特点出发，结合液化石油气管道的腐蚀原理进行在用管道的腐蚀现状调查，对腐蚀产生的原因进行了分析，并针对分析结果提出相应的防护措施。在今后的工作中应进一步结合其使用条件及环境特征对管道腐蚀的宏观表现和微观原理进行具体分析，结合研究成果制定出更合适的防腐方式、防腐技术和防腐措施，真正做到本质安全，保雪域高原一方平安。

参考文献

[1]萧以德，王光雍，李晓刚．我国西部地区大气环境腐蚀性及材料腐蚀特征．中国腐蚀与防护学报，2003，23(4)：248－255

[2]刘必强．液化石油气管道防腐保护工作的探讨．中国新技术新产品，2015，12：79

[3]赵改青，牛耀玉，陶振春．输送流体管道的沥青防腐层寿命、破坏原因及其危害．全面腐蚀控制，2005，19(1)：40－41

[4]董海洋．原稳轻烃储罐上应用凉凉隔热胶．生产管理，2012，31(1)：61－62

[5]魏彦京，温智，高樯等．青藏高原多年冻土区埋地输气管道周围温度场数值分析．冰川冻土，2019，I(5)：70－78

聚乙烯燃气管道热熔焊接缺陷力学特征试验研究

张　琳　曾　瑜　陈司达

（重庆市特种设备检测研究院，重庆　401121）

摘　要：聚乙烯燃气管道热熔焊接缺陷的力学性能是确保管道运行安全的重要性能参数。试验模拟制备的典型热熔焊接缺陷，采用拉伸和静液压的试验方法，研究了不同类型缺陷的力学性能，同时采用超声波方法测试分析了缺陷在不同力学性能情况下的波形特征。结果表明，不同类型的热熔焊接缺陷对管道的力学性能有显著的影响，结合各种PE管热熔焊接典型缺陷试件的力学性能试验结果，以及各缺陷对应的超声波波形图，可确定距离—波幅曲线灵敏度，建立了PE管热熔接焊缝的质量进行判定依据，超声波检测结果与力学性能检测结果具有较好的一致性。

关键词：聚乙烯燃气管道；热熔焊接；缺陷；力学性能；超声波检测

Corrosion of Buried Pipeline and Its Anticorrosion

Zhang Lin*, *Zeng Yu*, *Chen Sida

（Chongqing Special Equipment Inspection and Research Institute, Chongqing 401121, China）

Abstract: The mechanical properties of hot melt welding defects of polyethylene gas pipeline are important parameters to ensure the safety of pipeline operation. The mechanical properties of different types of defects were studied by using tensile and hydrostatic test methods, and the waveform characteristics of defects under different mechanical properties were tested and analyzed by ultrasonic method. Results show that different types of hot melt welding defects on the mechanical property of pipeline have a significant impact, combined with a variety of typical defects PE pipe hot melt welding mechanics performance test results of the specimens, and the corresponding defect of ultrasonic wave, can determine the distance - amplitude curve sensitivity, PE pipe hot melt is established to identify the quality of the weld, The results of ultrasonic test are in good agreement with those of mechanical property test.

Key words: Polyethylene gas pipeline; Hot melt welding; The defect; Mechanical properties; Ultrasonic wave detection

1　引言

聚乙烯是一种高分子聚合物，聚乙烯管道热熔焊接是一个物理变化过程，是聚乙烯高分子在不同温度下呈现玻璃态(固态)、高弹态(固态)、黏流态(液态)三种不同的力学状态，在这些状态的转化过程中极易形成缺陷。热熔焊接接头缺陷的力学性能是影响聚乙烯管道安全运行的重要参数[1]。因此，研究了解相关缺陷对管道力学性能的影响规律，并建立起检测方法与力学性能的关联关系，对保障管道的安全运行有重要意义。本文通过模拟制作典型PE管道热熔焊接缺陷试块，采用拉伸和静液压的试验方法，研究了不同类型缺陷的力学性能，同时采用超声波方法测试分析了缺陷在不同力学性能情况下的波形特征，以期揭示聚乙烯燃气管道热熔对接缺陷力学性能特征，并建立起超声波检测结果与力学性能检测结

作者简介：张琳(1986—　)，工程师，硕士研究生，长期从事压力管道检验检测、聚乙烯燃气管道无损检测等研究工作。E-mail：zlydyxf02@163.com

果的相关关系。

2 试验方法和材料

考虑到 PE 管热熔连接特点，接口是在加热熔化时在一定的压力作用下，使其冷却凝固在一起的，一般情况很少出现有一定几何形状特性的缺陷，可能存在的是在加热温度、冷却时间及连接压力不均等因素影响下出现组织不均匀或面状缺陷，主要形

成的是冷焊缺陷、过焊缺陷、不对称缺陷、孔洞缺陷及夹渣缺陷[2]。

本研究综合考虑聚乙烯管道焊接过程中遇到的各种工况，根据缺陷的外貌特征及成因，试验分别模拟制备了 PE 管道热熔对接焊缝的冷焊缺陷、过焊缺陷、不对称缺陷、孔洞缺陷及夹渣（铁、铜丝）缺陷试样。其中，冷焊缺陷试样是采用焊接温度明显低于正常焊接温度，同时一定程度缩短焊接时间制备；过焊试样是采用焊接温度一定程度高于正常焊接温度，并一定程度延长焊接时间制备；不对中试样是将两根焊接管道中轴错开 3－5mm 的距离焊接制备；孔洞试样是在通过在焊接试样的焊接口钻孔形成空洞以模拟焊接时内部的气泡等空洞；夹渣试样则分别是在焊接接头处放置小铁片和铜丝进行制备。

拉伸性能试验，将 $\phi160\times16$mm $\times400$mm（长）PE 管热熔焊接，每种缺陷制作 3 个拉伸试样，清除拉伸试样内卷边，在焊缝中心上分别从内向外钻取不同尺寸的孔和槽，外观检验合格后，按照 GB/T 8804 标准要求进行拉伸试验。静液压试验选择所有缺陷中较大尺寸缺陷进行试验，将 $\phi160\times16$mm $\times400$mm（长）PE 管热熔焊接后经外观检验合格，清除焊缝卷边后在焊缝上钻取 $\phi6\times4$mm 和 $\phi6\times6$mm 尺寸的孔，将上述试样以及无缺陷热熔焊接试样，在 20℃、80℃条件下分别按照 GB/T 6111 要求进行静液压试验。

3 试验结果及分析

3.1 力学性能特征

对各试样拉伸历程曲线进行观测，发现各种缺陷焊接的热熔接头进行拉伸试验时，拉伸历程曲线主要有两种形式，如图 1 所示。对于未含缺陷的拉伸试样和小尺寸缺陷拉伸试样，首先单侧管材被拉伸，后于熔合区和管材交界处开始屈服断裂，断裂特征如图 1(a)所示；对于大尺寸缺陷拉伸试样，直接在焊缝缺陷处屈服断裂，断裂特征如图 1(b)所示。

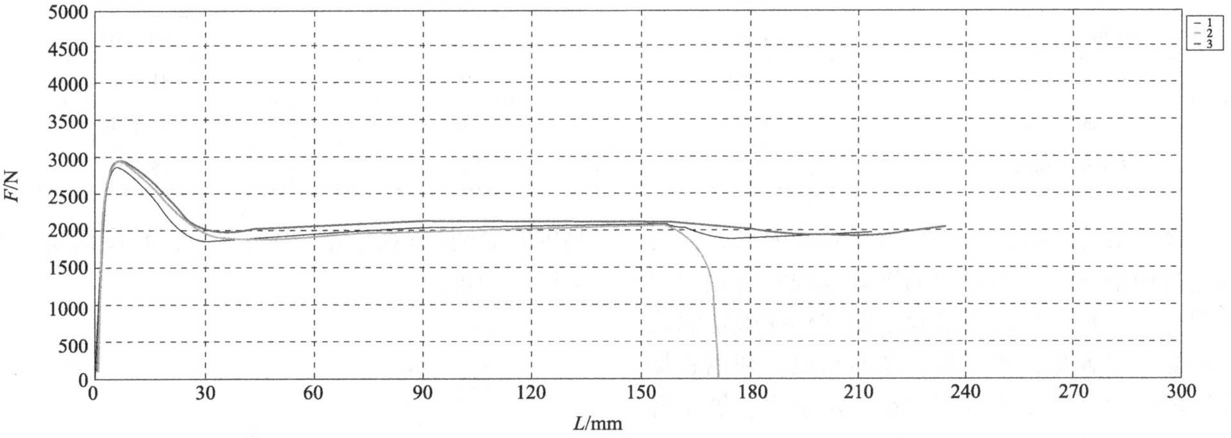

(a)

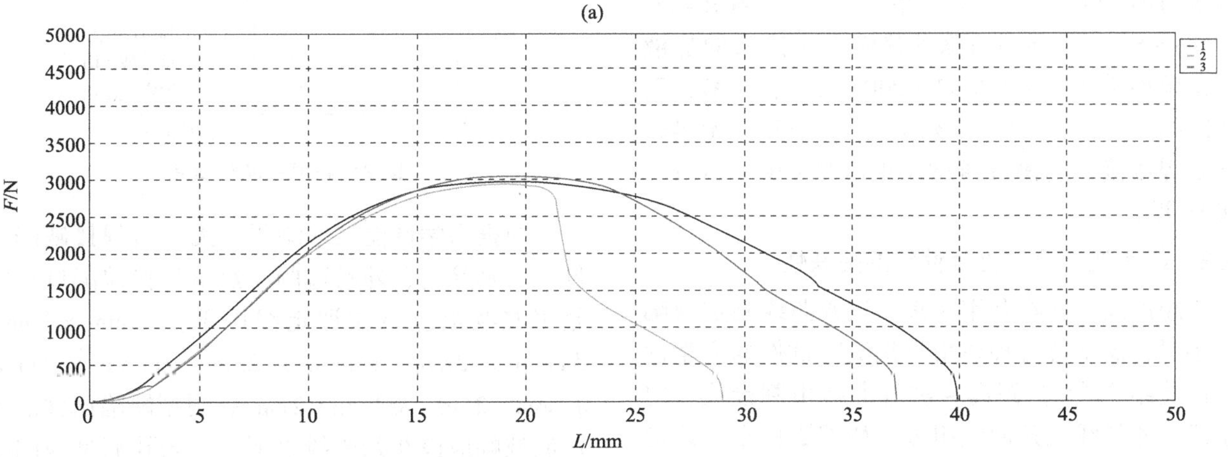

(b)

图 1 拉伸试样拉伸历程曲线

将各种尺寸的焊接缺陷拉伸试件与无热熔焊接缺陷试件进行比较。试验结果如表 1 所示。

从表 1 可以看出，无热熔焊接缺陷试件的断裂伸长率大于 350%，满足 GB 15558.1—2003 要求。剔除内、外卷边后，断裂伸长率仍然满足要求。剔除个别离散数据后，对于孔洞型缺陷拉伸试样：ϕ1mm × 1mm、ϕ1mm × 2mm、ϕ2mm × 2mm、ϕ3mm × 1mm、ϕ3mm × 2mm、ϕ4mm × 2mm 的断裂伸长率均大于 350%；其余更大尺寸的孔洞型缺陷断裂伸长率较小，不满足要求。对于面积型缺陷拉伸试样，只有 0.8mm × 1mm 的面积型缺陷的断裂伸长率相对较大，其余尺寸的面积型缺陷断裂伸长率均较小，面积型缺陷的热熔焊接接头的拉伸性能较差。

表 1　各种热熔焊接缺陷试件拉伸试验记录表

缺陷特征	抗拉强度/MPa	弹性模量/MPa	断裂伸长率/%
未剥卷边	21.542	1485.191	428.399
剥外卷边	20.591	854.277	429.995
剥内卷边	20.288	765.647	454.139
ϕ1mm ×1mm	21.506	595.159	480.074
ϕ1mm ×2mm	20.763	615.193	446.011
ϕ2mm ×2mm	21.624	97.447	439.606
ϕ3mm ×1mm	20.190	555.881	362.015
ϕ3mm ×2mm	21.443	684.049	360.548
ϕ4mm ×2mm	19.989	87.335	489.343
ϕ2mm ×3mm	21.501	808.936	294.083
ϕ2mm ×4mm	21.322	96.320	81.629
ϕ2mm ×6mm	22.237	99.758	67.724
ϕ6mm ×2mm	19.505	80.889	127.674
ϕ0.8mm ×1mm	20.912	863.122	321.710
ϕ1mm ×2mm	22.278	94.942	81.746
ϕ1mm ×3mm	16.714	86.366	53.691
ϕ1mm ×5mm	12.438	143.795	15.793

聚乙烯管道最主要的载荷形式是内压，故对其进行内液压试验可以更为准确地预测管道及接头的寿[3]。长期静液压试验是使试样在限定温度下承受一定载荷，考察其寿命的长短。利用长期静液压试验，可以获得管材在恒定温度、恒定环向应力时的寿命。试验结果表明，含 ϕ6 ×4mm 和 ϕ6 ×6mm 孔洞型缺陷的热熔焊接接头的静液压试验均满足 GB/T 6111—2003 要求：20℃，破坏时间≥100h；80℃，破坏时间≥165h，无热熔缺陷焊接接头的静液压试验也满足 GB/T 6111—2003 要求。

3.2　超声波检测与力学性能的关联性

超声波检测在利用距离—波幅曲线判定缺陷大小时，需结合各种热熔焊接缺陷试件的力学性能试验结果[4,5]。距离 - 波幅曲线由判废线、定量线、测长线三条曲线组成，如图 2 所示。评定线与定量线之间(包括评定线)为Ⅰ区，定量线与判废线之间(包括定量线)为Ⅱ区，判废线及其以上区域为Ⅲ区。

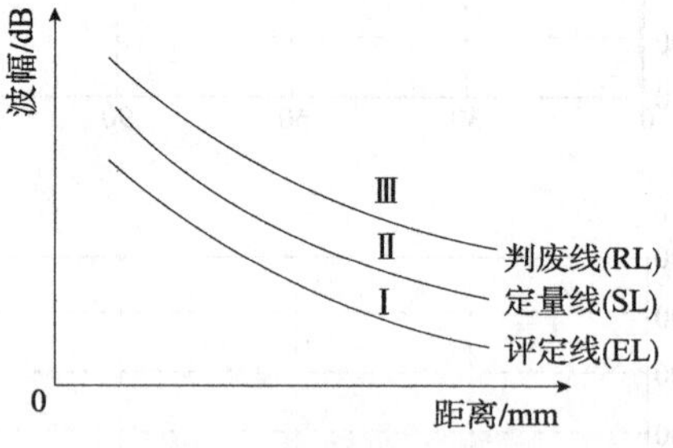

图 2　距离—波幅曲线

根据力学性能试验结果，无热熔焊接缺陷试件以及剔除内、外卷边的无热熔焊接缺陷试件的超声波波幅应该在评定线以下；ϕ1mm ×1mm、ϕ1mm × 2mm、ϕ2mm × 2mm、ϕ3mm × 1mm、ϕ3mm ×2mm、ϕ4mm ×2mm 孔洞型缺陷试件的超声波波幅应该在判废线以下；其余孔洞型缺陷在Ⅲ区。0.8mm ×1mm 的面积型缺陷试件的超声波波幅应该在判废线以下，其余面积型缺陷在Ⅲ区。因此，距离—波幅曲线灵敏度可按表 2 的规定：

表 2 距离—波幅曲线的灵敏度

管厚/mm	评定线	定量线	判废线
10 ~ 20	$\phi3\times20-30$dB	$\phi3\times20-24$dB	$\phi3\times20-16$dB

4 结论

通过对缺陷试件的力学性能测试表明，超声波检测结果与力学性能检测结果具有较好的一致性，证实了超声波检测方法具有较好的可靠性。不同类型的热熔对接缺陷对管道的力学性能有显著的影响，结合各种 PE 管热熔焊接典型缺陷试件的力学性能试验结果，以及各缺陷对应的超声波波形图，可确定距离—波幅曲线灵敏度，建立了 PE 管热熔接焊缝的质量进行判定依据，超声波检测结果与力学性能检测结果具有较好的一致性。

参考文献

[1]宋晓娟，彭星煜，喻建胜等．含工艺缺陷 PE 管道热熔焊接接头力学性能测试分析．热加工工艺，2020(15)：100－103.

[2]张琳．超声波检测 PE 管道热熔焊接缺陷的实验研究．工程塑料应用，2015(2)：90－94.

[3]卢涛，文华斌，张欣欣等．PE 管道热熔焊接工艺参数的实验．工程塑料应用，2021(5)：69－74.

[4]蔡勤，戚政武，韩佩城等．聚乙烯燃气管道热熔接头冷焊缺陷的 X 射线检测．中国特种设备安全，2021(6)：33－35.

[5]王海涛，吴琼，康正亮等．聚乙烯管热熔对接焊缝超声实验研究．实效分析与预防，2016(4)：203－207.

元素 Cr 的添加对铜合金拉伸性能的影响

尹　冲　赵　丹　张谷庆　马　轩　段海琳　王　宁

(陕西省特种设备检验检测研究院，陕西 西安　710048)

摘　要：对经过冷变形固溶时效处理过的工业纯铜和铬青铜开展拉伸性能测试，结果显示：工业纯铜和铜铬合金拉伸断口均为韧性断裂，二者屈服阶段均不明显，均无屈服平台。元素 Cr 的添加提升了铜合金的抗拉强度，使铜合金断面收缩率减小，韧性低于纯铜。

关键词：铬青铜；拉伸性能；屈服强度；断面收缩率

Influence of Cr Addition on the Tensile Properties of Copper Alloys

Yin Chong, *Zhao Dan*, *Zhang Guqing*, *Ma Xuan*, *Duan Hailin*, *Wang Ning*

(Shanxi Special Equipment Inspection and Testing Institute, Xi'an 710048, China)

Abstract: The tensile properties of industrial pure copper and chrome - bronze treated with cold deformation and solution aging were tested. The results showed that the tensile fracture of industrial pure copper and copper - chromium alloy was ductile fracture, and the yield stage was not obvious and there was no yielding plateau. The addition of Cr reduces the percentage reduction of area on copper alloy and the toughness of copper alloy is lower than that of pure copper.

Key words: chrome bronze; Tensile properties: yield strength; percentage reduction of area

1　引言

为了综合提升炼钢及焊接过程中安全、质量、效率、经济性各方面因素，精炼炉导电电极或电阻焊电极等关键部件不仅要满足良好的导电性、导热性，而且还要有较高的强度、耐用耐磨性等。

添加ⅥB 过渡元素 Cr 的铬青铜材质不仅具有优异的导电性、导热性，而且由于铬元素的加入提升了铜合金的耐蚀性、硬度、强度及耐磨性。张功曾对铜单晶线材的拉伸力学性能和变形特性进行研究，但文献关于添加元素 Cr 对铜合金拉伸性能的影响研究较少[1~3]。本文采用 INSTRON1341 电子万能试验机和 JSM - 6390A 扫描电镜设备，对碳钢棒、纯铜棒、微合金铬铜合金棒材的拉伸性能进行对比分析研究。

2　试验材料化学成分

本次实验以冷轧铜合金棒材为原料，工业纯铜和 QCr0.5 的化学成分按照 GB/T 5231—2012《加工铜及铜合金牌号和化学成分》标准[4-7]，工业纯铜和铬青铜化学成分质量分数见表 1 所示。

拉伸实验采用型号为 INSTRON1341 的电子万能试验机，该设备主要功能可以测试金属材料和非金属材料的拉伸、压缩和弯曲等力学性能试验[8]。实验最后用到了 JSM - 6390A 扫描电镜，扫描电镜是由电子枪发射并经过聚焦的电子束在样品表面扫描，激发样品产生各种物理信号，经过检测、视频放大和信号处理，在荧光屏上获得能反映样品表面各种特征的扫描图像。扫描电镜结构包括电子光学系统(镜筒)、信号的收集和图像显示系统、真空系统三部分[9~10]。其中，该设

作者简介：尹冲(1986—　)，工程师，主要从事特种设备检验检测工作，陕西省特种设备检验检测研究院。E - mail：cailiaoyc@ 163. com

备附带表面化学成分分析功能，扫描电镜附带功能可以增加能谱(EDS)，可以对断口表面异常部位或不清楚的异物进行表面化学成分测试。由于铜材料具有导电性，则样品制备无须进行特殊导电性处理，只需保持样品的表面洁净无污染即可。

表1　工业纯铜和铬青铜化学成分对比　　%

试验材料	化学成分(质量分数)										
	Cu + Ag	P	Ag	Cr	Fe	Ni	Pb	Sn	S	Zn	O
工业纯铜	99.95	0.001	—	—	0.005	0.002	0.003	0.002	0.005	0.005	0.02
QCr0.5	—	0.003	—	0.783	0.050	0.005	—	—	0.005	—	—
QCr0.5 标准要求	—	—	—	0.4 – 1.1	≤0.1	≤0.05	—	—	—	—	—

2　铜和铬铜合金拉伸试验方法

本次试验中，工业纯铜和铬青铜拉伸试验标准按照 GB/T 34505—2017《铜及铜合金材料室温拉伸试验方法》执行[11]，试验材料采用机加工圆形比例试样，图1为加工试样示意图。

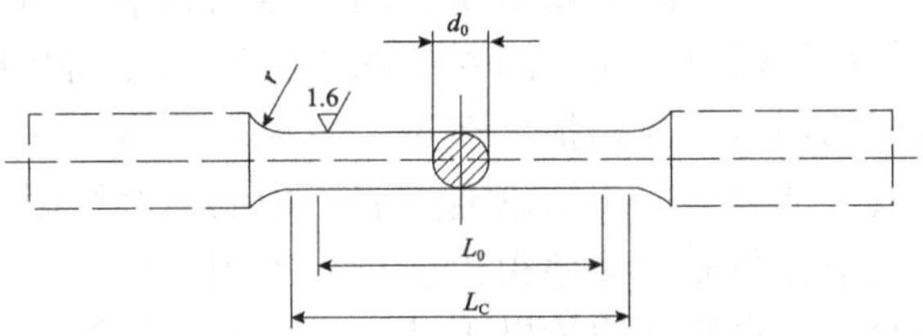

图1　机加工圆形横截面试样示意图

光滑拉伸试件由三部分组成。一是工作部分，即试件中间标注处，它在原材料或部件中的取向、部位及自身形状、各种精度、粗糙度及加工程序等在标准中都有详细规定。二是过渡部分，图中 r 部位，它是工作部分向外过渡的部分。这部分拉伸时会产生严重应力集中，处理不好会在此断裂，导致实验失败，尤其是脆性材料。三是夹持部分，部件两端最大截面处。这部分主要有两个作用，一是保证自身承载能力，在整个过程中不能断裂；二是要保证把载荷正确地加到工作部分上去。

此次拉伸试验比例系数取 $k=5.65$，圆形横截面试样平行部分的原始直径 $d_0=5$mm，原始标距 $L_0=25$mm，试样平行长度或管段试样的总长度 $L_c=35$mm，从头部到平行部分的过渡圆弧半径 $r\geqslant3.75$mm，加工的棒材两端按照45°进行倒角处理。

3　拉伸试验结果及分析

分别对冷变形固溶时效处理过的工业纯铜和铜铬合金试样进行力学性能测试，编号1#的工业纯铜棒材试样经过拉伸试验，应力应变曲线如下图2所示。1#工业纯铜试样在外力拉伸作用下，材料变形的弹塑性变形及断裂阶段无明显区分界线。其次，1#工业纯铜应力应变曲线无明显屈服平台阶段，对于这种无明显屈服点的金属材料，标准 GB/T 228.1—2021《金属材料拉伸试验　第1部分：室温试验方法》规定以产生0.2%残余变形的应力值为其屈服极限[12~15]。1#试样规定塑性延伸强度 $R_{p0.2}$ 测得为430MPa，1#试样抗拉强度 R_m 测得为432MPa。1#试样断面收缩率 Z 测得为76%。

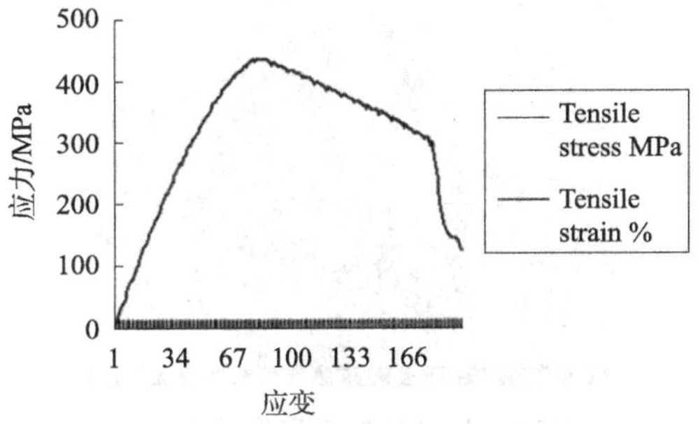

图2　1#试样应力应变曲线

编号2#的固溶时效处理铜铬合金棒材试样经过拉伸试验，应力应变曲线如图3所示。2#固溶时效处理铜铬合金试样在外力拉伸作用下，材料变形的弹塑性变形及断裂阶段也无明显区分界线。其次，2#固溶时效处理铜铬合金应力应变曲线同1#试样一样无明显屈服平台阶段，2#试样规定塑性延伸强度 $R_{p0.2}$ 测得为590MPa，2#试样抗拉强度 R_m 测得为597MPa。2#试样断面收缩率 Z 测得为33.2%。

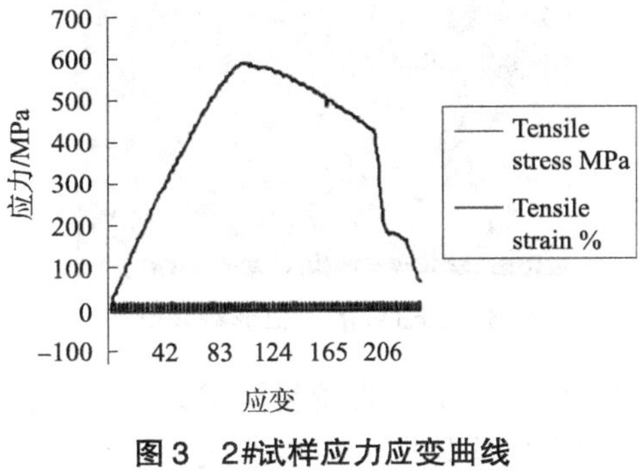

图3　2#试样应力应变曲线

拉伸试验结果及数据见表2，以上试验结果显示，经过冷变形和时效固溶处理的铜及铜铬合金力学性能均得到很大提升。元素Cr的添加对铜合金拉伸性能起到强化作用，其中铜铬合金2#试样相较纯铜1#试样抗拉强度提高了38%，屈服强度提高了37%，断面收缩率减小了56%。

表2　拉伸试验结果及数据

	1#试样	2#试样
抗拉强度 R_m/MPa	432	597
$R_{p0.2}$/MPa	430	590
Z/%	76	33.2

采用扫描电镜对试样断口组织进行分析，断口形貌如图4～图7所示。图4为纯铜拉断1#试样的30×断口形貌，图5为铜铬合金拉断2#试样的30×断口形貌，图6为纯铜拉断1#试样的断口形貌300×断口形貌，图7为铜铬合金拉断2#试样的300×断口形貌。

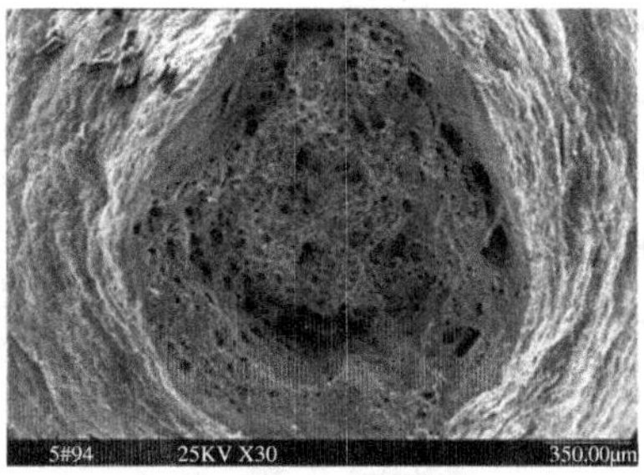

图4　1#试样的断口形貌30×

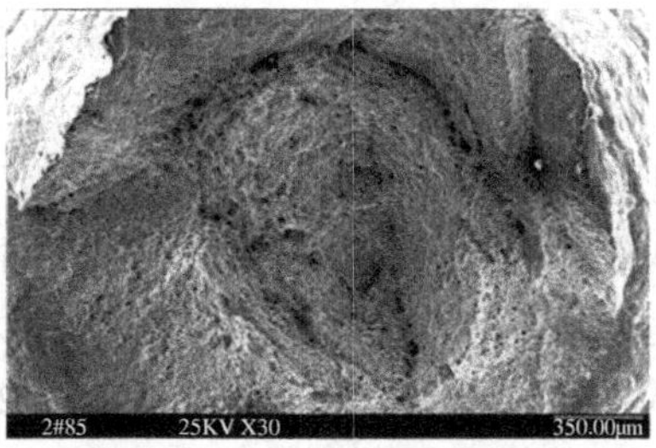

图5　2#试样的断口形貌30×

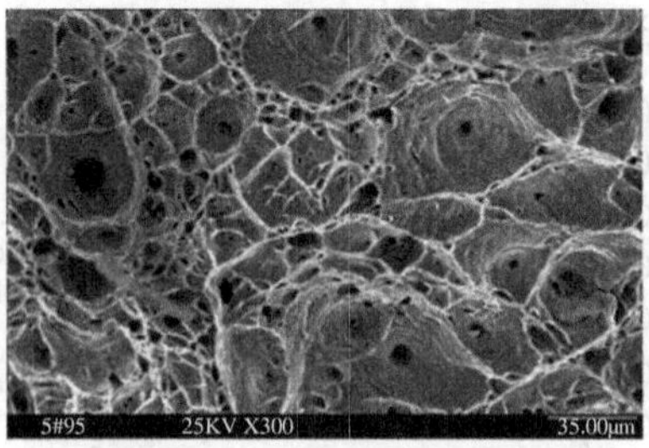

图6　1#试样的断口形貌300×

1#试样纯铜试样的断裂模式为明显的韧性断裂，断口产生均匀应力应变形成等轴型韧窝，1#

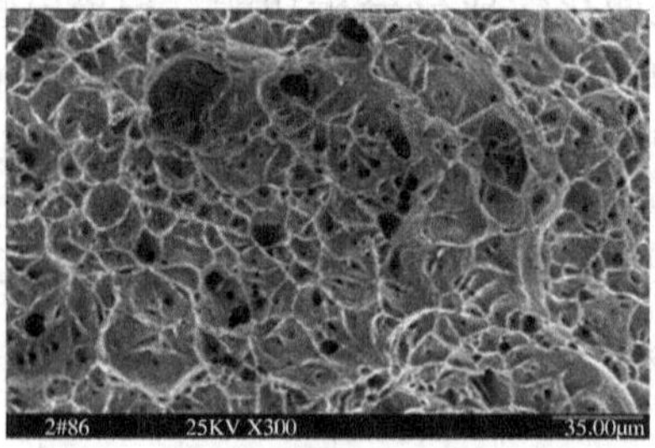

图7　2#试样的断口形貌300×

试样拉伸断口图4可见纤维区和剪切唇区明显界限，1#试样拉伸断口(图6)可见断裂表面出现了一些形状、大小和深浅不同的韧窝，且该韧窝较深、直径较大。2#试样铜铬合金断裂模式同样也是韧性断裂，其断口微观形貌如图6和图7所示。由图可见，2#试样断口形状较均匀，韧窝浅，韧窝直径较小，同样可见纤维区和剪切唇区明显界限。上图中，图4和图5分别是纯铜和铬青铜的整体扫描断口形貌，图6和图7分别是纯铜和铬青铜的韧窝底部扫描。经过二者比较，铬青铜韧性低于纯铜，这一结论通过表一中的屈服极限强度极限和断面收缩率得以验证。当用高纯铜金属实验时，它的延伸效果明显，断面收缩率高。

4　结论

(1)元素Cr的添加对铜合金拉伸性能起到强化作用，铜铬合金相较纯铜抗拉强度提高了38%，屈服强度提高了37%，断面收缩率减小了56%。

(2)由于铬青铜含铬量少，它的力学性能较纯铜变化不大，二者屈服阶段均不明显，均无屈服平台。

(3)工业纯铜和含铬铜合金拉伸断口均为韧性断裂，均有明显纤维区和剪切唇区，工业纯铜韧窝较深、直径较大，含铬铜合金断口形状较均匀，韧窝浅，韧窝直径较小。

(4)本次实验中添加Cr元素的铜合金断面收缩率减小，韧性低于纯铜。

参考文献

[1]张功，张忠明，郭学锋，时胜利．铜单晶的静拉伸力学性能和变形特性研究[J]．铸造技术，2004，25(6)：434－435.

[2]范新会，严文．单晶连铸技术研究进展及其应用前景[J]．西安工业学院学报，1999，19(4)：302－303.

[3]范新会，严文．高保真单晶金属线材的研究进展及其应用前景[J]．兵器材料科学与工程，2000，23(1)：62－65.

[4]胡斌．无铅易切削黄铜的组织与性能研究[D]．西安理工大学，2016.
[5]罗英．熔渗法制备铜合金[D]．南昌大学，2007.
[6]杨文昭，陈帅．颗粒增强铜基复合材料专利技术综述[J]．科学技术创新，2020(22)：183－184.
[7]陈春宇．Cu－Ti－Sn 导电弹性合金的组织与性能研究[D]．西安理工大学，2014.
[8]王开远．浅析新版金属材料室温拉伸试验方法国家标准[J]．大众标准化，2012(12)：66－69.
[9]闫晨曦，黄伟．SEM/EDAX 对腐蚀青铜器的形貌与元素分析[J]．光谱实验室，2013(6)：3356－3359.
[10]张保林，弋楠，朱蓉英，梁松溢．透射电镜与扫描电镜分析[J]．无线互联科技，2016(23)：25－26.
[11]程晓宇．室温拉伸试验标准 GB/T228.1－2010 应用解析[J]．理化检验－物理分册，2018(2)：122－124.
[12]宋久龙．铜及铜合金无铬钝化工艺及耐蚀性能研究[D]．西安理工大学，2018.
[13]苏义祥．一种 RECo 铬青铜熔炼质量控制要点[J]．铸造，2015(4)：346－348，352.
[14]朱宁．超高锰钢与铝青铜衬板的焊接工艺[J]．中国机械，2014(24)：8－9.
[15]都春燕．镍铝青铜合金的耐蚀性及表面处理的研究[D]．江苏科技大学，2014.

X80 管线钢环焊缝塑性应变的 EBSD 表征研究

刘木强[1,2]　孙　超[1]　尤景泽[1]　柳　旺[1]　商学欣[1]　刘嘉晨[1]
张雪涛[1]　王汉奎[1]　于镇洋[2]　宋　明[1]

(1. 中国特种设备检测研究院，北京　100029；
2. 天津工业大学 机械工程学院，天津　300387)

摘　要：研究表明，X80 高钢级管道的环焊缝脆断事故与残余塑性变形有一定关系，且多数脆断事故是从打底焊的焊趾处起裂，为了对打底焊区域的应变进行表征，采用全焊缝不同拉伸预变形量模拟管道轴向受力情况，结合数字图像相关法(DIC)分析环焊缝各区应变情况，进行化学成分、硬度、扫面电镜(SEM)和电子背散射衍射(EBSD)等检测手段，对打底焊进行残余塑性应变表征分析。结果发现，轴向拉伸过程中，打底焊焊趾区域变形量相较余高处更大，应变硬化现象更显著。不同拉伸变形量下的打底焊焊趾处核平均取向差(KAM)值随预应变量增加而增长的速率远高于余高处 KAM 值的波动值，可以通过对比焊趾处与余高处的 KAM 值判断打底焊区域是否发生塑性变形。

关键词：X80 管线钢；环焊缝；塑性变形；EBSD；核平均取向差

EBSD Characterization of Plastic Strain in X80 Pipeline Steel Ring Welds

Liu Muqiang[1,2], *Sun Chao*[1], *You Jingze*[1], *Liu Wang*[1], *Shang Xuexin*[1], *Liu Jiachen*[1],
Zhang Xuetao[1], *Wang Hankui*[1], *Yu Zhenyang*[2], *Song Ming*[1]

(1. China Special Equipment Inspection and Research Institute, Beijing 100029, China;
2. School of Mechanical Engineering, Tiangong University, Tianjin 300387, China)

Abstract: Studies have shown that girth weld brittle fracture accidents of X80 high steel grade pipes are related to residual plastic deformation, and most of the brittle fracture accidents start from the toe of the bottoming weld. In order to characterize the strain in the bottoming weld area, different tensile pre – deformations of the full weld are used to simulate the axial stress of the pipe, combined with the digital image correlation (DIC) method to analyze the strain in each zone of the ring weld, chemical composition, hardness, and The residual plastic strain characterization analysis of the bottoming welds was performed by means of swept surface electron microscopy (SEM) and electron backscatter diffraction (EBSD). It was found that the deformation in the toe area of the base weld was greater and the strain hardening phenomenon was more pronounced in the axial tensile process compared to the residual height. The kernel average orientation difference (KAM) value at the toe of the bottom weld under different tensile deformation increases at a much higher rate than the fluctuation of the KAM value at the residual height, and it is possible to determine whether plastic deformation occurs in the bottom weld area by comparing the KAM values at the toe with those at the residual height.

Key words: X80 pipeline steel; girth weld; plastic deformation; EBSD; KAM

作者简介：刘木强(1996—　)，男，在读硕士，从事钢铁材料失效分析专业方向的研究工作。E – mail：lmqdyxh@163. com

1 引言

API X80 高钢级管线钢已成为干线油气输送管道建设的首选钢种[1]。X80 管线钢在焊接时存在峰值温度高、速度快，高温停留时间短等特点，现场焊接难度大[2]。研究发现，X80 管线钢服役过程中受额外载荷或地质运动影响时也会导致管线钢产生最大约 4% 的塑性变形[3,4]，并且应变集中将首先出现在环焊缝的打底焊及母材热影响区部位，产生塑性应变累积效应，导致管道脆性断裂的风险增加，影响管道的安全运行[5,6]。

近年来，国内外高钢级管线钢油气管道环焊缝脆性断裂事故引起了社会广泛关注，例如中缅线 7·2 事故、泰青威 3·20 事故等，且事故多发生在不等壁厚焊口，具有从焊趾起裂、在焊缝区内壁向外壁扩展等特征，环焊缝脆断已成为行业内亟须解决的一个难题[7]。国内外众多学者对环焊缝脆断的原因进行了大量研究，Golikov 等[8]研究了焊接残余应力对管道环焊缝断裂的影响；张茗瑄等[9]研究了不同焊接工艺对环焊缝质量的影响；Xu 等[10]研究了氢对环焊缝断裂韧性的影响。此外，环焊缝的韧性与强度都对脆断有重要影响，并且通过试验证明了环焊缝处存在的残余塑性应变对韧性有不利影响。但目前行业内面临的一个难题便是焊缝处微小残余塑性应变表征较为困难，而残余塑性变形的识别与表征对推动环焊缝脆断深层次机理的研究起到关键作用。实现塑性应变表征的难点在于实际应变量较小，不易通过常规手段发现，通过材料的微观组织微小变化进行表征是识别微小塑性应变的主要手段。现阶段对塑性应变的表征方法有 XRD、透射电子显微镜（TEM）和 EBSD，与 XRD、TEM 相比，EBSD 不仅样品制备相对简单，空间分辨率较高，可实现从亚微米级到微米级范围的分析，更易实现对应变的定性或定量表征[11,12]。

为此，通过研究轴向预拉伸变形（0%、1%、1.5%、2%）后的环焊缝打底焊区域的应变响应特征，采用 DIC 系统监测拉伸过程中环焊缝区域的应变响应，利用 EBSD 技术对打底焊区域进行塑性应变表征，实现对打底焊区域微小塑性应变的定性或半定量表征，以期促进对高钢级管线钢环焊缝脆断机理的研究，有效控制环焊缝失效事故的发生。

2 试验

2.1 试验材料

试验所用 X80 高钢级管线钢来自于四川油建未服役试验环，采用微合金化设计以及控轧控冷工艺（TMCP）制造，焊缝区域及 A、B 两侧母材的化学成分如表 1 所示，均符合 API Spec5L—2007 标准。

表 1 含焊缝区域的 X80 管线钢化学成分（质量分数） %

	C	Si	Mn	P	S	V + Nb + Ti	Cu	Ni	Cr	Mo
A 侧	0.057	0.236	1.815	0.0106	0.0013	0.117	0.017	0.045	0.268	0.189
焊缝	0.060	0.075	1.456	0.0084	0.0014	0.0469	0.015	3.000	0.070	0.055
B 侧	0.065	0.190	1.734	0.0109	0.0013	0.101	0.009	0.047	0.196	0.146

2.2 试验方法

试验所用拉伸试样为非标准试样，试样带有完整环焊缝，沿管道轴向取样，全长 300mm，环焊缝居中。拉伸试验在 SHT4106 型微机控制电液伺服万能试验机上进行，并使用 DIC 监测拉伸过程的应变响应，拉伸速率为 0.5mm/min，拉伸试验控制变形量分别为 1%、1.5%、2%。

金相试样从环焊缝处切取，经镶样、磨抛、浸蚀后使用 Axiom Imager A2m 型光学显微镜观察金相组织。在打底焊区域切取 EBSD 试样，将其打磨抛光后再进行电解抛光，使用 Sigma500 场发射扫描电子显微镜选配牛津仪器设备配的 EBSD 附件进行表征。试验时样品倾角为 70°，加速电压 20kV，步长 0.2μm，扫描范围为 200μm × 100μm。选用基于 MATLAB 软件的 MTEX 开源代码对 EBSD 试验数据进行分析处理。

3 结果与分析

3.1 宏观及微观金相组织

图 1 所示为 X80 管线钢环焊缝的金相显微组织。该环焊缝是由多道焊焊接形成，如图 1(a)所示。图 1(b)所示为打底焊区域金相组织，可以看到主要以柱状晶为主。打底焊区域由于焊接线能量很大，熔池中的杂质熔化，致使非自发形核的晶粒数目大幅减少，更多依附于熔池周围母材晶粒的现有表面进行外延生长，同时热量通过母材散失，因此打底焊区域晶粒以柱状晶为主。图 1(c)、(d)、(e)所示分别为 B 侧焊趾区、余高区、A 侧焊趾区金相组织，在柱状晶的基础上经冷却转

变形成焊缝金属二次组织，由图可知打底焊区域主要由针状铁素体和一定量的魏氏铁素体组成。

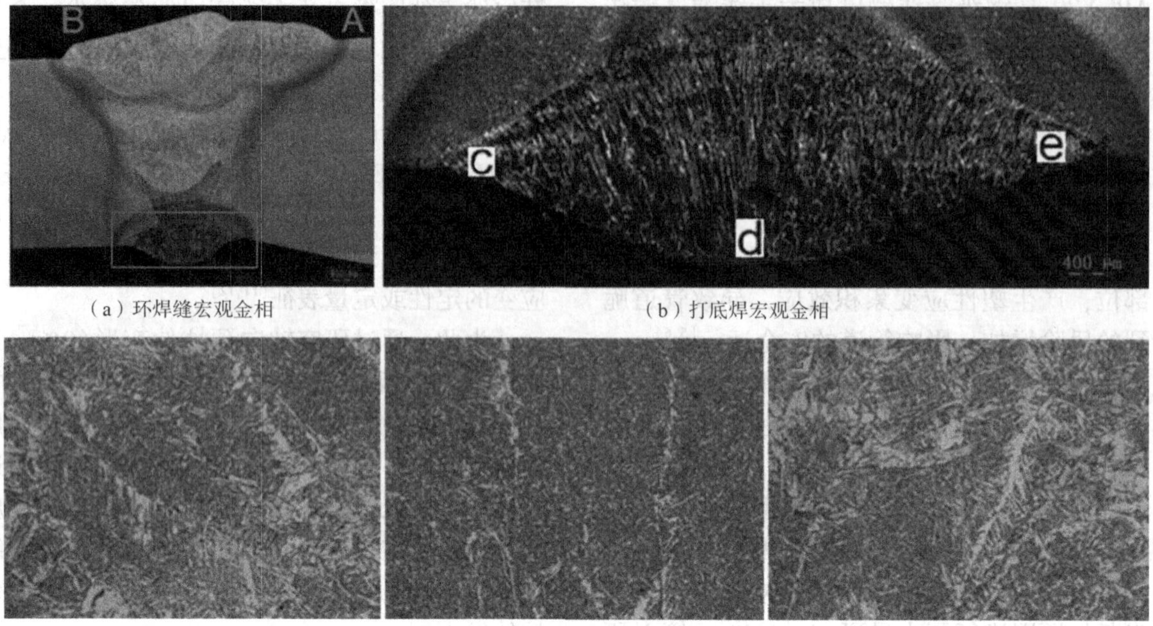

（a）环焊缝宏观金相　　（b）打底焊宏观金相

（c）B侧焊趾　　（d）余高处　　（e）A侧焊趾

图 1　环焊缝显微组织

3.2　拉伸过程中应变响应特征

带有全焊缝的 X80 试样在拉伸过程中由于两侧母材壁厚不同，以及焊接接头的焊趾处存在凹坑、余高等容易造成应力集中，造成各部分应变不同。图 2 所示为 X80 管线钢全焊缝拉伸过程的应变云图，可以将该应变过程大概分为两个阶段，即均匀塑性变形阶段和环焊缝区域变形阶段。在均匀塑性变形阶段，预拉伸应变为 1% 时，由于应变量较小，母材与环焊缝处均有一定的变形协调能力，因此环焊缝处与薄壁侧（B 侧）母材的变形一致。随着变形量的增加，由于环焊缝处与两侧母材的应变协调能力不同，变形开始向比较薄弱的环焊缝处聚集，如图 2 所示应变量达到 1.5% 时两侧热影响区的变形开始增大，进入环焊缝区域变形阶段。Afrin 等[13]认为在中小等级应变下材料变形受晶粒度影响较大，热影响区的晶粒较大，位错在晶状体内运动的阻力增大，因此热影响区具有较高的应变硬化能力。但也注意到在打底焊的余高处变形量较小，这是由于打底焊区域存在几何不连续性，余高处受力的作用较小，当环焊缝承受较小应力时，焊趾处产生应力集中变形量较大，打底焊余高处变形量则较小。

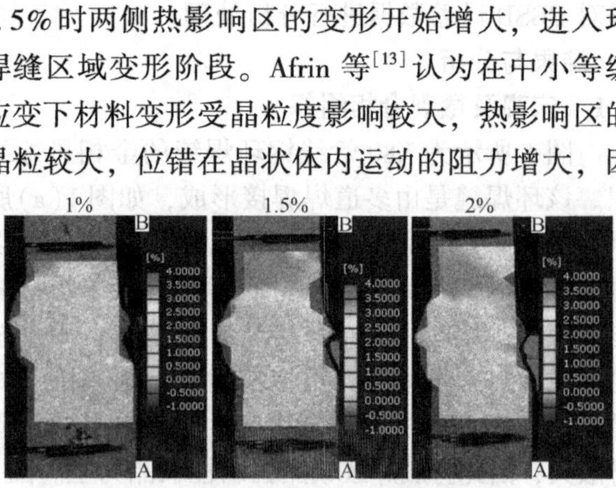

图 2　不同应变量下环焊缝区域的 X80 管线钢 DIC 应变云图

Han 等[14]认为在管线钢拉伸塑性变形过程中，位错在晶粒内运动并大量增殖，导致内部位错密度显著升高，位错间彼此缠结生成胞状亚结构甚至亚晶界，位错运动的阻力增大，可以显著提高管线钢的硬度。通过不同应变量下的硬度云图发现，零应变状态下焊缝处硬度值略高于两侧母材，且焊缝内部的硬度分布并不均匀，反映了焊缝组织的不均匀性。试样在拉伸过程中，首先会在软化区发生塑性变形，而变形导致试样产生应变硬化，进而阻止该区域的塑性变形，使变形转移至其他次软化区。由图 3 可以看出当应变量达到 1% 时，两侧母材尤其是 B 侧母材区域硬度增长速度较快，而环焊缝区域的硬度则无明显变化，变形后 B 侧母材区域与环焊缝区域的硬度基本相同，这便是在塑性变形作用下软化区产生应变硬化导致的。随变形量继续增大，变形逐渐转移至其他次软化区，即焊缝区域的两侧热影响区，随后的变形主要集中在两侧热影响区。当应变量继续增大到 1.5% 和 2% 时，从图 3 可以看到两侧热影响区和产生应力集中的焊趾处的硬度值增长较快，说明该区域变形量较大，产生的应变硬化效果比较显著。同时，2% 应变量以下打底焊余高区域的硬度值基本没有变化，说明该处变形量较小导致应变硬化效果不明显。

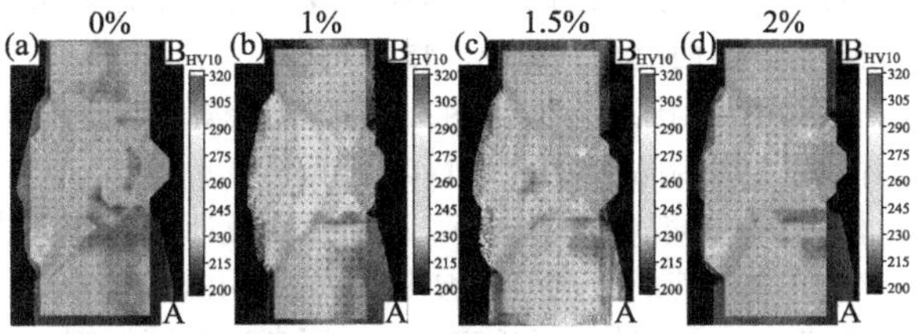

图 3　不同应变量下环焊缝处硬度变化情况

3.3　塑性变形对取向图与 KAM 图的影响

图 4 所示为不同应变量下 X80 管线钢环焊缝区域的反极图(IPF 图)，可用于描述晶状体的微观取向。数据处理时设置晶界临界取向差为 2°，即相邻数据点间的取向差值超过 2°并形成闭环区域则被认定为晶界。可以通过颜色的不同识别晶粒，各颜色代表的取向由反极图给出。从图中可以看到，不同残余塑性应变量下的晶粒大小与组织形态没有显著变化，晶状体取向的分布略有不同，但没有规律性。

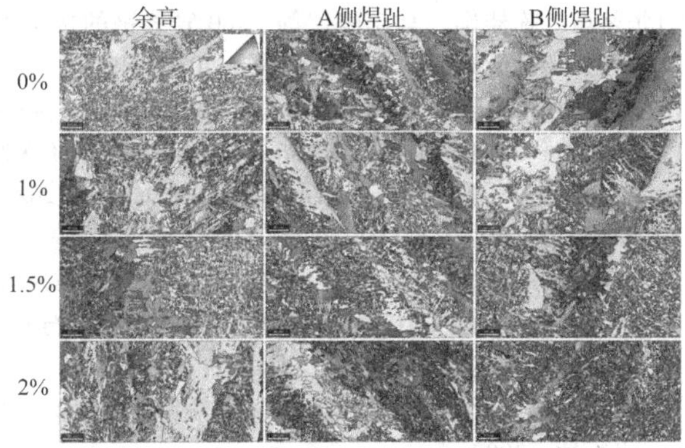

图 4　不同应变量下的环焊缝区域反极图

材料发生塑性变形时，位错在切应力作用下沿滑移面运动，晶状体发生旋转，导致相邻数据点间的取向差发生变化。随变形量的增加，位错的增殖及其运动过程中的交互作用，导致晶粒内位错密度增大，位错易形成缠结进而生成胞状亚结构，导致晶内取向发生变化[15]。核平均取向差(KAM)可以敏锐的识别相邻数据点间的取向关系，以晶状体内某一点作为参考取向，计算与之相邻的各数据点之间的取向差值，并在图像上以不同颜色显示，颜色的变化表示取向差异大小，间接反映残余塑性变形量。可以通过 MATLAB 软件计算 KAM 值并以此表示该区域的变形大小。KAM 值通过像素点对 j 和 k 的取向差角计算[16]，计算公式(1)如下：

$$KAM(j) = \left[\frac{1}{K}\right]\sum_{k} W_{jk} \tag{1}$$

式中，K 代表像素点 j 周围的像素点个数之和(在 KAM 计算中，$k=4$)，是像素点对(j，k)之间的取向差。通过图 5 的 KAM 图可以看到，随着应变的增大，两侧焊趾处的 KAM 图颜色逐渐由蓝色过渡为黄色，表明晶状体变形越严重，且范围内晶状体变形并不均匀，在某些区域和晶界处变形更严重，而余高处的 KAM 图在不同应变量下的颜色变化不大，表明该区域变形量相对较小。

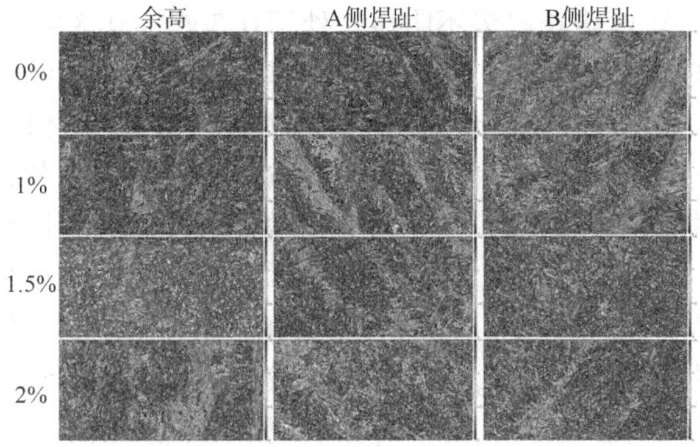

图 5　不同应变量下的环焊缝区域 KAM 图

3.4　结果分析与讨论

通过 MTEX 计算并绘制 KAM 值随应变的变化图(图 6)。在零应变状态下，打底焊区域的 KAM 值均大于 0.27°，这是管线钢生产制造过程中的原始状态，且两侧焊趾的 KAM 值均低于余高处的 0.313°，A、B 侧焊趾处的 KAM 值相比余高处减小了约 13% 和 5%，这与管线钢焊接过程的特点有关。管线钢焊接时母材金属在高温热源的作用下快速熔化，并与焊丝金属混合形成高温熔池，并在熔池形成的过程中进行剧烈而复杂的冶金过程，焊接热源移动后，熔池金属逐渐冷却凝固。然而无论是受热焊接还是冷却凝固过程，焊缝周围都被母材冷金属包围，焊缝、热影响区与母材形成一个整体，相互关联，相互制约，熔池的热胀冷缩以及随后的相变过程而导致的焊缝伸长与缩短均部分受阻，形成内应力与应变[17~18]。因而两侧焊趾由于受母材区域的制约导致焊接应变较小，而打底焊余高部分受到的制约相对较小，焊接应变大，从而导致余高处 KAM 值相对两侧焊趾处的值更大。

拉伸试验过程中，打底焊区域的两侧焊趾处由于几何不连续会产生应力集中，导致该区域变形量相对其他区域更大，KAM 增长速度明显大于余高处(如图 6)。在 2% 及以下应变时，余高处

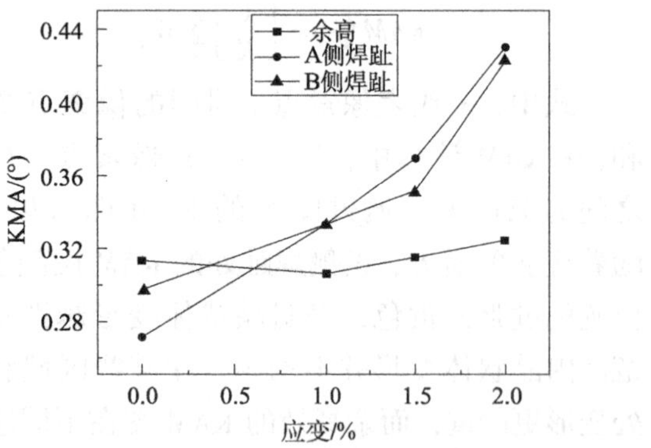

图6　不同应变量下的打底焊余高与两侧焊趾处 KAM 变化趋势

KAM 值增长趋势不明显，处于 0.306°～0.324°内波动，波动量约为 5%。两侧焊趾处则基本呈线性关系增长，应变量时 1% 时两侧焊趾处 KAM 值相同，相较余高处增长了近 8%，达到了 0.333°，相较零应变状态下的 KAM 值更是增长了近 17%，说明 KAM 值对小应变的表征具有很高的敏锐度。应变量达到 1.5% 和 2% 时，A 侧焊趾相较余高处增长分别约为 17%、33%，B 侧焊趾相较余高处增长分别约为 11% 和 31%。在 1%、1.5% 和 2% 应变量下，相对于余高处 5% 左右的数值波动，两侧焊趾处的 KAM 增长率远大于 5%，因此，在应变量小于 2% 及以下时，可以对比打底焊焊趾处与余高处的 KAM 值来判断打底焊区域是否发生了塑性变形。

4　结论

(1)在试样拉伸过程中，应变量低于 1% 及以下时薄壁侧母材与环焊缝协同变形，变形量相对一致；应变量增大后，变形将主要集中在环焊缝处，且是比较薄弱的热影响区部位。由于焊趾处产生应力集中，两侧焊趾处的变形较大，打底焊余高处的变形则相对较小。

(2)拉伸变形后试样产生应变硬化现象，均匀变形阶段时薄壁侧母材与环焊缝协调变形，由此产生的应变硬化效果基本相同。进入环焊缝变形阶段后，环焊缝尤其是热影响区部位的应变硬化能力强，导致该区域的硬度值增长较快。两侧焊趾部位由于变形量较大，硬度值高于其他区域。

(3)通过对打底焊区域的 EBSD 分析发现，应变对晶状体取向的影响没有规律性。原始状态下两侧焊趾处的 KAM 值均低于余高处，而随着因变量的增大，两侧焊趾处的 KAM 值基本呈线性关系增长，余高处的 KAM 值增长趋势不明显，可以对比焊趾处与余高处的 KAM 值来判断打底焊区域是否发生塑性变形。在实际应用中可以有针对性地对焊趾处与余高处进行 EBSD 表征。

参考文献

[1]曹波，杨文志，巨银军．X80 管线钢轧制工艺基础研究[J]．山西冶金，2022，45(2)：3.

[2]王新峰，商国晟，王楚涵，等．X80 钢焊接工艺研究[J]．金属制品，2015，41(2)：3.

[3]柏明卓，郑磊，张备，等．基于应变设计用 X80 大应变 UOE 钢管的研发[J]．宝钢技术，2013(3)：8.

[4]高建忠，马秋荣，王长安，等．国产 X80 管线钢的应变时效行为及预防措施[J]．机械工程材料，2010，034(001)：5－8.

[5]宋明，王汉奎，徐彤，等．高钢级油气管道环焊缝断裂问题研究[J]．中国特种设备安全，2021.

[6]王汉奎，商学欣，柳旺，等．高钢级油气管线环焊缝应变时效脆化研究[J]．压力容器，2021，38(5)：6.

[7]周桂娟，童志，陈晓华，等．X80 管线钢焊接与焊缝开裂影响因素研究进展[J]．材料导报，2022，36(2)：164－172.

[8]Golikov N I．Effect of Residual Stress on the Destruction of Field Joints of Gas Pipelines Operating in Conditions of the North[J]．Procedia Structural Integrity，2019，20：161－166.

[9]张茗瑄，陈桂娟，马志鹏，等．X80 管线钢的接头组织和力学性能研究[J]．焊接技术，2020，49(4)：7.

[10]Xu K，Qiao G Y，Wang J S，et al. Effect of plastic pre－strain on the fatigue properties of welded joints of X80 LSAW pipes[J]．International Journal of Fatigue，2020，139：105788.

[11]王建军，宋武林，郭连贵．电子背散射衍射技术及其在材料分析中的应用[J]．理化检验：物理分册，2006，42(6)：4.

[12]杨平．电子背散射衍射技术及其应用[M]．冶金工业出版社，2007.

[13]Afrin N，Chen DL，Cao X & Jahazi M. Strain hardening behavior of a friction stir welded magnesium alloy[J]．Scripta Materialia，2007，57(11)：1004－1007.

[14]Han Jian，Lu Cheng，Wu Bintao，Li Jintao，Li Huijun，Lu Yao，et al. Innovative analysis of Luders band behaviour in X80 pipeline steel[J]．Materials Science & Engineering A，2017，683(4)：123128.

[15]Mk A，Ys B，Ry C，et al. A round robin EBSD measurement for quantitative assessment of small plastic strain[J]. Materials Characterization，2020.

[16]Nathalie Allain－Bonasso，Francis Wagner，Stéphane Berbenni，David P. Field. A study of the heterogeneity of plastic deformation in IF steel by EBSD[J]．Materials Science & Engineering A，2012，548：

[17]杜则裕．焊接科学基础[M]．机械工业出版社，2012.

[18]毕宗岳．管线钢管焊接技术[M]．石油工业出版社，2013.

X80 高钢级管线钢残余塑性应变的 EBSD 表征方法研究

刘木强[1,2] 孙 超[1] 尤景泽[1] 柳 旺[1] 商学欣[1] 刘嘉晨[1]
张雪涛[1] 王汉奎[1] 于镇洋[2] 宋 明[1]

(1. 中国特种设备检测研究院，北京 100029；
2. 天津工业大学 机械工程学院，天津 300387)

摘 要：利用电子背散射衍射(EBSD)与 X 射线衍射(XRD)对不同塑性应变的 X80 管线钢进行表征研究，获得不同应变量下的晶状体取向信息以及衍射信息。通过引入 EBSD 图像中的核平均取向差图(KAM)、晶界统计以及由 XRD 衍射信息中的半峰全宽和晶格常数计算得到的位错密度等数据，反映材料内部由塑性应变累积引起的微观结构变化，并探究各方法间的优缺点。结果表明，随着塑性应变量的增加，材料内部的小角度晶界数量与位错密度随之升高，试样硬度与 KAM 值也随之增加。

关键词：X80 管线钢；塑性变形；核平均取向差；EBSD；XRD

EBSD Characterization Method for Residual Plastic Strain in X80 High - grade Pipeline Steel

Liu Muqiang[1,2], *Sun Chao*[1], *You Jingze*[1], *Liu Wang*[1], *Shang Xuexin*[1], *Liu Jiachen*[1],
Zhang Xuetao[1], *Wang Hankui*[1], *Yu Zhenyang*[2], *Song Ming*[1]

(1. China Special Equipment Inspection and Research Institute, Beijing 100029, China;
2. School of Mechanical Engineering, Tiangong University, Tianjin 300387, China)

Abstract: The electron back scatter diffraction (EBSD) and X - ray diffraction (XRD) experiments were carried out on the X80 pipeline steel at different plasticity strains in order to obtain crystal orientation information and diffraction information at different strains. By introducing the kernel average misorientation (KAM) in EBSD images, grain boundary statistics, and the dislocation density calculated from the full width at half maximum and lattice constant in XRD diffraction information, the microstructural changes within the material caused by the accumulation of plastic strain. The results showed that the number of small - angle grain boundaries and dislocation density inside the material increased with the increase of plastic strain, and the hardness and KAM values of the specimens also increased.

Key words: X80 pipeline steel; plastic deformation; KAM; EBSD; XRD

1 引言

API X80 高钢级管线钢目前已成为干线油气输送管道建设的首选钢种[1]。研究发现，X80 管线钢采用的 UOE、JCOE 等成形制造方法使钢管产生 2% 的横向应变，服役过程中受额外载荷或地质运动影响时也会导致管线钢产生最大约 4% 的塑性变形[2,3]，使其微观组织以及力学性能发生变化，韧性下降，管道脆性断裂的风险增加，影响了管道的安全运行[4,5]。

实现塑性应变表征的难点在于实际应变量较小，不易通过常规手段发现。通过材料的微观组织微小变化进行表征是识别微小塑性应变的主要

作者简介：刘木强(1996—)，男，在读硕士，从事钢铁材料失效分析专业方向的研究工作。E - mail：lmqdyxh@163. com

手段。现阶段对塑性应变的表征方法有 XRD、透射电子显微镜(TEM)和 EBSD，与 XRD、TEM 相比，EBSD 的空间分辨率较高，可实现亚微米级的分析，更易实现应变的定性或定量表征[6,7]。EBSD 是通过研究形变后由位错导致的取向变化来分析材料内的应变大小。本世纪初 Field、Hu 等人[8-9]就使用 EBSD 设备实现对塑性应变的表征，目前，EBSD 技术已被广泛应用于塑性应变的定性以及定量评估[10]。EBSD 分析方法在研究显微组织形变情况时有多种数据处理方法，包括 Euler 图、IPF 图、花样质量(BC 图)和取向差分布图等[11]。因此，本文旨在利用 EBSD 分析技术对 X80 管线钢的残余塑性应变进行表征，探究晶体取向、KAM 值以及晶界特征等分析方法与应变量之间的关系，并对比各种表征方法之间的优缺点。

2 试验

2.1 试验材料

试验所用 X80 高钢级管线钢材料样品来自于四川油建未服役试验环，采用微合金化成分设计以及控轧控冷工艺(TMCP)制造，化学成分如表 1 所示，均符合 API Spec 5L - 2007 标准。

表 1　X80 管线钢母材化学成分(质量分数)　　%

	C	Si	Mn	P	S	V + Nb + Ti	Cu	Ni	Cr	Mo
X80	0.065	0.190	1.734	0.0109	0.0013	0.101	0.009	0.047	0.196	0.146

2.2 试验方法

从管线钢板切取尺寸为 300mm × 30mm × 15mm 的试验梁，使用 YGBS - 500A 弯曲试验机对试验梁进行四点弯曲试验。弯曲挠度为 15mm，速率 0.5mm/min，保载 1min。使用静态应变测试仪与 DIC 监测加载过程的变形。在试验梁的端部未变形区切取金相试样，经镶嵌、磨抛以及 4%硝酸乙醇溶液浸蚀后，使用 Axiom Imager A2m 型光学显微镜观察金相组织。

在试样中部均匀塑性变形区与端部未变形区分别切取三个尺寸为 10mm × 10mm × 5mm 的 EBSD 试样，将其打磨抛光后再进行电解抛光，使用配备牛津仪器设备 EBSD 附件的 Sigma500 场发射扫描电子显微镜进行表征。试验时样品倾角为 70°，加速电压 20kV，步长 0.2μm，扫描范围为 200μm × 100μm。选用基于 MATLAB 软件的 MTEX 开源代码对 EBSD 试验数据进行分析处理。XRD 试验使用 Rigaku SmartLab SE X 射线衍射仪配 Cu - Kα 辐射光源分析不同残余塑性应变量下样品的衍射谱。

3 试验结果与讨论

3.1 母材金相组织与应变监测结果分析

X80 管线钢显微组织如图 1 所示。图 1(a)为光学显微组织照片，图 1(b)为 SEM 显微组织照片。X80 管线钢主要由粒状贝氏体(GB) + 多边形铁素体(PF)组成，图(b)中黑色背景为 GB 基体。

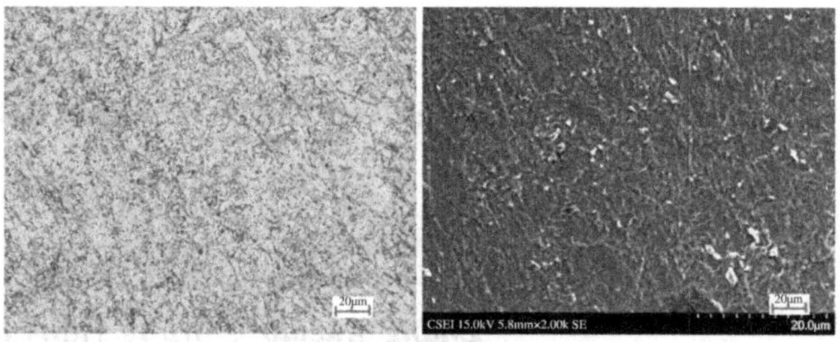

(a)光学 ×500　　(b)SEM×2.0k

图 1　X80 管线钢显微组织

应变监测结果如图 2 所示。从 DIC 应变云图中可以看到，经四点弯曲卸载后试样中部区域变形均匀，X80 管线钢的残余塑性应变值在 -3.1% ~3.9% 之间。

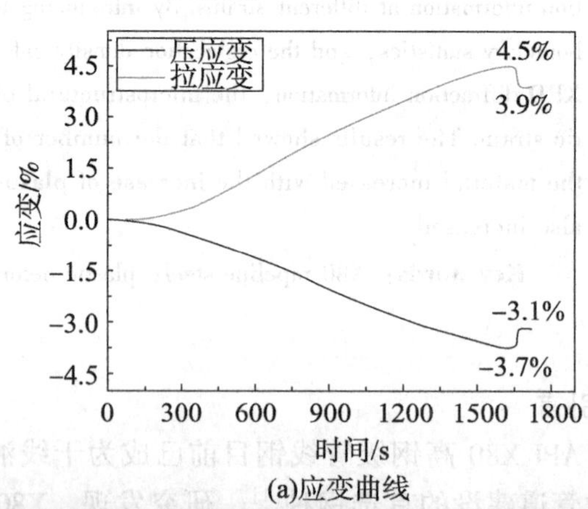

(a)应变曲线

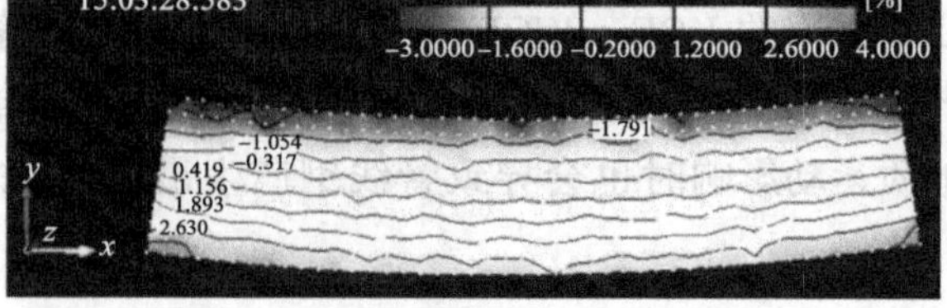

(b)DIC云图

图 2　应变监测结果

3.2 塑性变形对取向图与 KAM 图的影响

图 3 所示为不同应变量下 X80 管线钢的反极图(IPF 图)，可用于描述晶状体的微观取向。从图中可以看到，不同残余塑性应变量下的晶粒大小与组织形态看不到显著变化，晶状体取向的分布略有不同，但没有规律性。

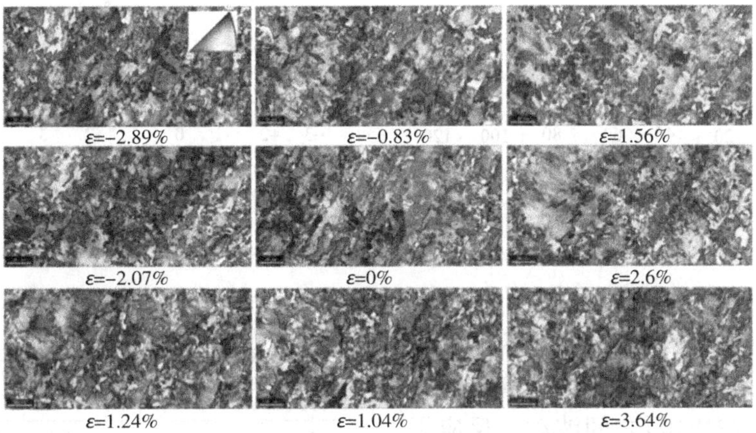

图 3 不同应变量下的 X80 管线钢反极图

材料发生塑性变形时，位错在切应力作用下沿滑移面运动，由于位错的增殖及其运动过程中的交互作用，位错易形成缠结进而生成胞状亚结构，导致晶内小角度晶界增多，取向发生一定变化。核平均取向差(KAM)是以晶状体内某一点作为参考取向，并计算与之相邻的各点之间的取向差值，并在图像上以不同颜色显示，颜色的变化表示取向差异大小，间接反映残余塑性变形量。通过图 4 的 KAM 图可以看到，随着应变的增大，颜色逐渐由蓝色过渡为黄色，表明晶状体变形越严重，且范围内晶状体变形并不均匀，由于位错易在杂质以及晶界处塞积，导致在某些区域晶界处变形更严重。

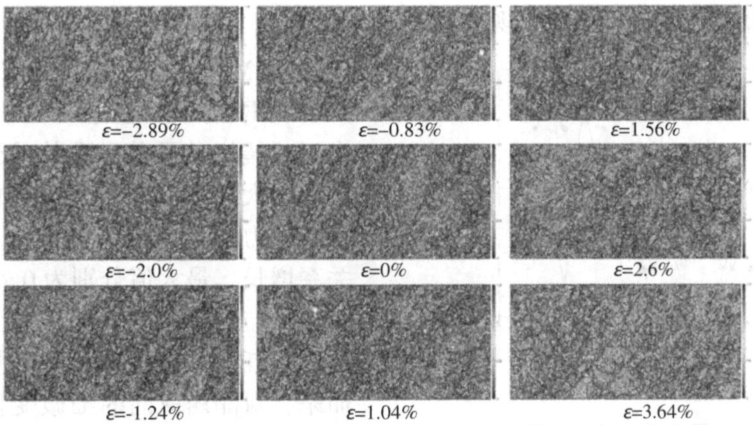

图 4 不同应变量下的 X80 管线钢 KAM 图

3.3 不同残余应变量下的位错密度变化

由于 EBSD 方法对宏观晶状体位错密度的统计性较差，选用 XRD 研究试样的内部位错密度，结果如图 5 所示。材料发生塑性变形后会导致内部存在一定的微应变，致使 XRD 衍射峰的宽化。材料的塑性变形与内部的微应变有关，使用衍射图像中的半峰宽表示材料内部的微应变大小，如图 5(a)所示。体心立方(BCC)晶状体的微应变与位错密度之间的计算方式[12,13]：

$$\rho = 14.4\,\varepsilon^2/b^2 \tag{1}$$

式中，ρ 为位错密度，b 为伯格斯矢量，可由公式(2)计算得出。

$$|b| = \frac{\sqrt{3}}{2}a \tag{2}$$

式中，a 为晶格常数，相应数据如表 2 所示。根据公式(1)计算得出的位错密度如图 6(b)所示，结果表明：随着管线钢宏观应变量的增大，累积应变导致晶粒微畸变严重，微应变与位错密度增加。

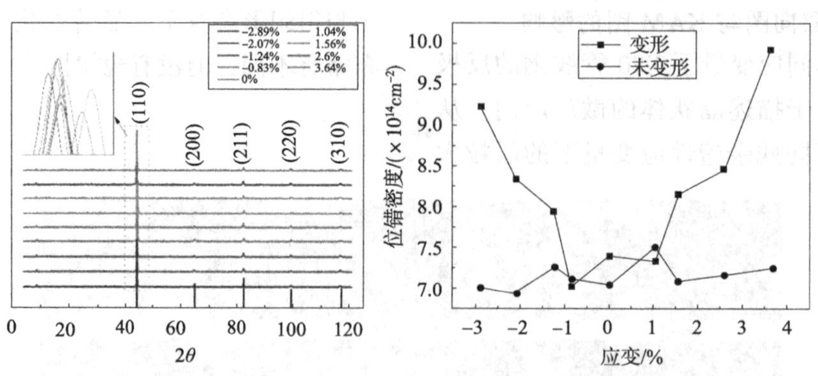

(a)XRD图 (b)位错密度

图 5 不同应变量下

3.4 讨论

图 6 所示为管线钢四点弯曲试验前后的硬度变化情况，从图中可以看出，未变形的管线钢硬度值分布在 228 ~ 235(HV10)之间波动，反应了材料内部组织的不均匀性。变形后，应变量在 ±2% 以内时，管线钢硬度的变化并不明显，而是处于原始状态下的钢材硬度变化范围内；应变量大于 ±2% 时，管线钢硬度有一定的增加，达到约 237(HV10)，此时硬度值仍然有一定的波动，并且硬度与应变值不是关系，很难通正相关过管线钢变形前后的硬度变化来评估应变大小。应变量大于 ±2% 时，管线钢硬度的增加是由于塑性变形后内部位错密度的升高[如图 5(b)所示]以及胞状亚结构数量的增多导致钢材出现了形变强化现象。

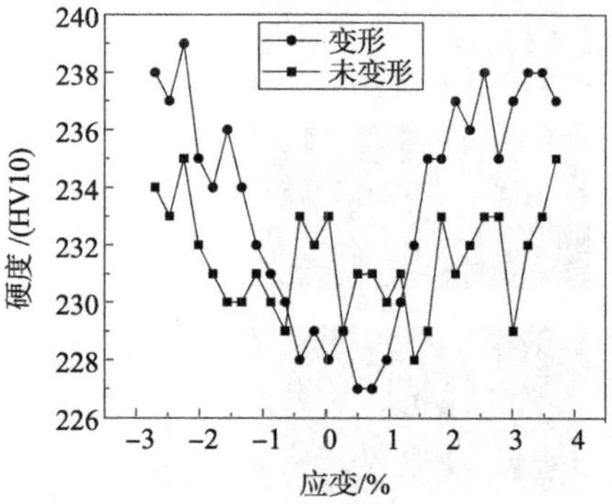

图 6 不同应变量下的硬度变化情况

对不同应变量下的试样进行 XRD 表征，结果如图 6 及表 2 所示。通过表 2 中不同应变量下的 ε 值发现，当应变量大于 ±1% 时，试样内的微应变随宏观应变的增加而增加，且与宏观应变有较好的对应关系，但当应变量在 ±1% 内时微应变值有些波动，无法通过微应变反映材料的宏观应变大小。通过计算也发现，随着应变量的增加内部位错密度也随之增加。但由于 XRD 测量的是试样整体，其中晶粒数量庞大，得到的结果是一个宏观的统计值，无法对材料的微观组织或特征晶粒进行测量。

表 2 不同应变量下位错密度及其参数值

应变量	ε	a/nm	b/nm	$\rho/\times10^{14}\,\mathrm{cm}^{-2}$
-2.89%	0.199	0.28672	0.24831	9.24893
-2.07%	0.189	0.28708	0.24862	8.32183
-1.24%	0.185	0.28731	0.24882	7.96055
-0.83%	0.173	0.28657	0.24818	6.99732
0%	0.178	0.28671	0.24830	7.40041
1.04%	0.177	0.28646	0.24808	7.33027
1.56%	0.186	0.28549	0.24724	8.14977
2.6%	0.190	0.28630	0.24794	8.45601
3.64%	0.205	0.28506	0.24687	9.92971

通过 MTEX 计算并绘制 KAM 值随应变的变化图(图 7(a))。由图可知，X80 管线钢未变形区的 KAM 值是在 0.35° ~ 0.363° 范围内波动，这是管线钢生产制造过程中的原始状态。变形后，由于位错增殖及其导致的晶格偏转将导致晶内取向差增大，KAM 值随应变量的增加而增加，此时受拉应力侧与压应力侧的 KAM 值基本满足线性关系增长，最大值分别为 0.421° 和 0.394°，说明应变量与 KAM 值基本呈正比。由于 KAM 值是根据晶内任一数据点与相邻数据点间的取向差计算而来，对晶内取向的细微变化非常敏感，并且计算时排除了晶粒间相互影响的因素，因此，KAM 值可以很好的被用来评估材料内的微小塑性累计应变。由于塑性变形后小角度晶界数量增多，可以利用小角度晶界数量反映微区的应变程度。对不同应变量下的小角度晶界(＜2°)数量的统计[图 7(b)]发现，小角度晶界的数量随应变量的增加而增加，且与应变量有较好的对应关系。但这种方法受限于设备的空间分辨率、SEM 电子束束斑大小、样品制备水平等方面的限制，在统计时忽略了取向差低于定义门槛值的晶界，导致其结果与真实值有一定偏差。

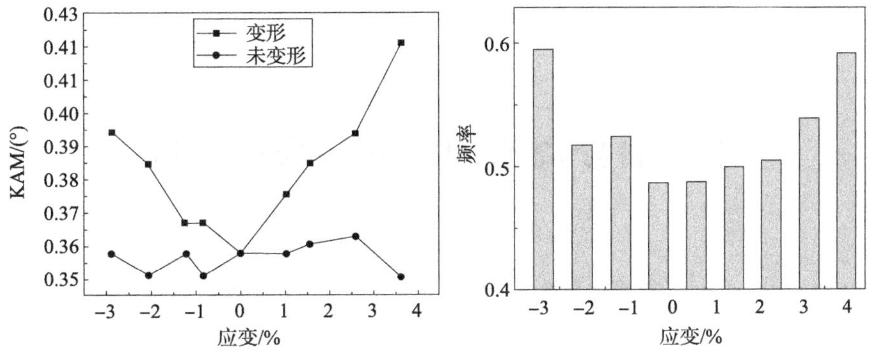

(a)KAM变化趋势　(b)小角度晶界数量(<2°)

图 7　不同应变量下

4　结论

本文重点研究了运用 EBSD 技术分析 X80 管线钢残余塑性应变时的表征方法，主要结论如下：

(1)EBSD 试验结果表明，IPF 图对塑性应变的识别率较差，小角度晶界数量与 KAM 值对 1% 以上应变有较好的表征效果，且均随应变量的增加而增加。其中 KAM 值与应变量的对应关系更好，可以用于塑性应变的定量分析。

(2)材料内部累积微应变以及位错密度随宏观应变量的增加而增加，但 XRD 适用于对材料整体晶状体信息的测量与统计，对微米范围、亚微米范围的表征缺乏准确度。

(3)塑性变形后应变量大于 2% 时管线钢发生形变强化导致硬度有一定的增加，应变量在 2% 内时硬度无明显变化，管线钢的硬度值对应变的识别率不高，很难用来评估微小应变。

(4)通过利用 IPF 图、小角度晶界数量和 KAM，并与硬度值、XRD 测量的微应变及位错密度等方法进行对比研究发现，这些方法各有优缺点，应根据具体研究内容进行合理选择表征方法，最好选取两种以上表征方法进行研究。

参考文献

[1]曹波，杨文志，巨银军．X80 管线钢轧制工艺基础研究[J]．山西冶金，2022，45(2)：3.

[2]柏明卓，郑磊，张备，等．基于应变设计用 X80 大应变 UOE 钢管的研发[J]．宝钢技术，2013(3)：8.

[3]高建忠，马秋荣，王长安，等．国产 X80 管线钢的应变时效行为及预防措施[J]．机械工程材料，2010，034(001)：5－8.

[4]宋明，王汉奎，彤，等．高钢级油气管道环焊缝断裂问题研究[J]．中国特种设备安全，2021.

[5]王汉奎，商学欣，柳旺，等．钢级油气管线环焊缝应变时效脆化研究[J]．压力容器，2021，38(5)：6.

[6]王建军，宋武林，连贵．电子背散射衍射技术及其在材料分析中的应用[J]．理化检验：物理分册，2006，42(6)：4.

[7]杨平．子背散射衍射技术及其应用[M]．冶金工业出版社，2007.

[8]Field D P，Trivedi P B，Wright S I，et al. Analysis of local orientation gradients in deformed single crystals[J]. Ultramicroscopy，2005，103(1)：33－39.

[9]Hu Y M，Floer W，Krupp U，et al. Microstructurally short fatigue crack initiation and growth in Ti－6.8Mo－4.5Fe－1.5Al[J]. Materials Science and Engineering A，2000，278(1－2)：170－180.

[10]黄潇冰，郭宁．背散射电子成像技术在钢铁材料研究中的应用[J]. 2021.

[11]刘廷光，夏爽，茹祥坤，等．利用 EBSD 技术分析低应变量形变显微组织[J]．电子显微学报，2011，30(4)：6.

[12]Hajyakbary F，Sietsma J，B Ttger A J，et al. An improved X－ray diffraction analysis method to characterize dislocation density in lath martensitic structures[J]. Materials Science & Engineering A，2015，639：208－218.

[13]Xia S，Zhang F，Yang Z. Cyclic deformation behaviours of 18Mn3Si2CrNiMo multiphase (martensite/bainite/retained austensite) steel[J]. Materials Science and Engineering，2019，744(JAN. 28)：64－73.

干燥器分离器焊缝开裂失效原因

丁　敏　石秀山　闫　河　韩利哲

(中国特种设备检测研究院，北京　100029)

摘　要：对某天然气处理厂的一台干燥器分离器焊缝开裂问题，应用化学成分分析、力学性能试验等检验检测手段并结合现场情况对开裂部位进行了分析，分析认为：开裂机理为湿硫化氢应力腐蚀开裂。并给出了防治开裂原因的防治措施。

关键词：湿硫化氢应力腐蚀开裂；失效分析；分离器

Causes of Weld Cracking Failure of Dryer Separator

Ding Min, *Shi Xiushan*, *Yan He*, *Hang Lizhe*

(China Special Equipment Inspection and Research Institute, Beijing 100029, China)

Abstract: In this paper, the weld cracking of a dryer separator in a natural gas treatment plant is analyzed by means of chemical composition analysis, mechanical property test and field conditions. The cracking mechanism is wet hydrogen sulfide stress corrosion cracking. The prevention and control measures to prevent the cracking are also given.

Key words: wet hydrogen sulfide stress corrosion cracking; failure analysis; separator

某天然气处理厂在对装置容器进行定期检验过程中，经内部宏观检查发现一台干燥器分离器焊缝位置存在大量裂纹，以横向裂纹居多，部分裂纹已扩展至母材。该台容器投入使用至今 20 年左右，材料为 16MnR，壁厚为 24mm，操作温度为 60℃，操作压力为 4.9MPa，介质为重组分气体。为了查明该台容器开裂失效的原因，对该台容器裂纹处进行了取样分析。

1　理化检验与结果

1.1　取样位置图

应用各种切割加工方法，为容器开裂部位进行力学性能试验、金相分析、扫描电镜分析、能谱分析、腐蚀产物分析等检验检测手段制取不同的试样，试件取样位置如图 1 所示。

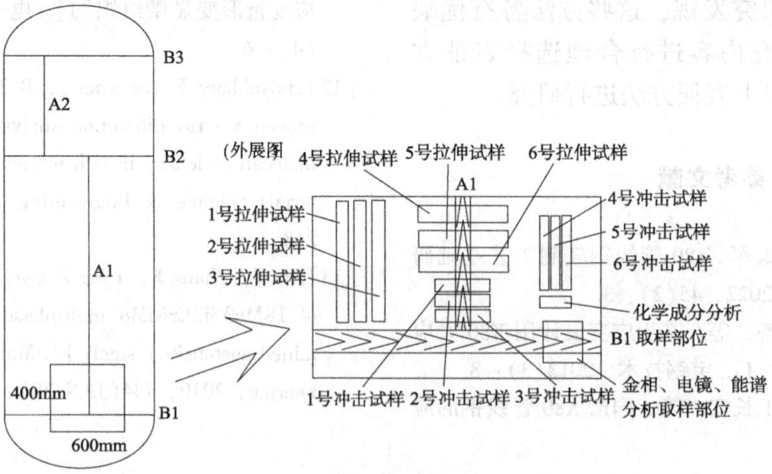

图 1　取样位置图

作者简介：丁敏(1985—　)，高级工程师，主要从事在用压力容器/压力管道/储罐的在线检验检测工作。E - mail：dingmin2230@163.com

1.2 化学成分分析

为了验证该台设备实际使用的材料为16MnR，对筒体母材材质进行了化学成分分析。采用高频燃烧红外法、钢铁及合金锰含量的测定火焰光谱法、光度法对材质的化学成分进行分析，分析金属中的碳、硅、锰、硫、磷等化学元素含量，并与材料GB/T 713—2008《锅炉和压力容器用钢板》[1]中对16MnR的化学成分要求值进行了对比，对比结果表明筒体母材材质成分符合标准要求。分析测试数据见表1。

表1 化学成分分析测试数据(质量分数)

	C	Mn	Si	S	P
标准要求值 w/%	0.2	1.20~1.60	0.20~0.55	≤0.020	≤0.030
实测值 w/%	0.14	1.54	0.27	0.018	<0.0050

1.3 力学性能试验

1.3.1 拉伸试验

在靠近下封头处A1纵缝的母材和焊缝上(如图1所示)各制取3个试样进行拉伸试验，6组试样的拉伸试验结果如表2中所示。将表中的试验结果与材料标准GB/T 713—2008《锅炉和压力容器用钢板》[1]的16MnR力学性能标准值进行比较，可知1#、3#试样的屈服强度满足标准要求，而2#试样的屈服强度略低于标准要求值，所以拉伸试验结果可接受；6组试样的抗拉强度和断后伸长率均满足标准要求，且焊缝试件的断口均出现在母材上。

表2 拉伸试验结果

	标准要求值	1#试样	2#试样	3#试样	4#试样	5#试样	6#试样
屈服强 $R_{p0.2}$/MPa	≥345	365	335	345	—	—	—
抗拉强度 R_m/MPa	≥510	545	535	530	520	520	520
断后伸长率 A/%	≥21	31.5	31.5	34	28	32.5	28.5

1.3.2 冲击试验

在靠近下封头处A1纵缝的母材和焊缝上(如图1所示)各取3个冲击试样进行室温冲击试验，6组试样的冲击试验结果如表3中所示。将表中的试验结果与材料标准GB/MP 713—2008《锅炉和压力容器用钢板》[1]的16MnR冲击性能标准值进行比较，可知6组试样的冲击吸收能量均能满足标准要求。

表3 冲击试验结果

	标准要求值	2#试样	3#试样	4#试样	5#试样	6#试样	1#试样
冲击吸收能量/J	≥27	48.0	53.0	68.0	64.0	66.0	56.0

1.3.3 硬度测定

采用便携式里氏硬度计对筒体环焊缝B1位置处的母材、热影响区、焊缝进行硬度测定，硬度测定数据见表4。从硬度测定的数据分析可知焊缝B1位置处母材、热影响区的硬度值基本符合要求，而开裂处焊缝上的硬度值略高于未开裂处焊缝的硬度值。

表4 硬度测定数据(HB)

选取位置	母材	热影响区	焊缝	热影响区	母材
未见裂纹处	152	148	157	147	155
裂纹处	126	158	169	130	158

1.3.4 金相分析

采用金相分析方法对制取的试样(取样位置如图1所示)进行了分析，金相组织如图2~图7所示，由图谱分析可以判断出该取样位置的焊缝、热影响区和母材的金相组织均为正常，且裂纹的特征为具有分叉的穿晶裂纹，晶界无明显腐蚀的现象。

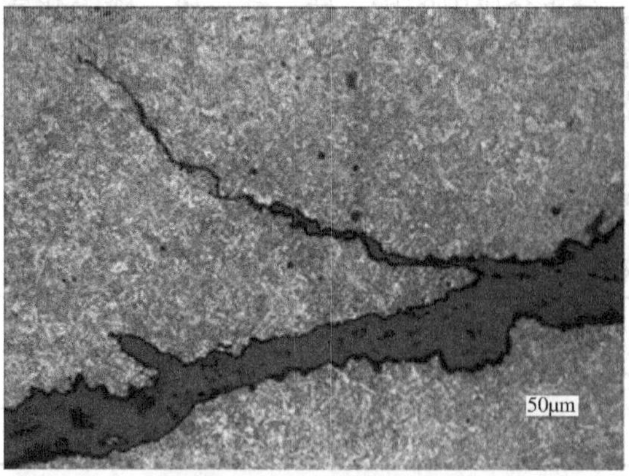

图 2　裂纹部位金相组织(焊缝区)200X

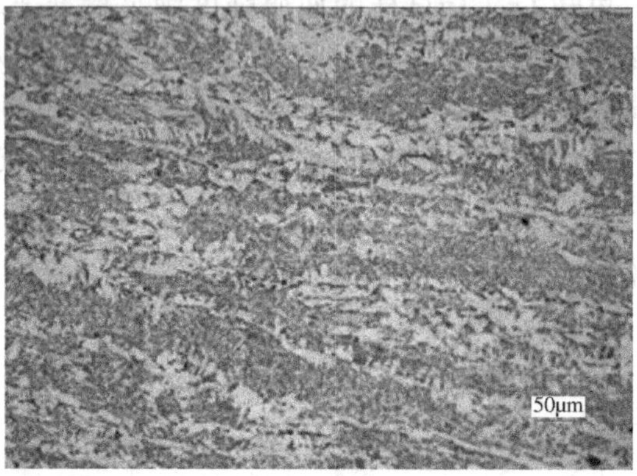

图 3　非裂纹部位金相组织(焊缝区)200X

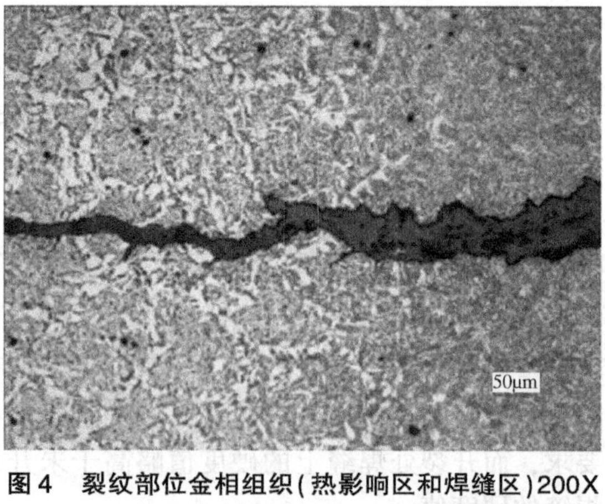

图 4　裂纹部位金相组织(热影响区和焊缝区)200X

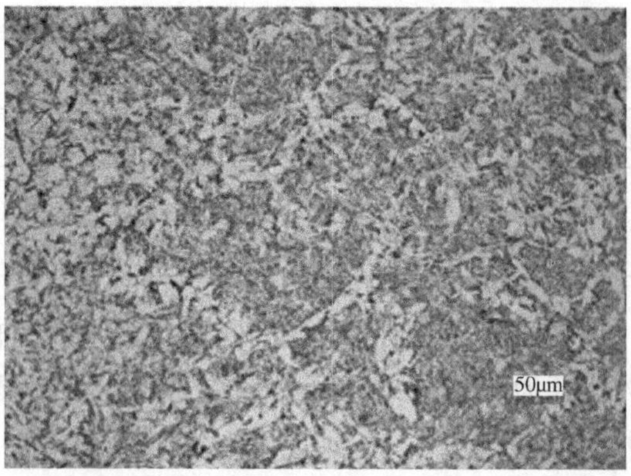

图 5　非裂纹部位金相组织(母材和热影响区)200X

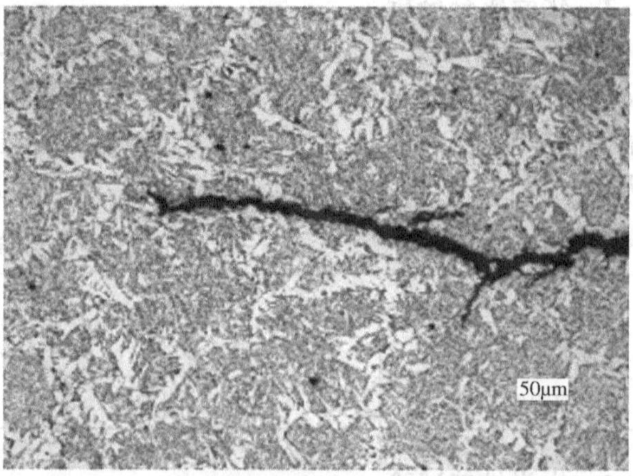

图 6　裂纹部位金相组织(热影响区)200X

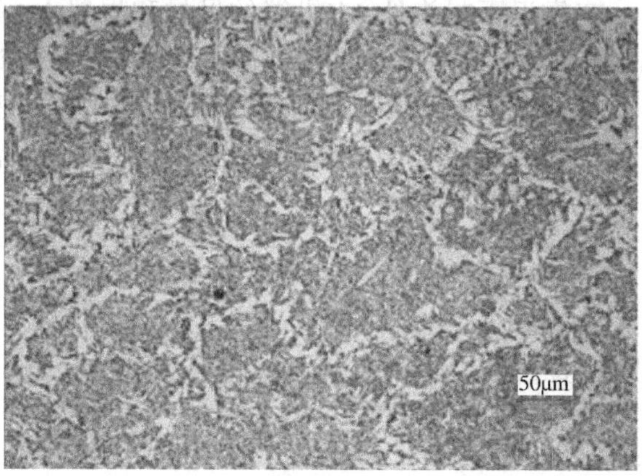

图 7　非裂纹部位金相组织(热影响区)200X

1.3.5　断口的扫描电镜观察及分析

采用扫描电镜的手段对断口处制取的试样(取样位置如图 1 所示)进行了分析，在 500 倍和 1000 倍的电镜下分析了断口的形貌如图 8～图 12 所示，从断口形貌上可以明显地看到表面存在一层较为致密的腐蚀产物，且不能准确地判断材料晶状体的形貌。

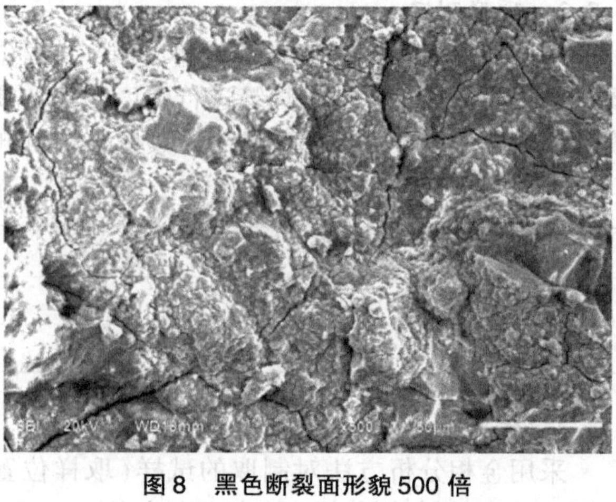

图 8　黑色断裂面形貌 500 倍

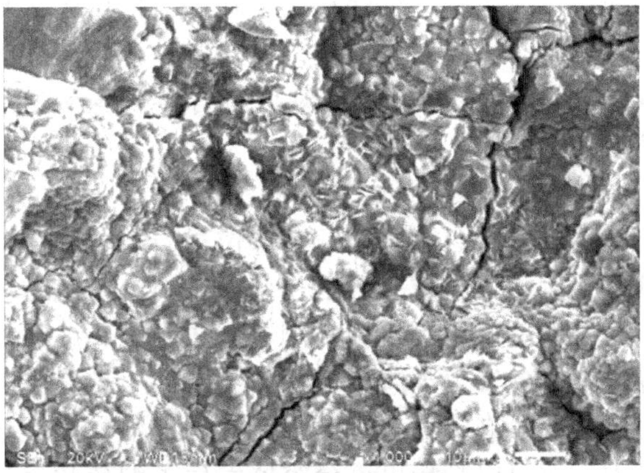

图 9　黑色断裂面形貌 1000 倍

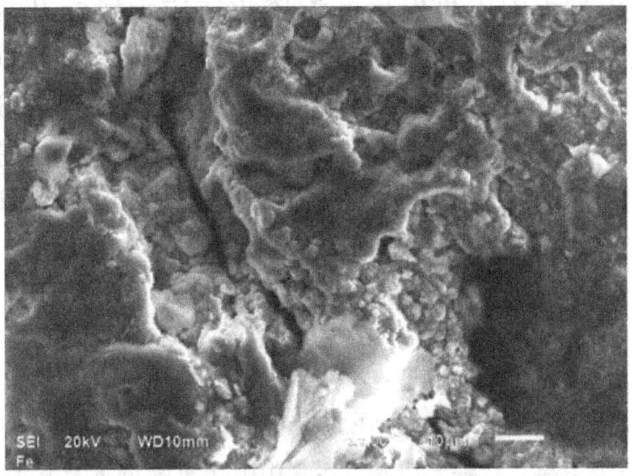

图 10　腐蚀产物附近形貌 500 倍

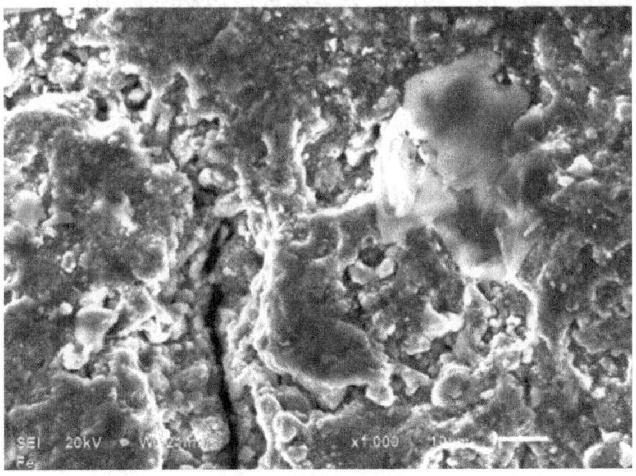

图 11　腐蚀产物附近形貌 1000 倍

图 12　断面腐蚀产物

1.3.6　裂纹部位的微区能谱分析

采用能谱分析方法对裂纹尖端处（取样位置如图 1 所示）断口表面的腐蚀产物进行能谱分析，从能谱图可以看出腐蚀产物中硫含量较高，如图 13 所示。

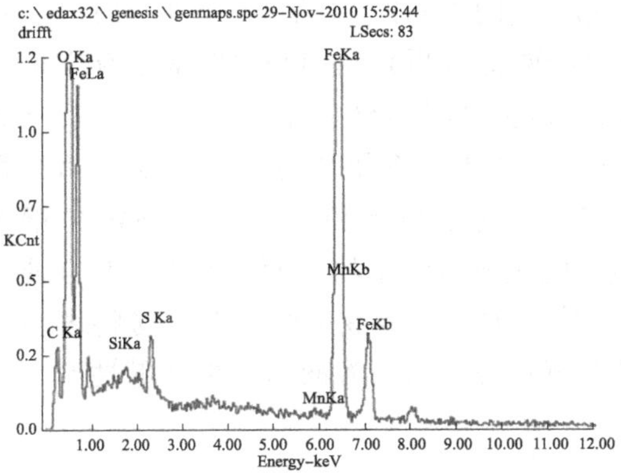

图 13　能谱图

1.3.7　水样测定

先对容器底部的水质进行取样，再采用美国 Hach 多参数水质测量仪（senSION156）对水样进行硫酸根离子、碳酸根离子、硝酸根离子、氯离子和硫离子测定，测定结果如表 5 所示，由表 5 可知水样的 pH 值为 5.28，呈弱酸性，S^{2-} 的浓度为 0.09ppm。

表 5　水样成分化验结果

	Cl^-	NO_3^-	SO_4^{2-}	CO_3^{2-}	S^{2-}
ppm	5.118	21.674	21.618	2.8	0.09

2　讨论

裂纹成因综合分析，根据对该台容器分析及测试的结果表明：

（1）通过化学成分分析、金相分析和力学性能试验等检验检测手段，验证了该台容器材质的化学成分、金相组织和力学性能试验（拉伸、冲击）均未见异常；而容器开裂位置发生在容器内表面与液相介质接触处，由此说明介质是导致设备开裂的主要因素，材质和焊接不是影响开裂的主要因素；

（2）通过硬度测定表明设备开裂处的硬度值略微偏高；依据 GB 150—1998《钢制压力容器》标

准的要求，当容器壁厚小于38mm时不需要进行焊后热处理，故该台容器无须进行焊后热处理，而经硬度测定发现焊缝处的硬度值略微偏高，焊缝处的残余应力可能较大，发生应力腐蚀开裂的倾向较强；

(3)通过对裂纹断面的能谱分析可知裂纹表面的腐蚀产物中含有硫化物；

(4)采用仪器对容器底部水质分析，分析结果表明水质呈弱酸性；根据文献[2]，硫化氢在水溶液中以H_2S、HS^-、S^{2-}三种不同的形式存在，即$H_2S \longleftrightarrow HS^- + H^+$、$HS^- \longleftrightarrow S^{2-} + H^+$；而$H_2S$、$HS^-$、$S^{2-}$在水溶液中占的百分比受pH值的影响，当水溶液呈中性时，硫化物主要以H_2S状态存在，随着介质碱性的不断提高，硫化物以H_2S状态存在的百万分不断下降；当pH = 8时，则主要以HS^-状态存在；该台容器底部水质经取样分析pH为5.28，且水中的S^{2-}含量为0.09ppm，由此可知水中存在一定量的H_2S；该台容器又经能谱分析判断出裂纹断面上存在硫化物腐蚀，由此推断出天然气介质中存在一定的H_2S；

(5)在含H_2S介质环境中材质为16MnR钢的设备发生应力腐蚀的机理为[3]：16MnR钢在不同饱和硫化氢溶液中的表面状态主要与介质溶液的pH值有关。当溶液呈酸性时，材料表面处于活性溶解状态；而当溶液为中性或碱性时，材料表面会形成致密一层保护膜，在一定的电位区域表现为钝态。经水质取样分析可知，该台容器溶液的pH = 5.28呈酸性，则该台容器以氢致开裂裂纹为主。

3　结论与建议

通过对该台容器的开裂部位进行取样，并对试样采用了化学成分分析、金相分析、能谱分析和力学性能试验等检验检测方法进行分析，可以确定该设备发生了应力腐蚀开裂。由于该设备介质溶液中含有硫化氢，且在开裂处存在较高残余应力，故可以判断出该台容器发生了湿硫化氢应力腐蚀开裂。因此，为了防止此类容器在今后的使用过程中不再发生的湿硫化氢应力腐蚀开裂，应从材料、制造和工艺上提出以下建议：①选用合适的钢材或合金，或设置有机防护层；②制造中焊接接头部位进行焊后消除应力热处理；③控制工艺介质的pH值，使介质溶液呈中性或弱碱性或使用特殊的缓蚀剂。

参考文献

[1]GB 713—2008，锅炉压力容器用钢板[S].

[2]曾志果，林铁，康媞．污水中硫化氢的危害及其治理方法[J]．广西轻工业，2008(3)：89－90.

[3]GB/T 30579—2014，承压设备损伤模式识别[S].

某天然气采气厂净化装置酸气后冷器封头开裂原因分析

鲁美朋[2] 刘嘉晨[1] 顾宝兰[1] 郭 静[1] 刘 民[2] 孙跃军[1] 宋 明[1]

(1. 中国特种设备检测研究院，北京 100029；2. 辽宁工程技术大学材料科学与工程学院，辽宁 阜新 123000)

摘 要：某天然气采气厂净化装置酸气后冷器浮头式封头内壁出现鼓包和裂纹，采用宏观检验、化学成分分析、硬度测试、金相检验、能谱分析及断口分析等方法，对鼓包和裂纹产生的原因进行了分析。结果表明：封头鼓包系位于1/2厚度位置的裂纹开裂所致，裂纹平行于内外表面，呈阶梯状，属于氢致开裂(HIC)。引起开裂的原因为：封头材料显微组织沿轧制方向呈带状分布，且在1/2板厚位置存在成分偏析导致的高硬度贝氏体组织和较多MnS夹杂物，而该封头的服役环境中含有湿 H_2S 介质，与钢材发生电化学反应后产生了氢，氢在板厚1/2缺陷处聚集，导致了封头内壁的鼓包和开裂。

关键词：湿 H_2S 环境；组织偏析；MnS夹杂物；氢致开裂；鼓包

Cause Analysis of Head Cracking of Acid Gas Aftercooler in Purification unit of a Natural Gas Production Plant

Lu Meipeng[2], *Liu Jiachen*[1], *Gu Baolan*[1], *Guo Jing*[1], *Liu Min*[2], *Sun Yuejun*[1], *Song Ming*[1]

(1. China Special Equipment Inspection and Research Institute, Beijing 100029, China;
2. College of Materials Science and Engineering, Liaoning Technical University, Fuxin Liaoning 123000, China)

Abstract: Bulges and cracks appeared on the inner wall of the floating head type head of the acid gas aftercooler in the purification unit of a natural gas production plant. The causes of bulges and cracks were analyzed by means of macro inspection, chemical composition analysis, hardness test, metallographic inspection, energy spectrum analysis and fracture analysis. The results show that the bulge of the head is caused by a crack located at 1/2 of the thickness. The crack is parallel to the inner and outer surfaces and is in a stepped shape, which belongs to hydrogen induced cracking (HIC). The reason for the cracking is that the microstructure of the head material is distributed in strips along the rolling direction, and there are high hardness bainite structure and many MNS inclusions caused by component segregation at 1/2 of the plate thickness. The service environment of the head contains wet H_2S medium, which generates hydrogen after electrochemical reaction with the steel. Hydrogen accumulates at the defect of 1/2 of the plate thickness, resulting in bulging and cracking of the inner wall of the head.

Key words: Wet H_2S environment; Tissue segregation; MnS inclusion; Hydrogen－induced cracking; bulge

1 引言

随着经济的发展，对能源的需求量不断加大，其中天然气作为重要的能源组成部分，蓬勃发展的天然气产业是推动国家能源结构转型的主力军[1]。天然气原料气是含有硫化氢(H_2S)和二氧化碳(CO_2)等酸性组分的混合气体，需要在天然气净化厂中将酸性气体杂质分离，从而满足国家对产品气的要求。然而在酸性环境中的氢裂解是设备钢材失效的主要原因，特别是工作环境中包含湿 H_2S 的设备。H_2S 和 CO_2 处于气态时没有

作者简介：鲁美朋(1997—)，男，硕士研究生。

通信作者：宋明(1983—)，男，天津人，教授级高工，博士，主要从事特种设备安全评估与失效分析，E－mail：songm214@foxmail.com

腐蚀性，但一旦溶解于水后形成酸性水溶液，就会对碳钢和低合金钢产生腐蚀。

酸气后冷器是天然气净化厂中对酸气进行冷却的设备，某天然气净化厂酸气后冷器材料牌号为 20g，操作压力为 0.065MPa，操作温度为 50℃，工作介质中包含腐蚀性气体，H_2S 的体积分数约为 5%，CO_2 的体积分数约为 90.5%，并且存在一部分的水，于 2000 年 10 月 1 日投用，已服役超过 20 年，根据相关法规对其进行检验及评价时，发现在封头的内壁存在鼓包，为了检验其他位置是否存在裂纹或内部鼓包等问题，采用超声检测的方法在封头的其他位置进行检测，在直管段和封头环焊缝附近检测出裂纹。为了避免同类事件的发生，作者对其进行失效分析，并提出了建议。

1　理化检验及结果

1.1　宏观形貌

失效封头外壁没有明显变形或腐蚀，如图 1(a)所示，内壁鼓包形貌如图 1(b)所示，鼓包直径范围约为 3～5cm，且在封头内壁存在大量腐蚀产物。将鼓包沿厚度方向剖开，如图 1(c)所示，从图中可看到，鼓包的开裂在板厚 1/2 位置，沿在厚度 1/2 位置向横向和纵向同时裂开，形成向内壁突出的鼓包。封头和直管段的环焊缝附近裂纹如图 1(d)所示，发现裂纹的产生位置同样在板厚 1/2 处，同样沿厚度 1/2 扩展。

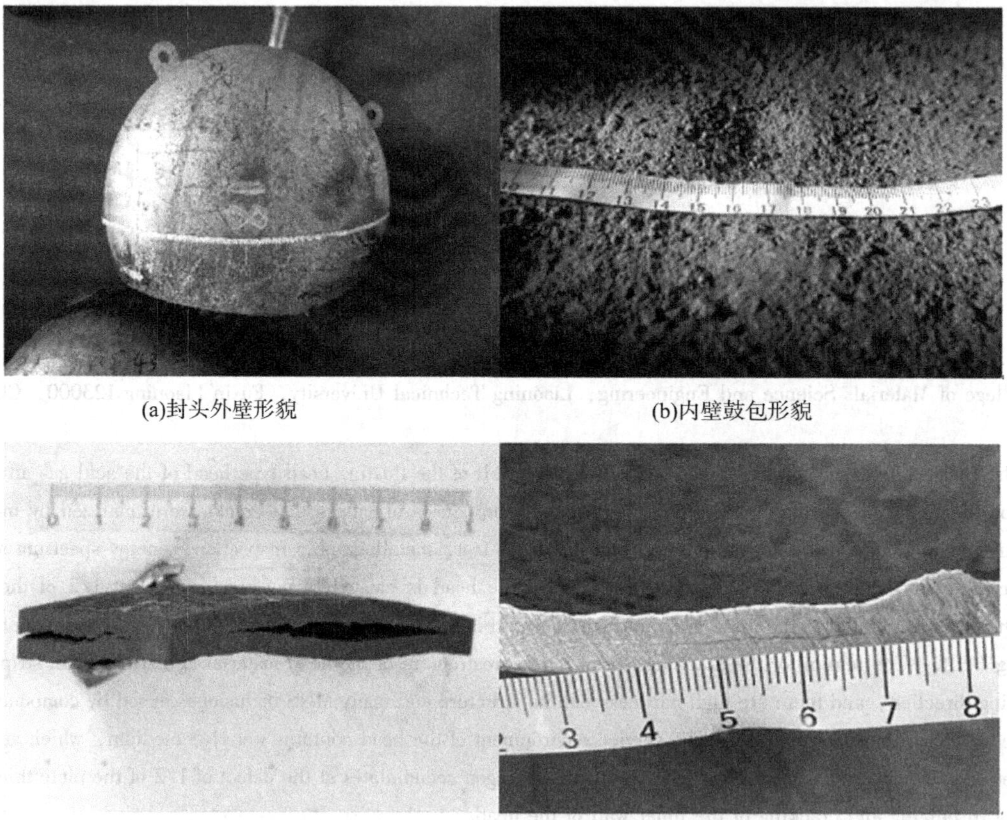

(a)封头外壁形貌　(b)内壁鼓包形貌

(c)鼓包宏观形貌　(d)裂纹宏观形貌

图 1　裂纹与鼓包宏观形貌

1.2　化学成分分析

在失效封头上切取样品，利用光电直谱仪对材料成分进行了分析，结果如表 1 所示。对比材料生产的产品标准 GB 713—1997《锅炉用钢板》中对 20g 的成分要求，该封头的 Si 和 Mn 元素含量超出标准的要求。

表 1　封头的化学成分(质量分数)　%

元素	C	Si	Mn	P	S
实测值	0.162	0.391	1.458	0.0217	0.0222
标准值	≤0.20	0.15～0.30	0.40～0.90	≤0.035	≤0.035

1.3　金相组织观察

在裂纹和鼓包产生区域及远离裂纹和鼓包区域切取金相样品，打磨抛光后，用4%的硝酸乙醇溶液侵蚀后，在显微镜下对裂纹形貌及分布情况进行金相分析，图2为环焊缝附近裂纹的金相组织图，裂纹呈阶梯状分布，如图2(a)所示。裂纹处组织为珠光体和铁素体，沿轧制方向呈带状分布，裂纹基本沿带状珠光体扩展，如图2(b)所示。远离裂纹区域材料组织同样为带状珠光体和铁素体，如图2(c)所示，依据GB/T 34474.1—2017《钢中带状组织的评定》对带状组织进行评级，结果为2.5B。

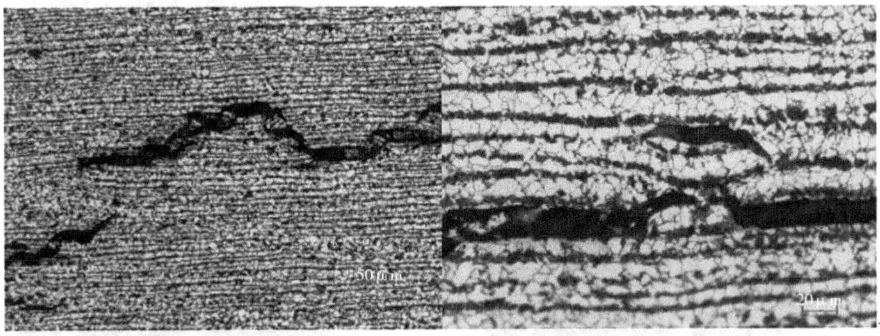

(a)裂纹微观形貌　　(b)裂纹附近显微组织

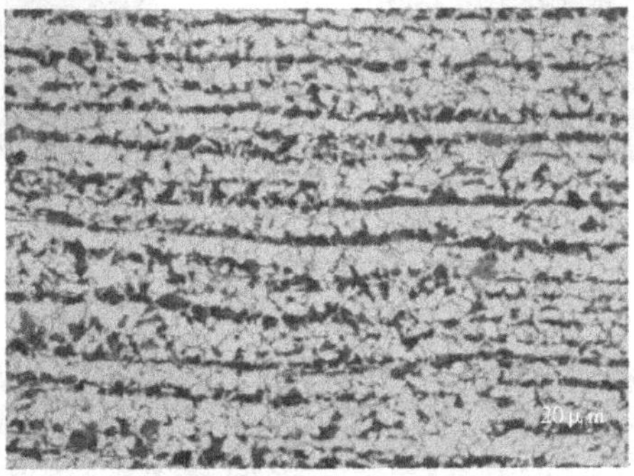

(c)材料显微组织

图2　裂纹附近显微组织

图3(a)为鼓包开裂位置的裂纹形态，材料组织仍然为呈带状分布的珠光体和铁素体，且在鼓包开裂的位置有贝氏体组织的偏析，偏析区域同样沿轧制方向带状分布，裂纹基本沿贝氏体带扩展，如图3(b)所示。

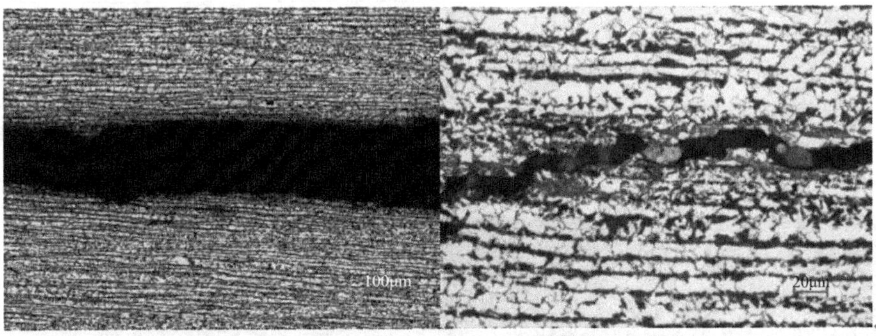

(a)鼓包开裂形貌，100×　　(b)裂纹附近显微组织，500×

图3　鼓包附近显微组织

1.4　扫描电镜及能谱分析

采用扫描电镜对裂纹和附近组织进行微观观察分析，如图4所示。二次电子像的组织图中可看到在裂纹发生区域组织存在大量灰色条形夹杂物，符合MnS夹杂物的形貌特征。通过能谱分析的元素面扫描分析，裂纹位置的夹杂物均为MnS夹杂物，均沿轧制方向分布。裂纹内同样存在MnS夹杂物，如图5所示，也就是说MnS夹杂物的存在为裂纹的产生提供了有利条件。

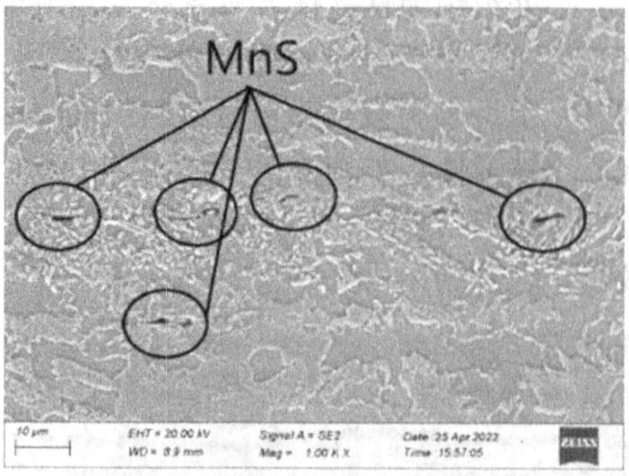

(a)显微组织形貌

(b)Fe元素分布

(c)S元素分布

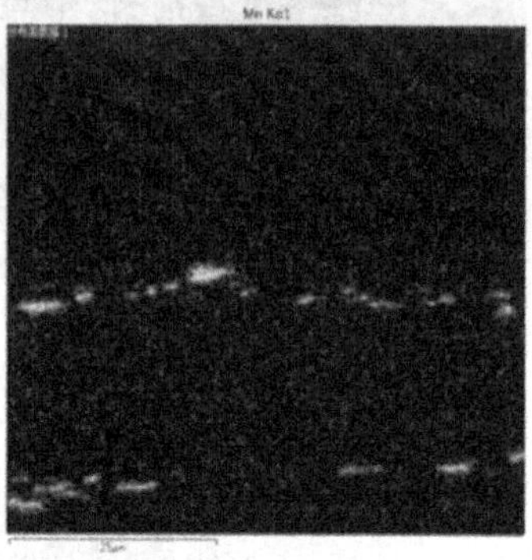

(d)Mn元素分布

图4　元素面扫描分析

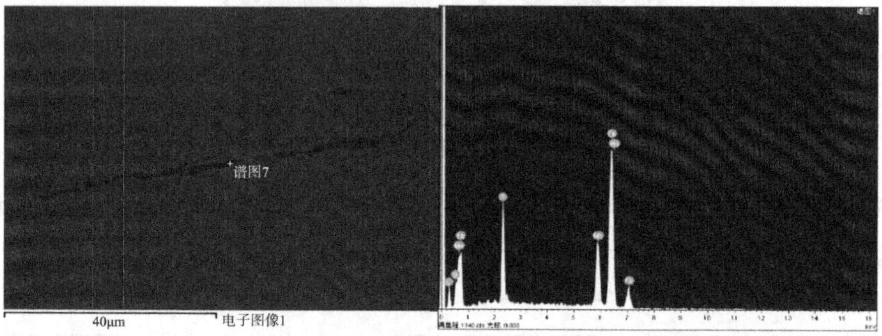

Fig 5 Energy spectrum analysis of inclusions in cracks

图5 裂纹内夹杂物能谱分析

1.5　断口分析

图6为鼓包打开后的断口形貌，断口为准解理断裂形貌，为脆性断口特征，符合氢致开裂特征形貌。

(a)体式显微镜下断口形貌

(b)SEM断口形貌，500×

图6　断口形貌

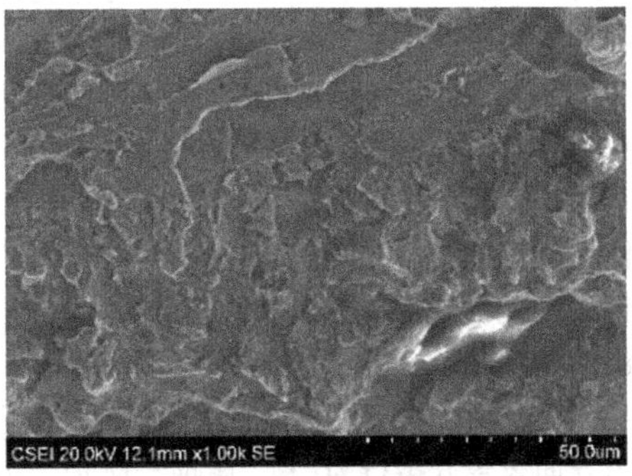

(c)SEM断口形貌，1000×

图6　断口形貌(续)

1.6　硬度测试

采用万能硬度计对环焊缝裂纹附近、鼓包位置及远离裂纹处材料进行维氏硬度测量，在裂纹附近材料硬度为170HV1，远离裂纹材料硬度为168HV1，二者没有明显差异。而在1/2板厚位置含有贝氏体组织偏析处测得硬度为224HV1，硬度值明显高于其他位置。

2　分析与讨论

因该封头的工作环境具有湿 H_2S 介质环境，钢材在含 H_2S 的溶液中会发生电化学腐蚀：$H_2S \longrightarrow HS^- + H^+$，(阳极反应) $Fe + HS^- \longrightarrow FeS + H^+ + 2e$，(阴极反应) $2H^+ + 2e \longrightarrow 2H$。产生的氢原子部分溶解到材料基体中，当氢原子的浓度超出材料的溶解度极限时，会析出氢气，并在氢陷阱中积累。

封头材料的Mn和Si合金元素含量较高，且超出产品标准要求，Mn和Si合金元素的增加会使钢材在铸造时形成一定的成分偏析，钢板在后期的制造过程中就会因成分的偏析而形成组织偏析，该失效封头钢板厚度1/2偏析的贝氏体类硬度较高组织即因此产生。且材料的组织沿轧制方向带状分布，使材料性能具有明显的各向异性，裂纹容易沿轧制方向的界面扩展。而且Mn元素容易与S元素形成MnS夹杂物，MnS夹杂物是一种结合能高且不可逆的氢陷阱，往往是裂纹的起源部位[2~6]，当夹杂物附近氢压力足够高时，就会产生裂纹。在材料厚度1/2处，沿轧制方向存在较多细条状MnS夹杂物，这些夹杂物附近产生的微裂纹彼此相连，因此导致了在材料厚度1/2处产生了裂纹，并且由于材料组织为带状珠光体和铁素体，破坏了材料组织的均匀性，是良好的输氢通道，导致材料的氢致开裂敏感性增加，有利于裂纹的产生与扩展[7~11]。

该封头材料厚度1/2处存在的局部贝氏体条带组织，硬度值明显高于周围其他组织，这些高硬度组织的存在也使裂纹扩展更加容易，使得材料对氢致开裂的敏感性更高[12~14]，氢在此处不断积累，当达到一定压力时，材料发生变形，从而形成鼓包。

综上所述，裂纹和鼓包的产生的外部因素是该封头工作介质是湿 H_2S 工作环境，提供了氢的来源，内部因素为材料中存在明显带状组织特征，并且在材料厚度1/2处存在大量的MnS夹杂物和高硬度贝氏体组织偏析，这些原因使得材料对氢致开裂更为敏感。在内外因素的协同作用下，造成材料厚度1/2处发生了氢鼓包和氢致裂纹。

3　结论及建议

该酸气后冷器浮头式封头出现裂纹及鼓包的原因主要由材料本身显微组织和外部含湿H2S的腐蚀性介质二者共同作用而形成。

(1)材料显微组织方面，因存在明显带状组织特征，且在厚度1/2处存在贝氏体组织偏析。同时有大量MnS夹杂物的存在，组织上的缺陷均成为H在此聚集提供有利条件。增加了材料本身对HIC的敏感性。

(2)环境因素主要考虑，酸气后冷器的介质中存在湿 H_2S 环境，为氢致开裂提供了氢的来源。

因此，为了避免在含湿 H_2S 介质环境中使用的钢材产生氢致开裂，应控制钢中的有害元素，减少硫化物夹杂的含量，避免产生不均匀组织，特别是硬度较高的组织。同时加强对设备的检测，或去除介质中的水，减轻 H_2S 环境对材料的破坏，避免发生因此类失效造成的事故。

参考文献

[1]贾爱林．中国天然气开发技术进展及展望[J]．天然气工业，2018，38(04)：77-86.

[2]F. Huang，X. G. Li，J. Liu，Y. M. Qu，J. Jia，C. W. Du. ydrogen-induced cracking susceptibility and hydrogen trapping efficiency of different microstructure X80 pipeline steel[J]. Journal of Materials Science，2011，46(3).

[3]ELBOUJDAINI M，REVIE R W. Metallurgical factors in stress corrosion cracking (SCC) and hydrogen-induced cracking (HIC)[J]. Journal of solid state electrochemistry，2009，13(7)：1091-1099.

[4]M A Mohtadi-Bonab，M Eskandari. A focus on different

factors affecting hydrogen induced cracking in oil and natural gas pipeline steel[J]. Engineering Failure Analysis, 2017, 79.

[5] PENG Z X, LIU J, HUANG F, et al, Comparative study of non - metallic inclusions on the critical size for HIC initiation and its influence on hydrogen trapping[J]. International Journal of Hydrogen Energy, 2020, 45(prepublish).

[6]袁玮，黄峰，甘丽君等．显微组织对 X100 管线钢氢致开裂及氢捕获行为影响[J]. 中国腐蚀与防护学报，2019，39(06)：536 - 542.

[7] LI J, GAO X H, DU L X, et al. Relationship between microstructure and hydrogen induced cracking behavior in a low alloy pipeline steel[J]. Journal of Materials Science & Technology, 2017, 33(12): 1504 - 1512.

[8] PARK G T, KOH S U, JUNG H G, et al. Effect of microstructure on the hydrogen trapping efficiency and hydrogen induced cracking of linepipe steel[J]. Corrosion Science: The Journal on Environmental Degradation of Materials and its Control, 2008, 50(7): 1865 - 1871.

[9]窦志超，李锐，张志远等．微观组织对管线管氢致开裂的影响[J]. 四川冶金，2017，39(06)：56 - 59.

[10]卢宋乐，柳伟，王婷婷，张翼，王学敏，路民旭．X60 和 X100 钢显微组织与 HIC 性能的关系[J]. 腐蚀与防护，2015，36(12)：1132 - 1136.

[11]张鹏，赵国仙，毕宗岳等．夹杂物和带状组织对管线钢腐蚀性能的影响[J]. 热加工工艺，2014，43(18)：34 - 38.

[12]杨明，马晓勇，龙云等．碳钢在湿硫化氢环境中的应力导向氢致开裂行为[J]. 腐蚀与防护，2014，35(12)：1226 - 1229.

[13] DU X S, CAO W B, WANG C D, et al. Effect of microstructures and inclusions on hydrogen - induced cracking and blistering of A537 steel[J]. Materials Science & Engineering A, 2015, 642: 181 - 186.

[14] LI J, GAO X H, DU L X, et al. Relationship between microstructure and hydrogen induced cracking behavior in a low alloy pipeline steel[J]. Journal of Materials Science & Technology, 2017, 33(12): 1504 - 1512.

石化装置304变径管件开裂原因分析

于海洋　柳　旺　刘嘉晨　孙浩宇　顾宝兰　王汉奎

（中国特种设备检测研究院，北京　100029）

摘　要：本文对某石化装置304变径管件裂纹进行分析，发现该管件开裂的原因为应力腐蚀开裂。对开裂管件进行了宏观分析、化学成分分析、硬度检测、金相检验、能谱分析，以查明其开裂原因。结果表明，材料理化性能不合格是该管件过早破坏的主要原因。经检验发现该材料的微观组织为含有形变马氏体，形变马氏体含量约10%，硬度HV10为415，超过标准值；该管件铬含量低于标准要求；通过能谱分析，在断口表面发现了硫元素。最后，针对此情况提出相应措施。建议管件加工时选取优质材料，同时加工完后再次进行固溶处理，保证材料成分、硬度均满足标准要求，避免管件过早发生应力腐蚀破坏。

关键词：管件；应力腐蚀开裂；304；形变马氏体

The Failure Analysis of 304 Stainless Steel Reducer

Yu haiyang*, *Liu Wang*, *Liu jiachen*, *Sun haoyu*, *Gu baolan*, *Wang hankui

(China Special Equipment Inspection & Research Institute, Beijing 100029, China)

Abstract: The analysis of the crack is carried out in this paper. The crack is in the pipeline concentric reducer, which is made by 304 stainless steels. Visual examination disclosed transverse cracks in the middle of the reducer, and metallography indicate that the crack start from the inner surface with corrosion pit. The crack has the branched, trans granular appearance typical of SCC in stainless steel. By chemical composition analysis, it is found that the main element within the range required by the code, except for Cr. The chromium content is 17.33%, which is lower than code requirement, so the corrosion resistance is not as good as the material meet the code requirements. The Vickers hardness test shows that the hardness of the reducer is 415 (HV10), which is much higher than the code up limit 200 (HV10). The ultra-high hardness indicates that there is deformation induced martensite, and the martensite is also shown in the metallography. The deformation induced martensite is more sensitive to SCC. Both the ultra-high hardness and metallography indicate that the solution treatment is not carried out after the reducer formation, so the residual stress from fabrication is high. Several corrosive elements are found by EDS. To avoid the recurrence the failure, the solid solution heat treatment shall be carried out after deformation, and the chemical of the raw materials should satisfy with the code requirements, such as the chemical composition and the hardness.

Key words: pipe fittings; stress corrosion cracking; 304 stainless steels; deformation induced martensite

1　背景介绍

304不锈钢管线由于其抗腐蚀性能优异、易于焊接广泛应用于能源、化工领域。304不锈钢是最为常见的18-8系列材料，其材料组织为奥氏体组织，具有良好的变形能力，常用冷加工的方式制造304各种管件[1]。但如果在管体的加工以及使用过程中处理不当，容易导致该材料发生应力腐蚀开裂、敏化等问题。

本文开裂管件为压缩机输出端支线的变径管件，管件两端通过焊接与管道连接在一起。运行时发现管体中部有气体泄漏，紧急停车后更换管件。将泄漏管件送到实验室进行泄漏原因分析，以确定泄漏

作者简介：于海洋(1992—　)，本科，工程师，从事金相检验、失效分析工作。E-mail：dearwhk@foxmail.com

产生的原因，并为下一步排查提供依据。

实验室收到失效管体后，对失效管件进行了化学成分分析、硬度测试、内外壁宏观观察、裂纹的金相观察以及断口的电镜观察，最终确认裂纹产生的机理为应力腐蚀开裂，并针对该破坏机理提出改进措施。

2 试验过程

2.1 化学成分

利用火花放电原子发射光谱法对失效管件化学成分测定，测定结果见表1。化学成分测试结果与标准GB/T 14975—2012《结构用不锈钢无缝钢管》[2]进行评定。由表可见，该材料的化学成分除Cr元素外，满足标准对304的要求。测得得出的Cr含量为17.33%，低于标准要求18%的下限值，材料化学成分不合格。Cr元素主要是耐蚀性元素，添加Cr后在钢的表面形成致密的氧化物，阻止钢进一步腐蚀。通常认为Cr质量分数高于10.5%的钢就被认为在大气环境中是不锈的，在侵蚀性更强的环境中，能稳定氧化物则要求含有更高的Cr含量[3]。

表1 304变径管件化学成分(wt%)

化学元素	C	Si	Mn	P	S	Cr	Ni
分析结果	0.069	0.43	1.12	0.042	0.004	17.33	8.04
标准要求	≤0.08	≤1.00	≤2.00	≤0.040	≤0.030	18.00～20.00	8.00～11.00

2.2 硬度测试

利用维氏硬度计测量变径管体沿厚度1/2t位置的硬度，测得硬度平均为415HV10。奥氏体不锈钢正常的硬度(HV10)范围为150～200之间，当前测得的硬度远超过奥氏体不锈钢304的正常范围。高硬度表明该变径管件的微观组织并非普通奥氏体或管件中残存较大塑性变形。由于失效件的材料体积小，无法加工出标准的拉伸、冲击等试验样品，因此未进行其它力学性能试验。

2.3 马氏体含量

利用磁方法定量测定失效件中的马氏体含量。正常的奥氏体不锈钢304为无铁磁性，材料发生塑性变形后，材料中形成了形变马氏体，形变马氏体有铁磁性。铁磁性的强度与形变马氏体含量存在一定关系，可以用来定量表征马氏体含量[4]。本文采用铁磁性的强度定量化测定铁素体仪测量形变马氏体含量，对失效件测得的马氏体含量为10.7%，未变形的304铁素体含量应当在1%以下。

2.4 宏观观察

在现场沿焊缝将异径管件取下后送到实验室进行分析。外壁可见两条轴向裂纹，见图1(a)、1(b)，裂纹较短，长约15mm，裂纹整体走势平直无分叉。该变径管件外壁可见金属光泽，外壁无腐蚀坑等其他腐蚀痕迹。由此可推断裂纹最先由内壁开始，扩展到外壁形成泄漏点。变径接头内壁形貌见图2，内壁表面被黑色腐蚀产物覆盖。为便于观察内壁裂纹形貌，将变径管件沿轴向一分为二，两条裂纹内壁形貌如图3所示。

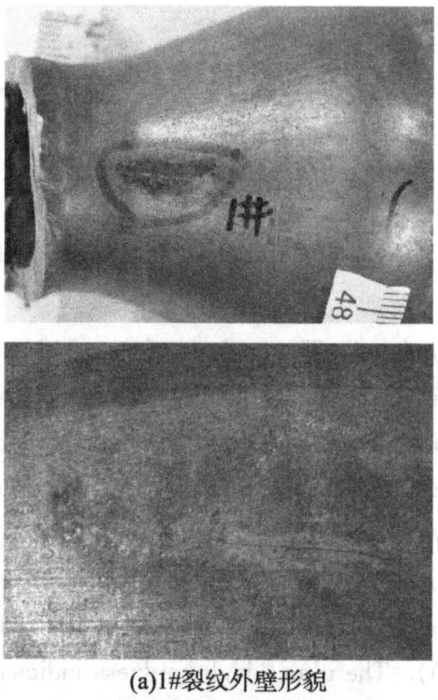

(a)1#裂纹外壁形貌

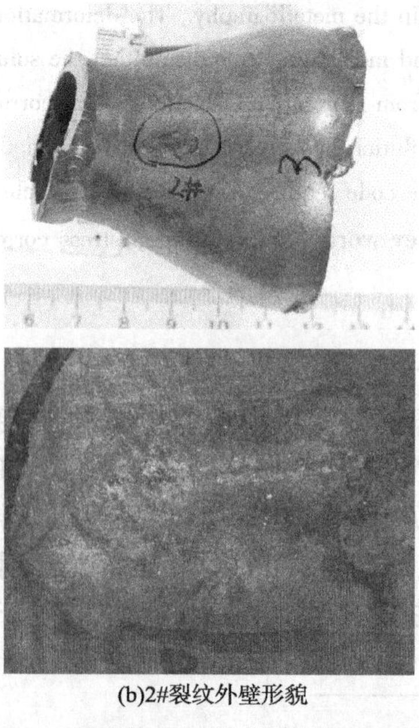

(b)2#裂纹外壁形貌

图1 变径管件泄漏点裂纹外壁形貌

图2 变径管件内壁宏观形貌

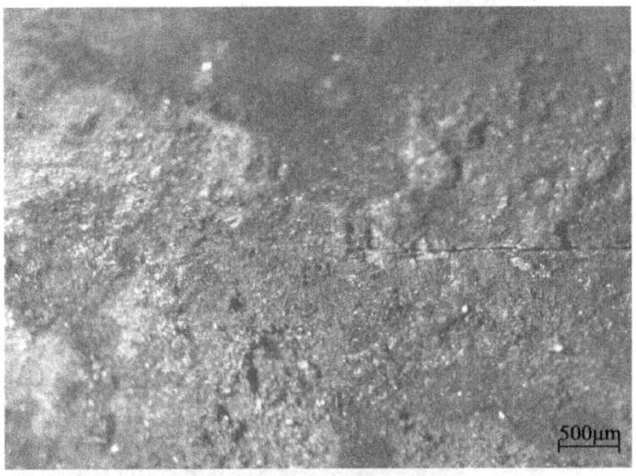

(a)1#裂纹内壁形貌

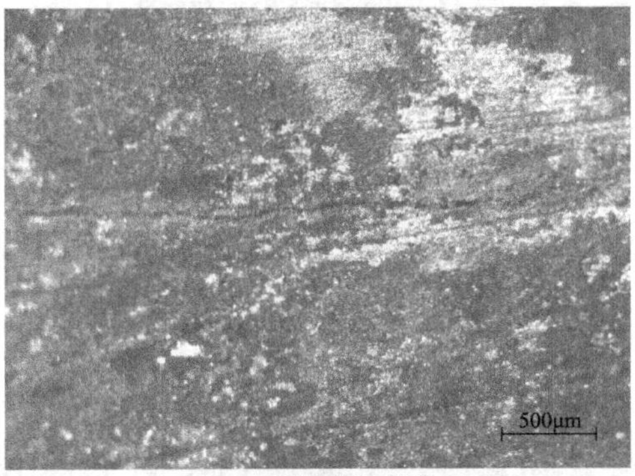

(b)2#裂纹内壁形貌

图3 变径管件泄漏点裂纹内壁低倍形貌

2.5 金相分析

在1#和2#裂纹尖端分别切取金相试样，按照GB/T 13298—2015方法进行磨抛[5]，后经10%草酸电解和60%硝酸电解浸蚀后，1#、2#裂纹金相组织形貌和裂纹形态如图4，图5所示。由金相可见两条裂纹均由内壁启裂向外壁扩展，整个壁厚方向组织都为形变马氏体，而非正常奥氏体组织。裂纹扩展方式为混晶，以穿晶为主要扩展方式，可见少量沿晶特征。在内壁的其他位置也可发现其他启裂源，如图6所示。在启裂部分能发现典型的腐蚀形貌，符合应力腐蚀开裂(SCC)的特征。

图4 1#裂纹金相组织与裂纹形态

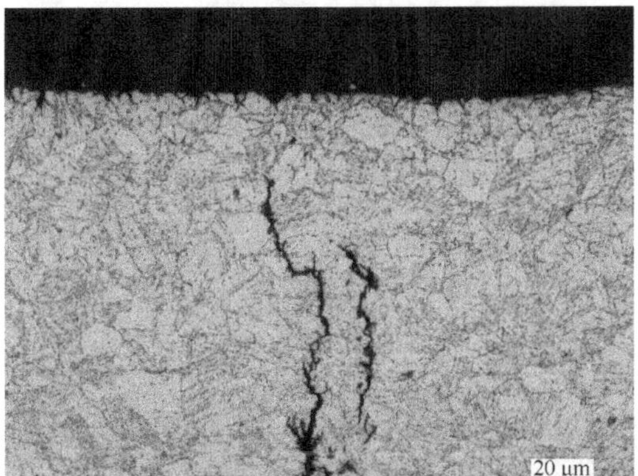

图5 2#裂纹金相组织与裂纹形态

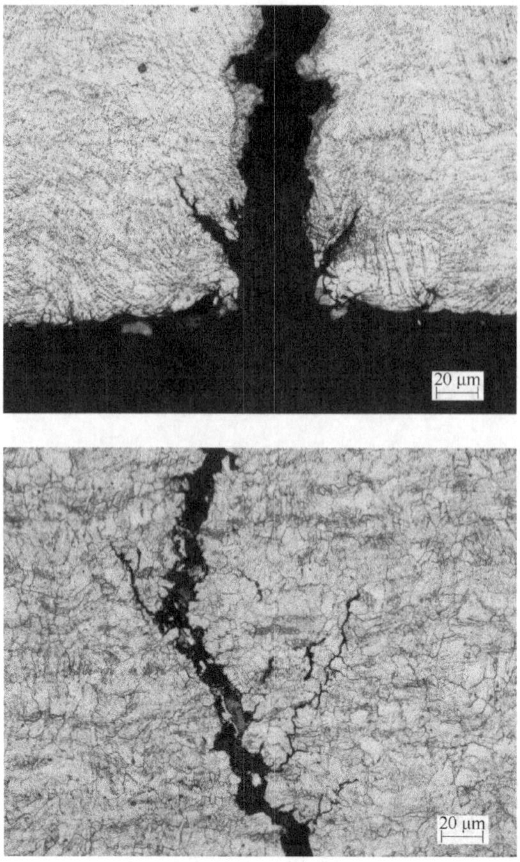

图5　2#裂纹金相组织与裂纹形态(续)

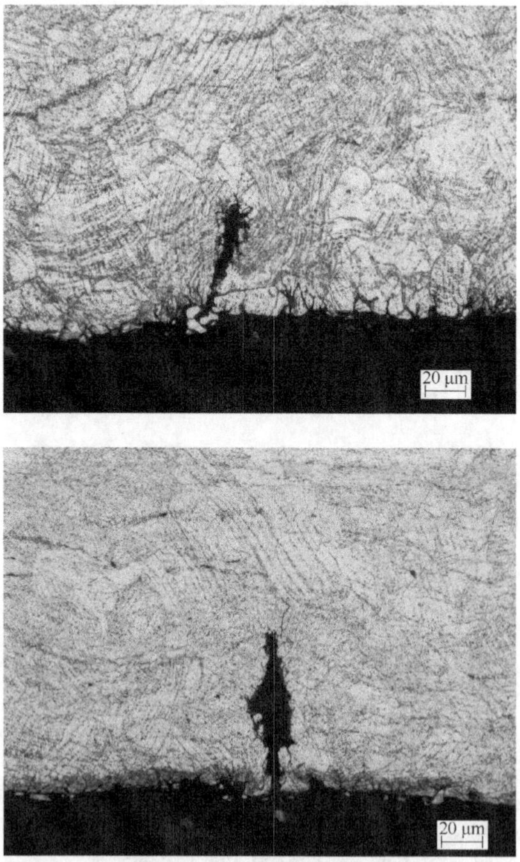

图6　内壁多源启裂金相形貌

图6　内壁多源启裂金相形貌(续)

2.6　断口能谱分析

选取1#裂纹在实验室液氮环境下进行打开，断口形貌如图7所示。整个断口表面被腐蚀产物所覆盖。选取裂纹靠近内表面裂纹尖端位置进行能谱分析，分析结果见图8。能谱分析结果表明，除材料304含有的Fe、Cr、Ni元素外，还含有一定量的S元素，S元素是由内壁介质带入。

图7　裂纹断口形貌

图8　腐蚀产物能谱分析结果

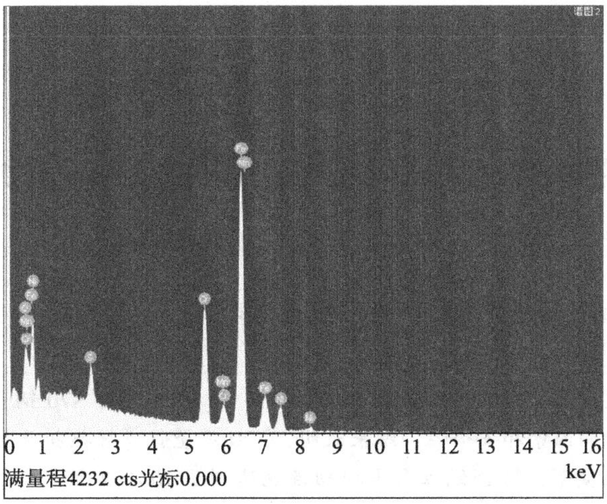

元素	重量百分比	原子百分比
OK	5.50	16.45
SK	2.84	4.23
Cr K	17.91	16.48
Mn K	2.17	1.89
Fe K	62.54	53.58
Ni K	9.04	7.37
总量	100.00	

图8　腐蚀产物能谱分析结果(续)

3　讨论分析

由金相可见，裂纹分叉，而且为穿晶型裂纹，该特征为典型的应力腐蚀开裂特征。导致材料发生应力腐蚀开裂是材料、应力与环境三个因素共同作用下材料发生的破坏[1]。

失效件的化学成分为304，该材料易于发生应力腐蚀开裂。由材料的化学成分分析可见，该材料的主要合金元素Cr含量低于标准要求，化学成分不合格。Cr、Ni元素是304不锈钢的主要合金元素，由于该两种元素价格较高，因此在材料生产中通常通过控制Cr、Ni元素的含量降低材料成本。由于管件用量少，种类繁多，因此多数管件生产厂规模较小，管件质量控制差，而且对成本敏感。材料化学成分不合格的情况多见于管件。由材料的硬度超标、马氏体含量为10%可见，该管件的生产采用冷变形的加工方式成形，且加工完后未做固溶处理。304不锈钢的奥氏体为亚稳定结构，冷加工变形中产生的塑性变形使得亚稳定的奥氏体结构转变为形变马氏体，形变马氏体有铁磁性且有较高的硬度[4]，形变马氏体对氢原子敏感，更容易发生应力腐蚀开裂。

失效件冷变形成后未做固溶处理、残余应力较大，此外失效件内部输送介质压力作用下产生的应力满足应力条件。失效件为冷加工成形，材料冷加工后内部有较大的残余应力，由铁素体含量及硬度可见该材料未做固溶处理，因此其残余应力未得到释放，管件中有较大残余应力。该管件用于输送介质，介质有压力，因此管件中还存在由于内部压力引起的应力，管件残余应力与内部介质压力引起的应力叠加，满足材料发生应力腐蚀的应力条件。

失效件内壁与腐蚀性介质相接触。由断口表面的EDS分析表明，靠近内壁的裂纹断口表面腐蚀产物进行能谱分析，结果表明腐蚀产物中有一定量的S元素，是由内壁介质带入。

4　结论与建议

本文通过对变径管件取样分析试验，结果表明导致不锈钢变径管件失效的原因为应力腐蚀开裂。材料不合格是破坏的主要原因，成分、硬度超标，组织为形变马氏体，非正常奥氏体组织；形变马氏体的存在导致应力腐蚀敏感性增加。腐蚀性元素来源于管道输送介质，介质中含有S，应力腐蚀开裂的应力来自内壁介质压力。

建议如下：

1）严格控制管件质量，在投入使用前对材料化学成分、理化性能进行检查；

2）对冷加工成型后的管件进行固溶处理，避免应力腐蚀裂纹的产生[6]。

参考文献

[1]杨宏泉，段永锋．奥氏体不锈钢的氯化物应力腐蚀开裂研究进展[J]．全面腐蚀控制，2017，31(01)：13－19.

[2] Lippold J C，Kotecki D J著，陈剑红译．不锈钢焊接冶金学及焊接性[M]．北京：机械工业出版社，2008.

[3]GB/T 14975－2012 结构用不锈钢无缝钢管[S].

[4]张雪涛．变形和温度因素对奥氏体不锈钢材料性能影响规律研究[D]．北京工业大学，2016.

[5] GB/T 13298－2015 金属显微组织检验方法[S].

[6]贺凯林，宋锐，闻宏，王梅，彭建华．06Cr19Ni10不锈钢夹套管断裂分析[J]．2021，36(5)：54－56.

高钢级管道焊接接头HAZ夏比冲击测试方法研究

王海涛　李仕力　刘艳贺　罗艳龙　陈　杉　周少坤

(中国特种设备检测研究院，北京　100029)

摘　要：高钢级管线钢焊接接头热影响区冲击试验结果数据分散性较大，本文通过X70钢管焊接接头熔合线位置冲击试验分析冲击韧性波动的影响因素和安全性。结果表明，X70厚壁钢管焊接接头热影响区熔合线位置材料韧性较低，但在-10℃试验温度下，熔合线位置平均韧性也达到了100J以上。熔合线夏比冲击韧性的显著波动是由其刻槽位置的偏差及裂纹扩展走向的不确定性引起的。

关键词：X70管线钢管；热影响区；冲击韧性；熔合线

Analysis on Charpy Impact Test at Heat Affected Zone of Welded Joint of High Steel Grade Line Pipe

Wang Haitao, Li Shili, Liu Yanhe, Luo Yanlong, Chen Shan, Zhou Shaokun

(China Special Equipment Inspection and Research Institute, Beijing 100029, China)

Abstract: It is investigated that the large impact toughness fluctuation at heat affected zone of welded joint of X70 line pipe. The Charpy impact tests were carried out near fusion line position to analyze the toughness fluctuation factors and safety. It is concluded that the fracture toughness at fusion line is significantly lower. However, the average toughness at fusion line is more than 100J at -10℃. The deviation of V-notch location of fusion line specimens and the uncertain crack propagation path could cause that the Charpy impact test values fluctuate severely.

Key words: X70 line pipe; Heat affected zone; Impact toughness; Fusion line

随着大输量天然气管道技术的发展，高钢级、大口径、厚壁管线钢管的应用逐渐广泛，焊接接头性能成为安全运行的关键因素之一。焊接热影响区处于焊缝铸态组织和母材轧制组织的过渡区域，成分、组织、晶粒度以及性能的不均匀性较大，属于焊接接头的薄弱环节。在X70埋弧焊接钢管焊接接头热影响区的冲击韧性试验中，冲击韧性测试结果波动较大，经常出现极低值，按照标准规定双倍复取后又往往不再出现极低值，达到了标准要求，这引起人们对其安全性的担忧。因此，本文主要针对X70埋弧焊接钢管焊接接头热影响区熔合线及附近区域进行冲击韧性测试，研究其波动性的影响因素。

1　试样及试验方法

图1为DNV OS F101—2013《海底管道规范》[1]中埋弧焊管管体焊缝夏比冲击试验的取样位置示意图。当钢管公称壁厚大于25mm时，应分别在表面下2mm和壁厚中心各取一组试样进行夏比冲击试验，每组应包括在四个位置刻槽加工V型缺口的试样，分别为焊缝中心(WM)试样、熔合线(FL)试样、FL+2mm试样和FL+5mm试样。

作者简介：王海涛(1982—　)，博士，高级工程师，长期从事压力管道失效分析和材料相关技术研究，E-mail：wanghaitao2009@aliyun.com

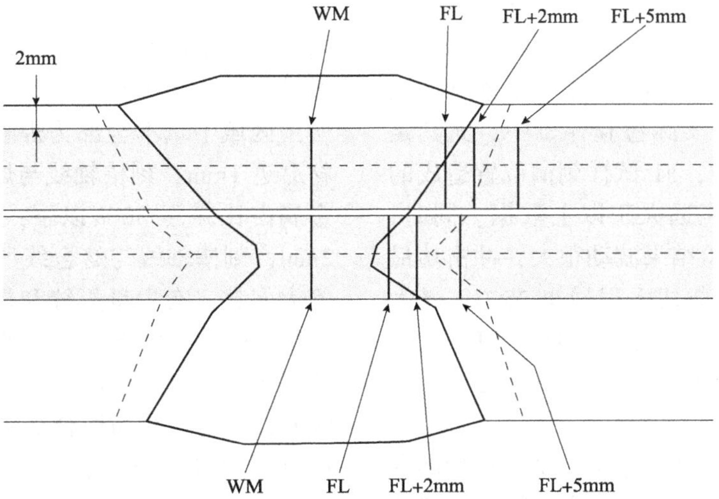

图 1　埋弧焊管管体焊缝夏比冲击试样的取样位置

本研究试验材料为 X70 直缝埋弧焊管，横向取样，夏比冲击试样尺寸为 10mm × 10mm × 55mm。为了减少刻槽位置误差对试验结果的影响，提高试样表面机加工的光洁度，并采用酸蚀的方法使每个试样清晰地显示焊缝截面形貌，利用游标卡尺和尖刀精确划出刻槽位置线。每组试样包括 7 个刻槽位置，分别为焊缝中心(WM)、熔合线(FL)、FL - 1mm、FL - 2mm、FL + 1mm、FL + 2mm、FL + 3mm 和 FL + 5mm，下图中标识为 WM、FL、 - 1、 - 2、 + 1、 + 2、 + 3 和 + 5，按照 ASTM A370[2] 进行夏比冲击试验。

2　熔合线试样缺口位置的人为因素影响

DNV OS F101—2013 中规定夏比冲击熔合线试样(FL)的刻槽轴线理论上应保证与熔合线所包围的区域中焊缝金属和 HAZ 各占 50%。但是，在实际操作过程中，由于面积占比较难估计，一般保证刻槽轴线一半的长度落在焊缝金属区域，另外一半的长度落在热影响区域即可。钢管表面下 2mm 夏比冲击试样一般截取位置位于双面埋弧焊的外焊道，钢管壁厚中心夏比冲击试样一般截取位置位于双面埋弧焊的内外焊根，图 2 中(a) ~ (b)为表面下 2mm 的夏比冲击试样上的典型埋弧焊缝形貌，(c) ~ (e)为壁厚中心夏比冲击试样上的典型埋弧焊缝形貌。如图(a)所示，焊缝比较规则，两侧熔合线呈对称分布，可选择任一侧进行刻槽；图(b)中所示的焊缝形貌也比较普遍，焊缝两侧熔合线不对称，右侧熔合线比较陡峭，宜选择左侧熔合线进行刻槽；图(c)中焊缝形貌也比较规则，焊偏较小，两侧熔合线都有一定倾斜，可选择任一侧进行刻槽；图(d)中焊缝两侧熔合线均比较陡峭，刻槽轴线对熔合线的分割比例很难判断，不易确定刻槽轴线的位置；图(e)中左侧熔合线陡峭，可选择右侧较平缓的熔合线确定刻槽位置。

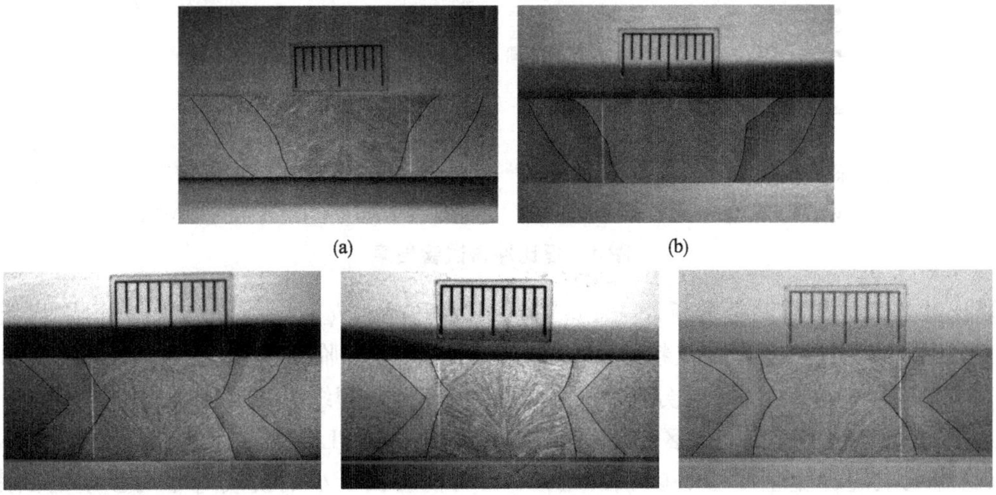

(a)　(b)　(c)　(d)　(e)

图 2　夏比冲击试样上的典型埋弧焊缝形貌

基于金相分析软件计算结果，各试样刻槽轴线与熔合线所包围的区域中，焊缝金属占比误差达到了 -41.98% ~ +47.28%（与焊缝金属理论占比 50% 相比较）。在实际检验评价中，尤其是制造商批量制样过程中，FL 试样刻槽位置造成的焊缝金属占比误差可能远大于以上数据。同时，FL 试样的夏比冲击试验结果波动很大，冲击功最小 23.8J，最大 299J，剪切面积最小 25%，最大 85%。因此，刻槽位置难以保证精度是 FL 试样夏比冲击试验结果波动性大的主要原因之一，目前也无有效的消除办法。

图 3 为表面下 2mm 和壁厚中心试样典型熔合线形貌下离 FL 不同距离刻槽轴线的微观区域分析。刻槽轴线向焊缝中心靠近 1mm，刻槽轴线与熔合线所围区域中焊缝金属占比达 3/4 以上；刻槽轴线向焊缝中心靠近 2mm，刻槽轴线与熔合线所围区域中基本全部为焊缝金属；刻槽轴线向母材靠近 1mm，刻槽轴线与熔合线所围区域中焊缝金属占比减至 30% 以下；刻槽轴线向母材靠近 2mm，刻槽轴线与熔合线所围区域中热影响区占绝大多数，有少量焊缝和母材；刻槽轴线向母材靠近 3mm，刻槽轴线与熔合线所围区域中主要为热影响区和少量母材；刻槽轴线向母材靠近 5mm，刻槽轴线与熔合线所围区域中约为 60% 热影响区和 30% 母材。

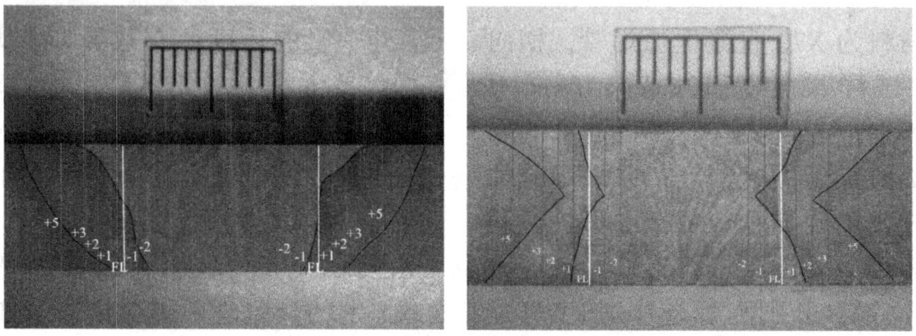

(a)　　(b)

图 3　离 FL 不同距离刻槽轴线的微观区域分析

距离 FL 不同位置刻槽加工夏比冲击缺口试样，其试验结果如图 4 所示。FL 试样冲击功和剪切面积最小，离散性最大。当 FL 刻槽轴线向焊缝或者母材偏移 1mm 以上时，材料韧性都会增大，但一般情况下，FL 人工刻槽划线位置波动范围正好处于 FL ±1mm 内，该范围内刻槽线位置的微小误差会造成焊缝金属比例很大的变化，夏比冲击韧性波动性相应增大。

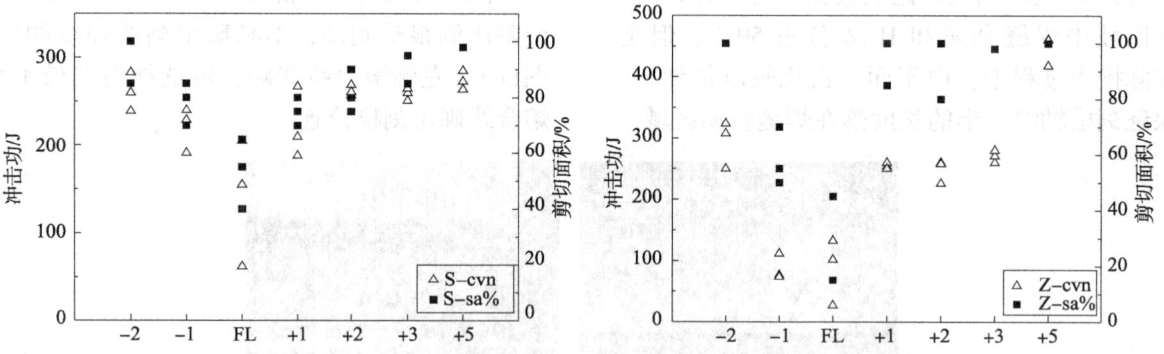

(a)表面下2mm　　(b)壁厚中心

图 4　夏比冲击试验结果

3　熔合线夏比冲击裂纹扩展路径分析

焊接接头薄弱的区域是熔合线及粗晶区。如图 5 所示，焊接热影响区一般可划分为粗晶区（CGHAZ）、细晶区（FGHAZ）和临界区（ICHAZ）。尤其对于双面焊成型的焊缝壁厚中心区域，还会由于外焊的二次热循环，在内焊的粗晶区形成未变粗晶区（UA CGHAZ）、过临界粗晶区（SC CGHAZ）和临界粗晶区（IC CGHAZ），其中，临界粗晶区是焊缝壁厚中心最薄弱的区域。因此，壁厚中心的 FL 刻槽夏比冲击试样的裂纹扩展路径可能会由于小的扰动等不可预期的因素，在断裂过程中发生改变。

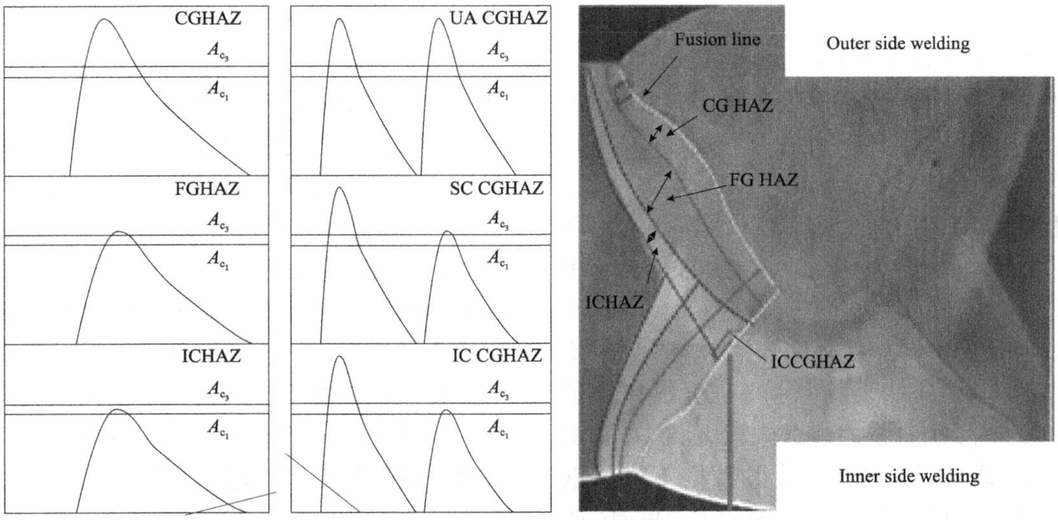

图 5 焊接接头热影响区微区划分

选取 FL 夏比冲击试验中的韧性断裂试样，在冲击过程中裂纹扩展方向的 1/3 和 2/3 位置进行横剖，拼接断口并制取金相试样，其横剖面宏观形貌如图 6 所示。图 6(a) 中断面平整，断口位置与刻槽轴线基本保持一致，此处断裂路径未发生偏转。但在图 6(b) 中，断口完全沿着熔合线分离，与刻槽轴线位置相比完全发生了偏离。这证明裂纹至少在前 1/3 的扩展过程中没有发生偏转，夏比吸收功为 192J，剪切面积为 60%。在图 6(c) 中，纵剖面显示裂纹起始扩展过程中并未发生偏转，在扩展后期则向母材方向发生了偏移，因此夏比吸收功为 225J，剪切面积为 65%，夏比冲击试样结果值较高。

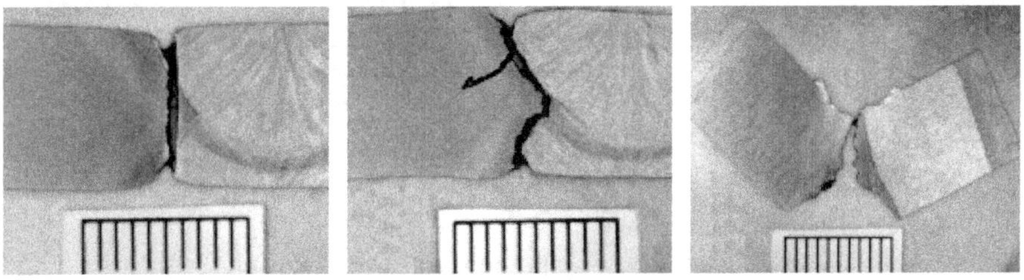

(a)1/3位置横剖面　(b)2/3位置横剖面　(c)纵剖面裂纹扩展路径

图 6 FL 夏比冲击试验中韧性断裂试样

同样，选取 FL 夏比冲击试验中的脆性断裂试样，在冲击过程中裂纹扩展方向的 1/3 和 2/3 位置进行横剖，拼接断口并制取金相试样，其横剖面宏观形貌如图 7 所示。当裂纹扩展至 1/3 位置时已经发生了偏转，横截面沿熔合线发生断裂，直至 2/3 位置，横截面均沿熔合线断裂，如图 7(a)、(b) 所示。裂纹在起始扩展阶段即向熔合线位置发生了偏转，试样在整个试验过程中沿熔合线发生断裂，实际断裂过程与 FL 刻槽轴线断裂的目标路径完全不同，试验夏比吸收功仅为 40.3J，剪切面积仅为 30%。图 7(c) 所示纵剖面显示了裂纹的扩展路径，红线为刻槽轴线预设的裂纹扩展路径，在实际扩展过程中裂纹向粗晶区方向发生了偏移。因此，试样夏比冲击韧性测试结果值较低，夏比吸收功为 34.3J，剪切面积为 25%。

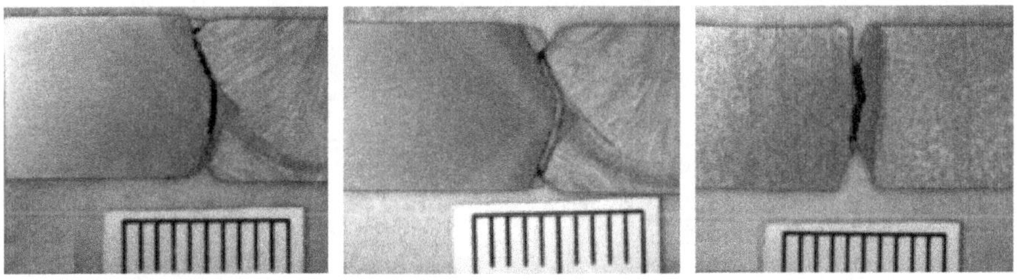

(a)1/3位置横剖面　(b)2/3位置横剖面　(c)纵剖面裂纹扩展路径

图 7 FL 夏比冲击试验中脆性断裂试样

4 总结

X70厚壁钢管焊接接头热影响区熔合线(FL)位置材料韧性明显低于FL+2mm和FL+5mm位置。熔合线(FL)夏比冲击韧性的显著波动是由其刻槽位置的偏差及裂纹扩展走向的不确定性引起的。这种误差客观存在，无有效的消除办法，因此标准应允许对其进行复检，对产品的安全应用也影响较小。

DNV OS F101—2013《海底管道规范》对复检的详细规定如下：①如果其中一个试验没有满足要求，应重作两次试验(只做未满足要求的试验)。试样应取自同一批产品中的两根不同的钢管。两次试验都要满足要求。如果其中一次或两次复取试验结果都不满足要求，这批产品应拒收。②任何一个试验不合的原因应分析查明，并相应采取恰当的措施防止试验不合再次发生。③如果拒收了某个批次的产品，制造商可以对这批产品中所有剩余的钢管逐根进行试验。如果某一批次产品中所有钢管超过25%被拒收，则整个批次产品都应拒收。这种情况下制造商应研究报告试验不合的原因，如有必要应改进制造工艺。如果任何一个参数允许的变化超过了规定，应对制造工艺规范进行重新评定。④发生试验不合的钢管不允许进行复取试验。如果某钢管是因为熔合线(热影响区)位置的夏比冲击吸收功值不满足要求，或者高频电阻焊管因为焊缝位置夏比冲击吸收功值不满足要求，经业主同意可以在同一根钢管上取样进行试验。⑤如果试验结果受到不正确取样、机械加工、准备、处理或试验方法的影响，应从同一根钢管上采用正确的方法重新制取试样，替代原有试样应重新进行试验。

参考文献

[1] DNV OS F101—2013, Submarine pipeline system[S].
[2] ASTM A370—2012, Standard Test Methods and Definitions for Mechanical Testing of Steel Products[S].

储罐钢制三角形轮毂网壳结构失效案例分析

都 亮 石秀山 邢 述 王 十

（中国特种设备检测研究院，北京 100029）

摘 要：为找出2万m^3储罐钢制三角形轮毂网壳失效原因，研究不同载荷组合作用下单层三角形轮毂网壳结构的失效模式，利用有限元软件ANSYS建立罐顶网壳全尺寸有限元模型，选取基于GB 50341—2003的设计工况和基于现场施工条件的极限操作工况作为分析输入，对两种工况条件下受力情况进行详细分析计算，并结合GB 50341—2003《立式圆筒形钢制焊接油罐设计规范》和JGJ 7—2010《空间网格结构技术规程》中的相关要求，对罐顶结构进行整体刚度、构件强度和稳定性校核，分析失效原因。

关键词：常压储罐；三角形轮毂网壳；有限元分析；失效分析

Failure Analysis of Steel Triangular Hub Lattice Shell of Storage Tank

Du Liang*, *Shi Xiushan*, *Xing Shu*, *Wang Shi

(China Special Equipment Inspection and Research Institute, Beijing 100029, China)

Abstract: In order to find out the failure causes of the steel triangular hub reticulated shell of 20000 cubic meters storage tank, this paper studies the failure modes of the single – layer triangular hub reticulated shell structure under different load combinations, establishes the full size finite element model of the tank top reticulated shell using the finite element software ANSYS, and selects the design conditions based on GB50341 – 2003 and the limit operating conditions based on the on – site construction conditions as the analysis input, The stress conditions under the two working conditions are analyzed and calculated in detail, and the overall stiffness, component strength and stability of the tank top structure are checked according to the relevant requirements of GB50341 – 2003 Code for Design of Vertical Cylindrical Steel Welded Oil Tanks and JGJ7 – 2010 Technical Specification for Reticulated Shell Structures, and the cause of failure is analyzed.

Key words: Atmospheric storage tank; Triangular hub reticulated shell; Finite element analysis; failure analysis

1 设备基本情况

该罐为常压内浮顶罐（直径38m，高17.8m），罐容20000m^3，由某石化工程建设公司设计，基本参数见表1。其中罐顶网壳为三角形嵌入式毂节点，于2006年9月投用。

表1 储罐基本参数

结构形式	内径/mm	储存介质	容积/m^3	设计压力/Pa	罐高/mm
内浮顶	38000	产品汽油	20000	正压7560；负压490	17820

三角形轮毂网壳是采用装配式短程线单层球形网壳（网格呈平面三角形），三角形网壳的网架杆件在空间全部组成三角形，三角形的三个顶点位于球面上，其网杆为直杆，节点型式是杆件端头由一组螺栓孔并通过钢板制成的板式节点连接而组成空间三角形结构体系。此次失效储罐杆件及节点尺寸参数见表2。该网壳杆件为H14型钢，连接点为嵌入式毂节点，杆端嵌入件为铸造件；

作者简介：都亮（1986— ），博士，高级工程师，主要研究方向为危化品常压容器安全评价。E – mail：duliang.sme@163.com

节点处为杆端嵌入连接和压盖螺栓连接，周边为一圈水平环梁。经检查，此网壳断裂点全部集中在杆端嵌入件，近年来此种型式已较少采用。

表2　罐顶网壳结构基本参数

网壳球半径/mm	矢高/mm	跨度/mm	网壳自重/kg	节点尺寸/mm	设计规范	构件/杆端件材质
37797	4998.4	37640	26957	ϕ130	JGJ 7—2010	Q235－B/ZG275－485H

2　设备失效过程

某炼厂一台2万m^3汽油组分罐，2006年建成并投用，2019年检修期间，由于罐顶堆放检修材料过多(约7t重)，导致罐顶网壳失效，罐顶塌陷，检修材料及大部分网壳落入罐内，冲击铝浮盘，致其全部损坏，罐顶周圈梁残留4处杆件(约3m)悬挂在罐壁；罐顶蒙皮失去支撑后，中间拱顶(直径约20m)塌陷。失效后的轮毂节点如图2所示。

图1　2万m^3汽油组分罐罐顶塌陷及轮毂断裂图片

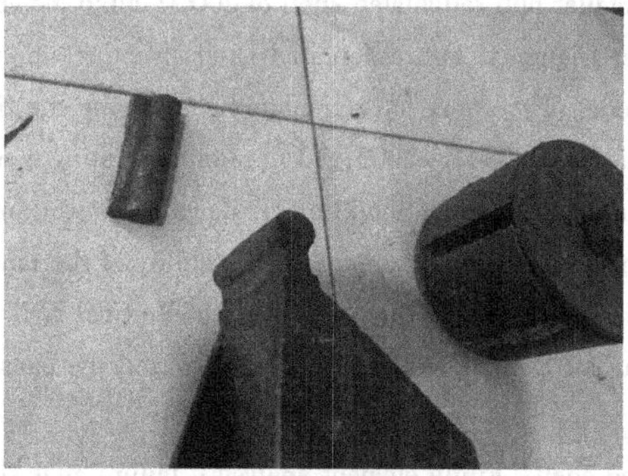

图2　失效后的轮毂节点

3　基于数值仿真的失效原因分析

3.1　数值建模

利用有限元分析软件ANSYS建立网壳结构有限元模型，如图3所示，结构采用188号梁单元，单元截面属性与材质与设计资料一致，约束方式为外圆周节点自由度除绕z轴方向转动自由度外全部约束，重力加速度9.8m/s^2，密度取等效密度使得结构自重达到26，957kg。鉴于毂节点的结构形式特点，节点处绕各杆件z轴的局部自由度通过耦合作用释放掉，即节点不传递各构件间在网壳平面内的弯矩，此假设也符合网壳结构设计规范中毂节点平面内计算长系数取1.0的规定，符合结构的实际受力特点。

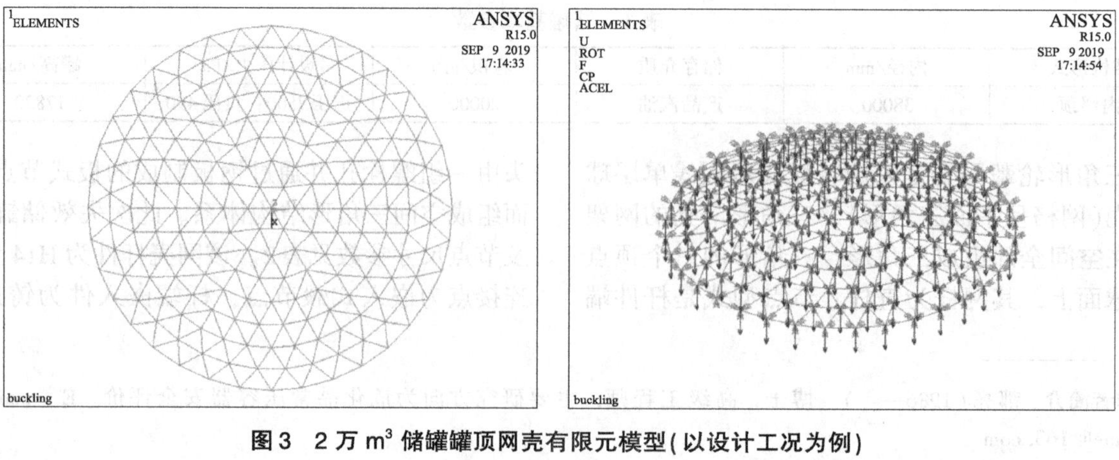

图3　2万m^3储罐罐顶网壳有限元模型(以设计工况为例)

3.2 载荷工况确定

储罐设计规范 GB 50341 中给出的与罐顶相关的设计工况载荷组合如表 3 所示。

表 3 设计工况条件下的载荷组合

组合名称	载荷组合
载荷组合 1	$D_L+W+0.4P_e$
载荷组合 2	Max{$D_L+(L_r$或$S_0)+0.4P_e$, $D_L+P_e+0.4(L_r$或$S_0)$}

其中 D_L——固定载荷，包括厚度附加量在内的罐体和附件重量。管顶顶固定载荷为罐顶板及其加强构件的重力载荷。罐顶自重取 26957kg。

W——设计风压，在水平投影面上 $W=2.06w_0$。经计算，风载荷体型系数 μ_s 取 −0.45，风压为负值，且蒙皮与网壳之间不焊接，风负压不会传递到网壳上，因此此次计算不计风载荷。

P_e——设计真空外压，取 0.49kPa。

L_r——固定顶活载荷(水平投影面上的活载荷)，由现行国家标准 GB 50009《建筑结构荷载规范》，参照工业建筑楼面活载荷查取 2.0kPa。

S_0——基本雪压，由现行国家标准 GB 50009《建筑结构荷载规范》查取，经查储罐所在地取 0。

极限操作工况取结构失效前实际载荷作为分析条件，即：D_L+P_T，其中 P_T 为局部堆载载荷，取为 7000kg。由于堆载物体平面尺寸为 1600mm×300mm，结合网壳各节点间尺寸，加载时分别对单节点受力、两节点受力、三节点受力等三种情况进行分别计算，校核结构的强度和稳定性。加载位置取为罐顶中心附近的 1 号、33 号和 34 号单元，符合实际操作工况条件。

3.3 计算分析校核

基于前节给出的有限元模型和载荷条件，对极限操作工况下的结构受力情况进行了分析计算，基于分析结果对结构整体刚度、构件强度和稳定性、毂节点杆端件(颈缩截面)强度进行校核。

3.3.1 结构整体刚度校核

图 4 给出了罐顶中心点施加堆载载荷时的结构变形和应力云图，结构最大变形量(挠度) 15.54mm，变形最大位置如图所示，最大变形量未超过许用挠度 94.1mm(内径的 0.0025 倍，即跨度的 1/400)，结构整体刚度满足 GB 50341 规范要求。

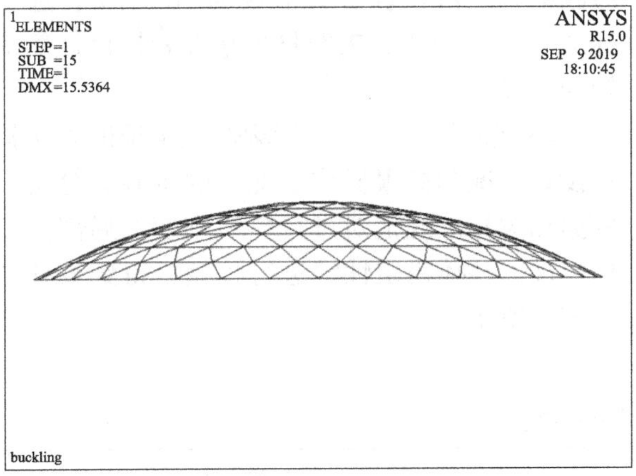

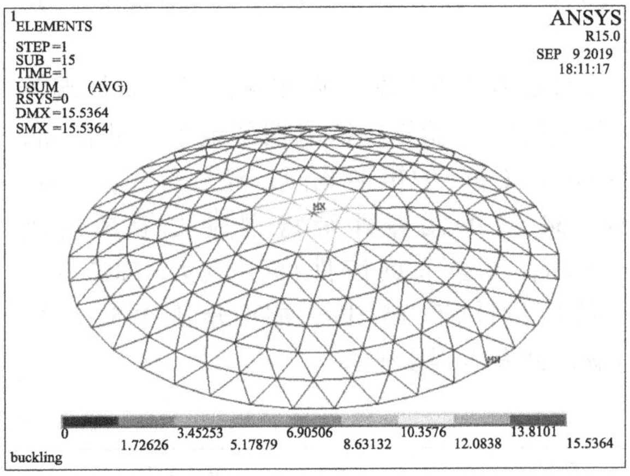

图 4 罐顶中心点施加堆载载荷情况下结构变形与位移云图

3.3.2 构件强度与稳定性校核

图 5 给出了罐顶中心单点加载时杆件轴向应力和弯曲应力云图，由图中数据可以看出，危险构件 33 号、34 号、132 号、230 号、328 号、426 号单元的轴力与弯矩的复合压应力最大值达到 58.53MPa，未超过储罐设计规范给出的强度许用应力。

通过对罐顶中心点附近两点、三点加载分别计算，均未发现杆件超过强度许用应力的情况存在。

3.3.3 毂节点杆端件强度校核(颈缩部位)

(1)罐顶中心点单点加载情况(堆载载荷施加于一点)

选取罐顶特殊工况单点加载情况，对杆端铸件部分进行强度验算，选取端部最小尺寸截面，即 12mm×80mm 的矩形截面，经过验算，33 号、

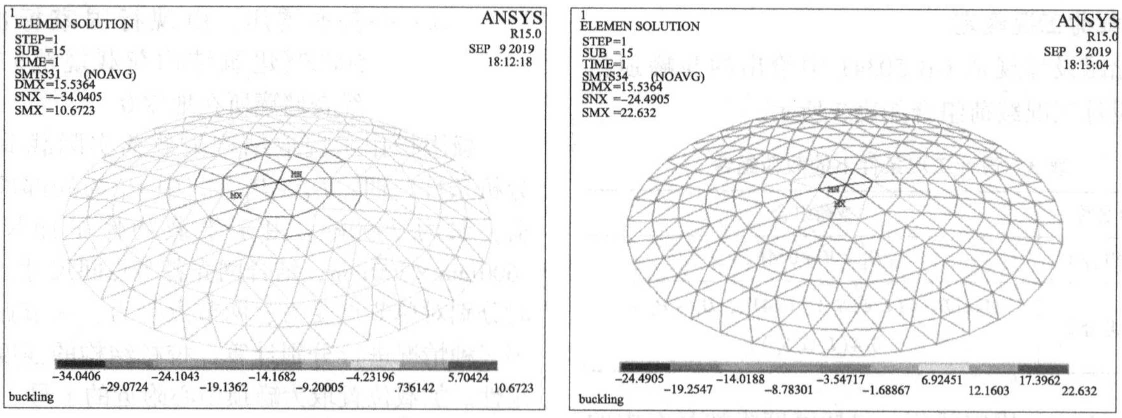

图 5　单点加载(7 吨集中载荷)工况杆件轴力和弯矩产生的应力云图

34 号、230 号、426 号单元等杆端铸钢应力达到 413.7MPa，超过节点铸件许用应力(ZG230 - 450H 强度设计值 215MPa，端面承压 315MPa)，节点嵌入件发生强度破坏。

(2)罐顶中心点双点加载情况(堆载载荷施加于两点)

选取罐顶特殊工况双点加载情况，对杆端铸件部分进行强度验算，选取端部最小尺寸截面，即 12mm × 80mm 的矩形截面，经过验算，1 号、36 号、37 号单元等杆端铸钢应力最高达到 433.7MPa，超过节点铸件许用应力(ZG230 - 450H 强度设计值 215MPa，端面承压 315MPa)，节点嵌入件发生强度破坏。

(3)罐顶中心附近三点加载情况(堆载载荷施加于三点)

选取罐顶特殊工况三点加载情况，对杆端铸件部分进行强度验算，选取端部最小尺寸截面，即 12mm × 80mm 的矩形截面，经过验算，1 号、33 号、34 号单元等杆端铸钢应力最高达到 405.8MPa，超过节点铸件许用应力(ZG230 - 450H 强度设计值 215MPa，端面承压 315MPa)，节点嵌入件发生强度破坏。

4　分析结论

本次分析对 2 万 m^3 储罐储罐固定顶网壳结构开展了杆端件材料化学成分分析、力学性能分析以及整体结构在极限操作工况条件下的结构刚度、局部强度和稳定性、整体稳定性分析，分析结果如下：

(1)材料化学成分分析表明，除硫含量外，其他成分含量均在标准值要求范围内。材料中硫含量为 0.11%，高于标准要求最大值 0.04%，硫元素的存在将对材料塑性和韧性产生影响。

(2)材料力学性能分析表明，虽然材料的抗拉强度和屈服强度满足标准要求，但是拉伸试验断后伸长率和断后收缩率低于标准值，尤其是断后收缩率三次试验最大值仅为 16.22%，远低于标准 35% 的要求，表明材料塑性和韧性性能下降较为明显。

(3)经过对 2 万 m^3 储罐储罐罐顶网壳结构进行设计工况和极限操作工况下的有限元分析，并依据相关标准规范对进行整体刚度、局部强度和稳定性、整体稳定性等进行校核，得到校核结论如表 4 所示。

表 4　校核结果汇总

校核项目	设计工况	极限工况
整体刚度	符合评价标准要求	符合评价标准要求
构件强度	符合评价标准要求	符合评价标准要求
单肢稳定	符合 GB 50341 标准要求，但不满足 JGJ 7 标准要求	符合 GB 50341 标准要求，但不满足 JGJ 7 标准要求
杆端件强度	材料实际应力值接近材料抗拉强度设计值，安全裕量较低	材料实际应力超过材料抗拉强度设计值要求
整体稳定	符合评价标准要求	符合评价标准要求

(4)设计工况条件下的结构整体刚度、构件强度与局部稳定性、杆端铸造件(颈缩截面处)强度和结构整体稳定性满足要求。但是，虽然结构未在设计条件下发生单肢失稳，但是超过构件总数 50% 的构件，其长细比超过 150，不满足设计规范 JGJ 7—2010 中关于压弯构件长细比的限制要求。

(5)极限操作工况下，结构整体刚度、非线性分析条件下的整体稳定性满足相关设计规范要求，构件材料强度也低于材料许用强度。但是，在校验单个构件的侧向稳定性时，构件等效应力(轴向应力叠加弯曲应力)已经超过失稳临界许用应力值，杆件将发生局部单肢失稳。同时，由于杆端件存在截面颈缩，使得该处截面的应力值超过材料许用强度，表现为材料强度破坏。

参考文献

[1]张云峰，史舒心，李岩，等. 大型储罐穹顶网壳结构研究综述[J]. 当代化工，2021，50(8)：1988－1991.

[2]王聪，王洋. 大型储罐顶盖结构形式及铝合金网壳的应用[J]. 化学工程与装备，2021(7)：187－189.

[3]陈晓坤. 带浮顶的超大 FRP 组合储罐力学性能与关键技术研究[D]. 大庆：东北石油大学，2018.

[4]丁利伟. 大型储罐罐顶网壳的稳定性分析比较[J]. 石油化工设备技术，2011，32(3)：39－43.

[5]冯文卓. 基于新型支座结构的储罐网壳顶关键技术研究[D]. 杭州：浙江大学，2016.

[6]翟希梅，王恒. LNG 储罐穹顶带钢板网壳施工全过程稳定性分析[J]. 哈尔滨工业大学学报，2015，47(4)：31－36.

X70 管线钢残余塑性应变的背散射电子衍射表征方法研究

孟　彤[1]　孙　超　王汉奎[1]　商学欣[1]　郭　静[1]　于宇新[1]　王海涛[1]　孟　涛[1]　帅　健[2]　宋　明[1]

[1. 中国特种设备检测研究院，北京　100029；2. 中国石油大学(北京)，北京　102249]

摘　要：高钢级油气管线的近期研究发现，管线环焊缝脆性开裂失效与残余塑性应变存在关联。实际运行的管线在轴向载荷作用下引起的微小塑性变形不易被金相和硬度等工程手段发现，因此常常被忽视。研究尝试采用背散射电子衍射(electron backscatter diffraction，EBSD)技术对管线钢微小塑性变形进行表征。结果表明：在 X70 钢管四点弯曲的梯度塑性应变预制样品和系列拉伸样品中，材料 EBSD 衍射带对比度(band contrast，BC)与微小塑性变形相关性较差，而核平均取向差(kernel average misorientation，KAM)与 ±2% 以上的塑性变形有较好正相关性，有望用于实际管线残余塑性变形的定性或半定量评估。

关键词：X70；塑性变形；电子背散射衍射；核平均取向分布差

Electron Backscatter Diffraction Characterization of Residual Plastic Strain of X70 Pipeline Steel

Meng Tong[1]，*Sun chao*[1]，*Wang Hankui*[1]，*Shang Xuexin*[1]，*Guo jing*[1]，*Yu yuxin*[1]，*Wang Haitao*' *Meng Tao*[1]，*Shuai Jian*[2]，*Song Ming*[1]

(1. China Special Equipment Inspection & Research Institute，Beijing 100029，China；
2. China University of Petroleum (Beijing)，Beijing 102249，China)

Abstract：Recent studies of High – Strength steel oil and gas pipelines have found a correlation between brittle cracking failure of pipeline girth welds and residual plastic strain. However，the small plastic deformations induced by axial loads in long term services are usually unrecognized during failure analysis，because of the difficulties of the detection on them by normally used engineering means such as metallography and hardness test. The study attempts to characterize the small plastic deformation of pipeline steel by electron backscatter diffraction (EBSD) technique. The results show that the signals of EBSD diffraction band contrast (BC) correlate poorly with the minor plastic deformations of X70 samples which are pre – strained by four – point bending and tensile test. While the Kernel Average Misorientation (KAM) extracted from EBSD data has a good positive correlation with the plastic deformations more than ±2%，which is promising for the qualitative or semi – quantitative assessment of residual plastic deformation in actual served pipelines.

Key words：X70；plastic deformation；electron backscatter diffraction；kernel average misorientation

1　引言

X70/80 高钢级管线钢是我国干线管网的主力钢种，截至 2020 年，我国高钢级管道已达 3.5 万公里[1]，其安全运行关系到国民经济的平稳快速发展。近年来发生的中缅线 7·2 事故[2]、6·10 事故、泰青威 3·20 事故等不等厚对接环焊缝断裂事故[3]，使环焊缝脆断引发的管线运行安全问题逐步成为行业痛点。除已探明的焊接工艺、焊缝组织和局部应力集中等原因[4,6]外，环焊缝的全脆断机理和脆断条件仍存在诸多问题亟待突

作者简介：孟彤(1995—　)，硕士，主要从事工作方向油气装备失效分析与完整性管理。E – mail：mengtong062095@163.com

破。近年的研究认为，服役过程中的管道轴向应力[7~9]与环焊缝弱匹配耦合，引起的不等厚位置的应变集中可能是降低局部韧性的驱动因素，并通过实验证实了残余塑性变形[10]对韧性的不利影响。目前工程界并不掌握实际运行管线的轴向应力水平和塑性应变累积情况，其原因在于高钢级管线钢属于超细晶低碳贝氏体钢，晶界密度高，晶内结构复杂，在事故分析和在役环焊缝割管取样分析过程中，难以通过金相、硬度等分析方法有效识别10%以下的塑性变形，而残余塑性变形的识别与表征将对推动环焊缝全脆断深层次机理的研究起到关键作用。

铁素体基金属材料塑性变形是由剪应力作用下的位错运动与增殖主导的，对于微小应变，一般考虑从微观层面观测材料位错密度的变化。采用透射电镜（transmission electron microscope，TEM）可以很直观地实现微观位错的表征，但由于TEM样品过于微观，而且取样制样过程难免改变材料的塑性应变累积，因此其塑性变形表征的典型性和客观性难度限制了该方法的工程应用。近十几年来发展的电子背散射衍射（electron backscatter diffraction，EBSD）技术可以在较大尺度范围对金相样品微区做衍射分析，在位错密度[11]的间接表征方面提供了一种介于宏微观之间的手段。多年来，在镍基合金和铝合金的塑性变形分析研究方面，国内外均取得了一些进展。

运用EBSD表征塑性应变一般基于以下两种方法[11]：衍射花样质量法和局部取向偏转法。塑性变形时增殖的位错存储在晶状体中[12]，导致的晶格畸变将降低衍射菊池带对比度，衍射花样质量下降；同时，位错运动引起的晶内微区取向产生局部旋转，造成小角度晶界的增殖，利用电子背散射（EBSD）分析晶内取向差随的变化[13]也可以反映金属的塑性应变水平。利用EBSD衍射数据描述取向差的特征参量有多种，如核平均取向分布差[14]（Kernel Average Misorientation，KAM），计算每个点到邻近点算术平均差；晶粒取向扩散，计算每个晶粒内晶格取向分布；晶粒平均取向差，计算KAM的平均值；晶粒参考取向偏差，计算单个像素点和指定亚晶粒平均取向小于5°的小角度晶界取向差。

本研究旨在通过对X70管线钢的母材四点弯曲试验获得不同梯度的残余塑性应变分布，以及通过不同的单轴拉伸加载试验获得系列均匀塑性应变，探究在不同的残余塑性应变下，显微组织和硬度的演变特征探究EBSD衍射对应变的响应特征，提取EBSD的特征参数，实现对残余塑性应变的定性和半定量表征。

2　材料与方法

2.1　试验材料

研究选用典型的X70管线钢管，采用原子光谱法分析得到的化学成分如表1所示。其实测屈服强度和抗拉强度分别为550MPa和650MPa。

表1　X70管线钢化学元素含量

元素	C	Si	Mn	P	S
质量分数/%	0.0620	0.2340	1.4280	0.0099	0.0009
元素	Cr	Ni	Mo	Al	Cu
质量分数/%	0.0240	0.1180	0.1190	0.0240	0.1310

2.2　塑性变形获取试验方法

在对失效管线的早期分析研究发现，管体环缝断口金相未能观察到显著的组织变形。表明实际发生的塑性应变量可能较小，研究小应变水平更具有工程意义。因此本研究将塑性变形最大加载量控制在约5%，通过四点弯曲和单轴拉伸两种加载方式获取不同轴向应变的实验样品。

四点弯曲梁的尺寸、支辊跨距和下压量通过数值仿真来预测，根据管道的实测力学性能，对尺寸为300mm×30mm×15mm的梁，图1（a）和图1（b）分别计算了当支辊下压15mm时长度方向的应变分布和卸载后的残余塑性应变分布。从卸载后梁中部的残余应变分布看，长度方向至少30mm宽的区域内，应变呈均匀分布，可满足EBSD的分割取样要求。沿高度方向，残余应变呈线性梯度分布，为EBSD表征提供了系列不同应变水平的实验位点。

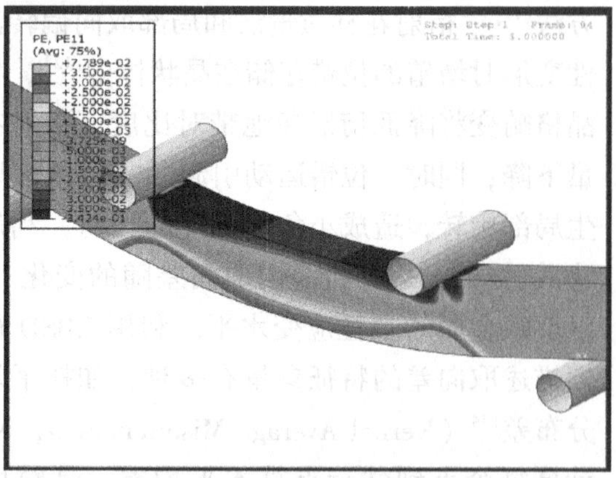

(a)四点弯曲加载应变图

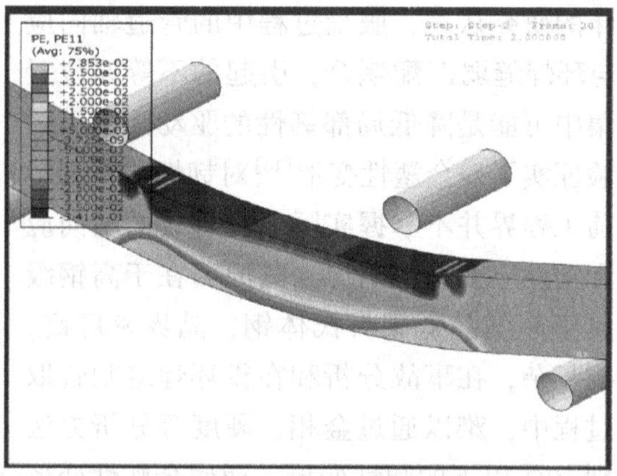

(b)四点弯曲卸载应变图

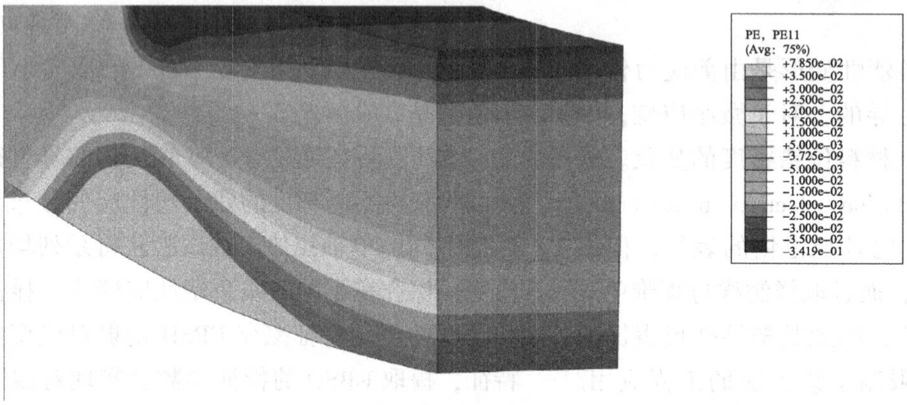

(c)试样中部应变分布图

图 1

2.3　四点弯曲试验

在 X70 管线钢的母材切取长度约 300mm × 30mm × 15mm 的四点弯曲试样两个，分别编号为 A1 和 A2，进行四点弯曲试验。A1 梁的上下表面残余塑性应变控制在 −3.5% ~3.5% 左右，A2 梁的上下表面残余塑性应变控制在 −5% ~5% 左右，弯曲下压方向对应管体环向。实验过程中采用应变片在上下表面和数字图像相关(digital image correlation，DIC)技术在侧面对试验过程进行应变监测，以确定实际应变分布，监测结果如图 2 所示。

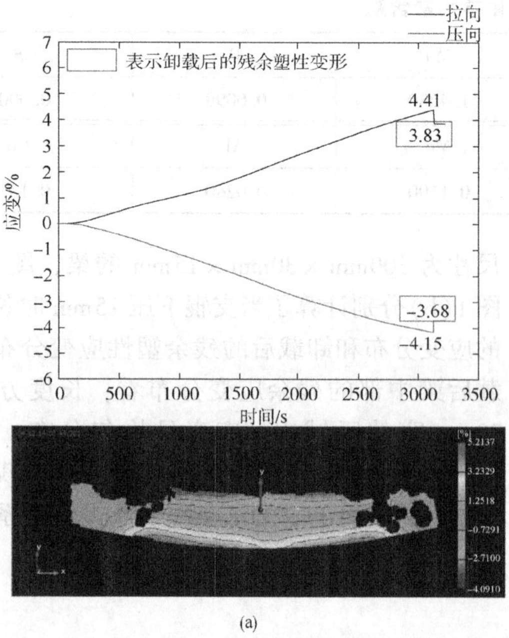

(a)

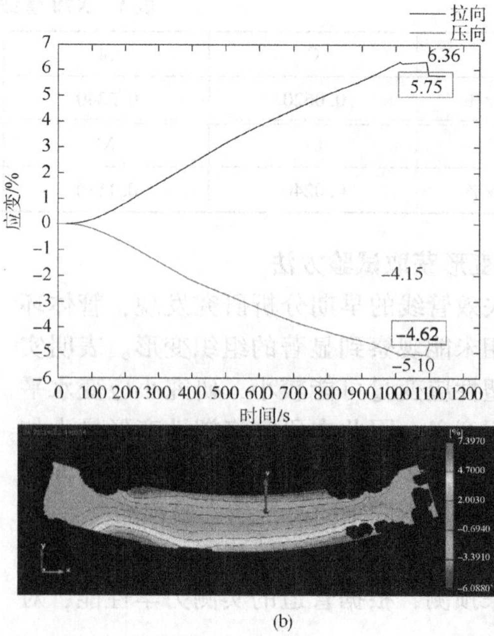

(b)

图 2　应变监测

四点弯曲试验为获得系列不同应变梯度的样品，根据其模拟结果与应变监测结果进行比对，确定试样的应变大小。卸载后，最大残余塑性应变在上下表面，A1 梁和 A2 梁沿高度方向应变值分布范围分别为 -3.68% ~3.83% 和 -4.62% ~ 5.75%. 四点弯曲试验后，在弯曲的梁中部和端部切去金相和 EBSD 分析用的试样，中部为梯度变形区，端部为未变形区，取样方式如图 3 所示。取样方法为电火花线切割，样品尺寸为 10mm ×10mm ×5mm。

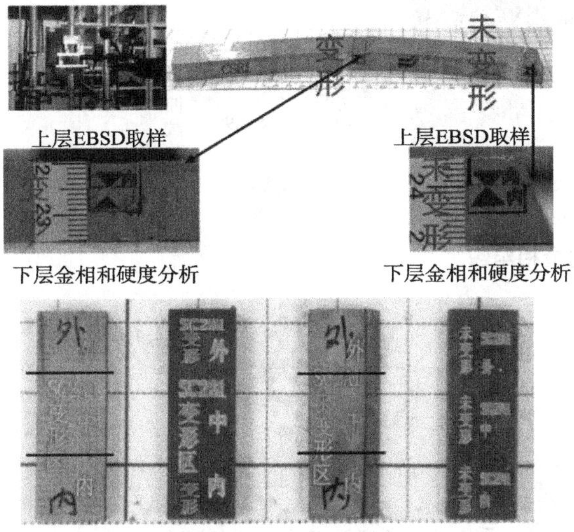

图 3 四点弯曲试样加载及样品制备

2.4 单轴拉伸试验

加工如图 4 的系列板状拉伸试样，拉伸轴向与管体轴向平行。使用图 4 的拉伸试验机对系列试样进行加载和卸载，并用引伸计监测试样的塑性变形，使材料残余塑性变形量控制在 0% ~5% 之间。与四点弯曲试验样品近似，使用电火花线切割在拉伸后的试样中部切取金相和 EBSD 样品。

2.5 EBSD 分析

对四点弯曲试验和拉伸试验后切取的样品进行砂纸打磨、机械抛光和电解抛光，以达到 EBSD 分析的表面要求后进行 EBSD 衍射花样分析(电镜型号 ZEISS Simga500，EBSD 附件型号 Oxford Nordlys Max3)。选取铁素体相(Alpha Fe)作为目标相进行解析，扫描区域面积 200μm × 100μm，步长为 0.2μm。EBSD 衍射数据扫描采集完毕后，使用开源数据处理程序 MTEX 进行处理。分析重点提取衍射质量和取向信息来建立衍射信号与应变之间的关联：即通过计算衍射时的菊池花样质量，提取衍射带对比度(Band Contrast，BC)来表征；和通过位错阵列的局部旋转，得到核平均取向分布差(Kernel Average Misorientation，KAM)。KAM 通过像素点对 j 和 k 的取向差角计算[14]：

$$KAM(j) = \left[\frac{1}{k}\right]\sum_{k} w_{jk}$$

式中 k，j——k 代表像素点 j 周围的像素点个数之和(在 KAM 计算中，$k=4$)；

w_{jk}——像素点对(j，k)之间的取向差。

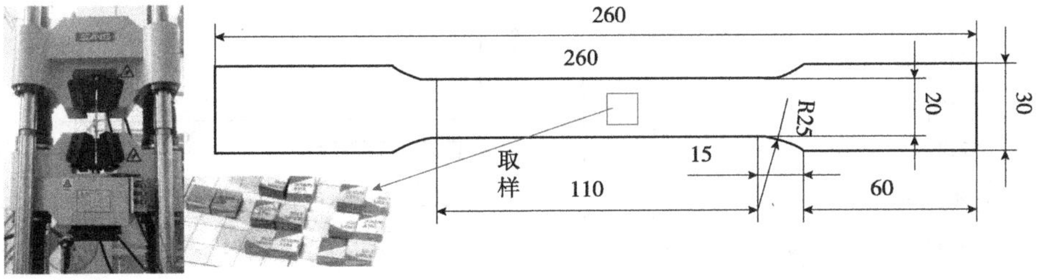

图 4 拉伸样加载及样品制备

3 结果与讨论

3.1 不同应变水平下的显微组织

图 5 为不同应变下的 X70 钢母材的金相显微组织。从图 5 可以看出，无论是较大应变梯度还是较小应变梯度的四点弯区样品，或是均匀应变下的拉伸样品，其金相组均呈现近似等轴或准多边形的铁素体。随应变增加，无论正负方向，均无法观察到组织随应变拉长等变形特征。一般失效分析过程中，组织上未发现异常时，一般很难给出材料存在宏观塑性变形的判断，这就是分析过程往往忽略微小塑性变形的原因。

3.2 不同应变水平的硬度演变

对不同残余应变水平的金相样品做维氏硬度分析，结果见图 6。图中整体来看，四点弯曲样品的硬度与应变量存在一定的对应关系，随着塑性变形的累积，硬度呈上升趋势。但硬度的随机波动性较大，甚至很多情况下，波动范围超过了应变的影响，在较小变形时，不易通过材料硬度给出客观的判断；单轴拉伸试验中，通过多点平行分析与统计，当残余塑性应变小于5.2%时，随应变增加，硬度整体呈线性增长，有较好的规律性。

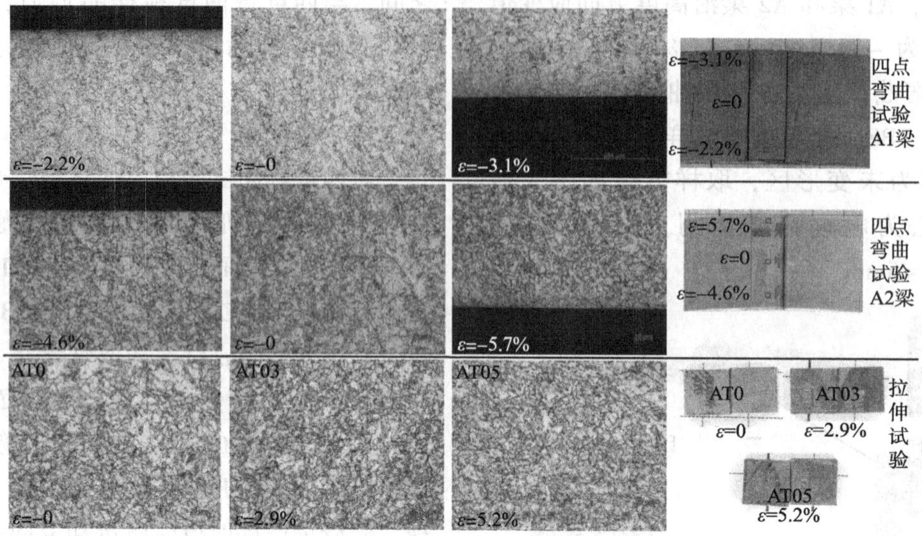

图5　不同应变下的金相组织

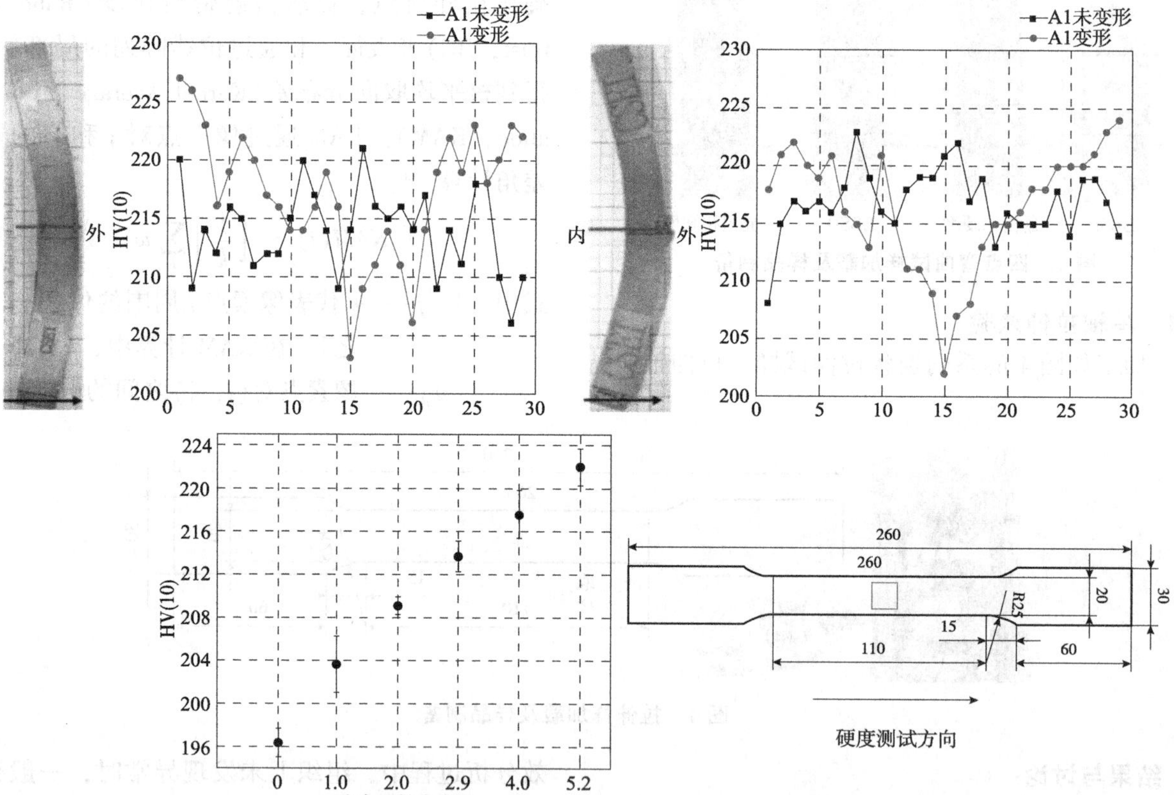

图6　硬度分布

3.3　EBSD分析

3.3.1　晶粒取向分析

通过对EBSD扫描得到的像素点进行取向标定，进行取向分析，得到了四点弯曲试验A1梁和A2梁不同残余塑性应变下的取向分布。其中A1梁的应变取向分布结果如图7所示，取向分布图[15]中的颜色与晶状体的IPF取向颜色相对应，红色代表[001]取向，绿色代表[011]方向，蓝色代表[111]方向。取向分布与应变得关系没有规律性，无法对残余塑性应变进行评定。

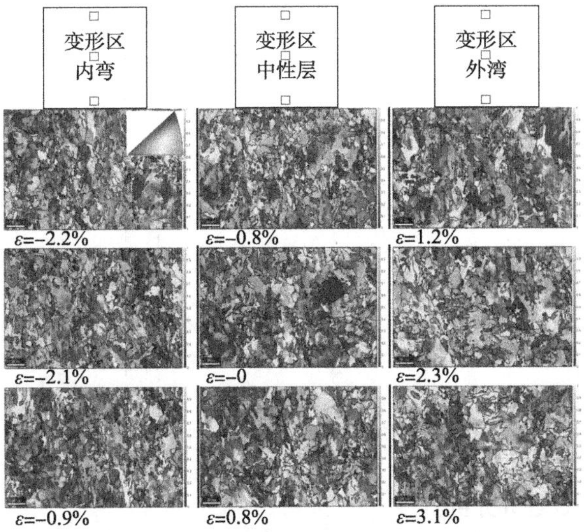

图 7　A1 梁不同应变下的取向分布图

3.3.2　BC 分布统计分析

通过提取衍射带对比度（Band Contrast，BC）计算分析 EBSD 的衍射花样质量，理论上，残余塑性应变越大的地方，多晶状体位错密度越高，衍射花样质量越差，灰度越深，EBSD 的衬度随应变下降，BC 值降低。图 8 为 A1 梁 BC 随残余塑性应变在 -2.2% ~3.1% 的分布图，其中 0 应变位置的衍射花样质量优于其他位置，为了量化 BC 随应变的变化，采用频率分布直方图进行统计，结果如图 8 所示，随应变增大，整个峰值左移，花样质量差。然而在应变处于 -0.9% ~3.1% 时，随应变增加，花样质量变好，与规律不符，BC 值是否对残余塑性应变有效评估需要进一步探究。

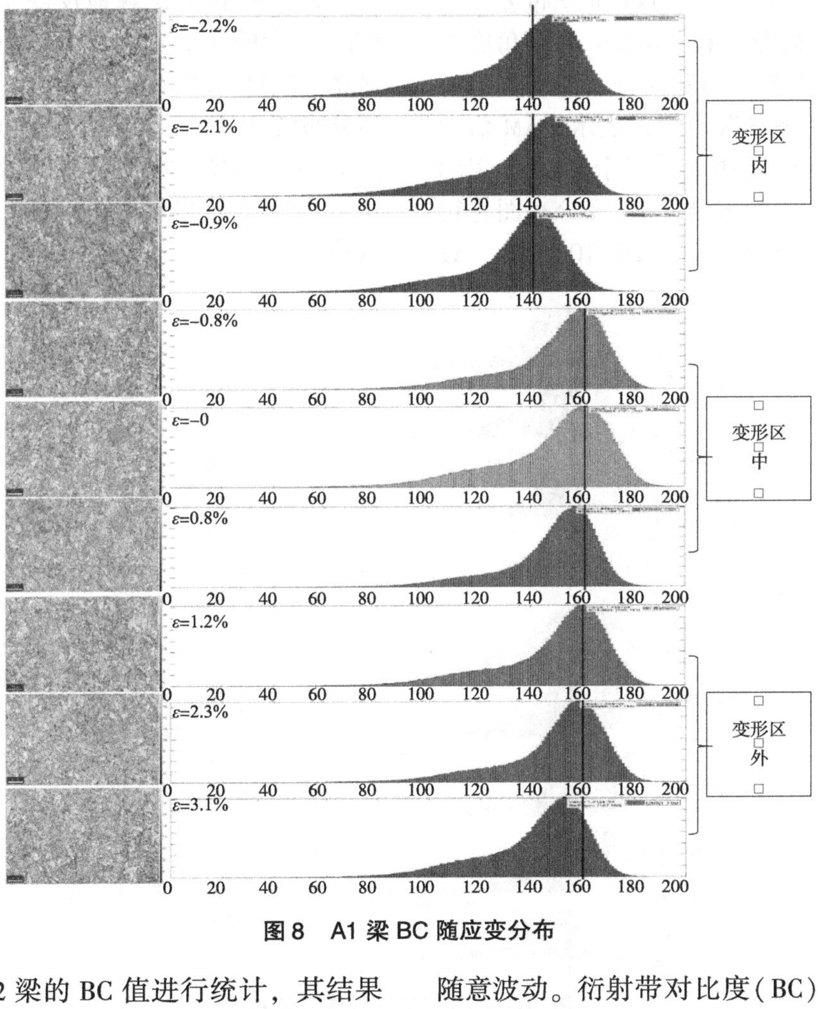

图 8　A1 梁 BC 随应变分布

将 A1 梁和 A2 梁的 BC 值进行统计，其结果如图 9 所示，黑色代表未变形区 BC 值，红色代表变形区 BC 值。统计 A1 梁和 A2 梁的未变形区 BC 值分别在 145 ~156 之间和 152 ~160 之间，而变形区 BC 值分别在 141 ~160 之间和 137 ~160 之间。变形与未变形区的 BC 值分布区间大部分重合，BC 值与残余塑性应变不符合其理论关系，随意波动。衍射带对比度（BC）[16] 用来分析菊池图案的质量，反映的虽然是局部晶格畸变和位错密度，但是 BC 值受晶界、表面拓扑、第二相、电子束条件、样品制备和 SEM 设置等因素的影响大，这些因素会混淆位错密度本身的信息分析，显著降低 BC 值的可靠性。

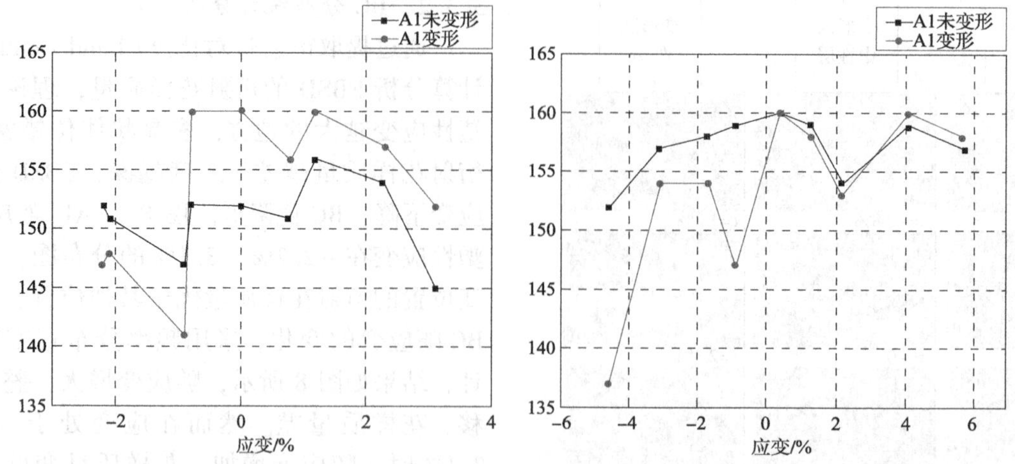

图9　不同应变下的BC统计分析

3.3.3　KAM分布统计分析

BC分析后，进行"核平均取向分布差"[17](KAM)分析。将取向分布在0～2.5°的小角度取向提取出来，绘制"核平均取向分布差"(KAM)图，每张KAM图右侧的颜色栏，表示KAM值大小，颜色越深，取向差越大，残余塑性应变越大。将A1梁和A2梁的KAM随应变分布图进行计算，其中A1梁随应变分布如图10所示，A1梁上下两端的颜色比中间深，取向差大，整体上，其颜色变化直观地反映了残余塑性应变与KAM对应的关系；然而一些小应变位置，色差不显著。通过提取KAM取向差的办法，进行KAM值分布统计分析，绘制KAM的频率分布直方图，图10结果表明，随应变量的增加，因材料内部，位错密度、晶格畸变的累积，KAM分布峰值右移。

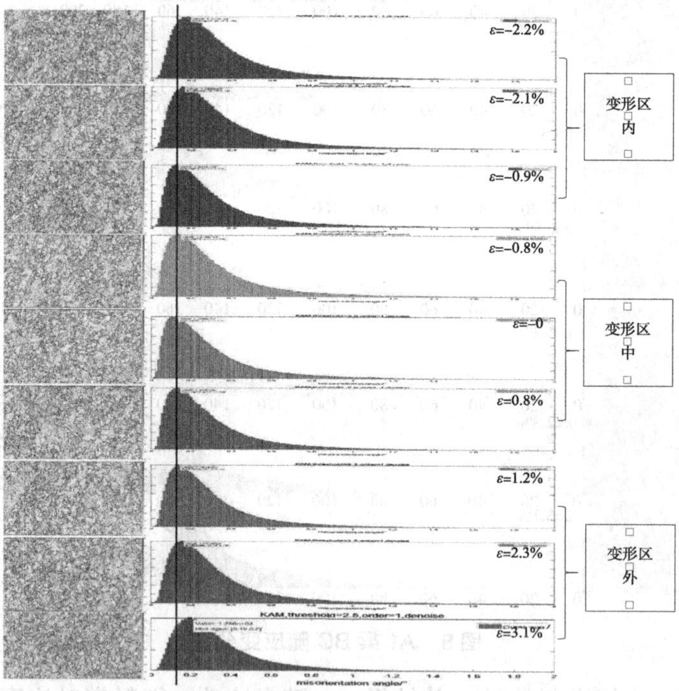

图10　A1梁KAM随应变分布

分别统计A1梁和A2梁的KAM峰值与应变的关系，结果如图11所示，黑色代表未变形，红色代表变形。图11中，A1梁和A2梁的未变形区的KAM峰值均在0.09°～0.11°之间波动，A1梁应变在−0.9%～2.2%之间时，其KAM值与残余塑性应变值的对应趋势起伏波动不符合规律，应变大的地方反而KAM值小，但除了这一区域，其整体呈现KAM随残余塑性的增大而增加；加大残余塑性应变后，A2梁变形区KAM随残余塑性应变的增大呈现良好的增加趋势；那么也就意味着残余塑性应变过小时，无法区分KAM变化；A2梁KAM随应变增加的趋势明显优于

A1。A1 和 A2 未变形区的 KAM 值存在较小波动，那么，当我们进行评估时，应变值应该足够覆盖它的较小波动值范围，借助单轴拉伸试验，对其下限进行分析。

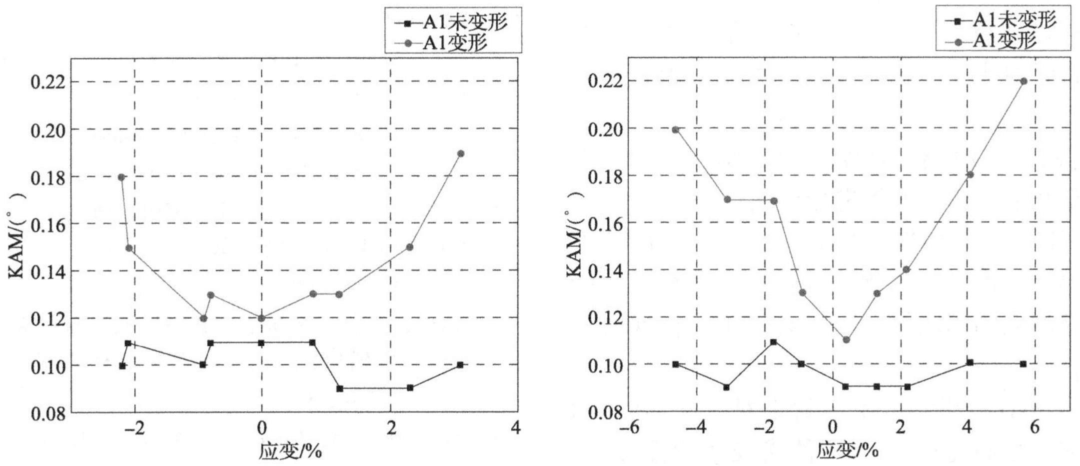

图 11　不同应变下的 KAM 统计分析

为进一步比对残余塑性应变对 KAM 的影响，并探究其下限，采用单轴拉伸试验产生的均匀塑性应变进行分析。宏观上的残余塑性应变，在微观上是由晶粒滑移[18]产生的位错，单轴拉伸试验，促使晶粒通过滑移运动，形成位错，位错密度随着应变的增加而逐渐累积[19]。KAM 参数实现了对位错密度的准确计算，随塑性应变的改变，其结果图 12 所示。当应变值大于等于 1% 时，KAM 与残余塑性应变呈线性关系，残余塑性应变从 1% 增加到 5.2%，KAM 从 0.1° 增加到 0.22°. 表明晶内小角度晶界两侧取向偏差的随塑性变形的累积存在明显的正相关性，有望用于管线钢残余塑性变形的半定量评估。

将四点弯曲试验和系列拉试验 KAM－应变的关系进行比较分析(四点弯曲应变取绝对值)，结果如图 13 所示。当应变值小于 1% 时，弯曲试验和拉伸试验应变与 KAM 变化不明显；当应变值大于等于 1% 小于 4% 时，弯曲试验和拉伸试验应变与 KAM 的关系离散较大；当应变大于等于 4% 时弯曲试验与拉伸试验应变与 KAM 值的应变线性拟合性良好。

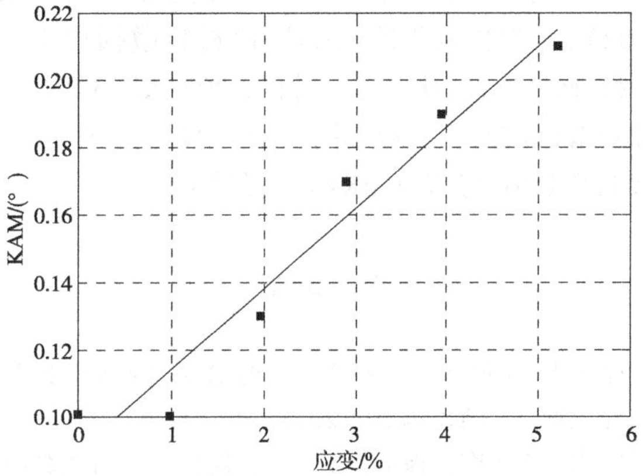

图 12　拉伸试验 KAM 分析

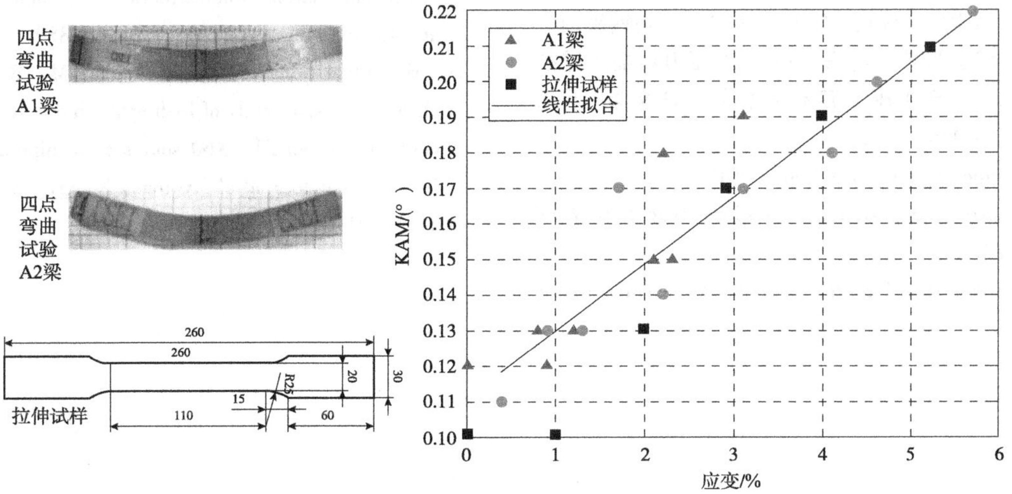

图 13　四点弯曲试验与拉伸试验 KAM 与应变的关系分析

4 结论

利用四点弯曲和单轴拉伸实验，获得的不同残余塑性应变梯度分布样品，对比分析了连续应变的金相显微组织，硬度和 EBSD 衍射数据及两种特征参量对应变的响应关系。可以得出如下初步结论：

(1)对于 X70 钢，10% 以内的塑性变形，无法通过金相显微组织形貌进行识别；

(2)随着 X70 塑性变形的累积，材料的硬度有升高趋势，但硬度变化范围较小，受材料原始硬度水平波动的影响较大，不易用于评估残余塑性应变；

(3)EBSD 分析尝试了衍射带对比度(BC)和核平均取向分布差(KAM)两种代表性特征参量。其中 BC 可以一定程度上响应材料的残余塑性应变，但受制样、电镜状态等因素的影响较多，数据波动大，应变敏感性不佳；KAM 在均匀残余塑性应变时，应变与 KAM 峰值呈线性关系，KAM 分布峰值从 0.1°增至 0.21°有望用于在役管线钢残余塑性应变的定性或半定量表征。

致谢：本研究由中国特检院内部项目(2020 内 02)、“焊接与失效控制”和“材料微损评价”二级科研团队研究项目(2021XKTD023 与 2021XKTD021)、和总局科技计划项目(2017QK101 与 2019MK134)资助完成。

参考文献

[1]张振永．高钢级大口径天然气管道环焊缝安全提升设计关键[J]．油气储运，2020，39(7)：9.

[2]宋明，王汉奎，徐彤，王海涛，何仁洋．高钢级油气管道环焊缝断裂问题研究[J]．中国特种设备安全，2021，37(05)：93 –97 +101.

[3]王汉奎，商学欣，柳旺，宋明，何仁洋．高钢级油气管线环焊缝变形模式与失效[C].//压力容器先进技术——第十届全国压力容器学术会议论文集(下)，2021：431 –436.

[4]PHMSA. Pipeline Technical Report 2011.

[5] Failure Investigation Report – Southern Star Butt Weld Failure in KS.

[6]Failure Investigation Report—Columbia Gulf Transmission Company, Line 200 failure in Adair County, Kentucky.

[7]Accident Report – Southern Natural Gas Pipeline Rupture of January 23, 2007, Elmore, Alabama, NRC Report # 824407.

[8]Failure Investigation Report – Enterprise Products Pipeline – Rio Grande PL Girth Weld Failure.

[9] Failure Investigation Report—Tennessee Gas Pipeline Company—Material Failure—Girth Weld.

[10]王汉奎，商学欣，柳旺，宋明，何仁洋．高钢级油气管线环焊缝应变时效脆化研究[J]．压力容器，2021，38(05)：8 – 13.

[11]孟杨，任群，鞠新华．利用局域取向差衡量变形金属中的位错密度[J]．材料热处理学报，2014，35(11)：122 –128.

[12]Schwartz A J, Kumar M, Adams B L, et al. Electron backscatter diffraction in materials science[M]. Springer US, 2009.

[13]秦洪，张喜燕，卓燕飞．纯镁动态塑性变形的微观组织演变[J]．电子显微学报，2011，30(Z1)：304 –308.

[14]Shen R R, Efsing P. Overcoming the drawbacks of plastic strain estimation based on KAM[J]. Ultramicroscopy, 2017, 184(Pt A): 156.

[15]王峰，陈鹏，毛圣成，张跃飞，张泽，韩晓东．铝合金塑性变形的原位背散射电子衍射研究[J]．电子显微学报，2012，31(05)：391 –397.

[16]V Venegas, F Caleyo, JL González, T Baudin, JM Hallen, R Penelle. EBSD study of hydrogen – induced cracking in API – 5L – X46 pipeline steel[J]. Scripta Materialia, 2004, 52(2): 147 – 152.

[17]娄超，张喜燕，严富华．室温下动态塑性变形下 AZ31 镁合金的孪生特征及织构变化的 EBSD 表征[J]．电子显微学报，2011，30(Z1)：313 –317.

[18]X Tu, X Shi, Shan Y, et al. Tensile deformation damage behavior of a high deformability pipeline steel with a ferrite and bainite microstructure[J]. Materials Science and Engineering A, 2020, 793: 139889.

[19]Mohtadi – Bonab M A, Eskandari M, Rahman K, et al. An extensive study of hydrogen – induced cracking susceptibility in an API X60 sour service pipeline steel[J]. International Journal of Hydrogen Energy, 2016, 41(7): 4185 –4197.

基于主曲线法的 X70 钢环焊缝断裂韧度研究

桂乐乐　商学欣　周天宇　孙永辉　何仁洋

（中国特种设备检测研究院，北京　100029）

摘　要：高钢级管线钢环焊缝在韧脆转变区内的断裂韧度具有高度离散性及温度相关性，因此很难对其进行合理评价。本文分别采用 0.5T 小尺寸三点弯试样和仪器化压痕法，测试了 X70 钢环焊缝低温下的断裂韧度，在此基础上获得其主曲线参考温度 T_0。结果表明，基于小尺寸三点弯试样的 X70 钢环焊缝主曲线参考温度 $T_0=-98$℃，1% 和 95% 累积失效概率曲线可以很好地包络韧脆转变区内的断裂韧度。温度高于 −60℃时，断裂韧度包络曲线并不保守；基于仪器化压痕法的 X70 钢环焊缝主曲线参考温度 $T_0=-76.5$℃，5% 和 99% 累积失效概率曲线可以包络其韧脆转变区内的断裂韧度。主曲线法可以很好地规避环焊缝断裂韧度描述的高离散性问题。相较而言，基于压痕法的主曲线偏于保守。

关键词：X70；环焊缝；主曲线；断裂韧度

Fracture Toughness Estimation of X70 Girth Weld Based on Master Curve Method

Gui Lele*, *Shang Xuexin*, *Zhou Tianyu*, *Sun Yonghui*, *He Renyang

（China Special Equipment Inspection and Research Institute, Beijing 100029）

Abstract: It has been difficult to reasonably estimate the fracture toughness for high – grade pipeline steel girth weld in ductile – brittle transition zone because of its high dispersion and temperature dependence. In this paper, 0. 5T SE(B) specimens and instrument indentation were used to test the fracture toughness of X70 girth weld at low temperatures, and reference temperature T_0 of master curve was obtained. The results show that the reference temperature T_0 of X70 girth weld by 0. 5T SE(B) specimens was −98℃, 1% and 95% lower boundaries could well envelope the fracture toughness in the ductile – brittle transition zone. Fracture toughness envelop curve is not conservative enough when the temperature is higher than −60℃. Reference temperature T_0 of X70 girth weld by instrument indentation was −76. 5℃, 5% and 99% lower boundaries could envelope the fracture toughness in the ductile – brittle transition zone. Master Curve method could well avoid the high dispersion on describing the fracture toughness of girth weld. Mater Curve by instrument indentation tends to be more conservative by comparison.

Key words: X70; girth weld; master curve; fracture toughness

0　引言

作为能源大动脉的油气管线，逐渐呈现高压力、高钢级、大口径的趋势，因此对其安全平稳运行提出了更高要求。近年来，国内外发生多起对接环焊缝脆断事故，引起了大家广泛重视。环焊缝作为连接管体的重要载体，其材料韧性对管线钢的安全服役起到至关重要的作用。当前，管线钢检测中主要通过夏比冲击试验或落锤撕裂试验对其韧性进行评价，但上述两种试验中的冲击载荷和管线钢实际服役受到的载荷类型相差甚

作者简介：桂乐乐（1982—　），男，博士，现在中国特种设备检测研究院从事材料测试与标准化研究。E – mail：gll8203@ qq. com

基金项目：中国特检院内部项目“高钢级天然气管道焊接及检测评价研究”（项目编号：2020 内 02）

远，且冲击吸收能量物理含义并不明确，因此上述方法在材料韧性考察上仍存在不足和弊端[1-2]。

体心立方结构的管线钢断裂韧度在韧脆转变区具有高度离散性和温度相关性，尤其对于焊缝，由于焊接缺陷的存在和焊接接头材料不连续性，给其断裂韧度的确定带来更大的挑战[3]。本文分别采用小尺寸三点弯试样和仪器化压痕法，利用主曲线研究 X70 对接环焊缝在韧脆转变区内的断裂韧度，获得其主曲线参考温度 T_0。并利用常规断裂韧性试验和基于参考温度 T_0 的断裂韧度包络曲线，验证主曲线法用于 X70 环焊缝断裂韧度评价的适用性，为高钢级管线钢焊缝的断裂韧度测试和评价，以及未来的管道低温防脆断设计提供参考。

1 主曲线方法简介

主曲线(Master Curve)法最早由芬兰科学家 Wallin 提出，用来描述屈服强度在 275MPa ~ 825MPa 之间的铁素体钢在韧脆转变区和下平台内断裂韧度的分布。该方法基于最弱链理论和威布尔分布，用一个参考温度 T_0 将断裂韧度概率分布和温度联系在一起，表征材料的断裂韧度分布。常规断裂韧性试验通常对试样尺寸要求较高且程序复杂，而主曲线法可仅需 6 个高拘束度的断裂韧性试样就可以得到整个韧脆转变区内不同累积失效概率下的断裂韧度－温度曲线。

$$K_{Jc}(P_f)=20+[-\ln(1-P_f)]1/4\{11+77\exp[0.019(T-T_0)]\} \quad (1)$$

式中 K_{JC}——材料断裂韧度；

P_f——累积失效概率；

T_0——参考温度，对应 1T 试样中值断裂韧度等于 $100\text{MPa}\cdot\text{m}^{0.5}$ 的温度。

其中，中值断裂韧度－温度曲线被称为主曲线，其表达式为

$$K_{Jc(med)}=30+70\exp[0.019(T-T_0)] \quad (2)$$

式中 $K_{Jc(med)}$——1T 试样或者换算成 1T 后的材料断裂韧度中值。

2 试验及结果

2.1 断裂韧性试验温度确定

主曲线断裂韧性试验温度对应中值断裂韧度等于 $100\text{MPa}\cdot\text{m}^{0.5}$ 时的温度，即参考温度 T_0。ASTM E1921－20 给出了预估公式，

$$T=T_{CVN}+C \quad (3)$$

式中 T_{CVN}——夏比冲击吸收能量为 28J 或 41J 所对应的温度；

C——常数，通过查表获得。

但式(3)预估的试验温度并不一定接近真实的 T_0，需通过断裂韧性预试验来进一步确定。

本研究所用 X70 钢管取自中石油泰青威线，在实验室按现场焊接工艺及参数焊接而成，壁厚 17.5mm，管径 1016mm。为研究不同施焊位置对焊接质量的影响，分别在环焊缝上 3 点和 7 点位置取样进行系列冲击试验。试样采用标准夏比冲击试样，试验数据采用 Boltzmann 函数拟合，拟合曲线见图 1。两点位置的韧脆转变区分别为[－78℃，7℃]和[－82℃，－4℃]，取交集并取整后韧脆转变区为[－70℃，－10℃]。利用式(3)预估的断裂韧性试验温度 T 约为－115℃。通过预试验，最终试验温度取－110℃。

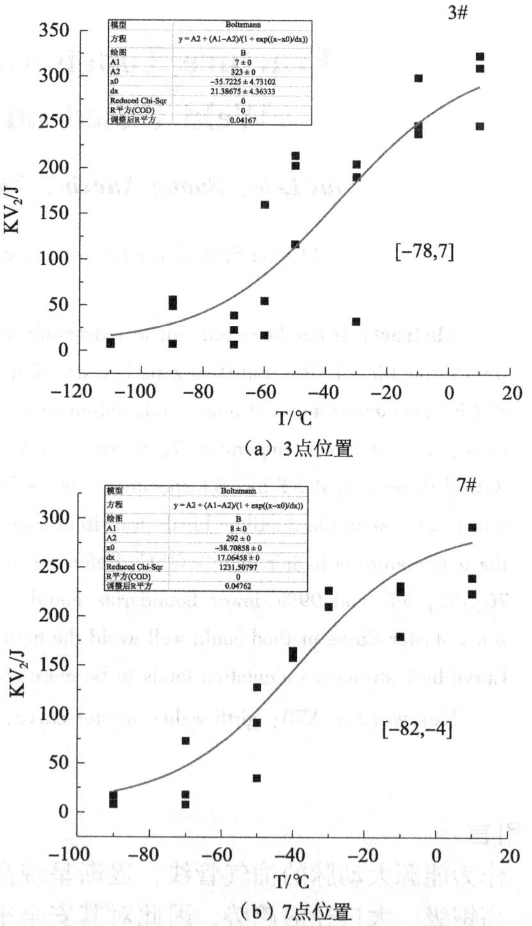

(a) 3点位置

(b) 7点位置

图 1 X70 钢环焊缝系列冲击试验结果

2.2 X70 钢断裂韧性试验

断裂韧性试样采用 12.7mm 厚 SE(B)试样，试样尺寸见图 2。在室温环境下采用卸载柔度法对 SE(B)试样进行疲劳裂纹预制。裂纹预制完成后，将试样连同加载装置置于低温环境箱内进行

准静态加载(见图3)。当试样出现失稳断裂时停止加载，对试样进行发蓝，再置于液氮中浸泡并敲断。用工具显微镜沿厚度方向按“9点法”测量裂纹长度，平均裂纹长度按公式(4)计算：

$$a = \frac{1}{8}\left[\frac{a_1 + a_9}{2} + \sum_{i=2}^{8} a_i\right] \tag{4}$$

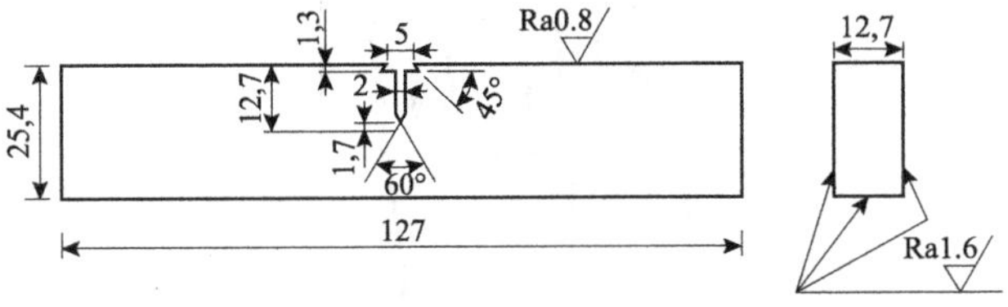

图2　试样尺寸

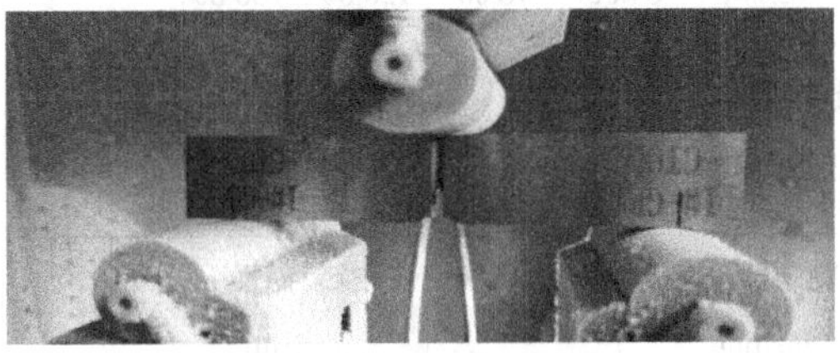

图3　断裂韧性试验

选取载荷－裂纹张开位移曲线上载荷突降点作为发生解理断裂的时刻，计算此时的 Jc，并按式(5)换算成弹塑性等效应力强度因子 K_{Jc}：

$$K_{Jc} = \sqrt{J_c \frac{E}{1-v^2}} \tag{5}$$

ASTM E1921－20允许使用小于1T的小试样进行断裂韧性试验。为了修正尺寸效应带来的影响，对于非标准1T试样，根据式(5)计算的等效断裂韧度需按式(6)换算成1T标准厚度的断裂韧度

$$K_{Jc(1T)} = 20 + (K_{Jc(xT)} - 20) \cdot \left(\frac{B}{B_0}\right)1/4 \tag{6}$$

式中　B——实际试样厚度；

B_0——1T试样厚度25.4mm。

为保证试样起裂时裂尖保持高拘束的应力状态，ASTM E1921－20要求根据式(6)得到的 K_{Jc} 值不得大于式(7)限定的断裂韧性上限

$$K_{Jclimit} = \sqrt{\frac{b_0 \cdot \sigma_{ys} \cdot E}{30 \cdot (1-v^2)}} \tag{7}$$

式中　b_0——剩余韧带尺寸；

σ_{ys}——试验温度下的屈服强度；

E——弹性模量。

当 K_{Jc} 值超过 $K_{Jclimit}$ 时，用 $K_{Jclimit}$ 代入计算尺度参量 K_0。－110℃下的试验结果见表1。

表1　试验温度下断裂韧性值

试验温度/℃	K_{Jc}/(MPa·m$^{0.5}$)	压痕试验温度/℃	K_{Jc}(MPa·m$^{0.5}$)*	$K_{Jc(limit)}$(MPa·m$^{0.5}$)
－110	107.8056	－80	118.593	222.5312
	61.02023		99.3675	223.8197
	94.94959		101.5235	225.1522
	131.9659		93.08	226.1688
	92.00452		96.75	225.1862
	105.2909		99.3895	224.3688

*这里的 K_{JC} 是通过对比压痕和常规断裂韧性试验数据后换算成的压痕等效断裂韧度 K_{JC} 值。

为了验证主曲线法用于表征X70钢环焊缝韧脆转变区内断裂韧性分布的适用性，本研究还开展了韧脆转变区内五个温度点(－10℃、－30℃、－50℃、－60℃和－70℃)的平面应变断裂韧性 K_{IC} 试验。平面应变断裂韧性 K_{IC} 试验同样采用0.5T SE(B)试样，每个温度点两个平行试样。经过有效性计算，利用0.5T SE(B)试样测得的五个温度点下的 K_Q 值均不是有效的 K_{IC}。因此，依据式(5)，通过 J 积分计算弹塑性等效应力强度因子 K_{JC} 值，并利用式(6)换算成1T标准厚度的断裂韧性值，试验结果见表2。

表2　韧脆转变区内不同温度下断裂韧性测量值

温度/℃	K_{Jc}(MPa·m$^{0.5}$)	温度/℃	K_{Jc}(MPa·m$^{0.5}$)	温度/℃	K_{Jc}(MPa·m$^{0.5}$)	温度/℃	K_{Jc}(MPa·m$^{0.5}$)	温度/℃	K_{Jc}(MPa·m$^{0.5}$)
－10	197.5	－30	108.1	－50	128.6	－60	84.6	－70	97.3
	184.6		119.1		96.1		186.2		124.5

2.3　基于仪器化压痕的断裂韧性测试

近年来，压痕法在石油和天然气管道的力学性能表征如强度、硬度、残余应力以及断裂韧性等方面取得了良好的应用。本研究采用韩国Frontic AIS 3000 仪器化压痕仪，将试样置于低温环境箱内，对 X70 钢环焊缝同样进行 −10℃、−30℃、−50℃、−60℃和 −70℃五个温度点下的断裂韧度 K_{JC} 测试。每个温度三个测量点，基于三种材料模型 Ductile(BCC)、Transition 和 Brittle 的断裂韧度 K_{JC} 测量值如表 3 所示。

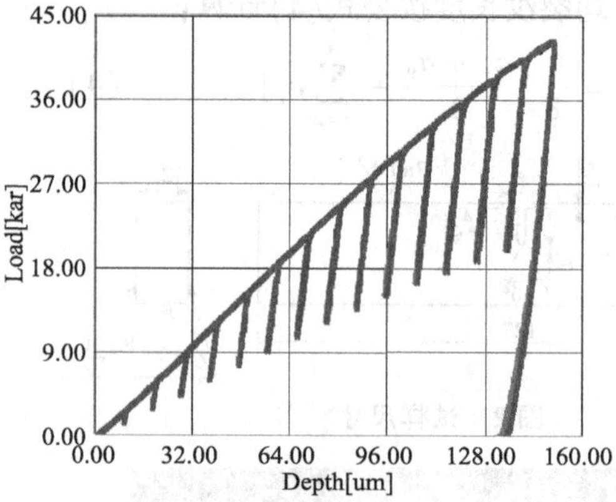

图 4　Frontic 仪器化压痕试验及典型加卸载曲线

表 3　仪器化压痕试验结果($MPa \cdot m^{0.5}$)

试样编号	材料牌号	测试位置	断裂韧性 K_{JC} Ductile(BCC)	平均值	断裂韧性 K_{JC} Transition	平均值	断裂韧性 K_{JC} Brittle	平均值
−10℃	X70	焊缝	259.0	257.3	88.2	84.8	37.7	35.4
			260.8		81.6		34.4	
			251.9		84.6		34.2	
−30℃	X70	焊缝	202.1	219.2	41.2	48.8	1.3	4.5
			223.0		51.2		4.0	
			232.4		54.1		8.1	
−50℃	X70	焊缝	193.6	207.4	27.2	49.1	0.2	5.5
			227.1		66.7		12.1	
			201.5		53.4		4.1	
−60℃	X70	焊缝	223.4	207.9	71.4	58.4	14.7	9.5
			219.6		68.4		13.3	
			180.7		35.4		0.4	
−70℃	X70	焊缝	210.2	205.2	66.5	65.8	10.3	10.0
			199.8		—		—	
			205.6		65.0		9.7	

鉴于现代高钢级管线钢是韧性材料，因此选择 Ductile 模式下的数据和常规断裂韧性数据进行对比分析，如图 5。可以看到，Ductile 模式下断裂韧性值与常规断裂韧性实测值差值较大，但两者基本呈线性相关(相关系数 r = 0.91637)，拟合关系式为：$y = 141.5546 + 0.58663 \cdot x$。因此，中值断裂韧度等于 100$MPa \cdot m^{0.5}$时对应的仪器化压痕延性模式断裂韧度约为 203 $MPa \cdot m^{0.5}$。经过预实验，压痕试验温度为 −80℃，试验结果见表 1。

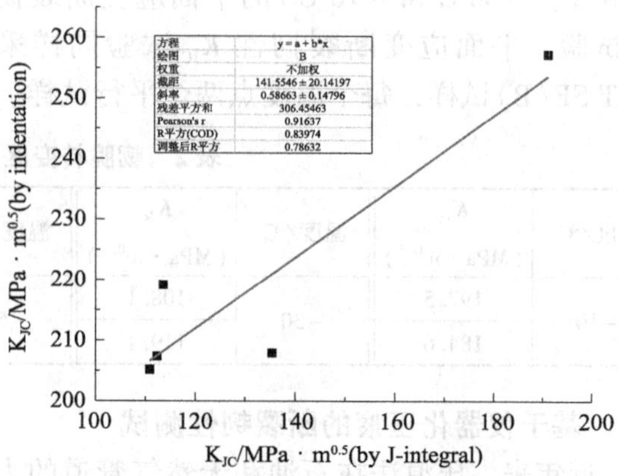

图 5　SE(B)试样与仪器化压痕法断裂韧性对比

2.4 参考温度 T_0 的确定

威布尔分布的尺度参数 K_0 由公式(8)计算得到：

$$K_0 = \left[\sum_{i=1}^{N} \frac{1}{r}(K_{Jc(i)} - K_{min}) \right]^{1/4} + K_{min} \quad (8)$$

式中　N——总的试样数；

r——有效试样数，$K_{min} = 20\ MPa \cdot m^{0.5}$。

将得到的 K_0 带入式(9)，计算中值断裂韧度 $K_{Jc(med)}$：

$$K_{Jc(med)} = K_{min} + (K_0 - K_{min})(\ln 2)^{1/4} \quad (9)$$

主曲线参考温度 T_0 由式(10)给出：

$$T_0 = T - \frac{1}{0.019}\ln\left(\frac{K_{Jc(med)} - 30}{70}\right) \quad (10)$$

本研究中，用 SE(B)试样计算的 X70 钢环焊缝主曲线参考温度 $T_0 = -98℃$，与试验温度相差 14℃。用压痕试验数据计算的 X70 钢环焊缝主曲线参考温度 $T_0 = -76.5℃$，与试验温度仅相差 3.5℃。

3 分析与讨论

根据上述方法获得的 X70 钢环焊缝主曲线如下图 6 所示。ASTM E1921 定义了一个由 $K_{JC(limit)}$ 上边界和 $T \pm 50℃$ 温度边界所组成的"有效窗口"。可以看到，试样温度 −110℃所有断裂韧度数据均在"有效窗口"内，且都位于 5% 和 95% 累积失效概率曲线之间。同时，对比韧脆转变区内五个温度点的断裂韧度数据分布，使用 1% 和 95% 两条累积失效概率曲线可以很好地包络 X70 钢环焊缝韧脆转变区内的断裂韧度。此外，ASME 在 BPVC Code Case N−629 及 N−631 中提出了基于参考温度 T_0 的断裂韧性包络曲线：$K_{IC} = 36.5 + 3.083exp[0.036(T - RT_{T0} + 56)]$，这里，$RT_{T0} = T_0 + 19.4$。从图 6 可以看到，温度高于 −60℃时，包络曲线已无法包络所有断裂韧度数据。此时，采用包络曲线来表征 X70 环焊缝断裂韧度并不保守。因此，采用主曲线法可以在兼具保守性的前提下方便灵活地表征 X70 钢环焊缝的断裂韧度分布，很好地解决了焊缝断裂韧度因测试结果离散性大而不易评估的问题。

根据仪器化压痕法获得的 X70 钢环焊缝主曲线如下图 7 所示。试样温度 −80℃所有断裂韧度数据均在"有效窗口"内，且都位于 5% 和 95% 累积失效概率曲线之间。同时，对比韧脆转变区内五个温度点的断裂韧度数据分布，使用 5% 和 99% 两条累积失效概率曲线可以包络 X70 钢环焊缝韧脆转变区内的断裂韧度。整个温度区间内，包络曲线均低于 5% 累积失效概率曲线，并能包络所有断裂韧度数据。此时，采用包络曲线来表征 X70 环焊缝断裂韧度偏保守。

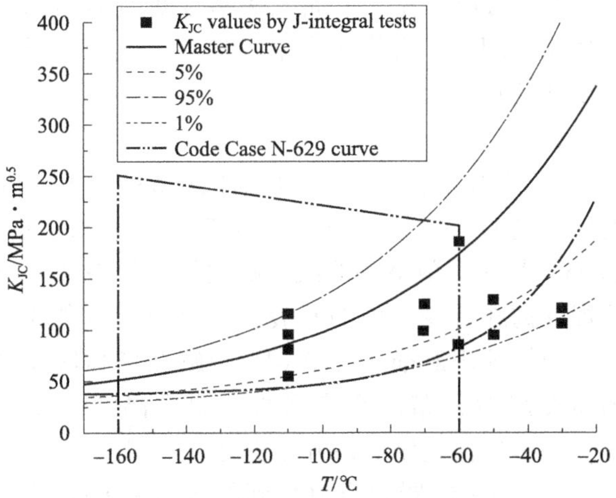

图 6　基于常规断裂韧性试验的 X70 钢环焊缝断裂韧度主曲线

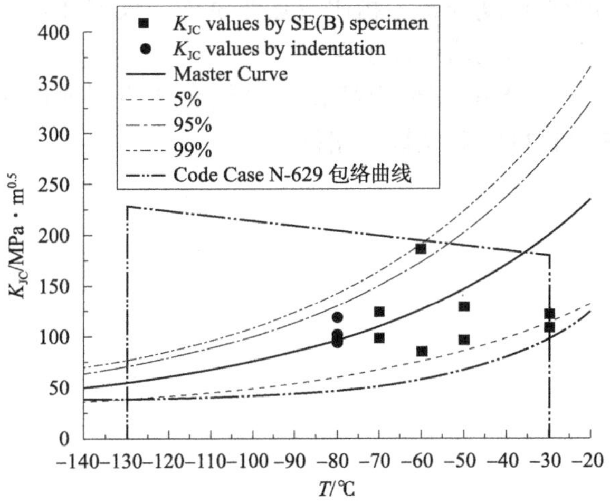

图 7　基于仪器化压痕法的 X70 钢环焊缝断裂韧度主曲线

近年来，围绕高钢级管件低温防脆断控制的研究，特别是材料最低允许使用温度的研究也越来越受到重视[4−5]。当前，X70 的最低允许使用温度仅在 GB/T 20801—2020 中规定为 −30℃。以 −30℃为例，其 5% 和 1% 累积失效概率下的断裂韧度下限值均超过 100MPa · m$^{0.5}$(其中，5% 累积失效概率对应的断裂韧度约为 159MPa · m$^{0.5}$，1% 累积失效概率对应的断裂韧度约为 112 MPa · m$^{0.5}$)，因此，从本研究结果来看，X70 钢环焊缝在其最低允许使用温度下仍具有良好的韧性储备。2018 年哥伦布工程力学公司发起了"新管线钢材料防止脆性断裂的韧性规范"研究项目(PR276−184501)，利用主曲线法研究了现代高韧性管线钢的断裂转变特性，形成新的管线钢防脆断控制准则，以取代旧的夏比冲击的韧性规定。该研究是主曲线法在管道行业的首次尝试和应用，对现代管道防脆断设计及控制具有重大意义[6-8]。可以预见，主曲线法结合断裂力学的防脆断控制理念，必将成为未来管道设施防低温脆断设计的新方向。

4 结论

(1)利用小尺寸三点弯试样(0.5T)获得 X70 钢环焊缝的主曲线参考温度为 $T_0 = -98℃$。1% 和 95% 累积失效概率曲线能够很好地包络 X70 钢环焊缝韧脆转变区内的断裂韧度分布，主曲线法可以很好地规避描述 X70 钢环焊缝在韧脆转变区内断裂韧性分布的高离散性。温度高于 -60℃ 时，断裂韧性包络曲线并不保守。

(2)采用仪器化压痕得到的 X70 钢环焊缝主曲线参考温度 $T_0 = -76.5℃$，5% 和 99% 累积失效概率曲线能够包络 X70 钢环焊缝韧脆转变区内的断裂韧度分布。相比三点弯试样，仪器化压痕法获得的主曲线偏于保守。

(3)X70 钢环焊缝在其最低允许使用温度下具有良好的断裂韧性储备。

参考文献

[1]曹欢，苗张木，余立等．高等级油气管线钢的断裂韧性测试方法[J]．世界科技研究与发展，2009，31(6)：1111-1113.

[2]王海涛，李仕力，陈杉等．高钢级天然气管道环焊缝断裂问题探讨[J]．石油管材与仪器，2020，6(2)：49-52.

[3]桂乐乐，寿比南，徐彤等．基于 Master Curve 方法的 Q345R 钢断裂韧性研究[J]．压力容器，2016，33(2)：10-16，66.

[4]姜昌亮．中俄东线天然气管道工程管理与技术创新[J]．油气储运，2020，39(2)：121-129.

[5]桂乐乐，商学欣，刘凯等．基于断裂力学的 X80 管线钢最低允许使用温度的确定[J]．压力容器，2021，38(9)：40-45.

[6]汪凤，高晓飞，卢鹏超等．管件防脆断控制技术现状与思考[J]．油气储运，2020，39(8)：871-878.

[7]桂乐乐，寿比南．基于断裂力学的低温压力容器防脆断设计[J]．中国特种设备安全，2017，33(3)：12-16.

[8]程玉峰．保障中俄东线天然气管道长期安全运行的若干技术思考[J]．油气储运，2020，39(1)：1-8.

库尔勒碱性土壤环境中交流干扰对X100管线钢阴保电位的影响

罗艳龙　杨　永　刘艳贺　陈　杉　徐　明　李仕力

（中国特种设备检测研究院，北京　100029）

摘　要：管道作为运输能源的重要工具，其安全问题一直是人们重点关注的对象，随着X100管线在石油天然气运输中的应用越来越多，交流干扰一直被认为是危害埋地钢质管道安全的重要隐患。本文采用电化学测试技术和浸泡实验研究了在碱性土壤溶液中被不同阴保电位（-0.75V、-0.95V、-1.1V、-1.2V）保护的X100管线钢电位受交流干扰电流密度（0～500A/m^2）的影响。结果表明在碱性的库尔勒土壤模拟液中，给体系施加交流干扰后，X100管线钢平均阴保电位均会发生正向偏移，瞬时电位变化与干扰电流一致，呈现周期性震荡，说明交流干扰会减弱阴保系统的保护能力，但偏移量与阴保电位数值无明显的相关性。

关键词：交流干扰；阴极保护电位；X100管线钢；电流密度

Effect of AC Interference on The Cathodic Protection Potential of X100 Pipeline Steel in Korla alkaline Soil Environment

Luo Yanlong, *Yang Yong*, *Liu Yanhe*, *Chen Shan*, *Xu Ming*, *Li Shili*

(China Special Equipment Inspection and Research Institute, Beijing 100029, China)

Abstract: China is a vast country with a complex geographical environment, and the safety of pipelines, as an important tool for transporting energy, has been a key concern. With the increasing application of X100 pipelines in oil and gas transportation, AC interference has been considered as an important hidden danger to the safety of buried steel pipelines. In this paper, electrochemical test techniques and immersion experiments were used to study the potential of X100 pipeline steel protected by different cathodic protection potentials (-0.75V、-0.95V、-1.1V、-1.2V) in alkaline soil solutions subjected to AC interference current density (0～500A/m2). The results show that in the alkaline kurdish soil simulating liquid, after applying AC interference to the system, the average cathodic protection potential of X100 pipeline steel is all positively shifted, and the momentary potential change is consistent with the interference current, showing a periodic oscillation, indicating that AC interference will weaken the protection ability of the cathodic protection system, but there is no obvious correlation between the offset and the value of cathodic protection potential.

Key words: AC interference; cathodic protection potential; X100 pipeline steel; current density

1　引言

阴极保护（以下简称CP）是埋地钢质管道广泛采用的一种成熟腐蚀防护技术。国内外的相关标准都以管地电极电位作为CP系统是否有效的判断依据。强制电流的CP方法是长输管道主要采用的方法，目前普遍采用如图1所示外反馈系统，其中，恒电位仪提供直流CP电流，保护电流从阳极辅助地床流出，经土壤、管道流回恒电位仪，电流在管道的防腐层破损处流进管道而达到保护管道的目的。恒电位仪依据预先埋设的长

作者简介：罗艳龙（1988—　），工程师，硕士，主要研究方向压力管道检验检测和材料适用性评价等。2017年获北京科技大学硕士学位，现就职于中国特种设备检测研究院，主要从事压力管道失效分析、材料服役性能评价、压力管道检测与评价等工作。E-mail：595805020@qq.com

效参比电极测得的电极电位调整输出电流，以实现即使防腐层质量、阳极地床接地电阻或环境土壤变化等因素使 CP 电流环路电阻产生变化，也能使管地电极电位稳定在适当水平。

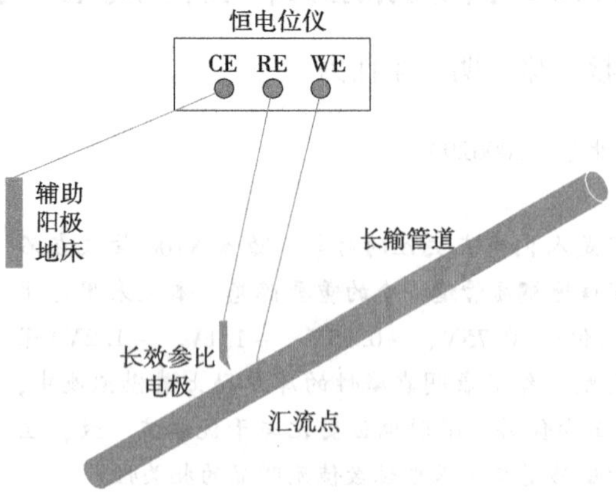

图 1　埋地管道强制电流 CP 系统示意图

交流杂散电流干扰会改变管道干扰处的 CP 电位，但当前研究结论并未一致。多数研究表明[1~3]，当 CP 电位相对较正时，如在 −850mV(相对于 CSE)左右时，交流杂散电流会使电位向正的方向偏移，当 CP 电位负于 −950mV(相对于 SCE)时[4~6]，交流杂散电流会使电位向正的方向偏移。但也有研究发现电流密度小于 $30A/m^2$ 的交流干扰不影响 CP 的真实电位测量[7]，甚至交流干扰电压使 −0.85 ~ −1.15V(CSE)CP 电位都发生负向偏移[8]。也有研究[4,9~11]发现不大于 $30A/m^2$ 交流电流干扰使 −0.84V(SCE)CP 电位稍微正移，50 ~ $150A/m^2$ 交流干扰使 −0.84V(SCE)CP 电位负移。总之，CP 电位较负时，交流杂散电流一般使电位正向偏移，但是 −0.85V(相对于 CSE)左右的 CP 电位受交流干扰时的变化不确定。

杂散电流干扰会影响管道 CP 腐蚀防护的效果，使传统的 CP 有效性评判标准无法充分保护管道。但是目前杂散电流对 CP 效果的影响，主要存在两种不同的研究观点。一种观点[1,2,12,13]认为，虽然 −850mV(CSE)或是相对自然电位负向偏移 100mV 的 CP 电位在交流电流干扰下无法完全保护管道免受腐蚀，但是降低 CP 电位或增加大 CP 电流时可使管道免受一定强度的交流电流的腐蚀。另一种观点[14~17]认为，CP 虽然能减小交流腐蚀，但是 CP 电流的增加并不能有效减小交流电流干扰造成的腐蚀速率，反而会增大腐蚀速率，在确定的交流电流密度干扰下，CP 电流越大、腐蚀速率越大。上述研究结果的差异可能源于管道的腐蚀环境中的离子种类及 PH 值的不同造成腐蚀机理[18~21]的不同。

由 CP 恒电位仪的动作机理可知，如果交流杂散电流干扰发生在图 1 中的长效参比电极处，交流电流会造成该处的直流电位发生偏移，由于汇流点附近的电位一般都比较负，所以电位会正向偏移，则恒电位仪会依据所测受影响了的电位作为评判依据增大输出电流，从而会造成管道 CP 的过保护，对于高强钢产生氢脆潜在危害；交流杂散电流干扰发生在其他位置发生的概率更大，此时恒电位仪仍然恒电流输出，受干扰管段不会随着交流干扰改变 CP 电流及电位。所以部分学者[2,12,13,22]运用恒电位控制来研究交流干扰对 CP 效果的影响与实际情况不符。

虽然就交流杂散电流对 CP 的影响已经开展大量研究工作，但目前研究结论并未统一，这可能与研究过程的实验条件有关，特别腐蚀环境对研究结果可能存在重大影响。当前在我国典型土壤类型库尔勒土壤环境中的 X100 管线钢 CP 受交流杂散电流干扰的影响研究尚未见报道。因此，本文采用电化学测试、浸泡实验、表面分析及数值分析等方法研究了交流杂散电流干扰对在库尔勒土壤环境中 X100 管线钢 CP 的影响，为具有 CP 系统的 X100 管线在库尔勒碱性土壤环境中的交流杂散电流腐蚀防护提供理论支撑。

2　实验方法

实验材料为 API X100 管线钢，其化学成分(质量分数,%)为：C 0.051，Mn 1.909，Si 0.216，P 0.010，S 0.004，Cr 0.287，Ni 0.313，Cu 0.139，Al 0.045，Mo0.250，Ti 0.012，Nb 0.063，V 0.039，Pb 0.002，B 0.0003，Sn 0.003，As 0.005，Fe 余量。其微观组织主要为粒状贝氏体及少量铁素体组织。其抗拉强度约为 891MPa，屈服强度($R_{p0.2}$)约为 693.9MPa。

溶液选择碱性库尔勒土壤模拟液，其成分配比[23]为：0.2442g/L $CaCl_2$、3.1707g/L NaCl、2.5276g/L Na_2SO_4、0.6699 g/L $MgCl_2 \cdot 6H_2O$、0.2156g/L KNO_3、0.1462g/L $NaHCO_3$，用 NaOH 和乙酸将其 pH 值调节到 9.31。试样尺寸为 20mm×20mm×2mm。实验采用浸泡法，用电化学工作站 2273(Parstat2273)测量电极电位，实验中试样施加的 CP 电流密度分别是 −0.17、

-0.25、-0.62 和 -2.26A/m^2（对应阴保电位 -0.75V、-0.95V、-1.1V、-1.2V），交流干扰采用0、30、100及500A/m^2 的50Hz的外加交流电流密度。一般每天（20到28h之间）测量一次，实验时间约7天或8天。实验开始前，使用高频数据采集卡以5000Hz频率采集交流干扰的试样的电极电位。实验参比电极为饱和甘汞电极（SCE）。实验温度为20℃。

图2为电化学试验装置示意图，图中AC表示交流电源；WE表示工作电极（X100管线钢）；RE表示参比电极（饱和甘汞电极，SCE）；CE表示辅助电极（铂电极），石墨电极作为交流回路辅助电极。电化学试验装置包括交流干扰和电化学测试两个回路。交流干扰回路主要包括交流数字信号发生器（HAD-1020A）、电容（470μF）、电阻（10Ω）和石墨电极，其中数字信号发生器用于产生交流电流，电容用于阻止交流回路对测试回路的影响及过虑交流回路中可能存在的直流成分，电阻用于测量两端电压后计算回路电流；测试回路包括电化学工作站（PARATAT 2273）、电感（10H）和铂电极，其中电化学工作站用于测试不同交流杂散电流密度下工作电极的腐蚀电位和极化曲线，电感用于阻止交流电流。将试样在溶液中静置到开路电位基本稳定后，在干扰回路中分别施加频率为50Hz、不同交流电流密度的正弦交流电，测试开路电位（OCP）及动电位极化曲线。实验前，所有试样非工作面用环氧树脂密封，工作面用240~1500目水磨砂纸逐级打磨，以丙酮和乙醇清洗。

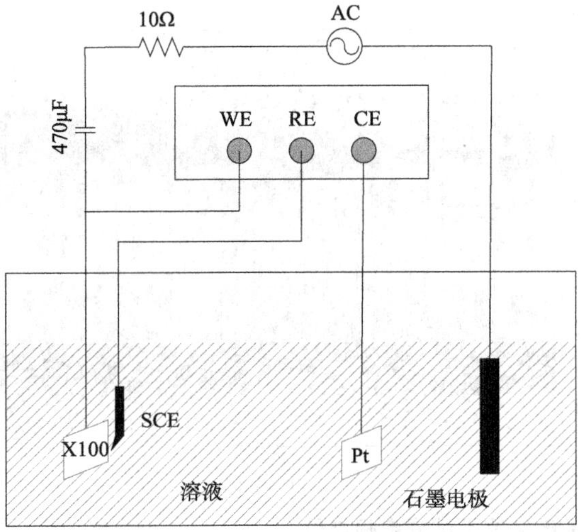

图2 交流电流干扰下的直流恒电流实验装置示意图

图3为浸泡试验装置示意图，使用调压器作为交流电源（AC），电路中串联电容以过滤可能存在的直流电流，变阻器调节交流干扰电流密度，同时交流回路中串联定值电阻防止试样表面阻抗变化引起交流电流密度较大变化。实验前，试样工作面用240~800目水磨砂纸逐级打磨后，用硅胶密封非工作面，以丙酮和乙醇清洗。

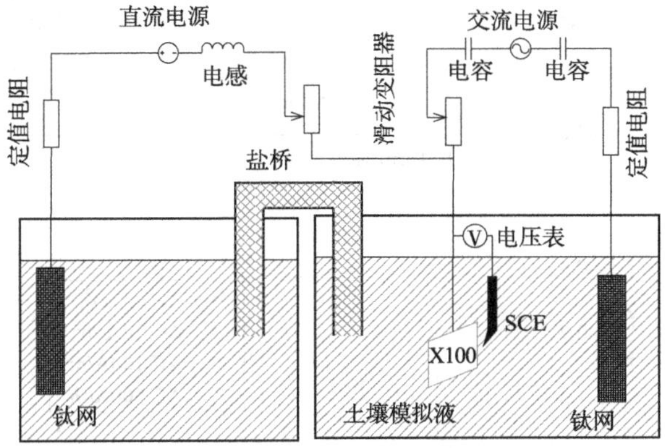

图3 浸泡实验装置示意图

3 实验结果与讨论

3.1 交流干扰电流密度对CP电位的影响

施加交流干扰电流密度为0A/m^2、30A/m^2、100A/m^2、500A/m^2，通过恒电流法测得的CP电位的变化情况图4所示，在CP电位为 -0.75、-0.95、-1.1、-1.2V左右时，当CP电位负于 -1.0V时，交流电流干扰会使电位正向偏移，且电流密度越大，偏移量越大。当CP电流较小时，无交流干扰的CP电位先逐渐负移到近 -0.95V，之后又正向移动到接近 -0.7V，这应该与试样表面的状态相关。可能的原因是，刚施加CP电流时，阴极电流除了主要用于氧的还原外，还有一部分用于试样表面氧化膜的还原，随着氧化膜的溶解，更多的电流用于氧的还原致使电位逐渐变负，但是表面沉淀物的产生增大了试样反应表面积，CP电流恒定情况下，氧的反应面积增加使电位正移以减小阴极极化电位，最终达到电流和电位的平衡。在大外加交流干扰电流密度下，对CP电流密度为 -0.094A/m^2（CP电位约 -0.75V）的试样施加交流电流后，开始电位仍然发生正向偏移，交流电流密度越大、正移量越大，但是随着各试样电位基本稳定后，30、100A/m^2 的交流电流使CP电位相对负移，500A/m^2 的交流电流使CP电位正移。

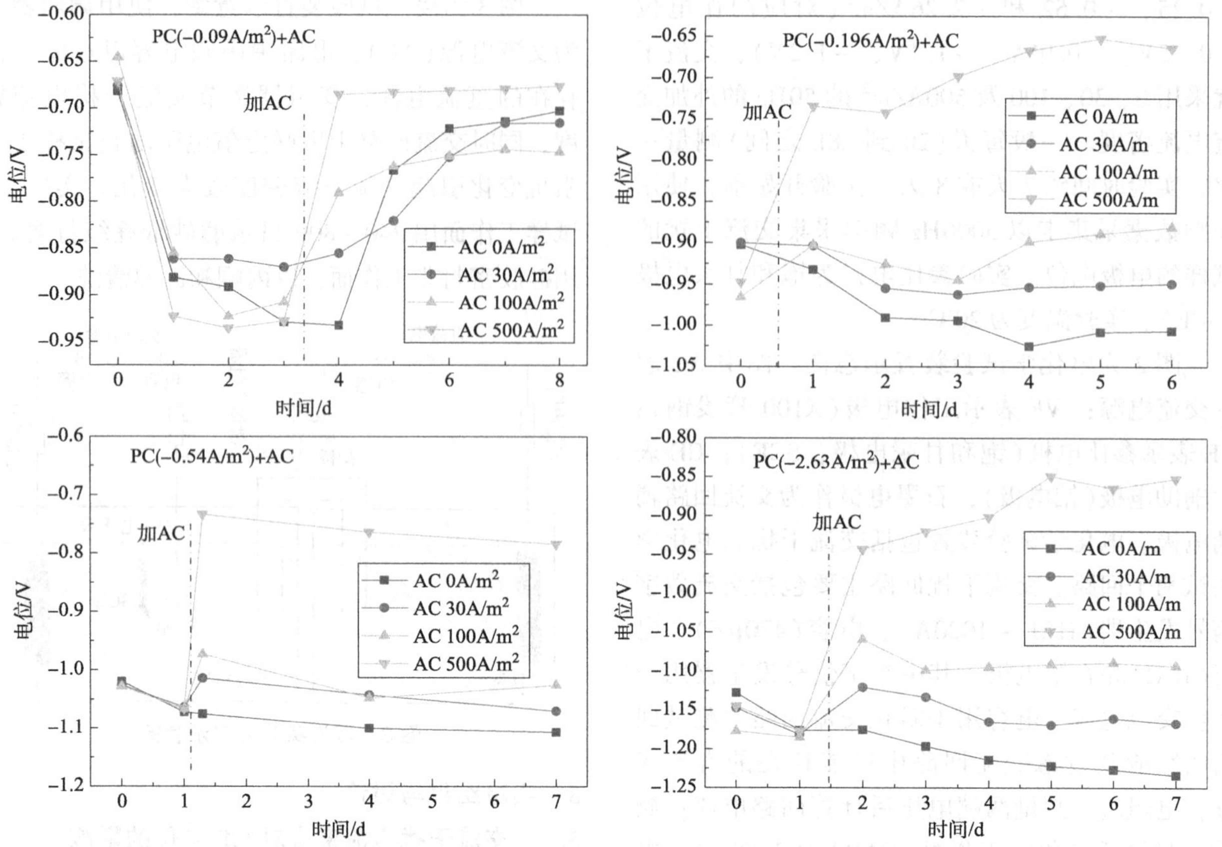

图 4　浸泡实验过程中不同交流电流干扰下的 CP 电位

3.2　交流干扰电流密度对电极电位影响

图 5 ~ 图 7 为浸泡实验结束前以 5000Hz 频率采集的 30A/m²、100A/m²、和 500A/m² 交流电流干扰下不同 CP 电位下试样电极电位。图中黑点为高频测量得到的电位值，实线为软件以正弦曲线拟合的结果，拟合具体数值见表 1 ~ 表 3。

当电流干扰密度为 30A/m² 时，试样电极电位振幅随着 CP 电位变负有所增大，但是规律性并不明显。虽然交流干扰电流密度相同，但拟合曲线的振荡幅值相差较大，应该主要受溶液和表面反应产物的阻抗产生的 IR 影响。CP 电位较高时的拟合误差也比较大，可能与试样表面的稳定性差有关。当电流干扰密度为 100A/m² 和 500A/m² 时，试样电极电位变化规律与 30A/m² 时类似，曲线的振荡幅值相差也较大，但整体的拟合误差逐渐减小。整体上来说随着干扰电流密度的增大，试样电极电位振幅也逐渐增大。

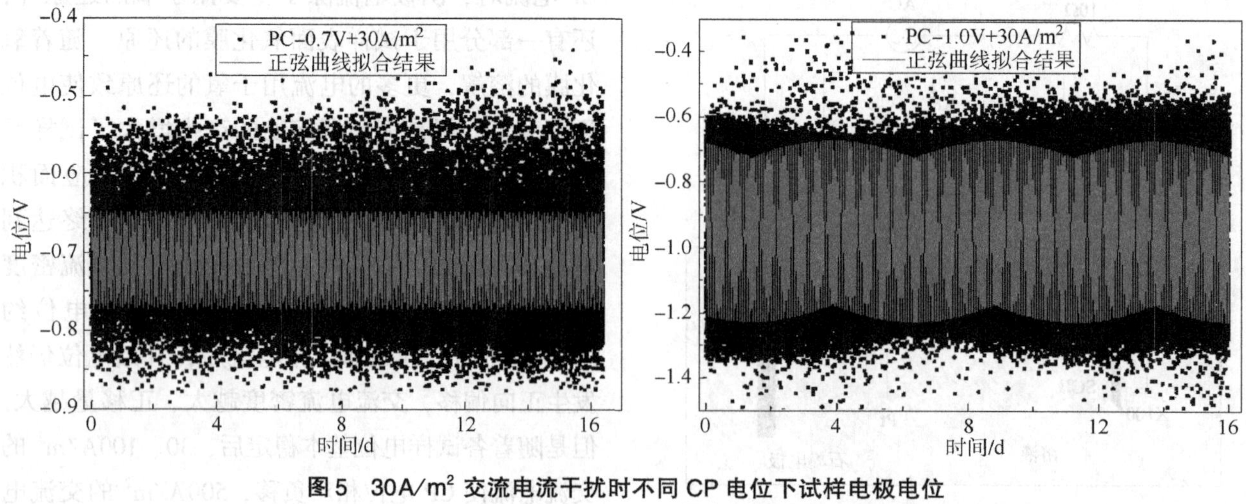

图 5　30A/m² 交流电流干扰时不同 CP 电位下试样电极电位

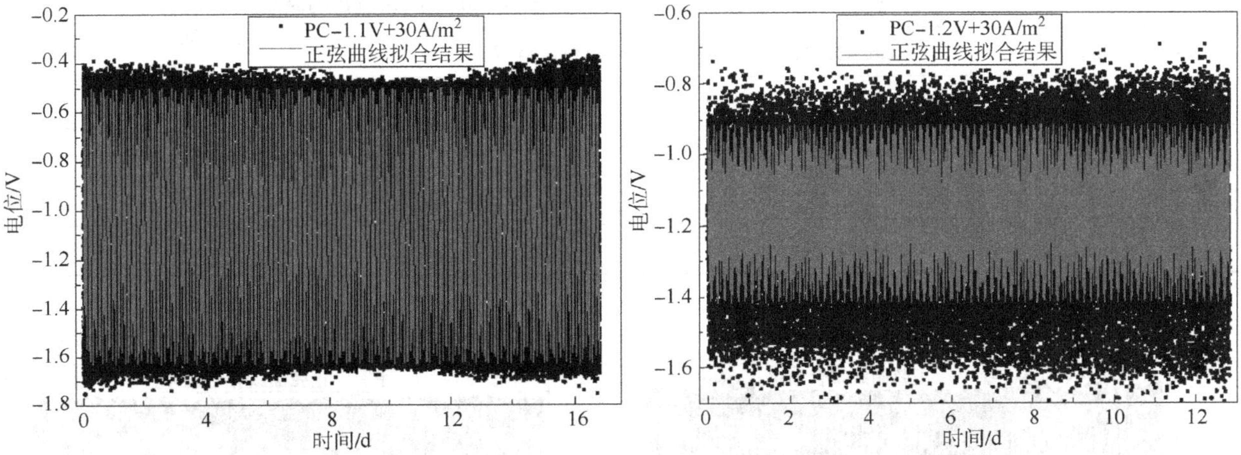

图 5　30A/m² 交流电流干扰时不同 CP 电位下试样电极电位(续)

表 1　交流电流密度为 30A/m² 的试样极化电位以正弦曲线拟合的结果

CP 近似电位/V	直流成分电位/V	电位振幅/V	拟合误差(相关系数)
-0.7	-0.711	0.063	0.508
-1.0	-0.952	0.277	0.892
-1.1	-1.068	0.565	0.993
-1.2	-1.167	0.250	0.794

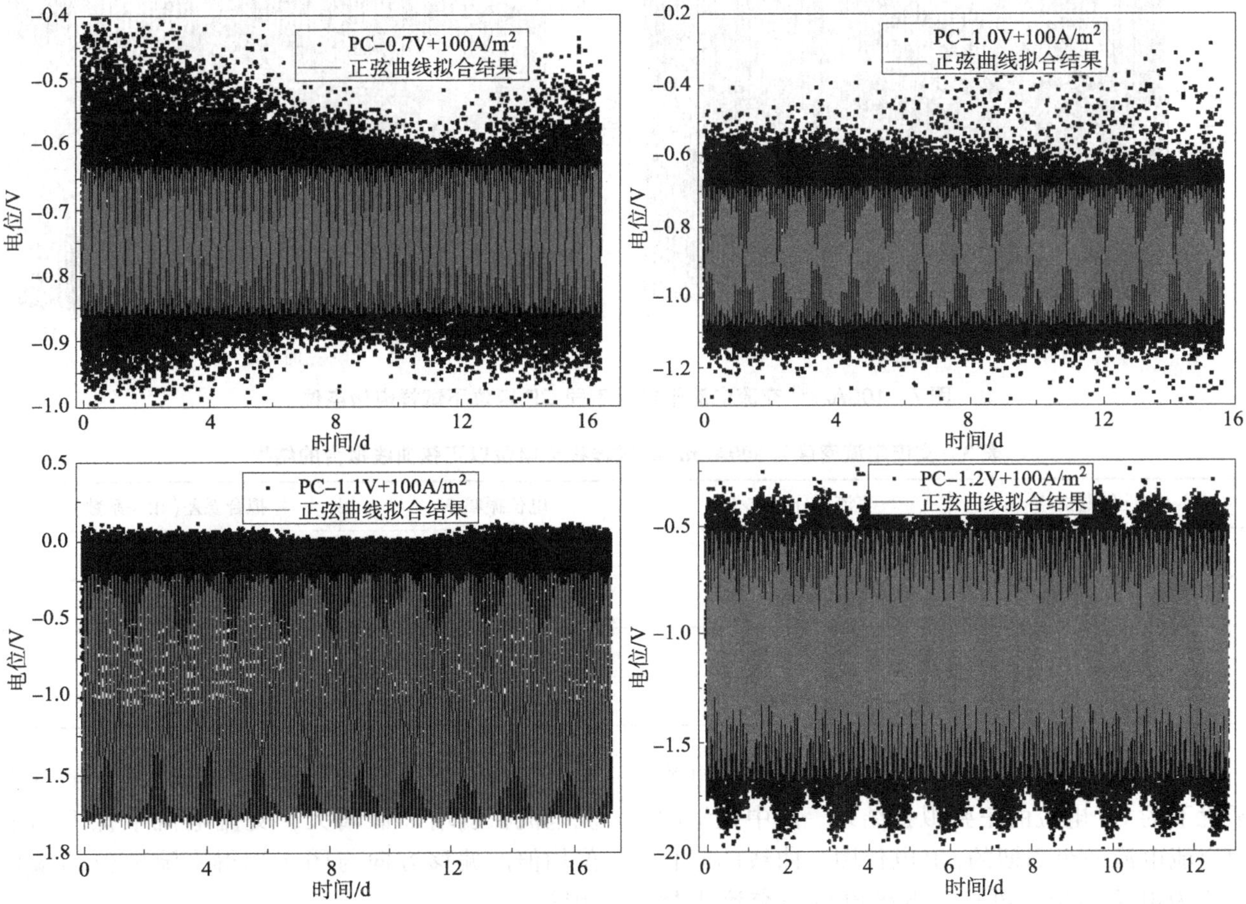

图 6　100A/m² 交流电流干扰时不同 CP 电位下试样电极电位

表 2　交流电流密度为 100A/m² 的试样极化电位正弦曲线拟合的结果

CP 近似电位/V	直流成分电位/V	电位振幅/V	拟合误差（相关系数）
-0.7	-0.746	0.114	0.687
-1.0	-0.883	0.196	0.808
-1.1	-1.032	0.817	0.922
-1.2	-1.098	0.574	0.946

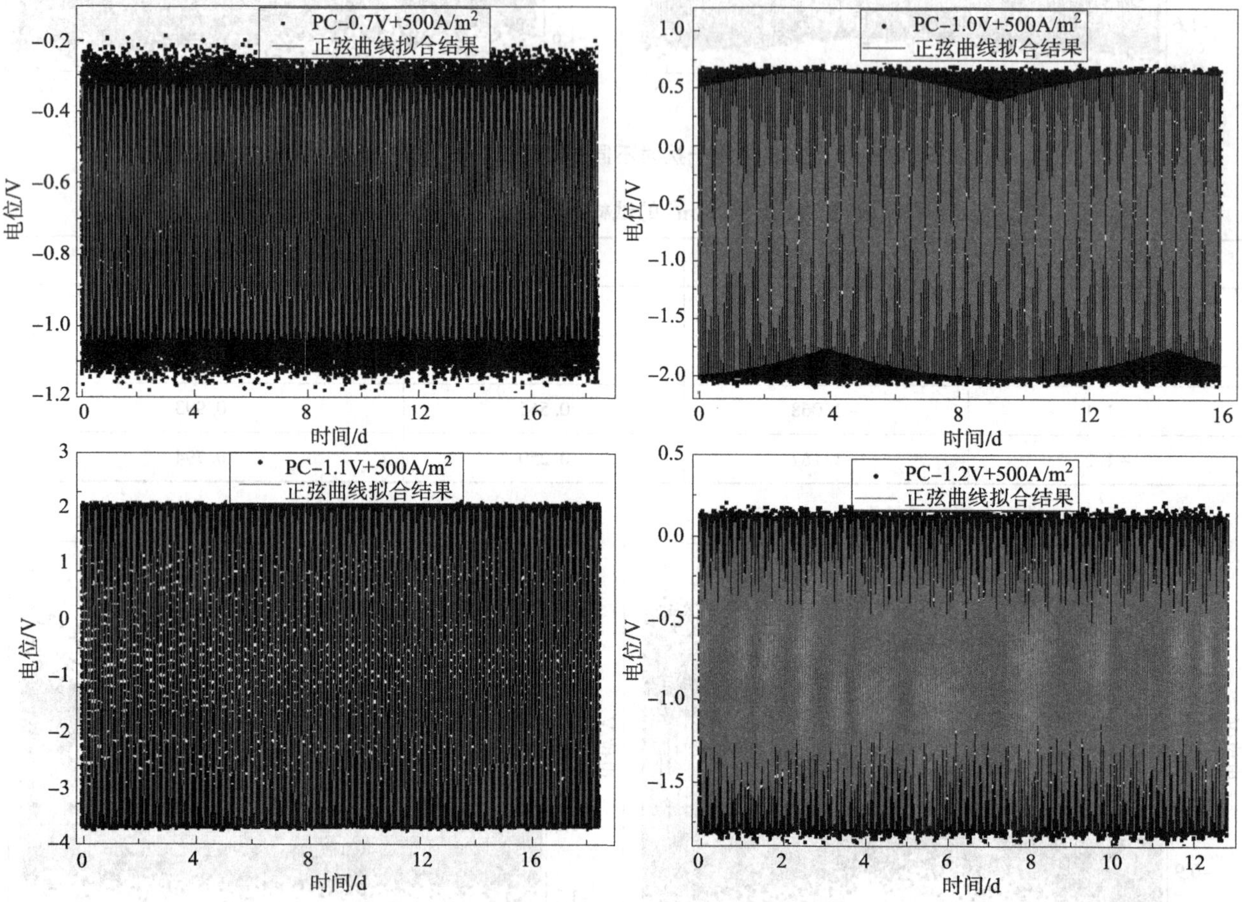

图 7　100A/m² 交流电流干扰时不同 CP 电位下试样电极电位

表 3　交流电流密度为 500A/m² 的试样极化电位以正弦曲线拟合的结果

CP 近似电位/V	直流成分电位/V	电位振幅/V	拟合误差(相关系数)
-0.7	-0.679	0.359	0.976
-1.0	-0.667	1.323	0.994
-1.1	-0.789	2.853	0.983
-1.2	-0.840	0.958	0.994

图 8 为以 5000Hz 频率采集的不同交流电流干扰下的 CP 电位的正弦拟合结果。图中显示的为交流电流一个周期的 CP 电位图，曲线的起止位置为电位均值，可见，电极电位与交流干扰电流以相同的周期进行振荡，振幅基本随着交流电流密度增加而增大，交流电流干扰下的电位均值的偏移方向与图 4 测得直流电位的偏移相同。

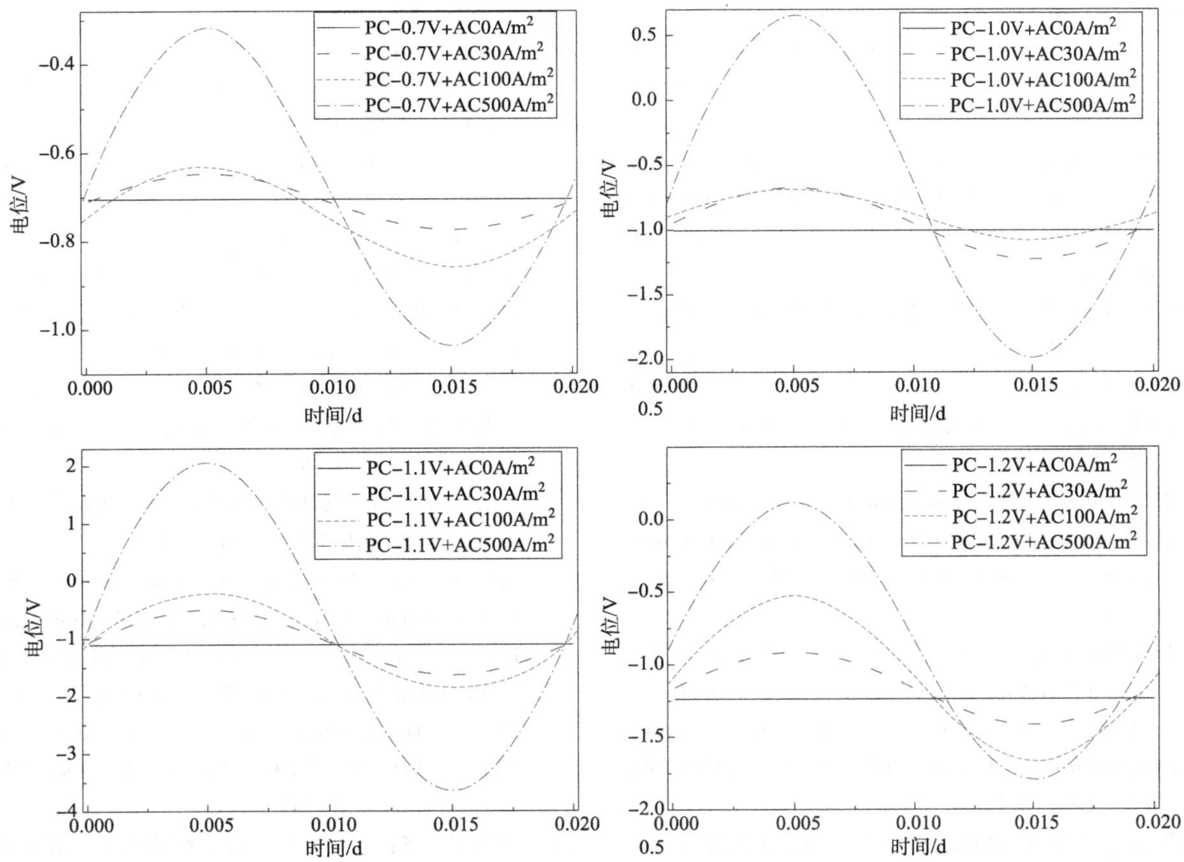

图8 不同交流电流干扰下CP电位的正弦拟合结果

图9为干扰电流密度和CP偏移量的关系，当CP电位小于等于-1.0V时，CP电位偏移量随着交流干扰电流密度增大而增大，CP电位等于-0.7V时，CP电位偏移量随着交流干扰电流密度增大先减小后增大，在相同的交流电流密度下，电位偏移量和阴极保护电位数值没有确定的相关性，说明相同交流电流密度下，CP电位不是电位偏移的主导性影响因素。

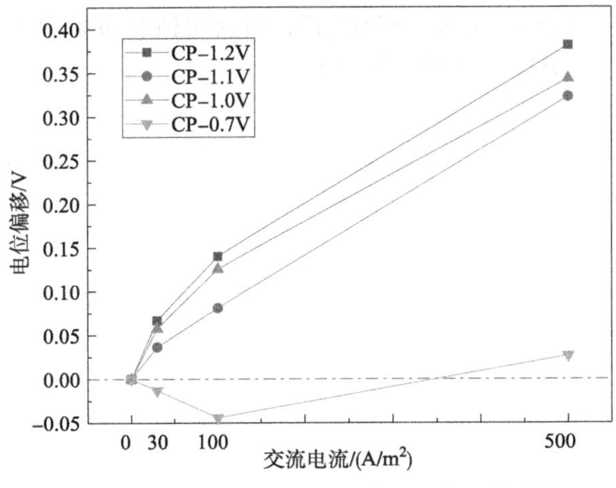

图9 不同交流电流干扰下的CP电位偏移量

5 结论

通过研究交流电流干扰对库尔勒碱性土壤环境中X100管线钢CP的影响，结论如下：

(1)交流干扰电流会使得CP电位发生正向偏移，干扰电流密度越大，偏移量越大，使得阴保系统保护越差。

(2)根据实时采集的交流干扰后电位变化关系，交流电流干扰使电极电位发生周期性的振荡，振荡周期与交流电流相同，振幅随着交流电流密度增加而增大。

(3)电位偏移量和阴极保护电位数值没有确定的相关性，说明相同交流电流密度下，CP电位不是电位偏移的主导性影响因素。

参考文献

[1] L. Y. Xu, X. Su and Y. F. Cheng. Effect of Alternating Current On Cathodic Protection On Pipelines. Corrosion Science. 2013, 66: 263-268.

[2] D. Kuang and Y. F. Cheng. Effects of Alternating Current Interference On Cathodic Protection Potential and its Effectiveness for Corrosion Protection of Pipelines. Corrosion Engineering, Science and Technology. 2017, 52 (1): 22-28.

[3] L. Wang, L. Cheng, J. Li, Z. Zhu, S. Bai and Z. Cui. Combined Effect of Alternating Current Interfer-

ence and Cathodic Protection On Pitting Corrosion and Stress Corrosion Cracking Behavior of X70 Pipeline Steel in Near – Neutral Ph Environment. Materials. 2018, 11(4): 465.

[4]H. Wang, C. Du, Z. Liu, L. Wang and D. Ding. Effect of Alternating Current On the Cathodic Protection and Interface Structure of X80 Steel. Materials. 2017, 10(8): 851.

[5]杨永. X100管线钢交流杂散电流腐蚀行为及机理研究[D]. 北京工业大学, 2020.

[6]杨永, 罗艳龙, 孙明, 等. 油气管道交流杂散电流腐蚀研究进展[J]. 石油学报, 2021, 42(9): 1247 – 1254.

[7]M. Ormellese, S. Goidanich and L. Lazzari. Effect of Ac Interference On Cathodic Protection Monitoring. Corrosion engineering, science and technology. 2011, 46(5): 618 – 623.

[8]T. H. Shabangu, P. Shrivastava, B. T. Abe, K. B. Adedeji and P. A. Olubambi. Influence of Ac Interference On the Cathodic Protection Potentials of Pipelines: Towards a Comprehensive Picture. 2017 IEEE AFRICON, 2017. IEEE, 2017: 597 – 602.

[9]唐赵林. 交流杂散电流干扰下的管道电位测量与干扰评价问题[J]. 全面腐蚀控制, 2020, 34(08): 66 – 70 + 131.

[10]鲍元飞, 伍永坤, 高华亮, 郑元杰. 交流杂散电流干扰对埋地管道阴极保护电位的影响[J]. 腐蚀与防护, 2016, 37(02): 156 – 159.

[11]付山林, 程彤, 王瑞召, 张强, 关志宏. 交流杂散电流干扰对管道直流电位的影响[J]. 管道技术与设备, 2012(05): 41 – 42.

[12]Y. Guo, H. Tan, T. Meng, D. Wang and S. Liu. Effects of Alternating Current Interference On the Cathodic Protection for Api 5L X60 Pipeline Steel. Journal of Natural Gas Science and Engineering. 2016, 36: 414 – 423.

[13]A. Q. Fu and Y. F. Cheng. Effect of Alternating Current On Corrosion and Effectiveness of Cathodic Protection of Pipelines. Canadian Metallurgical Quarterly. 2012, 51(1): 81 – 90.

[14]M. Buchler and H. G. Schoneich. Investigation of Alternating Current Corrosion of Cathodically Protected Pipelines: Development of a Detection Method, Mitigation Measures, and a Model for the Mechanism. Corrosion. 2009, 65(9): 578 – 586.

[15]A. Brenna, L. Lazzari, M. Pedeferri and M. Ormellese. Cathodic Protection Condition in the Presence of Ac Interference. La Metallurgia Italiana. 2014.

[16]滕延平, 祖宏波, 董士杰, 等. 管道交流杂散电流干扰技术研究现状与发展趋势[J]. 管道技术与设备, 2012(02): 3 – 5.

[17]苑婷, 陈兴伟, 刘朝东. 交流干扰的实验室模拟研究[J]. 科技创新与应用, 2016(04): 36.

[18]Z. Panossian, S. E. Filho, N. L. de Almeida, M. L. Pereira Filho, D. de L. Silva, E. W. Laurino, J. H. L. Oliver, G. de S. Pimenta and J. Á. C. Albertini. Effect of Alternating Current by High Power Lines Voltage and Electric Transmission Systems in Pipelines Corrosion. CORROSION 2009, Atlanta, Georgia, 2009. NACE International, 2009: 41.

[19]王新华, 杨国勇, 黄海, 等. 埋地钢质管道交流杂散电流腐蚀规律研究[J]. 中国腐蚀与防护学报, 2013, 33(04): 293 – 297.

[20]Cathodic Protection of Buried Or Immersed Metallic Structures – General Principles and Application for Pipelines. 2001.

[21]唐德志. 交流电流对埋地管道阴极保护系统的影响规律及作用机制研究. 北京科技大学博士论文. 2016: 160.

[22]冯斌. 交流干扰对埋地管道阴极保护性能影响研究[D]. 西安石油大学, 2013.

[23]梁平, 杜翠薇, 李晓刚. 库尔勒土壤模拟溶液的模拟性和加速性研究[J]. 中国腐蚀与防护学报, 2011, 31(02): 97 – 100.

X80 管道环焊缝强度的仪器化压痕测试应用

孙永辉　周天宇　刘　凯　柳　旺　尤景泽　王汉奎

（中国特种设备检测研究院，北京　100029）

摘　要： 对接环焊缝的强度在高钢级管线中起重要作用。本文利用仪器化压痕法、常规拉伸试验法和维氏硬度法对 X80 的环焊缝、热影响区以及母材的材料性能进行测试，并比较仪器化压痕法和常规拉伸试验方法获得的强度结果。测试结果表明仪器化压痕法可以给出对接环焊缝的屈服强度、抗拉强度，仪器化压痕法可以正确反映管线的焊缝与母材的匹配关系，还可以获得焊缝热影响区等更加精细的强度分布。通过对环焊缝进行常规拉伸与仪器化压痕法测得的强度对比发现上游母材、焊缝中心及下游母材的屈服强度误差分别为 6%、6.5%、7.5%，抗拉强度误差分别为 16%、5.5%、3%。仪器化压痕法测得屈服强度基本低于常规拉伸的屈服强度，测得抗拉强度高于常规拉伸的抗拉强度。但仪器化压痕法测试结果与常规拉伸试验结果的规律一致，即母材强度大于环焊缝中心强度且上游母材强度低于下游母材。

关键词： 高钢级管线；对接环焊缝；匹配关系；仪器化压痕法

Instrumented Indentation Test Application of X80 Pipe Girth Weld Strength

Sun Yonghui, Zhou Tianyu, Liu Kai, Liu Wang, You Jingze, Wang Hankui

(China Special Equipment Inspection & Research Institute, Beijing 100029, China)

Abstract: The strength of butt girth weld plays an important role in high steel pipeline. In this paper, the material properties of X80 girth weld, heat affected zone and base metal were tested by instrumented indentation method, conventional tensile test method and Vickers hardness method, and the strength results obtained by instrumented indentation method and conventional tensile test method werecompared. The test results show that the instrumented indentation method can give the yield strength and tensile strength of the butt girth weld, and the instrumented indentation method can correctly reflect the matching relationship between the weld and the base material of the pipeline, and can also obtain the more refined strength distribution of the weld heat affectedzone. The yield strength errors of the upstream base metal, the weld center and the downstream base metal were 6%, 6.5% and 7.5%, and the tensile strength errors were 16%, 5.5% and 3%, respectively. The yield strength measured by instrumented indentation method is basically lower than that of conventional tensile, and the tensile strength measured by instrumented indentation method is higher than that of conventionaltensile. However, the instrumented indentation test results are consistent with the conventional tensile test results, that is, the base metal strength is greater than the girth weld center strength and the upstream base metal strength is lower than the downstream base metal strength.

Key words: High steel pipeline; butt girth weld; matching relation; instrumented indentation method

0　引言

天然气管线用于天然气的长距离、大量输送，是国家能源的主要输送干道。长输管线的安全运行对于经济社会发展有重要的意义。长输管

作者简介： 孙永辉(1986—　)，男，工程师，主要从事金属材料常规力学测试评价、材料微损测试评价、新能源材料测试评价工作。

线是由一系列平均长度约12m左右的螺旋焊管或直缝焊管通过对接环焊缝连接而成，对接环焊缝的安全性直接影响整条长输管线的安全运行。长输管线的大多数对接环焊缝是由现场施工完成。管线施工现场环境差、劳动强度高，现场受多种约束条件限制，环焊缝焊接质量分散性大。尽管可以采用机器自动焊接的方式取代部分人工劳动，但弯管、爬坡等位置不便于焊接机器人开展作业，依然存在大量的手工焊口，为环焊口的焊接质量引入一定的不确定性。

环焊缝的屈服强度直接影响着管线的安全性。埋地管线长期埋藏于地下，管线易受到山体滑坡、地震、泥石流等地质灾害的影响，使得管线在承受内压的同时承受额外的轴向的载荷。轴向载荷也导致管线环焊缝事故频率，为此美国管线与危险化学品管理局PHSMA和加拿大能源局CRA针对管线环焊缝多次发布安全警示。环焊缝的安全性控制，除控制焊接质量，保证环焊缝无未熔合、未焊透等缺陷，尽量避免含有夹渣、气孔等缺陷。环焊缝的强度，特别是与母材的匹配关系也是影响管线安全必珠重要影响因素。若环焊缝屈服强度低于母材，会导致环焊缝变形时，过量塑性应变在环焊缝内集中，进而导致焊缝破坏。

环焊缝的屈服强度检测一直是管线检测中的一个技术难点。通常的屈服强测试为破坏性试验，需要将环焊缝加工成标准的拉伸试样，再由拉抻试验机测试完成，这种测试方法测量准确，但是对环焊缝为破坏性试验，不适用于已经服役的环焊缝强度检测。仪器化压痕法是新近发展出来的一种微损测试方法，其测试原理类似于硬度测试，将一定形状的压头压入待测金属表面，获得压力-位移曲线，通过对压力-位移曲线进行解算获得材料强度信息。仪器化压痕法对试样的表面损伤小，无须取样即可获得材料的强度信息，应用于高钢级管线环焊缝的测试具有天然的优势。

本文以来自于真实的X80管线开挖取样的环焊缝为研究对象，开展了常规的拉伸试验、仪器化压痕试验和阵列硬度试验，并将测试结果进行对比分析。

1　常规拉伸测试

依据标准，将环焊缝上、下游母材制成直径10mm棒状拉伸试样，焊缝材料制成直径5mm全焊缝棒状拉伸试样，所有试样均取自3点位置，为环向取样。试验用设备为一台250kN的ZwickZ250型万能试验机，试验依据GB/T 228.1—2021《金属材料拉伸试验第1部分：室温试验方法》进行，拉伸速率保持0.00025/s全程不变速，拉伸测试结果见表1，拉伸曲线见图1。常规拉抻试验结果表明焊缝的抗拉强度小于等于母材的屈服强度，焊缝为弱匹配。上游母材强度低于下游母材强度。

表1　母材与焊缝金属拉伸试验结果

试样类型	试样尺寸 d/mm	$R_{p0.2}$/MPa	R_m/MPa
焊缝金属	5	652	694
焊缝金属	5	631	684
平均值		642	689
上游母材	10	685	764
上游母材	10	690	754
上游母材	10	691	751
平均值		689	756
下游母材	10	797	867
下游母材	10	820	896
下游母材	10	803	873
平均值		807	879

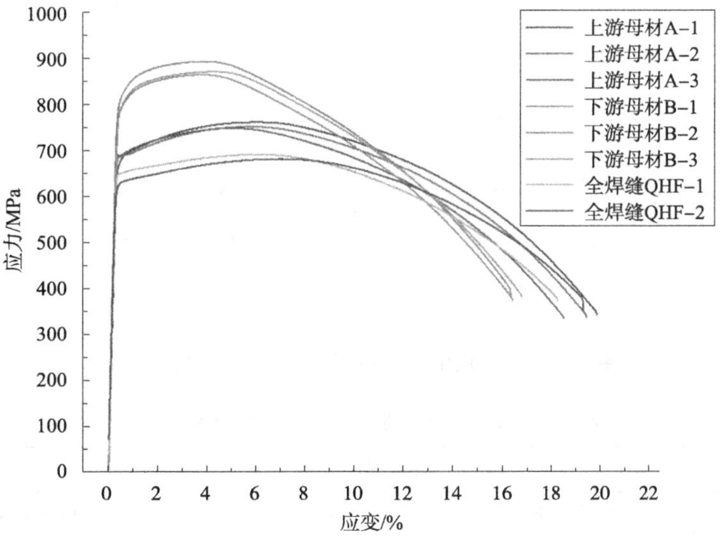

图 1　母材与焊缝金属材料拉伸曲线

2　仪器化压入法测试

本次测试选用的试验仪器为韩国 FRONTICS 公司的 AIS3000Compact 便携式仪器化压痕测试仪，见图 2。

图 3 所示对取自 X80 管线钢环焊缝的全厚度板条环焊缝截面进行仪器化压痕法强度测试，测试位置示意图见图 4，测得各位置强度结果见表 2。

图 5 所示对 X80 管线钢环焊缝外表面进行仪器化压痕法强度测试，测试位置示意图见图 6，测得各位置强度结果见表 3。

试验依据 GB/T 37782—2019《金属材料压入试验强度、硬度和应力 - 应变曲线的测定》、GB/T 39635—2020《金属材料仪器化压入法测定压痕拉伸性能和残余应力》进行，最大压痕深度为 150μm。基于压痕测试的特点，可以对焊接区域的焊缝中心、热影响区及熔合线部分进行分区测试，结果表明母材、熔合线区域的强度大于焊缝中心强度，焊缝中心强度大于热影响区强度；上游母材强度小于下游母材强度。焊缝中心位置的打底焊的强度最低，其次是盖面焊。

图 7 为常规拉伸测试与仪器化压痕法强度测试折线对比图，对比两种试验方法得到的结果存在一定的差异，通过对环焊缝进行常规拉伸与仪器化压痕法测得的强度对比发现上游母材、焊缝中心及下游母材的屈服强度误差分别为 6%、6.5%、7.5%，抗拉强度误差分别为 16%、5.5%、3%。仪器化压痕法测得屈服强度基本低于常规拉伸的屈服强度，测得抗拉强度高于常规拉伸的抗拉强度；但仪器化压痕法测试结果与常规拉伸试验结果的规律一致，即母材强度大于环焊缝中心强度且上游母材强度低于下游母材。且仪器化压痕法的优势是可以在现场不破坏原管道的情况下，对管线钢表面每隔 2.5 ~ 3mm 间隔进行压痕测试，从而获取母材、热影响区及环焊缝中心的材料强度，从而判断其环焊缝的强匹配或弱匹配关系。

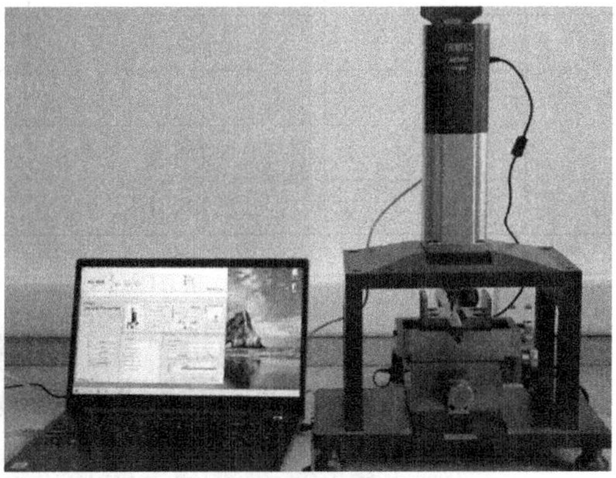

图 2　便携式仪器化压痕测试仪

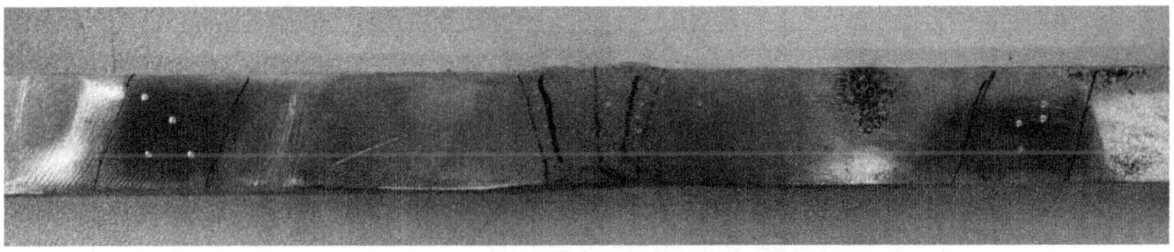

图 3　仪器化压痕测试样品（环焊缝截面）

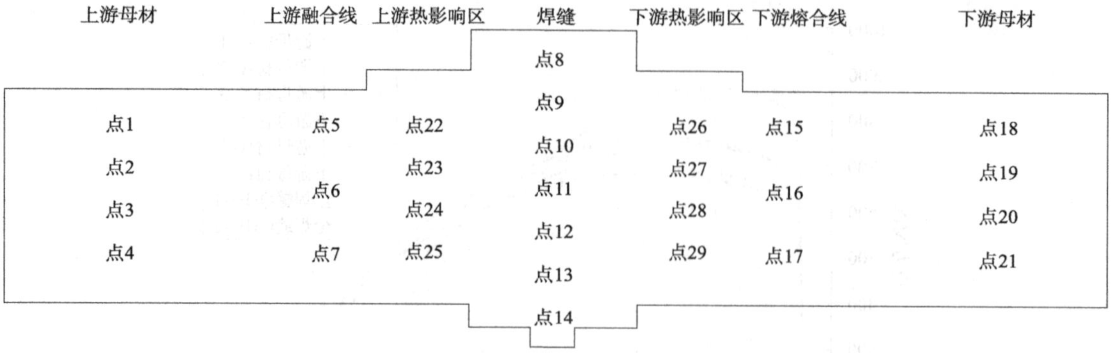

图 4　仪器化压痕测试位置示意图(环焊缝截面)

表 2　仪器化压痕测得强度结果(环焊缝截面)

屈服强度/MPa					
	上游母材	上游热影响区	焊缝	下游热影响区	下游母材
	684.8	561.4	578.7(近盖面)	591.9	694.4
			643.7		
	634.7	580.6	637.6	608.2	715.1
			613.3		
	676.3	557.5	594.4	593.3	766.9
			633.1		
	686.6	589.0	527.4(打底焊)	626.0	750.9
平均值	670.6	572.1	604.0	604.9	731.8
抗拉强度/MPa					
	上游母材	上游热影响区	焊缝	下游热影响区	下游母材
	815.9	723.2	726.3(近盖面)	766.1	920.7
			793.3		
	848.2	757.5	785.2	784.4	965.8
			743.2		
	848.9	717.7	760.8	770.9	945.1
			780.6		
	844.4	758.6	656.7(打底焊)	800.7	957.8
平均值	839.4	739.3	749.4	780.5	947.4

图 5　仪器化压痕测试样品(环焊缝外表面)

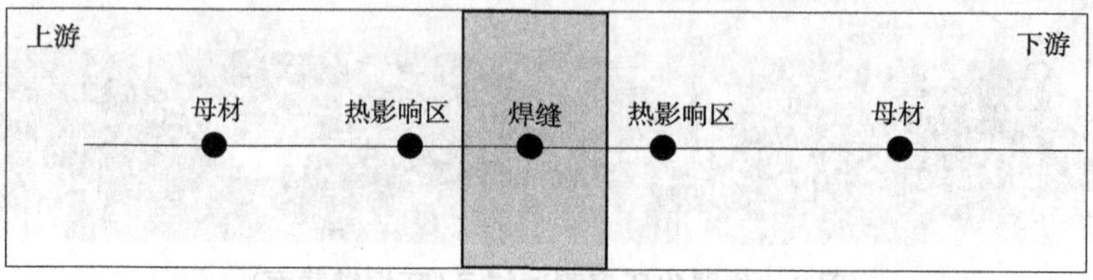

图 6　仪器化压痕测试位置示意图(环焊缝外表面)

表 3　仪器化压痕测得强度结果(环焊缝外表面)

屈服强度(MPa)					
	上游母材	上游热影响区	焊缝	下游热影响区	下游母材
	735.5	683.6	649.8	596.0	750.2
			571.1		
	725.2	637.3	577.6	583.3	743.9
平均值	730.35	660.5	599.5	589.7	747.1

抗拉强度(MPa)					
	上游母材	上游热影响区	焊缝]下游热影响区	下游母材	
	883.2	776.7	806	681.4	910.7
			693.8		
	871.7	819.5	681.1	705.7	899.5
平均值	877.5	798.1	727.0	693.6	905.1

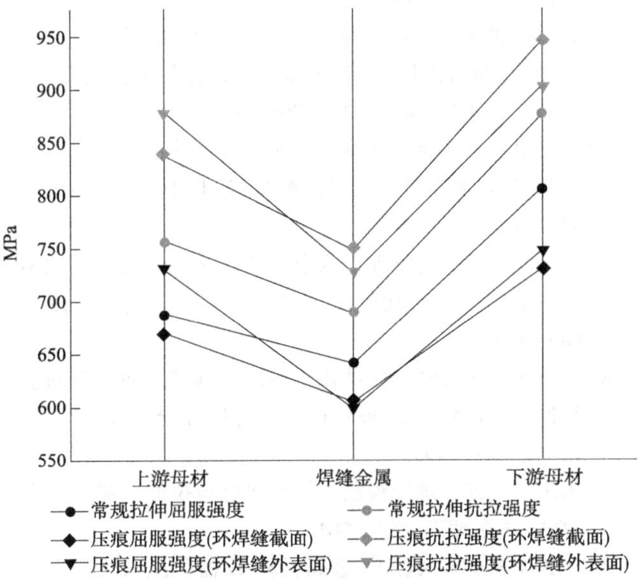

图 7　常规拉伸测试与仪器化压痕强度测试折线对比图

3　维氏硬度测试

测试样品见图 8，取自 X80 管线钢环焊缝的全厚度样块，测试位置为环焊缝截面，试验设备为一台 NEMESIS 9103 型万能硬度计，试验依据 GB/T 4340.1—2009《金属材料维氏硬度试验第 1 部分：试验方法》进行。焊缝硬度最大硬度为 290，最小硬度为 219，焊缝金属硬度低于母材硬度，测试结果见表 4。在焊缝内部，材料硬度也呈现出明显的分层特征，打底焊位置的硬度小于焊缝内部其他位置。下游母材硬度大于上游母材硬度，母材硬度高于焊缝区域硬度。通常认为材料硬度与材料强度有一一对应关系，间接证实了焊缝为弱匹配关系和焊缝内不同硬度区域所对应的材料强度也有差异。

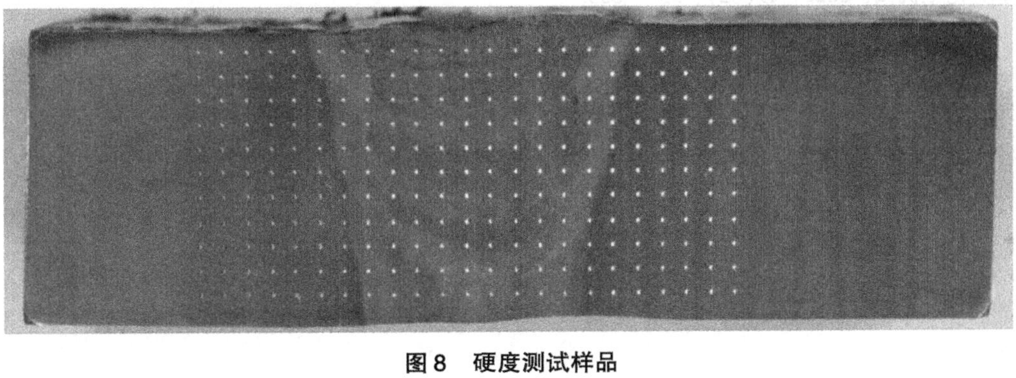

图 8　硬度测试样品

表4　硬度测试结果

	硬度值（HV10）										
	测点1	测点2	测点3	测点4	测点5	测点6	测点7	测点8	测点9	测点10	测点11
第1行	270	276	273	266	255	252	279	261	265	264	255
第2行	270	269	262	260	250	260	236	275	259	259	264
第3行	272	273	266	259	256	257	238	248	262	256	257
第4行	260	261	259	257	250	252	240	252	232	225	227
第5行	262	261	257	254	253	250	244	223	234	230	233
第6行	256	268	252	254	250	252	267	247	231	243	237
第7行	255	257	257	254	253	251	262	231	245	250	230
第8行	259	256	254	253	252	252	257	247	232	248	259
第9行	258	262	253	255	257	254	256	236	269	243	225
第10行	270	265	264	262	262	254	253	258	235	282	253
第11行	277	278	274	273	274	262	260	274	230	238	234

	测点12	测点13	测点14	测点15	测点16	测点17	测点18	测点19	测点20	测点21	测点22	测点23
第1行	261	264	256	246	256	290	244	259	253	265	271	274
第2行	247	253	253	254	255	251	248	250	258	270	278	274
第3行	252	257	262	259	246	272	250	262	265	275	283	279
第4行	219	225	222	233	232	253	271	265	272	277	287	289
第5行	231	236	229	226	232	250	281	261	285	280	307	297
第6行	239	239	235	241	246	232	258	268	275	275	280	305
第7行	228	230	257	258	247	254	265	268	274	279	282	279
第8行	259	255	255	248	239	271	265	272	276	283	276	280
第9行	232	241	232	227	248	271	263	275	285	292	293	292
第10行	248	238	242	247	236	271	260	279	286	295	296	303
第11行	229	224	266	234	248	268	266	282	285	289	295	297

4　结论

(1)高钢级管道环焊缝根焊和填充焊采用不同的焊材和焊接工艺方法，以及焊接工艺参数的波动造成焊缝不同微区的性能差异较大，仪器化压入法可以较好地揭示高钢级管道环焊缝的微区性能。

(2)X80钢级环焊缝的焊缝金属硬度主要分布在219～265之间，影响区硬度主要分布在230～290之间，母材硬度主要分布在250～307之间，从焊缝金属、热影响区、母材的硬度值逐渐增大。常规拉伸试验结果及仪器化压入法测得的结果特征一致，焊缝金属强度低于母材的强度，上游母材强度低于下游母材强度；且仪器化压入法测得热影响区及熔合线区域的强度相比焊缝金属的强度基本一致。

(3)仪器化压入法测试结果表明在管线环焊缝内部，不同位置的屈服强度、抗拉强度不同，但整体焊缝金属强度低于母材。焊缝金属的低强匹配必将影响管道整体受载变形过程中的局部应力应变分布，仪器化压入法可在高钢级管道环焊缝断裂行为研究中发挥重要作用。

参考文献

[1]宋明，王汉奎，刘昕宇，李翼，徐彤，王海涛，吉建立，何仁洋，李仕力．高钢级油气管道环焊缝断裂问题研究[J]．化工机械，2022，49(02)：350－355.

[2]何小东，高雄雄，David Han，池强，霍春勇，José B·Bacalhau. 不同强度匹配的X80钢环焊接头力学性能及变形能力[J]．油气储运，2022，41(01)：63－69＋98.

[3]陈建国，王泽军，马青军，党丽华，魏玉顺，韦晨，李智明，张智．X80M管道环焊缝开裂原因分析[J]．压力容器，2021，38(06)：70－78.

[4]DavidHan，齐丽华，霍春勇，JoséB. Bacalhau，Marcos A. Stuart Nogueira，Frank J. Barbaro，张永青．几种典型X80管线钢管及其环焊缝性能研究[J]．石油管材与仪器，2021，7(02)：55－61.

[5]吴锴，张宏，杨悦，刘啸奔，隋永莉，陈朋超．考虑强度匹配的高钢级管道环焊缝断裂评估方法[J]．油气储运，2021，40(09)：1008－1016.

[6]庄传晶，冯耀荣，霍春勇．西气东输管道环焊缝强度匹配工艺探讨[J]．机械工程材料，2005(08)：32－34.

[7]朱涛，金鑫，许学龙．仪器化压痕法在在役设备检测中的应用[J]．理化检验(物理分册)，2015，51(12)：863－866.

[8]李得彬，王先锋．仪器化压痕技术测试拉伸性能的重复性和准确性[J]．理化检验(物理分册)，2017，53(07)：491－495.

[9]伍声宝．连续球压痕法表征金属材料拉伸性能的研究[D]．华东理工大学，2016.

[10]GB/T 39635—2020，金属材料 仪器化压入法测定压痕拉伸性能和残余应力[S].

[11]GB/T 37782—2019，金属材料 压入试验 强度、硬度和应力－应变曲线的测定[S].

某油气处理站管道弯头腐蚀分析

赵　静[1]　崔　伟[2]

[1. 中特检管道工程(北京)有限公司，北京　100013；2. 中国特种设备检测研究院，北京　100029]

摘　要：在对某油气处理站管道进行检测过程中，发现两条管道的弯头减薄严重，不可继续使用，需对弯头进行更换，本文对减薄弯头开展腐蚀问题分析。经过对弯头状态分析确定污水管道壁厚整体减薄，最小壁厚2.87mm，位于C3的3点钟位置而天然气管道9点钟方向减薄最严重。对管中产物进行能谱分析和X射线衍射分析，污水管道中介质成分含有S^{2-}、CO_2等腐蚀性介质，形成酸性水环境导致管道整体减薄；天然气管道在冲刷作用下，外弧9点钟减薄严重，6点钟位置(内弯)形成沟槽状腐蚀形貌。

关键词：管道弯头腐蚀；油气处理站

Corrosion Analysis of Pipe Elbow in an Oil and Gas Processing Station

Zhao Jing[1]，*Cui Wei*[2]

(1. China Special Equipment Inspection Group Pipeline Engineering (Beijing) Co.，Ltd，Beijing 100013；
2. China Special Equipment Inspection and Research Institute，Beijing 100029)

Abstract：During the inspection of the pipeline of an oil and gas processing station，it was found that two elbows of the pipelines were severely thinned and they could not be used continuously. The elbows needed to be replaced. This paper analyzes the corrosion problem of the thinned elbows. Analysis of the elbow state shows that for the sewage pipeline，the overall wall thickness of the pipeline is reduced，with a minimum wall thickness of 2.87mm，which is located at the 3 o'clock position of C3，and the natural gas pipeline has the most serious thinning at 9 o'clock. Analysis of the elbow state shows that for the sewage pipeline，the overall wall thickness of the pipeline is reduced，with a minimum wall thickness of 2.87mm，which is located at the 3 o'clock position of C3，and the natural gas pipeline has the most serious thinning at 9 o'clock. Under the scouring action of the natural gas pipeline，the outer arc was severely thinned at 9 o'clock，and a groove－like corrosion morphology was formed at the 6 o'clock position (inner bend).

Key words：elbow corrosion；oil and gas processing station

1　引言

在油气田生产储运过程中，管道输送是油气集输的主要方式，通常长输管线和成品油气管线的内腐蚀速率一般比较低，站内未经处理的油气中含泥沙等固体杂质，会引起管道点蚀甚至孔蚀，腐蚀性细菌也会加剧金属管道的电化学腐蚀。天然气中的水、二氧化碳、硫化氢、盐类等会形成电化学腐蚀，威胁管道安全。管线集输过程中，管道内腐蚀多发生在低洼积水处、弯头以及气液交界面。因此，提高弯头处抗腐蚀能力是管道体系安全运行的有力保障。

在对某油气处理站400万装置管道进行检验中，发现两条管道的弯头减薄严重，按照《压力管道定期检验规则——工业管道》(TSG D7005—2018)，在现有工况下，安全状况等级为4级，不可继续使用，建议返修处理。业主对弯头进行了更换，并委托我院对减薄弯头开展腐蚀问题分析。取样弯头分别属于G901水出口经掺水泵到G801油入口管道和天然气自换－103/1/2去G－103管道，基本情况如下表所示。以下分析中以ϕ89×4.5弯头和ϕ159×5弯头指代两个弯头。

表1　减薄弯头基本信息

序号	管道名称	介质	管道规格/(mm×mm)	管道级别	材质	压力/MPa	温度/℃	投用时间	检验结果
1	G901水出口经掺水泵到G801油入口	含油污水	ϕ89×4.5 ϕ18×3	GC2	20#	0.5	70	2002-3	检验发现检5弯头，壁厚最小值2.94mm，判定为4级
2	天然气自换-103/1/2去G-103	天然气	ϕ159×5 ϕ32×2.5 ϕ32×2.5	GC2	20#	1.5	35	1997-8	检验发现检1弯头，壁厚最小值3.50mm，判定为4级

3　取样管件壁厚测试

在实验室中采用超声波测厚仪对ϕ89×4.5mm弯头开展壁厚测试，测试位置示意图如图1所示，分别沿着0点、3点、6点和9点方向测试，测试结果如表2所示。

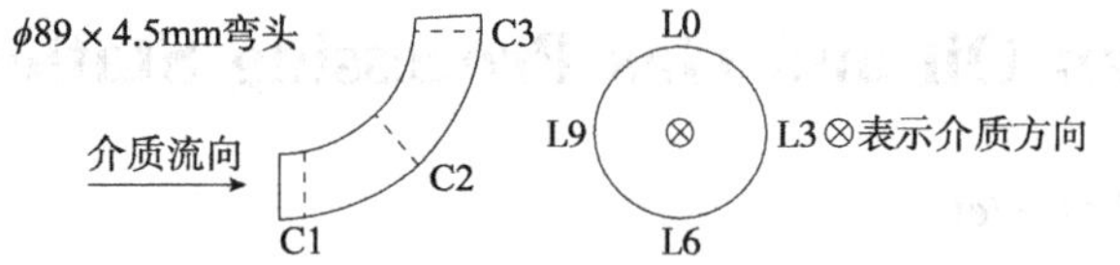

图1　ϕ89×4.5mm弯头测厚位置示意图表2

表2　ϕ89×4.5mm弯头测厚值记录　mm

壁厚	C1	C2	C3
L0	3.60	3.55	3.78
L3	3.95	4.08	2.87
L6	3.33	3.23	3.61
L9	3.70	3.78	3.74

表2测试结果显示，壁厚整体减薄，不同时钟点位无明显差异，最小壁厚2.87mm，与现场测厚结果吻合。

对ϕ159×5mm弯头开展壁厚测试，测试位置示意图如图2所示，分别沿着0点、3点、6点和9点方向测试，测试结果如表2所示。

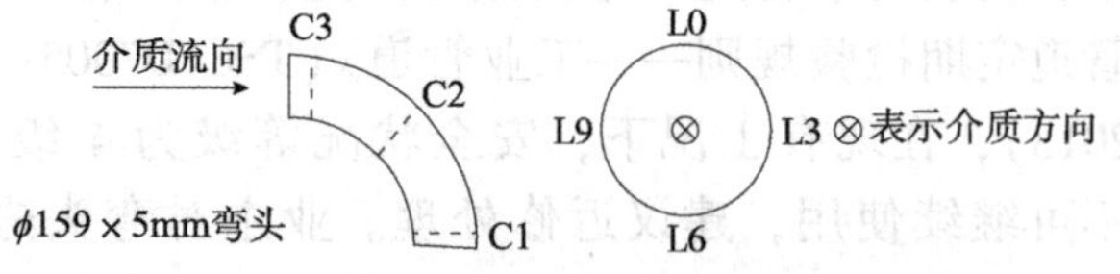

图2　ϕ159×5mm弯头测厚位置示意图

表3　ϕ159×5mm弯头测厚值记录　mm

壁厚	C1	C2	C3
L0	6.62	6.66	6.96
L3	6.96	6.66	7.01
L6	4.50	4.45	4.60
L9	3.38	3.46	3.50

表3测试结果显示，9点钟方向减薄最严重，最小壁厚3.38mm，与现场测厚结果吻合；6点钟方向也有明显减薄，实测最小壁厚4.45mm。

4　取样管件状态分析

ϕ89×4.5mm弯头介质为含油污水，剖开弯头可见内壁覆盖有较厚的腐蚀产物，局部腐蚀产物脱落，将腐蚀产物清除后未见基体有明显局部腐蚀。宏观形貌如图3所示。该弯头位于底部水平管向立管过渡位置，流向由下到上，易形成局部积液，可能存在积液和冲刷交替的情况，进而造成管壁整体减薄。

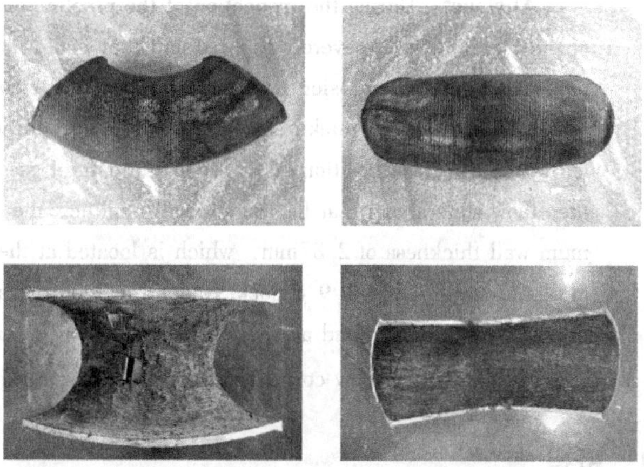

图3　ϕ89×4.5mm弯头宏观形貌

ϕ159×5mm弯头介质为天然气，剖开弯头可见内壁腐蚀产物较薄，6点钟位置有明显沟槽腐蚀形貌，如图4所示。该弯头位于水平管向立管过渡位置，流向由上到下，现场流态导致腐蚀性介质易对弯头外弧9点钟形成冲刷，该点位减薄严重；同时由于天然气含水，可能长期在6点钟位置(内弯)形成流动的液相，造成沟槽状腐蚀形貌。

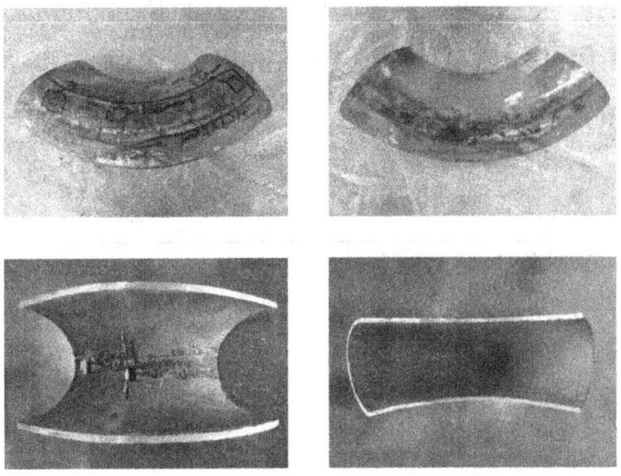

图4 ϕ159 ×5mm 弯头宏观形貌

4 腐蚀产物分析

4.1 能谱分析

在两个弯头切取截面试样，在扫描电镜下开展 EDS 能谱分析。

对 ϕ89 ×4.5mm 弯头，截面 EDS 能谱测试结果(图 5)显示，腐蚀产物成分主要为 Fe、O、C、S，S 含量较高，最大值达到 22.94%，具体含量如表 4 所示。

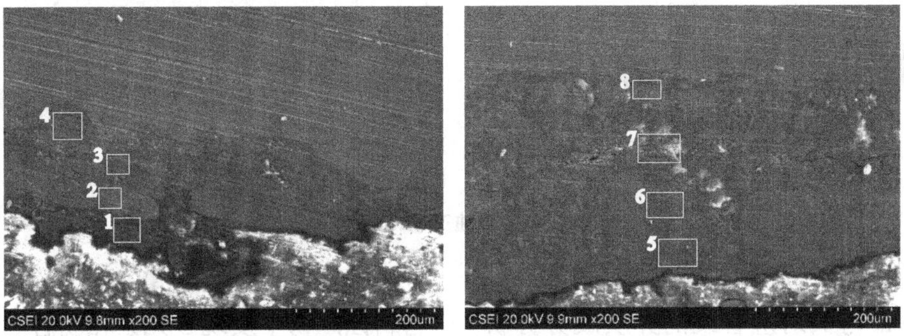

图5 ϕ89 ×4.5mm 弯头腐蚀产物能谱分析

表4 ϕ89 ×4.5mm 弯头腐蚀产物能谱分析结果(质量分数) %

元素	C	O	S	Fe
1	41.37	24.38	9.15	25.09
2	8.31	28.83	11.72	51.13
3	7.59	37.65	1.45	53.32
4	6.21	34.68	2.81	56.3
5	24.59	18.53	22.94	33.94
6	7.21	34.39	7.1	51.31
7	9.91	42.42	0.86	46.8
8	6.02	35.92	0.77	57.29

对 ϕ159 ×5mm 弯头，截面 EDS 能谱测试结果(图 6)显示，腐蚀产物成分主要为 Fe、O、C、S，S 含量最大为 5.41%，具体含量如表 5 所示。

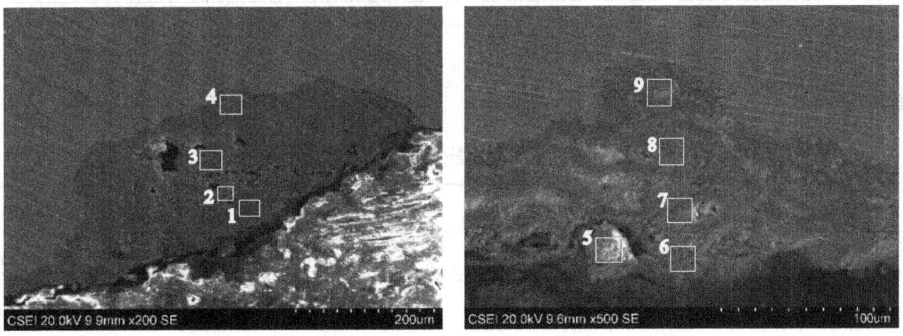

图6 ϕ159 ×5mm 弯头腐蚀产物能谱分析

表5 ϕ159 ×5mm 弯头腐蚀产物能谱分析结果(质量分数) %

元素	C	O	S	Fe
1	10.47	46.25	2.46	40.82
2	9.73	43.04	5.41	41.82
3	7.43	45.11	1.13	46.29
4	8.76	45.44	1.29	44.51
5	14.68	35.92	0.57	48.83
6	22.35	17.85	1.88	57.92
7	8.59	38.75	4.4	48.26
8	6.9	40.19	3.75	49.16
9	9.45	46.1	1.07	43.37

4.2 X 射线衍射分析

对两个弯头内壁腐蚀产物取样，进行 X 射线衍射分析。

XRD 测试结果(图 7)显示，ϕ89 ×4.5mm 弯头腐蚀产物主要为 Fe_3O_4；由于内壁油泥较多，该结果仅供参考；ϕ159 ×5mm 弯头腐蚀产物主要为 $FeCO_3$。

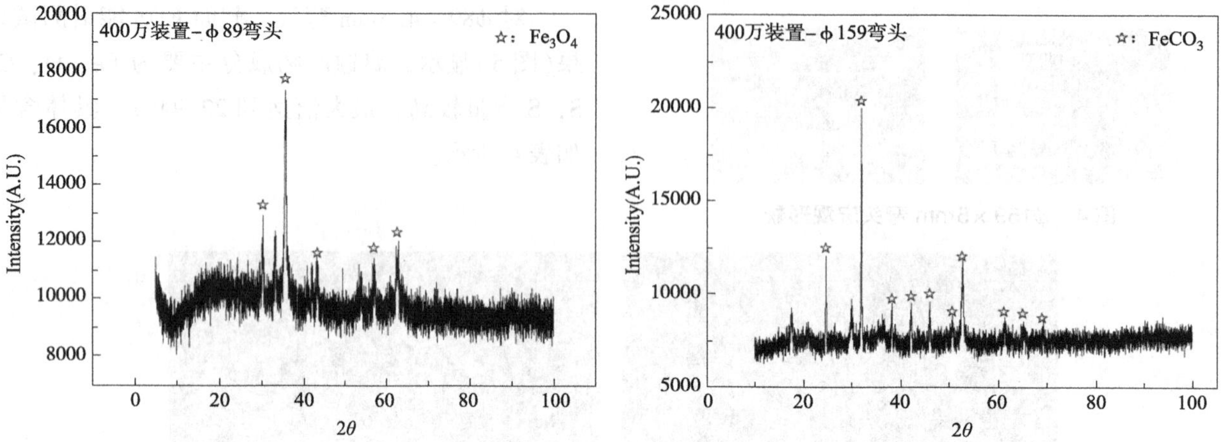

图 7 弯头腐蚀产物 XRD 分析

5 介质成分分析

ϕ89 ×4.5mm 弯头对应管线的介质成分分析见表 6，介质中有少量硫酸盐还原菌和硫化物，与腐蚀产物中发现 S 元素相吻合。

表 6 G801 外排污水介质成分分析

分析项目	分析结果	分析项目	分析结果
悬浮固体含量/(mg/L)	9.45×10^1	硫化物(S^{2-}计)/(mg/L)	1.0
含油量/(mg/L)	1.83	侵蚀性二氧化碳/(mg/L)	15.45
平均腐蚀率/(mm/a)	0.022	总铁含量/(mg/L)	6.58
腐生菌/(个/mL)	2.5×10^0	三价铁/(mg/L)	—
硫酸盐还原菌/(个/mL)	0.6×10^0	pH 值	7.06
铁细菌/(个/mL)	0.0×10^0	温度/℃	76.0
溶解氧/(mg/L)	0.00	D_4^{20}	—
粒径中值/μm	3.617		

Φ159 ×5mm 弯头对应管线的介质成分分析见表 7，H_2S 含量 48ppm，与腐蚀产物中发现 S 元素吻合；CO_2 含量 2.64%，与 XRD 结果中含 $FeCO_3$ 相吻合。

表 7 G103 气相出口介质成分分析

组分名称	组分含量(摩尔分数)/%	组分名称	组分含量(摩尔分数)/%
甲烷	34.5	己烷	0.046
乙烷	25.0	庚烷	0.000
丙烷	24.0	辛烷及更重组分	0.000
异丁烷	3.44	氮气	3.91
正丁烷	4.74	氧气	0.697
异戊烷	0.552	二氧化碳	2.64
正戊烷	0.395	H_2S	48ppm

结合介质成分分析、XRD 分析和 EDS 能谱分析结果可知，介质中含 H_2S、CO_2 等腐蚀性成分，形成酸性水腐蚀。

6 结论与建议

ϕ89 ×4.5mm 弯头介质为含油污水，该弯头位于底部水平管向立管过渡位置，流向由下到上，易形成局部积液，介质成分含有 S^{2-}、CO_2 等腐蚀性介质，形成酸性水腐蚀；同时可能存在积液和冲刷交替的情况，造成管壁整体减薄。C3 的 3 点钟位置存在冲刷腐蚀。

ϕ159 ×5mm 弯头介质为天然气，该弯头位于水平管向立管过渡位置，流向由上到下，冲刷作用导致外弧 9 点钟减薄严重，6 点钟位置(内弯)形成沟槽状腐蚀形貌。

建议排查类似工况的弯头、管段，加强这些弯头、管段的检验检测工作，必要时增加腐蚀监测设备，开展在线监测。

连续重整装置预加氢单元进出料换热器管束腐蚀泄漏分析及防护

张玉丽

(中国石油乌鲁木齐石化公司设备检验检测研究院，新疆 乌鲁木齐　830019)

摘　要：乌石化公司炼油厂芳烃车间100万吨/年连续重整装置预加氢单元进出料换热器管束出现腐蚀开裂，通过宏观检验、能谱分析等检测手段，并结合现场工艺情况分析，认为造成换热器管束泄漏的主要原因为硫化物垢下腐蚀引起的最终穿孔，并对此提出了解决方案，以提高换热器运行周期，保证装置稳定运行。

关键词：换热器；腐蚀泄漏；硫化物

Corrosion and Leakage Analysis and Protection of Feed and Discharge Heat Exchanger Tube Bundles in Pre - hydrogenation Unit of Continuous Reforming Unit

Zhang Yuli

(Equipment Inspection and Testing Institute of Petrochina Urumqi Petrochemical Company, Urumqi, XinJiang 830019, China)

Abstract: Corrosion cracking occurred in the tube bundles of the inlet and outlet heat exchangers of the 1 million ton/year continuous reforming unit in the aromatics workshop of the refinery plant of Petrochina Urumqi Petrochemical Company. It is considered that the main reason of heat exchanger tube bundle leakage is the final perforation caused by sulphide scale corrosion, and the solution is put forward in order to improve the running period of heat exchanger and ensure the stable operation of the unit.

Key words: Heat exchanger; corrosion leakage; sulphide

1　前言

乌石化炼油厂芳烃车间100万吨/年连续重整装置预加氢单元进出料的换热器，其构造为U形管双壳体，换热器管束中间分隔板进行分程，见图1，换热面积1135m^2，换热管共2718根，U形管共1359根(图1、2)，换热器E-2101A换热管材质为：321，管板材质为：16MnR，规格为：ϕ19×2.5/2.0mm，管/壳介质均为：烃+氢，管/壳设计压力：2.48/3.08MPa，管/壳设计温度：340/280℃。预加氢催化剂预硫化结束后，预加氢单元闭路循环，精制油分析合格后，重整单元进油，预加氢单元改开路，随即出现精制油硫含量不合格现象，多方排查后判定E-2101泄漏，运行时间仅2周。

图1　E-2101A换热器宏观形貌

作者简介：张玉丽，工程师，硕士研究生，主要从事金属材料理化检验及压力容器、压力管道的检验和腐蚀研究。E-mail：1019025239@qq.com

芳烃车间发现泄漏后，委托对该换热器管束进行检验，见图2，主要采取的检验手段为宏观、能谱分析、材质分析、硬度检验等，通过各项检验找出其导致失效分析发生的主要影响因素，为类似腐蚀失效提供解决方案，以期保障设备装置的长周期运行。

图2　E－2101A换热器管板宏观形貌

2　换热器管束腐蚀泄漏分析

2.1　工艺简介

100万吨/年连续重整采用美国UOP公司超低压连续重整技术，平均反应压力0.34MPa，C_{5+}馏分辛烷值(RON)105，该装置以加氢精制石脑油、加氢裂化石脑油为原料生产富含芳烃的C_{5+}重整生成油，并与外来的老重整装置来的C_{5+}重整油和外购C_{9+}芳烃合并，生产C_{8+}芳烃、C_6/C_7烃，同时副产戊烷、液化气、燃料气和含氢气体产品。

2.2　宏观检验

换热器E－2101A经水洗后，在出口段下部，外壁蚀坑明显，将换热器打开后发现，换热器管束间隙有残存的垢物(图3、图4)。对所提供的E－2101A换热器管束外表面进行观察，表面附着大量铁锈粉(图5)，清洗后，位于换热管出口侧中下部存在大量凹坑，呈现亮白色金属光泽，线性分布(图6)，将换热器管束纵剖后观察，内表面为铁锈红颜色，无明显凹坑，无明显均匀减薄痕迹(图7)。

从宏观检验可以看出，该换热器管束未发生塑性变形，凹坑由外壁向内壁延伸。

图3　E－2101A换热器管束宏观形貌

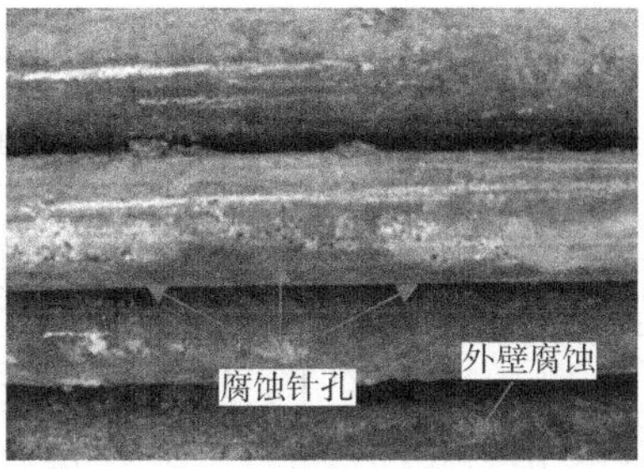

图4　E－2101A换热器管束外壁形貌

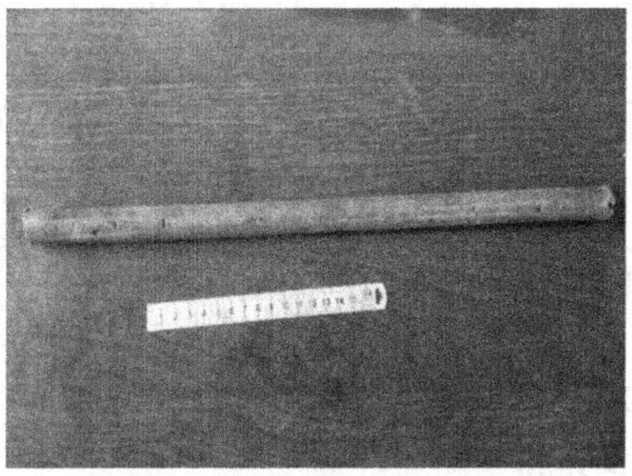

图5　换热器管束宏观形貌

图6　清洗后换热器管束宏观形貌

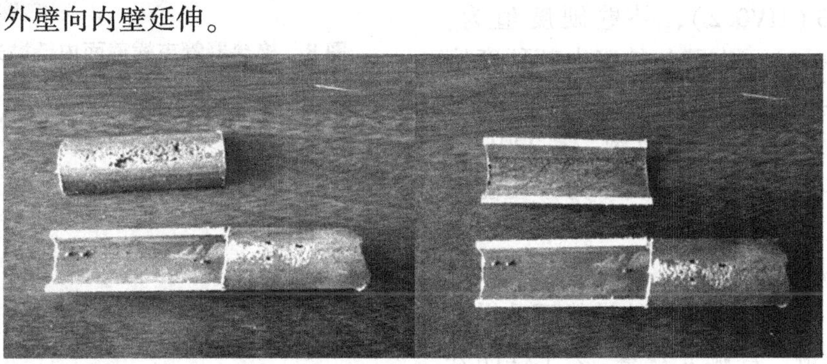

图7　换热器管束剖开内部宏观形貌

2.2 能谱分析

取换热器管束内外表面上的附着物进行能谱分析，结果见表1、表2。

表1 E－2101A 换热器管束外表面附着物能谱分析

谱图	在状态	C	O	Al	Si	P	S	Ca	Cr	Fe
谱图1	是	39.03	39.38	0.20	0.59	0.52	4.96	0.50	1.98	12.83
平均		39.03	39.38	0.20	0.59	0.52	4.96	0.50	1.98	12.83
标准偏差		0.00	0.00	0.00	0.00	0.00	0.00	0.00	0.00	0.00
最大		39.03	39.38	0.20	0.59	0.52	4.96	0.50	1.98	12.83
最小		39.03	39.38	0.20	0.59	0.52	4.96	0.50	1.98	12.83

表2 E－2101A 换热器管束内表面附着物能谱分析 %

谱图	在状态	C	O	Si	S	Cr	Fe	Ni
谱图1	是	13.31	34.26	0.45	3.17	5.05	42.21	1.54
平均		13.31	34.26	0.45	3.17	5.05	42.21	1.54
标准偏差		0.00	0.00	0.00	0.00	0.00	0.00	0.00
最大		13.31	34.26	0.45	3.17	5.05	42.21	1.54
最小		13.31	34.26	0.45	3.17	5.05	42.21	1.54

对所提供换热器管束内、外表面分别进行能谱检验，外壁表面的主要成分为 Fe、Cr 的氧化物和碳化物，有 P、S 元素。内壁表面的主要成分为 Fe、Cr 的氧化物和碳化物，有 S 元素，且内壁的 S 元素含量小于外壁。

2.3 化学分析

对 E－2101A 换热器管束进行化学成分分析，结果见表3，可以看出，该换热器管束的材质正常，所检元素含量符合标准 ASTM A213—2007 对材质 321 的要求。

表3 元素含量分析(质量分数) %

元素	Mn	Cr	Ni	Mo	Cu	V	Ti
含量	1.44	17.16	11.64	0.51	0.22	0.11	0.33

2.4 硬度检测

对换热器管束进行了硬度检测，内壁硬度值为：203.4 ~ 211.3 (HV0.2)，外壁硬度值为：180.0 ~ 198.1 (HV0.2)，内壁与外壁中部硬度值为：142.0 ~ 156.4 (HV0.2)，依据标准 ASTM A213—2007 中，321 的硬度值范围：≤220HV，硬度值均正常，排除换热器管束由于力学性能问题导致开裂的问题。

2.5 金相检验分析

在换热器管束凹坑明显部位的横截面及纵截面2个方向取样镶嵌，经抛光观察，2个样品外壁较内壁腐蚀凹坑明显，外壁及内壁均有明显晶粒剥落现象(图8、图9)。抛光态下观察，存在大量金黄色碳化钛。

内壁的金相组织为：奥氏体。奥氏体晶粒大小不均匀，奥氏体平均晶粒度为：6级，见图10。

外壁的金相组织为：奥氏体。奥氏体晶粒大小不均匀，奥氏体平均晶粒度为：5级，见图11。

在内壁及外壁中部的金相组织为：奥氏体＋少量孪晶，奥氏体平均晶粒度为：3级，见图12。

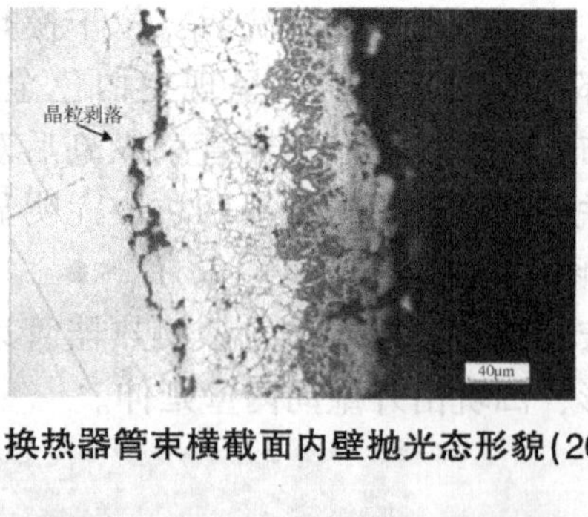

图8 换热器管束横截面内壁抛光态形貌(200×)

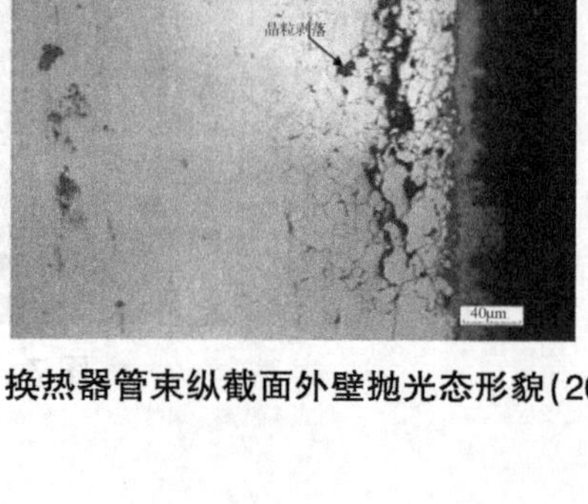

图9 换热器管束纵截面外壁抛光态形貌(200×)

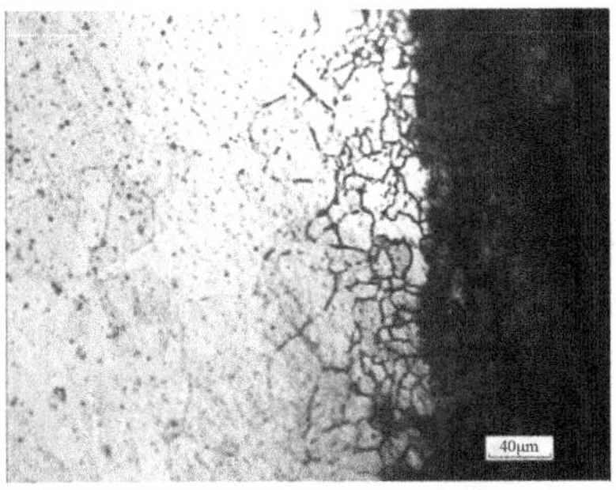

图10 换热器管束内壁金相组织形貌(200×)

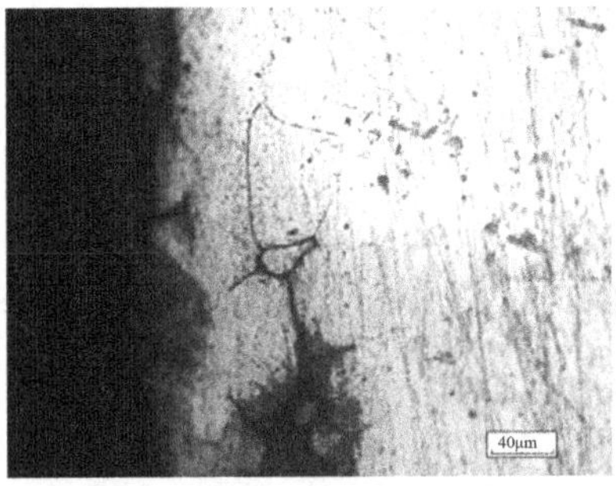

图11 换热器管束纵截面外壁沿晶裂纹形貌(200×)

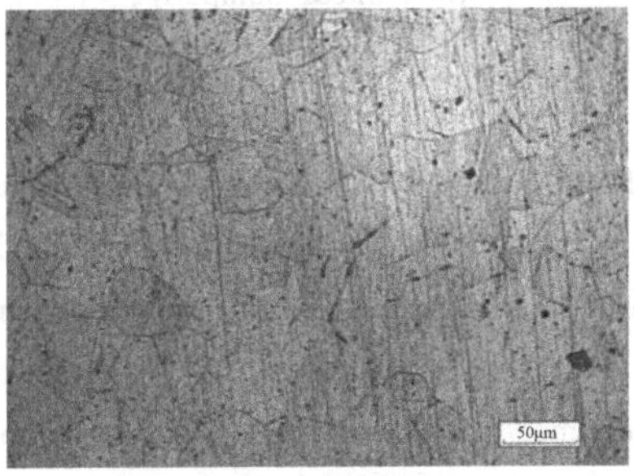

图12 内壁及外壁之间的金相组织(100×)

从金相检验可以看出，换热器管束的奥氏体晶粒不均匀，内外壁裂纹呈现沿晶特征，局部出现整个晶粒剥落现象，晶粒剥落后产生了空洞。

3 换热器管束腐蚀泄漏原因分析

结合E-2101A换热器管束能谱分析，确定该换热器管束存在的问题为典型的硫化物腐蚀，即合金钢在高温下与硫化物反应发生的腐蚀：Fe+RS ⟶FeS+R，其损伤形态多为均匀腐蚀，有时表现为局部腐蚀，高流速部位会形成冲蚀，腐蚀发生后部件表面多覆盖有硫化物膜，膜的厚度跟材质、流体流速有关。同时随着原料中氯含量的增加，预加氢反应后生成大量的HCl，其在系统中不易被消耗，而是容易聚集在金属表面上，有时会渗透于FeS膜中使FeS膜变得疏松多孔造成保护膜破裂剥落，剥落后的新金属表面又被酸液腐蚀进而形成恶性循环，从而加剧了该系统硫化物腐蚀的进程。该换热器管束外表面还存在P元素，进一步说明该换热器管束腐蚀泄漏的原因为由氧化膜下点蚀为源，造成换热管内、外壁的晶间腐蚀，由点腐蚀开始最终引起穿孔。

其次根据ASME 312《无缝和焊接奥氏体不锈钢公称管》，标准要求321材质晶粒度应粗于7级，该换热器管束所评级别符合要求，但存在晶粒不均匀现象，即内外壁晶粒小，中间部分晶粒大，在一定程度上点蚀敏感性随晶粒增大而减小，从而加剧了换热器管束的晶间腐蚀开裂。

4 防护及修复措施

经过各种检测分析手段并结合现场工艺及实际情况发现，硫化物腐蚀是引起该换热器管束泄漏的主要原因，针对此类工艺的设备及管线具体的防腐措施建议如下：

(1)材质升级，在此类腐蚀条件下工作的设备，为保障其强度，可采用抗腐蚀性能较高的材料，如整体采用300系列不锈钢或双相钢，抑或表面增加保护层，如镀层、渗铝等。

(2)加入缓释剂，在设备运行过程中降低腐蚀介质S的含量，严格采取正确的工艺流程操作，杜绝设备超温超压运行。

(3)加强现场检查管理，通过监控检查、数据测量，实时对比分析，及时发现问题。

5 结语

换热器管束的泄漏会引起换热器换热效果降低，造成装置停工从而带来不少经济损失，通过对该换热器管束腐蚀问题的分析，也提醒我们要注重硫化物腐蚀在设备运行过程中造成的影响，需加强对装置工艺流程的了解，随时掌控工艺变动对设备的影响，加强监控，以保障装置的长周期安全运行。

参考文献

[1]张鹏，金鑫．换热器管束腐蚀原因分析及对策[J]．炼油与化工，2015(06)：45-48.

[2]陈秋云．管壳式换热器管束结垢腐蚀原因分析及对策[R]．湖南省石油学会产学研结合论坛，2014，267-270.

[3]薛富津，王巍．换热器管束防腐蚀技术进展[J]．全面腐蚀控制，2016(04)：7-11.

[4]王春，杨国权．40Cr大轴断裂分析[J]．河北理工学院学报，2002(24)：32-34.

[5]张淑芝．换热器管束开裂失效原因分析[J]．炼油与化工，2012(05)：30-32.

冷氢化反应器流化床气相进料管失效分析

周　青

(中国石油乌鲁木齐石化公司设备检验检测院，新疆 乌鲁木齐　830019)

摘　要：某装置冷氢化反应器流化床气相进料管在使用的过程中发生爆管，为查明原因，对其进行了宏观检验、厚度检测、能谱分析、金相检验、不锈钢晶间腐蚀试验及电镜检验、化学分析，硬度检测、力学性能试验，发现其爆管的原因是管线短时超温、材质劣化、流化床分布器选型不当共同引起。

关键词：爆管；短时超温；晶间腐蚀

Failure Analysis of Gas - phrase Feed Pipe in the Fluidized Bed of Cold Hydrogenation Reactor

Zhou Qing

(Equipment Inspection and Testing Institute of PetroChina Urumqi Petrochemical Company, Xinjiang Urumqi 830019, China)

Abstract: in the process of using, the gas - phase feed pipe in the fluidized bed of cold hydrogenation reactor occurred bursting, In order to find out the cause, some test were carried out, for instance macro inspection, thickness inspection, energy spectrum analysis, metallographic inspection, stainless steel intergranular corrosion test, and electron microscope inspection, chemical analysis, hardness inspection, and mechanical property test. It is found that the cause for tube bursting was that the pipeline was overheating for a short time, the material was deteriorated and the type of fluidized bed distributor was improper.

Key words: pipe bursting; overheating for a short time; Intergranular corrosion

0　引言

某装置冷氢化反应器流化床气相进料管使用了近 8 个月后(见图 1)，发生爆管并着火，造成停车，为找到爆管的原因，避免事故发生，对该管线进行了失效分析。据介绍该管线规格为：$\phi457 \times 19.8$mm，材质为：UNSN8810，介质为：氯化氢(3%摩尔比左右)、四氯化硅和氢气，工作温度为：525 ~ 535℃，工作压力为：2.5 ~ 2.8MPa。

1　实验过程

1.1　宏观检验

对冷氢化反应器流化床气相进料管爆口内、外壁进行观察：发现该管线爆口长度为 420mm，宽度为 180mm，总体呈延性断裂特征，为大鱼嘴形貌。爆口处为刀刃型断口并呈喇叭状张开，发生了明显的塑性变形，且爆口处减薄明显(见图 2)；外壁沿爆口附近呈棕黄色纵向树皮状龟裂形貌(见图 3)；内壁爆口部位较光滑呈银灰色，远离爆口部位内壁附着有灰黑色介质(见图 4)。

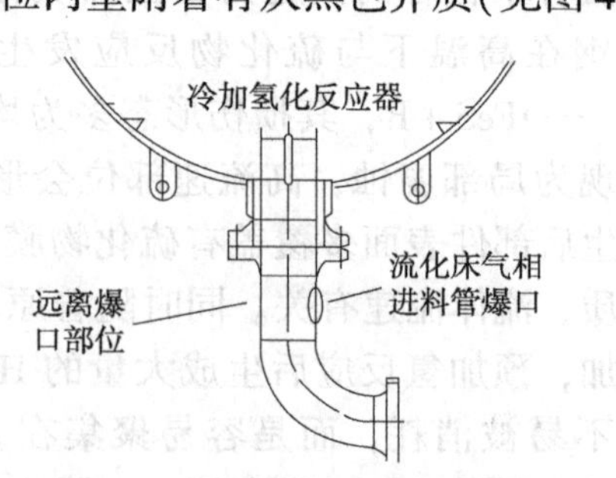

图 1　冷氢化反应器流化床气相进料管

作者简介：周青(1968—　)，高级工程师，长期从事设备腐蚀管理、金相检验与失效分析工作。E - mail：kani@sina.com

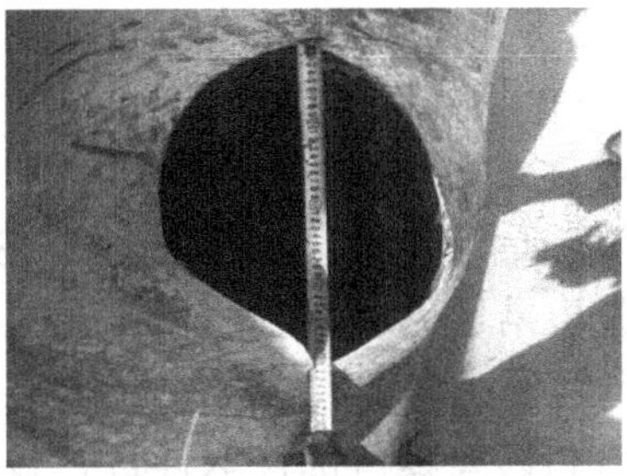

图2　爆口宏观形貌

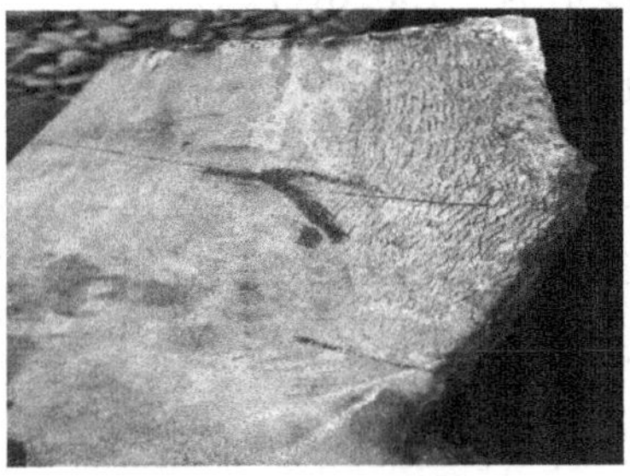

图3　爆口外壁形貌

图4　爆口内壁形貌

1.2　厚度检测

对该爆口内、外壁进行测厚，发现该管线爆口处厚度最薄为1mm，远离爆口部位厚度为20.588至21.717mm。

1.3　能谱分析

对该爆口内壁附着物取样后进行分析，其中含有腐蚀性介质氯(可能是介质中的四氯化硅接触空气中水分后，生成氯化氢和二氧化硅所致)，见表1。

表1　爆口内附着物能谱分析一览表

名称	C	O	Si	Cl	Cr	Fe	Ni
含量	14.12	20.41	1.45	34.33	0.01	7.70	21.98

1.4　金相检验

(1)在远离爆口部位沿横截面截取一个试样，经打磨、抛光及腐蚀后观察，其金相组织为：孪晶奥氏体，晶粒度为3.5级(见图5)。

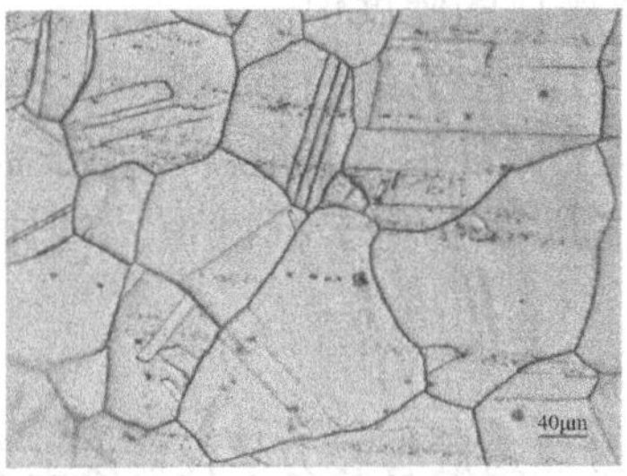

图5　远离爆口部位金相组织(200×)

(2)在爆口部位沿横截面截取一个试样，其金相组织为：孪晶奥氏体，外壁金相组织较为粗大，晶粒度为4级，且外壁存在沿晶裂纹，裂纹内有氧化物；芯部金相组织较为细小，晶粒度为6级，(见图6)。

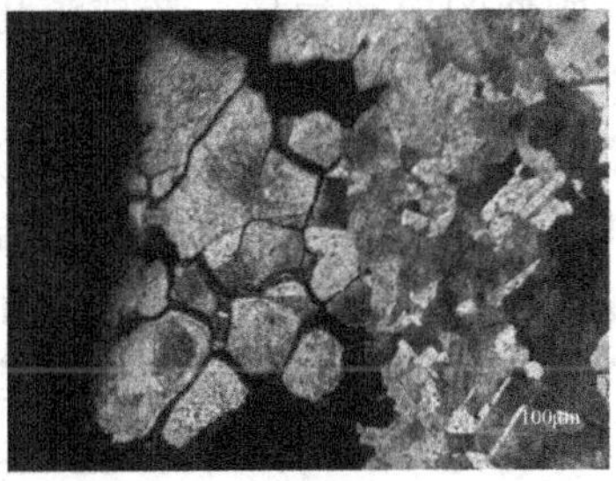

图6　爆口处金相组织(100×)

1.5　不锈钢晶间腐蚀试验及电镜检验

在爆口附近取4个试样，其中1个试样不做晶间腐蚀试验，经弯曲180°后，用10倍放大镜观察，未见裂纹；3个试样做16h硫酸－硫酸铜法不锈钢晶间腐蚀试验后，弯曲180°后进行观察，弯曲部位宏观均呈结晶状断口形貌(见图7)。

将呈结晶状断口形貌的弯曲部位，取样在电镜下进行观察。弯曲试样表面形貌为呈冰糖状的沿晶断口，其上有沿晶裂纹(见图8)；去除表层后为短小的河流花样、撕裂岭及韧窝共存的准解理断口(见图9)。

图7　4个试样宏观形貌

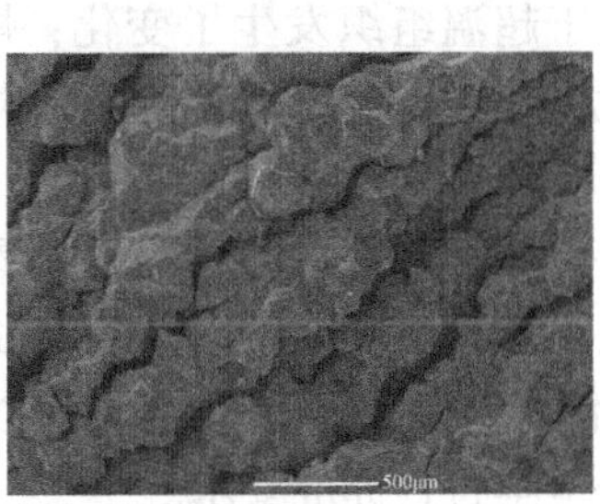

图8　冰糖状沿晶断口电镜形貌

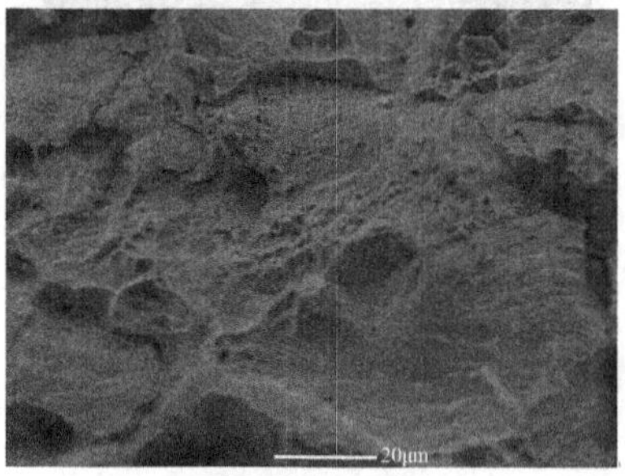

图 9　准解理电镜形貌

1.6　化学分析

在远离爆口部位取样进行材质分析，依据 ASTM B409—2016《镍铁铬合金板、薄板和带材标准规范》，所测的元素含量符合 UNSN8810 要求。光谱分析结果见表 2。

1.7　硬度检测

在爆口和远离爆口部位取样进行显微硬度检测，其中爆口处硬度值为 153.0$HV_{0.025}$，远离爆口部位硬度值为：150.6$HV_{0.025}$。

表 2　冷氢化反应器流化床气相进料管化学成分一览表(质量分数)　%

名称	Ti	Cr	Ni	Fe	Mn	Al
标准值	0.15～0.60	19.0～23.0	30.0～35.0	37.9～50.2	0.00～1.50	0.15～0.60
实测值	0.33	22.54	32.63	46.16	0.74	0.52

1.8　力学性能试验

在爆口及远离爆口部位取样进行拉伸实验，结果如表 3 所示。

表 3　冷氢化反应器流化床气相进料管力学性能一览表

名称	抗拉强度/MPa	屈服强度/MPa	延伸率/%
标准值	450	—	30%
爆口	795	507	18.2
远离爆口部位	590	348	36

2　实验结果分析

(1)从宏观检验可以看出，该管线爆口有明显的塑性变形，是由于短时过热造成管线高温强度下降，发生过载断裂所致；爆口外壁呈棕黄色纵向树皮状龟裂形貌，是由于爆管后引起着火，过烧所致；爆口处较光滑呈银灰色，远离爆口部位内壁附着有灰黑色介质，是由于爆口处内部物料冲刷所致。

(2)从厚度检测可以看出，该管线爆口附近发生了严重的减薄。

(3)从能谱分析可以看出，该管线内存在腐蚀性介质氯。

(4)从金相检验可以看出，远离爆口部位与爆口处内壁组织虽均为孪晶奥氏体，但爆口外壁组织粗大，而芯部及内壁的组织较为细小，这说明爆口处由于超温组织发生了变化；爆口处外壁的组织粗化和裂纹内有氧化物说明该爆口外壁发生了过烧。

(5)从不锈钢晶间腐蚀试验可以看出，该管线由于发生了敏化反应，不耐晶间腐蚀。

(6)从化学分析可以看出，该管线所测元素的化学成分基本符合标准要求。

(7)从硬度检测可以看出，爆口处的硬度值略高于远离爆口的硬度值。

(8)从力学性能试验可以看出，爆口的抗拉强度明显高于标准值，且延伸率小于标准值；远离爆口的抗拉强度高于标准值，延伸率高于标准值。

3　原因分析

3.1　短时过热造成管线力学性能发生变化

该装置冷氢化反应器流化床正常反应时，是从其下部气相进料管进入氯化氢(3%摩尔比左右)、四氯化硅和氢气三种混合气体，从上部进入硅粉。本次爆管过程中，循环氢压缩因油压差高触发联锁停机，导致装置停止氢气循环，但氯化氢和四氯化硅未停止通入系统，其中的氯化氢与硅粉发生剧烈的放热反应，造成流化床压力上升，流化床底部温度升高(约 606℃)，导致该管线局部温度急剧升高，造成管线高温强度下降，发生过载断裂。这一点从爆口宏观形貌发生了明显的塑性变形可以佐证；爆口处抗拉强度高于远离爆口部位，爆口处延伸率也偏低，是由于超温引起爆管后，对爆口区域稀释降温至安全停车，持续了一段时间，发生冷却再硬化造成的。

3.2 长期高温造成管线材质劣化

该管线的操作温度为525～535℃，长期处于不锈钢480～950℃敏化温度范围内，在此温度下不锈钢中 $M_{23}C_6$ 易在晶界析出，造成晶界贫Cr，易发生晶间腐蚀。这一点从不锈钢晶间腐蚀试验及电镜检验可以证明该管线不抗晶间腐蚀，材质发生了劣化。

3.3 爆口内壁存在冲刷现象

该流化床喷嘴在紧急停车情况下，存在大量硅粉从花盘喷嘴进入流化床锥部，造成入口管线内存在硅粉，长期气体携带硅粉运行，造成了对管线的冲刷甚至减薄。这一点从宏观检测发现内壁有冲刷痕迹可以看出。

3.4 爆管外壁存在过烧现象

爆口处因物料泄漏着火，造成该管线爆口外壁发生了过烧现象。这可以从该管线爆口外壁呈棕黄色纵向树皮状龟裂形貌，芯部及内壁金相组织较小，外壁组织粗大，且裂纹内有氧化物，可以看出。

3.5 流化床分布器选型不当

流化床分布器选型不当，造成硅粉掉落着床，导致超温。

4 结束语

4.1 结论

综上所述，该冷氢化反应器流化床气相进料管爆管的主要原因是氢压机停车，氯化氢与硅粉发生剧烈的放热反应，造成流化床压力上升，流化床底部温度急剧升高，导致该管线局部温度升高，因短时过热发生爆管、着火和造成外壁过烧；其次流化床选型不当，致使大量硅粉进入管线，引起管线温度过高，是爆管的次要原因。另外该管线长期处于敏化温度范围内，材料在使用过程中发生劣化，加之存在腐蚀性介质，可能发生严重的晶间腐蚀，需加以防范。

4.2 建议

（1）严格控制反应温度：通过增加氢气、氯化氢和硅粉之间的联锁控制，防止氢气切断时，硅粉倒灌入管线，氯化氢与硅粉发生剧烈的放热反应而造成超温。

（2）防止不锈钢发生晶间腐蚀：通过控制反应温度，更换材质，或控制腐蚀性介质，防止不锈钢发生敏化反应，造成晶间腐蚀。

（3）选择避免落硅粉的流化床分布器，避免硅粉落床造成超温。

（4）对冷氢化反应器流化床气相进料管进行日常红外热像检测温度，防止超温。

（5）对冷氢化反应器流化床气相进料管进行高温定点测厚，防止发生异常减薄。

参考文献

[1]李文成．金属材料失效分析文集．钢铁研究总院
[2]魏宝明．金属腐蚀理论及应用．化学工业出版社，1984.
[3]任颂赞．钢铁金相图谱．上海科学文献出版社，2003.
[4]Derek. 断口形貌学：观察、测量和分析断口形貌的科学．科学出版社，2009.
[5]中国腐蚀与防护学会《金属腐蚀手册》编辑委员会．金属腐蚀手册．上海科学技术出版社，1987.

低温热水管弯头爆管原因分析

刘媛媛　周学强　通鲁格

(中国石油乌鲁木齐石化公司，新疆 乌鲁木齐　830019)

摘　要：低温热水管弯头发生爆管现象，为查明原因，采用宏观检验、化学成分分析、硬度试验、金相检验、扫描电镜及能谱等手段进行综合性分析。结合管道工艺运行条件分析结果表明：冲刷水中溶解氧对管内壁的腐蚀加之流体介质冲刷导致了弯头减薄及开裂，在相关各种应力的综合作用下，造成局部撕裂爆管。根据分析结果对低温热管线运行参数、管系布置及检验要求提出了相应的建议。

关键词：低温热水管线；溶解氧腐蚀；冲刷腐蚀减薄；管系应力；开裂

Analysis of the Cause of Low Temperature Water Pipe Elbow Explosion

Liu Yuanyuan, Zhou Xueqiang, Tong Luge

(Urumqi Petrochemical Company, Urumqi 830019, China)

Abstract: The low - temperature water pipe elbow explosion occurs. In order to find out the reasons, comprehensive analysis is performed by macro testing, chemical composition analysis, hardness test, gold phase test, scanning electron microscope and energy spectrum. The analysis of the operation conditions of the pipeline process shows that the corrosion of the dissolved oxygen in the water and the fluid medium flushing causes the elbow reduction and cracking. Under the integrated effect of various stress, it causes local tear and explosion. According to the analysis results, corresponding suggestions are made on the running parameters, tube layout and inspection requirements.

Key words: Low - temperature water pipeline; dissolving oxygen corrosion; scour corrosion reduction; pipe system stress; cracking

1　引言

某石化公司低温热管线弯头在使用中突然发生爆管，给装置正常生产造成影响。该管线为利用炼油生产过程中产生的低温热向装置系统的机泵房提供采暖水所用，管线于 1996 年投用，已使用 19 年。低温热采暖水运行温度在 90℃，该管线每年 10 月 15 日左右投运，次年 4 月 15 日左右停运放空处理，未对管线进行吹扫放空及充氮保护。本次事件发生后，为保证装置长周期的安全运行，对更换下的减薄弯头进行全方位的失效分析。本文重点对分析过程及结论进行了论述，同时提出了相应的建议。

2　管线现场状况

爆管弯头位于管廊的龙门架上弯头处，管线全长 1231m，无补偿器及膨胀弯，弯头处受热应力较大，该管线采用复合硅酸盐材质作为管线保温，爆管弯头为 90°；规格为：ϕ108 × 4mm；材质为：20G；爆裂弯头工况条件：工作压力为：0.6MPa；工作温度为：90℃；介质为：低温热水，见图 1。

图 1　低温热水管现场示意图

作者简介：刘媛媛(1984—　)，工程师，石油化工设备检验理化分析、腐蚀与防护工作。E - mail：865870812@qq. com

3 检验情况

3.1 弯头爆管损伤的宏观分析

观察爆口是由内向外扩张的形貌，测量爆口径向最大宽度42mm，轴向最大长度110mm，位于弯头的内曲面。弯头外表面整体呈黑灰色，爆口周围有周向条纹，无明显的腐蚀痕迹，见图2(a)。弯头内表面覆盖一层较厚的氧化腐蚀垢层，局部有溃疡形貌，造成了凹凸不平的蚀坑，还有部分破损脱落，见图2(b)。

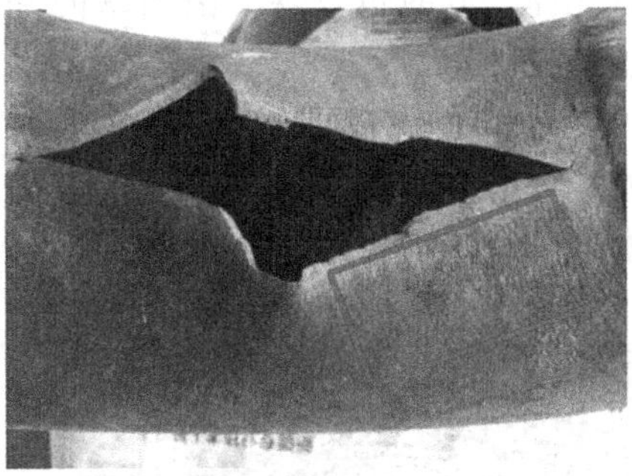

(a)爆口周围局部形貌

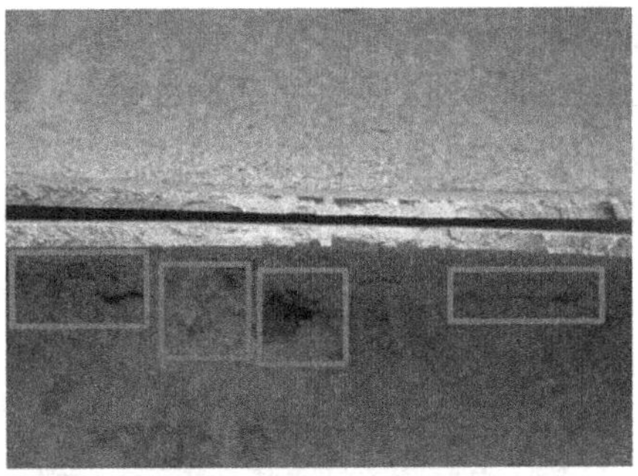

(b)弯头内壁形貌

图2 低温热水管爆口局部形貌

3.2 壁厚检测

如图3所示，在爆口周围测量各处厚度，结果见表1，其中弯头厚度值范围为2.03～2.52mm，爆口处最低为2.03mm；直管的厚度值范围为3.70～3.81mm。结果表明：整个弯头均发生减薄，弯头内侧厚度较外侧厚度减薄严重。在弯头爆口附近最薄部位的减薄量达49.25%。测厚结果表明：测量整个弯头最薄部位既是内曲面，也是开裂的起始部位。

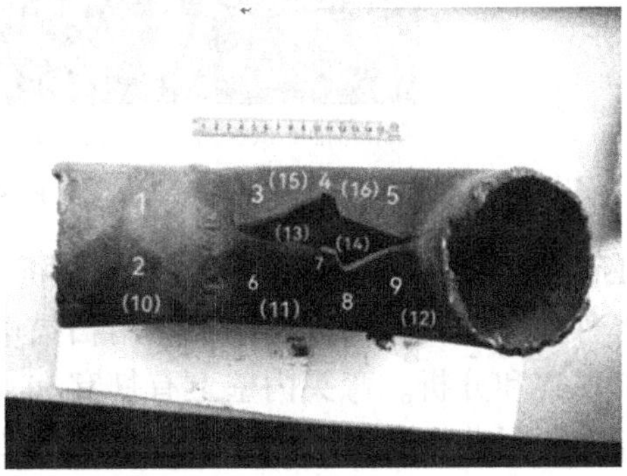

图3 低温热水管爆口测厚点分布示意图

表1 测厚结果 mm

测点	1(直管段)	2(直管段)	3	4	5	6	7	8
厚度	3.70	3.72	2.10	2.03	2.12	2.20	2.06	2.13
测点	9	10(直管段)	11	12	13	14	15	16
厚度	2.25	3.81	2.40	2.52	2.51	2.43	2.44	2.39

3.3 化学成分分析

使用PMI－Master Pro/13M0067全谱仪对低温热水管弯头进行化学成分分析，结果见表2，可见弯头所用的20G钢化学成分符合GB 5310—2017《高压锅炉用无缝钢管》标准的规定。

表2 化学成分分析结果(质量分数) %

项目	C	Si	Mn	P	S
实测值	0.19	0.29	0.523	0.024	0.010
标准值	0.17～0.23	0.17～0.37	0.35～0.65	≤0.035	≤0.035

3.4 硬度检测

在样品上制取维氏硬度试样，按照GB/T 4340.1—2009《金属维氏硬度试验 第1部分：试验方法》，在试验力为1kgf的试验力进行测试，对弯头内曲面及外曲面各测试3次，维氏硬度测试结果见表3。

弯头内曲面的维氏硬度平均值为HV122，弯头外曲面的维氏硬度平均值为HV143。标准规定20G维氏硬度范围为120～160，该弯头显微硬度正常。

表3　硬度测试结果(HV)

测点序号	1	2	3
弯头(内曲面)	120	125	122
测点序号	4	5	6
弯头(外曲面)	136	145	148

3.5　金相检验

按照GB/T 13298—2015《金相显微组织检验方法》，经过切割镶嵌制备金相试样，再由多道砂纸预磨、精磨、研磨、抛光和4%硝酸乙醇侵蚀，利用德国AXIOPALAN直立光程金相显微镜进行金相分析。

取弯头内曲面的纵截面，制取金相试样，金相组织为：铁素体+珠光体，裂纹为沿晶形貌。组织形态是内壁向基体扩展发现有腐蚀坑，见图4(a)。弯头外曲面纵截面金相组织为：铁素体+珠光体，同时也发现，由内壁向基体扩展的腐蚀坑，见图4(b)。

金相检验结果表明：弯头内曲面因受到拉力而导致金相组织变形，弯头内壁出现凹坑说明受腐蚀环境影响。

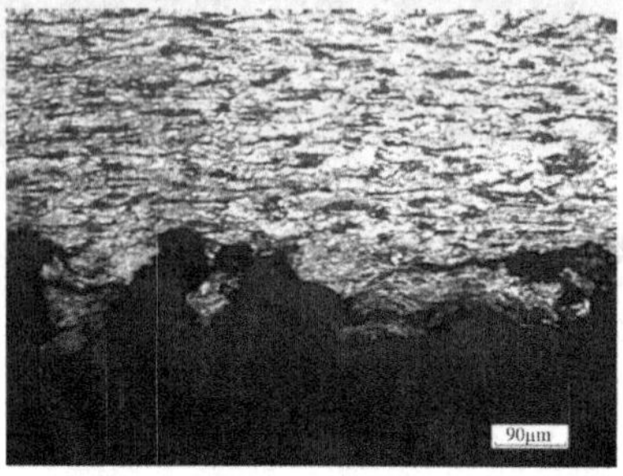

(a)内曲面组织变形，腐蚀坑及裂纹沿晶特征

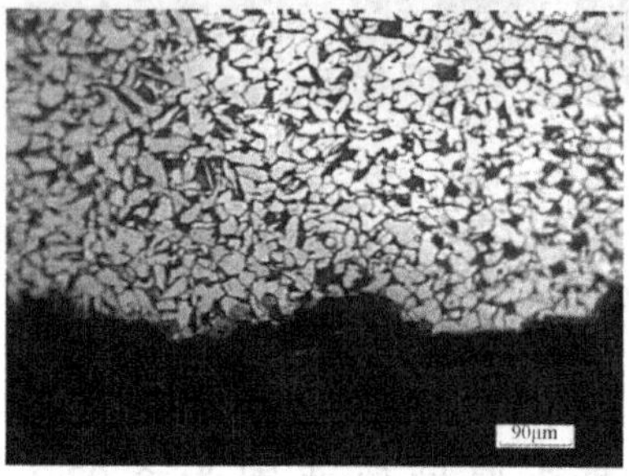

(b)外曲面金相组织正常及腐蚀坑形貌

图4　弯头金相组织形貌

3.6　断口扫描电镜SEM及能谱EDS分析

将弯头爆口局部进行清洗，利用扫描电镜进行断口观察和分析。弯头内壁上有韧窝和大量孔洞，其上还附着有腐蚀产物，见图5(a)。断口部位具有撕裂特征，为最后断裂区，也有韧窝存在，属塑性断裂为主的断口特征[1]，见图5(b)。

断口扫描电镜结果可见，弯头内壁出现的大量孔洞，聚集在一起时，会成为材料内部的微观缺陷，从而在应力作用下，裂纹会在这些微观缺陷上产生并且扩展。

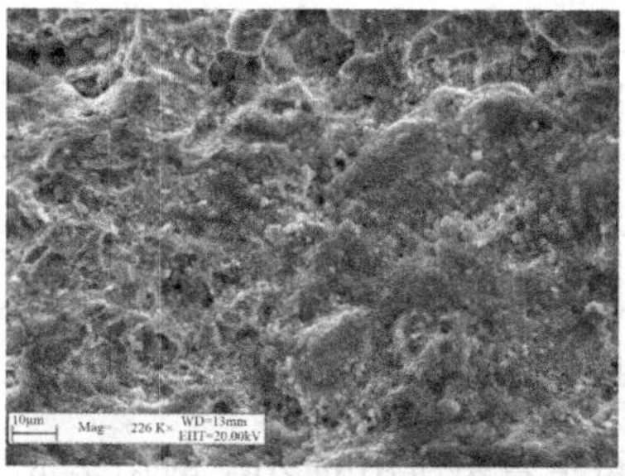

(a)内壁大量空洞及附着腐蚀产物

(b)断口撕裂特征为主的塑性断裂

图5　弯头内壁及断口处SEM形貌

能谱检测弯头内壁表面上，附着物的主要成分为：Fe、O、Si、Al、S、Ca。断面上覆盖有铁的氧化物和外来腐蚀介质，见图6。

图6　弯头内壁EDS检测结果

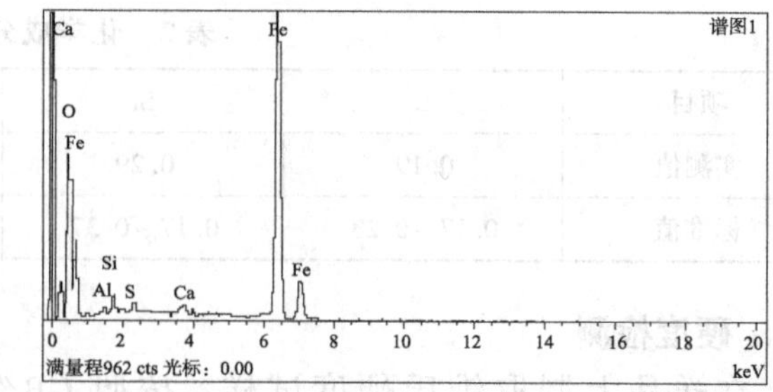

%

元素	重量百分比	原子百分比
O	25.09	52.90

续表

元素	重量百分比	原子百分比
Al	0.81	1.02
Si	1.49	1.79
S	0.69	0.72
Ca	0.60	0.50
Fe	71.31	43.07
总量	100.00	

4　管子内部腐蚀减薄及爆裂原因分析

结合管道内部腐蚀形貌及工艺运行条件分析，管道内部腐蚀减薄是由于低温水中溶解氧腐蚀及冲刷

造成的。氧腐蚀是一种电化学腐蚀，其机理为：由于水是一种有极性的电解质，在水的极性分子的吸引下，钢材表面的一部分铁原子，开始移入介质水而成为带正电的铁离子，而钢材上保留多余的电子带负电荷。若铁离子不断进入水中，使钢板(管)上逐渐出现溃疡状坑洞，产生了腐蚀。

水中的溶解氧具有去极化作用，会使腐蚀过程加剧。影响氧腐蚀的主要因素有：①水中溶解氧的浓度；②水的 PH 值，PH 值越低越容易产生腐蚀，PH 值越高腐蚀越低；③水的温度，相关研究表明，实验数据表明，水的氧腐蚀的最大值发生于 $T = 90 - 100$℃之间，这也是造成常见热水锅炉氧腐蚀问题很严重的原因；④水流速度，当流速增加时，氧气扩散到金属表面的量也增加，使腐蚀过程加快，同时，过大的流速会造成金属破坏，产生冲击腐蚀[2]。

由于低温热水的特殊性，其介质水未使用除氧水，加之使用温度达到 90℃，完全具备溶解氧腐蚀环境，加之弯头为易冲刷部位，长期使用后造成管道腐蚀冲刷减薄。

溶解氧腐蚀产生的溃疡状腐蚀坑，造成凹凸不平的蚀坑，不但使弯头局部严重减薄，降低其强度，而且破坏金属结构的连续性，在应力作用下在管道内部薄弱处产生裂纹源并扩展，当裂纹扩展到一定程度时，在管线内应力及低温水管线布置支撑不当产生的宏观应力的作用下，弯头局部爆裂。

5　结论与建议

根据上述检验结果和分析，通过对失效部件宏观检验，厚度检测，化学成分分析，硬度检测，金相微观检验等数据，结合工艺运行条件，进行综合系统分析得出结论，低温水管线弯头是由于溶解氧腐蚀产生局部减薄并产生裂纹，在各种应力的的作用下，局部发生爆裂导致的失效。

(1)采用低温热做为采暖介质时，应充分考虑溶解氧腐蚀因素，控制其使用温度及介质流速。

(2)温度交变的管线应合理设计支撑布置，防止管线受热应力影响。

(3)这类常压管道不在特种设备定检范围内，但也有必要制定检测方案，对重点部位监督检查，防患未然。

参考文献

[1]任颂赞等编著. 钢铁金相图谱[M]. 上海科学技术文献出版社，2003：844.

[2]API RP 571，影响炼油工业固定设备的损伤机理[S].

高温过滤器入口管线腐蚀原因分析

张　媛

(中国石油乌鲁木齐石化公司设备检验检测院，新疆 乌鲁木齐　830019)

摘　要：某炼油厂轻烃车间安排投用 F7160 时，发现高温过滤器入口管线有过程气泄漏，停止切换，安排拆卸保温查看泄漏情况。经过检查管线破损泄露处位置轴向边缘，双侧壁厚 5.8 -6.0mm，环向壁厚上部为焊缝，下部至管线固定部位附近三通壁厚实测范围 2.8 -3.5mm，该部位也出现明显腐蚀情况。腐蚀面成伞状型分布在此管段建南侧。

关键词：废酸回收；酸腐蚀；蝶阀

Analysis of Corrosion Causes of Inlet Pipeline of High Temperature Filter

Zhang Yuan

(Equipment Inspection and Testing Institute of PetroChina Urumqi, Xingjiang 830019, China)

Abstract: When the light hydrocarbon workshop of a refinery arranged to put F7160 into service, it was found that there was process gas leakage in the inlet pipeline of the high - temperature filter, so the switch was stopped, and the insulation was disassembled to check the leakage. Through inspection, the axial edge of the pipeline damage and leakage location has a wall thickness of 5.8 -6.0mm on both sides, the upper part of the circumferential wall thickness is a weld, and the measured range of the wall thickness of the tee from the lower part to the fixed part of the pipeline is 2.8 -3.5mm, which also shows obvious corrosion. The corrosion surface is distributed in umbrella shape on the south side of this pipe section.

Key words: waste acid recovery; Acid corrosion; butterfly valve

1　案例发生描述

2018 年 2 月，某炼油厂轻烃车间在装置例行检查时发现安排投用的 F7160 高温过滤器入口管线有过程气泄漏，随即停止切换，恢复备用状态。2 月 17 日安排检测院现场进行检测，车间拆卸保温查看泄漏情况。经过检查管线破损泄露处位置轴向边缘，双侧壁厚 5.8 ~6.0mm，环向壁厚上部为焊缝，下部至管线固定部位附近三通壁厚实测范围 2.8 ~3.5mm，该部位也出现明显腐蚀情况。腐蚀面成伞状型分布在此管段建南侧。

2　高温过滤器 F7160 入口管线泄漏失效分析

2.1　工艺流程及设备简介

1.5 万吨/年废酸回收装置高温过滤器(HGF)的滤芯采用陶瓷纤维滤芯，用于从燃烧室到一级反应器之前，目的是清除工艺气体中的微粒并沉积在高温过滤器中，用以保护反应系统免受粉尘影响。

从裂解炉燃烧室出来的工艺气温度在 500℃左右，由于受到工艺气风机的吸力，工艺气经过 HGF 系统的过滤元件，粉尘颗粒被物理分离。HGF 系统采用四台高温过滤器并联运行，一台切除进行除灰操作，对操作不会造成影响；HGF 系统每台高温过滤器均设有一套脉冲喷射过滤器清洁系统，将过滤滤芯表面过滤出的灰尘反吹除去。反吹介质为小于 0.5MPa 工业风，对高温过滤器定时进行切除清灰；为了提高清灰效果，定期

作者简介：张媛(1982—　)，工程师，毕业于北京化工大学(工艺与工程)，本科，主要从事理化检验、压力容器压力管道检验。E - mail：1070339606@ qq. com

对高温过滤器降温清灰，冷却主要用高温压缩风对高温过滤器置换冷却。反吹所有灰尘汇集到高温过滤器底部收集锥体内，集灰锥体下部安装有卸料耙，方便将集灰排放到灰桶中，见图1、图2。

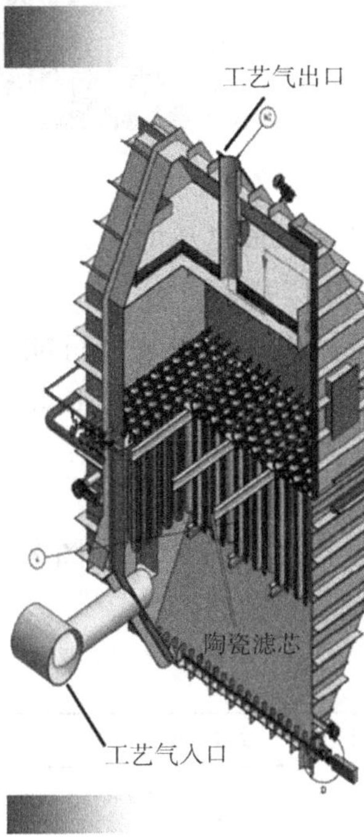

图1

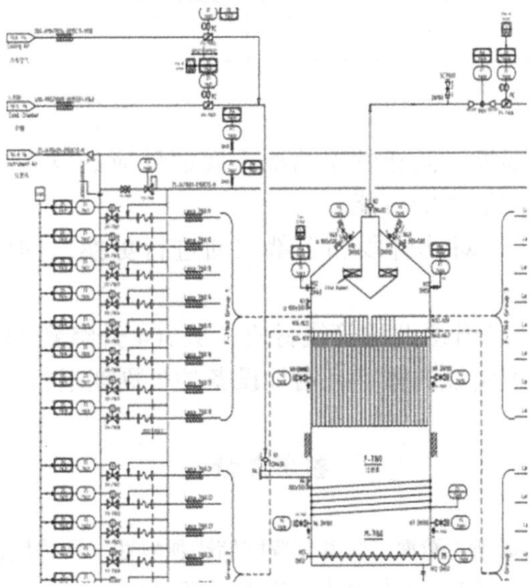

图2

2.2 设备运行情况

为了保证冬季条件下一级反应器入口温度，降低热损，把F7160切出备用。因为F7160入口为蝶阀，密封性较差，保证高温过滤器不被过程气腐蚀，把高温过滤器F7160入口阀关闭，出口阀微开，来自E7110的330℃热风进入F7160，使F7160温度维持在150℃以上。压力维持在 -0.3 ~ -0.4kPa，见图3。

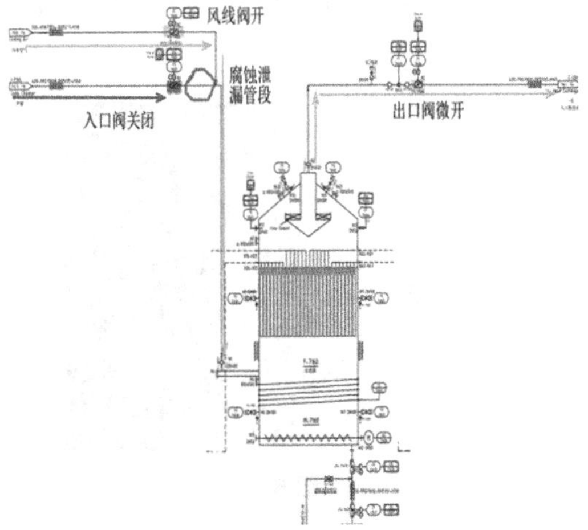

图3

2.3 宏观检查

通过宏观检查发现管线破损泄露处位置轴向边缘，双侧壁厚5.8 ~6.0mm，环向壁厚上部为焊缝，下部至管线固定部位附近三通壁厚实测范围2.8 ~3.5mm，该部位也出现明显腐蚀情况。腐蚀面成伞状型分布在此管段建南侧，见图4、图5。

图4

图5

2.4 金相检测

从断裂部位取样进行金相组织分析，见图 6、图 7。

图 6

内壁的金相组织为：奥氏体。奥氏体晶粒大小不均匀，奥氏体平均晶粒度为：6 级。

外壁的金相组织为：奥氏体。奥氏体晶粒大小不均匀，奥氏体平均晶粒度为：5 级。

在内壁及外壁中部的金相组织为：奥氏体 +

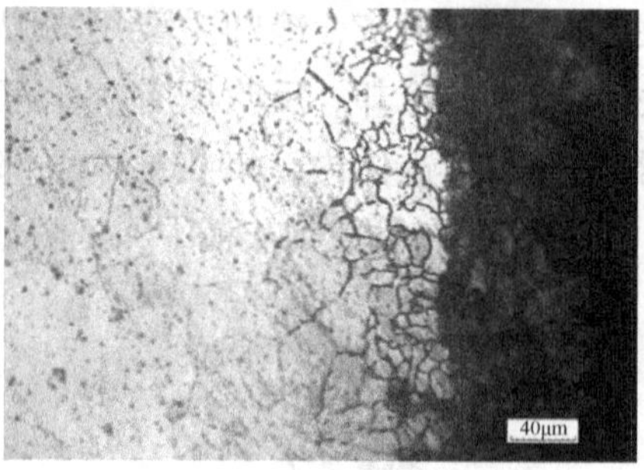

图 7

少量孪晶，奥氏体平均晶粒度为：3 级。

2.5 能谱检测

对所提供管段内部附着物进行能谱检验，主要成分为 Fe、Cr 的氧化物和碳化物，有 O、H、P、S 元素。

2.6 化学分析

对该管段进行化学分析，见图 8，所检元素含量符合 304 的标准要求。

委托单位	炼油厂机动科	环境温度℃	20	检验依据	GB/T19500-2004
使用单位	轻烃车间 1.5 万吨/年废酸回收装置	环境湿度%	30	仪器型号/编号	X-MET7500/750137

试样信息及分析结果

序号	试样编号	试样名称	试样规格	数量	判定标准	分析结果		
						测定元素	委托材质	测定元素是否符合
1	HF-16-2316	管段	Φ406×6mm	1	ASTM A182	Mn、Cr、Ni、Mo、Cu	304	是
	以下空白							

图 8

3 腐蚀开裂原因分析

通过宏观检查、金相检验等试验发现由于 F7160 入口蝶阀密封性较差，少量过程气通过蝶阀成渗漏到被腐蚀管段。此管段虽有热风进行防腐蚀保护但从现场情况来看，此管段处于热风介质流通的盲肠死角段。热风由于受入口蝶阀的阻挡无法流动，温度无法传递，热风在此冷凝产生水汽，渗漏的过程气主要是二氧化硫，宜溶于水，生成亚硫酸。亚硫酸与热空气中的氧气反应被氧化生成硫酸。5% ~65% 的硫酸为稀硫酸，主要以电化学腐蚀为主，具有极强的腐蚀性。腐蚀段集中在此管段建南侧，说明蝶阀的渗漏点集中在此。

4 防范措施

(1)对四台高温过滤器相同管段增加电伴热，保持温度，防止低温情况下腐蚀反应的发生，降低腐蚀泄露的可能。

(2)对此管段和下部三通进行更换，彻底排除隐患。

(3)升级此段管线材质，从 304 升级到 316L。降低被腐蚀的概率，增加设备的长周期运行。

参考文献

[1]谢成新，董海．烷基化废酸储罐顶酸性气管线腐蚀分析与防护．石化技术，2021，28(09).

[2]屈鹏飞．硫酸法烷基化废酸回收工艺．化工设计通讯，2012，48(12).

[3]张毅．硫酸烷基化废酸回收技术探讨．化工设计通讯，2018，44(07).

延迟焦化分馏塔底循环过滤器腐蚀状况分析及预防措施

马 冀

(中国石油乌鲁木齐石化公司设备检验检测研究院，新疆 乌鲁木齐 830019)

摘 要：本文对炼油厂60万吨/年延迟焦化装置的塔底循环过滤器的腐蚀状腐蚀状况做了概要的介绍和分析，找出了腐蚀原因，针对腐蚀情况提出了相应的预防措施。

关键词：焦化；腐蚀；过滤器；高温硫腐蚀；设备；措施

Corrosion Analysis and Preventive Measures of Bottom Circulating Filter in Delayed coking Fractionator

Ma Ji

(CNPC Urumqi Petrochemical Company Equipment Inspection and Testing Institute, Urumqi, Xinjiang 830019, China)

Abstract: The corrosion status of the bottom circulating filter in the delayed coking unit of 600, 000 t/a refinery was introduced and analyzed, the corrosion reasons were found out, and the corresponding preventive measures were put forward.

Key words: Delayed Coking; Corrosion; Filter; High temperature sulfur; Equipment; Measures

1 引言

延迟焦化装置设计特点是单炉两塔顶部预热形式，采用双面辐射炉、单井架除焦系统并带有吸收稳定单元，是将重质原油(如减压渣油等)以较高流速通过加热炉炉管取热；在高热强度条件下，短时间内达到所需的温度；使其基本上不在炉管内进行焦化反应，而是延迟至焦炭塔内靠自身带入的热量进行热裂化和缩合反应的过程。在工艺流程上，一个加热炉常配两个焦炭塔，各塔周期性切换操作。延迟焦化的反应机理与热裂化基本相似，只是在加热炉管中控制原料油基本上不发生裂化反应，而延缓至专设的焦炭塔中进行裂化缩合而成焦炭及其他馏分油。在焦化反应中，重质芳香烃是生焦的必要条件，缩合反应是重质芳香烃与烯烃同时作用的过程。

由常减压装置来的减压渣油(设计温度165℃)进入延迟焦化装置原料缓冲罐(容-201)，由原料泵(泵-201/1.2)抽出与柴油换热(换-202/1.2.3.4)后与分馏塔中段回流换热(换-203/1.2)、蜡油换热(换-204/1.2)至235℃后，进入原料加热炉(炉-201)对流段加热至325℃，再进入分馏塔(塔-202)底部(下进料)和第二层挡板上(上进料)，并与焦炭塔(塔-201/1，2)来的高温油气进行换热，油气中的轻组分蒸发上升，油气中的重组分被冷凝下来与换热后的原料油混合在一起进入塔底，经分馏塔底循环过滤器和泵(泵-203/1，2)，打循环防止焦粉沉积，塔底油经加热炉辐射进料泵(泵-202/1，2)抽出与轻蜡油汇合后分成两路再与中压蒸汽汇合后，由加热炉(炉-201)对流室底部进入辐射室加热至500℃后两路合为一路，经转油线至四通阀进入焦炭塔塔-201/1或塔-201/2进行焦化反应。

2017至2019年期间，本单位对某石化企业延迟焦化装置分馏塔底循环过滤器检验中发现，该过滤器系统存在多处严重减薄腐蚀问题，甚至局部到严重减薄，剩余壁厚不足3.6mm，给装置的安全平稳运行带来极大安全隐患。因此在本文中，将对该过滤器系统存在的腐蚀问题进行分析

作者简介：马冀(1986—)，工程师，北京化工大学，本科，现在中国石油乌鲁木齐石化公司设备检验检测院，主要从事压力容器、压力管道的检验和腐蚀研究。E-mail：371804507@qq.com

讨论，找出导致失效发生的主要影响因素，为车间防止类似腐蚀失效再次发生提供解决方案。

2 检验检查情况

2.1 基本情况

焦化分馏塔底循环过滤器系统从 2004 年投用至 2019 年。设计温度：450℃，设计压力：1.0MPa，辐射总流量小于等于 120t/h，规格为 600mm × 900mm × 12mm，工作温度 400℃，工作压力 0.6MPa。介质为凝缩油渣油，材质 20R，该过滤器系统在 2017 年 9 月窗口检修时发现有腐蚀减薄问题，其中 SR203/1 过滤器腐蚀最为严重筒体剩余壁厚为 4.9mm。根据检验情况，告知车间设置定点测厚部位孔，确定监测部位，定期跟踪监测，从 2017 年至 2019 年对该过滤器系统现场定期监测 20 次左右。

2.2 检验情况

2.2.1 严重腐蚀过滤器宏观检查

对 SR203/1 塔底循环过滤器进行观察，过滤器由进出接管及筒体焊接而成，中间有处挡板已腐蚀脱落(见图 1)。整体外表面有黄锈，观察筒体内壁，在筒体内部距角焊缝附近 3 点位置是整体减薄做严重区域(面积约 ϕ10mm)，见图 2。肉眼可看出与周围筒体壁厚存在厚度差，有腐蚀减薄痕迹，见图 3、图 4。筒体壁厚对比，观察可知，减薄区域与其他区域存在一定的壁厚差，见图 5、图 6。

图 1　塔底循环过滤器宏观形貌

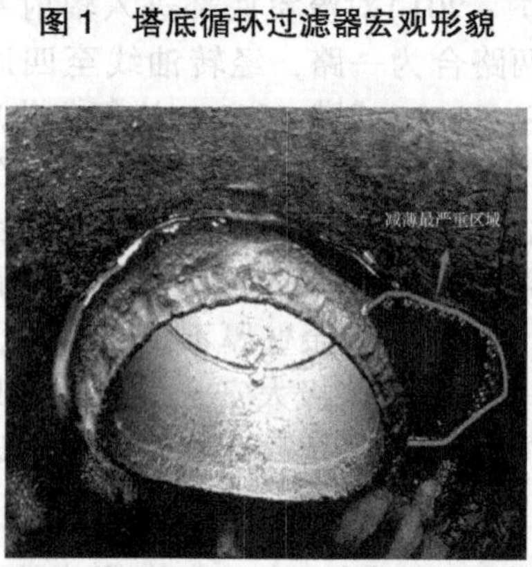

图 2　塔底循环过滤器内壁宏观形貌

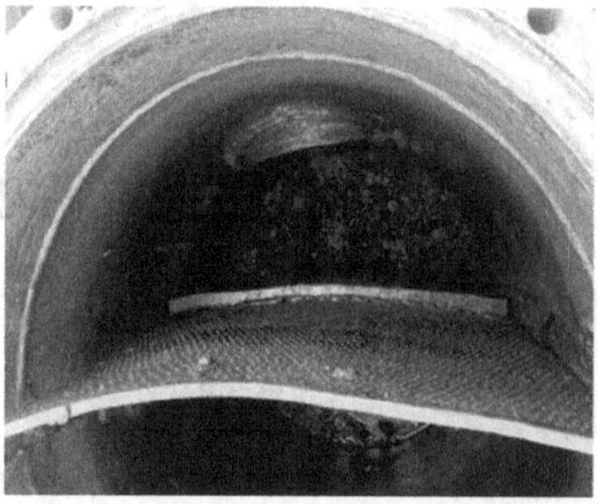

图 3　塔底循环过滤器俯视宏观形貌

图 4　塔底循环过滤器接管部位进行切割

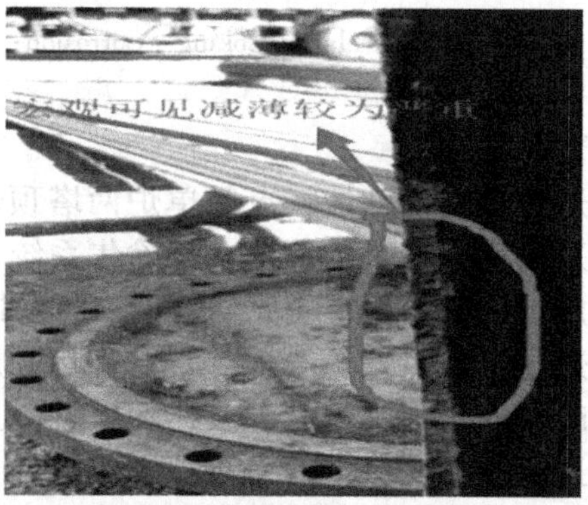

图 5　塔底循环过滤器减薄区域的剖面图(减薄较为严重)

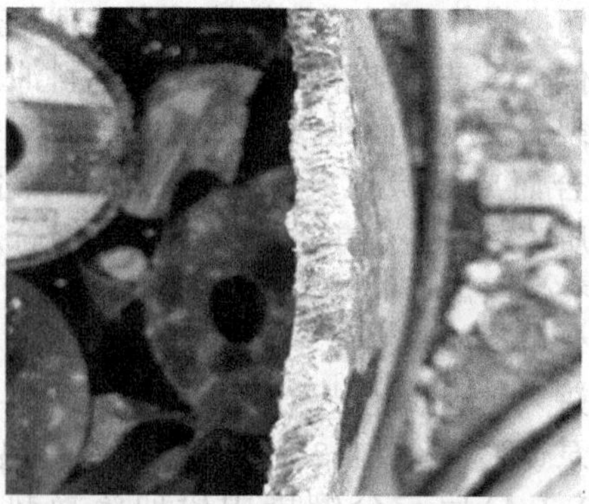

图 6　塔底循环过滤器其他部位的剖面图(壁厚变化不大)

通过宏观检验，可以看出，过滤器结焦较为严重，滤网有部分被焦块粘住，减少了渣油的流速，形成涡流，在腐蚀区域造成了部分死区，循环腐蚀。

2.2.2　壁厚测定

自2017年9月至2018年9月跟踪监控测厚数据比较：

(1)过滤器SR－203/1接管同一部位实测最小壁厚减薄4.7mm，接管年腐蚀速率为1.3mm；过滤器SR－203/1筒体同一部位实测最小壁厚3.8mm，筒体年腐蚀速率为1.1mm。分馏塔底循环油过滤器(SR－203/1)实测厚度严重减薄68%。

(2)过滤器SR－203/2接管同一部位实测最小壁厚减薄6.0mm；过滤器SR－203/2筒体同一部位实测最小壁厚减薄6.8mm，分馏塔底循环油过滤器(SR－203/2)实测厚度严重减薄50%。

2.2.3　能谱检测

分别在筒体内壁腐蚀部位，接管部位取样，垢样能谱分析。图7为管段内壁腐蚀产物能谱分析，有硫腐蚀性元素。

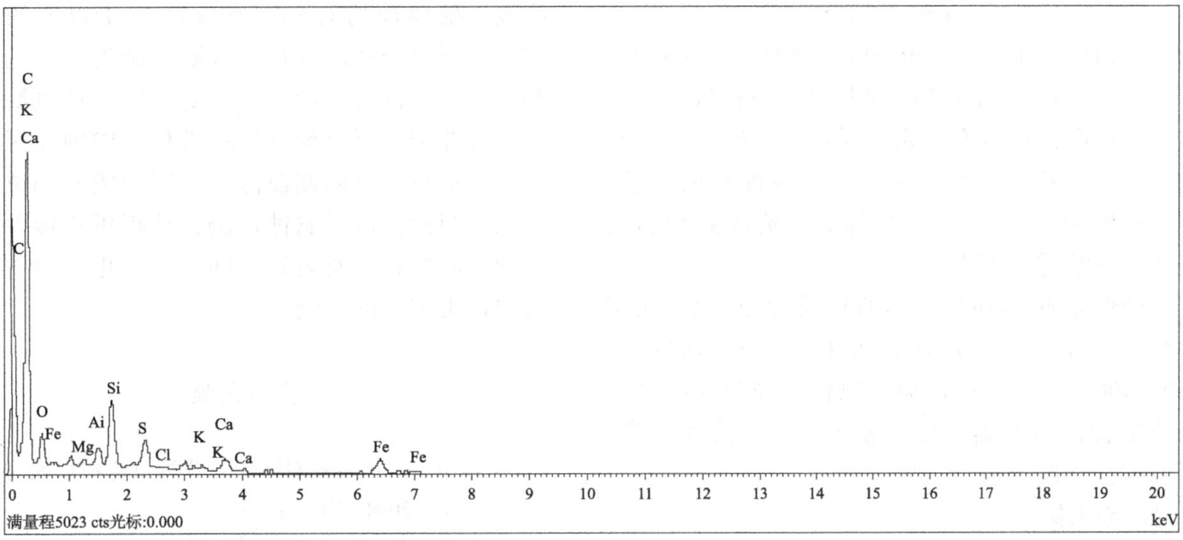

图7

表1　处理选项：已分析所有元素(已归一化)

谱图	在状态	C	O	Mg	Al	Si	S	Cl	K	Ca	Fe	总的
谱图1	是	64.44	20.67	0.32	0.71	2.59	0.64	0.08	0.14	0.83	9.57	100.00
谱图2	是	50.89	18.74	0.04	0.85	1.96	0.44	0.11	0.29	0.29	26.39	100.00
谱图3	是	76.86	14.44	0.31	0.70	2.78	1.27	0.08	0.18	0.83	2.55	100.00
平均		64.07	17.95	0.22	0.76	2.44	0.78	0.09	0.21	0.65	12.84	100.00
标准偏差		12.99	3.19	0.16	0.09	0.43	0.43	0.02	0.07	0.31	12.25	
最大		76.86	20.67	0.32	0.85	2.78	1.27	0.11	0.29	0.83	26.39	
最小		50.89	14.44	0.04	0.70	1.96	0.44	0.08	0.14	0.29	2.55	

图7　过滤器内壁腐蚀产物能谱分析

2.2.4　化学分析

对塔底循环过滤器进行全谱分析，所检元素含量符合20号钢的标准要求。从化学分析可以看出，该容器的材质正常。

2.2.5　原料渣油介质分析

渣油介质取样分组，渣油硫含量为2962mg/kg、氯含量为20.8mg/kg、水含量为10% m/m。

原料渣油酸值及硫含量，酸值大于0.7mgKOH/g，硫含量大于0.6%。

3　腐蚀原因分析

综上对该过滤器内壁进行垢样分析，分析结果见图8，主要存在碳、硫、铁、氯、硅元素。

结合现场观察分析，确定该过滤器腐蚀主要是由于运行期间的高温硫腐蚀造成的。高温硫腐蚀是指在240℃以上重油部位由硫、H_2S和硫醇形成的腐蚀环境下的化学腐蚀。在高含硫的原料中含有单质硫、H_2S 和硫醇等活性硫，它们能与钢材直接反应腐蚀钢材；也含有硫醚噻吩等不与钢材反应的非活性硫。非活性硫在一定的高温下会分解出 H_2S，也会对钢材产生腐蚀。H_2S 在240C以上与铁发生明显反应，在360℃以上达到最大。H_2S 在350℃以上还能分解成硫和氢气，分解出来的单质硫比 H_2S 具有更大的活性，腐蚀性更加强烈。200C以上，尤其在350℃以上时，复杂硫化物也会分解出 H_2S，也使腐蚀加剧。

反应式如下：

$$Fe + H_2S \longrightarrow FeS + H_2$$

$$Fe + S \longrightarrow FeS$$

$$RCH_2CH_2SH + Fe \longrightarrow RCH = CH_2 + FeS + H_2$$

腐蚀产物硫化亚铁的附着力很强且致密，对进一步的腐蚀反应有一定阻滞作用，所以开始时的腐蚀速率很高，而一定时间后腐蚀有所减轻。但这种保护膜遭到破坏时(如高速流体的冲刷)，腐蚀将继续进行下去。

分馏塔底循环过滤器原材质为20钢，而工作介质都是含硫较高的高温渣油，工作温度在350~400℃，易产生高温硫腐蚀。同时这四台过滤器是管道过滤器、尺寸较小，介质流速较高，所以腐蚀速度更快。

4 防范措施

4.1 工艺指标控制

(1)控制分馏塔压力在0.06~0.25MPa之间不得有大幅波动，控制塔底循环泵电流不大于55A，控制辐射总流量小于等于120t/h。

(2)监控原料渣油酸值及硫含量，每周对原料渣油进行一次取样分析，控制酸值不大于0.7mgKOH/g，硫含量不大于0.6%。

4.2 材质升级

过滤器腐蚀主要高温硫腐蚀造成的。针对高温硫腐蚀，Cr5Mo或含铬13%以上的不锈钢是较好的选择。

5 结论与建议

对塔底循环过滤器的检验检测，主要腐蚀原因是高温硫腐蚀。严重时可造成设备腐蚀穿孔，介质泄漏，影响装置正常运行，导致非计划停工，造成生产安全事故。

在运行过程中可以采用设备整体材质升级为耐高温硫腐蚀的Cr5Mo或含铬13%以上的不锈钢、降低腐蚀介质含量、采取正确的工艺操作控制有效降低设备腐蚀速率。对塔底循环过滤器加强腐蚀监测，对该设备冲刷部位，腐蚀死区等重点部位进行重点周期监测，对腐蚀频发部位也可增加电阻探针进行腐蚀监测，获得更直接可靠的腐蚀监测信息，及时发现问题，防止日后该设备再出现类似腐蚀问题。

参考文献

[1]黄银山．焦化装置腐蚀状况分析及防护措施[J]．四川化工，2004，7(3)：39-41.

[2]陈学兵．焦化装置的腐蚀与防护[J]．石油化工腐蚀与防护，1990(4)：16-20.

[3]梁朝林，沈本贤．延迟焦化装置．[M]．北京：中国石化出版社，2007.2-5.

[4]瞿国华．延迟焦化工艺与工程．[M]．北京：中国石化出版社，2007.343.

PSA 装置塔顶及送氢管线螺栓腐蚀断裂的分析及对策

杨 旭

（中国石油乌鲁木齐石化公司设备检验检测研究院，新疆 乌鲁木齐 830019）

摘 要： 摘要：某石化炼油芳烃生产部 70000Nm^3/h 变压吸附制氢装置(PSA)吸附器塔顶及送氢管线螺栓(35CrMo、M27×270mm)断裂，10 台吸附器塔顶及送氢管线螺栓均发生不同程度的断裂，断裂部位都在同一部位，造成装置非计划性停工。通过对该螺栓进行各项检验及分析，结合现场工艺情况，找出了断裂失效原因，确定该螺栓断裂为应力腐蚀造成。

关键词： 塔顶吸附器及送氢管线；螺栓；氯化物应力腐蚀；硬度

Analysis and Countermeasures of Device Top of Tower and Hydrogen Transmission Pipeline Bolt Corrosion and Fracture

Yang Xu

(Equipment Inspection and Testing Institute of PetroChina Urumqi, Xing Jiang 830019, China)

Abstract: Petrochemical refining Aromatic Hydrocarbon Production Department 70000Nm^3/h(PSA) absorber Hydrogen transmission pipeline Bolt(35CrMo、M27×270mm)cracked, 10 of it has cracked, cracked parts at same position, caused unplanned shutdown of the unit. Through various inspections and analysis of the bolt, Combined with on – site process conditions, Find out the cause of fracture failure, It is determined that the bolt fracture is caused by stress corrosion.

Key words: Tower top adsorber and hydrogen transmission pipeline; Bolt; chlorids stress corrosion cracking; hardness

1 引言

2021 年 9 月，炼油厂芳烃生产部在装置例行检查时发现 70000Nm^3/h 变压吸附制氢装置(PSA)吸附器塔塔顶及送氢管线螺栓附近有大量脱落的氧化皮，经宏观检查发现法兰孔中螺栓部分已断裂(35CrMo、M27×270mm)，10 台吸附器塔顶均存在不同程度的螺栓断裂情况，送氢管线法兰连接螺栓部分断裂，断裂部位都在同一部位，因此造成装置临时停工。

2 变压吸附制氢装置(PSA)吸附器塔顶螺栓失效分析

2.1 工艺流程及设备简介

来自界外的混合原料气在压力 2.0MPa、温度 20～40℃下首先进入水分离器(D2951)，分离掉气体中夹带的液体，再经流量计计量后，进入由 10 台吸附器(C2951A～J)及一系列程序控制阀组成的变压吸附系统。变压吸附系统采用 10 塔操作，3 塔进料、4 次均压、顺放冲洗降压解吸的操作工艺。原料气自下而上进入 3 台正处于吸附状态的吸附器中，由其内部的吸附剂进行选择性地吸附，杂质组分被吸附，而未被吸附的氢气在吸附压力下从吸附器顶部流出，获得产品氢气。大部分 N_2、CH_4、烃等组份被吸附在吸附剂上，通过减压，使被吸附的 N_2、CH_4、烃等从吸附剂上脱附，即得到解吸气，同时使吸附剂得到再生。其余 7 个吸附器分别进行其他步骤的操作，10 个吸附器交替循环操作，时间上互相交错，以此达到原料气连续不断地输入，产品氢气

作者简介： 杨旭(1984—)，助理工程师，北京工业大学(机械工程及自动化)，本科，主要从事理化检验、压力容器压力管道检验。E－mail：327296915@qq.com

连续不断地输出的目的。

变压吸附系统的解吸气来自吸附器的逆放和冲洗阶段。均压步骤结束后吸附器进行顺放冲洗步骤，自吸附器顺放阶段的顺放气体经过程控阀进入顺放罐缓冲，再经调节阀调压后对吸附器进行冲洗，冲洗后的废气与逆放气混合后送出界外。在逆放步骤时，逆放初期压力较高的解吸气进入解吸气缓冲罐缓冲，再经调节阀调压后送出界外；逆放后期压力较低的解吸气则经调节阀调压后送出界外。混合后的解吸气经流量计计量后连续稳定地送出界外，见图1。

图1

2.2　设备运行下存在的隐患风险

本装置变压吸附系统采用 10－3－4/P 操作工艺，即设10个吸附器，任何时刻均有3个吸附器进料(处于吸附状态)，4次均压，降压冲洗解吸工艺。10个吸附器依次执行吸附和再生操作，使原料气连续不断地输入，产品氢气连续不断地输出，整个操作过程在环境温度下进行。每个吸附器经过吸附(A)、降压平衡1(E1D)、降压平衡2(E2D)、降压平衡3(E3D)、降压平衡4(E4D)、顺放(PP)、逆放(D)、冲洗(P)、升压平衡4(E4R)、升压平衡3(E3R)、升压平衡2(E2R)、升压平衡1(E1R)、最终充压(FR)等步骤，完成一个吸附周期。此吸附器是存在典型交变应力的工况，单位时间内升降压造成螺栓承受横向剪切力，完成均压步骤后的吸附器内主要是甲烷、CO、CO_2 等杂质组分，轻微泄漏加上雨水倒灌进螺栓孔中导致螺杆腐蚀并受交变应力。变压吸附(10－3－4/P 工艺)时序见表1。

表1　变压吸附(10－3－4/P 工艺)时序表

步骤	压力/MPa	温度/℃	时间/s
吸附 A	2.0	~40℃	180
降压平衡 1E1D	→1.61	~40℃	30
降压平衡 2E2D	→1.22	~40	30
降压平衡 3E3D	→0.83	~40	30
降压平衡 4E4D	→0.44	~40	30
顺放 PP	→0.18	~40	30
逆放 D	→0.05	~40	30
冲洗 P	0.05	~40	30
升压平衡 4E4R	→0.44	~40	30
升压平衡 3E3R	→0.83	~40	30
升压平衡 2E2R	→1.22	~40	30
升压平衡 1E1R	→1.61	~40	30
最终充压 FR	→2.0	~40	30
合计(循环周期)			600

2.3　宏观检查

通过宏观检查发现螺栓外表面均有不同程度的腐蚀，断裂部位均在螺杆的螺纹处，且螺纹已腐蚀。因常年雨水灌进法兰孔造成螺纹接触面锈蚀，螺杆直径减薄，见图2、图3。

图2

图 3

2.4 电镜检测

对断裂处取样、清洁后做扫描电镜。可见由于长时间受交变应力作用，裂纹表面氧化严重，扫描电镜下观察到的均为氧化皮，但疲劳弧线在扫描电镜下较为明显，见图 4、图 5。

图 4

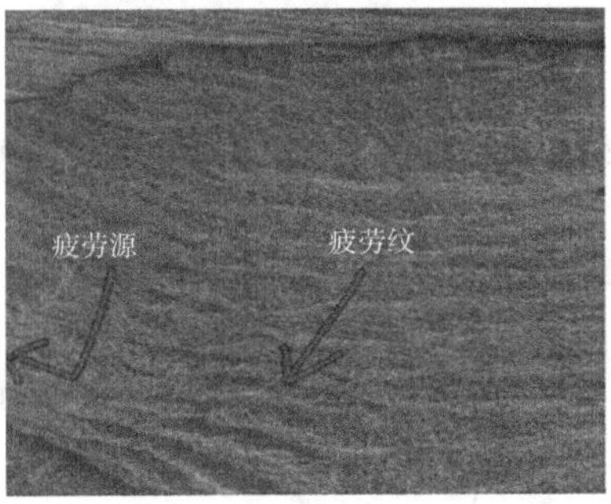

图 5

2.4 金相检测

从断裂部位取样进行金相组织分析，经打磨、镶嵌、侵蚀后观察其金相组织为回火索式体，见图 6、图 7。

图 6

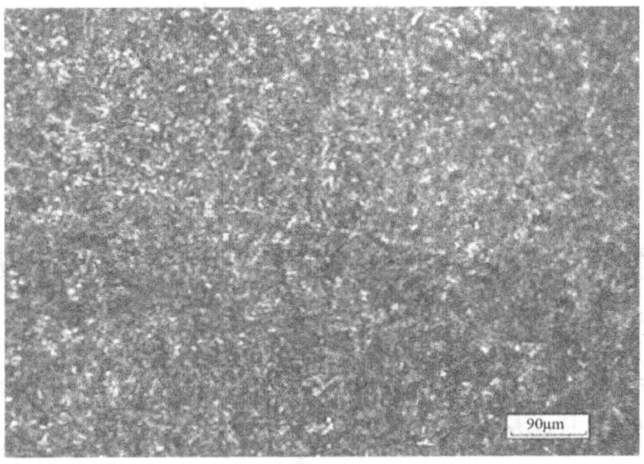

图 7

2.5 硬度检测

螺杆硬度值为：124～147，螺母硬度值为：121～144，

依据标准 GB/T 3098.1—2010《紧固件机械性能　螺栓、螺钉和螺柱》，车间提供螺栓强度等级为 8.8 级。即 > M16，248HB～323HB，螺栓硬度不符合标准要求。取值按照 GB/T 231.1—2018《金属材料布氏硬度实验第 1 部分：试验方法》，见表 2。

表 2

编号	硬度值/HB						注明
	X1	X2	X3	X4	X5	平均值	
1	121	120	129	133	130	120	M27x270
2	127	135	144	129	140	127	
3	135	147	144	127	129	136	
4	127	129	137	130	147	130	M27x175
5	129	133	121	137	129	127	

续表

编号	硬度值(HB)						注明
	X1	X2	X3	X4	X5	平均值	
6	124	135	124	136	121	129	
以下空白							

2.6　强度检测

对螺栓加工制样进行拉伸试验，其抗拉强度838～1260MPa，屈服强度700～990MPa，断后伸长率9.5%～11.5%，断面收缩率41%～51%。均符合GB/T 3098.1—2010《紧固件机械性能螺栓、螺钉和螺柱》要求。取值依据按照GB/T 228.1—2021《金属材料拉伸试验　第1部分：试验方法》，见表3。

表3

试样号	R_m/(N/mm^2)	R_{el}/(N/mm^2)	A/%	ψ/%	断口位置	断口缺陷
1	1471	1159	9.5	51	标距内	—
2	1530	1196	9.5	41	标距内	—
3	1260	990	12.0	49	标距内	
4	826	704	11.5	51	标距内	—
5	821	700	10.0	47	标距内	—
6	838	707	11.5	50	标距内	

3　结论

通过宏观检查、金相检验、力学试验发现螺栓外表面均有不同程度的腐蚀，断裂部位均在螺杆的螺纹处，且螺纹已腐蚀。因塔顶未设置雨水遮挡物，导致常年雨水灌进螺栓孔，厂区大气中有机酸性物与水形成酸造成螺纹接触面锈蚀，螺杆直径减薄。此吸附器存在典型交变应力的工况，因螺栓直径减薄导致受力不均匀，单位时间内升降压造成螺栓承受交变拉应力(断裂部位均在同一部位，且断裂起始源都在螺纹根部)，螺杆减薄后抗拉强度不足以抵抗交变应力的作用，疲劳开裂后瞬断，属于典型的应力腐蚀开裂及疲劳断裂损伤形貌。

4　防范措施

(1)更换使用强度等级较高的螺栓，避免交变应力造成疲劳断裂；

(2)塔顶设置伞状遮盖物，防止雨水倒灌进螺栓孔；

(3)定期检查螺栓状态：光谱检测、金相检测、硬度检测。必要时进行拉伸试验。

参考文献

[1]GB/T 2012.01—2006，金属和合金的腐蚀腐蚀疲劳试验　第1部分：循环失效试验[S].

[2]刘俊伟，陈淑贞．理化检验(物理分册).2012，48(12).

[3]牛小翠．压力容器设计中螺栓(柱)和螺母的正确选用．化工机械，2019，46(06).

焊后热处理工艺对X90焊接接头的微观组织与性能的影响

吴 登[1] 王 良[2] 徐 明[1] 李林涛[1] 曾维国[1]

(1. 中国特种设备检测研究院，北京 100029；2. 西南石油大学 工程学院，四川 南充 637001)

摘 要：以X90管线钢焊接接头为研究对象，研究不同焊后热处理工艺对焊接接头的微观组织与性能的影响。研究结果表明：X90管线钢母材由针状铁素体(AF)、准多边形铁素体(QPF)、板条贝氏体(LB)和少量M/A组元组成，综合力学性能较好，其抗拉强度为787MPa，－10℃低温冲击韧性为212J，焊接接头组织粗大，增加了M/A组元，力学性能恶化。经过回火后，微观组织组成未发生明显变化，但晶粒度增加。强度和硬度有所增加的同时，塑韧性减小。而调质处理后，增加了粒状贝氏体(GB)，含有较多的准多边形铁素体(QPF)，因此强度有所降低，塑韧性增加。

关键词：X90管线钢；焊接接头；焊后热处理；微观组织；力学性能

Effect of Post－welding Heat Treatment on Microstructure and Properties of Welding Joints of X90

WU Deng[1]，*WANG Liang*[2]，*XU Ming*[1]，*LI Lintao*[1]，*ZENG Weiguo*[1]

(1. China Special Equipment Inspection And Research Institute，Beijing 100029，China；
2. College of Engineering，Southwest Petroleum University，Sichuan NanChong 637001，China)

Abstract：In this paper，the X90 pipeline steel hot bend welded joint is taken as the research object，and the influence of different post－welding heat treatment processes on the microstructure and properties of the welded joint is studied. The results indicated that the base metal of X90 pipeline steel is composed of acicular ferrite (AF)，quasi polygonal ferrite (QPF)，lath bainite (LB) and a small amount of M / a component，and its comprehensive mechanical properties are good. Its tensile strength is 787MPa，low temperature impact toughness is 212J at －10 ℃. The microstructure of welded joint is coarse，M / a component is increased，and the mechanical properties are deteriorated. After tempering，the microstructure does not change obviously，but the grain size increases. While the strength and hardness increase，the ductility decreases. After quenching and tempering，granular bainite (GB) and quasi polygonal ferrite (QPF) are added，so the strength decreases and the ductility increases.

Key words：X90；Welding Joints；post－welding heat treatment；microstructure；mechanical property

1 引言

X90级管线钢逐渐受到越来越多研究人员的关注，X90管线钢具有更高的经济性，在西气东输工程中，可比X80管线钢节约约23万吨的钢材，节省管材采购成本约14.1亿元，促使我国专业的工作人员重视对其进行创新研究[1]。焊缝作为石油天然气管道钢最危险的区域，其组织和性能直接决定实际运用的安全性[2]。X90管线钢焊接接头的热影响区极易出现软化和脆化的问题，甚至出现焊接接头开裂的问题[3]。因此，有必要分析微合金高强钢在加热和冷却时组织的变化，了解不同的热处理工艺对X90管线钢组织和性能包括焊接性能的影响。

热处埋是金属加工工艺中最重要的技术之

作者简介：吴登(1992－)，工程师，主要从事压力管道检测工作。E－mail：wudeng1992@126.com

一，在冶金生产中得到了大量的应用。经过适当的热处理后，可以提高钢的各种性能，提高产品的质量和经济效益[4]。目前，许多学者对高强钢的焊后热处理进行了研究，取得了丰富的成果。Speer 等[5]提出的淬火 – 碳分配(Q – P)工艺以提高钢的综合力学性能，原理是淬火钢中马氏体基体的存在可以提高钢的强度，并且保留少量的残余奥氏体，又可提高钢的塑韧性高有进等[6]研究表明，SHT900D 钢在焊接屈服强度为 900MPa 的高强度钢板时具有很强的硬化倾向。焊接过程中应采取必要措施防止焊接冷裂纹。

本文对 X90 管线钢焊接接头进行回火和调质处理，研究这两种热处理工艺对 X90 管线钢焊接接头微观组织和力学性能的影响，从而为 X90 管线钢焊缝焊后热处理提供工艺参考。

2 实验材料及方法

本试验采用某钢管厂生产的规格为 ϕ1219 × 26.4mm 的直缝 X90 管线钢，采用 TMCP 工艺制备的微合金化管线钢强度为 748MPa，抗拉强度为 847MPa。用 SPECTROLAB 直读光谱仪检测出其具体化学成分如表 1 所示。采用埋弧焊德国蒂森 Union X90 ER120S – G 焊丝制备 X90 对接焊接接头。将一道环焊缝制备成 3 组试样，标记为 1、2、3，试样 1 不经过焊后热处理，试样 2 经过回火处理，试样 3 经过调质处理。具体焊后热处理工艺参数如表 2 所示，试样 1 的回火温度为 560℃，回火时间为 70min。对试样 3 进行调质处理，先加热至 1000℃，保温 1min，再进行 70min 560℃的回火处理。

表 1 试验用 X90 管线钢的化学成分(质量分数) %

化学成分	C	Si	Mn	P	S	Cr	Ni	Mo
母材	0.065	0.281	1.82	0.012	0.003	0.022	0.375	0.426

表 2 焊后热处理工艺参数

试样	加热温度/℃	保温时间/min	回火温度/℃	回火时间/min
1	—	—	—	—
2	—	—	560	70
3	1000	1	560	70

采用 Leica DM IRM 光学显微镜(OM)，JSM – 5900L V 扫描电子显微镜(能带谱)(SE M)对 3 组 X90 焊接接头进行微观组织及成分进行分析。

根据 GB/T 4340—2009《金属维氏硬度 第 1 部分：实验方法》、GB 2650—2008《焊接接头冲击试验方法》和 GB/T 228.1—2010《金属材料拉伸试验 第 1 部分：室温试验方法》等标准对 3 组 X90 焊接接头进行维氏硬度、冲击性能试验以及拉伸试验分析其力学性能。维氏硬度测试示意图见图 1。夏比冲击试验设备选择 JB – 500B 冲击试验机，试验温度为 – 10℃，对每组三个试样进行冲击性能试验。拉伸试验试验器材为 SHT4605

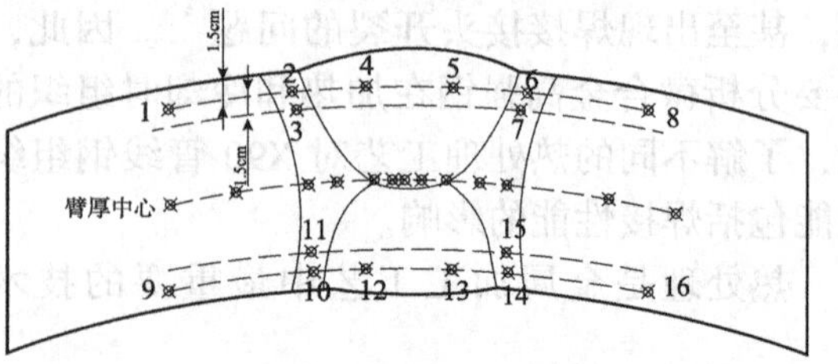

图 1 X90 管线钢焊接接头硬度测试点示意图

液压万能试验机，以 3mm/min 的速度进行拉伸试验，直至试样断裂，试验在室温下进行。

3 实验结果及讨论

3.1 微观组织分析

X90 管线钢为低碳低合金高强钢，通过加入微量合金元素和控轧等技术，该钢具有细小的铁素体，获得了一种多边形铁素体(即低碳贝氏体)组织。如图 2 所示为不同热处理工艺下焊接接头母材处的微观组织图，图 2(a、b)为 1 号试样，未经过焊后热处理，母材组织没有变化，主要由准多边形铁素体(QPF)、针状铁素体(AF)、板条贝氏体(LB)和 M/A 组元组成。图 2(c、d)为经过回火处理的 2 号试样，其微观组织与 1 号试样的母材相似，尺寸有所增大。从图 3(d)中可以看出，板条贝氏体的板条形状减少，发生合并，M/A 组元部分溶解。图 2(e、f)为经过调质处理的 3 号试样，其组织变化较大，母材处主要组成为粒状贝氏体(GB)、准多边形铁素体(QPF)和少量 M/A 组元，组织呈现出等轴倾向。

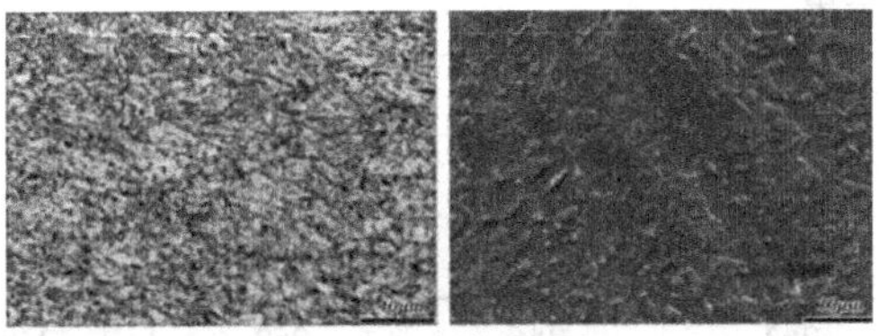

(a,b)试样 1

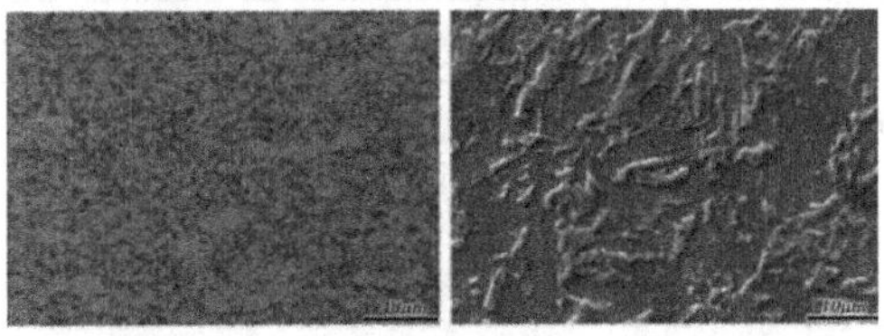

(c,d)试样 2

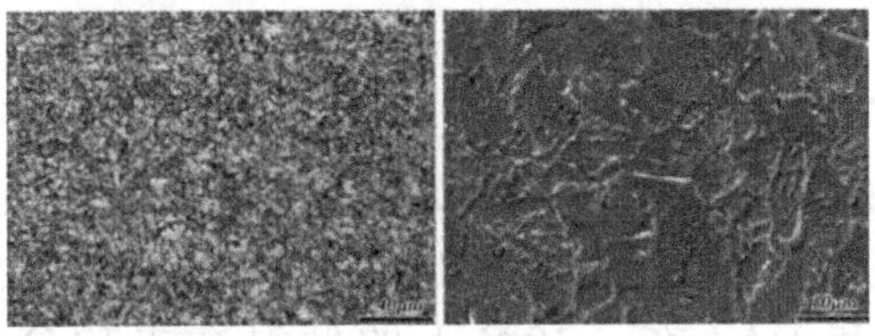

(e,f)试样 3

图2　不同热处理工艺下焊接接头母材的微观组织

如图3所示为不同热处理工艺下焊缝的显微组织图。图3(a、b)为1号试样，未经过焊后热处理，可以看出，焊缝组织主要由细小的针状铁素体(AF)和粒状贝氏体(GB)组成，呈柱状晶状态。针状铁素体(AF)和板条贝氏体(LB)都有增强材料的抗裂纹能力，有效地提高了焊缝的强韧性。图3(c、d)为经过回火处理的2号试样，其微观组织与1号试样相似，柱状晶粒更多，尺寸增大。图3(e、f)为经过调质处理的3号试样，其组织变化较大，焊缝主要组成为粒状贝氏体(GB)、多边形铁素体(QPF)、针状铁素体(AF)和少量M/A组元。

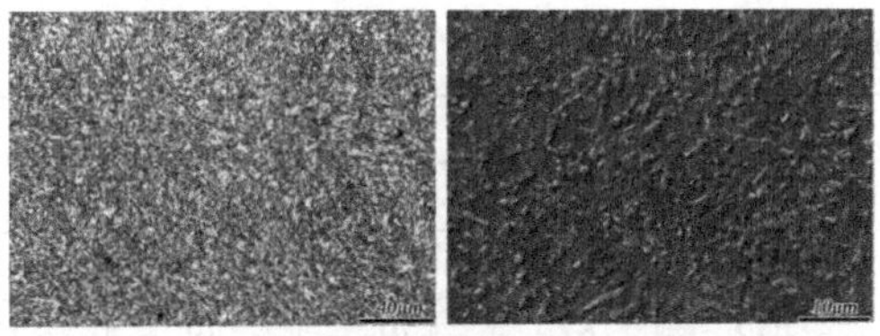

(a,b)试样 1

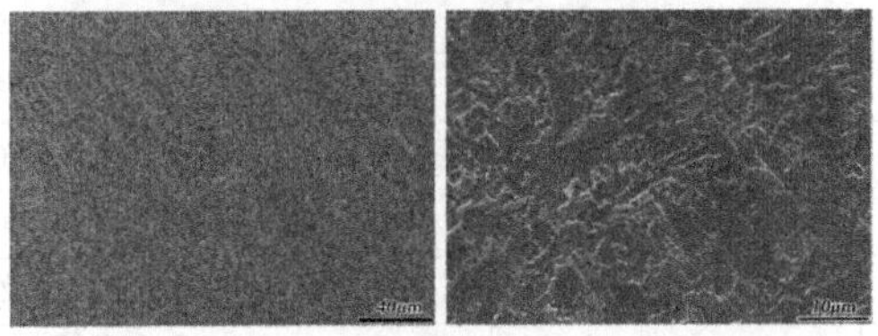

(c,d)试样 2

(e,f)试样 3

图3　不同热处理工艺下焊接接头焊缝的微观组织

如图4所示为不同热处理工艺下焊接热影响区的微观组织图，图4(a、b)为1号试样，未经过焊后热处理，可以看出，HAZ的主要组成成分为贝氏体(B)，粗晶区主要组成成分为粗大的板条马氏体(LM)。图4(c、d)所示为经过回火处理的2号试样焊接热影响区的微观组织图，其组成成分与1号试样相似，主要为贝氏体(B)。图4(e、f)为经过调质处理的3号试样焊接热影响区的显微组织图，细小的多边形铁素体(QPF)在原始奥氏体晶界上形核长大，多边形铁素体(QPF)形成时，C原子具有较大的扩散能力，结构变化较小。因此，调质处理后焊接接头各部分结构组织相似。经过调质处理焊接接头组织有明显改善。

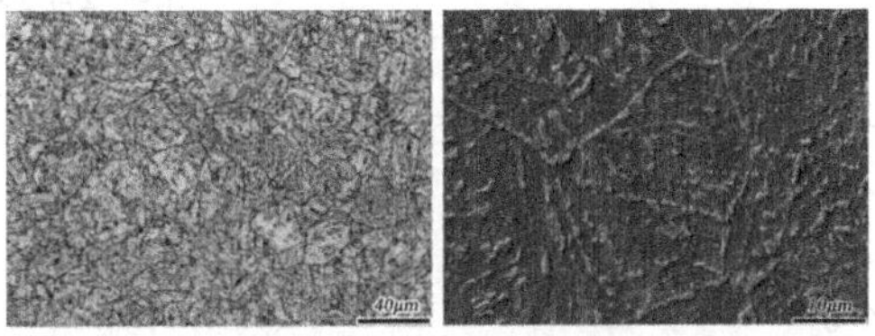

(a,b)试样 1

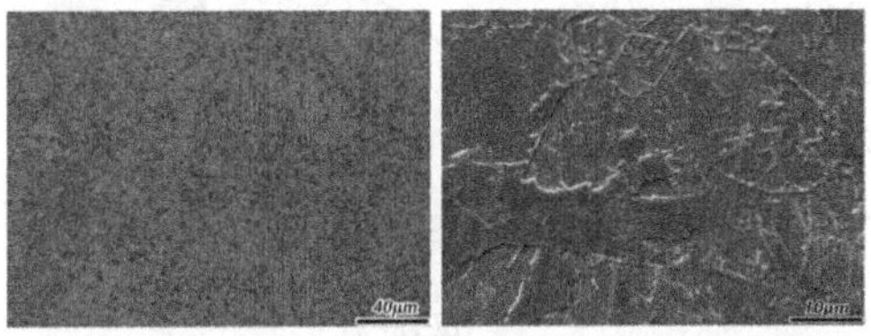

(c,d)试样 2

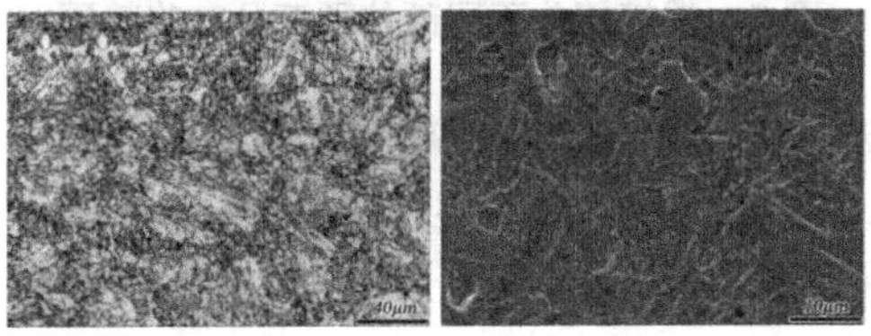

(e,f)试样 3

图4　不同热处理工艺下焊接接头HAZ的微观组织

3.2　力学性能分析

3.2.1　维氏硬度结果分析

对1、2、3三组试样分别进行维氏硬度试验，维氏硬度测试结果如表3所示，焊接接头不同部位硬度分布趋势图如图5所示。焊接接头硬度分布规律：焊缝中心处的硬度最大，从焊缝中心到母材处，硬度变化的趋势为先减小后增大，焊接接头上缘至下缘的硬度逐渐减小。此外，经过调质处理的3号试样维氏硬度值最低，经过高温回火处理的2号试样维氏硬度值也有所降低，但仍比3号试样高。调质处理后，晶粒细化。结果表明，结晶组织会减弱或消失，硬度下降。

表3　维氏硬度测试结果

试样	维氏硬度(HV10)							
	1	2	3	4	5	6	7	8
1	253	251	258	278	269	255	260	257
2	250	247	253	263	262	256	252	248
3	240	240	237	249	257	245	239	245

试样	维氏硬度(HV10)							
	9	10	11	12	13	14	15	16
1	261	253	256	271	269	251	259	249
2	255	244	241	262	267	248	256	249
3	246	250	248	255	260	246	250	239

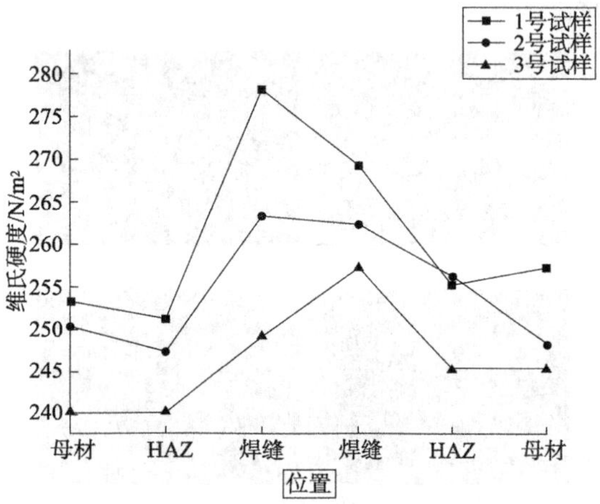

图5　焊接接头不同部位硬度分布趋势图

3.2.2　冲击性能试验结果分析

分别在母材、焊缝中心、焊接热影响区处开V型缺口，所得结果取平均值如表4所示。1号试样的母材、焊缝和HAZ在－10℃下的低温冲击功分别为212J、173J、179J，2号试样的母材、焊缝和HAZ在－10℃下的低温冲击功分别为161J、167J、187J，3号试样的母材、焊缝和HAZ在－10℃下的低温冲击功分别为219J、187J、287J。可知，不论是否经过焊后热处理，母材在－10℃下的平均冲击功大于焊缝中心和HAZ。通过显微组织得知，焊缝主要由针状铁素体和粒状贝氏体组成，组织细小，彼此交缠，起到阻碍裂纹扩展的作用，提高了焊缝的韧性。通过对比三组试样在－10℃下的低温冲击功发现：经过回火处理后，焊接接头三个区域的低温冲击功皆低于1号试样；经过调质处理后，焊接接头三个区域的低温冲击功皆高于1号试样。因此，X90管线钢的焊接接头经过调质处理的强韧性更好。

表4　热处理工艺后X90管线钢的低温冲击功

低温冲击功(－10℃)KV_8(10mm×10mm×55mm)									
试样编号	取样部位	J				SA%			
		1	2	3	平均	1	2	3	平均
1	母材	204	212	219	212	67	79	79	75
	焊缝中心	187	163	169	173	89	79	89	86
	HAZ	194	164	179	179	79	70	70	73
2	母材	169	154	159	161	70	70	70	70
	焊缝中心	184	164	154	167	90	90	90	90
	HAZ	109	131	111	117	30	30	30	30
3	母材	204	234	219	219	90	90	90	90
	焊缝中心	179	189	194	187	90	90	90	90
	HAZ	229	224	219	227	90	90	90	90

如图6所示为X90管线钢母材的微观冲击断口形貌图，(a)为纤维区，(b)为放射区，(c)为剪切唇。可以看出，纤维区的韧窝大且浅，韧窝形状不明显；放射区的韧窝大且深，分布密集；剪切唇处的韧窝更小，分布更密集。因此，X90管线钢母材表现出良好的冲击韧性。

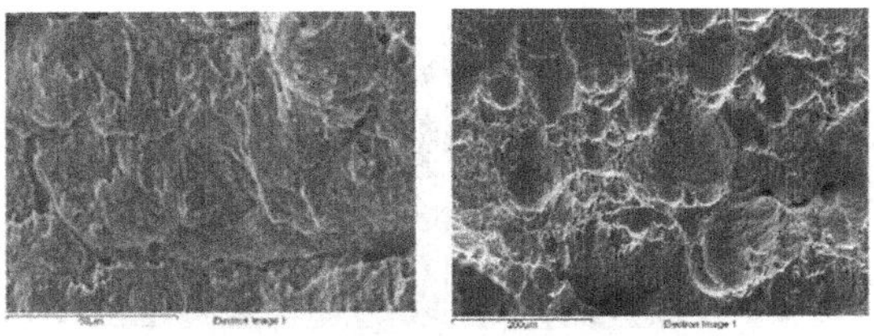

(a) 纤维区　　(b) 放射区

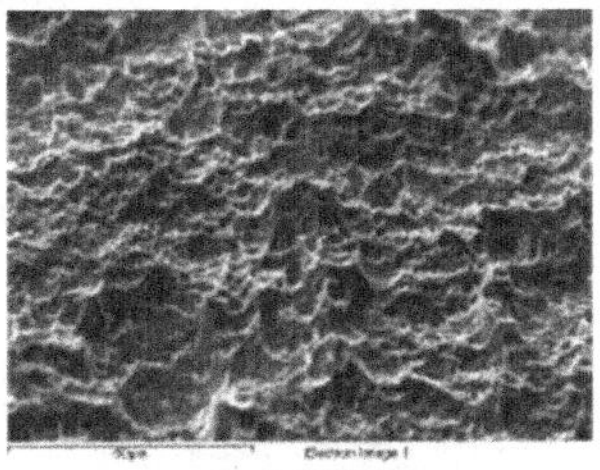

(c) 剪切唇

图6　X90管线钢母材的微观冲击断口形貌图

图7、图8、图9分别为1号、2号、3号试样焊缝处的微观冲击形貌图，(a)(b)(c)分别表示纤维区、放射区、剪切唇。根据焊接接头低温冲击功的测试结果，2号试样经过正火处理后冲击吸收功减小，3号试样调质处理后冲击吸收功增加。这一性能的变化，也反映在微观冲击形貌图上。图7所示，未经热处理的试样焊缝处分布着大量形状不均匀的韧窝，大韧窝周围镶嵌着小韧窝，表明韧性良好。与1号试样相比，图8中经回火处理的2号试样中韧窝数量明显减少，且韧窝深度变浅，放射区面积增大。由微观组织发现2号试样焊缝处柱状晶粒增多，晶粒较1号试样增大，塑性也较1号试样焊缝处降低。从图9看出，3号试样的焊缝处等轴韧窝数量最多，面积大且深度深，为韧性断裂。因为3号试样焊缝主要组成部分含大量铁素体，铁素体韧性良好，经调质处理后的焊缝塑韧性较回火处理后更优异。

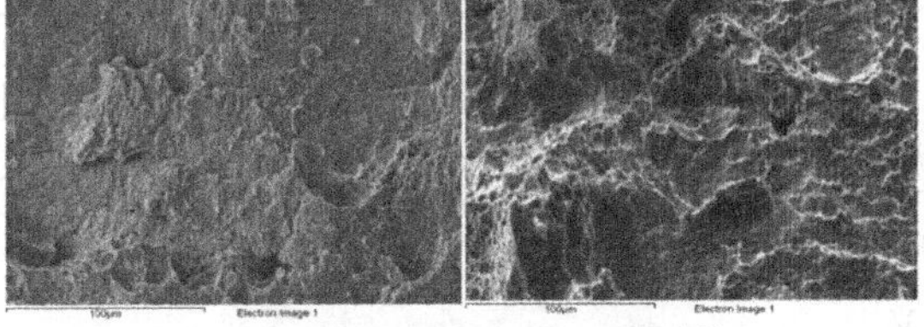

(a) 纤维区　　(b) 放射区

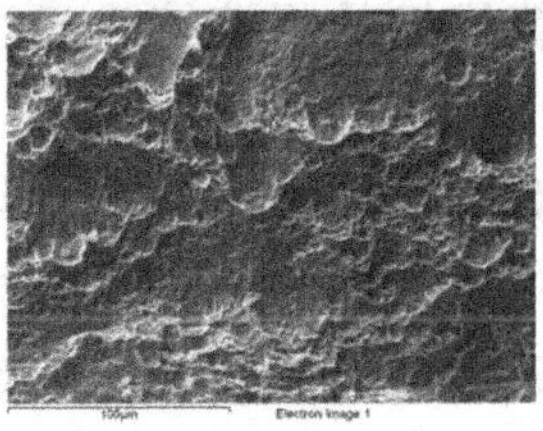

(c) 剪切唇

图7　1号试样焊缝处微观冲击断口形貌

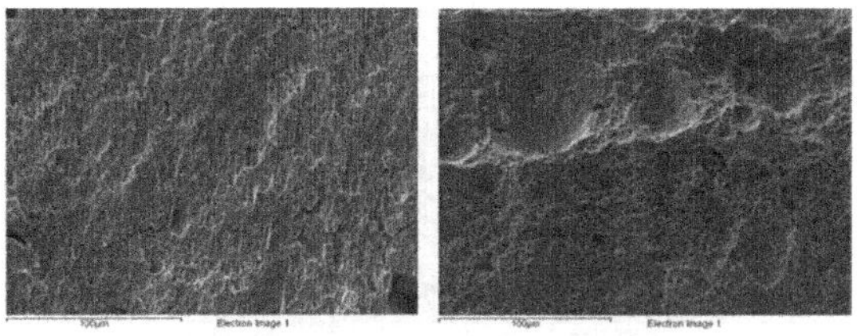

(a) 纤维区　　(b) 放射区

(c) 剪切唇

图8　2号试样焊缝处微观冲击断口形貌

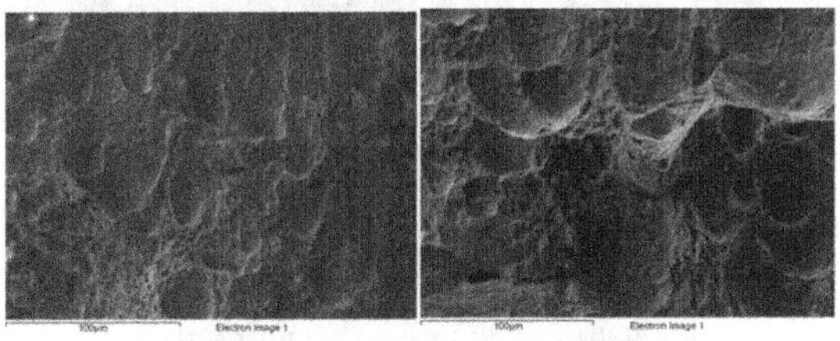

(a) 纤维区　　(b) 放射区

(c) 剪切唇

图9　3号试样焊缝处微观冲击断口形貌

图10、图11以及图12分别为1号试样、2号试样、3号试样焊接热影响区的微观冲击断口形貌图，(a)(b)(c)分别表示纤维区、放射区、剪切唇。图10中放射区韧窝较清晰，纤维区和剪切唇处的韧窝不明显，仍为塑形断裂，韧性程度与1号试样的焊缝处相似。而图11中2号试样的微观冲击断口形貌变化较大，可以明显看到放射区的河流花样，说明放射区为脆断。纤维区较平坦，密集分布着又小又浅的韧窝，韧窝越小和越浅，塑韧性越差。这与上文低温冲击韧性试验所得结果一致，经过回火处理的X90焊接接头热影响区的低温冲击功减小，代表着焊接热影响区的塑性韧性减小，脆性增加。而经过调质处理的三号试样，其微观冲击断口形貌图的韧窝较2号试样有所增加，如图12所示，放射区的韧窝较大较深，纤维区面积增加，因此，塑韧性较1号和2号试样好。

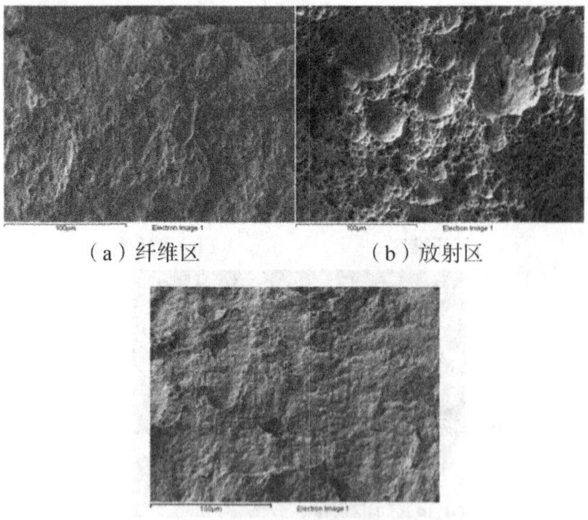

(a) 纤维区　(b) 放射区

(c) 剪切唇

图 10　1 号试样 HAZ 微观冲击断口形貌

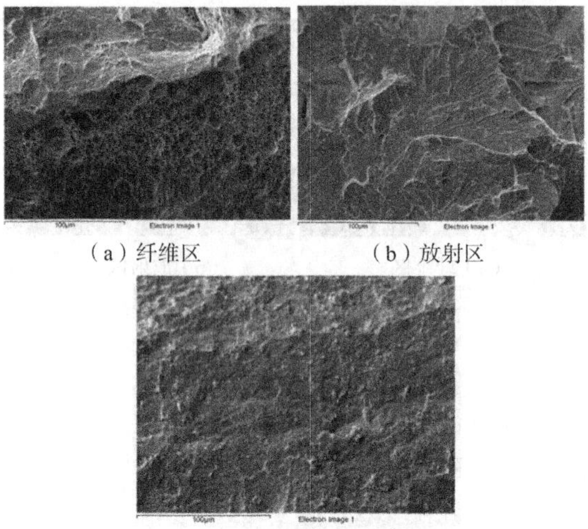

(a) 纤维区　(b) 放射区

(c) 剪切唇

图 11　2 号试样 HAZ 微观冲击断口形貌

(a) 纤维区　(b) 放射区

(c) 剪切唇

图 12　3 号试样 HAZ 微观冲击断口形貌

3.2.3　拉伸试验结果分析

3 组试样拉伸试验结果见表 5。2 号试样焊接接头经过回火处理后，抗拉强度为 799MPa，较未经过焊后热处理的值 787MPa 有所增加。断点位置距离焊缝中心 20mm，位于焊接热影响区。3 号试样焊接接头经过调质处理后，抗拉强度为 750MPa，较未经过焊后热处理的值 787MPa 有所减少。断点位置距离焊缝中心 35mm，位于焊接热影响区。因此，回火处理 X90 管线钢焊接接头的强度增加，而调质处理后 X90 管线钢的强度减小。由显微组织可知，回火处理后，焊接接头晶粒有所增大。调质处理后，含有大量铁素体类组织，塑韧性增加，强度降低。

表 5　3 组试样拉伸试验结果

试样编号	屈服强度 $R_{t0.5}$/MPa	抗拉强度 R_m/MPa	伸长率 A_{50mm}/%	断点至焊缝距离/mm
1	721	787		0
2	732	799		20
3	689	750		35

4　结论

(1)回火处理后，焊缝主要由针状铁素体(AF)和粒状贝氏体(GB)组成，HAZ 由粒状贝氏体(GB)、准多边形铁素体(QPF)、针状铁素体(AF)和少量 M/A 组元组成。而调质处理后，焊缝的显微组织成分为铁素体(F)和贝氏体(B)，HAZ 为粒状贝氏体(GB)、多边形铁素体(QPF)以及 M/A 岛。回火处理后，焊接热影响区主要由铁素体(F)和贝氏体(B)组成。调质处理后，焊接热影响区主要由针状铁素体(AF)和多边形铁素体(QPF)组成，微观组织有明显的改善。

(2)经过回火处理后，焊接接头的硬度相比于原始试样有所降低。调质处理后，焊接接头的硬度相比于原始试样最低，焊接接头性能明显改善。

(3)X90 管线钢的焊接接头经过调质处理较经过回火处理的冲击韧性更好。

(4)回火处理 X90 管线钢焊接接头的强度增加，而调质处理后 X90 管线钢的强度减小。

(5)焊后热处理对于改善 X90 焊接接头力学性能有重要意义，调质处理对焊接接头性能改善最为明显，对实际工程应用有着指导意义。

参考文献

[1]邵振遥，史文博，李壮，等．热处理对 X90 管线钢组织性能的影响[J]．材料与冶金学报，2016，015(003)：225－229，236.
[2]梁亮，张波等．焊接线能量对高强钢焊接接头组织性能的影响[J]．轧钢，2020(2).
[3]毕宗岳，杨军．X90 管线钢管埋弧焊缝组织与性能分析[J]．焊接学报．2018，39(10)：035－040.
[4]苏静，杨雪玲．热处理工艺中加热时间的研究[J]．热处理技术与装备，2010，31(3)：31－33.
[5]SpeerJ，Matlock DK，De Cooman BC，etal. Carbon Partitioning into austenite after martensite transformation[J]. ActaMaterialia，2003，51(9)：2611－2622.
[6]高有进，王乘，徐宗林．屈服强度 900MPa 级高强钢焊接工艺[J]．焊接学报，2007，28(9)：103－107.

压力管道常见裂纹问题探讨

崔　闯　贾建伟　他得保

(中国特种设备检测研究院，北京　100029)

摘　要：随着我国经济的快速发展，压力管道需要不断运行来满足生产的需求。在复杂工况及周期性疲劳荷载的作用下，一些安全隐患便呈现出来，其中最为严重的就是出现裂纹。如果压力管道在服役过程中出现裂纹，不仅会影响管道的使用性能，也会对企业生产造成或轻或重的损失。通过总结常见裂纹的类别、分析典型案例及采取的预防措施，对于压力管道安全运行具有重要意义。

关键词：压力管道；裂纹；案例；预防措施

Discussion on Common Cracks in Pressure Pipes

Cui Chuang, *Jia Jianwei*, *Ta Debao*

(China Special Equipment Inspection and Research Institute, Beijing 100029, China)

Abstract: With the rapid development of my country's economy, pressure pipelines need to run continuously to meet the needs of production. Under the action of complex working conditions and periodic fatigue loads, some potential safety hazards appear, the most serious of which is cracks. If the pressure pipeline is cracked during service, it will not only affect the performance of the pipeline, but also cause light or heavy losses to the production of the enterprise. By summarizing the types of common cracks, analyzing typical cases and taking preventive measures, it is of great significance for the safe operation of pressure pipelines.

Key words: pressure pipe; cracks; case; preventive measure

据不完全统计，截至2021年底，全国压力管道近75.75万公里，其担负着输送易燃、易爆、高温、腐蚀、有毒及放射性介质的重要任务，一旦发生泄漏或断裂，必将引起爆炸、燃烧、中毒等重大安全事故，造成人民生命和财产巨大损失[1]。因此，在压力管道定期检验过程中，企业务必重视裂纹问题，通过对管道裂纹的检验，从其形态分析中判断裂纹性质、类别和影响因素，技术人员应依据裂纹特征，分析裂纹缺陷，预测设备安全性能等级，预判设备工作状态，以便采取科学、有效的应对措施，解决裂纹问题，确保设备安全运行[2]。

1　压力管道常见裂纹及特征

1.1　疲劳裂纹

疲劳裂纹主要分为机械疲劳裂纹和腐蚀疲劳裂纹[3]。在机械疲劳裂痕形成的基础上，因周期性交变应力和腐蚀性介质的共同作用下，形成腐蚀疲劳裂纹。在承压设备(压力管道)容易产生疲劳裂纹的部位都是呈现规律性，其主要产生在应力集中部位，开始形成阶段属于微裂纹，肉眼看不到，随着服役时间的延长，疲劳裂纹沿着微裂纹尖端不断扩展，最终导致设备的泄漏或失效[4]。曹宇光[5]等通过对输油管道普遍存在的裂纹进行了分析研究，收集管道特征参数和边界条件，依据弹性断裂力学理论，对裂纹尖端应力场求解，得到裂纹尖端塑性区范围，具有很好的工程实用价值。机械疲劳往往发生在缺陷处和焊缝热影响区，呈直线状分布，形成初期短小并在外荷载作用下不断向里延伸，由小变大，后期裂纹加速扩展，最终会稳定扩展。

作者简介：崔闯(1987—　)，工程师，主要从事压力管道检验检测工作。E-mail：cuichuang16@163.com

1.2 应力腐蚀裂纹

应力腐蚀裂纹主要发生在汽水管道、集装箱管座等部位[6]，是由应力和腐蚀性介质共同作用下产生，具体形成过程是压力管道在碱性介质的侵蚀下，在金属晶体和晶界面产生电位差，晶粒表现为阴极，晶界面表现为阳极，这样会产生微电流，在微电流作用下，腐蚀现象沿着境界面向金属内部扩展，在金属内部产生的裂纹。主要特征表现在：苛性催化是造成在应力最大部位产生裂纹的主要原因，裂纹的发展方向是由里向外。微观显示，裂纹存在主次之分，主裂纹穿晶，次裂纹沿着境界发展，当苛性催化裂纹发展到肉眼可见时，裂纹的裂口是陈旧的，同时，附近伴有黑色的氧化产物[7]。振动频率过高、残余应力得不到释放，也是形成应力腐蚀裂纹的主要应力源[8]。

1.3 过冷、过热产生的裂纹

压力管道在制造过程中，受到过冷或过热因素的影响，也会产生裂纹。压力管道在焊接过程中，难免会出现裂纹，类似地在焊接过程中产生，在高温影响下形成的裂纹称为焊接热裂纹，而金属焊接冷却较长时间后会产生焊接冷裂纹，一般体现在耐热钢管道。焊接冷却金属组织中存在氢元素，也是出现焊接冷裂纹的原因[9]，当压力管道在冷却过程中，金属组织中原有奥氏体逐渐向铁素体转化，焊缝金属随之受氢元素的影响，呈聚集态集中，由于氢元素的溶解度是受外界环境的影响，当冷却还在进行时，形成焊接裂痕[10]。焊缝质量直接影响焊接的性能，焊缝中C、S、P及其他低熔点共晶杂质元素含量越低，焊缝金属的抗裂纹能力就越强，如果焊缝中 $C>0.16\%$，$S>0.05\%$ 时，裂纹就可能出现[11]。

热裂纹主要特点：其一，金属结晶过程中相变前发生的晶格缺陷，裂纹具有明显的晶格破坏性；其二，具有焊接工艺特性的普遍性；其三，当焊缝表面暴露在空气外面，裂纹呈现蓝色或黑蓝色[12]。热疲劳裂纹大多数发生在蒸汽管道压力表管座，疏水管座、排气管管座及喷水减温器等部位，呈现不规则的忽宽忽窄的跳跃式扩展状态，在蠕变温度以下，扩展方式为穿晶，蠕变温度以上为沿晶或混晶扩展[13]。冷裂纹的特点是：在温度相当低及焊接结束后较长一段时间产生，由于形成时间长，检测很难发现，具有一定隐蔽性。在其形成很久之后才能检测出来，并且检测难度大，冷裂纹造成的危害性也较大。

2 压力管道裂纹案例

2.1 案例一

某化工厂单体回收管线，材质为0Cr18Ni9，设计压力0.4MPa，温度187℃，壁厚为4.5mm，介质为VCM气体，2011年投用。定检过程中发现整条焊缝中心存在周向裂纹，主要特征为贯穿整条焊缝，取向基本为直线，平行于焊缝，见图1。

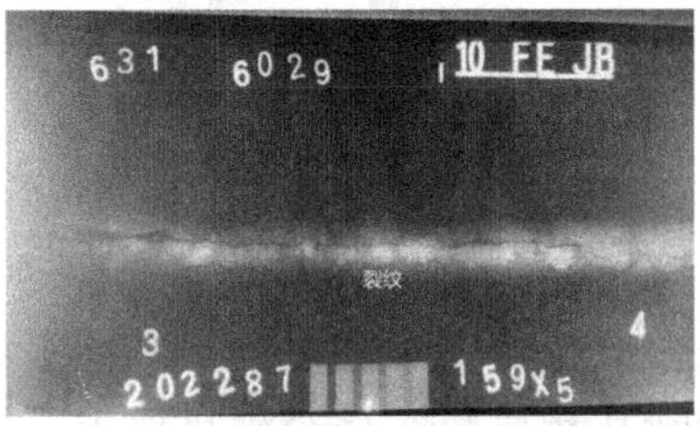

图1 X射线裂纹底片

分析原因：根据裂纹在底片显示的特性以及取向、形态等特征，可以初步判断该裂纹属于热结晶裂纹。初步判断为焊接时，在热源作用下，焊缝区是升温过程，金属加热到一定温度之后会发生膨胀，焊缝受热区承受压应力[14]，随着焊接热源的前移，焊缝上某点的温度会下降，熔池的冷却速度非常快，存在于焊缝周围的冷金属会阻碍膨胀，此时，因为冷却收缩不均匀导致的拉伸变形高于允许值时，在外界荷载的作用下，沿晶开裂，产生热结晶裂纹[11]。

2.2 案例二

某化工厂主蒸汽管道，2013年投用，材质为12Cr1MoV，规格 $\phi426\times30$mm，设计压力9.81MPa，工作压力9.00MPa，工作温度545℃，于2016年1月发生隔离阀下焊口裂纹，长度约500mm，起裂位置为外表面熔合线处。图2(a)为裂纹扩展照片；图2(b)为裂纹端部扩展显微照片；图2(c)为开口处微观形态；图2(d)为焊缝管道侧热影响区组织，左下角为结晶区，右上角为贝氏体组织。从图可以看出裂纹内均有氧化物生成，并且在中间壁厚位置处发生分叉，沿着热影响区扩展贯穿整个壁厚，宏观端口呈现脆性断裂。

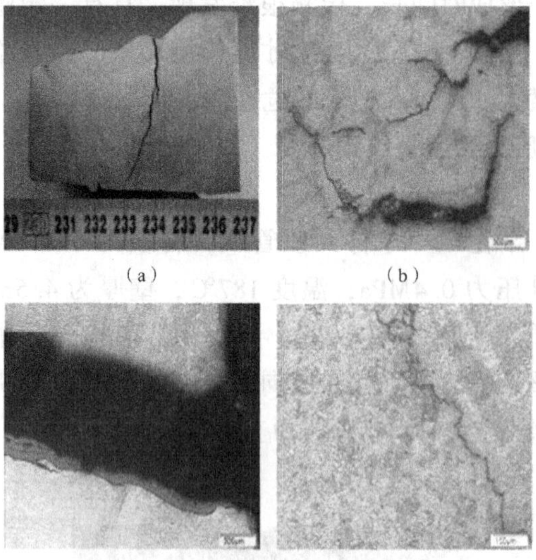

(a)　(b)　(c)　(d)

图2　裂纹宏观及微观图像

由于该管道在工艺系统中至关重要，受使用单位委托，检验单位对焊接接头的冲击韧性进行测试，判断其断裂韧性是否满足要求。焊缝及热影响区夏比冲击测试结果见图3和图4。

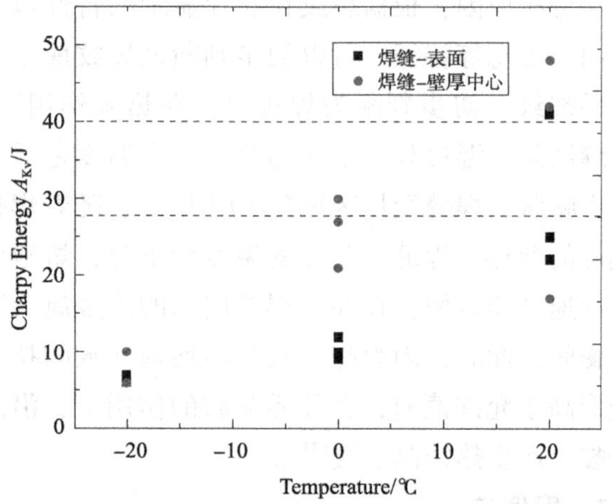

图3　焊缝夏比冲击测试结果

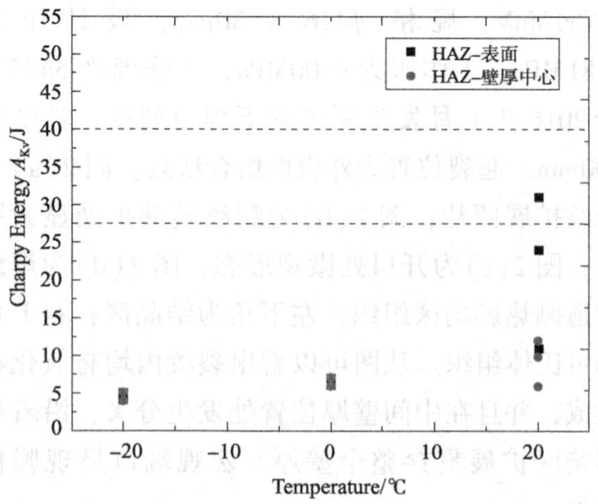

图4　热影响区夏比冲击测试结果

试验结果表明：壁厚中心试样吸收功平均值为9.5J，最小值仅为6J，远低于标准GB/T 5310—2008《高压锅炉用无缝钢管》中12Cr1MoV钢夏比冲击吸收功平均值不低于27J(横向)和40J(纵向)的要求。

原因分析：综上焊缝开裂特征，该裂纹定性为再热裂纹，结合夏比冲击测试结果，长期处于高温高压的工作环境，并且焊接接头热影响区冲击韧性低，材料抵抗起裂和扩展的能力差，在外部荷载及复杂工况下发生开裂。除了材质、温度，该裂纹产生的原因也可能是管道结构、焊接工艺等多方面因素。魏明业[15]等通过对不同长度和深度的单个裂纹对弯头强度影响的研究，得出当单裂纹深度一定时，裂纹长度越大，裂纹承受的最大应力也越大，且应力分布趋于均匀；当单裂纹长度一定时，随着裂纹深度的增大，裂纹承受的最大应力越小，因此，裂纹对于主蒸汽管道强度有明显影响，主蒸汽管道的焊缝、热影响区应当作为检验的重点。

3　压力管道裂纹的预防措施

根据以往学者对于裂纹的研究，其预防措施主要体现在：①对设备的生产原料、制造工艺及操作过程加以控制；②使用单位重视原材料的采购、验收及设备质量的定期检验，并建立完善的质量检验体系；③使用单位应当重视压力管道的服役工况。详细分析如下：

3.1　加强对生产原料、制造及操作的控制

(1)在管件生产前，须对原材料进行严格认真地检查和审核，确保生产制造材料符合相关标准的要求，达到行业标准。使用单位应对采购的管子、管件进行入厂验收，对于不符合标准要求的务必予以清退或更换。

(2)压力管道可以说是一种高危设备，对于生产制造过程中的工艺图纸须认真审核，保证工艺图纸与设计的符合性，以及参数的准确性。在生产制造过程中，管理人员须严格执行生产工艺，对生产工序的每一步细节加以严格检查，避免在单个环节中出现疏忽，为裂纹的产生埋下隐患，务必保证出厂质量符合制造标准；压力管道生产人员须严格按照制造标准的工艺流程进行生产，避免在生产过程中出现失误、意外等情况。

(3)工作人员的设备操作水平也会影响压力管道裂纹的产生，提高操作人员的设备操作水平，规范设备运行操作流程，有利于防治裂纹问题出现。因此，操作人员须掌握操作规范方法和

流程，并通过技能考核，方可从事相关工作。

3.2 重视原材料和设备的质量检验并构建完善质量检验体系

压力管道在工业生产及民众生活中，起着非常重要的作用，导致压力管道本体失效的主要原因是腐蚀裂纹的产生，目前，压力管道的管理和使用仍然存在安全隐患。因此，为了尽可能将压力管道裂纹风险降为最低，使用单位对原材料采购、质量检验、入厂验收、安装监督检验及定期检验环节应高度重视，对于到期压力管道及时委托检验，并建立完善的压力管道检验台账，具备条件的企业，建议建立完整性管理平台及质量检验体系。

压力管道制造过程务必按照相关质量体系要求执行，从材料的制造到使用后的定期检验，每一个环节，不能有任何疏忽。管道原材料质量直接决定压力管道质量，原材料质检是保证成品管道合格的基础，也是提高制造质量的有效保障；应重视压力管道制造、生产过程的检验和相关试验，为确保质检的有效性，制造企业应制定相关管理制度，不断优化生产流程，降低质检不合格率。设备出厂前质检作为最终环节，也是控制存在缺陷，尤其是裂纹设备走向市场的关键环节，质检人员应在检验过程中严格依据相关制造标准，认真负责，避免出现漏检、错检等问题，对于出具的产品质量证明文件，做到准确无误。

3.3 使用单位严格监控压力管道服役工况

裂纹的产生，不仅与原材料制造质量、设备的检验质量有关，还与设备长期服役环境等因素密不可分，作为压力管道使用单位，应当做到：

因高温、高压等剧烈服役环境，必然会产生过热、过烧裂纹，宏观表现是大小不等的裂纹，设备有融化和晶界氧化的表现。同时，伴有表面脆裂现象。微观表现为晶粒粗大，魏氏体组织大面积覆盖，有细微圆球粒子沉淀，主要是氧化性气体在高温下向晶界周围扩散形成，晶界氧化后局部会产生沿晶裂纹，这些裂纹和龟裂给压力管道承压部位埋下巨大隐患。

对于高温、高压系统下长期运行的压力管道，严格控制运行参数，避免因高温蠕变、材质劣化等造成的裂纹失效；加强使用过程中巡检力度，在裂纹出现的第一时间及时发现，避免可能发生的安全事故。

4 结语

压力管道的制造、使用过程，难免会产生裂纹等制造缺陷，裂纹作为最不稳定、最危险的一种缺陷，一旦管道出现裂纹，轻则造成泄露、设备失效，停止作业，重则引发爆炸事故。裂纹的产生主要源自设备的受力状态、制造工艺、操作工艺和材料自身质量等方面，为了有效降低压力管道裂纹的出现概率，相关单位应当根据裂纹产生的原因，进行科学分析，并采取有效预防措施，以提高压力管道的安全性和稳定性。

参考文献

[1]曹宇光，孔谦，田凯，等．基于有限元模拟的压力管道轴向裂纹应力强度因子计算[J]．石油矿场机械，2010，39(8)：1－7.

[2]韩晶．浅析锅炉压力容器压力管道检验的裂纹问题[J]．内蒙古石油化工，2016(4)：69－70.

[3]隋韧锋．锅炉压力容器压力管道检验中的裂纹问题研究[J]．智慧城市，2019：181.

[4]朱正宏．关于压力容器压力管道形成裂纹的问题分析[J]．辽宁化工，2019，48(7)：667－668，675.

[5]曹宇光，孔谦，田凯，等．基于有限元模拟的压力管道轴向裂纹应力强度因子计算[J]．石油矿场机械，2010，39(8)：1－7.

[6]朱文英．锅炉压力容器压力管道检验中的裂纹问题[J]．科学技术创新，2019(5)：191－192.

[7]李红艳．锅炉压力容器压力管道检验中的裂纹问题研究[J]．黑龙江科技信息，2013(14)：14.

[8]林庆茂．关于压力容器压力管道形成裂纹的问题分析[J]．世界有色金属，2019(3)：176，178.

[9]彭建华．锅炉压力容器压力管道检验中的裂纹问题探究[J]．中国新技术新产品，2016(19)：60－60，61.

[10]陈立晖．锅炉压力容器压力管道检验中的裂纹问题分析[J]．绿色环保建材，2019(11)：182，184.

[11]李昕，曲直．论压力管道焊接裂纹产生机理分析及预防[J]．中国设备工程，2019(1)：150－151.

[12]蔡政国．锅炉压力容器压力管道检验中裂纹问题及预防处理方法分析[J]．现代制造技术与装备，2017(6)：155，157.

[13]李广彬．锅炉压力容器压力管道检验中裂纹问题的研究与处理[J]．山东工业技术，2015(4)：32－32.

[14]邵俊甫，张强．压力管道裂纹产生原因分析及预防措施[J]．石油和化工设备，2011，14(5)：10－12.

[15]魏明业，王明庭．裂纹对主蒸汽管道弯头强度的影响[J]．焊管，2019，42(8)：7－13.

MTBE 装置水洗塔腐蚀问题的分析及探讨

马岩军　田　杰　历　智

(中国石油天然气股份有限公司乌鲁木齐石化分公司，新疆 乌鲁木齐　830019)

摘　要：本文就乌鲁木齐石化公司炼油厂 8 万吨/年 MTBE 装置，水洗塔 C－102 塔盘腐蚀和堵塞，强酸性阳离子交换树脂催化剂颗粒夹带的游离酸，发生析氢腐蚀和塔盘堵塞进行原因分析；提出增大甲醇回收系统的水洗水的置换速度，增设水洗塔 C104 提高水洗塔水洗效果等措施；通过技术措施实施和工艺流程改进，充分就近利用气体分馏装置大量富余的凝结水，来解决 C－102 萃取水 PH 值呈强酸性问题；对比改进前后水洗塔 C－102 底萃取水 PH 值明显上升，塔内筛板塔盘的堵塞情况得到改善，塔内构件及换热器的腐蚀问题明显缓解，有效解决了困扰装置生产的瓶颈问题。

关键词：游离酸；腐蚀；水洗；置换

Analysis and Discussion on Corrosion of Water Washing tower in MTBE Plant

***Ma Yanjun*[1]，*Tian Jie*[1]，*Li Zhi*[1]**

(1. China National Petroleum Corporation Urumqi Petrochemical Company，Xinjiang Urumqi 830019，China)

Abstract：This paper deals with the corrosion and blockage of C－102 tray in the water washing tower of the 80000－ton－a－year MTBE unit in the refinery of Urumqi Petrochemical Company，and the free acid carried by the catalyst particles of the strong acid Ion－exchange resin，some measures are put forward，such as increasing the displacement speed of water washing water in methanol recovery system，adding water washing tower C－104 to improve water washing effect Through the implementation of technical measures and process improvement，the problem of strong acidity of C－102 extraction water was solved by utilizing abundant condensate in nearby gas fractionation unit The PH value of C－102 bottom extraction water in the washing tower increased obviously，the blockage of tray with sieve plate in the tower was improved，and the corrosion problem of the components and heat exchangers in the tower was obviously alleviated，it effectively solves the bottleneck problem that perplexes the production of the device.

Key words：free acid；corrosion；washing；displacement

1　前言

MTBE(甲基叔丁基醚)作为是一种生产高品质汽油的理想的添加剂，除了可以提高汽油辛烷值、增加汽油含氧量外，还可以促进燃烧，减少汽车废气中氮氧化合物的排放，是一种重要的化工原料。MTBE 生产装置以异丁烯(炼厂的混合碳四)和工业甲醇为原料，通过酸性的树脂催化剂 D006 进行反应合成。对于反应剩余的甲醇，通过水洗萃取法进行回收。

乌鲁木齐石化公司炼油 MTBE 装置自 2006 年建成投产，2007 年经过新增原料水洗塔改造，设计能力为 MTBE 产能达到 5 万吨/年，2016 年装置扩能改造产能达到 8 万吨/年。

MTBE(甲基叔丁基醚)装置自投产后，C－102 水洗塔系统发生三次堵塞现象，使得塔底夹带液化气，造成甲醇塔(C－103)带液化气超压，操作不稳定。严重影响装置加工负荷及 MTBE 产量。经过采取临时停工措施，对水洗塔进行蒸塔

作者简介：马岩军(1966—　)高级技师，长期从事设备腐蚀与防护管理。E－mail：mayjws@petrochina.com.cn

处理后，有一定效果，但堵塞周期越来越短，由半年处理一次缩短为三个月处理一次，成为了影响 MTBE 装置运行的关键瓶颈问题。2016 年扩能过程中，对水洗塔水洗模式进行改造，再未出现由于塔盘堵塞问题造成的装置停工。腐蚀问题得到了有效的解决。

2　设备腐蚀成因

根据金属腐蚀过程的不同特点，可以分为化学腐蚀和电化学腐蚀两大类，而电化学腐蚀可分为析氢腐蚀、吸氧腐蚀和差异充气腐蚀，其阳极过程均是金属阳极溶解。电化学腐蚀是最常见的腐蚀，化工生产过程中的金属腐蚀绝大部分均属于电化学腐蚀。

在 MTBE 生产过程中，所用催化剂为强酸性阳离子交换树脂，在酸性环境下，金属容易发生析氢腐蚀[1]。

2.1　新鲜催化剂颗夹带的游离酸

装置使用的催化剂是大孔强酸性阳离子树脂。由苯乙烯和二乙烯苯按摩尔比 1∶1，用悬浮法生成的催化剂颗粒，称为裸基催化剂。经过分子筛筛选后的裸基催化剂，用 98% 浓度的硫酸磺化、水洗后，才制成大孔强酸性阳离子树脂催化剂[2]。因此，新鲜催化剂颗粒含有酸性较强的水，一般干基催化剂的含水量在 35% ~42% 左右，湿基催化剂的含水量在 50% ~55% 左右。新鲜催化剂夹带的游离酸是比较多，即 pH 值较低。

催化剂颗粒夹带的游离酸的来源主要更换反应器、离子净化器、反应精馏塔催化剂，新鲜催化剂带来的游离酸[3]。新鲜催化剂装填后，虽然经过水洗和醇洗两个步骤，但是催化剂颗粒内夹带的游离酸是很难被全部清洗掉。因此新催化剂使用初期，新鲜催化剂夹带的游离酸的危害比较大，其危害程度随催化剂使用周期的增长而减弱。

离子净化器定期更换催化剂亦会带来游离酸。因此，离子净化器催化剂更换越频繁，设备、管线受酸腐蚀就越严重，必须尽可能地延长离子过滤器催化剂更换周期。

2.2　催化剂脱磺产生的游离酸

在正常生产过程中，催化剂会脱磺，催化剂活性逐渐下降。催化剂脱磺是无法避免的正常现象，但是可以控制其脱磺速率，延长催化剂使用周期，降低脱磺对设备、管线的腐蚀[4]。

催化剂脱磺速率与反应温度密切正相关，反应温度越高，催化剂脱磺速率越快[5]。因此，在正常生产过程中，要严格控制催化剂床层温度，防止催化剂床层出现超温现象。

催化剂的功能基团是 $R-SO_3H^+$，催化剂脱磺形成游离酸的化学过程及电化学腐蚀过程：

$$R-SO_3H^+ \longrightarrow R+SO_3H^+$$

$$SO_3H^+ + H_2O \longrightarrow H_2SO_4 + H^+ \longrightarrow 3H^+ + SO_4^{2}$$

$$H^+ + Fe + 2e^- \longrightarrow Fe^{2+} + H_2$$

$$8H^+ + Fe_3O_4 + 12e^- \longrightarrow Fe^{2+} + 2Fe^{3+} + 4H_2O$$

催化剂脱磺是持续进行的，是产生游离酸的主要的、持续的、稳定的来源[6]。因此，催化剂脱磺是造成设备、管线腐蚀的主要原因，设备、管线的腐蚀是不可避免的。

特别是当含有酸性物质的水进入甲醇换热器 E-106 后，温度升高，电化学反应更加剧烈，其腐蚀速率大为增加，造成 E-106 管束经常出现穿孔。一般情况下，E-106 在运行一个周期(3 年)后，出现管束腐蚀穿孔的可能性就大大增加。在 E-106 拆头盖检查时发现，管程(萃取水)入口存在较多的胶状物，颜色红黑，含有四氧化三铁，这也证明了在甲醇回收塔 C-103 存在明显的氢去极化腐蚀，见图 1、图 2。

图 1　E106 堵管前

图 2　E106 堵管后

3　C－102 塔盘腐蚀堵塞情况分析

甲醇回收系统在 P－104 泵进料线上补充除盐水，在甲醇回收塔塔底排污线间断少量排水，但是大部分的萃取水在系统内循环使用。这样催化剂脱磺生成的游离酸和新鲜催化剂夹带的游离酸经过长期的积累，最终使甲醇回收系统萃取水的 pH 值达 4.0 左右，萃取水的酸性较强，对含水高的系统的设备造成严重的腐蚀[7]。装置大检修期间，发现 C－102 塔盘腐蚀，C－102 塔盘上全是铁锈。见图 3、图 4。

图 3　塔盘原状况

图 4　塔盘腐蚀积垢后状况

在分析了 C－102 塔盘结垢物的主要成分后，明确了塔盘堵塞的原因。在原设计中 C－102 和 C－103中的水出于节能考虑需要循环使用，从而导致甲醇回收系统在运行一段时间后，萃取水的 pH 值就会达到 4.0～6.0，具有很强的酸性，对含水系统的设备、管线造成酸性腐蚀，从而产生锈蚀，当设备锈蚀达到一定程度后，就会析出铁锈、锈渣并沉淀在塔盘上，最终导致塔盘堵塞[8]。

另外，生产过程中催化剂会有一定程度的磨损，磨损形成的催化剂粉末从反应精馏塔（C－101）塔顶带出，经水洗后悬浮在萃取水里，悬浮物达到一定浓度时便沉淀在塔盘上，造成塔盘堵塞。

4　应用对策

4.1　增大甲醇回收系统的水洗水的置换速度

通过塔盘腐蚀堵塞的原因分析，结合甲醇回收系统的工艺流程，我们只要保证 C－102 的萃取水 pH 值至 6～7 之间，就可以解决或延缓塔盘堵塞腐蚀问题。通过加大除盐水置换排放当然能够解决萃取水 pH 值问题，但是造成能耗升高及浪费，考虑到就近气体分馏装置有大量富余的凝结水可以利用，即通过实施技改技措项目利用气体分馏装置凝结水来解决 C－102 萃取水 pH 值问题。改造流程见图 5。

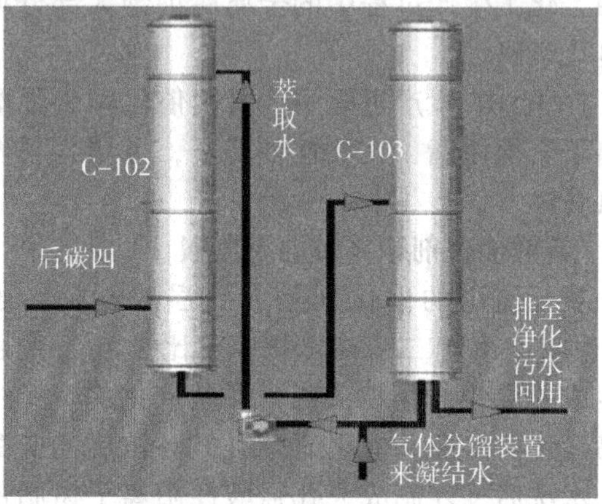

图 5　甲醇回收系统工艺流程简图

4.2　增设水洗塔 C104，提高水洗塔水洗效果，降低水洗水 pH 值

通过水洗水系统的腐蚀分析，明确了 PH 值的监控是防止 MTBE 水洗塔及甲醇回收系统腐蚀的关键。为此为避免水洗塔系统由于塔盘腐蚀而造成装置非计划停工，通过 2016 年 MTBE 装置扩能改造过程，对 MTBE 甲醇水洗水系统进行了改造。增加一台水洗塔 C－104，日常生产过程中 C－102、C－104 串联运行。异常状态下可将 C－102、C－104 独立切除进行检修。不仅提高了水洗水的水洗效果，也增加了异常状态下设备临时不停工检修的可能。

改造前后流程对比见图 6、图 7。

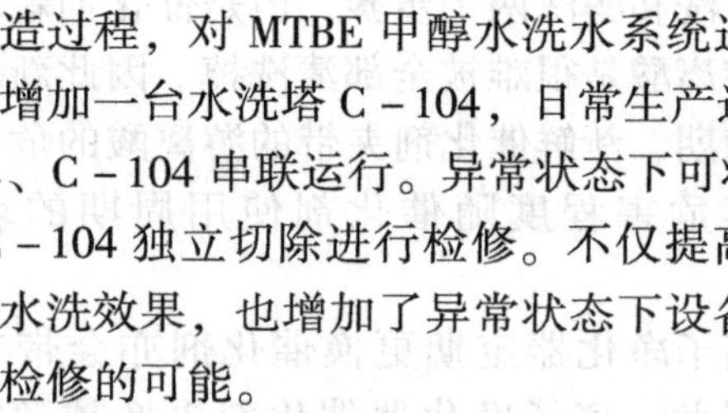

图 6　改造前水洗流程

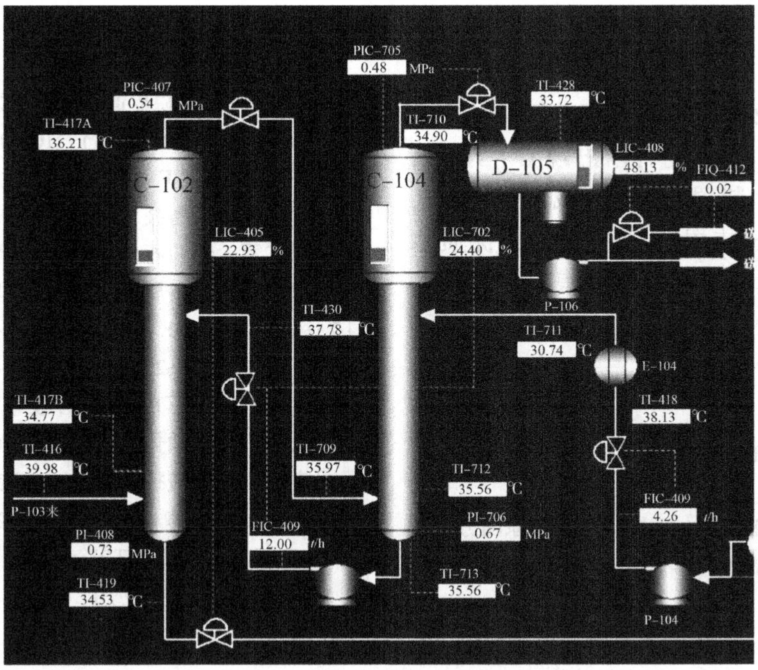

图 7 改造后水洗流程

5 实施效果

5.1 水洗水酸性明显改善，pH 值检测趋于中性

通过采取以上对策，我们对 C－102 底 pH 值及水质作了比较分析，具体见图 9、表 1。

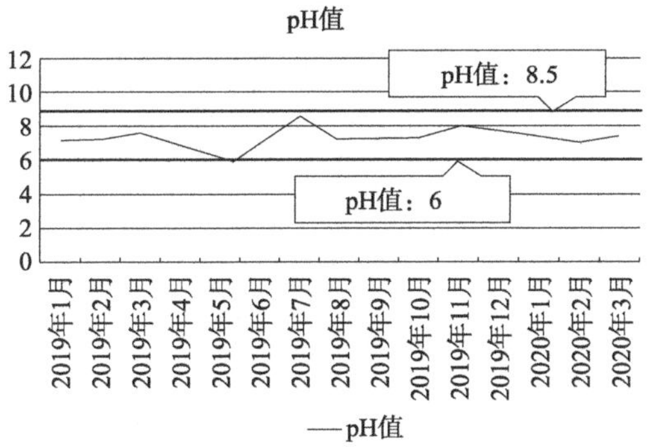

图 9 C－102 底 PH 值趋势图

表 1 改造前后 C－102 塔底水 pH 值对比

	pH 值	水质
改造前	4.0～6.0	黑色混浊
改造后	6.5～8.0	无色透明

从图表中可看出，对策实施后，C－102 塔底出来的水的 pH 值由原来的 4.0～6.0 上升至 6.5～8.0，有效地降低了甲醇回收系统内水洗水的酸性，降低了催化剂脱磺对设备造成的腐蚀。C－102 塔底排出来的水不再像改造前那样，排出来的水是黑色混浊状态。改造后萃取水的浊度明显降低，彻底避免了在装置运行期间的塔盘堵塞问题。

5.2 水洗塔塔盘腐蚀情况明显好转

通过检修期间塔体内部检查，增加水洗塔 C－104 后，C－102 塔内筛板结垢及腐蚀的问题明显减缓，塔的工艺分离性能和操作工况得到改善；塔内监测腐蚀挂片称重计算，改造前挂片腐蚀速率 0.312mm/a，改造后挂片腐蚀速率 0.054mm/a，塔内腐蚀速率下降 82%，塔盘腐蚀情况明显好转见图 10、图 11。

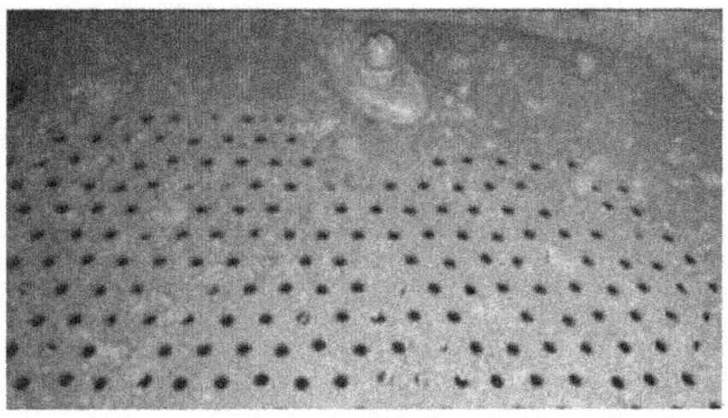

图 10 水洗塔 C－104 改造前 C－102 内塔盘腐蚀情况（2016）

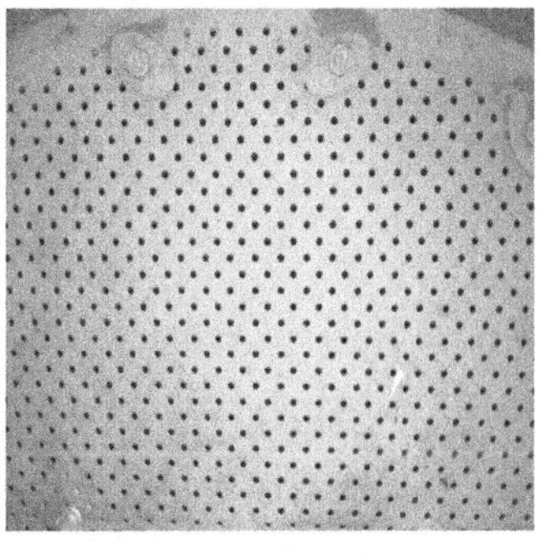

图 11 水洗塔 C－104 改造后 C－102 内塔盘腐蚀情况（2019）

6 结论

通过技术改造和优化生产操作，有效改善了水洗系统及相关系统酸性腐蚀问题。2019 年设备内检过程中，C－102 塔盘上除有部分浮灰外，未发现筛孔堵塞现象。装置也再未出现 C－102 塔盘堵塞而造成 MTBE 装置发生非计划停工现象，改造效果明显。气分装置的凝结水作为优质水源，进行萃取水的置换水利用存在浪费[9]。下一步计划甲醇萃取水增加脱酸设施，减少酸含量和置换用水，同时减少排污[10]。

参考文献

[1]张宇婷，何德永．MTBE/1－丁烯装置腐蚀原因分析及防范措施探讨．石化技术 CAS2017(11)：34－35，158.
[2]吴明清，常春艳等．MTBE 中硫化物组成的研究．石油炼制与化工 CAS CSCD 北大核心 2015(1)：6－9.
[3]祁有彬．MTBE 装置甲醇回收系统腐蚀研究．化工管理，2022(12)：108－110.
[4]童兆春．MTBE 装置萃取塔腐蚀原因分析及处理措施．石化技术 CAS2017(3)：10－11.
[5]曹云志．MTBE 装置甲醇回收系统腐蚀分析与处置．石油化工设备技术 CAS2017(5)：63－66，72.
[6]李红军．锦西石化 MTBE 装置应用脱酸剂改善萃取水水质降低设备腐蚀．化工管理，2016(11)：6－6，8.
[7]张明辉．MTBE 装置反应系统点蚀问题浅析．石油和化工设备 CAS2021(12)：140－145.
[8]曹小刚，高万山．MTBE 装置冷却器管束腐蚀穿孔失效分析．石油化工设备 CAS2015(1)：86－88.
[9]李倖禄．脱酸技术在 MTBE 装置甲醇回收系统应用探讨．石化技术 CAS2016(6)：281－281.
[10]王旭波．宁夏 MTBE 装置甲醇回收系统腐蚀原因分析及脱酸剂的应用．齐鲁石油化工，2014(3)：206－210.

常减压装置减压塔顶抽空器泄漏分析及措施

马岩军　韩　贺

（中国石油乌鲁木齐石化公司，新疆 乌鲁木齐　830019）

摘　要：针对乌鲁木齐石化公司600万吨/年常减压装置减压塔顶一级抽空器出现腐蚀泄漏，通过对减顶一级抽空器工艺工况和腐蚀环境（水含量、硫化物含量、氯离子等含量）分析，计算抽空器泄漏部位水露点温度，与实测抽空器表面温度对比，以及立式抽空器因下部支撑悬空受外拉应力的影响，在抽空器扩压管缩径的焊缝和热影响区，判断为水露点状态下氯离子奥氏体应力开裂，并通过电镜对腐蚀形貌进行分析验证。为此采取工艺操作工况调整，消除抽空器支撑悬空产生的外应力，以及材质升级等措施，解决减压塔抽空器腐蚀开开明问题。

关键词：抽空器；露点腐蚀；防腐措施

Leakage Analysis and Measures of Vacuum Tower Top Extractor in Atmospheric and Vacuum Distillation Unit

Ma Yanjun, *Han He*

(China National Petroleum Corporation Urumqi Petrochemical Company, Xinjiang Urumqi 830019, China)

Abstract: In view of the corrosion leakage of the first stage air extractor in the top of the atmospheric and vacuum distillation tower of the Urumqi Petrochemical Company's 600 million tons/year atmospheric and vacuum distillation unit, based on the analysis of the process conditions and the corrosion environment (water content, sulphide content, chloride ion content, etc.) of the top – reducing primary air extractor, the dew point temperature of the leakage part of the air extractor is calculated, and the surface temperature of the air extractor is compared with that measured, the stress cracking of chloride ion austenite in the state of dew point was judged in the weld seam and heat affected zone of the shrinkage diameter of the diffuser tube due to the influence of external tensile stress on the suspension of the lower support of the vertical vacator, the corrosion morphology was analyzed and verified by electron microscope. To solve the problem, some measures were taken, such as adjusting the operating conditions, eliminating the external stress of the vacator, and upgrading the material.

Key words: welding defects; dew point corrosion; process equipment corrosion

1　引言

600万吨/年常减压装置，2022年6月13日减压塔顶不凝气分析中氮含量50.51%，氧含量13.47%，较6月6日分析氮含量6.29%，氧含量0.45%相比，异常上升；通过分析结果判定负压操作的减压塔吸入空气存在漏点并制定查漏方案，至7月2日完成查漏堵漏，减顶不凝气中氮氧含量恢复到正常值，通过试漏发现减压塔顶一级抽真空器EJ–101ABC壳体中部缩颈处环焊缝泄漏，针对上述泄漏情况，对腐蚀机理及原因进行分析，并提出减缓腐蚀的对策。

2　设备材质

2.1　设备材质

乌石化600万吨/年常减压装置减压塔顶一级抽空器于2013年10月开工投用，本体材质316L，抽空器喷嘴材质2205双相钢，其结构如

作者简介：马岩军（1966—　）高级技师，长期从事设备腐蚀与防护管理。E–mail：mayjws@petrochina.com.cn

图 1 所示。2019 年停工大检修打开抽空器，检查检测抽空器壳体没有发现腐蚀泄漏，测厚 316L 材质的壳体腐蚀速率不超过 0.01mm/a；检查检测抽空器 2205 双相钢喷嘴，也没有发现目视可见的点蚀或开裂问题。因此，通过腐蚀检查抽空器整体判定为可正常使用。

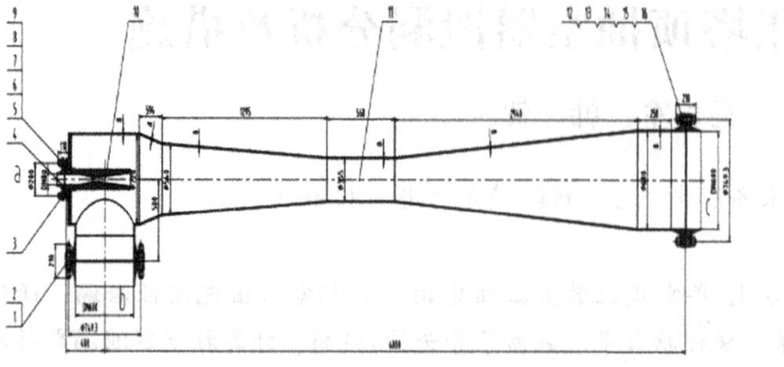

(a)

16	HG/T20631-2009	垫片 φ698/φ618 δ=4.5	1	不锈钢石墨缠绕垫片			
15	GB/T41-2000	螺母 M33	80	30CrMoA			
14	GB/T93-1987	弹簧垫圈 33	80	65Mn			
13	GB/T97.1-2002	垫圈 33	80	200HV			
12	GB/T901-1988	等长双头螺柱 M33X210	20	35CrMoA			
11	EJ-101B.02	抽空器本体	1	焊接件	817	817	本体材料：316L
10	EJ-101B.01	喷嘴	1	UNSS2205 双相钢			
9	GB/T41-2000	螺母 M20	8	30CrMoA			
8	GB/T93-1987	弹簧垫圈 20	8	65Mn			
7	GB/T97.1-2002	垫圈 20	8	200HV			
6	GB/T901-1988	等长双头螺柱 M20X110	8	35CrMoA			
5	EJ-101B.00-1	法兰	1	20 II锻	9	9	
4	HG/T20631-2009	垫片 φ160/φ80 δ=4.5	1	不锈钢石墨缠绕垫片			
3	HG/T20631-2009	垫片 φ160/φ130 δ=4.5	1	不锈钢石墨缠绕垫片			
2	GB/T901-1988	等长双头螺柱 M33X210	20	35CrMoA			
1	HG/T20631-2009	垫片 φ698/φ618 δ=4.5	1	不锈钢石墨缠绕垫片			

(b)

图 1　减压塔一级抽真空器设备结构图

2.2　设备腐蚀概貌

从图 2、图 3 可以看出抽空器泄漏点全部发生在焊缝处开裂，以及焊缝热影响区局部穿透性的点蚀。其中 EJ－101B 本体变径焊缝处有一条 7cm 裂纹，一条 4cm 裂纹，同时在焊缝处出现多个砂眼；EJ－101C 在本体变径焊缝处出现 10 个砂眼。

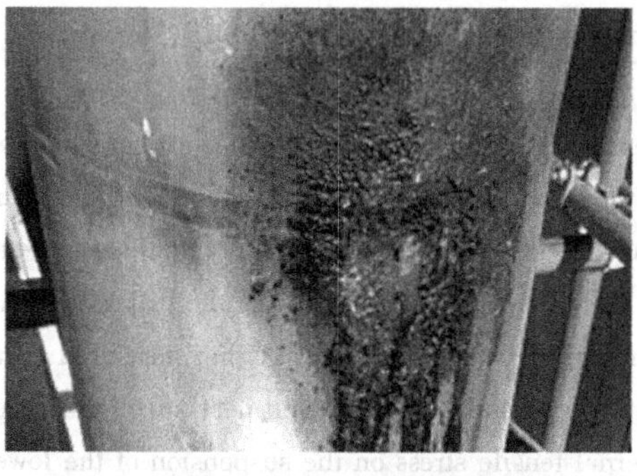

图 2　抽空器 EJ－101C 腐蚀部位图

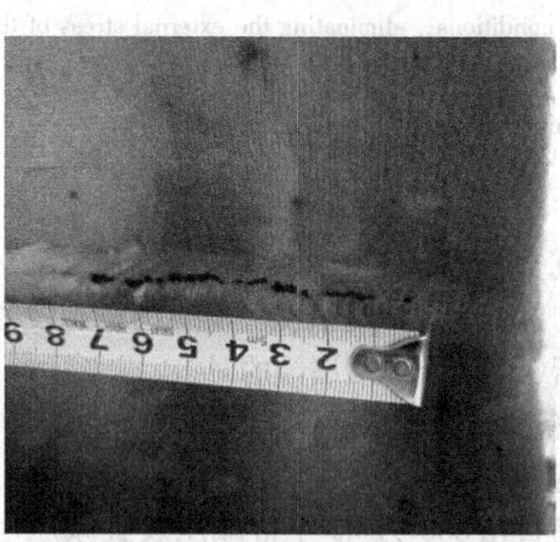

图 3　抽空器 EJ－101B 腐蚀形貌图

3　腐蚀成因分析

3.1　制造质量产生开裂

因焊接质量能产生奥氏体不锈钢焊缝开裂的焊接缺陷，有以下几种情况：

(1)晶间腐蚀：焊接过程中铬与碳结后形成贫铬区，与焊接加热温度、加热时间、不锈钢中含碳量和金相组织有关，造成不锈钢的耐腐蚀能力大幅度降低。

(2)焊接热裂纹：主要是因为不锈钢导热系数小约为碳钢的一半，线膨胀系数却大得多，容易在焊后的接头中产生较大焊接内应力及残余应力，必要时进行消应处理。

通过外观看，抽空器本体不论是纵焊缝，还是环焊缝，外观成形较好，在未发生泄漏局部焊缝弧高不合格有轻微凹陷；如果抽空器制造存在以上两种情况的焊接缺陷，在减压塔顶系统 $H_2S + HCl + CO_2 + H_2O$ 腐蚀环下，无法保证运行近 10 年，2019 年装置停工腐蚀检查抽空器壳体焊缝检测结果全部正常，因制造缺陷造成的开裂可以排除。

3.2　工艺腐蚀环境分析

3.2.1　减压塔顶露点计算

因三常减压塔底渣油执行生产沥青方案，为提高减底渣油软化点符合控制指标要求(渣油软化点由以前≥40℃，调整沥青方案后要求控制在 44～46℃)，工艺操作调整将塔顶操作温度由 65℃降低至 42℃，根据露点计算公式：

$$\ln P = 9.3876 - 3826.36/(T - 45.47)$$ [1]

式中　P——混合油气中水的分压，MPa；

T——混合油气中水的露点温度，K；

$$P_{水分压} = (M_{水}/M_{总}) \cdot P_{塔顶压力}$$

式中 $M_{水}$——塔顶气相中水摩尔流量；

$M_{总}$——塔顶挥发线总气相摩尔流量。

其中，减压塔顶绝压 $P = 3kPa$；减压塔一级抽空器蒸汽量 2.8t/h；塔底注汽量 0.29t/h；减压炉注汽量 0.8t/h；减顶不凝气量 160Nm³/h；减顶油出装置量 2.5t/h；计算减压塔顶露点温度计算值为 24.929℃；由于减压塔为负压操作并且塔顶压力只有 0.003MPa(3kPa 绝压)，根据上述公式推导过程不难发现，塔顶操作压力数值越小，计算结果产生的偏差越大，同时，利用手动经验公式计算，水露点温度受外界影响的干扰较大[2]。

减压塔顶一级抽空器缩颈部位，工作蒸汽通过喷嘴形成高速度，蒸汽压力能转变为速度能，与吸入的气体在混合室混合后进入扩压室。在扩压室中，速度逐渐降低，速度能又转变为压力能，从而使抽空器排出的混合气体压力显著高于吸入室的压力。由减压抽真空器工作原理不难发现，在减压抽真空器变径部位利用压力能与速度能之间的转化实现，即在缩颈部位压力达到最大值，结合水露点计算公式，露点温度与操作压力的升高成正比，即压力升高导致露点温度升高[2]，因此，在减压一级抽空器缩颈部位露点温度要远高于按塔顶压力计算的水露点温度 25℃。

表 1　减压塔顶(TIC11301)温度控制

时间	实际值/℃
2022 年 5 月 5 日	44
2022 年 5 月 19 日	43
2022 年 5 月 20 日	44
2022 年 5 月 21 日	43
2022 年 5 月 22 日	44
2022 年 5 月 23 日	43
2022 年 5 月 24 日	44
2022 年 5 月 25 日	42
2022 年 5 月 26 日	43
2022 年 5 月 27 日	42
2022 年 6 月 8 日	43
2022 年 6 月 9 日	44
2022 年 6 月 10 日	43
2022 年 6 月 14 日	44
2022 年 6 月 15 日	44
2022 年 6 月 27 日	43

对于减压塔而言，当减顶操作压力为 3kPa 时，根据现场真空表显示压降损失在一级抽空器处中部缩径处的压力不低于 10kPa，按 10kPa 计算水露点温度为 40.65℃；按露点腐蚀控制要求该点温度至少控制不低于 54℃，才不会发生露点腐蚀。自表 1 可以看出装置实际控制塔顶温度 42～44℃，增加了该部位腐蚀。

自图 4，抽空器投用正常后，对抽空器本体金属表面(无保温状态)用远红外测温枪检测，最低温度在 36℃，最高温度 66℃，抽空器中部泄漏点周围温度在 39～55℃之间，见图 4。对于 1.0MPa 蒸汽作为动力源的抽空器，抽空器本体器壁温度基本反映的是减顶不凝气的温度，由于喷嘴喷出的高流速蒸汽与塔顶不凝气的密度差较大，蒸汽在抽空器中间高速流动，不凝气在周围很难与蒸汽混合产生热交换(高速蒸汽形成负压区带走不凝气)，因此，抽空器壁温远低于蒸汽温度的原因[3]。对于金属发生露点腐蚀，是指金属器壁表面的温度，只要达到水露点温度就能金属器壁表面挂凝水，吸收塔顶气中腐蚀物产生露点腐蚀问题。

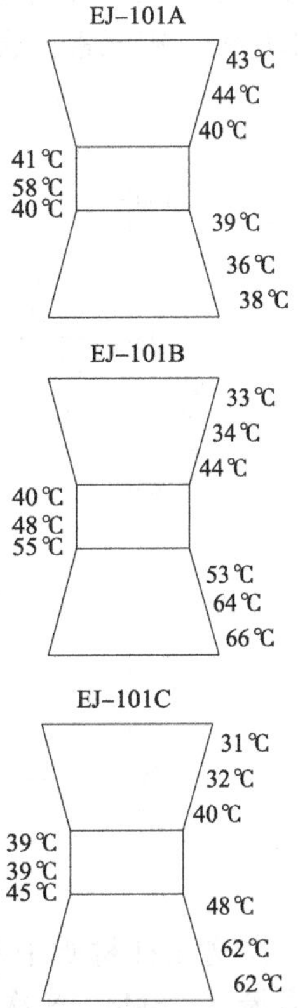

图 4　抽空器 EJ－101ABC 投用正常后外壁表面温度分布图

3.2.2　减压塔顶腐蚀物监测

塔顶如果存在微量水，会吸收大量 HCl、H_2S 等，产生高浓度酸液，产生低温部位酸腐蚀。

从表 2 可以看出，减顶油气凝结水分析，氯含量指标 ≥30mg/L，铁离子含量分析指标 ≤3.0mg/L，均符合工艺腐蚀监测控制指标要求。但是只要存在微量水，在 HCl、H_2S 存在环境中就会产生腐蚀。

表2　减压塔顶D-103罐含硫污水腐蚀物监测表

采样时间	氯离子 mg/L	氨氮 mg/L	硫化物 mg/L	铁离子 mg/L
2022-05-03	25.6	573.623	705.12	1.77
2022-05-05	27.8	598.235	746.6	1.75
2022-05-10	29.3	580.87	539.21	1.79
2022-05-12	26.4	514.203	497.74	1.81
2022-05-17	27.8	544.638	497.74	2.18
2022-05-19	22	517.101	580.69	1.84
2022-05-24	22.7	475.072	414.78	1.81
2022-05-26	24.9	508.406	389.89	1.79
2022-05-31	23.4	563.478	580.68	1.77
2022-06-02	27.8	511.304	555.8	1.79

通常使用的奥氏体不锈钢，如304，在较低氯离子浓度且存在液相水环境中，长周期一般不会对盐酸产生抗蚀性。在环境温度或以上，其腐蚀速率很高。添加镍、钼元素，会对稀酸产生抗性，如316L，但是可能会导致点蚀、局部腐蚀和应力腐蚀开裂。低温会减缓腐蚀速率，但是会引起应力腐蚀开裂。

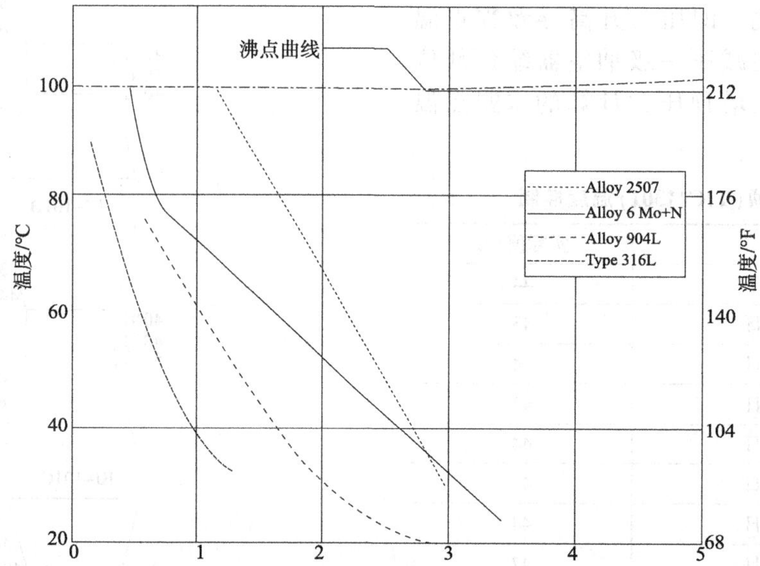

图5　常压下几种材质腐蚀性能图

如图所示，在这几种材质中双相钢2507抗氯离子腐蚀能力最强，6Mo+N次之，316L相对较差，结合抽空器所处腐蚀环境和工况，并考虑到经济性，选择2205双相钢较合适。

3.3　抽空器所承受应力分析

抽空器本体焊缝硬度检测，纵焊缝硬度105~123HB，环焊缝硬度114~138HB，焊缝硬度在正常范围内，标准要求≤235HB，排除焊接残余应力高的问题。

从图6、图7看出抽空器立管下部在框架平台水平管线支承悬空约200mm，排查换热框架均匀下沉可以排除，最有可能的就是减压塔体高温热胀，带动附塔管线及抽空器上移，使水平段的固定支撑脱离悬空失去支承作用。

图6　抽空器EJ-101ABC下部水平管线支承脱空图

图7　抽空器 EJ－101ABC 下部管线图

虽然水平段固定支撑后的弹簧支承正常，显然对于大口径的立管自重＋工艺流体，向下产生了较大拉应力，对于抽空器中部缩径处焊缝应力最为集中，也是首先在抽空器焊缝处发生开裂原因。应力腐蚀是指不锈钢在内应力和外应力作用下，在腐蚀介质中发生的破坏[4]。

3.4　抽空器壳体检测

抽空器投运 28 年，316L 材质壳体整体超声波测厚检测结果，与原始壁厚相比最大减薄量 0.37mm，最大腐蚀速率 0.013mm/a；在几处靠近裂纹边缘检测壁厚损失最大 0.31mm，腐蚀速率 0.011mm/a。

通过对抽空器壳体开裂部位电镜检查，见图8，金相呈分支状穿晶裂纹为主，且断口呈现脆性断裂，符合奥氏体不锈钢氯离子应力开裂损伤形貌，可以判定氯离子应力腐蚀是引起抽空器壳体开裂的主要因素。

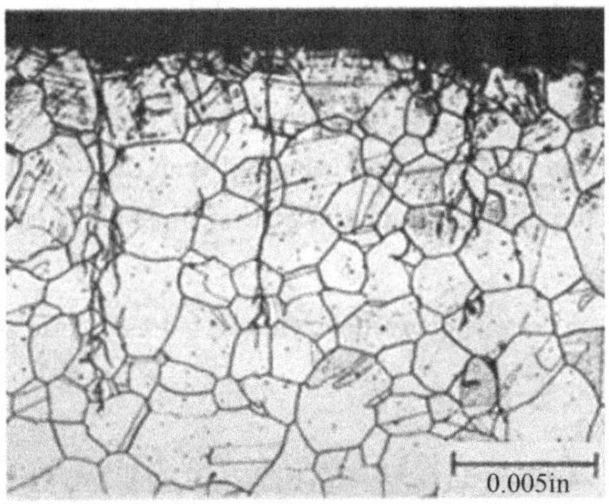

图8　抽空器壳体断面电镜微观形貌

综上所述，减压塔一级抽空器壳体 316L 材质整体耐蚀，但由于工艺操作变动所致泄漏点部位处于水露点温度环境，附塔立式抽空器支撑失效施加拉应力，在抽空器强度相对较弱的缩径焊缝区产生应力开裂。

4　采取的防范措施

（1）提高减压塔顶操作温度，建议控制下限不低于 55℃，或通过工艺流程模拟精准核算减压塔顶露点温度[5]。

（2）对一级抽空器受力情况委托核算分析，对固定支撑和弹簧支承进行修复，同时抽空器及管线不发生振动。

（3）减压塔顶温度低于水露点温度后，水汽在减顶抽不出，会在减顶下部的侧线抽出，该部位大部分采用碳钢，会产生酸腐蚀或湿硫化氢应力开裂问题，需要重点对该部位进行监测。

（4）抽空器完善外保温，在抽空器设置定点测厚监测点及温度监测孔，尤其是在冬季运行期间监控抽空器金属器壁表面温度，不低于水露点温度，防止器壁内形成露点腐蚀[6]，并通过定点测厚监控腐蚀状况。

（5）确保抽空器蒸汽采用饱和蒸汽不带水，蒸汽投用前排尽明水，防止液相水进入抽空器[7]。

（6）根据抽空器喷嘴 2205 双相钢使用的经验，以及乌石化公司一套和二套常减压装置抽空器采用双相钢材质运行已超过 20 年均正常，在确保减压塔顶抽空器处高于水露点温度工况下，建议抽空器壳体与喷嘴一体采用双相钢材质，以缓解氯离子应力开裂风险。

5　结论及建议

对于 316L 材质的减顶抽空器，水露点温度下产生冷凝水，吸收 HCl 产生高浓度的盐酸，根据氯离子腐蚀渗透原理，同时在抽空器本体焊缝处产生应力集中，满足奥氏体不锈钢氯化物应力腐蚀开裂的环境[8]。工艺上控制抽空器壳体表面温度高于该部位水露点温度，同时监控塔顶氯化物、硫化物含量变化，及时进行调整，设备上建议减压塔顶抽真空器壳体与喷嘴一体采用双相钢材质。

参考文献

[1][5]符德晓，顾友杰等．基于 Aspen Plus 的减压塔顶挥发线流动腐蚀特性的预测评估方法研究．科技与创新，2021(17)：49－52.

[2][8]黄祖娟．常减压装置减压塔顶抽空器腐蚀开裂原因分析．金陵科技，2003(5)：23－26.
王雪莲，梁泽涛等．减压塔顶抽真空系统改造．石油化工设计，2015(3)：5－6，10.

[3]甘小兵，张艳军等．减压塔顶系统的腐蚀与防护．石化技术，2018(9)：172－173.

[4]赵敏，何有文等．常减压塔顶腐蚀与防护．石油化工设备技术，2015(1)：46－48.

[6]王惠军．原油预处理单元减压塔塔顶系统露点腐蚀与控制．化工技术与开发，2020(2)：93－95.

[7]田继升，王立达等．减压分馏塔塔顶蒸汽喷射泵的失效原因．腐蚀与防护，2021(2)：73－77.

高强管线钢鹰潭土壤环境应力腐蚀开裂评价方法研究

崔怀云　张梓杨　刘智勇

（北京科技大学国家材料腐蚀与防护科学数据中心，北京　100083）

摘　要：应力腐蚀开裂（SCC）一直是影响管线钢安全服役的关键性问题。但由于现场手段匮乏，管线钢 SCC 敏感性评价问题成为技术瓶颈。本文通过电化学实验和慢应变速率拉伸试验，对管线钢在土壤环境下的 SCC 进行了非稳态电化学分析，建立了更为准确和快速的管线钢土壤环境下 SCC 评价体系。X80 钢在酸性和碱性滞留液环境中均存在 SCC 敏感性。腐蚀开裂的发生机理与电位相关，不同机制所在的电位区间可以通过快慢扫极化曲线确定。建立了典型土壤环境下管线钢腐蚀开裂评价体系，适用于典型土壤环境下管线钢的 SCC 评价。

关键词：X80 钢；土壤环境；快慢扫极化曲线；应力腐蚀评价

Stress Corrosion Cracking Evaluation Method of High Strength Pipeline Steel in Yingtan Soil Environment

Huaiyun Cui*, *Ziyang Zhang*, *Zhiyong Liu

（National Materials Corrosion and Protection Data Center，University of Science and Technology Beijing，Beijing，100083，China）

Abstract：Stress corrosion cracking（SCC）is the critical problem that affect the safe service of pipeline steel. Due to the absence of the field method，the evaluation technology is of great concern. The non – steady electrochemical bahaviour of X80 steel was researched by electrochemical test and slow strain rate test，and then a more accurate and practical SCC evaluation method was developed. Results show that the SCC of X80 steel can occur in the acid or alkaline environment underneath the disbonded coatings. The mechanism of SCC was influenced by the applied potential. The ranges of potential that correspond to different SCC mechanism can be determined using fast scan rate and slow scan rate polarization curves. The SCC evaluation method is suitable to the field evaluation of SCC of pipeline steels in typical soil environment.

Key words：X80 steel；soil environment；fast and slow scan rate polarization curves；stress corrosion cracking evaluation

1　前言

管线钢在石油天然气领域应用广泛，管线钢的安全服役尤为重要。应力腐蚀开裂（SCC）是影响管线钢服役安全的主要因素。埋地管线钢 SCC 环境的形成与管线的阴极保护和涂层保护相关。在安装和服役过程中，管线钢涂层会产生缺陷。土壤中的溶液渗入涂层缺陷形成涂层下缝隙环境。随着管线的服役时间延长，由于介质传输困难和金属不断腐蚀，滞留液成分与土壤渗出液会有很大差异[1,2]，这种差异会促进管线钢的 SCC[3,4]。

根据环境 pH 值，管线钢的土壤 SCC 常分高 pH – SCC（pH 值为 9.3 ~ 9.7）和近中性 pH – SCC（pH 值为 5.5 ~ 7.5）。一般来说，高 pH – SCC 的裂纹较为狭窄，裂纹大多在管道底部轴向开裂，多发生在压力波动较大处[5]。高 pH – SCC 一般为沿晶应力腐蚀开裂（IGSCC），学界统一认为是阳极溶解（AD）造成的，膜破裂 + 滑移溶解机理被广泛认同[6]。近中性 pH – SCC 常为穿晶应力腐蚀开裂（TGSCC），裂纹呈解理或准解理形貌。

研究表明[7,8]，氢可以加速管线钢的阳极溶解，氢脆与阳极溶解的共同作用(HE + AD)导致管线钢的TGSCC。

目前对于剥离体系下电位、溶液成分以及敏感性分布已进行了广泛的研究[9-12]，但对于土壤环境下SCC评价体系的建立尚有不足，在工程中亟需便捷、准确的土壤环境管线钢SCC评价方法的建立。

目前土壤环境管线钢SCC的评价体系的建立进展缓慢。经典SCC研究方法主要是通过稳态电化学测试和模拟SCC实验进行分析，其局限性主要有：第一，传统SCC理论忽略了SCC裂纹扩展的非稳态过程，对SCC机制的描述较为片面。第二，经典SCC研究方法难以得出不同电位下SCC敏感性的变化规律，试验周期长、成本高。目前，现场评价管线钢SCC的方法主要是半定量分析，通过对钢种、土壤pH值等指标或通过经验公式评定敏感性等级，其误差较大。

近年来SCC的非稳态电化学评价方法不断成熟，其具有方便快捷准确等特点，极有可能成为埋地管线钢SCC快速评价的核心理论而应用于工程实践。Parkins最先使用快速率动电位扫描曲线(快扫)和慢速率动电位扫描曲线(慢扫)分别表征SCC过程中裂尖与非裂尖区域的差异[13]。快扫曲线可以反应裂尖新鲜金属的电化学行为，慢扫曲线反映存在钝化膜的非裂尖区域的电化学行为。Liu[14,15]将快慢扫运用在近中性pH环境，解释了不同电位下管线钢SCC的机理，并建立快慢扫电流和SCC敏感性之间的定量关系。

本文针对鹰潭土壤环境中的剥离涂层体系，研究X80钢的电化学行为和SCC行为，探究不同电位下的SCC机制，将SSRT和电化测试结果相联系，建立土壤环境SCC的非稳态评价体系，填补非稳态电化学评价方法在管线钢土壤环境中的存在的空缺，为土壤环境下管线钢的服役安全性评价提供可靠的、便捷的方法。

2 实验方法

2.1 实验材料及溶液

研究材料为X80钢，主要成分如表1所示。

表1 实验材料化学成分(质量分数) %

	C	Mn	Al	Cu	Cr	Ni	Si	S	P	Fe
X80	0.058	1.811	0.051	0.086	0.245	0.151	0.358	<0.002	0.005	Bal.

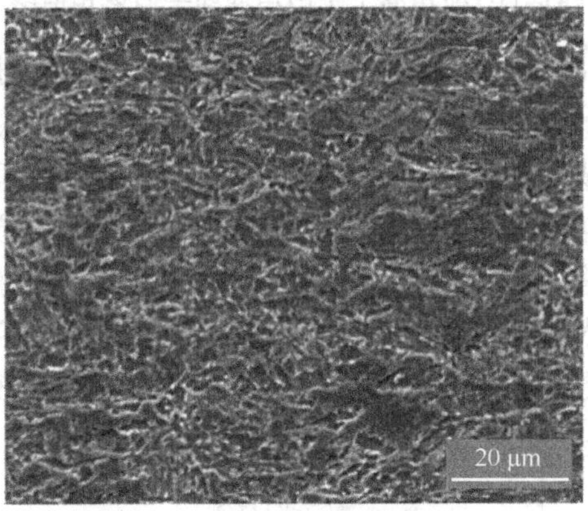

图1 实验用X80钢金相组织

金相试样用SiC砂纸打磨至5000#，抛光后使用4 vol.%硝酸酒精溶液浸蚀，在SEM电子显微镜下观察其组织如图1。X80钢组织为针状铁素体+粒状贝氏体，晶粒细小。

实验用溶液为阴极保护条件剥离涂层下滞留液模拟液，成分如表2所示。鹰潭地区的酸性和碱性模拟滞留液成分分别选取自鹰潭土壤环境-1000mV阴保电位下25cm缝隙处(酸性)和5cm缝隙处(碱性)；使用10 wt.%醋酸溶液和10 wt.% NaOH溶液将模拟液pH值调至目标值。将远离漏点处的酸性模拟滞留液称为酸性溶液，将漏点处的碱性模拟滞留液称为碱性溶液。

表2 模拟液成分 g/L

Region	pH	NaCl	$CaCl_2$	KNO_3	$NaHCO_3$	Na_2SO_4	$MgCl_2 \cdot 6H_2O$
Yingtan	11.3	0.0577	0.0028	0.0293	0.0248	0.0367	0.0085
	5.1	0.1040	0.0111	0.0228	0.0041	0.0103	0.0169

2.2 电化学行为测试

电化学测试样品的尺寸为10mm × 10mm × 4mm，焊接导线后使用环氧树脂封装，工作面积为1cm²。测试前，试样需打磨至2000#砂纸。电化学测试使用三电极体系，参比电极为饱和甘汞电极(SCE)，辅助电极为铂片电极，实验材料作为工作电极。极化曲线的电位扫描范围为-1300～400mV(SCE)，扫描速率为0.5mV/s和50mV/s。

电化学阻抗谱的扰动电位幅值为 10mV，测试频率为 100kHz ~ 10mHz。

2.3　慢应变速率拉伸测试(SSRT)

拉伸试样的尺寸如图 2 所示。测试前，试样表面需要逐级打磨至 2000#砂纸，最终的打磨方向需与试样拉伸方向相同。在进行溶液中的拉伸试验前，试样需在溶液中预拉伸 24h，预拉伸的载荷为 500N。拉伸试验的设备为西安力创 WDML - 30 应力腐蚀试验机，SSRT 的应变速率为 1×10^{-6}/s。试验过程中，使用武汉科思特 SC1002 恒电位仪改变试样的电位。试样断裂后，使用除锈液出去试样表面的腐蚀产物，在扫描电镜(FEI Quanta250)下观察断口形貌。

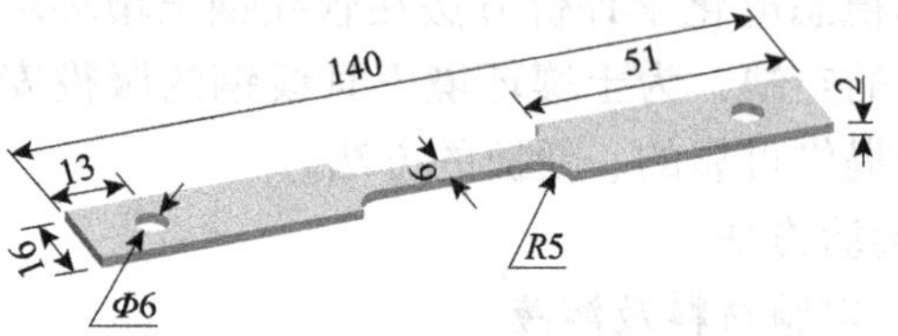

图 2　拉伸测试尺寸，单位：mm

采用断面收缩率计算材料在不同模拟环境中的应力腐蚀敏感性(I)，计算公式如式(1)所示：

$$I=\frac{Z_0-Z_s}{Z_0}\times100\% \tag{1}$$

式中，Z_0 和 Z_s 分别为试样在空气和模拟溶液中的断面收缩率。

3　实验结果

3.1　管线钢在模拟环境中的电化学行为

根据非稳态电化学理论[16,17]，慢扫体现了非裂纹尖端金属的电化学状态，处于准稳态；而快扫体现了裂纹尖端金属由于扫描速率较快而处于接近新鲜金属的非稳态电化学特性。以此可以确定在一定外加电位下材料 SCC 开裂时裂尖与非裂尖电化学行为。

为确定快扫扫描速率，测试了不同扫描速率下 X80 钢的动电位极化曲线，如图 3 所示。随着快速扫描速率的提高，快扫曲线的零电流电位几乎不变，阳极电流密度略有提高，这是由于其扫描速率越高，腐蚀产物越少，试样表面越接近裂尖新鲜金属表面状态，但扫描速度较快时对设备的要求较高，可能会损坏设备，故选用 50mV/s 作为快速扫描速率。

X80 钢在鹰潭土壤环境不同滞留液环境中快慢扫极化曲线测试如图 4。可见 X80 钢在两种环境下快慢扫极化曲线相似，阳极过程受活化控制。碱性环境下的极化曲线阳极过程均出现钝化。钝化使得 X80 钢在碱性环境中的腐蚀速率大幅度下降。X80 钢在酸性环境中的腐蚀电流密度远大于碱性环境中钝化电流密度，但碱性环境中的腐蚀电位远负于酸性环境。虽然，腐蚀电位作为电化学热力学参数与材料在环境中的腐蚀速率没有必然联系，但有必要对这种现象进行探究，以确保更准确的通过极化曲线评估材料的 SCC 行为。

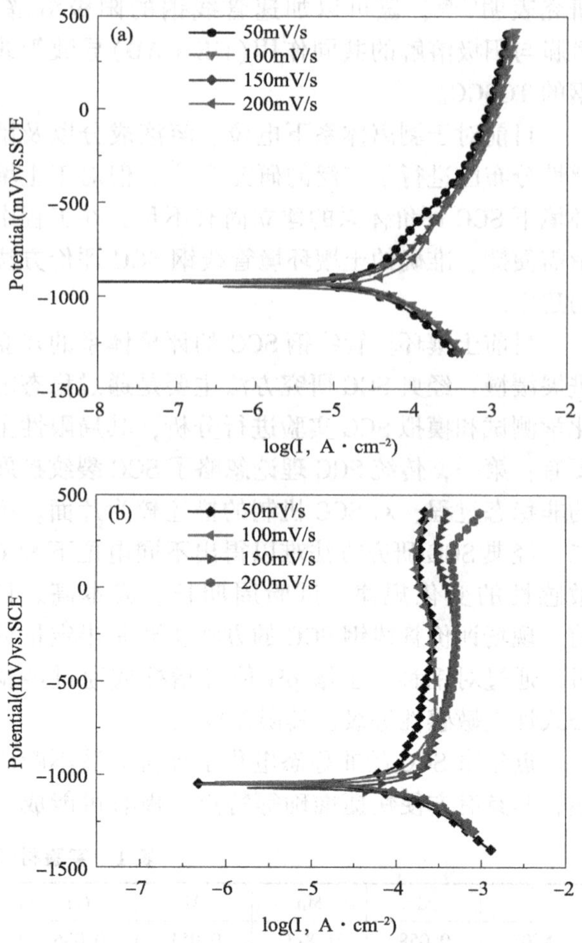

图 3　X80 钢在鹰潭酸性(a)与碱性(b)滞留液中不同扫描速率的极化曲线

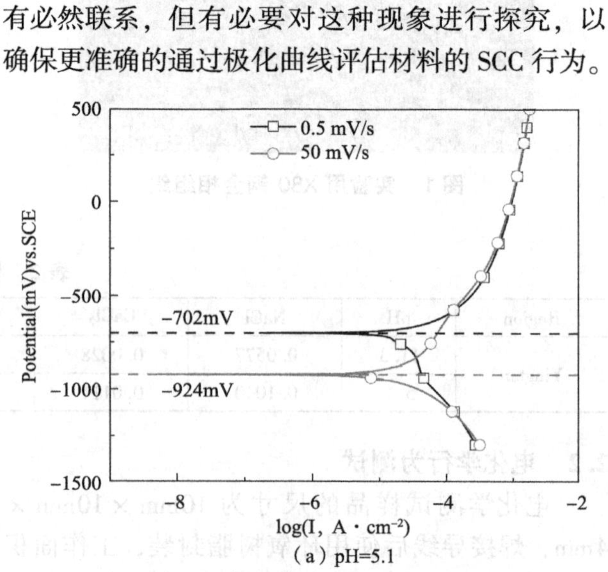

(a) pH=5.1

图 4　X80 钢在鹰潭滞留液模拟液中的极化曲线

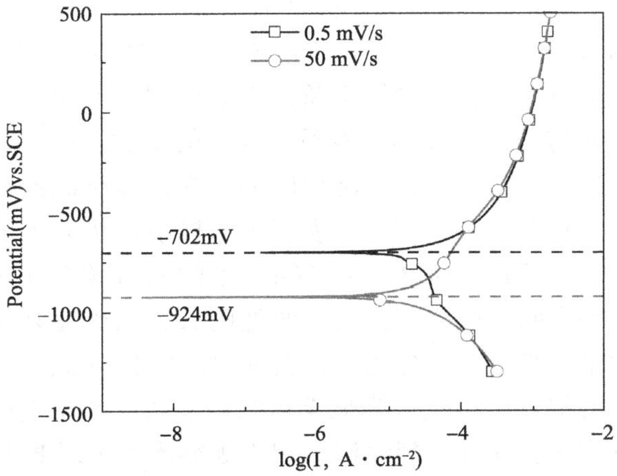

（a）pH=5.1

图 4　X80 钢在鹰潭滞留液模拟液中的极化曲线（续）

图 5 为 X80 钢在两种环境中的开路电位（OCP）随时间变化的曲线。在酸性环境中，X80 钢的 OCP 与图 4 中腐蚀电位相近；而在碱性溶液中，开路电位比腐蚀电位正约 400mV。在碱性环境中，电极表面可能存在 HCO－3电解质的吸附或沉积，从而使 X80 钢在碱性溶液中的腐蚀电位负移[122]，有报道称 OCP 条件下钢表面形成的氧化膜会使其开路电位正移至 －250mV 左右[123]。一般认为以 OCP 作为电位扫描起点的阴极或阳极极化曲线更符合稳态极化的要求，更能体现出非裂尖区域稳态电化学过程。

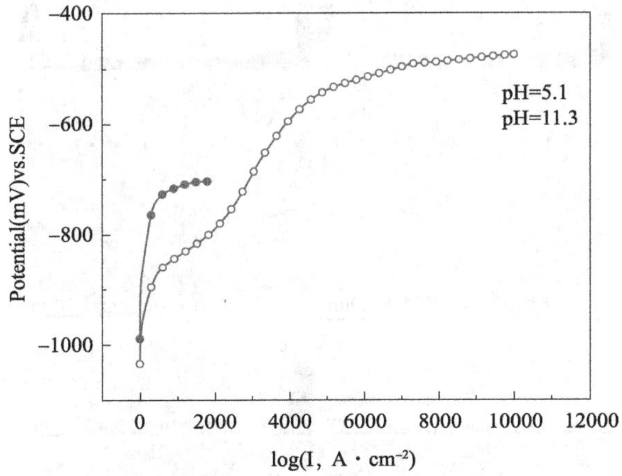

图 5　X80 钢在鹰潭酸性和鹰潭碱性溶液中的开路电位

图 6 为 X80 钢在鹰潭碱性滞留液中的极化曲线，其中慢扫极化曲线（0.5mV/s）通过两种电位扫描方式获得。将自阴极向阳极扫描获得的极化曲线称为慢扫曲线 1，将以 OCP 作为电位扫描起点分别向阴阳极扫描获得的极化曲线称为慢扫曲线 2。从图中可以发现，慢扫曲线 2 的阴极区呈现扩散控制特征，阳极同样出现钝化区。自 OCP 向阴极扫描时，氧化物还原效率并不高[18]，电流中包含 OCP 下形成的氧化物的还原电流。因此，后续对管线钢 SCC 行为进行评估时，需将慢扫曲线 1 与慢扫曲线 2 结合。X80 钢在不同环境中的电化学参数在表 3 中列出，表中 E_0 为快扫零电流电位。

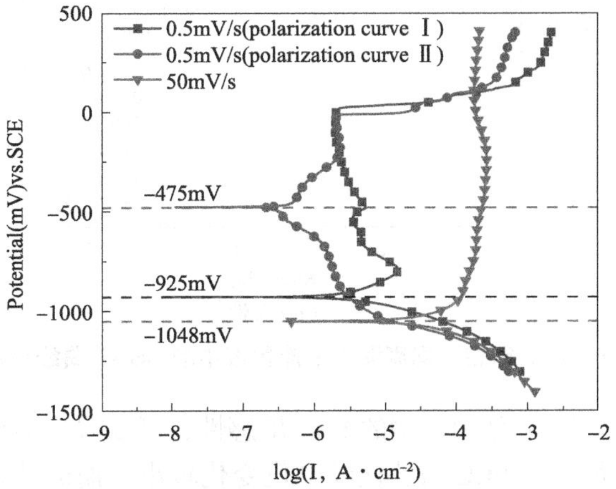

图 6　不同扫描方式获得的 X80 钢在鹰潭碱性滞留液中的极化曲线

（自阴极向阳极扫描获得的极化曲线为慢扫曲线 1，以 OCP 作为电位扫描起点分别向阴阳极扫描获得的极化曲线为慢扫曲线 2）

表 3　慢扫极化曲线拟合结果

pH	E_0/mV	E_{corr}/mV	i_{corr}/（μA/cm²）	OCP/mV
5.1	－924	－702	12.59	－704
11.3	－1048	－925	0.29	－475

3.2　X80 钢在鹰潭土壤滞留液中的 SSRT

为研究不同电位下 X80 钢的 SCC 机制及其 SCC 敏感性情况，进行了不同电位条件下 SSRT，拉伸曲线如图 7 所示。可以看到外加电位的情况下 X80 钢的延伸率均有不同程度的降低，这表明 X80 钢在滞留液环境中有着较高的应力腐蚀敏感性。使用式 1 计算 X80 钢的 SCC 敏感性。

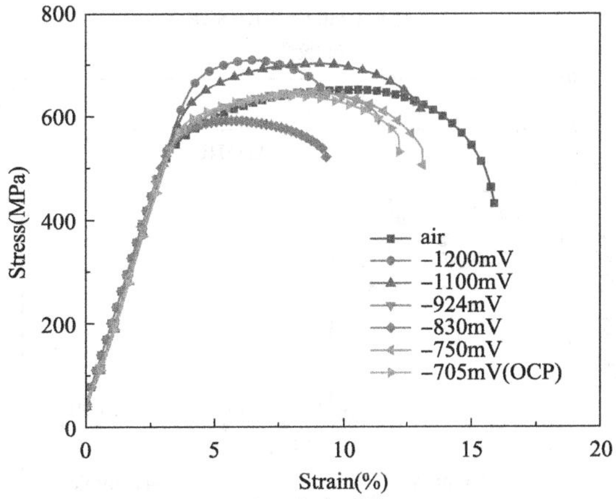

（a）酸性

图 7　X80 钢在不同鹰潭土壤滞留液中的 SSRT 曲线

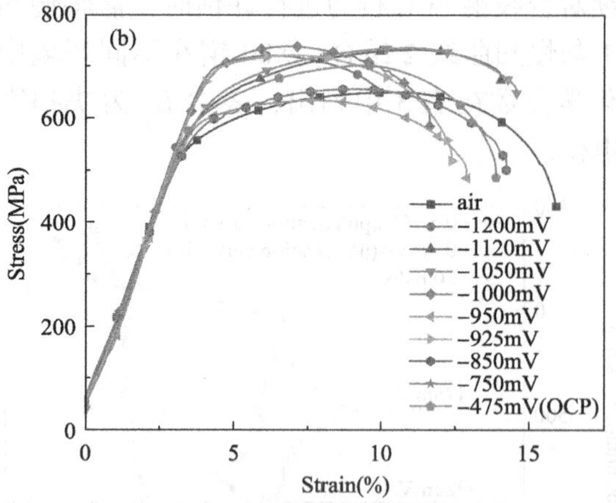

(b) 碱性

图7　X80 钢在不同鹰潭土壤滞留液中的 SSRT 曲线(续)

图 8 为 X80 钢的 SCC 敏感性，可以看出酸性环境下的 SCC 敏感性随电位变化较小，而碱性环境下随电位的升高，在 SCC 敏感性快速变小，之后稳定在 14% 左右。在快扫曲线的零电流电位处，X80 钢的应力腐蚀敏感性发生突变。这是由于当电位负于零电流电位时，X80 钢的裂尖和非裂尖区域均发生析氢反应，此时 X80 钢的 SCC 机制为 HE 机制；当电位正于零电流电位时，X80 钢的 SCC 机制为 AD + HE 机制或 AD 机制。

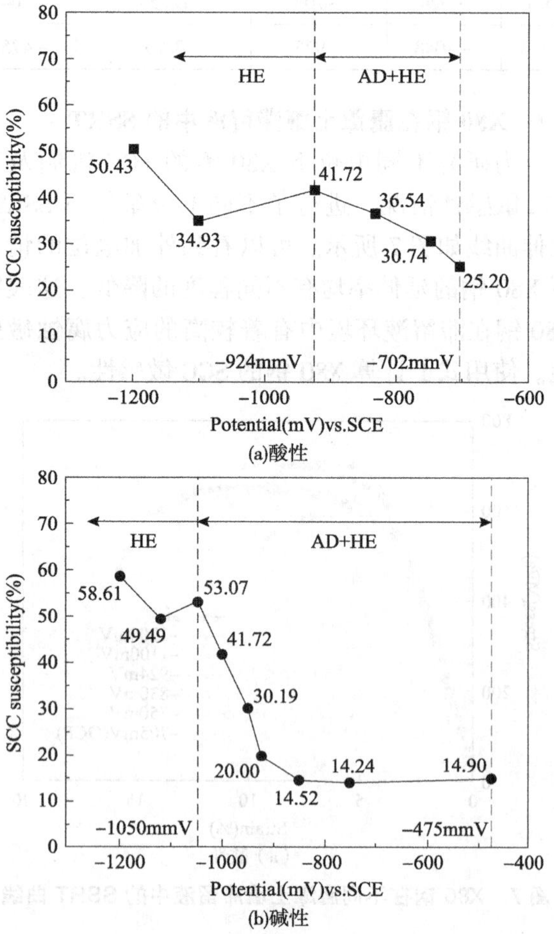

(a)酸性

(b)碱性

图 8　X80 钢在鹰潭土壤滞留液中的 SCC 敏感性

X80 钢在鹰潭土壤酸性滞留液中 SSRT 断口截面形貌结果如图 9 所示。空拉条件下可以观察到明显的颈缩，裂纹源位于断口中心位置，该处有大量韧窝和一些孔洞，表现出较高的韧性。在 OCP 条件下，断口截面一定程度的颈缩，裂纹源处较平整且腐蚀痕迹明显，表现出阳极溶解机制下的 SCC 敏感性。OCP 与 -820mV 下的断口颈缩变小且整个断面较平整，裂纹源处的放大图也逐渐变得平整光滑，韧窝变少，表现出随电位降低敏感性的提高。当电位降低至 -924mV 时，颈缩变得非常小，并且从裂纹源形貌中观察到脆性的扇形准解理断裂特征。当电位负于析氢电位时，氢脆形貌更加明显，颈缩很小且几乎没有韧窝特征，断口呈现准解理特征，可以分辨出沿着不同高度的解理面断裂形成的台阶，表现出很强的氢脆敏感性。

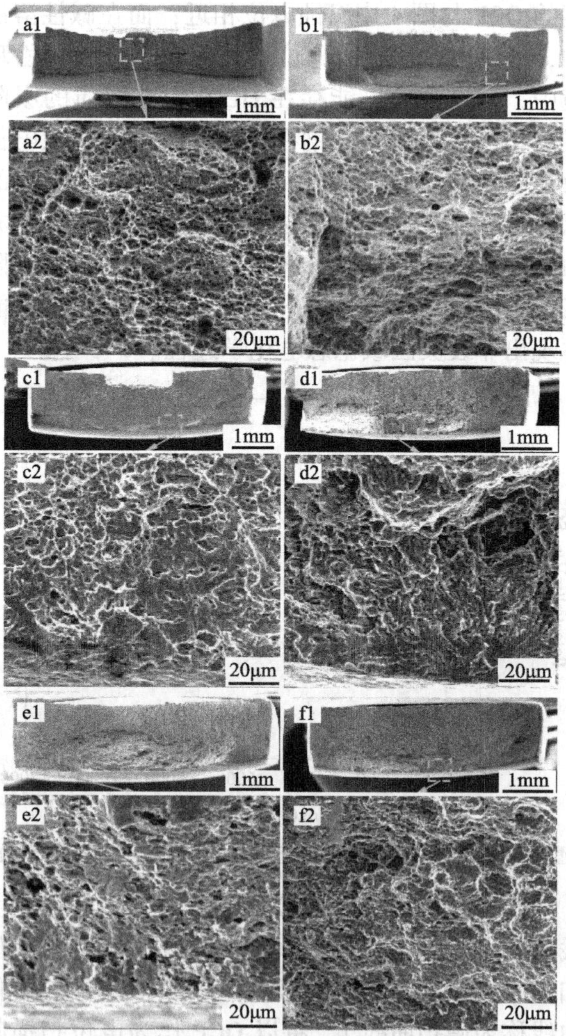

图 9　X80 在鹰潭酸性溶液环境的不同电位 SSRT 断口形貌

(a)空拉，(b)OCP，(c) -830mV，(d) -924mV，(e) -1100mV，(f) -1200mV；(1)宏观形貌，(2)放大图

X80 钢在鹰潭酸性土壤环境中侧面二次裂纹形貌如图 10 所示。空拉条件有着很明显的颈缩现象，侧面未发现二次裂纹；开路状态下，侧面有密集细小的裂纹，材料表面有均匀腐蚀的痕迹；-770mV 与 -820mV 条件下，随电位负移颈缩变小，裂纹从细长裂纹变为数量较多的较宽较短的裂纹，且可以观察到由局部腐蚀处产生的裂纹；电位在 -924mV 时侧面边缘存在一条较大的独立的二次裂纹，断口附近聚集着很多二次裂纹，表现出很高的 SCC 敏感性，其裂纹与负于析氢电位的如 -1200mV 的裂纹相似但较为细长，结合断口形貌可以看出氢脆的作用。-1100mV 和 -1200mV 电位下的侧面形貌表明明显的氢脆特性，二次裂纹较多，且短而浅。

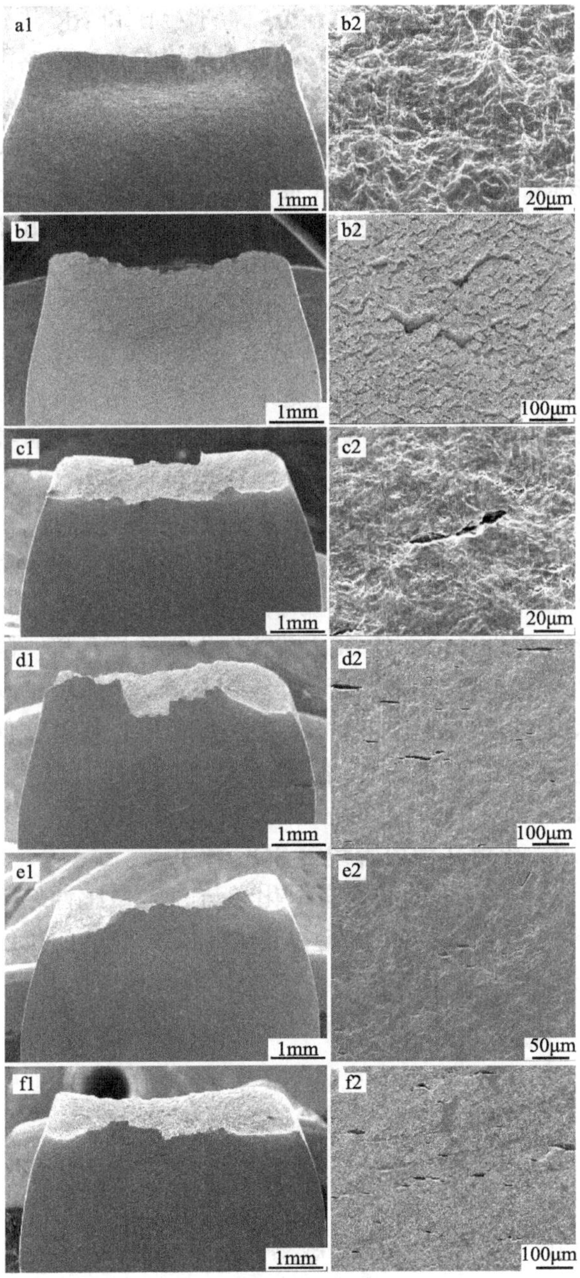

图 10　X80 在鹰潭酸性溶液环境的不同电位 SSRT 断口侧面形貌

(a)空拉，(b)OCP，(c) -830mV，(d) -924mV，(e) -1100mV，(f) -1200mV；(1)宏观形貌，(2)放大图

X80 钢在碱性溶液环境的 SSRT 断口如图 11 所示。-750mV 和 OCP 条件下有明显颈缩，颈缩程度相近，裂纹源处出现少量剪切韧窝，并且存在凹坑，表明主裂纹可能起源于局部腐蚀。在其凹坑底部出现台阶状解理断裂痕迹，表明此时材料存在一定程度的 SCC 敏感性。-1050mV 条件下断口呈现出较高的敏感性，裂纹源处存在凹坑，说明裂纹源于点蚀坑，有准解理断裂特征。当电位正移至 -925mV 时，断面和裂纹源附近平整，观察到阳极溶解痕迹。-1200mV 与 -1120mV 条件下几乎看不到颈缩，断口平整，敏感性较高。

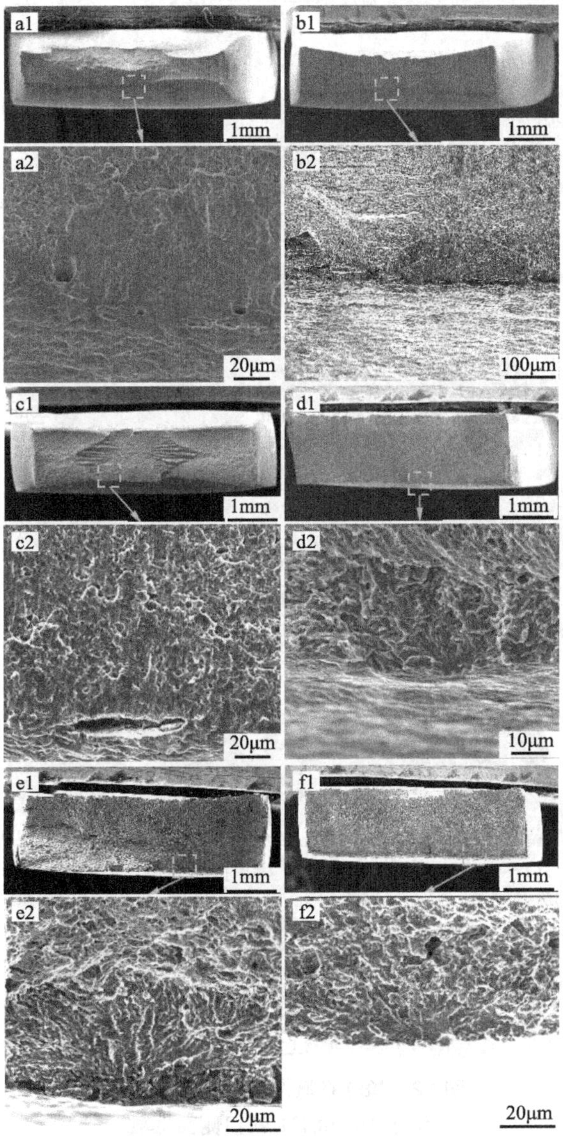

图 11　X80 在鹰潭碱性溶液环境的不同电位 SSRT 断口形貌

(a) OCP，(b) -750mV，(c) -925mV，(d) -1050mV，(e) -1120mV，(f) -1200mV；(1)宏观形貌，(2)放大图

X80 钢在碱性溶液环境的 SSRT 侧面二次裂纹如图 12 所示。－750mV 下裂纹变少，有明显颈缩。－925mV 下二次裂纹变得细长，数条小裂纹合并成一条大裂纹。－1050mV 条件下可以观察到氢脆裂纹，表面发生局部阳极溶解的点蚀坑。－1120mV 条件下存在密集的较小的二次裂纹。－1200mV 条件下材料表现出较强的氢脆敏感性，有很密集的二次裂纹，观察到部分二次裂纹合并成较大裂纹。

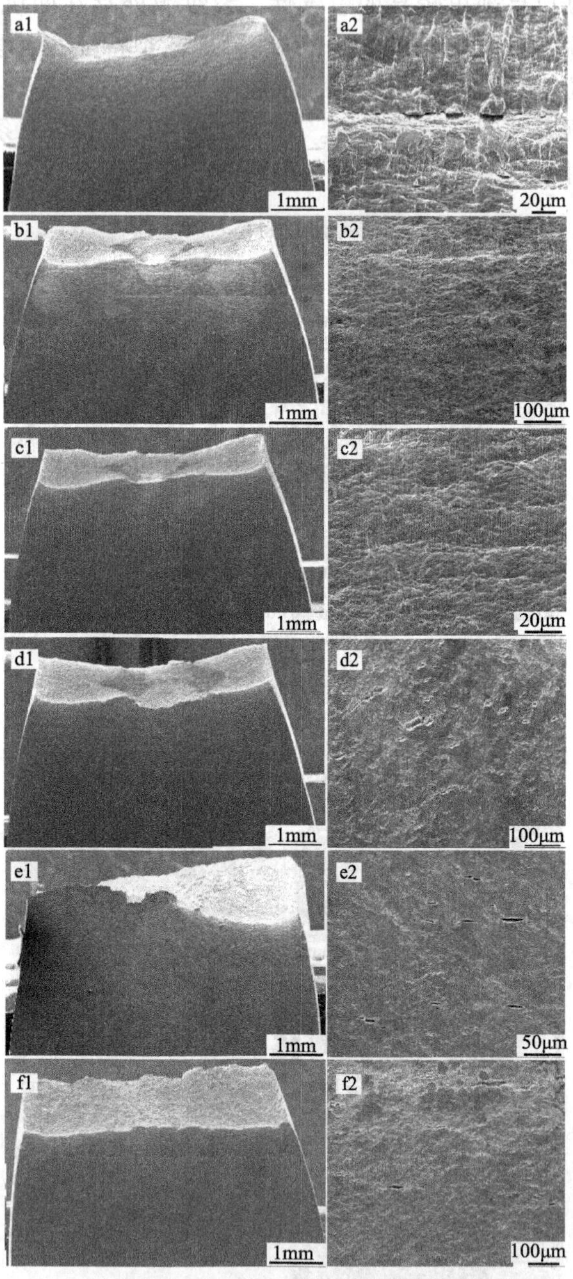

图 12　X80 在鹰潭碱性溶液环境的不同电位 SSRT 断口侧面形貌

(a)OCP，(b)－750mV，(c)－925mV，(d)－1050mV，(e)－1120mV，(f)－1200mV；(1)宏观形貌，(2)放大图

4　分析讨论

4.1　管线钢在鹰潭土壤滞留液中的应力腐蚀机理

在酸性环境中，当外加电位较负时(－1200mV)，材料由于 HE 作用而表现出较大的敏感性，断口平齐，裂纹源呈准解理断裂形貌，随外加电位正移，析氢电流变小，SCC 敏感性也变小；当电位正移至快扫曲线的零电流电位(－924mV)时，断口除了 HE 开裂特征之外还存在 AD 的特征，可能存在侧面裂纹较析氢电位条件的二次裂纹更钝、出现局部腐蚀的痕迹以及裂纹起源于局部腐蚀等特征，此时 AD 和 HE 共同控制 SCC 过程，敏感性较高；电位正移至开路电位，HE 作用变弱，AD 作用逐渐明显，SEM 观察到更明显的局部腐蚀，断口出现韧窝，同时 SCC 敏感性下降。在碱性环境中(图 8)，在－1200～－1050mV 区间的 SCC 机制为 HE 机制，随电位正移 SCC 敏感性的下降较明显；在－1050～OCP 区间，SCC 机制为 AD＋HE 机制。

由此可知，不同电位下发生 SCC 的机制不同，电位对 SCC 的发生起着决定性作用。外加电位较负时阴极析氢反应剧烈，SCC 主要受 HE 控制；阴极电位较正时，SCC 裂尖和非裂尖区域对应不同的电化学机制，由 AD＋HE 共同控制。

在酸性和碱性环境中，管线钢的 SCC 机制都可以用非稳态电化学分析。在较负的析氢电位下，碱性环境下的 SCC 敏感性大于酸性环境。随着外加电位正移，由于管线钢在高 pH 环境中易发生钝化，钝化使得非裂尖区域的电位正移，促进裂尖区域的阳极溶解。因此，碱性环境中，AD＋HE机制对应的电位范围下限更负。

4.2　土壤环境中管线钢 SCC 评价

根据 Liu 的非稳态电化学与 SCC 敏感性之间的关系[14]，由 4.1 节中不同电位下 SCC 的机制分析可得：

$$I_{SCC}=\begin{cases} k_a\cdot i_f\cdot\left(\dfrac{i_f-i_s}{i_s}\right)+I_0 & (i_f>i_s>0)\quad AD \\ k_{he}\cdot|i_s|+k_{ad}\cdot i_f\cdot\left|\dfrac{i_f}{i_{s,corr}}-1\right|I_{ac} & (i_f>0,\ i_s<0)\quad AD+HE \\ k_c\cdot|i_s|+I_c & (i_f<0,\ i_s<0)\quad HE \end{cases}\tag{2}$$

式中　I_{SCC}——SCC 敏感性；

k_a、k_{he}、k_{ad}、k_c——与电流密度、介质以及材料有关的常数；

i_s 和 i_f——快扫与慢扫极化曲线的电流密度；

$i_{s,corr}$——慢扫极化曲线腐蚀电流；

I_0——$i_s = i_f$时与阳极溶解相关的名义敏感性；

I_{ac}——与阳极溶解和氢脆相关的余项；

I_c——$i_s = i_{s,corr}$时与氢脆作用相关的名义敏感性。

根据图4及图8可知不同电位下的X80钢酸性环境下的SCC敏感性以及快慢扫电流。代入 -1200mV、-924mV、-830mV、-750mV和OCP下的断面收缩率敏感性与快慢扫电流值，计算得到公式系数在表4中列出。对式2的验证结果如表5所示。在-1100mV与-830mV下，X80钢SCC敏感性的计算值误差分别为3.35%和5.34%，这表明，公式3可以准确预测管线钢在酸性环境中的SCC敏感性。

表4　计算公式系数

	k_{he}/(cm²/A)	k_{ad}/(cm²/A)	I_{ac}/%	k'he/(cm²/A)	k' ad/(cm²/A)	I' ac/%	k_c/(cm²/A)	I_c/%
Acid	1.83×10^4	-3766.68	42.07	—	—	—	1.96×10^5	11.71
Alkaline	4.97×10^5	-4015.71	30.44	1.80×10^5	-33.04	13.83	3.79×10^4	42.67

碱性环境下，评价公式需做出变化，如下：

$$I_{SCC}=\begin{cases} k_a\cdot i_f\cdot\left(\dfrac{i_f-i_s}{i_s}\right)+I_0 & (i_f>i_s>0)\\ k'_{he}\cdot|i_s|+k'_{ad}\cdot i_f\cdot\left|\dfrac{i_f}{i_{s,corr}}-1\right|I'_{ac} & (i_f>0,\ i_s<0,\ E_{corr}<E<OCP)\\ k_{he}\cdot|i_s|+k_{ad}\cdot i_f\cdot\left|\dfrac{i_f}{i_{s,corr}}-1\right|I_{ac} & (i_f>0,\ i_s<0,\ E<E_{corr})\\ k_c\cdot|i_s|+I_c & (i_f<0,\ i_s<0)\end{cases}\tag{3}$$

式中　E_{corr}——拟合慢扫曲线1(自阴极向阳极扫描)得到的腐蚀电位。

与酸性环境中的处理方式相同，对X80在碱性环境中的SCC敏感性进行计算。式3中的系数如表4所示，对式4的验证结果如表5所示。在-1120mV、-960mV和-750mV下，计算获得的SCC敏感性的误差均分别为3.45%、13.8%和3.87%。这表明，式3可以有效预测管线钢在碱性环境中的SCC的敏感性。

表5　不同环境下X80钢SCC敏感性计算值与实验值对比

	Potential mV	i_f μA/cm²	i_s μA/cm²	$i_{s,corr}$ μA/cm²	I_ψ %	Calculated I_ψ %	Error %
Acid	-1100	-109.58	-122.91	—	34.93	35.77	3.35
	-830	37.84	-36.36	12.59	36.54	38.60	5.34
Alkaline	-1120	-115.06	-284.81	—	49.48	47.83	3.45
	-960	95.40	-9.76	0.29	30.19	26.53	13.8
	-750	175.58	-1.89	0.29	14.24	13.71	3.87

查阅文献后，将文献中报道的管线钢SCC敏感性与本文的计算值进行比较，如图13所示。可以发现，在酸性和碱性环境下，本文的计算值与文献中的实测值重合度高，这进一步证明本文提出的SCC评价体系方便快捷准确，适用性高。

5　结论

本文通过电化学测试和SSRT研究了管线钢在典型土壤环境下的SCC行为与电化学机理，基于非稳态电化学对SCC进行量化评价，建立了管线钢在典型土壤环境下的SCC评价体系，结果表明：

(1)X80钢在酸性和碱性鹰潭土壤滞留液环境中均存在SCC敏感性。SCC的发生机制与外加电位相关，不同机制所在的电位区间可以通过快慢扫极化曲线确定。

(2)通过非稳态电化学获得的SCC机制与

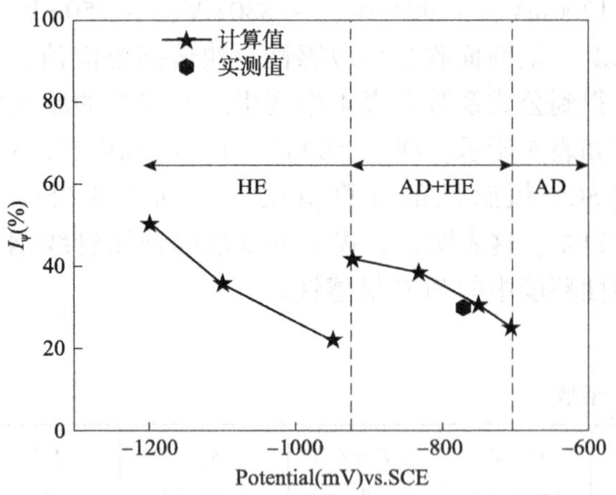

(a)酸性

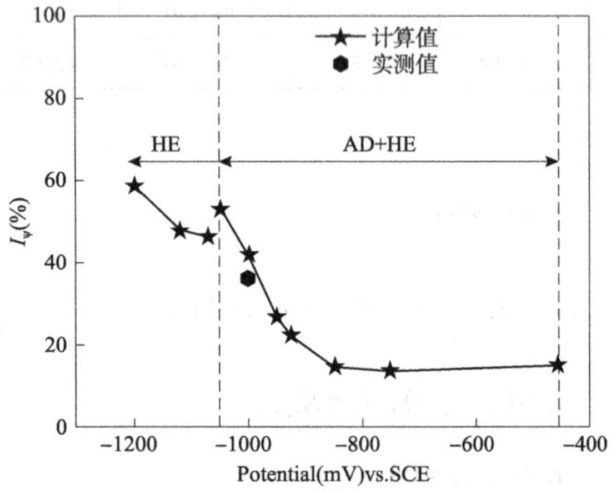

(b)碱性[11,19]

图13　管线钢 SCC 敏感性计算值与文献中实测值的对比

SSRT 结果高度吻合，表明非稳态电化学适用于判断土壤环境中管线钢 SCC 的发生机制。按电位由负到正，分为 HE、AD + HE 和 AD 3 个区间。

(3)结合快慢扫极化曲线和 SSRT 结果，建立了典型土壤环境下管线钢腐蚀开裂评价体系。评价体系的准确度高，适用于典型土壤环境下管线钢 SCC 的快速评价。

参考文献

[1]WANG R. Influence of ultrasound on pitting corrosion and crevice corrosion of SUS304 stainless steel in chloride sodium aqueous solution[J]. Corrosion Science, 2008, 50(2): 325 - 328.

[2]HE X, DUNN D S, CSONTOS A A. Corrosion of similar and dissimilar metal crevices in the engineered barrier system of a potential nuclear waste repository[J]. Electrochimica Acta, 2007, 52(27): 7556 - 7569.

[3]GALVELE J R. Tafel's law in pitting corrosion and crevice corrosion susceptibility[J]. Corrosion Science, 2005, 47(12): 3053 - 3067.

[4]LIU Z Y, LI X G, DU C W, et al. Local Additional Potential Model for Effect of Strain Rate on SCC of Pipeline Steel in an Acidic Soil Solution[J]. Corrosion Science, 2009, 51(12): 2863 - 2871.

[5]方丙炎，王俭秋，朱自勇，等. 埋地管道在近中性 pH 和高 pH 环境中的应力腐蚀开裂[J]. 金属学报，2001(5): 453 - 458.

[6]PARKINS R. A Review of Stress Corrosion Cracking of High Pressure Gas Pipelines[J]. corrosion, 2000.

[7]QIAO L, MAO X. Thermodynamic analysis on the role of hydrogen in anodic stress corrosion cracking[J]. Acta Metallurgica et Materialia, 1995, 43(11): 4001 - 4006.

[8]LU B T, LUO J L, NORTON P R, et al. Effects of dissolved hydrogen and elastic and plastic deformation on active dissolution of pipeline steel in anaerobic groundwater of near - neutral pH[J/OL]. Acta Materialia, 2009, 57(1): 41 - 49.

[9]MAOCHENG Y A N, JIN X U, LIBAO Y U, et al. EIS analysis on stress corrosion initiation of pipeline steel under disbonded coating in near - neutral pH simulated soil electrolyte[J]. Corrosion Science, 2016, 110: 23 - 34.

[10]赵博. 酸性土壤环境中的酸性土壤环境中的 X80 钢在剥离涂层下的局部腐蚀机理及影响因素[D]. 北京：北京科技大学，2013.

[11]郑文茹. 剥离涂层下 X70 钢的应力腐蚀敏感介质特征研究[D]. 北京：北京科技大学，2012.

[12]陈旭. 剥离涂层下 X70 钢电化学特性与腐蚀机理研究[D]. 北京：北京科技大学，2008.

[13]SUTCLIFFE J M, FESSLER R R, BOYD W K, et al. Stress corrosion cracking of carbon steel in carbonate solutions[J]. Corrosion, 1972, 28(8): 313 - 320.

[14]LIU Z Y, LI X G, CHENG Y F. Mechanistic aspect of near - neutral pH stress corrosion cracking of pipelines under cathodic polarization [J]. Corrosion Science, 2012, 55: 54 - 60.

[15]LIU Z Y, LU L, HUANG Y Z, et al. Mechanistic Aspect of Non - steady Electrochemical Characteristic During Stress Corrosion Cracking of an X70 Pipeline Steel in Simulated Underground Water[J]. Corrosion, 2014, 70(7): 678 - 685.

[16]PARKINS R N. Predictive approaches to stress corrosion cracking failure[J]. Corrosion Science, 1980, 20(2): 147 - 166.

[17]LIU Z Y, LI X G, DU C W, et al. Stress corrosion cracking behavior of X70 pipe steel in an acidic soil environment[J]. Corrosion Science, 2008, 50(8): 2251 - 2257.

[18]周建龙. X80 管线钢在 NaHCO3 - NaCl 溶液中的腐蚀行为及机理[D]. 北京：北京科技大学，2010.

[19]李宗书. 鹰潭土壤环境剥离涂层下 X80 钢应力腐蚀行为机理[D]. 北京，2015.

硫黄联合装置腐蚀失效分析

徐学旭[1] 张丽丽[1] 胡 洋[2] 刘智勇[1]

（1. 北京科技大学国家材料腐蚀与防护科学数据中心，北京 100083；2. 北京安泰信科技有限公司，北京 100085）

摘 要：通过成分分析、金相分析、机械性能分析、腐蚀形貌及裂纹分析等方法，对某硫黄联合装置断裂失效管件进行分析。结果表明，管件成分、力学性能并不满足标准所规定20R钢成分及性能要求。管件失效的是在湿 H_2S 腐蚀、工作应力、焊接热应力及氢渗透等共同作用下发生的硫化物应力腐蚀开裂(SSCC)所造成的。

关键词：U形管换热器；湿 H_2S 腐蚀；失效分析

Corrosion Failure Analysis of Sulfur Combined Plant

Xu Xuexu[1], *Zhang Lili*[1], *Hu Yang*[2], *Liu Zhiyong*[1]

(1. National Data Center for Corrosion and Protection of Materials, University of Science and Technology Beijing, Beijing 100083, China; 2. Beijing Antaixin Technology Co., Ltd., Beijing 100085, China)

Abstract: Through the methods of composition analysis, metallographic analysis, mechanical property analysis, corrosion morphology and crack analysis, the failure pipe fitting of a sulfur combination unit was analyzed. The results show that the composition and mechanical properties of the pipe fittings do not meet the requirements of 20R steel composition and performance specified in the standard. The failure of pipe fittings is caused by sulfide stress corrosion cracking (SSCC), which occurs under the combined action of wet H2S corrosion, working stress, welding thermal stress and hydrogen penetration.

Key words: U－tube heat exchanger; wet H_2S corrosion; failure analysis

1 引言

U形管式换热器[1,2]主要用于石油化工生产中，属于管壳式换热器，焊接结构在管壳式换热器中比较常见，U形管式换热器在投入使用过程中，容易因为管内介质因素、内应力及工作应力作用等因素影响而受到腐蚀，进而发生泄漏导致设备故障。换热器故障不仅影响生产效率，而且不及时处理还会缩短设备的使用寿命。H_2S 腐蚀[3~5]是引起U形管式热交换器失效故障的主要原因，H_2S 腐蚀会导致壳体局部减薄并开裂从而发生断裂失效，破坏换热器的正常运行以及使用寿命。因此针对换热器在服役过程中的腐蚀失效问题研究显得尤为重要。

本文以某厂溶剂再生装置U形管换热器1201－E－104B的腐蚀失效问题为例。采用组织分析和腐蚀特征分析技术，分析了管件材质、服役环境以及焊接状态对其失效管件腐蚀失效的影响以及腐蚀失效机理的探讨，为预防同类失效事故的发生提供了理论和实践依据。

2 实验方法

针对失效脱硫贫液冷却器失效的情况，试样取样位置如图1所示，选取2个不同位置(L1和L2)进行材料基本性能分析，选取基体和焊缝(L3和L4)进行腐蚀行为分析，选取不同位置(L5和L6)进二次裂纹表征。

为了判断管材是否满足使用要求，通过直读光谱仪对材料焊缝区域及基体区域的基本元素组成及其含量进行了分析。为了分析失效的原因，

作者简介：徐学旭(1993—)，博士研究生，研究方向为金属材料腐蚀与防护。E－mail：xuxuexu1992@163.com

分别切取管段内部不同部位带锈层的试样，依次经丙酮除油、乙醇清洗、冷风吹干后通过 FEI Quanta 250 扫描电子显微镜(SEM)对其腐蚀产物的微观形貌进行观察。为了确定造成腐蚀失效的主要环境因素及腐蚀失效机理，采用 Rigaku 型 X 射线衍射仪(XRD)对管件内部腐蚀产物进行物相分析。为了进一步认识其腐蚀失效机理，对除去腐蚀产物后的表面形貌进行了细致观察，并对除锈后的管件表面焊缝熔池区域和附近基体区域的裂纹进行了形貌分析及裂尖腐蚀产物分析。

综合上述分析结果，对失效管段综合进行理论分析，确定其腐蚀失效原因以及机理。

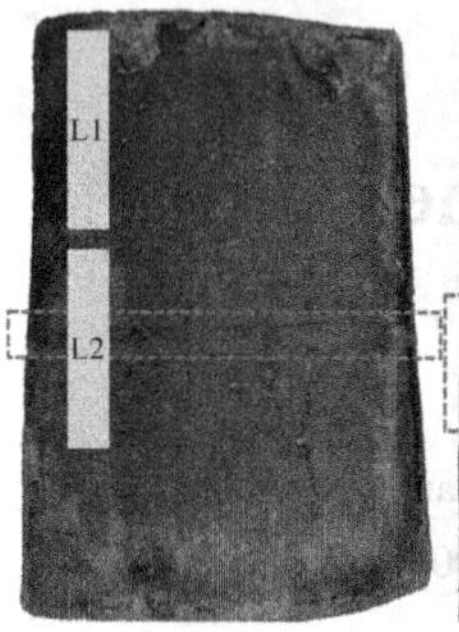

图 1　失效管件宏观形貌图及其取样示意图

3　实验结果

3.1　服役工况条件

溶剂再生装置 U 形管换热器如图 2 所示，型号：BIU1200－1.6/1.6－405－6/25－2，操作压力(管/壳)：0.4/0.3MPa，壳程操作温度：入口 65℃，出口 30℃，材质(管/壳)：20R，介质(管/壳)：水/贫液，贫液的 pH 值 9～10。检修时发现壳程侧筒体内壁的所有环焊缝及热影响区存在大量表面裂纹，裂纹最大长度约为 50mm，深度约 6～7mm；修复过程中发现壳体筒体母材也存在大量表面裂纹。

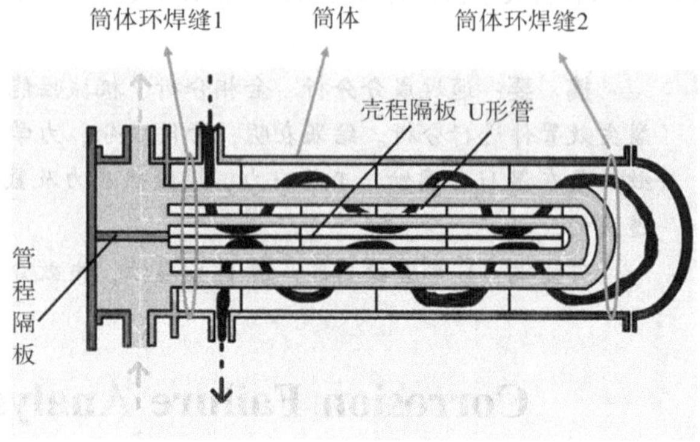

图 2　U 形换热器结构

3.2　材料成分分析

对脱硫贫液冷却器熔池区域和基体区域的化学成分进行了分析，以确定其成分是否满足要求，结果如表 1 所示。根据 GB/T 711—2017《优质碳素结构热轧钢板和钢带》与 GB/T 713—2014《锅炉和压力容器用钢板》中规定，将 20 钢与 Q245R 钢(20R 与 20g 钢合并后新牌号)标准成分同样列于表 1 中。由表 1 可知，失效管件不满足标准规定的 20 钢和 Q245 钢成分要求。

表 1　失效管件熔池区、基体及标准规定钢的化学成分(质量分数)　　%

	C	Mn	Si	P	S	Cr	Cu	Fe
熔池	0.092	1.506	0.644	0.017	0.011	0.018	0.034	97.678
靠近焊缝基体	0.158	1.553	0.460	0.011	0.005	0.015	0.007	97.791
远离焊缝基体	0.17～0.23	0.35～0.65	0.17～0.37	≤0.035	≤0.030	≤0.20	≤0.25	
Q245R	≤0.20	0.50～1.10	≤0.35	≤0.025	≤0.010	≤0.30	≤0.30	

3.3　金相分析

对失效管件焊缝及基体组织结构进行表征，结果如图 3 所示。从图中可以看出，焊缝区域组织结构差异明显，分为熔池区、粗晶区、细晶区及基体组织。由图 3(b)可见熔池区域为粗大的树枝晶；图 3(c_1)为粗晶区，晶粒较为粗大；图 3(c_2)的细晶区相较粗晶区晶粒细小且更为均匀；图 3(d)基体组织为铁素体与珠光体混合组织，且珠光体呈现带状分布。

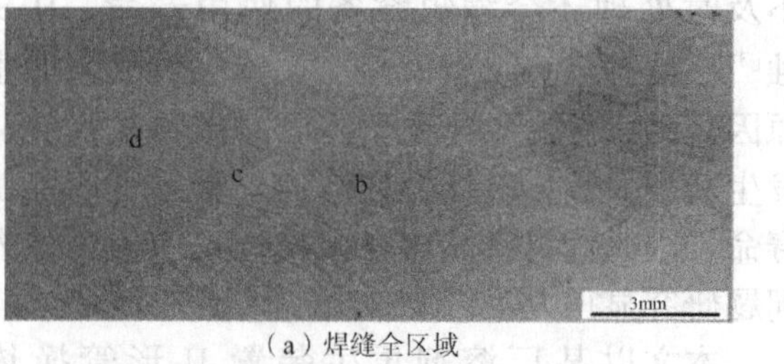

(a) 焊缝全区域

图 3　失效管件不同位置的组织结构

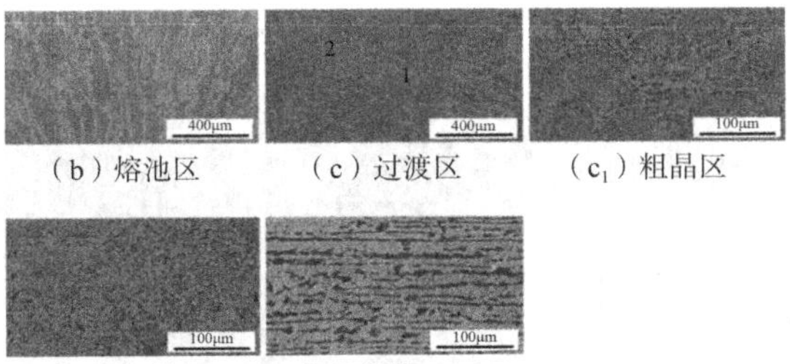

（b）熔池区　（c）过渡区　（c_1）粗晶区

（c_2）细晶区　（d）基体

图 3　失效管件不同位置的组织结构（续）

3.4　机械性能分析

分别在焊缝区、基体区域取样进行机械性能测试，其工程应力应变曲线如图 4 所示，其机械性能参数在表 2 中列出。基体与焊缝的条件屈服强度差异较小，均为 398MPa 左右，而焊缝的抗拉强度明显高于基体。随着抗拉强度升高，焊缝的延伸率下降明显。基体与焊缝的抗拉强度满足国标 GB/T 711—2017《优质碳素结构热轧钢板和钢带》中 20 钢的标准抗拉强度，但强度远远高于标准规定有利于提高应力腐蚀敏感性。同时依据 GB/T 713—2014《锅炉和压力容器用钢板》中所规定的 Q245R 钢的抗拉强度，失效管道抗拉强度高于标准所规定强度，因此综上失效管道的力学性能无法满足标准规定要求。

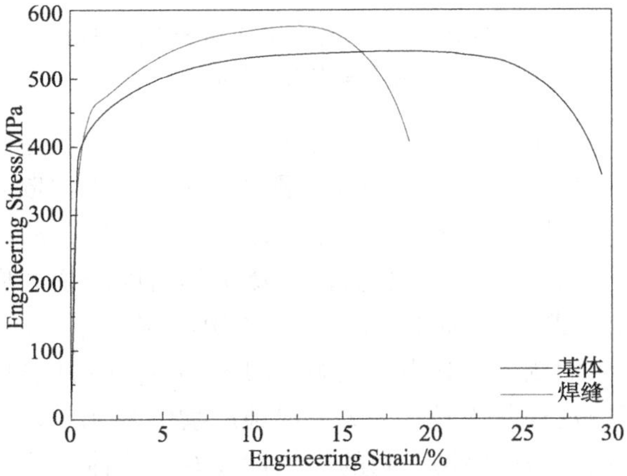

图 4　失效管件不同位置的工程应力应变曲

表 2　失效管件不同位置及标准规定的机械性能参数

位置(16mm 厚)	条件屈服强度/MPa	抗拉强度/MPa	延伸率/%	断面收缩率/%
基体	398.7	538.7	18.32	56.92
焊缝	398.8	575.3	28.96	62.67
20 钢	—	≥410	≥28	—
Q245R	≥175	370～490	≥24	—

图 5 为失效管件焊缝不同位置的维氏硬度测量结果。结果表明，熔池区的硬度高于热影响区，热影响区的硬度高于基体组织。熔池区与基体组织硬度差异约为 20～25HV 之间。通过换算成布氏硬度，焊缝区的硬度约为 20HRC，均低于 HRC22 的氢致开裂和应力腐蚀敏感性，符合 NACE 规定的耐硫使用的碳钢和中低合金钢的硬度要求。

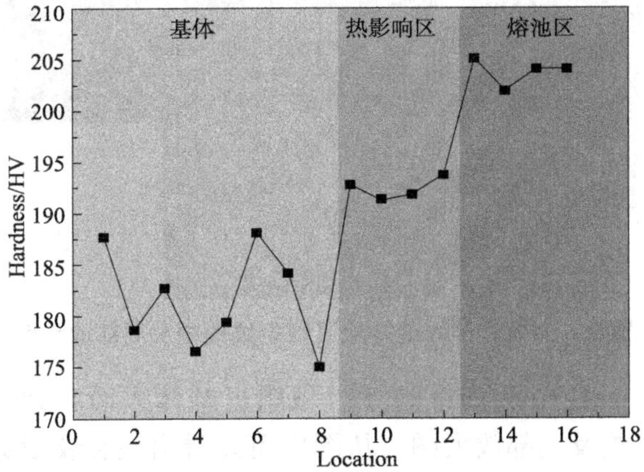

图 5　失效管件不同区域的维氏硬度测量值

3.5　腐蚀产物分析

通过对基体位置与焊缝熔池区域的腐蚀产物进行形貌观察及成分分析，结果如图 6 所示。从图中可以看出，基体区域腐蚀产物致密，表面附着较多的颗粒状产物，如图 6（a_1）所示；其主要由 C、N、O、Si、S、K、Mn、Ca、Au 和 Fe 等元素组成，且 S 含量为 5.17%，推测其腐蚀产物主要由金属氧化物和硫化物组成，同时还有一些无机盐。焊缝熔池区域腐蚀产物较少，能直接看到熔池基体。通过能谱分析，熔池区域腐蚀产物中无明显 S 存在。由于焊缝区域经过修复，因此猜测焊缝区并未在服役环境下服役，因此表面无明显的腐蚀产物及腐蚀产物中无 S 的存在。

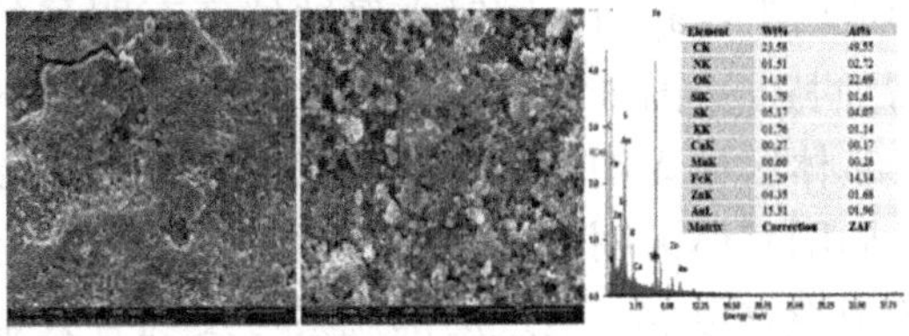

（a）基体　（a_1）　（a_2）

图 6　基体区域与焊缝熔池区域的腐蚀产物形貌及成分分析

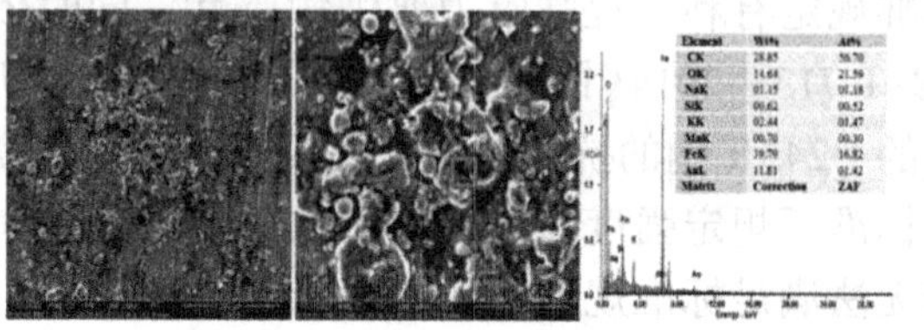

(b) 焊缝熔池区　(b$_1$)　(b$_2$)

图 6　基体区域与焊缝熔池区域的腐蚀产物形貌及成分分析(续)

为了进一步分析管件失效的原因，对基体两个区域进行了 XRD 分析。图 7 为失效管件内壁基体位置附近刮取的腐蚀产物的 XRD 图谱。从图中可以看出，不同位置的基体上的腐蚀产物主要相组成基本都包括 γ－FeOOH、Fe_3O_4、α－FeOOH 和 S，其中 S 来源于服役环境。管件整体腐蚀机理并无较大差异，腐蚀产物中 S 元素含量较高，表面腐蚀产物的一致性较好，整体结构均匀完整，可能是因为含有较多的硫化物和无机盐。

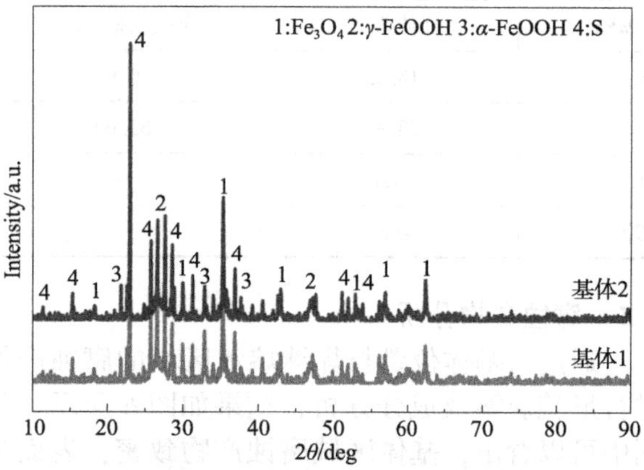

图 7　失效管件基体表面腐蚀产物 XRD 分析

3.6　腐蚀形貌分析

为了进一步认识其腐蚀失效机制，对除去腐蚀产物后的表面形貌进行了细致观察，其形貌及相关分析如下。图 8 为失效管件基体与焊缝区域除锈后的腐蚀形貌及局部放大图。从图中可以看出，基体区域有明显的阳极溶解痕迹[图 8(a)]，腐蚀坑分布相对均匀，腐蚀坑底部有明显的微裂纹形成[图 8(a$_1$)]，同时在腐蚀坑底有明显的沿晶腐蚀特征[图 8(a$_2$)]。通过对大范围观察发现，基体区域无明显的裂纹形成。焊缝、热影响区及周围基体无明显的阳极溶解痕迹，表面有明显的微裂纹形成，通过局部观察可发现有大量微小腐蚀坑，腐蚀坑底同样具有明显的沿晶腐蚀特征。由此可以判断，表面裂纹多形成于焊缝熔池区、热影响区域及靠近的基体区域，且裂纹多萌生于点蚀坑处，并沿某方向扩展。

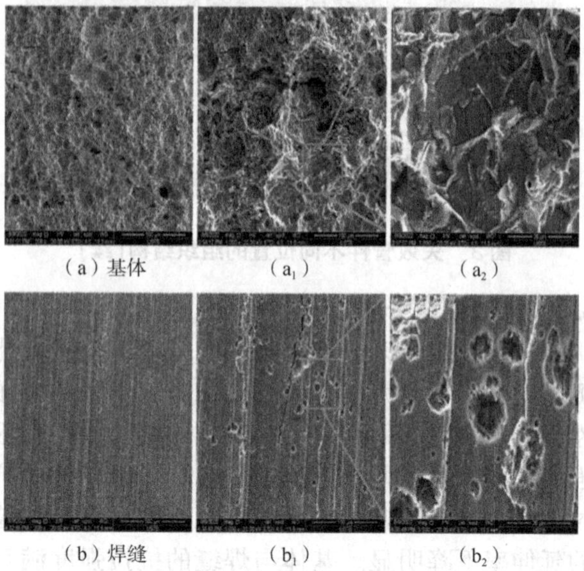

(a) 基体　(a$_1$)　(a$_2$)

(b) 焊缝　(b$_1$)　(b$_2$)

图 8　失效管件基体与焊缝区域除锈后腐蚀形貌及局部放大区域

3.7　裂纹分析

为深入分析失效管件裂纹失效机理，对除锈后的管件表面焊缝熔池区域的裂纹进行了形貌分析，结果如图 9 所示。从图中可以看出管件焊缝区域二次裂纹数量较多且宽，表面裂纹多垂直于管件径向发展，二次裂纹周围有明显的局部阳极溶解痕迹，这与上节分析相同。二次裂纹附近阳极溶解区域底部仍有明显的沿晶腐蚀痕迹，这应该是龟裂状硫化物产物膜下的酸性腐蚀导致的。裂纹两侧不仅出现了大量的阳极溶解区域，也出现了较多的二次裂纹，且多数裂纹位于阳极溶解区域底部，这些裂纹是由腐蚀产物膜下的酸性微环境和应力集中诱发形成。

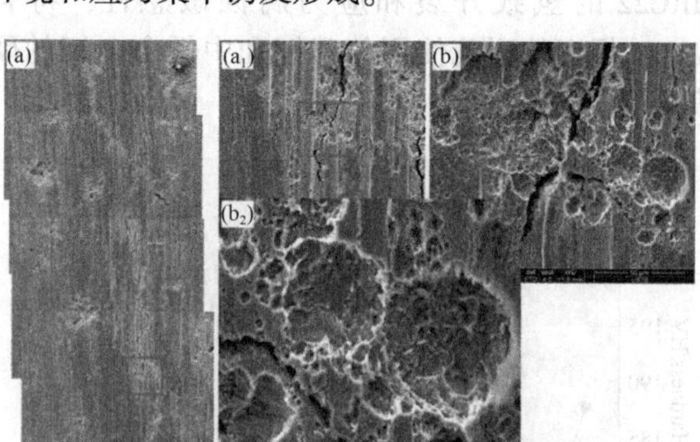

图 9　失效管件焊缝熔池区域裂纹形貌及局部放大图

图 10 为焊缝熔池区域附近基体表面的裂纹形貌及局部放大图。从图中可以看出该裂纹横穿整个样品表面，宏观上无明显的阳极溶解痕迹，在裂纹附近区域有明显的二次裂纹出现。整条裂

纹覆盖范围较大，有垂直管件径向发展，也有部分区域沿着管件径向发展。通过对裂纹局部区域细致观察发现，与焊缝区域的裂纹相比，基体区域的裂纹附近阳极溶解痕迹减弱，但对局部区域分析发现裂纹仍有穿晶断裂的特征。

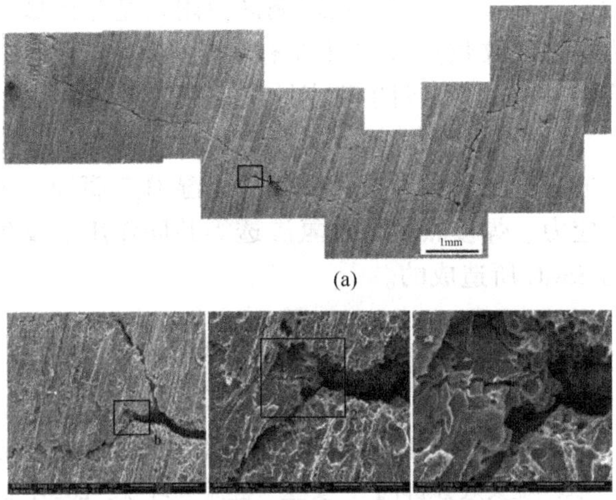

(a)

(a₁)　(b)　(b₂)

图 10　失效管件焊缝附近基体区域裂纹形貌及局部放大图

为了进一步揭示裂纹尖端扩展机制，从而辨别失效管件的腐蚀失效机制，对不同组织区域裂纹尖端的腐蚀产物进行元素组成及面分布分析，结果如图 11、图 12 所示。图 11 为热影响区域裂纹区域元素分析，从图中可以看出，裂尖腐蚀产物由 O、Fe、S 元素组成，而热影响区组织中无明显的 S 元素存在。这一研究表明，S 元素直接参与了该失效管件的腐蚀开裂失效过程。

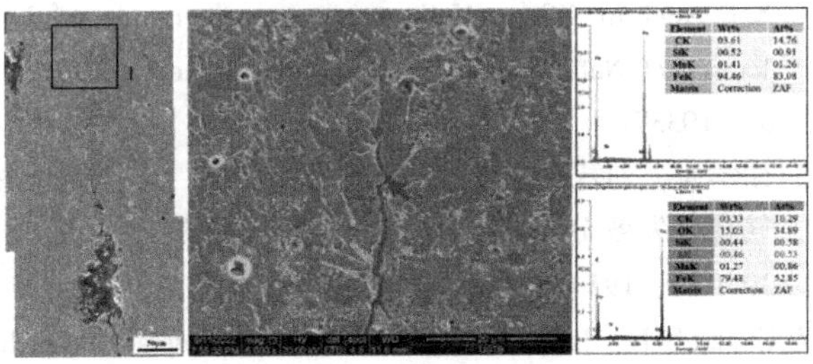

(a)　(a₁)

图 11　失效管件热影响区域裂纹形貌及裂尖腐蚀产物元素定量分析

图 12 为焊缝附近基体组织区域裂纹区域元素分析，从图中可以看出，基体组织的铁素体与珠光体成分并无明显差异。通过对长裂纹的不同区域进行裂尖元素分析可知，裂纹内部均有明显的 S 元素存在，与上述热影响区域内裂纹内部组成成分相同。随着裂纹宽度降低，裂纹内部 S 元素含量减少，裂纹中部至裂纹尖端的 S 含量由 0.41% 降至 0.19%。

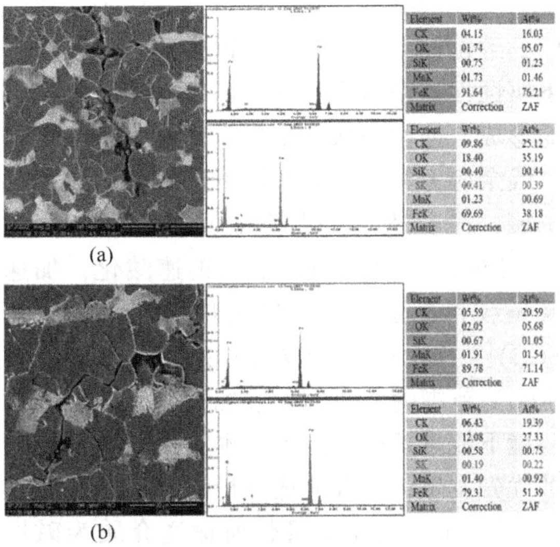

(a)

(b)

图 12　失效管件靠近焊缝的基体区域裂纹内部腐蚀产物及基体元素定量分析

4　分析讨论

在正常服役过程中，失效管件内壁可能接触到的腐蚀介质包括 CO_2、H_2S、H_2O 及热稳定盐。在腐蚀过程中 H_2S、HCO^{3-}、Mn^{2+} 等介质均能参与腐蚀产物的形成过程，其可能涉及的反应[6,7]如下：

$$Fe \longrightarrow Fe^{2+} + 2e \tag{1}$$

$$Mn \longrightarrow Mn^{2+} + 2e \tag{2}$$

$$2H_2S + 2e \longrightarrow 2HS^- + H_2 \tag{3}$$

$$2HS^- + 2e \longrightarrow 2S^{2-} + H_2 \tag{4}$$

$$Fe^{2+} + 2H_2O \longrightarrow Fe(OH)_2 + 2H^+ \tag{5}$$

$$Fe^{2+} + HCO_3^- \longrightarrow FeCO_3 + H^+ \tag{6}$$

$$Fe^{2+} + S^{2-} \longrightarrow FeS \tag{7}$$

$$FeS + S^{2-} \longrightarrow FeS_2 + 2e \tag{8}$$

$$FeS + HS^- \longrightarrow FeS_2 + H^+ + 2e \tag{9}$$

$$Fe(OH)_2 \longrightarrow Fe(OH)_3 \longrightarrow Fe_2O_3/Fe_3O_4 \longrightarrow FeOOH \tag{10}$$

$$O_2 + H_2O + 4e \longrightarrow 4OH^- \tag{11}$$

利用 EDS 检测到产物含有 O、C、Si、S、Cr、Mn 和 Fe 等元素，也通过 XRD 检测到 Fe_3O_4、FeOOH、S 等物相存在，通过 XPS 也证实了 S^{2-}、$S_2^{\ 2-}$ 存在，均直接证实了上述反应的发生。上述腐蚀反应会给管线的服役过程带来明显的变化：首先，铁在 H_2S 环境中容易形成 FeS_x 腐蚀产物膜，这种产物膜在较高浓度的 H_2S 的介质中很不稳定，对基体保护性差。同时随着 Mn 元素腐蚀，腐蚀产物层中氧化锰的存在使得腐蚀产物膜致密性更差，为腐蚀性离子侵入锈层内部和基体界面提供便利。其次，在管件内部介质不断的冲刷作用下，管件的腐蚀失厚会变得极不均匀，腐蚀产物膜的致密性下降。腐蚀产物膜致密性较差加速锈下腐蚀性离子富集，导致局部腐蚀发生和点蚀坑的形成。蚀坑底部会出现应力集中，在工作应力、残余应力等拉应力作用下诱发微裂纹的萌生和扩展，在上述反应发生的同时，会伴随大量 H^+ 的形成，导致局部环境的迅速酸化，加速腐蚀及裂纹扩展进程，发生硫化物应力腐蚀开裂(SSCC)[8~10]。SSCC 多发生在酸性介质[11,12]中，15～60℃范围内，在 35℃左右最为敏感。但在碱性环境下较难发生，但由于本案例有点蚀等局部腐蚀优先发生，结合上述分析局部环境酸化导致 SSCC 易发生。由于本管件所输送介质为碱性环境，碳酸盐的存在在管件内表面形成一层腐蚀产物层，但腐蚀产物层并不稳定，Cl^- 和 S^{2-} 的存在对保护膜有明显的破坏作用，从而导致膜下酸化导致应力腐蚀。高 pH 下的应力腐蚀开裂[13,14]多发生在 pH8.5～13 范围内，温度 35～70℃范围内，且多位于焊缝区域，与本案例相符合。因此 pH 的高低均有利于促进管件 SCC 发生。同时环境酸化[15,16]能够促进阴极析氢反应的发生和氢原子渗入钢基体，大量氢原子能够进入基体，进一步促进了微裂纹的萌生和扩展过程，大幅度增加管件的开裂敏感性。

材料基本性能表征发现，失效管件所用 20R 钢均不满足国家标准 GB/T 713—2014《锅炉和压力容器用钢板》和 GB/T 711—2017《优质碳素结构热轧钢板和钢带》中所规定的 Q245R(20R 与 20g 合并牌号)和 20 钢的成分及性能规定，钢中所用 Mn 含量与 Si 含量均远超标准规定，Mn 和 Si 含量的增加对于材料强度提高具有明显效果，因此所用失效管件的力学性能均高于标准规定，导致基体材料本身与标准中规定 20R 钢相比具有较高的应力腐蚀敏感性。随着 Mn 含量增加，低温转变组织和 MnS 夹杂也相应增多，而 MnS 夹杂物[17]往往是氢致开裂裂纹易形核的位置。Mn 的增加使得管件在含 H_2S 介质中更容易发生断裂。由于失效管件焊接区域组织劣化及焊接过程中对基体区域引入的焊接热应力，使得管件在工作应力和焊接热应力的作用下促进焊缝及其影响区域的微区电化学活性，促进局部阳极溶解过程。同时根据硬度分析发现，焊缝及热影响区域硬度较高不利于位错运动，更容易在界面处发生位错塞积造成局部应力畸变程度增加，钢中可扩散氢也会在局部应力畸变程度更高的区域优先聚集，形成局部氢偏聚。材料成分、强度的不合格及焊接引入的大范围热应力是造成管件 SSCC 失效的主要原因。

5 结论

(1)失效管段中的基体部分局部腐蚀严重，无明显裂纹。焊缝、热影响区及附近基体区域应力腐蚀裂纹数量较多并伴有大量的微小点蚀坑，应力腐蚀裂纹多萌生于点蚀坑内部。

(2)失效管段中基体局部腐蚀由湿 H_2S 腐蚀造成，焊缝及热影响区失效是在湿 H_2S 腐蚀、工作应力、焊接热应力及氢渗透等共同作用下发生的 SSCC 所造成的。

参考文献

[1]李善辉，连善涛，刘红军，等．贫－富胺液换热器浮头螺栓失效分析[J]．安全、健康和环境，2020，20(11)：69－72.

[2]郭华强．脱硫贫胺液冷却器开裂机理探讨[J]．石油化工腐蚀与防护，2014，31(02)：48－51.

[3]段永锋，苗普，于凤昌．天然气净化厂贫富胺液换热器腐蚀失效分析[J]．石油化工腐蚀与防护，2014，31(02)：61－64.

[4]Sun C，Sun J B，Wang Y，et al. Synergistic effect of O2，H_2S and SO_2 impurities on the corrosion behavior of X65 steel in water－saturated supercritical CO_2 system[J]. Corrosion Science，2016，107：193－203.

[5]Dong B J，Liu W，Zhang Y，et al. Comparison of the characteristics of corrosion scales covering 3Cr steel and X60 steel in CO_2－H_2S coexistence environment[J]. Journal of Natural Gas Science and Engineering，2020，80：103371.

[6]徐学旭，刘智勇，李建宽，等．20 钢和 16Mn 钢天然气管道失效分析[J]．腐蚀科学与防护技术，2018，30(02)：195－201.

[7]Zhang S H，Li Y R，Liu B S，et al. Understanding the synergistic effect of CO2，H2S and fluid flow towards carbon steel corrosion[J]. Vacuum，2022，196：110790.

[8]贾静焕，刘智勇，杜翠薇，等．316L 不锈钢在高 pH 碱性硫化物环境中的应力腐蚀行为[J]．表面技术，2015，44(03)：36－40＋56.

[9]朱敏，刘智勇，杜翠薇，等．X65 和 X80 管线钢在高 pH 值溶液中的应力腐蚀开裂行为及机理[J]．金属学报，2013，49(12)：1590－1596.

[10]李明，李晓刚，陈钢，等．16Mn(HIC)钢硫化物应力腐蚀开裂实验研究[J]．北京科技大学学报，2007(03)：282－287.

[11]李明，李晓刚，陈钢，等．硫化氢环境下氢扩散的

影响因素[J]. 北京科技大学学报, 2007(01): 39-44.

[12]刘智勇, 李明, 李晓刚. 16Mn(HIC)钢在硫化氢环境中的应力腐蚀开裂行为[J]. 中国腐蚀与防护学报, 2006(06): 360-364+370.

[13]Song L F, Liu Z Y, Li X G, et al. Characteristics of hydrogen embrittlement in high - pH stress corrosion cracking of X100 pipeline steel in carbonate/bicarbonate solution[J]. Construction and Building Materials, 2020, 263: 120124.

[14]Li Y, Liu Z Y, Wu W, et al. Crack growth behaviour of E690 steel in artificial seawater with various pH values [J]. Corrosion Science, 2020, 164: 108336.

[15]Cui Z Y, Liu Z Y, Wang L W, et al. Effect of plastic deformation on the electrochemical and stress corrosion cracking behavior of X70 steel in near - neutral pH environment [J]. Materials Science and Engineering: A, 2016, 677: 259-273.

[16]Liu Z Y, Li X G, Cheng Y F. Mechanistic aspect of near - neutral pH stress corrosion cracking of pipelines under cathodic polarization[J]. Corrosion Science, 2011, 55: 54-60.

[17]Liu Z Y, Li X G, Du C W, et al. Effect of inclusions on initiation of stress corrosion cracks in X70 pipeline steel in an acidic soil environment[J]. Corrosion Science, 2009, 51(4): 895-900.

废酸再生装置的腐蚀与防护

谭荣辉 李 岩

(中国石油乌鲁木齐石化公司，新疆 乌鲁木齐 830019)

摘 要：P&P公司湿式废酸再生装置是烷基化装置的配套装置，在运行期间出现较多腐蚀泄漏问题，影响装置安全平稳运行。通过分析各部位腐蚀情况，研究各类腐蚀形成机理，有针对性地提出解决方案。通过优化工艺条件、设备设施改造等多种手段，减少装置腐蚀情况的发生。

关键词：硫酸；烷基化；废酸再生；腐蚀

Corrosion Protection of Spent Acid Unit

Tan Ronghui, *Li Yan*

(China National Petroleum Corporation Urumqi Petrochemical Company, Xinjiang Urumqi 830019, China)

Abstract: The wet spent acid regeneration unit of P&P Company is a supporting unit of the alkylation unit. There are many corrosion leaks, when operation of the unit, corrosion leaks will bring the safe and stable effects . Through the analysis of the corrosion of each part, the formation mechanism of various types of corrosion is studied, and targeted solutions are proposed. By optimizing process conditions, equipment and facilities transformation and other means, the occurrence of device corrosion can be reduced.

Key words: sulphuric acid; alkylation unit; spent acid regeneration; corrosion

0 引言

乌鲁木齐石化公司炼油厂1.5万吨/年废酸再生装置是20万吨/年烷基化装置的配套装置，废酸再生装置采用奥地利P&P公司湿式制硫酸工艺，该工艺采用两次转化和两次冷凝，显著特点是采用熔盐换热技术，转化器内置的换热器均用熔融盐吸收热量。废酸再生装置原料为烷基化单元所产的废酸和来自溶剂再生装置所产的酸性气，经废酸再生装置处理后，产品为浓度为98%的商品级浓硫酸，尾气烟气达标排放。废酸再生装置单元由焚烧裂解、烟气过滤、一反一凝、二反二凝，后吸收和余热回收系统六部分组成。

1 废酸裂解工艺过程

废硫酸裂解反应包含热化学还原反应和热分解反应。废硫酸热解为SO_3和H_2O的反应从350℃开始，500℃以上逐渐达到较高的平衡。SO_3在850℃以上才能逐步分解为SO_2和O_2。为了获得较满意的热分解速率，烷基化废硫酸裂解温度需要控制在1100～1150℃。裂解反应制得的高温炉气含有反应生成物SO_2、H_2O及废酸中烃类有机物质燃烧产物CO_2和H_2O，经过熔盐换热器冷却并与助燃空气间壁换热降温后送至制酸系统生产工业硫酸，所得产品再返回烷基化装置，实现资源循环利用。

1.1 化学反应方程式

废酸热裂解反应：

$$H_2SO_4(l) \longrightarrow SO_2(g) + 1/2O_2(g) + H_2O(g) - Q$$

烃类物质燃烧反应：

$$2C_nH_m + (2n + 1/2m)O_2 \longrightarrow 2nCO_2 + mH_2O + Q$$

作者简介：谭荣辉：工程师，长期从事轻汽油醚化、烷基化等装置的生产运行、技术以及炼油厂工艺防腐技术管理。E-mail：tanrhws@petrochina.com.cn

天然气燃烧反应：

$$CH_4(g)+2O_2(g)\longrightarrow CO_2(g)+2H_2O(g)+Q$$

酸性气燃烧反应：

$$H_2S(g)+3/2O_2(g)\longrightarrow SO_2(g)+H_2O(g)+Q$$

二氧化硫的转化：

$$SO_2(g)+1/2O_2(g)\longrightarrow SO_3(g)+Q$$

水吸收三氧化硫生成硫酸：

$$SO_3(g)+H_2O(g)\longrightarrow H_2SO_4(1)+Q$$

1.2 工艺流程简介

废酸经雾化后送入废酸裂解炉，裂解炉为U形结构，燃烧室是圆柱形结构，反应区后端为矩形结构，中间连接段含有两个半月形隔墙，目的是改变工艺气流向，高温工艺气经过两个熔盐管换热器冷却至500℃，之后进入高温陶瓷过滤器部分。工艺气含有氧化物颗粒(主要是氧化铁)，经过高温陶瓷过滤器滤芯过滤。

过滤后的热工艺气先经一反入口换热器冷却降温至440℃进入一级反应器R-7200中，一级反应器中SO_2的转化率为95%，从一级反应器内出来的工艺气温度在295℃左右，在冷却过程中，水化度增大且通过换热管将反应热转移到熔盐，从一级反应器来的工艺气经过管道到达一级冷凝器底部。硫酸将在冷凝器玻璃管换热器上冷凝下来，在重力作用下自流到新酸罐。

经过一级静电除雾器，含有未转化的SO_2的工艺气自顶部进入二级反应器，工艺气直接与熔融盐换热至390℃，被加热后的工艺气经过脱硝与SO_2的转化，二级反应器底部工艺气降温至295℃左右；从二级反应器来的工艺气经过管道到达二级冷凝器底部进行酸回收。经过二级脱除酸雾后尾气进入活性炭反应器；经过稀酸循环和除盐水淋洗，在活性炭催化剂上有85%以上的二氧化硫向三氧化硫转化，使装置SO_2转化率达到99.99%，并经两次冷凝成98wt%硫酸，SO_2排放小于$50mg/m^3$。

2 装置腐蚀情况及防护

2.1 衬塑管道腐蚀

废酸再生装置衬塑管道被大量使用在废酸、产品酸及稀酸管道等涉酸部位，材料选择为A106+PTFE(聚四氟乙烯)。装置自2019年8月开工以来共发生三次衬塑管道泄漏，泄漏原因均是聚四氟乙烯内衬材料有裂纹或缺陷(图1)。裂纹出现后，酸介质渗透进四氟衬里内部腐蚀钢制管材，最终导致管线焊缝部位腐蚀穿孔，发生泄漏。分析原因为：

(1)制造缺陷。管线在模压成型过程中出现局部细小的空腔。

(2)低温内衬受压产生裂纹。2018年装置建设阶段冬季未开工，管线存放室外，因为管线与内衬膨胀差异产生裂纹，装置开工后逐步暴露出问题；装置两次废酸衬塑管道腐蚀泄漏，均为内衬有纵向裂纹，且裂纹均在靠近固定法兰处。

(3)不规范施工。施工过程对于衬塑管道未能做到轻拿轻放，造成内衬受损。

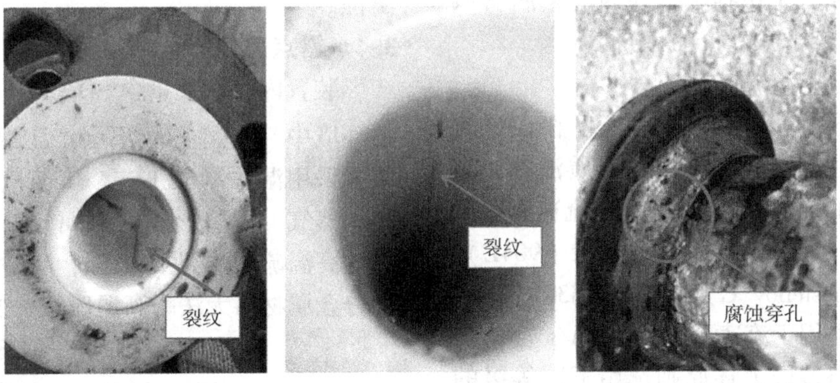

图1 裂纹、缺陷图片

2.2 涉酸热偶与压力变送器腐蚀问题

装置开工运行后废酸再生系统热偶发生腐蚀损坏较多，主要集中在冷凝器系统的热偶，此处温度高(最高为260℃)、酸浓度高(最高为98%)，热偶采用表面喷涂PFA，从PFA性能来看，在此部位使用可以满足需要，但在实际使用来看无法满足此工况的需要。分析原因为制造厂家为了保证测量精度，喷涂PFA的厚度不够，使热偶在高温酸腐蚀工况下快速腐蚀损坏。后来在冷凝器系统更换为外衬PTFE的热偶，使用运行效果良好，未发现明显的腐蚀问题。

废酸再生装置进料废酸压力变送器膜盒膜片采用的是钽材料，测量部位废酸的温度为30℃，硫酸浓度在90%左右，在此工况下钽材料应该具有非常优越的耐硫酸性能，但实际使用中仍然出现膜盒腐蚀泄漏的问题。分析泄漏原因为废酸介质含烃类酸酯和水，这样会导致水和C链反应，出现氧化性，氢原子被还原，而钽膜片属于镍基耐蚀合金(31%含镍成分)，与不锈钢(8%～14%)膜片相比渗透率要高于其5倍，这是由高镍含量金属有较大晶粒所致，随着介质温度和测量时间的变化，逐渐发生氢渗透现象导致氢鼓包，膜盒受压开裂产生泄漏。装置冷凝器底部压力膜盒采用钽膜片，开工运行不到1个月就发生腐蚀泄漏。后期采用涂层厚度60μm的镀特氟龙膜片，但使用三个月也发生泄漏。采用涂层厚度100μm镀特氟龙膜片后，使用寿命有所延长，但出现测量不准的问题。针对此问题与P&P公司对接，P&P公司推荐此部位压力膜盒膜片采用衬1mm厚的PTFE的膜片，但仪表厂家告知这样厚的衬里会严重影响测量准确性，从技术上实现的难度较大。

3　腐蚀的形成原因机理分析

3.1　硫酸浓度对腐蚀的影响

硫酸对金属材料的腐蚀主要是电化学腐蚀，原因是硫酸中含有大量的H^+，对金属材料阴极有很强的去极化作用，可以迅速溶解金属成分。但是浓硫酸同时具有强氧化性，可以在金属表面形成一层致密的氧化膜，起到防腐作用。美国腐蚀工程师国际协会(NACE)认为浓度高于65%的浓硫酸均可用碳钢储存，而浓度低于65%的稀硫酸无法形成钝化膜，对包括碳钢在内的金属材料有极强的腐蚀性[1]。

3.2　浓硫酸的冲刷/湍流腐蚀

浓硫酸流速会明显加剧腐蚀，所以在设计时应遵循以下选材原则：根据管线内介质流速，碳钢和06Cr17Ni12Mo2(316L)材料适用于流速不大于0.9m/s的管线，015Cr21Ni26SiMo5Cu2(904L)、00Cr16Mo16W4(Hastelloy C)和0Cr20Ni30Mo2Cu3(Alloy20)等材料适用于流速不小于0.9m/s管线。

但是即使严格遵循上述原则选用不同等级的材料，在管道弯头、变径等部位仍然出现了比较严重的腐蚀，这是由于在此类部位形成了湍流。湍流不仅加速腐蚀反应物供应和腐蚀产物脱离，还在硫酸和管道内壁之间附加切应力，会剥离管道内壁的钝化膜，使金属表面失去钝化保护，加剧管道腐蚀。因此湍流腐蚀实际上是机械磨损和化学腐蚀共同作用的结果，腐蚀表面往往具有沟槽、凹谷或波浪形外观。湍流腐蚀产生的主要原因是硫酸的高速流动，即使管径设计较大，管道整体流速较低，但在弯头、变径等部位可形成湍流、漩涡等流态，局部流速过快，形成湍流腐蚀。

3.3　高温浓硫酸腐蚀

浓硫酸在相同浓度、相同流速条件下，随着温度的上升，对金属材料的腐蚀性呈明显上升趋势，如图2所示。

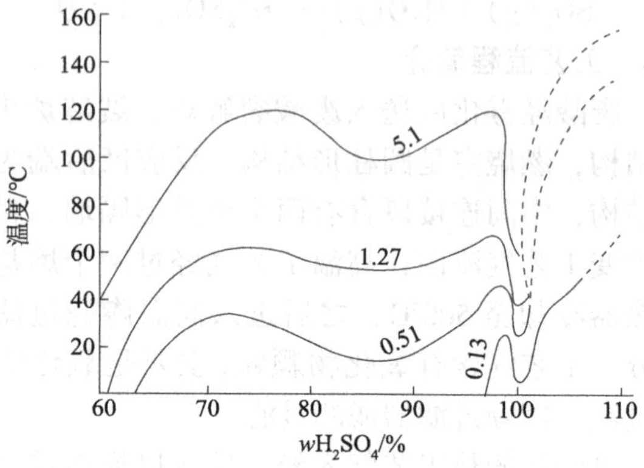

图2　碳钢在硫酸中的腐蚀速率(mm/a)

从图2可以看出，在温度不大于50℃时，质量分数为98%的硫酸对碳钢管道的腐蚀性较小，高于50℃后，腐蚀性大幅度上升，而90%左右的废酸腐蚀性受温度的影响相对较小。装置内存在高温98%浓硫酸的部位主要是废酸再生装置酸循环系统和产品酸罐。由于酸循环系统内设备均为内衬PTFE材料，相关管道无腐蚀，但冷凝器底部酸槽压力和温度仪表多次腐蚀泄漏，其主要原因是高温浓硫酸对Alloy20及904L等金属材料的腐蚀。

3.4　露点腐蚀

装置内存在大量含SO_2、SO_3的气体，在无水的环境中，SO_2、SO_3不会产生腐蚀。但废酸再生装置采用湿法制酸工艺，工艺气中含有较高浓度的水蒸气，极易形成露点腐蚀。露点腐蚀环境形成的高温硫酸腐蚀性极强，除少数贵金属外，大部分金属材料无法耐高温硫酸腐蚀。其反应如下：

$$SO_2 + H_2O \longrightarrow H_2SO_3$$
$$SO_3 + H_2O \longrightarrow H_2SO_4$$

露点腐蚀主要发生在废酸再生装置，由于湿法制酸工艺气中同时存在高浓度SO_2、SO_3和H_2O，若温度低于工艺气露点温度，极易发生露点腐蚀。为避免此类腐蚀，需要严格控制工艺气温度高于露点温度。一般控制工艺气温度至少高于露点温度20～30℃。装置反应器底部酸露点最高的位置，腐蚀风险最大，实际运行中腐蚀情况也最为严重。

3.5 管线材料

废酸再生装置中硫酸对管道的腐蚀情况与介质温度、压力、流速、浓度、运行状态、污染物、预期使用寿命和潜在稀释均有关系。虽然浓硫酸具有极强的氧化性可以在金属表面形成一层致密的钝化膜，但是一旦由于某种原因，如流速过快、流态改变等问题导致钝化膜破坏，浓硫酸对金属管道的腐蚀速度会迅速提高。与浓硫酸不同，稀硫酸有较强的还原性，酸中有大量游离态的 H^+，可以和多数金属发生还原反应，产生严重腐蚀。废酸装置的管道材料除了考虑管道的耐蚀特性外，还要统一考虑管道成本、检修年限、业主意见及应用业绩等，选择合适的耐蚀材料。

在环境温度下，对于静止或者流速较低的浓硫酸(流速小于 0.9m/s)，碳钢表现了很好的耐蚀性能。对于碳钢管道，反应初期浓硫酸和碳钢之间的腐蚀速率随着碳钢表面微溶性硫酸盐薄膜(钝化膜)的形成而迅速降低。当该薄膜被物理破坏后，会产生快速腐蚀。特别是在小管径的管道内，浓硫酸流速较快且流态不稳，此时更易产生局部腐蚀。对于短半径弯头、对接焊缝中有过多的内部突出物、螺纹连接或承插连接的管道会引起下游介质的湍流，导致快速腐蚀出现。由于局部腐蚀问题，工业上已经逐渐不再使用碳钢管道输送浓硫酸。

在室温下，传统的 Cr－Ni 和 Cr－Ni－Mo 系奥氏体不锈钢同样会与浓硫酸反应快速生成一层钝化膜。316 不锈钢可以抵抗浓度为90%～100%的浓硫酸；304 不锈钢仅能用来输送浓度为 93%以上的浓硫酸。一般情况下浓硫酸对不锈钢不易产生晶间腐蚀，但是在管道中经常采用低碳不锈钢(304L 或者 316L)以防止在稀释或者污染发生时产生晶间腐蚀的倾向。环境温度下，不锈钢管道输送浓硫酸的最大流速可达 1.8m/s。不锈钢管道对浓硫酸介质流速的要求没有碳钢那么严格，所以近年来国内的废酸再生装置中常温的浓硫酸管道一般采用 316L 不锈钢。对于输送浓硫酸的 316L 不锈钢管道，还可外加阳极保护。阳极保护产生的钝化膜延长了不锈钢管道的使用寿命。近些年，带阳极保护的 316L 不锈钢管道已在多套硫酸装置中成功应用。虽然 Alloy20 对浓硫酸的耐蚀性能要优于不锈钢，甚至当浓硫酸流速高于 1.8m/s、管径小于 100mm 时仍有成功的应用经验，但由于 Alloy20 造价昂贵等原因，Alloy20 管道还无法广泛使用在废酸再生装置上，Alloy20 阀门的使用已较为广泛。

聚四氟乙烯等塑料因为其本身机械性能较差，所以往往以衬里管的形式应用在装置中。衬里管的机械性能较普通塑料管提升明显。非金属衬里管道的使用范围可按表 1 的规定选用，但是需要考虑流体介质腐蚀性、使用压力及材料成分与性能差异等因素。衬聚四氟乙烯管道有着很好的应用经验。聚四氟乙烯几乎可以抵抗任何浓度的硫酸，且温度范围比金属管道的更大。在保证非金属衬里管道柔性及非金属衬里管道对设备、机泵管口作用力和力矩不超过允许值的情况下，应避免流体操作工况频繁波动，正确布置管道走向和支架位置。聚四氟乙烯热胀冷缩率与外部金属管道不同，受工作温度的影响，衬里层处于松弛或拉伸状态，会有泄漏风险[2]。

表 1　非金属衬里管道的适用范围

衬里材料	介质温度/℃		适用介质
	正压下	真空运行下	
聚四氟乙烯(PTFE)	－80～180	－18～150	除熔融金属钠和钾、三氟化氯、气态氟外任何浓度的硫酸、盐酸、氢氟酸、苯、碱、王水、有机溶剂和还原剂等强腐蚀性介质
聚全氟乙丙烯(FEP)	－80～180	－18～180	
可溶性聚四氟乙烯(PFA)	－80～250	－18～180	
硬聚氯乙烯(PVC－U)	－15～60	－15～60	水
聚丙烯(PP)	－15～110	－15～110	除浓硫酸、浓硝酸外的常见酸、碱介质
聚乙烯(PE)	－60～70	－60～70	室温下可耐稀硝酸、稀硫酸和任何浓度的盐酸、氢氟酸、磷酸、甲酸、乙酸、氨水、胺类、过氧化氢、氢氧化钠、氢氧化钾等溶液，但不耐强氧化的腐蚀，如发烟硫酸、浓硝酸、铬酸与硫酸的混合液。
聚烯烃(PO)	－15～70	－15～70	除浓硝酸、发烟硫酸、氯磺酸等强氧化性酸之外的大多数有机和无机酸、碱、盐

玻璃钢管道是将浸有树脂基体的纤维增强材料，按照特定的工艺条件逐层缠到芯模上并进行固化而制成的。玻璃钢管道的耐硫酸腐蚀能力与其材料组成有较大关系。根据树脂选用的不同，可将玻璃钢分为环氧玻璃钢、酚醛玻璃钢、呋喃玻璃钢及不饱和聚酯玻璃钢等。在25℃时，玻璃钢对浓度为10%及以下的稀硫酸有较好的耐蚀能力。随着硫酸浓度的增加，耐蚀能力逐渐减弱。其中酚醛树脂玻璃钢耐高浓度硫酸的能力要优于其他种类玻璃钢。但需要注意的是，一般玻璃钢管道存在弹性模量低、长期耐温性差、易老化及剪切强度低等缺点。在废酸再生装置中，玻璃钢管道一般应用在低温、低浓度硫酸和大口径含 SO_2 烟气的管道上。

4 腐蚀防护改进措施

P&P公司湿式废酸再生装置技术较新，装置实际运行中存在较多的腐蚀问题，通过分析腐蚀成因，有针对性地采取各类措施可有效缓解装置腐蚀泄漏情况。

4.1 废酸再生装置工艺条件优化

反应器底部的熔盐换热器作为硫酸露点腐蚀风险最大的部位，已经在多套装置上出现腐蚀泄漏的情况。为了防止设备发生腐蚀，需要将熔盐的温度控制在260℃以上。解决露点腐蚀问题主要有两种途径——降低工艺气酸露点和提高工艺介质温度。从工艺角度一方面可以通过提高稀释空气注入量，降低工艺气中 SO_3 的浓度，达到降低工艺气酸露点的目的。另一方面可以通过提高熔盐罐的温度，使其温度大于260℃以上，让熔盐换热器金属温度高于 SO_3 露点温度，从而避免发生腐蚀。

4.2 外保温优化

废酸再生装置露点腐蚀比较严重的另一个原因是管道、设备外部保温效果不佳，存在保温部分脱落、保温层厚度不足及外部保温防雨效果差等各种问题。设备金属温度低于工艺气中 SO_2、SO_3 的露点温度，设备腐蚀问题会异常严重。为了做好保温，建议注意以下几个方面：

(1)严把保温施工质量关，在未使用新材料的前提下，保证厚度是提高保温效果最简单的方法；

(2)做好防雨措施，对于工艺气管道、高温过滤器、反应器的防水措施，应重点关注铁皮接缝搭接、穿平台管线的防水，顶层设备接口的施工要重点关注，防止雨水进入；

(3)利用红外热像仪对装置各部位进行检查，对测得外部温度较高的部位进行保温整改。

5 结束语

废酸再生装置自开工以来出现了比较严重的腐蚀现象，对装置安全生产和经济效益均产生了一定影响。经过不断摸索改进，逐渐了解了各类腐蚀的成因，并采取了诸多防腐优化措施，有效减少了装置腐蚀情况的发生。腐蚀问题的解决，不仅为公司带来了较好的社会效益和经济效益，对同类装置也有一定的借鉴意义。

参考文献

[1]于连诗，冯红轮，沈铭杰，等．烷基化/废酸再生(SAR)联合装置腐蚀与防护研究[J]．现代化工，2018，38(10)：213~217.

[2]向炜成．废硫酸再生装置的管道材料设计[J]．硫酸工业，2019，(4)：47~49.

轻汽油醚化甲醇回收塔重沸器泄漏分析

谭荣辉　李　岩

（中国石油乌鲁木齐石化公司，新疆 乌鲁木齐　830019）

摘　要：摘要：通过对轻汽油醚化装置甲醇回收塔塔底重沸器泄漏原因分析，造成设备频繁发生泄漏的原因，有气蚀冲刷及磺酸根脱落发生的酸性腐蚀；通过提高塔底液位，将气蚀点转移到气相管线上，避免重沸器管束气蚀泄漏的问题。通过增加换水、增加脱酸树脂、监控萃取水 pH 值等措施，减少重沸器腐蚀泄漏，保证装置长周期运行。

关键词：醚化；甲醇回收；腐蚀

Leakage Analysis of Reboiler of Light Gasoline Etherification Methanol Recovery Tower

Tan Ronghui, *Li Yan*

(China National Petroleum Corporation Urumqi Petrochemical Company, Xinjiang Urumqi 830019, China)

Abstract: Based on the analysis of the reasons for the leakage of the reboiler at the bottom of the methanol recovery tower in the light gasoline etherification unit, the reasons for the frequent leakage of the equipment include cavitation erosion and acid corrosion caused by the falling of sulfonic acid radical; By increasing the liquid level at the bottom of the tower, the cavitation point is transferred to the gas phase pipeline to avoid the problem of cavitation leakage of the reboiler tube bundle. The corrosion leakage of reboiler is reduced and the long – term operation of the unit is ensured by increasing water change, adding deacidification resin and monitoring the pH value of extracted water.

Key words: etherification; methanol recovery; corrosion

乌鲁木齐石化公司炼油厂 40 万吨/年轻汽油醚化装置于 2011 年 11 月建成投产。工艺生产技术采用美国 CDTECH 公司催化蒸馏技术，整个工艺过程由轻重汽油分离、选择性加氢、临氢异构化、轻汽油醚化、甲醇萃取和回收、异构化反应等工序组成，经过轻汽油醚化装置加工后轻汽油硫含量降低、烯烃含量下降、辛烷值上升，同时甲醇得到综合利用。

轻汽油醚化装置甲醇萃取塔是将醚化蒸馏塔塔顶混合碳五和甲醇混合液经过甲醇萃取塔与水逆流萃取，塔顶分离出不含甲醇的碳五，塔底甲醇水送往甲醇回收塔。甲醇回收塔是将萃取水和甲醇进行分离，导热油作为甲醇回收塔重沸器的热源，塔顶分离出 99% 甲醇作为醚化反应原料循环使用；甲醇回收塔底的萃取水经塔底泵循环送至甲醇萃取塔循环使用。甲醇回收塔重沸器作为甲醇分离中重要的设备，其完好性关系轻汽油醚化装置长周期运行；自 2014 以来甲醇回收塔重沸器出现四次异常泄漏，严重影响到装置长周期运行。

1　甲醇回收塔流程

甲醇回收塔（C – 204）是将萃取水和甲醇进行分离，导热油作为甲醇回收塔塔底重沸器（E – 209）的热源，萃取水从 C – 204 塔底抽出，经 C – 204 塔底泵（P – 203A/B）循环送至甲醇萃取塔（C – 203），见图 1。

作者简介：谭荣辉：工程师，长期从事轻汽油醚化、烷基化等装置的生产运行、技术以及炼油厂工艺防腐技术管理。E – mail：tanrhws@ petrochina. com. cn

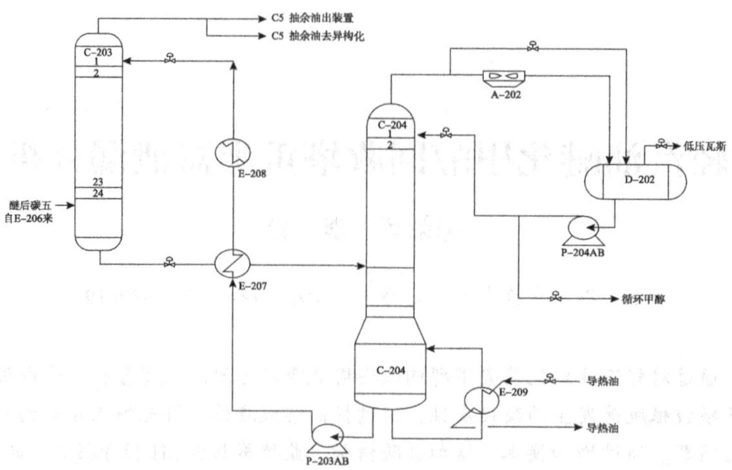

图 1　甲醇回收塔系统流程示意

2　甲醇回收塔重沸器简介与泄漏原因分析题

2.1　甲醇回收塔塔底重沸器简介

(1)甲醇回收塔塔底重沸器型号：LBJS1500 - 1.69/1.9 - 605 - 6/25 - 4 Ⅰ，重沸器属于浮头式换热器，折流板为螺旋折流板，管束为螺纹管，具体参数见表 1。

名称	介质	设计温度/℃	设计压力/MPa	入口操作温度/℃	出口操作温度/℃	入口操作压力/MPa
管程	导热油	245	1.9	225	156	0.31
壳程	甲醇水溶液	180	1.69	105	140	0.15

(2)重沸器管束泄漏按工艺条件分为两个阶段：

第一阶段：装置开工初期使用进口催化剂(注：罗门哈斯 AmberlystA - 35)，开工调试与磨合期，人员对装置操作摸索与优化阶段；

第二阶段：装置更换国产催化剂后，重沸器管束面临工艺运行环境的重大变化阶段。

2.2　操作原因造成重沸器管束泄漏情况与分析

2014 年 8 月重沸器首次泄漏(注：期间醚化反应系统使用进口催化剂)，查漏消缺共计：堵管 1 根、堵焊管板与管束胀口角焊缝共计 9 处，泄漏位置主要集中在重沸器管束上部与管板焊接部位(图 2 标注可见管口焊缝补焊堵漏部位)；同时检查清洗后管板与管束的外表面未见明显腐蚀情况(见图 2)，将堵漏管束切割后检查内壁光滑无腐蚀现象。而现场对重沸器气相返塔管进行测厚，发现有 4 个弯头均严重减薄情况。

图 2　2014 年 8 月重沸器堵漏示意图

泄漏原因分析为：甲醇水溶液在重沸器壳程中由 129℃升温至 133℃，因重沸器上部热源温度最高，甲醇水溶液在重沸器上部汽化也最为剧烈，溶液受热后产生相变，气相体积膨胀，根据当时对甲醇回收塔底液位控制高度(注：塔底液位控制指标为 30% ±5%)，现场比对勘察重沸器液位高度约在筒体的 3/4 处，重沸器壳程内为非全液相控制，因此溶液在上部管束处开始汽化，由于重沸器壳程上部空间局限，气相空泡脱离并碰撞管束，产生剧烈的振动冲击，从而造成上部管束随之持续振动，管束与固定端管板角焊缝长期承受拉伸应力影响最终导致疲劳开裂发生泄漏。同时气相介质返塔过程遇到管道弯头等阻尼部位发生泡点冲刷导致出现严重减薄情况。

以上情况导致管束泄漏主要原因为：装置投产初期，装置各级人员对操作的摸索与认知不透彻，导致设备焊缝与返塔管线弯头受到介质汽化后所产生的振动与冲蚀影响所致。

2.3　重沸器管束腐蚀泄漏情况与分析

2015 年为响应中国石油集团公司关于汽油醚化装置使用国产催化剂要求，装置主反应器更换了国产催化剂；2016 年 7 月重沸器原型更换新管束。2018 年 5 月和 2020 年 8 月甲醇回收塔重沸器相发生泄漏。

2018 年检修管束时发现泄漏为腐蚀所致，且泄漏部位主要集中在管束上半部，2019 年利用全厂停工大修时机，对 E－209 管束顶部两排管束进行了预堵管(见图 3)。

2020 年 8 月再次出现泄漏，检查发现预堵管部分管束表面已经出现腐蚀穿孔，此次检修又预堵两排管束(合计堵管四排管束)(见图 3)；经过对管束试压堵漏，共计堵管 170 根，堵管率 12.14%；此次泄漏部位主要集中在管束下部(可见图 3)，管子腐蚀泄漏部位集中在管束中间位置，即壳程入口处。

通过以上对管束检修发现泄漏位置以及导致泄漏性质的变化，说明通过对 2014 年管束泄漏问题分析以及操作优化调整等措施的落实，已将介质气化导致管束异常振动与冲刷等问题有效解决，因此已不是造成以上泄漏的主要原因；而管束在腐蚀环境中运行已成为甲醇回收塔重沸器泄漏的主要原因。

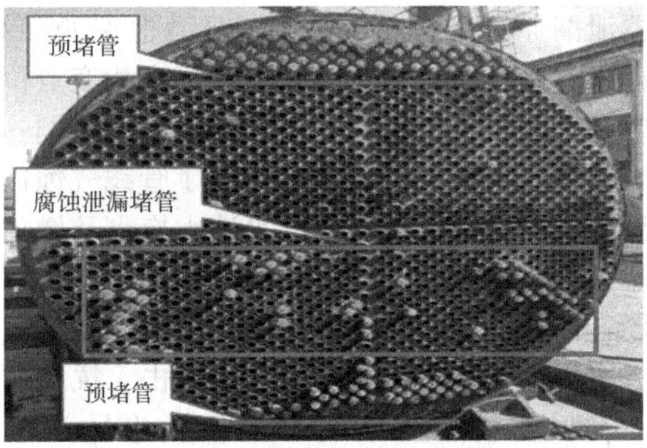

图 3　2020 年 8 月重沸器堵漏示意图

2.4　重沸器管束发生腐蚀的机理

在甲醇回收系统的设备中与甲醇水溶液有接触的部位，都不同程度的发生腐蚀现象；那么设备的金属(碳钢)表面在与工艺介质甲醇水溶液接触时发生腐蚀，腐蚀过程如下：

金属表面与导电杂质构成原电池：

阳极(金属表面)：$Fe - 2e \longrightarrow Fe^{2+}$

阴极(导电杂质)：$2H^+ + 2e \longrightarrow H_2 \uparrow$

阴极(导电杂质)：$O_2 + 2H_2O + 4e \longrightarrow 4OH^-$

在阴极存在两种可能，相应地会形成两种原电池，即：

$$Fe + 2H^+ \Longrightarrow Fe^{2+} + H_2 \qquad (1)$$

$$2Fe + O_2 + 2H_2O \Longrightarrow 2Fe(OH)_2 \qquad (2)$$

$Fe(OH)_2$ 进一步被 O_2 所氧化形成 $Fe(OH)_3$ 并部分脱水形成铁锈：

$$4Fe(OH)_2 + O_2 + 2H_2O \Longrightarrow 4Fe(OH)_3 \xrightarrow{部分脱水} Fe_2O_3 \cdot XH_2O$$

腐蚀形成原因：轻汽油醚化 2015 年更换国产催化剂后(注：大孔强酸性树脂)，在使用过程中催化剂磺酸基出现较进口催化剂脱落速率更快的情况，且操作温度越高磺酸基脱落速率越快，醚化主反应器的床层温度一般控制在 50～80℃之间，在这个温度区间厂家给出的催化剂理论磺酸基脱落速率在$(9 \sim 20) \times 10^{-8}$ mmol/(g·h)；另外催化剂耐温上限是衡量磺酸基脱落率的重要指标，催化剂出厂给定耐温上限越高磺酸基脱落率就越低，就我装置使用的两款催剂对比，其中国产催化剂厂家给出操作温度上限为不大于 120℃，进口催化剂厂家给出操作温度上限为不大于 150℃，以此可以看出两种催化剂存在明显的性能差异。脱落的磺酸基团随反应产物进入后续甲醇水洗回收单元，磺酸基 85℃开始水解，而重沸器壳程入口温度控制在 100℃以上，具备生成 H_2SO_4 条件且反应苛刻度较低，具体反应见 G. R. 霍尔的热分解方程式[1]：

$$R \sim SO_3H \xrightarrow{H_2O} R \sim H + H_2SO_4$$

通过持续对装置甲醇水取样化验分析，萃取水的 pH 均值在 6.5，显弱酸性且甲醇水洗水为循环使用，存在腐蚀物积聚的条件。

3. 问题的解决

3.1　重沸器及管线因介质汽化产生振动与冲刷导致泄漏问题的解决情况

2014 年通过检修分析泄漏减薄的部位主要为集中在上部，通过工艺调整提高塔底液位，就能将介质的气化位置提高到重沸器返塔管线上，这样就可以避免重沸器因介质相变而造成的泡点冲击与气蚀冲刷。通过将塔底液位由原来的 30% 提高到 70%(注：重沸器壳程满液操作)，有效地解决重沸器管束的泄漏问题；但重沸器返塔管线冲刷腐蚀问题变得异常严重且多次发生泄漏；通过对返塔线弯头进行检测，弯头减薄超过 50%；只能采用打卡子和包壳子的方式消除漏点维持生产(弯头消漏见图 4 和图 5)。2019 年检修期间通过将甲醇回收塔重沸器返塔管线更换为 316L 材质，提高管线的硬度及耐酸腐蚀能力，解决重沸器返塔管线气蚀冲刷腐蚀问题。经过对材质升级后的运行观察，该部位再未出现异常减薄与泄漏问题。

图 4　返塔线弯头出现沙眼打卡子消漏情况

图 5　返塔线弯头多出泄漏包盒子消漏情况

3.2　重沸器管束腐蚀泄漏问题的解决情况

2015 年轻汽油醚化装置主反应器(R－201)开始试用国产醚化催化剂，国产醚化催化剂以其极高性价比逐渐替代进口醚化催化剂，但国产与进口醚化催化剂生产工艺存在差异，相比国产催化剂磺酸基脱落量偏高，直观表现为萃取水 pH 持续降低，萃取水呈酸性(注：萃取水为循环使用)。使得甲醇回收塔重沸器泄漏原因由气蚀冲刷转为酸性腐蚀。为了减少因磺酸基脱落而引起的酸性腐蚀，最简单的方法就是增加萃取水的换水量，用以控制甲醇回收系统 pH 不低于6.5，但这会增加除盐水消耗，增加排污水量；同时水洗水的 pH 变化较大经常小于6.5，对设备防腐蚀的控制不利。

借鉴国内 MTBE 装置在萃取水进入甲醇回收塔之前增加脱酸树脂技术广泛应用的成熟经验，将从催化剂中脱落的磺酸剂与阴离子树脂反应，吸附中和脱落的磺酸基，达到萃取水脱酸目的，避免甲醇萃取系统弱酸性腐蚀，延长设备的使用寿命，避免设备异常泄漏。脱酸树脂是一种具有同时脱除阳阴离子的两性树脂，它具有很高的阴离子吸附容量和抗污染性，可以允许在 80℃ 至 100℃的温度下长期使用；当甲醇萃取工艺水通过脱酸剂树脂时，工艺水中的 SO_4^{2-}、Cl^- 等阴离子及 Na^+、Fe^{3+} 等阳离子会被吸附，脱酸剂每吸附 1mol 的阴离子即同时释放出 1mol 的 OH^-，而每吸附 1mol 的阳离子即同时释放出 1mol 的 H^+，OH^- 与 H^+ 随即结合成 H_2O，从而达到脱酸的目的，使生产装置上的萃取循环水 pH 值能够长期保持在 6.5 以上。MTBE 装置与轻汽油醚化装置催化剂相同，均为磺酸基催化剂。脱酸树脂技术可解决甲醇萃取回收系统酸性腐蚀问题，可以保证重沸器长周期的运行，同时还会减少因甲醇取回收系统大量换水造成水耗及排污增加的问题。

4　结论

通过组织对轻汽油醚化装置甲醇回收塔底重沸器泄漏原因的分析，找到了导致泄漏的症结，从而通过采用提高塔底液位从而提高相变点位置有效解决了重沸器管束振动与气蚀冲刷问题；通过对返塔管线材质升级有效解决了管线气蚀冲刷泄漏的问题；通过加大甲醇水洗水换水及增加脱酸罐改善因醚化催化剂磺酸基脱落所引起的腐蚀问题；以及正在落实重沸器结构改造以及材质升级等工作，以提高设备自身的抗冲击、抗腐蚀能力，确保重沸器在运行期间不发生异常泄漏问题。

参考文献

[1]张向东．MTBE 生产中的设备腐蚀问题分析．腐蚀科学与防护技术．2001．9．300－301。

在役 PE 燃气管道力学性能试验及分析

赵向南　刘　璞　张海营　孙嘉栋

（河南省锅炉压力容器安全检测研究院，河南 郑州　450016）

摘　要：对 8 个不同材质级别、不同尺寸、不同使用年限的在役 PE 燃气管道的几何尺寸、力学性能、化学性能进行了检测，结果表明：几何尺寸中的不圆度指标在自身重力、覆土压力、交通载荷等的多重作用下变化较大；断裂伸长率与其静液压强度(20℃、100h、环应力 12MPa)具有连带性；在敷设环境符合标准规定的情况下，PE 管材的化学性能较为稳定。

关键词：PE；燃气管道；力学性能；检测

Test and Analysis of Mechanical Properties of PE Gas Pipeline in Service

Zhao Xiangnan, *Liu Pu*, *Zhang Haiying*, *Sun Jiadong*

(The Boiler&Pressure Vessel Safety Inspection Institute of Henan Province, Zhengzhou 450016, China)

Abstract: The geometric size, mechanical properties and chemical properties of 8 PE gas pipelines with different material grades, sizes and service life in service were tested, the results show that the index of non - roundness varies greatly under the multiple effects of gravity, overburden pressure and traffic load The elongation at break is related to its hydrostatic strength (20℃, 100H, Ring Stress 12MPa), and the chemical properties of PE pipe are relatively stable when the laying environment conforms to the standard.

Key words: PE; gas pipeline; mechanical properties; test

1　引言

聚乙烯(Polyethylene，以下简称 PE)管道以其耐化学腐蚀、寿命长等优异特点，已逐步代替传统钢质管道，广泛应用于城镇中低压燃气管网[1~2]。随着敷设时间的增加，部分 PE 燃气管道使用年限已超过 20 年，由于缺乏有效的检验手段，管道本体的安全性和使用寿命成为目前研究的重点，蓝朝逊[3]等利用 Abaqus 软件模拟了分析了不同挖掘载荷对 PE 管道弯头的力学性能及失效影响，朱荣全[4]等分析了 PE 管材的破坏失效模式，严大鹏[5]利用有限元模型对埋地含缺陷 PE 燃气管道韧性失效进行了分析，对埋地含缺陷 PE 燃气管寿命评估方法进行了研究，赵梓怡[6]在实验室通过试验对 PE 管材失效机理及寿命进行了研究。

目前关于 PE 燃气管道的力学性能研究大多利用软件在实验室进行模拟，在役 PE 燃气管道的性能研究较少，本文结合实际检验工作，对收集的不同材质级别(PE80/PE100)、不同尺寸、不同使用年限的在役 PE 燃气管道的相关力学性能进行了检测及研究，以期为在役 PE 燃气管道的安全使用提供依据。

2　在役 PE 管道性能检测

2.1　试样基本信息

试验材料均为在役 PE 燃气管道，试样的材质、尺寸、标准尺寸比及使用年限等相关信息如

作者简介：赵向南(1987 -)，硕士研究生，工程师，主要从事压力管道检测与安全评价工作。E - mail: 13673606840@163.com

基金项目：河南省基本科研业务费支持项目(2021KY20)。

表 1 所示。

表 1　试样基本信息表

序号	材质级别	尺寸/mm	标准尺寸比	使用年限
1	PE100	dn63	SDR11	3 年
2	PE80	dn160	SDR11	5 年
3	PE100	dn250	SDR11	5 年
4	PE100	dn200	SDR17	6 年
5	PE100	dn160	SDR11	10 年
6	PE100	dn160	SDR11	10 年
7	PE100	dn110	SDR11	15 年
8	PE100	dn110	SDR11	18 年

2.2　几何尺寸检测

依据国家标准《塑料管道系统塑料部件尺寸的测定》(GB/T 8806—2008)对表 1 所列 8 个样品的几何尺寸进行检测，检测结果如表 2 所示。

经检测，8 个样品中 1#试样的外径不符合标准要求，1#、4#、6#试样的壁厚不符合标准要求，1#、2#、5#、6#试样的不圆度不符合要求。分析认为在役 PE 燃气管道几何尺寸受使用年限的影响较小，主要与其敷设环境有关，PE 燃气管道以地埋的方式敷设，城区主干道与边缘区域、

表 2　试样检测几何尺寸表

序号	平均外径/mm			壁厚/mm			不圆度/mm		
	检测值	标准值	判定	检测值	标准值	判定	检测值	标准值	判定
1	63.6	63.0－63.4	不合格	6.25	5.8＋0.3	不合格	1.0	≤0.7	不合格
2	160.7	160－161	合格	14.9	14.6＋0.5	合格	3.6	≤3.2	不合格
3	250.8	250－251.5	合格	23.0	22.7＋0.6	合格	1.5	≤5.0	合格
4	201.0	200－201.2	合格	12.6	11.9＋0.4	不合格	2.5	≤4.0	合格
5	160.3	160－161	合格	15.1	14.6＋0.5	合格	5.4	≤3.2	不合格
6	160.2	160－161	合格	15.25	14.6＋0.5	不合格	3.5	≤3.2	不合格
7	110.5	110.0－110.7	合格	10.2	10.0＋1.1	合格	110.5	≤2.2	合格
8	110.6	110.0－110.7	合格	10.25	10.0＋1.1	合格	1.5	≤2.2	合格

城市道路与乡镇道路，交通频繁状况有很大差别[7]，因此敷设环境复杂、地面交通频繁的管道在自身重力、覆土压力、交通载荷等的多重作用下，其不圆度变化较大，且随着使用年限的增加，变化趋势增加，而外径与壁厚不符合要求，由于 PE 管道相较于金属管道，其耐腐蚀性能较好，且壁厚检测值相较于标准值多为正偏差，应与制造质量有关。

2.3　力学性能检测

依据国家标准《热塑性塑料管材拉伸性能测定第 1 部分试验方法总则》(GB/T 8804.1—2003)、《流体输送用热塑性塑料管道系统耐内压性能的测定》(GB/T 6111—2018)、《热塑性塑料管材纵向回缩率的测定》(GB/T 6671—2001)，分别对试样的断裂伸长率、静液压强度(20℃、100h、环应力 12MPa)、纵向回缩率进行了测试，如表 3 所示。

经检测，7#试样的断裂伸长率不合格，且其静液压强度(20℃、100h、环应力 12MPa)不合格，8#试样的断裂伸长率合格，其静液压强度(20℃、100h、环应力 12MPa)不合格，其余试样的断裂伸长率与静液压强度(20℃、100h、环应力 12MPa)均合格。分析认为，断裂伸长率与其静液压强度(20℃、100h、环应力 12MPa)具有连带性，即：断裂伸长率增大相应的静液压强度持续时间也相应越长[6]，7#试样的断裂伸长率与标准值相比，减少了近 13%，其静液压强度(20℃、100h、环应力 12MPa)不合格，虽然 8#试样的静液压强度(20℃、100h、环应力 12MPa)不合格，断裂伸长率合格，但是与其他合格试样相比，其断裂伸长率明显减小。

表 3　试样力学性能测试表

序号	检测项目	单位	标准要求	检测结果	判定
1	断裂伸长率	%	≥350	533	合格
	静液压强度(20℃、100h、环应力 12MPa)	—	无破坏 无渗漏	通过	合格
	纵向回缩率	%	≤3	1	合格
2	断裂伸长率	%	≥350	569	合格
	静液压强度(20℃、100h、环应力 12MPa)	—	无破坏 无渗漏	通过	合格
	纵向回缩率	%	≤3	0.66	合格
3	断裂伸长率	%	≥350	580	合格
	静液压强度(20℃、100h、环应力 12MPa)	—	无破坏 无渗漏	—	—
	纵向回缩率	%	≤3	0.69	合格
4	断裂伸长率	%	≥350	626	合格
	静液压强度(20℃、100h、环应力 12MPa)	—	无破坏 无渗漏	—	—
	纵向回缩率	%	≤3	0.67	合格
5	断裂伸长率	%	≥350	574	合格
	静液压强度(20℃、100h、环应力 12MPa)	—	无破坏 无渗漏	通过	合格
	纵向回缩率	%	≤3	0.64	合格
6	断裂伸长率	%	≥350	502	合格
	静液压强度(20℃、100h、环应力 12MPa)	—	无破坏 无渗漏	通过	合格
	纵向回缩率	%	≤3	0.44	合格
7	断裂伸长率	%	≥350	305	不合格
	静液压强度(20℃、100h、环应力 12MPa)	—	无破坏 无渗漏	破裂	不合格
	纵向回缩率	%	≤3	0.72	合格
8	断裂伸长率	%	≥350	407	合格
	静液压强度(20℃、100h、环应力 12MPa)	—	无破坏 无渗漏	破裂	不合格
	纵向回缩率	%	≤3	0.72	合格

2.4　化学性能测试

依据国家标准《塑料差示扫描量热法(DSC) 第 1 部分：通则》(GB/T 19466.1—2009)、《热塑性塑料熔体质量流动速率和熔体体积流动速率的测定方法 A》(GB/T 3682—2000)，分别对试样的氧化诱导时间(210℃)、溶体质量流动速率(190℃、5kg)进行了测试，如表 4 所示。

表 4 试样化学性能测试表

序号	检测项目	单位	标准要求	检测结果	判定
1	氧化诱导时间(210℃)	min	>20	28.8	合格
	溶体质量流动速率(190℃、5kg)	g/10min	0.20~1.40	0.27	合格
2	氧化诱导时间(210℃)	min	>20	60.1	合格
	溶体质量流动速率(190℃、5kg)	g/10min	0.20~1.40	0.91	合格
3	氧化诱导时间(210℃)	min	>20	50.1	合格
	溶体质量流动速率(190℃、5kg)	g/10min	0.20~1.40	0.29	合格
4	氧化诱导时间(210℃)	min	>20	44.4	合格
	溶体质量流动速率(190℃、5kg)	g/10min	0.20~1.40	0.24	合格
5	min	>20	32.3	合格	
	溶体质量流动速率(190℃、5kg)	g/10min	0.20~1.40	0.40	合格
6	氧化诱导时间(210℃)	min	>20	28.0	合格
	溶体质量流动速率(190℃、5kg)	g/10min	0.20~1.40	0.39	合格
7	氧化诱导时间(210℃)	min	>20	48.2	合格
	溶体质量流动速率(190℃、5kg)	g/10min	0.20~1.40	0.33	合格
8	氧化诱导时间(210℃)	min	>20	33.7	合格
	溶体质量流动速率(190℃、5kg)	g/10min	0.20~1.40	0.34	合格

经检测，各试样的化学性能氧化诱导时间(210℃)、溶体质量流动速率(190℃、5kg)均合格。

3 结论

依据国家相关标准，对 8 个不同规格、不同材质、不同使用年限的在役 PE 管道进行了检测与分析，其中：

(1)在役 PE 燃气管道几何尺寸受使用年限的影响较小，主要与其敷设环境有关，几何尺寸中的不圆度指标在自身重力、覆土压力、交通载荷等的多重作用下变化较大；

(2)断裂伸长率与其静液压强度(20℃、100h、环应力 12MPa)具有连带性；

(3)在敷设环境符合标准规定的情况下，PE 管材的化学性能较为稳定。

参考文献

[1]邓杰义，仇文辉．聚乙烯(PE)管材的应用现状及发展趋势[J]．广东化工，2017，44(13)：137－138.

[2]赵向南，张海营，陈帅甫．基于模糊层次分析法的埋地 PE 燃气管道风险评估[J]．设备监理，2022，(03)：53－55.

[3]蓝朝逊，李俊，史君林，等人．埋地 PE 燃气管道弯头挖掘破坏有限元分析[J]．中国安全生产科学技术，2018，8(14)：86－93.

[4]朱荣全，阮艳灵，秦立臣，等人．PE 燃气管道力学失效模式分析[J]．化学过程与装备，2017，3：43－44.

[5]严大鹏．埋地含缺陷 PE 燃气管道可靠性与寿命评估方法研究[D]．华南理工大学，2019.

[6]赵梓怡．聚乙烯管材失效分析及寿命预测[D]．沈阳建筑大学，2018.

[7]杨毅．压力荷载影响下聚乙烯管热氧老化行为及机理研究[D]．华南理工大学，2019.

在役城镇供热金属管道泄漏原因及检测技术

刘 璞 赵向南 孙嘉栋 张海营

（河南省锅炉压力容器安全检测研究院，河南 郑州 450016）

摘 要：超期服役等原因导致的在用城镇供热金属管道的泄漏问题日益凸显，本文从安装质量、腐蚀、管体质量、第三方破坏4个方面分析了在用城镇供热金属管道的泄漏原因，阐述了音波法、压力梯度法、光纤传感器法、红外热成像法4种泄漏检测技术的机理，从泄漏定位精度、泄漏检测灵敏度、泄漏检测反应时间、环境适用能力、安装使用成本5个方面，对比分析了各个泄漏检测技术的优缺点，为供热金属管道泄漏检测提供了参考。

关键词：供热金属管道；泄漏；检测；温度

Leakage analysis and detection of heating metal pipeline in service

Liu Pu, *Zhao Xiangnan*, *Sun Jiadong*, *Zhang Haiying*

(The Boiler&Pressure Vessel Safety Inspection Institute of Henan Province, Zhengzhou 450016, China)

Abstract: The leakage problem of in - use urban heating metal pipelines caused by overage and other reasons has become increasingly prominent, in this paper, the leakage causes of heating metal pipelines in cities and towns in use are analyzed from four aspects: installation quality, corrosion, pipeline body quality and third party damage, the mechanism of four leakage detection techniques, including acoustic wave method, pressure gradient method, optical fiber sensor method and infrared thermal imaging method, is described, the advantages and disadvantages of each leak detection technology are compared and analyzed from five aspects: leak location accuracy, leak detection sensitivity, leak detection reaction time, environment adaptability and installation and use cost, it provides a reference for the leakage detection of heating metal pipeline.

Key words: heating metal pipeline; leakage; detection; temperature

1 引言

城镇供热系统主要由热源、热力管网和用户组成[1]，而供热金属管道热力管网的主要组成部分，是冬季城镇居民生活供热的主要输送载体，在居民日常生活和现代工业建设中居于重要地位，随着我国居民生活水平的不断提高，供热金属管道的总里程迅速提升[2,3]，据统计，截至2018年，我国已建供热设施的城市占全国城市的42.8%[4]。供热管道在给居民生活带来温暖的同时，由于前期建设的热力管道技术相对落后、施工人员水平参差不齐等原因造成施工质量不高，且随着使用时间的不断增加，城市核心区的供热管道超期服役问题也逐渐凸显，造成了热力管道在运行过程中存在诸多安全问题，以管道泄漏问题尤其严重，该问题不仅造成了能源的大量浪费，同时也带来了许多安全问题，如2018年3月31日，湖南省郴州市某热力发电厂位于工业园道路旁的主供热管道末端爆裂，大量蒸汽瞬间泄漏，所幸未造成人员伤亡[5]。因此，对在用城镇供热金属管道进行泄漏原因分析及检测具有十分

作者简介：刘璞(1986—)，工程师，主要从事压力管道检测与安全评价工作。E - mail：hngj_ zlglb@ 163. com

基金项目：河南省锅检院基本科研业务费支持项目(2020ky28)。

重要的意义。

2. 泄漏原因分析

2.1 安装质量问题

按照《中华人民共和国特种设备安全法》及《特种设备目录》的规定，输送蒸汽或者热水用于城镇公共事业的供热管道，范围为最高工作压力大于或者等于 0.1MPa(表压)，介质为蒸汽、最高工作温度高于或者等于标准沸点的热水，且公称直径大于或者等于 50mm 的管道。其安装过程“应当经特种设备检验机构按照安全技术规范的要求进行监督检验，未经监督检验或者监督检验不合格的，不得出厂或者交付使用”。但是在供热金属管道安装过程中，大多未经监督检验，尤其是《压力管道监督检验规则》(TSG D7006—2020)未发布实施前，供热金属管道的安装质量由于缺乏有效的监管，存在诸多问题，如施工单位等未按照《特种设备安全法》的要求取得相应资质，焊接作业人员无相应资质，未制定焊接工艺规程等，导致管道、管件的焊接质量不合格等，从而为管道本体质量埋下隐患，影响热力管道的安全运行质量，导致使用过程中的管道泄漏和破裂。

2.2 腐蚀问题

供热金属管道的腐蚀分类很多，但大体分为内、外两种腐蚀。外腐蚀主要是：运行过程中由于第三方施工破坏或外保温层质量不高，导致外保温层破损或脱落，管道外壁直接接触到土壤，造成的局部外腐蚀；以及当温度产生变化时，保温层破损处，热管体表面使空气中的水蒸发，腐蚀性介质不断被浓缩，而当温度再次降低时，在此处形成露滴，露滴中会快速吸收浓缩在金属表面腐蚀性介质，形成高浓度的腐蚀性介质露滴而造成的层下腐蚀，随着时间的增加以及腐蚀减薄程度的不断加深，管壁厚度不满足使用压力下的安全强度要求，导致管道破裂泄漏。输送蒸汽、水介质未处理或处理不合格、蒸汽品质不高等原因造成的内腐蚀，引起的管材腐蚀减薄直至管道破裂和泄漏。

2.3 管体质量问题

供热金属管道的管体质量导致的泄漏最常见的原因，是焊接质量问题，管道在安装过程中焊接人员水平不高、焊接质量不好，导致的焊缝错边、夹渣、未焊透、砂眼、根部未熔合等问题，造成焊接质量的不合格。管道组成件如阀门、法兰、补偿器等密封不好、质量差、磨损等问题，也会导致供热管道的泄漏。并且供热金属管道在使用时，因启闭阀门或锈渣、悬浮物等堵塞，易造成水流速度或流量陡然变化，从而引起管道内的压力迅速变化，导致水击现象(也称为水锤或液击)，突然升压严重时引起失稳，导致管道及管道附件爆裂，造成供热管道本体泄漏。

2.4 第三方破坏问题

外力导致的管道泄漏问题，由于供热管道大多敷设于城镇主干道或居民区附近，覆盖面积大，城镇建设施工类别多，第三方施工无处不在，同时与燃气、通信光缆、电力、自来水、污水等市政管线并行敷设，施工标准不统一，缺乏沟通协调机制，而且地面标识缺乏，因此第三方破坏事故常有发生。同时由于夏季汛期或供热管道临近的自来水或污水管道泄漏导致的地质沉降等原因造成管道的泄漏和破裂，如 2021 年郑州暴雨导致了多处供热管道损毁。采空区、地震等自然灾害也会导致供热管道破损泄漏。

3 泄漏检测

3.1 声波法泄漏检测

当供热管道发生泄漏时，管道在内外压差的作用下喷射而出，喷射出的蒸汽与管道及管道周围接触的土壤和砂石等相互摩擦作用产生震动，通过分析该音波信号[6]，主要包含：水蒸气与管道泄漏孔之间摩擦产生的声波、水蒸气与周围接触的土壤和砂石等之间摩擦产生的声波等。采用声波法进行泄漏检测时，管道破损处的声波通过安装在供热管道上的声波采集器收集并分析声波信号，进而判断泄漏位置。

3.2 压力梯度法泄漏检测

当正常运行的供热管道发生泄漏后，泄漏点位置处上游的压力和流量梯度均变大，而下游的流量和压力梯度变小，同时随着泄漏时间的增加泄漏点的压力呈下降趋势[7]，通过在热力管道上下游安装压力传感器，检测收集上下游的压力信号，并根据压力信号计算上下游热力管道的相应压力，绘制出上下游压力梯度，根据管道压力的变化判断管道的泄漏情况。

3.3 光纤传感器泄漏检测

供热管道出现破损泄漏时，管道的压力、温度、流量等均出现变化，致使安装在供热管道附近的光纤损耗，输出的功率随之变化，基于此，对光纤特征参量进行分析测量，检测管道的压力、温度、流量等的分布，热力管道正常运行时温度场分布正常，但是出现泄漏时，泄漏管道周边的压力变化、温度升高，通过监测其压力、温度的变化，就可以判断热力管道是否发生泄漏，进一步分析光纤上的细节信息，还可以定位泄漏点的具体位置[8]。

3.4　红外热成像泄漏检测

红外热成像泄漏检测，根据管道周围土壤温度的变化来检测管道泄漏[9,10]，当供热管道发生泄漏后，泄漏点前后的温度场会发生明显的变化，刚开始泄漏时，温度上升速率较快，随着时间的推移，泄漏量的增加，温度变化逐渐缓慢，直至趋于稳定，基于此，采用红外热成像技术，通过泄漏孔以及附近的温度变化，呈现出的相对规律的数据变化，检测确定管道泄漏点位置及泄漏量的大小。

3.5　检测方法对比

为了进一步评估以上 4 种供热管道泄漏检测方法，分析其使用的优缺点，确定了泄漏定位精度、泄漏检测灵敏度、泄漏检测反应时间、环境适用能力、安装使用成本 5 因素，详见表 1。

通过综合比较音波法、压力梯度法、光纤传感器法、红外热成像法的优缺点，红外热成像检测，泄漏定位的精度高、泄漏检测灵敏度高、反应时间较快，且其环境适用能力高，设备相对方便、便于携带、成本低，同时分辨率相较其他方法较高，在供热金属管道泄漏检测中优势明显。

表 1　4 种泄漏检测方法对比

评估因素 检测方法	泄漏定位精度	泄漏检测灵敏度	泄漏检测反应时间	环境适用能力	安装使用成本	分辨率
音波法	较高	高	快	高	低	低
压力梯度法	高	低	快	一般	中	低
光纤传感器法	高	高	快	一般	高	较高
红外热成像法	高	高	较快	高	低	较高

4　结语

(1)供热管道运行过程中安装质量、内外腐蚀、第三方破坏等因素易造成泄漏，在安装过程中应加强监管，使用过程中应完善地面标识，防止第三方破坏，同时定期进行介质成分分析，减少腐蚀。

(2)分析了音波法、压力梯度法、光纤传感器法、红外热成像法 4 种技术的泄漏检测原理，从 5 个方面比对了以上检测方法的优缺点，为热力管道泄漏检测方法研究提供参考，通过比较，红外热成像检测在供热金属管道泄漏检测中优势明显。

(3)受限于供热管道大多敷设于地下及检测成本等问题，泄漏检测还存在诸多困难。从长远来看，音波法如能提高分辨率降低环境干扰，和红外热成像法相互补充，在供热管道检测中应是一种有效的泄漏检测手段。

参考文献

[1]张宇晨，田贯三，孙永海．集中供热整齐热网与热水热网热损失率比对[J]．煤气与热力，2008，28(5)：A13－A16.

[2]余本海．热力管道泄漏与热损若干问题研究[D]．安徽建筑大学，2021.

[3]梁策．供热管道泄漏检测及定位方法研究[D]．沈阳航空航天大学，2019.

[4]李云振，丛广佩，路笃辉．热力管道腐蚀问题分析与预测[J]．区域供热，2018，2：74－77.

[5]李阳春．一起热力管道事故的分析[J]．中国化工贸易，2019，11：255－256.

[6]李翠伟，李雪洁，李玉星等．基于音波法的输气管道泄漏检测与定位[J]．化工学报，2014，11：4633－4642.

[7]王彦逍．供热地埋管泄漏导致地表温度异常的机理研究[D]．河北工业大学，2017.

[8]邓金伟．城市燃气管道泄漏检测定位方案应用分析[J]．城市燃气，2015，16(1)：23－25.

[9]李栋，吴国忠，李永柱等．基于红外成像的埋地热油管道定位方法[J]．管道技术与设备，2008(3)：22－23.

[10]张丽珍，徐长航等．基于红外成像技术的高温管道泄漏检测研究[C]．//第二届 CCPS 中国过程安全会议，2014：385－390.

催化裂化装置气压机富气系统设备及管道泄漏原因分析及措施

刘媛媛　马岩军　邓杰章

(中国石油乌鲁木齐石化公司，乌鲁木齐　830019)

摘　要：某炼油厂催化裂化装置富气系统设备顶部和 19 米范围内的管道在定期检验有效期内发现 12 处泄漏。基于泄漏处缺陷类型、工艺流程、介质及参数等影响因素信息，对泄漏处损伤模式进行了识别，确认造成泄漏主要原因是湿硫化氢应力腐蚀开裂。针对性的发生泄漏的设备和管道，从工艺角度给出了腐蚀防护策略、从检验角度提出了优化的检验措施。

关键词：气压机富气系统；湿硫化氢腐蚀；腐蚀防护策略；改进措施

Analysis and measure of corrosion and leakage for catalytic cracking device's compressor rich gas system equipment

Liu YuanYuan, *Ma yanjun*, *Deng jiezhang*

(Urumqi Petrochemical Company, Urumqi, 830019)

Abstract: The top of the catalytic cracking device's rich gas system equipment and within 19 meters of pipelines were found of 12 leaks during the validity period by regular inspection in a refinery. Based on the influencing factors such as the type of defect, technological process, medium, and parameters of the leakage site, the damage mode was identified to confirm that the main reason for leakage caused by the stress of hydrogen sulfide was cracked. For equipment and pipelines that occur, the corrosion protection strategy is given from the perspective of process, and optimized inspection measures are proposed from the perspective of inspection.

Key words: compressor rich gas system; wet hydrogen sulfide corrosion; corrosion protection strategy; improvement measures

0　引言

近年来由于加工原油的多元化和劣质化，炼油厂各装置的腐蚀问题日趋严重。催化裂化的基本原理是蜡油掺混约 40% 减底渣油在催化剂的作用下生产轻质油和液化气的工艺，随着原油硫含量的增加，装置设备、管道的腐蚀问题越来越突出，本文以气压机富气系统设备腐蚀泄漏事故为例，提出该部位湿硫化氢环境下工艺管线的防护措施和对策。

1　富气系统设备及管道缺陷类型

某炼油厂催化裂化装置富气系统于 1996 年 7 月投用运行，从 2020 年 4 月至 2022 年 8 月，该系统设备及管道共先后多次发生了泄漏，采取带压堵漏等措施维持运行。最后一次发生在 2022 年 8 月，由气压机二级分液罐 D2305 顶部发生泄漏，为此进行了局部停工处理。随后对 D2305 本体及在 19m 范围内的管道进行全面拆除保温检查，共计发现 7 个部位 12 处漏点，其漏点均是以裂纹形式发生。其中 8 处漏点在焊缝部位，3 处在管道本体，1 处在管道弯头，见图 1。

作者简介：刘媛媛(1984—　)，工程师，主要从事石油化工设备检验、理化分析、腐蚀与防护工作。E - mail: 865870812@qq.com

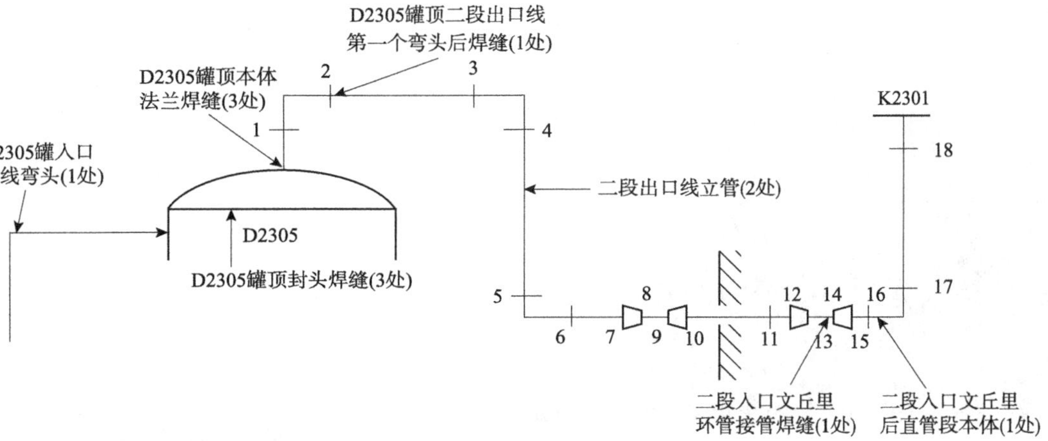

图 1　气压机富气系统设备及管道泄漏部位示意图

宏观检查列举 3 处典型缺陷部位。见图 2(a) D2305 出口立管漏点成横向裂纹，裂纹长度约 30mm，为管道本体泄漏。见图 2(b) 漏点为气液分离罐 D2305 罐顶封头焊缝处，位置在紧贴焊道的热影响区平行于焊道。见图 2(c)，漏点在接管的根部焊接部位，以上裂纹均为穿透裂纹，拆开保温层，从外壁颜色分辨泄漏点周围呈黄锈色，产生局部的锈斑痕迹，说明介质气相中携带微量的水汽。

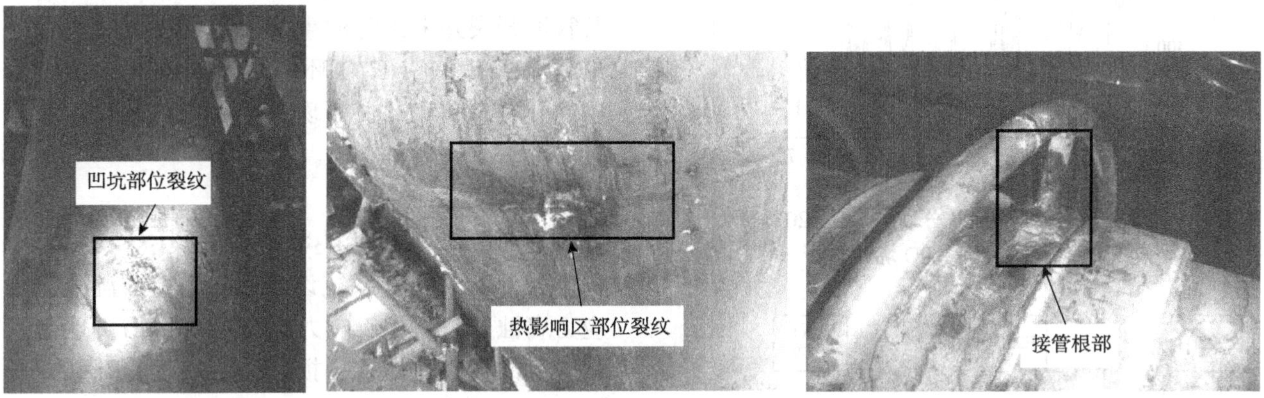

(a)D2305出口立管本体　(b)D2305罐顶封头焊缝裂纹　(c)二段入口文丘里环管接管根部焊缝

图 2　2022 年扩检时气压机富气系统部分泄漏缺陷形貌

2　上一周期停工检修及排查检验结果情况

在 2019 年停工大检修时，依据《压力管道定期检验规则 - 工业管道》TSG D7005—2018 的相关要求，对催化裂化装置气压机富气系统从气压机二级分液罐 D2305 开始到气压机出口为止的所有设备及管道进行了检验及腐蚀调查。

测厚检验：分液罐 D2305 本体及 19 米范围内的管线测厚值未见异常。

腐蚀调查分析：分液罐 D2305 内壁整体状况良好，未见明显腐蚀，如图 3。

分馏塔顶油气分离器 D - 2201(分馏塔顶油气)XRD 垢样分析：分馏塔顶油气介质中可能含有 H_2S、NH_3、氯化物、氰化物等腐蚀性介质，垢样分析中含有大量的 Fe 的氧化物，如图4。油气经过 D2201 油气分离罐分离，气相介质进入富气压缩机进行两级压缩，经过此次泄漏的 D2305 分液罐。

3　催化裂化装置富气系统工艺流程及介质参数

气压机富气系统流程如图 5 所示，油气经过 D2201 油气分离罐分离，气相介质进入富气压缩机进行两级压缩做功，被压缩的气相介质最后送至稳定 EC2301/1. 2 入口。富气压缩机为两级压缩：第一级由气压机入口至一段出口。介质温度从 42℃ 升高至 100℃。压力由 139kPa 升至 556kPa。随后经过中冷器 E2301 冷却，进入二级分液罐 D - 2305 进行气液分离，入口温度降至 51℃，压力为 535kPa。经过气压机二段压缩，气压机出口温度达到 89℃，压力升高至 1. 18MPa，最后送至稳定系统。所用管线材质均为 20#钢，规格为 Φ377 × 9mm。经化验分析，催化裂化装置富气系统介质参数如表 1 所示。

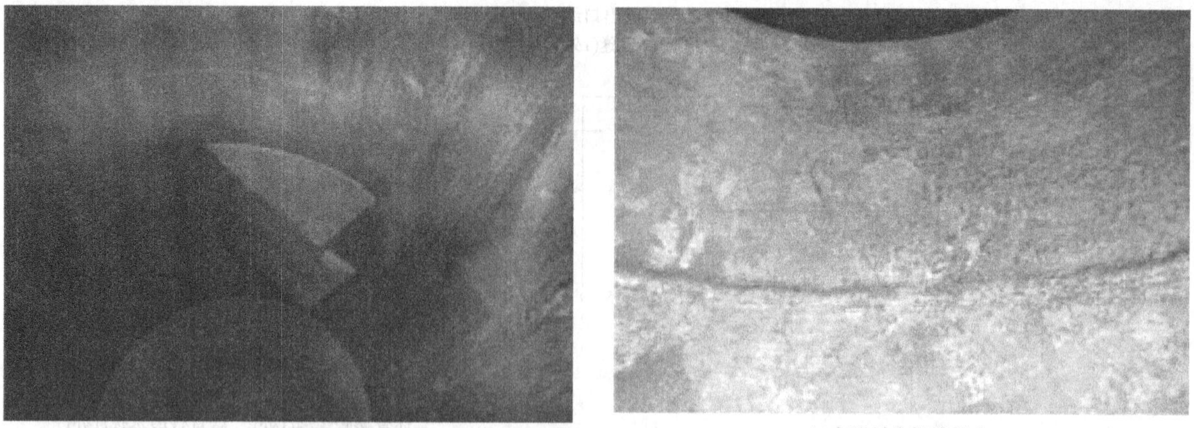

(a)内壁宏观　(b)内壁封头焊缝部位

图 3　气压机二级出口分液罐 D2305 腐蚀检查情况

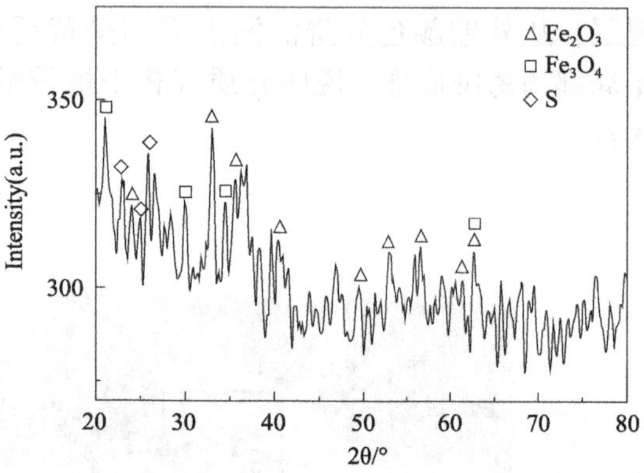

图 4　分馏塔顶油气分离器 D－2201（分馏塔顶油气）XRD 垢样分析

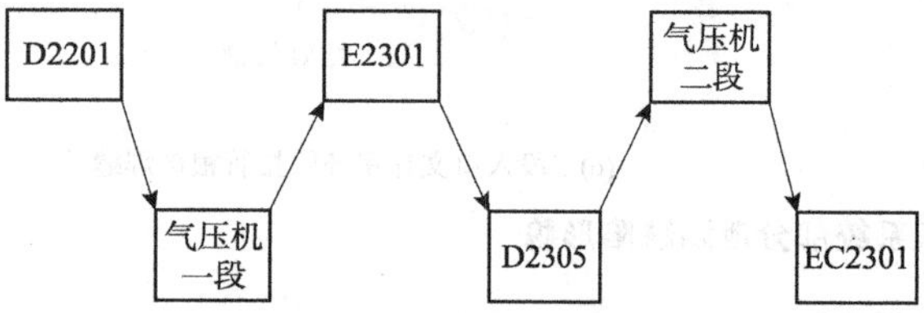

图 5　催化裂化装置气压机富气系统流程图

表 1　催化裂化装置气压机分液罐 D2305 出口至气压机二段入口管道介质参数

富气的主要成分	C1～C2 轻组分烃类以及 H_2O、H_2S、HCl、SO_2、SO_3 等
富气 H_2S 含量	1167mg/m^3
工作温度(两级)	42～100℃/51～89℃
工作压力(两级)	139kPa～556kPa/535kPa－1.18MPa
PH 值	7.0～9.5

4　富气系统泄漏原因分析

炼油厂催化裂化装置，炼油原料中存在的 Cl、S、N 等元素经催化裂化反应后会产生 HCl、H_2S、NH_4、HCN 等物质，在后续分馏塔顶冷凝到露点温度以下时形成 H_2S＋HCN＋H2O 和 HCl 环境，对塔顶及后续设备管线造成严重腐蚀，这种低温腐蚀破坏性极大，是催化裂化装置工艺防腐蚀的重点[2]。根据工艺特性，气压机富气系统易发生三种相互关联的腐蚀形式，其中 HCl 和 NH_4HS 腐蚀形貌为厚度方向的减薄，和本次设备及管道开裂并未减薄的事实不符，在本文不做讨论。H_2S＋HCN＋H_2O 环境可形成湿硫化氢应力腐蚀开裂，和实际失效现象相吻合，在此重点分析讨论。

4.1　环境因素的影响

分馏塔顶形成的 H_2S＋HCN＋H_2O 环境，在一定条件下对富气系统设备及管道造成湿硫化氢应力腐蚀开裂。H_2S 应力腐蚀主要损伤机理是钢铁中氢的吸收和渗入，损伤结果表现为开裂，开裂原因为 H_2S 水溶液电化学腐蚀产生的阴极 H，在溶液中硫离子(S^{2-})离子的作用下向钢材渗透，湿硫化氢应力腐蚀开裂的形式包括氢鼓泡（HB）、硫化物应力腐蚀开裂（SSCC）、氢致开裂（HIC）和应力引起的氢致开裂（SOHIC）损伤。影响因素决定于氢的吸收和渗入，主要有环境条件(H_2S 含量浓度，PH，杂质，温度)、材料性能(硬度、微观结构，强度)和拉伸应力水平[3]。具体如下：

（1）溶液中 H_2S 浓度：介质中 H_2S 分压越高，水中 H_2S 浓度增加，腐蚀越剧烈。通常认为 H_2S 分压超过 0.003MPa 或水中浓度达到 50ppm 时会造成湿 H_2S 损伤。在其它因素影响下，低于上述浓度甚至 1ppm 时也可能发生。

（2）氰化氢影响：原料油中的氮化物发生分解，有1%～2%则转化成氰化氢(HCN)，CN^- 存在，阻止电化学反应产生的原子氢给合为分子，促进湿 H_2S 开裂，是催化装置塔顶系统设备管线腐蚀开裂的非常重要的因素。

(3) 介质酸碱度 PH：氢渗入或扩散速度在 PH 为 7 时最小，PH 升高或降低都会增加，主要机理为酸性环境下，溶液 H 浓度高，H 渗透剧裂，促进电化学腐蚀；碱性环境下，促进 HS - 进一步电离 S^{2-}，H 渗透因 S^{2-} 浓度提高被加剧。当 CN^- 存在时，会降低湿硫化氢应力腐蚀开裂发生的苛刻度，提高了其发生的敏感性。只有中性环境下 H 渗透的相对最弱。

(4) 温度影响：碳钢是硫化氢应力开裂，一般发生在 82℃以下，室温最剧烈。

(5) 材料及应力影响：钢材的化学元素、金相组织、力学性能、外应力、残余应力以及焊接工艺都是影响 H_2S 应力腐蚀的产生，钢材强度越高、硬度越大、杂质越多、应力越大越容易发生。采用如抗 HIC 钢和焊接热处理是防止或减缓腐蚀开裂的有效手段。

4.2 工艺操作因素影响

工艺防腐措施主要基于工艺参数控制、原料及介质控制、注水注缓蚀剂等来改善造成腐蚀的的环境条件，从而达到防腐的目的。通过排查分析，本催化装置各项工艺防腐指标长期控制在防腐要求之内，工艺防腐措施得到有效执行，塔顶系统整体未发生防腐引起的失效损伤，说明总体防腐措施是可靠的。富气系统局部发生腐蚀开裂，分析主要原因是由于注水控制不当所产生。

注水是塔顶系统工艺防腐的最重要手段，其主要目的是去除和降低介质中腐蚀性产物 HCl、H_2S、NH_4、HCN 等达到防腐目的。在装置设计之初，富气压缩机级间设计有注水，其目的在重油催化裂化生产中所裂化原料杂质较多，尽管在分馏系统中已进行过水洗，但塔顶注水无法有效去除 D2305 本体及出口管线的大量 H_2S 等腐蚀性杂质。而级间注水会改善富气中 H_2S 和 HCN 进入设备的腐蚀物浓度及含量。由于种种原因，在后续操作中，取消了级间注水，造成该系统中 H_2S 及 HCN 没有随级间注水脱除，导致湿硫化氢应力腐蚀开裂的程度增加[4]。

另外，装置分馏塔顶注水量无法实现精准控制，注水总量根据含硫污水减水量倒退估算，注水操作无法做到精细化操作，而装置原料及腐蚀产物浓度是动态变化的，有可能注水量不足的情况发生，造成腐蚀现象的发生。分馏塔顶注水使用含硫污水循环使用，使腐蚀物介质在塔顶富集并带至下游导致富气压缩机入口硫化氢浓度上升，造成腐蚀加剧，这是导致本次富气系统设备及管道泄漏的主要原因。

5 防止湿硫化氢应力腐蚀开裂改进措施

5.1 工艺优化控制改进

目前采取加大注水量预防最苛刻情况的发生。因此严格控制分馏塔顶注水水质，建议全部改为除盐水或净化水(若使用净化水按照表 2 水质控制指标增加水质分析检验计划)，防止含硫污水循环使用，避免硫化氢浓度富集，恶化气压机入口腐蚀环境。

注水方式：采用可使注水分散均匀的喷头，如雾化喷头，喷射角度以不直接冲击管壁为宜。

表 2　注水水质指标

成分	最高值	期望值	分析方法
氧/(μg/kg)	50	15	HJ 506 - 2009
pH	9.5	7.0 ~ 9.0	pH 计
总硬度/(μg/g)	1	0.1	GB/T 6909 - 2008
溶解的铁离子/(μg/g)	1	0.1	HJ/T 345 - 2007
氯离子/(μg/g)	100	5	硝酸银滴定法
硫化氢/(μg/g)	—	<45	HJ/T 60 - 2000
氨氮	—	<100	HJ 535 - 2009 HJ 536 - 2009 HJ 537 - 2009
CN^-/(μg/g)	—	0	HJ 484 - 2009
固体悬浮物/(μg/g)	0.2	少到可忽略	GB 11901 - 1989

5.2 设备材料改进

富气系统目前使用材料为 20#钢，安装时亦没有采取焊后热处理消除应力，也是产生是硫化氢应力腐蚀开裂的原因之一。因此在下次更新时，对催化裂化装置气压机富气系统湿硫化氢环境下的管线升级更换为 HIC 钢，并进行焊后热处理，满足在湿 H_2S 应力腐蚀环境。材料标准规定的屈服强度 $\sigma_s < 355MPa$；材料实测的抗拉强度 $\sigma_b < 630MPa$；材料适用状态应为正火、正火十回火、退火或调质状态；使用高纯钢，且作杂质球化处理(如抗 HIC 钢)。压力管道需经焊后热处理，热处理后焊缝(含热影响区)的硬度不大于 200HB。碳当 Ce 限制：低碳钢和碳锰钢的 Ce < 0.40；低合金钢 (包括低温镍钢)的 Ce < 0.45[1]。

5.3 检验策略改进

在 2019 年停工大检修时，依据《压力管道定期检验规则 - 工业管道》TSG D7005—2018 规定要求，对催化裂化装置气压机富气系统设备管线进行了以测厚为主的全面检验，检测结果情况正常。检验虽热满足了法规的要求，但检验策略未考虑设备的腐蚀损伤机理和失效模式，未充分认识到催化装置塔顶系统腐蚀产生的失效风险，从而未采取有效检验措施方法及时发现管线根部开裂缺陷，检验针对性有效性不足，造成缺陷风险未及时发现处理，在装置开工运行期间发生开裂泄漏，给安全生产造成影响。炼化装置的检验除必须满足法律法规要求外，还需要结合工艺设备特性，在设备使用者全面参与下，基于设备损伤机理和风险，制定全面有效的检验策略，进行针对性的检验，才能保证装置本质安全。

参考文献

[1]API RP 571，影响炼油工业固定设备的损伤机理[S].

[2]SH/T 3096—2012，高硫原油加工装置设备和管道设计选材导则[S].

[3]李鑫波．湿硫化氢环境中石油化工设备的腐蚀与防护[J]．化工管理2022，4，135－138.

[4]郑卫巧．重油催化装置分馏塔顶油气及顶循环系统腐蚀状况分析[J]. 2014，防腐会议.

合成氨尿素装置中洗氨塔塔盘腐蚀失效分析

薛安雪 朱 伟 王 吉 张 永 王明震 谭励治

[江苏省特种设备安全监督检验研究院(徐州)，江苏 徐州 221000]

摘 要：摘要：某合成尿素装置洗氨塔在运行3年后塔盘出现严重的腐蚀问题。为分析该塔盘的腐蚀机理，针对该塔盘的典型腐蚀问题制定检测方案，开展宏观和微观检查。检测结果如下：进入洗氨塔的气体中含有CO_2(含量44.23%)及一定量H_2S(含量0.08%)，使洗氨塔下液呈酸性，造成塔盘发生全面腐蚀和局部腐蚀，其腐蚀的典型特征是局部点蚀、癣状腐蚀和台面状腐蚀。根据分析结果提出相应的防腐蚀措施，保证该装置设备的长期安全运行。

关键词：洗氨塔；塔盘；腐蚀；失效分析；防腐蚀措施

Corrosion Failure Analysis of Ammonia Washing Tray in Synthetic Ammonia Urea Plant

Xue Anxue, Zhu Wei, Wang Ji, Zhang Yong, Wang Mingzhen, Tan Lizhi

(Jiangsu Institute of Special Equipment Safety Supervision and Inspection, Xuzhou, Jiangsu 221000, China)

Abstract: Serious corrosion problems occurred in the washing column of a synthetic urea unit after 3 years of operation. In order to analyze the corrosion mechanism of the tray, a detection scheme was developed according to the typical corrosion problems of the tray, and macro and micro inspection were carried out. The detection results are as follows: the gas entering the ammonia washing tower contains CO_2 (44.23%) and a certain amount of H_2S (0.08%), which makes the liquid under the ammonia washing tower acidic and causes comprehensive and local corrosion of the tray. The typical characteristics of corrosion are local pitting corrosion, ringring – like corrosion and table – like corrosion. According to the analysis results, the corresponding anti – corrosion measures are put forward to ensure the long – term safe operation of the device.

Key words: Ammonia washing tower; Tray; Corrosion; Failure analysis; Corrosion prevention measures

0 引言

洗氨塔是回收氨的主要设备之一。目前，合成氨尿素装置洗氨塔的腐蚀是行业中共性且普遍的问题[1,2,3]。对某企业合成氨尿素装置洗氨塔进行检查后发现其塔盘内出现不同程度的腐蚀，为探明该洗氨塔塔盘的腐蚀原因，对该洗氨塔塔盘的腐蚀情况进行检测和失效分析，说明洗氨塔塔盘腐蚀发生的原因，并提出相应的解决措施，进一步指导产品设计，改进生产工艺环节，提高该设备的质量和安全性，具有显著的经济效益和安全效益。

1 洗氨塔概况

1.1 设备基本概况

洗氨塔内径2400mm、高17140mm、筒体壁厚(54 + 3) mm；材质：基材 + 衬里 Q345R + 00Cr19Ni10(即304L)，塔盘：304L；设计工作压力5.6MPa，工作温度40℃，介质H_2、NH_3、CO_2、CO、H_2S等。服役年限为2.5年。使用工况：进口压力5.5MPa，出口压力5.2MPa，进口流量210833Nm³/h，出口流量185790Nm³/h。

1.2 现阶段存在问题

该合成氨尿素装置洗氨塔在首次全面检验的

作者简介：薛安雪(1985—)，男，高级工程师，本科，从事于承压类设备检验的研究工作。E – mail：0443121@163.com

内部检验中发现，在短时间内腐蚀情况严重，运行不到三年时间，塔盘腐蚀脱落、内筒衬里腐蚀穿透到基材，存在较大的安全隐患，不能继续运行。塔盘共计 9 层，上部和下部腐蚀较轻，腐蚀严重部位主要集中在塔盘中部 4 - 7 层(如图 1、图 2)。

图 1　洗氨塔设计图及塔盘腐蚀照片

(a)塔盘腐蚀较轻区域

(b)塔盘腐蚀较严重区域(已脱落)

图 2

2　检验检测方案

根据初步检查结果，为进一步确定腐蚀程度的严重性，利用相关仪器：强光手电，塞尺、焊缝尺、直尺、测厚仪，荧光磁粉检测仪，渗透探伤剂，金相仪，成分分析仪和 X 射线衍射仪。

按照如下检验检测方案进行检测：首先对洗氨塔内部进行全面的宏观检查，然后对壁厚等尺寸进行测定，同时对严重腐蚀和脱落的试样进行金相检查、化学成分分析、射线扫描测试等微观检查，根据测试检查结果，分析腐蚀产生的原因和机理，并对设备的安全状况等级进行定性。

3　腐蚀状况调查

3.1　发现问题

整个洗氨塔共有 9 层塔盘，通过内检宏观检查，发现塔盘 4 ~ 7 层腐蚀严重(从下往上数)，最严重的塔盘已经腐蚀脱落。部分塔盘出现塌陷，塔盘与内筒壁衬里连接处发现大量腐蚀凹坑；最深凹坑出现在 6 层塔盘与筒壁连接处的 11 点钟方向(如图 3)；凹坑呈不规则散发状，深度约 4mm，衬里 3mm 不锈钢材质已完全腐蚀掉，露出基材。

在宏观检查中，共计发现 5 处完全腐蚀掉衬里层露出基层的凹坑；未完全腐蚀掉衬里的凹坑数量众多，主要集中在 6、7 层塔盘与内筒体连接处。此外，6、7 层塔盘也腐蚀严重，局部腐蚀穿透，脱落，整个塔盘呈塌陷状(如图 3)。

从宏观来看，塔盘腐蚀脱落，已不具备其功能性，属于典型的冲刷腐蚀，塔盘与内筒体连接处衬里已腐蚀穿透露出基层材料，失去了衬里的功能性，也属于典型的冲刷腐蚀。

(a)塔盘塌陷腐蚀凹坑

(b)塌陷塔盘截取的部分

图 3

3.2 宏观检查结果

首先对塔盘不同位置的试样进行了宏观检查，发现塔盘 2 ~ 5 层区域试样厚度约在 0.2 ~ 1.2mm，腐蚀减薄严重，正反两面均存在大量腐蚀坑，基本被吞噬掉，已无法辨别塔盘形状。而塔盘底部试样厚度约在 2.5 ~ 2.7mm，腐蚀相对较轻，一侧表面腐蚀坑相对较浅，另一侧表面存在一定的钝化膜，塔盘形状完好(如图 4、图 5)。

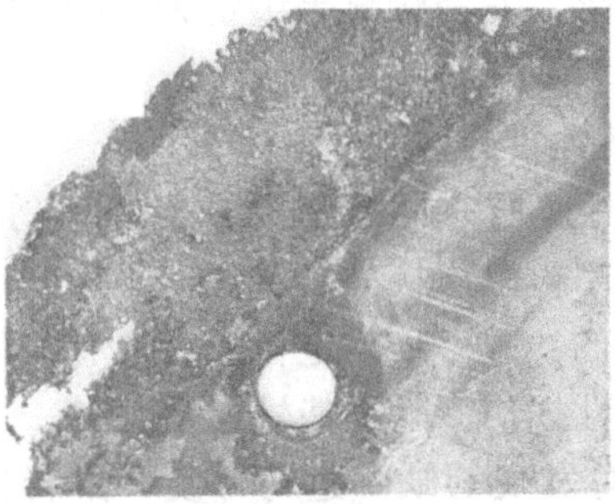

(a)正面

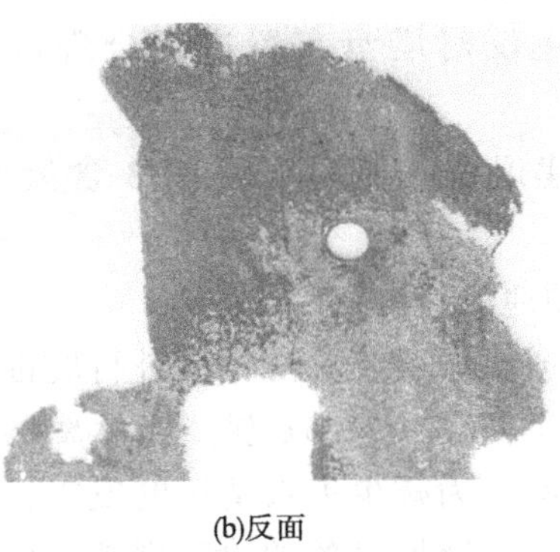

(b)反面

图 4　腐蚀严重试样正反面

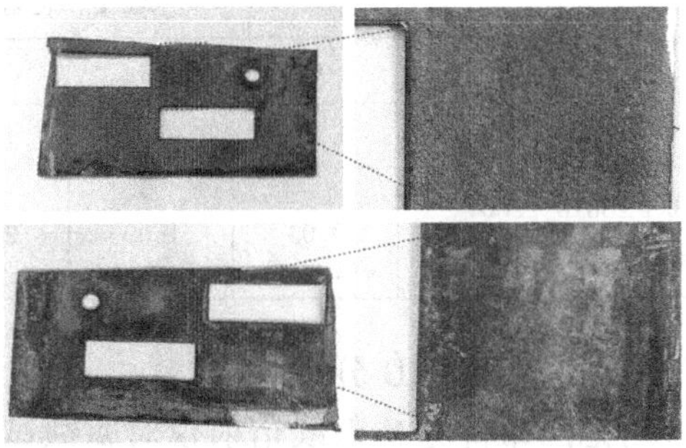

图 5　腐蚀较轻试样——塔盘底部

3.3 微观检查与腐蚀成分分析

(1)金相组织检查

对塔盘 6 ~ 7 层腐蚀严重试样取样，经镶样、打磨、抛光、腐蚀等过程，用奥林巴斯金相显微镜观察其金相组织，塔盘基体金相组织为奥氏体及少量碳化物以及加工过程中产生的形变孪晶，基体组织正常(如图 6)。

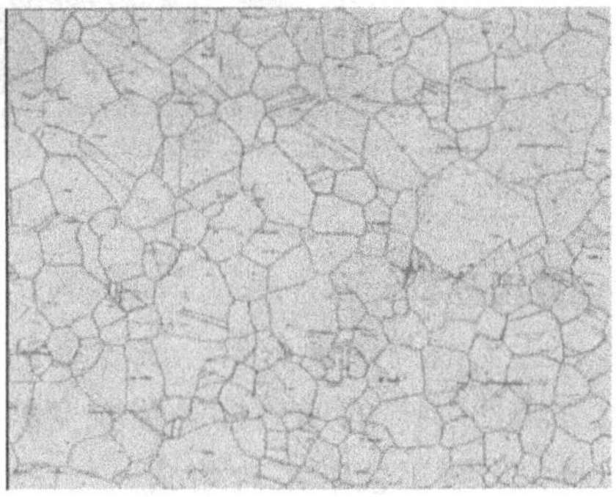

(a)6层腐蚀试样

(b)7层腐蚀试样

图 6　腐蚀试样金相组织(100 ×)

(2)化学成分测试

对该塔盘分别进行 C、Si、Mn、P、S、Cr、Ni 化学元素的测定，测试结果与 GB/T 20878—2007《不锈钢和耐热钢牌号及化学成分》进行比较。

测试结果表明(见表 1)，该塔盘化学成分符合 304L 不锈钢(00Cr19Ni10)标准。

表1　化学成分测试结果(质量分数)　　%

元素	C	Si	Mn	P	S	Cr	Ni
实测值	0.026	0.54	1.46	0.02	0.03	18.13	8.82
GB/T 20878—2007 00Cr19Ni10(304L)	0.03	1.00	2.00	0.045	0.030	18.00～20.00	8.00～12.00

(3)腐蚀表面XRD分析

采用德国布鲁克X射线衍射仪对腐蚀试样表明进行扫描测试(如图7)，与标准PDF卡片进行对比，其腐蚀表面主要成分包括：Fe0.64Ni0.36、FeCr0.29Ni0.16C0.06以及其他Ni－Cr－Fe－C化合物等，为碳酸腐蚀产物。

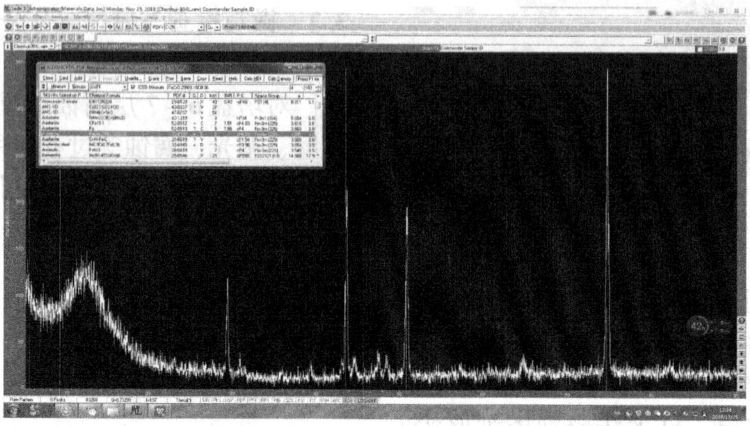

图7　XRD测试结果

3.4　腐蚀原因分析

综合以上宏观与微观分析，洗氨塔的作用是通过脱盐水与变换气的逆向接触吸收变换气中的NH_3，以避免后续工艺中铵盐结晶。

一方面，由于在进入洗氨塔之前，会有相应的降温冷凝等过程，微量NH_3会溶解在气化系统和变换系统的工艺冷凝液中，使得冷凝液呈弱碱性，此时，位于下部的洗氨塔塔盘持液呈碱性，304L材质塔盘在碱性环境中耐腐蚀性好，故底部塔盘腐蚀较轻。

另一方面，由于进入洗氨塔的气体中含有大量CO_2(含量44.23%)及一定量H_2S(含量0.08%)，脱盐水吸收变换气中的CO_2和H_2S而使洗氨塔下液呈酸性，尤其是CO_2溶于水后对金属材料有极强的腐蚀性，在相同的pH下，由于CO_2的总酸度比盐酸高，因此其对塔盘的腐蚀比盐酸还严重；CO_2溶入水中会引起塔盘快速的全面腐蚀和严重的局部腐蚀，其腐蚀的典型特征是局部点蚀、癣状腐蚀和台面状腐蚀。而CO_2与H_2S共存时会进一步增大其腐蚀速率。故洗氨塔上部塔盘持液呈酸性，腐蚀严重。

综合洗氨塔内介质情况可知，进入洗氨塔的变换气携带碱性凝液自下而上流动，洗涤液自上而下酸性逐渐减弱，即洗氨塔塔盘持液pH沿塔高方向逐渐降低，故洗氨塔上部塔盘腐蚀更严重、腐蚀状况自上而下减轻。

综合判定，此台洗氨塔应更换所有塔盘；衬里腐蚀脱落，安全状况等级定为4级，需要进一步修理。

3.5　防腐蚀措施

(1)更换所有同等材质或者更高等级塔盘，塔盘与内筒衬里连接处打磨光滑干净，进行磁粉和渗透探伤，进一步确定衬里有没有其他未见裂纹及贯穿性损伤，确定基材有无损伤。

(2)对发现的缺陷进行修复并进行探伤，确保修复无问题；

(3)建议对塔盘布置进行合理设计，减少冲刷；

(4)建议对洗氨塔下液NH3含量、pH值进行监测。

4　结论和建议

对合成氨尿素装置洗氨塔进行腐蚀分析，发现该塔盘主要存在局部点蚀、癣状腐蚀和台面状腐蚀等问题。为减少失效情况的发生，延长塔盘的使用寿命，增加设备的检验周期，可以从以下两点改进：

(1)改进塔盘结构

为了满足洗氨效果，塔盘布置较密，塔盘与

筒体连接处较易形成聚集和旋涡，造成洗液中总酸度较高，易形成腐蚀，因此可以改进塔盘结构；同时，减少塔盘数量、增加塔盘厚度或采用耐腐蚀的衬里材料和塔盘材料，可以有效降低或减缓腐蚀[4,5]。

(2)改善工艺工况

对洗氨塔下液 NH_3 含量、pH 值进行监测，有效降低洗液的总酸度；调整进出口压力及流速等，减小冲击和涡流，也可以适当降低或减缓腐蚀。

参考文献

[1]李公伟，常起，周春领．变换洗氨塔腐蚀原因分析及解决措施[J]．中氮肥，2019(4)：4.

[2]翟志清．延迟焦化分馏塔塔盘腐蚀原因分析及防护措施[J]．石油化工腐蚀与防护，2015，32(4)：5.

[3]田启明．氨洗塔腐蚀隐患的消除与安全评估[J]．化工安全与环境，2005.

[4]瞿滨．焦化分馏塔顶循系统存在的问题和对策[J]．炼油技术与工程，2007，37(2)：27－33.

[5]张金生．焦化分馏塔顶塔盘结盐的处理措施[J]．炼油技术与工程，2009，39(3)：24－26.

内六角螺钉断裂失效分析及热处理工艺研究

薛安雪

(江苏省特种设备安全监督检验研究院徐州分院，江苏 徐州 221000)

摘 要：某企业生产的一批次内六角螺钉在使用过程中发生了脆性断裂失效，本文利用金相分析、扫描电镜观察等方法对其断裂失效原因进行了分析，并采用 COMSOL 有限元软件对内六角螺钉的热处理过程进行了模拟仿真。失效分析结果表明：该螺钉断裂属于扭转过载断裂，呈现解理断裂的特征，金相组织为回火马氏体和残余奥氏体，部分区域回火马氏体粗大，其原因与热处理过程有关。COMSOL 有限元模拟显示：内六角螺钉淬火后的组织、应力分布与淬火介质的冷却能力密切相关，淬火介质冷却能力越强，其马氏体组织含量越多，内应力越大；淬火温度影响内六角螺钉的组织大小以及含量；回火温度越高，内六角螺钉的内应力越低；回火 0.5h 内，残余奥氏体含量从 2.5% 急剧降低至 0.1%，此后其含量基本不发生转变。

关键词：内六角螺钉；失效分析；有限元模拟

Fracture Failure Analysis and Heat Treatment of Hexagon Socket Screw

Xue Anxue

(Jiangsu Institute of Special Supervision and Inspection Xuzhou Branch, Jiangsu Xuzhou 221000, China)

Abstract: A batch of hexagon socket head screws produced by a company suffered brittle fracture failure during use. In this paper, metallographic analysis, scanning electron microscope observation and other methods were used to analyze the reasons for the failure and failure. Comsol Multiphysics was used to analyze the hexagon socket head screws. The heat treatment process was simulated, the failure analysis results show that the fracture of the screw belongs to the torsional overload fracture, showing the characteristics of cleavage fracture. The metallographic structure is tempered martensite and retained austenite, and the tempered martensite is coarse in some areas, which is related to the heat treatment process. Comsol Multiphysics shows that the microstructure and stress distribution of hexagonal socket head cap screws after quenching are closely related to the cooling capacity of the quenching medium. The stronger the cooling ability of the quenching medium, the more martensite content and the greater the internal stress; the quenching temperature affects the tissue size and content of the hexagon socket screw; the higher the tempering temperature, the lower the internal stress of the hexagon socket head screw; within 0.5h of tempering, the content of retained austenite decreases sharply from 2.5% to 0.1%, after which the content basically did not change.

Key words: Socket head cap screws; Failure analysis; Finite element simulation

断裂内六角螺钉的宏观形貌如图 1 所示。该螺钉材质为 SCN432，加工及处理工艺为：材料 - 回火 - 磷化 - 拉丝 - 冷镦，调质 - 发蓝处理。宏观检查发现，螺钉四周无明显挤压、变形等痕迹，图 1 中三个断口表面均出现不同程度磨损，1#断口已无法分辨。其余试样断口表面可以观察到纤维区和放射区，基本上无剪切唇区，裂纹源位于螺纹根部并向中间扩展。

作者简介：薛安雪(1985—)，男，高级工程师，本科，从事于承压类设备检验的研究工作。E - mail：0443121@163.com

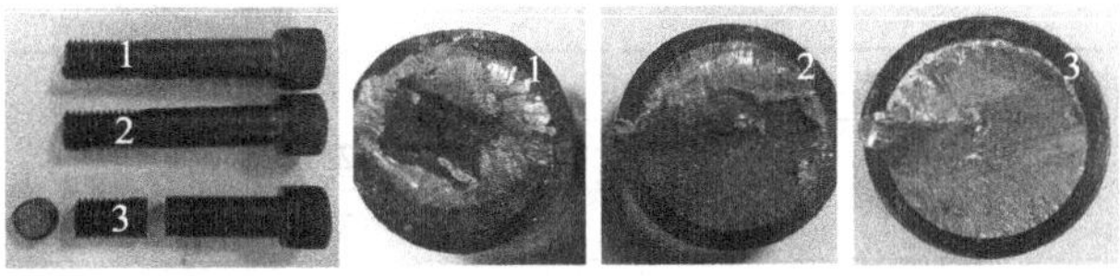

图 1　螺钉及断口宏观形貌

1　螺钉断裂失效分析

1.1　金相组织分析

对螺钉取样后经打磨、抛光、腐蚀，采用日本奥林巴斯金相显微镜观察，其金相组织如图 2 所示。可以看到，螺钉基体组织为回火马氏体和残余奥氏体，部分区域回火马氏体粗大。通常，调质处理后的组织为回火索氏体和残余奥氏体，回火索氏体硬度低于回火马氏体，韧性较高。

200 ×　　400 ×

图 2　金相组织

1.2　硬度测试

为准确反映内六角螺钉整体和局部的力学性能，在测试内六角螺钉硬度时，采用维氏硬度(HV)，洛氏硬度(HRC)和布氏硬度(HB)三种方法分别对螺钉边缘、1/2 半径、心部进行硬度测试，结果如表 1 所示。

表 1　硬度测试结果

测试位置	维氏硬度/HV	洛氏硬度/HRC	布氏硬度/HB
心部	429.4	43.5	408.1
1/2 半径	420.2	42.7	399.4
边缘	436.0	44.1	414.6

与 GB/T 3098.1—2000 相比，内六角螺钉的硬度值偏大，增加了内六角螺钉的脆性。

1.3　扫描电镜断口观察

采用日立 SU3500 型扫描电子显微镜对螺钉断口进行观察，如图 3 所示。结果显示，该螺钉呈解理断裂典型特征，属于脆性断裂，同时断口表面存在微小裂纹。

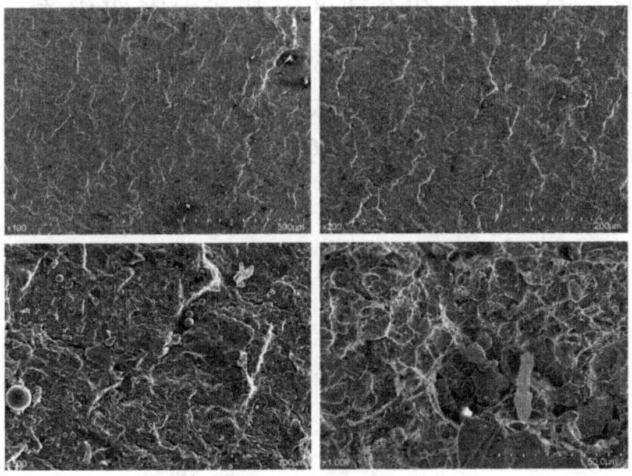

图 3　SEM 照片

结合前文宏观分析、金相分析、硬度测试及断口扫描电镜观察结果，该螺钉属于扭转过载脆性断裂，基体组织为回火马氏体和残余奥氏体，部分区域回火马氏体粗大。究其原因，是由于淬火过程中温度偏高导致内六角螺钉奥氏体化时晶粒粗大，同时回火温度偏低生成回火马氏体，致使螺钉整体硬度偏高、脆性较大。

2　基于 COMSOL 的热处理过程模拟分析

内六角螺钉的热处理过程是多种物理场叠加耦合的结果，其热量传递过程非常复杂，为了方便计算机模拟运算，采用综合换热系数进行模拟替代。根据能量守恒定律和傅里叶定律，其热处理过程的温度模型为：

$$\rho c\frac{\partial T}{\partial t}=\frac{\partial}{\partial x}\left(\lambda\frac{\partial T}{\partial x}\right)+\frac{\partial}{\partial y}\left(\lambda\frac{\partial T}{\partial y}\right)+\frac{\partial}{\partial z}\left(\lambda\frac{\partial T}{\partial z}\right)+Q$$

式中　λ——导热系数；

Q——相变潜热。

2.1　参数设置及几何模型建立

内六角螺钉材料为 SCN432，热处理过程中涉及的参数包括导热系数、比热容、线膨胀系数等，如表 2 所示。

表 2　主要热物性参数

温度/℃	导热系数/[W/(m · ℃)]	比热容/[J/(kg · ℃)]	线膨胀系数 10^{-6}/℃
100	54.01	460.11	9.43
200	52.77	488.89	10.69

续表

温度/℃	导热系数/[W/(m·℃)]	比热容/[J/(kg·℃)]	线膨胀系数 10^{-6}/℃
400	50.28	526.23	12.18
600	41.81	610.32	13.57
800	37.79	805.79	14.47

为了减少模拟计算时间，采用二维轴对称模型，并选择自由三角形进行网格划分，如图 4 所示。

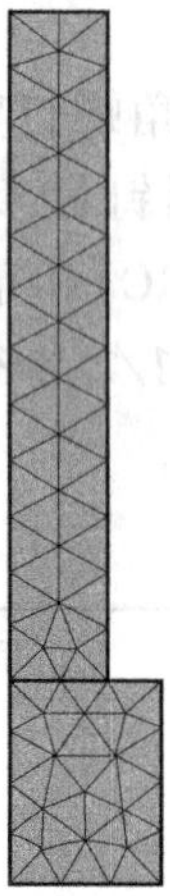

图 4　内六角螺钉模型及网格划分

2.2　热处理工艺参数的设置

SCN432 属于亚共析钢，其淬火温度应在 A_{c3} 以上 30～50℃。淬火介质通常选用水、油以及 PAG 有机水基液。其回火温度通常在 500～650℃，由于钢中 Mn 元素含量较高，易引起第二类回火脆性，因此其回火温度通常在 550℃以上。本文选择 550、600、650℃为回火温度进行模拟。

2.3　淬火过程模拟分析

2.3.1　冷却曲线

图 5 为内六角螺钉在淬火温度 860℃下不同冷却介质中的冷却曲线。在前 20s 内，其温度急剧降低，随后变化幅度减小，其中水的冷却速度最快，其次为 PAG 水基液，油的冷却速度最慢。

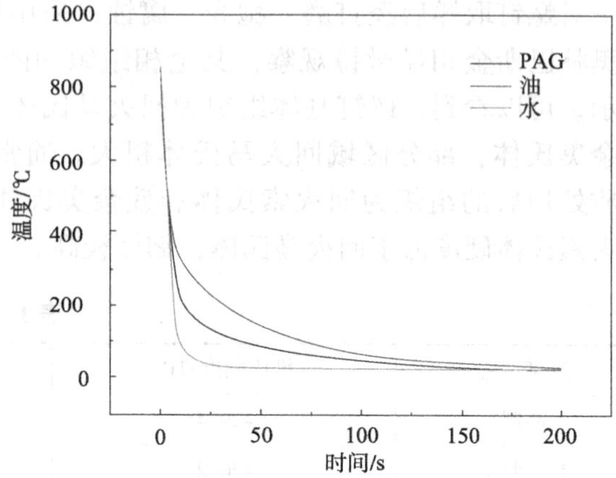

图 5　内六角螺钉在不同冷却介质下的冷却曲线（860℃）

2.3.2　温度场分布云图

图 6 为不同淬火温度、不同冷却介质下，淬火开始后 4s 时的温度场分布。内六角螺钉在冷却过程中，表面与冷却介质直接接触，温度降低快且温度梯度大，心部由于只能通过热传导的方式传递热量且周围温度接近，使得心部的温度梯度较小。同一淬火温度下，水为冷却介质的零件温差最大，油的零件温差最小，表明内六角螺钉温度场的分布与冷却介质的冷却能力密切相关，冷却介质冷却能力越强，螺钉表面温度越低，心部温度越高，温度梯度越大。同一冷却介质下，淬火温度越高，内六角螺钉表面和心部的温差越大，温度梯度越大。

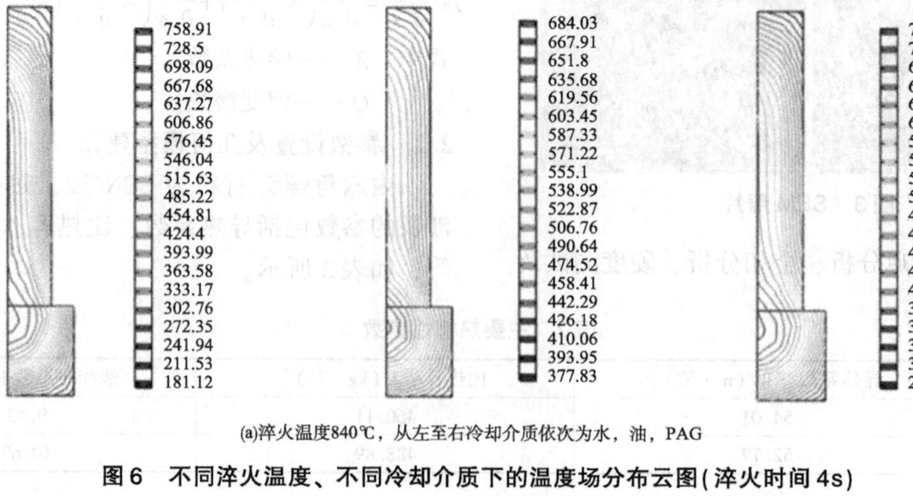

(a)淬火温度840℃，从左至右冷却介质依次为水，油，PAG

图 6　不同淬火温度、不同冷却介质下的温度场分布云图（淬火时间 4s）

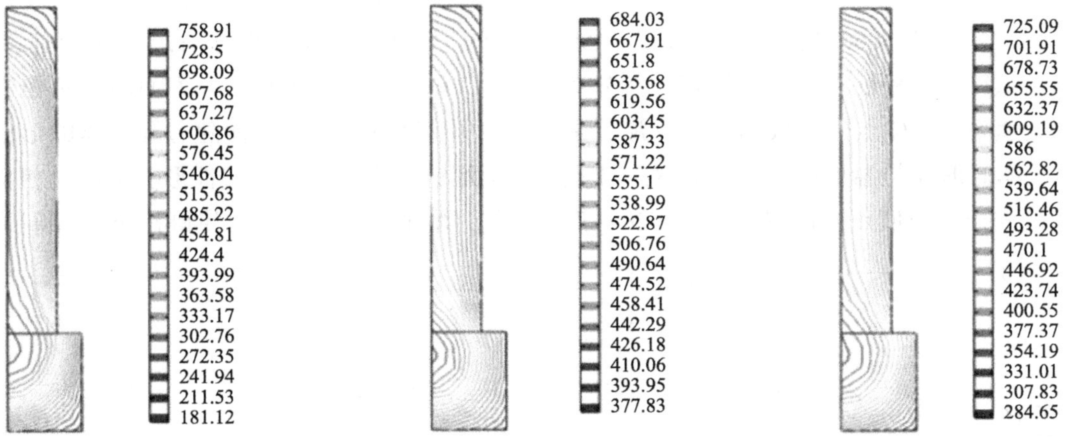

(b)淬火温度860℃，从左至右冷却介质依次为水，油，PAG

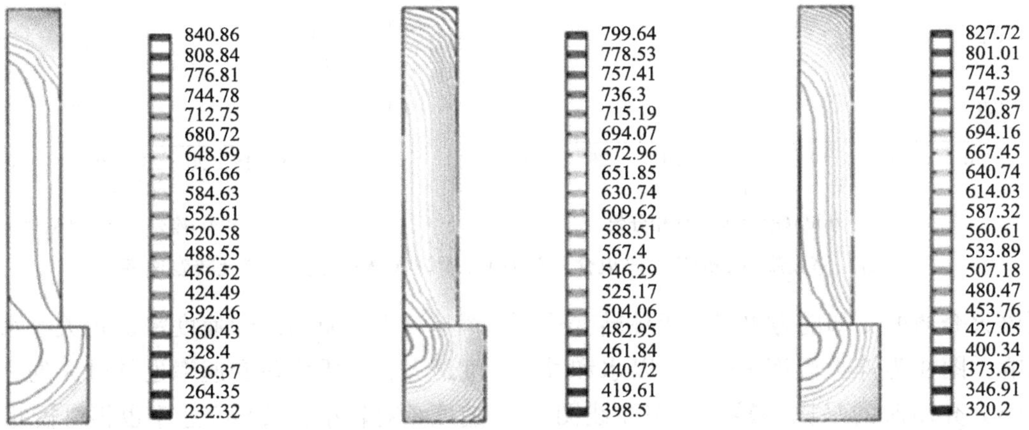

(c)淬火温度880℃，从左至右冷却介质依次为水，油，PAG

图6　不同淬火温度、不同冷却介质下的温度场分布云图(淬火时间4s)(续)

图7为860℃淬火温度下、PAG水基液作为冷却介质时，内六角螺钉特征点温度梯度与淬火冷却时间的关系曲线。与淬火冷却介质直接接触的A点和C点温度梯度最大，在心部的B点的温度梯度最小。

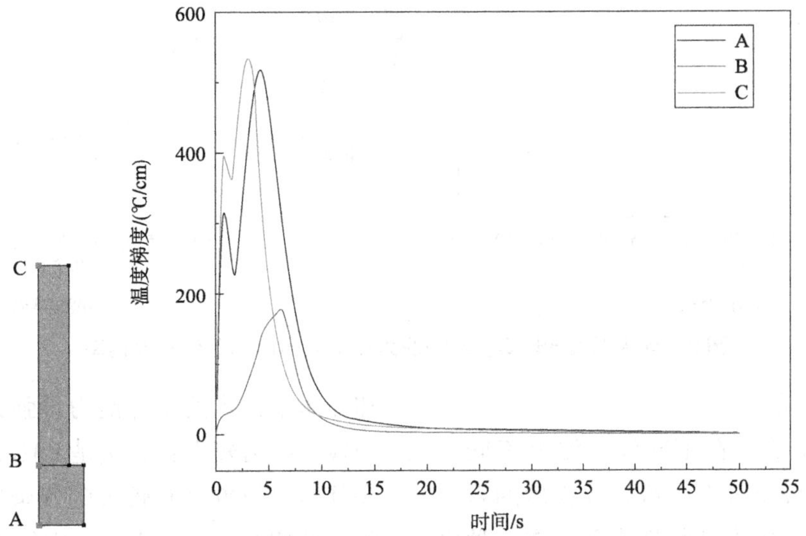

图7　内六角螺钉特征点温度梯度与时间的关系曲线

2.3.3　组织转变

图 8 为淬火温度 860℃、淬火介质为 PAG 时，内六角螺钉不同特征点的马氏体相分数分布图以及相变速率图。C 点先形成马氏体，最后是 B 点。马氏体的形成与温度梯度密切相关，C 点所在曲线最先出现极值点即该点位最先到达马氏体转变温度，开始进行马氏体转变。在初始阶段有较大的过冷度，此时马氏体相变速率达到最大，随着相变的进行，一方面内六角螺钉内部温度梯度降低，另一方面随着马氏体的形成，内六角螺钉内部晶粒产生塑性形变造成母相奥氏体强化，增加了相变阻力，使得相变速率降低。

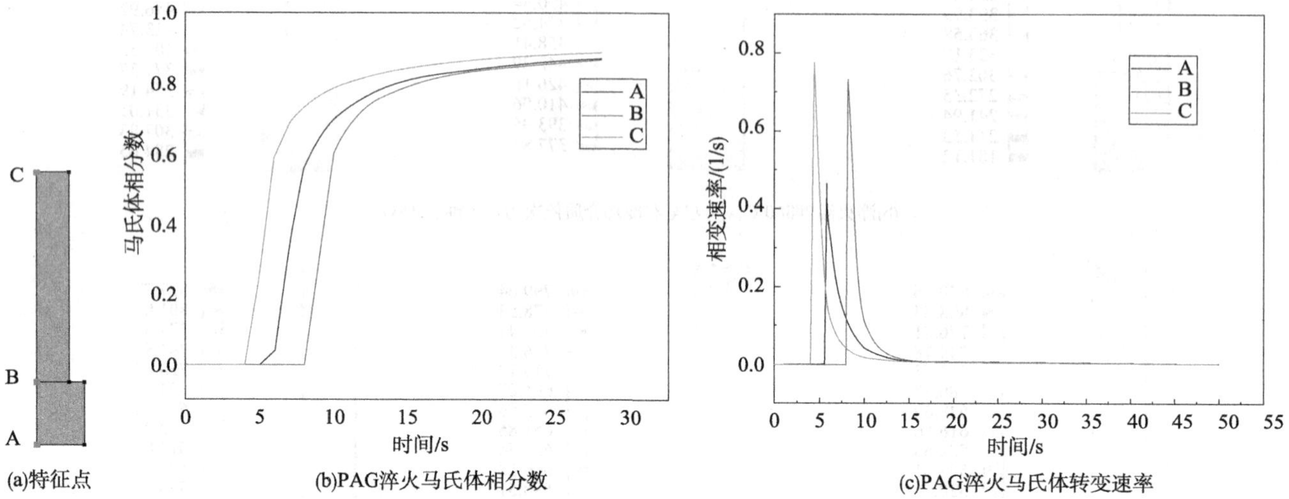

图 8　淬火温度 860℃、淬火介质为 PAG 时马氏体相分数分布及转变速率

不同淬火介质的冷却能力也对马氏体转变速率产生影响，图 9 为淬火温度 860℃、以水和油分别作为淬火介质时的马氏体转变速率曲线图。与冷却速度曲线进行对照发现，马氏体转变的速率与淬火介质的冷却速度密切相关，水的冷却速度最大，马氏体转变速率也是最大的，油的冷却速度相对较小，其转变速率也相对较低。

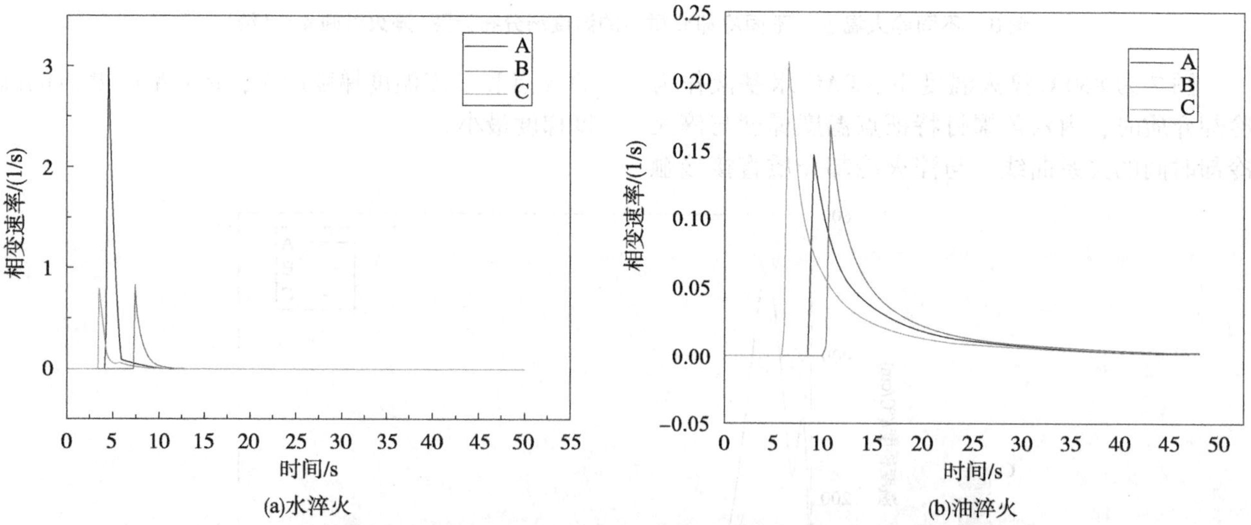

图 9　淬火温度 860℃、水和油为冷却介质时马氏体转变速率

2.3.4　淬火残余应力分布

图 10 为内六角螺钉在不同淬火温度不同冷却介质下的应力场分布云图。可知淬火后的残余应力分布与淬火介质的冷却特性有关，在三种冷却介质中，水的冷却能力最强，工件大部分位置的残余应力较大；其次是 PAG 水基液，仅在螺钉头部连接位置处有较大的残余应力；油淬火得到的工件残余应力范围及应力值均最小。

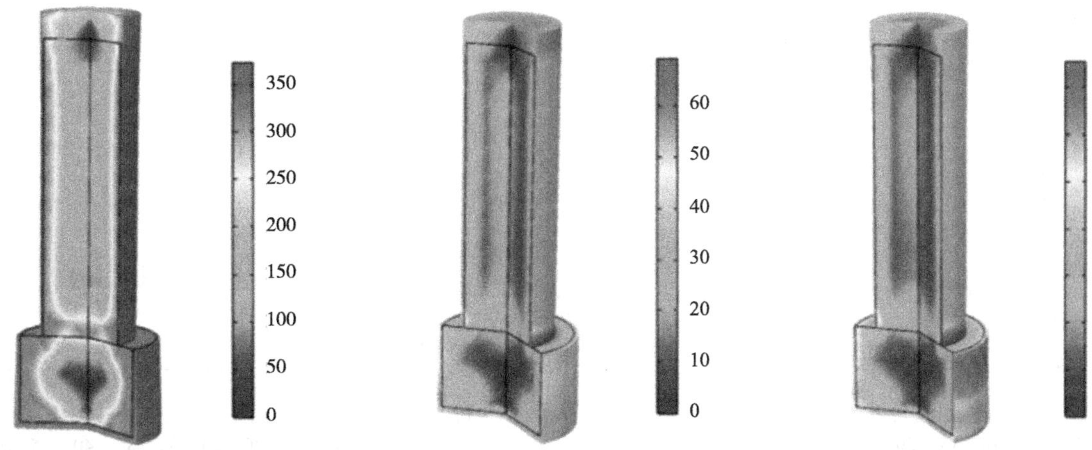

(a)淬火温度840℃从左至右冷却介质依次为水，油，PAG

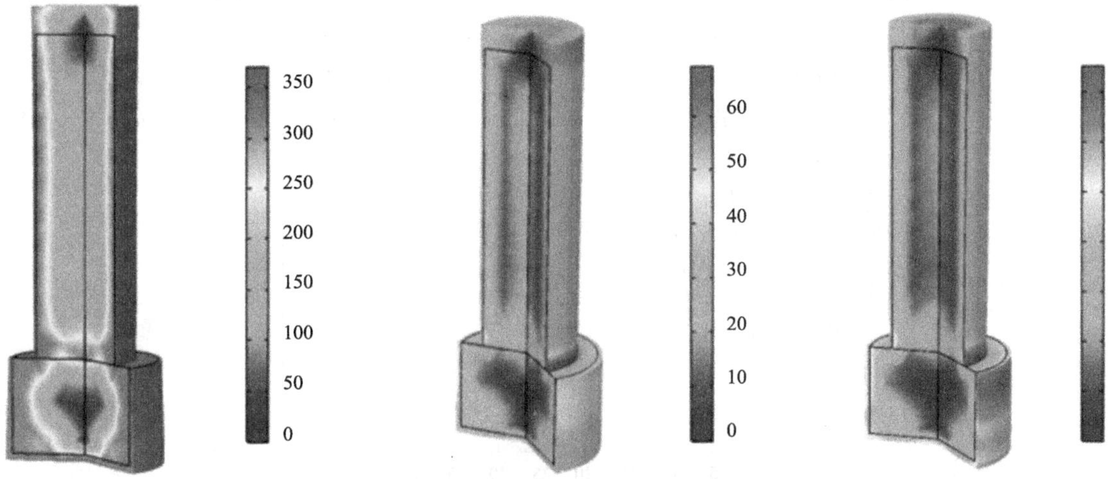

(b)淬火温度860℃从左至右冷却介质依次为水，油，PAG

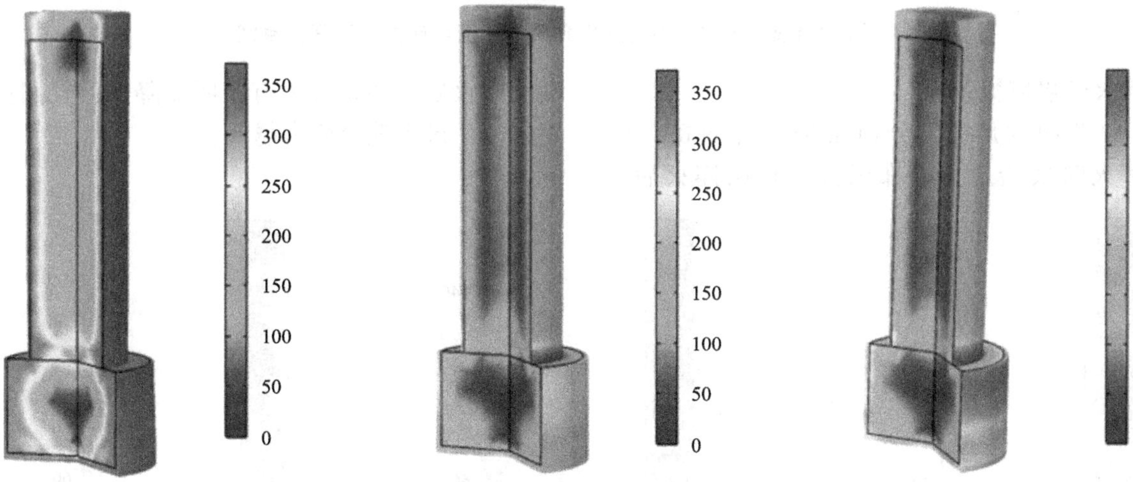

(c)淬火温度880℃从左至右冷却介质依次为水，油，PAG

图 10　不同淬火温度、不同冷却介质中的应力分布云图

为进一步探讨内六角内部应力分布情况，对A、B、C三个特征点位置的残余应力随淬火时间的变化情况进行研究，如图11所示。可见，水淬火后残余应力最大，其次是PAG水溶液，油淬火的残余应力最小。淬火开始阶段应力突变是由于该部分的温度梯度大导致应力集中。根据前面温度场分析可知，内六角螺钉的温度梯度与淬火温度没有明显的关系，且淬火温度对于内六角螺钉应力分布也无明显的影响。

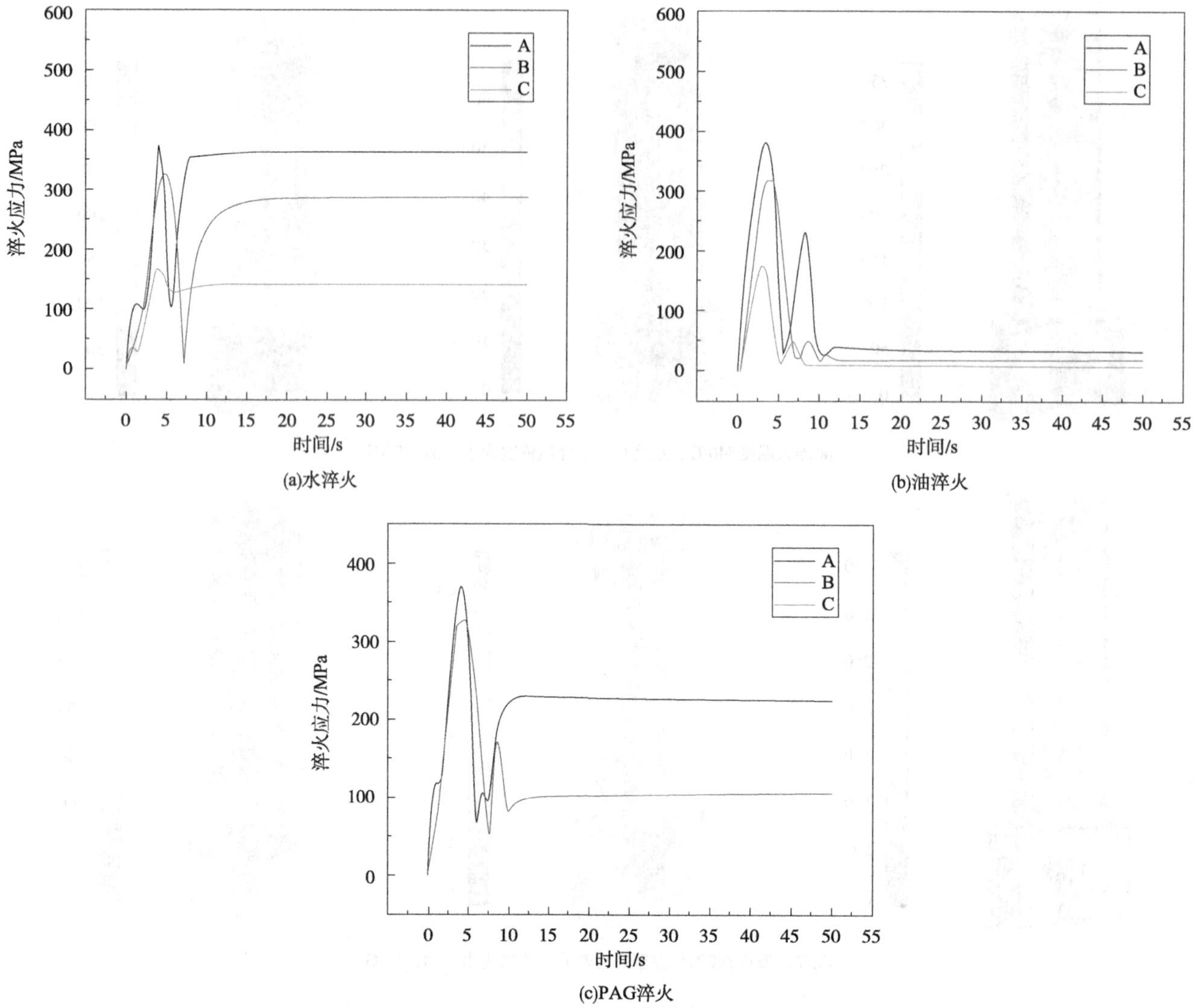

图 11　淬火温度 860℃、不同淬火介质下特征点应力与时间关系图

2.4　回火过程模拟分析

图 12 为内六角螺钉分别在 550℃、600℃和 650℃回火时残余应力分布云图。相比淬火后，高温回火后的残余应力有了明显降低，且回火温度越高，最大残余应力越低。

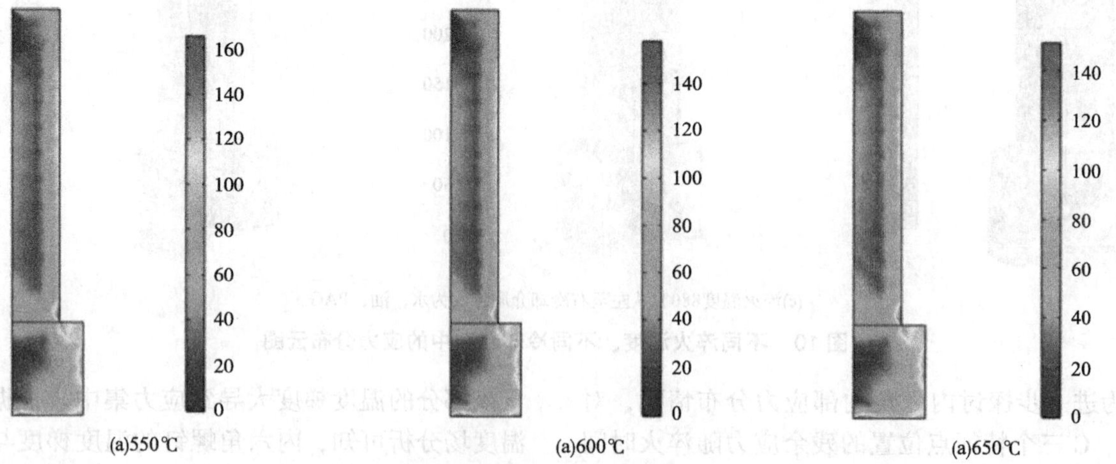

图 12　内六角螺钉不同回火温度下残余应力分布云图

在加热保温过程中，内六角螺钉残余应力大小与加热保温时间有关。图 13 为回火温度 600℃下，内六角螺钉 A、B、C 三个特征点的残余应力与回火保温时间的关系。在回火开始阶段，残余应力随着时间延长而降低，且应力降低的程度与初始应力有关，初始应力值越大，其残余应力下降越多。当回火时间达到一定值时，残余应力不再降低，逐渐趋于稳定。

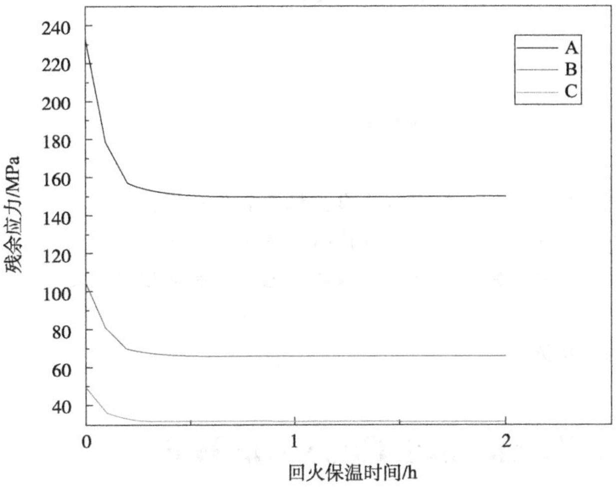

图 13　残余应力与回火保温时间关系

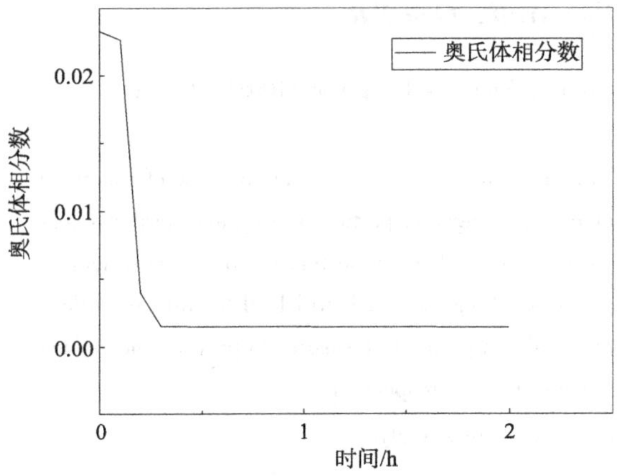

图 14　残余奥氏体相分数与回火保温时间关系

残余应力的降低与内六角螺钉回火过程中的组织转变有关，图 14 为内六角残余奥氏体变化曲线图，在回火开始约 0.5h 时，内六角螺钉残余奥氏体含量从 2.5% 急剧降低至 0.1%，此后其残余奥氏体基本不再发生转变。

3　结论

（1）螺钉属于扭转过载脆性断裂，基体组织为回火马氏体和残余奥氏体，部分区域回火马氏体粗大。究其原因，是由于淬火过程中温度偏高导致内六角螺钉奥氏体化时晶粒粗大，同时回火温度偏低生成回火马氏体，致使螺钉整体硬度偏高、脆性较大。

（2）COMSOL 有限元模拟结果表明：内六角螺钉淬火后的组织、应力分布与淬火介质的冷却能力密切相关，淬火介质冷却能力越强，其马氏体组织含量越多，内应力越大；淬火温度影响内六角螺钉的组织大小以及含量；回火温度越高，内六角螺钉的内应力越低；回火 0.5h 内，残余奥氏体含量从 2.5% 急剧降低至 0.1%，此后其含量基本不发生转变。

参考文献

[1]张先鸣，雷素兰．金相组织评价高强度螺栓热处理质量[J]．机电产品开发与创新，2021，34(06)：145－150.

[2]袁钰坤，王领，张鹏博．低合金超高强度钢螺钉断裂原因分析[J]．金属加工(热加工)，2020(06)：49－53.

[3]王瑞．M50 钢热处理过程残余应力演化与控制[D]．哈尔滨工业大学，2020.

[4]张文，朱百智，黄振建，王兆华．淬火介质对 42CrMo 钢棒淬火组织及硬度影响的数值模拟及试验验证[J]．金属热处理，2020，45(01)：56－60.

[5]孔德武，吕昆，黄群峰，唐正．分级淬火过程中 42CrMo 钢齿轮轮齿组织分布的数值模拟[J]．机械工程材料，2018，42(08)：72－77.

[6]吴荣明．基于 VRML 的金属材料热处理虚拟仿真系统[J]．中国金属通报，2018(07)：47－48.

[7]刘春江，刘新灵，陈星．基于有限元分析的螺钉断裂失效研究[J]．失效分析与预防，2014，9(03)：141－145.

[8]朱重庆，张先鸣．内六角螺钉断裂失效分析[J]．金属制品，2013，39(04)：60－63.

[9]焦明．30CrMnSiNi2A 钢热处理过程的数值模拟及实验研究[D]．吉林大学，2017.

[10]丽芳，周严，乔志霞等．T91 钢连续冷却过程中马氏体相变动力学的研究[J]．材料导报，2015，29(S2)：489－493.

大型热压罐罐体齿法兰检验及缺陷案例分析

刘明威 王 超 丁无极 高 遥

(杭州市特种设备检测研究院，浙江 杭州 310051)

摘 要：齿啮式快开门压力容器容易在齿法兰根部产生损伤裂纹。本文为找出齿根开裂的原因，基于某大型热压罐开展磁粉检测和硬度检测，并对结果进行分析。研究发现长期循环载荷的存在是齿根产生裂纹的主要原因，对裂纹进行打磨会导致表面淬硬，更易引发裂纹产生。需从原材料、锻造工艺、表面处理以及定期检测方面采取合适措施预防减少裂纹产生。

关键词：大型热压罐；齿法兰；裂纹；表面淬硬；应力分析

Inspection of Tooth Flange on Tank and Case Analysis of Defects Based on Large Autoclave

Liu Mingwei, *Wang Chao*, *Ding Wuji*, *Gao Yao*

(Hangzhou Special Equipment Inspection and Research Institute, Zhejiang Hangzhou 310051, China)

Abstract: Tooth - locked quick actuating pressure vessels are prone to damage cracks at the root of the tooth flange. In this paper, in order to find out the cause of tooth root cracking, magnetic particle testing and hardness testing were carried out based on a large autoclave, and the results were analyzed. It is found that the presence of long - term cyclic load is the main reason for cracking in the tooth root, and polishing the crack will lead to surface hardening, which is more likely to trigger crack generation. It is necessary to take appropriate measures to prevent and reduce cracks in terms of raw materials, forging process, surface treatment and regular inspection.

Key words: large autoclave; tooth flange; crack; case hardening; stress analysis

快开门式压力容器由于其开闭动作快，操作方便等特点，被广泛应用于建材、纺织、医疗等领域[1]。常见的快开门结构可分为抱卡箍式、齿啮式、撑杆式和平移式[2,3]，其中齿啮式快开门压力容器是通过在罐体端部安装齿法兰实现快速启闭容器的目的。该法兰由门盖法兰和端部法兰组成，其圆周方向均匀分布用于旋转啮合固定的大小相同的齿[3,4]。在长期升温升压、降温降压的循环工况作用下，齿啮式快开门压力容器容易在齿法兰根部产生损伤，从而影响整个设备的有效运行。本文通过对某大型热压罐齿法兰进行检测，研究裂纹产生原因，针对打磨后的裂纹部位进行应力分析，并推荐相关措施预防减少此类缺陷的产生。

1 案例分析

1.1 设备及检测信息

该案例设备为如图 1 所示的 *DN*5500mm 热压罐，属于大型锻钢件，主要用于为航空复合材料的压实、固化提供合适的温度和压力，其设备及检测信息具体见表 1。

作者简介：刘明威(1997—)，助理工程师，工作于杭州市特种设备检测研究院，从事检验检测工作。E - mail: lmwei6@163.com

图1　齿啮式快开门压力容器

表1　热压罐相关信息

设备信息		检测信息	
工件规格	*DN*5500mm	检测部位	齿法兰转角根部
设备类别	Ⅰ类	检测比例	100%
工件材质	Q345R，16MnⅢ	检测时机	打磨后
热处理状态	局部热处理	检测方法	MT(连续法，湿法)
设计温度	250℃	检测仪器型号/编号	CJX－220E/700－4
设计压力	1.32MPa	检测表面照度	可见光照度≥1000lx
工作压力	1.20MPa	检测依据标准	NB/T 47013—2015

1.2　齿法兰根部裂纹分析

1.2.1　裂纹成因分析

作为主要检测对象的啮合齿，需要对其表面污垢等遮挡物进行打磨处理，以求更好地观察齿根表面状况。结合磁粉检测，可发现啮合齿转角根部表面存在裂纹类缺陷，如图2所示。

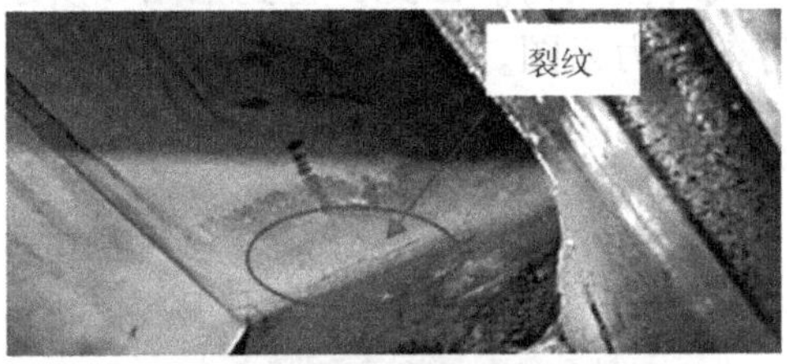

图2　啮合齿根部裂纹分布图

快开门式压力容器需要不断开启和关闭快开门进行航空复合材料热压工作。当快开门关闭且法兰齿啮合时，容器内部不断充气加压，直至加至正常工作压力(设计压力1.32MPa)，此时法兰啮合齿承受轴向剪切力的同时，在齿根还受到弯矩作用。因此，啮合齿根部在开启关闭过程中不断承受循环载荷的作用，极易出现疲劳裂纹。若不及时处理，裂纹会逐渐扩展，最终有可能在压力作用下迫使法兰齿破裂损坏，从而引发内部带压气体向外界喷射，对工作人员人身安全造成隐患。

为消除啮合齿表面裂纹，对此处进行二次打磨处理，再次检验仍发现裂纹类缺陷，如图3所示。考虑设备工况，啮合齿内部可能存在多个裂纹，当表面裂纹被打磨消除后，底部裂纹在磁悬液作用下显现。因此对于此类情况需要多次打磨，直至裂纹类缺陷消失。该案例中，发现需要进行多次打磨才会消除裂纹的情况，如图4所示，对于过度减薄的啮合齿，可以通过强度校核判定是否需要进行补强。

图3　二次打磨后啮合齿根部裂纹分布图

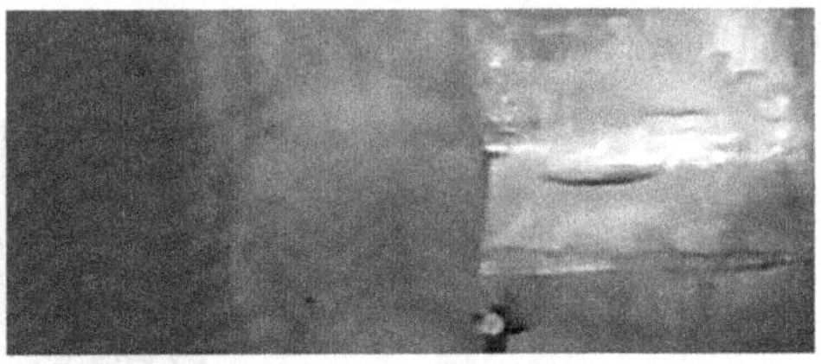

图4　多次打磨形成的表面凹坑图

考虑到工件材质为Q345R和16MnⅢ，可进行相关推理：在火焰切割作用下，材料被局部高温奥氏体化，并快速冷却，导致奥氏体部分转化为马氏体，啮合齿转角根部被淬硬。因此采用里氏硬度计对啮合齿转角根部和面向外界侧根部进行硬度对比测试，硬度取样测试齿如图5所示，分别为齿 1、齿 2 和齿 3。

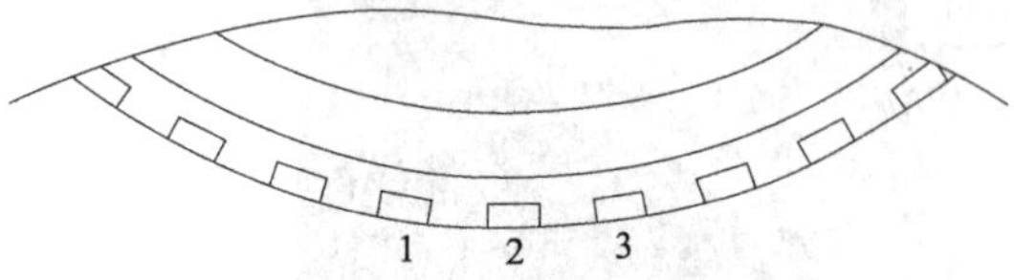

图 5　硬度取样测试齿

结合里氏硬度计，在每个测试部位取三个点，并计算其平均值，具体数据如表 2 所示。由表中数据可知，啮合齿转角根部硬度值均大于面向外界侧根部硬度值，因此可判定上述推理正确：啮合齿转角根部在火焰切割过程中发生局部淬硬现象，会导致设备在后续开车工作过程中更易产生裂纹类缺陷。因此要缩短下次检验周期，定期进行检验，对出现的裂纹进行打磨处理，以免造成危害性后果。

表 2　不同位置硬度对比

啮合齿序号	转角根部/HB	面向外界侧根部/HB
1	264	168
2	272	162
3	223	167

1.2.2　打磨后应力对比

该热压罐含有 40 个等距分布的啮齿，因此本文建立 1/40 模型进行分析。当不连续处长度超过 $2.5\sqrt{Rt}$（R 为筒节半径，t 为筒节壁厚）时，可忽略边缘应力[5]，因此建模时对于圆筒部位长度仅取 $2.5\sqrt{Rt}$，如图 6 所示。

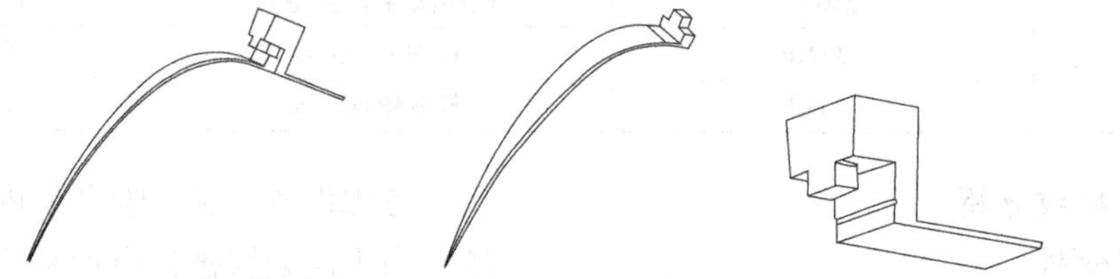

(a)1/40装配体　(b)1/40带法兰封头　(c)1/40带法兰筒体

图 6　热压罐 1/40 模型

该热压罐封头和筒体的材料均为 Q345R，齿法兰材料为 16MnⅢ。针对齿法兰转角部位裂纹进行打磨，形成凹坑。由于打磨导致材料局部硬化，取凹坑附近表面层深度 3mm 为硬化层，如图 7 所示。由表 2 可知，面向外界侧根部硬度测定均值为 166HB，转角根部硬度测定均值为 253HB。因此，基于强度硬度换算，16MnⅢ抗拉强度取 560MPa，打磨后硬化层抗拉强度取 850MPa。

根据实际情况，在 1/40 封头和筒体的切割面设置无摩擦支承，实现对称约束；同时在啮合齿接触面以及硬化层分离面均设置绑定接触，保证不产生法向分离和切向滑移。根据设计，在内表面施加压强 1.2MPa，工作温度 250℃，外表面施加空气对流载荷。因此，得到如图 8 所示的热压罐等效应力云图。

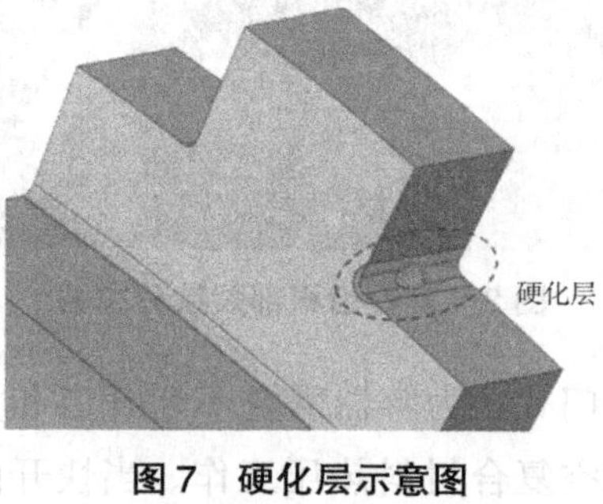

图 7　硬化层示意图

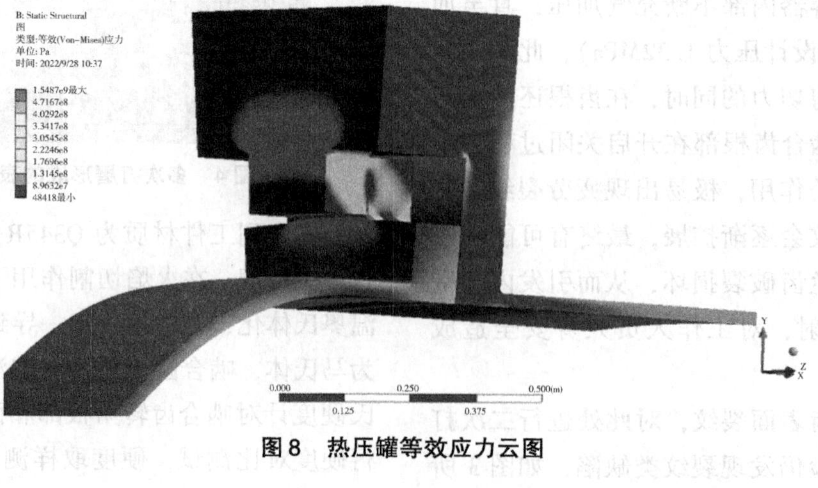

图 8　热压罐等效应力云图

从图 8 中可看出法兰齿根部应力集中明显，最大等效应力可达 1548.7MPa，位于筒体法兰齿根部圆角处。基于打磨面与未打磨面的等效应力，取两面同样位置，且位于打磨面凹坑边缘处的点进行对比，如图 9 所示：打磨面凹坑边缘处取点等效应力为 181.3MPa，未打磨面相同位置处取点得等效应力为 171.8MPa，打磨后局部应力上升，更易导致后续裂纹产生。

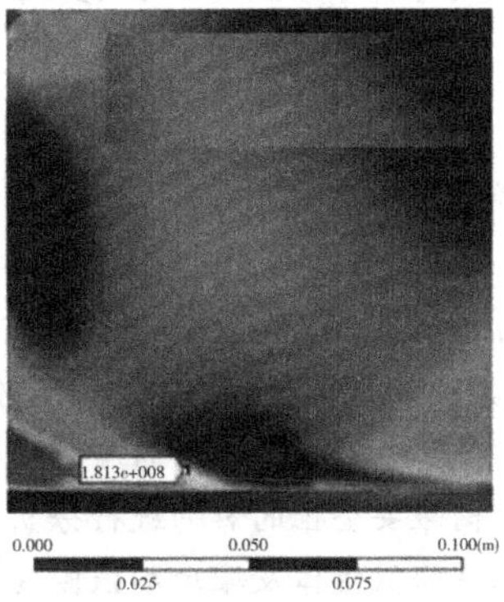

(a)打磨面

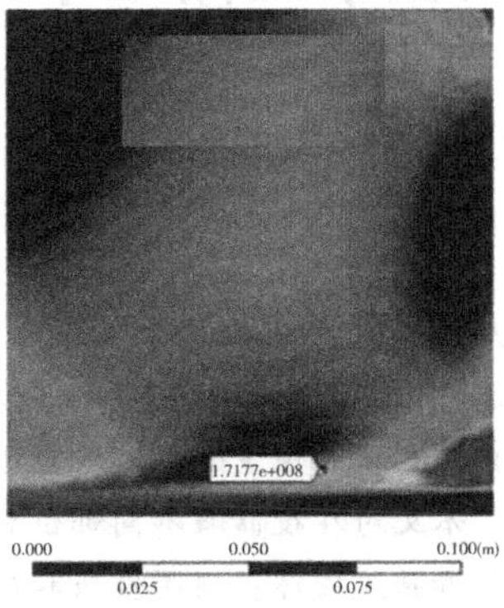

(b)未打磨面

图 9　打磨处应力对比

1.2.3　预防措施

对比普通类型锻钢件，大型锻钢件由于设备体型较大，无法进行整体热处理，因此热处理过程会出现区域温度差，从而导致设备材料强度不均匀，在循环交变载荷作用下，更易引发裂纹产生。除此之外，原材料、锻造工艺以及锻件表面处理方式都对裂纹的产生有所影响。为预防大型齿啮式快开门压力容器产生啮齿根部裂纹，推荐从以下几个方面采取应对措施[6,7]：

(1)严格把控锻钢件原材料。降低冶炼钢水的杂质度；限制钢中加铝量，去除钢中氮气或用加钛法抑制氮化铝析出量。

(2)采用合适的锻造工艺。铸锭缓慢冷却，减少热应力的产生；使用性能优良的发热剂和保温帽，提高补缩能力；采用中心压实锻造工艺；采用热送钢锭，过冷相变处理工艺；提高热送温度(>900℃)，直接加热锻造；锻前进行充分的均匀化退火，使晶界析出相扩散。

(3)减少应力集中产生。齿根倒角圆滑处理；减少表面毛刺；表面过渡尽可能平滑。

(4)定期检测。对有裂纹倾向的缺陷进行打磨，防止因裂纹扩展而导致严重后果。

2　结论

(1)齿啮式快开门压力容器的啮齿根部容易出现疲劳裂纹，严重时可能导致设备内部带压气体向外喷射，从而引起危害性后果，需要及时打磨处理；

(2)对于锻钢件，进行打磨后，局部引发淬硬现象，更易导致裂纹类缺陷产生；

(3)针对齿根裂纹，应采取合适措施进行预防，保障设备财产安全和工作人员人身安全。

参考文献

[1]周小平．快开门式压力容器爆炸事故的分析与预防[J]．中国特种设备安全，2021，37(07)：83－86.

[2]郑小腾，王军．快开门式压力容器的安全监察[J]．中国质量技术监督，2015(07)：76－77.

[3]杨秉健．齿啮式快开门的结构型式特点和设计[J]．广州化工，2014，42(14)：180－183.

[4]周涛．开门式压力容器典型缺陷及检验重点[J]．浙江化工，2015，46(05)：52－54.

[5]张俊．有限元网格划分和收敛性(一)[J]．CAD/CAM与制造业信息化，2010(04)：99－103.

[6]林荣．大型锻件中常见的缺陷与对策[J]．中小企业管理与科技，2008(13)：222－223.

[7]卢玉秀，刘元胜，李振兵，等．浅谈快开门式压力容器的定期检验[J]．特种设备安全技术，2022(01)：23－25.

在役大型常压储罐不同部位腐蚀减薄的影响分析

黄　泽　赵哲明　金灿华　高　遥　陈静相

(杭州市特种设备检测研究院，杭州　310051)

摘　要：大型常压储罐被广泛应用于易燃易爆以及化工介质的储存，由于其储存量大，安全隐患大，《立式圆筒形钢制焊接储罐安全技术规程》要求对其进行定期检验。在检验过程中，腐蚀是常发现的一种缺陷，在下个检验周期内，预期腐蚀量若超过设计图样中的腐蚀裕量，需考虑不同腐蚀部位影响不同压力类型大型储罐的安全运行，本文对在役储罐不同部位腐蚀减薄对储罐安全性的影响进行分析，结果表明：罐顶腐蚀主要会造成罐顶失稳和强度破坏；顶圈壁板和压缩环腐蚀将降低罐体及罐顶加强圈提供的有效惯性矩和截面积，会导致储罐失稳；最薄罐壁腐蚀主要影响储罐罐壁的稳定性；底圈壁板和底板边缘板的减薄不光降低储罐本身底部加强圈所提供的截面积和惯性矩造成罐壁底部失稳，还会影响在抗震条件下，储罐的倾覆和罐壁板的塑形变形，定期检验时，需核算储罐锚固系数以及罐壁轴向压应力。

关键词：大型储罐；全面检验；腐蚀；检验周期

Influence of Corrosion for Different Parts of Large Storage Tanks in Service

Huang Ze, Zhao Zheming, Jin Canhua, Gao Yao, Chen Jingxiang

(Hangzhou Special Equipment Inspection Institute, Hangzhou 310051, China)

Abstract: Because of large flammable and explosive chemicals storing, safety technical code for vertical cylindrical steel welded tank requires periodical inspection for large atmospheric storage tanks which are widely used. This paper analyzes the impact of corrosion for different parts of the storage tank. The results show that when corrosion exceeds the corrosion allowance in the next inspection cycle, it is necessary to consider the impact of different corrosion parts on the safety of large storage tanks. For tank roof corrosion, the stability and strength damage of the tank shall be mainly considered. For top tank wall plate and compression ring corrosion, it will reduce the effective moment of inertia and sectional area provided by the tank body. The thinnest tank wall corrosion mainly affects the stability of the tank. The thinning of bottom ring wall plate and bottom plate edge plate not only reduces the sectional area and moment of inertia but also causes overturning and elephant foot under seismic conditions, it is necessary to calculate the anchoring coefficient of the tank and the axial compressive stress of the tank wall.

Key words: large storage tank; periodical inspection; corrosion; inspection cycle

1　前言

大型立式圆筒形钢制储罐(以下简称大型储罐)在石油化工领域中扮演着重要角色。大型储罐的安全性主要受强度、稳定性、倾覆性等因素影响[1,2]。目前，国内大型储罐设计主要依据 GB 50341—2014《立式圆筒形钢制焊接油罐设计规范》(以下简称 GB 50341)，《钢制焊接石油储罐》(API 650—2013 & ADDENDUM3 2018 & ERRATA2 2014，以下简称 API 650)对其强度设计、失稳失效，抗震设计计算都有相应要求。

作者简介：黄泽(1987—　)，男，硕士研究生，高级工程师，主要从事承压设备、大型储罐方面的研究工作。E-mail：hz3.14@163.com

AQ 3053—2015《立式圆筒形钢制焊接储罐安全技术规程》(以下简称安全规程)规定了常压储罐的材料、设计、预制、施工和验收、防雷、防静电、防腐、使用管理、检验和安全附件各方面的基本安全要求，在11.2.3节中明确要求常压储罐应进行定期检验[3]。各地方标准及实际操作时关于大型储罐定期检验的内容主要包括宏观检查、罐体腐蚀检测、厚度测定、焊缝无损检测、安全附件检查和储罐安全管理检查。对一些无法清罐检测的设备，允许采用在线检验的方法对储罐外部进行宏观检测、超声波测厚、底板声发射检测、高频导波检测和壁厚自动爬壁检测等方法进行检验[4~6]。

在实际检验过程中发现，腐蚀减薄是大型储罐定期检验中经常碰到的一种缺陷，由于各类原因，在大型储罐的下个检验周期内，常出现腐蚀量超过设计图纸中规定的腐蚀裕量，这将影响储罐的安全运行，目前安全规程、地方标准以及相关文献中未给出具体的指导方法，本文根据实际检验情况，并结合理论分析，提出一些建议，供大型储罐定期检验人员参考。

2　储罐腐蚀

大型储罐在运行过程中，储罐盘梯、平台、抗风圈、栏杆、罐顶、罐壁、罐底均会受到不同程度的腐蚀，其中储罐顶部结构不连续区域的壁厚、储罐罐壁液位经常波动的部位，罐壁接管进出口部位，罐底边缘板和中幅板部位的腐蚀减薄在定期检验中最为常见。

目前常见的底板漏磁检测、自动爬壁机器人能比较方便地实现储罐壁厚的测量，但对于测量结果对后续储罐安全运行的影响相对理解不够深刻。

储罐不同部位的腐蚀对不同压力类型的储罐造成的影响不一样，目前GB 50341和API 650将大型储罐分为常压储罐、外压储罐、微内压锚固罐三类，其中设计真空度在0~0.25kPa，正压产生的举升力不超过罐顶板及其支撑附件总重的储罐称为常压储罐；设计真空度在0.25~6.9kPa的储罐称为外压储罐；设计压力产生的举升力大于罐壁、罐顶及其所支撑构件的总重量，且小于或等于18kPa的储罐称为微内压锚固罐[7,8]。大型储罐的罐壁由于受到罐顶风压和罐壁风压的影响，其失效模式类似于外压薄壁容器，主要有以下两种失效形式，一是因强度不足而引起的压缩屈服失效，二是因刚度不足而发生失稳[9,10]。为方便讨论，下述均针对拱顶压缩环式自支撑储罐，讨论各腐蚀部位对不同压力类型储罐的影响。

3　不同腐蚀部位的影响

3.1　罐顶减薄

根据GB 50341可知，对常压储罐，罐顶计算壁厚为：

$$t_d = \min\left(\frac{R_s}{2.4}\sqrt{\frac{T}{2.2}},\ 12\right) \tag{1}$$

式中　t_d——罐顶板计算厚度，mm；

R_s——罐顶拱顶球面半径，mm；

T——罐顶因重力载荷和真空外压所受的组合载荷，kPa。

对外压储罐，罐顶计算壁厚为：

$$t_d = \max\left[141R_s\sqrt{\frac{T}{E}},\ \min\left(\frac{R_s}{2.4}\sqrt{\frac{T}{2.2}},\ 12\right)\right] \tag{2}$$

式中　E——为弹性模量，MPa。

对微内压锚固罐，罐顶计算壁厚为：

$$t_d = \max\left[\frac{P_iR_s}{2[\sigma]^t\phi},\ \min\left(\frac{R_s}{2.4}\sqrt{\frac{T}{2.2}}J,\ 12\right)\right] \tag{3}$$

式中　P_i——设计压力，kPa；

$[\sigma]^t$——为顶板材料许用应力，MPa。

由式(1)~式(2)可知，对常压储罐和外压储罐而言，储罐顶板计算厚度主要受罐顶球面半径和罐顶载荷有关，罐顶壁厚主要是抵抗其失稳的能力，壁厚减薄，将降低储罐抵抗失稳的能力，由式(3)可知，对微内压锚固罐，储罐顶板计算厚度不仅和罐顶球面半径和罐顶载荷有关还和储罐的设计压力有关，因此罐顶壁厚的减薄不仅降低罐顶抵抗塑性变形而造成的强度破坏，还会造成罐顶刚度降低造成刚度失稳。因此下个检验周期内，罐顶预期腐蚀量超过设计图纸中规定腐蚀裕量时，该储罐罐顶极有可能失效，因此拟定的检验周期内，应确保罐体厚度不小于标准所要求的最小厚度，否则该储罐应进行维修。

3.2　顶圈壁板和压缩环壁厚减薄

根据GB 50341第7.5.3条、附录A.4.1、附录B.2.3可知，对于已建成的固定顶储罐，满足已有设计工况条件下，储罐所需的有效截面积是固定的，在下一个检验周期，顶圈壁板和压缩环壁厚预期腐蚀量超过设计图纸中规定的腐蚀裕量时，在确定检验周期时，需基于实际有效截面积大于储罐本身有效截面积这一原则来确定。

但对于外压储罐，根据GB 50341附录B.5.1和附录B.5.2可知，还需校核顶部加强圈的惯性矩和所需最小截面积是否满足要求，对已建设完的储罐其罐顶加强圈所需的惯性矩和截面积是一定的，当顶圈壁板减薄，由式(4)～式(5)可知将降低储罐本身顶部加强圈所提供的最小截面积。当压缩环减薄，由式(6)可知将降低储罐本身顶部加强圈所提供的惯性矩。

$$X_{st}=13.4\sqrt{Dt_{s1}} \tag{4}$$

式中　X_{st}——为自支撑拱顶储罐顶部加强圈罐壁有效高度，mm；

t_{s1}——顶圈罐壁板实测厚度，mm；

D——储罐内径，m。

$$A=t_dX_d+t_{s1}X_{st} \tag{5}$$

式中　A——为储罐本身顶部或底部加强圈提供的截面积，mm²；

t_d——自支撑拱顶顶板的计算长度，mm；

X_d——自支撑拱顶顶板有效长度，只与计算厚度有关，mm。

$$I=t_b(X_d\cos\theta)^3/12 \tag{6}$$

式中　I——顶部或底部加强圈提供的惯性矩，cm⁴；

t_b——压缩环实测厚度，mm；

θ——罐顶与罐壁连接处罐顶与水平面之间的夹角，度。

按 GB 50341 标准设计的外压储罐，没有考虑腐蚀裕量对罐顶加强圈提供的有效惯性矩和截面积影响，因此在定期检验时，应按照下检周期内预期腐蚀量按式(4)～式(6)进行核算，以确保下次检验时罐体及罐顶加强圈提供的有效惯性矩和截面积大于标准所要求的最小值这一原则来确定，否则该储罐应进行维修。

3.3　最薄壁板减薄

罐壁总当量高度超过设计条件下最大允许不加强的罐壁当量高度，罐壁即发生失稳。工程中，常采用核算区域内壁板当量高度不超过最大允许不加强的罐壁当量高度这一衡量标准来保证大型储罐罐壁的稳定性。由式(7)～式(11)可知，当储罐罐壁最薄厚度降低时，设计条件下罐壁筒体许用临界压力将减小，因此有可能会造成罐壁失稳，需校核罐壁抗风圈的数量是否满足要求，抗风圈的数量及所提供的有效截面积和惯性矩大于所需数值时，不影响下检日期的确定，否则储罐应增加抗风圈的数量并校核其有效截面积和惯性矩。

设计条件下罐壁筒体许用临界压力：

$$[P_{cr}]=16.48(D/H_E)(t_{\min}/D)^{2.5} \tag{7}$$

式中　$[P_{cr}]$——为核算区间罐壁筒体的许用临界压力，kPa；

H_E——核算区间罐壁筒体的当量高度，m；

$t_{\min}$——核算区间最薄圈壁板的有效厚度，mm。

核算区域内壁板当量高度的计算式为：

$$H_E=\sum H_{ei}=\sum h_i(t_{\min}/t_i)^{2.5} \tag{8}$$

式中　t_i——为核算区间第 i 圈壁板实际有效厚度，mm。

对存在内压的固定顶油罐，罐壁设计总外压：

$$P_o=2.25\mu_z\omega_0+q \tag{9}$$

式中：　P_o——罐壁筒体设计总外压，kPa；

μ_z——风压高度变化系数；

ω_0——基本风压，kPa；

q——设计真空压力，kPa。

由 GB 50341 中 6.4.3 可知，罐壁抗风圈数量可表示为：

$$N_s=INT(P_o/[P_{cr}]) \tag{10}$$

3.4　底圈壁板和底板边缘板减薄

根据 GB 50341 附录 B.5.1 和附录 B.5.3 可知，对外压储罐，需校核底部加强圈的惯性矩和所需最小截面积是否满足要求，对已建设完的储罐其罐底加强圈所需的惯性矩和截面积是一定的，当底圈壁板减薄，由式(11)～式(13)可知将降低储罐本身底部加强圈所提供的最小截面积。当罐底边缘板减薄，由式(14)可知将降低储罐本身底部加强圈所提供的惯性矩。

$$X_{sb}=13.4\sqrt{Dt_s} \tag{11}$$

式中　X_{sb}——自支撑拱顶储罐底部加强圈罐壁有效高度，mm；

t_s——底圈罐壁板实测厚度，mm。

$$L_b=m+t_s+16t_b \tag{12}$$

式中　m——边缘板伸出储罐罐壁的长度，mm；

t_b——边缘板实测壁厚，mm。

$$A=t_bL_b+t_sX_{sb} \tag{13}$$

$$I=t_bL_b^3/12 \tag{14}$$

此外，底圈壁板和底板边缘板减薄还将影响储罐的抗震性能，按 GB 50341 要求，锚固系数主要用于判定大型储罐在地震载荷作用下，能否自锚固，当锚固系数值＞1.54 时，储罐需要进行锚固。锚固系数计算式如下：

$$J=\mu M_1/[D_i^2(F_w+F_L)] \tag{15}$$

式中　J——锚固系数；

μ——弯矩调整系数按 GB 50341 第 D.4.2 条的规定选取，和边缘板下检日期时的实际厚度无关；

M_1——总水平地震作用在储罐底部所产生的地震弯矩，和边缘板下检日期时的实际厚度无关；MN. m；

F_w——罐壁罐顶自重通过罐壁作用在罐底单位长度上的提离反抗力，和边缘板下检日期时的实际厚度成正比；MN/m；

F_L——储液提供的罐底与罐壁接触处单位长度上的提离反抗力，和边缘板下检日期时的实际厚度无关；MN/m。

由式(15)可知，对一台非锚固罐，随着边缘板壁厚的减薄，锚固系数将增加，当边缘板腐蚀后计算出的锚固系数大于1.54，原先的非锚固罐将变为锚固罐，如果不对该储罐加设地脚螺栓，将无法保证储罐在抗震情况的抗倾覆性，易造成重大事故，这应该引起检验人员的注意。

按GB 50341要求，为避免大型储罐在地震条件下，罐壁下部出现象足，罐壁轴向压应力不应大于许用临界压应力[11]，底圈罐壁轴向压应力计算式可统一为[12]：

$$\sigma_1 = C_v N_1/A + C_L M_1/Z_1 \tag{16}$$

式中 σ_1——底圈罐壁最大轴向压应力，MPa；

C_v——竖向地震影响系数；

A——按底圈壁板有效厚度计算的罐壁截面面积，m^2；

Z_1——按底圈壁板有效厚度计算的断面系数，m^3；

C_L——翘离影响系数，当 $0.785 < J \leqslant 1.54$ 时，取1.4，否则，其值取1.0。

底圈壁板有效厚度计算的断面系数计算式为：

$$Z_1 = 0.785D^2 t_s \tag{17}$$

底圈壁板有效厚度计算的断面系数计算式为：

$$[\sigma_{cr}] = 0.22Et_s/D \tag{18}$$

式中 $[\sigma_{cr}]$——底圈罐壁许用临界应力，MPa。

由式(16)~式(18)可知，随着底圈壁板壁厚的减薄，底圈罐壁最大轴向压应力将增大，底圈罐壁许用临界应力将降低，在下一个检验周期，底板边缘板壁厚预期腐蚀量超过设计图纸中规定的腐蚀裕量时，需进一步核算其轴向压应力是否大于许用临界压力，否则在下检周期内易造成罐壁底部出现象足。

4 结语

本文针对储罐不同部位的腐蚀，分析其对不同压力类型的储罐影响，当储罐出现腐蚀减薄时，应预期下检周期内的预期腐蚀量，若超过设计图纸中规定的腐蚀裕量时，应缩短检验周期，若检验周期无法缩短，应核算各部位腐蚀造成的影响并得到如下结论：

(1)罐顶腐蚀对常压储罐和外压储罐而言，将降低储罐抵抗失稳的能力，对微内压锚固罐不仅降低罐顶抵抗塑性变形的能力还有可能造成强度破坏。

(2)顶圈壁板和压缩环腐蚀，只要实际有效截面积大于储罐所需截面积将不影响储罐的使用，对外压储罐还应核算罐体及罐顶加强圈提供的有效惯性矩和截面积是否大于标准所要求的最小值。

(3)最薄罐壁腐蚀将降低设计条件下罐壁筒体许用临界压力，因此有可能会造成罐壁失稳，需校核罐壁抗风圈的数量是否满足要求，抗风圈数量及所提供的有效截面积和惯性矩大于标准所需数值时，不影响下检日期的确定，否则储罐应增加抗风圈的数量并校核抗风圈的有效截面积和惯性矩。

(4)底圈壁板和底板边缘板减薄将降低储罐本体底部加强圈提供的截面积和惯性矩，此外还应考虑在抗震条件下储罐锚固系数以及罐壁轴向压应力的变化，避免储罐在设计地震条件下的倾覆和罐壁失稳。

参考文献

[1]林寅．大型钢储罐结构的风荷载和风致屈曲[学位论文]．杭州：浙江大学，2014.

[2]张志强，彭常飞，赵振兴等．储罐锚栓座结构设计方法．油气储运，2015，34(10)：1138－1140.

[3]AQ 3053—2015 立式圆筒形钢制焊接储罐安全技术规程.

[4]张传隆，杜家超，董常家等．一台5000m³立式常压储罐在线检测．节能技术与应用，2019，38(12)：118－121.

[5]洪涛，肖超波．大型金属储罐检测技术应用介绍．石油和化工设备，2014，17(01)：50－51.

[6]季鹏，孙杰，李绪丰．大型常压储罐在线全面检验评价的应用．无损探伤，2021，45(06)：27－31.

[7]GB 50341—2014，立式圆筒形钢制焊接油罐设计规范[S].

[8]API 650—2013&ADDENDUM3 2018 & ERRATA2 2014 Welded tanks for oil storage.

[9]郑津洋，董其伍，桑芝富．过程设备设计[M]．北京：化学工业出版社，2010：60－70.

[10]陈希．应变强化压力容器外压屈曲研究[D]．杭州：浙江大学，2015.

[11]吴龙平，王成，杜亮坡等．大型储罐底圈罐壁轴向应力的计算．油气储运，2015，34(9)：993－996.

[12]黄洋，汪蓉梅，金斌戈等．大型储罐抗震设计计算在中美规范中的对比分析．石油化工设备技术，2021，42(05)：29－33＋38＋5－6.

有限元分析5052铝合金搅拌摩擦焊流场

徐　明[1]　陈金荣[2]　谭虎成[2]　罗艳龙[1]

[1. 中国特种设备检测研究院，北京　100029；2. 中特检管道工程(北京)有限公司，北京　100013]

摘　要：本文以5052铝合金为研究材料，在流体力学理论的基础上，通过ANSYS软件建立了搅拌摩擦焊计算模型，对其流场进行研究分析。结果表明：5052铝合金搅拌摩擦焊过程中，在焊缝的不同厚度上材料的流动分布不同，并且随着距离轴肩越远，其流动越弱，沿着焊缝厚度自上而下呈逐渐减弱的趋势。在工件的水平方向上，材料的最大流动速度位于轴肩影响范围的最远处，其流动速度随着到搅拌头旋转中心的距离增加而减小。通过对不同位置的流场模拟分析发现，相对于其他位置，中间段最大流动速度最高，入口处的最大流动速度最低，流动区域范围基本一致。通过改变搅拌摩擦焊焊接过程中搅拌头的旋转速度发现，焊接中心区域材料的最高流动速度与搅拌头的旋转速度成正比，但是其高速流动区域范围基本保持不变。

关键词：搅拌摩擦焊；5052铝合金；流场；流动速度；旋转速度

Flow field analysis of friction stir welding of 5052 aluminum alloy based on finite element method

Xu Ming[1], *Tan Hucheng*[2], *Chen Jinrong*[2], *LuoYanlong*[1]

(1. China Special Equipment Inspection & Research Institute, Beijing 100029, China;
2. China special inspection Pipeline Engineering (Beijing) Co., Ltd, Beijing 100013, China)

Abstract: Based on the hydrodynamics theory, a friction stir welding model is established by ANSYS software, and the flow field of 5052 aluminum alloy is studied and analyzed. The results show that the flow distribution of materials is different in different thickness of 5052 aluminum alloy stir friction welding. The weaker the flow is with the distance from the shoulder, and the thickness of the weld decreases gradually from top to bottom. In the horizontal direction of the workpiece, the maximum flow velocity of the material is located in the farthest distance of the influence range of the shoulder, and the flow velocity decreases with the increase of the distance to the rotating center of the mixing head. Through the simulation analysis of different positions, it is found that the maximum flow velocity of the middle section is the highest, the maximum flow velocity at the entrance is the lowest, and the flow area is basically the same. By changing the rotating speed of the mixing head in friction stir welding, it is found that the maximum flow velocity of the material in the welding center is proportional to the rotating speed of the mixing head, but the range of the high-speed flow region remains unchanged.

Key words: Friction stir welding; 5052 aluminum alloy; Flow field; Maximum flow velocity; Rotation speed

1　前言

近些年来，随着冶金技术水平的整体提高，铝及铝合金以其特有的优点在压力容器领域的应用越来越广泛。其优点有很多，比如耐蚀性好、无低温脆性、回收再生性好等，但从焊接方面来讲其热传导率高、易氧化、线膨胀系数大导致其容易产生焊接缺陷，但是本文提及的搅拌摩擦焊可较大程度避免产生焊接缺陷。

作者简介：徐明(1988—　)，男，硕士，主要从事压力管道检验检测，材料服役性能评价，压力管道检测与评价等工作。E-mail：swpuxuming@126.com

搅拌摩擦焊是英国焊接研究所于1991年发明的一种特别的固相焊接技术[1]。它是在高速旋转和大载荷压力下使用非消耗性专用焊接工具将工件连接在一起的一种焊接方法。在搅拌摩擦焊焊接过程中，焊缝区的材料流动对焊缝成型的质量有着非凡的影响[2]。金属材料在焊接中心区的流动特性与焊接质量密切相关，因此对塑性金属在焊接区流动特性的模拟分析对减少焊接缺陷、提高焊接接头的力学性能具有重要意义[3]。

流场模拟技术对研究物质流动具有重意义，因为在试验前对不同焊接参数的搅拌摩擦焊过程进行有限元分析可以节省大量的时间和经济成本，所以近年来，随着有限元技术的发展，FSW的研究方向逐渐从简单的纯试验研究转向试验与数值模拟相结合的研究模式。

随着现代工业的迅速发展，数值模拟技术已经在各行各业都有着重要价值，数值模拟技术的作用越来越重要，如果想要了解材料的流动机理、工具的结构分析和改善焊接工艺的参数，搅拌摩擦焊流场分析显得具有重要的工程价值。然而，搅拌摩擦焊接过程非常复杂，包括传热过程、塑性变形、组织转变等[4][5]。为了建立精确的工程应用仿真模型，就需要研究焊接过程中材料的物理参数、几何模型和如何设定适合的边界条件，并将仿真分析得到的数据与实验得出的结果研究相对比，这样可以检验模型的正确与否。将流场模拟技术应用于工程实践，将大大提高生产效率和设计效率。

本文通过ANSYS软件建立搅拌摩擦焊三维模型，并进行网格划分以及边界设定等操作，选定材料为5052铝合金，将其参数导入模型中进行数值模拟，最终得到5052铝合金流场分布规律，为5052铝合金搅拌摩擦焊提供工艺参考。

2 建立模型

本文选用ANSYS CFD Premium软件对5052铝合金搅拌摩擦焊流场进行数值模拟，仿真过程中选用的材料为5052铝合金，分析了搅拌摩擦焊焊接中心区域的金属材料的流动特性，并且改变搅拌摩擦焊搅拌头的转动速度对焊接流场的影响。

2.1 实验材料

5052铝合金是以Mg为主要合金元素的Al·Mg系列铝合金，该合金具有较高的强度，特别是疲劳强度，此外，其具有良好的成形性、塑性和抗腐蚀性[6]，其成分见表1。5052铝合金具有很好的焊接性能并且广泛应用于许多领域，且具有良好的发展前景[7]。在铝合金焊接过程中，电流输入大且集中，与载荷相比，焊接残余应力是一种独立于外力的内力，焊接残余应力和焊接变形会对焊接生产的顺利进行和焊接结构件的性能产生严重影响[8][9]。铝合金摩擦焊接工艺包括影响焊接材料显微组织和力学性能的工艺参数和工艺因素，正确的焊接工艺可以获得高质量的焊接接头。焊缝区可分为熔核区、热机影响区、热影响区和肩部影响区。

表1 5052铝合金化学成分(质量分数) %

Mg	Cr	Si	Cu	Mn	Zn	Fe	Al
2.22	0.22	0.07	0.01	0.01	0.01	0.20	其余

在实际焊接过程中，焊缝区域的塑性金属的温度应该小于0.8Tm(Tm为5052铝合金熔点)，且5052铝合金在高温条件下其流动应用基本不受温度影响，由于的适用温度范围较为广泛，所以实验时选用400℃作为初始温度，并且采用400℃时5052铝合金的物理参数[9]，具体参数见表2。

表2 5052铝合金热物理参数

温度 T/℃	密度 ρ/(kg·m^{-3})	导热系数 λ/(W·m^{-1}·℃$^{-1}$)	比热容 C/(J·kg^{-1}·℃$^{-1}$)	屈服力 σ/MPa
20	2680	119	90	255
100	2660	121	921	248
200	2640	126	1005	150
300	2620	130	1047	50
400	2590	138	1089	32
500	2580	145	1129	10

2.2 搅拌摩擦焊模型

2.2.1 模型的假设条件

搅拌摩擦焊一般分为搅拌头进入工件的阶段、稳定进行焊接时的阶段以及搅拌头停止运动退出工件的阶段。为了简化模型和减少时间成本，设定模型在搅拌摩擦焊接时，做出以下假设：

将5052铝合金在焊接稳定时刻的流动设定为一种稳态的流动，并对其结果在不同位置进行分析。忽略焊接倾角对于焊接过程的影响，设定材料的密度不变，为恒定的值，流体的密度不压缩，并且设定搅拌头和工件的表面相互垂直[10]。

2.2.2 几何模型

用ANSYS软件设置工件以及搅拌头的几何模型(图1)，然后通过一系列操作得到所需要的铝合金搅拌摩擦焊模型。

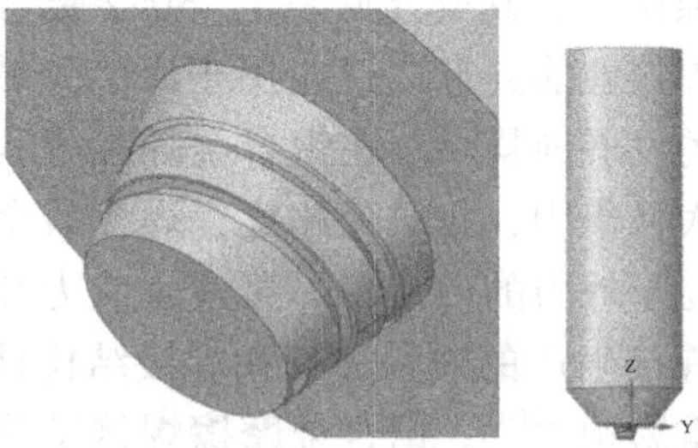

图1 搅拌头

为了方便模型的建立，首先为模型简化模型将工件设置为200mm×160mm×3mm的同块长方体，搅拌摩擦焊的搅拌头由轴肩和圆柱搅拌针构成，设置搅拌针的直径为5mm，轴肩的直径为15mm[11]。搅拌头首先设置位于同块工件的边缘，由于为了降低边界条件和实际情况所存在的误差将模型中的轴肩设定为一个平面，搅拌针表面具有一定的螺纹。

2.3 网格划分

网格划分是非常重要的步骤，在建立模型后，导入ANSYS软件中进行网格划分，由于每个模型的网格划分不同，需根据实际模型的特点，对其进行具体分析后采用合适的方式进行划分。网格划分其实质是将模型分为小的单元，但是网格划分的结果直接影响后面计算的精度和质量。

本文中的铝合金搅拌磨焊模型由于搅拌摩擦焊焊接过程中材料变形流动主要发生在搅拌头周围的地方，所以在设计网格划分过程中，搅拌头附近需要使用更加精细的网格，本章采用添加一个正方形的加密区[12]，这样就能满足搅拌头周围的精度，最终选用的划分方式为四面体非结构化网格技术，然后生成网格，网格的总单元数为872800，见图2。

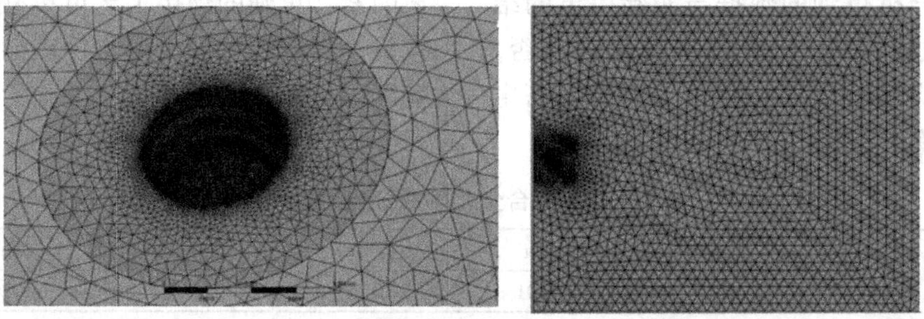

图2 网格划分

2.4 物性参数

在本章的案例中，流体模型也有一定的物性参数以及假设，设定搅拌摩擦焊焊接过程中材料的定压和比热容等条件均为常数。然后设定材料5052铝合金密度为常数，流体为黏性各向同性的非牛顿型流体，并且流体不可压缩[13]，设定金属流动的流动速度分别等同于搅拌针与轴肩旋转的线速度，搅拌头中搅拌针与轴肩在焊接过程中与5052铝合金接触的表面满足无滑移边界的条件。设定5052铝合金的密度为$2590kg/m^3$，热传导系数为138W/(m·℃)，比热容为1089J/(kg·℃)，动力黏度系数为$7\times10^3Pa\cdot s$。

2.5 边界条件

在模拟前设置边界条件，因为在仿真模拟过程与实际有一定的不同，所以在模拟过程中，将工件设置为做平移运动，而搅拌头设置为旋转运动。实际搅拌摩擦焊操作中，是要将工件固定好，然后使用的搅拌头不停旋转前进，完成焊接。

边界条件设定为工件相对于搅拌头运动，设置搅拌头初始的旋转速度800rad/min，见图3。首先前进侧和回退侧均设置为移动墙，移动速度与焊接速度相同，移动方向与焊接方向相反，轴肩端面与搅拌针侧面设置为旋转墙，并且旋转方向与搅拌工具的旋转方向一致，旋转频率与旋转工具频率相同。其他的界面默认为静止界面。

图3　边界设定

3　搅拌摩擦焊流场模拟

3.1　迭代运算

设置边界条件后，输入材料的物理参数，选取适合的计算模型，并且进行500次迭代运算。

3.2　截面选取

由于要研究搅拌摩擦焊在仿真过程中的材料流动的状况，选取三个不同的截面进行数据分析，本章选取的截面分别是0.5mm、1.5mm和2.5mm，并且三个截面均与工件的表面平行，即均是*XY*平面，设定与工件上表面距离是0.5mm的截面为a截面，设定与工件上表面距离是1.5mm的截面为b截面，设定与工件上表面距离是2.5mm的截面为c截面，然后本章对于三个截面得到的数据进行分析。

3.3　流场模拟结果

3.3.1　入口处搅拌摩擦焊流场

图4为焊接过程不同截面处的材料流场云图。图4(a)是距离上表面0.5mm截面的材料流场云图，从图中可以观察出焊缝区域的流场明显受到了搅拌头的影响，搅拌头在旋转过程中，其周围的塑性流动金属会随之旋转，但是搅拌头影响的范围有一定限制，并且可以发现在焊接时，每个地方的流动速度并不相同，存在一定的差异。

图4(b)是距离上表面1.5mm截面的材料流场云图，由图可知，其结果与a截面相似，但是由于其距离轴肩比a截面较远，b截面与a截面对比，其最大流动速度略有下降。

图4(c)是距离上表面2.5mm截面的材料流场云图，从图中可以观察出，其最大流动速度相对于a、b截面均有所减小，在轴肩影响的范围之外，材料的流动速度开始减小，由于距离搅拌摩擦焊搅拌头轴肩的距离不断增加，流场的范围逐渐减小，并且可以看出流速逐渐降低。

将三个截面进行对比，可以发现从0.5mm截面到2.5mm截面的材料流动速度以及高速流动的区域都在减小。究其原因是0.5mm截面到2.5m截面其距离轴肩越来越远，轴肩的影响范围有限，所以轴肩对焊接材料的流动速度影响逐渐减小，直到距离上表面2.5mm的c截面，流动速度变得很慢，是因为材料的流动主要由于搅拌针的高速旋转从而带动，由此可以分析出搅拌针底部的区域可能会由于距离轴肩范围较远，其焊接材料搅拌不充分，导致产生一定的焊接缺陷。而且根据黏塑性假说，搅拌针附近的材料由于粘连作用，会跟随搅拌针共同旋转，因此靠近于搅拌针的金属流动会更加充分[14]，从图中可以观察出其速度值比搅拌针表面的旋转速度略小。

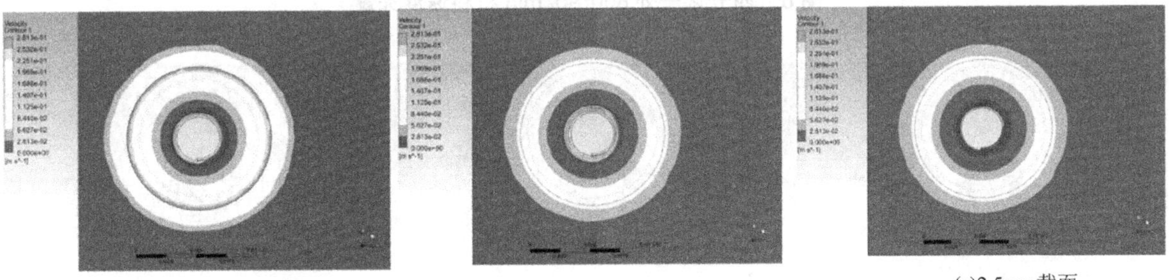

(a)0.5mm截面　(b)1.5mm截面　(c)2.5mm截面

图4　材料流场云

图5为不同截面处材料的速度矢量图。图5(a)为距离上表面0.5mm截面的材料速度矢量图，由图可知，其流动速度受轴肩影响比较大，且金属的流动形貌基本与轴肩形状相似，但其流动区域大于轴肩面积，最大流动速度为距离轴肩影响范围的最远处。

图5(b)为距离上表面1.5mm截面的材料速度矢量图，从图中可知，前进侧与返回侧的流动速度并不相同，并且前进侧的速度略大于返回侧。

图5(c)为距离上表面2.5mm截面的材料速

度矢量图，由图可知，搅拌针的影响减弱，塑性金属流动的区域相对较小，流动范围也相对较小。

0.5mm、1.5mm、2.5mm 三个不同的截面都体现了 5052 铝合金在焊接区域的流动发生了一定的变动，并且从三个不同截面可以发现，5052 铝合金的流动速度呈现为不对称分布。

由 0.5mm、1.5mm、2.5mm 三个不同厚度截面可以看出，0.5mm 截面到 1.5mm 截面中的材料流动速度在逐步减少，以及高速区域也在逐渐减少，这是因为随轴肩和截面的距离越来越远，轴肩对 5052 铝合金焊接材料的影响越来越小。

(a)0.5mm截面　(b)1.5mm截面　(c)2.5mm截面

图 5　材料速度矢量分布

3.3.2　不同位置搅拌摩擦焊流场

图 6 是位于工件四分之一处的材料速度矢量图，从图中可知，速度的分布不均匀，但流动区域的形貌与轴肩相似，流动区域的范围相比轴肩范围更大，与入口处模拟结果相似，其 0.5mm 截面材料流动速度最大，并且最大流动速度位于轴肩影响的最远处。1.5mm 截面的流动范围略有减小，并且材料的最大流动速度低于 0.5mm 截面的最大流动速度，流动速度呈不对称分布。2.5mm 截面的流动区域相较于 0.5mm 截面和 1.5mm 截面最小，并且流动速度也相应减小，流动速度呈不对称分布。对比三个截面的结果，得到以上结论的原因是三个截面是在工件不同厚度上选取的，距离轴肩越远，材料的流动速度越小。

图 7 为中间段 800rad/min 材料速度矢量图。

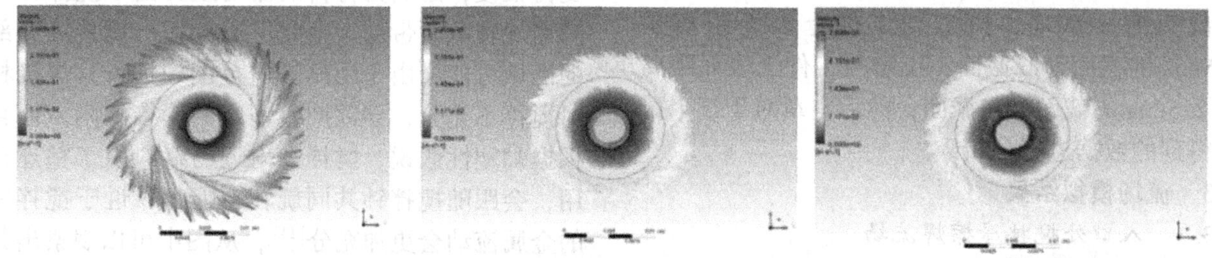

(a)0.5mm截面　(b)1.5mm截面　(c)2.5mm截面

图 6　四分之一处 800rad/min 材料速度矢量

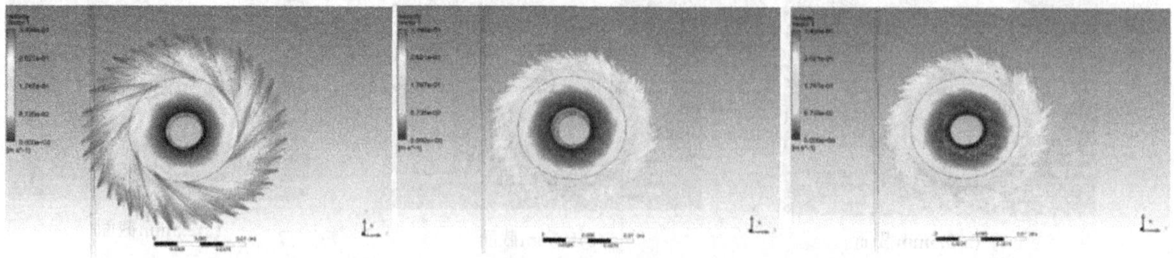

(a)0.5mm截面　(b)1.5mm截面　(c)2.5mm截面

图 7　中间段 800rad/min 材料速度矢量

3.4　旋转速度对流场的影响

3.4.1　入口段改变转速

图 8 为入口段 1000rad/min 材料速度矢量图，由图可知，当转速增加至 1000rad/min 时，材料的最大流动速度明显增大，速度分布不均匀，流动区域范围变动不大。

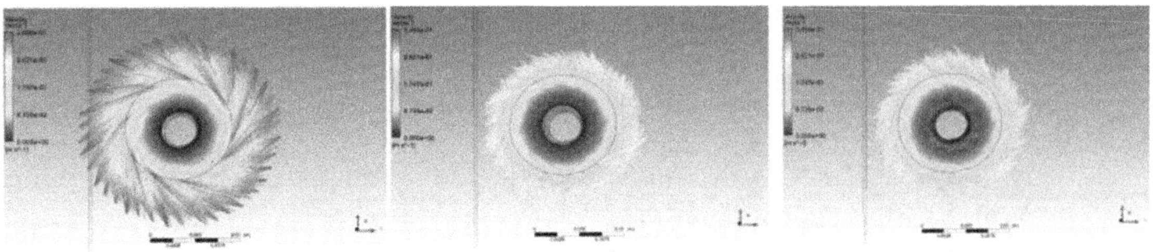

(a)0.5mm截面 (b)1.5mm截面 (c)2.5mm截面

图8 入口处1000rad/min材料速度矢量

图9为入口段1200rad/min材料速度矢量图，由图可知，当转速增加到1200rad/min时，材料的流动速度明显增加，其流动区域仍保基本不变，相对于800rad/min和1000rad/min转速的结果，其最大转动速度值最高，可以看出材料的最大流动速度与搅拌头的旋转速度成正比。

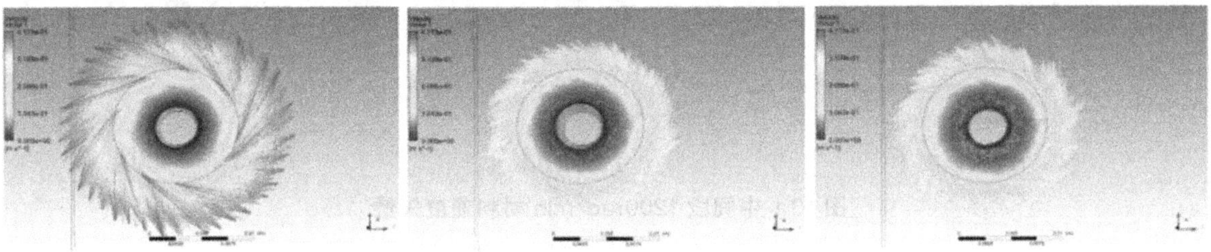

(a)0.5mm截面 (b)1.5mm截面 (c)2.5mm截面

图9 入口处1200rad/min材料速度矢量

3.4.2 不同位置改变转速

通过观察图10和图11可以发现，四分之一处的旋转速度增加至1000rad/min时，材料的最大流动速度为0.3544m/s，再次增加至1200rad/min时，材料的最大流动速度为0.4231m/s。

通过观察图12和图13可以发现，中间段的旋转速度增加至1000rad/min时，材料的最大流动速度为0.3562m/s，再次增加至1200rad/min时，材料的最大流动速度为0.4253m/s。

在不同区域的转速增大，其流动区域的范围仍然基本不变，最大流动速度随转速的增大而增大，这是因为搅拌头的旋转速度增大，带动其周围的塑性金属流动，导致材料的最大流动速度变大[15]。

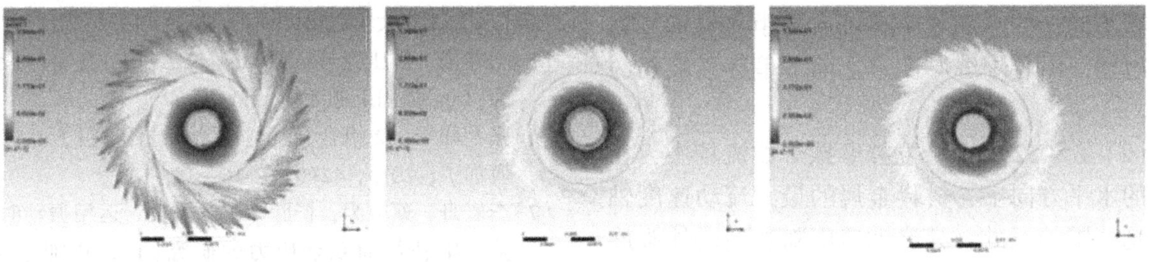

(a)0.5mm截面 (b)1.5mm截面 (c)2.5mm截面

图10 四分之一处1000rad/min材料速度矢量

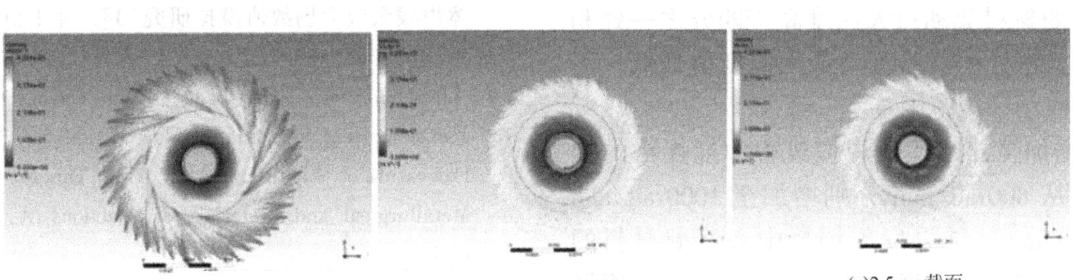

(a)0.5mm截面 (b)1.5mm截面 (c)2.5mm截面

图11 四分之一处1200rad/min材料速度矢量

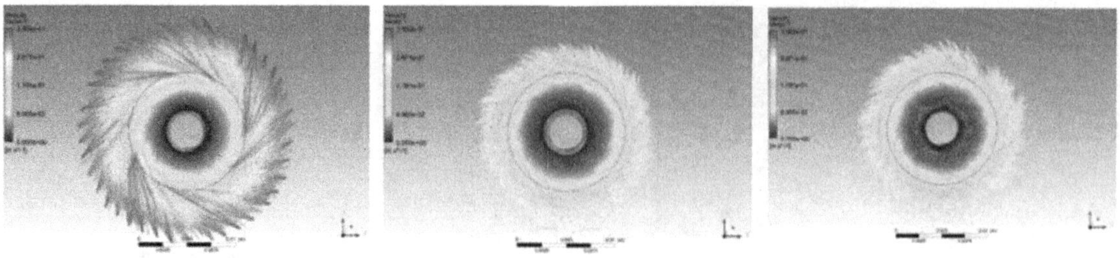

(a)0.5mm截面　(b)1.5mm截面　(c)2.5mm截面

图 12　中间段 1000rad/min 材料速度矢量

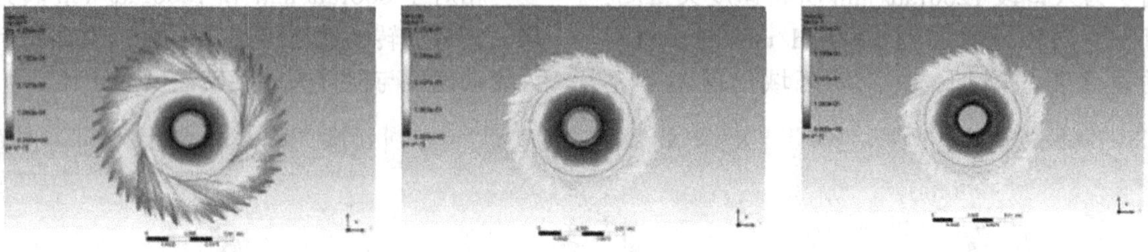

(a)0.5mm截面　(b)1.5mm截面　(c)2.5mm截面

图 13　中间段 1200rad/min 材料速度矢量

当转速增加时，5052 铝合金焊接材料的流动速度也在增加，可以从图中看出，最高流动速度增加。所以由此可以发现，在保持其他的条件不变的情况下，如果增加搅拌头的转动速度，会使焊接材料的最高流动速度增加，但是高速流动区域的范围仍变动不大。

4　结论

通过在 ANSYS 环境下对 5052 铝合金搅拌摩擦焊进行有限元仿真，得出结论如下：

(1)焊缝区的塑性化金属流动情况不一致，速度分布不对称，材料的流动在焊缝的不同厚度上分布不同，并且随着距离轴肩的距离越远，其流动越弱，沿着焊缝厚度自上而下呈逐渐减弱的趋势。

(2)在 5052 铝合金搅拌摩擦焊的流场中，在工件的水平方向上，材料金属的最大流动速度轴肩影响范围的远处，其流动速度随着到搅拌头旋转中心的距离的增加而减小。

(3)不同位置的流场模拟结果相差不大，但是中间段的材料流动最大速度高于四分之一处和入口处，入口处的材料流动最大速度值最低，不同位置的流动区域范围基本一致。

(4)增加搅拌摩擦焊焊接过程中搅拌头的旋转速度，从 800rad/min 分别增加至 1000rad/min 和 1200rad/min，结果发现焊接中心区域材料的最高流速会增加，最高流动速度与搅拌头的旋转速度成正比，但是其高速流动区域范围基本保持不变。

参考文献

[1]黄华．铝合金、镁合金 FSW 接头组织与性能研究[D]．武汉科技大学，2006.

[2]董吉义，尹玉环，封小松，徐奎．搅拌摩擦焊流场仿真技术应用现状研究[J]．电焊机，2018，48(12)：113 - 117 + 121.

[3]顾乃建．搅拌摩擦焊温度场及流场数值模拟[D]．大连交通大学，2018.

[4]朱平．基于固有应变法预测转向架焊接变形的研究[D]．天津大学，2012.

[5]马春艳．挤压变形 Al - Mg - Si - (RE)合金的疲劳行为[D]．沈阳工业大学，2007.

[6]张登峰．5052 铝合金板材生产工艺研究[J]．有色金属加工，2013，42(02)：16 - 18.

[7]李岩舟，蔡敢为，杨胜锋，黄才贵．运用振动时效消除榨辊补焊面残余应力的研究[J]．热加工工艺，2014，43(02)：162 - 164.

[8]苗臣怀，曹丽杰，殷凯，王楠楠．5052 铝合金搅拌摩擦焊残余应力场数值模拟研究[J]．轻工机械，2020，38(01)：46 - 50.

[9] Zhenzhen Yu，Wei Zhang，Hahn Choo，Zhili Feng. Transient Heat and Material Flow Modeling of Friction Stir Processing of Magnesium Alloy using Threaded Tool[J]. Metallurgical and Materials Transactions A，2012，43(2).

[10]吴鸿燕，邢丽，陈玉华，黄春平．2219 铝合金搅拌摩擦焊接头的断裂部位特征[J]．金属热处理，2011，

36(05): 90-93.
[11] G. Q. Chen, Q. Y. Shi, Y. Fujiya, T. Horie. Simulation of Metal Flow During Friction Stir Welding Based on the Model of Interactive Force Between Tool and Material[J]. Journal of Materials Engineering and Performance, 2014, 23(4).
[12]修腾飞. 激光辅助加热搅拌摩擦焊数值模拟与实验研究[D]. 湖南大学, 2015.
[13]Luo J, Li S, Chen W, et al. Simulation of aluminum alloy flowing in friction stir welding with a multi physics field model[J]. International Journal of Advanced Manufacturing Technology, 2015, 81(1-4): 349-360.
[14]Richards, Chaturvedi. Effect of minor elements on weldability of nickel base superalloys[J]. International Materials Reviews, 2000, 45(3).
[15]Rikizo WATANABE. Single Crystal Nickel-base Superalloys from the Viewpoint of Alloy Design[J]. The Iron and Steel Institute of Japan, 1982, 68(3).

聚乙烯燃气管道焊接缺陷产生原因与对策分析

杨象岳[1]　顾荣利[2]　秦仔祥[1]　王　飞[1]　陈　涛[1]　许根富[1]　刘延雷[1]

(1. 杭州市特种设备检测研究院，杭州　310051；2. 杭州国特科技有限公司，杭州　310000)

摘　要：聚乙烯（PE）管道的主要焊接方法有两种，分别为热熔焊接和电熔焊接。针对不同的焊接方法，从不同的方面来对其焊接过程中可能出现的缺陷及其产生原因进行分析，且针对不同类型的缺陷提出了对应的解决对策。按照相应的解决策略，可以有效地避免PE管的连接失效问题，对保障管道焊接质量和安全使用具有重要意义。

关键词：PE管；热熔焊接；电熔焊接；焊接质量

Cause Analysis and Countermeasure Research of PE Pipe Welding Defects

Yang Xiangyue[1], *Gu Rongli*[2], *Qin Zaixiang*[1], *Wang Fei*[1], *Chen Tao*[1], *Xu Genfu*[1], *Liu Yanlei*[1]

(1. Hangzhou Special Equipment Inspection Institute, Hangzhou 310051;
2. Hangzhou GuoTe Science and Technology Co, Hangzhou 310000)

Abstract: There are two main welding methods for polyethylene (PE) pipe, namely hot melt welding and electric fusion welding. According to different welding methods, the possible defects in the welding process and their causes are analyzed from different aspects, and corresponding solutions are proposed for different types of defects. According to the corresponding solution strategy, the connection failure of PE pipe can be effectively avoided, which is of great significance to ensure the quality of pipeline welding and safe use.

Key words: PE pipe; Fusion welding; Electrofusion welding; welding quality

1　引言

聚乙烯PE管凭借其优异的材料性能、寿命长、可靠性高和易于施工维修等优势，被广泛应用于工业废水排放、城镇燃气管道和供热采暖等领域[1,2]。随着PE管的广泛使用，PE管焊接接头处的焊接质量对管道的安全运行有着直接的影响。焊接过程中产生的缺陷会降低管材对接处的有效强度，严重时会造成焊接接头的断裂，影响整个管道系统的正常运行[3]。目前PE管焊接的方法主要有两种，分别为热熔焊接和电熔焊接[4]，两种焊接方法在焊接过程中产生的缺陷类型及其产生原因有所区别，且较为复杂。因此，从各个方面对热熔焊接和电熔焊接进行对应缺陷产生原因和应对方法的分析研究，对降低PE管焊接过程中出现缺陷的可能性和焊接工艺改善具有重要意义。

2　缺陷类型与原因分析

2.1　热熔焊接

热熔焊接是通过加热PE管两端面，使其产生熔融层，在一定的压力下，冷却后形成连接的方法。其焊接原理为：PE管为高分子聚合物，在加热到一定的温度时会形成熔融层，此时施加一定的压力，使其熔融层充分接触，迅速粘连，从而牢固地连接在一起。其焊接流程如图1所示，一般分为焊接前准备阶段、加热阶段、切换阶段和冷却成型阶段[5]。热熔焊接常见的缺陷类型有孔洞、夹杂、未焊透与未熔合、焊口碳化等。

作者简介：杨象岳(1966—　)，高级工程师、学士，从事承压设备检测及科研工作。E-mail：yxy2916@126.com
通讯作者：刘延雷(1980—　)，教授级高工、博士，从事特种设备检测及科研工作。E-mail：53633842@qq.com

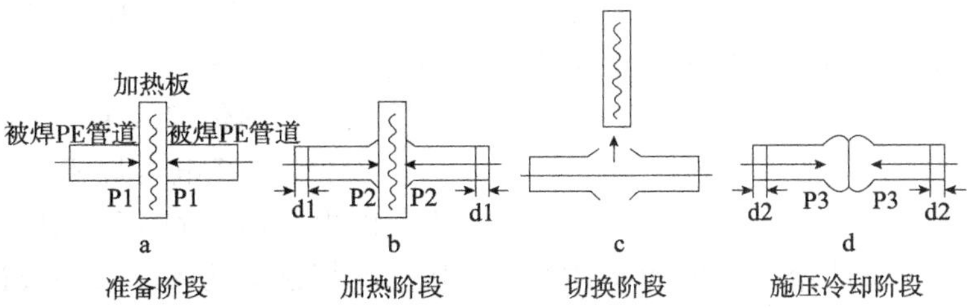

图1　热熔焊接流程示意图[6]

孔洞型缺陷主要是由于熔融层在融合时，由于一些原因产生的气体未能及时地排出，在PE管内部形成球形状的缺陷。形成孔洞的原因主要有两个：①加热施压时，端面表面存在油污，且在加热时蒸发形成的蒸汽未能及时溢出PE管，导致孔洞的形成；②加热完成后，施压成型时，内部存在的水分水解成气体未能及时溢出，导致孔洞的形成。

夹杂型缺陷是在焊接后处于焊缝间的夹杂异物，主要是由于PE管端面存在油污，或焊接温度过高，作为高分子材料的PE管发生降解，产生夹杂。

未焊透与未熔合型缺陷分别在母材与母材和母材与焊道之间产生，导致该类型缺陷的原因有以下几点：①热熔焊接两端的PE管材料力学性能与物理性能有较大的差异，未能满足标准相关要求，如熔点、拉伸性能和熔体质量流动速率等；②焊接时的温度较低，导致熔合不充分；③焊接时两端面形状不规则，施加压力时，两端扩散的范围偏差较大。

焊口碳化与未焊透的情况相反，是由于焊接时加热的时间过长，导致PE管断面出现碳化的现象，使得焊接接头的质量大打折扣。

2.2　电熔焊接

电熔焊接是将两侧的PE管置于预埋有电阻丝的电熔套筒之中，然后接通电流，电阻丝发热使得PE管与套筒熔融，达到一定条件后，PE管与套筒接触面熔融为一体[7,8]。其焊接流程如图2所示，一般分为焊接前准备阶段、套筒与PE管定位阶段、焊接阶段和熔融成型阶段。

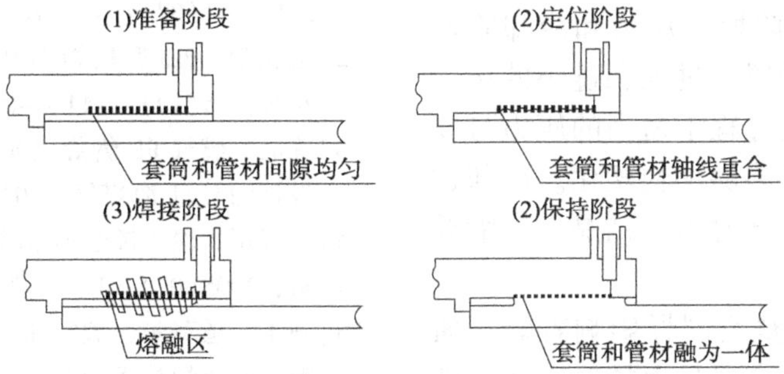

图2　电熔焊接流程示意图[6]

由于焊接流程与热熔焊接有一定的区别，电熔焊接在焊接过程中产生的缺陷主要分为熔合面缺陷、孔洞、金属丝错位和冷焊等。

熔合面缺陷型缺陷主要以为熔合和夹杂等形式出现在两PE管熔合界面，其主要形成原因主要有以下几点：①焊接时间未达到相应的要求，或电熔焊机设置的焊接功率过低，使得套筒与管材接触面受热不足；②PE管材与套筒之间的尺寸偏差较大，导致管材外表面与套筒内表面没有良好的接触；③管材外表面或套筒内表面在焊接前未清理干净，在焊接过程中产生夹杂。

孔洞型缺陷与热熔焊接的相类似，但其形成原因有所不同。电熔焊接所产生的孔洞型缺陷，其形成原因主要有以下几点：①焊接时管材外表面与套筒之间存在间隙；②电阻丝加热时间过长，导致材料发生气化，产生气孔；③冷却成型阶段，材料受热不均匀，使其成型收缩时产生气孔。

金属丝位错型缺陷是指在焊接后，由于一些原因，原套筒内排列规整的电阻丝发生了偏移，部分电阻丝相互接触使得电阻减小，套筒与PE管接触面过度受热，严重时将会导致过焊。其形成原因大致分为以下几点：①套筒与管材之间过紧，在加热熔融时，接触面压力过大，使得电阻丝发生偏移；②焊接时过热导致塑料的流动性增强，电阻丝发生偏移。

冷焊型缺陷是由于在焊接时热量不足，导致焊接不牢固。主要是因为套筒与管材之间熔融不彻底所导致的。

3　对策研究

3.1　热熔焊接对策研究

由以上分析可知，影响热熔焊接的焊接质量因素可大致分为施加压力、加热时间、温度和材料性能等，具体对策如下：

(1)在热熔焊接之前，对 PE 管进行清洁，确保 PE 管焊接面无油污等杂质。同时，干净的操作环境也必不可少。

(2)基于材料的性能参数，选取合适的焊接温度，需高于材料的黏流态转化温度。此条件下，材料的分子运动强度才能满足焊接质量的要求。

(3)焊接过程中的加热时间、切换时间和冷却时间均对焊接质量有着直接的影响。加热时间的长短对焊接质量的好坏有着直接的影响，不同尺寸的管材所需的加热时间也不一样，通常管材尺寸越大，所需的加热时间也就越长。切换时间直接影响到端面的冷却速度，一般控制在 10s 以内。而冷却时间直接影响到材料晶粒的长大，可以有效地消除内应力。

(4)焊接过程中加热阶段的压力和冷却阶段的压力大小需要合理的设置，过大和过小的压力都会影响焊接质量。加热过程中适当的压力可以使管材端面变得平整，且能够加快塑化。冷却过程施加压力，可以避免冷却时由于结晶、收缩导致的焊接锁孔现象。

(5)对中度和端面平整度同样影响着焊接质量的好坏，在焊接过程中应尽量保持对中度和端面平整度处于较高的水平。

(6)进行焊接的两端 PE 管管材的材料性能应当接近，其差值要控制在较小的范围内。

3.2　电熔焊接对策研究

目前电熔焊接主要由全自动电熔焊机对套筒进行精确的控制，其控制难度较大。可以通过以下几点来提高电熔焊接质量：

(1)在焊接过程中，对管材的平直度和管材的清洁程度等进行严格的控制。操作环境直接影响熔融区的热传递效果，进而影响到焊接质量。

(2)控制好电熔焊机的焊接电压值，由于电阻丝的电阻值是固定不变的，焊接电压的大小直接影响焊接的功率。过高或过低的电压都会导致焊接质量达不到要求。

(3)焊接时间的长短直接决定焊接质量的好坏，需要将其控制在合理的范围内。在实际操作中，需要对加热时间或者加热温度进行灵活的调整，确保焊接接头质量能满足要求。

4　结语

针对热熔焊接与电熔焊接的焊接流程，考虑了其焊接过程中的各种影响因素。总结了两种焊接方法在焊接过程中可能产生的缺陷类型及其对应的成因，进而针对缺陷成因，提出了合理的方法来提高 PE 管焊接的质量，从而达到提高焊接质量和消除安全隐患的目的。

参考文献

[1]董守江，邱建新，温友林，周裕昌，冯志飞．PE 管热熔(焊接)粘接缺陷的研究[J]．中国特种设备安全，2015，31(07)：65－69.

[2]王立学．PE 管热熔对接施工技术[J]．甘肃科技，2009，25(19)：144－145，190.

[3]陈前．燃气 PE 管焊接质量控制与数据采集系统方案设计[J]．上海煤气，2021(02)：30－34.

[4]张玉川．聚乙烯管道系统的连接技术问题(1)[J]．塑料，2005(02)：1－6，35.

[5]马丁·道莫尔，孟宪知．高质量低成本的加热板式塑料管对接焊技术[J]．焊接，2002(02)：31－33.

[6]崔海涛．PE 管焊接质量检测技术的应用研究[D]．北京建筑大学，2019.

[7]谢建通．聚乙烯燃气管道的连接与工艺评定[J]．中国科技信息，2004(24)：100＋98.

[8]宇永香，张羽．PE 管电熔连接的质量控制[J]．建筑与预算，2016(05)：68－71.

加氢裂化装置高压换热器泄漏事故分析及防护

袁　军[1]　李长春[2]

（1. 中国石油化工股份有限公司天津分公司，天津　300271　2 中国特种设备检测研究院，北京　100029）

摘　要：本文对中石化天津分公司加氢裂化装置高压换热器泄漏情况进行了详细分析与介绍，通过检验检测、垢样分析等手段，认为造成设备泄漏的主要原因为焊缝硬度超标及铵盐垢下腐蚀，并对此进行了深层次原因分析，制定出整改及防范措施，为企业内部相关设备出现类似情况提供参考。

关键词：加氢裂化；铵盐；开裂；腐蚀

Hydrocracking Unit High Pressure Heat Exchanger Leakage Accident Analysis and Prevention

***Yuan Jun*[1], *Li Changchun*[2]**

(1. Refinery, Sinopec Tianjin Branch, Tianjin 300271, China;
2. China Special Equipment Inspection And Research Institute, Beijing 100029)

Abstract: In this paper, the leakage of high pressure heat exchanger in hydrocracking unit of SINOPEC Tianjin Branch is analyzed and introduced in detail. By means of inspection and analysis and scale analysis, the main reason for the leakage of equipment is that the hardness of welding seam exceeds the standard, Corrosion, and carried out a deep – seated reasons, to develop the rectification and preventive measures, Provide reference for similar situations of related equipment in the enterprise.

Key words: hydrocracking; ammonium salt; cracking; corrosion

1　概述

中国石化股份有限公司天津分公司炼油部2#加氢裂化装置设计规模为1.8Mt/a，由中国石化工程建设公司(SEI)设计，2009年10月建成投产。以3#常减压装置减压蜡油为原料，主要产品为液化气、轻石脑油、重石脑油、煤油、柴油、尾油。本生产周期该装置于2012年10月投料开工，至2016年1月前总体上运行平稳，经生产安排于2016年1月19日停工消缺，对脱丁烷塔底重沸炉炉管进行检修。2月16日在装置开车期间发现高压换热器E104筒体环焊缝开裂泄漏，装置被迫非计划停工。

2016年2月16日2#加氢裂化装置操作人员发现高压换热器E104壳程入口附近的筒体环焊缝存在三处穿透性横向裂纹，分别位于环焊缝的9点钟方向、10点钟方向、4点钟方向(锁紧环侧顺时针观测)，高温高压混氢自裂纹处泄漏，为避免事态进一步扩大，装置被迫停工抢修。

2　设备情况

2.1　高压换热器E104操作条件

见表1。

作者简介：袁军，天津分公司炼油部设备科，高级工程师，1993年毕业于中国石油大学，一直从事石油炼制工作。

表1　高压换热器实际操作条件

设备名称及位号	热高分气与混氢 高压换热器 502 - E - 104	规格型号	DEU1000 - 91 - 16.8/18.38 - 2.2/25 - 2 螺纹锁紧环/双壳程，壳体壁厚 78mm
设计单位	中国石化工程建设公司(SEI)	制造厂家	北京燕华建筑安装工程有限责任公司
操作介质	壳程：循环混氢 管程：热高分气	温度℃(设计/实际)	壳程：245；入口 87/出口 155 管程：370；入口 245/出口 212
泄漏部位材质	壳程：2.25Cr1Mo 管程：00Cr17Ni14Mo2	压力 MPa(设计/实际)	壳程：18.38/17.5 管程：16.8/15.9
投用日期	2009.10	流量 m^3/h(设计/实际)	240000
腐蚀部位	壳体焊缝	腐蚀类型	铵盐垢下腐蚀，湿 H_2S 应力腐蚀开裂
介质状态	气相	介质性质分析	硫化氢 650ppm，氢气 87%，烃类

2.2　高压换热器 E－104 工艺流程

见图 1。

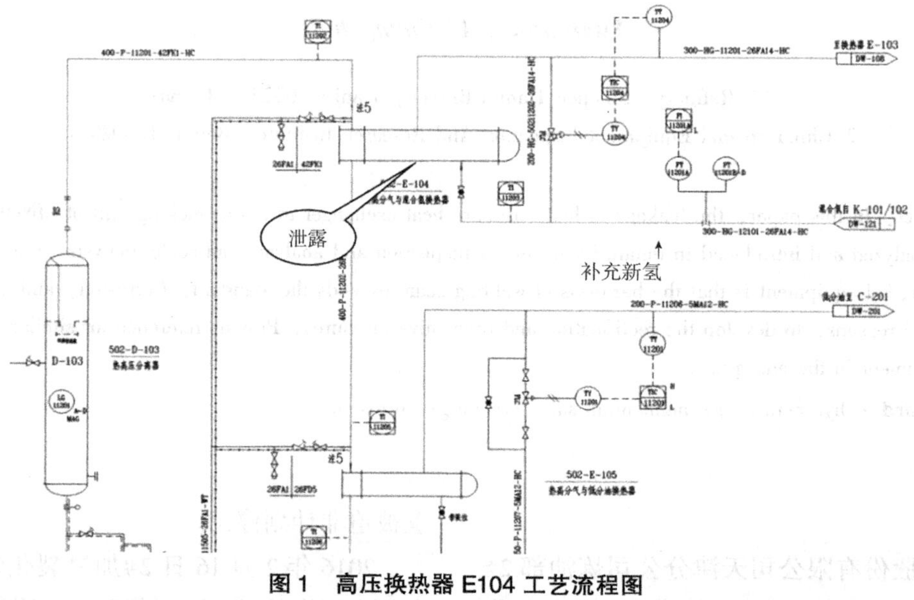

图 1　高压换热器 E104 工艺流程图

3　检验检测情况

3.1　装置停车至返厂检修前阶段

由于设备没有打开，重点对 E104 设备外表面进行了焊缝外表面超声波、磁粉、硬度、光谱及金相检测。

通过检验发现的问题包括：

(1) B1 环缝有 6 处硬度值超标，最大值为 330HB(设计要求不大于 225HB)；B2 环缝有 1 处硬度值超标，最大值为 226HB；支座 1 有 9 处硬度超标，最大值为 288HB；支座 2 有 2 处硬度超标，最大值为 263HB；

(2) B1 环缝外表面磁粉检测发现 3 条裂纹(即宏观可以看到的穿透性裂纹)；支座 1 角缝有 1 条裂纹；

(3) B1 环缝外表面超声检测共发现 13 处内部缺陷；

(4) 金相检测结果显示：B1 硬度较高部位金相组织为板条马氏体 + 贝氏体；B1 环缝裂纹附近组织：板条马氏体 + 贝氏体；其他部位组织为贝氏体；

(5) 光谱检测结果显示：材质符合标准要求。

3.2　返厂检修阶段

重点对 E104 管束及筒体内部进行腐蚀调查，具体见图 2，并进行内表面磁粉、渗透、硬度检测，发现如下问题：

(1) 换热器管束抽出后发现：壳程筒体内附

着大量的黑色垢物，有刺鼻的氨味；管束外壁存在点蚀和局部腐蚀，最大蚀坑深度0.5mm；壳程内壁存在大量蚀坑，最大蚀坑深度3mm，部分B1环缝热影响区断续地被腐蚀成沟槽状，最长一段约180mm；管束管口及管板未发现明显腐蚀。

图2　高压换热器E104壳体内部及管束检查图

(2)换热器壳程清洗后，对两条环焊缝和一条纵焊缝进行100%内表面磁粉检测，经检测发现B1环焊缝上有14条裂纹。

(3)换热器管束清洗后，对管板角焊缝、U形管弯头进行渗透检测，未发现缺陷。

4　事故原因分析与整改措施

该垢样可闻到明显NH_3类气味，样品不溶于石油醚，基本溶于去离子水，有微量的黑色悬浮物，溶液通过离子色谱和水质测定仪分析Cl^-和NH_3-N。将石油醚萃取后的垢样和焙烧过的垢样采用x－射线衍射仪进行表征，样品经550℃灰化后，检测出Fe元素。采用X射线荧光光谱分析(XRF)对垢样焙烧后的成分进行分析，样品中除S和Fe元素外，还含有一定量的Cr元素，推测是由铵盐腐蚀壳程材质造成的残留。NH_3-N含量为20.5%，推测全部是NH_4Cl为78.2%，Cl^-含量为51.98%，高于测定出的Cl^-含量为10.12%，因此，推测含有一部分的NH_3HS。从Cl^-含量计算出NH_4Cl的含量为15.25%，推测NH3HS的含量为58.96%。

4.1　事故原因分析

4.1.1　制造原因

高压换热器E－104开裂处的环焊缝部位硬度值偏高，超出设计要求，说明制造时该焊缝焊后热处理效果不够理想，造成了焊缝部位组织形态不均匀，韧性下降，焊缝的脆性断裂敏感性增强，为开裂提供了必要条件。

4.1.2　腐蚀原因

高压换热器E－104壳程介质循环混氢中含有硫化氢、氯化氢、氨氮等有害物质，在换热器E－104壳程中生成铵盐(氯化铵和硫氢化铵)，因长周期运行造成一定积累，在少量水存在的环境下，发生铵盐垢下腐蚀。该换热器环焊缝多处硬度值超标，存在焊接残余应力。在湿硫化氢环境下和残余应力共同作用下，造成了焊缝发生湿硫化氢环境应力腐蚀开裂。

4.1.3　深层次原因

(1)设备设计管理方面

①设计单位(SEI)未充分考虑该部位腐蚀环境，设计材质等级偏低，同比1#加氢裂化装置同

类高换E－104壳体材质为2.25Cr1Mo＋不锈钢双层堆焊(SA336－F22＋W.OTHK/厚度8mm)，该部位开工至今未出现类似问题。

②天津分公司设计审查及审批技术协议部门缺乏经验，审核不到位。

(2)设备制造管理方面

①制造厂商(北京燕华设备制造公司)对于关键设备制造质量把关不严，检验管理不到位，出现制造质量问题。②设备监造单位(物装未提供出来)对于关键设备制造质量把关不严，管理不到位，对于关键工序施工未能验证。③天津分公司对于关键设备质量验收经验不足，没有进行关键高压设备焊道质量抽检，管理不到位。

(3)设备检验管理方面

①检验单位(合肥通用机械研究院特种设备检验站)未严格按照TSG R7001—2004《压力容器定期检验规则》第二十五条(首次进行全面检验的第三类压力容器，对容器内表面对接焊缝进行磁粉或者渗透检测，检测长度不少于每条对接焊缝长度的20%)进行检验，对于关键设备管件部位未检验到位。

②天津分公司针对关键高压设备检验检测策略、方案及报告审核不到位。

(4)生产工艺管理方面

天津分公司在装置设计和实际生产运行过程中，对长周期运转造成局部铵盐结晶累积程度，形成垢下腐蚀环境的认识不足。

4.2 整改及防护措施

4.2.1 整改措施

(1)临时措施为E104筒体返回原厂家维修处理，对硬度超标部位重新热处理、并检验合格；

(2)举一反三，在紧急抢修过程中，对2#加氢裂化高压换热器E－101、E－102、E－103、E－105以及加氢反应产物管道、循环氢管道进行了全面检验；

(3)举一反三，2016年大修针对所有压力容器(尤其是关键设备)全面检验策略及方案进一步改进和完善，并制定详细腐蚀调查；

(4)2016年大修期间对E－104进行材质升级，筒体内壁增加双层(309＋316L)堆焊，管束材质升级为825高合金钢(若时间紧张，更换为316L)。

4.2.2 防范措施

(1)高度重视对关键换热器的设计审查及制造质量的把关。

(2)装置检修应对关键换热器进行开盖检查，做到不漏检、不漏修。

(3)研究制定控制铵盐析出的工艺技术措施，降低氢气中氯含量。

(4)加强关键设备、关键参数的监检测管理，及早发现隐患，避免问题扩大。

5 结束语

由于炼油生产装置原料来源多、组分复杂，因此设备及管道因腐蚀问题造成泄漏是不可避免的。目前，多数泄漏问题可以追究到错误的设计、差的制造质量等原因。因此需要对装置泄漏产生的原因和腐蚀机理认真研究，采取有效的防护措施，加强原始设计、设备制造、工艺操作管理，合理选择设备材质，相对减慢腐蚀速度，才能既考虑经济性又保证装置安全平稳长周期安全运行。

参考文献

[1]API 571—2003，美国石油学会炼油厂设备的损伤机理[S].

[2]刘小辉主编. 炼油装置防腐蚀策略. 青岛安全工程研究院，2008.

输氢管道选材研究进展

季建行[1] 王俊强[2]

[1. 中国石油大学(北京)机械与储运工程学院，北京 102249；2. 中国特种设备检测研究院，北京 100029]

摘 要：近年来，氢能的发展受到国内外广泛关注，我国在纯氢/掺氢管道材料选取方面，缺少相关标准支撑。本文重点阐述了纯氢/掺氢管道选材为碳钢、低合金钢、奥氏体不锈钢等金属材料和聚合纤维、玻璃钢等非金属材料时的技术要求和选材依据，探究了掺氢比、压强以及其他气体杂质等因素对管道材料选取的影响，为我国氢气管道材料选取、相关标准的制定提供参考。

关键词：输氢管道；材料选取；碳钢；金属材料；非金属材料；掺氢比；气体杂质

Research Progress on Material Selection of Hydrogen Pipeline

Ji Jianhang*, *Wang Junqiang

(1. China University of Petroleum (Beijing), Beijing 102249;
2. China Special Equipment Inspection and Research Institute, Beijing, 100029)

Abstract: In recent years, the development of hydrogen energy has received extensive attention at home and abroad. China lacks relevant standard support in the selection of pure hydrogen/hydrogen - doped pipeline materials. This paper focuses on the technical requirements and selection basis of pure hydrogen/hydrogen - doped pipeline materials for metal materials such as carbon steel, low alloy steel, austenitic stainless steel and non - metallic materials such as polymer fiber and glass fiber reinforced plastic. The influence of hydrogen blending ratio, pressure and other gas impurities on the selection of pipeline materials is explored, which provides reference for the selection of hydrogen pipeline materials and the formulation of relevant standards in China.

Key words: Hydrogen pipeline; material selection; carbon steel; metal materials; non - metallic materials; hydrogen doping ratio; gas impurities

1 引言

随着当今世界传统化石能源逐渐衰竭，环境问题也日趋严重，氢气作为清洁能源，能够在化工、交通等领域实现有效降碳，故而受到全世界的广泛关注[1]。发展氢能源，扩大氢气使用，推进氢气输送是我国目前发展的重点。当前，氢气的运输方式多种多样，但管道运输是最廉价、最有效的方式[2,3]。由于氢气自身性质，使得纯氢/掺氢管道在选取合金、钢级、管型、运行压力等方面与天然气管道相比存在一定限制，对于掺氢管道，掺氢比的不同会对管道材料产生不同程度的影响。若按照天然气管道标准建造氢气管道，则存在着氢脆和氢裂的风险，而按照工业管道的规格设计氢气管道，则使管道壁过厚，增加成本[4]。因此，需要针对不同的操作环境选取适合的管道材料，加强对氢气管道材料的研究。

作者简介：季建行(1998—)，男，硕士，从事输氢管道相关方面研究工作。

通讯作者：王俊强(1983—)，男，博士，正高级工程师，长期从事压力管道等特种设备的质量检测与监测、完整性评价等研究工作。E - mail：wjqiang418@163.com

2　国内外输氢管道对比

2.1　建设现状

美国和欧洲是世界上发展氢气管网最早的地区，美国也是目前氢气管网最发达的国家，输氢技术走在世界前列。截至目前，美国有纯氢管道2700km多，主要分布在墨西哥湾沿岸；欧洲有1600km多，其中最长的为比荷卢—法国输氢管道，约946km；英国 HyNet 氢气项目正在进行，全长约125km。我国输氢管道主要分布在北部地区，目前我国已有纯氢管道约400km，年输送量远小于欧美地区，我国纯氢管道包括金陵—扬子氢气管道；巴陵—长岭氢气提纯及输送管线工程；济源—洛阳氢气管道以及甘肃输氢管道等。目前在建的纯氢管道有内蒙古通辽市4.7km纯氢管道、宁东1.2km输氢管道等。

我国目前的天然气掺氢项目有张家口掺氢天然气管道示范项目、朝阳天然气掺氢示范工程、达茂－工业区氢气管道工程、干线掺氢项目、广东海底掺氢管道项目、宁夏天然气掺氢降碳示范化工程中试项目等。国外的欧洲，澳大利亚等地区开展了多个掺氢天然气示范项目，例如英国 HyDeploy 示范项目，在现有天然气网络中注入20%的氢气；德国 E. ON 公司提高天然气管网中的氢气混合率；法国 GRHYD 项目在天然气网络中注入20%氢气；澳大利亚天然气基础设施集团 AGIG 将5%的氢气混合到现有的天然气网络中[6]。

2.2　材料选择

目前，美国纯氢管道多采用 X52－X80 钢级碳钢，欧洲的纯氢管道多采用 X42－X56 钢级碳钢，天然气掺氢管道多采用 X52－X80 钢级碳钢。我国纯氢管道多采用 L245、20#号钢，掺氢管道选用 L245、L360、L415 碳钢。

2.3　标准对比

我国目前还没有完整的氢气管道输送标准体系，只是在一些相关的标准中有所涉及，而可用于氢气长输管道的标准 GB/T 34542.5《氢气储存输送系统第5部分：氢气输送系统技术要求》正在编制过程中。我国目前输氢管道多参照工业管道、天然气管道以及美国的 ASMEB31.12 标准制造。国内外氢气管道标准见表1。

表1　国内外氢气管道标准

国外标准	ASME B31.12 CGAG－5.6－2005	适用于长距离氢气输送管道及短距离氢气配送管道
国内标准	GB 50177《氢气站设计规范》	适用于供氢站及厂区与车间之间的氢气管道建设
	GB 4962《氢气使用安全技术规程》	气态氢在使用、置换、储存、压缩、与充(灌)装、排放过程的安全技术要求
	GB/T 34542.5《氢气储存输送系统第5部分：氢气输送系统技术要求》	适用于氢气长输管道[7]

2.4　总结

目前国内外氢气管道大多采用无缝钢管，输送压力一般为2～10MPa，管道材料主要为X42、X52、X56、X60、X65、X70、X80等管线钢。虽然低强度钢不易氢脆，但运行压力低、管道壁厚大，使得输氢成本高，因此需要进一步研发适用于高压输送且与氢气兼容的新钢。现在工程中，虽然灰钢、球墨钢、铸铁以及镍钢曾被用来氢气运输，但这些材料不适合用于高压运输，在 ASME B31.12 中明确表示该材料禁止用于输送氢气。此外，奥氏体不锈钢、铝(包括合金)通常适用于大多数氢气服务应用[9]。但是否可以用来制造输氢管道，还需进一步研究。当前全球主要国家输氢管道数据统计见表2。

表2　全球主要国家输氢管道数据统计

国家	纯氢管道				掺氢管道		
	里程/km	管材	输送压力	典型管道	典型项目/公司	掺氢比	管材
美国	2700	X52－X80	一般低于6.9MPa	墨西哥湾沿岸氢气网络，全长600mile	—	—	—
英国	40	X42－X56	2－10MPa	—	HyDeploy	20%	X52－X80

续表

国家	纯氢管道				掺氢管道		
	里程/km	管材	输送压力	典型管道	典型项目/公司	掺氢比	管材
法国	300	X42 - X56	2 - 10MPa	比荷卢—法国管网全长946km	GRHYD	20%	X52 - X80
比利时	613	X42 - X56	2 - 10MPa		—	—	X52 - X80
德国	390	X42 - X56	2 - 10MPa	德国鲁尔区氢气管道，全长240km	电力和天然气公用事业公司	5%	X52 - X80
中国	400	L245、20#	<5MPa	金陵—扬子氢气管道，全长32km；巴陵—长岭氢气提纯及输送管线工程，全长42km；济源—洛阳氢气管道，全长25km	张家口掺氢天然气管道示范项目、朝阳天然气掺氢示范工程、	10%以下	L245、L360、L415

3 纯氢管道材料研究进展

3.1 碳钢

几十年来，碳钢一直被用于焊接结构的氢气管道和天然气管道。可用于氢气管道的碳钢有ASTMA106B级，ASTMA53B级，API5LX42、X52、X56、X60、X65、X70、X80级。这些碳钢广泛应用于实际工程中。目前有很多学者对碳钢进行研究，意图选用适用于氢气管道且最经济的碳钢材料。

氢脆现象随着钢管等级的增加而加深，但是并不是单一的线性增加关系，且在管材选取方面要综合各种因素，并非钢级越低越适用于氢气管道。An等[10]研究氢气压力对X80钢产生的不利影响，研究显示疲劳裂纹扩展速率随着氢气压力的升高而增加，管道失效的周期呈指数下降。Slifka[11]等发现X52和X100的管线钢在加压氢气环境中的疲劳裂纹扩展速率要远高于空气中的疲劳裂纹扩展速率，对于X100裂纹扩展速率与氢气压力相关，而X52与氢气压力无关。Chatzidouros等[12]研究了在氢环境下X52、X65和X70三种管线钢断裂韧性的变化情况，结果显示充氢后断裂韧性变化按X65、X70、X52依次减小。由此可见，输氢管道并不是随着钢级的增加，钢的塑韧性衰减越强。在X70钢级以后，强度几乎不受影响，只是降低材料塑韧性。赵颖等[13]研究了X70管线钢充氢后力学行为的变化，结果表明充氢对X70管线钢的强度没有显著的影响，主要降低了材料的塑韧性；对于更高钢级的X80、X100管线钢，也有文献[14,15]表明充氢对钢的强度没有显著影响，而塑韧性降低较为明显。

同时JamesR. Fekete等[16]分析得出，通过标准规范设计的输氢管道，X70比X52节约32%成本。李为卫等[17]研究表明压力从10MPa降至3MPa时，高钢级材料的氢脆敏感性降低，同时发现尽管低强度钢的氢脆敏感性更低，但使用高强度钢建造输氢管道比使用低强度钢可带来10%~40%的成本效益。因此在输氢管道中，并不能因为氢脆性能弃用高级钢，还应处于经济方面考量，需要加强对高级钢输氢的研究。

3.2 其他金属材料

低合金碳钢管材料通常用于抵抗管道系统中的高温和腐蚀。一般来说，碳、锰、硫、磷和铬等合金元素使低合金钢更容易发生氢脆。但是Jin等[18]发现Cr - Mo钢中引入V元素，形成MC(M为Cr，Mo或者V)析出相来提高钢抗氢脆性能。文献[19,20]在Cr - Mo钢中引入V元素后，通过调质处理形成MC(M为Cr，Mo或者V)析出相，显著降低了可扩散氢含量，进而降低了Cr - Mo钢氢脆敏感性。Hui等[21]发现Cr - Mo钢中富V的MC析出相能有效降低氢脆现象。P. Fassina[22]通过实验发现F22低合金钢在冲氢后比X65号钢韧性强，不易发生氢脆。低合金钢有着优秀的力学性能，但是抗氢脆性能有所下降，随着输送压力增高，容易造成管道氢致开裂。我们应进一步加大对低合金碳钢的研究，调整加工工艺，保持优良力学性能同时降低氢脆敏感性。

奥氏体钢是不锈钢中抗氢脆性最强的钢种，已成功地用于高压氢气管道和压力容器。奥氏体不锈钢通常在氢气环境中有着最佳的金属结构性能。Hatano等[23]发现氢虽然提高了SUS316L奥氏体钢的疲劳裂纹扩展速率，但冲氢前后裂纹扩展速率仅略有上升。新日铁住金公司开发了新型不锈钢HRX19™，它具有优异的抗氢脆性、高强度、优异可焊性等特点。相比于316L具有更高的强度，更高的耐氢脆性。但是奥氏体钢的成本较高，较多应用于供氢站和压力容器，在管道输送方面应用并不广泛。未来若要大规模使用奥氏体钢，降低成本是其关键。

一般来说，高合金钢非常容易发生氢脆，不建议用于氢气管道。许多高合金化钢强度很高，这将严重促进材料的氢脆性。根据实验室数据，铁素体和马氏体不锈钢，如 410、430、440 和 17－4PH，以及高强度、高合金钢，如 HP9－4－20，都不能与氢气相容。在考虑将高合金钢应用于氢气管道，需要更全面的测试数据。

铝及铝合金在输氢方面的研究有限。有文献表明，当铝及铝合金暴露在含水环境、水蒸气饱和的空气和水蒸气与其他气体如氮气、氩气或二氢的混合气体中时，会发生氢吸收，很容易发生氢气环境催化，而在干燥氢气中，铝及铝合金对氢脆具有抵抗性，不易发生氢脆[24]。因此，如果在输氢环境中存在水蒸气，应谨慎地应用铝及铝合金材料。但当今输氢环境比较复杂，很难保证输入干燥氢气，因此针对该材料的应用还需要进一步研究。

3.3 非金属材料

除了金属管道之外，聚合物和纤维增强聚合物(FRP)管道也可用于氢运输。与钢相比，聚合物和 FRP 管道具有重量轻、易于搬运、连接和焊接的优点，并且对腐蚀和氢脆不敏感[25]。大量的氢通常可溶于聚合物材料中，因此，聚合物材料暴露在高压氢气中可能会导致管道损坏，如起泡或膨胀[26]。因此对输送压力要求比较高，但对于分配管道来说，可以用聚合物材料替代。玻璃钢是纤维增强聚合物的简称，未来可能实现替代高强度管道钢。FRP 管道通常由输送流体的内部非渗透性内衬、内衬上的保护层、保护层和加固层之间的界面层、多层玻璃或碳纤维加固层、外部压力阻挡层和外部保护层组成[27]。玻璃钢管道具有较大的破裂和坍塌压力等级、较高的拉伸和压缩强度，并能承受较大的纵向和环向应变[26]，玻璃钢管道的工作压力可高达 20MPa 以上，且不会发生氢脆。但是应用于氢气相关方面经验很少，在连接技术方面仍然存在挑战。我们还需要对玻璃钢管道在实际使用条件下进行验证[28]。

4 掺氢管道材料研究进展

4.1 掺氢比、压强对管道材料选取的影响

由于掺氢输送大多使用的是天然气管道，其按照天然气标准进行设计制造。但掺氢天然气会降低管道材料的力学性能，如强度、塑韧性等。因此需要对管道材料与混合气体相容性进行系统的评估，并进一步开发与完善材料在氢环境下的性能数据库。

碳钢管道的疲劳寿命随着掺氢浓度的增大而减少，氢脆性增加。例如 Bo Meng 等[29]在 12MPa 压力下，对 X80 管线钢在 0.5%、10%、20% 和 50% 的氢气混合物下的机械性能进行模拟测试。结果发现 X80 管线钢的疲劳寿命因添加氢气而显著降低，在氮气中循环 24431 次，而在含 5% 氢气混合物中循环次数为 2130 次，且氢脆敏感性随氢气分压的增大而增大；浙江大学对 X70、X80 管线钢的性能进行了研究，发现氢气的掺入增加了材料的疲劳裂纹扩展速率，相较于氮气环境中提高了 5～15 倍[30,31]；蒙波[26]研究发现，管道中氢气含量越高，氢脆就越严重，含 50% 氢气的输送管道较不掺氢的天然气管道的疲劳寿命减少约 22.8 倍。Capelle 等[32,33]人通过声发射实验检测材料应变产生的应力波变化，绘制 X52 燃气钢管管材的疲劳起始曲线，研究发现掺氢后管材的疲劳起始时间缩短了约 3 倍；J. Shang 等[34]得出 X80 的断裂韧性随着氢气压力的增加而下降，在 30% 氢气与天然气混合物和纯氢气中分别下降了 72.54% 和 90.73%。Weber M 等[35]还提出了钢的氢脆敏感性随着钢管道中碳和锰的含量的增加而增加，要严格控制碳跟锰的含量。管道的原始特性对掺氢后果也产生一定的影响，例如 Thanh 等[36]人对 X70 钢进行 1% 氢含量的氢脆实验，发现没有缺陷的光滑试样在冲氢后机械性能几乎没有受到影响，而有缺陷的样品的机械性能降低明显，Dadfarnia 等[37]人发现即使在最坏的情况下，初始裂纹深度小于壁厚 40% 的 X42 管线管，在 100 年的时间内，轴向裂纹也不会达到壁厚的 75%。在其他情况下，初始裂纹深度小于壁厚的 50%，100 年内也达不到壁厚的 75% 的失效标准。因此有部分学者认为，如果初始裂纹深度小于壁厚的 40%，掺氢天然气可以在金属管道中安全输送。总之，一些天然气管道可以用于输送天然气和氢气的混合物，甚至是纯氢气，这取决于管道中氢气含量以及输送压力，材料中碳跟锰的含量以及管道初始状态。

目前，由于国内外天然气长输管道以碳钢为主，因此在掺氢方面，对其他金属管道或者非金属材料管道研究相对较少，也没有对应的掺氢标准。但有学者指出，掺入 20% 氢气不会对管道造

成影响。CGA－5.6－2005 表明，当天然气掺氢体积比≤10%时，可使用不高于 X52 钢级的管道直接运输，钢级高于 X52 的天然气管道则需要进行氢脆试验。中国海洋石油新能源研究院研究表明，在 H_2 体积分数为 16.7% 时，输气压力为 12MPa 的工况下，使用 X70 钢不会产生明显影响[38]。根据最近的几项研究以及国家可再生能源实验室（NREL）的一份报告，5%－20%的氢气浓度不会对管道造成影响。郝珍等[39]表示利用现有天然气管道输送低掺氢比的掺氢天然气，基本不会产生氢脆等问题，可以保证管道的安全运行。Hafsi 等[40]人研究表明，在 X52 钢级天然气管道中掺入 30% 的氢气是不会对天然气管道造成损害。BATTERSBY P N[41]认为输氢管材的硬度应小于 22HRC、拉伸强度应小于 793MPa。还有学者表明若管材为 X52 钢，掺氢比应低于 10%[42,43]；若管材为 X70 钢，掺氢比低于 10% 时的最大输送压力为 7.7MPa，掺氢比高于 10% 时的最大输送压力应低于 5.38MPa。

4.2 介质成分对管道材料影响

天然气中其他杂质（CO、CO_2、H_2S）与氢协同会产生其他影响。在氢气中加入少量的特殊气体，如 O_2 或 CO，有可能抑制氢在钢上的吸附，从而减少或抑制氢脆的影响。添加 O_2 和 CO 还似乎有利于降低疲劳裂纹扩展速率，而添加 H_2S 和 CH_3SH 则会加速疲劳裂纹扩展速率。例如 Barthelemy 等[44]描述了 O_2 和 SO_2 气体对管道氢脆起抑制作用，CH_4 和 N_2 气体对管道不产生影响，而 H_2S 和 CO_2 气体则会加速氢脆的发生。Staykov 等[45]发现 O_2 和 CO 优先在金属表面发生解离吸附反应，从而增大氢的吸附能垒，抑制氢吸附。Briottet 等人[46]研究了氧气对氢气中断裂韧性的影响，并得出结论，氧气值高于 50ppm 可以减轻氢气对 X70 钢的有害影响。Somerday 等人[47]证明了对疲劳裂纹扩展速率的类似影响，显示了添加 SO_2 和 CO 以及 O_2 后对其改善，显示了二氧化碳的不利影响和水的矛盾影响。Holbrook[48]报告说，根据 Batelle 的说法，当 90ppm 氧气存在时，氢几乎不会加速管道钢的疲劳裂纹扩展速率。Wang 等[49]通过腐蚀和力学试验研究了 X70 管线钢在 H_2S 潮湿环境中的拉伸和冲击性能，结果发现材料的抗拉强度和断面收缩率明显降低。虽然 O_2 和 CO 具有抑制管材发生氢损伤现象的潜力，但是作为介质气体，其安全性和可靠性仍有待探讨。

5 总结

目前，国内外输氢管道还是以碳钢为主，限制输氢管道材料主要因素是疲劳裂纹的产生和材料氢脆。对于纯氢管道，低合金、奥氏体钢，玻璃钢在一定程度上可满足输氢材料要求，但需要衡量各方面因素以及进行相关试验进行验证。对于现有天然气输送管道中允许的最大掺氢比没有明确的行业共识。大多数指南提到的是 10%－20%体积的最高水平，但一些文件也提到高达 100%的氢气。在掺氢管道中，适当的 SO_2、CO 以及 O_2 等气体可以提高钢的抗氢脆性，因此需要进一步探究该气体掺入管道中产生其他方面的问题。未来，我国应加大对管道材料的分析研究，明确掺氢比上限以及对管道材料产生的影响，尽快完善输氢管道标准规范，制定一套完整的氢与管材相容性标准，针对不同天然气管材，输入合适掺氢比。

参考文献

[1]赵永志，蒙波，陈霖新等．氢能源的利用现状分析．化工进展，2015，34(9)：3248－3255.

[2]杨晓蘅，张国忠．输油管道设计与管理．东营：石油大学出版社，1996.

[3]CHAE M J，Kim J H，Moon B，et al. The present condition and outlook for hydrogen－natural gas blending technology. Korean Journal of Chemical Engineering，2022：1－12.

[4]赵博鑫，彭莹．氢气长输管道的钢管及材料适应性分析．现代化工，2017，37(5)：3.

[5]周承商，黄通文，刘煌等．混氢天然气输氢技术研究进展．中南大学学报：自然科学版，2021，52(1)：13.

[6]MAHAJAN D，Tan K，VENKATESH T，et al. Hydrogen Blending in Gas Pipeline Networks－A Review. Energies，2022，15(10)：3582.

[7]GB/T 34542.1—2017 氢气储存输送系统第 1 部分：通用要求．

[8]上海劳动保护科学研究所起草．氢气使用安全技术规程．中国标准出版社，1985.

[9]GILLETTE J L，KOLPA R L. Overview of interstate hydrogen pipeline systems [R]. Argonne National Lab.(ANL)，Argonne，IL (United States)，2008.

[10]An T，PENG H，BAI P，et al. Influence of hydrogen pressure on fatigue properties of X80 pipeline steel. International Journal of Hydrogen Energy，2017，42(23)：15669－15678.

[11]Andrew，J，SLIFKA，et al. Fatigue crack growth of two

pipeline steels in a pressurized hydrogen environment. Corrosion Science the Journal on Environmental Degradation of Materials & Its Control, 2014.
[12] CHATZIDOUROS E V, PAPAZOGLOU V J, PANTELIS D I. Hydrogen effect on fracture toughness of API 5l X70, X65 and X52 pipeline steel welds – Asme International Conference on Ocean. 2011.
[13] 赵颖，王荣．X70 管线钢电化学充氢后的力学行为研究．中国腐蚀与防护学报，2004，24：293.
[14] SANJUAN R E. Studies of corrosion and stress corrosion cracking behavior of high – strength pipeline steels in carbonate – bicarbonate solutions: [academic dissertation]. Calgary, Canada: University of Calgary, 2008.
[15] LIU Y, Li Y, Li Q. Effect of cathodic polarization on hydrogen embrittlement susceptibility of X80 pipeline steel in simulated deep sea environment, 2013, 49(9): 1089 – 1097.
[16] FEKETE J R, SOWARDS J W, AMARO R L. Economic impact of applying high strength steels in hydrogen gas pipelines. International Journal of Hydrogen Energy, 2015, 40(33): 10547 – 10558.
[17] 李为卫，刘炜辰，李嘉良等．输氢管道采用 X80 管线钢的设计建议．焊管，2022，45(07)：57 – 63.
[18] JIN X, XU L, YU W, et al. The effect of undissolved and temper – induced (Ti, Mo) C precipitates on hydrogen embrittlement of quenched and tempered Cr – Mo steel. Corrosion Science, 2020, 166(4): 1 – 13.
[19] WANG Y, HU S, LI Y, et al. Improved hydrogen embrittlement resistance after quenching – tempering treatment for a Cr – Mo – V high strength steel. International Journal of Hydrogen Energy, 2019, 44(54): 29017 – 29026.
[20] LIU Y, WANG M, LIU G. Effect of hydrogen on ductility of high strength 3Ni – Cr – Mo – V steels. Materials Science and Engineering: A, 2014, 594: 40 – 47.
[21] HUI W, ZHANG Y, ZHAO X, et al. Very high cycle fatigue properties of Cr – Mo low alloy steel containing V – rich MC type carbides. Materials Science and Engineering: A, 2016, 651: 311 – 320.
[22] FASSINA P, BOLZONI F, FUMAGALLI G, et al. Influence of hydrogen and low temperature on mechanical behaviour of two pipeline steels[J]. Engineering Fracture Mechanics, 2012, 81: 43 – 55.
[23] HATANO M, FUJINAMI M, ARAI K, et al. Hydrogen embrittlement of austenitic stainless steels revealed by deformation microstructures and strain – induced creation of vacancies. Acta materialia, 2014, 67: 342 – 353.
[24] SCULLY J R, YOUNG G A, SMITH S W. Hydrogen embrittlement of aluminum and aluminum – based alloys. Gaseous Hydrogen Embrittlement of Materials in Energy Technologies, 2012: 707 – 768.
[25] BARBIER F. Hydrogen distribution infrastructure for an energy system: present status and perspectives of technologies. Hydrogen and Fuel Cells: Fundamentals, Technologies and Application, 2010: 121 – 148.
[26] SAN MARCHI C W, SOMERDAY B P. Technical reference for hydrogen compatibility of materials. Sandia National Laboratories (SNL), Albuquerque, NM, and Livermore, CA (United States), 2012.
[27] SMITH B, FRAME BJ, ANOVITZ LM. Composite technology for hydrogen pipelines. In: FY 2012 Annual Progress Report, DOE Hydrogen and Fuel Cells Program. Oak Ridge National Laboratory; 2012.
[28] 2014 hydrogen transmission and distribution workshop summary report. Fuel Cell Technologies Office of U. S. DOE; 2014.
[29] BO MENG, GU CHAOHUA, ZHANG LIN, et al. Hydrogen effects on X80 pipeline steel in high – pressure natural gas/hydrogen mixtures[J]. International Journal of Hydrogen Energy, 2017, 42(11): 7404 – 7412.
[30] 蒙波．含氢天然气高压输送管道材料性能劣化及失效后果研究[学位论文]．杭州：浙江大学，2016.
[31] 张一苇，顾超华，李炎华等．煤制天然气中氢对 X80 钢螺旋焊管力学性能的影响．压力容器，2020，37(3)：1 – 8.
[32] CAPELLE J, GILGERT J, PLUVINAGE G. A Fatigue Initiation Parameter for Gas Pipe Steel Submitted to Hydrogen Absorption. International Journal of Hydrogen Energy, 2010, 35(2): 833 – 843.
[33] CAPELLE J, DMYTRAKH I, PLUVINAGE G. Comparative assessment of electrochemical hydrogen absorption by pipeline steels with different strength. Corrosion Science, 2010, 52(5): 1554 – 1559.
[34] JS A, JZW B, WFC A, et al. Different effects of pure hydrogen vs. hydrogen/natural gas mixture on fracture toughness degradation of two carbon steels, 2021. 296 (Aug. 1): 129924. 1 – 129924. 4
[35] WEBER M, PERRIN J. Hydrogen transport and distribution. Hydrogen Technology, 2008.
[36] Nguyen T T, Park J, Kim W S, et al. Effect of low partial hydrogen in a mixture with methane on the mechanical properties of X70 pipeline steel. International journal of hydrogen energy, 2020, 45(3): 2368 – 2381.
[37] DADFARNIA M, SOFRONIS P, BROUWER J, et al. Assessment of resistance to fatigue crack growth of natural gas line pipe steels carrying gas mixed with hydrogen. International Journal of Hydrogen Energy, 2019, 44(21): 10808 – 10822.
[38] 黄明，吴勇，文习之等．利用天然气管道掺混输送氢气的可行性分析．煤气与热力，2013，33(4)：39 – 42.

[39]郝珍，李闯，朱艳兵等．我国天然气掺氢可行性分析．云南化工，2021(048－010).

[40] HAFSI Z, ELAOUD S, MISHRA M. A Computational Modelling of Natural Gas Flow in Looped Network: Effect of Upstream Hydrogen Injection on the Structural Integrity of Gas Pipelines. Journal of Natural Gas Science and Engineering, 2019, 64: 107－117.

[41] BATTERSBY P N, AVERILL A F, INGRAM J M, et al. Suppression of hydrogen－oxygen－nitrogen explosions by fine water mist: Part 2. Mitigation of vented deflagrations. International journal of hydrogen energy, 2012, 37(24): 19258－19267.

[42] FLORISSON O, ALLIAT I, LOWESMITH B, et al. The value of the existing natural gas system for hydrogen, the sustainable future energy carrier (progress obtained in the NATURALHY－project). 23rd World Gas Conference, Amsterdam, 2006.

[43]张小强，蒋庆梅．在已建天然气管道中添加氢气管材适应性分析．压力容器，2015，32(10)：17－22.

[44] BARTHELEMY H, PRESSOUYRE G. Hydrogen gas embrittlement of steels. Synthesis of a subtask of the CEC hydrogen energy programme (1975－1983). 1985.

[45] TAYKOV A, YAMABE J, SOMERDAY BP. Effect of hydrogen gas impurities on the hydrogen dissociation on iron surface. International Journal of Quantum Chemistry, 2014, 114(10): 626－635.

[46] BRIOTTET L, EZ－ZAKI H. Influence of hydrogen and oxygen impurity content in a natural gas/hydrogen blend on the toughness of an API X70 steel. Pressure Vessels and Piping Conference. American Society of Mechanical Engineers, 2018, 51685.

[47] SOMERDAY, B. P. Technical Reference on Hydrogen Compatibility of Materials, Plain Carbon Ferritic Steels: C－Mn Alloys. Livermore, CA : Sandia National Laboratories, 2012.

[48] HOLBROOK J H, CIALONE H J, MAYFIELD M E, et al. Effect of hydrogen on low－cycle－fatigue life and subcritical crack growth in pipeline steels[R]. Battelle Columbus Labs., OH (USA), 1982.

[49] WANG, PENGYAN, LV, ZHENGUO, ZHENG, SHUQI, et al. Tensile and impact properties of X70 pipeline steel exposed to wet H2S environments. International journal of hydrogen energy, 2015, 40(35): 11514－11521.

X70管线钢管屈曲应变研究

陈宏远

(中国石油集团工程材料研究院有限公司石油管材及装备材料服役行为与结构安全国家重点实验室,
陕西 西安　710077)

摘　要：本文介绍了以激光测量及逆向工程为基础的数值仿真计算作为钢管全尺寸弯曲变形试验的有效补充，对基于应变设计地区使用的钢管进行屈曲行为研究的方法。使用全尺寸试验验证后的数值仿真模型，对不同材料性能的钢管进行屈曲行为的仿真计算，获得与钢管屈曲应变相关的力学性能指标，研究结果为基于应变设计地区用的高应变管线钢管关键技术指标确定提供了依据。

关键词：基于应变设计；管道；高应变管线钢管；屈曲应变；压缩应变容量

1　引言

基于应变设计是一种新的管道设计方法，它的设计思路是在油气管道承受一定的塑性应变之后，仍然能维持正常服役状态和完整性。一般将设计应变大于0.5%的条件视为基于应变设计的条件[1]。

在评估管道应变能力时，主要针对两种极限状态：拉伸断裂和压缩屈曲，它们通常分别被认为是极端极限状态(Ultimate state)和使用极限状态(Service state)。拉伸断裂往往引起管道的泄漏，因此后果非常严重。而压缩屈曲的特征是结构抗力下降，除非继续发生严重的后屈曲变形，一般还能正常输送介质，是否引起严重后果还取决于起皱导致的屈曲的程度。虽然在管道使用过程中可以容忍轻微的起皱，但局部屈曲仍被认为是管道的一种失效判据。

在预期会发生地层运动的地震断裂带，沉降，季节性冻土等地区铺设的管道，为了确保其建设和服役期间的完整性，有必要在管线设计时研究钢管的屈曲变形能力[2]。这也是管线基于应变设计方法中的重要组成部分。通常情况下，当持续受弯的管道发生弹塑性局部屈曲后，变形会趋于集中，所以目前的管线设计规范中，将局部屈曲当作一种重要的变形极限状态。对发生局部屈曲的管道，其初始屈曲时刻压缩侧集中变形部分的最大或平均压缩应变值，代表了管道的屈曲变形能力，称为局部屈曲应变。对于作为研究对象的管道，其屈曲应变可以通过有限元分析或全尺寸弯曲试验进行评估。

以前的文献中，提到的全尺寸试验的方法，一种是钢管同时受弯矩和轴向拉应力的弯曲试验，其中轴向拉应力由内压产生，并等于推力产生的应力[3]。另一种试验方法是纯弯曲载荷的试验方法，试验管受到弯矩和内压作用，而拉应力由专门的油缸施加载荷进行平衡[4]。根据以往的研究成果可知，以上两种试验方法所获得的屈曲应变是有所不同的。本文以更具代表性的第一种试验载荷条件为基础，使用精确测量建模的有限元仿真进行研究。

本文对不同厂家使用热机械轧制方法(TMCP)生产的L485级别高应变直缝埋弧焊管(SAWL)的应变容量进行了研究。钢管的规格为ϕ1016mm×21mm。研究的关键因素包括与应变容量相关的几个参数：初始几何缺陷，钢管材料的强度，形变强化能力等等。对考虑了初始几何缺陷的钢管变形有限元分析结果和不考虑几何缺陷的钢管有限元模型分析结果进行了对比，论证了钢管的初始几何缺陷对其弹塑性屈曲应变极限的影响。此外，对小批量试制的高应变钢管进行了拉伸应变性能的试验。试验结果获得的应力应变数据被用来进行有限元分析。研究结果表明，具有不同拉伸应变性能的钢管，对应着

作者简介：陈宏远(1979—　)，正高级工程师，主要研究方向为油气管道断裂与变形行为，管道基于应变设计及地质灾害风险管理。

不同的屈曲应变容量。最后通过对不同拉伸性能的管线钢管进行弯曲变形过程的有限元分析，得到了不同性能指标和钢管应变容量之间的对应关系，最终确定了高应变管线钢管的关键性能指标。

2 弯曲载荷下局部屈曲应变的预测模型

有限元计算作为最主要的数值仿真手段，自20世纪90年代之后，就广泛用于油气管线变形行为的研究当中。它具有计算成本低，周期短，可针对特定参数的精确影响进行研究等优势。

根据挪威船级社标准 DNV - OS - F101《海底管线系统》[5]的规定，对于受到纯弯曲变形的带内压管线的局部屈曲应变，其预测公式由基于有限元计算的数据结果通过回归得出。这个结果适用于钢级最高至 API X80(规定最小屈服强度为555MPa)，D/t 大于45 的管道。这个公式得到的局部屈曲应变为屈曲时管道外表面达到的最大纵向应变。

$$\varepsilon_{cr}=0.78\left(\frac{t}{D}-1\right)^{2}\left(1-5\frac{\sigma_h}{f_y}\right)\left(\frac{\alpha_{gw}}{\alpha_h^{1.5}}\right) \quad (1)$$

其中 σ_h——内压引起的环向应力，

f_y——规定最小屈服强度，

α_{gw}——考虑环焊缝的系数，

α_h——屈强比。

对于更高钢级管线钢管的局部屈曲应变预测可见公式(2)[6]。该公式也被 DNV - OS - F101 所采纳。该公式的数据基础是来自基于有限元分析的参数研究和全尺寸的试验数据。

$$\varepsilon_{cr}=0.16\left[\left(\frac{t}{D}\right)^{0.65}-0.02\right]\alpha_h^{1.5} \quad (2)$$

作者对于钢级范围 X70 ~ X100(规定最小屈服强度为485 ~690MPa)，D/t 范围 46 ~66 的管线钢管，考虑其径厚比$\left(\frac{D}{t}\right)$，工作压力 p，屈服强度 σ_y，真实流变应力比$\frac{e_{5.0}}{e1.0}$作为主要参数，使用量纲法进行分析，最终获得较大适用条件下的局部屈曲应变的预测公式[7]：

$$\varepsilon_{\rm b}^{crit}=0.070547*\left(\frac{D}{t}\right)^{-0.84508}\left(\frac{p}{p_y}\right)^{-0.0223329}\left(\frac{\sigma_y}{E}\right)^{-0.138764}\left(\frac{e_{5.0}}{e_{1.0}}\right)^{6.15051} \quad (3)$$

上述公式均针对的都是一般的管线设计中的局部屈曲应变预测，对于特定的基于应变设计的管线，往往需要进行专门的试验和计算工作，以确定其所需钢管的应变容量。这也是本文研究的主要内容。

3 试验钢管的全尺寸试验

3.1 弯曲试验装置

图1为全尺寸弯曲试验设施示意图，主要由力臂、液压缸、加载框架、试验钢管、电气系统和测试系统组成。试验管采用焊接方式连接固定侧力臂和移动侧力臂。固定侧力臂通过接头铰链连接在加载框架的一端，移动臂连接在加载框架的另一端，通过液压缸在其末端轴向加载。

图2显示，试验管的准备长度为8.0m。试验管中充满水，并加压至10MPa(50%屈服内压)进行试验。随后，钢管被液压缸及移动侧力臂加载弯矩，直到发生屈曲。液压缸的最大载荷和行程分别为6000kN 和3m，移动侧力臂长度为6m，最大力矩为36000kN · m。加载采用位移控制，加载过程中动态调整试验管内压，使其保持10MPa。

同时在力臂支撑上使用滚轮以降低系统摩擦力(图3)。调整框架用于调整不同长度的试验管道(图4)。试验管和试验臂与可更换的法兰连接，以扩大试验管的尺寸限制，并降低成本(图5)。表1为试验装置的基本参数。

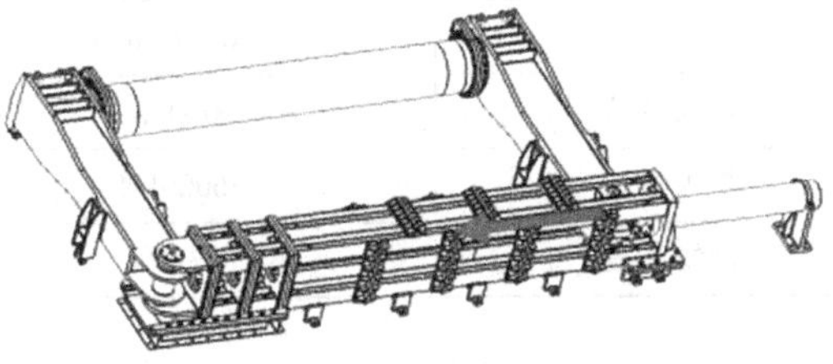

图1 全尺寸弯曲试验装置示意图

图2 全尺寸弯曲试验装置现场

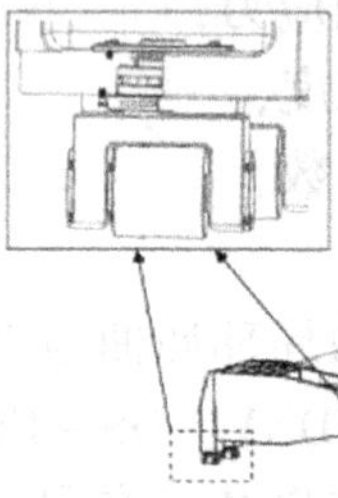

图3　负载滚轮

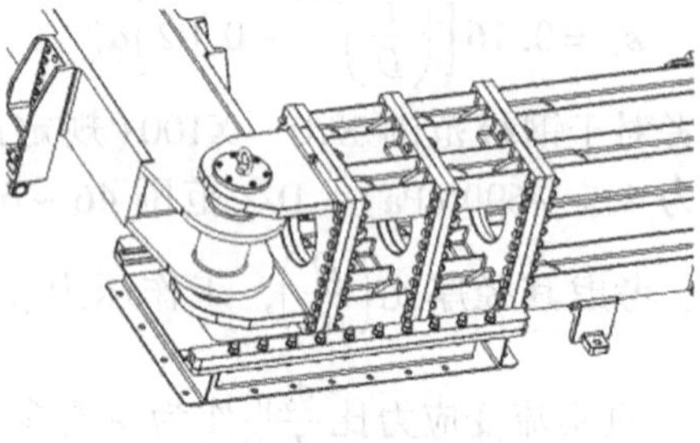

图4　加载框架调整节

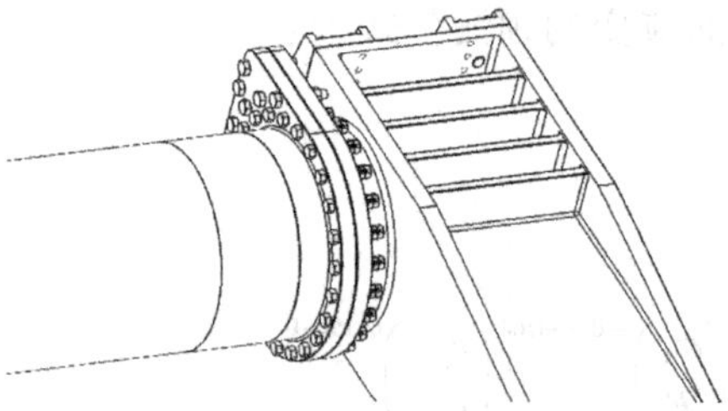

图5　可更换法兰

表1　试验装置基本参数

项目	参数
外径	508～1219mm
壁厚	≤26.4mm
管长	6～12m
最大载荷	6000kN
最大弯矩	36000kN
油缸行程	3m

3.2　试验管

对OD 1016mm×21mm的X70钢管进行全尺寸弯曲试验。钢管长度约8m，约为8倍外径。试验过程中钢管保持10MPa内压。

表2位试验钢管的纵向拉伸性能。主要参数包括YS、TS、Y/T，以及应力比。纵向试验的应力应变曲线为Roud－House型(图6)。作为与普通钢管的最重要的差异，其应力比远高于普通钢管。

表2　试验钢管纵向拉伸性能

样品编号	YS/MPa	TS/MPa	Y/T	$R_{t1.5}/R_{t0.5}$	$R_{t2.0}/R_{t1.0}$	$R_{t5.0}/R_{t1.0}$
1	535	640	0.84	1.15	1.04	1.08
2	545	660	0.83	1.16	1.04	1.07
3	535	655	0.82	1.17	1.05	1.08

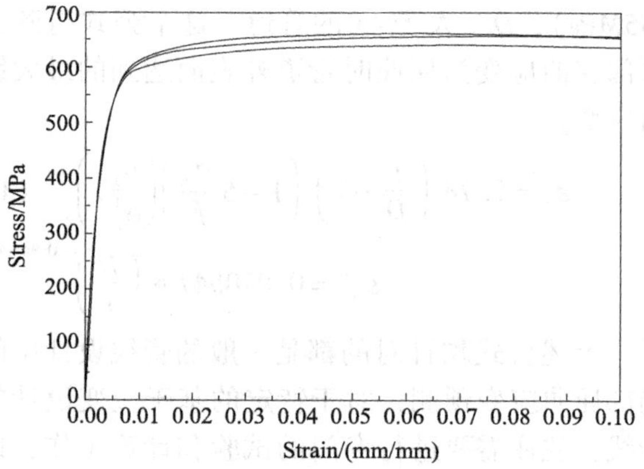

图6　三个纵向拉伸试样的曲线

3.3　试验管应力分析

试验管在试验过程中加载内压和弯矩。管道的外侧和内侧分别承受拉伸应变和压缩应变，如图7所示。纵向焊缝位于中性面，这意味着12点的位置。

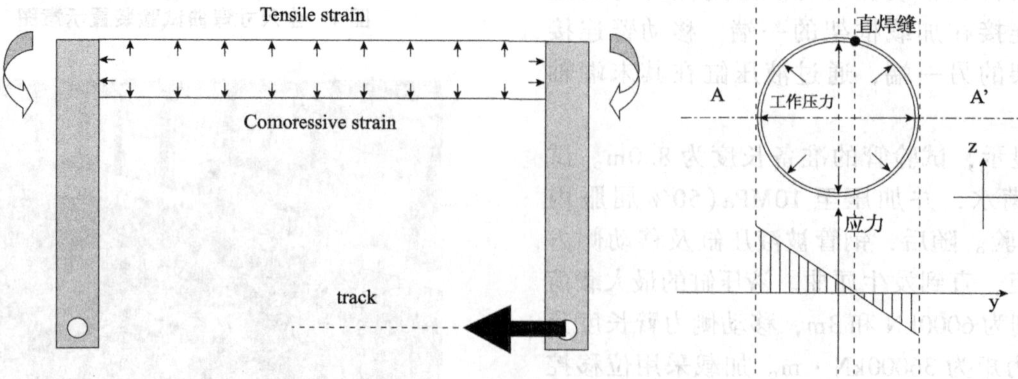

图7　试验管应力状态

3.4 试验数据采集

用角度传感器获取 2D 长度上试验管的弯曲角，用应变片获取试验管拉伸侧和压缩侧的平均应变：用约 140 个应变片测试弯曲试验过程中的压缩侧应变分布，如图 8 所示。图 9 显示了试验过程中的应变分布和演变。线 1 ~ 7 表示不同时刻管内和管外的应变分布。结果表明，发生屈曲后，试验管压缩侧发生应变集中。而试验管拉伸侧的拉伸应变始终相对均匀。外管上的拉伸应变相对均匀。

图 8　管体上的应变片

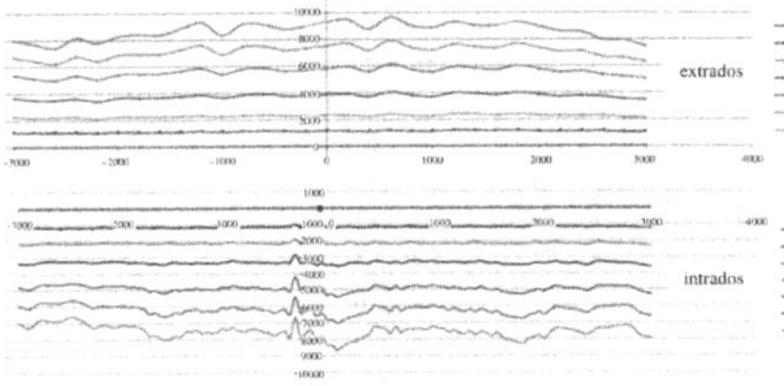

图 9　试验过程中钢管上的应变分布和演化

3.5 试验结果

试验中最重要的结果是屈曲应变。它可以通过以应变集中点为中心的 2D 长度上的平均压缩应变来表示。图 10 显示，2D 长度上屈曲平均应变几乎为 1.5%。最大载荷和力矩约为 1600kN 和 9.6MN · m。

弯曲变形持续下去，直到弯矩下降约 10%（表明后屈曲变形持续发展）。图 11 为试验后的起皱形貌。

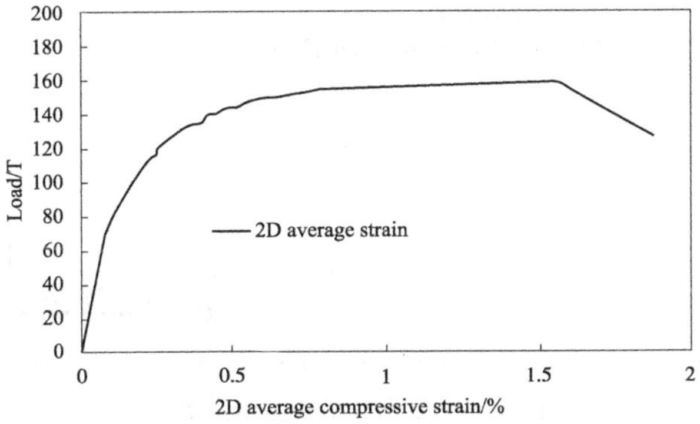

图 10　载荷与 2D 长度平均压缩应变关系

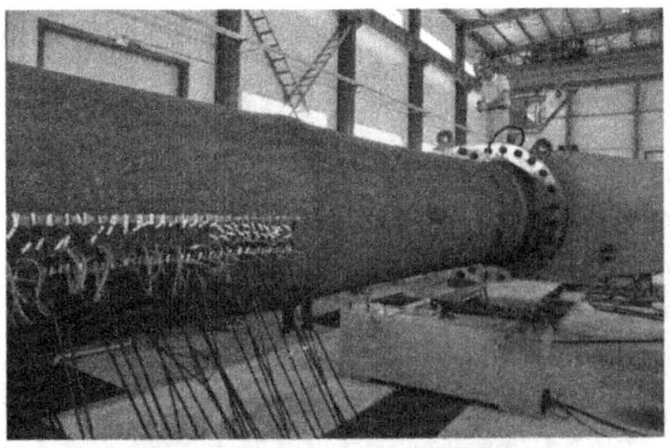

图 11　试验后的钢管形貌

4 基于有限元方法的局部屈曲应变研究

目前国内外基于应变设计的管线，在其论证阶段，通常在对钢管材料进行常规力学性能评价和时效后力学性能评价之外，还要针对服役条件进行实物弯曲试验以验证其屈曲应变。由于实物弯曲试验费用高昂，一次试验的准备周期较长，其试验结果的影响因素较多，并且难以精确控制，因此精确测量钢管外形的初始几何缺陷，并以此为作为真实钢管外形缺陷水平，并在此基础上进行的有限元分析就成为了一种重要的研究手段[8,9]。

4.1 管体外形的精确测量

初始几何缺陷对于钢管的屈曲响应有非常重要的影响[9]。不考虑初始几何缺陷的钢管变形有限元模型会严重高估压缩应变极限。本文对初始几何缺陷的表达包括壁厚变化，钢管外表面的波动。试图通过对这些因素的表达来进行压缩应变极限的精确测量。使用三维激光跟踪仪对钢管表面超过 1440 个点进行定位，如图 12 ~ 图 13 所示。使用激光跟踪仪，对钢管外表面轴向每隔 50mm，环向每隔 30°进行一个数据点的采集，同时对这些点对应的壁厚使用超声测厚仪进行测量。这样就可以通过外表面数据和对应的壁厚数据，获得内表面的坐标数据。内、外表面的数据分别由 240 条 B 样条曲线进行表达，如图 14 所示。图 15 和图 16 分别是外径和壁厚的初始几何缺陷分析结果。

图 12　激光跟踪仪的测量现场

图 13　超声测厚仪的测量现场

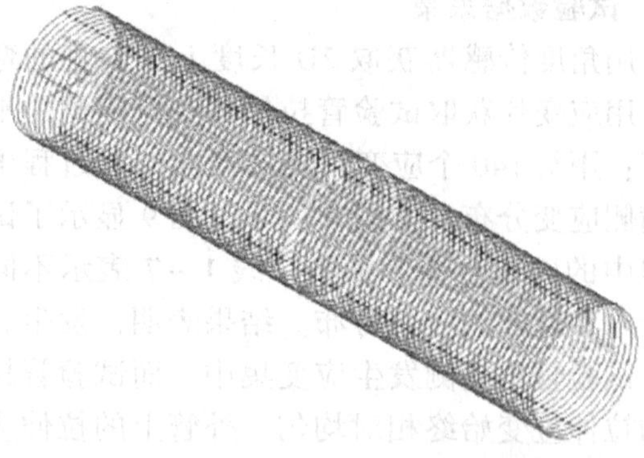

图 14　B 样条表达的真实钢管的线框

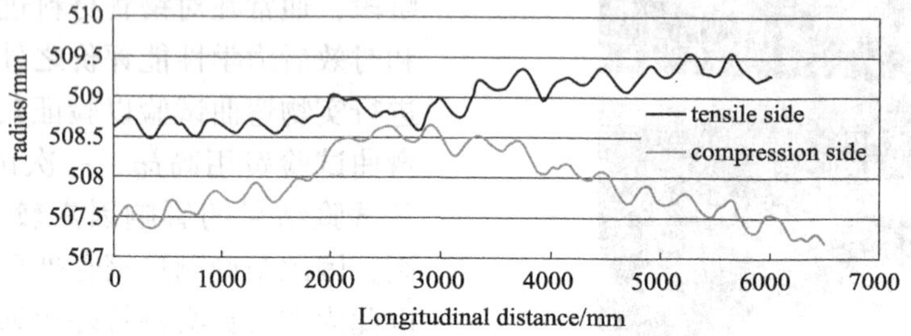

图 15　试验钢管的初始几何缺陷（半径）

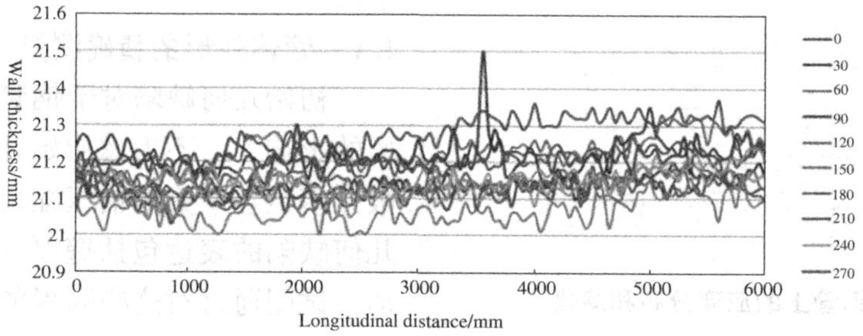

图 16　试验钢管的初始几何缺陷（壁厚）

4.2　有限元分析模型

直缝埋弧焊管的有限元分析模型是在图 14 所示的含初始几何缺陷真实钢管 CAD 模型的基础上建立的，见图 17。管体标称外径为 1016mm，标称壁厚为 21mm，管体内部施加了 10MPa 的内压，同时两端固定连接着力臂，其中一根力臂的末端固定铰支，另一根力臂末端铰支的同时，施加水平强制位移。这样在分析过程中就给对象钢管施加了一个强制的弯矩，使其产生局部屈曲。如图 17 所示，管长为十倍外径，使管体产生弯矩的力臂长度也为十倍外径，这样可以保证在施加载荷时弯矩分量远大于纯压缩分量。分析使用了 8 节点六面体单元 C3D8，节点数为 109440 个，单元数为 72720 个。使用 ABAQUS 进行分析计算，在工作站上，每个模型计算时间约为 11h。图 18 显示了适用理想钢管模型和考虑初始几何缺陷的真实钢管模型分别进行弯曲变形仿真计算获得的载荷－行程曲线对比。其中管体抗力下降即代表了管体的屈曲出现。

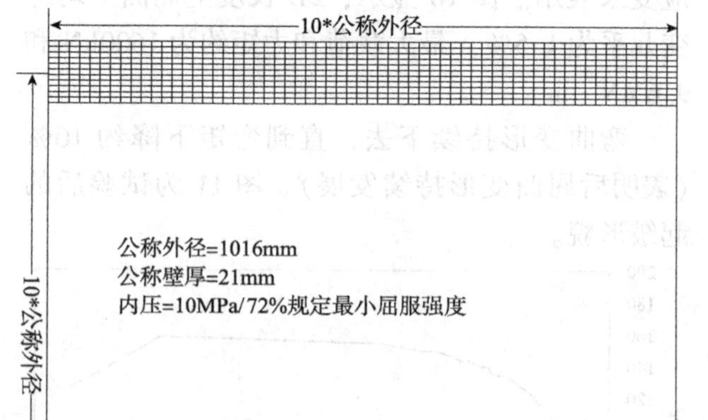

图 17　有限元分析模型示意简图

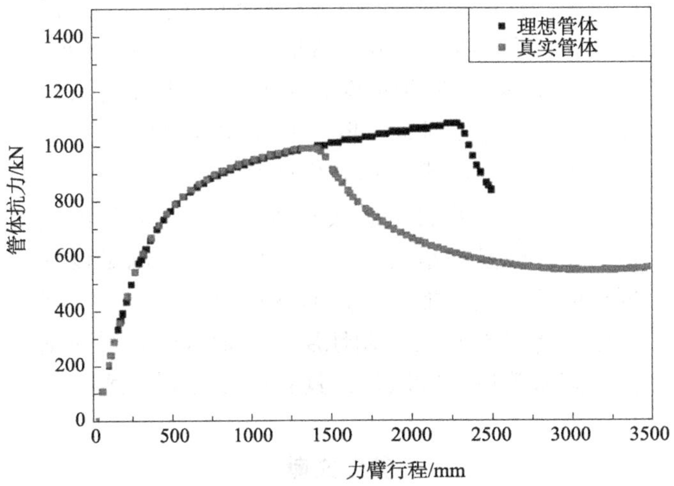

图 18　有限元分析得到的理想钢管和真实钢管的载荷 - 行程曲线

3.3　L485 级别管线钢管的小试样拉伸试验

计算用的管线钢材料，其泊松比为 0.3，弹性模量为 206GPa。研究对象为材料的拉伸性能变化对变形容量的影响，因此对不同厂家试制钢管进行了 81 次拉伸性能试验(取样方式如图 19 所示)，并在其中选取了 100 多个拉伸曲线，处理后在本模型中进行变形分析。为了研究防腐涂覆对钢管力学性能的影响，这些试验管包括了原始状态的数据和模拟防腐涂覆后的数据。而形变硬化性能由材料拉伸试验曲线中对应特定应变的应力值之比(流变应力比)来表达。

所有的拉伸曲线都转为真实应力 - 应变曲线，以进行数值分析计算。

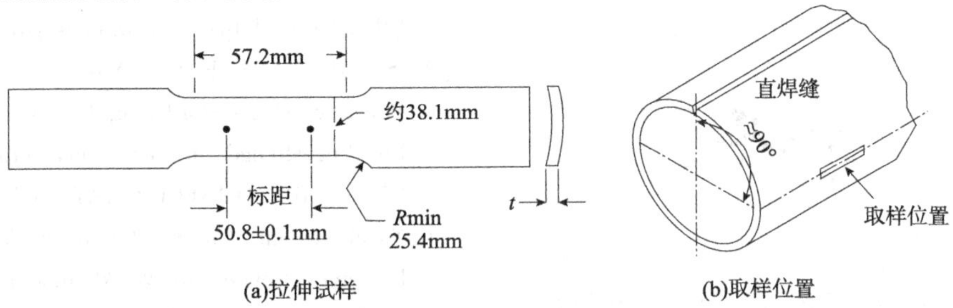

图 19　纵向拉伸取样方式

3.4　L485 高应变管线钢管的压缩应变

局部屈曲应变往往和特定的流变应力比呈现一定的关系[2]。在定义局部屈曲应变时，可以通过特定的流变应力比值(拉伸工程应力应变曲线上，特定的应变值所对应的应力之比)来评价钢管的应变容量，同时这也是一种钢管材料形变强化容量的工程表达方式。使用以钢管弯曲变形时压缩侧集中变形位置为中心，管体表面轴向沿二倍外径(2D)长度上的平均压缩应变来表达管体受压缩变形的应变水平，如图 20 所示。本文中，将管体屈曲时刻，压缩侧 2D 长度上的平均压缩应变的数值来作为屈曲应变的度量，即“局部屈曲应变”，来进行研究。

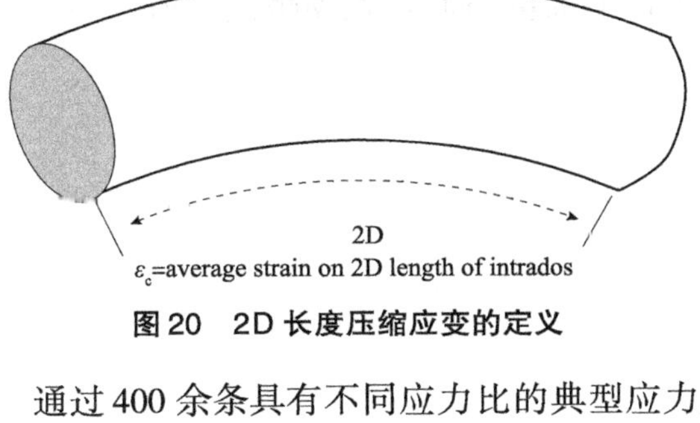

图 20　2D 长度压缩应变的定义

通过 400 余条具有不同应力比的典型应力应变曲线来导入建立的有限元模型，进行弯曲变形行为的数值仿真计算。将计算结果进行整理，分析这些应力应变曲线的不同应力比和局部屈曲应变的关系。不同应力比的选取，需要表达钢管屈曲变形的相关应变水平范围内材料的强化行为。例如，$R_{t5.0}/R_{t1.0}$这个应力比，就表达了应力应变曲线上，应变 5.0% 和 1.0% 时对应的材料应力，其反映了材料在 1.0% ~5.0% 的应变范围内的形变强化能力。最终选取 0.5% 和 1.0% 这两个应变作为材料可能发生初始塑性变形的应变水平，将其与材料可能发生屈曲行为的应变水平结合，得到了不同的应力比值，或者了不同的应力比与局部屈曲应变的关系。这些不同的应力比包括 $R_{t2.0}/R_{t1.0}$、$R_{t3.0}/R_{t1.0}$、$R_{t2.0}/R_{t0.5}$、$R_{t3.0}/R_{t0.5}$ 等不同的组合。

最终的数据表明，$R_{t5.0}/R_{t1.0}$和 $R_{t2.0}/R_{t1.0}$这两个应力比与局部屈曲应变具有最好的对应，如图 21 和图 22 所示。并且在这两个图中可以确定，要使钢管达到高于 1.5% 的局部屈曲应变，材料性能必须满足应力比 $R_{t5.0}/R_{t1.0}$和 $R_{t2.0}/R_{t1.0}$分别大于 1.04 和 1.08 的指标，这也就为制定钢管的材料标准提供了依据。

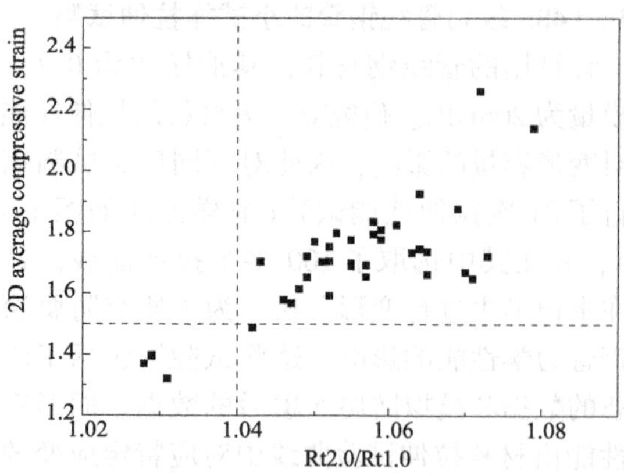

图21 2D平均压缩应变 vs $R_{t2.0}/R_{t1.0}$

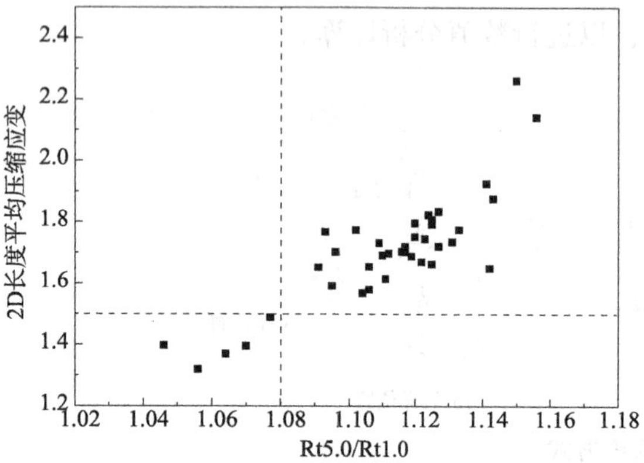

图22 2D平均压缩应变 vs $R_{t5.0}/R_{t1.0}$

4 结论

本文介绍了通常被作为管线钢管变形容量的局部屈曲应变的分析计算及实物试验验证的基本技术路线，包含了经验公式分析，管体精确测量和逆向建模，数值仿真及验证，数据分析等工作。在此基础上，针对中缅油气管线的建设，研究完成了L485级别ϕ1016mm×21mm规格钢管的有限元仿真分析，并通过考虑初始几何缺陷和管线钢材料的真实性能，确定了该规格直缝埋弧焊钢管的关键应力比指标，为基于应变设计的管线选用高应变钢管提供了技术支持。研究表明：

(1)各个应力值与应变0.5%所对应的应力比值，与2D平均压缩应变的对应关系不明显。

(2)各个应力值与应变1.0%所对应的应力比值，与2D平均压缩应变具有较好的对应关系，尤其是$R_{t2.0}/R_{t1.0}$和$R_{t5.0}/R_{t1.0}$，因此在产品标准中，将这两个应力比确定为与钢管屈曲应变对应的关键技术指标。

(3)对于钢管来说，为了使钢管的屈曲应变(以2D平均压缩应变表达)满足至少1.5%的水平，管体材料纵向拉伸试验的流变应力比$R_{t2.0}/R_{t1.0}$ and $R_{t5.0}/R_{t1.0}$分别需要超过1.04和1.08。

参照上述技术指标开发的高应变管线钢，可以使基于应变设计的管线具备高于普通管线的变形容量，使其在承受弯曲载荷作用下，满足设计要求的压缩应变能力。这对保证穿越地震带、活动断层等具有较大预期地层运动地区的管道完整性，降低管道服役风险，具有重要的工程意义。

参考文献

[1] W. Mohr, Report on Strain - Based Design of Pipelines [R](2003). http://www.mms.gov.

[2] Suzuki N., Endo S., Yoshikawa M and Toyoda M. Effects of strain Hardening Exponent on Inelastic Local Buckling Strength and Mechanical Properties of Lin Pipes [C], 2001, OMAE01 / MAT - 3104.

[3] Suzuki N. and Toyoda M. Critical Compressive Strain of Linepipes Related to Workhardening Parameters [C], 2002, OMAE 01/MAT - 3104.

[4] Zhilong Zhou, D. W. Murray. Analysis of postbuckling behavior of line pipe subjected to combined loads[J], International Journal of Solids and Structures, 1995, Vol. 32, Issue 20, p. 3015.

[5] DNV - OS - F101, SUBMARINE PIPELINE SYSTEMS [S], 2007.

[6] Karel Minnaar, Brian W. Duffy, Erlend Olso et al. Structural Design Capacity of X120 Linpipe [C], Proceedings of International Pipeline Conference, 2004, Calgary, Alberta, Canada.

[7] 陈宏远，抗大变形钢管许用应变的确定方法及相关技术指标确定[R]，内部研究报告，2009.

[8] 陈宏远，吉玲康，谢文江等，受初始几何缺陷影响的管线管非线性屈曲分析[J]，焊管，2009(9)：22 - 26.

[9] Suzuki, Igi. Compressive Strain Limits of X80 High - Strain Line Pipes[C], Proceedings of the Sixteenth International Offshore and Polar Engineering Conference, Lisbon, Portugal, July 1 - 6, 2007, p. 3246.

压力管道T型弯头内二次流特征

陈思宇[1]　杨裔琦[2]　冉文燊[3]　许　明[1]

[1. 新疆维吾尔自治区特种设备检验研究院，新疆 乌鲁木齐　830011；
2. 中国石油大学(北京)克拉玛依校区，新疆 克拉玛依　834000；
3. 中国特种设备检测研究院，北京　100029]

摘　要：石油化工中普遍存在T型弯头结构，是诱发管路振动的重要因素，明晰弯头内流场特性，对于压力管道的长期稳定运行具有重要意义。因此本研究设计并组装了模拟工业运行管道，观察段使用有机玻璃制作的60°T型弯头，运用三维粒子影像测速系统(PIV)测量管路中流体流动的流动特征。通过流线图和速度矢量图，对比得出流速对管道内涡分布影响因素，明晰60°T型弯头内流场特性。研究结果表明，60°T型弯头中存在一定周期性交替变化的大涡，在一个周期内出现、增加、减少和消失。当流速增大时，大涡周期性变化频率增加，流体混乱时间缩短，但混乱度增强，伴随产生的下端小涡稳定性降低，但顶端小涡产生的规律基本不变，这在流线图和速度矢量图中具有明显的体现。关于60°T型弯头内流体流速变化的研究，在涡流振动中起到重要作用，对实际工程具有重要的指导意义。

关键词：压力管道；T型弯头；PIV；涡分布

Secondary Flow Characteristics in T－bend of Pressure Pipeline

***Chen Siyu*[1]，*Yang Yuqi*[2]，*Ran Wenshen*[3]，*Xu Ming*[1]**

(1. Xinjiang Uygur Autonomous Region Special Equipment Inspection and Research Institute，Urumqi 830011，China；
2. Karamay Campus of China University of Petroleum (Beijing)，Karamay 834000，China；
3. China Special Equipment Inspection and Research Institute，Beijing 100029，China)

Abstract：T－shaped elbow structure is widely existed in petrochemical industry，which is an important factor to induce pipeline vibration. To clarify the flow field characteristics in the elbow is of great significance for the long－term stable operation of pressure pipeline. Therefore，this research designed and assembled a simulated industrial operation pipeline. The observation section used a 60°T－shaped elbow made of acrylic glass，and the three－dimensional particle image velocimetry (PIV) system was used to measure the flow characteristics of fluid flow in the pipeline. Through the streamline diagram and velocity vector diagram，the influence factors of velocity on the distribution of vortices in the pipe are compared，and the flow field characteristics in the 60°T－shaped elbow are clear. The results show that there are periodic large vortices in the 60°T－bend，which appear，increase，decrease and disappear in one cycle. When the flow rate increases，the periodic change frequency of large vortices increases，the time of fluid turbulence shortens，but the degree of turbulence increases，and the stability of the small vortices at the lower end decreases，but the rule of small vortices at the top is basically unchanged，which is clearly reflected in the streamline diagram and velocity vector diagram. The research on the change of fluid velocity in 60°T－bend plays an important role in eddy current vibration and has important guiding significance for practical engineering.

Key words：pressure piping；T－bend；PIV；vortex distribution

作者简介：陈思宇(1989—　)，男，硕士，新疆特检院安全评估鉴定中心，主要从事压力容器、压力管道检验检测与安全评估。E－mail：838781634@qq.com

近年来压力管道安全事故频繁发生，造成很大的损失，其中流体诱发管道振动造成的管道疲劳失效占很大比例[1][2]。流体诱发管道振动的机理是管中单相或两相流体无论是沿管道的轴向还是横向流过管束时，由流体流动产生的动态力作用在管道上，都将导致管道振动，当动态力变化的周期与管道自身固有频率相近时，将引起管道共振，对管道造成致命的破坏，这在容易产生二次流的T型弯头管道中尤其明显[3][5]。因此，研究T型弯头内二次流特征对预防管道振动疲劳破坏具有重要意义。

目前对T型弯头中二次流的研究，大多都是聚焦于催化裂化提升管中的气固两相流[6][14]，研究由于直角突变导致T型弯头延伸部分始终存在涡流，使催化剂发生回流的效果，而在工业管道上存在较多的非直角T型弯头结构，用于控制输送液体的流向，但目前对非直角T型弯头中液体流动的二次流研究数据非常有限。Jia(2018)[15]等人采用实验和数值模拟的方法研究了气体在T型弯头处的二次流现象，他们发现有一对涡在T型弯头处周期性的移动，循环式的出现、增长、减小到最终脱落，具备部分Karman涡街和Dean涡的特性。当气体流速较小时(＜10m/s)，这一对保持对称的涡周期性的同时出现和消失。当气速较大(达到10m/s)时，这一对涡不再保持对称结构，转变为交替出现，形成所谓的"swirl - switching"[16]-[18]。流速越大，由涡流引发的管道压力脉动的主频越高，说明T型弯头结构对于涡流诱导振动起重要作用。"swirl - switching"这个现象在此之前就吸引了一些研究人员的注意力，Brucker和Rutten[19]研究了2个由于对称旋流的周期性震荡产生交替出现的涡的主频。Tunstall和Harvey[20]研究了由于紊流和流向突变造成的涡的交替出现行为。但目前为止，由于测量的困难性，对称震荡涡流的实际运动以及整个流场的变化情况还没有通过实验被精确描述。尤其对于非直角T型弯管中的二次流以及涡流诱发管道振动方面的实验研究非常有限，相关现象和机理尚不明晰。因此，由于缺乏理论定量指导下的根本突破，使管道的优化设计和寿命评估等工作仍存在较大的提升空间。

本文通过配备高速相机的三维粒子成像测速系统(PIV)，首次实验研究了60°T型弯头中的二次流及其周期性变化规律。旨在明晰非直角T型弯管中二次流引起特殊流场的原因和机理，分析不同流速下T型弯管内震荡涡的脉动频率及其对管道振动的影响机制，为工业现场T型弯头的合理优化设计、减震措施制订提供理论基础。

1　实验部分

1.1　实验装置

实验装置是由中国石油大学(北京)自主设计和搭建的循环管路装置，实验装置流程图如图1所示。

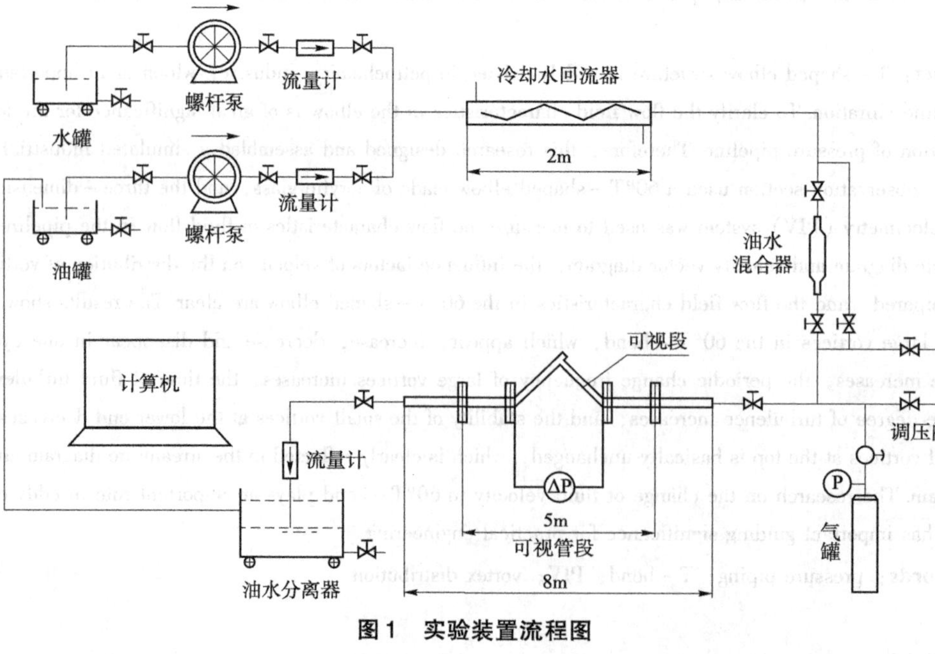

图1　实验装置流程图

实验装置主要由一根内径40mm的透明树脂玻璃T型弯头(其结构见图2)、一台循环泵、一个储罐以及三维粒子成像测速系统(PIV)和微通道动态压力测试系统组成，T型弯头垂直地面放置。T型弯头中T入口端和T出口端长均为500mm，夹角60°。储罐出口连接循环泵入口、泵出口连接T型弯头入口、T型弯头出口连接储罐入口，形成循环流动系统。循环泵出口与立管入口之间的水平管路上安装有一个液体流量计（量程0.06－6m^3/h，工作压力2.5MPa，测量误差±0.1%量程），可以实时测量管路中流体流量。T型弯头与其入口端之间的总距离为1800mm（60D），以此来保证流体流经T型弯头时已达到完全发展的状态。实验操作压力为0～0.4MPa，流体温度为室温25℃，流量为0～5m^3/h可调。

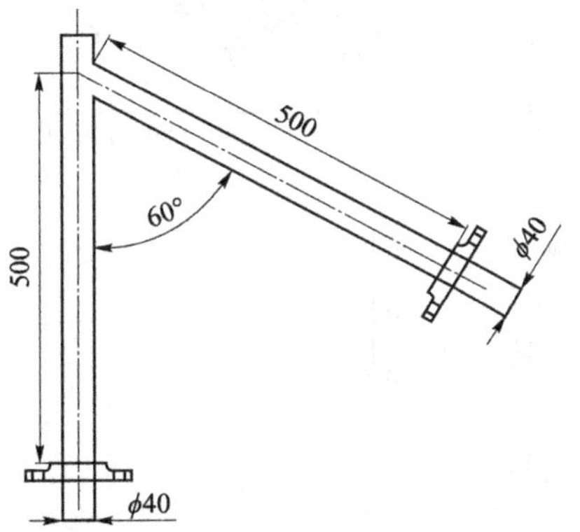

图2　60°出口旋转角T型弯头设计图

1.2　实验方法

实验采用粒子图像测速法(Particle Image Velocimetry, PIV)，该方法是一种瞬态、多点、非接触式的测速方法。它结合了激光光学、图像处理和计算机等学科，被广泛运用在流动测量领域，能够记录同一瞬间下区域内上万点的速度，经软件处理后可以得到丰富的流场数据[16]。工作原理如图3所示。

脉冲激光器发出激光，通过球面镜和柱面镜形成的片光源镜头组，照亮流场中一个面（约2mm厚）；在与激光面垂直方向的PIV专用的高速相机摄下60°T型弯头处不同流速下流场层片中的流动粒子的图像，实验选取了两个截面，分别为弯头处的正面管道中心轴线切面和侧面管道中心切面，然后把图像数字化送入计算机，利用自相关或互相关原理处理，得到流场中的速度场分布。

实验的主要步骤为：在水罐中加入荧光粒子，再由螺杆泵压入管道中，在管道中进行混合，使流体在装置内进行循环，循环一段时间过后，使运行达到平稳状态，在观察处进行测量观察，数据采集完毕之后，保存数据，做后续处理。

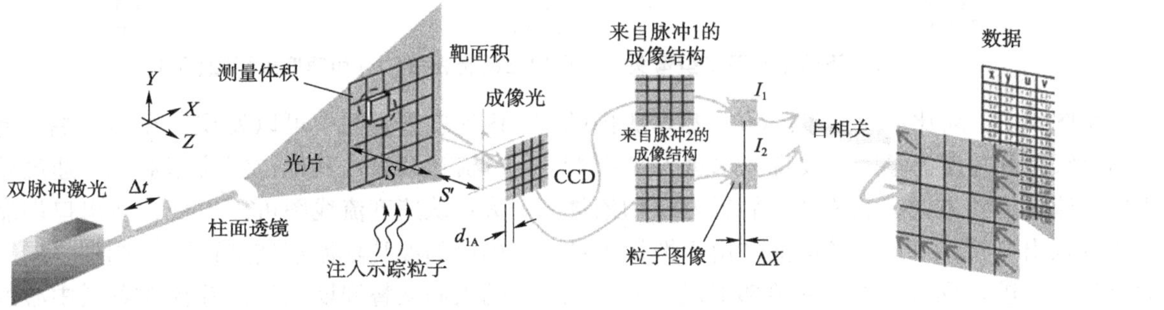

图3　粒子图像测速法工作原理图[17]

2　理论模型

为了模拟三维T型弯道中的流体，需要求解一组控制方程以获得速度和压力分布。考虑到计算的经济性和有效性优势，本文采用RNG k－ε模型。T型弯道中的气相被认为是不可压缩的、不稳定的湍流连续流体，由以下连续性和动量平衡方程控制。

$$\frac{\partial}{\partial x_i}(\rho u_i)=0 \tag{1}$$

$$\frac{\partial}{\partial t}(\rho u_i)+\frac{\partial}{\partial x_j}(\rho u_i u_j)=-\frac{\partial p}{\partial x_j}+\frac{\partial}{\partial x_i}\left(\mu\frac{\partial u_i}{\partial x_j}-\rho\overline{u'_i n'_j}\right) \tag{2}$$

RNG k－ε模型具有湍流动能(k)和扩散速率(ε)两个变量，其传输方程如下：

K方程：

$$\frac{\partial}{\partial t}(\rho k)+\frac{\partial}{\partial x_j}(\rho k u_i)=\frac{\partial}{\partial x_j}\left[\left(\mu+\frac{\mu_t}{\sigma_k}\right)\frac{\partial k}{\partial x_j}\right]+G_k-\rho_\varepsilon \tag{3}$$

ε方程：

$$\frac{\partial}{\partial t}(\rho\varepsilon)+\frac{\partial}{\partial x_i}(\rho\varepsilon u_i)=\frac{\partial}{\partial x_i}\left[\left(\mu+\frac{\mu_t}{\sigma_\varepsilon}\right)\frac{\partial\varepsilon}{\partial x_j}\right]+C_{1\varepsilon}\frac{\varepsilon}{k}G_k-C_2\frac{\varepsilon^2}{k} \tag{4}$$

其中给出常量值$C_{1\varepsilon}=1.44$，$C_2=1.92$，$\sigma_k=1.0$，$\sigma_\varepsilon=1.3$，$C_\mu=0.09$。

采用有限体积法进行空间分散，并将隐式方案解耦到解算中。采用对流运动学的二次上游插值(QUICK)方案近似六面体网格的对流项，采用压力联动方程(SIMPLE)方案的半隐式方法将压力和速度耦合。当迭代残差减少七个数量级时，假定已满足收敛性标准。

3 结果与讨论

3.1 管道正面的二次流变化规律

改变液体流速为 0.95m/s、2m/s 和 3m/s，通过 PIV 检测技术记录 T 型弯头内的速度场分布，做出管道内 0.1～0.3s 时刻的流线图和速度矢量图并进行分析，其正面流线图和速度矢量图如图 4 所示。

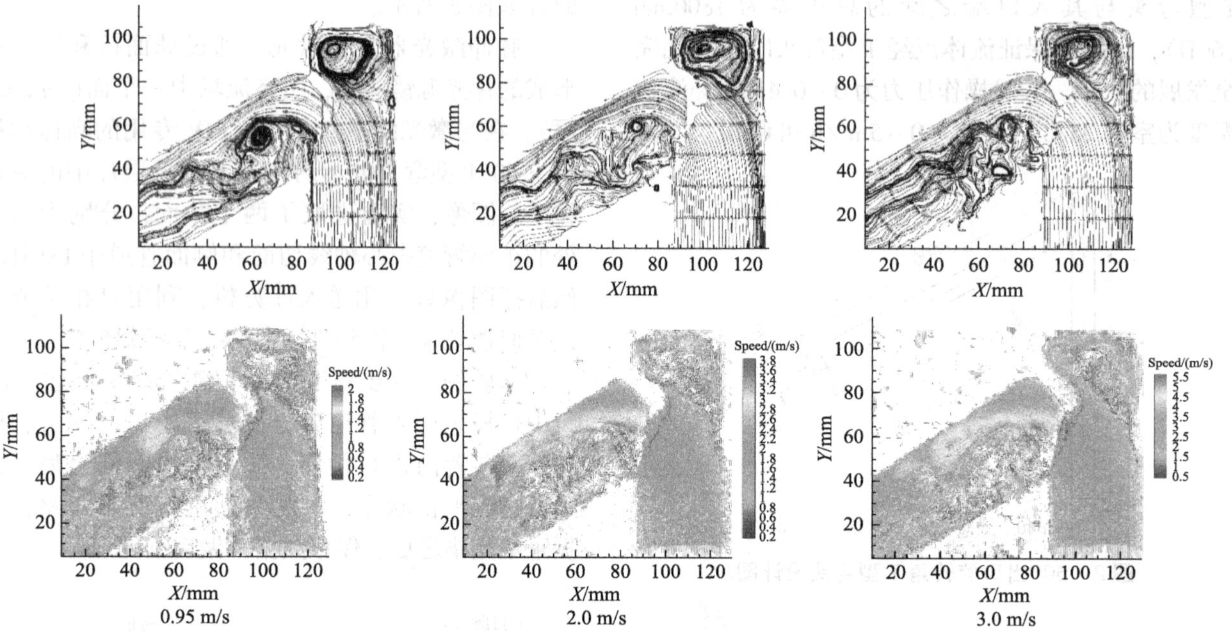

图 4　不同流速下 T 型弯头内流场的正面流线图(上)和速度矢量图(下)

从图 4 中，对比不同流速在 60°T 型弯头内的正面流线图和速度矢量图，发现纯水进入 T 型弯头后，流体流动方向突然改变，靠近内壁的液体直接进入出口管，靠近外壁的液体由于惯性继续向上移动，进入到盲管端，在顶部形成漩涡，该现象和 Bai[18] 和 Lackermeier[19] 得出的研究结论一致，这主要是由于流体的惯性力大于粘性力。对比相同速度不同时刻的流线图和速度矢量图发现，在同一速度下，不同时刻漩涡的位置在发生变化，从而对盲管的管壁产生不同方向的作用力。在 60°T 型弯管的结构下，流体的流动方向在拐角处转向，由于离心力的作用，在进入出口管道后靠近外壁附近流体速度较大，而中部的速度较低。这是由于在中间区域中流动方向和轴向之间存在一定的角度，从而导致在出口管道中间的流体有相对较小的速度矢量分量。在弯头出口端内壁附近的流体速度显著小于外壁流体的流速，且从流线图中发现出口管内壁附近流线较为混乱，表明 60°T 型弯管出口端内管壁存在边界层分离。

将管内流速增大到 3m/s 和 5m/s 后，从弯头内速度矢量图中可以发现，在出口端外壁面附近的流速和管内其他位置流速对比，速度差越来越大；从速度流线图可以发现，在出口端靠近管道内壁的混乱随流速增加而更加剧烈。同时盲管中的大涡交替周期缩短，并伴随着涡中心的位置变化，变化位移随速度增大而增大，从而对盲管的管壁产生方向不同的作用力。

3.2 管道侧面二次流变化规律

为了更好的认识 T 型管内二次流的变化特征，利用 PIV 技术对不同流速下管道侧面的涡流变化规律进行了实验研究和分析。

T 型弯头在流速 0.95m/s 时侧面流线图如图 5 所示，速度矢量图如图 6 所示。

从图 5 和图 6 可以看出，整体而言，流体在管道中心区域速度较快，而管壁附近的流动受到边界层的显著影响，速度较小，到达盲管部分后，离心力和压力梯度之间产生不平衡力，导致接近边界层的流速降低，流线发生偏转，从而产生漩涡。弯管顶端的情况稍有不同，从不同时刻的速度矢量图中可以发现流体进入盲管段后，高速流体由中心沿着两侧上升，由于顶板的存在和盲管中形成的负压梯度，局部压力增加，在边界层和压力梯度的共同作用下，壁面附近的液体无法维持向上流动和中心处流体形成速度差，从而产生漩涡。其大小与上升流体在左右两侧流速大小分布有关，流速较大的一侧形成的漩涡较大。

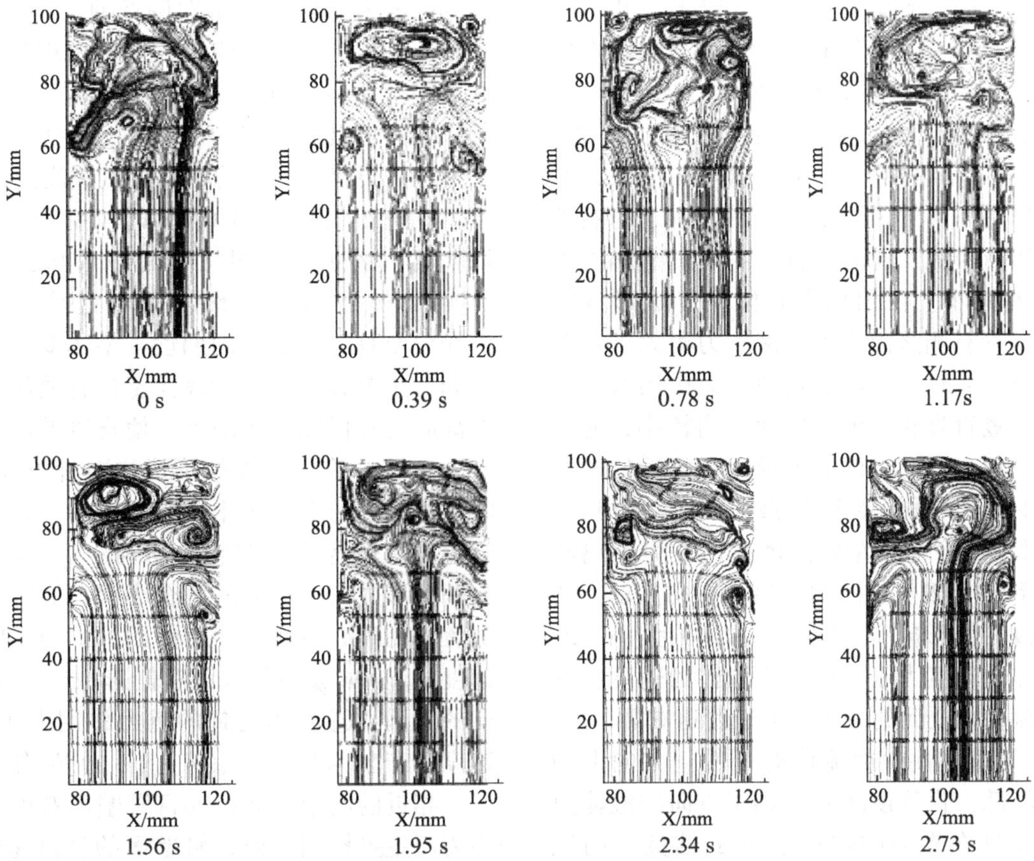

图5　T型弯头在流速0.95m/s时侧面流线图

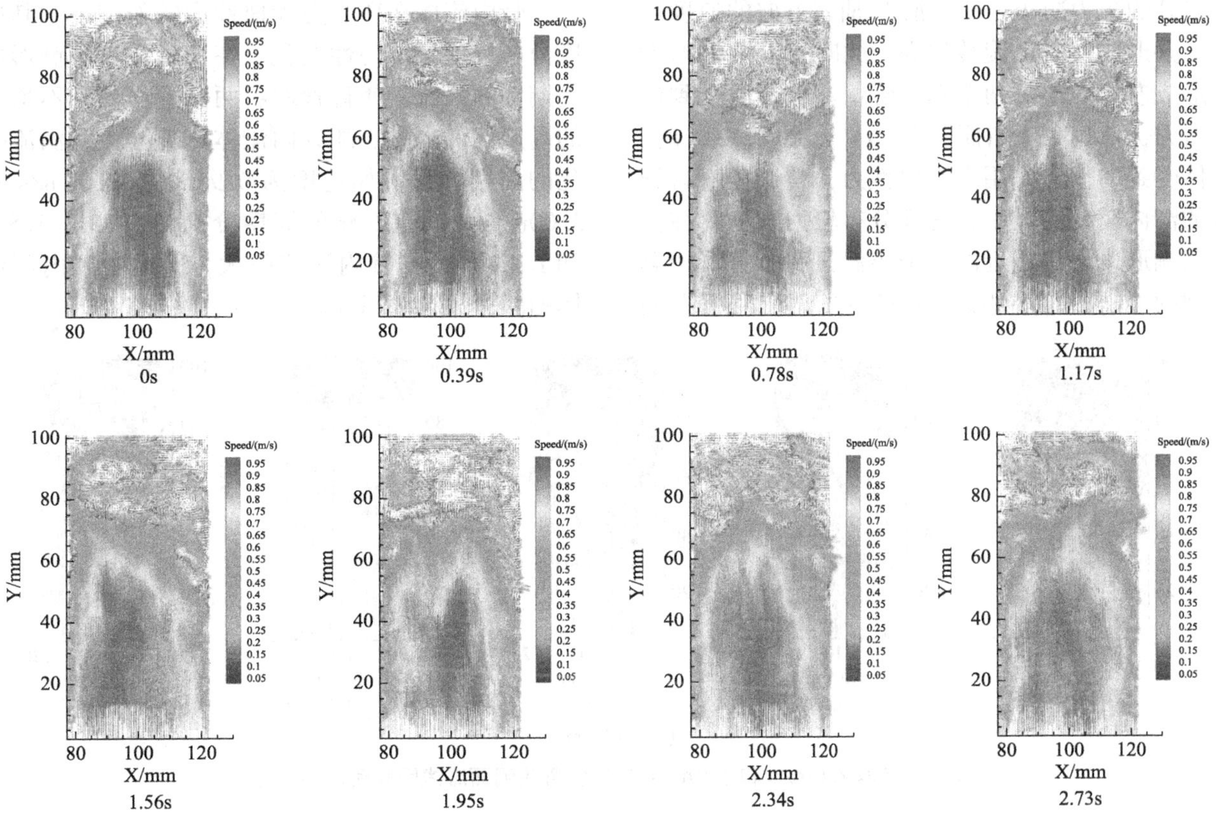

图6　T型弯头在流速0.95m/s时侧面速度矢量图

此外图 5 和图 6 展示了 T 型弯管侧面在八个不同时间的流场分布情况，设定捕获第一张流场图的时间为 0s。在 $t=0$s 时，盲管壁面右侧流体在惯性力和离心力的作用下，向管壁 X 轴正方向和 Y 轴正方向流动，盲管右侧的速度较大，左侧速度较小，在盲管左侧形成逆时针方向的大涡，此时盲管右侧管壁壁面受到的液击力大于左侧。$t=0.39$s时，盲管左侧壁面流体同样在惯性力和离心力的作用下向管道顶部顺时针流动，与右侧壁面流体形成对流，此时盲管左右两侧壁面附近流体速度差减小，在顶部中间偏左位置形成涡流，此时盲管右侧壁面受到的液击力稍大于左侧壁面。$t=0.78$s 时，流体受到的重力作用大于惯性力，整个竖直盲管段的流体速度均较小，速度分布较为均匀，在左右两侧形成大小相近的两个小涡，此时盲管两侧受到的液击力大小相近。$t=1.17$s时，盲管壁面左侧流体在惯性力和离心力的作用下向 X 轴负方向和 Y 轴正方向流动，转而在盲管段右侧形成一个顺时针方向的大涡，左侧壁面流体的速度大于右侧壁面流体的速度，导致管道左侧壁面受到的液击力大于管道右侧。$t=1.56$s 时，盲管左侧壁面流体沿 Y 轴正方向上的速度略有降低，盲管顶部沿 X 轴正方向的流体速度减小，并且在重力的作用下向 Y 轴负方向流动，形成顺时针方向的涡心；而右侧壁面流体由于受到的阻力减小，使其沿 Y 轴正方向的速度增大，并形成逆时针旋转的涡，此时盲管两侧壁面处形成左大右小的两个涡，管壁左侧壁面受到的液击力仍然稍大于右侧壁面。$t=1.95\sim2.34$s 时，流体受到的重力作用大于惯性力，整个竖直盲管段的流体速度均较小，速度分布较为均匀，在左右两侧形成大小相近的两个小涡，此时盲管两侧受到的液击力大小相近。$t=2.73$s 时，盲管壁面右侧流体的惯性力又起主要作用，使右侧壁面的流体速度较大，左侧壁面流体速度较小，在盲管左侧形成一个逆时针方向的大涡，此时管壁右侧受到的液击力再次大于左侧壁面，与 $t=0$s 时流动状态相似。说明盲管中大涡的出现具有周期性和交替摆动性，同时导致盲管左右两侧壁面受到的作用力也具有一定的周期性，而正是这种周期性的作用力易于导致管道发生机械疲劳损伤。

流速 2.0m/s 和 3.0m/s 时 T 型弯头侧面流线图如图 7 所示。从图 7 中可以看出，在速度为 2.0m/s 和 3.0m/s 的条件下，T 型弯头盲管内部流线分布具有一定的周期性，整体变化规律大致相同，主要分为五个阶段：①盲管壁面右侧流体在离心力和惯性力作用下，使盲管壁面流体速度 $v_{右侧}>v_{左侧}$，在盲管左侧形成逆时针方向的大涡；②流体受到的重力作用大于惯性力，整个竖直盲管段的流体速度分布较为均匀 $v_{右侧}\approx v_{左侧}$，在左右两侧形成大小相近的两个小涡；③盲管壁面左侧流体在离心力和惯性力作用下，使得壁面流体速度 $v_{右侧}<v_{左侧}$，在盲管右侧形成一个顺时针方向的大涡；④流体受到的重力作用大于惯性力，速度分布较为均匀 $v_{右侧}\approx v_{左侧}$，在左右两侧形成大小相近的两个小涡；⑤盲管壁面右侧流体的惯性力起主要作用，使盲管壁面的流体速度 $v_{右侧}>v_{左侧}$，在盲管左侧形成一个逆时针方向的大涡。

管内流体在离心力和惯性力的作用下，其速度分布呈现不均匀性变化，在盲管左右两侧形成周期性的涡流，使盲管左右两侧壁面受到不均匀的周期性液击力。随管内流体流速增大，涡流变化的周期缩短，如速度为 0.95m/s、2.00m/s 和 3.00m/s 时涡流变化的周期分别为 2.73s、1.80s 和 1.44s，说明管内流速越大，管道收到内部流体的激振力频率越高。

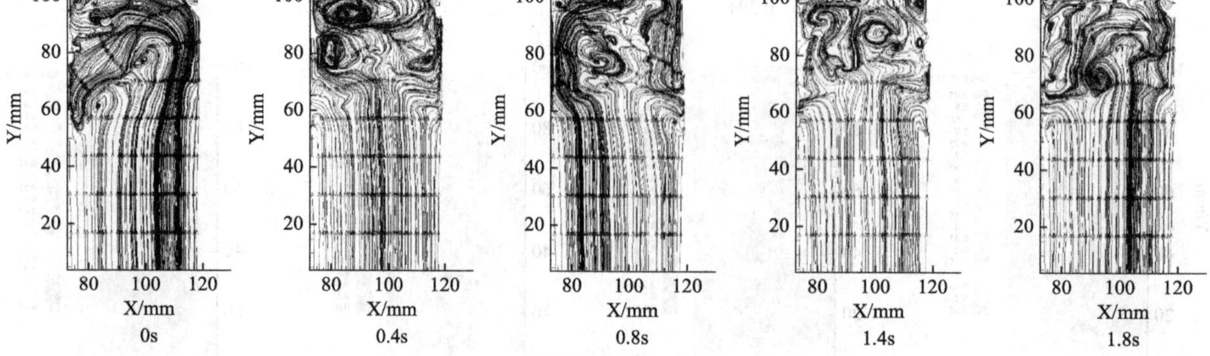

(a)流速2.0 m/s

图 7　流速 2.0m/s 和 3.0m/s 下 T 型弯头侧面流线图随时间的变化

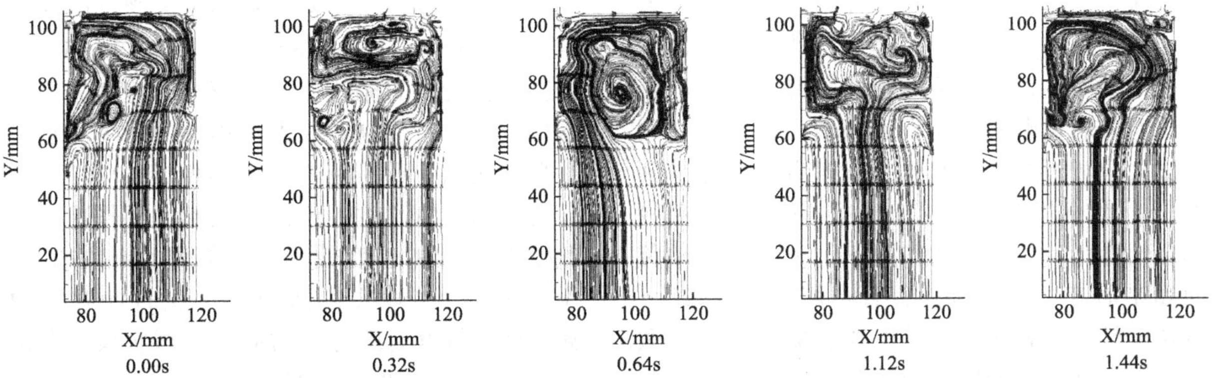

(b)流速3.0 m/s

图7　流速2.0m/s和3.0m/s下T型弯头侧面流线图随时间的变化(续)

3.4　压力测试结果

采用压力传感器测试T型管两侧内部流体的流动压力，测试结果如图8所示。从图8可以看出，T型管两侧流体的压力呈周期性波动，且随着流体流速的增加，测量得到的压力平均值也逐渐增大，说明流速越大，流体对管壁的激振力越大。将压力随时间变化的关系进过傅里叶变化后，得到不同流速下的振幅-频率曲线，每条曲线中都会出现一个明显的尖峰，该尖峰所对应的频率即为流体流动压力周期性变化的主频，不同流速下对应的流体压力脉动主频值如图9所示。从图9中可以看出，流体主频的大小随着流体速度的增加呈指数型增长，说明在T型弯头管道侧面，流体速度越高，涡流左右交替变化的频率越快，这与PIV测试的结果相符。

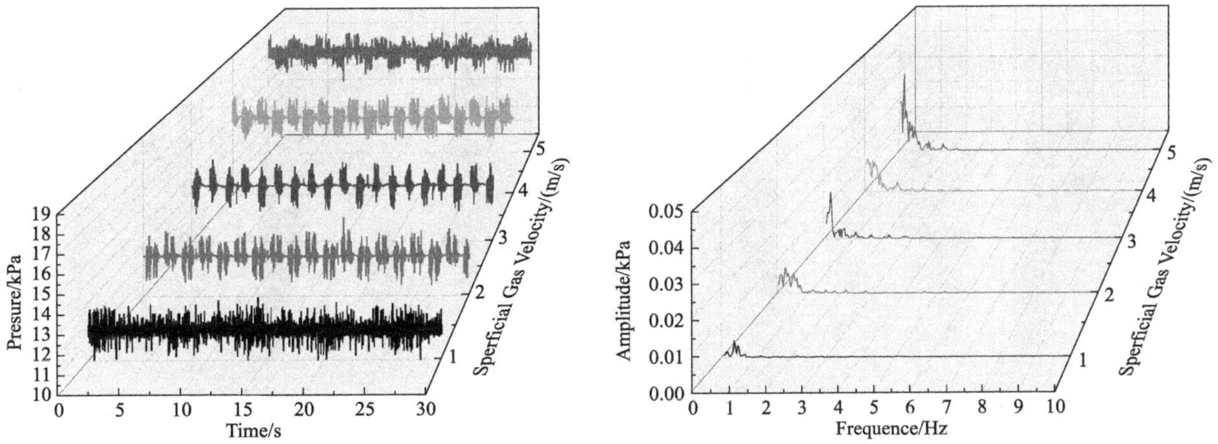

图8　管道侧面两端压力随时间的变化关系

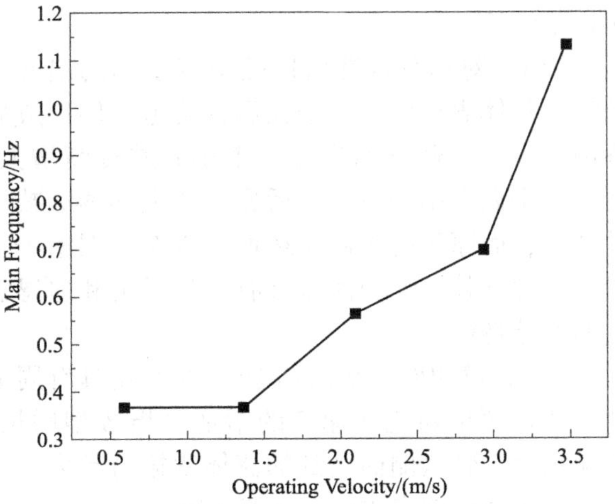

图9　不同流速下对应的流体压力脉动主频值

3.3　管道侧面速度分布的数值模拟

为了进一步探索可用于准确描述T型弯头中涡流左右交替变化的理论模型，采用RNG k-ε模型对T型弯管中流体流动规律进行了数值模拟研究，研究结果如图10所示。从图10中可以看出：在$t=0.3$s时，盲管壁面右侧流体在惯性力和离心力的作用下，向管壁X轴正方向和Y轴正方向流动，盲管右侧的速度较大，左侧速度较小，受管壁右侧流体主要影响在盲管中段左侧形成逆时针方向的大涡，此时盲管右侧管壁壁面受到的液击力大于左侧。$t=1.0$s时，盲管左侧壁面流体持续在惯性力和离心力的作用下向管道顶部流动，而右侧壁面流体受到管壁顶端反冲与重力作用明显，盲管左右两侧壁面附近流体速度差减小，整个竖直盲管段的流体速度均较小，速度分布较为均匀，盲管中段左侧逆时针大涡逐渐减小，其对应右侧顺时针小涡逐渐增大，在左右两侧形成大小相近的两个小涡，此时盲管两侧受到的液击力大小相近。$t=1.3s$ 时，盲管壁面左侧流体在惯性力和离心力的作用下，向管壁 X 轴负方向和 Y 轴正方向流动，盲管左侧的速度较大，右侧速度较小，转而在盲管中段右侧形成一个顺时针方向的涡，左侧壁面流体的速度大于右侧壁面流体的速度，导致管道左侧壁面受到的液击力大于管道右侧。$t=1.7s$ 时，与 $t=0.3s$ 相似，整个竖直盲管段的流体速度均较小，速度分布较为均匀，在左右两侧形成大小相近的两个小涡，此时盲管两侧受到的液击力大小相近。$t=2.0s$ 时，盲管壁面右侧流体的惯性力又起主要作用，使右侧壁面的流体速度较大，左侧壁面流体速度较小，在盲管中段左侧形成一个逆时针方向的大涡，此时管壁右侧受到的液击力再次大于左侧壁面，与 $t=0.7s$ 时流动状态相似。

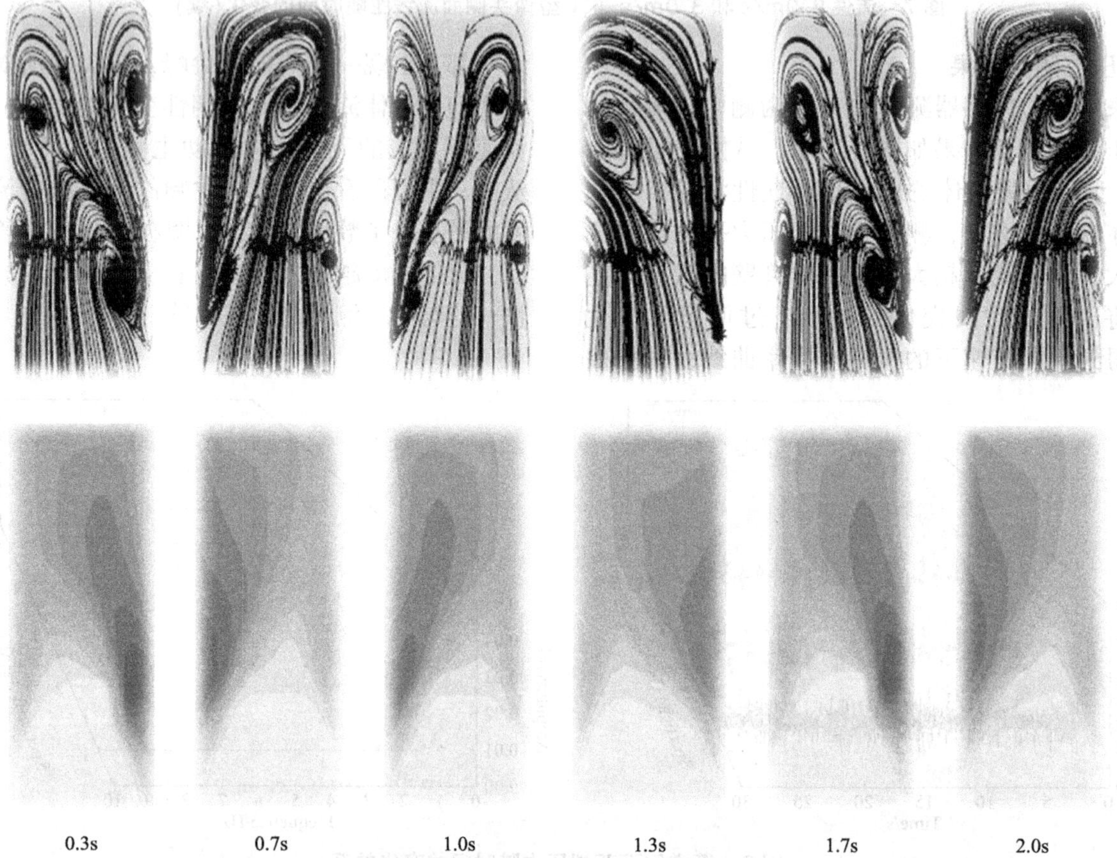

图 10 数值模拟 60°T 型弯头在流速 2.0m/s 时侧面流线图

这表明盲管中大涡的出现具有周期性和交替摆动性，这些周期性的涡流具有卡门涡街和迪恩涡旋的部分特征。同时它导致盲管左右两侧壁面受到的作用力也具有一定的周期性。

通过与 PIV 实验数据对比观察表明，采用的 RNG $k-\varepsilon$ 模型数值模拟管道侧面二次流变化规律结果与实验数据基本吻合，分布于 T 型弯头管道盲管处附近的涡流数据呈现出一定的规律特征。

4 结论

通过 PIV 实验和数值模拟方法对 60°T 型弯头中流体的速度分布和二次流进行了研究，记录了不同流速对管道内涡流分布规律的影响。得出了以下结论：

(1)一对涡在盲管出口处交替摆动的出现和消失，具体表现为：一个大涡在管道一侧形成后逐渐减小，对侧开始出现一个小涡并逐渐增大，直至两个涡大小相近，之后原先的大涡继续减小并消失，而原先的小涡继续增大直至占据整个盲管。这种交替摆动的涡流具有卡曼涡街和迪恩涡旋的部分特征。

(2)管道侧面二次流(涡流)的变化具有周期性。变化频率随流体速度的增加呈指数型增长。流速越大，管道侧面受到的流体激振力越大，涡流交替摆动的频率越高，周期越短。

(3)采用的 RNG $k-\varepsilon$ 模型数值，结合二次

上游插值(QUICK)方法和压力-速度耦合方程(SIMPLE)模拟管道侧面二次流变化规律结果与实验数据基本吻合，分布于T型弯头管道盲管处附近的涡流数据呈现出一定的交替摆动规律特征。

参考文献

[1]陈宏霞，宫逸飞，丁兴起.T型微小通道内两相流分流与分离调控研究进展[J]. 科学技术与工程.2019，19(31)：12-22.

[2]徐肖肖，张世杰，李怡，等. 制冷剂在微通道扁平T型管内的气液两相流相分配特性研究[J]. 化工学报. 2021，72(4)：2057-2064.

[3]门嘉铖.T型管内两相流数值模拟探析[J]. 科技与创新.2022(1)：27-29.

[4] Daude F, Galon P A. A Finite - Volume approach for compressible single - and two - phase flows in flexible pipelines with fluid - structure interaction[J]. Journal of Computational Physics. 2018, 362: 375-408.

[5]周照春，陈柏宇，张琪琪，等. 不同曲率支管弯管对T型管湍流混合下热疲劳的影响[J]. 北京化工大学学报(自然科学版). 2021，48(4)：71-78.

[6]Kalpakli A, örlü R. Turbulent pipe flow downstream a 90° pipe bend with and without superimposed swirl[J]. International Journal of Heat and Fluid Flow. 2013, 41: 103-111.

[7]Tunstall M J, Harvey J K. On the effect of a sharp bend in a fully developed turbulent pipe - flow[J]. Journal of fluid mechanics. 1968, 34(3): 595-608.

[8] De Wilde, J., Van engelandt, G., Heynderickx, G. J., Marin, G. B., 2005a. Gas - solids mixing in the inlet zone of a dilute circulating fluidized bed. Powder Technol. 151, 96-116.

[9]De Wilde, J., Vierendeels, J., Heynderickx, G. J., Marin, G. B., 2005b. Simultaneous solution algorithms for Eulerian - Eulerian gas - solids flow models: stability analysis and convergence behaviour of a point and a plane solver. J. Comput. Phys. 207 (1), 309-353.

[10] Zhao B. D., Zhou Q., Wang J. W., Li J. H. CFD study of exit effect of high - density CFB risers with EMMS - based two - fluid model. Chemical Engineering Science 134 (2015) 477-488.

[11] Fan, B., Zhang, J., Qiao, X., Jin, Y., 2013. Experimental study on the effect of exit geometric configurations on hydrodynamics in cfb. Res. J. Appl. Sci. Eng. Technol. 5 (23), 5465-5468.

[12]Wang, J., 2010. Flow structures inside a large - scale turbulent fluidized bed of fcc particles: Eulerian simulation with an emms - based sub - grid scale model. Particuology 8 (2), 176-185.

[13]Wu, X., Jiang, F., Xu, X., Xiao, Y., 2010. Cfd simulation of smooth and t - abrupt exits in circulating fluidized bed risers. Particuology 8 (4), 343-350.

[14] Harris, A., Davidson, J., Thorpe, R., 2003. Influence of exit geometry in circulating fluidized - bed risers. AIChE J. 49 (1), 52-64.

[15]Jia M. D., Yan C. Y., Song J. F., et al., 2018. Experimental and numerical study of secondary flow in a T - type bend of a CFB riser. Chemical Engineering Journal 334 (2018) 1222-1232.

[16] F. Rutten, W. Schroder, M. Meinke, Large - eddy simulation of low frequency oscillations of the Dean vortices in turbulent pipe bend flows, Phys. Fluids 17 (2005) 035107.

[17] J. Sakakibara, R. Sonobe, H. Goto, H. Tezuka, H. Tada, K. Tezuka, Stereo - PIV study of turbulent flow downstream of a bend in a round pipe. In: 14th Int. Symp. Flow Vis., 21-24 June, EXCO Daegu, Korea, 2010.

[18] A. Kalpakli, R. orlu, Turbulent flow downstream a 90 degree pipe bend with and without superimposed swirl, Int. J. Heat Fluid Flow 41 (2013) 103-111.

[19]C. Brücker, A time - recording DPIV - Study of the swirl switching effect in a 90 bend flow, In: Proc. 8th Int. Symp. Flow Vis., 1-4 September, Sorrento (NA), Italy, 1998, pp. 171.1-171.6.

[20] M. J. Tunstall, J. K. Harvey, On the effect of a sharp bend in a fully developed turbulent pipe - flow, J. Fluid Mech. 34 (1968) 595-608.

高温锅炉管道在线壁厚检测方法研究

王 杜[1] 张皓琦[1,2] 黄焕东[1] 竺国荣[1] 吴家喜[3] 徐佳敏[1,2] 钱盛杰[1] 孔凡玉[2]

(1. 宁波市特种设备检验研究院，浙江 宁波 315048；2. 中国计量大学质量与安全工程学院，浙江 杭州 310018；3. 宁波市劳动安全技术服务公司，浙江 宁波 315048)

摘 要：由于运输介质的特殊性，部分高温锅炉管道壁温可达 500℃，因此常配置厚包覆层实现保温作用，考虑到其不便停机、难以拆除包覆层的问题，常规方法无法实现对其的在线壁厚测定。本文以一段高温锅炉管道模拟试样为试验对象，在高温条件下，应用不拆包覆层情况下的瞬变电磁检测及拆除局部包覆层情况下的电磁超声检测，实现管道壁厚的精准测量。基于此，提供了一套针对高温锅炉管道的壁厚测定方法，实现了高温锅炉管道在线壁厚检测。

关键词：高温锅炉管道；瞬变电磁检测；电磁超声检测；在线壁厚检测

Research on On – line Wall Thickness Detection Methods of High – Temperature Boiler Pipeline

Wang Du[1], *Zhang Haoqi*[1,2], *Huang Huandong*[1], *Zhu Guorong*[1], *Wu Jiaxi*[3], *Xu Jiamin*[1,2], *Qian Shengjie*[1], *Kong Fanyu*[2]

(1. Ningbo Special Equipment Inspection and Research Institute, Ningbo 315048, China; 2. College of Quality and Safety Engineering, China Jiliang University, Hangzhou 310018, China; 3. Ningbo Labor Safety and Technology Services Company, Ningbo 315048, China)

Abstract: Due to the particularity of the transportation medium, the wall temperature of some high – temperature boiler pipelines can reach 500℃, so the thick coated layer is often configured to achieve the thermal insulation. Considering that it is inconvenient to stop and difficult to remove the coated layer, conventional methods can not achieve its on – line wall thickness measurement. In this paper, a simulated sample of the High – temperature boiler pipeline is used as the test object, the transient electromagnetic detection (TFM) without removing the coated layer and the electromagnetic ultrasonic testing under the condition of removing the partial coated layer are applied under high temperature conditions to achieve accurate quantification of the wall thickness of the pipeline. Based on this, a set of methods of wall thickness measurement for high – temperature boiler pipelines are provided, which can realize on – line wall thickness detection of high – temperature boiler pipeline.

Key words: High – temperature boiler pipeline; transient electromagnetic method; electromagnetic ultrasonic testing; on – line wall thickness detection

1 引言

腐蚀减薄是承压设备常见的损伤模式之一[1]，高温锅炉管道的腐蚀减薄作为一种可能影响其安全性能的因素，如何在不停机的情况下实

作者简介：王杜(1981—)，湖北黄冈人，高级工程师，硕士研究生，研究方向：承压类特种设备的无损检测。E – mail：wangdu728@126.com。

基金项目：1. 浙江省市场监督管理局科研计划项目(20210137)；2. 宁波市科技创新 2025 重大专项(2022Z165)；3. 浙江省市场监督管理局雏鹰计划核心项目(CY2022219)。

通讯作者：黄焕东，正高级工程师，E – mail：hhd305@163.com。

现对管壁厚度的测定并精准判定腐蚀减薄程度，是锅炉在线检测领域的一项重点研究内容。

由于锅炉运行的特殊性，高温高压、长周期运行是常态，以大型电站锅炉为例，其主蒸汽管道外壁温度可达500℃，并用厚包覆层包裹，常规超声波测厚难以在此温度条件下进行检测，而电磁超声检测技术无需耦合、耐高温且对表面要求不高的优势[1]，使其可以在高温条件下得以应用。应用电磁超声检测技术进行不同工况条件下铁磁性材料的厚度测定，在长期的发展下已日趋成熟，600℃以上极端高温环境下不同材料电磁超声检测关键参数(声速、幅值等)的变化规律研究[2-3]，进一步扩展了电磁超声检测的应用范围。但是在锅炉管道不拆除包覆层的情况下，电磁超声测厚缺乏了实际的可行性，而瞬变电磁检测技术恰好可以弥补这一劣势，瞬变电磁检测技术目前已广泛应用于地质矿产、石油等行业中[4-6]，在城镇埋地管道[7]腐蚀减薄状况的检测中也有所应用，在某些现场检测场景下实现了大提离条件下的测厚[8-9]，可在锅炉管道不拆除包覆层的情况下，获取其壁厚信息。

针对以上情况，本文以一段锅炉管道模拟试样为待检对象，应用电阻丝加热带对管道进行升温，利用瞬变电磁检测技术在不拆除厚包覆层的情况下，对高温管壁的剩余壁厚情况进行测定；并对电磁超声检测技术在不同温度条件下的检测准确性进行分析，验证其温度补偿功能的可靠性，使其可以校准高温对超声波声速的影响，实现高温管道壁厚的精准测量。基于此，提出一套从面到点针对高温锅炉管道壁厚测定的检测方法，解决了高温锅炉管道在线检测的难题。

2 前期准备

2.1 待检对象

Cr－Mo系低合金耐热钢由于良好的高温持久性能，逐步取代碳钢成为锅炉高温管道的主要钢种[10]，而在此基础上发展的Cr－Mo－V系低合金耐热钢，又进一步提升了材料的高温强度，12Cr1MoVG即一种大型锅炉主蒸汽管道常用材料。此外，主蒸汽管道公称直径一般为DN150～DN300，壁厚一般在20至30mm之间，普通电站锅炉主蒸汽管道的蒸汽压力参数一般为9.8MPa，蒸汽温度约为530℃，管壁温度可达500℃。

本实验待检对象为12Cr1MoVG材质的高压锅炉用无缝钢管一根，部分位置用保温棉进行包覆(如图1所示)，其具体参数如表1所示：

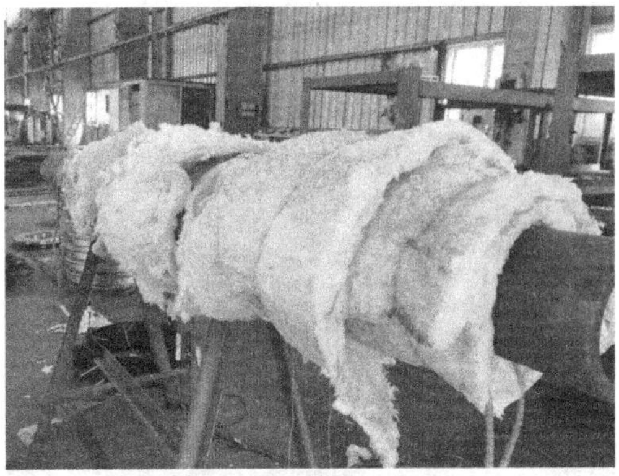

图1 待检管道示意图

表1 待检管道参数表

材料	12Cr1MoVG
直径/mm	219
壁厚/mm	20
长度/mm	3200
带包覆层管道外周长/mm	1460
包覆层实际厚度/mm	122.87

2.2 检测设备

2.2.1 瞬变电磁检测系统

实验设备采用国产瞬变电磁检测系统，由数据采集器、控制单元和传感器三个主要部分组成，如图2所示。发射单元与接收单元整装一体，集成在数据采集器上，其左半部分为发射单元，通过A、B接线柱接传感器发射端；右半部分为接收单元，通过M、N接线柱接传感器接收端，可接两个通道。控制单元包含数据采集与数据解释两部分，利用PDA或专用电脑与数据采集器进行蓝牙无线连接，控制数据采集器激励、采集、记录瞬变电磁信号。此外，还配备传输线缆实现检测系统与传感器的连接。

2.2.2 电磁超声检测仪

本次电磁超声检测实验选用的是美国Innerspec公司生产的PowerBox H大功率电磁超声高温检测系统，在频率为100kHz到6MHz范围内电压可达1200V或8kW峰值功率，配备S－274A0165探头，并配有187A0007型号手柄以辅助高温条件下的正常检测，可应用于650℃及以下高温工件检测，无需耦合剂，无需清理工件表面油漆及锈蚀等，探头可以在任意角度下对工件进行检测，超声波类型为水平剪切波，声束方向为直入射。

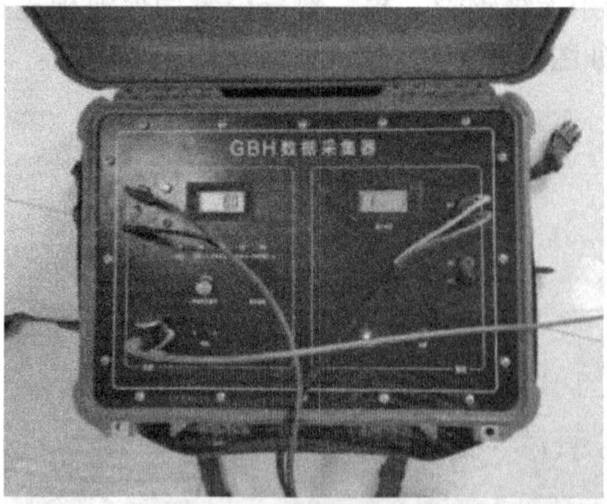

(a)数据采集器

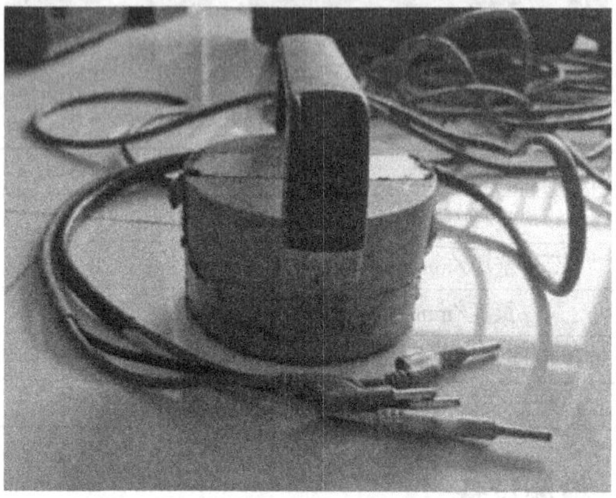

(b)传感器探头及传输线缆

图 2　瞬变电磁检测系统装置图

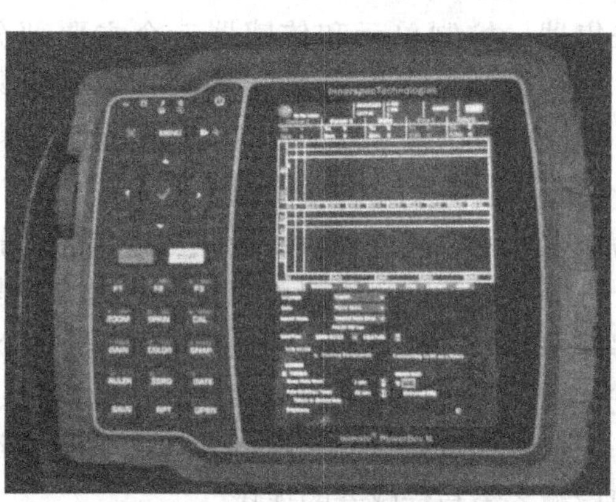

图 3　电磁超声检测仪器图

2.3　检测方案

针对待检管道，通过电阻丝加热带(如图 4(a)所示)连接 ZWK—240kW 智能温控仪(如图 4(b)所示)对管道本体进行升温加热，满足实验所需的不同温度条件要求，用红外测温枪实时测定管道本体的实际温度(如图 4(c)所示)，并进行了记录。

在搭建好实验所需温度控制系统后，按如下两步进行检测实验：

(1)管壁温度约为 500℃情况下，在保温层包

(a)电阻丝加热带

(b)ZWK—240KW智能温控仪

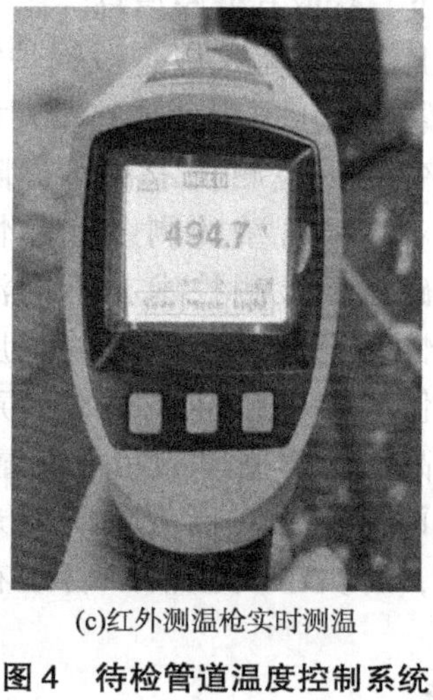

(c)红外测温枪实时测温

图 4　待检管道温度控制系统

覆位置选取多个测点进行瞬变电磁检测，验证瞬变电磁检测技术在高温管道不拆包覆层情况下进行测厚的可行性；

(2)在 25℃—525℃范围内各温度梯度下，对待检管道裸露部分选取多个测点进行多次电磁超声检测，对电磁超声技术用于高温管道测厚的准确性进行研究，验证电磁超声检测仪器温度补偿功能的可靠度，实现电磁超声技术对高温管道壁厚的精准测量。

3　瞬变电磁检测

3.1　检测方法

在本实验中，对保温层包覆位置，环管道四

周任取 3 个检测面，分别记为待测面 A、B、C，在管壁温度约为 500℃ 的条件下，对待测面 A、B、C，环管道一周任意取 4 点进行壁厚测定。采集数据前在控制单元内设置采集数据的相关参数（设置频率为 1Hz，管道参数设置管道外径为 219mm，管壁厚度为 20mm），然后检测并采集数据，并记录试验参数；在后处理数据分析阶段，不考虑管道模拟试样在加工时可能存在的微小误差，将 20.0mm 作为瞬变电磁检测的基准壁厚值，分别将各个待测面的测点 1 作为采样基准点以进行对比，并采用配套的数据解释软件对所得检测图像及数据进行分析，判断数据质量是否合格，并评估锅炉管道壁厚及腐蚀情况。

3.2 检测结果分析

目前的瞬变电磁壁厚评估方法是基于管道材质相同，根据衰减特征的变化和已知壁厚为基准反算其它测点的管道壁厚。这样就需要根据原始壁厚的不同选取对应的响应时段进行评价，响应时段选取的误差大的话肯定会造成分析结果的偏差，因此在分析检测图像时，时域的选择对壁厚的评估起到了关键性的作用。

对于待检管道，检测中数据采集得到了较为稳定且平滑的曲线，如图 5 所示为待测面 A 中测点 1 的采样曲线；在数据解释软件中对各待测面中 5 个点位的检测图像进行处理，分别得到四组单对数曲线，发现每个待测面经 5 次采样所获取的图像都实现了较好的拟合，说明检测获得了较为稳定的结果，如图 5 所示。

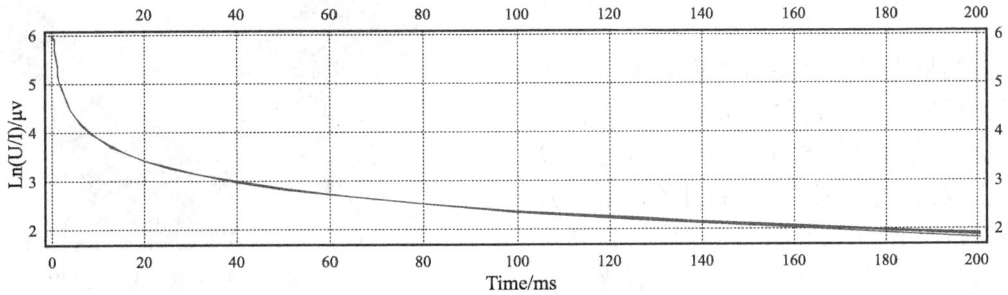

(a)待测面A各测点单对数曲线对比图

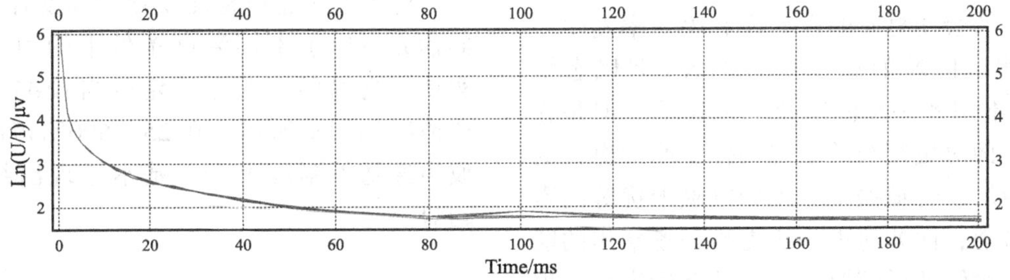

(b)待测面B各测点单对数曲线对比图

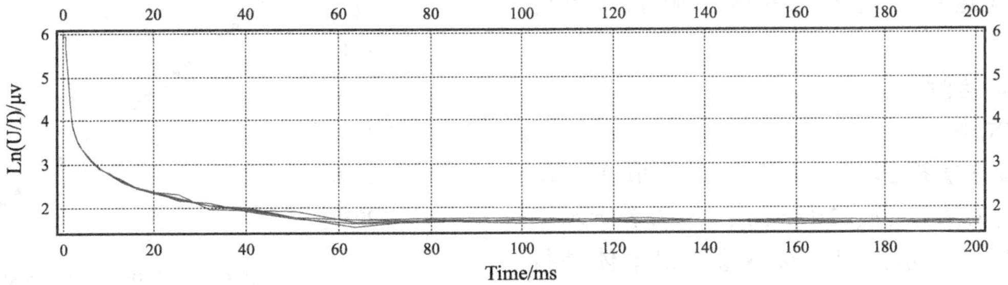

(c)待测面C各测点单对数曲线对比

图 5 各待测面瞬变电磁检测单对数曲线对比图

根据其单对数曲线对比图，大致确定其衰减位置，合理选择时域，然后进行管壁状况评估，得到了各测点管道壁厚情况，汇总如图 6 所示，管壁厚度与实际情况基本相符。

通过对检测图像分析及管壁状况评估，整理数据如表 2 所示（基准壁厚设置为 20mm），均设置测点 1 为基准点，因此平均壁厚的计算方式定为 2、3、4、5 四个点位的平均值：

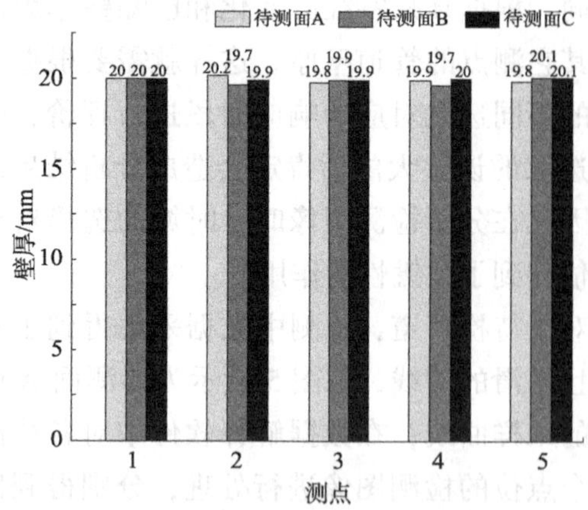

图 6　各待测面管壁厚度分布图

表 2　待检管道瞬变电磁检测结果　单位：mm

检测位置	1	2	3	4	5	平均壁厚	误差
待测面 A	20.0	20.2	19.8	19.9	19.8	19.93	-0.38%
待测面 B	20.0	19.7	19.9	19.7	20.1	19.85	-0.75%
待测面 C	20.0	19.9	19.9	20.0	20.1	19.98	-0.13%

通过检测结果来看，该待检管道并未出现明显的壁厚异常情况，与实际情况相符。因此，以等厚且无明显腐蚀情况的 500℃高温管道为试验对象，且在大提离(厚包覆层)情况下(如本实验中 20mm 厚管道配置约 120mm 厚包覆层)，其检测的准确性及稳定性也值得肯定。由此看来，较高的管壁温度及厚包覆层并未干扰瞬变电磁检测，温度虽然会使材质的电导率和磁导率发生变化，如果测试区域的温度变化不大(即稳态情况)，可以不用考虑高温对检测的影响。但是在现场环境中面对更复杂的工况条件，厚度更大的管壁及包覆层、管道振动、现场电磁干扰等因素也需给予考虑，而如何进一步提高磁场聚焦的能力，以实现对管道局部厚度变化的精确定量，也将是瞬变电磁技术在后续发展中亟需考虑的重点。

4　电磁超声检测

4.1　检测方法

在待检管道裸露部分上上任意选取 3 个测点，分别记为测点 1#、2#和 3#，如图 7 所示为测点 1#位置大致示意图。对待检管道本体进行升温加热，使实验可在不同温度条件下进行，选用电磁超声检测仪器测厚模块，先在不进行温度补偿的情况下(即原始设定温度为室温 25℃)对 3 个测点进行 3 次壁厚测定；然后再在进行温度补偿的情况下(即设定温度为实际温度)，同样对各测点分别进行 3 次壁厚测定，检测过程如图 8 所示。

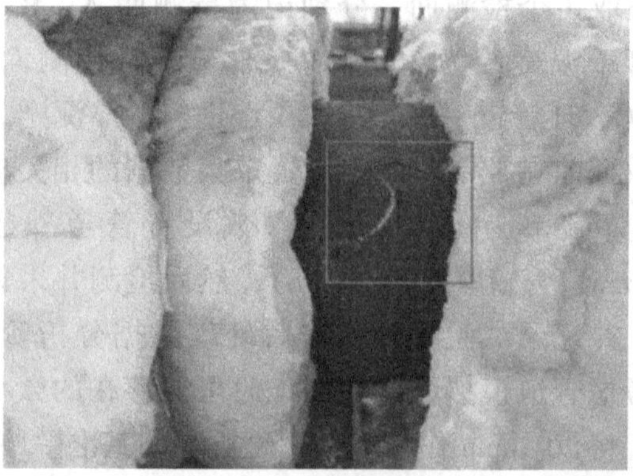

图 7　测点 1#位置示意图

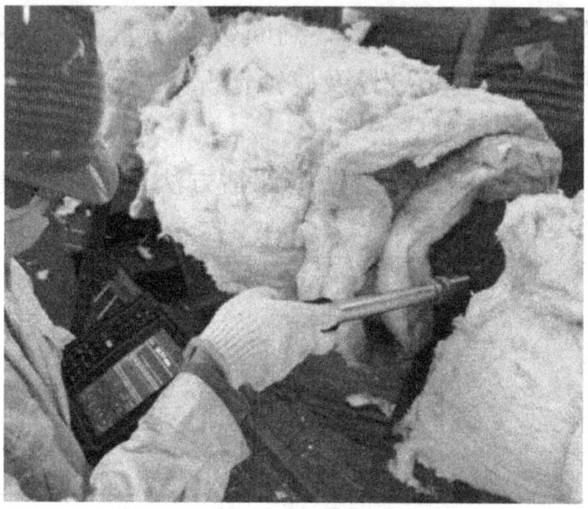

图 8　电磁超声检测过程

对于电磁超声检测仪器的温度补偿功能，仪器预先设定了不同温度条件下的声速信息，以实现对高温环境壁厚测定的自校准，其具体声速情况如图 9 所示，在 25～600℃范围内，超声波声速随着温度上升，基本呈现出线性下降的趋势。

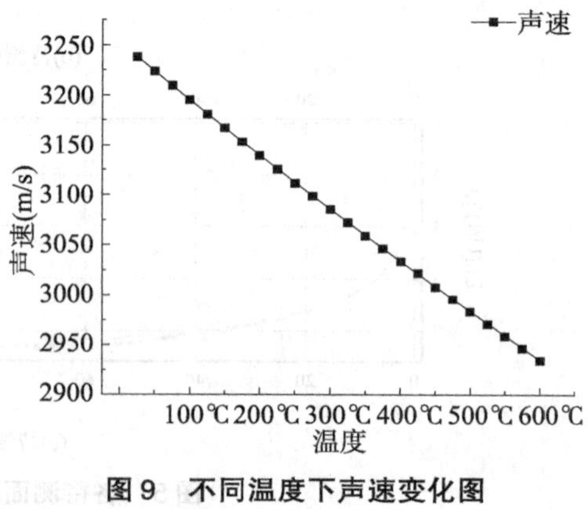

图 9　不同温度下声速变化图

4.2　检测结果分析

经电磁超声检测，各测点在 25～525℃范围内不同温度下，且仪器未使用温度补偿功能时，待检管道壁厚数据整理如表 3 所示：

表 3　不同温度下管壁电磁超声测厚数据(未进行温度补偿)

温度	测点 1#壁厚(单位：mm)				测点 2#壁厚(单位：mm)				测点 3#壁厚(单位：mm)			
	1	2	3	均值	1	2	3	均值	1	2	3	均值
25℃	19.63	19.62	19.63	19.63	19.80	19.72	19.73	19.75	19.04	18.89	18.96	18.96
50℃	19.66	19.64	19.61	19.64	19.86	19.88	19.86	19.87	19.10	19.11	19.08	19.10
100℃	19.65	19.60	19.63	19.63	20.01	19.97	19.97	19.98	19.28	19.29	19.30	19.29
150℃	19.60	19.60	19.61	19.60	20.12	20.14	20.20	20.15	19.36	19.34	19.39	19.36
200℃	19.60	19.57	19.58	19.58	20.38	20.31	20.31	20.33	19.55	19.57	19.58	19.57
250℃	19.57	19.55	19.59	19.57	20.52	20.51	20.51	20.51	19.78	19.80	19.78	19.79
300℃	19.65	19.65	19.60	19.63	20.83	20.83	20.82	20.83	19.89	19.94	20.01	19.95
350℃	19.63	19.68	19.65	19.65	21.11	21.14	21.12	21.12	20.18	20.20	20.14	20.17
400℃	19.69	19.71	19.71	19.70	21.46	21.45	21.43	21.45	20.44	20.46	20.44	20.45
450℃	19.65	19.66	19.73	19.68	21.53	21.54	21.58	21.55	20.75	20.75	20.73	20.74
475℃	19.74	19.72	19.71	19.72	21.69	21.69	21.71	21.70	20.97	20.88	20.98	20.94
500℃	19.55	19.53	19.56	19.55	21.95	21.91	21.85	21.90	21.25	21.27	21.24	21.25
525℃	19.75	19.70	19.67	19.71	22.08	22.06	22.06	22.07	21.36	21.37	21.37	21.37

然后，再对同样 3 个测点，在使用仪器温度补偿功能的情况下，分别进行壁厚测定，其不同温度下壁厚数据如表 4 所示：

表 4　不同温度下管壁电磁超声测厚数据(进行温度补偿)

温度	测点 1#壁厚(单位：mm)				测点 2#壁厚(单位：mm)				测点 3#壁厚(单位：mm)			
	1	2	3	均值	1	2	3	均值	1	2	3	均值
25℃	19.63	19.62	19.63	19.63	19.80	19.72	19.73	19.75	19.04	18.89	18.96	18.96
50℃	19.66	19.64	19.61	19.64	19.76	19.74	19.81	19.77	18.96	18.97	18.97	18.97
100℃	19.65	19.60	19.63	19.63	19.72	19.76	19.79	19.76	18.97	18.94	18.95	18.95
150℃	19.60	19.60	19.61	19.60	19.77	19.76	19.71	19.75	18.92	18.93	18.90	18.92
200℃	19.60	19.57	19.58	19.58	19.69	19.75	19.71	19.72	18.88	18.94	18.97	18.93
250℃	19.57	19.55	19.59	19.57	19.74	19.73	19.76	19.74	18.98	18.96	18.99	18.98
300℃	19.65	19.65	19.60	19.63	19.82	19.86	19.79	19.82	18.97	18.98	18.94	18.96
350℃	19.63	19.68	19.65	19.65	19.73	19.76	19.79	19.76	19.01	19.02	18.98	19.00
400℃	19.69	19.71	19.71	19.70	19.63	19.80	19.75	19.73	19.06	19.04	19.01	19.04
450℃	19.65	19.66	19.73	19.68	19.71	19.67	19.73	19.70	19.01	19.01	18.97	19.00
475℃	19.74	19.72	19.71	19.72	19.75	19.77	19.77	19.76	18.97	18.96	18.92	18.95
500℃	19.55	19.53	19.56	19.55	19.74	19.78	19.72	19.75	19.10	18.97	19.02	19.03
525℃	19.75	19.70	19.67	19.71	19.69	19.76	19.72	19.72	18.96	18.99	19.03	18.99

对表中数据进行分析处理，得到测点 1#、2#、3#在不同温度下，实测所得的平均壁厚值的变化情况如图 10 所示：

以测点 1#为例，对于该测点不同温度下进行温度补偿及不进行温度补偿的壁厚数据进行分析，以 25℃条件下实测壁厚数据为基准，其壁厚误差率绝对值如图 11 所示。

由图 10、图 11 可知，在不进行温度补偿的情况下，随着温度的升高，12Cr1MoVG 管道壁厚呈现逐步递增的趋势，这一过程中，电磁超声检测未考虑到由于温度升高所引起的声速变化，使实测壁厚基本表现出线性上升的状态，也导致其测量误差率逐步升高；在通过仪器内置算法进行温度补偿后，电磁超声检测仪器对高温下的声速进行了校准，补偿了高温对超声波声速的影响，实际所测壁厚的变化基本在 ±0.1mm 范围内，且误差率不超过 0.5%，误差在可控范围内，也验证了仪器温度补偿功能在高温条件下进行电磁超声测厚的可靠性，实现了对高温管道壁厚的精确测量，从而可以对潜在腐蚀减薄区域进行预判。而在电磁超声检测技术现场应用过程中，如何解决管道振动、噪声及其他电磁设备干扰等问题，将会是后续发展的一项重点。

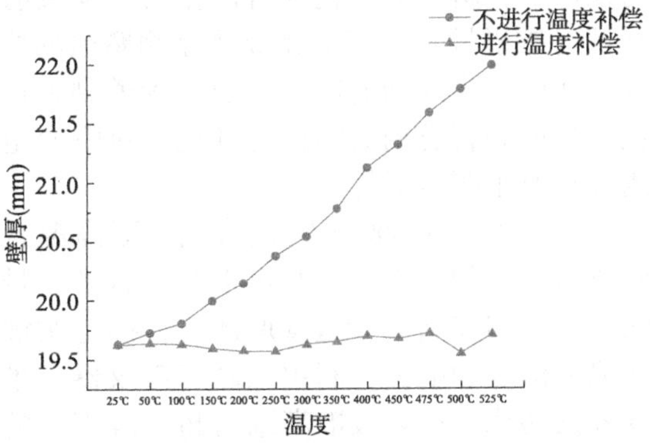

(a)测点1#实测壁厚变化图

图 10　不同温度下管壁电磁超声测厚数据变化图

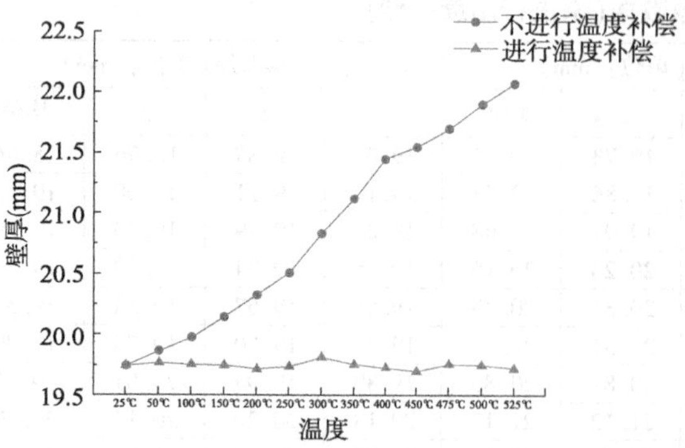

(b)测点2#实测壁厚变化图

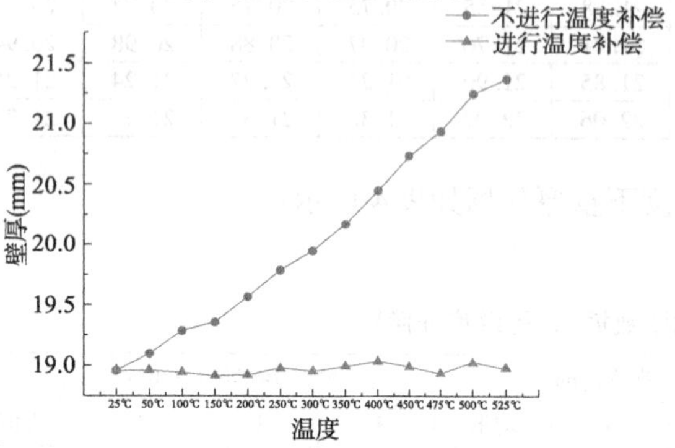

(c)测点3#实测壁厚变化图

图 10　不同温度下管壁电磁超声测厚数据变化图(续)

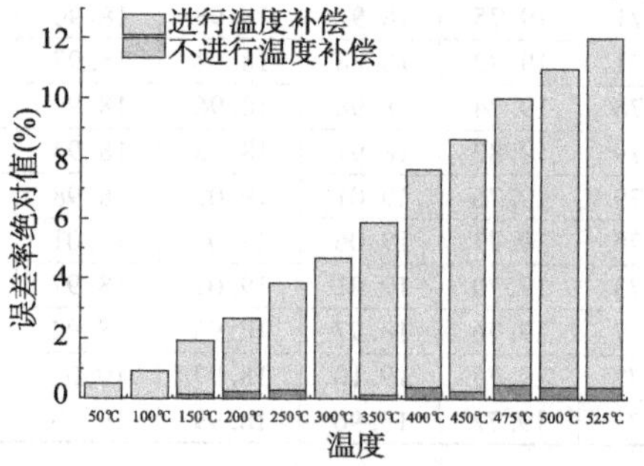

图 11　不同温度下测点 1#电磁超声测厚数据误差率绝对值图

5　结论

通过对高温锅炉模拟管道的壁厚检测实验，结果显示：

(1)对于大提离(厚包覆层)且不便拆除包覆层的条件下，瞬变电磁技术可以作为一项具有可靠性的对铁磁性材料管道完成测厚测腐蚀的检测技术，获取较为准确的锅炉主蒸汽管道剩余壁厚信息，且锅炉管道的高温运行环境，对瞬变电磁检测并未产生明显干扰。

(2)电磁超声检测无需耦合剂、耐高温且对表面要求不高的特点，使其可以在不打磨、带油漆的情况下实施高温管道壁厚测定，确定腐蚀减薄缺陷的深度和范围，利用电磁超声仪器自带的温度补偿功能，可以校准高温对超声波声速的影响，实现高温管道壁厚的精准测量，了解包覆层下管道腐蚀减薄的基本状况。

(3)本文提供了一种从面到点针对高温锅炉管道壁厚测定的检测方案，首先利用瞬变电磁检测技术，在不拆除管道包覆层的情况下，对管道可进行大面积筛查，根据检测数据发现壁厚异常位置，大致确定可能存在腐蚀减薄问题的截面；然后，对该区域拆除局部包覆层，利用电磁超声检测技术对该腐蚀减薄位置进行壁厚的精确测定，并根据相关标准对管壁进行厚度校核，确保管道壁厚在安全范围内。

瞬变电磁检测技术在不停机、不拆包覆层情况下对高温锅炉管道进行全面排查，配合电磁超声检测技术对壁厚异常位置进行拆除局部包覆层后的精确测量，该方案实现了两种技术的互补，发挥了瞬变电磁技术可在大提离条件下进行壁厚测定的优势解决了电磁超声技术难以对锅炉管道进行不停机全面检测的问题，并利用电磁超声测厚弥补了非接触式检测技术的相对不稳定性以获取更为准确的壁厚数据，两种检测方法的配合使用，既有利于对锅炉实时运行状况进行安全性方面的考量，又有利于对锅炉关键高温承压管道进行及时必要的维护与修复，节省不必要的资源浪费。

参考文献

[1]中华人民共和国国家质量监督检验检疫总局，中国国家标准化管理委员会．承压设备损伤模式识别：GB/T 30579—2022[S]．北京：中国标准出版社，2022.

[2]李铮．电磁超声换能器特性及高温检测关键技术研究[D]．太原：中北大学，2020.

[3]赵帅杰，张吉堂，周俊峰，等．基于高温 EMAT 铁磁性材料的声速变化规律研究[J]．中国测试，2022，48(09)：1－6.

[4]高曙光．基于瞬变电磁数据的三维地质模型及其可靠性评价研究[D]．新疆大学，2012.

[5]Bo D，Ling Y，Na D，et al. Auxiliary Sensor－Based Borehole Transient Electromagnetic System for the Nondestructive Inspection of Multipipe Strings[J]. Sensors，2017，17(8)：1836.

[6]胡建国，董立超，张荣辉，等．姬塬油田管道 TEM 检测技术的研究及应用[J]．油气田地面工程，2019，38(02)：96－101.

[7]张春梅．埋地金属管道的瞬变电磁腐蚀检测方法研究[D]．重庆大学，2020.

[8]李俊涛，张涛．传感器提离高度对瞬变电磁法检测信号的影响[J]．无损检测，2020，42(07)：16－19.

[9]李晓炜，樊志帅，段永锋．石化装置保温层下腐蚀检测技术进展[J]. 石油化工腐蚀与防护，2020，37(06)：1－5.

[10]刘昕宇，孙超，郭静，等．12Cr1MoV 钢蒸汽管环焊缝开裂原因分析[J]．热加工工艺，2022，51(11)：155－158＋162.

含硫气田压力容器长周期安全运行技术研究

华忠志[2] 陈小飞[2] 王 浩[2] 张雪涛[1] 鲁美朋[1] 郭 静[1,*]

(1. 中国特种设备检测研究院 北京 100029；2. 中国石油天然气股份有限公司
长庆油田分公司第一采气厂，西安 750001)

摘 要：介绍了长庆油田净化厂压力容器长周期安全运行存在的腐蚀问题，分析了造成腐蚀的主要原因，并从腐蚀速率、易发生腐蚀部位、腐蚀机理、腐蚀调查方法、安全运行措施等方面提出建议。通过项目研究，掌握长周期安全运行设备延寿的先决条件、技术流程、管理要求等体系流程，建立一套适合气田工况的设备延寿评判主要技术指标，制定含硫气田长周期安全运行设备延寿技术指导手册、标准草案和设备更换维修管理导则，最终为含硫气田站场装置设备长周期运行安全可靠性提供技术指导，延长长周期运行设备使用效率，降低事故率，实现降本增效。

关键词：长周期；腐蚀；安全运行

Research on Long – Term Safe Operation Technology of Pressure Vessel in Sour Gas Field

Hua zhong – zhi[2], *Chen xiao – fei*[2], *Wang hao*[2],
Zhang xue – tao[1], *Lu mei – peng*1, *Guo jing*[1,*]

(1. China Special Equipment Inspection And Research Institute, Beijing, 100029, China;
2. The First Gas Production Plant of PetroChina Changqing Oilfield Branch, Xian 750001, China)

Abstract: Introduces the corrosion problems existing in the long – term safe operation of pressure vessels in Changqing Oilfield Purification Plant, analyzes the main causes of corrosion, and studies and analyzes the corrosion rate, corrosion – prone parts, and corrosion mechanism. Suggestions are made in terms of corrosion investigation methods and safe operation measures. Through project research, master the prerequisite conditions, technical process, management requirements and other system processes of long period safe operation equipment life extension, establish a set of main technical indicators suitable for gas field conditions of equipment life extension evaluation, formulate long period safe operation equipment life extension technical guidance manual, draft standards and equipment replacement and maintenance management guidelines of sulfur gas field. Finally, it provides technical guidance for the safety and reliability of the long period operation of the equipment in the sulfur gas field station, prolongs the operation efficiency of the long period operation equipment, reduces the accident rate, and achieves cost reduction and efficiency increase.

Key words: long period; corrosion; safe operation

1 引言

长庆油田第一采气厂建成投产五座净化厂13套净化装置，其中第一、二、三净化厂投产较早，已相继达到20年的服役年限，长周期运行的压力容器、压力管道具有较大的生产运行风险。天然气净化厂含有大量易燃、易爆、腐蚀性和有毒物质。一次小而罕见的事故可能会造成严重后果[1]。

油气田目前还没有相关设备延寿、超期服役等技术的深入研究，无相关标准可借鉴。

作者简介：郭静(1987—)，硕士，主要研究方向金属材料腐蚀与防护。guojing733@163.com.

2 腐蚀机理

影响天然气净化装置腐蚀行为的因素相对来说较多，一般情况下，天然气净化装置的腐蚀程度，随着腐蚀环境温度、所处理原料气中及二氧化碳与硫化氢等酸性气体浓度的增加而增加，与此同时，热稳定性盐也对装置的腐蚀严重程度起着一定的影响[2]。在净化期间，这些气体需要与其他类型的物质发生反应，然而在同等温度条件下，化学反应的作用下腐蚀现象会更为严重[3]。

酸性气体对天然气净化装置的腐蚀形态主要包括局部腐蚀、全面腐蚀、氢致开裂以及应力腐蚀开裂。由于水汽以及 CO_2、H_2S 等酸性气体的存在，天然气净化装置在运行过程中极易发生腐蚀现象。为了使净化设备更加高效的运行，必须加强对天然气净化装置腐蚀行为与防护措施的重视与研究力度[4]。

3 易发生腐蚀部位

酸气净化工艺涉及脱硫、脱水、硫黄回收、尾气处理、硫黄整形和酸水汽提。这些过程环节中的压力容器面临酸性循环介质引起的腐蚀风险。必须有针对性的监测措施避免腐蚀造成穿孔、刺穿渗漏甚至破裂。确保安全高效运行[5]。

3.1 脱硫装置

再生塔是脱硫装置中腐蚀最严重的部位，再生塔内部构件、半贫液入口附近区域、富液入塔附近区域等处腐蚀严重；重沸器腐蚀严重部位主要在壳体及气液交界面处；贫富液换热器及高温富液管线的腐蚀严重；高温贫液腐蚀严重[6]。

脱硫装置腐蚀形态主要有全面腐蚀、局部腐蚀、应力腐蚀开裂(SSCC)与氢致开裂(HIC)等。腐蚀机理包括 R1NR2 - CO_2 - H_2S - H_2O 腐蚀、热稳定性盐(HSS)腐蚀、降解产物的腐蚀及冲刷腐蚀等。

3.2 脱水装置

富含二醇的环境出现在贫富甘醇换热器的富甘醇端、吸收塔底部和富甘醇再生塔内。通常，腐蚀性环境是由乙二醇的降解产物的降解形成的。在贫甘醇环境下通常被认为是没有腐蚀性的，除了非常低的 pH 值。如果水或乙二醇溶液在 TEG 的再生塔和顶管中冷凝，将发生严重的腐蚀。再沸器通常只有轻微的腐蚀性[7]。

3.3 硫黄回收装置

硫黄回收装置工艺介质中含有 H_2S、SO_2、CS_2、COS、硫蒸汽和水等，在不同运行条件下均有可能对装置产生不同程度的腐蚀。

干燥的硫化氢对金属材料无腐蚀破坏作用，但在有水存在的条件下，碳钢设备发生两种腐蚀：均匀腐蚀和湿硫化氢应力腐蚀开裂；高温硫腐蚀速率的大小，取决于物流活性硫的多少，与总硫含量也有关系；当气体中 H_2S 和 CO_2 共存时，腐蚀过程随着两者分压比的不同而不同。当 H_2S 和 CO_2 的分压比小于 500 时，腐蚀产物膜的主要成分是 FeS，腐蚀过程受 H_2S 控制；当分压比大于 500 时，腐蚀产物膜的主要成分是碳酸亚铁。碳酸亚铁产物厚而松，结晶粗大且不均匀，易破损、脱落，会诱发局部腐蚀，导致严重穿孔破坏[8]。

3.4 尾气处理单元

尾气焚烧炉中的硫(S)在燃烧后生成二氧化硫(SO_2)，其中少量的二氧化硫又氧化成三氧化硫(SO_3)，三氧化硫与烟气中的水蒸气结合生成硫酸(H_2SO_4)蒸汽。在特定的排烟温度下产生露点腐蚀[9]。

4 腐蚀调查方法

针对超期服役安全运行的需求，可借鉴管道完整性管理等相关技术进行整合集成，通过腐蚀调查收集含硫气田装置和工艺管线的基本情况，分析设备用材料损伤机理及影响因素，研究影响材料高温劣化因素和破坏特征；研究确定影响含硫气田净化厂设备完整性的危害因素，研究长周期安全运行设备风险水平和含硫气田风险可接受能力，评判长周期在役设备的安全状态；分析长周期安全运行设备结构完整性的主要影响因素，建立设备延寿使用和判废条件及准则；开发长周期安全运行设备维修/更换决策的技术，形成设备延寿期运行管理策略。

5 长周期安全运行措施

5.1 加强检测监测

依法合规是长周期运行的基础，依据国家相关法律法规，应定期开展特种设备检验，必要时可采用应用漏磁检测、无人机巡管、设备在线监测等技术[10]。

5.2 开展系统性研究

从延寿管理的技术流程、延寿技术保障等方面入手，开展系统性研究，利用 HAZOP[11]、SIL、RBI[12][13]、RCM[14]等工具方法，进行风险分析与评价，评估装置存在问题及隐患对生产运行的影响程度，作为检修的依据与指南。

5.3 腐蚀预防

从工艺流程方面入手，多措并举，尽可能的

减少腐蚀造成的损失。比如可采用在集气站增加脱水装置，实现干气输送；在天然气净化装置前增加高效过滤分离器、段塞流捕集器，减少气田水夹带；采取科学合理的分离和消泡措施，减少液体夹带；强化上下游一体化，建立统一协调、联动机制，明确专人现场负责催化剂和溶剂质量等对天然气净化装置的影响。

6 结论

为保障含硫气田长周期安全运行，应从以下几方面入手：调查收集含硫气田装置和工艺管线的基本情况，分析设备用材料损伤机理及影响因素，研究影响材料高温劣化因素和破坏特征；研究确定影响含硫气田净化厂设备完整性的危害因素，研究长周期安全运行设备风险水平和含硫气田风险可接受能力，评判长周期在役设备的安全状态；分析长周期安全运行设备结构完整性的主要影响因素，建立设备延寿使用和判废条件及准则；开发长周期安全运行设备维修/更换决策的技术，形成设备延寿期运行管理策略。

通过项目研究，掌握长周期安全运行设备延寿的先决条件、技术流程、管理要求等体系流程，建立一套适合气田工况的设备延寿评判主要技术指标，制定含硫气田长周期安全运行设备延寿技术指导手册、标准草案和设备更换维修管理导则，最终为含硫气田站场装置设备长周期运行安全可靠性提供技术指导，延长长周期运行设备使用效率，降低事故率，实现降本增效。

参考文献

[1]Chen K，Khan F，Jing X . Safety Assessment of Natural Gas Purification Plant[J]. Process Safety and Environmental Protection，2017：459 –466.

[2]范明洋. 天然气净化装置腐蚀行为与防护[J]. 化工管理，2017(4)：1.

[3]王炜玉，曹京明，张文涛. 长庆油田天然气净化装置腐蚀行为与防护研究[J]. 中国石油和化工标准与质量，2021，41(4)：4.

[4]薛仁雨. 天然气净化装置腐蚀行为与防护[J]. 化工设计通讯，2018，44(1)：1.

[5]Jianfeng S，Gang T，Yuanzhi L，et al. Research on Corrosion and Monitoring Methods of Pressure Vessels in Sulfur – Containing Natural Gas Purification Plants[J]. Advanced Materials Research，2012，549：655 –659.

[6]李峰，孙刚，张强，等. 天然气净化装置腐蚀行为与防护[J]. 天然气工业，2009，29(3)：3.

[7]邓军. 高含硫天然气净化装置腐蚀影响因素及控制技术研究[D]. 西南石油大学，2018. DOI：10.27420/d.cnki.gxsyc.2018.000078.

[8]张立胜，裴爱霞，汤麟，等. 硫黄回收装置腐蚀原因及机理研究[J]. 石油化工设备技术，2011，32(005)：61 –66.

[9]陈韶范，马金伟，齐兴，等. 克劳斯尾气焚烧炉余热锅炉停工腐蚀分析与防护[J]. 石油和化工设备，2019，22(1)：4.

[10]周斯雅，李涛，刘文祝，等. 天然气净化装置长周期运行对策分析[J]. 天然气与石油，2021，39(6)：7.

[11]陈巧，张启波. HAZOP 分析在天然气净化装置中的应用[J]. 石油石化节能，2014(6)：48 –51.

[12]郑鹤，宋彬，计维安，等. 保障天然气净化装置长周期运行的 RBI 技术[J]. 天然气工业，2009，29(003)：107 –109.

[13]岑兆海，郑鹤. RBI 在天然气净化装置中的应用[J]. 石油与天然气化工，2009，38(3)：5.

[14]刘启聪，范秦，熊生勇，等. RCM 技术在天然气净化装置中实施方法初探[J]. 石油与天然气化工，2014(4)：6.

全接液式铝制浮盘沉盘故障分析及防范建议

刘　毅

（南光石油化工有限公司，澳门　999078）

摘　要：全接液内浮盘作为储运设施，近年来在储油罐 VOCs 治理中具有较高应用价值，但该类型浮盘进入我国的发展时间较短，相应的生产制造标准、质量技术论证尚不完善。为此，本文以某企业实际发生的一起典型全接液浮盘沉盘故障为例，进行综合分析，对行业内目前使用较多的全接液蜂巢式框梁结构铝制浮盘特点进行剖析，并对相应故障提出了防范建议及措施。

关键词：内浮顶油罐；全接液浮盘；故障分析；防范建议

Failure analysis and preventive suggestions of Fully Liquid－Connected Aluminum Floating Plate sinking fault

Liu Yi

（Nam Kwong Petroleum&Chemicals CO.，LTD. Macau 999078，China）

Abstract：As a storage and transportation facility，the fully liquid－connected inner floating roof has high application value in the treatment of VOCs in oil storage tanks in recent years，but the development time of this type of floating disc in China is relatively short，and the corresponding production and manufacturing standards，quality and technical demonstration are not perfect. For this reason，this paper takes a typical fully liquid－connected floating plate sinking plate fault actually occurred in an enterprise as an example to conduct comprehensive analysis，analyze the characteristics of aluminum floating plate with fully liquid－connected honeycomb frame beam structure，which is widely used in the industry，and put forward preventive suggestions and measures for the corresponding fault.

Key words：Inner floating roof tank；Fully liquid－connected inner floating roof；fault analysis；Prevention suggestions

近年来，全国不断推进环境污染防治、强化安全发展理念，明确了碳达峰碳中和目标，并采取积极稳妥推进的政策与态度。石油、化工行业相继出台《石油炼制工业污染物排放标准》GB 31570—2015、《石油化学工业污染物排放标准》GB 31571—2015 等环保标准，明确了 VOCs 排放治理的具体要求，对储罐减排效果、液面安全接触方面有了新的要求与定义[1][2]。全接液大补偿蜂窝式浮盘应运而生，然而，目前市场上全接液浮盘产品缺乏统一标准规范，生产厂家为了占领市场，产品尚未定型、成熟就推广应用，多地相继出现多起全接液浮盘沉盘故障[3][4]。

2022 年，某企业 9#库区发生了一起内浮顶油罐沉盘故障，故障浮盘为全接液蜂巢式铝制浮盘，用于该库区 7500m^3 立式钢制汽油储罐中，罐底直径 22.5m，壁高 19.6m。该浮盘选用初衷，是为替换原有的铝制浮筒式浮盘，提高安全、环保性能，满足国家相应的 VOCs 排放标准。选型阶段，国内浮箱密封全焊接技术尚未得到推广及生产运用，因此选择了浮箱非全焊接密封、框梁结构的铝制全接液式内浮盘。本文以上述浮盘故障为例，对该类型浮盘典型故障进行原因分析，并总结提出改进意见。

作者简介：刘毅（1988—　），从事石化设备、工程技术管理工作。

1 沉盘故障情况与现场处置

1.1 故障发现过程

2022年8月8日，某企业9#库区储运人员在对T罐检尺过程中发现下尺的触感与平时略有差别，具体表现在下尺至约18m(相对与罐底约2.2m)深处时有顿挫感，随后多人多次尝试，证实该异常情况。随后技术人员现场分别从T罐顶检尺口、透光孔观察罐内情况，发现罐内油品液面清晰可见，未能观测到本应在液面上的浮盘，判断内浮盘发生故障沉没。次日，通过从不同位置透光孔检尺，确认浮盘位置位于T罐底部。通过不同位置检尺数据差异判断，浮盘沉盘至罐底，且某处发生折弯。

1.2 故障现场情况

故障发生后，在不同的处理阶段对故障情况进行了观察、记录，并收集信息如下：

(1)通过对安装工程资料进行审查，确定浮盘定制前，对储罐基础信息进行了现场核对，通过测绘及检查，确定罐壁圆度、垂直度及稳液管满足安装要求。实施安装前，根据现场实际制定了施工方案，未发现影响安装质量的情况。安装完成，按规范进行了试浮、检查，未出现任何异常。

(2)油品转罐完毕后，通过人孔进行观察，发现浮盘处于弯折状态；其中，靠近伺服液位计一侧，因下有稳液管支架支撑，浮盘最高点离地约2米，其他位置浮盘均落至罐底，详见图1。

图1　浮盘沉盘状况

(3)经持续冲洗、强制通风，具备进入条件后，作业人员穿长管戴呼吸器进罐，使用防爆工具对浮箱进行打孔，打孔全过程保持打孔点处于注水浸泡或浇水状态。打孔后，有大量油气从浮箱内挥发排出，对浮箱内部注水浸泡后，有较多油品从浮箱内被置换出来，漂浮在水面，形成油层，持续对残留油品进行收集、转移。

(4)具备进罐施工条件后，对浮盘进行了分步拆卸。对拆出浮箱、支腿等进行了检查。检查发现：大部分支腿折断、有较多浮箱箱体上边缘密封位置开胶，存在缝隙，详见图2。

图2　浮箱密封失效

(5)在拆除过程中，发现液位计稳液管高位(约17.2m位置)有接近1m长划痕，与内浮盘密封箱形变情况对应，详见图3。由此判断浮盘先发生部分沉覆后，整体侧倾，直至整体浸没油面以下。

图3　稳液管和密封箱变形

1.3 故障过程推演

该罐装有钢带液位计，浮子位于内浮盘下表面，高度基本等同于内浮盘位置，从故障发生前两个月内检尺数据对比，内浮盘沉盘发生时间在T罐上一载油船卸油发生之后，分析推演情况如下：

上一载船卸油后进行扫线操作，发生液面波动，造成内浮盘受力不均匀、倾斜晃动，部分油品通过内浮盘排气孔、内浮盘边缘密封、浮盘组装接缝等缝隙溢至内浮盘上部，因浮箱存在密封缺陷，油液渗入浮箱内，短时间内未对整体平衡造成影响。随时间推移，渗入局部浮箱的油品量变多，内浮盘平衡进一步被破坏，内浮盘出现一端浸入液面，一端翘起，并对稳液管产生推力(作用于17.2m处)，造成稳液管变形。随着油品持续渗入浮箱，内浮盘整体重量增大，持续下沉，在稳液管17.2～16.2m之间，留下约1m长划痕。随着内浮盘沉入油面以下，重量增加，以一定角度缓慢沉至罐底，浮盘非平衡下沉，导致支腿受力不均被压折断。

2　故障原因分析及结论

2.1　浮箱生产工艺缺陷

通过对T罐浮盘浮箱详细检查，发现箱体上盖使用双组份粘合剂密封，轻微的扭曲形变即可使粘合剂产生断裂，大部分浮箱密封边存在密封胶开裂、边缘缝隙开口的情况，由此可判断沉盘原因是浮箱密封失效，油品渗入导致浮力单元失效进而浮盘沉没。

浮盘安装时，业主单位对浮箱生产检验记录进行了审核，并在安装完成后按规范进行了试浮，均未发现问题。但蜂巢式浮箱是整体出厂到货，产品不具备进一步检验条件，未对浮箱单体进行气密试验。

2.2　运行操作原因

为保证油船油品完全卸完进入罐内，减少计量亏损，船卸油后会进行扫线操作，目的是将船舱舱底及船舱管线内油品清理出来。扫线过程中，会造成全接液形式的浮盘受到液面波动影响，产生不均匀晃动，而故障浮盘纵横梁为铝制，箱体与梁体使用单法兰面水平方向螺钉固定，受力后会产生扭曲形变，轻微的扭曲形变即可使粘合剂产生断裂，导致密封失效。浮盘受力不均，同时也会引起浮盘卡顿。故障浮盘浮箱厚度仅有91mm，当浮盘变形或倾斜时，油品通过浮盘排气孔及盘身缝隙溢至浮盘上部，继而通过浮箱上部缝隙进入浮箱内部，浮箱上部及进入浮箱内部的油品均会加重浮盘重量；浮盘上部局部位置存油及浮箱进油将进一步加剧浮盘的倾斜状态，进而引起浮盘沉没。

2.3　故障结论

T罐内浮盘沉盘的主要原因为浮箱存在工艺缺陷，整体不密封，导致油品渗入；次要原因为扫舱操作引起液面波动，导致浮盘受力不均，油品溢至浮盘之上，在油品长时间浸泡下，浮箱密封失效，油品持续渗入浮箱内部，最终导致浮盘失去浮力沉盘。

3　防范建议及措施

经了解，该类型浮盘，在国内发生的多数沉盘故障，主要原因均为浮箱密封失效。说明该类型浮盘安全环保特性好，但产品工艺不够完善。选用该类型的浮盘，建议在选型、采购、安装、使用等过程，加强关注以下信息：

(1)浮箱密封性，浮箱密封方式、密封材料是否经有效论证，能够适用于所储存介质[5]，目前，行业内已有全焊接密封浮箱可供选择。

(2)浮盘结构强度及组装方式，由本案例故障分析可知，框梁结构的铝制全接液式内浮盘在设计上存在先天不足，在液面波动较大的情况下，难以保证整体刚性，易造成金属疲劳，引发故障。选购浮盘时，应尽量避免选择此类型浮盘。同时，在罐容大于5000m^{3}的情况下，也应避免选择铝制浮盘[6][7]。

(3)加强过程质量监控，必要时进行过程监造，确保浮力单元制造质量。产品运抵施工现场后，应对浮箱进行气密复验，确保浮箱密封性在运输后仍保持良好。

(4)全接液式浮盘在储罐的VOCs排放治理上优势明显，能够有效抑制油气挥发，但优良的整体气密性，意味着浮盘受扫线/吹扫操作影响更大，在扫线、吹扫等工艺操作上，应更加谨慎，取消或优化扫线操作。

(5)加强卸油过程监控，可通过钢带计与浮盘连接，实时与液位计数据进行比对，监控内浮盘运行情况，及早发现异常，避免因故障引发事故。

参考文献

[1]《石油炼制工业污染物排放标准》GB 31570—2015.
[2]《石油化学工业污染物排放标准》GB 31571—2015.
[3]严伟德. 浅谈全接液浮盘故障原因分析及改进建议. 中国设备工程，2021(04下)：156-157.
[4]闫长岭. 上海赛科“5·12”储罐闪爆事故带来的反思. 化工安全与环境，2022(4)：9-12.
[5]《储罐用装配式内浮顶工程技术规范》SH/T 3194—2017.
[6]《石油化工企业设计防火标准》GB 50160—2018.
[7]《石油库设计规范》GB 50074—2014.

厂区埋地管道外防腐层破损点检测技术探讨

陆为琪[1] 刘海朝[2] 韩 彬[2] 孟 涛[2]

[1. 中科(广东)炼化有限公司，湛江 524076；2. 中国特种设备检测研究院，北京 100013]

摘 要：炼化装置厂区内管道呈现网状密集埋地敷设状态，部分厂区埋地管道因运行时间长已腐蚀老化若发生泄漏，以往采用参考施工图纸沿着埋地管道敷设现场进行直接开挖，这种在现场盲目的开挖往往不能够准确判定埋地管道外防腐层破损点位置，并且开挖工程量较大，抢修进度慢，对现场破坏非常大，因为盲目开挖易造成其他非目标管道、电缆、设施的损坏。PCM 发射机对埋地管道加载一定强度电流信号，地面上的 PCM 接收机内线圈会产生感应电流，PCM 接收机能够追踪电流信号可探测管道位置及管道埋深，以及定位管道防腐层破损点位置。实践证明，PCM 检测方法是一种检测厂区埋地管道位置以及外防腐层破损点位置的有效方法。

关键词：埋地管道；PCM；外防腐层；破损点

Discussion on the detection technology of the damaged point of the external anti – corrosion coating of the buried pipeline in the plant area

***Lu Weiqi*[1], *Liu Haichao*[2], *Han Bin*[2], *Meng Tao*[2]**

(1. Zhongke (Guangdong) Refinery&Petrochemical Company Limited, Zhanjiang, 524076, China;
2. China Special Equipment Inspection and Research Institute, Beijing, 100013, China)

Abstract: The pipelines in the refinery plant area are densely buried in a network. Some buried pipelines in the plant area have been corroded and aged due to long operation time. In case of leakage, they were directly excavated along the buried pipeline laying site with reference to the construction drawings in the past. Such blind excavation on the site can not accurately determine the location of the damaged points of the external anti – corrosion coating of the buried pipeline, and the excavation work volume is large, the rush repair progress is slow, and the site damage is very large, Because blind excavation is easy to cause damage to other non – target pipelines, cables and facilities. The PCM transmitter loads a certain intensity current signal on the buried pipeline, and the internal coil of the PCM receiver on the ground will generate induced current. The PCM receiver can track the current signal to detect the pipeline position and buried depth, and locate the location of the pipeline anti – corrosion coating damage point. Practice has proved that PCM detection technology is an effective method to detect the location of buried pipelines in the plant area and the location of damaged points of external anti – corrosion coating.

Key words: Buried pipeline; PCM; External anti – corrosion coating; Breakage point

1 引言

随着使用周期不断增加，以及外部不可控因素影响，钢制埋地管道会不同程度地出现腐蚀、破损、穿孔甚至是泄露，及时、准确地对其进行检验，第一时间判定风险点位，为后期维修提供精准指导显得越发重要。

炼化装置厂区管道呈现网状密集埋地敷设状态，部分厂区埋地管道由于运行时间长，已腐蚀老化，若发生泄漏，生产维修时准确判定泄露位置十分困难。由于管道埋地敷设属于隐蔽工程，

作者简介：陆为琪(1970—)，工程师，主要从事石油化工安全管理工作。E – mail：luweiqi. zklh@ sinopec. com

管道路由主要依靠施工图纸判断，沿着敷设路径现场开挖，才能准确判定漏点位置，但存在三方面困难：一是厂区管道往往并不完全按照图纸施工，参看施工图纸追踪管道路由会产生偏差；二是现场开挖工程量大，抢修进度慢，并且现场破坏大，后续恢复工作量大；三是由于厂区管网密集敷设，并且还有埋地电缆及其他设备设施，大面积开挖容易造成其他非目标管道、电缆、设施的损坏[1]。

PCM 设备较多应用于站外埋地钢质管道外防腐层绝缘性能检测及管道埋深探测[2]，也用于厂区埋地钢制管道敷设

路径查找及漏点的准确定位。该设备能够精确定位管道漏点位置，不仅能够加快抢修进度，而且能够避免造成其他破坏，减少恢复工程量[3]。

2 检测原理

管线泄漏一般有管体腐蚀穿孔、管线开裂、承插接头密封不严、焊缝沙眼、阀门泄漏、消防栓根部泄漏等情况，对于有外防腐层的管线，如果管道发生泄漏，在漏点处管道上的防腐层必定破损，金属本体必定和大地接触。

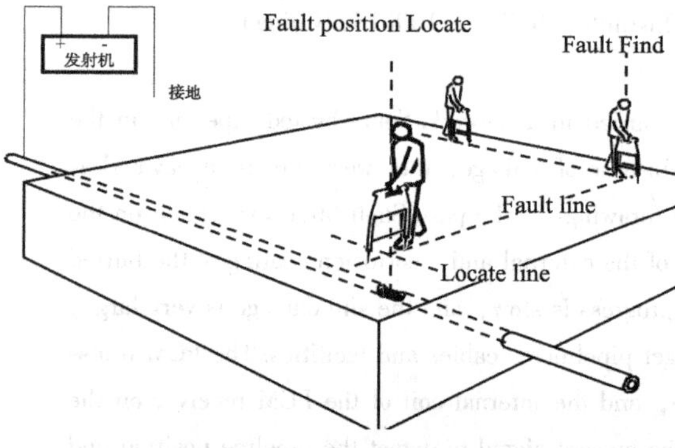

图 1 破损点定位工作示意图

本次检测拟采用防腐层破损点定位仪(PCM +A 字架)进行防腐破损点的定位，其工作原理是在管线一端施加特定频率的电信号，该信号沿管线传播，当防腐层有破损时，该信号就通过破损处传入大地，并在该处形成电磁场，用防腐层破损点定位仪的地面接收机就可以接收该处的电磁信号，根据信号的强弱就可以判断该处的防腐层破损情况，由此可以找到防腐层破损点。其工作示意图如图 1 所示。

检测步骤如下：

①发射机的连接。和 PCM + 测试中的连接程序相同。

②A 字架的连接。按照 PCM + 使用说明书，将 A 字架和接收机连接正确。

③沿线检测。沿管道移动接收器和 A 字架，每隔 3 ~ 5m 将 A 字架电极插入土壤，两电极连线应平行于管道并处于管道正上方。观察接收器指示的 dB 值，如果 dB 值较低(一般小于 30)并且变化不稳，并且接收器破损点指示箭头前后变化，则说明该处附近没有破损点；如果接收机 dB 值较大(一般大于 30)，并且箭头稳定，则说明箭头指示方向位置可能存在破损点。

④破损点定位。沿 PCM + 接收机指示方向寻找破损点。当 A 字架前端电极逐渐靠近破损点，接收机 dB 值越大；当 A 字架正好处于破损点正上方时，dB 值最小；将 A 字架旋转 90 度，按照上述步骤进行复测，两次检测的电极连线交点位置就是破损点的正上方。

⑤破损点位置记录。对检测出的缺陷点进行 GPS 定位记录，利用喷漆、标识木桩等工具对破损点进行定位，如果现场条件不允许使用标识木桩，喷漆标记也不能长时间保留时，则以现场永久标记物为参考，记录缺陷点的相对位置，为后期缺陷点分类开挖治理提供定位信息。

采用 GB/T 19285—2014《埋地钢质管道腐蚀防护工程检验》中“附录 K：埋地钢质管道外防腐层分级评价”对特埋地管道外防腐层进行分级评价[10](其他管径参数可进行参考)。

表 1 外防腐层电流衰减率 Y 值(dB/m)分级评价

管径/mm	1	2	3	4
323	Y≤0.013	0.013 < Y≤0.06	0.016 < Y≤0.129	Y > 0.129
457	Y≤0.016	0.016 < Y≤0.066	0.066 < Y≤0.143	Y > 0.143
610	Y≤0.019	0.019 < Y≤0.070	0.070 < Y≤0.154	Y > 0.154
660	Y≤0.02	0.02 < Y≤0.072	0.072 < Y≤0.158	Y > 0.158
762	Y≤0.0207	0.0207 < Y≤0.076	0.076 < Y≤0.186	Y > 0.186
813	Y≤0.021	0.021 < Y≤0.078	0.078 < Y≤0.2	Y > 0.2

3 厂区埋地管道检测案例

3.1 案例一：某装置管廊下长输埋地管道检测

本次检测对象为某炼油厂附近管廊下埋地长输管道，输送介质为原油以及汽柴油等。被检测管段总长约 62440m，通过利用 PCM 设备共检测出防腐层缺陷点信息 44 处，平均 0.007 处/100m，评价为“级别 1”。由防腐层缺陷点在管线里程上的分布密度可知，40003 阀室 – 40004 阀

室区间防腐层缺陷点分布最为密集，平均 0.104 处/100m。

经过对破损点开挖验证，基本能确定埋地管道外防腐层破损点准确位置。

表 2　某炼油厂附近管廊下埋地管道防腐层检测综合评价表

序号	管段	破损点	里程/m	破损点密度（处/100m）	级别
1	1#管道	14	17141	0.082	2 级
2	2#管道	9	8659	0.104	2 级
3	3#管道	10	19907	0.050	1 级
4	4#管道	11	16734	0.066	1 级
5	合计	44	62439	0.007	1 级

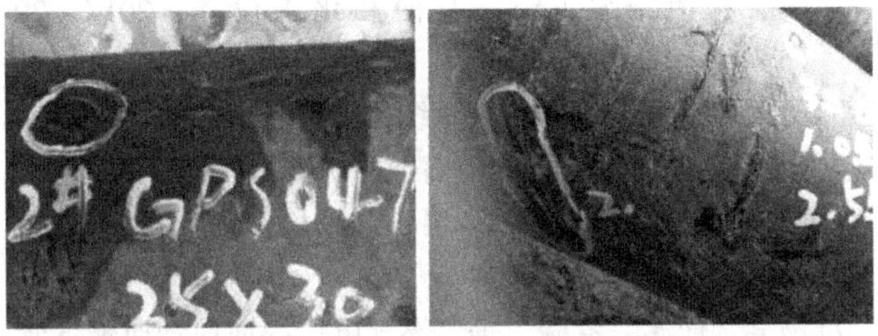

图 2　某炼油厂附近管廊下埋地长输管道防腐层破损点

3.2　案例二：某装置内工业管道埋地段检测

经过对某炼油厂装置内工业管道进行排查，发现部分管道的埋地段自投入使用之后，从未进过详细的检测，只有在发生泄漏时进行急抢修工作；并且由于管道投用时间过长，管理人员岗位多次调动，导致工业管道埋地段台账信息缺失、路由不清晰等情况。进一步进过利用 PCM + 设备对一批埋地段管道进行检测，摸清了管道路由位置，检测出 11 处外防腐层破损点，分析了埋地管道防腐层质量情况。该批埋地管道检测情况如表 3 所示。

表 3　某厂区埋地管道防腐层检测综合评价表

序号	管段	长度/m	破损点数量	级别
1	1#管道	39	2	3 级
2	2#管道	51	4	3 级
3	3#管道	19	0	1 级
4	4#管道	24	1	2 级
5	5#管道	28	2	4 级
6	6#管道	18	0	1 级
7	7#管道	22	1	2 级
8	8#管道	27	1	2 级
9	9#管道	16	0	1 级
10	10#管道	16	0	1 级
11	11#管道	25	0	1 级
12	12#管道	26	0	1 级

本次在厂区内进行检测时，发现炼油厂装置内部信号干扰源（设备电信号、相关接地信号）较多，导致部分管道检测效果相对较差，不能排除发生漏检的可能性。通过利用 PCM + 设备对该批埋地管道检测出破损点的开挖情况，如下图所示。

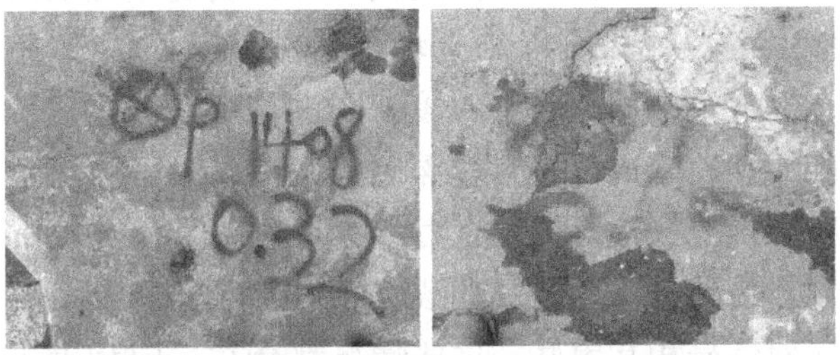

图 3　开挖前地表情况（防腐层破损处的标记）

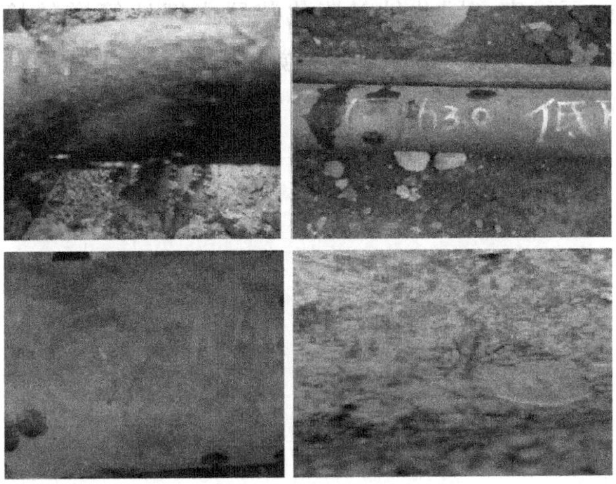

图 4　开挖验证情况

经过对该批工业管道埋地段防腐层的 11 处破损点进行开挖验证，发现外防腐层均存在一定程度的破损情况。另外由于厂区内埋地管道没有对应的杂散电流监测和排流措施，埋地管道外防腐层破损点处均存在一定的外腐蚀情况。

4　结论

该炼化厂埋地管道存在腐蚀老化穿孔情况，厂区内管道呈现网状密集埋地敷设状态，部分厂区埋地管道因运行时间长已腐蚀老化若发生泄漏，以往采用参考施工图纸沿着埋地管道敷设现场进行直接开挖，这种在现场盲目的开挖往往不能够准确判定埋地管道外防腐层破损点位置，并且开挖工程量较大，抢修进度慢，对现场破坏非常大，因为盲目开挖易造成其他非目标管道、电缆、设施的损坏。PCM设备检测方法可精确定位管道位置以及追踪管道路由、探测埋深、判定外防腐层破损点位置等。采用PCM检测方法可准确定位目标管道泄漏点，减少开挖工程量，加快生产抢修速度。

PCM检测方法具有非接触、非直接开挖等特点，可广泛应用于埋地管道防腐层检测、埋深探测，也可为管道使用单位根据埋地管道防腐层评价等级作出相应的维修周期参考，确定相应的维修点定位；并可以结合埋地管线敷设的位置信息，对厂区埋地管道的竣工图进行更正，建立正确的埋地管道位置、埋深等档案信息，可为管道腐蚀核查、检修提供有力参考。

另外，炼化装置内设备用电情况比较普遍，接地信号相互串联，这些情况都会在一定程度上干扰PCM检测方法的检测信号，会导致检测结果的不稳定。因此针对炼化装置内埋地管道的检测，进一步开发研究与环境相适应、抗干扰的检测方法极为必要。

参考文献

[1]任虹宇，杨洋，张旭．输气站站内埋地管道防腐层PCM检测[J]．天然气与石油，2012，30(6)：3.

[2]郭勇，邢辉斌．埋地管道外防腐层PCM检测技术[J]．石油和化工设备，2011，14(007)：63－64.

[3]孔坚锋，程飞，竺哲明，等．DM检测仪在埋地燃气管道检验中的应用[J]．中国科技信息，2022(13)：2.

[4]王廉祥．PCM技术在埋地管线外防腐层破损检测中的应用[J]．中国石油和化工标准与质量，2011，31(011)：25－25.

[5]汪毅．油田管道防腐层检测技术及管理维修[J]．化学工程与装备，2021(009)：000.

[6]郭勇，尹安，王港，等．城镇燃气埋地钢质管道外防腐层检测方法[J]．石油和化工设备，2017，20(5)：3.

[7]吴振岭．管道电流测绘系统在埋地管道外防腐层检测中的应用分析[J]．全面腐蚀控制，2019，33(3)：2.

[8]江锋．埋地管道外防腐层不开挖检测与评价[J]．全面腐蚀控制，2021(009)：035.

[9]杨昊，任渊，罗赣，等．燃气电厂内埋地钢质输气管道腐蚀整改设计[J]．材料保护，2020，53(6)：4.

[10]GB/T 19285—2014，埋地钢质管道腐蚀防护工程检验[S].

[11]TSG D7003—2022，压力管道定期检验规则 长输(油气)管道[S].